恭　贺
曲广吉教授八十五华诞

曲广吉教授简介

曲广吉，研究员，博士生导师，1935年11月生，辽宁省普兰店市人，1962年毕业于哈尔滨工业大学导弹飞行力学与控制专业。20世纪60年代以来长期从事航天器动力学与控制研究工作，主持了我国各类复杂航天器多种动力学问题的应用理论研究、分析软件开发、工程应用和试验验证等开创性研究工作，是我国航天器动力学专业主要奠基人之一。曾获得多项工程实用和填补国内空白的重要应用理论和软件成果，广泛应用于包括我国航天三大里程碑在内的各类航天工程任务动力学分析、仿真与优化设计工作。发表著作6部，为我国航天领域培养了多名总师、专业带头人和青年骨干人才，自1992年起享受政府特殊津贴。

航天与力学

（第三卷）

ASTRONAUTICS & MECHANICS

（VOLUME Ⅲ）

主　编　于登云
副主编　周志成　周佐新　高耀南

国防工業出版社
·北京·

内容简介

《航天与力学》（第三卷）是一部大型航天科学技术文集，共收集论文108篇，内容涉及航天动力学与控制、总体综合优化、空间碎片撞击风险评估和防护设计等多个学科专业的关键技术，具有交叉学科多、理论难度大、专业技术强、软件系统复杂和工程实用性好等特点。

本书系统反映了航天五院近五年来在航天动力学领域的研究进展和主要成就，全书共分为十部分：第一部分，航天动力学最新进展；第二部分，航天器结构动力学与力学环境；第三部分，柔性充液航天器及其多体系统动力学与控制；第四部分，高精度航天器微振动动力学与控制；第五部分，航天器轨道与星座飞行动力学与控制；第六部分，月球与深空探测航天器飞行动力学与控制；第七部分，航天器总体综合优化设计与系统仿真；第八部分，航天器空间碎片撞击风险评估、防护设计与验证；第九部分，在轨服务卫星系统动力学与控制；第十部分，未来新型航天器系统动力学与控制。

本书的读者对象为航天动力学与控制研究和航天器总体设计的技术人员、研究生以及高等院校有关专业的教师和学生，并可作为航天领域科研院所和高等院校飞行器设计和动力学与控制专业的教学参考书。

图书在版编目（CIP）数据

航天与力学．第三卷/于登云主编．—北京：国防工业出版社，2020.12
ISBN 978-7-118-12271-8

Ⅰ．①航… Ⅱ．①于… Ⅲ．①航天器-飞行力学-文集 Ⅳ．①V412.4-53

中国版本图书馆 CIP 数据核字（2020）第254090号

※

国防工業出版社 出版发行
（北京市海淀区紫竹院南路23号 邮政编码100048）
北京虎彩文化传播有限公司印刷
新华书店经售

*

开本 880×1230 1/16 **插页** 2 **印张** 48¼ **字数** 1805千字
2020年12月第1版第1次印刷 **印数** 1—800册 **定价** 270.00元

国防书店：（010）88540777　　书店传真：（010）88540776
发行业务：（010）88540717　　发行传真：（010）88540762

前　　言

航天动力学是航天器设计的重要专业技术，其涵盖了现代力学各个分支领域，是一般力学、固体力学、流体力学、空气动力学、计算力学、实验力学及控制理论、计算技术和仿真技术等多学科的交叉综合，对于提升航天器总体设计水平和能力具有重要作用。

1980 年 11 月，结合我国遥感卫星和通信卫星等大型复杂航天器的发展需求，航天五院 501 部成立了卫星动力学与控制组。四十年来，卫星动力学与控制组密切结合我国航天工程任务，对各类复杂航天器动力学问题开展了数十项理论方法、卫星工程应用等开创性研究工作，获得了多项水平先进、工程实用和填补国内空白的重要应用理论和软件成果，极大地支持了航天器总体方案设计和控制系统设计仿真，取得了显著的社会效益和经济效益，使我国在航天动力学领域彻底打破了国外技术封锁，走出了具有中国特色的自主发展道路。

航天强国梦引领我国航天事业蓬勃发展。目前，在载人航天、深空探测、卫星导航、卫星通信、卫星遥感和技术试验等六大任务领域以及在轨服务、空间站建设、空间发电和脉冲星导航等新型任务需求中，都涉及诸多新型复杂航天动力学难题，成为各类任务系统设计的关键技术。

面向未来航天任务，为继承和发扬 501 部卫星动力学与控制组的研究业绩和创新精神，进一步推进复杂航天动力学的自主创新及工程应用研究，加强航天动力学领域青年科技人才培养及队伍建设，支持先进动力学分析、仿真、优化和试验条件统一规划，推动航天动力学学术交流与技术合作，2015 年在曲广吉研究员的倡议与支持下，总体设计部和通信卫星事业部等单位共同设立了“五院航天动力学论坛”。该论坛主要任务包括航天五院型号研制、科技创新、学术交流和人才培养服务。论坛交流主要内容为航天动力学领域各主要学科专业的工程应用理论方法及动力学分析、仿真、优化软件平台的创新研究成果。航天动力学论坛学术委员会设置如下：

顾　　问：李　明
名誉主席：曲广吉
主　　席：于登云
副 主 席：周志成、高耀南、王大轶、解永春、向树红、宋燕平
委　　员：陈忠贵、白照广、李　志、杨　雷、韩增尧、谭春林、向开恒、
孙国江、张　熇、杨　芳、崔玉福、王　敏、帅　平、闫　军、
汪中生、邹元杰、袁俊刚、王鹏基、张俊刚、于　伟、黄　华、
孙治国、史纪鑫、黄美丽、刘正山、陈士明
学术秘书：邹元杰、袁俊刚、王鹏基、张俊刚、王海明、张新源

2015 年 11 月成功举办航天动力学论坛第一届学术研讨会，编辑出版了论文集《航天与力学》（第二卷）；2016 年 12 月成功举办第二届学术研讨会，编辑了《五院航天动力学论坛第二届学术研讨会论文集》；2017 年 12 月举行航天动力学论坛第三届学术研讨会，编辑了《五院航天动力学论坛第三届学术研讨会论文集》；2018 年 11 月，在天津航天城举办了航天

动力学论坛第四届学术研讨会，编辑形成了《五院航天动力学论坛第四届学术研讨会论文集》。

今年是501部卫星动力学与控制组成立四十周年，也是著名航天动力学专家曲广吉研究员八十五大寿。我们主持编写和出版了《航天与力学》（第三卷），以此向曲老的八十五寿诞表示衷心祝贺，并为他对我国航天动力学发展作出的突出贡献和对学生弟子的谆谆教诲深表钦佩和感激。

感谢曲广吉研究员和他的学生弟子在本书出版过程中给予的鼎力支持，他们在百忙之中将自己的研究成果和最新进展以论文的形式奉献给了读者。航天五院总体设计部、通信与导航卫星总体部、钱学森空间技术实验室、航天东方红卫星公司、总装与环境工程部、北京控制工程研究所、中国空间技术研究院西安分院等单位的邹元杰、袁俊刚、刘绍奎、朱卫红、庞世伟、刘正山、林海淼、刘明辉、王辉、张玉梅、张振华、王鹏基、张新源、范晶岩、周文艳、王兴龙、张敏捷等同志协助了本书的组稿和校对工作，在此一并表示感谢。同时还要感谢航天五院总体设计部周佐新部长、曾曜书记、王大轶副部长以及梁晓珩处长等领导在本书出版过程中给予的大力支持。

由于时间仓促和编者水平所限，错误在所难免，恳请同行专家和广大读者朋友对文集中的错误和不足之处予以指正。

编者

2020年11月于北京

目　　录

第一部分　航天动力学最新进展

深空探测航天器若干动力学与控制问题 …… 于登云（2）
多用途飞船关键技术突破和再入技术发展与展望 …… 杨雷，张敏捷（8）
航天器在轨服务系统动力学与控制技术研究进展 …… 王大轶，葛东明，陈士明，王兴龙（19）
低轨巨型星座发展必然性及其力学问题 …… 向开恒，饶建兵，高铭阳，刘晨，赵书阁（29）
全球巨型低轨星座的发展与启示 …… 黄华，陈东，韩绍欢，裴胜伟，孙恒超（35）

第二部分　航天器结构动力学与力学环境

航天器力学环境分析与试验技术研究进展 …… 韩增尧，邹元杰，朱卫红，庞世伟（42）
通信卫星星箭耦合分析及应用研究进展 …… 尹家聪，谢伟华，周江，姜人伟，邓明乐，李正举（56）
卫星噪声分析方法研究 …… 张婕，陈曦，谢伟华，尹家聪，朱卫红（63）
玻璃纤维增强复合材料剪切非线性本构识别方法 …… 刘召颜，李栋，顾菲，谢一村（70）
基于多轴等效的航天器正弦试验条件设计 …… 朱卫红，刘峰，邹元杰，韩增尧（74）
可重复使用航天器力学试验方法及试验条件设计综述 …… 王俊峰，韩增尧，张玉梅（81）
一种航天器结构的声设计方法 …… 李友遐，袁俊刚（89）
航天器冲击试验条件的包络方法研究 …… 张程，林勇文，李正举，谢伟华（96）
小卫星有效载荷随机振动试验条件设计与验证 …… 东巳宙，白照广，常静（101）
不同星箭分离方式下整星冲击环境特征分析 …… 杨艳静，向树红，冯国松，韩晓健（106）
随机振动环境下航天器单机的质量衰减与布局优化 …… 方耀鹏，刘刚，李友遐，尹家聪（117）
航天器大型部件振动控制方案及其试验验证 …… 邹元杰，葛东明，刘绍奎，张少辉，郑钢铁，徐明龙，董龙雷，方永刚（124）
卫星部组件界面力间接测量方法研究 …… 何玲，李栋，杨艳静，谢一村，信奇（130）
大型柔性星载天线低频模态试验研究 …… 薛永刚，方永刚，王辉，高博，朱佳龙（137）
航天器振动试验数据挖掘分析初步研究 …… 刘明辉，刘闯（141）
基于扬声器的舱内声场重构方法 …… 王栋，马功泊，冯国松，岳志勇（147）
基于声传感器阵列的脉冲声源定位技术 …… 王天罡，张俊刚（151）
基于电动扬声器的混响室高频发声系统设计及验证 …… 张肇元，杨江（157）

第三部分　柔性充液航天器及其多体系统动力学与控制

国外超大口径天线卫星系统动力学建模、仿真及验证综述 …… 董富祥（168）
空间站在轨转位过程动力学联合仿真及应用 …… 史纪鑫，郑世贵，葛东明，邓润然（178）
充液柔性航天器姿态动力学与控制研究 …… 邓明乐，林勇文，李正举（183）
多柔体航天器在轨固有振动频率预算及规律分析 …… 曹丽，周志成，曲广吉（192）
二维多次展开太阳翼在轨展开刚柔耦合动力学建模与仿真 …… 董富祥（197）

变结构航天器模糊神经网络滑模控制器设计 …………………… 王冉，周志成，曲广吉，陈余军（204）
变结构航天器基于 RBF 神经网络的 PID 姿态控制 ………………… 王冉，周志成，曲广吉（211）
仅利用 3 个 GMG 的一种复合控制方法 ………………………………………… 李公军（216）
液体晃动及贮箱液固耦合分析方法比较 ………………… 柳翠翠，王黎珍，关晓东，于伟（219）
湍流模型对发动机喷流热效应影响分析 ………………… 王黎珍，喻海川，刘周，王闯，叶青（223）
对接环捕获过程动力学建模与参数影响分析 ……………… 张志娟，宫伟伟，苑广智，刘绍奎（233）
计及轮轨接触在轨释放发射建模仿真 ……………………………………… 张志娟，关晓东（242）
空间机械臂关节动力学建模分析及试验研究 ………………………… 马炜，张大伟，阎绍泽（247）
航天器在轨动力学参数辨识方法及在轨数据验证研究 ………… 刘绍奎，范晶岩，史纪鑫，邹元杰（255）
空间大型结构在轨展开故障处置策略研究 …… 丁继锋，陈忠贵，周孝伦，郑晋军，刘晨，常希诺（261）
火星探测器降落伞下降过程动力学特性分析 ……………… 柳翠翠，张志娟，李群智，关晓东（270）
空间机械臂区间参数不确定性分析 ……………………… 辛鹏飞，刘鑫，危清清，王瑞，梁常春（277）
国内外航天员多体低重力模拟研究现状 ………………………………………………… 孙浩（284）

第四部分　高精度航天器微振动动力学与控制

航天器在轨微振动控制技术研究进展 ………………………………… 于登云，庞世伟，邹元杰（292）
基于热扰动影响的航天器结构动力学分析方法研究进展 ……………… 刘正山，周志成，韩增尧（309）
航天器柔性结构热致振动建模与分析 ……………………………… 刘绍奎，邹元杰，孙树立（314）
基于几何约束的平面回转铰链热致非线性刚度建模方法 ……… 刘正山，薛碧洁，董富祥，姜春阳（318）
航天器微振动源的精确解耦加载方法 ……………………………… 邹元杰，王泽宇，葛东明（322）
某型号卫星地面微振动试验研究及验证 ………… 庞世伟，潘腾，毛一岚，李晓云，张媚，刘红雨（329）
微振动在高分辨率遥感卫星成像中的影响特征及处理方法 ……………… 崔玉福，冯振伟，刘静宇（339）
光学航天器中继天线微振动测试与分析 …………………………………… 王辉，丁辉兵，周勇（347）
航天器微振动试验边界模拟方法及影响分析 …………………………………… 刘明辉，岳志勇（354）
航天器姿态控制执行机构隔振装置设计与试验研究 ……… 崔颖慧，李正举，关新，郑钢铁，黄华（361）

第五部分　航天器轨道与星座飞行动力学与控制

基于实测数据的大气密度反演方法及应用研究 ……………………… 黄美丽，冯昊，田百义（368）
规避点火禁区的 GEO 全电推进卫星位置保持优化方法 …………… 李强，周志成，袁俊刚，王敏（374）
巨型空间星座的自主构型保持技术研究 ………………………………… 周静，赵峭，田百义（380）
巨型星群对重要轨道资源影响分析 …………………………… 冯昊，田百义，黄美丽，赵峭（388）
一重覆盖的低轨通信星座设计与部署策略研究 ……………………… 齐彧，黄华，张浩，吕红剑（394）
遥感卫星复杂姿态机动过程中成像积分时间计算方法 …………… 黄美丽，曹海翊，赵峭，徐文霞（402）
无测控支持对连续偏航控制卫星工作条件的影响研究 ………………… 周静，杨慧，郭建新（409）
基于推进剂预算的低轨近圆轨道入轨成功判据计算方法 …… 冯昊，黄美丽，周静，雪丹，周文艳（414）
轨道参数偏差对 SAR 卫星重轨干涉测量基线的影响分析………………… 赵峭，黄美丽，朱华斌（418）
考虑推力幅值约束的小推力轨道优化方法 ……………… 张相宇，田百义，张磊，汪中生，黄美丽（425）

第六部分　月球与深空探测航天器飞行动力学与控制

月球引力辅助变轨在日地平动点轨道设计中的应用 ……… 于登云，周文艳，高珊，孟占峰，王颖（432）
月球极区探测轨道设计 ………………………… 周文艳，高珊，刘德成，张相宇，马继楠，于登云（437）

火星采样返回任务轨道方案初步设计 …………………… 汪中生，周文艳，田百义，张磊，彭兢（445）
月球轨道交会任务的远程导引变轨策略研究 …………………… 汪中生，孟占峰，高珊（459）
鹊桥号中继星任务轨道设计与飞行实践 …………………… 高珊，周文艳，孟占峰（467）
小行星探测悬停轨道设计 …………………… 张相宇，田百义，汪中生（475）
地月空间共面自由返回轨道设计与分析 …………………… 彭坤，徐明，杨雷，黄震，王平（480）
多用途飞船再入多学科仿真技术 …………………… 张敏捷，杨雷，曲广吉（489）
面向木星系及行星际穿越探测的飞行方案分析 …………………… 田百义，张磊，周文艳，朱安文（499）
月地高速再入返回器跨流域气动参数预测方法研究 …………………… 李齐，刘峰，刘中玉，魏昊功（507）
高超声速流动湍流模式评估 …………………… 耿云飞，徐晶磊（520）
基于固定时间终端滑模控制的火星进入器制导律设计 …………………… 魏昊功，王强（525）
大迎角翼板抖振响应的 CFD/CSD 耦合分析与验证 …………………… 李齐，黄程德，耿云飞，魏昊功（530）
空间同位素热源故障再入极端环境条件分析 …………………… 魏昊功，马彬，刘振玉，刘中玉，朱安文（537）

第七部分　航天器总体综合优化设计与系统仿真

桁架结构拓扑优化系统软件开发及其在大型天线安装桁架设计中的
应用 …………………… 郝宝新，周志成，曲广吉，李东泽（544）
一种卫星推力器 3D 直属件构型设计 …………………… 刘正山，邹晨，许宏岩，钟红仙（552）
基于结构优化方法的某卫星气瓶支架轻量化设计 …………………… 李修峰，高令飞，刘正山，王浩攀，曹鹏（556）
基于结构热变形影响的 GEO 航天器高精度仪器布局研究 …………………… 刘正山，闫森浩，王浩攀，高令飞（562）
在轨模块更换任务总体仿真 …………………… 黄丽霞，孙亚楠，张玥，魏承（569）
地球同步轨道光学成像卫星动目标跟踪模式仿真验证 …………………… 彭鑫，黄丽霞，刘玉栋（577）
考虑不确定性因素的军事航天任务体系仿真 …………………… 李清毅，谭春林，殷建丰（584）
基于容器云的复杂体系仿真计算支撑架构研究 …………………… 皇威，涂歆莹，殷建丰（589）

第八部分　航天器空间碎片撞击风险评估、防护设计与验证

天宫二号空间碎片防护设计与验证 …………………… 郑世贵，闫军，韩增尧（596）
关于空间交通管理的讨论 …………………… 闫军（603）
电子设备超高速撞击效应研究 …………………… 郑世贵，宫伟伟，王巍（607）
空间站典型防护结构德国撞击试验分析 …………………… 郑世贵（615）
含聚氨酯泡沫材料和玄武岩纤维布防护结构设计及性能分析 …………………… 宫伟伟，郑世贵，闫军（620）
微流星体撞击下多功能结构防护设计与性能分析 …………………… 宫伟伟，郑世贵，王巍（625）
功率电缆易损性试验研究 …………………… 王巍，郑世贵，于伟，闫军（632）
基于多层冲击理论的柔性空间碎片防护层设计与试验研究 …………………… 王巍，郑世贵（637）

第九部分　在轨服务卫星系统动力学与控制

基于序列图像的非合作目标自主导航及仿真验证
技术 …………………… 王大轶，葛东明，史纪鑫，邓润然，朱卫红，邹元杰（644）
面向空间近距离操作的机械臂与服务卫星协同控制 …………………… 王兴龙，周志成，王典军，陈士明（652）
考虑避障约束的空间机械臂在轨组装轨迹规划与跟踪控制技术 …………………… 陈余军，董富祥（662）
视觉物质点跟踪方法在柔索模型验证中的应用 …………………… 鄂薇，魏承，谭春林，张大伟，赵阳（670）
目标捕获后航天器组合体的角动量转移与抑振规划 …………………… 王兴龙，王冉（679）

基于像面椭圆轨迹的非合作航天器自旋角速度估计方法研究 …………… 王鹏基，毛晓艳，魏春岭（687）
航天器清除空间碎片动力学与控制仿真研究 ………………………………… 董富祥，周志成，曲广吉（691）
空间飞行器抓捕动目标的柔顺控制 ……………………………… 葛东明，邓润然，邹元杰，史纪鑫（696）
大柔性空间展开臂压电半主动控制技术
　研究 ……………………………… 王晓宇，王浩威，从强，史文华，樊俊峰，季宏丽，裘进浩（701）

第十部分　未来新型航天器系统动力学与控制

超大型空间太阳能电站结构控制一体化设计技术研究 ……………………………… 刘宇飞，周璐（706）
空间太阳能电站不同姿态控制方案比较分析 ………………………… 刘宇飞，王立，侯欣宾，邬树楠（715）
使用核电推进的太阳系逃逸飞行策略研究 …………………… 田百义，冯昊，张相宇，赵峭，高珊（723）
使用核电推进的载人火星探测飞行方案优化
　设计 ……………………………………………… 田百义，周文艳，朱安文，张相宇，冯昊，赵峭（728）
充气可展结构在空间探测中的应用 …………………………………………… 于伟，闫军，庞世伟（735）
基于牛顿欧拉递推的球形机器人动力学
　建模 ……………………………… 邓润然，葛东明，史纪鑫，邹元杰，朱卫红，熊笑，李铁映（742）
基于虚拟传感的足式机器人行星土壤分类 ……………………… 吴爽，陈磊，刘宾，王储，危清清（751）
XPNAV-1 卫星的动力学自主定轨算法对比研究 ………………………………… 丁陶伟，帅平（756）

第一部分

航天动力学最新进展

深空探测航天器若干动力学与控制问题

于登云
（中国航天科技集团有限公司，北京，100048）

摘要：深空探测指人类对月球及月球以远的天体或空间环境开展的探测活动，作为人类航天活动的重要方向和空间科学与技术创新的重要途径，是当前和未来航天领域的发展重点之一。在简要回顾深空探测60多年的发展历程基础上，本文针对未来深空探测活动的发展规划和设想，提出了未来开展深空探测活动应重点关注的若干动力学与控制问题，为有针对性地开展航天器动力学与控制研究提供参考依据。

关键词：深空探测；航天器；动力学问题；控制问题

1 引言

深空探测是人类对月球及月球以远的天体或空间环境开展的探测活动。开展深空探测活动是人类探索宇宙奥秘和寻求长久发展的必要途径，是在近地空间活动取得重大突破的基础上，向更广阔的太阳系空间的必然拓展。自1958年8月美国发射世界上第一颗月球探测器“先驱者”0号以来，世界各国共实施深空探测任务245次，成功或部分成功142次（未统计飞行途中的）。深空探测既促进了空间技术和空间科学的快速发展和巨大进步，又充分展示了有关航天大国的国家意志和综合实力。

进入21世纪以来，人类社会发展对保护地球与开发资源的双重需求日渐迫切。随着航天技术与空间科学的飞速发展，人类认识宇宙的愿望越来越强烈，手段越来越丰富，范围也越来越广，探索更深、更远、更广阔的太空成为人类航天活动的重要方向。美国、俄罗斯、欧洲太空局（简称欧空局）、日本、印度等传统或新兴航天国家和组织相继制定了宏伟的深空探测计划，发射各种探测器对月球、火星及太阳系其他行星和小天体开展探测活动。中国作为负责任的大国，相继完成了“嫦娥”一号/“嫦娥”二号绕月探测、“嫦娥”三号着陆与月面自动巡视探测、“嫦娥”五号高速再入返回试验、“嫦娥”四号月背探测以及首颗火星探测器发射，并在继续实施“嫦娥”五号无人月球采样返回任务的同时，正在谋划论证未来月球及其以远深空探测活动。

开展深空探测活动涉及一系列动力学与控制问题。其中，有些问题与近地轨道航天器是相同或相近的。这方面动力学与控制有关问题得到了广泛深入的研究，并形成了不少文献和专著。但由于深空探测活动的目标不同和探测方式的多样性，有些问题与近地轨道航天器是不同的。只有认真分析和解决这些特殊的动力学与控制问题，深空探测活动才能得以顺利开展。

本文在简要回顾人类自20世纪50年代以来开展深空探测活动的历程基础上，针对未来深空探测活动的发展规划和设想，提出了未来开展深空探测活动应重点关注的若干动力学与控制问题，为有针对性地开展航天器动力学与控制研究提供参考依据。

2 未来深空探测活动

迄今，深空探测活动共经历了两个高潮期。第一个高潮期为1958—1976年，是美、苏两国在冷战背景下的太空竞赛期，共实施了166次探测任务，其标志性成果是实现了无人月球采样返回和载人登月。这既充分展示了两个航天大国的国家意志和综合实力，又极大促进了空间技术和空间科学的快速发展和巨大进步。第二次高潮为1994年至今，共实施了68次探测任务，其显著标志：一是欧空局、日本、印度和中国等加入深空探测国家行列；二是实现了小天体采样返回和火星巡视探测；三是实现了航天器月球背面软着陆与巡视探测。

不同时期深空探测活动统计如图1所示。

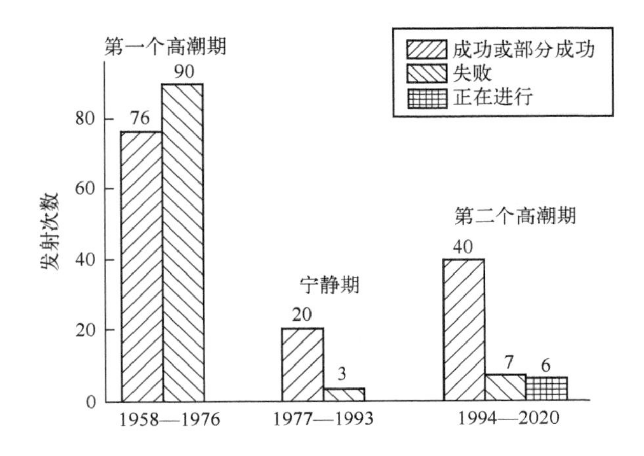

图1　不同时期深空探测活动统计

迄今为止，美国、苏联/俄罗斯、欧空局、日本、印度、中国等开展了深空探测活动。美国是最早，也是目前唯一对月球、太阳、行星、小天体及太阳系进行过探测活动的国家，保持着绝对领先地位。

进入21世纪，美国、俄罗斯、欧空局、日本等主要航天大国和组织都制定了20年乃至更长时间的深空探测发展规划，并竞相加快实施。未来各主要航天国家较为明确的探测任务如表1所示。探测的重点集中在月球、火星、小天体等。

表1　国外深空探测活动规划

国家	目标	时间	名　称	类型
美国	火星	2020	待定	着陆探测
美国	双体小行星	2021	DART	近距撞击观测
美国	月球轨道	2021	Artemis-I	环绕探测
美国	月球轨道	2021	CAPSTONE	环绕探测
美国	月面	2022	CLPS	着陆探测
美国	月面	2023	VIPER	着陆探测
美国	月球轨道	2023	PPE & HALO	环绕探测
美国	月球轨道	2023	Artemis-2-II	环绕探测
美国	L2	2024	WFIRST	天文观测
美国	月面	2024	Artemis-III	着陆探测
俄罗斯	月球	2020	Lunny-Poligon	着陆探测
俄罗斯	火星	2022	Phobos-Grunt 2	采样返回
俄罗斯	火星	2024	Mars-Grunt	采样返回
俄罗斯	木卫三	2023	Laplas-P	着陆探测
俄罗斯	小行星	2020	Apophis	交会探测
欧空局	木星	2022	JUICE	环绕探测
欧空局	L2	2020	Euclid	天文观测
欧空局	L2	2024	PLATO	天文观测
日本	月球	2020	SELENE-X	着陆探测

从以上对未来深空任务的归纳总结可以看出，人类未来一段时期的深空探测仍以科学探索和技术创新为主要驱动力，探测的方式将从飞跃观测、环绕探测向着陆探测、采样返回、载人登陆以及地外基地建设方向发展。主要目的：一是对宇宙形成与演化及生命起源与进化进行更深入的探究，增进对太阳系及其天体的认识；二是促进航天技术创新发展，并带动一系列基础与支撑技术持续进步；三是服务国家整体战略，提升国家实力，促进国家经济社会可持续发展。

中国在相继完成既定探月工程“绕、落、回”任务的同时，也积极谋划论证了未来月球及其以远深空探测活动，包括月球科研站建设、小行星着陆采样与环绕探测、火星采样和木星及其以远探测等。

3　深空探测航天器若干动力学问题

动力学是力学学科用于航天器工程的专业学科，它既属于航天动力学学科，又属于多学科交叉的飞行器设计学科。其任务是在研究航天器从设计、研制、试验、发射到在轨飞行和轨道转移与返回着陆全过程的各类动力学问题，开展其相应的分析、仿真、优化与试验。

深空探测领域动力学问题与其探测航天器任务相伴而生。相对于近地航天任务，深空探测任务面对距离遥远、飞行时间长、深空环境复杂等一系列难题，加之探测目标和探测方式不同，深空探测领域将会遇到一些新的复杂动力学问题。本文将重点描述其中的一些关键问题。

3.1　航天器轨道动力学问题

轨道设计与优化是航天任务设计中首要且关键的一环。相比近地卫星轨道，深空中繁多而各异的目标天体、多样而复杂的力场环境、丰富而奇妙的运动机理，包括平动点应用、借力飞行和大气减速等，赋予了轨道设计与优化技术新的内涵。例如，月球异常复杂的引力场使得月球卫星的轨道有着与地球卫星轨道不同的特性。图2为“嫦娥”四号中继卫星“鹊桥”飞行轨道。迄今为止，深空探测轨道研究已经取得了丰硕的成果，同时也面临着诸多新的问题和挑战。

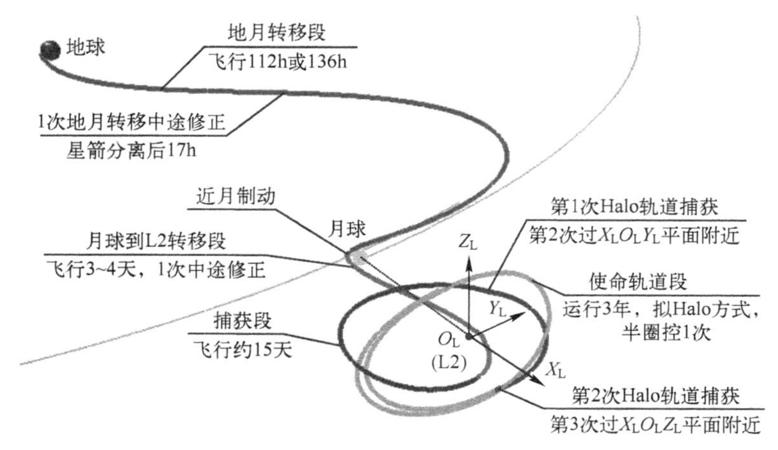

图 2 “嫦娥”四号中继卫星“鹊桥”飞行轨道

1）多体系统低能量轨道设计与优化

天体引力为深空探测提供了丰富的动力资源，合理利用多个天体的引力作用实现探测器的低能量转移是多体系统轨道设计与优化的核心问题。然而，多体系统中的很多动力学现象和机理尚未认识清楚，限制了此类轨道设计与优化技术的发展。动力学系统理论和大规模数值计算技术是目前解决该问题的常用途径，在三体系统轨道中已得到了广泛应用，但多体系统（特别是日地月系统和木星系统）轨道仍存在着许多需要解答的问题。

2）不规则弱引力场轨道设计与优化

种类的多样性、形状的不规则和弱引力导致近小天体轨道动力学行为极其复杂，近小天体轨道设计与优化也成为近些年研究的热点问题。对于一些已知信息较多、运动特性简单的小天体（如4769Castalia等）的研究已取得了一定进展，但在引力场建模、轨道运动性态分析等基础问题方面，并未形成有效的解决途径。对于双星、三星等复杂小天体系统附近轨道，更是面临运动稳定性、动力学耦合等亟待开展深入研究的基础性理论难题。

3）新型推进衍生的轨道设计与优化

电推进、核推进及太阳帆等新型推进系统的发展与应用为深空探测器提供了巧妙而高效的转移方式，同时，轨道的非开普勒特性也为设计与优化带来了许多难题。由于飞行时间长，这些新型推进系统衍生的轨道，其动力学非线性强，通常呈多圈螺旋状，脉冲轨道的许多理论方法不再适用。直接法和间接法是设计此类轨道常用的两类方法，但直接法的最优控制结构、间接法的收敛域等一系列问题仍未得到很好地解决。

4）复杂序列借力飞行轨道设计与优化

为了降低任务成本，提高任务探测效率，用单个深空探测器对多个目标天体同时进行科学探测成为目前的研究热点，即多任务、多目标深空探测任务。根据目前的运载能力，采用直接转移轨道将探测器送至目标天体是不现实的，需要采用借力飞行轨道设计技术。借力飞行是利用探测器在穿越天体引力场内时与天体的动量交换改变探测器离开天体引力场后的轨道能量和飞行方向，后续需要开展关键技术攻关，突破多次行星借力序列搜索优化算法、借力飞行速度模型和位置模型以及高精度借力飞行轨道优化设计等核心技术。

3.2 航天器耦合动力学问题

深空探测航天器在飞往目标并执行探测任务过程中，由于航天器自身带有大型附件和活动部件，有的还带有大型燃料贮箱，且经受不同的复杂的引力环境和辐射环境，因此，存在着各类耦合动力学问题。

1）轨道与姿态耦合动力学问题

深空探测航天器在飞行过程中，由于内外环境交变及由推力器安装控制误差会导致深空探测航天器的轨道运动与姿态运动相互影响。另外，航天器柔性结构振动、贮箱液体晃动也都将与航天器轨道与姿态发生耦合影响。因此，须研究包含各种耦合源的动力学一般理论模型及其降阶的工程实用模型，为总体方案设计、控制系统设计与优化提供理论依据。

2）交会与对接动力学问题

当需要对太阳系其他天体实施着陆采样返回时，往往需要实施不同航天器间的交会与对接。在交会与对接的过程中，需要研究航天器在对接过程中的动力学特性，包括空间对接全过程动力学特性、对接机构运动学及动力学特性、航天器对接动力学特性等，以便为交会与对接过程中航天器轨道设计、控制系统设计和对接机构设计提供相关依据。

3）多体系统耦合动力学问题

深空探测航天器往往带有大型在轨甚至着陆在天体表面后需多次展开与收拢的附件或机构，比如“嫦娥”三号着陆器上的太阳翼和巡视器上移动机械臂等。这将涉及一系列多体系统耦合动力学问题，包括多刚体系统动力学和柔性多体系统动力学问题。前者包括各类可近似为刚体的伸展杆件和太阳阵等入轨后在短时间内的展收运动；后者包括必须视为柔性结构的各类大型太阳阵、大型抛物面天线和天线阵、大型空间机械臂等空间多体机构在规定时间内的空间展收运动等。

4）月球/行星基地建造动力学问题

月球/行星基地及月球/行星表面保障系统规模巨大，涉及部组件种类繁多，包含大型桁架展开机构、大面积柔性太阳电池阵、长寿命高性能伺服机构、空间机器人等部件与设施，机构组装集成过程复杂（图3为NASA的月球基地构想图）；同时部件和机构的集成需要在星表低重力/微重力、非结构环境等条件下完成，面临大型部件高精度装配、复杂形位检测、重力场下柔性体精度测量等复杂问题。因此，需要研究复杂变结构系统组装建造过程的动力学特性，从而保障建造精度要求和建造过程的安全性。

图3　NASA的月球基地构想图

3.3　着陆与返回动力学问题

在深空探测领域，往往需要实施航天器对地外天体的软着陆探测和采集天体样品返回地面。在实施地外天体软着陆时，将涉及一系列着陆过程动力学问题，而且地外天体表面有无大气，其涉及的动力学问题也不完全一样。如果实施地外天体采样返回，还将涉及地外天体表面起飞和高速再入返回等有关动力学问题。图4为“隼鸟”系列探测器采样过程示意图。

图4　“隼鸟”系列探测器采样过程示意图

1）气动力与气动热动力学问题

深空探测航天器在实施对有大气地外天体的软着陆探测时，将穿越行星大气层；在采集天体样品返回地球时，将穿越地球大气层，从而将不可避免地涉及气动力与气动热动力学问题。而且，由于有大气地外天体大气密度和成分与地球有很大差异，进入地球时速度与近地航天器也大不一样，因此，必须予以专门研究，以便为这类航天器着陆轨道设计、姿态控制和防热结构设计提供相关依据。

2）地外天体着陆撞击动力学问题

航天器在着陆地外天体时，将会以一定速度着陆从而与天体表面发生撞击。因此，必须对着陆撞击动力学问题开展研究，针对不同天体及其表面物理特性，建立和确定相应的工程实用的着陆撞击动力学模型，分析着陆舱体及其设备在冲击载荷作用下的动力学响应特性；同时，研究航天器减/隔振和缓冲阻尼技术及其对航天器动力学特性的影响，建立缓冲阻尼动力学模型，确定缓冲阻尼系数以改善航天器的振动环境和航天器及其部组件动力学特性，确保着陆过程的安全性和可靠性。

3）小天体附着采样动力学问题

小天体特性较为复杂，具有微弱引力、形状不规则、环境因素和表面构造及其成分特性不确定等特点。小天体采样探测包括吸附捕获、射弹溅射、螺旋钻进等多种方式，其动力学过程非常复杂。由于弱引力不规则目标附着过程的地面物理仿真验证极为困难，需要提出弱引力场等效模拟与附着过程动力学高精度建模方法，准确模拟附着采样过程的动力学特性，为附着探测任务完成奠定技术基础。

4）地外天体表面起飞动力学问题

着陆地外天体的航天器在重新离开地外天体以返回地面时，将涉及在天体表面动力学问题。主要需要研究航天器级间分离以及非固定平台的起飞动力学问题，以指导航天器组合体分离系统的设计。

4 深空探测航天器若干控制问题

深空探测目标距离地球遥远，地面测控信息传输出现大时滞和长遮挡，导致地面遥测遥控的方式无法满足接近、飞越、下降、着陆和探测等任务阶段的实时性要求，需要深空探测航天器具备在轨进行自主导航与控制的能力。然而，由于深空环境复杂，导航测量信息缺乏等因素，给自主导航与控制带来了新的技术问题和挑战。

4.1 行星际巡航段的自主导航技术

在行星际巡航阶段，导航目标星的星等较弱，长时间曝光导致拖尾图像的形成，给导航信息的准确获取带来困难。同时，由于深空动力学环境存在高阶扰动，使得探测器导航精度严重退化。优化设计有限观测条件下的导航方案、发展高精度状态估计方法是实现巡航阶段自主导航的关键。

4.2 接近天体自主导航与制导技术

在接近目标天体的过程中，探测器要受到姿态几何夹角、交会高度与角度等多约束条件限制，使得轨迹规划与指导问题极为复杂。小行星、彗星等天体几何形状复杂不规则，增加了视线导航信息的获取难度。提出多约束条件下轨迹规划与机动策略，建立相对测量导航方法是接近自主导航制导技术的核心。

4.3 行星着陆探测自主导航与控制技术

开展行星着陆探测时，其大气活动剧烈变化，表面环境异常复杂，给着陆探测任务的导航控制带来了困难与挑战。目前，行星着陆导航控制的研究主要关注在着陆精度和任务安全两个方面，研究热点为基于信标/地形的下降定位技术、大气进入精确制导技术、行星表面障碍规避技术以及弱引力附着控制技术等。

4.4 行星巡视探测自主导航与控制技术

行星巡视探测时，巡视器运动过程受地形地貌、光照条件和力学特性等环境因素影响，对自主导航与控制提出了挑战。巡视器运行环境不确知，需要对地形、地貌在线进行感知恢复，同时行星表面呈非结构化，需要巡视器具备障碍识别和路径规划的能力。实现导航定位、环境感知和路径规划是巡视探测导航与控制的关键问题。

探索新型导航机理是提高探测器导航精度、增强系统可靠性的途径之一。X 射线脉冲星导航、量子导航等为导航技术的发展提供了新的思路和方法，其在深空探测领域的应用也将值得深入研究和探讨。

5 结束语

回顾人类追求飞天梦想的发展历程，航天活动与航天力学相互依赖、相互促进、相辅相成。六十多年的深空探测历程，使人类对太阳系主要天体尤其月球、火星和金星进行了比较深入的探测任务，也取得一系列巨大工程技术和科学探测成果，同时带动和促进了航天器动力学与控制技术发展。

进入 21 世纪，主要航天大国纷纷加入深空探测行列，并相继制定了未来几十年宏伟的深空探测计划。这些计划的实施不仅将深化人类对宇宙的认识，促进人类社会的可持续发展，而且对航天器动力学与控制提出了新的要求与挑战。

针对未来深空探测活动的发展规划，本文分析并提出了未来开展深空探测活动应重点关注的若干动力学与控制问题，以便有针对性地开展航天器动力学与控制问题研究，从而更好地满足未来深空探测活动发展的要求。值得指出，深空探测领域中的动力学与控制问题是比较多的，而且，不同的探测任务涉及的问题也不尽相同，限于时间、水平和篇幅，本文所列问题仅供读者参考。

参考文献

[1] 吴伟仁，于登云．深空探测发展与未来关键技术［J］．深空探测学报，2014，1（1）：5-17.

[2] 于登云．新型航天器发展对力学学科的挑战［J］．科学通报，2015，60（12）：1085-1094.

［3］曲广吉．航天器动力学工程［M］．北京：中国科学技术出版社，2000.

［4］于登云，高耀南，等．航天与力学［M］．北京：中国科学技术出版社，2005.

［5］于登云，夏人伟，等．智能天线结构模糊自适应变形控制实验研究［J］．宇航学报，2006，27（2）：245-249.

［6］王巍，于登云，马兴瑞．航天器铰接结构非线性动力学特性研究进展［J］．力学进展，2006，30（2）：235-238.

［7］马兴瑞，于登云，韩增尧，等．星箭力学环境分析与试验技术研究进展［J］．宇航学报，2006，27（3）：323-331.

［8］于登云，夏人伟，等．在轨航天器动力学参数辨识技术研究［J］．中国空间科学技术，2008，（1）：15-17.

［9］于登云，马兴瑞．固体力学进展［M］．哈尔滨：哈尔滨工业大学出版社，2010.

［10］Sheikh S，Pines D，Wood K，et al. Spacecraft Navigation Using X-ray Pulsars［J］．Journal of Guidance，Control，and Dynamics，2006，29（1）：49-63.

［11］张磊，于登云，张熇．月地转移轨道中途修正方法及策略［J］．航天器工程，2012，21（3）：18-22.

［12］于登云，周文艳，高珊．地月系平动点轨道动力学建模与控制策略研究［J］．航天器工程，2019，28（2）：9-18.

［13］NASA space technology roadmaps and priorities［EB/OL］．［2013-06-05］．http://www.nap.edu/catalog.php?record_id=13354.

［14］崔平远，徐瑞，朱圣英，等．深空探测器自主技术发展现状与趋势［J］．航空学报，2014，35（1）：13-28.

［15］吴伟仁，于登云．嫦娥三号月球着陆工程中的关键技术［J］．深空探测学报，2014，1（2）：105-109.

［16］于登云，张哲，泮斌峰，等．深空探测人工智能技术研究与展望［J］．深空探测学报，2020，7（1）：11-23.

［17］于登云，张兴旺，张明，等．小天体采样探测技术发展现状及展望［J］．航天器工程，2020，29（2）：1-10.

［18］吴伟仁，于登云，王赤，等．月球极区探测的主要科学与技术问题研究［J］．深空探测学报，2020，7（3）：223-231.

多用途飞船关键技术突破和再入技术发展与展望

杨　雷，张敏捷

（北京空间飞行器总体设计部，北京，100094）

摘要：随着航天技术的迅猛发展和航天任务需求的快速增加，载人飞船逐渐向着同时兼顾载人与运货、近地及深空探测任务的多用途、可重复使用、低成本设计的方向发展。飞船的再入过程具有非线性、强耦合、环境不确定性大、轨迹约束苛刻的特点，技术难度大，而飞船的多用途使用又使得返回舱质量特性具有较大的不确定性，直接影响了飞船再入飞行时的空气动力学特性，对总体设计提出了新的挑战。本文总结了多用途飞船再入技术领域的研究工作进展，给出了作者指导博士生做出的一些最新的研究成果，同时介绍了我国新一代载人飞船工程研制进展，最后根据我国多用途飞船研制任务需求，对未来的技术发展方向和研究重点内容提出了建议。

关键词：多用途飞船；再入空气动力学特性；再入制导控制；多学科设计

1　多用途飞船任务需求及再入基本特征

多用途载人飞行器一般指具有多任务（既能用于近地轨道任务，又能满足深空探测第二宇宙速度再入需求）、多功能使用（既能载人，又能运货；既能上行物资，又能下行物资）能力的再入飞行器。随着航天技术的迅速发展和航天任务需求的不断增加，各国对“多用途”的设计理念越来越重视，纷纷推出了各自的多用途再入飞行器[1]。如图1所示，美国商业航天企业太空探索公司（SpaceX）推出了“龙”飞船[2-3]，俄罗斯启动了PPTS载人飞船研制工作[4-5]，中国也瞄准技术发展趋势，于2013年启动了新一代载人飞船研制试验工作[6]，并于2016年和2020年进行了两次飞行试验，均获得了圆满成功。

多用途载人飞船要兼备载人与货运的技术能力，这就使得不同飞行任务中飞船再入时的质量特性，包括质量、转动惯量和质心位置都产生较大变化。以下为载人飞船几类典型飞行任务中，质量特性大范围变化带来的再入技术需求。

1.1　空间站运营任务中的质量特性变化

根据载人航天总体规划，2022年我国空间站将基本建成，运营期间面临大量的货物上下行任务，急需载人飞船兼具货运能力，实现物资补给上下行运输，特别是下行运输。据美国国家航空航天局（NASA）统计，国际空间站运营期间货物下行质量占总上行质量的20%。而我国空间站运营期间初步估计的下行需求约为10t量级，货物上下行需求大，远远超过目前“神舟”飞船的下行运输能力。

大规模载荷下行任务给飞船总体设计带来了新的挑战。以“龙”飞船为例，表1[7]为货运版“龙”飞船历次飞行载荷数据，其中下行最大载荷2450kg，最小600kg。不同飞行任务中下行载荷质量相差极大，无法将飞船返回舱质心位置配置到同一名义质心位置的临近区域内，工程上也难以在轨精确获取飞船实际质心位置信息。不同任务下行载荷量的大范围变化使得传统飞船再入设计中需要严格精确满足的质心位置约束（通常质心位置偏差要求在毫米级）难以实现，给多用途飞船再入设计带来了极大的挑战。

1.2　深空探测任务中的质量特性变化

近年来，各国掀起了载人深空探测科学研究与立项研制的热潮。美国与日本等国家合作开展“阿尔特弥斯”（Artemis）登月计划，计划在月球轨道布置“深空之门”（Gateway）空间站，并在2024年将首位女航天员及一名男航天员送上月球。我国也提出力争在21世纪中叶建成地月空间经济区，为此需要开展高可靠、低成本、航班化的进出空间运输系统研究。载人月球、小行星和火星探测任务要求载人飞船具备第二宇宙速度（约11.2km/s）再入返回的能力。这些任务中，不同探测任务飞船乘员及携带载荷均不同，质量特性难以保持一致，加上深空探测再入模式多（正常、应急）、再入速度变化范围大（7.8~11.2km/s）、再入航程范围跨度大（3000~8000km）、再入过程约束强、气动不确定性大以及严格的再入过载限制等约束，对飞船再入技术提出了较大的挑战。

(a)　(b)　(c)

图1　各国多用途载人飞船

（a）“龙”飞船返回舱；（b）PPTS飞船返回舱；（c）中国新一代载人飞船试验船。

表1　“龙”飞船历次飞行载荷

次　数	任务代号	飞行目的	发射日期	上行载荷质量/kg	下行载荷质量/kg	成功与否
1	COTS1	飞行演示	2010/12/8	/	/	成功
2	COTS2+3	交会对接验证	2012/5/22	454	600	成功
3	CRS-1	国际空间站补给	2012/10/8	400	759	成功
4	CRS-2	国际空间站补给	2013/3/1	898	1210	成功
5	CRS-3	国际空间站补给	2014/4/18	2089	1600	成功
6	CRS-4	国际空间站补给	2014/9/21	2216	1723	成功
7	CRS-5	国际空间站补给	2015/1/10	2317	1635	成功
8	CRS-6	国际空间站补给	2015/4/14	2015	1360	成功
9	CRS-7	国际空间站补给	2015/6/15		/	失败
10	CRS-8	国际空间站补给	2016/4/8	3136	1678	成功
11	CRS-9	国际空间站补给	2016/7/18	2257	1360	成功
12	CRS-10	国际空间站补给	2017/2/19	2490	2450	成功
13	CRS-11	国际空间站补给	2017/6/3	2708	1860	成功
14	CRS-12	国际空间站补给	2017/8/14	2910	1500	成功

（续）

次　数	任务代号	飞行目的	发射日期	上行载荷质量/kg	下行载荷质量/kg	成功与否
15	CRS-13	国际空间站补给	2017/12/15	2205	1850	成功
16	CRS-14	国际空间站补给	2018/4/2	2647	1725	成功
17	CRS-15	国际空间站补给	2018/6/29	2697	1725	成功
18	CRS-16	国际空间站补给	2018/12/5	2495	1800	成功
19	Crew Demo-1	载人“龙”飞船无人飞行试验	2019/3/2	/	/	成功
20	CRS-17	国际空间站补给	2019/5/4	2482	1900	成功
合计：				33506	26737	

1.3　在轨服务任务中的质量特性变化

在轨服务是指在空间对航天器进行多种形式的在轨操作，以修复其故障、延长其在轨寿命、提升或终止其执行任务的能力，包括卫星故障恢复、卫星延长寿命、卫星在轨构建、卫星捕获等。未来空间在轨服务任务发展要求多用途飞船具备携带质量特性未知，或质量不同的载荷安全再入返回的能力。

多用途飞船质量特性的大范围变化直接影响飞船的再入过程，涉及空气动力学、热力学、飞行力学、弹道设计、制导与控制等诸多学科技术的交叉融合，这是多用途载人飞船再入技术区别于传统飞船的根本原因。如何使飞船再入过程能够适应较大范围的质量特性变化，提升飞船携带不同载荷的下行运输能力，是多用途飞船设计面向空间站运营、深空探测以及在轨服务任务需要解决的关键问题。

2　多用途飞船关键技术突破

2.1　多用途飞船总体设计技术

多用途飞船具有多用途、高可靠和低成本的特点，对系统总体设计提出了很高的要求。必须采用新的设计理念，强化系统顶层设计和优化，突破多学科优化、模块化设计和可重复使用设计等技术。

2.2　多用途飞船气动设计与验证技术

气动布局和气动参数是返回舱设计的关键，面对第二宇宙速度高速再入的要求，需开展真实气体、稀薄气体效应、辐射传热、壁面催化等复杂流动对气动力、气动热特性影响研究，突破返回舱静/动气动特性精确预示与验证、返回舱热环境精确预示与验证、气动天地相关性与参数辨识等关键技术。

2.3　多用途飞船高速安全返回防热技术

多用途飞船返回舱以第二宇宙速度高速再入过程中，热流峰值、总加热量和气流总焓相对“神舟”飞船都有显著增大，高温真实气体效应更加显著。因此需要研究突破返回舱防热结构耐受高热流密度与强气流冲刷、防热结构轻量化设计、新型低密度烧蚀防热材料制备与成型等技术，以实现返回过程中气动外形稳定、结构完整、返回舱内部温升低的要求，保证再入安全。

2.4　多用途飞船高速安全返回制导导航与控制技术

多用途飞船返回舱返回时具有再入模式多（正常、应急）、再入速度变化范围大（7.8~11.2km/s）、再入航程范围跨度大（3000~8000km）、再入过程约束强、气动不确定性大以及再入过载限制严格的特点，这就对飞船的导航制导与控制（GNC）提出了挑战。需研究并突破基于多约束和高机动能力要求的再入走廊设计与评估、高精度鲁棒制导律、多敏感器紧耦合联合导航算法以及人控升力再入制导及控制方法等关键技术。

2.5　多用途飞船回收着陆群伞减速及大载重气囊缓冲技术

回收系统是乘员安全返回的重要保障，我国新一代飞船回收采用群伞系统减速加气囊缓冲着陆方案，需突破回收群伞伞形选择、阻力特性评估、安全开伞、陆地和海上着陆缓冲等关键技术。

2.6　多用途飞船高可靠、高性能推进技术

多用途飞船工作模式多（近地、登月；货运、载人；正常、应急），需要高可靠、高性能的推进系统提供技术支撑，其关键技术涵盖了推进系统设计技术、阀门设计技术、压力容器设计等多种技术领域。推进系统作为航天核心技术之一，通过上述技术攻关，可以积累相关技术经验，提升空间推进领域技术基础，为后续任务奠定技术基础，有利于我国空间技术向更高水平发展。

2.7　多用途飞船自逃逸技术

多用途载人飞船应具备从零高度到入轨分离的全发射阶段逃逸救生能力，采用自备动力逃逸是一种优选方案。需突破大推力小尺寸液体逃逸发动机研制、逃逸过程气动分析与验证、逃逸弹道优化、逃逸安全性评估等关键技术。

2.8　多用途飞船电气系统一体化技术

电气系统一体化技术可将飞船电气系统的组成部分置于一个完整、合理的体系结构之下，将飞船各种信息和数据综合成有机的整体，达到系统资源的高度共享和最佳整体效能，同时可以有效减轻系统重量、减小系统体积和降低系统功耗。SoC（System on Chip）技术是近年发展起来的一种新的系统集成技术，在商用嵌入式领域已得到较为广泛的应用，为提高系统集成度、多模冗余设计、轻小型化提供了新的技术途径。

2.9　自主健康管理技术

多用途飞船必须具有很强的在轨健康自主管理能力，可以相对独立于地面进行自主健康管理，在各种预定或变化、异常环境下，具有自主故障检测、自主故障定位和一定的自主故障重构恢复能力，能够辅助航天员进行飞行器的健康状况评价，给出健康告警、维修决策等建议，降低对于地面遥测、跟踪和控制的依赖，提升系统的可靠性与安全性。

3　多用途飞船再入技术研究现状

飞船再入飞行时，由于质心位置的横向偏移，飞船以一定的配平攻角飞行，空气绕流在飞船速度方向上产生较大的阻力，使飞船减速，空气绕流在垂直飞船速度方向上产生一定的升力。飞船获得升力后，就能通过调整自身倾侧角（速度滚转角）的大小，改变升力在竖直平面的投影，从而改变飞船的纵向航程；通过倾侧角翻转改变倾侧角的方向，就能改变升力在水平面内的投影方向，从而改变飞船的横向航程，最终使得飞船不断逼近目标点。

飞船再入的动力学过程具有非线性、强耦合的特点。另外，不同任务、不同模式（正常、应急）再入时初始条件（位置、速度）变化大，再入过程中地球大气环境不确定和空气动力学特性不确定性大。由于受飞船结构、防隔热系统和成员舒适性安全性限制，飞船再入过程中最大热流、峰值动压和最大过载受到严格的限制，都使得飞船再入技术难度非常大。

对于多用途飞船，由于飞船配平攻角完全由质心位置偏移产生，因此不同的质心位置会产生不同的配平攻角，从而使得飞船再入飞行时具有不同的气动升阻力特性。传统飞船在设计时仅针对特定任务特定功能，因此要求飞船质心位置保持在名义质心位置附近极小范围内，从而保证飞船再入时具有较为固定的气动特性。多用途飞船自身质量特性的不确定对飞船再入技术提出了新的挑战，需要从空气动力学特性分析、先进再入制导控制技术、多学科设计等方面予以突破。

3.1　飞船再入空气动力学特性

3.1.1　飞船空气动力学特性分析方法

目前，飞船再入气动分析与设计手段主要有地面仿真计算、风洞试验和飞行试验三种，这三种手段精度依次升高，成本与周期也依次升高。地面仿真计算主要包括基于数值求解纳维-斯托克斯方程的计算流体力学（CFD）方法以及面元法、求解欧拉方程法、经验公式法等各类快速计算方法。近年来，随着计算流体力学的不断发展，以及计算机运算能力的大幅度提升，我们已经可以应用CFD方法，求解比较精确的欧拉方程和纳维-斯托克斯方程，甚至可以对流场进行直接数值模拟（DNS），从而获得飞行器比较精确的气动特性。然而，这类方法计算量大，大规模计算需要高性能计算机集群，运算周期长，成本高，在实际工程应用中，尤其在总体方案论证阶段不适用于大范围使用。风洞试验多在具备条件的试验基地，完成不同马赫数、雷诺数下的气动力试验，

或是在电弧风洞中完成相应条件的气动热试验。风洞试验结果比较精确，但试验成本高、耗时长，对于高超声速风洞来说试验难度更大、成本更高。飞行试验周期较长、经费较高，但是由于其为实际飞行状态，因此一直是飞行器设计主要工作完成之后的可靠验证手段。我国多用途飞船缩比返回舱飞行试验（图 2）中配置了气动测量传感器，测量了返回舱再入大气层过程中表面压力、温度和热流等数据，获取了返回舱气动特性参数。缩比返回舱试飞试验突破并验证了新一代载人飞船返回舱的气动外形设计，这种通过试飞检验飞船气动外形的验证方式在国内尚属首次，获得的数据也弥足珍贵。

图 2　我国多用途飞船缩比返回舱飞行试验

3.1.2　飞船质心变化气动特性分析

目前国内外针对飞船再入气动特性的研究，多集中在飞船质量特性（质心位置）小范围变化的情况，以及再入过程中的一些特定弹道点。针对多用途飞船质心位置大范围变化的特点，系统性地研究其全弹道气动特性的工作较为少见。

NASA 约翰逊航天中心的 Jeremy R · Rea[8] 利用泰勒展开定性分析了“猎户座”飞船配平攻角随质心位置变化的变化规律，如图 3 所示，该研究结果仅适用于质心位置在标称位置附近小范围变化的情况。中国航天空气动力技术研究院陈河梧[9]对类“联盟”号的球冠倒锥外形返回舱模型在 $\phi0.5$m 的高超声速风洞中，马赫数分别为 4.94、5.96、7.96，攻角 2°～27°情况下，试验研究了马赫数变化、质心位置纵移与横偏对配平升阻比和纵向稳定性的影响，得到如下结论：①在配平状态下，随马赫数增大，配平攻角与配平升阻比减小；②在配平状态下，随马赫数增大，压力中心略微后移，使得纵向位置位于质心之后的压心更加远离质心，静稳定性增大；③ 质心位置远离大底（纵移），配平升阻比及配平攻角增大；④质心位置远离中轴线（横偏），配平升阻比及配平攻角增大；⑤质心横偏比纵移对配平升阻比、配平攻角的影响相对更大；⑥配平升阻比、配平攻角与质心位置变化近似呈线性关系，且斜率与马赫数近似无关。中国空气动力研究与发展中心的杨肖峰[10]等采用数值模拟的方法，计算分析了 35km、马赫数为 7 质心位置的选择对配平攻角、配平升阻比、静稳定性的影响规律，分析了气动性能对质心位置的敏感性。图 4 为质心位置与升阻比、俯仰力矩静导数的关系。其中，虚线为不同配平攻角和配平升阻比的配平线，实线为不同俯仰力矩静导数等值线。阴影区域为最小升阻比 0.3，最小静稳定度-0.002 围成的区域。主要结论如下：①质心越靠近大底，配平攻角（绝对值）越小，配平升阻比越低，静稳定度越大；②质心越靠近中轴线，配平攻角越小，配平升阻比越小，静稳定度越小；③对于配平攻角（升阻比），轴向质心位置变化比横向质心位置变化带来的影响小；④对于静稳定度，轴向质心位置变化比横向质心位置变化带来的影响大；⑤质心越靠近大底，气动特性对质心位置的敏感性越低。

为系统性研究飞船质心位置大范围变化时再入全弹道气动特性，作者指导其博士生利用 CFD 手段对类“猎户座”进行了计算分析[11]。得到如下主要结论：在一定范围内，飞船配平攻角、配平升阻比与飞船质心位置的变化呈现较为一致的线性关系。飞船质心离大底中心越远、越偏离对称轴，则飞船配平攻角越大，配平升阻比越大；反之，飞船质心离大底中心越近、越靠近对称轴，则飞船配平攻角越小，配平升阻比越小。当飞船质心位置偏离对称轴一定范围时，配平攻角过大，背风面气流分离失速使得配平升阻比下降甚至反向。图 5 给出了飞船在 31km、马赫数为 4 不同攻角时的流场流线图，可以看到，来流攻角为 60°时，背风面流动分离现象比较明显。飞船质心位置—气动特性云图中存在一个“失速”区，当飞船质心在此区域内时，配平攻角较大，配平升阻比较小甚至为负值，不同速度时此“失速”区范围大小不同，飞行速度越小，“失速”区域越大。与配平升阻特性不同，飞船静稳定性特性与质心位置变化并不呈现简单的线性关系，但也可近似看作线性关系：飞船质心离大底中心越远、越偏离对称轴，则飞船 $C_{m\alpha}$（负值）越大，静稳定性越差；反之，飞船质心离大底中心越近、越靠近对称轴，则飞船 $C_{m\alpha}$（负值）越小，静稳定性越好。

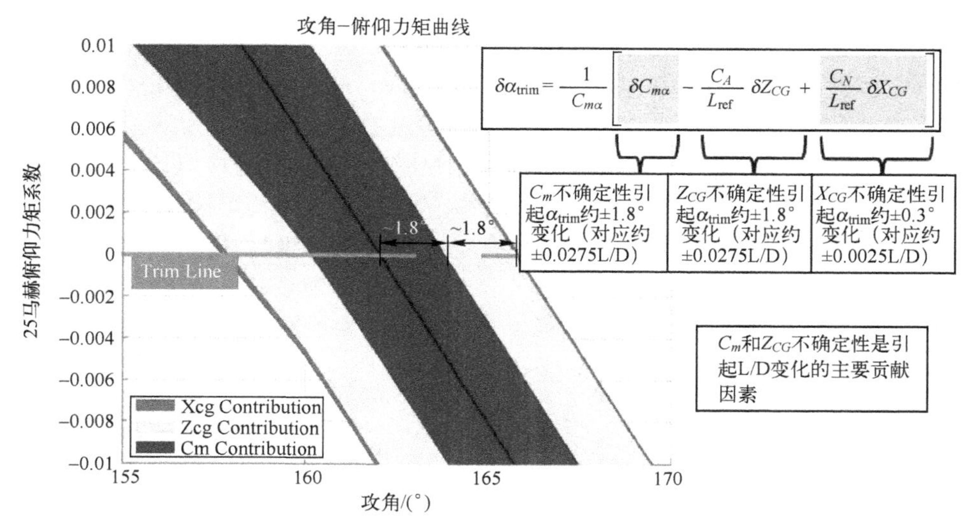

图 3　“猎户座”飞船质心小范围变化对配平攻角的影响

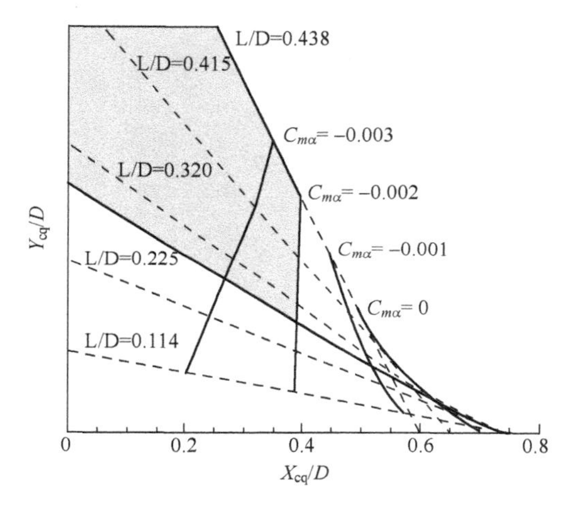

图 4　类“联盟”号质心位置与升阻比、俯仰力矩静导数的关系

对飞船再入制导控制来说，配平升阻比是气动特性中的关键特性，因此作者通过遍历法，找出对给定飞船质心位置，飞船在不同再入弹道点的最小配平升阻比、最小静稳定度，结果如图 6 所示。图中横轴为飞船质心无量纲轴向位置，纵轴为质心无量纲横向位置，实线为等升阻比线，虚线为等 $C_{m\alpha}$ 值线。由图 6 可看到飞船质心位置变化时，正常气动特性区域与失速区域的分界线。在此分界线左下方，返回舱升阻比随轴向质心位置增加而快速增加，随质心横向位置增加而增加。当越过此分界线后，飞船气动特性急剧恶化，升阻特性变为负值，飞船总体设计时，应保证飞船质心尽量远离此失速区域。

3.2　飞船再入制导控制

航天工程中的再入制导是指对具有一定升力的飞行器，通过在线生成操纵指令，将飞行器从初始位置安全、精确地导引到给定终点的过程。从物理本质上讲，再入制导即为精确控制飞行器的能量耗散过程，使得飞行器再入过程满足航程约束及其他轨迹约束。由于飞船再入过程纵向运动与横侧向运动耦合性不强，一般将再入制导分为纵向制导与横侧向制导进行单独设计。

3.2.1　纵向制导律

目前，主流的纵向再入制导方法[12-13]一般包括参考轨迹法与预测-校正法。参考轨迹法通常分为离线轨迹规划和在线轨迹跟踪两部分，对飞船这类再入轨迹角较大的再入过程，参考轨迹法直接跟踪飞行器的状态量如高度、速度和飞行路径角。参考轨迹法经过了工程实践的反复验证，其可靠性高，在线计算量小，适用于传统飞行器的制导律设计。但由于其依赖于特定飞行器的特定再入参考轨迹，对初始再入条件敏感，且当飞行器自身特性变化、任务变化时均需要重新设计参考轨迹，多任务灵活性不足，不适合应用于多用途飞船。

自由进入太空要求更高的任务规划灵活性，这就要求航天器的 GNC 系统具有较强的多任务适应能力和轨迹适应性。因此人们一直在追求具有自主能力的制导方法，如预测-校正制导方法。预测-校正制导方法分为解析预测和数值预测两类方法，前者在阿波罗飞船上取得应用，但由于其依赖再入运动的近似解析解，制导精度尤其是长航程再入制导精度不高。数值预测-校正方法利用数值积分再入动力学方程获取航程预测信息，并据此进行倾侧角指令迭代校正，其优点是制导精度高，对再入过程中的不确定性鲁棒性强，缺点是计算量偏大，且无法保证绝对收敛。Lu Ping 等[14-19]从倾侧角剖面参数化、迭代收敛准则、过载限制方法等方面逐步发展了数值预测-校正算法，提高了其工程实用性。随着现代计算机运算能力的迅速发展，数值预测-校算法正逐步成为了飞船再入制导发展的主流，并在“猎户座”飞船首飞任务中得到了成功应用。“猎户座”在阿波罗飞船制导系统的基础上，引入数值预测-校正制导（numeric predictor corrector，NPC）方法，并采用竞争融合的招标方式，从美国国家航空航天局（NASA）、洛克希德·马丁公司，以及 Draper 实验室的三种制导方案竞标过程中，形成了以 PredGuid 方案为基础，吸收其余两种方案优点的制导方案，用以弥补阿波罗再入制导系统由于大量采用近似简化而带来的精度不足的问题。

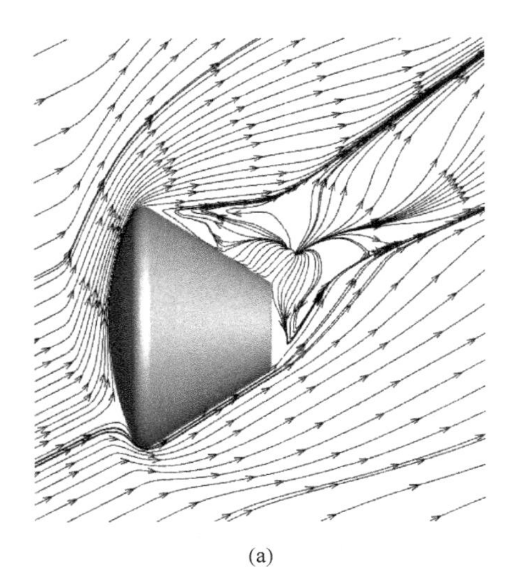

(a)

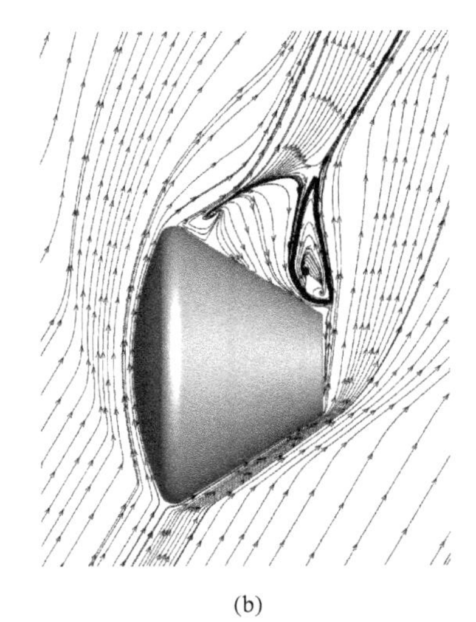

(b)

图 5　31km，马赫数为 4 流场流线图
（a）27°攻角；（b）60°攻角。

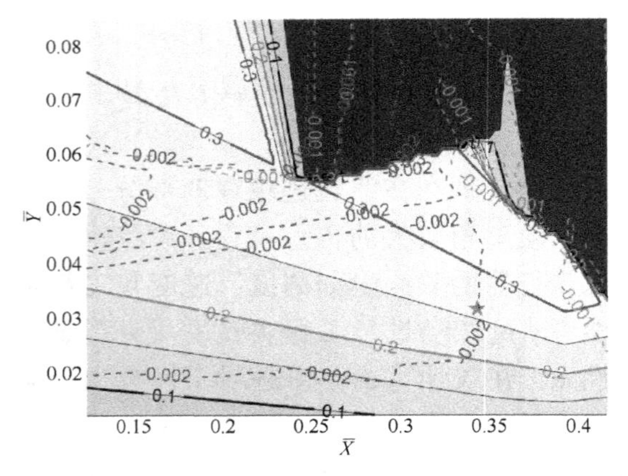

图 6　不同质心位置全弹道（高度 10~70km，马赫数为 0.8~30）最小配平升阻比、最小静稳定性

我国北京控制工程研究所胡军等三代航天人历经 20 余年，深入研究了再入制导机理，结合理论研究与工程实践，综合自适应航程预测、时变动态控制增益、基于特征模型的自适应控制、自适应双环制导方法以及动态增益漏斗式横向制导方法，发展形成了全数字、全系数自适应预测制导方法，研究了该类方法在地球轨道直接再入、月地返回跳跃式再入、火星进入与火星大气捕获、大升力体初始再入、末端能量管理、水平进场着陆中的应用[20-26]。该类方法相对于参考轨迹法大大提高了对再入过程不确定性的适应能力，且所需计算量较小，降低了预测-校正制导的应用门槛，但相对于数值预测-校正制导，该类方法需要一个初始的参考轨迹。该类方法先后在我国“嫦娥”五号飞行试验器以及新一代载人飞船试验船的飞行试验中得到了成功应用，达到了非常高的制导精度。其中“嫦娥”五号飞行试验器开伞点纵向误差 0.248km（指标小于 30km），横向误差 0.445km（指标小于 20km），总误差 0.509km，开伞点精度是目前国际上航天器月地返回的最高精度。

目前关于飞船再入纵向制导方法的研究，受限于工程需求，仅考虑飞船质心位置在较小范围内变化的情况，未见考虑飞船质心位置大范围变化的再入制导方法研究，“龙”飞船再入制导方法未见公开报道。

3.2.2　横侧向制导律

飞船再入横侧向制导一般采用漏斗形边界函数来确定倾侧角的符号，通过倾侧角翻转缩小横向航程误差。定义横侧向距离：

$$\chi=\arcsin[\sin s_{\text{to-go}}\sin(\psi-\Psi)] \tag{1}$$

式中：$s_{\text{to-go}}$为无量纲纵向剩余航程；ψ 为飞行器当前速度方向角；Ψ 为飞行器与瞄准点连线在地球表面投影与地球经度线的夹角。

定义边界函数χ_c 为无量纲速度 v 的函数，即

$$\chi_c=c_1v+c_2 \tag{2}$$

式中：c_1、c_2 为可调参数。

翻转逻辑为一旦横侧向距离χ 超过边界χ_c，则进行倾侧角翻转，改变升力在水平面内的投影方向，从而使飞船“转向”，缩小航程误差。当倾侧角过小时，飞船升力在当地水平面内的投影较小，横程调整能力较弱，此时将倾侧角翻转边界减半。

3.3　多学科设计

多用途载人飞船再入技术是一项系统性、工程性很强的研究，涉及航天器总体设计、空气动力学、工程热力学、飞行力学、控制理论与应用、推进理论等多学科的交叉融合，采用多学科优化设计是有效的也是必要的。通过系统建立问题的输入、输出、约束条件，特别是研究各问题之间的强弱耦合关系，将有助于获得全局最优或局部最优的系统级解决方案。另外，随着航天器设计阶段从概念设计到初样设计再到正样设计过程的不断推进，其设计自由度不断降低，决策成本不断增加，如图 7 所示[27]。通过引入多学科优化设计，从概念设计阶段就开始不断提升设计人员对航天器本身的认知水平，提升设计自由度，有助于提升航天器的性能。

目前，航天工程中所采用的多学科分析软件多为各科研院所自行开发，典型的如 NASA 兰利研究中心（LaRC）牵头开发了行星再入多任务系统分析工具（multi - mission system analysis for planetary entry，M-SAPE）[27-28]，包括飞行器几何外形、质量特性、结构响应分析、飞行力学、热防护系统、着陆冲击分析以及集成网络接口程序等子系统，旨在提高飞行器综合决策、敏感性分析、蒙特卡罗分析、飞行器优化等设计过程的速

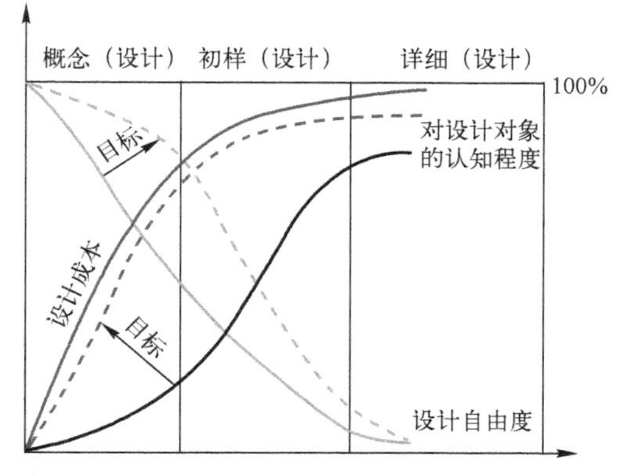

图 7　航天器设计不同阶段中的决策成本

度，建立在数小时或数天内进行系统分析评估的能力。NASA 工程与安全中心通过集成一系列子系统模型及代码程序，建立了进入减速着陆快速分析评估仿真平台（simulation framework for rapid entry，descent，and landing（EDL）analysis assessment），以便能在系统分析研究、基础设计、任务规划设计、紧急评估中对 EDL 特性进行快速分析[29-31]。平台包括气动模型、再入制导算法、航天器质量模型、姿态控制模型、环境模型及前后处理模块六大模块。佐治亚理工大学的 Richard 等开发了行星再入系统分析工具（planet entry systems and synthesis of tool，PESST）[32]。PESST 能利用用户自定义的几何外形、高超声速气动特性、飞行力学、热响应和质量特性，快速分析再入飞行器的特性，并形成统一的解决方案。PESST 共包括以下几个模块：系统定义、质量特性分析、力学模型、系统气动特性、导航制导与控制、轨迹分析以及热响应等。

为从系统层面探究飞船再入过程对质量特性变化的适应能力，作者指导博士生开发了多用途飞船再入动力学与控制仿真软件 CMSGuid[11]。CMSGuid 具备对不同外形飞船、不同航程、不同再入条件的再入过程的控制与仿真能力，并综合基于扩张状态观测器的纵向制导方法和改进的预测式横侧向制导方法，提出了一种适用于多用途飞船再入制导的新方法，有效提高了再入制导算法对质心位置不确定性偏差的适应能力。图 8 为利用 CMSGuid 对飞船质量特性大范围变化时典型再入工况（4200km 航程）完成的蒙特卡罗打靶仿真结果。图中横轴为飞船无量纲质心轴向位置，纵轴为无量纲质心横向位置，不同点型对应飞船该实际质心位置的再入落点精度，例如，实心圆点表示仿真再入落点精度优于 5km。图中标出了飞船

标称质心位置与传统飞船质心位置约束。由图 8 可看出，通过改进再入制导算法，能大大提高飞船再入过程对质量特性的适应能力。CMSGuid 已成功应用于我国新一代载人飞船总体设计、任务规划及控制系统设计仿真当中。

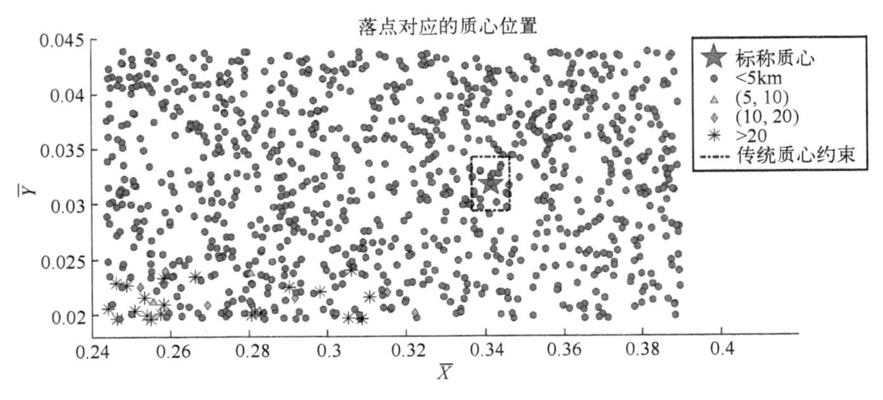

图 8　多用途飞船 4200km 航程再入打靶结果

4　我国多用途飞船研制进展

我国在 2013 年启动了新一代载人飞船预先研究工作。飞船秉承多用途设计理念，兼顾载人与货运需求，统筹近地空间站运营任务与深空探测任务，以提升飞行器效能，降低研制成本。为稳步推进飞船研制工作，先后研制了新一代载人飞船缩比返回舱与全尺寸试验船。

为对飞船气动外形等关键技术进行提前验证，我国研制了多用途飞船缩比返回舱，高度约 2.3m，最大外径 2.6m，总质量约 2.8t，采用返回舱和过渡段的两舱构型。2016 年 6 月 25 日，“长征”七号运载火箭搭载多用途飞船缩比返回舱在进行了约 20h 在轨飞行后，于 6 月 26 日 15 点 41 分成功着陆在内蒙古东风着陆场。本次飞行试验获取了大量宝贵数据，验证了飞船的气动设计、防热系统设计等。

为进一步验证飞船总体设计方案及其他关键技术，又研制了新一代载人飞船试验船。2020 年 5 月 5 日，新一代载人飞船试验船搭载“长征” 5 号 B 运载火箭顺利升空，飞船按既定程序进行了 7 次自主变轨，将飞船抬升至远地点 8000km 的大椭圆轨道，期间进行了各项搭载科学载荷试验。5 月 8 日，飞船制动后以约 9000m/s 的速度再入返回至着陆场，2 具减速伞和 3 具主伞依序打开，最终在气囊的缓冲作用下，返回舱平稳着陆。

试验船飞行任务的圆满成功验证了新一代载人飞船的总体设计方案，以及国际上推力最大的单组元无毒发动机、国内空间飞行器最大的表面张力贮箱、自主轨控技术、新型防热结构与材料、群伞减速与气囊回收技术、在轨数据获取系统七大关键技术。经过任务验证，新一代载人飞船试验船的主要技术指标已经达到国际先进水平，为我国新一代载人飞船的后续研制工作奠定了坚实的基础。

5　结束语

我国在多用途飞船再入技术的研究和工程应用方面取得了一系列创新的成果。对于未来的型号研制及工程实施，尚有许多重要的问题需要解决，简述如下：

（1）载人飞船全流动速域气动特性快速计算方法：对于飞船再入主要经历的高超声速连续流动，一些工程近似方法如面元法能快速计算飞船再入气动特性，并具有一定的计算精度，相比 CFD 计算结果，面元法升阻比特性计算误差在 30%以内，可用于快速计算飞船再入气动特性。但对于飞船再入初期的高空稀薄流动、再入末期的亚跨流动，面元法计算精度不甚理想。为满足飞船初期论证时的总体设计需求，需要进一步探索建立适用于高空稀薄流动、亚跨流动的具有一定计算精度的飞船再入气动特性快速分析方法。

（2）多用途飞船再入制导方法：作者指导博士生，将自抗扰控制技术引入载人飞行器的再入控制研究，相比现有方法，大大降低了对大气模型和气动数据库精度的要求，在工程上可以显著减少研制时间并降低研制成本，为工程应用提供了一种新的途径；综合基于扩张状态观测器的纵向制导方法和预测式横侧向制导方法，提出了一种适用于多用途飞船再入制导的新方法，有效提高了对质心位置不确定性偏差的适应能力。研究结果表明，通过采用先进的制导方法，能使得飞船对其自身质量特性变化具有较强的适应能力。在工程应用层面，这些方法的可靠性、实用性有待进一步检验。

（3）多用途飞船再入姿态控制方法：多用途飞船的质量特性不确定性包括质心位置的不确定与转动惯量的不确定。质心位置不确定性使得再入过程中配平攻角偏离标称配平攻角较大，造成气动阻尼等气动特性不确定性较大，也给姿态解算带来困难。另外，返回舱再入姿态控制的所用反作用力控制系统（RCS）发动机通常沿着标称配平攻角配置，质心位置变化后实际再入过程中配平攻角与标称配平攻角之间的差别又会使得控制力矩的很大一部分成为干扰力矩，而转动惯量的不确定性又造成控制效能的不确定性；飞船实际再入过程中攻角并不严格等于配平攻角，而是在配平攻角附近小幅震荡。另外，飞船再入过程还会有微小的侧滑角，由此带来飞船受到的气动力有所不同，以上这些因素都给飞船再入姿态控制造成许多实际的困难，需要研究抗干扰能力强、带宽高的姿态控制方法，并在飞船六自由度再入动力学的框架下，评估再入过程中姿态控制过程对再入落点精度的影响。

（4）多用途飞船再入多学科设计软件开发：多用途载人飞船再入技术是一项系统性、工程性很强的研究项目，涉及学科多、不同学科之间的耦合强，需要开发并不断发展多学科设计软件，为飞船总体设计、任务规划以及工程实施提供得力工具。

（5）多用途飞船姿控发动机配置优化：飞船再入飞行配平攻角大范围变化的问题，不仅需要从软件算法的层面深入研究，也需要从总体设计层面研究发动机推力、比冲、启动时间以及位置布局等因素对再入过程的影响，从而对发动机进行优化配置，以收到提高控制效能、减少燃料消耗的效果。

参考文献

[1] 张振华，白明生，石泳，等．国外商业航天的发展及启示[J]．商业航天，2015（11）：31-39.

[2] 太空探索编辑部．“龙”飞船设计分析[J]．太空探索，2014（7）：21.

[3] 太空探索编辑部．载人型龙飞船：“龙”2代的风采[J]．太空探索，2018（10）：38-41.

[4] 张雪松．从“联盟”到“联邦”，俄罗斯新飞船研制不容易[J]．卫星与网络，2018（9）：54-57.

[5] 张雪松．联邦号：俄新一代载人飞船[J]．太空探索，2019（5）：46-47.

[6] 杨雷，张柏楠，郭斌，等．新一代多用途载人飞船概念研究[J]．航空学报，2015，36（3）：703-713.

[7] www. spacex. com/vehicles/dragon/.

[8] Rea J R. Orion entry performance-based center-of-gravity box [C]. AIAA Guidance，Navigation，and Control Conference，Toronto，Ontario.

[9] 陈河梧．飞船返回舱高超声速气动特性的风洞实验分析[J]．航天器工程，2008，17（5）：77-81.

[10] 杨肖峰，唐伟，桂业伟．类“联盟”号飞船返回舱气动布局研究[C]．第十五届全国计算流体力学会议论文集，烟台：2012.

[11] 张敏捷．多用途飞行器再入技术研究[D]．北京：中国空间技术研究院，2020.

[12] 赵汉元．航天器再入制导方法综述[J]．航天控制，1994（1）：26-33.

[13] D'Souza S N，Klijin N S. Survey of planetary entry guidance algorithms [J]. Progress in Aerospace Sciences，2014（68）：64-74.

[14] Brunner C W. Skip entry trajectory planning and guidance [D]. Ph. D. Dissertation，Iowa State University，2008.

[15] Brunner C W，Lu P. Skip entry trajectory planning and guidance [J]. Journal of Guidance，Control and Dynamics，2008，31（5）：1210-1219.

[16] Lu P. Predictor-corrector entry guidance for low lifting vehicles [J]. Journal of Guidance，Control and Dynamics，2008，31（4）：1067-1075.

[17] Brunner C W，Lu P. Comparison of fully numerical predictor-corrector and Apollo skip entry guidance algorithms [J]. Journal of Astronautical Sciences，2012，59：517-540.

[18] Lu P. Entry guidance：a unified method [J]. Journal of Guidance，Control and Dynamics，2014，37（3）：713-728.

[19] Lu P，Brunner W，Stachowiak S J，et al. Verification of a fully numerical entry guidance algorithm [J]. Journal of Guidance，Control and Dynamics，2017，20（2）：230-247.

[20] 胡军．载人飞船全系数自适应再入升力控制[J]．宇航学报，1998，19（1）：8-12.

[21] 胡军. 载人飞船的一种混合再入制导方法[J]. 航天控制，1999，17（2）：19-24.

[22] 胡军，张钊．载人登月飞行器高速返回再入制导技术研究[J]．控制理论与应用，2014（12）：1678-1685.

[23] 李毛毛，胡军. 火星进入段自适应预测校正制导方法[J]．宇航学报，2017，38（5）：506-515.

[24] 胡军，张钊. 数值预测校正制导方法用于大升阻比再入飞行器的研究[C]．2015年11月中国自动化大会. 北京：自动化学会，2015.

[25] LI M M，HU J. An approach and landing guidance design for reus-

able launch vehicle based on adaptive predictor - corrector technique [J]. Aerospace Science and Technology, 2018 (75): 13-23.

[26] 胡军. 自适应预测制导一种统一的制导方法 [J]. 空间技术技术与应用, 2019, 45 (4): 53-63.

[27] Jamshid S. A multidisciplinary tool for systems analysis of planetary entry, descent, and landing (SAPE) [R]. L-19730; LF99-9217; NASA/TM-2009-215950, 2009.

[28] Jamshid S, Glaab L, Winski R G, et al. Multi-mission system analysis for planetary entry (m-sape) version 1 [R]. NASA/TM2014-218507, L-20440, NF1676L-19269, 2014.

[29] Murri D G. Simulation framework for rapid entry, descent, and landing (EDL) analysis Volume Ⅰ [R]. NASA/TM-2010-216867/Volume Ⅰ, NESC-RP-09-00530.

[30] Murri D G. Simulation framework for rapid entry, descent, and landing (EDL) analysis Volume Ⅱ [R]. NASA/TM-2010-216867/Volume Ⅱ, NESC-RP-09-00530.

[31] Murri D G. Simulation framework for rapid entry, descent, and landing (EDL) analysis Phase 2 Results [R]. NASA/TM-2011-217063, NESC-RP-09-00530.

[32] Otero R E, Braun R D. The planetary entry systems synthesis tool: A conceptual design and analysis tool for EDL systems [C]. IEEE Aerospace Conference, 2010.

航天器在轨服务系统动力学与控制技术研究进展

王大轶[1]，葛东明[1]，陈士明[2]，王兴龙[2]
（1. 北京空间飞行器总体设计部，北京，100094；
2. 中国空间技术研究院通信与导航卫星总体部，北京，100094）

摘要： 本文首先概述了国外在轨服务项目进展，而后从相对导航与测量、合作目标刚性捕获对接技术、姿态失稳目标在轨捕获动力学、组合体动力学建模与控制等方面介绍了在轨服务系统动力学与控制关键技术研究进展，最后提出未来在轨服务动力学与控制技术的主要发展方向。

关键词： 航天器；在轨服务；动力学；控制

1 引言

人类对浩瀚宇宙的探索推动航天技术不断进步，航天器的系统组成也变得越来越复杂，其蕴含的技术水平和任务性能有了大幅度的提高。特别是大型航天器的应用，为人类在太空停留、长时间探索太空、空间资源应用提供了平台。然而，受限于运载器运载能力，无法将空间大型结构或者重型航天器一次完成运载任务，这就使得在轨装配技术成为研究的重点。由于不同于地面的空间复杂环境和在轨航天器维护困难等原因，所有在轨航天器都面临着退化、失效，甚至废弃而失去任务价值的风险，而重新进行失效航天器或失效模块的发射替换会造成任务成本的大幅度提高。因此，如何能够保证在轨航天器能够在复杂的太空环境中更加稳定、长久的运行，成为航天领域技术研究的一个重点。在轨维护技术的提出为这一难题提供了新的解决思路。在轨维护与服务技术包含在轨服务操作、在轨维护操作和在轨装配操作等操作模式。

由于在轨服务技术具有巨大的经济价值和潜在的军事意义，世界各航天大国都投入了大量的研究，在我国航天领域属于一个新的研究方向。在轨服务具有三个使命任务：一是通过对航天器的在轨维修维护，可实现故障恢复、延长寿命和功能拓展，提高在轨资源的使用效率，从单星一次性发射的使用方式向全生命周期可维修维护方式转变，促使航天器体系结构和研制模式发生革命性的变化；二是通过对轨道空间的监视与维护，可实现空间碎片的编目、主动清除和回收利用，降低空间碎片对在轨航天器撞击的概率，保证轨道资源使用的可持续性；三是通过在轨组装和在轨加工，可实现空间系统的分批发射与在轨建造，节省发射成本、降低风险，提高空间活动能力[1-6]。

航天器在轨服务过程非常复杂，涉及目标相对导航与测量、合作目标刚性捕获对接技术、姿态失稳目标在轨捕获动力学、组合体动力学建模与控制等一系列关键技术。本文首先简述了国外在轨服务项目进展情况，然后介绍了在轨服务动力学与控制关键技术进展情况，最后提出未来的重点发展方向。

2 国外在轨服务项目进展

对于在轨服务技术特别是 GEO 在轨服务技术，世界上各个航天大国进行了大量的研究。随着这些项目计划的逐步提出和在轨试验，美国和欧洲等将具有在 GEO 轨道上对绝大多数合作/非合作目标进行交会、监测、捕获、释放、维修、变轨等操作的技术能力。

2.1 美国在轨服务项目

美国很早就开展了 GEO 在轨服务方面的研究，1996 年，Scott 等[6]就针对未能入轨的甚高频 UHF-1 卫星提出了在轨服务设想并申请了专利，随后，美国针对 GEO 卫星提出并开展了一系列在轨服务计划。2004 年，美国 DARPA 资助了 GEO 通用航天器轨道修正系统（Spacecraft for the Universal

Modification of Orbits，SUMO）的研究，其目标是为绝大多数非合作目标进行在轨服务，以演示验证空间交会、自主抓捕等技术。2006 年 SUMO 更名为 FREND，旨在开展自主捕获非合作目标的空间机械臂技术演示验证研究。目前，FREND/SUMO 计划已经完成地面演示验证，该项目原定于 2011 年开展 LEO 轨道的飞行演示验证，但至今未有公开报道。微卫星技术试验（Micro - Satellite Technology Experiment，MiTEx）计划是由美国 DARPA、美国空军、海军等共同推出的一项针对合作/非合作目标的在轨目标监视计划。MiTEx 系统包括火箭上面级和两颗小卫星。2006 年，该计划首次在 GEO 轨道成功演示了在轨目标监视技术。在完成预定的在轨监视演示任务后，两颗 MiTEx 小卫星在 2008 年底至 2009 年初机动至失效的国防支援计划-23（DSP-23）导弹预警卫星附近，成功对其进行了在轨监测。

“任务延寿飞行器”（MEV）是 2011 年美国维维卫星商业公司（ViviSat）提出的地球静止轨道卫星延寿系列项目，美国维维卫星商业公司由美国航天公司（US Space）与轨道 ATK 公司（Orbital ATK）共同出资建立。2020 年 2 月 25 日，美国诺斯罗普-格鲁门公司（以下简称诺格）研制的“任务拓展飞行器”-1（MEV-1）成功与超期服役的“国际通信卫星”-901（Intelsat-901）交会对接，将为其提供 5 年工作寿命延长服务。这是全球首次成功实施的实用性 GEO 服务航天器延寿任务，标志着在轨服务从技术试验阶段正式迈入实际应用阶段，具有应用示范的意义，值得高度关注和研究。

图 1 “任务延寿飞行器”任务构想

1.2 欧洲在轨服务项目

欧空局 ESA 于 1989 年提出了地球静止轨道服务飞行器（Geostationary Service Vehicle，GSV）的概念[8]，主要用于对 GEO 卫星进行目标监视、燃料加注、模块更换和辅助离轨等功能。GSV 飞行器的方案设想如图 2 所示。由于种种原因，GSV 并没有进入实际工程阶段，而仅开展了概念设计。德国宇航局（DLR）于 1994 年提出了试验服务卫星（Experimental Servicing Satellite，ESS）计划[9]，以研究在 GEO 轨道上对目标卫星进行交会、监视和维修等在轨服务技术。ESS 服务卫星的设想图如图 3 所示，其上安装有一个机械臂，用于试验机械臂的遥操作控制技术，完成对故障卫星的捕获、检查和维修。ESS 计划也只进行到概念设计阶段。

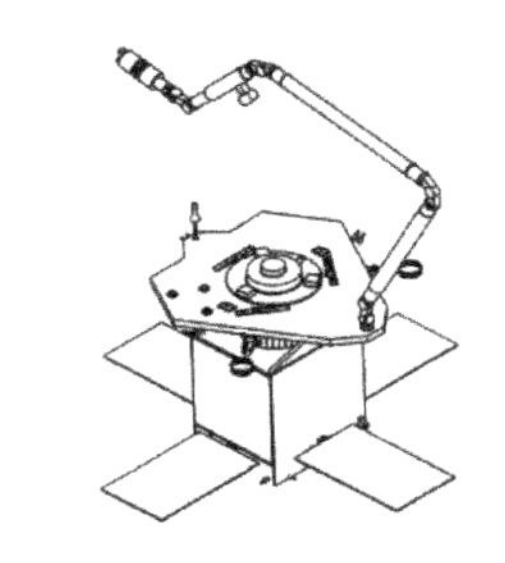

图 2 GSV 飞行器的方案设想

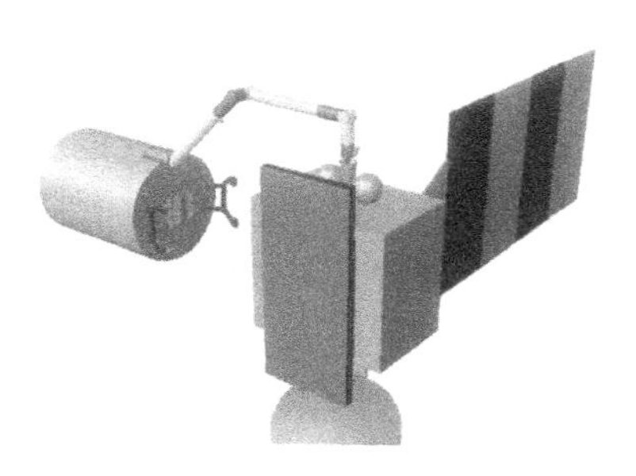

图 3 ESS 计划方案设想图

ESA、DLR 以及宇宙 Kosmas 合作开展了赫耳墨斯（Hermes）计划，探索研究在轨的燃料收集和加注技术。Hermes 计划收集已失效但仍有燃料的卫星、有多余燃料的正常卫星和火箭上面级中的燃料，然后给需要燃料的 GEO 通信卫星进行燃料加注[10]。Hermes 在轨服务系统包括服务卫星、燃料存储卫星、监视小卫星、可更换推进模块和轨道提升舱 5 部分，其中仅有服务卫星是必须的。Hermes 计划目前还处在概念论证阶段，其在轨加注的想象如图 5 所示。2002 年开始的同步轨道清理机器人（ROGER）计划，旨在研究捕获 GEO 非合作目标卫星并辅助其离轨等技术[11]。服务星经地面引导和自主导航至距离目标 15m 处，然后服务星释放网状或绳系抓捕系统捕获目标，随后服务星将其拖入坟墓轨道，与目标分离后返回 GEO 轨道等待下一次任务。其验证的关键技术包括空间交会、目标测量、飞网/飞爪捕获技术以及组合体控制技术。由于种种原因，该计划的研究未能继续开展下去，但其思想引起了国际航天界的广泛关注。

空间系统演示验证技术卫星（technology satellite for demonstration and verification of space system，TECSAS）计划的目标是研制一个可接受在轨服务的目标卫星和服务卫星。该计划于2006年终止后，DLR提出了后续研究项目为DEOS（Deutsche Orbitale Servicing Mission）项目[12]。DEOS的任务包括合作目标交会对接、慢旋非合作目标的捕获、组合体轨道机动。尽管DEOS以GEO卫星为服务对象，但近期将先在LEO轨道上开展演示，以验证慢旋非合作目标的捕获连接等关键技术。DLR与轨道修复公司（Orbital Recovery Corp）合作，开展了航天器寿命延长系统SLES或CX-OLEV的研制[13]。CX-OLEV与目标卫星进行对接后，接管目标卫星的姿态和轨道控制功能，使其有效载荷继续工作。由于CX-OLEV的平台ConeXpress没有经过飞行验证且仅适用于Ariane-5运载火箭，因此在新一轮的方案中，采用了经过飞行验证的小卫星平台SMART，服务卫星进化成了SMART-OLEV。

2.3　其他国家的在轨服务项目

加拿大MDA公司提出了利用机械臂对寿命末期GEO卫星进行燃料加注的静止轨道延寿系统方案设想。静止轨道延寿飞行器利用机械臂捕获目标的远地点发动机喷管形成刚性组合体，然后再打开目标卫星的注排阀门，插入软管泵入适量燃料。另外，该系统还具备简单的维修功能，能够排除太阳帆板打开等故障。日本的在轨维修系统（Orbital Maintenance System，OMS）计划的目标是实现对GEO卫星的在轨监测、维修、辅助入轨以及空间碎片处理等任务，OMS系统的概念如图4所示。NICT和三菱重工已经计划在同步转移轨道（GTO）利用Smart-1小卫星来演示验证在轨服务的自主交会技术等关键技术。

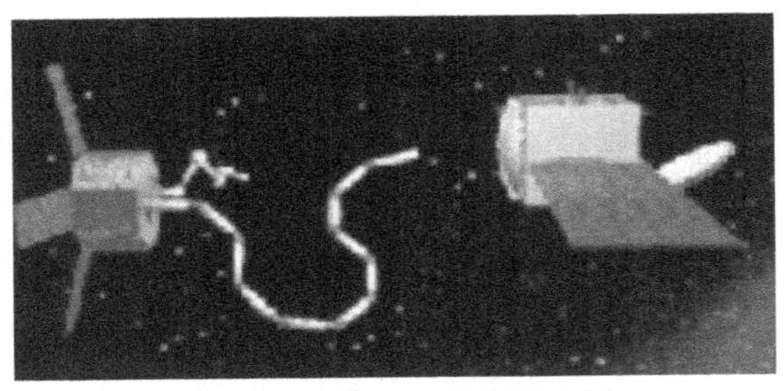

图4　日本的OMS计划概念图

3　在轨服务系统动力学与控制关键技术研究进展

3.1　相对导航与测量技术

3.1.1　敏感器技术

根据已有的在轨服务计划，在整个交会阶段中用于相对导航的敏感器主要包括被动式的（红外，可见光）相机以及主动式的激光测距仪，微波雷达，激光雷达等。其中，微波雷达和激光测距仪只能实现测距/测角，难以获得目标表面的特性，无法确定目标的姿态，而红外成像在近距离测量中的纹理性较差，因此上述敏感器均不适用于近距离测量的任务。目前能够独立承担近非合作航天器自主相对导航任务的光学敏感器以可见光相机和激光成像雷达两类敏感器为主。

可见光相机能够获得目标的二维图像，并且通常具有结构简单，体积质量小，功耗低的特点。然而，由于依靠目标表面反射的光线进行成像，因此相机对光照条件极为敏感，且容易对视场中的目标和背景混淆。根据测量原理的不同，可见光相机又可以分为单目视觉以及立体视觉。单目相机利用小孔成像原理进行测量，而立体相机能够通过多个成像平面的匹配从而恢复特征的深度信息。

和相机不同，激光成像雷达通过发射和接受激光光束，直接获得目标表面的点云数据，而无需进行复杂的图像处理步骤。然而和相机相比，激光雷达由于体积、质量、能耗较大，一般需要占用更多的资源配置。目前适用于自主导航的激光雷达主要包括扫描式和阵列式，前者以可活动的检测部件扫描视场，后者以固定的检测阵列一次性获取点云。而阵列式根据分别利用往返光束的时间和相位差又可分为闪光激光雷达和TOF相机。目前有许多在研的激光雷达可用作非合作航天器的自主相对导航任务，其中一些也已获得了在轨验证。Neptec公司的LCS是一种采用三角测量原理的扫描式激光雷达，其测量精度0.1~5mm，视场30°×30°。在LCS基础上研制的Tridar测距范围0.5~2000m，可以实现由中距离到近距离的位姿测量，是首个在轨实现非合作航天器近距离相对导航的主动敏感器，如图5所示。具有代表性的闪光激光雷达包括ACS公司研制的Dragon Eye

（如图5所示）以及Ball公司的VNS。Dragon Eye可实现10cm测量精度，而VNS也可达到10~20cm的精度范围，二者性能均在空间站交会飞行实验的过程中得到了验证。TOF相机方面，美国海军学院在点云算法试验中采用了由MESA公司研制的TOF相机Swiss ranger，其分辨率为176×144，视场角43°×43°。

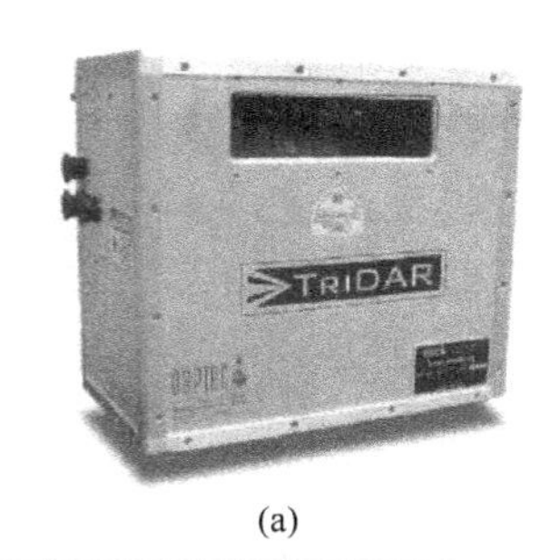

(a)

(b)

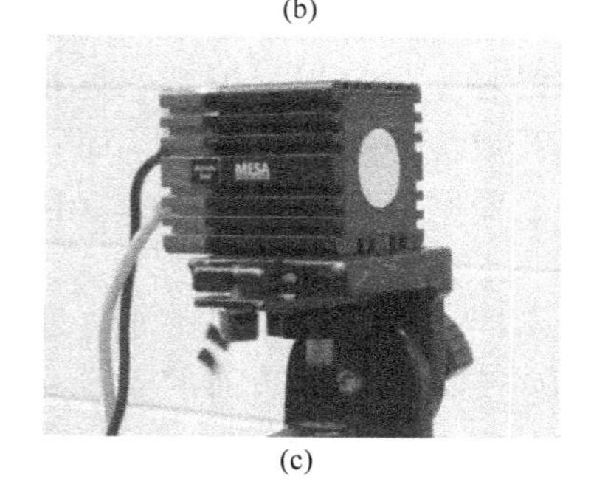

(c)

图5 导航敏感器

（a）Tridar；（b）Dragon Eye闪光激光成像雷达；
（c）Swiss ranger TOF相机。

表1总结了各类光学敏感器主要特性。由表可知，每种敏感器都有各自的测量局限，仅仅依靠单一的敏感器进行测量，难以满足非合作航天器相对导航的要求。因此在导航过程中通常需要对敏感器进行搭配，组成测量系统，从而扩展测量能力，提高测量精度。由美国SSCO公司针对空间非合作目标捕获的而开发的Argon视觉系统是具有代表性的测量系统，包括两个RNS相机以及一个VNS闪光激光雷达。DLR在相对导航地面实验中采用的测量系统包括单目相机，扫描激光雷达和PMD相机。VIBSNASS测量系统包括一组立体相机和一个单目相机，可分别用于较近和较远距离的测量，如图6所示。NASA研制的测量系统Raven用于验证Restore-L任务中可能采用的测量方案，其组成包括可见光相机，红外相机和闪光激光雷达。从目前研究情况来看，使用多传感器融合的测量方式，从测量原理上实现优势互补，逐渐成为非合作航天器相对导航敏感器研究的新趋势。

表1 导航敏感器比较

敏感器种类	优　点	缺　点
单目视觉	体积小，结构简单	缺少深度信息
立体视觉	能够恢复三维信息	算法复杂，测距受限
扫描式激光雷达	易于标定	耗时较大，易引点云畸变
闪光激光雷达	可探测距离远	分辨率受限，近距离测量精度差
TOF相机	结构紧凑，功耗低	探测距离有限

图6 多源融合测量系统

3.1.2 位姿测量技术

位姿测量是指利用敏感器的测量数据求解非合作航天器的相对位置和姿态。根据敏感器测量数据类型的不同，非合作航天器自主相对导航的位姿测量方法可分为基于二维图像和3D点云的方法。

1）基于二维图像的位姿测量

当通过单目/立体相机的观测得到非合作航天器的二维图像之后，需首先从图像中获得目标表面的特征，建立起其与目标本体的2D-3D对应关系，进而实现位姿的解算。因此，基于二维图像的位姿测量方法主要分为特征识别和位姿解算两步。

特征识别包括从序列图像中获得目标表面特征的一系列图像处理过程，其具体的方法因待识别的特征而异。非合作航天器可能保留着太阳能帆板，帆板支架，远地点推力器等部件，而它们在二维平面上的投影一般是平行四边形（矩形），三角形，椭圆（圆）等规则的几何特征。这些几何特征一方面较少受光照条件的影响，另一方面可以作为目标坐标系的参照，因此常被用于位姿测量。上述规则具有完整或部分完整几何形状的特征，通常由直线段，圆弧拼接而成，因此常采用 Hough 变换，Canny 边缘检测等图像处理方法进行识别。

2）基于 3D 点云的位姿测量

与基于图像的方法不同，由激光雷达测得的点云数据可以直接用于位姿解算，而一般无需进行特征提取等复杂的图像处理步骤。基于点云的位姿解算方法，其核心是求取由激光雷达的观测点云和存储的目标模板点云中对应点之间存在的六自由度刚性变换矩阵。迭代最近点（Iterated Closest Point，ICP）算法能够同时实现对应点的匹配和变换矩阵的求解，是解决上述问题的经典算法。ICP 算法是在两个点集中搜索最近的点对，根据上述匹配方式通过最小化误差函数求解点集间的变换阵，并将该变换作用到观测点云上，迭代进行上述过程，直到满足收敛准测。除了基于最近点的匹配，ICP 算法又存在诸多改进。虽然基于 ICP 的方法能够实现较高精度的位姿解算，但其对初值的精度要求较高。在初次测量之时，由于观测点云和点云模板之间的坐标系不同，二者的位置和姿态可能存在较大差异，在此情况下通过搜索最近点进行匹配求解，可能会使结果陷入局部最优。因此，在进行精确匹配求解位姿之前，首先需要获得点云间相对位姿的粗略结果，作为 ICP 算法的初值，这一过程被称为粗匹配。

总的说来，目前所提出的针对非合作航天器的位姿测量方法依然建立在已获得目标一定先验信息的基础上：基于二维图像的位姿测量方法通常假定目标航天器表面具备某种特定的结构，或者已知目标表面特征间的几何尺寸；基于 3D 点云的位姿测量方法则依赖于已知的或者经由服务航天器绕飞观测并重构的目标三维模型。同时，已有算法通常需要极大的计算量，在实际任务中能否利用有限的星载计算机处理能力和敏感器性能实现实时的位姿测量仍需进一步的检验。另外需要特别指出的是，一方面位姿测量仅能在敏感器的观测时刻求解位姿，因此对于单次测量误差较为敏感，另一方面求解过程中仅包括视觉和几何关系而不涉及动力学/运动学方程，因此一般只能获得非合作航天器几何坐标系的位姿信息，而无法获得目标的质心和惯性参数，这些都是现有位姿测量方法的固有局限。

3.1.3　导航滤波技术

导航滤波器是一类以卡尔曼滤波器为代表的递归估计算法，其基本思想是先通过状态模型对状态进行外推，再通过观测值对待估状态进行修正。导航滤波器的引入一方面能够利用已知的测量噪声统计特性，有效减少噪声对估计结果的干扰，另一方面，可以通过合理的滤波器结构设计，利用状态间的运动学和动力学关系，获得速度、角速度等仅通过光学测量无法获得的运动参数。

基于线性化的扩展卡尔曼滤波（EKF）是解决此类问题的标准方法。然而，EKF 虽然算法简单，计算量小，但由于只对过程方程和测量方程进行了一阶近似，当系统非线性较强时，一般难以达到令人满意的收敛速度和估计精度。针对 EKF 的不足，采用 IEKF 的方法，在标准 EKF 的基础上对量测更新进行多次迭代，以减小因线性化带来的误差。此外，一些新型的滤波算法，如基于确定性采样的无迹卡尔曼滤波（UKF），容积卡尔曼滤波（CKF）以及基于蒙特卡罗采样的粒子滤波（PF）等，也常被用于非合作自主导航问题。

可观性研究是滤波器设计过程中的重要环节。具备可观性，即通过观测数据唯一地确定待估计状态的能力，是滤波算法得以实施的前提。对于非合作相对导航问题，其可观性不仅与过程和测量模型紧密相关，而且还会受到目标运动状态的影响[14-15]。

3.2　合作目标刚性捕获对接技术

GEO 在轨服务的主要对象是合作目标，在轨服务任务的顺利完成一般建立在服务星与目标星刚性连接的基础上，因此，合作目标的刚性捕获对接技术是 GEO 在轨服务的研究重点。我国 GEO 在轨服务的主要合作目标是我国的大型通信卫星，为了实现刚性捕获连接，需要在目标卫星上增加被动配合部分。在轨服务过程中一般要求不能影响目标卫星的正常工作，而通信卫星的对地板一般安装有大量固定天线，南北板一般安装有大型太阳帆板，东西板有可展开天线，因此刚性捕获对接机构的安装位置限制在-Z 面，同时需要考虑背地面的 490N 发动机和对接框的影响。

传统的杆锥式对接机构和异体同构周边式对

接机构成功应用于载人飞船、载货飞船以及空间站模块舱与空间站的对接，技术上比较成熟。但是这两种对接机构在设计时考虑人和货物的传输以及密封等问题，因此结构非常复杂，质量较大，不适合直接作为在轨服务的捕获机构。三指式捕获机构通过最少的机械结构和通用可靠的丝杠-手指系统技术实现了导向、缓冲、捕获、拉紧和锁定等功能，并实现了电接口的连接，成本低、可靠性高、通用性好。陈士明等[16]借鉴三指式捕获机构的原理，设计分散在对接框周围的三组被动对接机构来实现刚性捕获对接，并建立了基于Adams的捕获过程动力学仿真系统，给出了相对位姿初始偏差对轴向接近速度影响的安全捕获条件区域。服务卫星上的主动机构与被动部分配合完成刚性捕获连接，也分为三组部件，分别与三组被动部件配合，完成刚性对接。捕获对接机构系统由服务星上的主动捕获机构和目标星上的被动联结机构构成。两者配合形成两航天器的刚性机械对接和飞行完成后的分离。主动捕获机构是服务卫星的主要有效载荷，包括捕获手指机构、驱动传动机构、对接框、辅助部件和壳体五部分。被动联结机构包括楔形导向沟槽、捕获槽和刚性联接的对接框。被动联结机构无活动部件，配合主动部分提供导向、补偿脱靶量和校正功能。

3.3 姿态失稳目标在轨捕获动力学技术

3.3.1 双星相对位姿和空间机械臂动力学建模

针对我国GEO在轨服务卫星系统的发展需求，王兴龙研究了在轨服务机械臂捕获姿态失稳目标的动力学与控制问题，提出了在轨服务卫星利用空间机械臂捕获姿态失稳目标的方案设想，重点对姿态失稳目标在轨捕获过程中的动力学与控制问题进行了理论研究和仿真分析。

双星相对位姿和空间机械臂动力学建模是进行GEO在轨服务机械臂捕获姿态失稳目标控制和仿真的理论基础。根据总体方案不同阶段的任务需求，分别建立了双星相对位置和姿态、空间机械臂和服务星平台刚体系统、空间机械臂连接的柔性组合体系统的动力学模型。最后逼近阶段，服务星与目标星的距离在100m以内，两星运动属于空间近距离相对运动问题。根据C-W方程和四元数等相对运动建模方法，建立了双星相对位置姿态动力学模型。针对空间近距离相对位姿控制耦合问题，考虑控制输入耦合与控制指令耦合，建立了双星相对位姿耦合动力学模型。

目标捕获阶段，由于尚未捕获目标星，机械臂末端空载，空间机械臂的柔性振动并不显著。此外，服务星姿轨控系统在此阶段正常工作，太阳翼等附件的柔性振动可假设能够被其控制系统正常控制。因此可将空间机械臂和服务星平台组成的系统视为刚体系统。基于广义雅可比矩阵方法，针对系统初始线动量和角动量不为零的一般情况，建立了包含系统初始运动在内的空间机械臂和服务星平台刚体动力学模型。目标捕获后，服务星和目标星在空间机械臂的连接下成为一个组合体。当服务星和目标星均为大型或超大型卫星平台时，整个组合体呈两头重中间轻的哑铃状构型，该种构型使得处于连接位置的空间机械臂的柔性显著增加。同时，随着机械臂运动，组合体的构型不断变化，整个系统构成一个多柔体、变结构、低基频的大型空间柔性组合体，其动力学建模问题难度较大。综合考虑机械臂关节柔性、臂杆柔性和卫星太阳翼柔性等因素，建立了空间机械臂连接的柔性组合体动力学模型，如图7所示。

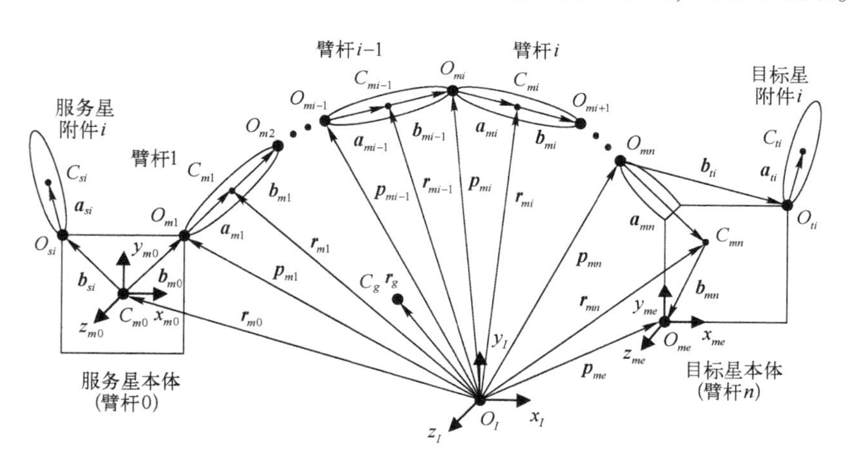

图7 空间机械臂连接的柔性组合体模型

3.3.2　姿态失稳目标安全捕获走廊逼近策略

姿态稳定目标的逼近策略技术发展较为成熟。通常情况下，目标星对接轴指向设置为在其轨道面内，服务星在安全对接走廊内沿对接轴作直线型受迫运动，逼近目标星对接机构。由于目标星姿态稳定，对接轴和对接走廊的空间指向固定，服务星的逼近轨迹为直线，对服务星控制系统要求较低。

对于姿态失稳目标，其姿态失稳后往往因存在初始角速度和能量耗散等因素而处于慢旋或翻滚状态，对接轴的空间指向不确定且时刻变化，若仍采用姿态稳定目标的逼近策略，服务星在安全对接走廊内的逼近轨迹跟随对接走廊的运动而呈形状复杂的曲线，对服务星控制系统要求较高，工程实施较为困难。此外，GEO 轨道卫星一般都是带有太阳翼等大型附件的大型或超大型卫星平台，由于目标姿态失稳，太阳翼等附件跟随星体姿态作旋转运动。服务星在逼近过程中极有可能与目标星本体及太阳翼等附件发生碰撞，产生安全性问题。这些问题使得姿态失稳目标的逼近策略更加复杂困难[17]。

针对上述问题，规划和分析了姿态失稳目标的安全逼近策略。结合 GEO 通信卫星特点对姿态失稳目标的在轨运动进行了分析和简化。针对逼近过程中的时间限制和可能发生的碰撞问题，定义了面向机械臂捕获的动/静态安全捕获走廊，如图 8 所示。以此为基础规划了动态和静态两种安全捕获走廊逼近策略，并分别对每种逼近策略的直线逼近路径选择、绕飞转移和直线逼近规划、紧急撤离机动策略等进行了详细设计，如图 9 所示。

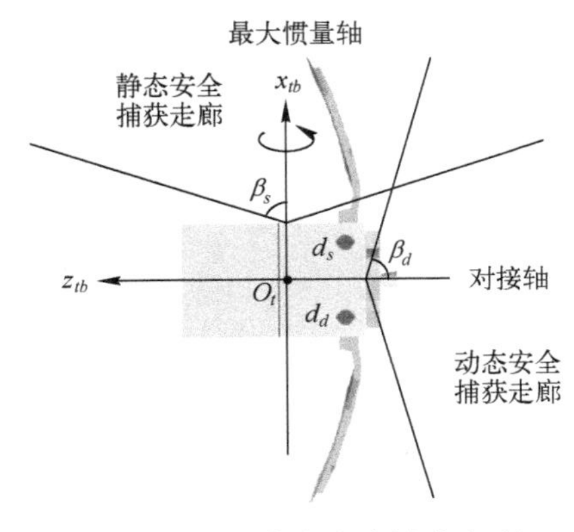

图 8　动态和静态安全捕获走廊

通过工程算例在 MATLAB 仿真平台上进行仿真，计算分析了目标星运动状态和服务星控制能力对逼近策略能力的影响，给出了服务星不同控制能力限制下两种逼近策略所能逼近目标星自旋角速度。最后对两种逼近策略的优缺点进行了比较，并根据目标星自旋角速度提出了逼近策略选用原则。

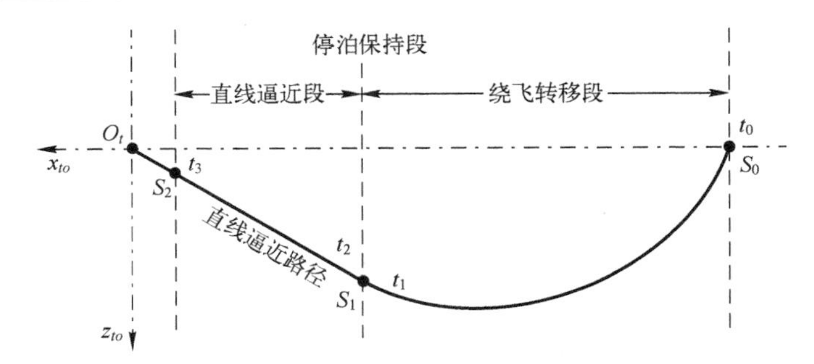

图 9　动态和静态安全捕获走廊逼近策略总体方案

3.3.3　空间机械臂自主捕获姿态失稳目标控制

对于慢旋的姿态失稳目标，星上捕获接口跟随星体姿态旋转运动，空间机械臂捕获操作存在捕获窗口且时间限制较紧，使得大时延的地面遥操作方式难以完成捕获任务。采用空间机械臂自主控制方式，通过视觉伺服系统实时采集目标图像信息，经过滤波预测得到目标运动状态，输入其控制系统形成闭环自主控制，完成目标捕获操作[18-19]。

为减小目标捕获瞬时产生的碰撞冲击，要求实时规划空间机械臂的运动轨迹，实现机械臂末端对目标星捕获接口的相对位姿同步跟踪。针对传统目标捕获轨迹规划存在的问题，提出了一种空间机械臂捕获姿态失稳目标的动态轨迹规划方法，利用机械臂的冗余自由度，采用线性规划对速度增益矩阵和关节角速度进行实时计算和动态调整，既有效减少了捕获时间，又防止了过大的起始和残余速度，同时还能回避机械臂雅可比矩阵奇异问题。

空间机械臂捕获目标前后，末端质量发生突变，对机械臂控制系统冲击较大，容易造成系统失稳。此外，空间机械臂本身是一个典型的变结构强耦合的非线性系统，存在建模误差和外部干扰等很多不确定因素。因此，设计一套高效且稳定的空间机械臂控制系统成为一个重要问题。设计了一种空间机械臂全局终端滑模轨迹跟踪控制方法，既增强了系统稳定性，又能保证跟踪误差在全局范围的有限收敛时间。通过工程算例在 MATLAB 和 ADAMS 联合仿真平台上进行仿真，验证全局终端滑模轨迹跟踪控制方法的有效性。

视觉测量误差对空间机械臂捕获目标的控制

精度具有重要影响。结合工程实际，建立了视觉测量误差模型和误差传递模型，并基于设计的轨迹规划和控制方法，定量分析了视觉测量误差对空间机械臂捕获目标控制精度的影响，给出了指定控制精度所允许的最大测量误差范围，为空间机械臂测量和控制精度指标设计提供参考。

3.4 组合体动力学辨识与控制技术

3.4.1 组合体动力学参数辨识技术

服务卫星与目标卫星连接后形成组合体，其动力学参数相比于服务卫星有较大变化，因此需要研究组合体的动力学参数辨识技术。目前卫星的动力学参数辨识方法包括滤波方法和最小二乘方法。滤波方法的原理是把动力学参数增广到系统状态方程中，结合高精度的敏感器测量信息进行滤波估计。动力学参数辨识采用的滤波算法包括高斯二阶滤波、Kalman 滤波和非线性滤波。最小二乘方法的基本思想是根据动量定理和角动量定理构造星体动力学参数的最小二乘估计模型，并结合一定时间内的加速度、角速度、角动量、姿态等测量信息序列进行参数最优估计。最小二乘方法可以得出质量和惯量等参数，使用的方法包括分布式递推最小二乘辨识方法和改进的最小二乘估计方法等[20]。

3.4.2 目标捕获后组合体的角动量转移与抑振控制

针对失稳目标捕获后航天器组合体的位姿调整与稳定问题，王兴龙提出一种组合体角动量转移与振动抑制复合规划方法[21]。姿态失稳目标捕获后，服务星和目标星在空间机械臂的连接下成为一个组合体。机械臂通过自身关节运动，调整两星的相对位姿，使两星对接机构各自进入对方工作范围，同时消除两星残余的相对运动，使组合体达到相对位姿稳定状态。组合体相对位姿调整与稳定过程示意如图 10 所示，在此过程中，存在两个较为突出的问题：一方面，姿态失稳目标角动量不为零，当组合体自由漂浮时，系统角动量守恒，组合体位姿调整与稳定过程中伴随着角动量转移，角动量由目标星逐渐转移至整个组合体；另一方面，当服务星和目标星均为带有太阳翼等柔性附件的大型卫星平台时，整个组合体构成一个多柔体、变结构、低基频的大型空间柔性组合结构，机械臂和太阳翼等的柔性振动对组合体相对位姿控制精度影响较大，严重时甚至可能损坏组合体。

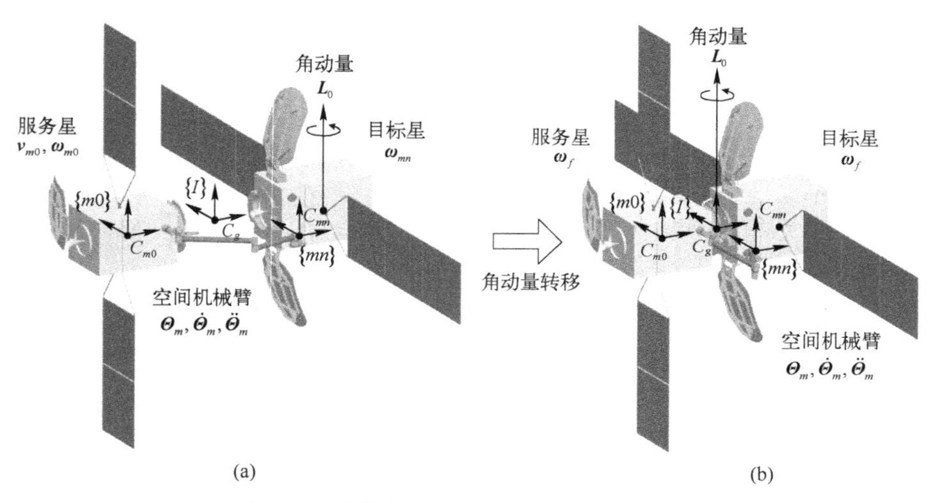

图 10 组合体相对位姿调整与稳定过程示意

（a）目标捕获后组合体初始构型；（b）相对稳定后组合体最终构型。

针对柔性组合体相对位姿调整与稳定问题，提出了一种角动量转移与振动抑制规划方法，基于角动量守恒优化机械臂最终构型，并采用粒子群算法规划机械臂最优抑振轨迹，所得规划结果既能保证柔性组合体相对位姿稳定后的角速度最小，又能避免激起组合体角动量转移过程中机械臂臂杆和卫星太阳翼的柔性振动。通过工程算例在 MATLAB 和 ADAMS 联合仿真平台上进行仿真，验证角动量转移与振动抑制规划方法的有效性，仿真得到的机械臂关节最优抑振轨迹与常规五次多项式轨迹进行对比。

目标捕获后形成的组合体是一个包含机械臂关节柔性、臂杆柔性和卫星太阳翼柔性等多个柔性环节在内的高度耦合的复杂非线性系统。虽然通过抑振轨迹规划可以在一定程度上减少机械臂臂杆和卫星太阳翼的柔性振动，但却无法抑制机械臂关节柔性振动，同时考虑到系统误差和外部干扰等不确定激励因素，组合体位姿调整与稳定过程中的柔性振动问题是不可避免的。如何在实现机械臂精确轨迹跟踪控制的同时有效抑制组合体所有柔性部件的振动，成为一个重要问题。设计了一种柔性组合体轨迹跟踪与振动抑制复合控制方法，采用奇异摄动理论对组合体的刚性运动和柔性振动进行解耦，在快慢两种不同的时间尺度内分别独立设计控制器，从而保证柔性组合体在实现机械臂精确轨迹跟踪控制的同时有效抑制其柔性部件的振动。

4 在轨服务系统动力学与控制技术展望

4.1 非合作目标相对导航与测量技术

考虑到目标的非合作特性和飞行环境的不确定性，自主化是未来相对导航与测量技术的发展方向：一方面，对于传统的多敏感器导航系统配置方案，需开展基于多源信息融合的自主导航方法研究；另一方面，考虑到星上资源的严苛约束，应尽可能地减少敏感器配置，通过导航理论方法与算法的研究，提升系统可观测能力，实现自主导航系统的集约化。

4.2 姿态失稳目标在轨捕获动力学技术

目前建立的交会与抓捕动力学模型大多针对目标形态、惯量和运动状态已知或部分已知的情况，这类目标通常被认为是“合作目标”，而对于翻滚、非合作目标的在轨抓捕问题，应重点考虑目标的未知特性，如形态、质量特性和运动状态等，研究目标信息未知条件下的动力学建模、交会、跟踪、捕获、稳定等技术，特别是抓捕碰撞过程，应重点关注碰撞对系统的激振影响、动力学与控制的强耦合特性以及激烈碰撞过程中的控制柔顺性。

4.3 组合体动力学辨识与控制技术

当服务航天器成功捕获目标后，航天器和目标形成一个新构型组合体系统，需要对组合体的质量和转动惯量参数进行辨识，以实现轨道和姿态机动控制，从而达到空间在轨操作和维修的目的。为保证安全性，应考虑激励的受限问题，关注激励严重受限下的系统惯性参数辨识问题。此外，还需研究组合体的模型重构动力学建模方法，及新构型、刚柔耦合特性条件下的控制算法自适应或重构方法。

5 结束语

GEO 卫星是未来在轨服务的主要对象，针对 GEO 卫星进行在轨服务操作，不仅可以获得显著的经济效益，而且在国防建设、促进空间技术的发展上具有重要意义。近年来，欧美等航天大国在 GEO 在轨服务方面开展了大量相关研究和关键技术研究试验，但总体而言 GEO 卫星在轨服务系统技术还处于初期发展阶段，与其相关的空间交会、目标监视测量、捕获连接、在轨服务机械臂和组合体动力学参数辨识及建模控制等关键技术还需深入研究和充分验证。随着这些技术的逐渐突破和成熟，在轨服务技术必将对未来 GEO 卫星设计理念及运营模式产生重大影响。

非合作航天器自主相对导航是在轨服务的关键技术之一。目前，国外对于非合作航天器自主相对导航技术的研究已经进入在轨验证阶段，而我国也逐步加快了在轨服务目标感知相关研究的步伐。考虑到非合作航天器自主相对导航对于在轨服务任务的重要意义，有必要对非合作航天器自主相对导航技术进行深入研究，针对其中的难点问题进行突破，为我国在轨服务任务提供必要的技术储备。

在轨服务机械臂技术是目前航天领域新兴的研究热点之一，机械臂捕获姿态失稳目标是进行在轨服务的前提和基础，在此基础上，可以进一步对目标星进行各种整体级和部件级的在轨服务操作，救援发射失败的卫星，延长卫星在轨寿命，修复卫星系统故障，升级扩展卫星功能，产生巨大的经济效益。考虑到未来国际通信卫星广泛的在轨服务需求，很多国家都制定了各自的在轨服务计划，我国 GEO 在轨服务机械臂技术的发展，不仅可以对我国卫星进行在轨服务，还可以为未来进入国际在轨服务市场做技术准备。

参考文献

[1] 陈小前，袁建平，姚雯，等．航天器在轨服务技术［M］．北京：中国宇航出版社，2009.

[2] 于登云，孙京，马兴瑞．空间机械臂技术及发展建议［J］．航

天器工程. 2007, 16 (4): 1-8.

[3] 陈士明, 周志成, 曲广吉, 等. 国外地球静止轨道在轨服务卫星系统技术发展概况 [J]. 国际太空, 2014, 55 (4): 55-63.

[4] 翟光, 张景瑞, 周志成. 静止轨道卫星在轨延寿技术研究进展 [J]. 宇航学报, 2012, 33 (7): 849-859.

[5] 梁斌, 徐文福, 李成, 等. 地球静止轨道在轨服务技术研究现状与发展趋势 [J]. 宇航学报, 2010, 31 (1): 1-13.

[6] Scott D R. Method for extending the useful life of a space satellite [P]. US 5-511-748, 1996

[7] DARPA. DARPA-BAA-12-02 [EB/OL]. h ttp: //www.fbo.gov/utils/view?id=a7822f8770e1bf38e73a0d7a79922d65

[8] Visentin G, Brown D L. Robotics for geostationary satellite servicing [J]. Robotics and Autonomous Systems, 1998, 23 (1): 45-51.

[9] Hirzinger G, Landzettel K, Brunner B, et al. DLR's robotics technologies for on-orbit servicing [J]. Advanced Robotics, 2004, 18 (2): 139-174.

[10] Kosmas C. HERMES on-orbit-servicing system. White Paper, 2006

[11] Smith D A, Martin C, Kassebom M, et al. A mission to preserve the geostationary region [J]. Advances in Space Research, 2004, 34 (5): 1214-1218.

[12] Rank P, Muhlbauer Q, Naumann W, et al. The DEOS automation and robotics payload [C]. ESA/ESTEC, Noordwijk, The Netherlands, April, 12-14, 2011.

[13] Tarabini, Gil J, Gandia F, et al. Ground guided CX-OLEV rendezvous with uncooperative geostationary satellite [J]. Acta Astronautica, 2007, 61 (1): 312-325.

[14] Dongming Ge, Dayi Wang, Yuanjie Zou, et al. Motion and inertial parameter estimation for non-cooperative target on orbit using stereo vision [J]. Advances in Space Research, 2020, 66 (6): 1475-1484.

[15] 王大轶, 李茂登, 黄翔宇, 等. 航天器多源信息融合自主导航技术 [M]. 北京: 北京理工大学出版社, 2018.

[16] 陈士明. GEO 在轨服务卫星系统关键技术应用研究 [Z]. 北京: 中国空间技术研究院博士后出站报告, 2015.

[17] 王兴龙, 周志成, 曲广吉. 空间机械臂捕获失稳目标的动态轨迹规划方法 [J]. 宇航学报, 2017, 38 (7): 678-685.

[18] Dongming Ge, Guanghui Sun, Yuanjie Zou, Jixin Shi. Impedance control of multi-arm space robot for the capture of non-cooperative targets [J]. Journal of Systems Engineering and Electronics, 2020, 31 (5): 1054-1064

[19] 王兴龙, 周志成, 王典军, 等. 面向空间近距离操作的机械臂与服务卫星协同控制 [J]. 宇航学报, 2020, 41 (1): 101-109.

[20] 徐文福, 何勇, 王学谦, 等. 航天器质量特性参数的在轨辨识方法 [J]. 宇航学报, 2010, 31 (8): 1906-1914.

[21] 王兴龙, 周志成, 曲广吉. 目标捕获后航天器组合体的角动量转移与抑阵规划 [J]. 宇航学报, 2018, 39 (3): 249-256.

低轨巨型星座发展必然性及其力学问题

向开恒，饶建兵，高铭阳，刘　晨，赵书阁
（航天科工空间工程发展有限公司，北京，100854）

摘要：在国际卫星互联网迅猛发展、我国卫星互联网蓄势待发的背景下，采用案例研究方法分析了低轨巨型星座发展的必然性，梳理了星座规模效应带来的力学问题及其初步研究设想，可为我国航天动力学研究提供参考。

关键词：卫星互联网；巨型星座；空间安全；星座保持；分离释放

1　概述

什么是巨型低轨星座，多大规模算大？这是困扰国内各界的一个核心问题，也是关系我国卫星互联网如何发展的第一关键问题。本文针对该问题提出三个主要观点：低轨通信星座因其天然的频率复用率高、可实现更小地面终端的优势而成为发展方向；对于星地均使用相控阵天线方案的情形，星座系统通信容量与卫星数量呈平方正比关系；从轨道力学出发，巨型星座存在规模上限，从空间安全角度研究低轨星座力学问题有助于明确该限制，进而有助于探究巨型星座发展方向。

2　国外低轨星座情况

2.1　卫星互联网方向

卫星互联网是以提供地面终端互联网接入服务、地面干线光纤回传服务等为主要业务的低轨星座系统，其终极目标是卫通终端宽带移动手持、与地面网络融合发展、全球无缝泛在互联。

一网（oneweb）系统和星链（starlink）系统均属于卫星互联网方向。该方向目前还处于起步阶段，终端口径过大，与地面网络融合程度低，距离宽带手持还比较遥远。Amazon、AST、Lynk 等多家公司已在探索直面手机的卫星互联网服务[1-3]。

2.2　多功能星座方向

以通信星座为基础，在卫星平台上搭载导航或导航增强、遥感等多样化功能扩展载荷，构成多功能星座，其终极目标是实现天基信息的多源、异构融合，提供综合信息服务。

铱星承载窄带手持通信、导航增强、ADS-B 载荷，已经是一种多功能星座。一网卫星号称将增加导航能力，满足英国等国家低轨卫星互联网和独立导航的要求，也有可能发展为多功能星座[4]。星链承载宽带通信，也具备搭载目标探测等载荷构建多功能星座的能力。

3　低轨卫星互联网星座发展的必然性

3.1　频率复用优势

同步轨道卫星几乎全部运行在同一个轨道面内，其占用空间是“一条线”。低轨卫星运行在多个球面内，其占用空间是“多个面”。以 Ka 高通量卫星为例，同步轨道卫星需要轨位间隔 0.5°，以避免临近卫星之间的干扰，总共只能安排 720 颗同频卫星。低轨卫星即使容纳 10000 颗卫星在倾角约 60°的轨道上运行，星间角度也可达到 2°以上，这就将频谱复用次数提高了一个数量级以上。图 1 所示为高轨 720 颗卫星和低轨 10000 颗卫星部署示意图。

回顾 2G 基站到 5G 基站的发展历程，覆盖范围越来越小，基站数量越来越大，频率复用次数成倍提升，在有限的百兆带宽内实现了超大容量。反观卫星通信占用较多带宽而容量极小，应当借

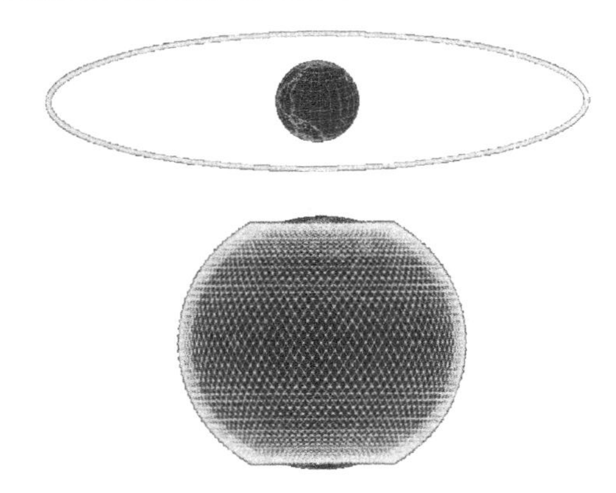

图 1　高轨 720 颗卫星和低轨 10000 颗卫星部署示意图

鉴和反思。当前高热度发展的低轨小卫星、窄波束正是从此获得了灵感，向着借鉴地面、与地面融合的方向发展，力争在有限的带宽内实现超大容量，具备与地面融合的“资格”。

3.2　终端移动优势

当前是移动互联网时代，正在走向万物互联时代。通过地面网络和卫星网络在覆盖性方面的互补，将能够真正实现全球万物互联。

随着终端规模向千万级以上提升，同步轨道卫星付出的代价与低轨星座付出代价的比值越来越大，优势逐渐变为劣势。低轨距离近、增益高导致覆盖范围小，加之用户分布不均匀，传统固定波束覆盖方法的卫星利用率极低。跳波束通信技术提出了一种解决高增益、广覆盖矛盾的方法，能够极大提升卫星利用率。图 2 所示为跳波束通信示意图。大规模星座结合跳波束通信技术，进一步提升了低轨星座相对于高轨卫星的优势。在终端性能、移动性、易用性方面，卫星网络终端应当逐步赶上地面网络终端的水平。

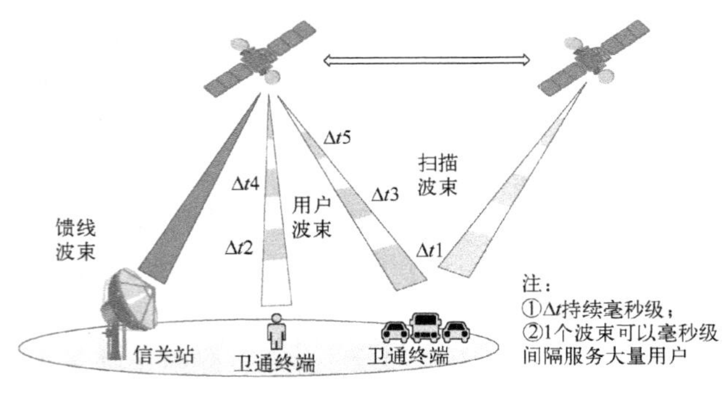

图 2　跳波束通信示意图

3.3　规模发展优势

大规模包括产品规模大和市场规模大两方面，大规模产品和大规模市场相互促进，进而实现低成本（图 3）。从生产角度分析，产品数量足够多才能通过规模化、流水线的生产实现单个产品的极低成本。从市场规律分析，单个产品价格降低，用户需求必然上升，进一步促进规模化生产，降低成本。

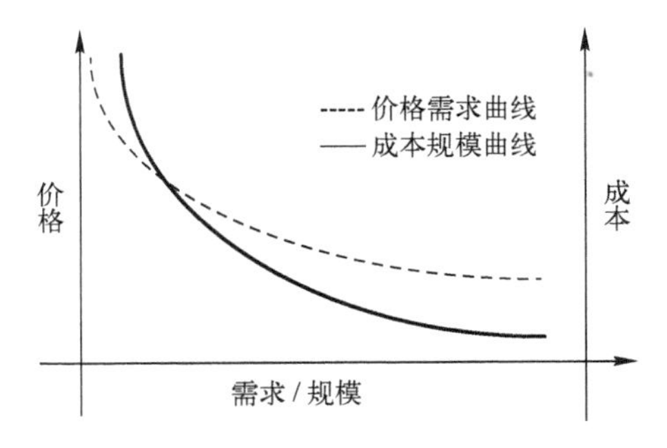

图 3　产品价格与需求、成本与规模曲线示意图

卫通终端实现与地面终端相当的价格、相当的性能，必然带来市场规模快速增长，促进终端生产规模化，进一步降低成本、促进市场发展。

从前述两项分析可知，同步轨道系统做大规模的潜力远低于低轨星座系统，在生产力水平发展到能够建设大规模低轨星座之时，低轨星座的规模化优势将快速体现。

美国在火箭发射、卫星制造、地面站建设等多方面已经达到了支持低轨星座规模化建设的水平，我国还存在差距，这是当前我国大规模星座发展缓慢的重要原因。

4　一种大规模低轨卫星互联网星座方案

4.1　两种技术途径对比

从低轨星座频率复用率高的基本原理出发，更大卫星数是提升频率复用次数的直接手段。同时还可采用较大的低轨卫星、每颗卫星承载较多的波束数量，同样能够实现频率复用次数的大幅度提升。两种技术途径中，更多、更小卫星的方案在卫星互联网中为何更加具备竞争力？下面针对卫星和地面终端均使用相控阵天线的情形展开讨论。

轨道特性的天然约束决定了采用更多卫星数比单星更多波束效率更高。单颗卫星对地覆盖范围呈锥形，低轨卫通终端在覆盖区边沿（远端）工作时卫星仰角最低，对应卫星和终端的波束最大扫描角。单星波束覆盖范围越大，终端需要的波束扫描范围也越大，对卫星和终端都越不利。加之地球曲率因素，这种影响越发明显。

对于单星更多波束路线，单星覆盖范围较大，为保障其扫描到远端时的增益，天线规模大幅增加；终端采用相控阵天线，需要提升其扫描范围，天线成本也将大幅度增加。采用更多卫星的路线，单星覆盖范围较小，卫星和终端天线扫描范围都比较小，天线规模相对要小得多，尤其有利于降低用户终端天线成本。

航天产业更加成熟，卫星平台设备集成度越来越高、成本越来越低。在卫星数量更多、更小的情况下，通过批量化的生产手段，研发成本占比相对下降，结合较低的轨道（空间辐照环境更好，更容易采用大规模工业化产品），平台成本可以控制到更低。一箭多星发射能力更加成熟，即使一箭百星也能够实现，在相同总重的情况下，卫星数量的增加不带来过多的发射问题。

综上，采用更多、更小卫星的思路能够规避天然的不利因素，通过卫星制造能力、发射能力的提升，能够将带来的问题最小化，是一种通过生产力的提升来克服自然约束的路线。

4.2　方案基本情况

系统由空间段、地面段和用户段组成。空间段为星座，地面段为信关站和运控中心，用户段为各类终端及其应用平台。

空间段星座运行在600km高度圆轨道，按照360°经度均匀分布100个轨道面，每个轨道面内100颗卫星。该星座对应的单星波束覆盖范围不大于±23°，用户终端对卫星的天线波束扫描角度不大于±25°。

卫星采用收发分置两幅天线，每副天线产生4个波束，其中3个用作用户侧波束，1个作为馈电侧波束。卫星收发天线等效口径0.5m，终端等效口径0.1m，信关站等效口径1m。则卫星单个用户波束上下行速率均可达到500Mb/s，单个用户上行速率可达50Mb/s，馈电波束达到1.5Gb/s且有约10dB链路余量。

卫星配置4条激光星间链路，传输距离仅500km。由于大部分业务为数百千米内的本地业务，且不能建设地面信关站的地方通常用户容量较小，因此以优先缩小镜头口径、降低处理设备要求为约束，速率要求大于1.5Gb/s即可，通过“涓涓细流，万千出入口”的方式达到大容量星间组网的目标，兼顾不能建站之处少数通信需求。

地面段由数以千计的信关站天线、数十个站址和少数几个运控中心组成。由于天线小、功放小，天线射频部分不因过多的数量而增大成本，可参考已有高通量卫星地面固定站和动中通的价格进行评估。由于站址集中，处理设备、网络关口、保障条件等不因天线数量多而增加成本。

用户段为定向天线终端，等效口径不大于0.1m，发射功率不大于1W，可选天线形式多样化。采用相控阵天线接收阵元数不大于200，发射阵元数不大于100，可实现极低成本。采用透镜天线，仅需9个波束、9个收发馈源，透镜直径不大于0.1m。在处理功能芯片化之后，可实现单手持握，尤其适宜应用于小型轿车。

通信体制方面，由于单星覆盖范围约±23°，单波束宽度约±1°，覆盖地面范围约20km，仍然需要采用跳波束通信体制。卫星与终端之间径向速度小，多普勒频移、时延抖动小，更容易实现信号捕获。单星需要跳跃服务的波位数不大于300个，跳波束压力小。

4.3　规模与能力分析

系统主要参数如表1所列。

表1　系统主要参数

参数名称	数　值	参数名称	数　值
用户侧频段	Ka频段	馈电侧频段	Ka频段
卫星数	10000	轨道面数	100
星座类型	标准walker星座	轨道高度	600km
轨道倾角	60°	单星覆盖范围	±23°
卫星G/T	14dB/K	卫星EIRP	39.5dBW
卫星馈电波束数量	发1收1	卫星用户波束数量	发3收3
卫星馈电波束速率	上下行各1.5Gb/s	卫星单波束速率	上下行各500Mb/s
星间链路数量	4条二维跟踪捕获链路	单用户速率	500Mb/s下行/50Mb/s上行
星间链路速率	收发各1.5Gb/s	交换容量	20Gb/s
卫星尺寸	不大于1m×1m×0.3m	卫星重量	不大于80kg
终端天线口径	等效0.1m	信关站天线口径	等效1m

以上述方案为比较基线，如果将卫星数量降低为1/10时（1000颗），每颗卫星的覆盖范围将大大增加，采用相控阵天线时卫星扫描损失、路径增大损失、终端扫描损失，三项主要链路损失达到约10dB，相应的单星通信容量降低为原来的1/10，系统容量则变为1/100，对比如表2所列。由此可见，在数千颗卫星的内量级上，系统容量与卫星数量呈现近似平方正比关系。

表2　星座规模变化导致的系统能力变化对比分析

参数名称	轨道面数	面内星数	轨道面数	面内星数	相对损失
	100	100	25	40	
轨道高度	600km		600km		—
轨道倾角	60°		60°		—
终端扫描角	±25°		±55°		4dB
星上波束角	±22.7°		±48.5°		3dB
远端传输距离	655km		967km		3.4dB
单星通信容量	A		A/10		—
系统通信容量	10000A		100A		—

4.4　卫星构型与发射

卫星采用叠层设计，构型如图4所示。最下层为天线层，布设业务下行天线、业务上行天线、测控天线、导航天线，通过自身面积和扩展面积散热。中间层为处理层，完成通信载荷用户侧三层协议处理、馈电传输处理、星间传输处理、平台星务管理、星敏图像处理、姿轨控计算、导航信号处理、天线/镜头指向控制等。最上层为能源层，蓄电池和电源控制器在下，太阳翼在上，太阳翼采用超薄柔性太阳翼，多折占用高度小。三层之间通过隔热层进行隔离。中低速的微小激光终端从能源层最上层探出镜头，通过内走线与处理层连接。控制系统仅配置微纳星敏感器作为姿态敏感器，磁力矩器和飞轮作为姿态控制手段，场效应电推进作为轨控手段，均能适应高度集成的构型布局要求。

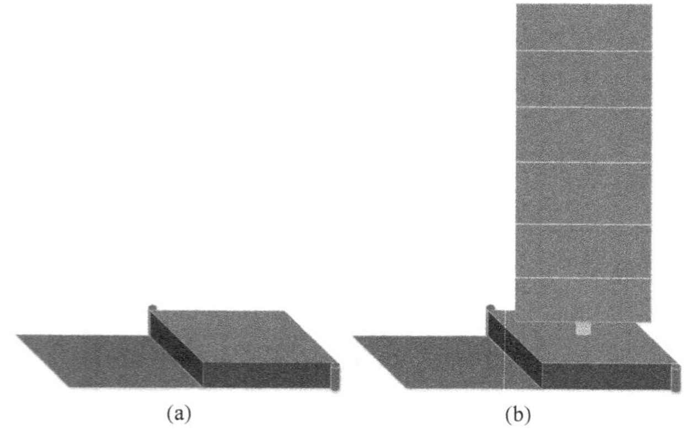

图4　单星发射收拢和在轨展开状态

（a）单星发射收拢；（b）在轨展开。

多星发射状态如图5所示，每层叠放4颗卫星，正反交错堆叠以容纳扩展散热面。层与层之间通过承力筒堆叠，组合体形成以承力筒为传力路径的结构。按照一箭百星发射，25层堆叠总重约8t，总高度约7.5m，包络圆直径不大于3.8m，我国CZ-6A、CZ-8等多型火箭均能胜任发射任务。

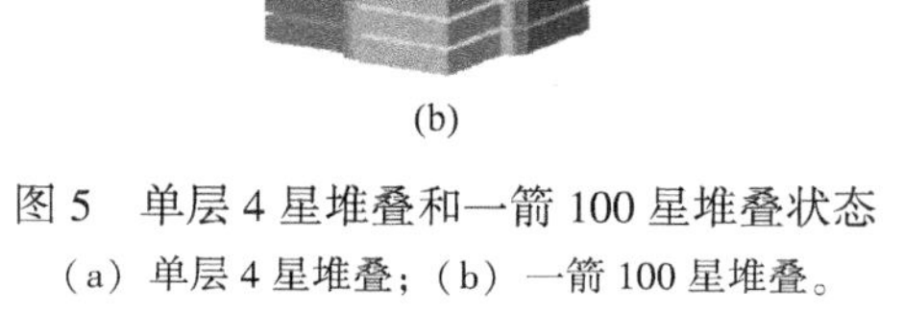

(a)

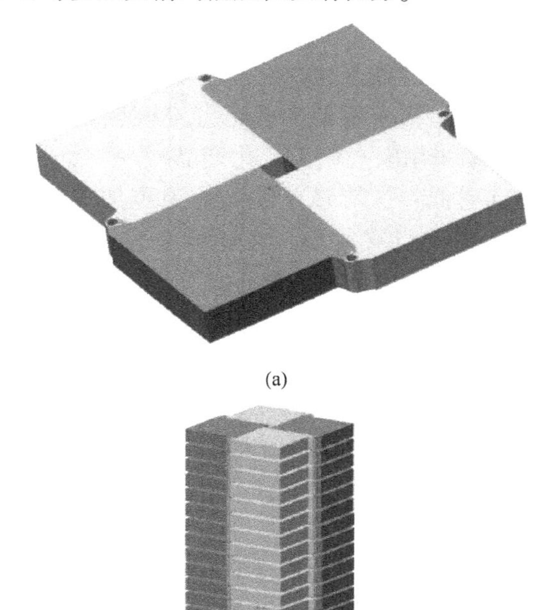

(b)

图5　单层4星堆叠和一箭100星堆叠状态

（a）单层4星堆叠；（b）一箭100星堆叠。

5　巨型星座力学问题探讨

5.1　星座控制

1）分层部署星座保持

考虑到空间安全问题，在同一高度层能够部署的卫星数量受限，为进一步提升巨型星座的规模，在相近高度上分层部署的同时通过细微的轨道倾角偏置保持不同层星座升交点漂移率相同，仍然能够实现良好地均匀对地覆盖。相应地带来分层部署星座的设计与保持问题。

2）基于全局态势的星座保持规划

基于绝对位置的星座构型保持方法需要经常进行轨道机动。对于巨型通信星座，由于每颗卫星的覆盖范围小，且卫星覆盖范围具备灵活调整的能力，因此可一定程度降低对构型保持的要求。期望一种考虑卫星通信任务调度、电源供给等多因素的基于全局态势的星座保持规划，降低卫星机动的频率，最大程度支持通信任务连续运行，需要结合轨道动力学特性开展规划方法研究。

3）微小推力星座保持

一种星座方案是在较低的轨道高度部署星座，每颗卫星均配备毫牛级的可变推力推进能力，在大面质比卫星的情况下持续进行高度保持。研究该场景下的星座保持问题，有助于进一步降低星座部署高度，发掘空间资源，提升系统能力。

5.2　卫星设计

1）百千克级卫星的叠层设计方法

在千克级微纳卫星中普遍采用了层叠设计方法，在大量工程项目中得到了验证，模块化程度高，研制进度快。从上述巨型星座方案推知，优化层叠设计方法应用于该卫星，一方面通过分层的方法解耦，另一方面通过优化的层叠设计提升集成度，有望解决模块化和集成的矛盾。

2）整星结构一体化设计方法

单机、模块的结构一般采用铝板，具有低成本、易安装、导热散热方便等优良特性，整星结构一般采用铝蜂窝板，重量远轻于铝板。在整星结构一体化设计中，要求将整星当做一个单机，如何统一两者结构的同时降低重量成为难题。

3）大挠性体动力学模型与控制方法

低轨卫星朝着小卫星、大功率方向发展，尤其对于通信卫星，更大的功率就意味着更大的容量、更小的终端、更好的用户体验。为了提供足够的供电能力，很小的卫星配比较大的太阳翼，这就带来大挠性体动力学建模与控制问题。一种100kg卫星携带$10m^2$单翼太阳翼的方案可以作为研究切入点，如图6所示。

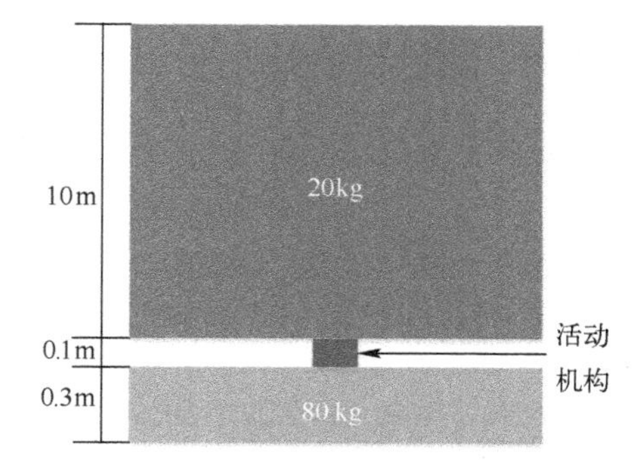

图6　卫星构型与质量分布图

5.3　多星发射

1）多星发射压紧释放设计与组合体动力学分析

巨型星座卫星重量轻、体积小，要求一箭多星发射低成本、快速部署。在满足卫星任务构型布局要求的前提下，适应大规模发射的卫星结构设计、星箭接口设计、多星发射压紧释放机构设计、多星组合体动力学分析是关键。鸽群星座、星链星座分别实现了一箭百星发射和一箭六十星发射，对巨型星座卫星设计具有参考意义。

2）多星分离方法及运动仿真

简单的多星分离方式对卫星干扰力矩较大，对卫星入轨消初偏姿态控制能力要求高。如何降低分离时的干扰力矩，降低速率阻尼要求，有助于降低卫星姿态控制能力要求。多星分离运动难以在地面通过模拟方法进行复现，需要结合分离机构设计、卫星质量特性等采用仿真的方法，为姿态控制能力设计提供参考。

5.4　空间安全

1）空间物体碰撞损伤及分解模型研究

碎片与卫星、卫星与卫星之间碰撞后形成碎片的大小、数量与空间安全研究密切相关。空间碎片尺寸分布范围大，速度方向分布范围大，加之巨型星座卫星功率密度越来越高，太阳翼面积越来越大，姿态或轨道机动越来越困难，为有效评估未来碎片演化，需要对卫星造成的损害及失效卫星的分解进行建模研究。

2）碎片演化及星座碰撞概率演变研究

碎片演化模型、碰撞概率等需要转化为巨型星座补星数量的概率预期，为星座发展方向、地面雷达预警能力建设、空间碎片控制法案制订等提供参考。在未来的巨型星座中，有效卫星数量已经与当前空间中10cm以上碎片数量级相同。结合对未来巨型星座部署演进的预期推演未来数十年的碎片分布及星座卫星碰撞概率的变化，是实现上述目标的基础。

3）空间安全椭球新定义及碰撞预警阈值确定方法

由于空间碎片越来越多，已有空间安全椭球大小的定义（椭球三轴分别为迹向 20km、法向 10km、径向 5km）将导致规避频繁、无效规避过多，对卫星工作时间、轨道寿命造成较大影响，需要重新定义空间安全椭球的大小。碰撞探测采用地面雷达或卫星传感器实现，其中地面雷达可提供提前量较大的预报，卫星传感器仅能提供有限视场内较近距离的物体探测，需要研究根据星地探测预警能力和卫星的外形、机动能力设定合适的碰撞预警阈值的方法。

4）星座相位优化方法

星座规模受限最主要因素是空间安全。以上述 10000 颗星的星座为案例经初步分析，星间最小距离已经远小于现有定义的空间安全椭球，且时间概率较高，碰撞概率大，如表 3 所列。除采用分层部署方法外，通过优化相位能够一定程度拉大星间最小距离。目前采用遍历的方法进行星座相位优化，工作量大、优化速度慢，需要一种结合星间距离、对地覆盖等因素的快速优化方法。

表 3　星座相位变化对星间距离的影响

相位因子	最小距离/km	距离小于特定数值的时间百分比	
		10km	20km
0	0.43	0.028	0.0663
1	2.94	0.0094	0.045
2	0.36	0.0056	0.0343
3	0.37	0.0065	0.0158
4	0.7	0.0023	0.0098

6　结束语

本文以低轨巨型星座发展方向探讨为切入点，给出了一种 10000 颗星的低轨卫星互联网巨型星座方案及能力分析，指出了低轨巨型星座发展的必然性。基于此从力学角度提出了待研究的系列问题，希望有助于推动我国低轨卫星互联网巨型星座的发展。

参考文献

[1] 新浪财经．亚马逊卫星互联网项目获批准将发射 3236 颗卫星［EB/OL］．［2020-07-31］．http://finance.sina.com.cn/stock/usstock/c/2020-07-31/doc-iivhuipn6002315.shtml.

[2] cnBeta．太空初创公司 Lynk 成功使用卫星向未经改装 Android 手机发送短信［EB/OL］．［2020-03-19］．https://www.cnbeta.com/articles/tech/957067.htm.

[3] Deep Tech．5 亿美元当 Oneweb 股东，脱欧英国欲自建导航系统，发力本土航天产业［EB/OL］．［2020-07-4］．https://www.sohu.com/a/405701928_354973.

全球巨型低轨星座的发展与启示

黄　华，陈　东，韩绍欢，裴胜伟，孙恒超

（中国空间技术研究院通信与导航卫星总体部，北京，100094）

摘要：近年来，以空间宽带通信网络为建设目标的巨型低轨道通信卫星星座的发展进入新的高潮。本文从国际主流巨型低轨通信星座的发展入手，阐述了系统发展的特征及系统建设面临的挑战，并就我国同类系统未来的方向进行思考。在此基础上，根据低轨通信星座的特点，提炼出其相关的动力学问题，为开展相关研究提供参考。

关键词：卫星互联网；巨型星座；动力学

1　引言

近年来，以美国工业基础为依托的一网（oneweb）、空间探索（SpaceX）等航天创新企业再一次点燃全球低轨卫星星座系统建设的热情，相继提出巨型低轨道通信卫星星座的建设方案。

20 世纪 90 年代，涌现出以“铱星”（Iridium）系统、“全球星”（GlobalStar）系统为代表的多个低轨卫星移动通信星座项目。虽然这些系统的实施首次实现了卫星移动通信服务的全球覆盖，但 2000 年前后的破产潮，却带来了长达十余年的低轨通信星座系统建设低潮。此次低轨星座的建设热潮所催生的以卫星通信系统为主体的“空间互联网”概念，就像 Iridium 初现时一样，带着让人难以抗拒的吸引力。

低轨道卫星通信系统以“两极覆盖”实现全球无缝连接，以“低时延”实现与 5G 应用场景融合，以“批量化建设”实现成本可控等独特优势。在该背景下，我国“天地一体化信息网络”纳入科技创新 2030 重点项目，航天科技集团的“鸿雁”星座、航天科工集团的“虹云”星座均在 2018 年底完成首发试验星在轨，国内商业航天初创企业也表现出极大的参与热情。

2　国际巨型低轨星座的进展

20 世纪 90 年代，在地面家庭宽带网络尚停留在综合业务数字网络（ISDN）、非对称数字用户线路（ADSL）的时候，欧美等航天巨头就已经在畅想建立巨型的以空间为基础的宽带通信网络，包括“空中因特网”（Teledesic）、“天空之桥”（Skybridge）等项目。伴随“一网”、“星链”（Starlink）等系统的实施，20 年前的梦想渐成现实。

2.1　OneWeb 星座

一网公司提出采用 648 颗卫星构成星座用于向全世界个人用户提供互联网接入服务。卫星采用 1200km、倾角 87.9°的低地球轨道，接收并转发 Ku 波段信号，容量达 8Gb/s。2017 年 6 月底，美国联邦通信委员会（FCC）正式授权一网公司，批准其在美国使用 OneWeb 星座提供互联网服务。2019 年，一网公司将星座卫星数量降为 588 颗。

2020 年 2 月 7 日，阿里安空间公司（Arianespace）发射了一网公司的 34 颗组网卫星（图 1），此次发射标志着一网公司低轨宽带互联网星座全面组网部署工作的启动，在轨卫星数量达到了 40 颗。这些卫星由一网公司同空客防务与航天公司（Airbus Defense and Space）合资的一网卫星公司建造，采用氙离子推力器，配备 Ku 频段高通量有效载荷，每颗发射质量 147.5kg。oneweb 卫星采用传统的梯形截面的箱板式结构形式，卫星与运载分配器采用四点连接方式。卫星进入高度 450km、倾角 87.4°的轨道，随后采用自身携带的推进系统开始轨道提升，并预计于 5 月份进入高度为 1200km 的工作轨道。

2020 年 3 月 21 日，一网公司完成第三批 34 颗组网卫星的发射。至此，该公司在轨运行卫星已有 74 颗。在第三批组网卫星发射前，融资规模

图 1　一网公司一箭 34 星星箭分离示意图

达到 34 亿美元以上的一网公司就传出了因资金筹措问题而申请破产保护的消息，并已于 3 月 27 日向美国破产法院申请了破产保护。2020 年 7 月，英国政府和印度企业集团 Bharti Global 宣布共同收购一网公司（图 2）。

图 2　一网公司卫星

2.2　Starlink 星座

Starlink 是 SpaceX 公司正在研发的卫星星座工程，旨在利用大规模低轨卫星提供全球高速宽带接入服务。Starlink 卫星互联网星座由 LEO 星座与 VLEO 星座组成，采用 Ka、Ku 频段，计划于 2021 年投入运营，目前正在进行通信功能测试工作。卫星提供的通信容量 17～23Gb/s，系统可提供最高容量达每用户 1Gb/s 的宽带服务。SpaceX 注重卫星星座低成本建设与运营，采取火箭回收技术，降低卫星发射和卫星补位费用。

目前，SpaceX 公司成功地利用“猎鹰”9 号运载火箭发射了 16 批 Starlink 卫星，卫星在轨数量接近 1000 颗，展现了 SpaceX 公司强大的制造能力和快速推进的决心。每颗星链卫星质量约 260kg，发射约 1h 后，卫星到达约 290km 的轨道，并开展相关测试。完成测试后，卫星上升至 550km 的工作轨道。

图 3　60 颗 Starlink 卫星成功与火箭分离

图 4　即将进入整流罩的 60 颗 Starlink 卫星

Starlink 卫星采用了全新的堆叠式设计方案，卫星整体成扁平化。卫星在方案设计上非常注重低成本、可制造性、高集成度等方面的要求。堆叠式结构卫星比较彻底解决了整流罩尺寸约束与运载能力之间的匹配性，实现了二者之间的统一，充分利用了火箭的发射能力。结合堆叠式结构，卫星采用统一压紧方式，简化了卫星组合体与火箭的对接方式，节省了大量火工品。卫星采用超大型的硅电池太阳翼，大幅降低了卫星中最贵单机太阳翼的价格，进而降低卫星整星价格。

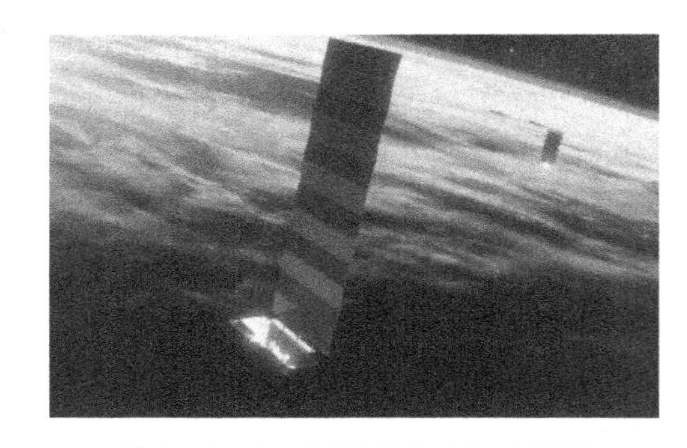

图 5　Starlink 卫星在轨飞行示意图

美国空军向 SpaceX 公司赞助了 2870 万美元扶持该公司把星链计划的应用场景拓展到军用。星链计划的首次军事通信试验，选取了美国空军一架飞行 C-12 螺旋桨发动机的军用侦察机，其网速实测数据高达 610Mb/s，具备进一步拓展应用的潜力。

2.3 Kuiper 星座

亚马逊公司（Amazon）也参与到卫星互联网市场如火如荼的竞争中来，是继 SpaceX 公司之后又一个计划研制开发巨型低轨宽带通信星座的企业。作为美国本土研制开发返回式运载火箭的制造服务商，亚马逊公司无疑成为了 SpaceX 公司在航天领域的强劲对手。

“柯伊伯”（Kuiper）项目是亚马逊正在建设的高速卫星互联网项目，通过部署数千颗低地球轨道的卫星，能够在全球范围内提供宽带互联。2019 年 7 月 4 日，美国亚马逊公司向美国联邦通信委员会提交了一组审查文件，申请巨型低轨通信星座 Kuiper 在美国境内的商业运营权。Kuiper 星座预计由 3236 颗低轨宽带小型通信卫星构成，在轨设计寿命 7 年，计划分为五个阶段发射入轨。Kuiper 项目还没有关于部署和正式向消费者提供服务的时间表。

亚马逊的 Kuiper 系统将在轨道高度分别为 590km、610km 和 630km 的 Ka 波段卫星上提供高速、低延迟的卫星宽带服务。Kuiper 系统的轨道设计是为了最大限度地满足客户在全星座部署时的容量和覆盖范围。通过使用不同倾角的重叠高度轨道面，星座设计最大限度地减少了在地理纬度上均匀分布覆盖所需的卫星总数，并在一颗卫星与其他系统发生内联干扰事件时提供链路多样性。

Kuiper 系统网络通过一个 SDN 控制器进行管理，负责为整个系统的客户和网关优化配置波束，并根据客户需求和服务类型进行长期资源配置。Kuiper 系统为消费者和企业提供低成本的宽带服务、IP 传输、载波级以太网和无线回程通信。Kuiper 系统旨在最大限度地提高频谱利用率和效率，并能灵活地引导容量以满足区域客户的需求。此外，Kuiper 系统利用亚马逊的地面网络基础设施为客户提供安全、高速、低延迟的宽带服务。

3 巨型低轨星座的发展特征

综合国际发展态势，巨型低轨通信星座的发展呈现四个特征：

（1）规模巨大，通过市场融资推进商业系统建设。

新一代低轨卫星互联网星座卫星数量规模空前，动辄数百颗，最大达万颗。一网系统第一阶段卫星数量达 650 颗，“星链”系统规划卫星数量达 12000 颗。广阔的应用前景和优势获得商业资本市场高度关注。截至 2019 年，一网公司已累计获得融资 34 亿美元，“星链”计划已获得 13.3 亿美元资金支持。主要投资方包括传统卫星制造运营企业空客、Intelsat、休斯，科技巨头高通，投资巨头软银，互联网巨头亚马逊、谷歌、脸书。

（2）宽带接入，实现抢占空间互联网入口战略布局。

低轨卫星互联网可实现百 Mb/s 至 Gb/s 的通信速率，传输性能媲美地面光纤网络。其低时延、高速率、海量接入的特点，被认为是 5G/6G 发展中的重要环节。ITU、3GPP 等标准化组织正在制定 5G 与卫星通信融合发展的标准规范。2019 年 4 月 Telesat 与欧洲最大的移动运营商沃达丰在英国完成了低轨卫星互联网 5G 通信试验。对低轨卫星互联网的投入将进一步增强欧美企业其互联网全球服务能力，实现对互联网宽带新入口的抢占和全球用户数据资源的掌控。

（3）提升军事通信能力弹性化水平。

2018 年 3 月，美国政府发布《国家航天战略》，强调加强军事航天、商业航天和民用航天之间的合作，更好地发挥企业作用。布局低轨商业系统、实现能力分散化和快速集成是“弹性”的重要途径。美国国防部是“铱星”系统的最大客户，大量采购铱星服务满足全球范围移动通信需求。美军已经与 SpaceX 公司签署了开展 Starlink 军事应用试验评估的合同。2019 年 9 月 18 日，“铱星”二代与一网宣布展开合作，实现军事战术通信与宽带通信的能力互补与提升。低轨卫星互联网星座卫星数量多、对抗难度大，可以预见将成为美军未来卫星通信体系的重要组成。

（4）流水线智能化生产，颠覆卫星研制模式。

卫星互联网的规模化发展对卫星研制能力提出了新的挑战。2019 年 9 月，一网公司位于佛罗里达州的生产线正式投入生产，面积约 10000m^2，拥有两条自动化生产线，智能机器人协助工程师生产，最多每天能生产 4 颗卫星，而 SpaceX 的产能更是达到惊人的每天7颗。相关卫星制造商面向巨型卫星星座，正在整合上下游产业链，贯穿从卫星制造、卫星发射、空间互联网服务全过程，采用批产模式，实现星座卫星的快速制造与低成本研制，实现元器件体系、产品保证、卫星制造手段全面升级。

4 巨型低轨星座建设的挑战

4.1 成本控制的需求

从20世纪90年代卫星星座的失败教训看，星座投入成本越高、用户负担越大、研制周期过长，越有可能错过发展时机。一网公司曾希望把单颗卫星造价控制在50万美元，把项目总耗资控制在35亿美元。虽然后来业内人士猜测其卫星造价和项目总体成本有明显上涨，但单价仍预计在100万美元以下。2019年第一批Starlink卫星入轨后，马斯克称卫星成本低于运载成本，预计单星成本低于100万美元。显然，巨型星座动辄千颗量级的规模对卫星研制成本控制表现了强烈的要求。

在传统卫星生产商“研制卫星”的任务组织模式下，基于成熟平台的大型通信卫星研制周期通常在2~3年；在物料齐备，只进行总装及测试、试验的情况下，研制一颗“小卫星”大约需要4~6个月。OneWeb卫星的制造由空客公司卫星研制团队和航空工程师共同完成，将航空飞机的批量制造经验融合到卫星研制中。前10颗原型卫星在法国图卢兹建造，而余下的卫星均在美国佛罗里达州新建的一座工厂生产。

4.2 频率竞争背后的博弈

通信卫星建设的背后从来不缺空间频率轨位资源的博弈。2019年10月至11月在埃及沙姆沙伊赫召开的世界无线电大会（WRC19）中，低轨宽带卫星星座的相关频率规则制定是会议的热点之一。

卫星通信的Ku和Ka频段资源是正在建设系统的焦点。与传统高轨通信卫星不同，低轨星座在该系列频率的使用上具有更高的排他性。有相关观点认为，全球只可能有2~3个星座成功运行。一网公司于2016年向FCC提出Ku和Ka频段卫星频率申请，之后包括太空探索公司、SES公司和开普勒通信公司在内的各方陆续提出了另外11项申请。然而，即便同是欧美公司，FCC在处理频率申报上也表现出差异化的态度。一网公司认为FCC对其修改申请的审核时间长得令人惊讶，未获得公平的考虑，其提交的修改申请已有18个月未见回应，而其他公司修改申请已被快速接受。

4.3 建设背后的国家安全考虑

作为全球信息基础设施的重要组成，低轨卫星互联网系统对国家安全具有重大影响。各低轨卫星互联网星座正在加快全球落地步伐，目前一网已经与美、英、沙特、印度、印尼等国家落实运营的具体操作。另一方面，部分国家对低轨卫星互联网在国内运营表现出审慎态度，2019年俄罗斯联邦电信监管机构正式拒绝了一网系统在俄罗斯的运营申请，并表示在俄罗斯境内频率将优先用于本国自己的系统。

与此同时，卫星宇航制造的量变终究要带来卫星应用领域的质变。通过功能扩展，空间互联网变成了整个空间体系的重要基础平台。美军对低轨卫星互联网也表现出极大的兴趣，先后推出以“黑杰克”（Blackjack）为代表的多项基于低轨卫星互联网星座的军事试验项目，开展低轨商业系统军事搭载应用探索，并相继资助一网、“星链”等多个系统开展研究。SpaceX公司对其Starlink星座项目的目标用户进行了详细的阐述说明，其星座的主要应用包括“卫星通信和传输服务”“高速无线宽带服务”“卫星对地成像服务”和“遥感服务”等。这些项目的实施，为低轨空间的开发与利用模式留下了无限的想象空间。

5 我国低轨星座建设的思考

纵观国际空间互联网发展，呈现出“高轨道独立发展向高、低轨道联合发展，窄带电信服务为主向宽窄带结合、区域覆盖向全球覆盖拓展”的发展规律。我国在高轨道通信卫星方面从“十五”开始虽然加快了“追赶”的步伐，基本解决了我国国土及近海的常态通信覆盖，但低轨道卫星通信系统由于当时应用需求、经济和技术可行性等限制条件，一直未启动建设。

临近21世纪第三个十年，虽然国内目前已有相关政府项目及企业在开展系统建设，考虑到低轨道卫星通信系统的地位，特别是受频率、轨道、国际竞争、投入产出以及我国商业航天发展的启蒙阶段等诸多限制，如何发展值得深入思考。

（1）突出应用导向性和经济可行性。从需求出发，按照高效、集约、适用、好用的原则，最大限度地发挥其应用效益，必须走宽窄结合的应用模式。考虑到卫星在轨寿命是卫星运营盈亏的重要限制因素，对比国外铱星、一网等卫星寿命设计要求，单星寿命设定在8～12年较为合适。

（2）制定全球服务、标准化批量化生产等解决方案。近些年来，我国面临的国际环境呈恶化趋势，为实现全球服务市场，一方面要充分利用好商业合作模式，另一方面考虑到卫星系统建设的特点，要先于天基系统设计，布局地面终端、芯片的研制开发。就目前看，面对如此数量庞大的卫星系统建设，也是对中国工业基础能力的考验。统一的设计标准、产品研制流程和互通的接口，批量化卫星生产模式的实现，是系统建设不可避免的工作。

（3）考虑战略引领性和技术先导性。信息网络和服务走向天地融合的趋势日渐清晰，卫星互联网作为新一代信息基础设施的重要组成部分，是普遍信息服务的重要保障，也是引领我国科技进步、促进经济发展的重要手段。天、地通信手段的深度融合，体系架构的完全统一、技术和标准的完全一体化，用户体验的高度一致，是信息通信的发展趋势，也是业界对继5G之后6G发展方向的重要共识。

6　巨型低轨星座的动力学问题

低轨通信星座卫星数量大，星座组网实现全球无缝覆盖，对每颗卫星的轨道精度和运行稳定性均有较高要求，而低轨轨道复杂的空间环境导致卫星需频繁进行位置维持和姿态机动。另一方面，如前文所述，为实现低成本研制和快速发射入轨，卫星在构型、结构、太阳翼、姿轨控设计和发射方式等方面均需采用全新的技术。低轨通信星座及卫星设计需重点关注的动力学问题包括以下几个方面。

（1）星座构型及轨道设计与优化。

星座轨道与构型设计是最基础的工作，直接决定了星座效能、建设成本、运行和维护成本以及实用性。同时低轨通信星座卫星数量少则近百颗，多则上万颗，卫星在轨组成多层星座以满足不同载荷的使用需求。根据功能需求设计星座构型，并开展轨道动力学仿真，从星座对地覆盖区、覆盖重数、星间链路几何拓扑等方面对星座效能进行评估，并在此基础上开展优化设计，这是一项亟需攻关的关键技术。

（2）星座自主维持与运行控制。

运管巨型星座的最大难点在于地面运控系统同时仅能支持几十颗卫星的在轨管理，同时在地面站无法全球部署情况下，卫星每天可测控时间很有限，低轨通信卫星无法继承现有高轨通信卫星的运行控制模式。因此，低轨通信卫星必须具备较强的在轨自主运行能力，包括自主轨控、自主离轨、自主位置维持、自主星间链路建链与保持、在轨碰撞风险识别与自主规避等方面，需要突破高精度轨道参数预估、机动策略快速计算等方法。

（3）大尺寸柔性太阳翼刚柔耦合动力学问题。

低成本是面向商业航天市场的低轨通信星座卫星必须满足的一个强设计约束，SpaceX公司的Starlink卫星采用了大量低成本设计理念，特别是采用了硅电池片的柔性太阳翼，极大降低了研制成本。由于低轨通信星座一般都采用非太阳同步轨道，为保证能源供给，太阳翼的面积会比较大，如Starlink卫星的太阳翼面积约30m^2，经评估其太阳翼在轨展开后的基频在0.01Hz以下。而卫星在轨工作时为保证太阳入射角，每轨都会进行姿态机动，同时考虑到星本体质量只有200多千克，太阳翼的柔性振动必然会给卫星控制带来巨大的挑战。

（4）大尺寸柔性太阳翼热致振动问题。

为满足星座通信容量需求，低轨星座卫星拟采用激光星间链路，相对于微波星间载荷，其对卫星的控制精度和稳定性要求更高。根据部署高度不同，低轨通信卫星轨道周期在100分钟左右，在非全光照期，卫星频繁进出地球阴影，大尺寸柔性太阳翼的热致振动问题成为影响激光链路工作性能乃至卫星设计成败的关键问题。

（5）卫星压紧与星箭分离技术。

为满足低轨通信星座快速发射组网的研制需求，必须采用一箭多星发射技术，类似Starlink星座的堆叠式结构卫星为我们提供了一个较好的解决方案。除卫星设计外，星箭耦合动力学问题，特别是几十颗卫星的可靠压紧与安全分离技术也是必须突破的关键技术，需要开展相关的动力学建模、仿真与分析工作。

参考文献

[1] 梁晓莉，王聪，李云．“一网”星座最新发展分析［J］．中国航天，2019（7）：29-31.

[2] Tariq Malik. OneWeb, a satellite internet startup, files for Chapter 11 bankruptcy［N/OL］. http://www. space. com/oneweb-satellite-internet-startup-files-for-bankruptcy. html. 2020-03-28/2020-04-08.

[3] 李博．SpaceX 启动大规模试验星部署的几点分析［J］．国际太空，2019（6）：12-16.

[4] Stephen Clark. Good weather predicted for Cape Canaveral's first launch of 2020［N/OL］. http://spaceflightnow. com/2020/01/02/good-weather-predicted-for-cape-canaverals-first-launch-of-2020. 2020-01-02/2020-04-08.

第二部分

航天器结构动力学与力学环境

航天器力学环境分析与试验技术研究进展

韩增尧[1]，邹元杰[1]，朱卫红[2]，庞世伟[2]
（1. 中国空间技术研究院，北京，100094；2. 北京空间飞行器总体设计部，北京，100094）

摘要：航天器力学环境是航天器在整个任务周期内经受的各种载荷作用的响应描述，是直接影响航天器总体设计水平和决定航天任务成败的关键因素。按照发射过程，航天器力学环境主要分为发射段的力学环境和在轨力学环境。随着我国航天器设计水平的发展，航天器有效载荷对力学环境的要求越来越苛刻，航天器力学环境分析与试验技术已经成为制约我国航天器设计水平的关键技术。本文重点从发射段力学环境分析技术、在轨微振动环境分析技术、力学环境试验技术和航天器振动控制技术等四个方面对国内外近几年的研究进行了回顾，对相关研究进展和成果进行了系统的归纳与阐述。在此基础上，结合我国航天工程的实际需求及航天器发展的趋势，指出未来航天器力学环境分析与试验技术的主要研究方向。

关键词：航天器；力学环境；分析方法；试验技术；振动控制

1 引言

在航天器任务周期内，对应任务的不同阶段，航天器经受的力学环境可分为发射段、在轨运行和返回段力学环境，其中前两种是在航天器设计中需要重点考虑的典型环境。力学环境的研究方法主要有分析预示和试验两种。对航天器力学环境把握的准确与否直接决定了航天器的总体设计水平，因此开展航天器力学环境分析与试验技术研究对提高我国航天器总体设计水平具有重要意义。

准确的力学环境预示技术与合理可靠的力学环境试验技术是航天器总体设计与相关分系统设计的重要保证。航天器在任务周期内不同的阶段经历的力学环境是不同的。发射段的力学环境以振动、声及冲击、气动载荷等力学环境为主，特点是幅值高、频带宽、时间空间分布随机，主要影响航天器结构、电子元器件以及相关总装工艺等，是航天器任务周期内经历的最严苛的力学环境，也是航天器力学环境预示与试验的难点与重点。在轨力学环境主要以在轨各种微振动环境为主，特点是幅值小、频带相对较窄，主要影响关键仪器设备的工作性能（如光学相机、SAR 天线），其难点在于扰源的准确建模与振动控制，是未来我国高精度遥感平台设计的关键技术之一。

航天器力学环境分析与试验的目的是为了验证和考核航天器在苛刻力学环境下的可靠性，而力学环境分析与试验的结果又可以作为航天器设计与改进的依据，其中准确的预示方法和合理的地面试验方法对航天器研制至关重要。本文分别针从航天器发射力学环境分析技术、航天器在轨微振动环境分析技术、航天器力学环境试验技术和航天器振动控制术等四个方面介绍国内外航天器力学环境分析与试验技术的最新成果，并针对我国在该领域后续研究的主要方向给出了建议。

2 航天器发射力学环境分析技术

2.1 航天器声振力学环境预示方法

航天器声振力学环境是航天器发射过程中经历的一种随机振动环境。由于分析频带宽，载荷频带跨越了低、中、高三个频段，结构—声耦合建模难度大，航天器声振力学环境预示是航天器发射力学环境预示的难点，也是国内外研究的热点。

2005 年，Shorter[1]提出了基于波动理论的 FE-SEA 混合法为航天器声振力学环境提供了一个可行的解决方案。随后国内外针对该方法开展了系统的理论与工程应用研究。格伦研究中心针对 ACTS[2]卫星的数传天线在声载激励下的响应问题，分别采用FE-SEA混合法、有限元/边界元法以及SEA法进行了分析，其中混合法的分析上限为600Hz，分析结果表明FE-SEA混合法在600Hz以下与试验结果吻合，精度与有限元/边界元法接近，但是计算效率远高于后者。Knockaert[3]等应用FE-SEA混合法对CALIPSO卫星在声载下的随机响应进行了分析，卫星主结构用FE建模，太阳帆板和声场用SEA建模，分析结果表明在1000Hz以下，FE－SEA混合法与试验结果相吻合。Prock[4]采用FE-SEA混合法对火箭级间结构进行了建模，其中滚动控制系统部分采用精细的有限元模型、圆柱外壳和滚动控制系统的外罩采用SEA子系统，分析结果相对于SEA结果出现了明显的响应振荡。Knockaert[5]针对如何提高声振预示的效率展开了研究，该研究表明可采用扩散声场代替边界元声场、FE-SEA混合模型代替全有限元模型、减少参与每个频点运算的模态数目以及在边界元结果中采用插值方法等手段提高分析效率。Castel[6]在分析航天器上面级声振响应时提出了基于FE-SEA混合法对大型航天器上面级模型进行了缩减，进而获得了低温推进设备部位的响应的方法。该方法同时解决了两方面的分析难点：一是上面级模型庞大，采用传统有限元方法直接求解分析非常困难；二是模型要求获得低温推进设备附近刚性框架的响应，采用SEA法无法对这类刚性部件准确建模且无法获得响应细节。Castel的建模思路是分为三步：第一步先建立全系统上面级的推进SEA模型，分析获得低温推进设备附近的子结构的能量；第二步建立包含低温推进设备有限元模型的FE-SEA混合局部模型，并以附近子结构能量作为边界条件施加到局部模型中，计算得到有限元模型的响应细节；第三步建立包含低温推进设备的系统FE-SEA混合模型，以该分析结果为基准对第二步的分析结果进行对比，验证了缩聚模型的有效性。

我国在FE-SEA混合法的理论和应用上也做了一些相关的研究工作，相关成果已广泛应用于航天领域。邹元杰[7]等采用VA One软件的FE-SEA混合法对某卫星天线在混响声场中的响应进行了分析，分析结果在天线边缘处与试验结果的量级基本一致，但在压紧座处差异较大。2010年，邹元杰基于FE-SEA混合法预示卫星组件的随机振动环境，并结合预示结果确定了卫星上部组件的随机振动试验条件[8]。张瑾[9]等系统地整理了基于波动理论的FE-SEA混合法的基本理论，完善了随机子系统能量平衡方程的表达式，拓宽了这种方法的应用范围，同时也研究了理想点连接的建模方法，并利用板梁组合结构开展了数值仿真验证和试验验证，取得非常好的验证结果。朱卫红[10-12]系统地研究了混合点、线和面连接的建模方法，完善了FE-SEA混合建模理论，为航天工程应用奠定了坚实的理论基础，并在首次基于FE-SEA混合法完成针对整流罩—适配器—仪器舱—航天器组合结构的系统级的声振力学环境预示，最后通过与噪声试验数据的对比验证了分析结果的准确性。相关调研表明，FE-SEA混合法基本理论的研究已经相对完善，国外在航天工程应用方面积累了大量的经验，而国内在该方面的应用研究相对滞后。另外大型复杂航天器的混合建模技术、相关建模参数的获取与修正是提高预示精度的关键所在。

2.2　航天器火工冲击力学环境预示技术

航天器火工冲击环境是指航天器上火工品起爆时刻产生的高频瞬态冲击载荷作用在结构上的响应。一般情况下，火工冲击载荷对航天器主结构影响较小，但是却能够对含有冲击敏感的元器件和脆性材料造成损伤，从而导致航天任务失败，甚至灾难性事故。随着我国航天事业的飞速发展使得航天器火工冲击问题日益突出：首先，大型航天工程（空间站工程、载人航天工程等）立项使得传统地面试验方法难以开展冲击环境试验；其次，为了完成复杂任务，航天器上大量使用对冲击载荷敏感的精密的电子设备；再次由于尺寸越来越大，为了保证分离的可靠性，高量级火工品的应用越来越广泛。目前国内外无有效的预示方法获得先验知识指导前期的航天器设计工作，处理问题的方式多是通过地面试验考核等后验性方法发现问题，然后具体问题具体分析，通过设计缓冲方法、改进航天器结构设计、单机设备加固等方式进行完善，而且大型航天器设备由于尺寸过大无法开展地面冲击试验，单机设备的冲击环境更是无法获得。因此，开展针对大型航天器火工冲击响应预示方法研究，准确确定相关设备的冲击环境，进而在设计初期指导卫星与单机设备的设计就成为我国航天器研发过程中亟待解决的关键问题。

按照相关标准[13]，航天器冲击环境一般可以分为近场、中场和远场。其中近场响应主要由火工冲击源决定，中远场响应则与冲击载荷传递和结构谐振相关，因此由于形成机理不同，近场与中远场力学环境预示方法也不相同。

1）航天器火工冲击近场力学环境预示

航天器近场力学环境主要由火工品起爆过程产生的应力波导致的，其中包含复杂的物理现象，其高频、瞬态、高峰值的特点使得爆炸冲击过程难以测量；火工品爆炸产生的高温高压载荷与火工品局部结构的耦合作用使得冲击响应难以计算，目前近场火工冲击力学环境预示技术研究主要围绕火工品爆轰过程模拟、应力波传播及冲击载荷提取等方面开展研究。

Hydrocodes 方法已嵌入到商业软件 ANSYS/LS-DYNA 中，并被广泛应用于爆炸冲击动力学分析中，包括火工品起爆过程[14]、航天器着陆冲击[15]、飞机鸟撞问题[16]以及空间碎片高速撞击[17]等复杂非线性问题的分析。从理论上讲，该方法可以用于各类冲击问题分析。然而对于复杂航天器上冲击响应的预示，由于受到动力建模、计算量和计算时间等条件的约束，该方法仅局限于冲击载荷近场响应的预示，但是该方法可通过对冲击源进行建模、分析，从而获得用于中远场计算需要的载荷条件（如力函数等）。

2）航天器火工冲击中远场力学环境预示

在航天设计过程中，一般不会在火工品的近场安装敏感设备，而且火工冲击很少导致近场结构破坏，因此航天器设计过程重点关注的是中远场的冲击响应，根据 NASA 等相关标准表明，中远场响应主要以冲击载荷引起的结构谐振为主。航天器中远场的冲击响应的难点在于：冲击载荷频带分布宽，航天器结构中的刚性部组件（如压紧装置和桁架等）模态稀疏，而柔性部件（如太阳翼、天线等）模态密级，前者推荐采用确定性方法进行准确建模，而后者一般采用统计方法进行建模；由于航天器规模庞大，为了在高频段获得准确的结果，如果采用有限元方法进行建模，对于柔性结构需要划分特别密集的网格，对于中远场预示，整个模型的规模可达百万以上，求解十分困难；如果采用统计方法进行建模，刚性结构由于模态稀疏，不满足相关假设条件，会导致冲击载荷在刚性结构中的传递路径无法准确描述，导致分析结果不可靠。

目前国内外学者针对火工冲击的中远场预示问题开展了一些研究，主要包括统计能量方法、瞬态统计能量方法、虚模态综合法、局部模态相位信息重构和混合方法。

（1）统计能量分析法与瞬态统计能量法。

统计能量分析[18]是目前高频力学环境预示较为有效的方法，它将一个复杂的系统划分为若干子系统，根据能量平衡建立子系统能量的耦合方程，求解得到每个子系统的能量，最后用各子系统在频域或空间域上响应的能量平均值表示系统的动力学响应。该方法无须进行精细的网格划分，避免了有限元方法在处理高频问题时需要细分网格的局限性，同时统计平均的概念也解决了高频、密模态造成响应的随机性难以准确预示的问题。目前，统计能量分析方法已经集成在多家商用分析软件中，例如 VAPEPS、Auto-SEA 和 VA One 等，并且在国内外航空航天领域噪声响应分析中得到了广泛的应用。

然而部分学者认为，采用统计能量分析方法处理冲击问题时还需要考虑冲击的瞬态特性，因此针对瞬态冲击载荷提出一种瞬态统计能量分析方法，为了描述冲击载荷的非平稳性，瞬态统计能量引入了能量的时间微分[19]。

不论是稳态统计能量分析还是瞬态统计能量分析，都是线性的，只能用于求解中远场的冲击响应。不可否认，统计能量分析法以其处理高频问题的独特优势，近年来在冲击响应预示中受到越来越多的重视。2001 年 Roberto 等[20]以 INTEGRAL 卫星为分析对象，比较了有限元分析、统计能量分析结果和试验实测响应的一致性，并指出了确定性有限元分析法在处理高频火工冲击问题时的缺点，建议采用统计能量分析法进行冲击响应的预示。2005 年，Stephane[21]针对 CMES 卫星分别采用显式有限元法、隐式有限元法和统计能量法进行建模与分析，分析结果表明统计能量分析法在高频段与试验结果比较吻合，而显式有限元法在低频处有着更好的预示结果，但是靠单一方法无法在整个分析频段内进行预示。

然而，由于采用了统计平均的概念，该方法无法得到结构上具体位置的响应，仅能得到在一个区域上某个频段内的响应包络，因此该方法多用于中、远场高频冲击响应的预示。此外，统计能量分析法仅适用于高频响应的预示，当结构模态密度较小（小于 2 或 3）时，该方法将失效，这样会导致模型对冲击传递路径的错误描述，获得不正确的分析结果。除了上述问题外，目前针对采用稳态或者瞬态统计能量分析法进行冲击响应预示的合理性也一直存在争议，还无法从理论本质上予以阐明（目前基于统计能量分析法预示冲击载荷的实例也基本采用传统稳态统计能量分析法），此外对于复杂连接的建模、统计能量子系统之间的耦合损耗因子获取（对于简单连接，可采用试验或者理论值，对于复杂连接，则需要开展试验或者数值仿真分析）也是统计能量分析法进行响应预示时需要解决的关键问题。

（2）虚模态综合法。

虚拟模态综合（Virtual Mode Synthesis and Simulation，VMSS）最早由Eric[22]提出，该方法既可以预示结构上的时域响应，也可以进行频域响应分析。

第一篇关于VMSS的论文于1995年发表于AIAA会议，阐明了VMSS的原理和基本公式，并将VMSS法集成为通用计算程序MANTA，文中给出了MANTA的工作流程，从文中对AVHR结构（一个坦克炮的简化结构）的测试和计算结果的比对曲线可以看出，MANTA的计算曲线基本包含在试验曲线正负6dB的包络内，在1000Hz以上能够较为准确地预测响应趋势。

2006年欧空局（ESA）支持的“航天器高速冲击影响分析”（HVI）项目中，Ullio[23]采用VMSS方法进行了GOCE卫星冲击环境的预示。2010年Lee[24]采用SEA和VMSS结合的方法进行了某低轨地球观测卫星与运载火箭分离冲击响应预示，并将不同分析模型的预示结果与试验实测数据进行了比较，得到了VMSS计算敏感的细节等结论。在国内，王军评[25]采用虚拟模态综合法对航天典型结构进行了建模，完成了运载火箭级间分离冲击响应预示。文中考虑的结构主要包括整流罩、有效载荷、支架、仪器舱等29个子系统，并对连续载荷进行了离散处理，得到了200～16000Hz频率范围内的加速度谱，但是文中对于统计能量分析的子结构划分细节和虚拟模态分析没有给出详细说明，对于结果的合理性也没有展开讨论。

VMSS方法与瞬态SEA方法相比，无需假设激励为稳态或准稳态，可以获得时域数据，可以计算冲击谱。当结构具有一定的线性特性时，可以估计近场响应。同时对比显式动力学分析格式不难发现，虽然VMSS能在保证一定精度的基础上快速计算，具有十分重要的意义，但目前针对火工冲击的航天器高频关键模拟参数（如耦合损耗因子）尚不明确，且VMSS只能计算子系统级响应，因此需要进一步的改进，甚至提出新的方法。另外进行虚模态综合法求解时，需要事先假定频响函数与模态固有频率，这些参数的选取对分析结果的影响还需进一步开展研究，目前该方法工程应用较少，仍然需要不断完善。

（3）局部模态相位信息重构。

2001年，法国的Borello[26]提出用子结构模态信息将统计能量分析丢失的相位信息补上去，获得相位重构的传递函数，再通过傅里叶反变换得到随时间变化的结构响应，这种方法称为局部模态相位信息重构法（LMPR）。基于统计能量分析的LMPR方法在欧洲获得了大量应用，SPOT-5卫星、Smart-1卫星与Ariane-5火箭的星箭分离冲击力学环境分析都曾使用该方法。该方法被成功地集成到2009年发布的商用软件SEA+中。

局部模态相位信息重构方法是基于统计能量分析的计算方法，因此该方法只适用于中、远场的线性分析，结果具有统计平均性，只能计算子系统的整体响应平均结果，无法得到航天器上某个特定设备安装部位的响应。

（4）混合方法。

目前已有学者注意到冲击响应的预示问题是一个全频域的力学环境问题[27]。当冲击载荷作用在复杂的航天结构上时，模态密度较高的子结构会表现出明显的高频随机特性，而刚性较大、模态稀疏的主承力结构上则主要表现为低频特性，此时，既不能通过一个频段上的模态密度推导出可靠的统计平均，也无法给出可信的有限元解[28]。换句话说，当冲击载荷作用于结构上时，无法通过单一的有限元法或统计能量分析法准确预示结构在整个频段上的响应。因此有限元法与统计能量分析法相结合的混合法（FE-SEA混合法）被认为是处理冲击问题的有效手段。

2009年，Troclet[29]将FEM和SEA两种方法结合起来进行了Ariane-5火箭的设备安装底座在中高频瞬态载荷作用下的响应，他使用FEM的仿真结果作为SEA计算的输入，得到了较为准确的分析结果。该文献是将混合法应用于冲击响应预示的一次尝试，但是没有考虑到有限元模型和统计能量分析模型的耦合效应，其本质上是采用统计能量法进行预示，而且分析模型相对简单。

目前 FE-SEA 混合法在航天器声振领域已得到了广泛应用，得到了较为丰富的试验验证。由于 FE-SEA 混合法能够综合统计能量分析法和有限元法的优点，避免其缺陷，取长补短，可以作为解决航天器宽频带冲击响应预示的有效途径。因此深入研究 FE-SEA 基本理论和完善混合连接建模方法，探索其在航天器冲击响应的预示中的应用是目前国内外研究的趋势。

2.3 运载结构与液体输送管路耦合导致的振动（POGO）

POGO 振动是公认的液体火箭动力学难点问题。POGO 振动产生的机理是在飞行过程中，液体火箭结构纵向振动的固有频率与推进剂输送系统振动的固有频率彼此耦合产生的一种自激振动[30]。其典型的表现形式为整箭突然发生周期振动，振动到某个最大值后逐渐减小，最后直至消失。POGO 振动产生的加速度会对火箭上的仪器、设备及航天员产生不利影响，严重时可导致整个飞行任务的失败[31]。

目前航天工程中一般采用分离火箭固有频率和推进剂输送系统的固有频率解决 POGO 振动问题，然而由于运载火箭的固有频率一般难以改变，因此一般通过设计输送管路的固有频率来抑制 POGO。改变液体输送系统频率最有效的措施是在推进剂输送管路中安装蓄压器[32]。蓄压器按照结构特点和工作方式可分为储气式蓄压器（如我国长征系列采用的金属膜盒式蓄压器）和注气式蓄压器（如土星和航天飞机采用的球形蓄压器，即采用金属焊接膜盒作为蓄压器的封闭气室）。

另外最新研究表明，对于某些液体火箭，推进系统不仅与火箭结构的纵向模态存在耦合关系能够引发 POGO，也可能与横向模态存在耦合作用，因此这也是目前 POGO 研究的一个主要方向[33]。另一方面，目前我国的 POGO 研究只在火箭整体问题性理论和算法上进行相关研究，解决了单根火箭、捆绑火箭的稳定性分析问题，但是对液体分布夹气问题、气液两相脉动压力传递问题研究尚少，这对以后我国自主研发的新型液体火箭发动机系统和新的大型运载工具均可能是制约因素[34]。

3 航天器在轨微振动环境分析技术

3.1 微振动源扰动特性研究

航天器在轨微振动是指航天器在轨运行期间，星上转动部件运动、相机扫描机构转动、可展开机构的驱动作用、变轨调姿期间推力器点火工作、低温制冷器压缩机和百叶窗等热控部件机械运动、大型柔性结构受激振动等诱发航天器结构产生的微幅、宽频、不造成结构破坏但影响有效载荷性能的振动现象[35]。张振华等对反作用轮、低温制冷器、星载敏感器噪声和太阳翼步进扰动及太阳翼热颤振等典型扰动进行综合分析，给出了常用的扰源模型[36]。张庆君等给出了各种微振动源对应的频谱分布范围以及稳像措施[37]。

在上述微振动源中，反作用飞轮、控制力矩陀螺等高速转动执行机构产生的干扰力（矩）往往较大，是航天器研制过程中需要重点考虑的扰源。国外针对反作用飞轮等扰源的研究，主要是建立了基于实验测试结果的经验模型和基于能量法的理论模型。NASA 于 20 世纪 80 年代对“哈勃”望远镜的反作用轮振动进行了深入研究。1990 年 Eyerman 和 Shea 对航天器在轨扰动进行了全面总结，认为反作用轮和热扰动影响最大[38]。20 世纪 90 年代末，Bialke 发表了一系列论文，对反作用轮扰动的来源、实验和数学建模进行了全面阐述[39]。Melody 于 1995 年利用单个反作用轮振动试验数据导出了反作用轮组的随机振动模型[40]。以上研究结果表明：反作用轮产生的扰动主要由飞轮本身质量分布不均匀造成的静不平衡和动不平衡引起；同时，轴承扰动、电机扰动和电机驱动误差等也会产生一定的扰动。

反作用轮等微振动源内部结构与电磁组件等产生的耦合称为内部耦合，而微振动源与柔性基础结构之间的耦合称为外部耦合。传统的微振动源扰振特性测试是将微振动源固定在刚性支撑结构而不是柔性支撑结构上进行，因此并不能真实地模拟微振动源与平台主结构的接口边界条件。国外针对微振动源与支撑结构的耦合特性研究，经历了“基本理论研究”“静态动质量法”“考虑陀螺效应的动态动质量法”三个阶段，实现了从“基于力学平衡方程及机理的试验现象研究”到“基于试验测试的半物理仿真”再到“完全理论分析方法”的发展跨越[41]。Elias 等人于 2001 年提出了静态动质量法，借助扰源的静态动质量和安装基础结构的静态动质量，可以把刚性界面下的扰动力（矩）换算为柔性界面下的力（矩）[42]。静态动质量法考虑了微振动源的质量特性，较传统方法有了一定的进步，但静态动质量测试过程中微振动源的高速转子处于静止状态，其正常工作时的陀螺效应没有体现。当反作用轮旋转时，不仅仅产生了由于质量不平衡等因素导致的微振动，同时飞轮的动质量作为转速的函数也在不断地变化。相对于静态动质量法，考虑陀螺效应的动态动质量法考虑了陀螺效应和微振动源内部振动模态，通过修正的方法将刚性界面干扰力（矩）转换为柔性界面力（矩），可有效提高分析的精确度[43-44]。

国内对微振动源内部耦合和外部耦合特性理论研究已开展了相关工作。赵煜等在进行刚性界面扰振测试时，发现了在刚性工装与柔性工装的界面存在输入力差异性[45]。张鹏飞等建立了微振动源动力学简化模型，计算得到飞轮动态质量，用于对试验测试得到的扰振力修正[46]。邹元杰等提出了一种微振动源精确解耦加载方法，通过理论推导证明，将固定界面下的微振动源干扰力（矩）实测结果，加载于“微振动源+航天器主结构”组合体系统，获取的振动响应与系统级耦合分析结果完全相同。该方法计算结果准确，避免了对固定界面下干扰力（矩）的修正，但需要提供相对可靠的扰源结构有限元模型[47]。从总体上看，国内关于微振动源与支撑结构的耦合特性研究不够系统，成果并不多。

3.2　航天器系统级微振动分析技术

航天器系统级微振动分析，从理论上讲属于结构振动分析，因此，常规的结构振动分析方法原则上应该都适用。例如能量方法（如统计能量分析、能量有限元、功率流方法等）和有限元方法，可以根据所关心的分析频段和任务要求适当选用。然而实际在轨工作的航天器结构处于自由状态，受到的外载荷多种多样、特性差异较大，而且工程上不止关心结构振动响应更关注有效载荷的光学或电学性能，因此航天器在轨微振动分析方法又有其特殊性。从国内外研究的情况看，目前集成建模方法是工程中航天器系统级微振动分析的主流方法[36]。

集成建模方法是指综合考虑微振动源、结构、控制系统和光学系统等对航天器成像质量等总体性能具有重要影响的子系统，根据微振动在子系统中传递路径的物理联系，将各子系统集成在一起，最终形成能够全面反映各种因素对航天器关键性能影响的系统级输入输出数学模型的过程。与传统建模分析方法集中在单机、单学科或分系统层面不同，集成建模方法可实现系统级综合性能评估和误差分配。由于充分考虑了各子系统之间的耦合作用，形成了统一的数学模型和设计方法，集成建模可进行系统级分析和设计。该方法既能够有效模拟各微振动源共同作用下航天器关键性能的时域和频域特性，也能够利用敏感度分析、不确定性分析和等性能分析（性能一定时不同参数的组合形式研究）等数学分析工具给出提高性能的有效途径。国外已应用集成建模方法进行航天器微振动力学环境评估，开发了相应的分析软件，并在 SIM、NGST、TPF 等高分辨率航天器研制中取得了成功应用[31]。在微振动集成建模软件中，MIT 的 DOCS 和 NASA 的 IME 最具有代表性。

自 20 世纪 90 年代初开始，NASA 的“起源计划”中研制的各类高精度空间观测系统都应用了微振动集成建模和综合评估技术。由于系统结构复杂，NASA 委托麻省理工学院的空间系统实验室进行系统分析设计。为此，空间系统实验室基于加州理工喷气推进实验室开发的光学系统集成建模工具 IMOS 开发了扰动—光学—控制—结构集成建模与综合评估软件 DOCS[48]。DOCS 系统总体上可分为建模、前处理、分析和设计四个部分。建模主要指各子系统建模，包括基线控制、星体结构、光学载荷和微振动扰动源等。前处理部分主要指模型装配、降阶和修正；分析主要有传感器和作动器拓扑、扰动性能分析、敏感度分析、不确定性能分析和优化等；设计部分主要包含优化设计，以及根据分析结果开展星体结构设计、载荷设计和扰源设计等，这些功能都通过 MATLAB 编写的软件功能模块实现。目前 DOCS 已在空间干涉测量任务和行星探测等大型复杂空间望远镜的研制过程中得到广泛应用。

为接替哈勃太空望远镜的空间探测任务，NASA 从 20 世纪 90 年代就开始研制韦伯空间望远镜。韦伯空间望远镜主要性能相比哈勃望远镜有较大提升，孔径从 2.4m 提高到 8m，角分辨率从

0.1"提高到0.004"。对此，NASA开发了集成建模环境软件IME用于微振动集成建模和综合评估，主要包括两个模块：颤振分析模块和结构—热—光学分析模块[49]。IME软件的颤振分析模块的基本流程是先根据结构CAD模型和结构材料特性，利用有限元软件NASTRAN等进行结构有限元建模和模态分析，由模态分析结果建立系统状态空间模型；利用光学设计软件建立光学系统模型，通过模型转换到光学模型并验证。利用光学模型进行线性扰动分析和光学系统分析得到光学敏感度矩阵和点扩散函数。点扩散函数用于光学控制系统设计，光学敏感度矩阵用于控制系统稳定性验证。姿态控制系统利用MATLAB设计，利用SIMULINK仿真。以上这些子系统模型集成为颤振分析模块，通过试验数据验证后进行系统颤振分析，得到动态波振面误差和指向误差。结构—热—光学分析的基本流程是先建立系统热模型，通过热瞬态分析得到温度随时间变化曲线，而后将温度场映射到结构模型，根据结构有限元模型进行静态载荷分析，得到光学部件的变形情况。根据光学部件的运动情况利用光学分析软件进行光学系统成像性能分析。与DOCS相比，IME除了可进行微振动集成建模与扰动性能评估，还包含流程管理、文件管理和数据管理等功能。最重要的是IME完全面对工程型号，更具有实用性。DOCS强调敏感度分析、不确定性分析和等性能分析等功能。总体来讲，DOCS更面向科学研究，而IME更面向工程实用。

国内蒋国伟等参考IME颤振分析建模思路，根据某卫星微振动力学环境特点，借助ADAMS软件建立扰源—结构—控制仿真模型，并进行了地面试验验证[50]；葛东明等建立了卫星结构—控制—光学一体化模型，并进行了微振动响应分析[51]；邹元杰等提出了微振动稳态时域响应分析方法，通过仿真计算表明，对于常规的光学卫星应用弹性模态叠加法能够获得足够精度的动响应预报，因此系统级微振动分析可忽略姿态控制系统的作用（主要抑制刚体漂移）[52]。

4 航天器力学环境试验技术

4.1 力限试验技术

为了模拟发射段的力学环境，航天器一般在地面会进行相关的力学环境试验，如正弦试验或者随机振动试验，地面试验状态与飞行状态的阻抗不匹配会导致地面试验存在较为严重的“过试验”现象，增加了航天器的设计成本。为解决航天器振动试验中的“过试验”问题，采用加速度—力双重控制策略进行振动试验是一种有效的解决手段。双控不仅需要界面加速度谱，而且需要界面力限谱同时进行控制。相关研究表明，力限试验技术能够更加合理地确定地面试验条件，已经在工程中进行推广应用。目前力限试验技术的研究主要集中于界面力测量技术和界面力限条件设计技术。

1）界面力直接测量技术

现有的航天器力控振动试验通常是在航天器与振动台面之间串接直接测力装置。直接测力装置已经多次在NASA以及欧空局的航天器力控振动试验中使用并取得了良好的效果[53]。除了传统的力传感器外，目前还衍生出许多新型的力传感器，这类力传感器可以直接与螺栓集成，或以垫圈的方式直接串联在螺栓中。或者把螺栓直接作为测力元件的传感器，以最直接的方式将作用在螺栓上的力测量出来；通过增加在螺栓处的垫圈传感器来间接测量螺帽处的压力，从而获得螺栓所受到的力，环形垫圈要足够的大以安装感应装置。与传统的测力环相比，这类传感器体积小，且对原有结构的传力路径影响较小，但是如何利用这种传感器来测量动态力，以及如何标定还没有统一标准。2012年，Konrad[54]设计了新的IABG测力装置，并进行了相关试验。结果表明此装置测量的力可实时提供稳定、准确的力信号给振动台的控制使用。该测力装置首次成功应用在Pathfinder LCM上。

国内针对直接测力方法的研究始于20世纪90年代，随着我国的航天事业蓬勃发展，受国外先进技术的影响，力限控制技术成为各航天院所与相关高校的研究热点，并逐渐积累了大量的研究成果。2005年开始，中国空间技术研究院总装与环境工程部对振动试验中力测量技术进行了初步研究和试验。在“十一五”至“十二五”期间研制了相关的三向测力环，并成功应用于整星力学试验中，可实现振动台和卫星连接界面的力和力矩的直接测量。

2）界面力间接测量

由于直接在星箭界面等处安装测力装置存在

一定困难，因此除了直接测力方法外，目前还有一类间接测力的方法，即首先测量与界面力相关的参数，而后通过载荷识别技术来获取界面载荷。到目前为止，国内外对航天器界面动态力（矩）的分析和识别研究相对较少。

2008 年，德尔塔Ⅱ火箭发射伽马射线太空望远镜（GLAST）时，搭载了一套飞行测力装置，用于测量星箭界面的加速度和力[55]。其中星箭界面力的测量是通过在星箭适配器上粘贴了 64 个应变片实现的。该应变式测力装置在地面用振动试验进行了静态的标定。在地面试验时，在星箭适配器下方同时安装了压电式力传感器来验证应变式测力装置的精度。2014，Paul[56] 提出采用加权加速度测量结果确定界面力的方法，指出采用加速度传感器对力进行估计时，不仅具有很好的鲁棒性，也能基于有限的加速度数据获得一定精度的力数据，此外该方法便于工程实现。Paul 针对具体模型进行了方法验证，结果表明在 200Hz 以内，基于加速度确定的界面力与试验实测数据接近。

在国内，为避免串联力传感器，张永涛[57] 等提出了一种通过测量星箭连接环应变计算星箭界面力的方法。通过仿真分析，验证了该方法的有效性，并结合某气象卫星给出了卫星不同结构对识别误差的影响分析，仿真结果表明星箭界面动态载荷幅值的识别误差在 20%以下。2016 年，宋祥帆[58] 等提出了一种基于星箭连接环应变变化场的界面载荷识别方法，并通过有限元仿真和工装试验对其进行校验。初步验证了该方法的有效性和工程适用性，可以为卫星力限控制振动试验输入谱的确定提供一定参考。该方法的理论基础是弹性力学中的薄板假设，主要针对的是星箭连接环这种结构形式，对于复杂航天器，特别是复杂的各类单机界面是否适用还有待验证。而且为了实现应变场重构，目前的方案所需应变检测点过多，需要配备很多相关的测量仪器，这对于航天器来说可能是较大的负担，难以满足航天器的减重要求。

3）界面力限条件设计技术

国外针对力限形成了较为完善的力限试验技术，NASA 于 1996 年发布了 *Force Limited Vibration Testing*（NASA－HDBK－7004），1997 年发布了 *Force Limited Vibration Testing Monograph*（NASA－RP－1403），并在 2002 年和 2003 年对 *Force Limited Vibration Testing* 进行了两次修正。在新版本中提供了两次飞行试验实测界面力数据，增加了飞行数据与试验数据的对比分析，证明了力限技术的合理性与有效性。近十年来，除了美国航空航天局外，世界其他航天机构，如加拿大空间局（CSA）、欧空局（ESA）、日本空间局（JAXA）和韩国航天研究局等，也都非常重视力限技术的研究、应用和发展。

我国航天器振动试验早期以传统的加速度控制为主，国内很多学者早在 20 个世纪八九十年代就已关注振动“过试验”问题和力限振动试验技术，在“十一五”和“十二五”期间开展了相关的研究，取得了一定的研究成果。

随着航天器的发展，结构尺寸越来越大，或者越来越轻巧，柔性变形越来越大，使得全尺寸地面动态试验越来越难以进行，不能完全满足设计技术要求。振动台上的结构振动条件无法完全模拟飞行时结构的弹性边界，可能出现“欠试验”与“过试验”的风险。王晓耕[59] 回顾了国外力限技术的发展，介绍了力限技术应用的关键问题，对我国航天器振动试验中应用力限技术的前景进行了展望。陈昌亚[60] 分析了卫星结构振动试验中力控技术的研究意义，并提出今后发展的建议。王亚波[61] 等对航天器振动台环境试验中的“过试验”问题与振动台控制方式开展研究，讨论了加速度控制和力控制下各自形成过试验的原因和频率位置，定义并解释了“双控”模式及其对过试验现象的补偿机理。柳征勇[62] 对力限条件的制定、力限条件设计方法的比较、结构模态有效质量等方面进行了深入探讨。李正举对力限条件设计的半经验力限方法和复杂二自由度方法进行了深入的研究，为航天器力限条件设计奠定了理论基础[63-64]。邹元杰[65] 以运载火箭研制方提供的准态载荷为依据，提出了一种基于准静态载荷的改进型力限条件设计方法，使得力限条件的设计更加合理。张俊刚[66] 对力限振动试验进行了深入研究，研制了三向测力装置并对其进行了理论分析和试验验证研究，开展了整星加速度控制和力限控制振动试验对比，在推动力限条件设计和力限振动试验技术的应用研究上迈出了重要的一步。2010 年以来，我国陆续在几个航天器型号的正弦振动试验中应用了力控技术，但力限条件如何确定仍然是难点。

4.2 噪声试验技术

噪声试验是对航天器地面试验的关键，用于对航天器抗随机振动环境性能进行检验。噪声试验技术相对成熟，近年来新的文献相对较少，主要成果是噪声试验条件细化及噪声试验方法的完善。

噪声试验条件是确定声试验的输入，一般由运载方给出，由于运载方给出的声试验条件是多次飞行罩内噪声测量的平均结果，没有考虑不同填充效应，因此在进行航天器试验时，一般需要考虑不同航天器放入后引起的填充效应从而对声试验条件进行修正，目前工程中通常采用的是1994 年 William 给出了修正方法[67]。2016 年，Xiang S 提出了一种基于统计能量方法的填充因子计算方法，与声试验结果的对比表明该方法相比 William 的方法在低频更加合理[68]。2017 年，Zheng Ling 等采用有限元—边界元方法和统计能量方法对大型运载整流罩的有效载荷填充效应进行了分析[69]。文中分析结果指出，填充效应主要影响集中在低频，声场的固有频率会因为有效载荷的出现会发生漂移，另外大型航天器的填充效应影响更加显著，该研究为后续设计航天器声振试验条件提供了依据。中国空间技术研究院总装与环境工程部于 2017 年提出了航天器系统的声试验标准，在该方法中明确提出了改进的填充因子的计算方法，综合考虑了航天器体积、表面积及周向长度对填充因子的影响[70]，提高了声试验条件的合理性。

在试验方法方面，根据相关标准，航天工程中大卫星一般推荐进行噪声试验，小卫星（450kg 以下）一般进行随机振动试验，但是两者的试验原理是不相同的，主要在于能量输入方式和传递路径不同。仿真分析与试验表明，噪声试验在模拟随机振动环境时存在低频欠试验的风险，而随机振动试验在高频处存在试验不足，这就导致了一些由噪声和振动共同作用的耦合效应或者故障模式在噪声试验中不能充分暴露，因此噪声—随机振动联合试验是近年来噪声试验的研究方向之一。

晏廷飞[71]对比了单项声振组合环境试验与单项环境试验对某航天器天线响应的影响，指出噪声试验时边界的影响主要集中在低频，且噪声试验在低频存在一定缺陷而随机振动在高频存在激励部组，声振组合试验时，由于耦合响应会对结构高频段的响应有一定的抑制作用。杨江[72]和张红亮[73]分别为太阳翼为研究对象开展了声—振联合试验和仿真，研究了声振组合载荷下太阳翼的响应预示方法。沈志强[74]对航天器声振联合试验技术进行了研究，对于噪声与正弦振动组合试验时，应当先进行正弦振动试验控制，后进行噪声试验控制，且正弦振动控制需要采用滤波处理；对于噪声与随即振动组合试验，可同时对两者进行控制；对于大面质比的卫星部组件，随机振动与噪声组合试验考核更加合理充分。张群[75]针对小卫星开展了声—振联合试验耦合响应分析及预估，指出航天器不同结构处基础激励和噪声激励对低频段和中高频段的响应具有不同的效果，整体上低频段以基础激励的响应占主导，高频段以噪声激励响应为主，也会有耦合作用。声振联合试验是未来航天器试验的一个发展方向，而两种载荷的耦合效应也是后续的研究重点。

4.3 微振动试验技术

通过整星地面试验，测量星体结构对微振动的传递作用，获取敏感部位在扰动源作用下的振动响应，是修正分析模型、预测有效载荷在轨成像质量的必要措施。SDO 测试了星体结构在微振动激励下的阻尼特性，通过试验建立整星微振动条件下的动力学模型，用以预示在轨微振动响应[76]。ESA 对激光通信中继卫星（ARTEMIS）进行了地面微振动测试。通过在扰振源安装界面输入力，测量敏感器安装界面的加速度，获取星体结构微振动响应函数，建立星体结构的微振动响应模型[77]。Privat 对 SPOT4 进行了整星地面微振动测试和在轨微振动测试，并对测试数据进行了对比。地面测试采用悬吊法，测试内容主要包括两个部分：一是动量轮安装在卫星结构上之后的扰振力和力矩测试；二是整星结构微振动频响函数测试[78]。日本学者对激光通信卫星（OICETS）进行了整星微振动地面测试，其主要敏感设备为激光通信器。地面测试的主要目的是摸清扰振对通信性能的影响，测试扰动振源的特性以及星体结构的微振动传递特性[79]。在微振动测试中采用低频悬挂装置吊起卫星，将卫星悬在空中，近似模拟零重力状态。测量过程采用了 40 个灵敏度为 1mg、动态范围为 50dB 的加速度计，整个系统安置在遮光环境下，测量期间空调关闭，以尽可能减小外部干扰，测试环境很接近在轨状态。

2004 年，Yoshida 开展了太阳同步轨道航天器 Solar-B 微振动试验[80]。为保证高分辨率太阳光学望远镜在轨正常工作，验证光学组件的图像稳定性，研究人员在地面进行了专项微振动传递试验。在试验过程中，卫星整体悬挂在 4 个软弹簧支撑上，以隔离地面环境干扰。在主镜和次镜上安装高灵敏度加速度计，在陀螺仪和动量轮处布置激振器，施加三方向的正弦激励力，测量主次镜的平移和摆角，得到单位扰动力对应的光学组件瞄准误差幅值，进而评估不同干扰源对光学组件误差的影响。

我国多颗卫星开展了系统级微振动试验。雷军刚等对某卫星进行了整星微振动地面试验，测量了星上关键位置在运动部件开机时的微振动振幅，试验主要采用石英挠性加速度计进行测量，未采取专门的边界模拟或噪声屏蔽措施[81]。王泽宇等利用某遥感卫星平台在国内首次开展了气浮和悬吊两种状态下的卫星微振动对比研究试验，测量了动量轮在不同工作转速和控制力矩陀螺在不同框架旋转角下的微振动响应变化及传递规律[82]。庞世伟等按照单机、分系统、系统 3 个层次开展了地面微振动试验，其中单机级试验主要通过六分量力测量微振动源的动态特性，分系统级试验主要通过结构加速度响应测量解决微振动传递特性是否正确的问题，而系统级试验主要通过成像质量来验证微振动对光学系统影响的分析方法[83]。

5 航天器振动控制技术

航天器发射段的整器（星）级振动控制方法在文献［84］中已有详尽介绍，相关技术已较为成熟，近 10 年来能够查阅到的新文献不多。与此同时，针对航天器在轨微振动控制的研究却如火如荼，取得了很大进展。振动控制主要有两种分类方法。一种是根据作用位置不同，分为振源控制、传递路径控制和有效载荷控制[85]；另一种是根据控制原理的不同，分为被动控制、半主动控制和主动控制。本文采用后一种分类方法进行综述。

5.1 被动隔振技术

被动隔振是在振动传播途径中加入被动元件，如橡胶隔振器、橡胶隔震垫、螺旋金属弹簧、板弹簧、空气弹簧等，以减小传递到减振体的振动强度。其结构简单，稳定性高。橡胶隔振器具备一定的弹性、强度和阻尼，对高频的干扰隔振效果较好，即使受到较大的冲击和变形，也能恢复至原状，但是橡胶容易老化失效，并且可能会产生蠕变。金属弹簧隔振器是应用最多的被动隔振方式，其中应用最为广泛的是金属螺旋弹簧，可承载的载荷较大，制作成本较低，但阻尼性能相对较差。空气弹簧一直广泛地应用于各种隔振场合，是较好的强冲击隔振器，可以通过调节气压来设计其刚度，但用于大载荷时较为昂贵[86]。黏滞阻尼隔振器也是一种常用的被动隔振方式，例如一种应用于隔离微振动黏滞阻尼隔振器，其刚度元件选为波纹管，而阻尼是由阻尼孔和黏滞流体流动产生[87]。Kamesh 等提出在卫星和有效载荷之间采用柔性支架对动量轮进行被动隔振[88]。庞世伟等为卫星控制力矩陀螺设计了黏弹性隔振器，地面试验和在轨飞行均取得很好的隔振效果[89]。被动隔振具有结构简单、稳定，不需要额外提供能源和测量信息等优点，但是被动隔振对低频振动的抑制能力有限，且后期很难进行参数调整。

5.2 半主动隔振技术

半主动隔振，也称自适应被动隔振，是从主动隔振和被动隔振中衍生出的一种隔振技术。与完全地主动隔振有所不同，半主动隔振可以在有外部能源输入的情况下，改变隔振器的刚度和阻尼参数。改变刚度参数可以通过形状记忆合金来实现。形状记忆合金是一种具有形状记忆、超弹性和阻尼特性的新型材料，当合金的形状被改变之后，一旦加热到一定的跃变温度时，可以变回到原来的形状。改变阻尼系数的常用方法是运用流体介质，在电场或磁场的作用下改变其黏性，以此达到改变阻尼的目的。这种流体分别被称为 ER 流体和 MR 流体[90]。其工作原理是流体中的离子会被外加的电场或者磁场加强，从而得到阻尼值的改变。半主动控制的成本小于主动控制，所需要的能源较少，具有较高的稳定性，但在理论上仍然具有被动隔振的局限性，对低频振动的隔振效果不佳。

5.3 主动/主被动一体化隔振技术

主动隔振作为振动控制中的一个重要的分支，起步于 20 世纪中期。由于微振动抑制通常需要考虑6个方向的影响，因此最常见的主动控制方案都采用了Stewart平台的构型。美国空军实验室领导研发的卫星超静隔离技术试验平台（satellite ultra-quiet isolation technology experiment，SUITE）[91]。SUITE超静平台用来隔离来自卫星的微振动，基于压电作动原理，使精确有效载荷处于超静的动力学环境中。2000年，美国Honeywell公司在美国空军实验室AFRL的支持下开发的MVIS小型化隔振系统既含有粘弹流体阻尼器，又具有压电堆主动隔振功能，可降低光学组件99%的振动响应[92]。美国CSA也研发了多种主动隔振平台[93]。国内利用Stewart平台进行隔振研究的主要有哈尔滨工业大学、北京航空航天大学、上海交通大学等[94]，目前来说，国内的平台的制造工艺与减振效果与国外还存在一定差距。

随着空间科学对微重力环境要求越来越高，非接触式主动隔振方法逐渐受到关注。非接触式主动隔振，即通过非机械接触的方法产生能够抵消扰动的作用力来达到隔振的目的。基于磁悬浮原理研制的非接触式隔振平台，有效行程为mm级，优于传统接触式隔振系统的有效行程，为低频隔振控制提供了保障。STABLE是为了提高流体力学实验精度而研制的一套集成式主动隔振系统。STABLE为微重力环境下的多种科学实验提供保障，使微重力加速度水平降低到10^{-6}g级别。STABLE隔振平台搭载“哥伦比亚”号航天飞机进入太空进行微振动试验，试验结果表明系统可以隔离低至0.01Hz的微振动，并且在低频段可以使振动衰减20~30dB[95]。加拿大宇航局开发了一系列微振动隔振系统MIM，这些隔振系统的共同特点是基于磁悬浮技术，利用8个单自由度的洛伦兹力作动器协同作用实现主动隔振控制，系统能隔离的微振动频率范围为0.01~100Hz[96]。加拿大宇航局为燃烧实验开发了g-LIMIT隔振装置，采用3个模块化的非接触磁悬浮作动器单元和集成化的测量系统，不仅提高了装配精度，而且简化了加工工艺[97]。

国内对微振动隔振平台的研究处于起步阶段，尤其是对0.01~5Hz频率范围内的低频微振动隔振尚无成熟产品。国防科技大学龙志强等基于电磁力原理研制了磁悬浮式主动隔振平台，分析了电磁力隔振的机理和特性，采用包括主动与被动的混合隔振方式，设计了试验样机，通过模拟扰动进行隔振性能测试[98]。任维佳等基于磁悬浮技术研制了一套六自由度隔振平台，分别从激励器的设计及优化分配、系统的动力学建模等方面对六自由度磁悬浮隔振平台进行了研究，已应用于“天舟”一号货运飞船[99]。

6 结束语

本文针对国外航天器力学环境分析、试验和振动控制技术近年来的国内外研究进展进行了综合分析。总体来看，我国航天器力学环境分析、试验和振动控制技术日渐成熟，已经在各类航天器型号中推广应用，但与国外相比仍有一定的差距。随着我国新型大型复杂航天器的不断出现，航天工程任务对力学环境分析与试验技术提出了新的、更高要求。根据当前的技术现状和未来的工程需求，结合国内外的应用情况，应重点开展以下几个方面的研究。

（1）在航天器发射段力学环境分析技术方面，要进一步完善全频域力学环境分析理论，并推广应用于各类复杂航天器的力学环境预示任务，解决应用环节的难点问题；同时要重点突破火工冲击环境预示技术，完善火工冲击源和近场响应的建模分析方法，探索中远场的预示方法，开展充分的试验验证，形成一整套从火工源、近场到中远场的航天器系统级冲击响应预示方法。

（2）在航天器在轨微振动分析方面，后续应关注满足微振动分析要求（频率上限达为300Hz）的整器（星）建模技术，加强各类典型微振动源的扰动特性研究，进一步完善考虑微振动源与航天器主结构耦合作用的系统级微振动分析方法，发展工程实用的微振动分析技术，并开展充分的地面试验验证和在轨飞行验证。

（3）在航天器力学环境试验方面，急需突破界面力的间接测量技术，并应用于新型大型航天器及其大部件的地面力学试验和飞行遥测，为准确把握发射力学环境、合理制定地面力学试验条件奠定重要基础；针对微振动试验，应当重点突破低基频的边界模拟技术（基频1Hz以下），另外还需要进一步开发高精度小型化平动与角速度传感器以满足后续高精度平台的微振动测试要求。

（4）在航天器振动控制方面，要统筹兼顾发射段与在轨段的振动抑制问题，着力开展新材料阻尼器、非接触式主动隔振系统等关键技术攻关，探索更多适合航天器应用的减隔振技术手段，同时加强包含振源、传递路径和有效载荷在内的全路径覆盖、主被动结合的系统级振动控制方案研究，从而以最小的代价实现振动控制水平达到系统最优。

参考文献

[1] Shorter P J, Langley R S. Vibro-acoustic analysis of complex systems [J]. Journal of Sound and Vibration, 2005, 288 (1): 669-699.

[2] Jeffrey M L, Cotoni V. Vibroacoustic response of the NASA ACTS spacecraft antenna to launch acoustic excitation [R]. NASA/TM-2008-215186.

[3] Knockaert R, Frikha S and Cotoni V. Simulation of a spaceceaft acoustic test by hybrid FE - SEA methods: Application to the CALIPSO spacecraft and comparison with experimental data [C]. Processing of the 1st CEAS European Air and Space Conference, Century Perspectives, Berlin, Germany, 2007.

[4] Pock B. Vibroacoustic hybrid modeling and analysis of the ARES IX Roll Control System [J]. The 2008 S/C&L/V Dynamic Environments Workshap, EI Segundo, USA, 2008: 74-84.

[5] Knockaert R. How to improve the speed of vibro-acoustic simulation? [C]. Proc. 13th European Conf. on Spacecraft Structures, Materials&Environmental Testing, Braunschweig, Germany, 2014, 4.

[6] Castel A, Hadjit R. Hybrid FE-SEA Model Reduction Method to Obtain Detailed Responses at Chosen Locations from a Large System Model [C]. 2016 Spacecraft and Launch Vehicle Dynamic Environments Workshop, 2016.

[7] 邹元杰，韩增尧．宽频带声激励作用下的卫星结构响应分析[C]. 2007年全国结构动力学学术研讨会，南昌，2007: 1-11.

[8] 邹元杰，张瑾，韩增尧．基于混合FE-SEA方法的卫星部组件随机振动条件研究 [J]. 航天器环境工程，2010，27 (4): 456-461.

[9] 张瑾．混合FE-SEA方法在航天器力学环境预示中的应用研究 [D]. 北京，中国空间技术研究院博士学位论文，2011.

[10] 朱卫红，马兴瑞，韩曾尧，等．混合FE-SEA修正因子研究 [J]. 计算力学学报，2015，32 (2): 215-231.

[11] 朱卫红，马兴瑞，韩增尧，等．航天器中频段力学环境预示的混合线连接建模方法 [J]. 宇航学报，2015，36 (7): 910-917.

[12] 朱卫红，邹元杰，韩曾尧．混合有限元-统计能量分析方法及其航天应用 [M]. 北京：中国宇航出版社，2017.

[13] NASA - HDBK - 7005. Dynamic Environmental Criteria [J], NASA. 2001.

[14] 陈敏，隋允康，阳志光．宇航火工分离装置爆炸分离数值模拟 [J]. 火工品，2007，5 (1)，5-8.

[15] 梁东平．月球着陆器着陆冲击载荷与力学环境分析研究 [D]. 北京 中国空间技术研究院，2012.

[16] 万小朋，龚伦，赵美英．基于ANSYS/LS-DYNA的飞机机翼前缘抗鸟撞分析 [J]，西北工业大学学报，2007，25 (2): 285-289.

[17] 张伟，庞宝君，贾斌，等．弹丸超高速撞击防护屏碎片云数值模拟 [J] 高压物理学报，2004，18 (1): 47-52.

[18] 姚德源，王其政．统计能量分析及其应用 [M]. 北京：北京理工大学出版社，1995.

[19] Fahy F J, Yao D Y. Power flow between non - conservatively coupled oscillators [J]. Journal of Sound and Vibration. 1987, 114 (1): 1-11.

[20] Roberto U, Marucchi P C. Utlization of prediction method in the shock environment evaluation [C]. The European Conference on Spacecraft Structure, Materials and Mechanical Testing. Noofdwijk, The Netherlands, 2001.

[21] Stephane M, Valertio C, Etienne C, et al. Shock propagation simulation using FEM sofeware [C]. European Conference on Spacecraft Structure, Materials& Mechanical Testing 2005, Noordwijk, Netherlands, 2005: 1-6.

[22] Eric C D, Chambers B C. Analysis and validation testing of impulsive load response in complex, multi-compartmented structures [C]. In Proceedings of the 36th AIAA Structures, Structural Dynamics, and Materials Conference, 1995.

[23] Ullio R, Carlo P, et al. AutoSEA Shock Application on Shock Event Simulation- Study Case and Problematics Encountered [C]. Presented at the EuroPAM, TOULOUSE, 2006.

[24] Lee D O, Han J H, et al. Shock respones prediction of a low altitude earth observation satellite during launch vechicle separation [J]. Int'1 J. of Aeronautical & Space Sciences 2010, 11 (1): 49-57.

[25] 王军评，毛勇建．统计能量分析法在爆炸分离冲击响应预示中的应用 [J]. 航天器环境工程．2011，28 (5): 414-420.

[26] Borello G. Application of SEA in spacecraft engineering [C]. Belgium: InterAC, 2010.

[27] Lee J R, Chia C, Kong C. Review of pyroshock wave measurement and simulation for space systems [J]. Measurement, 2012 (45): 631-642.

[28] 邹元杰，韩增尧，张瑾．航天器全频域力学环境预示技术研究进展 [J]. 力学进展，2012，42 (4): 445-454.

[29] Troclet B, Hiverniau B, et al. FEM/SEA hybrid method for predicting mid and high frequency structure-borne transmission. [J]. The Open Acoustics Journal, 2009, 2: 45-60.

[30] Oppenheim B W, Rubin S. Advanced pogo stability analysis for liquid rockets [J]. Journal of Spacecraft and Rockets, 1994, 30 (3): 360-373.

[31] 荣克林，张建华，马道远，等．CZ-2F火箭POGO问题研究 [J]. 载人航天，2011 (4): 8-18.

[32] Coppolino R F, Lock M H, Rubin K S. Space shuttle pogo studies [R]. Aerospace Corp., Aerospace Report NO. AII-78 (7474)-1, 1978

[33] 王庆伟，谭述君，吴志刚．大型液体火箭结构纵横扭振动与推进系统耦合（POGO）稳定性分析 [J]. 振动与冲击，2016，35 (10): 167-173.

[34] 荣克林，王帅．航天装备结构动力学问题总结 [J]. 强度与环境，2016，43 (2): 1-8.

[35] 庞世伟，杨雷，曲广吉．高精度航天器微振动建模与评估技

术最新进展［J］. 强度与环境，2007，34（6）：1-9.
［36］张振华，杨雷，庞世伟. 高精度航天器微振动力学环境分析［J］. 航天器环境工程，2009，26（6）：528-534.
［37］张庆君，王光远，郑钢铁. 光学遥感卫星微振动抑制方法及关键技术［J］. 宇航学报，2015，36（2）：125-132.
［38］Eyerman C E，Shea J F. A systems engineering approach to disturbance minimization for spacecraft utilizing controlled structures technology［R］. MIT SERC Report#2-90，1990.
［39］Bialke B. A compilation of reaction wheel induced spacecraft disturbances［C］. Proceedings of the 20th Annual AAS Guidance and control conference，1997.
［40］Melody J W. Discrete-frequency and broadband reaction wheel disturbance models［G］. Interoffice Memorandum 3411-95-200csi，JPL，1995-06.
［41］刘国青，罗文波，高行素，等. 微振动源与支撑结构耦合特性研究综述［J］. 航天器环境工程，2016，33（2）：141-148.
［42］Elias L M，Miller D W. A structurally coupled disturbance analysis method using dynamic mass measurement techniques with application to spacecraft reaction wheel systems［D］. Boston：MIT，2001.
［43］Elias L M，Dekens F G，Basdogan I，et al. A methodology for "modeling" the mechanical interaction between a reaction wheel and a flexible structure［C］. Proceedingsof Interferometry in Space. Bellingham，2003：541-555.
［44］Zhang Z，Aglietti G S，Ren WJ. Coupled microvibration analysis of a reaction wheel assembly including gyroscopic effects in its acceleránce［J］. Journal of Sound and Vibration，2013，332：5748-5765.
［45］赵煜，张鹏飞，程伟. 反作用轮扰动特性测量及研究［J］. 实验力学，2009，24（6）：532-538.
［46］张鹏飞，程伟，赵煜. 考虑耦合效应的飞轮扰动测量［J］. 北京航空航天大学学报，2011，37（8）：948-952.
［47］邹元杰，王泽宇，葛东明. 用于航天器微振动分析的扰源解耦加载方法［J］. 航天器工程，2016，25（4）：40-47.
［48］Miller DW，Weck OLD，Mosier GE. Framework for multidisciplinary integrated modeling and analysis of space telescopes［J］. Integrated Modeling of Telescopes，2002，4757：1-18.
［49］Christopher M. Stone，Chris Holtery，Johnny Medina. The JWST integrated Modeling Environment［C］. Proceeding of IEEE Aerospace Conference，2004：4041-4047.
［50］蒋国伟，周徐斌，申军烽，等. 某卫星微振动建模与仿真［J］. 航天器环境工程，2011，28（1）：36-40.
［51］葛东明，邹元杰. 高分辨率卫星结构-控制-光学一体化建模与微振动响应分析［J］. 航天器环境工程，2013，30（6）：586-590.
［52］邹元杰，王泽宇，张志娟，等. 航天器微振动稳态时域响应分析方法［J］. 航天器工程，2012，21（6）：37-42.
［53］Otto B，Richard B. Force measurement device for Ariane 5 payloads［C］. Proceeding of the 5th International Symposium on Environment for Space Programmes，Noordwijk，2004.
［54］Konrad A. New IABG force measurement device：design，properties and first use in testing［C］. Proc. 12th European Conference on Space Structures，Materials & Environment Testing，Noordwijk，2012.
［55］Scott Gordon，Daniel K. Force measurement on the GLAST Delta II flight［C］. Spacecraft and Launch Vehicle Dynamic Environment Workshop，EI Segundo，CA，2009.
［56］Paul B，Mary B. Force limiting using weighted acceleration measurements［C］. Spacecraft and Launch Vehicle Dynamic Environments Workshop，EI Segundo，CA，2014.
［57］张永涛，周徐斌，杜冬，等. 一种星箭动态界面力识别方法［J］. 航天器工程，2015，24（1）：62-69.
［58］宋祥帆. 星箭连接界面载荷识别与控制研究［D］. 南京：南京航空航天大学，2016.
［59］王晓耕. 力限技术的发展和应用前景［J］. 航天器环境工程，2002，19（4）：23-36.
［60］陈昌亚，宋汉文，王德禹，等. 卫星结构振动试验中的力限技术［J］. 上海航天，2005，5（1）：47-53.
［61］王亚波. 力限振动试验中星箭界面动力学模型的简化研究［D］. 上海：复旦大学，2009.
［62］柳征勇，王皓. 星箭力限试验条件设计研究［J］. 强度与环境，2010，37（3）：1-9.
［63］李正举，马兴瑞，韩增尧. 航天器振动力限条件设计半经验方法［J］. 中国空间科学技术，2011，2（1）：1-7.
［64］李正举，马兴瑞，韩曾尧. 振动试验力限条件设计复杂二自由度方法研究［J］. 宇航学报，2011，32（1）：1-6.
［65］邹元杰，韩曾尧，刘绍奎，等. 基于准静态载荷的航天器系统级正弦振动试验力限条件［J］. 航天器环境工程，2013，30（1）：63-67.
［66］张俊刚，马兴瑞，庞贺伟. 力限控制技术在卫星承力筒振动试验中的应用［J］. 宇航学报，2008，29（4）：1147-1150.
［67］William O H，Mark E M and Jerome E M. NASA LeRC's acoustic fill effect test program and results［C］. 65th Shock and Vibration Symposium sponsored by SAVIAC，San Diego，California，1994.
［68］Xiang S.，Zhang M.，Fang G，et al. A new methodology of calculating fill effect based on statistical acoustics compared to test results［C］. The 23nd international congress on Sound and Vibration，2016.
［69］Zheng L，Xiang S. H. Influence of fill effect on payload in a large launch vehicle fairing［C］. 24th International Congress on Sound and Vibration，23-27 July 2017，London.
［70］Space systems-Acoustic testing［S］. International Standard，ISO 19924，2017.
［71］晏廷飞，张俊刚，方前贵，等. 某航天器天线声振组合环境试验与单项环境试验对比研究［J］. 航天器环境工程，2014，31（2）：154-157.
［72］杨江，张俊刚，方贵前，等. 航天器组件声振组合环境试验与仿真技术［J］. 航天器环境工程，2014，31（4）：369-373.
［73］张红亮，王海明，秦江. 小卫星太阳电池阵结构声振响应分析研究［J］. 航天器环境工程，2015，32（5）：521-526.
［74］沈志强，晏廷飞，张俊刚，等. 卫星产品声振组合试验技术研究［J］. 航天器环境工程，2015，32（4）：395-399.
［75］张群，毕京丹，王英城，等. 小卫星声-振联合试验耦合响应分析及预估［J］. 航天器环境工程，2017，34（5）：495-499.
［76］Blaurock C，Liu K，Mule P. Solar Dynamics Observatory（SDO）

HGAS Induced Jitter [C]. 49th AIAA/ASME/ASCE/AHS/ASC Structures, Structural Dynamics, and Materials Conference. 2008.4.7, Schaumburg, IL: 1-10.

[77] Sevilla LM. Microvibration Tests of The Artemis Structural Model [C]. Proceedings of European Conference on Spacecraft Strutures, Materials and Mechanical Testing, Braunschweig, Germany, 4-6 November 1998.

[78] Privat M. On ground and in orbit micro vibrations measurement comparison [C]. Space Mechanisms and Tribology, Proceedings of the 8th European Symposium, 1999.9.29, Toulouse, France: 1-6.

[79] Jono T, Toyoshima M, Takahashi N, et al. Laser tracking test under satellite microvibrational disturbances by OICETS ATP system [C]. Aequisition Tracking and Pointing XVI, Proceedings of SPIE Vol. 4714 (2002). 97: 104.

[80] Yoshida N, Takahara O, Kosugi T, et al. Systematic analysis, design and validation approach to achieve fine pointing requirement of SOLAR-B [C] //16th IFAC Symposium on Automatic Control in Aerospace. Saint Petersburg, 2004: 101-107.

[81] 雷军刚, 赵伟, 程玉峰. 一次卫星微振动情况的地面测量试验 [J]. 真空与低温, 2008, 14 (2): 95-98.

[82] 王泽宇, 邹元杰, 焦安超, 等. 某遥感卫星平台的微振动试验研究 [J]. 航天器环境工程, 2015, 32 (3): 278-285.

[83] 庞世伟, 潘腾, 毛一岚, 等. 某型号卫星微振动试验研究及验证 [J]. 航天器环境工程, 2016, 33 (3): 305-311.

[84] 刘天雄, 林益明, 王明宇, 等. 航天器振动控制技术进展 [J]. 宇航学报, 2008, 29 (1): 1-12.

[85] 孟光, 周徐斌. 卫星微振动及控制技术进展 [J]. 航空学报, 2015, 36 (8): 2609-2619.

[86] 张利国, 张嘉钟, 贾力萍, 等. 空气弹簧的现状及其发展 [J]. 振动与冲击, 2007, 26 (2): 146-151.

[87] 马俊. 用于微振动控制的隔振器分析和实验 [J]. 噪声与振动控制, 2015, 2 (1): 205-208.

[88] Kamesh D, Pandiyan R, Ghosal A. Passive vibration isolation of reaction wheel disturbances using a low frequency flexible space platform [J]. Journal of Sound and Vibration, 2012, 331 (6): 1310-1330.

[89] 庞世伟, 潘腾, 范立佳, 等. 一种微振动隔振设计与验证 [J]. 强度与环境, 2016, 43 (5): 17-23.

[90] 王强, 陈照波, 刘文涛, 等. 基于磁流变技术的六自由度半主动隔振平台 [J]. 机床与液压, 2015, 43 (5): 1-4.

[91] Anderson E H, Fumo J P, Erwin R S. Satellite ultraquiet isolation technology experiment (SUITE) [C] // IEEE Aerospace Conference. 2000: 299-313 vol. 4.

[92] Mcmickell M B, Kreider T, Hansen E, et al. Optical payload isolation using the Miniature Vibration Isolation System (MVIS-II) [J]. Proceedings of SPIE - The International Society for Optical Engineering, 2007, 6527: 652703-652703-13.

[93] Flint E M, Flannery P, Evert M E, et al. Cryocooler disturbance reduction with single and multiple axis active/passive vibration control systems [J]. Proc Spie, 2000, 3989: 487-498.

[94] 李伟鹏, 黄海, 黄舟. 基于Stewart平台的星上微振动主动隔离/抑制 [J]. 机械科学与技术, 2015, 34 (4): 629-635.

[95] DeLombard R, Bushnell G S, Edberg D, et al. Microgravity environment countermeasures panel discussion [C] // The 35th Aerospace Sciences Meeting & Exhibit, Reno, 1997: 1-7.

[96] Tryggvason B V. The microgravity vibration isolation mount (MIM): system description and performance specification [R]. MIM Critical Design Review, 1994.

[97] Jackson M, Kim Y, Whorton M. Design and analysis of the g-limit Baseline vibration Isolation control system [C] // Proceedings of the AIAA Guidance, Navigation, and Control Conference, Monterey, California, 2002: 1-7.

[98] 龙志强, 郝阿明, 陈革, 等. 磁悬浮控制的主动式隔振平台研究 [J]. 宇航学报, 2004, 24 (5): 510-514.

[99] Ren WJ, Zong F, Gao LY. Microgravity active vibration isolation system for space science in china [C]. IAC, IAC-10-A2.5.10, Prague, 2010: 1-4.

通信卫星星箭耦合分析及应用研究进展

尹家聪[1]，谢伟华[1]，周　江[1]，姜人伟[2]，邓明乐[1]，李正举[1]

（1. 中国空间技术研究院通信与导航卫星总体部，北京，100094；
2. 北京宇航系统工程研究所，北京，100076）

摘要：本文简要回顾了通信卫星领域近年来在星箭耦合分析工作方面取得的一些研究进展：包括二次缩聚方法、液体晃动对星箭耦合分析结果的影响，总结了星箭耦合分析中存在的分析不准、缺乏敏感度分析的问题；最后，通过国内外星箭耦合分析的应用对比，对后续的星箭耦合分析工作提出了若干发展建议。

关键词：通信卫星；星箭耦合分析；液体晃动；研究进展

1　引言

星箭耦合分析，国外一般称为“耦合载荷分析”（CLA），是卫星总体设计中的重要环节，是确定卫星“准静态载荷”（QSL）、验证星箭力学接口匹配性、制定整星级正弦振动试验条件的重要依据[1]，一般需在卫星初样和正样研制阶段各进行至少一次星箭耦合分析。

欧洲标准 ECSS-E-HB-32-26A 对星箭耦合分析的方法、流程、示例进行了详细阐述[2]，典型的星箭耦合分析流程包括以下步骤。

（1）卫星方根据卫星总体设计结果建立整星级有限元模型，然后采用固定界面模态综合法或混合界面模态综合法，将整星模型“缩聚”为用于星箭耦合分析的卫星有限元缩聚模型，并传递至运载方。目前在通信卫星领域，固定界面模态综合法一般用于“长征”三号甲系列、“长征”五号发射的地球同步轨道通信卫星，卫星有限元物理模型被缩聚在星箭界面的一个主节点上（图 1），缩聚模型包括缩聚后的刚度矩阵、质量矩阵、星上特征点的响应转换矩阵；混合界面模态综合法用于“长征”二号丙、“长征”四号丙拟发射的低轨互联网卫星（图 2），卫星缩聚模型包括缩聚后的刚度矩阵、质量矩阵、自由界面和固定界面的节点坐标、矩阵行列与界面点自由度/广义自由度的映射关系表、用于显示卫星几何轮廓的 PLOTEL 单元等信息；对比图 1 和图 2 可知，采用固定界面模态综合法缩聚的卫星模型不包含卫星的几何轮廓信息，但优点是缩聚后的刚度、质量矩阵自由度数目更小，使星箭耦合分析的计算量更小。

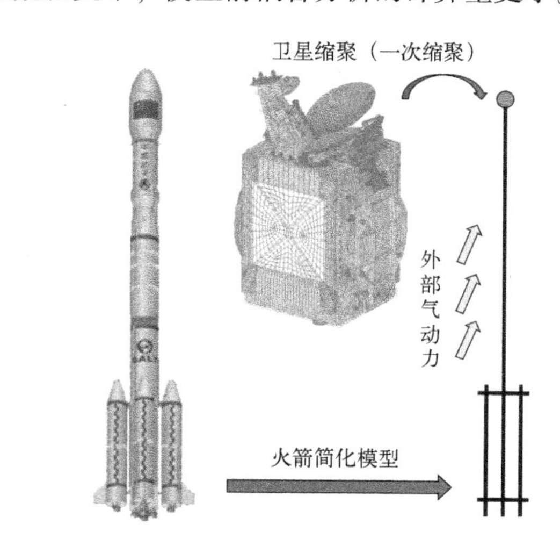

图 1　星箭耦合分析示意图

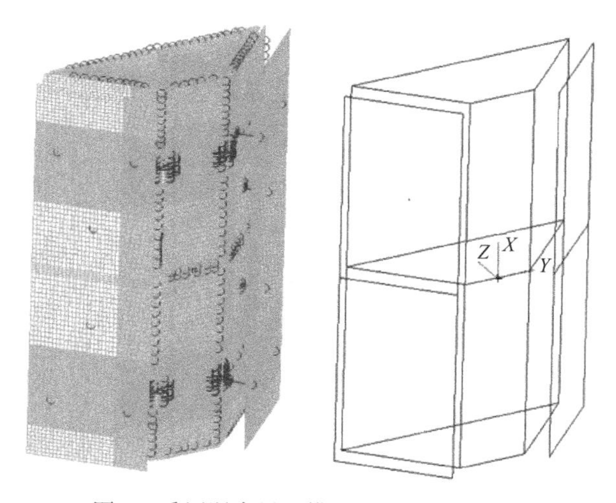

图 2　采用混合界面模态综合法进行缩聚

（2）运载方选择火箭主动段飞行过程中的若干重要工况（如跨声速和最大动压飞行、助推器分离、一二级分离等），把每个工况下的运载火箭有限元模型分别与卫星有限元缩聚模型进行组装，形成星箭组合体有限元模型；同时，将各工况下通过载荷辨识技术构造出的外力函数施加在星箭组合体有限元模型上，完成时程响应分析，并输出星箭界面力/力矩、星箭界面加速度响应及其“冲击响应谱”（SRS），星上特征点的位移响应、加速度响应及其SRS等分析结果。

（3）对于采用一箭一星发射的飞行任务，运载方利用各工况输出的星箭界面力/力矩，等效计算出卫星质心处的准静态加速度，并与运载手册中建议的卫星QSL进行复核，确保飞行中的卫星质心加速度不超过QSL；对于采用上面级或一箭多星发射的飞行任务，则通常需要根据星箭耦合分析计算出的卫星质心准静态加速度，取一定余量后来制定卫星的QSL。

（4）卫星方根据星箭界面、星上特征点的加速度响应及其SRS，将其进一步转换为“等效正弦输入谱”（ESI）；星箭界面的ESI是制定整星正弦振动试验条件的重要依据，运载方一般要求整星正弦振动试验时，在主结构和次级结构的共振点“下凹”（notching）后的试验条件大于星箭界面ESI的1.25倍（图3）；在整星主频处，由于共振强烈，一般可以采用“力限”的策略，将要求进一步放宽为“试验时卫星主频处的卫星界面力/力矩大于CLA计算出的最大星箭界面力/力矩的1.25倍”。

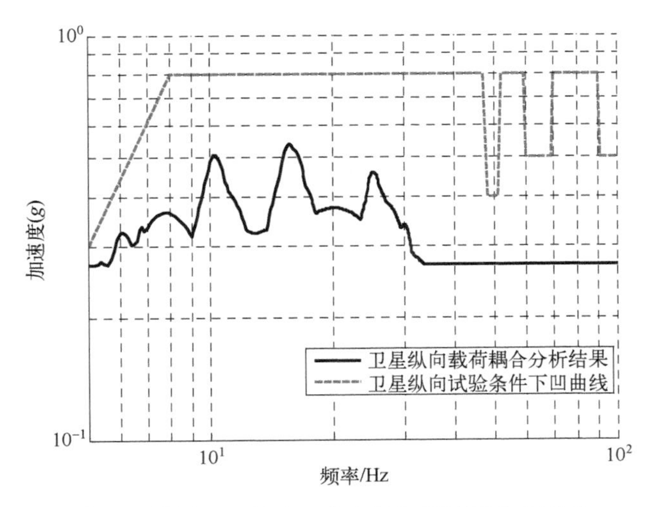

图3　“长征”三号乙/“东方红”四号平台典型的整星纵向正弦振动试验条件与CLA曲线

2　通信卫星星箭耦合分析进展

2.1　二次缩聚技术

目前，星箭耦合分析出口模型主要采用“一次缩聚技术”获得，即被缩聚的整星模型无论是星本体还是天线、太阳翼等大部件，均是未被缩聚过的有限元物理模型。然而，随着我国卫星产业的不断发展，国内外航天领域的合作也在不断加深，出现了某些项目的天线等大部件由国外航天企业研制的新情况。而这些国外企业为了对其天线的结构设计细节进行保密，提供给我方的天线有限元模型本身即为采用混合界面模态综合法缩聚过的“一次缩聚模型”。在这些项目的研制过程中，其整星模型实际上是由星本体物理模型、天线一次缩聚模型、其余大部件物理模型组合而成的有限元混合模型。如何将混合模型“二次缩聚”为星箭耦合分析出口模型，曾是困扰通信卫星研制多年的难题。

2017—2018年，通信卫星事业部依托部自主研发课题，彻底研究并掌握了星箭耦合分析的二次缩聚技术[3-4]，该技术主要包括如下5个方面。

（1）基于混合界面模态综合法的有限元模型的一次缩聚技术。

（2）大部件有限元一次缩聚模型与星本体物理模型的组装技术。

（3）整星有限元混合模型的刚度/质量矩阵提取技术。

（4）基于固定界面模态综合法的混合模型刚度/质量矩阵的二次缩聚技术。

（5）基于固定界面模态综合法的星内特征响应点转换矩阵生成技术。

此外，还分别通过Nastran的DMAP二次开发语言和MATLAB软件对二次缩聚进行了两种不同形式的编程实现，并与北京宇航系统工程研究所合作，对二次缩聚的计算结果的正确性进行了验证。图4给出了DMAP二次缩聚程序、MATLAB二次缩聚程序计算结果与无缩聚、DMAP一次缩聚程序计算结果的对比；由图4可知，DMAP二次缩聚程序与原有的DMAP一次缩聚计算程序具有同等的计算精度；而MATLAB二次缩聚程序的计算精度更高，与无缩聚时的计算结果相当。基于MATLAB编写的二次缩聚程序被进一步固化为

"航天器有限元模型缩聚系统（SFEMRS）"，该软件不仅具有整星有限元模型一次缩聚、二次缩聚的功能，而且具有把ANSYS建模的大部件刚度、质量矩阵通过混合界面模态综合法一次缩聚为可供Nastran识别的一次缩聚模型的功能。

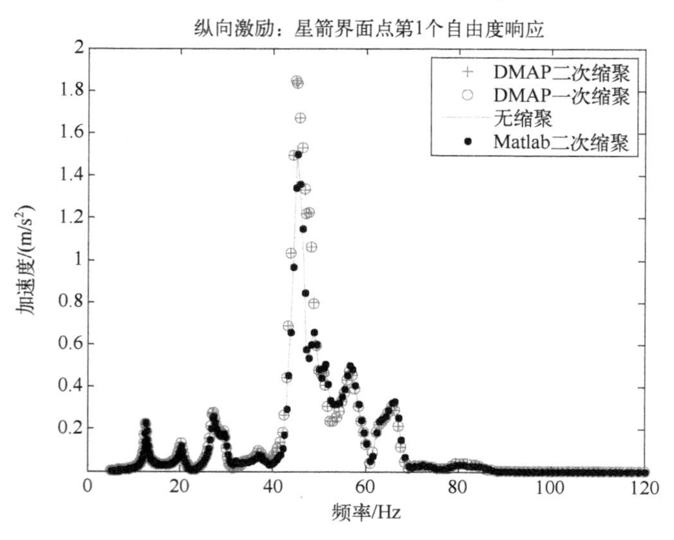

图4　两种二次缩聚程序与无缩聚、一次缩聚计算结果的校验

2.2　液体晃动对星箭耦合分析结果的影响

在传统通信卫星有限元模型建模过程中，不考虑推进剂液体晃动的影响，直接将推进剂在其质心位置建立一个集中质量点，并通过多点约束的刚性单元MPC与贮箱壁相固连。然而，调研发现国外宇航企业在整星的有限元建模过程中会考虑多达前六阶的液体晃动模态。

为了评估液体晃动对星箭耦合分析结果的影响，本文选择"东方红"四号增强卫星平台，与"长征"三号乙运载火箭开展了如下工作。

（1）确定充液比。"东方红"四号增强卫星平台的充液比一般在86%～95%之间；充液比越低，液体晃动影响越大；本文选择91%的充液比进行建模分析。

（2）确定过载。液体晃动的频率与火箭发射过程中的过载加速度g有关，过载越大，晃动频率越大；由于星箭耦合分析时一二级分离后的工况在星箭界面40Hz附近产生的加速度响应最大，故选择此时的火箭过载1g进行建模分析。

（3）在整星有限元模型中建立液体晃动的一阶单摆模型。液体晃动的前五阶模态振型如图6所示，其中，一阶晃动模态对应的晃动质量最多，产生的晃动影响也最大。在航天工程中，液体晃动一般采用"单摆模型"进行简化分析，即根据充液比，计算出不参与晃动的"静止质量"和一阶晃动的"晃动质量"。具体到"东方红"四号增强卫星平台，其燃烧剂、氧化剂分别装填在主承力

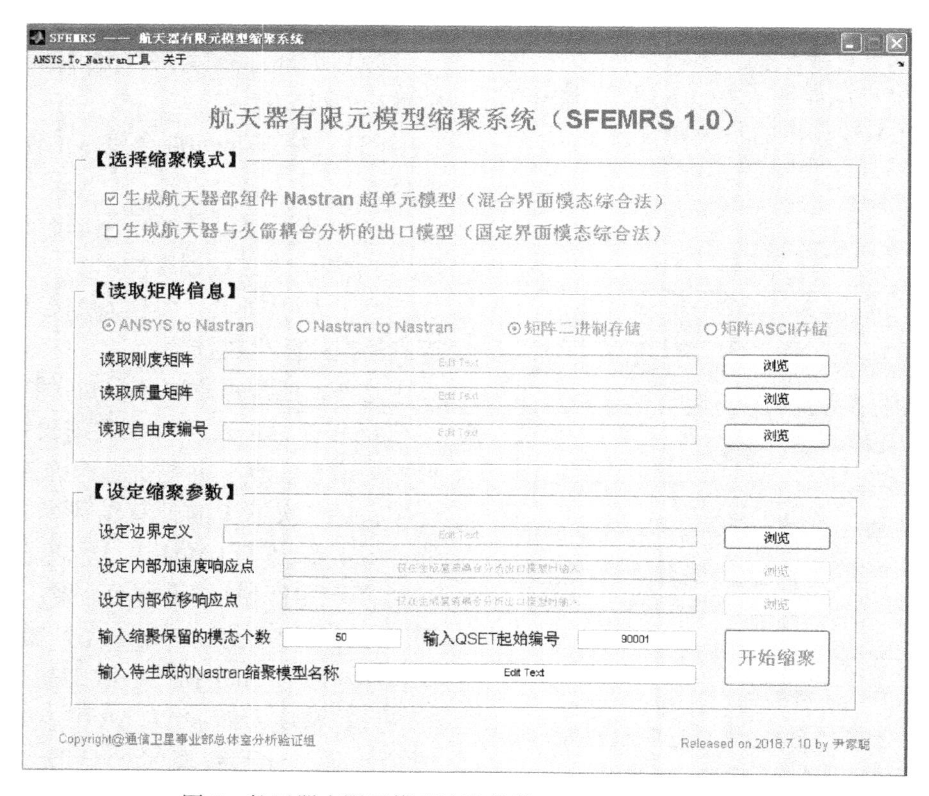

图5　航天器有限元模型缩聚软件SFEMRS 1.0主界面

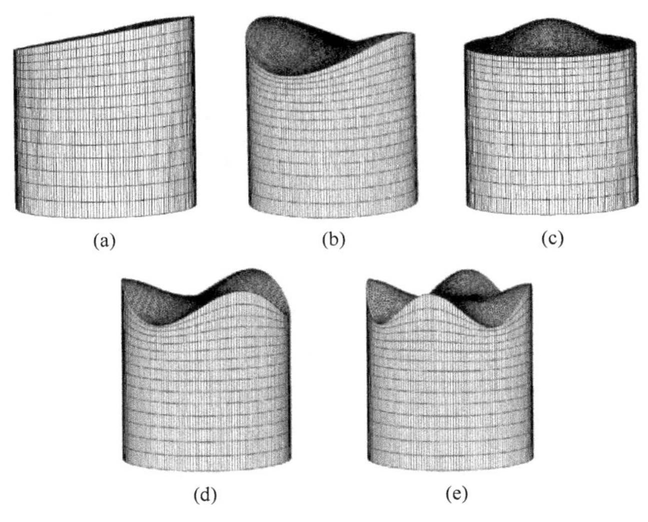

图 6　液体晃动的前五阶固有模态

筒内部的上贮箱、下贮箱中；且每个贮箱又由上舱、下舱两部分组成。下舱被推进剂装填满，均为静止质量；上舱推进剂未装填满，由静止质量和一阶晃动质量两部分组成。采用这种方式建立的推进剂模型如图 7 所示，用 BUSH 单元模拟液体晃动的单摆模型，并调整弹簧刚度，使其一阶晃动基频为 91% 充液比，1g 过载下的晃动基频 0.995Hz。

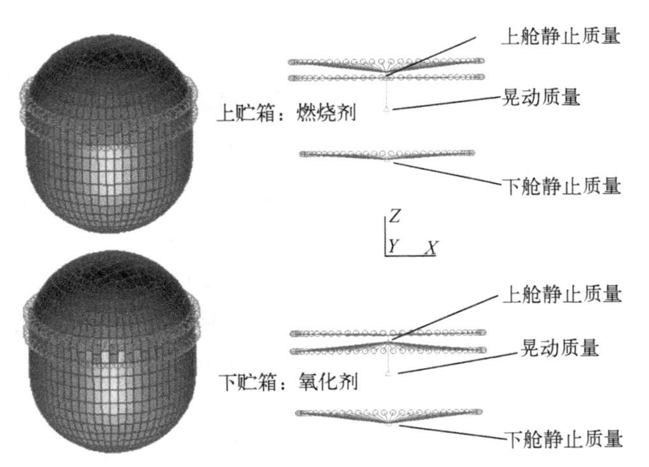

图 7　液体晃动的一阶单摆有限元模型

（4）将整星有限元模型进行缩聚，提供给运载方进行星际耦合分析，并与不考虑液体晃动的星箭耦合分析结果对比；计算结果表明，考虑 91%充液比的液体晃动影响时，卫星 Y 向一阶基频从 12.4Hz 上升到 12.76Hz，模态有效质量从 70.4%下降到 61.1%，星箭界面的 ESI 谱在 40Hz 附近下降了 16%（图 8）；卫星 X 向一阶基频从 12.6Hz 上升到 12.94Hz，模态有效质量从 71.9%下降到 61.58%，星箭界面的 ESI 谱在 40Hz 附近下降了 9.4%；X、Y 向 ESI 谱下降比例与 X、Y 向模态有效质量百分比的下降比例相当，而 Z 向 ESI 谱无明显变化。

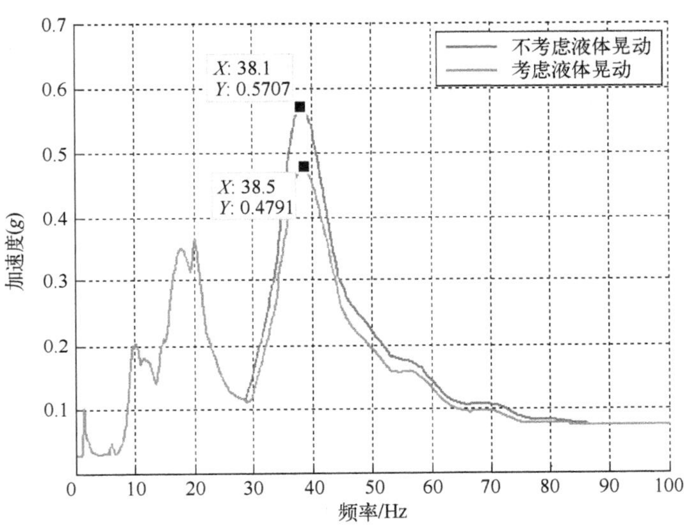

图 8　考虑液体晃动与否时星箭界面 ESI 谱（X 向）的对比

本节工作说明，不考虑液体晃动会得到更保守的卫星基频和星箭界面 ESI 谱。

2.3　星箭耦合分析存在的问题

在目前的星箭耦合分析工作中还存在如下问题，需要卫星与火箭双方联合开展工作，以期得到更准确的星箭耦合分析结果，指导卫星进行更优化的结构设计。

（1）星箭耦合分析的计算结果与飞行遥测还存在较大的差异。这主要分为两种情况：一是星箭耦合分析结果可以覆盖飞行遥测（图 9）；二是飞行遥测在部分频段超出星箭耦合分析。对于前者，

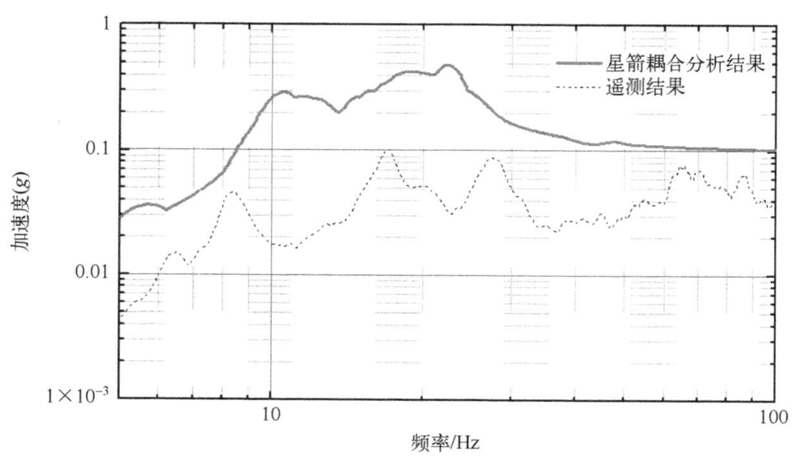

图9 “长征”三号乙/“东方红”四号平台典型的 Y 向 ESI 谱与飞行遥测数据对比[1]

卫星总体在制定整星正弦试验条件时，只要确保不超过星箭耦合分析得到的星箭界面 ESI 谱的 1.25 倍，就具有较大余量，但可能造成卫星结构过设计。对于后者，由于飞行遥测在某些频段超出星箭耦合分析的星箭界面 ESI 谱，即使卫星下凹后大于 ESI 谱的 1.25 倍，运载方也不支持；而若按运载要求不下凹，将对卫星的结构设计带来极大的困难，还可能造成卫星过试验；同时，星箭耦合分析在卫星研制流程中的作用也被极大地削弱了。

事实上，由于卫星正弦振动试验是在刚性界面下展开，其机械阻抗远大于卫星发射时的柔性界面；对于相同的加速度条件，卫星在刚性界面下试验时的界面力远大于飞行时柔性界面的实际受力，卫星在刚性界面下试验时的次级结构响应也远大于飞行时次级结构的响应。因此，建议当卫星下凹后的正弦振动试验条件不能覆盖飞行遥测时，应以卫星界面力（主频处）和次级结构响应（非主频处）作为下凹依据，确保力学试验时的界面力和次级结构响应大于飞行状态并具有一定余量——这也需要有更准确的星箭耦合分析结果作为支撑。

（2）对相同卫星平台的不同卫星，40Hz 处星箭耦合分析的星箭界面 ESI 谱存在较大差异。图 10 给出了 4 颗卫星的对比结果，这 4 颗卫星在质量、质心、基频等力学特性相差不超过 10%，但卫星 1 和卫星 4 的 ESI 谱在 40Hz 的响应差距却接近 50%。由于 40Hz 在“东方红”四号卫星平台正好是服务舱的局部频率，服务舱安装有大量主动段开机的平台设备，该频段的星箭耦合分析结果对于制定整星正弦试验条件、评估设计余量具有重要意义。

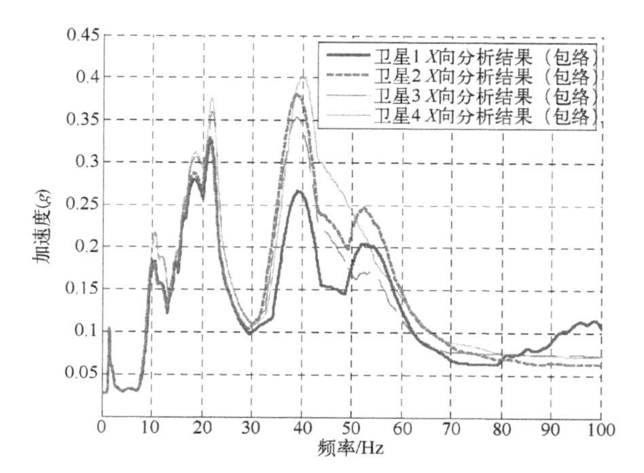

图10 4颗“东方红”四号平台通信卫星的 CLA 星箭界面 ESI 谱（X 向）[1]

建议后续卫星总体与运载火箭双方联合开展“星箭耦合分析的敏感性分析”，找出影响 40Hz 响应的关键因素，以期在卫星总体设计阶段就能开展针对性的结构优化工作，降低卫星在该频段发射过程中的星箭力学环境，提高卫星的可靠性。

3 国外关于星箭耦合分析的应用

3.1 星箭耦合分析与卫星正弦振动下凹条件

图 11 和图 12 分别给出了两型欧洲火箭典型的星箭耦合分析曲线（轴向）及其卫星的正弦振动试验下凹条件，将其与我国通信卫星的典型曲线（图 3）对比，存在如下特点。

（1）欧洲卫星的正弦振动试验下凹条件以不低于星箭耦合分析曲线为准则，与我国通信卫星的正弦振动下凹准则相同，均具有较大的余量。

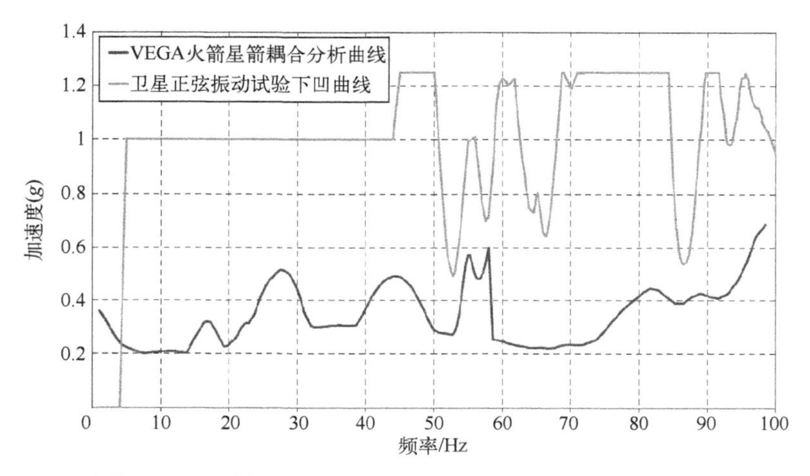

图 11　“织女星”火箭 VEGA 发射 Sentinel 3 卫星的 CLA 曲线及卫星正弦下凹条件对比（轴向）[2]

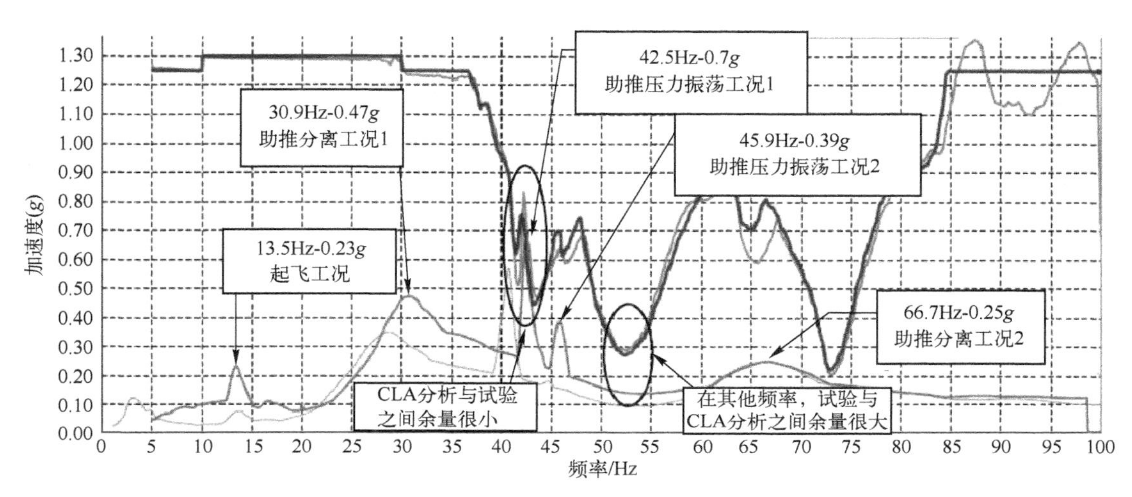

图 12　Ariane 5 火箭的典型 CLA 曲线及卫星正弦下凹条件对比（轴向）[2]

（2）欧洲卫星的下凹控制以响应限制为主（包括主频处的力限和非主频处的响应限幅），下凹带宽窄，谷底尖；我国通信卫星的下凹控制以加速度主动下凹为主，谷底宽。

图 13 给出了美国的 Delta Ⅱ 火箭发射 Swift 航天器前，制定的整星正弦振动试验下凹条件和控制曲线。试验时 Swift 航天器为空箱状态，干重 1571. 7kg。与我国和欧洲不同的是，该试验条件不是在运载给定的验收/鉴定试验条件基础上做下凹，而是直接根据星箭耦合分析的星箭界面 ESI 谱制定的，仅做到 50Hz；试验执行过程中，采用力限控制主频 8. 5Hz 的加速度输入进一步下凹到 0. 06g，并采用响应限幅控制 24Hz、26Hz、48Hz 附近的次级结构响应“保持”在星箭耦合分析结果的 1. 25 倍。

此外，SpaceX 公司的“猎鹰”九号火箭在运载手册中也推荐直接通过星箭耦合分析来确定卫星的正弦振动试验曲线；运载手册中也并未像“长征”系列火箭和 Ariane 5 火箭那样，事先给出未下凹的鉴定、验收级正弦振动试验条件。这说明美国主流运载火箭对星箭耦合分析的应用策略与我国和欧洲均不相同，整星正弦振动试验的余量最小。

3. 2　卫星主导的星箭耦合分析

目前在通信卫星领域，均是由卫星方将卫星有限元缩聚模型提供给运载方，并由运载方主导完成星箭耦合分析。但在国外新型卫星设计过程中，为了优化卫星的结构设计，在卫星方案和初样设计阶段往往就需要开展多轮星箭耦合分析的迭代工作；此时，为了提高分析效率，也存在“卫星主导星箭耦合分析”的情况。即运载方将运载火箭的缩聚模型和外力函数通过某种形式提供给卫星方，由卫星方主导完成“初始星箭耦合分析”（PCLA）及后续迭代；待卫星结构详细设计完成后，再由运载方对星箭耦合分析结果进行确认，完成“最终星箭耦合分析”（FCLA）[2]。

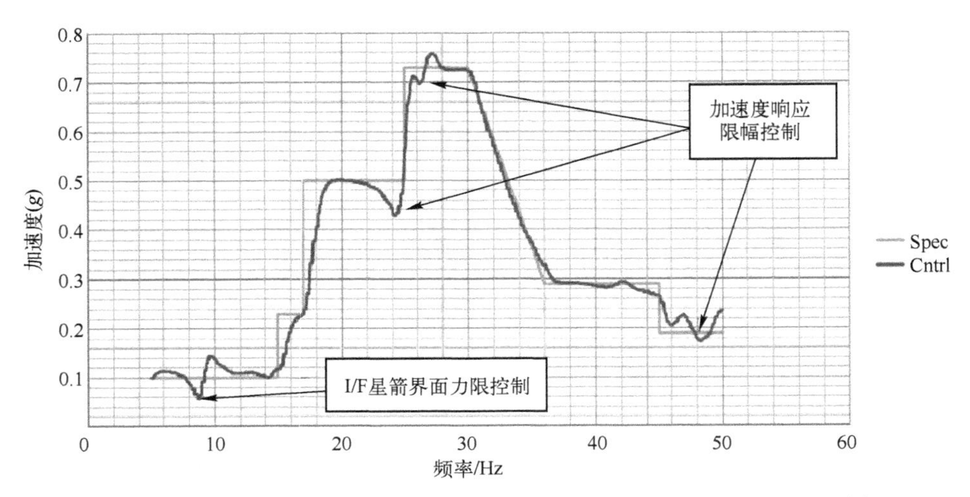

图 13 Delta Ⅱ火箭发射 Swift 航天器的正弦振动试验下凹条件（横向）[6]

未来，随着卫星有效载荷的大型化、专用化，围绕有效载荷进行卫星结构设计将成为新趋势。届时，如何有效借鉴国外先进研制流程，适时开展卫星主导的星箭耦合分析也必将是卫星与运载双方共同面对的新课题。

4 结束语

本文简要回顾了通信卫星领域近年来在星箭耦合分析工作方面取得的一些研究进展：包括突破二次缩聚技术并形成航天器有限元模型缩聚软件 SFEMRS；与运载方联合研究开展了考虑液体晃动对星箭耦合结果的影响研究，发现不考虑液体晃动会得到更保守的卫星基频和星箭界面 ESI 谱；此外，还总结了星箭耦合分析中存在的分析不准、40Hz 附近的星箭界面 ESI 谱差异较大的问题。

最后，通过国内外星箭耦合分析的应用对比，建议后续卫星与火箭双方应联合开展如下工作，以期得到更准确的星箭耦合分析结果，指导卫星进行更优化的结构设计。

（1）提高星箭耦合分析的计算精度。

（2）开展敏感度分析，研究引起 40Hz 附近星箭界面 ESI 谱较大变化的关键因素。

（3）在保护运载火箭知识产权与技术秘密的前提下，开展卫星主导的星箭耦合分析方法研究。

参考文献

[1] 马兴瑞，韩增尧，等．卫星与运载火箭力学环境分析方法及试验技术［M］．北京：科学出版社，2014.

[2] European Cooperation for Space Standardization. ECSS - E - HB - 32-26A Spacecraft mechanical loads analysis handbook ［S］. ESA Requirement and Standards Division, Noordwijk, The Netherlands, 2013.

[3] 尹家聪，谢伟华，陈曦，等．模态综合法在航天器结构动力学分析中的应用研究［J］．宇航总体技术，2018，2（1）：49-55.

[4] 谢伟华，尹家聪，林勇文，等．卫星星箭耦合力学分析模型二次缩聚方法［J］．航天器环境工程，2019，36（4）：330-334.

[5] 董锴．航天器推进剂晃动的动力学建模与抑制方法研究［D］．哈尔滨：哈尔滨工业大学工学，2009.

[6] Soctt Gorden, Dennis Kern. Benefits of Spacecraft Level Vibration Testing［R］. NASA Report GSFC-E-DAA-TN26994, 2015.

[7] Falcon 9 Launch Vehicle Payload User's Guide, Rev. 1［R］. Space Exploration Technologies Corporation, 2008.

卫星噪声分析方法研究

张　婕[1]，陈　曦[1]，谢伟华[1]，尹家聪[1]，朱卫红[2]
（1. 中国空间技术研究通信与导航卫星总体部，北京，100094；
2. 北京空间飞行器总体设计部，北京，100094）

摘要：在卫星研制初期开展噪声环境分析工作，可以指导整星的结构和布局设计，指导星上组件随机振动试验条件的制定，尽早发现问题以减少损失。但是目前国内卫星型号研制过程中，整星噪声环境预示工作尚属空白。本文以某型号卫星为例，采用商用软件 VA One 建立整星全频段噪声模型，重点关注噪声模型频段划分、内损耗因子的选取、舱板上设备的模拟。然后基于模型，讨论了内损耗因子对卫星噪声响应的影响。结果表明，在20~500Hz 适宜采用 FE-SEA 法，建立太阳翼的 SEA 模型，其余部件建立 FE 模型，在 500~5000Hz 建立整星的 SEA 模型，统计能量模型中舱上设备可以通过增加舱板的内损耗因子来模拟，该建模方法可为卫星型号提供参考的噪声预示方法。

关键词：卫星；噪声分析；统计能量法；混合有限元-统计能量法

1　引言

航天器在发射主动段承受多种复杂载荷，包括高量级振动环境和高声压级噪声环境，其中噪声环境频带很宽，包括从低频 10Hz 到高频 10000Hz，会对具有高结构系数的结构产生数 10g 的均方加速度响应，可能引发仪器设备失效和破坏[1]。航天器全频域噪声环境特性很复杂，频率低时呈现确定性动力学特征，中高频段呈现明显的随机特性，从而使噪声环境预示难度大大增加[2]。准确的噪声环境预示是指导航天器总体设计、结构与机构分系统设计，以及地面试验方案与试验条件制定的重要依据，因此，航天器全频域噪声环境分析与预示技术是航天器研制的一项关键技术。

全频段噪声预示难以用单一分析方法实现。2001 年美国发布的 NASA-HDBK-7005《动力学环境准则》[3]指明，在噪声分析中引入边界元法，将有限元方法（FEM）拓展到高频，将统计能量分析（SEA）方法拓展到瞬态动力学范围等。这意味着，噪声全频段分析需要组合使用有限元法、边界元法以及统计能量法等。目前主流的建模方法是：在低频段，结构和声腔的模态较为稀疏，基于单元离散技术的 FEM 和边界元法最为常用；在高频段，结构和声腔模态密集且随机特性突出，在工程上 SEA 应用较多；在中频段，一部分子结构模态密集，另一部分模态稀疏，系统的动力学特性尤其复杂，采用传统的低频或高频分析方法很难解决，一般采用混合有限元-统计能量法（FE-SEA）[4]。

国内外研究者已将噪声预示方法应用到航天器领域。张瑾等人[5-6]完善了 FE-SEA 混合法理论，并采用该方法建立太阳翼噪声分析模型，提出了太阳翼铝蜂窝夹芯板的内损耗因子等效模型。骆寰宇等人[7]对比了统计能量分析法和相似结构外推法对整流罩噪声预示的结果，探讨了相似结构外推法的缺陷。杰弗里[8]建立了卫星天线的噪声预示模型，包括 FE、FE-SEA 和 SEA 模型，发现在小于 500Hz 时 FE-SEA 模型结果和试验值吻合度高，大于 500Hz 时 SEA 模型较好。王昆[9]采用 SEA 对某型号火箭整流罩结构进行了声振仿真，并探索了内损耗因子以及吸声系数的影响，发现在通用工程经验值范围内，这两个参数对整流罩结构噪声响应影响很小。罗研朝等人[10]采用 FEM、SEA、FE-SEA 三种方法对“嫦娥”三号探测器某推力器组件进行了噪声分析。结果表明，以 500Hz 为分界频率，FE 模型在 20~500Hz 分析结果与试验值一致，FE-SEA 模型在 500~5000Hz 分析结果较好。

可见，前人的噪声响应研究主要集中在航天器局部结构和舱外大部件上，缺乏对整星的探索。

卫星不同组件间存在能量流动，建立整星噪声模型有利于提高星上组件响应预示的准确度，并且卫星上舱板噪声响应是制定单机随机条件的重要依据，所以建立整星噪声模型非常重要。整星模型子系统多，系统间连接复杂，各舱板和星外大部件内损耗因子都有所差异，仪器设备的等效统计能量模型与参数难以确定，使得整星噪声模拟难度加大。

本文以某型号卫星为例，采用商用软件 VA One 建立整星全频段噪声分析模型，重点关注噪声模型频段划分、内损耗因子的选取、舱板上设备的模拟。然后基于模型，讨论了内损耗因子对卫星噪声响应的影响，旨在为卫星型号提供参考的噪声预示方法。

2 噪声分析理论

根据统计能量分析模型中子系统模态密度 $n(f)$ 或分析带宽 Δf 内模态数量 $N=n(f)\Delta f$，可将研究频率范围大致划分为低频段（$N\leqslant1$）、高频段（$N\geqslant5$）和中频段（$1<N<5$）三部分，分别可用 FEM、SEA 和 FE-SEA 来模拟。下文将简要介绍这三种方法的原理。

2.1 FEM

有限元法是用有限单元将结构弹性域或空间域离散化，根据力学方程或声学波动方程，联立求解得到结构弹性体或声传播空气域中的振动或声特性。结构划分单元越多，自由度越多，计算精度越高，但计算时间也越长。系统结构动力学方程是

$$[\boldsymbol{M}]\{\ddot{x}\}+[\boldsymbol{C}]\{\dot{x}\}+[\boldsymbol{K}]\{x\}=\{F\} \tag{1}$$

式中：$[\boldsymbol{M}]$、$[\boldsymbol{C}]$、$[\boldsymbol{K}]$ 分别为系统质量矩阵、阻尼矩阵和刚度矩阵；$\{x\}$ 和 $\{F\}$ 分别是位移和外力。

声学有限元中，采用空气单元形函数及声学波动方程，得到空腔结构振动状态方程：

$$[\boldsymbol{M}_e^p]\{\ddot{\boldsymbol{p}}_e\}+[\boldsymbol{C}_e^p]\{\dot{\boldsymbol{p}}_e\}+[\boldsymbol{K}_e^p]\{\boldsymbol{p}_e\}=\{\boldsymbol{F}_e\}+\{\boldsymbol{F}_e^{\mathrm{Pr}}\} \tag{2}$$

式中：$[\boldsymbol{M}_e^p]$、$[\boldsymbol{C}_e^p]$ 和 $[\boldsymbol{K}_e^p]$ 分别为空气质量矩阵、空气阻尼矩阵及空气刚度矩阵；$\{\boldsymbol{p}_e\}$ 为空气单元节点声压向量；$\{\boldsymbol{F}_e\}$ 和 $\{\boldsymbol{F}_e^{\mathrm{Pr}}\}$ 分别为结构外激励和界面声压向量。

2.2 SEA

工程结构振动问题的困难是高阶模态参数的不确定性，传统 FEM 误差随着频率的增大而增大。SEA 将振动能量作为表述振动的基本参数，把复杂结构动力学系统的模态参数（频率、振型、阻尼等）处理为随机变量，并根据振动波和模态存在的内在联系，分析声、结构振动和其他不同子系统的耦合动力学问题。SEA 虽然不能预示子系统局部位置的精确响应，但能从统计意义上较为准确地预示整个子系统的响应级。

如果有 M 个子系统，就会产生 M 个能量平衡方程，矩阵表达式为

$$\omega\begin{bmatrix}\left(\eta_1+\sum\limits_{j=2}^{M}\eta_{1j}\right)n_1 & -\eta_{12}n_1 & \cdots & -\eta_{1M}n_1\\ -\eta_{21}n_2 & \left(\eta_2+\sum\limits_{j=1,j\neq2}^{M}\eta_{2j}\right)n_2 & \cdots & -\eta_{2M}n_2\\ \vdots & \vdots & & \vdots\\ -\eta_{M1}n_M & -\eta_{M2}n_M & \cdots & \left(\eta_M+\sum\limits_{j=1}^{M-1}\eta_{Mj}\right)n_M\end{bmatrix}\begin{bmatrix}\dfrac{\langle E_1\rangle}{n_1}\\ \dfrac{\langle E_2\rangle}{n_2}\\ \vdots\\ \dfrac{\langle E_M\rangle}{n_M}\end{bmatrix}=\begin{bmatrix}P_1\\ P_2\\ \vdots\\ P_M\end{bmatrix} \tag{3}$$

式中：ω 为中心频率；η_i、n_i、P_i 和 E_i 分别为子系统 i 的内损耗因子、模态密度、输入功率和平均能量；η_{ij} 为子系统 i 与 j 的耦合损耗因子。

从式（3）发现，需具备统计能量分析参数（模态密度、内损耗因子、耦合损耗因子及输入功率），联立方程求解可得每个子系统上总的能量，然后将能量换算成相应的速度、位移、加速度和应变，即可完成噪声分析工作。

2.3 FE-SEA

在中频段，复杂结构噪声分析模型可能会出现各个子系统模态密度差异较大的情况，此时对整个系统采用单一的 FEM 和 SEA 都不能很好地解决问题。该阶段，一部分子结构模态稀疏，可用 FE 建模，称为“确定性子系统”，另一部分模态密集，可用 SEA 建模，称为“随机子系统”。FE-

SEA方法通过确定性子系统与随机子系统的连接边界上直接场和混响场间的互易原理将子系统重新连接起来，得到整体系统的响应。其中，直接场和混响场是两类边界位移场，直接场仅满足确定性边界上的边界条件，混响场的作用是为了与直接场边界条件线性叠加后使其同时满足确定性和随机性边界条件。

1）确定性子系统的动力学方程

根据是否与确定性子系统相连，将随机子系统分为两类，即第一类随机子系统（与确定性子系统相连）和第二类随机子系统（不相连）。一个确定性子系统除了承受外载荷f_{ext}，还承受相邻随机子系统对其的反作用力。确定性子系统动力学方程如下：

$$\boldsymbol{D}_{\text{tot}}q_d = f_{\text{ext}} + \sum_m f_{\text{rev}}^{(m)} \tag{4}$$

式中：$\boldsymbol{D}_{\text{tot}}$为系统的总动刚度阵，是确定性子系统的动刚度阵$\boldsymbol{D}_d$与混合连接处动刚度阵$\boldsymbol{D}_{\text{dir}}^{(m)}$的线性叠加；$q_d$为边界广义坐标；$f_{\text{rev}}^{(m)}$是随机子系统在混响场中的受挡力。

将式（2）转化为互功率谱形式并求集合平均，为

$$\langle S_{d,qq}\rangle = \boldsymbol{D}_{\text{tot}}^{-1}\langle S_{ff}\rangle \boldsymbol{D}_{\text{tot}}^{-H}$$

$$\langle S_{ff}\rangle = \langle S_{ff}^{\text{ext}}\rangle + \sum_m \left(f_{\text{ext}}\langle f_{\text{rev}}^{(m),H}\rangle + \langle f_{\text{rev}}^{(m)}\rangle f_{\text{ext}}^H\right) + \sum_{m,n}\langle f_{\text{rev}}^{(m)} f_{\text{rev}}^{(n),H}\rangle \tag{5}$$

式中：$\langle\cdot\rangle$表示集合平均；$\cdot^{-H}$表示矩阵共轭转置并求逆的运算。

按照直接场与混响场的互易关系，可以得到$f_{\text{rev}}^{(m)}$与随机子系统能量的关系式：

$$\langle f_{\text{rev}}^{(m)}\rangle = 0, \langle f_{\text{rev}}^{(m)} f_{\text{rev}}^{(m),H}\rangle = \alpha_m \text{Im}\{D_{\text{dir}}^{(m)}\} \tag{6}$$

$$\alpha_m = \frac{4E_m}{\pi\omega n_m} \tag{7}$$

式中：α_m为与混响场振幅相关的比例常数；E_m和n_m分别为第m个随机子系统在混响场中的能量和模态密度；$\text{Im}\{\cdot\}$是虚部算子。

2）随机子系统的功率平衡关系

第m个随机子系统的能量平衡方程为

$$n_m\left(\eta_m + h_{\text{tot},m} - h_{mm} + \sum_{n\neq m}\eta_{mn}\right)\frac{E_m}{n_m} - \sum_{n\neq m} n_m h_{mn}\frac{E_n}{n_n} = P_{\text{in},0}^{(m)} + P_{\text{in},1}^{(m)} \tag{8}$$

式中：$h_{\text{tot},m}$、h_{mn}为经过确定性子系统传递路径的能量耗散或传递系数，不与确定性子系统相连的随机子系统没有该项；而η_m、η_{mn}为随机子系统之间或本身能量耗散与传递系数，不与其他随机子系统相连的没有η_{mn}项；E_m和E_n分别为随机子系统m和随机子系统n的能量；n_m和n_n分别为随机子系统m和随机子系统n的模态密度；$P_{\text{in},0}^{(m)}$为确定性子系统通过直接场传输到随机子系统m上的功率；$P_{\text{in},1}^{(m)}$为外界直接对随机子系统m的输入功率。求解由N个如式（6）的方程构成的方程组，即可得到每个随机子系统的能量。

FE-SEA混合法求解过程如图1所示。

3　整星噪声模型

本文采用商用软件VA One建立卫星全频段噪声模型。首先建立卫星SEA模型以确定分界频率，卫星SEA模型及各舱板名称如图2所示。研究频率为20~8000Hz，以倍频程形式加载，得到卫星子系统在不同频段的模态数量分布，如图3所示。可见，除了背地板和中板，其他子系统在500Hz后模态数量大于5，且太阳翼模态数量基本都大于5。背地板和中板上基本没有设备，不是考核重点，所以选取500Hz作为分界频率。具体建模方法为：在20~500Hz采用FE-SEA法，只建立太阳翼的SEA模型，其余部件建立FE模型，通过VA One自带的混合连接将两者连接起来；在500~5000Hz建立整星的SEA模型。

3.1　低频段

对于卫星FE-SEA模型，采用模态叠加法求解有限元法动力学方程（见式（1）），即先用Patran软件计算卫星前600Hz模态，边界为承力筒底部固支，星上设备以非结构质量的形式附在舱板上；再将有限元模型和模态结果导入VA One软件中引入声场，从而得到星上各点500Hz前的噪声响应。采用SIF模拟结构声辐射，采用DAF模拟声压激励。由于混响场硬边界声压比声场内声压高3dB，因此将卫星噪声试验中用的声压条件（见长三乙运载火箭手册（2011版））加3dB后加载于卫星表面[11]。卫星上主要是蜂窝夹芯结构，各舱板和星外大部件根据材料分类提出500Hz以前的内损耗因子模型，如表1所列，耦合损耗因子和模态密度采用VA One软件内部自动计算值。

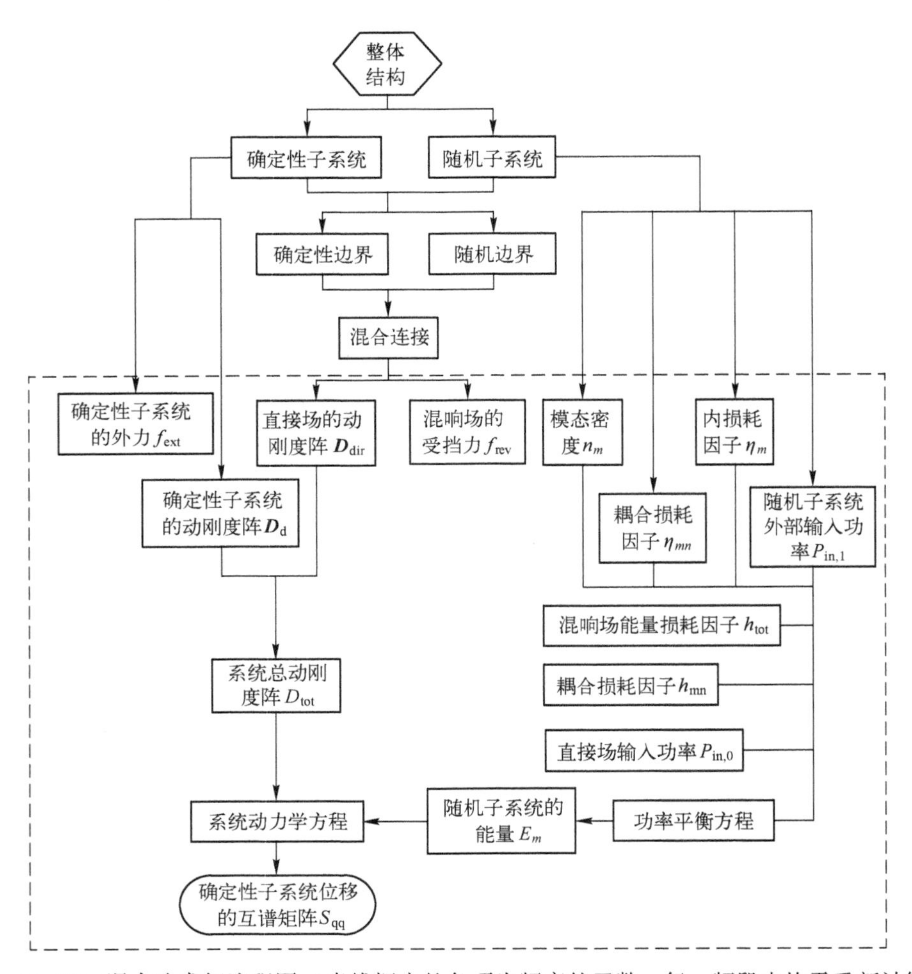

图 1　FE-SEA 混合法求解流程图（虚线框内的各项为频率的函数，每一频段内均需重新计算）[6]

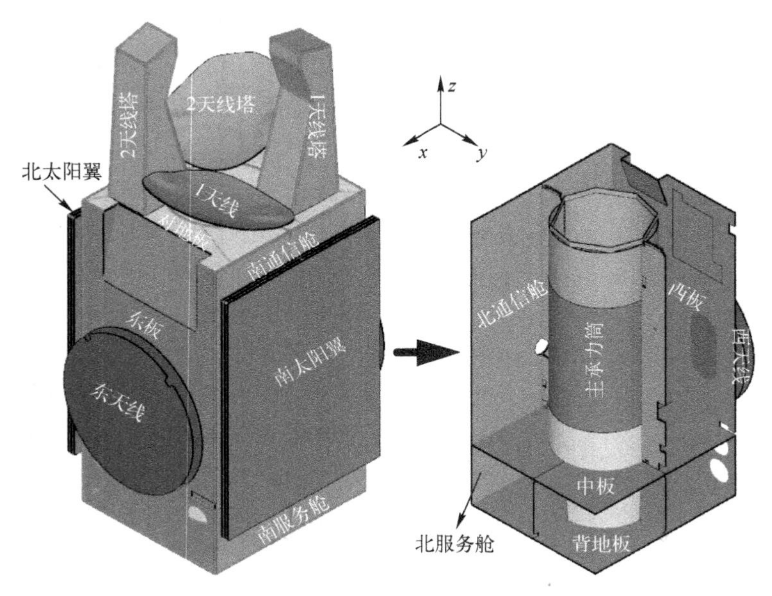

图 2　卫星 SEA 模型

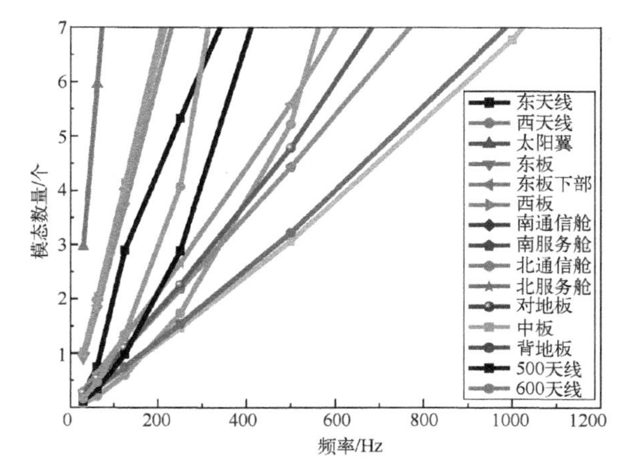

图3　卫星子系统在不同频段的模态数量分布

表1　内损耗因子模型

部　件	复合材料板铺层	内损耗因子模型
通信舱南板 通信舱北板 服务舱南板 服务舱北板	铝面板铝蜂窝夹芯（约25mm厚）	$\eta_{SA+CA}=\begin{cases}0.06 & f<500\\ \frac{200}{f} & f\geqslant 500\end{cases}$
对地板	A类碳面板铝蜂窝夹芯（约25mm度）	$\eta_{duidi}=\begin{cases}0.15 & f<500\\ \frac{450}{f} & f\geqslant 500\end{cases}$
背地板	A类碳面板铝蜂窝夹芯（约20mm厚）	$\eta_{beidi}=\begin{cases}0.1 & f<500\\ \frac{300}{f} & f\geqslant 500\end{cases}$
东天线 西天线 500天线 600天线	B类碳面板铝蜂窝夹芯（约15mm厚）	$\eta_{antenna}=\begin{cases}0.04 & f<500\\ \frac{10}{f^{1.2}} & f\geqslant 500\end{cases}$
太阳翼	B类碳面板碳蜂窝（约25mm）	$\eta_{solar}=\begin{cases}\frac{10}{f^{1.2}} & f<500\\ 0.008 & f\geqslant 500\end{cases}$
注：通信舱南北板、服务舱南北板、对地板、背地板在500Hz以后的内损耗因子模型为带有设备负载的舱板模型		

3.2　中高频段

在VA One软件中建立整星500～5000Hz频段的SEA模型，如图2所示。声压辐射和声压激励分别由SIF和DAF模拟，声压条件与FE模型一样。耦合损耗因子和模态密度采用VA One软件内部自动计算值。SEA模型里无法施加非结构质量进行舱上设备模拟。可将舱板和设备看成两个子系统组成的耦合结构，相应的功率流平衡方程如下：

$$\omega E_1\eta_1+\omega E_1(\eta_{12}+\eta_{13}+\cdots+\eta_{1i})-\omega(E_2\eta_{21}+E_3\eta_{31}+\cdots+E_i\eta_{i1})=P_1 \tag{9}$$

式中：ω为分析频带中心频率；E_1为舱板在带宽$\Delta\omega$内能量均值；$E_2,E_3,\cdots,E_i$为舱板上不同设备在带宽$\Delta\omega$内能量均值；η_1为舱板的内损耗因子；$\eta_{12},\eta_{13}\cdots,\eta_{1i}$为能量从舱板传递到设备的耦合损耗因子；$\eta_{21},\eta_{31}\cdots,\eta_{i1}$为能量从设备传递到舱板的耦合损耗因子；$P_1$是舱板的输入功率。

外载荷只作用在舱板上，所以能量主要是从舱板传递到设备上，$E_2\eta_{21},E_3\eta_{31},\cdots,E_i\eta_{i1}$的值很小，可忽略不计。则带有设备的等效内损耗因子为

$$\eta_{eqv}=\eta_1+\eta_{12}+\eta_{13}+\cdots+\eta_{1i} \tag{10}$$

所以可以通过增加舱板内损耗因子来模拟舱上设备。各舱板和星外大部件根据材料分类提出500Hz以后的内损耗因子模型，如表2所列，耦合损耗因子和模态密度采用VA One软件内部自动计算值。

4　模拟与试验结果对比

卫星噪声试验在混响室内进行，卫星置于支架车上，试验时用减振器将卫星浮起，声场用4个传声器平均控制。

卫星舱板和星外大部件平均总均方根试验与模拟结果对比如表2所示。由于篇幅限制，这里仅给出背地板和东天线全频段曲线试验与有限元值对比图，如图4所示，图例中‘-EXP’为试验结果，‘-FZ’为FE方法预示结果，‘-SEA’为SEA方法预示结果，其他舱板和星外大部件对比图类似。可见，通信舱和星外大部件在低频段（小于500Hz）和中高频段（500～5000Hz）平均总均方根值相近，而服务舱、对地板和背地板在中高频段平均总均方根值大约是低频段的2倍，所以可知服务舱、对地板和背地板在高频段噪声激励更加敏感。此外，20～500Hz和500～5000Hz模拟和试验结果都非常接近，可见FE-SEA和SEA模型的有效性，内损耗因子模型的有效性。

5　内损耗因子影响讨论

本节以A类碳面板铝蜂窝夹芯结构（即背地板和对地板）为例，探索内损耗因子对噪声响应的影响。由于对地板和背地板在500Hz以后的内损耗因子为带有负载的舱板模型，所以下面仅讨论500Hz以前内损耗因子对舱板噪声响应的影响。

对地板和背地板噪声响应—损耗因子曲线图如图6所示，可见相同内损耗因子下，背地板的噪声响应高于对地板，这是因为背地板比较薄，相

同能量下更容易被激励。同时可以发现，内损耗因子对噪声激励的衰减作用是随着内损耗因子的增加而降低的。

对地板和背地板的噪声响应比值随内损耗因子的变化如图7所示，将响应比值与其厚度比值相比较可发现，随着内损耗因子的增加，厚度对噪声响应的影响变小，且内损耗因子大于0.05时，厚度对噪声响应的衰减作用小于线性折算值。

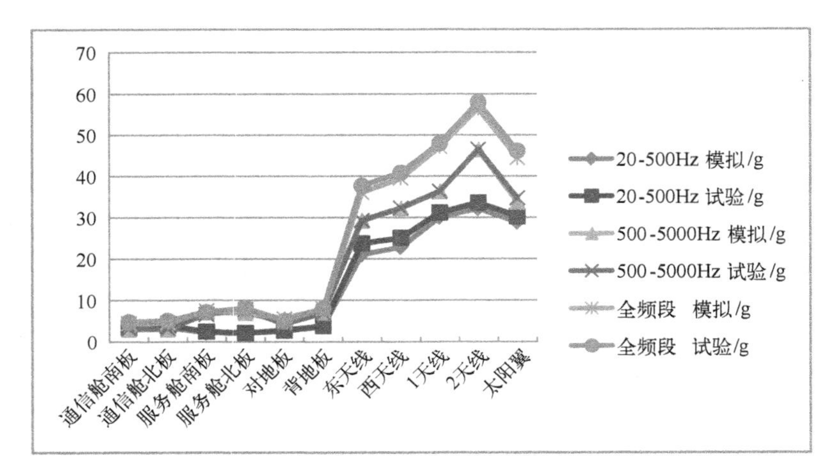

图4 卫星舱板和星外大部件平均总均方根试验与模拟结果对比

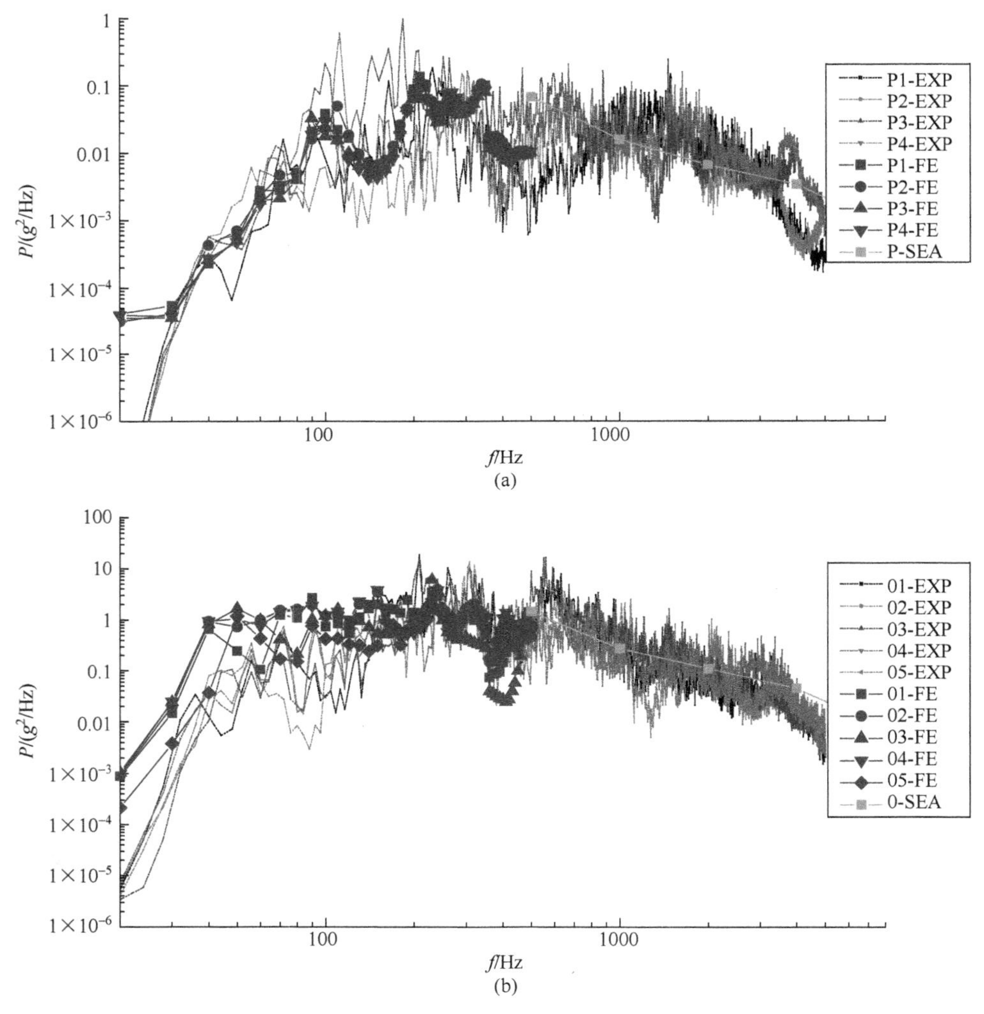

图5 卫星背地板和东天线全频段曲线试验与有限元值对比

（a）背地板；（b）东天线。

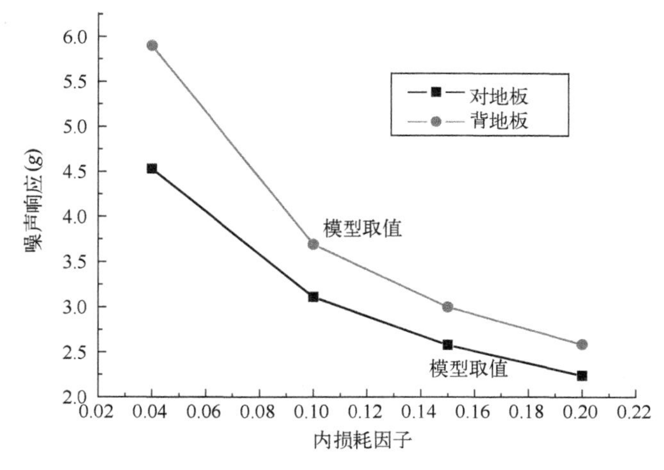

图 6　对地板和背地板的噪声响应—损耗因子曲线图

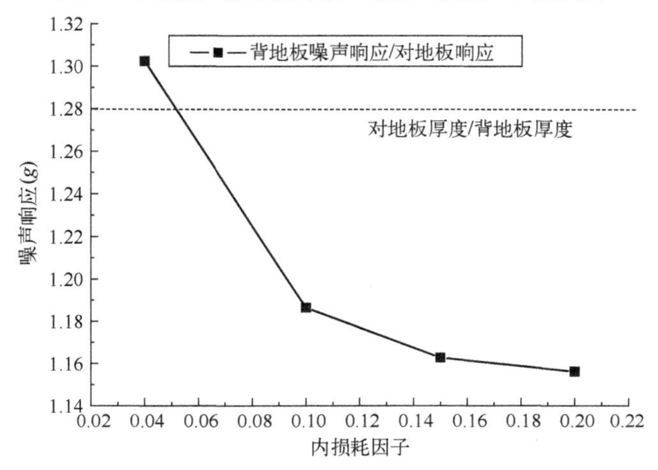

图 7　对地板和背地板的噪声响应比值随内损耗因子的变化

6　结束语

本文以某型号卫星为例，采用商用软件 VA One 建立整星全频段噪声模型，然后基于模型，讨论了内损耗因子对卫星噪声响应的影响，得到以下结论。

（1）根据统计能量分析模型子系统在倍频程中模态数分布选取，在 20~500Hz 采用 FE-SEA 法，建立太阳翼的 SEA 模型，其余部件建立 FE 模型，在 500~5000Hz 建立整星的 SEA 模型，通过与试验结果对比，证明 500Hz 为分段频率的有效性。

（2）统计能量模型中，可以通过增加舱板内损耗因子来模拟舱上设备，提出了一组针对通信卫星常用结构的内损耗因子模型，具有良好的适应性。

（3）相同内损耗因子下，舱板越薄，噪声响应越大，内损耗因子对噪声激励的衰减作用是随着内损耗因子的增加而降低的。此外，随着内损耗因子的增加，厚度对噪声响应的影响变小，且内损耗因子大于 0.05 时，厚度对噪声响应的衰减作用小于线性折算值。

参考文献

[1] 张国军，闫云聚，李鹏博．基于 FE-SEA 混合法的飞行器结构声振响应分析与试验验证［J］．空间科学学报，2014，34（3）：327-331.

[2] 胡莹．基于混合模型的复杂结构振动响应分析［D］．西安：西北工业大学，2007.

[3] 邹元杰，韩增尧，张瑾．航天器全频域力学环境预示的主要方法［C］．全国结构振动与动力学学术研讨会论文集，77-80.

[4] 张瑾，马兴瑞，韩增尧，等．中频力学环境预示的 FE-SEA 混合方法研究［J］．振动工程学报，2012，25（2）：206-214.

[5] 张瑾．FE-SEA 方法在航天器力学环境预示中的应用研究［D］．北京：中国空间技术研究，2011.

[6] 骆寰宇，邓忠民，孙兰，等．飞行器声振动力学环境响应预示方法［J］．战术导弹技术，2012，（6）：22-27.

[7] Jeffrey M. Larko，Vibroacoustic response of the NASA ACTS spacecraft antenna to launch acoustic excitation，NASA/TM—2008-215168.

[8] 王昆．飞行器结构统计能量建模方法及声振响应分析研究［D］．哈尔滨：哈尔滨工业大学，2010.

[9] 罗研朝，王闯，张熇．基于 FE-SEA 方法的航天器含支架组件噪声分析［J］．航天器环境工程，2014，31（3）：262-266.

[10] Richard V. W. Interference patterns in reverberanr sound fields［J］．The journal of the Acoustic Society of America，1955，27（2）：247-258.

玻璃纤维增强复合材料剪切非线性本构识别方法

刘召颜，李　栋，顾　菲，谢一村
（北京卫星环境工程研究所，北京，100094）

摘要：采用结合数字图像相关技术（Digital Image Correlation，DIC）的小板扭转试验（Small Plate Torsion，SPT），通过有限元模型修正方法，以实测应变和数值计算应变的方差建立目标函数，通过最小化目标函数的过程同时识别获得复合材料单向带层合板面内剪切非线性本构参数，包括面内剪切模量 G 以及剪切非线性参数 K 和 n。研究工作弥补了短梁剪切试验（Short Beam Shear，SBS）在 2-3 面过早失效无法获得面内剪切非线性本构参数的不足，获得了 2-3 面内剪切非线性参数。通过对同批次试样的识别结果以及 SBS 和 SPT 不同试验形式的识别结果进行比较，标准偏差（Cofficient of Variance，COV）小于 10%这一结果验证了该方法的可靠性。该方法具有对初值不敏感、识别效率高、试样几何尺寸单一便于统一制备等优点。

关键词：复合材料；数字图像相关技术；有限元模型修正；非线性本构关系

1　引言

复合材料的设计水平和制造工艺的发展及越来越广的应用对复合材料的强度提出了更高的要求[1-3]，只研究复合材料的线性力学行为已经不能满足使用环境对其材料力学性能的要求，加强复合材料的物理非线性力学问题以及微观、宏观非线性力学问题的分析，对于充分发挥复合材料的优越性，扩大其适用范围，辅助复合材料的制备以及工程应用都是十分必要的[4-6]。此外，应用有限元分析进行材料力学行为预测的准确性也在很大程度上取决于实验评估的材料性能[7-8]。通过实验获得更为准确的复合材料三维非线性应力—应变本构关系是能够获得更为精确的有限元分析预测结果的重要前提[9-11]。

前期的研究工作中，国内外学者已经围绕该方法开展了大量的研究工作[12-15]。通过与其他力学试验的识别结果对比验证了该识别方法的可靠性[16-17]。该方法具有对初值不敏感、识别效率高等优点[18]，识别工作中通常采用压头和支撑点中间区域[16,18]或远离压头和支撑点的纯剪区域[19]。

本文主要针对玻璃纤维增强复合材料单向带层合板，采用小板扭转试验结合全场变形测量技术以及有限元模型修正技术，识别获得了复合材料面内剪切非线性本构关系及参数，弥补了 SBS 试验在 2-3 面过早失效无法获得剪切非线性本构参数的不足。

2　实验材料及方法

考虑到 SBS 试验中 2-3 面过早失效，无法获得 2-3 面剪切非线性本构参数，研究中还进行了参考的平板扭转试验 SPT 试验。SPT 试验件的几何尺寸为：$L = 63.5$mm，宽度 $b = 63.5$mm，厚度 $t = 6.4$mm，单层厚度为 0.14mm，试验件的铺层顺序为［0°］，如图 1 所示。3 个半球的支撑头直径为 9.53mm，跨距为 50.8mm。

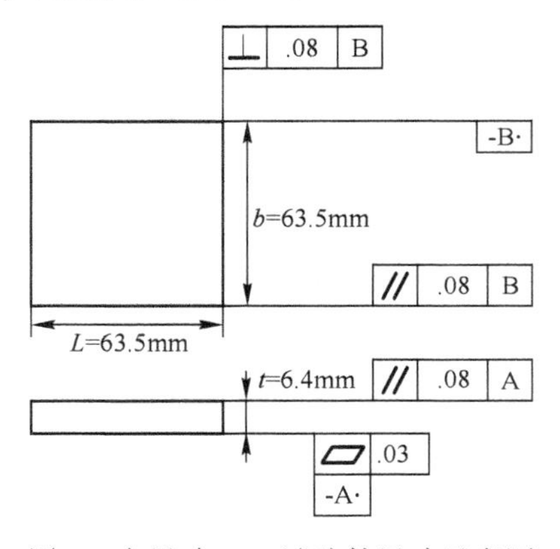

图 1　大尺寸 SPT 试验件尺寸示意图

SPT 试验装置图如图 2 所示。

试验中采用 VIC-3D 软件来获得试样表面变形数

图 2　SPT 试验装置图

据。DIC 应变分析采用的像素点为：37pixels × 37pixels，面积大概是 1.0076mm²。数据从 7pixel 中心获取，因此导致近似有每次加载的情形下都有 7800 个数据点。平板扭转试验的失效图像如图 3 所示。

图 3　SPT 试验试样失效图像

3　有限元模型修正技术

研究中采用有限元模型修正技术识别面内剪切模量 G 以及剪切非线性参数 K 和 n。识别过程的初值可通过材料力学计算应力和数字图像相关方法实测应变数据在假定的本构关系式中通过最小二乘回归得到。采用实测应变与有限元数值计算应变之间的方差建立目标函数，通过最小化目标函数同时获得材料本构关系中的多个力学参数。有限元模型修正技术的流程图如图 4 所示。

材料参数的识别过程中，首先将初始假设的材料本构参数代入有限元模型，计算单元节点处的应变数据（将高斯积分点处的应变结果插值并平均化处理获得节点位置处的应力、应变数据），通过双线性插值将由 VIC-3D 相关计算得到的实测应变数据插值到与有限元模型单元节点相同位置处，以相同位置处有限元数值计算应变和实测应变之间的方差构造参数识别的目标函数：

$$Q_{\bar{p}} = Q(\varepsilon(\bar{p}), p) = \sum_{j=1}^{N} \left(\sum_{i=1}^{M} (\varepsilon_i^{\text{num}}(\bar{p}) - \varepsilon_i^{\text{DIC}})^2 \right)_j \tag{1}$$

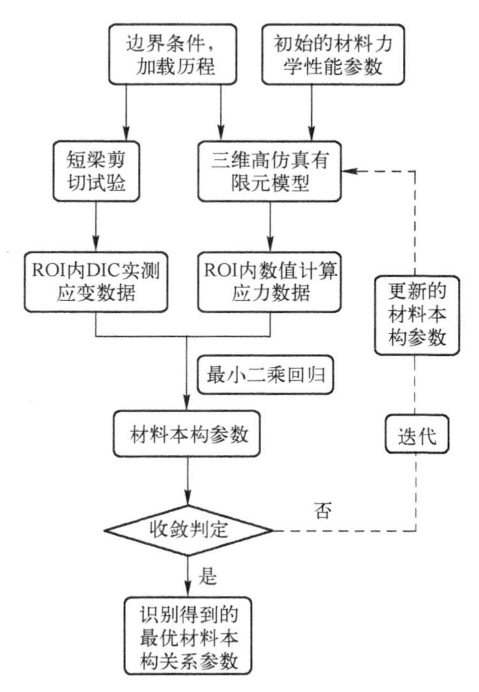

图 4　有限元模型修正技术流程图

式中：$\bar{p}$为一系列的未知材料参数；M 为每张图片中目标区域（ROI）内包含的有限元模型节点数，这里的 ROI 区域包含试样左右两边的两个区域，由于有限元模型为 1/4 模型，右侧 ROI 区域内的应变数据可由模型的对称性得到；N 为有限元模型中的加载步的数量，即对应着实验过程中数字图像相关方法设备采集到的试样失效前的图片数量。为得到复合材料非线性应力应变本构关系及参数，识别过程中考虑了试样从开始加载到 85%失效载荷的整个加载历程，$\varepsilon_i^{\text{num}}$和 $\varepsilon_i^{\text{DIC}}$分别表征在节点 i 处的 FEM 数值计算应变和数字图像相关方法实测应变。当目标函数获得最小值时，目标函数$Q_{\bar{p}}$应满足下式：

$$\frac{\partial Q(\bar{p})}{\partial \bar{p}_l} = \sum_{j=1}^{N} \left(\sum_{i=1}^{M} (\varepsilon_i^{\text{num}}(\bar{p}) - \varepsilon_i^{\text{DIC}}) \frac{\partial \varepsilon_i^{\text{num}}(\bar{p})}{\partial \bar{p}_l} \right)_j \tag{2}$$

以试样的 1-3 面为例，正交各向异性复合材料单向带层合板的本构模型初始假设为

$$\begin{Bmatrix} \varepsilon_{11}^{\text{num}} \\ \varepsilon_{33}^{\text{num}} \\ \gamma_{13}^{\text{num}} \end{Bmatrix} = \begin{bmatrix} \dfrac{1}{E_{11}} & -\dfrac{v_{13}}{E_{11}} & \\ -\dfrac{v_{13}}{E_{11}} & \dfrac{1}{E_{33}} & \\ & & f(\tau_{13}) \end{bmatrix} \begin{Bmatrix} \sigma_{11}^{\text{num}} \\ \sigma_{33}^{\text{num}} \\ \tau_{13}^{\text{num}} \end{Bmatrix} \tag{3}$$

式中：$f(\tau_{13})$表征的剪切非线性本构关系；σ_{11}^{num}、σ_{33}^{num}和 τ_{13}^{num}分别为有限元模型数值计算应力分量；$\varepsilon_{11}^{\text{num}}$、$\varepsilon_{33}^{\text{num}}$和 γ_{13}^{num}分别为有限元数值计算应变分量，

本文中选择采用 Ramberg-Osgood 公式表征非线性本构关系。

$$\gamma_{ij}=\frac{\tau_{ij}}{G_{ij}}+\left(\frac{\tau_{ij}}{K_{ij}}\right)^{\frac{1}{n_{ij}}} \quad (4)$$

式中：K_{ij}和n_{ij}分别为描述非线性剪切本构关系的参数。

4 三维非线性有限元模型

研究中使用通用有限元软件 Abaqus 针对 SPT 实验建立了如图 5 所示的三维有限元模型来计算试样侧面的应力和应变分布。SPT 模型单元类型定义为 8 节点六面体非协调实体单元（C3D8I），模型中共有 10080 个单元，12369 个节点。模型的加载历程和边界条件均与实验相同。在实验过程中，VIC-2D 设备采样频率为 0.33Hz，即每隔 3s 获得一张图像，同时记录实验载荷大小直至实验结束。有限元模型中定义的分析步数量与 VIC-2D 采集的图片数量相同，并在每一个分析步定义与图像对应的载荷。

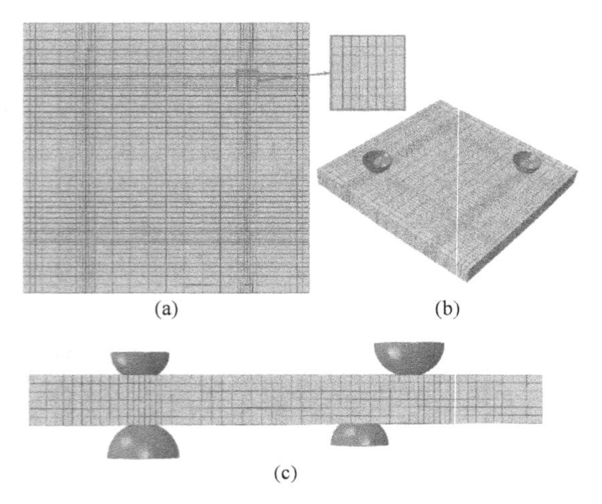

图 5　SPT 试样三维有限元模型

（a）平板网格划分和与压头接触部分局部放大图；（b）整体有限元模型；（c）整体模型 2-3 面视角。

模型中压头和支撑柱解析刚体均为圆柱面，且与圆柱面形心处的参考点建立了运动耦合约束，并在参考点上定义了位移边界条件，约束了支撑柱的平动自由度和转动自由度；约束了压头 3 个转动自由度和 x、z 方向的平动自由度，即压头仅可产生沿 y 方向竖直向下的刚体位移，载荷施加在压头参考点位置处，为竖直向下的集中力。两端的支撑柱和压头部分在有限元模型中定义为解析刚体，在解析刚体与实体模型的接触采用面对面离散方法，以解析刚体表面为主面，实体模型表面为从面建立接触条件。

5 识别结果

有限元模型修正过程的收敛条件为：本构参数的相对变化率小于 0.5%且目标函数的归一化平方根小于 1%。SPT 试验中 2-3 和 1-3 平面内剪切非线性本构参数的识别结果如表 1 和表 2 所列。

表 1　2-3 剪切非线性参数识别结果

序　号	G/MPa	k/MPa	n
1	4692.10	81.97	6.97
2	4199.39	67.58	7.65
3	4464.95	81.21	6.46
4	5432.85	79.21	7.70
5	5021.31	61.63	6.74
AVG	4762.12	74.32	7.10
COV/%	10.11	12.34	7.77

表 2　1-3 面剪切非线性参数识别结果

序　号	G/MPa	k/MPa	n
1	5393.07	107.90	4.36
2	5351.63	223.53	3.99
3	5113.77	228.86	3.16
4	5132.28	219.00	3.75
5	5244.51	215.42	3.72
AVG	5254.436	182.41	4.35
COV/%	2.40	9.72	9.53

将收敛后的本构参数识别结果代入有限元模型中计算所得的数值计算应变和 DIC 实测应变的云图如图 6、图 7 所示。

6 结束语

（1）采用结合 DIC 的 SBS 和 SPT，基于有限元模型修正法，以实测应变和数值应变方差建立目标函数，在最小化目标函数过程中同时获得玻璃纤维增强复合材料层合板剪切非线性本构参数是一种行之有效的识别方法。

（2）同批次试样的识别结果偏差较小，剪切模量 G_{ij} 的 COV<11%，剪切非线性系数的 COV<10%。

（3）该识别方法具有对识别参数初值不敏感、识别效率高，试样便于统一制备，经济性好的优点。

（4）采用 SPT 可以识别获得 2-3 面的剪切非线性本构关系，弥补 SBS 在 2-3 面由于过早失效无法获得剪切非线性本构参数的不足。

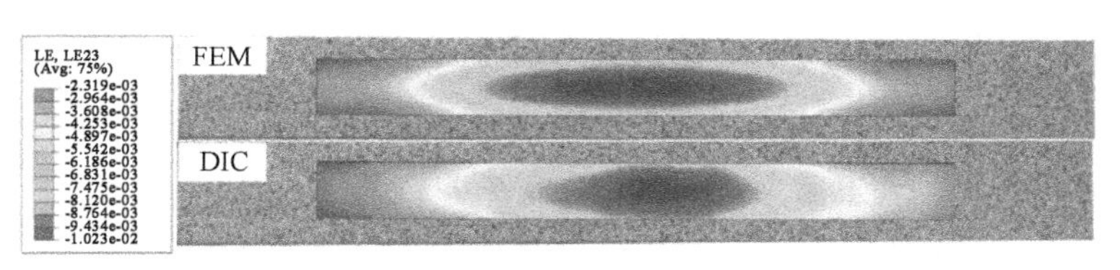

图 6　DIC 应变云图和有限元计算应变场云图

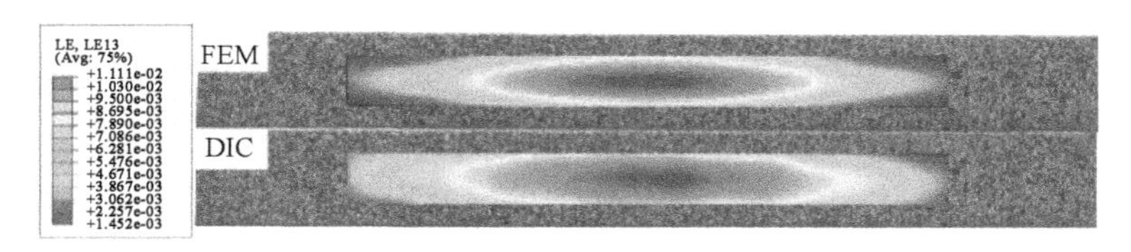

图 7　DIC 应变云图和有限元计算应变场云图

参考文献

[1] CHEN H X, CAO H J, HUANG X M. Simulation analysis of in-plane compression on three-dimensional spacer fabric composite [J]. Materials Science Forum, 2019, 971: 36-44.

[2] ZhengmaoYANG, Hui LIU. An elastic-plastic constitutive model for thermal shocked oxide/oxide ceramic-matrix composites [J]. International Journal of Mechanical Sciences, 2020, 175.

[3] DamjanLolić, DejanZupan, MihaBrojan. A consistent finite element formulation for laminated composites with nonlinear interlaminar constitutive law [J]. Composite Structures, 2020, 247.

[4] Lucas L Vignoli, Marcelo A Savi, Pedro M C L Pacheco, et al. Micromechanical analysis of transversal strength of composite laminae [J]. Composite Structures, 2020, 250: 112546.

[5] Yuwu Zhang, Shuaishuai Wang, LuhuiYan. Transverse compressive characteristics of fiber reinforced cementitious composites tubes [J]. Thin-Walled Structures, 2020, 150: 106645.

[6] KAMAE T, DRZAL L T. Carbon fiber/epoxy composite property enhancement through incorporation of carbon nanotubes at the fiber-matrix interphase-Part I: The development of carbon nanotube coated carbon fibers and the evaluation of their adhesion [J]. Composites Part A, 2012, 43 (9): 1569-1577.

[7] Xin Liu, FeiTao, Wenbin Yu. A neural network enhanced system for learning nonlinear constitutive law and failure initiation criterion of composites using indirectly measurable data [J]. Composite Structures, 2020, 252.

[8] ZHOU Y, HOSUR M, JEELANI S, et al. Fabrication and characterization of carbon fiber reinforced clay/epoxy composite [J]. Journal of Materials Science, 2012, 47 (12): 5002-5012.

[9] Ahmad Amiri-Rad, MartijnWismans, Leonid V Pastukhov, et al. Constitutive modeling of injection-molded short-fiber composites: Characterization and model application [J]. Journal of Applied Polymer Science, 2020, 137 (41).

[10] Ge Ban, JingjingJia, Yingbing Liang. Cyclic compressive deformation behavior of polymer matrix composites: Experiments and constitutive modeling [J]. Polymer Composites, 2020, 41 (6).

[11] Hyunseong Shin. Temporal homogenization formulation on general linear viscoelastic materials subjected to locally periodic loading [J]. International Journal of Solids and Structures, 2020: 196-197.

[12] MAKEEV A, He Y, CARPENTIER P, et al. A method for measurement of multiple constitutive properties for composite materials [J]. Composites Part A: Applied Science and Manufacturing, 2012, 43 (12): 2199-2210.

[13] 贺体人，刘刘，徐吉峰. 数字图像相关方法辅助的 IM7/8552 碳纤维增强环氧树脂单向带层合板沿厚度方向非线性本构参数识别 [J]. 复合材料学报，2021：38.

[14] 李永善. 基于数字图像相关技术的复合材料层间压缩力学行为的实验研究 [D]. 北京理工大学，2017.

[15] JULIA C. Accurate three-dimensional characterization of the nonlinear material constitutive properties for laminated composite materials [D]. PhD thesis. Texas: University of Texas at Arlington, 2015.

[16] HE T, LIU L, MAKEEV A. Uncertainty analysis in composite material properties characterization using digital image correlation and finite element model updating [J]. Composite Structures, 2017, 184: 337-51.

[17] MAKEEV A, CARPENTIER P, Shonkwiler B. Methods to measure interlaminar tensile modulus of composites [J]. Composites Part A: Applied Science and Manufacturing, 2014, 56 (1): 256-261.

[18] HE T, LIU L, MAKEEV A, et al. Characterization of stress-strain behavior of composites using digital image correlation and finite element analysis [J]. Composite Structures, 2016, 140: 84-93.

[19] HE Y, MAKEEV A. Nonlinear shear behavior and interlaminar shear strength of unidirectional polymer matrix composites: A numerical study [J]. International Journal of Solids and Structures, 2014, 51 (6): 1263-1273.

[20] ASTM Standard D 2344/D 2344M, Standard test method for short-beam strength of polymer matrix composite materials and their laminates S. West Conshohocken, PA: ASTM International, 2006.

基于多轴等效的航天器正弦试验条件设计

朱卫红，刘　峰，邹元杰，韩增尧
（北京空间飞行器总体设计部，北京，100094）

摘要：受地面试验技术和设备的限制，航天工程中正弦振动试验只能进行单轴正弦试验，无法准确复现航天器发射过程中经历的界面多自由度激励状态，这种不一致性可能导致地面试验存在“过试验”或“欠试验”的风险。为了改善单轴模拟多轴导致的不一致性，提出一种改善试验条件的设计方法，首先建立界面耦合阻抗矩阵，其次基于试验件的固支模态进行正则化，然后完成主振方向的模态贡献分析，最后建立各个自由度在主振方向的修正系数，完成单轴试验条件的修正。数值仿真算例表明，该方法能够缓建单轴模拟多轴时航天器主模态处的不一致问题，为后续试验条件的包络提供可靠的数据输入。

关键词：正弦；力学环境；试验；多轴；等效

1　引言

正弦振动试验是航天器力学环境试验的主要项目之一，其主要考核的是航天器承受发射过程中关键阶段的低频瞬态与低频周期载荷能力。然而实际的正弦试验由于多种原因导致正弦试验中“过试验”问题突出，出现了整星或者单机能够通过实际飞行考核却无法通过地面正弦试验考核的现象，造成上述问题的原因主要有三方面：一是基于瞬态载荷的冲击响应谱设计得到的正弦加速度试验条件经包络后过于保守；二是地面振动台的试验界面与真实星箭界面阻抗不匹配；三是地面单轴正弦试验与实际发射时多轴激励状态不一致。研究表明，当航天器振动台试验时器台界面加速度等于真实飞行状态的界面加速度条件，会消除航天器地面试验时振动台界面处频响函数的影响，自动满足航天器器台界面安装边界条件，航天器振动台试验给出的内部响应与真实飞行时内部的响应一致，复现全箭振动过程中航天器的多维振动力学环境，不会存在“过试验”或者“欠试验”的问题。

邱吉宝[1-2]2015年通过分别建立了星箭耦合简化模型与振动台试验简化模型，然后经过分析推导以及仿真证明，只要保证星箭界面的加速度与飞行状态完全一致，则卫星内部的响应会保持一致，不会存在任何“欠试验”与“过试验”的风险。Zhu Siyan[2]通过仿真分析验证了转角自由度对力学环境试验的影响，其分析表明，添加转角试验条件后，天地一致性得到了改善，这与邱吉宝的研究结论相同。

为解决这一问题，国内外航天强国投入大量精力研究多维振动环境技术[4-7]，文献指出要保证振动试验的输入条件尽可能接近发射过程中的真实状态，采用多维振动台进行考核是最有效的方式。但是多轴振动试验成本昂贵，且国内还没有正式将多维振动试验作为航天器力学环境的考核内容，主要原因是缺少相关试验设备、完善的理论研究和试验规范。虽然星箭耦合分析与噪声试验能够给出六自由度的界面响应，但是飞行数据仅能提供3个方向加速度条件谱，3个方向的耦合效应影响无法得到有效评估。最为困难的是如何在地面模拟6个自由度的加速度条件。

开展基于界面载荷时频特征的正弦试验条件设计方法及评估方法研究，不仅可以优化航天器正弦加速度试验条件，降低因试验条件不合理造成的航天器抗力学环境设计成本，同时也能基于瞬态界面力时频特征指导设计正弦力限条件，进而采用力限技术缓解因界面阻抗不匹配导致的正弦试验的过试验，降低整星或单机在正弦试验过程中的损伤风险。

随着我国大型、新型航天器研制的需求激增，如大型SAR天线、大型光学平台等，航天器的结构尺寸越来越大、构型越来越复杂、基频越来越低，这对力学环境的设计与试验，特别是正弦力学环境试验提出了更加苛刻的要求。由于新型航天的动力学特征与以往型号有很大的不同，以往积累的相关历史试验数据与型号经验的参考性变得非常有限，因此，迫切需要航天器精细化正弦试验条件方法用于指导航天器设计与航天器正弦力学环境试验条件设计，为新型航天器研制提供技术支撑。

2　单轴试验条件设计方法

由于地面试验设备和试验条件的限制，完全模拟飞行状态是不存在的，其中重要的差别体现在实际飞行是六自由度同时激励，而在地面试验时只能进行单轴激励，对于某些具有多轴试验能力的设备，可以进行多轴试验，但是存在设备要求高、试验系统复杂等局限性。

仿真分析表明，在地面试验时，如果在振动台上卫星的安装界面与飞行时星箭界面的6个自由度的加速度完全相同，则振动台上卫星的响应则会与飞行状态完全一致，但是仅仅施加单轴载荷，是无法复现整星的振动响应的。

将卫星界面节点和内部节点进行划分，则基础加速度激励可以描述为

$$\begin{bmatrix} M_{ii} & M_{ib} \\ M_{bi} & M_{bb} \end{bmatrix}\begin{bmatrix} \ddot{x}_i(t) \\ \ddot{x}_b(t) \end{bmatrix}+\begin{bmatrix} C_{ii} & C_{ib} \\ C_{bi} & C_{bb} \end{bmatrix}\begin{bmatrix} \dot{x}_i(t) \\ \dot{x}_b(t) \end{bmatrix}+\begin{bmatrix} K_{ii} & K_{ib} \\ K_{bi} & K_{bb} \end{bmatrix}\begin{bmatrix} x_i(t) \\ x_b(t) \end{bmatrix}=\begin{bmatrix} f_i(t) \\ f_b(t) \end{bmatrix} \tag{1}$$

内部点的响应可以写为

$$M_{ii}\ddot{x}_i(t)+C_{ii}\dot{x}_i(t)+K_{ii}x_i(t)=f_i(t)-M_{ib}\ddot{x}_b(t)-C_{ib}\dot{x}_b(t)-K_{ib}x_b(t) \tag{2}$$

在频域中进一步简化有

$$(-\omega^2M_{ii}+I\omega C_{ii}+K_{ii})X_i(\omega)=F_i-(-\omega^2M_{ib}+i\omega C_{ib}+K_{ib})X_b(\omega) \tag{3}$$

投影到自由模态坐标系下有

$$(-\omega^2\Phi_j^{\mathrm{T}}M_{ii}\Phi_j+I\omega\Phi_j^{\mathrm{T}}C_{ii}\Phi_j+\Phi_j^{\mathrm{T}}K_{ii}\Phi_j)\Phi_jq_i(\omega)=\Phi_j^{\mathrm{T}}[F_i-(-\omega^2M_{ib}+I\omega C_{ib}+K_{ib})]X_b(\omega) \tag{4}$$

采用自由模态进行正则化：

$$(-\omega^2+I\omega\xi_j\omega_n+\omega_n^2)q_i(\omega)=\Phi_j^{\mathrm{T}}(F_i+\omega^2M_{ib}-I\omega C_{ib}-K_{ib})X_b(\omega) \tag{5}$$

可以看出，内部节点的响应，除了与基础加速度激励的幅值有关，也与界面的耦合阻抗相关，假设施加在内部节点上的载荷为0，则有

$$q_j(\omega)=\frac{1}{(-\omega^2+I\omega\xi_j\omega_j+\omega_j^2)}\Phi_j^{\mathrm{T}}(\omega^2M_{ib}-I\omega C_{ib}-K_{ib})X_b(\omega) \tag{6}$$

进一步划分：

$$q_j(\omega)=\frac{1}{(-\omega^2+I\omega\xi_j\omega_j+\omega_j^2)}\overline{D}_{ib,j}(\omega)\begin{bmatrix} U_x(\omega) \\ 0 \\ 0 \\ 0 \\ 0 \\ 0 \end{bmatrix}+\frac{1}{(-\omega^2+I\omega\xi_j\omega_j+\omega_j^2)}\overline{D}_{ib,j}(\omega)\begin{bmatrix} 0 \\ U_y(\omega) \\ 0 \\ 0 \\ 0 \\ 0 \end{bmatrix}+\frac{1}{(-\omega^2+I\omega\xi_j\omega_j+\omega_j^2)}\overline{D}_{ib,j}(\omega)\begin{bmatrix} 0 \\ 0 \\ U_z(\omega) \\ 0 \\ 0 \\ 0 \end{bmatrix}+$$
$$\frac{1}{(-\omega^2+I\omega\xi_j\omega_j+\omega_j^2)}\overline{D}_{ib,j}(\omega)\begin{bmatrix} 0 \\ 0 \\ 0 \\ R_x(\omega) \\ 0 \\ 0 \end{bmatrix}+\frac{1}{(-\omega^2+I\omega\xi_j\omega_j+\omega_j^2)}\overline{D}_{ib,j}(\omega)\begin{bmatrix} 0 \\ 0 \\ 0 \\ 0 \\ R_y(\omega) \\ 0 \end{bmatrix}+\frac{1}{(-\omega^2+I\omega\xi_j\omega_j+\omega_j^2)}\overline{D}_{ib,j}(\omega)\begin{bmatrix} 0 \\ 0 \\ 0 \\ 0 \\ 0 \\ R_z(\omega) \end{bmatrix} \tag{7}$$

$\overline{D}_{ib,j}(\omega)$的维数为1×6，每个数值即为界面自由度对该阶模态的贡献：

$$\overline{D}_{ib,j}(\omega)=[\overline{D}_{ib,j,1}(\omega)\quad \overline{D}_{ib,j,2}(\omega)\quad \overline{D}_{ib,j,3}(\omega)\quad \overline{D}_{ib,j,4}(\omega)\quad \overline{D}_{ib,j,5}(\omega)\quad \overline{D}_{ib,j,6}(\omega)] \tag{8}$$

进一步可写为

$$q_j(\omega)=\frac{1}{\Delta(\omega)}\begin{pmatrix} \overline{D}_{ib,j,1}(\omega)U_x(\omega)+\overline{D}_{ib,j,2}(\omega)U_y(\omega)+\overline{D}_{ib,j,3}(\omega)U_z(\omega)+ \\ \overline{D}_{ib,j,4}(\omega)R_x(\omega)+\overline{D}_{ib,j,5}(\omega)R_y(\omega)+\overline{D}_{ib,j,6}(\omega)R_z(\omega) \end{pmatrix} \tag{9}$$

假设仅在 x 向施加载荷，要求得到的响应不变，则需要对基础激励 U_x 进行修正，即求解

$$\begin{aligned}
&\overline{D}_{ib,j,1}(\omega)\left(U_x(\omega)+\Delta U_y(\omega)+\Delta U_z(\omega)+\Delta R_x(\omega)+\Delta R_y(\omega)+\Delta R_z(\omega)\right)\\
&=\begin{pmatrix}\overline{D}_{ib,j,1}(\omega)U_x(\omega)+\overline{D}_{ib,j,2}(\omega)U_y(\omega)+\overline{D}_{ib,j,3}(\omega)U_z(\omega)+\\ \overline{D}_{ib,j,4}(\omega)R_x(\omega)+\overline{D}_{ib,j,5}(\omega)R_y(\omega)+\overline{D}_{ib,j,6}(\omega)R_z(\omega)\end{pmatrix}\\
&\Delta U_y(\omega)=\frac{\overline{D}_{ib,j,2}(\omega)U_y(\omega)}{\overline{D}_{ib,j,1}(\omega)}\\
&\Delta U_z(\omega)=\frac{\overline{D}_{ib,j,3}(\omega)U_y(\omega)}{\overline{D}_{ib,j,1}(\omega)}\\
&\Delta R_x(\omega)=\frac{\overline{D}_{ib,j,4}(\omega)R_x(\omega)}{\overline{D}_{ib,j,1}(\omega)}\\
&\Delta R_y(\omega)=\frac{\overline{D}_{ib,j,5}(\omega)R_y(\omega)}{\overline{D}_{ib,j,1}(\omega)}\\
&\Delta R_z(\omega)=\frac{\overline{D}_{ib,j,6}(\omega)R_z(\omega)}{\overline{D}_{ib,j,1}(\omega)}
\end{aligned}\tag{10}$$

所以有

$$\begin{aligned}
q_j(\omega)&=\frac{1}{\Delta(\omega)}\begin{pmatrix}\overline{D}_{ib,j,1}(\omega)U_x(\omega)+\overline{D}_{ib,j,2}(\omega)U_y(\omega)+\overline{D}_{ib,j,3}(\omega)U_z(\omega)+\\ \overline{D}_{ib,j,4}(\omega)R_x(\omega)+\overline{D}_{ib,j,5}(\omega)R_y(\omega)+\overline{D}_{ib,j,6}(\omega)R_z(\omega)\end{pmatrix}\\
&=\frac{1}{\Delta(\omega)}\overline{D}_{ib,j,1}\begin{pmatrix}U_x(\omega)+\frac{\overline{D}_{ib,j,2}(\omega)}{\overline{D}_{ib,j,1}(\omega)}U_y(\omega)+\frac{\overline{D}_{ib,j,3}(\omega)}{\overline{D}_{ib,j,1}(\omega)}U_z(\omega)+\\ \frac{\overline{D}_{ib,j,4}(\omega)}{\overline{D}_{ib,j,1}(\omega)}R_x(\omega)+\frac{\overline{D}_{ib,j,5}(\omega)}{\overline{D}_{ib,j,1}(\omega)}R_y(\omega)+\frac{\overline{D}_{ib,j,6}(\omega)}{\overline{D}_{ib,j,1}(\omega)}R_z(\omega)\end{pmatrix}
\end{aligned}\tag{11}$$

对于式（11），注意：①首先该等效是针对第 j 阶模态响应的，仅对第 j 阶模态有效，主要体现在 $\overline{D}_{ib,j}(\omega)=\boldsymbol{\Phi}_j^{\mathrm{T}}(\omega^2M_{ib}-\mathrm{i}\omega C_{ib}-K_{ib})X_b(\omega)$，也就是说，对于 1 阶模态，修正后的基础激励为 $U_{x,1}$，对于 2 阶模态，修正后的基础激励为 $U_{x,2}$，两个基础激励可能完全不同；②其次该修正量是随着频率变化的；③基于第 1 点和第 2 点，要基于单轴试验完全复现多轴激励的响应是不可能的，但是考虑到单轴试验重点考核的是该方向的响应量级，而对于低阶模态，可以认为主要是解耦独立的，因此基于上述假设，才能有效地基于该方法对整星主要模态予以修正。

具体实施流程如图 1 所示。

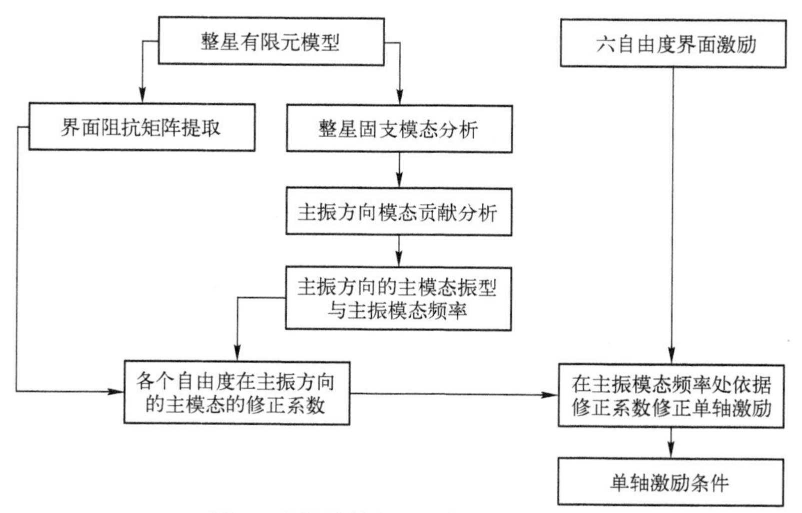

图 1　等效单轴加速度条件设计流程

3　仿真验证

以某卫星模型为例，在界面施加六自由度的基础强迫激励，采用直接求解与模态叠加求解，其相应结果对比如图2所示，可以看出直接法与模态法在整星的主要模态处响应是一致的，这表明对于该模型，采用模态叠加方法进行求解是有效的。

图3为各个模态在不同方向的贡献情况，可以看出，在X方向，第四阶纵向（X向）模态是主要贡献；在Y方向和绕Z方向的响应主要是第二阶模态和第五阶模态的贡献（为绕Z轴的Y向弯曲模态），在Z方向和绕Y方向的响应主要是第一阶模态和第三阶模态的贡献（为绕Y轴的Z向弯曲模态）。绕X向由于模型简化，不存在扭转，所以本模型不予考虑。

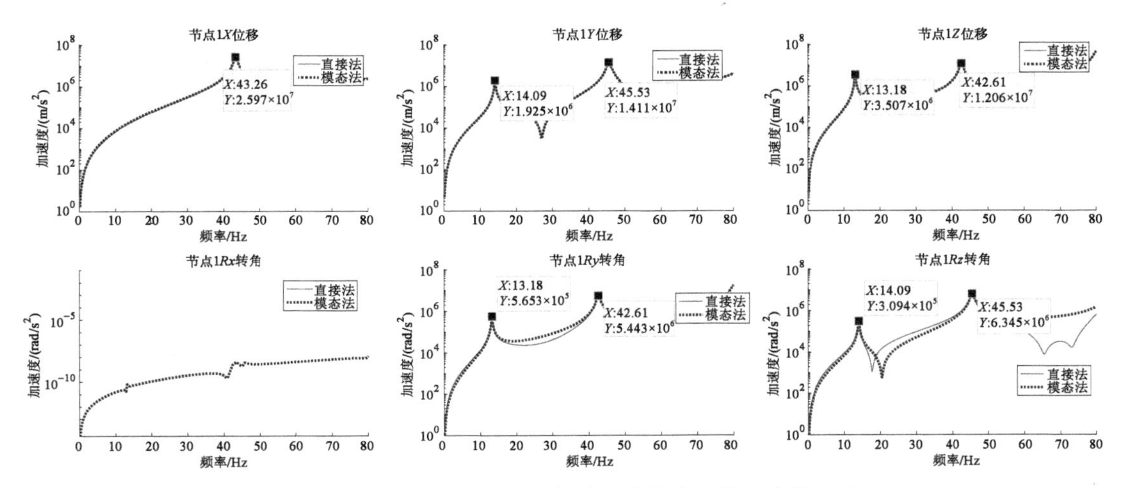

图2　某卫星基础六自由度激励下直接法与模态法的对比

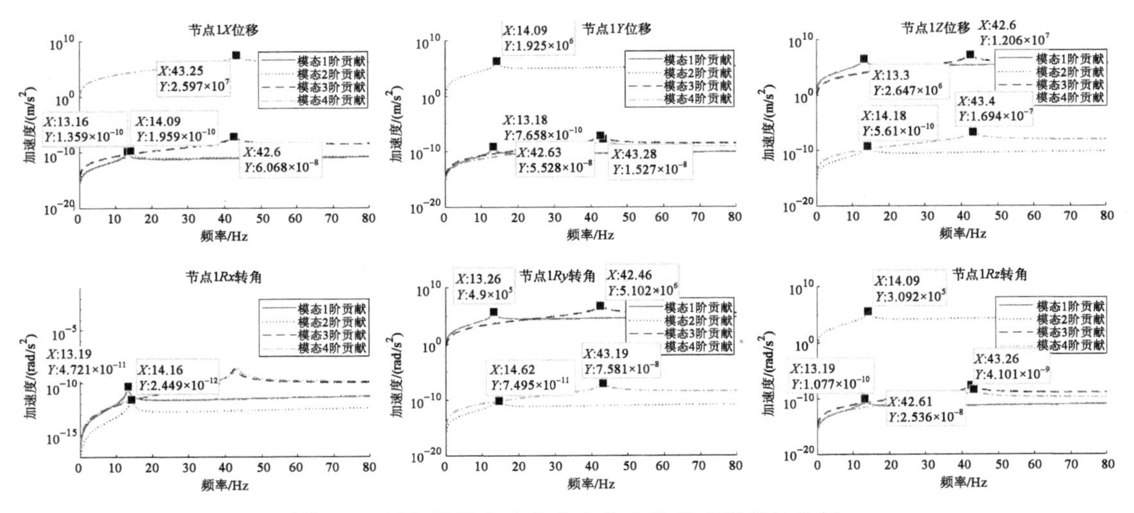

图3　卫星各阶模态在各个方向上的响应贡献量分析

假设进行整星Y向正弦试验，Y向加速与Rz加速度是重点考察的方向，图4为Y向单轴试验（仅施加Y向加速度激励，其他方向固支），整星节点1 Y向加速度的响应，单轴试验会产生大约-7.769dB误差（参考值：直接法与模态叠加法），节点1 Rz方向的响应，单轴试验会产生大约-7.810dB误差。

根据等效单轴加速度试验条件设计方法，首先计算分析得到不同模态在各个方向上的参与度与修正系数，如表1所列。可以看出对于主振方向Y向，主要由1阶Y向弯曲和2阶弯曲贡献模态影响，同时在绕Z轴方向的转角影响很大，其他各个方向的参与因子几乎为0，因此确定转角的修正因子分别是Y向1弯模态处，Rz转角以-2.685的系数进行修正，2弯模态处，Rz转角以0.0183的系数进行修正。修正后的单轴试验条件如图5所示。

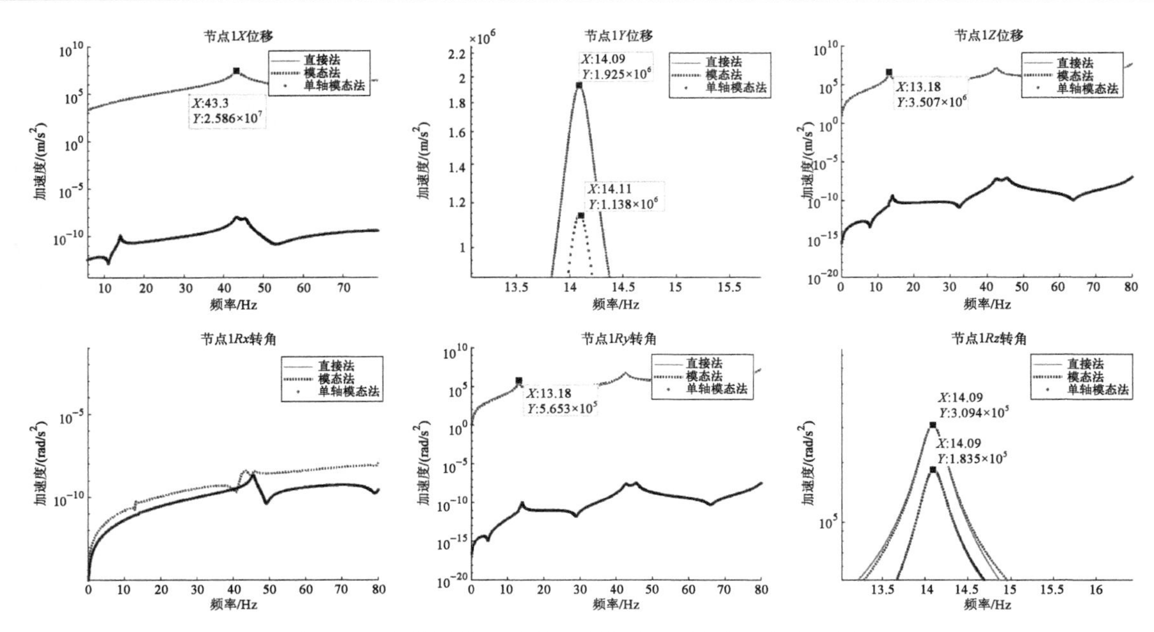

图4 *Y*向单轴施加载荷与直接法、模态叠加法的对比

表1 主要模态的修正系数计算结果

模态振型	有效自由度	无 效	D1/D2	D2/D2	D3/D2	D4/D2	D5/D2	D6/D2
1阶13.18 *Z*向1弯	3，5	1，2，4，6	0.09+0.00i	1.0	$6.85\times10^{14}-6.29\times10^{5}$i	−0.065−0.00i	1.84e+15+1.165e+07i	−2.55 − 0.00i
2阶14.09 *Y*向1弯	2，6	1，3，4，5	0.0	1.0	0.0	0.0	0.0	−2.685
3阶42.60 *Z*向2弯	3，5	1，2，4，6	7.01+0.00i	1.0	$4.03\times10^{14}-3.55\times10^{5}$i	0.089+0.000i	8.46e+12−8.62e+04i	−0.05−0.000i
4阶43.25 *X*向1拉	1	2，3，4，5，6	$-8.98\times10^{14}-5.04\times10^{6}$i	1.0	3.23−0.08i	−0.05−0.00i	−0.06−0.00i	−0.26−0.00
5阶45.53 *Y*向2弯	2，6	1，3，4，5	0.0	1.0	0.0	0.0	0.0	0.0183

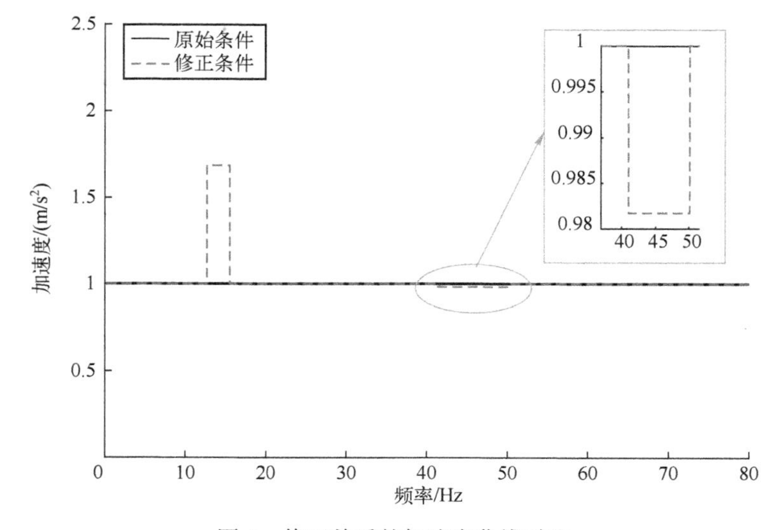

图5 修正前后的加速度曲线对比

将修正后的单轴试验条件直接施加在系统上，Y 向响应结果与 Rz 向的响应结果对比分别如图 6 和图 7 所示。可以看出，基于界面阻抗模态参与因子设计的单轴加速试验条件，在整星的主要模态处均能够改善整星响应的复现逼真度，因此可以为后续开展单轴试验条件设计提供依据。

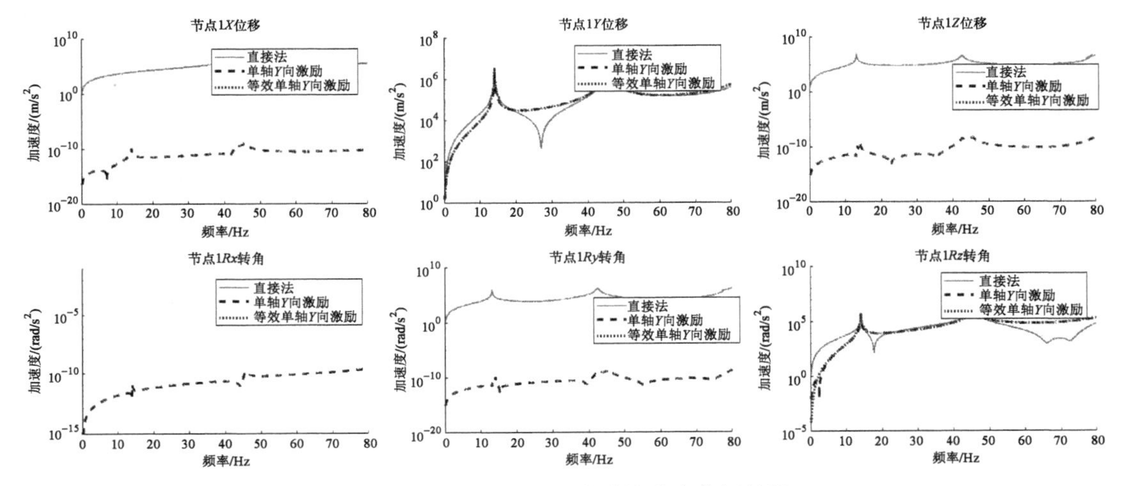

图 6　单轴等效加速度激励的响应分析结果

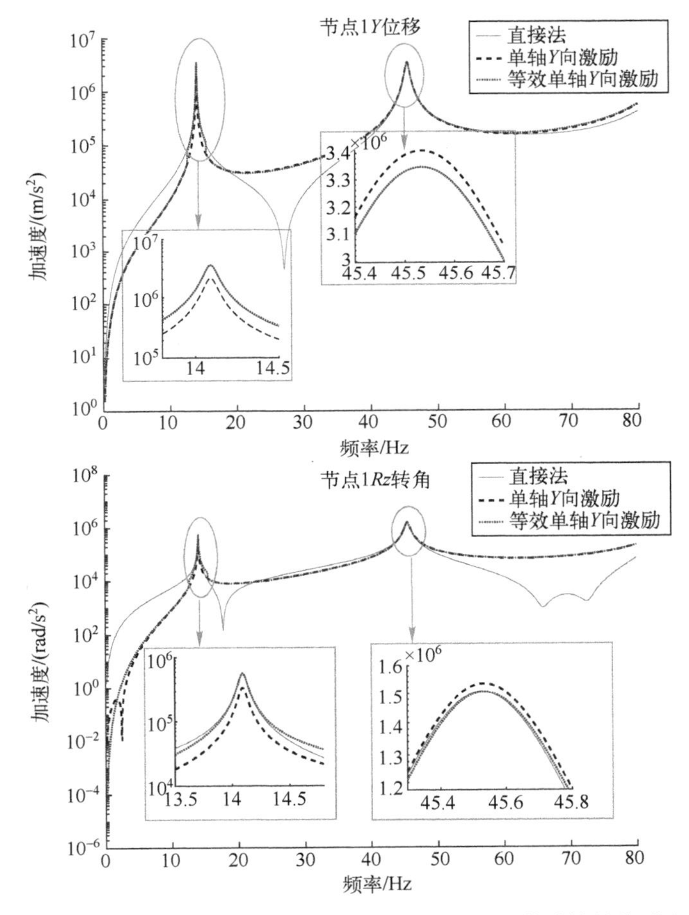

图 7　单轴等效加速度激励主振方向与六自由度激励结果的对比

4　结束语

本文针对航天器正弦振动试验难以模拟真实的发射力学环境，导致天地不一致性这一问题，提出基于星箭界面阻抗模态参与因子的单轴试验条件设计方法，能够一定程度缓建因单轴试验导致的不一致问题，主要结论如下。

（1）如果能够在试验中保证界面六自由度的激励与飞行过程中完全一致，则振动试验是可完全复现飞行过程中航天器经受的振动环境的。

（2）在本文采用的仿真算例中，对卫星进行 Y 向单轴正弦试验，在卫星主模态处会与六自由度同时激励产生大约 8dB 的差异。

（3）采用本文提出的基于界面阻抗模态参与因子的修正方法修正 Y 向单轴试验条件后，在卫星主模态处的误差与六自由度同时激励的差异减小到 0.5dB 以内，证明本文提出的方法能够有效缓解因单轴试验导致的天地不一致问题。

参考文献

[1] 邱吉宝，张正平，李海波，等．全尺寸航天器振动台多维振动试验的天地一致性研究（上）[J]．强度与环境，2015，41（1）：1-11.

[2] 邱吉宝，张正平，李海波，等．全尺寸航天器振动台多维振动试验的天地一致性研究（下）[J]．强度与环境，2015，41（2）：1-12.

[3] Zhu Siyan，Zhu LiWen. Vibraiton test condition for spacecraft lift-off environment [J]. Science China Technological Science，2012，55（7）：1954-1959.

[4] 马兴瑞，韩曾尧，邹元杰．等．航天器力学环境分析与条件设计研究进展 [J]．宇航学报，2012，33（1）：1-12.

[5] Aykan M，Ceilik M. Vibration fatigue analysis and multi-axial effect in testing of aerospace structures [J]. MechSyst Signal Proc，2009，23（3）：897-907.

[6] Smith S D，Jurcsisn J G，Walker A Y，et al. Transmission characteristics of suspension seats in multi-axis vibration environment [R]. ADA514705，2008.

[7] Smith S D，Jurcsisn J G，Walker A Y，et al. Dynamic characteristits and human perception of vibration aboard a military propllet aircraft [R]. ADA474700，2007.

可重复使用航天器力学试验方法及试验条件设计综述

王俊峰[1]，韩增尧[2]，张玉梅[3]
（1. 北京卫星环境工程研究所，北京，100094；
2. 中国空间技术研究院，北京，100094；
3. 航天东方红卫星有限公司，北京，100094）

摘要：针对可重复使用航天器的力学环境试验方法及试验条件设计，本文系统调研了当前最具代表性的两个国外可重复使用航天器力学试验方法及其设计方法，包括航天飞机耐久性试验、损伤容限试验、无损检测方法和MIL-STD-1530D《飞机结构完整性计划（ASIP）》与GJB 67.6A—2008《军用飞机结构强度规范第6部分：重复载荷、耐久性和损伤容限》的对比分析，以及“猎鹰”9火箭基于Miner准则设计的部组件随机振动试验量级与试验时间及其与NASA-HDBK-7005、MIL-STD-1540E的对比分析，并给出了对我国发展可重复使用航天器、开展力学试验方法研究及其条件设计方法研究的建议。

关键词：可重复使用航天器；力学环境；地面验证；试验条件；设计方法

1 引言

目前，大多数返回式航天器均采用一次性发射入轨执行任务直至寿命末期有控再入的工作方式，但成本较高。随着航天技术的进步，特别是国内外新一代可重复使用航天器发展迅猛，发展可重复使用航天器技术成为降低航天任务成本的重要手段。世界各航天强国均投入大量资源研制可重复使用航天器，也积累了丰富的经验和教训。2020年SpaceX公司的“龙”飞船载人首飞和波音公司的CST-100载人飞船StarLiner首飞，成为可重复使用航天器中的领跑者。

本文首先介绍了世界各国可重复使用航天器的发展概况，然后分别调研了航天飞机的力学试验流程与环节，包括着陆后复飞前的无损检测手段；以及美国SpaceX公司基于Miner准则给出的单机随机振动试验量级与试验时间的设计方法，包括以“猎鹰”9遥测数据作为案例详细解释这一方法。最后，将可重复使用航天器力学试验条件设计方法与传统航天器对比，就主要区别和适当继承展开了详细讨论，并给出了对我国发展可重复使用航天器开展力学试验条件设计的建议[1-7]。

航天器环境工程，2020

2 可重复使用航天器简介

美国的可重复使用航天器已经发展进入第二代，在世界上处于领先地位，如图1~图4所示。特别是北京时间2019年11月11日晚，美国SpaceX公司首次使用“四手”火箭成功执行发射任务，在可重复使用火箭上再获新成就。

图1 “哥伦比亚”号航天飞机

图2 SpaceX的“龙”飞船

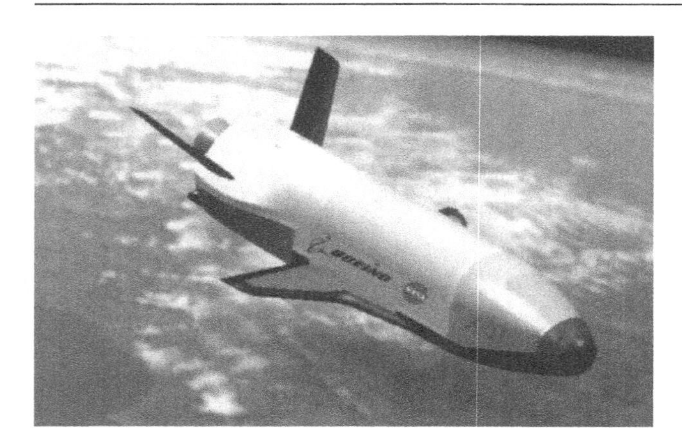

图 3 波音的 X-37B

图 4 SpaceX 的“猎鹰”9 回收

早在 20 世纪 80 年代，苏联也发展了“暴风雪”号航天飞机，如图 5 所示。

图 5 苏联“暴风雪”号航天飞机

欧洲在 21 世纪初，也开展了可重复使用航天器的研究，如图 6、图 7 所示。

图 6 英国“云霄塔”空天飞机

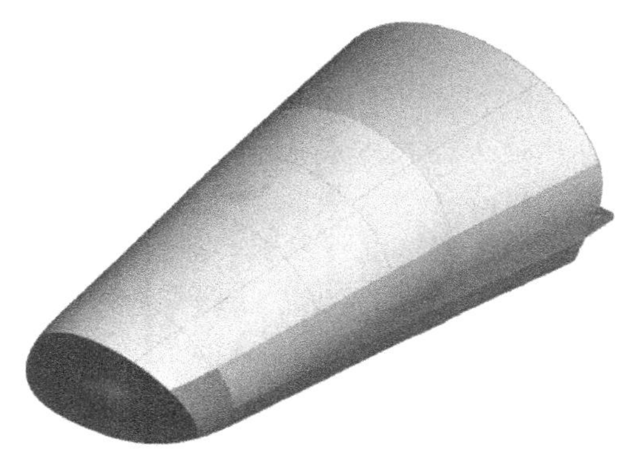

图 7 欧空局的“IXV”

从美国、俄罗斯及欧洲各国重复使用航天器的发展可以看出，可重复使用航天器是航天技术发展的一个重要领域，而且未来呈现蓬勃发展的态势[8-10]。

对于可重复使用航天器，力学环境是必须重点考虑的问题之一，包括相应的分析技术和试验技术，即通过分析航天器可能遇到的力学环境，通过环境试验对产品进行验证，确保其满足全寿命周期内环境适应性要求[11-14]。本文调研了最具代表性的两种航天器：发展较为成熟的航天飞机和最举世瞩目的“猎鹰”9，重点关注其力学试验方法与试验条件设计方法。

3 航天飞机力学试验方法、条件类型与特点分析

航天飞机是人类最早研制、积累经验教训最丰富的可重复使用航天器。首先，航天飞机与传统航天器一样，需要进行鉴定级、验收级振动试

验（量级为1.69倍关系），主要执行随机振动试验[15-18]，如图8所示。

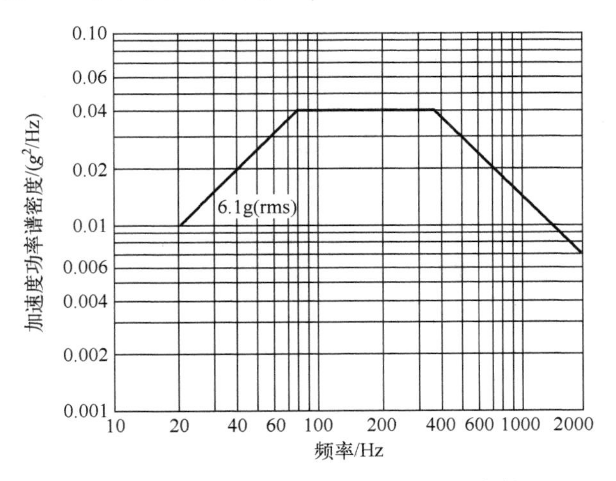

图8　航天飞机验收级随机振动试验条件

振动试验顺序如下。

（1）轨道器装配上贮箱，但不带固体助推器的试验。

（2）轨道器与装满推进剂的固体助推器和外贮箱在一起的试验。

（3）空的固体助推器与全部结构在一起的试验。

其次，为保证航天飞机能重复使用，完成预定任务，在试验验证中重点体现了耐久性试验、损伤容限试验和无损检测这三个环节[19]，如图9所示。

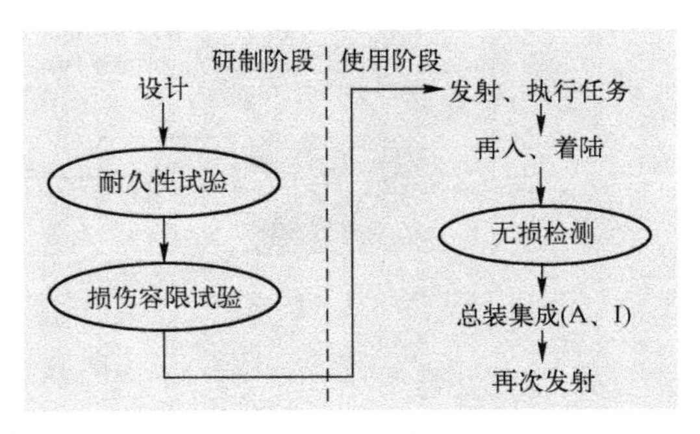

图9　航天飞机研制与使用阶段的环节

3.1　耐久性试验与损伤容限试验

在可重复使用方面，航天飞机参考了飞机的设计理念，特别借鉴了MIL-STD-1530D《飞机结构完整性计划（ASIP）》[20]。这一美军标对应于国内的GJB 67.6A—2008《军用飞机结构强度规范第6部分：重复载荷、耐久性和损伤容限》。因此，对于上述三个关键环节的前两个做进一步调研[21]，两者对比分析如图10所示。

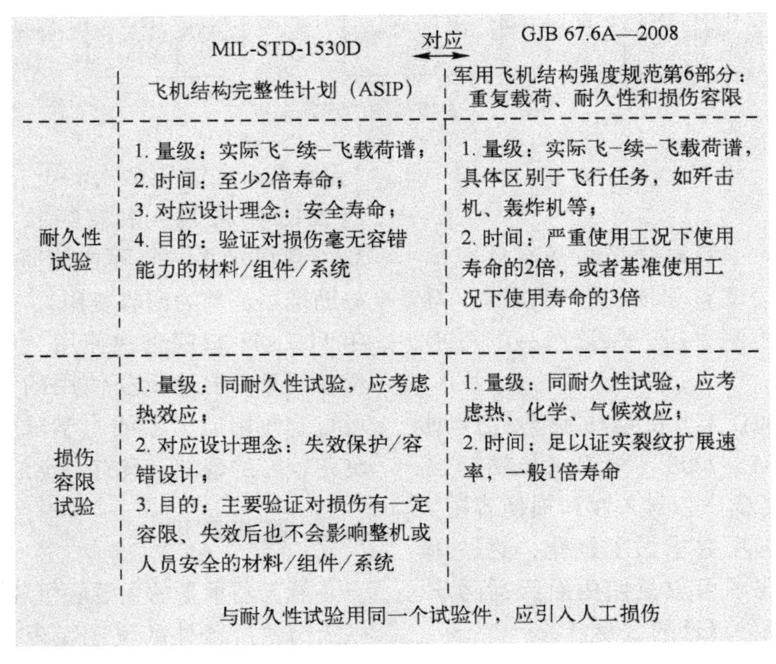

图10　美军标MIL-STD-1530D与国军标对比分析

3.2　无损检测

无损检测（NDI）是一种重要的检测方法，能保证在航天飞机/航空器着陆后、复飞前全面检查产品存在的缺陷，估算剩余强度和服役寿命，从而对部件做出是否维修/更换的决定，同时避免了再试验，节省了大量时间与人力成本。无损检测的操作时机、顺序如图11、图12所示。

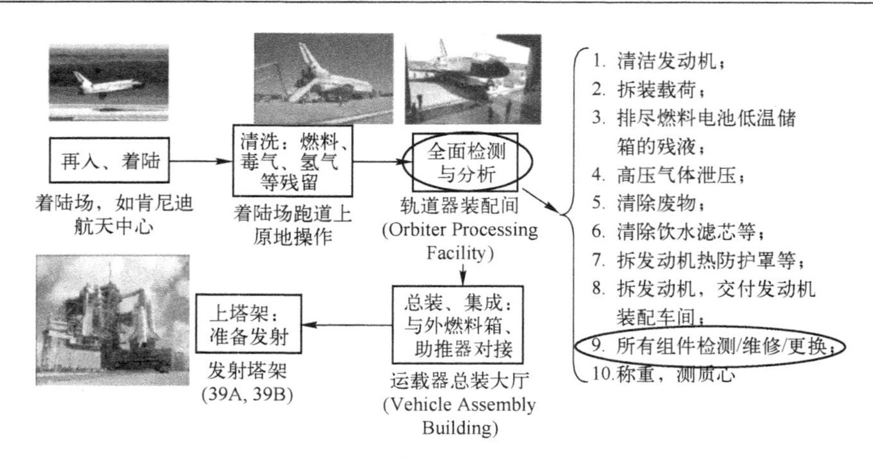

图 11　无损检测的操作时机

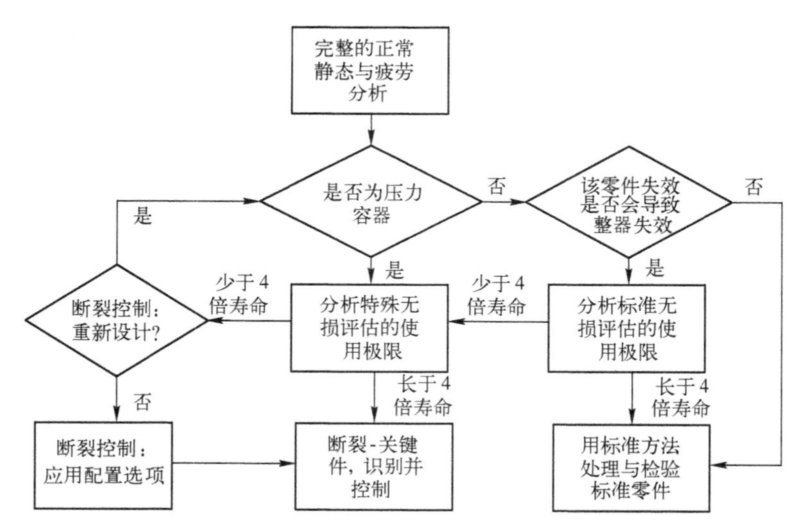

图 12　无损检测的操作顺序

3.3　小结

可见，航天飞机的主要思路是在基本环境试验基础上，增加耐久性试验和损伤容限试验，再辅以服役期间的无损检测手段，保证产品的可重复使用性能。

从 MIL-STD-1530D《飞机结构完整性计划(ASIP)》和 GJB 67.6A—2008《军用飞机结构强度规范第 6 部分：重复载荷、耐久性和损伤容限》的对比来看，后者对各项要求做了细化，更适用于我国国情，可作为我国可重复使用航天器力学试验规范制订、试验条件设计的重要参考[22-26]。

4　“猎鹰”9 火箭随机振动试验条件设计方法

美国 SpaceX 公司近年来取得的成就举世瞩目，不仅实现了“龙”飞船向国际空间中运送货物，“猎鹰”9 火箭还多次海上、陆地回收一级火箭。继 2018 年将假人和特斯拉跑车送进太空之后，2019 年已经将一颗阿拉伯通信卫星发射入轨（部分助推器部件为回收复用），甚至于北京时间 2019 年 11 月 11 日晚首次使用“四手”火箭成功执行发射任务。上述重复使用的案例表明，该公司在可重复使用航天器的力学试验条件设计方面已经具备较好的基础，具有一定的参考价值[27]。

4.1　随机环境

航天器承受的主要随机环境来自发射段，特别是火箭整流罩外的气动噪声和发动机燃烧不稳定产生的推力脉动。从传统航天器到可重复使用航天器的试验，均需开展此类考核。可重复使用主要取决于结构疲劳损伤，这与其发射过程中的振动累积作用密切相关，发射过程中的振动环境主要呈现为随机振动特征。

SpaceX 的 DiMaggio S J 基于疲劳累积损伤，给

出了颇具特色的可重复使用火箭的随机振动试验时间设计方法。

4.2 NASA-HDBK-7005 等标准随机振动试验时间设计方法及存在的问题

NASA-HDBK-7005 等标准规定了试验谱和量值、试验持续时间确定方法。例如，NASA-HDBK-7005 在 6.1 节规定了包络法、正态容差限法、经验容差限法、正太预示极限法等用于设计试验量级，也规定了逆幂律模型、疲劳损伤模型、首次穿越模型等理论用于设计试验持续时间。

NASA-HDBK-7005 动力学环境准则[13]提出了以下假设。

（1）随时间变化的载荷 RMS，用 $\sigma_x(t)$ 表示，其值为

$$\sigma_x(t)=\sigma_{\max}\sin\left[\frac{\pi t}{P/2}\right];\ 0\leqslant t\leqslant P/2 \tag{1}$$

式中：$\sigma_{\max}$ 为 RMS 最大值；$P/2$ 是正弦波半周期。

（2）载荷的谱（时变自谱的形状）在整个事件中不变。

根据上述假设，以及逆幂律和 $S-N$ 曲线公式：

$$T_F=c\sigma_x^{-b} \tag{2}$$

$$N=cS^{-b} \tag{3}$$

基于损伤等效理论，可得

$$T_E=\int_0^{P/2}[\sigma_x(t)/\sigma_{\max}]^b\mathrm{d}t=\int_0^{P/2}\sin^b\left[\frac{\pi t}{P/2}\right]\mathrm{d}t \tag{4}$$

由式（4）可总结见表 1 所列。

表 1　规定稳态环境损伤等效试验时间的声/振环境下随时间变化 RMS 的值

指数 b	相对于最大 RMS 的时变 RMS 值	
	准确值	推荐保守值
$b=4$	-1.6dB（83%）	-2dB（79%）
$b=8$	-0.83dB（91%）	-1dB（89%）

其中，百分数表示取值占最大值的比例。

美军标 MIL-STD-1540E、SMC-016 与之类似，只是取值略有不同，如图 13 所示。

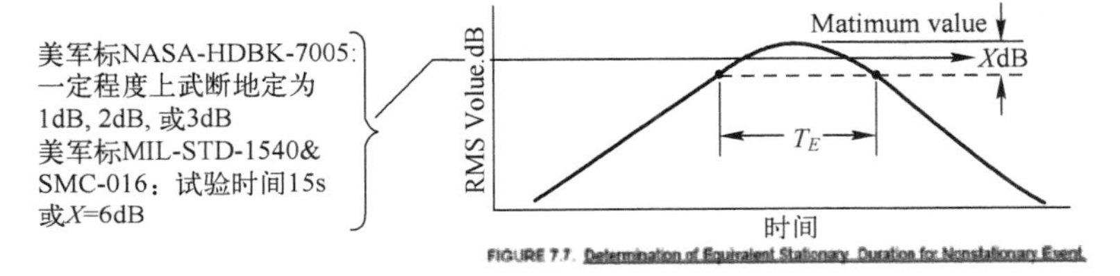

图 13　NASA-HDBK-7005 与 MIL-STD-1540E 提出的随机振动试验时间设计方法

显然，这一设计方法存在以下问题：假设（1）并不总是成立，将 RMS 简化为半正弦过于理想化；有效试验时间 T_E 的计算并不准确；对于原始信号是否取包络、取多大包络等都会影响结果；而且，对于规定 $X=1$、2、3 还是 6dB 取决于哪些条件，NASA-HDBK-7005 与 MIL-STD-1540E 并未具体研究。

而且，上述方法都是传统单次使用的航天器/运载器的试验条件设计方法，而可重复使用航天器与它们的差异主要体现在试验时间差异上，试验谱和量值保持不变。因此，上述两个美军标提出的随机试验量级与时间的设计方法，至少无法直接应用于可重复使用航天器/运载器的试验时间设计，需要开展不同试验持续时间的设计方法研究。

4.3 "猎鹰" 9 火箭随机振动试验时间设计方法

根据 Miner 准则及 $S-N$ 曲线：

$$F=\sum_i\frac{N(S_i)}{N_F(S_i)} \tag{5}$$

$$S_i^bN_F(S_i)=C \tag{6}$$

将式（6）代入式（5）：

$$F=\sum_iN(S_i)\frac{S_i^b}{C}=\frac{1}{C}\sum_iN(S_i)\cdot S_i^b \tag{7}$$

假设应力与绝对加速度为正比例函数关系，$S=\alpha A$，代入式（7），提取常数公因式，只关注常数之外的部分：

$$D=\sum_iA_i^bN(A_i)=\sum_jA_j^b \tag{8}$$

式中：A_i 为受迫振动的某个幅值；$N(A_i)$ 为在 A_i 处的循环次数。实际飞行中的损伤 D_F 和试验中的损伤 D_T 为

$$D_F=\sum_jA_j^b \tag{9}$$

$$D_T=\sum_iA_i^bN(A_i) \tag{10}$$

单自由度系统的均方响应值：

$$\sigma^2\cong\frac{\pi}{2}Gf_nQ \tag{11}$$

式中：G 为输入的功率谱密度；f_n 为系统固有频率；Q 为放大因子。

振动幅值 A 按瑞利概率分布：

$$p(A)=\frac{A}{\sigma^2}e^{-A^2/2\sigma^2} \tag{12}$$

将式（10）取极限：

$$D_T=\int A^b N(A)\,\mathrm{d}A \tag{13}$$

代入式（11）、式（12）：

$$D_T=\frac{N_0}{2\sigma^2}\int_{A_{\min}^2}^{A_{\max}^2}(A^2)^{b/2}e^{-A^2/2\sigma^2}\mathrm{d}(A^2) \tag{14}$$

不妨取 $b=4$，$A_{\max}=\infty$，$A_{\min}=0$：

$$D_T^{b=4}\cong 8f_nT_0\left(\frac{\pi}{2}G_4f_nQ\right)^2\cong 8f_nT_0\sigma^4 \tag{15}$$

令 $D_T=D_F$，最终得到

$$T_0=\frac{D_F^{b=4}}{8f_n\left(\frac{\pi}{2}Gf_nQ\right)^2} \tag{16}$$

可表达为

$$T_{\mathrm{eq}}=\frac{D_F^{b=4}}{8f_n\left(\frac{\pi}{2}G_{\mathrm{AMP}}f_nQ\right)^2} \tag{17}$$

同理可知，若 $b=8$：

$$T_{\mathrm{eq}}=\frac{D_F^{b=8}}{384f_n\left(\frac{\pi}{2}G_{\mathrm{AMP}}f_nQ\right)^4} \tag{18}$$

这样就得到针对单次飞行任务的试验时间 T_{eq}。注意其中的 D_F、G_{AMP} 均为频率的函数，这就决定了 T_{eq} 自然也是频率的函数 $T_{\mathrm{eq}}(f_n)$，因此还需要取 $T_{\mathrm{eq}}(f_n)$ 最大值作为试验时间。

若干个单次飞行任务的 T_{eq} 直接相加（或者考虑适当的加权系数，即寿命因子），即为最终的试验总时间。

图 14 以“猎鹰”9 的发射段力学环境数据为案例，分析了等效的随机振动有效试验时间，计算结果见表 2。

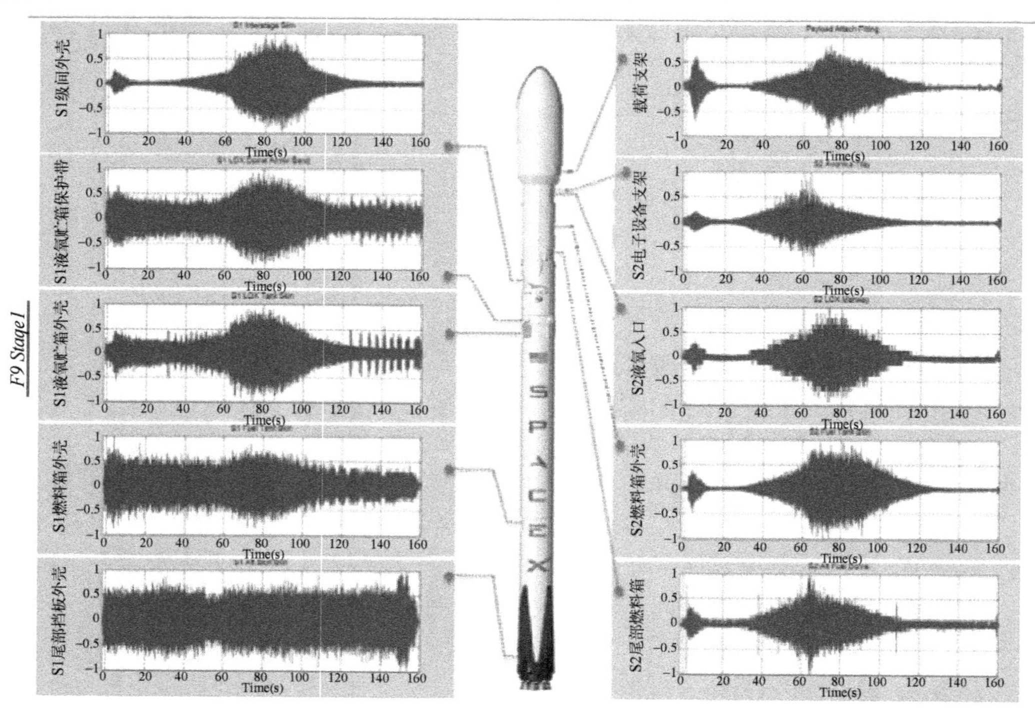

图 14 “猎鹰”9 火箭各位置受到激励

表 2 试验时间结果对比

位置	紧包络	包络	包络+1dB	-6dB	-3dB	-2dB	-1dB	SMC-016
标准出处	/	/	/	1540	7005	7005	7005	
载荷支架	37	19	12	41	23	13	5	15
S2 电子设备支架	81	21	13	29	14	9	5	15
S2 液氧入口	52	23	14	38	22	16	1	15
S2 燃料箱外壳	35	20	13	45	32	27	18	15
S2 尾部燃料箱	51	28	17	25	4	3	2	15
S1 级间外壳	66	30	15	38	28	24	15	15

（续）

位置	紧包络	包络	包络+1dB	-6dB	-3dB	-2dB	-1dB	SMC-016
标准出处	/	/	/	1540	7005	7005	7005	
S1 液氧贮箱保护带	135	136	82	78	34	28	18	15
S1 液氧贮箱外壳	39	29	17	48	33	28	20	15
S1 燃料箱外壳	67	39	23	118	53	31	9	15
S1 尾部挡板外壳	83	53	33	143	3	2	2	15

各位置的试验时间，利用这里的疲劳损伤等效和 NASA-HDBK-7005、MIL-STD-1540E（或者 SMC-016）分别计算所得结果如表 2 所列。其中 S2 和 S1 分别表示火箭第一级、第二级，未注明量值出处标准的为这里提出的设计方法。

可见大部分情况下，这里的基于疲劳损伤等效计算所得试验时间比两个美军标都要长。对比之下，NASA-HDBK-7005 的计算结果余量较大，SMC-016 更是较为武断的一律规定试验时间为 15s、量级为-6dB，必然带来更多的过/欠试验。

“猎鹰”9 火箭随机振动试验条件设计的主要思路，是基于飞行状态和地面试验疲劳累积损伤等效的计算。该公司在充分研究 NASA-HDBK-7005 和 MIL-STD-1540E（SMC-016）方法基础上提出了新的损伤评估指标，最终得出等效试验时间。

5 结束语

本文调研了国外最具代表性的两种可重复使用航天器，包括发展较为成熟的航天飞机和最新发展的“猎鹰”9 可重复使用运载火箭，重点关注其力学试验方法及其试验条件设计方法[28-30]。从国外可重复使用航天器的发展和力学试验方法及其试验条件设计方法来看，可得出以下结论。

（1）从航天飞机的研制经验来看，结合 GJB 67.6A—2008，可知航天飞机是在研制阶段、交付使用前充分试验，每次降落后复飞前则以无损检测流程（含检查、测量、维护、大修等）代替之。因此，力学试验方法研究的重点仍然集中于研制阶段的试验。

由于传统航天器基本为单次发射、一次使用，不考虑着陆回收后复飞，故力学试验条件均属于强度试验，即检验强度是否满足鉴定级、准鉴定级、验收级等试验条件，往往容易造成“过”试验，试验条件与实际飞行中的力学环境之间有相当的余量。但可重复使用航天器必须考虑复用，传统的试验条件与试验方法必然无法适应。而飞机作为人类已经发展成熟的航空器，如何保证其重复使用性能的方法具有一定的参考意义。特别是航天飞机技术文件中明确提到的耐久性试验、损伤容限试验和无损检测这 3 个关键环节，具有很好的参考价值。因此，可重复使用航天器可充分借鉴飞机的设计理念与使用方法，如引进损伤、寿命、失效保护等概念，保证其重复使用性能[31]。

实际上，上述的 GJB 67.6A—2008《军用飞机结构强度规范第 6 部分：重复载荷、耐久性和损伤容限》做了一定程度的细化，甚至详细规定了裂纹或者孔的临界尺寸，具有很强的指导意义。

工程上，航天器上的大部分单机结构设计往往余量充裕，能通过重复多次试验的考核；整星/船的结构设计余量往往根据不同工况、不同区域而异。因此，需要在仿真和试验中找出可重复使用航天器的危险区、关键区，评估损伤与寿命。

（2）可重复使用航天器的力学环境试验条件设计需要新方法，但经历的力学环境种类没有本质变化，意味着试验类型可能允许继续沿用，甚至可在现有理论和方法的基础上直接进行合理剪裁，这是较为简洁可行的途径[31-32]。例如，SpaceX 公司的 DiMaggio S J 在 NASA-HDBK-7005 和 MIL-STD-1540E（SMC-016）的基础上，根据飞行与试验损伤等效和 Miner 准则重新设计了试验时间长度，改进了随机振动环境条件。具体来说，我国对可重复使用航天器的力学环境试验条件设计的方法研究，可参考以下思路。

① 从航天器经历的力学环境种类来看，可重复使用航天器的力学环境试验条件设计重点在于正弦试验条件。在正弦、随机、噪声、冲击 4 种基本的力学环境中，可重复使用航天器最关注的其实是振动疲劳。其中，随机振动来自火箭发动机燃烧不稳定产生的推力脉动以及从星箭对接面传递给卫星的振动，后者很大一部分源于从整流罩传递过来的声振环境。即随机与噪声实际上是模拟同一个环境，部分总体单位甚至规定小于 500kg 的卫星才做随机振动试验，高于 500kg 的大卫星一律做噪声试验。鉴于其振动特点，可重复使用航天器的随机/噪声试验条件设计主要以延长试验时

间为主。因此，正弦试验条件的设计最需要新评估准则、新设计方法。

② 正弦试验条件可能面临的新准则、新方法。当前在研型号中的正弦试验条件，是没有考虑可重复使用特性的传统设计方法，由星载设备实测瞬态载荷与星箭耦合分析（CLA）载荷分别经冲击响应谱（SRS）进行时频转换后取包络获得。这实际上是一种基于首次穿越破坏的强度试验，而且由于SRS本身的保守性给试验量级带来了较大的试验余量，即“过”试验。可重复使用航天器的正弦试验条件必须在这两个方向上有所突破，具体方法是首先建立新的评估准则，能够定量描述传统设计方法的不足，然后以疲劳损伤理论代替首次穿越，以其他时频转换方法压低余量，代替SRS，从而提出新设计方法，并利用新准则定量比较与传统设计方法的优势。

此外，与大多数传统航天器相比，可重复使用航天器经历的力学环境还包括了再入、开伞、减速、着陆等返回过程中的力学环境，也需要在以往返回式卫星、载人飞船的再入工况环境试验条件基础上改进，甚至研制专门的可重复使用试验卫星搭载加速度计，对再入、开伞、减速、着陆等环境进行实测，结合发射段、在轨段的测量结果，取包络后再进行条件设计。

参考文献

[1] 马兴瑞，韩增尧，邹元杰，等．航天器力学环境分析与条件设计研究进展［J］．宇航学报，2012，1，33（1）：1-12.

[2] 马兴瑞，韩增尧．卫星与运载火箭力学环境分析方法及试验技术［M］．北京：科学出版社，2014：201-242.

[3] 杨雷，张柏楠，郭斌，等．新一代多用途载人飞船概念研究［J］．航空学报，2015，36（3）：703-713.

[4] 庞之浩．美国研制中的几种载人天地往返系统［J］．国际航空，2014，7：70-71.

[5] 周晶．天地往返可重复使用运载器技术发展研究［D］．哈尔滨：哈尔滨工业大学，2012：7-28.

[6] 李志杰，果琳丽，张柏楠，等．国外可重复使用载人飞船发展现状与关键技术研究［J］．航天器工程，2016，4，25（2）：106-111.

[7] 李志杰，果琳丽，张柏楠，等．可重复使用航天器任务应用与关键技术研究［J］．载人航天，2016，10，22（5）：575.

[8] NASA- HDBK - 7005 Dynamic Environment Criteria ［S］ NASA，2001.

[9] 师立侠，罗克，窦仁超，等．航天器运输过程中诱发的动力学环境分析［J］．航天器环境工程，2013，6，30（3）：250-255.

[10] L Goldman R. Transient load thrust excitations，SP-8030［R］. NASA，1969.

[11] S Rubin. Prevention of Coupled Structure -Propulsion Instability（POGO），SP-8055［R］. NASA，1970.

[12] 荣克林，张建华，马道远，等．CZ-2F火箭POGO问题研究［J］．载人航天，2011，16（4）：8-18.

[13] E Larsen C. NASA Experience with POGO in Human Spaceflight Vehicles，RTO-MP-AVT［R］. 2008.

[14] G Klein G H，Piersol A. The development of vibration test specifications for spacecraft application. NASA CR-2341965［R］. NASA，1965.

[15] 张玉梅，韩增尧，邹元杰．随机振动环境下航天器结构强度设计方法综述［J］．力学进展，2012，7，25，42（4）：464-471.

[16] 张玉梅，韩增尧，邹元杰．航天器随机振动和噪声试验条件设计方法［J］．航天器环境工程，2012.

[17] MIL-STD-810F Department of defense test method standard for environmental engineering considerations and laboratory tests［S］. NASA，2000.

[18] Himelblau H. Assessment of space vehicle aeroacoustic-vibration prediction，design，and testing，NASA CR-15961970［R］. NASA，1970.

[19] NASA. Structural design criteria applicable to a space shuttle，NASA SP-8057［R］. NASA，1972.

[20] MIL-STD-1530D Aircraft Structural Integrity Program（ASIP）［S］. Department of Defense，2016.

[21] GJB 67.6A—2008 军用飞机结构强度规范第6部分：重复载荷、耐久性和损伤容限［S］．北京：中国人民解放军总装备部，2008：22-27.

[22] MIL-STD-1540C Test requirements for booster，upperstage，and space vehicles［S］. NASA，1994：8-10.

[23] J Coleman J. Reliability of aircraft structures in resisting chance failure［J］. Operations Research，1959，7（5）：639-645.

[24] Trubert M Salama，M A. Generalized modal shock spectra method for spacecraft loads analysis［J］. AIAA Journal，1980，18（8）：988-994.

[25] L Christian. Mechanical shock［M］. Hoboken，NJ，US：John Wiley&Sons Ltd，2014：103-173.

[26] C Wright. Effective data validation methodology for pyrotechnic shock testing［J］. Journal of the IEST，2010，53（1）：9-30.

[27] DiMaggio S J. Fatigue equivalent duration for re-usable launch vehicle and spacecraft random vibration environments［C］. Spacecraft & Launch Vehicle Environments Workshop，2017：1-10.

[28] 杨志东，丛大成，韩俊伟，等．正弦扫频振动控制中的信号综合与信号分析［J］．振动工程学报，2008，21（3）：309-313.

[29] MIL-A-8866C Airplane strength and rigioity reliability requirements，repeated loads，fatigue and damage tolerance［S］Department of Defense，1987：12-13.

[30] Lyndon. Space shuttle specification-environmental acceptance testing，NASA SP-T-0023C［R］. NASA，2001.

[31] NASA. Preliminary criteria for the fracture control of space shuttle structures，NASA SP-8095［R］. NASA，June，1971.

[32] LEWIS W. Mo PLESSAND W. H. Space shuttle structure integrity and assessment study，NASA -CR-134454［R］. NASA，1974.

一种航天器结构的声设计方法

李友遐，袁俊刚
（中国空间技术研究院通信与导航卫星总体部，北京，100094）

摘要：本文结合航天器研制过程中出现的问题，提出了一种航天器结构的声设计方法，包括具体的设计思路及仿真分析与试验验证方法，效果良好，具有工程应用广泛推广性。

关键词：航天器结构；声设计

1 引言

航天器在发射时与运载火箭的末级相连，并置于运载火箭的整流罩内。从发射到在轨飞行，航天器会经历多种复杂的动力学环境，包括恶劣的声环境。航天器在地面研制阶段进行抗力学设计和试验验证。

一般情况下，航天器的任务确定后，器上的载荷也已确定，器外的大部件和器内的仪器设备已经确定，即航天器构型布局已经确定，开始启动航天器结构设计。对于航天器结构而言，主承力结构是卫星结构组装的核心，它与次级结构连接成卫星主结构，既能直接提供器内仪器设备和器外大部件的安装接口，又能为卫星结构提供设计、制造、装配、精度测量的基准，还能提供卫星与运载火箭连接分离的接口和试验、运输以及其他地面支持设备的接口。器内仪器设备与器外大部件一般安装于航天器次级结构上。

航天器结构设计思路一般为刚度设计强度校核，为避免航天器与运载火箭、航天器与器内外各部件以及各部件之间的动态耦合，首先对航天器的频率进行分配，之后航天器结构按照频率分配的指标进行设计。通常，按照运载火箭、航天器主结构、航天器次级结构、大质量大尺寸组件到一般组件第一阶频率由低到高的顺序进行分配。如某航天器频率分配如下：发射该航天器的运载火箭的第一阶频率$f_{\mathrm{LV}} \leqslant 8\mathrm{Hz}$；航天器一阶横向频率$f_{\mathrm{SC}}^{r} \geqslant 12\mathrm{Hz}$、一阶纵向频率$f_{\mathrm{SC}}^{L} \geqslant 35\mathrm{Hz}$；航天器次级结构1的第一阶频率$f_{\mathrm{board}}^{1} \geqslant \sqrt{2} f_{\mathrm{SC}}^{r}$，次级结构2的第一阶频率$f_{\mathrm{board}}^{2} \geqslant \sqrt{2} f_{\mathrm{SC}}^{L}$；贮箱/天线/太阳翼收拢状态等大型部件的纵向第一阶频率$f_{\mathrm{big}}^{3L} \geqslant 70\mathrm{Hz}$、横向第一阶频率$f_{\mathrm{big}}^{3r} \geqslant 30\mathrm{Hz}$或50Hz；航天器上直接与次级结构连接的一般组件第一阶频率$f_{\mathrm{elec}}^{4} \geqslant 140\mathrm{Hz}$；航天器上一般轻型支架的第一阶频率$f_{\mathrm{Bracket}}^{5} \geqslant n \cdot F_{f}$，$n$为系数，取值与支架负载第一阶频率$F_{f}$相关；航天器内大部件/带安装支架的部件/悬臂大的组件等与航天器一阶固有频率一般应相隔10Hz，各组件间的一阶固有频率一般也相隔10Hz。航天器按照以上分配的频率指标完成结构的刚度设计和强度校核，使用NASTRAN软件进行分析，刚度和强度均满足要求后，一般均能通过地面振动试验和噪声试验的考核。

近年某航天器按照以往设计方法完成了航天器设计，刚度和强度均满足要求，顺利通过地面振动试验的考核，但未通过噪声试验的考核。该航天器在噪声试验过程中，某仪器设备结构发生了断裂。该问题的出现，对以往的设计方法提出了新的挑战。

本文提出一种航天器结构的声设计方法，在航天器研制过程中开展声设计，必要时开展仿真分析和试验，在该航天器后续改进设计过程中得到了充分应用，效果良好，可进一步推广应用。

2 声设计方法

2.1 方法介绍

航天器结构设计在以往刚度设计和强度校核的基础上增加航天器结构声设计。航天器结构设计与航天器布局设计相辅相成，两者设计过程应该相互迭代。航天器布局设计时，尽量避免航天器主结构与航天器内外部件之间形成局部声腔。当无法避免形成声腔时，声腔内尽量不要布局仪器设备。当无法避免在声腔内布局仪器设备时，应该保证声腔的固有频率与声腔内仪器设备的固有频率错开，一般至少为$\sqrt{2}$倍。并且应该保证声腔内的仪器设备承载能力足够，校核声腔内仪器设备的结构强度满足要求。

当无法避免形成声腔或不确定是否已经形成声腔时，应该进行声学仿真分析，计算出声腔的频率。一般形成声腔的结构固有频率低于100Hz，而声腔内的仪器设备频率会高于形成声腔的结构频率，声腔的频率和声腔内仪器设备的频率一般不高于200Hz，属于中低频声学问题，一般采用边界元法或者有限元法计算声腔的频率。对声腔结构进行声振响应分析，分析结果用于对声腔内仪器设备的强度校核，如果仪器设备的强度不满足要求时，应进行设计改进。

地面噪声试验时，应该在声腔内布局声传感器测量声腔频率，应该在声腔内仪器设备上布局加速度传感器测量声振响应，用于验证仿真分析结果的准确性及对分析模型的进一步修正。

2.2 仿真分析

本文采用声学边界元法分析航天器结构形成的局部声腔，采用有限元—统计能量法分析局部声腔结构的声振响应。

2.2.1 分析理论

1）声学边界元法

本文介绍直接边界元法的经典理论。对于具有封闭结构表面 S 的振动结构 B 产生的结构声，其有意义的区域通常是在振动结构内部（内场问题）或外部（外场问题）的流体介质 B' 中，齐次声学波动方程可用来分析这类由结构声源产生的声波。线性化的齐次声学波动方程为

$$\nabla^2\tilde{p}(x,y,z,t)-\frac{1}{c^2}\frac{\partial^2\tilde{p}(x,y,z,t)}{\partial t^2}=0 \tag{1}$$

式中：$\tilde{p}(x,y,z,t)$为声压；c 为流体介质中的声速。设$\tilde{p}(x,y,z,t)=p(x,y,z)e^{i\omega t}$，代入式（1）后，得到 Helmholtz 微分方程：

$$\nabla^2p+k^2p=0 \tag{2}$$

式中：k 为波数，$k=\omega/c$；ω 为圆频率。

声压可以分解为两部分：

$$p=p_{\rm I}+p_{\rm S} \tag{3}$$

式中：$p_{\rm I}$ 为入射声压；$p_{\rm S}$ 为散射声压。

对振动结构外场声辐射问题，边界条件为 Neumann 边界条件，在弹性结构与流体的交界面 S 上满足

$$\frac{\partial p}{\partial n}=-{\rm i}\omega\rho v_n \tag{4}$$

式中：ρ 为流体介质的密度；v_n 为结构的法向速度。

此外，对于辐射问题总声压 p，还必须满足 Sommerfeld 辐射条件：

$$\lim_{r\to\infty}\left[r\left(\frac{\partial p}{\partial r}-{\rm i}kp\right)\right]=0 \tag{5}$$

考虑边界条件，引入格林函数：

$$G(Q,P)={\rm e}^{-ikr}/r \tag{6}$$

则可得亥姆霍兹函数积分方程：

$$C(P)p(P)=\int_S\left(p(Q)\frac{\partial G}{\partial n}(P,Q)-G(P,Q)\frac{\partial p}{\partial n}(Q)\right){\rm d}S(Q)+4\pi p_I(P) \tag{7}$$

$$\text{其中：}C(P)=\begin{cases}4\pi & P\in B'\\ 4\pi+\int_S\frac{\partial}{\partial n}\left(\frac{1}{r}\right){\rm d}S(Q) & P\in S\\ 0 & P\in B\end{cases} \tag{8}$$

式中：n 为物面 S 上指向流体域的单位法矢量，$r=|Q-P|$。

将空间曲面用四边形等参元描述。若 S 曲面划分为 M 个单元、L 个节点，则对第 m 个单元有

$$\begin{cases}x_m=\sum_{i=1}^{4}N_ix_{mi},y_m=\sum_{i=1}^{4}N_iy_{mi},z_m=\sum_{i=1}^{4}N_iz_{mi}\\ p_m=\sum_{i=1}^{4}N_ip_{mi},v_m^n=\sum_{i=1}^{4}N_iv_{mi}^n\end{cases}$$

式中：x_m、y_m、z_m、p_m、v_m^n 分别为单元 m 上的空间坐标、压力和法向振速；x_{mi}、y_{mi}、z_{mi}、p_{mi}、v_{mi}^n 分别为单元 m 上各节点的坐标、压力和法向振速。这样，式（7）可离散为

$$\sum_{m=1}^{M}\sum_{i=1}^{4}a_{mj}^ip_{mi}-\left(4\pi+\sum_{m=1}^{M}C_{mj}\right)p_j=\sum_{m=1}^{M}\sum_{i=1}^{4}b_{mj}^iv_{mi}^n-4\pi p_I \tag{9}$$

式中：$p_j=p(P)$，是第 j 节点上的压力。

$$a_{mj}^i=\int_{S_m}N_i\frac{\partial G}{\partial n}|J_m|{\rm d}\xi{\rm d}\eta,$$

$$b_{mj}^i=-{\rm i}\rho\omega\int_{S_m}N_iG|J_m|{\rm d}\xi{\rm d}\eta, \tag{10}$$

$$C_{mj}=\int_{S_m}\frac{\partial}{\partial n}\left(\frac{1}{r}\right)|J_m|{\rm d}\xi{\rm d}\eta$$

$|J_m|$是将四边形变换为 $\xi\eta$ 平面的正方形的变

换行列式。

当参考点依次取为 S 上的各个节点（$j=1,2,3,\cdots,L$）时，式（9）便形成了一组未知数是 L 个节点上的压力值的线性方程，用矩阵表示为

$$\boldsymbol{A}\boldsymbol{p}=\boldsymbol{B}\boldsymbol{v}^n+\boldsymbol{p}_1 \tag{11}$$

式中：$\boldsymbol{A}$ 为 $L\times L$ 阶方阵；$\boldsymbol{p}$ 为 L 维向量；$\boldsymbol{p}_1$ 为与入射声压相关的 L 维向量；$\boldsymbol{B}$ 为 $L\times N$ 阶矩阵；$\boldsymbol{v}^n$ 为 N 维法向速度向量。

从式（11）可以看出，对于纯声场（散射问题）计算（不计法向速度 $\boldsymbol{v}^n$ 影响），给定入射声压求解线性方程组即得到声场表面各位置的声压。再由式（7），可得到声场任意位置的声压，完成整个声场的计算。

2）有限元—统计能量法

在有限元—统计能量法中，一个复杂航天器系统分为若干子系统。根据子系统的特征尺寸与航天器系统波长的关系可将子系统分为确定性子系统和随机子系统两类。确定性子系统特征尺寸与航天器系统的波长相当，子系统刚度较大、模态稀疏，采用有限元法。随机子系统特征尺寸大于航天器系统的波长，子系统柔性较大、模态密集，采用统计能量法。

（1）确定性子系统的动力学方程。

一个确定性子系统除承受外载荷 $\boldsymbol{f}_{\text{ext}}$，还承受相邻随机子系统对其的反作用力，比如随机子系统 1 和 4 作用在确定性子系统上的受挡力 $\boldsymbol{f}_{\text{rev}}^{(1)}$ 和 $\boldsymbol{f}_{\text{rev}}^{(4)}$。建立确定性子系统的动力学方程：

$$\sum_m \boldsymbol{D}_{\text{dir}}^{(m)}\boldsymbol{q}_d=\boldsymbol{f}_{d1}+\sum_m \boldsymbol{f}_{\text{rev}}^{(m)} \tag{12}$$

式中：$\boldsymbol{f}_{d1}$ 为 $\boldsymbol{f}_{\text{ext}}$ 的一部分，连接处的动刚度阵 $\boldsymbol{D}_{\text{dir}}^{(m)}$ 表示确定性子系统通过直接场向随机子系统传递能量以及随机子系统之间的通过确定性子系统进行的间接能量传输；$\sum_m \boldsymbol{f}_{\text{rev}}^{(m)}$ 表示第一类随机子系统的通过混响场向确定性子系统传递能量。

由于确定性子系统为非保守系统，动刚度阵 $\boldsymbol{D}_d$ 为复数对称矩阵。各随机子系统线性叠加后，得

$$\boldsymbol{D}_{\text{tot}}\boldsymbol{q}_d=\boldsymbol{f}_{\text{ext}}+\sum_m \boldsymbol{f}_{\text{rev}}^{(m)} \tag{13}$$

式中：$\boldsymbol{D}_{\text{tot}}$ 为系统的总动刚度阵，是确定性子系统的动刚度阵 $\boldsymbol{D}_d$ 与混合连接处动刚度阵 $\boldsymbol{D}_{\text{dir}}^{(m)}$ 的线性叠加，即

$$\boldsymbol{D}_{\text{tot}}=\boldsymbol{D}_d+\sum_m \boldsymbol{D}_{\text{dir}}^{(m)} \tag{14}$$

按照直接场与混响场的互易关系，可以得到随机子系统在混响场中的受挡力 $\boldsymbol{f}_{\text{rev}}^{(m)}$ 与随机子系统能量的关系式：

$$\langle \boldsymbol{f}_{\text{rev}}^{(m)}\rangle=0,\ \langle \boldsymbol{f}_{\text{rev}}^{(m)}\boldsymbol{f}_{\text{rev}}^{(m),\text{H}}\rangle=\alpha_m\operatorname{Im}\{\boldsymbol{D}_{\text{dir}}^{(m)}\} \tag{15}$$

式中：α_m 为与混响场振幅相关的比例常数。

$$\alpha_m=\frac{4E_m}{\pi\omega n_m} \tag{16}$$

式中：E_m 和 n_m 分别为第 m 个随机子系统在混响场中的所具有的能量和第 m 个随机子系统的模态密度。

（2）随机子系统的功率平衡关系。

与随机子系统相关的变量，如随机子系统的能量、随机子系统间的耦合损耗因子等，需应用随机子系统的功率平衡关系得到。综合考虑各随机系统的能量平衡方程，可以得到关于能量的方程组，其中第 m 个随机子系统的能量平衡方程为

$$n_m\left(\eta_m+h_{\text{tot},m}-h_{mm}+\sum_{n\neq m}\eta_{mn}\right)\frac{E_m}{n_m}-\sum_{n\neq m}n_m h_{mn}\frac{E_n}{n_n}=P_{\text{in},0}^{(m)}+P_{\text{in},1}^{(m)} \tag{17}$$

式中：$h_{\text{tot},m}$、h_{mn} 为经过确定性子系统传递路径的能量耗散或传递系数，不与确定性子系统相连的随机子系统没有该项；而 η_m、η_{mn} 为随机子系统之间或本身能量耗散与传递系数，不与其他随机子系统相连的没有 η_{mn} 项；E_m 和 E_n 分别为随机子系统 m 和随机子系统 n 的能量；n_m 和 n_n 分别为随机子系统 m 和随机子系统 n 的模态密度；$P_{\text{in},0}^{(m)}$ 为确定性子系统通过直接场传输到随机子系统 m 上的功率；$P_{\text{in},1}^{(m)}$ 为外界直接对随机子系统 m 的输入功率。求解由 N 个如式（17）的方程构成的方程组，即可得到每个随机子系统的能量。

有了随机子系统的能量之后，代入式（16）、式（15），可以得到混响场的受挡力 $\boldsymbol{f}_{\text{rev}}^{m}$，进而由式（13）可以求解确定性子系统（有限元部分）的节点响应。

2.2.2　分析模型

本文对某航天器的某次级结构与器外天线反射器形成的局部声腔进行仿真分析，用边界元法建立声腔边界元模型（如图 1 所示），分析局部声腔的频率。用有限元—统计能量法建立声振响应分析模型（如图 2 所示），将声场的分析结果施加于声腔结构表面，进行声振响应分析。

2.2.3　试验验证

地面噪声试验时，在局部声腔内布置了声传感器，在声腔内关注的结构上粘贴了振动传感器。

声腔的声压级谱的分析结果、试验结果及两者的比对如图 3、图 4 和图 5 所示。从图中可见，分析结果与试验结果的趋势一致。试验结果表明，

局部声腔在 92Hz 处声压级峰值最大，表明确实为中低频声学问题，分析结果在 89Hz 处出现了中低频最大的声压级峰值，两者仅相差 3Hz。主要因为分析和试验的频率带宽不同，试验数据采样带宽为 4Hz，而分析带宽为 1Hz。可见，分析结果和试验结果吻合较好，分析结果较为准确。分析结果和试验结果表明，该声腔在 90Hz 附近存在明显的特征频率。

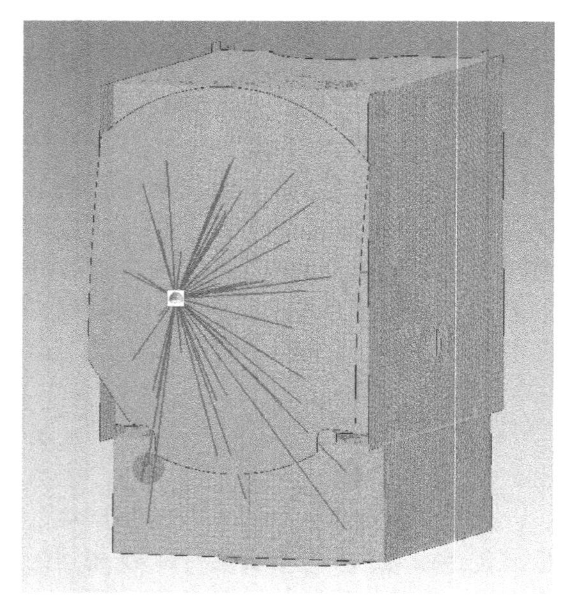

图 1　声腔边界元模型

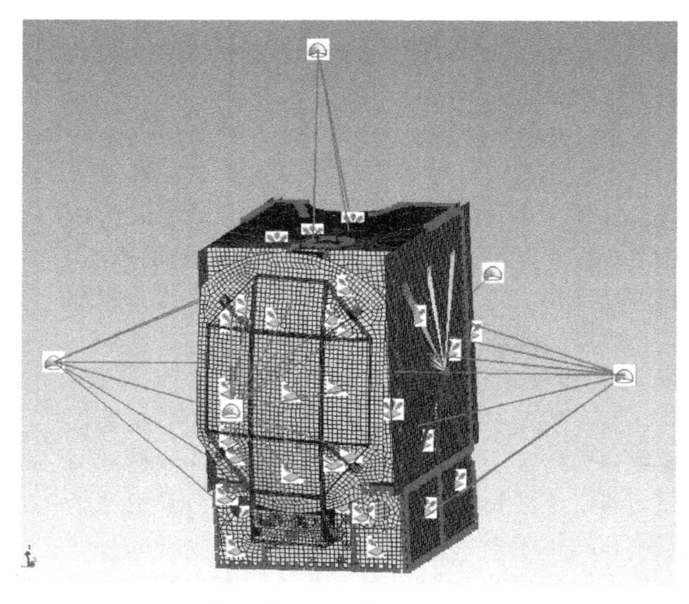

图 2　有限元—统计能量模型

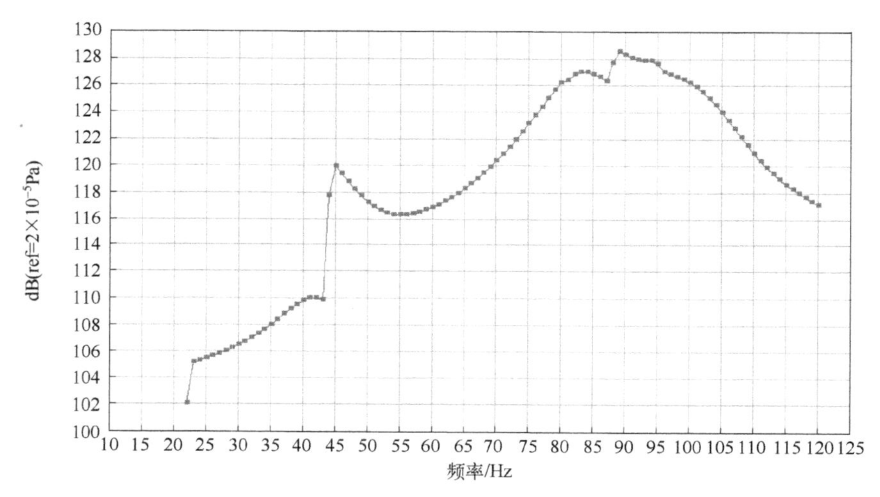

图 3　局部声腔声压级谱

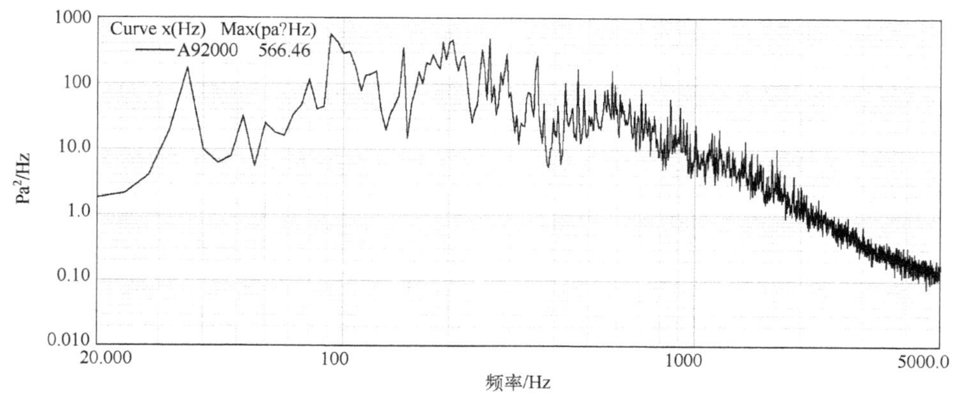

图 4　局部声腔试验声压谱曲线

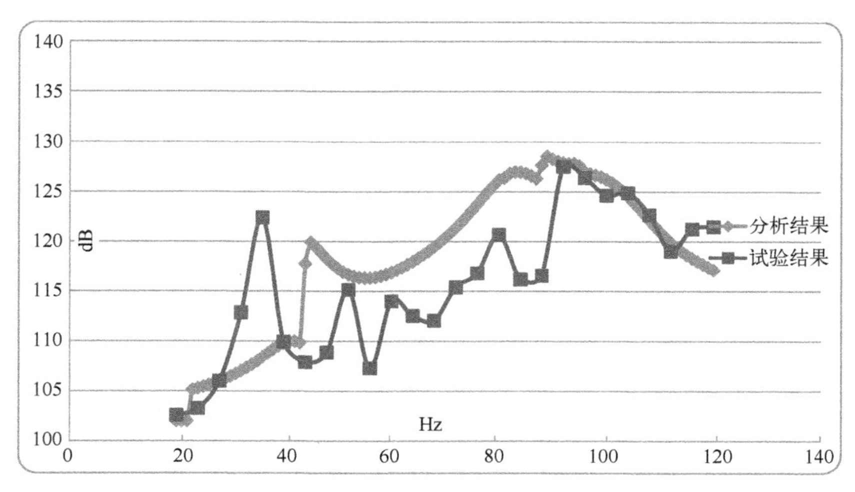

图 5　局部声腔声压级谱分析结果与试验结果图

声腔内关注的结构上 4 个位置的声振响应分析结果和试验结果的比对如图 6～图 9 所示。从图中可见，分析结果与试验结果的声振加速度响应趋势一致，4 个位置均在 90Hz 附近有明显的峰值，分析结果和试验结果的响应量级也相当，分析结果较为准确。

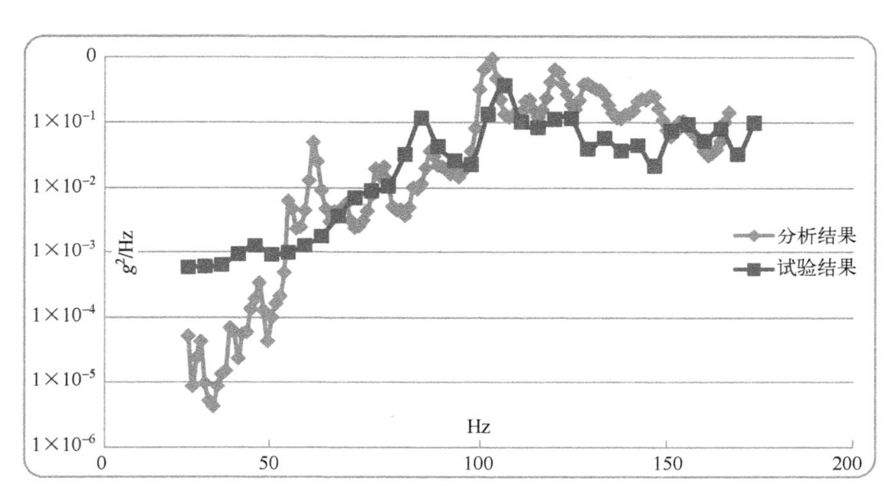

图 6　声腔内结构上位置 1 分析结果和试验结果图

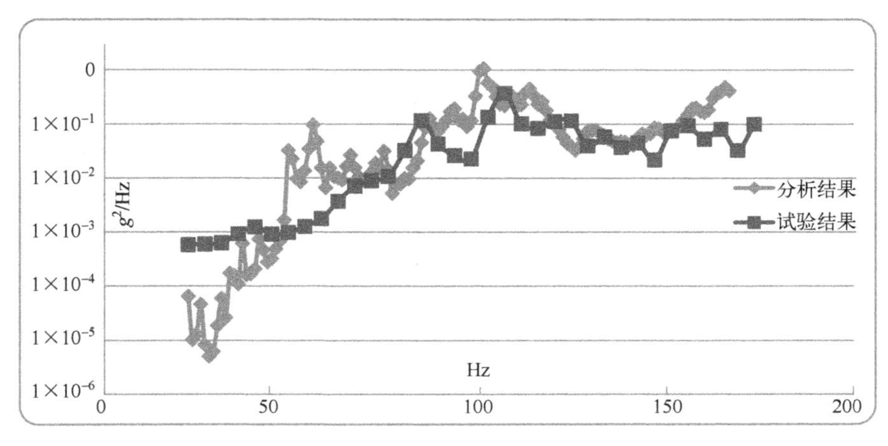

图 7　声腔内结构上位置 2 分析结果和试验结果图

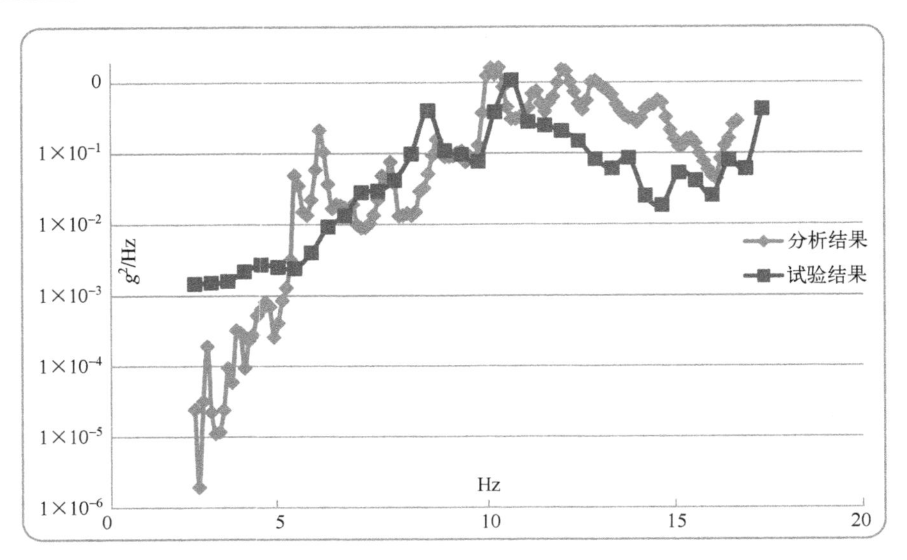

图 8　声腔内结构上位置 3 分析结果和试验结果图

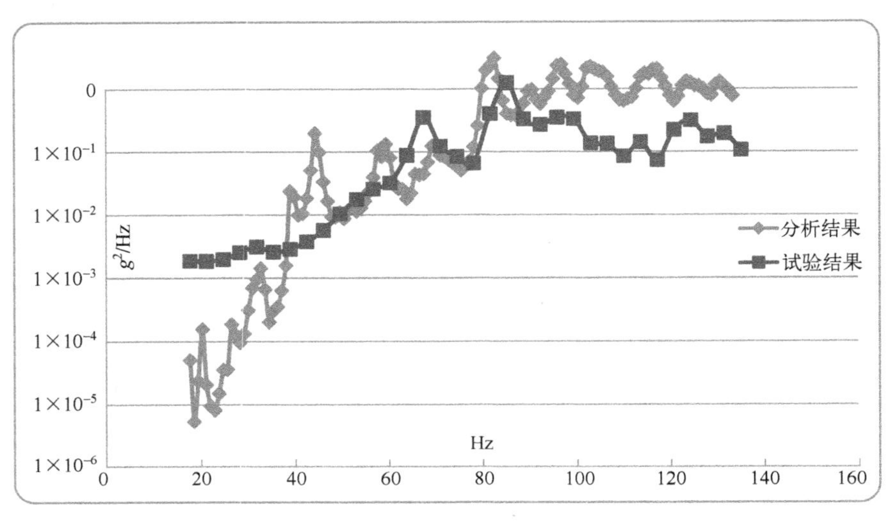

图 9　声腔内结构上位置 4 分析结果和试验结果图

2.3　设计指导

以该航天器设计为例，引入了航天器结构声设计方法，航天器结构设计与航天器布局设计无法避免地形成局部声腔结构，而且在声腔结构内布局了仪器设备，仿真分析了声腔的最大声压级谱的发生频率为 90Hz 附近，声腔内改进后的仪器设备的频率远高于 90Hz。声振响应分析表明最大加速度功率谱密度峰值虽然发生在 90Hz 附近，但经进一步对仪器设备的强度，满足设计要求，并且顺利通过了地面试验考核。

3　结束语

本文提出了一种航天器结构的声设计方法，航天器设计过程中在原有刚度设计和强度校核的基础上引入声设计方法。本方法主张航天器结构设计与航天器布局设计相互迭代，尽量避免形成局部声腔，当无法避免地形成了局部声腔时，尽量避免在声腔内布局仪器设备。当无法避免地在声腔内布局了仪器设备，应该保证声腔内的仪器设备的频率与声腔的频率不发生动态耦合，并且应该开展声学分析和声振响应分析，分析结果用于校核声腔内仪器设备的强度，保证声腔内仪器设备的结构强度满足要求。本方法主张的分析结果与试验结果吻合良好，验证了本文提出的声设计方法，具有工程应用广泛推广价值。

参考文献

[1] 马兴瑞，韩增尧．航天器力学环境分析与条件设计研究进展[J]．宇航学报，2012，33（1）：1-12.

[2] Shorter P J, Gardner B K, Bermner P G. A hybrid method for full spectrum noise and vibration predication [J]. Journal of Computational Acoustics, 2003, 11 (2): 323-338.

[3] 杨松，李声远，王晓耕．卫星动力学环境模拟试验技术展望 [J]. 航天器环境工程，2002，19 (2)：19-23.

[4] 晏廷飞，方贵前，刘沫．结构星噪声与振动组合环境激励试验及效应研究 [J]．噪声与振动控制，2017，37 (6)：131-162.

[5] 方宝东，陈昌亚，杜江华．卫星用大型中心承力筒轻量化设计与分析 [r]．结构及多学科优化工程应用与理论研讨会，2009.

[6] 韩增尧，邹元杰，刘绍奎，等．航天器声振力学环境预示与验证 [J]. 宇航学报，2016，37 (9)：1142-1149.

[7] 张瑾，马兴瑞，韩增尧，等．中频力学环境预示的 FE-SEA 混合方法研究 [J]. 振动工程学报，2012，25 (2)：206-214.

[8] 马兴瑞，韩增尧．卫星与运载火箭力学环境分析方法及试验技术 [M]. 北京：科学出版社，2014.

[9] NORTON M P, KARCZUB D G, Fundamentals of noiseand vibration analysis for engineers [M]. Second Edition: Cambridge University Press, 2003.

[10] 李春丽．随机振动试验与噪声试验有效性分析 [J]. 航天器环境工程，2007，24 (3)：187-189.

[11] 王珺，张景绘．复合环境激励下的声振耦合分析 [J]. 振动与冲击，2011，30 (2)：15-18.

[12] NASA Technical Standard. Payload vibro - acoustic testcriteria [S]. NASA-STD-7001, 1996.

[13] SALZBERG AARON, HAUGHTON JAMES. Combinedhigh level acoustic and mechanical vibrationtesting andanalysis [C]. 8th International Modal Analysis Conference, 1990: 933-939.

[14] 中华人民共和国国家国防科技工业局．QJ-1579A 航天器系统级振动试验方法 [S]. 北京：国防科学技术委员会标准发行部，2005.

[15] 邓卫华，俞伟学．小卫星随机振动试验和噪声试验对比研究 [J]. 航天器工程，2009，18 (1)：79-82.

航天器冲击试验条件的包络方法研究

张　程，林勇文，李正举，谢伟华

（中国空间技术研究院通信与导航卫星总体部，北京，100094）

摘要：为对航天器火工冲击响应进行数据统计分析，以太阳翼解锁为例，对已有试验实测数据进行统计包络，以此为基础给出了相应测量区域的组件冲击试验条件。统计与冲击源不同距离的数据峰值，衰减规律与外文数据规律一致。本文提供了一种对航天器冲击试验数据的分析和组件冲击条件制定方法，为后续相关型号研制和条件制定提供借鉴。

关键词：火工冲击；DFH-4E 平台；冲击谱；试验条件

1　引言

随着空间探索技术飞速发展，卫星扮演了复杂的角色，需要拥有不同的功能，并且能顺利完成多种航天任务，卫星的空间战略地位在每个以航天技术为重点发展的国家中逐步提高。卫星在发射展开过程中经历复杂的力学环境，其中一种不可忽视的就是火工冲击。火工冲击响应具有瞬态、高频和高量级的特点，表现为加速度幅值可高达 $10^4g \sim 10^5g$，作用持续时间为几毫秒（响应幅值衰减至峰值的 10%以内），主要的频率范围在 $10^2 \sim 10^6$Hz，可能对石英晶体、陶瓷材料等精密部件产生影响，甚至导致整个航天任务的失败[1-2]。卫星所经历的冲击环境主要包括星箭分离和太阳翼及其他伸展部件的展开等[3]。

相对于静力学模拟、正弦振动预示等仿真计算，对航天器冲击环境的预测方法尚未完全成熟。对冲击问题的动力学仿真一直是航天器工程研究中的难题，尤其是其高频特性难以准确预示。国内外多年对航天器冲击环境的研究逐步积累了实测冲击试验数据，对现有的冲击试验数据进行分析，对具有相似性的结构和系统，分析其结构、设计、构型上的相似性，通过已经测试过的航天器的试验数据外推得到待研究航天器的响应特征，提炼总结其中的响应规律对弥补预示计算准确性的不足，在航天器型号研制过程中不可或缺。

DFH-4E 卫星平台是我国新一代大容量通信卫星平台，本文对 DFH-4E 卫星太阳翼解锁试验和如何根据试验数据进行组件冲击条件制定进行阐述。

2　试验设计

DFH-4E 卫星通常在力学试验后进行太阳翼电爆展开试验。太阳翼有 8 个压紧点，进行 5 次解锁，按照解锁顺序依次为①#1 和#7 解锁、②#3 和#5 解锁、③#4 解锁、④#2 和#6 解锁、⑤#8 解锁，5 次解锁均为遥控起爆。为研究位于起爆点不同距离的冲击响应，在距离起爆点 500mm、300mm、150mm 处粘贴冲击加速度传感器，对响应进行测量，每次解锁均可获得 X、Y、Z 三个方向的响应。如图 1 所示，为南太阳翼压紧点布局和传感器布局示意图，传感器可围绕不同压紧点进行布局，在图中不尽列出。传感器均为三向冲击传感器，型号为 PCB-356B10，量程为 5000g。将试验中测量

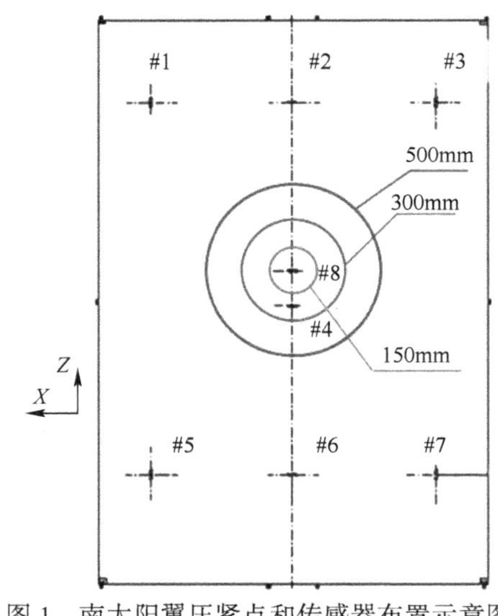

图 1　南太阳翼压紧点和传感器布置示意图

得到的时域加速度响应结果以放大因子 $Q=10$ 处理为 10~10000Hz 范围的冲击响应谱（分析中采用 1/12 倍频程方式进行）[4]。

3　包络方法

3.1　单边正态容差上限法

采用正态容差上限法（normal tolerance limit，NTL）对冲击响应谱数据进行统计包络。正态容差上限法是一种数据统计方法，在每个频率点计算对应的响应容差上限。此法已在美国航空航天领域已成功应用 40 余年，不仅可以用于分析冲击试验数据，还可以用于分析随机振动和噪声试验数据[5]。

假定样本数据服从正态分布，其单边正态容差限 L_y（即冲击谱包络条件），由式（1）计算得到。$k_{n,\beta,\gamma}$是单边容差因子，是预期百分比和置信度的函数。通常对于航天器产品，力学环境试验技术要求，鉴定试验用的极限预示环境值是指用 90%置信度估计在至少 99%的飞行次数中不会被超过的量值（P99/90），此时 $k_{n,\beta,\gamma}=12.33$（样本数 $n>50$）。验收试验用的最高预示环境值是指用 50%置信度估计在至少 95%的飞行次数中不会被超过的量值 P95/50），此时 $k_{n,\beta,\gamma}=1.64$（样本数 $n>50$）。统计分析中的不确定度来自于用于分析的样本数据的平均值和标准差，不能代表所有数据的平均值和标准差。当 n 趋于无穷时，对应标准高斯分布；当 n 很小时，置信度的提升会导致结果估计非常保守。NASA 和 U.S. AFSSD 通常按照 P95/50 的最高预示环境对冲击响应谱进行包络，在统计结果的基础上+3dB 作为准鉴定级条件。具体计算过程如下：

$$L_y=\bar{y}+k_{n,\beta,\gamma}s_y \tag{1}$$

式中：$\bar{y}$ 和 s_y 分别为 n 个样本值 y_i 的均值和标准差。

$$\bar{y}=\frac{1}{n}\sum_{i=1}^{n}y_i \quad s_y=\sqrt{\frac{1}{n-1}\sum_{i=1}^{n}(y_i-\bar{y})^2} \tag{2}$$

$k_{n,\beta,\gamma}$的选取如表 1 所列。

表 1　正态容差因子 $k_{n,\beta,\gamma}$ 的选取

n	$\gamma=0.5$			$\gamma=0.75$			$\gamma=0.9$		
	$\beta=0.9$	$\beta=0.95$	$\beta=0.99$	$\beta=0.9$	$\beta=0.95$	$\beta=0.99$	$\beta=0.9$	$\beta=0.95$	$\beta=0.99$
3	1.5	1.94	2.76	2.5	3.15	4.4	4.26	5.31	7.34
4	1.42	1.83	2.6	2.13	2.68	3.73	3.19	3.96	5.44
5	1.38	1.78	2.53	1.96	2.46	3.42	2.74	3.4	4.67
6	1.36	1.75	2.48	1.86	2.34	3.24	2.49	3.09	4.24
7	1.35	1.73	2.46	1.79	2.25	3.13	2.33	2.89	3.97
8	1.34	1.72	2.44	1.74	2.19	3.04	2.22	2.76	3.78
9	1.33	1.71	2.42	1.7	2.14	2.98	2.13	2.65	3.64
10	1.32	1.7	2.41	1.67	2.1	2.93	2.06	2.57	3.53
12	1.32	1.69	2.4	1.62	2.05	2.85	1.97	2.45	3.37
14	1.31	1.68	2.39	1.59	2.01	2.8	1.9	2.36	3.26
16	1.31	1.68	2.38	1.57	1.98	2.76	1.84	2.3	3.17
17	1.31	1.68	2.37	1.55	1.96	2.74	1.82	2.27	3.14
18	1.3	1.67	2.37	1.54	1.95	2.72	1.8	2.25	3.11
20	1.3	1.67	2.37	1.53	1.93	2.7	1.76	2.21	3.05
25	1.3	1.67	2.36	1.5	1.9	2.65	1.7	2.13	2.95
30	1.29	1.66	2.35	1.48	1.87	2.61	1.66	2.08	2.88
35	1.29	1.66	2.35	1.46	1.85	2.59	1.62	2.04	2.83
40	1.29	1.66	2.35	1.44	1.83	2.57	1.6	2.01	2.79
50	1.29	1.65	2.34	1.43	1.81	2.54	1.56	1.96	2.74
	1.28	1.64	2.33	1.28	1.64	2.33	1.28	1.64	2.33

根据经验，冲击试验数据通常不是正态分布的而是对数正态分布的，因此采用更正后的正态容差上估计：

$$\begin{cases} z = \lg y \\ L_y = 10^{L_z} \end{cases} \tag{3}$$

3.2 平直谱条件包络

在单边正态容差上限法得到的包络曲线的基础上进行平直谱包络，得到平直谱冲击条件。具体思路为：首先进行卫星区域划分，画出区域内测点的冲击响应谱，本文中为采用3.1节NTL方法得到的SRS曲线；计算平直谱的拐点频率（Hz），峰值（g），斜率（dB/oct），计算方法是首先计算得到曲线所有加速度极大值和对应的频点，并计算得到此数据集合的标准差，曲线响应最大值减去标准差后的加速度值所对应频点fbi将所有数据点划分为两个区域，频率小于fbi对应的数据用于计算斜率，频率大于fbi的数据用于计算峰值；对所有频率小于fbi对应的数据点在对数坐标下进行最小二乘拟合，从而计算得到斜率；对所有频率大于fbi对应的数据点取最大值得到峰值；平移斜率段直到包络所有数据点，确定平直谱的拐点频率。

4 结果与分析

4.1 试验条件包络

如图2～图4所示，为距离太阳翼压紧点500mm、300mm、150mm测点的冲击响应谱曲线，根据第3节的方法，得到NTL包络曲线（图中深色粗实线（曲线））和基于NTL结果的平直谱包络曲线（图中浅色粗实线（平直线））。在数据样本量比较小的情况下，此种方法得到条件包络趋于保守，有效避免对单机考核不充分的情况。

4.2 衰减规律分析

将与冲击源不同距离的NTL包络结果进行比较，如图5所示。在不同的距离进行响应测量和数据统计包络，结果显示冲击加速度响应整体随频率增加而升高。在某一频点达到峰值，而后有所下降。距离冲击源最远距离500mm的测点数据结果包络得到的整体响应最小，峰值最低；距离冲击源距离较近的150mm测点得到的包络结果整体

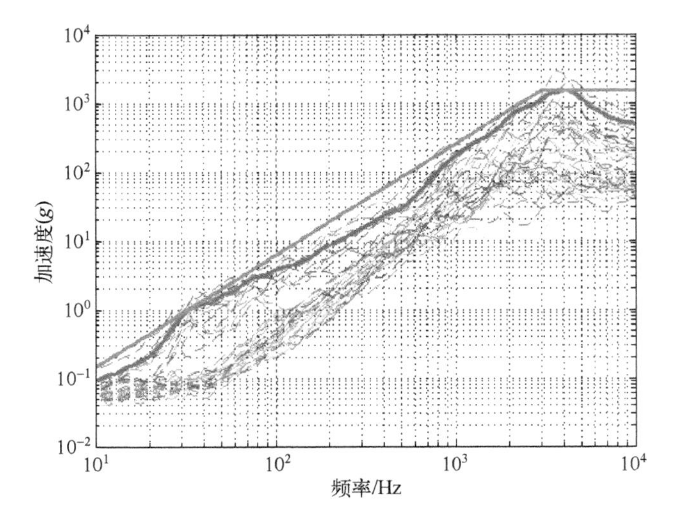

图2 距离冲击源500mm测点的SRS和NTL、平直谱包络结果

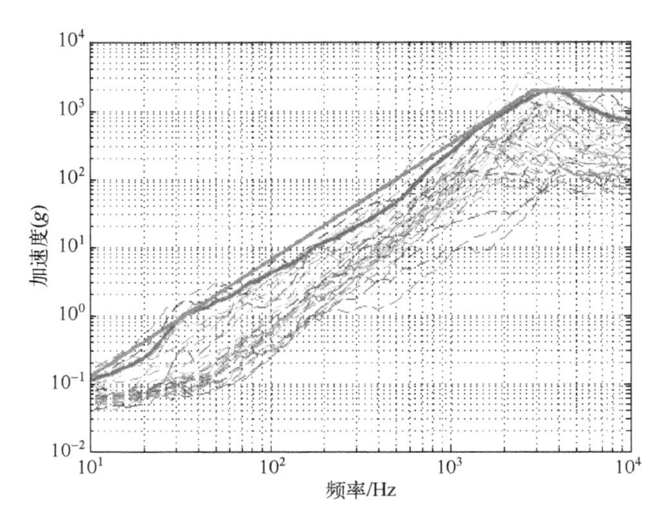

图3 距离冲击源300mm测点的SRS和NTL、平直谱包络结果

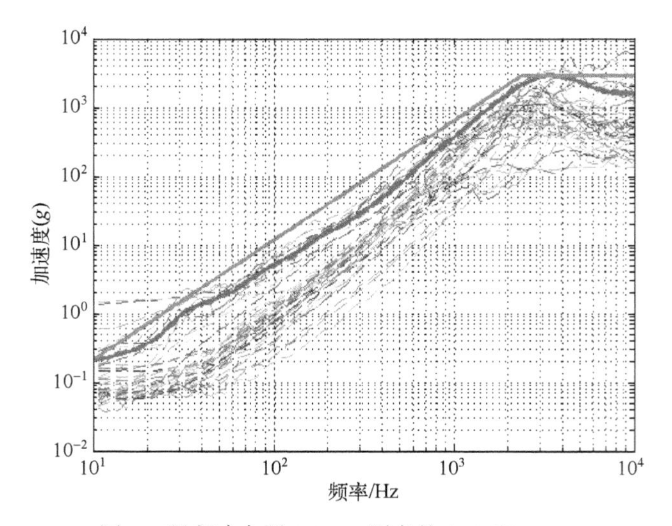

图4 距离冲击源150mm测点的SRS和NTL、平直谱包络结果

响应最大，峰值最高。观察不同距离的曲线加速度值，在不同频段，随距冲击源距离增大加速度响应均有所衰减。高频随着距离衰减快，低频没有明显的衰减。

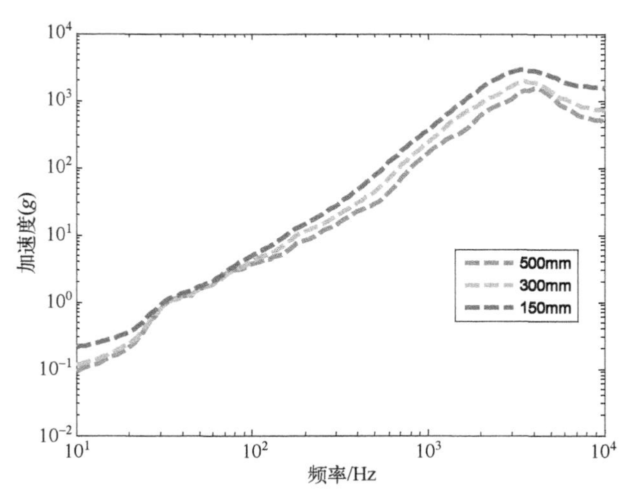

图 5　与冲击源不同距离的 NTL 包络结果

将 NTL 方法进一步进行计算，得到的曲线包络为平直谱条件，图 6 所示为太阳翼上距离冲击源不同区域所对应的平直谱条件。总结图 6 中太阳翼不同区域根据试验实测数据所包络出的平直谱条件，如表 2 所列。本文的方法给出了太阳翼压紧点解锁冲击时与冲击源不同距离的平直谱冲击条件，并为卫星舱板上的单机布局及单机自身的冲击试验条件选取提供有效参考。

表 2　与冲击源不同距离所对应的平直谱条件

与冲击源的距离	中场（300mm≤R<500mm）	近场（150mm≤R<300mm）	
	500mm	300mm	150mm
拐点频率/Hz	2986	2818	2371
斜率/(dB/oct)	4.2	4.4	4.5
峰值/g	1519	1922	2974
注：R 表示距冲击源的距离（mm）半径			

计算太阳翼板上测点在 3 个方向的响应峰值随距离变化的衰减百分比，如表 3 所列。冲击响应谱的峰值衰减率与传递距离之间呈现一定的典型关系，根据 ESTEC 的数据经验公式[5]，冲击响应谱峰值随距冲击源距离的衰减比例满足式（4）。以距冲击源的距离 150mm 的测量点响应峰值为基准，统计随冲击源距离的衰减比例，如图 7 所示，根据本文的平直谱条件包络方法得到的太阳翼不同位

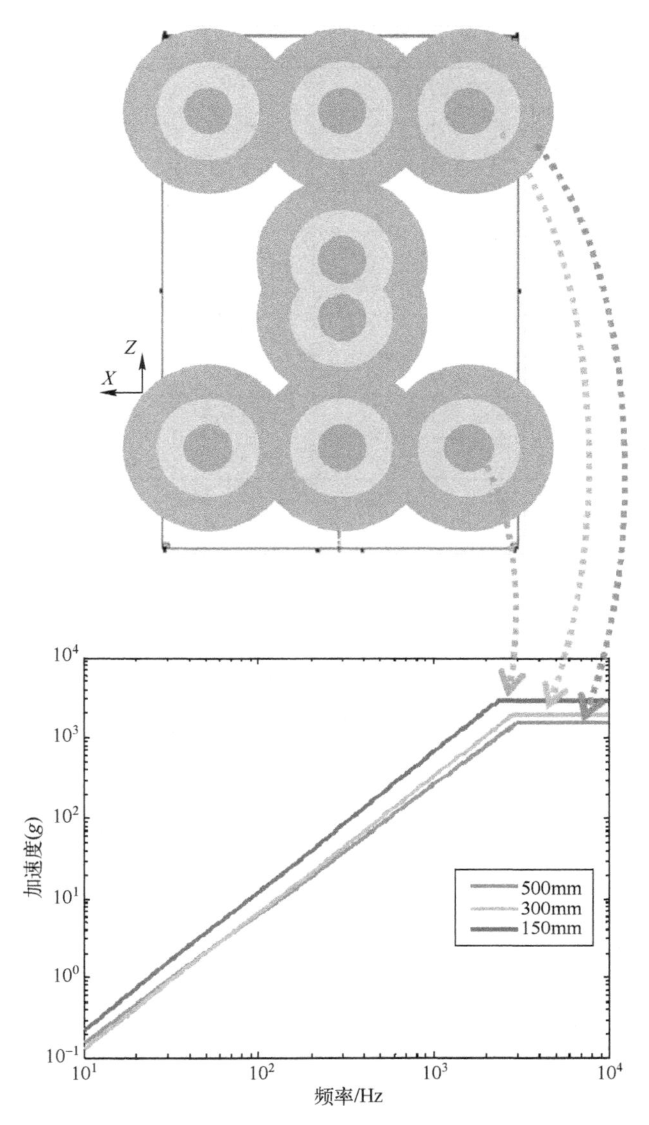

图 6　不同区域的平直谱条件确定

置的冲击条件，其峰值衰减基本与 ESTEC 的数据经验公式吻合。

$$y=4.3x^4-32.5x^3+96.9x^2-146.7x+119.9 \quad (4)$$

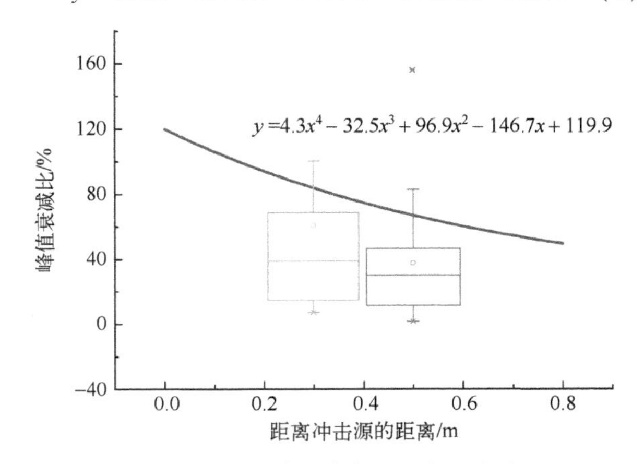

图 7　测量峰值随冲击源距离的衰减

表 3 测量峰值随冲击源距离的衰减比例

方向	距冲击源的距离/mm	相对冲击源的百分比/%						
X	500	5.97%	101.42%	44.41%	30.64%	13.62%	46.55%	127.77%
	300	19.74%	210.94%	78.60%	27.77%	9.53%	120.89%	103.36%
	150	100.00%	100.00%	100.00%	100.00%	100.00%	100.00%	100.00%
Y	500	10.70%	39.04%	18.28%	41.57%	6.17%	54.99%	82.84%
	300	38.46%	66.66%	36.90%	99.97%	6.71%	45.96%	91.09%
	150	100.00%	100.00%	100.00%	100.00%	100.00%	100.00%	100.00%
Z	500	6.06%	9.18%	11.17%	155.96%	15.49%	44.63%	42.75%
	300	14.15%	68.27%	39.87%	48.73%	9.93%	154.35%	194.44%
	150	100.00%	100.00%	100.00%	100.00%	100.00%	100.00%	100.00%

5 结束语

本文对 DFH-4E 卫星太阳翼解锁冲击响应数据进行分析，根据冲击振动传感器测点与冲击源的距离对测点进行了归类，并对数据进行统计和计算，得到如下结论。

（1）本文按照与冲击源距离远近的不同，使用正态容差上限法进行数据分析统计，可以得到基于容差因子包络的冲击响应谱曲线；进一步给出区域内平直谱冲击条件，为单机和组件冲击条件的制定提供了一种试验数据分析统计的可行方法。

（2）冲击加速度响应整体随频率增加而升高。在某一频点达到峰值，而后有所下降。冲击相应随距离衰减，高频随着距离衰减快，低频随距离衰减慢。响应峰值随距离变化的衰减百分比基本满足 ESTEC 的数据经验公式。

（3）冲击环境复杂，具有很高的不确定性，此种基于试验数据的统计方法可以有效弥补有限元法等在响应预示方面的局限性。在进行仿真计算的同时，可以使用本文中的方法对相应的试验数据进行分析，与计算结果比对，可以有效修正得到更加可靠的预示模型。

参考文献

[1] 丁继锋，赵欣，韩增尧，等．航天器火工冲击技术研究进展[J]．宇航学报 2014，35（12）：1339-1349.

[2] 向树红．航天器力学环境实验技术［M］．北京：中国科学技术出版社，2008.

[3] 赵欣，丁继锋，韩增尧，等．航天器火工冲击模拟试验及响应预示方法研究综述［J］．爆炸与冲击，2016，36（2）：259-268.

[4] 柯受全．卫星环境工程和模拟试验［M］．北京：宇航出版社，1996.

[5] Mechanical shock design and verification handbook：ECSS-E-HB-32-25A［S］. The Netherlands，2015.

小卫星有效载荷随机振动试验条件设计与验证

东巳宙，白照广，常　静

（航天东方红卫星有限公司，北京，100094）

摘要： 航天器有效载荷随机振动试验条件是产品设计的重要依据，直接影响有效载荷的设计水平。本文首先对某型号小卫星有效载荷随机振动试验条件的制定方法进行了研究；其次，针对产品在研制过程中遇到的问题，对随机振动试验条件进行了修正；最后，通过卫星环境试验表明：有效载荷试验条件设计正确，能够满足环境适应性的要求。

关键词： 有效载荷；随机振动；环境条件

1　引言

航天器有效载荷环境试验条件是产品设计的重要依据，直接决定了有效载荷构型布局、结构设计、使用材料、热控等，对有效载荷的发展起到了至关重要的作用。随着航天事业的飞速发展，对航天器有效载荷环境试验进行深入研究，制定准确、合理的环境条件具有十分重要的意义。

目前，国内对于有效载荷随机振动试验条件制定的研究分析不多，NASA 对卫星组件随机试验条件制定过程[1]进行了叙述：①确定星箭安装面功率谱密度函数；②通过动力学分析预测传递到卫星各个部位的响应；③建立组件工艺随机振动条件；④对上述 3 个条件进行包络。该方法制定组件随机振动试验条件的准确性是建立在动力学计算结果可靠性的基础上，然而，国内针对卫星随机振动、噪声的仿真计算与试验结果仍存在一定差距，即使相同平台、结构类似的卫星的仿真计算也与实际仿真计算存在差异，这就使得通过仿真计算制定试验条件缺乏一定的准确性。邹元杰[2]采用 FE-SEA 混合有限元—统计能量法进行卫星响应分析预示，得到卫星上各个部组件的响应，然后结合组件工艺随机检验试验条件对响应进行包络，最终得到了卫星组件的随机振动试验条件。该方法采用的 FE-SEA 混合有限元—统计能量法是在对卫星安装界面施加随机基础激励的同时对卫星施加声载荷从而得到传递到卫星组件的响应，然而目前小卫星在进行力学考核时，只选择随机试验或者噪声试验对卫星进行考核，不存在两种同时进行的情况，由此包络得到的组件随机振动试验条件偏大。刘欣等[3]也只对有效载荷正弦振动试验条件制定过程进行了介绍，并未对有效载荷随机振动试验条件的制定进行研究。

有效载荷在研制过程中，往往采用进口组件、型谱或货架产品，这些产品所能承受的量级往往是确定的，此外，由于有效载荷任务的特殊性，这些组件在有效载荷内部的位置也相对固定，这就使得有效载荷在设计过程中，不能根据环境适应性将组件调整到“舒适位置”，从而使得有效载荷在进行验收级振动试验时存在“过实验”[4]的风险。如何针对这一问题制定切实可行的试验条件，在保证产品安全性的同时，达到考核目的，成为了环境工程师难以解决的问题。

本文从小卫星随机振动试验出发，基于已发射型号卫星有限元模型进行建模计算得到有效载荷安装面的响应，结合工艺随机振动试验条件进行包络得到初步有效载荷随机振动试验条件，最后通过以往卫星有效载荷试验条件修正得到合理、适当的随机振动条件。此外，针对有效载荷在研制过程中，由于采用进口货架组件且其安装位置无法改变，使得该组件在有效载荷验收试验中存在过实验的风险，本文从已有型号试验结果出发，结合进口货架产品的可靠性分析，对该有效载荷验收级随机振动试验条件进行了适当调整。最后通过整星环境试验验证了有效载荷试验条件制定的正确性，并为今后有效载荷随机振动试验条件的制定提出了更加合理可行的方案。

2 有效载荷随机振动试验条件制定

通常对航天器有效载荷进行随机振动试验考核具有两方面的目的：一是对产品环境适应性的考核，即验证产品能够经受实际发射环境；二是对产品的工艺进行检验，暴露产品缺陷。目前，制定有效载荷随机振动试验条件的方法有两种：①通过对力学星进行整星随机或噪声试验得到有效载荷安装面的响应，与一般工艺随机条件一并包络得到；②直接通过随机振动分析或噪声分析得到有效载荷安装面的响应，并与工艺随机试验条件包络得到。随着航天的发展、卫星平台的成熟，对卫星设计制造成本提出了更高的要求，这就使得力学结构星退出研制流程，采用一步正样设计成为必然趋势，这也必然使得试验条件制定的合理性很大程度上取决于仿真计算的准确性。目前，主要通过两方面来解决由于原始模型不准确带来的问题：一是通过以往型号卫星修正仿真模型，使仿真结果尽可能准确；二是依据相同平台卫星试验得到的响应或者以往卫星有效载荷试验条件的修正得到合理的有效载荷试验条件。本文将通过这两方面来合理制定有效载荷随机振动试验条件。

2.1 卫星随机振动分析

模拟卫星在运载火箭发射阶段所承受的随机动态载荷有两种方式：随机振动试验和噪声试验。由于本文所研究的卫星为布局紧凑的小卫星，约85%单机设备在舱内，重量为1033kg，其受到随机基础激励的考核更为严格，因此该卫星选取随机振动试验考核卫星。在制定有效载荷试验条件时，采用随机基础激励进行有限元仿真计算，从而得到有效载荷安装界面响应。

由于小卫星采用CAST2000平台，其结构以及平台设备有很好的继承性，因此在建模计算时结合平台已发射卫星建立有限元模型，阻尼取0.035，随机响应分析采用模态叠加法[5]，提取20~2000Hz内的模态，通过对整星对接环施加基础激励（试验条件详如表1所列）从而计算传递到有效载荷安装面的响应，如图1所示。

表1 卫星验收级随机振动试验条件

频率范围/Hz	加速度功率谱密度/(g^2/Hz)	总均方根加速度/g	试验方向
20~100	+3dB/oct	6.234	X/Y/Z
100~600	0.04g^2/Hz		
600~2000	-6dB/oct		

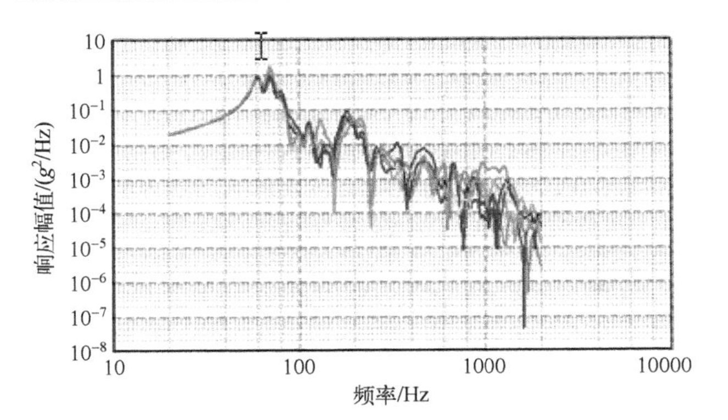

图1 有效载荷安装面响应

2.2 工艺随机条件分析

工艺随机振动试验能很好地暴露产品缺陷，国内对于航天产品工艺随机振动试验条件的制定没有明确的规定，但对于产品最小随机试验量级做出了定性说明。国军标1027A[6]规定：质量不超过23kg的组件，其最低随机振动谱密度为0.04g^2/Hz，对于质量大于23kg的组件，其功率谱密度应该适当降低。然而该标准也未给出质量大于23kg的产品最小随机试验量级制定方法。NASA对工艺随机振动试验量级做出了明确规定，其标准GSFC-STD-7000A[7]指出：随机振动量级与试验件质量有关，试验件质量大于45.4kg时，随着质量增大其量级是逐渐减小的（振动谱密度以45.4/W修正，W为试件质量），从而通过计算得到有效载荷工艺随机试验条件。因此，本文选用NASA标准计算有效载荷工艺检验量级随机振动试验条件。本文所研究的有效载荷是光学相机，其质量为78kg，按照修正式（1）~式（4），计算得到相机的最低工艺随机振动试验条件，如表2所列。

$$\text{dB reduction}=10\log(W/45.4) \tag{1}$$

$$\text{ASD}(80\sim500\text{Hz})=0.04\cdot(45.4/W) \tag{2}$$

斜率部分维持在±3dB，功率谱拐点频率位置为

$$F_L=80\cdot(45.4/W) \tag{3}$$

$$F_H=500\cdot(W/45.4) \tag{4}$$

表 2　有效载荷相机工艺随机试验条件

频段/Hz	谱密度/(g^2/Hz)
10	0.01
46~859	0.0233
2000	0.01
加载方向	3 个方向
总均方根值	6.04grms

2.3　有效载荷随机振动试验条件制定

卫星有效载荷随机振动试验条件的制定应该同时对卫星仿真计算所得有效载荷安装面的响应以及工艺随机振动试验条件进行包络，如图 2 所示。由于仿真计算所得响应与试验结果存在差异，因此为了更加准确制定随机振动试验条件，本文结合 CAST2000 平台已发卫星关于光学载荷制定的随机振动试验条件，对本文所探讨的型号卫星有效载荷试验条件进行了合理修订，如表 3 所列。

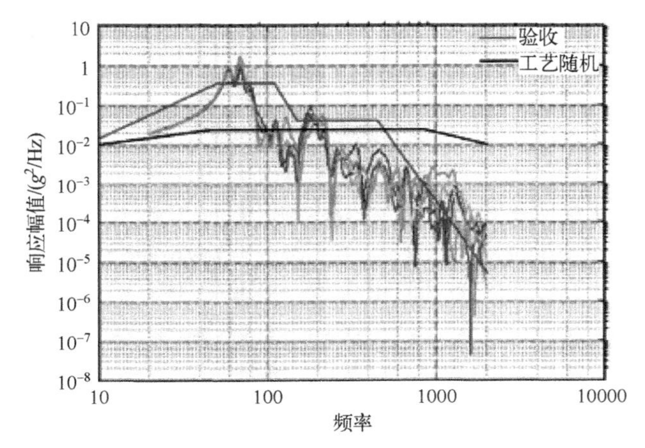

图 2　有效载荷随机振动试验条件包络图

表 3　有效载荷随机振动试验条件

CAST2000 平台已发卫星有效载荷		本文有效载荷相机	
频段/Hz	谱密度/(g^2/Hz)	频段/Hz	谱密度/(g^2/Hz)
10~65	+3dB	10~50	+6dB
65~100	0.4	50~110	0.35
100~150	0.4~0.04	110~150	0.35~0.04
150~600	0.04	150~450	0.04
600~2000	-18dB	450~2000	-18dB
总均方根值	7.1grms	总均方根值	6.9grms

由图 2 可知，本文所制定的随机振动试验并未完全包络工艺随机振动试验条件，未包络部分集中在高频处，这主要从环境适应性出发，并结合 CAST2000 平台已发卫星关于有效载荷验收级随机振动试验条件所制定。

60~80Hz 频段一般为卫星主频处，高频段 600~2000Hz 内卫星模态有效质量占比较小，与运载协调后可以在此范围内进行下凹，下凹后响应低于表 3 对应条件，由此可以认为在此频段内能够包络实际试验响应曲线；162~224Hz 频段为有效载荷主频处，查看此卫星整星试验中有效载荷安装面处响应均小于 0.04，而且该有效载荷安装位置相对于本文所探讨的有效载荷更靠近安装面，在整星随机试验中，CAST2000 平台卫星响应自下而上逐渐衰减[8]，据此推断本文所探讨有效载荷安装面响应在实际实验中将小于 0.04，表 3 所指定条件能够包络实际有效载荷安装面响应；综合分析，表 3 所制定的试验条件能够包络最终卫星环境试验有效载荷安装面的响应，满足环境适应性的要求，同时体现了对于工艺随机的考核，因此表 3 制定的有效载荷随机振动试验条件合理可行。

3　有效载荷研制中的问题

本文所研究的有效载荷是光学相机，其在研制过程中通过仿真计算与结构验证试验发现，相机内部采用的进口组件探测器响应超出供货方提供的已试验验证的随机试验条件（如表 4 所列），如果进行有效载荷相机主体验收级试验，有可能会造成探测器损伤，进而影响探测器件的在轨寿命和工作可靠性。由于探测器安装位置相对固定，其精度要求较高，因此无法采用减振、增加阻尼的方式降低其安装面响应，而对于加固安装支架的方式作用有限，难以从根本上解决这一问题。综合上述分析，只能从有效载荷相机随机振动试验条件出发来解决这一问题。由于探测器安装面响应已经通过结构验证试验得到，因此为了将安装面响应量级控制在表 4 范围内，需要对有效载荷相机验收级随机试验条件进行下凹，下凹需求量级如表 5 所列。

表 4　探测器随机振动试验条件

频率/Hz	幅值/(g^2/Hz)
20~100	+3dB/oct
100~700	0.05
700~2000	-3dB/oct
RMS	8.32g

表 5　有效载荷相机随机试验条件下凹量级统计表

方向	X		Y		Z	
下凹条件	频段/Hz	量级/(g^2/Hz)	频段/Hz	量级/(g^2/Hz)	频段/Hz	量级/(g^2/Hz)
	240~290	0.02	280~300	0.02	320~355	0.013
	290~325	0.013	300~310	0.02~0.01	380~450	0.02
			310~400	0.01	450~475	0.02~0.015
					475~490	0.03~0.025
					490~610	0.012~0.004

4　有效载荷随机振动试验条件适应性调整

针对有效载荷提出的下凹需求，本文从产品工艺检验、环境适应性出发进行验收级随机振动试验条件调整。

工艺检验方面，由于本文所研究的有效载荷相机内部多数产品为电子组件，因此工艺检验量级考核对其意义重大，而下凹的频段多在工艺检验量级所对应的位置（200~600Hz）。为了解决这一问题，本文从产品可靠性角度出发，对组成相机的电子组件进行了调研，相机内部电子组件质量均小于 45.4kg，其工艺检验随机条件如表 6 所列，显然探测器已经通过的试验量级能够包络该条件，因此可以认为探测器已经通过了工艺随机试验检验。除探测器外，其他电子产品在同一批次电子产品中顺利通过表 6 所列量级环境试验的占比达 100%，通过复查有效载荷相机电子学质量文件，均满足相关质量要求。通过上述分析可以认定，本文所研究的有效载荷相机内部电子组件具备

表 6　组件最小工艺随机振动试验条件

频率/Hz	幅值/(g^2/Hz)
20	0.01
20~80	+3dB/oct
80~500	0.04
500~2000	-3dB/oct
2000	0.01
RMS	6.8g

通过工艺随机检验考核的能力。对于整个有效载荷相机工艺的验证，主要针对各个组件安装工艺、组件之间连接工艺的考核，因此可以通过过程质量控制实现对该相机系统工艺的考核，进而在进行有效载荷相机主体随机振动试验时可以适当降低工艺检验的考核力度。

环境适应性方面，本文基于 CAST2000 平台已发卫星整星级环境试验得到的相关相机安装面响应数据以及运载遥测数据，同时结合表 5 中有效载荷下凹需求，对该有效载荷试验条件进行了调整。由于此卫星有两个光学主载荷，16m 相机位于载荷舱底板、2/8m 相机位于载荷舱顶板，其响应传递与 CAST2000 平台其他卫星一致，自下而上逐渐衰减[8]，因此在进行试验条件调整时参考 16m 相机安装接口响应数据。

CAST2000 平台已发卫星整星 X 向随机试验输入条件在 150Hz 后量级与本型号卫星随机输入条件完全一致，因此，本文参考 16m 相机接口数据调整了 X 向试验条件，如图 3 所示，调整频段及量级与表 5 中数据一致。

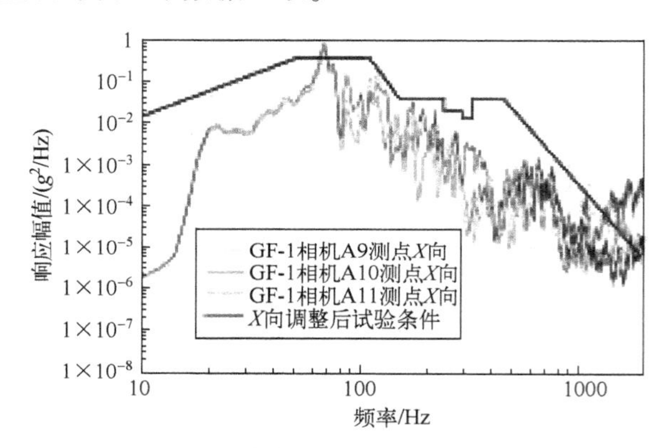

图 3　有效载荷 X 向随机试验条件修正曲线（6.8grms）

CAST2000 平台已发卫星整星 Y 向随机试验输入条件在 150Hz 后幅值为 0.031g^2/Hz，而本型号卫星随机输入条件在 150Hz 后幅值为 0.04g^2/Hz，因此需要对 16m 相机安装接口响应数据进行等比例放大 1.29 倍，在此基础上调整有效载荷 Y 向随机验收级试验条件，结果如图 4 所示，调整频段及量级与表 5 中数据一致。

CAST2000 平台已发卫星整星 Z 向随机试验输入条件在 150Hz 后幅值与 Y 向相同，因此对 16m 相机安装接口响应数据也进行等比例放大，在此基础上调整有效载荷 Z 向随机验收级试验条件，结果如图 5 所示，调整频段及量级与表 5 中数据一致。

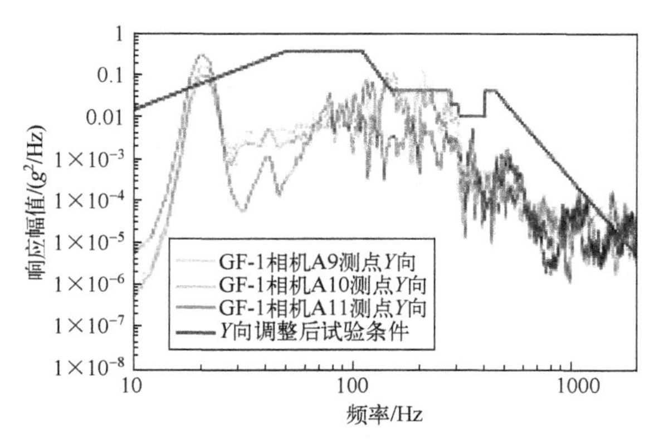

图 4　有效载荷 *Y* 向随机试验条件修正曲线（6.7grms）

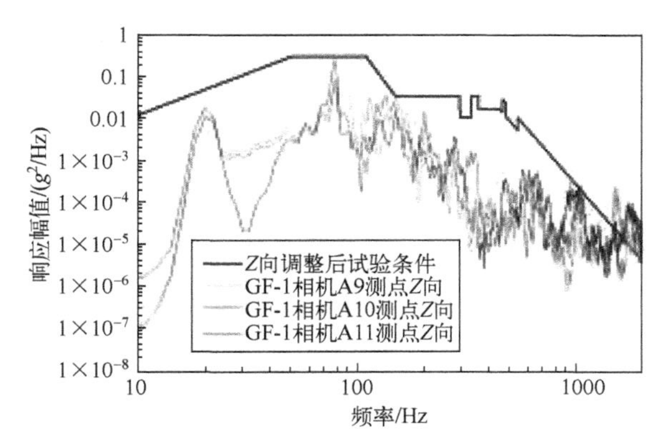

图 5　有效载荷 *Z* 向随机试验条件修正曲线（6.7grms）

5　试验验证

该有效载荷顺利通过了验收级随机振动试验，经过测试，该产品一切正常。该型号卫星正样阶段开展了整星正弦、随机振动试验、太阳翼与数传天线解锁冲击试验，有效载荷在此期间一切正常，从而证明了该有效载荷试验条件制定的合理性，避免了过实验的发生，同时也保证了有效载荷环境适应性、工艺可靠性的有效验证。

6　结束语

本文结合整星级动力学仿真计算结果以及有效载荷工艺随机试验条件制定得到了某型号卫星有效载荷验收级随机振动试验条件，通过结合相关型号试验数据以及可靠性分析结果对该试验条件进行了调整，有效解决了进口组件探测器过试验风险问题，最终通过整星环境试验验证了有效载荷随机振动试验条件制定的有效性与正确性。本文对卫星有效载荷随机振动试验条件的制定为卫星各分系统、单机产品试验条件的制定提供了思路，尤其对解决由于组成产品的型谱或货架组件存在“过试验”风险问题提供了解决方案。

参考文献

[1] Random vibration testing, NASA preferred reliability practices, Practice No. PD-TE-1413 [R]. 1996.

[2] 邹元杰，张瑾．基于混合 FE-SEA 方法的卫星部组件随机振动条件研究 [J]. 航天器环境工程，2010，27（4）：456-461.

[3] 刘欣，张也弛，等．硬 X 射线调制望远镜卫星及有效载荷环境条件设计与试验验证 [J]. 航天器工程，2018，27（5）：40-45.

[4] NASA-HDBK-7004C Force limited vibration testing [S]. National Aeronautics and Space Administration，2012.

[5] 邹经湘，于开平．结构动力学 [M]. 哈尔滨：哈尔滨工业大学出版社，2009.

[6] GJB 1027A 运载器、上面级和航天器试验要求 [S]. 国防科学技术工业委员会 2005.

[7] GSFC-STD-7000A General Environmental Verification Standard (GEVS) For Gsfc Flight Programs and Projects [S]. National Aeronautics and Space Administration，2013.

[8] 杨新峰，等．小卫星随机振动特性分析与试验验证方法探讨 [J]. 航天器环境工程，2014，31（4）：357-362.

不同星箭分离方式下整星冲击环境特征分析

杨艳静，向树红，冯国松，韩晓健
（北京卫星环境工程研究所，北京，100094）

摘要：本文采用点源、线源和组合源火工装置完成星箭分离的卫星整星级冲击试验中不同位置测点加速度的实测值，研究其时域谱、频域谱和冲击响应谱特征，对不同星箭分离方式下整星冲击环境特点进行了总结。通过分析发现，3 种分离方式下单位长度冲击响应的衰减率均在 60%~70%之间，从频谱特点上来说，点源引起的冲击响应频率成份最为丰富，线源和组合源的功率谱分布相对集中。研究结果表明不同星箭分离方式下整星的冲击环境有一定的区别，在进行卫星抗冲击设计时，应考虑分离方式的不同。

关键词：火工冲击；星箭分离；卫星响应特性

1 概述

近年来，随着新型航天器的大型化和轻量化，发射过程将经历越来越严酷的高量级火工冲击环境，对航天器的研制带来了新的问题和挑战[1-2]。航天器火工装置动作时会产生大量级、高频响、短时间的复杂震荡性火工冲击载荷，对航天器电子仪器、脆性材料、轻薄结构的破坏作用十分突出。NASA 曾统计 1963—1985 年间的所有飞行故障，经过分析，63 次直接与火工冲击相关[3]。1983—1998 年美国全部 22 次发射失败中，5 次与分离分系统产生的火工冲击相关，占 22.7%[4]。对于冲击引起的损伤，国内外普遍采用等效损伤原则模拟复杂振荡型冲击环境，在此基础上，也有不少学者开展了更加深入的研究，探讨损伤机理[5-9]，结果发现冲击损伤除了和边界条件及材料特性紧密相关外，损伤和冲击载荷特性之间也有关联，因此有必要开展火工冲击载荷特性的研究。

航天器火工装置动作时产生冲击载荷的来源主要有 3 个部分[10]，火工品爆炸、结构预紧力释放和结构撞击。根据分离原理不同，航天火工冲击装置通常可以分为两类：点源和线源[11]。典型的点源包括爆炸螺栓、分离螺母、拔销器、切割器、电爆阀等。典型的线源包括柔性爆炸索、线性切割器等。点源和线源也可以结合起来，演变成组合源，例如 V 型包带。考虑到冲击载荷特性与火工品的种类是密切相关的，本文针对航天器整星火工冲击中常用的几种分离装置产生的冲击环境特点进行分析，为卫星抗冲击设计、试验条件的制定和剪裁工作提供参考。

2 点源冲击环境特点分析

点式连接方式可以作为一箭多星发射中、高轨道直接入轨卫星优先采用的连接方式[12]。本节以某遥感卫星为例，对爆炸螺栓引起的点源冲击环境特点进行分析。该卫星采用四点连接方式与运载连接，这里关注的 12 个测点分别位于推进舱立柱根部、中部和顶部，距离推进舱底面的高度分别为 40mm、140mm 和 1130mm，以 Z 向响应为例，分析整星冲击环境的特点，测点布置如图 1 所示，测点描述如表 1 所列。

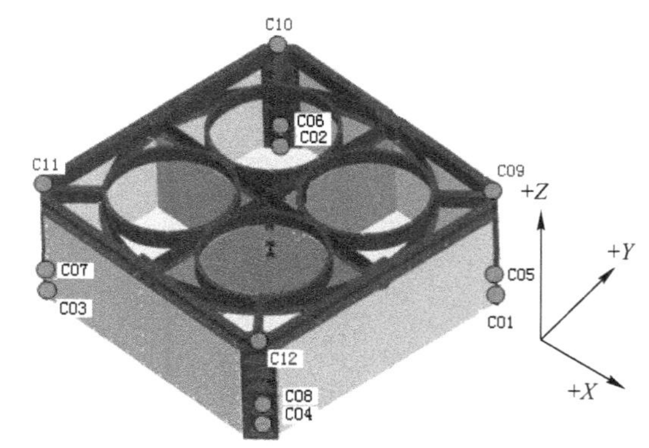

图 1　某点式连接卫星冲击测点示意图

表 1 某点式连接卫星冲击测点布置

测点编号	测点位置描述
C01	推进舱+X+Y立柱底面
C02	推进舱-X+Y立柱底面
C03	推进舱-X-Y立柱底面
C04	推进舱+X-Y立柱底面
C05	推进舱+X+Y立柱中部
C06	推进舱-X+Y立柱中部
C07	推进舱-X-Y立柱中部
C08	推进舱+X-Y立柱中部
C09	推进舱+X+Y立柱顶部
C10	推进舱-X+Y立柱顶部
C11	推进舱-X-Y立柱顶部
C12	推进舱+X-Y立柱顶部

2.1 对接面附近测点冲击响应分析

图 2 给出了对接面附近测点冲击响应时域曲线，从图中可以看出，曲线中有不止一个峰，表 2 中列出了不同测点的时域峰值和峰值对应的时间，可以看出，相邻峰值的时间间隔在 0.015s 左右，在此时间内冲击波的传播距离要远大于测点和冲击源的距离，因此可以判定，多个冲击峰值的出现是由于不同爆炸螺栓起爆和应力释放的时间差异引起的。

表 2 对接面附近测点冲击响应特征分析

测点	峰值时间/s	时域峰值/g	SRS 峰值/g	峰值频率/Hz
C01Z	0.0326	2647.4	3707.6	9123
C02Z	0.0473	1181.0	2985.9	10240
C03Z	0.0321	1715.6	4625.2	7671
C04Z	0.0328	1510.4	2578.5	9665

图 3 给出了对接面附近不同测点的冲击响应谱计算结果（按 $Q=10$，起始频率为 10Hz，间隔 1/12oct 计算）。可以看出，4 个测点的冲击响应谱斜率接近，拐点频率区别较大，拐点频率最大的测点是脉宽最小、时域峰值最大的 C01 点，这印证了冲击响应谱的低频斜率主要由支撑条件确定以及拐点频率与脉宽呈反比的规律[13]。

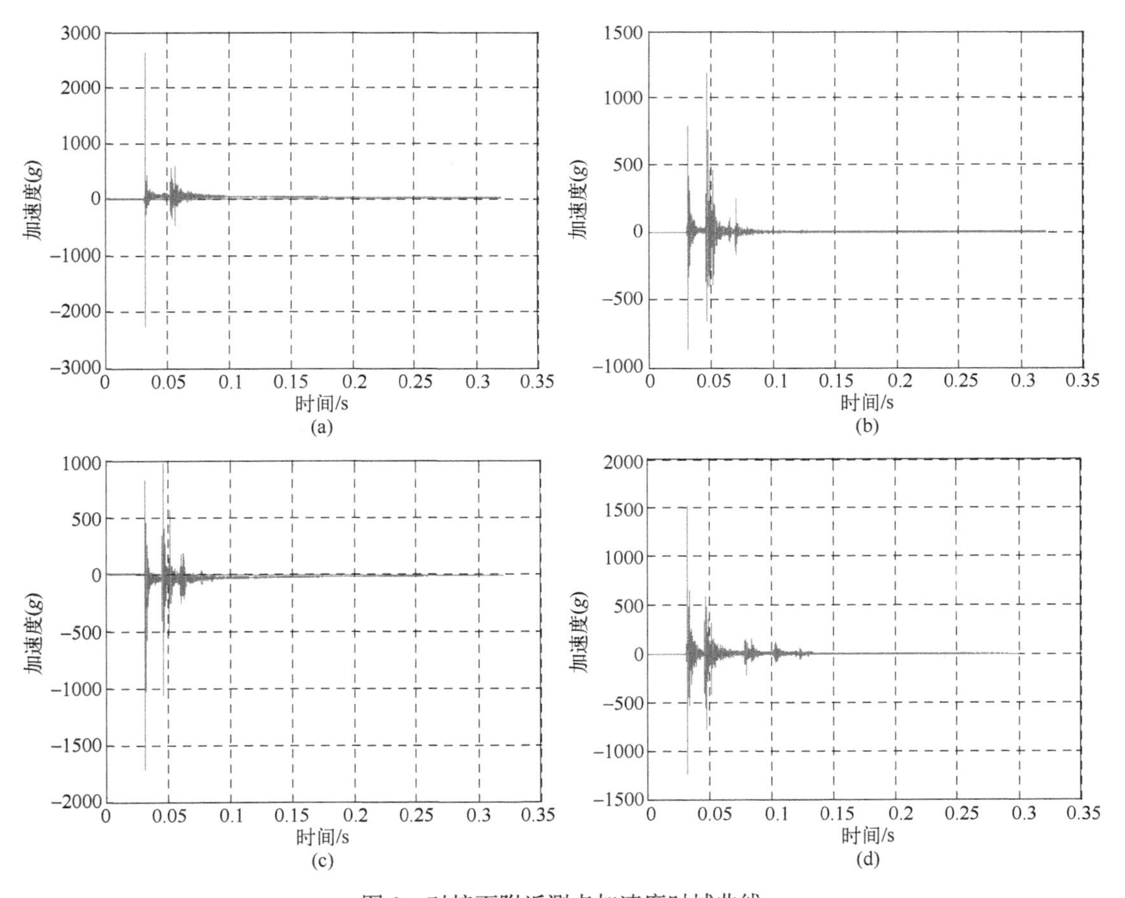

图 2 对接面附近测点加速度时域曲线

(a) C01Z；(b) C02Z；(c) C03Z；(d) C04Z。

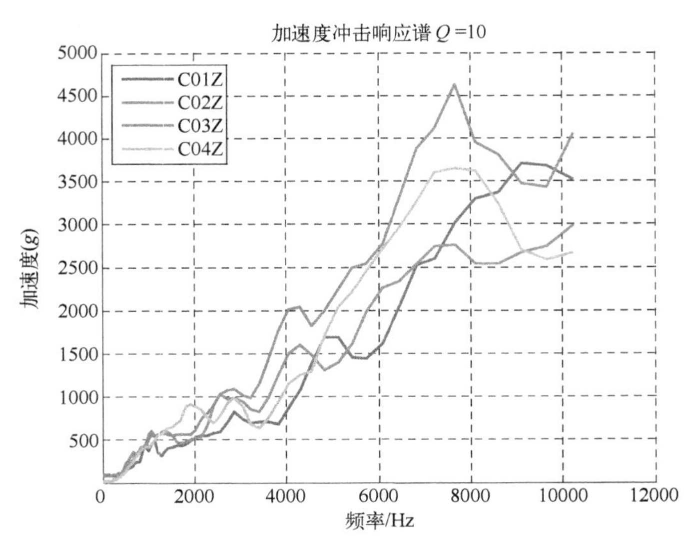

图 3　对接面附近测点加速度冲击响应谱

2.2　点源冲击响应随距离衰减特性分析

对不同测点 Z 方向冲击响应沿航天器纵向方向上的冲击响应变化特性进行分析，以对点源分离情况下冲击沿距离的衰减情况进行了解。

图 4 给出了沿推进舱各个立柱测点的 Z 向响应冲击响应谱计算结果，从中可以看出，对同一立柱的测点来说，测点的响应有随着距冲击源距离的增加而减小的趋势，并且距离较远的测点响应谱曲线斜率也较小。图 5 中给出了加速度冲击响应谱峰值随距离变化情况，从图中可以看出，加速度的峰值随着距离冲击源距离的增加有明显的衰减。

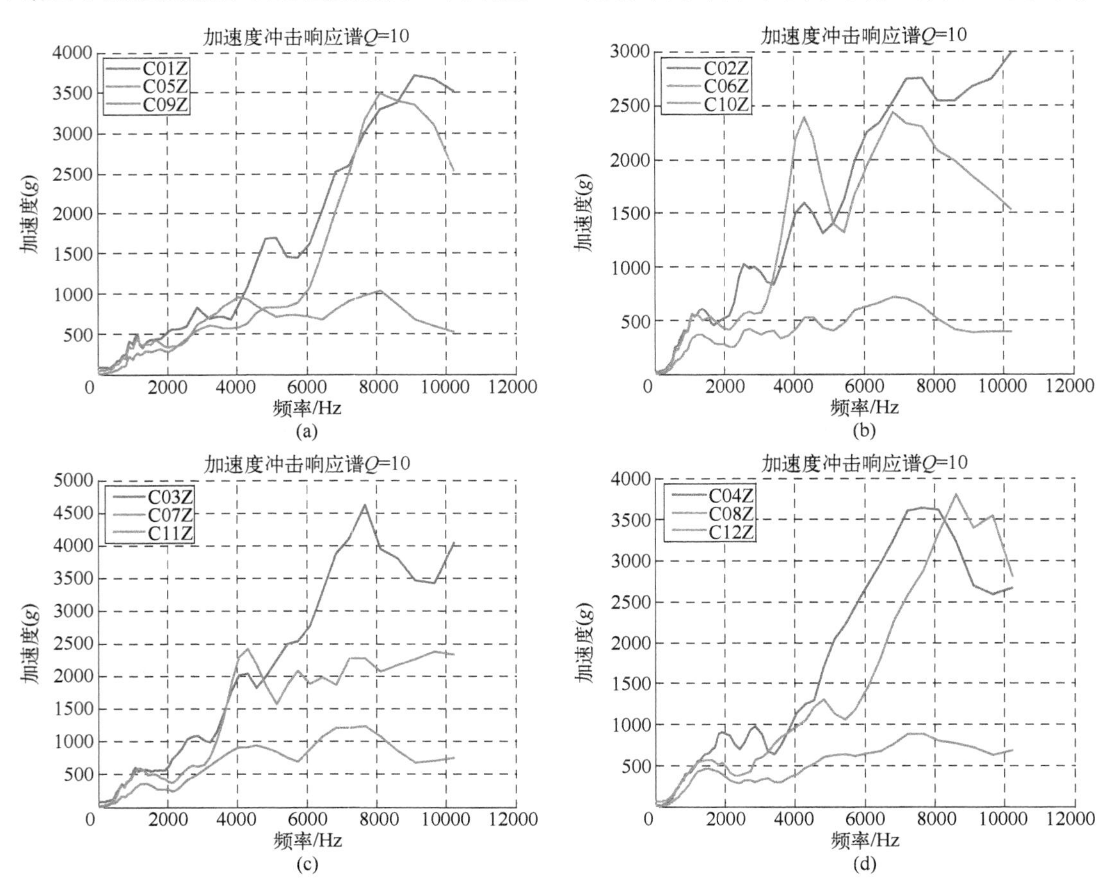

图 4　不同立柱测点加速度冲击响应谱

（a）$+X+Y$ 立柱测点 Z 向响应；（b）$-X+Y$ 立柱测点 Z 向响应；（c）$-X-Y$ 立柱测点 Z 向响应；（d）$+X-Y$ 立柱测点 Z 向响应。

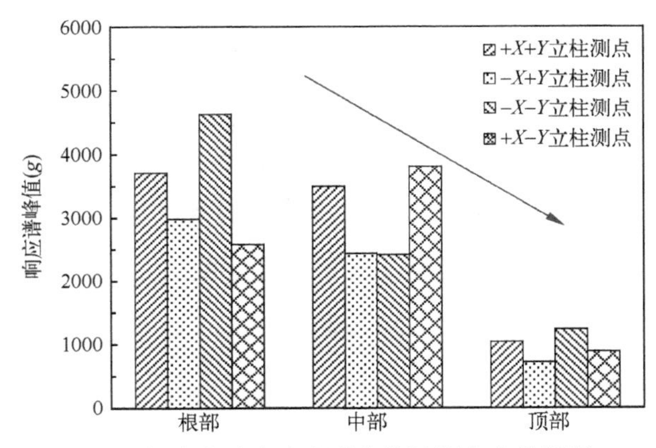

图5　加速度冲击响应谱峰值随距离变化情况

图6给出了沿推进舱各个立柱测点的 Z 向响应去掉零频分量之后的功率谱密度计算结果，从图中可以看出，距离冲击源较近的测点冲击响应频谱较宽，但是随着距冲击源距离的增加，高频响应衰减明显，低频响应出现先增加后衰减的趋势。

3　线源冲击环境特点分析

线型解锁装置通过导爆索点火后膨胀形成的侧向剪切力实现结构分离。根据结构形式不同，线型解锁装置的种类有聚能炸药索、气囊式炸药索和膨胀管等[14]。这里以某线型解锁航天器为例，对线源冲击环境的特点进行分析。分析的12个测点分别分布在航天器的4个象限线上，测点位置分别位于对接面象限线，对接面象限线400mm，对接面象限线800mm，同样以 Z 向响应为例分析冲击响应沿距离的衰减，了解线型解锁装置星箭分离时整星冲击环境的特点，测点布置如表3所列。

表3　某线型解锁卫星冲击测点布置

测点编号	测点位置描述
A01	Ⅰ象限线
A02	Ⅱ象限线
A03	Ⅲ象限线
A04	Ⅳ象限线
A05	Ⅰ象限线距离对接面400mm
A06	Ⅱ象限线距离对接面400mm
A07	Ⅲ象限线距离对接面400mm
A08	Ⅳ象限线距离对接面400mm
A09	Ⅰ象限线距离对接面800mm
A10	Ⅱ象限线距离对接面800mm
A11	Ⅲ象限线距离对接面800mm
A12	Ⅳ象限线距离对接面800mm

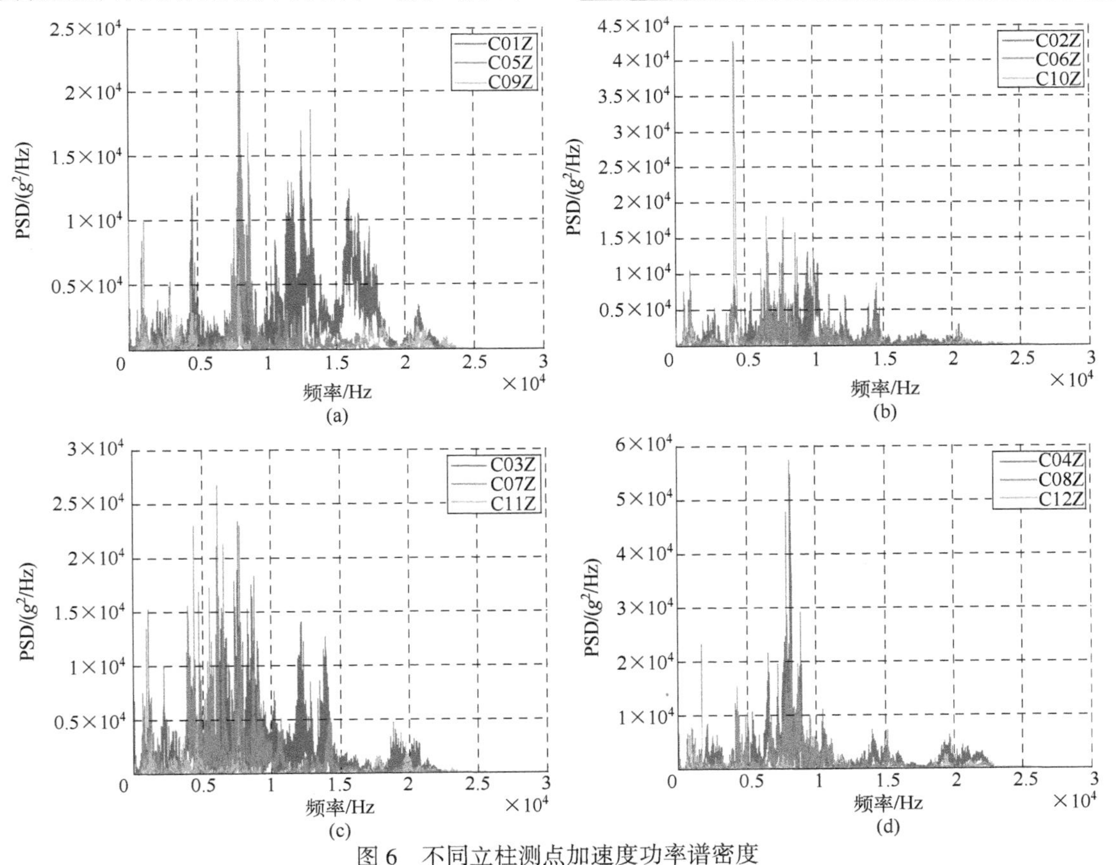

图6　不同立柱测点加速度功率谱密度

(a) $+X+Y$ 立柱测点 Z 向响应；(b) $-X+Y$ 立柱测点 Z 向响应；(c) $-X-Y$ 立柱测点 Z 向响应；(d) $+X-Y$ 立柱测点 Z 向响应。

3.1 对接面附近测点冲击响应分析

图 7 给出了对接面测点冲击响应时域曲线，从图中可以看出，曲线呈现单峰，符合典型的火工冲击时域曲线特征。

图 8 给出了对接面测点的冲击响应谱计算结果。从图中可以看出对于线源分离装置来说，冲击响应最大的位置发生在点火器附近测点（A01 测点），结合表 4 中数据可以看出，冲击响应的时域和响应谱峰值有沿周向递减的趋势。

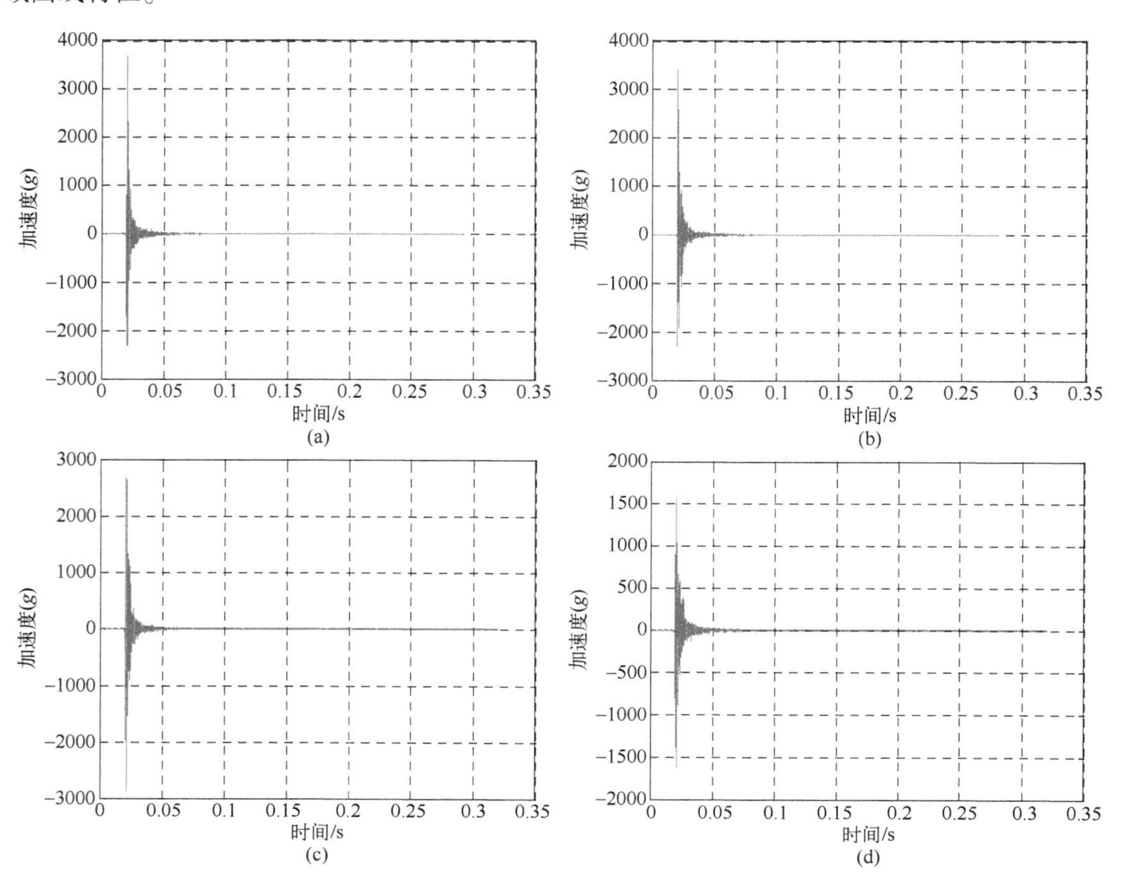

图 7　对接面附近测点加速度时域曲线

（a）A01Z；（b）A02Z；（c）A03Z；（d）A04Z。

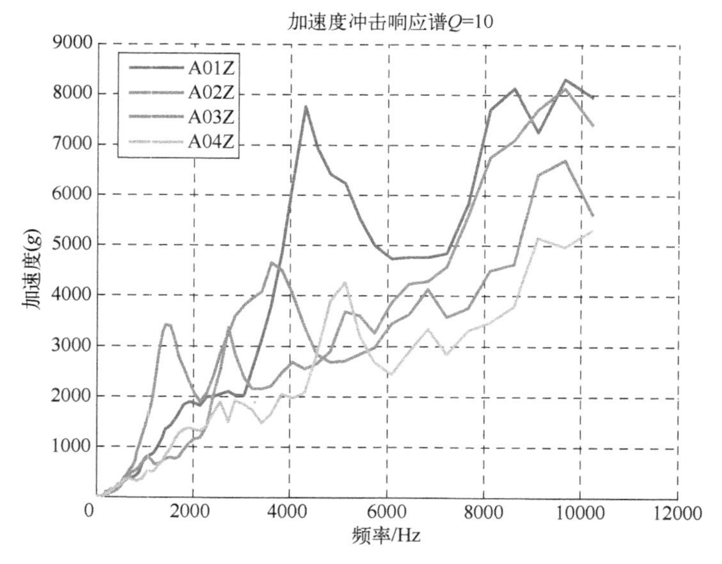

图 8　对接面测点加速度冲击响应谱曲线

表4　对接面测点冲击响应特征分析

测点	峰值时间/s	时域峰值/g	SRS 峰值/g	峰值频率/Hz
A01Z	0.0205	3675.7	8297.7	9665
A02Z	0.0207	3420.1	8128.0	9665
A03Z	0.0212	2875.8	6705.0	9665
A04Z	0.0211	2619.4	5308.5	10240

3.2　线源冲击响应随距离衰减特性分析

通过对不同测点 Z 向响应沿航天器纵向方向向上的冲击响应变化特性分析，对线源分离情况下冲击沿距离的衰减情况进行了解。

图9给出了航天器各象限线距离对接面不同距离测点的 Z 向响应冲击响应谱计算结果，从中可以看出，对沿同一象限线的测点来说，测点的响应有随着距冲击源距离的增加而减小的趋势，并且测点响应谱曲线斜率也有随着距离增加减小的趋势。图10中给出了加速度冲击响应谱峰值随距离变化情况，从图中可以看出，加速度的峰值随着距离冲击源距离的增加有明显的衰减。

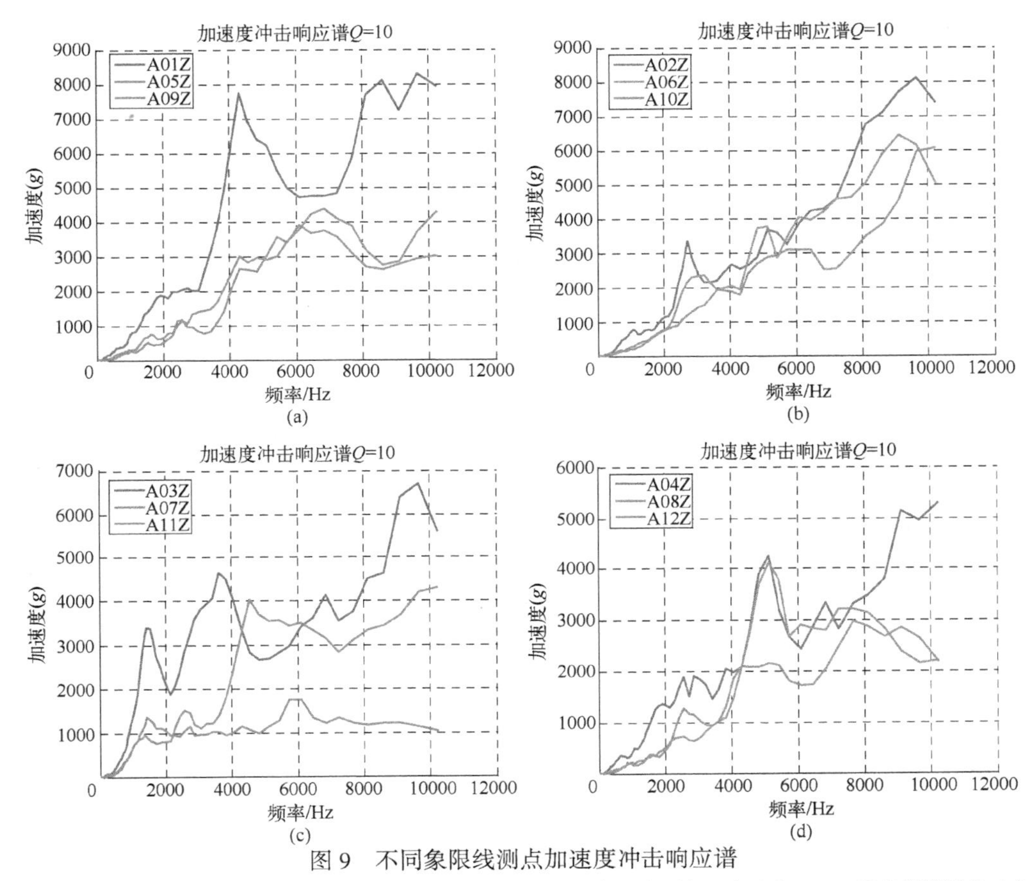

图9　不同象限线测点加速度冲击响应谱

（a）Ⅰ象限线测点 Z 向响应；（b）Ⅱ象限线测点 Z 向响应；（c）Ⅲ象限线测点 Z 向响应；（d）Ⅳ象限线测点 Z 向响应。

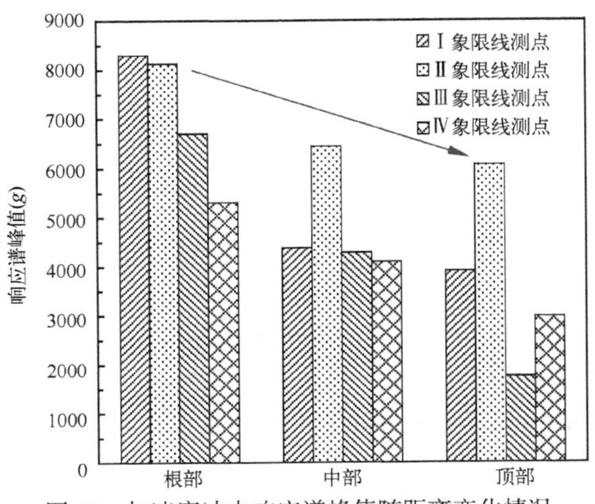

图10　加速度冲击响应谱峰值随距离变化情况

图 11 给出了各象限线测点的 Z 向响应的功率谱密度计算结果，从图中可以看出，距离冲击源较近的分离面上的测点冲击响应能量主要集中在10000Hz 以下，随着距冲击源距离的增加，冲击响应在全频段的能量都有较为明显的衰减。

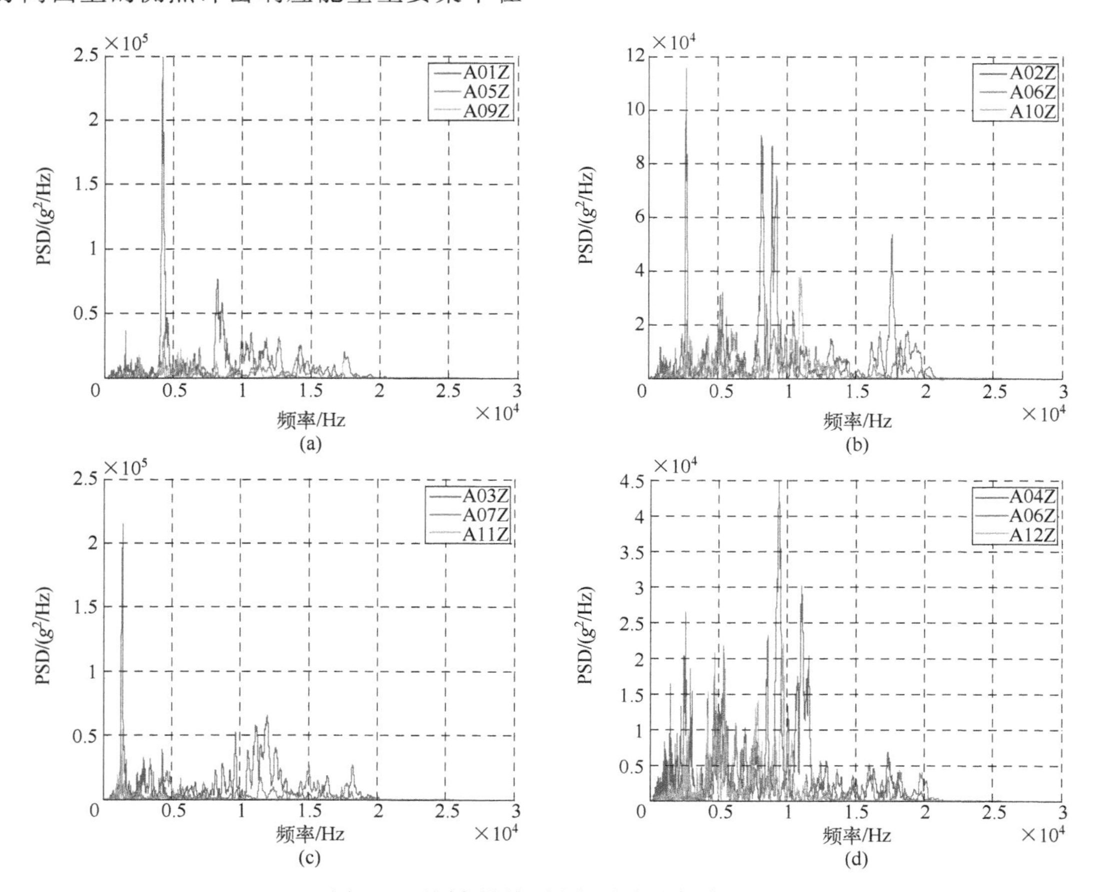

图 11　不同象限线测点加速度功率谱密度

（a） Ⅰ象限线测点 Z 向响应；（b） Ⅱ象限线测点 Z 向响应；（c） Ⅲ象限线测点 Z 向响应；（d） Ⅳ象限线测点 Z 向响应。

4　组合源冲击环境特点分析

包带式连接结构通过点源如爆炸螺栓连接，在星箭分离时包带的应变能释放引起的冲击环境类似于线源，因此可以将包带连接结构看作点源和线源的组合[15]。这里以某卫星为例，对包带式连接卫星的整星分离冲击环境进行分析。该卫星采用的包带式星箭解锁装置一共使用 3 个爆炸螺栓。这里分析的 9 个测点分别位于 3 个解锁点附近、解锁点上方和解锁点上方靠近承力筒上端面，以 Z 向响应为例分析，了解包带式解锁方式中整星冲击环境的特点，测点布置如表 5 所列。

表 5　某包带解锁卫星冲击测点布置

测点编号	测点位置描述
T01	解锁点 1
T02	解锁点 2
T03	解锁点 3
T04	解锁点 1 上方 400mm
T05	解锁点 2 上方 50mm
T06	解锁点 3 上方 50mm
T07	解锁点 1 上方 1000mm（近承力筒上端）
T08	解锁点 2 上方 1000mm（近承力筒上端）
T09	解锁点 3 上方 1000mm（近承力筒上端）

4.1　对接面附近测点冲击响应分析

图 12 给出了对接面测点冲击响应时域曲线，从图中可以看出，具有多个解锁点的包带式分离在卫星结构上产生的冲击响应也具有多峰值特性。

图 13 给出了包带式分离的解锁点附近测点加速度冲击响应谱曲线，从图中可以看出，尽管 3 个爆炸螺栓型号完全相同，其解锁引起的冲击响应大小有明显的区别，结合表 6 中的时域数据分析可以看出，分离峰值出现较早的测点其响应量级要较小一些。考虑到每个螺栓的装药量基本一样，推测出这种现象的原因可能是由于爆炸螺栓起爆

的时间差异导致包带预紧力释放在3个爆炸点处引起的加速度响应有了区别，由此可见，除了爆炸螺栓本身引起的冲击外，预紧力的释放对冲击响应也有相当的影响。

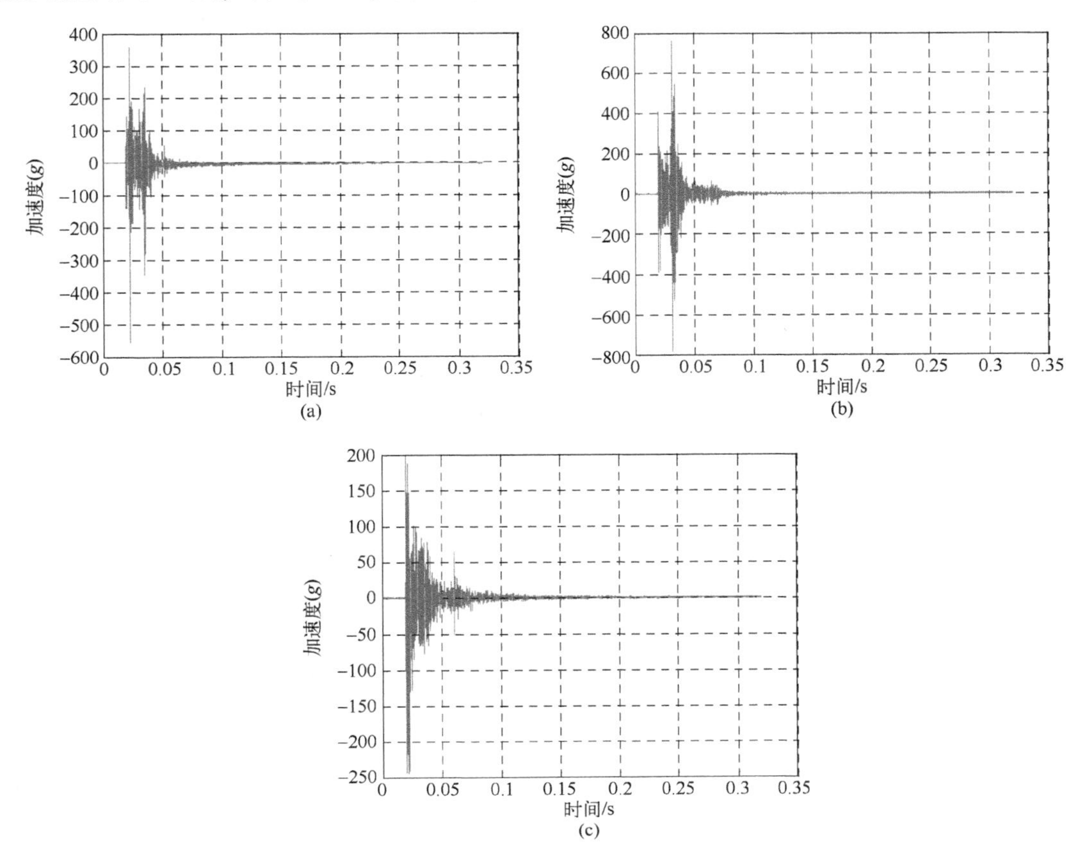

图12 包带式分离解锁点附近测点加速度时域曲线

(a) T01Z; (b) T02Z; (c) T03Z。

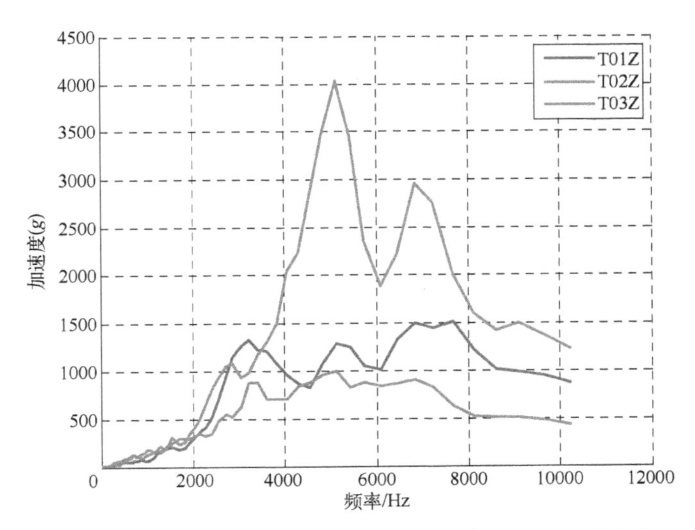

图13 包带式分离解锁点附近测点加速度冲击响应谱曲线

表6 解锁点附近测点冲击响应特征分析

测点	峰值时间/s	时域峰值/g	SRS 峰值/g	峰值频率/Hz
T01Z	0.0232	553.87	1504.3	7671
T02Z	0.0321	782.98	4027.2	5120
T03Z	0.0224	245.81	987.6	5120

4.2 组合源冲击响应随距离衰减特性分析

对不同测点 Z 向响应沿卫星纵向上的冲击响应变化进行分析，以了解组合源分离情况下冲击沿距离的衰减情况。

图 14 给出了各个解锁点及其上方测点 Z 向响应冲击响应谱计算结果，从图中可以看出，随着距冲击源距离的增加测点的冲击响应谱在高频有较为明显的衰减，低频部分有时反而会增加（如 T03Z 和 T06Z）。图 15 中给出了加速度冲击响应谱峰值随距离变化情况，从图中可以看出，加速度的峰值随着距离冲击源距离的增加有衰减的趋势。

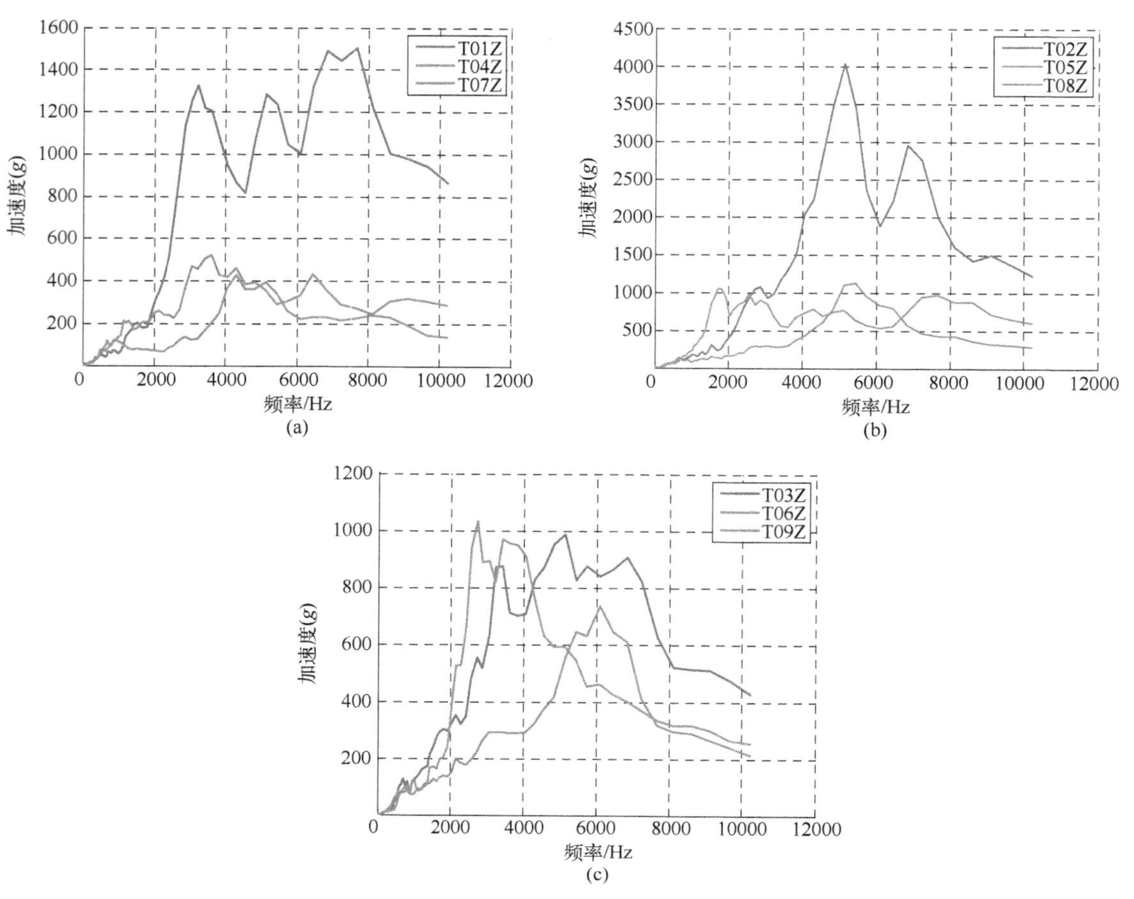

图 14　不同解锁点及上方测点加速度冲击响应谱

（a）T01Z 及上方测点；（b）T02Z 及上方测点；（c）T03Z 及上方测点。

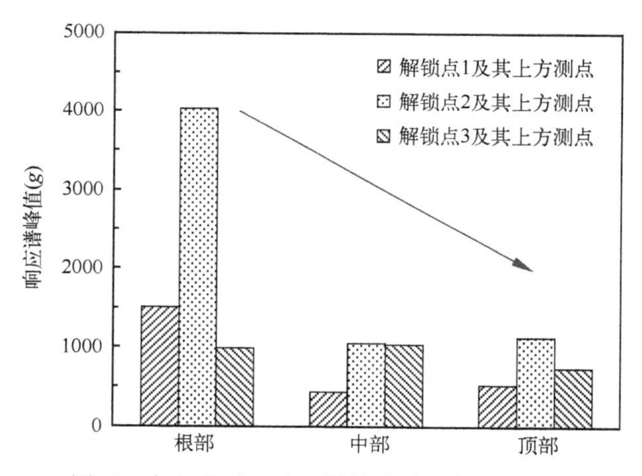

图 15　加速度冲击响应谱峰值随距离变化情况

图 16 给出了各解锁点及其上方测点的 Z 向响应的功率谱密度计算结果，从图中可以看出，解锁点附近测点冲击响应能量同样主要集中在 10000Hz 以下，随着距冲击源距离的增加，冲击响应在高频段的能量都有较为明显的衰减，但低频段的能量反而增加，这与冲击响应谱曲线的变化相呼应。

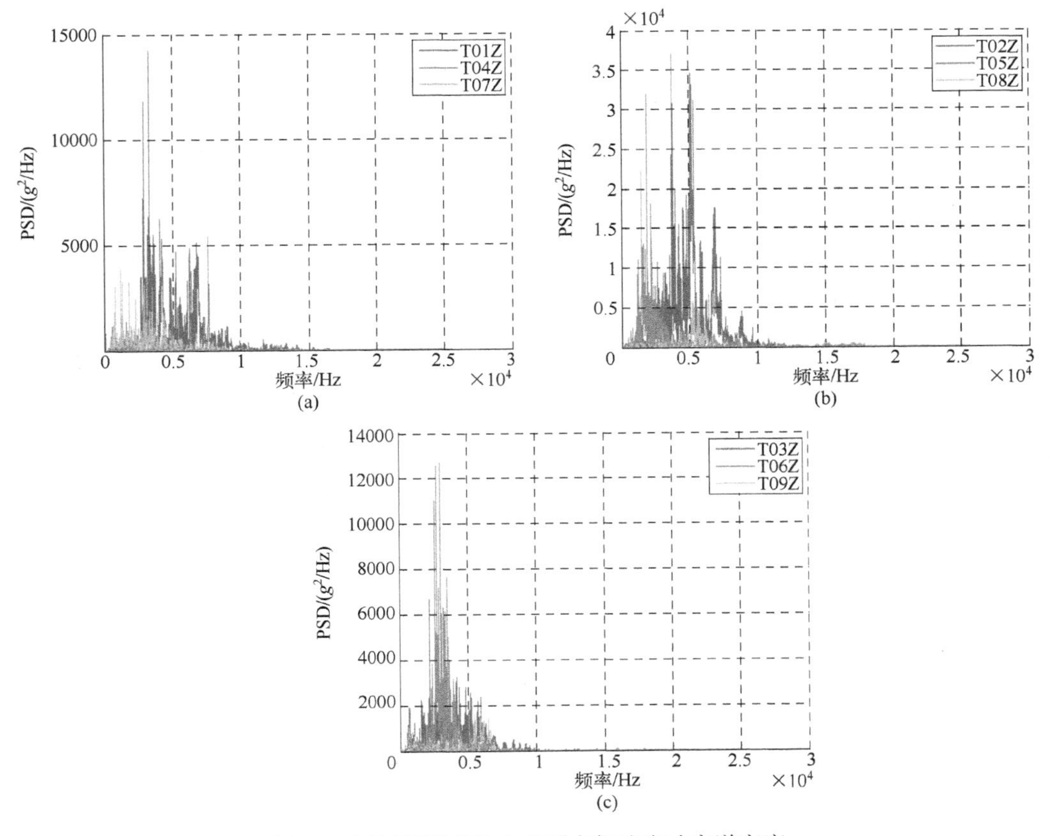

图 16　不同解锁点及上方测点加速度功率谱密度

（a）T01Z 及上方测点；（b）T02Z 及上方测点；（c）T03Z 及上方测点。

5　比较与总结

5.1　不同分离方式下结构冲击衰减率比较

为了了解不同分离方式下结构的衰减率，这里定义一个衰减率指标 ζ：

$$\zeta=\frac{\exp(\Delta G_{\mathrm{SRSmax}i})}{\exp(G_{\mathrm{SRS源}i})\Delta L}$$

式中：$\Delta G_{\mathrm{SRSmax}i}$ 为距离冲击源不同高度测点的冲击响应谱峰值差；$G_{\mathrm{SRS源}i}$ 为分离面测点的冲击响应谱；exp 为几组数据的数学期望；ΔL 为测点之间的距离。

分别对 3 种分离方式中航天器结构上分离面测点和舱段顶部测点的衰减率进行分析，结果如表 7 所列，从中可以看出，3 种分离方式下单位长度冲击响应的衰减率均在 60%～70%之间，其中点源的衰减最多，线源最少，组合源居中。

表 7　不同分离方式航天器结构冲击响应衰减率分析

衰减率/(%/m)	点源	线源	组合源
ζ	66.3	60.4	63.4

5.2　不同分离方式产生的冲击响应功率谱比较

本文讨论的 3 种航天器其响应量级受多种因素影响，没有可比性，由于这里只关注按功率谱在不同频率内的能量相对分布，所以在每一种分离冲击数据中，挑选分离面测点中响应最大的一个，计算其功率谱密度并用其最大值进行归一化，然后进行比对，如图 17 所示，从图中可以看出，功率谱峰值对应的频率点源最高，组合源最低，线源在两者之间，从频谱宽度上来说，点源引起的冲击响应频率成分最为丰富，线源和组合源的功率谱分布相对集中。

5.3　结束语

通过本文的分析可以发现，不同分离方式下航天器结构上的冲击响应既有共性又有区别，共同的特点是最大的冲击响应一般发生在冲击源附近，航天器结构上的响应随着距冲击源距离的增加发生衰减，且高频衰减比低频更加明显，但衰减的速度在变缓。不同之处在于：①点源和组合源引起冲击时域响应呈现多峰值特性，而线源引

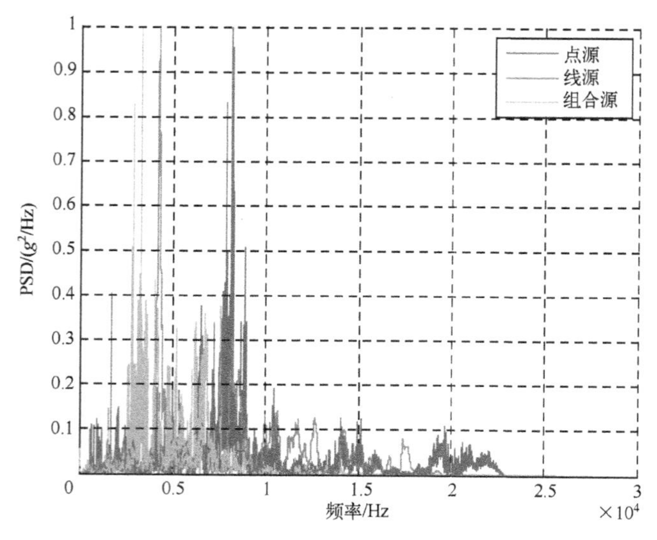

图 17　不同分离方式分离面测点加速度功率谱密度

起的冲击时域响应呈现单峰值特性；②冲击响应频率谱密度分析表明，从频谱宽度上来说，点源引起的冲击响应频率成分最为丰富，线源和组合源的功率谱分布相对集中；③单位长度冲击响应的衰减率来说，点源的衰减最多，线源最少，组合源居中。

参考文献

[1] 张欢，刘天雄，李长江，等．航天器火工冲击环境防护技术现状与应用［J］．航天器工程，2014，23（2）：104-113.

[2] 张欢，刘海平，刘天雄，等．航天器火工冲击载荷减缓设计与验证［J］．装备环境工程，2015，12（3）：34-41.

[3] Moening C J. Pyrotechnic shock flight failures［C］. Institute of Environmental Sciences Pyrotechnic Shock Tutorial Program，31st Annual Technical Meeting，Washington D. C.，NASA，1985：04-05.

[4] Timmins A R，Heuser R E. NASA Technical Note. A Studyof First-day Space Malfunctions［R］. NASA TND-6474，1971.

[5] 方绪文．表面加工悬臂梁在冲击下的可靠性分析［D］．南京：东南大学，2005.

[6] 陈光焱．微加速度开关在高冲击环境中的防护技术研究［J］．传感器与微系统，2007，26（10）：45-47.

[7] 李乐，祖静，徐鹏．晶振芯片在高 g 值冲击下的失效机理分析［J］．仪器仪表学报，2006，27（6）：2589-2590.

[8] 王世勋．复合材料夹芯结构的力学性能［D］．哈尔滨：哈尔滨工业大学，2010.

[9] Kim H，Welch D A，Kedward K T. Experimental investigation of high velocity ice impacts onwoven carbon/epoxy composite panels. Composites Part A，2003，34（1）：25-41.

[10] 王军平．点式火工分离装置冲击载荷作用机制的数值模拟研究［J］．振动与冲击，2013（2）：9-13.

[11] NASA-STD-7003A. Pyroshock Test Criteria［S］. NASA Technical Standard. Washington，DC，USA，2011.

[12] 肖伟，陈忠贵，钱志英．一箭多星发射直接入轨的卫星构型研究［J］．航天器工程，2012，21（1）：43-47.

[13] 张建华．航天产品的爆炸冲击环境技术综述［J］．导弹与航天运载技术，2005（3）：30-36.

[14] 何春全，严楠，叶耀坤．导弹级间火工分离装置综述［J］．航天返回与遥感，2009，30（3）：70-77.

[15] 刘怀亮，崔德林，阎绍泽．航天器中爆炸切割器的爆炸断裂及冲击响应分析［J］．振动与冲击，2015，34（18）：177-182.

随机振动环境下航天器单机的质量衰减与布局优化

方耀鹏，刘　刚，李友遐，尹家聪
（中国空间技术研究院通信与导航卫星总体部，北京，100094）

摘要：航天器承受的随机环境主要来自主动段整流罩外的气动噪声与发动机燃烧不稳定产生的推力脉动。单机耳片处的随机环境量级一般比未布置单机的舱板处小，且单机质量越大，其安装处的随机环境量级越小。本文针对单机在随机环境下的质量衰减效应开展了理论与仿真研究，并提出了一种针对卫星舱板在整星噪声下响应的有限元仿真预示方法，结合若干型号噪声试验数据分析不同布局与不同测点位置下的随机加速度功率谱密度曲线差异，有助于避免不必要的过设计与过试验，进一步提升试验有效性。

关键词：随机振动；质量衰减；单机布局

1　引言

航天器承受的随机环境主要来自主动段整流罩外的气动噪声与发动机燃烧不稳定产生的推力脉动。推力脉动沿箭体结构向上传递，最终通过星箭对接面传至卫星。一般在 400～500Hz 时，推力脉动可忽略不计。而气动噪声引起的航天器随机振动占据主导地位，其频率上限可达 2000Hz 以上[1-3]。这两种随机振动综合在一起可作为制定随机振动条件的依据，通常频率范围为 20～2000Hz，以随机加速度功率谱密度的形式表达[4]。在随机振动环境下，航天器单机结构强度欠设计，轻则导致单机性能下降，重则导致航天器单点故障；而航天器单机结构强度过设计则导致卫星呆重显著增加，降低有效载荷比，增大发射成本[5]。

航天器一般单机在组件级试验中均须通过随机振动考核，其试验量级要求包络其在航天器舱板所处的随机环境。然而在航天器系统级噪声试验中，振动传感器位置往往粘贴在单机邻近的舱板自由面中间，测得的随机环境量级要恶劣于单机安装处，这导致了单机不必要的结构强度过设计[6-7]。一般单机质量在 0.1～50kg 不等，同一舱板上若对质量差异较大的单机均采用同一随机振动试验量级，也会造成一定程度的过试验。ECSS 与 MIL 标准均规定了大质量单机随机振动试验量级的衰减方法，有必要对单机质量衰减效应进行理论论证与机理阐释[8-9]。

本文第 2 节针对随机振动环境下单机质量衰减特性开展研究；第 3 节结合若干卫星型号舱板典型布局分析不同布局、测点位置与随机加速度功率谱密度之间的定量关系；第 4 节为全文总结，可为今后制订随机试验量级、试验评估与布局优化提供参考。

2　随机振动下单机质量衰减效应

2.1　质量衰减效应理论分析

航天器单机一般通过螺栓固定在蜂窝芯夹层舱板内埋件，舱板的上下面板为铝合金材料，中间芯层为正交各向异性的铝蜂窝芯。舱板弯曲刚度主要由面板提供（呈各向同性），面内剪切主要由蜂窝芯提供（呈正交各向异性）。因单机尺寸显著小于舱板特征尺寸，在噪声试验中通常忽略单机几何形体对噪声的反射与耗散作用，将单机质量视为附加在舱板上的非结构质量，仅考虑其面积质量比。在此基础上，假设如下条件成立[10]。

（1）随机激励在时间与空间随机变化。

（2）随机激励是具有高斯概率分布的平稳且各态历经随机过程。

（3）线性小挠度理论成立。

（4）板的噪声响应以前几阶模态响应为主，尤其以基频响应为主。

由正交模态法，假定板的挠曲位移可表达为正交振型之和，即

$$W(\bar{x},t)=\sum_{r}W_{r}(\bar{x})\zeta_{r}(t) \tag{1}$$

式中：$\bar{x}$ 为板面上点位置坐标；$W_{r}(\bar{x})$ 为第 r 阶模态振型；$\zeta_{r}(t)$ 为第 r 阶模态广义坐标。

位移谱密度表达式：

$$G_{W}(\bar{x},\omega)=\sum_{r}\sum_{s}W_{r}(\bar{x})W_{s}(\bar{x})\Omega_{rs}(\omega) \tag{2}$$

式中：$\Omega_{rs}(\omega)=\dfrac{H_{r}(\omega)H_{s}^{*}(\omega)}{M_{r}M_{s}}\iint_{A_1A_2}W_{r}(\bar{x}_1)W_{s}(\bar{x}_2)G_{p}(\bar{x}_1,\bar{x}_2,\omega)\mathrm{d}A(\bar{x}_1)\mathrm{d}A(\bar{x}_2)$。$*$表示共轭复数，$M_r$ 与 M_s 分别为第 r 阶和第 s 阶广义质量，$G_{p}(\bar{x}_1,\bar{x}_2,\omega)$ 为两点噪声激励的互谱密度函数，$H_{r}(\omega)=\dfrac{1}{(\omega_r^2-\omega^2+2\mathrm{i}\xi_r\omega_r\omega)}$ 为频率响应函数。

在整个频段上对位移谱密度进行积分，可得均方位移响应表达式：

$$\begin{aligned}W^{2}(\bar{x},t)&=\int_{0}^{\infty}G_{W}(\bar{x},\omega)\mathrm{d}\omega\\&=\sum_{r}\sum_{s}W_{r}(\bar{x})W_{s}(\bar{x})\int_{0}^{\infty}\Omega_{rs}(\omega)\mathrm{d}\omega\end{aligned} \tag{3}$$

均方加速度响应表达式：

$$\ddot{W}^{2}(\bar{x},t)=\sum_{r}\sum_{s}W_{r}(\bar{x})W_{s}(\bar{x})\int_{0}^{\infty}\omega^{4}\Omega_{rs}(\omega)\mathrm{d}\omega \tag{4}$$

假定随机激励沿板面均匀分布且同向，则互谱密度 $G_{p}(\bar{x}_1,\bar{x}_2,\omega)\equiv G_{p}(\omega)$ 为随机激励谱密度，在小阻尼情形下（$\xi_r\leqslant 0.05$），模态分离较明显，可认为在共振峰附近频带上谱密度 $G_{p}(\omega)$ 近似为常数，故有如下关系式：

$$\begin{cases}\displaystyle\int_{0}^{\infty}|H_{r}(\omega)|^{2}G_{p}(\omega)\mathrm{d}\omega=\frac{\pi G_{p}(\omega_r)}{4\xi_r\omega_r^{3}}\\ \displaystyle\int_{0}^{\infty}\omega^{4}|H_{r}(\omega)|^{2}G_{p}(\omega)\mathrm{d}\omega=\frac{\pi\omega_r(1+\xi_r^{2})}{4\xi_r}G_{p}(\omega_r)\end{cases} \tag{5}$$

忽略模态交叉项，由式（5）可得均方位移与均方加速度响应表达式：

$$\begin{cases}\displaystyle W^{2}(\bar{x},t)=\sum_{r}\frac{\pi G_{p}(\omega_r)}{4\xi_r\omega_r^{3}M_r^{2}}I_{rr}W_r^{2}(\bar{x})\\ \displaystyle\ddot{W}^{2}(\bar{x},t)=\sum_{r}\frac{\pi\omega_r(1+\xi_r^{2})}{4\xi_rM_r^{2}}G_{p}(\omega_r)I_{rr}W_r^{2}(\bar{x})\end{cases} \tag{6}$$

式中 $I_{rr}=\left[\int_{A}W_{r}(\bar{x})\mathrm{d}A(\bar{x})\right]^{2}$。

引入静态位移概念，$W_{or}^{2}(\bar{x})=\dfrac{I_{rr}}{\omega_r^{4}M_r^{2}}W_r^{2}(\bar{x})$ 为单位均布静态压力作用下，板面上 $\bar{x}$ 点处的静态位移。将 $\omega_r=2\pi f_r$、$G_{p}(\omega_r)=G_{p}(f_r)/2\pi$ 与 W_{or} 代入式（6），可得

$$\begin{cases}\displaystyle W^{2}(\bar{x},t)=\sum_{r}\frac{\pi f_r}{4\xi_r}G_{p}(f_r)W_{or}^{2}(\bar{x})\\ \displaystyle\ddot{W}^{2}(\bar{x},t)=\sum_{r}\frac{4\pi^{5}f_r^{5}(1+4\xi_r^{2})}{\xi_r}G_{p}(f_r)W_{or}^{2}(\bar{x})\end{cases} \tag{7}$$

在基频模态主导下，式（7）简化为

$$\begin{cases}\displaystyle W^{2}(\bar{x},t)=\frac{\pi f_r}{4\xi_r}G_{p}(f_r)W_{or}^{2}(\bar{x})\\ \displaystyle\ddot{W}^{2}(\bar{x},t)=\frac{4\pi^{5}f_r^{5}(1+4\xi_r^{2})}{\xi_r}G_{p}(f_r)W_{or}^{2}(\bar{x})\end{cases} \tag{8}$$

假设舱板的位移函数为

$$W(x,y,t)=\sqrt{ab}\sum_{m}\sum_{n}X_{m}(x)Y_{n}(y)\xi_{mn}(t) \tag{9}$$

式中：a、b、h 分别为板的长、宽、厚；ρ 为板的密度；ρh 为板单位面积内的质量；$D=\dfrac{Eh^{3}}{12(1-\nu^{2})}$ 为板的抗弯刚度；简支边界 $X_{m}(x)=\sin(m\pi x/a)$，$Y_{n}(y)=\sin(n\pi y/b)$。

$$\begin{aligned}I_{mn}&=ab\left[\int_{0}^{a}\int_{0}^{b}X_{m}(x)Y_{n}(y)\mathrm{d}y\mathrm{d}x\right]^{2}\\&=\frac{a^{3}b^{3}}{\pi^{4}m^{2}n^{2}}[(-1)^{m}-1]^{2}[(-1)^{n}-1]^{2}\end{aligned} \tag{10}$$

因此，板在单位均布静态压力作用下第 (m,n) 阶静态位移响应：

$$W_{omn}(x,y)=\frac{\sqrt{I_{mn}}}{\omega_{mn}^{2}M_{mn}}\sqrt{ab}X_{m}(x)Y_{n}(y) \tag{11}$$

其中，模态质量 $M_{mn}=h\rho ab\int_{0}^{a}\int_{0}^{b}X_{m}^{2}(x)Y_{n}^{2}(y)\mathrm{d}y\mathrm{d}x=\dfrac{\rho ha^{2}b^{2}}{4}$，模态频率 $\omega_{mn}=2\pi f_{mn}=\sqrt{D/\rho h}[(m/a)^{2}+(n/b)^{2}]\pi^{2}$，当 $m,n=2,4,6,\cdots$ 时，$W_{omn}(x,y)=0$。

将式（11）代入式（8），可得基频主导下的均方位移与均方加速度响应表达式：

$$W^{2}(x,y,t)=\frac{32a^{3}b^{3}}{\pi^{10}\sqrt{\rho hD^{3}}}\frac{G_{p}(f_{11})\sin^{2}(\pi x/a)\sin^{2}(\pi y/b)}{\xi_{11}[b/a+a/b]^{3}} \tag{12}$$

$$\ddot{W}^{2}(x,y,t)=\frac{32\sqrt{D/(\rho h)^{5}}}{ab\pi^{2}}(1+4\xi_{11}^{2})\frac{G_{p}(f_{11})[b/a+a/b]}{\xi_{11}}\sin^{2}(\pi x/a)\sin^{2}(\pi y/b) \tag{13}$$

特别地，取 $a=b$，在 $x=a/2$、$y=b/2$ 处，板的均方位移与均方加速度取得最大值。对于安装不同质量单机的舱板，在同一输入条件 $G_{p}(f)$、舱板

面积 ab、模态阻尼 ξ_{11}、舱板弯曲刚度 D 下，其最大均方根位移与均方根加速度与单机质量 m 有如下关系：$[W_{\mathrm{rms}}]\propto m^{-1/4}$，$[G_{\mathrm{rms}}]_{\max}\propto m^{-5/4}$。即随着单机质量增大，单机安装处的最大均方根位移与最大均方根加速度随之降低。

2.2　质量衰减效应仿真分析

如图 1 所示，利用有限元仿真软件，在长宽均为 1000mm 的舱板中间放置一个尺寸为 200mm×200mm×200mm 的线弹性立方体（等效单机），约束夹层板四边位移，引入垂直板面的白噪声激励（平直谱）$0.05g^2/\mathrm{Hz}$@20~2000Hz，输入均方根加

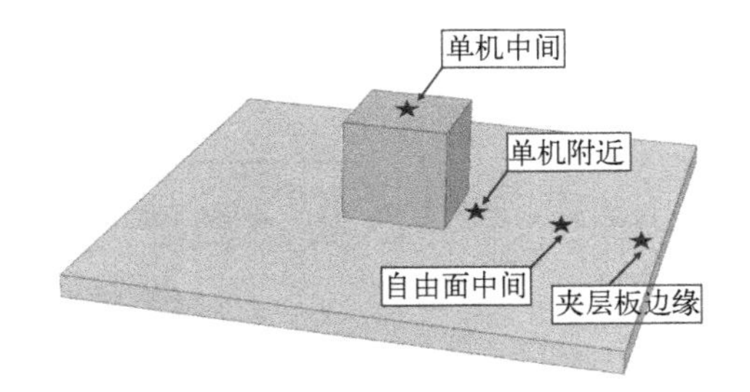

图 1　舱板测点位置示意图

速度为 $G_{\mathrm{rms}}=9.95g$。计算前 20 阶模态，模态阻尼 $\xi=0.02$。

舱板面板为铝合金材料，弹性模量 $E_{Al}=70\mathrm{GPa}$，泊松比 $\nu_{Al}=0.3$，密度 $\rho_{Al}=2700\mathrm{kg/m^3}$，厚度 $h_f=0.3\mathrm{mm}$；蜂窝芯厚度 $h_c=25\mathrm{mm}$，等效密度为 $\rho_c=104.8\mathrm{kg/m^3}$。将舱板等效为均质各向同性薄板，可得等效厚度 $h_{\mathrm{eq}}=\sqrt{h_f^2+3(h_c+h_f)^2}=43.8\mathrm{mm}$；等效弹性模量 $E_{\mathrm{eq}}=\dfrac{2E_{Al}h_f}{h_{\mathrm{eq}}}=0.96\mathrm{GPa}$ 等效密度 $\rho_{\mathrm{eq}}=\dfrac{2\rho_f h_f+\rho_c h_c}{h_{\mathrm{eq}}}=96.8\mathrm{kg/m^3}$。

1）舱板模态频率对比

由图 2 可知，装有单机的舱板起振一阶基频由自由状态 204.3Hz 降低至 64.7Hz，因单机设计基频不低于 140Hz，该振型下单机与舱板随动。频率高于 650Hz 时，振型主要表现为单机附近舱板自由面局部起振，单机安装处的振动受到抑制。

2）舱板振动频域对比

从图 3 可以看到，单机安装处的高频段振动受到抑制。

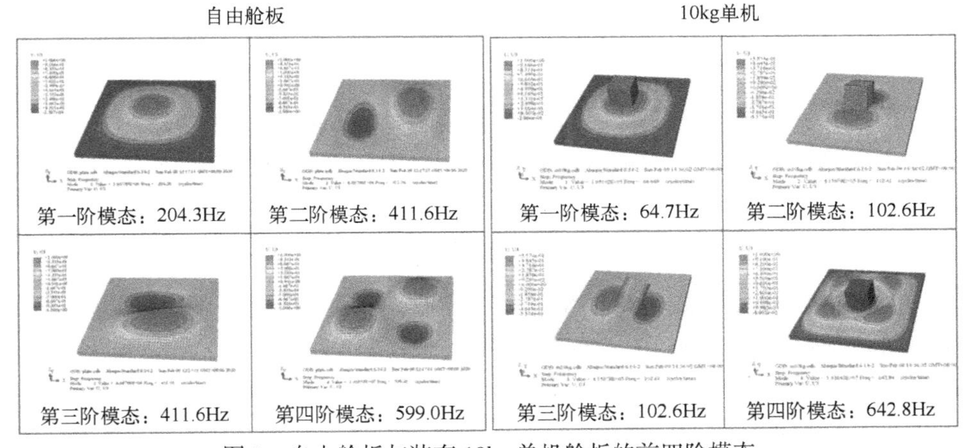

图 2　自由舱板与装有 10kg 单机舱板的前四阶模态

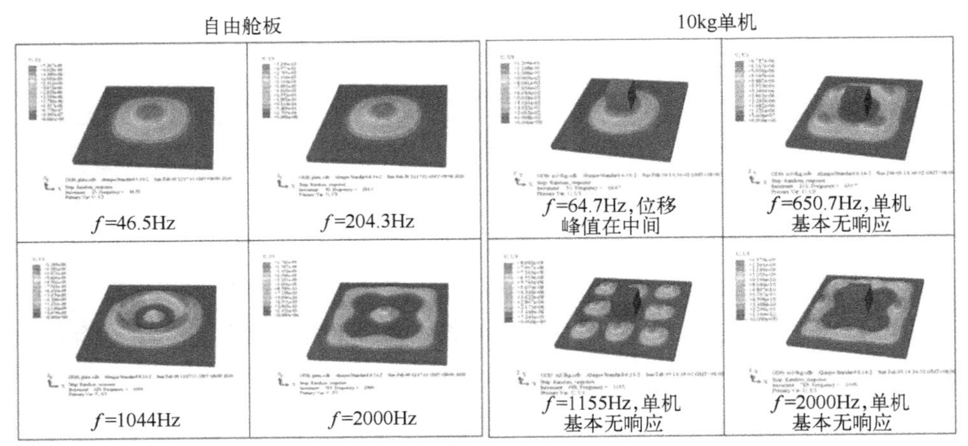

图 3　自由舱板与装有 10kg 单机舱板的振动位移频域分布

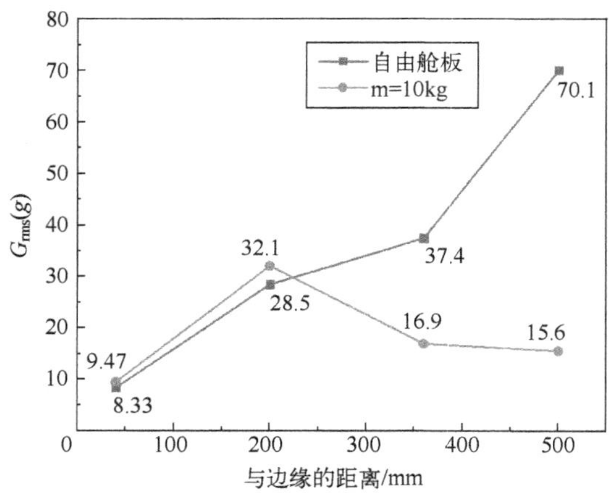
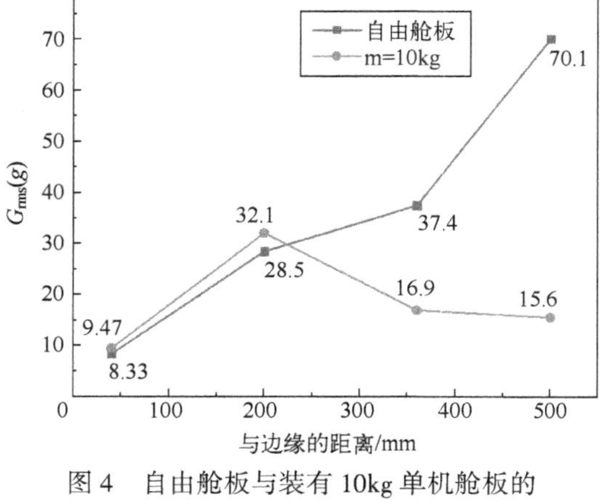

图 4　自由舱板与装有 10kg 单机舱板的不同位置均方根加速度

3）舱板不同位置的均方根加速度

由图 4 可知，装有 10kg 单机后，单机安装处及其附近的均方根加速度较自由舱板情形大幅降低，由 70.1g 降低至 15.6g。

4）不同质量单机的均方根加速度

由图 5 可知，单机质量由 10kg 增加至 70kg，单机安装处的均方根加速度进一步降低。单机均方根加速度随质量增加的衰减速度前期有一显著快速降低区间 10～25kg，衰减速度为-0.13g/kg；单机质量超过 50kg 后变化缓慢，对应衰减速度为－0.015g/kg，这与 2.1 节理论分析的趋势一致。

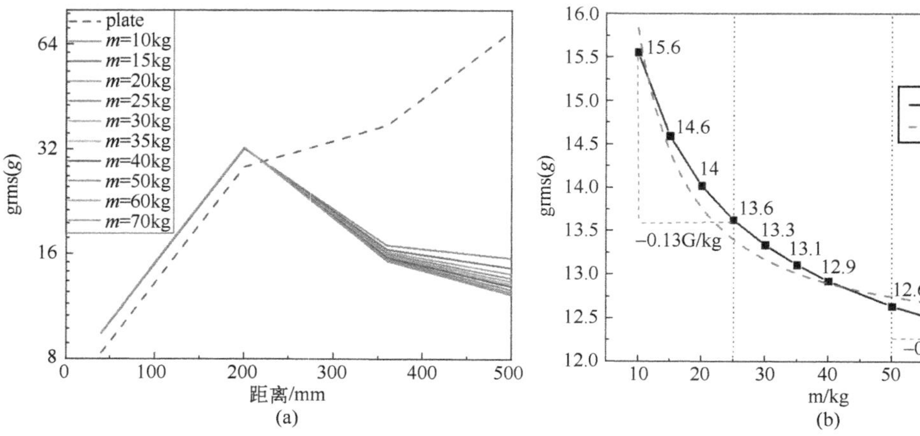

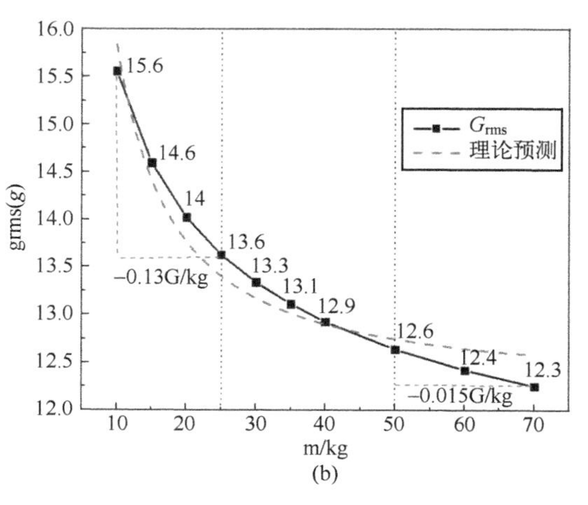

图 5　不同质量单机的均方根加速度以及变化曲线

（a）不同质量单机舱板在不同位置的均方根加速度；（b）均方根加速度随单机质量的变化曲线。

2.3　与 ECSS、MIL 对标

由 2.1 节、2.2 节可知，在同一随机激励输入条件下，单机存在质量衰减效应。ECSS-E-10-03A 规定如表 1 的随机振动质量衰减。MIL 规定：当组件质量大于 23kg 时，试验量级应除以衰减因子 $(M/23)^{0.5}$。如图 6 所示，以 10kg 单机随机量级为单位基准，可以得到均方根加速度的质量衰减曲线。仿真结果曲线介于 ECSS 与 MIL 曲线之间，均存在衰减速率随质量增大不断减小的趋势。未来条件允许下，有待通过原理性实验，进一步掌握质量衰减规律。

表 1　ECSS 随机振动质量衰减

频率/Hz	量级/(g^2/Hz)	备　注
20～100	+3dB/oct	适用质量不超过 50kg 的组件
100～300	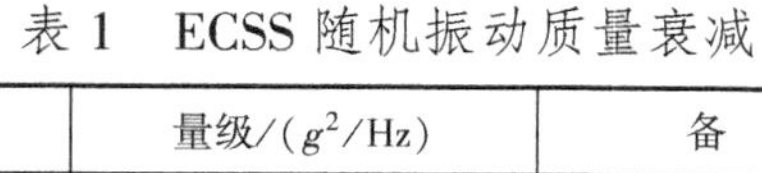 $0.05\dfrac{M+20}{M+1}$	
300～2000	-5dB/oct	
试验时间	三轴，每轴向 2.5min	

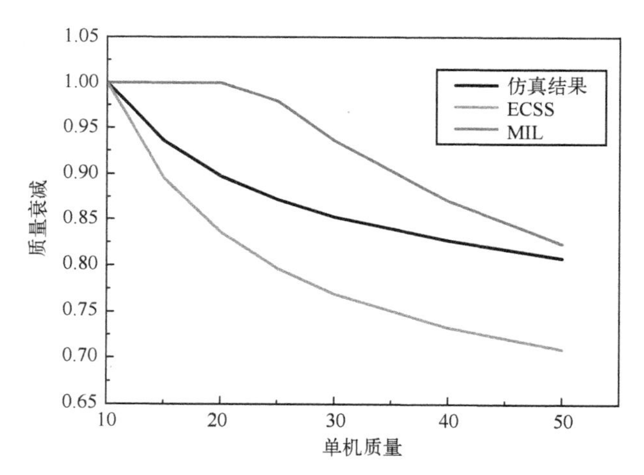

图 6　ECSS、MIL 与仿真结果的质量衰减曲线（以 10kg 单机为基准）

3　单机测点位置与布局优化

航天器单机除了组件级随机振动试验外，还须通过整星级噪声试验考核（如表 2 所列）。某卫

星平台服务舱的典型布局如图7所示，SA001与SA002为典型测点位置，质量特性如表3所列。考虑到舱板单机组合体模态密集度仍在有限元方法可承受范围内，借助网格细化与大规模并行计算等手段，可对舱板单机组合体进行噪声激励下的响应分析。在有限元仿真软件ABAQUS中建立模型，选取☆标志处为采集点，取前300阶模态（截止频率约6000Hz），计算1Pa等声压场下20～5000Hz频响分析中各采集点处的加速度传递函数（g/Pa）。模态阻尼参考统计能量法中耗散因子选取，进行分频段设置：20～200Hz取10%，200～500Hz取5%，500～5000Hz取2%。

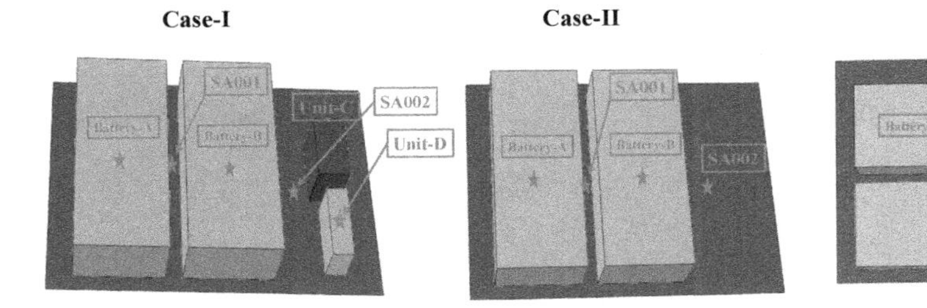

图7　某卫星平台服务舱典型布局

表2　某型号运载火箭噪声试验条件

倍频程中心频率/Hz	声压级/dB（参考声压：2×10^{-5}Pa）		试验容差/dB
	低量级	准鉴定级	
31.5	120	126	−2～+4
63	125	131	−2～+4
125	130	136	−2～+4
250	134	140	−2～+4
500	129	135	−2～+4
1000	125	131	−2～+4
2000	124	130	−2～+4
4000	123	129	−5～+4
8000	118	124	−5～+5
总声压级/dB	137.5	143.5	−1～+3
时间（秒）	40	60	0～10%

表3　服务舱各单机质量特性

	质量/kg	质心高度/mm	安装面尺寸/mm^2
Battery-A	50.7	118	801×324
Battery-B	50.7	118	801×324
Unit-C	4.2	100	242×112
Unit-D	2.6	80	272×74

将表2中声压级谱$L_p(f_i)$转换成声压等分辨率功率谱密度$\bar{S}_p(f_i)$（Pa^2/Hz）：

$$\bar{S}_p(f_i)=\frac{p_0^2(10^{L_p(f_i)/10})}{f_{H_i}-f_{L_i}} \tag{14}$$

式中：f_i为第i个倍频程的中心频率（Hz）；$p_0=2\times10^{-5}$Pa为参考声压；f_{L_i}与f_{H_i}分别为第i个倍频程的频率下限（$f_i/\sqrt{2}$）与频率上限（$\sqrt{2}f_i$）。将仿真得到的加速度传递函数平方（g^2/Pa^2）乘以声压等分辨率功率谱密度（Pa^2/Hz）可得噪声条件下舱板各采集点的随机加速度功率谱密度曲线（g^2/Hz）。

3.1　不同布局的测点响应

如图8所示，Case-Ⅱ与Case-Ⅲ相比Case-Ⅰ少了Unit-C与Unit-D，舱板自由表面增加，对应的SA002测点响应增大。当频率达到500Hz左右，Case-Ⅱ因无单机质量抑制，其舱板局部自由面一阶模态振型主导（见图9），使得SA002Y的响应峰值相比于Case-Ⅰ提前。这解释了试验实测结果Case-Ⅱ的SA002Y功率谱密度峰值1.124g^2/Hz@454Hz大于Case-Ⅰ对应的0.414g^2/Hz@1512Hz（见表4）。Case-Ⅲ蓄电池水平安装会导致蓄电池低频振动峰提前，且均方根加速度高于Case-Ⅱ。

表4　测点SA002-Y的仿真与试验结果比较

	PSD峰值/(g^2/Hz)		grms/g	
	试验值	仿真值	试验值	仿真值
Case-Ⅰ	1.124@454Hz	1.14@481Hz	14.9	15.0
Case-Ⅱ	0.414@1512Hz	0.475@1642Hz	9.2	12.5
Case-Ⅲ	-	2.86@751Hz	-	20.5

如图10所示，Case-Ⅰ与Case-Ⅱ的SA001Y测点仿真结果曲线基本一致，说明蓄电池中间测点SA001对蓄电池旁有无安装小质量单机并不敏感，实测结果也支持了仿真预示。值得注意的是，Case-Ⅲ蓄电池水平安装会导致蓄电池低频振动峰提前，存在与卫星较低主频耦合的风险，布局设计时应加以关注。

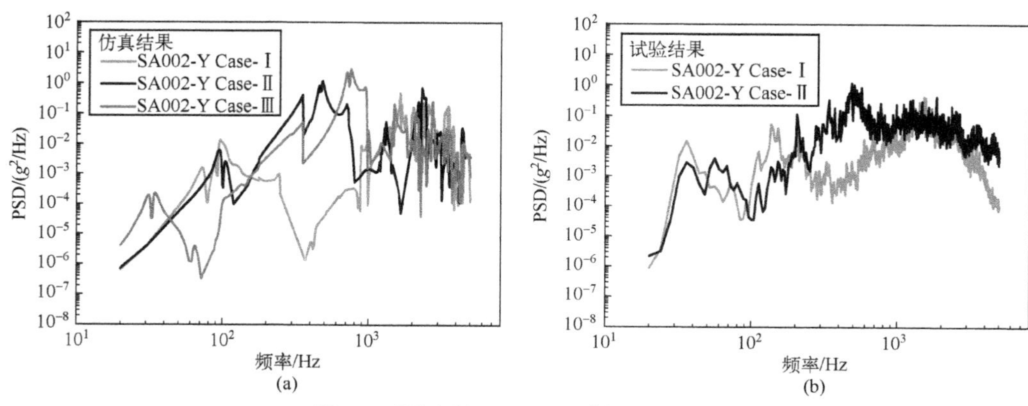

图 8　不同布局下 SA002 测点 PSD 曲线

（a）仿真结果；（b）试验结果。

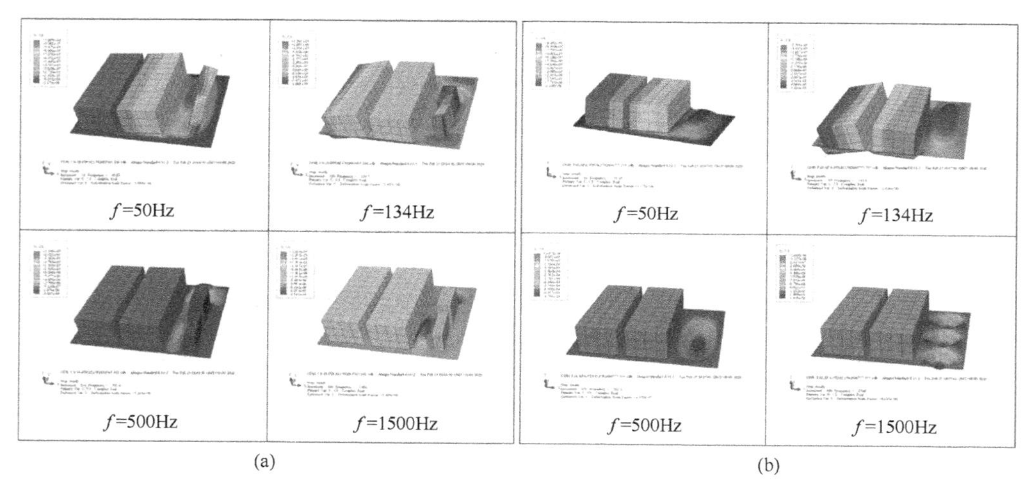

图 9　Case-Ⅰ与 Case-Ⅱ的频响振型

（a）Case-Ⅰ；（b）Case-Ⅱ。

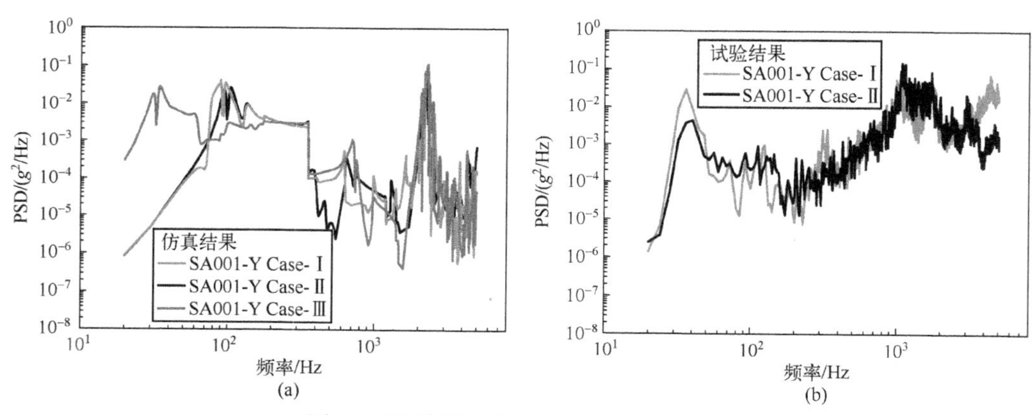

图 10　不同布局下 SA001 测点 PSD 曲线

（a）仿真结果；（b）试验结果。

表 5　测点 SA001-Y 的仿真与试验结果比较

	PSD 峰值/(g^2/Hz)		grms/g	
	试验值	仿真值	试验值	仿真值
Case-Ⅰ	0.08@1716Hz	0.076@2286Hz	6.9	3.2
Case-Ⅱ	0.147@1084Hz	0.06@2313Hz	5.6	2.8
Case-Ⅲ	—	0.11@2309Hz	—	4.0

3.2　同一布局的测点位置

对于 Case-Ⅱ布局，由图 11 可知，蓄电池中间测点 SA001 与蓄电池随机环境相当，而蓄电池侧边测点 SA002 振动环境显著恶劣于蓄电池所处随机环境。在进行噪声试验评估时，蓄电池随机环境应以 SA001 测点数据为准。

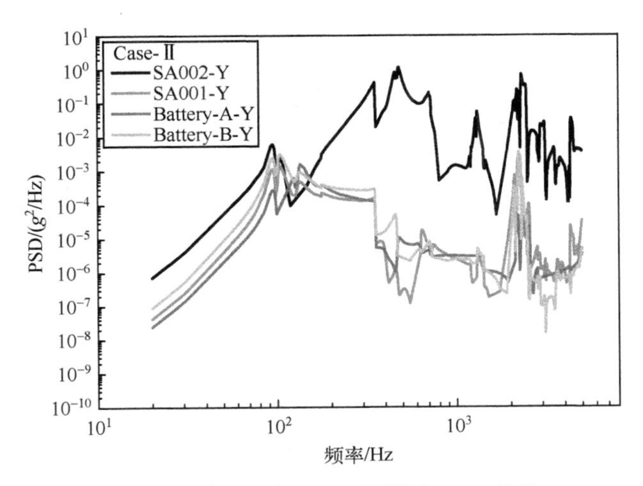

图 11　Case-Ⅱ布局下不同测点 PSD 曲线

4　结束语

（1）本文通过理论与仿真分析了单机在随机环境下的质量衰减效应，并同 ECSS 与 MIL 标准进行了横向比较，指出了在制订组件级随机振动条件时须充分考虑质量衰减效应，避免不必要的过设计与过试验。

（2）针对整星级噪声试验，本文提出了一种针对卫星舱板在整星噪声下响应的有限元仿真预示方法，定量预示了不同布局与不同测点位置下的随机加速度功率谱密度曲线的差异，为后续的布局优化与试验数据有效性评估提供了有力支撑。

参考文献

[1] 马兴瑞，于登云，韩增尧，等．星箭力学环境分析与试验技术研究进展［J］．宇航学报，2006（03）：5-13.

[2] 张玉梅，韩增尧，邹元杰．随机振动环境下航天器结构强度设计方法综述［J］．力学进展，2012，042（004）：464-471.

[3] 杨新峰，辛强，单悌磊，等．激励频段对航天器随机振动载荷的影响［J］．航天器环境工程，2016，33（06）：581-588.

[4] 朱凤梧，张小达，金构叔．GJB 1027A-2005 运载器、上面级和航天器试验要求．国防科学技术工业委员会．2006：23-30.

[5] 韩增尧，邹元杰，朱卫红，等．航天器力学环境分析与试验技术研究进展［J］．中国科学，2019，049（002）：1-18.

[6] Wada B K. Historical overview of structural modeling, design loads and testing of spacecraft［J］. AIAA, 2000（25766）: 1-25.

[7] Kang B S, Choi W S, Park G J. Structural optimization under equivalent static loads transformed from dynamic loads based on displacement［J］. AIAA. 1999（1259）: 12-59.

[8] Space engineering testing. ECSS-E-10-03A. 2002.

[9] Environmental engineering considerations and laboratory tests. MIL-STD-810H. 2019.

[10] 屈伸．航空薄壁板结构在噪声载荷作用下响应的研究［D］．沈阳航空工业学院，2006.

[11] ABAQUS Theory Manual, Version 6.10. Providence, RI: Dassault Systems. 2010.

[12] 尹家聪．一种航天器噪声试验外推预示方法［r］．中国航天科技集团航天器总体技术专业组年会，2014.

航天器大型部件振动控制方案及其试验验证

邹元杰[1]，葛东明[1]，刘绍奎[1]，张少辉[1]，郑钢铁[2]，徐明龙[3]，董龙雷[3]，方永刚[4]

（1. 北京空间飞行器总体设计部，北京，100094；
2. 清华大学航天航空学院，北京，100084；
3. 西安交通大学机械结构强度与振动国家重点实验室，西安，710049；
4. 西安空间无线电技术研究所，西安，710000）

摘要："十二五"以来，我国在民用航天项目的支持下，针对大型可展开环形天线开展了被动振动控制和主动振动控制的相关理论、仿真分析和地面试验验证研究，为未来主被动控制技术在大型天线上的工程应用奠定了研究基础。振动控制技术的理论研究和在其他行业的工程应用尝试已经有较长的历史和丰硕的成果，但针对大型星载天线的应用研究尚不多见。星载天线的低频、模态密集等特点使振动控制难度大大增加，其他行业的成功经验在航天器工程领域未必有效。一些理论相对成熟的振动控制方法，是否真的适用于大型可展开天线，值得深入研究和实践检验。论文针对大型天线伸展臂设计了两种被动阻尼器，针对环形桁架设计了主动振动控制系统，而后，将控制装置安装于实际天线结构进行控制效果的试验验证。试验结果表明：安装被动阻尼器后天线伸展臂振动响应幅值下降60%，采用主动振动控制后天线环形桁架结构响应幅值下降90%，验证了控制措施的有效性。

关键词：环形天线；振动控制；主动控制；被动控制；试验验证

1 引言

在航空航天领域，随着航天器运载能力和任务要求的进一步提高，大型、复杂、变结构、变构型和具有大柔性机构结构部件的航天器不断涌现，它们通常由航天器主体附加某些弹性部件如太阳帆板、大型天线、桁架、操纵臂以及柔索结构等构成。大型柔性空间结构的动力学分析、试验研究与振动控制成为新的研究领域，是航天结构设计与控制问题的一个重要发展趋势。

随着航天技术进步，有效载荷对动力学环境的要求越来越高，要求指向精度的保持性和抗扰动能力高，因此在轨振动问题日益突出，迫切需要提高有效载荷系统的振动抑制能力。大型柔性可展开天线结构的主动振动控制通过控制器的设计可以在一定程度满足工程的需要，其所能达到的精度的限制也是明显的。自20世纪90年代开始，在美国对于要求定位精度很高的大容量通信卫星的天线，广泛开展了采用智能结构的研究。相比主动振动抑制技术，被动阻尼技术无须使用外能源，利用材料本身进行能量耗散实现对振动的控制，其结构简单，成本低，通常而言，结构的被动振动控制是指结构系统的被动阻尼设计，所有被动阻尼设计的目标都是最大程度地吸收并耗散感兴趣频段内模态的模态应变能。被动阻尼系统具有系统稳定性高、鲁棒性好、结构简单、成本低等优点。总之，开展大型柔性可展开天线主被动振动抑制技术研究将会有效降低网面振幅，从而提高天线收发质量。

"十二五"以来，我国针对大型可展开环形天线开展了被动振动控制和主动振动控制的相关理论、仿真分析和地面试验验证研究，为未来主被动控制技术在大型天线上的工程应用奠定了研究基础。振动控制技术的理论研究和在其他行业的工程应用尝试已经有较长的历史和丰硕的成果，但针对大型星载天线的应用研究尚不多见。星载天线的低频、模态密集等特点使振动控制难度大大增加，其他行业的成功经验在航天器工程领域未必有效。一些理论相对成熟的振动控制方法，是否真的适用于大型可展开天线，值得深入研究和实践检验。论文针对大型天线伸展臂设计了两种被动阻尼器，针对环形桁架设计了主动振动控制系统，而后，将控制装置安装于实际天线结构进行控制效果的试验验证。试验结果表明：安装被动阻尼器后天线伸展臂振动响应幅值下降60%，采用主动振动控制后天线环形桁架结构响应幅值下降90%，验证了控制措施的有效性。

2 大型环形天线主被动振动控制方案

大型环形天线比较复杂，主被动振动控制实施起来难度比较大，根据大型环形天线的特点，拟针对不同部位分别实施被动和主动振动控制措施，达到主被动协同控制的效果。其中，对于被动减振，拟研制两种被动阻尼器——黏弹阻尼器和金属阻尼器，其主要应用对象为大型天线伸展臂，在试验数据对比分析的基础上，优选出一种减振效果较好的阻尼器。对于主动减振，拟在反射器上实施（图1），需要重点研究总体控制方案、控制策略、控制系统研制以及传感器和作动器的布局优化问题。

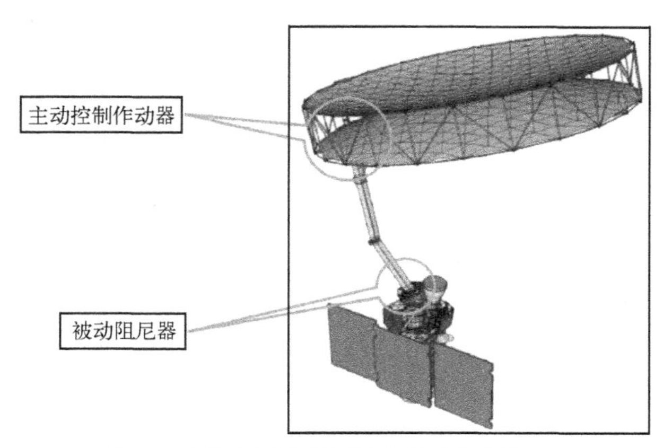

图1 主被动振动控制的总体方案示意图（以美国SMAP卫星为例）

2.1 被动阻尼器研制

以大型柔性可展开天线为研究对象，采用阻尼器开展振动被动控制研究。针对大型天线伸展臂结构安装阻尼器，以控制天线结构低阶整体模态的振动响应。采用两种方案研制阻尼器，一种是金属阻尼器方案，另一种是黏弹阻尼器方案。从数值模拟方法、参数设计、布局优化依次开展研究，完成阻尼器研制，并开展单机验证试验，最终安装到大型天线伸展臂结构上进行被动减振效果的验证试验。

2.1.1 金属阻尼器研制

金属阻尼器构型设计：为充分利用金属橡胶高刚度、高阻尼的特性，设计了直连型金属橡胶阻尼器（图2），完全通过金属橡胶来承受激励载荷。为增强阻尼，在周向需要尽可能多地布置阻尼元件——金属橡胶。在周向均匀布置了8对金属橡胶。基础连接件与基础固连，套筒通过紧固螺丝与基础连接件固连。在套筒与伸展臂连接件之间是8对金属橡胶。这种结构的刚度比金属橡胶-波纹管阻尼器低，并且阻尼特性更好。

实际阻尼器两端要有法兰与卫星本体和伸展臂连接；基础连接件与伸展臂连接件之间要留出空隙以容纳阻尼器变形，避免两者干涉。金属橡胶作为阻尼来源，希望其占据空间比例越大越好，而安装越靠外越好，以充分利用变形。一周尽可能多地布置了8组金属橡胶。为充分利用空间，金属橡胶外径要取得适中。螺栓、套筒的作用是与基础连接件形成一个整体，因此需要有较大刚度。

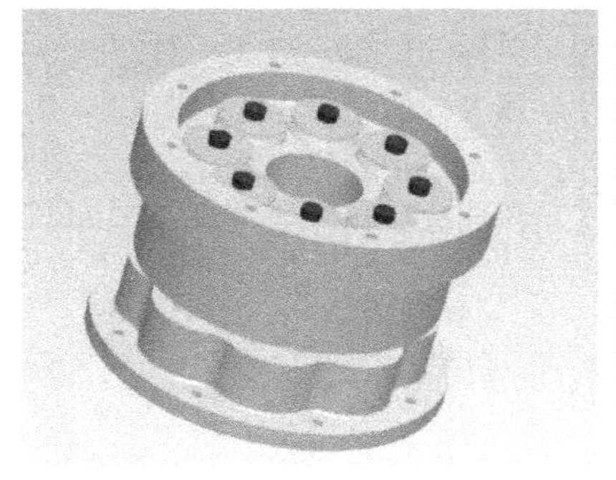

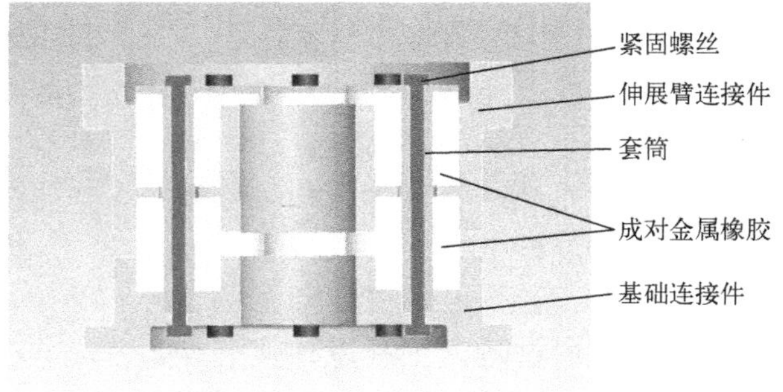

图2 直连型金属橡胶阻尼器外形及剖面

2.1.2 黏弹性阻尼器研制

黏弹阻尼器外形及剖面如图3所示。该阻尼器的原理为约束阻尼结构，安装于伸展臂根部。针对黏弹阻尼材料在增大系统阻尼的同时，往往会带来刚度下降的特点，黏弹阻尼器设计了两种传力路径，主传力路径保证系统的刚度满足设计要求，辅助传力路径保证黏弹阻尼材料发生所需的剪切变形。主传力结构为两端带法兰的中心管结构，材料为钛合金。辅助传力路径由剪切瓦和黏弹阻尼材料组成。4 对 1/4 圆柱剪切瓦安装于法兰外缘之上，在圆周方向上，剪切瓦均匀分布，但不连续，保证黏弹阻尼的剪切变形为最大。剪切瓦材料为钛合金，其中，内剪切片与下法兰相连，外剪切片与上法兰相连，每对剪切瓦之间黏接黏弹性阻尼材料，构成约束阻尼结构。当上下法兰受弯矩作用，内外剪切瓦将产生相互错动的运动，因而其中的黏弹阻尼材料会发生剪切变形，从而耗散振动能量。

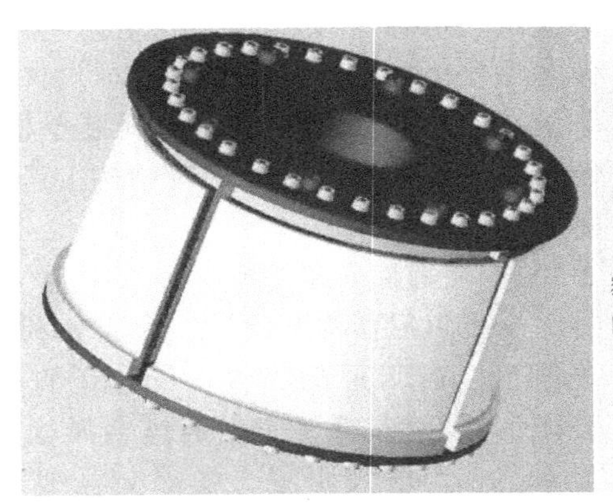
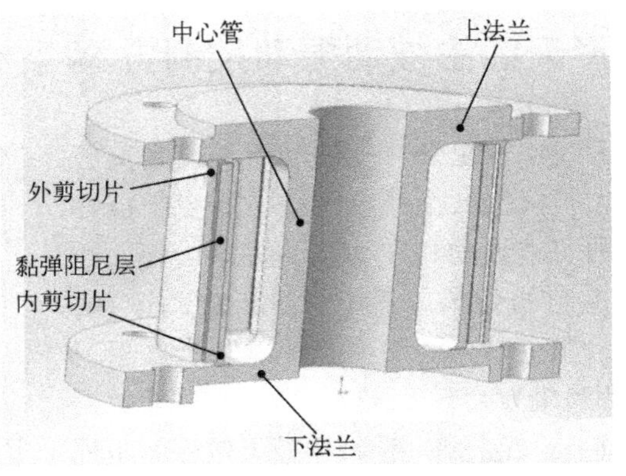

图 3 黏弹性阻尼器外形及剖面

主承力结构为钛合金，4 个 1/4 圆柱剪切瓦安装于法兰内缘之上，剪切瓦为钛合金剪切片与黏弹性阻尼材料（VEM）的夹芯结构，其中，内剪切片与上法兰相连，外剪切片与下法兰相连，弯曲振动时，VEM 发生剪切变形，从而耗散振动能量。

2.2 主动控制系统方案

振动主动控制研究工作以柔性天线为对象，开展振动主动控制系统的总体设计研究，给出控制器总体设计方案；开展控制策略和控制算法等研究，开展传感器和作动器的布局优化研究；开展主动控制系统的研制，在数值仿真的基础上，开展模拟实验研究，进行控制器电路的初步设计，完成系统电路的优化设计；控制器样机研制成功后，通过天线反射器结构的振动主动控制试验验证控制效果。

同样环形天线地面模型振动抑制的对象是它的一阶“摇头”模态响应。为了抑制该响应，“摇头”平面内，即 *XOY* 平面内，在环形天线地面模型两根斜支撑杆之间的直杆上靠近天线位置安装一对音圈电机磁作动器，音圈电机磁作动器的线圈分别与两根斜支撑杆通过凯夫拉纤维连接并保持成直线，凯夫拉纤维与斜支撑杆中心线应在 *XOY* 平面内，通过主动增加结构阻尼来实现振动响应控制。理论上音圈电机磁作动器应该尽可能地靠近天线位置安装，这样即使作动器输出较小的力也可达到满意的控制效果。考虑实际安装位置的可利用空间，音圈电机磁作动器与天线间隔了一定的距离。

为达到满意控制效果：即使天线结构产生微小的振动，控制系统依然可输出控制信号控制音圈电机磁作动器输出力，抑制天线结构的微振动，同时能够抑制音圈电机磁作动器冲击引起的局部振动，为此传感器布局在靠近作动器的天线结构竖杆中部。在对大型环形天线的仿真研究中，环形天线的前两阶模态为摇头模态和点头模态，因此在试验方案的设计考虑中，作动器的安装需要能提供抑制摇头和点头模态的力矩作用。根据目前状态，需要通过在斜支撑杆施加力矩作用进行振动抑制，考虑不影响环形天线的展开，设计了通过凯夫拉绳进行力传递的作动方式。

环形天线结构安装有 4 个作动器，作动器 2 处在与作动器 1 对称的位置，组成一对抑制摇头模态的作动器；作动器 3 与作动器 4 为一对抑制点头模态的作动器。作动器 1 与作动器 2 的安装示意图如图 4 所示。作动器 3 与作动器 4 的安装示意图如图 5 所示。

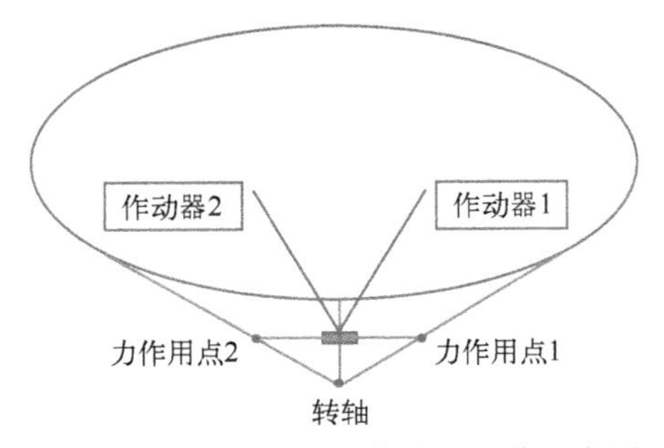

图 4 抑制摇头模态的作动器安装示意图

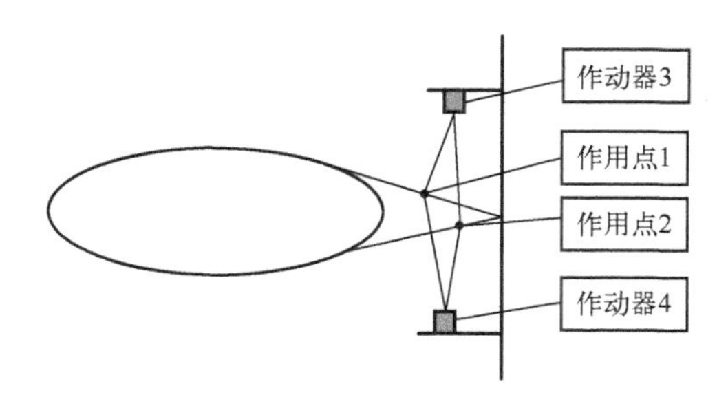

图5　抑制点头模态的作动器安装示意图

3　主被动控制的地面试验验证

采用主动振动控制方法对天线局部振动进行控制，主动振动控制装置位于小臂和环形桁架的辅助支撑位置，小臂末端固定连接在模拟墙上，天线桁架则通过悬索悬吊以模拟空间微重力环境，通过振动响应试验对主动控制装置的振动控制效果进行试验验证；采用被动减振试验对天线整体振动进行控制，天线伸展臂通过被动阻尼装置固定于地面，天线伸展臂末端附加配重以模拟天线的质量和转动惯量特性，将整个试验装置放置在气浮台上以消除重力影响，通过激励系统模态以验证被动阻尼装置的振动控制效果。

在模态试验方面，针对某环形天线鉴定件开展了试验研究，采用了刚体模态和弹性模态分段进行的、环境激励下的工作模态试验方法；在激励点对试件施加激励后，采集各测点的时域信号，将测得的时域信号经过消除趋势项、加窗、滤波、平滑等处理后，进行模态参数提取及振型显示。在被动振动控制试验方面，将展开臂根部固支，并置于气浮台上，通过安装阻尼器前后展开臂响应的变化来评估减振效果。在主动振动控制试验方面，针对某大型可展开天线的主要模态进行了振动主动控制验证；利用激光位移计测量位移响应，接到dSPACE系统作为测量和反馈信号，经过控制策略分析得到的反馈控制信号由dSPACE系统发出，再经过电压放大器送给作动器，实现振动主动控制。

通过多环节的精密装调控制，保障了天线形面精度能够达到总体指标要求；模态试验、主被动控制试验均取得了理想的效果，达到了获取大型柔性部件动特性、验证成果指标符合度的目的，同时也为未来相关技术的工程应用奠定了基础。

3.1　被动阻尼器验证

阻尼器地面试验方案如下。

（1）把阻尼器安装于伸展臂根部。

（2）为模拟展开臂在轨工作的状态，在转接臂的末端安装有模拟负载。

（3）展开臂与转接臂及模拟负载通过零重力气浮工装支撑，实现零重力卸载。

（4）展开臂展开状态的边界条件为展开臂根部固支。

（5）测量无阻尼器时，展开臂系统响应幅值。

（6）测量安装阻尼器后，展开臂系统的响应幅值。

（7）评估采用阻尼减振器后，结构在重要频率处的振动响应降幅。

参加阻尼器减振试验的产品和工装主要包括三部分：金属阻尼器、黏弹阻尼器、展开臂及转接臂和工装。展开臂与转接臂的展开状态如图6所示。展开臂与转接臂及模拟负载通过零重力气浮工装支撑，实现零重力卸载。

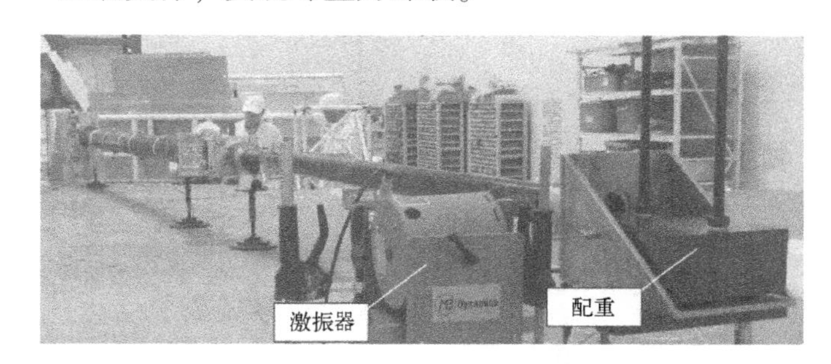

图6　展开臂展开状态图

展开臂展开状态的边界条件为展开臂根部固支。展开臂利用气浮装置实现模拟零重力状态，其中模拟负载安装在转接臂的末端，并有气浮支撑（如图7、图8所示）。

阻尼器安装在展开臂的根部，表1为测试的模态特性，自由振动响应测试的试验结果如图9和图10所示。由图可知，从第5个振动周期的响应幅值看，不安装阻尼器的最大响应幅值为8mm，安装黏弹阻尼器的最大响应幅值为2mm，响应幅值下降79%；安装金属阻尼器的最大响应幅值为3mm，响应幅值下降67%。

表1　伸展臂模态特性试验

工　况	阶　数	模态频率/Hz
未装阻尼器	第1阶	0.281
	第2阶	3.4063
安装阻尼器	第1阶	0.229
	第2阶	3.0222

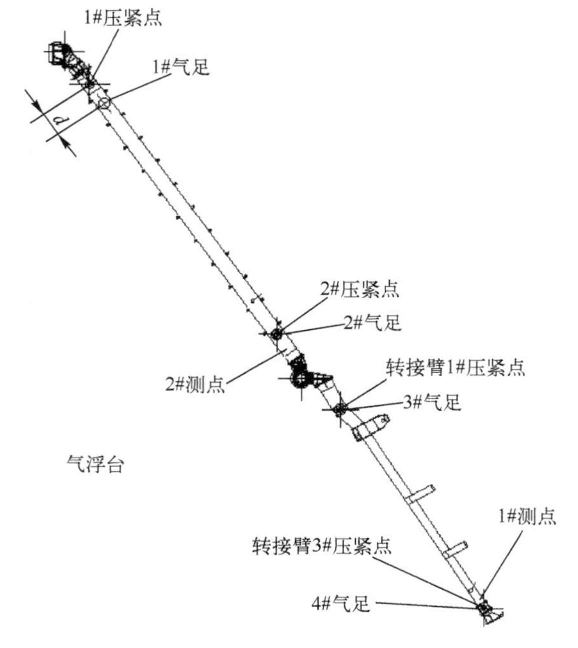

图 7　气足和测点布置示意图

图 8　模拟负载及支撑气足

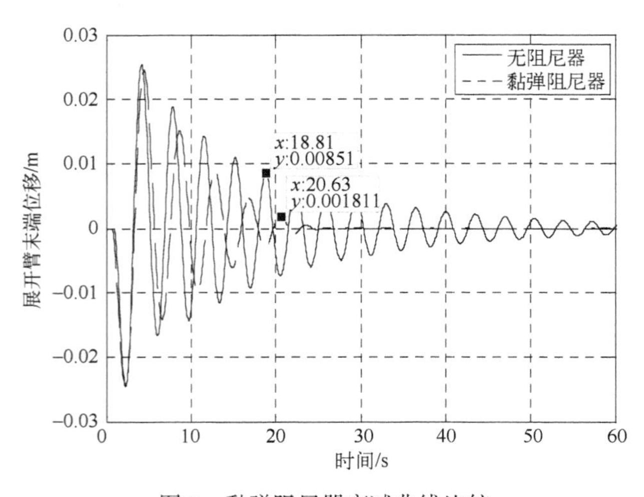

图 9　黏弹阻尼器衰减曲线比较

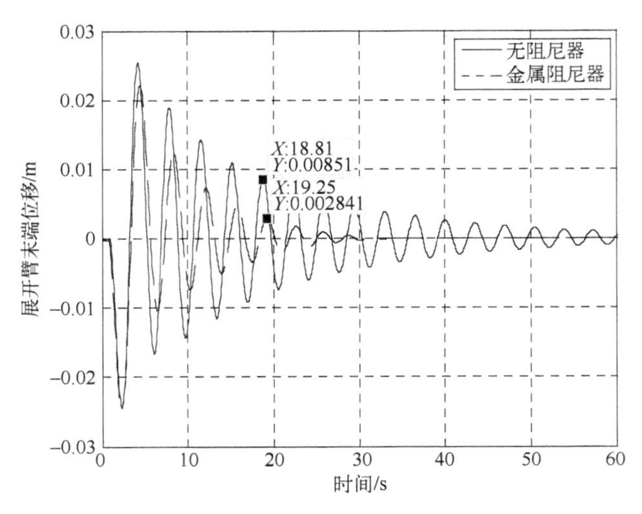

图 10　金属阻尼器衰减曲线比较

3.2　主动振动控制装置验证

根据抑制摇头模态的需求，传感器的安装也以反映摇头模态为原则，沿环形天线径向布置了不同的测点，示意图如图 11 所示。

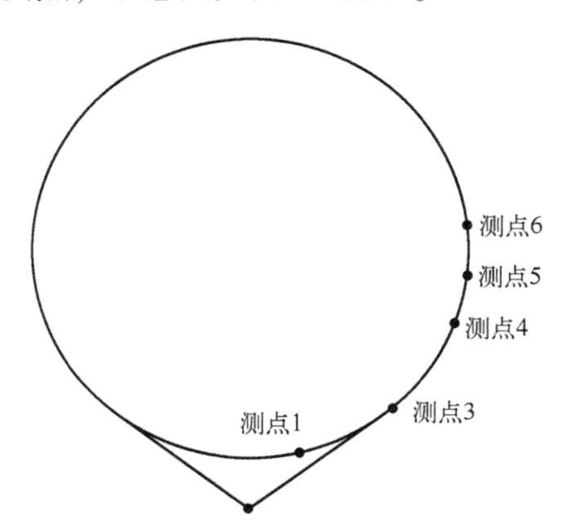

图 11　传感器测点布置示意图

另外，考虑环形天线经受持续扰动激励的情况，安装了扰动激振器（APS400 激振器系统）。扰动激振器安装在测点 1 与测点 3 中间的某节点上，现场安装图如图 12 所示。作动器安装位置如图 13 所示。

图 12　扰动激振器现场安装图

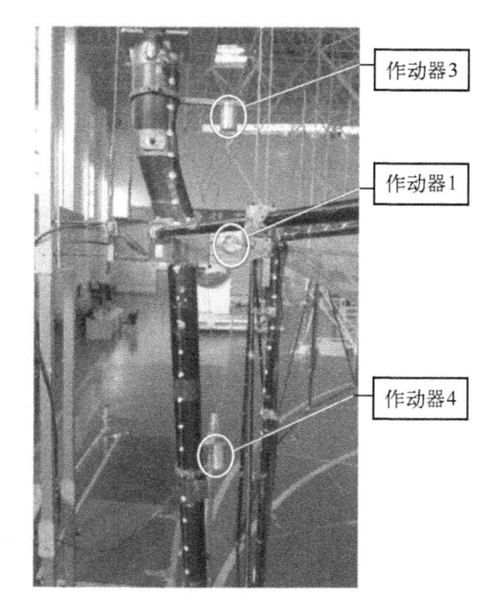

图 13　作动器安装位置

主动振动控制系统地面试验方案如下。

(1) 试验件由反射器、传感器、作动器、控制器、激振器以及控制软件系统等组成。

(2) 将试验对象悬挂并展开，使其处于试验状态。

(3) 控制器输出激励信号，使试验对象处于激振阶段。

(4) 控制器停止输出激励信号，输出控制信号，使试验对象快速衰减。

(5) 传感器采集振动信号并存储至 Dspace 控制器。

(6) 测量采用主动振动控制系统后，结构在重要频率处的振动响应降幅。

反射器模态测试结果如表 2 所列，采用主动振动控制的响应测试结果如图 14 所示。从图上可知，主动振动控制系统启动后，反馈点位移响应幅值下降 90%。

表 2　反射器模态特性试验

阶　数	频率/Hz	振 型 描 述
1	0. 2659	摇头
2	2. 2674	点头
3	2. 5871	扭转

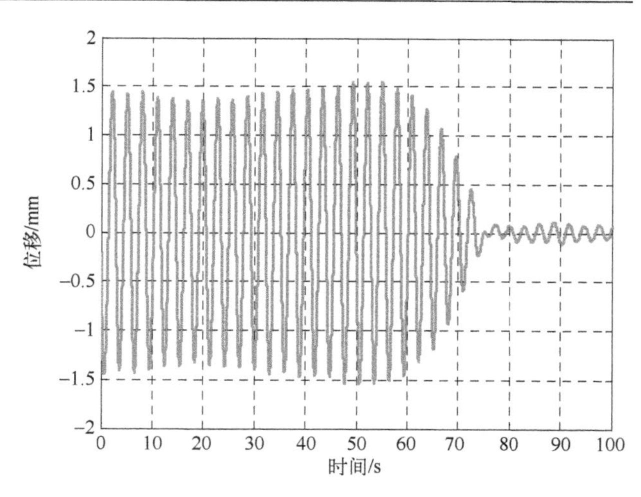

图 14　主动振动控制效果

4　结束语

本文提出了用于航天器大型柔性部件的新型黏弹阻尼器和金属阻尼器设计方案，被动阻尼器有两条传力路径，主传力路径保证阻尼器与系统刚度的匹配，辅助传力路径保证阻尼材料耗能所需的剪切变形。该阻尼器能够改善大型柔性部件的阻尼特性，安装在伸展臂的试验结果表明：结构在重要频率处的振动响应，安装黏弹阻尼器的响应幅值下降 78. 7%；安装金属阻尼器的响应幅值下降 66. 6%，被动控制效果显著。从减振效果上看，黏弹性阻尼器的振动控制效果相对较好，但金属阻尼器具有空间环境适应性强的特点，后期在工程应用时应结合具体任务要求，综合考虑各种因素，进行阻尼器的选择与设计。所设计的主动振动控制系统，针对某反射器试验验证表明，响应降幅可达 90%。

参 考 文 献

[1] 邹元杰，王泽宇，葛东明．用于航天器微振动分析的扰源解耦加载方法［J］．航天器工程，2016，25（4）：40-47.

[2] 邹元杰，王泽宇，张志娟，等．航天器微振动稳态时域响应分析方法［J］．航天器工程，2012，21（6）：37-42.

卫星部组件界面力间接测量方法研究

何　玲，李　栋，杨艳静，谢一村，信　奇
（北京卫星环境工程研究所，北京，100094）

摘要：航天器界面力的获取方法对于力限条件的制定和载荷设计尤为重要。与在界面间串联力传感器直接获取界面力的方法相比，通过测量与界面力相关的参数，通过载荷识别技术来获取界面载荷，代价相对更小。因此本文主要结合某星上部件，探讨基于深度学习的动载识别方法，建立界面力与加速度响应的关系模型，从而实现界面力的间接测量，为产品的后续结构设计及力学环境试验考核提供基础。

关键词：航天器；力学环境；界面力；深度学习

1　引言

飞行器在运载火箭发射段经受严酷的载荷环境，一方面是火箭跨声速大攻角飞行时，箭体整流罩的锥柱交接段产生的激波，以声辐射的方式通过整流罩结构直接传递到飞行器表面；另一方面是发动机点火、关机、稳态等状态产生的推力、级间或星箭分离产生的冲击以及动力系统和箭体结构产生的耦合振动，通过星箭界面直接传递到卫星结构[1-2]。在结构设计和地面力学环境考核时，近年来国内外逐步开始重视在传统的加速度控制基础上增加界面力控制来解决振动试验输入问题。实现力限振动试验的前提基础是要确定合理的力谱条件，但是目前的力谱确定方法由于缺乏对实际发射环境的准确数据，制定的力学环境条件仍然过高，因此航天器界面力的获取方法对于力限条件的制定和载荷设计尤为重要。

通过串联力传感器可以直接获取界面力[3]，但是发射升空时在航天器安装界面之间安装力传感器往往会削弱星箭整体刚度和强度，对结构承载带来巨大风险。因此除了直接测力方法外，目前还有一类间接测力的方法，即通过测量与界面力相关的参数，通过载荷识别技术来获取界面载荷。2012 年 Kaufman[4] 提出了一种基于应变的星箭界面力辨识方法。基于 Delata Ⅱ 6915 上航天器 GLAST 的适配器（payload adapter fitting，PAF）实测应变，作者提出了基于应变和加速度阻抗方法来计算界面力，实现了轴向推力的识别。2015 年张永涛[5]等人提出了一种通过测量星箭连接环应变计算星箭界面力的方法，并结合某气象卫星给出了卫星不同结构对识别误差的影响分析，仿真结果表明对星箭界面动态载荷幅值的识别误差在 20%以下。2016 年宋祥帆[6]等人提出了一种基于星箭连接环的应变变化场的界面载荷识别方法，并通过有限元仿真和工装试验对其进行校验。初步验证了该方法的有效性和工程适用性。因此本文主要结合某星上部组件产品，基于常见的加速度响应，根据深度学习理论建立界面力与响应的关系模型，验证间接测量方法的有效性，为后续深入研究和应用提供基础。

2　间接多维界面力（矩）测试方法研究

航天器界面真实荷载由静载与动载两部分组成，为了更加准确地研究真实荷载情况，分为静载识别和动载识别。其中静载识别首先进行应变测点选取，进行静载试验，然后在恒加速度条件下进行应变—界面力标定，得到应变与静载界面力的关系。而更为复杂的动载荷识别将首先从有限元仿真计算出发，求解航天器结构件的受力行为，确定测量点与连接点布点方案，并基于深度学习理论建立其连接点加速度与界面力的关系模型并计算误差。

2.1　传感器布局优化方法

关于传感器的布置，一般来说，布置越多的加速度传感器得到的模态特性越完整、可靠。但是由于考虑成本及安装难度问题，如何选择合理的传感器数量和布置位置就成了监测设计的一个重要内容。

该实验的限制是，无法通过直接测量得到连接结构的界面力，需通过布置传感器得到圆筒结构主要模态，从而推导出连接结构的界面力学特征。

目前，在传感器优化布置的方法有很多，应用广泛的主要是有效独立法和 MAC 法。有效独立法是基于每个传感器布点对确定模态向量线性无关的贡献的有效独立性的一种传感优化布置方法，其目的是用有限的传感器采集到尽可能多的模态反应信息，许多算法都是对这种方法的引申和发展。MAC 方法的基本思路是在选择测点时使量测的模态向量保持较大的空间交角，并尽可能地把原来模型的特性保留，从而实现传感器最优布置的一种方法[7]。

结构固有振型在节点上的值形成了一组正交向量，但由于量测自由度远小于结构模型的自由度并且受到测试精度和测量噪声的影响，测得的模态向量已不可能保证其正交性。在极端的情况下甚至会由于向量间的空间交角过小而丢失重要的模态。因此在选择测点时有必要使量测的模态向量保持较大的空间交角，从而尽可能地把原来模型的特性保留下来。Carne 等认为模态保证标准矩阵是评价模态向量空间交角的一个很好的工具，其公式表达如下：

$$\mathrm{MAC}_{ij}=\frac{[\boldsymbol{\Phi}^{(i)T}\boldsymbol{\Phi}^{(j)}]^2}{\boldsymbol{\Phi}^{(i)T}\boldsymbol{\Phi}^{(i)}\boldsymbol{\Phi}^{(j)T}\boldsymbol{\Phi}^{(j)}}$$

式中：$\boldsymbol{\Phi}^{(i)}$和$\boldsymbol{\Phi}^{(j)}$分别为第 i 阶和第 j 阶模态向量。于是通过检查各模态在量测自由度上形成的向量 MAC 阵的非对角元，即可判断出相应两模态向量的交角状态。也就是说，当 MAC 阵的某一元素 M_{ij} $(i\neq j)$等于 1 时，表明第 i 阶和第 j 阶向量交角为 0，两向量不可分辨；$M_{ij}(i\neq j)$等于零时，则表明第 i 阶和第 j 阶向量相互正交，两向量可以轻易识别。故测点的布置应该使 MAC 矩阵非对角元向最小化发展，一般建议非对角元的取值为 0.25。

在测点的最优布设算法中，Fisher 信息阵代表了测点自由度保留下的关于参数 q 的信息量，尽管各种布点方案的实现过程、理论依据有所不同，但最终均可通过其所获得的 Fisher 信息阵的行列式或迹的大小来衡，模态 Fisher 信息矩阵 $\boldsymbol{Q}$ 表示为

$$\boldsymbol{Q}=[\boldsymbol{\Phi}_s^T\boldsymbol{\Phi}_s]$$

测量点布设的优劣传感器的安放位置一般按照以下步骤。

（1）监测振型的选取。针对卫星圆筒结构所需的模态信息，尽可能选择较少的低阶模态作为模态试验的目标。

（2）待选测点的确定。从结构的有限元模型出发，把模型中实际不可能成为测点的自由度（如支座及其附近点）删除，剩下的自由度成为下一步测点选择范围。

（3）传感器候选集合。根据经验和计算模型的振型形状初步拟定出一个小组测点自由度，下一步既可以从剩余可选取的模型自由度中每次搜寻出一个既能满足使当前 MAC 矩阵非对角元向最小化发展的同时又能使初拟测点模态对应 Fisher 矩阵的迹向最大化发展的最优测点加入测点组。

（4）形成假定测点群上模态向量的 MAC 阵。$\boldsymbol{u}(n\times m)$和$\hat{\boldsymbol{u}}(\hat{n}\times m)$分别表示由量测自由度及剩余自由度形成的模态向量阵，其中 m 为可能测取的感兴趣的模态数，n 为量测自由度的数量，$\hat{n}$ 是模型总自由度减去量测自由度剩下可供选择的自由度数，模态 i 和模态 j 相应形成的 MAC 阵元素的值可表示为

$$M_{ij}=\frac{a_{ij}a_{ij}}{a_{ii}a_{jj}}$$

式中：a_{ij}为 $\boldsymbol{A}=\boldsymbol{u}^T\times\boldsymbol{u}$ 的 ij 元。

（5）寻找使原 MAC 阵的非对角元趋于最小的测点位置。首先对 MAC 阵的最大非对角元进行定位。设 MAC 阵的最大非对角元位于第 i 行、第 j 列（即模态 i 和模态 j 相应的 MAC 元）。最大值为 maxDiaMac：

$$\mathrm{maxDiaMac}=\frac{(u_i^Tu_j)^2}{(u_i^Tu_i)(u_j^Tu_j)}$$

当 $\hat{\boldsymbol{u}}$ 的 k 行添至 u 中时，模态 i 和模态 j 相应的 MAC 阵元素值变为

$$\mathrm{MAC}_{ij}^k=\frac{(a_{ij}+\hat{u}_{ki}\hat{u}_{kj})(a_{ij}+\hat{u}_{ki}\hat{u}_{kj})}{(a_{ii}+\hat{u}_{ki}\hat{u}_{ki})(a_{jj}+\hat{u}_{kj}\hat{u}_{kj})}$$

每次向原定的测点组中添加一个新的传感器时，u、$\hat{u}$ 以及 A 都需要进行修正，目的就是在 $\hat{\boldsymbol{u}}$ 中寻找这样的一个测点，它能在每次计算中最大程度地减小原 MAC 阵中非对角元的最大值或平均值。这样经过次数不多的计算后即可获取一组能保证最终 MAC 非对角元小于某个阈值的准优化测点。阈值的选取应根据试验对象以及设备精度而定。k 点削弱 MAC 阵非对角元峰值的能力用表示为C_k：

$$\boldsymbol{C}_k=\mathrm{maxDiaMac}-\mathrm{MAC}_{ij}^k$$

对于 n 个剩余可供选择的自由度，各点消减 MAC 阵非对角元峰值的能力可记为向量 $\boldsymbol{C}$

$$\boldsymbol{C}=\{C_1C_2\cdots C_{\hat{n}}\}_{1\times\hat{n}}$$

（6）计算各剩余测点提高 Fisher 矩阵的迹的能力。逐次把剩余测点对应的 $\hat{u}$ 的 k 行添至 u 中，当添加 k 点时，模态向量阵 $\boldsymbol{u}(n\times m)$ 变为 $\boldsymbol{U}=\begin{bmatrix}u\\ \hat{u}_k\end{bmatrix}_{(n+1)\times m}$，其中表示 k 点对应的 $\hat{\boldsymbol{u}}$ 中的行。k 点提高 Fisher 矩阵的迹的能力表示为

$$\Delta T_k=T_k-T_{k-1}$$

式中：$\boldsymbol{T}_k=\mathrm{Trace}(\boldsymbol{U}^T\boldsymbol{U})$；$\boldsymbol{T}_k=\mathrm{Trace}(\boldsymbol{u}^T\boldsymbol{u})$，对于 $\hat{u}$ 中 $\hat{n}$ 个剩余可供选择的自由度，各点提高 Fisher 矩阵的迹的能力记为 $\Delta\boldsymbol{T}$：

$$\Delta\boldsymbol{T}=\{\Delta\boldsymbol{T}_1\Delta\boldsymbol{T}_2\cdots\Delta\boldsymbol{T}_{\hat{n}}\}_{1\times\hat{n}}$$

在 $\Delta\boldsymbol{T}$ 中选取绝对值最大的元素 $\Delta\boldsymbol{T}_{i\max}$ 作为因子对向量 $\Delta\boldsymbol{T}$ 进行归一化：

$$\Delta\overline{\boldsymbol{T}}=\left\{\frac{\Delta\boldsymbol{T}_1}{\Delta\boldsymbol{T}_{i\max}}\frac{\Delta\boldsymbol{T}_1}{\Delta\boldsymbol{T}_{i\max}}\cdots\frac{\Delta\boldsymbol{T}_{\hat{n}}}{\Delta\boldsymbol{T}_{i\max}}\right\}_{1\times\hat{n}}$$

（7）计算各剩余测点综合能力。对于 $\hat{u}$ 中 $\hat{n}$ 个剩余可供选择的自由度，剩余各测点消减 MAC 阵对角峰值以及提高 Fisher 矩阵的综合能力可以表示为向量 $\boldsymbol{CT}$：

$$\boldsymbol{CT}=\boldsymbol{C}+\Delta\overline{\boldsymbol{T}}=\{(\boldsymbol{C}_1+\Delta\overline{\boldsymbol{T}}_1)(\boldsymbol{C}_2+\Delta\overline{\boldsymbol{T}}_2)\cdots(\boldsymbol{C}_{\hat{n}}+\Delta\overline{\boldsymbol{T}}_{\hat{n}})\}_{1\times\hat{n}}$$

在 $\boldsymbol{CT}$ 的构成中，$\boldsymbol{C}$ 与 $\Delta\overline{\boldsymbol{T}}$ 可以取不同的权重。

2.2 深度学习理论

自 2006 年从单隐层神经网络发展到深度神经网络模型，迎来了深度学习发展的高潮。深度学习（deep learning）是机器学习的分支，它将包含复杂结构或由多重非线性变换构成的多个处理层对数据进行高层抽象的算法。而深度神经网络是以神经元的数学模型基础构建的，具有以下优点：①并行式分布处理；②高度鲁棒性以及容错能力；③分布式储存以及高效学习能力；④能充分逼近复杂的分线性关系。

深度学习是一种基于对数据进行表征学习的方法，已经应用在诸多领域中，如图像识别、语音识别、自动驾驶和文本搜索等。长短时记忆神经网络（Long Short Time Memorynetwork，LSTM network）结构由 Hohreiter 和 Schmidhuber 于 1997 年提出，是一种特殊的循环体结构，如图 1 所示。[8]

LSTM 包括新输入 x_t、输出 h_t、输入门 i_t、忘记门 f_t、输出门 o_t、引入输入门 i_t、忘记门 f_t。输出门 o_t 的目的是为了控制每一步输出的值，使得误差在该神经元传递过程中保持不变。LSTM 是循环神经网络的一个特例，新输入和每个门都会将前一次的输出 h_{t-1} 作为本次输入的一部分，因此新

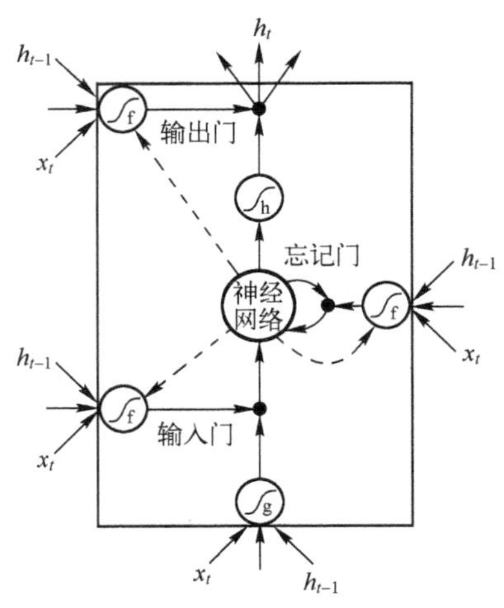

图 1　LSTM 循环体结构

输入 x_t、输入门 i_t、忘记门 f_t、输出门 o_t 的输入都是由 $[x_t,h_{t-1}]$ 二元组构成。

新输入 $[x_t,h_{t-1}]$ 经过激活函数 σ_c 作用后，得到记忆元的候选值 C_t：

$$C_t=\sigma_c(W_c[x_t,h_{t-1}]+b_c)$$

式中：W_c 为连接权；b_c 为激活函数的一个激活阀值。

输入门用于调整候选值 C_t 的大小，输入门的输出为

$$i_t=\sigma_i(W_i[x_t,h_{t-1}]+b_i)$$

式中：W_i 为连接权；b_i 为激活函数的一个激活阀值。候选值 C_t 经过输入门的调整，其值为 $Ct\cdot it$。

忘记门用于控制 LSTM 元的记忆状态 S_{t-1}，忘记门的输出为

$$f_t=\sigma_f(W_f[x_t,h_{t-1}]+b_f)$$

式中：W_f 为连接权；b_f 为激活函数的一个阀值。记忆状态 S_{t-1} 经过输入门的调整，其值为 $f_t\cdot S_{t-1}$。

此时，t 时刻的状态 S_t 由其所记忆的前一时刻状态 S_{t-1} 和状态更新的候选值加权得到

$$S_t=f_t\cdot S_{t-1}+C_t\cdot i_t$$

输出门 o_t 当作状态 S_t 最终输出的一个权值，控制状态 S_t 的输出大小，输出门的公式为

$$o_t=\sigma_o(W_o[x_t,h_{t-1}]+b_o)$$

最终 LSTM 元的输出为

$$h_t=o_t\cdot\sigma_s(S_t)$$

式中：σ_c、σ_i、σ_f、σ_o、σ_s 为激活函数。

3　基于深度学习的动载识别方法验证

为了验证测点选取合理性及测点加速度与底部界面力关系，采用深度学习的方法建立界面力与加速度和应变的关系模型。在界面力深度学习识别过程中，数值仿真实验为深度学习提供可靠

的训练样本响应数据。

3.1　结构测点确定

对于某卫星部件结构，在加速度载荷作用下，结构主要响应模式为“剪切型”响应模式，其主要贡献也是与此变形模式相一致的模态贡献为主。考虑结构的空间形式，在圆筒结构上，尽可能均匀地找8条纵轴，每条纵轴取4~6个不同的有限元节点作为观察点，共38个加速度观察点，8个界面力观察点。采用此种观察点布置模式，能够非常保守地捕捉结构响应信息，为深度学习提供更多可靠的数值仿真训练样本，保证学习网络训练结果的鲁棒性。

同时，对所有测点的时域信息进行相关性分析，发现测点之间具有较高的相关性。因此，根据传感器安装成本及实际工况，依照对称性及正交性，并且考虑到顶部及根部圣维南原理的问题，最终选取4个节点作为测点。对该结构进行动载试验，获取有关试验数据，作为深度学习模型的基础。

最终选点结果如图2所示。动载验证照片如图3所示。

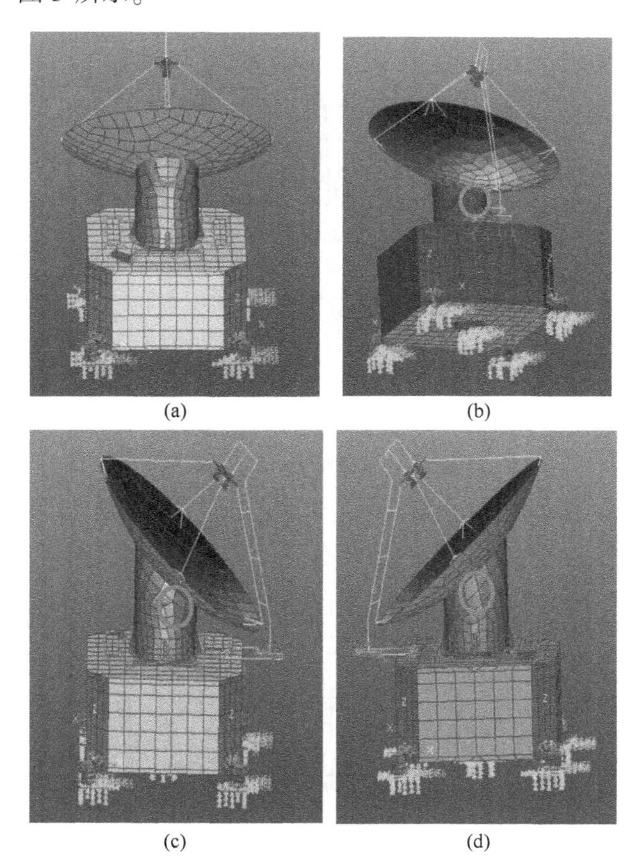

图2　最终选点结果

图3　动载验证照片

3.2　深度学习模型

对该部件结构，表1给出了深度学习模型的具体参数。

表1　深度学习模型的具体参数

输　　入	测点加速度
输入维度	12
输出	连接点1界面力
输出维度	1
神经网络层数	3
隐藏层节点数	100
训练次数	500
DropFactor	0.15
DropPeriod	100
学习率	自适应

图4给出了模型训练流程图。

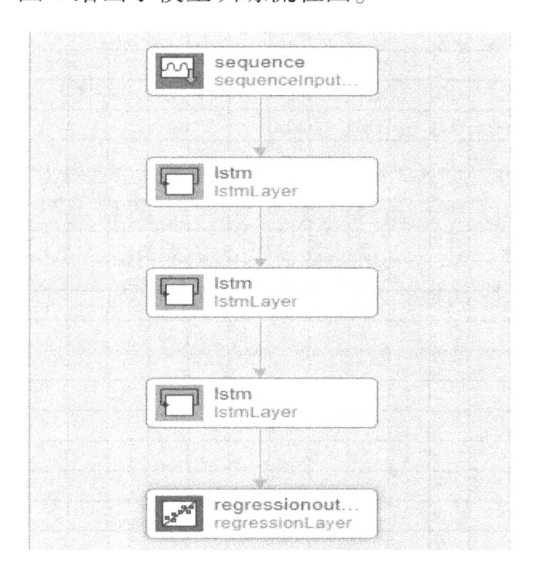

图4　模型训练流程图

图5给出了深度学习模型的训练过程，从训练过程可以看出，整个模型可以很快地收敛并收敛到代价函数几乎为0的程度。说明该模型的建立较为合理。

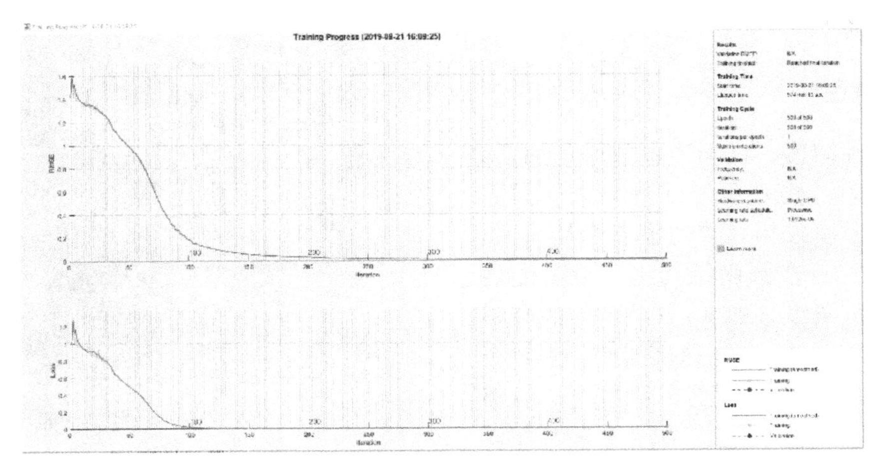

图5　深度学习模型的训练过程

图6给出了底部连接点1的X、Y方向界面力的预测结果与实测结果对比。从对比结果可以看出，预测结果与实测结果基本一致，说明该模型预测结果较为准确。

同时，为了更加直观地分析预测结果与实测结果的误差，图7给出了预测误差分布，可以看出，绝大多数预测点误差在1%以内，仅有极少数预测点误差达到3%及以上。其中误差定义如下：

$$\xi=\left|\frac{x_{\text{pred}}-x_{\text{real}}}{x_{\text{real}}}\right|\times100\%$$

由此，证明测点选取结果较为合理，可以通过深度学习理论建立其与底部连接点之间的关系，并对底部界面力进行准确预测。

同时，对测点与其他连接点界面力关系进行建立，图8给出了不同连接点的预测结果与实测结果对比。可以看出，预测结果均较为准确，进一步说明测点选取的合理性。

同时，图9给出了实测预测对比结果及相关性。可以看出预测结果与实测结果相关性达到98.20%，进一步说明该算法的可靠性。

选取其他工况数据对模型进行验证，检验界

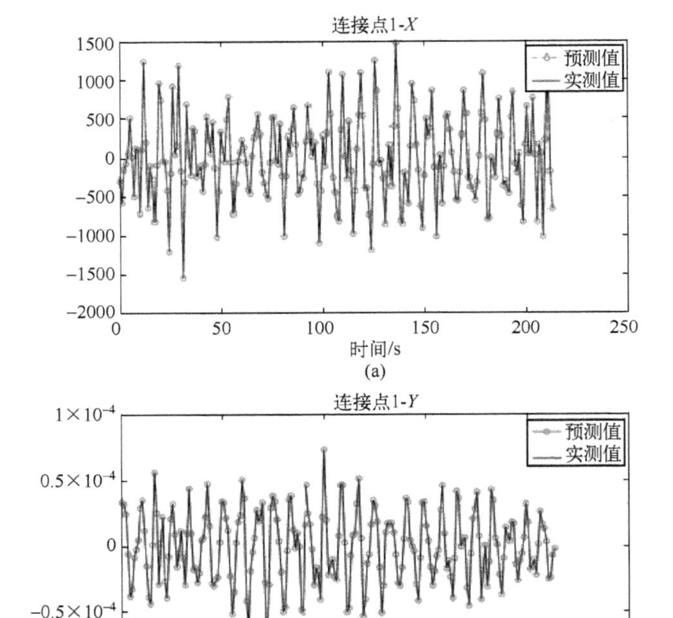

图6　连接点1预测结果与实测结果对比

（a）连接点1-X预测结果与实测结果对比；（b）连接点1-Y预测结果与实测结果对比。

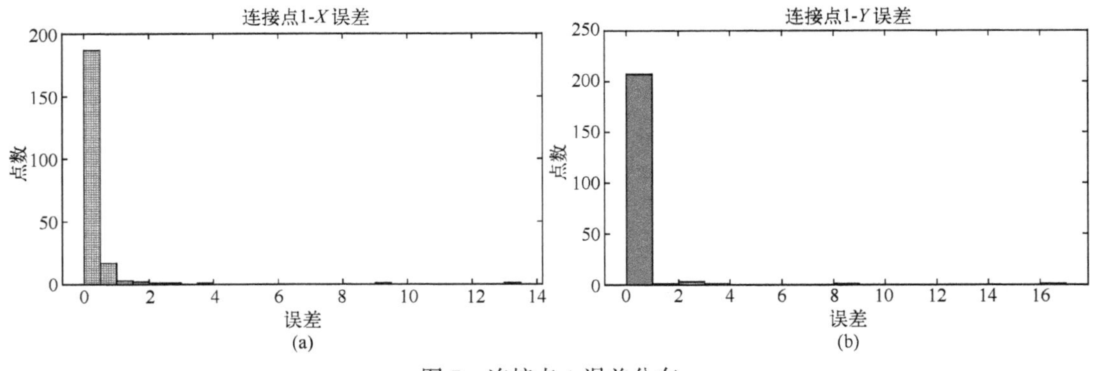

图7　连接点1误差分布

（a）连接点1-X误差；（b）连接点1-Y误差。

面轴力关系模型与界面弯矩关系模型的准确性，图 10 给出了模型计算界面轴力与实测界面轴力对比结果，由对比结果可以看出，界面轴力关系模型计算结果较为准确。

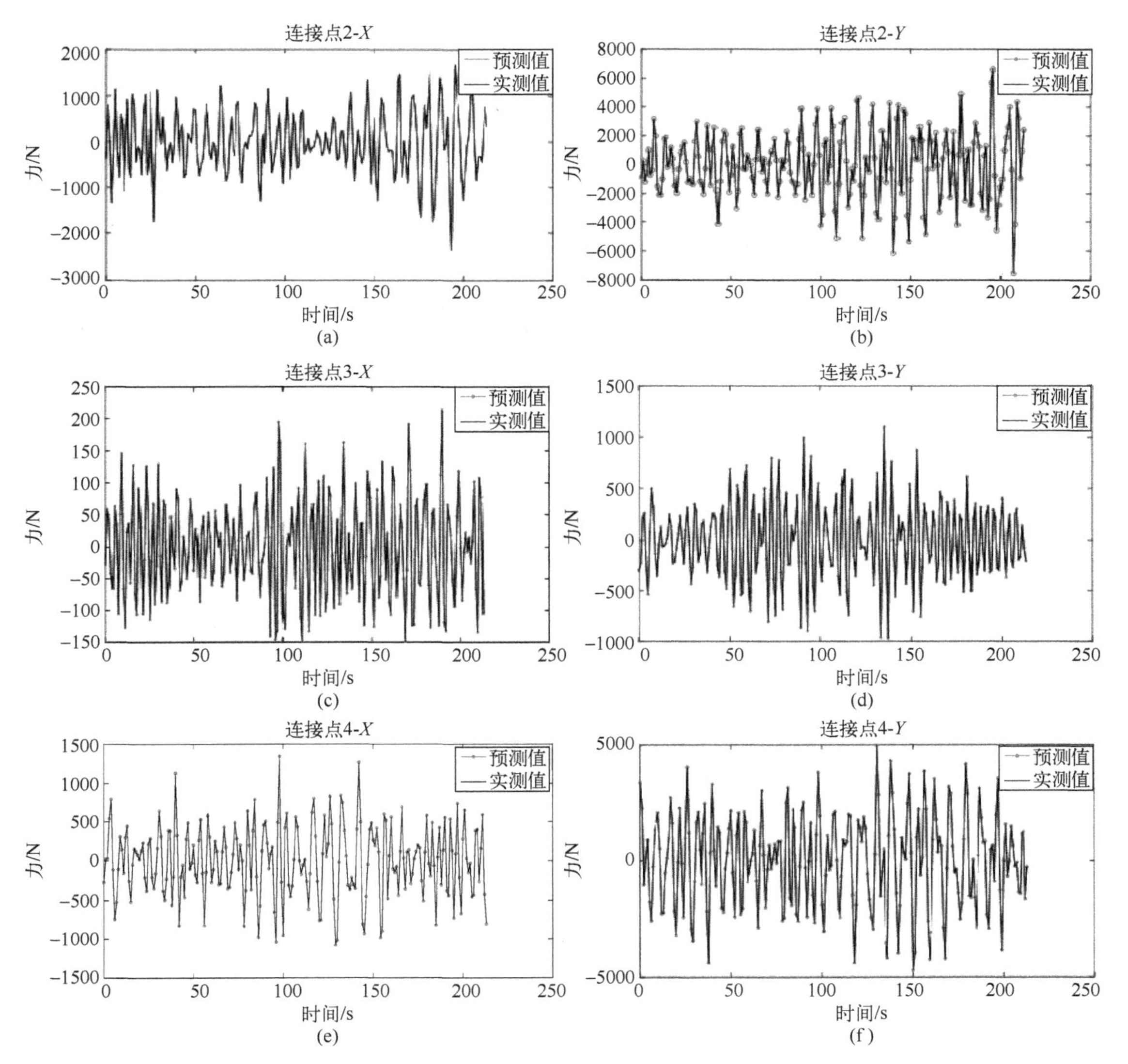

图 8 不同连接点预测结果与实测结果对比

(a) 2-X；(b) 2-Y；(c) 3-X；(d) 3-Y；(e) 4-X；(f) 4-Y。

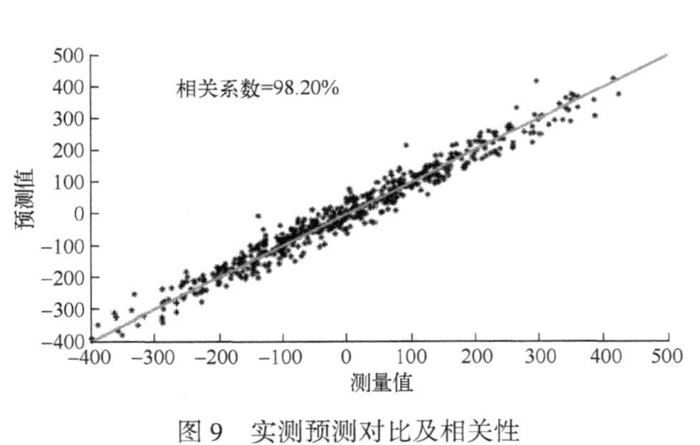

图 9 实测预测对比及相关性

图 10 界面轴力对比结果

图 11 给出了模型计算弯矩与实测界面弯矩对比结果，由对比结果可以看出，界面弯矩关系模型计算结果较为准确。

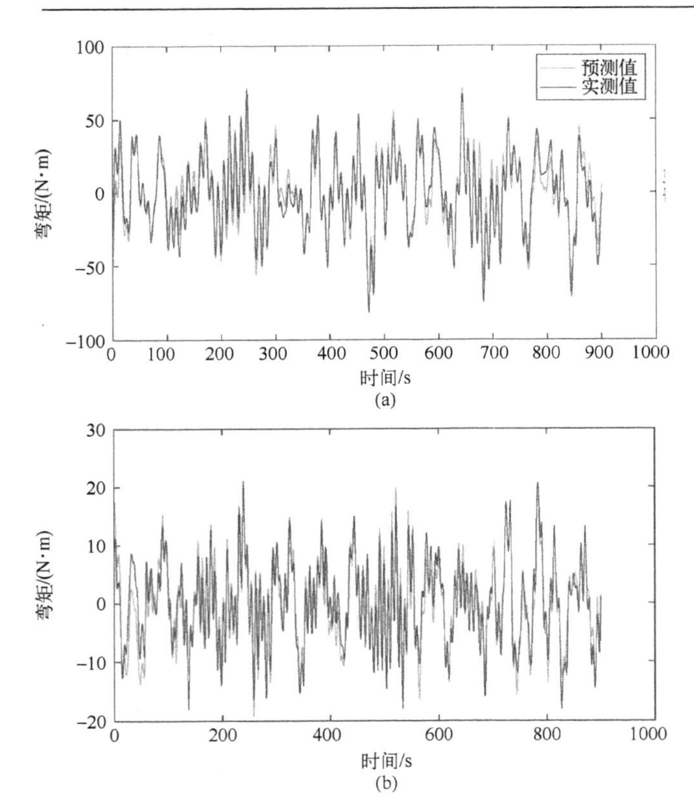

图 11 界面弯矩对比结果

（a）1-3 弯矩；（b）2-4 弯矩。

4 结束语

利用有限元仿真建立某航天器有限元模型，并进行仿真计算和测点布局优化。分别提取测点加速度与底部连接点界面力监测数据。利用 LSTM 构建测点加速度与底部连接点界面力的关系模型。由预测结果与计算结果对比可以看出，该模型较为准确，验证了选点方案的准确性及间接界面力计算的可行性。

参考文献

[1] 柳征勇，王皓．星箭力限试验条件设计研究［J］．强度与环境，2010，37（3）：1-9.

[2] 毛玉明，林剑锋，等．基于动态质量分析的飞行器结构振动试验载荷与环境条件分析［J］．振动与冲击，2016，35（16）：1-5.

[3] Scharton T D. "Force Limits for Vibration Tests"［P］, CNES Conference on Spacecraft Structures and Mechanical Testing, Paris, FR, June 1994, 1024.

[4] Daniel S Kaufman, Scott A Gordon. Flight force measurements on a spacecraft to launch vehicleinterface［P］. Proceedings of the 12th European conference on spacecraft structures, materials & environmental testing, 20-23 march 2012, Noordwijk, the Netherlands (ESA-SP-691), 2012. 3.

[5] 张永涛，周徐斌，杜冬，等．一种星箭动态界面力识别方法［J］．航天器工程，2015，24（1）：62-69.

[6] 宋祥帆．星箭连接界面载荷识别与控制研究［D］．南京航空航天大学，2016. 3.

[7] 戴冠帮．结构模态测试中测点的优化研究［D］．南京航空航天大学，2015. 12.

[8] SANG C, Di PIERRO M. Improving Trading Technical Analysis with TensorFlow Long Short—Term Memory（LSTM）Neural Network［J］. The Journal of Finance andData Science, 2018.

大型柔性星载天线低频模态试验研究

薛永刚，方永刚，王　辉，高　博，朱佳龙
（西安空间无线电技术研究院，西安，710100）

摘要：大型柔性星载天线具有结构尺寸大、高收纳比、高增益等优点，因此在航天领域具有广泛的应用前景。然而此类星载天线在轨展开后基频较低，容易与太阳翼结构频率耦合、整星姿态控制频率耦合等，进行地面环境模拟试验取得其模态参数成为星载天线结构设计的关键指标。针对展开态6m口径的构架式星载天线反射器进行地面重力卸载环境下模态测试试验研究，最终根据反射器振型MAC矩阵验证了模态测试结果的有效性，模态测试结果显示：6m口径星载构架天线反射器一阶基频仅为0.774Hz，在轨工作时，采取避免与其他星载柔性设备发生耦合振动的措施和策略是非常必要的。

关键词：大型柔性星载天线；构架式；反射器；基频；模态参数

1　引言

大型柔性天线的模态试验结果可以修正结构模型，保证模型的正确性与准确性，并且为结构在轨工作时的耦合振动及姿态控制提供依据。然而在轨搭建柔性星载天线的工作模态试验系统困难重重，因此在产品设计阶段，往往需要在地面模拟重力卸载工况下，对大型可展开星载天线进行的模态试验。

针对6m口径的构架式大型可展开天线反射器结构进行了地面模拟环境的低频模态试验研究。首先，搭建重力卸载桁架以及反射器固定界面，桁架及固定面板的频率要求大于30Hz，以减少试验基础对测试结果的影响，反射器组件通过多点重力卸载处理，模拟在轨的微重力环境。其次由于此类柔性天线结构复杂，转动关节间存在间隙及摩擦力，结构阻尼较大，通过对反射器组件施加不同方向定量的瞬态力、力矩，激发反射器组件的各阶模态振型，获取其模态参数。最终通过反射器振型MAC矩阵验证了模态测试结果的有效性，为反射器组件在轨耦合振动控制策略及姿态控制策略提供依据。

2　构架式可展开天线反射器

构架式可展开天线反射器由四面体单元组成，各单元内部及单元之间通过弹簧、铰链、花盘等方式连接，收拢状态弹簧储存能量，当反射器锁定装置解锁，弹簧释放能量驱动铰链运动反射器展开，反射器收拢及展开状态如图1所示[1]。

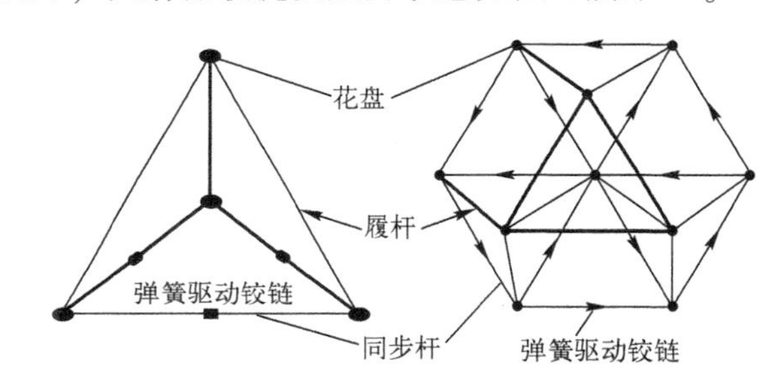

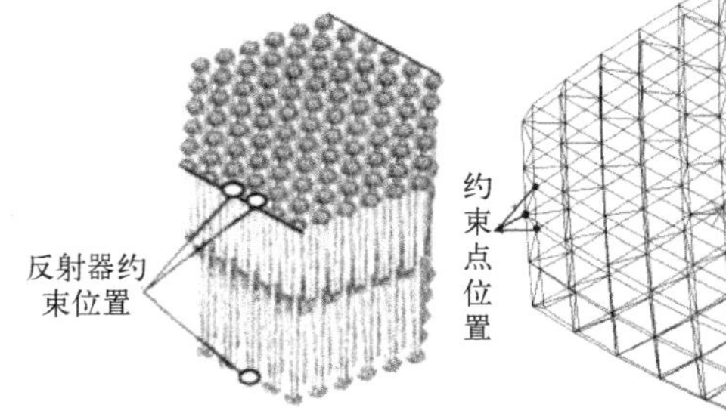

图1　构架式天线反射器结构

构架式可展天线反射器参数如表1所列。

表1　构架式可展天线反射器结构参数

	截面尺寸/m	
展开状态	6边形	边长0.3
收拢状态	6边形	边长3
质量	40kg	

3　工作模态测试方法

对一般地面模态试验而言，模态测试需要数据采集设备、模态传感器，激励用的力锤或者激振器以及数据采集处理系统。然而对于大型柔性可展开结构而言，由于其结构尺寸大、结构阻尼大的特点，力锤无法有效激励起整个结构的响应，激振器激励则容易与结构耦合，还有安装使用不便等缺点。因此采用工作模态试验方法（OMA）更加适合大型可展开式构架天线反射器的模态测试。

对于大型可展开式构架反射器这样的多自由度系统，系统动力学方程可表示为[2]

$$[\boldsymbol{M}]\{\ddot{\boldsymbol{\theta}}\}+[\boldsymbol{C}]\{\dot{\boldsymbol{\theta}}\}+[\boldsymbol{K}]\{\boldsymbol{\theta}\}=\{\boldsymbol{F}\}$$

式中：$[\boldsymbol{M}]$为系统质量矩阵；$[\boldsymbol{C}]$为系统阻尼矩阵；$[\boldsymbol{K}]$为系统刚度矩阵；$\{\ddot{\boldsymbol{\theta}}\}\{\dot{\boldsymbol{\theta}}\}\{\boldsymbol{\theta}\}$分别为系统加速度向量、速度向量、位移向量；$\{\boldsymbol{F}\}$为外力向量；

假设天线反射器结构的阻尼为比例阻尼，则系统的传递函数可表示为

$$[H(\omega)]=\sum_{i=1}^{n}\frac{-\omega^2\{\boldsymbol{\phi}\}_i\{\boldsymbol{\phi}\}_i^{\mathrm{T}}}{K_i-\omega^2M_i+\mathrm{j}\omega C_i}$$

式中：$\{\phi\}_i$为第 i 阶模态振型；K_i为第 i 阶模态刚度；M_i为第 i 阶模态质量；C_i为第 i 阶模态阻尼系数。

与传统模态测试不同，工作模态分析方法通过被测点的响应[3-4]，获取各测点在分析频段内的自谱与互谱，通过构建传递函数矩阵，最终提取模态参数。

4　模态测试与结果分析

4.1　重力卸载

地面模拟试验中重力是不可忽略的因素，尤其对大型可展开式空间桁架结构（如太阳翼、环形、构架式星载天线），对试验系统的基础、卸载装置的合理性均有较高的要求。一般而言，悬挂系统的固有频率应为试件固有频率的 1/10～1/5[5]。首先搭建重力卸载桁架，保证重力卸载桁架的基频大于 30Hz，其次卸载绳长度为 10m，绳索悬吊的单摆周期约为 0.15Hz，避免悬吊摆动周期与试验目标基频的耦合，最终在反射面内均布 18 个重力卸载点，并且通过计算得到每个卸载点的卸载力，完成卸载，卸载后的产品状态如图 2 所示。

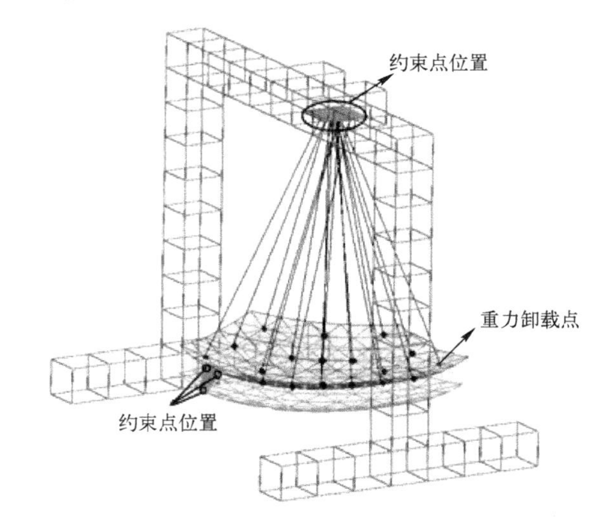

图 2　地面重力卸载示意图

4.2　测试设备与系统

试验设备清单如表 2 所列。

表 2　试验设备清单

序号	试验设备名称	型号	数量
1	数据采集系统	LMS SC316 -UTP	1
2	数据分析软件	TEST. Lab 10. 0	1
3	三向加速度计	DC3713B1150G	1
4	单向加速度计	DC3711B1150G	37
5	计算机	DELL	1

试验系统的搭建如图 3 所示。

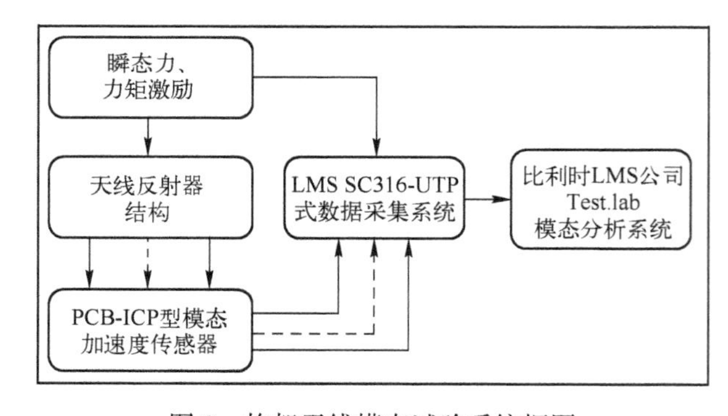

图 3　构架天线模态试验系统框图

模态试验现场照片如图 4 所示。

4.3　试验结果及数据分析

根据反射器结构特征，在反射器上下表面均布了 38 个测点，采取单点激励，多点获取响应

图 4　模态试验现场照片

(SIMO)，即在反射器端部分别施加沿 X 轴水平方向、Z 轴垂直方向、Y 轴扭转的瞬态力、力矩激励，依次拾取响应，合并数据形成传递函数矩阵，3 次激励方式如图 5 所示。

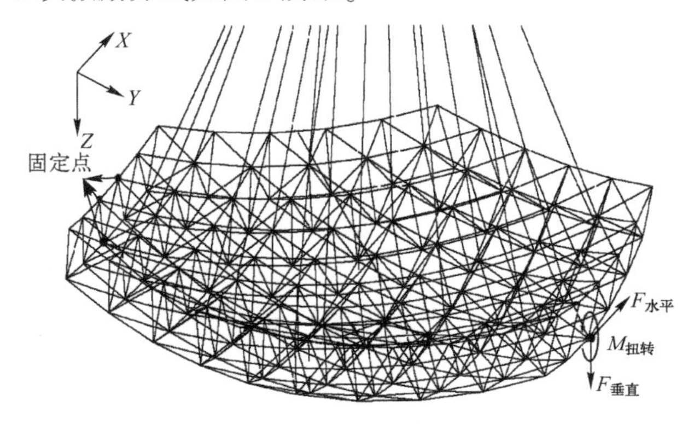

图 5　模态试验激励示意图

通过调整瞬态力的频谱，使其能量在分析频带内均匀分布。试验测试频带范围为 0~20Hz，采样频率为 1280Hz，信号平均次数 5 次。通过 TEST. Lab 10.0 采用多参考最小二乘复频域法 (LSCE) 处理后的数据，如图 6 所示[6]。

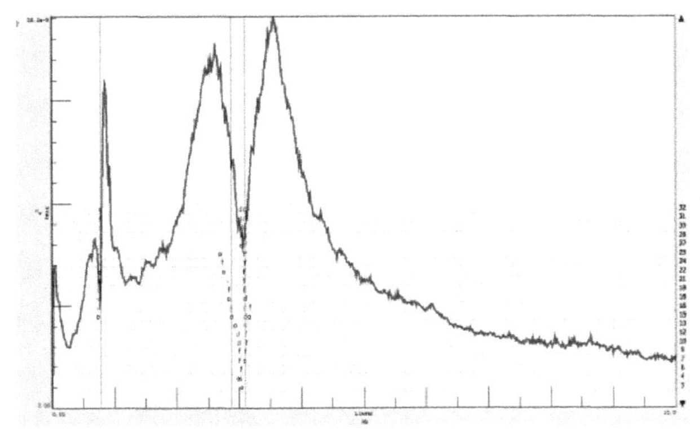

图 6　构架天线反射器模态识别稳态图

经过对模态测试数据进行分析与处理，得到反射器组件的前 3 阶模态参数，如表 3 所列，模态振型如图 7、图 8、图 9 所示。

表 3　天线主反射器模态试验测试结果

序号	频率/Hz	阻尼比	振 型 描 述
1	0.774	5.98%	沿 X 轴的弯曲振动模态
2	2.87	5.47%	沿 Z 轴的弯曲振动模态
3	3.11	9.16%	反射器组件绕 Y 轴扭转模态

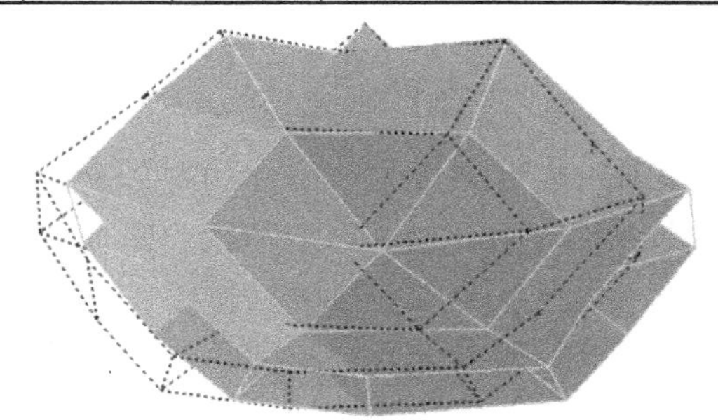

图 7　反射器 1 阶模态 (0.774Hz)

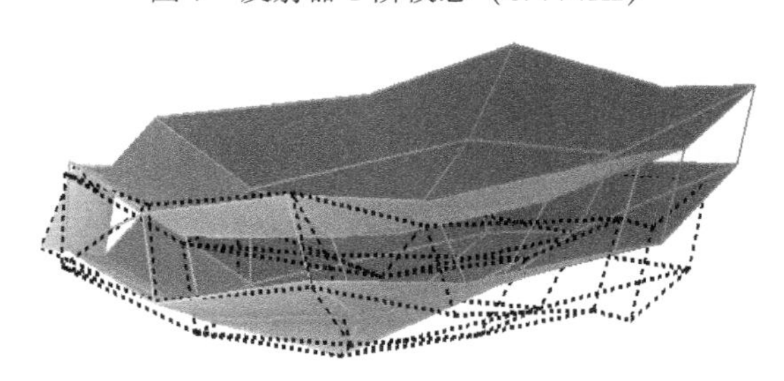

图 8　反射器 2 阶模态 (2.87Hz)

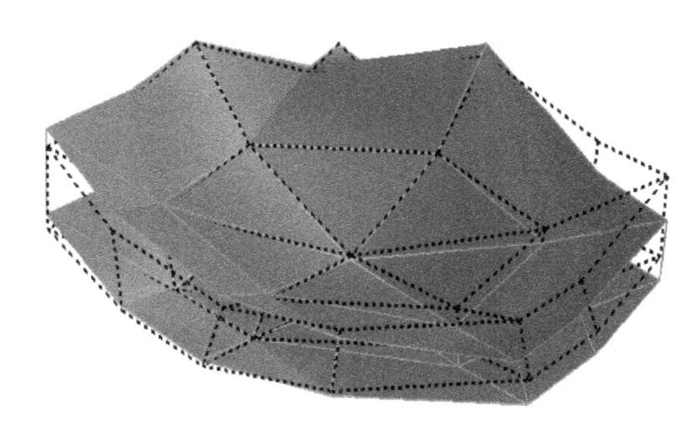

图 9　反射器 3 阶模态 (3.11Hz)

为验证模态结果的有效性，提取 10Hz 以下各阶振型的 MAC 矩阵，如图 10 所示。

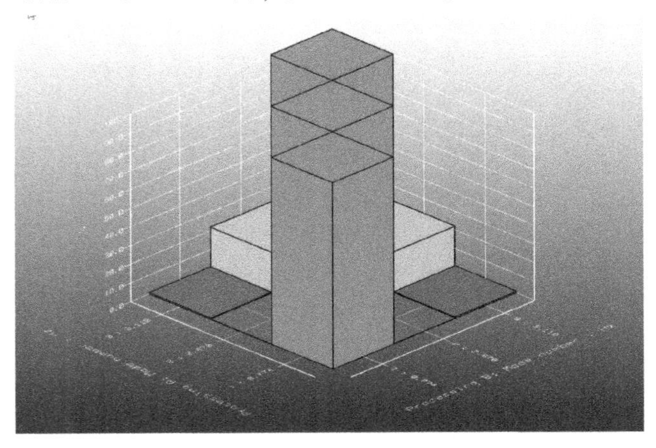

图 10　前三阶振型 MAC 矩阵

从矩阵图10可以看出，提取的前三阶振型具有良好的正交性，一二阶耦合系数0.2%，一三阶耦合系数0.7%，二三阶耦合系数22%，证明提取的模态参数的准确性。

5 结束语

采用工作模态测试方法对大型可展开构架式星载天线反射器进行地面环境模拟失重状态下的模态试验，利用LSCE方法对测试的频响函数进行分析，得到了大型柔性天线反射器的低频模态频率、阻尼、振型等参数。从MAC矩阵可知，工作模态法能有效获取此类大型天线柔性可展开天线的模态参数。

（1）根据测试结果可知，对于6m口径、质量为40kg的星载天线反射器，其基频频率仅为0.774Hz，为沿X向的弯曲振型，因此在轨工作时极易与太阳帆板的基频耦合[7]发生共振，因此在天线设计阶段必须考虑两者的耦合动力学问题。

（2）从卸载桁架的刚度、卸载绳索的单摆周期以及卸载点、卸载力的优化设计，尽可能对天线反射器进行重力卸载从而模拟失重环境[8]，然而实际工作中无法做到完美卸载，因此测试结果与实际在轨状态必存在一定误差，此差异可通过修正重力卸载下的有限元模型而消除[9-10]。

（3）通过修正有限元模型，使仿真计算结果与试验结果一致，并且在消除卸载的影响后，计算得到反射器组件在轨工作的实际模态结果[11]，可以作为反射器组件在轨耦合振动策略及姿态控制策略的依据。

参考文献

[1] 黄志荣，宋彦平，郑士昆，等．偏馈式构架反射器构型设计与展开协调性分析［J］．机械科学与技术，2016，35（11）：1792-1796.

[2] 李德葆，陆秋海．试验模态分析及其应用［M］．北京：科学出版社，2001.

[3] Brian J Schwarz，Mark H Richardson. Experimental Modal Analysis. Vibrant Technology［C］. Seattle 1999.

[4] Peeters B，Auweraer HVGuillaume P，et al. The PolyMAX frequency domain method：a new standard for modal parameter estimation［J］. Shock and Vibration，2004（11）：395-409.

[5] 柯受全．卫星环境工程及模拟试验［M］．北京：中国宇航出版社，1996.

[6] 张武，陈剑，陈鸣．汽车动力总成悬置系统多工况运行模态试验技术［J］．中国机械工程，2013，24（22）：3118-3120.

[7] 向明江，李梦宇，吕旺，等．太阳翼不同转角的卫星在轨模态频率计算方法．［J］．航天器工程，2017，26（4）：35-40.

[8] 王栋，刘丽坤，周志成，等．大型柔性结构自由频响地面试验方法［J］．强度与环境，2012，39（6）：1-7.

[9] 周舟，陆秋海，任革学，等．低密频太阳能帆板动力学参数在轨辨识和振动控制［J］．工程力学，2004，21（3）：84-89.

[10] 郭其威，张美艳，唐国安．太阳能电池阵地面模态试验的重力影响及其校正方案［J］．振动与冲击，2008，27（12）：44-46.

[11] Akira Meguro. In-Orbit Deployment Performance of Large Satellite Antennas［J］. Journal of Spacecraft and Rockets，1996，33（2）：222-227.

航天器振动试验数据挖掘分析初步研究

刘明辉，刘　闯
（北京卫星环境工程研究所，北京，100094）

摘要：航天器振动试验数据是评估航天器性能的重要依据。本文以某典型卫星平台为对象，针对振动试验中的频率漂移和峰值漂移特征数据，分析了其统计规律，提出了 3σ 区间和多项式拟合两种振动试验成功包络模型，并应用于航天器结构性能评估和故障诊断分析。研究结果表明，振动试验特征数据符合正态分布规律，频率漂移主要分布在-2.9%~2.1%，峰值漂移主要分布在-18.3%~17.5%，该方法可为航天器振动试验数据挖掘分析与应用提供理论和实践支持。

关键词：航天器；振动试验；数据挖掘；故障诊断；频率漂移

1　引言

振动试验是航天器动力学环境试验的重要项目，主要考核航天器在运输、发射、动力飞行到再入过程中所承受的一系列复杂而严酷的动力学环境的能力。随着航天技术多年的发展，航天器研制已形成系列化，并且不断向批量化、快速化、数字化、智能化研制发展，例如成熟的平台早已形成系列化卫星，在互联网通信领域近年来更是兴起星座化发展趋势。如今，航天器研制一步正样，几百甚至几千颗卫星快速组网星座等生产线式研制需求越来越突出，与此同时，对航天器研制质量和可靠性等也提出了更高要求，特别是振动试验中，航天器结构设计人员和试验人员需要从大量复杂的试验数据中提取结构响应关键特征，进行振动响应分析，判断结构是否完好，评估结构性能是否满足要求[1]。

航天器试验数据是评估航天器性能和质量的重要依据，在当前新的星座化、系列化、高质量、高效率发展需求下，通过对大量历史数据的挖掘分析，建立成功包络，一方面评估试验中卫星的特性和性能，另一方面可以指导新型号的优化设计，从而满足系列化卫星、星座卫星的快速化生产线模式的研制需求。

为了提升航天器研制质量和效率，国外航天机构十分重视数据挖掘分析技术在航天器试验中的应用。Airbus Defense & Space（原法国国家航天局 Toulouse 航天中心）开发了地面试验软件 DYNAWORKS[2]，具有海量试验数据管理、试验结果管理、数据多元分析等功能，完善试验数据可追溯性，提升试验数据分析技术能力，已成功应用于力学环境试验，使整个地面试验时间缩短了近 20%，同时显著提高了航天器研制质量。ESA 开发了 MATED[3] 系统，即卫星和测试有效性数据库，包含了航天器项目的总体装配数据和试验数据，以及地面异常数据和飞行异常数据，同时提供了合适的数据分析方法，对过去项目的试验有效性进行评估，为新的航天器项目试验提供建议，并为改进试验体系和相关的 ECSS 标准提供建议。可见，欧美航天强国非常重视试验数据的管控、挖掘分析，并且开发了应用系统，为航天器试验效率提升和技术提升发挥了重要作用。

本文对航天器振动试验数据挖掘技术进行初步的研究，首先对卫星振动基本特征进行了统计分析，对特征数据分布规律进行了统计模型检验，在此基础上建立了振动试验特征数据样本库，并提出了两种振动试验成功包络模型，然后结合成功包络模型，建立了结构故障诊断方法，并以型号数据进行了实测验证，为航天器振动试验数据挖掘分析与应用提供理论和实践支持。

2　卫星振动特征分析

2.1　卫星振动基频特征分析

某大型卫星平台广泛用于民用、军用通信领域，多个卫星型号均采用该平台，主要由载荷舱、推进舱、服务舱以及星外天线等典型结构组成。振动基频是卫星结构的最基本特征，表 1 中梳理了近 5 年的 10 颗该平台卫星振动试验中获得的基频统计数据，可见其横向基频约 18Hz，纵向基频约 53Hz。

表 1 某平台卫星基频

序号	型号	时间	横向 X 基频/Hz	横向 Y 基频/Hz	纵向基频/Hz
1	A	2014 年 10 月	19	19	54
2	B	2015 年 4 月	18	17	50
3	C	2015 年 4 月	17	18	53
4	D	2015 年 7 月	18	16	57
5	E	2015 年 8 月	18	18	53
6	F	2016 年 1 月	15	15	47
7	G	2016 年 10 月	20	20	53
8	H	2018 年 8 月	18	18	52
9	I	2019 年 1 月	18	17	53
10	J	2019 年 1 月	16	16	56

2.2 卫星振动频率漂移分析

卫星系统级振动试验中，加载量级一般从低到高，在每个满量级试验前后应分别进行预、复振试验检验，又称特征级试验。特征级结构响应曲线对比法是典型的航天器振动试验分析评价技术，通过对比分析满量级振动试验前后特征级试验响应曲线，获得航天器的传递特性、共振频率和各阶幅值放大系数等结构特性变化情况，识别航天器结构在振动试验过程中可能发生的故障。大量的航天器振动试验结果表明，预复振试验响应曲线不一致现象非常普遍，且变化类型复杂。典型的不一致现象主要有共振峰漂移、共振峰漂移等。

表 1 中这些型号的振动试验积累了大量的试验数据，可用于挖掘分析该平台的振动频率漂移特征，为试验数据异常分析提供基础。通过梳理统计，这 10 颗卫星共有约 4000 个测试通道，每颗卫星均进行 X、Y、Z 三个方向的振动试验，对各型号前后特征级振动试验频域响应曲线进行特征提取，得到共振频率和共振峰值，剔除前后特征级曲线高频无法对应的峰值数据，并进行前后特征级变化的比对，提取出各型号共振频率漂移和峰值漂移数值，以表 2 为示例给出了该平台某颗卫星 9 个测试通道的统计数据。

表 2 频率漂移和峰值漂移统计数据示例

测试通道	0.1g-1 频率	0.1g-1 峰值	0.1g-2 频率	0.1g-2 峰值	频率漂移	频率漂移/%	峰值偏差	峰值漂移/%
CA001X	18.707	2.344	18.604	2.308	-0.103	-0.551	-0.036	-1.529
CA001Y	49.340	0.149	49.204	0.145	-0.136	-0.276	-0.004	-2.600
CA001Z	56.650	1.094	56.650	1.068	0.000	0.000	-0.026	-2.366
CA002X	18.707	2.283	18.655	2.243	-0.052	-0.276	-0.040	-1.733
CA002Y	18.759	0.184	18.707	0.203	-0.052	-0.276	0.019	10.182
CA002Z	18.552	0.604	18.655	0.636	0.103	0.554	0.032	5.271
CA003X	18.707	2.278	18.604	2.235	-0.103	-0.551	-0.043	-1.897
CA003Y	18.759	0.286	18.707	0.292	-0.052	-0.276	0.006	2.095
CA003Z	52.578	0.754	52.723	0.733	0.146	0.277	-0.021	-2.759

对所有测试通道数据进行统计分析，得到共振频率漂移和峰值漂移的统计分布特性，如图 1 和图 2 所示，可见两者均呈现正态分布特性，其均值 μ、标准差 σ、3σ 区间如表 3 所列，可见，该平台卫星主振方向共振频率漂移主要分布在 -2.9%～2.1%之间，非主振方向共振频率漂移主要分布在 -4%～3%之间，非主振方向的频率漂移范围略大于主振方向。主振方向峰值漂移主要分布在 -18.3%～17.5%之间，非主振方向峰值漂移主要分布在±30% 之间，非主振方向的频率漂移范围明

显大于主振方向。根据数据统计分析结果可以发现，频率漂移和主振方向峰值漂移均值为负值，说明满量级振动后，结构基频整体有降低趋势，响应峰值整体也有降低趋势。

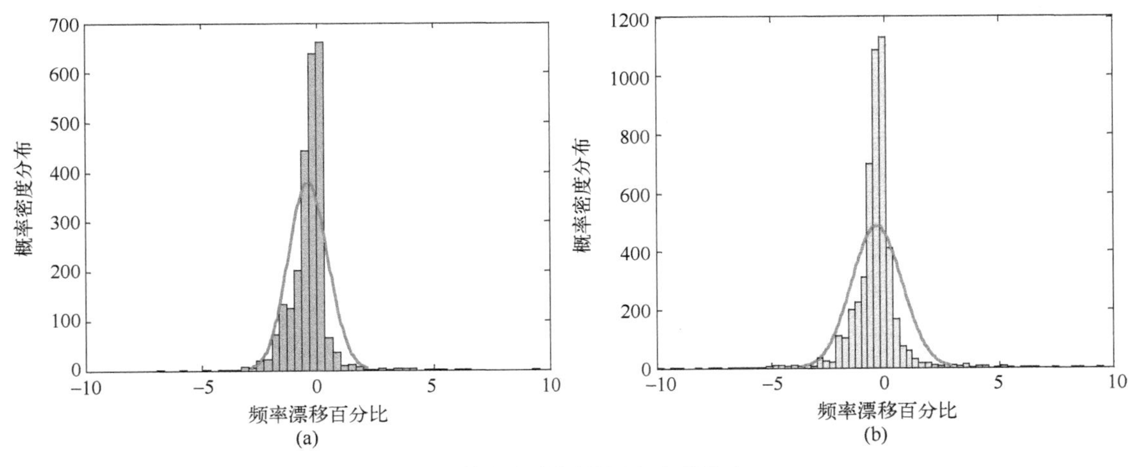

图 1　共振频率漂移概率密度分布

（a）主振方向；（b）非主振方向。

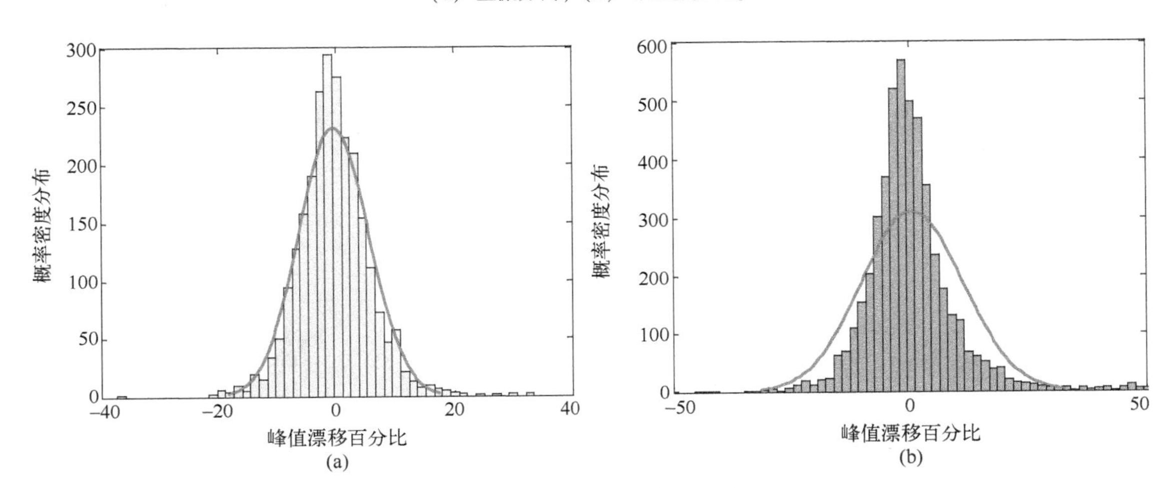

图 2　共振峰值漂移概率密度分布

（a）主振方向；（b）非主振方向。

表 3　共振频率漂移和峰值漂移统计特征参数

	主振方向频率漂移/%	非主振方向频率漂移/%	主振方向峰值漂移/%	非主振方向峰值漂移/%
均值 μ	−0.3974	−0.3471	−0.4210	0.5549
标准差 σ	0.8474	1.0960	5.9724	10.7375
3σ 区间	(−2.93972.1449)	(−3.63512.9409)	(−18.338217.4962)	(−31.657732.7674)

3　基于大数据的振动试验成功包络模型

3.1　振动试验成功特征数据样本库

以前后特征级共振频率漂移和共振峰值漂移数据作为振动试验成功特征数据样本，剔除前后特征级曲线高频峰值无法对应的数据样本，建立共振频率漂移和共振峰值漂移特征数据随频率的变化关系，将所有 10 颗卫星的特征数据样本叠加在一起就构成了该平台卫星振动试验成功特征数据样本库，如图 3 和图 4 所示。由图可见，在横向基频 18Hz 和纵向基频 53Hz 处数据样本具有较高密度。

3.2　基于 3σ 区间的包络模型

直接以 3σ 区间作为振动试验成功包络依据，即得到基于 3σ 区间的包络模型，如图 5 所示。

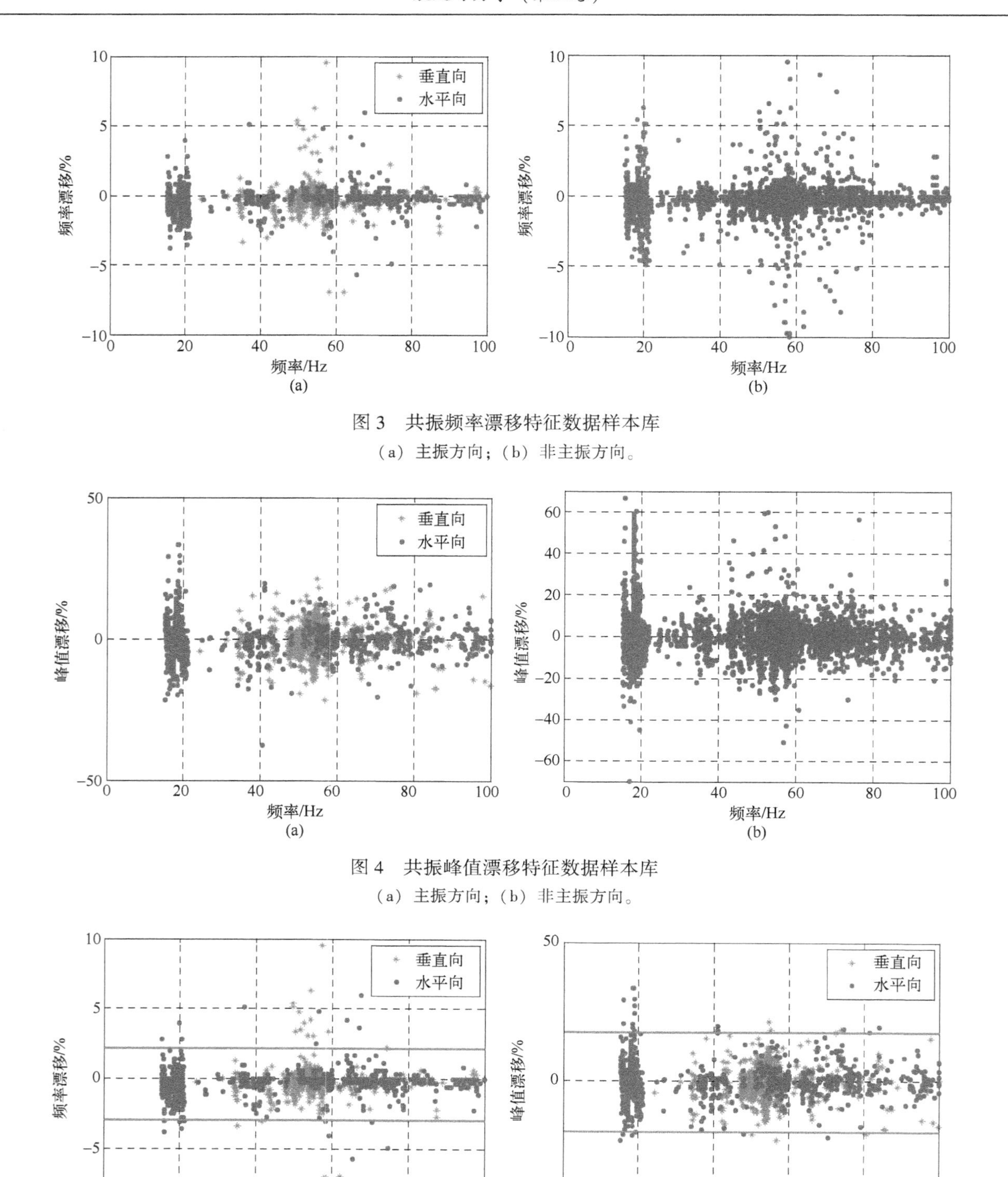

图 3　共振频率漂移特征数据样本库
（a）主振方向；（b）非主振方向。

图 4　共振峰值漂移特征数据样本库
（a）主振方向；（b）非主振方向。

图 5　基于大数据 3σ 区间的包络模型
（a）主振方向频率漂移；（b）主振方向峰值漂移。

3.3　基于多项式拟合的包络模型

在 3σ 区间的包络模型基础上，进一步对特征数据样本库中 3σ 区间内的数据分布趋势通过多项式曲线拟合进行包络，得到基于多项式拟合的振动试验成功包络模型。如图 6 所示为主振方向共振频率漂移成功包络模型，根据其数据特征，取 3 次多项式模型进行包络。

$$f_{\text{up}}(x)=p_1x^3+p_2x^2+p_3x^1+p_4$$

$$p_1=-2.042\times10^{-5},\ p_2=3.249\times10^{-3},$$

$$p_3=-0.1566,\ p_4=3.546$$

下包络模型也取 3 次多项式模型。

$$f_{\text{low}}(x)=p_1x^3+p_2x^2+p_3x^1+p_4$$

$$p_1=2.424\times10^{-5},\ p_2=-3.669\times10^{-3},$$

$$p_3=0.1683,\ p_4=-4.334$$

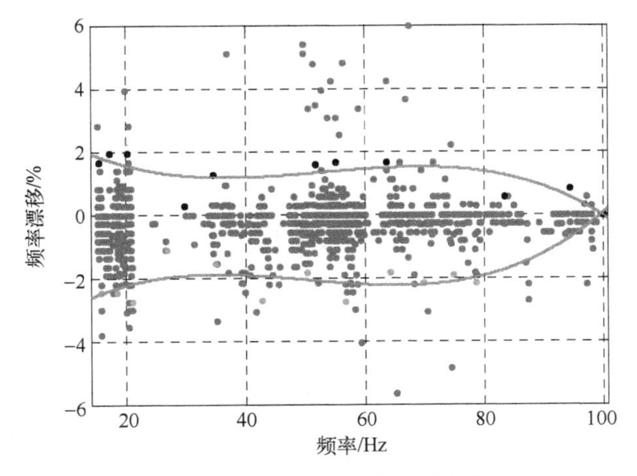

图 6　基于大数据多项式拟合的主振方向共振频率漂移成功包络模型

采用同样的方法，得到峰值漂移成功包络模型（图 7），上包络模型为

$$a_{\text{up}}(x)=p_1x^3+p_2x^2+p_3x^1+p_4$$

$$p_1=-1.435\times10^{-4},\ p_2=0.02409,$$

$$p_3=-1.171,\ p_4=28.6$$

下包络模型为

$$a_{\text{low}}(x)=p_1x^3+p_2x^2+p_3x^1+p_4$$

$$p_1=6.927\times10^{-5},\ p_2=-7.944\times10^{-3},$$

$$p_3=0.2103,\ p_4=-14.78$$

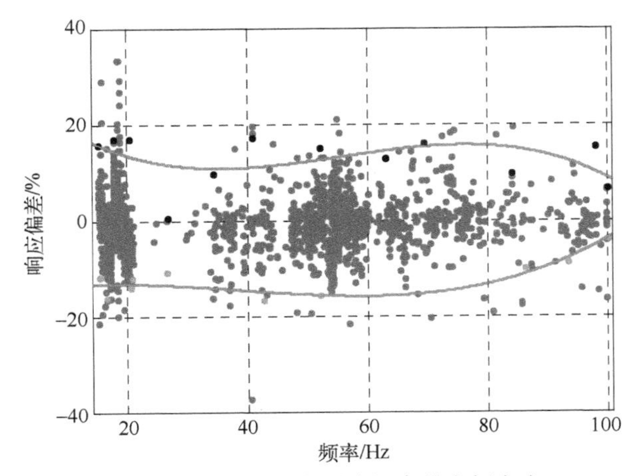

图 7　基于大数据多项式拟合的主振方向峰值漂移成功包络模型

4　基于大数据的振动试验成功包络模型的结构异常诊断

基于本文前面的研究，航天器振动试验大数据分析的结构故障诊断建模流程如图 8 所示，首先对航天器振动试验数据变量属性进行分析，根据工程实际应用研究，航天器振动试验响应曲线共振频率、共振峰值以及前后特征级共振峰漂移、共振峰值漂移是能够反映航天器振动试验数据属性的有效变量。然后，梳理筛选出历史数据中已明确卫星振动试验中结构完好的数据，形成健康结构的振动试验大数据集合。然后，对试验数据进行预处理，包括响应曲线多点平均平滑处理等。对预处理后的数据，提取共振频率、共振峰值以及前后特征级共振峰漂移、峰值漂移，构建航天

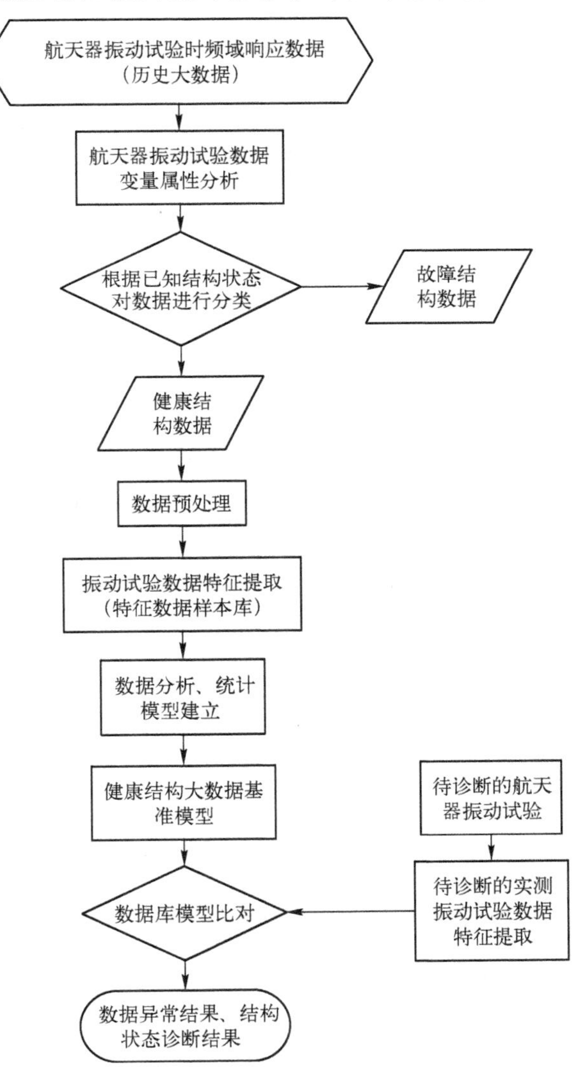

图 8　基于航天器振动试验大数据成功包络的结构故障诊断流程

器振动试验结构特征数据样本库，对样本库的数据进行图形化分析，并通过数值拟合方法建立健康结构大数据成功包络模型。当待诊断的航天器完成振动试验，并提取出其试验数据特征后，与健康结构大数据成功包络模型对比，根据符合性可判断当前数据是否异常和结构故障情况。

将同平台某型号卫星试验数据与上述建立的振动试验成功包络模型进行比对，可以快速定位异常数据。该型号试验共有测试通道 345 个（包含 X、Y、Z 三个方向）。

图 9 为该型号振动频率漂移特征数据诊断，空心圆圈数据点为该型号的数据，可见绝大部分数据点均在大数据成功包络模型内，其频率漂移特征正常。

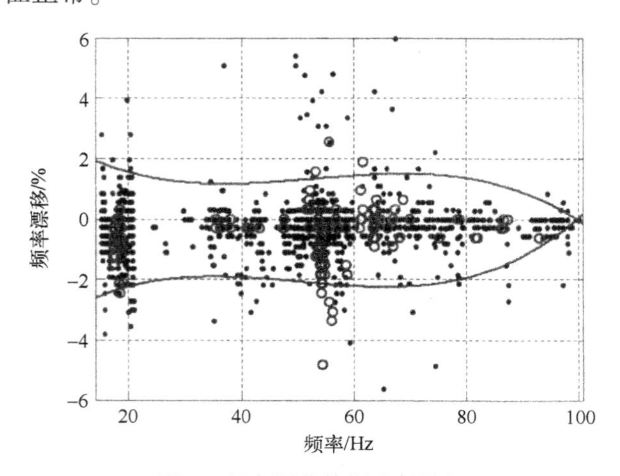

图 9　频率漂移数据诊断分析

图 10 为该型号垂直振动峰值漂移特征数据诊断，空心圆圈数据点为该型号的数据，可见其垂直振动峰值漂移特征发生明显异常，OA25Z 测试通道数据明显偏离大数据成功包络模型，可知其响应峰值发生明显放大，此处结构发生异常。

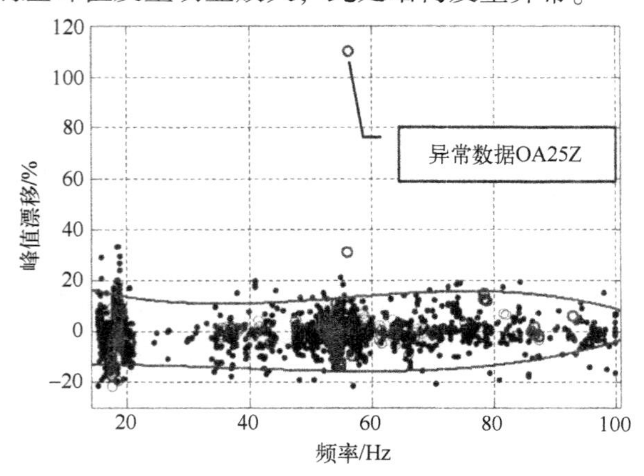

图 10　峰值漂移数据诊断分析

5　结束语

本文通过对卫星振动试验数据的统计分析，得出频率漂移和峰值漂移符合正态分布统计规律，以频率漂移和峰值漂移作为振动试验成功特征样本数据，建立了 3σ 区间和多项式拟合两种振动试验成功包络模型，并应用于航天器振动试验中结构故障诊断，成功识别了结构发生故障，为航天器振动试验数据挖掘分析与应用提供了理论和实践指导。

本文仅初步研究了频率漂移和峰值漂移的数据统计分析与应用，后续可进一步深入开展振动传递特性数据、主结构与单机关联数据等的挖掘分析，以及将神经网络等人工智能类方法在振动试验大数据挖掘分析中的应用研究等。

参考文献

[1] 钱志英，韩世泽，马为佳，等. 航天器振动试验中的频率漂移现象研究 [J]. 航天器环境工程，2018，35（4）：342-347.

[2] 肖福根. 航天器地面试验时间优化软件（DYNAWORKS）的介绍 [J]. 航天器环境工程，2002，19（2）：55-62.

[3] Rita Carpentiero, Ernesto Mrchetti, Silvia Natalucci. Lesson learned from AGILE and LARES ASI projects about MATED data collection and post analysis, Proceedings of the 12th European conference on spacecraft structures, materials & environmental testing, 20-23 march 2012, Noordwijk, the Netherlands (ESA-SP-691)

基于扬声器的舱内声场重构方法

王　栋，马功泊，冯国松，岳志勇
（中国空间技术研究院总装与环境工程部，北京，100094）

摘要： 为评价空间站舱内声场的质量，用多个扬声器在地面的模拟舱内重构了该声场，以用于乘员体验及噪声抑制方法验证。本文基于频域声压匹配法进行声场重构。为减小在声传递函数测量中测试误差对复现效果的影响，不同于此前的多数研究，本文讨论了扬声器数量多于目标点的情形。对重构过程中的一些重要方面，包括扬声器数量、位置等进行了讨论。最后，通过数值仿真与物理试验对所提出的方法进行了验证。

关键词： 声场重构；声压匹配法；反问题；舱内噪声

1　引言

本文所讨论的声场重构是指，利用次级声源在特定的物理环境中发声，使得其产生的声场与初级声源产生的声场一致。通过声场重构技术，一方面可以呈现真实的声场环境，使体验者仿佛身临其境，感受真实的声效与声音品质；另一方面，通过构建初级声场，可以用于噪声控制系统的设计、调试与测试。

在文献中，声场重构的方法主要有三类。第一类方法基于惠更斯原理，通过重建目标区域边界上的声压和质点速度来实1现目标区域内的声场重建，例如波场合成法（Wave Field Synthesis，WFS）[1-2]。第二类方法基于模态匹配原理，它认为球坐标系下的声场可展开为一系列基函数（模态）及其系数，通过最小化初级声场与次级声场基函数系数误差来求解次级声源的驱动函数，例如Ambisonics方法等[3-4]。第三类方法为声压匹配法[5]，该方法在目标区域内选取一些控制点，通过最小化控制点处的复现误差来求解次级声源的驱动信号。与前两种方法相比，声压匹配法不限制次级声源位置及阵列形式，实现较为简便，更利于工程实现。文献中，试验验证的案例大部分都是基于声压匹配法的原理[6-7]。

2　重构理论与方法

2.1　声压匹配法原理

2.1.1　结构模型

如图1所示，在重构区域内布置若干个目标点，在初级声场中测量这些点处的声压响应，作为重构目标。在重构区域周围布置若干个声源，声源的形式可以是扬声器或激振器激励结构发声（两者理论上并无本质差别）。

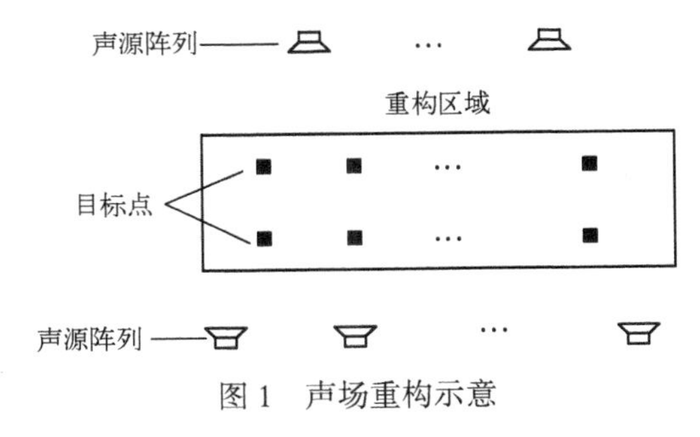

图1　声场重构示意

对于图1所示的线性系统，在频域中声源驱动信号与目标点处声压响应的关系为

$$\boldsymbol{P}(f)=\boldsymbol{G}(f)\boldsymbol{S}(f) \tag{1}$$

式中：f为频率点；$\boldsymbol{P}$为各声传感器响应列向量，假设有M个响应点，则其维数为$M\times1$；$\boldsymbol{S}$为各扬声器驱动列向量，假设有N个扬声器，则其维数为$N\times1$；$\boldsymbol{G}$为传递函数矩阵，第(i,j)个元素表示第j个扬声器到第i个声传感器的传递函数，维数为$M\times N$。

在绝大多数频率点上，矩阵 $\boldsymbol{G}$ 满秩。此时：

当 $M=N$ 时，上述方程有唯一。

当 $M>N$ 时，上述方程无解，只有最小二乘解，或其他限制条件下的最优解。

当 $M<N$ 时，上述方程有无穷多解，其通解形式为

$$\boldsymbol{S}=\boldsymbol{G}^{+}\boldsymbol{P}+(\boldsymbol{I}-\boldsymbol{G}^{+}\boldsymbol{G})\boldsymbol{Y} \tag{2}$$

式中：$\boldsymbol{G}^{+}$ 为 $\boldsymbol{G}$ 的广义逆矩阵；$\boldsymbol{Y}$ 为任意 $N\times1$ 阶向量。

文献中大多研究 $M>N$ 的情形，并加入扬声器数量、最大输入功率、总功率限制等约束条件，作为一个最优化问题进行研究。求解方法有最小二乘法（LS）、Lasso、Lasso-LS。通过布局、驱动优化来最小化复现误差。

可以通过选用大功率扬声器来回避输入功率限制的约束。此外，也没有扬声器数量限制，因此本文研究 $M<N$ 的情形。

2.2 $M<N$ 时的声压匹配法

当 $M<N$ 时，在绝大多数频率点上，式（1）均有无穷多组解。任意取式（2）中的一组解作为声源的驱动，均可以满足复现要求。然而实际中式（1）中的传递函数矩阵 $\boldsymbol{G}(\omega)$ 是通过试验获取的，不可避免地会存在测试误差，并且声传函还会随环境而变化，因此需要通过适当的试验设计来减小传递函数矩阵测试误差对复现结果的影响。

假设真实声传函为 $\hat{\boldsymbol{G}}$，并且：

$$\hat{\boldsymbol{G}}=\boldsymbol{G}+\Delta\boldsymbol{G} \tag{3}$$

由测量声传函代入式（2）计算获得的驱动为 $\boldsymbol{S}$，其作用于真实物理系统后，获得的声压响应为

$$\hat{\boldsymbol{P}}=\hat{\boldsymbol{G}}\boldsymbol{S} \tag{4}$$

产生的复现误差为

$$\begin{aligned}\Delta\hat{\boldsymbol{P}}&=\hat{\boldsymbol{P}}-\boldsymbol{P}\\&=\Delta\boldsymbol{G}\boldsymbol{S}\end{aligned} \tag{5}$$

向量的 2 范数代表了向量的长度。因此可以用 $\|\Delta\hat{\boldsymbol{P}}\|_2$ 的大小来评价复现误差的大小。

1）解的选择

由于 $\Delta\boldsymbol{G}$ 是随机矩阵，因此减小 $\|\Delta\hat{\boldsymbol{P}}\|_2$ 的唯一途径是减小 $\boldsymbol{S}$ 中元素的大小。而在式（2）中，最小 2 范数解为

$$\boldsymbol{S}=\boldsymbol{G}^{+}\boldsymbol{P} \tag{6}$$

利用该解来进行声场复现。需要指出的是，对于某个特定的 $\Delta\boldsymbol{G}$，上述解并不一定是最优，但 $\Delta\boldsymbol{G}$ 具有随机性，且无法准确获取，因此该解在统计意义上是最优的，即当给定足够多组 $\Delta\boldsymbol{G}$ 后，由该解产生的平均复现误差是最小的。

2）声源个数

对 $\boldsymbol{G}$ 进行 SVD 分解，得到

$$\boldsymbol{G}=\boldsymbol{U}\boldsymbol{\Sigma}\boldsymbol{V}^{\mathrm{H}} \tag{7}$$

式中：$\boldsymbol{U}$ 为 $M\times M$ 阶酉矩阵；$\boldsymbol{V}$ 为 $N\times N$ 阶酉矩阵，右上标 H 表示共轭；$\boldsymbol{\Sigma}$ 为 $M\times N$ 阶矩阵，其只有前 M 列对角元素非零，且对角元素为矩阵 $\boldsymbol{G}$ 的奇异值。

$\boldsymbol{G}$ 的广义逆矩阵表示为

$$\boldsymbol{G}^{+}=\boldsymbol{V}\boldsymbol{\Sigma}^{*}\boldsymbol{U}^{\mathrm{H}} \tag{8}$$

式中：$\boldsymbol{\Sigma}^{*}$ 为 $M\times N$ 阶矩阵，其只有前 M 行对角元素非零，且对角元素为奇异值的倒数。

将式（8）代入式（6）得到

$$\boldsymbol{S}=\boldsymbol{V}\boldsymbol{\Sigma}^{*}\boldsymbol{U}^{\mathrm{H}}\boldsymbol{P} \tag{9}$$

$\boldsymbol{V}$ 和 $\boldsymbol{U}^{\mathrm{H}}$ 为酉矩阵，当与向量相乘时，并不改变向量长度。长度只发生在与 $\boldsymbol{\Sigma}^{*}$ 相乘的过程中。由于 $\boldsymbol{\Sigma}^{*}$ 中的元素为传递函数矩阵奇异值的相反数，因此应增大传递函数矩阵的相反数。

增加一个次级声源后，新的传递函数矩阵在原传递函数矩阵的基础上增加一列，奇异值数量不变，而大小会增加。

3）声源位置的选择

将式（3）、式（6）代入式（5），得到

$$\Delta\boldsymbol{P}=\hat{\boldsymbol{G}}(\boldsymbol{G}^{+}-\hat{\boldsymbol{G}}^{+})\boldsymbol{P} \tag{10}$$

若矩阵 $\boldsymbol{G}$ 条件数较大，则 $\boldsymbol{G}^{+}$ 与 $\hat{\boldsymbol{G}}^{+}$ 相差很大。而矩阵 $\boldsymbol{G}$ 的条件数与声源位置有关。在声源个数确定的情况下，声源的位置也会对复现效果产生影响，应尽量选取使得 $\boldsymbol{G}$ 具有较小条件数的声源位置。

3 基于声压匹配的舱内噪声重构技术

声场重构流程图如图 2 所示。

1）传递函数测量

测量各声源驱动电压到各目标点声压之间的传递函数矩阵。声源的个数应多于目标点个数。传递函数的测量可以采用成熟的方法。电压的测量一般可以很精确，因此在计算传递函数时，可以采用 H_2 估计方法。

$$\boldsymbol{G}(m,n)=\frac{S_{P_nP_n}}{S_{U_mP_n}} \tag{11}$$

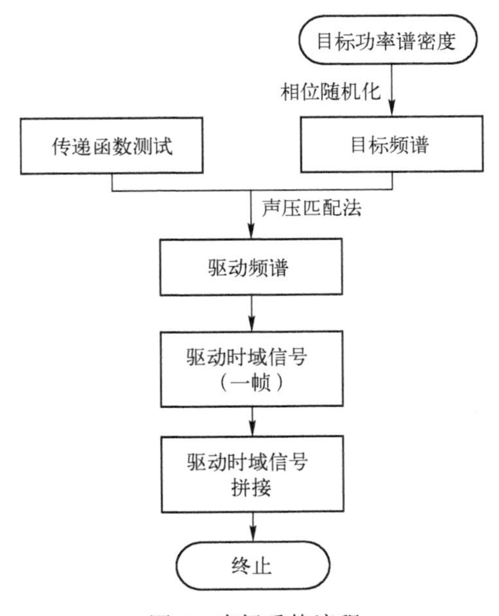

图 2　声场重构流程

2）目标频谱的获取

由于舱内噪声接近随机信号，一般以功率谱密度的形式给出复现目标。而在式（1）中，包含了复现目标的相位信息，因此需要通过加入随机相位，将目标功率谱密度转变为目标频谱。过程为

$$|\boldsymbol{P}(m)| = \sqrt{s_m \Delta f} \tag{12}$$

$$\boldsymbol{P}(m) = |\boldsymbol{P}(m)| e^{\varphi} \tag{13}$$

3）驱动频谱的计算

利用声压匹配法，由式（6）计算驱动频谱。在计算结果中，可能出现某一路或几路驱动幅值过大，超出控制仪幅值范围的情形。当出现该情况时，可将该路驱动幅值给定为该最大值，将其作为已知数，再代入式（6）进行求解。

4）驱动时域信号的计算

对驱动频谱进行逆傅里叶变换，即得到一帧时域信号。

5）时域信号的加窗与拼接

由步骤 4）获得的时域信号一般较短，无法满足使用需求。需重复步骤 2）~4），获取多帧时域信号后进行拼接，以得到足够长的复现驱动信号。

为避免在直接拼接时，信号首尾产生突变的情形，需要进行加窗和叠加，如图 3 所示。

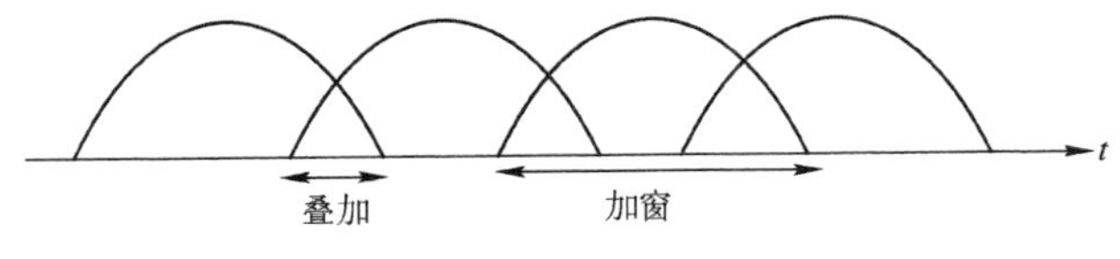

图 3　时域信号拼接方法

假设 x_1，x_2，…为步骤 4）中获得的时域信号序列，w 为窗函数，叠加后的信号 x 为

$$x = x_1 w_1 + x_2 w_2 + ... \tag{14}$$

可采用半正弦窗，其形式如下（不同窗函数之间存在 $T/2$ 的时间间隔）：

$$w(t) = \begin{cases} \sin\pi \dfrac{t}{T} & 0 \leqslant t \leqslant T \\ 0 & t > T, t < 0 \end{cases} \tag{15}$$

6）迭代

当复现精度不满足要求时，根据复现的目标点实测信号及各扬声器驱动信号，重新计算频响函数。更新频响函数后，按上述流程重新计算驱动时域信号并发出。

4　试验验证

利用如图 4 所示的模拟件，对前述声压匹配法用于舱内声场复现进行了试验验证。该模拟件外壁为铝蒙皮，内壁为微穿孔板，内外壁之间填充三聚氰胺海绵。目标声场由无指向声源单独放置在舱壁侧面产生，在舱内安装 3 个声传感器，作为控制目标点。

图 4　用于声场复现原理验证的模拟件

复现过程中，用 4 个扬声器（舱内两个平板扬声器，舱外两个），控制舱内 3 个点 A1 ~ A3 处的声场，如图 5 所示。

使用前述声压匹配法的复现效果如图 6 所示，以 A1 点为例，每个 1/3 倍频程频带内误差最大为 2.4dB，总声压级误差最大为 0.8dB。

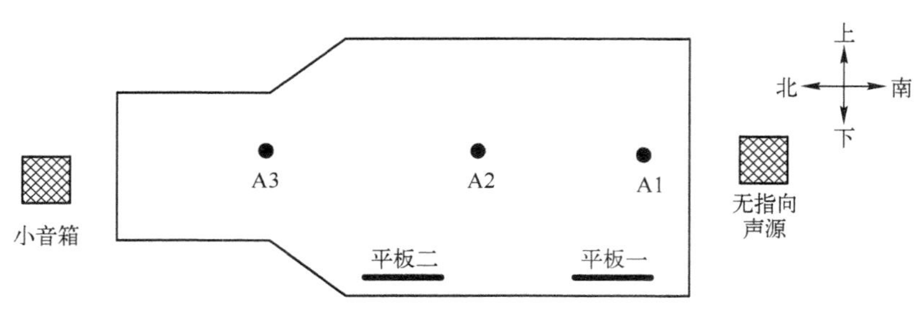

图5　复现目标点及扬声器布置

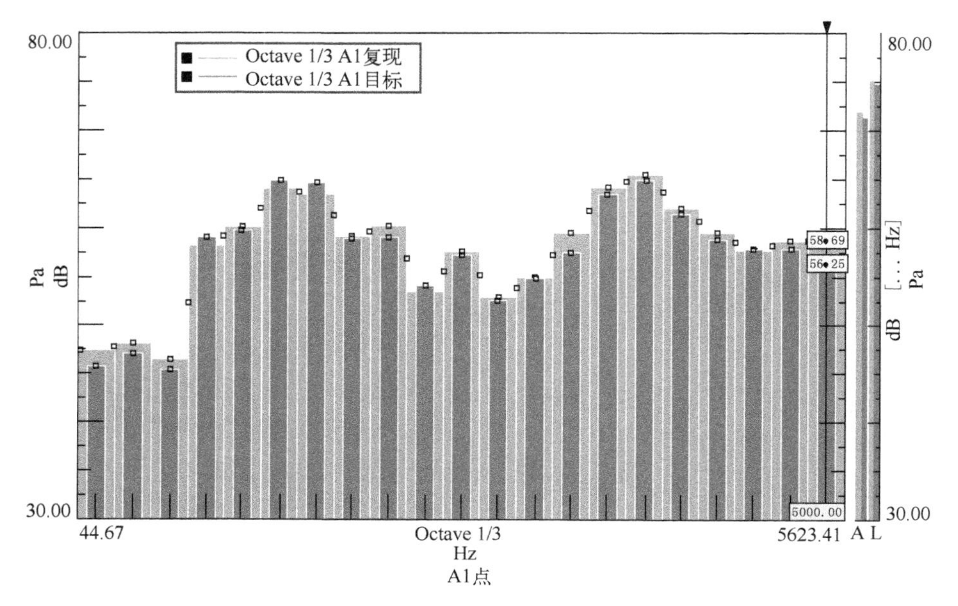

图6　声压匹配法复现效果

5　结束语

本文利用声压匹配法进行声场复现研究，重点讨论了声源个数多于目标点个数的情形，而使用多个声源的目的是为了降低复现效果对于传递函数测量误差的敏感程度。本文给出了最优解、声源个数及声源位置的选取原则，并通过空间站模拟舱试验进行了验证。

参考文献

[1] Berkhout A J, Vries D D, Vogel P. Acoustic control by wave field synthesis [J]. J. Acoust. Soc. Am., 1993, 93 (5): 2764-2778.

[2] Spors S, Rabenstein R, Ahrens J. The theory of wave field synthesis revisited [C]. 124th AES Convention, 2008.

[3] Spors S, Ahrens J. A comparison of wave field synthesis and higher-order Ambisonics with respect to physical properties and spatial sampling [C]. 125th AES Convention, 2008.

[4] WU Y, Abhayapala T. Theory and design of sound— field reproduction using continuous loudspeaker concept [J]. IEEE Transactions on Audio, Speech and Language Processing, 2009, 17 (1): 107-116.

[5] Kirkeby O, Nelson P. Reproduction of plane wave fields [J]. Journal of the Acoustical Society of America, 1993, 94 (5): 2992-3000.

[6] P A Gauthier, C Camier, F A Lebel, et al. Experiments of multichannel least-square methods for sound field reproduction inside aircraft mock-up: Objective evaluations [J]. Journal of Sound and Vibration, 376 卷.

[7] 刘力，蔡野锋，吴鸣，等. 基于最小二乘法的均匀扩声技术研究 [J]. 应用声学，34 (1), 2015.

基于声传感器阵列的脉冲声源定位技术

王天罡，张俊刚
（中国空间技术研究院总装与环境工程部，北京，100094）

摘要： 在航天器振动试验中有时会出现结构断裂并伴随有明显的断裂声，但因为航天器的大型化、结构复杂的特点，以及试验现场声场环境复杂等原因，试验人员往往需要花费很长时间来寻找结构故障的位置。本文介绍一种基于声传感器阵列和到达时延估计技术的脉冲声源定位系统，该系统可在带有噪声和混响条件下实现航天器故障声源的快速定位。

关键词： 脉冲声源定位；混响环境；到达时延估计

1 引言

在航天器经受正弦或随机振动试验时，有时会出现结构的断裂、敲击等故障，现场试验人员可以听到脉冲声响，但由于目前航天器的大型化、复杂化的趋势，以及试验现场的声场环境非常复杂，存在振动台激励声响等各种干扰声以及实验室的混响效应等，使得试验人员很难通过人耳听觉判断故障声源的位置甚至是大致方位，因此要花费很长时间来进行故障位置的排查。

本文介绍一套对航天器故障声源进行快速定位的系统。该系统基于阵列声传感器和到达时延估计技术[1-3]，与声源定位问题中的另一种广泛采用的技术——波束形成技术相比，到达时延估计技术的优势在于可以使用更少数量的声传感器，在更短的时间内得到大致的声源位置。在多数情况下，航天器的结构故障常常发生在表面或接近表面的位置，因此把故障声源定位可以简化为在已知的二维平面内的声源定位问题。对于此类问题，最少可以使用三支声传感器实现点声源的定位。考虑到声场环境的复杂性，本文所述系统引入一支冗余声传感器，采用闭环检测准则和几何检测准则来实现抗干扰的功能。

在多数情况下，实验室声场条件为混响环境，墙壁和地面的声反射将对到达时延估计方法的效果产生很大影响，从而对故障声源的定位造成了很大的挑战。为了解决这一问题，引入倒频域滤波技术来降低混响效应的影响。

基于上述技术，研制了一套16通道的结构故障声源定位系统，并使用一卫星模型在实验室环境进行了故障定位测试。测试结果表明该系统可以快速实现断裂、敲击等故障声源的定位。

2 到达时延估计法

作为声源定位的一种经典算法，到达时延估计法目前已被广泛应用于很多领域中。其具有原理简单、使用传感器数量少、计算量小等诸多优点。近年来针对该方法的研究也层出不穷[4-7]。

本节简要介绍到达时延估计法的基本原理，考虑点声源 S_k 发出的声信号 $S_k(t)$ 被另一处放置的声传感器 j 接收到，则该声传感器的测量信号可表示为

$$x_j(t)=(4\pi|\boldsymbol{r}_{jk}|)^{-1}\cdot s_k(t+|\boldsymbol{r}_{jk}|/c)+n_j(t),\quad j=1,2,\cdots,M \tag{1}$$

式中：$x_j(t)$ 为声传感器 j 接收到的声信号；$\boldsymbol{r}_{jk}$ 为从声传感器 j 所在位置指向声源 S_k 所在位置的空间向量；$n_j(t)$ 为与源信号不相干的背景噪声；c 为空气中的声速。

对于包含 i 和 j 的声传感器对儿来说，从声源 S_k 发出的声信号到达两声传感器的时延用式（2）表示。

$$\delta_{ij}=(|\boldsymbol{r}_{jk}|-|\boldsymbol{r}_{ik}|)/c \tag{2}$$

由式（2）可见，在三维情况下，如果到达时延 δ_{ij} 为已知，则声源被限制在由式（2）所确定的双曲面的一支上。因此问题转换为怎样确定声源信号到达两声传感器的时延问题，一个典型的方法是计算两传感器测量信号的互相关函数：

$$R_{ij}(\tau)=\lim_{T\to\infty}\frac{1}{T}\int_{t=0}^{T}x_i(t)\cdot x_j(t+\tau) \qquad (3)$$

式（3）是连续信号互相关函数的定义，然而采集到的信号都是经过 AD 转换的数字信号，对于离散信号，互相关函数的表达式为

$$R_{ij}[\tau]=\frac{1}{N_{\text{sample}}}\sum_{n=1}^{N_{\text{sample}}}x_i[n]\cdot x_j[n+\tau] \qquad (4)$$

式中：N_{sample}为一个数据块内的总采样点数；τ 为可能的时延。

式（2）表示以声传感器 i 和 j 为两焦点的双曲面的一支。为了在三维环境下确定声源的具体位置，至少需要 3 组声传感器对儿，因此至少需要不共面的 4 支声传感器。3 支曲面相交的交点即为声源的位置。

在大多数实际情况下，声传感器拾取的声信号中不仅包含声源发出的直接路径信号，也同时包含周围环境中各种壁面发射回来的声信号，这些反射声可以认为是声源信号的延迟衰减信号。此时测量信号为声源信号与房间脉冲响应函数的卷积。混响效应的影响可以通过倒频域滤波技术处理[9-11]。首先，每个通道的测量信号由时域变换到倒频域[8]，在倒频域内分解为最小相位分量和全通分量，前者又进一步通过在倒频域进行低通滤波来去除大部分混响效应的影响。随后将滤波后的最小相位分量和全通分量合成再变换回时域。此项技术在本文所述定位系统中作为信号预处理的一步。

3 结构故障声源定位系统

3.1 声传感器的位置布局

到达时延估计法依据多个声传感器对儿的信号时延确定的曲面的交点来实现声源定位。在三维情况下，至少需要空间内不共面的 4 支声传感器。然而，本文中所关注的故障声源在航天器的表面，若将航天器外轮廓简化为六面体（适用于大多数卫星），对于其 4 个侧面中的每个面来说，只需要两组声传感器对儿在一已知平面内进行声源定位，两组声传感器对儿各自确定的声源曲面的交线与航天器表面的交点即为声源的位置，因此至少需要 3 支声传感器。

然而，在多数实际情况下，声场中除故障声源外，还存在着诸如振动台噪声、工作人员语音以及一些其他干扰声源，除此之外还有混响效应的存在。这些干扰因素会在计算通道间互相关函数时引入虚假的峰值从而有可能导致得到错误的声源位置。为了提高定位系统的稳健性，引入一支冗余声传感器，在每个面内都配置 4 支声传感器，形成 6 组声传感器对儿从而可形成 6 支声源限制曲面。为在 4 个侧面对可能的故障声源进行定位，搭建了带有 4 个子阵列的共 16 通道声源定位系统，每个平面内呈矩形布置。

3.2 干扰声源的剔除

为剔除干扰声源，提高声源定位的鲁棒性，采用了两种目标声源检测准则，即几何检测准则和闭环检测准则。

3.2.1 几何检测准则

为了去除来自航天器以外部分的干扰声源，设计了基于航天器外轮廓模型的几何检测法。该方法根据航天器侧面几何信息限制两通道信号互相关函数峰值选取的时间区间。根据每个面上声传感器与航天器表面的位置关系，航天器表面上的声源产生的最大到达时延必为该表面 4 个角点中的一个，如图 1 所示。通过比较 4 个角点处的到达时延得到可能到达时延的最大值，这样对于面内的任意一组声传感器对儿（包含声传感器 i 和 j）测量信号的互相关函数而言，仅在满足$-|\delta_{ij,\max}|\leqslant\delta_{ij}\leqslant|\delta_{ij,\max}|$的区间内取最大峰值位置来参与声源定位的计算。

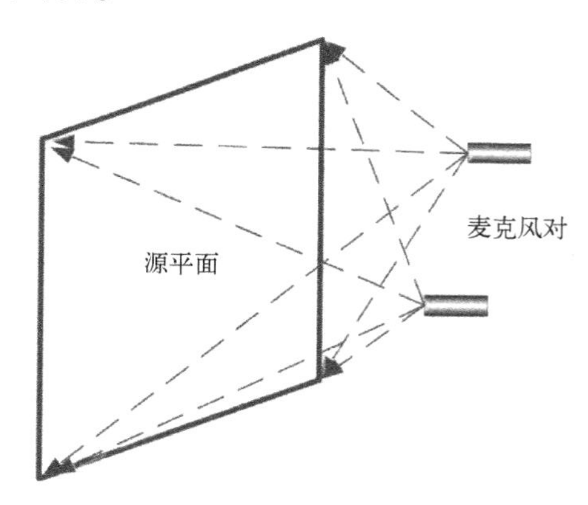

图 1　几何检测准则示意图

通过引入几何检测准则，在航天器表面以外的干扰声源在测量信号互相关函数中所产生的干扰峰将不会影响声源的定位。

3.2.2 闭环检测准则

到达时延估计技术通过响应双曲面的交点位置实现声源的定位，因此，如果参与计算的某个测量信号质量较差，则有可能导致计算得到的双

曲面位置出现偏差。这种情况将导致系统定位的误差增大甚至定位失败。

为了确定某个双曲面的交点是否由真实点声源导致，设计了循环检测准则。其原理可以使用包含一个点声源 s_k 和三支声传感器 I、j、n 的模型来解释。点声源发出的声信号到达声传感器 i、j 的时延为

$$\delta_{ij}=(|\boldsymbol{r}_{jk}|-|\boldsymbol{r}_{ik}|)/c=\tau_{kj}-\tau_{ki} \tag{5}$$

式中：$\tau_{kj}=|\boldsymbol{r}_{jk}|/c$，$\tau_{ki}=|\boldsymbol{r}_{ik}|/c$ 分别为声波从声源 S_k 到声传感器 i 和 j 的传播时间。

因此，同一点声源发出的声信号在三支声传感器两两构成的声传感器对儿中造成的时延应满足式（6）。

$$\begin{aligned}\delta_{ij}&=\tau_{kj}-\tau_{ki}\\&=(\tau_{kj}-\tau_{kn})-(\tau_{ki}-\tau_{kn})\\&=\delta_{nj}-\delta_{ni}\end{aligned} \tag{6}$$

试验件的每个侧面都布置有 4 支声传感器，可以形成 4 组由 3 支声传感器构成的组，对各组中的时延关系采用式（5）进行校核，取满足式（6）的组参与声源定位计算。

4　试验验证

4.1　试验系统组成

验证试验照片如图 2 所示，1~4 号声传感器构成针对 1 号表面的子阵列，以此类推，全部阵列包含 16 支声传感器。每个声传感器子阵列与相应的试验件表面距离均为 0.55m。使用此试验系统进行了一系列的故障声源定位试验，选取两个典型工况进行分析。

图 2　试验系统照片

4.2　试验工况及结果

4.2.1　工况Ⅰ——两声源在不同面内的工况

在工况Ⅰ中，在不同的表面布置了两个声源，声源 S1 为在 1 号表面使用小锤子的敲击声；声源 S2 为放置于 4 号表面的微型扬声器播放的一系列结构断裂产生的脉冲声信号。声传感器及声源的坐标如表 1 所列。

表 1　加速度总均方根值误差

声传感器 1	声传感器 2	声传感器 3	声传感器 4	S1
(−0.25, 0, 0.33)	(0.25, 0, 0.33)	(0.25, 0, −0.33)	(−0.25, 0, −0.33)	(−0.1, 0.5, −0.25)
声传感器 13	声传感器 14	声传感器 15	声传感器 16	S2
(−0.92, 1.05, 0.33)	(−0.92, 0.55, 0.33)	(−0.92, 0.55, −0.33)	(−0.92, 1.05, −0.33)	(−0.42, 0.6, −0.15)

声传感器 1 和 16 的测量信号如图 3 所示，图中给出的信号经过了高通滤波以去除低频段噪声。两测量信号均包含了声源 S1 和声源 S2 发出的信号。其中 5 个间距为 1s 出现的尖峰为位于 4 号表面的声源 S2 发出的信号，而另外两个脉冲信号为位于 1 号表面的敲击信号源 S1。

定位系统默认首先提取测量信号中在 0.92s 附近出现的首个峰值进行定位，定位结果如图 4 所示。由声传感器 14、15、16 给出的声源 S2 的计算位置为（−0.41，0.62，−0.17）。在试验件的其他表面没有出现误定位的情况。

为对声源 S1 进行定位，以测量时域信号 1.5s 处峰值为中心截取时长为 0.3s 的信号进行计算。定位结果如图 5 所示。由声传感器 2、3、4 给出的声源 S1 的位置坐标为（−0.07，0.5，−0.25），同样在其他表面内没有出现误判，声源定位误差为 3cm。

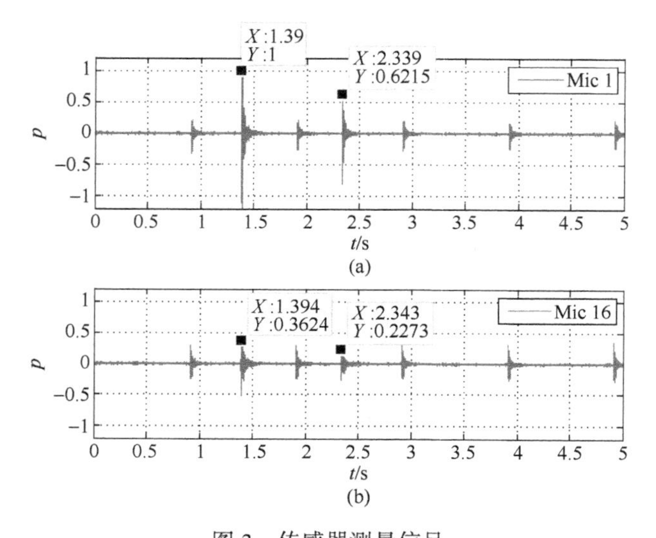

图 3　传感器测量信号

（a）1 号声传感器测量信号；（b）16 号声传感器测量信号。

4.2.2　工况Ⅱ——两声源在同一面内的工况

在工况Ⅱ中，两声源均位于 1 号表面内，其中 S1 为敲击声源，S2 为微型扬声器。两声源的实际位置分别为（0.15，0.5，0.2）和（−0.22，0.5，−0.2）。

系统首先默认识别了来自声源 S1 的信号所产生的峰值。定位结果如图 6 所示。由声传感器 1、3、4 给出 S1 的位置为（0.16，0.5，0.16）。截取信号以对 S2 进行定位，由声传感器 1、2、4 给出 S2 的位置为（−0.21，0.49，−0.17），如图 7 所示。对两声源的定位误差分别为 4.12cm 和 3.32cm。

5　结束语

本文建立了一种基于声传感器阵列的故障声源定位系统。采用到达时延估计技术并配合干扰声源剔除准则和倒频域滤波去混响算法后，系统可稳健地实现断裂、敲击等脉冲信号的定位。试验结果显示，对于多声源的定位，系统可以很好地判断声源所在表面，避免误判，并自适应地选取信号质量最好的 3 支声传感器实现声源的快速定位，定位精度达到厘米级。

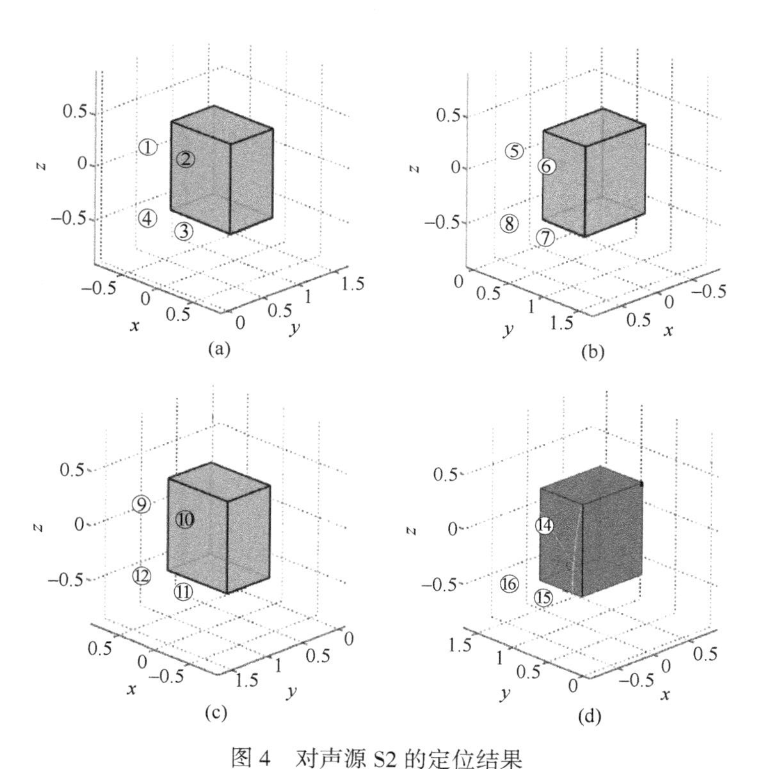

图 4　对声源 S2 的定位结果

（a）Surface 1；（b）Surface 2；（c）Surface 3；（d）Surface 4。

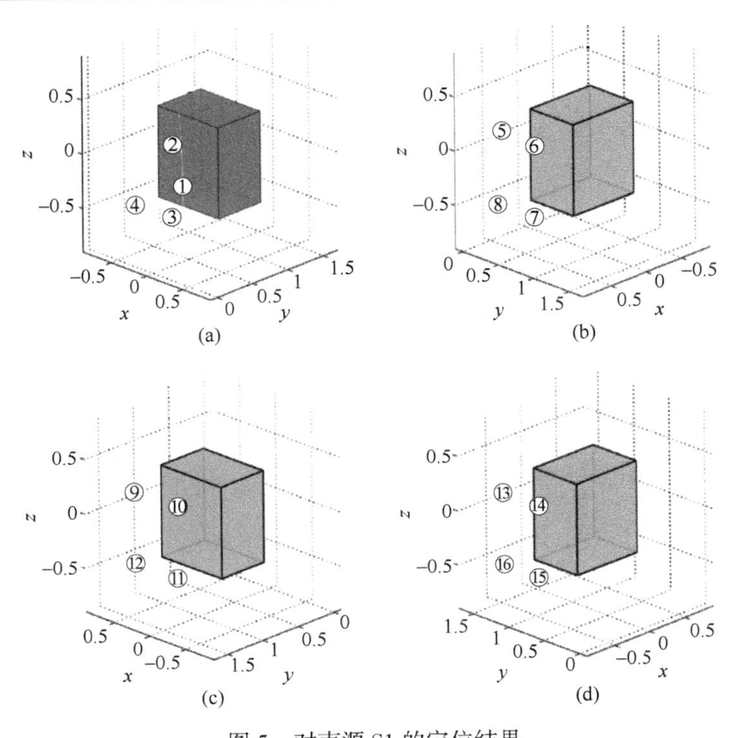

图5　对声源S1的定位结果

（a）Surface 1；（b）Surface 2；（c）Surface 3；（d）Surface 4。

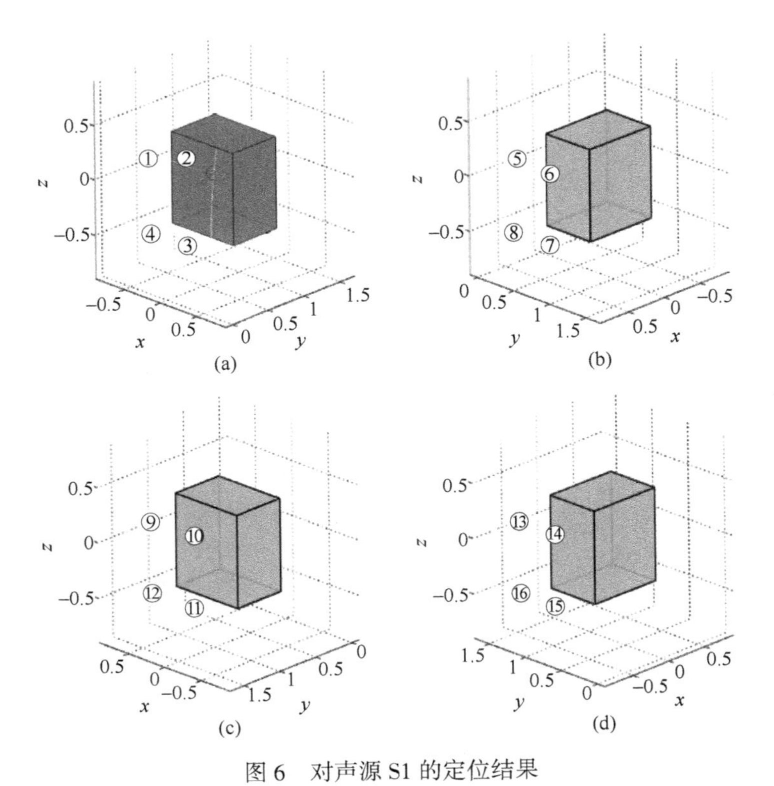

图6　对声源S1的定位结果

（a）Surface 1；（b）Surface 2；（c）Surface 3；（d）Surface 4。

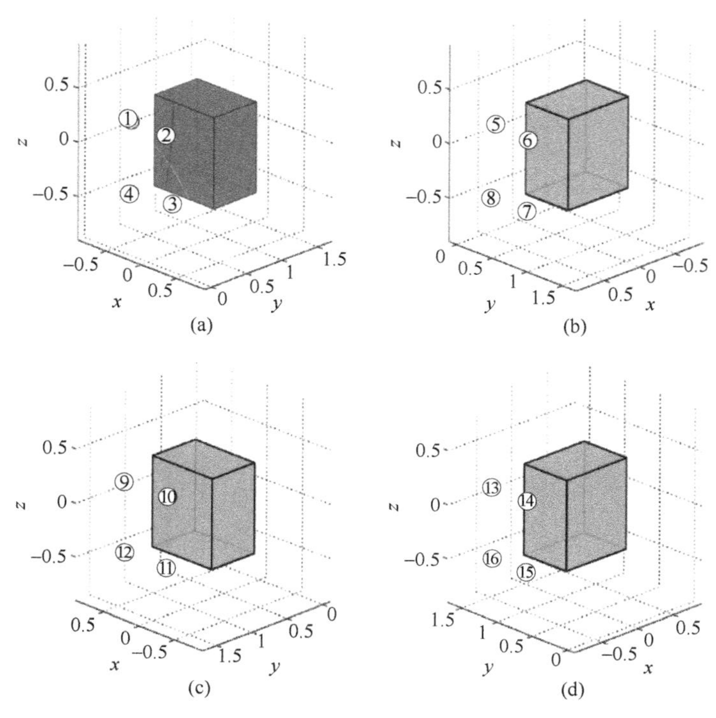

图 7 对声源 S2 的定位结果

（a）Surface 1；（b）Surface 2；（c）Surface 3；（d）Surface 4。

参考文献

[1] Carter G C. Variance bounds for passively locating an acoustic source with a symmetric line array [J]. The Journal of the Acoustical Society of America, 1977; 62 (4): 922-6.

[2] Knapp C, Carter G. The generalized correlation method for estimation of time delay [J] IEEE Transactions on Acoustics, Speech, and Signal Processing, 1976; 24 (4): 320-7.

[3] Quazi A. An overview on the time delay estimate in active and passive systems for target localization. Acoustics, Speech and Signal Processing [J]. IEEE Transactions on, 1981; 29 (3): 527-33.

[4] Bestagini P, Compagnoni M, Antonacci F, et al. TDOA-based acoustic source localization in the space-range reference frame [J]. Multidimensional Systems and Signal Processing, 2014; 25 (2): 337-59.

[5] Cui X, Yu K, Lu S. Evolutionary TDOA-based direction finding methods with 3-D acoustic array [J]. IEEE Transactions on Instrumentation and Measurement, 2015; 64 (9): 2347-59.

[6] Blandin C, Ozerov A, Vincent E. Multi-source TDOA estimation in reverberant audio using angular spectra and clustering [J]. Signal Processing, 2012; 92 (8): 1950-60.

[7] Lin L, So H-C, Chan FK, et al. A new constrained weighted least squares algorithm for TDOA-based localization [J]. Signal Processing. 2013; 93 (11): 2872-8.

[8] Oppenheim A V, Schafer R W. From frequency to quefrency: A history of the cepstrum [J]. IEEE signal processing Magazine, 2004; 21 (5): 95-106.

[9] Miles J H, Stevens G H, Leininger G G. Application of cepstral techniques to ground - reflection effects in measured acoustic spectra [J]. The Journal of the Acoustical Society of America, 1977; 61 (1): 35-8.

[10] Bolton J S. The measurement of acoustic reflection coefficients by using cepstral techniques [J]. The Journal of the Acoustical Society of America, 1988; 83 (S1): S60-S1.

[11] Bees D, Kabal P, Blostein M, et al. Application of complex cepstrum to acoustic dereverberation [J]. Proc Biennial Symp Commun, 1990: Kingston, ontario canada.

基于电动扬声器的混响室高频发声系统设计及验证

张肇元，杨　江
（北京卫星环境工程研究所，北京，100094）

摘要：本文开展了基于电动扬声器的混响室高频发声系统研究，完成了电动扬声器耦合声场的高频混合控制研究，进行了电动扬声器在强噪声环境下的可靠性设计，开展了电动扬声器的耦合声场试验研究。基于此掌握了电动扬声器的声试验技术，可提升现有混响室的高频发声能力。

关键词：电动扬声器；混响室；高频；声试验

1　引言

噪声试验的目的是为了考核航天器在发射过程中噪声环境下的工作性能和耐强噪声的能力，同时获取航天器的噪声响应，一般通过混响室声试验系统开展航天器的噪声试验。随着我国大型运载火箭的发展，对混响室的高频发声能力要求越来越高，需要通过高频气流式声发生器来产生混响室的高频声激励。在近几年的大型航天器试验中，2163m^3 混响室目前配套的两个 EPT-200 声发生器仍然无法满足大型航天器的试验要求，这影响了对航天器声环境耐受能力的考核。混响室高频能力的不足严重制约了研究所现有声试验的能力，但是目前噪声试验采用的高频气流式声发生器在国内并没有成熟产品，而 2163m^3 混响室在用的 EPT-200 声发生器，设备使用要求高，对操作人员有一定要求，且发生故障后不易维修。

与此同时，电动扬声器及其相关控制技术的发展，电动扬声器的声功率越来越高，使得通过电动扬声器组合成声阵列来提升混响室的高频发声能力变得可行。电动扬声器直接通过膜片振动产生的声辐射来对航天器进行激励，不需要采用氮气气流来发声。基于电动扬声器的声试验系统，省掉了气源及相应控制系统，同传统的声试验系统相比更加简单且安全。本文对电动扬声器耦合声场特性进行了研究，开展了电动扬声器耦合声场的高频混合控制和电动扬声器的耦合声场模拟研究，同时还进行了电动扬声器在强噪声环境下的可靠性设计。

2　测试设备及原理

2.1　混响室试验原理

现如今混响室声振系统的基本原理是，具有一定压力的气源（通常是液氮气化的气体）经气流调制器调制产生高声强、宽频带的噪声源；噪声源经喇叭辐射激励混响声空间，造成模拟的扩散声场；扩散声场的压力脉动各向、分布地激励试验件；混响场的总声压级和声压级谱通过传声器测量按试验条件要求由控制系统对系统进行闭环控制。

2.1.1　混响室试验的控制

目前采取了两种控制方式，开环手动模拟式控制和闭环计算机数字控制。

开环手动模拟式控制随机信号发生器产生宽带白噪声信号，经 1/3 倍频程梳状滤波器加权，输入驱动气流调制器的动圈功率放大器，使混响场的总声压级和声压级谱满足试验要求。

闭环计算机数字控制系统通过控制输入传声器测量得到声压信号。

2.1.2　电动扬声器耦合声场的高频混合控制研究

通过研究混响室的声振系统原理和控制方式，为了提高混响室的高频能力，采用耦合的方式将电动扬声器系统和混响室声振系统彼此联合相互作用，而这需要进行声场控制方法研究。为了提高控制自由度，选择了 MIMO 多进多出的闭环控制方法，但是导致控制系统复杂，可靠性降低。而声场开环控制则是通过处理器对驱动信号倍频程带宽增益进行调节，优点是系统简单可靠性高，缺点是产生声场的相关性较强。

2.2 基于 MIMO 的扬声器声场控制研究

MIMO 系统的一个特点就是具有极高的频谱利用率，在对现有频谱资源充分利用的基础上通过利用空间资源来获取可靠性与有效性两方面的增益，但却造成了发送端与接收端的处理复杂性。而声试验系统采用了多个扬声器阵列发声，通过基于电动扬声器耦合声场的 MIMO 控制技术，对扬声器声场内多个目标点的声压级进行控制，能提高声场的一致性，降低声场同混响声场的差异。利用 MIMO 控制系统完成了多个目标点的声场控制，验证了 MIMO 控制系统的可行性，为后续声试验系统的多个目标点声压级控制提供了参考。

2.2.1 MIMO 控制算法

多输入多输出（MIMO）控制算法流程图如图 1所示。

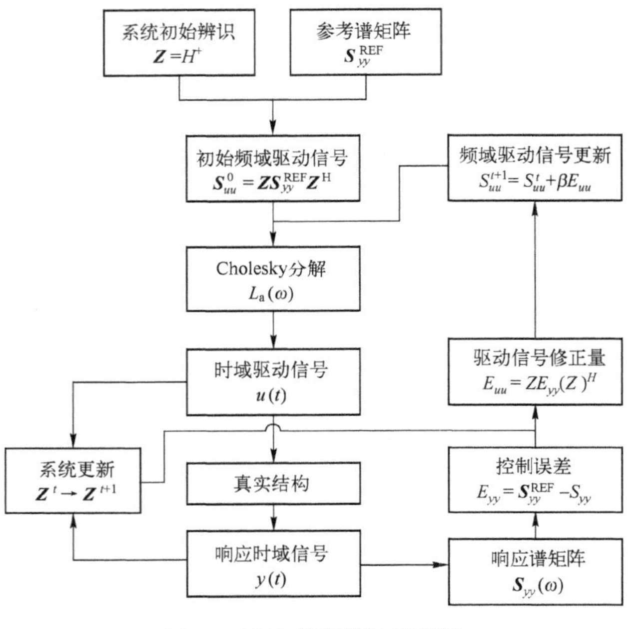

图 1 MIMO 控制算法流程图

电动扬声器的声场 MIMO 控制流程如下。

（1）获得系统的初始频响矩阵逆矩阵 $\boldsymbol{Z}$。

（2）通过 $\boldsymbol{Z}$ 与参考谱矩阵，获得初始频域驱动信号 S_{uu}^0。

（3）对 S_{uu}^0 进行 Cholesky 分解。

（4）计算时域驱动信号 $u(t)$。

（5）发出驱动信号，作用在实际声场中。

（6）测量声场的时域响应 $y(t)$。

（7）计算响应谱矩阵 $\boldsymbol{S}_{yy}(\omega)$。

（8）计算实际响应谱与参考谱的差值 E_{yy}。

（9）计算驱动信号频域修正量 E_{uu}（计算过程中用到的系统频响矩阵由步骤（4）和（6）数据重新进行系统辨识）。

（10）更新频域驱动信号 S_{uu}^{i+1}。

（11）重复步骤（3）~（10），直到试验结束。

2.2.2 MIMO 控制系统调试验证

为了验证声试验系统中采用的 MIMO 控制系统的可行性，进行多个目标点声场控制的试验，开展了 MIMO 控制系统的搭建及调试工作。

MIMO 声场控制在现有的核心舱模拟件内进行，模拟件采用铝蒙皮桁架结构，由大柱段和小柱段两个部分组成，如图 2 所示。

图 2 核心舱模拟件

模拟件的外部和内部一共布置了 3 个声源，在模拟件的舱段内部选取了 4 个目标点，如图 3 所示。

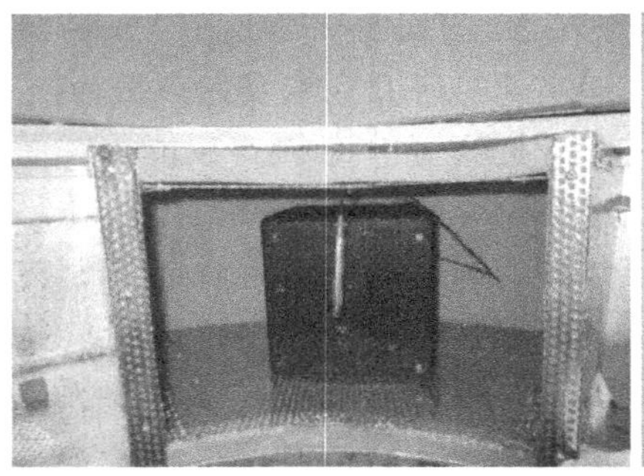

图 3 模拟件舱段内部的声源及目标点

3 个声源同时开启的状态下，得到舱段内 4 个目标点的声压级谱，作为 MIMO 控制系统的目标控制谱，如图 4 所示。目标点的声压级不低于 80dB。

利用 MIMO 控制系统，通过 3 个声源实现了 4 个目标点的声场控制。目标点的 1/3 倍频程频带内的声压级误差低于 ± 3dB，总声压级误差小于 ±2dB，如图 5 所示

由上述调试结果可知，MIMO 控制系统可实现多个目标点的声场控制，目标点的声场控制误差满足试验的要求。

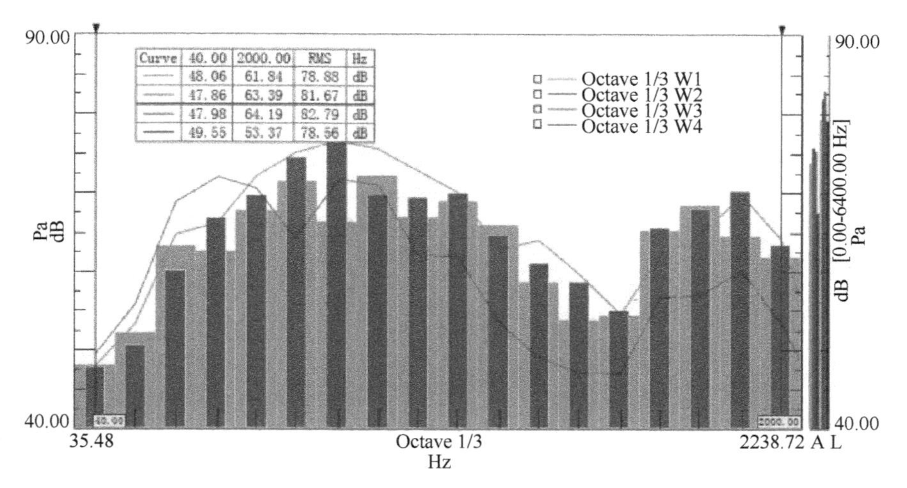

图 4　4 个目标点的目标控制谱

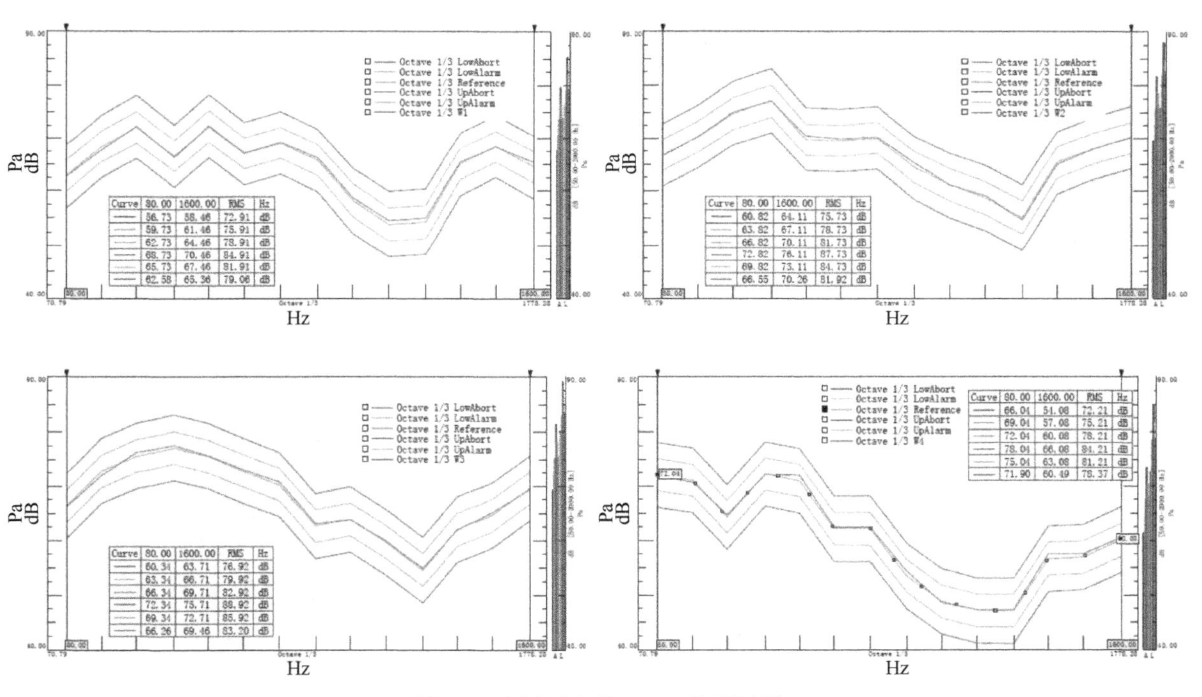

图 5　4 个目标点的 MIMO 控制结果

3　基于电动扬声器的混响室高频发声系统搭建和测试

3.1　测试布局

基于电动扬声器的声试验系统布局，需要保证试验件所处声场尽可能接近混响场，2163m^3 混响室的内部空间为长方形，进行噪声试验时卫星就位于混响室中部。

因此为了让电动扬声器在混响室内尽可能产生混响场激励，同时保证声场的均匀性，为了降低直接声场的影响，达到混响的效果，通过反复试验，验证了将电动扬声器阵列布置于混响室的

四角是较好的选择。

基于以上分析，电动扬声器的声试验系统搭建如图6所示，系统由扬声器阵列、电源时序管理器、数字音频处理器、功率放大器及配套线缆组成。

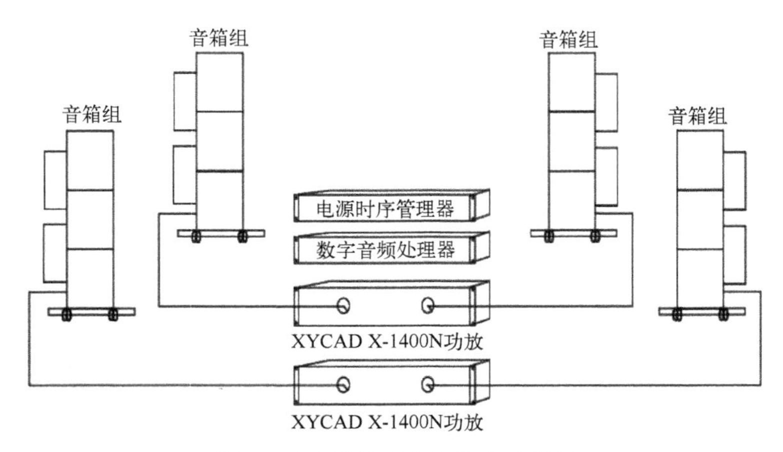

图6　扬声器阵列系统搭建示意图

扬声器阵列：一共4组，每组扬声器阵列由多个扬声器并联组成，电动扬声器阵列分别布置在混响室的四角。

电源时序管理器：所有设备电源使用电源时序管理器统一管理，这样的优点是设备可以从小功率到大功率按照顺序逐一开机，从大功率到小功率按照顺序逐一关机，从而减低开/关用电设备对输电线路的冲击电流，造成设备的损坏。

数字音频处理器：处理器采用多进多出多通道处理器，有可以自由信号路由选择，频率滤波、EQ调节、信号增益、压缩限幅、程序储存等多种功能。

功率放大器：两个大功率开关电源功率放大器，每个功率放大器驱动两个扬声器阵列。

电源时序管理器、数字音频处理器、功率放大器使用航空机柜机架式固定安装在一个机柜中，便于维护管理，并且可以移动整体机柜，如图7所示。

图7　扬声器配套功放和处理器

配套音箱线缆采用护套4芯线缆，信号线采用2芯加屏蔽层线缆，传输距离远、抗干扰能力强。

在2163m^3混响室内进行了系统搭建和设备调试。搭建好的扬声器阵列及配套功放设备如图8所示。

图8　扬声器阵列

基于电动扬声器的声试验系统布局确定以后，进行电动扬声器声场特性研究。电动扬声器阵列分别布置在混响室的四角，声传感器布置在2163m^3混响室中心区域（3m×3m）的2～3m高度位置，如图9所示。

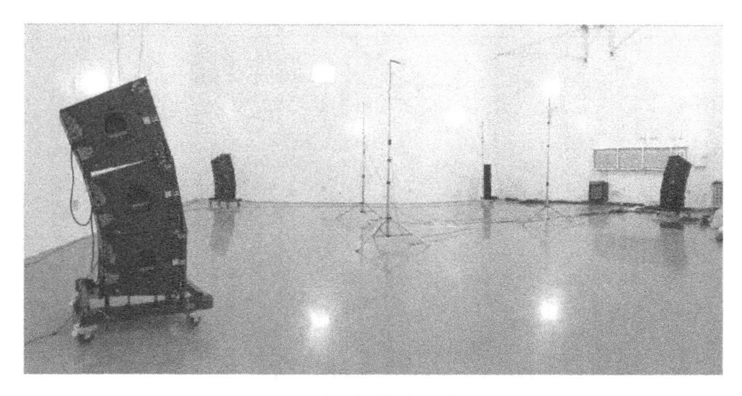

图 9　扬声器阵列布局

测试采用的设备如表 1 所列，包括电动扬声器阵列系统 1 套，声传感器 4 个，数据采集设备为 LMS SCADAS Lab。

表 1　测试设备

设备名称	型　号	数　量	备　注
数据采集设备	LMS SCADAS Lab	1 套	西门子
声卡	(2 进 2 出)	1 套	—
声传感器	PCB 378C20/BK/GRAS	4 只	—
扬声器阵列	4 组，每组 3 个扬声器 处理器 MATRIX48 (4 进 8 出) 功放 XYCAD X-1400N 时序器 (8 路输出)	1 套	XYCAD
电流电压监测装置	—	1 套	SEREME
线缆	—	若干	—

为了保护扬声器，在一组电动扬声器阵列中连接了电流电压监测装置，如图 10 所示。

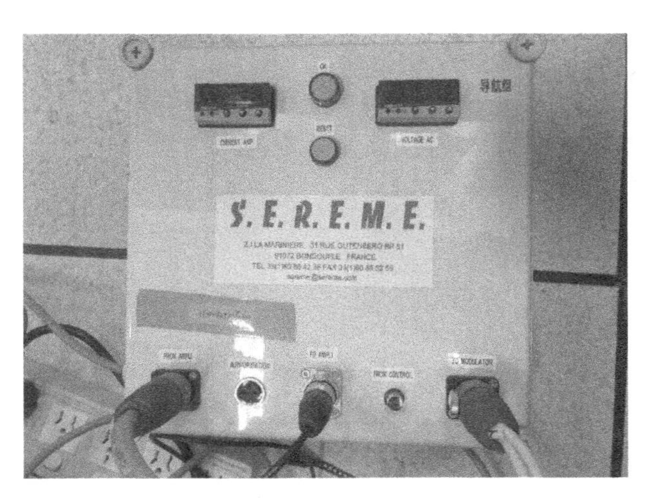

图 10　扬声器阵列测试电流电压监测装置

3.2　正式试验

3.2.1　单组扬声器阵列测试

测试状态：关大门开气囊，1 组扬声器阵列 (3 个扬声器)。

测试结果：120dB。

混响室内声压级如图 11 所示。

各个测点声压级和标准偏差如表 2 所列。单组扬声器阵列在混响室内的空间变化最大为 4.2dB，已经满足指标要求。

3.2.2　4 组扬声器阵列测试

测试状态：关大门开气囊，4 组扬声器阵列 (每组 3 个扬声器)。

测试结果：126dB。监测的功放电流 7.47A，电压 75V。

混响室内声压级如图 12 所示。

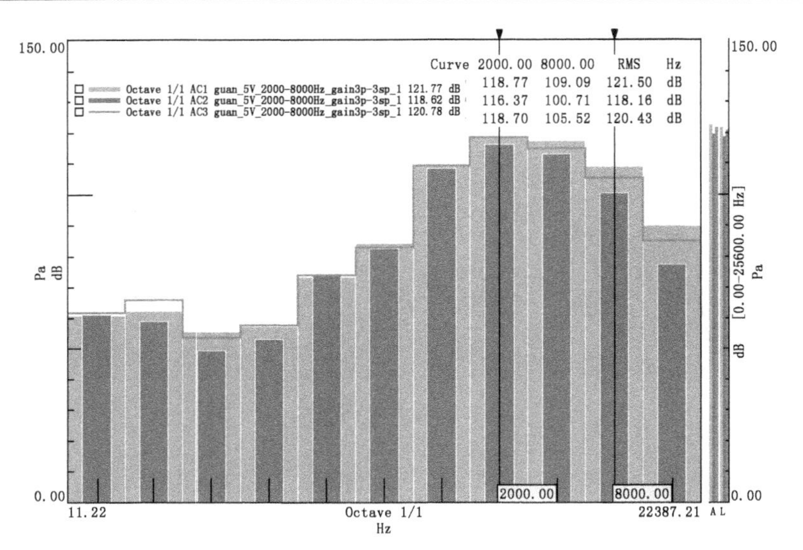

图 11　混响室内声压级

表 2　测点声压级和标准偏差

频　　带	AC1 声压级/dB	AC2 声压级/dB	AC3 声压级/dB	标准偏差
2k	118.8	116.4	118.7	1.37
4k	117.6	113.2	115.2	2.21
8k	109.1	100.7	105.5	4.20

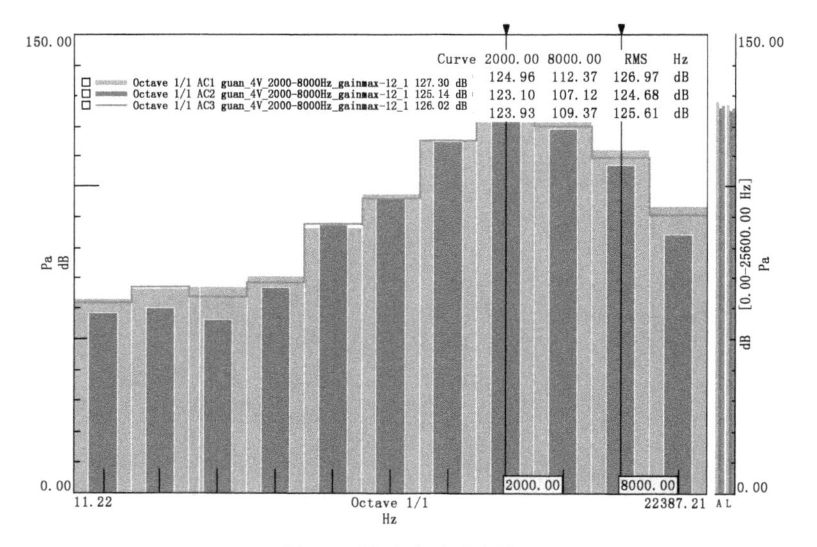

图 12　混响室内声压级

各个测点声压级和标准偏差如表 3 所列。4 组扬声器阵列在混响室内的空间变化最大为 2.64dB，声试验系统满足在 2163 混响室中心区域（3m×3m）的声场空间变化范围小于±5dB（2000Hz、4000Hz、8000Hz 倍频程频带内）的技术指标要求。

表 3　测点声压级和标准偏差

频带	AC1 声压级/dB	AC2 声压级/dB	AC3 声压级/dB	标准偏差
2k	125.0	123.1	123.9	0.93
4k	122.2	119.3	120.4	1.49
8k	112.4	107.1	109.4	2.64

3.2.3　8k 频带发生能力测试

8k 频带测试采用声卡发出 8k 频带的粉红噪声作为驱动信号，采用原有 LMS 数采测量混响室内声压级。经调试发现，采用声卡发出粉红噪声的驱动信号，比 LMS 数采发送白噪声的效果要好。调试过程中对声卡软件和处理器的设置不断进行优化，最终的测试结果如下。

测试状态：关大门开气囊，4 组扬声器阵列（每组 3 个扬声器）。

测试结果：123.5dB。监测的功放电流 7.12A，电压 81.6V。

混响室内声压级如图 13 所示。

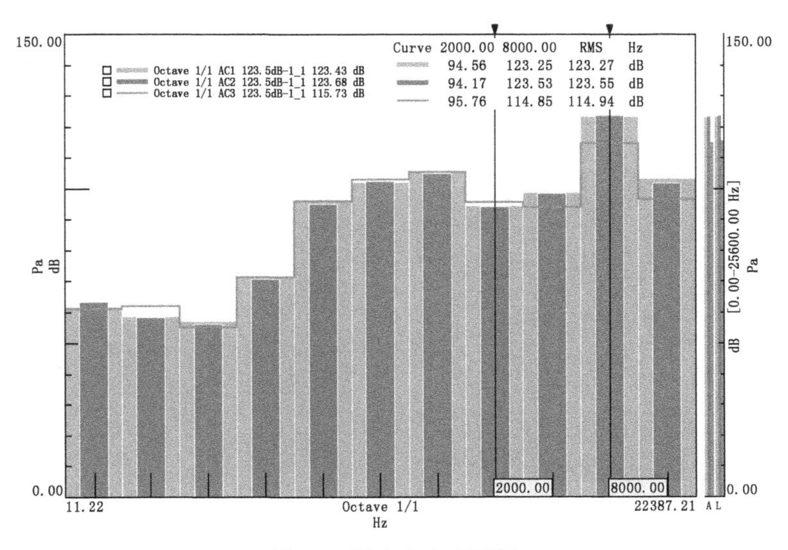

图 13　混响室内声压级

3.3　扬声器阵列声场控制精度

经过多次声场调试，对比 MIMO 控制和开环控制两种方法，考虑到混响室声场控制的稳定性，采用开环调试方法系统更加简便和可靠，能达到的声压级更高。

上述调试的区别主要是驱动信号发出的方式不同：一种是通过 LMS 数采前端发出指定频带的白噪声；另一种是通过声卡发出指定频带的粉红噪声。

通过实际调试发现，采用声卡发出粉红噪声的驱动信号的效果更好。

驱动信号发出后，首先经过处理器滤波放大后，再发送给扬声器功放。在处理器中可进行输入/输出的增益设置（-40dB ~ +12dB），以及指定频带的参数均衡（EQ）设置，如图 14 所示，处理器的参数设置分辨率为 0.1dB。

图 14　处理器的参数均衡设置

功放和扬声器可视为线性系统，因此采用开环控制的方式，声试验系统的控制精度能达到0.1dB。

与混响室调试同步进行，混响室的高声强背景噪声不影响电动扬声器阵列的发声，实际调试曲线如图15所示，2～8k高频段总声压级达到127dB。

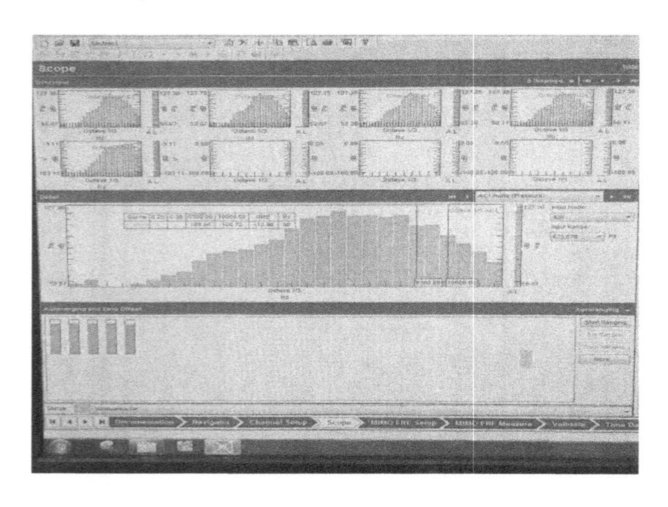

图15　与混响室调试同步试验结果

因此，声试验系统满足在强噪声环境下的高频混合控制误差小于±5dB的技术指标要求。

3.4　设备耐强噪声环境测试

电动扬声器的单个高音单元于2019年3月放入2163m^{3}混响室进行调试，期间经历过多次整星和部组件的噪声试验，试验后扬声器单元工作状态正常。

电动扬声器到货后经历数次混响室调试，其中最大声压级工况为146dB（时长2min），试验后扬声器设备完好，工作状态正常。

因此电动扬声器满足在141dB强噪声环境下的正常使用累计时间不低于30min的技术指标要求。

3.5　与现有混响室高频发声能力对比分析

东五平台结构星的噪声试验条件如表4所列。实际加载曲线如图16和图17所示，由图可知，在8000Hz中心频率处，由于混响室能力限制，未能达到试验条件的要求。

表4　噪声试验条件

中心频率/Hz	声压级/dB					偏差/dB
	预试验	特征级	验收级	准鉴定级	鉴定级	
31.5	122	122	126	128	130	±5.0
63	126	126	130	132	134	
125	129	129	133	135	137	±3.0
250	132	132	136	138	140	
500	131	131	135	137	139	
1000	130	130	134	136	138	
2000	128	128	132	134	136	
4000	126	126	130	132	134	±5.0
8000	124	124	128	130	132	
总声压级	138	138	142	144	146	±1.5
时间/s	40		60	60	180	

注：（1）0dB参考声压为2×10^{-5}Pa。
（2）试验时间：验收试验为1.0min；鉴定试验为3.0min。

东五结构星噪声试验中，8000Hz中心频率处，验收级目标128dB，实际121.4dB，误差-6.6dB；鉴定级目标132dB，实际125.3dB，误差-6.7dB。

从混响室噪声试验曲线可以看出，混响室在高频8k频带内声压级低于试验允差下限1～2dB。“长征”五号运载火箭的噪声试验条件在8k频带的准鉴定级下限为125dB。

基于电动扬声器阵列的声试验系统在8k频带的声压级目前只能达到123dB，比扬声器在2～8k高频段能达到的总声压级127dB要低，主要原因可能是由于高频声的指向性太强，以及存在声波衍射和干涉的影响，声音在高频段的叠加效果不明显。考虑到卫星产品放入混响室后会产生吸声（假设为2dB），声试验系统在现有声压级基础上还需要提升4dB。

为了满足混响室噪声试验的要求，后期需要提升单个扬声器的高频发声能力，同时增加混响室内布置的扬声器数量。

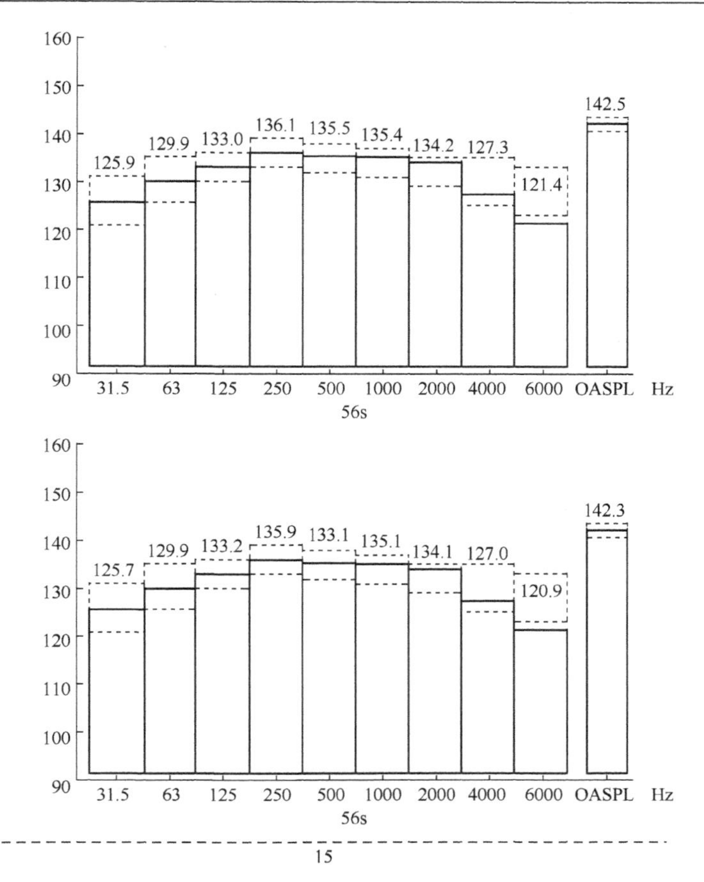

图 16　验收级控制曲线

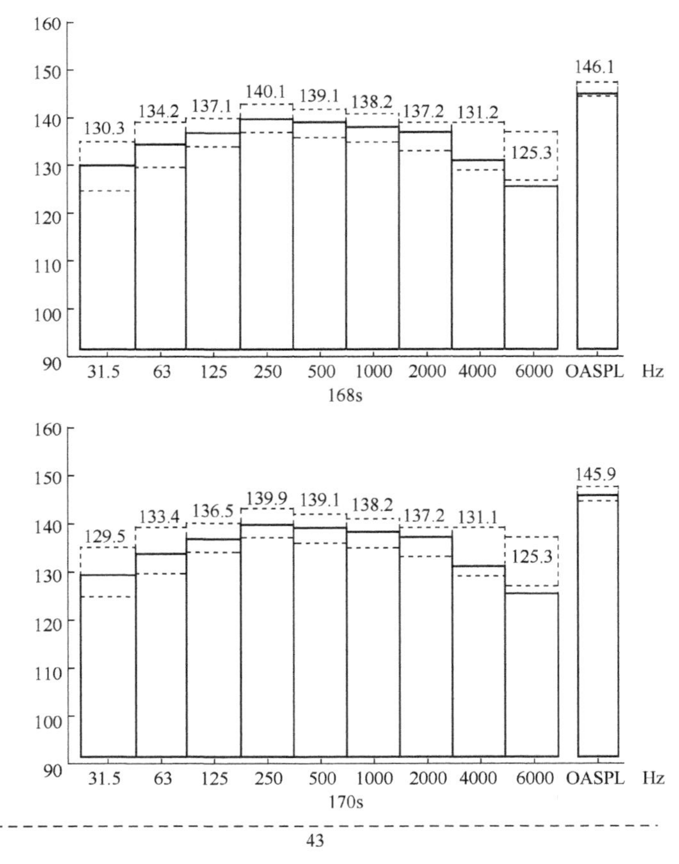

图 17　鉴定级控制曲线

4 结束语

本文介绍了通过电动扬声器组合成声阵列来提升混响室的高频发声能力的电动扬声器系统，通过系统设计和试验测试验证了该方案的可行性。试验结果表明，2～8k 的高频段总声压级可达到 126dB，其中 8k 频率的声压级达到了 123dB，虽然距离 128dB 的理想目标尚有一些差距，后期可通过提高高音单元的 8k 发声能力，以及增加扬声器阵列的数量来使其达到要求的声压级指标。

参考文献

[1] 耿丽艳，张俊刚．EPT-200 高频声发生器在航天器噪声环境试验中的应用［J］．航天器环境工程，2006，23（2）：122-124.
[2] 刘振皓，任方，原凯，等．航天器直接声场试验技术研究进展［J］．装备环境工程，2018，15（2）：68-73.

第三部分

柔性充液航天器及其多体系统动力学与控制

国外超大口径天线卫星系统动力学建模、仿真及验证综述

董富祥

（中国空间技术研究院通信与导航卫星总体部，北京，100094）

摘要：超大口径天线卫星是实现高通量移动通信、高灵敏度电子侦察和天基高超声速动目标检测的关键技术装备。这类卫星动力学建模、仿真与验证是研制超大口径天线卫星必须攻克的关键技术。根据天线构型，综述了当前国外几类主流大型天线卫星现状，并按照展开多体动力学和展开后结构与控制相互作用动力学两个层面，对国外超大口径天线卫星研制期间开展的动力学建模、仿真与验证情况进行了分析，最后根据国外超大口径天线卫星研制经验，提出这类天线卫星待研究的动力学问题。

关键词：超大口径天线卫星；动力学建模；仿真与验证；多体动力学

1　引言

超大口径天线卫星一般指天线口径大于 30m 的航天器，其天线口径远大于卫星本体几何尺寸，天线成为卫星主体，这类卫星被称为天线卫星，其主要工作于地球同步轨道或大椭圆轨道，用于电子侦察、移动通信和天文射电信号探测。

超大口径天线卫星动力学建模、仿真与验证技术是超大口径天线卫星总体设计核心关键技术。超大口径天线卫星尺寸巨大、展开机构复杂、展开期间各部件与索网的管理直接关系到天线卫星研制的成败。受地面试验重力和本身天线结构刚度约束限制，无法在地面开展全尺寸天线展开试验，准确可靠地天线展开动力学仿真是超大口径天线卫星项目成功的关键。超大口径天线卫星尺寸巨大、刚度低、阻尼弱、结构非线性强，将导致其所受扰动传播带有明显的时滞特性，进而对卫星控制算法、执行机构选择和布局均产生了明显影响，导致传统柔性航天器动力学分析建模方法已经难以适应超大尺寸柔性附件卫星姿态控制需求，此外，超大口径天线尺寸巨大、型面精度要求高且影响型面精度因素多，其在轨型面保证多采用型面测量、主动调整和阻尼机构。为了减小重量，超大口径天线卫星往往采用预张力索网桁架结构，在轨型面调整牵一发动全身，其在轨型面主动调整点设计布局、型面调整点选择和调整量确定均依赖于专用的天线卫星多体动力学与型面耦合建模仿真软件。可见，开展国外超大口径天线卫星动力学建模、仿真与验证技术调研工作对于明确超大口径天线卫星技术难题、规避技术风险具有重要价值。

以国外超大口径天线卫星为对象，从这类航天器展开动力学、在轨柔性动力学建模和地面试验验证等 3 个方面，综述了国外超大口径天线卫星在展开动力学、全星柔性动力学、模型降阶、参数辨识和地面试验方面的研究进展，并提出了天线卫星动力学问题研究建议。

2　国外超大口径天线卫星系统动力学建模与仿真进展

2.1　展开动力学建模仿真与验证技术

2.1.1　展开动力学建模仿真技术

作为天线卫星的主要载荷，超大口径天线在轨可靠展开是这类卫星成功研制的关键。超大口径天线卫星展开动力学建模与仿真主要解决超大口径天线卫星地面及在轨展开期间天线及全星各部件受力预示、索网管理策略确定、在轨展开策略和天线展开异常情况整星处置方案确定等问题，可为卫星总体设计和可靠运行提供支撑。

图 1 为国外发展的超大口径天线示意图。折叠肋和双环可展开天线适合 10～60m 可展开天线设计，缠绕肋和环柱型天线适合 9～300m 口径天线。为了实现天线大口径、轻质、高收纳比技术需求，多采用高模量碳纤维复合材料支撑杆、预张力高模材料索网和柔性金属反射网作为天线主结构，

这给天线卫星动力学建模仿真与分析带来了巨大挑战。

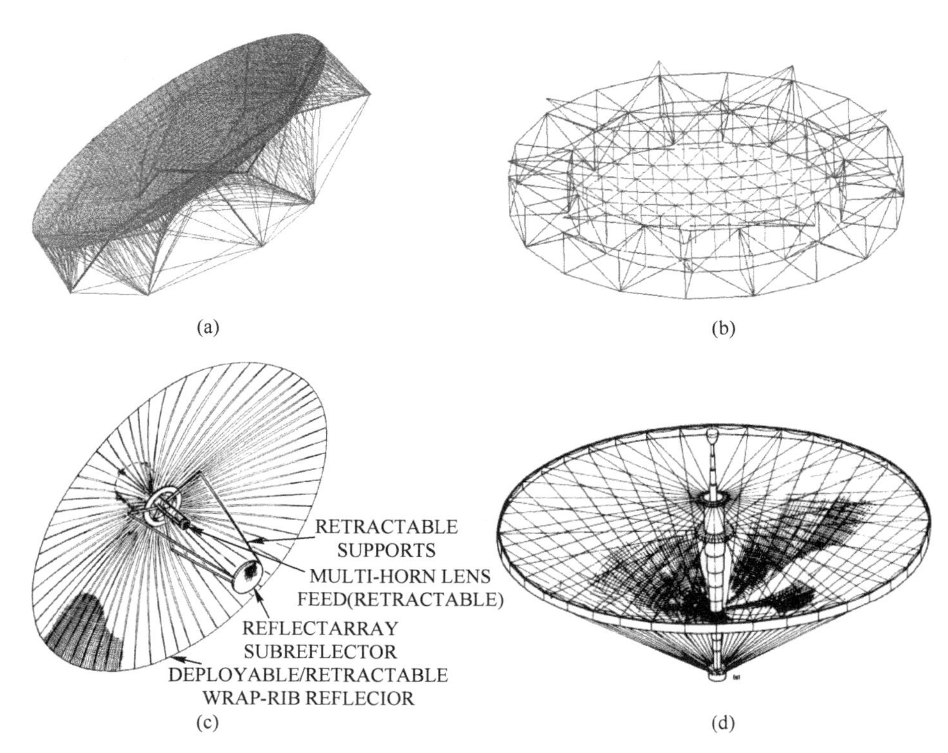

图 1　国外发展的超大口径天线

(a) 折叠肋式天线[3]；(b) 双环周边桁架式天线[4]；(c) 缠绕肋式天线[5]；(d) 环柱型天线[5]。

超大口径天线卫星展开动力学属于典型大范围运动非线性索网、桁架、柔性小变形太阳翼和刚体耦合多体动力学问题，计算量大、涉及几何非线性和接触非线性环节多，对动力学建模方法和数值算法要求高。

按照建模方法区分，主要采用节点笛卡儿坐标方法、绝对节点坐标方法、基于精确梁的大变形柔性梁模型和基于共旋理论的非线性有限元方法对天线卫星展开动力学进行建模。

节点笛卡儿坐标法[6-7]是空间可展开结构展开分析中经常用到的方法。该方法选用两节点坐标描述物体的运动，需要用两节点集中质量表示物体的质量惯量特性，难以建立复杂几何形状的物体质量惯量等效矩阵，且由于缺乏转角坐标作为系统广义坐标，在建立旋转铰驱动力矩和阻力矩模型时会遇到较大困难。戴璐等利用节点笛卡儿坐标法解决了 50m 双环周边桁架式天线展开动力学问题，如图 2 所示。

绝对节点坐标方法是 20 世纪 90 年代末期 Shabana 教授提出的一种解决大变形、大转动梁壳多体动力学的建模方法[8-9]。为了解决大口径环形天线展开动力学问题，李培、刘铖、田强等提出了基于多层分解的多体动力学求解方法，提高了计算效率。

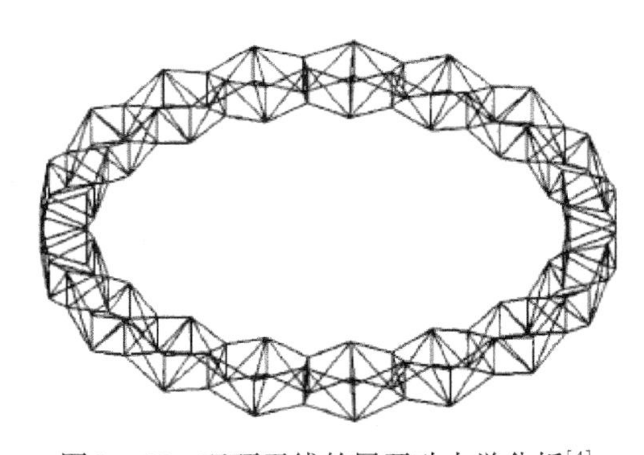

图 2　50m 双环天线的展开动力学分析[4]

彭云、赵治华等[11]提出采用精确梁模型描述了环形天线展开动力学，并提出了解决驱动绳索与滑轮的任意耦合拉格朗日方法，用于解决大型环形天线绳索展开动力学建模。精确梁模型具有计算精度和效率高的特点，ALE 方法可用于高效、精确求解绳索与滑轮单面接触问题，由于解决大型可展开桁架展开动力学问题。

日本电信的 Mitsugi、Meguro 等采用共旋坐标方法开发了大型展开结构动力学软件 SPADE，将其用于 13m 和 30m 的天线展开动力学方程，如

图 3所示。

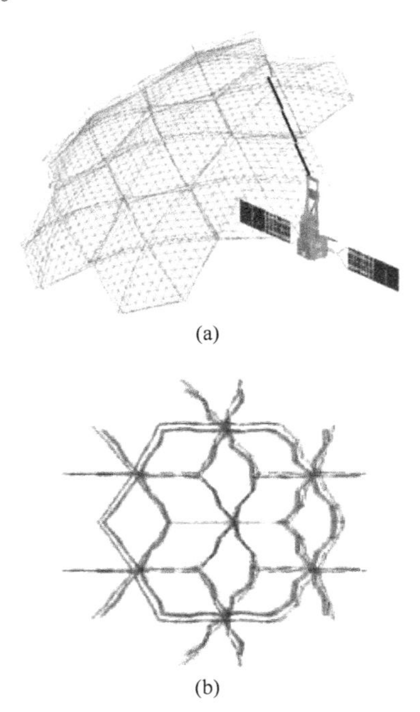

图 3　日本 Origami/ETS 软件分析 7 个天线模块的展开
（a）Origami/ETS 的 30m 天线卫星在轨构型设计；
（b）7 个天线模块展开动力学仿真。

2.1.2　展开过程试验验证技术

在轨工作状态的天线卫星尺寸巨大，刚度弱、基频低，发射前必须将整星、天线、太阳翼等部件折叠收拢在火箭整流罩或航天飞机的货舱内，卫星进入工作轨道后，大型天线展开成工作构型。大型天线卫星的共同点在于其活动部件数量众多、柔性索网动态非线性对展开可靠性影响大、展开可靠性的影响因素和环节多，必须开展天线卫星展开试验。鉴于天线卫星质量和体积均大，难以将卫星和天线放在一起做展开试验。通常情况下，天线单独开展试验，以验证大口径天线卫星展开力学性能。

根据天线展开验证需求，一般需要开展地面零重力展开试验和在轨展开试验。

1）地面零重力展开试验

地面零重力展开试验包括常规零重力展开试验和热真空高低温展开试验。

常规零重力展开试验是利用地面零重力实验补偿装置，开展大型结构零重力展开试验。由于大型结构尺寸大、展开时间长，通常采用弹簧悬吊法、滑轮配重法、气垫卸载法和中性水池卸载等方法开展地面零重力展开试验。弹簧悬吊法是最经常使用的零重力悬吊方法，其原理如图 4 所示。该方法成本低、实现容易，且可以和计算机主被动控制装置结合，可支持大型空间结构地面展开试验，但存在无法完全卸载重力问题。

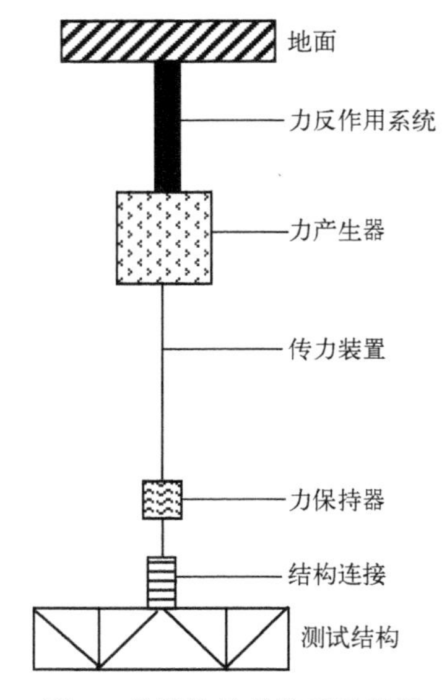

图 4　常规的悬吊装置示意图

为了验证超大口径天线空间热真空环境下展开可靠性，美国在兰利中心的 16m 热真空罐中开展 15m 环柱型天线热真空展开试验，如图 5 所示。初始时刻，天线以收拢状态安装在三脚架上，然后电机驱动绳索将天线柱子同时从顶部和底部展开，中间立柱展开完成后，中间环在位于中间环 24 个铰链中的 8 个铰链位置处的 8 个电机驱动展开，同步杆用于保持每个环部件的同步展开，最后一步是立柱底部预加载部分工作，将所有网索张紧，提供稳定结构构型。

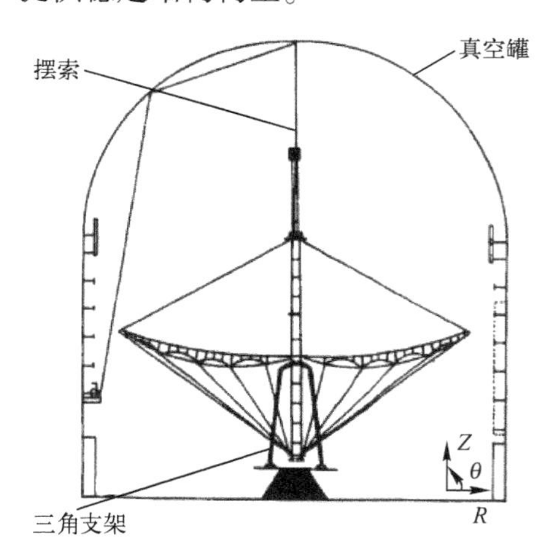

图 5　环柱型天线在热真空室中的构型

地面零重力试验可以解决大量大型结构展开动力学验证问题，然而零重力悬吊卸载系统并不能完全抵消重力场的全部影响，且零重力悬吊系统与空间可展结构的相互作用，影响结构展开，导致地面试验难以准确预测在轨展开动力学行为，使得对于特别复杂的结构还需要开展在轨展开试验。

2）在轨展开试验

为了避免地面展开试验自身不充分导致天线展开风险，各国地面试验外，还积极开展超大口径空间天线在轨展开试验。

为了验证模块式构架式天线展开可靠性和动力学，日本JAXA开展了构架式天线展开试验。日本首先在2000年底利用阿里安火箭第三级开展构架式天线展开试验，但是构架式天线展开120s即发生绳索与桁架缠绕，导致展开失败，如图6所示。经过改进，2006年12月，日本发射了试验通信卫星EST-Ⅷ，其携带的13m大型可展开天线在轨展开成功，验证这类模块式构架式天线设计的正确性。

对于口径大于50m的超大型天线，即使收纳后天线体积依然巨大，为了验证天线设计方案正确性，美国利用航天飞机巨型货仓开展天线在轨展开试验（LDASE）。在项目第一阶段美国确定了环柱型、径向肋型、充气式和构架式天线4种方案开展概念设计，经过进一步的评估，最后选择环柱型天线作为基线。图7为美国30m环柱型天线在轨展开试验照片。

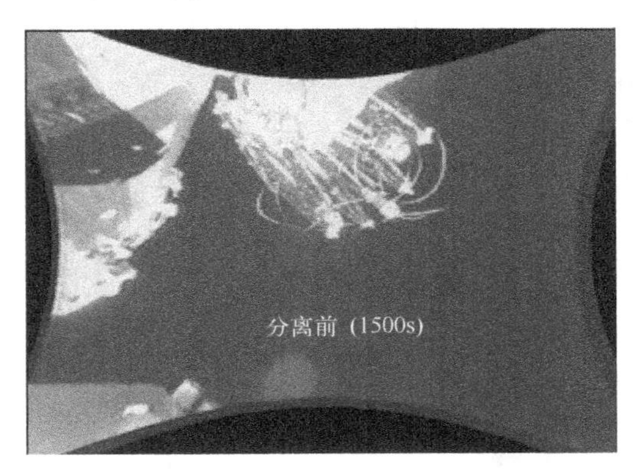

图6　LDREX在轨展开失败

(a)

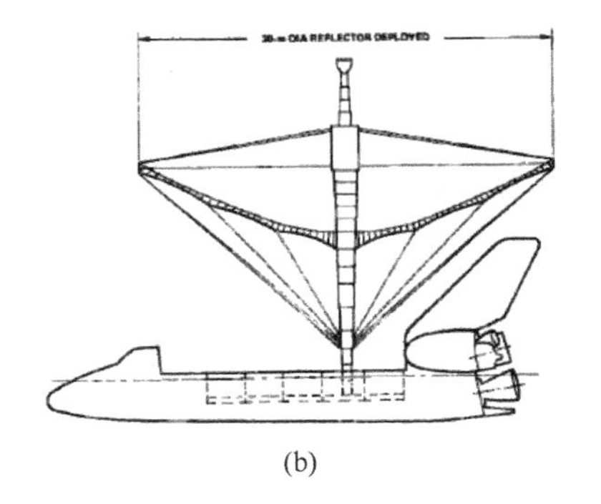

(b)

图7　30m环柱型天线在轨试验

2.2　超大口径天线卫星柔性动力学建模与验证技术

天线卫星在轨展开后，进入正常工作状态。为了确保卫星姿轨控系统正常工作，需要开展超大口径天线在轨柔性动力学建模与试验验证，同时超大口径天线卫星在轨动力学建模、仿真与验证技术是天线卫星指向稳定性分析、精度分析、天线振动抑制和控制鲁棒性评估、反射面型面精度预测和主动调整的输入。超大口径天线卫星柔性动力学主要包括以下3个方面的内容：超大口径天线的结构动力学建模与验证；超大口径天线卫星全星柔性动力学建模与验证；超大口径天线卫星在轨动力学特性验证。

超大口径天线卫星结构动力学主要存在着结构刚度弱、天线结构动力学特性受地面零重力台架影响大等突出问题，需要创新性开展超大口径天线结构动力学试验，为卫星控制系统设计提供准确输入。

2.2.1　超大口径天线的结构动力学建模与验证

超大口径天线卫星的天线具有口径大（大于50m）、结构刚度低和结构预张力的特点，为其结构动力学建模和试验参数准确识别带来巨大挑战。为减轻质量，超大口径天线卫星一般采用预张力结构，其结构动力学特性极易受索网刚度非线性、铰链间隙非线性等非线性因素影响，在利用有限元软件对这些非线性环节等效建模时，常常遇到等效模型建立和参数获取难题，给超大口径天线卫星在轨动力学特性建模、模型准确性方面带来了很大不确定性，严重影响了卫星控制系统结构和参数确定；同时开展这类超大型可展开结构全尺寸动力学试验极易受自身刚度低、零重力悬挂系统附加质量和刚度耦合等因素影响，导致地面结构动力学试验难以准确获得其在轨结构动力学特性。

超大口径天线的结构动力学建模与验证主要包括部组件级和缩比结构动力学试验、超大口径天线准确动力学建模和天线结构动力学模型的降阶等内容。

1）部组件级和缩比结构动力学试验

为了获得较为准确的超大口径可展开网面天线动力学模型，需要通过部件级试验，然后将部件级力学模型更新到超大口径天线卫星结构动力学模型中。由于杆件、索网等结构力学特性一致性好，一般仅对铰链等非线性环节开展部件级或组件级力学试验。图 8 为铰链部件力学示意图。为了解决大口径天线卫星结构动力学参数确定问题，采用部件级拉伸和压缩的试验方法分析了铰链力学特性，以便对结构的动力学参数进行识别，如图 8（a）所示。图 8（b）为铰链部件级试验结果曲线图。可以看出，铰链力学特性基本上都是呈一定非线性特性，其中斜率表示铰链刚度，曲线围成的面积表示结构阻尼。

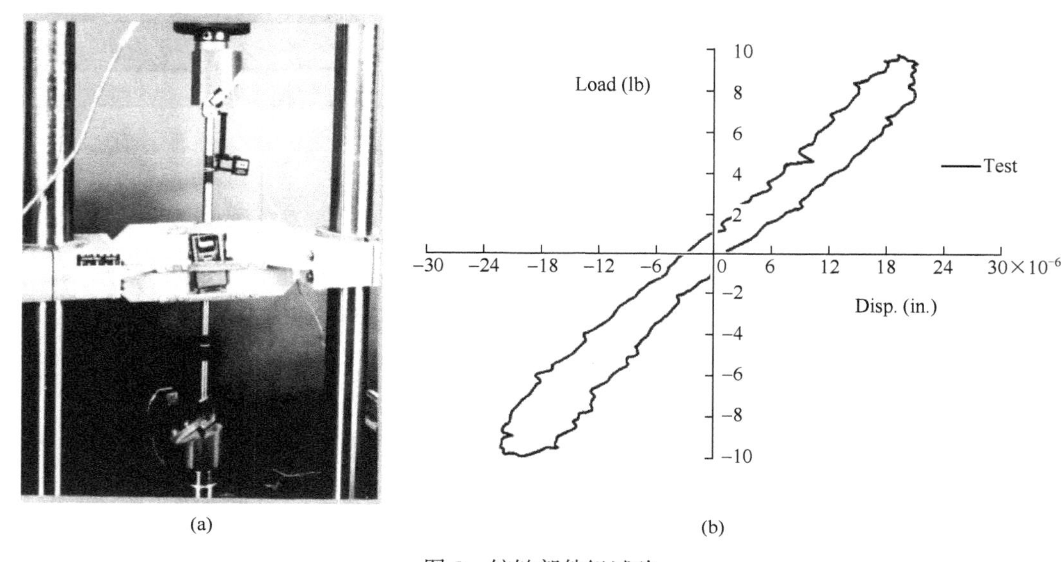

图 8　铰链部件级试验

（a）铰链结构力学试验；（b）铰链部件级力学试验曲线。

除采用部件级模型对有限元模型修正外，NASA 科研人员还采用组件级、缩比模型和全尺寸模型对超大口径天线进行力学模型参数识别和修正，确保天线结构有限元模型分析得到的力学参数与试验结果吻合。

2）超大口径天线准确动力学建模

关富玲、戴璐针对可展桁架的构成复杂、零件数量庞大，且不利于直接进行有限元分析的特点，采用简化方法建立了双环桁架式天线结构动力学模型，其简化方法是铰链部位采用 Mass21 质量单元简化，套筒和拉索均采用 Link10 单元进行简化。通过研究，指出对于超大口径天线双环并不比单环频率改善很多，双环天线更适应于 10～30m 的大口径天线。

美国兰利研究中心针对 15m 环柱型天线开展了有限元建模、真空振动力学试验和空气振动力学试验，研究了超大口径缩比模型天线的结构动力学特性。其天线和三脚架支撑结构的有限元模型如图 9 所示。研究分为两步，首先通过建立仅包含立柱、环和环支撑索的不包含网面的有限元模型，用于验证无网桁架模型的正确性，然后建立包含索网的模型。分析测试证明：三脚支撑架和立柱的转动惯量必须被考虑在内才能使分析模型与试验模型一致，同时分析中还需要考虑载荷张力和压缩及重力引起的绳索刚度变化对结构动力学特性的影响。

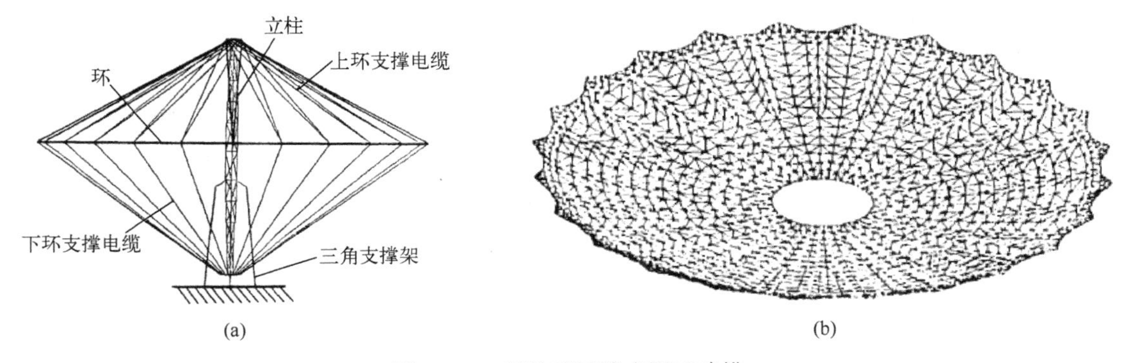

图9　15m 环柱型天线有限元建模

（a）不含索网有限元模型；（b）考虑网面后的天线有限元模型。

分析与试验结果比较表明，初始分析结果存在较大的误差，主要是由于分析结果忽略铰链组件间隙，导致过高估计铰链单元刚度。在建立大型环柱型天线有限元模型时需要测量环、立柱的刚度，用于改善分析模型的精度。

为了解决分析模型与试验测试结果频率误差大问题，需要开展结构模型修正工作。图 10 为环柱型天线静刚度测试试验示意图。

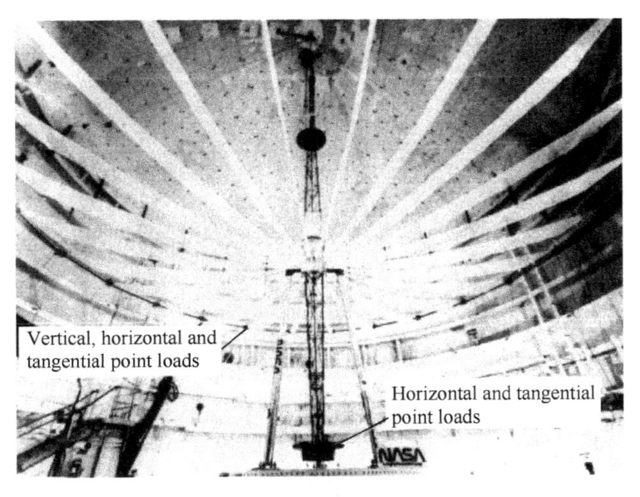

图 10　环柱型天线结构静刚度测试

试验中，垂直、径向和扭转载荷被施加在环上，径向和扭转载荷施加在立柱上。通过地面静刚度试验，获得立柱的弯曲刚度和环的扭转刚度，并更新进入天线解析模型，同时天线的质量也测量出来用于更新分析模型。然后用更新后的有限元模型重新计算天线的频率，并与试验结果进行比较，改进后分析结果与结构动力学试验结果比较如表 1 所列。研究还发现，结构边界条件对超大口径网面天线基频影响很大，悬吊或自由-自由边界条件下频率要大于地面支撑状态频率。

表 1　改进后环柱型天线分析结果与试验结果比较

模态阶数	改进后分析结果/Hz	测试			
		真空		空气	
		F/Hz	C/CR/%	F/Hz	C/CR/%
1	0.077	0.0707	1.9	0.076	3.8
2（2）	0.697	0.704	3.8	0.700	4.3
3（2）	1.73	1.76	3.2	1.75	3.3
4	3.18	3.06	0.84	3.10	1.3

3）天线结构动力学模型的降阶

结构动力学精度的不确定性直接影响控制相互作用。通过地面试验，获得非线性环节的参数是降低天线结构动力学不确定性的主要方法。

超大口径天线卫星的特点是低基频和模态密级同时存在，例如美国空间站结构频率在 1Hz 以下的模态有 346 个，尽管结构动力学模型建模准确，但对控制系统而言存在着模态如何选择的问题。为了解决模态选择问题，提出的大部分是基于状态空间的方法，如内平衡分析（Internal Balancing）、组分成本分析（Component Cos Analysis）、最优汉克尔范数近似（Optimal Hankel Norm Approximation），然而这些方法对于大型、轻微阻尼是病态。模态选择为轻微阻尼结构提供了模型缩减强有力的方法。

2.2.2　天线卫星全星结构动力学特性

为了控制环柱型天线卫星，美国兰利研究中心航天器制导和控制分部航天器控制室提出采用 LQG/LTR 方法解决超大口径环柱型天线卫星多变量鲁棒控制问题。

超大口径天线卫星普遍存在着小的内部阻尼、低且密集的自然频率、缺少结构参数的精确知识等特点，这导致传统的线性设计的控制器很困难，而且这类大型结构非常需要鲁棒控制。这对鲁棒控制器提出的要求是兼容模型错误、参数变化、失败、不确定性和执行机构/敏感器非线性。图 11

为环柱型天线卫星在轨模态示意图。

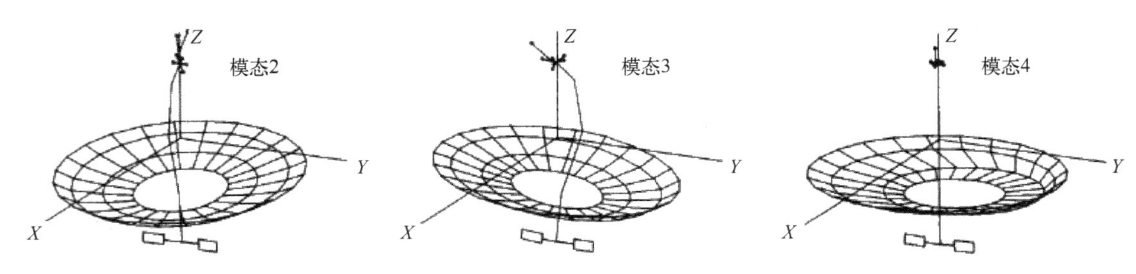

图 11　环柱型天线卫星在轨模态

2.2.3　结构动力学试验验证与参数辨识技术

大型天线卫星结构刚度低、阻尼弱、模态密集，且结构刚度受张力变化影响明显，卫星结构动力学模型不确定度大，对卫星控制系统稳定性和鲁棒性设计影响大，亟须通过试验验证和参数辨识方法弄清天线卫星结构动力学特性，避免卫星在轨姿态失控和振动无法衰减。

NASA 对超大口径天线卫星结构验证和辨识分为 3 个阶段：地面测试阶段、发射/展开/标校阶段、在轨工作阶段。通过地面测试获得天线结构的初步结构动力学特性，用于初步的卫星控制系统设计，通过发射/展开/标校阶段对大型天线卫星的结构动力学、展开机构动力学设计正确性进行验证，并根据标校对模型正确性进行验证，最后通过在轨辨识技术获得天线卫星结构在轨动力学特性，以对卫星控制器参数进行调整，确保达到设计指标，如图 12 所示。

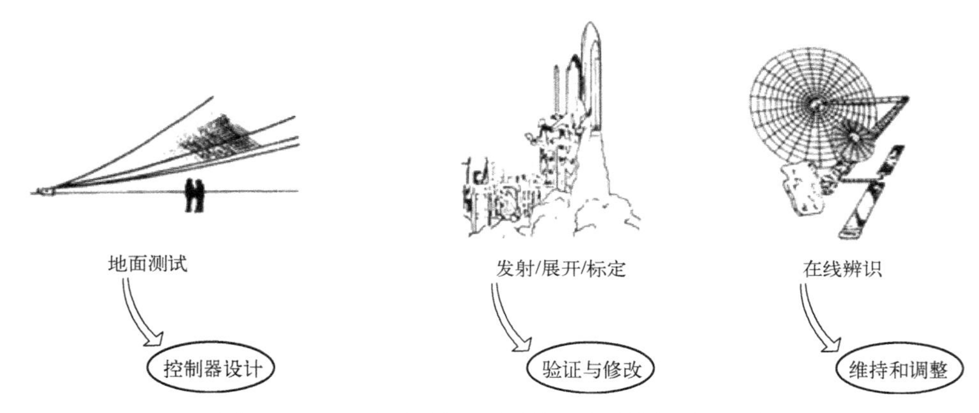

图 12　NASA 大型天线卫星结构动力学特性验证方法

对于大型和超大型空间结构，美国喷气推进实验室研究人员采用 Brauch-Berman 方法产生改进的分析刚度和质量矩阵，以准确地再生测量模态形状和频率。系统辨识和模型验证均通过模型调查验证正则模态、频率和模态阻尼等参数，并使用格莱姆-施密特正交变换或 Targoff 方法频繁修正去加强质量矩阵的正交性。

图 13 为 NASA 超大口径天线卫星整星动力学模型、系统辨识和控制间关系示意图。从图中可以看出，与常规航天器动力学与控制不同，超大口径天线卫星加入了系统辨识环节。通过系统辨识获得航天器的刚度、惯量、质心、变形，模态频率/阻尼、模态形状等信息，评估控制系统参数误差、模态截断、非线性、扰动抑制、振动衰减、稳定裕度、型面误差和相对安装误差造成的影响。

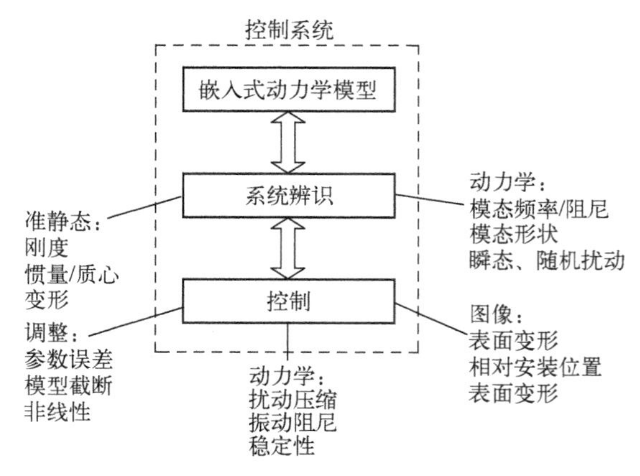

图 13　超大口径天线卫星整星动力学模型、系统辨识和控制间关系

为了验证超大口径天线卫星结构静力学和动力学特性，主要通过地面零重力试验对超大口径天线开展力学试验。图 14 为 50m 环柱型天线地面展开试验装置示意图。由于超大口径天线尺寸巨大，对试验厂房尺寸要求高，试验中采用竖直悬挂方法对 1/12 部件开展结构动力学试验，然后通过模态综合方法获得整个天线结构动力学参数。

图 14　50m 环柱型天线地面试验示意图

超大口径天线卫星具有尺寸大、结构动力学特性受地面试验影响大、动力学模型受张拉装置张力变化影响大、地面与在轨试验边界条件差异大的特点，仅通过地面试验难以预测其在轨动力学特性，需要进一步开展在轨试验。由于超大口径天线卫星尺寸和质量大，美国利用航天飞机货仓大、承载力强的优点，多次开展大型可展开天线在轨动力学试验。

加拿大利用航天飞机开展单侧 150m 偶极子天线（WISP）在轨展开试验，验证了控制与结构参数耦合作用下，姿态控制系统将变得不稳定的特点。

除偶极子天线外，美国还利用航天飞机开展了 15m 构架式天线在轨展开试验，在轨试验中，试验不仅研究天线的展开性能、结构性能、梁高低频的结构动力学特性，同时开展天线形状控制、整星指向控制、热颤振试验等试验，得到了大量柔性空间结构在轨动力学参数，图 15 为 15m 天线在轨试验示意图。

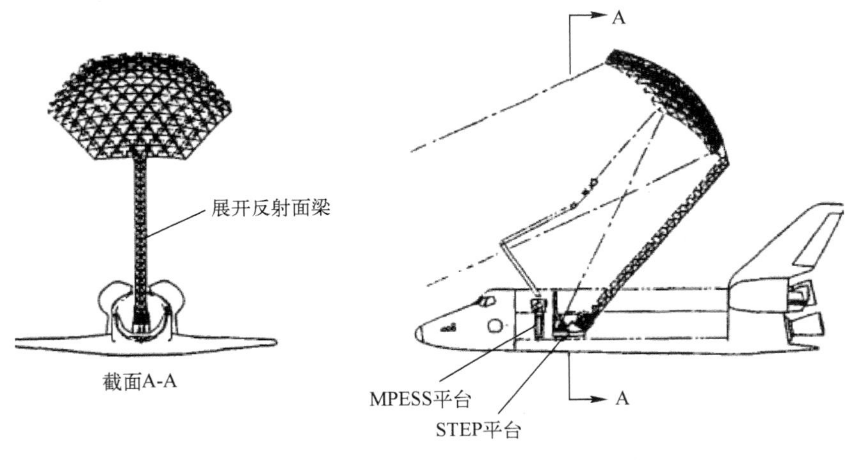

图 15　美国 15m 构架式天线在轨飞行试验构型

为了弄清楚 50m 环柱型张拉结构天线在轨动力学特性，美国 20 世纪 80 年代在 VLBI 项目支持下利用航天飞机开展了在轨动力学试验，为后续美国天线卫星项目成功奠定了良好基础。图 16 为美国 VLBI 在航天飞机上开展动力学试验示意图。

图 17 为美国航天飞机开展 50m 环柱型天线在轨结构动力学试验期间试验装置配置示意图。试验期间采用视频监视方法和结构动力学试验对环柱型天线开展试验，通过一系列精心组织的在轨试验，NASA 兰利中心和 Harris 公司基本弄清楚了这类大型结构的动力学特性，为后续航天任务成功典型了坚实基础。

3　超大口径天线卫星动力学问题研究建议

超大口径天线卫星是大国进行情报搜集、高超声速动目标监视、空间射电天文学探测的关键技术装备，也将是经略太空、建设航天强国的重要基础装备，具有军事、经济和科学价值大、难度高的特点，需要提前布局研究。作为超大口径天线卫星研制的关键技术，这类新型复杂天线卫星建模、仿真与验证技术已经成为天线卫星研制能否成功的关键技术之一。为了确保这类复杂空间飞行器研制顺利进行，需提前布局开展以下研究。

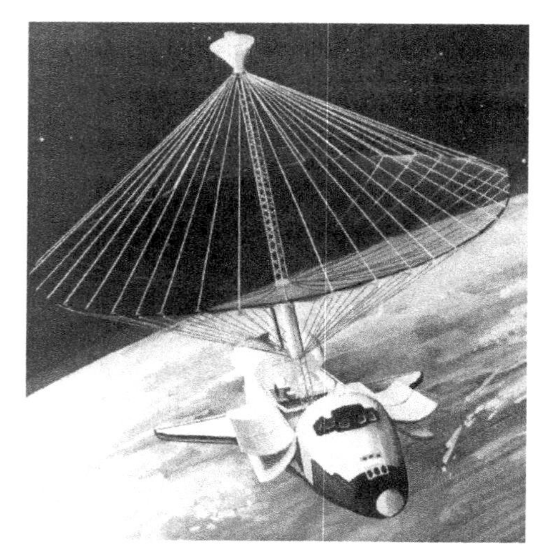
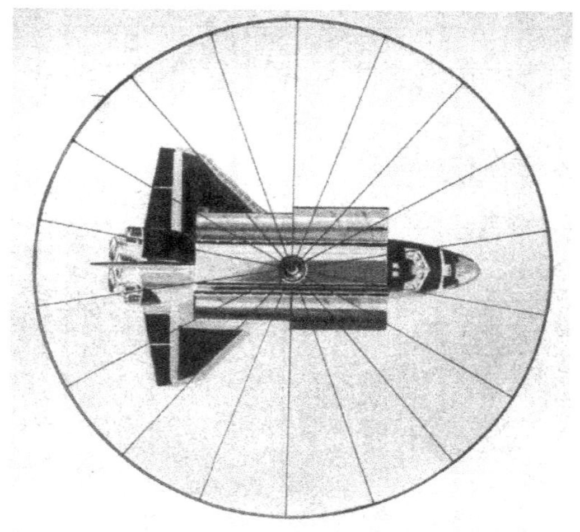

图 16　在航天飞机上开展 50m 环柱型天线动力学试验图

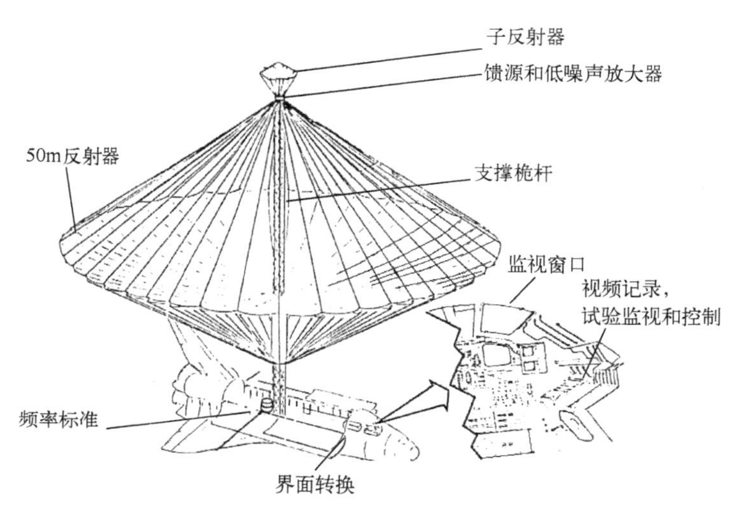

图 17　在航天飞机上开展环柱型天线动力学试验图

（1）大型天线展开过程柔性索网管理装置多体动力学建模与仿真关键技术。

超大口径天线卫星对超高收纳比、超低面质比的要求，使得传统的采用桁架作为主结构的理念难以满足要求，新的基于张拉式索网的主结构成为满足设计需求的必要选项，这对天线索网管理装置设计提出了极高的设计需求，仅仅依赖于简图、头脑想象和地面试验已经难以处理这类复杂的设计问题，需要突破准确大型柔性索网管理装置动力学建模与仿真关键技术，才能确保索网展收和释放装置合理，满足整星苛刻需求。

（2）开展超大口径天线卫星缩比模型相似方法建模与试验研究。

由于超大的尺寸、强柔性和弱阻尼及天线与地面试验设备的强耦合，地面已经很难开展这类超大结构的全尺寸的实验了，其在轨全尺寸结构动力学特性仅能通过缩比模型开展试验，用于预测其在轨结构动力学特性，并验证表面控制措施的合理性。

（3）开展超大口径天线卫星模型降阶和在轨参数辨识技术研究。

由于模型的不确定性和结构的弱阻尼，如果卫星控制系统做出错误操作可能导致结构不断振动，而且难以衰减，最后可能导致整个结构损坏乃至整星损坏，在获得复杂天线卫星基础上需要开展密级模态、柔性结构模型降阶和在轨参数辨识工作，避免控制与结构相互不良耦合作用导致卫星失效。

参考文献

[1] Dilanian, Ken. CIA led U. S. Special forces mission against Osama bin Laden [N]. Los Angeles Times. 2011-5-14, 3.

[2] Tracking use of Bin Laden's satellite phone [J]. The Wall Street Journal. 2011-5-8: 1~5.

[3] Semler Dennis, Tulintseff Ann, Sorrell Rodney et al. Design, integration, and deployment of the TerreStar 18-meter reflector [C]. 28th AIAA International Communications Satellite Systems Conference, Anaheim, California , 2010: 1-13.

[4] 戴璐. 双环可展开桁架式天线动力学分析与优化设计 [D]. 杭州: 浙江大学, 2014.

[5] 戴璐, 关富玲. 单双环可展天线桁架对比分析 [J]. 南京理工大学, 2012, 36 (5): 814-818.

[6] 关富玲, 戴璐. 双环可展桁架结构动力学分析与试验研究 [J]. 浙江大学学报, 2012, 46 (9): 1605-1646.

[7] Berzeri Marcello, Shabana A Ahmed. Study of the centrifugal stiffening effect using the finite element absolute nodal coordinate formulation [J]. Multibody System Dynamics, 2002, 7: 357-387.

[8] Shabana A A, Yakoub R Y. Use of cholesky coordinates and the absolute nodal coordinate formulation in the computer simulation of flexible multibody systems [J]. 1999. , Nonlinear Dynamics 20: 267-282.

空间站在轨转位过程动力学联合仿真及应用

史纪鑫，郑世贵，葛东明，邓润然
（北京空间飞行器总体设计部，北京，100094）

摘要：本文针对我国空间站在轨建造过程中的实验舱转位问题，建立了包含重力梯度力矩、大气阻力力矩联合作用下的柔性多体动力学仿真模型。提出了一种利用重力梯度力矩/大气阻力力矩实现空间站双轴自稳定转位方案，使得转位过程空间站姿态角偏差降低了一个数量级，大幅提升了空间站转位过程的姿态稳定性，降低了转位过程的不确定性和技术风险。

关键词：空间站转位；柔性多体动力学；重力梯度力矩；大气阻力力矩

1 引言

我国正在研制的空间站由核心舱、实验舱、载人飞船、货运飞船等多个舱段在轨组装而成。核心舱前端的节点舱有多个对接口，可供各舱段对接驻留。由于直接径向对接难以实现，需要首先进行轴向对接，再利用转位机构或者机械臂将对接舱段转移至径向对接口。为避免转位期间空间站核心舱姿态控制系统与柔性太阳翼、转位机构发生共振，空间站核心舱在转位期间采取停控措施，实验舱转位期间姿态停控总时长约为1.5h。停控期间，在转位机构的驱动下，实验舱由一字形转位成为L构形，转位过程中全站属于典型的变结构、变构型系统，主要受到重力梯度力矩和大气阻力力矩的联合作用，扰动力矩的大小和方向与姿态变化、全站构型变化组成强耦合系统。文献［1-3］研究了空间站转位过程动力学与控制相关问题，并开展了建模与仿真分析，但均未考虑环境干扰力矩的变化因素。

本文建立了包含重力梯度力矩、大气阻力力矩联合作用下的空间站柔性多体动力学仿真模型，并开展了转位过程系统级动力学仿真。目标是预示空间站转位期间全站姿态变化规律，寻找一种转位过程空间站安全可控的实施方案。

2 动力学仿真建模方法

2.1 转位过程建模关键环节分析

为确保转位过程仿真结果的正确性和精度，建立的转位过程联合仿真模型需要尽可能接近在轨实际状态，应尽量减少针对仿真模型的简化，并对影响转位过程仿真结果的关键环节进行梳理。其中影响分析结果的环节如下[4]。

（1）转位过程实时变化的重力梯度力矩。

（2）转位过程实时变化的大气阻力力矩。

（3）各太阳翼柔性结构振动。

（4）转位机构柔性结构振动。

主要解决思路如下。

（1）针对实时变化的环境扰动力矩，对总体部自主研发的环境扰动分析软件（ENPASS）进行改进，实现参数化建模，对空间站各航天器的姿态、太阳翼转角、轨道高度、大气密度等变量进行参数化定义，使该软件具备联合仿真能力。

（2）针对柔性结构的振动影响问题，需要对空间站组合体全部柔性太阳翼进行柔性体建模并引入联合仿真模型，对转位机构同样建立柔性体模型；将各柔性体有限元模型统一导入Adams软件，建立转位过程柔性多体动力学模型。

2.2 重力梯度力矩分析及验证

为验证总体部ENPASS软件计算环境扰动力矩的正确性，利用欧洲航天局Perturbation软件和ENPASS软件进行相同分析工况的对比分析。

总体部 ENPASS 软件重力梯度力矩表达式可写为[5]

$$T_g = 3\omega_0^2 \widetilde{\boldsymbol{K}}_0 \boldsymbol{I}\boldsymbol{K}_0 \tag{1}$$

式中：ω_0 为轨道角速度；$\boldsymbol{I}$ 为航天器惯性矩阵；$\boldsymbol{K}_0$ 为引力向量。

欧洲航天局 Perturbation 软件直接采用地球引力场模型进行重力梯度力矩计算。

对比算例采用实验舱，单舱飞行，轨道高度393km。欧洲航天局 Perturbation 软件与总体部 ENPASS 软件计算的重力梯度对比如表 1 所列。由表可见，两者计算结果基本一致，分析误差小于 0.5%。

表 1 重力梯度力矩计算对比

	姿 态	Mx/N·m	My/N·m	Mz/N·m
Perturbation	标称	-9.4870×10^{-3}	2.0062×10^{-2}	0.0000
EPASS	标称	-9.5169×10^{-3}	2.0125×10^{-2}	0.0000
主方向相差百分比	标称	0.315	0.314	—
Perturbation	俯仰 90°	0.0000	-2.0062×10^{-2}	-4.1303×10^{-2}
EPASS	俯仰 90°	0.0000	-2.0125×10^{-2}	-4.1434×10^{-2}
主方向相差百分比	俯仰 90°	—	0.314	0.317

2.3 大气阻力力矩分析及验证

总体部 ENPASS 软件的大气阻力模块采用蒙特卡罗射线追踪算法计算迎风面积，同时考虑表面之间的遮挡效应，进而计算大气阻力。可以实时分析不同姿态、不同太阳翼转角下的大气阻力，大气阻力表达式可写为[5]

$$F_d = \frac{1}{2}\rho v^2 \sum C_{Di} A_i \tag{2}$$

式中：ρ 为大气密度（kg/m^3）；v 为轨道速度（m/s）；C_{Di}为第 i 个子结构的阻力系数；A_i为第 i 个子结构的迎风面积（m^2）。

欧洲航天局 Perturbation 软件采用的大气阻力模型从大气环境模型出发，根据大气分子与表面的作用形式（吸收、镜反射、漫反射），采用蒙特卡罗射线追踪算法计算大气阻力。其大气阻力公式为

$$\boldsymbol{F} = m\frac{\dot{N}_l}{N_l}\sum(\boldsymbol{v}_\infty - \boldsymbol{v}_e) \tag{3}$$

式中：$\boldsymbol{v}_\infty$ 为入射速度，由航天器速度、大气运动速度、大气热力学速度确定；$\boldsymbol{v}_e$ 为最后一次撞击的逃逸速度（根据分子/表面作用模型确定）；$\dot{N}_l$ 为单位时间到达表面的粒子数；N_l 为发射的粒子总数。

验证算例仍采用实验舱，单舱飞行，轨道高度 393km，大气密度为：$1.8229\times10^{-11}\,kg/m^3$，大气阻力系数 2.5。欧洲航天局 Perturbation 软件与总体部 ENPASS 软件计算的大气阻力对比如表 2 所列。由表可见，两者计算结果吻合较好，最大误差小于 10%。

见表 2 第 4 行和第 7 行，最大值 9.22%，小于 10%。

表 2 大气阻力计算对比

	姿 态	Fx/N	Fy/N	Fz/N	Mx/N·m	My/N·m	Mz/N·m
Perturbation	标称	-1.6761×10^{-2}	1.0238×10^{-3}	-7.2400×10^{-6}	-1.3747×10^{-5}	-2.5196×10^{-4}	2.1162×10^{-3}
EPASS	标称	-1.6298×10^{-2}	0.0000	0.0000	0.0000	-3.1521×10^{-4}	5.6270×10^{-4}
主方向相差百分比	标称	2.76×10^{-2}	—	—	—	—	—
Perturbation	俯仰 90°	2.8948×10^{-5}	1.5094×10^{-2}	-3.3789×10^{-1}	9.3456×10^{-3}	-2.7883	-1.2427×10^{-1}
EPASS	俯仰 90°	0.0000	0.0000	-3.6808×10^{-1}	-1.2708×10^{-2}	-3.0455	0.0000
主方向相差百分比	俯仰 90°	—	—	8.93	—	9.22	—

2.4 仿真流程设计

转位过程系统联合仿真流程图如图 1 所示，其中利用 ADAMS 软件建立转位过程的柔性多体动力学分析模型；利用 ENPASS 软件建立环境扰动参数化分析模型；利用 MATLAB 软件建立联合仿真程

序控制模型。

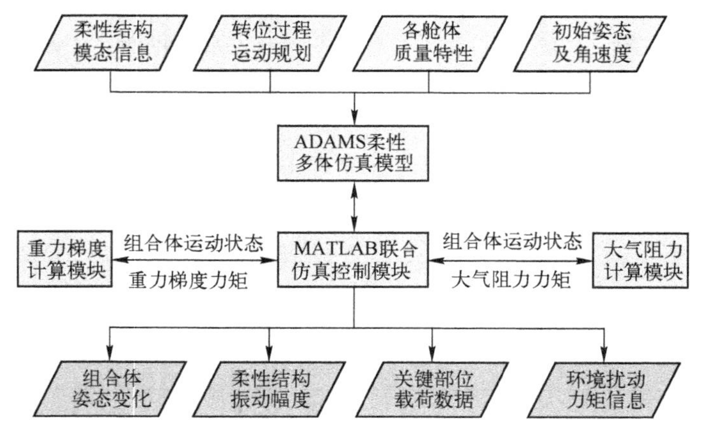

图 1　转位过程系统联合仿真流程图

3　空间站水平转位过程仿真算例

根据工程总体的设计方案，转位开始时刻，实验舱 I 在前，核心舱组合体在后，水平飞行。转位机构转位任务从对接锁解锁开始，同时空间站组合体姿态停控。转位机构关节从转位开始后带动实验舱 I 从节点舱前向对接口转位至侧向停泊口。对接机构对接锁锁紧完成后，空间站组合体姿态启控。

表 3　起控时刻系统的姿态角和姿态角速度

	姿态角/(°)			姿态角速度/((°)/s)		
方向	X	Y	Z	X	Y	Z
起控时刻	62.33	-4.56	157.90	-0.0657	0.1431	-0.0226

表 4　转位全过程的最大姿态角和姿态角速度偏差

	姿态角/(°)			姿态角速度/((°)/s)		
方向	X	Y	Z	X	Y	Z
转位期间	64.42	272.34	-218.50	0.0863	0.1836	-0.0760

图 2~图 5 给出了转位实施过程中姿态角、姿态角速度及扰动力矩变化曲线，可见，水平转位过程中，核心舱姿态在 Y 轴和 Z 轴产生了较大偏差，最大偏差约为 272°，Y 向最大姿态角速度达到了 0.1836(°)/s。整个转位期间组合体姿态偏差大，为转位期间的测控、能源增添了不确定性。转位结束后，在 X 轴和 Z 轴的姿态偏差约为 62°和 158°，残余角速度为 0.1431(°)/s，为控制系统恢复姿态增加了困难。

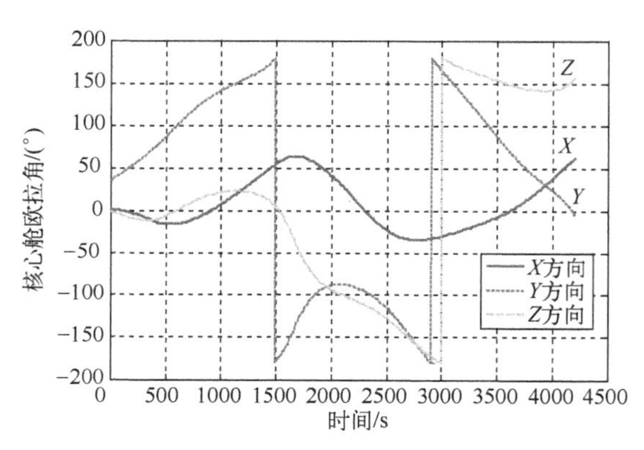

图 2　核心舱欧拉角变化曲线图

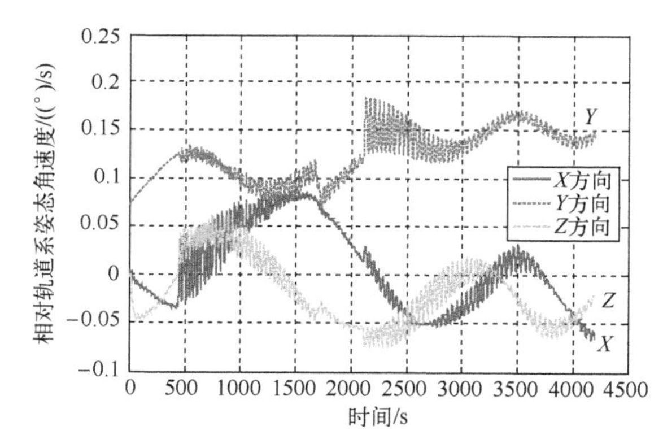

图 3　核心舱姿态角速度变化曲线图

4　改进方案仿真算例

为进一步提升转位过程的姿态平稳性，降低空间站组合体在转位过程中姿态变化幅值，对水平转位方案进行了改进，主要思路就是尽量利用重力梯度力矩和大气阻力力矩实现系统自平衡，增强系统转位过程中的鲁棒性。从上面分析结果可知，重力梯度力矩是引起系统姿态变化的主要扰动力矩，应首先将转位开始状态设置为重力梯度稳定状态，也就是组合体垂直状态，核心舱在下，实验舱在上，以最小迎风面飞行状态，即核心舱控制坐标系+X轴指向当地轨道系-Z轴，核心舱控制坐标系+Z轴指向当地轨道系+Y轴，下面对这种转位状态展开分析。

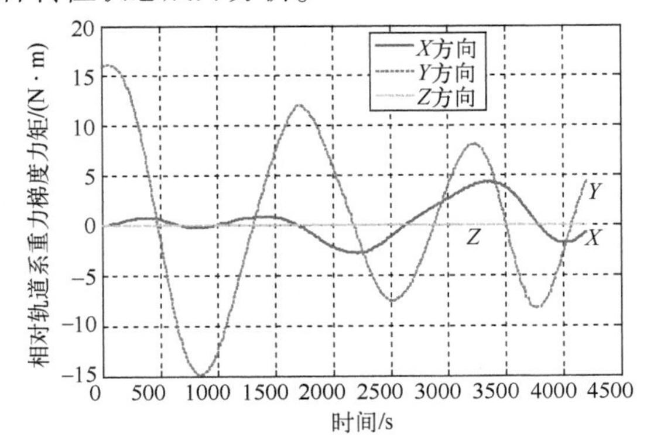

图4　系统总重力梯度力矩变化曲线图

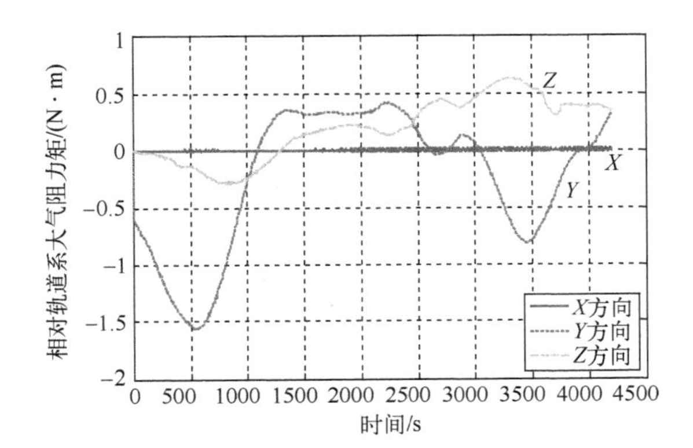

图5　系统总大气阻力变化曲线图

表5　起控时刻系统的姿态角和姿态角速度

	姿态角/ (°)			姿态角速度/((°)/s)		
方向	X	Y	Z	X	Y	Z
起控时刻	-12.03	76.7	107.8	-0.0102	-0.0035	0.0029

表6　转位期间的最大姿态角和姿态角速度偏差

	姿态角/ (°)			姿态角速度/((°)/s)		
方向	X	Y	Z	X	Y	Z
转位期间	-26.12	-16.49	17.8	-0.0195	-0.0446	0.0276

图6~图9给出了垂直转位实施过程中姿态角、姿态角速度及扰动力矩变化曲线，系统在转位期间，核心舱最大姿态变化仅约为26°，最大角速度约为0.045(°)/s，转位完成系统起控时刻姿态偏差，姿态角速度均比较小，系统处于三轴自然稳定状态，为姿态恢复创造了良好条件。

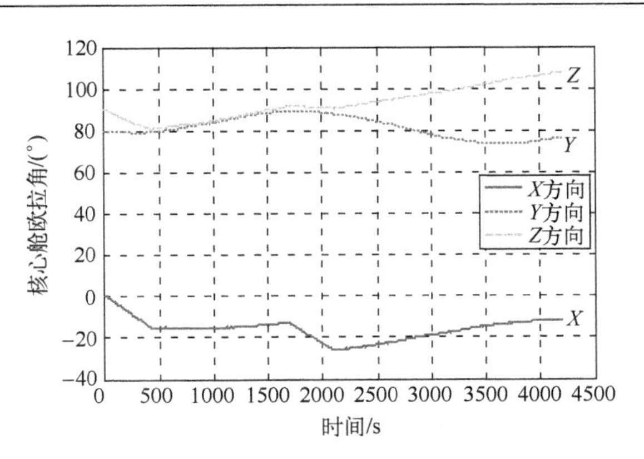

图6　核心舱欧拉角变化曲线图

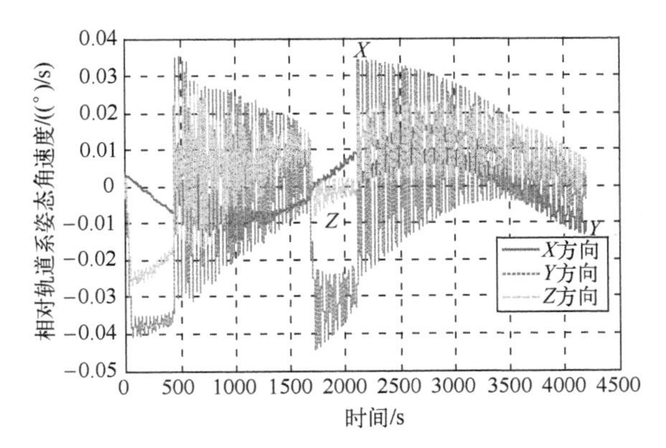

图7　核心舱姿态角速度变化曲线图

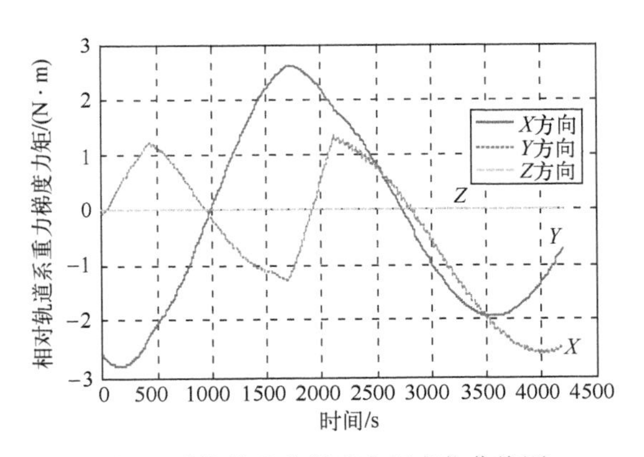

图8　系统总重力梯度力矩变化曲线图

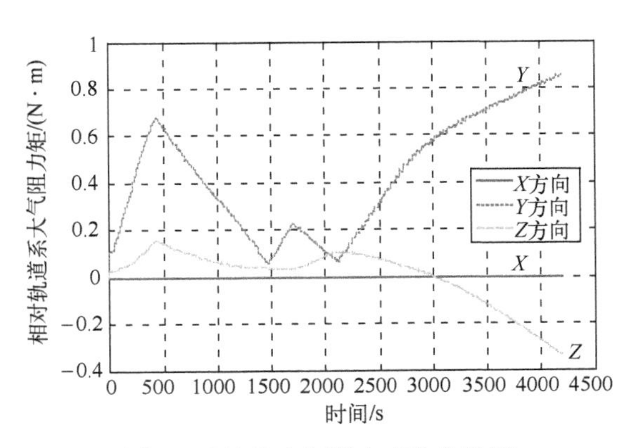

图9　系统总大气阻力变化曲线图

5 结束语

本文首先建立了空间站转位过程柔性多体和环境扰动力矩联合仿真模型，并对影响仿真分析结果准确性的关键环节进行了验证；对水平转位状态进行了停控期间的全过程仿真分析，对分析结果进行深入探讨，并提出了改进转位方案；最后对所提出的改进方案的效果进行了仿真验证。主要结论如下。

（1）水平转位状态重力梯度和大气阻力力矩会产生正反馈效应，在转位过程引起组合体姿态翻滚，在转位结束起控时刻组合体三轴均存在较大的角速度，对于测控、热控、电源、姿控等分系统均有不利影响，恢复姿态需要额外消耗更多燃料，需要更长时间。

（2）通过合理设置转位初始状态，可以大幅提升转位过程的姿态稳定性，避免转位过程组合体姿态失稳，其中垂直纵向向后转位方案可以利用重力梯度和大气阻力力矩实现在轨姿态三轴自然稳定，转位期间，系统姿态变化小，稳定性高。转位完成系统起控时刻姿态偏差和姿态角速度均比较小，为姿态恢复创造了良好条件。

参考文献

[1] 张大伟，梁常春，危清清．机械臂辅助舱段转位轨迹跟踪与控制精度分析［J］．载人航天，2014，20（2）：104-109.

[2] 刘艳，沈晓鹏，胡雪平，等．用于空间站组建的翻转式转位方案设计［J］．载人航天，2015，21（6）：575-580.

[3] 赵志刚，赵阳，葛卫平，等．空间站机械臂转位系统动力学建模及特性分析［J］．中国空间科学技术，2013，33（3）：22-29.

[4] 刘善伍，万松，容建刚．航天器空间环境干扰力矩分析与仿真研究［J］．航天控制，2015，33（2）：78-81.

[5] 曲广吉．航天器动力学工程［M］．北京：中国科学技术出版社，2000.

充液柔性航天器姿态动力学与控制研究

邓明乐，林勇文，李正举

（中国空间技术研究院通信与导航卫星总体部，北京，100094）

摘要：本文基于液体大幅晃动等效力学模型以及刚柔耦合全局模态方法，研究充液柔性航天器在液体晃动和附件振动共同影响时的姿态动力学与控制问题。首先采用运动脉动球模型模拟液体大幅晃动、将航天器的柔性附件等效处理为三维的欧拉–伯努利梁、推导对应的刚柔耦合模态，通过牛顿力学方法建立了航天器的刚–液–柔–控全耦合动力学模型。此外，分别采用假设模态方法和刚柔耦合模态方法对梁的数学模型进行离散处理，通过数值方法，研究了航天器姿态机动过程中的附件振动、液体燃料质心运动以及液体–柔性附件动力学耦合行为。

关键词：充液柔性航天器；液体大幅晃动；柔性附件；刚柔耦合模态；姿态控制

1 引言

现代航天器通常具有复杂的结构，除了携带大量液体燃料，还安装有大型柔性附件；考虑到执行复杂空间任务的航天器需要高精度的姿态或者轨道机动控制，对应的动力学问题本质上是一个刚（主刚体）–液（液体燃料）–柔（柔性附件）–控（控制系统）耦合动力学问题。

学术界对于刚–柔耦合动力学问题的关注由来已久，并取得了较丰富的研究成果[1-2]。然而，有关刚–液–柔–控耦合动力学问题的研究并不多见。已有的研究工作主要集中在基于液体小幅晃动假设的耦合系统建模和动力学分析及其控制器设计等方面，并且大多数情况下只考虑常重力问题而忽略了液体毛细作用力在耦合系统中的影响。此外，对于柔性结构的耦合振动问题也都采用假设模态方法进行处理[3-6]。

最近，有关航天器的刚–柔耦合动力学研究开始关注刚–柔耦合全局模态问题[7]。在这类研究中，柔性附件的模态不再通过假设的悬臂（或者两端简支、固定）柔性结构的局部模态等效处理，而是考虑航天器主刚体的惯量和运动对于柔性结构模态的影响，由此能更准确地反映柔性附件振动的影响。因此，采用全局刚柔模态方法对于深入开展航天器的刚–液–柔–控耦合动力学研究有着很好的借鉴意义，而这类研究成果尚未出现。

本文采用运动脉动球模型（MPBM）模拟液体大幅晃动；将航天器的柔性附件等效处理为三维的欧拉–伯努利梁，并推导了对应的刚柔耦合模态，由此通过牛顿力学方法建立了航天器的刚–液–柔–控全耦合动力学模型。最后，分别采用假设模态方法和刚柔耦合模态方法对梁的数学模型进行离散处理，通过数值方法，研究了航天器姿态机动过程中的附件振动、液体燃料质心运动、液体–柔性附件动力学耦合行为，有关的研究结论对于航天工程具有较好的参考意义。

2 耦合系统的组成

如图 1 所示，航天器系统由四部分构成：主刚体 B，等效为 MPBM 后的液体燃料，等效为梁模型后的柔性附件以及动量轮 W。坐标系 $Cxyz$ 为本体坐标系；$\boldsymbol{\Omega}$ 为航天器角速度；B 所受外力矩为 $\boldsymbol{T}_E$；$\boldsymbol{r}_W$ 为动量轮质心在 $Cxyz$ 中的位置矢量，$\boldsymbol{\omega}_W$ 为动量轮相对于 $Cxyz$ 的角速度；等效球形腔的半径和几何中心分别为 R 和 C_t，且 $\boldsymbol{r}_t$ 为 C_t 在 $Cxyz$ 中的位置矢量；脉动球的几何中心为 S，其相对于 $Cxyz$ 的角速度和速度分别为 $\boldsymbol{\omega}_s$ 和 $\boldsymbol{V}_S$；$\boldsymbol{r}$ 为 C_t 至 S 的矢量，且 $\boldsymbol{e}$ 和 r 分别为 $\boldsymbol{r}$ 的单位向量和模，$\boldsymbol{r}_s$ 为 C 至 S 的矢量，即 $\boldsymbol{r}_s=\boldsymbol{r}_t+\boldsymbol{r}$；脉动球与球形腔的接触点为 P_a，且在 P_a 处存在脉动球与球形腔之间相互作用的液体力 $\boldsymbol{F}_L$ 和液体力矩 $\boldsymbol{T}_L$。此外，M、m_s 和 m_w 分别为 B，脉动球和动量轮的质量；$\boldsymbol{I}$、$\boldsymbol{I}_s$ 和 $\boldsymbol{I}_w$ 分别为 B，脉动球和动量轮相对于各自质心的惯量张量。

在图 1 中，A_s 为原始储箱的几何旋转对称轴；P_c 为等效球形储箱的顶点，对应于 A_s 与原始储箱细小端的交点；$\boldsymbol{F}_{ca}$ 为将脉动球向 P_c 吸引的液体毛细作用力。A_f 为柔性梁与主刚体的固连点，并且 A_f 在 $Cxyz$ 中的位置向量为 $\boldsymbol{r}_a$；梁的某个微元的质量为 m_k，质心为 C_a，从 A_f 至 C_a 的矢量为 $\boldsymbol{x}_a$；当梁发生弹性变形时，C_a 运动至 C_{au}，并且从 A_f 至 C_a 的弹性位移为 $\boldsymbol{u}_a$；$\boldsymbol{r}_k$ 和 $\boldsymbol{w}_a$ 分别为 C_a 和 C_{au} 在动坐标系 $Cxyz$ 中的位置矢量。

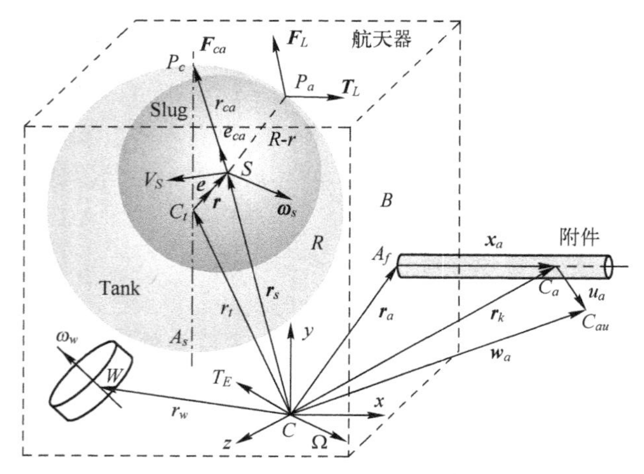

图 1　刚-液-柔-控耦合系统模型示意图

图 1 所示航天器做姿态机动时，受到控制力矩 $\boldsymbol{T}_W$、外力矩控制力矩 $\boldsymbol{T}_E$、液体晃动总力矩 $\boldsymbol{T}_{\mathrm{Ltotal}}$ 以及柔性附件扰动力矩 $\boldsymbol{T}_a$ 的作用，由此对应的航天器主刚体的姿态转动方程如下：

$$\boldsymbol{I}\cdot\dot{\boldsymbol{\Omega}}+\boldsymbol{\Omega}^{\times}(\boldsymbol{I}\cdot\boldsymbol{\Omega})=\boldsymbol{T}_W+\boldsymbol{T}_E+\boldsymbol{T}_{\mathrm{Ltotal}}+\boldsymbol{T}_a \tag{1}$$

关于 $\boldsymbol{T}_a$ 的具体表达形式将在第 3 节中进行描述。$\boldsymbol{T}_{\mathrm{Ltotal}}$ 包含了液体对于储箱内壁的作用力和作用力矩，涉及脉动球的动力学模型进行推导；引进液体毛细作用力 $\boldsymbol{F}_{ca}$ 对于液体质心运动的影响，需要对其机理进行阐述和公式推演；此外，$\boldsymbol{T}_W$ 涉及对应姿态反馈控制策略的设计过程。受篇幅所限，本文对于这三方面将不再展开，具体内容可以参考文献［6］。

3　柔性附件动力学方程

柔性附件被等效为三维欧拉-伯努利梁，且柔性梁的轴线与沿着坐标系 $Cxyz$ 的 x 轴重合，则在坐标系 $Cxyz$ 中，$\boldsymbol{u}_a=[u_x\quad u_y\quad u_z]^{\mathrm{T}}$，$\boldsymbol{r}_a=[r_{ax}\quad 0\quad 0]^{\mathrm{T}}$，$\boldsymbol{x}_a=[x_a\quad 0\quad 0]^{\mathrm{T}}$，并且

$$\boldsymbol{r}_k=\boldsymbol{r}_a+\boldsymbol{x}_a \tag{2}$$

$$\boldsymbol{w}_a=\boldsymbol{r}_k+\boldsymbol{u}_a \tag{3}$$

只考虑航天器的姿态运动，对 $\boldsymbol{w}_a$ 分别求关于时间的一阶和二阶导数，可以分别得到 C_a 在惯性坐标系下的速度和加速度：

$$\frac{\mathrm{d}\boldsymbol{w}_a}{dt}=\dot{\boldsymbol{u}}_a+\boldsymbol{\Omega}^{\times}(\boldsymbol{r}_k+\boldsymbol{u}_a) \tag{4}$$

$$\frac{\mathrm{d}^2\boldsymbol{w}_a}{\mathrm{d}t^2}=\ddot{\boldsymbol{u}}_a+2\boldsymbol{\Omega}^{\times}\dot{\boldsymbol{u}}_a+\dot{\boldsymbol{\Omega}}^{\times}(\boldsymbol{r}_k+\boldsymbol{u}_a)+\boldsymbol{\Omega}^{\times}[\boldsymbol{\Omega}^{\times}(\boldsymbol{r}_k+\boldsymbol{u}_a)] \tag{5}$$

由此，可以得到柔性梁对航天器主刚体的作用力矩：

$$\boldsymbol{T}_a=-\int_0^l \rho_a A_a \boldsymbol{w}_a^{\times}\frac{\mathrm{d}^2\boldsymbol{w}_a}{\mathrm{d}t^2}\mathrm{d}l \tag{6}$$

由式（5）可以得到 C_a 的绝对加速度 $\boldsymbol{a}_C$ 在动坐标系 $Cxyz$ 中的分量的表达式：

$$a_x=\ddot{u}_x+2\Omega_y\dot{u}_z-2\Omega_z\dot{u}_y-(\Omega_y^2+\Omega_z^2)(r_{ax}+x_a) \tag{7}$$

$$a_y=\ddot{u}_y+2\Omega_z\dot{u}_x-2\Omega_x\dot{u}_z+(\Omega_x\Omega_y+\dot{\Omega}_z)(r_{ax}+x_a) \tag{8}$$

$$a_z=\ddot{u}_z+2\Omega_x\dot{u}_y-2\Omega_y\dot{u}_x+(\Omega_x\Omega_z-\dot{\Omega}_y)(r_{ax}+x_a) \tag{9}$$

l、E_a、A_a、I_a 和 ρ_a 分别为梁的长度、弹性模量、横截面面积、横截面惯性积和密度。E_aI_a 为梁的抗弯刚度，ρ_aA_a 为梁的单位长度质量。假设不考虑梁的轴向变形，即认为 $u_x=\dot{u}_x=\ddot{u}_x=0$，且忽略几何刚化项，可得梁在横向的连续振动动力学方程如下：

$$\rho_aA_a\ddot{u}_y+E_aI_a\frac{\partial^4u_y}{\partial x^4}=2\rho_aA_a\Omega_x\dot{u}_z-\rho_aA_a(\Omega_x\Omega_y+\dot{\Omega}_z)(r_{ax}+x_a) \tag{10}$$

$$\rho_aA_a\ddot{u}_z+E_aI_a\frac{\partial^4u_z}{\partial x^4}=-2\rho_aA_a\Omega_x\dot{u}_y-\rho_aA_a(\Omega_x\Omega_z-\dot{\Omega}_y)(r_{ax}+x_a) \tag{11}$$

为了求解式（10）和式（11），一般会采用分离变量的方法对其进行离散处理，对于梁一类的结构，以 u_y 为例，通常作如下假设：

$$u_y(x,\ t)=\sum_{j=1}^{M_j}\phi_j(x)\mathrm{e}^{\mathrm{i}\omega_j t} \tag{12}$$

式中：$\phi_j(x)$ 是梁的第 j 阶横向振动模态，$j=1,2,\cdots,M_j$；ω_j 为第 j 阶模态频率随；$i=\sqrt{-1}$。然而，对于 $\phi_j(x)$ 的表达形式，一种常用的方法是直接采用悬臂梁的模态振型等效处理，该方法简单，但却忽略了梁与航天器连接处的实际的边界条件；另一种方法是采用刚-柔耦合模态方法求解获得，该方法根据梁的实际边界条件获得梁的振型的解

析表达式，因此相比第一种方法，能更准确地反映实际情形。

4　刚柔耦合模态的求解

以求解梁在 y 方向的横向振动模态为例，只考虑航天器在 Cxy 平面内的转动（即绕 z 轴转动），因此式（10）可以退化为如下形式：

$$\rho_a A_a \ddot{u}_y + E_a I_a \frac{\partial^4 u_y}{\partial x^4} = \rho_a A_a r_{ay} \Omega_z^2 - \rho_a A_a \dot{\Omega}_z (r_{ax} + x_a) \tag{13}$$

并且对应的边界条件如下：

$$\begin{cases} u_y(t,0)=0 & u_y'(t,0)=0 \\ E_a I_a u_y''(t,l)=0 & E_a I_a u_y'''(t,l)=0 \end{cases} \tag{14}$$

式（1）则退化为如下形式：

$$I_z \dot{\Omega}_z = T_{Wz} + T_{Ez} + T_{\text{Ltotalz}} + T_{az} \tag{15}$$

式中：I_z 为航天器主刚体绕 z 轴的转动惯量；T_{Wz}、T_{Ez}、T_{Ltotalz}、T_{az} 分别为 $\boldsymbol{T}_W$、$\boldsymbol{T}_E$、$\boldsymbol{T}_{\text{Ltotal}}$、$T_a$ 沿 z 轴的分量。

式（7）则退化为如下形式：

$$\begin{aligned} T_{az} &= -\rho_a A_a \int_0^l [(r_{ax} + x_a)\ddot{u}_y + 2u_y \dot{u}_y \Omega_z + \dot{\Omega}_z u_y^2 + \dot{\Omega}_z (r_{ax} + x_a)^2] \mathrm{d}l \\ &= -\dot{\Omega}_z I_{az} - \rho_a A_a \int_0^l [(r_{ax} + x_a)\ddot{u}_y + 2u_y \dot{u}_y \Omega_z + \dot{\Omega}_z u_y^2] \mathrm{d}l \end{aligned} \tag{16}$$

式中：$\boldsymbol{I}_a$ 为柔性梁无弹性变形时关于坐标系 $Cxyz$ 的惯量阵，$\boldsymbol{I}_{az}$ 为 I_a 绕 z 轴的转动惯量，$I_{az} = \rho_a A_a \int_0^l (r_{ax} + x_a)^2 \mathrm{d}l$。将式（16）代入式（15）中，可得

$$(I_z + I_{az})\dot{\Omega}_z + \rho_a A_a \int_0^l [(r_{ax} + x_a)\ddot{u}_y + 2u_y \dot{u}_y \Omega_z + \dot{\Omega}_z u_y^2] \mathrm{d}l = T_{Wz} + T_{Ez} + T_{\text{Ltotalz}} \tag{17}$$

对式（13）和式（17）分别做线性化处理，可以得到柔性梁的线性化振动方程（18）以及航天器的线性化姿态动力学方程（19）：

$$\rho_a A_a \ddot{u}_y + E_a I_a \frac{\partial^4 u_y}{\partial x^4} + \rho_a A_a \dot{\Omega}_z (r_{ax} + x_a) = 0 \tag{18}$$

$$(I_z + I_{az})\dot{\Omega}_z + \rho_a A_a \int_0^l (r_{ax} + x_a)\ddot{u}_y \mathrm{d}l = T_{Wz} + T_{Ez} + T_{\text{Ltotalz}} \tag{19}$$

假设考虑梁在与航天器的姿态运动耦合下作自由振动的状态，即将液体燃料晃动力矩、控制力矩、外力矩均作为扰动力矩而忽略，则式（19）可以进一步化为

$$(I_z + I_{az})\dot{\Omega}_z + \rho_a A_a \int_0^l (r_{ax} + x_a)\ddot{u}_y \mathrm{d}l = 0 \tag{20}$$

从式（20）解出 $\dot{\Omega}_z$，并代入式（18），并应用式（12），可以得到关于 $\phi_j(x)$ 的四阶常微分方程：

$$\phi_j^{(4)} - \lambda^4 \phi_j + \frac{\lambda^4 (r_{ax} + x_a)\Gamma_c}{(I_z + I_{az})} = 0 \tag{21}$$

其中，$\lambda^4 = \dfrac{\rho_a A_a \omega_j^2}{E_a I_a}$，$\Gamma_c = \rho_a A_a \int_0^l (r_{ax} + x_a)\phi_j \mathrm{d}l$。通过求解常微分方程的方法假设方程（21）的解具有的通解和特解形式，经过推导可知方程（21）的解具有以下形式：

$$\phi_j(x) = C_1 R_1(x) + C_2 R_2(x) + C_3 R_3(x) + C_4 R_4(x) \tag{22}$$

其中，C_i 为待求系数，$i=1,2,3,\cdots,4$；$R_1 = \cosh\lambda x + c_1(\lambda)(x+r_0)/I_z$，$R_2 = \sinh\lambda x + c_2(\lambda)(x+r_0)/I_z$；$R_3 = \cos\lambda x + c_3(\lambda)(x+r_0)/I_z$，$R_4 = \sin\lambda x + c_4(\lambda)(x+r_0)/I_z$；$c_1(\lambda) = \int_0^l \rho_a (x + r_0)\cosh\lambda x \mathrm{d}x$，$c_2(\lambda) = \int_0^l \rho_a (x + r_0)\sinh\lambda x \mathrm{d}x$；$c_3(\lambda) = \int_0^l \rho_a (x + r_0)\cos\lambda x \mathrm{d}x$，$c_4(\lambda) = \int_0^l \rho_a (x + r_0)\sin\lambda x \mathrm{d}x$。

将式（22）代入由式（14）确定的边界条件，可以得到柔性航天器线性化模型的特征方程，其矩阵形式如下：

$$\boldsymbol{HX} = \boldsymbol{0} \tag{23}$$

式中：$\boldsymbol{X} = [C_1 \quad C_2 \quad C_3 \quad C_4]^{\mathrm{T}}$，系数矩阵 $\boldsymbol{H}$ 的形式较为复杂，此处不再给出。

为保证式（27）存在非零解，故满足 $|\boldsymbol{H}| = \boldsymbol{0}$。可以通过二分法进行数值计算求出满足条件的 λ，再代入式（23）可以确定系数 C_1、C_2、C_3、C_4。因此在整个计算过程中涉及了航天器本体的惯量、尺寸以及姿态运动，故获得的 $\phi_j(x)$ 为航天器的刚柔耦合模态。

传统的假设模态方法直接选用梁的“一端固定一端自由”的模态，由此得到的各阶模态如下：

$$\phi_i(x) = \cosh\beta_i x - \cos\beta_i x + \gamma_i(\sinh\beta_i x - \sin\beta_i x) \tag{24}$$

其中，$\gamma_i = \dfrac{\cosh\beta_i l + \cos\beta_i l}{\sinh\beta_i l + \sin\beta_i l}$ $i=1,2,\cdots,n$，$\cosh\beta_i l \cos\beta_i l + 1 = 0$。

在下文对比仿真中，将分别代入式（22）与

式（24），以分析对比假设模态和刚柔耦合模态产生的影响。

5　数值仿真

5.1　仿真参数的选取

在本文的仿真计算中，航天器携带一个部分充液储箱，储箱的中间段是半径和长度均为0.225m的圆柱体，储箱的两端是半径为0.225m的半球体，储箱中的液体燃料的密度、运动黏度和表面张力分别为1.032×10^3kg/m^3，3×10^{-6}m^2/s和0.02N/m。

主刚体：$\boldsymbol{I}$，$I_{xx}=I_{yy}=I_{zz}=200$kg·m^2。

脉动球：$m_s=36.74$kg，$L_{\min}=0.22$m，$R=0.351$m，$\boldsymbol{r}_t=[0\quad 0.3\quad 0]^{\mathrm{T}}$m，$\boldsymbol{V}_S=[0\quad 0\quad 0]^{\mathrm{T}}$m/s，$\omega_s=[0\quad 0\quad 0]^{\mathrm{T}}$rad/s，$\boldsymbol{r}_s=[0\quad -0.116\quad 0]^{\mathrm{T}}$m。

柔性梁：$l=5$m，$E_a=68$GPa，$A_a=7.30\times10^{-5}$m^2，$I_a=8.22\times10^{-9}$m^4，$r_{ax}=1.0$m，$r_{ay}=r_{az}=0$m。

动量轮：$m_w=40$kg，$\boldsymbol{r}_w=[0\quad 0.3\quad 0]^{\mathrm{T}}$m；$\boldsymbol{I}_w$，$I_{w-xx}=I_{w-yy}=I_{w-zz}=0.15$kg·m^2。

姿态控制系统：$t^f=80$s，初始角速度$\boldsymbol{\Omega}^0=[0.02\quad 0\quad 0]^{\mathrm{T}}$rad/s，控制目标角速度$\boldsymbol{\Omega}^f=[0\quad 0\quad 0.03]^{\mathrm{T}}$rad/s。

5.2　柔性附件振动仿真

对控制系统设置的期望时间$t^f=80$s，航天器在姿态反馈控制的作用下，角速度分量Ω_z在$t=80$s时已非常接近控制目标，并最终趋于0.03rad/s；而另两角速度分量均趋于0rad/s，即航天器完成姿态机动任务。受篇幅所限，本文不再单独给出姿态角速度的变化时间历程图。

图2为航天器在姿态机动过程中，不同长度的柔性附件的末端分别在y和z方向的振动位移的时间历程图。图中的AMM表示假设模态方法，RFM表示刚柔耦合模态方法（Rigid Flexible Mode Method）。由对比结果可以发现：①在柔性附件尺寸较小时，刚柔耦合效应的影响并不明显，AMM和RFM得到的振动位移有着相似的变化过程。②在附件振动幅值方面，RFM的仿真结果一直比AMM的小，并且随着柔性附件长度的增加，即刚柔耦合效应的增加，这种差别更加明显：$l=16$m时，AMM仿真结果的振动稳态峰峰值接近RFM的10倍。③在附件振动频率方面，$l=4$m时，AMM和RFM分别得到的频率为0.8730Hz和0.9091Hz；$l=16$m时，AMM和RFM分别得到的频率为0.0546Hz和0.0595Hz；即随着柔性附件尺寸长度的增加，RFM的仿真结果相比于AMM的差别已由4.1%增加到了8.9%，且AMM方法得到的频率值相较于RFM的偏低。

由以上的对比结果可知，在姿态机动过程中，如果重点关注柔性附件的振动变化趋势和频率且对结果精度要求不太高的情况下，由AMM得到的结果具有较好的参考意义；而对柔性附件的振动幅值的计算，采用RFM则更能反映真实情况。

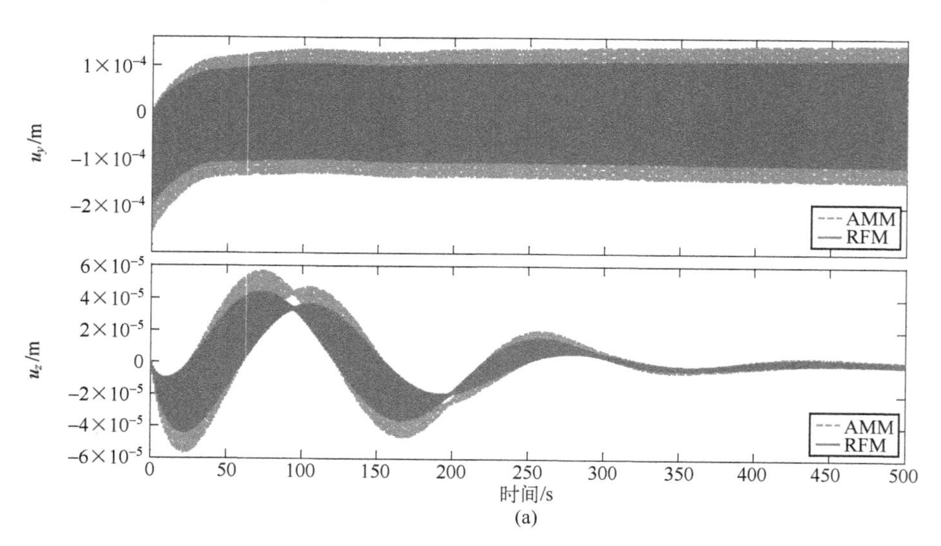

(a)

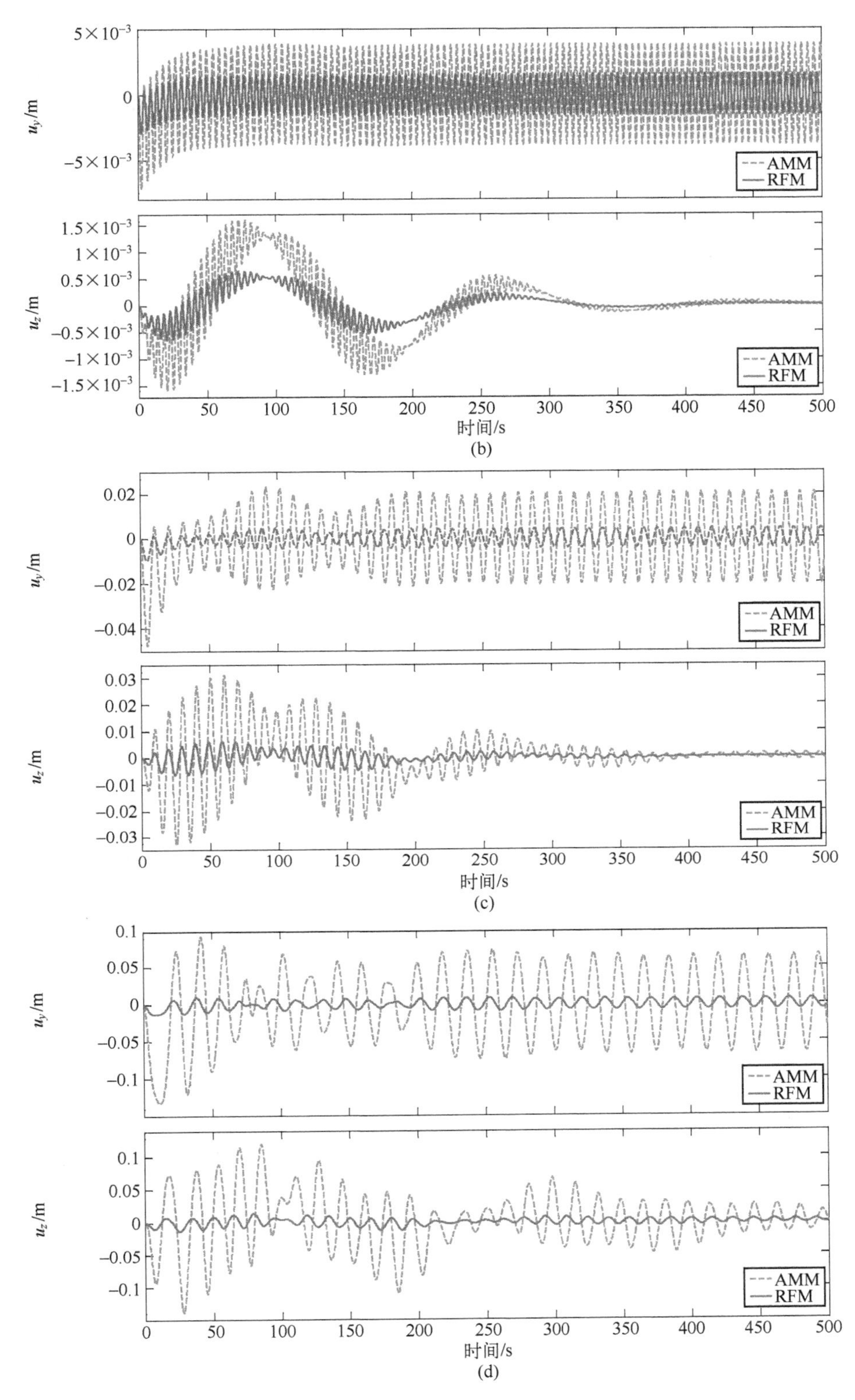

图 2 柔性附件末端振动位移时间历程图

(a) $l=4$m；(b) $l=8$m；(c) $l=12$m；(d) $l=16$m。

5.3 燃料质心运动过程仿真

图 3 为航天器在姿态机动过程中，液体燃料的质心运动的时间历程图，并对比了不计入柔性附件振动（即假设附件为刚性结构）、采用 AMM、采用 RFM 处理结构振动 3 种情况。由图 3 可看到，液体质心在姿态机动开始时就离开初始位置，在储箱内大范围运动，最终随着姿态机动的结束又

趋近一个新的平衡位置，这个新的平衡位置由 $\boldsymbol{F}_{ca}$ 和航天器旋转产生的惯性力共同决定。因此，在运动脉动球模型中引入毛细作用力 $\boldsymbol{F}_{ca}$ 使得该模型能更合理地提供在航天器机动过程中液体燃料质心的位置信息。

由 3 种情况的对比结果可知，在姿态机动过程中，液体燃料的质心运动会受到柔性结构振动的耦合影响，出现不同程度的“振荡”，尤其是当柔性附件尺寸增加时，这种动力学耦合影响会更加明显，由 AMM 和 RFM 得到仿真结果的差别也更加显著。此外，还可以发现，RFM 的计算结果更加接近与无结构振动的情况，即采用 AMM 会在一定程度上放大柔性结构振动对于液体质心运动的影响。

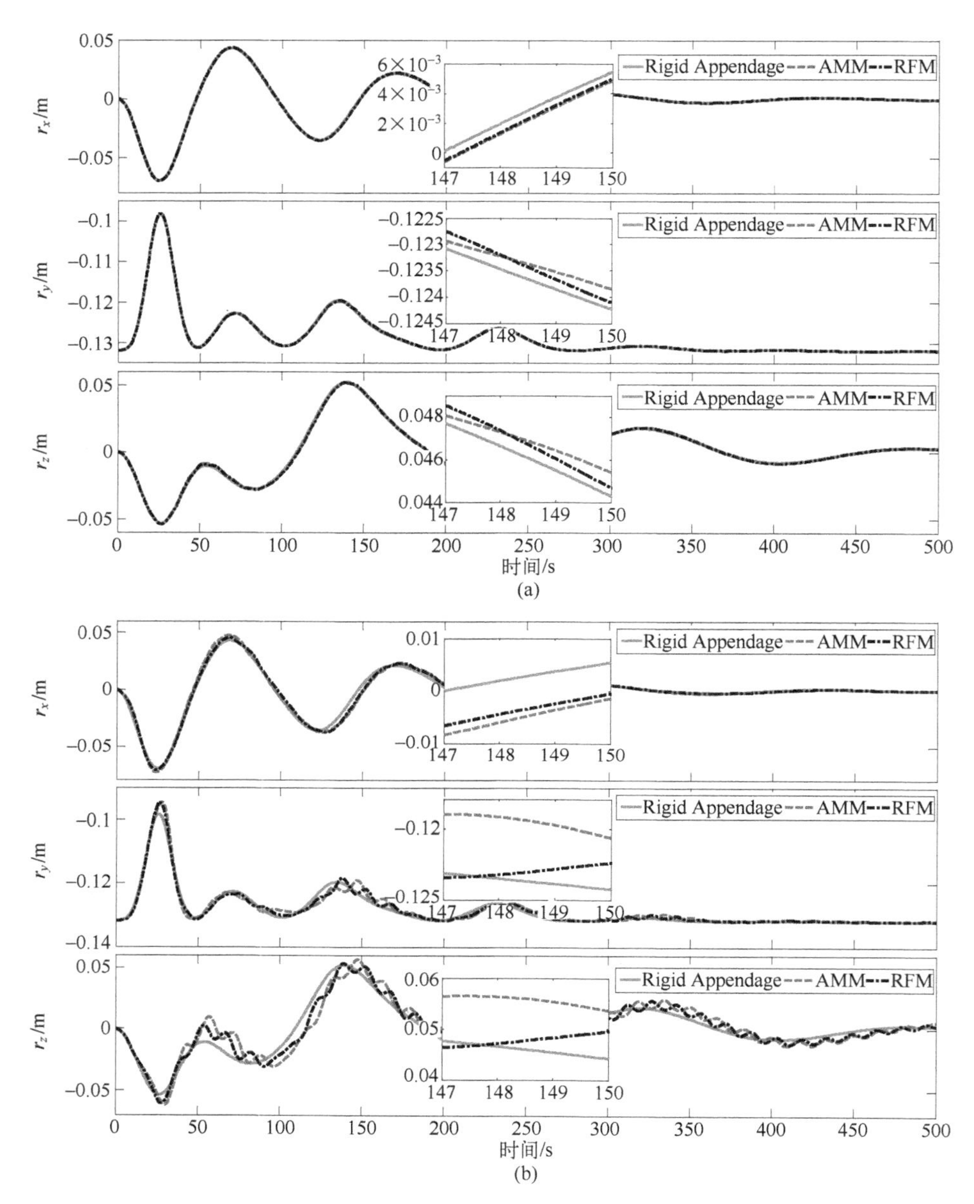

图 3　柔性附件振动对液体燃料再定位过程的影响

（a）$l=12$m；（b）$l=16$m。

5.4　燃料晃动对附件振动影响的对比仿真

为了充分地对比液体燃料运动对于柔性结构振动的影响，将针对 3 种不同的工况进行对比仿真。3 种工况分别为：①Case 1，燃料储箱为空箱状态，即不存在液体晃动；②Case 2，储箱中存在液体燃料，但认为液体燃料一直“附着”储箱中并不产生晃动运动，由此使得航天器主刚体的平行于 y 轴的主惯量轴的值由 I_y 增加至 I_{y+}；③Case 3，储箱中存在液体燃料，随姿态机动过程产生晃动运动。针对这 3 种工况，以柔性附件在 y 方向的振动 u_y 为例，图 4 和图 5 分别给出了采用 AMM 和 RFM 得到的仿真结果。

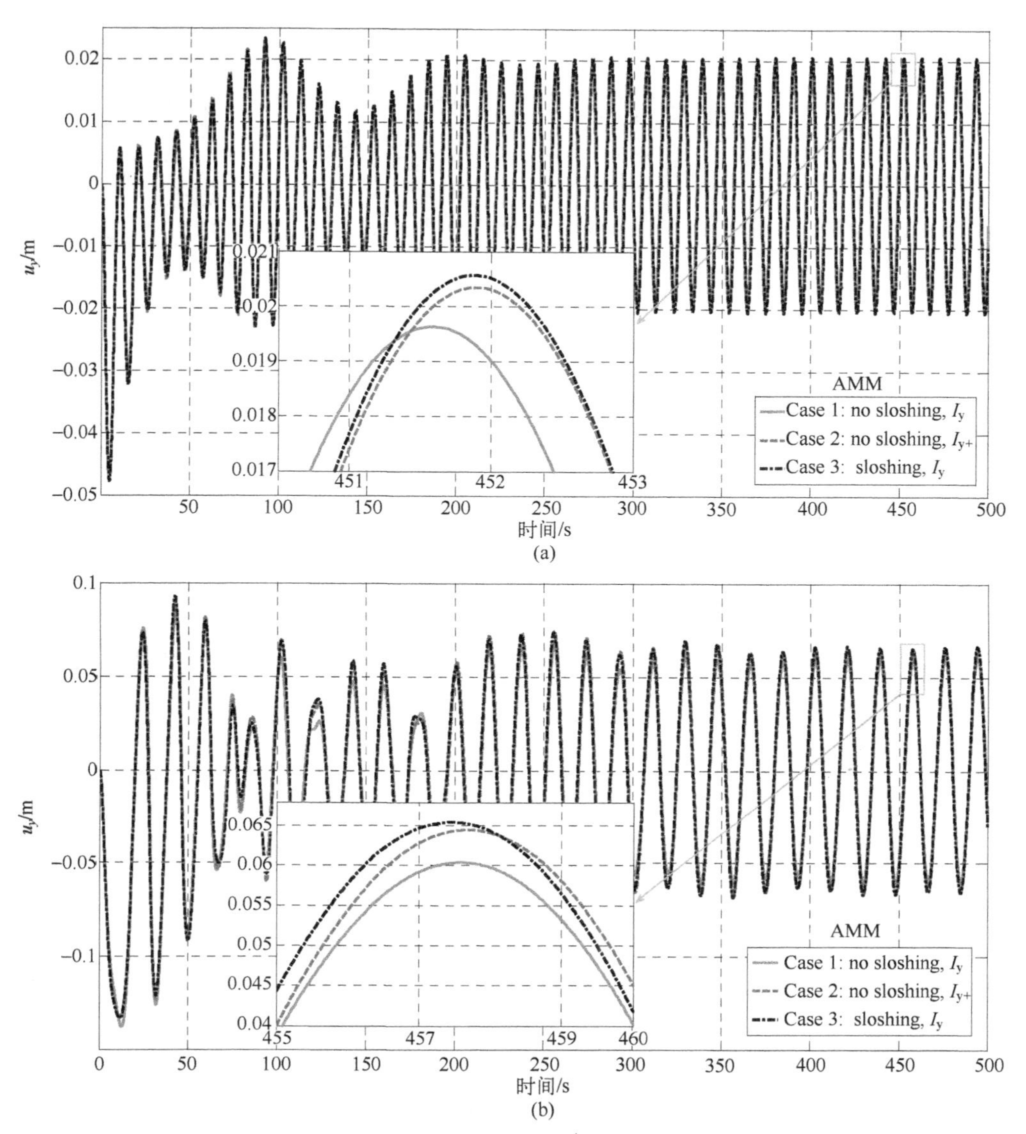

图 4　由 AMM 得到的液体晃动对柔性附件振动的影响

（a）$l=12$m；（b）$l=16$m。

在图 4 中，由 Case3 与 Case1 和 Case2 的对比可以看到在航天器接近完成姿态机动目标，即柔性附件振动趋于稳态时，液体燃料的晃动均会增加附件振动的幅值。由 Case2 与 Case3 的对比可以看到，这两者反映的振动变化趋势非常接近，两者的差别并未随柔性结构尺寸的增加而出现较明显的变化；换言之，采用 AMM 求解结构振动，如果对于结果精度要求不高，采用 Case2 的方法处理液体燃料的影响具有一定的参考价值。此外，由 Case1 与 Case2 和 Case3 的对比看到，尤其在姿态机动早期阶段，液体燃料的存在对于结构振动的影响较大，并不能直接忽略，并且这种影响随柔性附件尺寸增加而更为突出；而在姿态机动目标趋于完成时，忽略液体燃料的存在同样会引起较明显的误差。

在图 5 中，由 Case1 和 Case3 的对比可以看到，除了姿态机动的早期阶段两者存在一定误差外，这两者反映的振动变化趋势非常接近；换言之，采用 RFM 求解充液柔性航天器的结构振动，如果对于结果精度要求不高，采用 Case1 的方法处理液体燃料的影响具有一定的参考价值。由 Case2 与 Case3 的对比可以看到，如果认为液体燃料的存在只是改变航天器的惯量特性而忽略其晃动影响，会在一定程度上增大附件振动幅值和振动周期的仿真结果。

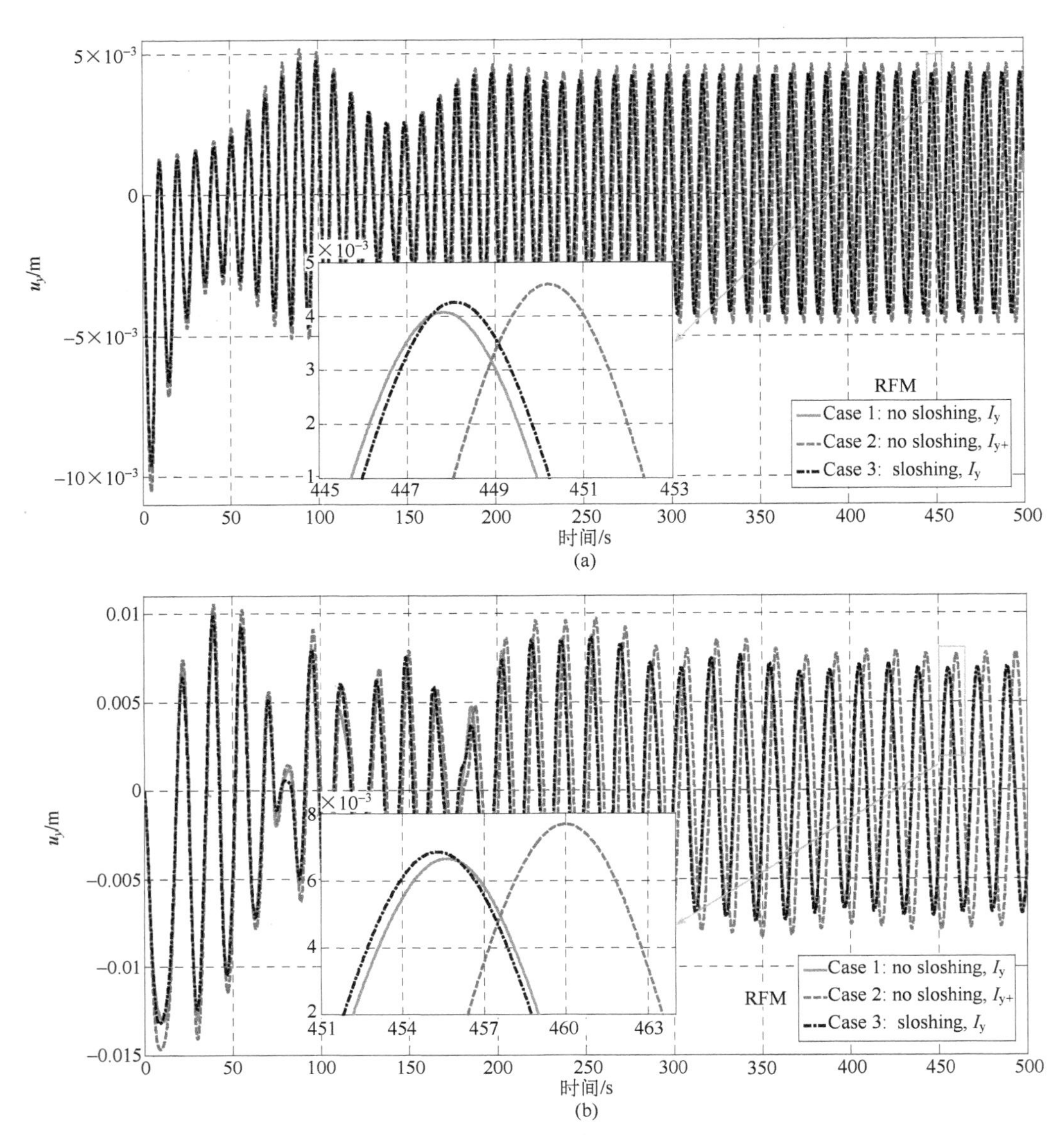

图 5　由 RFM 得到的液体晃动对柔性附件振动的影响

（a）$l=12$m；（b）$l=16$m。

对于 AMM 和 RFM 的仿真结果的区别可以通过姿态角变化过程对应的章动角 N_a 和横向角速度 Ω_{T} 来定量判断。由 Ω^f 的取值可知航天器的最终角动量矩与 z 轴同向，由此可以对 N_a 和 Ω_{T} 作如下定义：

$$\begin{cases} N_a=\arccos(H_z/|\boldsymbol{H}|) \\ \Omega_{\mathrm{T}}=\sqrt{\Omega_y^2+\Omega_z^2} \end{cases} \tag{25}$$

式中：$\boldsymbol{H}$ 为航天器的角动量；H_z 为 $\boldsymbol{H}$ 沿 z 轴的分量。

图 6 是图 5（b）对应的航天器姿态章动角和横向角速度的时间历程图，由此可以看到 Case2 对液体燃料的处理方法会在一定程度上降低附件振动和液体晃动对于姿态机动过程的扰动影响。

将图 4 和图 5 反映的规律进行对比可以做如下总结：①对于结构振动的仿真，无论采用 AMM 还是 RFM 在姿态机动早期阶段均不能忽略燃料晃动的影响；②无论采用 AMM 还是 RFM，液体燃料的晃动均能在一定程度上增大柔性结构在姿态机动末期的振动幅值；③采用 Case2 的方法处理燃料晃动并结合 RFM，会增加附件振动幅值和周期的仿真结果，但会降低附件振动和液体晃动对姿态机动扰动的影响。

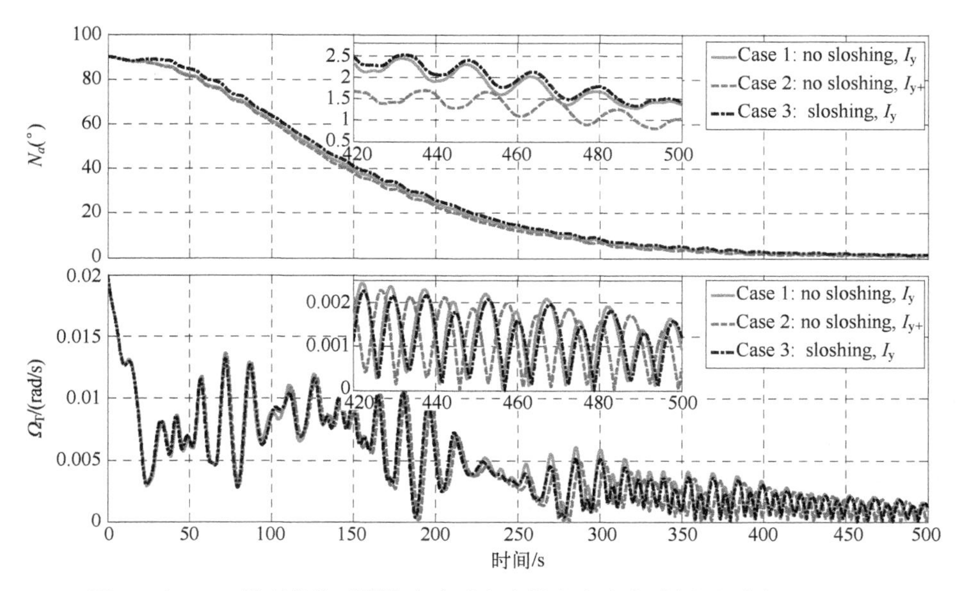

图6　由RFM得到的航天器姿态章动角和横向角速度时间历程图（l=16m）

6　结束语

本文研究了充液柔性航天器耦合动力学系统的建模和姿态机动控制问题。分别采用AMM和RFM对柔性结构振动方程进行离散处理，通过数值方法，对比了以上两种模态方法用于有关耦合动力学行为研究时产生的区别。文中的结论有助于认识刚柔耦合模态方法的有效性和应用范围，从而进一步服务于提升充液柔性航天器耦合动力学系统建模的准确性，为后续的工程应用奠定基础。

参考文献

[1] Kane T R, Ryan R R, Banerjee A K. Dynamics of a cantilever beam attached to a moving base [J]. Journal of Guidance, Control, and Dynamics, 1987, 10 (2): 139-151.

[2] Haering W J, Ryan R R, Scott R A. New formulation for general spatial motion of flexible beams [J]. Journal of Guidance Control & Dynamics, 2015, 18 (1): 82-86.

[3] Yue B Z. Study on the chaotic dynamics in attitude maneuver of liquid-filled flexible spacecraft [J]. AIAA Journal, 2011, 49 (10): 2090-2099.

[4] 吕敬，李俊峰，王天舒．带弹性附件充液矩形贮箱俯仰运动动态响应 [J]．应用数学和力学，2007，28 (3): 317-327.

[5] Wu W J, Yue B Z, Huang H. Coupling dynamic analysis of spacecraft with multiple cylindrical tanks and flexible appendages [J]. Acta Mechanica Sinica, 2016, 32 (1): 144-155.

[6] Deng M L, Yue B Z. Nonlinear model and attitude dynamics of flexible spacecraft with large amplitude slosh [J]. Acta Astronautica, 2017, 133: 111-120.

[7] Zhao Z, Liu C S, Ma W. Characteristics of steady vibration in a rotating hub-beam system [J]. Journal of Sound and Vibration, 2016, 363: 571-583.

多柔体航天器在轨固有振动频率预算及规律分析

曹　丽，周志成，曲广吉

（中国空间技术研究院通信与导航卫星总体部，北京，100094）

摘要：现代复杂航天器在轨受各类柔性附件结构振动的相互影响，其整星系统频率与地面试验和仿真测得的部件频率存在差异，而航天器总体设计和控制系统设计阶段往往需要预知系统基频，本文针对这一问题，基于航天器柔性耦合动力学建模方法，充分考虑各类柔性附件的结构振动影响，通过建立整星动力学控制方程并求解特征值，获得了航天器在轨自由飞行状态下的系统频率及其整星耦合振型，经与有限元软件及在轨实测数据比较，该方法计算精度高，工程适用性强，可满足各类大柔性复杂航天器的整星频率预算及其耦合振动响应预示分析需求。

关键词：柔性耦合；结构振动；系统频率；耦合振型；预示

1　引言

随着航天事业的快速发展和国家建设的迫切需求，发展新一代移动通信卫星已成为必然趋势。这类航天器除了带有大型太阳帆板，通常还载有超大口径天线，其明显的结构特征是刚度低、柔性大、阻尼弱、基频低和模态密集，以致若干低频结构模态有可能处于控制带宽以内，使振动与控制发生强烈耦合作用，若出现这种情况，将对航天器完成飞行任务造成极大威胁[1-4]。但由于悬吊条件、空气阻力和重力作用等因素影响，使其系统动力学参数无法在地面进行准确测量，只能通过充分的动力学仿真，获取对控制系统影响的整星系统频率等各类动力学参数，以满足控制系统设计需求。

目前，航天工程中采用建立大型柔性附件有限元模型，并辅以地面试验对其修正以尽可能接近真实部件频率，但由于星上多个大型柔性附件的相互影响，卫星在轨飞行状态下的系统频率与地面测得的附件约束频率往往存在差异，而为使得大型附件模态不被激发，避免部件结构振动造成星体姿态失稳，需要通过动力学仿真分析，找出容易产生共振和有害振型的频率，以满足控制器设计需求。目前传统的分析方法是利用商业有限元软件进行模态分析，但实际工程应用中，由于各种条件限制，建立整星在轨展开状态有限元模型工作烦琐且耗时较长，因此，通过部件结构动力学特性获得航天器在轨系统频率显得尤为重要。文献［5］利用部件模态与系统模态之间的关系，经过合理简化，导出了航天器基频估算公式，但该方法未同时考虑多种柔性附件的相互影响，且忽略了航天器惯性积，导致多柔体航天器在轨系统频率的估算误差增大。

本文针对实际工程应用，基于航天器柔性耦合动力学分析方法，全面考虑航天器质量特性和柔性附件结构特性，提出一种适用于带多类大型柔性附件航天器的在轨频率预算方法，为卫星总体方案设计、结构与机构优化、控制系统设计仿真、卫星在轨安全可靠运行提供理论依据和技术支持。

2　航天器系统模化及刚柔耦合动力学建模

图 1 为带大型可展开天线航天器。根据其结构特点模化为中心刚体带柔性附件类航天器，如图 2 所示。其中，O_rXYZ 为地球赤道惯性坐标系，$O_bX_bY_bZ_b$ 为卫星本体坐标系，原点 O_b 为航天器系统质心。

卫星在轨运行期间，天线伸展为在轨工作构型，不考虑太阳翼转动，根据图 2 所示向量关系，建立卫星系统质点位置矢量表达式，并将南北太阳翼和天线的结构变形 $\boldsymbol{\delta}_{ls}$、$\boldsymbol{\delta}_{rs}$、$\boldsymbol{\delta}_{a}$ 按照正则模态展开，有

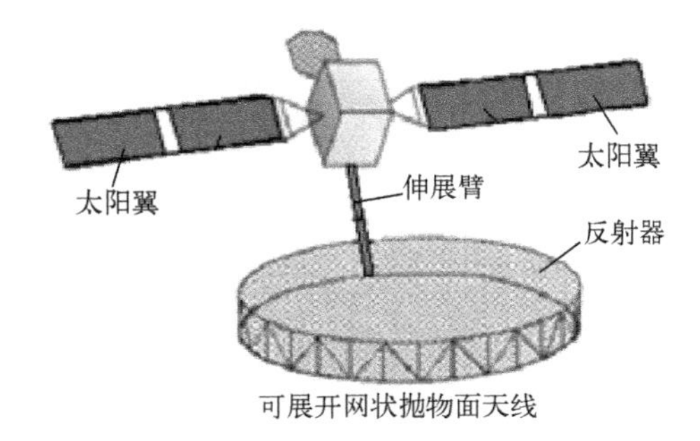

图 1　带大型可展开天线航天器结构示意图

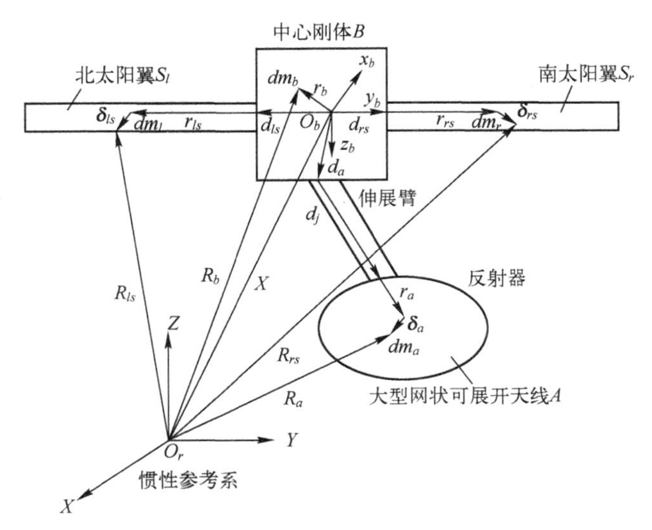

图 2　卫星简化模型示意图

$$\begin{cases}\boldsymbol{\delta}_{ls}=\boldsymbol{\Phi}_{ls}\boldsymbol{\eta}_{ls}\\ \boldsymbol{\delta}_{rs}=\boldsymbol{\Phi}_{rs}\boldsymbol{\eta}_{rs}\\ \boldsymbol{\delta}_{a}=\boldsymbol{\Phi}_{a}\boldsymbol{\eta}_{a}\end{cases}\tag{1}$$

式中：$\boldsymbol{\Phi}_{ls}$、$\boldsymbol{\Phi}_{rs}$、$\boldsymbol{\Phi}_{a}$ 和 $\boldsymbol{\eta}_{ls}$、$\boldsymbol{\eta}_{rs}$、$\boldsymbol{\eta}_{a}$ 分别为南北太阳翼及天线的正则模态阵及模态坐标。

利用拉格朗日及其伪坐标方程，忽略二阶小量，得到卫星在轨运行期间用于控制系统设计的全星柔性耦合动力学方程的矩阵表达式：

$$\begin{bmatrix}\boldsymbol{M}_s & 0 & \boldsymbol{F}_{tls} & \boldsymbol{F}_{trs} & \boldsymbol{F}_{ta}\\ 0 & \boldsymbol{I}_s & \boldsymbol{F}_{sls} & \boldsymbol{F}_{srs} & \boldsymbol{F}_{sa}\\ \boldsymbol{F}_{tls}^T & \boldsymbol{F}_{sls}^T & \boldsymbol{E} & 0 & 0\\ \boldsymbol{F}_{trs}^T & \boldsymbol{F}_{srs}^T & 0 & \boldsymbol{E} & 0\\ \boldsymbol{F}_{ta}^T & \boldsymbol{F}_{ta}^T & 0 & 0 & \boldsymbol{E}\end{bmatrix}\begin{bmatrix}\ddot{\boldsymbol{X}}\\ \dot{\boldsymbol{\omega}}_s\\ \ddot{\boldsymbol{\eta}}_{ls}\\ \ddot{\boldsymbol{\eta}}_{rs}\\ \ddot{\boldsymbol{\eta}}_{a}\end{bmatrix}+\begin{bmatrix}0&0&0&0&0\\0&0&0&0&0\\0&0&\boldsymbol{\Omega}_{ls}^2&0&0\\0&0&0&\boldsymbol{\Omega}_{rs}^2&0\\0&0&0&0&\boldsymbol{\Omega}_{a}^2\end{bmatrix}\begin{bmatrix}\boldsymbol{X}\\ \boldsymbol{\omega}_s\\ \boldsymbol{\eta}_{ls}\\ \boldsymbol{\eta}_{rs}\\ \boldsymbol{\eta}_{a}\end{bmatrix}=\begin{bmatrix}\boldsymbol{P}_s\\ \boldsymbol{T}_s\\ 0\\ 0\\ 0\end{bmatrix}\tag{2}$$

式中：$\boldsymbol{M}$ 为航天器总质量；$\boldsymbol{I}_s$ 为全星系统质心的转动惯量；$\boldsymbol{F}_{tls}$、$\boldsymbol{F}_{trs}$、$\boldsymbol{F}_{a}$ 分别为南北太阳翼和天线振动对航天器平动的柔性耦合系数；$\boldsymbol{F}_{sls}$、$\boldsymbol{F}_{srs}$、$\boldsymbol{F}_{a}$ 分别为南北太阳翼和天线振动对航天器转动的柔性耦合系数；$\boldsymbol{\Omega}_{ls}$、$\boldsymbol{\Omega}_{rs}$、$\boldsymbol{\Omega}_{a}$ 分别为双翼太阳阵和抛物面天线的特征频率；$\boldsymbol{P}_s$、$\boldsymbol{T}_s$ 分别为作用在星本体上的外力和外力矩列阵；$\boldsymbol{E}$ 为单位阵。

方程（2）同时考虑了南北太阳翼和天线的结构振动影响，对其进行特征值分析：

$$\overline{\boldsymbol{K}}\boldsymbol{\Phi}-\overline{\boldsymbol{M}}\boldsymbol{\Phi}\boldsymbol{\Omega}^2=\boldsymbol{0}\tag{3}$$

即可得到航天器系统模态阵 $\boldsymbol{\Phi}$ 和系统自然频率 $\boldsymbol{\Omega}=\mathrm{diag}\{0,\cdots,0,\omega_1,\cdots,\omega_n\}$。

3　在轨航天器系统频率分析预示

3.1　在轨航天器系统频率预算

设定卫星，构型如图 1 所示，经地面测试和有限元软件分析，其双翼太阳帆板和大尺寸网状天线在端部固支下的前六阶频率如表 1 所列，从表中频率分布可看出，卫星动力学模态频率低且密集。

表 1　星载柔性附件频率/Hz

附件频率	1	2	3	4	5	6
太阳翼	0.211	0.468	1.425	1.459	3.623	3.986
天线	0.214	0.228	0.411	0.812	1.396	1.424

基于各附件模态参数及其质量特性，计算出各柔性附件耦合系数矩阵并将其带入到控制方程（2）中，经特征值求解，得到的整星系统频率如表 2 所列，整星第 7～12 阶的模态振型如图 3～图 8 所示，整星有限元模型阵型图如图 9～图 14 所示。

表 2　整星在轨非约束频率估算/Hz

阶数	柔性动力学分析频率（非约束）/Hz	有限元软件分析频率（非约束）/Hz	对应的太阳翼约束频率/Hz	对应的天线约束频率/Hz	整星振型描述	与在轨标定误差/Hz
1～6	0.000	0.000			刚体模态	
7	0.184	0.184	0.184		太阳翼一阶对称外弯	
8	0.198	0.216			太阳翼一阶反对称外弯	

（续）

阶数	柔性动力学分析频率（非约束）/Hz	有限元软件分析频率（非约束）/Hz	对应的太阳翼约束频率/Hz	对应的天线约束频率/Hz	整星振型描述	与在轨标定误差/Hz
9	0.296	0.325		0.214	天线一阶振型	0.005
10	0.339	0.328		0.228	天线二阶振型	0.003
11	0.448	0.421	0.443		太阳翼一阶对称内弯	
12	0.572	0.659		0.411	天线三阶振型	0.05

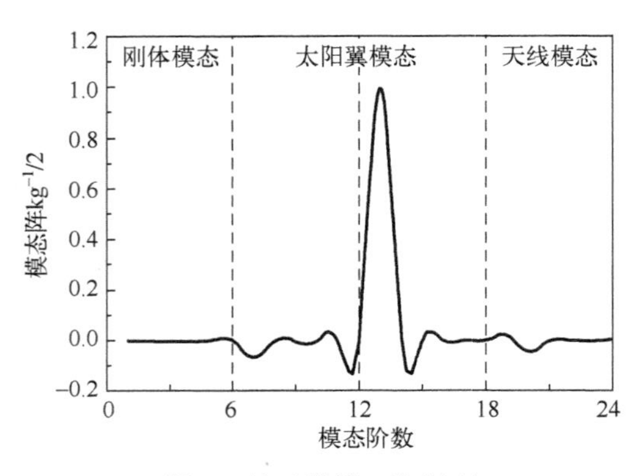

图3　航天器第7阶振型

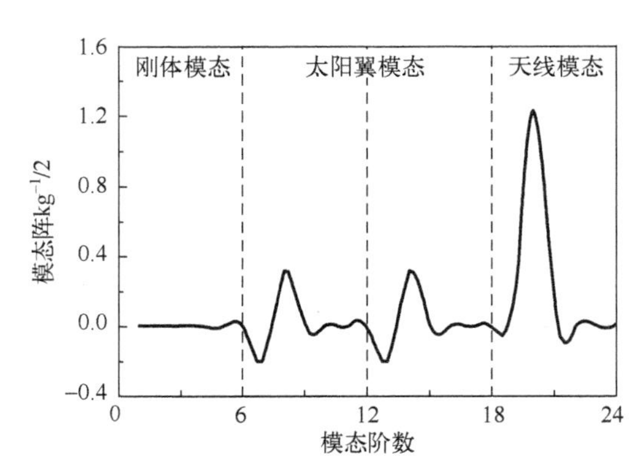

图6　航天器第10阶振型

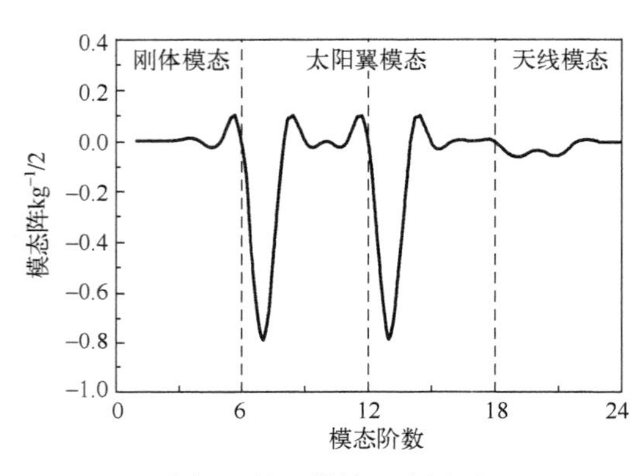

图4　航天器第8阶振型

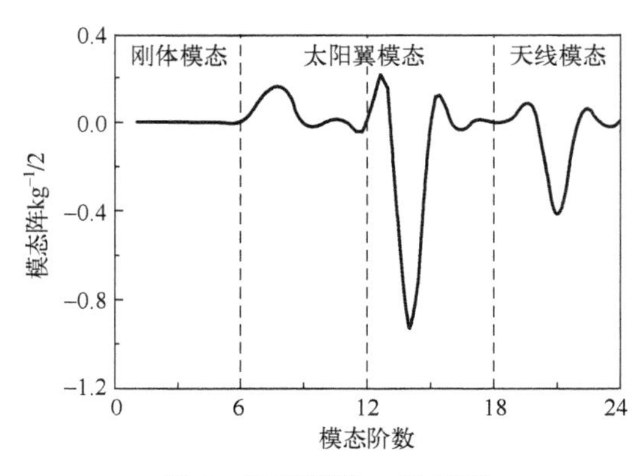

图7　航天器第11阶振型

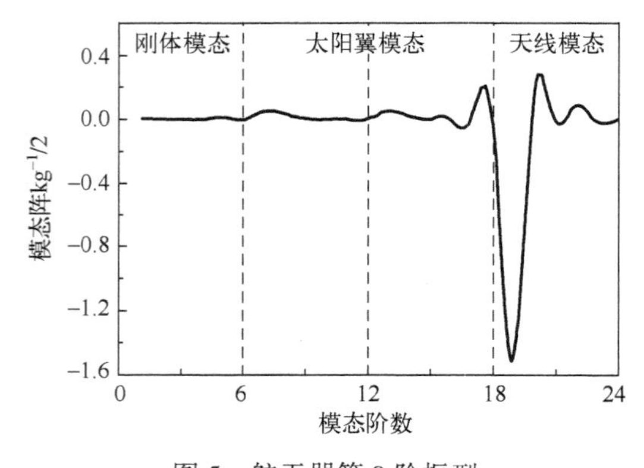

图5　航天器第9阶振型

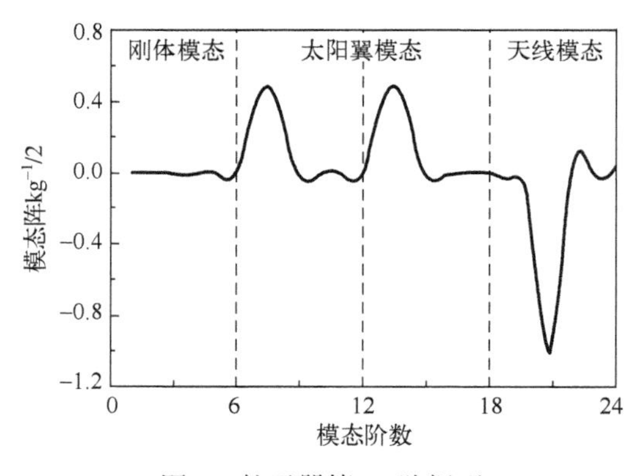

图8　航天器第12阶振型

3.2　计算结果分析

结合表2和图3~图8分析，设定卫星在轨飞行状态下，前6阶为刚体模态，整星第7阶非约束频率对应太阳翼第1阶约束频率，振型为太阳翼对称外弯；整星第8阶振型为太阳翼反对称外弯；整星第9阶非约束频率对应天线第1阶约束频率为0.296Hz，与在轨标定值相差0.005Hz，

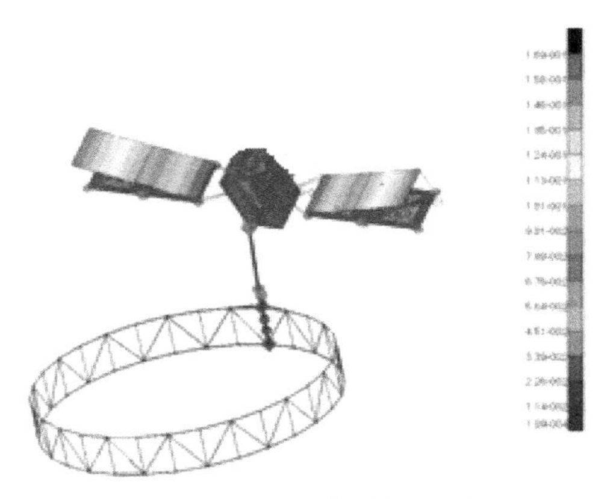

图 9 整星有限元模型第 7 阶振型

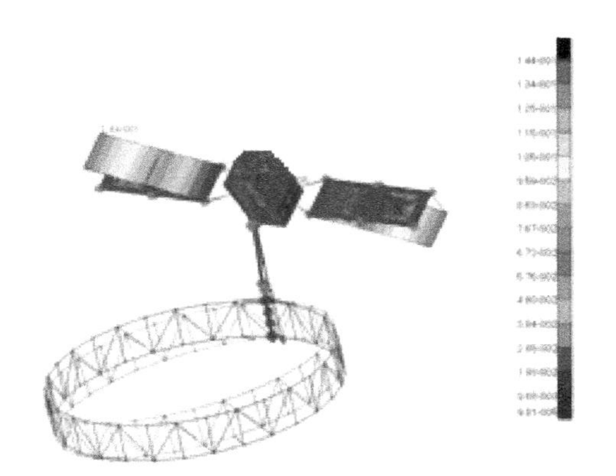

图 10 整星有限元模型第 8 阶振型

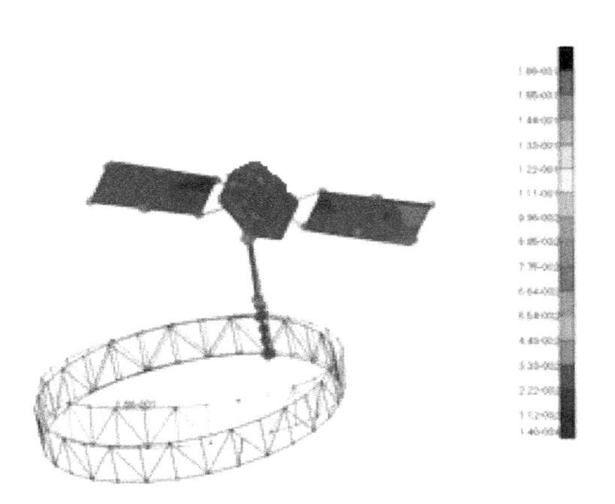

图 11 整星有限元模型第 9 阶振型

相对地面测得的天线基频 0.214Hz 提高了约 0.08Hz；整星第 10 阶振型对应天线二阶振型，频率为 0.339Hz，与在轨标定值相差 0.003Hz；整星第 12 阶频率对应天线三阶频率为 0.572Hz，与在轨标定值相差 0.05Hz，相比天线前两阶在轨标定误差偏大，由于在轨频率辨识是对星体激励，通过星体姿态角速度辨识天线频率，而在轨频率辨识计算只考虑卫星主轴惯量以及主轴柔性耦合系数，天线第三阶耦合系数除在 X 轴的主轴耦合系数外，在其他 Z 轴仍有较大耦合项，导致由整星频率折算到附件频率的误差增大。以上分

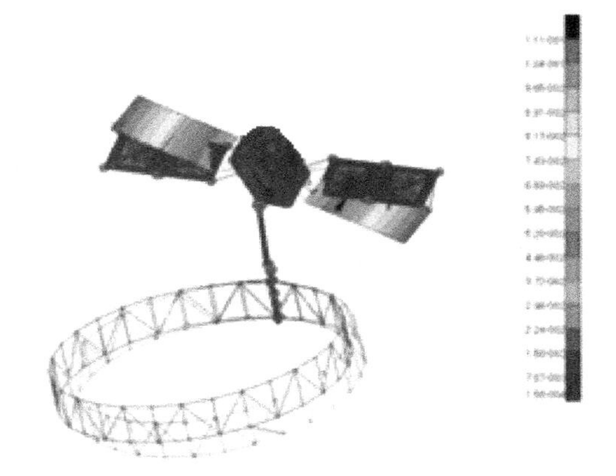

图 12 整星有限元模型第 10 阶振型

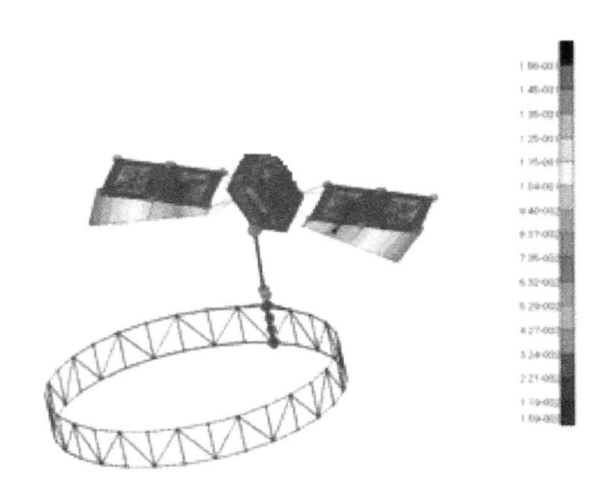

图 13 整星有限元模型第 11 阶振型

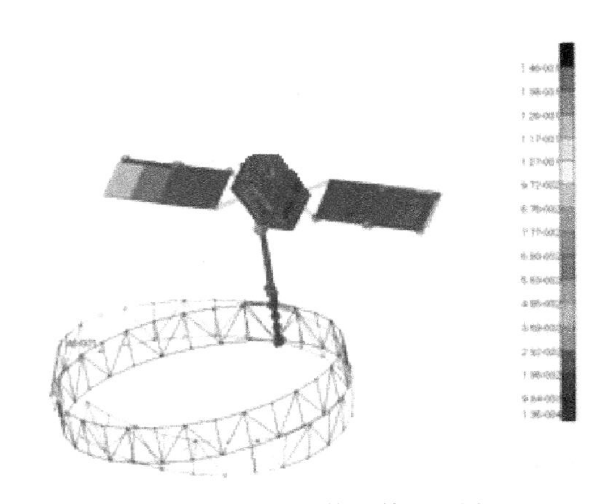

图 14 整星有限元模型第 12 阶振型

析与 PATRAN 软件建立的整星有限元模型振型一致（如图 9~图 14 所示），进一步验证了本文计算方法的准确性和有效性。

4 结束语

本文针对多柔体复杂航天器在地面难以通过试验获得卫星在轨飞行状态下的系统固有振动频率问题，充分考虑星上各类柔性附件的结构振动影响，通过建立整星柔性耦合动力学控制方程及其对动力学参数的计算，给出了工程实用的航天器在轨飞行频率计算方法。经过对设定卫星的仿真分析，卫星在轨飞行状态下，系统固有频率主要有以下特点：①整星一阶柔性频率一般为太阳翼频率，与太阳翼一阶约束频率基本一致；②整星太阳翼振动一般分为对称和反对称振型；③对于网状天线这种自身转动惯量远大于星本体转动惯量的柔性附件，在轨非约束频率高于自身的约束频率。

该方法经与在轨标定比较，与在轨实测数据吻合较好，计算精度较高，相对于有限元分析方法，不需要建立整星在轨展开状态的有限元模型，计算效率高且工程适用性强，为航天器总体设计和控制系统设计提供了强有力的理论支撑和技术支持。

参考文献

[1] 周志成，曲广吉．通信卫星总体设计和动力学分析［C］．北京：中国科学技术出版社，2012.

[2] 于登云，夏人伟，孙国江．在轨航天器动力学参数辨识技术研究［J］．中国空间科学技术，2008，28（1）：13-17.

[3] DESFORGES M J，COOPER J E，WRIGHT J R. Spectral and modal parameter estimation from output-only measurements. Mechanical Systems and Signal Processing［J］，1995，9（2）：169-186.

[4] A E Zakrzhevskii，V S Khoroshilov. Dynamics of the orbital deployment of an elastic ring-shaped antenna. International Applied Mechanics，2010，46（6）：718-729.

[5] 徐小胜，于登云，曲广吉．柔性航天器自由飞行状态系统基频的估算方法［J］．宇航学报，2004，25（2）：208-212.

二维多次展开太阳翼在轨展开刚柔耦合动力学建模与仿真

董富祥

（中国空间技术研究院通信与导航卫星总体部，北京，100094）

摘要：本文开展了某大型卫星二维太阳翼在轨展开动力学建模与数值仿真。首先，介绍了二维多次展开太阳翼机构工作原理，进一步建立了二维多次展开太阳翼驱动机构、阻尼器、绳索联动机构和铰链碰撞动力学模型，建立了考虑绳索联动机构和碰撞力学模型的太阳翼展开动力学方程，在此基础上开展了太阳翼外板展开、二次展开和侧板展开动力学仿真，分析了联动轮半径变化、绳索联动机构钢丝绳失效和侧板展开不同步对太阳翼和整星动力学特性影响，最后根据分析结果，对太阳翼展开机构设计和优化建议。

关键词：二维多次展开；太阳翼；多体系统；动力学建模仿真

1 引言

通信卫星向大容量、高增益和电推进方向的发展趋势对航天器电源提出了越来越高的要求，传统的太阳翼功率不能够满足航天器对电源的需求，各种构型的太阳翼构型被提出，二维多次展开太阳翼将在“东方红”五号卫星平台上首次使用。与以往采用的太阳翼相比，该太阳翼首次采用3次展开方式，展开机构更复杂，展开到位时刻冲击对SADA根部影响大，且地面零重力展开试验难以完全卸载太阳翼展开受力情况，急需通过数值仿真分析其在轨动力学特性。

针对太阳翼展开多体动力学问题，不少学者不同侧重点地开展了研究工作。Wie、Furumoto、Banerjee[1]等研究了INTELSAT-V和INS AT卫星刚性太阳帆板展开动力学建模与仿真问题，提出了闭环钢丝绳等效力学模型，比较了闭环绳索联动机构和四连杆展开机构在动力学建模与仿真中的差异。王天舒、孔宪仁、王本利等[2]建立了太阳帆板联动同步机构等效力学模型，分析了绳索截面积等参数对太阳电池阵同步展开的影响。游斌弟、王兴贵和陈军等[3]采用非线性弹簧阻尼及摩擦的接触碰撞约束力，构建太阳阵展开过程的多刚体动力学模型，研究了卫星太阳阵展开锁紧过程振动冲击动力学问题。任守志、商红军、濮海玲等[4]用ADAMS软件建立了二维展开太阳翼柔性动力学仿真模型，研究了太阳翼展开过程中展开锁定不同步现象导致的对SADA多次冲击，为太阳翼构型及铰链设计及SADA在轨控制提供了参考和借鉴。Li Haiquan[5]采用速度变分原理研究了大尺度柔性太阳翼展开动力学模型，建立张力控制机构、张力索和铰链阻尼器的大尺度柔性太阳阵展开动力学模型。以上这些研究为太阳翼机构结构设计提供了较好参考依据，然而对二维多次展开太阳翼尚缺乏充分研究。

本文首先介绍二维多次展开太阳翼结构和机构的特点，然后建立其驱动扭簧、闭环绳索联动机构力学模型和展开到位碰撞动力学模型。最后以某太阳翼展开动力学分析仿真为例，分析了联动轮半径、绳索联动机构钢丝绳失效和侧板展开不同步对太阳翼展开动力学的影响，并给出机构设计建议。

2 二维多次展开太阳翼展开机构

二维多次展开太阳翼由绷弦式半刚性太阳电池板、连接架、根部铰链、板间铰链、联动机构、阻尼器、锁定装置和背面电缆等部件组成。图1为不同阶段太阳展开状态构型。其在轨展开过程分为三步，展开过程如图1所示。具体步骤如下：第一步，星箭分离后，部分压紧释放机构释放，外板展开90°锁定，如图1（b）所示；第二步，卫星进入准同步轨道后，剩余的压紧释放机构解锁，外板解锁并与连接架和其他板一起展开并锁定，如图1（c）所示；第三步，当锁定即将开始时，侧板释放机构触发，上侧、下侧太阳板开始展开，直至最终锁定，整个太阳翼展开锁定成为具有设计刚度的平面。

图2为卫星太阳翼第二次展开过程示意图。为保证各板按照预设角速度比例展开，设计了钢丝绳联动装置，通过设定传动比，保证第2步展开过程中，外板和三脚架展开速度是其他各板展开角速度的一半。太阳翼展开期间钢丝绳带动末端阻尼器转动，起到阻尼作用。

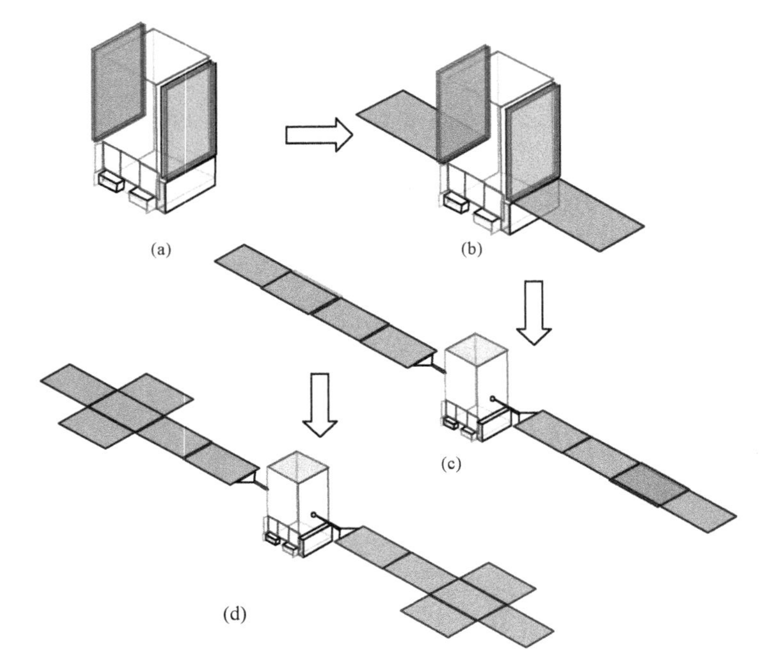

图1　二维多次展开太阳翼不同时刻展开构型

（a）收扰状态；（b）外板展开状态；（c）二次展开状态；（d）侧板展开状态。

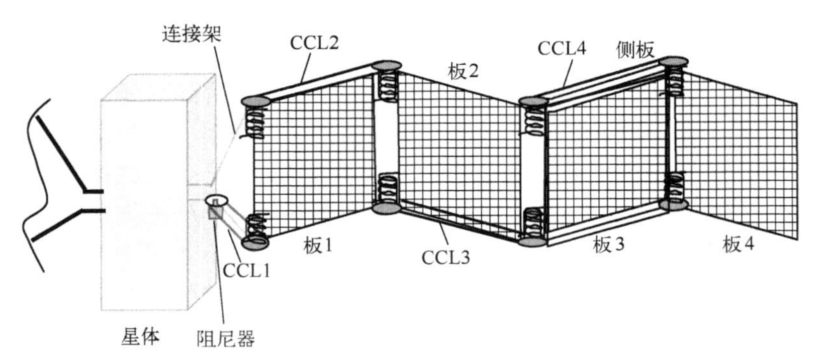

图2　太阳翼第二次展开过程示意图

太阳翼展开到位后，锁定柱卡入曲线卡槽，完成锁定，其展开状态示意图如图3所示。

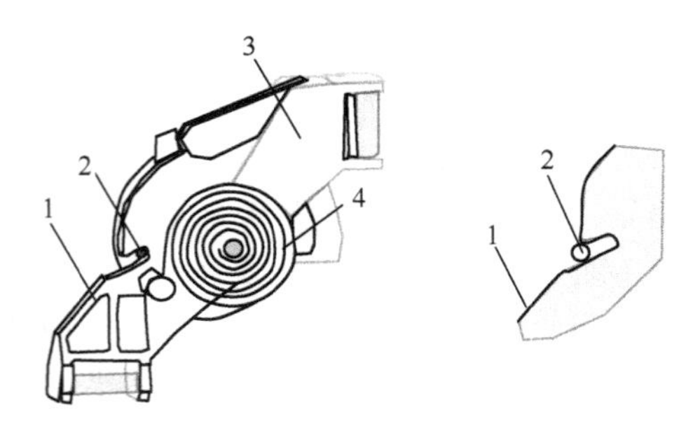

图3　铰链示意图

1—公铰；2—锁定柱；3—母铰；4—卷簧。

3　太阳翼在轨展开动力学模型

3.1　驱动和联动机构力学模型

太阳翼展开期间，采用涡卷弹簧作为驱动动力，并在端部采用阻尼器对太阳翼展开过程进行速度控制。太阳翼驱动机构力学模型可以表示为[6-7]

$$M_{dr}=-k(\theta-\theta_0) \tag{1}$$

式中：M_{dr}为驱动力矩；k为弹簧刚度；θ_0和θ为

卷簧初始角度和现有角度。太阳翼阻尼器力学模型可以表示为

$$M_{\mathrm{dp}}=-c\dot{\theta}_1 \tag{2}$$

式中：$\dot{\theta}_1$ 为展开角速度；c 为阻尼器系数，与温度有关。绳索联动机构的力学模型如图 4 所示，图中滑轮 B_1 和 B_2 分别以 ω_1 和 ω_2 角速度转动。

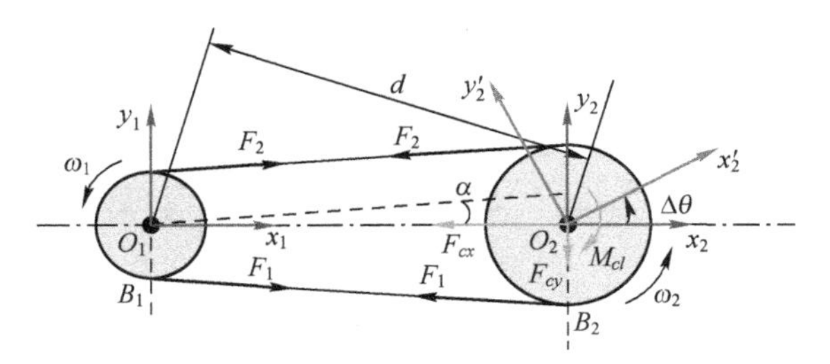

图 4　绳索联动机构力学模型

在图 4 中，F_1、F_2 分别为绳索联动机构上由于滑轮 B_2 大于滑轮 B_1 转动角 $\Delta\theta$ 转动引起的相对张紧端和松弛端张力，$Ox_1y_1z_1$ 与 $Ox_2y_2z_2$ 表示无相对运动时滑轮 B_1 和 B_2 坐标系，$Ox_2'y_2'z_2'$ 表示滑轮 B_2 比滑轮 B_1 转动超前 $\Delta\theta$ 角时的位置，α 表示由于半径不同引起的锥角，当滑轮 B_1 和 B_2 半径相同，$\alpha=0$。以图 4 为例，当滑轮 B_2 比滑轮 B_1 转动超前 $\Delta\theta$ 角时，绳索张力 F_1 和 F_2 可以写为

$$\begin{cases}F_1=F_{\mathrm{pre}}+Kr_2\Delta\theta\\F_2=F_{\mathrm{pre}}-Kr_2\Delta\theta\end{cases} \tag{3}$$

式中：K 为绳索刚度，$K=EAr_{\mathrm{cab}}^2/L$，E 为钢丝绳弹性模量，A 为钢丝绳横截面积；L 为联动轮间长度；r_1 和 r_2 分别为绳索联动机构联动轮半径。绳索张力 F_1 和 F_2 必须大于零，且当绳索张力大于其最大承受张力时，绳索自动断开，绳索联动机构失效。作用在滑轮 B_2 的外力和外力矩分别可以写为

$$F_{cx2}=F_1\cos\alpha+F_2\cos\alpha=2F_{\mathrm{pre}}\cos\alpha \tag{4}$$

$$F_{cx2}=F_1\sin\alpha-F_2\sin\alpha=2Kr_2\Delta\theta\cos\alpha \tag{5}$$

$$M_{cl2}=(F_2-F_1)r_2=2Kr_2^2\Delta\theta \tag{6}$$

作用在滑轮 B_1 的外力与作用在滑轮 B_2 的外力大小相等，方向相反，力矩表达式为

$$M_{cl1}=-M_{cl2}r_1/r_2 \tag{7}$$

3.2　铰链碰撞动力学模型

展开到位末段，锁定柱滑入曲线滑槽，使太阳翼锁定。根据以往太阳翼展开经验和试验数据，采用刚度较大扭簧可以较为准确模拟太阳翼展开到位冲击动力学[1]。展开到位时刻，太阳翼锁定期间冲击力矩可以表示为[1]

$$M_i=K_i^{hl}(\theta_i-\theta_i^{lc})+C_i^{hl}\dot{\theta}_i\ (\theta_i\geqslant\theta_{lc},\ i=1\sim5) \tag{8}$$

式中：M_i 为展开到位铰链位置冲击力矩；K_i^{hl} 为锁定装置等效刚度；θ_i 为南翼第 i 铰链展开角度；θ_{lc} 为太阳翼第 i 铰链锁定角度；C_l 为太阳翼铰链碰撞期间综合阻尼。

3.3　系统动力学方程

二维多次太阳翼展开期间的不同阶段，其系统拓扑构型相应发生变化。根据速度变分原理，可得二维多次太阳翼展开多体系统动力学方程：

$$\begin{bmatrix}\boldsymbol{G}^{\mathrm{T}}\boldsymbol{MG}\dot{\boldsymbol{y}} & \boldsymbol{\Phi}^{\mathrm{T}}\\ \boldsymbol{\Phi} & 0\end{bmatrix}\begin{bmatrix}\ddot{\boldsymbol{q}}\\ \boldsymbol{\lambda}\end{bmatrix}=\begin{bmatrix}\boldsymbol{G}^{\mathrm{T}}(\boldsymbol{f}-\boldsymbol{Mg})\\ 0\end{bmatrix} \tag{9}$$

式中：$\boldsymbol{M}$ 为系统质量矩阵；$\dot{\boldsymbol{y}}$ 为系统广义坐标阵；$\boldsymbol{f}$ 为广义惯性力阵；$\boldsymbol{\Phi}$ 为太阳翼展开期间闭环切断铰约束方程的雅克比矩阵。

4　仿真结果

4.1　外板展开仿真结果

外板展开期间，卫星三脚架、内板、中内板、中外板火工品均未解锁，研究外板展开运动时，可将其视为刚体，外板视为柔性体。通过固定界面模态综合方法描述其弹性变形。卫星、三脚架、内板和中内板等的质量、惯量特性如表 1 所列。根据外板有限元模型[8]，得到其前 6 阶频率如表 2 所列。

表 1　卫星等质量、惯量特性

阶数	名　称	质量/kg	惯量/Hz		
1	卫星	7296.3	[26256.7	142.4	235.3
			142.4	22403.8	85.8
			235.3	85.8	12186.1];
2	三脚架	4.803828	[5.098045	0	0

（续）

阶数	名　称	质量/kg	惯量/Hz		
			0	0.310531	0
			0	0	5.408576];
3	内板、中内板、中外板、外板、侧板	24.837984	[35.910641	0	0
			0	13.958106	0
			0	0	49.868748]

表 2　外板前 6 阶模态频率

阶　数	频率/Hz	阶　数	频率/Hz
4	2.07	4	12.21
5	4.9278	5	16.60
6	8.57	6	17.54

外板展开期间，驱动卷簧的刚度取 0.8423N·m/rad，阻尼器参数取 859.5N·m/(rad·s)和钢丝绳刚度参数取 8.0×10^5N/m。外板展开期间，各板展开角速度和力矩如图 5 所示。可以看出，外板展开期间太阳翼角速度在短时间内发生较大冲击。

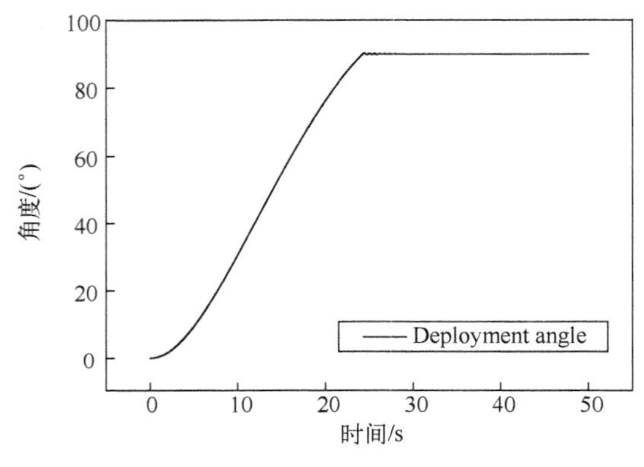

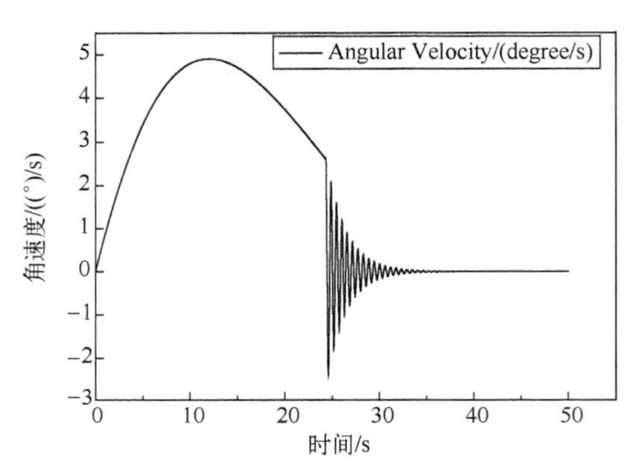

图 5　展开期间外翼展开角度和角速度时间历程

4.2　二次展开仿真结果

外板展开后，卫星经过变轨到达同步轨道，在指令作用下太阳翼开始第二次展开。假设驱动卷簧的刚度取 0.8423N·m/rad，阻尼器参数取 859.5N·m/(rad·s)，钢丝绳刚度参数取 8.4×10^5N/m，三脚架和外板绳索联动轮半径取为 0.04m，其他板间铰链的绳索联动轮直径为 0.02m，绳索预张力为 3000N。

太阳翼二次展开期间，摇臂架和各板展开角度和角速度如图 6 和图 7 所示。可以看出，绳索联动机构的作用下，各板的展开角度并不完全同步。三脚架和外板先展开到位，引起卫星发生内碰撞。

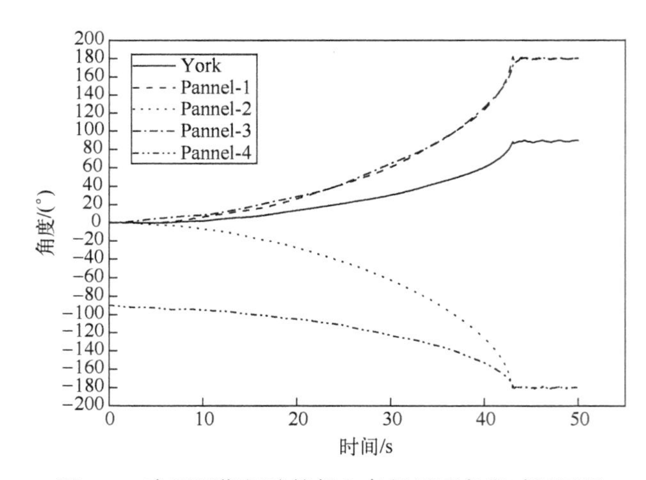

图 6　二次展开期间连接架和各板展开角度时间历程

图 7 为三脚架和外板绳索联动机构联动轮半径减小一半，变为 0.02m，其他板间铰链绳索联动机构半径为 0.01m 情况下，太阳翼各板展开角度时间历程曲线如图 8 所示。可以看出，减小绳索联动机构联动轮半径对太阳翼展开同步性将造成明显

影响。为了保证太阳翼展开同步性，在满足设计要求的情况下，需要尽可能增加联动轮半径。

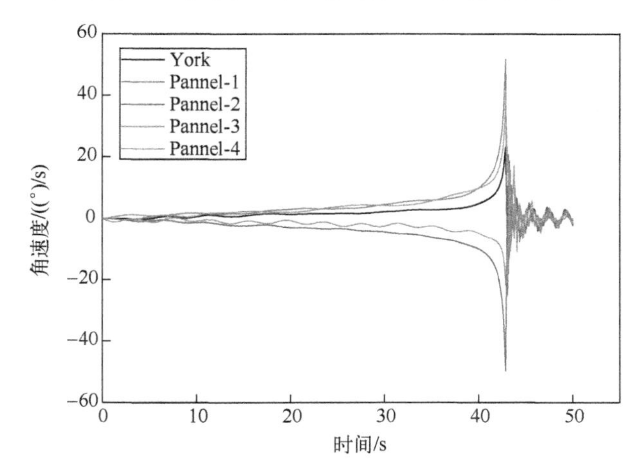

图 7　二次展开期间三脚架各板角速度时间历程曲线

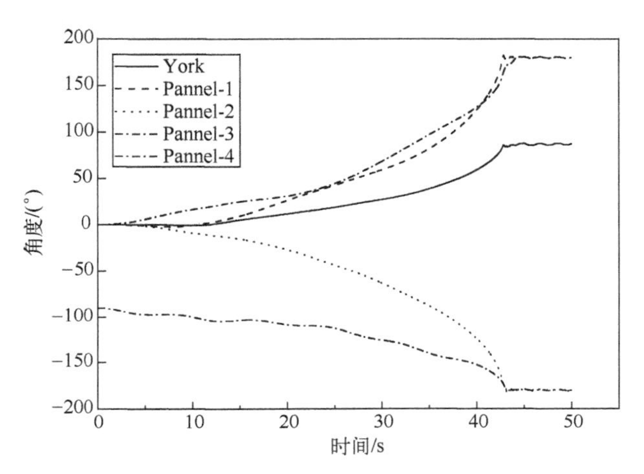

图 8　内外接半径为 0.02m 和 0.01m 时卫星各板展开角度时间历程

太阳翼展开期间，绳索联动机构绳索将受到张力作用，由于磨损或者其他原因，钢丝绳最大可承受张力有可能降低。下面对太阳翼展开期间钢丝绳断裂后果进行分析，确定绳索联动机构失效情况下的最恶劣情况，以便在设计中加强该绳索联动机构设计裕度。图 9 为 CCL1 ~ CCL4 分别失效情况下太阳翼展开角度时间历程曲线。进一步分析，得出展开期间如果一个绳索联动机构钢丝绳断裂并不会导致太阳翼展开期间各板严重不同步问题，但钢丝绳的失效将导致到位时刻太阳翼冲击增大。

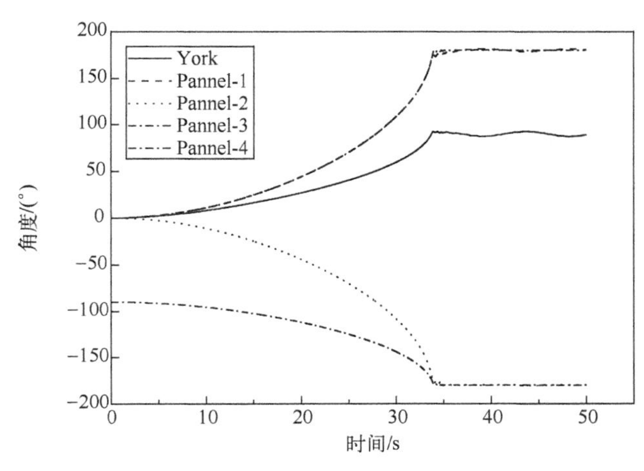

图 9　绳索联动机构 CCL1 钢丝绳失效时展开角时间历程

图 10 为绳索联动机构 CCL1 和 CCL2 同时在展开期间断裂的情况，太阳翼展开角度时间历程曲线。可以看出，如果南太阳翼 CCL1 和 CCL2 绳索联动机构同时失效，将会给太阳翼正常工作带来严重影响，并导致太阳翼与星体南板相撞。

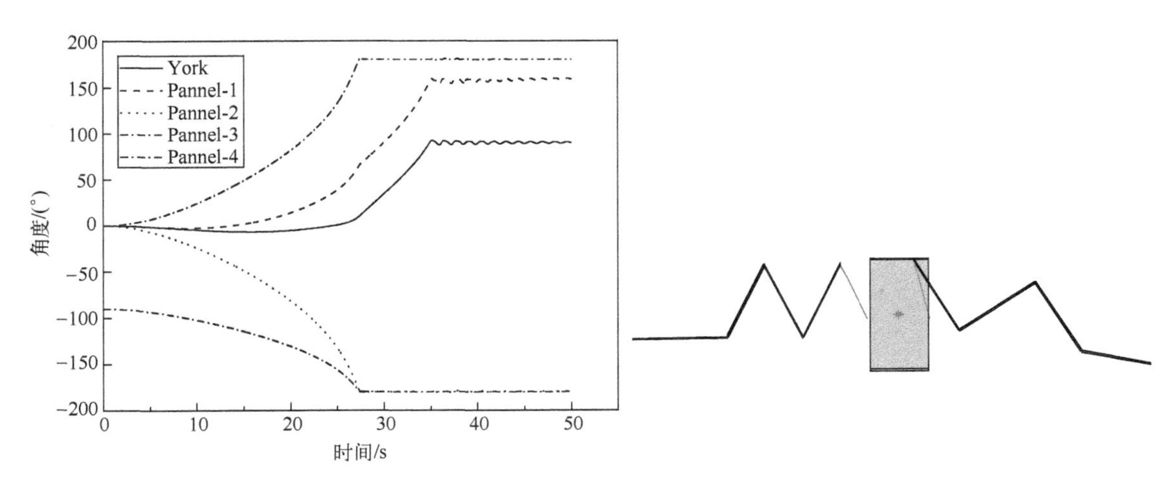

图 10　南翼 CCL1 和 CCL2 同时失效情况下太阳翼展开角时间历程及构型示意图

4.3 侧板展开仿真结果

当侧板展开到位时，侧板锁定机构释放，侧板开始展开。当侧板展开到位时，对卫星 SADA 存在较大冲击。图 11 为侧板展开到位时太阳翼驱动机构（SADM）位置处冲击力矩时间历程曲线。可以看出，侧板展开到位时刻 SADA 在 X 和 Z 方向所受弯矩较小，对 SADA 安全性没有影响，但 Y 向峰值冲击力矩达到较大，超出 SADM 最大保持力矩 8N·m，将导致 SADM 的步进电机和减速器发生失步现象。

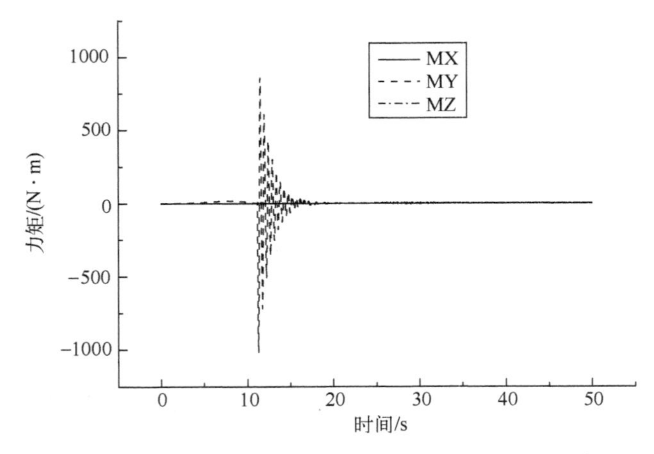

图 11 侧板展开到位 SADA 根部冲击力据时间历程曲线

图 12 为南北侧板不同时锁定展开角时间历程曲线。图 13 为设计参数误差导致南北太阳翼侧板锁定时间相差 2s 带来的卫星姿态变化曲线。可以看出，南北太阳翼侧板展开不同时锁定将带来卫星在俯仰方向姿态波动，最大姿态角值可达 0.46°。

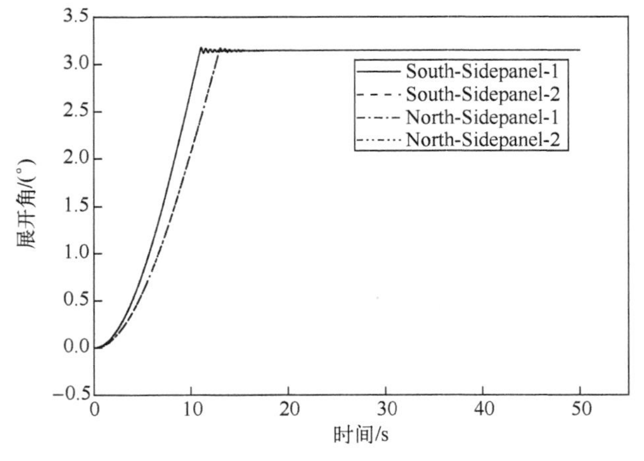

图 12 南北侧板不同时锁定展开角时间历程曲线

图 14 为南北太阳翼侧板锁定时间相差 2s 情况下，卫星 SADA 位置处冲击力矩时间历程曲线。侧

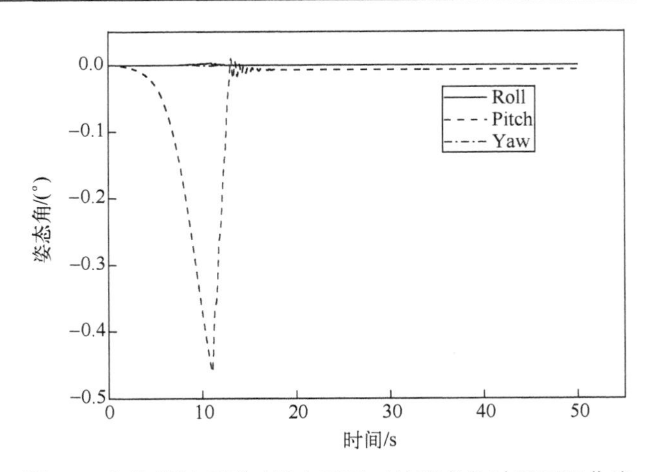

图 13 南北侧板不同时锁定卫星三轴姿态角时间历程曲线

板展开不同步情况下，SADM 位置处所受弯矩峰值达到 365N·m 和 88N·m，对 SADA 安全将造成一定影响，建议在设计时采取措施降低侧板锁定不同步引起的 SADA 冲击力矩。

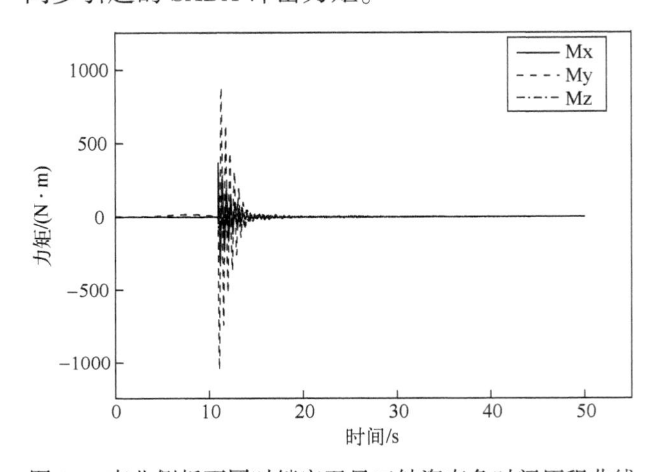

图 14 南北侧板不同时锁定卫星三轴姿态角时间历程曲线

5 结束语

针对某大型通信卫星平台的大型二维多次展开太阳翼在轨展开动力学问题，建立其在轨展开多体动力学模型，并针对绳索联动机构联动轮半径变化、钢丝绳失效和侧板展开不同步因素开展了分析计算。研究后有以下结论。

（1）绳索联动轮半径对于大型二维多次太阳翼的展开同步性具有明显影响，建议在满足机构设计指标前提下，尽可能增大联动轮半径，保证太阳翼展开同步性。

（2）太阳翼展开期间，如果单侧太阳翼 4 对绳索联动机构中仅有 1 对发生断裂，对太阳翼展开同步性影响不大，仅造成太阳翼展开到位后振动时间加长；如果第一个和第二个绳索联动机构中钢丝绳同时断裂，将导致太阳翼与星体相撞，对太阳翼安全造成不良影响，建议在设计时增强靠近星体根部两个绳索联动机构钢丝绳裕度设计与校核，避免钢丝绳断裂故障发生。

（3）侧板展开期间，侧板展开到位冲击不会引起 SADM 所受弯矩超过许用范围，但产生的扭矩将导致侧板位置处的步进电机和减速器发生失步现象；展开机构参数不一致导致的侧板锁定不同步问题将会引起卫星姿态发生一定扰动，并使得 SADM 机构处所受冲击弯矩远大于展开同步 SADA 所受弯矩，建议在设计中采取措施避免侧板展开不同步锁定问题。

参考文献

[1] Wie B, Furumoto N, Banerjee A K, et al. Modeling and simulation of spacecraft solar array deployment [J]. Journal of Guidance, 1986, 9 (5): 593-598.

[2] 王天舒，孔宪仁，王本利．太阳帆板绳索联动同步机构的机理和功能分析 [J]. 宇航学报, 2000, 21 (3): 29-33.

[3] 游斌弟，王兴贵，陈军．卫星太阳阵展开锁紧过程冲击振动 [J]. 机械工程学报, 2012, 48 (21): 67-75.

[4] 任守志，商红军，濮海玲．一种二维展开太阳翼的展开动力学仿真分析 [J]. 航天器工程, 2012, 21: (4): 32-36.

[5] Li Haiquan, Liu Xiaofeng, Guo Shaojing, et al. Deployment dynamics of large-scale flexible solar arrays [J]. Journal of Multi-body Dynamics, 2016: 230 (2): 147-158.

[6] Wallrapp O, Wiedemann S. Simulation of Deployment of a flexible solar array [J]. Multibody System Dynamics, 2002, 7: 101-125.

[7] Zehao Pan, JianingWu, Shaoze Yan, et al. Feature generation method for fault diagnosis of closed cable loop used in deployable space structures [J]. Journal o f risk and reliability, 2014, 228 (6): 631-640.

[8] Jin-Gyun Kim, Phill-Seung Lee. An enhanced Craig-Bampton method. International Journal for numerical methods in Engineering. 2015, 103: 79-93.

变结构航天器模糊神经网络滑模控制器设计

王　冉[1]，周志成[2]，曲广吉[1]，陈余军[1]
（1. 中国空间技术研究院通信与导航卫星总体部，北京，100191；
2. 中国空间技术研究院，北京，100191）

摘要：变结构航天器是目前航天领域的一个重要发展方向，航天器结构的变化将导致质量分布发生明显变化，这对航天器动力学建模和控制器设计都提出新的问题。针对这种情况，采用混合坐标法和拉格朗日方程建立了航天器刚柔耦合动力学模型，利用几种典型工况的参数近似得到变结构过程中动力学参数的变化规律。设计滑模控制器对航天器变结构过程进行姿态控制，为提高滑模控制器的适应性，设计模糊神经网络（FNN）自适应调节滑模控制器参数，并利用径向基函数（RBF）神经网络逼近动力学模型，得到控制力矩与姿态变化之间的近似关系，用于FNN的优化。通过仿真得到了航天器变结构期间无控、滑模控制和模糊神经网络滑模控制的姿态变化，仿真结果对比验证了模糊神经网络滑模控制对于滑模控制的优势，证明了其在变结构航天器姿态控制方面的有效性。

关键词：航天器控制；航天器动力学；变结构航天器；滑模控制；模糊神经网络

1　引言

随着航天技术的发展，出现了具有变结构特性的航天器，例如带有大型可展开天线的遥感、通信卫星以及在轨组装的航天器等。这类航天器在轨展开后结构尺度可达几十甚至上百米，展开过程中航天器的质量分布和刚度特性将发生明显变化。如果按照单一在轨构型及其动力学特性进行姿态控制系统设计，有可能使航天器姿态产生较大偏差甚至失稳，因此研究适用于变结构过程的姿态控制方法具有重要的工程价值。

近些年滑模变结构控制器有了较快发展，相对于PID控制器具有更强的鲁棒性，可用于复杂航天器的姿态控制[1-2]，但存在设计复杂、计算量大、抖振等问题。在滑模控制中，具有PID形式的滑模面和传统滑模面相比具有更快的响应速度和更高的稳态精度[3]，将其与群智能算法[4]、反步法[5]、状态观测器[6]以及神经网络[7]等结合起来可进一步提高其控制性能。模糊神经网络具有逻辑推理和自学习能力[8]，将滑模控制与其结合可以实现自适应滑模控制，并降低抖振[9]。将模糊神经网络与滑模控制器相结合，可用于带有柔性附件的航天器[10]、机器人[11]、陀螺仪[12]，电机[13]等的控制，但是以上研究对象的模型参数未发生明显改变。对带有大天线的航天器进行动力学建模面临新的问题[14]，对大天线展开过程整星的动力学建模可采用多体动力学方法[15]、绝对节点坐标法[16]等，但是存在模型数据量大难以进行控制仿真等工程问题，实际应用中需要采用工程可用的动力学建模方法。

本文以带有可展开天线的航天器天线在轨展开过程为研究对象，在考虑大天线展开的刚柔耦合动力学模型基础上，利用RBF神经网络逼近变结构航天器的动力学模型。由于传统的PID控制器和滑模控制器难以满足天线展开期间航天器姿态控制的要求，为进一步提高姿态控制器的鲁棒性，设计模糊神经网络自适应调节滑模控制的参数。其中，滑模控制具有PID滑模面，在变结构过程结束后由滑模控制直接切换为PID控制器以减小抖振的影响。模糊神经网络自适应滑模控制器相较于传统滑模控制器具有更强的鲁棒性和更快的响应速度，可以提高航天器变结构期间的稳定性和控制精度。

2　带有柔性附件的变结构航天器动力学建模

航天器有两个柔性太阳帆板和一个大型可展开天线，天线展开时航天器质量不变而构型发生改变，整星的惯量参数和耦合系数均发生改变，利用混合坐标法进行模化（如图1所示），在此模型的基础上利用拉格朗日方法及其伪坐标形式可以得到柔性耦合动力学[17-18]。

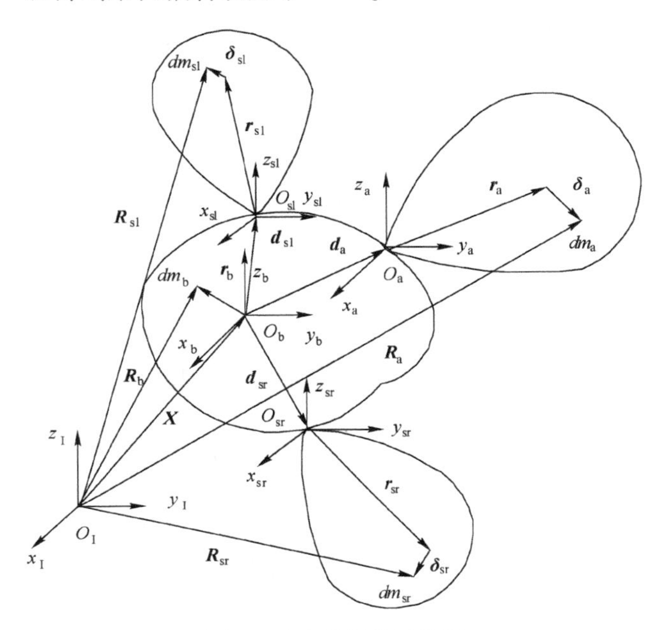

图1　动力学模型示意图

其中，$O_I-x_Iy_Iz_I$ 为惯性系，$O_b-x_by_bz_b$ 为星本体系，$O_a-x_ay_az_a$、$O_{sl}-x_{sl}y_{sl}z_{sl}$ 和 $O_{sr}-x_{sr}y_{sr}z_{sr}$ 分别为天线和左右太阳帆板的附件坐标系。

星本体质点位置矢量：$\boldsymbol{R}_b=\boldsymbol{X}+\boldsymbol{r}_b$。其中，$\boldsymbol{X}$ 为航天器质心相对于惯性系位置矢量，在惯性系中度量；$\boldsymbol{r}_b$ 为星本体任意一点 dm_b 相对于质心的位置矢量，在星本体系中度量。

天线质点位置矢量：$\boldsymbol{R}_a=\boldsymbol{X}+\boldsymbol{d}_a+\boldsymbol{r}_a+\boldsymbol{\delta}_a$。其中，$\boldsymbol{d}_a$ 为天线与星本体连接点相对于航天器质心的位置矢量，在星本体系中度量；$\boldsymbol{r}_a$ 为天线任意一点 dm_a 相对连接点的位置矢量，$\boldsymbol{\delta}_a$ 为变形位移，在天线坐标系中度量。

太阳帆板质点位置矢量为：$\boldsymbol{R}_{si}=\boldsymbol{X}+\boldsymbol{d}_{si}+\boldsymbol{r}_{si}+\boldsymbol{\delta}_{si}$。其中，$i=l,r$，分别代表左右太阳帆板，$\boldsymbol{d}_{si}$ 为太阳帆板与星本体连接点相对于航天器质心的位置矢量，在星本体系中度量；r_{si} 为太阳帆板任意一点 dm_{si} 相对连接点的位置矢量，$\boldsymbol{\delta}_{si}$ 为变形位移，在帆板坐标系中度量。

星本体质点速度矢量：$\dot{\boldsymbol{R}}_b=\dot{\boldsymbol{X}}+\boldsymbol{\omega}_s\times\boldsymbol{r}_b$

天线质点速度矢量：$\dot{\boldsymbol{R}}_a=\dot{\boldsymbol{X}}+\boldsymbol{\omega}_s\times(\boldsymbol{d}_a+\boldsymbol{r}_a+\boldsymbol{\delta}_a)+\boldsymbol{\omega}_a\times(\boldsymbol{r}_a+\boldsymbol{\delta}_a)+\dot{\boldsymbol{r}}_a+\dot{\boldsymbol{\delta}}_a$

其中，$\boldsymbol{\omega}_s$ 为星本体转动角速度，$\boldsymbol{\omega}_a$ 为柔性附件转动角速度。

太阳帆板质点速度矢量：$\dot{\boldsymbol{R}}_{si}=\dot{\boldsymbol{X}}+\boldsymbol{\omega}_s\times(\boldsymbol{d}_{si}+\boldsymbol{r}_{si}+\boldsymbol{\delta}_{si})+\boldsymbol{\omega}_{si}\times(\boldsymbol{r}_{si}+\boldsymbol{\delta}_{si})+\dot{\boldsymbol{r}}_{si}+\dot{\boldsymbol{\delta}}_{si}$，

其中，$\boldsymbol{\omega}_{si}$为太阳帆板转动角速度。

星本体质点速度在惯性坐标系下的矩阵形式表示为$\dot{\boldsymbol{R}}_b=\dot{\boldsymbol{X}}+\tilde{\boldsymbol{r}}_b^T\boldsymbol{\omega}_s$。

天线质点速度在附件坐标系下的矩阵形式表示为$\dot{\boldsymbol{R}}_a=\boldsymbol{C}_b^a\dot{\boldsymbol{X}}+(\boldsymbol{C}_b^a\tilde{\boldsymbol{d}}_b^T+\tilde{\boldsymbol{r}}_a^T\boldsymbol{C}_b^a)\boldsymbol{\omega}_s+\tilde{\boldsymbol{r}}_a^T\boldsymbol{\omega}_a+\dot{\boldsymbol{r}}_a+\dot{\boldsymbol{\delta}}_a$。

其中，$\boldsymbol{C}_b^a$ 为星本体系到天线坐标系的转换阵。

太阳帆板质点速度在附件坐标系下的矩阵形式表示为$\dot{\boldsymbol{R}}_{si}=\boldsymbol{C}_b^{si}\dot{\boldsymbol{X}}+(\boldsymbol{C}_b^{si}\tilde{\boldsymbol{d}}_b^T+\tilde{\boldsymbol{r}}_{si}^T\boldsymbol{C}_b^{si})\boldsymbol{\omega}_s+\tilde{\boldsymbol{r}}_{si}^T\boldsymbol{\omega}_{si}+\dot{\boldsymbol{r}}_{si}+\dot{\boldsymbol{\delta}}_{si}$。

其中，$i=l,r$，$\boldsymbol{C}_b^{si}$ 为星本体系到太阳帆板坐标系的转换阵。

星本体动能为

$$\boldsymbol{T}_b=\frac{1}{2}\int_B\dot{\boldsymbol{R}}_b^T\dot{\boldsymbol{R}}_b\mathrm{d}m=\frac{1}{2}\dot{\boldsymbol{X}}^T\boldsymbol{M}_b\dot{\boldsymbol{X}}+\frac{1}{2}\boldsymbol{\omega}_s^T\boldsymbol{I}_b\boldsymbol{\omega}_s \tag{1}$$

式中：$\boldsymbol{M}_b$ 为星本体质量阵；$\boldsymbol{I}_b$ 为星本体惯量阵。

太阳帆板动能为

$$\begin{aligned}T_{si}&=\frac{1}{2}\int_{si}\dot{\boldsymbol{R}}_{si}^T\dot{\boldsymbol{R}}_{si}\mathrm{d}m\\&=\frac{1}{2}\dot{\boldsymbol{X}}^T\boldsymbol{C}_b^{siT}\boldsymbol{M}_{si}\boldsymbol{C}_b^{si}\dot{\boldsymbol{X}}+\frac{1}{2}\boldsymbol{\omega}_s^T\boldsymbol{I}_{si}\boldsymbol{\omega}_s+\frac{1}{2}\dot{\boldsymbol{\eta}}_{si}^T\dot{\boldsymbol{\eta}}_{si}+\\&\quad\dot{\boldsymbol{X}}^T\boldsymbol{F}_{ti}\dot{\boldsymbol{\eta}}_{si}+\boldsymbol{\omega}_s^T\boldsymbol{F}_{si}\dot{\boldsymbol{\eta}}_{si}\end{aligned} \tag{2}$$

式中：$i=l,r$，$\boldsymbol{M}_{si}$为太阳帆板质量阵；$\boldsymbol{I}_{si}$为太阳帆板惯量阵；$\boldsymbol{\eta}_{si}$为太阳帆板振动模态坐标阵；$\boldsymbol{C}_b^{si}$ 为星本体坐标系到太阳帆板坐标系的转换矩阵；$\boldsymbol{\Phi}_{si}$为太阳帆板模态坐标阵；太阳帆板振动与整星平动的耦合系数为$\boldsymbol{F}_{ti}=\sum m_{si}C_b^{siT}\boldsymbol{\Phi}_{si}$；附件振动与整星转动的耦合系数为$\boldsymbol{F}_{si}=\sum m_{si}(\boldsymbol{C}_b^{si}\tilde{\boldsymbol{d}}_{si}^T+\tilde{\boldsymbol{r}}_{si}^T\boldsymbol{C}_b^{si})^T\boldsymbol{\Phi}_{si}$。

大天线动能为

$$\begin{aligned}T_a&=\frac{1}{2}\int_A\dot{\boldsymbol{R}}_a^T\dot{\boldsymbol{R}}_a\mathrm{d}m\\&=\frac{1}{2}\dot{\boldsymbol{X}}^T\boldsymbol{C}_b^{aT}\boldsymbol{M}_a\boldsymbol{C}_b^a\dot{\boldsymbol{X}}+\frac{1}{2}\boldsymbol{\omega}_s^T\boldsymbol{I}_a\boldsymbol{\omega}_s+\frac{1}{2}\dot{\boldsymbol{r}}_{a0}^TM_a\dot{\boldsymbol{r}}_{a0}+\end{aligned}$$

$$\frac{1}{2}\dot{\boldsymbol{\eta}}_{a}^{T}\dot{\boldsymbol{\eta}}_{a}+\dot{\boldsymbol{X}}^{T}\boldsymbol{T}_{ta}\dot{\boldsymbol{r}}_{a0}+\boldsymbol{\omega}_{s}^{T}\boldsymbol{T}_{sa}\dot{\boldsymbol{r}}_{a0}+$$

$$\boldsymbol{\omega}_{s}^{T}\boldsymbol{F}_{sa}\dot{\boldsymbol{\eta}}_{a}+\dot{\boldsymbol{r}}_{a0}^{T}\boldsymbol{F}_{a}\dot{\boldsymbol{\eta}}_{a} \tag{3}$$

式中：$\boldsymbol{M}_a$ 为天线质量阵；$\boldsymbol{I}_a$ 为天线惯量阵；$\boldsymbol{\eta}_a$ 为天线模态坐标阵；$\boldsymbol{r}_{a0}$ 为天线质心相对于天线坐标系中心位移阵；天线质心平动与整星平动的耦合系数为 $T_{ta}=\sum \boldsymbol{m}_a \boldsymbol{C}_b^{aT}$；天线质心平动与整星转动的耦合系数为 $T_{sa}=\sum \boldsymbol{m}_a(\boldsymbol{C}_b^a\widetilde{\boldsymbol{d}}_a^T+\widetilde{\boldsymbol{r}}_a^T\boldsymbol{C}_b^a)^T$；天线质心平动与自身振动的耦合系数为 $\boldsymbol{F}_a=\sum \boldsymbol{m}_a\boldsymbol{\Phi}_a$，其中 $\boldsymbol{\Phi}_a$ 为天线模态坐标阵。

则系统总动能为

$$\boldsymbol{T}=\boldsymbol{T}_b+\boldsymbol{T}_a+\boldsymbol{T}_{sr}+\boldsymbol{T}_{sl} \tag{4}$$

系统总势能为

$$V=V_a+V_{sr}+V_{sl}=\frac{1}{2}\eta_a^T\boldsymbol{\Lambda}_a\boldsymbol{\eta}_a+\frac{1}{2}\boldsymbol{\eta}_{sr}^T\boldsymbol{\Lambda}_{sr}\eta_{sr}+\frac{1}{2}\boldsymbol{\eta}_{sl}^T\boldsymbol{\Lambda}_{sl}\eta_{sl} \tag{5}$$

式中：$\boldsymbol{\Lambda}_a$、$\boldsymbol{\Lambda}_{sl}$、$\boldsymbol{\Lambda}_{sr}$分别为天线和左右太阳帆板的广义刚度阵。

由拉格朗日方程和伪拉格朗日方法，考虑到天线展开过程中航天器的转动惯量、刚柔耦合系数、天线振动频率均随时间改变，忽略太阳帆板的转动，得到变结构航天器的刚柔耦合动力学方程为

$$\boldsymbol{M}\ddot{\boldsymbol{X}}+\boldsymbol{F}_{tl}(t)\ddot{\boldsymbol{\eta}}_{sl}+\boldsymbol{F}_{tr}(t)\ddot{\boldsymbol{\eta}}_{sr}+\boldsymbol{F}_{ta}(t)\ddot{\boldsymbol{\eta}}_{a}+\boldsymbol{T}_{ta}(t)\ddot{\boldsymbol{r}}_{a0}=\boldsymbol{P} \tag{6}$$

$$\boldsymbol{I}_s(t)\dot{\boldsymbol{\omega}}_s+\widetilde{\boldsymbol{\omega}}_s\boldsymbol{I}_s(t)\boldsymbol{\omega}_s+\boldsymbol{F}_{sl}(t)\ddot{\boldsymbol{\eta}}_{sl}+\boldsymbol{F}_{sr}(t)\ddot{\boldsymbol{\eta}}_{sr}+\boldsymbol{F}_{sa}(t)\ddot{\boldsymbol{\eta}}_{a}+\boldsymbol{T}_{sa}(t)\ddot{\boldsymbol{r}}_{a}=\boldsymbol{u} \tag{7}$$

$$\boldsymbol{M}_j\ddot{\boldsymbol{r}}_{a0}+\boldsymbol{T}_{ta}^T(t)\ddot{\boldsymbol{X}}+\boldsymbol{T}_{sa}^T(t)\dot{\boldsymbol{\omega}}_s+\boldsymbol{F}_a(t)\ddot{\boldsymbol{\eta}}_a=\boldsymbol{P}_a \tag{8}$$

$$\ddot{\boldsymbol{\eta}}_{sl}+2\boldsymbol{\xi}_{sl}\boldsymbol{\Omega}_{sl}(t)\dot{\boldsymbol{\eta}}_{sl}+\boldsymbol{\Omega}_{sl}^2(t)\boldsymbol{\eta}_{sl}+\boldsymbol{F}_{tl}^T(t)\ddot{\boldsymbol{X}}+\boldsymbol{F}_{sl}^T(t)\dot{\boldsymbol{\omega}}_s=0 \tag{9}$$

$$\ddot{\boldsymbol{\eta}}_{sr}+2\boldsymbol{\xi}_{sr}\boldsymbol{\Omega}_{sr}(t)\dot{\boldsymbol{\eta}}_{sr}+\boldsymbol{\Omega}_{sr}^2(t)\boldsymbol{\eta}_{sr}+\boldsymbol{F}_{tr}^T(t)\ddot{\boldsymbol{X}}+\boldsymbol{F}_{sr}^T(t)\dot{\boldsymbol{\omega}}_s=0 \tag{10}$$

$$\ddot{\boldsymbol{\eta}}_{a}+2\boldsymbol{\xi}_{a}\boldsymbol{\Omega}_{a}(t)\dot{\boldsymbol{\eta}}_{a}+\boldsymbol{\Omega}_{a}^2(t)\boldsymbol{\eta}_{a}+\boldsymbol{F}_{ta}^T(t)\ddot{\boldsymbol{X}}+\boldsymbol{F}_{sa}^T(t)\dot{\boldsymbol{\omega}}_s+\boldsymbol{F}_{a}^T(t)\ddot{\boldsymbol{r}}_{a0}=0 \tag{11}$$

式中：$\boldsymbol{X}=[X_x,X_y,X_z]^T$ 为航天器质心坐标阵；$\boldsymbol{P}=[P_x,P_y,P_z]^T$ 为航天器的控制力阵；$\boldsymbol{u}=[u_x,u_y,u_z]^T$ 为姿态控制力矩阵；$\boldsymbol{P}_a=[P_{ax},P_{ay},P_{az}]^T$ 为附件的控制力阵；$\boldsymbol{M}$ 为航天器质量阵；$\boldsymbol{I}_s(t)$为航天器相对系统质心的转动惯量；$\boldsymbol{\xi}_a$、$\boldsymbol{\xi}_{sl}$、$\boldsymbol{\xi}_{sr}$分别为天线和太阳帆板的阻尼系数；$\boldsymbol{\Omega}_a^2=\boldsymbol{\Lambda}_a$，$\boldsymbol{\Omega}_{sl}^2=\boldsymbol{\Lambda}_{sl}$，$\boldsymbol{\Omega}_{sr}^2=\boldsymbol{\Lambda}_{sr}$。式（6）为航天器质心的平动方程，式（7）为航天器绕质心的转动方程，式（8）为天线展开质心平动方程，式（9）、式（10）为太阳帆板振动方程，式（11）为天线的振动方程。

式（6）可进一步简化为

$$\boldsymbol{I}_{s0}\ddot{\boldsymbol{\alpha}}=\boldsymbol{u}+\boldsymbol{d} \tag{12}$$

其中，$\boldsymbol{d}=-(\Delta\boldsymbol{I}_s(t)\ddot{\boldsymbol{\alpha}}+\boldsymbol{F}_{sls}(t)\ddot{\boldsymbol{\eta}}_{ls}+\boldsymbol{F}_{srs}(t)\ddot{\boldsymbol{\eta}}_{rs}+\boldsymbol{F}_{sa}(t)\ddot{\boldsymbol{\eta}}_a+\boldsymbol{R}_{sls}(t)\dot{\boldsymbol{\omega}}_{ls}+\boldsymbol{R}_{srs}(t)\dot{\boldsymbol{\omega}}_{rs}+\boldsymbol{T}_{sa}(t)\ddot{\boldsymbol{r}}_a)$，$\boldsymbol{I}_s(t)=(\boldsymbol{I}_{s0}+\Delta\boldsymbol{I}_s(t))$，$\boldsymbol{I}_{s0}$ 是整星结构改变前的惯量矩阵，$\Delta\boldsymbol{I}_s(t)$是惯量阵的变化，$\boldsymbol{\alpha}=[\alpha_1,\alpha_2,\alpha_3]^T$ 是航天器的姿态角，当姿态角足够小时可近似为$\ddot{\boldsymbol{\alpha}}\approx\dot{\boldsymbol{\omega}}_s$。

根据天线展开的实际规律，本文设定天线展开符合余弦规律，式（8）等价于：

$$\ddot{r}_a=A_t\cdot\omega_t\cdot\cos(\omega_t t),A_t=\frac{\pi d}{2T},\omega_t=\frac{\pi}{T} \tag{13}$$

式中：d 为反射器展开过程中质心运动的总距离；T 为反射器展开的总时间。

3 模糊神经网络自适应滑模控制律设计

具有 PID 形式的滑模面如下：

$$\boldsymbol{s}=\dot{\boldsymbol{e}}+\boldsymbol{q}_1\boldsymbol{e}+\boldsymbol{q}_2\int_0^t \boldsymbol{e}\mathrm{d}\tau \tag{14}$$

式中：$\boldsymbol{s}=[s_1,s_2,s_3]^T$，$\boldsymbol{q}_1=\begin{bmatrix} q_{11} & 0 & 0\\ 0 & q_{12} & 0\\ 0 & 0 & q_{13}\end{bmatrix}$，$\boldsymbol{q}_2=\begin{bmatrix} q_{21} & 0 & 0\\ 0 & q_{22} & 0\\ 0 & 0 & q_{23}\end{bmatrix}$，$\boldsymbol{e}=\boldsymbol{\alpha}_d-\boldsymbol{\alpha}$，$\boldsymbol{\alpha}_d$ 为期望姿态角；$\boldsymbol{\alpha}$ 为实际姿态角，所需的控制测量量与 PID 控制器相同。

则相应的滑模控制律为[19]

$$\boldsymbol{u}=\boldsymbol{u}_{eq}+\boldsymbol{u}_{ss}=\boldsymbol{K}_P e+\boldsymbol{K}_d\dot{\boldsymbol{e}}+\boldsymbol{K}\boldsymbol{s}+\boldsymbol{\varepsilon}sat(\boldsymbol{s}) \tag{15}$$

式中：$\boldsymbol{u}_{eq}$为等效控制；$\boldsymbol{u}_{ss}$为切换控制；$\boldsymbol{K}_p$、$\boldsymbol{K}_d$ 为等效控制系数阵；$\boldsymbol{K}$、ε 为切换控制系数阵，$K_{Pj}=I_j q_{2j},K_{Dj}=I_j q_{1j},j=1,2,3$。

用 RBF 神经网络来逼近航天器动力学模型，RBF 神经网络为三层神经网络，输入层为控制力矩，采样时刻姿态角和上一时刻姿态角，即 $x_1=u(k)$，$x_2=\mathrm{yout}(k)$，$x_3=\mathrm{yout}(k-1)$；输出层是逼近的姿态角 $y_m=\boldsymbol{W}^T\boldsymbol{f}(x)$，其中 $\boldsymbol{W}=[\omega_1,\omega_2,\cdots,\omega_6]^T$，$\boldsymbol{f}=[f_1,f_2,\cdots,f_6]^T$，$f_i(x)=\exp$

$\left(-\frac{\| x-c_i \|^2}{\sigma_i^2}\right)$，$c_i$ 和 σ_i 高斯函数 $f_i(x)$ 的参数，$i=1,2,\cdots,n$。

从而得到姿态角与控制力矩的近似线性关系：

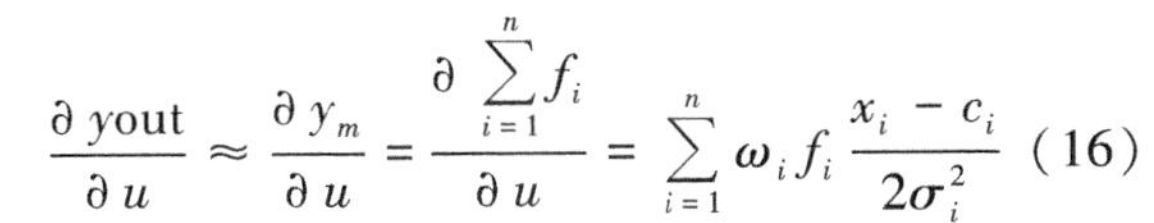

$$\frac{\partial\, yout}{\partial u} \approx \frac{\partial y_m}{\partial u} = \frac{\partial \sum_{i=1}^{n} f_i}{\partial u} = \sum_{i=1}^{n} \omega_i f_i \frac{x_i - c_i}{2\sigma_i^2} \tag{16}$$

利用模糊神经网络调整控制参数，模糊神经网络的结构如图 2 所示。

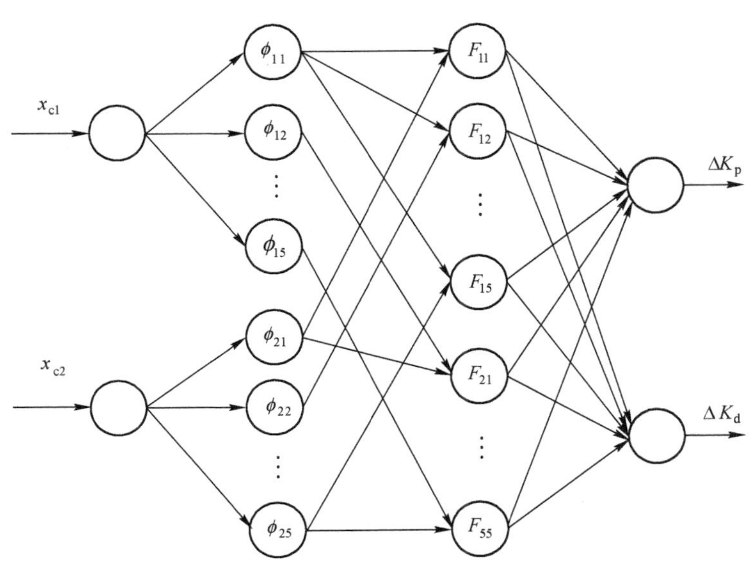

图 2 模糊神经网络结构图

第一层：输入层。

输入层的神经元和输入维数一致，并直接传递到下一层。其输出为

$$o_1 = [x_{c1}, x_{c2}] \tag{17}$$

式中：$x_{c1} = y_d(k) - y(k) = e(k)$；$x_{c2} = w_d(k) - w(k) = e_w(k)$；$y_d$ 和 w_d 分别为期望姿态角和姿态角速度；y 和 w 为实际姿态角和姿态角速度。

第二层：模糊化层。

隶属度函数采用高斯函数，模糊化层的输出为

$$o_2(i,j) = \phi_{ij}(x_{ci}) = \mathrm{e}^{-\frac{(x_{ci}-c_{ij})^2}{b_{ij}^2}} \tag{18}$$

式中：,$i=1,2;j=1,2,\cdots,N$，N 为模糊集的个数。

第三层：模糊推理层。

模糊推理层依据模糊法则进行计算，其输出为

$$o_3(i,j) = \phi_{1i} \cdot \phi_{2j} \tag{19}$$

式中：$i=1,2,\cdots,N;j=1,2,\cdots,N$。

第四层：输出层。

第四层为输出层，输出为控制参数变化量：

$$\Delta K_n = \sum_i \sum_j \omega_p(i,j) o_3(i,j) \tag{20}$$

式中：$n=p,d;i=1,2,\cdots,N;j=1,2,\cdots,N$。

价值函数的定义为

$$E = \frac{1}{2}e^2 = \frac{1}{2}(r_{\text{in}} - y_{\text{out}})^2 \tag{21}$$

权值 ω_n 的变化量为

$$\begin{aligned} \Delta\omega_n(i,j)\big|_k &= -\eta \frac{\partial E}{\partial \omega_n(i,j)} \\ &= -\eta \frac{\partial E}{\partial e} \frac{\partial e}{\partial y_{\text{out}}} \frac{\partial y_{\text{out}}}{\partial u} \frac{\partial u}{\partial K_n} \frac{\partial K_n}{\partial \omega_n(i,j)} \\ & i=1,2,\cdots,N;j=1,2,\cdots,N;n=p,d \end{aligned} \tag{22}$$

权值的递推公式为

$$\begin{aligned} \omega_n(i,j)\big|_k = {} & \omega_n(i,j)\big|_{k-1} + \Delta\omega_n(i,j)\big|_k + \\ & \alpha(\omega_n(i,j)\big|_{k-1} - \omega_n(i,j)\big|_{k-2}) \end{aligned} \tag{23}$$

式中：$i=1,2,\cdots,N,j=1,2,\cdots,N,n=p,d$，$k$ 为迭代次数。

高斯函数参数 c_{ij} 的变化量为

$$\begin{aligned} \Delta c_{ij}\big|_k &= -\eta_c \frac{\partial E}{\partial c_{ij}} \\ &= -\eta_c \frac{\partial E}{\partial e} \frac{\partial e}{\partial y_{\text{out}}} \frac{\partial y_{\text{out}}}{\partial u} \sum_j \left(\frac{\partial u}{\partial K_n} \frac{\partial K_n}{\partial o_2} \frac{\partial o_2}{\partial c_{ij}} \right) \end{aligned}$$

$$i=1,2;j=1,2,\cdots,N;l=1,2,\cdots,N;n=p,d \tag{24}$$

高斯函数参数 c_{ij} 的递推公式为

$$c_{ij}\big|_k = c_{ij}\big|_{k-1} + \Delta c_{ij}\big|_k + \alpha_c(c_{ij}\big|_{k-1} - c_{ij}\big|_{k-2}) \tag{25}$$

式中：$i=1,2,j=1,2,\cdots,N$，k 为迭代次数。

高斯函数参数 b_{ij} 的变化量为

$$\Delta b_{ij}\big|_k = -\eta_b \frac{\partial E}{\partial b_{ij}}$$

$$=-\eta_b \frac{\partial E}{\partial e_i}\frac{\partial e_i}{\partial yout_i}\frac{\partial yout_i}{\partial u_i}\sum_j\left(\frac{\partial u_i}{\partial K_n}\frac{\partial K_n}{\partial o_2}\frac{\partial o_2}{\partial b_{ij}}\right)$$

$$i=1,2;j=1,2,\cdots,N;n=p,d \quad (26)$$

高斯函数参数 b_{ij}的迭代公式为

$$b_{ij}\mid_k=b_{ij}\mid_{k-1}+\Delta b_{ij}\mid_k+\alpha_b(b_{ij}\mid_{k-1}-b_{ij}\mid_{k-2}) \quad (27)$$

式中：$i=1,2,j=1,2,\cdots,N$，k 是迭代次数。

基于模糊神经网络的自适应滑模控制原理图如图 3 所示。

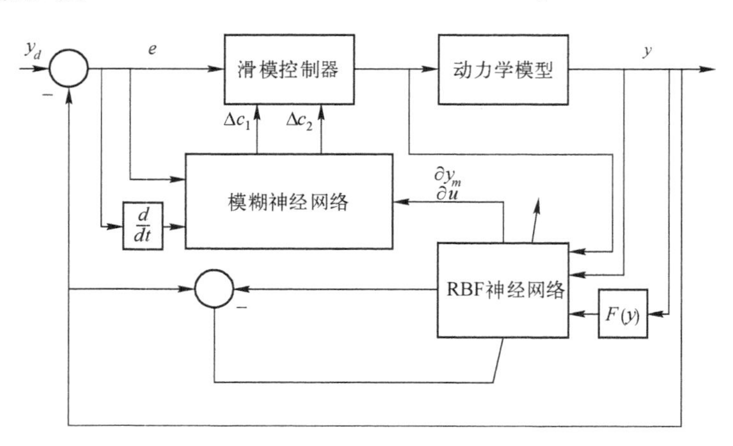

图 3　控制系统原理图

4　仿真系统建立及仿真分析

航天器惯量在 25s 内从初始状态变化为终止状态，如表 1 所列。太阳帆板基频为 0.18Hz；天线未展开时，基频为 0.7Hz，天线展开 1/3 时，天线基频为 0.10Hz，天线展开 2/3 时，基频为 0.08Hz；天线全展开时，基频为 0.12Hz。

初始姿态为正常在轨运行状态。柔性附件取前六阶模态，天线的展开对整星姿态的影响近似为天线质心平动和天线振动两部分；振动频率和耦合系数随结构的改变而变化，由于难以得到大天线展开过程每一时刻的有限元模型，耦合系数由展开初始状态、展开 1/3 处、展开 2/3 处的有限元模型插值近似得到。执行机构为 10N 推力器，在星本体坐标下，产生的控制力矩可表示为 $\boldsymbol{T}=[30,80,30]$ N · m。在航天器变结构过程中采用滑模控制器，结构固定后切换为 PID 控制器。取带宽为天线展开后基频带宽 0.12Hz 的 1/3 左右，稳定裕度大于 70°，则控制参数初值取为 $\boldsymbol{K}_p=[45,50,50]$，$\boldsymbol{K}_d=[800,1000,1000]$。取 RBF 神经网络的隐层节点为 6；FNN 第二层节点数为 10，第三层节点数为 25。

表 1　变结构航天器质量参数

初始转动惯量/kg · m²			终止转动惯量/kg · m²		
Ix	Iy	Iz	Ix	Iy	Iz
11000	200	2000	11200	300	3000
200	9000	-200	300	20000	-150
2000	-200	9000	3000	-150	20000

图 4 是天线展开过程及展开后航天器在无控情况下的姿态角曲线，天线展开会使航天器产生 15°左右的偏差，如果不对姿态进行控制将会对航天器的正常运行造成影响；图 5 是天线展开过程及展开后航天器在 PID 型滑模控制情况下的姿态角曲线，航天器姿态和柔性附件振动经过 500s 左右可收敛到 0.04°以内，姿态角收敛较慢，且姿态出现多于 3 次的明显振荡；图 6 是天线展开过程及展开后航天器在模糊神经网络自适应滑模控制情况下的姿态角曲线，控制参数随着航天器结构的变化改变，经过 40s 可收敛到 0.02°以内，得到的航天器姿态角收敛速度明显加快，且航天器姿态只出现 2 次振荡，有效减小了整星的姿态振荡。

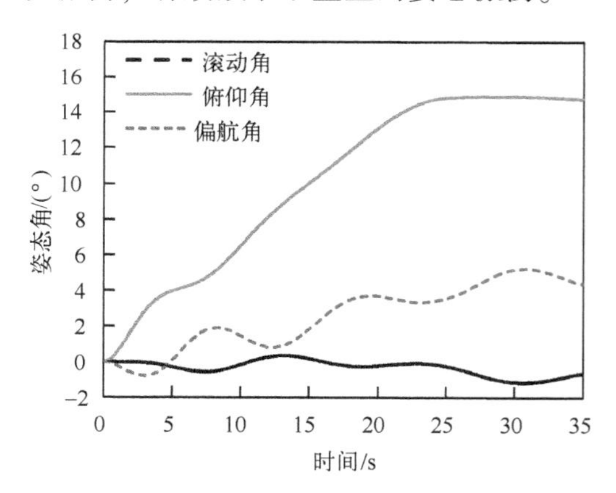

图 4　变结构过程无控时姿态角曲线

图 7、图 8 是太阳帆板的振动曲线，太阳帆板的振动经过 400s 左右收敛到 0.04 以内。图 9 是天线振动曲线，天线振动经 1400s 收敛到 0.1 以内，柔性附件振动可以得到有效抑制。

图 10 是 RBF 神经网络的姿态估计误差曲线，可以看出 RBF 神经网络可以在 10s 内逼近航天器的动力学模型，姿态估计误差在 10^{-3}(°) 以内，说明由 RBF 神经网络得到的近似线性关系是可信的。图 11 是控制力矩曲线，控制力矩在航天器的控制能力范围内，可以实现有效的控制。

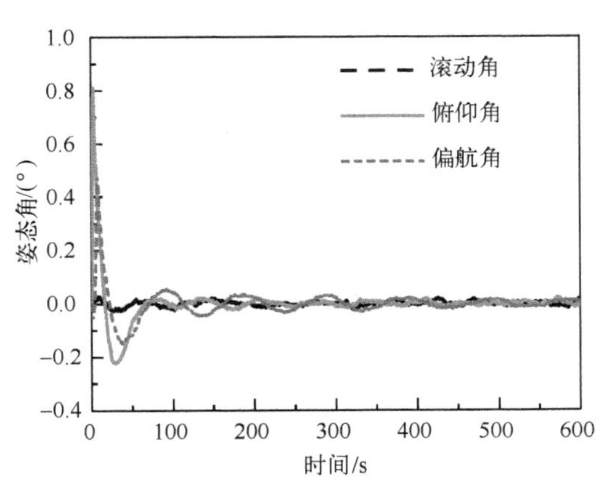

图 5　具有 PID 滑模面的滑模控制姿态角曲线

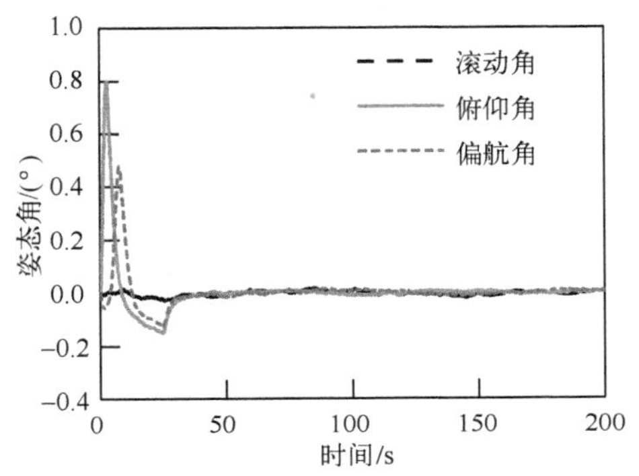

图 6　模糊自适应滑模控制姿态角曲线

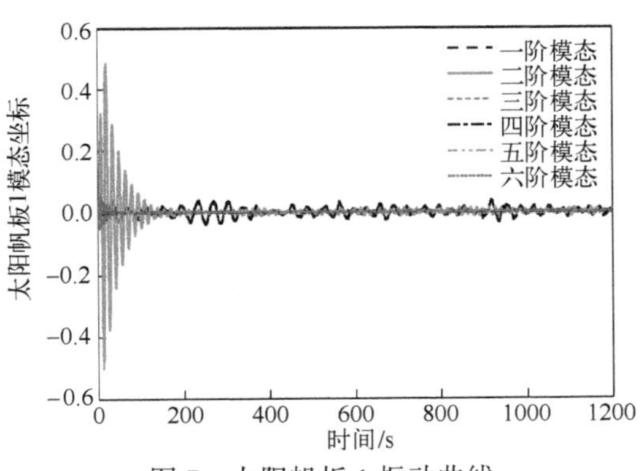

图 7　太阳帆板 1 振动曲线

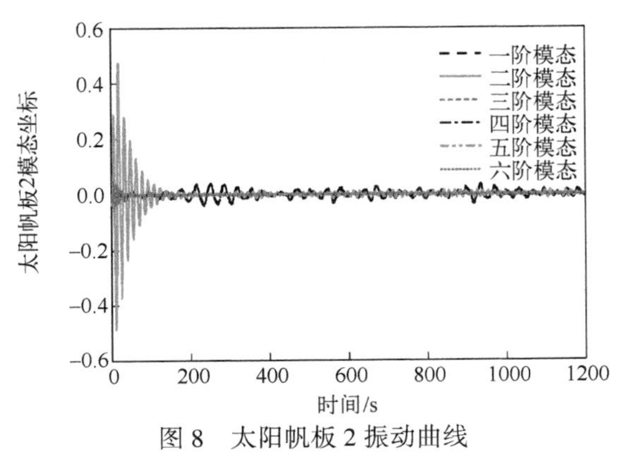

图 8　太阳帆板 2 振动曲线

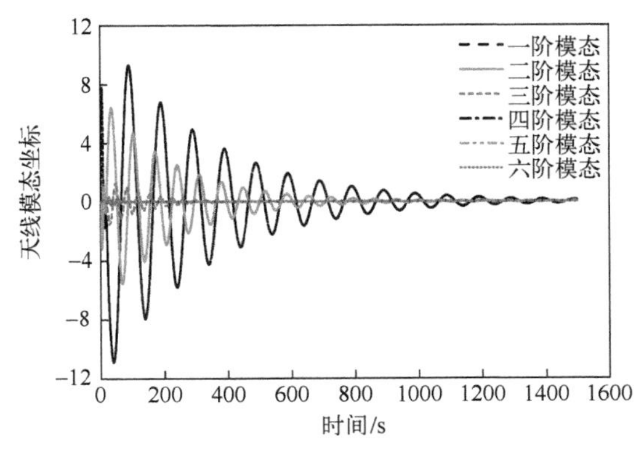

图 9　天线振动曲线

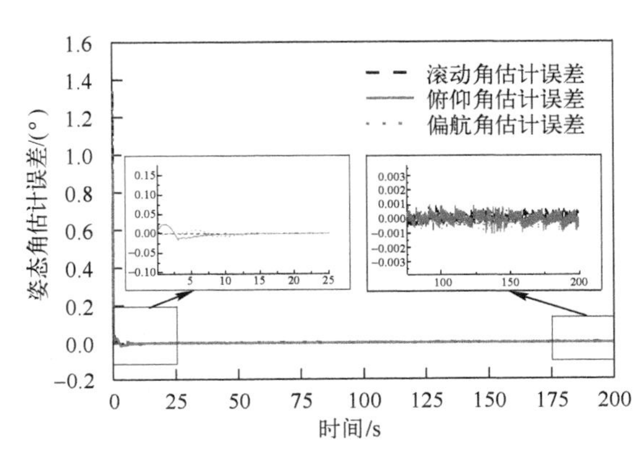

图 10　姿态角估计误差曲线

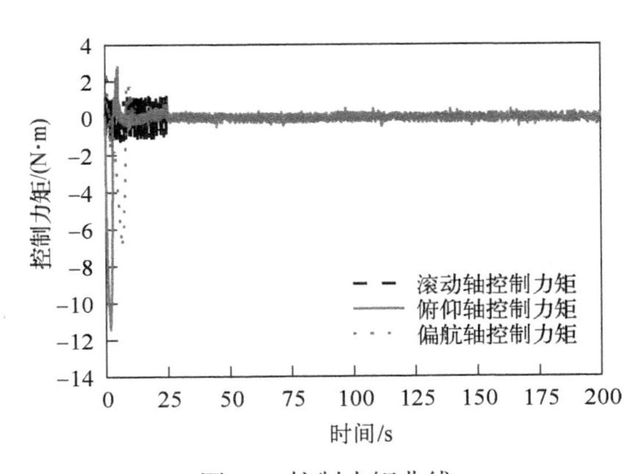

图 11　控制力矩曲线

5　结束语

本文针对航天器结构改变影响航天器姿态稳定的问题，对变结构航天器进行动力学建模，在此基础上设计了基于模糊神经网络的自适应滑模控制器，通过对航天器变结构过程无控、参数不变的 PID 型滑模控制和模糊神经网络自适应滑模控制 3 种情况的仿真，验证了航天器变结构过程中整星姿态将产生明显扰动，有必要对变结构过程进行姿态控制；模糊神经网络滑模控制器相对于参数不变的 PID 型滑模控制器，可以使航天器姿态更快收敛到稳定状态，且姿态振荡少，有效提高了控制效果。

未来针对在轨服务航天器等动力学参数有更大不确定性的变结构航天器，需要进一步研究本文控制方法的适用性，并根据实际需求进一步改进现有控制方法。

参考文献

[1] 杜辉，郝金华，邢林峰，等．一类带液体晃动的航天器滑模姿态控制器设计［J］．中国空间科学技术，2015（2）：63-69.

[2] 王首喆，刘华清，张庆展，等．挠性充液航天器超近程逼近段动力学建模与控制［J］．中国空间科学技术，2017，37（4）：1-9.

[3] YURY S，CAO Y，SU C Y. Variable structure control of robotic manipulator with PID sliding surfaces［J］. International Journal of Robust and Nonlinear Control，1998（8）：79-98.

[4] CHONG C S，GHAZALI R，JAAFAR H I. Sliding mode controller design with optimized PID sliding surface using particle swarm algorithm［J］. Procedia Computer Science 2017（105）：235 - 239.

[5] ADHIKARY N，MAHANTA C. Hybrid Impedance control of robotic manipulator using adaptive backstepping sliding mode controller with PID sliding surface［C］. // Indian Control Conference（ICC），Guwahati：Indian Institute of Technology，2017：391-396.

[6] TAVAKOLI A R，SEIFI A R. Adaptive self - tuning PID fuzzy sliding mode control for mitigating power system oscillations［J］. Neurocomputing. 2016（218）：146-153.

[7] CHU Y D，FANG Y M，FEI J T. Adaptive neural dynamic global PID sliding mode control for MEMS gyroscope［J］. Int. J. Mach. Learn. & Cyber，2017（8）：1707-1718.

[8] 刘向杰，周孝信，柴天佑．模糊控制研究的现状与新发展［J］．信息与控制，1999（4）：283-292.

[9] 刘金琨，孙富春．滑模变结构控制理论及其算法研究与进展［J］．控制理论与应用，2007（3）：407-418.

[10] CHEN Y，DONG C Y. A Fuzzy-neural network sliding mode control for flexible spacecraft［C］.//2nd International Conference on Information Engineering and Computer Science. Wuhan：IEEE，2010：1297-1300.

[11] WAI R J，MUTHUSAMY R. Fuzzy-Neural-Network Control for Robot Manipulator Via Sliding-Mode Design［C］. //9th Asian Control Conference. Istanbul：IEEE，2013：1-6.

[12] YAN W F，HOU S X，FANG Y M. Robust adaptive nonsingular terminal sliding mode control of MEMS gyroscope using fuzzy - neural - network compensator［J］. Int. J. Mach. Learn. & Cyber. 2017（8）：1287-1299.

[13] LEU V Q，MWASILU F，CHOI H Het. Robust fuzzy neural network sliding mode control scheme for IPMSM drives［J］. International Journal of Electronics，2014（7）：919-938.

[14] 刘丽坤，周志成，郑钢铁，等．大型网状可展开天线的动力学与控制研究进展［J］．中国空间科学技术，2014（2）：1-10.

[15] XING Z G，ZHENG G T. Deploying process modeling and attitude control of a satellite with a large deployable antenna［J］. Chinese Journal of Aeronautics，2014，27（2）：299-312.

[16] LIU L K，SHAN JJ，ZHANG Yan. Dynamics modeling and analysis of spacecraft with large deployable hoop-truss antenna［J］. Journal of Spacecraft and Rockets，2016，53（3）：471-479.

[17] 曲广吉．航天器动力学工程［M］．北京：中国科学出版社，2000.

[18] 曹丽，周志成，曲广吉．面向控制的变构型航天器柔性耦合动力学建模与仿真［J］．工程力学，2013（8）：266-271.

[19] WANG R，ZHOU Z C，QU G J. Switching control combining PID control and adaptive PID sliding mode control based on neural network for variable configuration spacecraft［C］.//4th IAA Conference on Dynamics and Control of Space Systems. San Diego：The American Astronautical Society，2018：305-319.

变结构航天器基于 RBF 神经网络的 PID 姿态控制

王　冉，周志成，曲广吉
（中国空间技术研究院通信与导航卫星总体部，北京，100191）

摘要： 带有柔性附件的变结构航天器在构型改变期间质量分布将发生明显变化，这将对航天器的姿态造成较大干扰。人工调节的传统 PID 控制器难以在此过程中获得理想的控制效果，为此本文提出了一种基于 RBF 神经网络的新型模糊神经网络控制器。PID 控制器的参数由模糊神经网络自适应调节，基于粒子群算法的 RBF 神经网络用于估计系统动力学模型并利用梯度下降法在线调节模糊神经网络的参数。通过仿真证明了模糊神经网络 PID 控制器的有效性和实用性，与传统 PID 控制器比较其具有更快的收敛速度，更小的超调和更高的精确度。

关键词： 变结构航器；PID 控制；模糊神经网络；RBF 神经网络

1　引言

随着航天技术的发展，具有变构型能力且带有柔性附件的航天器将有广泛的应用前景，例如，带有大型可展开天线的卫星和具有多舱段的空间站等。航天器构型的改变将影响航天器的姿态稳定性。

目前 PID 控制器广泛应用于航天器控制领域，但传统的 PID 控制器对于变构型航天器难以达到控制的要求。为了提高控制系统的鲁棒性，可以将 PID 控制器与模糊控制、神经网络控制等智能控制结合起来。模糊 PID 控制需基于专家或实验的经验，如果缺乏相关经验将难以设计合理的模糊规则；神经网络 PID 控制的神经元和神经层不具有明确的物理意义，因此在神经网络的初值选取中存在困难，如果选取不当可能造成训练时间过长且难以得到最优解。

本文将 PID 控制与模糊控制和神经网络控制结合起来，设计了模糊神经网络 PID 控制器。模糊神经网络同时具有模糊控制的模糊推理能力和神经网络强大的学习能力。通过智能算法可以进一步优化模糊神经网络的参数[1-2]。模糊神经网络可采用 BP 神经网络、RBF 神经网络以及小波神经网络等形式[3]。利用模糊神经网络在航天器变构型过程中可以自适应调节 PID 控制的控制参数。为了进一步提高控制性能，用基于 PSO 算法的 RBF 神经网络逼近系统模型，并调节模糊神经网络的参数。通过仿真验证了模糊神经网络 PID 控制器比传统 PID 控制器收敛速度更快和控制精度更高，具有理想的控制效果。

2　动力学建模

变结构航天器带有两个柔性太阳帆板和一个运动附件。当结构改变时，航天器的惯性参数和刚柔耦合系数都会发生改变，利用混合坐标法对航天器进行模化，并利用拉格朗日方法进行动力学建模，得到其动力学方程如下[4]：

$$\boldsymbol{M}\ddot{\boldsymbol{X}}+\boldsymbol{F}_{tls}(t)\ddot{\boldsymbol{\eta}}_{ls}+\boldsymbol{F}_{trs}(t)\ddot{\boldsymbol{\eta}}_{rs}+\boldsymbol{F}_{ta}(t)\ddot{\boldsymbol{\eta}}_{a}+\boldsymbol{T}_{ta}(t)\ddot{\boldsymbol{r}}_{a}=\boldsymbol{P} \tag{1}$$

$$\boldsymbol{I}_s(t)\dot{\boldsymbol{\omega}}_s+\widetilde{\boldsymbol{\omega}}_s\boldsymbol{I}_s(t)\boldsymbol{\omega}_s+\boldsymbol{F}_{sls}(t)\ddot{\boldsymbol{\eta}}_{ls}+\boldsymbol{F}_{srs}(t)\ddot{\boldsymbol{\eta}}_{rs}+\boldsymbol{F}_{sa}(t)\ddot{\boldsymbol{\eta}}_{a}+\boldsymbol{T}_{sa}(t)\ddot{\boldsymbol{r}}_{a}=\boldsymbol{T} \tag{2}$$

$$\boldsymbol{M}_j\ddot{\boldsymbol{r}}_a+\boldsymbol{T}_{ta}^{\mathrm{T}}(t)\ddot{\boldsymbol{X}}+\boldsymbol{T}_{sa}^{\mathrm{T}}(t)\dot{\boldsymbol{\omega}}_s+\boldsymbol{F}_a(t)\ddot{\boldsymbol{\eta}}_a=\boldsymbol{P}_a \tag{3}$$

$$\ddot{\boldsymbol{\eta}}_{ls}+2\boldsymbol{\xi}_{ls}\boldsymbol{\Omega}_{ls}(t)\dot{\boldsymbol{\eta}}_{ls}+\boldsymbol{\Omega}_{ls}^2(t)\boldsymbol{\eta}_{ls}+\boldsymbol{F}_{tls}^{\mathrm{T}}(t)\ddot{\boldsymbol{X}}+\boldsymbol{F}_{sls}^{\mathrm{T}}(t)\dot{\boldsymbol{\omega}}_s+\boldsymbol{F}_{ls}^{\mathrm{T}}(t)\dot{\boldsymbol{\omega}}_{ls}=0 \tag{4}$$

$$\ddot{\boldsymbol{\eta}}_{rs}+2\boldsymbol{\xi}_{rs}\boldsymbol{\Omega}_{rs}(t)\dot{\boldsymbol{\eta}}_{rs}+\boldsymbol{\Omega}_{rs}^2(t)\boldsymbol{\eta}_{rs}+\boldsymbol{F}_{trs}^{\mathrm{T}}(t)\ddot{\boldsymbol{X}}+\boldsymbol{F}_{srs}^{\mathrm{T}}(t)\dot{\boldsymbol{\omega}}_s+\boldsymbol{F}_{rs}^{\mathrm{T}}(t)\dot{\boldsymbol{\omega}}_{rs}=0 \tag{5}$$

$$\ddot{\boldsymbol{\eta}}_{a}+2\boldsymbol{\xi}_{a}\boldsymbol{\Omega}_{a}(t)\dot{\boldsymbol{\eta}}_{a}+\boldsymbol{\Omega}_{a}^2(t)\boldsymbol{\eta}_{a}+\boldsymbol{F}_{ta}^{\mathrm{T}}(t)\ddot{\boldsymbol{X}}+\boldsymbol{F}_{sa}^{\mathrm{T}}(t)\dot{\boldsymbol{\omega}}_s+\boldsymbol{F}_{a}^{\mathrm{T}}(t)\ddot{\boldsymbol{r}}_{a}=0 \tag{6}$$

式中：$\boldsymbol{X}=[X_x,X_y,X_z]^{\mathrm{T}}$ 为质心的位置坐标；$\boldsymbol{\omega}_s=[\omega_{sx},\omega_{sy},\omega_{sz}]^{\mathrm{T}}$ 为整星角速度矢量；$\boldsymbol{\eta}_{ls}=[\eta_{ls1},\eta_{ls2},\cdots,\eta_{lsn}]^{\mathrm{T}}$ 为左太阳帆板的模态坐标；

$\boldsymbol{\eta}_{rs}=[\eta_{rs1},\eta_{rs2},\cdots,\eta_{rsn}]^{\mathrm{T}}$ 为右太阳帆板的模态坐标；$\boldsymbol{\eta}_{a}=[\eta_{a1},\eta_{a2},\cdots,\eta_{an}]^{\mathrm{T}}$ 为运动附件的模态坐标；$\boldsymbol{P}=[P_x,P_y,P_z]^{\mathrm{T}}$ 为控制力是坐标；$\boldsymbol{T}=[T_x,T_y,T_z]^{\mathrm{T}}$ 为控制力矩坐标；$\boldsymbol{M}$ 为整星质量阵；$\boldsymbol{M}_j$ 为运动附件质量阵；$\boldsymbol{F}_{tls}$、$\boldsymbol{F}_{trs}$、$\boldsymbol{F}_{ta}$、$\boldsymbol{T}_{ta}$ 为平动耦合系数矩阵；$\boldsymbol{I}_s$ 为整星惯量阵；$\boldsymbol{I}_{ls}$ 和 $\boldsymbol{I}_{rs}$ 为太阳帆板惯量阵；$\boldsymbol{F}_{sls}$、$\boldsymbol{F}_{srs}$、$\boldsymbol{F}_{sa}$ 和 T_{sa} 为转动耦合系数；$\boldsymbol{\xi}_{ls}$、$\boldsymbol{\xi}_{rs}$ 和 $\boldsymbol{\xi}_{a}$ 为阻力系数矩阵；$\boldsymbol{\Omega}_{ls}$、$\boldsymbol{\Omega}_{rs}$ 和 $\boldsymbol{\Omega}_{a}$ 为频率矩阵。

当姿态角很小时方程（2）可以被简化为方程（7）：

$$(\boldsymbol{I}_s+\Delta\boldsymbol{I}_s)\ddot{\boldsymbol{\alpha}}=\boldsymbol{T}+\boldsymbol{D} \tag{7}$$

$$\boldsymbol{D}=-(\boldsymbol{F}_{sls}(t)\ddot{\boldsymbol{\eta}}_{ls}+\boldsymbol{F}_{srs}(t)\ddot{\boldsymbol{\eta}}_{rs}+\boldsymbol{F}_{sa}(t)\ddot{\boldsymbol{\eta}}_{a}+\boldsymbol{R}_{sls}(t)\dot{\boldsymbol{\omega}}_{ls}+\boldsymbol{R}_{srs}(t)\dot{\boldsymbol{\omega}}_{rs}+\boldsymbol{T}_{sa}(t)\ddot{\boldsymbol{r}}_{a}) \tag{8}$$

式中：$\boldsymbol{\alpha}$ 为航天器的姿态角，当其为小量时可认为 $\ddot{\boldsymbol{\alpha}}\approx\dot{\boldsymbol{\omega}}_s$。

3 基于 RBF 神经网络的模糊神经网络

3.1 RBF 神经网络

RBF 神经网络用于估计系统的不确定性并调节模糊神经网络参数。RBF 神经网络是一种三层前向神经网络，如图 1 所示。

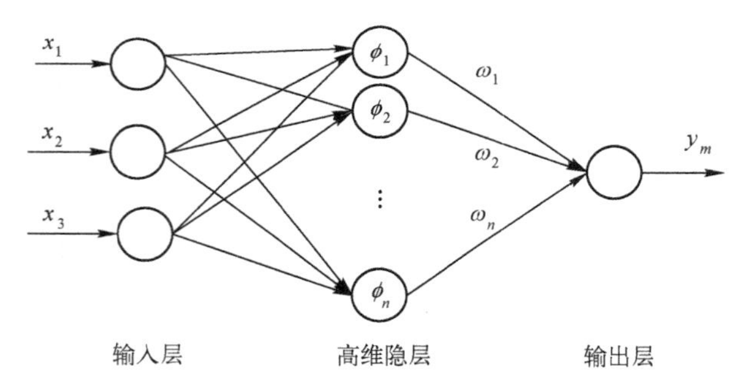

图 1　RBF 神经网络的结构图

RBF 神经网络由三层组成：输入层、高维隐层和输出层。输入层为控制力矩，采样时刻姿态角和上一时刻姿态角，即 $x_1=u(k)$，$x_2=\theta(k)$，$x_3=\theta(k-1)$；输出层是逼近的姿态角 $y_m=\boldsymbol{W}^{\mathrm{T}}\boldsymbol{\phi}(x)$，其中 $\boldsymbol{W}=[\omega_1,\omega_2,\cdots,\omega_n]$，$\boldsymbol{\phi}=[\phi_1,\phi_2,\cdots,\phi_n]^{\mathrm{T}}$，其中，$\phi_i(x)=\exp\left(-\dfrac{\|x-c_i\|^2}{\sigma_i^2}\right)$，$c_i$ 和 σ_i 高斯函数 $\phi_i(x)$ 的参数。

PSO 算法是一种群智能算法，设粒子数为 n，位置矢量为 $\boldsymbol{X}_i=[x_{i1},x_{i2},\cdots,x_{in}]$，速度矢量为 $\boldsymbol{V}_i=[v_{i1},v_{i2},\cdots,v_{in}]$，第 i 代的最优位置为 $\boldsymbol{P}_i=[p_{i1},p_{i2},\cdots,p_{in}]$，全局最优位置为 $\boldsymbol{G}=[g_1,g_2,\cdots,g_n]$。粒子速度和位置的递推公式为

$$v_i(k+1)=\eta\cdot v_i(k)+\gamma_1\cdot r_1\cdot(P_i-x_i(k))+\gamma_2\cdot r_2\cdot(G-x_i(k)) \tag{9}$$

$$x_i(k+1)=x_i(k)+v_i(k+1) \tag{10}$$

式中：k 为迭代次数；η 为惯性系数；γ_1 和 γ_2 为加速度系数；r_1 和 r_2 为［0，1］区间的随机数。

为得到高斯函数参数和权值的最优值，定义粒子表达式为 $x_i=[c_{1i},c_{2i},\cdots,c_{ni},\sigma_{1i},\sigma_{2i},\cdots,\sigma_{ni},\omega_{1i},\omega_{2i},\cdots,\omega_{ni}]$。
价值函数定义为

$$f=\frac{1}{2}(y_{\mathrm{out}}-y_m)^2 \tag{11}$$

式中：y_{out} 为实际姿态角；y_m 为 RBF 网络输出姿态角。

利用 PSO 算法对 RBF 神经网络的参数进行优化，流程如图 2 所示[5]。

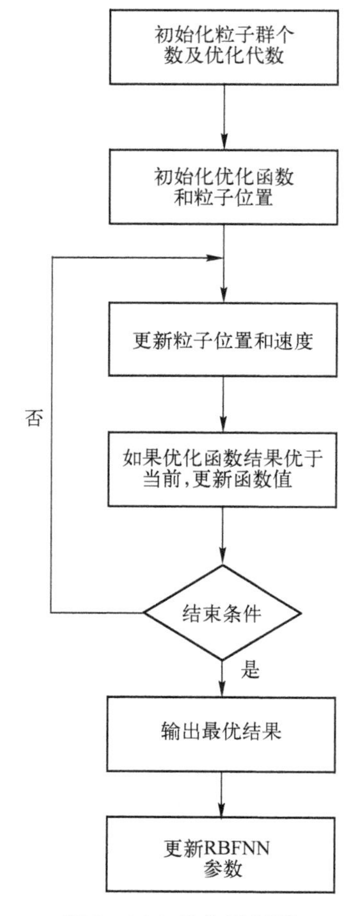

图 2　PSO 优化流程图

通过 PSO 优化可得到 RBF 神经网络的参数：高斯函数参数 $\boldsymbol{c}=[c_1,c_2,\cdots,c_n]$、$\boldsymbol{\sigma}=[\sigma_1,\sigma_2,\cdots,$

σ_n]和权值 $\boldsymbol{W}=[\omega_1,\omega_2,\cdots,\omega_n]^{\mathrm{T}}$。

3.2　模糊神经网络

1）第一层：输入层

输入层的神经元与输入量维度相同，直接将输入量传递给下一层，第一层的输出为

$$\boldsymbol{o}_1=[x_{c1},x_{c3}] \tag{12}$$

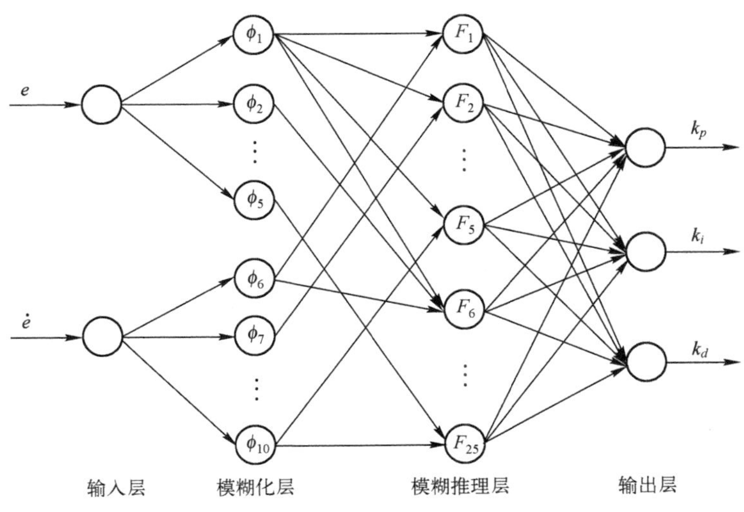

图 3　模糊神经网络的结构图

2）第二层：模糊化层

模糊化层用高斯函数作为隶属度函数，第二层的输出为

$$o_{2ij}=\phi_{ij}(x_{ci})=\mathrm{e}^{-\frac{(x_{ci}-c_{ij})^2}{b_{ij}^2}} \tag{13}$$

3）第三层：模糊推理层

模糊推理层用于匹配模糊规则，第三层的输出为

$$o_{3i,j}=\phi_{1i}\cdot\phi_{2j} \tag{14}$$

4）第四层：输出层

第四层为输出层，其输出为 PID 控制的 3 个参数

$$o_4=dk_{ij}=\sum_i\sum_j\omega_{ij}(p,q)o_{2ij} \tag{15}$$

利用梯度下降法对模糊神经网络的参数进行调整，取优化函数为

$$E=\frac{1}{2}\mathrm{e}^2=\frac{1}{2}(r_{\mathrm{in}}-y_{\mathrm{out}})^2 \tag{16}$$

权值的迭代方程为

$$\begin{aligned}\Delta\omega_{ij}(p,q)\mid_k&=-\eta\frac{\partial E}{\partial\omega_{ij}(p,q)}\\&=-\eta\frac{\partial E}{\partial e_i}\frac{\partial e_i}{\partial \mathrm{yout}_i}\frac{\partial \mathrm{yout}_i}{\partial u_i}\frac{\partial u_i}{\partial K_{ij}}\frac{\partial K_{ij}}{\partial\omega_{ij}(p,q)}\\&=\eta e_i(k)\frac{\partial y_m(k)}{\partial u_i(k)}x_{ci}(k)o_{ij}(p,q)\mid_k\end{aligned} \tag{17}$$

$$\begin{aligned}\omega_{ij}(p,q)\mid_k=\omega_{ij}(p,q)\mid_{k-1}+\Delta\omega_{ij}(p,q)\mid_k+\\\alpha(\omega_{ij}(p,q)\mid_{k-1}-\omega_{ij}(p,q)\mid_{k-2})\end{aligned} \tag{18}$$

高斯函数中心参数的迭代方程为

$$\begin{aligned}\Delta c_{ij}\mid_k&=-\eta_c\frac{\partial E}{\partial c_{ij}}\\&=-\eta_c\frac{\partial E}{\partial e_i}\frac{\partial e_i}{\partial \mathrm{yout}_i}\frac{\partial \mathrm{yout}_i}{\partial u_i}\sum_j\left(\frac{\partial u_i}{\partial K_{ij}}\frac{\partial K_{ij}}{\partial o_2}\frac{\partial o_2}{\partial c_{ij}}\right)\\&=\eta_c e_i(k)\frac{\partial y_m(k)}{\partial u_i(k)}\sum_j\left(x_{cij}(k)\omega_{ij}\frac{2o_{2ij}(x_{ci}-c_{ij})}{b_{ij}^2}\right)\end{aligned} \tag{19}$$

$$c_{ij}\mid_k=c_{ij}\mid_{k-1}+\Delta c_{ij}\mid_k+\alpha_c(c_{ij}\mid_{k-1}-c_{ij}\mid_{k-2}) \tag{20}$$

高斯函数宽度参数的迭代函数为

$$\begin{aligned}\Delta b_{ij}\mid_k&=-\eta_b\frac{\partial E}{\partial b_{ij}}\\&=-\eta_b\frac{\partial E}{\partial e_i}\frac{\partial e_i}{\partial \mathrm{yout}_i}\frac{\partial \mathrm{yout}_i}{\partial u_i}\sum_j\left(\frac{\partial u_i}{\partial K_{ij}}\frac{\partial K_{ij}}{\partial o_2}\frac{\partial o_2}{\partial b_{ij}}\right)\\&=\eta_b e_i(k)\frac{\partial y_m(k)}{\partial u_i(k)}\sum_j\left(x_{cij}(k)\omega_{ij}\frac{2o_{2ij}(x_{ci}-c_{ij})^2}{b_{ij}^3}\right)\end{aligned} \tag{21}$$

$$b_{ij}\mid_k=b_{ij}\mid_{k-1}+\Delta b_{ij}\mid_k+\alpha_b(b_{ij}\mid_{k-1}-b_{ij}\mid_{k-2}) \tag{22}$$

3.3　控制输出

控制系统如图 4 所示。

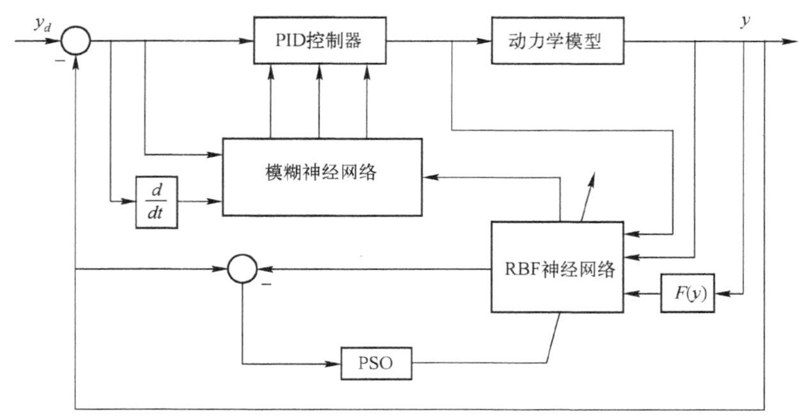

图 4　控制系统原理图

利用由 RBF 网络逼近结果可得

$$\frac{\partial yout}{\partial u} \approx \frac{\partial y_m}{\partial u} = \frac{\partial \sum_{i=1}^{6} \phi_i}{\partial u} = \sum_{i=1}^{6} \omega_i \phi_i \frac{x_i - c_i}{2\sigma_i^2} \quad (23)$$

则系统输出的控制力矩为

$$u_i|_k = k_P e|_k + k_I em|_k + k_D ec|_k + dk_{Pi}|_k x_{ci}(1) + dk_{Ii}|_k x_{ci}(2) + dk_{Di}|_k x_{ci}(3) \quad (24)$$

式中：$e|_k = y_d - yout|_k$；$em|_k = \sum_k e(k)$；$ec|_k = e|_k - e|_{k-1}$；$x_{ci1} = e_i|_k - e_i|_{k-1}$；$x_{ci2} = [e_i|_k - e_i|_{k-1}] - [e_i|_{k-1} - e_i|_{k-2}]$；$x_{ci3} = e_i|_k$；$k_P$、$k_I$。$k_D$ 由传统的 PID 控制参数获得。

4　仿真算例

航天器变构型前后的质量参数如表 1 所列。仿真结果如图 5~图 8 所示。

表 1　航天器质量参数

转动惯量矩阵					
变构型前			变构型后		
x	y	z	x	y	z
10000	250	2500	11000	270	3000
250	10000	250	300	12000	150
2500	250	10000	3000	150	20000

通过以上仿真结果可以看出，在航天器变结构过程中，模糊神经网络 PID 控制比传统 PID 控制具有更强的鲁棒性、更高的精确性和更快的收敛速度。

5　结束语

本文针对变结构航天器的高精度姿态控制问题提出了基于 RBF 神经网络的模糊神经网络 PID 控制器。PID 控制器的参数由模糊神经网络进行自适应调节，RBF 神经网络用于逼近系统的模型并利用梯度下降法调节模糊神经网络的参数，RBF 神经网络的参数由 PSO 算法获得。通过仿真验证了新提出的控制器相较传统 PID 控制器具有更强的鲁棒性、更高的精确性和更快的收敛速度，能够满足变结构航天器结构改变过程中姿态稳定控制的要求。

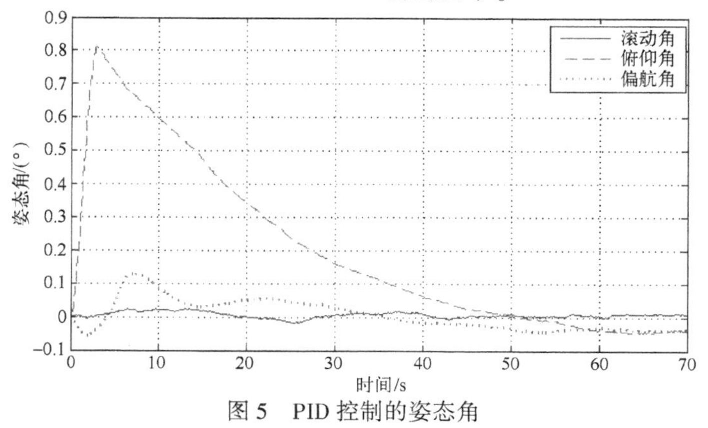

图 5　PID 控制的姿态角

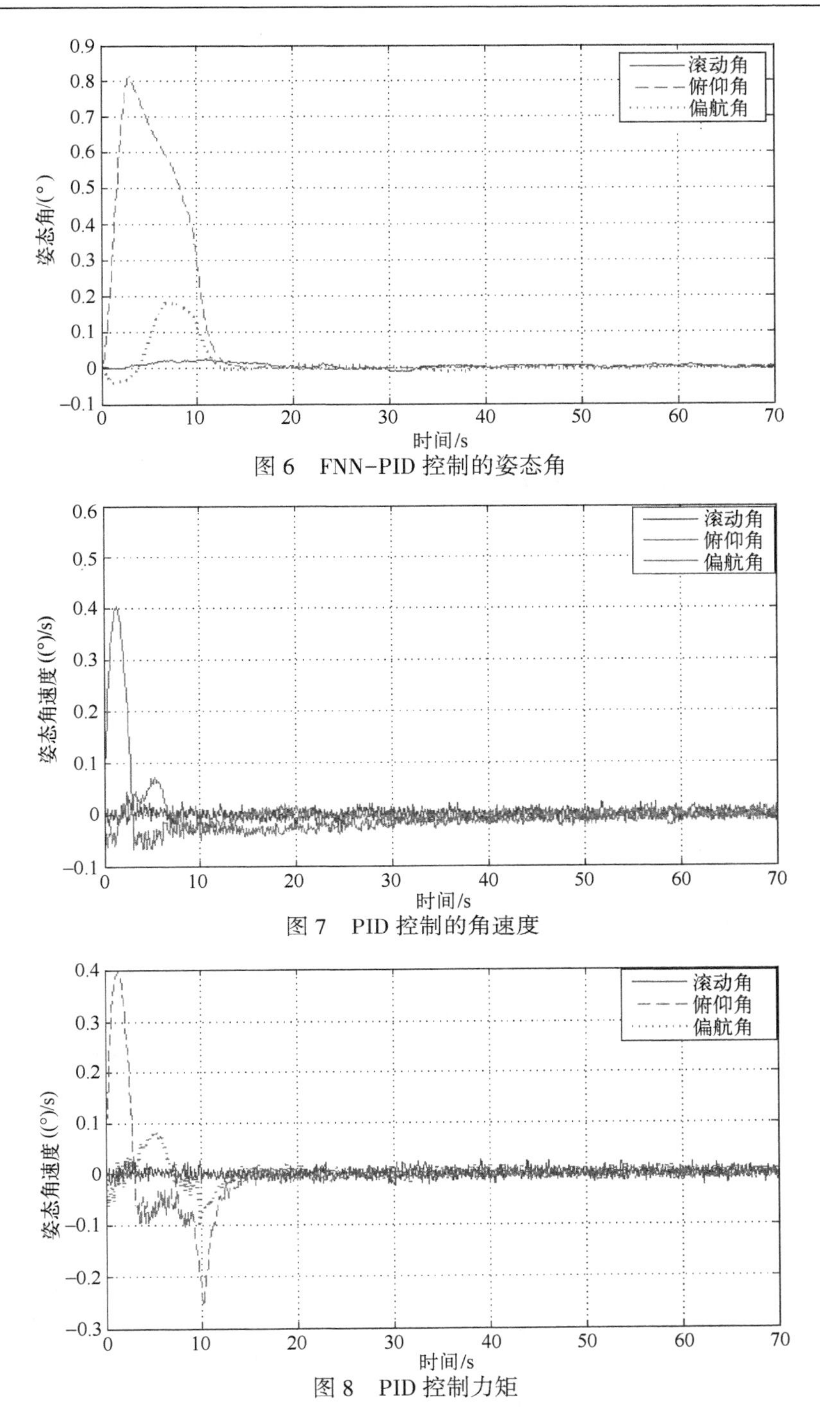

图 6　FNN-PID 控制的姿态角

图 7　PID 控制的角速度

图 8　PID 控制力矩

参考文献

[1] Yaonan Wang, YuanliChenxie, Jianhao Tan, et al. Fuzzy radial basis function neural network PID control system for a quadrotor UAV based on particle swarm optimization [C]. Proceeding of the 2015 IEEEInternational Conference on Information and Automation, Lijiang, China, August 2015.

[2] Chunguang Zhang, LifangZhang. Study on parameters optimization method of fuzzy neural network PID controller [J]. International Journal of Control and Automation, Vol. 7, No4 (2014), pp. 45-54.

[3] M Davanipour, R Dadkhah Tehrani, F Shabani-nia. self-Tuning PID control of liquid level systembased on fuzzy wavelet neural network model [C]. 2016 24th Iranian Conference on ElectricalEngineering (ICEE).

[4] Zhou Zhicheng, QuGuangji. System design and dynamics analysis of communication satellites [M]. CA: China Science and Technology Press, 2012.

[5] Sun ZengQi, Deng Zhidong, Zhang Zaixing. Intelligence control theory and technology [M]. Beijing: Tsinghua University Press, 2011.

仅利用 3 个 GMG 的一种复合控制方法

李公军

（北京控制工程研究所，北京，100094）

摘要：和飞轮相比，CMG 具有输出力矩大、响应动作快等优点，因而在航天器上有着广泛应用需求，例如，一些高机动性的小卫星。采用 CMG 控制的主要问题是奇异规避问题，为此现有的基于 CMG 的姿态控制方案均要求 CMG 的个数大于 4，在提供输出力矩的同时，通过零运动进行奇异规避。由于空间环境的恶劣性，在轨航天器常常发生各种故障，有可能出现 CMG 只有 3 个的情况。针对此问题，本文提出了一种 CMG 和推力器复合控制方案。首先计算 CMG 群在各个角度下的奇异度，规划出 CMG 的奇异区。然后实时判断 CMG 群是否已经接近奇异区，如果 CMG 还远离奇异区时，采用 CMG 进行控制；否则，采用喷气控制，同时操纵 CMG 远离奇异区。

关键词：航天器；CMG；奇异

1 引言

航天器的姿态控制执行机构主要有两类：推力器和角动量交换装置。推力器用于姿态控制时需要消耗燃料或者工质等。角动量交换装置是通过吸收航天器的角动量实现姿态控制的目的，因而并不消耗燃料或者工质。因此，角动量交换装置在航天器上得到了广泛应用。角动量交换装置可进一步分为飞轮和控制力矩陀螺（CMG）。其中，飞轮是通过改变角动量的大小产生力矩，而 CMG 是通过改变角动量的方向产生力矩。和飞轮相比，CMG 的输出力矩更大，因而在航天器上有着广泛应用需求，例如一些高机动性的小卫星。

由于 CMG 群可能会发生奇异问题，因此现有的基于 CMG 的姿态控制方案均要求 CMG 的个数大于 4，在提供输出力矩的同时，通过零运动进行奇异规避。对于小卫星而言，由于成本约束，通常仅配备 5 个或者 4 个 CMG。由于空间环境的复杂性，有可能出现只有 3 个 CMG 可用的情况。此时，现有的基于 CMG 的姿态控制方案将不可用，需要对此进行研究。

针对只有 3 个 CMG 可用的情况，本文提出了一种 CMG 和推力器复合控制方案。首先计算 CMG 群在各个角度下的奇异度，规划出 CMG 的奇异区。然后实时判断 CMG 群是否接近奇异区，当 CMG 远离奇异区时，采用 CMG 进行控制；否则，采用喷气控制，同时操纵 CMG 远离奇异区。远离过程中充分考虑气动干扰力矩的长期特性。

2 航天器动力学模型

2.1 动力学方程

航天器动力学方程如下：

$$\boldsymbol{J}\dot{\boldsymbol{\omega}}=-\boldsymbol{\omega}^{\times}(\boldsymbol{J}\boldsymbol{\omega}+\boldsymbol{H})-\dot{\boldsymbol{H}}+\boldsymbol{\tau}_{\text{thrust}}+\boldsymbol{\tau}_{\text{disurb}} \tag{1}$$

式中：$\boldsymbol{J}$ 为航天器系统（包括冻结的飞轮或 CMG 在内）的惯量矩阵，为正定矩阵；$\boldsymbol{\omega}=[\omega_1\quad\omega_2\quad\omega_3]^{\mathrm{T}}$ 为航天器的绝对角速度在本体系的分量；$\boldsymbol{H}$ 为飞轮或 CMG 相对星体的角动量；$-\dot{\boldsymbol{H}}$ 为飞轮或 CMG 所提供的内控制力矩，$\boldsymbol{\tau}_{\text{thrust}}$ 为航天器推力器产生的力矩，$\boldsymbol{\tau}_{\text{disurb}}$ 为航天器所受的干扰力矩。

2.2 运动学方程

定义欧拉四元数 $\tilde{q}_0+\tilde{\boldsymbol{q}}$ 描述 $F_{\text{II}}(ob_1b_2b_3)$ 相对参考系 $F_{\text{I}}(oi_1i_2i_3)$ 的姿态，其中 $\tilde{q}_0=\cos\dfrac{\phi}{2}$，$\tilde{\boldsymbol{q}}=[\tilde{q}_1\quad\tilde{q}_2\quad\tilde{q}_3]^{\mathrm{T}}=\boldsymbol{a}\sin\dfrac{\phi}{2}$，$\boldsymbol{a}$ 表示欧拉转轴方向，为单位矢量，ϕ 为欧拉转角，有 $\tilde{q}_0^2+\tilde{\boldsymbol{q}}^{\mathrm{T}}\tilde{\boldsymbol{q}}=1$，则姿态运动学方程为[1]

$$\begin{bmatrix}\dot{\tilde{q}}_0\\ \dot{\tilde{\boldsymbol{q}}}\end{bmatrix}=\frac{1}{2}\begin{bmatrix}-\tilde{\boldsymbol{q}}^{\mathrm{T}}\\ \tilde{\boldsymbol{q}}^{\times}+\tilde{q}_0\boldsymbol{I}_{3\times3}\end{bmatrix}\tilde{\boldsymbol{\omega}} \tag{2}$$

这里，$\tilde{\boldsymbol{q}}^{\times}=\begin{pmatrix}0 & -\tilde{q}_3 & \tilde{q}_2\\ \tilde{q}_3 & 0 & -\tilde{q}_1\\ -\tilde{q}_2 & \tilde{q}_1 & 0\end{pmatrix}$。

3　CMG 群控制律设计原理

设航天器安装有 n 个 CMG。其中，第 i 个 CMG 的角动量在星体坐标系中的分量如下：

$$\boldsymbol{h}_i=\begin{bmatrix}h_{ix}\\ h_{iy}\\ h_{iz}\end{bmatrix}=\begin{bmatrix}a_{1i}\sin\delta_i+b_{1i}\cos\delta_i\\ a_{2i}\sin\delta_i+b_{2i}\cos\delta_i\\ a_{3i}\sin\delta_i+b_{3i}\cos\delta_i\end{bmatrix}h \tag{3}$$

式中：h 为 CMG 的角动量模值；$[a_{1i}\quad a_{2i}\quad a_{3i}]^{\mathrm{T}}$ 和 $[b_{1i}\quad b_{2i}\quad b_{3i}]^{\mathrm{T}}$ 分别为框架角为 90°和 0°时该 CMG 的角动量单位矢量在星体坐标系中的分量。

根据式（3），可得 CMG 群的合成角动量如下[2]：

$$\boldsymbol{H}=h(\boldsymbol{A}\sin\boldsymbol{\delta}+\boldsymbol{B}\cos\boldsymbol{\delta})\boldsymbol{E} \tag{4}$$

式中：$\boldsymbol{\delta}$ 为所有 CMG 的框架角 δ_i 组成的框架角矢量 $\boldsymbol{\delta}=[\delta_1\quad \delta_2\quad \cdots\quad \delta_n]^{\mathrm{T}}$；矩阵 $\boldsymbol{A}$ 和 $\boldsymbol{B}$ 的第 i 列矢量分别是框架角为 90°和 0°时的第 i 个陀螺的角动量单位矢量，即

$$\boldsymbol{A}=\begin{bmatrix}a_{11} & \cdots & a_{1n}\\ a_{21} & \cdots & a_{2n}\\ a_{31} & \cdots & a_{3n}\end{bmatrix},\ \boldsymbol{B}=\begin{bmatrix}b_{11} & \cdots & b_{1n}\\ b_{21} & \cdots & b_{2n}\\ b_{31} & \cdots & b_{3n}\end{bmatrix} \tag{5}$$

$\sin\boldsymbol{\delta}$、$\cos\boldsymbol{\delta}$ 分别为框架角正、余弦矩阵。

$$\sin\delta=\mathrm{diag}(\sin\delta_1\quad \sin\delta_2\quad \cdots\quad \sin\delta_n)$$

$$\cos\boldsymbol{\delta}=\mathrm{diag}(\cos\delta_1\quad \cos\delta_2\quad \cdots\quad \cos\delta_n)$$

$\boldsymbol{E}$ 为 n 维矢量，$\boldsymbol{E}=[1\quad 1\quad \cdots\quad 1]^{\mathrm{T}}$。

根据式（4），可知 CMG 群由于框架角运动产生的力矩如下：

$$\dot{\boldsymbol{H}}=\boldsymbol{C}(\boldsymbol{\delta})\dot{\boldsymbol{\delta}}h \tag{6}$$

其中框架角速度矢量 $\dot{\boldsymbol{\delta}}=[\dot{\delta}_1\quad \dot{\delta}_2\quad \cdots\quad \dot{\delta}_n]^{\mathrm{T}}$；$\boldsymbol{C}(\boldsymbol{\delta})$ 定义如下：

$$\boldsymbol{C}(\boldsymbol{\delta})=\boldsymbol{A}\cos\boldsymbol{\delta}-\boldsymbol{B}\sin\boldsymbol{\delta} \tag{7}$$

CMG 群的控制律设计思想是根据式（6）反解出框架角速度矢量 $\dot{\boldsymbol{\delta}}$。

4　控制器设计

4.1　CMG 群的奇异区划分

以常见的金字塔构型为例。金字塔构型共设置 4 只力矩陀螺，其框架轴分别位于金字塔的 4 个侧面，并与塔面底线垂直，框架轴与塔顶轴（z 轴）夹角均为 $\beta=53.1°$。该构型下陀螺群角动量的各分量如下：

$$\begin{cases}H_x=\sum\limits_{i=1}^{4}(\cos\beta_i\cos\alpha_i\sin\delta_i-\sin\alpha_i\cos\delta_i)h\\ H_y=\sum\limits_{i=1}^{4}(\cos\beta_i\sin\alpha_i\sin\delta_i+\cos\alpha_i\cos\delta_i)h\\ H_z=\sum\limits_{i=1}^{4}(\sin\beta_i\sin\delta_i)h\end{cases} \tag{8}$$

式中：i 为 CMG 序号；δ_i 为 CMG 的框架角；$\beta_i=\beta=53.1°$，$\alpha_1=0°$，$\alpha_2=90°$，$\alpha_3=180°$，$\alpha_4=270°$。

本文考虑仅剩 3 个 CMG 的情况，不失一般性，假设第 4 个 CMG 失效。根据式（8），可知此时式（7）中的 $\boldsymbol{A}$ 阵和 $\boldsymbol{B}$ 阵如下：

$$\boldsymbol{A}=\begin{bmatrix}\cos\beta & 0 & -\cos\beta\\ 0 & \cos\beta & 0\\ \sin\beta & \sin\beta & \sin\beta\end{bmatrix},\ \boldsymbol{B}=\begin{bmatrix}0 & -1 & 0\\ 1 & 0 & -1\\ 0 & 0 & 0\end{bmatrix} \tag{9}$$

代入式（7）中，可知

$$\boldsymbol{C}=\begin{bmatrix}\cos\beta\cos\delta_1 & \sin\delta_2 & -\cos\beta\cos\delta_3\\ -\sin\delta_1 & \cos\beta\cos\delta_2 & \sin\delta_3\\ \sin\beta\cos\delta_1 & \sin\beta\cos\delta_2 & \sin\beta\cos\delta_3\end{bmatrix} \tag{10}$$

由于 $\boldsymbol{C}$ 为方阵，当 $\det(\boldsymbol{C})=0$，式（6）发生奇异。因此，$\det(\boldsymbol{C})$ 可用来刻画系统的奇异度。根据 CMG 群的所有可能框架角位置，得到满足 $\det(\boldsymbol{C}\boldsymbol{C}^{\mathrm{T}})\leqslant JD$ 的框架角位置分布，将它们称为奇异区，这里 JD 为设计的阈值。

容易得到：

$$\begin{aligned}\det(\boldsymbol{C})&=2*\cos^2\beta\sin\beta\cos\delta_1\cos\delta_2\cos\delta_3-\cos\beta\sin\beta\cos\delta_1\cos\delta_2\sin\delta_3\\ &\quad+\sin\beta\sin\delta_1\sin\delta_2\cos\delta_3+\sin\beta\cos\delta_1\sin\delta_2\sin\delta_3+\cos\beta\sin\beta\sin\delta_1\cos\delta_2\cos\delta_3\\ &=0.5766*\cos\delta_1\cos\delta_2\cos\delta_3-0.4802*\cos\delta_1\cos\delta_2\sin\delta_3\\ &\quad+0.7996*\sin\delta_1\sin\delta_2\cos\delta_3+0.7996*\cos\delta_1\sin\delta_2\sin\delta_3\end{aligned}$$

$$+0.4802 * \sin\delta_1\cos\delta_2\cos\delta_3 \tag{11}$$

通过对 3 个框架角进行遍历，可得到奇异区分布。

4.2 复合控制设计

实时判断框架角位置是否靠近奇异区。当 CMG 群处于非奇异区，进行 CMG 控制；当 CMG 群接近奇异区时，进行喷气控制，同时 CMG 逃离奇异区。

1）非奇异区 CMG 操纵律

此种情况下，仅 CMG 用于姿态控制，因此式（1）变为

$$\boldsymbol{J}\dot{\boldsymbol{\omega}} = -\boldsymbol{\omega}^{\times}(\boldsymbol{J}\boldsymbol{\omega}+\boldsymbol{H})-\dot{\boldsymbol{H}}+\boldsymbol{\tau}_{\text{disurb}} \tag{12}$$

令 $\boldsymbol{\tau}=-\dot{\boldsymbol{H}}$为控制输入，设计姿态控制律（例如 PID 控制律）。然后，基于结合式（6），得到 CMG 框架角速度指令：

$$\dot{\boldsymbol{\delta}} = -\boldsymbol{c}^{-1}\boldsymbol{\tau}/h \tag{13}$$

2）临近奇异区 CMG 操纵律

此时，采用喷气控制，也即将式（1）中的 $\boldsymbol{\tau}_{\text{thrust}}$作为控制量。同时，根据气动干扰力矩的在轨长期规律，规划 CMG 的目标位置，同时考虑整个规划过程远离奇异区。

5 结束语

针对只有 3 个 CMG 可用的情况，本文研究了如何尽可能利用 CMG 进行控制的问题。提出了一种 CMG 和推力器复合控制方案。首先计算 CMG 群在各个角度下的奇异度，规划出 CMG 的奇异区。然后实时判断 CMG 群是否接近奇异区，当 CMG 远离奇异区时，采用 CMG 进行控制；否则，采用喷气控制，同时操纵 CMG 远离奇异区。对于 CMG 配置个数较少的小卫星而言，本文的方案有一定参考价值。

参考文献

[1] 郑敏捷，徐世杰．欠驱动航天器姿态控制系统的退步控制设计方法［J］．宇航学报，2006，27（5）：947-951.
[2] 章仁为．卫星轨道姿态动力学与控制［M］．北京：北京航空航天大学出版社，1998.

液体晃动及贮箱液固耦合分析方法比较

柳翠翠，王黎珍，关晓东，于　伟
（中国空间技术研究院总体设计部，北京，100094）

摘要：在液体晃动分析方面，目前有3种方法开展贮箱内推进剂的液体晃动分析：计算流体力学方法、等效力学方法和有限元方法。在液固耦合分析方面，目前主要采用有限元方法开展分析，主要有附加质量法和虚拟质量法。本文分别采用Flow-3D计算流体力学软件、单摆等效力学方法、Nastran有限元软件开展了液体晃动分析，对比了液体晃动频率，并采用Flow-3D方法和等效力学单摆模型对比分析了球形贮箱内含有防晃装置和隔板情况下的液体晃动频率。并且，对比了附加质量法和虚拟质量法获得的贮箱推进剂模态以及加速度响应。

关键词：液体晃动；液固耦合；晃动频率；加速度响应

1　引言

航天推进剂晃动方面的研究主要集中在3个方面：推进剂在贮箱内的晃动研究、推进剂与贮箱结构耦合研究以及推进剂晃动导致航天器姿态变化的的姿态动力学研究。推进剂在贮箱中的晃动，目前主要采用等效力学方法、计算流体力学方法和有限元方法开展分析；推进剂与贮箱结构耦合，目前多采用有限元方法开展分析，主要有附加质量法和虚拟质量法；推进剂晃动导致航天器姿态变化的姿态动力学问题，多采用联合仿真的方法开展分析，将推进剂晃动获得的力和力矩传递至航天器，进而获得航天器的姿态变化。本文针对推进剂晃动研究的前两个方面，开展了分析方法比较。

推进剂在贮箱内的晃动，基于小幅晃动理论的等效力学方法已经成熟并成功应用于航天工程，通过建立等效力学模型获得液体晃动频率等力学参数，对液体晃动的力学特性进行描述；计算流体力学方法通过液体晃动过程时域仿真，获得波高或液体晃动力随时间的变化，通过FFT转换辨识出液体晃动频率；有限元方法把流体的影响加到结构振动方程的质量阵中，将液体晃动问题转化为结构振动问题，获得液体的晃动频率。采用等效力学方法与计算流体力学方法获得的液体晃动频率经验证，一致性很好，但有限元方法计算获得的频率是否准确还有待验证。并且，等效力学方法计算无法考虑贮箱内部的防晃结构等装置，其应用的适用性也有待验证。

有限元方法处理液固耦合问题，附加质量法将流体作为非结构质量附加在贮箱壁面上，获得其结构特性；虚拟质量法基于计算流体力学基本原理，将流体简化为连续、不可压、无旋势流，与液体晃动有限元分析方法类似，将流体的影响加到结构振动方程的质量阵中，将液固耦合问题退化为固体动力学问题，实现耦合系统的分析。然而，两种方法分析的准确性还有待验证。

综上所述，开展了本文研究工作。对比了等效力学方法、计算流体力学方法和有限元方法获得的液体晃动频率，说明了3种方法在处理推进剂贮箱内晃动问题的准确性和局限性；对比了附加质量法和虚拟质量法获得的液固耦合频率以及加速度响应，对两种方法的优缺点进行了总结。

2　液体晃动分析方法比较

以航天器常采用的球形贮箱为例，分别采用单摆等效力学方法、Flow-3D计算流体力学软件、Nastran有限元软件开展了液体晃动分析，对比液体晃动频率与振型。贮箱直径$D=1\mathrm{m}$，推进剂为燃料，充液比20%，过载0.4g。单摆模型的晃动频率即为单摆晃动频率；Flow-3D软件通过将壁面受力的时域曲线进行FFT变换，获得液体晃动频率；Nastran软件通过建立虚拟质量面，添加与液体密度和过载相关的接地弹簧元建立有限元模型，采用 SOL103 求解获得液体晃动频率。

表 1 为液体晃动频率对比。图 1 为采用有限元方法获得的阵型示意图。可知，虽然 3 种方法获得的阵型一致，但有限元方法获得的晃动频率大，以 Flow-3D 分析结果为基准，等效力学方法误差为 0.8%，有限元方法误差为 97.6%。因此，获得推进剂在贮箱中的晃动频率，采用等效力学方法和计算流体力学方法都是适合的，但是直接采用有限元虚拟质量法是不合适的。

表 1　液体晃动频率对比

分析方法	单摆模型	Flow-3D	Nastran
频率/Hz	0.4904	0.4908	0.97

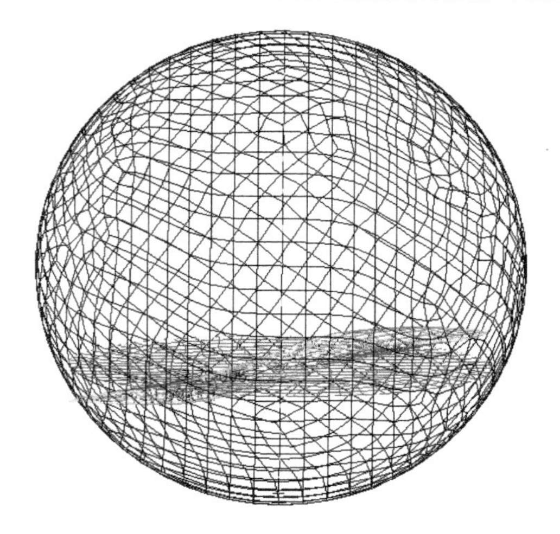

图 1　Nastran 分析获得的液体晃动振型

验证具有防晃装置时，等效力学模型的适用性。主要考虑两种装置：一为防晃锥，锥形表面上开均匀圆孔，一般为上下两个，分别位于贮箱上下两部分；另一种为隔板，位于贮箱中央，假设其不能沟通上下舱的液体流动。采用 Flow-3D 软件分析无防晃锥和隔板、具有上下两个防晃锥无隔板和具有上下两个防晃锥和隔板的 3 种情况下的液体晃动频率，并与等效力学模型结果进行对比。图 2 为贮箱壁面受力的时域对比，表 2 为 Flow-3D 获得的频率与等效力学模型获得的频率对比。可知，具有防晃装置时，其晃动频率降低，具有防晃锥和隔板的贮箱内液体晃动频率较之光滑贮箱，频率降低了 12.5%。等效力学方法可有效描述光滑贮箱的液体晃动现象，但对具有防晃装置的贮箱内液体晃动，将高估其液体晃动频率。

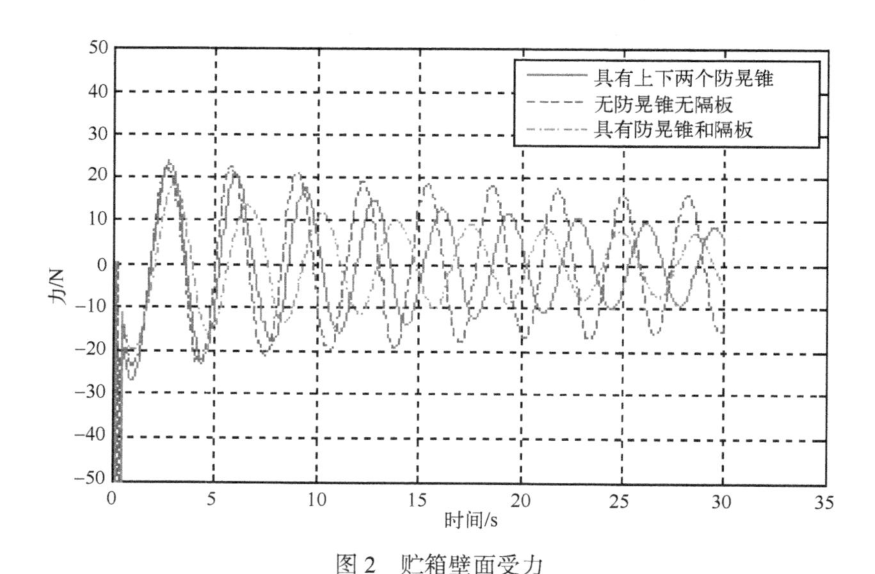

图 2　贮箱壁面受力

表 2　晃动频率对比

分析方法/条件	频率/Hz
等效力学方法/单摆模型	0.3131
Flow-3D/无防晃锥、无隔板	0.3127
Flow-3D/具有防晃锥、无隔板	0.2931
Flow-3D/具有防晃锥和隔板	0.2736

3　液固耦合分析方法比较

以 cassini 贮箱为例，对比采用附加质量法和虚拟质量法获得的模态频率和加速度响应。cassini 贮箱剖面图如图 3 所示，其通过腰部的法兰固定于航天器本体上。充液推进剂为燃料，充液比为 90%。

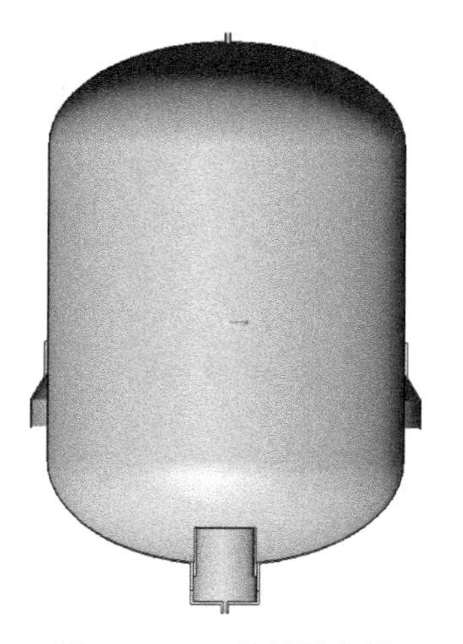

图 3 cassini 贮箱示意图

对比两种方法获得的前 30 阶频率，如表 3 所列。对比看来，两种方法计算获得的局部模态频率差异很大。但经模态有效质量比对比可知，附加质量法在 27 阶、虚拟质量法在 5/6 阶，即 68Hz 频率位置具有垂直方向较大的模态有效质量比，其振型一致，图 4 为其振型。而两种方法开展正弦振动分析表明，加速度响应共振位置基本一致，虚拟质量法计算获得加速度响应大于附加质量法获得的加速度响应，如图 5 所示。

表 3 附加质量法和虚拟质量法前 30 阶模态频率对比

阶次	频率/Hz		阶次	频率/Hz		阶次	频率/Hz	
	附加质量法	虚拟质量法		附加质量法	虚拟质量法		附加质量法	虚拟质量法
1	31.68	64.79	11	44.03	75.29	21	61.12	99.04
2	31.68	64.79	12	44.03	75.61	22	61.12	100.55
3	37.05	65.31	13	45.74	75.61	23	64.81	100.55
4	37.05	65.31	14	45.75	79.98	24	64.81	111.16
5	37.83	68.45	15	51.97	79.98	25	67.54	111.16
6	37.83	68.45	16	51.97	85.78	26	67.54	112.54
7	39.00	69.42	17	52.42	85.78	27	68.01	115.05
8	39.01	70.40	18	52.43	93.70	28	69.71	115.05
9	40.90	70.40	19	59.29	93.70	29	69.71	115.57
10	40.90	75.28	20	59.30	99.04	30	69.77	115.58

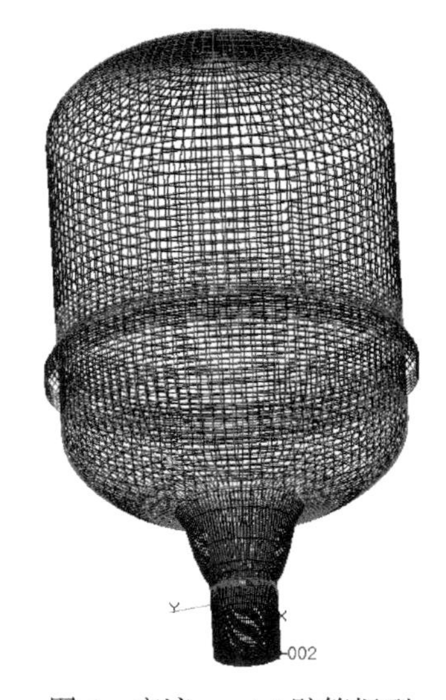

图 4 充液 cassini 贮箱振型

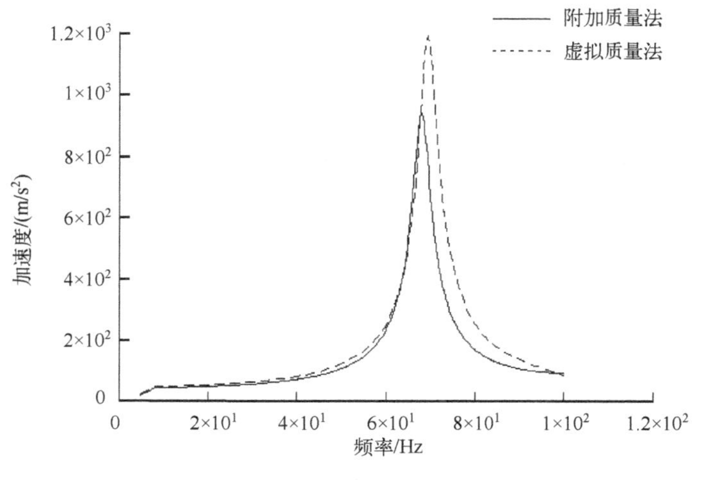

图 5 加速度响应对比

从耗时来看，有限元单元数目为 15000 个，采用高性能工作站开展虚拟质量法的分析，需 7 天完成一个方向的正弦振动分析，而附加质量法仅需要 10min 左右。

4 结束语

（1）等效力学方法、计算流体力学方法、有限元方法获得的推进剂液体晃动阵型一致，但有限元方法获得的晃动频率误差大，直接采用有限元虚拟质量法获得推进剂在贮箱中的晃动频率不适用。

（2）等效力学方法可有效描述光滑贮箱的液体晃动现象，但对具有防晃装置的贮箱内液体晃动，将高估其液体晃动频率。

（3）附加质量法和虚拟质量法获得的主要模态是吻合的，虚拟质量法获得的加速度响应大于附加质量法获得的加速度响应。但虚拟质量法分析耗时巨大，而附加质量法分析具有分析速度快的优势。

参考文献

[1] 曲广吉．航天器动力学工程［M］．北京：中国科学技术出版社，2000.

湍流模型对发动机喷流热效应影响分析

王黎珍[1]，喻海川[2]，刘　周[2]，王　闯[1]，叶　青[1]
（1. 北京空间飞行器总体设计部，北京，100094；
2. 中国航天空气动力技术研究院，北京，100074）

摘要：发动机在一定背压条件下工作时，发动机内外流场呈现连续流态。采用 CFD 模拟发动机喷流流动时，湍流模型是影响喷流热效应的重要因素。本文讨论了发动机在 10Pa 背压环境下工作时，几种常用的湍流模型对喷流热效应的影响，并与地面试验结果进行了对比，给出了最适合的湍流模型，为工程应用和设计提供了重要参考。

关键词：发动机；背压环境；喷流热效应；湍流模型

1　引言

在地外天体探测中，需要利用大推力发动机工作产生反推力实现探测器软着陆和上升起飞等动作。在该过程中，如果地外天体表面存在一定环境背压（即有环境气体），发动机工作时工质从出口高速流出，通过边界上活跃的湍流混合将周围流体卷吸进来不断扩大，流向下流后冲击到探测器设备或者星体表面，产生强烈的冲击传热作用。对于该复杂过程，可以用计算流体力学（CFD）的方法来对发动机喷流流动进行模拟，而 CFD 计算中湍流模型是影响喷流对设备热影响的重要因素，因此需要开展湍流模型对 CFD 仿真结果影响的对比分析。

本文利用 120N 发动机缩比试验数据，开展了 10Pa 背压下多种湍流模型发动机喷流流热影响分析，选出了适用于该背压环境的发动机热喷流湍流模型，作为开展某型号探测器软着陆段羽流热影响分析的参考依据。

2　试验工况条件及数据

1）试验构型布局

发动机出口距离平板表面 97mm，平板为八边形，其几何尺寸如图 1 所示。以发动机出口中心点为坐标原点，计算域取为（-1000mm，797mm）×（-1500mm，1500mm）的圆柱，如图 2 所示。

2）120N 缩比发动机参数

采用 120N 缩比发动机，发动机出口直径 116.48mm，喉部到喷管出口平面为 145.31mm。

发动机工作参数和出口燃气组分分别如表 1～表 2 所列。

表 1　120N 缩比发动机参数

发动机类型	120N 缩比发动机
推进剂种类	一甲基肼/四氧化二氮
总压/MPa	0.8
总温/K	3040
混合比	1.65
流量/(g/s)	39.2
喉径/mm	9.88
扩张比	130
扩张段型面	钟型

表 2　120N 发动机出口燃气组分（质量:%）

组分	质量分数
N_2	42.7
H_2O	29.3
CO	18.4
CO_2	8.0
H_2	1.6

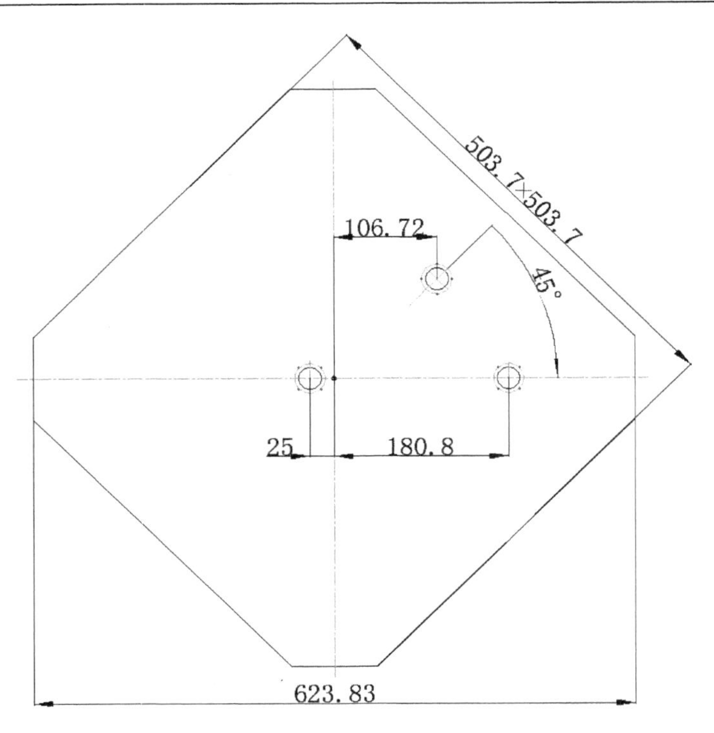

图 1　下平板尺寸及热流测点位置（R1、R2 和 R3 表示 3 个热流传感器）

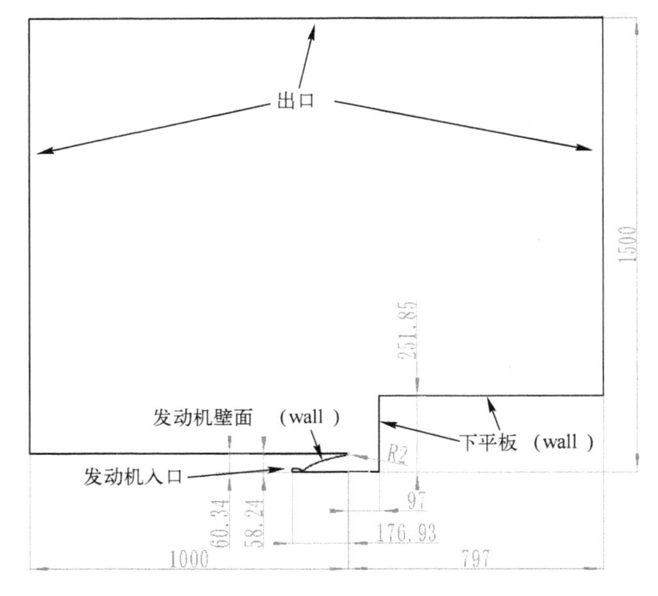

图 2　发动机相关尺寸及与下平板的位置关系

3）全部测点及试验热流数据

试验布置了 17 个热电偶测点，测量得到的热流数据如表 3 所列。表 3 中的 4 号测点由于试验中布置失误，测得值与实际值存在较大误差，不作为仿真比对数据使用。对于试验数据，存在以下结论。

（1）布置测量点位置相对于中心点对称，但测量得到的热流数据不对称性较为明显，说明试验状态推力器轴线与平板法线没有重合，存在一定夹角。

（2）由于平板距离发动机出口较近，故流动会在平板上形成冲击激波。激波会显著影响附近热流大小。故靠近轴线中心热电偶测点（9～17）数据仅作为参考。利用平板外围 1～8 号热电偶测点数据与仿真数据比对。

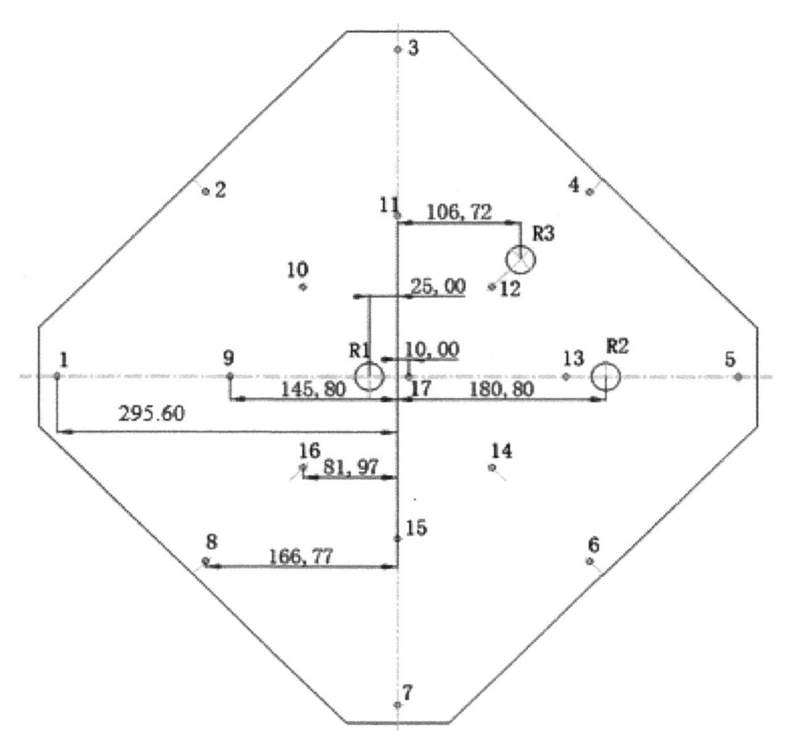

图 3　下平板尺寸及热流测点位置（1~17 为热电偶位置）

表 3　用热电偶温升换算所得热流数据　　(kW/m²)

测点	1	2	3	4	5	6	7	8	
测量值	6.9	7.2	4.1	1.4	6.9	8.6	9.3	8.1	
测点	9	10	11	12	13	14	15	16	17
测量值	59.6	429.8	85.6	973.3	173.6	606.7	42.6	238.7	25.1

3　CFD 仿真模型

根据试验工况条件，建立了 CFD 仿真分析模型。下面 CFD 网格、边界条件设置和湍流模型进行说明。

3.1　网格

计算域如图 4 所示。计算域为圆柱型面，半径为 1.5m，上下平面在 $x=-1$m 和 0.787m 位置处。

为了消除网格差异性对羽流热结果的影响，针对该实验工况，建立了结构网格和混合网格，如图 5 和图 6 所示。混合网格喷管内及喷管正对平板区域采用结构网格，其他地方采用非结构网格。结构网格和混合网格贴壁第一层网格厚度均为 0.02mm，结构网格约 400 万，非结构网格约为 650 万。

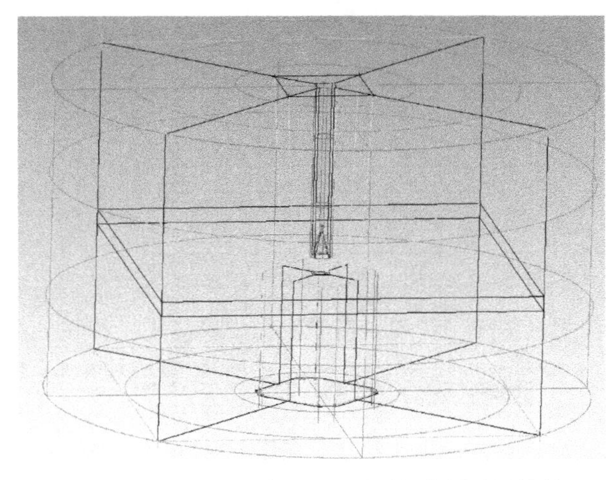

图 4　120N 缩比发动机羽流对平板热影响计算域

3.2　边界条件设置

直接从喷管入口作为发动机燃气入口，设置为质量入口条件。按照冻结流仿真，考虑燃气组分 N_2、H_2O、CO、CO_2、H_2，各燃气组分的质量比如表 2 所列。

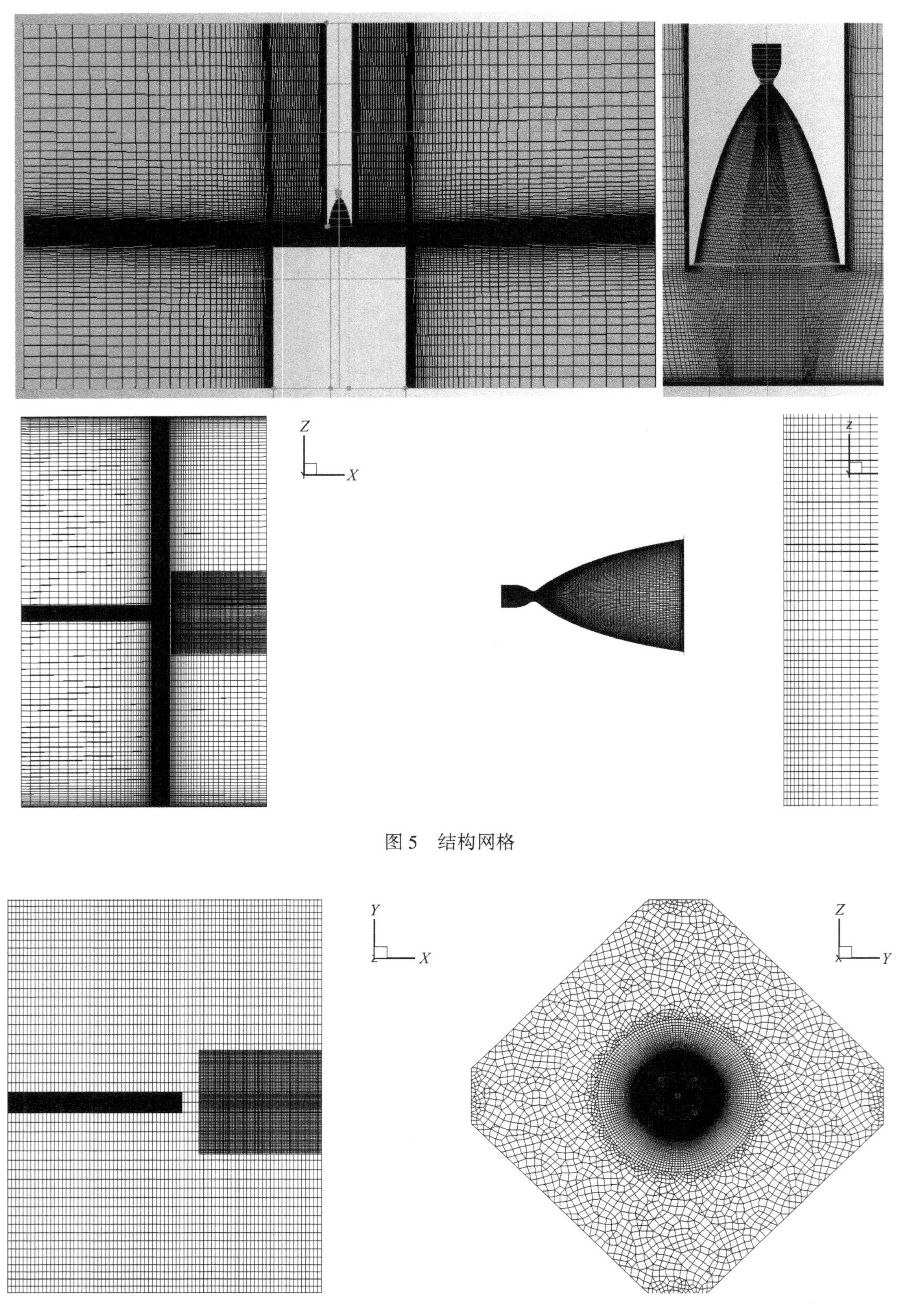

图 5　结构网格

图 6　混合结构网格

出口为压强出口，环境压强取10Pa。

下平板为等温壁面，壁面温度为300K。

3.3　湍流模型

采用CFD软件进行数值模拟，针对结构网格和混合网格，分别使用了SST、S-A、k-ω湍流模型。关于各个湍流模型的特点说明如下。

1）S-A模型

S-A模型是一方程模型，求解修正涡黏系数的一个输运方程。计算量小，修正后，涡黏系数在近壁面处容易求解；不需求解和局部剪切厚度相关的长度尺度；为气动领域设计的，包括封闭腔内流动；可以很好地计算有反向压力梯度的边界层流动；在旋转机械方面应用很广，主要应用于启动/旋转机械等流动分离很小的领域，如绕过机翼的超声速/跨声速流动、边界层流动等。

局限性：不可用于所有类型的复杂工程流动，不能预测各项同性湍流的耗散。

2）k-ω模型

在黏性子层中，使用稳定性更好的低雷诺数公式；k-ω包含几个子模型，压缩性效应、转捩流动和剪切流修正；对反压力梯度流模拟的更好；Standard k-ω模型对自由来流条件更敏感；在气动和旋转机械领域应用较多。

3）Shear Stress Transport（SST）模型

SST k-ω模型混合了k-ω模型和k-ε模型的优势，在近壁面处使用k-ω模型，而在边界层外采用k-ε模型；包含了修正的湍流黏性公式，考虑了湍流剪切应力的效应；SST一般能更精确地模拟反压力梯度一起的分离点和分离区的大小。

4　CFD仿真结果

表4给出了不同热电偶测量点的热流数值模拟与试验对比结果，可以发现，给定的对称分布热电偶测量点试验测量的热电偶分布并不对称，而且存在着较大的不对称性（可能与喷管喷流并不在中心，存在一定偏心有关），对于试验给出的几个热流较大的测量点，其分布并不在数值模拟热流较大区域，因而数值模拟结果并未捕捉到大热流的几个测量点。对比不同湍流模型，如图7，图8所示可以发现，给定的17个热电偶测量点，3种不同湍流模型的数值模拟结果差异不大，对称点的热流基本呈一致。

对于结构网格，如图9所示，采用CFD软件数值模拟时，传感器测量点1采用不同湍流模型进行数值模拟时差异较大，SST和k-ω结果较为接近，而SA湍流模型的数值结果则较小；测点2和测点3采用不同湍流模型的数值模拟结果差异较小，但依然还是SST和k-ω结果较为接近，而SA湍流模型的数值结果较小，总体而言，SA湍流模型与试验结果较为接近。

对于非结构网格，如图10所示，采用CFD软件进行数值模拟时，规律与结构网格较为一致。传感器测量点1采用不同湍流模型进行数值模拟时差异较大，SST和k-ω结果较为接近，而SA湍流模型的数值结果则较小；对于测点2和测点3，不同湍流模型计算的结果都是测点3的热流高于测点2的热流，而试验的结果均为点2热流高于点3。

可以发现，3种不同湍流模型的数值模拟结果差异不大，对称点的热流基本呈一致，总体而言，SST湍流模型与k-ω结果更接近，SA湍流模型的结果较前两者偏小。

表4　热电偶位置处的仿真结果（kW/m^2）

序号	实验值	结构网格			混合网格		
		SST	S-A	k-ω	SST	S-A	k-ω
1	6.9	5.3	5.3	5.3	7.1	5.5	7.4
2	7.2	8.0	5.8	7.9	9.6	7.8	9.7
3	4.1	5.3	5.3	5.3	7.3	5.7	7.6
4	1.4	8.0	5.9	8.0	9.6	7.9	9.7
5	6.9	5.2	5.4	5.2	6.9	5.6	7.4
6	8.6	8	5.9	8.0	9.6	7.8	9.6
7	9.3	5.3	5.4	5.3	7.2	5.6	7.5
8	8.1	8	5.9	8.0	9.6	7.6	9.4
9	59.6	49.3	44.7	46.8	49.1	31.9	49.7
10	429.8	136.7	112.9	126.5	147.3	106.3	160.2
11	85.6	49.8	44.2	47	48.0	31.1	48.3
12	973.3	139.6	111.9	127.8	147.3	106.6	160
13	173.6	49.6	44.1	46.3	48.7	31.9	49.3
14	606.7	140	114.8	127.9	147.3	106	160
15	42.6	50.0	45.2	47	49.0	31.8	49.5
16	238.7	137.2	116.1	126.5	147.3	105.8	160
17	25.1	51.8	83.3	49.7	59.8	71.6	36.8
极值		1360	1062	1327	1188	840	1128

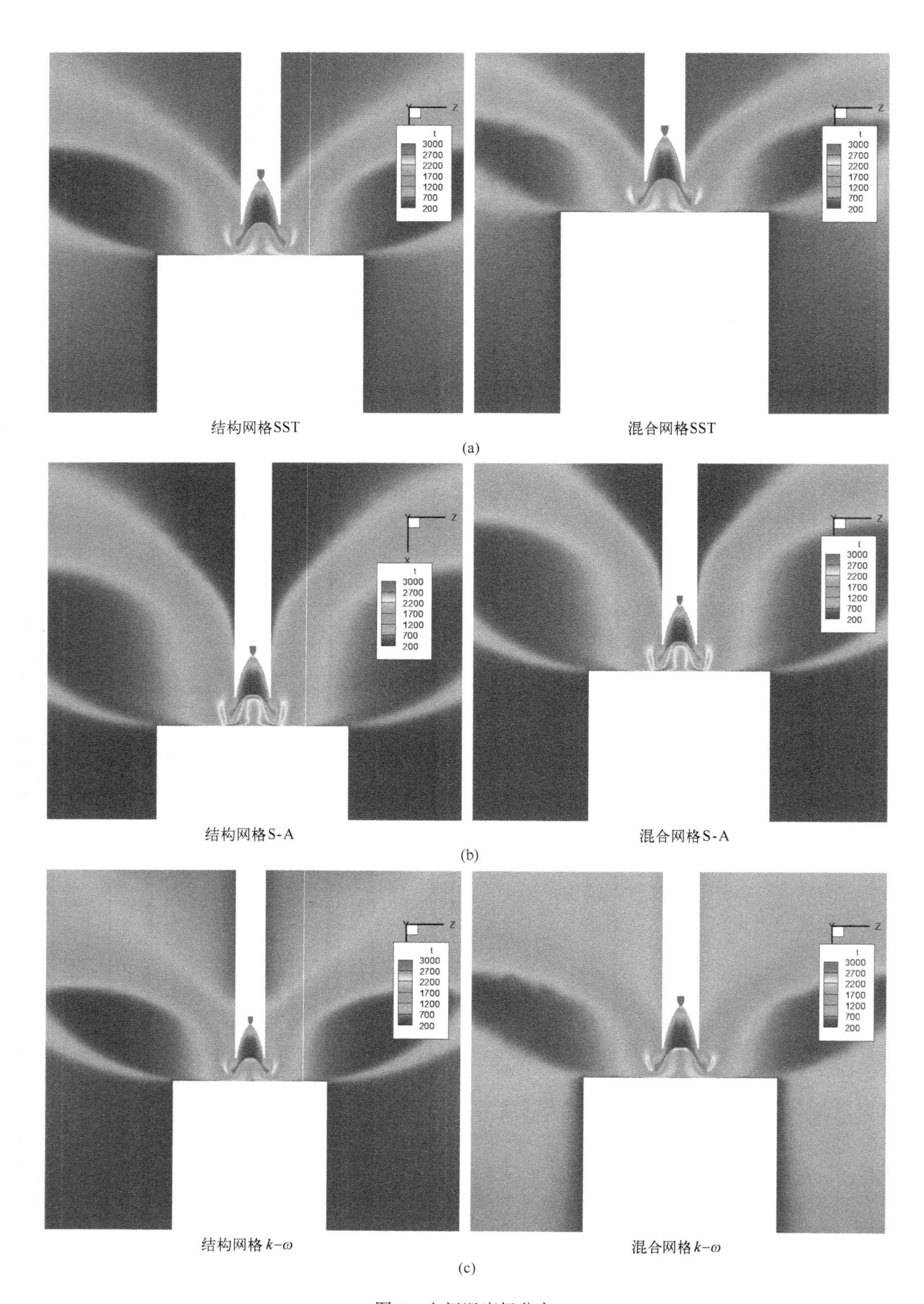

图7 空间温度场分布

（a）SST 湍流模型；（b）S-A 湍流模型；（c）k-ω 湍流模型。

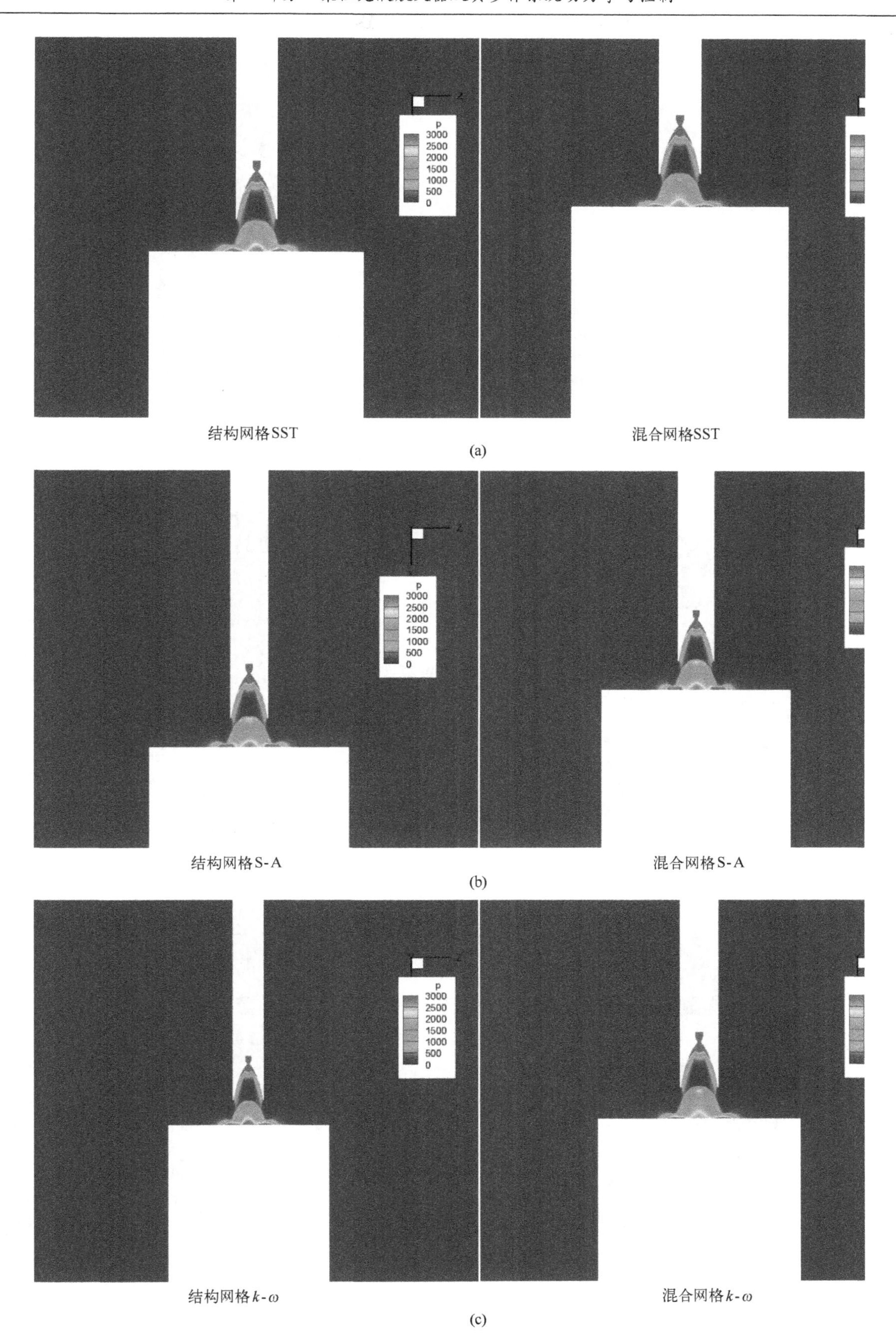

图 8　空间压强场分布

（a）SST 湍流模型；（b）S-A 湍流模型；（c）k-ω 湍流模型。

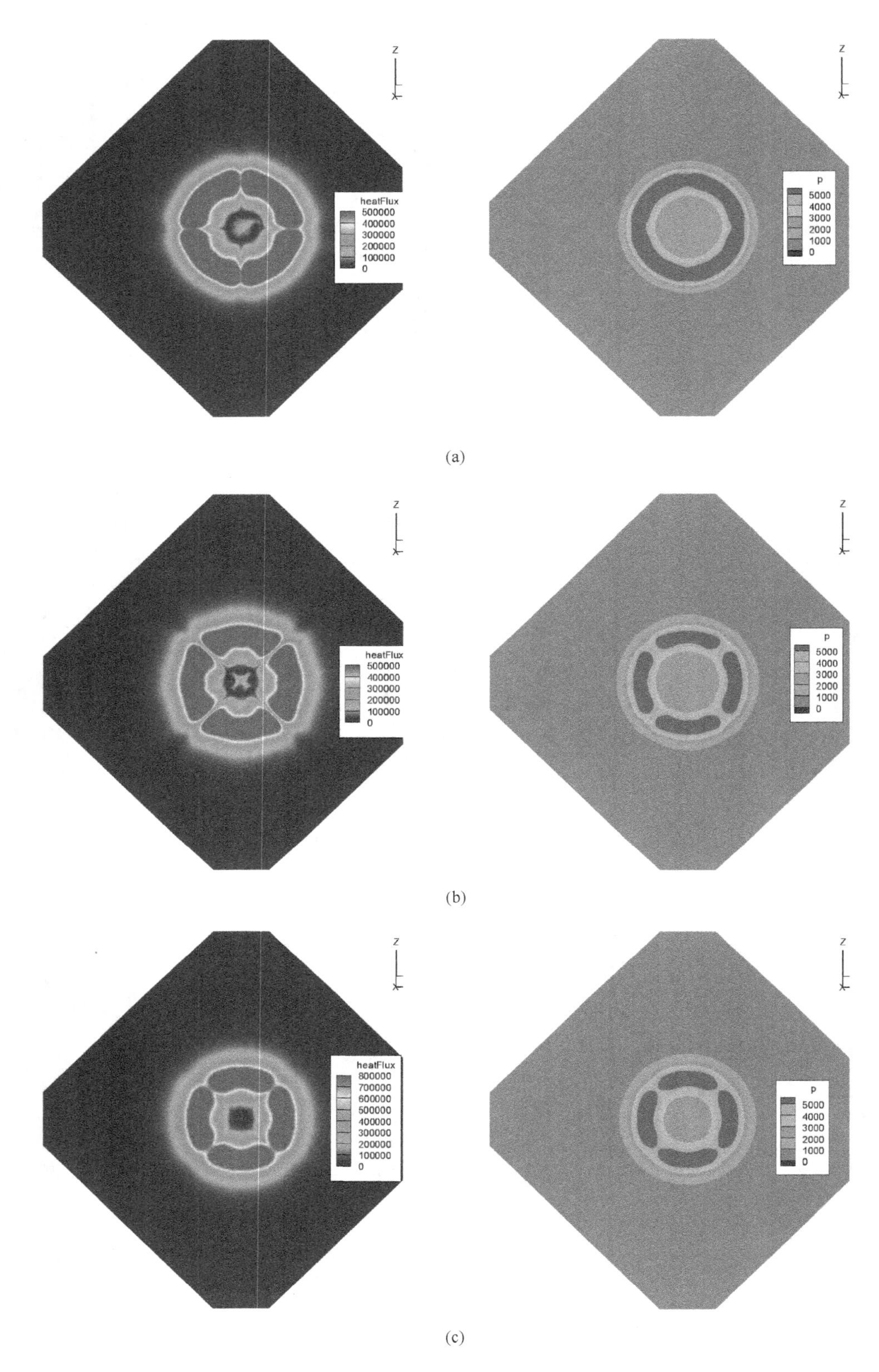

图 9　结构网格平板表面热流云图及压力云图

（a）SST 湍流模型；（b）S-A 湍流模型；（c）k-ω 湍流模型。

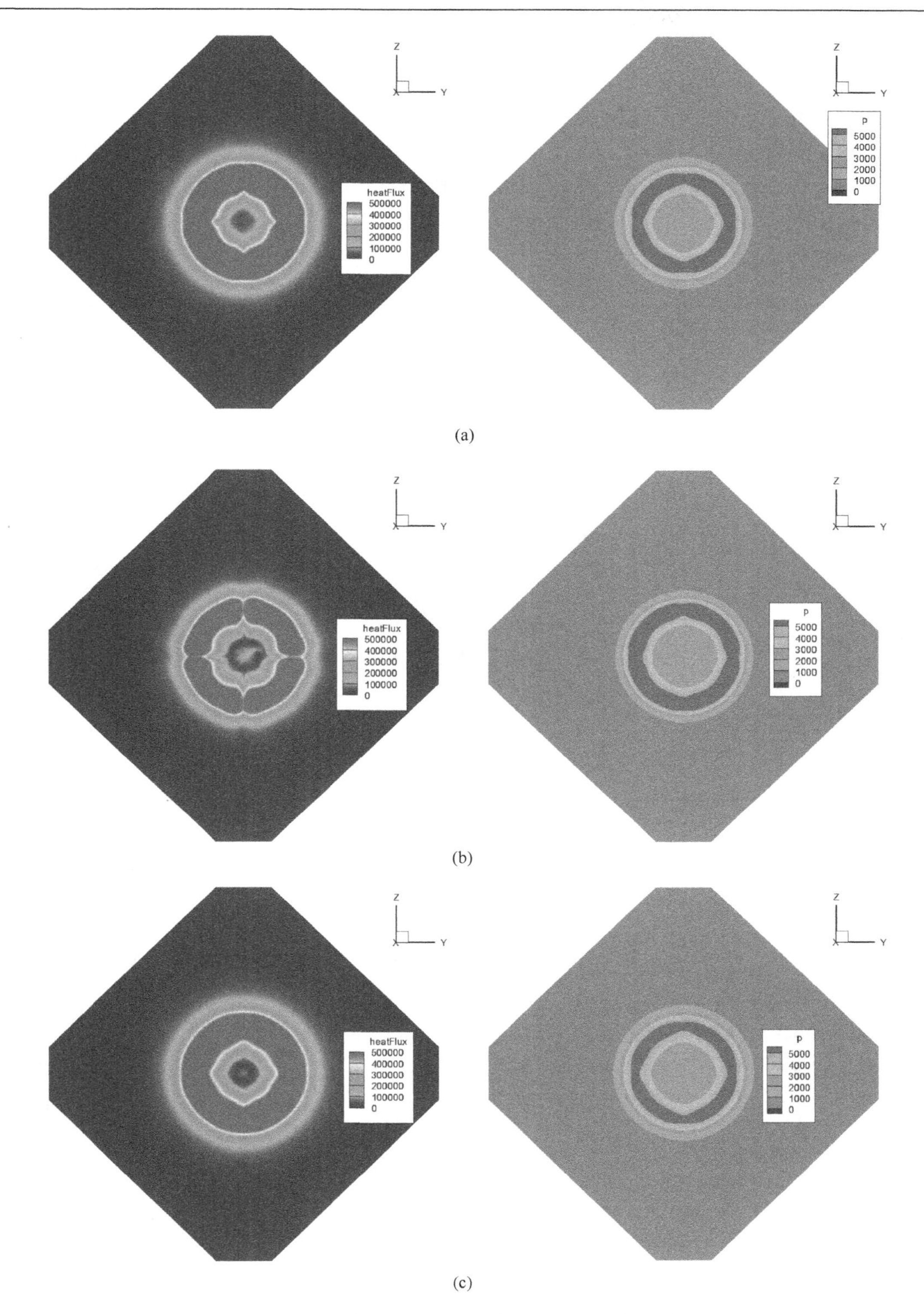

图 10　混合网格平板表面热流云图及压力云图

（a）SST 湍流模型；（b）S-A 湍流模型；（c）k-ω 湍流模型。

5　讨论及结论

（1）由理论和工程经验可知，不存在一个统一的湍流模型可以精确模拟各种复杂流动问题。SST k-ω 模型混合了 k-ω 模型和 k-ε 模型的优势，在近壁面处使用 k-ω 模型，而在边界层外采用 k-ε 模型，相比于其他湍流模型，SST 模型更适合用于发动机喷流冲击热效应数值仿真分析。

（2）对于仿真热流数据，湍流模型结果的规律性比较一致。即 120N 缩比发动机喷流冲击到平板上形成激波，热流随着远离轴线中心点先增大后减小。但在相同网格情况下，不同湍流模型极大值大小和位置都不相同。

（3）与热电偶 1～8 测点试验数据对比，SST 与 $k-\omega$ 结果更接近试验数据（误差范围-11%～15%），SA 湍流模型的结果较前两者偏小，与试验数据误差偏大（误差范围-24%～-10%）。具体如表 5 所列。

根据以上分析，选择 SST 湍流模型开展发动机喷流冲击热效应数值仿真分析。

表 5　仿真热流与试验测量热流对比表格

距中心距离/mm	测点	实测热流密度/(kW/m²)	结构网格/(kW/m²)			混合网格/(kW/m²)		
			SST	SA	k-ω	SST	SA	k-ω
235.8	2	7.2	8	5.8	7.9	9.6	7.8	9.7
235.8	4	—	8	5.9	8	9.6	7.9	9.7
235.8	6	8.6	8	5.9	8	9.6	7.8	9.6
235.8	8	8.1	8	5.9	8	9.6	7.6	9.4
	4 点均值	7.97	8.00	5.9	7.98	9.6	7.8	9.6
相对误差			0.42%	-26.3%	0.10%	20.5%	-2.4%	20.5%
295.6	1	6.9	5.3	5.3	5.3	7.1	5.5	7.4
295.6	3	4.1	5.3	5.3	5.3	7.3	5.7	7.6
295.6	5	6.9	5.2	5.4	5.2	6.9	5.6	7.4
295.6	7	9.3	5.3	5.4	5.3	7.2	5.6	7.5
	4 点均值	6.8	5.3	5.4	5.3	7.1	5.6	7.5
相对误差			-22.4%	-21.3%	-22.4%	4.78%	-17.6%	9.9%
平均相对误差			-11.0%	-23.8%	-11.2%	12.6%	-10.0%	15.2%

参考文献

[1] 唐志共，刘刚，牟斌，等. 湍流模型对喷流计算精度的影响研究［J］. 空气动力学学报，2010.28（2）：188-196.

[2] Angioletti M, Nino E, Ruocco G. CFD turbulent modelling of jet impingement and its validation by particle image velocimetry and mass transfer measurements［J］. International Journal of Thermal Sciences, 2005, 44（4）: 349-356.

[3] Chung Y M, Luo K H, Sandham N D. Numerical study of momentum and heat transfer in unsteady impinging jets［J］. International Journal of Heat and Fluid Flow, 2002, 23（5）: 592-600.

[4] Fernández J A, Elicer-Cortés J C, Valencia A, et al. Comparison of low-cost two-equation turbulence models for prediction flow dynamics in twin-jets devices［J］. International Communications in Heat and Mass Transfer, 2007, 34（5）: 570-578.

[5] Sagot B, Antonini G, Christgen A, et al. Jet impingement heat transfer on a flat plate at a constant wall temperature［J］. International Journal of Thermal Sciences, 2008, 47（12）: 1610-1619.

[6] 平艳. 冲击射流数值模拟中湍流模型的分析与对比［D］. 天津：天津大学，2012.

[7] Mehta M, Sengupta A, Renno N O, et al. Thruster Plume Surface Interactions: Applications for Spacecraft Landings on Planetary Bodies［J］. AIAA Journal, 2013, 51（12）: 2800-2818.

[8] Kagenov A, Glazunov A, Kostyushin K, et al. Numerical investigation of the effect of the configuration of ExoMars landing platform propulsion system on the interaction of supersonic jets with the surface of Mars［J］. AIP Conference Proceedings, 2017, 1893（1）: 030084.

对接环捕获过程动力学建模与参数影响分析

张志娟，宫伟伟，苑广智，刘绍奎
（北京空间飞行器总体设计部，北京，100094）

摘要：针对空间目标交会对接过程，建立了用于卫星对接环的手爪式对接捕获机构动力学模型，研究了缓冲参数、手爪运动控制速度对撞击载荷和两星相对运动的影响。研究表明，选择适当的减震系统参数，可以大幅降低对接撞击力，使对接过程的平顺性和可控性更优。

关键词：对接环；捕获机构；碰撞；动力学仿真

1 引言

空间目标交会对接是实施在轨服务[1-2]的重要环节，如美国的轨道快车（Orbital Express）和凤凰计划、日本的ETS-7等。对接机构一般针对卫星推进系统喷管[3]、星箭对接环[4]、太阳翼等通用设备研制，或针对某特殊对象的对接机构研究[5]。未来以小型化、通用化、低冲击为特点的针对非载人航天器的小型对接捕获机构应用将越来越广泛。

对接过程中，对接机构的手爪和基座部分不可避免会和对接环发生接触碰撞。手爪和基座横梁的减振设计是减缓接触碰撞载荷，避免两星出现较大相对位姿运动、减轻服务星受到的冲击载荷，提高对接平顺度降低控制难度的关键。对卫星结构的缓冲减震设计一般选择金属橡胶等柔性连接结构[6]，捕获对接机构设计根据对接方式可采用电机驱动、卷簧等。

本文针对美国轨道快车计划这一类对接环捕获对接机构的设计思想，基于ADAMS软件建立了用于卫星对接环的手爪式对接机构动力学模型，通过选取不同的减震系统阻尼系数，研究了阻尼对对接过程撞击力的影响。研究表明，选择适当的减震系统参数，可以大幅降低对接撞击力，使对接过程的平顺性和可控性更优。

2 捕获对接机构动力学建模

2.1 捕获对接原理

捕获对接机构安装在服务卫星一端，由安装基座连同基座圆周上均布3个捕获手爪组成，手爪通过电机驱动在安装面内做直线运动。具体对接过程如下。

首先，在服务卫星姿轨控系统控制下，使服务卫星和目标卫星相对位置、相对姿态、相对线速度和相对角速度达到一定范围，使得目标卫星的对接环进入对接机构的包络空间；然后捕获手爪运动收拢，与对接环通过接触碰撞吸能过程使得两颗卫星的相对位姿趋于一致；最后通过协同控制和机构对齐锁紧将目标卫星和服务卫星连接在一起，完成捕获对接。

2.2 动力学建模

对接机构包括执行对接动作的手爪、具有缓冲减震作用的缓冲机构、电机系统和安装基座。缓冲减震设计包括驱动电机驱动力控制和减震器两方面。手爪基座和主动对接卫星本体之间的驱动电机采用分段驱动力建模，受到外力小于800N时，按照设计速度运动，受到外力大于800N时，最大输出800N驱动力。为了减轻传递到服务卫星的碰撞载荷，在对接机构安装基座与主动对接卫星之间、手爪和安装基座设计弹簧-阻尼模型建模模拟减震器。其中，手爪和安装基座之间3个平动方向分别建立3个减震器的弹簧-阻尼模型，弹簧刚度系数为150N/mm，阻尼系数为0~0.4Ns/mm；3个转动自由度约束。横梁和服务卫星本体之间在轴向碰撞主方向上建立减震器弹簧-阻尼模型，弹簧刚度系数为150N/mm，阻尼系数为0~0.4Ns/mm；其他5个自由度约束。动力学模型如图1所示。

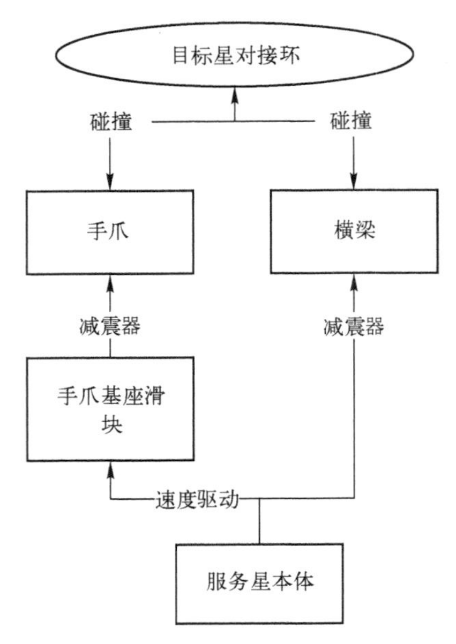

图1 动力学模型示意图

3 对接过程动力学仿真分析

3.1 缓冲减震性能对横梁碰撞载荷影响分析

服务卫星本体坐标系定义为：坐标原点位于星箭对接环中心，X 轴由对接环指向捕获机构，Y 轴和 Z 轴在对接环面内，与 X 轴组成右手笛卡儿坐标系。工况参数设置：两星无相对姿态角，无相对姿态角速度，无横向移动速度，两星轴向直线接近，服务卫星初始 X 方向以速度 0.01m/s 接近目标卫星。服务卫星质量 1500kg，目标卫星质量 1200kg。

计算结果：服务卫星从初始位置开始以 10mm/s 速度沿 X 方向运动，直到目标星对接环与服务卫星横梁发生碰撞，对接环与手爪发生碰撞，朝向服务卫星运动。可知后续目标星的对接环将在手爪限定范围内反复运动。各个部件首次发生碰撞时的载荷合力和时间计算结果统计如表1和表2所列。

表1 不含减震器计算结果

与对接环发生碰撞的部件	碰撞开始时刻/s	碰撞力/N	碰撞结束时刻/s	碰撞过程持续时间/s
手爪1	11.241	33.5	11.421	0.18
手爪2	11.192	29.46	11.389	0.197
手爪3	11.084	27.33	11.251	0.167
横梁1	2.4	852.8	2.409	0.009
横梁2	2.4	857.1	2.409	0.009
横梁3	2.4	861.5	2.409	0.009

表2 含减震器计算结果

与对接环发生碰撞的部件	碰撞开始时刻/s	碰撞力/N	碰撞结束时刻/s	碰撞过程持续时间/s
手爪1	8.723	36.26	8.952	0.229
横梁1	2.4	106.1	2.46	0.06
手爪2	8.7	37.17	8.947	0.247
横梁2	2.4	106.3	2.46	0.06
手爪3	8.643	30.2	9	0.357
横梁3	2.4	106.4	2.46	0.06

第一次碰撞发生在目标卫星对接环和服务卫星横梁之间，3组冲击载荷数值接近，随后在两星受载荷的不完全一致性、卫星质量分布不均匀的影响下，两星产生了一定的相对角速度和相对姿态变化，随后对接环和3个手爪的第一次碰撞时刻稍有不同，载荷数值也有所不同，但量级相当。该工况下不含减震器时横梁受到最大载荷值为 861.5N，含减震器时横梁受到最大载荷值为 106.4N。说明减震器对吸收冲击能量起到了较好的作用。当有减震器时，由于减震器的耗能，服务卫星和目标卫星之间的碰撞载荷大幅减小，如图2~图5所示。

3.2 缓冲减震性能对手爪碰撞载荷影响分析

两星之间有初始相对角速度情况时，服务星的捕获手爪会和目标卫星对接环产生多次碰撞和连续接触。设两星初始相对角速度 0.5(°)/s，两星初始接近速度 2mm/s，横向速度 10mm/s。

由于服务卫星初始相对于目标卫星有 0.5(°)/s 角速度，因此手爪3竖杆先与对接环发生碰撞，然后手爪1和2与对接环发生碰撞。碰撞过程对两星的速度和角速度都产生了较大影响。该工况下不含减震器时手爪受到的最大载荷值 292.15N，含减震器时手爪受到的最大载荷值 259.7N，如表3~表4和图6~图9所示。

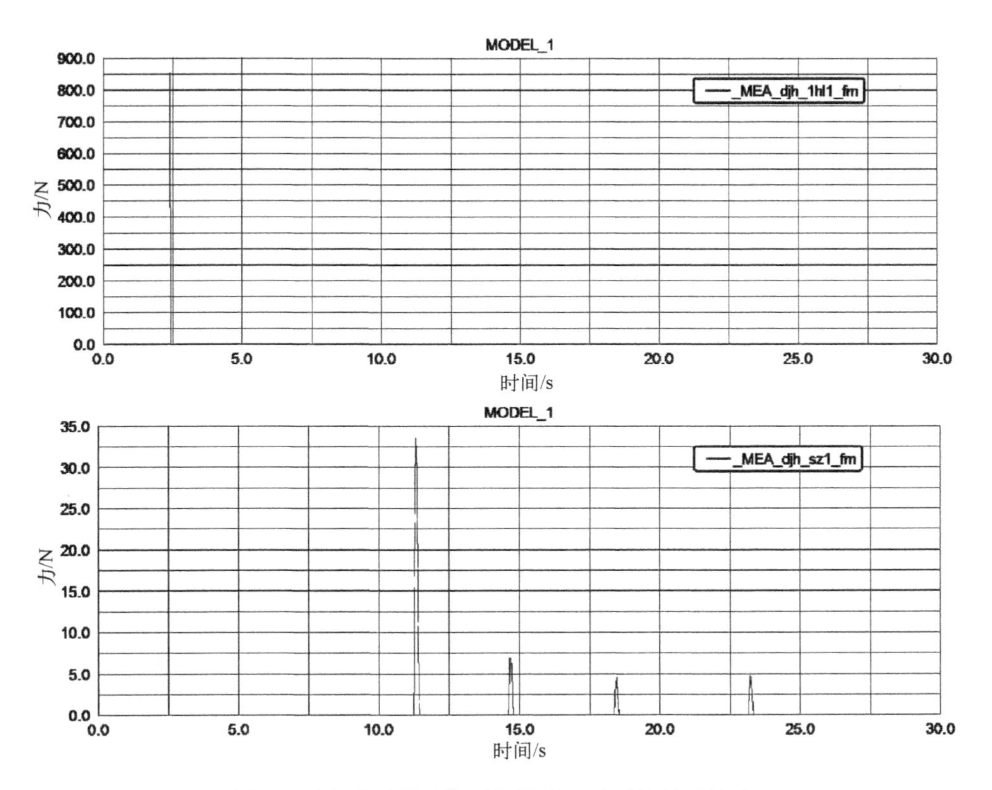

图 2　不含减震器时接环与横梁、手爪接触碰撞力

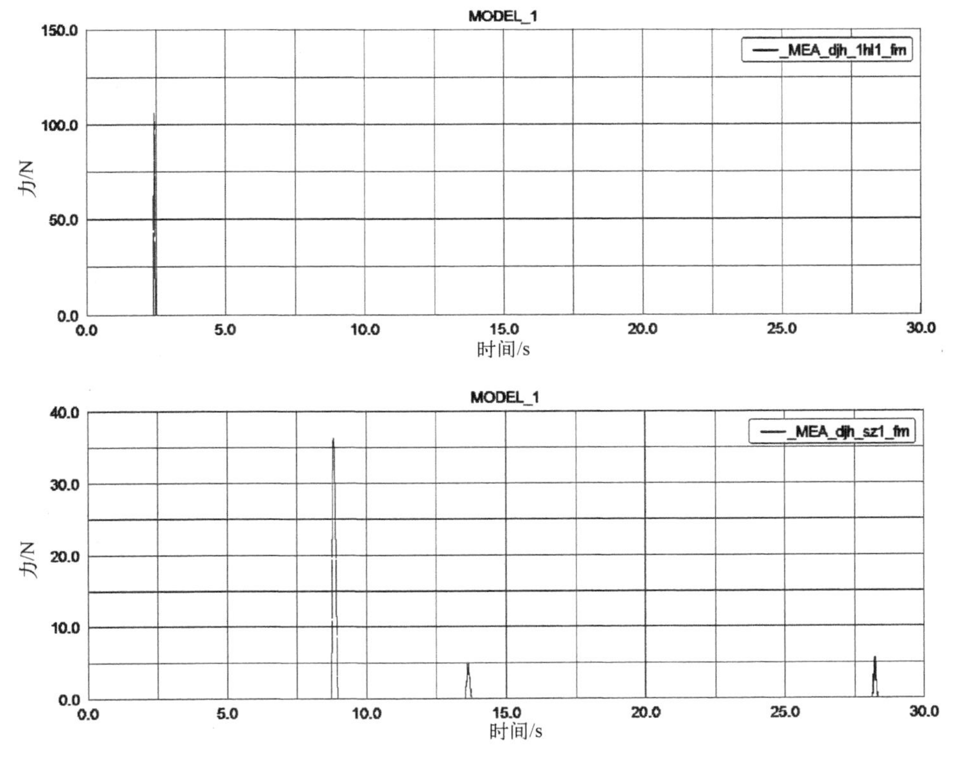

图 3　含减震器时接环与横梁、手爪接触碰撞力

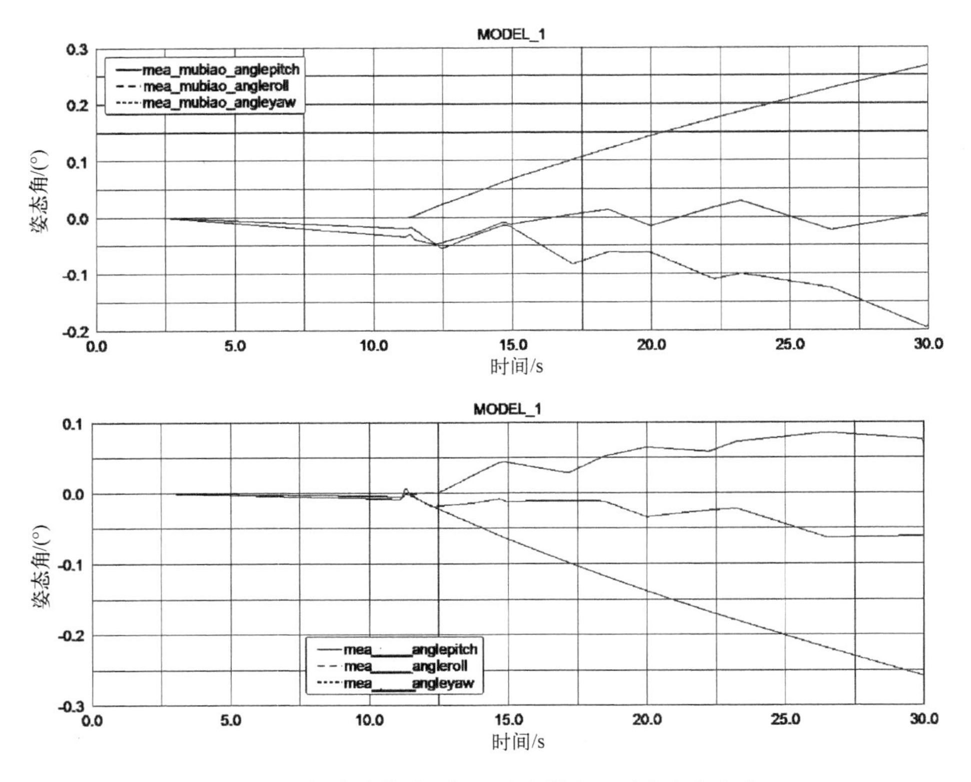

图 4　不含减震器时目标卫星和服务卫星姿态角变化

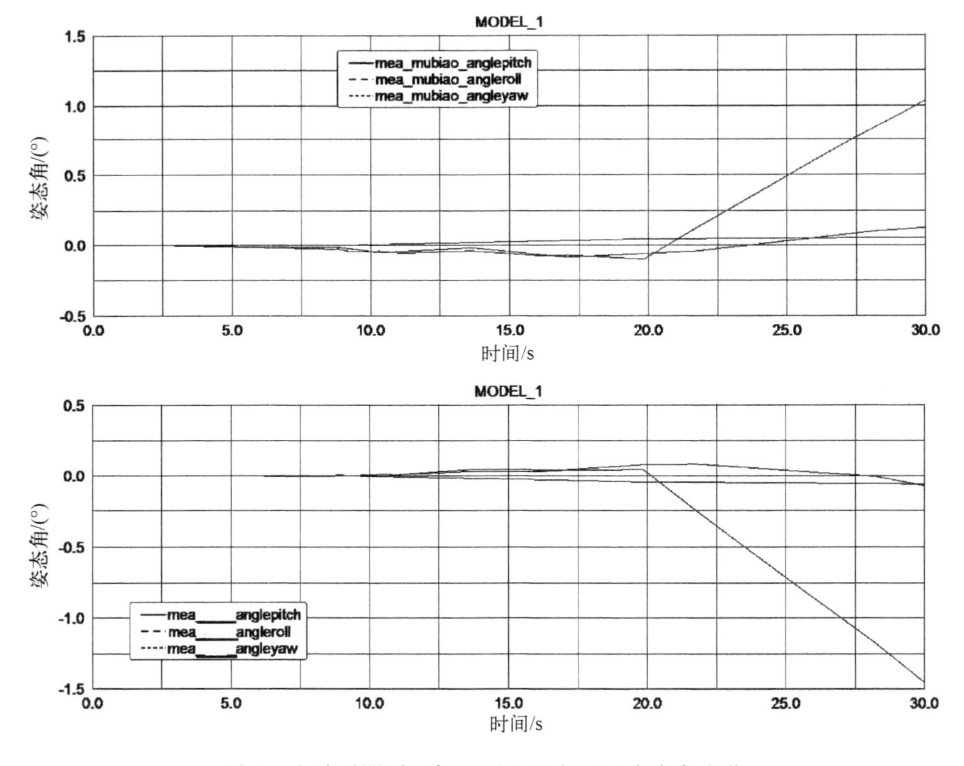

图 5　含减震器时目标卫星和服务卫星姿态角变化

表 3　不含减震器计算结果

与对接环发生碰撞的部件	碰撞开始时刻/s	碰撞力/N	碰撞结束时刻/s	碰撞过程持续时间/s
手爪 1	1.982	282.66	2.23	0.248
横梁 1	4.807	60.6	4.846	0.039
手爪 2	1.986	292.15	2.226	0.24
横梁 2	4.478	931.1	4.507	0.029
手爪 3	1.466	267.67	1.646	0.18
横梁 3	25.79	40.9	25.833	0.043

表 4　含减震器计算结果

与对接环发生碰撞的部件	碰撞开始时刻/s	碰撞力/N	碰撞结束时刻/s	碰撞过程持续时间/s
手爪 1	1.989	248	2.251	0.262
横梁 1	4.813	125.5	4.903	0.09
手爪 2	1.993	259.7	2.247	0.254
横梁 2	5.391	106.8	5.479	0.088
手爪 3	1.465	242.5	1.665	0.2
横梁 3	26.425	17.67	26.52	0.095

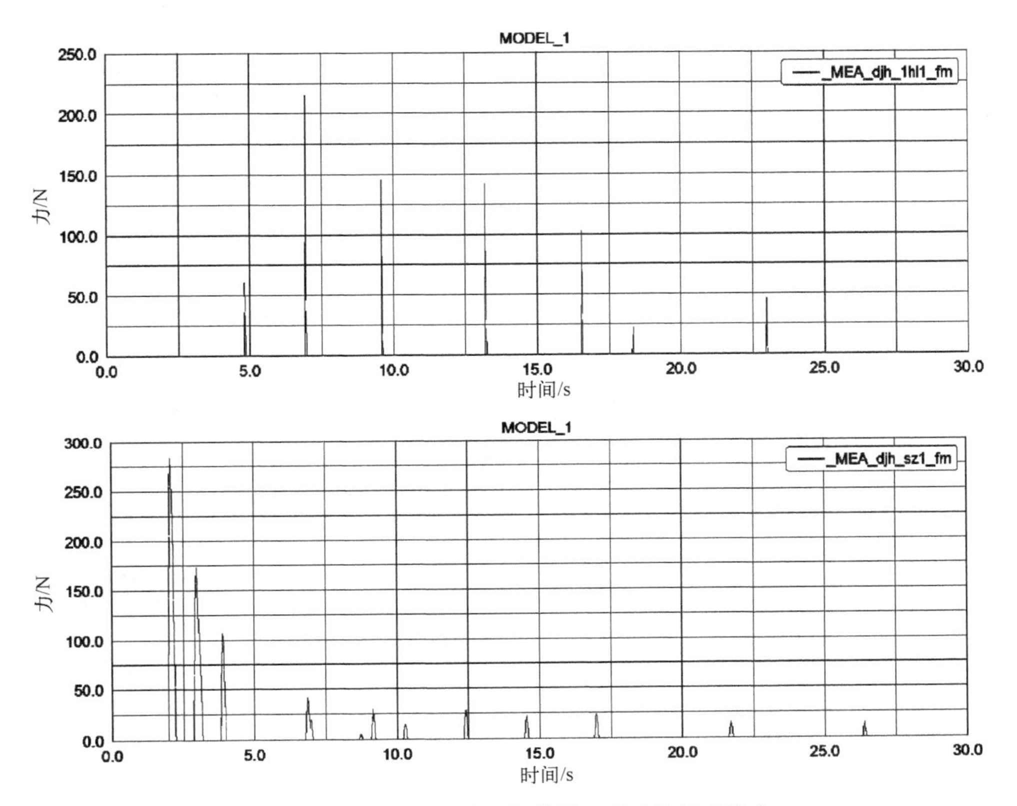

图 6　不含减震器时接环与横梁、手爪接触碰撞力

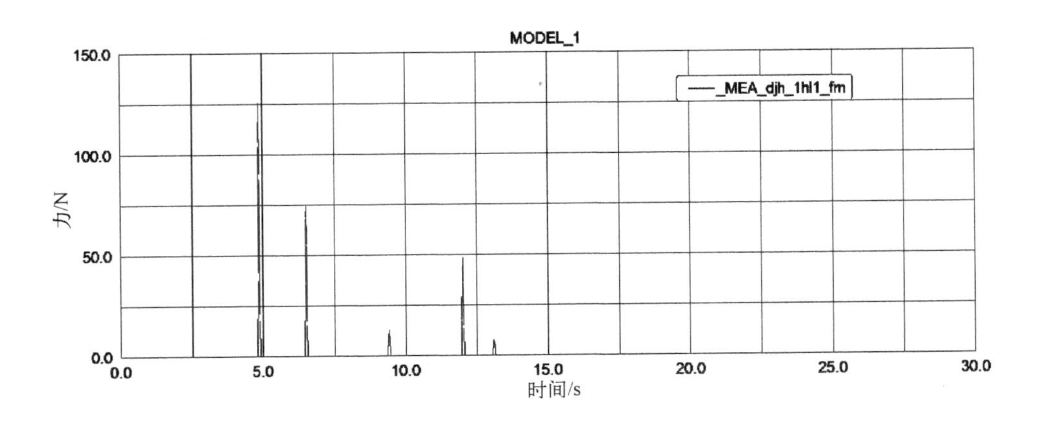

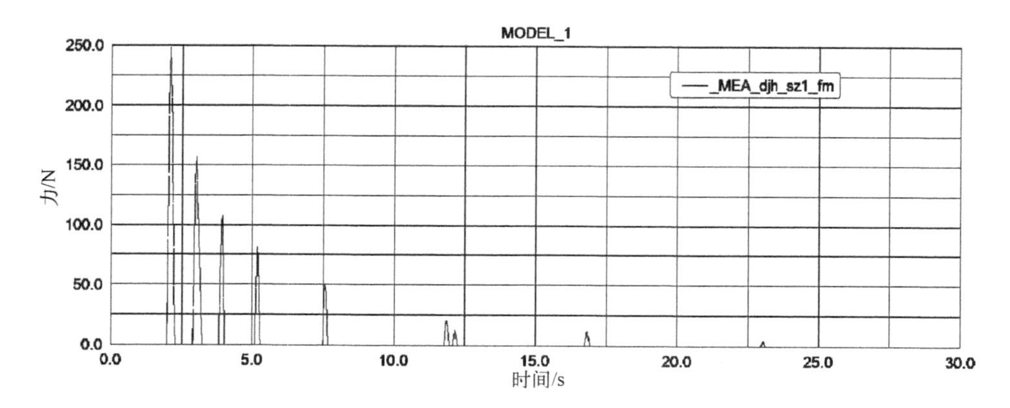

图 7　含减震器时接环与横梁、手爪接触碰撞力

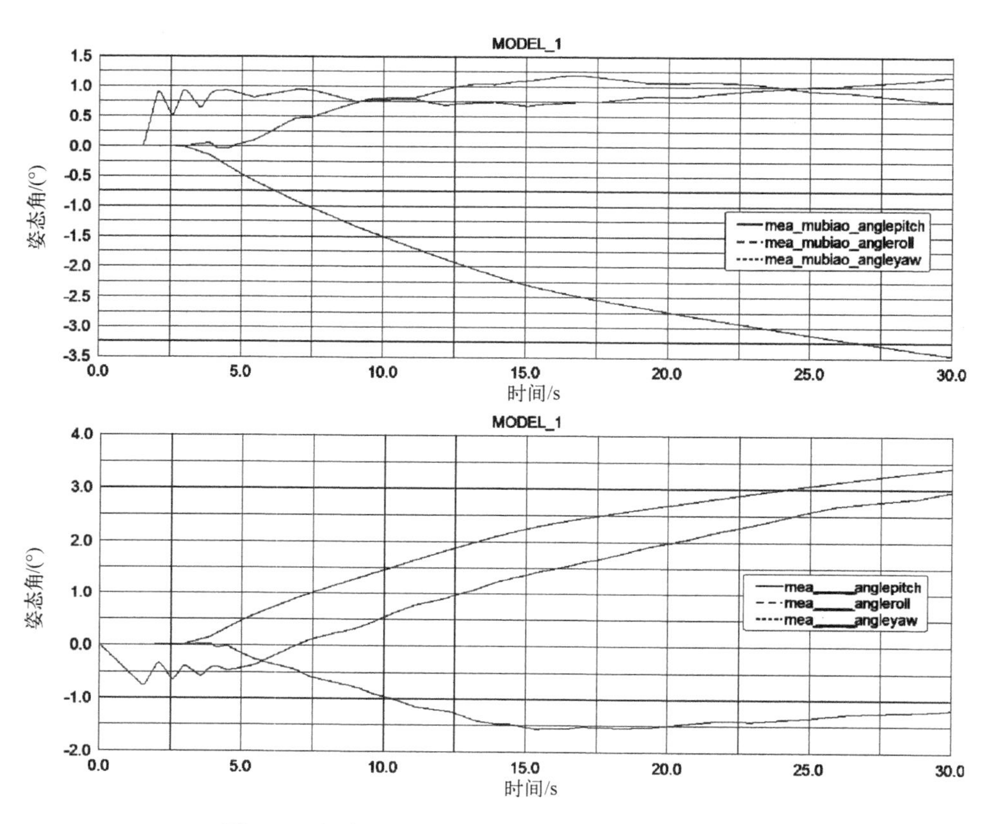

图 8　不含减震器时目标卫星和服务卫星姿态角变化

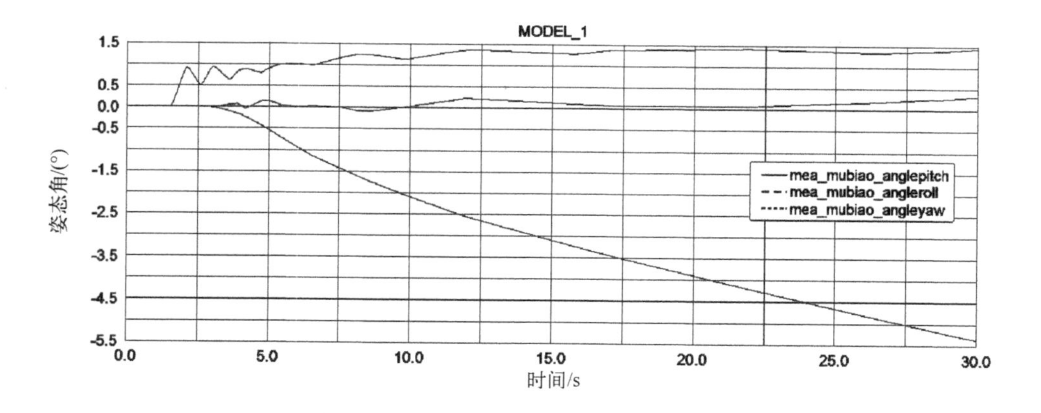

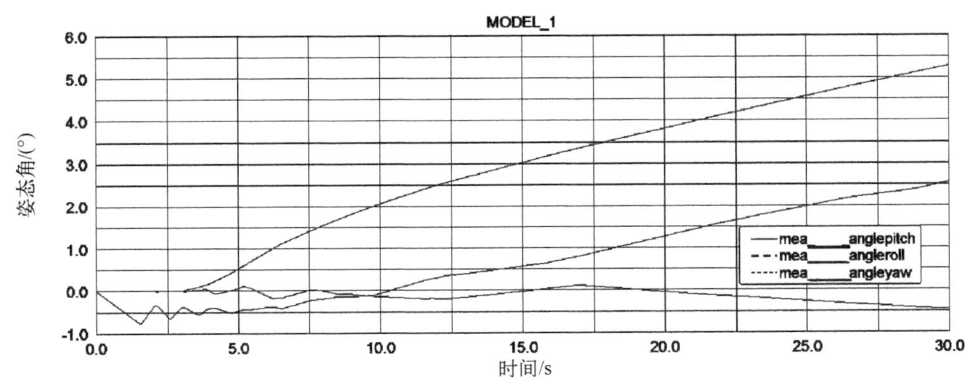

图 9 含减震器时目标卫星和服务卫星姿态角变化

3.3 手爪运动速度影响分析

研究两星之间存在横向速度和相对角速度时，手爪抓捕速度不同的影响。设两星初始状态保持逼近速度为 0.002m/s，横向速度为 0.01m/s，星体相对角速度为 0.5(°)/s，手爪收拢运动速度分别为 80mm/s 和 35mm/s。

各部件首次发生碰撞时的载荷合力和时间计算结果统计如表 5 和图 10～图 12 所示。在 10s 仿真时间内 3 个横梁与对接环未发生碰撞。

表 5 手爪移动速度 80mm/s 计算结果

与对接环发生碰撞的部件	碰撞开始时刻/s	碰撞力/N	碰撞结束时刻/s	碰撞过程持续时间/s
手爪 1	0.684	816.226	0.791	0.107
手爪 2	0.675	850.474	0.793	0.118
手爪 3	0.019	441.122	0.195	0.176

当服务卫星开始运动时，手爪 3 最先与对接环发生碰撞。接着手爪 1 和手爪 2 几乎同时与目标卫星对接环发生碰撞，从碰撞力在服务卫星本体坐标系的分量分布来看，碰撞发生在手爪的竖直面，碰撞力主要分布在 YOZ 面内。在 10s 内手爪 1、手爪 2 和手爪 3 分别与对接环发生了 5 次、7 次、6 次碰撞，两颗卫星的绕 Y、Z 轴姿态变化均较小。10s 结束时刻，目标星滚动角为 7.12°、绕 Y 轴俯仰角为−1.38°、绕 Z 轴偏航角为 3.0°。

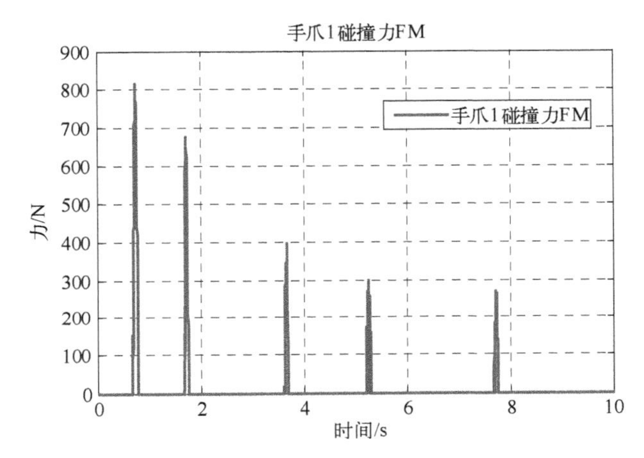

图 10 手爪移动速度 80mm/s
对接环和手爪碰撞力变化曲线

手爪移动速度从 80mm/s 降低为 35mm/s 后计算结果如表 6 和图 13～图 15 所示。手爪与对接环碰撞载荷峰值 305.4N（表 6）为 80mm/s 时载荷峰值 850.474（表 5）的 36%。

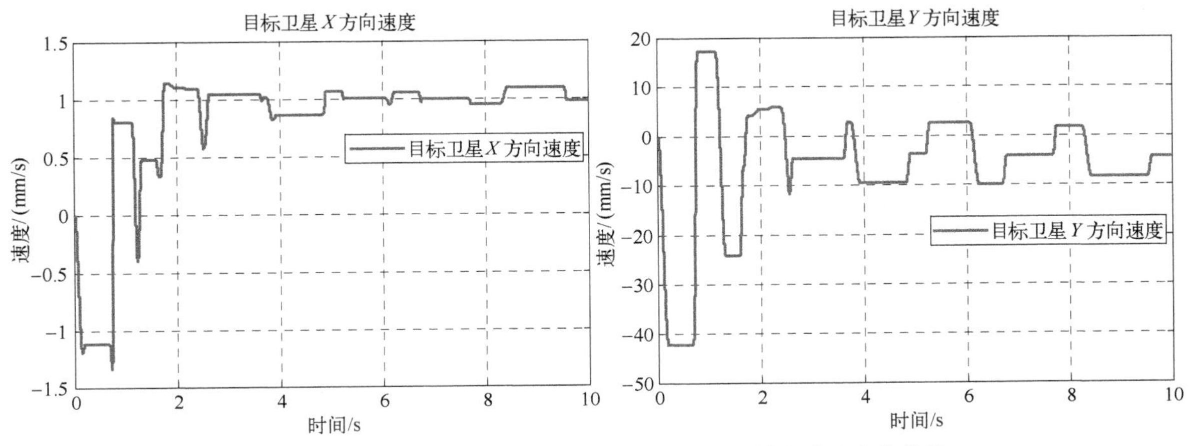

图 11 手爪移动速度 80mm/s 目标星前进方向和横向速度变化曲线

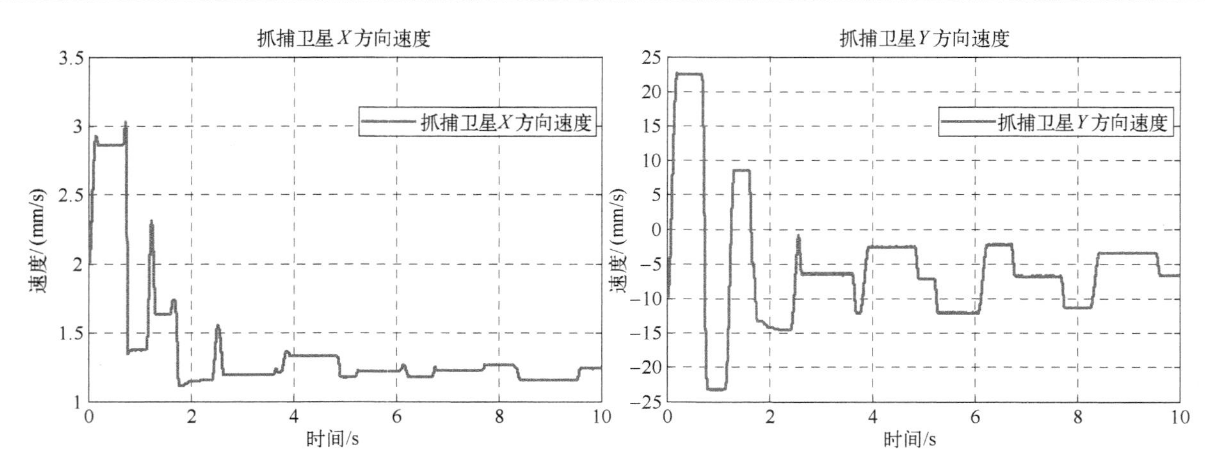

图12　手爪移动速度80mm/s服务卫星前进方向和横向速度变化曲线

表6　手爪移动速度35mm/s计算结果

与对接环发生碰撞的部件	碰撞开始时刻/s	碰撞力/N	碰撞结束时刻/s	碰撞过程持续时间/s
手爪1（载荷峰值出现的单次碰撞）	0.333	292.653	0.551	0.218
手爪2（载荷峰值出现的单次碰撞）	0.329	305.4	0.551	0.222
手爪3（首次碰撞）	0.035	241.7	0.214	0.179
手爪3（载荷峰值出现的单次碰撞）	0.579	297.372	0.758	0.179

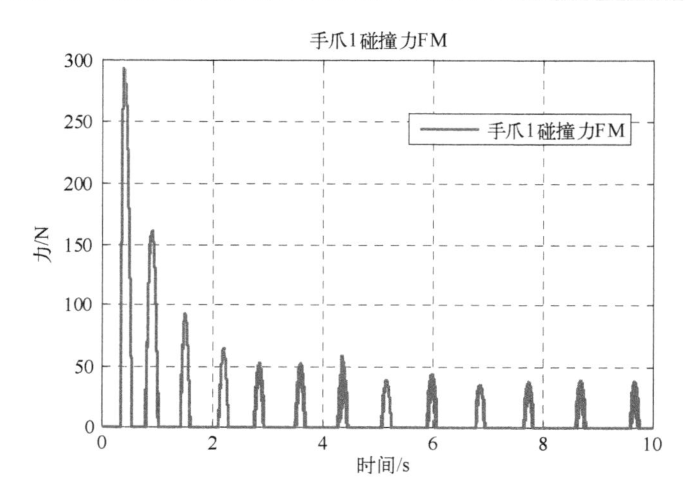

图13　手爪移动速度35mm/s对接环和手爪碰撞力变化曲线

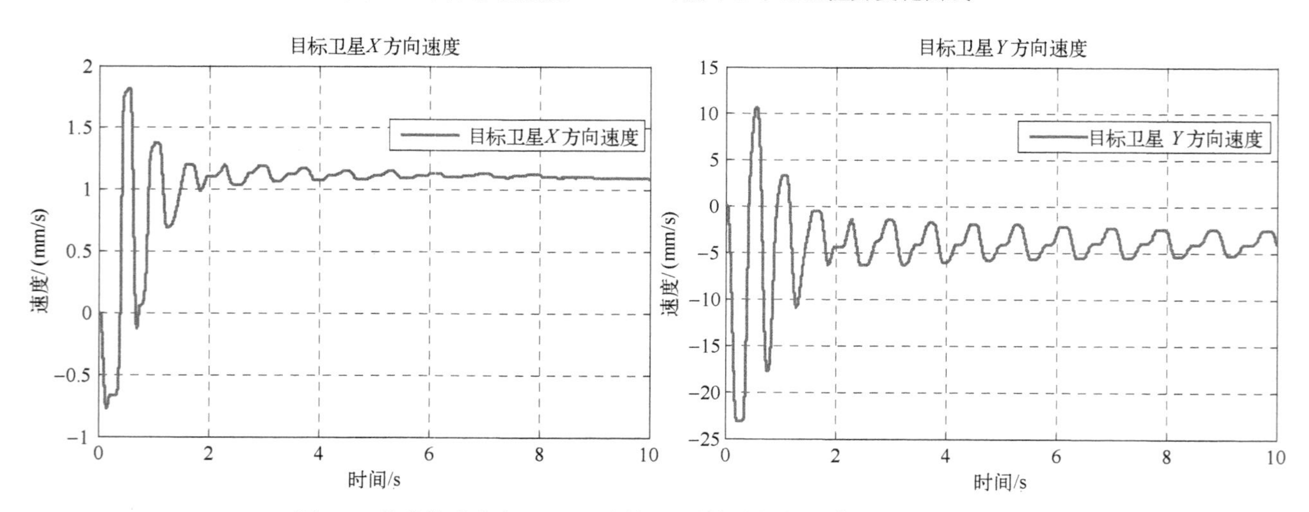

图14　手爪移动速度35mm/s目标卫星前进方向和横向速度变化曲线

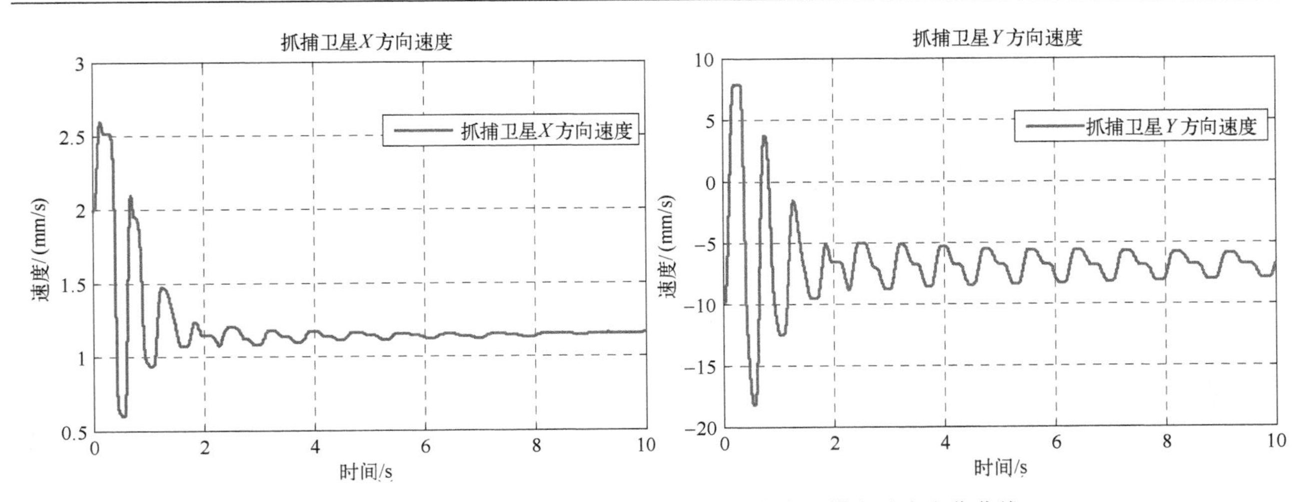

图 15 手爪移动速度 35mm/s 服务卫星前进方向和横向速度变化曲线

4 结束语

（1）服务卫星捕获目标卫星对接环的过程是包含复杂碰撞的动力学过程。即使是完全对称对接情况，第一次碰撞发生在对接环和横梁之间，3 组冲击载荷数值接近，随后在两星受载荷的不完全一致性、卫星质量特性的影响下，两星也会产生一定的相对角速度和相对姿态变化，进而影响后续捕获过程。该工况下不含减震器时横梁受到最大载荷值为 861.5N，含减震器时横梁受到最大载荷值为 106.4N。说明减震器对吸收冲击能量起到了较好的作用。

（2）当服务卫星初始相对于目标卫星有角速度时，捕获手爪先与对接环发生碰撞，碰撞过程对两星的速度和角速度都产生了较大影响。因此在捕获机构设计中应将捕获手爪外形结构设计、材料选择作为研究重点。

（3）手爪的运动速度对捕获过程中载荷有较大影响。通过驱动电机设计和缓冲参数优化可以减小碰撞力，有利于捕获对接。

参 考 文 献

[1] 崔乃刚，王平，郭继峰，等. 空间在轨服务技术发展综述 [J]. 宇航学报，2017，28（4）：805-811.

[2] 朱仁璋，王鸿芳，丛云天灯. 中外交会对接技术比较研究 [J]. 航天器工程，2013，22（3）：8-15.

[3] 李隆球，刘伟民，陈萌，等. 非合作目标拖拉式对接机构设计与分析 [J]. 中国空间科学技术，2015（02）：41-48.

[4] 翟坤，李志，陈新龙，等. 非合作航天器对接环识别算法研究 [J]. 航天控制，2013，31（5）：76-82.

[5] 陈传志，聂宏，陈金宝，等. 弱撞击对接机构捕获系统运动空间研究 [J]. 宇航学报，2014，35（9）：1000-1006.

[6] 刘明辉，梁鲁，白绍竣，等. 阻尼柔性连接在卫星结构中的综合应用研究 [J]. 宇航学报，Vol 30No. 1，2009，1：293-298.

计及轮轨接触在轨释放发射建模仿真

张志娟，关晓东

（北京空间飞行器总体设计部，北京，100094）

摘要：对含有效载荷释放发射装置的在轨释放发射过程动力学进行了研究，建立了多体分离动力学和基于中心刚体加柔性附件的振动耦合动力学分析模型，对直导轨式释放发射过程，基于轮轨接触理论基础和建模方法，建立了有效载荷释放发射轮轨接触模型，对仅考虑理想约束和计及轮轨接触两种动力学建模方法进行了对比分析，研究了滑轮与导轨之间间隙对有效载荷轮轨接触力的影响。

关键词：在轨；释放；轮轨接触；动力学；多体

1 引言

随着航天任务的多样化，平台间分离、天基动能系统等特殊有效载荷释放发射等航天任务要求航天器上有各种释放发射分离装置[1-2]。在轨释放发射任务需要航天器具有很强的轨道规划与制导能力、高姿态稳定性能。在轨释放发射过程中具有典型的变结构、变质量、大干扰作用的多体动力学特性。有效载荷释放过程对空间机动平台的冲击干扰较大；同时有效载荷释放后，空间机动平台质量特性变化大，对空间机动平台的稳定性和载荷的制导精度影响很大。

要提高平台姿态稳定度，就必须从其动力学特性和控制方法两个方面入手。文献［3］论述了在轨释放分离的特点，并对两种分离方案进行了对比分析。不过对轮轨接触间隙的影响分析较少。本文对含有效载荷释放发射装置的在轨释放发射过程动力学进行了研究，建立了多体分离和柔性振动耦合模型，分析了在轨释放发射过程的空间机动平台及其载荷运动耦合机理。更进一步，研究了轮轨接触理论基础和建模方法，利用ADAMS建立了有效载荷释放发射轮轨接触模型[4]，对两种动力学建模方法进行了对比分析，并研究了滑轮与导轨之间间隙对有效载荷轮轨接触力的影响。

2 建模理论与方法

2.1 在轨释放发射过程动力学建模

有效载荷在轨释放发射过程中，空间机动平台的构型不断发生变化，使其呈现柔性、多体、变结构、变参数、大扰动、高维多自由度非线性动力学系统，动力学特性非常复杂。首先有效载荷释放分离过程是一个典型的多体问题，拦截弹的平动与机动平台姿态之间存在运动耦合问题；同时由于空间机动平台中包含有一对柔性太阳翼，有效载荷的释放过程将对柔性太阳翼产生激励，从而导致机动平台与柔性太阳翼之间产生柔性振动耦合，系统动力学复杂性将增加载荷承载平台的姿态控制设计难度。因此需要从多体运动耦合和柔性振动耦合两个角度进行分析，然后综合考虑两种影响，采用分析力学中的拉格朗日法建立带运动部件和柔性振动部件的整星动力学模型，并作为力矩补偿控制策略的设计对象和设计依据。以下采用拉格朗日方程建立系统的动力学方程。

设惯性系原点 Oi 到系统坐标系原点 Os 的位置矢量为 $\boldsymbol{R}_o$，Os 到 Oc 的位置矢量为 $\boldsymbol{r}_c$。考虑平台本体上任意一质量微元 dm，其在平台坐标系中的位置矢量设为 $\boldsymbol{r}_{cj}$。则 dm 在惯性系中的位置矢量可表示为

$$\boldsymbol{R}_c=\boldsymbol{R}_o+\boldsymbol{r}_c+\boldsymbol{r}_{cj} \tag{1}$$

对其在惯性系中求导可得

$$\dot{\boldsymbol{R}}_c=\boldsymbol{v}_o+\frac{\mathrm{d}\boldsymbol{r}_c}{\mathrm{d}t}+\boldsymbol{\omega}_s\times\boldsymbol{r}_c+\boldsymbol{\omega}_{sc}\times\boldsymbol{r}_{cj} \tag{2}$$

式中：$\boldsymbol{\omega}_s$ 为系统坐标系相对于惯性系的角速度；$\boldsymbol{\omega}_{sc}$为平台坐标系相对于惯性系的角速度。则平台的动能为

$$T_c=\frac{1}{2}\int_c\left(\boldsymbol{v}_o+\frac{\mathrm{d}\boldsymbol{r}_c}{\mathrm{d}t}+\boldsymbol{\omega}_s\times\boldsymbol{r}_c+\boldsymbol{\omega}_{sc}\times\boldsymbol{r}_{cj}\right)\cdot\left(\boldsymbol{v}_o+\frac{\mathrm{d}\boldsymbol{r}_c}{\mathrm{d}t}+\boldsymbol{\omega}_s\times\boldsymbol{r}_c+\boldsymbol{\omega}_{sc}\times\boldsymbol{r}_{cj}\right)\mathrm{d}m \tag{3}$$

考虑载荷上任意一质量微元 dm，其在惯性系中的位置矢量可表示为

$$\boldsymbol{R}_p=\boldsymbol{R}_o+\boldsymbol{r}_p+\boldsymbol{r}_{pj} \tag{4}$$

对其在惯性系中求导可得

$$\dot{\boldsymbol{R}}_p=\boldsymbol{v}_o+\frac{\mathrm{d}\boldsymbol{r}_p}{\mathrm{d}t}+\boldsymbol{\omega}_s\times\boldsymbol{r}_p+\boldsymbol{\omega}_{sp}\times\boldsymbol{r}_{pj} \tag{5}$$

式中：$\boldsymbol{\omega}_{sp}$ 为载荷坐标系相对于惯性系的角速度。则载荷的动能为

$$T_p=\frac{1}{2}\int_c\left(\boldsymbol{v}_o+\frac{\mathrm{d}\boldsymbol{r}_p}{\mathrm{d}t}+\boldsymbol{\omega}_s\times\boldsymbol{r}_p+\boldsymbol{\omega}_{sp}\times\boldsymbol{r}_{pj}\right)\cdot\left(\boldsymbol{v}_o+\frac{\mathrm{d}\boldsymbol{r}_p}{\mathrm{d}t}+\boldsymbol{\omega}_s\times\boldsymbol{r}_p+\boldsymbol{\omega}_{sp}\times\boldsymbol{r}_{pj}\right)\mathrm{d}m \tag{6}$$

如果使用弹簧推杆作为分离作动机构，则作用于该系统的力为有势力。假设共有 n 个弹簧推杆，将弹簧推杆视为理想弹簧，其作用力表达式为

$$\boldsymbol{F}_{ia}=-\boldsymbol{F}_{ib}=\begin{cases}-(\boldsymbol{h}_{np}-\boldsymbol{h}_i)K_i & \boldsymbol{h}_i<\boldsymbol{h}_{np}\\ 0 & \boldsymbol{h}_i>\boldsymbol{h}_{np}\end{cases} \tag{7}$$

式中：K_i 为第 i 个弹簧的刚度；$\boldsymbol{h}_{np}$为弹簧的工作长度；$\boldsymbol{h}_i$ 为弹簧推杆连接两端的矢径。因此第 i 个弹簧的弹性势能为

$$U_{si}=\frac{1}{2}K_i(\boldsymbol{h}_{np}-\boldsymbol{h}_i)\cdot(\boldsymbol{h}_{np}-\boldsymbol{h}_i) \tag{8}$$

于是得到系统的拉格朗日函数为

$$L=T_c+T_p-\sum_{i=1}^{n}U_{si} \tag{9}$$

如果载荷与平台分离采用火工分离装置，则其提供的作用力视作广义力 $\boldsymbol{Q}$。系统的拉格朗日函数为

$$L=T_c+T_p \tag{10}$$

取系统质心的矢径、系统坐标系在惯性系中的角度和 $\boldsymbol{r}_p$ 取为广义坐标，从式（10）可以得到微分形式的动力学方程：

$$\begin{cases}\dfrac{\mathrm{d}}{\mathrm{d}t}\left(\dfrac{\partial L}{\partial \boldsymbol{v}_o}\right)+\boldsymbol{\omega}\times\dfrac{\partial L}{\partial \boldsymbol{v}_o}=\boldsymbol{F}\\ \dfrac{\mathrm{d}}{\mathrm{d}t}\left(\dfrac{\partial L}{\partial \boldsymbol{\omega}}\right)+\boldsymbol{\omega}\times\dfrac{\partial L}{\partial \boldsymbol{\omega}}+\boldsymbol{v}_o\times\dfrac{\partial L}{\partial \boldsymbol{v}_o}=\boldsymbol{M}\\ \dfrac{\mathrm{d}}{\mathrm{d}t}\left(\dfrac{\partial L}{\partial \dot{\boldsymbol{r}}_p}\right)-\dfrac{\partial L}{\partial \boldsymbol{r}_p}=\boldsymbol{Q}\end{cases} \tag{11}$$

有效载荷与平台开始分离前，系统的姿态动力学方程为一般的姿态动力学方程：

$$\frac{\mathrm{d}\boldsymbol{H}}{\mathrm{d}t}=\boldsymbol{M} \tag{12}$$

式中：$\boldsymbol{H}$ 为平台系统相对于自身质心的角动量；$\boldsymbol{M}$ 为外力相对系统质心的力矩。

2.2 平台柔性动力学建模

采用拉格朗日法[5]建立载荷释放后平台（带柔性附件）的柔性动力学模型，如图 1 所示。

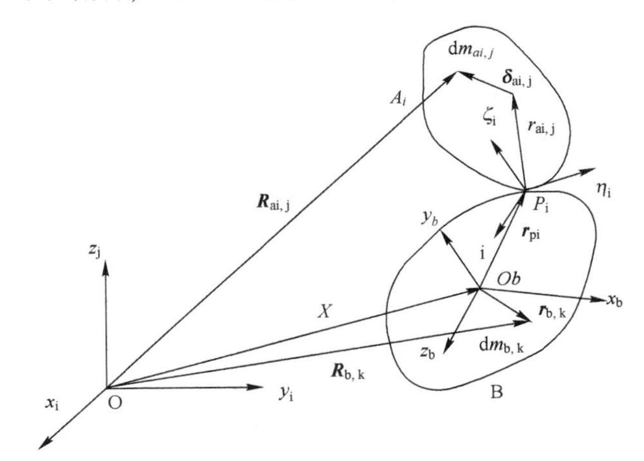

图 1　带柔性附件的动力学模型

图中 B 表示中心刚体，A_i 表示第 i 个柔性附件，O_b 为平台质心，P_i 为附件 i 与平台铰接点。柔性平台的系统动能 T 包括中心刚体和柔性附件的动能，设平台具有 N 个可以转动附件，对柔性附件 i 的结构变形进行模态展开，则柔性平台系统的动能可写为

$$\boldsymbol{T}=\frac{1}{2}\boldsymbol{\omega}_s^{\mathrm{T}}\boldsymbol{I}_s\boldsymbol{\omega}_s+\boldsymbol{\omega}_s^{\mathrm{T}}\sum_i\boldsymbol{R}_{sai}\boldsymbol{\omega}_{ai}+\boldsymbol{\omega}_s^{\mathrm{T}}\sum_i\boldsymbol{F}_{sai}\dot{\boldsymbol{\eta}}_{ai}+\frac{1}{2}\sum_i\boldsymbol{\omega}_{ai}^{\mathrm{T}}\boldsymbol{I}_{ai}\boldsymbol{\omega}_{ai}+\sum_i\boldsymbol{\omega}_{ai}^{\mathrm{T}}\boldsymbol{F}_{ai}\dot{\boldsymbol{\eta}}_{ai}+\frac{1}{2}\sum_i\dot{\boldsymbol{\eta}}_{ai}^{\mathrm{T}}\dot{\boldsymbol{\eta}}_{ai} \tag{13}$$

式中：$\boldsymbol{I}_s$ 为平台相对平台本体坐标系的转动惯量矩阵；$\boldsymbol{I}_{ai}$为附件 i 相对于铰接点的转动惯量矩阵；$\boldsymbol{F}_{ai}$ 为附件 i 振动对附件转动的柔性耦合系数矩阵；$\boldsymbol{F}_{sai}$为附件 i 振动对平台转动的柔性耦合系数矩阵；$\boldsymbol{R}_{sai}$为附件 i 与平台转动的刚性耦合系数矩阵；η_{ai} 为附件 i 的模态坐标；ω_{ai}为附件 i 相对于平台坐标系的角速度。

这类柔性平台的势能 V 主要由柔性附件的变形产生，则有

$$V=\frac{1}{2}\sum_i\boldsymbol{\eta}_{ai}^{\mathrm{T}}\boldsymbol{\Lambda}_{ai}\boldsymbol{\eta}_{ai} \tag{14}$$

式中：$\boldsymbol{\Lambda}_{ai}$为附件 i 的刚度对角矩阵。根据拉格朗日方程及其准坐标形式：

$$\left(\frac{\mathrm{d}}{\mathrm{d}t}+\widetilde{\boldsymbol{\omega}}\right)\frac{\partial L}{\partial \boldsymbol{\omega}}=\boldsymbol{M} \tag{15}$$

忽略二阶小量及附件的转动，并考虑附件的结构阻尼项，通过简化整理，可获得平台姿态动力学方程为

$$\boldsymbol{I}_s\dot{\boldsymbol{\omega}}_s+\widetilde{\boldsymbol{\omega}}_s\boldsymbol{I}_s\boldsymbol{\omega}_s+\sum_i \boldsymbol{F}_{sai}\ddot{\boldsymbol{\eta}}_{ai}=\boldsymbol{M}_s \tag{16}$$

式中：M_s 为作用在平台上的力矩。

$$\ddot{\boldsymbol{\eta}}_{ai}+2\boldsymbol{\xi}_{ai}\boldsymbol{\Omega}_{ai}\dot{\boldsymbol{\eta}}_{ai}+\boldsymbol{\Lambda}_{ai}\boldsymbol{\eta}_{ai}+\boldsymbol{F}_{sai}^{\mathrm{T}}\dot{\boldsymbol{\omega}}_s=0 \quad i=1,2,\cdots,N \tag{17}$$

式中：$\boldsymbol{\Omega}$ 为附件模态频率对角阵，且 $\boldsymbol{\Omega}^2=\boldsymbol{\Lambda}_a$，$\xi_{ai}$ 为柔性附件结构阻尼系数矩阵。式（16）为系统绕质心的姿态运动方程，式（17）为柔性附件振动方程。

2.3 轮轨接触建模

有效载荷发射装置中，有效载荷的安装与发射从约束方式上一般采用有效载荷上安装有滑轮，滑轮在导轨上滑动，导轨可以使滑轮沿导轨径向运动并在几何形状上限制了滑轮的侧向运动，且滑轮和导轨之间必然存在一定间隙。建立考虑滑轮和导轨相互作用的轮轨接触模型，同时建模时引入间隙，这样可以提供一个定量研究间隙影响的方法。采用 Kelvin-Voigt 碰撞力模型来模拟轮轨接触特性。

正碰力函数为

$$F=\begin{cases}\max(0,k\,(x_1-x)^n-\mathrm{step}(x,x_1-d,c_{\max},x_1,0)\dot{x}) \\ \qquad (x<x_1) \\ 0 \qquad (x\geqslant x_1)\end{cases} \tag{18}$$

式中：x 为接触物体之间的距离；$\dot{x}$ 为接触物体的速度；x_1 为判断碰撞是否起作用的开关量；k 为刚度系数；n 为非线性指数；$c_{\max}$为阻尼系数；d 为刺穿深度。

3 仿真分析对比

3.1 理想约束模型

仅考虑有效载荷和空间机动平台之间为滑动理想约束，研究该过程中平台受到的冲击载荷影响及其相应的姿态变化。仿真条件设为：滑轨长度 1.35m；弹射力作用时间 0.2s，载荷最大分离速度 2m/s。有效载荷释放过程平台角速度如图 2 和图 3 所示。

3.2 考虑轮轨接触模型对平台姿态影响分析

考虑轮轨接触模型且轮轨间隙为 1.0mm 时，有效载荷释放过程平台角速度如图 4 和图 5 所示。有效载荷与平台之间相对角速度如图 6 所示。

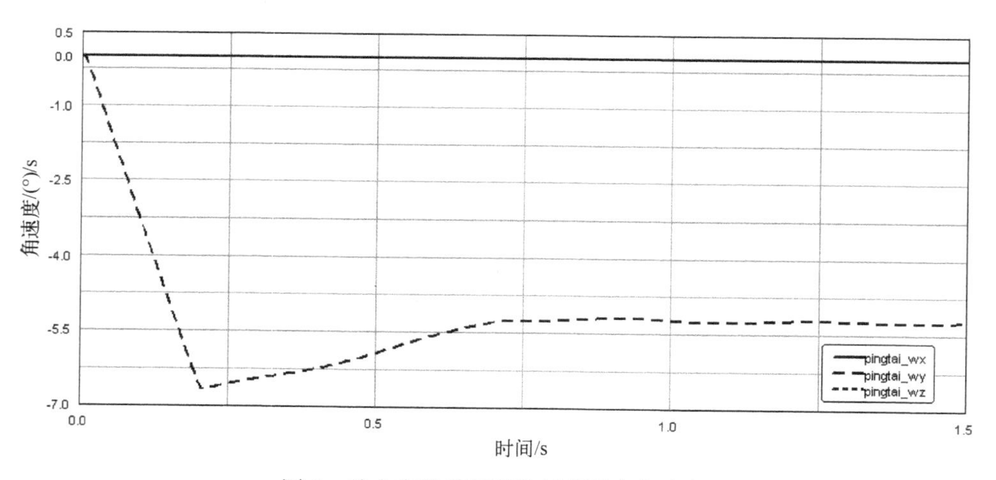

图 2　首个有效载荷释放过程平台角速度

采用理想约束模型时，发射过程有效载荷和平台的姿态始终一致；采用轮轨接触模型时，发射过程有效载荷相对于平台的运动受到导轨的碰撞力作用，两者之间存在相对姿态。但是两种模型仿真结果中，发射有效载荷过程对平台姿态影响效果差别不大。

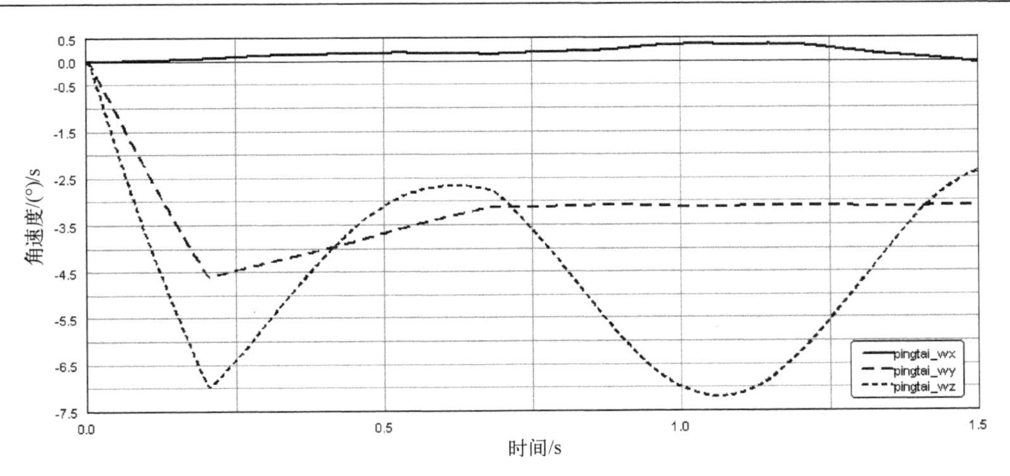

图 3　末个有效载荷释放过程平台角速度

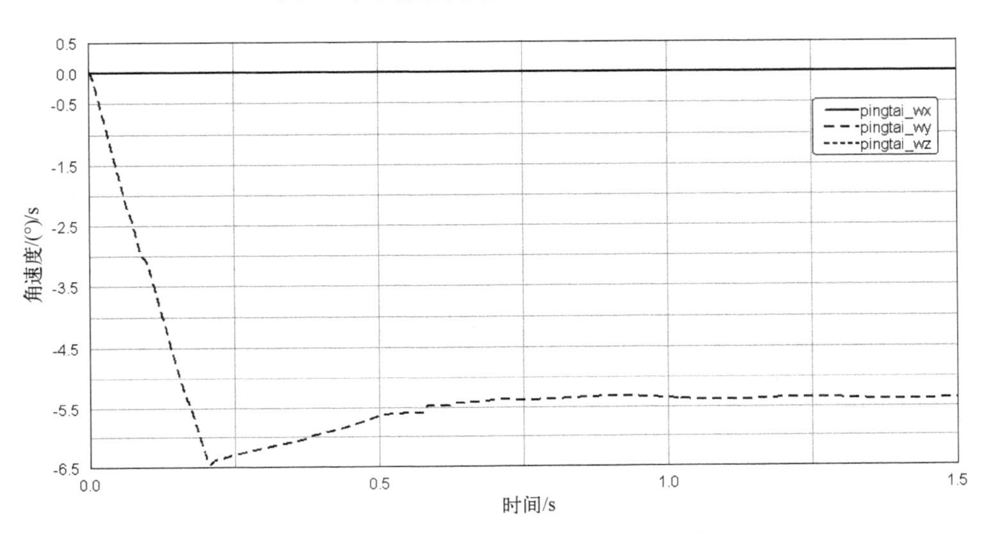

图 4　首个有效载荷释放过程平台角速度

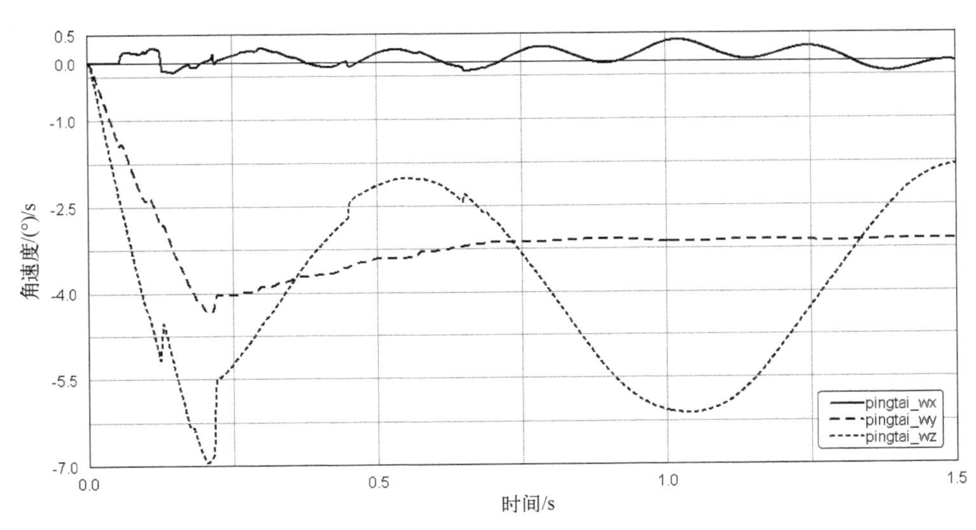

图 5　末个有效载荷释放过程平台角速度

3.3　轮轨间隙量对接触力影响分析

为研究轮轨接触模型中滑轮与导轨之间间隙大小对接触力和释放发射过程的影响，分别对1.0mm、0.5mm和0.1mm不同间隙值时的有效载荷发射进行分析。

释放有效载荷时接触力最大值如表1和表2所列。

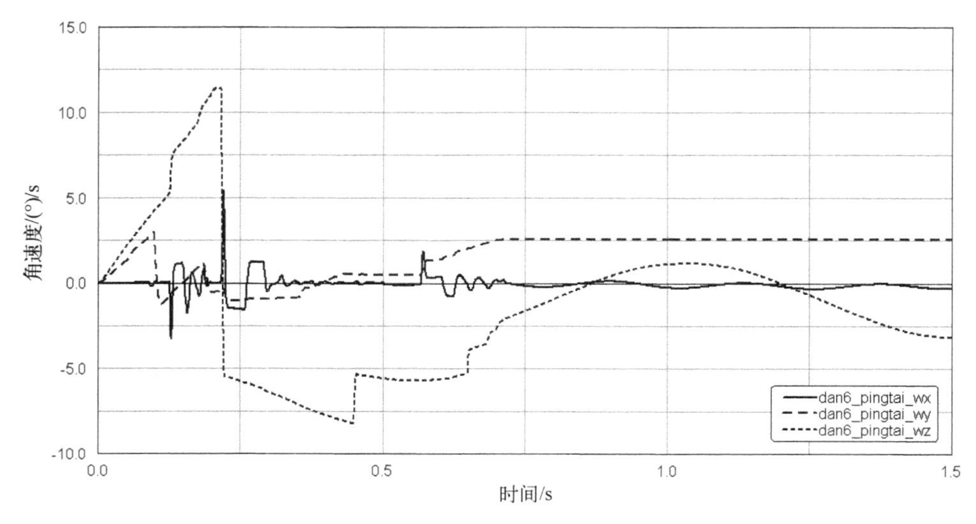

图 6　末个有效载荷与平台相对角速度

表 1　首个有效载荷释放发射过程中轮轨接触力最大值　（单位：N）

间隙值 /mm	接触位置 1	接触位置 2	接触位置 3
1	98.7	93.7	166.0
0.5	77.7	72.2	115.5
0.1	47.5	29.1	61.4

表 2　末个有效载荷释放发射过程中轮轨接触力最大值　（单位：N）

间隙值 /mm	接触位置 1	接触位置 2	接触位置 3
1	117.0	27.5	150.7
0.5	75.2	12.7	96.7
0.1	28.6	12.8	44.8

4　结束语

载荷释放发射的分离过程对平台的影响主要表现为一个瞬时干扰力矩，干扰力矩大小与分离机构的特性和安装位置有关，分离过程中系统的质心位置和惯量均发生突变。不考虑能量耗散情况下，有效载荷发射分离速度一定时，分离历程时间长短对平台的角速度变化有影响，但对发射后平台的终了角速度没有影响。

引入轮轨接触模型后，与采用理想约束的模型相比，在轨发射有效载荷的过程对平台姿态的影响较小；采用理想约束模型时，分离时有效载荷与平台的姿态保持一致，而采用轮轨接触模型时，分离时有效载荷与平台存在相对姿态；对不同间隙下的发射过程仿真表明，轮轨接触力随着间隙减小而减小。因此，在设计控制系统时可以近似采用理想约束模型，但对有效载荷进行释放过程受力分析、有效载荷分离后姿态分析控制以及空间机动平台高精度姿态控制时，必须引入轮轨接触模型。同时，设计控制系统时必须考虑如太阳翼等柔性附件的振动对平台姿态的影响。

参考文献

[1] Thomas Burk. Attitude control performance during Cassini trajectory correction manervers [M]. AIAA 2005-6270.

[2] Edward C Wong, William G. Breckenridge. An attitude control design for the Cassini spacecraft [J]. AIAA-95-3274-CP.

[3] 舒燕，李志．在轨释放、分离载荷动力学仿真研究 [J]．航天器环境工程，2012，29：18-22.

[4] 金学松，沈志云．轮轨滚动接触力学的发展 [J]．力学进展，2001 Vol3.

[5] 曲广吉．航天器动力学工程 [M]．北京：中国科学技术出版社，2000.

空间机械臂关节动力学建模分析及试验研究

马　炜[1]，张大伟[1]，阎绍泽[2]

（1. 中国空间技术研究院总体设计部，北京，100094；2. 清华大学，北京，100084）

摘要： 随着载人航天和深空探测计划的进一步实施，国内外对空间机械臂位姿精度、工作稳定性提出了更高的要求。机械臂关节作为机械臂的主要活动构件，对于机械臂系统的动力学特性有着至关重要的影响。然而，现阶段空间机械臂关节动力学理论还不是很完善，造成的空间机械臂建模的不完整、非线性因素建模的不充分，以及机械臂性能预测的不真实，严重制约着空间机械臂的发展。本研究以载人航天器对空间机械臂的高性能需求为背景，研究空间机械臂关节的动力学特性，以及其中的间隙、摩擦等非线性动力学特性对关节及机械臂动力学特性的影响，减速装置的非线性动力学行为预示与能量输运机制，以及在轨运行的空间机械臂柔性关机、臂杆耦合动力学行为，揭示间隙和摩擦对空间机械臂运行时动力学特性的影响。并通过地面试验对机械臂的非线性动力学特性，包括机械臂关节传递刚度、间隙及摩擦等非线性因素进行了试验研究。

关键词： 机械臂关节；动力学；建模；试验

1　引言

空间机械臂作为航天器上的重要维护工具，可以完成释放、回收卫星以及空间站的在轨装配、维修等各种任务，并可以作为航天员出舱工作的辅助工具，甚至替代航天员的部分工作，大大地提高了航天员的舱外工作能力和安全性。随着航天技术的发展，加拿大、俄罗斯、德国、日本等国都相继掌握了空间机械臂技术，并已经应用于卫星、航天飞机以及国际空间站等诸多航天器[1-9]。自从1981年哥伦比亚号航天飞机在外太空首次使用机械臂以来，空间机械臂已经承担了多次太空操作任务，是目前世界航天发展的一个热门领域。

我国相关技术的研究工作开展的较晚，随着载人航天和深空探测计划的实施，发展高位姿精度的空间机械臂逐渐成为国内航天领域学者的研究热点。然而，目前空间机械臂的动力学理论还不够完善，尤其是机械臂关节建模的不完整性、非线性因素建模的不充分性以及性能预测的不真实性，造成航天工程实践中空间机械臂位姿难以精确控制，严重地制约了空间机械臂的发展。准确全面地了解关节的动力学特性，是正确分析与模拟机械臂系统空间运动特性的关键，而建立精确的关节动力学模型，是机械臂系统设计、分析和控制工程的基础。

本文介绍了机械臂关节行星齿轮减速机构的非线性特性建模分析，以及针对机械臂关节开展的静态刚度及摩擦特性测试试验结果，并分析比较了试验结果与理论模型的对比，对机械臂关节的理论模型准确性进行了验证。

2　机械臂关节动力学模型

机械臂关节中引用的行星齿轮通常为2K-H型行星齿轮减速器，这类行星齿轮减速器刚度较大，可以实现较大的减速比并实现同轴输入输出，是大型空间机械臂中常用的传动部件。本节主要针对行星齿轮减速器的动力学建模进行讨论。

图1为一种典型的用作减速器的含有3个行星轮的2K-H型行星齿轮系统。下标中s、p、r、c分别代表太阳轮、行星轮、内齿圈和行星架，没有特殊说明，后面所有参量都按照此规定命名。行星减速器的齿圈固定，太阳轮轮毂与伺服电机输出轴相连作为减速器的输入端，行星架（系杆）与刚性臂杆相连作为减速器的输出端。

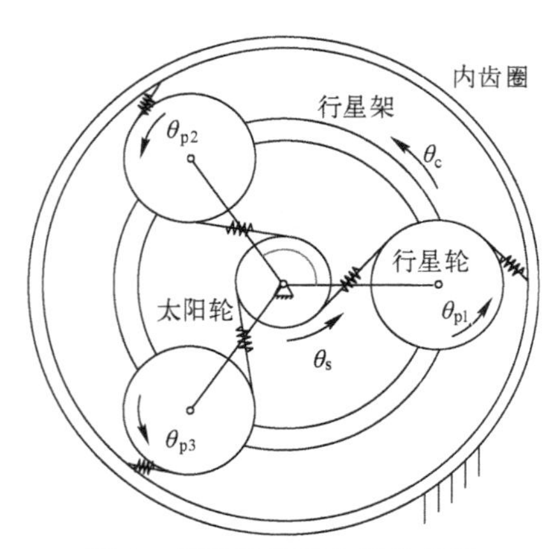

图1　行星齿轮啮合相位关系

2.1　齿轮啮合刚度

齿轮的啮合刚度可以采用材料力学方法或有限元方法获得，有限元方法可以得到精确解，但对于不同减速器需要重新建模计算，而采用材料力学理论计算得到的时变啮合刚度精确度有限，可以从趋势上反映出啮合刚度的变化，利于设计和优化。为了适应后文中关于回差产生的碰撞力模型，本节利用石川公式，推导出一次重合度周期内的内外啮合刚度，并结合行星轮的啮合相位原理和结构组成，计算出关节啮合刚度。

石川公式将渐开线齿轮简化为由一个梯形和一个矩形组合成的实体，如图2所示，通过计算接触点沿梯形腰上作用点产生的组合变形量来计算齿轮刚度。变形量的计算公式为

$$\begin{cases}\delta_i=\delta_{Bt}+\delta_{Br}+\delta_s+\delta_G(i=1,2)\\ \delta=\delta_1+\delta_2+\delta_{pv}\end{cases} \tag{1}$$

式中：F_N 为啮合线上的载荷；δ_{Bt} 为梯形弯曲变形量；δ_{Br} 为矩形弯曲变形量；δ_s 为剪切变形量；δ_G 为齿根基体部分弹性倾斜产生的变形量；δ_{pv} 为两齿啮合产生的接触变形量。

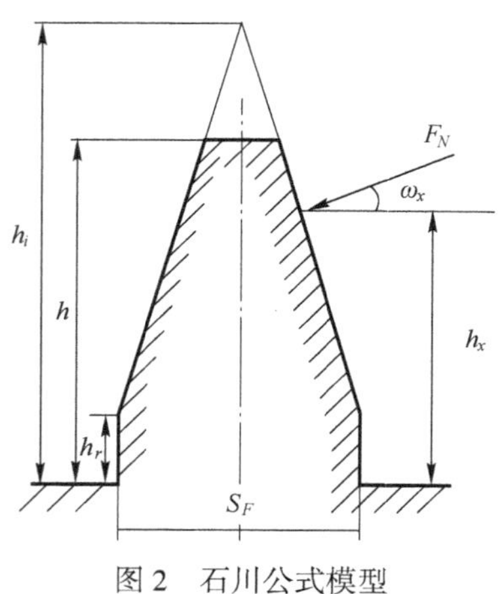

图2　石川公式模型

齿轮的实际啮合过程可以描述为，主动轮的有效齿根圆与啮合齿渐开线的交点与被动轮齿顶相接触开始，两齿齿廓逐渐滚动啮合，直到主动轮的齿顶与被动轮的有效齿根圆半径脱开接触，退出啮合。就单个齿而言，啮合刚度也并不是一成不变的，啮合载荷作用在轮齿不同位置时产生的变形量是不同的，因此单齿刚度本身就是时变的。而由于重合度的存在，前一对齿还没有完全脱开啮合时，后一对齿就已经进入啮合，势必造成啮合刚度的增大，双齿啮合区的刚度可以按照两对刚度并联计算。

在行星齿轮系统的动力学建模过程中，单对齿的刚度变化相对较小，为简化建模和计算一般将单对齿的啮合刚度做常数处理，得到矩形波形式的时变啮合刚度模型，如图3所示。将矩形波形式的时变啮合刚度做傅里叶展开，可以得到行星齿轮简化的时变啮合刚度：

$$\begin{aligned}k=&k_{\min}+(k_{\max}-k_{\min})(e-1)\\&+\sum_{i=1}^{n}\frac{k_{\max}-k_{\min}}{i\pi}\left[\sin2\pi i\left(\gamma+e-1-\frac{t}{T}\right)\right.\\&\left.-\sin2\pi i\left(\gamma-\frac{t}{T}\right)\right]\end{aligned} \tag{2}$$

式中：e 为重合度；T 为啮合周期；γ 为啮合起始相位。

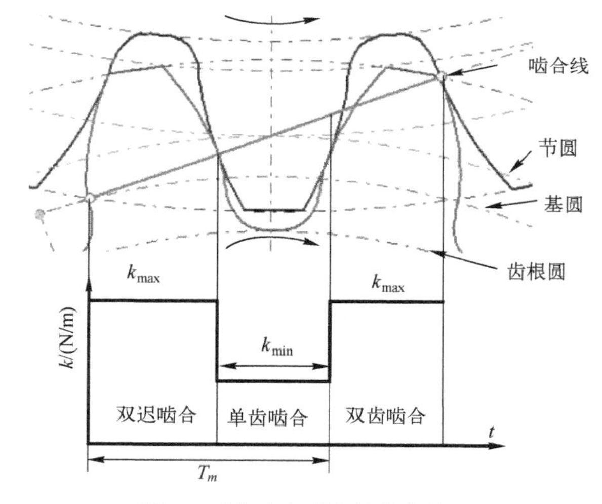

图3　时变啮合刚度的简化处理

2.2　有限元方法计算啮合刚度

采用有限元方法建立齿轮的分析模型，通过接触力模拟啮合过程，可以准确地求解齿轮的啮合刚度。建立齿轮三维实体模型的方法有很多，常用的三维建模软件如Pro/E、UG、SolidWorks等软件都可以方便地完成。但采用第三方软件建立

的齿轮实体模型，需要转化为中间格式导入到有限元分析软件中，往往造成三维实体特征的丢失，影响计算结果的准确性。本文采用 ANSYS 软件的 APDL 参数化语言完成三维建模，齿轮系统啮合过程的有限元建模及仿真结果如图 4 所示。

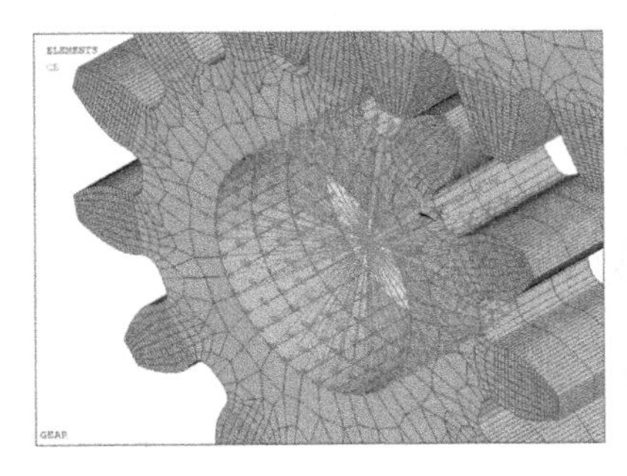

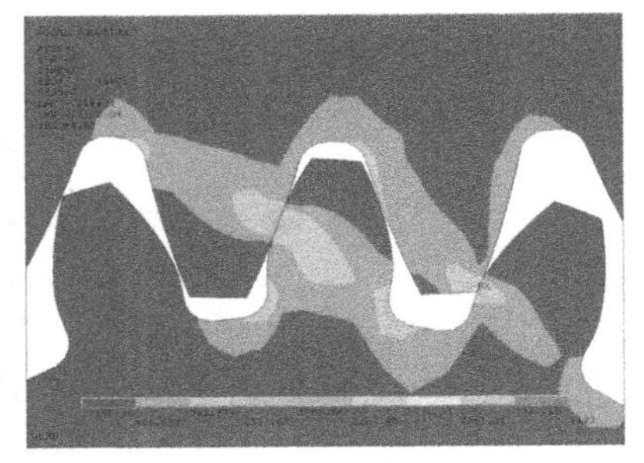

图 4　齿轮系啮合有限元建模及仿真结果

有限元啮合分析需要通过接触单元模拟，采用面面接触模型，大齿轮齿面采用 TARGT170 单元划分目标面，小齿轮齿面采用 CONTA174 单元划分接触面。为了减少计算时间，只定义处于啮合状态的齿对，再进仿真求解。图 4 为双齿啮合时的应力云图，如石川公式假设，变形主要体现为轮齿的弯曲变形和接触变形。仿真结束后，按照传动比关系转动两齿轮到达下一个接触位置，再次求解。重复该过程，就可以得到一个啮合周期内的啮合接触力，通过重复计算得到一个周期内的啮合刚度，如图 5 所示。从图 5 中发现采用石川公式计算的刚度结果与有限元求解结果在量级上和趋势上是一致的，数值上的差异与齿形的简化和接触量计算的不准确有关。

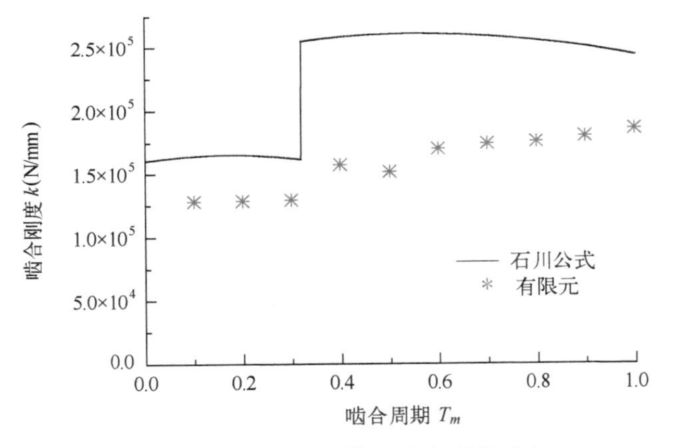

图 5　有限元及石川模型啮合刚度对比

2.3　齿侧间隙和齿面误差分析

轮齿啮合过程中，相互啮合的两齿轮之间在齿宽方向上有一定间隙，这是加工和装配过程中无法避免的。侧隙的产生主要是为了装配的需要，侧隙的大小主要由加工的精度等级所决定。侧隙的存在使得啮合力成为啮合量的不连续函数，是齿轮系统中存在的一种重要的非线性现象，在精细建模过程中必须重点考虑。而行星齿轮结构复杂，同时存在多对啮合且啮合之间存在相位差，侧隙必然会带来更为复杂的影响。因此，侧隙的准确建模对于行星齿轮系统来说至关重要。

侧隙主要体现在啮合力的不连续上，啮合力可以表示为轮齿在啮合线方向上变形产生的非线性弹簧力。首先需要将个齿轮转角转化为啮合线方向上的线位移：

$$\begin{cases}x_s=r_s\theta_s\\x_p=r_p\theta_p\\x_c=r_c\theta_c\cos\alpha\end{cases}\tag{3}$$

式中：r_s 和 r_p 为太阳轮和行星轮的基圆半径；r_c 为行星架半径；x_s、x_p 和 x_c 分别为太阳轮、行星轮和行星架的啮合位移；θ_s、θ_p 和 θ_c 分别为太阳轮、行星轮和行星架的转角；α 为啮合压力角。

齿面误差指的是实际齿廓曲线与理想渐开线之间的偏差，实际齿面受到加工精度、形位误差等因素的影响不可能是理想渐开线曲面。与啮合刚度的计算类似，通常取傅里叶级数的基频分量来估计该误差：

$$e(t)=E\sin(\omega_e t+2\pi\gamma)\tag{4}$$

2.4　有限元仿真与理论模型对比

行星齿轮减速器结构复杂，装配紧凑，如果通过实验验证理论模型，需要测量的参量较多，且传感器不易安装，辨识过程也十分烦琐。因此，本研究采用技术上成熟的有限元方法模拟行星齿轮的动力学行为。采用有限元方法建立齿轮的分析模型，通过接触力模拟啮合过程，可以准确地模拟齿轮系统的接触、啮合等各种动力学行为。

建立齿轮三维实体模型的方法有很多，常用的三维建模软件如 Pro/E、UG、SolidWorks 等软件都可以方便地完成。但采用第三方软件建立的齿轮实体模型，需要转化为中间格式导入到有限元分析软件中，往往造成三维实体特征的丢失，影响计算结果的准确性。本节采用 ANSYS 软件的 APDL 参数化语言完成三维建模，采用 LS-DYNA 显式动力学求解器进行求解仿真，与前文中的理论模型结果进行对比，以证明理论建模的有效性。参数化有限元建模流程如图 6 所示。

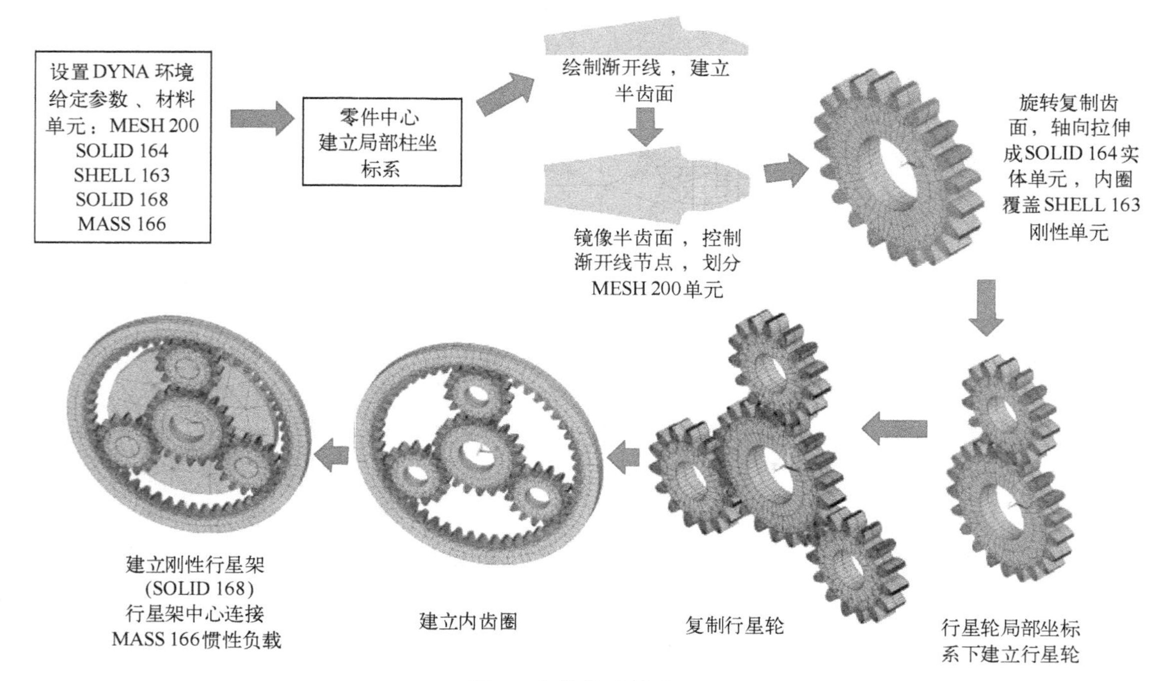

图 6　参数化建模流程

以具有表 1 中参数的行星齿轮为具体算例，通过理论模型及有限元仿真得到的结果对比如图 7 和图 8 所示。

表 1　算例参数

参　数	数　值	参　数	数　值
模数	5.5	行星轮数	3
压力角	25°	太阳轮转动惯量	0.0052kg · m²
太阳轮齿数	20	行星轮轮转动惯量	0.0075kg · m²
行星轮齿数	22	行星架转动惯量	0.09kg · m²
内齿圈齿数	64	行星架质量	7.7kg
太阳轮质量	2.8 kg	行星轮质量	3.4kg

行星齿轮减速器的建模有集中参数模型和有限元方法两种。其中，有限元方法建模准确，但计算量偏大，且只能求取数值解，无法揭示运动规律。集中参数模型将行星齿轮减速器转化为多刚体模型，可以反映出其运动规律的本质，且在此基础上可以继续推导与机械臂耦合的细化关节动力学模型。

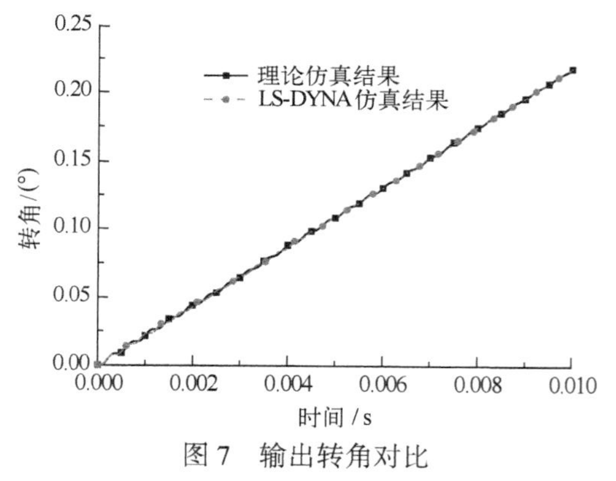

图 7　输出转角对比

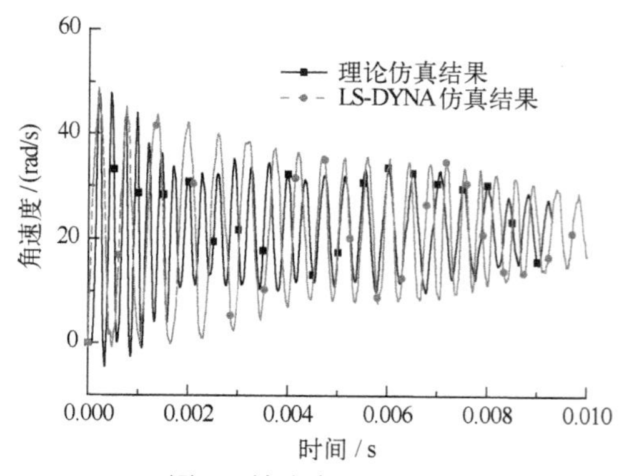

图 8　输出角速度对比

而集中参数模型包括纯扭转模型和扭转-平移耦合模型两种。对于机械臂而言，关节的影响主要体现在扭转方向上，若中心构件的支承刚度与啮合刚度之比大于10，则纯扭转模型与平移-扭转耦合模型在固有特性方面具有某种程度的等价性。因此，本文采用纯扭转的集中参数模型建立2K-H型行星减速器的动力学模型。

3　机械臂关节力学试验

机械臂关节构型非常复杂，影响因素众多。虽然机械臂关节的理论建模已经与有限元仿真结果进行了相互验证，但仍需要对具体参数进行确定，由于受到装配、材料和环境等因素的影响，无法通过理论计算获得所有系统参数，通常应采用地面试验和参数辨识等方法获得。此外，试验也是验证理论模型的最可靠手段。

3.1　机械臂关节刚度试验

通过设计不同的夹具，对机械臂关节一端固定，另外一端施加不同方向的准静态纯弯矩，试验示意图如图9所示。分别对机械臂关节3个垂直方向施加扭矩，测得关节的变形以获取其不同方向的刚度，具体试验现场如图10所示。

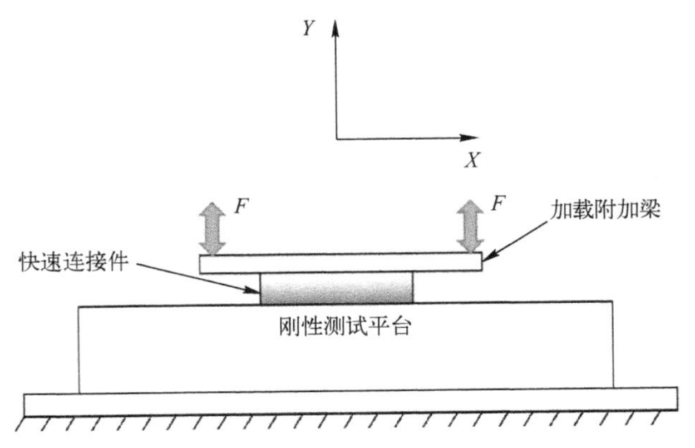

图9　机械臂关节 Z 轴刚度测试示意图

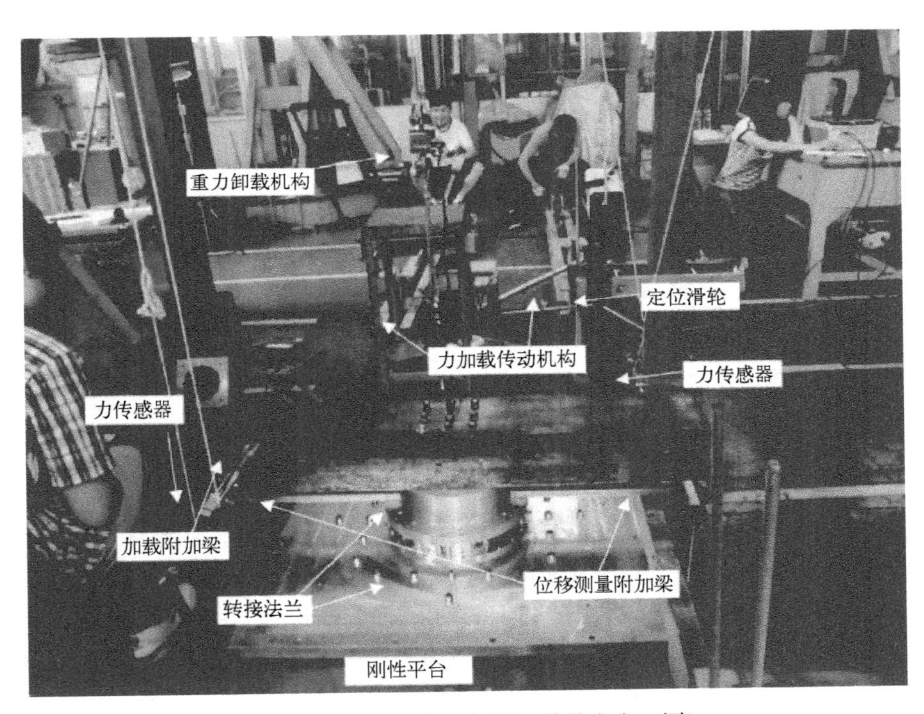

图10　$+y$ 方向加载现场图（其他方向，同）

各方向通过重复的加载、卸载过程，测得机械臂关节的刚度及间隙特性。以 $+Y$ 轴方向为例，通过两次重复加载、卸载试验获得的力矩-角位移曲线分别如图11和图12所示，对应的关节刚度及间隙如表2所列。其他方向的正负向也分别加载数次，并进行平均以获得关节沿着3个垂直坐标轴、正负不同方向的刚度及间隙特性。

表2　$+y$ 方向刚度测量结果列表

	第一次测量	第二次测量	均　值	相对误差/%
刚度值/(N/rad)	1.132×10^{7}	1.163×10^{7}	1.148×10^{7}	2.74
间隙/rad	2.14×10^{-5}	1.92×10^{-5}	2.03×10^{-5}	11.5

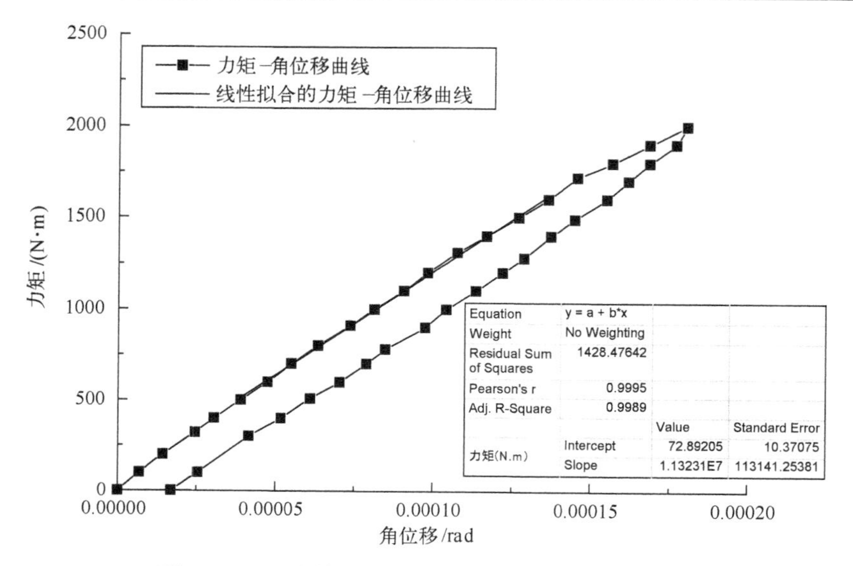

图 11　+y 方向第一次测量得到的力矩-角位移曲线

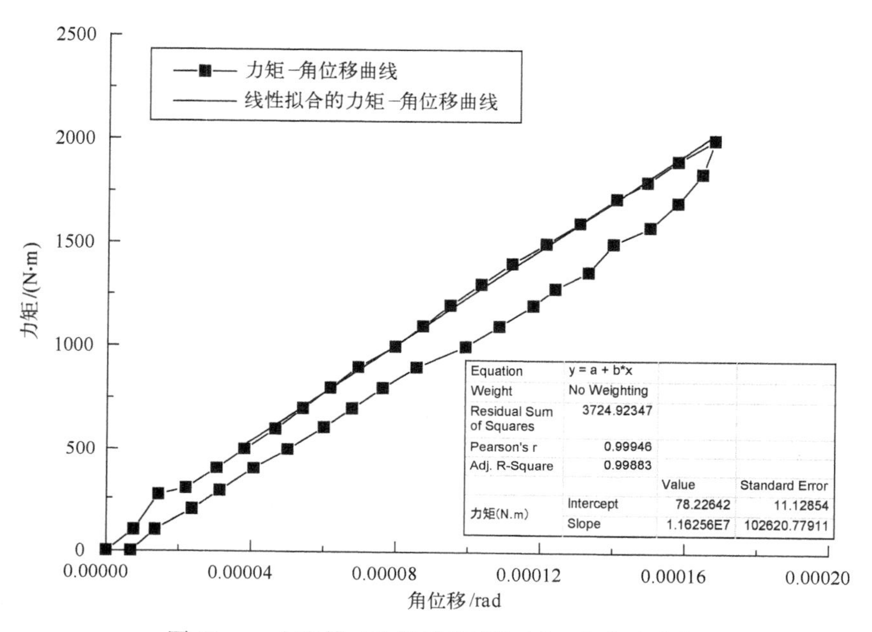

图 12　+y 方向第二次测量得到的力矩-角位移曲线

在对模拟机械臂关节进行建模时，相应参数采用由实际试验测量结果得到的机械臂关节刚度及间隙值，保证了模型与试验间的一致性。机械臂关节刚度测试中为保证试验结果的一致性和可重复性，采用了预加载避免空行程、重复试验取均值等综合方法。

3.1　机械臂关节摩擦试验

建立的机械臂关节摩擦试验平台，如图 13 所示。关节运动精度及动力学特性测试平台由同轴安装的伺服电机、输入扭矩传感器、谐波减速器、编码器、输出扭矩传感器和磁粉制动器组成，同轴度控制在 ϕ0.05mm 内。谐波减速器的输入端和输出端分别安装扭矩传感器，能同步测试在谐波减速器运转过程中输入扭矩 T_1（N·m）和输出扭矩 T_2（N·m），编码器能同步测得电机的转角 θ（°）。测试平台是由计算机控制伺服电机的转速，并且由计算机同时采集输入扭矩 T_1（N·m）、输出扭矩 T_2（N·m）和电机转角 θ（°），结合数据采集软件完成数据分析处理工作。

通过试验发现：摩擦力矩在输出转速为 0.01~0.04r/min 的范围内随着转速的增大而下降，随着输出由 0.01r/min 时的 0.0222N·m 逐渐降到 0.04r/min 时的摩擦力矩最小值 0.0140N·m；在大于 0.04r/min 的转速范围内，摩擦力矩随着输入角速度的增大而增大。

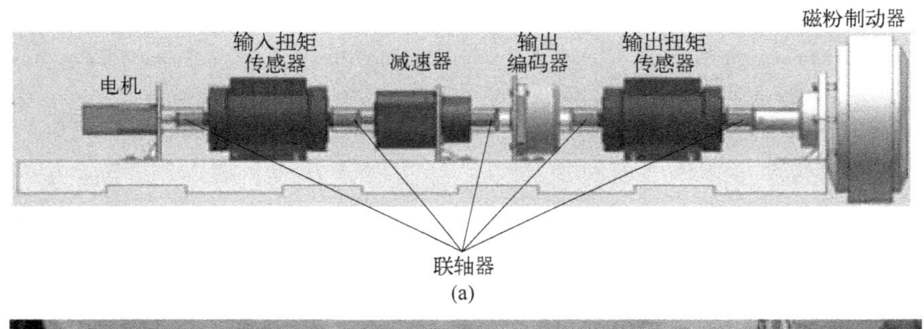

(a)

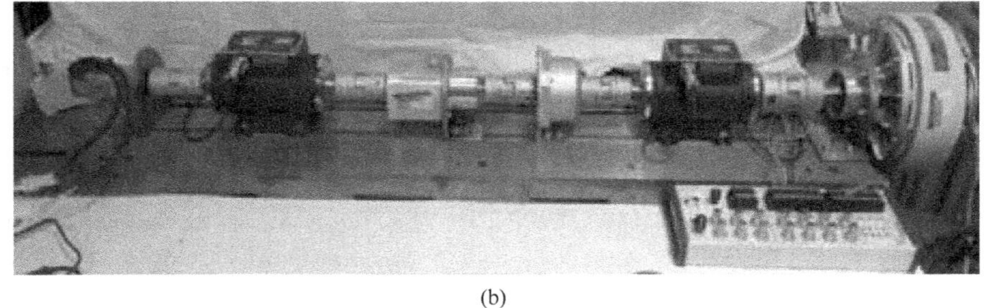
(b)

图 13 关节摩擦测试实验台

（a）关节摩擦测试试验台模型图；（b）关节摩擦测试试验台照片。

通过试验发现机械臂关节摩擦力矩满足 Coulomb-Stick-Stribeck 模型的特征，因此采用该模型来描述谐波减速器非线性摩擦与输出转速的关系曲线：

$$T_f(v)=[T_c+(T_s-T_c)\exp(-|v/v_s|^{\sigma_s})+\sigma|v|]\operatorname{sgn}(v) \tag{5}$$

式中：T_c 为动摩擦力矩，即 Coulomb 摩擦力矩，与测试平台的负载质量有关；T_s 为 Stribeck 摩擦力矩，即最大静摩擦力矩，与两个接触面的材料有关；σ 为粘滞摩擦因数，与两接触面的润滑条件有关；v_s 为 Stribeck 速度；σ_s 为 Stribeck 模型参数；v 为系统角速度。

通过参数辨识后得到的关节摩擦力矩的非线性模型与试验结果的对比如图 14 所示。实线为理论曲线，离散点则为试验结果。通过对比 Stribeck 理论模型与试验结果，最大相对误差出现在输入转速为 1r/min 处，相对误差值为 30.8%；除该点外的其他各点的最大相对误差为 17.1%。在输入转速为 1r/min 处相对误差较大的原因是由于此时电机转速过低而出现“蠕爬”，关节减速器处于静摩擦与动摩擦反复切换的过程中，此时测得的摩擦力数据不断出现跳断而最终选取其平均值。

4 结束语

本文介绍了总体部目前机械臂关节动力学建模及试验研究的部分进展情况，并将试验结果与理论模型进行了对比研究，发现模型与试验结果能够比较好的吻合。进一步地将结合整体机械臂的动力学特性试验，对机械臂全柔性非线性动力学模型进行修正，以满足型号任务的研制需要。

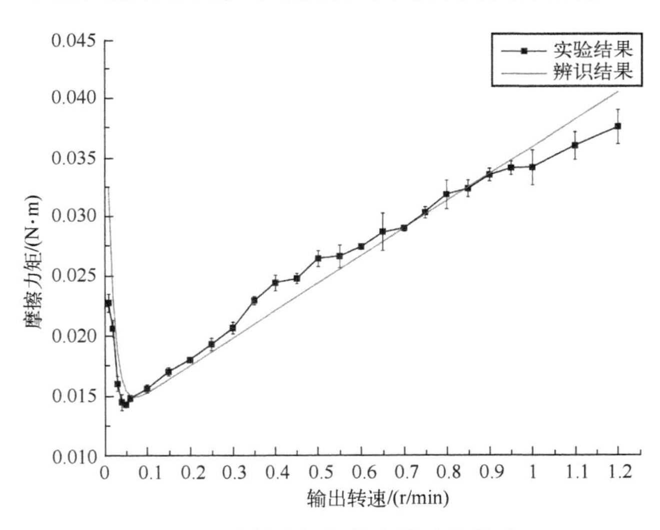

图 14 摩擦力矩与输出转速的关系

参 考 文 献

[1] Tianfu Yang, Shaoze Yan, Zengyao Han. Nonlinear model of space manipulator joint considering time-variant stiffness and backlash [J]. Journal of Sound and Vibration. 341 (2015), PP. 246-259.

[2] Tianfu Yang, Shaoze Yan, Wei Ma, et al. Joint dynamic analysis of space manipulator with planetary gear train transmission [J]. Robotica.

[3] Jieliang Zhao, Jianing Wu, Shaoze Yan, et al. Dynamic modeling

and motion precision analysis of spacecraft manipulator with harmonic drive considering the alternate thermal field in orbit [J]. Proceedings of the Institution of Mechanical Engineers, Part G: Journal of Aerospace Engineering. 2015, 229 (1): 135-148.

[4] Jieliang Zhao, Shaoze Yan, Jianing Wu. Analysis of parameter sensitivity of space manipulator with harmonic drive based on the revised response surface method [J]. Acta Astronautica, 2014, 98: 86-96.

[5] Xiang W W K, Yan S Z, Wu J N. A comprehensive method for joint wear prediction in planar mechanical systems with clearances considering complex contact conditions [J]. Sci China Tech Sci, 2015, 58: 86-96.

[6] Wuweikai Xiang, Shaoze Yan *, Jianing Wu, et al. Complexity evaluation on non-linear dynamic behavior of mechanisms with clearance joints by using the fractal method [J]. Proceedings of the Institution of Mechanical Engineers, Part C: Journal of Mechanical Engineering Science, 2014, 228 (18): 3482-3495.

[7] Song Baojiang, Yan Shaoze, Xiang Wuweikai. A Measurement Method for Distinguishing the Real Contact Area of Rough Surfaces of Transparent Solids Using Improved Otsu Technique [J]. Chinese Physics B, 2015, 24 (1): 146.

[8] Junlan Li, Shaoze Yan, Feng Guo, et al. Effects of damping, friction, gravity, and flexibility on the dynamic performance of a deployable mechanism with clearance [J]. Proceedings of the Institution of Mechanical Engineers, Part C, Journal of Mechanical Engineering Science, 2013, 227 (8): 1791-1803.

[9] Junlan Li, Jianing Wu, Shaoze Yan. Conceptual Design of Deployment Structure of Morphing Nose Cone [J]. Advances in Mechanical Engineering, 2013: 1-7.

[10] Shaoze Yan, Wuweikai Xiang, Zhang Lin. A comprehensive model for 3D revolute joints with clearances in mechanical systems [J]. Nonlinear Dynamics, 2015 (80): 309-328.

航天器在轨动力学参数辨识方法及在轨数据验证研究

刘绍奎，范晶岩，史纪鑫，邹元杰
（中国空间技术研究院总体设计部，北京，100094）

摘要：航天器动力学参数的准确获取，是对其进行在轨精确控制的前提条件。尤其对于大型变结构空间站、大型复杂航天器，在轨动力学参数辨识是解决地面动力学特性分析不准确和地面试验验证不充分的有效手段。本文将随机子空间方法应用于航天器在轨动力学参数辨识问题，编制了相应软件，应用在轨实测数据进行了验证，结果表明，该方法对于航天器在轨动力学参数的准确辨识十分有效。

关键词：航天器；在轨；参数辨识

1 引言

大型复杂航天器，尤其是大型变结构空间站，结构复杂，难以建立精确的动力学模型，只能建立比较粗略的有限元模型，存在较大误差。在地面开展试验很难正确模拟边界条件，边界条件模拟不准确，使得地面试验的准确性很难保证。另外，地面状态和在轨工作状态存在较大差异，结构的展开和收拢、结构的对接和分离、发动机的点火等激励源的特征在时域上或频率上是未知的，地面设计中难以模拟。这些原因导致在地面分析中很难准确获得结构的动力学参数，给控制系统的设计带来很大困难，难以实现在轨精确控制。因此，利用在轨飞行数据进行结构动力学参数的准确辨识显得极为必要。

在轨航天器的动力学参数包括结构固有频率、模态振型和模态阻尼等，一般通过参数辨识理论，由实测的试验数据辨识得到模态参数，识别的方法可分为时域法和频域法两种。常见的频域法有共振频率法、半功率点法、实频-虚频峰值法、导纳圆法、曲线拟合法等。时域法有对数衰减法、自由衰减法、随机减量法、随机子空间法等[1-5]。各种方法均具有各自的优缺点，对于一般结构的模态参数辨识，都能满足要求。随机子空间法是基于线性系统离散状态空间方程的识别方法，适用于线性结构平稳激励下的参数识别，对噪声有较强的抗干扰能力，可以非常有效地进行环境振动激励下参数识别，已被广泛运用于结构位移模态参数识别，具有广阔的应用前景。本文将随机子空间方法应用于航天器在轨动力学参数辨识问题，编制了相应软件，应用在轨实测数据进行了验证，结果表明，该方法对于航天器在轨动力学参数的准确辨识十分有效。

2 随机子空间算法

2.1 连续状态空间方程

结构在动荷载作用下的响应可以用下面的运动方程来描述：

$$\boldsymbol{M}\ddot{\boldsymbol{q}}(t)+\boldsymbol{C}_2\dot{\boldsymbol{q}}(t)+\boldsymbol{K}\boldsymbol{q}(t)=\boldsymbol{f}(t)=\boldsymbol{B}_2\boldsymbol{u}(t) \quad (1)$$

式中：$\boldsymbol{M}$ 为质量矩阵；$\boldsymbol{C}_2$ 为阻尼矩阵；$\boldsymbol{K}\in\boldsymbol{R}^{n_2\times n_2}$ 为刚度矩阵，n_2 表示自由度数；$\boldsymbol{q}(t)$ 为连续时间 t 时刻的位移向量；$\dot{\boldsymbol{q}}(t)$ 为连续时间 t 时刻的速度向量；$\ddot{\boldsymbol{q}}(t)$ 为连续时间 t 时刻的加速度向量；$\boldsymbol{f}(t)$ 为激振向量；$\boldsymbol{B}_2\in\boldsymbol{R}^{n_2\times r}$ 为输入矩阵，表示激振力位置，r 为激励点数；$\boldsymbol{u}(t)\in\boldsymbol{R}^r$ 为 r 个时间输入向量。

令

$$x(t)=\begin{pmatrix}\boldsymbol{q}(t)\\ \dot{\boldsymbol{q}}(t)\end{pmatrix},\boldsymbol{A}_c=\begin{bmatrix}0 & \boldsymbol{I}\\ -\boldsymbol{M}^{-1}\boldsymbol{K} & -\boldsymbol{M}^{-1}\boldsymbol{C}_2\end{bmatrix},\boldsymbol{B}_c=\begin{bmatrix}0\\ \boldsymbol{M}^{-1}\boldsymbol{B}_2\end{bmatrix} \quad (2)$$

则式（1）可改写为状态方程形式：

$$\dot{\boldsymbol{x}}(t)=\boldsymbol{A}_c\boldsymbol{x}(t)+\boldsymbol{B}_c\boldsymbol{u}(t) \quad (3)$$

式中：$\boldsymbol{A}_c\in\boldsymbol{R}^{n\times n}$ 为系统的状态矩阵，其中 n 为 2 倍的自由度数；$\boldsymbol{B}_c\in\boldsymbol{R}^{n\times r}$ 为系统的输入矩阵；$\boldsymbol{x}(t)$ 为系统的状态向量。

对于振动系统，系统的动力响应如加速度、

速度、位移可以部分或全部由相应的传感器测出，并用$\boldsymbol{y}(t)$表示，则$y(t)$可以写成

$$\boldsymbol{y}(t)=\boldsymbol{C}_a\ddot{\boldsymbol{q}}(t)+\boldsymbol{C}_v\dot{\boldsymbol{q}}(t)+\boldsymbol{C}_d\boldsymbol{q}(t) \tag{4}$$

式中：$\boldsymbol{C}_a$为$m\times n_2$阶加速度输出影响矩阵；$\boldsymbol{C}_v$为$m\times n_2$阶速度输出影响矩阵；$\boldsymbol{C}_d$为$m\times n_2$阶位移输出影响矩阵；m是观测点数。

$\boldsymbol{C}_a$、$\boldsymbol{C}_v$和$\boldsymbol{C}_d$输出影响矩阵反映了向量$\ddot{\boldsymbol{q}}(t)$、$\dot{\boldsymbol{q}}(t)$、$\boldsymbol{q}(t)$与测量向量$\boldsymbol{y}(t)$之间的关系。将状态向量$\boldsymbol{x}(t)$代入式（4）可得

$$\boldsymbol{y}(t)=\boldsymbol{C}_c\boldsymbol{x}(t)+\boldsymbol{D}_c\boldsymbol{u}(t) \tag{5}$$

式中：$\boldsymbol{C}_c$是$m\times n$阶状态向量的输出影响矩阵；$\boldsymbol{D}_c$为$m\times r$阶传递矩阵，反映输入与输出向量的关系。

矩阵$\boldsymbol{C}_c$、$\boldsymbol{D}_c$定义为

$$\boldsymbol{C}_c=[\boldsymbol{C}_d-\boldsymbol{C}_a\boldsymbol{M}^{-1}\boldsymbol{K} \quad \boldsymbol{C}_v-\boldsymbol{C}_a\boldsymbol{M}^{-1}\boldsymbol{C}_2],\boldsymbol{D}_c=\boldsymbol{C}_a\boldsymbol{M}^{-1}\boldsymbol{B}_2 \tag{6}$$

此时，线性振动系统的二阶微分方程转化为确定性连续状态空间方程：

$$\begin{aligned}\dot{\boldsymbol{x}}(t)&=\boldsymbol{A}_c\boldsymbol{x}(t)+\boldsymbol{B}_c\boldsymbol{u}(t)\\ \boldsymbol{y}(t)&=\boldsymbol{C}_c\boldsymbol{x}(t)+\boldsymbol{D}_c\boldsymbol{u}(t)\end{aligned} \tag{7}$$

然而实测数据总是离散的，而且计算机不可能对无限长的连续信号进行分析处理，在数字信号分析的过程中，只能将其截断变成有限长度的离散数据。因此，在实际应用中应将连续状态空间方程转换为离散状态空间方程。

2.2 离散状态空间方程

对于状态空间方程（7），当$t=t_0$有初始条件$\boldsymbol{x}(t_0)$，则状态变量的$\boldsymbol{x}(t)$的通解可以给出

$$\boldsymbol{x}(t)=\mathrm{e}^{A_c(t-t_0)}\boldsymbol{x}(t_0)+\int_{t_0}^{t}\mathrm{e}^{A_c(t-\tau)}\boldsymbol{B}_c\boldsymbol{u}(\tau)\mathrm{d}\tau,t>t_0 \tag{8}$$

设时间间隔为Δt，则离散时间序列为$0,\Delta t,2\Delta t,\cdots,(k+1)\Delta t,\cdots$，将$t=(k+1)\Delta t,t_0=k\Delta t$代入式（8）可得

$$\boldsymbol{x}((k+1)\Delta t)=\mathrm{e}^{A_c\Delta t}\boldsymbol{x}(k\Delta t)+\int_{k\Delta t}^{(k+1)\Delta t}\mathrm{e}^{A_c((k+1\Delta t-\tau)}\boldsymbol{B}_c\boldsymbol{u}(\tau)\mathrm{d}\tau \tag{9}$$

设$\boldsymbol{u}(\tau)$在一个采样间隔内是一个常数，用$\boldsymbol{x}_k=\boldsymbol{x}(k\Delta t)=(q_k^{\mathrm{T}},\dot{q}_k^{\mathrm{T}})$表示由采样时刻的位移和速度向量组成的系统状态向量，$\boldsymbol{x}_{k+1}$表示在$k+1$时刻系统的状态向量。令$\tau'=(k+1)\Delta t-\tau_{\tau}$，则式（9）可以写成

$$\boldsymbol{x}_{k+1}=\mathrm{e}^{A_c\Delta t}\boldsymbol{x}_k+\left(\int_0^{\Delta t}\mathrm{e}^{A_c\tau'}\mathrm{d}\tau'\right)\boldsymbol{B}_c\boldsymbol{u}_k \tag{10}$$

令

$$\boldsymbol{A}=\mathrm{e}^{A_c\Delta t},\boldsymbol{B}=\left(\int_0^{\Delta t}\mathrm{e}^{A_c\tau'}\mathrm{d}\tau'\right)\boldsymbol{B}_c \tag{11}$$

则式（10）可写成

$$\boldsymbol{x}_{k+1}=\boldsymbol{A}\boldsymbol{x}_k+\boldsymbol{B}\boldsymbol{u}_k,k=0,1,2,\cdots \tag{12}$$

同样，输出方程可以写成

$$\boldsymbol{y}_k=\boldsymbol{C}\boldsymbol{x}_k+\boldsymbol{D}\boldsymbol{u}_k \tag{13}$$

因此一个动力学系统离散的状态空间方程为

$$\begin{aligned}\boldsymbol{x}_{k+1}&=\boldsymbol{A}\boldsymbol{x}_k+\boldsymbol{B}\boldsymbol{u}_k\\ \boldsymbol{y}_k&=\boldsymbol{C}\boldsymbol{x}_k+\boldsymbol{D}\boldsymbol{u}_k\end{aligned} \tag{14}$$

式中：$\boldsymbol{x}_k=x(k\Delta t)$是离散的时间状态向量；$\boldsymbol{A}=\exp(\boldsymbol{A}_c\Delta t)$是离散的系统矩阵；$\boldsymbol{B}=[\boldsymbol{A}-\boldsymbol{I}]\boldsymbol{A}^{-1}\boldsymbol{B}$是离散的输入矩阵；$\boldsymbol{C}=\boldsymbol{C}_c$是离散输出矩阵；$\boldsymbol{D}=\boldsymbol{D}_c$是传递矩阵。

2.3 随机状态空间方程

实际工程测量中总是存在着系统的不确定性，即随机分量（噪声），如果将系统的不确定性分成过程噪声w_k和测量噪声v_k，则式（14）可以写成如下的离散时间随机状态空间模型：

$$\begin{cases}\boldsymbol{x}_{k+1}=\boldsymbol{A}\boldsymbol{x}_k+\boldsymbol{B}\boldsymbol{u}_k+\boldsymbol{w}_k\\ \boldsymbol{y}_k=\boldsymbol{C}x_k+\boldsymbol{D}\boldsymbol{u}_k+\boldsymbol{v}_k\end{cases} \tag{15}$$

实际上很难准确确定各自的过程噪声和测量噪声的特性，因此假定噪声为零均值的白噪声且其协方差矩阵满足

$$E\left[\begin{pmatrix}\boldsymbol{w}_k\\ \boldsymbol{v}_k\end{pmatrix}(\boldsymbol{w}_k^{\mathrm{T}} \quad \boldsymbol{v}_k^{T})\right]=\begin{pmatrix}Q & S\\ S^{\mathrm{T}} & R\end{pmatrix}\delta_{pq} \tag{16}$$

式中：E是数学期望因子；δ_{pq}是 Kronecker delta，即对于p和q任意两个时间点，满足$p=q\Rightarrow\delta_{pq}=1$，$p\neq q\Rightarrow\delta_{pq}=0$。

在实际测量过程中，环境激励是不可测量的随机激励，而且其强度基本和噪声影响相似，无法将两者区分清楚，因此将式（15）中的输入项$\boldsymbol{u}_k$和噪声项$\boldsymbol{w}_k$、$\boldsymbol{v}_k$合并，即式（15）可写成纯随机输入的离散状态空间方程形式：

$$\begin{cases}\boldsymbol{x}_{k+1}=\boldsymbol{A}x_k+\boldsymbol{w}_k\\ \boldsymbol{y}_k=\boldsymbol{C}x_k+\boldsymbol{v}_k\end{cases} \tag{17}$$

式（17）就是随机子空间法的基础方程。$\boldsymbol{A}$和$\boldsymbol{C}$分别表示$n\times n$阶状态矩阵和$m\times n$阶输出矩阵，系统的动力特性由特征矩阵$\boldsymbol{A}$的特征值和特征向量表示。

2.4 参数提取

设系统的解为：$x(t)=\phi\mathrm{e}^{\lambda t}$，代入式（3）可得$\lambda\phi\mathrm{e}^{\lambda t}=\boldsymbol{A}_c\phi\mathrm{e}^{\lambda t}+\boldsymbol{B}_c\boldsymbol{u}(t)$。

求特征值，令输入 $\boldsymbol{u}(t)=0$，得 $\lambda\phi e^{\lambda t}=\boldsymbol{A}_c\phi e^{\lambda t}$，由此知系统的特征值即矩阵 $\boldsymbol{A}_c$ 的特征值。

对连续系统的矩阵特征值分解

$$\boldsymbol{A}_c=\boldsymbol{\psi}_c\Lambda_c\boldsymbol{\psi}_c^{-1} \tag{18}$$

式中：$\boldsymbol{A}_c=\mathrm{diag}(\lambda_{ci})\in\boldsymbol{C}^{n\times n}$，是包含连续时间复特征值的对角矩阵；$\boldsymbol{\psi}_c\in\boldsymbol{C}^{n\times n}$是连续时间特征向量矩阵。

需要识别出离散系统的矩阵$\boldsymbol{A}$，故对$\boldsymbol{A}$进行特征值分解：

$$\boldsymbol{A}=\boldsymbol{\psi}\Lambda\boldsymbol{\psi}^{-1} \tag{19}$$

式中：$\boldsymbol{A}=\mathrm{diag}(\lambda_i)\in\boldsymbol{C}^{n\times n}$，是包含离散时间复特征值的对角矩阵；$\boldsymbol{\psi}\in\boldsymbol{C}^{n\times n}$是离散时间特征向量矩阵。

由前所述，$\boldsymbol{A}$ 和 $\boldsymbol{A}_c$ 的关系为

$$\boldsymbol{A}=e^{\boldsymbol{A}_c\Delta t} \tag{20}$$

将式（18）代入式（20），可得

$$\boldsymbol{A}=e^{\psi_c(A_c\Delta t)\psi_c^{-1}}=\boldsymbol{\psi}_c e^{\Lambda_c\Delta t}\boldsymbol{\psi}_c^{-1} \tag{21}$$

对比式（18）和式（21），可以看出 $\boldsymbol{A}$ 和 $\boldsymbol{A}_c$ 有相同的特征向量，并且它们两者的特征值有如下的关系：

$$\lambda_i=e^{\lambda_{ci}\Delta t} \tag{22}$$

$$\lambda_{ci}=\frac{\ln\lambda_i}{\Delta t} \tag{23}$$

式（18）进一步特征值分解，有共轭对：

$$\lambda_{ci},\lambda_{ci}^*=-\xi_i\omega_i\pm j\omega_i\sqrt{1-\xi_i^2} \tag{24}$$

式中：ξ_i 为阻尼比；ω_i 为圆频率；$(\cdot)^*$ 为 $\cdot$ 的共轭。

由式（24）可得系统的固有频率：

$$\omega_i=|\lambda_{ic}|,f_i=\omega_i/2\pi \tag{25}$$

系统的阻尼比：

$$\xi_i=\frac{|(\lambda_{ci})^R|}{|\lambda_{ci}|}=\frac{|(\lambda_{ci})^R|}{\omega_i} \tag{26}$$

式中：$(\lambda_i^c)^R$ 为 λ_i^c 的实部。

连续状态空间的特征向量 $\boldsymbol{\psi}_c$ 与输出传递矩阵 $\boldsymbol{C}$ 的积，就是测量点振型，由下式求得：

$$\phi=C\psi \tag{27}$$

只要识别出了 $\boldsymbol{A}$ 和 $\boldsymbol{C}$ 就可以提取出结构的动力学参数（频率、振型和阻尼比）。

3　软件实现

在轨动力学参数辨识理论研究完成之后，需要将算法转化为软件才具有实用性，更好的服务于在轨参数的辨识，因此编制在轨参数辨识软件是十分必要的。基于 MATLAB 平台实现，编制了在轨动力学参数辨识软件（On-orbit Dynamics parameters Identification Software，ODIS）。软件总体架构如图 1 所示，主要实现数据输入预处理、求解、后处理三大功能。

软件的整体流程如图 2 所示。核心模块是辨识算法模块，频域辨识模块集成了最小二乘法、有理分式多项式法，时域辨识模块除了随机子空间法之外，还集成了特征系统实现法。另外可实现数据预处理和系统模态计算，便于数据输入和结果比对。软件界面如图 3 所示。

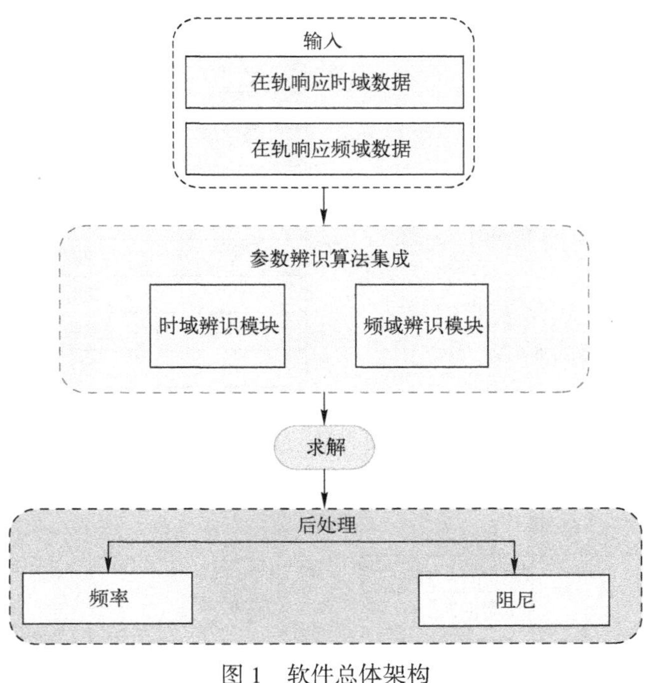

图 1　软件总体架构

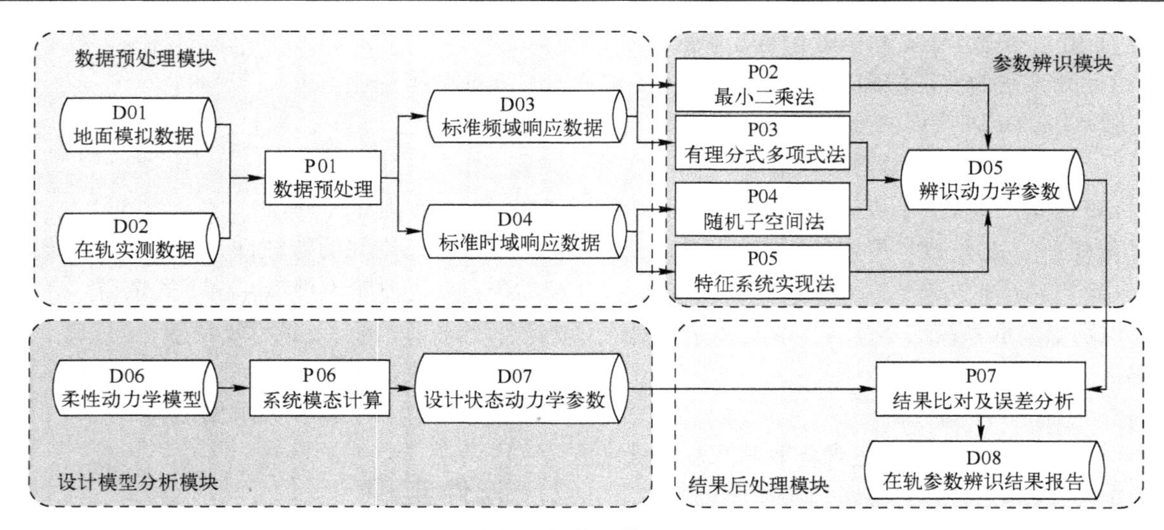

图 2　软件整体流程

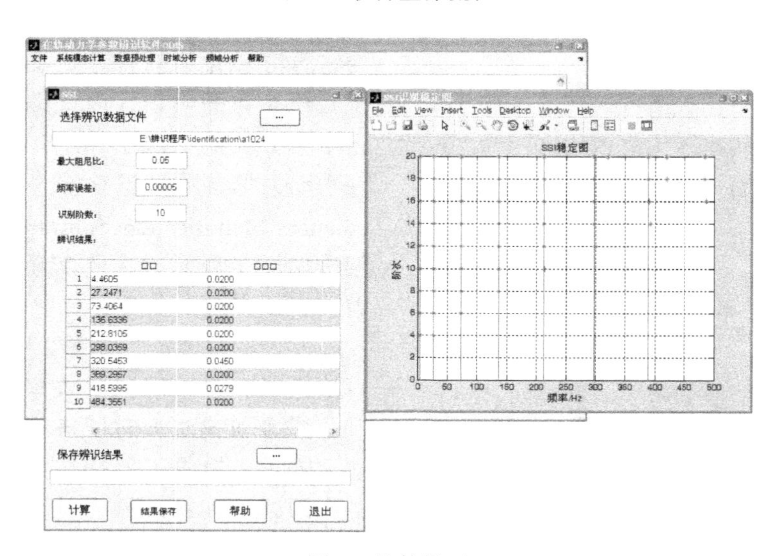

图 3　软件界面

4　算例分析

4.1　数值算例分析

为了验证辨识方法的正确性和有效性，通过一个具体例子进行数值仿真实验。

算例采用一个悬臂梁，长度为1m，圆形截面，半径0.05m。建立悬臂梁有限元模型，结构采用梁单元，共划分100个单元，包含101个节点，如图4所示。计算其有限元模态频率如表1所列（已剔除重频模态）。

表 1　前 10 阶模态频率

阶　数	频率/Hz	振　型
1	4.460484	一阶弯曲
2	27.24707	二阶弯曲
3	73.40645	三阶弯曲
4	80.06326	一阶纵向
5	136.6335	四阶弯曲
6	212.8090	五阶弯曲
7	240.1700	二阶纵向
8	298.0366	六阶弯曲
9	389.2932	七阶弯曲
10	400.2175	三阶纵向

图 4　悬臂梁有限元模型

在悬臂端施加垂直于梁的激励，求解动力学响应，分析时设定模态阻尼为 0.02，部分响应点位移时间历程如图 5 所示。

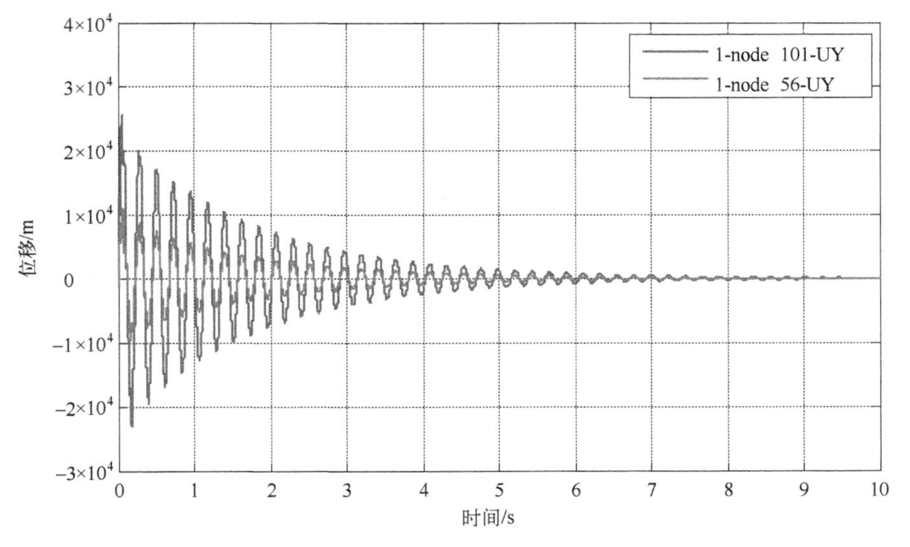

图 5　输出节点位移响应曲线

利用位移响应数据辨识前 10 阶模态参数，运行辨识软件，可得辨识结果如表 2 所列。

表 2　辨识结果

阶数	计算频率/Hz	辨识频率/Hz	计算阻尼	辨识阻尼
1	4.460484	4.460484	0.02	0.020000
2	27.24707	27.24707	0.02	0.020000
3	73.40645	73.40646	0.02	0.020000
4	80.06326	—（遗漏）	0.02	—（遗漏）
5	136.6335	136.6336	0.02	0.020000
6	212.8090	212.8100	0.02	0.020000
7	240.1700	—（遗漏）	0.02	—（遗漏）
8	298.0366	298.0361	0.02	0.019997
9	—	320.0046（虚假）	—	0.043186
10	389.2932	389.2931	0.02	0.019998

对比计算频率，则知可准确识别 7 阶真实模态和阻尼，1 阶虚假模态。遗漏的模态皆为纵向模态，由于激励方向垂直于梁的纵向，因此没有有效数据可用，纵向模态均遗漏。

4.2　在轨数据验证

通过在轨数据管理与应用系统，获取某卫星太阳翼处于水平位置时的在轨飞行数据。通过在轨参数辨识软件数据预处理模块得到可用于辨识模块的输入数据，以此辨识卫星太阳翼的动力学参数。数据预处理后的在轨飞行数据如图 6 所示。通过辨识软件求解在轨动力学参数，如图 7 所示。

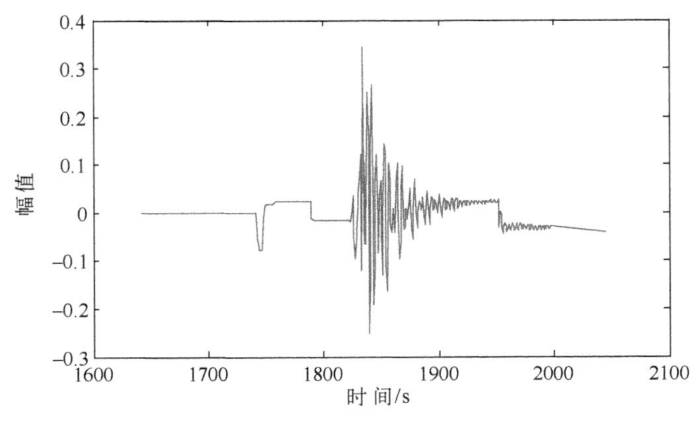

图 6　某卫星在轨飞行数据

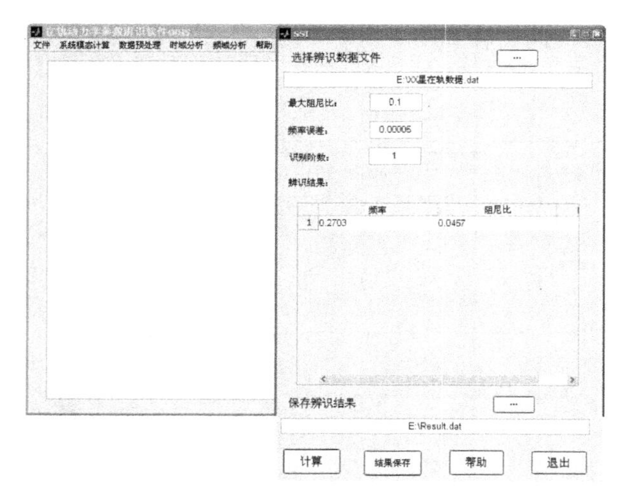

图 7 在轨动力学参数求解

由图 7 可知，辨识的太阳翼频率为 0.2703Hz，阻尼比为 0.0457。卫星设计状态太阳翼从 0°转动到 180°时频率变化如图 8 所示，可知在 0°水平位置时，太阳翼基频为 0.2746Hz。设计状态与辨识结果比较如表 3 所列，由此可知，辨识程序准确地识别出了太阳翼的基频。

表 3 设计状态与辨识结果比较

频率/Hz		与设计状态相比频率误差/%	阻尼比		阻尼比误差/%
设计状态	辨识		设计状态	辨识	
0.2746	0.2703	1.57	—	0.0457	—

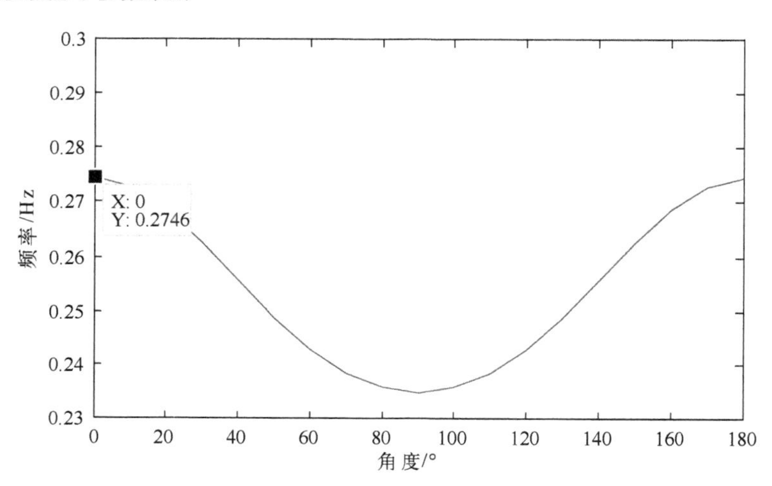

图 8 设计状态太阳翼从 0°转动到 180°时频率变化

5 结束语

数值算例和在轨数据验证结果表明，随机子空间法及相应的软件可有效地辨识出航天器在轨动力学参数，且辨识精度较高。我国航天发展多年，有大量的在轨飞行数据，但是对于在轨飞行数据的应用却十分薄弱，没能对地面改进设计起到应有的作用。在轨动力学参数辨识软件（ODIS）可直接使用通过在轨数据管理与应用系统获取的卫星在轨飞行数据进行航天器在轨动力学参数辨识，将为在轨数据的应用发挥重要作用，提高我国航天器设计的水平。

参考文献

[1] Tobin Anthony. On-orbit modal identification of the hubble space telescope. Proceedings of the American Control Conference [C]. Seattle, Washington, 1995: 402-406.

[2] Takashi Ohtani, Yoshiro Hamada, Tomoyuki Nagashio, et al. On-orbit experiment plan of robust attitude control of ETS-VIII, SICE Annual Conference [C]. Kagawa University, Japan 2007: 2264-2267.

[3] 陈奎孚，焦群英．半功率点法估计阻尼比的误差分析 [J]. 机械强度，2002，24（4）：510-514.

[4] 黄方林，何旭辉，等．识别结构模态阻尼比的一种新方法 [J]. 土木工程学报，2002，35（6）：20-23.

[5] 傅志方，华宏星．模态分析理论与应用 [M]. 上海：上海交通大学出版社，2000.

空间大型结构在轨展开故障处置策略研究

丁继锋，陈忠贵，周孝伦，郑晋军，刘　晨，常希诺
（北京空间飞行器设计总体部，北京，100094）

摘要：本文首先在对国内外空间大型可展开结构在轨展开故障统计分析的基础上，根据故障产生的机理对展开故障模式进行归类分析；然后，重点研究了冷热循环、惯性力辅助和收缩再展开三类常用的在轨展开故障应急处理方法，提出了空间大型结构在轨展开故障处置策略；最后，介绍了某卫星大型构架式天线在轨展开故障处置的成功实践，提出了空间大型结构展开故障处置的建议。

关键词：空间大型可展开结构；展开；故障模式；处置策略

1　引言

空间可展开结构是通过指令或自由释放展开以获得外形尺寸增大的一种机构和结构的综合体，是近30~40年内随着航天科技的发展而诞生的一种新型结构物，以高强度、高几何稳定性、超低热膨胀系数的材料作为构件的主要材料，在地面上处于收拢状态，当它发射入轨后，逐步完成展开动作，然后锁定并保持为工作状态。这种结构形式的出现极大地提高了航天器有效载荷的能力，同时也使得人类对太空的探索有了进一步的发展。目前航天领域常见的空间可展开结构有大型太阳翼、可展开空间天线及实现特定功能的空间展开结构等。

空间可展开结构自问世以来，已经在通信、对地观测、军事侦察、深空探测等多个领域广泛应用，但因其结构机构复杂引起在轨故障频发。据不完全统计，截至2015年12月国际上共发射载有大型可展开结构的科学探索、商业和军用航天器44个[1]，其中FLTSATCOM[2]、Galileo[3]、LDREX[4-5]、Eutelsat-W2A[6]、Skyterra-1[7-8]、导航某同步轨道卫星等航天器载有的大型天线在轨展开过程中出现故障，经抢救，FLTSATCOM、Galileo、LDREX和Eutelsat展开失败，Skyterra-1、导航某同步轨道卫星排除故障后正常，空间展开结构遇到故障的航天器占统计发射总数的13.6%。

空间可展开结构因其展开尺寸大、结构机构复杂，难以实现冗余设计，在轨展开问题多发且无法实现在轨维修，形成航天器失效单点，直接关系任务成败，因此，本文首先调研国内外大型空间结构在轨展开故障处置的典型案例，然后开展了空间可展开结构在轨展开故障和对策研究，给出了一种在轨处置的策略，为研制阶段空间可展开结构防故障设计和展开故障在轨处置和处理方法提供参考。

2　空间大型可展开结构在轨展开故障模式分析

根据空间大型可展开结构故障模式和机理可将天线展开故障划分如下。

1）展开机构设计不合理，造成展开过程卡滞

由于机构设计不合理造成的展开过程卡滞情况包括机构设计中存在“死点”造成展开卡滞、关节弹簧力不足、活动部件黏着等。

2011年11月14日，美国Lightsquared公司新一代移动通信卫星SkyTerra-1（图1）搭乘Proton-M运载火箭进入预定轨道，该卫星配置了反射器直径达22m的L波段天线，卫星入轨后该天线反射器未能按计划展开，经过波音公司和天线供应商（Harris公司）团队几周的努力尝试，最终反射器部分全部展开，事后该公司发言人透露在轨采取地面指令控制卫星姿态发动机喷气，轻轻“摇一摇”（gently shaken）星体的措施使反射器展开成功。

2）展开机构与索网、电缆等缠绕、钩挂故障

大型可展开结构，特别是网状天线多是由展开桁架和表面索网等构成的，在天线展开的同时，反射网面也随桁架展开，由于网面（包括柔性电

缆）的柔性过大，展开过程不受控，因此极易与桁架结构缠绕、钩挂。特别是空间微重力环境下，柔性网面和电缆的展开动力学行为也难以通过地面试验和仿真验证，因此大型网状天线在轨展开故障多发生在与天线网面（或柔性电缆）的钩挂、缠绕。

图1　SkyTerra-1 卫星

2000 年 12 月日本“大型可展开反射器试验”（LDREX）的六边形模块式试验天线，作为辅助载荷由 Ariane-5 火箭发射。天线在轨展开试验 120s 后，根据摄像机传回的画面，发现 LDREX 展开停止，在轨展开试验失败。

LDREX 六边形模块主要由表面索网、网面反射器、支撑索、中心轴、基准杆和可展开桁架结构组成（图 2）。LDREX 采用压簧和扭簧作为天线展开动力源，为了确保每个模块展开速度受控和各个模块展开的同步性，采用步进电动机对拉索回收速度进行控制。根据摄像机回传的在轨故障图像，判定 LDREX 的索网与可展开桁架结构发生缠绕。

图 2　LDREX 六边形模块式试验天线

2015 年 9 月底我国发射的某地球同步轨道卫星，其上载有一副口径为 4.2m 的构架式天线。10 月在轨按照既定的计划实施天线展开操作时，发现遥测天线二级展开到位显示异常，通过星载监视相机拍照后确认增强天线反射面展开不到位，地面测试表明功能性能基本丧失。

经故障模式分析和地面故障复现，故障定位在天线反射面关节与天线包带火工品电缆发生钩挂，造成反射面支撑结构无法完全展开，该问题属于典型的在轨钩挂故障模式。

3）其他外力造成展开机构故障

一些意外外力造成的展开机构故障往往是灾难性的，通常由主动段或星箭分离时刻的外载荷造成。

1981 年 8 月发射的美国舰队通信卫星-5（FLT-SATCOM-5），4.9m 的 UHF 频段发射天线未能正常展开。分析星上遥测数据后发现，天线发生了弯曲。对卫星进行动力学分析，并经地面试验验证后确定，卫星入轨期间玻璃纤维制成的整流罩内衬发生了爆炸性剥离，飞溅的整流罩碎片打弯了天线杆，阻止了天线正常展开，同时 UHF 天线与星体连接部位也发生了断裂，当星体转速达到 45r/min 时，天线与星体分离，最终导致整星失效。

3　在轨故障处置策略

空间可展开结构在轨发生故障后，首先应该根据遥测数据和图像，结合地面仿真和试验完成故障定位，确定故障模式，然后根据故障模式制定在轨处置的策略。常用的在轨处置模式有：冷热循环法、惯性力辅助法和收缩再展开方法。其中，冷热循环和惯性力辅助方法比较适合展开机构卡滞、弹簧力不足等的情况，收缩再展开的方法特别适合于钩挂、缠绕等造成的展开故障的情况，但是该方法一般需要展开机构本身具有正负双向驱动能力，或者需外力介入造成机构收缩。

因此，根据故障模式的不同，在制定在轨展开故障处置方案的时候，可以根据问题定位的不同，在以上 3 种方法选择或组合使用，并根据每一方法处置的结果，进一步修正处置方案，如图 3 所示。

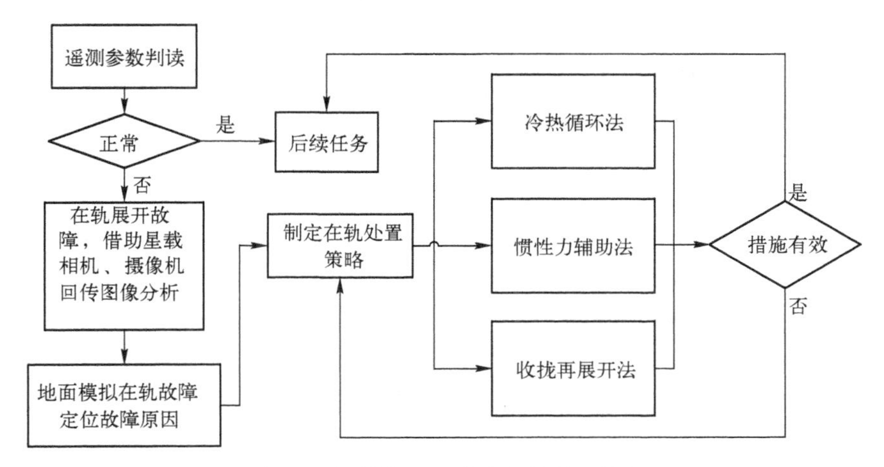

图3　空间结构展开故障在轨处置策略

3.1　冷热循环法

冷热循环法是利用空间热辐射环境，将空间结构交替朝向或背离太阳或者利用进出地影的方法，使得卡滞处热胀冷缩，交替进行，造成卡滞解除。

空间可展开结构主要由铰链、支撑杆件、杆件间连接花盘以及一些滑轨、滑块等部组件组成，其多为高强度、高几何稳定性、超低热膨胀系数材料，如杆件多为碳纤维、铝合金等，链接关节多为铝合金（2A12），其线胀系数（温度变化1℃，其长度变化与它在0℃时的长度之比）$aL = 22.9\times10^{-6}/℃$，空间冷热交变范围达到200℃以上，因此单位长度铝合金一般可以产生4.58×10^{-3}的形变（应变）。在伽利略号木星探测器天线展开故障排除措施中采用了该方法，但是未能帮助天线展开。我国小卫星某太阳翼在轨展开后遥测显示太阳翼未完全，卫星经过一个地影后，遥测显示太阳翼展开到位，太阳功能性能正常，说明经过冷热载荷后，太阳翼机构卡滞解除。

冷热循环方法多适用于解决展开机构发生卡滞的故障模式，但成功与否与卡滞情况、机构设计都密切相关。

3.2　惯性力辅助方法

惯性力辅助即通过控制系统控制航天器使其绕某惯量主轴以一定的角速度进行转动，从而产生一定的惯性力，借助惯性力的作用使空间可展开结构摆脱卡滞。

惯性力辅助方法多用在太阳翼展开故障的处置过程中，对于其他大型可展开结构，如大型天线等，在工程实际中其展开顺序往往在太阳翼展开之后，天线等大型结构展开发生故障后若采用整星起旋产生惯性力的方法，将使展开状态下太阳翼根铰承受较大的载荷，风险较大。对于其他可展开结构，激励故障结构的共振模态，也可以起到类似的效果。

共振激励法是指以卫星的姿态发动机按照一定的周期和方向喷气，激励故障结构的一阶模态，使故障结构局部共振，产生相应的惯性载荷，进而使机构卡滞或其他故障解除的方法。共振激励法的核心是激励故障结构的基频，同时保证不能激励其他星上柔性结构的共振，确保结构安全和卫星姿态可控。因此，准确获得星上大型柔性结构（包括故障结构）的主要模态频率和阻尼是该方法实施的关键。

获取大型柔性结构模态参数主要通过地面试验和在轨辨识两类方法。地面试验需要准确地模拟在轨的边界条件，然而，由于地面重力的影响，大型柔性结构的地面试验往往需要设计复杂的重力卸载装置，而这些装置又会影响试验结果；理论上讲，在轨辨识是最有效获取星上大型柔性结构模态参数的方法，然而，对于在轨故障处理的情况，卫星上一般不会配置用于模态测量的传感器，这种情况下就需要充分借用星上各类敏感器的遥测数据，比如控制系统的陀螺角速度、加速度计的数据等。因此，在轨处置时，需要结合地面模态试验和在轨参数辨识两种方法确定结构的模态频率和阻尼，结合仿真分析判断结构的模态振型。

准确获取故障结构及星上其他大型柔性结构的模态参数后，结合仿真分析可以通过以下三步制定在轨共振激励方法的参数。

（1）根据地面模态试验和在轨辨识故障结构

的基频，取故障结构基频的倒数作为器喷气周期。

（2）采用地面试验和在轨辨识参数修正柔性结构有限元分析模型，根据分析模型预示的故障结构模态振型，确定激励方向。确定激励方向的原则为：最易激励故障结构的模态，同时与相近频率结构的模态振型正交。

（3）通过修正模型计算在推力器喷气激励情况下，卫星上柔性结构的响应和结构根部载荷，根据结构最大允许的响应量和极限载荷，保留一定余量的情况下，反算推力器加载的周期数。

惯性力辅助和激励方法进行在轨处置时，航天器都将失去正常的运行姿态，同时又要保持稳定的指向来实现对地测控，因此对姿态控制系统具有极大的挑战性，在进行上述方法处置过程中应时刻关注在轨姿态的变化和控制。该方法曾用于排除 FLTSATCOM-5 卫星、伽利略号木星探测器、Eutesat W2A 卫星和 SkyTerra-1 卫星等天线展开故障，其中，SkyTerra-1 的故障通过类似共振激励的方法将故障排除，天线工作正常。

3.3 收缩再展开法

收缩再展开的方法主要适用于具有主动驱动的可展开结构，该类结构的驱动机构具备正逆双向驱动能力，当故障发生时，可以通过驱动机构反向驱动使可展开结构向收拢方向运动。该方法既可以用于机构卡置故障模式，也可以用于展开机构被缠绕、钩挂的情况，然而，将可展开结构完全收拢再展开的情况，可能会导致一些带有索网的天线结构发生二次缠绕，因此在处置方案制定时，需详细评估相关风险。

对于一些依靠结构储能释放直接展开的结构，由于没有逆向驱动能力，收缩再展开就需要在结构上施加外力，这个外力既可以通过机械臂直接作用，也可以由展开结构驱动至航天器本体或突出结构实现接触挤压，使得结构局部收缩。

收缩再展开方法对可展开结构自身和外部客观条件具有较为特殊的要求，因此，在制定具体方案时需要根据可展开结构本身及外部条件制定具体的实施方案，同时还需要具体评估可能方案中可能引入的次生危害。例如伽利略木星探测器，在详细评估了天线收拢再展开的方案后，考虑到可能造成的天线网面与其他部位的进一步缠绕，最终放弃。

4 某卫星大型天线在轨展开故障处置实践

某地球同步轨道卫星上载用一口径为 4.2m 的桁架式天线，该天线反射器主要用支撑杆件、连接花盘和金属反射网面组成。2015 年 10 月 3 日，按照既定计划在轨展开时，发现天线展开到位遥测信号异常，星载相机拍照表明天线反射器展开未完全到位。

问题发生后，通过故障分析和在轨天线形貌模拟试验，初步确定了故障原因为：天线展开时刻，天线包带的火工品电缆在微重力环境下急速振荡，造成与反射面关节（121#花盘）钩挂。为了排除以上问题，制定了如图 4 所示的在轨处置方案。

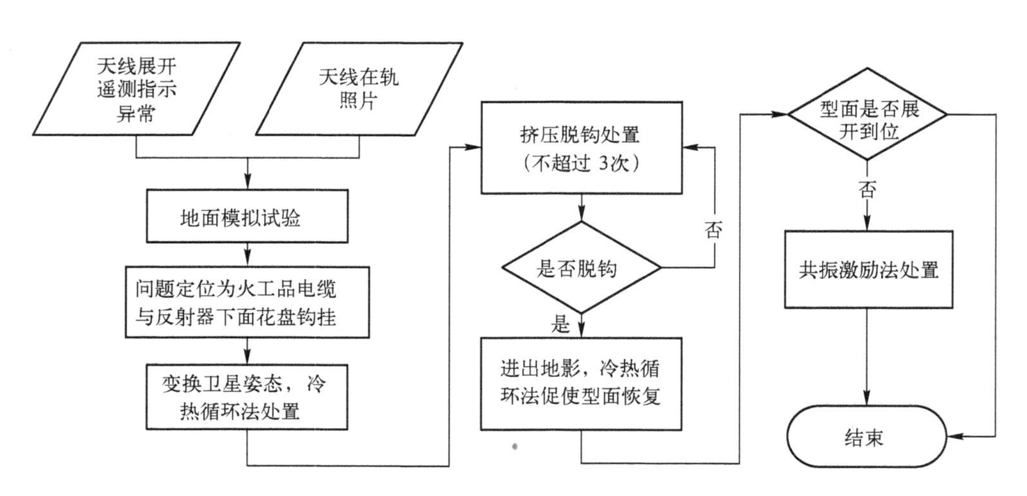

图 4　在轨处置方案

如图4所示，在初步定位了故障原因后，首先通过调整卫星姿态，使天线先后背对和朝向太阳，依次进行3个循环；冷热循环后，天线形貌变化较小，根据收缩再展开的原理，结合本天线实际情况，设计了挤压脱钩的处置措施；最后，天线钩挂解除后，如果天线型面仍然没有完全展开到位，则通过进出地影再次进行冷热循环处置，如果地影期结束，型面仍未到位则通过共振激励进一步促使天线型面展开到位。

4.1　挤压脱钩措施

某卫星大型构架式天线采用结构弹性势能释放的方式进行展开，展开机构不具备逆向驱动的能力。因此，无法直接收拢再重新展开。然而，该天线采用了三级电机驱动改变天线指向的方式，因此，电机的运动范围允许将天线反射面运动至靠近星体的一侧（图5），与星体干涉，借助星本体与反射面花盘间的挤压，使得钩挂关节先收缩，脱开后再释放来实现电缆、线索的脱钩。

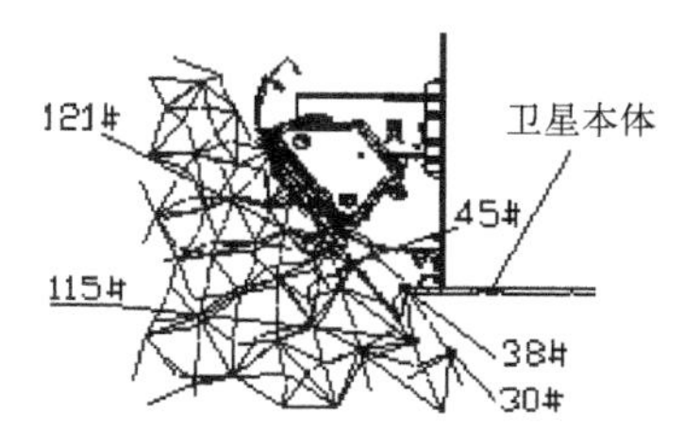

图5　挤压脱钩方案

图6给出了挤压方案地面原理性试验的情况和受力分析图，根据故障定位，天线包带电缆与天线发射器121花盘钩挂；天线三轴驱动电机配合转动，能使得天线反射器38花盘与卫星星体的扩热板（图6中试验人员举的模拟板）干涉，并产生挤压力；38花盘处的挤压力通过115花盘和121花盘之间的同步杆推动121花盘向天线发射器收缩方向移动，从而使包带解除钩挂并依靠自身弹簧力弹开。

图6　挤压方案地面原理性试验

根据挤压方案的地面原理性试验，可以得到天线钩挂解除的条件（脱钩条件）。

（1）电机转动能够使天线反射器38花盘能与星本体扩热板接触。

（2）三级电机联动，能够产生垂直于扩热板的运动，电机的驱动力矩大于脱钩力相对于转动轴产生的力矩。

（3）115花盘和121花盘之间的同步杆不能弯折，以便将挤压力传递到121花盘。

该构架天线反射器由3个电机驱动转动，三轴可以近似拟合出一个直线运动。电机最大驱动力矩为150N·m，地面实测，121花盘收缩需要的挤压力不大于60N，根据图7中的受力分析，38花盘处的挤压力与121花盘挤压力的夹角不大于30°，38花盘处挤压力不大于70N，挤压的力矩不大于1m，由此，可以确定天线钩挂解除条件2满足。

条件3可以通过与挤压脱钩的一个逆过程实现对花盘115和121之间同步杆的拉直，如图7所示。

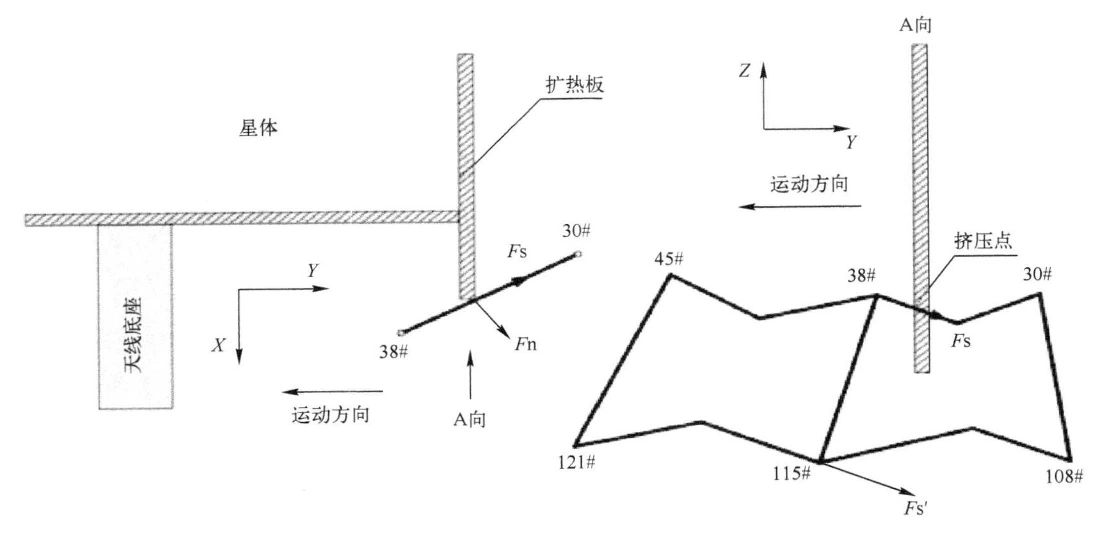

图 7　同步杆拉直受力分析

采用该方案，进一步通过地面模拟试验后，确定了在轨操作的步骤，2015 年 12 月对某卫星构架天线进行了在轨处置，天线钩挂顺利解除，形貌部分恢复，尚有锁紧机构步进未完全展开，未展开部分约占天线反射面面积的 11%，经电性能测试表明天线功能基本恢复，但天线指向尚有偏差。

4.2　共振模态激励方法

如前所述，共振模态激励法主要是针对展开机构卡滞的情况，该方法的核心是激励故障结构的基频，同时保证其他柔性附件的模态不被激励。

4.2.1　有限元建模

某卫星构架天线地面实测一阶模态为 0.273Hz，根据在轨实测数据辨识天线一阶模态为 0.259Hz，采用在轨实测数据对天线有限元模型进行修正。同时，根据太阳翼在轨实测一阶模态频率 0.15Hz 对太阳翼有限元模型进行了修正。卫星本体基频大于 10Hz，星上其他附加基频都大于 2Hz，因此可以简化为中心刚体。卫星有限元模型可以简化为如图 8 所示。

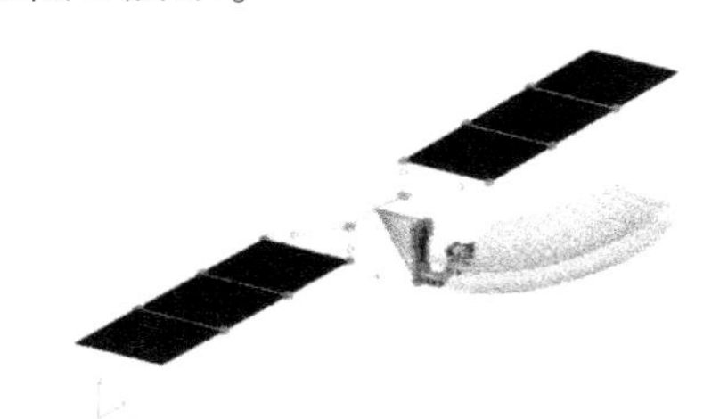

图 8　某卫星在轨状态有限元模型

4.2.2　共振激励分析

某星在轨可用于激励故障天线一阶模态的方式为 10N 姿态发动机喷气激励，考虑到地面实测天线一阶频率为 0.26Hz，因此喷气的周期全部取 4s 周期。载荷方式由卫星南北侧的 10N 姿态发动机按照 4s 的周期交替平推，加载 5 个周期，时间历程如图 9 所示，模态阻尼比取 0.05，加载 5 个周期（20s），计算 32s 的动力学过程。

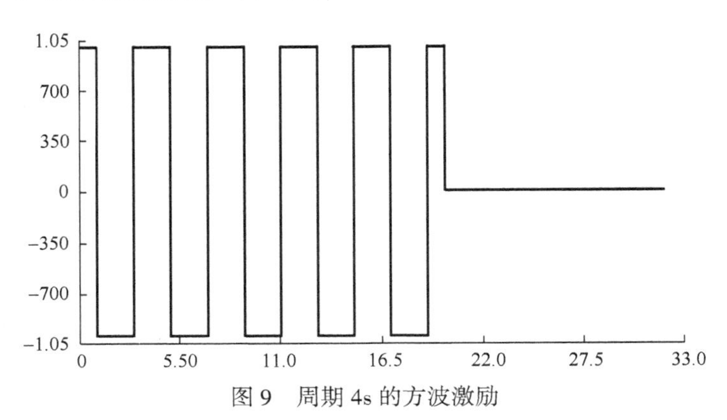

图 9　周期 4s 的方波激励

1）响应分析

图 10 输出的响应结果中黑实线为卫星质心位置的响应，实线点划线为太阳翼角点响应，虚线为增强天线角点响应。

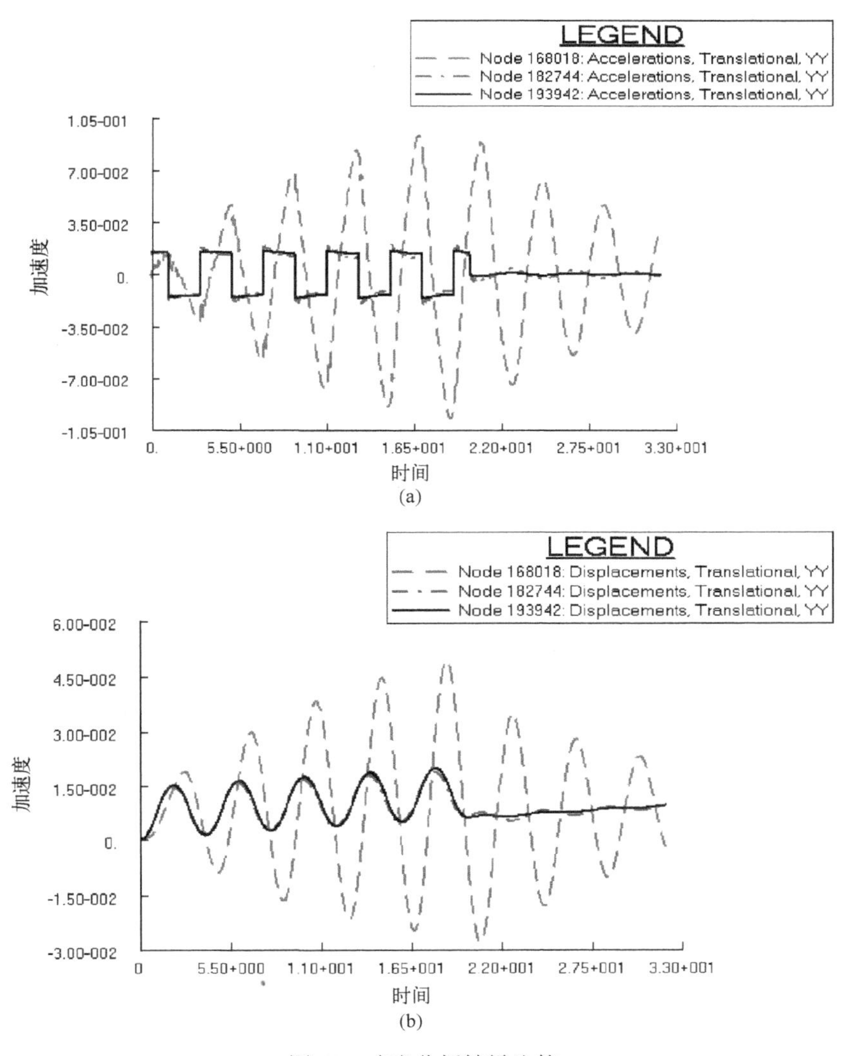

图 10　响应分析结果比较

（a）加速度响应比较；（b）位移响应比较。

可以看到，按照该天线基频平推加载下，太阳翼几乎完全随卫星本体做刚体运动，而天线角点上的响应则随着载荷的作用加速度和位移响应不断放大，说明天线的一阶（摇头）模态被激励出，太阳翼的模态则未被激励；10N 推力器停止喷气后，由于结构阻尼较大，增强天线的振动将被逐渐衰减，对卫星姿态影响较小。

2）校核根部载荷

图 11（a）给出了反射器与星体连接位置的受力，可以看到最大受力为 21N。图 11（b）给出了太阳翼根铰处所受的力和力矩，可以看到太阳翼根铰最大受力为 2. 55N，最大力矩为 6N · m，远小于许用值。

通过上面的响应分析可知，利用推力器的喷气可实现在轨对展开故障天线的共振激励，使得天线反射器上被激励出相对较大的加速度和位移，进而存在使天线摆脱卡滞或者钩挂的可能。与此同时，激励天线的过程中对天线安装根部、其他柔性部件（如太阳翼）的安装根部由于激励带来的运动惯性会产生较大的根部载荷，上述根部能否承受此激励过程应作为处置方案的风险也必须进行分析。

共振激励方法对空间展开结构的关节或滑块卡滞造成的未完全展开具有相对较好的应用效果。针对电缆、线索钩挂的故障，首要任务应是摆脱钩挂，共振激励法是否可行则需要根据结构的具体钩挂机理进行具体分离。某卫星构架天线在轨处置中，通过挤压方案解除了钩挂，天线型面已经基本到位，考虑到卫星马上进入地影季，因此首选选用了冷热交变的处置措施。

4.3 冷热交变处置措施

天线反射面关节及根部锁紧机构上均有遥测温度点，通过控制系统对姿态进行调整，使天线处于高低温的循环变化状态，实施过程中天线测点温度在-70.3℃~+67.3℃之间（图12），高低温度变化范围达到137.3℃。

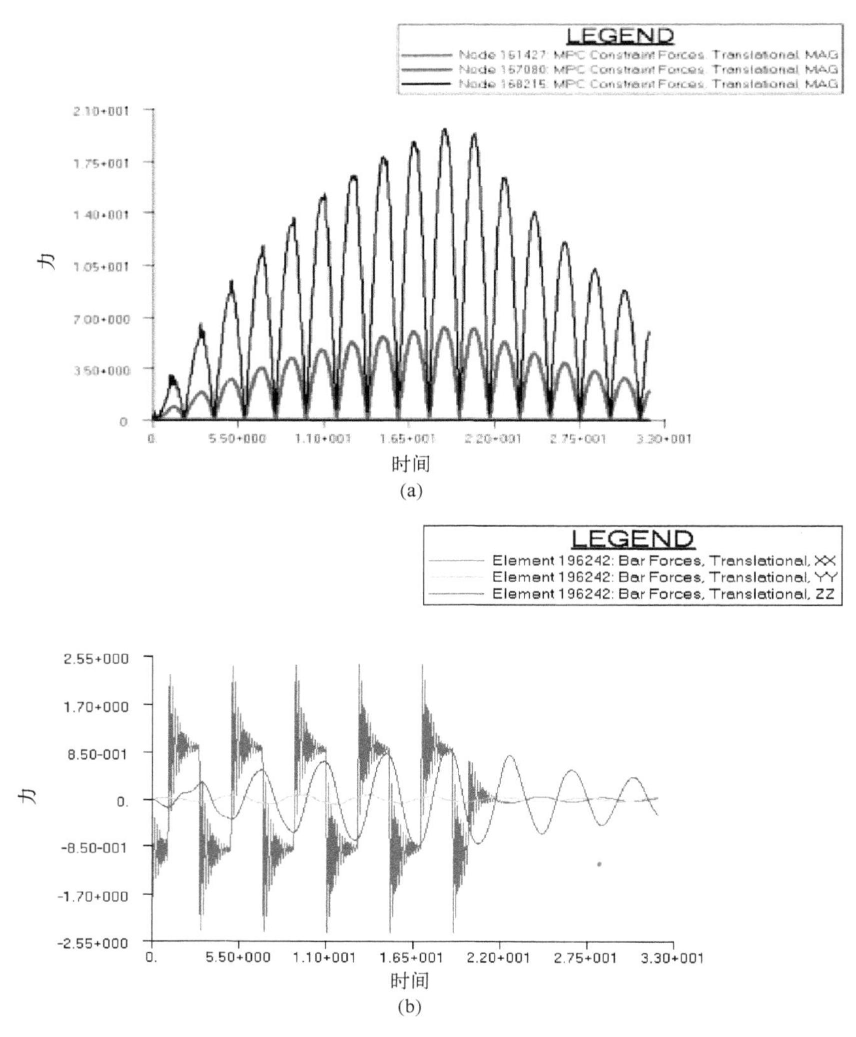

图11 柔性结构附件根部受力

（a）反射面与星体连接根铰受力；（b）太阳翼根铰受力。

在多次冷热交变应力的作用下，天线根部锁紧处最终完全展开，功能完全恢复，经在轨测试，性能完全满足指标要求。

5 结束语

空间大型结构在轨展开的过程和环境都十分复杂，造成了展开故障高发，影响了航天器任务的成败，因此建议在以下3个方面开展进一步的工作。

（1）加强地面研制试验，强调在轨展开环境和风险验证的充分性。由于空间大型可展开结构的机构设计都非常复杂，在轨展开的微重力、高真空和极低温环境又难以在地面完全模拟。综合国内外大型结构在轨展开故障，虽然都在地面进行了多次展开试验，但均未能完全模拟上述环境的影响，比如地面试验中没有识别出重力对索网振荡的抑制，真空造成机构的冷焊等，地面试验中未能暴露在轨展开的风险。因此，在大型空间可展开结构研制过程中，需要全面设别出在轨空间环境因素对展开过程的影响，以设计合理的试验验证方案，开展充分验证。

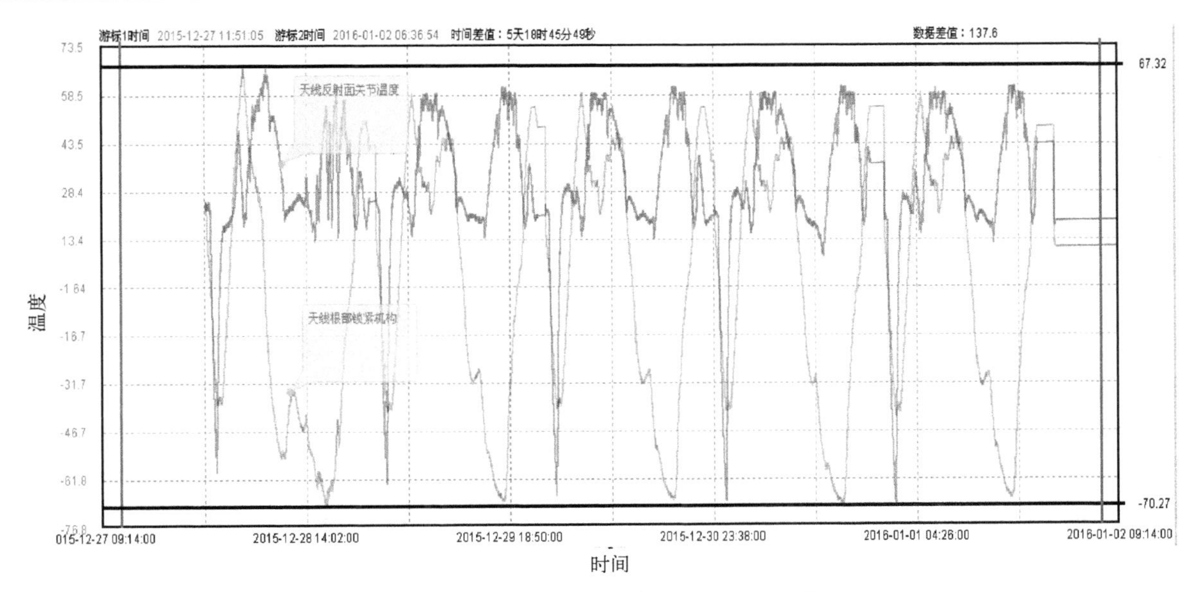

图 12　反射面关节及根部锁紧处温度变化

（2）深入开展空间结构展开过程动力学仿真分析。空间结构在轨展开是一个复杂的瞬态动力学过程，且受到多种在轨环境的影响，难以在地面开展全系统的模拟试验，因此，详尽的展开过程动力学仿真分析是地面展开试验的一个有效补充。展开动力学仿真分析中重力效应的影响，空间环境下关节特性的变化，机构润滑特性的变化都是需开展深入研究的问题。

（3）加强展开故障机理和故障模式分析，完善故障处置的预案和策略。由于大型空间可展开结构的展开过程和在轨环境都十分复杂，很难通过地面模拟试验和仿真分析完成全面的验证，国内外航天型号空间结构在轨展开问题时有发生，因此，对于携带大型可展开结构的航天器，在型号发射前，针对可展开结构的展开形式，对可能发生的故障模式以及故障产生的机理开展分析，结合在轨展开故障处置的成功方法，制定相应的应急处理预案，当在轨展开异常时，及时采取正确的策略，避免“惊慌失措”。

参 考 文 献

[1] 董富祥，周志成，曲广吉．国外空间大型网状天线在轨展开故障预对策 [J]. 航天器工程，2012，21（6）：119-124.

[2] Wise M A, Saleh J H, Haga R A. Health scorecard spacecraft platforms: track record of on-orbit anomaly and failures and preliminary comparative analysis [J]. Acta Astronautic, 2011, 68: 253-268.

[3] Johnson M R. The Galileo high gain antenna deployment anomaly, NASA-CP-3260 [R]. Washington NASA, 1994.

[4] Meguro A, Tsujihata A. Technology status of the 13m aperture deployment antenna reflectors for engineering test satellite [J]. Acta Astronautica, 2000, 47: 147-152.

[5] Meguro A, Shintate K, Usui M, et al. In-orbit deployment characteristics of large deployable antenna reflector onboard Engineering Test Satellite VIII [J]. Acta Astronautica, 2009, 65: 1306-1316.

[6] Richard I H. Lightweight, compactly deployable, support structure with telescope members: USA, No. 6, 618, 025 [P]. 2003-10-25.

[7] Peter B. de Selding. Boeing space wrestling with Antenna Glitch on SkyTerra 1, 2010. 12. 03. http://www. spacenews. com/satellite_telecom/101203-boe-ing-antenna-glitch-skyterr. html.

[8] Peter B. de Selding. SkyTerra 1's Antenna Nearly Fully Deployed, 2010. 12. 10. http://www. spacenews. Com/satellite_satellite_telecom/101210 boe-ing-completes-skyterra-antenna-deployment. html.

火星探测器降落伞下降过程动力学特性分析

柳翠翠，张志娟，李群智，关晓东
（北京空间飞行器总体设计部，北京，100094）

摘要：以4根吊带连接的降落伞—航天器为研究对象，通过建立伞舱组合体动力学模型，分析了降落伞伞绳及吊带受力特性和防热大底分离过程动力学特性。研究表明，单根吊带受力时，主伞绳与舱体轴线间的夹角大，主伞绳受力小，主伞绳受力较大的位置集中在吊带三~四根受力时；主伞绳和每根吊带的受力分布接近正态分布；在一定的开伞速度范围内，开伞高度是影响开伞动压，即影响主伞绳最大受力的核心因素，开伞攻角对主伞绳最大受力无显著影响；分离 Ma 对分离距离影响不显著，而分离速度、降落伞阻力系数和大底质量对分离过程影响显著。

关键词：降落伞；吊带受力；防热大底分离

1 引言

火星探测器进入火星后的下降过程包含降落伞下降段和动力下降段。降落伞下降段探测器历经降落伞拉直、充气、降落伞稳降、防热大底分离等一系列动力学过程，十分复杂。该过程的成功与否直接影响了火星探测任务的成败。

降落伞下降时，降落伞主伞绳通过吊带与航天器相连接，降落伞受到气动作用减速实现航天器快速减速的目的。通常降落伞主伞绳通过3~4根吊带与航天器相连接，减速过程受到开伞状态的影响，使得主伞绳受力和每根吊带的受力情况难以确定。然而，主伞绳和吊带的受力特性直接影响着降落伞伞绳以及航天器结构的设计，为实现安全稳定的减速过程，需对降落伞减速过程的伞绳及吊带受力特性开展全面的分析。当降落伞成功开伞，进入稳降阶段后，在满足一定的触发条件时，防热大底与着陆平台分离。由于防热大底分离过程与着陆平台存在碰撞风险，需对防热大底分离过程的力学特性开展研究，以指导探测器结构的设计和飞行程序设计。

目前，对于降落伞下降过程的伞舱组合体动力学特性分析，多采用刚体假设方法，即将降落伞和伞舱组合体均假设为刚体，降落伞与伞舱组合体通过吊带连接在一起，吊带采用等效弹簧模型进行模化，实现降落伞下降过程的动力学建模和分析。本文以火星探测器为研究对象，建立伞舱组合体动力学模型，开展伞舱组合体降落伞下降过程动力学特性分析，识别影响降落伞减速过程伞绳受力和防热大底分离的关键因素，并统计获得主伞绳和单根/两根/三根/四根吊带受力的分布范围及分布特性。

2 伞舱组合体动力学建模

伞舱组合体由降落伞、舱体和大底组成，降落伞主伞绳与舱体之间通过吊带连接，舱体与大底固定连接。伞舱组合体在火星大气环境中在气动作用下减速下降，当下降达到大底分离的触发条件时，大底与舱体分离，新的伞舱组合体和大底在重力和气动力等综合作用下，继续下降。参考美国空间实验室降落伞下降段建模方法，将降落伞、舱体和大底均假设为刚体，吊带作用模化为弹簧处理，如图1所示。

降落伞自弹伞开始，历经拉直、充气和稳降过程，其中拉直和充气过程通过经验方法进行处理，稳降过程通过建立降落伞的气动减速模型实现其下降过程的演化。处理方法和降落伞气动参数特性详见参考文献［1］。伞舱组合体在重力、降落伞气动力、伞舱组合体气动力、控制力的作用下下降，大底分离后，大底在其重力和气动力的作用下下降。

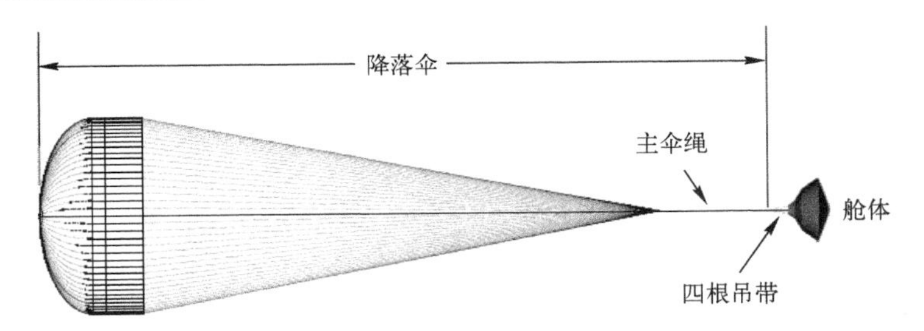

图1 伞舱组合体模型

连接降落伞与舱体的弹簧刚度为 K，该吊带只承受拉力不承受压力。

3 伞绳及吊带受力特性分析

降落伞减速过程主伞绳与吊带受力的影响因素众多，包括火星大气环境、开伞动压、开伞高度、开伞速度、开伞 Ma、开伞姿态、降落伞和舱体的气动参数等，且影响因素之间互相耦合，互相影响，无法通过个别工况的分析获得伞绳和吊带的受力特性。本文采用蒙特卡罗随机打靶分析方法，将开伞状态变量、环境参数、气动参数等在其上下限范围内按一定分布规律取值，最终通过统计的方法获得伞绳和吊带的受力特性。

蒙特卡罗随机打靶共2000个工况。

3.1 吊带受力根数与主伞绳受力

图2为主伞绳受力与主伞绳与舱体轴线夹角的关系。由图可知，主伞绳受力较大的位置集中在主伞绳与舱体轴线间的夹角相对较小时，主伞绳与舱体轴线间的夹角较大时，主伞绳受力较小。

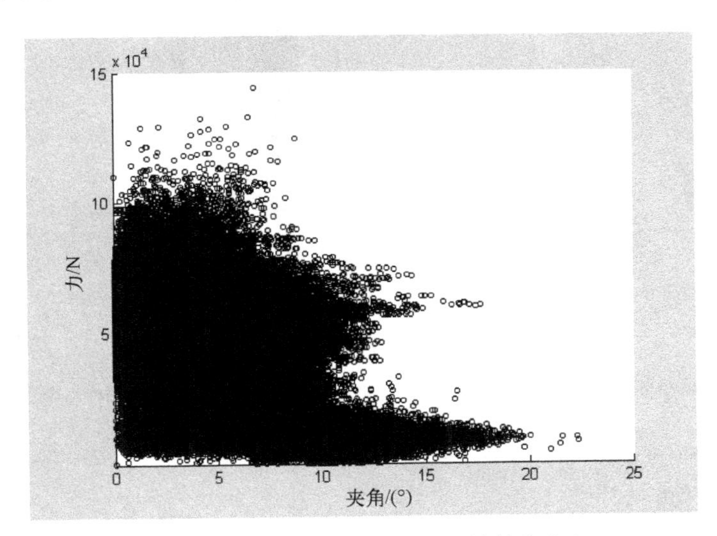

图2 主伞绳受力与主伞绳与舱体轴线夹角

根据吊带的受力状态，可将吊带受力划分为单根/两根/三根/四根吊带受力。单根吊带受力即为只有一根吊带受力，其他三根吊带不受力，两根吊带受力即为四根吊带中，两根受力两根不受力，以此类推。

分析表明，单根吊带受力时，主伞绳与舱体轴线间的夹角大，主伞绳受力小，主伞绳与舱体轴线的夹角均大于某一角度，如图3（a）所示。研究表明，该角度为吊带与四根吊带中垂线之间的夹角，以 θ 表示。随着吊带受力根数的增加，主伞绳与舱体轴线的夹角向小角度移动，当四根吊带受力时，主伞绳与舱体轴线的夹角均小于 θ，如图3（b）~图3（d）所示。主伞绳受力较大的位置集中在吊带三四根受力时。

经统计，主伞绳和每根吊带的受力分布接近正态分布，如图4所示。主伞绳和吊带出现最大受力的概率非常小。

3.2 影响因素分析

开伞动压是影响主伞绳最大受力的最关键因素。一定动压下，主伞绳最大受力存在差异，其原因在于达到最大受力时的其他状态差异，如 Ma、攻角、时钟角、气动参数差异等。但可以明确的是，开伞动压越高，主伞绳最大受力的上下限越高，如图 5 所示。

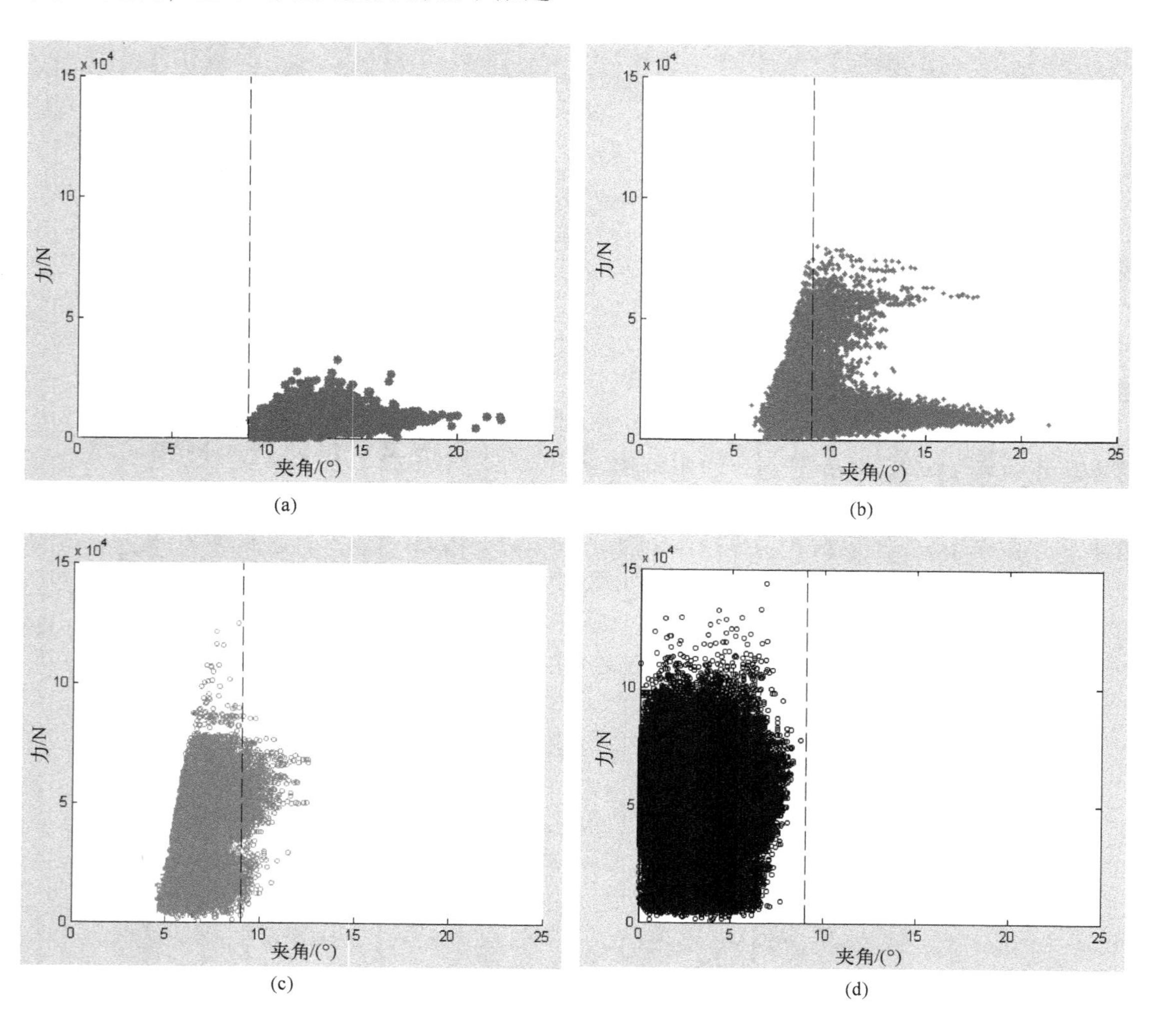

图 3　吊带受力

（a）单根吊带受力；（b）两根吊带受力；（c）三根吊带受力；（d）四根吊带受力。

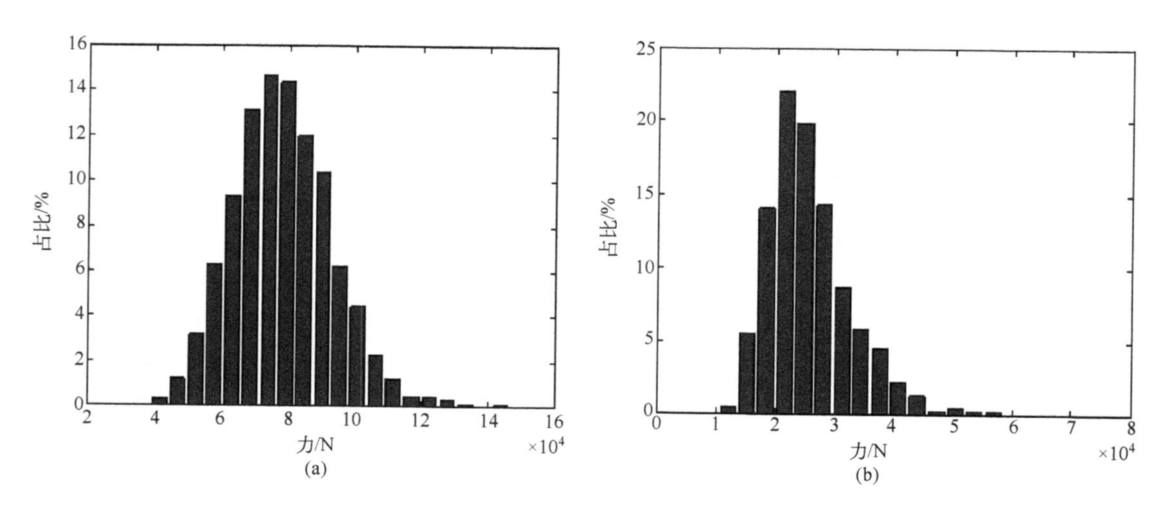

图 4　主伞绳和吊带受力分布

（a）主伞绳；（b）吊带。

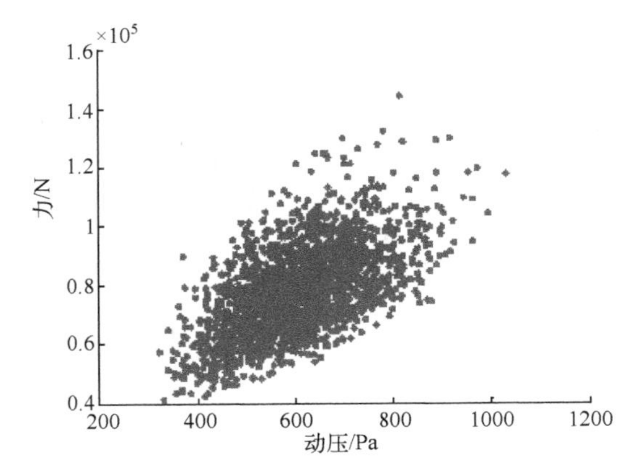

图 5　开伞动压与主伞绳最大受力的关系

开伞动压由开伞环境密度和开伞速度直接决定。由于开伞密度随开伞高度发生变化，为直观计，研究开伞高度和开伞速度对主伞绳最大受力的影响趋势。研究表明，开伞高度（密度）是影响主伞绳最大受力的核心因素，随着高度的升高，密度降低，主伞绳最大受力上下限范围减小，如图 6 所示。虽然开伞速度的增加也可使得动压增加，但综合考虑了开伞高度、风速等影响后，发现开伞速度对主伞绳受力的影响趋势不明确，如图 7 所示。即：在一定的开伞速度范围内，开伞高度是影响开伞动压，即影响主伞绳最大受力的核心因素。

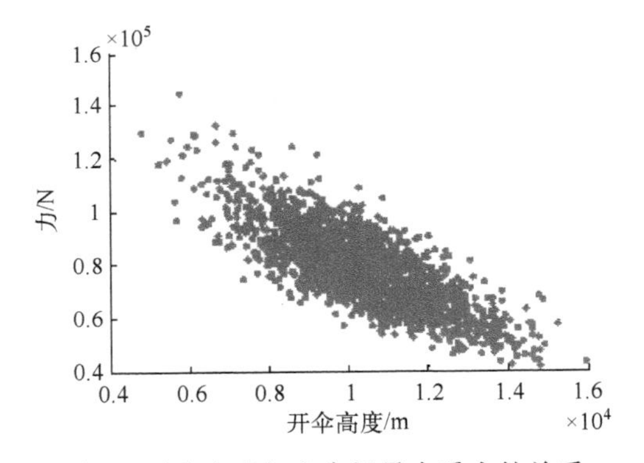

图 6　开伞高度与主伞绳最大受力的关系

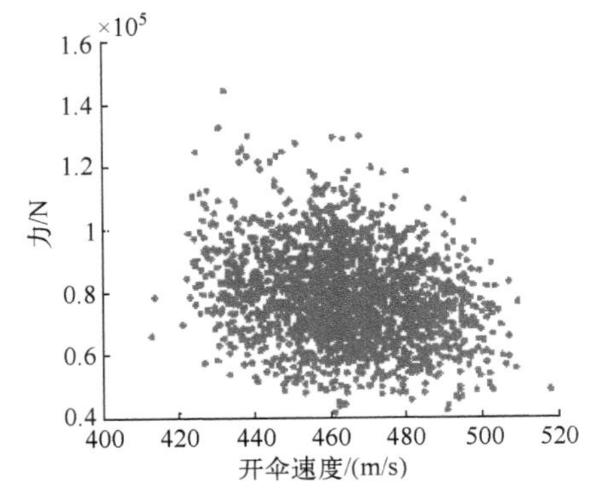

图 7　开伞速度与主伞绳最大受力的关系

而开伞攻角对主伞绳最大受力无显著影响，如图 8 所示。在不同开伞攻角下，主伞绳最大受力呈现均匀分布。

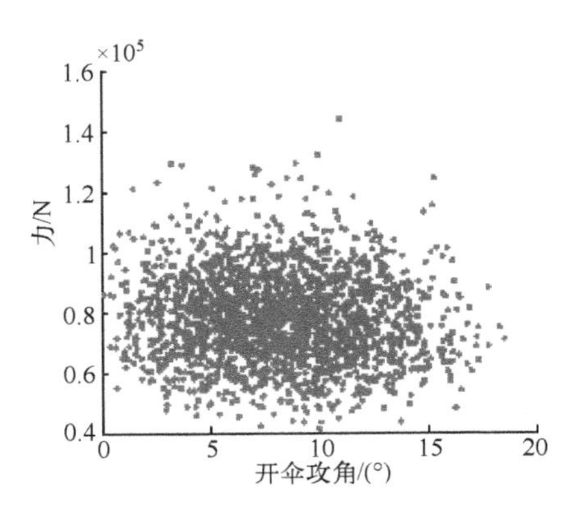

图 8　开伞攻角与主伞绳最大受力的关系

4　防热大底分离过程动力学特性分析

4.1　防热大底分离过程动力学行为

以 $Ma = 0.6$ 作为触发条件分离防热大底。防热大底分离前后，降落伞、着陆平台以及大底的总攻角变化如图 9 和图 10 所示。由图可知，防热大底分离前后，降落伞总攻角和着陆平台总攻角一直维持在其平衡攻角附近振荡，但着陆平台总攻角的振荡幅度显著大于降落伞总攻角的振荡幅度。而大底在分离前与着陆平台一致，在降落伞的平衡攻角附近振荡，在分离后，其总攻角不断增大。

防热大底分离前后，降落伞、着陆平台以及大底的角速度变化如图 11 所示。同样，降落伞和着陆平台的角速度量级变化不大，但大底分离后，着陆平台的角速度周期变长。大底分离后，大底角速度周期变长，角速度变大。

防热大底分离后与着陆平台的径向距离（图中 VARIABLE_DeltaR. Q）和轴向距离（图中 VARIABLE_DeltaX. Q）如图 14 所示。分离的越快，则在相同的时间内分离的距离越远，分离的安全概率越高。

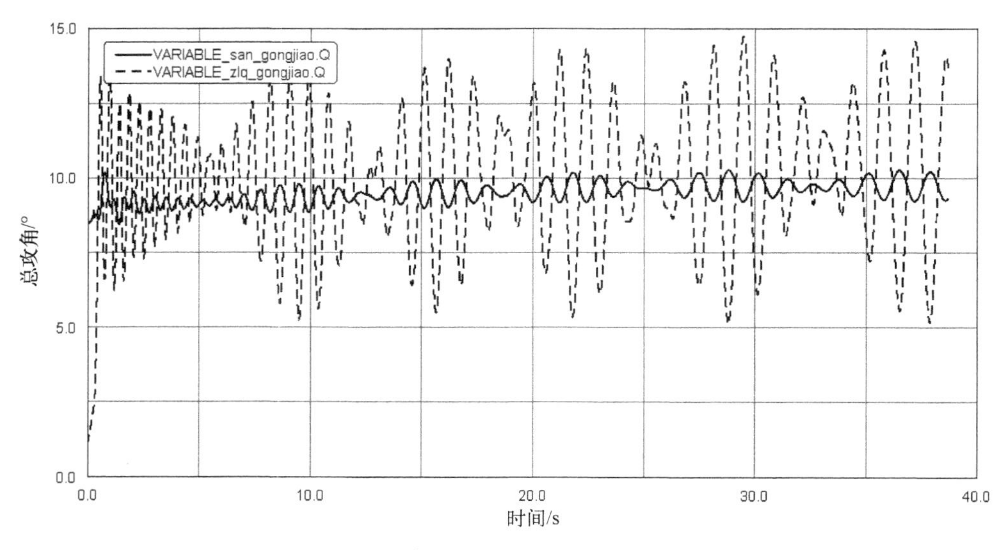

图 9　降落伞和着陆平台总攻角

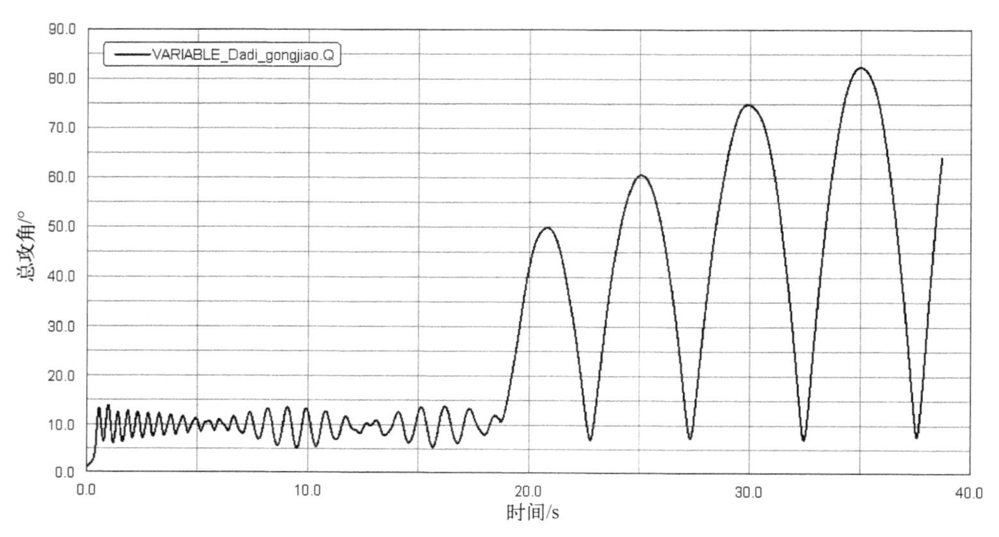

图 10　防热大底总攻角

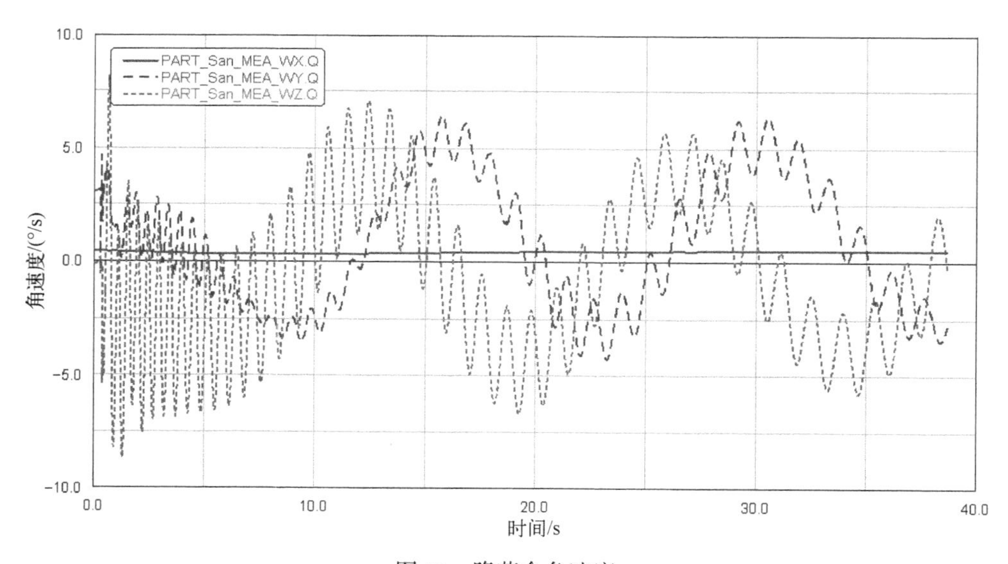

图 11　降落伞角速度

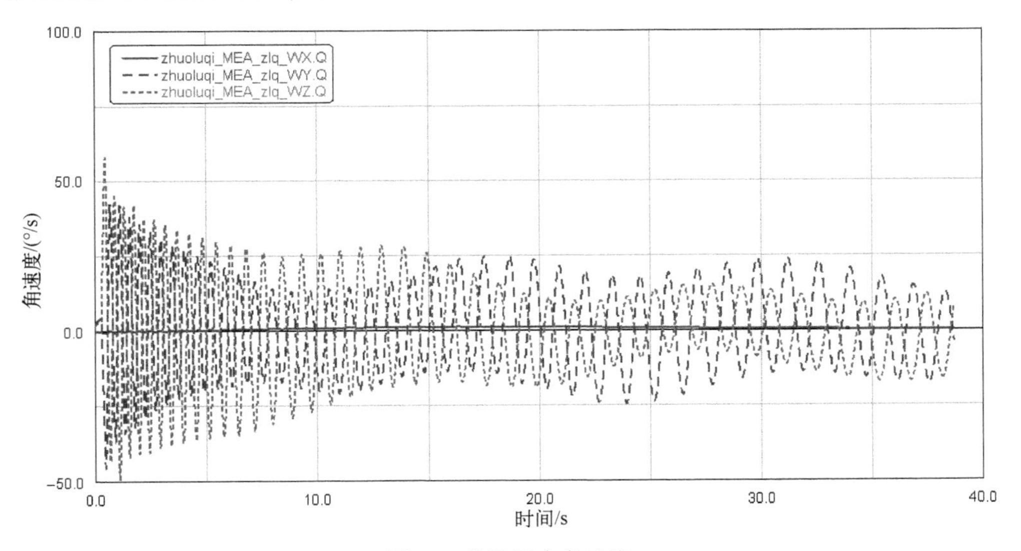

图 12　着陆平台角速度

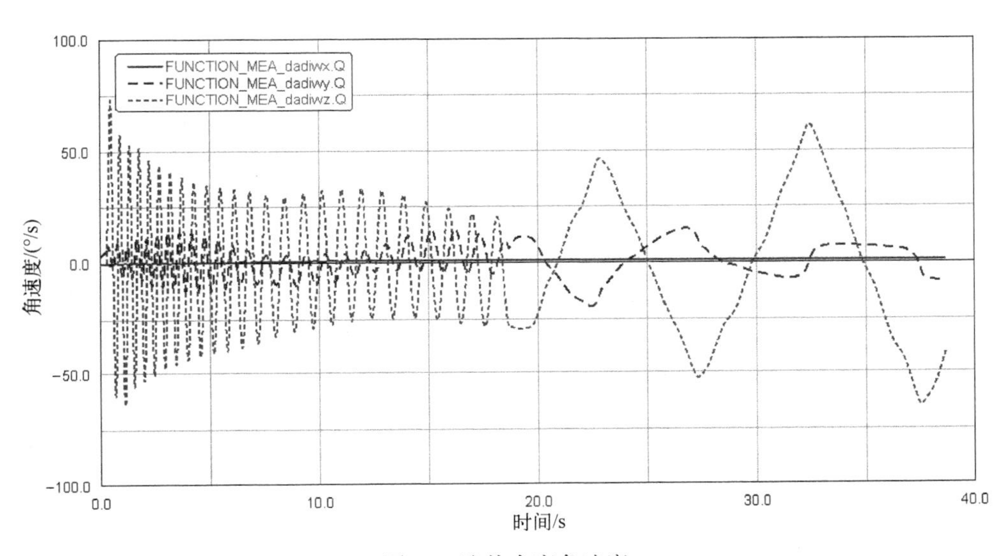

图 13　防热大底角速度

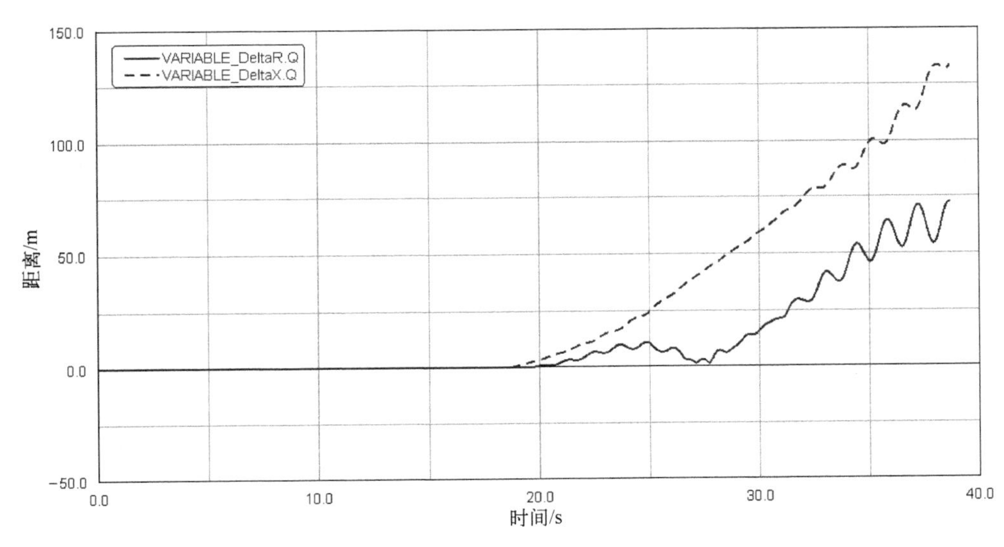

图 14　分离横向距离和径向距离

4.2 影响因素分析

大底分离过程需避免大底与舱体发生碰撞。因此，以大底分离后，大底与舱体间的径向距离（DR）和轴向距离（DX）为指标，分析各因素对大底分离过程的影响。影响降落伞下降段防热大底分离过程的因素主要包括分离条件、大底质量以及气动特性等，其中分离条件包括分离 *Ma* 和分离时的相对速度，气动特性主要考虑影响较大的降落伞阻力特性。

以分离后 10s 时刻大底与着陆巡视器分离距离为评价标准，获得分离 *Ma*、分离速度、降落伞阻力参数和大底质量对分离过程的影响。

Ma 为 0.5、0.55 和 0.6 情况下大底与着陆巡视器分离距离对比如表 1 所列。由对比可知，分离 *Ma* 数对分离距离的影响不显著。

表 1　不同 *Ma* 情况下分离距离对比

Ma	DX/m	DR/m	合距离/m
0.5	101	10.2	102
0.55	106	22.7	108.6
0.6	107	20.4	109

分离速度分别为 6m/s、9m/s 和 12m/s 情况下大底与着陆巡视器分离距离对比如表 2 所列。由对比可知，分离速度对分离距离的影响较为显著。分离速度每增加 3m/s，分离距离增大 20m 左右。

表 2　分离速度影响

分离速度/(m/s)	DX/m	DR/m	合距离/m
6	84	21	86
9	107	20.4	109
12	129	20	131

降落伞阻力系数分别为 0.45、0.5 和 0.6 情况下大底与着陆巡视器分离距离对比如表 3 所列。由对比可知，降落伞阻力系数对分离距离的影响较为显著。阻力系数为 0.6 时，比阻力系数为 0.5 的情况，10s 时刻相对距离增加了 46m。

表 3　降落伞阻力系数影响

伞阻力系数	DX/m	DR/m	合距离/m
0.45	80	35.6	88
0.5	107	20.4	109
0.6	152	30.8	155

大底质量分别为 80kg、86kg 和 90kg 情况下大底与着陆巡视器分离距离对比如表 4 所列。由对比可知，大底质量越大，分离相对距离越大，质量增加 5kg 左右，相对距离将增加 10m 左右。

表 4　大底质量的影响

大底质量/kg	DX/m	DR/m	合距离/m
80	88.7	20.3	91
86	107	20.4	109
90	116	30.7	120

5　结束语

（1）单根吊带受力时，主伞绳与舱体轴线间的夹角大，主伞绳受力小；主伞绳受力较大的位置集中在吊带 3~4 根受力时；主伞绳和每根吊带的受力分布接近正态分布。

（2）在一定的开伞速度范围内，开伞高度是影响开伞动压，即影响主伞绳最大受力的核心因素。

（3）分离 *Ma* 对分离距离影响不显著。

（4）分离速度对分离距离的影响较为显著。分离速度每增加 3m/s，10s 时刻分离距离增大约 20m。

（5）降落伞阻力系数对分离距离的影响较为显著。阻力系数为 0.6 时，比阻力系数为 0.5 的情况，10s 时刻分离距离增加了 46m。

（6）大底质量越大，分离相对距离越大，质量增加 5kg 左右，10s 时刻分离距离将增加约 10m。

参考文献

[1] Juan R Cruz, David W Way, Jeremy D Shidner, et al. Parachute models used in the Mars science laboratory entry, descent, and landing simulation [C]. AIAA Aerodynamic Decelerator Systems (ADS) Conference, 2013: 1276.

[2] Desai Prasun N, Prince Jill L, Wueen Eric M, et al. Entry, descent, and landing performance of the mars phoenix lander [C]. AIAA 2008: 7346.

[3] Queen Eric M, Raiszadeh, Ben. Mars smart lander parachute simulation model [C]. AIAA Paper 2002: 4617.

[4] Behzad Raiszadeh, Eric M Queen. Validation of multibody program to optimize simulated trajectories II parachute simulation with interacting forces. NASA/TP-2009: 215765.

空间机械臂区间参数不确定性分析

辛鹏飞，刘　鑫，危清清，王　瑞，梁常春

（北京空间飞行器总体设计部，北京，100094）

摘要：针对柔性空间机械臂动力学分析中区间参数引起的动力学响应不确定性问题开展研究。采用能够描述大位移、大变形耦合特性的绝对节点坐标方法来建模柔性机械臂臂杆，建立了含区间参数的多体系统动力学方程，为指标-3的微分代数方程。运用基于切比雪夫（Chebyshev）多项式的切比雪夫区间扩张函数，将含区间参数的微分代数方程转化为Chebyshev多项式插值点处的确定参数的动力学方程，研究得到了一维区间参数和多维区间参数影响下机械臂系统的动力学响应区间边界，形成了预测机械臂末端轨迹区间的新方法。通过与常用的泰勒方法对比研究，结果表明，本文提出的方法能够有效减少系统仿真工作量，减小动力学响应预测值误差，快速稳定地得到机械臂系统动力学响应区间，具有重要的实际意义和广阔应用前景。

关键词：区间参数；不确定性；切比雪夫扩张函数；柔性机械臂

1　引言

随着空间技术的不断发展，空间机械臂已经成为了在轨支持、服务的一项关键性技术，在航天器上得到了广泛的应用，并由于其特殊的动力学特性受到了研究者的广泛关注。空间机械臂具有轻质、结构尺寸大等特点，是一种强耦合、高度非线性的复杂柔性多体系统，是以存在着参数摄动、外界扰动及无法建模动态等固有不确定性；由于柔性机械臂在太空中所受温差极大，机械臂参数会在一定区间内变化，如弹性模量、臂杆密度、长度及臂杆质心等参数都不再是“固有”参数，这会给机械臂末端轨迹跟踪的实现带来困难。因此柔性空间机械臂系统自身的不确定性问题不可避免。

而在实际工程中要分析和控制柔性空间机械臂的动力学特性，首先需要建立精确的动力学分析模型，并对模型的运动控制方程进行精确求解。这些控制方程包括常微分方程、微分代数方程、偏微分方程等。传统的数值方法需要预先获得准确的模型参数，才能精确求解这些动力学模型。但在具体实际中，这些参数由于测试困难或者测试样本数量过少等原因，都存在着一定的不确定性，即模型的实际参数值落在名义值附近一定范围内。因此对复杂多体系统进行不确定性分析不仅可以增加系统的可靠性，也能测试系统的稳定性。

目前，对不确定性的理论分析大体上分为三类方法：概率方法[1]、模糊方法[2]和区间方法[3]。概率方法以及模糊方法经过数十年的研究，已经在很多领域成为了主流的分析方法，但本质上这两种方法需要已知不确定参数的概率分布信息或者隶属度函数，而通常这两种信息都需要通过大量的试验才能获得，有时甚至无法获取。而研究较少的区间算法则只需要已知区间参数的边界信息即可，获取难度相对较小，对样本数量的依赖也较小，因此近年来该方法逐渐吸引了研究者的注意。

本文主要采用切比雪夫扩张函数方法对含区间参数的柔性空间机械臂系统进行不确定性动力学响应分析。采用绝对节点坐标法建立三自由度柔性空间机械臂动力学模型，给定关节空间轨迹，跟踪末端笛卡儿空间轨迹。将一维或多维区间参数转化为切比雪夫多项式的插值点，大大减少了计算量；利用切比雪夫扩张函数，分析得到了机械臂末端轨迹随区间参数改变而偏移的上下界限，由此形成了预测机械臂末端轨迹的新方法。该方法可以进而推广至求解其他动力学响应。

2　基于绝对节点方法的柔性多体系统动力学

2.1　绝对节点坐标方法建模

机械系统中常含有柔性元件，这些柔性元件常经受大范围转动和变形。根据不同的变形假设，出现了多种不同的描述柔性体的方法，其中，绝对节点坐标法可用于解决大变形假设问题。绝对节点坐标方法是有限元法与连续介质力学方法相结合的产物，其最大的特点就是仅引入了位置矢量和斜率矢量作为节点坐标来描述运动，避免了采用转角矢量作为广义坐标形式，从而能够描述大位移和大变形的耦合运动。同时，系统方程中的质量矩阵为常量矩阵，不存在离心力和科氏力[4]。

在绝对节点坐标方法中，如图 1 所示的柔性体上任意一点 P 的位移表达式为[5]

$$\boldsymbol{r}_P=\boldsymbol{S}\boldsymbol{e} \tag{1}$$

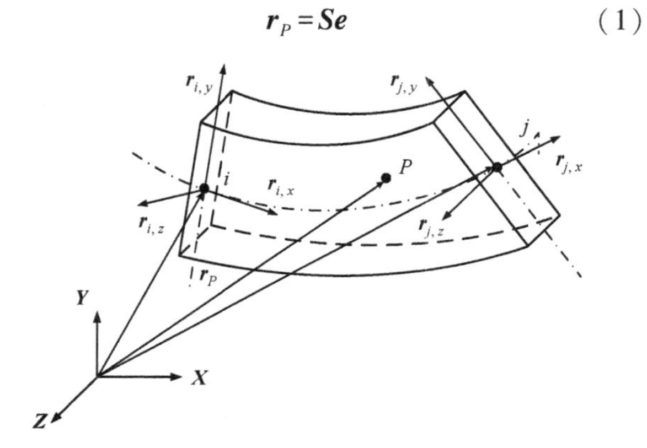

图 1　绝对节点坐标法描述的三维二节点梁单元

式中：$\boldsymbol{r}_P$为点 P 的位置矢量，$\boldsymbol{S}$ 为单元的形函数，仅与位移变量有关；$\boldsymbol{e}$ 为单元节点坐标，仅与时间变量有关，$\boldsymbol{e}=[\boldsymbol{e}_i\quad \boldsymbol{e}_j]^{\mathrm{T}}$。设 $\boldsymbol{e}_i$为 $\boldsymbol{e}$ 中与节点 i 有关的部分，本文中采用三维二节点梁单元的 $\boldsymbol{e}_i$形式为

$$\boldsymbol{e}_i=[\boldsymbol{r}_i^{\mathrm{T}}\quad \boldsymbol{r}_{i,x}^{\mathrm{T}}\quad \boldsymbol{r}_{i,y}^{\mathrm{T}}\quad \boldsymbol{r}_{i,z}^{\mathrm{T}}]^{\mathrm{T}} \tag{2}$$

式中：$\boldsymbol{r}_{i,\alpha}=\dfrac{\partial \boldsymbol{r}_i}{\partial \alpha}$，$\alpha=x,y,z$。

2.2　多体系统动力学方程

在多体系统动力学发展过程中，出现了多种不同的描述系统动力学的方程形式。本文采用第一类拉格朗日方程得到了指标-3 微分代数方程形式来描述受完整约束的多体系统，微分方程控制系统的动力学部分，代数方程控制系统的约束部分，形式如下[5]：

$$\begin{cases}\boldsymbol{M}(\boldsymbol{q})\ddot{\boldsymbol{q}}+\boldsymbol{\Phi}_q^{\mathrm{T}}\boldsymbol{\lambda}+\boldsymbol{F}(\boldsymbol{q})=\boldsymbol{Q}(\boldsymbol{q},\dot{\boldsymbol{q}},t)\\ \boldsymbol{\Phi}(\boldsymbol{q},t)=\boldsymbol{0}\end{cases} \tag{3}$$

式中：$\boldsymbol{M}$ 为系统质量矩阵；$\boldsymbol{\Phi}$ 为系统的完整约束方程矩阵；$\boldsymbol{\Phi}_q$为系统约束的雅可比矩阵；$\boldsymbol{F}(\boldsymbol{q})$ 为系统内力矩阵，包括阻尼力和弹性力；$\boldsymbol{Q}$ 为系统广义力矩阵，包括广义外力和广义弹性力；$\boldsymbol{\lambda}$ 为拉格朗日乘子；$\boldsymbol{q}$、$\dot{\boldsymbol{q}}$和$\ddot{\boldsymbol{q}}$ 分别表示系统位移、速度和加速度；t 为时间变量。

对于式（3），本文采用 Arnold 等[6]提出的广义 α 方法迭代策略进行数值求解，该方法能够有效地平衡高频响应和低频响应的影响，其精度和效率已经得到了充分的验证。

3　Chebyshev 区间函数算法形式

目前区间方法研究的重点是如何控制由“包裹效应”（即过度估计现象）引起的结果响应区间的扩大问题。常用的泰勒扩张函数方法涉及自变量关于不确定参数的一阶微分和二阶微分，推导过程较为复杂，并且对于不确定范围较大或者强非线性系统等问题，求解精度较低[3]。吴景铼等研究了含不确定参数的多体动力学系统求解方法，提出了切比雪夫扩张函数法[7]。

区间$[a,b]$内的连续函数$f(x)$，可以被按照期望的精度近似为一个多项式。因此在本研究中参考文献［7］中的思想，利用截断的切比雪夫多项式来近似原函数$f(x)$，使其能够在精度允许范围内代替原函数。

n 次切比雪夫多项式在 $x\in[-1,1]$ 内的定义如式（4）所示[8]：

$$C_n(x)=\cos(n\theta) \tag{4}$$

式中：$\theta=\arccos(x)\in[0,\pi]$。

原函数 $f(x)$ 的切比雪夫扩张函数参见文献［7］，定义为

$$[f_{C_n}]([x])=\frac{1}{2}f_0+\sum_{i=1}^{n}f_iC_i([x])=\frac{1}{2}f_0+\sum_{i=1}^{n}f_i\cos i[\theta] \tag{5}$$

式中：f_i表示切比雪夫多项式的常系数，与插值点有关。

对柔性空间机械臂系统的不确定性进行分析就是要将其系统动力学方程最终转化为切比雪夫扩张函数的形式，利用 $\cos i[\theta]\subset[-1,1]$这一性质加以区间求解。

式（6）为参数固定条件下的约束方程：

$$\boldsymbol{\Phi}(\boldsymbol{q})=\boldsymbol{0} \tag{6}$$

对该约束方程进行求解，可采用广义 α 方法迭代策略，其基本迭代过程如下：

$$\boldsymbol{q}^{i+1}=\boldsymbol{q}^i-\boldsymbol{J}(\boldsymbol{q}^i)^{-1}\boldsymbol{\Phi}(\boldsymbol{q}^i) \tag{7}$$

式中：上标 i 表示迭代步，$\boldsymbol{J}(\boldsymbol{q}^i)$为函数 $\boldsymbol{\Phi}$ 在第 i

次迭代的雅克比矩阵，迭代停止的条件设置为 $\|\boldsymbol{J}(\boldsymbol{q}^i)^{-1}\boldsymbol{\Phi}(\boldsymbol{q}^i)\|_\infty<\varepsilon$，其中 ε 为一个微小正数。

为简化问题但不失一般性，不确定参数 ξ 区间设为 $[-1,1]$，其他取值范围可通过线性变换映射到该区间。则相应的迭代表达式为

$$\boldsymbol{q}^{i+1}(\xi)=\boldsymbol{q}^i(\xi)-\boldsymbol{J}(\boldsymbol{q}^i(\xi),\xi)^{-1}\boldsymbol{\Phi}(\boldsymbol{q}^i(\xi),\xi) \quad (8)$$

将任意时刻的 $\boldsymbol{q}^i(\xi)$ 用 k 阶切比雪夫多项式展开，有

$$\boldsymbol{q}^i(\xi)=\sum_{j_1=0}^{k}\cdots\sum_{j_n=0}^{k}\left(\frac{1}{2}\right)^p\boldsymbol{q}^i_{j_1\cdots j_n}\cos(j_1\theta_1)\cdots\cos(j_n\theta_n) \quad (9)$$

式中：p 为下标 $j_l=0(l=1,2,\cdots,k)$ 的个数，$\theta=\arccos(\xi)\subset[0,\pi]^k$，$\boldsymbol{q}^i_{j_1\cdots j_n}$ 表示 k 维切比雪夫系数，可通过下式计算：

$$\boldsymbol{q}^i_{j_1\cdots j_n}=\left(\frac{2}{k+1}\right)^n\sum_{l_1=0}^{k+1}\cdots\sum_{l_n=0}^{k+1}\boldsymbol{q}^i(\theta_{l_1}\cdots\theta_{l_n})\cos(j_1\theta_{l_1})\cdots\cos(j_n\theta_{l_n}) \quad (10)$$

式中：$[\theta_{l_1}\cdots\theta_{l_n}]^{\mathrm{T}}$ 为插值点；$k+1$ 为每一维变量的插值点个数。

算法流程如图 2 所示。虚线框中表示系统动力学方程求解，可以看到求解动力学响应的过程类似于一个“黑箱”模型，为插入式结构，只需要将不确定性参数转化为切比雪夫扩张函数的插值点数据输入系统内，即可得到相应的时变响应数据，利用处理得到切比雪夫多项式系数构造切比雪夫扩张函数，从而获得动力学响应区间。

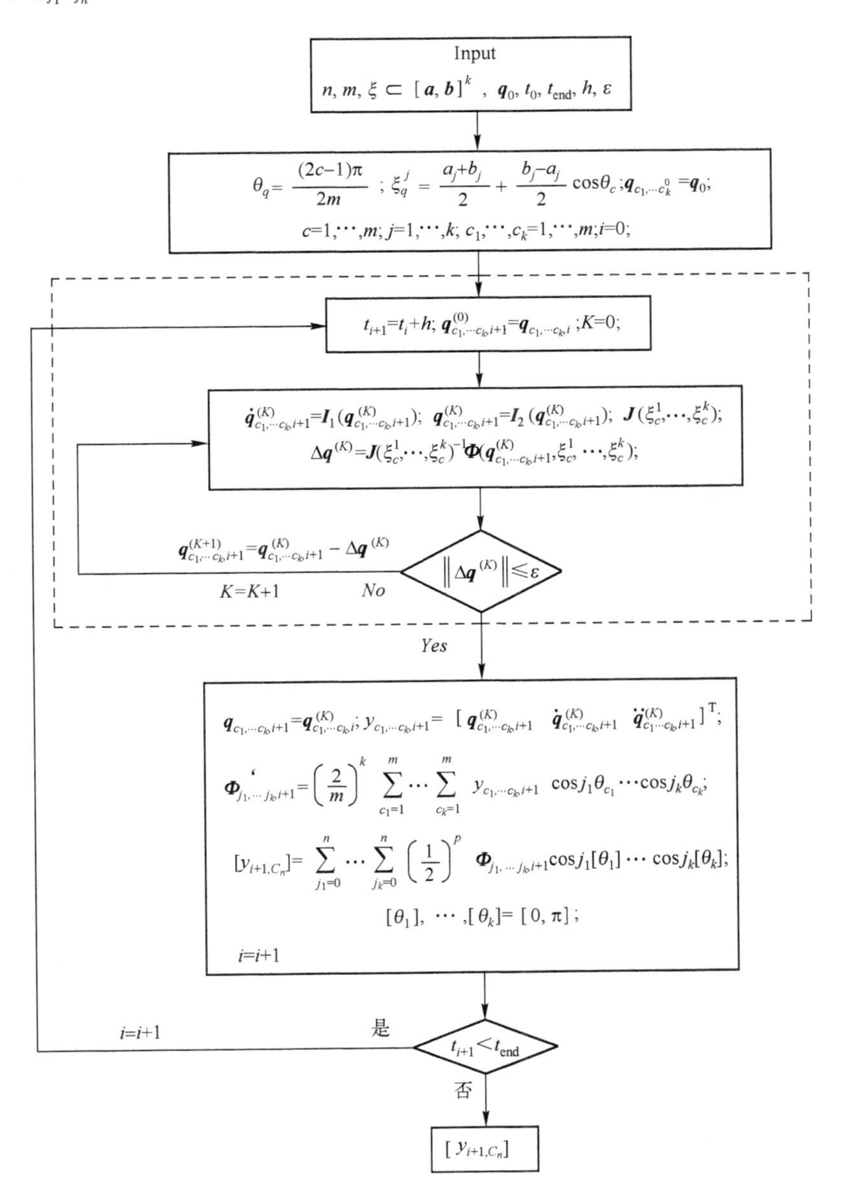

图 2　含区间参数动力学系统区间算法流程图

图 2 中 h 表示迭代步长，t_0 表示计算初始时刻，t_{end} 表示计算终止时刻，K 表示迭代次数。$\boldsymbol{I}_1$ 和 $\boldsymbol{I}_2$ 分别表示广义速度和广义坐标的离散表达式。

4 数值算例

空间柔性机械臂处于无重力环境下，其结构如图 3 所示，包括 3 根同样构型的柔性空心圆柱臂杆，臂杆的材料属性均一致，如表 1 所列。不失一般性，假设机械臂仅在水平面内运动，因此该多体系统有 3 个自由度。

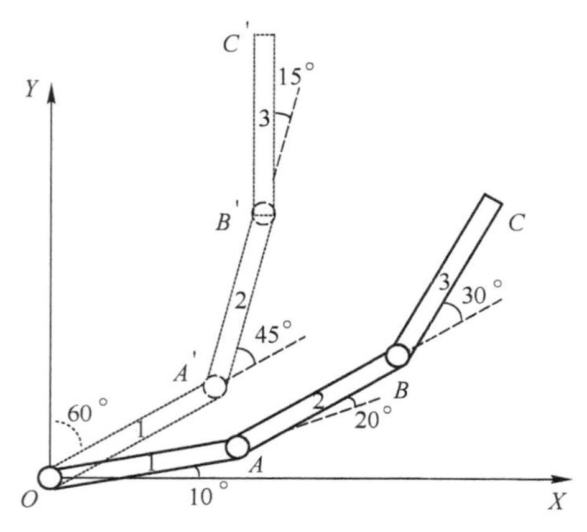

图 3 三自由度柔性机械臂构型

如图 3 所示全局坐标系建立在 O 点处。臂杆为空心圆柱构型，初始相对关节角度分别为 $\theta_0=[10° \ 20° \ 30°]$，设定运动终止时 3 个相对关节转角分别为 $\theta_f=[30° \ 45° \ 15°]$。对此机械臂系统而言，几何参数和材料参数都可以作为区间参数进行分析。

表 1 柔性机械臂几何与材料参数

参数	l_1/m	l_2/m	l_3/m	r/m	R/m	ρ/kg·m^{-3}	E/GPa	ν
名义值	1.5	1.5	1.5	0.15	0.3	1800	210	0.3

系统仿真时间为 2s，其中运动时间为 $t_f=1$s，其余时间为观察残余振动时间。在每一区间参数维度内均匀分布 30 个采样点，通过扫描方法来得到精确的动力学响应区间。分别采用五阶切比雪夫多项式方法和工程上常用的二阶泰勒方法求解动力学方程，即 $m=6$。关节轨迹采用五次多项式的形式进行插值和规划：

$$\tilde{\theta}=(\theta_f-\theta_0)\left[6\left(\frac{t}{t_f}\right)^5-15\left(\frac{t}{t_f}\right)^4+10\left(\frac{t}{t_f}\right)^3\right]+\theta_0 \quad (11)$$

4.1 一维区间内参数算例

首先考虑一维区间参数算例。不失一般性，假设材料密度为区间参数，设定其在名义值附近有 1% 的不确定度，即

$$\hat{\rho}=\rho(1+0.01\xi_1),\xi_1\in[-1,1] \quad (12)$$

采用 5 阶切比雪夫扩张函数法（即每一维插值点数目为 6），则取样点数为 $m^1=6$；采取“扫描”的方法计算，均匀取样，取样点数为 $30^1=30$。

3 根臂杆右端点 X 方向位移与 Y 方向位移如图 4 所示。

从图 4 中可以看出，在初始阶段，两种方法所得的结果能够完全包含实际解（扫描方法得到的计算结果）；但在 0.3s 之后，泰勒方法的区间误差迅速放大，而切比雪夫方法则对区间放大的现象得到了较好的抑制，整个动力学仿真期间，切比雪夫扩张函数法能够紧密追踪实际解的移动，有近乎一致的变化趋势；在运动结束后的残余振动时间内，仍然能够取得较好的“包裹”效果。通过表 2 明显表明，泰勒方法相比较切比雪夫方法需要更多的计算时间，扫描方法所需时间最多。

表 2 数值计算时间对比

方 法	切比雪夫	泰 勒	扫 描
计算时间/s	34	155	1331

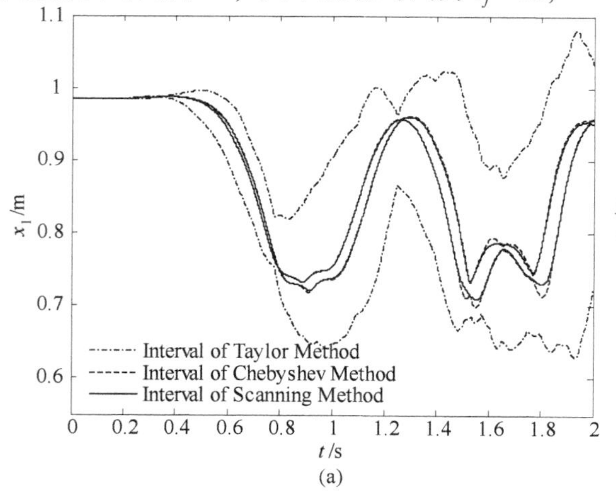

(a)

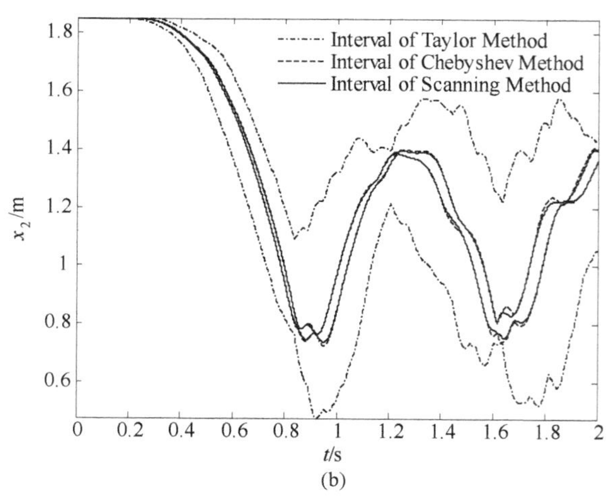

(b)

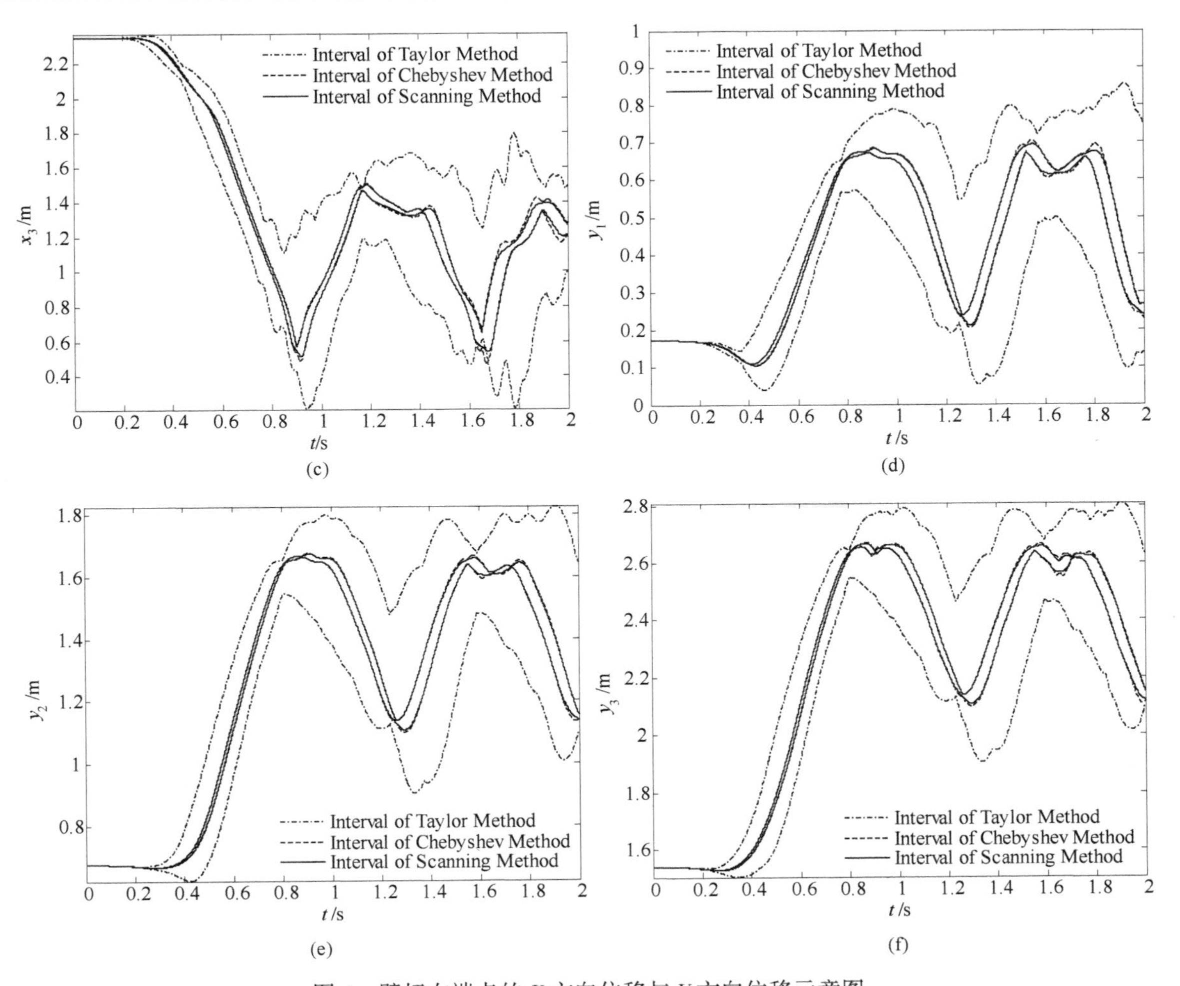

图 4　臂杆右端点的 X 方向位移与 Y 方向位移示意图

(a) 杆 1 X 方向；(b) 杆 2X 方向；(c) 杆 3X 方向；(d) 杆 1Y 方向；(e) 杆 2Y 方向；(f) 杆 3Y 方向。

4.2　多维区间参数算例

考虑多维区间参数影响下系统动力学耦合响应区间。在将密度设为区间参数的基础上，考虑材料弹性模量与臂杆 3 的长度也均在其名义值附近有 1%的不确定性，即

$$\begin{cases}\hat{E}=E(1+0.01\xi_1),\xi_1\in[-1,1]\\ \hat{l}_3=l_3(1+0.01\xi_2),\xi_2\in[-1,1]\end{cases}\tag{13}$$

初始条件与一维算例相同，仍然采用 5 阶切比雪夫扩张函数法、二阶泰勒方法与“扫描”方法分别求解系统从 0~2s 的运动情况。显然，切比雪夫扩张函数方法总插值点数目为 $6^3=216$。“扫描”方法取每一维不确定参数变化范围内的 30 个均匀点作为扫描点，则总的扫描点数目为 $30^3=27000$。3 根臂杆右端点 X 方向位移与 Y 方向位移分别如图 5 所示。

可以看到切比雪夫扩张函数法处理多维不确定参数问题时仍能保持很好的跟踪趋势和跟踪精度，区间误差很小，而泰勒方法则会产生更明显的区间误差，几乎失去作用。实际解完全包裹于切比雪夫扩张函数法得到的解中。由于多维区间参数之间的耦合效应，末端轨迹实际解多次出现微小振荡等现象，但切比雪夫扩张函数法仍然能够较好地预测和“包裹”。3 种方法的计算时间如表 3 所列，切比雪夫方法所需要的计算时间仍然最少，因此也更适用于工程实际中。其他响应的处理方法与末端轨迹相同，由此该方法可以作为小样本数据预测机械臂动力学响应的新方法。

表 3　数值计算时间对比

方　法	切比雪夫	泰　勒	扫　描
计算时间/s	425	2190	30625

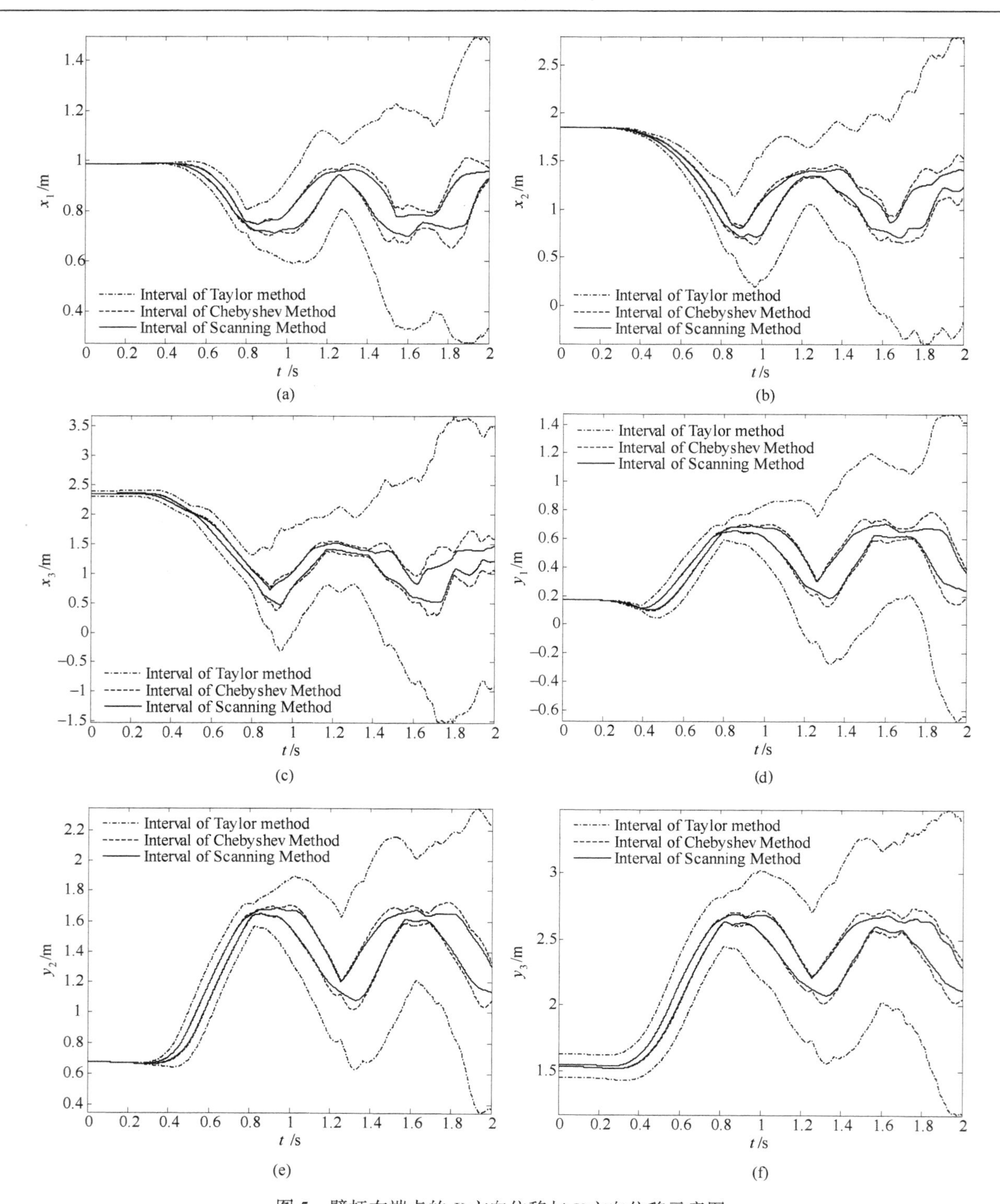

图 5 臂杆右端点的 X 方向位移与 Y 方向位移示意图

（a）杆 1X 方向；（b）杆 2X 方向；（c）杆 3X 方向；（d）杆 1Y 方向；（e）杆 2Y 方向；（f）杆 3Y 方向。

5 结束语

本文研究了切比雪夫扩张函数算法在求解含区间参数的柔性空间机械臂动力学分析中的应用。采用了绝对节点坐标方法对机械臂进行建模，并在关节空间中规划机械臂的运动。对于含一维或多维区间参数的复杂柔性空间机械臂，采用切比雪夫扩张函数对动力学响应进行了不确定度分析，形成了预测空间机械臂动力学响应的新方法。本文获得了以下结论。

（1）分别求解一维和多维区间参数作用下机械臂末端轨迹预测值的上下界，与实际解相比，误差比常用的泰勒方法有了大幅缩减。

（2）文中提出的不确定度分析方法，能够显著减小计算工作量，仿真算例显示，仅考虑3个区间参数时，工作量减小两个数量级。

（3）仿真实例说明了运用切比雪夫扩张函数进行空间机械臂系统区间参数不确定性分析的准确性、有效性和重要意义。

参考文献

[1] Isukapalli S S. Uncertainty analysis of transport - transformation models [D]. Rutgers, The State University of New Jersey, 1999.

[2] Luo Z, Chen L P, Yang J, et al. Fuzzy tolerance multilevel approach for structural topology optimization [J]. Computers & structures, 2006, 84 (3): 127-140.

[3] 吴景铼. 基于Chebyshev多项式的动力学不确定性区间算法研究 [D]. 武汉：华中科技大学，2013.

[4] 刘铖，田强，胡海岩. 基于绝对节点坐标的多柔体系统动力学高效计算方法 [J]. 力学学报，2010，42 (6)：1197-1205.

[5] Shabana A A, Yakoub R Y. Three dimensional absolute nodal coordinate formulation for beam elements: theory. [J] ASME Journal of Mechanical Design, 2001, 123: 606-613.

[6] Arnold M, Brüls O. Convergence of the generalized-a scheme for constrained mechanical systems [J]. Multibody System Dynamics, 2007, 18: 185-202.

[7] Wu J L, Luo Z, Zhang Y Q, et al. Interval uncertain method for multibody mechanical systems using Chebyshev inclusion functions [J]. International Journal for Numerical Methods in Engineering, 2013, 95 (7): 608-630.

[8] Fox L, Parker I B. Chebyshev polynomials in numerical analysis [M]. New York: Oxford University Press, 1968.

国内外航天员多体低重力模拟研究现状

孙 浩

（北京卫星环境工程研究所，北京，100094）

摘要：在空间站、载人登月和载人登火星任务中，航天员需要面临长期低重力环境，预先进行地面模拟研究具有重要意义。本文综述了国内外航天员多体低重力模拟研究现状，着重介绍了抛物线飞行、悬吊法、浮力法、外骨骼法实现航天员低重力模拟的研究进展。总结分析了各方法的特点和优劣，提出使用悬吊法实现航天员多体低重力的建议和研究思路。航天员多体低重力模拟技术有望为未来长期载人任务的地面试验研究及航天员地面训练提供有效解决方案。

关键词：航天员；多体；低重力；模拟研究；悬吊法

1 引言

在空间站、载人登月和载人登火星任务中，航天员需要面临低重力环境。与地面 $1g$ 重力环境不同，航天员在低重力环境下会产生生理心理变化、步态与行为变化、感觉变化等。未来载人空间站、载人深空探测，航天员在轨时间将被大大延长，任务剖面也将趋于复杂，面临的环境也更为极端，因此低重力环境对航天员的影响需要进一步评估。地面先期进行航天员低重力环境下的模拟训练，并开展相关科研活动，具有重要意义。

在空间环境中，航天员身体的每一部分均受到低重力环境影响。在地面环境下，如何尽可能多地将重力从航天员身体各部分卸载，尽可能多地还原在轨真实受力状态，是该领域的关键和难点。面向航天员的低重力模拟始于阿波罗登月时代，近几年随着 NASA 载人登火、SpaceX 太空旅行方案的兴起而再次引起关注[1]。国内外在该领域已经开展了相关的早期研究工作，将人体各部分简化为多刚体，并通过关节连接[2]。航天员多体低重力的实现，需要建立航天员运动学、动力学模型，在此基础上找到合适的低重力控制策略，设计相应的控制系统，实现多体低重力模拟，实现航天员在低重力环境下的自由运动[3]。此外，针对在轨维修等有人参与的宇航任务中，人机（工具）交互的低重力地面模拟，也是多体低重力模拟技术需要考虑的重要问题之一。

2 国内外研究状况

2.1 国外研究情况

2.1.1 抛物线飞行

航天员乘坐特种飞机，通过飞机失速实现抛物线飞行，可以短暂获得失重环境[1]。受限于飞行高度和飞机能力，这种失重状态通常只能持续 20~30s[4]。美国曾利用空军 C-131、KC-135A、DC-9 飞机开展了航天员的失重模拟。俄罗斯利用伊尔-76MDK、欧洲航天局利用空客 A330 同样开展了抛物线飞行，以实现航天员失重环境的模拟。

2.1.2 悬吊法

悬吊法广泛应用于半物理仿真系统中，目的是更好地研究低重力模拟系统。同时这种方法已用于卫星反射板、着陆器、空间机械臂、可展开机构等低重力环境。悬吊法是通过滑轮和吊索机构，利用配重块来抵消实验装置自身的重力，即模拟系统的吊索拉力“中和”实验装置的重力加速度，实现低重力模拟环境。悬吊法主要分为两种：一种是主动悬吊法，另一种是被动悬吊法。主动悬吊法是通过伺服控制系统主动地跟随悬挂测试物体的运动，系统中拉力装置主要采用的是伺服电机驱动调节绳索拉力，实现低重力模拟；被动式悬吊法是采用配重物和滑轮组结构被动地补偿重力，实现低重力模拟。

1）用于航天员训练的垂直悬吊法

垂直悬吊法是利用垂直吊索施加对航天员质心与垂直重力场反向的重力补偿力的方法，核心是保持悬吊的垂直和施加力大小的恒定。通过调节吊索施加力的大小，可以模拟不同大小的重力加速度场。在阿波罗载人登月任务时期，NASA 对垂直悬吊法做了详细研究、在吊索施加力上尝试过使用拉伸弹簧、机械配重以及直线气缸等技术方案。在吊索垂直的保持上尝试过电机主动跟随和气浮导轨被动跟随的方案。结合当时的技术条件，实际研制出了悬吊点被动跟随的低重力模拟系统 The Space Vehicle Mockup Facility's partial-gravity simulator，通常简称为 POGO，系统结构如图 1 所示[1]。

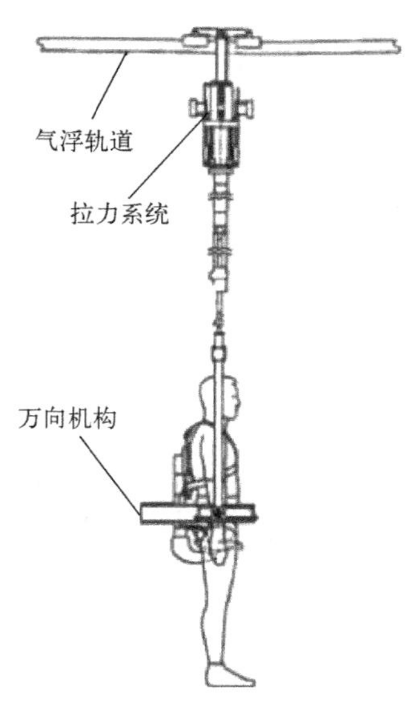

图 1　低重力模拟装置 POGO[1]

POGO 采用直线气缸控制重力补偿力的大小，吊索通过悬吊万向架对航天员质心施加补偿。万向架被动消除了航天员躯体转动对吊索带来的偏角干扰。悬吊点的随动靠滑块在一条长的直线气浮导轨上滑动实现，当航天员移动带来的吊索摆角时，依靠吊索摆角带来的水平分力拉动滑块跟随航天员移动，从而减少了吊索摆角，但仍无法完全消除摆角误差。对于航天员引入了滑块及拉力系统的惯性，在奔跑等高加速度过程中尤为明显。POGO 经历了实际任务的考验，训练的航天员对比了在月面行走和在地面利用 POGO 模拟行走感受上的不同，突出的不同是 POGO 在行走中一直向后拖拽航天员，航天员在月面行走时需要重新适应学习掌握平衡。POGO 随动系统只有一个自由度，对航天员的训练轨迹也做了较大限制。

在重返月球探测火星等任务的需求下，2011 年 NASA 约翰逊航天中心研制了主动重力补偿系统（Active Response Gravity Offload System，ARGOS），系统实物如图 2 所示[1]。ARGOS 重力补偿力的大小以及质心 3 个方向移动的跟随都是电机驱动主动跟随的。在悬吊点水平运动跟随的实现上，选取史丹利公司 Cobotics iLift 智能天车系统，加快了系统的开发进程。ARGOS 是利用先进的电机和控制技术对垂直悬吊法实现航天员运动中重力补偿的率先尝试。

2）用于航天员训练的斜面侧向悬吊法

斜面侧向悬吊法是利用斜面使航天员与垂直重力场成一定角度，得到斜面垂直方向等效低重力加速度的方法，悬吊在其中发挥的作用是约束航天员在斜面垂直平面内移动。图 3 是 NASA 在 1965 年阿波罗任务中利用斜面侧向悬吊训练法时航天员的行走奔跑[1]。

从几何关系分析知，当航天员移动时，如果吊索长度相对于航天员质心位置的改变非常大，质心将在斜面近似垂直的平面内运动，重力分量的大小改变将很小。因此吊索的长度要求非常长，在阿波罗探月任务中 NASA 利用月面着陆研究设备（LLRF）进行训练，LLRF 的吊索长度约 90m，斜面长度约 60m，体现了悬吊式重力补偿空间范围大的优点。

图 2　随动垂直悬吊低重力模拟装置 ARGOS[1]

图 3　斜面侧向悬吊低重力模拟装置[1]

侧向悬吊对航天员施加重力补偿力的作用点在身体侧面，补偿力的大小与体重相同。航天员姿态翻转了 90°，但身体的感官系统在这种重力补偿下感受的依旧是实际重力场方向，所以此方法并不能模拟航天员在低重力环境下的体感。可以看出对于航天员舱外活动训练，侧向悬吊法是一种简易的被动补偿方法，模拟精度较低。

2.1.3　*浮力法*

浮力平衡重力法利用液体浮力或气体浮力来抵消重力。利用水产生浮力的原理，通过水浮装置来补偿重力，利用一定的配重使实验机构在水中受到的合力满足指定的低重力水平，即通过水产生的浮力来补偿实验机构的重力，从而实现实验机构处于低重力环境，但该系统实验时需要系统具有很好的密封性且维护费用很高。水浮装置的优点是实验时间基本不受限制，可以在三维空间里模拟低重力环境。缺点是实验机构不能直接在水下进行实验，必须进行相关的设计以避免水下环境对它产生影响，另外水的惯量和阻力会改变实验机构的动力学特性。如图 4 所示，该方法可以建立长期稳定的低重力环境，但是航天器的运动会受到较大水阻的影响，一般仅用于航天员的训练[1]。

另外，也可以利用空气浮力，用气球悬吊方式来抵消重力，但是随着航天器重量的增加，气球体积将变得十分庞大。和水浮法一样，航天器的运动将受到空气阻力的影响，对实验的可操作性和准确性产生很大的限制。

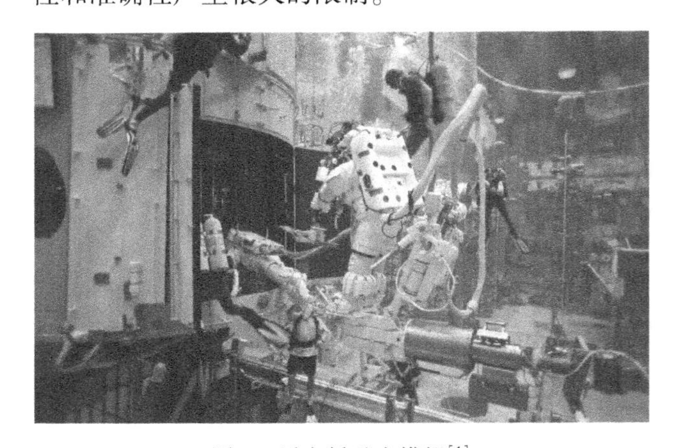

图 4　浮力低重力模拟[1]

2.1.4　*外力骨骼法*

外力骨骼技术是近来出现的新方法，原理是利用弹簧驱动的外骨骼对航天员各关节施加重力补偿力矩，通过恒力机构对航天员躯干施加补偿力。图 5 是新墨西哥州立大学 MaO 教授领导小组研究外力骨骼法重力补偿的原理示意图[1]。通过设计补偿机构与弹簧刚度等参数，外力骨骼技术可以实现对航天员四肢与躯干的可调大小的重力补偿，同时由于没有电机驱动对系统输入能量，系统成本低，安全性较好。外力骨骼技术对于航天员舱外活动训练的局限是，由于补偿机构活动范围有限，航天员只能在小范围内训练。重力补偿的精度受机构摩擦影响，尤其在模拟微重力环境时，模拟的精度难以保证。

图 5　外力骨骼重力补偿原理[1]

2.2　国内研究情况

2.2.1　浮力法

中国航天员科研训练中心 2007 年建成的中性浮力水槽（图 6）由水槽本体及其支持系统、训练及试验支持系统、训练及试验指挥系统三大部分组成[5]。其中水槽本体及其支持系统是训练或试验的基础设备，包括槽体、水系统、冷却水系统、照明系统、起重设备等；训练及试验支持系统为航天员进行水下训练或试验工作提供生命保障条件和装备支持，包括水槽训练航天服及其地面生保系统、潜水装备、航天器模型、加压舱等；训练及试验指挥系统为训练或试验提供指挥手段，包括摄像监视系统、通话系统、生理参数监测系统和测控系统等。

2.2.2　外力骨骼法

南京航空航天大学针对月球或火星登陆航天员在地面进行低重力步行模拟训练的需要，提出一种采用被动重力平衡技术的外骨骼机器人系统[6]。该系统由一台跑步机和一套可穿戴的被动机械外骨骼组成，与国外设计类似。动力学仿真结果表明，该外骨骼机器人系统能够逼真地模拟出不同重力条件下的步行效果。

图 6　航天员中心浮力水池[5]

3　分析与建议

不同的低重力模拟方法各有优劣，应该根据载人航天任务的具体情况选择合适的方法。而且，由于各种方法模拟的低重力环境都存在偏差，实践中至少应采用两种方法来进行模拟失重测试以便交叉分析。

抛物线飞行能够使航天员处于失重环境，满足一些训练任务的需要。但抛物线飞行的缺点显而易见，即获得失重环境的时间很短暂，难以满足复杂的航天员训练要求。使用该方法开展失重研究，需多次飞行，飞行风险较大且成本偏高。浮力法能够满足航天员充裕时间下的低重力环境模拟，但也存在诸多不足。水环境下，航天员运动需要额外克服液体的黏滞阻力，难以完全模拟真实在轨情况。中性浮力训练为了使重力与浮力平衡，需在服装外面加以几十千克以上的铅块配重，由此对整个人衣系统的质量大小与分布产生较大影响，从而使被试者的动力学响应与真实空间环境不同。此外，所有入水装备还需进行防水设计，与在轨情况存在偏差。外骨骼法能够部分实现航天员多体低重力，在大气环境下完成航天员较真实复杂运动，是较新颖的航天员低重力模拟方法。但外骨骼法原理较复杂，航天员需穿戴额外装备，活动空间和自由度存在限制。

本文建议使用基于悬吊法的多体低重力模拟方案，该方案将人体简化为多刚体，通过悬吊的方式补偿重力，实现多体低重力。该方法有较为成熟的研究基础，在航天器低重力实现中应用也很广泛，能够实现航天员在较大空间内的低重力环境移动、操作等，且低重力大小可调节。图 7 为基于悬吊法的多体低重力模拟技术的研究技术方案。

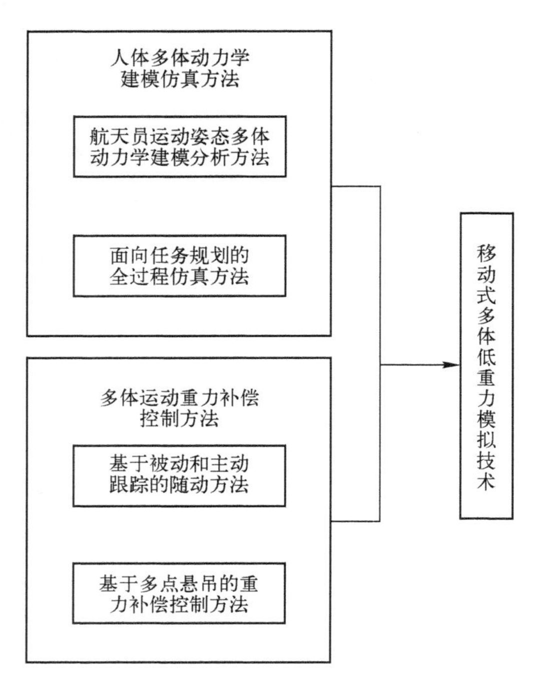

图 7　基于悬吊法的多体低重力
模拟技术研究方法

3.1　人体多体动力学建模仿真方法

1）航天员运动姿态多体动力学建模分析方法

拟从运动姿势提取、人体模型简化、人体数学建模和动作仿真几个方面来阐述研究方案。

利用生物力学的方法，将人体行为进行简化，形成人体的多刚体力学简化模型，并进行运动学与动力学仿真分析，以规划航天员典型动作，并对比分析悬吊方案下的航天员实际运动情况，为地面悬吊研究提供基础资料和模型对接的相关技术支撑。在建立人体多刚体模型时，考虑到低重力，在进行受力分析时，需要添加另外的力和力矩，使模型所受到的重力为所需值。在多刚体仿真系统中，我们通过已经获取得到的运动姿态，通过仿真规划其末端位置姿态，然后利用反向运动学的方法，计算得到系统中各个关节和刚体的运动参数，从而得到其位置姿态数据。

在动力学计算中，较多的应用了牛顿-欧拉法、拉格朗日法和 Kane 法。其中 Kane 法由于计算方法简便，广义速率选取灵活以及适合计算机编程运算等优点被广泛运用。Kane 方程中有一项重要结论可以帮助在不通过寻求系统的动力学函数的情况下，直接建立系统的动力学方程。在多刚体系统仿真研究中，通过 Kane 法可以计算各个关节或者系统中各个刚体的力以及力矩大小，从而根据实际需求，进行最终的模拟测试，并进行力学拟合。在 Kane 方程中，需要对模型进行受力分析，其中模型受到的力主要包括重力以及模型受到的拉力。在空间站模型的动力学计算中，需要考虑太空的重力情况，适当加载力及力矩，保持模型所受到的重力和太空一致。

在进行完成模型的运动学和动力学仿真计算后，需要对模型的仿真计算结果进行验证。在运动学方面，通过对比模型计算得出的各关节和肢体运动情况与已有的具体运动动作的实际运动情况进行对比分析，比较其拟合精度。在动力学方面，通过肌肉力的测算，比较人体的大肌群的受力情况进行验证分析。

2）面向任务规划的全过程仿真方法

根据地面验证需求，研究面向任务规划的全过程仿真方法，对地面试验过程航天员和设备的行动以 ADAMS 进行多体动力学仿真，提出航天员作业、人机协同作业等复杂工况下的悬吊技术需求，提出试验评估指标，给出航天员和探测设备活动路径和包络。

3.2　多体运动重力补偿控制方法

1）基于被动和主动跟踪的随动方法

悬吊随动的技术可以根据是否知道悬吊物体的运动轨迹分为两种：已知悬吊对象的预期运动轨迹，通过其与悬吊式系统间的通信，可以相应规划悬吊点随动系统的运动轨迹，随动目标就转变为悬吊点的轨迹跟踪，为被动跟踪的随动方法。未知悬吊对象的运动轨迹如非完整约束，无法预知随动系统运动轨迹，随动系统通过反馈跟踪补偿对象运动，为主动跟踪的随动方法。随动控制的目标是跟随目标体质心空间运动，包括竖直方向随动和水平方向随动，本文将对高精度随动方法的关键技术进行研究。

2）基于多点悬吊的重力补偿控制方法

在轨活动中，低重力模拟情况更加复杂，首先，航天员的行为方式不同于月球车，主要身体部位均需实现相应的低重力模拟，而不能看作一个整体，其次，探测设备运行验证需模拟低重力环境。本文针对多体运动的精确低重力模拟需求，研究基于多点悬吊的重力补偿控制方法。首先对多点悬吊补偿力进行建模及优化，建立多吊点补偿力表征形式及优化模型，得到各关节力矩与补偿力之间的数学表达式，采用 MATLAB 与 ADAMS 联合优化，得到优化后的各吊点竖直和水平方向位移、速度和加速度以及各关节残余力、附加弯矩和反转扭矩。完成多点悬吊系统方案设计及分析，对悬吊机构的耦合因素进行分析，对重力补偿系统补偿力误差源成因进行分析，建立各误差表达式，实现低重力模拟误差小于 5%，控制律有效，保证系统稳定运行。

4　结束语

本文综述了国内外航天员多体低重力模拟研究现状，着重介绍了抛物线飞行、悬吊法、浮力法、外骨骼法实现航天员低重力模拟的研究进展。本文总结分析了各方法的特点和优劣，提出使用悬吊法实现航天员多体低重力的建议。为了实现航天员多体低重力，需对航天员动力学进行建模分析，需设计具体重力补偿控制方法。航天员多体低重力模拟技术有望为未来长期载人任务的地面试验研究及航天员地面训练提供有效解决方案。

参考文献

[1] 江一帆，乔兵，赵颖．航天员低重力运动模拟训练方法与研究综述 [J]．载人航天，2018，24 (2)：227-236.

[2] 王成焘，王冬梅，白雪岭，等．人体骨肌系统生物力学 [M]．北京：科学出版社，2015.

[3] 李东旭，陈善广．航天员-航天器耦合动力学分析 [M]．北京：中国宇航出版社，2006.

[4] 孙海鹏，王永生．俄罗斯航天员舱外活动地面模拟训练方法与设备 [J]．国际太空，2012，10：26-32.

[5] 马爱军，黄晓慧．载人航天环境模拟技术的发展 [J]．航天医学与医学工程，2008，21 (3)：224-232.

[6] 乔兵，陈卓鹏．航天员低重力步行训练被动外骨骼机器人模拟 [J]．宇航学报，2014，35 (4)：474-480.

第四部分

高精度航天器微振动动力学与控制

航天器在轨微振动控制技术研究进展

于登云[1]，庞世伟[2]，邹元杰[2]

（1. 中国航天科技集团有限公司，北京，100048；2. 北京空间飞行器总体设计部，北京，100094）

摘要：航天器在轨微振动问题渐已成为制约系统性能提升的技术瓶颈。为解决该问题，开展了很多针对在轨微振动控制技术的研究，相关性能也不断提升。被动振动控制方法可靠性高，但性能有限；主动控制方法可有效提升性能，但可靠性降低；其他方法，如混合振动控制是组合被动和主动方法，提高了可靠性，但同时增加了重量成本。非线性隔振技术充分利用结构刚度非线性和阻尼非线性特性，可实现高可靠性基础上的性能提升和成本降低，对在轨应用极具吸引力。本文对近年来的传统振动控制技术和非线性隔振技术研究情况进行综述，为今后该领域技术提升提供支持。

关键词：航天器；微振动；振动控制；主动控制；非线性

1 引言

微振动是指航天器在轨运行期间，由于其上设备（动量轮等高速转动部件、太阳翼驱动机构等步进部件、红外相机摆镜等摆动部件等）正常工作造成的航天器频带较宽、幅度较小的往复运动[1-2]。相比常规航天器振动，微振动主要特点为：①微小性。微振动能量很小，与发射段相比，微振动导致的应变至少小2个量级，不会造成结构破坏。②固有性。微振动是由微振动源正常工作引起的，是微振动源固有特性。除非不使用该微振动源，否则微振动影响始终存在。③难控性。微振动幅值小，频带宽，难以精确测量，也难以全频段控制，通常需要多种手段组合，必要时还须引入地面处理[3-4]。随着现代各类技术的进步，航天器表现为轻质、柔性、大型可展开和高精度，微振动对航天器尤其是地球静止轨道高分辨率遥感卫星性能的影响也越来越严重。为解决该问题，必须采取有效的振动控制措施降低微振动的影响。

目前，国内外主要采用且均已研究了多种振动控制技术以保护高精度载荷不受在轨微振动影响。大体上微振动控制技术可分为三类，即被动式、主动式和其他式。这些技术研究较充分，有些已在轨成功应用。非线性隔振技术，是基于非线性动力学基本原理，使用非线性刚度、非线性阻尼或同时使用非线性刚度和非线性阻尼以实现振动控制。相比传统方法，非线性隔振可有效提高隔振性能并降低隔振成本，且有可能解决传统方法不可避免的性能协调难题。本文主要对近十年来传统振动控制和非线性隔振技术发展状况进行综述，除航天领域微振动控制外，也调研了部分其他领域研究成果，以为在轨微振动控制提供参考。

2 传统振动控制技术

2.1 被动隔振技术

被动隔振可实现高性能和高稳定性，无须提供能量。被动隔振基本原理如图1所示。振动能量利用被动阻尼耗散，高频微振动无法通过隔振器传递。被动隔振器通常包含一个高性能阻尼器，如黏性流体阻尼器[6]，或黏弹性混合阻尼器[7]。图2给出单自由度被动隔振系统传递率。可见，被

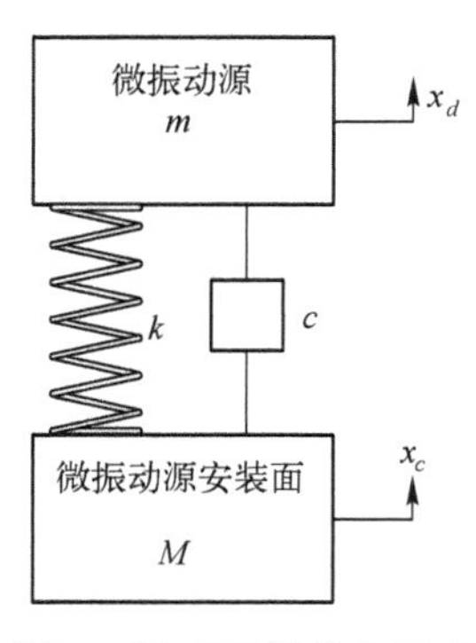

图1 被动隔振基本原理

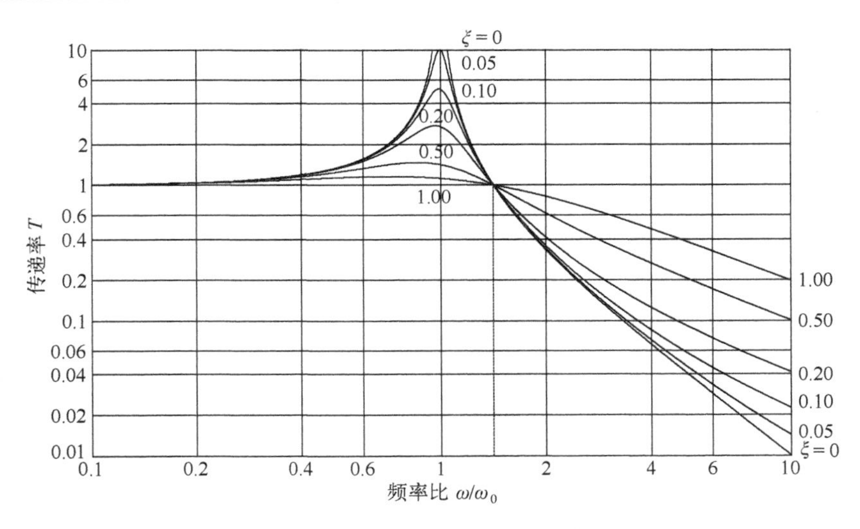

图 2　传递率与频率和阻尼的关系

动隔振主要针对高频段，在低频段仍是 1∶1 传递，在固有频率附近会放大。随着阻尼的增大，高频隔振能力会降低，阻尼太小，固有频率附近放大效应会增大，这是传统被动隔振器无法避免的两难问题。被动隔振通常结构简单，可靠性高，但性能有一定限制。

2.2　主动振动控制技术

主动振动控制须增加作动器和传感器以分别提供控制力和反馈信号，再利用控制策略实现高性能振动控制。如图 3 所示，系统刚度和阻尼可通过主动控制进行调整，以此改善性能。目前，主动阻尼技术和主动反相位控制技术等均已用于控制在轨微振动[8-11]。为降低六方向微振动影响，也设计了不少多自由度主动振动控制平台[12-14]。

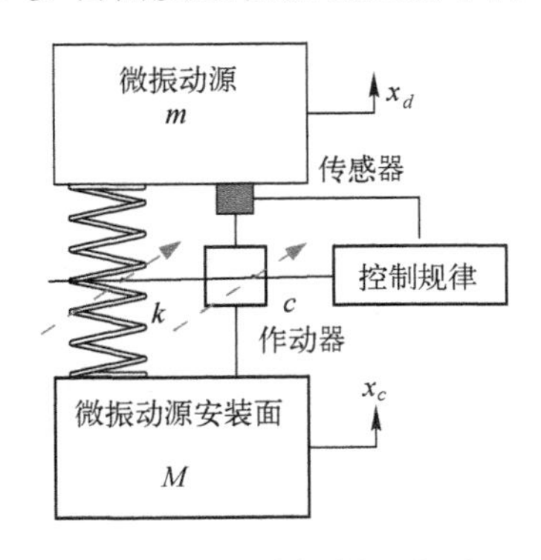

图 3　主动振动控制基本原理

主动振动控制系统主要由作动器、传感器和控制策略组成，目前研究主要集中在两个方向：一是基于新型材料（如超磁致伸缩材料[15-16]、形状记忆合金[17]）及相关驱动设备（如音圈电机等）的主动振动控制平台研究；二是主动控制策略研究，如鲁棒控制[18]、智能控制[19]等。

2.2.1　作动器

作动器（又称致动器或驱动器，actuator）的作用是将控制器输出的控制量转变为位移、力等机械量对控制对象进行驱动。常用作动器包括电磁式作动器、压电式作动器以及超磁致伸缩作动器等[20]。

1）电磁式作动器

电磁式作动器利用磁场中通电线圈受到的力来实现控制。电磁式作动器与控制对象之间无直接接触，故建立系统模型简单可靠，还兼具频带宽、易于对复杂周期振动及随机振动进行控制等优点[21]。电磁式作动器基础上发展出一种磁悬浮技术。研究表明，磁悬浮振动控制效果好，无谐振峰值，且兼顾抵消低频干扰[22]。

2）压电式作动器

压电式作动器利用压电材料的逆压电效应实现电能和机械能间转换，分为薄膜型和叠层型。薄膜型作动器通常粘结在结构上，通过施加弯矩控制结构运动。叠层型作动器在层叠方向上输出位移或力。压电式作动器体积小、质量轻、刚度大、不发热、频响快且控制精度高。但所需驱动电压高，且输入电压和输出位移间存在迟滞非线性现象，主要用于高频、控制力不大的场合[23]。

3）超磁致伸缩作动器

超磁致伸缩作动器利用磁致伸缩效应，实现磁—机械能间转换，兼具驱动和传感功能。超磁致伸缩作动器在磁场作用下发生长度或体积等变化，具有响应快、应变大、使用频带宽（0～3000Hz）、驱动电压低等优点[24]。同压电式作动器相同，超磁致伸缩作动器也存在非线形和滞回特性。此外，在连续工作时受热伸长必须得到抑制或补偿。

2.2.2 振动控制平台

1）并联机构主动振动控制平台

航天器高精度载荷在轨受到的微振动通常为多方向（三个平动、三个转动），故须采用多向振动控制平台。基于并联机构的多向振动控制平台是主要解决方案。

目前，多向振动控制平台有三杆、四杆、五杆、六杆、八杆等形式，最常见是Stewart平台形式。对在轨微振动进行控制时，控制信号幅值相对于平台结构尺寸很小，可认为平台构型不变。但控制信号频带较宽时则无法忽略各作动器间的耦合效应[25]。国内外均研制了各类Stewart主动振动控制平台。

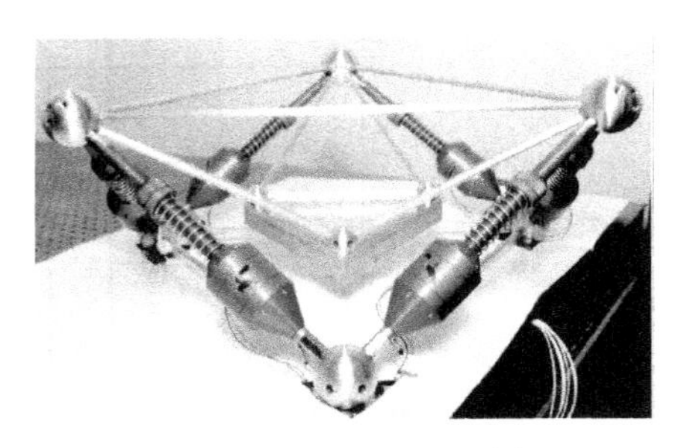

图4 JPL的Stewart平台

图5 SUITE平台

图6 VISS并联振动控制平台

图4为JPL研制的Stewart平台[26]，主要用于空间桁架结构的多向振动主动控制。詹姆斯·韦伯太空望远镜（JWST）将黏滞阻尼层粘贴在连接杆上，用于降低卫星本体微振动的影响[27]。美国空军实验室研制了基于压电陶瓷作动器的超静主被动混合控制试验系统（SUITE）[28]，如图5所示，可对5～250Hz谐振峰值有效抑制，用于PICOSAT卫星。该实验室还研制了VISS和MVIS。VISS用音圈电机为作动器，弹簧和黏滞阻尼为被动部分，与主动部分并联，如图6所示，有效带宽达5～200Hz，谐振衰减最高达20dB，兼具微指向控制能力，用于空间红外侦查相机多向振动主动控制及姿态控制[29]。MVIS则用压电陶瓷为作动器[30]。CSA公司研制了多种主动振动控制及精密指向平台，较知名的为超静平台（ultra quiet platform），用电磁作动器为支撑杆提供控制力，每个支撑杆内安装地震检波器，能控制3～100Hz的低频振动[31]。怀俄明州大学[32]研发了基于音圈电机的主动振动控制和精确定向平台，与JPL主动平台类似，但在每个支撑杆上增加了卸载弹簧。比利时大学研制了一种刚性操作平台，同时采用压电传感器和压电作动器，能同时主动振动控制及精密定向操作[33]。此外还研制了一种用音圈电机为作动器的主动振动控制平台，并用力传感器实时测量主动力，经失重试验验证性能优良[34]。瑞士电子及微技术中心研制了一种多目标主动振动控制平台MAI，用于空间激光通信[35]，可对50～500Hz频段进行有效振动控制。

国内燕山大学在并联机构动力学方向研究较多[36]，应用于并联机床等行业。哈尔滨工业大学[21,38-39]将多向振动控制平台应用于航天航空、车辆工程及土木建筑等领域。Ying Wu等[40]基于Stewart平台研究了在刚度、阻尼和质心不确定等条件下的鲁棒控制算法，通过仿真方法验证其性能。北京控制工程研究所王有懿等[41]针对柔性铰形式Stewart平台动力学，建立了一般形式超静平台动力学模型，推导了解耦力控制方法，可消除各支杆间耦合作用，简化控制器设计。上海交通大学李乔博[42]基于Stewart平台研究了一种微振动主动振动控制系统，可有效多向振动控制；王超新等[43-44]用压电陶瓷堆为作动器，利用Fx-LMS算法对基础振动进行控制，结果表明，在5～120Hz范围内可控制30dB。华中科技大学李明[45]对振动控制系统的机械结构、运动学及动力学关系、多自由度控制策略及算法、调理电路和软件系统分别进行了论述，提出了以高性能微处理器为核心的嵌入式硬件系统和实时控制策略。吴兆景等[46]提出一种应用磁流变阻尼的直升机 Stewart 平台，研究并验证了基于等效天棚阻尼开关控制和等效天棚阻尼模糊控制策略的振动控制效果。

2）非接触式主动振动控制平台

非接触式主动振动控制平台是通过磁悬浮方法产生抵消振动的作用力，有效行程达到毫米量级，远大于接触式平台，可对低频和超低频振动控制提供有力保障。

STABLE（suppression of transient accelerations by levitation）是为提高流体力学在轨试验精度而研制的集成式主动振动控制平台，采用 3 套双自由度非接触式洛伦兹力作动器，利用加速度和位移反馈控制，有效频率范围达 0.01～100Hz，有效行程达±10mm，可将微重力水平降低到 $10^{-6}g$ 量级。1995 年搭载"哥伦比亚"号航天飞机开展在轨试验，结果表明可控制低至 0.01Hz 的微振动，可衰减 20～30dB[47-48]。

MIM（microgravity vibration isolation mount）是加拿大宇航局开发的一系列微振动控制平台，利用 8 个单自由度洛伦兹力作动器协同作用实现主动控制，有效频率范围为 0.01～100Hz。第一代 MIM 在"和平"号空间站累积在轨工作超 3000h[48]。第二代 MIM-2 通过优化设计降低了作动器非线性，改善了电气系统硬件能力[48]。第三代 MIM-BU 是为国际空间站实验柜研制，进一步提升了系统硬件和软件能力，采用双浮子结构，通过两级主动控制更加有效地实现对微振动的控制[48]。加拿大宇航局还开发了 g-LIMIT（glovebox integrated microgravity isolation technology）[49]，采用 3 个模块化非接触磁悬浮作动器和集成测量系统，不仅提高了装配精度，且简化了加工工艺。2008 年用于国际空间站流体科学试验，可实现低至 0.01Hz 的微振动控制[48]。

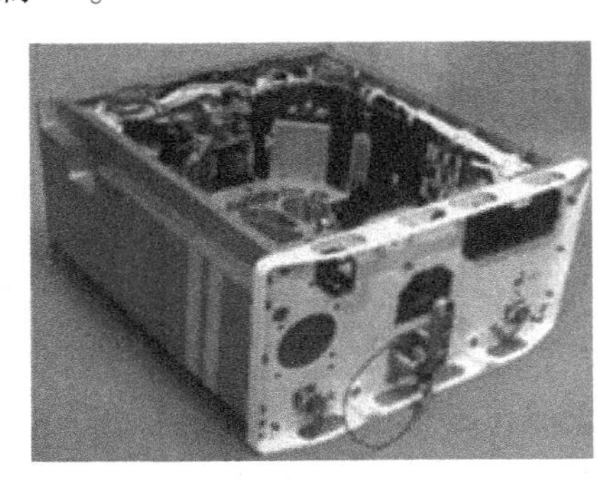

图 7　STABLE 平台

Texas A&M 大学开发了一种能实现六自由度振动控制的 Y 型磁悬浮平台[50]，如图 9 所示，兼具振动控制和定位功能，通过多输入多输出的 LQR/LTR 控制策略实现三个平动和三个转动方向微振动有效控制。

图 8　MIM 平台

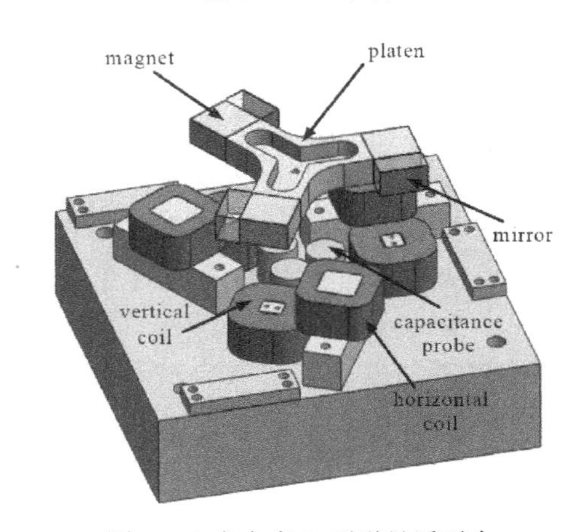

图 9　六自由度 Y 型磁悬浮平台

国内也开展了非接触式主动振动控制平台研发工作。中科院光电研究院李宗峰等提出了作动器有冗余的主动振动控制方案[51]，包含 8 个单轴洛伦兹力的作动器。刘伟等[52]针对 8 个单轴作动器输出力分配优化问题，以总功耗最小为性能指标，采用拉格朗日乘子法获得作动器分配电流解析最优解。党金法[53]提出基于线性功率放大器的驱动电路和基于开关功率放大器的开关式驱动电路两套方案设计了电磁作动器驱动电路。贾天志[54-55]论述了位移控制及振动控制双重目标间的矛盾问题，推导出被控对象非线性和耦合动力学特性，显著提高了振动控制能力。为验证失重条件下性能，Zhang Yong kang 等[56]利用飞机抛物线飞行制造失重条件进行了试验验证。武汉理工大学陈昌皓等对非接触式振动控制系统中所用电磁作动器进行仿真分析，得到了作用力与电流和位移的关系[57]，在 1～25Hz 频带内达到-22.5dB 到-2.2dB 控制效果。哈尔滨工业大学武倩倩[58,60]提出一种六向磁悬浮主动振动控制平台，具有轻质量、低热耗、线性度好等优点，并基于加速度计和位置传感器测量原理研究了传感器最优布局方式，研制了原理样机，试验表明，在6个方向上振动控制百分比均大于80%。

2.2.3 控制算法

控制算法是控制系统的核心，根据传感器信息计算给出最佳的控制信息。目前，振动主动控制中常用PID方法、最优控制方法、鲁棒控制方法、自适应控制方法、模糊控制方法等。

1）PID方法

PID方法用于主动振动控制时，一般要求控制对象为线性或动态特性不随时间变化。非线性或时变系统须简化为线性和时不变系统才能应用PID算法，通常可取得较好的效果。文献［61］用PID方法控制微型旋转机械电磁作动器进行转子共振抑制。文献［62］用PID方法控制平面电磁作动器和一个被动隔振器组成水平隔振台，仿真表明控制效果可达90%，试验时与被动方法相比，衰减时间减小了92%。对于非线性或时变性较强系统，PID方法难以获得较好效果。采用模糊控制[63]、遗传算法[64]等实现参数自整定，可获得比常规PID方法更好的效果。

2）最优控制方法

最优控制方法通常以状态变量和控制量二次型函数为性能指标，理论上可实现最优控制。文献［65］设计了悬浮体绝对位移与控制量线性二次型最小的最优控制器。文献［66］采用遗传算法和LQR算法结合的控制策略对双层磁悬浮平台进行主动控制，获得较好的振动控制效果。文献［67］通过最优控制仿真，64杆智能桁架振动位移得到很大衰减。最优控制对模型依赖较大，须保证模型准确。实际工程中通常采用降阶的、高频未建模的模型且存在复杂约束问题，控制效果往往达不到理论上的最优。

3）鲁棒控制方法

鲁棒控制方法是为解决模型不确定问题而发展的现代控制理论，包括Kharitonov区间理论、H_∞理论、μ理论和LMI理论[68]，其中H_∞理论使用最广泛。文献［69］基于混合灵敏度方法设计鲁棒控制器解决了六向平台试验建模不确定问题，结果表明能有效控制地面振动和其他干扰；文献［70］介绍了基于鲁棒控制理论的磁悬浮单极径向轴承刚性转子振动控制，通过仿真和试验验证了控制器的有效性，及良好的初始响应、瞬态响应和鲁棒性。文献［71］对一种新型高带宽电磁主动悬挂系统，采用鲁棒控制理论，汽车舒适度和操作性均大幅提高。H_∞控制理论在指标设定和权函数选取方面仍有困难，不同受控对象和设计指标须采用不同权函数，而权函数的选择依赖于人的经验。

4）自适应控制方法

自适应控制方法是随被控对象和扰动信号变化而动态改变自身特性的一种前馈控制算法。包括最小均方算法（LMS）及其改进算法x-LMS、FXLMS、HFELMS等，具有计算复杂度低、收敛性好等优点[72]。文献［73］将x-LMS及饱和约束算法用于磁悬浮控制，取得良好的振动控制效果。文献［74］提出基础加速度反馈补偿的FXLMS算法，克服了电磁轴承模型不准确带来的补偿性能降低问题，试验效果良好。文献［75］采取基于误差通道离线辨识的x-LMS算法控制电磁作动器对柴油发电机组进行了主动控制。文献［76］给出一种MIMO扰动前馈控制器，可降低由于模型不确定带来的系统控制性能损失，在Stewart平台上应用，取得较好的效果。LMS等控制算法的参考信号容易受到次级通道反馈影响，导致系统性能降低甚至发散失效。

5）模糊控制方法

模糊控制方法基于模糊数学理论，模拟人的近似推理和综合决策过程，可为难以建模的复杂系统提供智能控制。Salihbegovic等[77]将模糊控制应用于汽车悬架，提高了振动控制性能，增强了舒适性。林秀芳等[78]将模糊控制应用于土木结构和建筑物地震激励和风振激励下磁流变阻尼器的半主动控制，可将结构位移和加速度降低到一定范围。文献［79-80］将模糊控制应用于压电智能悬臂梁、矩形板、壳、桁架等结构的振动主动控制。朱伟等[81]用模糊神经网络对内环PID控制器参数进行实时整定，实现磁悬浮精密隔振器主动控制。Li Kunquan[82]等使用灰色模糊控制对6-RSS并联机构平台进行主动控制。Song Chunshen等[83]为实现浮筏系统主动振动控制，构建模糊逻辑控制器，通过遗传算法优化控制器参数。文献［84-85］将模糊控制引入单、双层振动控制系统主动控制，用于发动机和精密设备的振动控制。T. Sun等[86]提出一种基于激励信号主频率的前馈模糊控制用于双层振动控制系统主动控制。文献［87］将位移、速度和加速度的偏差，及各自偏差变化率作为二维反馈变量，讨论了模糊输入参数对振动控制效果影响。模糊控制方法在振动控制上的研究多局限于数值仿真，在汽车悬架、土木结构、柔性智能结构等减振降噪领域大多引入遗传算法，对隶属函数、模糊规则进行优化，取得了比常规模糊控制器更好的振动抑制效果。

2.2.4　小结

航天器微振动能通过主动振动控制方法有效控制，尤其在低频段。但在主动振动控制应用中，需要额外提供能量用于驱动作动器和传感器。这可能引起一些意外的问题（如作动器饱和）和系统稳定性的风险，且必然增加整个系统的重量。

2.3　其他振动控制技术

除被动隔振和主动振动控制技术外，还有一些介于两者之间的振动控制技术。

主被动混合振动控制方法通常使用一个被动（或主动）系统作为主系统，再设计一个或多个主动（或被动）系统作为子系统。主系统和子系统联合起来实现整体振动控制目标。典型主被动混合振动控制系统如图10所示，被动和主动振动控制同时存在。在整个频段内的微振动同时被主被动混合振动控制[88,90]。混合振动控制系统同时具有主动和被动系统的优势，理论上可尽量避免其缺点。但是主被动混合系统须增加附加设备，如传感器、作动器、反馈控制和能源，因此和纯主动控制系统具有相同的问题。

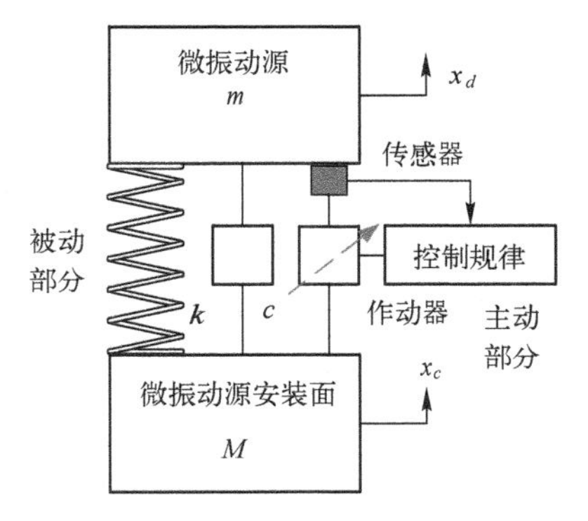

图10　典型主被动混合振动控制系统的框图

此外，还有半主动振动控制技术。它能提供优于纯被动系统的性能，同时比纯主动控制系统具有更好的可靠性，且能在被动系统中利用主动控制技术调整系统的刚度或阻尼，如图11所示。通常，即使主动系统失效，半主动振动控制系统仍能保持稳定。一些典型的具有不同机械特性的半主动方法已成功用于桁架结构振动控制，如具有滞后可变刚度的半主动系统[91-93]、变摩擦设备[94]和可调黏性阻尼器[95]。半主动振动控制技术通常使用电流变液、磁流变液和一些智能材料。

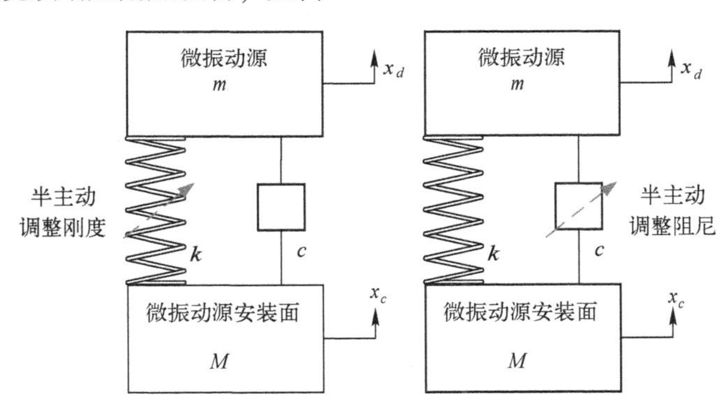

图11　半主动振动隔振系统的典型框图

2.4　小结

传统振动控制技术包括被动隔振技术、主动控制技术及其他技术。被动隔振技术通常具有高可靠性和低成本，且不用外部提供能量，但低频段性能有限，且存在宽频隔振两难问题。主动控制技术在低频段具有显著优势，但须增加能量和重量成本及可靠性降低。其他如将主被动系统混合，综合前述两种方法优势，但同样存在成本问题；半主动技术在轨应用仍需进一步研究。非线性技术可能解决传统线性技术无法解决的问题，值得进一步深入研究。

3　非线性隔振技术

利用非线性动力学特性来提高被动系统的振动控制性能，是一个重要研究方向，特别是在近十年来研究的一个重点方向。基于非线性动力学理论，例如，非线性阻尼技术，已研究了一些新型振动控制方法，具有极佳的振动控制性能和稳定性，尤其适用于宽频带振动控制，或在极低频率下工作。早期的例子可见文献［96］。

近年来，非线性隔振在工程中各个领域均得到广泛应用。2008 年，Ibriham 对非线性隔振的发展和应用情况进行了综述[97]，2017 年陆泽琦等[98]在其基础上总结了非线性隔振近十年研究成果。典型非线性隔振系统的框图如图 12 所示，其中刚度和阻尼特性都是系统状态的非线性函数，可是内在非线性，也可是特意引入的非线性，以按照预期形式来驱动系统动态响应。

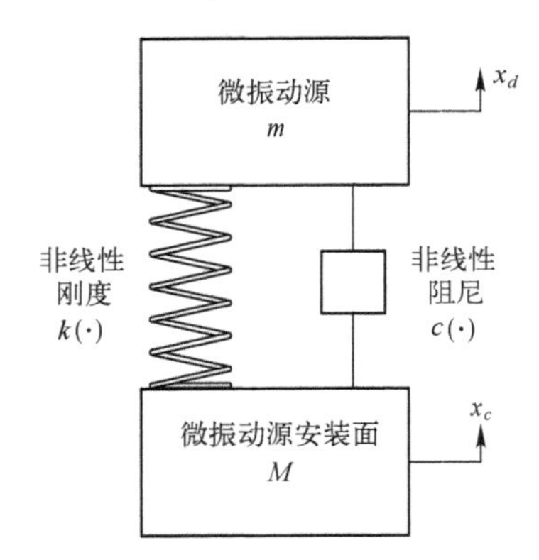

图 12　典型非线性隔振系统的框图

3.1　非线性阻尼技术

黏性阻尼广泛用于设计耗散结构振动的被动隔振器。作为黏性阻尼器，其产生的阻尼力是速度的线性函数。在被动隔振器中增加黏性阻尼能降低共振频率处的振幅，但在整个频率范围（尤其是高频处）会明显降低隔振性能。为解决黏性阻尼这个难题，研究了非线性黏性阻尼理论[99]。

非线性黏性阻尼可利用输出频率响应函数（OFRF）方法来分析和设计[99-102]。Jing 和 Lang[99,103,105]描述了非线性阻尼的新设计来耗散谐波扰动。图 13 给出典型单自由度隔振系统，阻尼力 $f(\cdot)$ 设计为速度的立方非线性函数。单自由度隔振器力传递特性可利用 OFRF 方法导出[103]和在频率域理解非线性阻尼的作用[104]。立方非线性黏性阻尼的主要特性：①对单自由度振动隔振器在高于或低于共振频率处的传递特性上影响很小；②接近共振频率区域的力传递特性可通过增加立方非线性黏性阻尼来降低[104-105]。立方非线性黏性阻尼优点显著，适合设计理想的被动隔振器或半主动隔振器，能解决线性黏性阻尼隔振器自身的两难问题。

用于单自由度系统的力隔振和位移隔振的立方

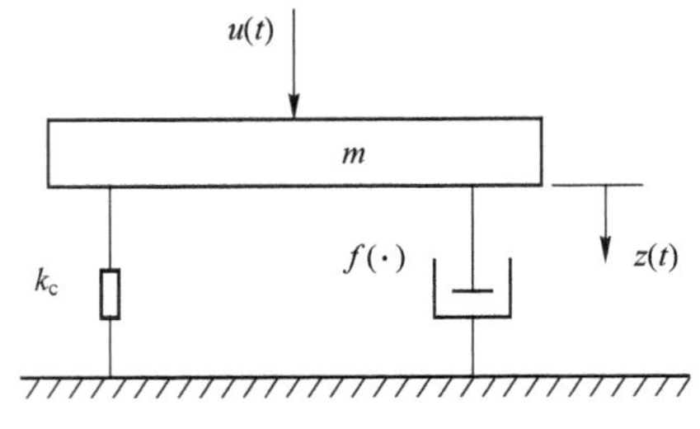

图 13　带有立方非线性黏性阻尼的单自由度隔振系统

非线性黏性阻尼的隔振性能可用传统的李兹迦辽金方法[105]研究。研究结果表明，相比线性黏性阻尼，单自由度系统的振动能利用非线性黏性阻尼在整个频域进行有效振动隔离，且在不同载荷条件下通过改进设计非线性阻尼系数能有效提升隔振性能。尽管对于立方黏性阻尼器的李兹伽辽金分析方法[106]与基于 OFRF 的方法[100-101]不同，但其主要隔振特性是相同的。已基于 OFRF 方法开展了试验研究来验证具有立方黏性阻尼单自由度系统的隔振性能[107]。结果表明，应用立方黏性阻尼非常简单，整个频率范围的振动可利用立方黏性阻尼器得到有效降低。基于 OFRF 方法的典型单自由度系统研究了不同立方非线性阻尼[108]。非线性阻尼不仅是速度的函数，且是位移的函数。对基础激励和力，刚度相关的立方非线性阻尼的隔振性能可在共振频率和宽频范围内具有非常优秀的隔振性能，而仅具有纯速度函数的非线性黏性阻尼的隔振性能仅在基础位移激励时效果显著[110]。

非线性黏性阻尼技术可扩展应用到多自由度系统[109-110]。图 14（a）给出一个支撑处串联一个立方非线性黏性阻尼器的多自由度系统示例。在共振频率处能达到极佳隔振性能，但仅串联一个立方非线性黏性阻尼的多自由度系统容易在其他频率处产生共振。图 14（b）给出基于 OFRF 的每层均具有非线性黏性阻尼器的多层剪切建筑的位移传递特性研究。结果表明，谐波激励和地震载荷下多自由度系统基频附近较宽频带内均可达到较好隔振性能。由于其应用简单和极佳隔振性能，立方非线性黏性阻尼技术在航天器在轨微振动隔离和控制中具有极强的吸引力。

除上述非线性阻尼，具有几何非线性阻尼的隔振系统也有研究[111]。例如，具有两个不同类型非线性阻尼的单自由度被动隔振系统的隔振性能研究[113-114]。第一个非线性黏性阻尼包含一个立方黏性阻尼，串联一个弹簧。第二个阻尼器包括一个线性黏性阻尼垂直于弹簧。由于几何构型的原因，线性黏性阻尼的阻尼力是非线性的。这些非线性阻尼器的隔振性能都远好于那些只使用纯线性阻尼的情况，在位移传递特性方面，具有水平线性阻尼的隔振系统相比只有纯立方阻尼的情况具有更好的隔振特性[113]。可见，通过几何构型的巧妙设计可实现非线性阻尼特性，为线性系统实现具有极佳隔振性能的非线性阻尼提供技术支持。尽管利用上述非线性阻尼方法，能够有效消除共振频率或之上的动态响应，但对低频隔振没有改善。

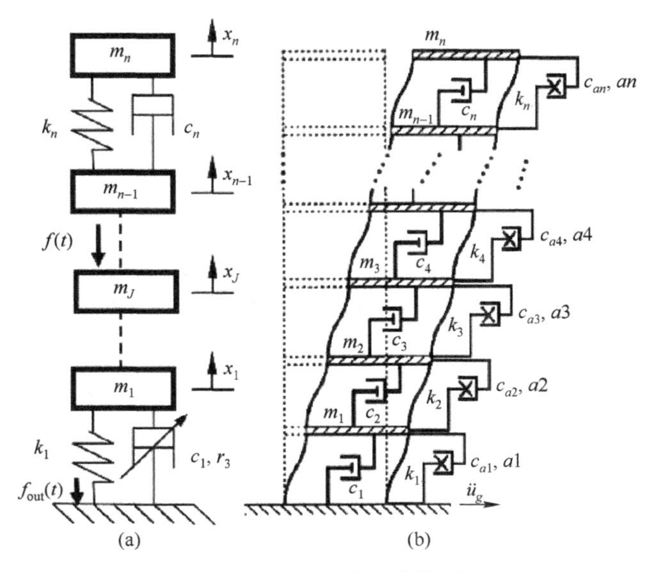

图 14　多自由度系统模型

3.2　非线性刚度隔振技术

振动系统通常由质量、刚度和阻尼单元组成，后两项在隔振性能上具有关键作用。除前述非线性阻尼技术外，也在研究非线性刚度特性来改善隔振性能。对航天器微振动隔振设计上，这些新方法具有较强吸引力。为实现更优隔振性能，系统刚度应该尽可能低。然而，隔振系统的性能通常受制于安装刚度，须提供足够大的静态载荷支撑。最近研究进展表明，通过施加非线性刚度，隔振系统能实现低动态刚度，高静态刚度的设计，以实现最佳的振动控制性能（如准零刚度或负刚度）[114]。

准零刚度（QZS）隔振的基本原理为：首先刚度 k 定义为单位变形所需要的载荷，当两者增量变化同向时 k 为正，记为 k_+；反之为负，记为 k_-。负刚度元件是静力不稳定的，必须与正刚度系统并联使用。图 15 是准零刚度隔振器基本原理。假设系统在承载质量 m 作用下，在 x_e 处于静平衡位置，系统总刚度为 $k=k_+ + k_-$，调整 $k_+ \approx |k_-|$，且 $k_+ > |k_-|$，使得在 Δx 范围内运动时系统总刚度趋近于零且大于零，从而有效降低系统固有频率，提高振动控制性能。

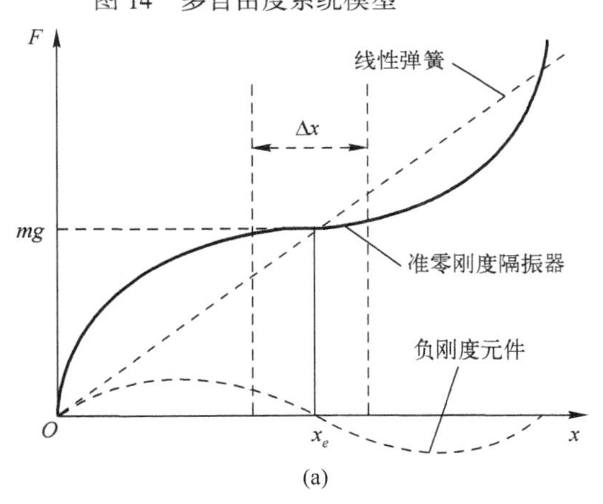

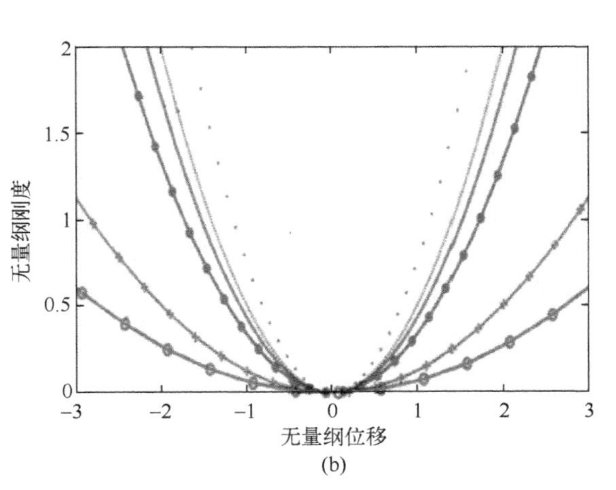

图 15　准零刚度隔振器基本原理

（a）准零刚度隔振器原理；（b）准零刚度刚度-位移曲线

准零刚度机构用于设计非线性刚度隔振器，具有大静态刚度，小动态刚度的特点[115,117]。最基本 QZS 构型设计包括三个线性弹簧，一个垂直弹簧连接两个斜弹簧，如图 16 所示，这些弹簧可以是线性的，也可以是非线性的。负刚度特性是通过安装水平方向的弹簧实现的，可消除垂直方向弹簧的正刚度影响。随着质量安装在垂直弹簧上，斜弹簧处于水平的静平衡位置。在静平衡位置的零刚度能通过最优几何构型设计来实现。当扰动施加在垂直方向时，系统动态刚度非常接近零刚度[115-116]。

在处理系统振动时，QZS 系统动刚度会改变，与那些具有非线性黏性阻尼的系统不同。具有不同弹簧刚度的 QZS 系统的力传递特性和跳跃频率可用谐波平衡方法研究[115]。QZS 隔振器的最优几何构型设计可通过[116]静平衡分析来确定。垂直弹簧是线性的，用于水平方向的弹簧有三种：一是线性弹簧；二是预紧线性弹簧；三是具有立方非线性的非线性软弹簧。三种情况下在静平衡位置都可达到零刚度，但 QZS 隔振器的动刚度由斜弹簧决定。第一种情况下，动刚度随动位移增加而增加得很快，会比垂直弹簧的刚度还高；第二种情况下，动刚度特性会比第一种情况好很多；使用具有软化特性的非线性弹簧的动刚度特性最好。扰动力为某些特定条件时[117]，三种情况下的最大传递特性通常小于线性系统的最大传递特性，QZS 隔振器的振动控制性能通常好于对应的线性系统。

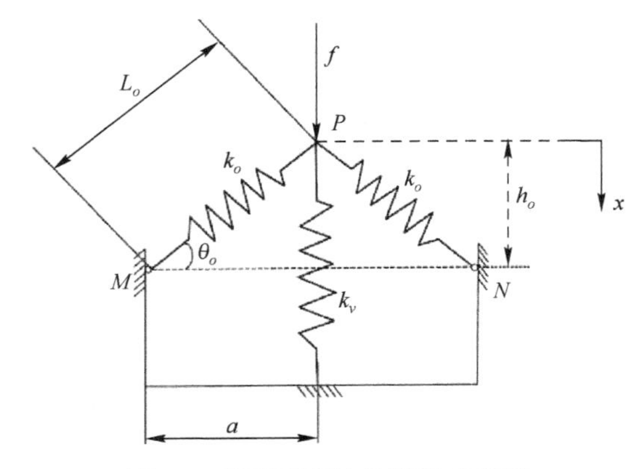

图 16　准零刚度结构简单示意图

基于 QZS 机构概念，由有两个负刚度结构（NSS）和一个正刚度结构组成的新型隔振结构，可用于改进汽车座椅在低频段（0.5～10Hz）振动控制性能[118]。通过巧妙设计和分析，通过负刚度并联正刚度可得到较低的等效动刚度，能将共振频率变得更小。结果表明，具有 NSS 的隔振系统的有效振动控制频率范围大于没有 NSS 的系统，在各种外部载荷作用下，具有 NSS 的振动控制系统性能均好于没有 NSS 的系统。

通常可基于谐波平衡方法研究 QZS 系统的稳态响应特性[119-120]。该隔振器由立方非线性刚度和根据静态力变化的刚度组成。当静态力从零开始增加时，系统动态特性从以下三种状态改变：首先是硬化特性，然后是混合的软化和硬化特性，最后是软化特性。该方法也可结合平均方法用于两自由度系统动态特性研究。系统包括一个线性系统和一个具有几何构型的 QZS 非线性振子。由于 QZS 系统质量远小于线性系统，受迫振动下非线性系统相比线性系统的响应小很多[121]。除了机构，也可用磁力的动态特性，如用于隔离低频率的高精度结构振动的磁悬浮非线性隔振器[122]。

Kim 等[123]使用支撑结构和弹簧来设计用于多种载荷的 QZS 隔振系统，包括垂直和水平弹簧。通过最优参数设计，可得到适用不同重量载荷的 QZS 隔振器。QZS 机构和文献［115-117］相同，但提供了不同载荷的 QZS 隔振系统的新构型设计，也使用了主动控制技术来改进垂直 QZS 隔振器的性能。音圈作动器用于水平方向，提供非线性主动控制来补偿垂直振动。结果表明，主动 QZS 隔振器的振动控制性能在基础激励和力传递特性方面可进一步提升。

Liu 等[125]使用了两个水平欧拉屈曲梁作为负刚度补偿器来设计 QZS 隔振器，这与前面文献［115-122］的研究使用弹簧不同。欧拉屈曲梁能给正支撑刚度提供负刚度，这种 QZS 隔振器可通过调整梁的构型来提升其性能。对一定条件下的激励，性能可在很宽工作频段内超过其等效的线性系统。Xu 等[126]利用永磁铁弹簧基于 QZS 机械原理来设计 QZS 隔振器，能根据载荷质量变化调整系统，性能相比等效线性系统好很多，尤其在低频段。

上述具有低动态刚度和高静态刚度的隔振器具有很好的振动控制性能，也可见一些基于不同机械原理的其他类型高静态低动态（HSLD）刚度隔振器[127-132]的研究成果。这些 HSLD 系统都有非线性刚度特性，通过合理的参数设计能向下调整固有频率。由于非线性刚度特性可降低固有频率，传递特性能在很宽频率范围内降低[132,134]。值得注意的，同时具有非线性阻尼和非线性刚度的振动控制技术能提供更强有力的隔振系统。最近的成果研究了一种新型非线性隔振系统，使用类似剪刀的结构[136]，并论证了使用非线性刚度和非线性阻尼的 HSLD 特性的优势，如图 17 所示。

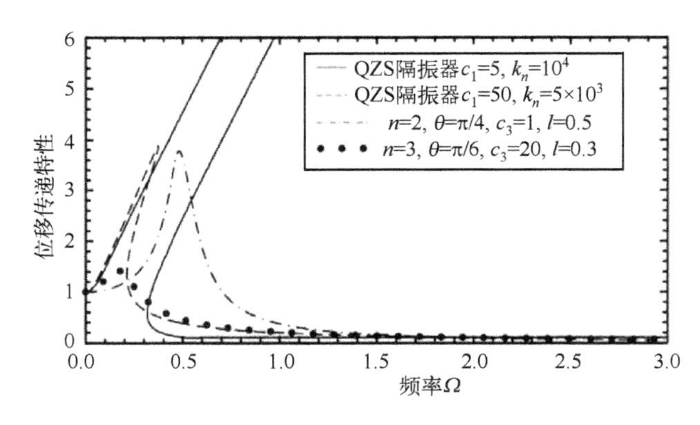

图 17　不同 QZS 隔振器之间的隔振性能比较

孟令帅等[137-138]研究了具有等厚度和变厚度蝶形弹簧的准零刚度系统，利用平均法推导了谐波力和位移激励下系统传递率，并探究了激励幅值、质量比和阻尼比等参数对系统传递率的影响。周杰[139]提出了一种新型的碟形橡胶准零刚度系统，如图 18 所示。该系统是由负刚度元件碟形橡胶（内含钢材料的筋）与正刚度元件竖直橡胶柱并联组合而成，具有低频隔振特性。Liu Xingtian 等[140-142]提出了具有负刚度特性的欧拉屈曲梁结构并分析其静态特性，将其与线性隔振器并联设计了准零刚度隔振器。结果表明，相比线性隔振器具有更宽的隔振频带和更小的共振放大系数。贺波[143]以汽车座椅为研究对象，采用具有负刚度的欧拉压杆设计了准零刚度隔振器，实现了低频隔振。谌宗琦[144]分析了两端铰接在滑动支座、同时受到轴向压力和横向力作用的杆件的静力变形的特点并构建了准零刚度隔振器，分析了该系统的非线性动力学特性和在不同激励条件下的传递特性，将系统力传递率与对应的线性系统进行了比较。结果表明，该系统在某些条件下的性能优于对应的线性系统，并讨论了各参数对该系统性能的影响。郭怀攀等[145]采用理论分析与有限元方法研究了有残余热应力的正交铺设复合材料层合板的双稳定特性及负刚度特性，利用准零刚度正交铺设复合材料层合板构造了简单的隔振系统，分析其在中心加速度激励下的加速度传递幅值，并与线性系统性能进行比较。结果表明，该系统固有频率低于线性系统固有频率，加速度传递峰值更小，有效频率范围宽于线性系统。

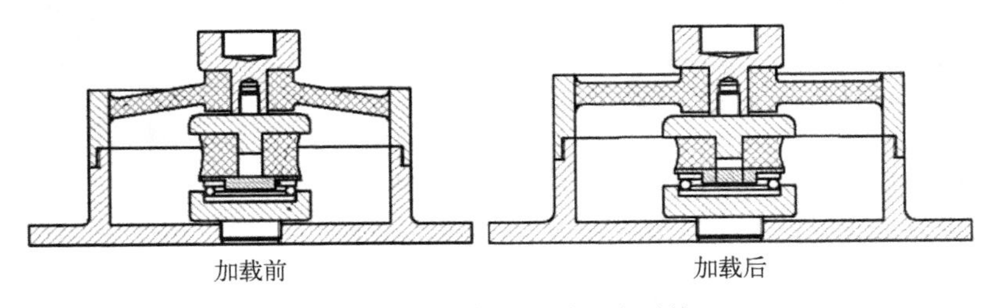

图 18　碟形橡胶准零刚度系统

几何非线性机构通过单一元件的几何方位布置来实现系统负刚度特性，如典型的球面结构和凸轮机构[146-148]。王毅等[149]提出了一种紧凑的、带滚球装置的准零刚度隔振器，并通过 ADAMS 仿真对其动力学特性进行仿真及对性能进行评估，结果表明，紧凑型设计使其更易工程化。王心龙等[150-152]提出了一种含凸轮—滚轮机构的准零刚度隔振器，能有效拓宽工作频带，抑制共振，提高性能，并通过理论和试验进行了验证。汪宏斌等[153]开展了参数配置基本相同的两种非线性隔振器和对应线性系统的性能对比研究，验证了凸轮—滚轮—弹簧组合的非线性隔振器在准零刚度特性范围和外部激励幅值范围上均有明显优势。

减小系统回复力的机构受到微小扰动离开平衡位置后能产生与载荷位移相同的力，来减小系统回复力，从而减小系统整体刚度，典型结构为磁负刚度[154]和气负刚度单元[156]。严博等[157]利用一个轴向布置的永磁体和三个沿圆周均布的环形永磁体构成等效负刚度永磁装置并基于非线性软弹簧实现大加速度激励下的高性能隔振。Zheng Yisheng 等[158]设计了一种采用环形永磁铁产生负刚度的准零刚度隔振器，并对该系统在扭转振动隔离和 Stewart 平台六自由度隔振方面的应用进行了研究。

Shi Xiang[161-162]等利用永磁体和导管构建了负刚度阻尼器，并通过试验验证了在特定应用中能达到主动或半主动隔振效果。Dong Guangxu 等[163]针对磁性负刚度弹簧（MNSS）和面弹簧构建准零刚度隔振器，利用有限元和谐波平衡法分析了系统力学性能并通过仿真和试验对其性能进行了验证。Yan Bo 等[165]利用永磁体间的排斥力和吸引力效应，给出一种变刚度非线性隔振器，如图 19 所示，与传统弹簧阻尼隔振系统并联，能显著降低系统隔振频带下限，获得更好性能。Sun Yi 等[166]利用两组线圈、两组环形共轴永磁体和两个矩形截面的螺旋弹簧构建了一种电磁负刚度弹簧，并研究了该机构刚度特性，给出系统电磁力和刚度与影响因素（电流、磁场强度）之间的定量关系描述，最后对该系统性能进行了试验验证。

宋秉明等[167]将主动磁悬浮系统与气囊相结合，构建主被动混合隔振系统。该系统为非线性系统，具备准零刚度特征。徐道临等[168]设计了具有准零刚度特性的可调式非线性气动隔振器，由一个竖直的双气室可调式气动弹簧和4个对称初始水平放置的单气室可调式气动弹簧组合而成，仿真分析表明，具有良好的低频隔振性能。刘延斌等[169]基于气动肌肉和负刚度机构构建了一种新型隔振系统，对其主、被动控制进行了研究。郝鹏飞[170]采用碟形弹簧（负刚度）和螺旋弹簧（正刚度）的结构组合，同时采用气囊隔振原理，通过密闭气膜与侧壁准零刚度装置连接，实现气动准零刚度隔振技术，如图20所示。任旭东[171]基于空气弹簧设计了一种新型承载力可调节的准零刚度隔振器。通过理论分析与试验研究，全面探究了力学特性和隔振缓冲性能，并应用于某型越野急救车，通过道路试验对其隔振效果进行了分析与评价。

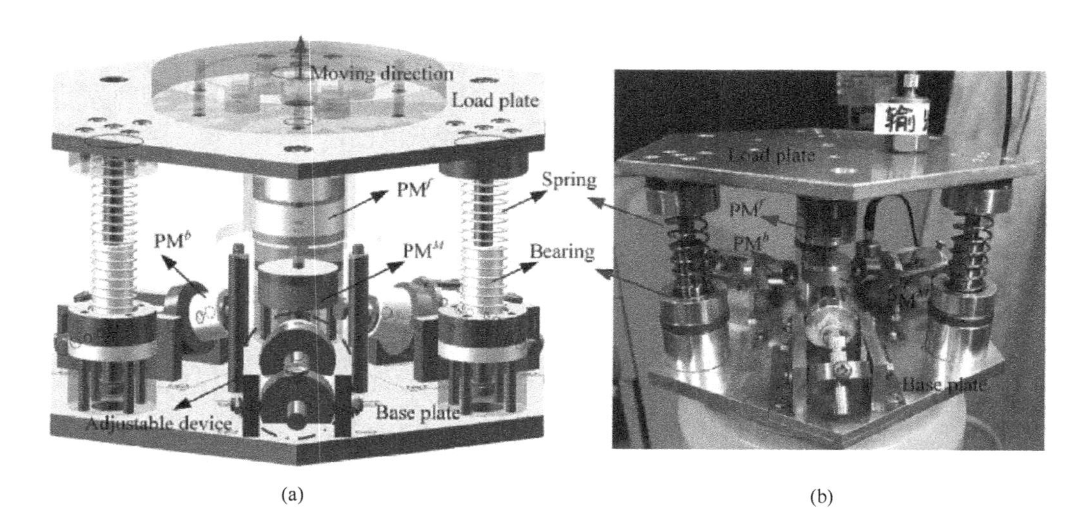

(a) (b)

图19 永磁非线性隔振器

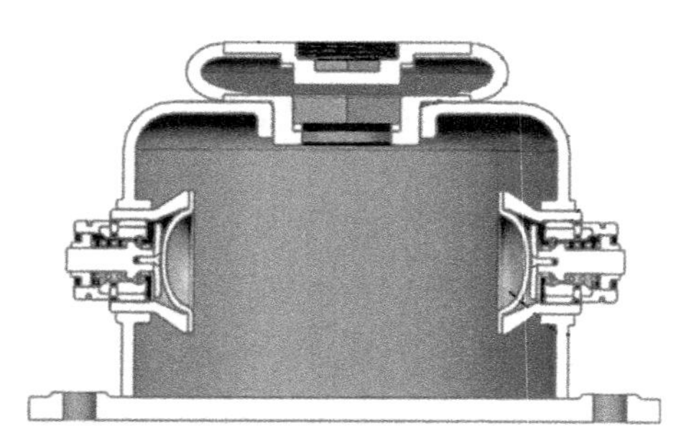

图20 气动准零刚度隔振器示意图

除利用机构或单元本身具有负刚度特性外，一些研究人员还利用新型材料[172]和主动控制方法[173-174]来生成负刚度以提高系统性能。刘志臣[175]利用环氧形状记忆聚合物制作了一种正/负刚度相互转换蝶形弹簧机构。孙秀婷[176]、李海东等[177]将时延反馈控制引入准零刚度隔振器，能增强系统鲁棒性并提高性能。

3.3 小结

准零刚度概念提出已久，从目前研究动态来看，大部分聚焦于理论研究和负刚度机构构型设计，其结果验证了准零刚度振动控制系统在低频和超低频隔振方面的优越性。但也存在明显不足，被动负刚度元件容易引起多稳态现象，在工作点附近随着振动位移的变化呈现显著非线性特性，且由于储备的能量和发生的形变有限，准零刚度振动控制系统承载能力不足。主动负刚度具有性能灵活、不受负载变化影响等优势，但其最终性能受限于传感器和执行器的动态特性，尤其是对于在轨应用这样能量受限的环境，显著缺乏经济性和可靠性。磁负刚度元件无法在线调整，而电磁负刚度研究尚处于概念阶段，诸如电、磁、固耦合场对负刚度的影响机理尚待深入研究。准零刚度隔振器的微刚度区间对承载较敏感，需设计易于调节的调整机构，确保在不同载重情况下，静平衡区间均为近零刚度区间。从目前发展状况看，准零刚度隔振器理论研究和构型设计已较为成熟，但在实际应用中尚有大量问题亟待解决。在轨航天器的微振动环境下，重力近似于零，因此振动控制系统的静态支撑刚度可以很低。准零刚度系统中的非线性刚度和非线性阻尼达到的优秀的隔振性能对新型微振动控制需求非常具有吸引力，是未来微振动控制技术研究需要关注的重点之一。

4 总结与讨论

随着航天器性能要求越来越高，在轨微振动控制问题是航天器系统性能进一步提升的一个重要挑战。很长时间以来，各类研究人员已研究和开发了各类不同的微振动控制技术，包括被动隔振、主动振动控制和可能有前途的非线性隔振技术。

被动隔振通常高可靠、低成本，且无须能量，但传统被动隔振技术无法消除低频微振动。因此必须改进设计以实现更好振动控制性能，例如：使用非线性隔振方法；主动振动控制技术能有效抑制航天器在轨微振动，尤其在低频段极具吸引力，但额外的能量需求和重量增加带来成本的上升，且相比被动方法显著降低了可靠性；还有主被动混合振动控制集成了被动和主动控制的优点，能在窄带、宽带或低频段内有效抑制航天器在轨微振动，但这类方法低频段隔振仍靠主动振动控制实现，必然降低可靠性，其额外的能量和重量成本可能更高。此外，使用可控智能材料，可耗散机械振动能量，或将能量转化成其他形式，在微振动控制领域有一定吸引力。

上述这些技术均基于线性技术，无论是阻尼还是刚度基本仍在线性范围内变化，相关振动控制设计也是基于线性系统展开。这些技术充分利用结构、机构或材料的非线性特性，使振动控制系统显现出典型的非线性动力学特性，从而有效避免了上述线性振动控制方法的缺陷，具有极强的吸引力。从目前研究状况看，非线性振动控制技术已成功用于低频和/或宽频隔振，具有极佳的振动控制性能和可靠性，在微振动控制技术领域具有巨大潜力。

未来随着航天器性能要求不断提升以及航天器结构复杂度增加，航天器微振动问题可能越来越复杂。传统线性隔振方法的性能极限约为60dB，为典型的主被动混合隔振系统。随着非线性振动控制技术不断提升，可能会产生被动式具有非线性刚度和非线性阻尼的振动控制系统，在大振幅下表现为强刚度和高阻尼，从而在发射段有效降低运载载荷的影响，在小振幅下表现为零刚度无阻尼，而在在轨段有效降低微振动的影响。

参考文献

[1] 庞世伟，杨雷，曲广吉．高精度航天器微振动建模与评估技术最近进展［J］．强度与环境，2007，34（6）：1-9.

[2] 庞世伟，郭倩蕊，贺玮，等．某遥感卫星微振动对成像质量影响分析［J］．航天器环境工程，2019，36（1）：47-55.

[3] 庞世伟，潘腾，毛一岚，等．某型号卫星微振动试验研究及验证［J］．航天器环境工程，2016，33（3）：305-311.

[4] 庞世伟，潘腾，范立佳，等．一种微振动隔振设计与验证［J］．强度与环境，2016，43（5）：17-23.

[5] 于登云，练敏隆，周峰，等．微振动对高轨（GEO）遥感卫星图像质量的影响［J］．中国科学：信息科学，2019，49（1）：74-86.

[6] Davis P，Cunningham D，Harrell J. Advanced 1.5Hz passive viscous isolation system［C］. Presented at the 35th AIAA SDM Conference Hilton Head，South Carolina，1994：1-11.

[7] Kamesh D，Pandiyan R，Ghosal A. Passive vibration isolation of reaction wheel disturbances using a low frequency flexible space platform［J］. J. Sound Vib，2012，331：1310-1330.

[8] Vaillon L，Philippe C. Passive and active microvibration control for very high pointing accuracy space systems［J］. Smart Mater. Struct，1999，8：719-728.

[9] Vaillon L，Petitjean B，Frapard B，et al. Active isolation in space truss structures：from concept to implementation［J］. Smart Mater. Struct，1999，8：781-790.

[10] Neat G W，Melody J W，Lurie B J. Vibration attenuation approach for spaceborne optical interfero meters［J］. IEEE Trans. Control Systems Technol，1998，6（6）：689-700.

[11] Rahman Z，Spanos J. Active narrow-band vibration isolation of large engineering structures［C］. Proceedings of the World Conference on Structural Control，Pasadena，CA，1994：1-10.

[12] Vaillon L，Sanctorum B，Sperandei J，et al. Flight prototyping of active control of vibration & very high accuracy pointing systems［C］. Proceeding of the 5th ESA International Conference on Spacecraft Guidance，Frascati，2002.

[13] Spanos J T，Rahman Z，Blackwood G H. A soft 6-axis active vibration isolator［C］. Proceeding of the American Control Conference，Seattle，WA，1995：412-416.

[14] O'Brien J F，Neat G W. Micro-precision interferometer：pointing control system［C］. Proceedings of the 4th IEEE Conference on Control Applications，Albany，New York，USA，1995：464-469.

[15] Pan Y，Zhao X. Design and analysis of a GMM actuator for active vibration isolation［C］. IEEE International Conference on Mechatronics and Automation. IEEE，2015：357-361.

[16] 段博文．应用磁致伸缩材料的可控式液压悬置隔振特性研究［D］．南京：南京航空航天大学，2016.

[17] Ebrahimi M R，Moeinfar A，Shakeri M. Nonlinear Free Vibration of Hybrid Composite Moving Beams Embedded with Shape Memory Alloy Fibers［J］. International Journal of Structural Stability & Dynamics，2015，16（07）：1550032.

[18] Airimitoaie T B，Landau I D. Robust and Adaptive Active

Vibration Control Using an Inertial Actuator [J]. IEEE Transactions on Industrial Electronics, 2016, 63 (10): 1-1.

[19] Sang H, Yang C, Liu F, et al. A fuzzy neural network sliding mode controller for vibration suppression in robotically assisted minimally invasive surgery [J]. International Journal of Medical Robotics & Computer Assisted Surgery, 2016, 12 (4): 670-679.

[20] 杨东利．超磁致伸缩执行器及其在主动振动控制中的应用研究 [D]．杭州：浙江大学，2001.

[21] 唐介．基于电磁式隔振器的整星隔振平台动力学及隔振性能分析 [D]．哈尔滨：哈尔滨工业大学，2015.

[22] Changhao Chen, Yefa Hu, HuachunWu, et al. Study on mixed H2/HN output feedback control of maglev actuator for microgravity vibration isolation system [J]. Advances in Mechanical Engineering, 2019, 1 (2): 1-15.

[23] 高俊．基于层叠式 PVDF 作动器的混合隔振器的设计与特性研究 [D]．南京：南京航空航天大学，2015.

[24] Alexey M. Bazinenkov, Valery P. Mikhailov. Active and semi active vibration isolation systems based on magnetorheological materials [J]. Procedia Engineering, 2015, 106: 170-174.

[25] Zhang J, Guo Z, Zhang Y. Dynamic characteristics of vibration isolation platforms considering the joints of the struts [J]. Acta Astronautica, 2016, 126: 120-137.

[26] Neat G, Abramovici A, Goullioud R. Overview of the Micro Precision Interferometer Testbed [C]. American Control Conference. Philadelphia, 1998: 1563-1568.

[27] Allen J, John B, Innis W. A Family of Full Spacecraft - to - Payload Isolators [J]. Northrop Grumman Space Technology Review Journal. Fall/Winter, 2005: 21-41.

[28] Inner B, Kucuk S. A novel kinematic design, analysis and simulation tool for general Stewart platforms [J]. Simulation Transactions of the Society for Modeling & Simulation International, 2013, 89 (7): 876-897.

[29] Unsal M. Parallel Platform Mechanism Using Magnetorheological Damping [J]. United States Florida: University of Florida Dissertation for Doctor of Philosophy, 2006: 3-4, 12-132.

[30] Chen H, Hospodar E, Agrawal B. Development of a Hexapod Laser- based Metrology System for Finer Optical Beam Pointing Control [R]. AIAI Report, 2004, No. 20043146.

[31] Xu Y, Liao H, Liu L, et al. Modeling and robust H-infinite control of a novel non - contact ultra - quiet Stewart spacecraft [J]. Acta Astronautica, 2015, 107: 274-289.

[32] Mcinroy J E, Obrien J F, Allais A A. Designing Micromanipulation Systems for Decoupled Dynamics and Control [J]. IEEE/ASME Transactions on Mechatronics, 2015, 20 (2): 553-563.

[33] Environments Workshop, The Aerospace Corporation, El Segundo, CaJune. 2003: 1-29.

[34] Hanieh A. Active Isolation and Damping of Vibrations via Stewart Platform [D]. Brussels: Universite Libre de Bruxelles, 2003: 8-13.

[35] Hanieh A A, Preumont A. Multi-axis vibration isolation using different active techniques of frequency reduction [J]. Journal of Vibration & Control, 2011, 17 (5): 759-768.

[36] 黄真，孔令富，方跃法．并联机器人机构学理论及控制 [M]．北京：机械工业出版社，1997.

[37] Li M M, Fang B, Wang L G, et al. Whole-spacecraft active vibration isolation using piezoelectric stack actuators [C]. International Symposium on Systems and Control in Aeronautics and Astronautics. IEEE, 2010: 1356-1360.

[38] 王强．新型磁流变阻尼器与六轴半主动隔振系统研究 [D]．哈尔滨：哈尔滨工业大学，2015.

[39] 池维超．基于电磁作动器的整星主被动一体化隔振技术研究 [D]．哈尔滨：哈尔滨工业大学，2015.

[40] Ying Wu, Kaiping Yu, Jian Jiao, et al. Dynamic modeling and robust nonlinear control of a six-DOF active micro-vibration isolation manipulator with parameter uncertainties [J]. Mechanism and Machine Theory, 2015, 92: 407-435.

[41] 王有懿，汤亮，何英姿．超静平台动力学建模与解耦控制 [J]．空间控制技术与应，2016, 42 (4): 6-11.

[42] 李乔博．基于 Stewart 平台的微振动控制分析与实验研究 [D]．上海：上海交通大学，2016.

[43] 王超新，刘兴天，张志谊．基于立方体 STEWART 的微振动主动控制分析与实验 [J]．振动与冲击，2017, 36 (5): 208-213.

[44] 谢溪凌，王超新，陈燕毫，等．一种 Stewart 隔振平台的动力学建模及实验研究 [J]．振动与冲击，2017, 36 (12): 201-207.

[45] 李明．基于 Stewart 平台卫星主动隔振控制系统研究与设计 [D]．武汉：华中科技大学，2017.

[46] 吴兆景，徐岩，叶际文，等．应用磁流变阻尼器的 Stewart 平台振动控制与仿真 [J]．机械设计与制造工程，2019, 48 (4): 18-25.

[47] Nurre G S, Whorton M S, Kim Y K. A Treetops Simulation of the Stable Microgravity Vibration Isolation System [R]. NASA Technical Memorandum 209009, 1999.

[48] Grodsinsky C M, Whorton M S. Survey of Active Vibration Isolation Systems for Microgravity Applications [J]. Journal of Spacecraft and Rockets, 2000, 37 (5): 586-596.

[49] Whorton M. Robust Control for Microgravity Vibration Isolation System [J]. Journal of Spacecraft and Rockets, 2005, 42 (1): 152-160.

[50] Young Ha KIM. Modeling and vibration control with a nanopositioning magnetic levitation system [D]. Texas: A&M University, 2011.

[51] 李宗峰，任维佳．空间微重力主动隔振技术研究 [J]．载人航天，2010, 3: 24-34.

[52] 刘伟，董文博，李宗峰，等．主动隔振系统激励器电流分配优化设计 [J]．载人航天，2015, 21 (5): 522-530.

[53] 党金法．微重力主动隔振系统电磁激励器驱动电路的分析与设计 [D]．北京：北京交通大学，2015.

[54] 贾天志．空间高微重力主动隔振控制 [D]．合肥：中国科学技术大学，2016.

[55] 贾天志，陈绍青，窦晓，等．载人空间飞行器自抗扰主动隔振优化控制 [J]．计算机仿真，2017, 34 (2): 43-48.

[56] Yong kang Zhang, Wen bo Dong, Wei Liu. Verification of the Microgravity Active Vibration Isolation System based on Parabolic

Flight [J]. Microgravity Sci. Technol, 2017, 29: 415-426.
[57] 陈作明, 陈昌皓. 微重力主动隔振系统电磁作动器设计与仿真 [J]. 现代机械, 2016, 5: 38-41.
[58] Qianqian Wu, Honghao Yue, Rongqiang Liu, et al. Measurement model and precision analysis of accelerometers for maglev vibration isolation platform [J]. Sensors, 2015, 15: 20053-20068.
[59] 武倩倩. 六自由度磁悬浮隔振系统及其力学特性研究 [D]. 哈尔滨: 哈尔滨工业大学, 2016.
[60] Qianqian Wu, Ning Cui, Sifang Zhao, et al. Modeling and control of a six degrees of freedom maglev vibration isolation system [J]. Sensors, 2019, 19: 1-18.
[61] S. -M. Y. Electromagnetic Actuator Implementation and Control for Resonance Vibration Reduction in Miniature Magnetically Levitated Rotating Machines [J]. Industrial Electronics, IEEE Transactions on, 2011 (2): 611-617.
[62] Pham M, Ahn H. A horizontal vibration isolator with electromagnetic planar actuator using multi hall-effect sensor network [J]. International Conference on Ict Convergence, 2013: 1093-1094.
[63] 胡均平, 郑聪, 李科军, 等. 精密机床的模糊 PID 主动隔振系统研究 [J]. 噪声与振动控制, 2015, 35 (4): 193-199.
[64] 李晓芳, 吴洪涛, 丁力. 基于自适应遗传算法的隔振系统参数优化计算 [J]. 机械设计与制造工程, 2016, 45 (6): 27-31.
[65] 龙志强, 郝阿明, 陈革, 等. 磁悬浮控制的主动式隔振平台研究 [J]. 宇航学报, 2003, 24 (5): 510-514.
[66] 宋春生, 于传超, 张锦光, 等. 基于遗传算法的复杂双层磁悬浮精密隔振系统 LQR 控制研究 [J]. 2016, 35 (16): 99-105.
[67] 曹玉岩, 王志臣, 付世欣, 等. 智能桁架结构最优振动控制与作动器优化配置 [J]. 振动与冲击, 2015 (5): 26-32.
[68] Wichaphon Fakkaew, Theeraphong Wongratanaphisan, Matthew Cole. An analysis and design framework for robust control of a multi-axis active vibration isolation system with unknown payload [J]. Journal of Vibration and Control, 2015, 21 (6): 1100-1114.
[69] 郝慧荣, 白鸿柏, 张慧杰. 六自由度主被动一体隔振平台鲁棒控制 [J]. 振动与冲击, 2012, 31 (7): 122-127.
[70] Gosiewski Z, Mystkowski A. Robust control of active magnetic suspension: Analytical and experimental results [J]. Mechanical Systems & Signal Processing, 2008, 22 (6): 1297-1303.
[71] vander Sande T P J, Gysen B L J, Besselink I J M, et al. Robust control of an electromagnetic active suspension system: Simulations and measurements [J]. Mechatronics, 2013, 23 (2): 204-212.
[72] 付翔宇. 基于 LMS 算法的台桌式主动隔振系统前馈控制研究 [D]. 成都: 电子科技大学, 2015.
[73] 陈昊, 王永, 李嘉全, 等. 基于饱和约束 LMS 算法的磁悬浮隔振器控制研究 [J]. 振动与冲击, 2012, 31 (13): 125-128.
[74] Kang M S, Yoon W H. Acceleration feedforward control in active magnetic bearing system subject to base motion by filtered-X LMS algorithm [J]. IEEE Transactions on Control Systems Technology, 2006, 14 (1): 134 - 140.
[75] 朱明刚. 船用柴油发电机组振动主动控制研究 [D]. 哈尔滨: 哈尔滨工程大学, 2012.
[76] Beijen M A, Heertjes M F, VanDijk J, et al. Self-tuning MIMO disturbance feedforward control for active hard-mounted vibration isolator [J]. Control Engineering Practice, 2018, 72: 90-103.
[77] Salihbegovic A, Salihbegovic A, Hadziselimovic M, et al. Reducing off-road vehicle seat vibrations using pneumatic active suspension and fuzzy logic based controller [C]. International Convention on Information & Communication Technology Electronics &Microelectronics. IEEE, 2013: 886-890.
[78] 林秀芳, 陈淑梅, 陈金兰. 运用遗传算法的磁流变阻尼器减震的模糊控制 [J]. 重庆理工大学学报: 自然科学版, 2015, 29 (9): 64-69.
[79] Hu T, Huang Q B, Li S D. Active Vibration Control of Piezoelectric Material Using Fuzzy Logic Controller [J]. Applied Mechanics & Materials, 2014, 513-517: 2659-2662.
[80] Sharma A, Susheel C K, Kumar R, et al. Fuzzy Logic Based Active Vibration Controller [J]. Applied Mechanics & Materials, 2013, 367 (357): 357-362.
[81] 朱伟, 王传伟, 许兆棠, 等. 磁悬浮精密隔振器结构设计及控制算法研究 [J]. 机械科学与技术, 2018, 37 (3): 443-450.
[82] Kunquan Li, Rui Wen. Active Vibration Isolation of the 6-RSS Parallel mechanism Based on Grey-Fuzzy Control [J]. Procedia Engineering, 2017, 174: 941 - 946.
[83] Chunsheng Song, Chuanchao Yu, Yao Xiao, et al. Fuzzy logic control based on genetic algorithm for a multi-source excitations floating raft active vibration isolation system [J]. Advances in Mechanical Engineering, 2017, 9 (6) 1-13.
[84] 赫晓光. 双层隔振系统模糊振动主动控制技术 [J]. 噪声与振动控制, 2010, 30 (2): 38-42.
[85] 夏敏敏, 张屹, 覃进一, 等. 基于模糊控制的超精密隔振平台优化设计与仿真 [J]. 三峡大学学报: 自然科学版, 2010, 32 (5): 57-61.
[86] Sun T, Huang Z, Chen D. Signal frequency-based semi-active fuzzy control for two-stage vibration isolation system [J]. Journal of sound and vibration, 2005, 280 (3): 965-981.
[87] Fu J, Li P, Wang Y, et al. Model-free fuzzy control of a magnetorheological elastomer vibration isolation system: analysis and experimental evaluation [J]. Smart Materials and Structures, 2016, 25 (3): 035030.
[88] Davis T, Davis L P, Sullivan J M, et al. High-performance passive viscous isolator element for active/passive (hybrid) isolation [C]. Proceedings of SPIE 2720, Smart Structures and Materials, 1996: 281-292.
[89] Davis P, Cunningham D, Hyde T T. Second-generation hybrid D-strut [C]. Proceedings of the SPIE Smart Structures and Materials Conference, San Diego, CA, 1995: 1-15.
[90] Thayer D, Campbell M, Vagners J, et al. Six-axis vibration isolation system using soft actuators and multiple sensors [J]. J. Spacecr. Rockets, 2002, 39: 206-212.
[91] Onoda J, Endo T, Tamaoki H, et al. Vibration suppression by variable-stiffness members [J]. AIAA J, 1991, 29 (6): 977-983.
[92] Onoda J, Minesugi K. Alternative control logic for type-II variable-

stiffness system [J]. AIAA J, 1996, 34 (1): 207 -209.
[93] Onoda J, Sano T, Kamiyama K. Active, passive and semiactive vibration suppression by stiffness variation [J]. AIAA J, 1992, 30 (12): 2922 -2929.
[94] Onoda J, Minesugi K. Semiactive vibration suppression of truss structures by coulomb friction [J]. J. Spacecr. Rockets, 1994, 31 (1): 67-74.
[95] Onoda J, Minesugi K. Semiactive vibration suppression by variable-damping members [J]. AIAA J, 1996, 34 (2): 355-361.
[96] Chandra S N, Hatwal H, Mallik A K. Responses of nonlinear dissipative shock isolators [J]. J. Sound Vib, 1998, 214: 589-603.
[97] Ibrahim R A. Recent advances in nonlinear passive vibration isolators [J]. J. Sound Vib, 2008, 314 (3-5): 371-452.
[98] 陆泽琦，陈立群．非线性被动隔振的若干进展 [J]．力学学报，2017，49 (3)：551-564.
[99] Jing X J, Lang Z Q, Billings S A, et al. Frequency domain analysis for suppression of output vibration from periodic disturbance using nonlinearities [J]. J. Sound Vib, 2008, 314 (3): 536-557.
[100] Jing X J, Lang Z Q, Billings S A, et al. The parametric characteristic of frequency response functions for nonlinear systems [J]. Int. J. Control, 2006, 79 (12): 1552-1564.
[101] Lang Z Q, Billings S A, Yue R, et al. Output frequency response function of nonlinear Volterra systems [J]. Automatica, 2007, 43: 805-816.
[102] Jing X J, Lang Z Q, Billings S A. Output frequency response function-based analysis for nonlinear Volterra systems [J]. Mech. Syst. Signal Process, 2008, 22 (1): 102-120.
[103] Jing X J, Lang Z Q. Frequency domain analysis of a dimensionless cubic nonlinear damping system subject to harmonic input [J]. Nonlinear Dyn, 2009, 58 (3): 469-485.
[104] Lang Z Q, Jing X J, Billings S A, et al. Theoretical study of the effects of nonlinear viscous damping on vibration isolation of sdof systems [J]. J. Sound Vib, 2009, 323: 352-365.
[105] Jing X J, Lang Z Q, Billings S A. Nonlinear influence in the frequency domain: alternating series [J]. Syst. Control. Lett, 2011, 60 (5): 295-309.
[106] Guo P F, Lang Z Q, Peng Z K. Analysis and design of the force and displacement transmissibility of nonlinear viscous damper based vibration isolation systems [J]. Nonlinear Dyn, 2012, 67: 2671-2687.
[107] Laalej H, Lang Z Q, Daley S, et al. Application of non-linear damping to vibration isolation: an experimental study [J]. Nonlinear Dyn, 2012, 69: 409-421.
[108] Peng Z K, Lang Z Q, Zhao L, et al. The force transmissibility of MDOF structures with a non-linear viscous damping device [J]. Int. J. Non-Linear Mech, 2011, 46: 1305-1314.
[109] Lang Z Q, Guo P F, I Takewaki. Output frequency response function based design of additional nonlinear viscous dampers for vibration control of multi-degree-of-freedom systems [J]. J. Sound Vib, 2012, 332: 4461-4481.
[110] Xiao Z L, Jing X J, Cheng L. The transmissibility of vibration isolators with cubic nonlinear damping under both force and base excitations [J]. J. Sound Vib, 2013, 332: 1335-1354.
[111] Sun J, Huang X, Liu X, et al. Study on the force transmissibility of vibration isolators with geometric nonlinear damping [J]. Nonlinear Dyn, 2013, 74: 1103-1112.
[112] Tang B, Brennan M J. A comparison of the effects of nonlinear damping on the free vibration of a single-degree of-freedom system [J]. J. Vib. Acoust, 2012, 134: 024501.
[113] Tang B, Brennan M J. A comparison of two nonlinear damping mechanisms in a vibration isolator [J]. J. Sound Vib, 2012, 332: 510-520.
[114] Zhang L, Li D, Dong S. An ultra-low frequency parallel connection nonlinear isolator for precision instruments [J]. Key Eng. Mater, 2004, 257-258: 231-236.
[115] Carrella A, Brennan M J, Waters T P. Optimization of a quasi-zero-stiffness isolator [J]. J. Mech. Sci. Technol, 2007, 21: 946-949.
[116] Carrella A, Brennan M J, Waters T P. Static analysis of a passive vibration isolator with quasi-zero-stiffness characteristic [J]. J. Sound Vib, 2007, 301: 678-689.
[117] Carrella A, Brennan M J, Kovacic I, et al. On the force transmissibility of a vibration isolator with quasi-zero-stiffness [J]. J. Sound Vib, 2009, 322: 707-717.
[118] Le T D, Ahn K K. A vibration isolation system in low frequency excitation region using negative stiffness structure for vehicle seat [J]. J. Sound Vib, 2011, 330: 6311-6335.
[119] Kovacic I, Brennan M J, Waters T P. A study of a nonlinear vibration isolator with a quasi-zero stiffness characteristic [J]. J. Sound Vib, 2008, 315: 700-711.
[120] Kovacic I, Brennan M J, Lineton B. Effect of a static force on the dynamic behaviour of a harmonically excited quasi-zero stiffness system [J]. J. Sound Vib, 2009, 325: 870-883.
[121] Gatti G, Kovacic I, Brennan M J. On the response of a harmonically excited two degree-of-freedom system consisting of a linear and a nonlinear quasi-zero stiffness oscillator [J]. J. Sound Vib, 2010, 329: 1823-1835.
[122] Robertson W S, Kidner M R F, Cazzolato B S, et al. Theoretical design parameters for a quasi zero stiffness magnetic spring for vibration isolation [J]. J. Sound Vib, 2009, 326: 88-103.
[123] Kim K R, You Y H, Ahn H J. Optimal design of a QZS isolator using flexures for a wide range of payload [J]. Int. J. Precis. Eng. Manuf, 2013, 14 (6): 911-917.
[124] Trung P V, Kim K R, Ahn H J. Nonlinear control of an QZS isolator with flexures based on a Lyapunov function [J]. Int. J. Precis. Eng. Manuf, 2013, 14 (6): 919-924.
[125] Liu X T, Huang X C, Hua H X. On the characteristics of a quasi-zero stiffness isolator using Euler buckled beam as negative stiffness corrector [J]. J. Sound Vib, 2013, 332: 3359-3376.
[126] Xu D L, Yu Q P, Zhou J X, et al. Theoretical and experimental analyses of a nonlinear magnetic vibration isolator with quasi-zero-stiffness characteristic [J]. J. Sound Vib, 2013, 332: 3377-3389.
[127] Carrell A, Brennan M J, Waters T P, et al. On the design of a

high - static - low - dynamic stiffness isolator using linear mechanical springs and magnets [J]. J. Sound Vib, 2008, 315: 712-720.

[128] Zhou N, Liu K. A tunable high-static-low-dynamic stiffness vibration isolator [J]. J. Sound Vib, 2010, 329: 1254-1273.

[129] Carrella A, Brennan M J, Waters T P, et al. Force and displacement transmissibility of a nonlinear isolator with high-static-low-dynamic- stiffness [J]. Int. J. Mech. Sci, 2012, 55: 22-29.

[130] Shaw A D, Neild S A, Wagg D J. Dynamic analysis of high static low dynamic stiffness vibration isolation mounts [J]. J. Sound Vib, 2013, 332: 1437-1455.

[131] Shaw A D, Neild S A, Wagg D J, et al. A nonlinear spring mechanism incorporating a bistable composite plate for vibration isolation [J]. J. Sound Vib, 2013, 332: 6265-6275.

[132] Lu Z Q, Brennan M J, Yang T J, et al. An investigation of a two-stage nonlinear vibration isolation system [J]. J. Sound Vib, 2013, 332: 1456-1464.

[133] Ravindra B, Mallik A K. Performance of nonlinear vibration isolators under harmonic excitation [J]. J. Sound Vib, 1994, 170: 325-337.

[134] Popov G, Sankar S. Modelling and analysis of nonlinear orifice type damping in vibration isolators [J]. J. Sound Vib, 1995, 183: 751-764.

[135] Lou J J, Zhu S J, He L, et al. Application of chaos method to line spectra reduction [J]. J. Sound Vib, 2005, 286: 645-652.

[136] Sun X T, Jing X J, Xu J, et al. Vibration isolation via a scissor-like structured platform [J]. J. Sound Vib, 2014, 333: 2404-2420.

[137] 孟令帅．新型准零刚度隔振器的设计和特性研究 [D]．天津：军事医学科学院卫生装备研究所，2015.

[138] Lingshuai Meng, Jinggong Sun, Wenjuan Wu. Theoretical design and characteristics analysis of aquasi-zero stiffness isolator using a disk spring as negative stiffness element [J]. Shock and Vibration, 2015: 1-19.

[139] 周杰．碟形橡胶准零隔振器的设计与特性分析 [D]．长沙：湖南大学，2015.

[140] Xingtian Liu, Xiuchang Huang, Hongxing Hua. On the characteristics of a quasi-zero stiffness isolator using Euler buckled beam as negative stiffness corrector [J]. Journal of Sound and Vibration, 2013, 332: 3359-3376.

[141] Xiuehang Huang, Xingtian Liu, Jingya Sun, et a1. Vibration isolation characteristics of a nonlinear isolator using Euler buckled beam as negative stiffness corrector: A theoretical and experimental study [J]. Journal of Sound and Vibration, 2014, 333: 1132-1148.

[142] Xiuchang Huang, Yong Chen, Hongxing Hua. Shock isolation performance of a nonlinear isolator using Euler buckled beam as negative stiffness corrector: Theoretical and experimental study [J]. Journal of Sound and Vibration, 2015, 345: 178-196.

[143] 贺波．汽车座椅准零刚度隔振器结构设计与分析 [D]．大连：大连理工大学，2018.

[144] 谌宗琦．基于欧拉压杆的准零刚度隔振系统动力特性研究 [D]．武汉：华中科技大学，2015.

[145] 郭怀攀，李昊，陈卫东，等．基于非对称复合材料层合板的准零刚度隔振系统 [J]．振动与冲击，2018，37 (20)：222-230.

[146] 闫振华，王国强，苏丽达，等．非线性被动隔振器刚度特性研究 [J]．振动与冲击，2013，32 (19)：139-140.

[147] 闰振华，黄玉强，李学飞，等．基于球面滚子机构的车辆座椅非线性悬架设计 [J]．吉林大学学报 (工学版)，2016，46 (3)：706-711.

[148] 韩俊淑，孙景工，孟令帅．一种曲面一弹簧一滚子机构的非线性隔振器特性分析 [J]．振动与冲击，2019，38 (3)：170-179.

[149] 王毅，徐道临，周加喜．滚球型准零刚度隔振器的特性分析 [J]．振动与冲击，2015，34 (4)：142-147.

[150] 王心龙．CRSM 准零刚度隔振器的非线性隔振特性及实验研究 [D]．长沙：湖南大学，2015.

[151] 周加喜，王心龙，徐道临，等．含凸轮一滚轮机构的准零刚度系统隔振特性实验研究 [J]．振动工程学报，2015，28 (3)：449-455.

[152] Jiaxi Zhou, Xinlong Wang, Daolin Xu. Nonlinear dynamic characteristics of a quasi-zero stiffness vibration isolator with cam-roller-spring mechanisms [J]. Journal of Sound and Vibration, 2015, 346: 53-69.

[153] 汪宏斌，范春虎，齐丕骞．超低频非线性隔振器的对比分析 [J]．噪声与振动控制，2018，38 (Z1)：117-121.

[154] Tao Zhu, Benjamin Cazzolato, William S P Robertson, et al. Vibration isolation using six degree-of-freedom quasi-zero stiffness magnetic levitation [J]. Journal of Sound and Vibration, 2015, 358: 48-73.

[155] 苏攀，吴杰长，刘树勇，等．弹簧-电磁力准零刚度隔振器研究 [J]．海军工程大学学报，2018，30 (5)：36-42.

[156] 李吉，盛国才，王建维．负压空气隔振器非线性弹性特性研究 [J]．机械设计与制造，2016，5：232-237.

[157] 严博，马洪业，韩瑞，等．可用于大幅值激励的永磁式非线性隔振器 [J]．机械工程学报，2019，55 (11)：169-176.

[158] Yisheng Zheng, Xinong Zhang, Yajun Luo, et a1. Design and experimcat of a high-static-low-dynamic stiffness isolator using a negative stiffness magnetic spring [J]. Journal of Sound and Vibration, 2016, 360: 31-52.

[159] Yisheng Zheng, Xinong Zhang, Yajun Luo, et al. Analytical study of a quasi-zero stiffness coupling using a torsion magnetic spring with negative stiffness [J]. Mechanical Systems and Signal Processing, 2018, 100: 135-151.

[160] Yisheng Zheng, Qingpin Li, Bo Yan, et al. A Stewart isolator with high-static-low-dynamic stiffness struts based on negative stiffness magnetic springs [J]. Journal of Sound and Vibration, 2018, 422: 390-405.

[161] Xiang Shi, Songye Zhu. Magnetic negative stiffness dampers [J]. Smart Materials and Structures, 2015, 24: 2-8.

[162] Xiang Shi, Songye Zhu. Simulation and optimization of magnetic negative stiffness dampers [J]. Sensors and Actuators A: Physical, 2017, 250: 14-33.

[163] Guangxu Dong, Xinong Zhang, Shilin Xie, et al. Simulated and experimental studies on a high-static-low-dynamic stiffness iso-

lator using magnetic negative stiffness spring [J]. Mechanical Systems and Signal Processing, 2017, 86: 188-203.

[164] Guangxu Dong, Yahong Zhang, Yajun Luo, et al. Enhanced isolation performance of a high-static-low-dynamic stiffness isolator with geometric nonlinear damping [J]. Nonlinear Dynamics, 2018, 93: 2339-2356.

[165] Bo Yan, Hongye Ma, Chenxue Zhao, et al. A vari-stiffness nonlinear isolator with magnetic effects: Theoretical modeling and experimental verification [J]. International Journal of Mechanical Sciences, 2018, 148: 745-755.

[166] Yi Sun, Kai Meng, Shujin Yuan, et al. Modeling Electromagnetic Force and Axial-Stiffness for an Electromagnetic Negative-Stiffness Spring Toward Vibration Isolation [J]. IEEE Transactions on Magnetics, 2019, 55 (3): 1-10.

[167] 宋秉明，吕志强，帅长庚. 一类混合隔振系统非线性动力特性分析 [J]. 噪声与振动控制，2015, 35 (5): 176-181.

[168] 徐道临，赵智，周加喜. 气动可调式准零刚度隔振器设计及特性分析 [J]. 湖南大学学报（自然科学版），2013, 40 (6): 47-53.

[169] 刘延斌，韩秀英，马佳佳，等. 基于气动肌肉和负刚度机构的主、被动宽频隔振研究 [J]. 振动与冲击，2014, 33 (24): 179-187.

[170] 郝鹏飞. 气动准零刚度隔振器的分析与设计 [D]. 长沙：湖南大学，2018.

[171] 任旭东. 空气弹簧准零刚度隔振器的特性分析及应用研究 [D]. 北京：中国人民解放军军事医学科学院，2017.

[172] Yoshikazu Araki, Kosuke Kimura, Takehiko Asai, et al. Integrated mechanical and material design of quasi-zero-stiffness vibration isolator with superelastic Cu-A1-Mn shape memory alloy bars [J]. Journal of Sound and Vibration, 2015, 358: 74-83.

[173] 梁伟龙. 基于非线性隔振器的振动主动控制技术仿真研究 [D]. 哈尔滨：哈尔滨工程大学，2016.

[174] 赵俊超. 低频光学隔振台主动负刚度隔振器研制 [D]. 哈尔滨：哈尔滨工业大学，2017.

[175] 刘志臣. 基于形状记忆聚合物 I-F/负刚度相互转换机构的研究 [D]. 哈尔滨：哈尔滨工业大学，2014.

[176] Xiuting Sun, Jian Xu, Xingjian Jiag, et a1. Beneficial performance of a quasi-zero stiffness isolator with time-delayed active control [J]. International Journal of Mechanical Sciences, 2014, 82: 32-40.

[177] 李东海，赵寿根，何玉金，等. 含有时滞控制的准零刚度隔振器的隔振性能研究 [J]. 西北工业大学学报，2018, 36 (6): 1168-1176.

基于热扰动影响的航天器结构动力学分析方法研究进展

刘正山[1]，周志成[1]，韩增尧[2]
（1. 中国空间技术研究院通信与导航卫星总体部，北京，100094；
2. 中国空间技术研究院，北京，10094）

摘要：由于具有发射时大收纳比、在轨展开锁定后覆盖范围广等特点，在航天器研制过程中得到了广泛研究的大型复杂柔性附件结构，因在轨运行期间经历复杂的冷热交变热环境影响，其内部会产生随时间变化的温度梯度，导致结构出现热致准静态变形或动态响应，从而对航天器的正常运行产生重要影响。文中综述了典型柔性结构的单元热—结构分析、柔性结构热致运动分析、柔性结构热致振动与航天器姿态耦合动力学分析、热致稳定性分析的研究进展，探讨了航天器结构热致耦合动力学分析的未来发展方向。

关键词：航天器；动力学；热扰动；热—结构分析；耦合动力学

1 引言

以人造地球卫星为代表的典型航天器，进入21世纪以来为了更好地满足不同任务需求，在轨运行期间广泛采用外悬于本体之外的大型复杂柔性附件。该类结构处于深冷空间并周期性地承受太阳及其他行星的照射，内部产生较大温度梯度，进而导致结构产生热致准静态变形，甚至诱发热致振动问题。以往航天器飞行任务中，已经出现过多次因为热致运动问题影响航天器正常性能指标甚至导致飞行失败的案例，例如，20世纪60年代美国轨道观测卫星（OGO_IV）由于热致振动导致任务失败[1]；1990年哈勃空间望远镜（HST）在进出地球阴影区时，太阳翼结构出现热致振动现象，导致成像质量严重下降[2]；1996年REX-Ⅱ卫星STACER型重力梯度稳定杆因热荷载作用而发生热弯曲振动[3]。上述问题的出现及影响，无不显示出了空间热环境下航天器结构动力学分析对于航天器安全运行的重要性。

本文以航天器结构为对象，分析了局部单元热-结构分析、部件级柔性结构热致运动分析、系统级柔性结构热致振动与航天器姿态耦合动力学分析、热致稳定性分析的研究进展，探讨了复杂柔性航天器结构热致运动分析未来的发展方向。

2 局部单元热—结构动力学分析的研究进展

早期热致结构动力学分析技术的研究，始于Boley等[4]基于矩形截面梁在空间热环境激励下的热致振动的基本概念定义，并由Beam[5]在实验室中演示了梁结构的热致不稳定扭转振动现象。随后，针对构型相对简单的结构线性单元（杆、梁、板、膜、壳等），国内外专家学者在热弹性方程中加入惯性项进行分析，从而提出了一系列的理论解析方法[6-8]。例如，Tauchert[7]和Thornton[8]总结了受约束弹性矩形板在温度场内的振动和热屈曲问题。Murozono[9]针对结合非对称结构的太阳电池阵，考虑热—结构耦合的静态和动态响应，采用加权残差近似方法求解杆的弯曲和扭转变形以及帆板的弯曲。薛明德等[10]对开口薄壁杆的热诱发弯扭耦合振动进行了研究，分析发现在左右支撑梁安装不完全对称的情况下，突加均匀热流，不仅发生热诱发的弯曲准静态变形和弯曲振动，还将发生热诱发的扭转变形模态。分析得出由温度分布不对称引起的热弯矩的不对称性以及热双力矩的产生是诱发这种扭转模态的主要原因。

随着有限元技术的飞速发展和计算机能力的增加，专家学者针对常规的线性单元，提出了基于程序迭代运算的数值计算方法。Namburu等[11]采用三维实体单元建立了欧拉-伯努利梁的热致振动有限元模型。Chen 等[12]用有限元法建立了开口薄壁结构的热致振动方程。由于考虑了转角对结构振动的影响，该方法可用于处理弯扭耦合问题。常晓权等[13]针对复合板结构的热致振动问题，提出了一种新的混合单元模型，将三维和二维单元组成混合单元，利用不同类型单元体现复合结构中不同的材料属性，实现对复合结构单元的高精度模拟。段进等[14]给出了一种用于辐射换热条件下的瞬态——结构分析的空间薄壁杆单元，可应用于任意形状的闭口截面和单支开口截面。文中将单元温度场分解为平均温度和多谐波动温度，从而建立了包含热轴力、热弯矩的等效热荷载。

同时，航天器大型柔性结构的动力学分析与试验表明，连接结构产生的非线性比其他因素所产生的非线性高出 1~2 个数量级[15]。目前对于以铰链接触间隙为代表的非线性动力学特性研究，主要集中在力学建模与分析角度，对于热分析方面的研究尚未有相关报道，同时空间环境下间隙铰链的热振动分析以及对柔性附件模态的影响还有待深入研究[16]。

3 部件级柔性附件热致结构动力学分析的研究进展

航天器大型柔性附件主要由杆、梁、板、壳等简单子结构通过铰链连接组装在一起。在轨运行期间，由于空间热环境的改变会促使结构内部产生温度梯度从而诱发结构产生热致运动变形。根据柔性附件组成结构的特点及研制精度的需求，国内外专家学者目前主要对由线性结构单元组成的部件级柔性结构的热致动力学分析技术进行了研究。

从理论模型对应的解析解角度出发，部分专家学者对实际航天器结构的热致振动问题进行了研究。Thornton 等[17]进行了热—结构非耦合与耦合情况下的结构热致微振动分析。其中，在非耦合的热—结构分析过程中，假定结构振动变形与外热流的分布相互独立，并通过梁任意点的热平衡方程及横向振动方程、太阳毯横向振动方程、杆运动方程的转换得到太阳阵列各点的位移表达式，从中可以看出各点的位移响应是准静态响应和一系列振动响应的叠加。而在耦合的热—结构分析过程中，考虑结构变形对外热流输入的影响，即太阳辐射热流由常数 S_0 变为与梁变形有关的 $S_0\cos(e-\partial w_b/\partial x)$，并采用加权余量法得到对应的近似解，以及应用拉普拉斯变换得到了稳定性临界值。Chung 等[18]对哈勃空间望远镜的太阳阵列做了进一步的模态分析。通过左右梁弯曲及扭转振动方程的计算结果发现，左右梁的最低阶扭转频率远小于最低阶弯曲频率。Murozono 等[19]采用几何非对称理论对哈勃空间望远镜太阳阵列结构的屈曲特性和突加热流情况下的准静态热结构响应特性进行了分析。模型分析过程中采用了梁、膜及杆的组合结构，结果表明结构响应很大程度上依赖于梁的压力。当梁轴向压力接近屈曲临界值时，将出现较大的弯曲振动响应。仿真结果同时表明，热致准静态扭转变形可能导致太阳阵列的失效。

从仿真模型对应的数值计算角度出发，专家学者对实际航天器结构的热致振动问题进行了如下研究。Amundsen 等[20]针对水星（Hydrostar）任务所准备采用的大型轨道天线阵，结合商用软件 Trasys、Sinda-85 和 Patran 对其在轨运行时承受的外热流、温度分布以及结构准静态静变形做了详细的分析。Behzad Bigdeli[21]以国际空间站（ISS）的太阳电池阵的桅杆支撑臂结构为研究对象，应用 Trasys、Sinda 和 Nastran 对其结构进行了热-结构振动响应分析，仿真数据显示垂直于太阳毯方向的最大位移达到 6.91in。安翔等[22]通过对空间站太阳电池阵中央桁架结构的研究，提出热诱发振动的全区间耦合单步内非耦合的有限元计算方法；程乐锦等[23]考虑结构变形对加热条件和温度场的影响，研究了大型空间结构的耦合热诱发振动问题，并给出了一种计算和分析方法。

从仿真分析与试验验证的角度出发，专家学者对航天器结构热致振动问题进行了如下研究：Takanori Iwata[24]等对 ALOS（Advanced Land Observing Satellite）上的大型单翼太阳电池帆板进行了热致振动仿真分析与实验验证工作。最终用有限元结果对 ALOS 的扰动现象进行了分析验证。本文同时指出了电池板进出地影的瞬态温度差对于电池板仿真分析的重要性。Mitsushige Oda[25]等通过安装在 GOSAT 卫星上的相机，研究了能够观测到太阳帆板变形及热致振动的图像处理方法，并观测记录了卫星太阳板的变形振动。观测的结果显示出太阳板的准静态变形以及快速的振动。并通过数值的方法分析验证了观测结果。在分析和比较中得到如下结论：温度的突变导致太阳板的准静态热变形；控制太阳板伸展的金属丝对太阳板的振动有影响，并提出黏性滑移现象可能对太阳板的行为有重要影响。Thornton[26] 根据高层大气研究卫星（Upper Atmosphere Research Satellite，UARS）姿态角加速度的实测数据，针对 UARS 的单翼电池板进行了热致振动响应分析，指出沿厚度方向的温差变化可导致热致振动。同时，进行相关试验对比分析了分析结果与计算结果的一致性。

随着航天器对精度的要求越来越高，对柔性附件采用线性单元模化的方法，已经渐渐不能满足分析预示的目的。国内外学者虽然在蜂窝夹层板的热变形分析方面已经有了初步的进展，但是对基于实际材料和构型的复杂结构建模和仿真预示是部件级柔性附件热致结构动力学研究的发展方向。

4　系统级耦合动力学分析的研究进展

航天器在轨运行过程中，由于角动量守恒，柔性附件由于空间热环境剧烈变化引起的扰动力、力矩作用会诱发星体姿态发生运动，进而可能影响航天器的正常工作。为了能够在实际工程中分析柔性附件热致振动对星体姿态的影响，需要对航天器中心刚体与柔性附件进行耦合动力学建模与分析。针对这种航天器热致振动耦合动力学问题，国内外诸多专家已经分别从柔性附件准静态变形及动态变形对航天器姿态的影响进行了研究。

从柔性附件准静态变形对星体姿态影响的角度出发，目前国内外已进行了如下研究工作：Dennehy 等[27] 分析了 TOPEX 卫星的单翼太阳能刚性基板的热致运动对卫星姿态的扰动影响。文中通过实测数据指出在进出地球阴影时刻产生的热力矩主要发生在滚动、偏航方向，而俯仰方向的扰动可以忽略不计。并通过仿真指出热扭矩是主要的姿态误差来源。Foster 等[28] 建立了 HST 刚体–柔性帆板系统，用等效端部集中力来模拟热荷载，进行了系统的耦合动力学研究。Hail 等[29] 于 1998 年采用柔性体模拟 HST 第三代太阳能帆板，并对其耦合动力学问题进行了研究，预测了帆板热致结构变形引起的 HST 指向扰动的幅值大小。

针对上述柔性附件准静态变形对卫星姿态影响的分析过程中，由于忽略了热响应的惯性项，故在模型中体现不出因进出地球阴影时刻导致的热致动态变形诱发的姿态颤振。国内外专家学者，从理论研究与实际航天器简化分析角度，针对简单柔性附件结构的热致振动及与姿态耦合的问题进行了研究。

Johnston 等[30] 用热–结构非耦合方法讨论了柔性附件热致振动力学环境对航天器姿态颤振响应的影响。文中将航天器模型简化为如图 1 所示的由中心刚体和柔性附件构成的简化模型，发展了一种热–结构动力学非耦合的二维平面运动理论分析方法，研究了卫星柔性附件的热诱发运动对卫星平面姿态动力学的影响。作者采用混合坐标系下的广义形式的拉格朗日方程推导了包含瞬态热效应的运动方程，并基于模态展开法得到近似解。不足之处是将柔性附件看作简单梁处理，附件的实际复杂结构形式未展开讨论。

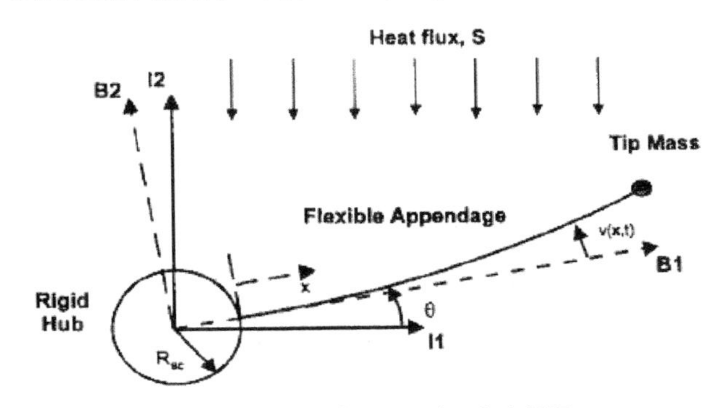

图 1　航天器模型及坐标系示意图

周志成等[31] 采用热–结构非耦合动力学分析方法和模型讨论了柔性附件热致振动力学环境对航天器姿态颤振响应的影响。文中采用柔性附件有限元模型，以基于仿真数值模型的耦合动力学方程进行热致振动响应分析。对相对简单结构柔性悬臂梁而言，该方法能够处理比较复杂的柔性附件组成结构，并能够同时分析热致振动对弹性振动的相互影响趋势。

虽然国内外对带有复杂柔性附件结构的航天器热致耦合动力学分析方法已经进行了上述的一系列研究，但是随着柔性附件连接结构的增加，其本身的非线性特性对航天器姿态的相互影响日益显著，后续需要对这类具有强非线性特性的航天器热致耦合动力学进行专项研究。

5　航天器热致稳定性分析的研究进展

关于柔性结构的热致稳定性研究，当前主要以简单薄壁结构为对象，主要从热分析、结构模态、瞬态响应分析研究结构的稳定性。

Boley[32]于1972年定义了下列的无量纲参数和放大因子来描述柔性结构的热致微振动问题。其中，无量纲参数是热响应时间与结构响应时间的比值，用来判断结构是否发生热致微振动，即：

$$B=\sqrt{t_T/t_S}$$

式中：t_T为热响应时间，而对于薄壁矩形梁，$t_T=h^2/\alpha_T$，其中，h为薄板梁高度，α_T为沿截面高度方向的导热系数；t_s为结构响应时间。当$B\gg1$，由热荷载引起的结构响应可作为准静态分析，但当$B<1$，柔性结构会发生热致微振动现象。

另外，放大因子用来表征薄板梁的动挠度放大系数，其近似计算公式为

$$v_d/v_s=1+1/\sqrt{1+B^2}$$

式中：v_d为考虑质量惯性力的最大挠度；v_s为最大的准静态挠度。

Thorton[17]以HST薄壁管模型为研究对象，基于热诱发振动研究数据给出了薄壁管热—结构响应的稳定性判据。

Go[33]通过对旋转薄壁梁的热致振动研究，提出了拉普拉斯变换最低模态方程稳定性判定方法。

李伟等[34]针对在轨航天器柔性附件的热-动力学耦合系统，借助于非线性振动理论，给出了热诱发振动的稳定性准则，从而针对不同的结构可计算出不同的运动稳定边界，同时探讨了发生热致振动的参数条件。

虽然国内外对空间结构热致稳定性的分析有一定研究，但是进展并不十分理想。到目前为止，很少见到关于实际复杂柔性结构的理论分析和仿真计算资料。随着大型复杂柔性结构越来越柔性化，其空间热稳定性分析对于正常在轨运行工作的保证非常重要。因此，开展空间大型复杂柔性结构的热稳定性分析是航天器热-结构后续研究的重点。

6 结束语

综上所述，本文以航天器结构为对象，分析了局部单元热-结构分析、部件级柔性结构热致运动分析、系统级柔性结构热致振动与航天器姿态耦合动力学分析、热致稳定性分析的研究进展，探讨了复杂柔性结构热致运动分析未来的发展方向，确定了如下内容。

（1）线性结构的局部、部件级、系统级的航天器结构热致动力学对应的分析方法已经比较成熟。

（2）以铰链为代表的非线性结构对应的航天器结构，急需开展局部、部件级和系统级模化方法的研究，进行结构热致动力学技术的研究。

（3）热致稳定研究方面，对于复杂柔性结构对应的热致振动趋势，急需开展工程实用的判定准则研究。

参考文献

[1] Thornton E A, Paul D B. Thermal-structural analysis of large space structures: an assessment of recent advances [J]. Journal of Spacecraft and Rockets, 19856, 22 (4): 385-393.

[2] Foster C L, Tinker M L, Nurre G S, et al. Solar-array-induced disturbance of the Hubble space telescope pointing system [J]. Journal of Spacecraft and Rockets, 1995, 32 (4): 634-644.

[3] Thornton E A. Thermal Structures for Aerospace Applications, AIAA Education Series [A]. Washington, DC: AIAA, 1996.

[4] Boley B A, Weiner J H. Thermally induced vibrations of beams [J]. Journal of the Aeronautical Sciences, 1956, 23 (2): 179-181.

[5] Beam R M. On the Phenomenon of Thermo-elastic Instability (Thermal Flutter) of Booms with open Cross Section [M]. NASA tnd-5222, 1969.

[6] Boley B A. Approximate analysis of thermally induced vibrations of beams and plates [J]. Journal of Applied Mechanics, 1972, 39 (1): 212-216.

[7] Tauchert T R. Thermally induced flexure, buckling and vibration of plates [J]. Applied Mechanics Reviews, 1991, 44 (8): 347-359.

[8] Thornton E A. Thermally buckling of plates and shells [J]. Applied Mechanics Reviews, 1993, 46 (10): 485-506.

[9] Mruozono M. Dynamic structural response analysis of flexible rolled-up solar array subjected to deformation dependent thermal loading [C]. Proceedings of Lectures and Workshop International: Recent Advances in Multidisciplinary Technology and Modeling, 2008: 131-141.

[10] Xue M D, Duan J, Xiang Z H. Thermally induced bending-torsion coupling vibration of large scale space structures [J]. Computational Mechanics, 2007, 40 (4): 707-723.

[11] Namburu R R, Tamma K K. Thermally Induced Structural Dynamic Response of Flexural Configurations Influenced by Linear/Non-Linear Thermal Effects [EB/OL]. AIAA-91-1175-CP, 1991.

[12] Chen X Q, Mohan R V, Tamma KK. Instantaneous response of elastic thin-walled structures to rapid heating [J]. International Journal for numerical Methods in Engineering, 1994, 37 (14): 2389-2408.

[13] 常晓权，罗志伟，郑钢铁. 基于混合单元建模的复合板热诱导结构振动研究 [J]. 振动与冲击，2006，3：18-24.

[14] 段进，薛明德，向志海，等．辐射换热下瞬态热-结构分析的一种空间薄壁杆单元［J］．计算力学学报，2007，24（3）：345-351.

[15] 王巍，于登云，马兴瑞．航天器铰接结构非线性动力学特性研究进展［J］．力学进展，2006，36（2）：233-238.

[16] 黄洪昌，杨运强，李君兰，等．航天器太阳电池阵热-结构分析研究进展［J］．电子机械工程，2012，28（4）：1-7.

[17] Thornton E A，Kim Y A. Thermally induced bending vibrations of a flexible rolled-up solar array［J］. Journal of Spacecraft and Rockets，1993，30（4）：438-448.

[18] Chung P W，Thornton E A. Torsional buckling and vibrations of a flexible rolled-Up solar array［EB/OL］，AIAA-95-1355.

[19] Murozono M，Thornton E A. Buckling and quasistatic thermal-structural response of asymmetric rolled-up solar array［J］. Journal of Spacecraft and Rockets，1998，35（2）：147-155.

[20] Amundsen R M，Hope D J. Hydrostar thermal and structural deformation analyses of antenna array concept［EB/OL］. NASA/TM-1998-206288.

[21] Bigdeli B. Thermally induced disturbance analysis of the photovoltaic arrays of the international space station［EB/OL］. AIAA 99-1303-WIP，1999.

[22] 安翔，冯刚．某空间站太阳能中央桁架热-结构耦合动力学分析［J］．强度与环境，2005，32（3）：8-13.

[23] 程乐锦，薛明德．大型空间结构热-动力学耦合有限元分析［J］．清华大学学报：自然科学版，2004，44（5）：681-684.

[24] Takanori Iwata，et al. Thermally induced dynamics of large solar array paddle：from laboratory experiment to flight data analysis［EB/OL］. AIAA 2011-6592，2011

[25] Mitsushige Oda，et al. Vibration of satellite solar array paddle caused by thermal shock when a satellite goes through the eclipse［EB/OL］. Advances in Vibration Engineering and Structural Dynamics，edited by Francisco Beltran-Carbajal，ISBN 978-953-51-0845-0，2012.

[26] Johnston J D，Thornton E A. Thermally induced dynamics of satellite solar panels［J］. Journal of Spacecraft and Rockets，2000，37（5）：604-613.

[27] Dennehy C J，Zimbelman D F，Welch R V. Sunrise/Sunset thermal shock disturbance analysis for the TOPEXE satellite［C］. 28th AIAA Sciences Meeting. AIAA Paper 90-0470，1990.

[28] Foster C L，Tinker M L，Nurre G S，et al. Solar array induced disturbance of the hubble space telescope pointing system［J］. Jowrnal of Spacecraft and Rocketf，1995，32（4）：634-644.

[29] Hail W，De Kramer C. Thermal Jitter Analysis of SA3. Swales Aerospace［EB/OL］，SAI-TM-0798，Revision A，1998.

[30] Johnston J D，Thornton E A. Thermally induced attitude dynamics of a spacecraft with a flexible appendage［J］. Journal of Guidance，Control，and Dynamics，1998，21（4）：581-587.

[31] Zhou Zhicheng，Liu Zhengshan，Qu Guangji. Modeling on thermally induced coupled micro-motions of satellite with complex appendage［J］. Advances in Mechanical Engineering，2015，7（6）：1-7.

[32] Boley B A. Approximate analysis of thermally induced vibrations of beams and plates［J］. Journal of Applied Mechanics，Transactions of the ASME，Series E，1972，39（1）：212-216.

[33] Go GE，Kim JH. Thermally induced vibrations of spinning composite structures［C］. Proceeding of 43re AIAA/ASME/ASCE/AHS/ASC，2002：22-25.

[34] 李伟，薛明德，向志海．空间结构热-动力学耦合系统稳定性的有限元分析［J］．清华大学学报（自然科学版），2007，47（11）：2076-2080.

航天器柔性结构热致振动建模与分析

刘绍奎[1]，邹元杰[1]，孙树立[2]
（1. 北京空间飞行器总体设计部，北京，100094；2. 北京大学工学院力学与工程科学系，北京，100871）

摘要：航天器在进出地球阴影区时，加热条件发生改变，导致附件结构中产生剧烈的温度变化，并以热载荷的形式作用到柔性结构上，引起柔性附件的热变形甚至诱发热振动，严重情况下引起附件的损坏和导致航天器主体姿态发生抖动，进而可能影响航天器的正常工作。柔性附件的热诱振动问题给航天器姿态控制及其指向精度提出了很大的挑战。对于高精度航天器，考虑热诱振动的影响是十分必要的。本文主要研究了采用振型叠加法进行中心刚体—柔性附件耦合系统的热致振动响应分析方法，并进行了仿真算例分析。

关键词：航天器；柔性结构；热致振动

1 引言

当航天器绕地球飞行时，要周期性地飞经日照区和阴影区，航天器结构被反复快速地加热和冷却，在结构中就会产生随时间变化的振荡温度场，以及分布不均匀的瞬态温度场，从而可能使结构发生热诱振动。大型空间柔性结构的热诱振动现象在以大型抛物面天线反射器、大型太阳翼为代表的大型柔性空间结构上表现得尤为突出。大型空间柔性结构的热诱振动往往会造成不良的后果，影响航天器的正常工作，严重时还可能发生强烈热振动而使航天器无法工作[1-3]。到目前为止，已有多起由于大型空间柔性结构的热诱振动而造成航天器工作受影响乃至不能正常工作的例子，其中最著名的是1990年哈勃空间望远镜的太阳翼发生的热诱振动加剧了主反射镜的偏移，造成成像模糊，后来耗费巨资才得以修复。哈勃的故障使NASA深刻地认识到大型空间结构热扰动问题的重要性和危害性，开始对它进行全面深入的研究，并委托波音公司分析论证了国际空间站的大面积太阳电池阵的热扰动问题，反映出NASA相当重视大型空间结构的热扰动问题。为了保证高精度航天器的正常工作，十分有必要对热诱振动进行系统的研究。因此，柔性结构热诱振动理论建模和分析技术研究具有重要意义和价值，是确保高精度航天器正常工作十分必需的研究任务。本文主要研究了采用振型叠加法进行中心刚体—柔性附件耦合系统的热致振动响应分析方法，并进行了仿真算例分析。

2 在轨瞬态温度场分析

求解温度场的方法主要有有限差分法、有限单元法和有限体积法。仿真算例采用商业热分析软件I-DEAS TMG进行柔性结构的在轨瞬态温度场的计算，使用有限差分技术。

3 时变温度场的等效热载荷

结构中涉及的主要构件包括杆、梁、板壳三类。通过温度产生的应变，可以计算温度变化引起的时变等效节点力。将杆的温度载荷等效为轴向力，梁的温度载荷等效为轴向力和力矩，板壳的温度载荷等效为面内力和面外力矩。

4 柔性结构热致振动响应分析

振型叠加法是求解结构动力学响应的常用方法，其要点是在求解积分运动方程以前，先利用系统自由振动的固有振型将方程组转换为n个相互不耦合的方程（n为所选取的振型数），然后再对这n个方程求解。

对大规模结构体系进行动力响应分析时，体系的高阶特征解对体系的实际响应影响很小，因此通常只用若干个低阶模态进行变换解耦。此时，振型叠加法就有较高的计算效率和足够的计算精度。

用振型叠加法求解结构动力方程时，解耦后每一个单自由度的振动方程在一般激励力作用下的强迫振动解归结为求解 Duhamel 积分。Duhamel 积分的求解精度对振型叠加法的最终结果具有重要的影响。一般情况下，Duhamel 积分多采用数值积分的方法来计算。用数值方法对 Duhamel 积分进行求解时，会涉及积分时间步长的选取问题。为了保证一定的计算精度，时间步长必须足够小，所以计算工作量很大。当动力载荷为时间的分段多项式时，可以求解 Duhamel 积分的解析解。

用模态解耦之后，结构响应计算的主要工作就是求解方程：

$$\ddot{u}+2\omega\xi\dot{u}+\omega^2 u=p(t)$$

上式的解可以由 Duhamel 积分得到

$$u(t)=u(0)a(t)+\dot{u}(0)b(t)+\int_0^t p(\tau)h(t-\tau)\mathrm{d}\tau$$

其中 $a(t)$、$b(t)$、$h(t)$ 分别为下述 3 个问题的解：

$$\begin{cases}\ddot{u}+2\omega\xi\dot{u}+\omega^2 u=0\\ u(0)=1,\dot{u}(0)=0\end{cases}$$

$$\begin{cases}\ddot{u}+2\omega\xi\dot{u}+\omega^2 u=0\\ u(0)=0,\dot{u}(0)=1\end{cases}$$

$$\begin{cases}\ddot{u}+2\omega\xi\dot{u}+\omega^2 u=\delta(t)\\ u(0)=0,\dot{u}(0)=0\end{cases}$$

5 仿真算例

5.1 简化模型算例

考虑卫星中心体及太阳翼的简化模型（图 1），由三部分组成：卫星中心体、电池阵、中心体与电池阵之间的连接部分（模拟连接“梁”）。为了考察网格剖分尺寸对计算结果的影响，建立了 3 种网格尺寸的有限元离散模型。

做 4 个周期的卫星在轨热分析计算，取太阳翼迎光面的一代表性节点，其温度变化情况如图 2 所示。主要关心太阳翼在进出地球阴影区的局部时间段内温度变化引起的热致振动，取进出阴影两时间段的时变温度场数据用于温度载荷的等效及振动响应分析。

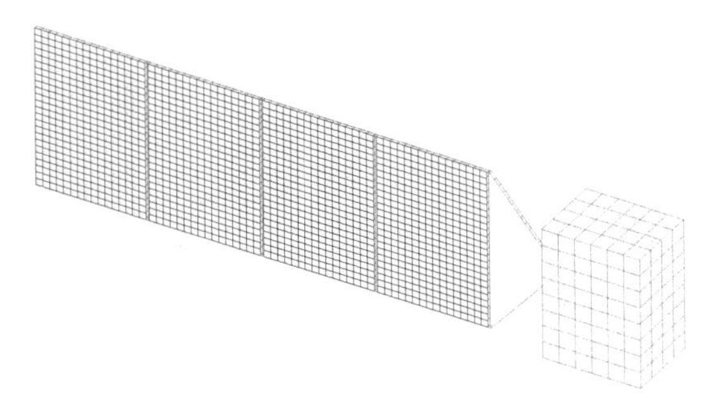

图 1 带单侧太阳翼的卫星简化模型

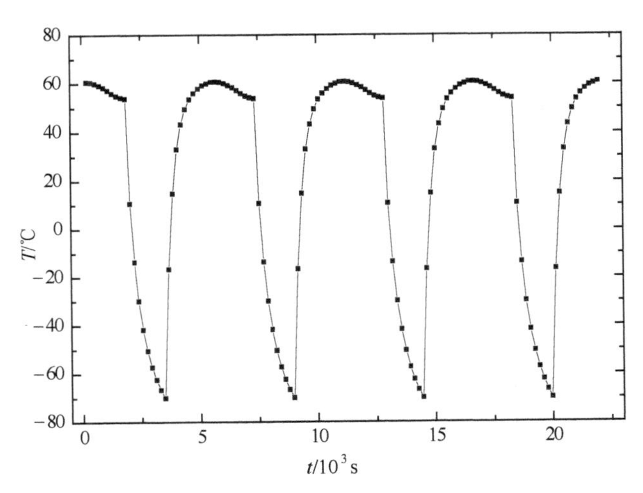

图 2 太阳翼温度周期变化图

太阳翼进出阴影的响应情况如图 3 和图 4 所示。

由耦合系统的 3 个模型计算出的位移响应，其变化趋势和规律的一致性非常好，数值上也很接近，说明计算结果的收敛性得到了保证。

X 方向的线位移最大，其次是 Z 方向的线位移，Y 方向的线位移值最小。其中 X 和 Z 方向的线位移响应是准静态的，没有发生振动现象，而 Y 方向的线位移则有较大的波动，其原因是太阳翼及连接梁上的温度不均匀造成的。

5.2 天线算例

某卫星网状天线在轨进出阴影的温度场如图 5 所示。

天线反射面框架响应曲线如图 6 所示。

由分析结果可知，天线反射面只发生了准静态响应。这是由于反射面结构刚度足够大，有较高的固有频率（较短的周期），热响应时间要远大于反射面结构响应时间，结构在热载荷作用下只发生了准静态响应。

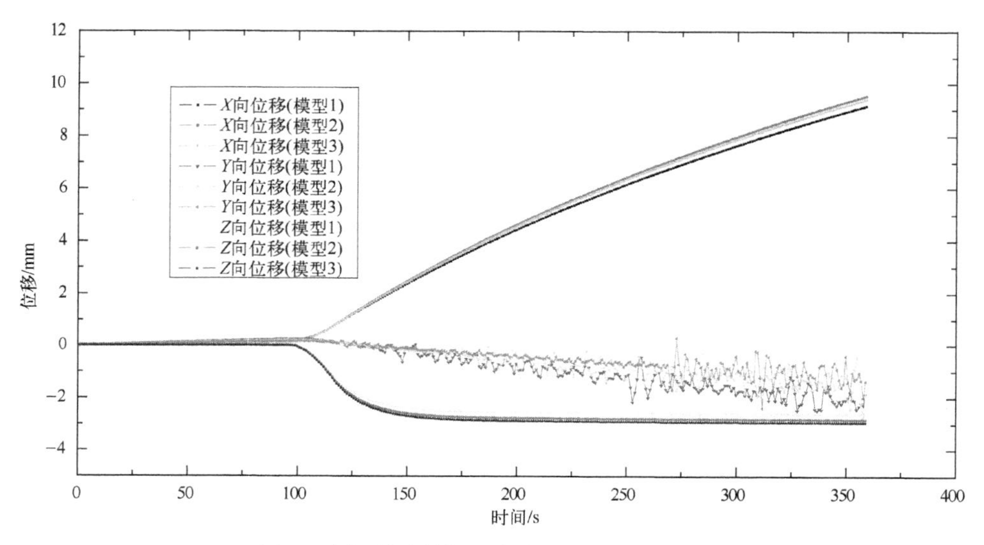

图 3　太阳翼最外侧边中点的位移（进地影）

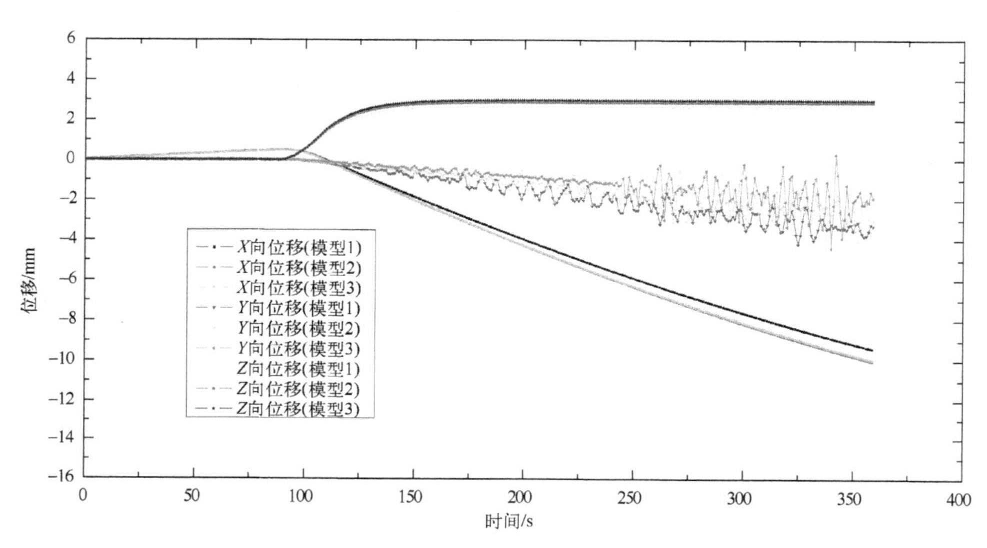

图 4　太阳翼最外侧边中点的位移（出地影）

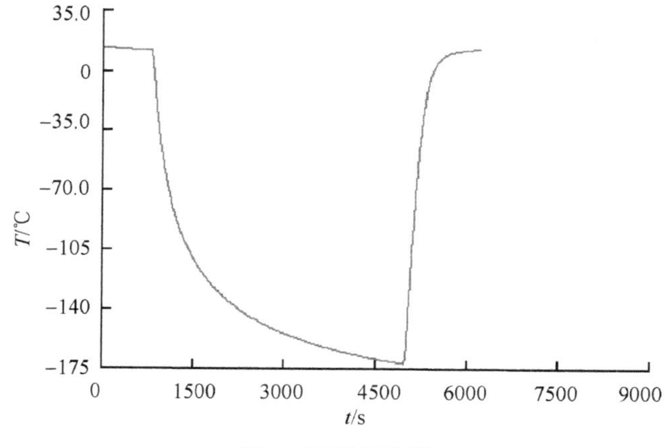

图 5　温度场曲线

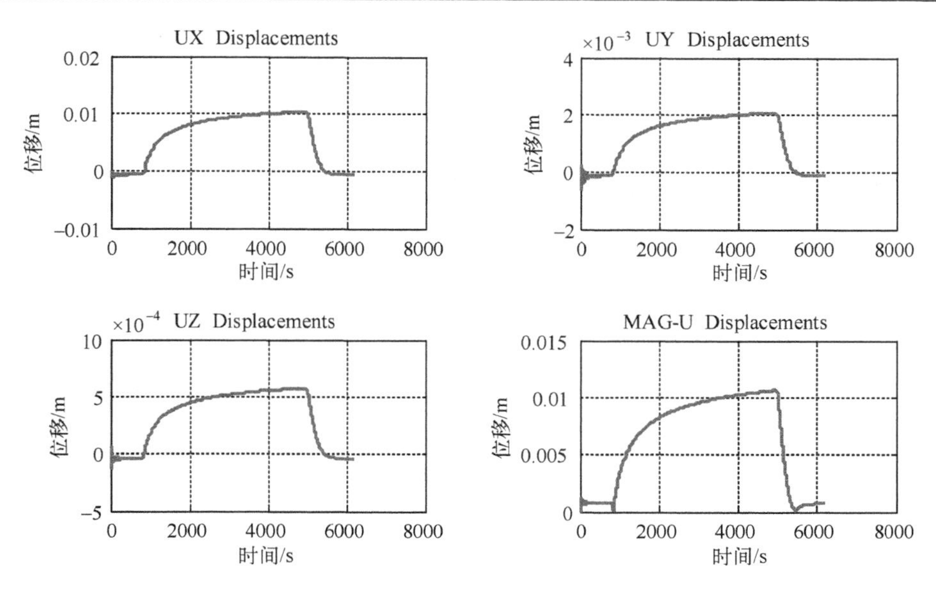

图 6　反射面框架位移

6　结束语

本文研究了中心刚体—柔性附件耦合系统的热致振动响应分析方法，以带柔性附件的卫星简化模型为对象，通过振型叠加法进行了仿真分析。分析结果表明，采用热—结构非耦合的两步分析方法，可有效地求解中心刚体—柔性附件耦合系统的热致振动响应，具有一定的工程实用价值。

参考文献

[1] John D Johnston, Earl A Thornton. Thermally induced attitude dynamics of a spacecraft with a flexible appendage [J]. Journal of Guidance, Controland Dynamics, 1998, 21 (4): 581-587.

[2] 安翔，冯刚．某空间站太阳电池阵中央桁架热—结构耦合动力学分析 [J]．强度与环境，2005 (3)：8-13.

[3] 段进．大型柔性空间结构的热—动力学耦合有限元分析 [D]．北京：清华大学，2007.

基于几何约束的平面回转铰链热致非线性刚度建模方法

刘正山，薛碧洁，董富祥，姜春阳
（中国空间技术研究院通信与导航卫星总体部，北京，100094）

摘要： 面向通过铰链锁定的空间柔性结构在轨高稳定度设计需求，本文提出了一种考虑温度影响的铰链热致非线性刚度建模方法。通过几何约束条件的变形协调关系，开展考虑温度变化的等效距离、间距、接触深度等数学方程推导工作，建立铰链热致非线性刚度模型，并通过简化算例对铰链的刚度参数进行建模，分析接触深度与预紧力、温差等参数之间的影响趋势，以期为后续大型柔性天线结构设计提供高精度动力学模型建模。

关键词： 铰链结构；非线性；间隙；温度

1 引言

受限于运载火箭的几何空间约束，大口径星载天线往往采用质量轻、折叠比大、刚度高等的空间可折展机构[1-3]，发射时处于折叠状态而在轨工作时处于展开状态。由于采用机构运动副及预紧力锁定，在轨工作过程中，这类结构不可避免地存在铰链间隙，进而导致天线结构具有非光滑力学特征。其中，间隙等非光滑因素，使得天线锁定后在空间环境作用下容易引发振动，直接影响航天器姿态运动以及有效载荷的指向稳定度，且这些因素往往难以完全有效控制[4]。因此深入开展该类机构在空间环境扰动下的动力学特性研究，对于航天器研制的性能而言至关重要。

由于铰链间隙是产生铰链非线性的根本原因，因此确定铰链在载荷作用下的微观力学现象是非线性动力学建模的基础。近年来，国内外专家学者主要从理论与试验方面进行非线性动力学特性研究。理论方面，主要进行实体接触模型、连续接触碰撞力模型等方面的研究：实体接触模型可充分考虑复杂形状和局部变形，分析碰撞力的时间历程与空间分布规律，但是由于处理接触过程的复杂性和计算效率低，在复杂结构分析中应用较少[5-6]；连续接触碰撞力模型主要包含 Kelvin-Voigt 线性弹簧阻尼模型[7]、Hertz 接触模型[8,12]、Hunt-Crossley 模型等。这些模型简单方便，可以描述压缩和恢复过程，考虑了接触力的大小和接触碰撞的时间历程，但是各有适用条件，如赫兹模型不适用于间隙较小或接触宽度较大情况，回转体协调接触模型很难进行大间隙和小接触宽度下的精确计算[9]。试验方面，吴爽等通过动力学实验获得真实的太阳翼板间铰链结构与不同激振频率下的振动响应参数，并采用力状态映射法建立板间铰链的非线性动力学模型[10]。吴远波等采取试验测定铰链机构刚度并直接代入太阳电池阵有限元模型的方法，通过与试验对比，确定等效的铰链机构刚度值[11]。同时，对于易受到空间温度扰动的在轨锁定可折展机构，国内外对间隙铰链的热致动力学特性的研究尚不多见，亟需开展相关动力学模型建模工作。

基于上述研究概况，本文以天线平面回转铰链为研究对象，通过等效距离、间距、接触深度等方程的推导，建立铰链热致非线性刚度模型，并以某天线回转铰链分析仿真为例，通过铰链的热致结构静刚度参数仿真，分析在确定间隙条件下接触深度与预紧力、温度变化等参数之间关系，以便为后续天线整体结构高精度结构动力学模型建模提供技术支撑。

2 平面回转铰链

平面回转铰链是一种常用于空间折展机构的铰链结构，由双耳板、单耳板和销轴组成，如图 1 所示。其中，径向方向为两端连接杆所在轴线。由于径向的间隙会导致铰链刚度呈现非线性特性，因此有必要对铰链的径向刚度动力学特性进行研究。将该平面回转铰链进行模化后，可获得如图 2

所示销轴与单耳板的接触模型[9]。为了简化运算，设定上述接触模型中的物体均为各项同性材料，相关参数定义如表1所列。

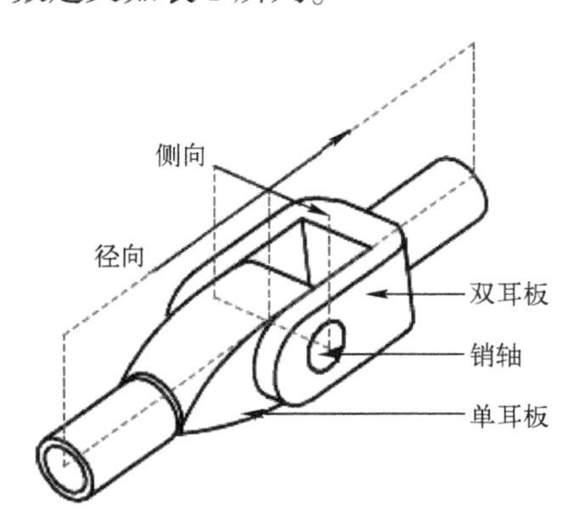

图1 平面回转铰链示意图

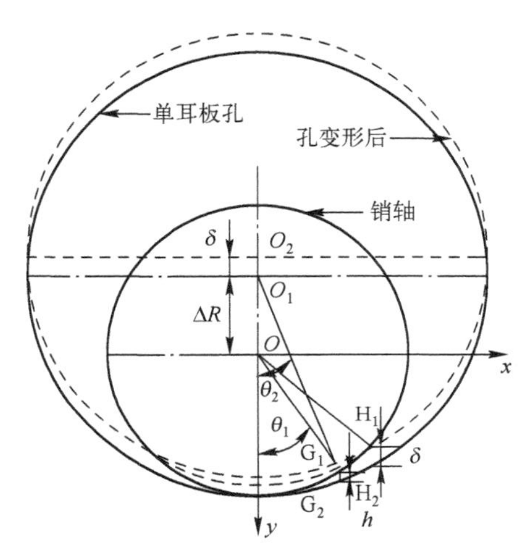

图2 含间隙的平面回转铰链几何约束模型

表1 结构材料参数

	弹性模量	泊松比	半径	温度变化	热膨胀系数	铰链间隙	半接触宽度	接触半角
物体1	E_1	μ_1	R_1	ΔT_1	α_1	ΔR	a	ε
物体2	E_2	μ_2	R_2	ΔT_2	α_2			

3 平面回转铰热致静刚度模型

本文建立铰链热致静刚度模型基于如下假设：①忽略铰链的径向、切向位移耦合问题；②满足赫兹接触力分布；③接触深度与接触边界初始间隙相等[9]。

根据图2所示间隙铰链平面回转接触状态示意图，销轴、板孔结构在温度改变后的半径分别为

$$\begin{cases}\widetilde{\boldsymbol{R}}_1=R_1(1+\alpha_1\Delta T_1)\\ \widetilde{\boldsymbol{R}}_2=R_2(1+\alpha_2\Delta T_2)\end{cases}\tag{1}$$

同时，销轴、板孔上对应接触面上的G1、G2空间坐标分别为

$$\begin{aligned}(\boldsymbol{x}_1,\boldsymbol{y}_1)&=(\widetilde{\boldsymbol{R}}_1\sin\theta_1,\widetilde{\boldsymbol{R}}_1\cos\theta_1)\\ (\boldsymbol{x}_2,\boldsymbol{y}_2)&=(\widetilde{\boldsymbol{R}}_2\sin\theta_2,\widetilde{\boldsymbol{R}}_2\cos\theta_2-\Delta\widetilde{\boldsymbol{R}})\end{aligned}\tag{2}$$

式中：θ_1、θ_2分别为G1、G2点的中心角；$\Delta\widetilde{\boldsymbol{R}}$为半径差，其计算公式为$\Delta\widetilde{\boldsymbol{R}}=\widetilde{\boldsymbol{R}}_2-\widetilde{\boldsymbol{R}}_1$。

假定$G1$、$G2$点为接触点，则两点的横坐标具有相同的坐标，即

$$\widetilde{\boldsymbol{R}}_1\sin\theta_1=\widetilde{\boldsymbol{R}}_2\sin\theta_2\tag{3}$$

根据式（1）~式（3），假定销轴、板孔材料相同且具有相同的温度变化，因此，$G1$、$G2$距离可以表示为

$$h=\widetilde{\boldsymbol{R}}_2\sqrt{1-\left(\frac{\widetilde{\boldsymbol{R}}_1}{\widetilde{\boldsymbol{R}}_2}\sin\theta_1\right)^2}-\widetilde{\boldsymbol{R}}_1\cos\theta_1-\Delta\widetilde{\boldsymbol{R}}\tag{4}$$

当θ_1等于接触半角ε，基于板孔与销轴的变形协调关系，可获得如下接触深度计算关系：

$$\delta=\sqrt{\widetilde{\boldsymbol{R}}_2^2-(\widetilde{\boldsymbol{R}}_1\sin\varepsilon)^2}-\sqrt{\widetilde{\boldsymbol{R}}_1^2-(\widetilde{\boldsymbol{R}}_1\sin\varepsilon)^2}-\Delta\widetilde{\boldsymbol{R}}\tag{5}$$

热变形后，结构接触宽度$\boldsymbol{a}$、销轴半径$\boldsymbol{R}_1$、接触半角ε三者之间的关系如式（6）所示。

$$\boldsymbol{a}=\widetilde{\boldsymbol{R}}_1\sin\varepsilon\tag{6}$$

结合式（6）与式（5），可获得接触宽度的计算方程如下：

$$\boldsymbol{a}=\sqrt{\widetilde{\boldsymbol{R}}_2^2-\frac{1}{4}\left\{\frac{\widetilde{\boldsymbol{R}}_2^2-\widetilde{\boldsymbol{R}}_1^2}{[\delta+(\widetilde{\boldsymbol{R}}_2-\widetilde{\boldsymbol{R}}_1)]}+\delta+(\widetilde{\boldsymbol{R}}_2-\widetilde{\boldsymbol{R}}_1)\right\}^2}\tag{7}$$

根据文献［12］，在满足本文提供几何约束条件下，接触深度与预紧力、泊松比、销轴半径的约束关系如下：

$$\delta=\frac{2\boldsymbol{P}(1-\upsilon^2)}{\pi\boldsymbol{E}}\left[\ln\left(\frac{4\widetilde{\boldsymbol{R}}_1}{\boldsymbol{a}}\right)+\ln\left(\frac{4\widetilde{\boldsymbol{R}}_2}{\boldsymbol{a}}\right)-1\right]\tag{8}$$

将式（7）代入式（8）中，整理获得预紧力与接触深度的关系如下：

$$\boldsymbol{P}=\boldsymbol{K}(\delta)\delta\tag{9}$$

式中：$\boldsymbol{K}(\delta)$为平面回转铰链在轨锁定后的热致静刚度模型，与接触深度有直接关联关系，其计算表达式为

$$\boldsymbol{K}(\delta)=\frac{\pi\boldsymbol{E}}{2(1-\upsilon^2)}\left\{\ln\left(\frac{4\widetilde{\boldsymbol{R}}_1}{\boldsymbol{a}}\right)+\ln\left(\frac{4\widetilde{\boldsymbol{R}}_2}{\boldsymbol{a}}\right)-1\right\}^{-1}\tag{10}$$

其中，式（10）中如果忽略掉温度场的变化，即为铰链静刚度模型。

4 数值仿真

本文仿真模型采用表2所列的物体材料参数。

表 2　物体材料参数

序号	材料名称	弹性模量	泊松比	热膨胀系数	参考温度
1	钛合金 Tc	110GPa	0.35	8.8×10^{-6}/℃	20℃

1）铰链间隙

选取温差 0℃、预紧力 1600N 及表 3 所列的不同半径参数，计算接触刚度与铰链间隙的相对关系，验证本文提供方法的有效性。

表 3　铰链半径情况

序号	名　称	半　径	
		R_2/mm	R_1/mm
1	对比数据 1	2.9	2.3
2	对比数据 2	2.9	2.4
3	对比数据 3	2.9	2.5
4	对比数据 4	2.9	2.6
5	对比数据 5	2.9	2.7
6	对比数据 6	2.9	2.8

图 3 给出了铰链接触刚度与间隙大小的变化趋势，从图中可以看出：其接触刚度随着铰链间隙的增大呈现非线性降低的特性。

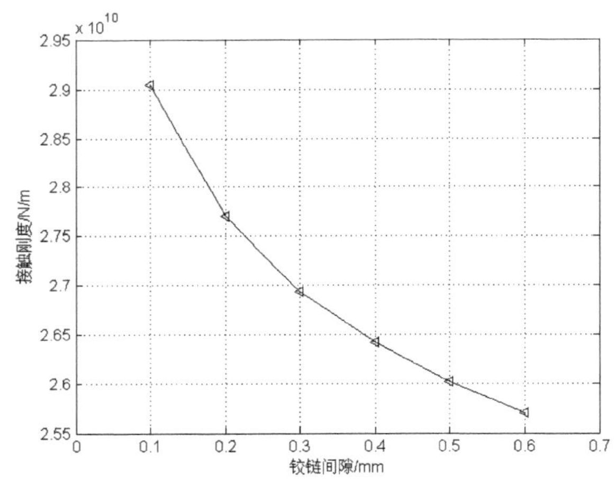

图 3　接触刚度与铰链间隙的关系

2）预紧力

选取半径 R_2、R_1 分别为 2.9mm、2.8mm，温差 0℃及表 4 所列的不同预紧力，计算预紧力与接触刚度的相对关系，验证本文提供方法的有效性。

表 4　预紧情况

序　号	名　称	预　紧　力
1	对比数据 1	800N
2	对比数据 2	1000N
3	对比数据 3	1200N
4	对比数据 4	1400N
5	对比数据 5	1600N
6	对比数据 6	1800N

图 4 给出了铰链接触刚度与预紧力大小的变化趋势，从图中可以看出：其接触刚度随着预紧力的增大呈现非线性增加的特性。

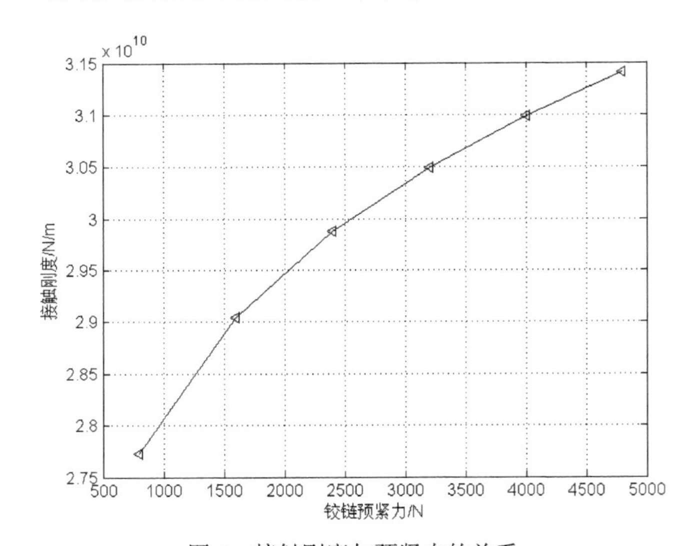

图 4　接触刚度与预紧力的关系

3）温差

位于卫星本体外的天线铰链结构，由于受到空间冷热交变环境的冲击，导致其温度变化最大可能达到 100℃ 的温差。因此，选取预紧力 1600N、半径 R_2、R_1 分别为 3.0mm、2.9mm 及表 5 所列的不同温差数据，计算接触深度与温差之间的关系，验证本文提供方法的有效性。

表 5　温差情况

序　号	名　称	温　差
1	对比数据 1	0℃
2	对比数据 2	20℃
3	对比数据 3	40℃
4	对比数据 4	60℃
5	对比数据 5	80℃
6	对比数据 6	100℃

图 5 给出了铰链接触刚度与温差大小的变化趋势，从图中可以看出：其接触刚度随着温差的增大呈现非线性增加的特性。

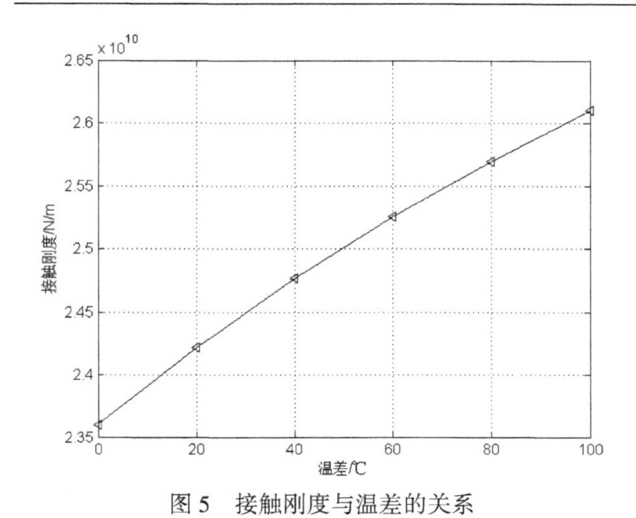

图5 接触刚度与温差的关系

5 结束语

针对天线平面回转铰链结构形式，给出了一种考虑温度影响的铰链热致静刚度建模方法，并通过仿真算例验证了本文方法的有效性。通过仿真，可以看出以下结论。

（1）铰链接触刚度随着铰链间隙的增大呈现非线性降低的特性。

（2）铰链接触刚度随着预紧力的增大呈现非线性增加的特性。

（3）铰链接触刚度随着温差的增大呈现非线性增加，后续随着铰链数量的增多，其引起的动力学误差也随之增大，因此需要考虑铰链结构热致动力学等效刚度数值的变化对整体动力学特性的影响。

参考文献

[1] Soykasap O, Karakaya S, Turkmen D. Curved large tape springs for an ultra-thin shell deployable reflector [J]. Journal of Reinforced Plastics and Composites, 2012, 31 (10): 691-703.

[2] Wang H, Wang C J, Li X, et al. Large SAR antenna deployable structure design and optimization [J]. Applied Mechanics and Materials, 2012, 163: 62-65.

[3] Chu Z R, Deng Z Q, Qi X Z, et al. Modeling and analysis of a large deployable antenna structure [J]. ActaAstronautica, 2014, 95: 51-60.

[4] 徐彦，王培栋，孙禄君，等．含间隙铰链的非线性动力学建模及数值分析 [J]. 上海航天，202，37 (1): 51-62.

[5] Wang Y, Chen X, Gindy N, et a1. Elasticdeformation of a fixture and turbine blades system basedon finite element analysis [J]. Int J AdvManufTechnol, 2008 (4): 79-96.

[6] Bograd S, Reuss P, Schmidt A, et a1. Modeling the dynamics of mechanical joints [J]. Mechanical Systems and Signal Processing, 2011, 25: 2801-2826.

[7] Gilardi G, Sharf I. Literature survey of contactdynamics modeling [J]. Mechanism and Machine Theory, 2002, 37: 1213-1239.

[8] Machado M, Moreira P, Flores P, et a1. Compliant contact force models in multibody dynamics: evolution of the Hertz contact theory [J]. Mechanismand Machine Theory, 2012, 53: 99-121.

[9] 张静．铰链及含铰折展桁架非线性动力学建模与分析 [D]. 哈尔滨：哈尔滨工业大学，2014.

[10] 吴爽，赵寿根，吴大方，等．太阳翼铰链结构的动力学实验与非线性动力学建模 [J]. 宇航学报，2013，34 (12): 1550-1556.

[11] 吴远波，杜江华．太阳电池阵铰链机构刚度等效方法 [J]. 航天器环境工程，2010，27 (4): 467-471.

[12] Johnson K L. Contact Mechanics [M]. Oxford City: Cambridge University Press, 1985.

[13] Ciavarella M, Decuzzi P. The state of stress induced by the plane frictionlesscylindrical contact. 2: the general case (elastic dissimilarity) [J]. International Journal of Solids and Structures, 2001, 38: 4523-4533.

航天器微振动源的精确解耦加载方法

邹元杰，王泽宇，葛东明
（北京空间飞行器总体设计部，北京，100094）

摘要：由于微振动源与航天器主结构之间存在耦合作用，其建模与加载方法直接影响系统级微振动分析结果。文章通过理论推导和证明，提出了一种新的微振动源精确解耦加载方法，使扰源的加载处理不受微振动源与航天器主结构的耦合作用影响，实现了扰动外载荷与航天器结构的解耦，所获取的微振动响应与系统级耦合分析结果完全相同。理论研究和数值算例表明：该方法避免了微振动源与航天器主结构的耦合分析，结果准确可靠，适用于动量轮、控制力矩陀螺等常见的扰源加载，且易于工程实施。

关键词：航天器；微振动；扰源；解耦加载

1 引言

随着高性能航天器的发展，在轨微振动问题备受关注[1-2]。航天器在轨微小振动将对空间科学试验、激光通信、光学遥感等任务产生影响，其中动量轮与控制力矩陀螺是重要的扰动源。由于微振动源本身是柔性结构，扰动力（矩）加载于航天器主结构的实际效果也会受到航天器主结构动态特性的影响，因此，通常需要开展扰源与航天器主结构的耦合分析。然而，由于扰源自身特性较为复杂，同时航天器主结构的有限元模型规模较大，开展耦合分析从理论到技术实现都有一定难度[3-5]。微振动源的建模与加载方法对于系统级微振动分析而言是最为重要的输入条件，多年来一直是国内外的研究热点之一。国内外的学者很早就对扰动源开展了测量工作，研究发现部件转动引起的扰动会被自身结构放大[6-7]。为了去除这种影响，根据文献［8］提出的扰动谐波经验模型，文献［9-10］利用试验数据辨识出相关参数，拟合出不同转速下的扰动力（矩）谐波参数进行扰动分析。文献［11］利用动态质量方法对测量得到的扰动力（矩）进行修正，修正后的数据可反映扰源与航天器结构的耦合特性，其修正系数可通过有限元分析或者试验测量得到。文献［12］针对柔性夹具影响，研究了微振动源界面力（力矩）测试结果的补偿方法。论文通过研究认为扰源在固定界面下的测试结果可以用于系统级微振动分析，这种处理没有误差，但其推导基于Craig-Bampton方法，理论上并不十分严格，并且没有给出实验或数值验证。

为了准确反映扰动源与航天器的耦合作用，本文在文献［12］的基础上，通过推导结构动力学方程，揭示了干扰力在扰源—测量界面—航天器主结构组合系统内的传递规律，提出了一种微振动源解耦加载方法，利用有限元动力学方程进行了严格证明，并结合典型扰源和航天器结构进行了数值仿真验证。

2 微振动源的解耦加载方法

2.1 固支边界条件下的微振动源动力学方程

首先，建立微振动源及其安装支架在固支边界条件下的动力学方程；而后推导固定边界处的界面力表达式。固支边界条件下的微振动源系统如图1所示。将微振动源结构节点自由度分成两组：内部自由度 $\boldsymbol{x}_{\mathrm{r}}(t)$（不与固定界面相连）和边界自由度 $\boldsymbol{x}_{\mathrm{a}}(t)$（在固定界面上），即 $\boldsymbol{x}(t)=\begin{Bmatrix}\boldsymbol{x}_{\mathrm{r}}(t)\\ \boldsymbol{x}_{\mathrm{a}}(t)\end{Bmatrix}$。同时，将结构所受激励 $\boldsymbol{F}(t)$ 也分为结构内部力 $\boldsymbol{F}_{\mathrm{r}}(t)$ 和边界力 $\boldsymbol{F}_{\mathrm{a}}(t)$ 两类，则有 $\boldsymbol{F}(t)=\begin{Bmatrix}\boldsymbol{F}_{\mathrm{r}}(t)\\ \boldsymbol{F}_{\mathrm{a}}(t)\end{Bmatrix}$。

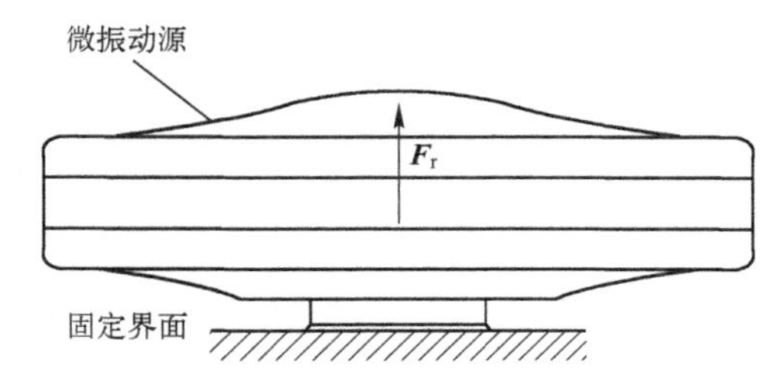

图 1　固支边界条件下的微振动源系统

微振动源的结构动力学方程表示为

$$\begin{bmatrix} \boldsymbol{M}_{rr} & \boldsymbol{M}_{ra} \\ \boldsymbol{M}_{ar} & \boldsymbol{M}_{aa} \end{bmatrix} \begin{Bmatrix} \ddot{\boldsymbol{x}}_r(t) \\ \ddot{\boldsymbol{x}}_a(t) \end{Bmatrix} + \begin{bmatrix} \boldsymbol{C}_{rr} & \boldsymbol{C}_{ra} \\ \boldsymbol{C}_{ar} & \boldsymbol{C}_{aa} \end{bmatrix} \begin{Bmatrix} \dot{\boldsymbol{x}}_r(t) \\ \dot{\boldsymbol{x}}_a(t) \end{Bmatrix} + \begin{bmatrix} \boldsymbol{K}_{rr} & \boldsymbol{K}_{ra} \\ \boldsymbol{K}_{ar} & \boldsymbol{K}_{aa} \end{bmatrix} \begin{Bmatrix} \boldsymbol{x}_r(t) \\ \boldsymbol{x}_a(t) \end{Bmatrix} = \begin{Bmatrix} \boldsymbol{F}_r(t) \\ \boldsymbol{F}_a(t) \end{Bmatrix} \tag{1}$$

式中：$\boldsymbol{M}$、$\boldsymbol{C}$、$\boldsymbol{K}$ 分别代表质量、阻尼与刚度矩阵，下标“r”和“a”分别代表界面以外的内部自由度和界面自由度。

在频域下，方程可转化为

$$\left(-\omega^2 \begin{bmatrix} \boldsymbol{M}_{rr} & \boldsymbol{M}_{ra} \\ \boldsymbol{M}_{ar} & \boldsymbol{M}_{aa} \end{bmatrix} + \mathrm{i}\omega \begin{bmatrix} \boldsymbol{C}_{rr} & \boldsymbol{C}_{ra} \\ \boldsymbol{C}_{ar} & \boldsymbol{C}_{aa} \end{bmatrix} + \begin{bmatrix} \boldsymbol{K}_{rr} & \boldsymbol{K}_{ra} \\ \boldsymbol{K}_{ar} & \boldsymbol{K}_{aa} \end{bmatrix}\right) \begin{Bmatrix} \boldsymbol{x}_r \\ \boldsymbol{x}_a \end{Bmatrix} = \begin{Bmatrix} \boldsymbol{F}_r \\ \boldsymbol{F}_a \end{Bmatrix} \tag{2}$$

式中：ω 为振动圆频率；$\boldsymbol{x}_r$、$\boldsymbol{x}_a$、$\boldsymbol{F}_r$、$\boldsymbol{F}_a$ 分别为 $\boldsymbol{x}_r(t)$、$\boldsymbol{x}_a(t)$、$\boldsymbol{F}_r(t)$ 和 $\boldsymbol{F}_a(t)$ 对应的频域复数量。

为了简化表达式，定义分块动刚度矩阵：

$$\boldsymbol{Z}_{pq} = -\omega^2 \boldsymbol{M}_{pq} + \mathrm{i}\omega \boldsymbol{C}_{pq} + \boldsymbol{K}_{pq} \tag{3}$$

式中：下脚标 p 和 q 表示分块矩阵 $\boldsymbol{Z}$ 的对应行和列。按照式（3）所述的分块动刚度矩阵定义方式，式（2）可简化记为如下形式：

$$\begin{bmatrix} \boldsymbol{Z}_{rr} & \boldsymbol{Z}_{ra} \\ \boldsymbol{Z}_{ar} & \boldsymbol{Z}_{aa} \end{bmatrix} \begin{Bmatrix} \boldsymbol{x}_r \\ \boldsymbol{x}_a \end{Bmatrix} = \begin{Bmatrix} \boldsymbol{F}_r \\ \boldsymbol{F}_a \end{Bmatrix} \tag{4}$$

由于固定界面下，$\boldsymbol{x}_a=0$，代入式（4），因此，可得固定界面处的干扰力：

$$\boldsymbol{F}_a = \boldsymbol{Z}_{ar} \boldsymbol{Z}_{rr}^{-1} \boldsymbol{F}_r \tag{5}$$

式中：$\boldsymbol{Z}_{ar}$ 和 $\boldsymbol{Z}_{rr}$ 为式（4）左侧相应位置的动刚度分块矩阵。

2.2　微振动源与航天器主结构的耦合动力学方程

为了准确描述微振动源与航天器主结构的耦合动力学特性，本节建立耦合动力学方程，后文将以耦合分析为基准验证解耦加载方法的有效性。“微振动源+航天器主结构”耦合系统如图 2 所示。

沿用 2.1 节分块动刚度矩阵的定义，“微振动源+航天器主结构”耦合系统的频域动力学方程表述为

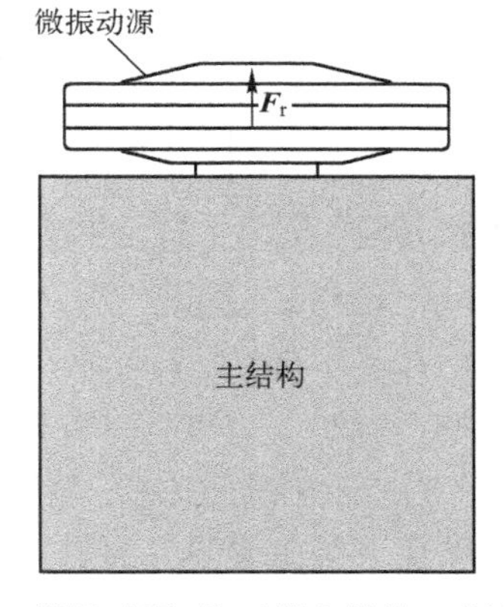

图 2　“微振动源+航天器主结构”耦合系统

$$\begin{bmatrix} \boldsymbol{Z}_{rr} & \boldsymbol{Z}_{ra} & 0 \\ \boldsymbol{Z}_{ar} & \overline{\boldsymbol{Z}}_{aa} & \boldsymbol{Z}_{as} \\ 0 & \boldsymbol{Z}_{sa} & \boldsymbol{Z}_{ss} \end{bmatrix} \begin{Bmatrix} \boldsymbol{x}_r \\ \boldsymbol{x}_a \\ \boldsymbol{x}_s \end{Bmatrix} = \begin{Bmatrix} \boldsymbol{F}_r \\ 0 \\ 0 \end{Bmatrix} \tag{6}$$

式中：下角“s”代表航天器主结构（不含界面）的节点自由度。分块矩阵 $\overline{\boldsymbol{Z}}_{aa}$ 增加上横线，以示与方程（4）中分块矩阵 $\boldsymbol{Z}_{aa}$ 不同。

由式（6）可得

$$\boldsymbol{x}_r = \boldsymbol{Z}_{rr}^{-1} \boldsymbol{F}_r - \boldsymbol{Z}_{rr}^{-1} \boldsymbol{Z}_{ra} \boldsymbol{x}_a \tag{7}$$

$$\boldsymbol{x}_s = -\boldsymbol{Z}_{ss}^{-1} \boldsymbol{Z}_{sa} \boldsymbol{x}_a \tag{8}$$

$$(\overline{\boldsymbol{Z}}_{aa} - \boldsymbol{Z}_{ar} \boldsymbol{Z}_{rr}^{-1} \boldsymbol{Z}_{ra} - \boldsymbol{Z}_{as} \boldsymbol{Z}_{ss}^{-1} \boldsymbol{Z}_{sa}) \boldsymbol{x}_a = \boldsymbol{T}_{aa} \boldsymbol{x}_a = -\boldsymbol{Z}_{ar} \boldsymbol{Z}_{rr}^{-1} \boldsymbol{F}_r \tag{9}$$

式中：$\boldsymbol{T}_{aa} = \overline{\boldsymbol{Z}}_{aa} - \boldsymbol{Z}_{ar} \boldsymbol{Z}_{rr}^{-1} \boldsymbol{Z}_{ra} - \boldsymbol{Z}_{as} \boldsymbol{Z}_{ss}^{-1} \boldsymbol{Z}_{sa}$。

2.3　微振动源的解耦加载方法

本节推导解耦加载方法的动力学方程，通过和 2.2 节耦合分析方程进行对比，从理论上说明方法的准确性。微振动源解耦加载系统如图 3 所示。

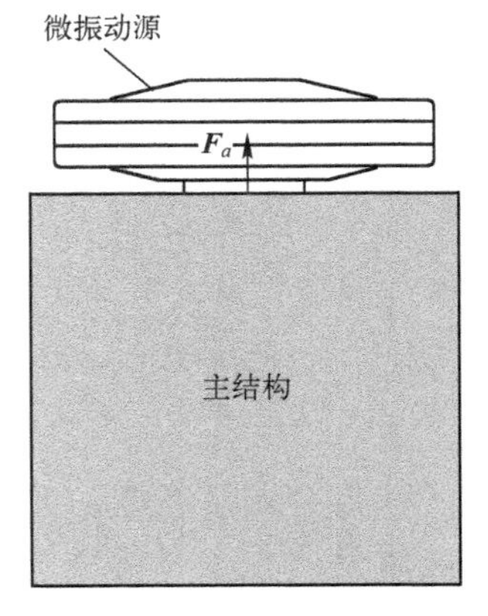

图 3　微振动源解耦加载系统

假设在微振动源—航天器主结构耦合系统的扰源界面处加载 $-\boldsymbol{F}_a$，其对应的位移响应为 $\bar{\boldsymbol{x}}$，则有

$$\begin{bmatrix} \boldsymbol{Z}_{\mathrm{rr}} & \boldsymbol{Z}_{\mathrm{ra}} & 0 \\ \boldsymbol{Z}_{\mathrm{ar}} & \overline{\boldsymbol{Z}}_{\mathrm{aa}} & \boldsymbol{Z}_{\mathrm{as}} \\ 0 & \boldsymbol{Z}_{\mathrm{sa}} & \boldsymbol{Z}_{\mathrm{ss}} \end{bmatrix} \begin{Bmatrix} \overline{\boldsymbol{x}}_{\mathrm{r}} \\ \overline{\boldsymbol{x}}_{\mathrm{a}} \\ \overline{\boldsymbol{x}}_{\mathrm{s}} \end{Bmatrix} = \begin{Bmatrix} 0 \\ -\boldsymbol{F}_{\mathrm{a}} \\ 0 \end{Bmatrix} \tag{10}$$

由式（10），并代入式（5）的 $\boldsymbol{F}_{\mathrm{a}}$ 可得

$$\overline{\boldsymbol{x}}_{\mathrm{r}} = -\boldsymbol{Z}_{\mathrm{rr}}^{-1}\boldsymbol{Z}_{\mathrm{ra}}\overline{\boldsymbol{x}}_{\mathrm{a}} \tag{11}$$

$$\overline{\boldsymbol{x}}_{\mathrm{s}} = -\boldsymbol{Z}_{\mathrm{ss}}^{-1}\boldsymbol{Z}_{\mathrm{sa}}\overline{\boldsymbol{x}}_{\mathrm{a}} \tag{12}$$

$$(\overline{\boldsymbol{Z}}_{\mathrm{aa}} - \boldsymbol{Z}_{\mathrm{ar}}\boldsymbol{Z}_{\mathrm{rr}}^{-1}\boldsymbol{Z}_{\mathrm{ra}} - \boldsymbol{Z}_{\mathrm{as}}\boldsymbol{Z}_{\mathrm{ss}}^{-1}\boldsymbol{Z}_{\mathrm{sa}})\overline{\boldsymbol{x}}_{\mathrm{a}} = \boldsymbol{T}_{\mathrm{aa}}\overline{\boldsymbol{x}}_{\mathrm{a}} = -\boldsymbol{Z}_{\mathrm{ar}}\boldsymbol{Z}_{\mathrm{rr}}^{-1}\boldsymbol{F}_{\mathrm{r}} \tag{13}$$

对比方程（8）与方程（12）、方程（9）与方程（13）可以发现，当在扰源界面加载 $-\boldsymbol{F}_{\mathrm{a}}$ 时，扰源界面及航天器主结构的响应（$\overline{\boldsymbol{x}}_{\mathrm{a}}$、$\overline{\boldsymbol{x}}_{\mathrm{s}}$）与实际结构的耦合响应（$\boldsymbol{x}_{\mathrm{a}}$、$\boldsymbol{x}_{\mathrm{s}}$）完全相同，而这个载荷正是固定界面下的扰动力式（5）（仅差一个负号，因为，固定界面力与扰源对耦合系统加载是一对作用力/反作用力）。也就是说，提取旋转部件转动干扰力对其安装的固定界面的作用力，加载到微振动源-航天器主结构组合系统，所得到的响应即是真实的耦合响应。这样所需的界面力测试仅在固定界面下获取即可，而后，加载在完整系统上，从而实现了微振动源的解耦加载，使得耦合问题的数值分析得到大大简化。另外，对比式（7）和式（11）可以发现，如果考虑扰源自身结构（非界面点）的响应，解耦加载后，不能准确表征实际情况。也就是说这种方法仅适用于扰源安装界面（含）以外部分，不适用于扰源内部动响应计算。然而实际航天器的系统级微振动分析通常不关心扰源内部的动响应。

需要说明的是：①由于式（4）、式（6）和式（10）左端的系数矩阵不要求对称，因此，转子部分可以考虑陀螺响应（转子部分的系数矩阵为反对称阵），也就是说，在考虑陀螺效应的情况下，上述解耦建模方法仍适用；②上述推导针对组合系统的自由-自由状态，若整星系统在悬吊或者地面弹性支撑状态或者固支下进行，其基本的动力学方程形式仍可归结为式（6）和式（10），因此，上述理论仍然成立，也就是说上面的理论证明适用于任意边界条件的整星结构系统。

3 数值分析结果

3.1 解耦加载方法的数值仿真验证

首先，对解耦加载方法进行数值仿真验证。假设动量轮因动静不平衡产生的干扰力（矩）为6个方向单位力（矩），相位为0，分别采用解耦加载和系统级耦合分析方法进行计算。为了便于输出界面力和力矩，动量轮与航天器主结构连接界面用刚性多点约束（MPC）连接到卫星本体1个节点（图4）。其中，解耦加载方法首先将动量轮动静不平衡干扰力（矩）施加于动量轮顶部某节点上，计算固支边界条件的界面合力（矩），而后，将获取的界面合力（矩）加载于动量轮与主结构连接界面节点，计算组合系统的响应；而系统级耦合分析则直接将干扰力（矩）施加于动量轮某节点上，计算组合系统的响应。

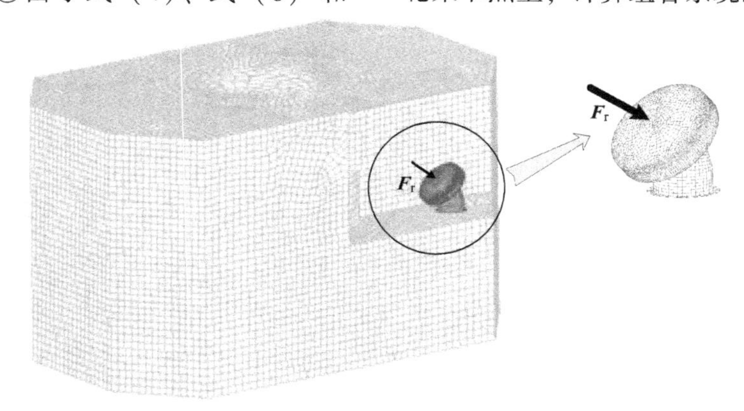

图4 结构有限元模型

计算时为了避免引入模态叠加的误差，采用有限元矩阵直接求解方法，计算频率范围为5～500Hz，结构阻尼系数取为1%。具体分析方法和流程见文献［1］。

动量轮安装界面点、航天器主结构节点和动量轮内部节点的线加速度（Ax、Ay、Az）和角加速度（Rx、Ry、Rz）响应曲线分别如图5～图7所示。从图中可见，使用本文提出的解耦分析方法得到动量轮安装界面节点、航天器主结构节点响应与系统级耦合分析结果完全一致，但动量轮内部节点计算结果与耦合分析结果差异较大（仅在低频段接近）。这说明本文方法可精确计算微振动源-航天器主结构组合系统的响应（微振动源内部节点除外）。

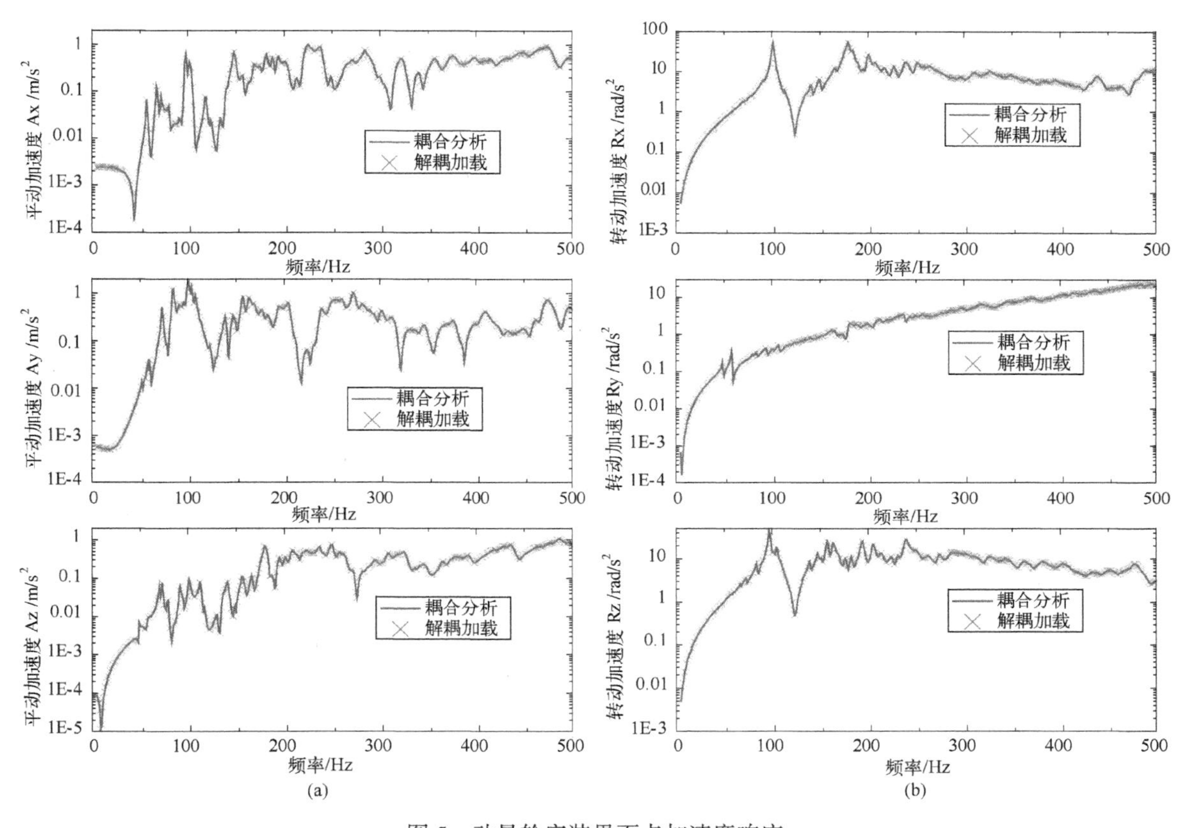

图 5　动量轮安装界面点加速度响应

（a）平动加速度响应；（b）转动加速度响应。

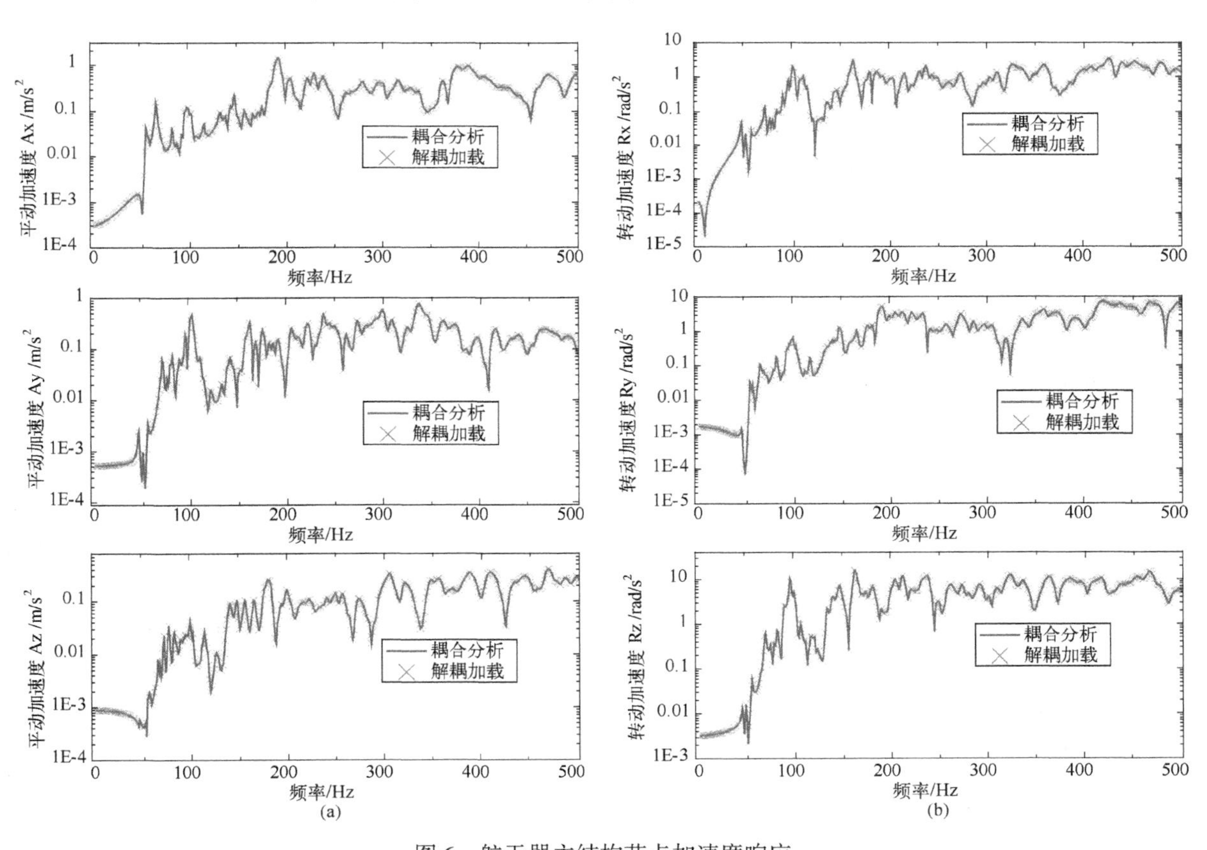

图 6　航天器主结构节点加速度响应

（a）平动加速度响应；（b）转动加速度响应。

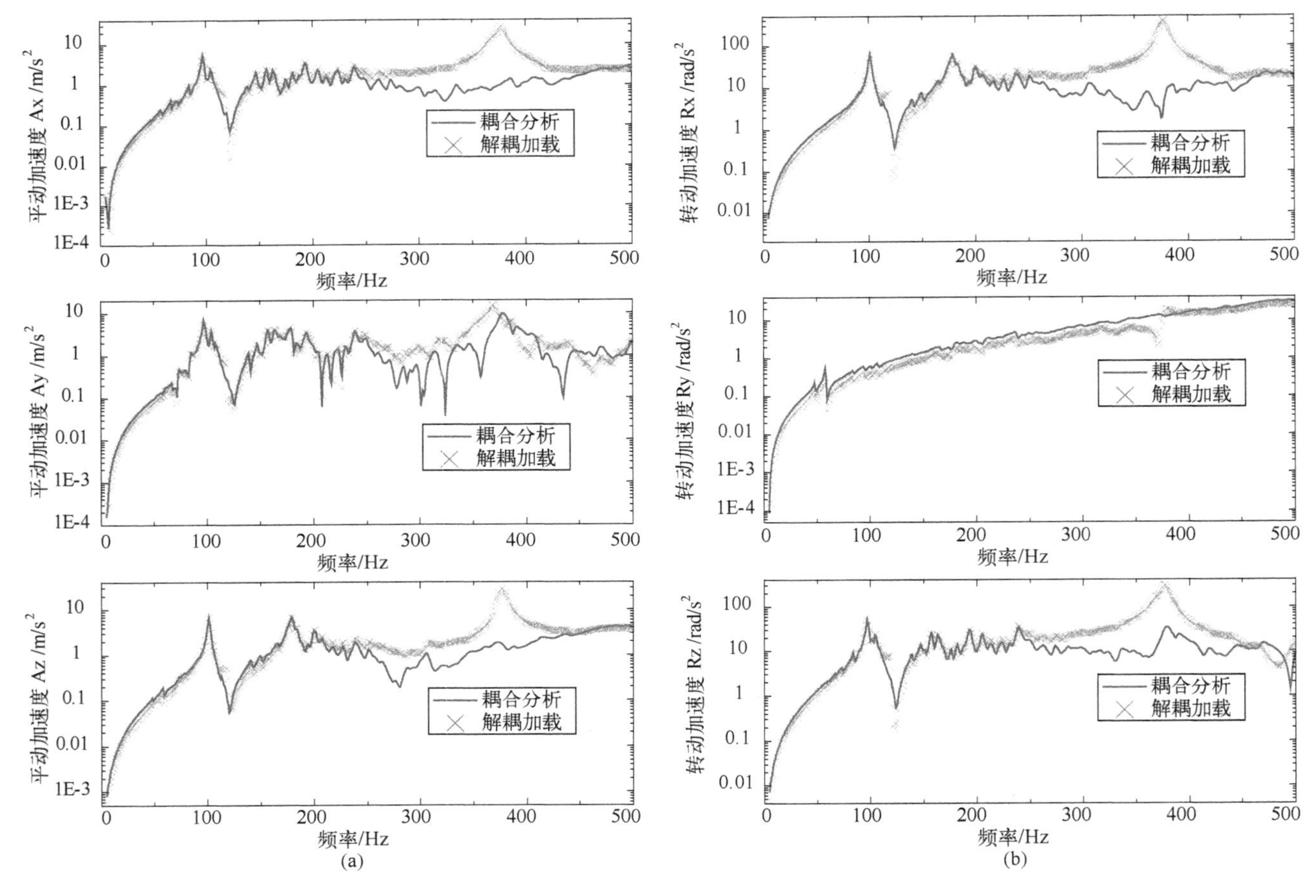

图 7　动量轮内部节点的加速度响应

（a）平动加速度响应；（b）转动加速度响应。

3.2　动量轮采用集中质量模型的影响分析

由于工程中在进行整星（器）微振动分析时，常将动量轮和控制力矩陀螺的扰源简化为集中质量和惯量来处理，本节对比动量轮有限元模型与动量轮集中质量模型的差异，以把握这种工程处理的误差量级。计算时建立了两个整星模型，其主结构模型完全相同，动量轮部分分别采用有限元模型和集中质量模型。两个模型的输入载荷均为 3.1 节所述的动量轮固支边界下的界面力$-\boldsymbol{F}_a$，采用解耦加载的方式施加于动量轮安装界面节点。

图 8 和图 9 给出了将动量轮简化为质心处的集中质量后的计算结果，从对比结果看，动量轮集中质量模型和解耦加载方法的响应曲线峰值位置与随频率变化规律不同，部分频段的峰值相差 1~2 个数量级。因此，从本算例的对比情况看，将动量轮等微振动源简化为集中质量模型，误差较大。建议在进行整星（器）微振动分析时要建立完整的扰源有限元模型。

4　结束语

本文通过理论推导与仿真研究，得到以下结论。

（1）提取旋转部件干扰力（矩）对其固定安装界面的作用力（矩）加载到微振动源—航天器主结构组合系统（微振动源的安装界面），所得到的航天器主结构响应即是真实的耦合响应，其理论严格准确。因此，微振动源的界面力仅需在固定界面下获取，而后加载在完整系统上，从而实现了微振动源的解耦建模与加载，使得耦合问题的数值分析大大简化。该理论适合多扰源情况，适用于任意整星边界条件，并可考虑转子陀螺效应。

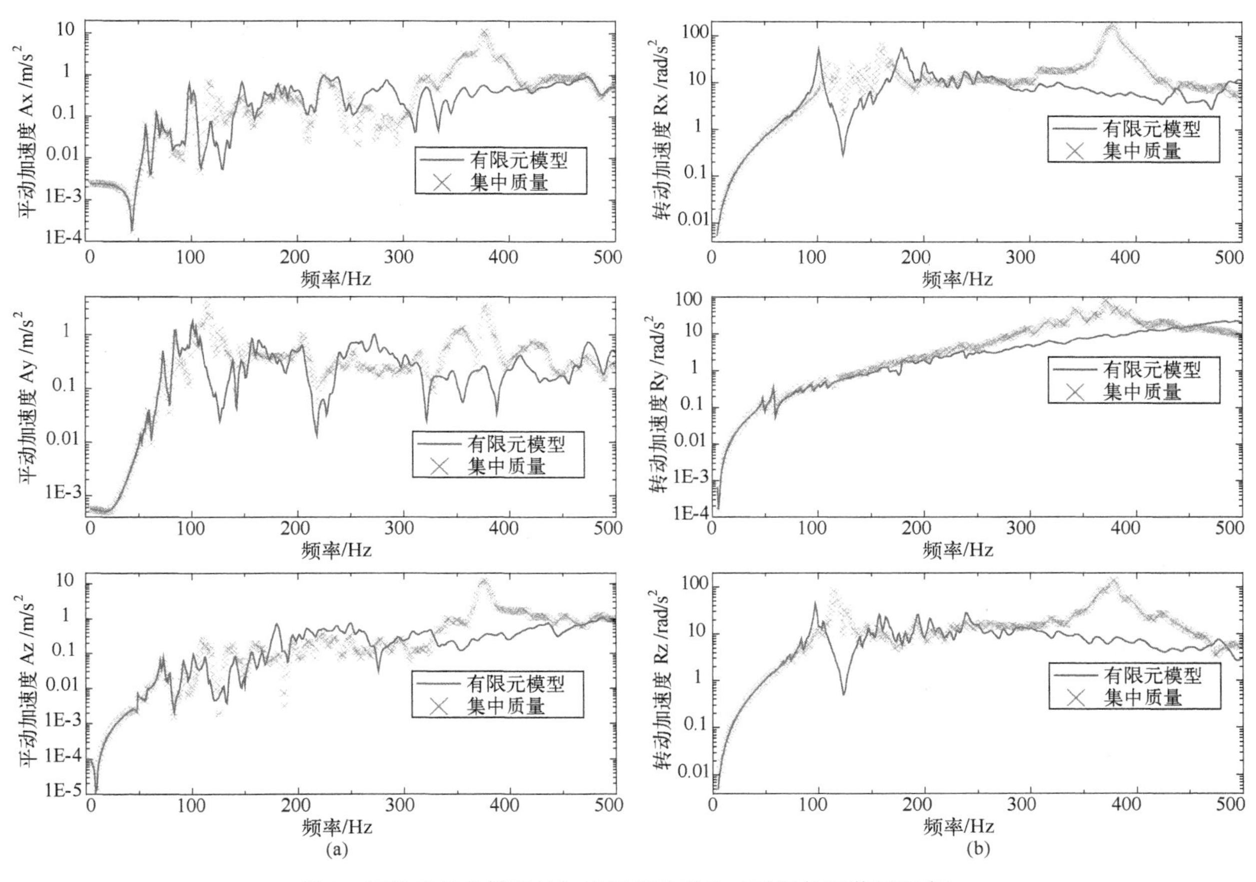

图 8　两种动量轮模型的加速度响应对比（动量轮安装界面点）

（a）平动加速度响应；（b）转动加速度响应。

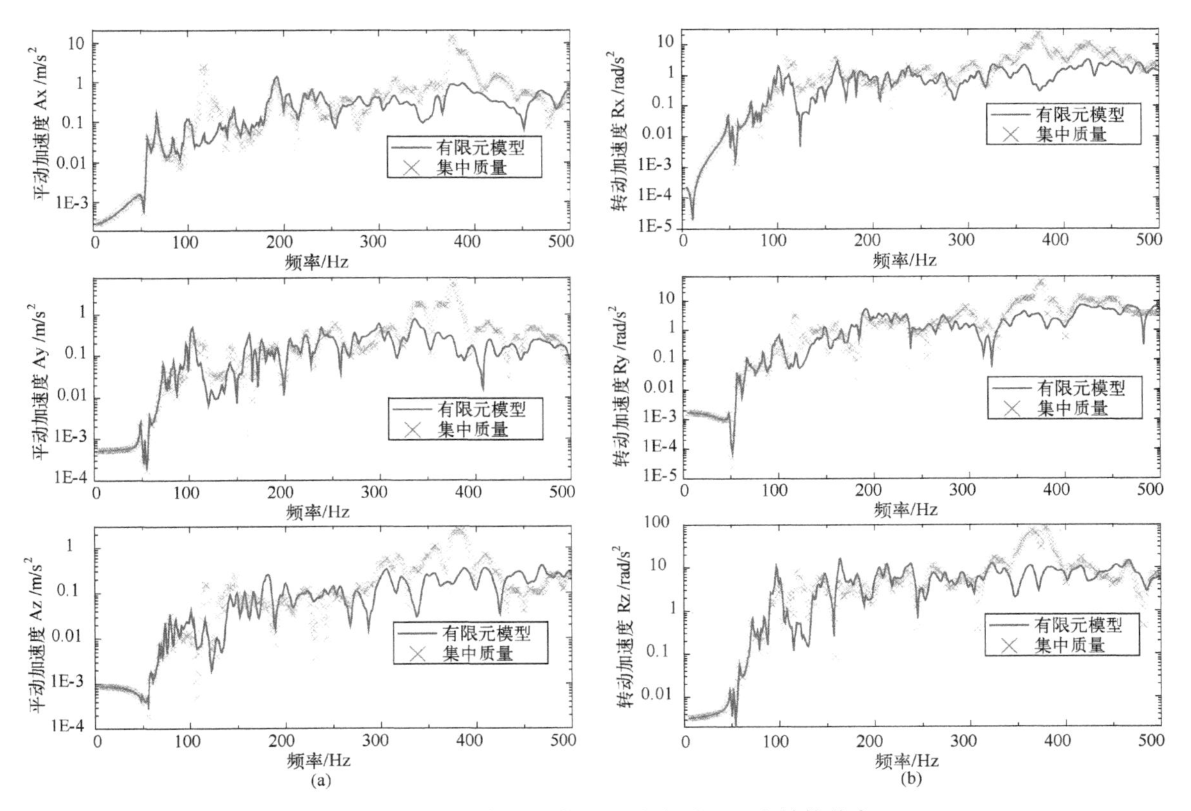

图 9　两种动量轮模型的加速度响应对比（主结构节点）

（a）平动加速度响应；（b）转动加速度响应。

（2）研究成果具有一般性，不仅可以解决在轨微振动预示问题，还可推广用于处理复杂的星箭动力学问题。例如，运载火箭或航天器在新型发动机作用下的动响应预示是有一定难度的，因为箭（器）主结构和发动机存在耦合作用，发动机的实际扰动力通常很难直接测量得到。按照本文的研究结论，可以将发动机与其安装结构组装在一起，开机试车测试其固定安装界面作用力，即与箭（器）系统其他结构的分界面，然后将该作用力加载于系统完整的模型上，即可准确预示发动机及其安装结构以外的动态响应。这种处理避免了复杂的发动机扰动力直接测量或辨识。

（3）将动量轮等微振动源简化为集中质量模型，误差较大，因此建议在进行整星（器）微振动分析时要建立完整的扰源有限元模型。

（4）本文的方法需要提供扰源自身的有限元模型，后续需要进一步研究扰源有限元模型的不确定性对响应预示精度的影响，并开展扰源有限元模型的修正方法研究。

参考文献

[1] 邹元杰，王泽宇，张志娟，等．航天器微振动稳态时域响应分析方法［J］．航天器工程，2012，21（6）：37-42.

[2] 王泽宇，邹元杰，焦安超，等．某遥感卫星平台的微振动试验研究［J］．航天器环境工程，2015，32（3）：278-285.

[3] 葛东明，邹元杰，张志娟，等．基于全柔性卫星模型的控制闭环微振动建模与仿真［J］．航天器工程，2012，21（5）：58-63.

[4] 葛东明，邹元杰．高分辨率卫星结构-控制-光学一体化建模与微振动响应分析［J］．航天器环境工程，2013，30（6）：586-590.

[5] Eyerman C E. A system engineering approach to disturbance minimization for spacecraft utilizing controlled structures technology［D］. Cambridge：Master Dissertation of Massachusetts Institute of Technology，1990.

[6] 赵煜，张鹏飞，程伟．反作用轮扰动特性测量及研究［J］．实验力学，2009，24（6）：532-538.

[7] Bialke B. A compilation of reaction wheel induced spacecraft disturbances［C］//AAS Guidance and Control Conference. San Diego，CA：AAS，1997.

[8] Masterson R A，Miller D W. Development and validation of empirical and analytical reaction wheel disturbance models［D］. Cambridge：Master Dissertation of Massachusetts Institute of Technology，1999.

[9] Uebelhart S A. Conditioning，reduction，and disturbance analysis of large order integrated models for space-based telescopes［D］. Cambridge：Master Dissertation of Massachusetts Institute of Technology，2001.

[10] Liu K，Maghami P，Blaurock C. Reaction wheel disturbance modeling，jitter analysis，and validation tests for solar dynamics observatory［C］//AIAA Guidance，Navigation and Control Conference and Exhibit. Washington D. C.：AIAA，2008.

[11] Elias L M，Miller D W. A coupled disturbance analysis method using dynamic mass measurement techniques［C］//43rd AIAA/ASME/ASCE/AHS/ASC Structures，Structural Dynamics，and Materials Conference. Washington D. C.：AIAA，2002.

[12] Wang Guangyuan，Zhao Yu，Zheng Gangtie. Frequency domain compensation method for moving part disturbance measurement［C］//Proceedings of 13th European Conference on Spacecraft Structures，Materials & Environmental Testing. Paris：European Space Agency，2014.

某型号卫星地面微振动试验研究及验证

庞世伟，潘　腾，毛一岚，李晓云，张　媚，刘红雨
（中国空间技术研究院总体设计部，北京，100094）

摘要：某型号卫星地面像元分辨率优于1m，对成像质量要求很高。微振动成为制约该型号成像质量提升的关键因素之一。在完成微振动对成像质量影响的仿真分析后，需对仿真分析的有效性和正确性进行验证，因此开展地面微振动试验。该卫星微振动试验按照单机、分系统、系统3个层次展开，单机级试验主要通过六分量力测量微振动源的动态特性，分系统级试验主要通过结构加速度响应测量解决微振动传递特性是否正确的问题，系统级试验主要通过成像质量来验证微振动对光学系统影响的分析方法。通过上述试验，对仿真分析中的不同环节进行了测试和验证。地面试验结果证明微振动仿真分析结论可信。

关键词：微振动；地面试验；成像质量；遥感卫星

1　引言

随着遥感卫星地面像元分辨率等性能指标越来越高，微振动渐已成为制约高分辨率遥感卫星系统性能提升的关键问题之一。

微振动是指航天器在轨运行期间，由于其上设备（如动量轮等高速转动部件、太阳翼驱动机构等步进部件、红外相机摆镜等摆动部件等）正常工作时造成的航天器频带较宽、幅度较小的往复运动[1]。

微振动具有能量低、幅值小的特点，导致的应变相对发射段力学环境要低一个数量级以上，不会导致设备破坏，因此一直没有得到足够重视。

某型号卫星地面像元分辨率优于1m，定位精度等其他与光学系统相关的指标也有较大幅度提升，因此微振动成为不可忽略的重要问题。为此，基于集成建模技术开展了该型号卫星的微振动对成像质量影响建模、仿真和评估工作。为保证微振动源、微振动传递和微振动对光学系统影响的数学模型的有效性、可靠性和准确性，需开展必要的试验进行验证。

虽然国外在微振动试验领域开展了很多尝试[2-4]，但在国内系统全面的微振动试验尚未开展过，已经开展的微振动试验主要是针对微振动源或微振动结构传递[5-6]。从型号应用需求看，分散凌乱的试验无法满足型号的最终需求，因此在国内外研究成果基础上，对该型号卫星进行全面梳理，系统提出了地面微振动试验方案，通过分层次、分阶段开展针对不同目的的试验，最终对系统要求的性能进行评估。

本文首先给出该型号卫星微振动试验的基本思路和总体方案，然后针对各项试验给出具体试验方案和试验数据总结，再结合仿真分析给出最终在轨性能评估及在轨测试结果。

2　总体方案

大体上分，微振动工作可分为仿真分析和试验验证。其中仿真分析回答微振动是否对成像质量有影响的问题，试验验证回答仿真分析结果是否可靠的问题。

微振动试验的总体方案和流程如图1所示。微振动试验分为4个层次：单机级、分系统级、系统级和大系统级。

单机级试验主要包括星上的4种微振动源和微振动隔振器。微振动源的试验目的是通过试验了解微振动源动态特性，包括微振动源产生力和力矩的幅值大小和频率分布，对仿真分析使用的微振动激励进行验证，以确保微振动对成像质量影响的仿真分析在输入端是正确的；微振动隔振器的试验目的是通过试验对微振动隔振器的设计进行验证，以确保微振动隔振器的设计满足相关指标要求，能够对微振动源产生的力和力矩进行衰减，确保传递到结构上的力和力矩满足需求。

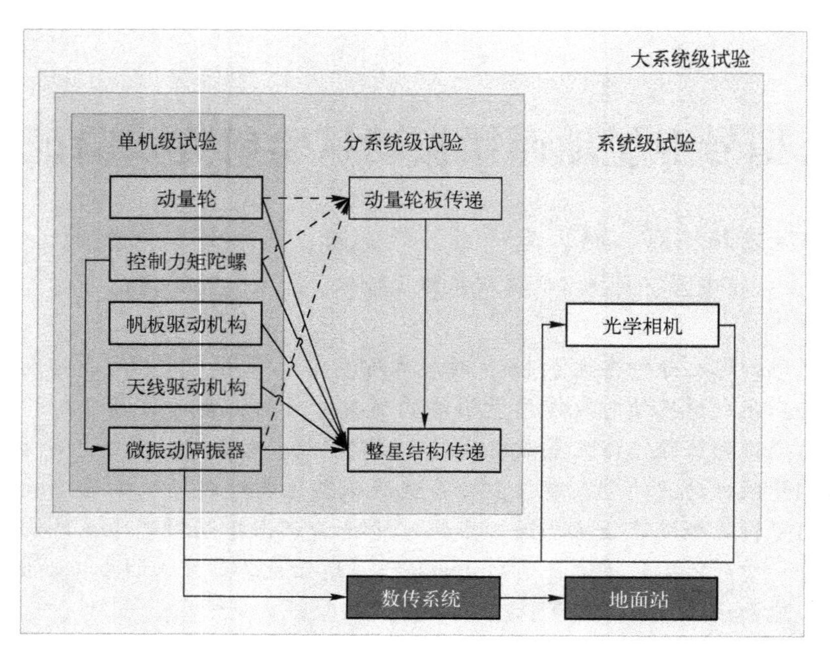

图1　微振动试验总体方案

分系统级微振动试验包括两个方面。第一是针对微振动源主要安装位置——动量轮板的局部传递特性进行试验验证，根据试验结果对仿真分析模型中动量轮的局部有限元模型进行验证和修正，以确保该部分传递特性符合真实情况。第二是针对整个卫星的结构传递特性，利用结构星进行传递特性试验。该试验包含了微振动传递路径上的绝大部分真实结构（相机为结构相机）。通过该试验可对微振动通过振源安装位置经过动量轮安装板、承力筒、服务舱结构、相机转接板、相机支撑结构到相机主承力结构的整个微振动传递路径进行测试。测试结果用于整星有限元模型的验证和修正，以确保微振动的全部结构传递特性符合真实情况。

系统级试验相比分系统级试验的主要差别在于增加了光学相机，可开展微振动源到光学最终成像的全链路微振动试验。通过景物模拟器可产生理想靶标，通过开闭微振动源情况下的相机成像对比可直接了解微振动对最终成像质量的影响情况。

大系统级试验是在卫星发射成功后，利用在轨测量的方法开展的微振动试验。其中，在微振动源、微振动隔振器、相机安装位置等关心位置安装微振动传感器，将测量得到的数据通过数传分系统传递到地面站。地面分析这些数据即可了解卫星真实工作情况下的微振动源、微振动隔振器和微振动传递的基本特性。通过利用相机得到的图像进行分析，即可了解微振动对图像质量的影响情况。

该型号卫星通过上述4个层次的微振动试验，对微振动源、微振动隔振器、微振动结构传递以及最终的成像质量进行全面系统的测试，有效验证了相关仿真、分析和设计的结果，有力保障了型号图像质量清晰、准确和可靠。

3　微振动试验方法

3.1　单机级微振动源动态特性试验

微振动源试验关键问题有两个：一是测量设备；一是边界条件（工作模式）；测量设备主要解决同时准确测量微振动源对安装界面的力和力矩问题；边界条件需要解决的问题是如何准确模拟其在轨工作状态。平台扰动源和载荷扰动源部件密封在近似真空环境中，重力和空气影响很小，地面试验结果与在轨工作情况差别很小。微振动源试验方法示意图如图2所示。

该试验的关键测量设备是六分量测力平台。微振动源和刚性转接板连接，再安装到六分量测力平台。刚性转接板起到理想固支安装的作用。六分量测力平台用来测量微振动源对其产生的扰动力和扰动力矩。六分量测力平台需要固支边界条件才能满足测试要求。试验实施过程中将六分量测力平台安装在一大质量刚性台体上（基频高于700Hz、重量大于8t)，台体再与地面通过气浮弹簧隔离，以降低地面振动产生的影响。

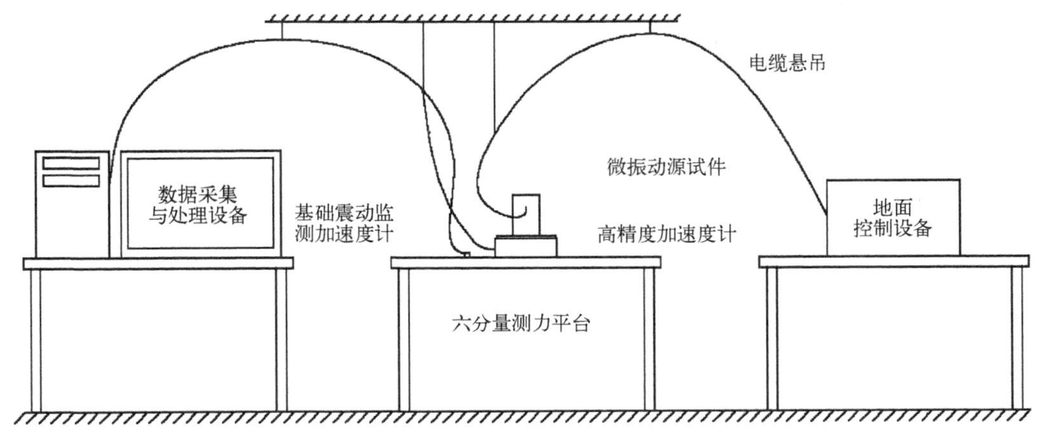

图2　微振动试验方法

对于帆板驱动机构和天线驱动机构的微振动试验，除利用六分量测力平台进行微振动源安装面的力和力矩测量外，还应设计合理的重力卸载工装对重力的影响进行卸载，同时驱动机构应连接合理的驱动部件（如太阳帆板）的模拟件，以模拟驱动机构和驱动部件动态特性之间的耦合特性。

微振动隔振器试验方案与微振动源试验方案基本一致，差别在于刚性转接板与微振动源之间增加微振动隔振器。微振动源产生的力和力矩通过微振动隔振器会衰减，通过六分量测力平台测量到力和力矩，与没有增加隔振器测量到的力和力矩进行对比，可最直接测量微振动隔振器的功能和性能。此外，也可在微振动隔振器设备安装面和隔振器安装面上安装加速度传感器，通过力锤或微振动源直接工作施加激励，通过测量经过隔振器前后的加速度响应，确定微振动隔振器的传递特性。

3.2　分系统级结构传递动态特性试验

动量轮板试验是一个局部的微振动试验，试验示意图如图3所示。图中为显示方便没有显示CMG及微振动隔振器。通过将动量轮、CMG和CMG隔振器统一安装在动量轮板上，可对动量轮、CMG、微振动隔振器以及动量轮的耦合特性继续试验，从而对局部模型进行验证和修正。

在动量轮板上关心位置安装加速度传感器，测量动量轮板上关键位置的加速度响应，由此获得动量轮板分系统的动态特性。

整星微振动试验示意图如图4所示。微振动试验的关键技术之一是对边界条件的模拟。为模拟整星自由自由的边界条件，工程上主要有两种方法：柔性支撑和弹性悬吊。柔性支撑是通过在卫星底部安装一个支撑刚度较低的支撑结构用于抵消重力的影响，同时支撑结构的一阶频率足够低(低于关心最低频率的1/5以上，一般要求达到1/10)，此外除6个低阶支撑频率外，其他的高阶频率要足够高，最好高于关心频率的10倍以上。弹性悬挂的基本原理和要求，差别在于利用悬挂方式抵消重力影响。该卫星试验选用了悬吊的方式。实测结果表明，横向悬挂频率不大于2Hz，纵向悬挂频率不超过5Hz，相比关系的动量轮24Hz左右的微振动频率至少低约1/5，满足工程要求。

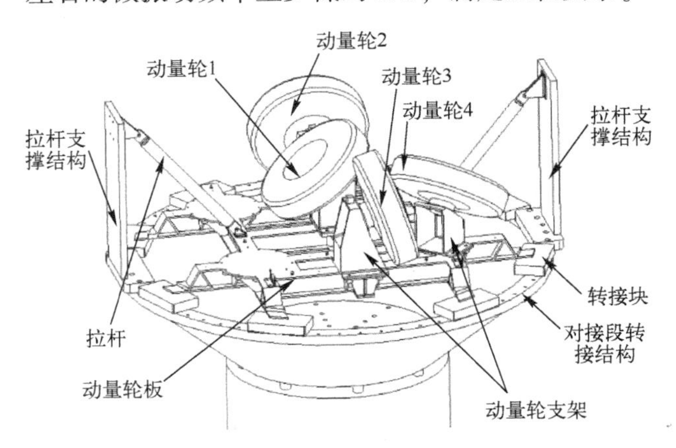

图3　动量轮板试验示意图

整星微振动试验在关心部位，如动量轮安装界面、CMG安装界面、隔振器安装界面、承力筒关键位置、相机安装界面和相机主承力结构等位置，安装了高精度加速度传感器，以测量关心位置的加速度响应。激励选择两种：一是利用力锤对传递函数进行测量，二是通过令动量轮和CMG两类微振动按照工作模型进行工作作为激励，测量关心位置的加速度响应。

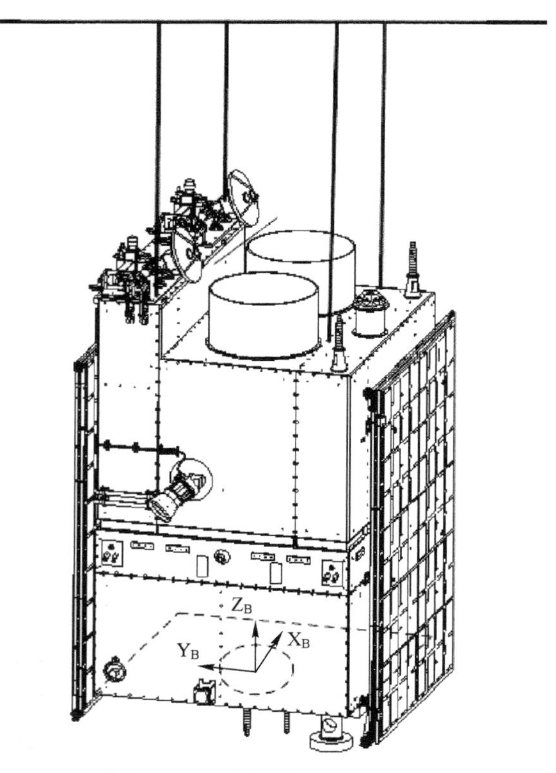

图4 整星微振动试验示意图

3.3 系统级微振动对光学系统影响特性试验

系统级微振动光学系统影响试验是一个系统级的涉及微振动源、结构传递和光学成像的微振动试验。试验系统原理如图5所示。

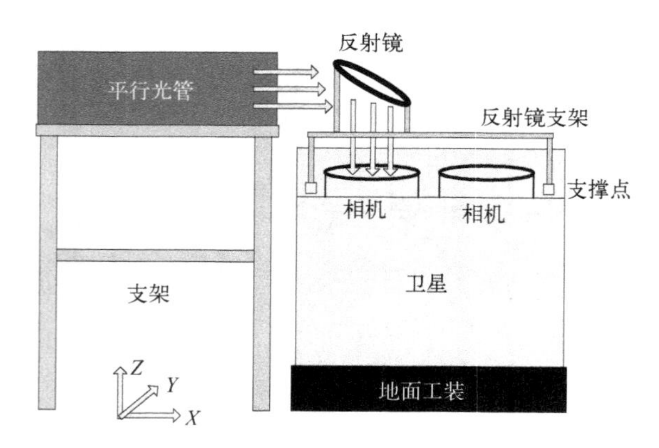

图5 整星微振动试验

试验系统相对之前试验复杂，增加了光管支架、平行光管、反射镜和反射镜支架。其中平行光管用于模拟地面景物对光学系统入射的平行光。反射镜将这个平行光转动45°入射到光学相机内。为支撑反射镜还需使用反射镜支架。

3.4 大系统级微振动在轨试验

该卫星搭载了力学参数测量子系统，通过加速度传感器可对星上关心位置的加速度响应进行测量。该系统主要功能是根据要求将加速度传感器的信号进行储存，在合适时机通过数传系统将数据传回地面。为对微振动进行在轨测量，星上共布置了6个高精度加速度传感器，分别布置于CMG安装界面、微振动隔振器安装界面、动量轮支架安装界面、帆板驱动机构支架安装界面、数传天线安装界面和相机安装界面。卫星在轨飞行期间，通过地面指令使力参子系统工作，采集并存储加速度传感器的信号。在下一圈具有数传通道时，将所有测量数据下传。利用该数据可得到：CMG在轨工作情况下微振动造成安装界面加速度响应、微振动隔振器工作状态下的上下加速度响应、动量轮在轨工作情况下微振动造成的安装界面加速度响应、帆板驱动机构工作造成的安装界面加速度响应、数传天线驱动机构工作造成的安装界面加速度响应以及各种微振动源工作造成的相机安装界面加速度响应。

4 微振动试验结果分析

4.1 单机级微振动源动态特性试验

直接从时域实测结果统计可得，CMG的x方向扰动力在±22N之间，y方向扰动力在±16N之间，z方向扰动力在±11N之间，x方向扰动力矩在±1.9N·m之间，y方向扰动力矩在±2.8N·m之间，z方向扰动力矩在±3.3N·m之间，如表1所列。

表1 CMG时域试验数据统计

	力/N			力矩/N·m		
	X向	Y向	Z向	X向	Y向	Z向
均值	0.001	0.010	0.053	0.004	0.001	0.000
σ	7.316	5.379	3.553	0.644	0.928	1.101
3σ	21.946	16.136	10.658	1.931	2.783	3.303

对时域数据进行处理，得到功率谱密度函数（PSD）。直接从频域实测结果图看，CMG各个方向扰动的谐波十分明显，都明显存在100Hz（1倍频）、200Hz（2倍频）和300Hz（3倍频）的分量。从单一频率的能量看，这些谐波影响较大。

除明显谐波，还存在很多类似次波的频率分量，比较明显的是 60Hz 左右、120Hz 左右和 180Hz 左右。

从频率结果还可看出，除明显的谐波影响或峰值影响，微振动的宽带噪声特性也是不可忽略的因素。因为在轨工作情况下可认为 CMG 始终在工作，其噪声可持续激励，可造成结构共振，响应可能比较大。

4.2　分系统级结构传递动态特性试验

结构传递特性如图 6 所示。从微振动源安装位置到承力筒上端，响应可降低一个量级左右，最差时无隔振器微振动源共同作用情况下降低到 0.14 倍，最好时有隔振器 CMG 单独作用下降低到 0.066 倍。再经过相机转接板传递，略有降低（0.9 倍左右）。经过相机支撑结构可降低 0.5 倍左右，无隔振器时可降低到 0.45 倍，有隔振器时由于频率特性改变，衰减能力降低，只能降低 0.35。无隔振器时相机中部响应相对相机支撑结构降低到 0.9 倍左右。总的讲，经承力筒响应可降低 0.9 倍左右，经相机支撑结构可降低 0.5 倍左右。其他传递环节影响较小。

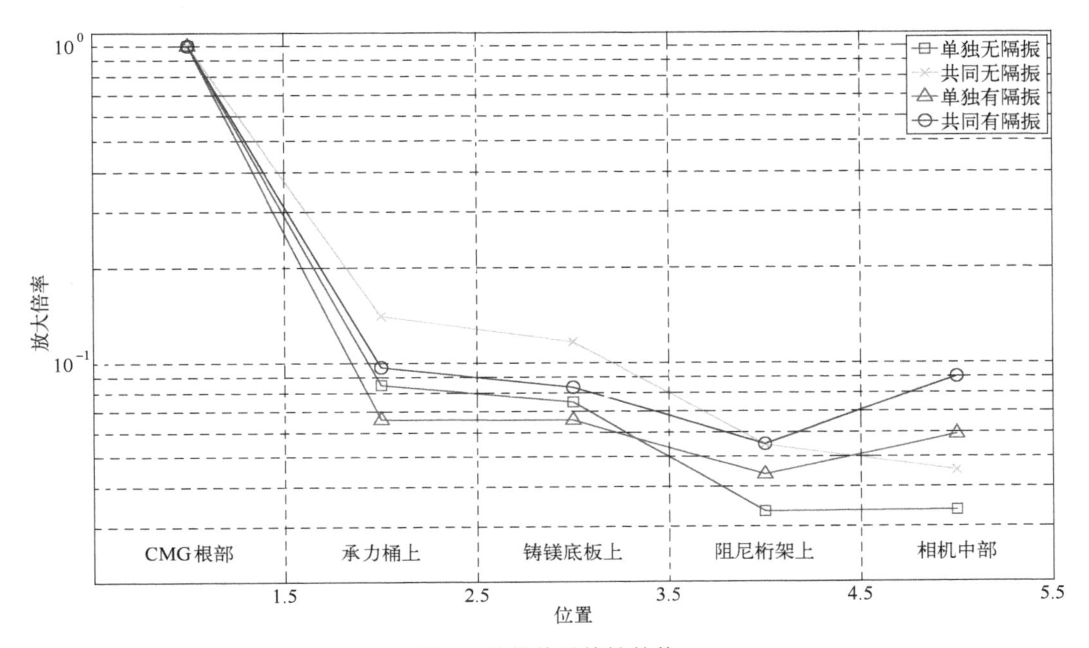

图 6　结构传递特性趋势

典型的 CMG 单独工作时结构传递特性如图 7 所示。CMG 产生的和结构传递后的微振动响应频率分量都很复杂，含有宽带噪声特性。总体看，CMG 产生的频率分量经结构传递后主要峰值仍然存在，主要包括 60Hz、100Hz、120Hz、180Hz、200Hz 等。结构传递几乎对所有的频率都有抑制作用。相机支撑结构的传递特性频率有变化，对多数频率分量抑制，对少数频率分量有放大作用。整体来讲，安装隔振器后动量轮板上的响应都降低了，尤其是一些主要峰值。在某些频段，隔振器可降低响应一个量级以上。

整星微振动试验的一个重要目的是验证微振动隔振器实际安装状态下的响应情况。从图 8 可见，除高频局部外，隔振器上端（微振动源端）的响应明显大于隔振器下端（卫星平台端）的响应，说明隔振器对微振动源产生的微振动起到隔离作用，传递到卫星平台的响应明显降低。

4.3　系统级微振动对光学系统影响特性试验

从地面加速度测点的统计情况看，动量轮板上响应最大，传递到承力筒根部有所下降，到相机根部时已明显减小。动量轮板上响应 RMS 为 10~12mg，承力筒根部响应 RMS 为 19~23mg，相机根部响应 RMS 为 0.6~0.8mg，从动量轮板加速度响应传递到承力筒根部降低到 0.17~0.22 倍，到相机根部降低到 0.055~0.077 倍。

结构星试验结果为，隔振器根部（与动量轮板上位置接近）响应 RMS 为 11~23mg，相机根部响应 RMS 为 0.9~1.8mg，从隔振器根部到相机根部降低到 0.042~0.127 倍。考虑到实际测点位置、CMG 产品状态以及边界条件差异，总体讲结果比较接近，如图 9 所示。

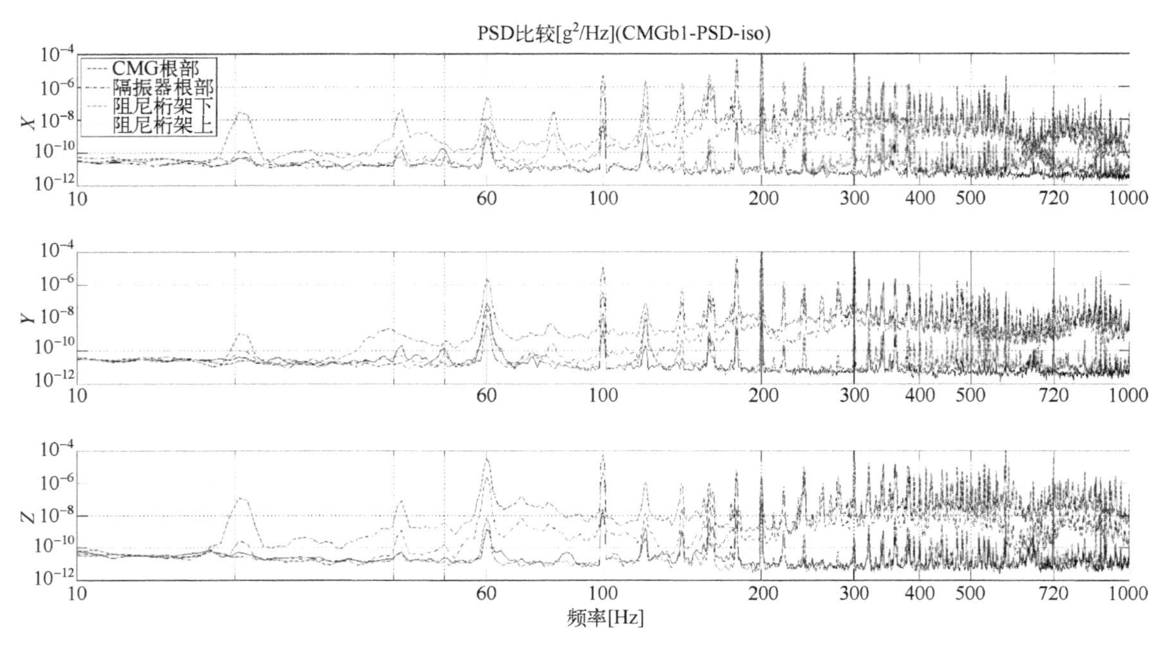

图 7　无隔振器 CMG 单独工作传递特性

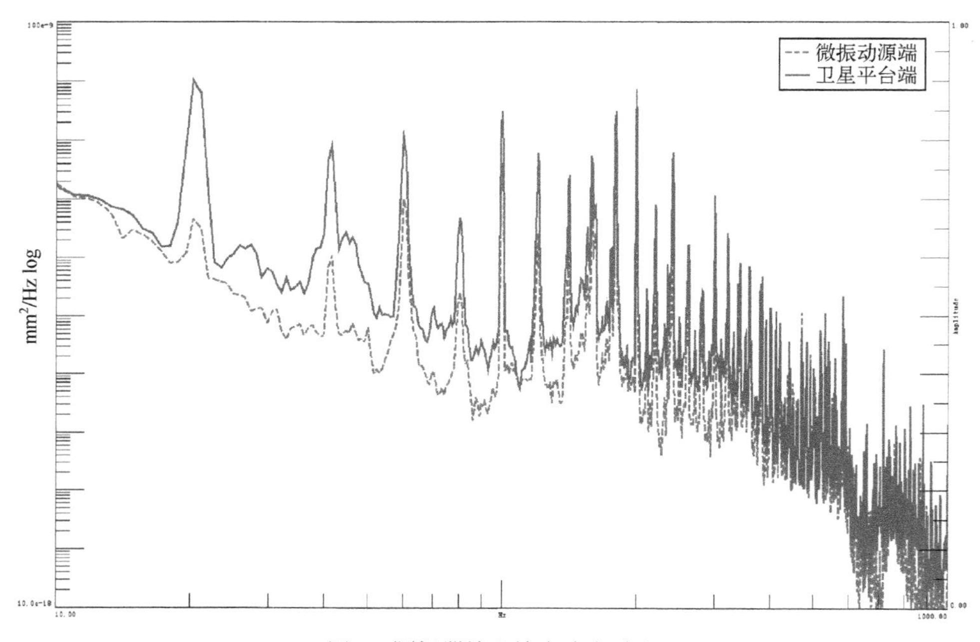

图 8　隔振器输入输出响应对比

图 10 给出不同工况下相机所成的图像。从左到右分别是一倍频（黑白各占一个像元）、二倍频（黑白各占二个像元）、中心点（黑白各占一个像元）、三倍频（黑白各占三个像元）和四倍频（黑白各占四个像元）图像。从上到下分别是无扰模式、正常模式和故障模式。每个图像都是截取了 1000 行（约 0. 1s）的数据。无扰模式下一倍频可见黑白线条，二倍频、三倍频和四倍频的黑白线条明显。中心点的图像比较直。正常模式和故障模式下一倍频的图像较无扰模式下明显模糊，很难分辨黑白线条，二倍频、三倍频和四倍频的黑白线条明显，相对无扰模式下无明显下降。和中心点一样，4 个倍频的图像在正常模式和故障模式下相对无扰模式明显具有高频振动。

该卫星开展系统级试验时尚不具备柔性支撑的边界条件，因此没有使用特殊设计的工装支撑。为分析边界条件的影响开展了以下分析。图 11 给出在轨与弹性边界条件下的系统传递函数对比。可见目前试验状态下传递函数和在轨情况下传递函数的区别主要在低频段，30Hz 以后的函数和传递率差别不大，且总的讲在低频段（30Hz 以下）目前试验状态的传递率要高于在轨状态（不考虑太阳翼的影响），因此目前试验状态在高频段可反映在轨状态；全频段考虑的话试验状态较在轨状态保守。

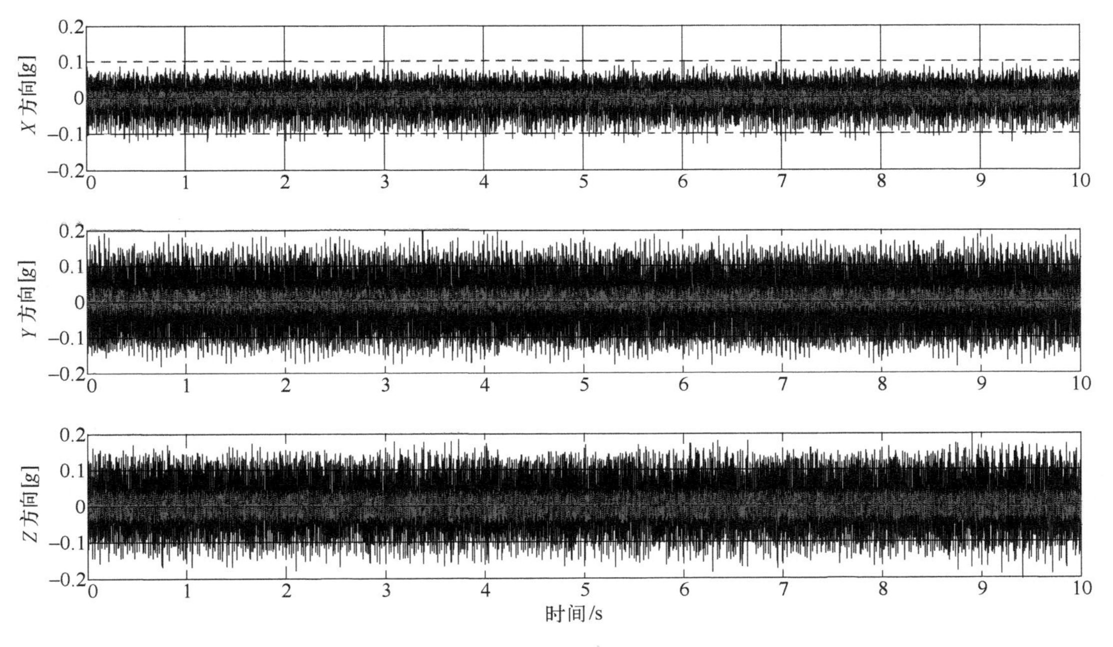

图 9　加速度测量结果对比

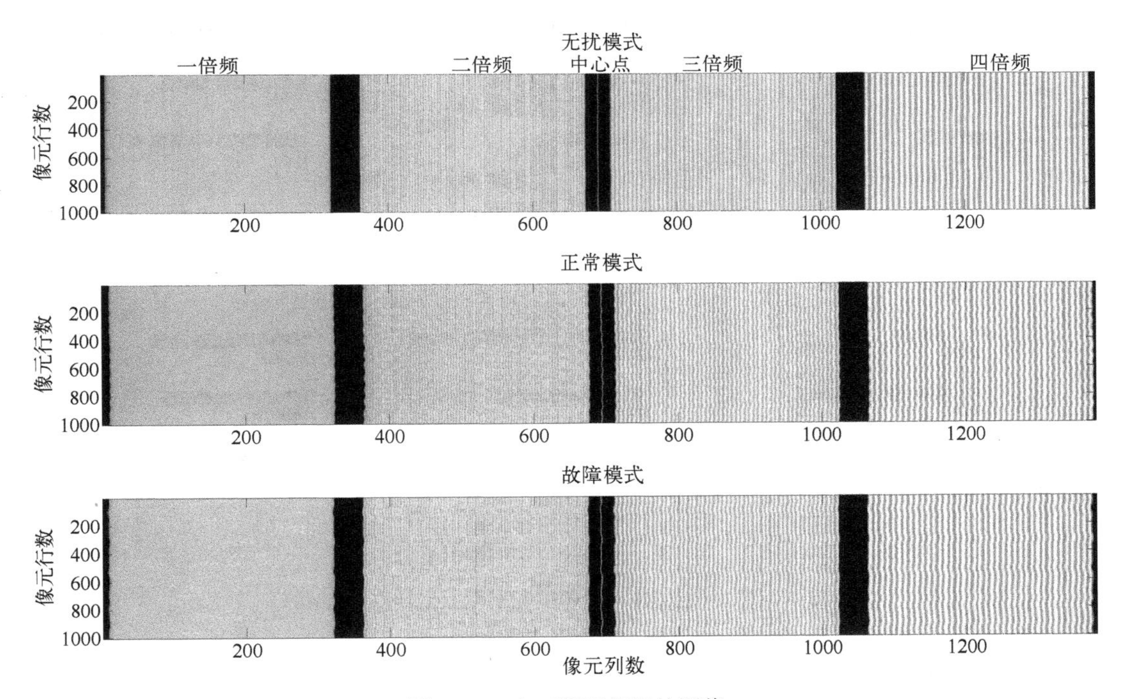

图 10　三个工况下相机的图像

4.4　大系统级微振动在轨试验

星上主要微振动源是动量轮和 CMG，从在轨实测结果看，动量轮工作产生的微振动相比 CMG 工作产生的微振动要小。在动量轮板上，动量轮单独工作产生的微振动响应的均方根值为 CMG 工作后的 0.18 左右，在太阳翼驱动机构支架根部、数传天线根部和相机根部的微振动响应均方根值为 CMG 工作后的 0.32 左右，如图 12 所示。

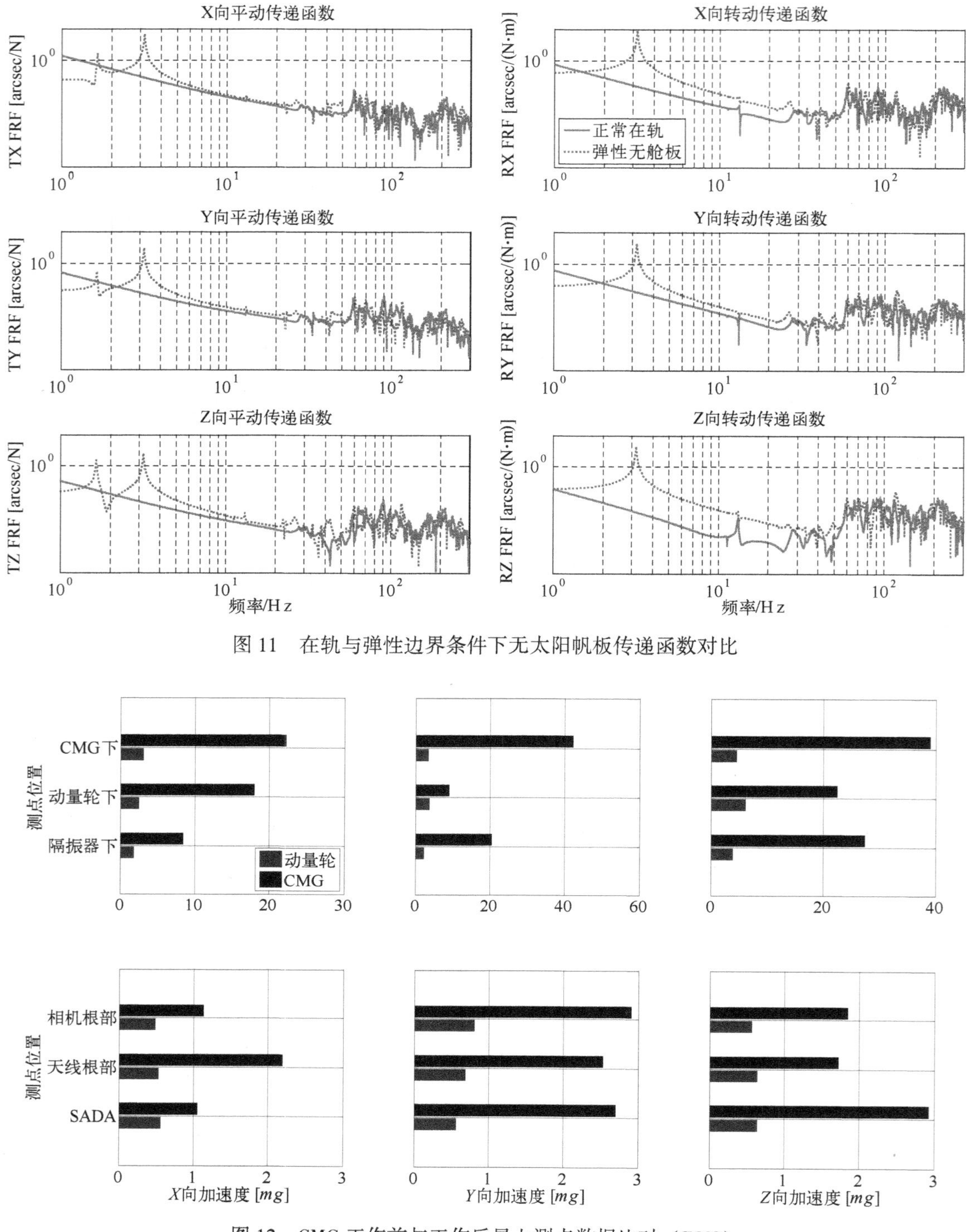

图 11　在轨与弹性边界条件下无太阳帆板传递函数对比

图 12　CMG 工作前与工作后星上测点数据比对（RMS）

从频域特性看，动量轮工作产生的频率主要为：24Hz、48Hz、72Hz、96Hz 等。此外，在太阳翼驱动机构根部、数传天线根部和相机根部还可测得 0.01Hz 的频率特性，应为太阳帆板驱动产生的低频微振动。CMG 频率特性中 100Hz 占了绝大部分。从频率特性幅值对比看，CMG 的微振动响应明显大于动量轮，动量轮最大频率峰值仅有 CMG 最大频率峰值的 0.0676 倍左右。

CMG 在轨稳态工作时相机安装界面的加速度幅值谱如图 13 所示。相比地面试验，在轨测量得到的频率信息较干净，主要是动量轮和 CMG 的频率，最大的是 100Hz 的 CMG 工作频率。从 100Hz 处频率峰值比对可知，在轨结果小于地面测试结果。

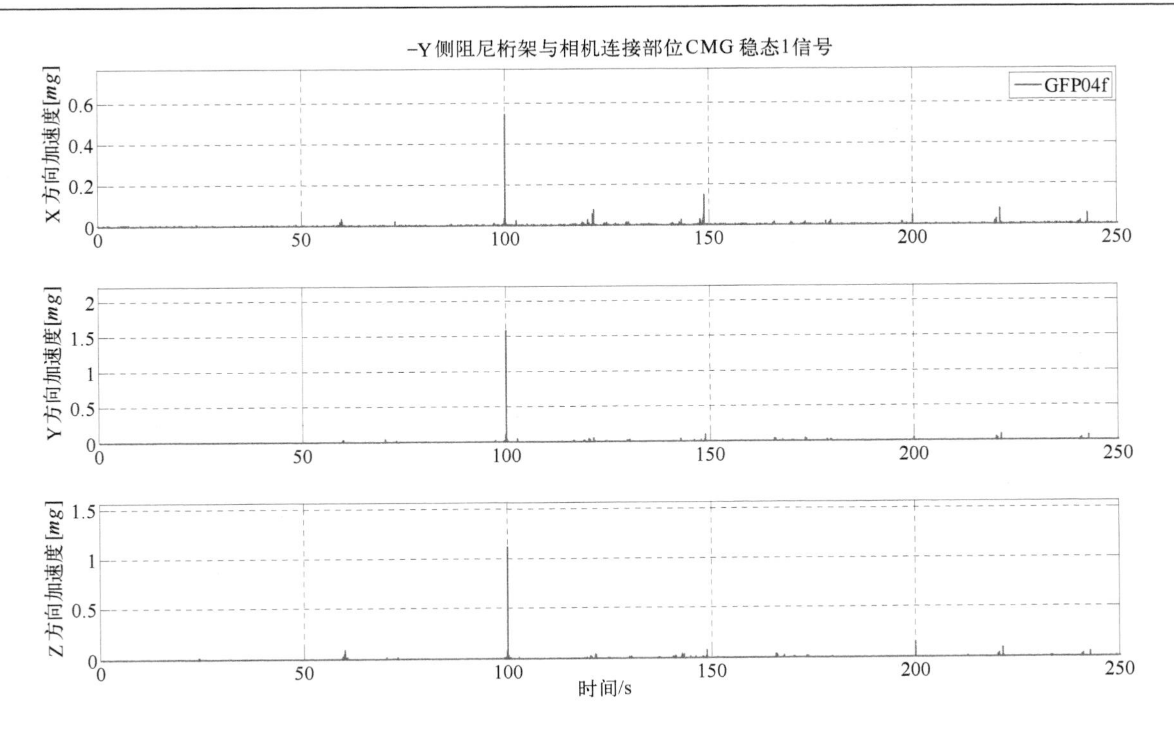

图 13　在轨 CMG 稳态工作相机安装界面的加速度幅值谱

图像是最终考核指标。利用如图 14 所示的图像进行了相机视轴晃动分析，得到的频率特性如图 15 所示。可见，卫星图像中没有明显的 100Hz 左右频率，CMG 影响被压缩到相机无法敏感的程度，有力保证了卫星成像质量。

图 14　卫星在轨图像

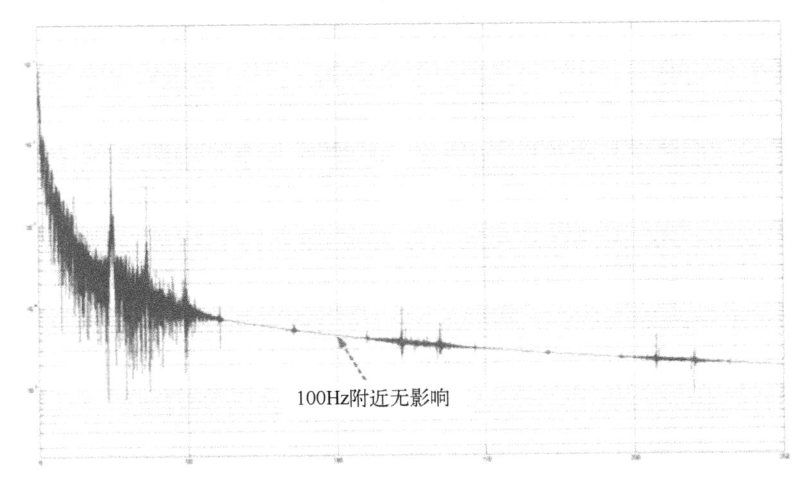

图 15　LOS 的频率特性

5　结束语

微振动试验是卫星微振动工作的重要组成部分，对仿真分析结果的验证以及对仿真分析模型的修正都具有重要意义。结合型号研制具体情况，微振动试验应分层次分阶段开展，以对不同阶段不同部位的模型和分析结果进行修正和验证。对某型号卫星的微振动试验情况进行介绍，包括微振动试验开展的思路、环节和方法。在轨测试结果表明，该型号的微振动试验工作保障了型号研制，为保证最终成像质量提供了有力支持。

参考文献

[1] 庞世伟，杨雷，曲广吉．高精度航天器微振动建模与评估技术最近进展［J］．强度与环境，2007，34（6）：1-9.

[2] Carl Blaurock，Kuo-Chia Liu，Peter Mule. Solar dynamics observatory HGAS induced jitter［C］. 49th Structures，Structural Dynamics and Materials Confer-ence，April 2008，Schaumburg.

[3] Marchante E M，Munoz L. ARTEMIS satellite micro-vibrations testing and analysis activities［C］. International Astronautical Congress，48th，Turin，Italy，Oct. 6-10，1997.

[4] Morio Toyoshima，Takashi Jono，Nohubiro Takahashi，et al. Transfer function of microvibrational disturbances on a satellite［C］. 21st AIAA International Communications Satellite Systems Conference（ICSSC）and Exhibit，Yokohama，Japan，April 15-19，2003.

[5] 王杰，赵寿根，吴大方，等．微振动隔振器动态阻尼系数的测试方法［J］．航空学报，2014，35（2）：237-247.

[6] WANG Jie，ZHAO Shou-gen，WU Da-fang，et al. A test method of dynamic damping coefficient of Micro-vibration isolators［J］. Acta Aeronautica ET Astronautica Sinica，2014，35（2）：

[7] 雷军刚，赵伟，程玉峰．一次卫星微振动情况的地面测量试验［J］．真空与低温，2008，14（2）：95-98.

[8] Lei Jun-gang，Zhao Wei，Cheng Yu-feng. A micro-vibration measurement of one satellite on the ground. Vacuum and gryogenics. 14（2），2008：95-98.

微振动在高分辨率遥感卫星成像中的影响特征及处理方法

崔玉福，冯振伟，刘静宇
（航天东方红卫星有限公司，北京，100094）

摘要：随着卫星技术的发展，以高分辨率遥感卫星为代表的高精度航天器在对地观测、导航通信和深空探测等领域的应用越来越多，精度也越来越高，微振动已经成为影响高精度航天器成像质量等性能的关键因素之一。微振动影响的防治是一个系统工程，涉及结构、控制、环境试验、有效载荷、地面处理等多个系统。本文首先分析了微振动的方向、振幅、频率、相位、TDI 级数等因素对成像质量的影响规律，以指导微振动的防治；然后结合微振动对成像质量影响的全链路，从扰振源、传递路径、敏感载荷、图像处理 4 个方面给出了微振动对成像质量影响问题的处理方法，可为后续高分辨率及甚高分辨率遥感卫星总体设计提供参考。

关键词：微振动；高分辨率；影响特征；处理方法

1 引言

随着卫星技术的发展，以高分辨率遥感卫星为代表的高精度航天器在对地观测、导航通信和深空探测等领域的应用越来越多，精度也越来越高；微振动已经成为影响高分辨率遥感卫星成像质量等性能的关键因素之一。

微振动影响的防治是一个系统工程，微振动从扰振源产生，经过卫星结构传递主要影响光学相机等敏感载荷，涉及结构、控制、环境试验、有效载荷、地面处理等多个分系统，微振动问题的解决涉及微振动源、微振动传递、敏感载荷和图像处理等多个方面，是典型的系统问题。对于分辨率为 0.5~1m 的高分辨率卫星，采用前端微振动抑制，可在一定程度上满足图像质量要求。但随着卫星分辨率的提高，对于甚高分辨率的遥感卫星而言，微振动问题的处理需要全链路的抑制手段相结合，更好地对微振动进行防治，满足图像质量的要求。因此，本文首先分析了微振动的方向、振幅、频率、相位、TDI 级数等因素对成像质量的影响规律，为微振动防治提供思路；然后结合微振动对成像质量影响的全链路，从扰振源、传递路径、敏感载荷、图像处理 4 个方面给出了微振动对成像质量影响问题的处理方法，可为后续高分辨率及甚高分辨率遥感卫星总体设计提供参考。

2 微振动对图像质量的影响特征

随着遥感卫星分辨率的不断提高，微振动对遥感卫星成像质量的影响越来越明显，其中微振动的振动方向、振幅、频率、相位以及 TDICCD 的级数等因子都会对图像质量产生不同程度的影响。

1）微振动方向

目前的高分辨率遥感卫星多采用 TDICCD 成像器件，由于 TDICCD 独特的推扫成像方式，使得微振动对垂直飞行方向和沿飞行方向两方向影响规律会有所不同。通常对于同样参数的微振动，垂直飞行方向微振动得到的退化图像相比于沿飞行方向而言，辐射质量更好一些，而在几何质量方面会产生更大的几何形变。仿真对比图如图 1 所示。

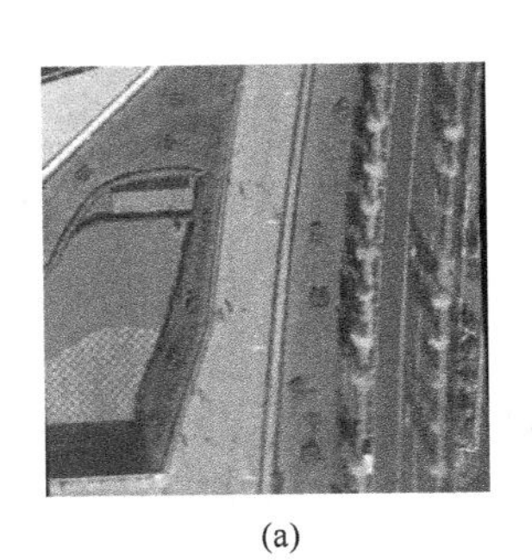
(a)

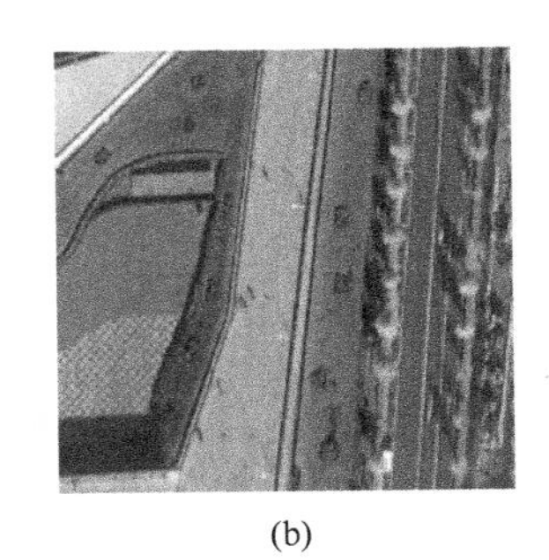
(b)

图 1 不同振动方向仿真结果比较
（a）垂直飞行方向；（b）沿飞行方向。

2）微振动振幅

对于微振动振幅，当其他因子保持不变时，随着振幅的增加，图像的清晰度和对比度整体呈下降趋势。仿真曲线图如图 2 所示。在各影响因子中，振幅属于控制因素或者主导因素，当振幅较小时，其他量变化不会引起指标的明显变化，当振幅较大时，其他量的变化才会起比较明显的作用，引起指标的明显变化。

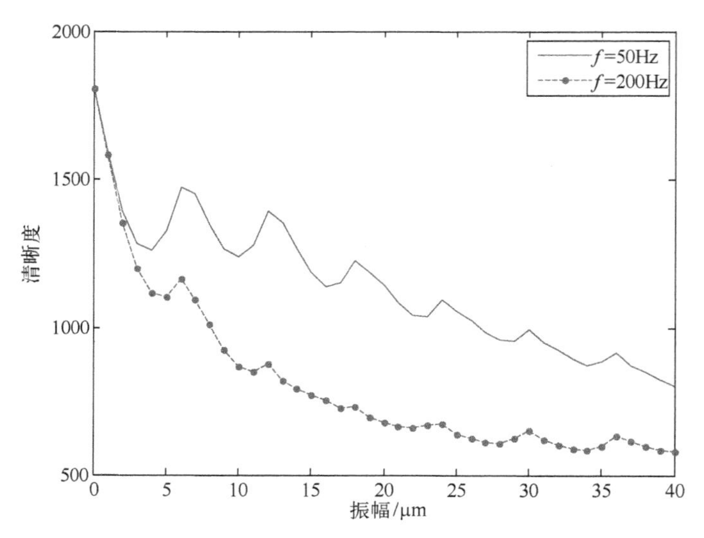

图 2　清晰度随振幅变化曲线图

3）微振动频率

对于微振动频率，当其他因子保持不变时，随着频率的增加，图像的清晰度和对比度整体呈下降趋势，并且下降速率越来越慢。仿真曲线图如图 3 所示。

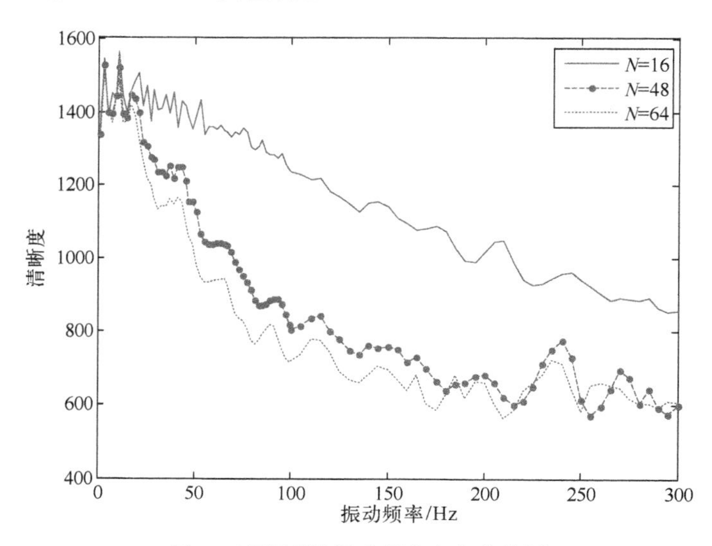

图 3　清晰度随振动频率变化曲线图

4）微振动相位

对于振动相位，由于 TDICCD 独特的推扫成像方式，使得退化图像的不同行对应的成像时段不同，导致其对应的相位不同，使得不同行的退化程度不同。此外，当初相位发生改变时，对于退化图像的某一行而言，其对应的振动相位发生改变，该行图像的退化程度会有所改变，但对于整幅图像而言，当行数较多可以覆盖振动的一个周期时，从整幅图像的角度来看，图像质量没有多少变化。不同行退化程度仿真曲线图如图 4 所示。

5）成像 TDI 级数

对于 TDI 级数，当其他因子保持不变时，随着 TDI 级数的增加，图像的清晰度和对比度整体呈下降趋势，并且下降速率越来越慢。仿真曲线图如图 5 所示。

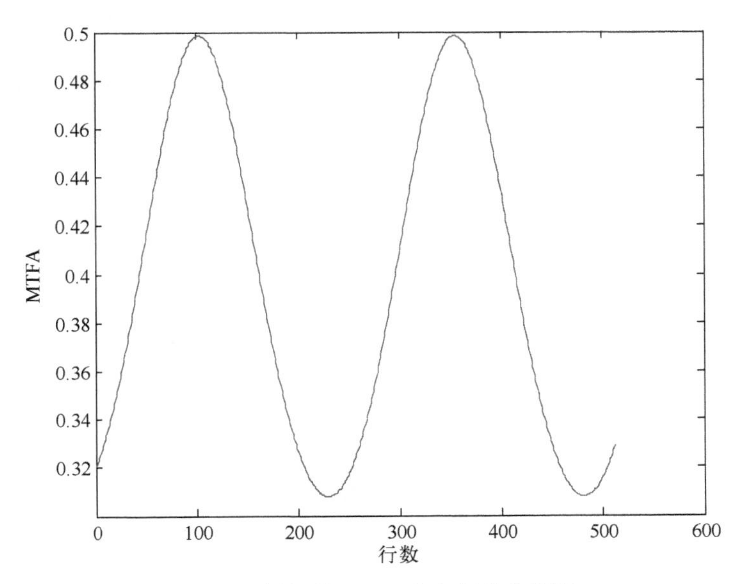

图 4　不同行数 MTFA 变化规律曲线图

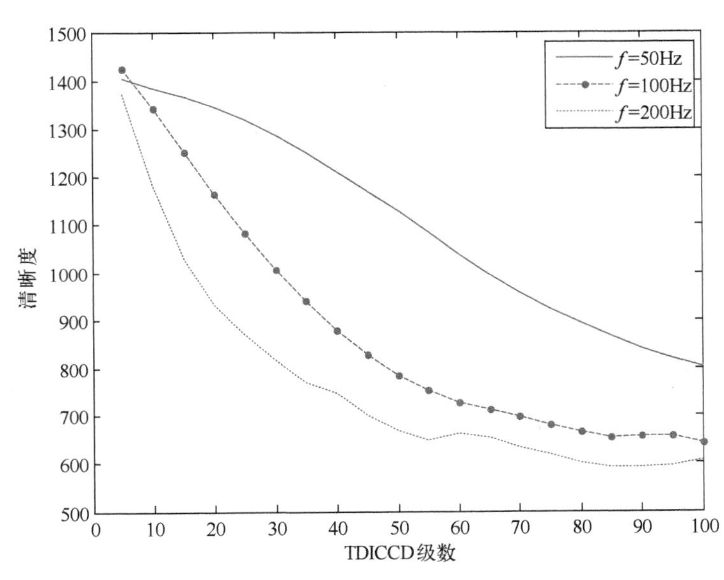

图 5　清晰度随 TDICCD 级数变化曲线图

3　处理方法

3.1　扰振源抑制

1）减小扰振源自身产生的微振动

扰振源是产生微振动的根源，从源端进行微振动抑制，减小其自身的微振动水平是进行微振动防治的根本。在轨测量数据表明：CMG、动量轮、制冷机等活动部件是星上的主要扰振源，其微振动主要是活动部件质量分布不均导致的静不平衡和动不平衡引起的，还与轴承、润滑剂、装配工艺等因素有关。即使是同一批次产品，其产生的微振动载荷也存在一定的差异，因此，在进行扰振源设备设计时，应将微振动水平作为一项重要的性能指标加以考虑，提高活动部件制造精度，对轴承等重要部件进行筛选，研究高精度装配工艺和方法，减小制造误差和装配误差，进而从源端抑制微振动。

2）安装扰振源隔振器

目前的技术和工艺水平尚难以消除扰振源的微振动，在扰振源与卫星主结构连接界面安装隔振器是目前最为常用的微振动抑制措施。根据隔振模式的不同，可以将隔振分成被动隔振、主动隔振、主被动一体化隔振和半主动隔振 4 种[1]。被动隔振可靠性高、结构简单、无需耗费能量，目前在扰振源隔振中应用最为广泛。

隔振器的设计选取应从系统级考虑，建立包括结构有限元模型、扰振源模型、隔振器模型、控制系统模型、光学系统模型在内的系统集成分析模型，结合前述微振动对图像质量的影响特征，在频率约束、环境约束、材料约束、一致性约束等约束条件下，对其动力学参数进行优化设计，据此进行隔振器的设计研制，以得到更好的隔振效果，获得更好的成像质量。图 6 是某型号卫星隔振前后 3 个方向加速度的时域对比曲线，可以看出 3 个方向微振动都有明显衰减，隔振效率都在 50% 以上，对扰振源主要扰振频率都有良好的减振效果，振动试验前后的频率漂移及精度偏差均能满足整星的指标要求。

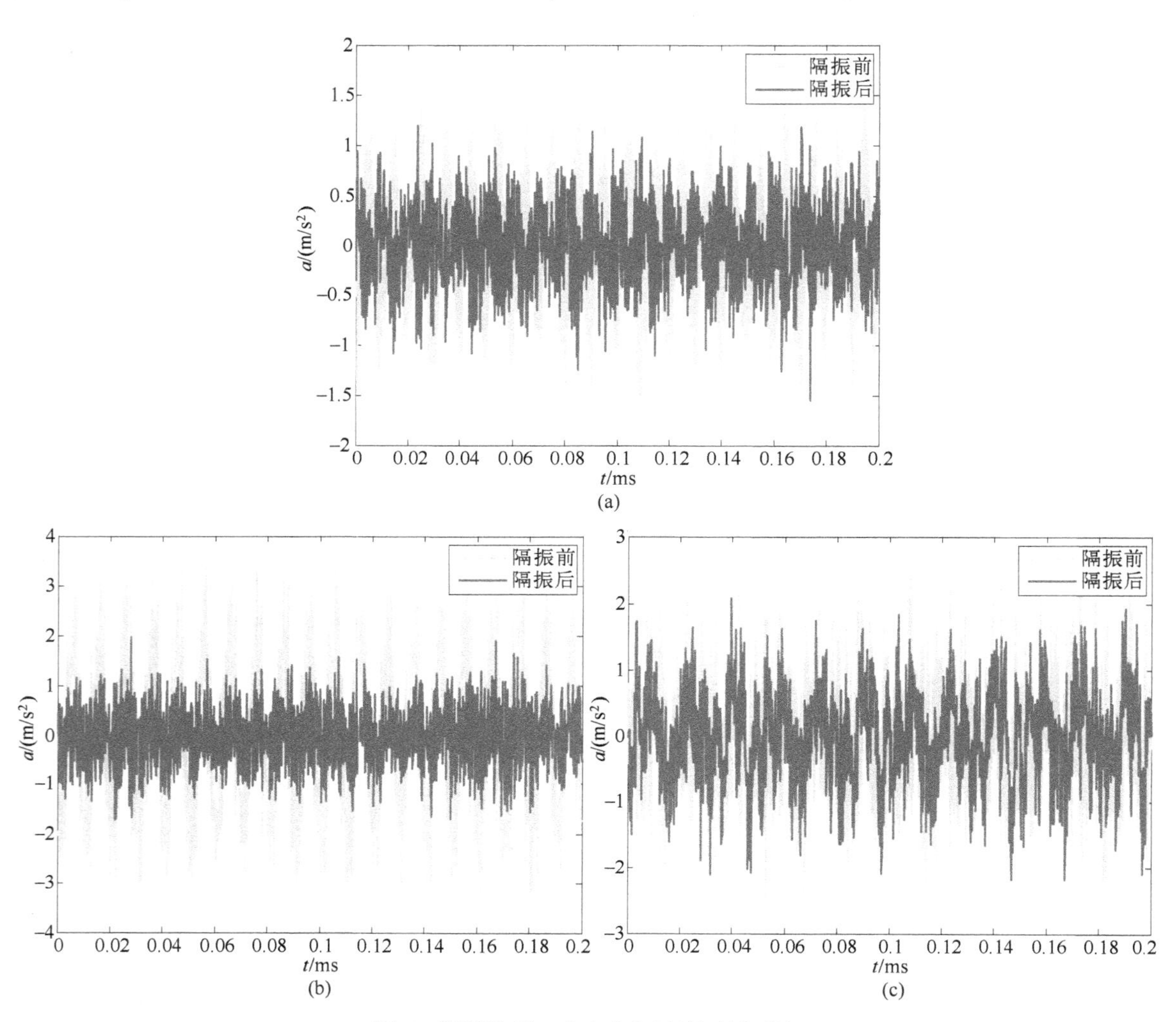

图 6 隔振前后 3 个方向加速度时域对比

（a）X 向对比；（b）Y 向对比；（b）Z 向对比。

3.2 加速微振动在传递路径上的衰减

3.2.1 优化构型布局

微振动影响的防治是一个系统工程，应结合微振动在星体铝蜂窝结构中的传递特性，在构型布局设计时加以考虑。

1）微振动传递路径优化

（1）增大扰振源到敏感载荷的传递路径的长度。

图 7 是动量轮到高分相机安装处的加速度变化图，可以看出，随着传递路径长度的增加，微振动加速度时域标准差越来越小，因此，进行敏感载荷布局设计时，在满足其他约束条件的情况下，应尽量增大敏感载荷到扰振源传递路径的长度。

（2）增加传递路径上不连续界面的个数。

表 1 是界面上下微振动加速度的对比，可以看出 3 个方向的微振动经过不连续界面后都有一定的衰减，因此在构型布局设计时，可以通过舱段优化等方法增加传递路径上的不连续界面的个数，降低敏感载荷的微振动环境。

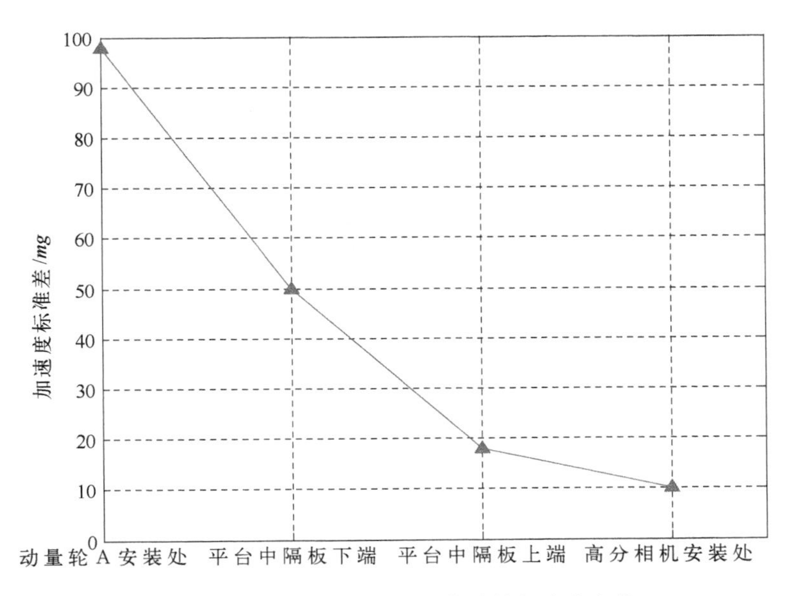

图7　动量轮到高分相机安装处的加速度变化

表1　界面上下微振动加速度标准差对比

($\times10^{-3}g$)

位置	界面1			界面2		
方向	X	Y	Z	X	Y	Z
界面上测点	2.937	3.012	1.918	2.545	2.050	1.629
界面下测点	2.854	2.589	1.764	1.633	2.038	1.406

2）扰振源布局优化

在构型布局设计确定的情况下，通过预示分析，结合扰振源的微振动特性以及微振动试验，可以对有相同接口的扰振源进行合理的布置，减小敏感载荷处的综合微振动水平。表2是VRSS-2卫星4个动量轮单独开机时动量轮安装处和相机次镜处的加速度时域标准差对比，可以看出由于传递路径的不同，动量轮到高分相机次镜处的传递比也有一定的差异。将具有较大干扰的动量轮放置在传递比较小的路径上，可以改善敏感载荷处的微振动环境。

表2　动量轮分别单独开机时安装处和相机次镜处的加速度时域标准差对比　$\times10^{-3}g$

工况	动量轮A单独开机	动量轮B单独开机	动量轮C单独开机	动量轮D单独开机
动量轮安装处	176.4	41.404	54.814	40.995
高分相机次镜	6.645	1.683	2.479	2.074
传递比	0.03767	0.04065	0.04522	0.05059

3.2.2　优化频率分配

为避免主要扰振频率在传递路径上的放大，应对扰振频率，敏感载荷敏感频率及结构的固有频率进行合理的分配，避免相互之间的耦合。图8给出了某卫星相机次镜54Hz响应随整星模态的变化情况，54Hz是星上制冷机的主要扰振频率，可以看出扰振频率与整星基频之差越大，次镜处相应频率的响应越小。因此，对于幅值较大、扰振频率分布较稀疏的制冷机等扰振源，可以对其提出频率设计要求，尽量避开结构主频及敏感载荷的敏感频率；对于扰振频率分布密集的动量轮等扰振源，在进行敏感载荷设计时，应避开其幅值较大的扰振频率；对于发生耦合的结构，可采用附加约束阻尼结构等方法抑制微振动。

3.3　增强敏感载荷的微振动耐受能力

1）安装敏感载荷隔振器

为减小微振动对敏感载荷的影响，国内外很多高精度航天器对敏感载荷采取了隔振减振措施，2006年发射的TacSat-2对地观测卫星也采用了主被动混合隔振的方案对有效载荷进行了隔振[2]；2009年发射的WorldView-2卫星为了获得高品质的图像，同时对控制力矩陀螺和相机采取了隔振措施[3]；2017年发射的高景一号采用阻尼桁架对相机进行了隔振。一些空间相机光学相机制造厂商已经将隔振器作为标准配件提供给卫星。

从隔振方式上看，国内卫星多采用被动隔振的方法对敏感载荷进行微振动抑制，结构简单，可靠性高，但隔振后载荷系统的基频较低，易与整星发生耦合，且其隔振效率尤其是低频的隔振效率较低，难以满足更高分辨率卫星的要求，因此，采用主动隔振或主被动混合隔振，可能是以后敏感载荷隔振的发展趋势。

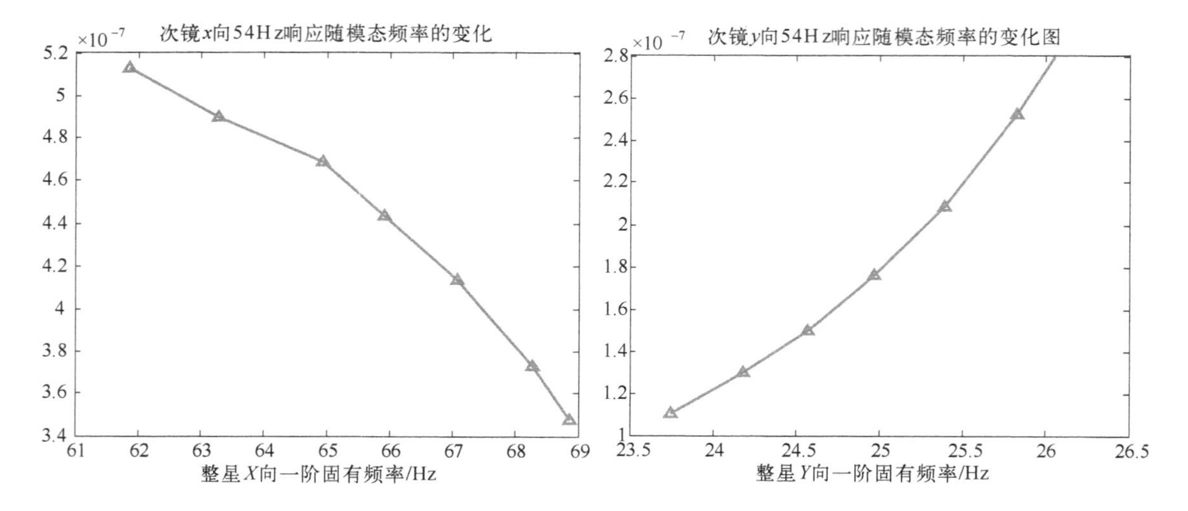

图 8　次镜 54Hz 响应随整星模态的变化

2）优化敏感载荷结构及光路设计

微振动已成为影响成像质量的关键因素之一，在进行相机结构、光学等设计时，应从相机系统级考虑微振动的干扰问题，如避免内部关键结构如次镜支撑结构的固有频率与扰振源结构耦合等，提高相机自身对微振动环境的耐受能力。图 9 是某型号卫星微振动从扰振源到高分相机次镜处传递过程中的加速度变化情况，可以看出 162Hz 扰振频率在高分相机安装点及高分相机主镜处传递比都较小，而在高分相机次镜处传递比显著增大。进一步分析微振动在相机结构中的传递特性，结合 162Hz 的模态振型，如图 10 所示，可以看出 162Hz 微振动在镜筒的传递过程中与镜筒固有频率发生了耦合，引起了放大。因此在进行相机结构、光学等设计时，整机以及关键局部结构都应尽量避开主要的扰振频率，从相机总体设计阶段就统筹考虑如何提高相机对微振动环境的耐受能力。

3.4　图像处理

微振动可以通过上述隔振减振手段得到一定的抑制，但难以被消除，因此，从图像处理角度考虑微振动的影响，利用微振动测量数据和微振动对成像质量影响的规律，对高分辨率遥感卫星尤其是甚高分辨率的卫星拍摄的微振动影响下的图像进行复原显得尤为重要。

目前，相关学者对微振动图像复原技术的研究取得一定的进展，但仍处于起步阶段，发展并不成熟。运动模糊图像复原方法及分类如图 11 所示。

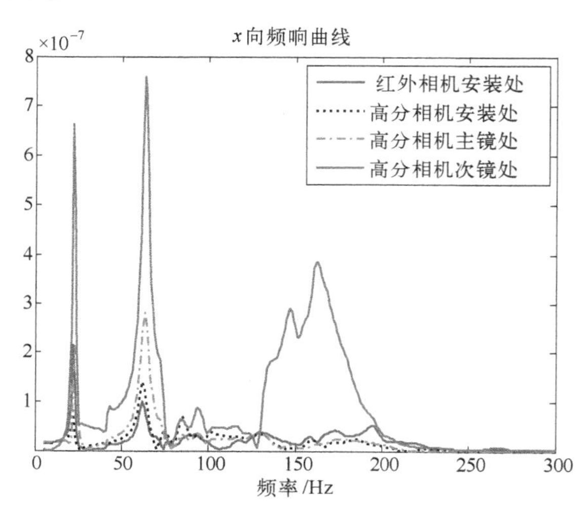

图 9　传递路径上关键节点处频响曲线

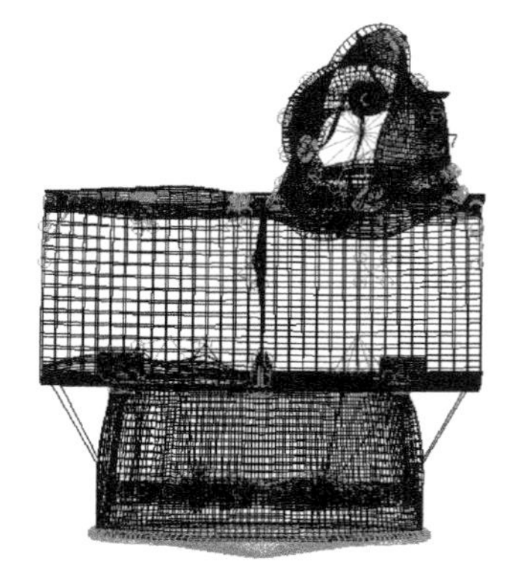

图 10　162Hz 模态振型

通过对运动图像复原方法的研究，其图像复原处理流程如图 12 所示。

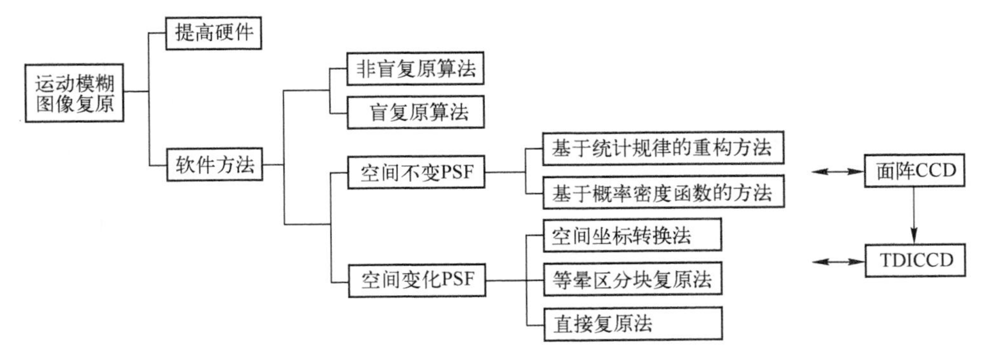

图 11　运动模糊图像复原方法及分类

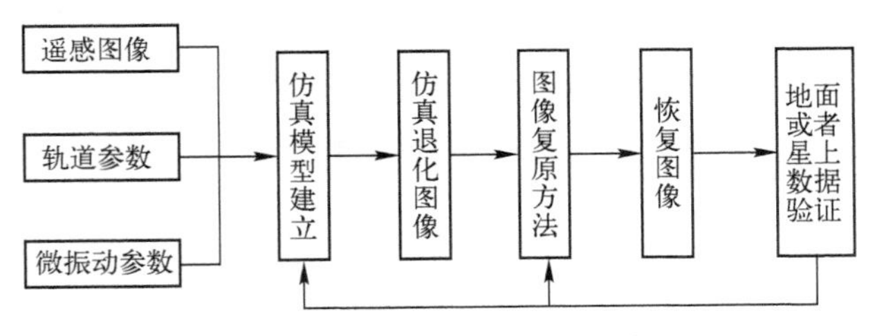

图 12　运动模糊图像复原处理框图

对于微振动影响下的图像复原方法，其复原效果及误差大小受一些因素的影响，例如所建立的模型的准确性、微振动参数测量的准确性、微振动时标的精度等。

图 13 和表 3 所示为基于速率大小计算 PSF 的方法基础上进行推广，对微振动影响下的 TDICCD 图像进行复原的结果。由图表可以看出，恢复得到的图像相比退化图像在各个指标上都有一定的提升，方法有效。

(a)　(b)　(c)

图 13　仿真结果

（a）原图像；（b）退化图像；（c）恢复图像。

表 3　退化图像与恢复图像指标对比

参数	MSE	PSNR	SSIM	清晰度	对比度
退化图像	1102.8	17.71	0.4898	1330.3	313.43
恢复图像	982.3	18.21	0.6502	3206.8	634.31

目前，地面上进行的微振动实验有很多的测量数据，但只是用于做力学结构方面的分析，还未充分利用，用于后端图像处理复原方法研究。一些卫星在星上已安装加速度测量装置，进行微振动的在轨测量，但目前带时标的微振动数据不便得到，时标精度也还有待再提高，在图像复原上的使用也极少。后续会有越来越多的卫星会安装更高精度的加速度测量装置进行微振动的在轨测量，希望地面和星上的微振动数据能够更充分地利用起来，发挥数据的更多价值，也将会更有效地对微振动影响模型以及图像复原方法进行研究。

4 结束语

微振动影响防治是一个系统工程，尤其是对于甚高分辨率的遥感卫星而言，微振动问题的处理需要全链路的手段相结合：①进一步研究微振动的特征对图像质量的影响规律，明确敏感载荷对微振动环境的具体需求；②从源头上控制扰振的产生，提高工艺和总装水平，减小CMG、动量轮、制冷机等扰振源的制造误差和装配误差；③积极研究建模分析技术和微振动试验技术，找出微振动产生、传递的关键环节进行针对性地改善；④大力研究微振动隔离技术，使高频振动、低频振动都满足敏感载荷的要求，给敏感载荷创造一个“安静”的力学环境；⑤探索考虑微振动影响的敏感载荷总体设计方法，提高有效载荷自身的“耐受”能力；⑥发展微振动在轨测量技术，研究相应的振动补偿措施和图像复原方法等。

参考文献

[1] Liu C, et al. Recent advances in micro-vibration isolation [J]. Mechanical Systems and Signal Processing, 2015: 55-80.

[2] Doyle K B. Structural line-of-sight jitter analysis for MLCD [C]. New Developments in Optomechanics, San Diego, USA, August 28-30, 2007.

[3] Ball Corporation. Worldview-2 [EB/OL]. [2011]. http://www.ballaerospace.com/page.jsp?page=82.

光学航天器中继天线微振动测试与分析

王　辉，丁辉兵，周　勇
（西安空间无线电技术研究所，西安，710100）

摘要：以光学设备为主要载荷的航天器对于微振动都极为敏感，因此需要对光学舱中继天线微振动特性进行评估。本文从中继天线微振动激励来源和传递特性出发，介绍了天线驱动电机、驱动单元、机构3个层级的微振动测试情况。通过对步进电机及直流力矩电机的微振动测试，确定了为减小中继天线微振动激励应该选取的电机类型；通过对驱动单元的微振动测试，获取了驱动单元对于微振动的传递情况；通过对机构的微振测试，获得了机构安装处微振动与机构结构特性的关系。由于中继天线反射器是二维转动的，在实际工程中无法对天线转动部分进行完全重力卸载，也就无法直接对天线根部安装处的微振动进行测试，本文主要是通过仿真分析和部组件试验数据相结合的方式来获得中继天线整机状态根部安装处的微振动特性。

关键词：光学航天器；中继天线；微振动

1　引言

光学航天器是一种以光学设备为主要载荷的航天器，为了将光学设备获取的信息传输给其他空间飞行器或地面，光学航天器通常会搭载有可动的通信天线，中继天线是其中的一种。中继天线工作时，其反射器在两轴驱动组件的驱动下发生转动，由于电机振动、机构间隙、驱动控制的不平滑等原因中继天线反射器在转动过程中有可能产生轻微的抖动，该抖动为航天器微振动其中一种来源。以光学设备为主要载荷的航天器其本身的指向精度和分辨率等性能指标通常都比较高，对星上的各种微小扰动十分敏感，因此需要考虑该微振动带来的影响[1-3]。

除了可动天线转动带来的扰动外，航天器微振动的其他诱因还包括星上转动部件（如动量轮、控制力矩陀螺）高速转动、航天器变轨调姿期间推力器点火工作、低温制冷器压缩机和百叶窗等热控部件机械运动、大型柔性结构受激振动和进出阴影时冷热交变诱发热变形扰动等。目前国内外对于动量轮、控制力矩陀螺、低温制冷器压缩机等引发的微振动及抑制措施都有大量的相关研究内容[4-6]，关于星载可动天线工作时引发的微振动研究则相对较少，仅文献［7］对基于步进电机的双轴驱动天线进行了建模仿真和测试，由于受到条件的限制该研究未能全面反映天线的工作状态振动特性。本文从电机、驱动单元、机构3种状态下的振动测试结果对中继天线的微振动传递特性进行分析，通过仿真和试验相结合的方式获得天线整体状态下的微振动特性。

2　中继天线微振动测试

2.1　测试对象

中继天线主要由展开臂、双轴驱动机构、反射器几部分组成，如图1所示。其中双轴电机是主要的扰动源，为了分析天线微振动的传递特性，需要从电机、驱动单元、机构层级分别进行测试。微振动测试采用KISTLER9119AA2型六分量测力传感器。

2.2　电机扰振特性测试

中继天线所使用的驱动电机分为步进电机和直流力矩电机两类，为了进行对比选型，针对两类电机的振动扰动特性都分别进行了测试。电机的安装测试状态如图2所示。

在相同转速下对比两类电机的微振动测试结果，发现了以下现象。

（1）直流电机和步进电机都表现出谐振点不随转速变化的特点。

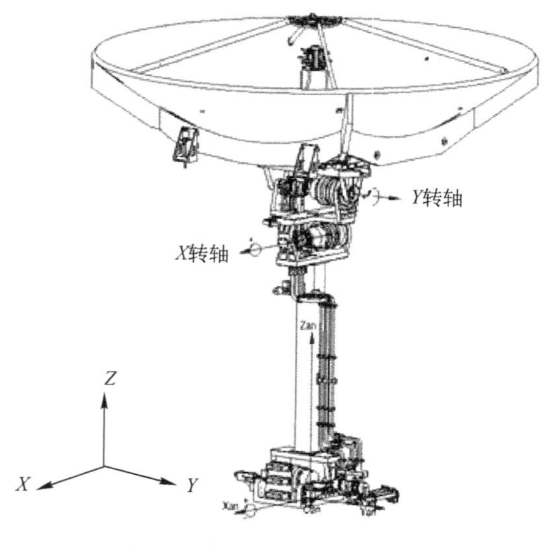

图 1　中继天线外形示意图

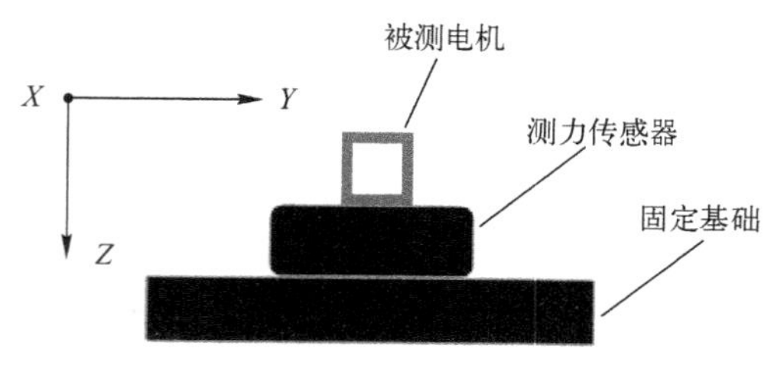

图 2　电机测试示意图

（2）直流无刷力矩电机在 8～300Hz 范围内的谐波点较步进电机要少很多，尤其是在较高频率段谐波点量级降低明显。

（3）直流电机 Mz 值比步进电机 Mz 值小两个数量级，步进电机绕 Z 轴最大力矩为 0.02N · m，而直流力矩电机最大力矩仅为 0.0001N · m 左右，如图 3 和图 4 所示。

2.3　驱动单元扰振特性测试

驱动单元主要由驱动电机、谐波减速器及旋转变压器构成。驱动电机产生转动，经由谐波减速器进行减速，然后输出到天线载荷端。驱动单元微振动试验电机采用直流力矩电机，谐波齿轮传动的传动比 $i=100$。驱动单元的扰振测试安装状态如图 5 所示。

驱动单元扰振测试结果表明，虽然经过了谐波减速器的传递，驱动单元安装接口处的微振动并未比电机直接产生的振动大多少，即驱动单元对于电机的振动放大并不明显。图 6 是单元扰动力矩的测试曲线。

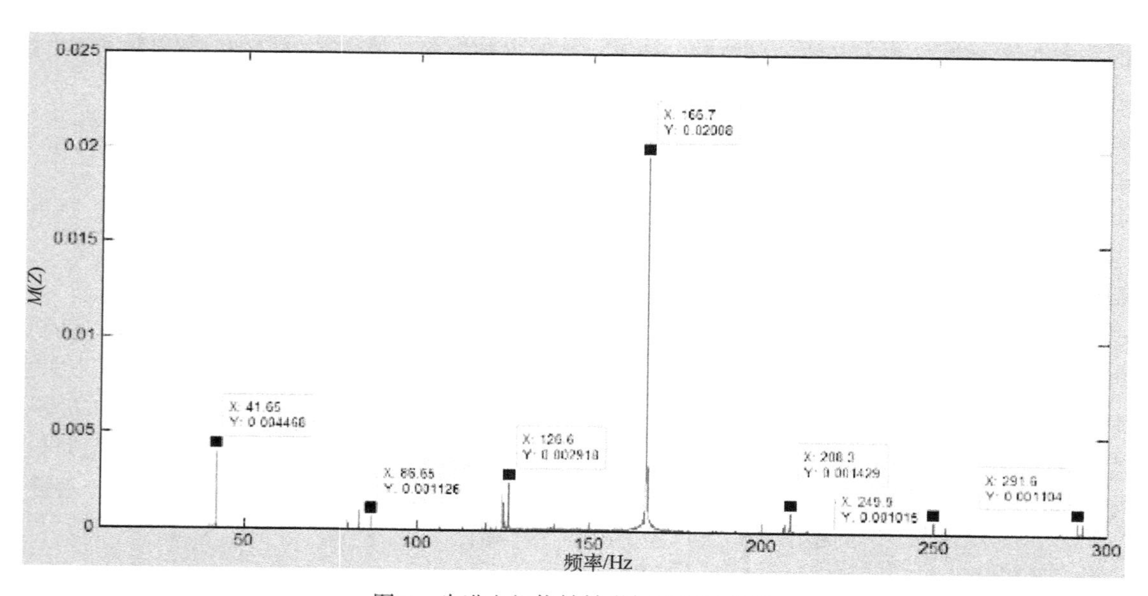

图 3　步进电机绕转轴微振动测试曲线

2.4　机构扰振特性测试

由于中继天线反射器在地面环境下产生的重力矩比驱动单元的驱动力矩要大得多，因此测试驱动单元转动对天线安装根部的扰动时，为了降低重力的影响，需要将反射器拆除，中继天线机构扰振状态如图 7 所示。

考虑到机构的扰振传递特性与机构的结构频率有着必然的联系，因此首先对机构的模态频率进行了测试，机构 X 向主要结构频率有 7.6Hz、40.0Hz、48.1Hz；Y 向主要频率有 8.8Hz、24.4Hz、33.5Hz。

机构安装根部扰振力在两轴不同转速组合下的测试结果（选取 0～300Hz 范围内相对较大值）如表 1 所列。

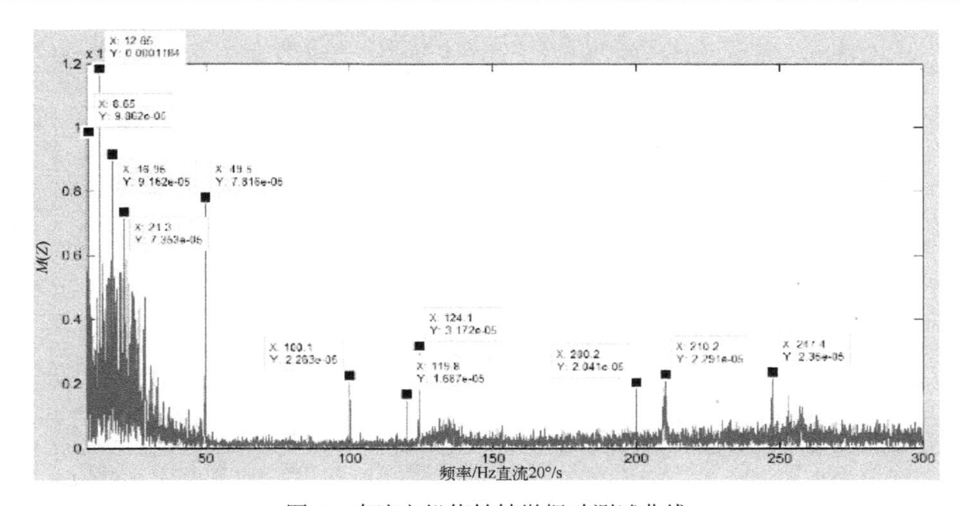

图 4 直流电机绕转轴微振动测试曲线

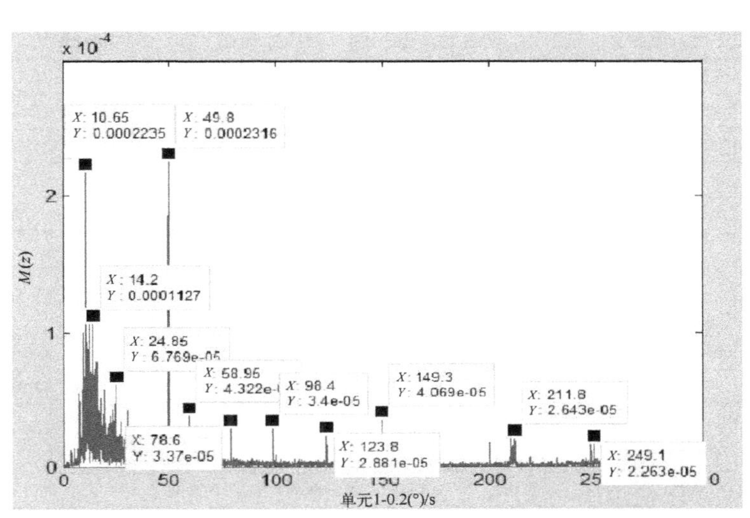

图 5 驱动单元微振动测试状态

图 6 驱动单元绕转轴微振动测试曲线

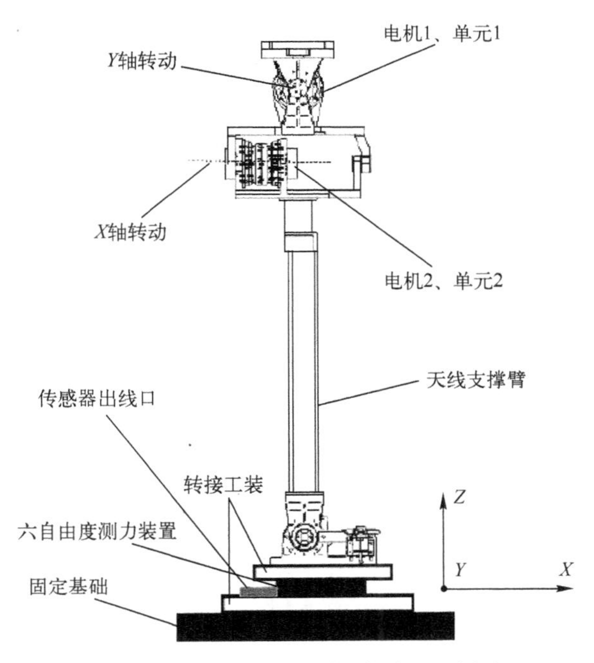

图 7 中继天线机构微振动测试示意图

表1　机构安装根部微振动测试结果

序号	工作状态	Fx/N				Fy/N			Fz/N			
		7.6Hz	8.8Hz	24.8Hz	33Hz	7.6Hz	8.8Hz	25.8Hz	7.6Hz	24.5Hz	33Hz	49.4Hz
1	X0.1°/s,Y0.1°/s	0.028	0.011		0.0048	0.025	0.049	0.017	0.0046	0.0048	0.005	0.008
	单轴X0.1°/s	0.0125	0.012	0.0038	0.0052	0.013	0.0506	0.0146	0.0022	0.0048	0.0053	0.0112
	单轴Y0.1°/s	0.0134		0.0106	0.0045	0.0064		0.0476	0.0020	0.0178	0.0037	0.0114
2	X0.1°/s,Y0.2°/s	0.027	0.0145		0.005	0.027	0.062	0.014	0.0044	0.0045	0.0057	0.011
	单轴X0.1°/s											
	单轴Y0.2°/s	0.0165		0.0055	0.0045	0.0084		0.0279	0.0023	0.010	0.0035	0.010
3	X0.1°/s,Y0.6°/s	0.014	0.014	0.006	0.0046	0.022	0.061	0.038	0.0043	0.016	0.005	0.009
	单轴X0.1°/s											
	单轴Y0.6°/s	0.005		0.006	0.005	0.003		0.030	0.0023	0.012	0.0039	0.013
4	X0.2°/s,Y0.2°/s	0.009	0.054	0.011	0.0045	0.035	0.219(9.1)	0.044	0.030(8.9)	0.02	0.005	0.009
	单轴X0.2°/s		0.045	0.00606	0.00647		0.18185	0.03739	0.015(8.8)	0.0109	0.005	0.0105
	单轴Y0.2°/s											
5	X0.2°/s,Y0.6°/s		0.055	0.010	0.004		0.205(9.1)	0.046	0.059(9.1)	0.028	0.0036	0.007
	单轴X0.2°/s											
	单轴Y0.6°/s											
6	X0.2°/s,Y0.8°/s		0.049	0.016	0.004		0.191	0.075	0.042(8.9)	0.046	0.0038	0.008
	单轴X0.2°/s											
	单轴Y0.8°/s	0.023	0.013	0.0074	0.0046	0.011	0.007	0.040	0.003	0.014	0.0038	0.010

序号	工作状态	Mx/(N·m)				My/(N·m)				Mz/(N·m)			
		7.6Hz	8.8Hz	24.8Hz	33Hz	7.6Hz	8.8Hz	24.8Hz	49.8Hz	7.6Hz	8.8Hz	24.8Hz	49.4Hz
1	X0.1°/s,Y0.1°/s		0.0286	0.00683		0.01537			0.00042		0.0015	0.0010	0.00047(43)
	单轴X0.1°/s		0.0308	0.00559		0.00749	0.00145	0.00016	0.0001		0.0013	0.0006	0.0001
	单轴Y0.1°/s		0.00125	0.01953	0.001(28)	0.00855		0.00016	0.00025	0.00017		0.0024	0.00024
2	X0.1°/s,Y0.2°/s		0.03652	0.00576		0.0151			0.00046		0.00194	0.00080	0.00010(44)
	单轴X0.1°/s												
	单轴Y0.2°/s		0.00117	0.01117	0.0008(28)	0.01021		0.00016		0.00023		0.00129	0.00029(41)
3	X0.1°/s,Y0.6°/s		0.0365	0.01528		0.0062		0.000244			0.00169	0.0021	0.000316(40)
	单轴X0.1°/s												
	单轴Y0.6°/s		0.00123	0.01241	0.0008(28)	0.0033		0.00020	0.00024			0.00173	0.00047(41)
4	X0.2°/s,Y0.2°/s		0.12933	0.01858		0.00594	0.00482	0.00026	0.00018		0.00514	0.00284	0.000261
	单轴X0.2°/s		0.10637	0.01456		0.00828	0.00434	0.00016		0.00033	0.0045	0.00176	0.00036(41)
	单轴Y0.2°/s												
5	X0.2°/s,Y0.6°/s		0.12018	0.01943(22)		0.00394	0.00080	0.00051(22)			0.00559	0.00233(22)	0.00058(34)
	单轴X0.2°/s												
	单轴Y0.6°/s												
6	X0.2°/s,Y0.8°/s		0.11141	0.03145(23)		0.0106		0.00075			0.00472	0.00412(23)	0.000575(35)
	单轴X0.2°/s												
	单轴Y0.8°/s		0.00146	0.01561	0.0008(28)	0.01478	0.0078			0.00035		0.0022	0.00037(41)

注：表中X轴转动单元0.2°/s单轴转动及双轴转动状态下，受到X轴负载重力矩的影响，机构出现抖动，因此测试值较大。

结合机构结构频率和扰动测试结果可以看出，机构扰振力（包括力矩）大小主要由机构中最大扰振源决定，扰振力频点与机构的结构频点是对应的，最大扰振力及力矩一般出现在最大扰振源激励方向的一阶结构频率处。

2.5　天线扰振特性分析

由于中继天线反射器是二维转动的，目前的技术条件很难对二维转动天线实现完全的重力卸载（即卸载后的残余重力对微振动测试不产生影响），因此对于中继天线的整体微振动测试主要是采取仿真分析和试验相结合的方式，其具体步骤如图8所示。

微振动仿真分析时为了覆盖天线在轨各种结构状态，选取了天线在轨5种极端构型状态，如图9所示。

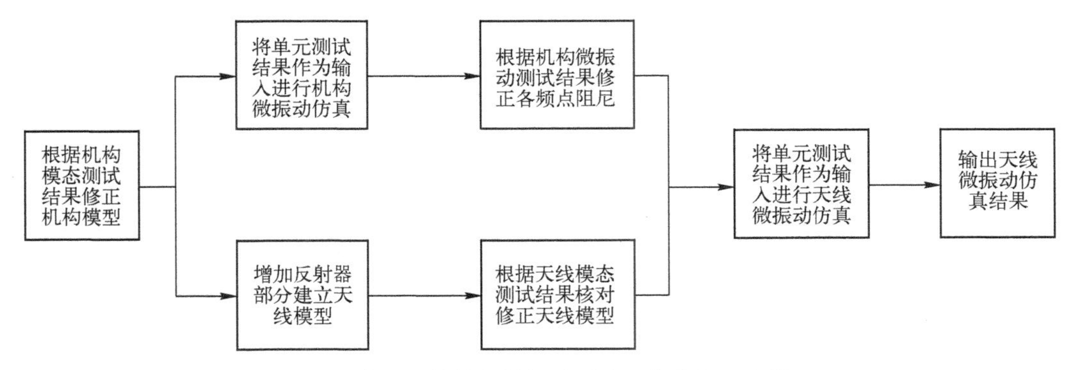

图 8　中继天线整机微振动测试和仿真分析流程

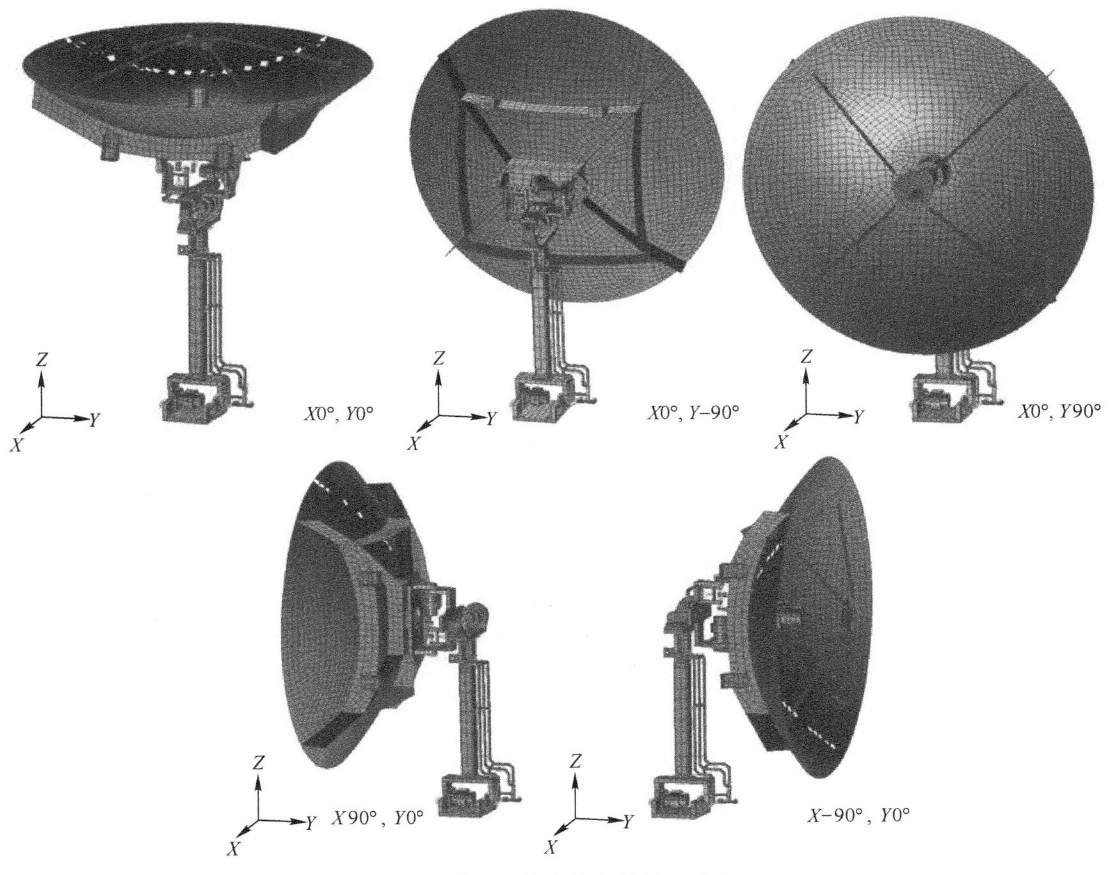

图 9　中继天线在轨极端位置状态

根据天线上述 5 种状态模态有效质量分析结果，反射器绕某一轴偏转 90°结果与偏转-90°结果差别非常小，可以看作是一种状态，因此微振动仿真计算及结构阻尼修正时仅考虑其中 3 种状态。结构阻尼修正的方法是根据天线各状态振型与模态有效质量分布判断，与机构振型相同且有效质量分布相近的选取同一阻尼。天线与机构的对应模态频率如表 2 所列。

表 2　天线与机构的对应模态频率表

机构	7.6Hz (Tx、Ry)	9.0Hz (Ty、Rx)	24.32Hz (Ty)	48.68Hz (Rz)	90.07Hz (Tz)
天线 (0，0)	2.88Hz (Tx、Ry)	2.44Hz (Ty、Rx)	12.09Hz (Ty)	7.43Hz (Rz)	49.63Hz (Tz)
天线 (0，-90)	3.56Hz (Ry)	2.92Hz (Rx)	11.78Hz (Ty)		56.87Hz (Tz)
天线 (90，0)	3.48Hz (Ry)	2.67Hz (Rx)	8.08Hz (Ty)		57.39Hz (Tz)

机构与天线仿真时选取的单元输入激振力如图 10 所示。

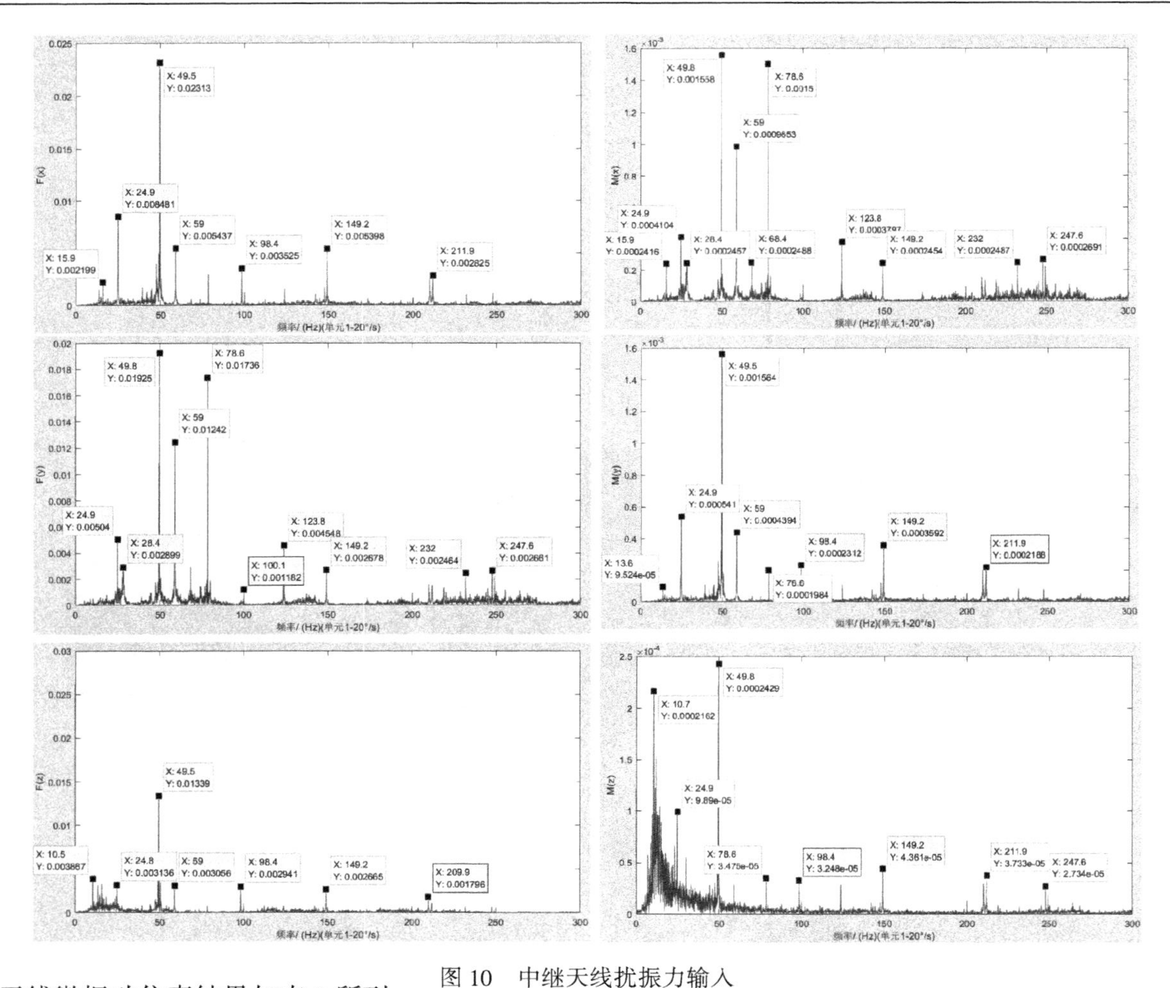

图 10　中继天线扰振力输入

天线微振动仿真结果如表 3 所列。

表 3　中继天线微振动仿真结果

		Fx/N			Fy/N				Fz/N		
		7.6Hz	8.8Hz	24.8Hz	7.6Hz	8.8Hz	25.8Hz	49.5Hz	7.6Hz	24.5Hz	49.4Hz
机构测试结果		0.054	0.054	0.011	0.035	0.219(9.1)	0.046		0.030(8.9)	0.02	0.009
机构分析结果		0.0057		0.00289		0.01765	0.09323	0.03288		0.0284	0.0602
修正系数		9.5		3.81		12.88	0.49			0.70	0.15
	X 轴 0°，Y 轴 0°	2.88Hz	2.44Hz	12.08Hz	2.88Hz	2.44Hz	12.08Hz	7.3Hz	2.88Hz	12.08Hz	7.3Hz
天线分析结果		0.00165		0.0015		0.0045	0.0273				
天线修正结果		0.0157		0.00572		0.0580	0.0134				
	X 轴 0°，Y 轴-90°	3.56Hz	2.92Hz	11.78Hz	3.56Hz	2.92Hz	11.78Hz		3.56Hz	11.78Hz	
天线分析结果		0.0025		0.002		0.0031	0.033				
天线修正结果		0.0375		0.00761		0.040	0.0155				
	X 轴 90°，Y 轴 0°	3.48Hz	2.67Hz	8.08Hz	3.48Hz	2.67Hz	8.08Hz		3.48Hz	8.08Hz	
天线分析结果		0.00134		0.0015		0.002	0.0063			0.0067	
天线修正结果		0.0127		0.00572		0.0258	0.0030			0.0047	
		Mx/(N·m)			My/(N·m)				M		
		7.6Hz	8.8Hz	24.8Hz	7.6Hz	8.8Hz	25.8Hz	49.5Hz	7.6Hz	24.5Hz	49.4Hz
机构测试结果			0.12933	0.01858	0.00594	0.00482	0.00026	0.00018	0.030（8.9）	0.02	0.009
机构分析结果			0.01561	0.054	0.00476		0.001848	0.0076		0.0066	0.05938
修正系数			8.29	0.34	1.25		0.14	0.02		3.03	0.15

（续）

		Mx/（N·m）			My/（N·m）				M		
		7.6Hz	8.8Hz	24.8Hz	7.6Hz	8.8Hz	25.8Hz	49.5Hz	7.6Hz	24.5Hz	49.4Hz
	X 轴 0°，Y 轴 0°	2.58Hz	2.44Hz	12.08Hz	2.88Hz	2.44Hz	12.08Hz	7.3Hz	2.88Hz	12.08Hz	7.3Hz
天线分析结果			0.00541	0.01855				0.0057			0.01765
天线修正结果			0.0448	0.0063							0.00264
	X 轴 0°，Y 轴-90°	3.56Hz	2.92Hz	11.78Hz	3.56Hz	2.92Hz	11.78Hz		3.56Hz	11.78Hz	
天线分析结果			0.00431	0.0232	0.0030					0.0091	
天线修正结果			0.0357	0.00789	0.0038					0.0276	
	X 轴 90°，Y 轴 0°	3.48Hz	2.67Hz	8.08Hz	3.48Hz	2.67Hz	8.08Hz		3.48Hz	8.08Hz	
天线分析结果			0.00161	0.0045	0.0012		0.005			0.00056	
天线修正结果			0.0133	0.00153	0.0015					0.0017	

从分析结果上可以看出天线在 0~300Hz 范围内扰振力小于 0.06N、扰振力矩小于 0.05N·m。

3　结束语

根据中继天线微振动测试与仿真分析主要得出以下几个结论。

（1）对步进电机与直流电机进行综合比较，直流电机的扰振特性比步进电机要好。

（2）采用直流力矩电机后，转动单元的微振动量级与直流力矩电机相当。

（3）从机构的微振动测试结果和天线整体仿真结果来看，微振动的频点与机构与天线的结构频点相关，且结构高频处的微振的衰减比较明显，因此最大扰振一般出现在结构最大激励源方向的一阶频率处。

参考文献

[1] 张庆君，王光远，郑钢铁．光学遥感卫星微振动抑制方法及关键技术［J］．宇航学报，2015，36（2）：125-132.

[2] 王泽宇，邹元杰，焦安超，等．某遥感卫星平台的微振动试验研究［J］．航天器环境工程，2015，32（3）：278-285.

[3] 庞世伟，潘腾，毛一岚，等．某型号卫星微振动试验研究及验证［J］．航天器环境工程，2016，33（3）：305-311.

[4] 高行素，罗文波，刘国青，等．控制力矩陀螺柔性安装界面扰动力分析方法［J］．航天器工程，2015，24（5）：58-65.

[5] 周伟敏，张子龙，施桂国，等．帆板驱动微振动对卫星的影响与对策［J］．噪声与振动控制，2014，34（2）：59-62.

[6] 李林，王栋，徐婧，等．飞轮组件微振动对高分辨率光学卫星光轴的影响［J］．光学精密工程，2016，24（10）：2515-2522.

[7] 伍时建，程伟．双轴卫星天线扰动特性建模、仿真及试验［J］．北京航空航天大学学报，2011，37（11）：1446-1450.

航天器微振动试验边界模拟方法及影响分析

刘明辉，岳志勇

（北京卫星环境工程研究所，北京，100094）

摘要：卫星在轨自由边界模拟是实现高精度卫星在轨动力学特性地面测试和在轨微振动力学环境地面验证的关键因素之一。地面模拟的在轨自由边界对卫星的动力学特性及微振动响应具有重要影响。本文首先建立了卫星及模拟自由边界耦合系统简化分析模型，理论分析了模拟自由边界对卫星模态和频率响应的影响。然后结合某高精度卫星地面微振动试验中在轨自由边界模拟的设计，通过在轨自由与地面模拟自由两种状态的有限元对比计算，详细分析了模拟自由边界对卫星动力学特性的影响。本文的研究为高精度卫星在轨微振动地面试验对模拟自由边界的要求及其设计提供了分析方法。

关键词：遥感卫星；自由边界；微振动；地面试验；动力学特性

1 引言

高精度是国内外对地观测卫星的主要发展趋势，随着精度的提高，卫星在轨观测期间结构的微振动对观测精度的影响愈加显著。为了在卫星的地面研制阶段验证卫星在轨观测精度，必须开展在轨微振动环境地面试验，而卫星在轨自由边界模拟是在轨微振动环境地面试验的关键因素之一。

美国、欧洲和日本等国家的研究机构对高精度卫星进行地面微振动试验时，普遍采用了在轨自由边界模拟技术和措施。美国的SDO（太阳动态观测器）卫星通过试验建立了整星微振动条件下的动力学模型，用以预示在轨微振动响应。试验过程中，整星底部采用低频气囊支撑，模拟自由-自由边界条件，同时隔离基础振动。采用特殊定制的微振动激励器在星上5个点进行正弦激励和随机激励，测试敏感部位的加速度响应[1]。ESA对激光通信中继卫星（ARTEMIS）进行了地面微振动测试，通过在扰振源安装界面输入力，测量敏感器安装界面的加速度，获取星体结构微振动响应函数，测试过程中采用低频支撑装置对整星进行底部支撑，支撑频率为2.8Hz，近似模拟自由-自由边界条件[2]。法国对SPOT4进行了整星地面微振动测试和在轨微振动测试，并对测试数据进行了对比。地面测试主要包括两个部分：一是动量轮安装在卫星结构上之后的扰振力和力矩测试；二是整星结构微振动频响函数测试。地面测试时，对整星采用了低频悬吊系统，卫星通过4根弹性吊带与整星吊具相连，并在整星吊具上配备了自动调平机构。悬吊后实现了6个刚体模态频率低于1Hz。通过天地数据对比发现，入轨后，结构频率略有上升，阻尼比下降[3]。日本JAXA对激光通信卫星（OICETS）进行了整星微振动地面试验，测试扰动源的特性以及星体结构的微振动传递特性。OICETS在地面测试时，采用了与SPOT4相同的悬吊系统对整星进行悬吊[4]。此外，国外还专门研究了近零刚度悬挂技术[5]以及气动/电磁悬挂技术[6]，用于飞机、航天器等结构超低频自由边界的模拟。

国内近年来也深入开展了卫星微振动试验技术研究。2010年，张庆君等开展了敏感载荷单机微振动试验，测试了扰动源开机时敏感载荷的成像质量，试验采用0.3Hz悬吊装置进行了局部重力卸载[7]。郑钢铁等对高分遥感卫星所面临的微振动抑制以及地面试验方法等动力学问题进行了系统研究，设计了敏感载荷微振动抑制试验、扰源微振动隔振试验以及整星微振动隔振试验等方案，均采用超低频悬吊装置模拟在轨失重或自由边界状态[8]。2012年，王光远等针对某光学遥感卫星实施了整星微振动试验，采用低频支撑装置进行整星自由边界模拟，采用高精度角振动传感器测量了敏感部位的微振动响应[9]。2016年，庞世伟等对某型号卫星进行了微振动试验研究及验证，试验按照单机、分系统、系统和大系统4个层次展开：单机级试验主要通过六分量力测量微振动源的动态特性；分系统级试验主要通过结构加速度响应测量解决微振动传递特性是否正确的问题；系统级试验主要通过成像质量来验证微振动对光学系统影响的分析方法；大系统级试验主要通过在轨图像分析验证相关结论。系统级微振动试验时未采用专门设计的模拟自由边界，因此通过传递函数对比分析了边界条件的影响，结果表明对 30Hz 以下频段传递函数影响显著[10]。

本文对整星微振动试验自由边界条件模拟方法进行理论分析，并结合工程研制对模拟自由边界的影响给出分析方法，分析方法为模拟自由边界的要求及设计提供参考。

2　模拟自由边界理论分析

卫星在轨飞行时处于太空失重环境下的无任何外部约束的自由边界条件，根据结构动力学基本理论，作为一般空间结构，此时卫星具有 6 个频率为 0 的刚体模态，而在地面时，由于地球重力的作用，必须在卫星外部施加约束使卫星处于静止状态。卫星在轨自由边界条件的地面模拟就是要使卫星在施加外部约束后，仍能具有 6 个近似于 0 频率的“准刚体”模态，使外部约束对卫星理想在轨自由状态的动力学特性影响最小。为阐明原理且不失一般性，本文通过简化的模型进行自由边界条件模拟方法的理论分析。

2.1　简化模型建立

实际卫星为连续体结构，其总质量记为 m，为简化分析，将卫星在轨飞行时的状态简化为离散的二自由度质量-弹簧系统（暂不考虑阻尼），如图 1 所示。图中 m_1 和 m_2 分别代表离散简化后卫星的两部分质量，且 $m_1+m_2=m$，其中 m_2 取为卫星固定界面第一阶模态的模态有效质量，m_1 取为第一阶模态的剩余质量[10]，x_1 和 x_2 分别为 m_1 和 m_2 的位移，k_s 表示卫星刚度。

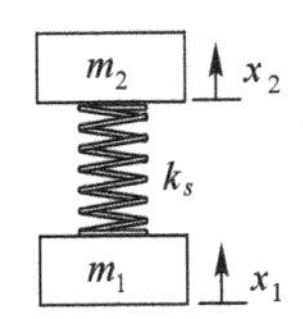

图 1　卫星在轨自由状态简化分析模型

根据图 1，卫星在轨自由边界条件下的自由运动方程为

$$\begin{pmatrix} m_1 & \\ & m_2 \end{pmatrix}\begin{Bmatrix} \ddot{x}_1 \\ \ddot{x}_2 \end{Bmatrix}+\begin{pmatrix} k_s & -k_s \\ -k_s & k_s \end{pmatrix}\begin{Bmatrix} x_1 \\ x_2 \end{Bmatrix}=\begin{Bmatrix} 0 \\ 0 \end{Bmatrix} \tag{1}$$

当卫星处于地面模拟自由边界条件时，由于自由边界模拟装置的重量一般远小于卫星的重量，可以忽略，此时卫星及模拟自由边界的简化模型如图 2 所示，与图 1 相比，增加了弹簧 k_p 表示模拟自由边界条件的刚度。

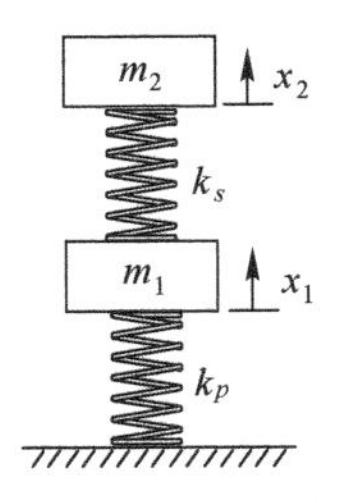

图 2　卫星地面模拟自由边界状态简化分析模型

根据图 2，卫星在地面模拟自由边界条件下的自由运动方程为

$$\begin{pmatrix} m_1 & \\ & m_2 \end{pmatrix}\begin{Bmatrix} \ddot{x}_1 \\ \ddot{x}_2 \end{Bmatrix}+\begin{pmatrix} k_s+k_p & -k_s \\ -k_s & k_s \end{pmatrix}\begin{Bmatrix} x_1 \\ x_2 \end{Bmatrix}=\begin{Bmatrix} 0 \\ 0 \end{Bmatrix} \tag{2}$$

比较运动方程（1）和方程（2）可以发现，卫星在地面模拟自由边界条件下相当于卫星在轨自由边界条件下增加了约束刚度 k_p，与物理实际情况相符。

2.2　模态频率分析

地面模拟自由边界条件的约束刚度 k_p 改变了卫星系统的刚体和弹性体模态频率，而模态频率是评价自由边界模拟有效性的重要指标，因此对模态频率进行分析。

通过求解运动方程（1）和方程（2）的特征值方程，分别得到卫星在轨自由边界条件下的固有圆频率为

$$\omega_{o1}=0,\omega_{o2}=\sqrt{\frac{k_s(m_1+m_2)}{m_1 m_2}} \tag{3}$$

式中：$\omega_{\sigma 1}$ 为卫星刚体模态频率，$\omega_{\sigma 2}$ 为卫星弹性模态频率。

卫星在地面模拟自由边界条件下的固有圆频率为

$$\begin{cases} \omega_{g1}=\sqrt{\dfrac{k_s(m_1+m_2)+k_p m_2}{2m_1 m_2}-\sqrt{\left(\dfrac{k_s(m_1+m_2)+k_p m_2}{2m_1 m_2}\right)^2-\dfrac{k_s k_p}{m_1 m_2}}} \\ \omega_{g2}=\sqrt{\dfrac{k_s(m_1+m_2)+k_p m_2}{2m_1 m_2}+\sqrt{\left(\dfrac{k_s(m_1+m_2)+k_p m_2}{2m_1 m_2}\right)^2-\dfrac{k_s k_p}{m_1 m_2}}} \end{cases} \tag{4}$$

根据式（4），当约束刚度 k_p 相比 k_s 较小时，忽略方程中的小量，得到

$$\omega_{g1} \approx 0$$
$$\omega_{g2} \approx \sqrt{\omega_{o2}^2 + \frac{k_p}{m_1}} \tag{5}$$

式（5）就是与式（3）对应的模拟自由边界条件下的卫星系统固有圆频率，称 ω_{g1} 为模拟自由边界的支撑频率，ω_{g2} 为模拟自由边界条件下卫星弹性模态频率。

根据式（5），约束刚度 k_p 越小，模拟自由边界条件下的卫星系统固有频率越接近卫星在轨真实自由边界条件下的固有频率，即自由边界条件的模拟有效性越好。同时也可以由该方程得知，约束刚度 k_p 对卫星固有频率的影响与卫星模态剩余质量有关，即针对具有不同模态剩余质量的卫星，约束刚度对卫星固有频率的影响不同。

2.3 频响分析

频率响应特性分析是分析卫星在轨微振动响应特性及微振动抑制效果等的重要方法。由于模拟自由边界条件与在轨真实自由边界条件的差异，卫星的频率响应特性也会发生变化，为了进一步研究自由边界条件对卫星在轨动力学特性的影响，进行频响分析。

对卫星在轨自由运动方程（1）施加激振力 f，得到卫星在真实自由边界条件下的受迫振动方程，再利用傅里叶变换和模态叠加原理，并去除刚体位移，得到卫星受迫振动的频率响应方程：

$$\boldsymbol{X} = \frac{\boldsymbol{\varphi}_2^{\mathrm{T}} \bar{\boldsymbol{f}} \boldsymbol{\varphi}_2}{\omega_{o2}^2 - \omega^2 + \mathrm{j}\omega c_2} \tag{6}$$

式中：$\bar{f}$ 为激振力 f 的傅里叶变换；φ_2 为固有频率 ω_{o2} 对应的模态振型；c_2 为相应的模态阻尼。

根据方程（6），卫星在 ω_{o2} 处共振，共振响应幅值为

$$\boldsymbol{X}_r(\omega_{o2}) = \frac{\varphi_2^{\mathrm{T}} \bar{f} \varphi_2}{\omega_{o2} c_2} \tag{7}$$

对卫星在模拟自由边界条件下的自由运动方程（2）施加相同的激振力 f，得到卫星在模拟自由边界条件下的受迫振动方程，再利用傅里叶变换和模态叠加原理，得到卫星受迫振动的频率响应方程：

$$\boldsymbol{X}' = \frac{\varphi_1'^{\mathrm{T}} \bar{\boldsymbol{f}} \varphi_1'}{\omega_{g1}^2 - \omega^2 + \mathrm{j}\omega c_1'} + \frac{\boldsymbol{\varphi}_2'^{\mathrm{T}} \bar{\boldsymbol{f}} \boldsymbol{\varphi}_2'}{\omega_{g2}^2 - \omega^2 + \mathrm{j}\omega c_2'} \tag{8}$$

式中：φ_1' 和 φ_2' 为模态振型；c_1' 和 c_2' 为模态阻尼。

比较式（8）和式（6），卫星在模拟自由边界条件下有两个共振，分别在 ω_{g1} 和 ω_{g2} 处，ω_{g1} 处的共振由模拟自由边界条件引入，ω_{g2} 为模拟自由边界条件下卫星共振。

忽略小量，卫星在 ω_{g2} 处共振时的响应幅值近似为

$$\boldsymbol{X}_r'(\omega_{g2}) \approx \frac{\varphi_2'^{\mathrm{T}} \bar{f} \varphi_2'}{\omega_{g2} c_2'} \tag{9}$$

比较式（9）和式（7），在模拟自由边界条件下，卫星系统共振频率及振型的变化使结构的共振响应发生变化，ω_{g2} 越接近 ω_{o2}，则共振响应误差越小。

综合上述理论分析，约束刚度 k_p 越小，模拟自由边界对卫星的模态频率和频率响应特性的影响越小，自由边界模拟有效性越好，但约束刚度 k_p 难以直接用于定量评价自由边界的影响，本文建议实际应用中综合支撑频率、卫星模态频率偏差和卫星频响特性偏差三方面的因素对自由边界的影响进行评价，确定合适的边界支撑频率。

2.4 数值分析

通过数值分析对模拟自由边界下卫星的模态频率和频响特性进行研究。设卫星总质量 3300kg，离散后 $m_1 = 1800\text{kg}$，$m_2 = 1500\text{kg}$，卫星刚度 $k_s = 2\times10^7\text{N/m}$，此时卫星固有频率为 $\omega_{o1} = 0\text{rad/s}$、$\omega_{o2} = 156.5\text{rad/s}$（即 24.9Hz）。设约束刚度 k_p 变化范围为 $k_{p\min} = 0 \sim k_{p\max} = 10^7\text{N/m}$，通过计算方程（2）的固有频率，得到不同约束刚度下模拟自由边界条件的支撑频率 ω_{g1} 和卫星的弹性模态频率 ω_{g2}。

为便于分析模拟自由边界条件下支撑频率和卫星弹性模态频率相对自由边界条件下卫星弹性模态的比例关系，以及支撑频率和卫星弹性模态频率与约束刚度的关系，分别定义归一化支撑频率 $\overline{\omega}_{g1} = \omega_{g1}/\omega_{o2}$、归一化卫星弹性模态频率 $\overline{\omega}_{g2} = \omega_{g2}/\omega_{o2}$ 和归一化约束刚度 $\bar{k}_p = k_p/k_{p\max}$，从而得到归一化固有频率随归一化约束刚度的变化曲线，如图 3 所示。可见，约束刚度较低时对支撑频率影响较大，而约束刚度较高时对支撑频率影响较小。同时可以看出，约束刚度对卫星弹性模态频率的影响较小。根据图 3 数据，表 1 给出了归一化支撑频率为 5%、10%和 20%时对应的归一化约束刚度（分别记为 $\bar{k}_{p1}$、$\bar{k}_{p2}$ 和 $\bar{k}_{p3}$）和归一化卫星弹性模态频率。

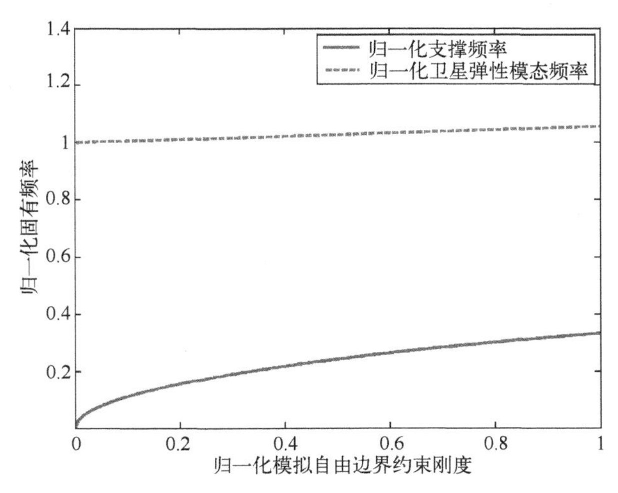

图 3　卫星-模拟自由边界系统固有频率

表 1　卫星系统频率随模拟自由边界约束刚度的变化

归一化支撑频率（ω_{g1}/ω_{o2}）	归一化约束刚度 $k_p/k_{p\max}$	归一化卫星弹性模态频率（ω_{g2}/ω_{o2}）
5%	0.02（$\bar{k}_{p1}$）	1.001
10%	0.085（$\bar{k}_{p2}$）	1.004
20%	0.335（$\bar{k}_{p3}$）	1.018

在 m_1 上施加单位幅值的激振力，按表 1 中 3 种约束刚度，分别计算卫星在轨自由和模拟自由边界条件下的频率响应，得到图 4 所示的结果。可见，卫星在轨自由边界条件下，结构频响特性曲线只有一个共振，而模拟自由边界条件中由于约束刚度的引入，使得结构在低频增加了一个共振，即支撑频率处的共振。比较 3 种约束刚度下的频响特性曲线与在轨自由边界条件下的曲线，当归一化支撑频率为 5% 和 10% 时，卫星共振频率和响应幅值偏差很小，最大分别为 0.4% 和 5.4%；当归一化支撑频率为 20% 时，卫星共振频率和响应幅值偏差分别为 1.8% 和 17.1%，偏差明显增大。

3　实例分析

某大型高精度卫星对在轨观测精度提出了极高的要求，研制过程中开展整星微振动地面试验攻关。根据理论分析，自由边界模拟频率越低则对卫星动态响应影响越小，然而，实际应用中，边界频率过低导致技术难度过大而难以实现，此外，理论分析中未考虑模拟自由边界装置本身局部模态的影响。为解决该矛盾，通过详细有限元模型分析模拟自由边界对卫星在轨状态动态特性的影响，根据对比结果，确定合适的边界模拟频率，完成边界模拟方案的合理选取和优化。

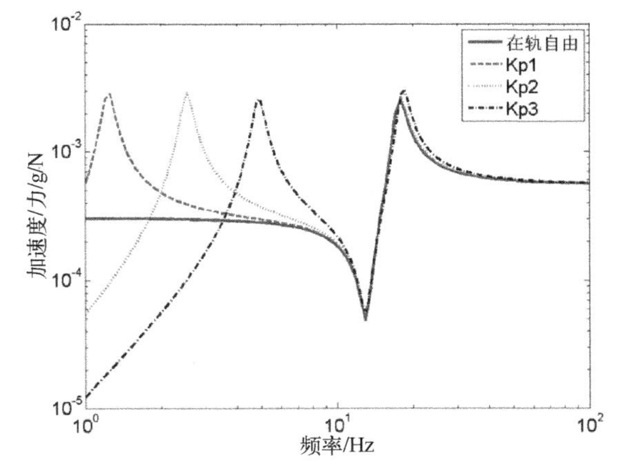

图 4　频率响应特性

3.1　模拟自由边界方案

本文所采用的自由边界模拟方案为整星底部低频支撑式方案，如图 5 所示。弹性元件采用圆柱螺旋弹簧，通过设计弹簧的数量、刚度以及承载参数等，实现抵消卫星重力并提供低频支撑，使卫星整星处于近似悬浮状态。

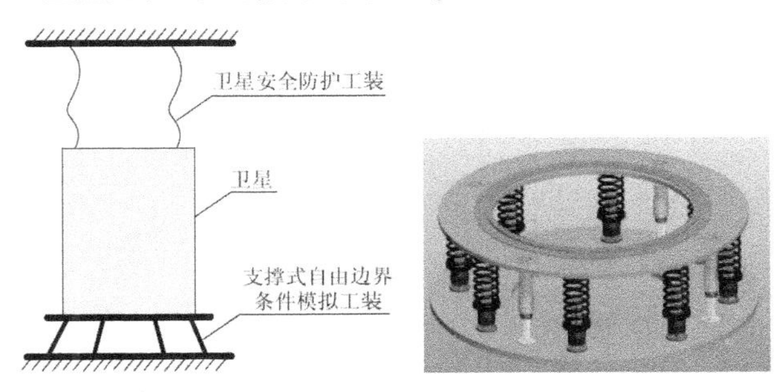

图 5　模拟自由边界方案示意图

为了分析模拟自由边界方案对卫星动力学特性的影响，设计了两种边界参数，两种方案对应的边界支撑频率如表 2 所列。方案 1 的弹簧刚度较低，支撑频率较低，方案 2 的弹簧刚度较大，支撑频率较高，方案 2 的支撑频率整体上为方案 1 支撑频率的 2 倍。从工程实现的角度，方案 1 实现难度较大，方案 2 相对容易实现。

表 2　模拟自由边界系统支撑频率

阶次	频率/Hz		卫星-边界装置系统振型
	方案 1	方案 2	
1	0.21	0.42	Y 向摇摆
2	0.21	0.42	Z 向摇摆
3	0.42	0.82	轴向平动
4	0.70	1.40	绕轴向扭转
5	0.72	1.42	Y 向转动
6	1.01	2.01	Z 向转动

3.2 对卫星模态频率的影响

整星在轨自由、边界方案1、边界方案2三种状态时的整星前20阶及50Hz内的弹性模态频率及频率偏差如表3和图6所示。将表中各阶模态频率进行比较，可见，边界模拟系统对整星弯曲模态影响最大（第19阶模态），同时，将方案1和方案2进行比较可知，边界模拟系统频率增大后，整星各阶频率偏差变化很小。

表3 模拟自由边界对卫星整星模态频率的影响

阶次	在轨自由	模拟自由-方案1		模拟自由-方案2	
	频率/Hz	频率/Hz	频率偏差/%	频率/Hz	频率偏差/%
7	12.10	12.07	0.25	12.07	0.24
8	12.13	12.10	0.22	12.11	0.20

（续）

阶次	在轨自由	模拟自由-方案1		模拟自由-方案2	
	频率/Hz	频率/Hz	频率偏差/%	频率/Hz	频率偏差/%
9	12.50	12.46	0.31	12.47	0.28
10	12.89	12.89	0.03	12.89	0.01
11	12.91	12.91	0.00	12.91	0.00
12	13.22	13.22	0.03	13.22	0.01
13	15.94	15.90	0.22	15.91	0.20
14	16.14	16.12	0.10	16.12	0.10
15	16.39	16.36	0.16	16.36	0.16
16	20.02	20.02	0.02	20.02	0.02
17	22.56	22.57	0.04	22.57	0.04
18	23.30	23.31	0.03	23.31	0.04
19	23.74	24.35	2.57	24.39	2.74
20	25.37	25.64	1.06	25.65	1.09

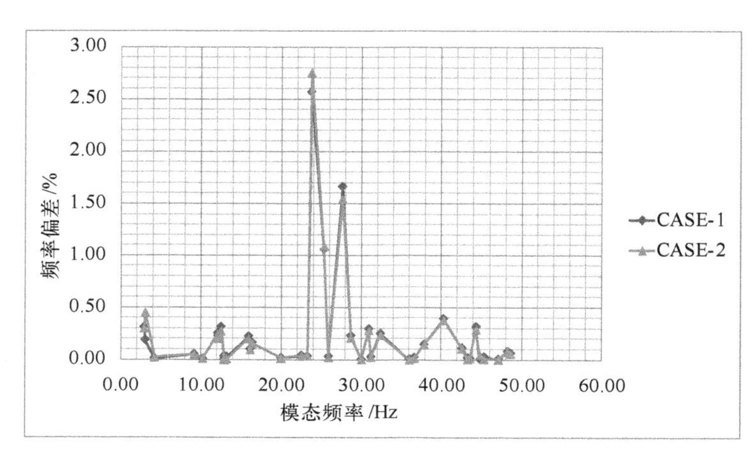

图6 模拟自由边界对整星模态频率的影响

3.3 对卫星模态振型的影响

选取整舱结构特征点，分析边界刚度对整舱模态振型的影响。以在轨自由为参考基准，计算模拟自由边界下整舱模态振型相关性（MAC），如表4所列，可见，模拟自由边界下主要模态MAC值大于0.7，边界模拟系统频率增大1倍时，整舱主模态振型相关性有一定减弱。

表4 模拟自由边界对振型相关性的影响

阶次	MAC相关值	
	模拟自由-方案1	模拟自由-方案2
7	1.00	0.99
8	1.00	1.00
9	1.00	1.00
10	1.00	1.00
11	1.00	1.00

（续）

阶次	MAC相关值	
	模拟自由-方案1	模拟自由-方案2
12	1.00	1.00
13	1.00	1.00
14	1.00	1.00
15	1.00	1.00
16	0.98	0.99
17	0.24	0.11
18	0.90	0.86
19	0.90	0.71
20	0.96	0.89

3.4 对卫星频率响应的影响

分析边界刚度对整舱频响特性的影响，进行在轨自由边界下与模拟自由边界下整舱频率响应分析，以在轨自由为参考基准，计算模拟自由边界工况下特征点的频率响应曲线的模式置信指数，评估模拟边界对频率响应的影响。

利用模式置信准则（SAC）来衡量频率响应曲线的相关程度。SAC 可以表示为

$$SAC=\frac{(|\boldsymbol{u}^{\mathrm{T}}\boldsymbol{w}|)^2}{(\boldsymbol{u}^{\mathrm{T}}\boldsymbol{u})(\boldsymbol{w}^{\mathrm{T}}\boldsymbol{w})}$$

式中：$\boldsymbol{u}^{\mathrm{T}}=\{H_i^e(\omega_1),H_i^e(\omega_2),\cdots,H_i^e(\omega_{nf}),\}$，$\boldsymbol{w}^{\mathrm{T}}=\{H_i^a(\omega_1),H_i^a(\omega_2),\cdots,H_i^a(\omega_{nf}),\}$。

$H_i^a(\omega_k)$表示 i 点响应的频响函数在 ω_k 处的值，上标 a 表示模拟自由边界频率响应值，e 表示理想自由边界频率响应值，nf 是频率点个数。显然，当 SAC 等于 1 时表示两者线性相关，等于零时表示两者线性无关。由于 SAC 是衡量曲线形状相关程度的一个量，因此它和测点的位置、频段上共振频率的多少有密切的关系，因此 SAC 对质量分布和刚度矩阵非常敏感。

频响分析时在卫星有限元模型 CMG 处施加扰动力和力矩作为激励载荷，选取相机、星敏等关键组件作为响应输出点。SAC 分析频带取 10～300Hz。图 7 为相机测点频率响应曲线，对比在轨自由边界和两种模拟自由边界，由图可见，10Hz 以下的低频段由于模拟自由边界的支撑频率较低，引起了多阶共振响应，10Hz 以上频响曲线重合度较好。

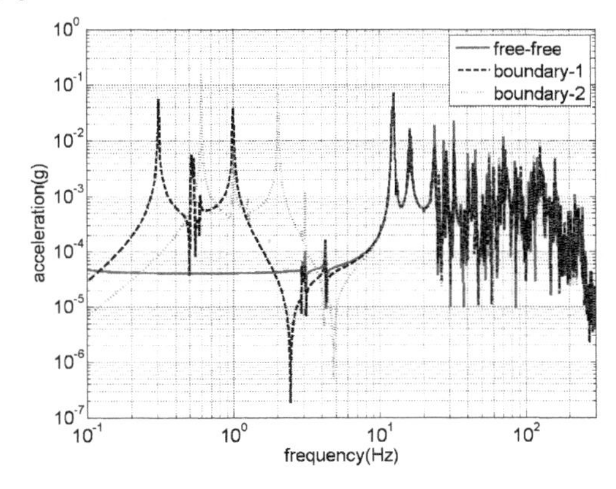

图 7　相机测点频响曲线对比

各关键测点的 SAC 值如表 5 和图 8 所示，对两种边界方案的 SAC 值进行对比可以发现，两种边界方案相互之间 SAC 差别很小，整体上处于相同水平。

表 5　关键测点 SAC 值

	组件 1	组件 2	组件 3	组件 4
边界 1	0.47	0.64	0.74	0.41
边界 2	0.48	0.64	0.74	0.42
偏差/%	-2.82	0.38	-0.16	-3.41

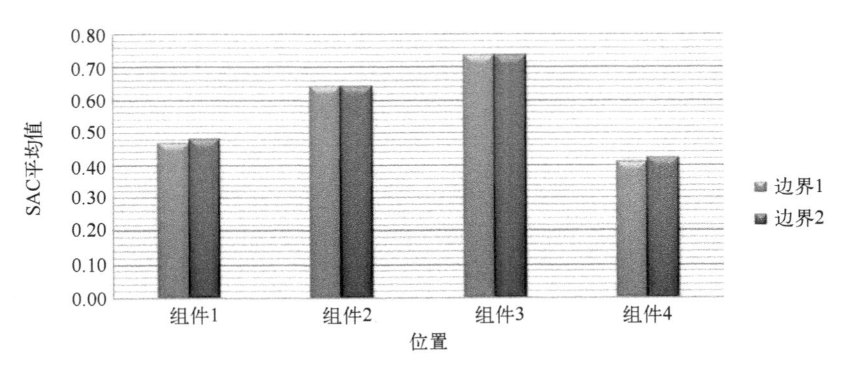

图 8　关键测点 SAC 值比较

综合上述分析结果，在不同的边界模拟方案中，过多的降低模拟自由边界支撑频率不一定获得显著的效果，应用中需综合支撑频率、卫星模态频率偏差、模态振型和卫星频响特性偏差三方面的因素对模拟自由边界的影响进行详细分析，设计合理的边界支撑频率要求，进而优化试验方案。

4　结束语

在轨自由边界模拟是卫星微振动试验的重要组成部分，对确保试验结果有效性具有重要意义。本文通过理论分析并结合型号研制具体情况的研究表明，总体上模拟自由边界频率越低对卫星在轨动力学特性影响越小，然而具体型号应用过程中，需要在一定的频率范围内，综合考虑到技术实现难易程度以及模拟装置局部模态影响等因素，设计合理的支撑频率，实现自由边界模拟方案的优化。

参考文献

[1] Kuo-Chia Liu，Thomas Kenney，Peiman Maghami，et al. Jitter

test program and on-orbit mitigation strategies for solar dynamic observatory [R]. NASA Report.

[2] E M Marchante, L Munoz. Artemis satellite microvibrations testing and analysis activities https://ntrs.nasa.gov/citations/20080012648. IAF, International Astronautical Congress, 48th, Turin, Italy, Oct. 6-10, 1997.

[3] K J Held, J D Barry. Precision pointing and tracking between satellite-borne optical systems [J]. Optical Engineering, 1998, 27 (4): 325-333.

[4] Morio Toyoshima, Takashi Jono, Nobuhiro Takahashi, et al. Transfer functions of microvibrational disturbances on a satellite. 21st International Communications Satellite Systems Conference and Exhibit, Japan, 2003.

[5] Woodard S E, Housner J M. Nonliear behavior of a passive zero-spring-rate suspension system [J]. Journal of Guidance, Control, and Dynamics, 1991, 14 (1): 84-89.

[6] Kienholz D A. Simulation of the zero-gravity environment for dynamic testing of structures. Proceedings of the 19th Space Simulation Conference. Baltimore, 1996.

[7] 张庆君，王光远，郑钢铁．光学遥感卫星微振动抑制方法及关键技术研究 [J]. 宇航学报，2015，36 (2): 125-132.

[8] 郑钢铁，梁鲁，王光远，等．遥感卫星动力学问题系统解决方法和装置 [A]. 2011 年小卫星技术交流会 [C]，北京，2013.9.

[9] 王光远，周东强，曹瑞，等．光学遥感卫星微振动预示及抑制技术初探 [A]. 光学遥感载荷与信息处理技术，2013，年学术会议 [C]，北京，2013.11.

[10] 庞世伟，潘腾，毛一岚，等．某型号卫星微振动试验研究及验证 [J]. 航天器环境工程，2015，33 (3): 305-311.

航天器姿态控制执行机构隔振装置设计与试验研究

崔颖慧[1]，李正举[1]，关　新[2]，郑钢铁[3]，黄　华[1]
（1. 中国空间技术研究院通信与导航卫星总体部，北京，100094；
2. 北京控制工程研究所，北京，100094；3. 清华大学航天航空学院，北京，100084）

摘要：更强的图像采集能力、更快的机动能力以及更短的周期重访能力是现代敏捷卫星技术发展所追求的目标。更高的载荷能力和机动能力，对星上执行机构的结构与控制分系统带来了新的挑战。安装在卫星上的载荷对振动十分敏感，而带有高速转子的飞轮、控制力矩陀螺等姿态控制执行机构是星上最主要的扰振源之一。因此，需开展研究抑制执行机构的振动，减小传递至卫星载荷的扰动。本文建立控制力矩陀螺的被动隔振装置动力学模型，通过优化方法设计了星上执行机构的被动隔振装置。在此基础上，利用研制完成的隔振平台开展了一系列地面验证试验。试验结果表明，通过上述方法设计完成的隔振装置，可有效减小执行机构产生的扰振，具有良好的振动抑制效果。

关键词：执行机构；隔振；设计；试验

1　引言

振动抑制是航天结构设计中的一个重要研究课题。根据原理，隔振问题可分类为消振与隔振。其中，消振一般指在结构应变能较大的位置使用阻尼装置消耗能量，而隔振指将隔振装置串联在振源与敏感设备间阻止振动传递[1]。隔振方法常用于姿态控制执行机构或光学载荷的振动抑制问题，消振方法则用于大型天线等低频柔性附件的振动抑制中。根据减振体是否属于被分析的振动系统，隔振分为积极隔振与消极隔振两类。对于执行机构的一级隔振，分析对象为振源——执行机构和隔振器，属于积极隔振；对光学载荷的一级隔振系统中分析对象为减振体——光学载荷与隔振器，属于消极隔振。研究积极隔振问题时常考虑的隔振性能评价标准为力传递率，消极隔振中则一般考虑减振体的响应[2]。隔振方法亦分为被动隔振[3]、主动隔振[4]与主被动一体化隔振[5]等。主动与被动两种隔振方式各有千秋，应根据隔振目的与限制条件合理选择最佳方案。被动隔振无须输入能量，结构简单，容易实现，但有着低频隔振效果差等缺点[6]。与被动隔振相比，主动隔振的性能往往比被动隔振优越，但实现较复杂，隔振平台质量大[7]。高复杂度和大质量意味着发射成本的增加，同时意味着降低运载发射能力。而带有高速组件的执行机构因扰振特性相对其他扰振源较单一，机理较明确，扰振频率较集中可通过试验测得，故可采用被动隔振装置。本文建立控制力矩陀螺（CMG）的被动隔振装置动力学模型，通过优化方法设计了星上执行机构的被动隔振装置，并在此基础上开展了一系列地面验证试验。

2　隔振装置的动力学模型

与飞轮相比 CMG 在控制性能方面的优势较为明显，尤其对具有快速机动能力的卫星，CMG 发挥着更重要的作用。文献中关于飞轮的扰振特性研究结果已趋于完善，而有关 CMG 的测试以及扰振模型掌握的材料尚少。从工作原理，将恒转速飞轮安装在低速框架可得到单框架控制力矩陀螺（SGCMG）。与飞轮类似，使 CMG 产生振动的重要因素是高速转子不平衡量引起的振动，但产生的振动最终通过低速框架与轴承传递到卫星舱板上，因此相比飞轮而言 CMG 的传递特性更为复杂。

另外，建立飞轮扰振模型时，为排除由其他因素引起的扰振，每隔一定间隔变化高速转子的转速进行扰振力的测试，通过快速傅里叶变换绘制瀑布图后提取每个倍频下谐波分量的幅值。但对工作期间高速转子为定转速的单框架控制力矩陀螺（简称 CSCMG，下文若无特殊说明 SGCMG

即指 CSCMG），这部分工作无法用常用的画瀑布图后找出斜线方向扰振力/力矩的方式完成。目前只能从测试的数据提取参数，建立类似飞轮高速转子谐波扰振模型的表达式：

$$m_j(t)=\sum_{i=1}^{n}C_i\Omega^2\sin(r_i\Omega t+\varphi_i),j=1,2,\cdots,6 \quad (1)$$

与飞轮不同的是，飞轮模型中系数 $C_i\Omega^2$ 为每个倍频分量在某一转速 Ω 下的幅值，为确定 C_i，需要测出这一倍频分量幅值随转速变化的曲线后进行拟合。而 CMG 扰振除高速转子不平衡量外，还含轴承、电机、低速框架影响等多种因素，因此直接将测得的数据进行傅里叶变换后提取曲线峰值得到了相应的幅值参数。

为减轻上述控制力矩陀螺扰振载荷对卫星成像质量的影响，本节提出了一种三弹簧隔振方案，建立了带有隔振器的控制力矩陀螺动力学方程。从应用角度，隔振器的质量是需考虑的重要问题，与传统的六弹簧设计引入的较大附加质量相比，本节提出的采用 3 个弹簧实现六自由度隔振的方案，质量轻、体积小，并且设计时取消了铰连接。

三弹簧隔振平台模型中 CMG 为由 3 个弹簧连接到基座的刚体，可分别用 $\boldsymbol{X}=[x \quad y \quad z \quad \theta_x \quad \theta_y \quad \theta_z]^{\mathrm{T}}$ 描述 CMG 运动，$\boldsymbol{U}=[u \quad v \quad w \quad \alpha_x \quad \alpha_y \quad \alpha_z]^{\mathrm{T}}$ 描述基座运动。根据振动理论基本知识，无外载荷输入时有

$$\boldsymbol{M}\ddot{\boldsymbol{X}}+\boldsymbol{C}(\dot{\boldsymbol{X}}-\dot{\boldsymbol{U}})+\boldsymbol{K}(\boldsymbol{X}-\boldsymbol{U})=\boldsymbol{0} \quad (2)$$

为区分平动和转动自由度对 CMG 运动的影响，将上述方程写为如下分块矩阵的形式：

$$\begin{bmatrix}\boldsymbol{m} & 0\\ 0 & \boldsymbol{J}\end{bmatrix}\begin{bmatrix}\ddot{\boldsymbol{x}}\\ \ddot{\boldsymbol{\theta}}\end{bmatrix}+\begin{bmatrix}\boldsymbol{C}_{xx} & \boldsymbol{C}_{x\theta}\\ \boldsymbol{C}_{\theta x} & \boldsymbol{C}_{\theta\theta}\end{bmatrix}\begin{bmatrix}\dot{\boldsymbol{x}}-\dot{\boldsymbol{u}}\\ \dot{\boldsymbol{\theta}}-\dot{\boldsymbol{\alpha}}\end{bmatrix}+\begin{bmatrix}\boldsymbol{K}_{xx} & \boldsymbol{K}_{x\theta}\\ \boldsymbol{K}_{\theta x} & \boldsymbol{K}_{\theta\theta}\end{bmatrix}\begin{bmatrix}\boldsymbol{x}-\boldsymbol{u}\\ \boldsymbol{\theta}-\boldsymbol{\alpha}\end{bmatrix}=\boldsymbol{0} \quad (3)$$

式中：$\boldsymbol{m}$、$\boldsymbol{J}$ 分别为 CMG 的质量阵与惯量阵，考虑到小角度假设和 CMG 初始安装状态，两个矩阵在 $\{\boldsymbol{U}\}$ 系上的表达与自身惯量主轴坐标系下的表达相同，均为对角阵。令 $\boldsymbol{m}=\mathrm{diag}(m \quad m \quad m)$，$\boldsymbol{J}=\mathrm{diag}(J_x \quad J_y \quad J_z)$。另外，$\boldsymbol{x}$、$\boldsymbol{\theta}$、$\boldsymbol{u}$、$\boldsymbol{\alpha}$ 分别为描述 CMG 和基座平动、转动的 3×1 列向量。

3 隔振装置的设计

弹簧参数由隔振器的隔振频率决定。将隔振器的隔振频率作为设计目标，进行优化设计，最终确定弹簧 6 个方向上的刚度，然后根据刚度与弹簧结构尺寸之间的关系，确定弹簧的尺寸。在弹簧刚度设计时，还同时考虑了在轨工作状态限位缓冲装置会提供部分附加刚度。表 1 为用于测试的隔振装置固有频率设计结果，表 2 为仿真分析得到的典型频率点处加速度传递率计算结果，结果表明采取隔振措施后传递至基础上的高频加速度减小 80%以上。

表 1　频率计算结果

模态阶次	计算结果/Hz
第一阶	11.43
第二阶	12.44
第三阶	13.85
第四阶	22.08
第五阶	29.54
第六阶	32.26
第七阶	982.62

表 2　典型频率点加速度传递率

方向	频率/Hz	加速度传递率
X	20	5.21
	50	0.19
	120	0.03
Y	20	2.80
	50	0.30
	120	0.14
Z	20	3.41
	50	0.35
	120	0.08

应用于实际产品时，隔振器属于 CMG 的附属安装件，在安装空间方面要受到 CMG 安装条件的限制，而且质量指标极其严格，这也给设计带来了较大的困难。克服困难的基本途径是采用高性能材料，进行减重设计，并通过隔振弹簧指向尽可能过 CMG 质心，或质心靠近支撑面，来降低隔振器受到的力矩。

CMG 在隔振装置上有 6 个运动自由度，需要通过隔振装置构型的合理设计尽可能在各方向均满足隔振需求。隔振装置的主要隔振元件为金属弹簧。CMG 隔振装置主要由 CMG 转接接口部件、外部舱板安装接口及支撑部件、隔振弹簧、抗力学限位缓冲部件等组成。和欧洲 Pleiades 卫星的 CMG 隔振器相比，采用了分散式结构形式，以减

轻结构质量。在结构构型方面，隔振器的设计思想是尽可能降低CMG主动段因振动产生的翻转力矩，以此来降低结构的动应力，并降低6个方向隔振频率的离散度。在抵抗发射段力学环境方面，采用了附加的限位缓冲装置，该装置由一组金属橡胶元件组成，配合安装结构，实现主动段高附加刚度和高阻尼，降低振动响应幅值，并实现在轨微振动条件下的低附加刚度和阻尼，同时提供CMG的结构运动幅值过大时的限位功能。

在限制输出力矩工况下的轴线偏转，主要依靠金属橡胶组成的限位缓冲装置实现。当偏转角超过一定值后，限位缓冲装置的刚度和阻尼会迅速提高，实现对偏转角的限制。如果偏转力矩值较高，还需采用附加的限制偏转运动的装置。在隔振装置的设计中，金属橡胶起到两方面的作用。首先，为抵抗发射段力学环境提供高刚度和高阻尼支撑；其次，在轨工作段作为隔振装置的阻尼部件。

4 隔振装置的验证

为验证设计完成的隔振装置隔振效果，比较有无隔振平台时传递至卫星舱板的扰振特性，进行了单机隔振性能测试试验。隔振装置的性能测试基于测力平台进行，测试装置示意图如图1所示。测试步骤如下。

（1）将CMG直接安装在测力平台上，测试CMG高速转子在额定转速下工作时传递到测力平台上的载荷。

（2）CMG与隔振装置的装配体通过转接工装安装在测力平台时，测试通过隔振装置传递到测力平台的载荷。

（3）对比两次所测数据查看隔振装置的性能。

图2、图3分别为两种工况下扰振力、力矩测试结果，测试数据表明，安装隔振器后，扰振力/力矩降低了近一个数量级。

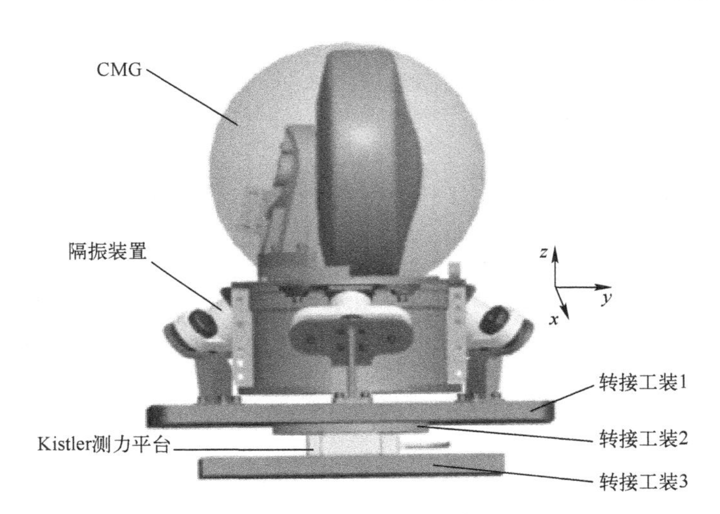

图1 CMG时域振动测试装置图

除稳定工作状态下的高频隔振性能之外，还需要验证卫星机动过程中的隔振器性能。测试时从CMG低速框架0°锁定状态启动，以模拟机动过程，测量传递至基础结构的扰振力与力矩，并比较有无隔振装置两种工况下的扰振力/力矩大小。启动低速框架隔时振前后扰振力/力矩大小如图4与图5所示，从图中数据可知隔振装置在衰减扰振力/力矩的高频分量的同时，能够有效传递执行机构的输出力矩。

5 结束语

本文建立控制力矩陀螺的被动隔振装置动力学模型，通过优化方法设计了星上执行机构的被动隔振装置。在此基础上，利用研制完成的隔振平台开展了一系列地面验证试验。试验结果表明，通过上述方法设计完成的隔振装置，可有效减小执行机构产生的扰振，具有良好的振动抑制效果。文中的隔振装置取消了球铰和柔性铰，利用对弹性元件的优化设计，解决了全向隔振的问题。另外，通过采用基于金属橡胶的限位缓冲装置，解决了抗主动段力学环境的问题，并实现了全金属材料设计，满足了空间应用的需要。

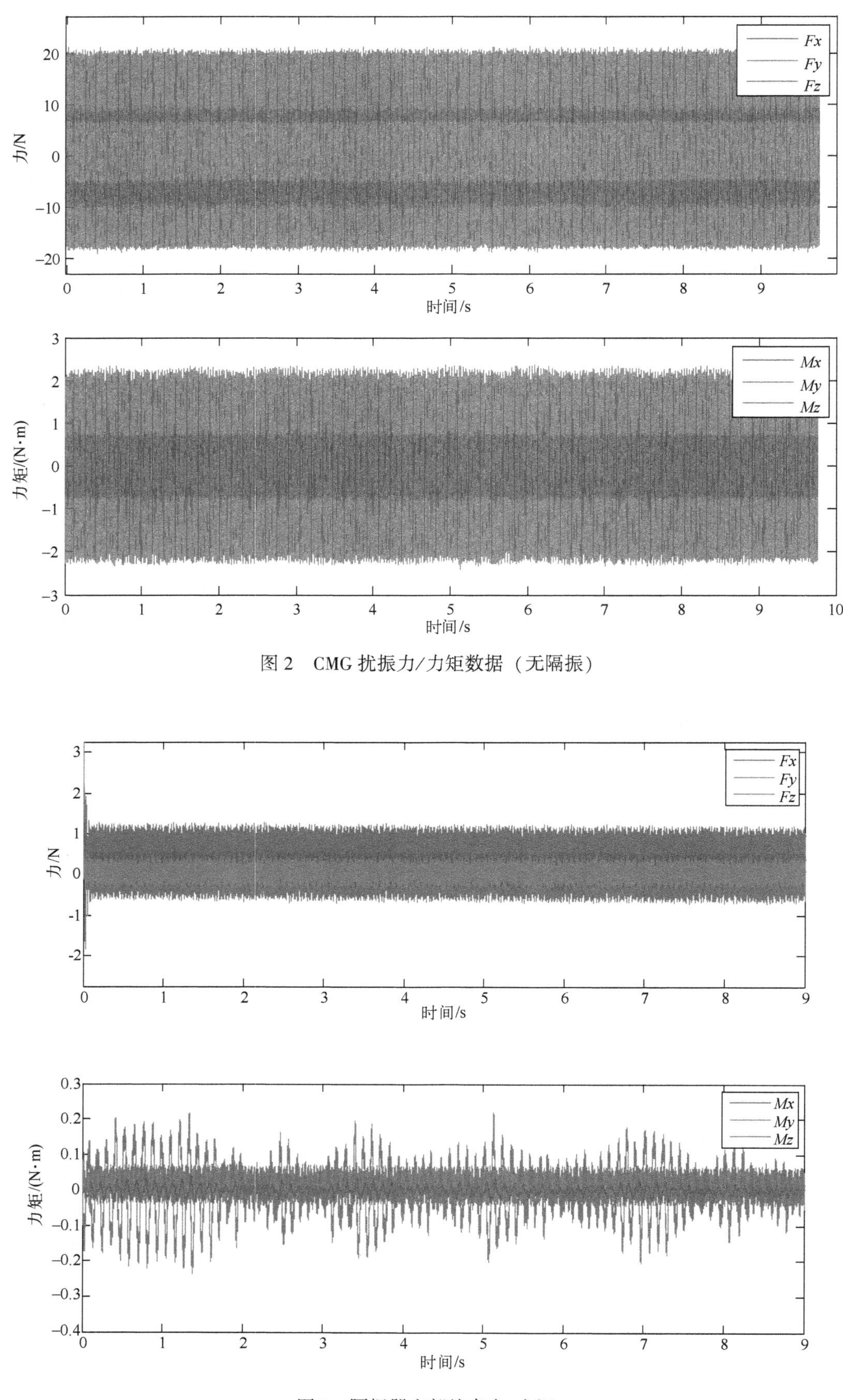

图 2　CMG 扰振力/力矩数据（无隔振）

图 3　隔振器底部约束力/力矩

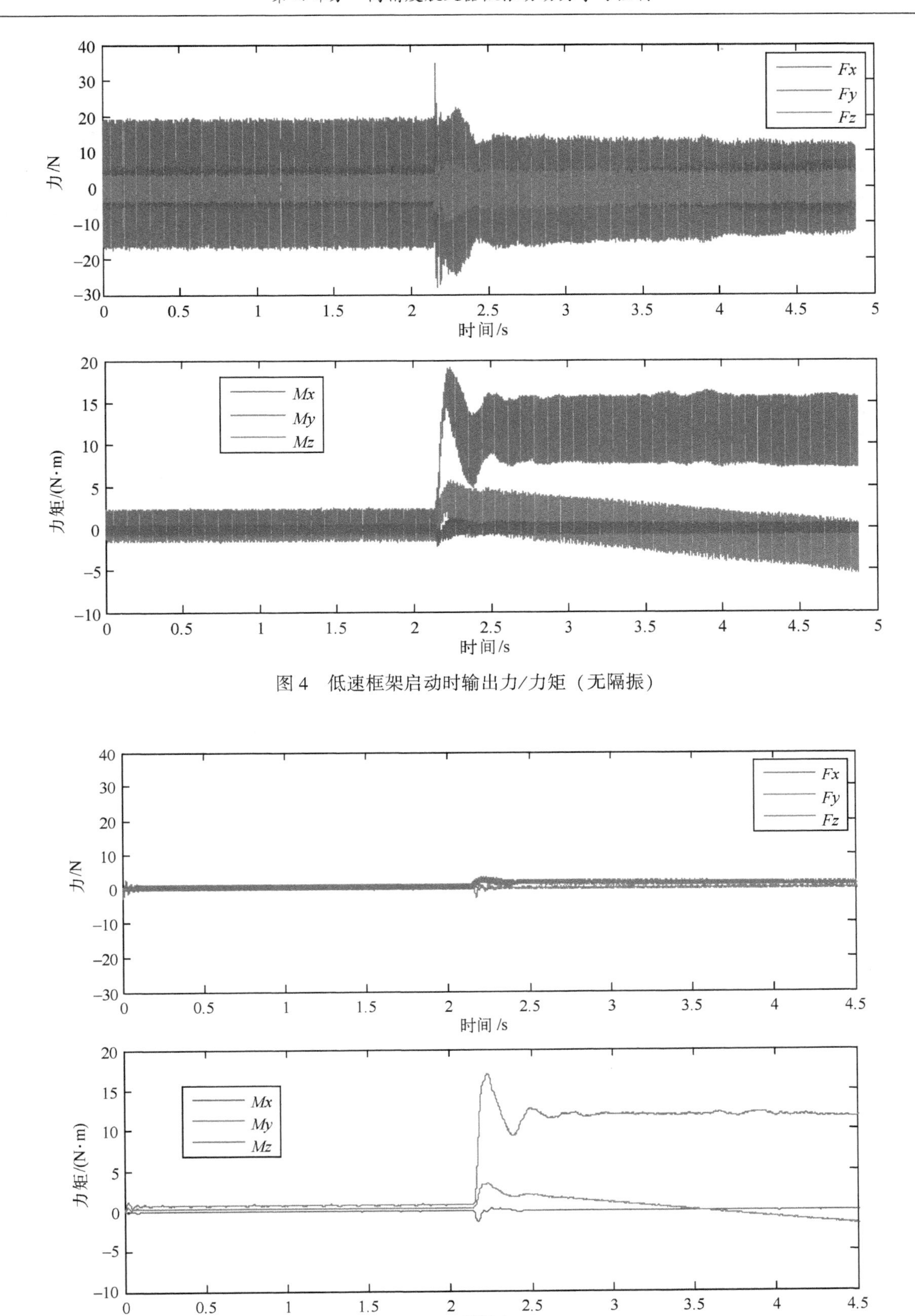

图 4 低速框架启动时输出力/力矩（无隔振）

图 5 低速框架启动时隔振器底部约束力/力矩

参考文献

[1] 丁文镜. 减振理论 [M]. 北京：清华大学出版社，1988.

[2] Winthrop M F, Cobb R G. Survey of state-of-the-art vibration isolation research and technology for space applications [C] // Smart Structures and Materials. International Society for Optics and Photonics, 2003：13-26.

[3] Rivin E I. Passive vibration isolation [M]. New York：ASME Press, 2003.

[4] Grodsinsky C M, Whorton M S. Survey of active vibration isolation systems for microgravity applications [J]. Journal of Spacecraft and Rockets, 2000, 37 (5)：586-596.

[5] Franchek M A, Ryan M W, Bernhard R J. Adaptive passive vibration control [J]. Journal of Sound and Vibration, 2996, 189 (5)：565-585.

[6] Nelson F C. Vibration isolation：A review, I. Sinusoidal and random excitations [J]. Shock and vibration, 1994, 1 (5)：485-493.

[7] Grodsinsky C M, Whorton M S. Survey of active vibration isolation systems for microgravity applications [J]. Journal of Spacecraft and Rockets, 2000, 37 (5)：586-596.

第五部分

航天器轨道与星座飞行动力学与控制

基于实测数据的大气密度反演方法及应用研究

黄美丽，冯　昊，田百义
（北京空间飞行器总体设计部，北京，100094）

摘要：本文针对我国典型遥感卫星运行轨道开展中长期的平均大气密度反演研究，并利用反演结果进行大气密度局部修正及推进剂预算应用研究，达到提高推进剂预算准确度，在保障卫星安全运行基础上最大限度减少推进剂预算的目的。

关键词：中长期；大气密度；反演；局部修正；推进剂预算

1　引言

对于低轨卫星，轨道高度受大气影响将不断降低，并且轨道高度越低，大气密度越大，轨道衰减速度也就越快。因此，卫星需定期消耗推进剂进行轨道机动以维持轨道高度在一定的范围内。轨道维持的推进剂预算是卫星轨道设计的一个重要组成部分。

卫星的轨道维持推进剂消耗量由大气密度及卫星迎风面质比决定，卫星总体构型以及轨道确定后，迎风面质比也就确定了，推进剂消耗量就取决于大气密度[1]。

大气密度是一个复杂的多元变量函数，其预测的难度极大，且变化因素极其复杂。几十年来，大气模型在不断改进和发展，但由于高层大气的变化极其复杂，模型仍存在15%~30%的误差，在空间环境扰动期间甚至可达100%或更高。因此，进一步提高大气模型预报精度成为大气模型研究需要解决的重要问题。目前，大气模型预报精度的改进主要有两种方式：一是建立新模型，增加更多更新的探测数据或者对模型的控制变量进行改进；二是在原模型基础上进行结果修正。无论是哪种改进方法，其基础都是要获取大量准确的大气密度观测数据[2]。

卫星的两行根数（TLE）、我国在轨卫星定轨数据，都是实测轨道数据，将一段时间内的轨道数据剔除变轨因素，卫星轨道参数的变化反映了卫星所受摄动力的情况。把其中与大气阻力无关的摄动因素去除之后，则得到了卫星受大气阻力摄动的轨道变化情况，由此，结合卫星的外形结构、阻力系数、姿态变化等因素，可对大气密度进行反演，得到近实时的大气密度。

近年来，国内外在由TLE数据进行大气密度反演及在此基础上的大气密度模型修正领域进行了不少研究，但多注重于反演方法的推导及个例的应用，缺乏大量数据反演获得中长期平均大气密度的研究，并且尚无将反演方法应用于卫星推进剂预算的研究[3-9]。

本文针对我国典型遥感卫星运行轨道开展中长期的平均大气密度反演研究，并利用反演结果进行大气密度局部修正及推进剂预算应用研究，达到提高推进剂预算准确度，在保障卫星安全运行基础上最大限度减少推进剂预算的目的。

2　中长期大气密度反演算法研究

2.1　低轨卫星轨道高度衰减分析

对于低轨卫星，大气阻力造成轨道机械能的长期衰减。对于近圆的低地球轨道，轨道半长轴衰减率可近似估计如式（1）所示[10-12]。

$$\dot{a}=-86400C_D\frac{A}{M}na^2\rho \tag{1}$$

式中：$\dot{a}$为轨道半长轴衰减率；C_D为阻力系数，对于一般卫星C_D取值范围为2.0~2.3；A为卫星有效迎风面积；M为卫星质量；n为卫星平均运动角速度；a为半长轴；ρ为卫星飞行高度的大气密度。

对于椭圆的低地球轨道，其高度的衰减涉及了半长轴、远地点高度、近地点高度和偏心率的衰减，由于卫星在椭圆轨道上不同位置的大气密度也是变化的，导致轨道半长轴衰减近似公式（1）不再适用，椭圆轨道各参数的衰减情况可参考文献［12］。

2.2　大气密度反演算法流程

大气密度反演基于实测的卫星轨道平根数（平半长轴）变化，采用带有大气摄动的轨道动力学模型对卫星所在高度中长期的等效大气密度反演，给出大气密度反演算法理论和流程。该方法适用于近圆轨道中长期的大气密度反演。

卫星轨道数据包括地心 J2000 坐标系下的轨道瞬根和平根数，轨道参数包含轨道半长轴、偏心率、倾角、升交点赤经、近地点幅角和平近点角。平根数中的轨道半长轴消去了地球非球形摄动的短周期和长周期摄动项，主要受大气阻力摄动影响。主要表现是半长轴在轨逐渐衰减，可根据半长轴衰减率反推卫星当时所在高度的等效大气密度情况。设计方案如图 1 所示。

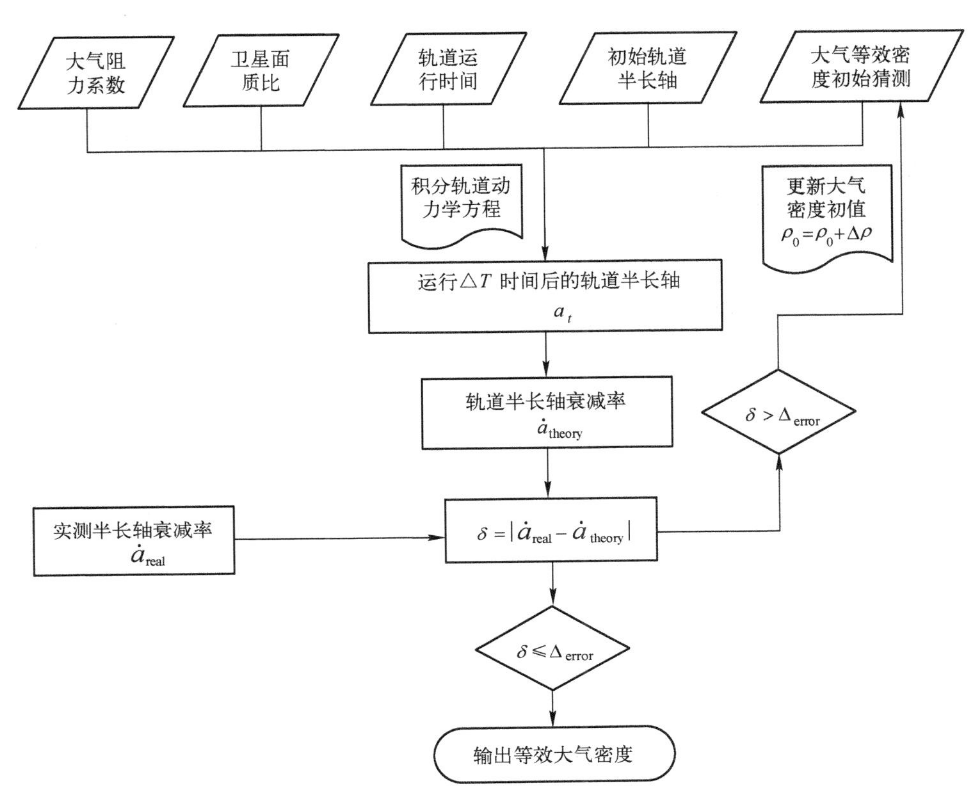

图 1　基于实测轨道衰减数据的等效大气密度反演流程图

详细算法流程描述如下。

（1）给定大气阻力系数 C_D、卫星面质比$\frac{A}{m}$、初始平轨道半长轴 a_0、轨道运行时间 ΔT、实测轨道半长轴衰减率$\dot{a}_{real}$和大气等效密度的初始猜测值ρ_0。

（2）对轨道半长轴衰减率计算模型积分，可得到卫星运行 ΔT 时间后的平轨道半长轴 a_t。

（3）计算轨道半长轴理论衰减率$\dot{a}_{theory}=a_0-a_t$。

（4）若理论衰减率$\dot{a}_{theory}$与实测半长轴衰减率$\dot{a}_{real}$差值 $\delta=|\dot{a}_{real}-\dot{a}_{theory}|$满足误差要求，即 $\delta\leqslant\Delta_{error}$，则当前大气密度即为所求等效大气密度；否则，对大气密度初值进行修正，$\rho_0=\rho_0+\Delta\rho$，重新进入步骤（2）循环，直到误差满足要求。

该方法用于反演卫星中长期的大气密度情况，因此，需对长期实测的轨道数据进行简单处理，获取卫星在某段时期内的平均衰减率，以便对该段时间的平均大气密度进行反演。

3　典型轨道中长期大气密度反演分析

3.1　典型轨道选取

495km 高度的轨道是我国重要系列遥感卫星所选用的轨道。2000 年至今，我国已成功发射了 6 发遥感卫星（ZY-2(01)、ZY-2(02)、ZY-2(03)、YAOGAN5、YAOGAN12 和 YAOGAN21）运行于该轨道上，并且有多发卫星在 495km 附近的轨道上运行。未来，我国还将往该轨道附近陆续发射多颗遥感卫星。该轨道上持续有卫星运行已超过 11 年的一个太阳活动周期，进行大气密度反演对后续的轨道维持推进剂预算是非常有参考意义的。

因此，本文选择典型卫星高度 495km 进行大气密度反演，并与 MSIS 大气密度模式计算的大气密度进行对比，验证本文的反演模型和算法。大气密度计算主要取决于太阳活动率，太阳活动率以波长 10.7 的射电流量 F10.7 表示。MSIS 模式计算大气密度时采用实测的 F10.7 数据，根据美国国家海洋和大气管理局（NOAA）发布的实测 F10.7 数据，2000—2016 年，实测 F10.7 数据如图 2 所示。

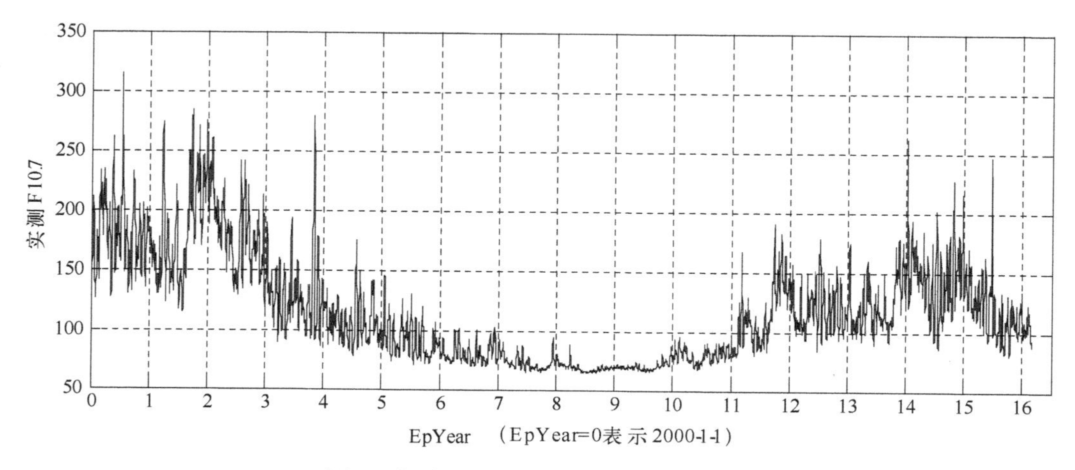

图 2 实测 F10.7 数据（2000—2016 年）

大气密度主要依赖于太阳活动水平 F10.7，F10.7 既有约为 11 年的长周期变化，又有周期约为 27 天的短周期变化。对于卫星推进剂预算，只需考虑长周期变化即可。

3.2 中长期大气密度反演结果

以 ZY－2（01）、ZY－2（02）、ZY－2（03）、YAOGAN5、YAOGAN12 和 YAOGAN21 卫星为例，卫星平均轨道高度均为 495km。

以 YAOGAN12 和 YAOGAN21 卫星为例，2015 年期间两颗星轨道半长轴衰减情况和衰减率如图 3 所示。

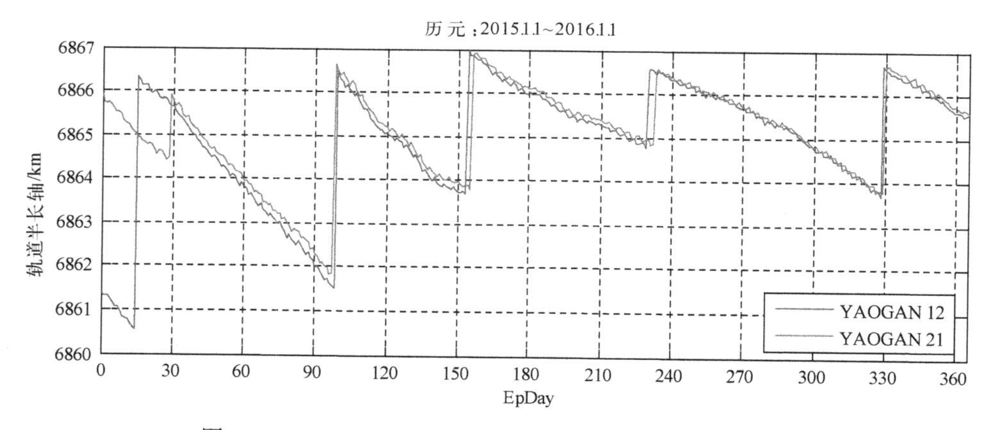

图 3 YAGOGAN 12 和 YAOGAN 21 卫星半长轴衰减情况

由图可知，两颗星在 2015 年期间进行了 5 次正常的轨道维持。双星轨道高度、整星质量和有效迎风面积高度一致，因此双星轨道半长轴衰减一致。

基于实测 F10.7 计算所得的 MSIS00 大气模式密度和本文反演算法所得的 2010—2016 年反演密度情况如图 4 所示。

本文方法所得大气密度与 MSIS 大气密度模式相比，得到如下结论。

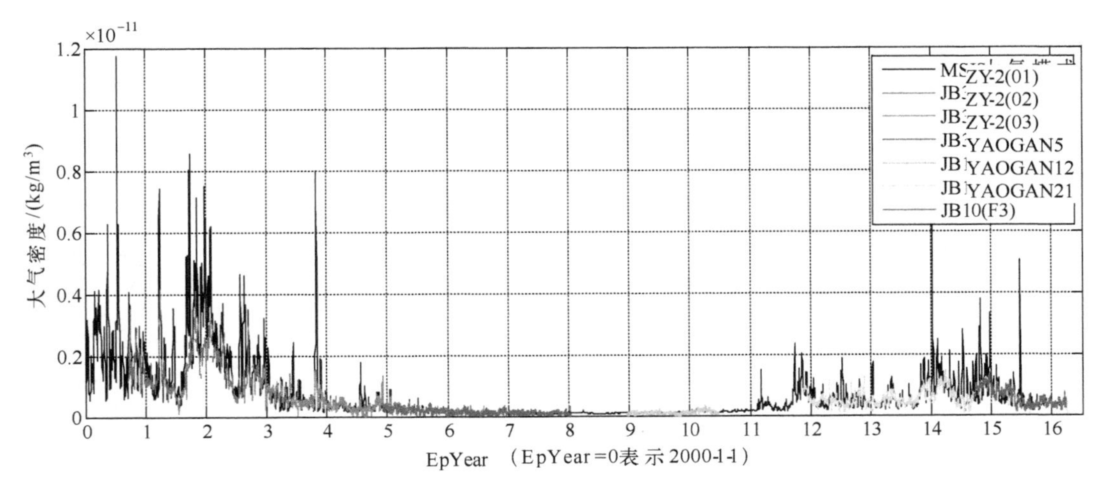

图4 495km轨道反演大气密度与MSIS00大气模式对比（2000—2016年）

（1）MSIS00大气密度模式与反演大气密度的变化趋势吻合度较高。

（2）在太阳活动高年，MSIS00模型误差较大，误差最大可达60%。

（3）在太阳活动低年，MSIS00模型误差较小，误差最大可达10%。

4 大气密度模型局部修正方法研究

4.1 大气密度模型局部修正方法

本文以MSIS00模式为例，进行大气模型局部修正方法研究。

通过在轨数据进行大气密度反演，获得一段时间内的大气密度数据：

$$\rho_s=\rho_s(t) \tag{2}$$

通过大气密度模型计算一段时间内的大气密度数据，计算大气密度时采用实测的F10.7数据。

$$\rho_m=\rho_m(t,\mathrm{F10.7}) \tag{3}$$

从而得到同一时间的实测大气密度与模型密度之间的关系系数：

$$\rho_x=\frac{\rho_s}{\rho_m} \tag{4}$$

利用卫星长期在轨的数据，通过多项式曲线拟合，得到两种密度之间的关系系数ρ_x与F10.7的关系：

$$\rho_x(\mathrm{F10.7})=A\cdot f(\mathrm{F10.7}) \tag{5}$$

通过上述关系系数与F10.7的拟合表达式，可以对大气密度模型进行修正，从而再用于工程设计中，优化卫星推进剂预算及总体设计。

4.2 典型轨道大气密度模型局部修正

对典型轨道高度495km，通过（2）~式（5）可获取大气密度模型修正系数同F10.7的关系如图5所示。

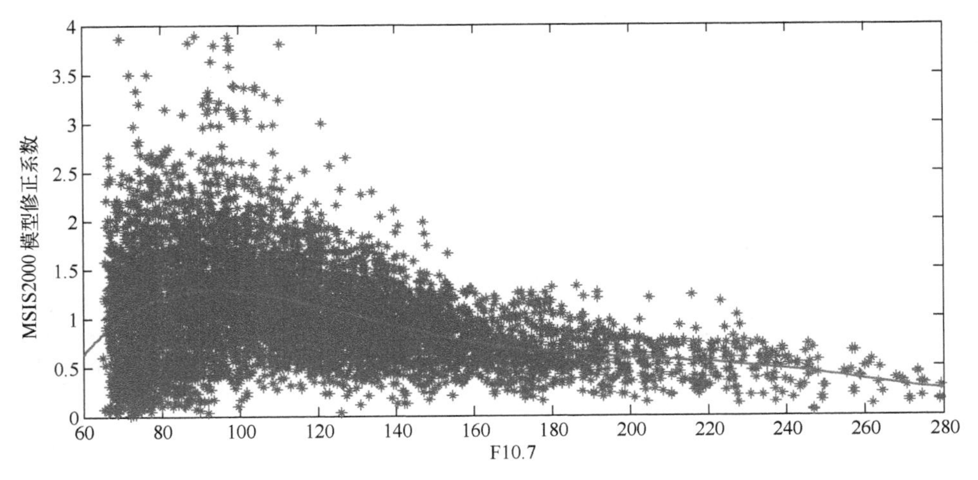

图5 495km高度大气密度模型修正系数同F10.7的关系

采用5次多项式拟合得出模型修正系数同F10.7的关系见下式：

$$\rho_x(\text{F107}) = A * [\text{F107}^5+\text{F107}^4+\text{F107}^3+\text{F107}^2+\text{F107}^1+1] \tag{6}$$

其中拟合系数A取值如下：

$A=[5.538039\times10^{-11},-5.496297\times10^{-8},2.098230\times10^{-5},-0.003817,0.322250,-8.822965]$

模型修正前后和反演的大气密度情况如图6所示。

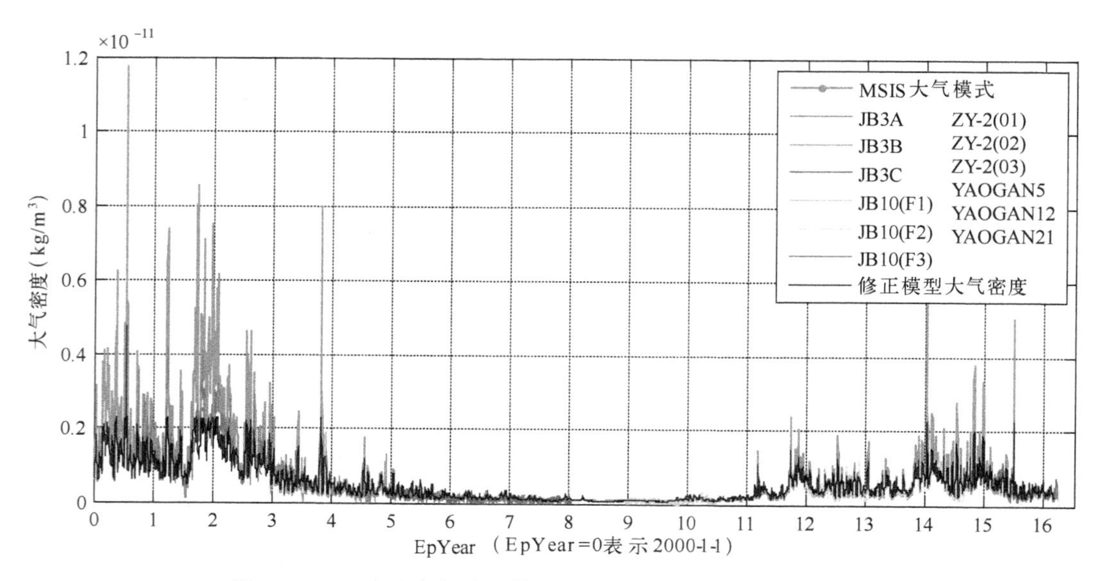

图6 495km高度大气密度模型修正前后和反演大气密度对比

由图可知：

（1）在太阳活动高年，模型修正后的大气密度平均值同反演的大气密度平均值相比，最大误差约20%，与模型修正前的50%误差相比，模型精度有了较大提高。

（2）在太阳活动低年，修正前后的大气密度模型同反演的大气密度均有较高的契合度。

（3）通过系数修正主要提高了太阳活动高年的大气密度模型精度。

5 大气密度模型局部修正在推进剂预算中的应用

5.1 低轨卫星推进剂预算

低轨卫星推进剂预算主要包括对初轨调整、轨道机动、轨道维持以及姿态控制等消耗的推进剂进行预算并留有一定的余量。其中，对大气阻力引起的轨道衰减进行轨道维持所需的推进剂预算是重点及难点，这主要因为其他几项推进剂预算一般情况下均可准确预估，而轨道维持所需推进剂则与大气密度预测密切相关，而大气密度预测的不确定性很大，是目前整体推进剂预算的难点。

传统的轨道保持推进剂预算方法主要有两种。

（1）对于寿命3年左右的卫星，一般都按太阳活动中高年（F10.7=175）的情况，根据大气密度模型预报的大气密度进行推进剂预算，推进剂余量较大。

（2）对于寿命5年以上的卫星，一般按一个太阳活动周期中高、中、低年组合的形式，根据预计运行年份，以大气密度模型预报的大气密度进行推进剂预算，余量相对较小。

可以看出，两种方法都受限于大气密度模型预报精度。对于典型轨道，在具备长期（一个太阳活动周期11年以上）大气密度反演数据的前提下，可利用反演结果对大气密度模型进行局部修正，提高大气模型预报精度，从而提高推进剂预算精度。

5.2 应用算例及结果分析

本文以495km轨道高度上的5年寿命卫星燃料预算作为应用算例进行大气密度模型局部修正方法应用研究。

根据前面分析，对于5年寿命卫星，按太阳活动中高年的情况，根据大气密度模型预报的大气密度进行推进剂预算。取卫星的迎风面质比为

0.008m²/kg，分析可得大气密度模型局部修正前后的轨道维持推进剂预算比对如表1所列[10]。

表1　大气密度模型局部修正前后的轨道维持推进剂预算比对

大气密度模型	大气密度/(kg/m³)	半长轴变化率/(m/day)	5年推进剂消耗/kg
MSIS00模型修正前	1.47×10^{-12}	−120.20	148.00
MSIS00模型修正后	1.10×10^{-12}	−88.25	110.0

由表1可知，轨道保持推进剂消耗由修正前的148kg减少为110kg，比原设计结果节省38kg推进剂，节省了近35%。

6　结束语

本文基于实测轨道数据进行大气密度反演方法、大气模型局部修正方法及工程应用研究，研究成果具有创新性以及工程实用性，可在我国未来航天器的高精度轨道预报、推进剂预算、碰撞规避等任务中得以推广和应用，可以为我国未来航天器的总体设计等提供技术支持，促进形成合理、可行、优化的设计方案。

参考文献

[1] 彭成荣．航天器总体设计［M］．2版．北京：中国科学技术出版社，2011.

[2] 任廷领，等．利用卫星两行轨道根数反演热层［J］．空间科学学报，2014，34（4）：426-433.

[3] 杜凯．基于实测数据的大气密度模型修正方法［J］．载人航天，2011（3）：15-21.

[4] 陈旭杏，等．基于卫星数据和NRLMSISE00模型的低轨道大气密度预报修正方法［J］．地球物理学报，2013，56（10）：654-662.

[5] 陈旭杏，等．NRLMSISE-00大气模型与GGRACE和CHAMP卫星大气密度数据的对比分析［J］．空间科学学报，2013，33（5）：509-517.

[6] 苗娟，等．基于实时观测数据的大气密度模式修正［J］．空间科学学报，2011，31（4）：459-466.

[7] Dayi Wang, Maodeng Li, Xiangyu Huang. "Analytical Solutions of generalized triples algorithm for flush air-data sensing systems," Journal of Guidance, Control, and Dynamics, Vol. 40, No. 5, May 2017, PP. 1309-1318. doi：10.2514/1. G0006889.

[8] E Doornbos, et al. Use of two-line element data for thermosphere neutral density model calibration. Advances in Space Research 41 (2008) 1115-1122.

[9] C Levit, et al. Improved orbit predictions using two-line elements. Advances in Space Research 47 (2011) 1107-1115.

[10] 肖业伦．航天器飞行动力学原理［M］．北京：宇航出版社，1995.

[11] 刘林．航天器轨道理论［M］．北京：国防工业出版社，2000.

[12] 黄美丽，等．一种实用的遥感卫星多任务轨道规划设计方法［C］．2016中国飞行力学年会．北京：中国宇航学会空气动力与飞行力学专业委员会，2016.

规避点火禁区的GEO全电推进卫星位置保持优化方法

李　强，周志成，袁俊刚，王　敏
（中国空间技术研究院通信与导航卫星总体部，北京，100094）

摘要：GEO全电推进卫星在轨位置保持要求电推力器以最少的推进剂消耗使卫星星下点的地理经度、地理纬度控制在给定的范围内，其本质上是一个约束优化问题。实际位保过程中还存在点火位置约束，例如地影期约束等。针对存在点火位置约束的全电推进卫星位置保持问题，将一个轨道周期离散化为若干个点火单元，电推力器的点火弧段用一系列二进制编码表示，建立离散位置保持控制模型。基于遗传算法对该问题进行求解可得到电推力器点火位置、点火时长等参数。该方法的优点是能够简便地处理点火位置约束（如地影期约束），通过合理选择点火单元就能够使电推力器工作弧段避开禁止点火的区域，同时能够实现高精度位置保持控制。

关键词：全电推进卫星；GEO；位置保持；点火位置约束；遗传算法

1　引言

GEO全电推进卫星受整星布局的限制，通常只安装4台电推力器呈矩形构型[1]，如图1所示。该构型能够兼顾南北、东西位保需求以及角动量卸载能力，文献［2］通过分析GEO卫星所采用的不同电推力器构型之间的区别和特点，得出图1所示的矩形构型具有最高的冗余度。如图1所示构型下，任一台电推力器点火都将同时产生径向、切向、法向3个方向的推力分量，使南北、东西位置保持相互耦合，采用化学推进的解耦控制方法不再适用。

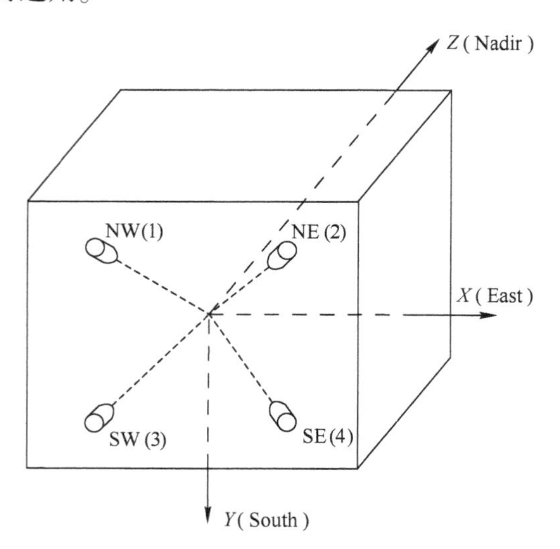

图1　全电推进卫星电推力器构型示意图

全电推进卫星位置保持问题就是要确定4台电推力器各自的最佳点火弧段（包括点火位置、点火时长），以最低的推进剂消耗满足位置保持要求。在正常模式下，北侧电推力器在受摄轨道升交点、南侧电推力器在受摄轨道降交点就是最佳点火位置[3]，故障模式下（仅对角线两台电推力器工作）最佳点火位置不定。此外，位置保持过程还存在点火位置约束条件，最典型的就是地影期约束，即在地影期内电推力器不能点火。点火位置约束使位置保持问题的求解变得更加复杂。

本文针对全电推进卫星位置保持问题，建立了离散化的控制模型，并基于遗传算法建立了优化求解模型，该模型尤其适合处理点火位置约束，能够使电推力器点火弧段自动规避禁止点火的区域。

2　位置保持模型

GEO卫星位置保持通常采用一组无奇点轨道根数来描述轨道[4]：卫星倾角矢量（$\boldsymbol{i}_x$，$\boldsymbol{i}_y$）、偏心率矢量（$\boldsymbol{e}_x$，$\boldsymbol{e}_y$）、平经度漂移率D、平赤经l或平经度λ。文献［5］给出了无奇点轨道根数表示的轨道控制方程：

$$
\begin{cases}
R_s\Delta D = -3K_T\Delta V\dfrac{\sin(\Delta l/2)}{\Delta l/2}\\
V_s\Delta \boldsymbol{e} = V_s\begin{bmatrix}\Delta \boldsymbol{e}_x\\ \Delta \boldsymbol{e}_y\end{bmatrix}\\
\quad = \left(-K_R\Delta V\begin{bmatrix}-\sin l\\ \cos l\end{bmatrix} + 2K_T\Delta V\begin{bmatrix}\cos l\\ \sin l\end{bmatrix}\right)\dfrac{\sin(\Delta l/2)}{\Delta l/2}\\
V_s\Delta \boldsymbol{i} = V\begin{bmatrix}\Delta \boldsymbol{i}_x\\ \Delta \boldsymbol{i}_y\end{bmatrix} = K_N\Delta V\begin{bmatrix}\cos l\\ \sin l\end{bmatrix}\dfrac{\sin(\Delta l/2)}{\Delta l/2}
\end{cases}
\tag{1}
$$

式中：Δl 为电推力器点火弧段长度；l 为电推力器点火弧段中点赤经；ΔV_i 为电推力器产生的速度增量；K_T、K_N、K_R 分别为电推力器推力在 RTN 坐标系三轴上的投影系数。

将整个静止轨道周期平均分成 n 等份，每段长度 Δt，每段中点处对应的卫星赤经为 l_i，每段可视作一个点火单元，在该段内电推力器工作状态用 $\boldsymbol{v}_i$ 表示，$\boldsymbol{v}_i$ 只有“0”和“1”两种取值，“0”表示该段内电推力器不点火，“1”表示该段内电推力器持续点火。在某段 l_i 内，弧段长度较短，弧段损失因子 $\dfrac{\sin(\Delta l/2)}{\Delta l/2}$ 近似为 1，并忽略航天器质量变化，电推力器产生的轨道要素改变量可由式（1）得到

$$
\begin{cases}
\Delta \boldsymbol{i} = \dfrac{F_p\Delta t}{m_c}\dfrac{1}{V_s}K_N\begin{bmatrix}\cos l_i\\ \sin l_i\end{bmatrix}\boldsymbol{v}_i\\
\Delta \boldsymbol{e} = \dfrac{F_p\Delta t}{m_c}\dfrac{1}{V_s}\left(-K_R\begin{bmatrix}-\sin l_i\\ \cos l_i\end{bmatrix} + 2K_T\begin{bmatrix}\cos l_i\\ \sin l_i\end{bmatrix}\right)\boldsymbol{v}_i\\
\Delta D = -\dfrac{F_p\Delta t}{m_c}\dfrac{3}{R_s}K_T\boldsymbol{v}_i
\end{cases}
\tag{2}
$$

可见，电推力器对轨道要素的改变量取决于该点火单元的状态 $\boldsymbol{v}_i$：若 $\boldsymbol{v}_i=0$，电推力器不点火，轨道要素不变化；若 $\boldsymbol{v}_i=1$，电推力器持续点火，轨道要素产生一个固定的改变量，只与卫星参数及点火单元的位置有关。记 $\boldsymbol{V}=(\boldsymbol{v}_1, \boldsymbol{v}_2, \cdots, \boldsymbol{v}_n)^{\mathrm{T}}$ 表示电推力器在所有点火单元的状态组成的状态向量，在状态向量 $\boldsymbol{V}$ 所包含的轨道弧段内，电推力器产生的轨道要素改变量为可由式（2）叠加得到

$$
\begin{bmatrix}\Delta i_x\\ \Delta i_y\\ \Delta e_x\\ \Delta e_y\\ \Delta D\end{bmatrix} = \boldsymbol{AV}
\tag{3}
$$

其中 $\boldsymbol{A}\in\boldsymbol{R}^{5\times n}$ 称为电推力器作用矩阵，$\boldsymbol{A}$ 的第 i 列 a_i 可表示为

$$
a_i = \frac{F_p\Delta t}{m_c}\begin{bmatrix}K_N\cos l_i\\ K_N\sin l_i\\ K_R\sin l_i + 2K_T\cos l_i\\ -K_R\cos l_i + 2K_T\sin l_i\\ K_T\end{bmatrix}
\tag{4}
$$

对于不同电推力器，其作用矩阵不同。为降低电推力器总的开关机次数，限定一个轨道周期内一台电推力器只开关机一次，即电推力器的状态向量中取值为“1”的状态都相邻，如表 1 所列。状态向量中第 i 到第 j 个状态为“1”，其余状态为“0”。

表 1　状态向量取值示例

状态	v_1	…	v_{i-1}	v_i	v_{i+1}	…	v_{j-1}	v_j	v_{j+1}	…	v_n
取值	0	…	0	1	1	…	1	1	0	…	0

表 1 所示的状态向量对应电推力器的点火弧段中点赤经为

$$
l = \frac{l_i + l_j}{2}
\tag{5}
$$

对应的电推力器的点火时长为

$$
\Delta T = (j - i + 1)\Delta t
\tag{6}
$$

实际上状态向量 $\boldsymbol{V}$ 不需要包含整个轨道周期所有点火单元的状态，而是根据实际需要合理地取舍。例如对于北侧电推力器只允许在受摄轨道升交点赤经附近±90°的范围内点火，则状态向量只需包含该范围内的点火单元。此外，若状态向量只选取允许电推力器点火的单元，则在位置保持求解过程中，电推力器点火弧段能够自动避开禁止点火的区域。

将 4 台电推力器各点火一次作为一个控制周期，该控制周期应包含整数个轨道周期，考虑到倾角控制要求北侧电推力器在摄动轨道升交点附近±90°的范围内点火，南侧电推力器在摄动轨道降交点附近±90°范围内的范围内点火，即一个轨道周期内南北侧电推力器的点火过程互不影响，故 4 台电推力器各点火一次组成的控制周期应包含 2 个轨道周期。第 1 个轨道周期内，北侧、南侧对角线两台电推力器（NW，SE）依次点火，第 2 个轨道周期内其余两个电推力器（NE，SW）依次点火。

3 优化模型与优化算法

3.1 优化模型

GEO 全电推进卫星位置保持问题可描述为如下的约束优化问题：

$$
\begin{aligned}
&\min_{V_i} J = \min \sum_{i=1}^{4} \left(\sum V_i \right) \\
&\text{s.t.}\ \ h = \sum_{i=1}^{4} (A_i V_i) - \begin{bmatrix} \Delta i_x \\ \Delta i_y \\ \Delta e_x \\ \Delta e_y \\ \Delta D \end{bmatrix} = \mathbf{0}, i = 1,2,3,4
\end{aligned} \tag{7}
$$

其中（Δi_x，Δi_y）、（Δe_x，Δe_y）、ΔD 分别为倾角控制量、偏心率控制量和平经度漂移率控制量。由于在点火单元的选择过程中自动满足禁止点火区域约束，故式（7）只包含等式约束。为便于采用遗传算法对式（7）进行求解，本文将等式约束条件按照外点罚函数法转换为惩罚函数[8]：

$$
Q = \frac{K_N \sum_{i=1}^{4} \left(\sum V_i \right)}{V_s \Delta i} + r_k \| h \|_2 \tag{8}
$$

采用遗传算法以式（8）为新的目标函数进行求解，其中 r_k 为惩罚项系数，随着迭代的进行不断放大，迭代步数 k 趋向 ∞ 时，r_k 趋向 ∞，由式（8）得到的最优解满足线性约束条件。

3.2 优化算法

本文采用遗传算法进行优化模型的求解。遗传算法是一种智能优化方法[6]，其直接对参数的二进制编码进行以选择复制、交叉、变异 3 种基本操作为主的计算，通过变量适配值函数引导搜索过程向最优解收敛。与牛顿法等传统优化方法相比，遗传算法的显著优势在于以下几点[7]。

（1）遗传算法只需要优化目标函数来计算适配值，不需要目标函数的梯度，也不要求目标函数连续光滑，对问题的适应性强。

（2）遗传算法的计算过程是多点并行进行的，可通过大规模并行计算提高计算速度。

（3）遗传算法能以较高的概率搜索到全局最优解。

式（7）所示的优化模型其优化变量为二进制串，可以不经过编码直接采用遗传算法进行求解，此外，优化变量需满足表 1 所列的格式，对遗传算法进行适当改进即可保证运算过程中优化变量的格式始终满足要求。

3.3 遗传算法的改进

电推力器在一个控制周期内的点火过程可用表 1 所列的一组特定格式的二进制编码表示，该格式保证了电推力器开关机次数满足要求。若采用遗传算法直接对状态向量 $\boldsymbol{V}$ 进行操作，在进行交叉和变异之后，将破坏 $\boldsymbol{V}$ 的格式。因此，需对基本遗传算法的交叉和变异操作进行改进，以适应向量 $\boldsymbol{V}$ 的格式要求，最终能得到电推力器点火弧段的有效解。除此之外，本文所采用的遗传算法还加入了精英个体保护和移民操作，以保证种群多样性，提高搜索效率，避免局部极值。

1）交叉

设 V_1、V_2 是要进行交叉操作的满足表 1 格式的两个个体，其中 V_1 的第 i_1 到第 j_1 个状态为“1”，其余状态为“0”；V_2 的第 i_2 到第 j_2 个状态为“1”，其余状态为“0”。交叉操作将生成 V_1'、V_2' 两个新的个体，其中 V_1' 的第 $\min(i_1, j_2)$ 到第 $\max(i_1, j_2)$ 个状态为“1”，其余状态为“0”；V_2' 的第 $\min(i_2, j_1)$ 到第 $\max(i_2, j_1)$ 个状态为“1”，其余状态为“0”。

2）变异

设 V 是要进行变异操作的个体，其格式如表 1 所示，变异操作不是在所有二进制位上随机发生，而只发生在特定的二进制位：第 $i-p-1$ 到第 $i-1$ 个状态由“0”变为“1”，或第 i 到第 $i+p$ 个状态由“1”变为“0”；第 $j-q$ 到第 j 个状态由“1”变为“0”，或第 $j+1$ 到第 $j+q+1$ 个状态由“1”变为“0”。其中 p、q 为较小的随机整数。该变异操作只对特定二进制位有影响，等效于电推力器点火弧段移动、增长、缩短一小段，不会严重破坏个体 V 中所包含的重要信息，且有利于算法后期在最优解附近进行精搜索，相比交叉操作具有更重要的意义，变异概率可以取较大值。

3）精英个体保护

在迭代过程中设置一个变量 V_{best} 记录迭代过程中的最优目标函数个体，即精英个体。精英个体不经过选择复制操作，但参与交叉与变异操作，即在种群中对精英个体进行保护，避免迭代过程丢失重要的遗传信息。

4）移民

在多次迭代后，种群有可能陷入局部极值，

即种群内所有个体都相同。移民操作是在每次迭代过程中都引入一部分新个体代替种群内目标函数差的老个体，即通过引入新的基因使种群跳出局部极值。移民应在选择复制之后进行，避免新引入的个体马上被淘汰。

上述操作中，变异和移民操作都是破坏种群稳定性的措施，不利于算法收敛，因此在算法中设置一个停滞代数，即最优目标函数连续未发生变化的代数，在停滞代数小于N_1代时，不引入移民和采用较小的变异概率；在停滞代数大于N_1代时，引入移民操作和增大变异概率；在停滞代数大于N_2代时，认为算法已收敛，作为迭代停止的标志。

4　仿真算例

静止轨道地影期发生在在春、秋分前后各约23天，一年中最长地影时间约为72min，地影期在春、秋分点附近。算法中地影期约束可简化设置为一年内所有地影的最大包络：在春、秋分点前后各1.5h内电推力器不开机，即卫星赤经在$-15°\sim15°$和$165°\sim195°$电推力器不开机。仿真电推力器正常模式（全部电推力器可用）和故障模式（仅有对角线两台电推力器可用，本例中选取NW和SE两台电推力器）一年的位保过程。

4.1　仿真参数设置

卫星仿真参数设置如下。

（1）卫星初始重量2000kg，电推力器标称推力80mN，比冲4000s。

（2）初始轨道参数：半长轴$a=42166.17$km，偏心率$e=0.0001$，轨道倾角$i=0.01°$，定点经度120°E，轨道历元时刻2020/01/01/00:00；测轨误差：$i_x, i_y\leqslant0.002°$，$e_x, e_y\leqslant5\times10^{-6}$，$\lambda\leqslant0.002°$，$a\leqslant30$m（$1\sigma$）。

（3）轨道外推模型考虑地球形状摄动、日月三体引力、太阳光压力（光压系数1.5，等效面积60m²）。

（4）电推力器初始安装角度（与星体Y轴夹角）39°，推力器作用点到质心距离2m。

算法参数设置如下。

（1）种群数量取为200，轨道离散区间数为180，交叉概率取为1，基本变异概率0.1。

（2）设置停滞代数大于100代时，引入移民操作，变异概率提高为1，停滞代数大于500代时，停止迭代，输出结果。

4.2　仿真结果

正常模式下位置保持控制结果如图2所示，其中纬度控制在±0.01°以内，经度控制在±0.04°以内。电推力器点火位置分布如图3所示，其中符号“+”代表电推力器点火弧段起点，符号“×”代表电推力器点火弧段终点，可以看出电推力器点火弧段全部避开地影期约束条件。

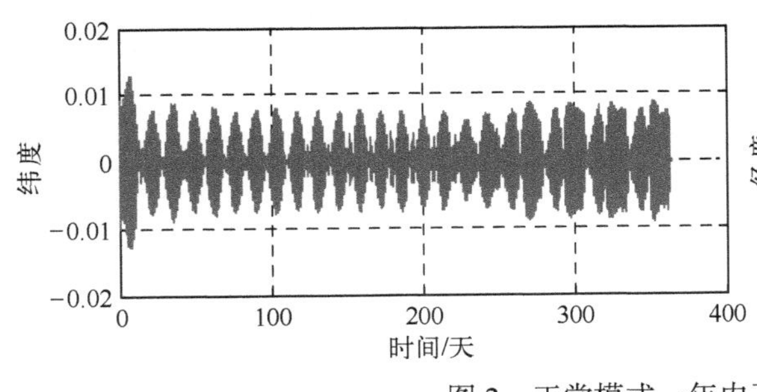

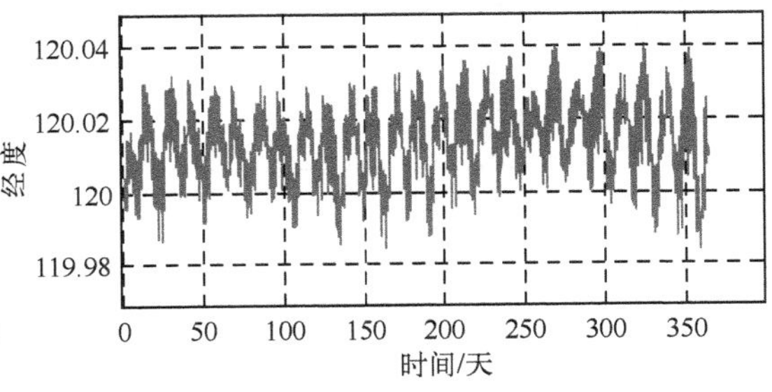

图2　正常模式一年内卫星维度与经度变化

故障模式下位置保持控制结果如图4所示，其中纬度控制在±0.02°以内，经度控制在±0.05°以内。电推力器点火位置分布如图5所示，其中符号“+”代表电推力器点火弧段起点，符号“×”代表电推力器点火弧段终点，可以看出电推力器点火弧段全部避开地影期约束条件。

5　结束语

本文针对GEO全电推进卫星在轨位置保持问题，将轨道周期离散化为小的点火单元，以点火单元的状态为变量建立了位置保持控制模型，将电推力器的点火参数由二进制编码表示，为满足电推力器开关机次数限制，该二进制编码需具有特定格式。通过外点罚函数法将位置保持问题中的等式约束转换为目标函数，采用遗传算法求解。为保证运算过程中不破坏二进制编码的格式，对遗传算法中的交叉和变异操作进行了改进，并引入精英个体保护和移民策略改善算法搜索效率。

该方法的优点是能够简便地处理禁止点火区域约束，通过选择点火单元即可自动避开禁止点火的区域。仿真算例表明，采用该方法能够实现卫星高精度位置保持，同时电推力器点火弧段能够全部避开禁止点火区域。

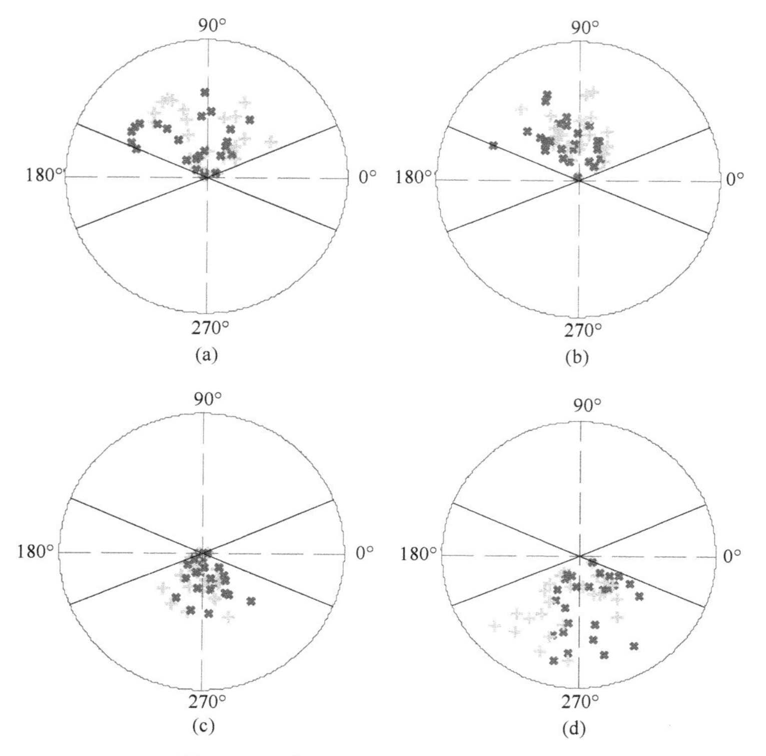

图 3　正常模式电推力器点火位置分布

（a）电推力器 NW 点火位置分布；（b）电推力器 NE 点火位置分布；（c）电推力器 SW 点火位置分布；（d）电推力器 SE 点火位置分布。

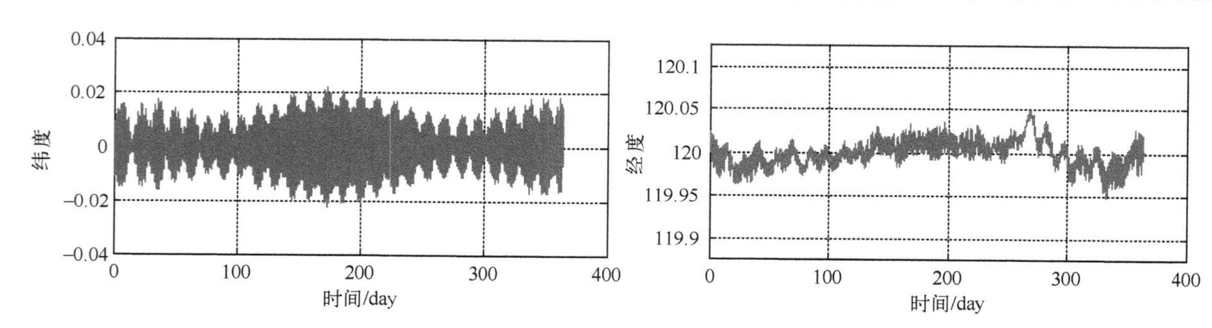

图 4　故障模式一年内卫星维度与经度变化

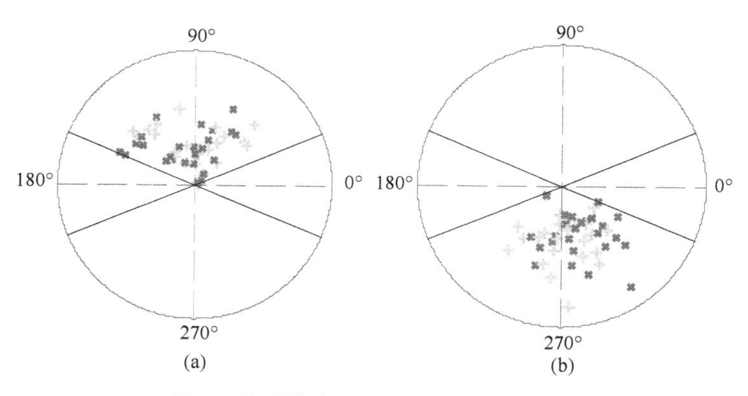

图 5　故障模式电推力器点火位置分布

（a）电推力器 NW 点火位置分布；（b）电推力器 SE 点火位置分布。

参考文献

[1] Anzel B. Stationkeeping the Hughes HS 702 satellite with a xenon ion propulsion system [C]. 49th International Astronautical Congress, Melbourne, Australia, Sept 28-Oct 2, 1998.

[2] Rex D, Kohnecke B. Redundant configuration of electric propulsion systems for stationkeeping [J]. J. Spacecraft, 1974, 11 (7): 488-493.

[3] 李于衡. 地球静止轨道通信卫星位置保持原理及实施策略 [J]. 飞行器测控学报, 2003, 22 (4): 53-61.

[4] 章仁为. 卫星轨道姿态动力学与控制 [M]. 北京: 北京航空航天大学出版社, 1998.

[5] 李恒年. 地球静止卫星轨道与共位控制技术 [M]. 北京: 国防工业出版社, 2010.

[6] 孙增圻, 邓志东, 张再兴. 智能控制理论与技术 [M]. 2 版. 北京: 清华大学出版社, 2011.

[7] 刑文训, 谢金星. 现代优化计算方法 [M]. 北京: 清华大学出版社, 1999.

[8] 孙文瑜, 徐成贤, 朱德通. 最优化方法 [M]. 2 版. 北京: 高等教育出版社, 2010.

[9] 赵永刚, 程士广, 李恒年. 地球同步卫星漂移率和偏心率单脉冲联合控制策略 [J]. 飞行器测控学报, 2009, 28 (2): 86-89.

[10] 尹泉, 高益军. 静止轨道卫星东西位置保持控制参数的优化方法 [J]. 空间控制技术与应用, 2014, 40 (5): 48-51.

[11] CURTISS C BARREIT. On the application of electric propulsion to satellite orbit adjustment and station keeping [C]. AIAA Electric Propulsion and Plasmadynamics Conference, Colorado Springs Colorado, September 11-13, 1967.

巨型空间星座的自主构型保持技术研究

周　静，赵　峭，田百义

（北京空间飞行器总体设计部，北京，100094）

摘要：针对国内外提出低轨移动通信和互联网巨型星座，为了减轻地面站的操作负担、提高卫星生存和抗打击能力，有必要开展星座自主构型保持技术研究。本文确立了星座构型状态模型与状态评估方法，并据此开展了基于状态评估的星座构型控制技术初步研究，并针对星座构型保持约束条件、保持策略及构型保持轨道控制进行了研究，最后以某低轨移动通信星座为例给出了星座构型保持策略结果。

关键词：空间互联网；巨型星座；构型状态；构型保持

1　引言

发展互联网星座将实现全球互联网无缝链接服务，国内外多家企业提出低轨互联网星座计划，部分企业已进入密集部署状态。国内主要有航天科工集团的虹云工程、航天科技集团的鸿雁星座、电子科技集团的天地一体化信息网络等系统计划部署几百颗卫星的星座，国外诸如 OneWeb、SpaceX 公司的 Starlink、LeoSat 公司的 LeoSat 等均规划了几千颗至几万颗卫星的星座。

由于巨型空间星座运行涉及多星测控、频繁的构型保持控制、构型重构控制等操作，为了提高有效载荷的应用水平、减轻地面站的操作负担、提高卫星生存和抗打击能力，必须考虑提高卫星自主运行能力，开展空间星座构型自主保持技术研究。

2　星座构型状态评估

2.1　星座构型状态描述

2.1.1　星座构型绝对状态

星座中各卫星的状态可以通过每颗卫星的时空位置来描述，将卫星保持在星座设计标称位置附近，进而实现对整个星座的构型保持，这就是绝对位置保持，该方法能够简化星座构型控制策略设计。

卫星的状态参数包括轨道半长轴 a，偏心率 e，轨道倾角 i，升交点赤经 Ω，近地点幅角 ω 和平近点角 M。对于偏心率 $e=0$ 的圆轨道，用沿迹角 $\lambda=M+\omega$ 来替换近地点幅角和平近点角。由 N 颗卫星组成的星座，其第 j 颗卫星的标称状态为

$$\boldsymbol{x}_{j,\text{norm}}=\begin{bmatrix} a_{\text{norm}} \\ e_{\text{norm}} \\ i_{\text{norm}} \\ \Omega_{j,\text{norm}} \\ \lambda_{j,\text{norm}} \end{bmatrix},\quad j=1,2,\cdots,N \tag{1}$$

通过将星座中每颗卫星保持在标称位置附近就能够实现对于星座构型的保持控制，卫星实际状态相对于标称状态的偏差为

$$\Delta\boldsymbol{x}_j=\boldsymbol{x}_j-\boldsymbol{x}_{j,\text{norm}}=\begin{bmatrix} a_j-a_{\text{norm}} \\ e_j-e_{\text{norm}} \\ i_j-i_{\text{norm}} \\ \Omega_j-\Omega_{j,\text{norm}} \\ \lambda_j-\lambda_{j,\text{norm}} \end{bmatrix}=\begin{bmatrix} \Delta a_j \\ \Delta e_j \\ \Delta i_j \\ \Delta\Omega_j \\ \Delta\lambda_j \end{bmatrix},\quad j=1,2,\cdots,N \tag{2}$$

2.1.2　星座构型相对状态

在已知星座中所有卫星状态的情况下，通过一定的变换来消除星座中卫星的共同漂移，星座构型由消除了共同漂移的相对状态来确定，然后利用相对状态进行星座构型保持，这就是相对位置保持，该方法能够降低星座构型保持频率，但也增加了星座构型保持方案设计难度。

如果星座中所有卫星都沿着某个方向产生某个共同漂移量，则所有卫星相对于标称状态的偏差再减去共同漂移量后得到的状态偏差同样描述了星座构型。假设星座中卫星的共同漂移为

Δx_{comm}，则星座的标称状态变为

$$x_{j,\text{norm,new}}=x_{j,\text{norm}}+\Delta x_{\text{comm}} \tag{3}$$

星座构型状态变换后，卫星的实际状态相对于标称状态的偏差为

$$\Delta x_{j,\text{new}}=x_j-x_{j,\text{norm,new}}=\Delta x_j-\Delta x_{\text{comm}} \tag{4}$$

利用星座构型相对状态是为了降低星座构型的整体偏差，星座构型状态变换的关键是星座中各卫星状态必须是已知的，并且是可靠的，当确定了星座构型的共同漂移后，就可以确定新的标称星座和卫星的状态偏差。

在星座构型保持控制中，具体选择绝对状态还是相对状态来确定星座构型，必须根据具体星座任务来确定。像均匀对称分布的 Walker 星座，可以通过保持星座构型相对状态来降低星座构型保持控制频率和推进剂消耗。对于需要保持星下点轨迹的星座，则要求保持星座构型绝对状态。而对于只需要保持星下点轨迹赤经、对过顶时间没有特定要求的星座，选择星下点轨迹赤经的绝对状态和沿迹角的相对状态来作为控制量，实现星座构型绝对状态和相对状态相结合的构型保持控制策略。

2.2 星座构型状态评估

2.2.1 星座构型状态评估需求

星座构型状态评估主要是对星座构型保持或重构是否实施提供依据。星座构型保持是指通过有效利用成员卫星的推进系统，将偏离标称轨道的卫星通过轨道控制，从卫星的实际位置转移到标称位置，实现星座构型稳定，整个系统以及各颗卫星都必须有相应的动作，并消耗一定的推进剂；星座构型重构包括失效卫星的离网，同时通过重构控制将备份星或替换星转移到目标位置实现星座性能的修复或提升。

对于星座构型保持而言，消除摄动和干扰对星座构型的长期影响，实现星座性能的稳定和连续是重要目标。通过星座构型的长期稳定性分析可以知道，摄动对圆轨道星座构型的长期影响主要是产生升交点赤经和沿迹角的漂移。通过确定星座卫星在升交点赤经和沿航迹方向的最大容许漂移量将能够判别星座构型是否已经破坏。因此，计算星座当前构型漂移量是否在最大容许漂移量以内，可以作为构型保持判别指标，一旦发现判别条件满足，就可按照设计算法找到需要调整的目标星，算出其标称位置，而后依靠底层的轨道机动将目标星送到标称位置，就可进入下一个保持周期。

2.2.2 基于星座最大容许漂移量的状态评估方法

通过星座构型的长期稳定性分析可以知道，摄动对圆轨道星座构型的长期影响主要是产生升交点赤经和沿迹角的漂移。通过确定星座卫星在升交点赤经和沿航迹方向的最大容许漂移量可以作为状态评估指标，判别星座构型是否已经破坏。星座构型最大容许漂移量的确定是衡量星座构型破坏是否影响星座性能的有效途径，也是星座构型保持控制策略得以有效实施的关键。在实际星座运行管理阶段进行应用并得到验证又被称作“控制盒子”的方法。即对于星座中每颗卫星选取一个控制基准，然后根据任务性能指标和星座构型参数设定一个最大容许偏差，可以表达为卫星轨道要素的最大容许偏差。最大容许偏差与控制基准一起确定了卫星保持的一个三维控制盒子。构型保持的目标就是使所有卫星始终处于其盒子里，一旦卫星漂移出盒子边缘便对其进行机动。研究给出了最大容许偏差不同的计算方法，讨论了卫星位置控制三维盒子对覆盖的影响、三维盒子与轨道根数的关系，还对星座相位保持中的超调控制、控制盒子以及轨道根数漂移范围的确定方法等进行了研究。

2.3 基于状态评估的星座构型控制

一般来说，对于自主性较好的星座，在其控制系统中，将星座中卫星分为普通控制卫星和中心控制卫星，如图 1 所示。CC 是中心控制单元，SC 是卫星独立控制单元。CC 对 SC 的调度和控制以及 SC 对 CC 的参数服务及其依赖基于星间链路通信的稳定性。星座控制器根据中心控制卫星接收到的星座卫星的轨道参数、故障诊断结果、卫星本体参数等，进行目标星座构型的确定，将目标星座和实际星座轨道参数、卫星状态参数输入星座控制规划系统，计算星座轨道控制卫星和卫星的轨道控制目标轨道。卫星控制器利用导航系统进行普通控制卫星和中心控制卫星的轨道确定，并将轨道参数、卫星性能参数、卫星本体参数等发送给中心控制卫星，然后根据接收到的分配的控制目标轨道参数，进行轨道控制的规划，计算轨道控制时间和轨道控制速度增量（脉冲机动方式），然后将轨道控制规划结果传递给推进系统以完成轨道的维持或机动。

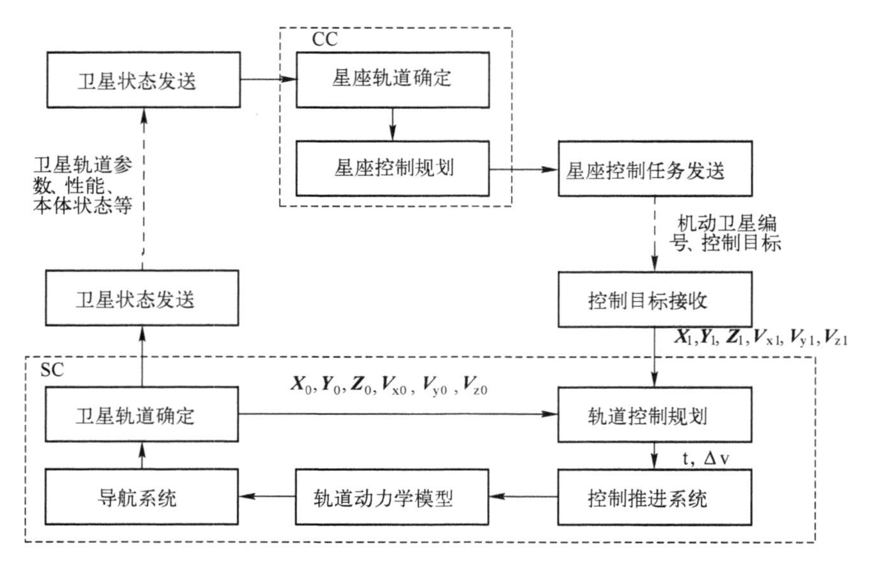

图 1　星座构型控制示意图

星座控制规划单元根据“标称星座”，综合考虑星座任务对星座构型的要求对星座控制任务进行规划，完成星座中需要调整的卫星号和相应的控制目标轨道的确定。卫星控制规划单元根据接收到的控制目标轨道，并与卫星运行轨道进行比较，然后根据卫星的控制策略规划卫星的控制时间和控制速度增量，并将设计结果传递给推进系统以完成轨道控制。

3　星座构型保持策略

3.1　星座构型保持约束条件

星座构型控制任务要求将星座中的所有卫星作为一个整体来考虑，星座构型控制必须满足降低星座构型控制对星座性能的影响、降低燃料消耗量、保证燃料消耗的均衡性，并且满足对星座构型的适应性和鲁棒性的要求。因此，星座构型保持控制策略设计应该满足以下多项约束条件。

（1）同时控制的卫星数目应该保证星座对目标区域服务性能的稳定性和连续性。

（2）星座构型保持控制应该保证各卫星燃料消耗的一致性。

（3）星座构型保持控制应该使卫星推进剂消耗是最少的。

（4）星座构型保持控制过程中应该保证卫星轨道修正对星座性能的影响最小。

（5）星座构型保持控制应该优先保证对破坏最严重的卫星位置漂移的修正。

3.2　星座构型保持策略

星座构型保持的一个直接特点是需要同时对数量众多的卫星进行控制，由此可能带来操作上的困难。星座站位保持的另一个特点是，除了对星下点轨迹有要求的星座外，需要控制的是整个星座的相对构型而不是每颗卫星各自的轨道。显然，如果每颗卫星都被独立地控制在它的标称位置（由设计的名义星座推得）附近——称为绝对站位保持，则星座构型保持的目的就达到了。但实际上只要控制卫星之间的相对位置就可以达到构型保持的目的，这叫相对站位保持。

绝对站位保持与相对站位保持作为两类不同的卫星星座构型保持策略，各有其优缺点。有的学者提倡绝对站位保持，而另一些学者提倡相对站位保持。大规模星座的站位保持可以看作是一个大系统控制问题。

3.3　星座构型保持轨道控制

3.3.1　相位控制

已知卫星的轨道控制基准，通过导航定位测量可以得到卫星的相位偏差 Δu，并通过差分得到相位偏差的变化率 $\Delta\dot{u}$。

设（解耦的）最大相位容许偏差为 ε_u。为了综合考虑当前相位偏差 Δu 和相位偏差变化率 $\Delta\dot{u}$ 的影响，设置时间常数 H_u，当

$$|\Delta u+H_u\Delta\dot{u}|>\varepsilon_u \tag{5}$$

时，卫星需要进行相位保持机动。这一条件对应于图 2 中的阴影区域，即相轨迹点处于图中阴影区

域的卫星需要进行相位保持机动。阴影区域边界线的斜率为

$$K=\frac{-1}{H_u} \tag{6}$$

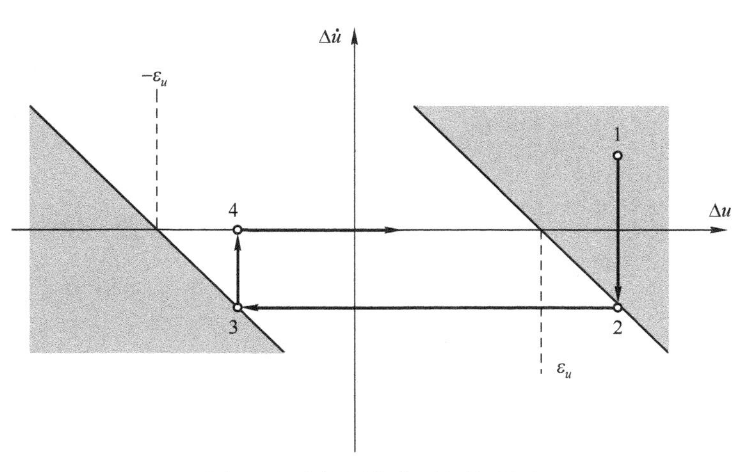

图 2　相位控制的典型相轨迹图

对需要进行相位保持机动的卫星，控制的目标是将其相位偏差变化率修正为

$$\Delta\dot{u}_*=\begin{cases}0 & |\Delta u|<\varepsilon_u\\ K(\Delta u-\varepsilon_u) & \Delta u>\varepsilon_u\\ K(\Delta u+\varepsilon_u) & \Delta u<-\varepsilon_u\end{cases} \tag{7}$$

需要的半长轴改变量为

$$\Delta a=\frac{2a^2}{3}\sqrt{\frac{a}{\mu}}(\Delta\dot{u}-\Delta\dot{u}_*) \tag{8}$$

式中：a 为控制基准所对应的轨道半长轴。

控制发动机点火，给卫星施加一个切向速度脉冲 Δv，以产生需要的半长轴变化 Δa，则

$$\Delta v=\frac{1}{2}\sqrt{\frac{\mu}{a^3}}\cdot\Delta a=\frac{a}{3}(\Delta\dot{u}-\Delta\dot{u}_*) \tag{9}$$

所需控制脉冲可能很小，甚至小于发动机所能提供的最小脉冲。但是，由于相位偏差 Δu 是$\Delta\dot{u}$ 的积分效果，即使 Δv 很小也要实施机动，否则 Δu 就会超出最大容许偏差范围并越偏越远。因此，当 Δv 小于发动机所能提供的最小脉冲，并且 $|\Delta u|\geqslant\varepsilon_u$ 时，就按照发动机所能提供的最小脉冲实施机动。此时出现控制超调，相应地要耗费较多的推进剂。

图 2 给出了相位控制的一个典型相轨迹图。初始状态（1 点）$\Delta u>\varepsilon_u$，$\Delta\dot{u}>0$，处于阴影区内；施加一个速度脉冲后相轨迹点落在控制边界上（2 点），$\Delta\dot{u}=-1/H_u(\Delta u-\varepsilon_u)$，保证经过时间 H_u 后 Δu 回到最大容许偏差范围内；经过一段时间运行后相轨迹点到达另一个控制边界（3 点），此时 Δu 并未超出最大容许偏差范围，但若不加控制将于时间 H_u 之后超出最大容许偏差范围，因此施加控制，目标是使 $\Delta\dot{u}=0$（4 点）；相轨迹点到达 4 点后，由于控制误差，$\Delta\dot{u}$ 并不严格地等于零，加上控制基准变化（相对站位保持）以及摄动的影响，相轨迹点可能向左（$\Delta\dot{u}<0$）或向右（$\Delta\dot{u}>0$）漂移，于是控制继续。

以上控制规律经仿真验证有良好的性质。其中时间常数 H_u 具有明确的物理意义，即，如果卫星的相轨迹点处于阴影区边界上并且不加控制，则经过时间 H_u 后相位偏差将超出（或进入）最大容许偏差范围。时间常数 H_u 的选择可针对具体星座要求以及仿真分析来确定（如 20 天或 30 天）。

值得注意的是，相位偏差的变化率 $\Delta\dot{u}$ 正比于半长轴偏差，但是上述控制规律中并未采用测量半长轴偏差的方式来计算 $\Delta\dot{u}$，而是采用数值差分方法来求得 $\Delta\dot{u}$。其原因是半长轴很难精确测量，而 $\Delta\dot{u}$ 又对半长轴偏差很敏感。需要注意的是，通过数值差分求得 $\Delta\dot{u}$ 时，应使用足够的采样步长，以避免短周期摄动的影响。

3.3.2　轨道平面控制

由于升交点赤经在地球引力 J2 项摄动作用下的漂移对倾角的偏差比较敏感，因此可以采用改变倾角的方式来控制升交点赤经。另一方面，若采用改变半长轴的方式来控制升交点赤经，则会打乱星座的相位保持。

升交点赤经的控制可以采用和相位控制几乎相同的规律。已知卫星的轨道控制基准，通过导航定位测量可以得到卫星的升交点赤经偏差 $\Delta\Omega$，并通过差分得到升交点赤经偏差的变化率 $\Delta\dot{\Omega}$。升

交点赤经的最大容许偏差为 ε_Ω。将图 2 中和式（5）~式（9）中的所有的 u 换成 Ω 即可得到升交点赤经的控制规律。所不同的是时间常数 H_Ω 的选择应该较大。

得到升交点赤经偏差变化率的控制目标 $\Delta\dot{\Omega}_*$ 之后，所需要的倾角改变量为

$$\Delta i=-\frac{2}{3J_2\sin i}\left(\frac{a}{R_E}\right)^2\sqrt{\frac{a^3}{\mu}}\cdot(\Delta\dot{\Omega}-\Delta\dot{\Omega}_*) \quad (10)$$

式中：a 和 i 为控制基准所对应的轨道半长轴和倾角。

要产生倾角变化 Δi，则需要在升交点（或降交点）给卫星施加一个法向速度脉冲 Δv（或 $-\Delta v$），大小为

$$\Delta v=2\sqrt{\frac{\mu}{a}}\cdot\sin(\Delta i/2) \quad (11)$$

轨道平面控制的推进剂消耗较大，应该尽量避免轨道平面机动。例如放宽升交点赤经的最大容许偏差范围；选择较大的时间常数 H_Ω 并且省去 $|\Delta\Omega|<\varepsilon_\Omega$ 的所有控制机动。

4 星座构型控制仿真算例

4.1 星座构型及参数

假定某移动通信星座采用星形星座构型，由 18 个轨道面，每个轨道面均匀分布 48 颗卫星组成，同轨相邻卫星相位差为 3.75°，共计 864 颗工作星。卫星轨道为高度 1175km 圆轨道，轨道倾角 86.5°，轨道周期 108.9min。卫星星座构型及覆盖性能图 3 所示。

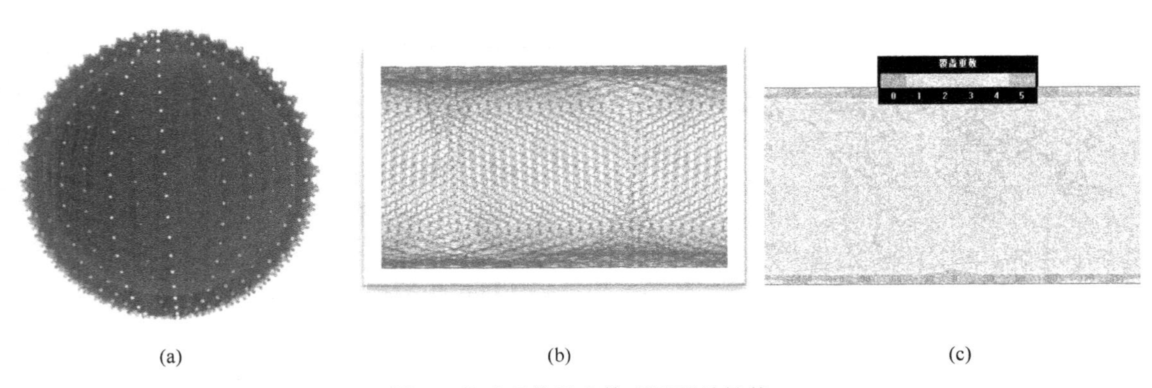

(a) (b) (c)

图 3 移动通信星座构型及覆盖性能

（a）星座构型；（b）星座二维覆盖；（c）最小仰角 50°的覆盖重数。

4.2 星座长期演化规律分析

1）轨道参数绝对变化规律

移动通信星座卫星的半长轴、倾角和升交点赤经变化如图 4 所示，主要变化规律如下所述。

（1）卫星轨道半长轴变化平稳，7 年平均半长轴变化保持在±0.1km 左右。

（2）卫星轨道倾角变化平稳，呈现长周期变化，且 7 年变化小±0.2°。

（3）由于受到地球引力场 J2 项摄动作用，轨道升交点赤经呈现线性变化，平均 1067 天变化 360°，每天减小 0.34°。

2）轨道参数相对变化规律

移动通信星座卫星的相对轨道参数长期变化如图 5 所示，主要变化规律如下所述。

（1）卫星轨道半长轴偏差量引起的相对相位角变化。为满足星座构型保持精度≤±0.2°的要求，任意两颗卫星之间的半长轴偏差应小于 7m。按照目前的低轨卫星轨道控制经验，这个指标是可以在轨实现的。

（2）相对赤经的变化主要由半长轴和倾角偏差引起的。其中半长轴偏差 20m 引起的相对赤经每月变化 0.0001°。倾角误差引起的轨道相对赤经变化较为显著。按照低轨卫星在轨控制经验，轨道控制精度可以达到 0.01°左右，这也会引起相对赤经每年变化 0.35°，7 年的相对赤经变化达到 2.45°。应进一步根据载荷的使用要求提出对赤经控制的约束。

因此，低轨移动通信星座长期演化主要体现在倾角偏差引起的相对赤经长期变化，需要重点根据载荷的使用要求确定相对升交点赤经差的允许变化范围。

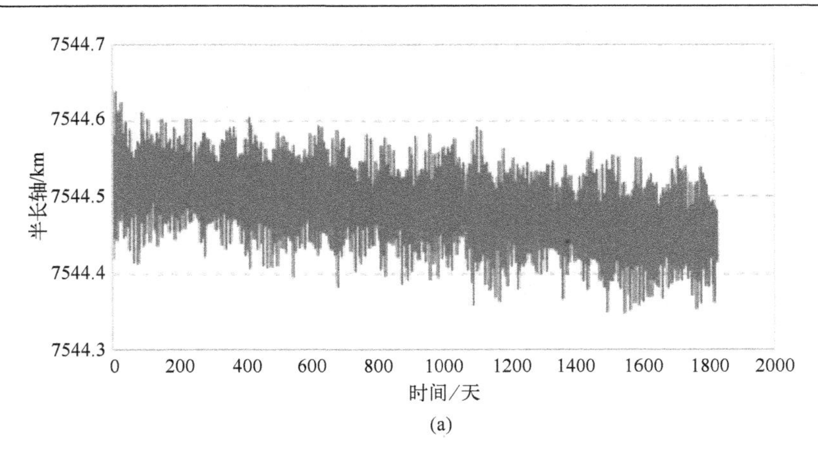

(a)

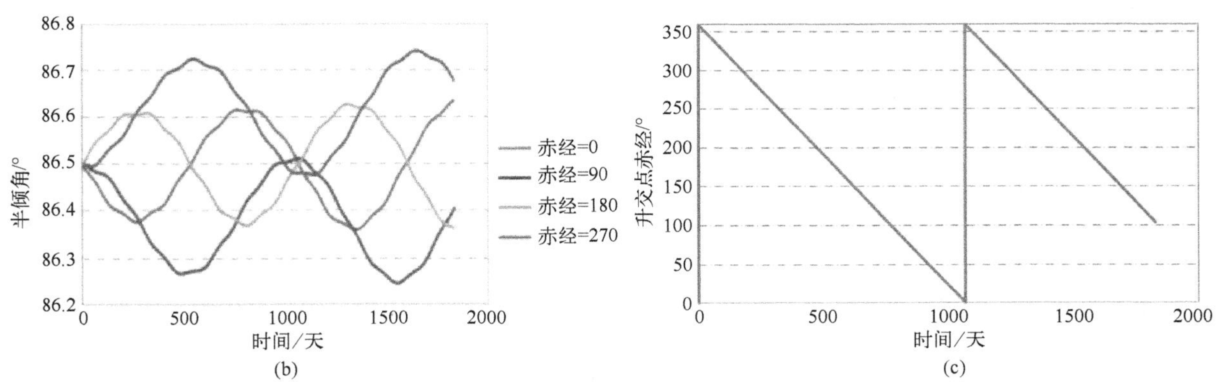

(b)　(c)

图 4　绝对轨道参数变化规律

（a）半长轴；（b）倾角；（c）升交点赤经。

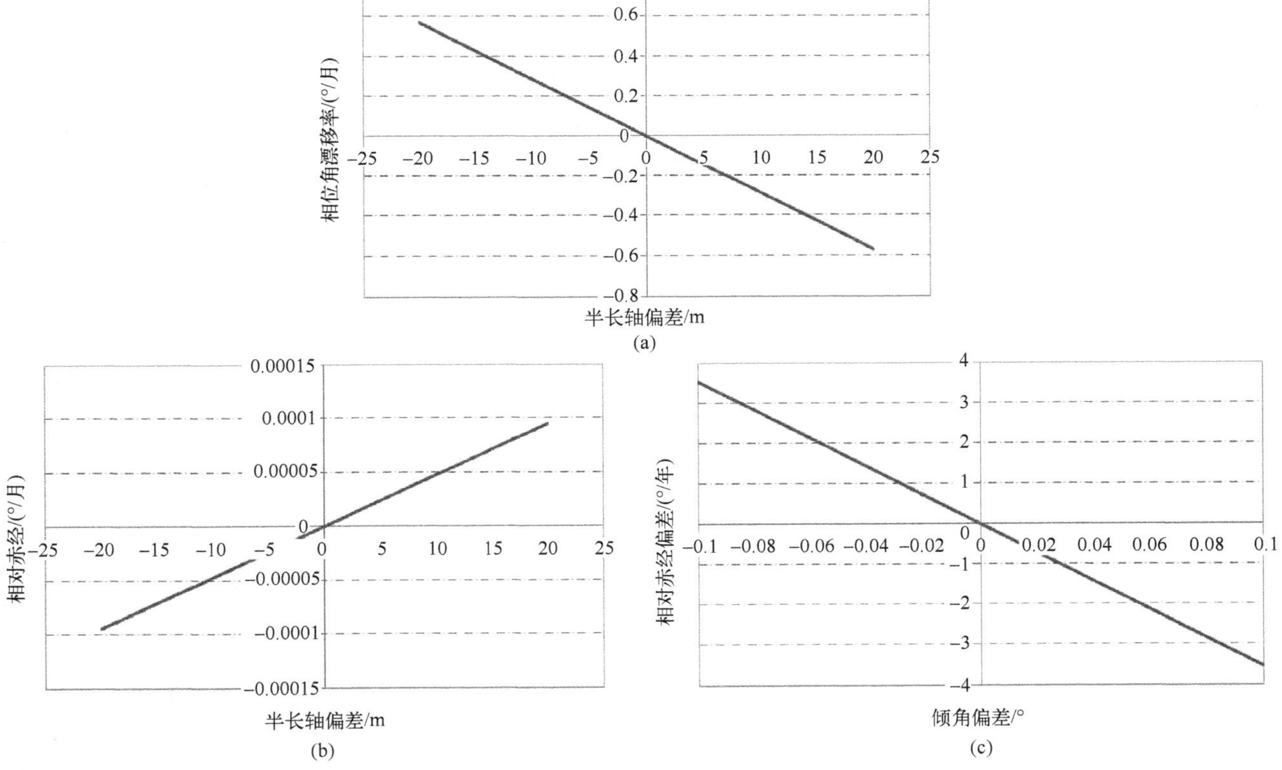

(a)

(b)　(c)

图 5　相对轨道参数变化规律

（a）半长轴偏差引起相对相位角的变化；（b）半长轴偏差引起升交点赤经相对摄动；

（c）倾角偏差引起升交点赤经相对摄动。

4.3 星座构型保持策略

4.3.1 轨道面内控制

星座卫星之间相对相位出现偏差的主要原因在于初始半长轴存在偏差，根据长期演化分析可知，半长轴偏差引起的相对相位角变化如下。

（1）半长轴偏差为5m时，相对相位角每月变化0.14°。

（2）半长轴偏差为7m时，相对相位角每月变化0.20°。

（3）半长轴偏差为10m时，相对相位角每月变化0.28°。

（4）半长轴偏差为20m时，相对相位角每月变化0.57°。

按照星座构型保持精度≤±0.2°的要求，任意两颗卫星之间的半长轴偏差应小于5m。按照目前的遥感卫星轨道控制经验，在轨实现了半长轴控制偏差小于1m，这依赖于小推力（推力为1N或者2N）的发动机进行控制，且卫星定轨精度足够高。

按照半长轴控制偏差小于1m，相对相位角每月变化0.028°，按照星座构型保持精度≤±0.1°的要求，相对相位保持的间隔时间可达到3.6个月。与轨道高度保持相比，相对相位保持的每次的控制量和推进剂消耗极少，7年寿命期间的总控制量0.0112m/s，因此为了确保相对相位的控制精度、延长控制间隔时间，减小轨道机动次数，需要选择更为精细的站位保持发动机（降低最小脉冲，避免控制超调）。

4.3.2 轨道面外控制

根据卫星轨道摄动分析可知，高度1175km、倾角86.5°的卫星在轨7年期间倾角变化范围为±0.2°，且呈现周期性变化，倾角之间变化可不考虑。因此，本文仅对相对赤经的变化进行分析，相对赤经的变化主要由半长轴和倾角偏差引起的。

（1）半长轴偏差1m引起的相对赤经每月变化0.0001°。

（2）倾角误差引起的轨道相对赤经变化较为显著。按照遥感卫星在轨控制经验，轨道控制精度可以达到0.01°左右，这也会引起相对赤经每年变化0.35°，7年的相对赤经变化达到2.45°。应进一步根据载荷的使用要求提出对赤经控制的约束。

考虑到星座会对卫星之间升交点赤经差提出一定的要求，表1分析给出了不同相对升交点赤经差对应的轨控时间间隔。

表1 通信星座平面外控制间隔时间比较

倾角控制精度/°	相对升交点赤经差/°	控制间隔时间/月	每次控制量/(m/s)	总控制量/(m/s)
0.01	0.1	3	13	215.6
	0.2	7	25	203.0
	0.3	10	38	190.3
	0.4	14	51	203.0
	0.5	17	63	190.3

分析可得以下结论。

（1）按照目前的倾角控制精度为0.01°，相对升交点赤经差保持在0.5°范围以内对应的最长控制间隔时间约为17个月。

（2）升交点赤经控制所需的速度增量较大，为了减少推进剂消耗，应进一步放宽对相对升交点赤经差的约束，相对升交点赤经差大于2.45°在7年内可不对赤经进行控制，因此本文建议相对升交点赤经差最大允许3.0°。

4.3.3 通信星座控制小结

通信星座轨道面内外控制策略如表2所列。

表2 通信星座控制策略小结

控制策略	控制目标	允许变化范围	控制参数	控制精度	控制间隔时间	单次控制量/(m/s)	5年总控制量/(m/s)	每颗星推进剂消耗/(kg，每颗星300kg)
平面内	相对相位角保持	半长轴误差小于1m	半长轴	1m	3.6个月		0.008	0.0011
平面外	相对赤经保持	相对赤经差小于3.0°	倾角	0.01°	—	0	0	0

5 结束语

当前国内外正在开展多个低轨移动通信和互联网巨型星座论证与部署任务，而巨型星座运行涉及卫星测控的数量极大、构型保持控制极为频繁、构型重构控制等操作，为了减轻地面系统操作负担、提升星座应用效能，本文确立了星座构型状态模型与状态评估方法，并据此开展了基于状态评估的星座构型控制技术初步研究，并针对星座构型保持约束条件、保持策略及构型保持轨道控制进行了研究，最后以某低轨移动通信星座为例给出了星座构型保持策略结果，希望能为巨型星座论证与运行工作提供必要的技术支持。

参考文献

[1] 项军华，张育林．卫星星座的自主位置保持［C］．全国十一届空间及运动体控制技术学术会议［C］．云南昆明，2004.8，215-220.

[2] Xiang Junhua，Zhang Yulin. Design and simulation of autonomous control system of satellite［C］//FirstInternational Conference on Innovative Computing，Information and Control. Beijing：IEEE，2006：109-112.

[3] 胡松杰，陈力，刘林．卫星星座的结构演化［J］．天文学报，2003，44（1）：46-54.

[4] 于小红，冯书兴．区域观察小卫星星座重构方法研究［J］．宇航学报，2003，24（2）：168-172.

[5] Mannop A，Yoshi H，Phil P. Autonomous control system for precise Orbit Maintenance［C］//Proceeding of the 14th Annual AIAA/USU Conference on Small Satellite：Utah，2001：1-9.

[6] Lamy A，Pascal S. Station keeping strategies for constellations of satellites［J］. Spaceflight Dynamics，1993. 84：819-833.

[7] Glickman RE. TIDE：the timed-destination approach to constellation formationkeeping，［A］AAS 94-122，In：Spaceflight Mechanics 1994；Proceedings of the 4th AAS/AIAA Spaceflight Mechanics Meeting［C］. Cocoa Beach，FL，14-16，1994.

[8] 向开恒，卫星星座站位保持与控制研究［D］．北京：北京航空航天大学，1999.

[9] 飞行力学杂志社．中国2004飞行力学与飞行试验学术年会论文集［C］．长沙：国防科技大学出版社，2004.

[10] Tichler M B，Remple R K. Aircraft and rotorcraft system identification［M］. USA：American Institute of Aeronautics and Astronautics，2006：145-167.

[11] 刘林．航天器轨道理论［M］．北京：国防工业出版社，2000.

[12] 章仁为．卫星轨道姿态动力学与控制［M］．北京：北京航空航天大学出版社，1998.

[13] 项军华．卫星星座构型控制与设计研究［D］．长沙：国防科技大学，2007.

巨型星群对重要轨道资源影响分析

冯　昊，田百义，黄美丽，赵　峭
（北京空间飞行器总体设计部，北京，100094）

摘要：巨型星群对空间碎片环境必将带来颠覆性的影响，必须及早面对，积极应对，提出合理的对策。本文在现有空间物体的基础上，分别对部署OneWeb星座、Starlink星座及同时部署两个巨型星座后，其对相应轨道高度的空间密度分布、碰撞概率分布的增长率变化规避开展分析。得到在影响最大的高度，其增长率接近18倍的结论。可知巨型星群的部署，对运行在其轨道高度范围内的航天器带来巨大的碰撞风险增量。开展巨型星群对重要轨道资源影响分析，可为相关分析和决策提供依据。

关键词：巨型星群；轨道资源；空间密度；年碰撞概率

1　引言

近年来，随着商业航天的迅猛发展，巨型星群计划不断涌现。巨型星群一般由小卫星组成，其中，以Starlink低轨道互联网卫星星座、OneWeb卫星系统、O3b卫星系统、LEOSAT系统、波音公司系统为代表的大型微小卫星星座计划已逐渐开始部署，规划中的OneWeb公司卫星星座为648颗，SpaceX公司的星链（Starlink）星座将达到4.2万颗。在此之前，空间碎片分布较为密集的区域，80%以上集中于低轨，特别是60%以上的空间碎片分布在几个黄金轨道资源附近，如1200km以下的低轨道区域以及地球静止/同步轨道区域。与本来就越来越严峻的空间碎片环境相比，现有计划的巨型星群可使得编目碎片的数量增加几倍，航天器运行风险也将成倍增加。

航天器数量的急剧增加和太空竞争的加剧，使得轨道资源日益紧张。而每一个轨道面最大容许的空间物体（航天器和碎片）数量有限，超过一定阈值则有较大的碰撞风险，对航天器安全运行带来巨大的威胁。

轨道资源是宝贵的非再生资源，这是全球范围内的共识。尤其对于地球静止同步轨道，已经具有相应的公约和组织进行管理和约束。但是对于同样重要的低轨资源，由于可用的轨道面、轨道高度分布较为广泛，对于资源的紧缺性难以进行定量的描述，目前尚未建立相应的管理机制。

美国航空航天局约翰逊航天中心的唐纳德·凯斯勒预言，随着人类发射人造卫星的数量不断增加，卫星间的碰撞事故变得越来越容易发生，而这样的灾难又会制造出一些碎片来，它们会像多米诺骨牌一样形成连锁反应，这种效应也被称为凯斯勒效应（Kessler Effect）或碰撞级联效应，如图1所示。最后出现的结果是，即使人类不再开展任何航天活动，空间碎片的数量仍然会保持增加，人类通往太空的大门可能被完全封锁。

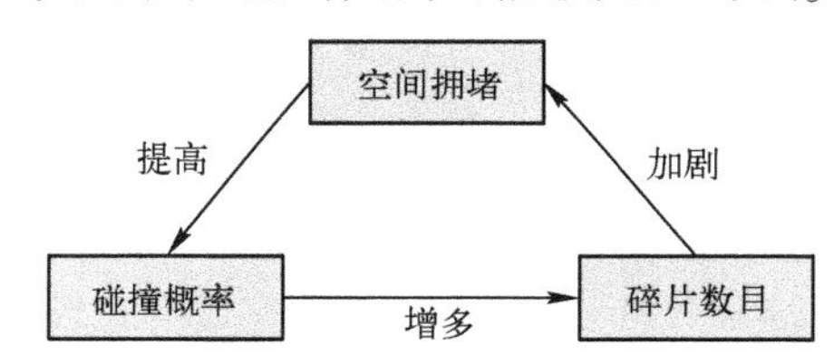

图1　凯斯勒现象示意图

轨道资源的利用依赖于空间环境，我国未来对空间的利用离不开对空间碎片环境的认识，巨型星群对空间碎片环境必将带来颠覆性的影响，必须及早面对，积极应对，提出合理的对策。

本文开展巨型星群对重要轨道资源影响分析，可为相关分析和决策提供依据。

2　空间物体环境分析

2.1　分析方法

对空间物体环境分析通常采用空间物体的空间密度模型来描述；以空间密度模型为基础，构建空间碎片的通量模型，进而构建宏观碰撞概率模型；以宏观碰撞概率描述航天器在空间碎片环境中的安全性。宏观碰撞概率为航天器运行一段较长的时间与所有在轨空间碎片发生碰撞的概率。宏观碰撞概率不同于在一次交会中卫星与空间碎片的碰撞概率。宏观碰撞概率取决于卫星的尺寸和运行区域的空间碎片通量大小，与空间碎片环境关系密切；而通常实时预警中航天器的碰撞概率指一次交会中卫星与空间碎片发生碰撞的概率，取决于单次交会事件的交会参数，包括交会距离、交会速度、误差水平等因素。

宏观碰撞概率=通量×截面积。

1）空间密度模型

空间物体的空间密度即空间物体数目密度，指单位体积中空间物体的个数。由于地球的自转以及地球非球形引力的作用，空间物体的升交点赤经和近地点幅角都会不停地变化。在很长时间的运行中，由于这两个参数的变化使得空间物体在地球上空出现的位置几乎是随机的。

这样空间物体的空间密度与经度没有关系，它只是地心距和纬度的函数。而空间物体的地心距的变化范围取决于它的近地点和远地点，纬度的变化范围取决于它的轨道倾角。因此，空间密度可以表示为

$$S(R,\beta)=f(\beta)\cdot s(R) \tag{1}$$

式中：$s(R)$为空间物体的空间密度在高度R处所有纬度的平均值；$f(\beta)$为空间密度在纬度为β处的值与所有纬度的平均值的比值。

设a为半长轴，近地点为q，远地点为q'，倾角为i。Kessler推导出空间物体在空间任意一点的空间密度为

$$S(R,\beta)=\frac{1}{2\pi^3Ra[(\sin^2 i-\sin^2\beta)(R-q)(q'-R)]^{1/2}} \tag{2}$$

式中：$q<R<q'$且$0<\beta<i$。当$R<q$、$R>q'$或者$\beta>i$时，$S(R,\beta)=0$。

2）空间碎片通量

对于空间碎片j，已知轨道倾角i，近地点q_j和远地点q_j'，则它在高度R和纬度β处的空间密度为[7]

$$S_j=\frac{1}{2\pi^3Ra_j[(\sin^2 i-\sin^2\beta)(R-q_j)(q_j'-R)]^{1/2}} \tag{3}$$

对于一个航天器0，轨道倾角为i_0，近地点q_0和远地点q_0'，它在高度R和纬度β处的空间密度为

$$S_0=\frac{1}{2\pi^3Ra_0[(\sin^2 i-\sin^2\beta)(R-q_0)(q_0'-R)]^{1/2}} \tag{4}$$

令$\Delta R=q_0'-q_0$，碎片j在ΔR范围内对于航天器0在一段时间t内的通量可表示为

$$F=t\cdot\int_{\text{Volume}}S_0S_j\boldsymbol{V}_{\text{rel}}\mathrm{d}U \tag{5}$$

又

$$\mathrm{d}U=2\pi R^2\cos\beta\mathrm{d}\beta\mathrm{d}R \tag{6}$$

故

$$F=t\cdot\int_{q_0}^{q_0'}\int_0^i S_0S_j\boldsymbol{V}_{\text{rel}}(2\pi R^2\cos\beta\mathrm{d}\beta\mathrm{d}R) \tag{7}$$

通量的方向由航天器0和碎片j的相对速度方向来确定

$$\boldsymbol{V}_{\text{rel}}=\boldsymbol{V}_j-\boldsymbol{V}_0 \tag{8}$$

平方得

$$V_{\text{rel}}^2=V_j^2+V_0^2-2V_jV_0\cos\phi_\beta \tag{9}$$

速度矢量的夹角为

$$\phi_\beta=\arccos\left[\frac{V_j^2+V_0^2-V_{\text{rel}}^2}{2V_0V_j}\right] \tag{10}$$

2.2　当前空间物体环境分析

在20世纪六七十年代，航天器面对的空间撞击威胁主要来自于微流星体，但随着人类航天活动的日益增多，威胁主要来自于碰撞产生的空间碎片。截至到2020年7月，人类已编目的空间物体已超过4.5万个，在轨超过2万个。2007—2020年，可编目的空间物体中，碎片数量从不到11000个急剧增加了80%，可见越来越多的空间目标，对在轨航天器的威胁越来越大。

在目前航天器的使用轨道中，地球静止轨道或地球同步轨道资源非常紧张；按照目前卫星部署数量增长形势预计，到2033年左右地球静止轨道空间物体预计将达到1800余个，从而使该轨道资源达到饱和。除此之外，太阳同步轨道是遥感、侦察、科学探测极为重要的资源，属于低轨道；其中，接近正午、晨昏轨道是黄金资源，我国80%以上的遥感卫星集中在这些轨道。

目前空间碎片分布较为密集的区域，80%以上集中于低轨，特别是60%以上的空间碎片分布在几个黄金轨道资源附近，如1200km以下的低轨道区域以及地球静止/同步轨道区域。而每一个轨道面最大容许的空间物体（航天器和碎片）数量有限，超过一定阈值则有较大的碰撞风险，对航天

器安全运行带来巨大的威胁。

目前跟踪测轨和编目的在轨空间物体已经超过17000个，其中包括在轨正常工作的卫星或航天器，不能正常工作被弃置的卫星或航天器，运载火箭残骸，卫星或航天器碎片等空间物件。按照空间物体所在轨道的特点，可以分为低轨道（LEO）、中高轨道（MEO）、高轨道（GEO）和大椭圆轨道（HEO）等。图2为所有在轨空间碎片的空间密度随轨道高度的分布，高度范围从100~40000km，覆盖了整个LEO、MEO和GEO区域。

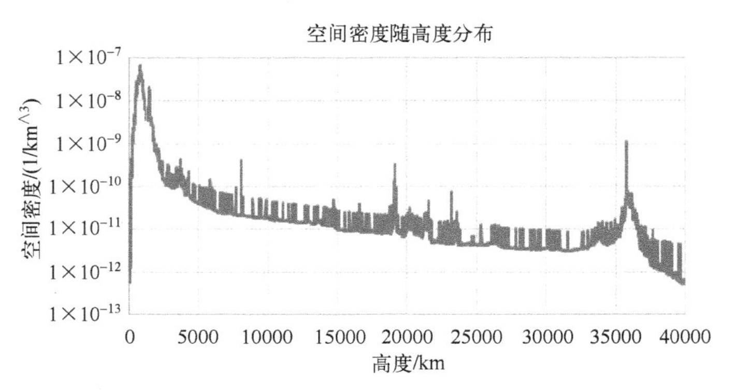

图2 在轨空间物体的空间密度随高度的分布

低轨道空间物体的空间运行分布如图3所示。从图中可知，低轨道空间物体基本覆盖低轨空间，基本涵盖了从赤道轨道到极轨轨道内的所有倾角。

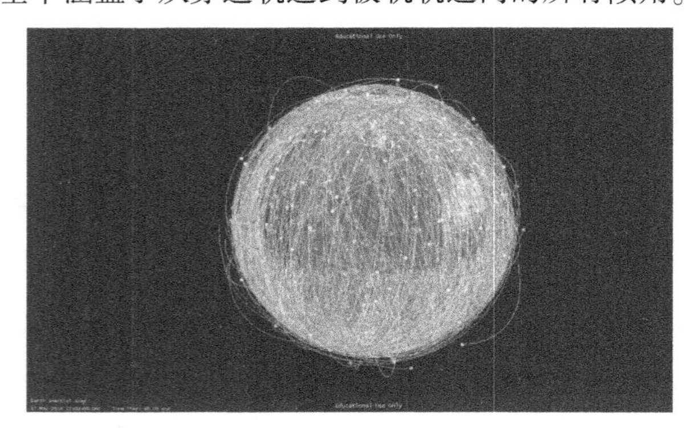

图3 低轨道空间物体分布

低轨道空间物体空间密度随高度的分布，以及在一年内（本文的碰撞概率均按照一年计算），航天器与空间物体的碰撞概率随高度的分布分别如图4和图5所示。

3 部署巨型星群的影响分析

本文以在现有空间物体的基础上，分别部署OneWeb星座、Starlink星座及同时部署两个巨型星座后，其对空间密度分布、碰撞概率分布的变化进行分析，对巨型星群的影响进行定量分析。

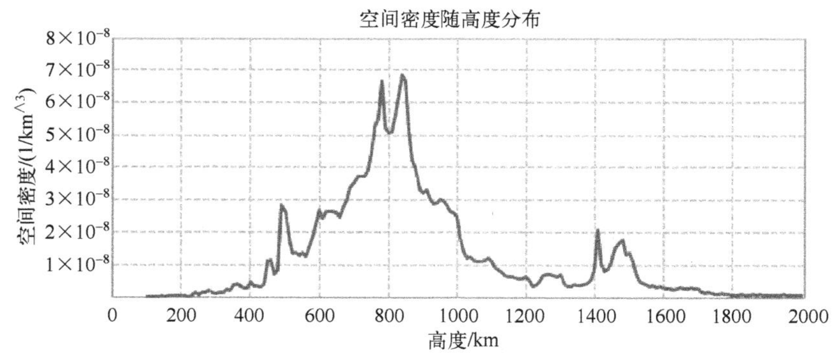

图4 低轨道空间物体空间密度分布

1）部署OneWeb星座后

在现有空间物体的基础上部署OneWeb星座后，其空间密度随高度的分布以及在一年内航天器与空间物体的碰撞概率随高度的分布分别如图6和图7所示。

2）部署Starlink星座后

在现有空间物体的基础上部署Starlink星座后，其空间密度随高度的分布以及在一年内航天器与空间物体的碰撞概率随高度的分布分别如图8和图9所示。

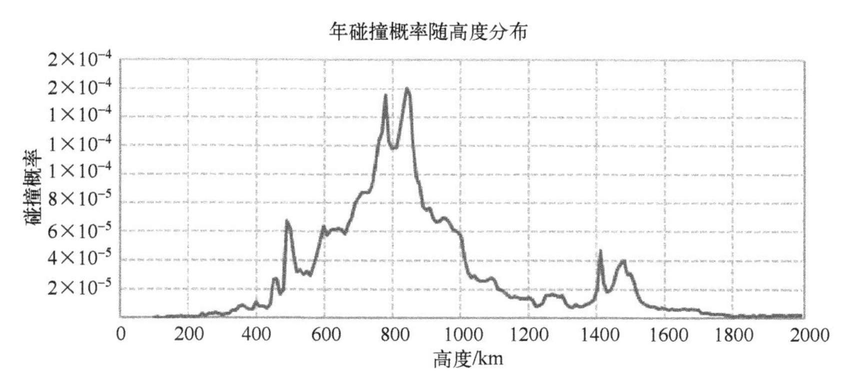

图 5　低轨道空间物体年碰撞概率分布

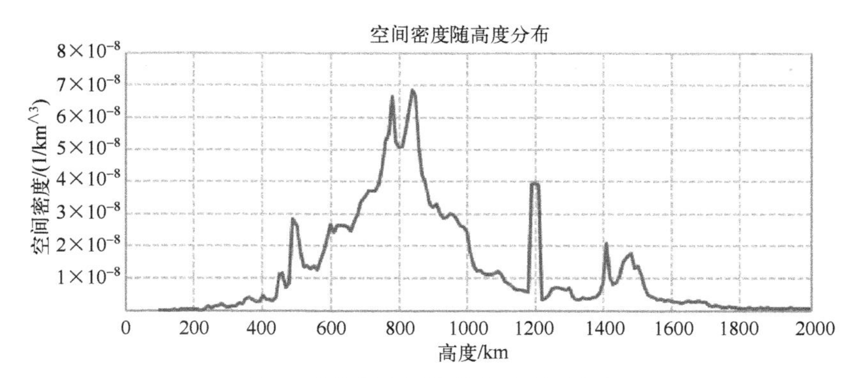

图 6　低轨道空间物体空间密度分布

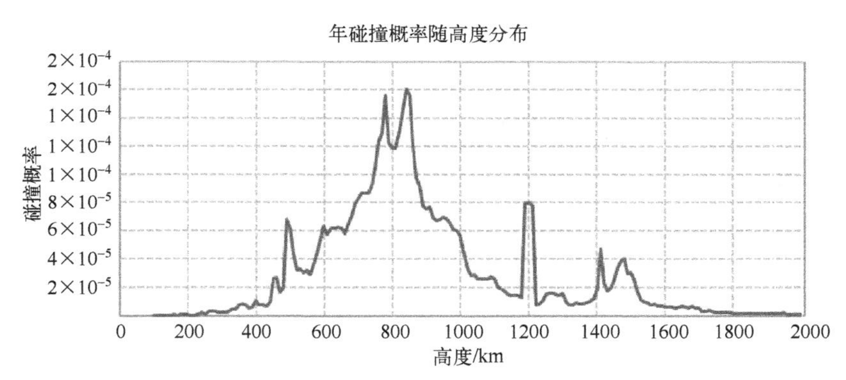

图 7　低轨道空间物体年碰撞概率分布

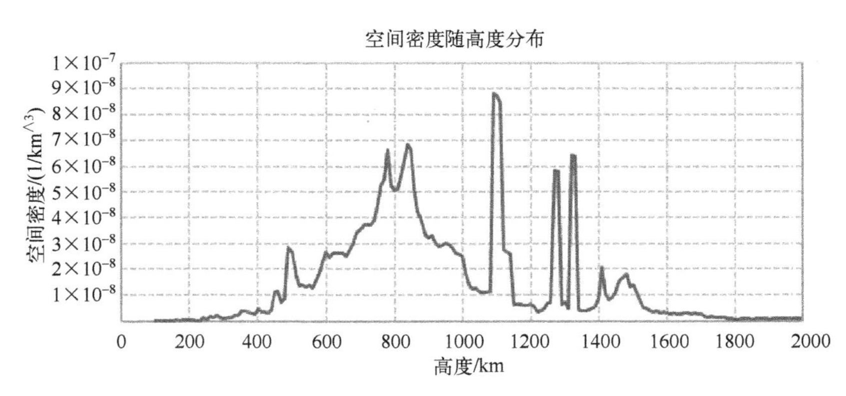

图 8　低轨道空间物体空间密度分布

3）同时部署 OneWeb 及 Starlink 终期星座后

在现有空间物体的基础上同时部署 OneWeb 及 Starlink 星座后，其空间密度随高度的分布以及在一年内航天器与空间物体的碰撞概率随高度的分布分别如图 10 和图 11 所示。

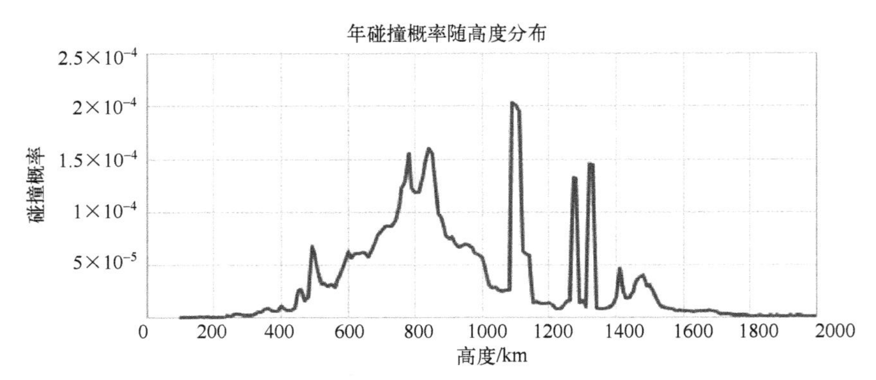

图 9　低轨道空间物体年碰撞概率分布

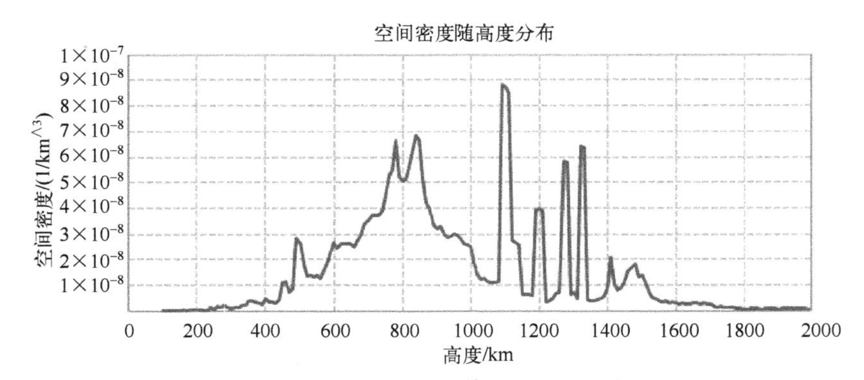

图 10　低轨道空间物体空间密度分布

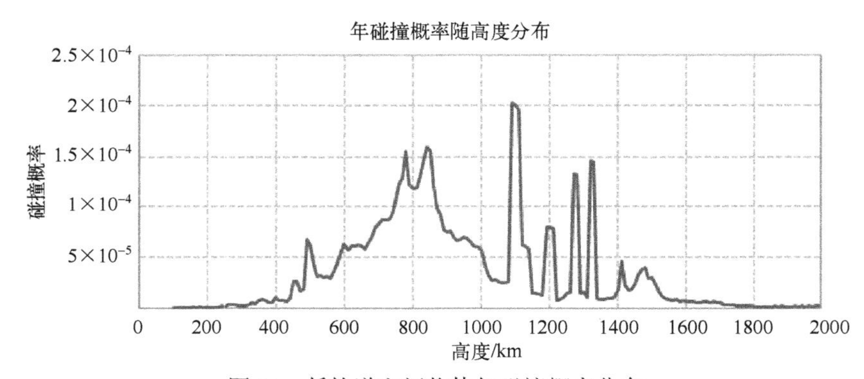

图 11　低轨道空间物体年碰撞概率分布

由于这两个星座主要分布在 1100~1400km，如果将高度范围缩小至 1100~1400km，缩小高度计算步长，其空间密度随高度的分布以及在一年内航天器与空间物体的碰撞概率随高度的分布分别如图 12 和图 13 所示。

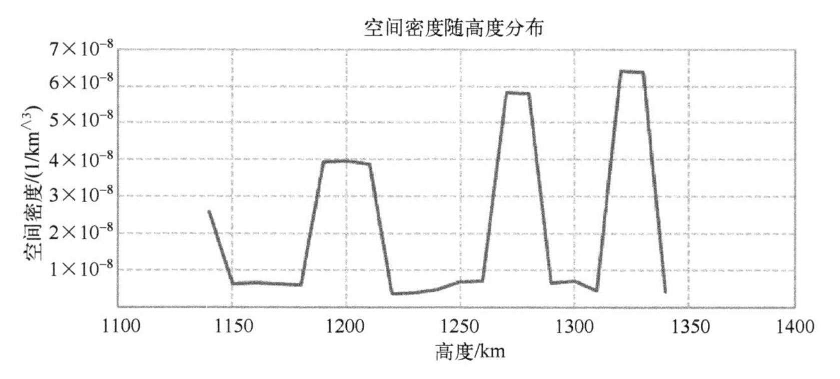

图 12　低轨道空间物体空间密度分布

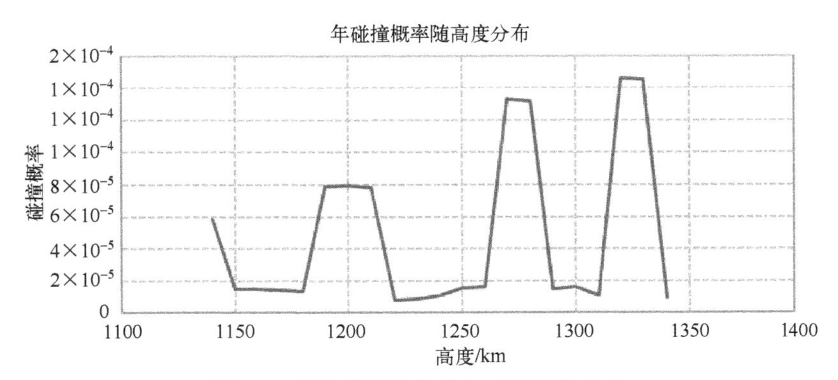

图 13 低轨道空间物体年碰撞概率分布

4）影响对比分析

本文以在现有空间物体的基础上，分别部署 OneWeb 星座、Starlink 星座及同时部署两个巨型星座后，其对相应轨道高度的空间密度分布、碰撞概率分布的增长率变化进行归纳，如表 1 所列。在影响最大的高度，其增长率接近 18 倍。可知巨型星群的部署，对运行在其轨道高度范围内的航天器带来巨大的碰撞风险增量。

表 1 部署巨型星座后空间密度及碰撞概率增长率

高度	空间密度增长率			碰撞概率增长率		
	部署 OneWeb	部署 Starlink	同时部署	部署 OneWeb	部署 Starlink	同时部署
1090		629%	629%		631%	631%
1100		670%	670%		673%	673%
1110		842%	842%		852%	852%
1120		221%	221%		222%	222%
1130		239%	239%		240%	240%
1140		278%	278%		279%	279%
1190	564%		564%	487%		487%
1200	524%		524%	457%		457%
1210	609%		609%	526%		526%
1270		714%	714%		717%	717%
1280		737%	737%		749%	749%
1320		1705%	1705%		1716%	1716%
1330		1744%	1744%		1781%	1781%

4 结束语

本文对部署如 OneWeb 星座、Starlink 星座这样的巨型星群对空间物体环境的影响进行了分析，结果表明，部署巨型星座后，相应轨道高度的空间密度分布、碰撞概率分布大幅度增长，在影响最大的高度，其增长率接近 18 倍。可知，巨型星群的部署，对运行在其轨道高度范围内的航天器带来巨大的碰撞风险增量。建议后续进一步加强对巨型星群部署影响的定量研究，结合轨道资源分布及典型轨道容积率研究，对轨道资源的可用性进行定量分析，对巨型星群的发展提供更好、更安全的建议。

参考文献

[1] 肖业伦. 航天器飞行动力学原理 [M]. 北京：中国宇航出版社，1995.

[2] 冯昊. 空间碎片碰撞概率阈值分析 [A]. 2008 年飞行力学年会.

[3] Opik E J. Collision probabilities with the planets and the distribution of interplanetary Matter [C]. Proc. Roy. Irish Acad, 54: 165-199.

[4] Kessler D J. Derivation of the Collision Probability of Jupiter's Moons [C], ICARCS, 1981, 48: 39-48.

[5] Foster J L, Estes H S. A parametric analysis of orbital debris collision probability and maneuver rate for space vehicles. NASA JSC 25898, August 1992.

[6] Chan K. Collision probability analysis for earth orbiting satellites [J]. Advances in the Astronautically Sciences, 1997, Vol. 96: 1033-1048.

一重覆盖的低轨通信星座设计与部署策略研究

齐　彧[1]，黄　华[1]，张　浩[2]，吕红剑[1]
（1. 中国空间技术研究院通信与导航卫星总体部，北京，100094；
2. 中国科学院空间应用工程与技术中心，北京，100094）

摘要：以低轨通信星座为研究内容，设计满足一重连续覆盖约束的最小星座。对星座站位精度对覆盖性的影响进行分析，得到了不同轨道高度下，满足一重连续覆盖约束的最小星形星座及所允许的最大站位误差。进一步对星座部署策略进行研究，采用 MATLAB-STK 联合仿真这一技术手段，利用枚举法求解了轨道高度为 1100km 的带有可见性及发射约束的星座最优部署策略，得到了不同发射阶段的星座覆盖性计算结果，为后续低轨星座的研究及工程应用提供参考。

关键词：低轨星座；站位误差；覆盖性；星座部署

1　引言

随着卫星通信技术的不断发展，低成本、高可靠的低轨通信星座即将投入市场运营。相比于传统的 GEO 轨道通信卫星，低轨通信星座能够轻易覆盖 GEO 轨道通信卫星难以覆盖的两极区域，因此在实现全球范围内的覆盖性方面具有先天的优势。在近 20 年里，低轨通信星座领域历经深刻调整与变革，逐步走出 20 世纪末的失败困境。从 2014 年开始，低轨通信星座快速回潮并趋向多样化发展，截至 2017 年全球范围内所提出的低轨通信星座计划已超过 30 个[1]，表 1 列出了新兴的低轨通信星座的规划及实施情况。

表 1　国内外典型低轨通信星座列表

星座计划	OneWeb	SpaceX	LeoSat	Telesat	Boeing	Kepler	航天科工
卫星数量	882+1972	4425	78-108	117	1396~2956	140	80
轨道高度	1200km	1110km 1275km 1325km	1400km	1000km 1284km	970km 1030km 1082km	600km	约 1000km
卫星质量	<150kg	386kg	约 1250kg	不详	不详	5kg	不详
业务频段	Ku	Ka	Ku	Ka	V	Ku	Ka
星座容量	10Tbit/s	32Tbit/s	2Tbit/s	不详	不详	不详	不详
应用领域	宽带	宽带	企业宽带	宽带	宽带	M2M	宽带/IoT
研制进度	开始建设卫星工厂	研制技术验证星	方案设计	研制技术验证星	方案设计	等待试验卫星发射	初样阶段

在新兴的低轨通信星座中，OneWeb、SpaceX、Boeing 三个星座具有典型性，能够代表新一代低轨通信星座的设计水平。OneWeb 低轨星座计划是新兴低轨通信星座计划中融资额最高、工程进度最快的项目。目前该项目已获 FCC 市场准入许可，首批试验卫星已开始投产[2]。该星座原本设计计划轨道倾角为 87.9°，轨道高度为 1200km，共包含 18 个轨道面的 882 颗卫星。在获得软银投资后 OneWeb 计划再度扩大星座规模，额外新增 1972 颗低轨卫星，最终形成一个包含 2854 颗卫星的庞大低轨星座。在波束设计方面，OneWeb 单星形成 16 个长椭圆形波束，下行速率可达 750Mbit/s，上行速率为 375Mbit/s；在用户应用方面，OneWeb 与休斯公司开展战略合作，计划在全球范围内建立 55~75 个信关站，以实现全球范围内的信号落地，同时与高通公司携手开发专用用户天线，以

实现地面终端的小型化、移动化。SpaceX 低轨通信星座的星座规模达到 4425 颗卫星，因此 SpaceX 卫星将配备先进的相控阵天线，具备激光星间链路通信能力。Boeing 星座计划由 2956 颗卫星组成，采用不同轨道高度建立组合通信星座。卫星采用 V 频段进行通信链路设计，单波束覆盖范围仅为 8～11km 并采用三色、四色、七色复用方案，尽可能地提升系统整体通信容量。

综上所述，目前世界范围内的低轨通信系统方案层出不穷，各航天大国、卫星制造机构均纷纷加速自己的低轨通信星座构建，抢注频率、轨道资源，可以说低轨通信星座已经成为了通信卫星领域的下一个争夺目标。鉴于上述情况，我国急需基于现有的卫星研制水平，建立自己的低轨通信星座。本文以低轨通信星座工程实现为背景，以全球一重连续覆盖为设计约束开展低轨星座设计及部署策略研究，并利用 MATLAB 与 STK 联合的形式对所建立的星座系统覆盖性进行仿真，力求对未来低轨通信星座的方案设计与工程实施提供参考。

2　低轨通信星座设计约束

如果地球上的任一点在任何时候都可以在规定的高度角范围内观测到星座中的至少一颗卫星，换言之，星座中的卫星在任何时候都能在规定的卫星天底角内探测到地面上的任一点，我们就认为该星座实现了全球连续覆盖。进一步，如果从地球上的任一点在任何时候都可以在规定的高度角范围内观测到星座中的 n 颗卫星，则称该星座实现了全球连续 n 重覆盖[3]。对于通信星座而言，实现全球一重连续覆盖即可实现全球范围内的实时通信。因此，如何利用最小规模的低轨星座实现全球一重连续覆盖是低轨通信星座设计领域的重点问题。

目前，星座的设计方法已经较为成熟，1982 年 Walker 总结得到了一整套成体系的星座设计方法，并介绍了 Walker-δ 星座、Walker-σ 星座和 Walker-ω 星座的设计方法[4]。大量研究表明，星形星座（Walker-δ 星座中的一种典型特例）是低轨通信星座的最优选择[5-6]。这是因为星形星座不同轨道面之间相邻卫星的相对位置更稳定，有利于星间通信的实现。本文将利用覆盖带分析方法，设计满足一重连续覆盖约束的最小低轨移动通信星座。

星座的规模取决于以下两个参数：轨道面数 P 以及共轨道卫星数 S，星座中的卫星总数（又称星座规模）$T=P\times S$。因此求解最小规模的低轨星座的本质是求解满足一重连续覆盖及其他工程约束条件的最小星座规模 T[7]。

图 1 为单一卫星对地面进行覆盖的示意图。图 1 中，R_e 代表地球半径，h 代表卫星高度，ε 代表地面站的最小工作仰角（由当地地形地貌及地面热辐射、大气传播等因素影响），η 为卫星的视场角 FOV（Field Of View），ψ 代表卫星覆盖区域的地球中心角。由图 1 中几何关系，可得到式（1）。

$$\begin{cases}\psi=\arccos\left(\dfrac{R_e}{R_e+h}\cos\varepsilon\right)-\varepsilon \\ \psi+\varepsilon+\eta=\dfrac{\pi}{2}\end{cases}\tag{1}$$

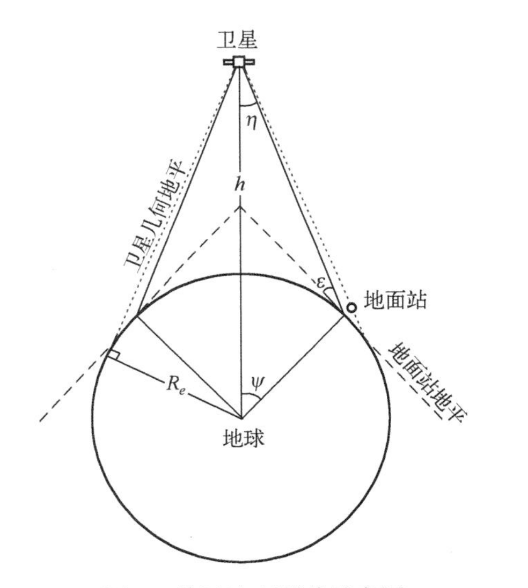

图 1　单星地面覆盖示意图

为了实现覆盖的连续性，需要在同一轨道上布置多颗卫星以实现连续覆盖。图 2 给出了不同轨道高度及不同地面最小工作仰角对应的实现连续覆盖所需的最少共面卫星数量。从图 2 中可以看到，在给定地面最小工作仰角的情况下，随着卫星轨道高度的增加，最小共面卫星数量逐渐降低。这是因为提高轨道高度能够增大单星的覆盖区域，从而降低共轨道面卫星数量。另一方面，降低地面最小工作仰角也有助于减少共轨卫星的数量。这是因为降低地面最小工作仰角等价于增加了卫星的视场角，从而增加了单星的覆盖区域，进而减少共面卫星的数量。

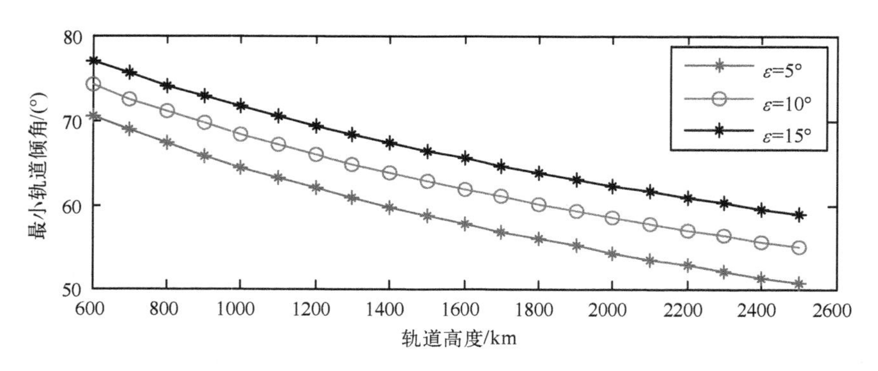

图 2　最小轨道倾角随轨道高度变化图

对于低轨通信星座而言，其目标是构建全球一重覆盖星座，因此轨道倾角须满足式（2）的约束关系，从而实现对两级区域的覆盖。图 3 给出了不同轨道高度及不同地面最小工作仰角对应的最小轨道倾角。

$$i \geqslant \varepsilon + \arcsin\left(\frac{R_e}{R_e + h}\cos\varepsilon\right) \tag{2}$$

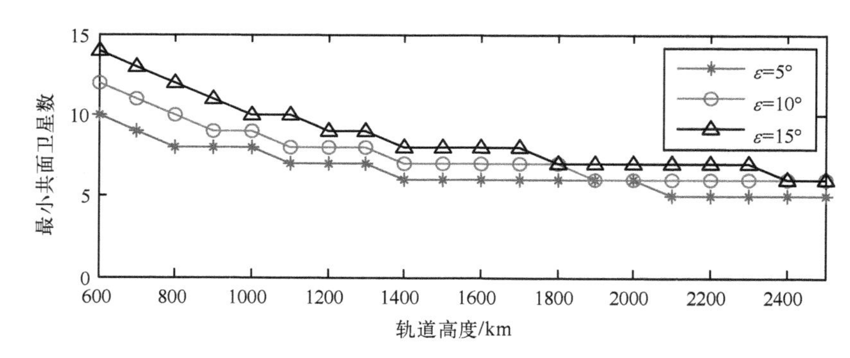

图 3　最小共面卫星数随轨道高度变化图

3　一重覆盖星形星座设计

理论上星形星座的各条轨道具有一对共节点，出于实用性的考虑一般将共节点设置为地球两极。在初步的星座设计与分析中做以下假设：首先，假设星座轨道倾角均为 90°，不考虑两极上空卫星碰撞问题；其次，假设地球为理想球体，忽略航天器摄动所带来的影响。

在上述假设条件下，可以得到单一轨道的连续覆盖宽度带如式（3）所示，连续覆盖的示意图如图 4 所示。

$$C_1 = 2\arccos\left[\frac{\cos\psi}{\cos(\pi/S)}\right] \tag{3}$$

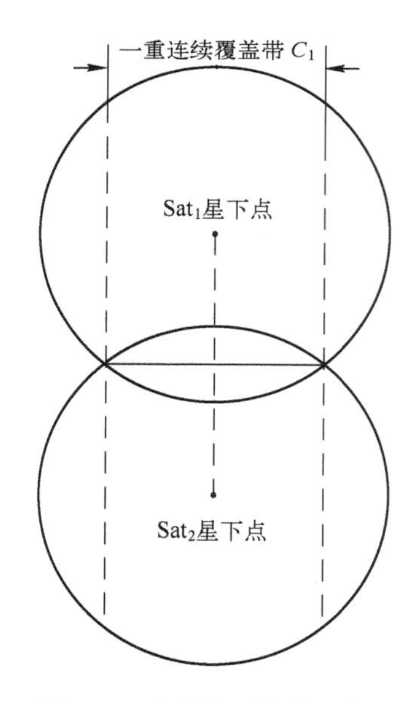

图 4　一重连续覆盖带示意图

进一步考虑不同轨道面之间的覆盖带衔接情况。假设两轨道面中卫星运行方向相同，则可以利用轨道相位差增大轨道覆盖带的宽度。从图 5 中可以看到，考虑相位差影响后，两轨道之间的升交点赤经差值可以适当增加，相当于增加轨道面的覆盖带宽度。图 5 中所示为极限情况，相邻轨道之间卫星的真近点角相位差为同轨道卫星真近点角相位差的一半。

考虑相位影响后，P 条轨道能够形成的连续覆盖区域宽度如式（4）所示。因此，满足全球一重连续覆盖等价于轨道数 P 满足式（5）所示的约束条件。一般情况下，为了使所建立的星座规模最小，对应的轨道面数 P 往往取满足式（5）的最小值。

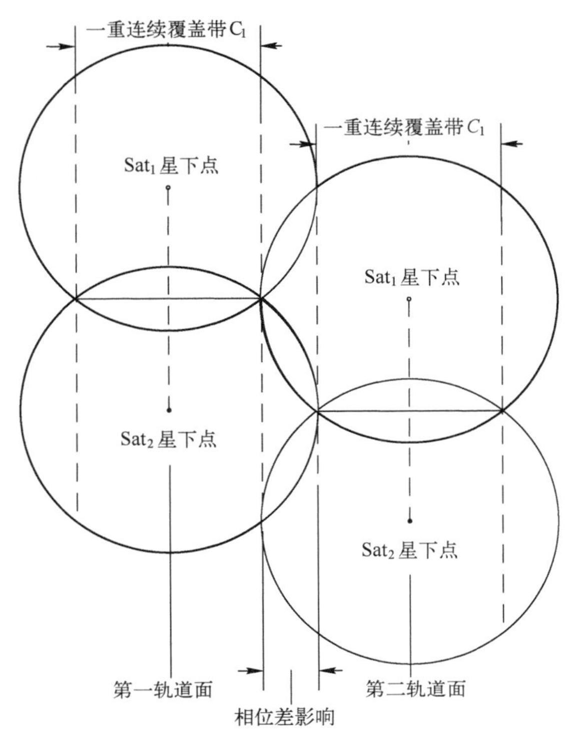

图 5　考虑相位影响的一重覆盖带示意图

$$C_P=(P-1)\left(\psi+\frac{1}{2}C_1\right)+C_1 \tag{4}$$

$$P\geqslant\frac{\pi-C_1}{\psi+\frac{1}{2}C_1}+1 \tag{5}$$

图 6 给出了满足全球一重覆盖的最小星形星座的规模随轨道高度的变化情况。从图 6 中可以看出，一方面，随着轨道高度的增加，最小星形星座的规模不断下降；另一方面，随着轨道高度的增加，星座规模的缩减速度逐渐放缓。

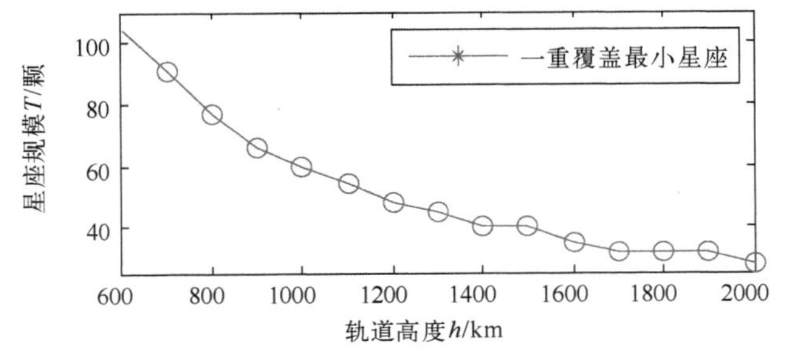

图 6　最小规模星座结果图

4　星座站位精度设计

卫星星座在空间部署后，为了完成全球一重连续覆盖任务，必须保持必要的几何构型精度，也就是说要使星座内的各卫星之间保持一定的相对位置关系。由于真实轨道存在各种摄动因素（摄动力）和初始误差（定位误差），卫星之间的相对站位不断地发生偏移。这种偏移不断累加并最终影响星座的构型，从而导致全球一重连续覆盖的约束条件无法满足。因此在星座的设计寿命期限内，需要卫星轨道进行控制，这种控制称为星座的站位保持[8]。星座站位保持包含以下两方面内容：第一，保持同轨道平面的卫星按等间隔者设计间隔分布；第二，保证轨道平面之间的等间隔性。上述两点可以用轨道面升交点误差与轨道面内相位误差这两个指标进行衡量。在星座卫星站位策略设计中，需要首先确定卫星所允许的最大站位误差以指导星座站位保持策略的设计。本节将以全球一重覆盖作为约束条件分析不同星座组成所对应的卫星站位最大站位误差。

星座站位误差轨道面升交点误差与轨道面内相位误差两类，这两类误差，均会导致覆盖带宽度退行，进而影响一重连续覆盖的有效性。假设轨道面升交点误差为 $\pm\Delta\Omega$，轨道面内相位误差为 $\pm\varsigma$。易知，对于轨道面升交点误差而言，其所能引起的最大一重连续覆盖带宽度退行为 $2\Delta\Omega$。对于相位误差而言，图 7 表示由相位误差引起的顺行轨道一重连续覆盖带宽度退行的极限情况，由空间几何关系可以得到式（6）。

$$\begin{aligned}C_{1e}&=\arccos\left[\frac{\cos\psi}{\cos(\pi/S+\varsigma)}\right]\\C_{2e}&=\arccos\left(\frac{\cos\psi}{\cos\varsigma}\right)\end{aligned} \tag{6}$$

在星座设计过程中，设计者往往希望所部署的星座在满足全球连续覆盖的前提下，其轨道面内的卫星站位精度要求具有均匀性，即所有的星座中的卫星具有相同的站位精度要求，因此需要轨道设计师将星座的连续覆盖带裕度尽可能地平均分配到轨道面中，从而能够确定星座对应的最大站位误差。假设顺行轨道面之间的升交点赤经差为 Ω，则星座卫星站位误差极限情况下顺行轨道间满足一重连续覆盖的判据为

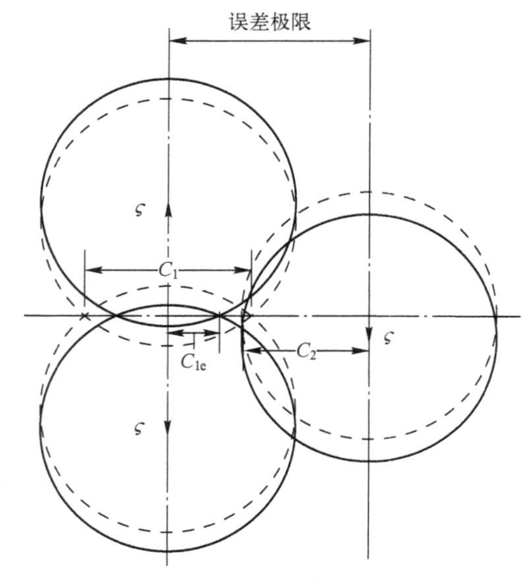

图7　相位误差引起的一重连续覆盖带退行示意图

$$\Omega+2\Delta\Omega\leqslant C_{1e}+C_{2e} \tag{7}$$

逆行轨道间满足一重连续覆盖的判据为

$$\pi-(P-1)\Omega+2\Delta\Omega\leqslant 2C_{1e} \tag{8}$$

式（7）与式（8）中包含3个参数：顺行轨道升交点赤经差Ω，轨道面升交点误差$\pm\Delta\Omega$，轨道面内卫星相位误差$\pm\varsigma$。在站位误差均为极限情况下（相位误差最大同时升交点赤经误差最大），式（7）与式（8）均为等式，因此上述3个参数中只需确定一个参数，即可求解另外两参数。由卫星定轨结果可知，轨道升交点赤经的误差较小，一般小于±0.1°，而轨道面内的相位误差较大，因此在进一步的分析中我们假设轨道面升交点赤经误差为±0.1°，进而确定得到不同规模的星座组成所对应的轨道升交点赤经及轨道面内最大相位误差如表2所列。

表2　一重连续覆盖星座计算结果（$\pm\Delta\Omega=\pm0.1°$）

轨道高度 h/km	共面卫星数 S	轨道面数 P	卫星总数 T	顺行轨道升交点赤经差 Ω/(°)	最大相位误差 ς/(°)
600	14	8	112	23.49	0.92
700	13	7	91	26.84	0.81
800	11	7	77	27.21	0.67
900	11	6	66	31.50	0.64
1000	10	6	60	31.87	1.08
1100	9	6	54	32.22	0.89
1200	10	5	50	37.96	1.61
1300	9	5	45	38.33	1.42
1400	8	5	40	38.68	0.54

（续）

轨道高度 h/km	共面卫星数 S	轨道面数 P	卫星总数 T	顺行轨道升交点赤经差 Ω/(℃)	最大相位误差 ς/(℃)
1500	8	5	40	38.99	1.97
1600	7	5	35	39.33	0.10
1700	7	5	35	39.62	1.32
1800	8	4	32	47.88	1.50
1900	8	4	32	48.18	2.86
2000	7	4	28	48.54	0.97

考虑站位误差后，可以得到满足全球一重覆盖的最小星形星座的规模随轨道高度的变化情况，如图8所示。

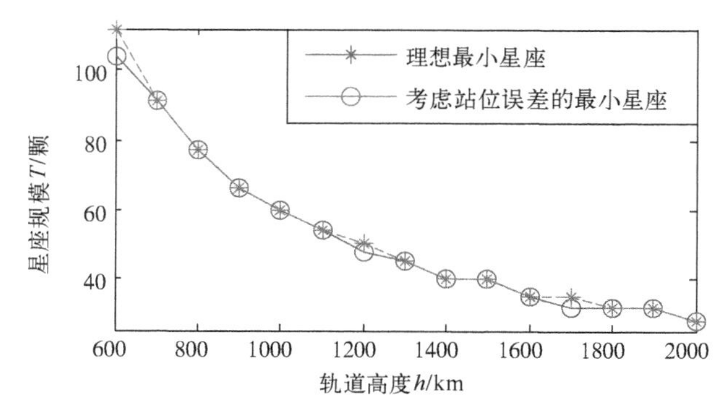

图8　考虑站位误差的最小规模星座结果图

对比图8与图6可以发现：在考虑到卫星站位误差后，轨道高度1200km的48颗卫星构成的星形星座无法满足一重连续覆盖需求，最小星座规模退行为50颗；同样的，轨道高度1700km的32颗卫星构成的星形星座无法满足一重连续覆盖需求，最小星座规模退行为35颗。

在进一步考虑两极地区卫星密度大易发生碰撞这一问题后，往往适当降低轨道倾角，从而避免两级地区多条轨道相交于一点这一情况，这种变形后的星座构型称为近极轨星座。对于全球一重连续覆盖的通信星座而言，星形星座的整体覆盖效果要优于近极轨星座，因此需要借助仿真工具进一步分析变化后的近极轨星座的覆盖特性，以确保所建立的星座能够满足全球一重连续覆盖这一约束条件。

5　星座部署策略设计

考虑到卫星的制造能力与运载工具的发射能力，卫星星座的部署往往是分阶段进行的。卫星星座的分阶段部署过程也称组网过程，如何设计得到满足实际需求约束条件下的最优星座部署策略是星座领域的研究热点。

星座部署实际上是要求星座提供不同性能台阶的问题，星座中各颗卫星往往是按先后顺序分别发射，设计师总希望少数卫星入轨时就能达到较高的性能水平，随后每当一颗卫星入轨后星座性能进一步提高。图 9 给出了两种卫星组网方案对比的示意图，从图 9 中可以看到，两种组网方案在完成全部组网时，均能够满足全球一重连续覆盖这一要求。但是由于组网方案不同，两种方案在组网过程中覆盖性能产生差异。一般情况下认为图 9 中第一组网方案优于第二组网方案，这是因为其在组网过程中具有更好的台阶性能。

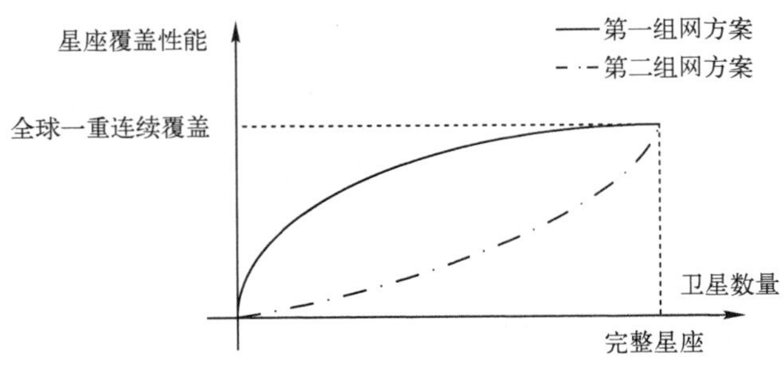

图 9　不同组网方案对比图

卫星星座的部署规划的本质是求解优化的卫星发射的顺序问题。假设尚未完成组网的星座称为子星座，那么对于不同的卫星组网过程，每次发射后形成的子星座也不同，进而可以在每次发射后可能得到的所有子星座中进行寻优搜索，从中选出性能指标最好的子星座，作为此次发射方案。

另一方面，寻优搜索卫星发射顺序时必须考虑发射方式的约束，根据所采用的运载器的运载能力确定单次发射所能搭载的卫星数量，并进一步确定可能的子星座构型，从而明确寻优搜索范围。

在寻优算法方面，已有研究对比了小规模星座（卫星数量小于 100 颗）条件下蚁群算法与枚举法在星座组网优化过程中的计算量，得到结论：在小规模星座组网过程中枚举法计算量更小。因此本文利用枚举法对低轨通信星座的部署策略进行进一步的分析研究。

卫星星座的部署规划问题可以抽象为以下数学模型。假设星座的整体构型为 $\{T\}$，已经部署完成的子星座为 $\{T_1\}$，空缺的星座星位集合为 $\{T_2\}$，X_i 为满足约束条件 D_L 的本次发射向空间新部署的 n 颗卫星，f 为星座的性能指标计算函数。则星座部署的规划问题等价于求解式（9）所对应的优化问题[9]。

$$\begin{cases} \min F = -\max f(X_i + \{T_1\}) \\ X_i = [x_1, \cdots, x_n] \in \{D_L\} \cap \{T_2\} \\ \{T_1\} + \{T_2\} = \{T\} \end{cases} \tag{9}$$

利用枚举法求解星座部署优化问题的逻辑框图如图 10 所示。星座的部署策略求解过程为：首先，获取星座的整体构型 $\{T\}$，已发射部署的子星座 $\{T_1\}$ 及未发射部署的子星座 $\{T_2\}$；然后，枚举 $\{T_2\}$ 中满足约束条件的下一次发射部署的 n 颗卫星组合；然后，枚举计算 $\{T_1+X_i\}$ 子星座的覆盖性能，从中选择覆盖性能指标最优的组合作为本次发射部署卫星；最后，不断重复上述过程，直到全部星座卫星部署完成。

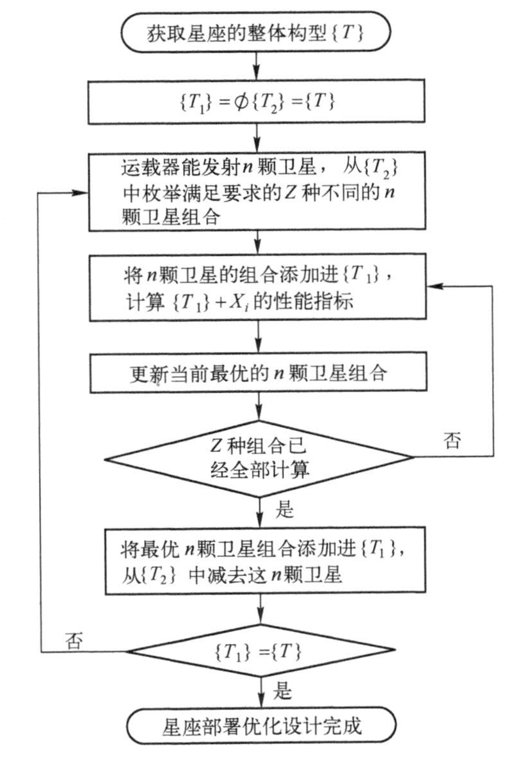

图 10　星座部署策略求解原理图

上述星座部署策略是利用枚举法进行部署策略优化的基本方法。但是在真实的卫星组网过程中，需要考虑更多实际因素的影响，例如，卫星的遥测遥控限制、子星座对于重点区域的覆盖能力、卫星的制造周期以及关键技术优先验证等。上述限制条件均需要在星座部署策略中加以考虑，最终得到满足任务需求的可行星座部署策略。

以表 2 中 1100km 高度的星形星座为例，计算该星座的部署策略。部署策略的约束条件如下。

（1）单次发射只能部署同一轨道面上的卫星，采用一箭三星，组网过程共经历18次发射。

（2）每次发射部署的卫星必须能够与已部署的卫星星座满足实时星间链路连接，以确保卫星遥测遥控安全，即要求卫星满足可见性约束。

（3）发射分为三阶段进行，第一阶段全部轨道面各发射三颗卫星实现初步部署，第二阶段对全部轨道进行第二轮星座部署，每个轨道面上进行一次发射部署，第三阶段发射对6个轨道面进行第三轮星座部署，实现全星座部署。

（4）认为卫星部署成功率为100%，不考虑卫星失效补发及在轨备份情况。

优化目标为星座覆盖百分比最高。考虑上述约束条件，利用STK－MATLAB联合仿真技术[10-12]，使用枚举法计算得到该星座的部署策略。图11给出了星座对地平均覆盖百分比随发射次数的变化情况。从图11中可以看到，在第一、第二阶段中，随着发射次数的增加平均覆盖百分比快速上升，但是增速逐渐降低，这是因为随着星座卫星数量的不断增加，单次补网卫星在平均覆盖百分比上的贡献逐渐降低，这是枚举法寻优的必然结果，证明了求解的正确性。另一方面，在不同发射阶段交接处，单次补网卫星在平均覆盖百分比上的贡献发生跳变，这是分阶段部署这一约束条件所导致的结果。

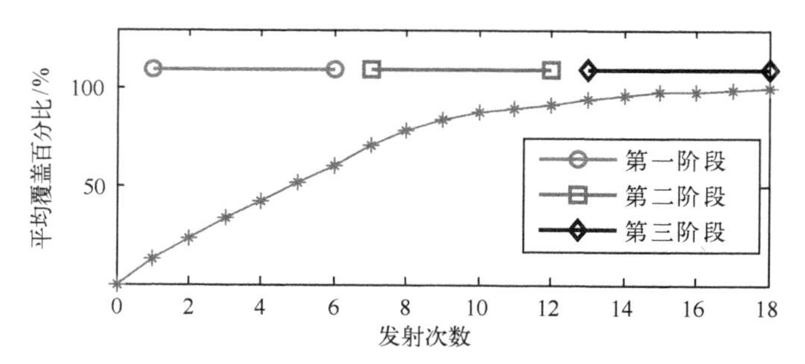

图11　星座平局覆盖百分比随发射次数变化图

图12给出了星座对地平均响应时间随发射次数的变化情况。可以看到随发射次数的增加，星座系统的平均响应时间近似于指数下降。

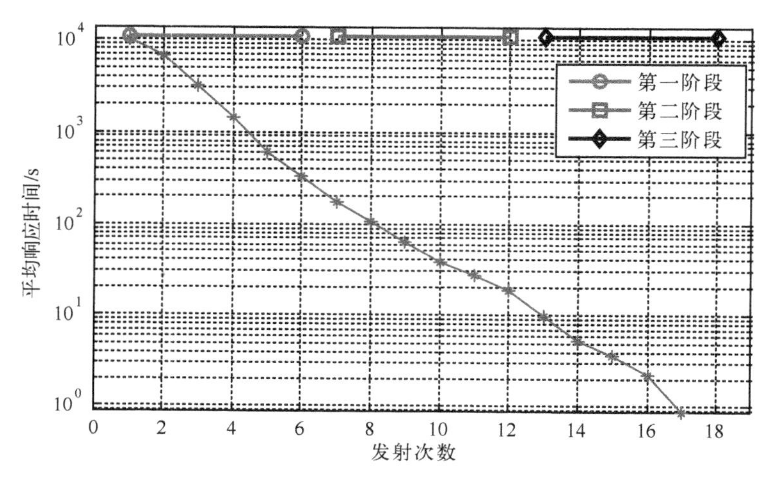

图12　星座平局响应时间随发射次数变化图

6　结束语

本文以低轨通信星座为研究内容，以全球一重连续覆盖作为设计约束，设计得到了不同轨道高度条件下的满足全球覆盖的星形星座。在此基础上进一步对星座卫星的占位精度进行分析，计算得到了不同星座的最大允许站位精度，该站位精度能够作为后续星座维持策略设计的输入条件。本文还就星座部署策略进行了分析与研究，并利用枚举法求解了带有可见性约束的以覆盖百分比为优化目标的星座最优部署策略，这一部署策略能够作为星座组网分析的输入条件。本文的研究内容建立在星形星座这一基础上，但是真实的星座往往采用近极轨星座，后续将进一步分析近极轨星座轨的道倾角对覆盖性及站位精度所带来的影响。

参考文献

［1］王余涛. 2013年全球卫星通信产业发展综述［J］. 卫星应用，2014，2（21）：37-43.

［2］沈永言. 全球空间信息基础设施的发展态势与我国卫星通信

的发展思路［J］. 国际太空，2016，11（455）：44-50.

［3］陈晓宇，戴光明，王茂才，等．一种确定性星座对地覆盖计算方法［J］. 哈尔滨工业大学学报，2017，49（4）：55-60.

［4］Walker J G. Some circular orbit patterns providing continuous whole earth coverage［J］. JBIS. 1971，24，369-384.

［5］范丽，张育林．Walker 星座星间链路构建准则及优化设计研究［J］. 飞行力学，2007，25（2）：93-96.

［6］Mortari D，De Sanctis M，Lucente M. Design of Flower Constellations for Telecommunication Services［J］Proceedings of the IEEE. 2011，99（11）：2008-2019.

［7］宋志明，戴光明，王茂才，等．卫星星座区域覆盖问题的快速仿真算法［J］. 航天控制，2014，32（5）：65-71.

［8］赵双朋，宋华，李克行，等．星座导航与控制分布式仿真系统设计［J］. 航天控制，2010，28（6）：56-62.

［9］蒙波，叶立军，韩潮．卫星星座组网过程的策略规划［J］. 宇航学报，2009，30（1）：150-154.

［10］胡伟，王劼．基于 STK 二次开发的全球导航星座部署研究［J］. 系统仿真学报，2008，20（23）：6560-6562.

［11］刘绍奎，刘虎东．低轨卫星通信系统星座设计与性能仿真［J］. 全球定位系统，2014，39（3）：19-23.

［12］高静，刘小萌．基于 STK 的混合星座性能仿真与分析［J］. 山东农业大学学报（自然科学版），2016，47（5）：773-778.

遥感卫星复杂姿态机动过程中成像积分时间计算方法

黄美丽[1]，曹海翊[1]，赵　峭[1]，徐文霞[2]
（1. 北京空间飞行器总体设计部，北京，100094；2. 中国空间技术研究院，北京，100094）

摘要：某些遥感卫星，如敏捷卫星在实现同轨多条带拼幅成像、非沿迹成像等新型成像模式时，需要在大角度三轴联合姿态机动过程中实现成像。文章针对遥感卫星星载TDICCD可见光相机积分时间精确计算需求，系统提出了复杂姿态机动过程中成像积分时间的计算方法，推导了计算公式。在计算方法上，采用了速度矢量计算结合坐标系转换的方法，可以适用于卫星任意姿态成像模式。仿真结果表明：对于典型敏捷卫星机动过程中成像的积分时间计算，本文提出的将姿态角速度作为实时变量计算的方法，相对于传统将其作为定量计算方法，当姿态角速度为0.1~0.3°/s时计算准确度可提高10%~15%，有效提高了提高积分时间计算精度。

关键词：遥感卫星；复杂姿态；动中成像；积分时间

1　引言

随着卫星平台能力的不断提高，遥感卫星具备了更高更灵活的姿态机动能力，能够在短时间内实现大角度快速机动，利用其快速姿态机动能力，迅速改变星载相机对地指向，实现对地目标高效、灵活的观测[1-2]，这类卫星通常也称为敏捷卫星。基于卫星的强姿态机动能力，遥感卫星可以实现多种新型的成像模式，如同轨多条带拼幅成像、非沿迹成像、同轨立体成像等[3]。实现这些成像模式时，卫星需要在大角度三轴联合姿态机动过程中实现成像[4]。比较典型的有美国的Ikonos系列、Worldview系列、法国的Pleiades系列等，国内目前也已开展相关研究工作[5]。

低轨可见光遥感卫星装载的相机以TDICCD推扫式光学遥感相机（下文简称相机）为主，积分时间是相机的重要指标，直接关系着遥感卫星成像质量的好坏。准确实时的计算相机成像所需的积分时间，是获得高质量对地遥感图像的重要前提之一。

基于传统成像即姿态对地指向固定成像方式，文献［6］对星下点成像时的像移速度矢量进行了建模求解，但对侧摆成像和俯仰成像未予考虑。文献［7-8］在坐标变化的基础上得到计算模型，对侧摆成像和俯仰成像时的像移速度矢量进行了分析，但对姿态角速度未予考虑。文献［9-10］从像移的角度考虑了姿态对成像的影响，但并未给出具体的计算公式。像移速度是积分时间计算的重要参数，若计算时不考虑姿态角速度影响，当卫星在机动过程中成像的时候，会导致相机的积分时间不匹配，导致像移模糊，系统传递函数MTF下降，从而影响成像质量。

本文针对遥感卫星相机积分时间精确计算需求，系统提出了复杂姿态机动过程中成像积分时间的计算方法，推导了计算公式。在计算方法上，采用了速度矢量计算结合坐标系转换的方法，可以适用于卫星任意姿态成像模式。本文采用的分析方法和推导出的相关公式，可为敏捷卫星的总体分析设计以及相机成像时实时积分时间设置提供参考。

2　计算参数与坐标系定义

2.1　计算参数定义

1）摄影点斜距的定义

卫星的质心到摄影点的距离为摄影点斜距H。

2）地速的定义

摄影点的地速v定义为，地面景物相对于相机摄影点的在平行于焦平面内运动速度，该矢量的方向在过摄影点平行于焦平面的平面内。

3）速高比定义

速高比就是观测卫星上的相机摄影点地速v与

到相机摄影点斜距 h 的比值。

4）像速的定义

像速 v_x 定义为，地面景物在焦平面内运动速度。

5）积分时间定义

积分时间 t 定义为相机像元尺寸 d 与像速 v_x 的比值。

如图 1 所示，像速由式计算：

$$v_x = \frac{v}{h} f \tag{1}$$

积分时间计算公式如下：

$$t = \frac{d}{v_x} = \frac{d}{f} \cdot \frac{h}{v} \tag{2}$$

式中：f 为相机的焦距。

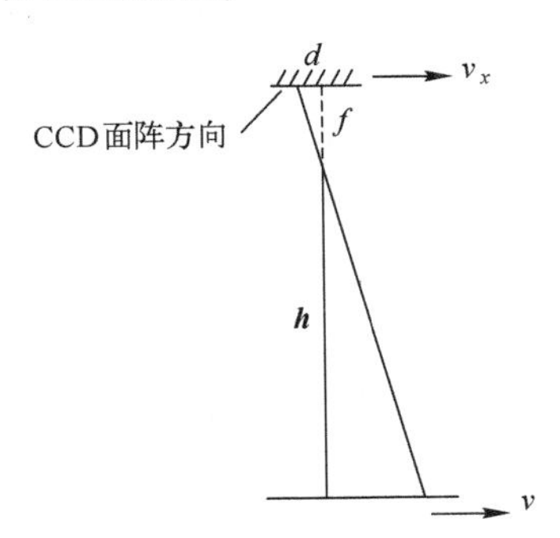

图 1 积分时间算法示意图

2.2 坐标系定义

在偏流角和速高比的分析过程中用到了以下几个坐标系，简要说明如下。

1）J2000 惯性坐标系 S_i

原点 O_i 在地心，O_iz_i 轴沿 2000 年地球自转轴指向的北极；O_ix_i 轴在 2000 年赤道面内指向春分点；$O_ix_iy_iz_i$ 构成右手直角坐标系。

2）轨道坐标系 S_o

原点 O 在卫星在轨时质心的位置，Oz 轴指向地心，Ox 轴在轨道平面内垂直于 Oz 轴指向前（与速度方向夹角小于 90°），$Oxyz$ 构成右手直角坐标系（前-右-下）。此坐标系随卫星运动而活动，具有轨道角速度 ω_n。

3）卫星本体坐标系 S_b

原点 O_b 在卫星在轨时质心的位置，当卫星在轨无姿态机动时，卫星本体坐标系与卫星轨道坐标系重合，即 O_bx_b 轴朝前，O_bz_b 轴指地，O_by_b 轴由右手螺旋定则确定。

4）相机本体坐标系 S_c

原点 O_c 在相机焦平面中心，O_cz_c 轴沿着相机光轴，x_cy_c 平面与像平面平行，O_cx_c 轴沿着像移补偿系统移动的方向。在中型敏捷遥感卫星平台中，目前指定星上相机本体坐标系与卫星的本体坐标系重合，即卫星入轨后姿控系统使得相机本体坐标系和轨道坐标系 S_o 重合，即 O_cx_c 轴朝前，O_cz_c 轴指地。

对于我国的遥感卫星，卫星姿态角转序一般为 1-2-3，即先侧摆再俯仰最后偏航的转序方式。

在计算相机积分时间时，4 个坐标系之间的转化关系如图 2 所示。

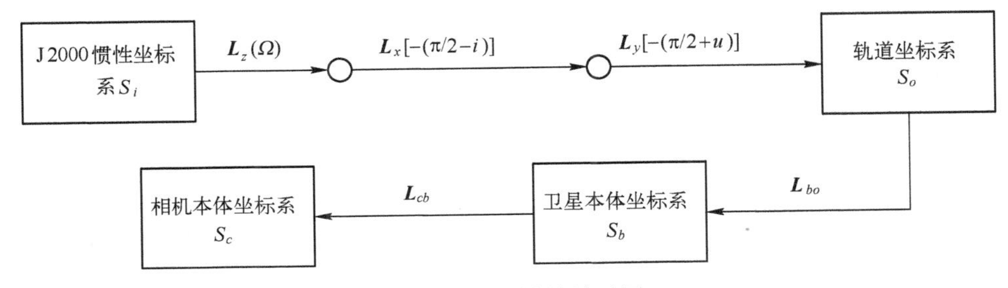

图 2 坐标系转换关系图

从 S_i 到 S_o 要经过三次旋转，首先绕 S_i 的 z 轴转 Ω，接着绕此时的 x 轴转 $-(\pi/2-i)$，再绕此时的 y 轴转 $-(\pi/2+u)$。其中，Ω 表示升交点赤经，i 表示轨道倾角，u 表示纬度幅角（$u=\omega+f$，ω 是近地点幅角，f 是真近点角）。从轨道坐标系到任意姿态的卫星本体坐标系是先绕轨道坐标系的 x 轴转 φ，再绕此时的 y 轴转 θ，最后绕此时的 z 轴转 ψ。其中，φ 是侧摆角，θ 是俯仰角，ψ 是偏航角。从卫星本体坐标系到相机本体坐标系要经过两个坐标系之间的转换矩阵得到。各坐标系之间的转换矩阵具体形式，将在下面详细说明。

从 S_i 到 S_o 的坐标转换矩阵：

$$\boldsymbol{L}_{oi} = L_y[-(\pi/2+u)]L_x[-(\pi/2-i)]L_z[\Omega] \tag{3}$$

从 S_o 到 S_b：

$$\boldsymbol{L}_{bo} = L_z[\psi]L_y[\theta]L_x[\varphi] \tag{4}$$

对任意角 γ，

$$L_x(\gamma)=\begin{bmatrix}1 & 0 & 0\\ 0 & \cos\gamma & \sin\gamma\\ 0 & -\sin\gamma & \cos\gamma\end{bmatrix},$$

$$L_y(\gamma)=\begin{bmatrix}\cos\gamma & 0 & -\sin\gamma\\ 0 & 1 & 0\\ \sin\gamma & 0 & \cos\gamma\end{bmatrix},$$

$$L_z(\gamma)=\begin{bmatrix}\cos\gamma & \sin\gamma & 0\\ -\sin\gamma & \cos\gamma & 0\\ 0 & 0 & 1\end{bmatrix} \tag{5}$$

3 积分时间的计算方法

3.1 摄影点相对相机的速度

设摄影点为随地球运动的地球表面一点。图3中画出了星下点摄影和侧摆摄影的几何关系图，卫星 S 的本体坐标系 O_bx_b 轴垂直于纸面向内，垂直摄影时摄影点为 $T1$，像平面垂直于 $ST1$；经过一般姿态机动后，卫星相机视轴与星地连线的夹角为 φ，摄影点为 T，像平面垂直于 ST，ST 方向就是本体坐标系 O_bZ_b 轴的方向。地心角

$$\beta=\arcsin\left(\frac{r}{R}\sin\varphi\right)-\varphi \tag{6}$$

式中：r 为卫星地心距；R 为摄影点地心距。

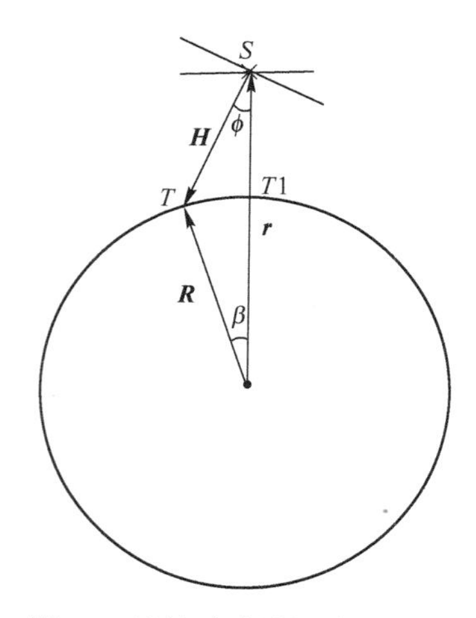

图3 卫星相机摄影几何关系图

根据理论力学原理，相对速度等于绝对速度减去牵连速度，对于一般情况，摄影点 T 相对于相机镜头（本体坐标系）的速度为

$$\boldsymbol{v}=\boldsymbol{\omega}_e\times\boldsymbol{R}-(\boldsymbol{v}_u+\boldsymbol{v}_r+\boldsymbol{\omega}_b\times\boldsymbol{H}) \tag{7}$$

式中：$\boldsymbol{\omega}_e$ 为地球角速度矢量；$\boldsymbol{R}$ 为地心到摄影点的矢量；$\boldsymbol{v}_u$ 为卫星绝对速度的前向分量；$\boldsymbol{v}_r$ 为卫星绝对速度的径向分量；$\boldsymbol{\omega}_b$ 为本体坐标系具有的角速度矢量；$\boldsymbol{H}$ 为卫星到摄影点的距离矢量。$\boldsymbol{v}_u$ 可以表示为

$$\boldsymbol{v}_u=\boldsymbol{\omega}_n\times\boldsymbol{r} \tag{8}$$

式中：$\boldsymbol{r}$ 为地心指向卫星的矢径，其大小为 r；$\boldsymbol{\omega}_n$ 为轨道角速度矢量，其大小为

$$\omega_n=\frac{\sqrt{\mu p}}{r^2},\quad p=a(1-e^2),\quad r=\frac{p}{1+e\cos\theta} \tag{9}$$

式中：μ 为地球引力常数；p 为轨道半通径；a 为半长轴；e 为偏心率；θ 为真近点角。$\boldsymbol{v}_r$ 的大小为

$$v_r=\sqrt{\frac{\mu}{p}}e\sin\theta \tag{10}$$

把式（8）代入式（7），得到

$$\boldsymbol{v}=\boldsymbol{\omega}_e\times\boldsymbol{R}-(\boldsymbol{\omega}_n\times\boldsymbol{r}+\boldsymbol{\omega}_b\times\boldsymbol{H}+\boldsymbol{v}_r) \tag{11}$$

对于传统的对地三轴稳定遥感卫星，在相机成像时，不考虑卫星姿态角速度的情况下，有

$$\boldsymbol{\omega}_b=\boldsymbol{\omega}_n \tag{12}$$

所以式（11）变为

$$\boldsymbol{v}=\boldsymbol{\omega}_e\times\boldsymbol{R}-[\boldsymbol{\omega}_n\times(\boldsymbol{r}+\boldsymbol{H})+\boldsymbol{v}_r]=\boldsymbol{\omega}_e\times\boldsymbol{R}-\boldsymbol{\omega}_n\times\boldsymbol{R}-\boldsymbol{v}_r \tag{13}$$

式（13）就是摄影点相对于相机本体系的速度矢量式。

3.2 速高比的计算公式

把矢量式（13）投影在相机本体坐标系 S_c 上：

$$(\boldsymbol{v})_c=L_{co}(\boldsymbol{v})_o=L_{co}[(\boldsymbol{\omega}_e-\boldsymbol{\omega}_n)\times\boldsymbol{R}]_o-L_{co}(\boldsymbol{v}_r)_o \tag{14}$$

式中：$(\boldsymbol{v})_c$ 为矢量 $\boldsymbol{v}$ 在本体坐标系 S_c 中的分量列阵，其余类比得出。

式（14）就是成像点相对于相机本体系的速度在本体系中的矢量形式，在像平面内的两个速度分量为 v_x 和 v_y，两者的合速度为

$$v=\sqrt{(v_x)^2+(v_y)^2} \tag{15}$$

v 即为地速，速高比中的高度可由余弦定理求出

$$H=\sqrt{r^2+R^2-2rR\cos\beta} \tag{16}$$

速高比为

$$B=\frac{v}{H} \tag{17}$$

3.3 考虑姿态角速度的摄影点相对相机的速度

若考虑到由于卫星进行偏流角修正以及姿态扰动带来的卫星姿态角速度对摄影点相对相机速

度带来的影响，则式（12）中的 $\boldsymbol{\omega}_b$ 不等于卫星的轨道角速度矢量，具体表达式为

$$\boldsymbol{\omega}_b=\boldsymbol{\omega}_n+\boldsymbol{\omega}_s \tag{18}$$

式中：$\boldsymbol{\omega}_s$ 表示卫星的姿态角速度。

从而式（13）可以写为

$$\begin{aligned}\boldsymbol{v}&=\boldsymbol{\omega}_e\times\boldsymbol{R}-[\boldsymbol{\omega}_n\times\boldsymbol{r}+(\boldsymbol{\omega}_n+\boldsymbol{\omega}_s)\times\boldsymbol{H}+\boldsymbol{v}_r]\\&=\boldsymbol{\omega}_e\times\boldsymbol{R}-\boldsymbol{\omega}_n\times\boldsymbol{R}-\boldsymbol{\omega}_s\times\boldsymbol{H}-\boldsymbol{v}_r\end{aligned} \tag{19}$$

在计算速高比时，仍然将式（19）中的各个矢量投影到相机本体坐标系中，得到相对速度在相机本体坐标系中的矢量形式，求得成像平面上的两个速度分量 v_x 和 v_y。

3.4　积分时间计算方法流程

相机积分时间计算方法流程如图 4 所示。

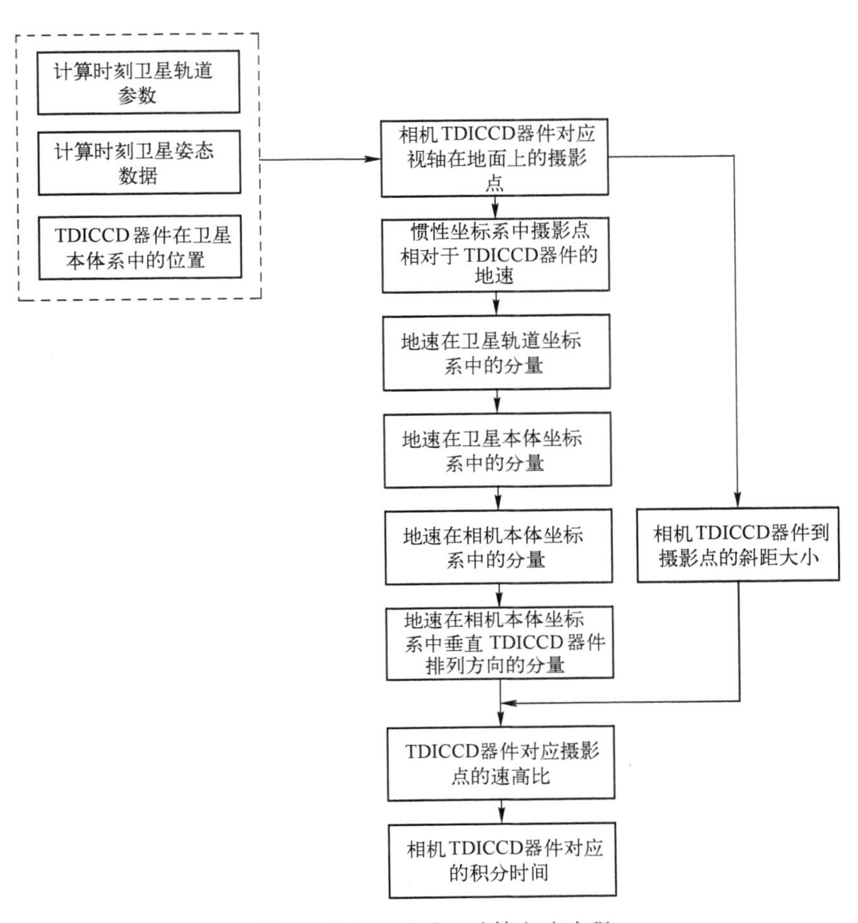

图 4　相机积分时间计算方法流程

4　实际应用分析

本文以典型敏捷卫星非沿迹成像为实际应用算例，进行机动中成像积分时间计算分析。

选取卫星轨道参数如下：

（1）轨道历元（UTC）　2015-07-01 10:30:00.000

（2）半长轴（m）　7023987.419

（3）偏心率　0.000465

（4）轨道倾角（°）　97.932023

（5）升交点赤经（°）　256.464553

（6）近地点幅角（°）　180.0

（7）平近点角（°）0.0

选取的星载相机成像条带如图 5 所示。

卫星成像过程中的三轴姿态变化及角速度变化如图 6 所示。

根据本文提出的将姿态角速度作为实时变量计算的方法，与传统姿态角速度其作为定量计算方法，计算得到的积分时间比较如图 7 所示。

5　结束语

基于速度矢量计算结合坐标系转换的方法，本文提出的相机积分时间精确计算方法，可适用于遥感卫星任意复杂姿态机动过程中成像模式。

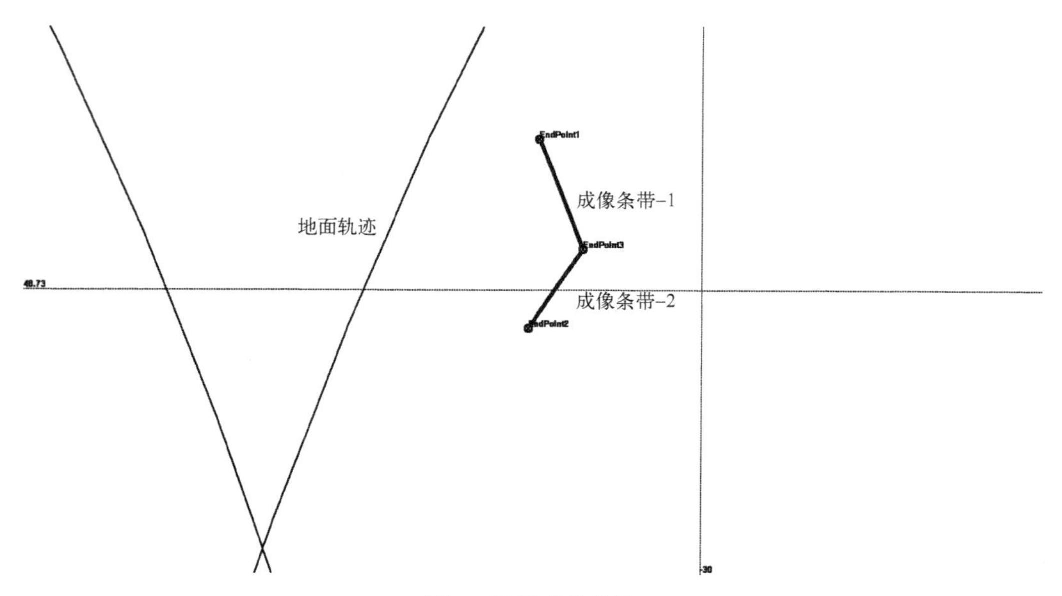
EndPoint1
成像条带-1
地面轨迹
EndPoint3
48.73
成像条带-2
EndPoint2
-30

图 5 卫星成像条带

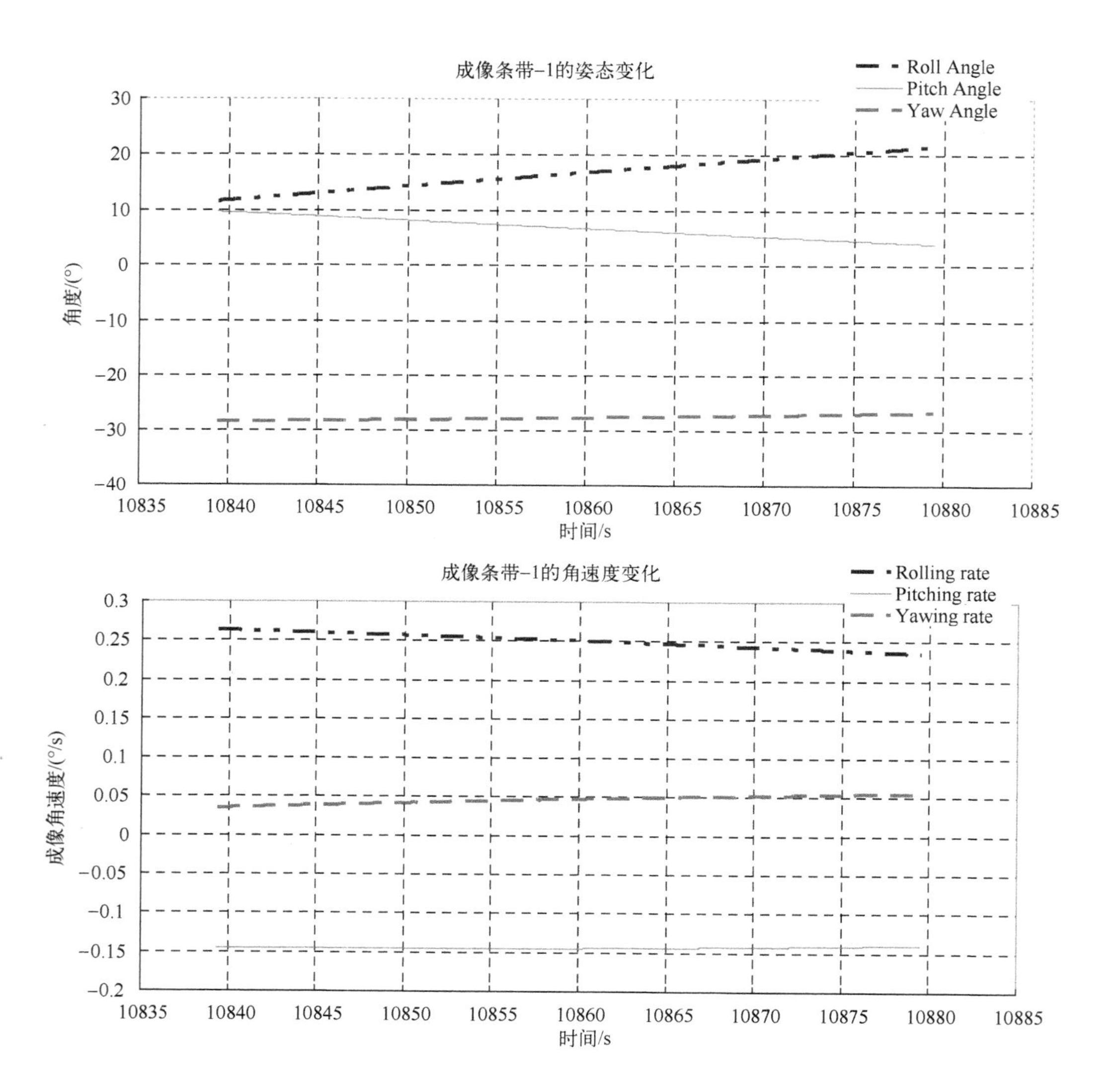
成像条带-1的姿态变化
Roll Angle
Pitch Angle
Yaw Angle
角度/(°)
时间/s
成像条带-1的角速度变化
Rolling rate
Pitching rate
Yawing rate
成像角速度/(°/s)
时间/s

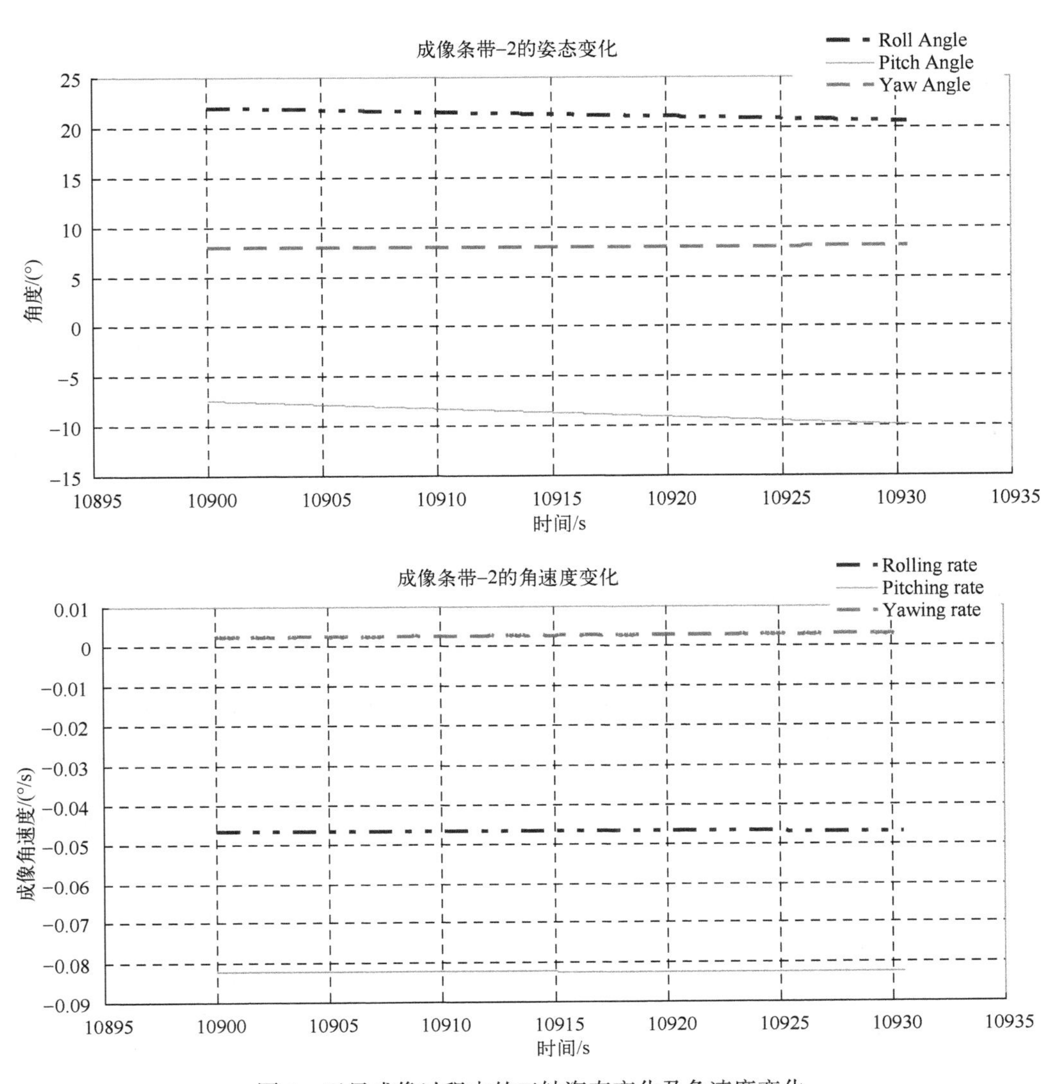

图 6　卫星成像过程中的三轴姿态变化及角速度变化

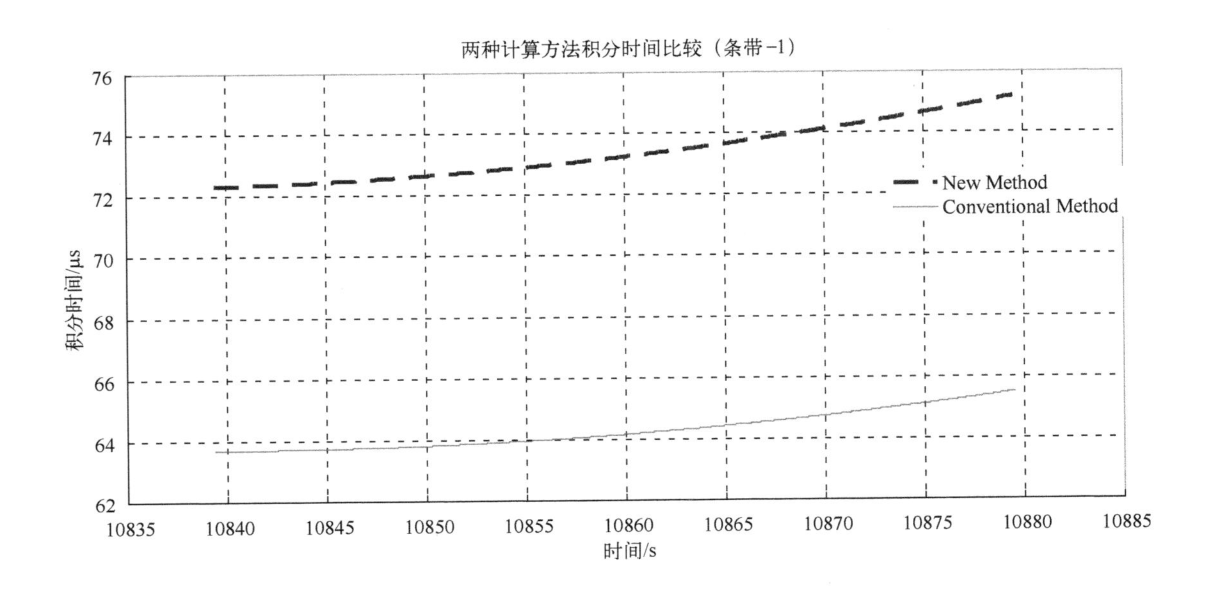

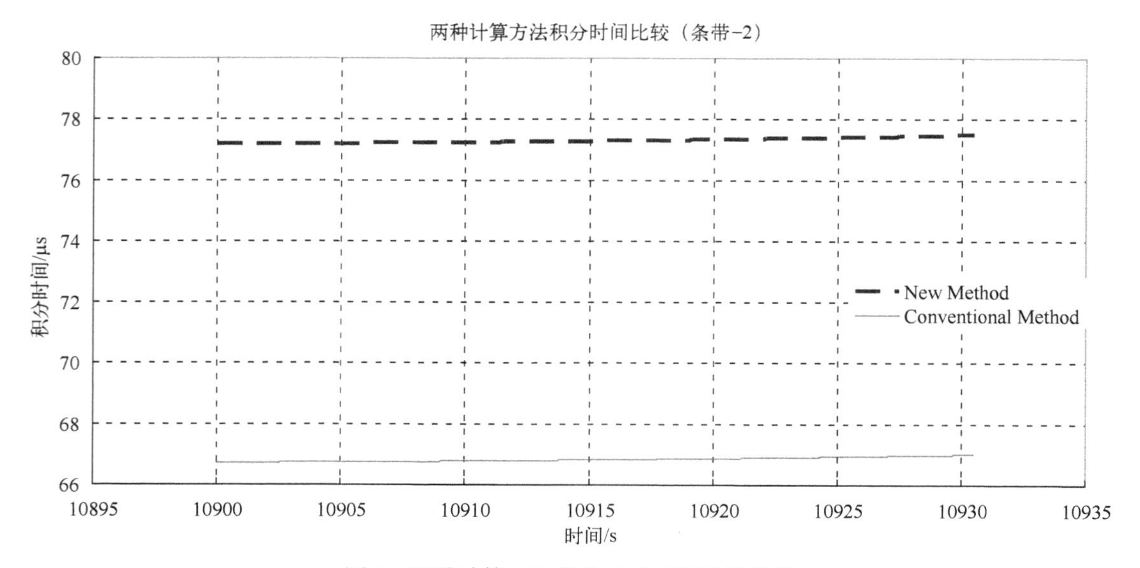

图 7　两种计算方法积分时间计算结果比较

对于典型敏捷卫星机动过程中成像的积分时间计算，本文提出的将姿态角速度作为实时变量计算的方法，相对于传统将其作为定量计算方法，当姿态角速度为 0.1～0.3°/s 时计算准确度可提高 10%～15%，有效提高了提高积分时间计算精度。

参考文献

[1] Yu Jing, Xi Jinjun, Yu Longjiang, et al. Study of one-orbit multi-stripes splicing imaging for agile satellite [J]. Spacecraft Engineering, 2015, 24 (2): 27.

[2] Wang Zhongguo, Li Zhen, Tang Haitao, et al. Analysis on Stereo Mapping Coverage Ability of Agile Satellite [J]. Spacecraft Engineering, 2017, 26 (4): 7-14.

[3] Thierry T. Comparison of stereo-extracted DTM from different high resolution sensors [J]. IEEE Transactions on Geoscience and Remote Sensing, 2004, 42 (10): 2121-2129.

[4] Zhang Xinwei, Dai Jun, Liu Fuqiang. Research on working mode of remote sensing satellite with agile attitude control [J]. Spacecraft Engineering, 2011, 20 (4): 35-37.

[5] Jean J, Eric J, Gerard L, et al. Attitude guidance technics developed in CNES for earth observation and scientific missions [C]. The 28th Annual AAS Guidance and Control Conference Breckenridge, 2005: 11-16.

[6] Wang Jiaqi, Yu Ping, Yan Changxiang, et al. Space Optical Remote Sensor Image Motion Velocity Computational Modeling [J]. Acta Optica Sinica, 2004, 24 (12): 1585-1589.

[7] Yan Changxiang, Wang Jiaqi. Method of Coordinate Transformation of IM&IMC Calculation in Aerospace Camera System [J]. Opt. Precision Engineering, 2006, 14 (3): 203-207.

[8] CHEN Shaolong. Computation Model of Veer Angle and Velocity-Height Ratio for Space Camera in Roll Attitude [J]. Spacecraft Engineering, 2010, 19 (1): 36-40.

[9] Yan Dejie, Han Chengshan, Li Weixiong. Optimization Design of Scroll and Pitch and Their Control Errors on Aerocraft [J]. Opt. Precision Engineering, 2009, 17 (9): 2224-2229.

[10] Yan Dejie, Xu Shuyan, Han Chengshan. Effect of Aerocraft Attitudeon Image Motion Compensation of Space Camera [J]. Spacecraft Engineering, 2008, 16 (10): 2199-2209.

无测控支持对连续偏航控制卫星工作条件的影响研究

周　静[1]，杨　慧[1]，郭建新[2]

（1. 北京空间飞行器总体设计部，北京，100094；2. 北京控制工程研究所，北京，100094）

摘要：本文针对卫星出现异常导致失去地面测控支持问题对卫星工作条件的影响开展了全面研究。首先介绍了正常情况下卫星连续偏航控制策略，然后针对无测控支持的偏航控制误差和帆板转角误差进行分析，进而对无测控支持的情况下卫星工作条件可能产生的影响进行了分析和梳理，以便为卫星异常无测控情况下应对策略的制定提供一定的借鉴和参考。

关键词：无测控；偏航控制；轨道预报；能源供应；工作条件

1　引言

对于工作在倾斜轨道的中高轨卫星，如果仅靠单自由度太阳帆板的旋转，无法同时满足卫星载荷对地指向、能源供应对太阳照射帆板方向以及卫星热控对太阳入射方向等多项要求，需要对卫星进行偏航姿态和太阳帆板连续控制。

在正常情况下，卫星可以根据地面测控系统注入的轨道参数等信息实时计算偏航角，以便为连续偏航控制提供目标值。如果出现异常情况导致卫星失去了地面测控支持，卫星在后续运行过程中将无法收到更新的测轨参数，只能依靠异常情况出现前最后一次获得的轨道参数进行外推，进而为卫星实施偏航连续控制提供目标。

考虑到卫星星上的轨道预报和实际运行轨道之间存在一定的误差，卫星偏航姿态控制误差将随时间逐渐增大，对卫星工作条件也将产生意想不到的影响。本文基于这一问题，首先介绍了正常情况下卫星连续偏航控制策略，然后针对无测控支持的星上轨道外推误差和偏航控制误差进行分析，进而对无测控支持的情况下卫星工作条件可能产生的影响进行了分析和梳理，以便为卫星异常无测控情况下应对策略的制定提供一定的借鉴和参考。

2　正常情况下卫星偏航姿态控制

2.1　卫星偏航控制策略

对地定向且连续偏航控制卫星一般可认为是三轴稳定卫星，其姿态测量系统通常由地球敏感器、太阳敏感器和陀螺组成。正常情况下，卫星俯仰、滚动姿态由地球敏感器测量；偏航姿态采用陀螺测量为主，以太阳敏感器测量值估计偏航为偏航测量备份手段，最终形成三轴姿态控制。卫星控制计算机根据地面测控系统注入的轨道参数、星上时间等作为输入来计算偏航角和太阳帆板转角的目标值。卫星正常情况下连续偏航控制框图如图1所示。

对地定向且连续偏航控制卫星是使用陀螺积分值来控制偏航姿态，而陀螺漂移是影响偏航姿态测量精度的主要因素，需要利用太阳敏感器的测量值来标定陀螺的漂移。根据太阳敏感器（简称“太敏”）是否可见太阳，卫星偏航控制策略可分为两种情况。

（1）在太敏可见太阳期间，使用太敏测量角度标定陀螺漂移值，并对陀螺进行漂移补偿和置积分初值。

（2）在太敏不可见太阳期间，不再标定陀螺，仅使用陀螺积分控制偏航姿态。

由于第二种情况未能进行陀螺标定，与第一种情况相比对应的偏航姿态控制误差会有所增大。因此，如果卫星太敏长时间不可见太阳，其偏航控制误差将难以容忍。

2.2　星上轨道预报方法

为有效降低星上轨道计算的复杂性，在满足星上星历计算精度的前提下，计算机应用软件按照升交点赤经、偏心率和近地点角距为常数的轨道外推方法进行了方案设计与实现，即卫星星上计算机采用二体模型实现轨道外推。对应的地心惯性系卫星运动方程如下：

$$\begin{cases}\ddot{x}=-\mu x/r^3\\ \ddot{y}=-\mu y/r^3\\ \ddot{z}=-\mu z/r^3\end{cases}\tag{1}$$

式中：x、y、z 为卫星坐标；$r=\sqrt{x^2+y^2+z^2}$ 为卫星到地心的距离；$\mu(\mu=3.98600.5\mathrm{km}^3/\mathrm{s}^2)$ 为地球引力常数。

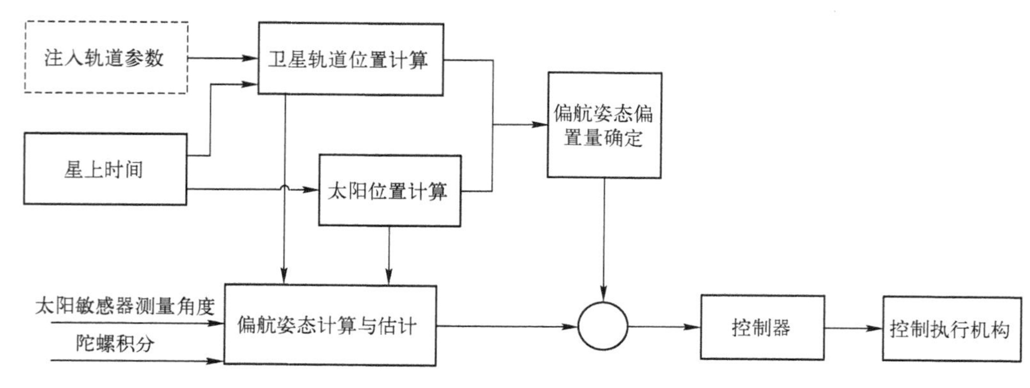

图 1　卫星连续偏航控制框图

根据初始轨道参数计算任意时刻的轨道六根数计算方法如下：

$$\begin{aligned}&a=a_0,e=e_0,i=i_0\\&\Omega=\Omega_0,\omega=\omega_0,M=M_0+n_0(t-t_0)\end{aligned}\tag{2}$$

式中：a_0、e_0、i_0、Ω_0、ω_0、M_0、n_0 为已知的某时刻 t_0 卫星轨道半长轴、偏心率、倾角、升交点赤经、近地点幅角、平近点角及轨道平均角速度，且 $n_0=\sqrt{\mu/a_0^3}$。根据式（2）即可求解得到任意时刻 t 卫星的轨道六根数。

2.3　卫星偏航姿态偏置量的计算

为了同时满足倾斜轨道卫星载荷指地、单自由度太阳帆板法向指向太阳等多项要求，需要对卫星进行偏航姿态和太阳帆板连续控制。通过对卫星偏航姿态进行控制，使得太阳在与卫星帆板转轴垂直的平面内，再配合单自由度太阳帆板的一维旋转，可保证太阳帆板法向指向太阳。

卫星偏航姿态是指卫星本体 x 轴在当地水平面的投影相对于轨道坐标系 x 轴的夹角。为了便于描述，本文假定卫星 z 轴指地、太阳帆板转轴沿 y 轴方向，这种情况下卫星偏航角以绕着轨道坐标系 z 轴顺时针旋转为正。根据卫星轨道参数和星上时间，任意时刻卫星偏航姿态的计算过程如下。

1）计算卫星的赤经、赤纬

在地心赤道惯性坐标系中，卫星的赤经 α_w、赤纬 δ_w 满足以下公式：

$$\begin{cases}a_w=\arctan\left[\dfrac{\sin\Omega\cos(\omega+\theta)+\cos\Omega\cos i\sin(\omega+\theta)}{\cos\Omega\cos(\omega+\theta)-\sin\Omega\cos i\sin(\omega+\theta)}\right]\\ \delta_w=\arcsin[\sin i\sin(\omega+\theta)]\end{cases}\tag{3}$$

式中：i 为轨道倾角；Ω 为升交点赤经；ω 为近地点幅角；θ 为该时刻的真近点角。

2）计算该时刻 x 轴初始指向的赤经、赤纬

在地心赤道惯性坐标系中，卫星 x 轴初始指向的赤经 α_{x0}、赤纬 δ_{x0} 满足以下公式：

$$\begin{cases}\sin\delta_{x0}=\sin i\sin(\omega+\theta+\pi/2)\\ \sin(\alpha_{x0}-\Omega)=\cos i\sin(\omega+\theta+\pi/2)/\cos\delta_{x0}\\ \cos(\alpha_{x0}-\Omega)=\cos(\omega+\theta+\pi/2)/\cos\delta_{x0}\end{cases}\tag{4}$$

3）计算太阳的赤经、赤纬

在地心赤道惯性坐标系中，太阳的赤经 α_s、赤纬 δ_s 满足以下公式：

$$\begin{cases}\tan\alpha_s=\cos\varepsilon\tan\Lambda\\ \sin\delta_s=\sin\varepsilon\sin\Lambda\end{cases}\tag{5}$$

式中：ε 为黄赤交角，可认为是常值 23.433°；Λ 为太阳黄经，一年之内从春分时刻开始大致均匀地从 0°变化到 360°。

4）计算该时刻卫星偏航角 θ

该时刻 x 轴初始指向与目标指向的夹角 θ，即为偏航角，可参考图 2。

其中：O 为地心；S 为太阳；W 为卫星该时刻的星下点；x_0 为卫星 x 轴初始指向在天球坐标系投影；x_1 为卫星 x 轴目标指向在天球坐标系投影；$\angle x_0ox_1$ 即为卫星偏航角 θ。卫星偏航角计算公式

如下：

$$\begin{cases}\Phi=\pi/2-\arcsin(\sin\delta_w\sin\delta_s+\cos\delta_w\cos\delta_s\cos(\alpha_w-\alpha_s))\\ \cos\Psi=\sin\delta_{x0}\sin\delta_s+\cos\delta_{x0}\cos\delta_s\cos(\alpha_{x0}-\alpha_s)\\ \cos\theta=\cos\Psi/\cos\Phi\end{cases} \tag{6}$$

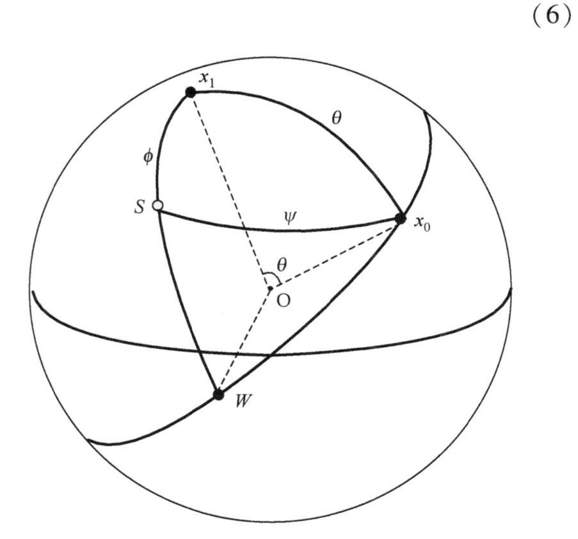

图 2 卫星偏航角确定几何示意图

此外，需要说明的是，卫星帆板转角确定方法与上述偏航角计算较为相似，本文在此不赘述。

3 无测控对卫星工作条件的影响

3.1 无测控影响的初步分析

基于 2.1 节给出的正常情况下偏航控制策略，如果卫星失去地面测控支持，将对卫星产生以下影响。

（1）如果卫星失去地面测控支持，星上轨道参数将无法更新，按照原来的初值和星上简化算法进行预报得到轨道的误差将日益增大，相应的卫星控制计算机计算的偏航角控制目标、帆板转角控制目标等误差也随之增大。

（2）如果卫星失去地面测控支持，星上预报轨道与真实轨道之间误差将日益增大，按照星上轨道参数来判断卫星某一太敏是否可见太阳，有可能存在与实际完全相反的结论并引发多种异常情况。

3.2 对偏航控制和能源供应的影响

3.2.1 考虑摄动的轨道预报模型

根据 2.2 节分析，星上计算机采用二体模型实现轨道外推。如果失去地面测控支持，卫星控制计算机将不能获得最新的轨道信息，将按照最后一次获得的轨道参数依据式（2）进行轨道外推计算。在考虑轨道摄动影响的情况下，卫星实际轨道变化与采用 2.2 节方法预报的结果会存在一定偏差，随着时间累计误差越大。地面通常需要考虑多种摄动因素影响而采用高精度的轨道预报模型，在地心惯性系卫星运动方程如下：

$$\begin{cases}\ddot{x}=-\mu x/r^3+f_x\\ \ddot{y}=-\mu y/r^3+f_y\\ \ddot{z}=-\mu z/r^3+f_z\end{cases} \tag{7}$$

式中：f_x、f_y、f_z 为轨道摄动加速度分量。对于工作在倾斜轨道的中轨和高轨卫星，通常需要考虑地球非中心引力、日月引力、太阳光压等摄动因素的影响。与 2.2 节二体外推模型相比，采用考虑摄动的预报模型得到的轨道参数更加接近实际轨道参数，相应的偏航角和帆板转角预报也更为准确。

3.2.2 对卫星偏航控制的影响分析

以高度位于 20000km 的轨道为例，分别采用二体和摄动模型得到的卫星偏航角变化对比如图 3 所示。

由图 3 可以看出，与二体外推的情况相比，轨道参数的变化特别是升交点赤经西退的影响，使得卫星偏航角发生较大的变化，偏航误差逐步变大，接近 13.5°。按照星上二体外推得到的偏航角将呈现出与真实值间误差的振荡发散趋势，其发散速度与升交点赤经变化速率相近。

3.2.3 对帆板转角的影响分析

以高度位于 20000km 的轨道为例，分别采用二体和摄动模型得到的卫星帆板指向角对比如图 4 所示。

由图 4 分析可知，在 1 年内，由于轨道误差的累积，使得太阳帆板对日精度由最初的 0.54°（主要是太阳星历误差造成）演变为 7.1°，整个过程具有明显的周期性，这与太阳高度变化有直接的关系。

如果卫星失去地面测控支持，轨道无法遥控更新，卫星的目标偏航角和帆板控制转角将呈现出与真实值间误差的震荡发散现象，太阳电池阵输出功率逐渐减小。随着时间积累，帆板法向与太阳照射方向的夹角逐渐增大，卫星帆板供电将不能支撑卫星的用电需求，长时间将导致卫星能源耗尽并最终断电停止工作。

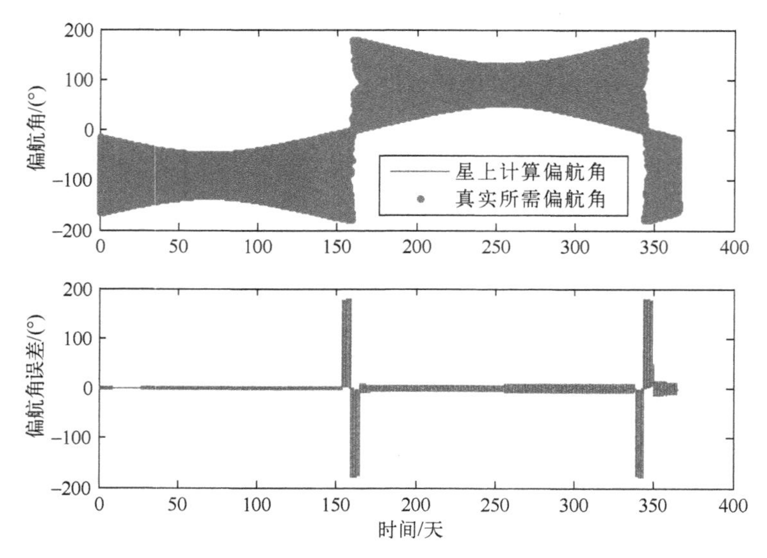

图3　考虑摄动与二体外推对应的偏航角及误差变化

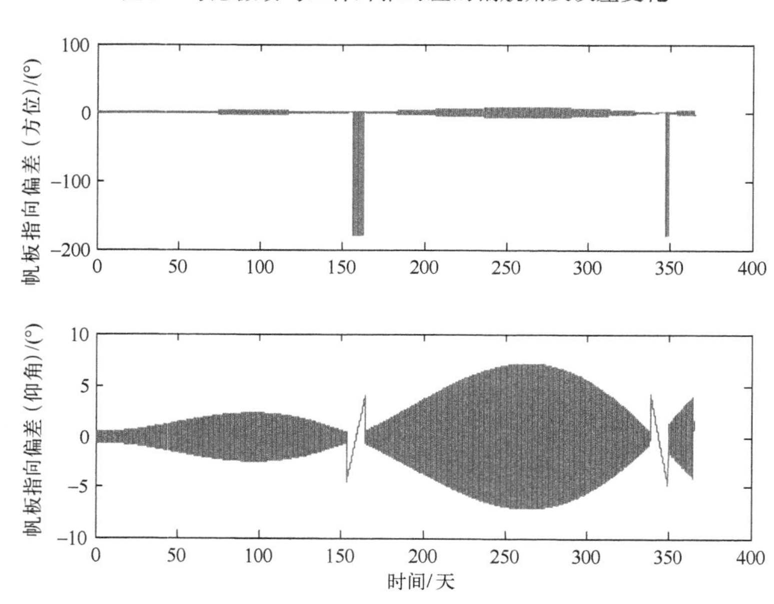

图4　考虑摄动与二体外推对应的帆板指向误差变化图

3.3　对太阳敏感器可见太阳目标的影响分析

针对中高轨卫星的轨道分析可知，卫星偏航控制具有如下特点。

（1）当太阳高度角高时，太敏是全轨道周期可见太阳的，此时使用太敏测量的偏航角控制偏航姿态，偏航控制误差很小。

（2）当太阳高度角低时，太敏不是全轨道周期可见太阳，控制分系统轮流使用太敏和陀螺的测量信息控制偏航姿态。

按照2.2节分析，如果卫星失去地面测控支持其偏航姿态误差将逐渐增大，对卫星姿态测量敏感器对目标的可见性将产生较大的影响，可能出现敏感器实际不可用、但星上利用二体轨道自主外推计算认为敏感器可用的异常情况。

按照2.1节分析，根据太阳敏感器是否可见太阳卫星偏航控制策略有所不同。如果卫星出现太敏实际不可用而星上认为可用的异常情况，卫星可能会进行以下处置过程。

（1）卫星认为太敏可用，会自主使用太敏测量角度标定陀螺漂移值。

（2）由于太敏实际不可见太阳，其测量输出值将很不稳定，会触发报警、星上软件判敏感器不健康进而停止标定光纤陀螺。

由于陀螺常值漂移值的影响，实际偏航角与理论偏航角存在的误差进一步增大，每小时增大约5.3°。从而使得太阳帆板法线与太阳矢量的夹角逐渐增大，太阳电池阵输出功率逐渐减小。当出现上述异常情况及其星上自主处置之后，如果地面无法发送遥控指令进行干预，卫星偏航姿态控制误差越来越大，太阳帆板无法对日，最终卫星将耗尽能源。

3.4 对卫星工作条件的影响研究

基于3.1~3.3节的分析，如果卫星失去地面测控支持，将对卫星工作条件产生以下影响。

（1）正常情况下，地面测控站定期给卫星注入测轨参数。如果失去地面测控支持，卫星不能获得最新的轨道参数，按照最后一次获得的轨道参数、按照二体模型进行轨道外推，造成偏航姿态目标值、陀螺常值漂移估计、太阳方向等计算不正确，引起偏航控制误差。随着时间的推移，偏航控制误差和帆板指向逐渐增大，这对卫星短期工作条件将不会产生影响。

（2）当卫星的太阳高度角低、在太敏不可见太阳时段，如果按照星上轨道参数来判断卫星太敏是否可见太阳会出现错误结论，这种情况下卫星使用太敏标定陀螺，此时错误的陀螺标定结果将被引入到偏航测量值中，如果任由星上自主处置而无地面干预，可能会引发一系列意想不到的异常，最终导致卫星失去能源供应，这将对卫星工作条件产生毁灭性的影响。

4 结束语

本文针对卫星失去地面测控支持的异常情况进行分析，对卫星工作条件可能产生的影响进行了多维度的分析，对于后续工程型号，提供以下经验可供参考。

（1）如果卫星出现无测控的异常情况，一般情况下，研制人员会针对卫星轨道参数无法更新造成偏航姿态控制、太阳帆板控制等误差增大进行分析，进而识别出卫星长时间运行能源供应紧张的风险。建议有必要对此异常带来的深层次影响开展深入研究，例如本文提及的失去测控情况下卫星姿态测量敏感器对目标可见性的判断出现错误，最终可能导致卫星姿态失控、能源耗尽的灾难。

（2）建议在卫星星上能力允许的前提下，进一步改进轨道预报算法。在目前二体模型基础上，建议使用更高精度的解析模型，确保星上计算能力可行，且使得星上轨道预报参数与实际轨道尽可能地接近。

参考文献

[1] David A. Vailado. Fundamentals of Astrodynamics and applications. 2001.
[2] 肖业伦．航天器飞行动力学原理［M］．北京：中国宇航出版社，1995.
[3] 杨嘉墀，等．航天器轨道动力学与控制（上）［M］．北京：中国宇航出版社，1995.
[4] 屠善澄．卫星姿态动力学与控制（上）［M］．北京：中国宇航出版社，2001.
[5] 章仁为．卫星轨道姿态动力学与控制（上）［M］．北京：北京航空航天大学出版社，2005.

基于推进剂预算的低轨近圆轨道入轨成功判据计算方法

冯　昊，黄美丽，周　静，雪　丹，周文艳
（北京空间飞行器总体设计部，北京，100094）

摘要： 目前我国执行发射任务时，通常会当场宣布发射任务成功与否，一般分为圆满成功、成功、基本成功、失败等。这对时效性要求较高，要在星箭分离之后几分钟之内做出判断，而当前对于发射成功判据并未制定统一标准，成功判据的可读性和可操作性均存在差距，在参数判读、判据实施中均易混淆和出错，不利于快速判断。而运载入轨成功判据准则研究可以有效解决这个难题，使成功判据易操作，时效性强。本文针对运载入轨误差及可能出现的较大偏差，研究利用卫星推进剂余量及其他部分推进剂判断卫星是否能成功入轨的理论算法及工程应用适用条件等，可用于低轨近圆轨道卫星发射时快速判断成功与否。

关键词： 近圆轨道；入轨；成功判据；推进剂预算

1　引言

卫星发射前，如果提前明确成功判据，有两个明显的作用：其一，能够迅速判断出发射任务成功与否；其二，在运载发射中出现问题之后，能够迅速做出判断，并进一步做出评估，为任务的抢救提供决策性依据，尽可能迅速实施抢救措施，将损失降至最低。

本文针对运载入轨误差及可能出现的较大偏差，研究利用卫星推进剂余量及其他部分推进剂判断卫星是否能成功入轨的理论算法及工程应用适用条件等，满足低轨近圆轨道卫星发射时快速判断成功与否的需求。

2　判据推导

根据能够用于初轨调整的推进剂 M_0 所能调整的运载入轨偏差范围，推导出用半长轴偏差、倾角偏差及偏心率偏差来表述的关系式。

由于低轨卫星偏心率均较小，因此在推进剂预算中均可以采用近圆轨道的公式进行推导，由此带来的误差很小，可以忽略。

初轨调整可以分为平面内调整和平面外调整，考虑到有些情况不能联合调整，因此按照最大包络考虑的原则，平面内调整和平面外调整分开考虑，不考虑可以联合调整的情况。

2.1 平面内调整

1）调整 Δa

所需的推进剂为

$$\Delta M_a = M\left[1-\exp\left(-\frac{\Delta v_a}{Ig}\right)\right] \tag{1}$$

对于低轨卫星，一般推进剂携带量相对于卫星质量都是小量，且用于初轨调整的推进剂只占其中一部分，因此初轨调整推进剂一般不超过卫星总质量的10%，因此由于变质量带来的速度增量误差较小，上述公式可以近似为

$$\Delta M_a = \frac{M\Delta v_a}{Ig} \tag{2}$$

经分析，相同的速度增量采用两种公式计算结果对比如图1所示（比冲取220s），可以看出，推进剂消耗量为卫星质量10%时，近似公式带来的误差约5%，采用近似公式计算推进剂消耗量略大，对于成功判据的分析趋于保守，可用于弥补其他不确定因素的额外消耗。因此，本报告在后续的推导中，均采用近似公式进行推进剂消耗量的相关推导。

故

$$\Delta a = \frac{2aIg}{Mv}\Delta M_a \tag{3}$$

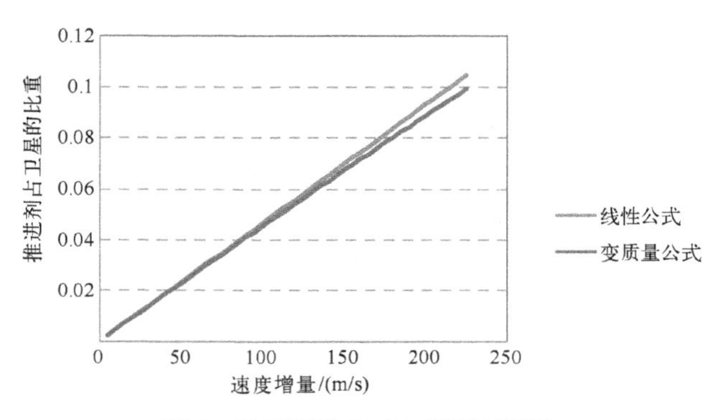

图 1　采用两种公式计算结果对比

2）调整偏心率 Δe

调整偏心率 Δe 所需的推进剂，可以先等效成半长轴调整量，再推导偏心率的消耗量。

令偏心率矢量为 $\boldsymbol{e}$，有

$$e_x = e\cos\omega,\quad e_y = e\sin\omega \tag{4}$$

$$|\Delta \boldsymbol{e}| = \sqrt{(\Delta e)^2 + 4e_2 e_1 \sin^2\frac{\Delta\omega}{2}} \tag{5}$$

因此，在成功判据中，$|\Delta e|$ 应该由式（5）来确定。对于没有近地点幅角要求的轨道，$|\Delta \boldsymbol{e}| = |e_2 - e_1|$；对于有近地点幅角要求的，按式（5）计算，例如近地点幅角需要调整 180° 时，有 $|\Delta \boldsymbol{e}| = \sqrt{(\Delta e)^2 + 4e_2 e_1}$。

调整半长轴时能同时调整的偏心率最大值为

$$\Delta \boldsymbol{e}_{\max} = \frac{|H_{a2} - H_{a1}| + |H_{p2} - H_{p1}|}{2a} = \frac{|\Delta a|}{a} \tag{6}$$

所以需要调整 Δe 对应的半长轴调整量为

$$|\Delta e| = \frac{|\Delta a_e|}{a},\quad |\Delta a_e| = a|\Delta e| \tag{7}$$

故

$$\Delta v_e = \frac{1}{2}|\Delta e| v \tag{8}$$

如果 $|\Delta e| \leqslant \frac{|\Delta a|}{a}$，可通过半长轴调整同时调整偏心率，不额外消耗推进剂，即

$$\Delta M_e = 0 \tag{9}$$

如果 $|\Delta e| > \frac{|\Delta a|}{a}$，可通过半长轴调整同时调整部分偏心率，剩余的偏心率需要额外消耗推进剂；

$$\begin{aligned}\Delta M_e &= \frac{M\Delta v_e}{Ig} = \frac{Mv}{2aIg}(|\Delta a_e| - |\Delta a|)\\ &= \frac{Mv}{2aIg}(a|\Delta e| - |\Delta a|)\end{aligned} \tag{10}$$

在推导中，假设变轨点可以任意选择，不受相位的限制，如果对变轨点相位有限制，则可能导致不能完全同时控制半长轴与偏心率。

2.2　平面外调整

调整 Δi 所需的推进剂为

$$\Delta M_i = \frac{M\Delta v_i}{Ig} \tag{11}$$

故

$$|\Delta i| = \frac{Ig\cos u}{Mv}\Delta M_i \tag{12}$$

为了节省推进剂，选择在赤道面进行倾角的调整，$u = 0°$或者 180°。

$$|\Delta i| = \frac{Ig}{Mv}\Delta M_i \tag{13}$$

2.3　初轨调整的判据

初轨调整所需的总推进剂为

$$\Delta M = \Delta M_a + \Delta M_i + \Delta M_e \tag{14}$$

因此，初轨调整的判据为

$$\Delta M = \Delta M_a + \Delta M_i + \Delta M_e \leqslant M_0 \tag{15}$$

如果 $|\Delta e| \leqslant \frac{|\Delta a|}{a}$，即可通过半长轴调整同时调整偏心率，不额外消耗推进剂，则

$$\frac{|\Delta a|}{\frac{2aIg}{Mv}M_0} + \frac{|\Delta i|}{\frac{Ig}{Mv}M_0} \leqslant 1 \tag{16}$$

令

$$\Delta a_{M_0} = \frac{2aIg}{Mv}M_0 \tag{17}$$

$$\Delta i_{M_0} = \frac{Ig}{Mv}M_0 \tag{18}$$

式（18）中分别为给定的推进剂分别对应的半长轴调整量和倾角调整量，有

$$\frac{|\Delta a|}{\Delta a_{M_0}} + \frac{|\Delta i|}{\Delta i_{M_0}} \leqslant 1 \tag{19}$$

如果 $\Delta e > \frac{\Delta a}{a}$，则

$$\frac{a|\Delta e|}{\Delta a_{M_0}} + \frac{|\Delta i|}{\Delta i_{M_0}} \leqslant 1 \tag{20}$$

有上述两部分推理可得，给定的推进剂初轨

调整的判据为

$$\frac{\max(\Delta a, a\,|\Delta e|)}{\Delta a_{M_0}}+\frac{|\Delta i|}{\Delta i_{M_0}}\leqslant 1 \tag{21}$$

3 工程应用条件说明

以上推导中，均以标称轨道参数进行推导，在判据计算中，当半长轴偏差为负值且较大时，速度高于标称值，推进剂消耗量有所增加，为了避免出现超差，可取偏差后的半长轴作为初始值进行计算。这样处理略微保守，同时没有考虑初始质量的变化，同样趋于保守，因此有少量的余量。本判据只考虑轨道调整，并未考虑姿态等因素，因此上述余量可用于近似计算带来的误差及其他消耗。

此外，当半长轴入轨出现较大偏差的情况下，如果近地点高度太低，有可能卫星直接进入大气层很快烧毁或者坠落，为了还能挽救卫星，因此对最低近地点高度须作要求，如果远地点较高，近地点高度要求可以稍低一些；如果远地点较低，近地点高度要求可以稍高一些。

最后，对 Δa、Δi、Δe 的选取做一个说明。

上述几个量分别为半长轴、倾角、偏心率实际运载入轨参数与初轨调整目标轨道参数的差值，其中半长轴、倾角不再考虑运载入轨精度要求的偏置量；偏心率则为允许的偏心率区间，取外包络。

例如入轨偏心率精度要求为 0.0025，且无近地点幅角要求，则实际运载入轨偏心率小于 0.0025 时，$\Delta e=0$；大于 0.0025 时，$\Delta e=e_{入轨}-0.0025$。

又如对冻结轨道，入轨偏心率要求为 0.0011，且有近地点幅角要求，则 Δe 按照式（5）计算。

此外，近地点高度也有最低要求，原则上是卫星不能迅速陨落，有足够的时间实施初轨调整抢救卫星。成功判据的制定中需要考虑卫星能够抢救的最低限度，包括控制、测控等因素的约束，同时轨道高度通常可以以最低近地点高度来确定。

4 算例

以某卫星飞行试验大纲制定为例，推进剂预算如表 1 所示。

表 1 某卫星推进剂预算

项　　目	速度增量/(m/s)	燃料消耗/kg
初轨半长轴调整	2.85	3.99
初轨倾角调整	12.29	17.22
轨道保持	140.71	196.04
轨道转移	85.15	110.89
姿态控制	28.14	35.20
消耗合计	269.14	363.35
余量		56.65

推进剂预算数据均按卫星质量 3025kg，帆板有效迎风面积 26.5m^2，发动机比冲为 220s 计算。

如果入轨 $|\Delta a|\leqslant 5$km，$|\Delta i|\leqslant 0.08°$，$\Delta e\leqslant 0.0025$，卫星发射圆满成功；假设运载入轨偏差较大时，按照如下两种情况判断发射成功和基本成功。其一是考虑预算中用于初轨调整（半长轴和倾角）的推进剂允许的调整量加上整星推进剂余量；其二是在上述基础上加上轨道转移的推进剂。

1）成功

卫星携带推进剂为 420kg，按照理论计算，余量为 56.65kg。考虑到卫星实际质量误差及卫星实际加注推进剂误差，因此，可用于运载入轨出现偏差后进行轨道调整的推进剂余量按 50kg 考虑。卫星推进剂预算中包含的初轨调整（半长轴和倾角）的推进剂也可用于轨道调整。考虑上述几项，允许用于入轨偏差调整的推进剂消耗量为 71kg。

如果全用于调整半长轴，可调整 89km；如果全用于调整倾角，可调整 0.378°。因此判据为

$$\frac{\max(|\Delta a|, 6861\,|\Delta e|)}{89}+\frac{|\Delta i|}{0.378}\leqslant 1 \tag{22}$$

2）基本成功

如果入轨偏差超出了上述范围，考虑再加上轨道转移的推进剂用于初轨调整，推进剂为 181kg，如果全用于调整半长轴，可调整 220km；如果全用于调整倾角，可调整 0.953°；此外，为了在半长轴出现较大偏差的情况下还能挽救卫星，近地点高度不能低于 250km。因此判据为

$$H_p\geqslant 250\text{km}$$

$$\frac{\max(|\Delta a|, 6861\,|\Delta e|)}{220}+\frac{|\Delta i|}{0.953}\leqslant 1<\frac{\max(|\Delta a|, 6861\,|\Delta e|)}{89}+\frac{|\Delta i|}{0.378} \tag{23}$$

5 结束语

本文利用轨道转移及机动理论、结合推进剂预算进行分析和反演，根据公式推导和数值分析方法获得解析计算公式，作为卫星成功入轨判据，准确合理、简洁高效、易于操作。

本文成果还可以在后续的低轨椭圆卫星、同步轨道卫星的发射中进一步应用。此后还可推广到所有绕地轨道卫星的发射成功判据制定。

参考文献

[1] 肖业伦. 航天器飞行动力学原理 [M]. 北京：中国宇航出版社，1995. 17 (2).
[2] 杨维廉. 太阳同步回归轨道的长期演变与控制 [J]. 航天器工程，2008，17 (2)：26-30.
[3] 杨嘉墀，等. 航天器轨道动力学与控制（上）[M]. 北京：中国宇航出版社，1995.

轨道参数偏差对SAR卫星重轨干涉测量基线的影响分析

赵　峭，黄美丽，朱华斌
（北京空间飞行器总体设计部，北京，100094）

摘要：合成孔径雷达（SAR）卫星的重轨干涉测量对于有效测量基线有较高的要求，需要有效测量基线保持在一定的范围内才能获得较好的干涉测量数据。卫星的轨道参数变化对有效测量基线长度产生相应变化，从而影响干涉测量的结果。本文针对轨道参数偏差对于有效测量基线长度的影响进行研究，推导了有效测量基线长度关于轨道参数变化的公式，并利用欧洲航天局的哨兵-1A卫星实际在轨数据进行了有效测量基线长度的变化情况分析，为我国后续SAR卫星开展重轨干涉测量任务的轨道保持精度确定提供参考。

关键词：轨道参数偏差；干涉测量基线；SAR卫星

1　引言

合成孔径雷达干涉测量技术融合了合成孔径雷达成像原理和电磁波干涉技术，理论上可以获得非常精确的数字高程模型和精度在毫米量级的地表形变信息。重轨干涉测量技术是当前SAR卫星的干涉测量中最常用的一种技术，它利用同一卫星在同一地区可以获得不同时相的雷达图像，从而完成数字高程模型的获取以及地表形变的监测，只需要一颗卫星单个SAR载荷[1]。进行重轨干涉测量的单星需要采用回归轨道，从而保证卫星在每个回归周期内都能够以相同的SAR载荷参数对同一目标进行成像，而有效测量基线通过卫星的轨迹漂移来实现。

由于卫星进行重轨干涉测量时需要有效测量基线距离保持在一定范围内，通常情况下这个范围是几百米。重轨干涉的有效测量基线长度会因为卫星的轨道参数变化而发生变化，当轨道参数变化过大时有效测量基线会超出需要的范围，因此需要对卫星的轨道参数进行维持以保证有效测量基线满足这个范围。

目前，众多学者对于重轨干涉测量结果精度进行分析，并提出了有效测量基线对于测量结果精度的影响关系[2]。分布式卫星SAR干涉测量的有效测量基线和测量精度也得到了广泛研究[3-6]。从干涉测量的研究成果来看，干涉测量结果的精度分析、分布式卫星编队飞行中的有效测量基线是SAR卫星干涉测量的热点，而对单星重轨干涉任务中轨道参数对有效测量基线影响的研究甚少。本文针对单星的重轨干涉测量任务，推导了有效测量基线长度与轨道参数变化之间的关系，并利用欧洲航天局的哨兵-1A卫星实际在轨轨道数据对其有效测量基线的变化情况进行了分析。

2　单星重轨干涉测量中有效基线概念

干涉测量的SAR卫星系统是一种由载有SAR系统的两颗或两颗以上相隔一定距离的卫星组成。干涉测量的有效测量基线长度多用于编队飞行中的卫星之间。编队飞行中的有效测量基线长度定义为：一颗卫星到另一颗卫星的雷达波束中心线之间的垂线段在垂直卫星飞行方向的平面内的投影长度（图1）。

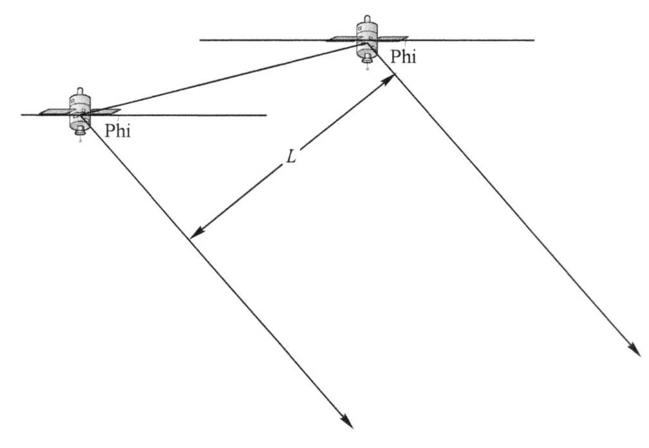

图1　编队飞行中干涉测量的有效测量基线长度定义

若雷达波束偏置角 θ，即雷达波束中心线沿卫星本体+Z 轴向+Y 轴方向（或-Y 轴方向）偏斜 θ，则根据有效测量基线长度的定义，有效测量基线长度 B_L 为

$$B_L = |y\cos\theta + z\sin\theta| \tag{1}$$

式中：y、z 为编队卫星的相对法向及相对径向的距离。

借鉴上面编队飞行中的有效测量基线长度定义，对单星重轨干涉的有效测量基线长度 B_L 可以定义为

$$B_L = |\Delta L\cos\theta + \Delta r\sin\theta| \tag{2}$$

式中：ΔL 为单星的实际空间轨迹相对于标称轨迹的横向漂移距离；Δr 为单星对同一目标成像时卫星径向距离相对于标称轨道的径向距离变化。

在本文的分析计算中统一设定卫星的雷达波束偏置角 θ 的值为 31.5°。

3　轨道参数变化对有效测量基线的影响

根据第 1 节中的单星重轨干涉测量的有效测量基线长度的定义，有效测量基线 B_L 可以分为相对于标称轨迹的横向轨迹漂移距离的变化 ΔL 和相对于标称轨道高度的径向距离的变化 Δr。根据轨道动力学理论，ΔL 的变化主要包含了轨道半长轴 a、轨道倾角 i 和升交点赤经 Ω 的影响，Δr 的变化主要包含了轨道半长轴 a、偏心率 e 和近地点幅角 ω 的影响。

由于进行单星重轨干涉测量的 SAR 载荷遥感卫星都采用回归轨道，每个回归周期后卫星和地球之间的相对关系会重复，因此卫星轨道的升交点赤经进动不会对 ΔL 产生影响；在 Brouwer 的轨道理论[7]中，轨道倾角的长期项受地球非中心体引力的影响为零，同时轨道倾角受日、月引力的摄动影响也是长期变化，在这里认为短期内轨道倾角基本不变化，因此分析时认为 ΔL 不受轨道倾角变化的影响。

3.1　空间轨迹的横向漂移距离 ΔL 对有效测量基线的影响

相对于标称轨迹的横向漂移距离的变化 ΔL 是轨道半长轴变化量的函数，ΔL 是通过相对于标称半长轴的偏差来实现的。半长轴引起的实际轨迹与标称轨迹的经度差[8]可以表示为

$$\Delta\lambda = -\frac{3\omega_e}{2a}\left(\Delta a t + \frac{1}{2}\dot{a} t^2\right) \tag{3}$$

式中：ω_e 为地球自转角速度；Δa 为实际轨道相对于标称轨道的半长轴差；$\dot{a}$ 为由于大气阻力引起的半长轴变化率；t 为卫星运行时间。

根据式（3）得到空间中实际轨迹相对于标称轨迹的横向距离 ΔL：

$$\Delta L = r\Delta\lambda = -\frac{3\omega_e r}{2a}\left(\Delta a t + \frac{1}{2}\dot{a} t^2\right) \tag{4}$$

式中：r 为卫星的地心距。

由于空间轨迹横向漂移距离引起的有效测量基线长度 B_L 可以写为

$$B_L = |\Delta L\cos\theta| = \left|-\frac{3\omega_e r}{2a}\left(\Delta a t + \frac{1}{2}\dot{a} t^2\right)\cos\theta\right| \tag{5}$$

对于轨道高度 755km 的太阳同步回归冻结轨道，不同半长轴偏差对应的横向距离 ΔL 在 30 天内的变化情况如图 2 所示。

从图 2 可以看出，由于半长轴偏差引起的空间轨迹横向漂移距离能够形成有效测量基线。但另一方面，由于半长轴偏差的存在，轨迹横向漂移距离会随时间而增大，最终会使有效测量基线超出规定的要求，因此若要形成重轨干涉的有效测量基线长度范围，需要对卫星的轨道半长轴进行定期控制，以便保持在一定的范围内。

3.2　径向距离 Δr 对有效测量基线的影响

由径向距离引起的有效测量基线可以写为 $B_L = |\Delta r\sin\theta|$。

卫星的地心距 $r = \dfrac{a(1-e^2)}{1+e\cos(u-\omega)}$，其中 u 为卫星的纬度幅角。对 r 关于 a、e 和 ω 求导，那么可以得到径向距离 r 关于半长轴偏差 Δa、偏心率偏差 Δe 和近地点幅角偏差 $\Delta\omega$ 的径向距离变化 Δr：

$$\begin{aligned}\Delta r =& \frac{1+e^2}{1+e\cos(u-\omega)}\Delta a \\ &+ \frac{-2ae - ae^2\cos(u-\omega) - a\cos(u-\omega)}{[1+e\cos(u-\omega)]^2}\Delta e \\ &+ \frac{-ae\sin(u-\omega) - ae^3\sin(u-\omega)}{[1+e\cos(u-\omega)]^2}\Delta\omega\end{aligned} \tag{6}$$

从而有半长轴偏差 Δa、偏心率偏差 Δe 和近地点幅角偏差 $\Delta\omega$ 引起的有效测量基线长度 B_L 可以写为

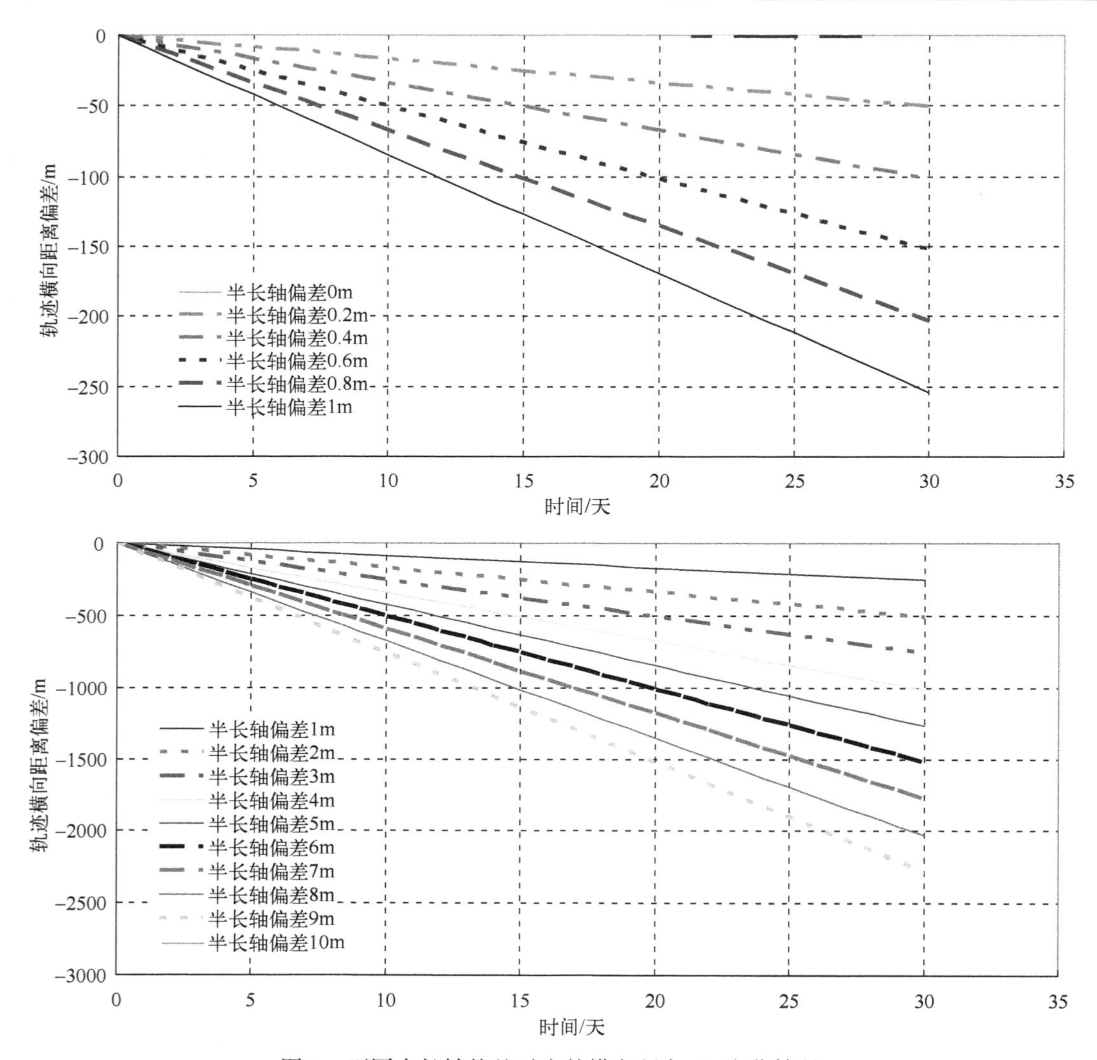

图 2　不同半长轴偏差对应的横向距离 ΔL 变化情况

$$
\begin{aligned}
B_L &= \left|\Delta r\sin\theta\right| \\
&= \left|\left(\frac{1+e^2}{1+e\cos(u-\omega)}\Delta a+\frac{-2ae-ae^2\cos(u-\omega)-a\cos(u-\omega)}{[1+e\cos(u-\omega)]^2}\Delta e \right.\right. \\
&\quad \left.\left. +\frac{-ae\sin(u-\omega)-ae^3\sin(u-\omega)}{[1+e\cos(u-\omega)]^2}\Delta\omega\right)\sin\theta\right|
\end{aligned}
\tag{7}
$$

同样对于轨道高度 755km 的太阳同步回归冻结轨道，不同半长轴偏差、偏心率偏差和近地点幅角偏差对应的有效测量基线的变化情况如图 3 所示。从图中可知，对于由径向距离 Δr 引起的 B_L 变化，其中 Δe 和 $\Delta\omega$ 为主要因素，Δa 为次要影响因素。

3.3　轨道参数偏差对有效测量基线的影响

综合横向距离变化 ΔL 和径向距离变化 Δr 引起的有效测量基线长度 B_L 可表示为

$$
\begin{aligned}
B_L &= \left|\Delta L\cos\theta+\Delta r\sin\theta\right| \\
&= \left|-\frac{3\omega_e r}{2a}\left(\Delta a t+\frac{1}{2}\dot{a}t^2\right)\cos\theta+\left(\frac{1+e^2}{1+e\cos(u-\omega)}\Delta a \right.\right. \\
&\quad +\frac{-2ae-ae^2\cos(u-\omega)-a\cos(u-\omega)}{[1+e\cos(u-\omega)]^2}\Delta e \\
&\quad \left.\left. +\frac{-ae\sin(u-\omega)-ae^3\sin(u-\omega)}{[1+e\cos(u-\omega)]^2}\Delta\omega\right)\sin\theta\right|
\end{aligned}
\tag{8}
$$

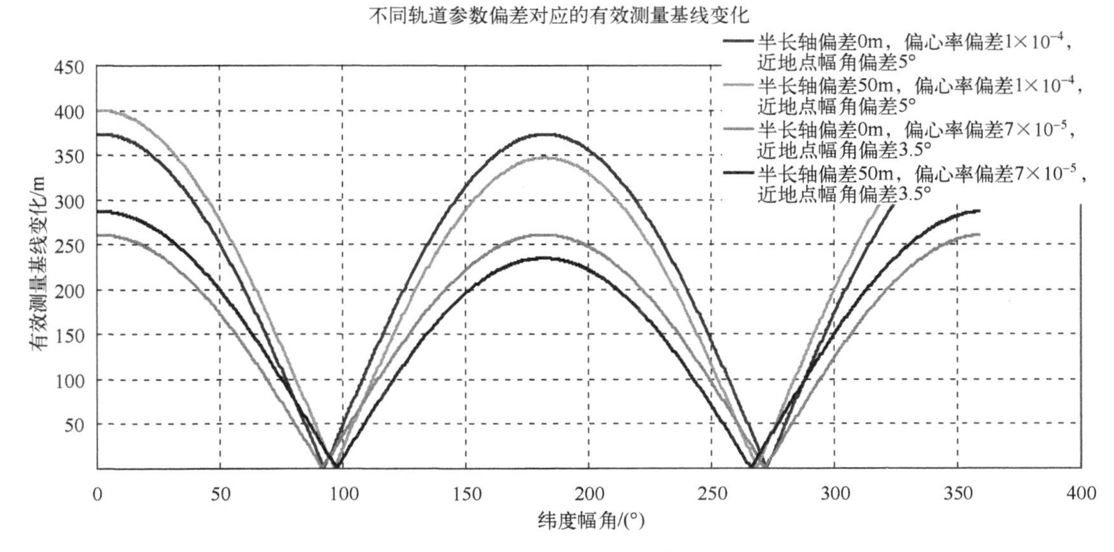

图 3　不同 Δa、Δe 和 $\Delta\omega$ 引起的有效测量基线 B_L 的变化

4　哨兵-1A 卫星在轨实际情况分析

哨兵-1A 卫星为欧洲航天局于 2014 年发射的 SAR 载荷卫星，哨兵-1A 卫星在轨进行了重轨干涉测量任务。哨兵-1A 卫星采用了 12 天运行 175 圈的太阳同步回归冻结轨道。冻结轨道的特点是轨道的近地点幅角进动速度为 0，“冻结”在 90°，这就使得卫星过同一纬度时的轨道高度变化范围很小。正是由于冻结轨道的这个特性，进行重轨干涉测量任务的卫星通常采用冻结轨道。哨兵-1A 卫星就是采用了冻结轨道，具体的轨道参数如表 1 所列。

表 1　哨兵-1A 卫星轨道参数

轨道参数	轨道数值
半长轴/km	7070.9795
平均高度/km	699.9795
偏心率	0.00118
轨道倾角/(°)	98.1830
近地点幅角/(°)	90
降交点地方时	06 :00a. m.

通过北美防空司令部定期公布的两行轨道根数（TLE）数据，对 2016 年 1 月至 2016 年 12 月期间哨兵-1A 卫星稳定运行的轨道数据进行分析。一年内哨兵-1A 卫星的轨道参数变化情况如图 4~图 7 所示。

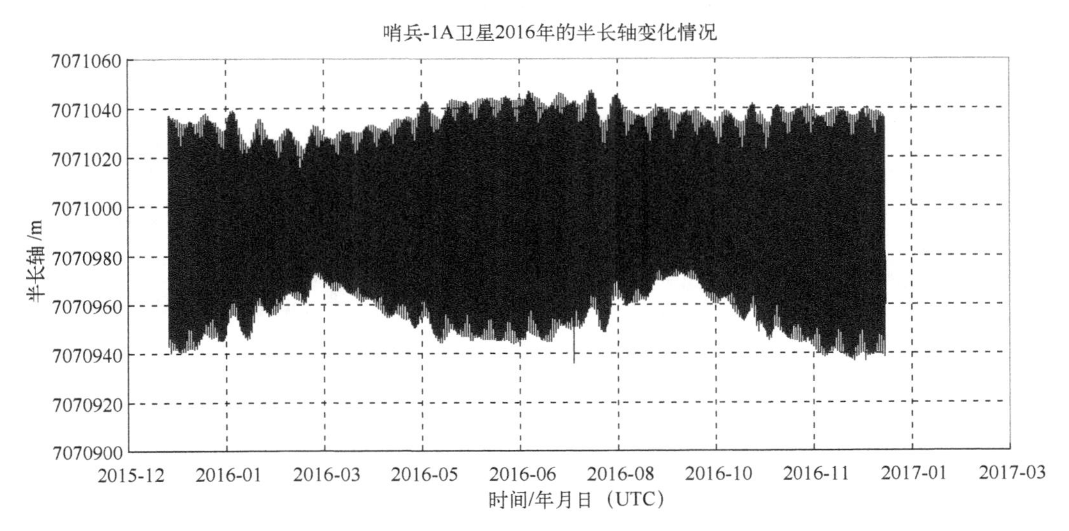

图 4　哨兵-1A 卫星 2016 年的轨道半长轴变化情况

图 5　哨兵-1A 卫星入轨后的空间轨迹横向漂移距离情况

图 6　哨兵-1A 卫星 2016 年的轨道偏心率变化情况

图 7　哨兵-1A 卫星 2016 年的近地点幅角变化情况

从图中可以看出，哨兵-1A 卫星在轨实际运行中轨道参数的保持精度较高，半长轴的变化范围在 100m 以内，偏心率变化范围为 5×10^{-5}，近地点幅角的变化范围在 3°以内。其中为了满足重轨干涉的有效测量基线要求，哨兵-1A 卫星在高精度轨道参数保持下，空间轨迹的横向漂移距离在±600m 以内，在当前国际上其轨迹漂移保持属于较高水平。

根据哨兵-1A 卫星的轨道参数变化情况，分别利用式（5）、式（7）对空间轨迹的横向距离漂移和径向距离变化引起的有效测量基线的变化情况进行了分析，图 8 为哨兵-1A 卫星的径向距离变化情况，有效测量基线长度结果如图 9 和图 10 所示。从图中可以看出，半长轴偏差在长时间的积累下引起的横向距离对于有效测量基线长度有主要影响，而半长轴偏差在径向距离上引起的有效测量基线要小于其由于横向距离漂移影响的效果，半长轴偏差、偏心率偏差和近地点幅角偏差引起的径向距离变化范围在±100m 以内。对于冻结轨道来说，偏心率和近地点幅角变化范围较小时，可以有效地减少有效测量基线长度的变化范围。

通过哨兵-1A 卫星的实际在轨情况分析，可以认为 SAR 载荷卫星采用冻结轨道有利于减小有效测量基线的变化范围以满足重轨干涉测量任务对于基线范围在几百米内变化的要求。即使采用冻结轨道，重轨干涉测量任务的卫星还需对轨迹漂移范围和轨道参数保持提出一定的要求，才能满足有效测量基线长度的范围要求。

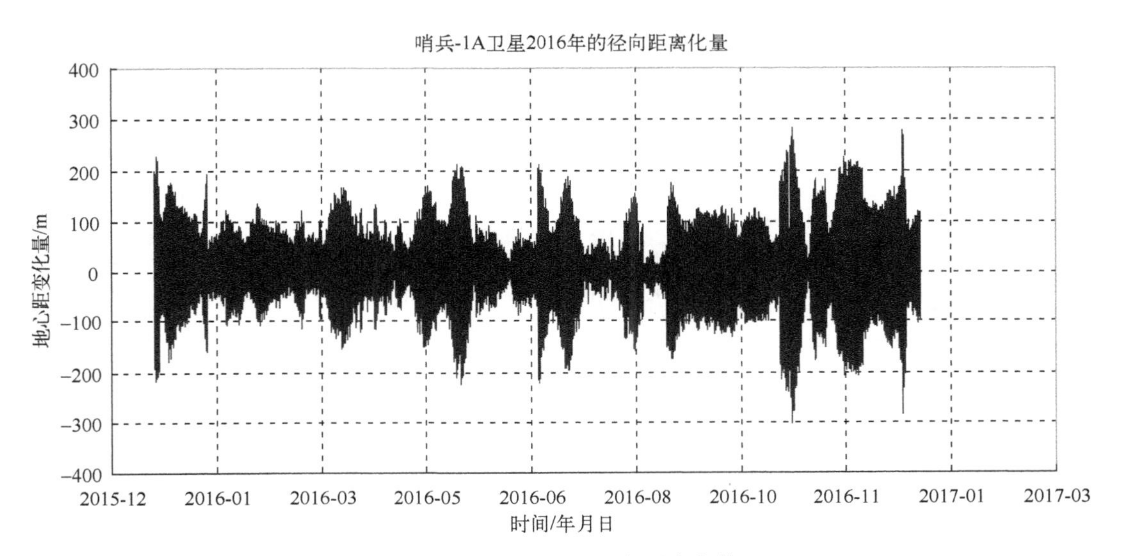

图 8　哨兵-1A 卫星径向距离变化

图 9　哨兵-1A 卫星有效测量基线长度变化（横向距离漂移引起）

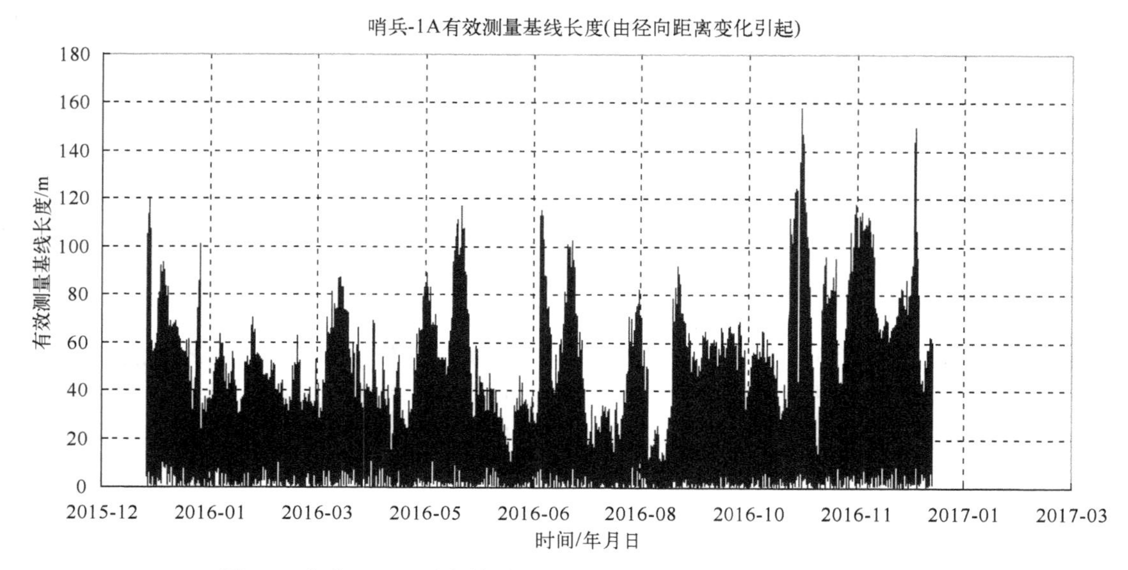

图 10　哨兵-1A 卫星有效测量基线长度变化（径向距离变化引起）

5　结束语

本文针对 SAR 载荷遥感卫星的单星重轨干涉测量任务，推导了有效测量基线长度与轨道参数变化之间的关系，分别研究了横向轨迹漂移和半长轴偏差、偏心率偏差、近地点幅角偏差对于有效测量基线长度的影响。并利用欧洲航天局的哨兵-1A 卫星实际在轨轨道数据对其有效测量基线的变化情况进行了分析，可以认为冻结轨道有利于减小有效测量基线的变化范围以满足重轨干涉测量任务对于基线范围的要求，同时还需要对轨迹漂移范围和轨道参数的保持提出一定的要求。本文的分析研究结果对我国 SAR 载荷卫星开展重轨干涉测量任务的轨道选择和轨道维持精度分析提供了理论与分析数据支持。

参 考 文 献

[1] 刘广，郭华东，Ramon Hanssen，等．重轨 InSAR 平地干涉相位特性研究［J］．高技术通讯，2008，18（4）：408-413.

[2] 赵景民，甘卫军，王泽河，等．影响重轨 INSAR 地表微量形变监测精度的误差分析［J］．交通运输工程与信息学报，2009，7（3）：22-26.

[3] 徐华平，周荫清．分布式小卫星 SAR 干涉高程测量精度分析［C］．中国航空学会制导与引信专业信息网学术交流会，2005.

[4] 张锦秀，穆冬，曹喜滨，等．编队干涉 SAR 系统空间构形倾角确定准则研究［J］．系统工程与电子技术，2009，31（5）：1087-1092.

[5] 张光明，张晓玲，黄顺吉．分布式卫星 INSAR 中姿态变化对测高的影响［J］．电子科技大学学报，2003，32（4）：375-379.

[6] 余慧，闫鸿慧，王岩飞．分布式卫星 ATI-SAR 性能分析与基线估计［J］．电子与信息学报，2009，31（6）：1301-1304.

[7] 杨维廉．冻结轨道的一阶解［J］．中国空间科学技术，2002，22（4）：45-50.

[8] 杨维廉．太阳同步回归轨道的长期演变与控制［J］．航天器工程，2008，17（2）：26-30.

考虑推力幅值约束的小推力轨道优化方法

张相宇，田百义，张　磊，汪中生，黄美丽
（北京空间飞行器总体设计部，北京，100094）

摘要：在深空探测任务中，推力器的推力幅值会随着探测器与太阳距离的增大而减小，针对该类变推力幅值的小推力轨道优化问题，提出了一种借力飞行与脉冲等效法相结合的直接优化方法。该方法将整个转移轨迹离散化为多个轨迹段，每段轨迹等效为包含速度增量的动力学模型，然后推导了脉冲序列结合借力飞行的借力参数优化模型，最后采用序列二次规划算法进行了求解。仿真结果表明：本文提出的方法具有较好的收敛性和较快的收敛速度，该方法能够很好地求解借力飞行与变推力幅值的小推力相结合的轨道优化问题。

关键词：小推力轨道优化；借力飞行；推力幅值受限；直接优化法

1　引言

小推力技术由于其高比冲、长寿命、能多次启动和可长时间工作的特点，应用于深空探测可显著提高航天器的有效载荷比从而降低发射成本[1]。近年来发展起来的小推力技术主要包含离子推进、电推进、太阳帆、磁帆、电动帆等，其中大部分推力器的能源都直接或间接来自于太阳。在深空探测任务中，随着探测器与太阳距离的逐渐增加，探测器的能源供应逐渐减少，因此，受能源供应的限制，探测器可用的推力幅值将会逐渐降低。本文将以深空探测为背景，研究推力幅值受限情况下的小推力轨道优化问题。

最优控制问题的求解通常分为间接法和直接法，其中间接法基于变分法或是 Pontryagin 极大值原理（PMP），通过引入伴随变量，得到最优控制问题的一阶必要条件，最后将最优控制问题转换成两点或多点边值问题（TPBVP）。该方法的计算结果满足最优性条件具有较高的计算精度，但在求解边值问题时由于引入的伴随变量不具有实际物理意义，很难给出较好的初始猜测值。此外对于强非线性优化问题收敛半径小、对初值的依赖性强，经常导致不收敛[2]。直接法将最优控制问题的状态变量或控制变量在一定的时间节点上进行离散化处理，将动力学方程转化成一系列代数等式或不等式约束。使原最优控制问题转换成有限维的约束非线性规划（NLP）问题。然后采用序列二次规划（SQP）、内点法、梯度法等方法对离散化模型进行求解，最终得到原最优控制问题的解。根据离散化方法的不同，直接法可分为直接打靶法[3]、配点法[4]和参数优化法[5]等方法。其中配点法根据插值方法的不同又可分为直接配点法和伪谱法。直接法不需要考虑伴随变量的初始值，但计算精度较低，且不能保证所得结果的最优性条件，对于存在多个局部极小值的问题该算法容易陷入局部极小[6]。此外，还存在一种近似解析求解方法——形状法（Shape Based），该方法并不直接对控制量进行寻优，而是假定探测器的轨迹满足一定的函数关系（形状特征），再结合系统的动力学方程和探测器转移轨道的初末边界条件，推导得出轨道拟合函数的系数，从而得到转移轨道的近似解析表达式。根据拟合形状的不同，形状法又分为正弦指数函数法[7]、逆多项式法[8-9]等。形状法的优化结果通常可作为其他优化方法的初值。

本文主要针对推力幅值约束下的小推力优化问题，提出一种以借力飞行与脉冲等效法相结合的直接优化方法。该方法将整个转移轨迹离散化为多个轨迹段，每段轨迹等效为包含速度增量的动力学模型，然后推导了脉冲序列结合借力飞行的借力参数，最后采用序列二次规划算法进行了求解。

2 优化模型的建立

2.1 动力学模型的离散化

在小推力作用下，绕引力常数为μ的中心体运动且无借力情况下的动力学方程可以表示为

$$\dot{\boldsymbol{r}}=\boldsymbol{v}$$

$$\dot{\boldsymbol{v}}=-\frac{\mu}{r^3}\boldsymbol{r}+\boldsymbol{f} \tag{1}$$

式中：$\boldsymbol{r}$ 和 $\boldsymbol{v}$ 分别为探测器到中心体的位置和速度矢量且 $r=\|\boldsymbol{r}\|$；$\boldsymbol{f}$ 为作用于探测器的小推力，对于大范围的深空转移问题该推力幅值会随着探测器与太阳距离的增大而减小。

在深空探测任务中，探测器通常会飞越几个大的天体，因此可以将整个任务过程以飞越天体为界分为几个大的阶段，每个阶段间的轨道参数通过飞越天体星历或借力参数连接。如图 1 所示，采用 STF（Sims-Flanagan）方法[10]，将整个任务以借力天体为界，分为两个大的阶段。将每个阶段内的连续轨迹在一系列时间区间内离散化为多个弧段，将每个弧段内的连续推力等效为作用在该弧段中间的脉冲速度增量，每个速度增量的大小和方向作为优化变量，每个弧段内的轨迹可采用数值积分求解。选取每个阶段的中点作为连接点（如图 1 中的 S_1 和 S_2），在优化过程中将每个阶段的轨迹分别从始端正向递推，终端反向递推到中间连接点，以连接点轨道根数相等为准则得到约束条件。

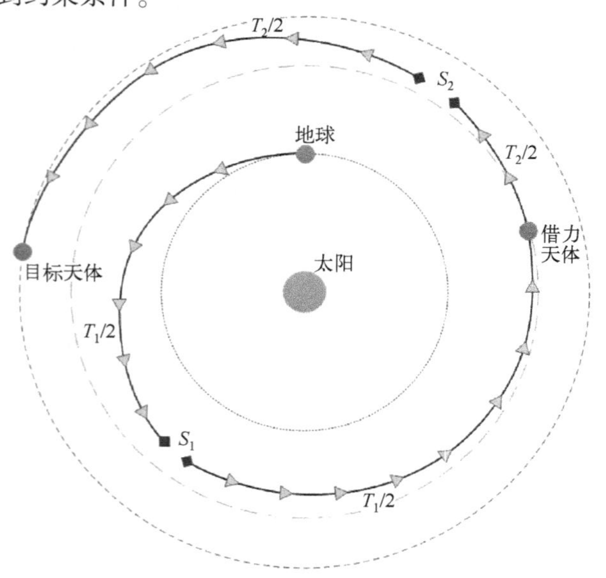

图 1 STF 离散化方法

以图 1 所示的任务为例，将整个任务以借力天体为界分为两个阶段，每个阶段的离散化节点数分别为 N_1 和 N_2，选取每个弧段中点处的优化变量如下：

$$\boldsymbol{N}_{si}=[\Delta v_i,\alpha_i,\beta_i] \tag{2}$$

式中：v_i 为第 i 个离散点处脉冲速度增量的大小；$\alpha_i\in[0,\pi]$ 为脉冲矢量与 J2000 惯性系 Z 轴的夹角，$\beta_i\in[-\pi,\pi]$ 为脉冲矢量在 J2000 惯性系 $X-Y$ 平面的投影与 X 轴的夹角；Δv_i 受区间推力大小和工作时间的限制为

$$\Delta v_i\leqslant\frac{T_i}{m_i}\Delta t_{si} \tag{3}$$

式中：T_i 为推力器在当前弧段内推力的大小，该推力通常随着探测器距离太阳的距离减小而减小；m_i 为当前弧段开始时探测器的质量，Δt 为当前弧段对应的时间。

相邻两个时间间隔，探测器的质量关系为

$$m_i=m_{i-1}\mathrm{e}^{-\frac{\Delta v_i}{I_{\mathrm{sp}i}g_0}} \tag{4}$$

式中：$I_{\mathrm{sp}i}$为推力器在当前弧段内的比冲，该比冲通常随着探测器距离太阳的距离变化而变化。

2.2 出发到达约束

探测器的出发天体通常是地球，但受限于火箭的能力，因此出发状态可以定义为

$$\boldsymbol{V}_{\mathrm{dep}}=[v_{\mathrm{dep}},\alpha_{\mathrm{dep}},\beta_{\mathrm{dep}}] \tag{5}$$

式中：$v_{\mathrm{dep}}\in[0,\sqrt{C_3}]$为地球出发后探测器相对于地球的速度，$C_3$ 为火箭提供的最大离开地球的速度的平方；$\alpha_{\mathrm{dep}}\in[0,\pi]$为出发相对地球的速度与 J2000 惯性系 Z 轴的夹角；$\beta_{\mathrm{dep}}\in[-\pi,\pi]$为出发相对地球的速度在 J2000 惯性系 $X-Y$ 平面的投影与 X 轴的夹角。

对于到达状态，定义探测器相对于到达天体的速度：

$$\boldsymbol{V}_{\mathrm{arr}}=[v_{\mathrm{arr}},\alpha_{\mathrm{arr}},\beta_{\mathrm{arr}}] \tag{6}$$

式中：v_{arr}为探测器相对于到达天体的速度，对于交会问题有 $v_{\mathrm{arr}}=0$；$\alpha_{\mathrm{arr}}\in[0,\pi]$为达到相对速度与 J2000 惯性系 Z 轴的夹角，$\beta_{\mathrm{arr}}\in[-\pi,\pi]$为到达相对速度在 J2000 惯性系 $X-Y$ 平面的投影与 X 轴的夹角。

2.3 电推进模型

在深空探测任务中，推力往往随着探测器到太阳的距离变化。较为精确的模型通常通过实验得到不同功率下的推力和比冲数据，如 NASA 的

Dawn 号探测器的电推进系统在功率 507～2483kW 之间总共分了 112 个挡，推力变化范围为从 18.8～91mN，比冲的变化范围为 1738～3060s。由此可以看出，对于深空探测任务，考虑推力幅值变化下的转移轨迹优化显得至关重要。对于理论计算，通常可以采用如下的功率-比冲-推力关系式进行计算。

$$P=\frac{P_0}{r^2}\times\eta_s \tag{7}$$

$$F=\frac{2\eta_t(P-P_d)\eta_d}{g_0 I_{sp}} \tag{8}$$

式中：η_s 为光电转换效率；η_d 为总线分配效率；η_t 为电推进效率；P_0 为 1AU 处的太阳帆输入功率，通常与距离 r 的二次方成反比；P 为太阳帆输出功率；P_d 为探测器平台功率；F 为推力器的推力。

3　借力模型和优化模型的建立

3.1　借力模型

采用如图 2 所示的包含 B 平面参数的行星借力模型，该模型的控制参数为 B 平面角 b 和行星借力高度 h_b[11]。图中矢量 $\boldsymbol{M}$ 为 B 平面与日心黄道坐标系的交线，B 平面角 b 定义为该交线与飞越轨道面的夹角。定义探测器进出行星影响球的双曲线超速分别为 $\boldsymbol{v}_{\infty-}=[v_{\infty-}^x,v_{\infty-}^y,v_{\infty-}^z]$ 和 $\boldsymbol{v}_{\infty+}=[v_{\infty+}^x,v_{\infty+}^y,v_{\infty+}^z]$，根据借力飞行原理，行星引力不影响探测器的飞入和飞出双曲线超速的大小，只影响探测器双曲线超速的方向。因此有 $\|\boldsymbol{v}_{\infty+}\|=\|\boldsymbol{v}_{\infty-}\|$，借力过程中双曲线轨道的转角为

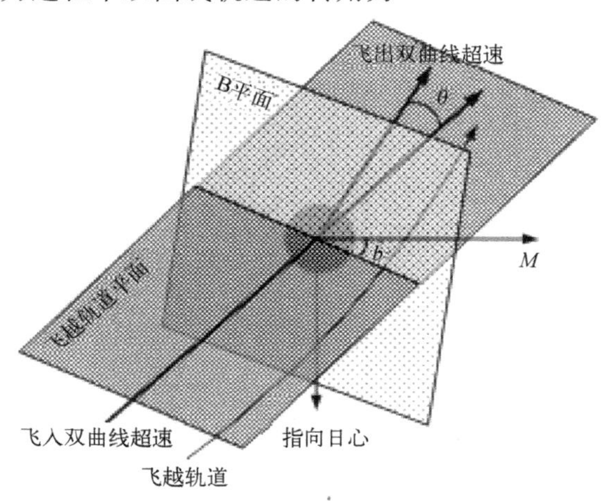

图 2　B 平面借力图

$$\theta=2\arcsin\left(\frac{1}{1+(h_b+r_m)\|\boldsymbol{v}_{\infty+}\|^2/\mu_m}\right) \tag{9}$$

式中：r_m 为借力天体的半径；μ_m 为借力天体的引力系数。

根据 B 平面参数的几何关系，可以由探测器的飞入双曲线超速矢量 $\boldsymbol{v}_{\infty-}$ 得到探测器的飞出双曲线超速矢量 $\boldsymbol{v}_{\infty+}$ 为

$$\begin{cases}v_{\infty+}^x=Gv_{\infty-}^x-Hv_{\infty-}^y\\ v_{\infty+}^y=Gv_{\infty-}^y+Hv_{\infty-}^x\\ v_{\infty+}^z=v_{\infty-}^{xy}\sin\theta\sin b+v_{\infty-}^z\cos\theta\end{cases} \tag{10}$$

其中辅助变量：

$$\begin{aligned}&v_{\infty-}^{xy}=\sqrt{(v_{\infty-}^x)^2+(v_{\infty-}^y)^2}\\ &G=\cos\theta-v_{\infty-}^z\sin\theta\sin b/v_{\infty-}^{xy}\\ &H=\|\boldsymbol{v}_{\infty-}\|\sin\theta\cos b/v_{\infty-}^{xy}\end{aligned} \tag{11}$$

根据上述模型，当给定探测器进入行星影响球的双曲线超速矢量 $\boldsymbol{v}_{\infty-}$，B 平面角 b 和行星借力高度 h_b 就可以计算出探测器飞出行星影响球的双曲线超速矢量 $\boldsymbol{v}_{\infty+}$。此外为了保证借力安全性还需要加入如下高度约束：

$$h_b\geqslant h_{safe} \tag{12}$$

式中：h_{safe} 为行星借力的最小安全距离。

3.2　优化模型

经过以上离散化处理，对于包含 s 个阶段，每个阶段 i 个离散点的优化问题，优化变量包括：出发时间 t_L、出发相对速度 $\boldsymbol{V}_{dep}$、各阶段飞行时间 TOF_s、借力前或到达相对速度 $\boldsymbol{V}_{arrs}$，借力高度 h_{bs} 和 B 平面角 b_s，每各离散点处的速度脉冲 $\boldsymbol{N}_{si}$。

小推力轨道转移优化问题可以描述为，选取如下集合形式的优化变量：

$$X=[t_L,\boldsymbol{V}_{dep},TOF_s,m_s,\boldsymbol{N}_{si},h_{bs},b_s,\boldsymbol{V}_{arrs}] \tag{13}$$

在满足动力学方程式（1）和不等式约束式（3）和式（12）以及如下等式约束：

$$\Delta_{eq}=[\Delta a_s,\Delta e_s,\Delta i_s,\Delta\Omega_s,\Delta\omega_s,\Delta M_s,\Delta m_s] \tag{14}$$

使得性能指标式（15）表示的交会终端剩余质量最大。

$$J=\max(m_f) \tag{15}$$

4　仿真验证

为了验证本文方法的有效性，以地球出发，火星借力后到达目标天体为仿真算例，选取的到达目标天体的轨道参数如表 1 所列。

表 1　目标天体轨道参数

参　　数	数　　值
历元时刻	01 Jan 2018 00:00:00.000
半长轴	2.5AU
偏心率	0.01
倾角	1.2°
升交点赤经	150°
近心点角距	60°
平近点角	70°

电推进推力器的性能参考黎明号（DAWN）NSTAR-30 的推力特性。

各优化参数的搜索范围如表 2 所列。

表 2　优化参数范围

参　　数	范　　围
发射时间	1 May2020 00:00:00.0～1 May 2021 00:00:00.0
地球到火星飞行时间	100～400 天
火星到目标天体飞行时间	500～2000 天
出发 $C3$	≤20km²/s²
火星借力高度	≥200km
出发质量	1000kg

采用本文方法得到的仿真优化结果如表 3 所列。图 3 为优化得到的转移轨迹，图 4 为各个离散点处的推力大小。由仿真结果可知，探测器出发后通过火星借力，可在 5 年半左右的时间内到达目标天体。

表 3　优化结果

参　　数	范　　围
发射时间	25 Jul 2020 05:14:06.167
地球到火星飞行时间	176.0318 天
火星到目标天体飞行时间	1803.247 天
火星借力时间	17 Jan 2021 05:59:51.008
到达目标天体时间	25 Dec 2025 11:55:29.020
火星借力高度	200km
出发 $C3$	13.9012km²/s²
燃料消耗	143.0571kg

5　结束语

本文采用借力飞行与脉冲等效法相结合的直接优化方法，求解了变推力幅值的小推力轨道优化问题。给出了将小推力轨道转移的动力学模型离散化为脉冲速度增量模型的方法，同时给出了脉冲序列结合借力飞行的借力参数优化模型。仿真结果表明：本文提出的方法具有较好的收敛性和较快的收敛速度，能够很好地求解借力飞行与变推力幅值的小推力相结合的轨道优化问题。此外本文的方法还适用于多次借力的小推力轨道优化问题

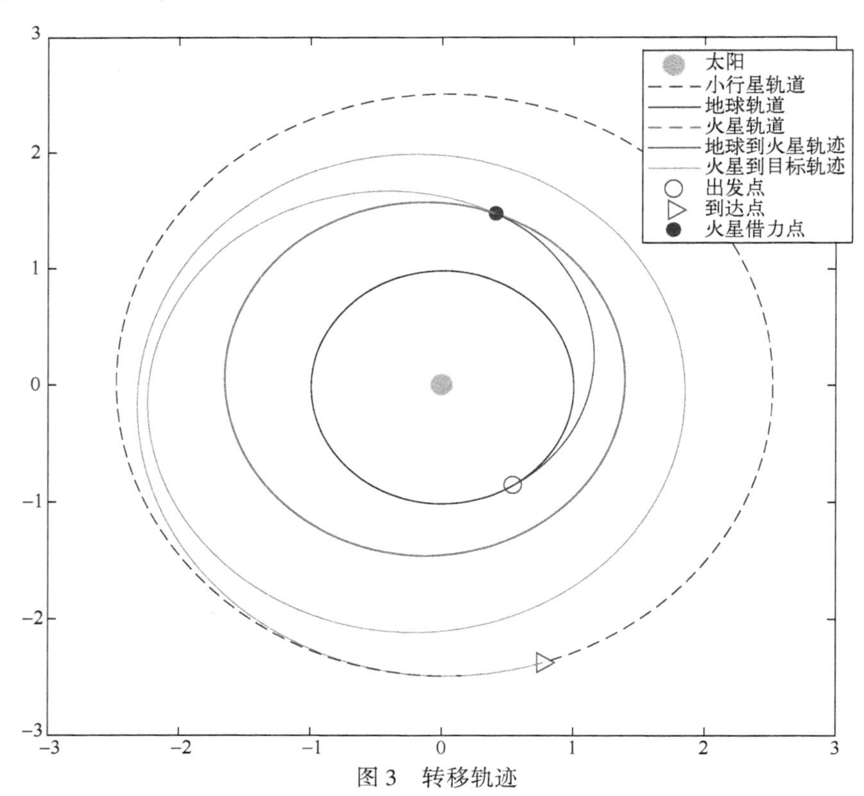

图 3　转移轨迹

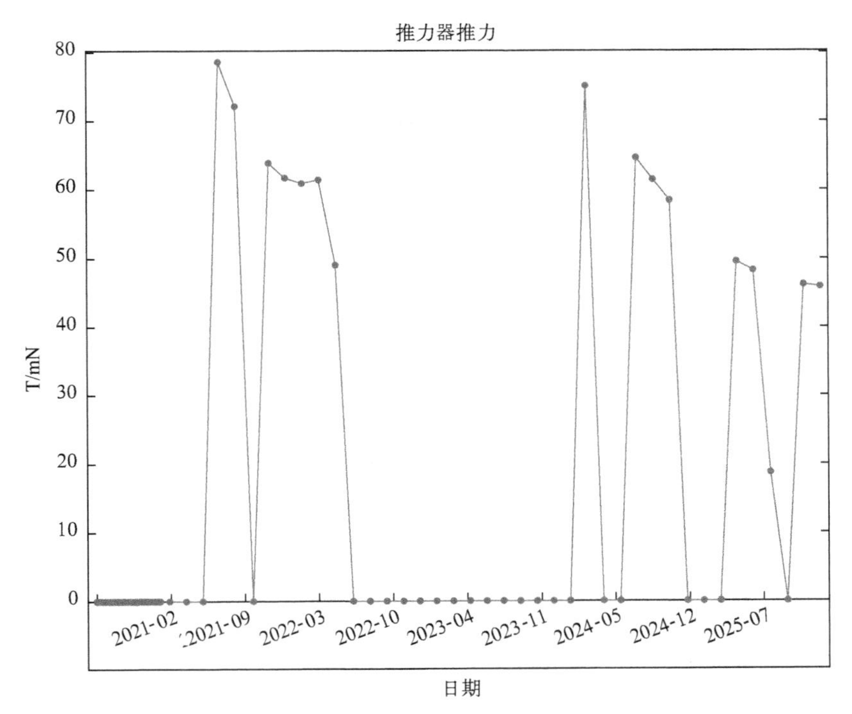

图 4　推力特性

参 考 文 献

［1］张郁．电推进技术的研究应用现状及其发展趋势［J］．火箭推进，2005，31（2）：27-36.

［2］Von Stryk O，Bulirsch R. Direct and Indirect Methods for Trajectory Optimization［J］．Annals of Operations Research，1992，37（1）：357-373.

［3］Matausek M R. Direct Shooting Method for the Solution of Boundary-Value Problems［J］．Journal of Optimization Theory and Applications，1973，12（2）：152-172.

［4］Herman A L，Conway B A. Direct Optimization using Collocation Based on High-Order Gauss-Lobatto Quadrature Rules［J］．Journal of Guidance，Control，and Dynamics，1996，19（3）：592-599.

［5］Kaya C Y，Noakes J L. Computational Method for Time-Optimal Switching Control［J］．Journal of Optimization Theory andApplications，2003，117（1）：69-92.

［6］雍恩米，陈磊，唐国金．飞行器轨迹优化数值方法综述［J］．宇航学报，2008，29（2）：397-406.

［7］Petropoulos A E，Longuski J M. Shape-Based Algorithm for the Automated Designof Low-Thrust，Gravity Assist Trajectories［J］．Journal of Spacecraft and Rockets，2004，41（5）：787-796.

［8］Wall B. Shape-Based Approximation Method for Low-Thrust Trajectory Optimization［C］．AIAA/AAS Astrodynamics Specialist Conference and Exhibit，Honolulu，Hawaii，USA，2008.

［9］Xie C，Zhang G，Zhang Y. Simple Shaping Approximation for Low-Thrust Trajectories Between Coplanar Elliptical Orbits［J］．Journal of Guidance，Control，and Dynamics，2015，38（12）：2448-2455.

［10］Englander J A. Conway B A. Automated Solution of the Low-Thrust Interplanetary Trajectory Problem［J］．Journal of Guidance，Control，and Dynamics，2017，40（1）：15-27.

［11］尚海滨，崔平远，徐瑞，等．结合行星借力飞行技术的小推力转移轨道初始设计［J］．宇航学报，2011，32（1）：29-38.

第六部分

月球与深空探测航天器飞行动力学与控制

月球引力辅助变轨在日地平动点轨道设计中的应用

于登云[1]，周文艳[2]，高　珊[2]，孟占峰[2]，王　颖[2]
（1. 中国航天科技集团有限公司，北京，100048；2. 北京空间飞行器总体设计部，北京，100094）

摘要：借力飞行技术是深空探测轨道设计中所利用的主要技术之一，在深空探测中起着越来越重要的作用，我国也在借力飞行方面也进行了一些飞行试验验证。本文从借力原理出发，用数值计算方法分析不同参数变化对月球借力效果的影响，得到月球借力的规律，定量的描述月球借力后轨道的运行状态，并对月球借力规律加以应用，给出一种一箭多星发射不同日地平动点探测器的太阳系立体探测轨道设计方案，大大简化了飞行任务，便于工程实施。

关键词：月球借力；到达倾角；$C3$

1　引言

2019 年 1 月，“嫦娥” 四号着陆月球背面，并通过位于地月 L2 点的鹊桥卫星作为中继，实现了人类首次月背表面的探测，这标志着我国深空探测技术向前迈进了一步，进行更远的空间及地球外行星等的探测也提到日程上来。借力飞行技术是深空探测轨道设计中所利用的主要技术之一，在深空探测中起着越来越重要的作用，我国在借力飞行方面也进行了一些飞行试验验证，譬如“嫦娥” 五号的返回试验器的自由返回轨道和月球借力到达 L2 的 Lissajous 轨道、四号的“鹊桥” 中继星的地月 L2 转移轨道，都利用到了借力飞行技术。通过月球借力不仅可以改变轨道的倾角，如“嫦娥” 五号的返回试验器，也可以增加探测器的能量，使其轨道变成绕太阳运行的轨道。

本文从借力原理出发，用数值计算方法分析不同参数变化对月球借力效果的影响，得到月球借力的规律，定量地描述月球借力后轨道的运行状态，并对月球借力规律加以应用，给出一种一箭多星发射不同日地平动点探测器的太阳系立体探测轨道设计方案。

2　借力原理

探测器从天体（行星或行星的卫星）近旁飞越后，速度发生变化，体现在相对于原中心天体轨道参数的改变。因此可以借助天体的引力对探测器进行“变轨” 而不需要消耗探测器携带的燃料，这就是天体借力。

假设探测器进入绕飞天体影响球时在原中心天体坐标系的位置和速度为$(\boldsymbol{R}_1,\boldsymbol{v}^-)$是已知的，该时刻借力天体的位置和速度$(\boldsymbol{R}_{p1},\boldsymbol{v}_{p1})$可以由星历得到。在影响球，按照圆锥近似，探测器在以借力天体为中心的坐标系下的位置和速度为$(\boldsymbol{r}_1,\boldsymbol{v}_\infty^-)$，它唯一确定了探测器在借力天体中心引力体下的双曲线轨道[1]：

$$\boldsymbol{r}_1=\boldsymbol{R}_1-\boldsymbol{R}_{p1},\quad \boldsymbol{v}_\infty^-=\boldsymbol{v}^--\boldsymbol{v}_{p1},\quad |\boldsymbol{r}_1|=R_s$$

其中：R_s 为借力天体影响球半径。

在借力天体引力的影响下，探测器的速度矢量在双曲线绕飞行星之后产生旋转，定义 φ 是相对于借力天体的飞入位置矢量到飞出位置矢量的转角，δ 是飞入速度矢量到飞出速度矢量的转角。探测器在以借力天体为中心的坐标系下，从借力天体影响球飞出点的位置和速度$(\boldsymbol{r}_2,\boldsymbol{v}_\infty^+)$：

$$\boldsymbol{r}_2=\Omega(\varphi)\boldsymbol{r}_1,\quad \boldsymbol{v}_\infty^+=\Omega(\delta)\boldsymbol{v}_\infty^-$$

$$\boldsymbol{R}_2=\boldsymbol{r}_2+\boldsymbol{R}_{p2},\quad \boldsymbol{v}^+=\boldsymbol{v}_\infty^++\boldsymbol{v}_{p2}$$

这里的$(\boldsymbol{r}_2,\boldsymbol{v}_\infty^+)$和$(\boldsymbol{R}_2,\boldsymbol{v}^+)$是探测器飞出借力天体影响球时相对于借力天体和原中心天体的位置和速度。在探测器绕飞借力天体过程中可以近似认为：

$$\boldsymbol{R}_{p1}=\boldsymbol{R}_{p2}=\boldsymbol{R}_p,\quad \boldsymbol{v}_{p1}=\boldsymbol{v}_{p2}=\boldsymbol{v}_{pl},\quad |\boldsymbol{v}_\infty^-|=|\boldsymbol{v}_\infty^+|=v_\infty$$

但由于 v_∞^+ 相对于 v_∞^- 的方向发生了变化，因此 $\boldsymbol{v}^+$ 相对于 $\boldsymbol{v}^-$ 的大小和方向发生变化，如图 1 所示。

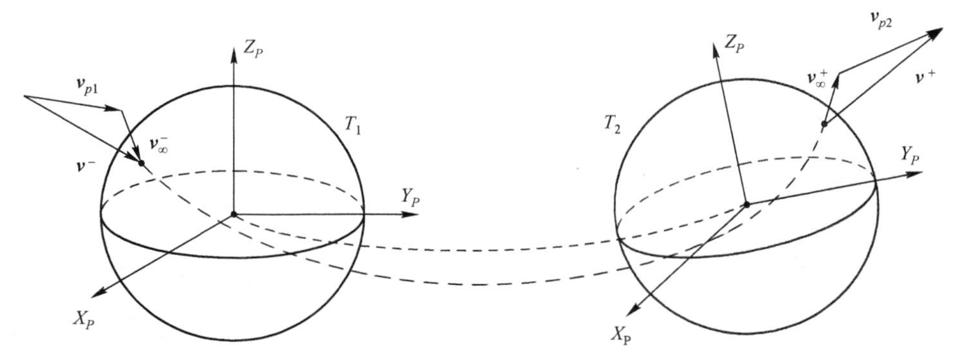

图 1　借力原理

月球是天然的卫星，借助月球引力改变轨道方向和轨道能量是很经济的方式，探测器飞越月球前后的速度变化为

$$\Delta v=|\boldsymbol{v}_\infty^+-\boldsymbol{v}_\infty^-|=|\boldsymbol{v}^+-\boldsymbol{v}^-|=2v_\infty\sin\frac{\delta}{2}$$

在月心双曲线轨道中，见图 2，由动量守恒计算行星中心到双曲线渐近线的距离：

$$\Delta=\frac{r_p v_p}{v_\infty}$$

其中：Δ 为距离；r_p 为双曲线近月点半径；v_p 为双曲线近月点速度；v_∞ 为双曲线无穷远处速度。双曲线飞入和飞出渐近线夹角的一半的正弦为

$$\sin\left(\frac{\pi}{2}-\frac{\delta}{2}\right)=\frac{\Delta}{c}=\frac{\Delta}{-ae}$$

由能量守恒：

$$E=-\frac{\mu}{2a}=\frac{v_\infty^2}{2}$$

可得

$$a=-\frac{\mu}{v_\infty^2}$$

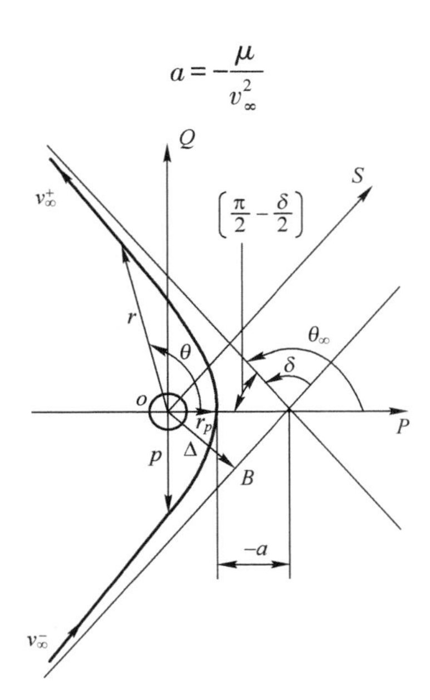

图 2　双曲线轨道

由活力公式得

$$v_p=\sqrt{v_\infty^2+\frac{2\mu}{r_p}}$$

另外双曲线近月点半径：

$$r_p=a(1-e)$$

可以计算出

$$\delta=2\arcsin\left(\frac{\mu}{\mu+r_p v_\infty^2}\right)$$

因此：

$$\Delta v=\frac{2v_\infty}{1+(r_p v_\infty^2/\mu)}$$

则：

$$\begin{aligned}(v^+)^2-(v^-)^2&=(\boldsymbol{v}^+-\boldsymbol{v}^-)\cdot(\boldsymbol{v}^++\boldsymbol{v}^-)\\&=(\boldsymbol{v}^++\boldsymbol{v}^-)\cdot(\boldsymbol{v}^+-\boldsymbol{v}^-)\\&=(\boldsymbol{v}_\infty^++v_\infty^-+2v_{pl})\cdot(\boldsymbol{v}_\infty^+-\boldsymbol{v}_\infty^-)\\&=2\boldsymbol{v}_{pl}\cdot(\boldsymbol{v}_\infty^+-\boldsymbol{v}_\infty^-)=-2\boldsymbol{v}_{pl}\cdot\hat{r}_p\Delta v\\&=-2v_{pl}\cos\eta\Delta v=-\frac{4v_{pl}v_\infty\cos\eta}{1+(r_p v_\infty^2/\mu)}\end{aligned}$$

$\boldsymbol{r}_p$ 表示近月点矢量；$\boldsymbol{v}_{pl}$ 表示月球速度；η 为近月点矢量与月球速度的夹角，探测器飞越月球前后相对于地球的能量变化为：

$$\Delta E=\frac{(v^+)^2-(v^-)^2}{2}=-\frac{2v_{pl}v_\infty\cos\eta}{1+(r_p v_\infty^2/\mu)}$$

对于目前发射月球探测器，通常采用能量最省的地月转移方式，近月点位于月球的东半球，$\eta>90°$，所以 $\Delta E>0$，也就是说目前的地月转移方式，月球借力之后，探测器的能量都是增加的。

3　效果分析

以 2028 年发射月球探测器为例，从地球出发的 $C3$ 为 $-2\text{km}^2/\text{s}^2$，倾角 31°，转移时间约 5 天[2]，近月点高度 100km，探测器以不同倾角到达月球

后，从月球飞越后相对于地球的 C3 变化见图 3 所示。可以看出以下几点。

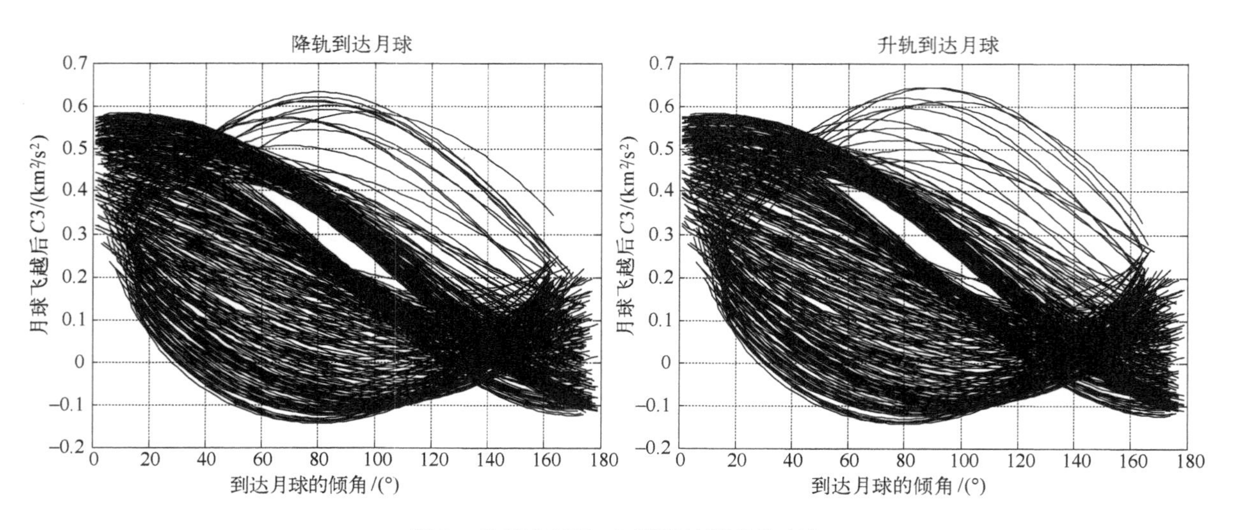

图 3　月球飞越后 C3 随到达倾角的变化

（1）月球借力后，探测器相对于地球的能量增加；

（2）2028 年 4 月~8 月，月球处于地球最南纬或最低纬前后两天，探测器到达月球，不论以什么倾角到达月球，月球飞越后的 C3 都大于零；

（3）2028 年 1 月~3 月，月球处于地球最北纬前后两天，以及月球从地球赤道向最南纬运行的个别天，探测器到达月球，不论以什么倾角到达月球，月球飞越后的 C3 都大于零；

（4）2028 年 9 月~12 月，月球处于地球最南纬前后两天，以及月球从最北纬向地球赤道运行的个别天，探测器到达月球，不论以什么倾角到达月球，月球飞越后的 C3 都大于零；

（5）到达月球倾角小于 28°时，任一天发射，月球飞越后 C3 都大于零，轨道都将变成日心轨道；

（6）除（1）~（4）中的到达月球日期，月球飞越后 C3 随到达倾角变化曲线主要有两种，一种是双曲线（见图 4（a）），一种是正弦曲线（见图 4（b））。图 4（a）的曲线出现在月球运行在降段到达月球，图 4（b）的曲线出现在月球运行在升段到达月球。

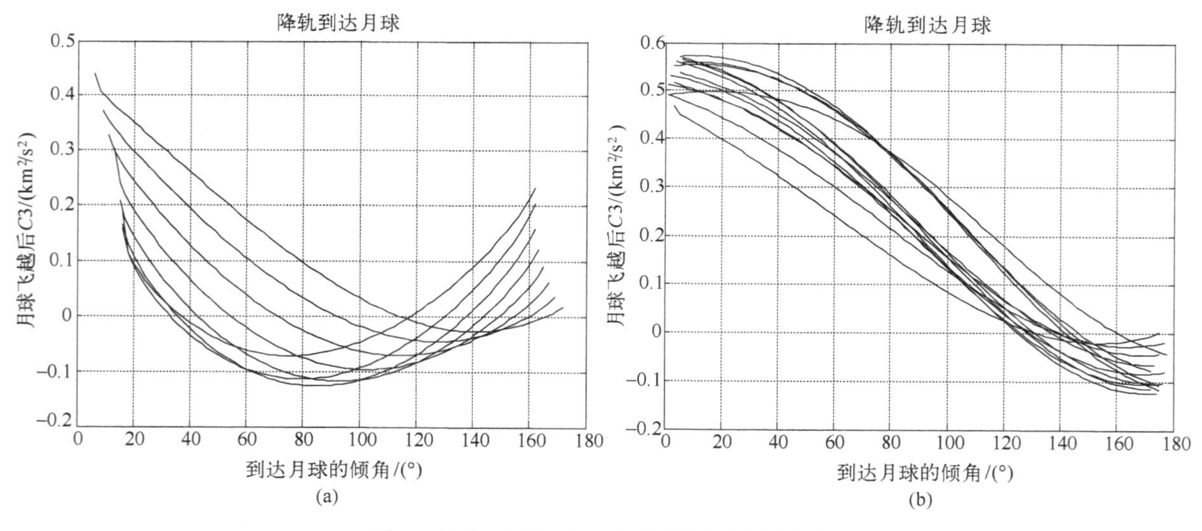

图 4　月球飞越后 C3 随到达倾角的变化分类

月球飞越后倾角变化，如图 5 所示。其中接近倾角接近于零的点是月球飞越后 C3 大于零的情况形成的，其他是月球借力后 C3 小于零情况，可以看出月球借力后可形成的太阳系轨道最大倾角相对于黄道面是 1.2°，可形成的地球最大倾角是 72°、最小倾角接近 0°。

这里只对发射日期和到达倾角的变化进行借力后参数分析，近月点高度不同，借力效果也不同，可以通过发射日期、到达月球倾角和到达月球高度来调整借力效果，形成需要的目标轨道。

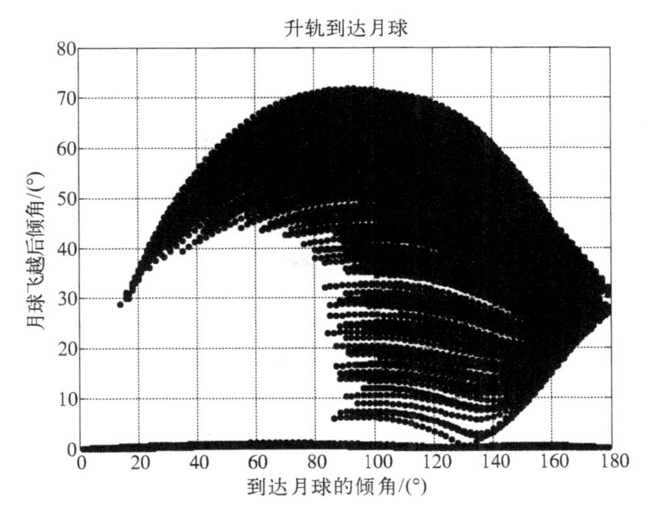

图 5　月球飞越后倾角随到达倾角的变化

4　借力应用

日地非共线平动点 L4 和 L5 也称三角平动点，在该处布置探测器用来进行空间天气预报，探测日冕物质抛射（Coronal Mass Ejections，CMEs），并且在它们到达地球之前进行顺时针相互作用区域（Corotating Interaction Regions，CIRs）的观测，是开展行星际太阳探测的理想位置。为了节省任务成本，一次发射多个探测器，利用月球引力改变各自的方向，到达不同位置，形成一定星座构型对太阳进行立体观测是轨道设计的一个全新的、有发展前景的研究方向[3]。

运载火箭将 3 个探测器送入地月转移轨道，入轨后 3 个探测器分离，在第一次中途修正时改变到达月球轨道倾角为预定值。探测器经过 5 天地月转移轨道的飞行，到达月球，并近距离飞越月球。3 个探测器经过一段时间的飞行，相位逐渐与地球拉开，到达各自的目的平动点后分别进行一次大的机动捕获到目的平动点上。探测器在环绕平动点的轨道上飞行，进行联合的对日科学探测。

1）月球借力飞到日地 L4

月球借力飞往 L4 的轨道很难迭代出在旋转坐标系中运行 1.5 圈的轨道，采用运行 2.5 圈和 3.5 圈的轨道进行对比，如表 1 所列。

表 1　月球借力到 L4 不同转移轨道的参数

	转移时间/天	出发 $C3$	捕获速度增量
相位 1	—	—	—
相位 2	880	-2	680
相位 3	1250	-2	490

2）月球借力飞到日地 L5

月球借力后飞往 L5 的轨道在旋转坐标系中的飞行轨迹如图 6 所示，不同圈次所用飞行时间和捕获速度增量如表 2 所列。

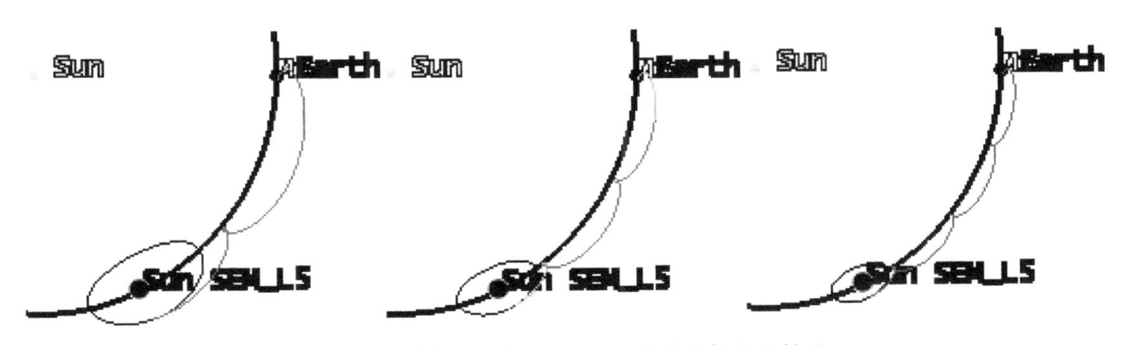

图 6　不同圈次相对于 SEM-L5 旋转坐标系的轨迹

表 2　月球借力到 L5 不同转移轨道的参数

	转移时间/天	出发 $C3$	捕获速度增量
相位 1	770	-2	1040
相位 2	1100	-2	680
相位 3	1450	-2	490

3）月球借力飞到日地 L3

月球借力后飞往 L3 可以选择经过 L4 飞往 L3，也可以选择经过 L5 飞往 L3，在旋转坐标系中运行的圈次也可以有多种选择，这里以经 L5 运行 5.5 圈到达 L3、经 L5 运行 6 圈到达 L3、经 L4 运行 7.5 圈到达 L3、经 L4 运行 6.5 圈到达 L3 四种相位（图 7）为例进行分析，对比结果如表 3 所列，圈次和到达方向的选择还需后续工作进一步分析和优化。

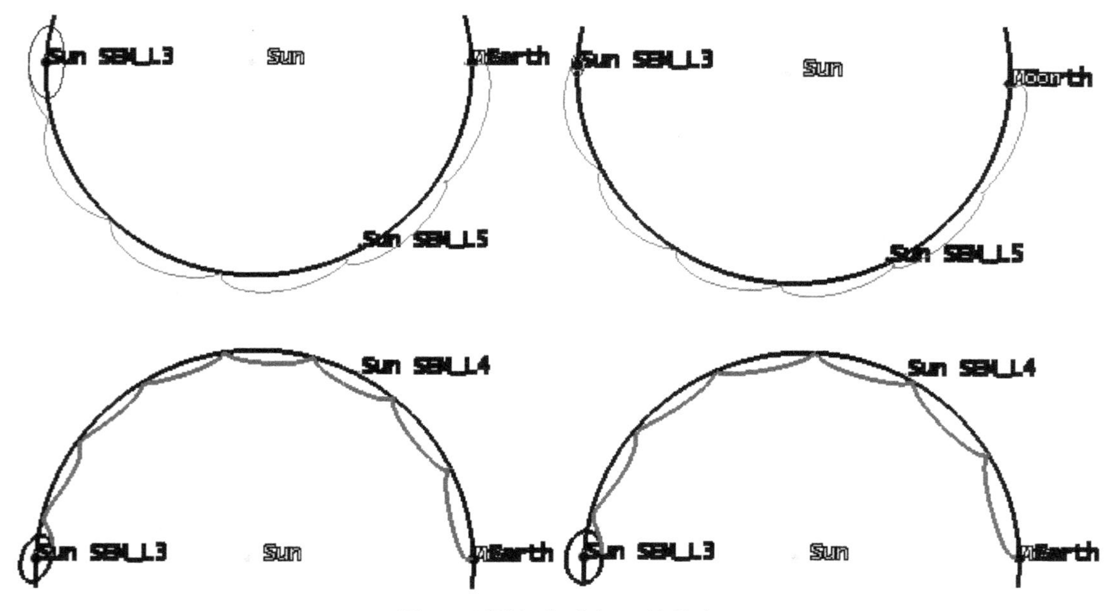

图7　不同方式到达 L3 的轨迹

表3　月球借力到 L3 不同转移轨道的参数

	转移时间/天	出发 $C3$	捕获速度增量
相位 1	2300（6.3Y）	-2	925
相位 2	2500（6.8Y）	-2	800
相位 3	2600（7.1Y）	-2	660
相位 4	2200（6.0Y）	-2	780

采用月球借力可实现不同平动点的转移，运载只需提供发射地月转移轨道的能量，探测器在中途修正时调整到达月球时的状态，以达到不同的借力效果，飞越月球以后探测器朝不同平动点飞行，到达定点位置后进行一次大的轨道机动在该处稳定运行，三星协同工作进行太阳立体观测，这种方案大大简化了飞行任务，便于工程实施。

5　结束语

本文首先针对从地球出发的直接地月转移轨道利用月球借力的效果进行了研究，给出了不同参数条件下月球借力的规律性结论；然后基于研究结果，提出了一种利用月球借力的日地平动点探测任务设想，通过一次发射实现在日地系 L3/L4/L5 三个平动点分别部署探测器对太阳进行立体观测，文中给出了轨道方案和速度增量需求，相关分析结果可为后续月球借力相关任务的轨道设计工作提供参考和支持。

参考文献

[1] 杨维廉．发射极月卫星的转移轨道研究［J］．航天器工程，2012，12（3）：19-33.

[2] 周文艳，高珊，王颖．一箭多星发射日地平动点探测器的轨道分析［J］．航天力学论坛，2018.

月球极区探测轨道设计

周文艳[1]，高　珊[1]，刘德成[1]，张相宇[1]，马继楠[1]，于登云[2]
（1. 北京空间飞行器总体设计部，北京，100094；2. 中国航天科技集团有限公司，北京，100048）

摘要：月球后续探测工程要完成环月详查、中继，以及月球极区着陆、巡视等任务，由于地面与月球南极通信条件较差，需要针对本次任务布置一颗中继星，建立满足任务需求的中继能力，完成着陆器和地面的通信。本文从中继轨道的选择、中继轨道与环月、着陆任务的配合对月球极区探测轨道进行分析和设计，选择了周期 12h 的环月大椭圆倾斜冻结轨道作为中继轨道，设计结果表明，中继星可在轨道上运行 10 年不进行轨道维持，每圈轨道有三分之二的时间可以与月球南极通信。

关键词：月球极区探测；冻结轨道；中继轨道；通信时长

1　引言

月球后续探测工程将着陆月球南极，对月球极区进行着陆巡视探测。由于我们目前缺乏月球南极的探测数据，探测器着陆前需要对月球南极进行详查，然后根据在轨实测数据选择合适的着陆位置。探测器着陆南极以后，地面上能观测到月球南极的时间随着白道的倾角变化，每个月（月球轨道周期 27.3 天）有 12~14.3 天可见。考虑对地面和月球南极通信有影响的另外两个方面，一个是月面光照，南极存在极昼和极夜的情况，有半年时间处处于极夜，着陆器休眠，不能与地面通信；第二个是着陆器的通信仰角，当着陆器仰角大于 6.7°（白道和月球赤道最大夹角）时，则地面与月球南极不可通信。这几方面因素导致地面与月球南极通信条件较差，因此需要针对本次任务布置一颗中继星，建立一定的中继能力，完成着陆器和地面的通信。

目前国际上还没有实现软着陆月球南极进行科学探测，并通过中继星进行中继的探测任务，但是从 20 世纪 60 年代开始，NASA 的学者就月球背面中继问题对地月 L2 轨道进行了理论上的探讨[1]，直到 2018 年，我国嫦娥四号首次实现了月球背面着陆和地月 L2 中继[2-3]。针对月球着陆探测的通信问题，也有很多学者提出不同的星座[4]，以及不同类型的轨道作为中继[5]。这些都为我国月球极区探测轨道设计提供了有益的参考，我们需要从工程约束出发，分析设计出满足任务需求的飞行轨道，并不断对其进行优化。

月球极区探测任务要完成环月详查、中继，以及着陆、巡视等任务，本文从中继轨道的选择、中继轨道与环月、着陆任务的配合对月球极区探测轨道进行分析和设计。

2　中继轨道选择

对月球南极进行中继，可以采用环月圆极轨道[1]、地月 L2 轨道、倾斜大椭圆冻结轨道、NRHO 轨道[6]等。在不考虑月面光照情况下，对这几种类型轨道分别进行分析，对通信时长、通信距离、形成条件等进行对比，选择适合本次任务的中继轨道。

2.1　环月圆极轨道

环月 200km 圆轨道，倾角 90°时冻结轨道偏心率是 0.022[7]，如图 1 所示，对应的近月点高度是 157km。根据文献［7］中所述，非冻结轨道的偏心率绕冻结偏心率旋转，约 2.5 年一个周期，对于初始 200km 圆极轨道，在长期运行中轨道高度不会低于 100km。

以中继星轨道为 200km 圆轨道为例，计算月球南极通信仰角≥10°的情况下，中继卫星运行一年，着陆器与中继星的通信弧段，平均每圈通信弧段 11min，通信距离 130~650km，一年的总通信时长占一年总时长的 8.9%。可以看出，着陆器与中继星通信距离很近，但是时长短，对于在月面执行长时间动作的任务来说，不利于实施监测。

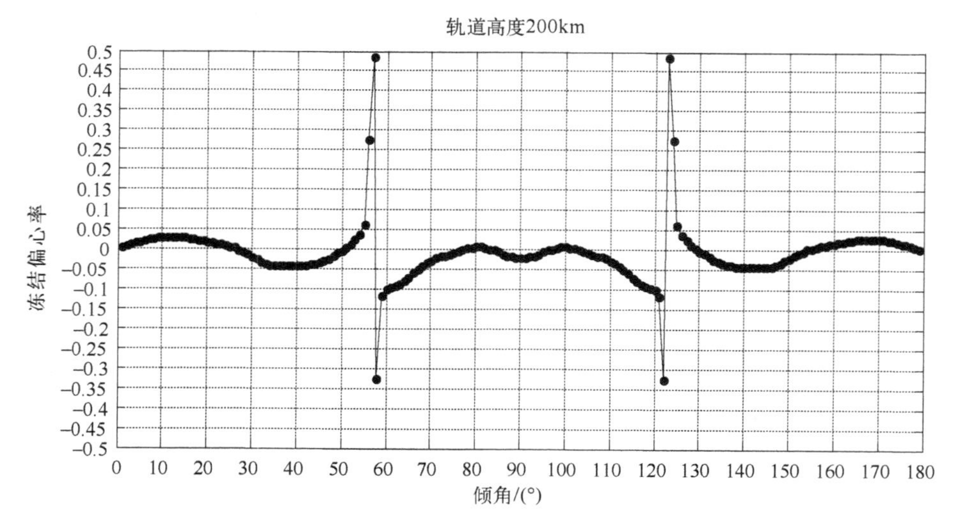

图 1　冻结轨道偏心率

2.2　地月 L2 轨道

以嫦娥四号中继星轨道为例（图 2），对月球南极的中继通信情况进行分析：卫星对月球南极点每圈（约 14 天）有 2.5~7.1 天的可见弧段，通信距离 5 万~9 万 km，一年的总通信时长占一年总时长的 19.3%。可以看出，中继星与南极每个月有两次较长通信弧段，但是通信距离较远，而且每年的通信弧段不到总飞行时间的 1/5，如果去除月面处于极夜的半年时间，通信弧段占比不到 1/10。

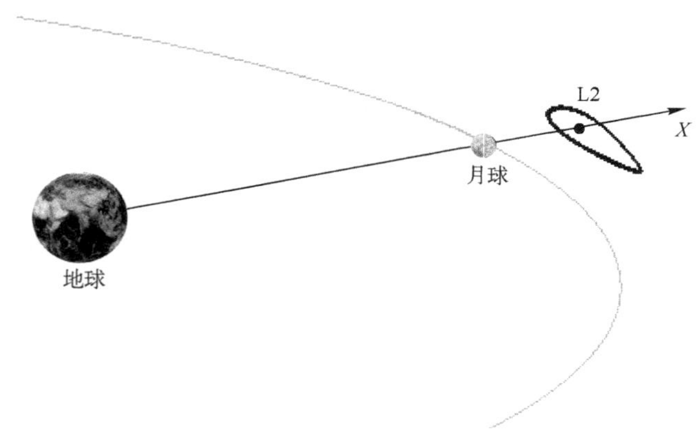

图 2　鹊桥轨道示意图

2.3　倾斜大椭圆冻结轨道

对于月球低轨卫星，主要受月球引力摄动的影响，而对于高轨卫星，主要受三体摄动的影响，以上摄动理论不再适用，冻结轨道设计比较困难。对于大椭圆环月轨道，解析冻结轨道条件为[8]，当 $\omega=90°$ 或 $\omega=180°$ 时：

$$e=\sqrt{1-\frac{5\cos^2 i}{3}}$$

由上式可以计算出冻结轨道偏心率随倾角的变化，如图 3 所示，倾角在 39.23°~140.77°之间时上式有解。对于近月点高度 300km，考虑到轨道稳定性，远月点高度不超过 32000km，可以求出倾角 39.23°~68.44°、111.56°~140.77°存在冻结轨道。

固定椭圆轨道周期后，计算轨道周期 8/12/24h，不同近月点高度的冻结轨道对应的倾角和偏心率，并分析中继星与着陆月球南极的着陆器（仰角 10°）的测控时间，统计结果如表 1 所列。其中 T 表示轨道周期，a 表示轨道半长轴，hp 表示近月点高度；i 表示轨道倾角；S 表示中继星和着陆器通信距离范围；弧段占比表示通信弧段占分析时间（1 年）的百分比。

表 1　冻结轨道参数

T/h	Hp/km	i /(°)	每圈时长 /h	每天时长 /h	距离 /km	弧段占比 /%
8	100	52.045	6.9	13.8	4198~6235	57.7
	200	51.146	6.6	13.1	4297~6153	54.6
	300	50.284	6.2	12.5	4382~6073	51.9
12	100	56.456	8.7	17.3	4592~9042	72.2
	200	55.619	8.5	16.9	4732~8954	70.6
	300	54.811	8.3	16.6	4891~8866	69.2
24	100	63.087	10.3	20.5	4784~16189	85.6
	200	62.389	10.2	20.3	4872~16106	84.7
	300	61.711	10.1	20.1	5453~15952	83.9

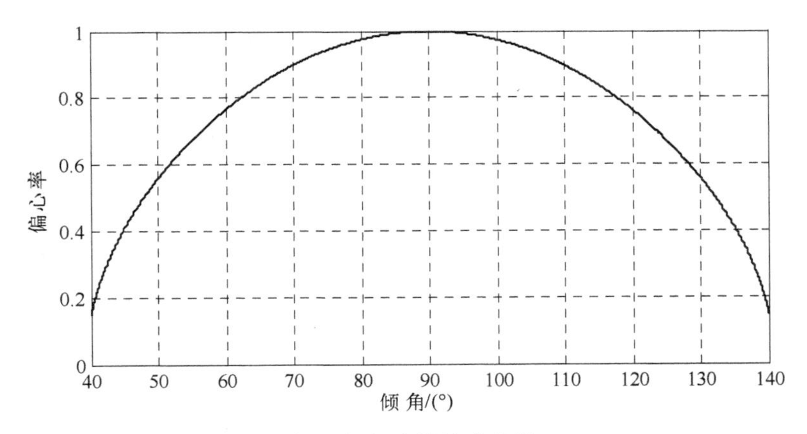

图 3　解析冻结轨道条件

通过分析表明，中继轨道周期越大，倾角就越大，每圈轨道的通信时长越长；相同周期的中继轨道，近月点高度越低，倾角越大，通信弧段越长。同样，对于 12h 周期的环月大椭圆冻结轨道，平均每圈有 8.5h 的通信弧段，占每圈的 70%，去除月面处于极夜的半年时间，每年的弧段占一年时间的 35%。可以将周期设计成 12h25min 左右，这样使得轨道周期和地面站的测控周期一致，可以将中继星经过月球北极时对南极着陆区没有通信的时段一直保持在国内站可观测月球或不可观测月球的弧段内；或按照交点周期设计成回归轨道，使得运行整数圈后，从月球相同的位置经过。

2.4　NRHO

NRHO 轨道为近心点在月球附近且几乎垂直于地月运动平面的大椭圆轨道。为了得到 Halo 轨道到 NRHO 轨道的演化规律，在 Halo 轨道的基础上，通过逐渐改变 Halo 轨道 X 方向的幅值，使得 Halo 轨道逐渐接近月球。从 Halo 轨道到 NRHO 轨道的演化过程如图 4 所示，月球附近的四族 NRHO 轨道如图 5 所示，包括 L2 南向和北向、L1 南向和北向。

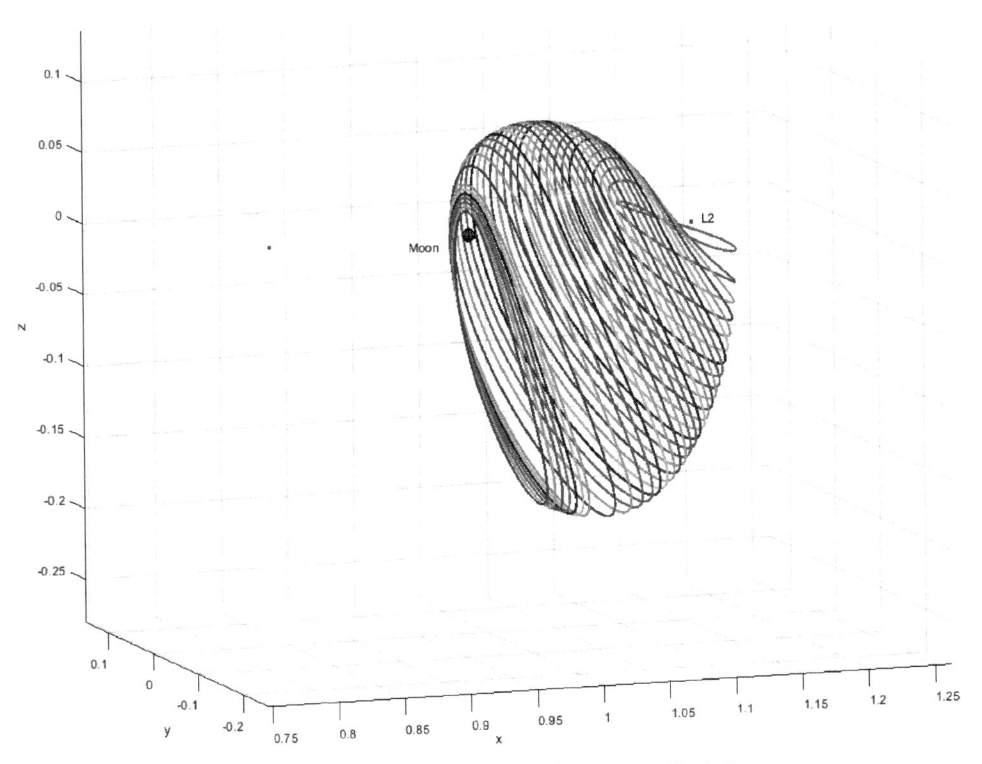

图 4　L2 点附近南向 Halo 轨道到 NRHO 的过渡

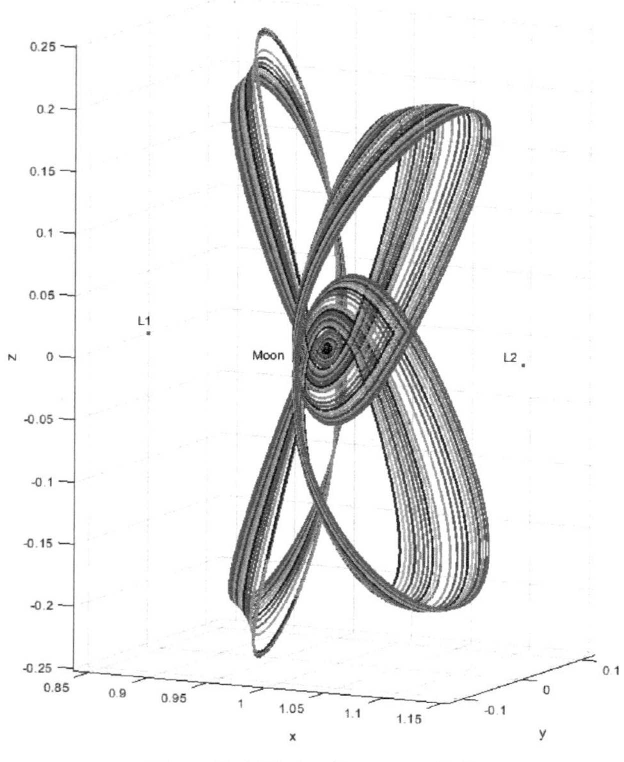

图5　月球附近四族 NRHO 轨道

分析与月球公转轨道周期共振频率为 9:2 的 L2 南向 NRHO 轨道，轨道周期约 6 天，每圈轨道与月球南极有 5h 左右没有弧段，弧段占比 96%，最远通信距离 7.1 万千米。另外由于 L2 南向 NRHO 轨道对近月点和初始轨道方向都有要求，直接地月转移轨道很难达到，目前拟采用低能转移方式，转移时间 100 天左右，中继星在飞行过程中与地球的距离最大达到 150 万千米；或者直接转移到达月球，先捕获成周期等于或小于 NRHO 轨道周期的轨道，然后进行双脉冲轨道优化，将轨道近月点幅角调整到 90°。

2.5　速度增量

从中继星转移方式来看，环月圆极轨道可以随探测器一起飞到 200km 环月轨道，然后分离进行中继探测，几乎不需要携带用于变轨的燃料，而且与着陆器的通信距离短，缺点就是每圈通信短，每圈轨道上要完成对月和对地的通信；地月 L2 轨道可以使用鹊桥卫星作为中继星，这样能大大节省任务成本，但是届时鹊桥卫星会超出任务寿命。如果重新在 L2 放置一颗中继星，中继星随探测器发射后与探测器分离，到达近月点时进行一次机动，中继星飞向地月 L2 点，按照目前鹊桥卫星的控制和定轨精度，7~10 天进行一次轨道维持，每年需要 20m/s 速度增量，所以中继星需要约 460m/s 的速度增量用来进行轨控和轨道维持；采用倾斜大椭圆冻结轨道时，中继星随探测器飞到月球捕获轨道后分离，随后进行两次轨道机动，改变轨道平面、倾角和近月点幅角，以及轨道半长轴，需要速度增量约 350m/s，中继任务期间不需要进行轨道维持；采用 NRHO 轨道，中继星随探测器飞行到距离地球约 150 万千米，然后在飞向月球过程中与探测器分离，中继星到达近月点进行一次小的制动变成 NRHO 轨道，中继星在 NRHO 轨道上每圈维持一次，轨道维持所需速度增量按照 Halo 轨道预留，中继星共需要速度增量约 220m/s。

2.6　中继轨道对比

对不同中继轨道进行对比，如表 2 所列，其中每圈时长和弧段占比考虑了南极着陆点 10° 的仰角。

表2　不同中继轨道的对比

轨道类型	周　期	每圈时长	通信距离/km	弧段占比/%	是否维持	中继星速度增量/(m/s)
200km 圆轨道	118min	11min	130~650	8.9	否	0
地月 L2Halo	14 天	2.5~7.1 天	50000~90000	19.3	是	460
大椭圆冻结	12h	8.5h	4700~9000	70.6	否	350
NRHO (9:2)	6.0 天	5.7 天	3800~70000	96	是	220（弱稳定转移）

综合考虑通信弧段、通信距离、探测器需要携带的速度增量等因素，对中继星采用初始近月点高度 200km、周期 12h 的倾斜大椭圆冻结轨道的方案进行分析和轨道设计。

3　轨道设计

3.1　设计思路

月球极区探测任务轨道设计兼顾中继、环月详查和着陆南极的需求。轨道设计思路是首先对着陆区的光照及详查需求进行分析，确定满足着陆条件的时机，然后分析着陆前的环月轨道参数和运动特性，结合中继星轨道特性与任务需求，设计发射窗口，最后综合考虑发射窗口和地面测控的能力约束，以及光照条件的限制，确定满足大系统约束的飞行轨道，完成全任务轨道设计，如图 6 所示。

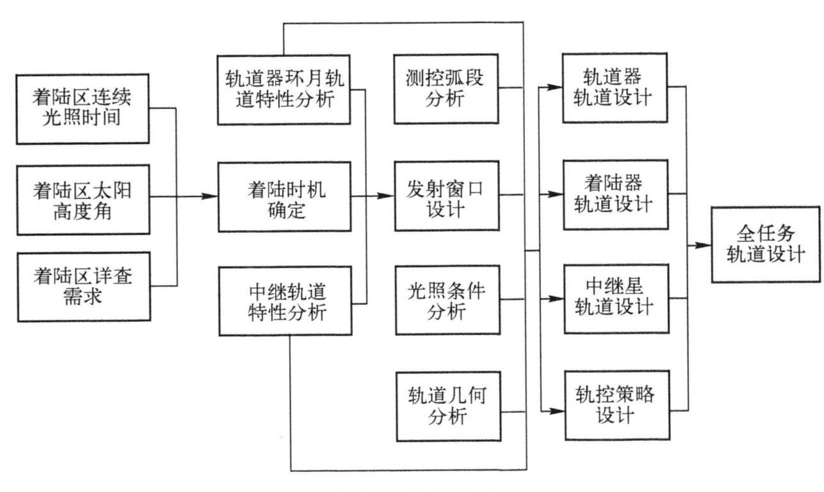

图 6　轨道设计

3.2　飞行过程

探测器由中继星、轨道器和着陆器等，探测器飞行过程包括发射段、地月转移轨道、月球捕获轨道、轨道器详查轨道、下降着陆轨道、中继星停泊轨道、中继星使命轨道等。探测器由长征五号运载火箭在海南发射场发射入轨，经过 5 天的地月转移轨道飞行到达近月点。为满足轨道器对月球极区进行详查的需求，转移轨道近月点高度 200km，倾角 90°；为满足中继星对月球南极着陆点的中继，选择降轨到达月球。探测器到达 200km 近月点时进行月球捕获制动，捕获成周期约 3 天的环月轨道，探测器到达捕获轨道远月点进行一次轨道维持，以抵消摄动对环月大椭圆轨道的影响，随后中继星和轨道器分离。轨道器再次运行到近月点时进行第二次近月制动，轨道变成 200km 圆轨道。轨道器在 200km 圆轨道上经过数次轨道调整，完成详查任务；轨道器完成详查任务后，选择合适时机降轨，轨道器和着陆器分离，着陆器从动力下降点开始完成动力下降过程，轨道器选择合适时机回到 200km 圆轨道上。中继星与轨道器分离后，在捕获轨道上飞行约一圈，再次到达远月点附近进行一次远月点轨道机动，调整轨道倾角、近月点高度和近月点幅角满足冻结轨道需求的值。中继星在停泊轨道上到达近月点时，再进行一次减速制动，将轨道周期变为 12h，此后中继星在中继轨道上运行，完成 10 年的中继任务，中继轨道运行期间不进行轨道维持，中继星需要 350m/s 的速度增量用于远月点和近月点的两次轨控，如图 7 所示。

3.3　轨道特性分析

3.3.1　中继轨道稳定性

中继卫星在 10 年的运行中，半长轴在 ±5km 之间变化，这个变化很小；偏心率在冻结轨道偏心率附近变化；近月点高度在 200～1300km 之间变化；升交点赤经进动约 3.7 圈，即约 2.7 年进动一圈。各参数的变化如图 8～图 11 所示。

3.3.2　光照和阴影

由于黄道面和月球赤道面夹角很小，可以认为太阳、地球矢量在月球赤道面内。假设卫星轨道面不动，地球相对于卫星轨道升或降交点，27 天运行 1 圈，太阳 270 天运行一圈，如图 12 所示。地球的起始位置根据飞行过程和任务几何分析基本上确定，卫星轨道升交点到地球的月心角为 90°；太阳的初始位置可以根据发射窗口选择来确定。捕获轨道的倾角为 90°，由地月转移轨道的几何特性可知捕获轨道的升交点月理经度是 270°，降交点月理经度是 90°，不同月份发射，捕获轨道的升交点和太阳矢量的的近似关系如图 13 所示，其中箭头方向是不同月份发射，探测器月球捕获时太阳的位置。可以看出，3～9 月发射，探测器近月制动无阴影。从转移轨道近月点开始到进入中继轨道需要 6 天左右的时间，在这个时间内，月球转 80°左右，因此中继轨道的初始升交点经度在 270°附近，5～7 月发射，中继星近月制动无阴影。

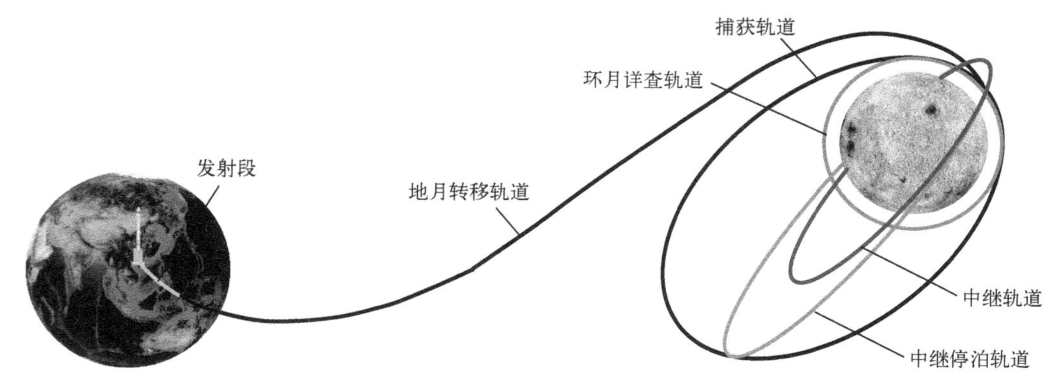

图 7　飞行过程

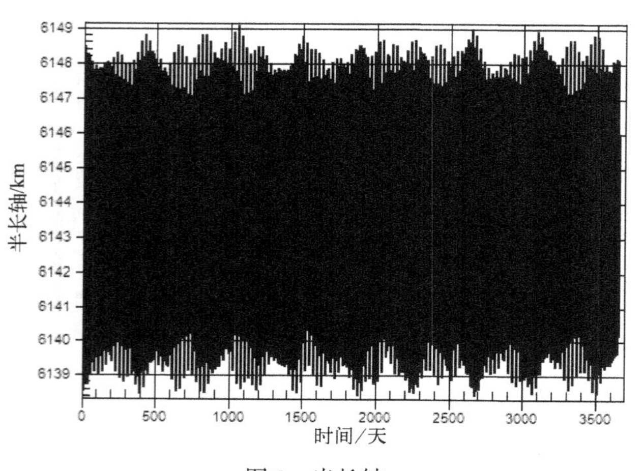

图 8　半长轴

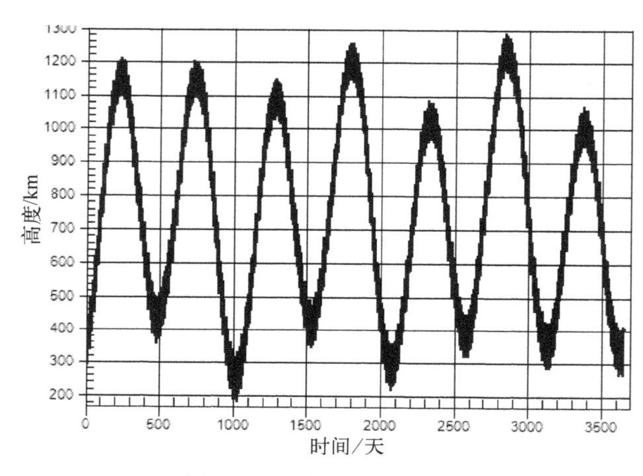

图 10　近月点高度的变化

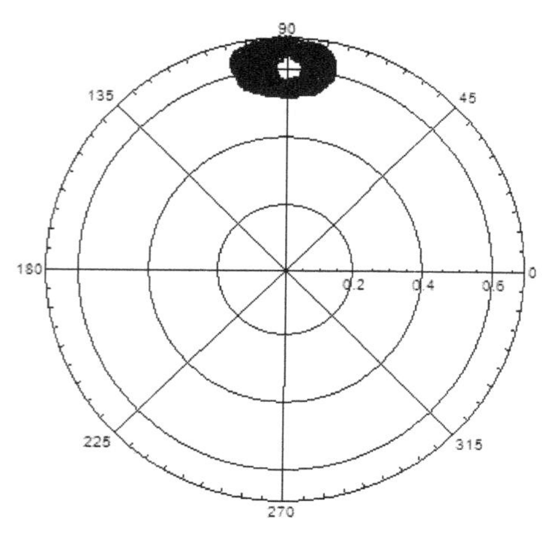

图 9　偏心率–近月点幅角极坐标图

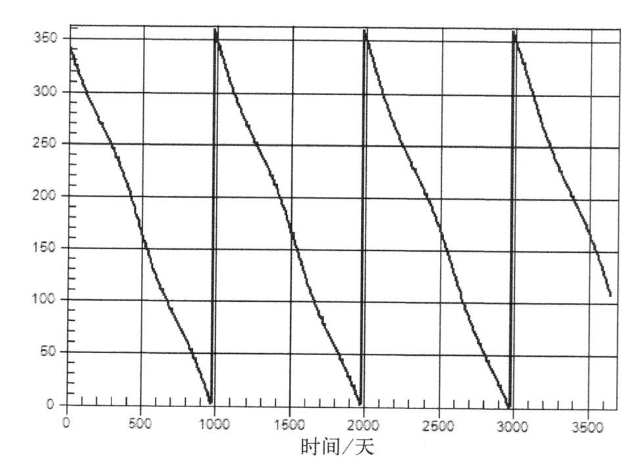

图 11　升交点赤经的变化

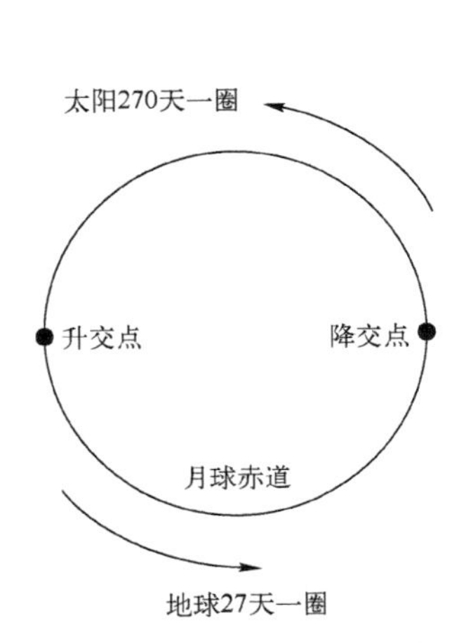

图 12　太阳和地球与中继星轨道面关系

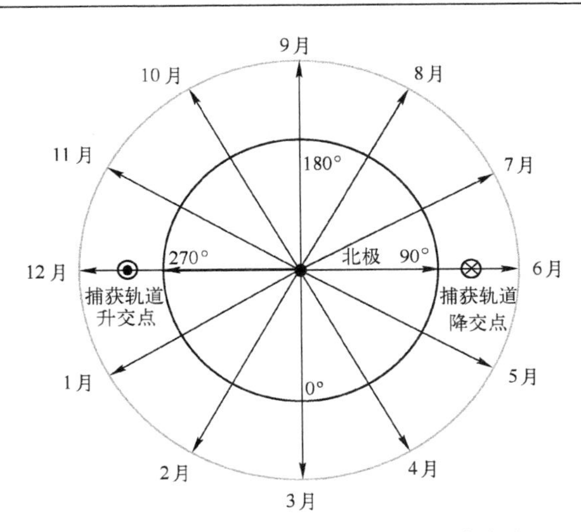

图 13　不同月份发射太阳和捕获轨道关系

不同窗口下转移轨道近月点前后 75min 的阴影如图 14 所示。

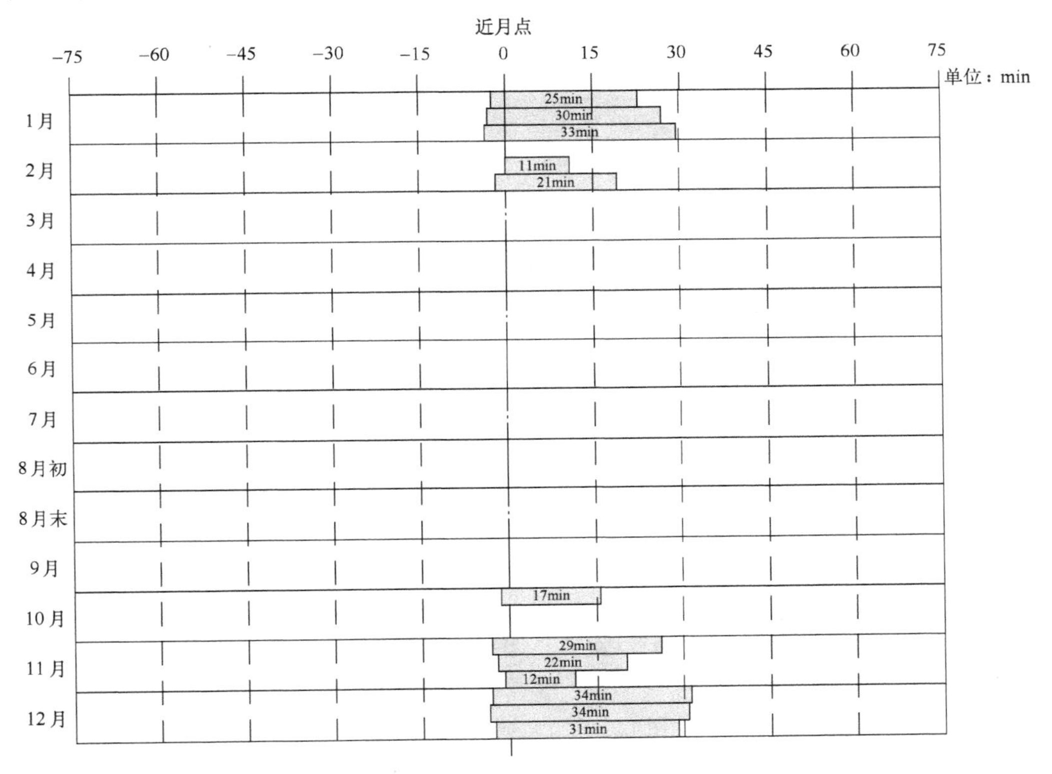

图 14　近月制动前后阴影

不同窗口下，中继星近月制动前后的阴影时间如图 15 所示。

对某一窗口使命轨道运行 8 年的阴影时间进行计算，如图 15 所示。月球阴影每 9 个月出现两个约 1.5 个月时间段每圈有阴影，最长阴影 62min。使命轨道运行期间会多次出现月食，最长阴影约 400min。

4　结束语

月球南极探测任务轨道设计还需要结合运载发射条件以及环月中继轨道的光照和测控情况等对轨道进行进一步优化和调整。本文主要对不同中继轨道进行了对比分析，选择了周期 12h 的环月大椭圆倾斜冻结轨道作为中继轨道，对整个轨道飞行过程进行了设计，设计结果表明，中继星可在轨道上运行 10 年不进行轨道维持，每圈轨道有 2/3 的时间可以与月球南极通信。

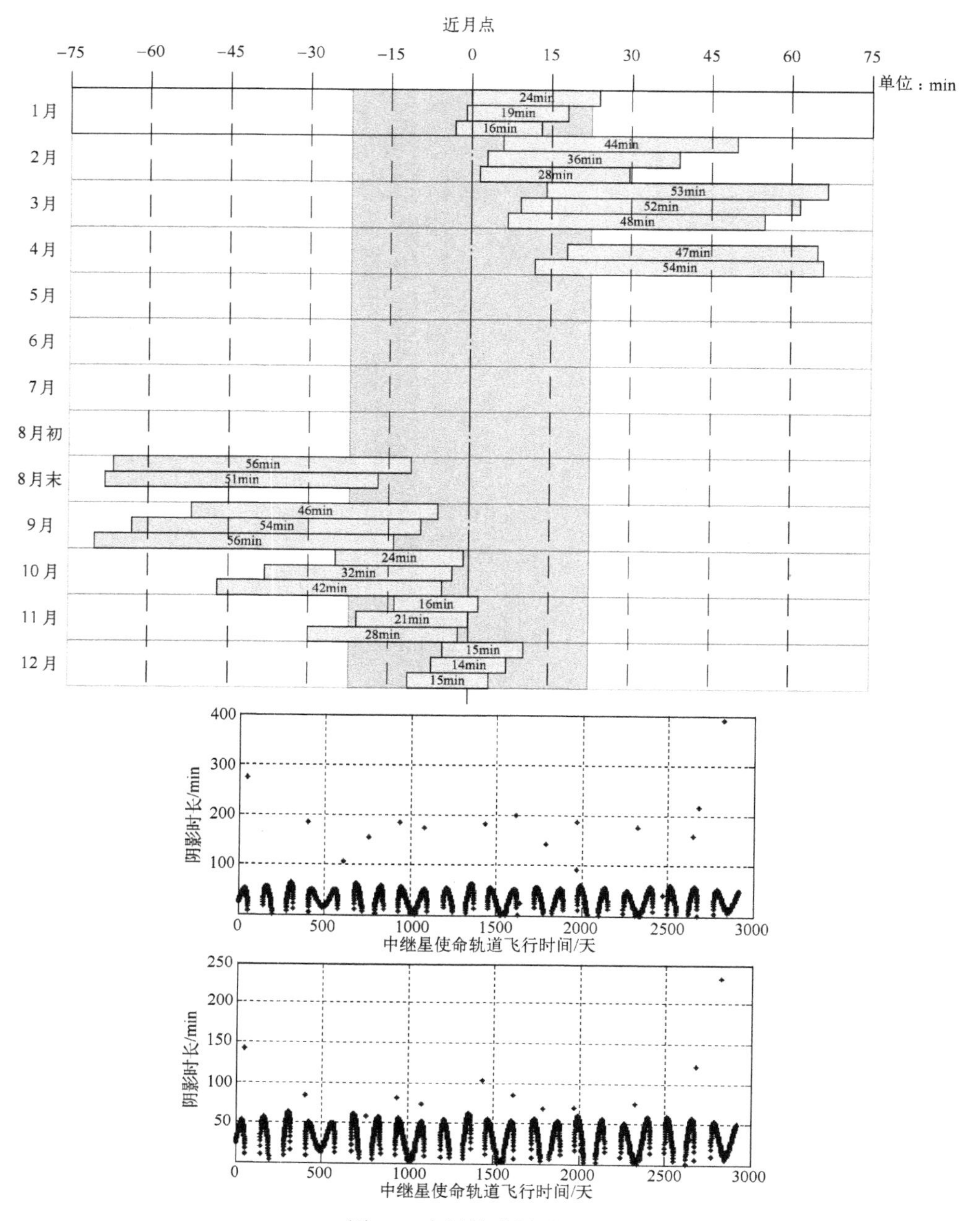

图 15　中继轨道阴影时长

参考文献

[1] Schmid P E. Lunar Far－Side Communication Satellites [R]. NASA-TN-D-4509 68N25358, 1968.

[2] 高珊，周文艳，张磊，等．嫦娥四号中继星任务轨道设计与实践［J］．中国科学：技术科学，2019，49（2）：156-165.

[3] 于登云，周文艳，高珊．地月系平动点轨道动力学建模与控制策略研究．航天器工程，2019，28（2）：9-18.

[4] Kathryn Hamera，Todd Mosher，Mark Gefreh. An Evolvable Lunar Communication and Navigation Constellation Concept [C]. Aerospace Conference，2008 IEEE.

[5] Christopher W Brunner. Conceptual Design of a Communications Relay Satellite for a Lunar Sample Return Mission [C]. 55th International Astronautical Congress，2005.

[6] Diane Davis，Sagar Bhatt，Kathleen Howell. ORBIT MAINTENANCE AND NAVIGATION OF HUMANSPACECRAFT AT CISLUNAR NEAR RECTILINEAR HALO ORBITS [C]. JSC-CN-38626，2017.

[7] 杨维廉．月球卫星的冻结轨道［J］．宇航学报，2008，29（2）：426-429.

[8] Todd A Ely. Coverage and Control of Constellations of Elliptical Inclined Frozen Lunar Orbits. AAS/AIAA Astrodynamics Specialist Conference [C]. Lake Tahoe，California，USA.，2005.

火星采样返回任务轨道方案初步设计

汪中生，周文艳，田百义，张　磊，彭　兢
（北京空间飞行器总体设计部，北京，100094）

摘要： 火星采样返回是近年国际上深空探测规划的重点任务。本文考虑开展火星探测任务的实际工程约束，以2028年发射机会为例，对火星采样返回任务全飞行过程各阶段的轨道方案进行了研究，在不同方案比较分析的基础上，推荐未来开展火星采样返回任务的可能轨道方案。论文对任务轨道进行了初步分析和设计，给出了主要阶段的分析结果，讨论的重点包括发射转移、近火制动、火星轨道交会对接和火地转移等飞行阶段轨道方案的初步设计。分析表明：火星采样返回任务每两年有一次发射机会，其中2028年发射窗口集中在11月；考虑到重型火箭研发风险，可以采用现役火箭分别发射着陆上升组合体和轨返组合体的两次发射方案。

关键词： 火星采样返回；轨道方案；发射机会；近火制动；火星轨道交会；火地转移

1　引言

进入21世纪以来，以美国为代表的主要航天大国积极开展火星探测任务的预先研究和工程实施，取得了“机遇号”“勇气号”“好奇号”等火星着陆漫游任务的巨大成功，激发了公众对火星探测的热情和支持。火星采样返回（Mars Sample Return，MSR）任务通过获取火星表面土壤和岩石样品返回地球，有助于对火星地理地质进行详细研究，为未来载人火星飞行奠定坚实技术基础。火星采样返回作为火星探测任务中最复杂和难度最大的任务，尚未成功实施，是近年国际上深空探测规划的重点。

目前，国际上以美国和欧洲为代表的多个研究机构提出了多种类型的MSR方案，主要包括一次发射方案、两次发射方案和三次发射方案[1-7]。一次发射方案一般需要采用重型运载火箭，可分为有交会操作和无交会操作。有交会操作的一次发射方案中，探测器包括轨道器和返回器的组合体（轨返组合体）、上升器和着陆器的组合体（着上组合体）；二组合体在发射后择机分离，上升器和着陆器组合体在火星表面着陆，采集样品后，上升器起飞进入火星轨道，与轨返组合体交会并转移样品，然后轨返组合体火地转移返回地球，返回器再入大气。美国宇航局艾姆斯研究中心的一次发射方案是无交会操作的典型例子，其探测器仅包括着陆器和上升器，不进行火星轨道交会；上升器为返回器和推进级的组合，完成采样后上升至火星轨道，直接返回地球[2-3]。

二次发射方案和采用火星轨道交会的方案类似，不过需要采用不同火箭分别发射轨返组合体和着上组合体，这样可以在没有重型运载火箭可用的条件下实施MSR任务。NASA和CNES联合研发的2003—2005火星采样返回任务是二次发射方案的典型例子[4-5]。在第一阶段，由NASA于2003年5月采用火箭Delta III或Atlas III发射着上组合体，当年12月在火星着陆；之后火星车采集样品，90天后上升器发射进入近圆火星轨道。在第二阶段，由欧洲航天局ESA采用火箭Ariane 5于2005年8月发射一个轨返组合体和另一着上组合体，两者地火转移途中分开，2006年7月相隔数天到达火星；着上组合体执行和2003年类似的任务，而轨返组合体采用气动捕获技术进入环火椭圆轨道，然后利用无线电定位接收机定位已发射入轨的样品容器，在地面导引下完成远程导引，之后采用激光雷达完成自主近程导引并捕获样品容器。在第三阶段，轨返组合体变轨进入地火转移轨道，于2008年10月返回地球。

三次发射方案中，探测器系统分成三次分别发射。以美国JPL的三次发射方案为例，第一次于2018年发射带样品收集车的着陆器，登陆火星进行现场分析和样品采集；第二次于2022年发射轨返组合体；第三次于2024年发射着上组合体，并携带一辆取物车，用于从前期着陆的样品收集车取回样品，上升器起飞进入火星轨道，与轨返组合体在500km高度火星轨道交会并转移样品，然后轨返组合体返回地球[6-7]。

考虑到三次发射方案的任务周期较长，系统过于复杂，本文研究重点考察一次发射和两次发射方案。参考国际上开展MSR系统方案研究的经验，考虑我国开展火星采样返回任务可能面临的实际工程约束，以2028年发射机会为例，对火星采样返回任务全飞行过程的任务轨道方案进行了研究，在各飞行阶段不同轨道方案比较分析的基础上，推荐未来开展火星采样返回任务的可能轨道方案，讨论的重点包括发射转移、近火制动、火星轨道交会对接和火地转移等飞行阶段轨道方案的初步设计。

2 任务分析

按照飞行阶段划分，火星采样返回任务轨道主要包括地火转移、近火制动轨道、环火交会轨道和火地转移轨道等阶段（图1）。以下针对各阶段飞行轨道分别进行初步方案选择与分析。

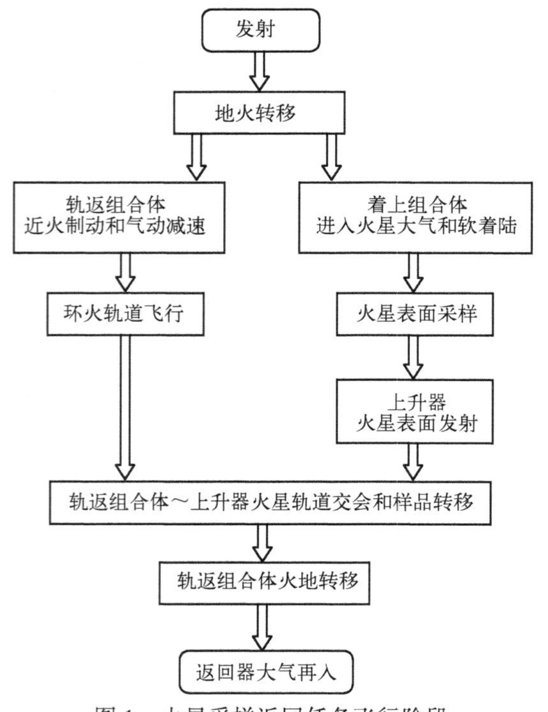

图1　火星采样返回任务飞行阶段

2.1 设计输入条件

本文研究中采用的主要设计输入条件包括：①任务时间范围为2028年前后；②参考目前市场上公开的运载火箭手册，假定发射 $C3$ 为 $10km^2/s^2$ 时，现役火箭运载能力为2~3t或5~6t，重型火箭预期运载能力为12~16t，另外 $C3$ 每增加 $1km^2/s^2$，不同火箭运载能力下降50~300kg；③参考国际上火星采样返回任务设计结果，假定轨返组合体质量为4~6t，着上组合体质量为2~3t；④火星表面工作时间为半年左右。

这里发射 $C3$ 是指探测器在地球逃逸双曲线轨道上无穷远处速度大小的平方。

2.2 地火转移轨道

根据所采用的动力系统特性，火星采样返回任务的转移轨道可以分为化学推进和电推进两大类型。化学推进转移轨道方案采用的发动机的推力较大，作用时间较短，可以看作是探测器瞬时增加速度增量（大推力冲量变轨）。化学推进转移轨道方案分为霍曼转移和行星借力两类。

1）霍曼转移轨道

霍曼转移是一种能量最优直接转移轨道，也可有效节约飞行时间。当今世界主要的现役火箭都能提供足够的运载能力，所以这种轨道方案是绝大多数实际火星探测任务中采用的飞行任务。

由于霍曼轨道存在于理想情况下的同心共面圆轨道之间的转移，而地球和火星的实际公转轨道是小偏心率近圆轨道，两者轨道面存在一小夹角，所以地火转移轨道设计通常是采用数值方法，在霍曼转移轨道设计给出的近似初值基础上搜索能量最优直接转移轨道，即绘制发射 $C3$ 或到达 $C3$ 关于发射日期和到达日期的等高线图[8-9]。到达 $C3$ 是指探测器在到达火星双曲线轨道上无穷远处速度大小的平方。

一般只考虑飞行约半圈轨道的霍曼转移轨道以节约飞行时间。参考图2，为实现霍曼转移轨道，地球和火星的初始相位须满足一定要求。这个初始相位 ϕ_0 可由以下计算得到[10]：

$$t_{12}=\frac{\pi}{\sqrt{\mu_{sun}}}\left(\frac{R_1+R_2}{2}\right)^{3/2} \tag{1}$$

$$\phi_0=\pi-n_2t_{12} \tag{2}$$

式中：t_{12} 为霍曼转移飞行时间；μ_{sun} 为太阳引力常数；R_1 和 R_2 分别为地球和火星公转轨道平均半

径；n_2 为火星的轨道角速度。代入有关参数值，可得 $t_{12}=258.8$ 天，$\phi_0=44.6°$，即探测器从地球出发时地球和火星的相角差应约为 44.6°，转移轨道飞行时间约为 9 个月。

一定条件下（例如为了调整发射和到达日期），也可考虑多圈（如 1.5 圈）的霍曼转移轨道，这种情况下的飞行时间较长。参考图 3，采用类似二体公式计算，可知探测器从地球出发时地球和火星的相角差约为 227.0°，转移轨道飞行时间约为 26 个月。

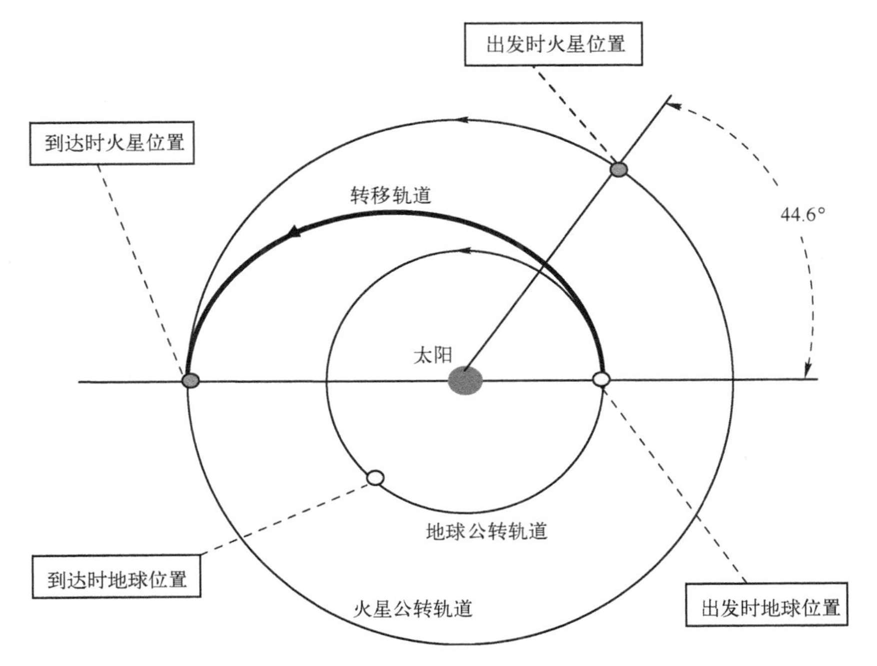

图 2　地火转移霍曼转移轨道

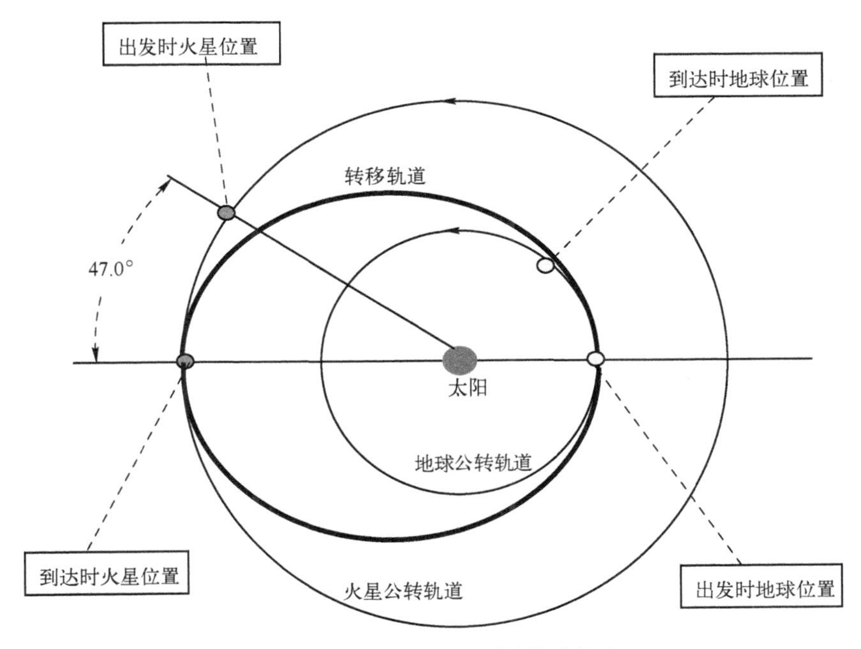

图 3　地火转移 1.5 圈霍曼转移轨道

2）借力飞行轨道

行星际探测轨道可采用在飞往目标行星途中利用其他行星的借力来降低对运载能力的要求和总的速度增量需求，而火星探测任务可以考虑金星借力方案[11]。探测器从地球出发，飞行约 5 个月到达金星，利用金星的引力甩摆效应增加轨道能量和改变飞行方向，之后探测器继续在日心轨道上飞行，9 个月后到达火星；采用圆形行星公转轨道的简化二体模型进行估算，金星借力方案对应的近火制动速度增量约为3.3km/s，而地球到火星霍曼转移的近火制动速度增量约为2.1m/s。所以，虽然金星借力方案能降低对运载能力的要求，但由于现役火箭能提供火星直接转移所需的运载能力，借力方案会增加探测器的速度增量需求、增加任务时间和任务的复杂程度，所以在实际飞行任务中尚无采用金星借力的例子。

3）电推转移轨道

由于小推力发动机具有高比冲的特性，应用于航天器的轨道转移可以大量节省燃料消耗。采用高比冲的电推系统实现地火转移，因其产生的推力非常小，完成加速过程需要很长的时间。特别是应用于地球逃逸或火星轨道捕获时，由于推力较小，并不能像脉冲捕获一样在1圈内，而是通常需要几十圈以上才能实现。小推力转移相对于脉冲推力转移方案，任务设计更加灵活，是火星采样返回和火星载人任务的主要发展方向[12]。不过，考虑到国内电推进在深空探测中的应用尚不成熟，本论文中暂仅限于考虑采用化学推进的方案。

综合上述讨论，火星采样返回任务的转移轨道拟采用直接转移霍曼轨道方案。根据运载等其他设计约束的详细分析结果，发射转移轨道可以考虑灵活采用半圈和1.5圈转移轨道方案。

2.3 发射机会分析

按照霍曼转移搜索地火转移发射机会可采用如下算法[9]。首先，在所选时间范围内任意给定一组发射日期和到达日期，根据地球和火星星历可得两者的日心惯性系位置和速度，然后采用朗伯特（Lambert）算法计算探测器在转移轨道起点和终点的速度矢量；所得速度矢量分别和地球、火星的公转速度作差，得探测器在地球逃逸双曲线轨道上地球影响球边界处的速度矢量 $\boldsymbol{v}_{\infty 1}$ 和到达火星双曲线轨道上火星影响球边界处的速度 $\boldsymbol{v}_{\infty 2}$。

其次，计算速度矢量 $\boldsymbol{v}_{\infty 1}$ 大小的平方（发射 $C3$，记为 $C3_d$）。设发射入轨后逃逸双曲线轨道的近地点半径为 r_{pe}，则探测器近地点处的速度大小应为

$$V=\sqrt{\frac{2\mu_e}{r_{pe}}+C3_d} \tag{3}$$

即运载火箭应能保证探测器发射进入逃逸双曲线后在近地点达到这一速度，所以 $C3_d$ 可用来衡量对运载能力的要求；计算速度矢量 $\boldsymbol{v}_{\infty 2}$ 大小的平方（到达 $C3$，记为 $C3_a$），设火星引力常数为 μ_m，到达火星双曲线轨道近火点的火心距为 r_{pm}，捕获后轨道半长轴为 a，则在近火点探测器进入捕获轨道所需速度脉冲大小是

$$\Delta v=\sqrt{C3_a+\frac{2\mu_m}{r_{pm}}}-\sqrt{\frac{2\mu_m}{r_{pm}}-\frac{\mu_m}{a}} \tag{4}$$

可以看出，到达火星双曲线轨道的 $C3$ 可用来衡量对探测器机动能力的要求。

对于所选时间范围内不同发射日期和到达日期的组合计算地球出发 $C3$ 和到达火星 $C3$，并绘制等高线图后，可根据运载能力和探测器机动能力来选择合适的发射日期和到达日期。考虑2028年11月发射机会，地火转移的 $C3$ 能量图如图4、图5所示。从 $C3$ 能量等高线图来看，若要求到达火星 $C3$ 最小，地火转移的出发日期为2028年11月前后，到达火星日期为2029年10月前后。另外，从图中可以看出，一般在霍曼转移二体模型轨道解附近有两组飞行时间差别显著的轨道解，即所谓长转移和短转移，这是因为地球和火星的真实公转轨道都不是严格意义圆轨道的缘故。

按照霍曼转移搜索其他年份的地火转移发射机会，结果总结如表1所列。可以看出，火星探测约两年有一次发射机会。

表1　发射机会分析

地球发射日期	到达火星日期
2026年11月	2027年8月
2028年11月	2029年10月
2031年1月	2031年10月

2.4 近火制动轨道

到达火星附近，轨返组合体采用近火制动实现火星捕获。由于火星制动速度增量较大（2200~2300m/s），采用一次近火制动的化学推进剂消耗过大，轨道器剩余燃料将无法完成火地转移，所以应采用化学推进近火制动加气动减速方案，即首先制动进入环火大椭圆轨道（例如周期为3天），然后通过火星大气在近火点对轨道器进行减速（aerobraking），使轨道器远火点高度逐步降低至环火任务轨道高度（如500km），最后在远火点完成抬高近火点操作，使轨道器进入环火圆轨道[13]。另外，也可考虑采用气动捕获（aerocapture）技术实现火星轨道捕获[4]，但这种方案轨道器首次进入火星大气后的最低高度太低（约40km），风险较大，本文研究中暂不考虑。

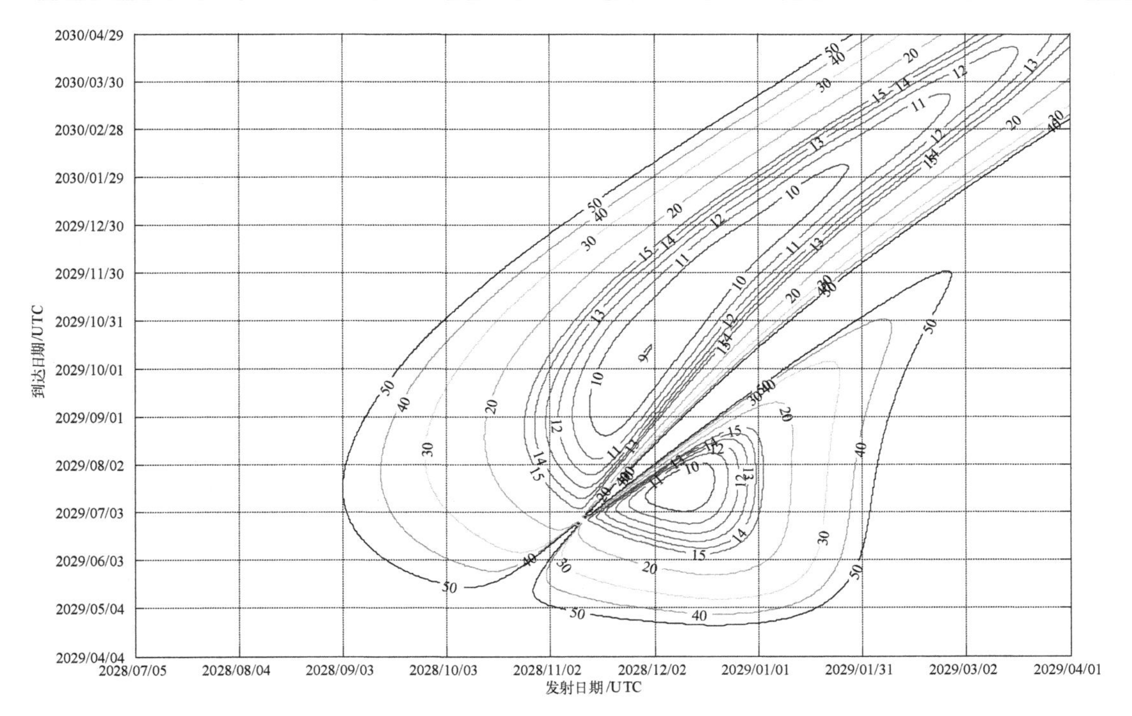

图 4　2028 年发射机会地火转移出发 $C3$ 分析

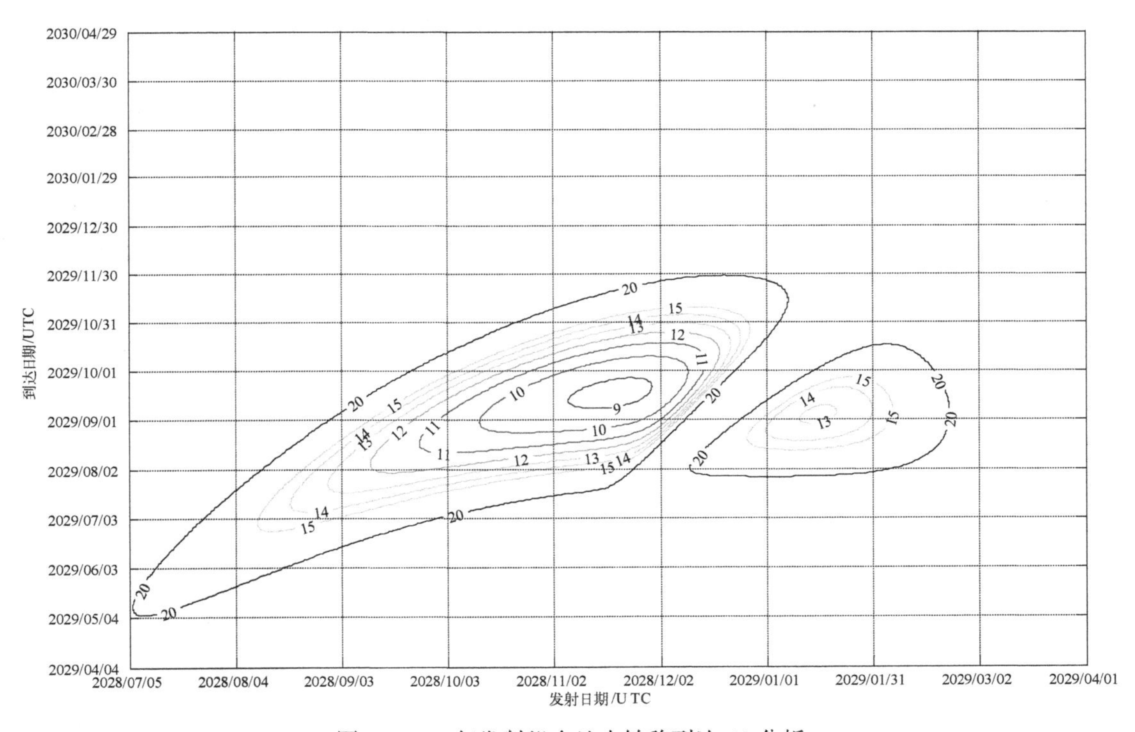

图 5　2028 年发射机会地火转移到达 $C3$ 分析

如果着陆上升组合体首先进行近火制动实现火星捕获，再从环火轨道下降进入火星大气实现软着陆，将消耗大量推进剂。所以，到达火星附近时，着陆上升组合体采用直接进入火星大气并实现软着陆的方案。

2.5　环火交会轨道

火星轨道交会对接轨道方案的设计可参考国外火星轨道交会对接方案，也可借鉴近地轨道和月球轨道交会轨道设计，并考虑火星采样返回任务的特殊性。

1）远程导引变轨策略初始设计方法[14-16]

远程导引变轨机动包括轨道面的调整和轨道面内参数的调整。参考 VOP 方程的速度脉冲近似形式：

$$\Delta i=\frac{r\cos u}{na^2\sqrt{1-e^2}}\Delta v_n \tag{5}$$

$$\Delta\Omega=\frac{r\sin u}{na^2\sqrt{1-e^2}\sin i}\Delta v_n \tag{6}$$

可以采用一个轨道面法向速度脉冲 Δv_n 来同时修正轨道倾角 i 和升交点赤经 Ω，其中变轨纬度幅角 u 可如下计算：

$$u=\arctan\left(\frac{\Delta\Omega}{\Delta i}\sin i\right) \tag{7}$$

轨道面内参数的调整可考虑应用 Baranov 的近圆偏差轨道交会设计理论，其典型应用是通过调节 4 个横向速度脉冲的大小来瞄准远程导引终点的目标轨道参数，并考虑测控约束，通过优化变轨位置来实现速度增量最小，变轨位置初值可设置在特殊点（近心点或远心点附近）。计算变轨速度脉冲的方程如下：

$$3\alpha_1\Delta v_{t1}+3\alpha_2\Delta v_{t2}+3\alpha_3\Delta v_{t3}+3\alpha_4\Delta v_{t4}=\Delta t \tag{8}$$

$$2\Delta v_{t1}+2\Delta v_{t2}+2\Delta v_{t3}+2\Delta v_{t4}=\Delta a \tag{9}$$

$$2\cos\alpha_1\Delta v_{t1}+2\cos\alpha_2\Delta v_{t2}+2\cos\alpha_3\Delta v_{t3}+2\cos\alpha_4\Delta v_{t4}=\Delta q \tag{10}$$

$$2\sin\alpha_1\Delta v_{t1}+2\sin\alpha_2\Delta v_{t2}+2\sin\alpha_3\Delta v_{t3}+2\sin\alpha_4\Delta v_{t4}=\Delta g \tag{11}$$

其中第一个方程为调相方程，$\alpha_i(i=1,2,3,4)$ 是各变轨脉冲到远程导引终点的相角，Δt 描述了追踪器从入轨到飞至瞄准点的总相角，Δa 对应半长轴偏差，Δq 和 Δg 对应偏心率矢量偏差量。

2）上升器实施远程导引

类似近地轨道和月球轨道交会对接的轨道交会方案[17-19]，这种方案中着陆上升组合体完成采样任务后，上升器在火星表面起飞，执行火星轨道交会操作，经数次变轨后进入和轨返组合体共面的环火圆轨道，实施对接和样品转移。

在上升器从火星表面起飞，还要实施轨道器调相，其目的是使得轨返组合体在预定时间到达理想的轨道纬度幅角位置，以便保证后续近程导引的测控条件，同时对轨道高度和形状进行调整。

3）轨道器实施远程导引

该方案主要通过轨道器主动调相实现与上升器交会。在这种方案中，着陆上升组合体完成采样任务后，上升器在火星表面起飞，经动力上升入轨后进入环火圆轨道。之后，由轨道器根据上升器信标，利用无线电定向接收机定位前期从火星表面发射入轨的上升器。确定轨道后，轨道器在地面导引下或自主执行一系列机动，调整轨道面和圆化轨道，到达距离上升器约 2km 的相对位置，完成远程导引[4]。

分析发现，如果采用上升器实施远程导引的方案，需要在上升器上安装测控设备。根据探测器质量预算分析结果，上升器质量预算十分紧张，难以配备测控数传天线。所以，选择采用通过轨道器实施远程导引来实现与上升器交会的轨道方案。

2.6 火地转移轨道

参考图 6，完成火星轨道交会、捕获和样品转移后，轨返组合体需要在环火圆轨道上等待火地转移窗口；待返回窗口打开后，实施火地转移入射机动，进入火地转移轨道。

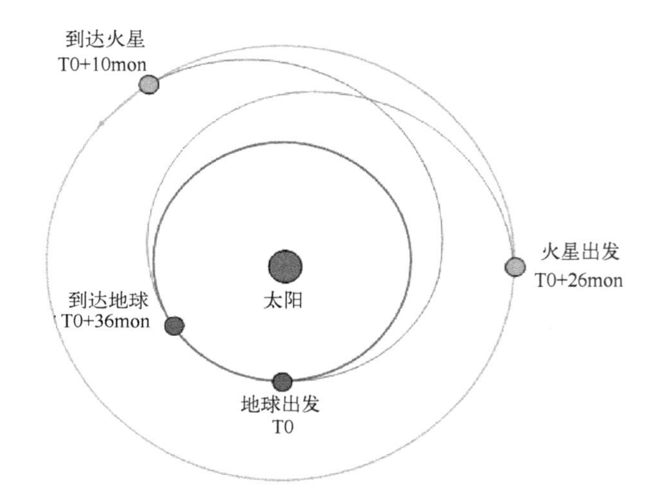

图 6　火星采样返回任务转移轨道示意图

火地转移采用直接转移轨道。火地转移途中包括数次中途修正，对火地转移入射控制误差进行修正，并共同瞄准地球大气再入条件。再入前轨道器和返回器分离，返回器在 120km 高度再入大气层。

根据霍曼转移搜索计算的火地转移返回窗口，结果如表 2 所列。从表中数据可知，从火星返回地球，约两年有一次返回机会，火星出发窗口和地球出发窗口相差约两年时间。

表 2　返回窗口分析

火星出发日期	返回地球日期
2026 年 9 月	2027 年 5 月
2028 年 10 月	2029 年 6 月
2031 年 1 月	2031 年 8 月
2033 年 1 月	2033 年 9 月

考虑 2028 年发射机会，2030 年 11 月前后从火星出发，于 2031 年 9 月前后到达地球，火地转移的 C3 能量图如图 7 所示。从 C3 能量等高线图来看，若要求火星出发 C3 最小，火地转移的出发日期为 2030 年 11 月前后，返回地球的日期为 2031 年 9 月前后。根据火地转移入射速度增量需求分析结果，火地转移窗口为 [2030-10-30，2030-11-19]。火地转移的达到 C3 主要影响再入速度，设计中没有进行约束，需要根据再入速度大小进行返回器的设计。

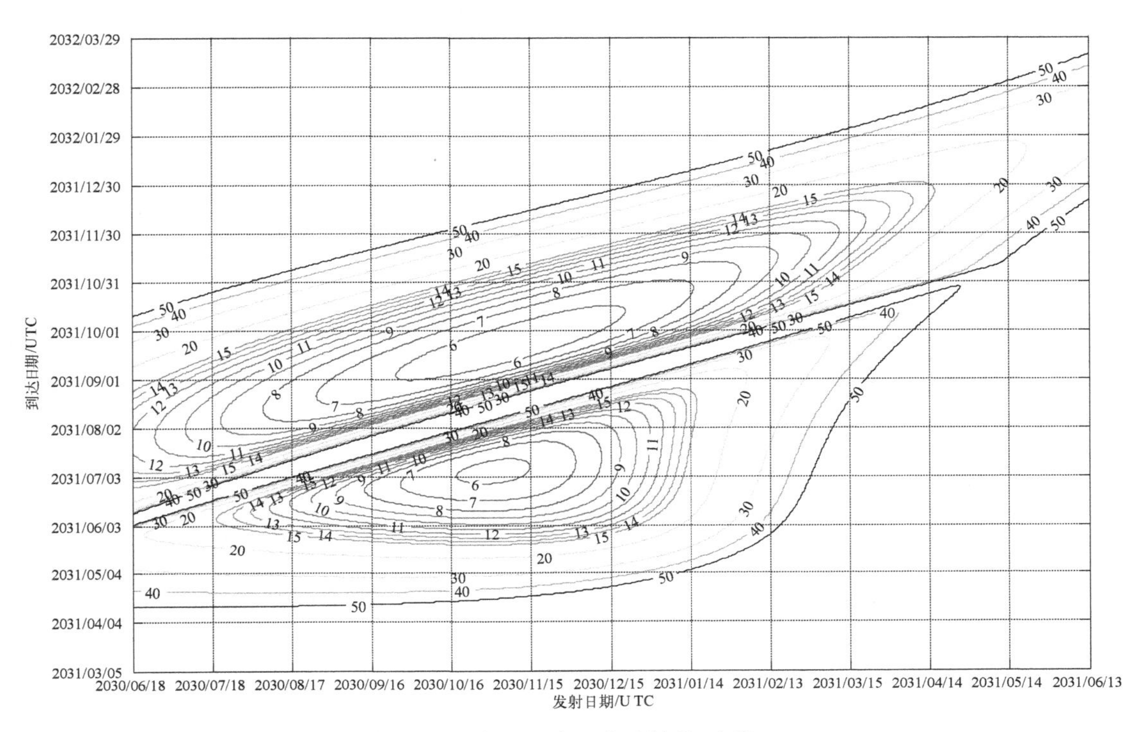

图 7　2031 年返回窗口火地转移-出发 C3

3　飞行轨道初步方案

按照飞行阶段划分，火星采样返回任务轨道主要包括地火转移、近火制动轨道、环火交会轨道和火地转移轨道等阶段。以下针对各飞行阶段分别讨论飞行轨道初步方案分析设计结果。

3.1　发射转移轨道

由于火星采样返回任务的发射转移轨道方案涉及多种运载火箭和不同发射场的选择，可选方案较多，情况比较复杂，所以这里单独列为一章进行分析。以下主要考虑 2028 年发射机会，针对几种可能的发射转移轨道方案进行初步分析。

3.1.1　一次发射

2028 年 11 月前后采用（目前研发中的）重型运载火箭一箭双星发射探测器轨返组合体和着上组合体，二组合体于 2029 年 9 月前后到达火星。地火转移途中二组合体实现分离，并分别实施深空机动，使得轨返组合体比着上组合体早一个月到达，以便为着上组合体提供中继支持。在运载火箭发射 C3 受限的条件下，通过优化深空机动，可以扩大发射窗口宽度，并使得近火制动完成后的探测器剩余质量最大。

轨返组合体到达火星后，实施近火制动和气动减速，进入环火圆轨道。之后轨返组合体为火星表面着陆上升组合体提供中继服务，并为火星轨道交会对接和样品转移进行准备。根据前面任务分析结果，考虑 2028 年 10—12 月期间，计算轨返组合体每天发射对应的 C3、轨返组合体地火转移深空机动速度增量，以及近火制动速度增量，并估算轨返组合体剩余质量。根据轨返组合体剩余质量优选的发射日期为：［2028-11-09，2028-11-25］。部分详细计算结果如表3所列，其中近火制动速度增量指进入周期为3天的大椭圆环火轨道所需速度增量。

表3　一次发射轨返组合体速度增量需求

发射日期/UTC	发射 $C3$ /(km^2/s^2)	深空机动/(m/s)	飞行时间/day	到达火星日期/UTC	到达 $C3$ /(km^2/s^2)	近火制动速度增量/(m/s)
2028-11-09	11.09	72	294	2029-08-30	9.61	1012.6
2028-11-10	10.86	71	293	2029-08-30	9.59	1010.8
2028-11-11	10.63	71	293	2029-08-30	9.57	1009.1
2028-11-12	10.42	71	292	2029-08-31	9.54	1006.5
2028-11-13	10.22	73	291	2029-08-31	9.53	1005.6
2028-11-14	10.03	75	291	2029-08-31	9.51	1003.9
2028-11-15	9.86	79	290	2029-09-01	9.49	1002.1
2028-11-16	9.70	84	289	2029-09-01	9.48	1001.3
2028-11-17	9.56	90	289	2029-09-01	9.47	1000.4
2028-11-18	9.44	97	288	2029-09-02	9.46	999.5
2028-11-19	9.34	107	287	2029-09-02	9.46	999.5
2028-11-20	9.26	118	287	2029-09-02	9.46	999.5
2028-11-21	9.19	131	286	2029-09-02	9.46	999.5
2028-11-22	9.15	145	285	2029-09-03	9.47	1000.4
2028-11-23	9.12	162	285	2029-09-03	9.48	1001.3
2028-11-24	9.11	181	284	2029-09-03	9.49	1002.1
2028-11-25	9.12	203	283	2029-09-04	9.51	1003.9

着上组合体一个月后到达火星，直接进入火星大气实施气动减速，实现在火星表面软着陆。考虑2028年10—12月期间，计算着上组合体每天发射对应的 $C3$、着上组合体地火转移深空机动速度增量，并估算着上组合体剩余质量。根据着上组合体剩余质量优选的发射日期为［2028-11-12，2028-11-28］。

综合考虑轨返组合体和着上组合体分别根据剩余质量优选发射日期的结果，重型运载火箭一次发射的发射窗口为：［2028-11-12，2028-11-25］。优选发射日期对应的速度增量计算结果总结如表4所列。

表4　一次发射速度增量需求

	发射 $C3$/(km^2/s^2)	轨返组合体深空机动 DV/(m/s)	轨返组合体近火制动 DV/(m/s)	着上组合体深空机动 DV/(m/s)	着上组合体惯性进入速度/(m/s)
最小值	9.11	71	1000	167	5809
最大值	10.42	203	1006	209	5818
设计值	9~11	400	1056	400	5900
备注		含中途修正约200m/s	含5%重力损耗	含中途修正约200m/s	

3.1.2　两次发射

两次发射指由于运载能力有限，使用不同现役火箭分别发射轨返组合体和着上组合体，分为同窗口发射和不同窗口发射。这里的发射窗口指一段连续的可发射日期。

1）同窗口发射

同窗口发射指在同一地火转移发射窗口内使用不同火箭分别发射轨返组合体和着上组合体，两次发射可以采用同一种现役火箭，或者采用两种不同的现役火箭。参考图8，2028年11月前后采用发射轨返组合体，同一窗口内（可间隔数日）发射着上组合体，二组合体于 2029 年 9 月前后到达火星。地火转移途中二组合体分别实施深空机动，使得轨返组合体比着上组合体早一个月到达，以便为着上组合体提供中继支持。由于发射塔架的限制，这两次发射在不同发射场实施。

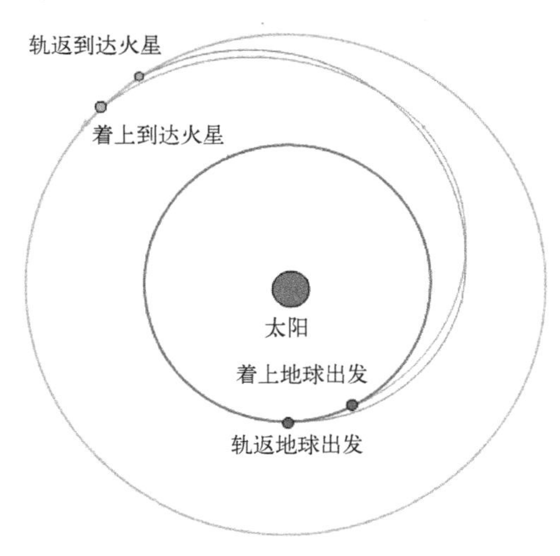

图 8　同窗口两次发射

轨返组合体到达火星后，实施近火制动和气动减速，进入高度环火圆轨道。之后轨返组合体为火星表面着陆上升组合体提供中继服务，并为火星轨道交会对接和样品转移进行准备。考虑 2028 年 10—12 月期间，计算轨返组合体每天发射对应的 $C3$、轨返组合体地火转移深空机动速度增量，以及近火制动速度增量的分析结果，并估算轨返组合体的剩余质量。根据轨返组合体剩余质量优选的发射日期为［2028-11-08，2028-11-21］。

着上组合体一个月后到达火星，直接进入火星大气实施气动减速，实现在火星表面软着陆。考虑 2028 年 10—12 月期间，计算每天发射着上组合体对应的 $C3$、着上组合体地火转移深空机动速度增量，并估算着上组合体剩余质量。根据着上组合体剩余质量优选的发射日期为：根据着上组合体剩余质量优选的发射日期为［2028-11-08，2028-12-02］。

综合考虑轨返组合体和着上组合体分别根据剩余质量优选发射日期的结果，采用现役火箭两次发射的同窗口发射窗口为［2028-11-08，2028-11-21］。优选发射日期对应的速度增量计算结果总结如表 5 所列。

表 5　同窗口两次发射速度增量需求

	发射 $C3$ /(km^2/s^2)	轨返组合体深空机动 DV/(m/s)	轨返组合体近火制动 DV/(m/s)	着上组合体深空机动 DV/(m/s)	着上组合体惯性进入速度/(m/s)
最小值	9.19	71	1000	167	5809
最大值	11.34	131	1015	184	5825
设计值	9.0~11.5	330	1066	390	5900
备注		含中途修正约 200m/s	含 5%重力损耗	含中途修正约 200m/s	

2）不同窗口发射

采用常规的霍曼转移方案，考虑在 2028 年发射机会（11 月前后）发射轨返组合体，于 2029 年 9 月前后到达火星。轨返组合体到达火星后，实施近火制动和气动减速，进入环火圆轨道。之后轨返组合体为火星表面着陆上升组合体提供中继服务，并为火星轨道交会对接和样品转移进行准备。

另一方面，采用 1.5 圈霍曼转移方案，可提前数月在不同于轨返组合体的窗口发射着上组合体。图 9 给出了 1.5 圈转移方案 2028 发射机会对应的发射 $C3$ 等高线图分析结果。这里的结果分为短转移（图（a），转移时间 721~722 天）和长转移（图（b），转移时间 923~956 天）两部分，对应同一 2028 年发射机会的两个分支。可以看出，由于长转移发射日期过于靠近常规 0.5 圈霍曼转移的发射日期，同一发射场来不及准备连续两次发射，这种条件下推荐采用短转移方案。采用短转移方案，2028 年 1 月前后发射着上组合体，于 2029 年 12 月以后到达火星，着上组合体到达火星时直接进入火星大气实施气动减速，实现在火星表面软着陆。

考虑 2028 年 10—12 月期间，计算每天发射轨返组合体对应的 $C3$、轨返组合体地火转移深空机动速度增量，以及近火制动速度增量的分析结果，并估算轨返组合体剩余质量。根据轨返组合体剩余质量优选的发射日期为［2028-11-07，2028-11-20］。

考虑 2028 年 1—3 月期间，计算每天发射着上组合体对应的 $C3$、着上组合体到达火星日期，并估算着上组合体入轨质量。根据着上组合体入轨质量优选的发射日期为［2028-02-22，2028-03-06］。

优选发射日期对应的速度增量计算结果总结如表6所列。

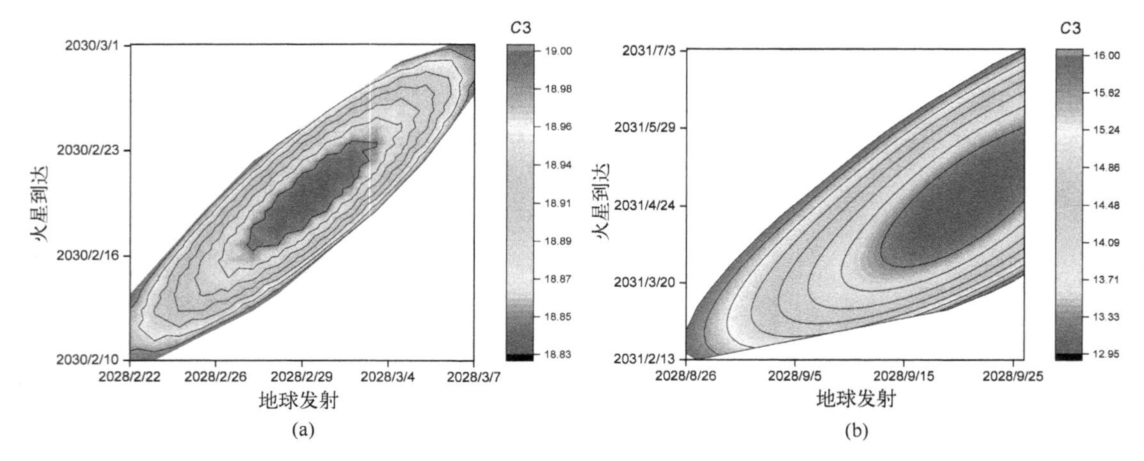

(a) (b)

图9　短转移和长转移发射 $C3$ 等高线图

（a）短转移；（b）长转移。

表6　不同窗口两次发射速度增量需求

	轨返组合体发射 $C3/(\mathrm{km^2/s^2})$	轨返组合体深空机动 DV/(m/s)	轨返组合体近火制动 DV/(m/s)	着上组合体发射 $C3/(\mathrm{km^2/s^2})$	着上组合体深空机动 DV/(m/s)	着上组合体惯性进入速度/(m/s)
最小值	8.88	0	937	18.83	0	6194.56
最大值	11.60	85	958	18.98	0	6234.89
设计值	8.5~12.0	290	1006	18.5~19.3	200	6300
备注		含中途修正约200m/s	含5%重力损耗		中途修正约200m/s	

另外，还可以考虑在不同年份的窗口发射。例如，采用常规的霍曼转移方案，在2026年窗口发射轨返组合体，而在2028年窗口发射着上组合体。这种方案任务周期较长，本文暂不考虑。

3.1.3　地火转移中途修正

在地火转移过程中，除了安排一次深空机动外，为了消除入轨偏差、定轨和控制误差的影响，需要安排数次中途修正，控制目标为理想的近火点或进入点状态。具体来说，可参考我国首次火星着陆探测任务的地火转移中途修正设计，即中途修正共安排4次，第一次修正入轨误差，第二次用于瞄准深空机动轨道参数，第三次修正深空机动执行偏差，第四次为近火制动前修正。各次中途修正的具体实施时间应综合考虑测控条件和误差分析结果确定。

3.2　近火制动和进入点

轨返组合体到达火星后，实施近火制动和气动减速，进入环火圆轨道。之后轨返组合体为火星表面着陆上升组合体提供中继服务，并为火星轨道交会对接和样品转移进行准备。着上组合体到达火星时直接进入火星大气实施气动减速，实现在火星表面软着陆。

3.2.1　基本环火轨道参数

1）轨道倾角

参见表7，发射窗口内达到火星时的 v_∞ 相对赤道的高度角（到达轨道渐进线方向的相对火星赤道的高度角）为［-22.8°，-29.1°］。由于渐进线始终位于轨道面内，轨道倾角不可能低于渐进线的高度角，所以轨道倾角应大于29.1°。

表7　达到火星时 v_∞ 相对赤道的高度角

发射窗口/UTC	v_∞ 高度角/(°)
2028-11-08	-22.8
2028-11-09	-23.2
2028-11-10	-23.5
2028-11-11	-23.9
2028-11-12	-24.3
2028-11-13	-24.7
2028-11-14	-25.1
2028-11-15	-25.6
2028-11-16	-26.1

（续）

发射窗口/UTC	v_∞ 高度角/(°)
2028-11-17	-26.6
2028-11-18	-27.2
2028-11-19	-27.8
2028-11-20	-28.4
2028-11-21	-29.1

另一方面，计算表明，火地转移入射时的轨道渐进线方向相对火星赤道的高度角为-28°左右，所以选择近火制动后的环火轨道倾角大于29.1°也能够满足火地转移对轨道倾角的要求。捕获轨道倾角决定了上升器上升弹道方位角，为了尽可能利用火星自转，期望上升弹道方位角尽可能大，考虑到地火转移 v_∞ 速度方向角最大值为29.1°，捕获轨道倾角可取30°。另外，根据科学目标分析结果，目前目标采样点纬度在赤道附近。综合考虑上述分析，环火轨道倾角暂按30°设计。

2）轨道高度

探测器近火点轨道高度的选择需考虑以下因素。

（1）探测器近火点制动速度增量的大小。

（2）最后一次中途修正的影响：最后一次中途修正一般安排在到达近火点前1天，此次修正的残余误差会扩散到近火点。经分析，中途修正1m/s的速度误差带来约80km的近火点高度误差，中途修正的位置误差按照10km考虑，因此最后一次中途修正对近火点高度的影响按±90km考虑。

（3）火星大气阻力的影响：捕获过程中，希望近火点不受火星大气的影响，根据火星大气密度的变化情况，一般认为120km高以上不用考虑火星大气的影响。

（4）近火制动有限推力的影响：近火制动若采用大推力发动机，采用沿迹定向方式，发动机工作过程中近火点高度下降约35km。

综上分析，探测器近火点的安全高度约为250km。综合考虑安全高度分析和后面上升器火星表面起飞分析结果，以及参考国际上火星采样返回任务环火轨道高度的设计[4]，暂定环火轨道高度为500km。

3）初始捕获轨道周期

综合考虑近火制动发动机执行时间和后续气动减速所需时间，初始捕获轨道暂按轨道周期为3天设计，近火点高度为250km，远火点高度为77240km。

3.2.2　近火制动速度增量

考虑不同发射转移轨道方案，近火制动速度增量的典型计算结果如表8所列。可以看出，采用气动减速可减少约1km/s的速度增量需求。

表8　近火制动速度增量的典型计算结果

发射转移轨道方案	发射日期/UTC	近火制动速度增量/(m/s)	气动减速近火点保持/(m/s)	气动减速后轨道圆化/(m/s)
一次发射	2028-11-12	1006	100	89
两次发射：同窗口	2028-11-08	1015	100	89
两次发射：不同窗口	2018-02-22（着上） 2018-11-07（轨返）	958	100	89

3.2.3　进入点状态

着上组合体到达火星时的进入点状态包括进入点高度、轨道倾角、纬度幅角和再入角。进入点高度为火星大气高度（125km），理想的进入点轨道倾角和纬度幅角根据预定火星表面落点位置和火星大气飞行航程确定，进入角目标值由气动分析设计确定。分析表明：着上组合体的进入点惯性速度约为5900~6300m/s。

3.3　采样点

通过对火星表面环境和气候的调研分析，综合考虑生存难度、进入风险和采样需求等方面因素，初步选择火星南半球低纬度地区作为优选着陆区。采样点的选择策略是从探测器的能力出发，兼顾科学目标和探测器生存难度等约束，在轨道设计能到达的落点附近进行选择。另外，考虑到火星轨道交会对接共面发射的要求，落点纬度应小于环火轨道倾角（30°）。

以2028-11-18发射着上组合体为例，假定火星大气进入段航程为1000km，得到落点（采样点）位置为经度-111.9°，纬度-18.0°。

3.4 火星轨道交会轨道

根据前述任务分析，火星轨道交会远程导引拟采用共圆轨道交会方案，该方案主要通过轨道器主动实施数次轨道机动实现与上升器的火星轨道交会。

3.4.1 初始轨道参数选择

理想情况下，完成采样任务后，当采样点随着火星自转进入轨道器的轨道面时，上升器从火星表面发射上升。假定上升器动力上升入轨后初始轨道为 100km×(100~1000)km，经一次变轨圆化为 100~1000km 高度环火圆轨道，变轨所需速度增量估算结果如表 9 所列。

表 9　上升器轨道圆化速度增量需求（m/s）

初始轨道	100km	200km	300km	400km	500km	600km	700km	800km	900km	1000km
100×100	0	49	96	141	184	226	266	305	342	378
100×200	—	24	71	117	160	202	242	280	317	353
100×300	—	—	48	93	136	178	218	257	294	330
100×400	—	—	—	70	113	155	195	234	271	307
100×500	—	—	—	—	91	133	173	212	249	285

虽然初始轨道越低变轨所需速度增量越少，对上升器减重有利，但考虑到前面安全高度等环火轨道高度设计，暂按如下参数开展交会轨道设计：上升器入轨初始轨道 100km×500km，目标轨道同轨道器 500km×500km。

3.4.2 火星轨道交会窗口和上升时机

类似月球轨道交会对接任务，火星轨道交会窗口和上升时机的确定可以从平面窗口、测控窗口和相角窗口三方面进行分析[17-19]。

和月球采样任务中一个阴历月才有一次平面窗口不同的是，火星采样任务中容易满足火星表面共面发射即平面窗口的要求。这是由于火星自转较快，一天内采样点两次经过目标轨道器的轨道面；在完成采样任务后，可以选择在采样点经过目标轨道面时发射上升器，尽早离开火星表面，避免火星表面沙尘暴等不利环境的影响。

上升器在火星表面停留可达半年之久，通过筛选采样点穿过目标轨道面时存在测控条件的日期，可以找到同时满足平面窗口和测控窗口的火星表面起飞日期和上升时段。另外，通过要求轨道器具备 180°初始相位差的调整能力，可以满足相角窗口的要求。仍以 2028-11-18 发射着上组合体为例，分析得到上升器火星表面的一个可行共面发射时间是世界协调时间（UTC）2030-04-01 01:08。

3.4.3 轨道器远程导引

上升器从火星表面上升进入 500km 高度环火圆轨道后，轨道器通过信标定位，实现二器的相对导航，并根据地面测站对轨道器的定轨结果，确定上升器和轨道器的轨道参数。然后根据定轨和轨控策略计算结果，轨道器进行 3~4 变轨机动，完成相位调整、平面修正、高度调整和轨道圆化，在预定时刻到达上升器后下方约 50km 的位置（交班点），并转入近程导引阶段。其中，轨道平面的调整可以单独采用一次变轨实现，也可和面内变轨结合进行。

以下考虑轨道器 4 脉冲远程导引方案，即让轨道器进行 3 脉冲平面内机动，分别进行调相、高度调整和轨道圆化，加上一次平面修正，共同瞄准预定交班点目标轨道参数。具体来说，可先采用一个横向速度脉冲进行调相，再采用两个横向速度脉冲调整平面内轨道参数，采用一个法向速度脉冲进行平面修正。如图 10 所示，图中 500km×

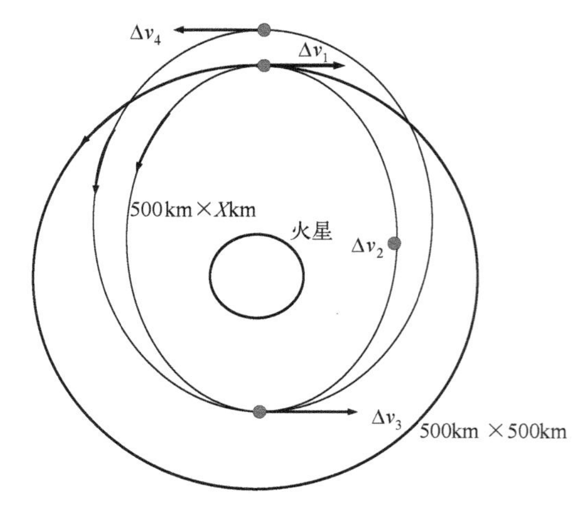

图 10　轨道器远程导引轨道方案示意图

Xkm 轨道为调相轨道，Δv_1 为调相速度脉冲，Δv_3 和 Δv_4 的横向分量用于调整平面内轨道参数：(a, e, ω)，Δv_2 为法向速度增量，进行轨道面调整。

考虑在地面导引下实施远程导引机动。在测控条件件分析的基础上进行远程导引轨道设计，得到轨道方案如表 10 所列（火星惯性系）。另外，也可考虑由轨道器根据相对导航自主实现快速远程导引交会机动的方案，而将地面导引作为备份方案。

表 10　远程导引轨道轨道方案

	圈次	近火点高度/km	远火点高度/km	纬度幅角/(°)	备注
第一次变轨	4	500	X	349	调相机动
第二次变轨	8	500	X	—	平面修正
第三次变轨	14	500	X	169	高度机动
第四次变轨	22	500	500	349	圆化机动
交班点	25	500	500	3.9	

远程导引结束后，可以采用激光雷达完成自主近程导引并捕获样品容器。如果远程导引转近程导引的交班点误差过大，激光雷达无法捕获目标，将无法建立相对导航和进行自主导引。远程导引采用的导航测量手段及相应的定轨精度、控制精度决定了交班点二器相对位置和速度误差的大小，而交班点的控制精度直接决定了近程导引的成败。轨道设计在确定测站和取得定轨精度数据后，应全面展开细致的交班点误差分析，通过轨道和 GNC 系统的联合仿真分析来确定近程导引段对交班点相对位置和速度的控制精度要求。

3.4.4　速度增量预算

考虑上升器入轨初始轨道 100km×500km，目标轨道 500km×500km。根据前面轨道设计计算结果，上升器入轨初始轨道圆化为 500km 高度圆轨道需要 91m/s 的速度增量，考虑 10% 设计余量，上升器入轨初始轨道圆化按 100m/s 设计。

分析表明：轨道器远程导引平面内修正速度增量需求约为 50m/s，考虑到上升器入轨平面误差，预留平面修正速度增量 50m/s。另外，火星轨道交会近程导引速度增量按 100m/s 设计。

3.5　火地转移

完成捕获和样品转移后，上升器和轨返组合体分离。轨返组合体继续在环火圆轨道上飞行，等到火地转移窗口打开，轨道返回组合体在 500km 高度环火圆轨道上实施火地转移入射机动，进入火地转移轨道。

为实现高精度轨道控制，火地转移入射可考虑采用两次机动方案[20]。参见图 11，为火地转移入射轨道方案示意图，其中第一次变轨的目标是从环火近圆轨道进入周期 8h/12h/24h 的大椭圆轨道，第二次变轨的目标是瞄准再入点参数：高度 120km、预定再入角、预定轨道倾角、轨道面经过预定国内着陆场。两次机动均包含轨道面法向的速度增量分量，由于调整轨道面。另外，在环火轨道面和逃逸轨道面夹角偏大的情况下，还可考虑火地转移入射三次机动方案[21-22]。

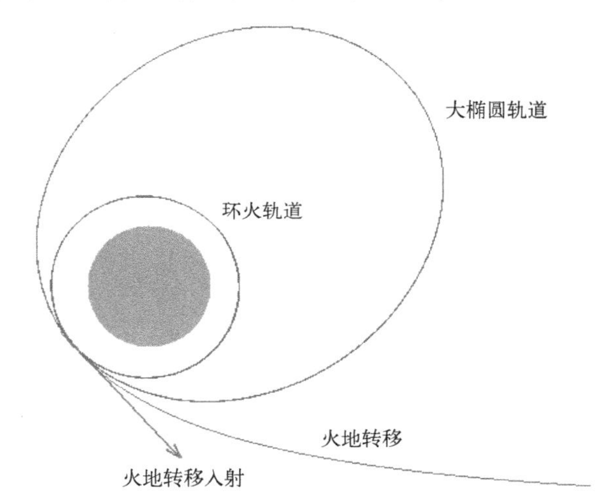

图 11　火地转移入射轨道方案示意图

在火地过程中，为了消除定轨和控制误差的影响，需要安排数次中途修正。根据误差分析结果，地火转移轨道可安排 3~4 次中途修正。

根据任务分析所得火地转移窗口［2030-10-30，2030-11-19］进行分析，速度增量预算如表 11 所列。

表 11　火地转移速度增量需求

	火星出发 C3/(km²/s²)	火地转移入射 DV/(m/s)	5%重力损耗 /(m/s)	中途修正 /(m/s)	总的速度增量 /(m/s)	惯性再入速度 /(km/s)
最小值	5.430	1920	96	0	2016	12.226
最大值	5.496	1923	96	0	2019	12.484
设计值	5.8	2000	100	100	2200	12.800
备注		含非共面入射				

4 结束语

本文考虑实际工程约束，通过多方案比较分析，得到了火星采样返回任务的初步轨道设计结果，主要结论包括：火星采样返回任务每两年有一次发射机会，其中2028年发射机会的连续两周窗口集中在11月；如果重型火箭研发存在风险，可以考虑采用现役火箭分别发射着陆上升组合体和轨返组合体的两次发射方案；本文轨道初步设计所形成的全飞行过程基本轨道方案、速度增量预算等分析结果可供开展探测器系统初步设计参考。

参考本文讨论，近火制动气动减速、火星轨道自主交会变轨方案和行星际电推转移轨道设计等为火星采样返回任务相关的关键轨道设计技术，后续应进一步深入开展研究。另外，在标称轨道方案设计的基础上，需要深入开展各飞行阶段的轨道误差分析，给出关键轨道参数的变化范围、指标要求和准确的推进剂预算。当前国际上在进行火星、木星探测等深空探测任务设计时，非常重视行星保护的分析设计；我国在开展火星采样返回任务的后续论证和工程实施时，也要将行星保护相关分析设计列入轨道设计工作的重要内容。

参考文献

[1] 卢波．国外火星采样返回任务方案及关键技术研究［R］．中国空间技术研究院情报研究报告，2013.

[2] Wercinski P F. Mars Sample Return：A Direct and Minimum-Risk Design［J］. Journal of Spacecraft and Rocket，1996（33），3.

[3] Gamber R T，Adams G L. Mars Sample Return Mission Options［C］. AIAA 91-3017，July 1991.

[4] O'Neil W，Cazaux C. The Mars Sample Return Project［J］. Acta Astronautica，2000（47），2-9：453-465.

[5] Cazaux C，Naderi F，et al. The NASA/CNES Mars sample return-a status report［C］. IAF-01-Q. 3. a. 03，October 2001，France.

[6] Wolf A，et al. Toward Improved Landing Precision on Mars［C］. IEEE Aerospace Conference，2011.

[7] Dillman R，Laub B，et al. Development and Test Plan for the MSR EEV. The 2nd International Planetary Probe Workshop，August 2004.

[8] Brown C. Spacecraft Mission Design［M］. AIAA Press，1992.

[9] 汪中生，郭海林，曲广吉．火星探测飞行原理和发射时机分析［C］．中国飞行力学学术年会，贵州，2007；中国科学E辑，2009（39），3.

[10] Curtis H D. Orbital Mechanics for Engineering Students［M］. Elsevier Butterworth -Heinemann，2005.

[11] 张旭辉，刘竹生．火星探测无动力借力飞行轨道研究［J］．宇航学报，2008. 6.

[12] Derz U，Seboldt W. Mars Sample Return Mission Architectures Utilizing Low Thrust Propulsion［J］. Acta Astronautica 77（2012）83-96.

[13] 刘德成，周文艳．火星气动减速轨道设计［C］．航天与力学高峰论坛，北京，2011.

[14] Baranov A A. An Algorithm for Calculating Parameters of Multi-orbit Maneuvers in Remote Guidance［J］. Cosmic Research. 1990（28），1：61-67.

[15] 龚胜平，宝音贺西，李俊峰．多冲量近圆轨道交会的快速打靶法［J］．空间控制技术与应用，2010. 5.

[16] 张进．空间交会远程导引变轨任务规划［D］．长沙：国防科技大学，2008.

[17] Zhong-Sheng Wang，et al. Preliminary Design of the Phasing Strategy of a Lunar Orbit Rendezvous Mission［C］. AAS/AIAA Astrodynamics Specialist Conference，Hilton Head，South Carolina，August 2013.

[18] 汪中生，孟占峰，高珊．月球轨道交会任务的远程导引变轨策略研究［J］．航天器工程，2014，23（5）：103-110.

[19] Zhong-Sheng Wang，et al. Phasing Strategy of Lunar Orbit Rendezvous and Docking Operation：Design and Flight Test［C］. Global Space Exploration Conference（GLEX），Beijing，June 2017.

[20] 汪中生，孟占峰，高珊．月地转移入射变轨策略优化设计［C］．中国飞行力学学术年会，烟台，2017.

[21] 汪中生，孟占峰，田百义，等．月球和火星任务返回地球转移入射变轨策略优化设计［C］．五院航天动力学论坛第三届学术研讨会，北京，2017.

[22] Zhong-Sheng Wang，et al. Optimization of TEI Strategy in a Lunar Sample Return Mission［C］. 4th IAA Conference on Dynamics and Control of Space Systems（DYCOSS2018），Changsha，May 2018.

月球轨道交会任务的远程导引变轨策略研究

汪中生，孟占峰，高　珊
（北京空间飞行器总体设计部，北京，100094）

摘要：本文对国内外月球轨道交会远程导引段调相策略的2~5脉冲变轨方案进行了比较分析，在考虑月球轨道交会飞行任务测控资源有限和航天器所带燃料受限等特点的基础上，确定了我国月球轨道交会远程导引段的调相策略为4脉冲方案；并介绍了在4脉冲基线轨道方案的基础上，进行标称轨道设计和月面上升窗口初步分析的结果。研究结果可为我国月球轨道交会对接任务提供参考。

关键词：月球轨道；航天器；交会对接；调相策略

1　引言

航天器交会对接过程中，远程导引通常需要完成调整二器相角差，调整轨道高度和偏心率，以及修正轨道面等变轨操作。若将交会对接视作一个两点边值问题[1]，理论上采用2个速度冲量进行朗伯（Lambert）变轨即可完成远程导引任务。考虑到径向速度增量的效率较低，若只采用横向速度脉冲，进行轨道面内参数的调整（相角差、轨道高度和偏心率），则至少需要3个横向速度脉冲来实现；修正轨道面可以采用1~2个法向速度脉冲独立实施，也可以和平面内横向速度脉冲的实施结合进行[1]。所以，按照变轨脉冲的数目多少，可将交会对接任务远程导引段的调相策略分为2脉冲方案、3脉冲方案、4脉冲方案和5脉冲乃至多于5脉冲的方案[1]。

到目前为止，美国、俄罗斯、欧洲航天局和中国都已成功实现了近地轨道交会对接任务，美国还实现了载人月球轨道交会对接[2-3]。这些成功交会飞行方案对采样返回的无人月球轨道交会对接远程导引变轨策略具有重要参考价值。美国的“双子星”号飞船和“阿金纳”号火箭上面级的交会对接是人类历史上第一次空间交会对接。在其远程导引变轨任务中，轨道面内外的调整分开进行，每次机动有具体的调整目标；轨道面内调整主要在远、近地点附近进行，称为特殊点变轨。美国航天飞机与“国际空间站”交会的远程导引段也采用了特殊点变轨。俄罗斯“联盟”号和“进步”号飞船的近地轨道交会对接任务的远程导引变轨主要包括5次变轨机动，其变轨冲量同时包含轨道面内外分量，多次变轨共同瞄准终端状态，每次变轨对终端均有综合修正效果，称为综合变轨或组合变轨[1,4]。我国神舟飞船和天宫一号目标飞行器的近地轨道交会对接，其远程导引段基本方案则采用了4脉冲特殊点变轨方案（加上一次可选的组合修正）[5]。另外，到目前为止，仅美国在“阿波罗”载人登月任务中成功实现了月球轨道快速交会对接[6]。美国“星座”计划的设计阶段，在继承“阿波罗”任务方案的基础上完成了月球轨道快速交会的初步设计，也是采用登月舱上升级从月面发射入轨后直接进行末段交会，其远程导引段可视为2脉冲变轨方案[7-9]。

月球轨道交会对接任务的轨道设计和近地轨道交会对接技术相比有其特殊性。除了中心引力场特性有所不同外，如何利用有限的测控资源是一大难点。这是因为，地月距离遥远，难以保证和近地轨道相同的定轨精度；由于月球遮挡，即便全球布站，也无法实现对探测器月球轨道的连续监测。另外，探测器系统所能携带的燃料也受到很大制约，所以实现月球轨道交会的任务目标不能靠增加变轨次数来保证。

我国探月工程的第三阶段将实施月面软着陆和采样采集，并将月球样品带回地球[10]。为实现这一目标，可以考虑通过月球轨道交会实现样品转移，实现首次无人月球轨道交会对接。为此，

航天器工程，2014

需要对月球轨道交会对接技术展开研究。本文着重研究月球轨道交会远程导引段的调相策略，结合月球轨道交会对接任务特殊性和我国探月工程的实际工程约束，在对 2~5 脉冲方案进行详细分析的基础上，选择出最佳远程导引调相策略。

下面讨论中，轨道器（目标飞行器）指在月球轨道上自由飞行、等待另一航天器接近的航天器，而追踪器指从月面起飞，经过数次变轨机动，主动接近轨道器来实施交会过程的航天器。

2 远程导引变轨策略多方案分析

本文考虑月球轨道交会任务中远程导引段的变轨策略设计问题。如图 1 所示，初始时刻轨道器位于 110km 环月圆轨道上，追踪器位于月面采样点。理想情况下，当采样点过轨道器轨道面时（B 点），追踪器自月面起飞，开始交会对接操作，这样不会消耗平面修正所需燃料。

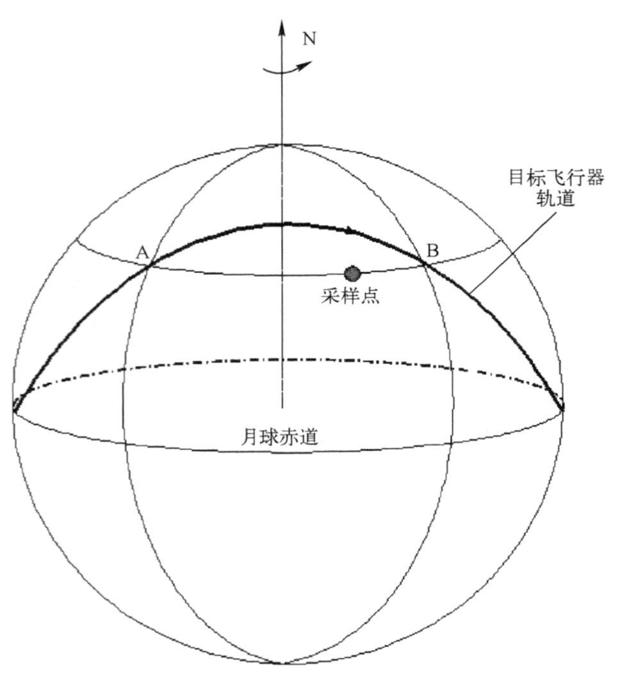

注：N 指向月球北极方向。

图 1 月球轨道交会概念图

调相段开始于追踪器入轨，终止于到达预定瞄准点位置。本文主要研究该段的机动策略设计问题。

我国月球轨道交会任务的远程导引策略设计，可以参考美国和俄罗斯成功交会对接飞行任务中的典型远程导引方案。该设计除了要满足轨道动力学的基本规律之外，还需要充分考虑了有关分系统希望固定时序（例如变轨事件的顺序和相对时间）的需求，并兼顾变轨时的测控和光照条件约束。

远程导引段从追踪器点火起飞并到达 100km×15km 目标轨道开始，在地面测控支持下实施变轨；远程导引结束时，追踪器飞至 100km 高度的目标圆轨道，位于目标飞行器下方约 10km、后方约 60km 的相对位置，该位置即远程导引转近程导引瞄准点位置，又称近程导引初始瞄准点。远程导引策略的设计，就是要寻找满足入轨点和瞄准点约束的变轨序列。

如前所述，按照变轨脉冲的数目多少，可将交会对接任务远程导引段的调相策略分为 2 脉冲方案、3 脉冲方案、4 脉冲方案和 5 脉冲乃至多于 5 脉冲的方案。2 脉冲方案的基本原理是基于 2 脉冲霍曼（Hohmann）或 Lambert 变轨，3 脉冲方案在 2 脉冲的基础上增加了一个调相脉冲，而 4 脉冲或 5 脉冲方案通常指在 3 脉冲方案基础上增加轨道法向速度脉冲来独立修正轨道平面。以下结合我国探月工程的实际工程约束对 2~5 脉冲方案分别进行分析研究。

2.1 2 脉冲方案

采样返回的月球轨道快速交会可以借鉴 2 圈方案。美国“阿波罗”载人登月任务中成功实现了月球轨道快速交会对接，早期采用的就是 2 圈方案[6]。

如图 2 所示，入轨后由追踪器在初始 15km×100km 轨道上第一次过远月点时进行一次 Lambert 机动，瞄准 100km×100km 圆轨道，再飞行半圈后，进行一次综合修正（标称值为 0），然后滑行至远程导引终点（交班点或称瞄准点）；之后追踪器从 100km 高度圆轨道开始接近 110km 圆轨道上的航天器，在瞄准点（后）实施一次 Lambert 机动，瞄准近程段终点追踪器附近站保持位置，到达终点后实施终端制动机动（Terminal Braking）；另外，在近程段还根据误差情况实施 1~2 次中途修正。图 2 中实线表示追踪器轨道，虚线为目标飞行器的轨道，符号 Δv_1 和 Δv_2 分别表示远程导引第一和第二次变轨速度冲量。为了完整性起见，图 2 中还显示了近程段变轨速度冲量 Δv_3 和 Δv_4。

月球轨道快速交会方案由于没有调相机动，对追踪器入轨时和目标飞行器的初始相角差有严格要求，能量最优条件下追踪器月面上升窗口为 0 窗口。但是，如果允许增加变轨燃料消耗，可以适当扩大发射窗口[7]。

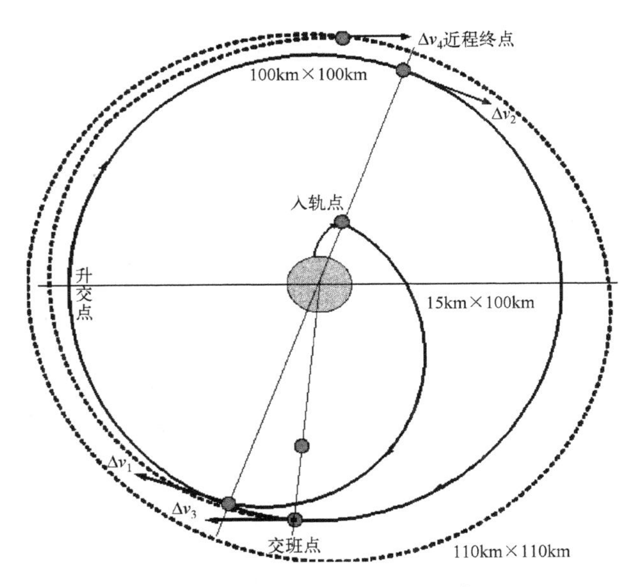

图2 月球轨道快速交会方案

假定追踪器在目标轨道面内起飞，则不需轨道面修正速度增量。但如果目标飞行器在月面工作期间不做调相机动，月面工作结束后追踪器在合适相角差时刻起飞时，追踪器不一定在轨道面内，所以需要进行平面修正。另外，动力上升过程结束时的入轨偏差也会导致轨道面偏差。

显然，这里的轨道面修正是分成两个法向脉冲分量，分别和用于平面内修正的两个脉冲分量结合起来实施。此方案中修正脉冲的纬度幅角对于平面修正来说并不是能量最优的。由于采样点纬度选择等因素决定了入轨纬度幅角离90°较近，而对平面内参数调整能量最优的变轨纬度幅角位于拱线（轨道长轴）附近（Hohmann变轨），所以2次变轨的纬度幅角接近90°或270°，这样的变轨纬度幅角对于倾角修正来说是效率很低的。计算表明，对于1°的倾角偏差，平面修正速度增量分量之和为100m/s左右[7]。

月球轨道快速交会需要远程相对测量。在“阿波罗”工程中采用的是远程交会雷达，“星座”计划中采用的是S频段无线电链路（以光学导航敏感器和地面测控数据为备份），最大作用距离都在750~800km[7-9]。如果采样返回的雷达没有这个量程，则无法及早引入相对导航来提高导航精度。不推荐采样返回采用快速交会方案。

若依赖地面测控站提供导航来实施2脉冲交会，需要在每次变轨前进行至少两圈测轨，并进行变轨指令注入，从而形成2脉冲多圈交会方案。类似2脉冲快速交会方案，这种方案在理想情况下（不考虑轨道摄动）就是Hohmann变轨。为实现二器在瞄准点的会合，Hohmann变轨对二器在入轨时的相角差有严格要求，能量最优的发射窗口实际上是0窗口。类似地，虽然可以通过增加燃料消耗来加宽发射窗口，追踪器发射窗口很窄；另外，修正脉冲的纬度幅角对于平面修正来说并不是能量最优的[11]。

总体来说，2脉冲方案由于没有调相段，变轨任务调整空间小，一般情况下燃料消耗较多，且对追踪器的入轨误差非常敏感，所以对追踪器的性能要求很高，风险很大，不推荐作为标称方案。

2.2 3脉冲方案

工程实践中没有采用3脉冲轨道方案的例子，这是因为轨道交会任务一般需要修正轨道面，而3脉冲轨道方案对轨道面修正来说不是能量最优的。

图3所示为3脉冲轨道方案示意图。这种方案和2脉冲方案的区别在于增加了一次调相机动（第一个速度冲量 Δv_1）。追踪器在初始15km×90km轨道上运行数圈后，于远月点变轨，进入90km×Xkm调相轨道（‘X’表示据实际相角差确定的远月点或近月点高度），Δv_1、Δv_2、Δv_3 为横向脉冲，Δv_1 作用是调相和提高近月点高度，可称为调相机动；在调相轨道上运行数圈后，于近（远）月点变轨，进入远月点为100km高度的椭圆轨道，Δv_2 作用是提高远地点高度至目标轨道高度，可称为高度机动；在椭圆轨道上运行数圈后，于远月点变轨，进入100km×100km圆轨道，Δv_3 作用是同时改变半长轴和偏心率以捕获目标轨道，可称为圆化机动；之后上升器在100km高度圆轨道上滑行至瞄准点（交班点）[11]。

和2脉冲方案类似，3脉冲没有安排单独的法向平面修正脉冲，而是将修正轨道面分成两次进行，分别和用于平面内修正的横向速度脉冲（Δv_2 和 Δv_3）结合起来实施。根据高斯摄动方程[12]，可写出法向平面修正脉冲分量 Δv_2^n 和 Δv_3^n 导致的轨道倾角和升交点赤经的变化（Δi 和 $\Delta\Omega$）如下：

$$\Delta i=\frac{r_2\cos u_2}{n_2 a_2^2\sqrt{1-e_2^2}}\Delta v_2^n+\frac{r_3\cos u_3}{n_3 a_3^2\sqrt{1-e_3^2}}\Delta v_3^n \tag{1}$$

$$\Delta\Omega=\frac{r_2\sin u_2}{n_2 a_2^2\sqrt{1-e_2^2}\sin i_2}\Delta v_2^n+\frac{r_3\sin u_3}{n_3 a_3^2\sqrt{1-e_3^2}\sin i_3}\Delta v_3^n \tag{2}$$

式中：r、u、a、e 和 n 分别为变轨点的月心距、纬度幅角、半长轴、偏心率和轨道角速率，下标2和3分别表示第二和第三次变轨点。

显然，根据测轨数据得到轨道倾角和升交点赤经偏差（Δi 和 $\Delta\Omega$）后，可以在上述方程组中代入预定变轨纬度幅角值，求解得到两次法向变轨速度脉冲分量的大小。

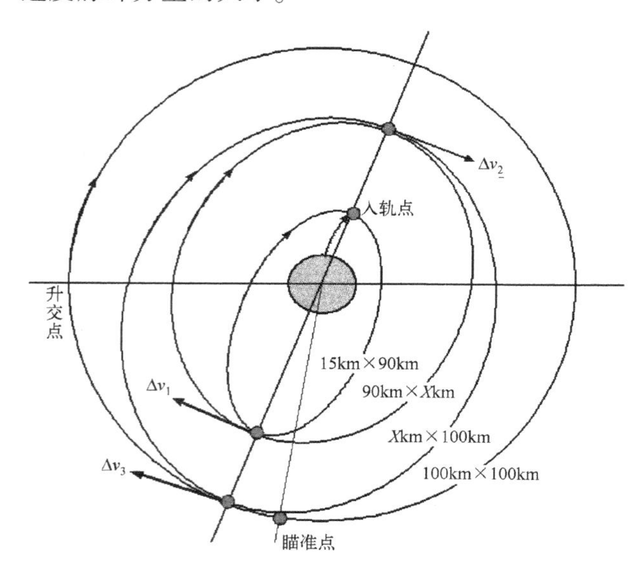

图3　3脉冲方案（地月方向视图）

同样，3脉冲方案变轨速度脉冲的纬度幅角对于平面修正来说不是能量最优的。由于采样点纬度选择等因素决定了入轨纬度幅角（107°）离90°较近，而对平面内参数调整能量最优的变轨纬度幅角位于拱线附近，所以3次变轨的纬度幅角接近90°或270°；从上面的倾角修正方程式（1）可以看出，这样的变轨纬度幅角对倾角修正来说是效率很低的。对于1°的倾角偏差，平面修正速度增量分量之和接近100m/s[11]。

2.3　4脉冲方案

我国神舟飞船和天宫一号目标飞行器的近地轨道交会对接，其远程导引段的基本方案是4脉冲轨道方案[5]。4脉冲轨道方案如图4所示。图4中 Δv_1、Δv_3 和 Δv_4 为横向速度脉冲，其作用和3脉冲方案中的3个横向速度脉冲完全相同。这种方案和3脉冲方案的区别在于增加了一个法向脉冲 Δv_2 单独实施来修正轨道面偏差。

该法向脉冲的能量最优实施位置（纬度幅角）可由以下高斯摄动方程得到

$$\Delta i=\frac{r_2\cos u_2}{n_2a_2^2\sqrt{1-e_2^2}}\Delta v_2 \tag{3}$$

$$\Delta \Omega=\frac{r_2\sin u_2}{n_2a_2^2\sqrt{1-e_2^2}\sin i_2}\Delta v_2 \tag{4}$$

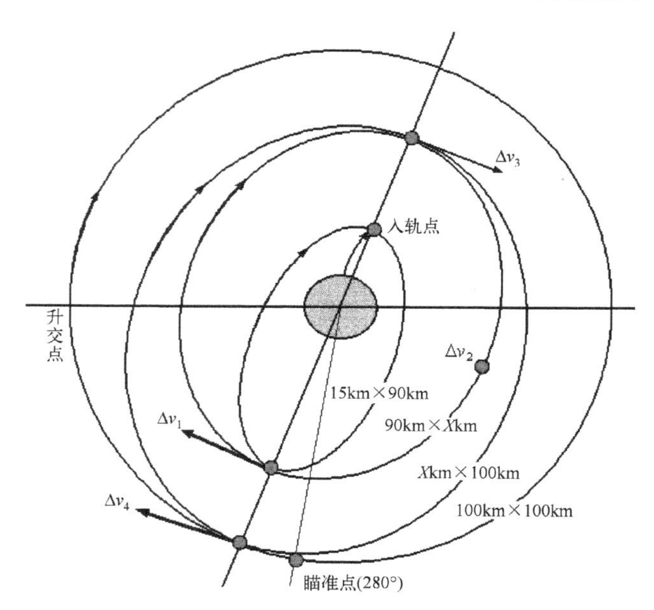

图4　4脉冲方案示意图（地月方向视图）

式（3）、式（4）中各符号意义同式（1）和式（2）。由以上两式消去速度增量并化简，得

$$\tan u_2=\tan(u_2+\pi)=\frac{\Delta\Omega\sin i_2}{\Delta i} \tag{5}$$

由式（5）得到的纬度幅角 u_2 和升交点赤经偏差及倾角偏差的具体数值有关，所以变轨位置和时间事先难以确定。不过，由于测控弧段对应的纬度幅角范围大于180°，而修正轨道面的法向脉冲可选用间隔180°的两个位置之一，所以修正轨道面偏差变轨机动的测控条件是可以保证的。

采用“测轨2圈，注入1圈，机动1圈”的策略，相邻两次变轨间隔至少4圈，加上最后一次变轨后需2圈用于惯导注入的测轨，总共至少19圈（约38h）；考虑到入轨和对接点的测控要求（即下文中测站-I可测控），4脉冲的圈次安排如图5所示。图中水平轴符号 t 表示时间轴，各次速度脉冲的上标符号 t 和 n 分别表示轨道横向和法向分量。可以看出，远程导引总时间约为2天。

4脉冲方案的测控和光照条件如图6所示。图6中0时刻为月面上升前后具备测控站-Ⅰ测控条件的开始时刻，标示的各次变轨时间为参考时间；图6中时间轴上的测站Ⅰ和测站Ⅱ矩形区域分别表示两组地面测控站对环月轨道的可观测时长，其中测站-Ⅰ是主要的测控站组，因为它能实现更好的定轨精度；图6中粗实线及其上标注的数字为根据候选地月转移发射窗口进行包络分析得到的纬度幅角边界值，每个时刻对应的两个粗实线之间为可观测轨道弧段对应的纬度幅角范围；图6中小圆点标示了各关键事件点（变轨点、入轨点和交班点）的大致纬度幅角位置；阴影区表示了包络分析得到的月球阴影区的纬度幅角范围。需要说明的是，每个站组的时间段是按轨道可见性（而非飞行器的可见性）计算的；由于对环月轨道进行测控的特点，可测控条件的开始和结束时间可以作为天然的时间基准[13]。

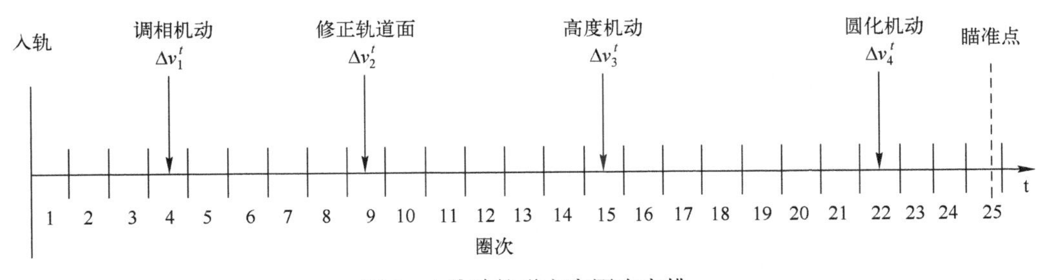

图5　4脉冲轨道方案圈次安排

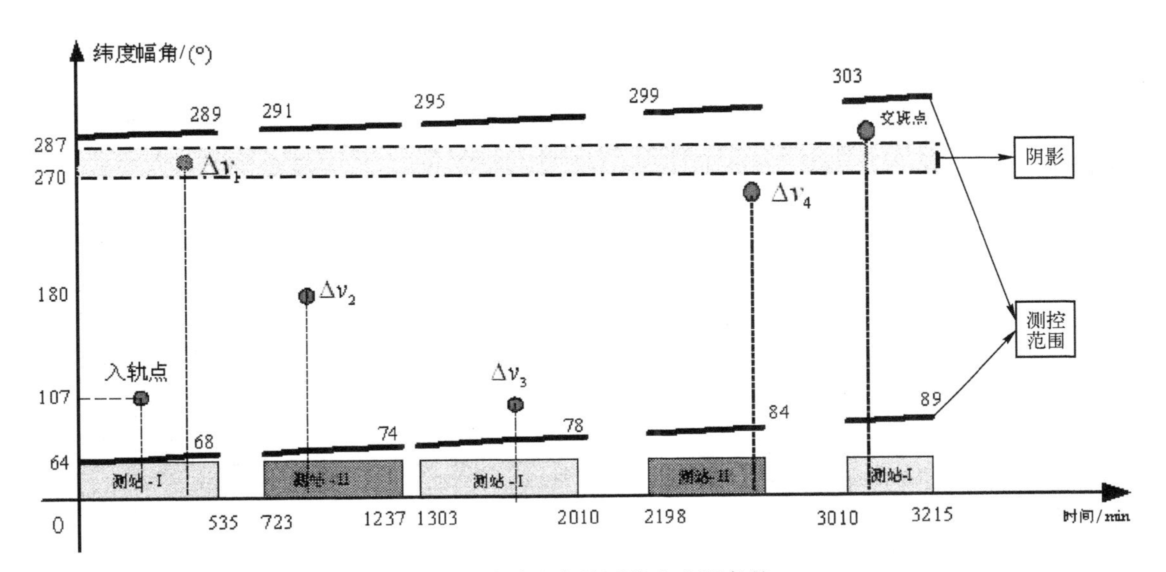

图6　4脉冲方案的测控和光照条件

2.4　5脉冲方案

在美国航天飞机与“国际空间站”交会的早期任务中，采用了由2个法向脉冲来分别完成修正倾角和修正升交点赤经的变轨方案。若将4脉冲方案中的一个平面修正脉冲改由2个法向脉冲来完成，一个用于修正倾角，另一个用于修正升交点赤经，则得到5脉冲方案。5脉冲方案采用2个速度脉冲修正轨道面，3个速度脉冲用于平面内参数修正。

参见图7，采用5脉冲方案，第3次变轨前的定轨完全依赖测控站-Ⅱ，无法保证变轨前的定轨精度。图7显示了5脉冲方案的测控和光照条件，其中Δv_1、Δv_4和Δv_5为横向速度脉冲，其作用和3脉冲方案中的3个横向速度脉冲完全相同；Δv_2和Δv_3为法向速度脉冲，分别用于修正倾角和升交点赤经。可以看出，由于5脉冲方案比4脉冲方案多一次变轨，连续两次变轨之间的轨道圈次较少，第3次变轨前无法包含足够的测站-Ⅰ的测控时间来实现高精度定轨。事实上，第3次变轨前还需要留出一圈轨道进行变轨注入操作，所以定轨只能在定轨精度很低的测站-Ⅱ的可测控条件下进行。

2.5　多脉冲方案比较及应用

从前面的分析可以看出，2脉冲方案和3脉冲方案变轨速度脉冲的纬度幅角对于平面修正来说不是能量最优的，效率很低，而且2脉冲方案的发射窗口几乎为0窗口，其中快速交会方案对相对导航设备有很高要求；而4脉冲和5脉冲方案的平面修正脉冲都处于能量最优位置，但5脉冲方案无法保证第3次变轨前的定轨精度。多脉冲比较分析的结果如表1所列。

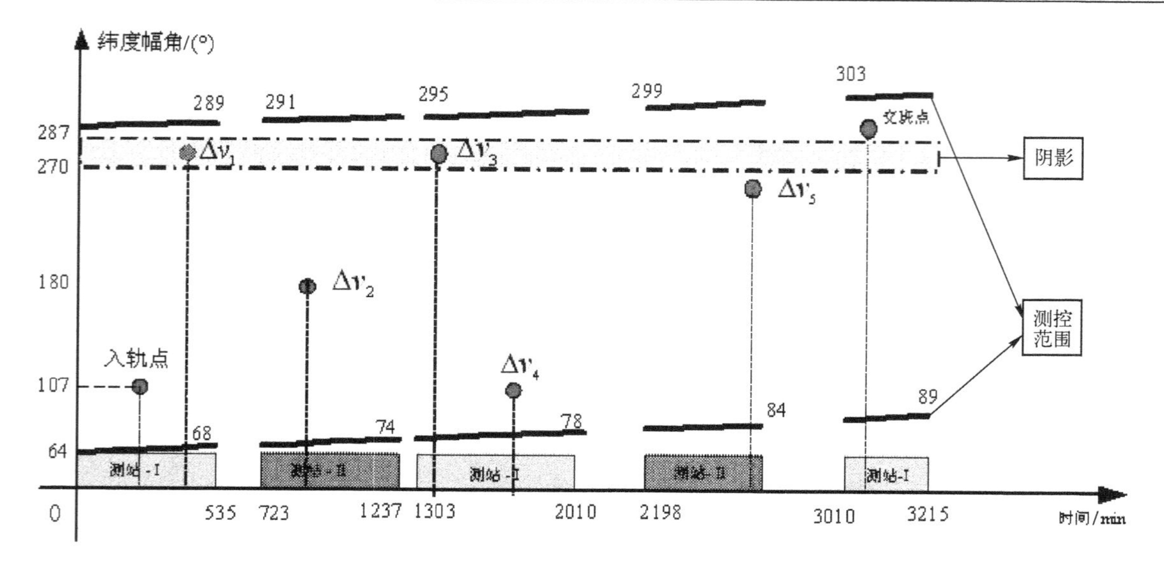

图7　5脉冲方案的测控和光照条件

表1　多脉冲变轨方案比较分析

变轨方案	上升窗口宽度/min	远程导引总时间/天	轨道面修正	导　航
2脉冲快速	0	1/6	非能量最优	要求相对导航
2脉冲多圈	0	1	非能量最优	测控精度有保证
3脉冲	10±3	2	非能量最优	测控精度有保证
4脉冲	10±3	2	能量最优	测控精度有保证
5脉冲	10±3	2	能量最优	测控精度无保证

总体来说，从发射机会和轨道面修正燃料消耗看，方案4、5比3好，从测控条件（导航）看，方案3、4比5好。综合考虑，应选择发射窗口较宽，轨道面修正位置能量最优，变轨测控条件较好的4脉冲方案开展设计。

确定基线轨道方案为4脉冲方案后，可进一步开展标称轨道设计。在实际工程设计中，远程导引策略的设计不但要考虑轨道动力学约束，还要兼顾测控和光照的要求。为了给探测器提供更有利的充电条件，需要将变轨尽可能安排在阴影区；为了便于对变轨进行实时的监控，变轨尽可能安排在测控弧段内进行。参考图6、图7中所示测控和光照条件对应的纬度幅角和时间范围，在轨道设计中，每个轨道机动应当设置在图6中纬度幅角上下限边值的中间某处，机动的时间应当尽量安排在轨道从测站-I可观测的时间段内。在图6中所示的纬度幅角范围内，可以对变轨位置按照一定的准则进行优化设计，寻找满足约束的入轨时间和变轨策略（速度冲量大小以及变轨时间和变轨纬度幅角），从而得到标称轨道参数。标称轨道设计的结果如表2所列[11]。

表2　远程导引标称轨道方案

关键事件	圈次	变轨量/(m/s)	近月点高度/km	远月点高度/km	纬度幅角/(°)	测站
入轨	1	(无)	15	90	105	测站-I
Δv_1	4	16.2	空	90	280±1	测站-I
Δv_2	9	0	空	90	80±5	测站-II
Δv_3	15	2.2	空	100	85±5	测站-I
Δv_4	22	3.3	100	100	270±10	测站-II
瞄准点	25	(无)	100	100	275	测站-I

探测器在月面工作期间，目标飞行器在轨绕月飞行。为了给后续的追踪器远程导引任务创造良好的初始条件，目标飞行器在着陆器月面工作期间需要完成相位、轨道高度和形状的调整，从而保证在远程导引瞄准点时刻具备预定的纬度幅角、轨道高度（110km）和形状（圆轨道）。类似上述追踪器远程导引变轨策略的设计方法，可以得到目标飞行器月面工作期间的标称变轨策略。

另一方面，远程导引标称轨道方案的设计和月面上升窗口的分析设计是密切相关的。在美国“星座”计划的设计阶段，是从平面窗口和相角窗口两方面来确定追踪器的月面上升窗口的[8]。但是，对于我国探月工程采样返回任务的月面上升窗口设计，考虑到实际测控条件的限制，还需要增加考虑测控窗口，从平面窗口、测控窗口、相角窗口三方面综合确定追踪器的月面上升机会和发射窗口。

目标飞行器轨道面第二次过采样点时，如果由于某种原因需要提前或延后追踪器的发射时间，将导致追踪器起飞时不在目标飞行器的轨道面内，从而需要消耗轨道平面修正燃料。追踪器的燃料预算很有限，这就要精确计算发射时间允许提前或延后的具体数值，从而得到平面窗口。测控窗口是指追踪器的可发射时段，该时段内的每一点都满足追踪器上升过程中和入轨后 2~3 圈内具备测控站-I 的测控条件（以便对动力上升过程进行监视和入轨后定轨）。相角窗口是指追踪器入轨时二器相角差位于最佳初始相角差范围之内的月面发射时段。

图 8 给出了月面上升窗口的设计结果，其中 0 时刻为采样点第 2 次过轨道面的时间[11]。通过轨道倾角的优化设计，可以安排该时刻处于测站-Ⅰ对应的可测控条件的开始时段[11]。从图 8 中可见，平面窗口为（-18h，+9h），而测控窗口只有约 4h，所以平面窗口完全包含测控窗口。另外，由于上升器入轨纬度幅角基本不变，同一初始相位差大约每 2h（轨道周期）重复一次，所以在测控窗口内每隔 2h 左右最佳初始相角差范围会重复一次，即有一次月面上升机会（一个相角窗口）。图 8 中给出了测控窗口内具有 3 个相角窗口即 3 个月面上升机会的情况。

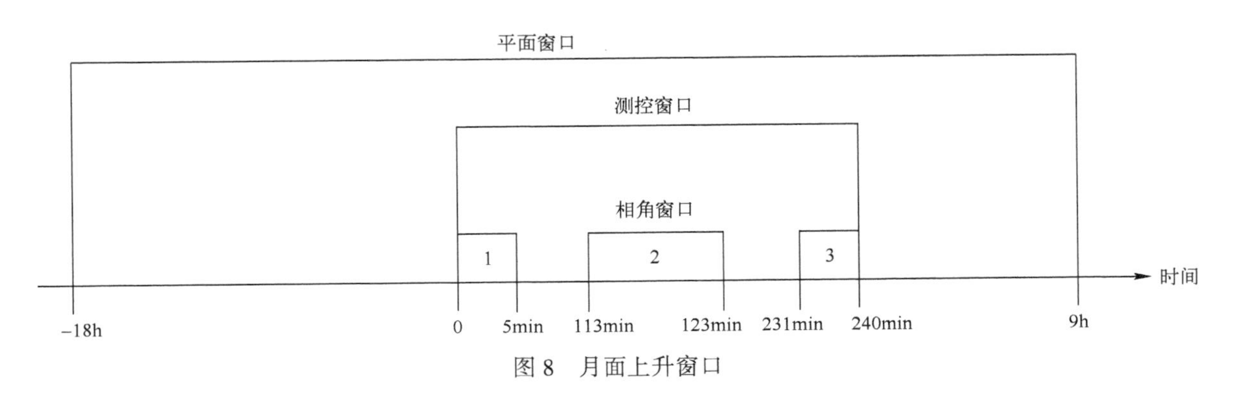

图 8　月面上升窗口

3　结束语

本文在调研交会对接远程导引变轨策略设计的理论研究成果和成功工程经验的基础上，针对我国月球轨道交会飞行任务的特点进行了远程导引段多脉冲变轨方案分析研究，其主要结论如下。

（1）月球轨道交会远程导引若采用 2 脉冲方案和 3 脉冲方案，其变轨速度脉冲的纬度幅角对于平面修正来说不是能量最优的，而且 2 脉冲方案的发射窗口几乎为 0 窗口，其中快速交会方案对相对导航设备有很高要求；4 脉冲和 5 脉冲方案的平面修正脉冲都处于能量最优位置，但 5 脉冲方案无法保证第 3 次变轨前的定轨精度。

（2）考虑到月球轨道交会飞行任务的特点和工程约束条件，应选择 4 脉冲方案为月球轨道交会远程导引的调相变轨策略。

参考文献

[1] 张进．空间交会远程导引变轨任务规划［D］．长沙：国防科技大学，2008.

[2] 朱仁璋，王鸿芳，丛云天，等．中外交会对接技术比较研究［J］．航天器工程，2013，22（3）：8-15.

[3] 朱仁璋，王鸿芳，徐宇杰，等．美国航天器交会技术研究［J］．航天器工程，2011，20（5）：11-36.

[4] 唐国金，罗亚中，张进．空间交会对接任务规划［M］．北京：科学出版社，2008.

[5] 王忠贵．我国首次空间交会对接远距离导引方案设计与飞行验证［J］．中国科学：技术科学，2012，42（7）：764-770.

[6] Alexander J D，Becker R W．Apollo experience report - evolution of the rendezvous maneuver plan for lunar landing missions，NASA TN D-7388［R］．Washington D. C.：NASA，1973.

[7] Sostaric R R，Merriam R S．Lunar ascent and rendezvous trajectory design［C］// AAS Space Flight Mechanics Meeting，Breckenridge，February 2008.

[8] Lee A Y，Ely T，Sostaric R，et al．Overview of a Preliminary design of the guidance，navigation，and control system of the altair lunar lander［C］// AIAA Guidance，Navigation，and Control

Conference, Toronto, American Institute of Aeronautics and Astronautics, 2010, AIAA 2010-7717.

[9] D'Souza C, Crain T. Orion cislunar guidance and navigation [C] // AIAA Guidance, Navigation, and Control Conference, Hilton Head, American Institute of Aeronautics and Astronautics, 2007, AIAA 2007-6681.

[10] 国家航天局．我国月球探测工程的发展规划 [EB/OL]. (2011-05-18) [2014-01-28]. http://www.cnsa.gov.cn/n1081/n7499/n314807/n330895/331346.html

[11] Wang Zhong-Sheng, Meng Zhanfeng, Gao Shan. Preliminary design of the phasing strategy of a lunar orbit rendezvous mission [C] // AAS Astrodynamics Specialist Conference, South Carolina, American Astronautical Society, 2013, AAS 13-887.

[12] Vallado D A. Fundamentals of Astrodynamics and Applications [M]. Microcosm Press, 2013.

[13] Wang Zhong-Sheng. Orbit design consideration for precision lunar landing for a sample return mission [C] // AAS Spaceflight Mechanics Meeting, New Mexico, American Astronautical Society, 2014, AAS 14-464.

鹊桥号中继星任务轨道设计与飞行实践

高　珊，周文艳，孟占峰
（北京空间飞行器总体设计部，北京，100094）

摘要： 鹊桥号中继星作为嫦娥四号任务的重要组成部分，肩负着为月背面着陆任务提供中继通信的使命。本文详细介绍了鹊桥号中继星的任务轨道设计过程，首先针对任务需求和约束给出了使命轨道方案的选择和设计结果；其次针对转移轨道的任务关键参数、轨控策略及速度增量预算等方面进行了说明；最后介绍了鹊桥号中继星在轨飞行实践情况，飞行结果表明：轨道设计结果正确，满足中继任务需求，相关的设计模型和方法可为后续平动点相关探测任务提供技术基础和借鉴参考。

关键词： 地月 L2 点；鹊桥号中继星；Halo 轨道；轨道维持

1　引言

2019 年 1 月，嫦娥四号探测器实现了人类首次月球背面软着陆并开展巡视探测。由于月球的自转周期和绕地球的公转周期同步，月球始终只有一面朝向地球，在地球上无法看到月球背面，在月球背面着陆的探测器也无法与地球直接通信，为解决这一问题，嫦娥四号任务先发射了一颗环绕地月系 L2 平动点的中继卫星——鹊桥号中继星，以建立地球与月球背面探测器的中继通信链路。

平动点是第三体在受两个大天体的万有引力作用时，在空间中的引力平衡点。由于平动点特殊的动力学特性和在三体问题中相对固定的位置，使其在停泊中转、中继通信、星际转移等未来深空探测任务中具备较好的工程应用价值。国外此前已开展了多次平动点探测任务，发射了 ISEE-3、WIND、SOHO、ACE、MAP 等探测器[1-2]，但多为利用日地 L2 平动点开展的科学探测活动。对于地月系平动点，虽然此前开展了一些研究探索[3-7]，但未有利用地月系平动点开展地月中继服务的先例。

鹊桥号中继星于 2018 年 5 月 21 日发射入轨，6 月 14 日进入位于地月 L2 点的使命轨道——Halo 轨道，是首个采用 Halo 轨道的地月系平动点任务。为保障中继任务顺利开展，其轨道设计要充分考虑工程任务对日—地—月—星空间几何关系、运载发射要求、测控光照以及速度增量的约束要求，中继轨道的类型、振幅参数、相位等设计变量与速度增量、轨道光照等约束条件有极为复杂的耦合关系，在工程设计中对轨道特性进行了大量的计算和研究以解耦这些约束。本文系统地总结了嫦娥四号中继星任务轨道设计过程，首先针对任务需求和约束给出了标称轨道方案的选择和设计结果；其次针对转移飞行轨道的任务参数选择、轨控策略设计及速度增量预算进行了说明；最后将在轨飞行实践情况与轨道设计结果进行了对比，飞行实践结果表明：轨道设计结果正确，满足中继任务需求，相关的分析流程、设计思路和方法可为后续平动点相关探测任务提供技术基础和借鉴参考。

2　轨道方案选择

2.1　使命轨道

为了确保中继星对月背着陆区的持续可见，使命轨道方案选择了环绕地月系 L2 点的平动点轨道。常见的平动点轨道有 Lissajous 轨道和 Halo 轨道，如图 1 所示。Lissajous 轨道在地月旋转平面内和平面垂直方向的振动频率不同，而 Halo 轨道在平面和垂直方向的振动频率相等，目前工程应用中已实现的主要是这两种轨道。平动点轨道还有其他几种类型，如垂直轨道、轴向轨道、蝶形轨道等，本文不进行讨论。

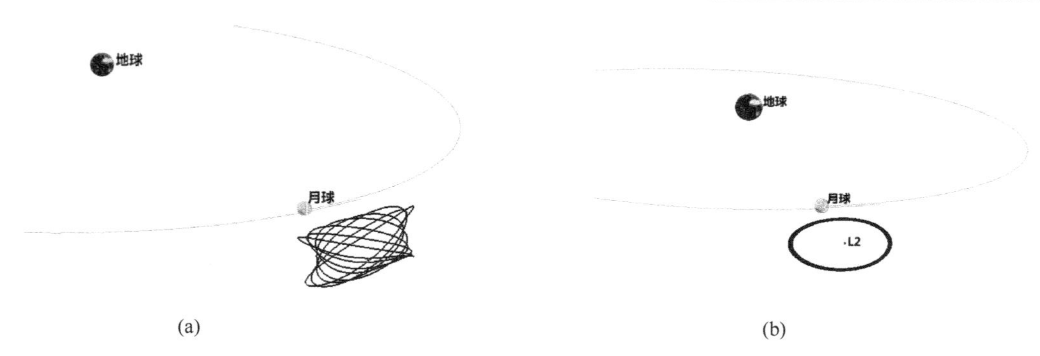

(a) (b)

图 1 轨道类型示意图

（a）Lissajous 轨道；（b）Halo 轨道。

由于 Lissajous 轨道在长时间飞行的情况下难以避免月掩的出现，对关键事件测控弧段的安排带来不利[8-9]。因此考虑到保障长期运行对地通信的需求，中继星轨道类型选择 Halo 轨道。由于嫦娥四号任务着陆区域位于南半球，考虑使中继星能够更多时间处于南半球上空，有利于中继任务的空间几何关系，因此使命轨道选择南向 Halo 轨道。

2.2 转移轨道

从地球到地月 L2 点的转移轨道通常有 3 种方式：直接转移、低能转移和月球引力辅助变轨转移[3,10-11]，飞行轨迹示意图分别对应图 2 的 3 条曲线。

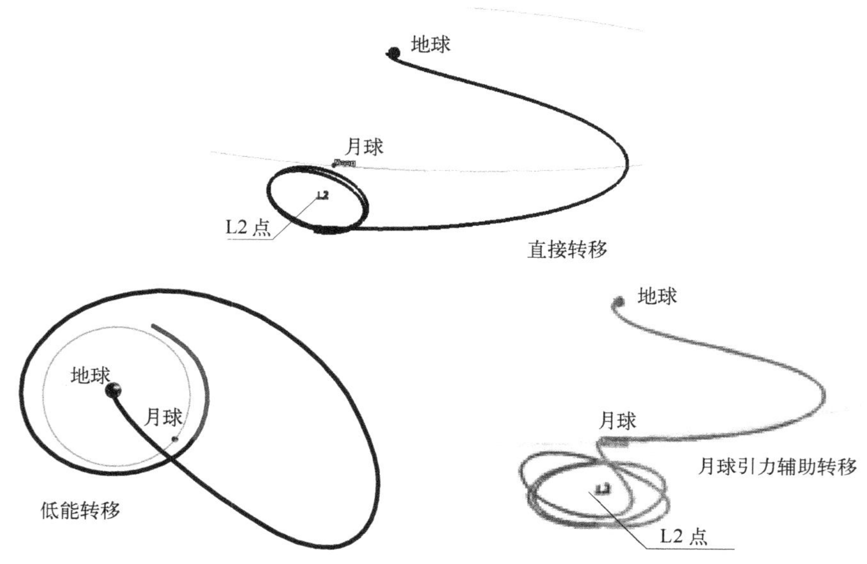

图 2 飞行方式示意图

直接转移轨道与地月转移轨道类似，在到达 L2 点时要进行捕获控制，所需速度增量约 1km/s；低能转移即行星际高速公路，通过从地球发射抛物线轨道，使卫星运行到日地平动点附近后返回地月系统，所需消耗的速度增量小但是近地点出发速度较大，且转移时间一般长达 3~4 个月。月球引力辅助变轨转移方式是从地球发射直接地月转移轨道，飞行至近月点时通过月球借力完成减速变轨，所需速度增量约 200m/s，卫星不进入环月轨道，而是在飞越月球后进入地月 L2 点附近的稳定流形，在到达 L2 点附近时可不经变轨或只需很小的速度增量就进入环绕 L2 点的轨道。3 种转移方式的参数比较如表 1 所列。

表 1 转移方式对比

转移方式	速度增量/(m/s)	飞行时间/天
直接转移	≈1000	6~7
低能转移	≈0	≈120
月球引力辅助转移	≈200	9~10

月球引力辅助转移轨道继承性好，转移时间短，速度增量需求远小于直接转移轨道，而且考虑到发射能量对发射质量的影响，“鹊桥”卫星的剩余质量大。这种方式的转移轨道包括两段，一段是地月转移，另一段是从月球到地月 L2 点的转移。

3 使命轨道设计

3.1 轨道振幅

采用解析方法，可以计算出不同形状 Halo 轨道的位置和速度，如图 3 所示。Halo 轨道在会合坐标系下的各向振幅分别记为 A_x、A_y 和 A_z，三者单调相关，为描述轨道方便，后文中统一选用 A_z 作为轨道特征变量。

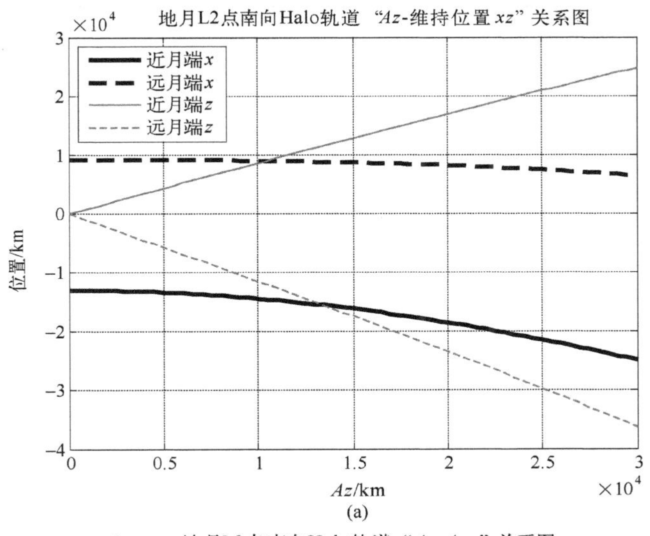

(a)

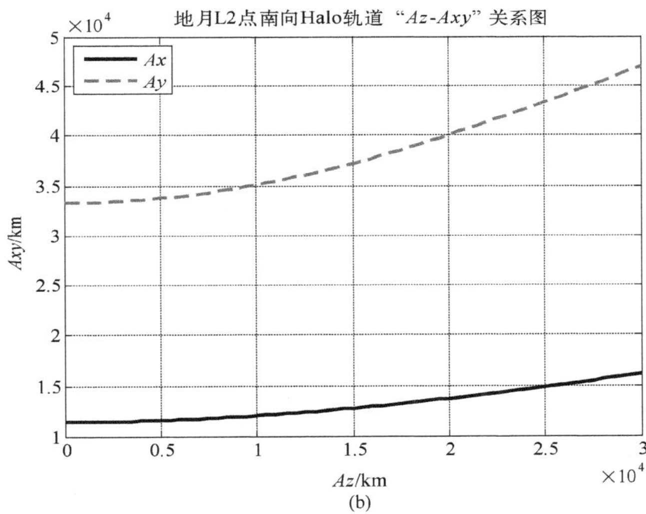

(b)

图 3 Halo 轨道各向振幅关系

(a) 不同 Az 振幅下的近/远月端位置；

(b) 不同 Az 振幅下的 Ax、Ay 振幅。

不同振幅的 Halo 轨道，其任务几何条件、光照条件均有一定差异，因此 Halo 轨道振幅的选择需考虑中继任务需求、光照条件以及轨道维持消耗等因素综合确定。

3.2 任务几何

中继星承担着着陆器与地球之间的通信任务，因此在设计使命轨道时中需充分考虑到轨道振幅参数对月掩、对月指向、月面可见性、与落点距离等空间几何条件的影响，如图 4 所示，主要的空间几何约束如下。

(1) 为避免月掩及月球噪声干扰的约束：星—地—月夹角 $\theta_{MEP} \geqslant 1°$。

(2) 中继星同时指向地球和着陆点需满足天线波束角约束：落点—星—地夹角 $\theta_{EPL} \leqslant 30°$。

(3) 为满足对着陆器/巡视器天线的指向覆盖，中继星相对月面落点的最小可视仰角为 5°。

(4) 中继星至月面落点的相对距离不大于 8 万 km。

表 2 给出了 A_z 在 10000~20000km 之间的南向 Halo 轨道的空间几何条件分析结果。

根据计算结果可知，随着 A_z 的增加，MEP 角、EPL 角和距离增加，相对落点的最低仰角则减小，当 A_z 超过 1.3 万时，EPL 角达到 30°以上，无法满足约束。因此，中继星的轨道 A_z 振幅不应超过 13000km。

3.3 光照条件

地月 L2 点附近的阴影主要是由于受到地球或月球遮挡而造成的，效果如图 5 所示。由于平动点空间位置的特殊性，运行在其附近的航天器光照条件与环月轨道差异很大，其阴影时长也远长于环月轨道。过长的阴影时间会对航天器的安全性造成威胁。

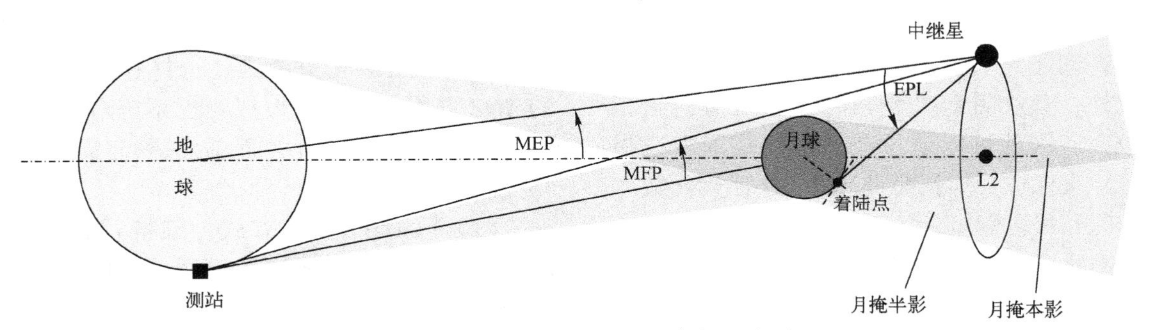

图 4 平动点轨道的空间几何条件示意图

表 2　不同振幅参数下的空间几何条件

Az/km	1 万	1.2 万	1.3 万	1.5 万	2.0 万
最小 MEP/(°)	>0.9	>1.2	>1.3	>1.5	>2.1
最小 MFP/(°)	>1.0	>1.3	>1.4	>1.6	>2.2
EPL/(°)	5.5~28.3	7.7~28.9	9.0~29.7	10.1~30.7	14.8~33.9
相对落点最低仰角/(°)	>22	>21	>20	>18	>14
与落点距离/km	4.8~7.8	4.7~7.9	4.7~7.9	4.7~7.9	4.7~8.0

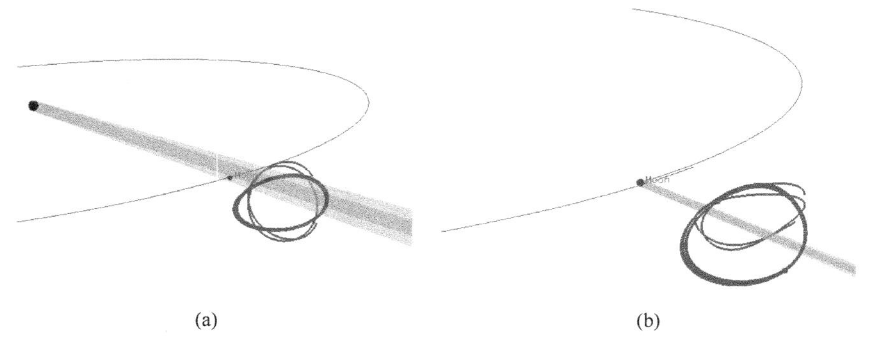

(a)　　(b)

图 5　阴影示意图

（a）地影；（b）月影。

轨道振幅和 Halo 轨道的初始相位均会对阴影时长和频率造成影响，选取不同振幅（A_z=1 万千米~1.3 万千米）的 halo 轨道，开展不同初始相位条件下的轨道在 3 年内的阴影情况分析和统计。轨道初始相位按照不同初始时刻到达远月端来定义，初始时刻选取 2018 年 12 月开始连续 2 个月的时间段，步长为 1 天进行分析。阴影次数和时长的统计均按照有效阴影（光照强度小于 50%）计算。

不同振幅轨道运行 3 年内阴影次数和时间统计结果如表 3 所列。

表 3　阴影分析结果汇总

A_z 振幅/km	阴影次数	最长阴影时长/h	阴影次数少于 10 次的连续天数	阴影时长少于 4h 的连续天数
10000	3~18	2.8~30.9	4~7	5~8
11000	3~17	2.7~23.0	5~8	6~8
12000	3~17	2.7~47.5	5~8	7~8
13000	3~20	2.6~19.1	7~9	8~9

不同初始相位下 3 年内的效阴影次数和时长的统计结果如图 6 所示。

通过对阴影情况的统计分析可知，对于大部分日期而言，Halo 轨道振幅越大，最长有效阴影时长越短；因此，中继任务轨道应在满足空间几何约束条件的情况下尽量选择更大的振幅，以避免在任务期间出现长时间阴影而影响中继星的安全性；此外，有效阴影次数和时长随轨道初始相位改变较大，因此可以通过在一定的范围内选择初始相位，来保证 3 年长期飞行过程中阴影次数尽可能少、时长尽可能短。

基于 Halo 轨道的空间几何条件和阴影条件分析结果，中继任务轨道确定为 *Az* 向约 13000km 的南向 Halo 轨道，相应的 *Ax* 向振幅约 1.25 万千米，*Ay* 向振幅约 3.8 万千米。

3.4　轨道维持

地月系 L2 点为不稳定点，且中继星在飞行过程中受到多种摄动和误差因素的影响，因此需要定期进行轨道控制才能保证中继星在 L2 点附近的长期运行。Halo 轨道的维持选择在过旋转坐标系的 *XOZ* 面附近进行，根据测控系统对变轨测控弧段的需求，可在过 *XOZ* 面前后进行适当调整。维持控制方式考虑以下两种[12-13]。

（1）拟 Halo 轨道方式，维持目标是轨道在 Halo 轨道附近，与 Halo 轨道面的幅值偏差保持在一定范围内。

（2）Halo 轨道方式，其维持目标是严格的

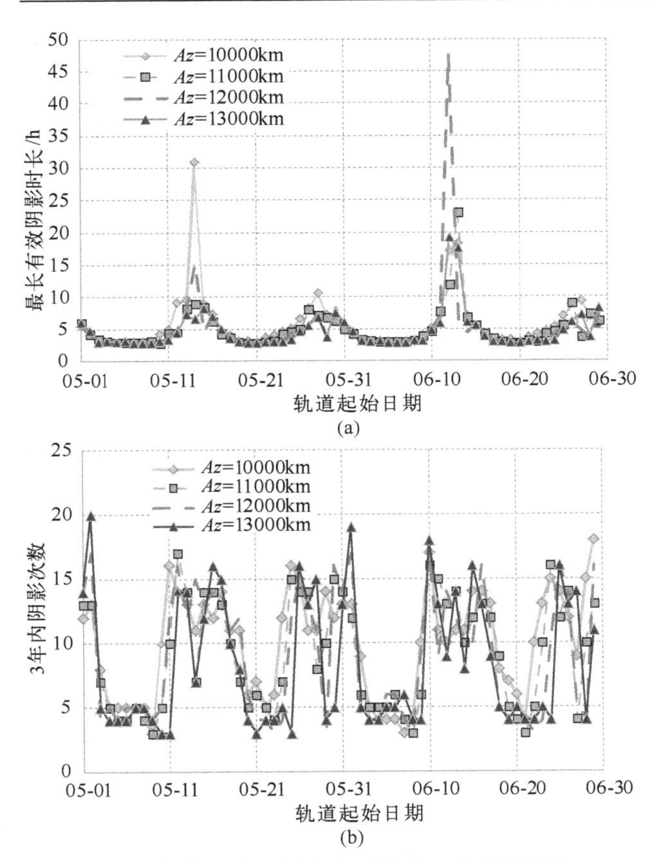

图 6 不同振幅和初始相位下的最长有效阴影统计

(a) 轨道最长有效阴影；(b) 轨道阴影次数。

Halo 轨道。

以各向速度误差 0.01m/s 为例，计算不同控制方式和频率对应的速度增量如表 4 所列。

表 4 轨道维持速度增量统计

控制方式	误差方向	误差量/(m/s)	平均每年/(m/s)
拟 Halo 方式，每圈一次	X (T)	0.01	87.5
	Y (N)	0.01	12.5
	Z (R)	0.01	265
Halo 方式，半圈一次	X (T)	0.01	150
	Y (N)	0.01	120
	Z (R)	0.01	290
拟 Halo 方式，半圈一次	X (T)	0.01	15
	Y (N)	0.01	3
	Z (R)	0.01	15

通过计算可以看出，在同样误差条件下，Halo 方式比拟 Halo 方式维持轨道所需的速度增量更多；在同样是拟 Halo 的维持方式下，半圈一次的控制频率比一圈一次所需的速度增量大幅下降。因此，为保证 Halo 轨道形状的同时尽量减小轨控所需的速度增量，中继星轨道维持选择拟 Halo 方式，控制频率为半圈（约 7 天）一次。

4 转移轨道设计

中继星的转移轨道包括地月转移、近月制动、月球至 L2 点转移以及捕获段共 4 个飞行阶段的轨道，变轨主要包括近月制动、捕获控制以及数次中途修正和轨道修正。

4.1 地月转移轨道

鹊桥号中继星的地月转移轨道设计充分继承嫦娥三号探测器的设计方法和特点，由长征-4C 运载火箭送入近地点高度 200km、远地点高度 38000km、倾角 28.5°降轨发射的地月转移轨道，经过 5~6 天的飞行，降轨到近月点高度 100km、倾角 15°。在设计过程中，根据任务需求对到达倾角进行优化调整，地月转移轨道飞行时间根据近月制动时的测控条件在 112h 和 136h 附近进行调整。

4.2 捕获控制策略

中继星在到达近月点时执行一次近月制动，通过调整变轨速度增量使其在控后第三次穿越会合系 XOZ 面时的 X 向速度为 0。近月制动结束后卫星进入地月 L2 点附近的稳定流形，飞行 3~4 天后进入 L2 点附近的 Lissajous 轨道，为使中继星准确进入满足任务要求的使命轨道，在到达 L2 后的第一圈轨道上安排了 3 次捕获控制。其中第一次捕获控制，安排在中继星到达 L2 点前后，用于修正之前的飞行误差，控制策略与近月制动策略一致，目的是保证第一圈轨道的稳定性，在误差很小的情况下可以取消；第二次捕获控制安排在旋转系 XOY 面附近进行机动，通过调整变轨速度增量使得卫星能够在预定时刻到达目标 Halo 轨道的位置；第三次捕获控制安排在旋转系 XOZ 面附近，在中继星到达目标 Halo 轨道的位置时执行，通过调整变轨速度增量使得中继星满足 Halo 轨道速度要求。捕获控制位置的选择综合考虑了速度增量、测定轨弧段要求等因素，同时通过对目标 Halo 轨道进入相位的优化获得了速度增量最优解的轨控策略。

4.3 轨道修正策略

转移飞行过程中的修正控制包括中途修正和轨道修正。中途修正共安排了 5 次，分别用于修正运载入轨误差以及转移轨道各次轨控残差，其中地月转移段安排了3次中途修正，通过调整变轨速度增量瞄准近月点目标状态；近月制动结束后至L2点的转移段安排了2次中途修正，用于消除近月制动控制残差，其控制策略与近月制动策略一致。轨道修正共安排了3次，目的是在捕获段修正3次捕获控制残差，保证轨道稳定性。

中途修正和轨道修正速度增量的大小主要受火箭入轨精度指标、测定轨精度指标和轨控精度的影响。修正时机的安排需要综合考虑误差扩散情况、测定轨弧段要求以及推进剂约束来决定，表5给出根据各项指标及任务约束确定的修正时序及速度增量预算。

表5 修正时机安排及速度增量预算

飞行阶段	轨控事件	修正时机	速度增量预算/(m/s)
地月转移	第一次中途修正	器箭分离后17h	36
	第二次中途修正	器箭分离后41h	10
	第三次中途修正	近月点前24h	
月球至L2转移	第四次中途修正	近月制动后24h	27
	第五次中途修正	近月制动后48h	5
捕获段	第一次轨道修正	第一次捕获后48h	5
	第二次轨道修正	第二次捕获后48h	
	第三次轨道修正	第三次捕获后48h	

5 发射窗口设计

根据工程总体要求及嫦娥四号探测器的研制进度需求，针对2018年5—6月间的所有发射窗口进行了搜索。发射窗口的计算按照近地点200km、出发倾角28.5°、近月点100km、近月点倾角15°的要求，并主要考虑以下筛选因素。

（1）近地点幅角144~180°。

（2）每天1~2个发射窗口。

（3）光照条件要求。

① 地月转移尽量无阴影。

② 使命轨道工作期间一次连续阴影时间不大于6h。

近地点幅角随时间变化情况如图7所示，每个月均有连续的4~5天机会可以满足运载要求。Halo轨道月影时长随轨道初始相位改变较大，因此统计不同时间开始在平动点工作，3年使命轨道工作期间的最长有效阴影，如图8所示。

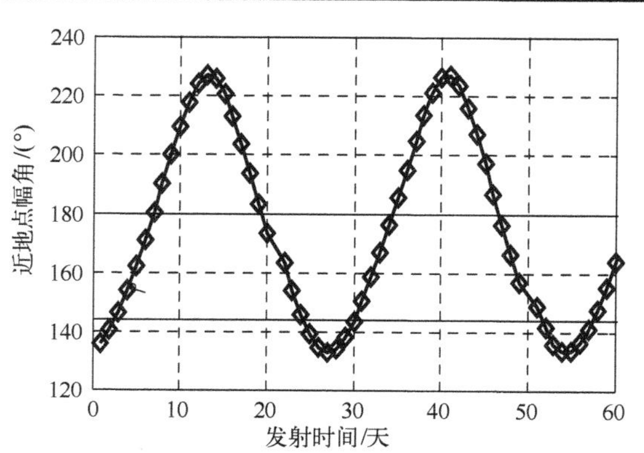

图7 地月转移轨道的近地点幅角变化

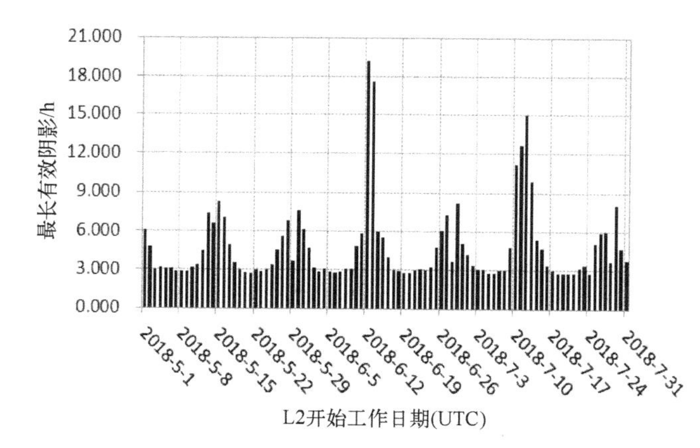

图8 最长有效阴影

通过分析可知，使命轨道的有效阴影次数和时长随轨道初始相位改变较大，每月均有两个连续约5~7天的机会，分别在农历初五~初十、二十~二十五前后，在这两个时间段内到达L2点使命轨道的卫星3年内的有效阴影次数少且时间短。因此发射窗口设计即是通过在满足近地点幅角约束的发射机会内，对到达Halo轨道的时间进行筛选，来保证3年长期飞行过程中阴影次数尽可能少、时长尽可能短。

对2018年5—6月间的发射窗口进行了筛选，并对使命轨道本影时长进行统计，使命轨道的运行时长为 3 年，结果如表 6 所列。由分析结果可知：对于 2018 年 5—6 月的发射窗口，A_Z 为 13000km 的轨道最长本影时长为 4.7h。

表 6 各窗口使命轨道本影时长统计

发射窗口		最长本影时长/h
2018-05-21	112h	2.5
	136h	2.5
2018-05-22	136h	4.7
2018-05-23	112h	3.8
	136h	3.8
2018-06-17	112h	3.9
	136h	4.2
2018-06-18	112h	4.5
2018-06-19	112h	2.5
	136h	2.5

6 飞行实践

鹊桥号中继星于 2018 年 5 月 21 日 05 时 54 分由 CZ-4C 火箭发射入轨，由于入轨精度较高，原定的三次地月转移中途修正仅执行了第一次，第二次和第三次中途修正均取消。地月转移段飞行约 112h 后，中继星到达近月点附近，近月点高度 111.6km，倾角 14.9°，中继星于 5 月 25 日 21 时 32 分开机执行近月制动，速度增量 203.2m/s，控后进入月球至 L2 点转移轨道，由于控制精度较高，预定的第四次中途修正取消，仅执行了第五次中途修正。中继星于 5 月 29 日 9 时到达地月 L2 点附近进入捕获段轨道，由于轨控误差较小，捕获段仅执行了第二次和第三次捕获控制，第一次捕获控制以及三次轨道修正均取消。表 7 给出进入使命轨道前的轨控事件情况汇总。

表 7 转移飞行阶段轨道控制

飞行事件	日期/BJT	速度增量/(m/s)	备注
第一次中途修正	2018-05-21	3.1	
第二次中途修正	2018-05-22	—	取消
第三次中途修正	2018-05-24	—	取消
近月制动	2018-05-25	203.2	
第四次中途修正	2018-05-26	—	取消
第五次中途修正	2018-05-27	0.4	
第一次捕获机动	2018-05-30	—	取消
第一次轨道修正	2018-06-01	—	取消
第二次捕获机动	2018-06-08	1.0	
第二次轨道修正	2018-06-10	—	取消
第三次捕获机动	2018-06-14	65.1	
第三次轨道修正	2018-06-16	—	取消

中继星于 2018 年 6 月 14 日 11 时执行了第三次捕获机动控制，第三次捕获点与预定位置的偏差不超过 20km，控后进入 Z 向振幅为 13000km 的南向 Halo 轨道，控后当圈振幅与标称设计结果差异小于 20km。

进入使命轨道后至 2019 年 9 月初，“鹊桥”卫星共实施 50 次轨道维持。轨道维持情况如表 8 所列。针对已有的维持实施情况分析维持频率和速度增量消耗，“鹊桥”卫星轨道维持频率平均约 9 天 1 次，1 年对应的速度增量约为 18m/s。卫星整个飞行过程中的参数和轨道控制效果符合预期，速度增量满足前期预算设计结果，充分验证了卫星轨道设计和轨道控制策略设计的正确性和合理性。

表 8 轨道维持统计

飞行事件	日期	速度增量/(m/s)	飞行事件	日期	速度增量/(m/s)
L2OM-1	2018-06-21	0.27	L2OM-12	2018-09-13	0.29
L2OM-2	2018-07-07	0.32	L2OM-13	2018-09-26	0.77
L2OM-3	2018-07-12	0.46	L2OM-14	2018-10-05	0.71
L2OM-4	2018-07-23	0.69	L2OM-15	2018-10-22	0.41
L2OM-5	2018-07-31	0.22	L2OM-16	2018-11-06	0.42
L2OM-6	2018-08-07	0.42	L2OM-17	2018-11-22	0.48
L2OM-7	2018-08-14	0.57	L2OM-18	2018-11-30	0.44
L2OM-8	2018-08-20	0.35	L2OM-19	2018-12-07	0.12
L2OM-9	2018-08-24	0.22	L2OM-20	2018-12-13	0.30
L2OM-10	2018-08-30	0.21	L2OM-21	2018-12-31	0.32
L2OM-11	2018-09-05	0.26	L2OM-22	2019-01-08	0.18

（续）

飞行事件	日　期	速度增量/(m/s)	飞行事件	日　期	速度增量/(m/s)
L2OM-23	2019-01-15	0.70	L2OM-37	2019-05-24	0.81
L2OM-24	2019-01-25	0.75	L2OM-38	2019-06-05	0.58
L2OM-25	2019-02-03	0.20	L2OM-39	2019-06-13	0.20
L2OM-26	2019-02-12	1.18	L2OM-40	2019-06-23	0.69
L2OM-27	2019-02-18	0.34	L2OM-41	2019-07-02	0.71
L2OM-28	2019-02-26	0.16	L2OM-42	2019-07-15	0.99
L2OM-29	2019-03-08	1.07	L2OM-43	2019-07-25	0.37
L2OM-30	2019-03-15	0.56	L2OM-44	2019-08-07	1.29
L2OM-31	2019-03-22	0.45	L2OM-45	2019-08-13	0.63
L2OM-32	2019-04-08	1.05	L2OM-46	2019-08-23	0.13
L2OM-33	2019-04-17	0.64	L2OM-47	2019-09-02	1.23
L2OM-34	2019-04-27	0.29	L2OM-48	2019-09-11	0.43
L2OM-35	2019-05-06	0.12	L2OM-49	2019-09-20	0.25
L2OM-36	2019-05-14	0.52	L2OM-50	2019-09-30	0.13

注：时间为北京时间。TCM（E2M）表示地月转移轨道的中途修正；TCM（M2L2）表示月球到L2转移轨道的中途修正；L2OM-t表示“鹊桥”卫星Halo轨道的第t次轨道维持

7　结束语

鹊桥号中继星是国际首次工程实施的地月平动点Halo轨道任务，与其他月球探测轨道设计不同，涉及发射轨道和地月转移轨道的拼接、地月转移轨道和月球到L2转移轨道的拼接、月球到L2转移轨道和平动点使命轨道的拼接，设计过程复杂。本文详细介绍了鹊桥号中继星的轨道设计过程，包括使命轨道以及转移轨道的方案选择、参数确定及轨控策略设计等，并对在轨飞行的结果进行了评估。中继星任务的成功实施，验证了轨道设计方法和模型的正确性，可为后续相关月球探测任务和平动点探测任务的轨道设计工作提供经验与参考。

参考文献

[1] Farquhar R W. The Flight of ISEE-3/ICE: Origins, Mission History, and a Legacy [C]. AIAA/AAS Astrodynamics Specialist Conference and Exhibit, Boston, Massachusetts, August 10-12, 1998.

[2] W Wild, N S Kardashev, S F Likhachev, et al. Millimetron-a large Russian-European submillimeter space observatory [J]. Experimental Astronomy, 2009, 23 (1): 221-244.

[3] Farqubar R W. The Utilization of Halo Orbits in advanced lunar Operations [R]. Greenbelt, Maryland: Goddard Space Flight Center, July 1971.

[4] Farquhar R W, Muhonen D P, Newman C R, et al. Trajectory and orbital maneuvers for the first libration-point satellite [J]. Journal of Guidance and Control, 1980, 3: 549-554

[5] Theodore H S, Stephen B B, Vassilis Angelopoulos, et al. Artemis mission design [J]. Space Science Reviews, 2011, 165: 27-57.

[6] 周文艳，黄昊，刘德成，等．嫦娥二号卫星日地L2点扩展任务轨道设计［J］．中国科学：技术科学，2013，43（6）：609-613.

[7] Zhanfeng M, Shan G, Zhongsheng W, et al. Trajectory design for extended mission of circumlunar return and reentry test [C] //Proceedings of IAA/AAS DyCoss 2018. Stockholm: IAA, 2018.

[8] 徐明，徐世杰．地月系L2点Lissajous轨道卫星对地月的跟踪规律研究［J］．宇航学报，2008，29（1）：59-65.

[9] 梁伟光，周文艳，等．地月系L2平动点卫星月掩规避问题分析［J］．航天器工程，2015，24（1）：44-49.

[10] Miller J K. Targeting an Optimal Lunar Transfer Trajectory Using Ballistic Capture [R]. Pasadena, California: Jet Propulsion Laboratory, California Institute of Technology, Jan, 1994.

[11] Gordon D P. Transfers to earth-moon L2 halo orbits using lunar proximity and invariant manifolds [D]. Indiana: Purdue University, 2008.

[12] Folta D C, Pavlak T A, Howell K C, et al. Stationkeeping of Lissajous trajectories in the earth-moon system with applications to ARTEMIS [C]. 20TH AAS/AIAA Space Flight Mechanics Meeting, San Diego, CA, Feb, 2010.

[13] Howell K C, Pernicka H J. Stationkeeping method for libration point trajectories [J]. Journal of Guidance, Control, and Dynamics, 1993, 16 (1): 151-159.

小行星探测悬停轨道设计

张相宇，田百义，汪中生
（北京空间飞行器总体设计部，北京，100094）

摘要：本文以小行星近距离探测任务为背景，针对质量较小、引力较弱的小行星设计了悬停探测轨道。首先对相对运动模型进行简化处理得到了一个二阶系统，然后针对该二阶系统进行了悬停速度增量估算，并进一步设计了相平面控制律，最后通过不同悬停高度下的仿真结果说明了该控制律的有效性。本文的研究结果能够有效解决弱引力小行星近距离悬停控制问题，为小行星探测任务论证燃料预算提供参考。

关键词：小行星探测；悬停控制；相平面控制律；燃料预算

1 引言

小行星被认为较好地保留了太阳系形成初期的物质，可为研究太阳系起源、演化提供重要的线索；此外一些近地小行星含有丰富的矿产资源，对小行星资源的开发和利用有助于缓解地球资源紧张的局面，因此对小行星的探测将具有重要的科学价值和经济价值[1]。目前，国外已经开展了多次小行星探测任务：美国的“NEAR”探测器[2]，欧洲航天局的“罗塞塔”探测器，日本的“隼鸟号”探测器，以及正在进行的美国的“DAWN”探测器和日本的“隼鸟号Ⅱ”探测器等[3-4]。随着我国深空探测任务的不断推进，小行星探测也被列入了后续深空探测任务中。

对小行星近距离探测可以得到小行星形状、物质组成、表面地形等重要特征，为探测器着陆小行星做准备，因此近距离探测将是小行星探测中的重要阶段。按照探测轨道类型的不同可将近距离探测分为绕飞探测和悬停探测两大类。相对于地球、火星等大行星，有的小行星形状比较小其直径仅在百米量级，此类小行星的引力较弱，需要设计相应的悬停控制策略实现探测时间与燃料消耗之间的需求平衡。

本研究将基于相对运动模型，并对其进行简化处理，针对简化的二阶模型进行悬停速度增量估算，并进一步设计相平面控制律，通过不同悬停高度下的仿真对设计的控制律进行验证。研究结果可为我国未来小行星近距离探测任务的悬停控制提供技术支撑。

2 动力学模型及控制方法

2.1 探测器相对小行星的相对运动方程

在探测器与小行星相对运动的动力学模型中，以小行星为中心建立小行星轨道坐标系（图1），坐标系的 x 轴由日心指向小行星质心，z 轴垂直于小行星的轨道平面沿轨道角速度方向，y 轴与 x 轴、z 轴构成右手坐标系。则相对运动方程可以表示为[5]

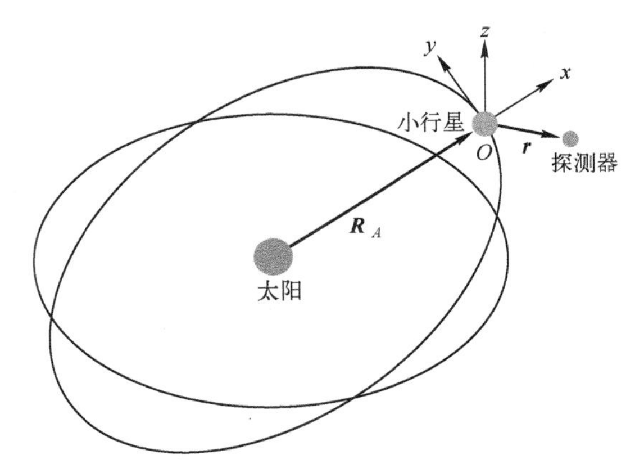

图1 以小行星为中心的轨道坐标系

$$\begin{cases} \ddot{x} = 2\omega_c \dot{y} + 3\omega_c^2 x - \dfrac{\mu_A}{r^3}x + \dfrac{F_r}{m} + \dfrac{F_x}{m} \\ \ddot{y} = -2\omega_c \dot{x} - \dfrac{\mu_A}{r^3}y + \dfrac{F_y}{m} \\ \ddot{z} = -\omega_c^2 z - \dfrac{\mu_A}{r^3}z + \dfrac{F_z}{m} \end{cases} \quad (1)$$

式中：$[x,y,z]$和$[\dot{x},\dot{y},\dot{z}]$分别为探测器相对小行星的位置和速度，$r=\sqrt{x^2+y^2+z^2}$；$\omega_c$ 为小行星绕太阳运行的轨道角速度，对于周期为一年的小行星其大小为 1.99×10^{-7}；μ_A 为小行星引力系数假设直径在 100m 左右的球形小行星，并且参照小行星 Eros433 假设其密度为 2670kg/m^3，则其引力系数为

$$\mu_A=Gm_A=6.67428\times10^{-11}\times1.398\times10^9$$
$$=9.3307\times10^{-2}\text{m}^3/\text{s}^2 \tag{2}$$

F_r 为太阳光压，取探测器面积 36m^2，在 1AU 处太阳光压大小为 3.2568×10^{-4} N，取探测器质量为 1500kg，对应的加速度为 $2.1712\times10^{-7}\text{m/s}^2$，一天累积的速度增量为 0.0188m/s，100 天对应速度增量 1.88m/s。F_x、F_y、F_z 为控制力。

当悬停高度为 3km 时，式（1）右侧 $2\omega_c$ 的量级为10^{-7}，$\dfrac{\mu_A}{r^3}$的量级为10^{-12}，光压量级为10^{-7}均为小量，在初步估算分析时，无控状态下可将式（1）简化为最简的二阶系统如下：

$$\begin{cases}\ddot{x}=0\\ \ddot{y}=0\\ \ddot{z}=0\end{cases} \tag{3}$$

2.2 悬停控制速度增量估算

对于简单的二阶系统，等效为系统以一定的速度做匀速直线运动，当到达运动边界时施加 ΔV 使得系统沿相反方向运动，如此往复，最终总的速度增量为所有速度增量的总和。而匀速直线运动的最小运动速度为系统的控制精度，本文取探测器相对小行星运动的最小控制精度为 0.01m/s。

对于图 2 的悬停方式，取系统 3 个方向的控制精度为 $x_b=300\text{m}$，3 个方向的速度增量可以解耦后单独计算，以 x 方向为例，假设初始时刻系统以最小速度 $v_c=0.01\text{m/s}$ 运动，则每一次施加控制的时间间隔为

$$\Delta t=x_b/v_c=300/0.01=30000\text{s} \tag{4}$$

则 30 天的控制次数：

$$n=t_s/\Delta t=30\times86400/30000=87 \tag{5}$$

总的速度增量为

$$\Delta V=2v_c n=1.74\text{m/s} \tag{6}$$

3 个方向总的速度增量为 5.22m/s。通过以上计算过程可知，控制精度 x_b 增大，控制次数减少，总的速度增量减少，如取 $x_b=600\text{m}$，总的速度增量为 2.64m/s，减少了一半；控制精度决定了最小速度 v_c，v_c 增大，控制频率增加，总的速度增量提高，如取 $v_c=0.02\text{m/s}$，总的速度增量提高到 20.75m/s，将增大 4 倍。且通过计算过程可知：在 3km 和 5km 悬停高度，式中$\dfrac{\mu_A}{r^3}$均为小量，可以忽略，因此在 3km 和 5km 悬停高度速度增量相差不大。以上计算方式为简单的二阶系统估算，并未考虑高阶项及太阳光压的影响。

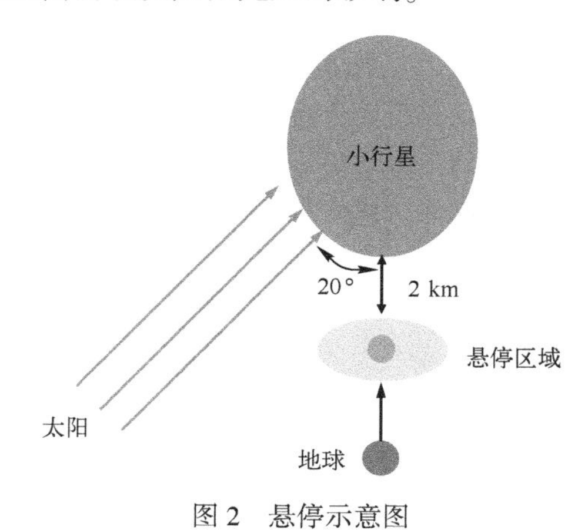

图 2　悬停示意图

2.3 基于相平面方法的悬停控制仿真

考虑式（1）包含太阳光压模型的动力学方程，可简化为最简二阶系统，采用如下的相平面控制律[6]：

$$u=\begin{cases}+1 & (e\geqslant\theta_D)\\ +1 & (e>(1-h)\theta_D,\ \dot{e}<0)\\ 0 & (-\theta_D\leqslant e<(1-h)\theta_D,\dot{e}<0)\\ 0 & (-(1-h)\theta_D\leqslant e<\theta_D,\dot{e}>0)\\ -1 & (e<-(1-h)\theta_D,\dot{e}>0)\\ -1 & (e\leqslant-\theta_D)\end{cases} \tag{7}$$

控制逻辑如式（7）所示，其中 $e=\theta_r-\theta+k(\dot{\theta}_r-\dot{\theta})$ 为系统与期望值（$[\theta_r,\dot{\theta}_r]$）间的误差，$\theta$ 和 $\dot{\theta}$ 为对应悬停位置和速度，k、h、θ_D 为控制参数。

图 3 为相平面控制原理图，通过 4 条开关线将相平面区域分为 3 个区域，分别为正开区、负开区和零区。若当初始位置位于 0 位置时，推力器沿负方向喷气，当到达负关线 1 时关闭喷气，系统沿 1-2 滑行到 2 位置的正开线，此后推力器沿正方向喷气，当到达负关线 3 时关闭喷气，此后经过 4 位置又沿负方向喷气，最终系统被约束在由 IJKH 组成的极限环内。极限环 IJKH 的高度和宽度决定了最终的控制精度。

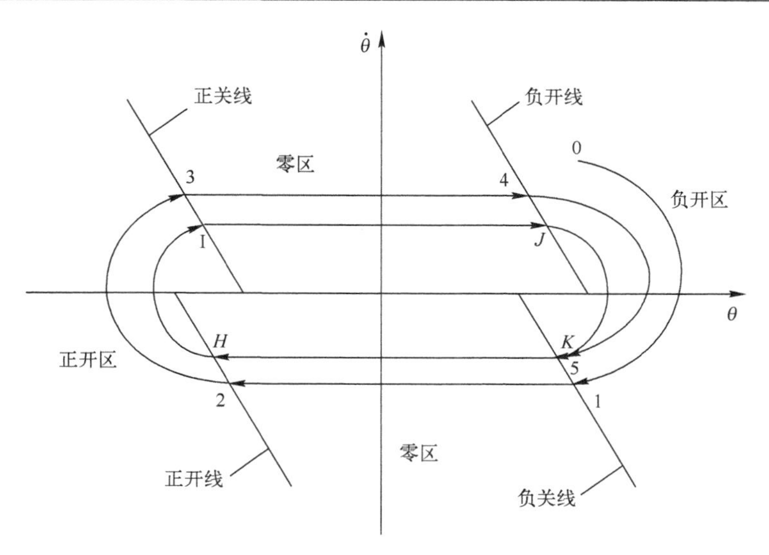

图 3 相平面控制原理图

3 仿真算例及分析

3.1 3km 悬停高度仿真

考虑小行星与太阳连线和小行星与探测器连线之间夹角为 20°，则初始悬停位置为 $x_0 = [-2819, -1026, 0]$。假设速度控制精度为各向 0.01m/s，取初始速度为 $v_0 = [0.01, 0.01, 0.01]$，取控制参数 $h=0.01$、$k=80$、$\theta_D=145$，仿真在 3km 悬停高度悬停 30 天的控制过程。其中仿真其他参数如表 1 所列。

表 1 仿真分析参数

名　称	参 数 值
小行星密度	2670kg/m^3
小行星半径	50m
绕日轨道周期	365 天
探测器推力	0.1N
探测器质量	1500kg
探测器面积	36m^2
太阳光压系数	2

仿真结果总的速度增量 x 方向为 0.6098m/s，y 方向为 1.6415m/s，z 方向为 1.6971m/s，3 个方向总的速度增量为 3.9483m/s。其中 y 和 z 方向与上一节理论简化分析结果（式（6））相差不大，而 x 方向减少了一半多，主要原因是由于太阳光压沿 x 轴正方向，控制律设计成了单边极限环的控制方式。即如图 4 和图 5 所示，当相对位置到达正边界时，施加反向控制力使得探测器的速度由 x 轴正方向逐渐改变为 x 轴负方向，此后探测器沿 x 轴负方向运动，在沿 x 轴正方向光压的作用下探测器的速度逐渐减小到零然后沿 x 轴正方向增大，最后又到达正边界位置，如此往复。

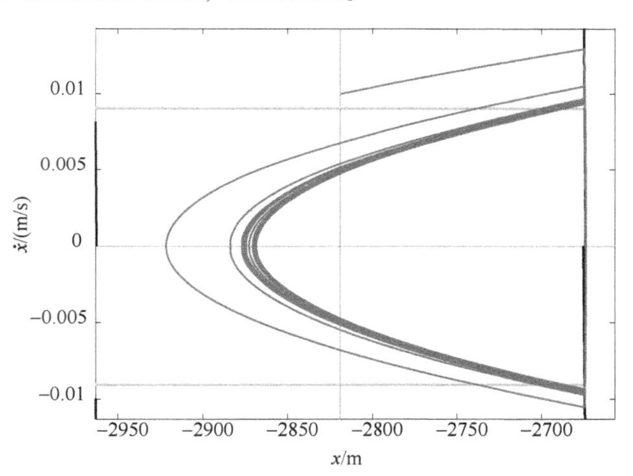

图 4 x 方向相平面图

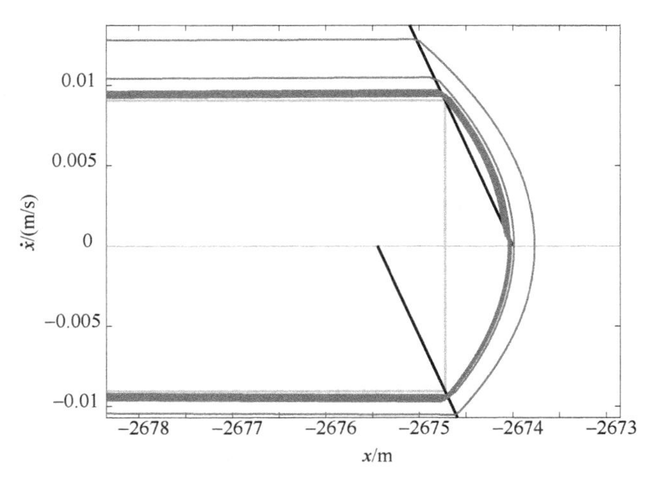

图 5 x 方向相平面图（局部放大）

y 和 z 方向由于没有太阳光压作用，不能设计成单边极限环的控制方式，只能设计成双边极限环控制方式。即如图 6～图 9 所示，当相对位置到达正边界时，施加反向控制力使得探测器的速度由 y 轴正方向逐渐改变为 y 轴负方向，此后探测器沿 y 轴负方向运动，当到达负边界时，施加沿 y 轴正方向的控制力，使得探测器的速度由 y 轴负方向逐渐改变为 y 轴正方向，最后又到达正边界位置，如此往复。z 方向与 y 方向类似，如图 7 所示。

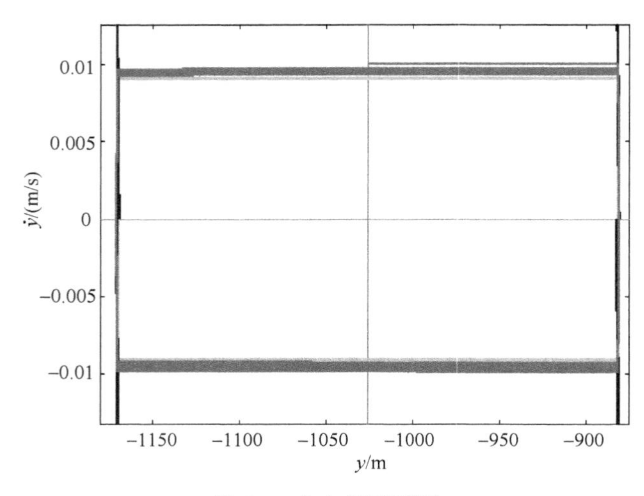

图 6　y 方向相平面图

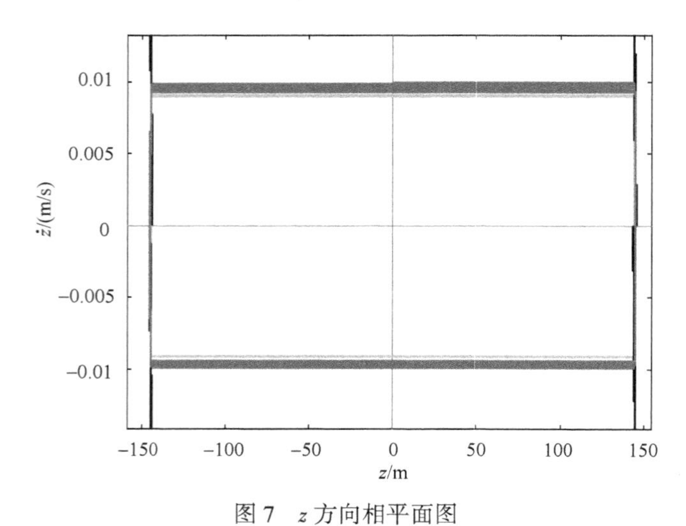

图 7　z 方向相平面图

3.2　5km 悬停高度仿真

取初始位置为 $x_0=[-2040,-1710,0]$。根据速度控制精度为各向 0.01m/s，取初始速度为 $v_0=[0.01,0.01,0.01]$，取控制参数 $h=0.01$、$k=80$、$\theta_D=145$，仿真 5km 悬停高度 30 天内的控制过程。

仿真结果总的速度增量 x 方向为 0.5958m/s，y 方向为 1.6436m/s，z 方向为 1.6735m/s，3 个方向总的速度增量为 3.9129m/s。与 3km 工况相比仅

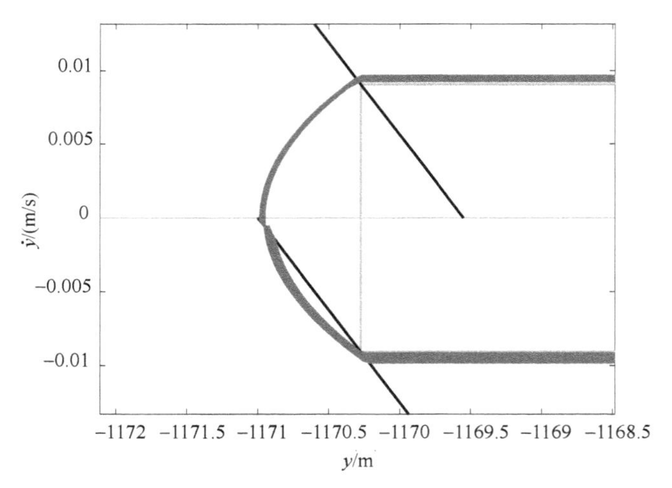

图 8　y 方向相平面图（左侧放大）

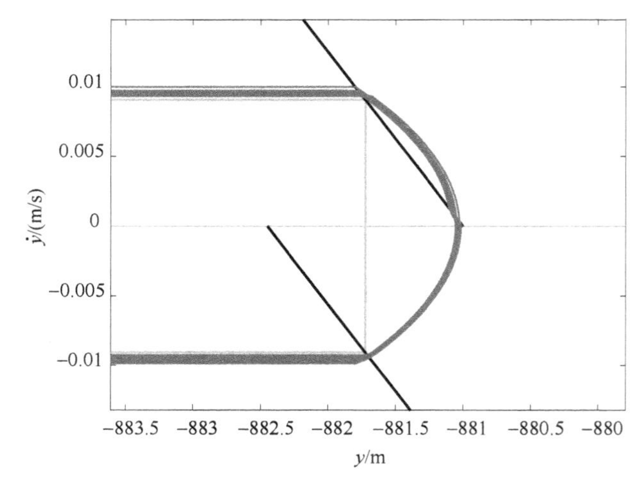

图 9　y 方向相平面图（右侧放大）

减少 0.0354m/s，不到 1%。

此外，针对不同的控制参数得到不同的位置和速度控制精度，如表 2 所列。其结果与理论分析结果大致一致。当速度精度一致，位置控制范围增大，速度增量大约降低 1/2。当位置控制范围一致，最小速度增大，速度增量大约提高 4 倍。

表 2　悬停高度 5km 不同控制参数的控制结果

工　况	1	2	3
控制参数	$h=0.01$ $k=80$ $\theta_D=145$	$h=0.0055$ $k=80$ $\theta_D=290$	$h=0.011$ $k=80$ $\theta_D=290$
位置精度/m	289.78	579.8956	582.7726
速度精度/(m/s)	0.0091	0.0100	0.0199
总的速度增量/(m/s)	3.9129	2.4194	10.5263

4　结束语

本文针对引力较弱的小行星悬停探测问题。

首先将相对运动模型简化为一个二阶系统，然后针对该二阶系统进行了悬停速度增量估算，并进一步设计了相平面控制律，最后通过 3km 和 5km 的悬停高度进行了仿真，得出以下结果。

（1）悬停高度对速度增量的影响不大，3km 和 5km 高度速度增量相差不到 1%。

（2）3 个方向可解耦控制，位置控制范围增大一倍对应速度增量减少大约 1/2；控制精度决定了最小速度，最小速度增大 1 倍，总的速度增量提高大约 4 倍。

（3）考虑太阳光压后，x 方向可以构成单边极限环的控制策略，从而降低速度增量，大约可降低 x 方向速度增量的 1/2。

（4）本文速度增量估算时忽略了小天体的引力，但在仿真中考虑了小天体的引力，两者速度增量相差大约 0. 1m/s。

本文的研究结果能够有效解决弱引力小行星近距离悬停控制问题，为小行星探测任务论证燃料预算提供参考。

参考文献

[1] 董捷．国外探测器接近至着陆小天体的飞行策略研究［J］. 航天器工程，2016，25（4）：87-94.

[2] Scheeres D J，Williams B G，Miller J K. Evaluation of the Dynamic Environment of an Asteroid：Applications to 433 Eros［J］. Journal of Guidance，Control，and Dynamics，2000（23）：466-475.

[3] 胡维多，Scheeres，向开恒．飞行器近小行星轨道动力学的特点及研究意义［J］. 天文学进展，2009，27（2）：152-166

[4] Scheeres D J，Broschart S，Ostro S J，et al. The Dynamical Environment about Asteroid 25143 Itokawa：Target of the Hayabusa Mission［C］//AIAA/AAS Astrodynamics Specialist Conference and Exhibit，Providence，Rhode Island，2004：1-12.

[5] 李俊峰，宝音贺西，蒋方华．深空探测动力学与控制［M］. 北京：清华大学出版社，2014.

[6] 屠善澄．卫星姿态动力学与控制［M］. 北京：中国宇航出版社，1998.

地月空间共面自由返回轨道设计与分析

彭 坤[1]，徐 明[2]，杨 雷[1]，黄 震[1]，王 平[1]
（1. 中国空间技术研究院总体设计部，北京，100094；
2. 北京航空航天大学宇航学院，北京，100191）

摘要：为快速设计出适合载人月球探测任务和地月空间人员运输任务的自由返回轨道，在三体模型下研究了地月空间共面自由返回轨道的设计方法及其轨道特性。首先，在圆型限制性三体模型下建立自由返回轨道地心旋转系下二维极坐标动力学模型。其次，根据自由返回轨道对称特性建立求解模型，选择近月点 y 轴速度为控制变量，并基于月球逃逸速度给出控制变量初值估计方法。提出了不同地心和月心运行方向的对称自由返回轨道搜索策略并比较其轨道差异，分析了不同近地点高度和近月点高度下自由返回轨道的轨道特性。最后，考虑载人月球探测任务再入约束，以对称自由返回轨道为初值，将地月转移加速速度增量和地心旋转系对准角作为控制变量，通过微调近地点状态得到直接再入的非对称自由返回轨道。仿真结果表明本文提出的设计方法能快速准确地搜索出指定类型的对称自由返回轨道以及直接再入的非对称自由返回轨道，同时其轨道特性分析结论可为后续载人月球探测任务和地月空间人员运输任务自由返回轨道选择提供参考。

关键词：载人登月；自由返回轨道；地月空间；圆型限制性三体模型；微分修正

1 引言

随着“深空之门”地月空间设施方案的逐步完善[1]，国际各航天机构已将进入地月空间作为推动载人深空探测发展新的兴趣点，而地月空间人员往返运输途径则是研究的重点。不同于地月空间货运任务，人员往返运输首先要考虑人员安全性。自由返回轨道由于其不需要额外变轨仅借助月球引力自动返回地球的特性，能保证航天器发生故障后航天员安全返回地球，而被广泛应用于阿波罗载人登月工程的地月转移过程中。阿波罗 13 号任务[2]中飞船由于氧气瓶爆炸无法进行近月制动，正是利用自由返回轨道的特性，使 3 名宇航员最终安全返回地球。Apollo13 号任务[3]全面验证了自由返回轨道的正确性，被美国人称为“一次成功的失败”。

自由返回轨道的研究开始于 20 世纪阿波罗时期，Penzo[4]最早采用双二体模型和圆锥曲线拼接方法求解绕月自由返回轨道。随后 Gibson[5]结合圆锥曲线拼接和多体模型设计绕月自由返回轨道并进行参数对比。2010 年，国内学者黄文德等[6]基于双二体假设给出了自由返回轨道设计流程，并对自由返回轨道的飞行时间、轨道倾角等轨道参数进行了特性分析。Peng 等[7]基于双二体模型先采用粒子群算法进行全局优化，再应用序列二次规划进行局部搜索，对满足所有载人月球探测任务约束的自由返回轨道进行求解。张磊等[8]在双二体模型下以能量匹配计算初值，并完成了自由返回轨道发射弹道拼接和落点位置匹配。贺波勇等[9]在双二体假设下通过 4 段二体轨道拼接完成自由返回轨道初值设计以及匹配近地停泊轨道面的月窗口，进一步用序列二次规划求解精确轨道和满足停泊轨道入轨相位的窗口。曹鹏飞等[10]在文献［8］的求解思路基础上采用序列二次规划构造两层迭代格式，在高精度模型和强目标约束下对轨道初值进行修正。除了双二体模型外，圆型限制性三体模型也广泛应用于自由返回轨道求解。Miele 基于圆型限制性三体模型定义了对称自由返回轨道[11]，并系统研究了自由返回轨道的轨道优化问题[12]。Hou 等[13]以对称自由返回轨道为基础，通过改变近月点 Z 轴方向的位置和速度求解满足不同出发点、近月点和返回点高度的自由返回轨道。伪状态模型[14-15]也可用于自由返回轨道初值求解，但其本质为限制性三体问题的封闭近似解法。此外，Peng 等[16]根据自由返回轨道的对称特性，直接在高精度模型中搜索自由返回轨道。

Yim 等[17]在二体模型求解自由返回轨道发射窗口初值，并通过微分修正算法能快速搜索到精确自由返回轨道。为提高自由返回轨道的月面可达性，Li 等[18]还设计了多段自由返回轨道生成方法，但其地月转移轨道需要施加一次脉冲变轨。

以上文献大多针对飞行时间为 6 天左右的阿波罗式自由返回轨道，没有对整个地月空间不同近地点高度、不同近月点高度以及不同飞行时间的自由返回轨道进行全面分析。Schwaniger[19]在三体模型给出不同类型对称自由返回轨道的速度增量和飞行时间等轨道参数特性，但较少讨论其轨道生成方法。Jesick 等[20]以二体模型初值猜测和三体模型数值计算逐步生成满足近月点高度和再入约束的自由返回轨道，给出了不同近月点高度下自由返回轨道的地月转移加速速度增量和飞行时间特性，但求解过程较复杂。为研究整个地月空间多类型自由返回轨道特性，本文基于圆型限制性三体模型对共面自由返回轨道进行分析。为简化求解过程和提高搜索速度，直接在三体模型下进行求解，飞行时间由终端点航迹角自动确定，依据自由返回轨道对称特性仅将近月点 y 轴速度作为控制变量，并基于月球逃逸速度估计控制变量初值。同时，提出不同地心和月心运行方向的对称自由返回轨道搜索策略，采用微分修正算法进行求解并分析不同近地点高度和近月点高度下自由返回轨道的轨道特性，以选择适合地月空间人员运输任务的自由返回轨道类型。最后，考虑载人月球探测任务中的再入约束，以对称自由返回轨道为初值，将地月转移加速速度增量和地心旋转系对准角作为控制变量，通过微分修正得到直接再入的非对称自由返回轨道，分析直接再入自由返回轨道与控制变量之间的关系，提高自由返回轨道设计效率。

2　系统模型

在圆型限制性三体假设下建立航天器在地心旋转系下的二维极坐标动力学方程[21]：

$$\begin{cases}\dot{r}=v_{\mathrm{r}}\\ \dot{\theta}=\dfrac{v_{\theta}}{r}\\ \dot{v}_{\mathrm{r}}=\dfrac{v_{\theta}^{2}}{r}-\dfrac{\mu_{\mathrm{E}}}{r^{2}}-\dfrac{\mu_{\mathrm{M}}(r-d\cos\theta)}{R_{m}^{3}}-\dfrac{\mu_{\mathrm{M}}\cos\theta}{d^{2}}+2\omega v_{\theta}+\omega^{2}r\\ \dot{v}_{\theta}=-\dfrac{v_{\mathrm{r}}v_{\theta}}{r}-\dfrac{\mu_{\mathrm{M}}d\sin\theta}{R_{\mathrm{m}}^{3}}+\dfrac{\mu_{\mathrm{M}}\sin\theta}{d^{2}}-2\omega v_{\mathrm{r}}\end{cases}\tag{1}$$

式中：$[r,\theta,v_{\mathrm{r}},v_{\theta}]$为地心旋转系下航天器的极坐标状态量；$R_{m}=(r^{2}-2dr\cos\theta+d^{2})^{1/2}$；$d=384400\mathrm{km}$ 为地月距离；μ_{E} 和 μ_{M} 分别为地球和月球的引力常数；ω 为月球公转角速度。式（1）可作为自由返回轨道设计的状态方程。

自由返回轨道的飞行过程如图 1 所示：航天器从地球停泊轨道 A 点出发，施加面内切向速度增量 ΔV，进入自由返回轨道；航天器地月转移飞行至近月点 B 时，距月面高度 h_{B}；此后航天器借助月球引力返回地球 C，对应的地面高度和航迹角分别为 h_{C} 和 γ_{C}。

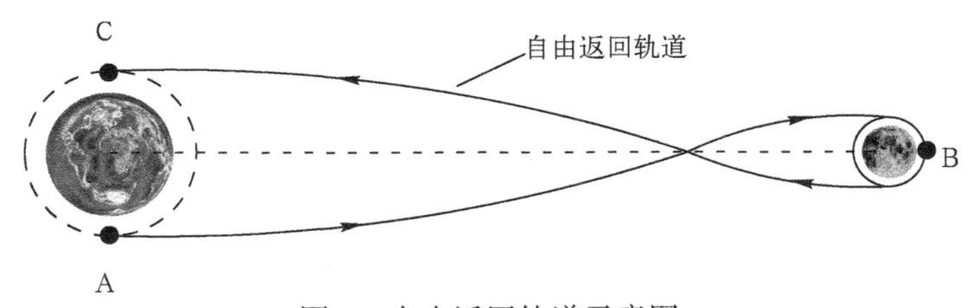

图 1　自由返回轨道示意图

对于自由返回轨道，设出发点 A 的初始时刻为 t_{A}，近月点 B 时刻为 t_{B}，返回点 C 时刻为 t_{C}，则其初始条件和目标约束可分别表示为

$$\begin{cases}r(t_{\mathrm{A}})=R_{\mathrm{E}}+h_{\mathrm{A}}\\ v_{\mathrm{r}}(t_{\mathrm{A}})=0\end{cases}\tag{2}$$

$$\begin{cases}r_{\mathrm{m}}(t_{\mathrm{B}})=R_{\mathrm{M}}+h_{\mathrm{B}}\\ \gamma_{\mathrm{m}}(t_{\mathrm{B}})=\sin^{-1}\left(\dfrac{\boldsymbol{R}_{\mathrm{m}}(t_{\mathrm{B}})\cdot\boldsymbol{V}_{\mathrm{m}}(t_{\mathrm{B}})}{\|\boldsymbol{R}_{\mathrm{m}}(t_{\mathrm{B}})\|\|\boldsymbol{V}_{\mathrm{m}}(t_{\mathrm{B}})\|}\right)=0\\ r(t_{\mathrm{C}})=R_{\mathrm{E}}+h_{\mathrm{C}}\\ \gamma(t_{\mathrm{C}})=\sin^{-1}\left(\dfrac{\boldsymbol{R}(t_{\mathrm{C}})\cdot\boldsymbol{V}(t_{\mathrm{C}})}{\|\boldsymbol{R}(t_{\mathrm{C}})\|\|\boldsymbol{V}(t_{\mathrm{C}})\|}\right)=\gamma_{\mathrm{C}}\end{cases}\tag{3}$$

式中：R_{E} 和 R_{M} 分别为地球和月球的半径；γ 为航天器相对地球的航迹角；$\boldsymbol{R}$ 和 $\boldsymbol{V}$ 分别为地心惯性系下航天器的位置速度矢量；r_{m} 和 γ_{m} 为航天器相对月球的极径和航迹角；$\boldsymbol{R}_{\mathrm{m}}$ 和 $\boldsymbol{V}_{\mathrm{m}}$ 分别为月心惯性系下航天器的位置速度矢量。

3　对称自由返回轨道设计

3.1　求解模型

为研究整个地月空间自由返回轨道的基本特性，首先分析对称自由返回轨道的轨道特性。对于对称自由返回轨道，其出发点地心高度与返回点地心高度相等，航迹角均为0°。由文献［19］可知，对称自由返回轨道的近月点位于地心旋转坐标系 x 轴上。相比于一般地月转移轨道[22]，对称自由返回轨道的近月点约束更严格，敏感性更强，如果直接设计近地点状态，则收敛区间小，不易收敛。为此，本文以近月点参数作为控制变量，通过轨道逆推得到近地点状态以匹配出发点轨道参数，以降低自由返回轨道搜索过程敏感性。

根据对称自由返回轨道近月点位于地心旋转坐标系 x 轴上的特性可知，$\theta(t_B)=0$，$v_r(t_B)=0$。将近月点高度约束作为初始条件，以月心逆行为例，则 $r(t_B)=d+R_M+h_B$。唯一不确定的状态变量为 $v_\theta(t_B)$，可将数值 $v_{\theta B}$ 其作为控制变量。

为减少控制变量个数，提高搜索速度，不将近月点B到出发点A的轨道逆推的飞行时间 t_{BA} 作为控制变量，而通过航天器相对地心的航迹角作为轨道逆推到出发点A的终止条件，如下式：

$$\begin{cases}\gamma=\arcsin\left(\dfrac{\boldsymbol{R}\cdot\boldsymbol{V}}{\|\boldsymbol{R}\|\|\boldsymbol{V}\|}\right)=0\\ \dot{\gamma}>0\end{cases} \tag{4}$$

轨道逆推的终端约束为出发点的地心距 $r(t_A)=R_E+h_A$。通过以上转换，可将对称自由返回轨道求解转化为非线性规划问题，控制变量为 $v_{\theta B}$，目标约束为 $r(t_A)=R_E+h_A$，状态方程见式（1），轨道逆推终止条件见式（4）。

3.2 初值估计

初值估计的精度直接影响对称自由返回轨道搜索的收敛性。本文以自由返回轨道近月点处的环月轨道逃逸轨道来近似估计控制变量 $v_{\theta B}$，如下式：

$$v_{\theta B}=-\sqrt{\frac{2\mu_M}{(h_B+R_M)}}+\sqrt{\frac{\mu_E}{d}}-\omega\cdot(d+R_M+h_B) \tag{5}$$

3.3 搜索策略

通过式（5）可以估计 $v_{\theta B}$ 的初值，代入求解模型中计算出出发点地心距误差，通过修正算法不断修正 $v_{\theta B}$ 从而得到满足目标约束的对称自由返回轨道。由于搜索流程大幅降低了自由返回轨道的敏感性，本文采用一般微分修正算法对自由返回轨道进行求解，如下式：

$$v_{\theta B}^{k+1}=v_{\theta B}^{k}+M^{-1}(d+R_E+h_A-r^k(t_A)) \tag{6}$$

式中：$M=\partial r(t_A)/\partial v_{\theta B}$，可通过线性摄动法数值计算得出。

对于二维对称自由返回轨道，满足相同近地点轨道高度和近月点轨道高度的轨道共有4种：地心顺行月心逆行、地心逆行月心逆行、地心顺行月心顺行和地心逆行月心顺行（与地心旋转系的旋转方向相同为顺行，反之为逆行）。对于月心顺行和逆行的情况，本文通过设置近月点时刻的极径大小来进行区分，如下式：

$$r(t_B)=\begin{cases}d+(R_M+h_B), & \text{月心逆行}\\ d-(R_M+h_B), & \text{月心顺行}\end{cases} \tag{7}$$

对于地心顺行和逆行的情况，使用出发点时刻极径约束不能直观进行区分，本文设置如下形式的出发点极径约束：

$$r^*(t_A)=H_z(t_A)\cdot r(t_A) \tag{8}$$

式中：$H_z(t_A)$ 为航天器在出发点时刻 t_A 地心旋转系下角动量单位矢量的 z 轴分量，其正负可表征地心的顺逆行方向。通过以上定义，可通过修正的出发点极径 $r^*(t_A)$ 来区分地心顺逆行，如下式：

$$r^*(t_A)=\begin{cases}(R_E+h_A), & \text{地心顺行}\\ -(R_E+h_A), & \text{地心逆行}\end{cases} \tag{9}$$

设 $h_A=200\text{km}$，$h_B=100\text{km}$，采用以上搜索策略可得到4种不同地心月心运行方向的自由返回轨道，如图2~图5和表1所示。由仿真结果可知，月心顺行自由返回轨道的飞行时间远大于月心逆行自由返回轨道，前者飞行轨迹长且远离地月空间，受太阳引力摄动影响更大。由表1可知，地心顺行自由返回轨道的地月加速速度增量小于地心逆行自由返回轨道。

表1 4种类型自由返回轨道搜索结果

轨道类型	地月转移加速 Δv/(km/s)	总飞行时间 t/天
地心顺行月心逆行	3.158	5.72
地心逆行月心逆行	3.162	5.65
地心顺行月心顺行	3.158	27.42
地心逆行月心顺行	3.161	29.95

考虑到未来地月空间可能在不同轨道高度的近地轨道和环月轨道分别设置空间站，以下全面分析不同近地点高度和近月点高度的对称自由返回轨道的轨道特性。首先，设近月点高度 $h_B=100\text{km}$，近地点高度范围为 $h_A=200\sim35786\text{km}$，分析4种类型对称自由返回轨道的轨道参数随近地点高度的变化情况，如图6所示。由图6（a）可知，地月转移加速速度增量 ΔV 随近地点高度的增加而逐渐降低，变化范围为3.2~1.1km/s，4种类型轨道的 ΔV 数值相差不大。由图6（b）可知，总飞行时间随近地点高度的增加而逐渐增加，其中月心顺行轨道飞行时间远大于月心逆行轨道，前者飞行时间在30天左右，后者飞行时间在6天左右。

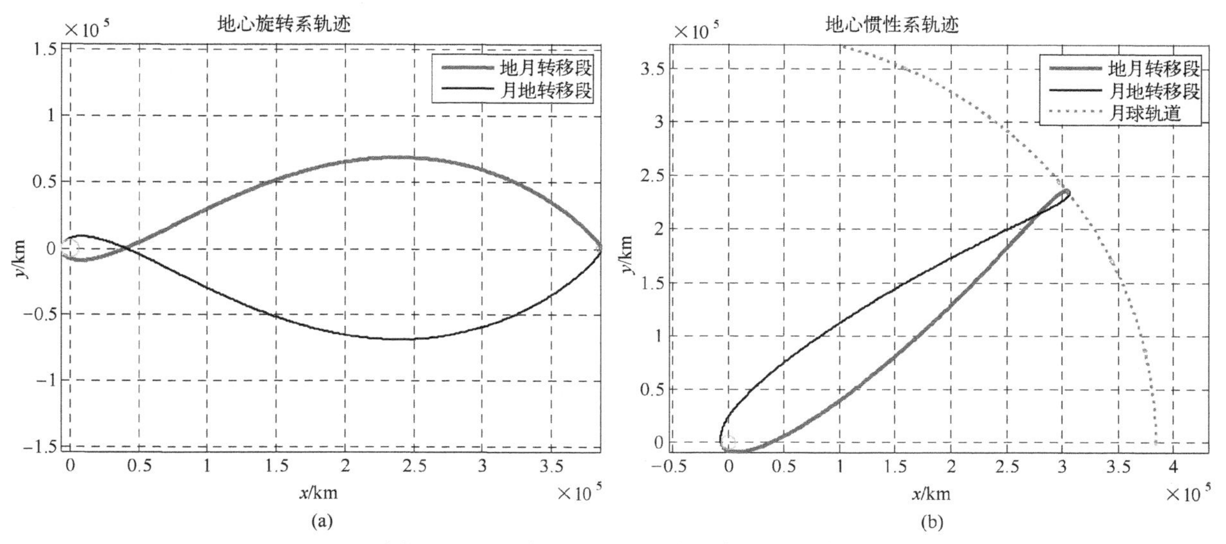

图 2　地心顺行月心逆行对称自由返回轨道

(a) 地心旋转系；(b) 地心惯性系。

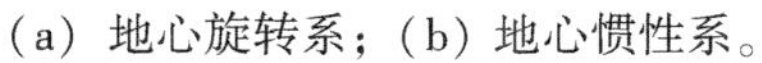

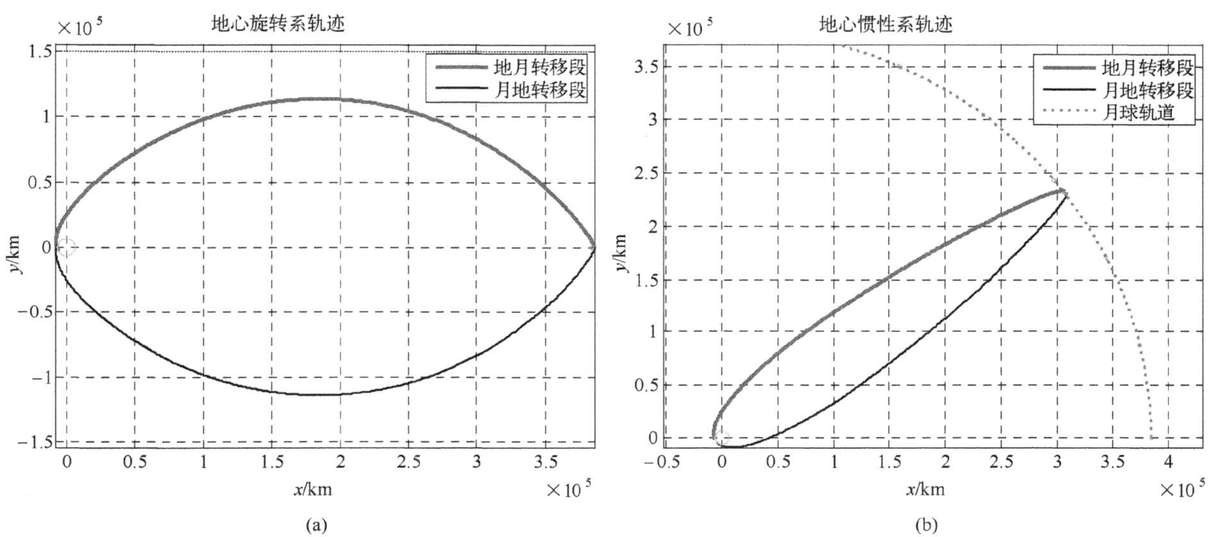

图 3　地心逆行月心逆行对称自由返回轨道

(a) 地心旋转系；(b) 地心惯性系。

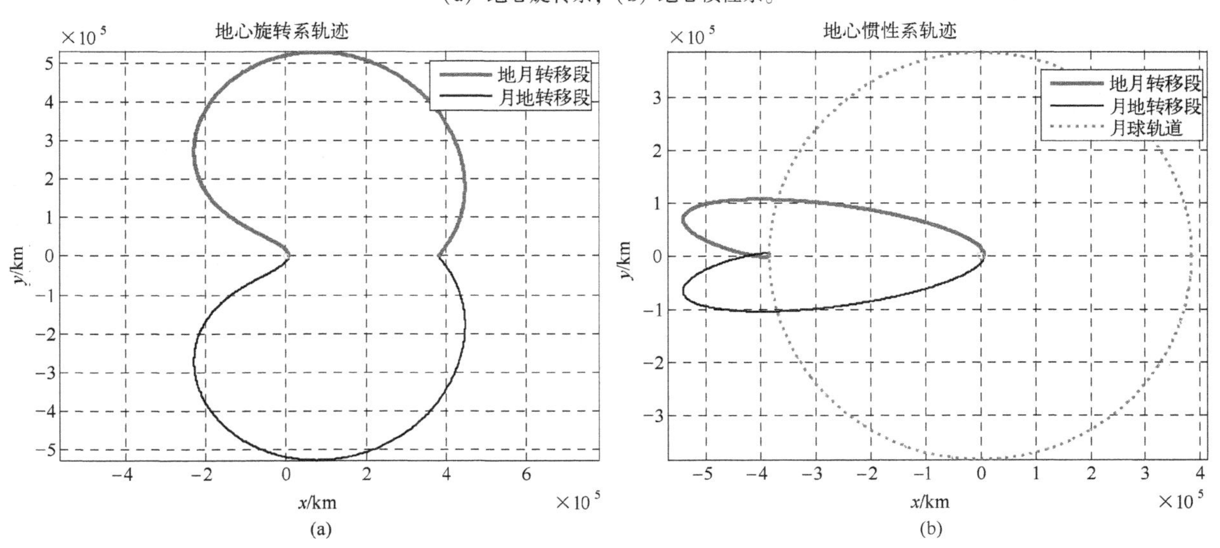

图 4　地心顺行月心顺行对称自由返回轨道

(a) 地心旋转系；(b) 地心惯性系。

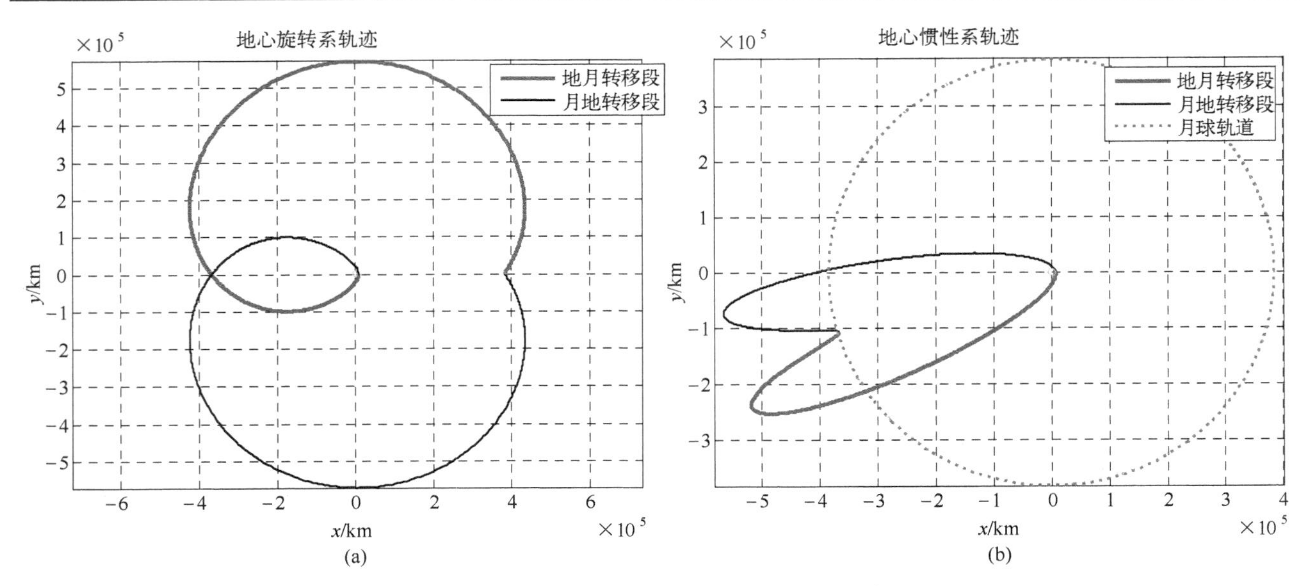

图 5　地心逆行月心顺行对称自由返回轨道

（a）地心旋转系；（b）地心惯性系。

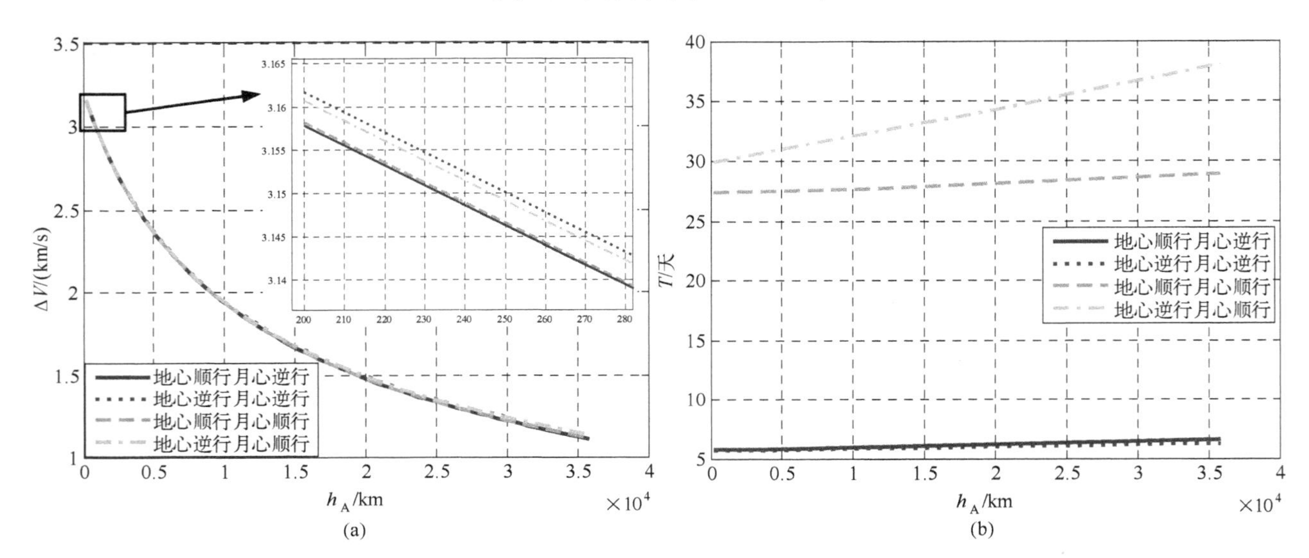

图 6　对称自由返回轨道的速度增量和飞行时间随近地点高度变化曲线

（a）速度增量；（b）飞行时间。

其次，设近地点高度 $h_A=200\text{km}$，近月点高度范围为 $h_B=100\sim20000\text{km}$，分析 4 种类型对称自由返回轨道的轨道参数随近月点高度的变化情况，如图 7 所示。由图 7（a）可知，地月转移加速速度增量 ΔV 随近月点高度的增加而逐渐降低，变化范围不大，为 3.16～3.14km/s，前期地心逆行轨道 ΔV 较大，后期月心逆行轨道 ΔV 较大，但总体来说量级相差不大。由图 7（b）可知，月心顺行轨道总飞行时间随近月点高度的增加而逐渐减小，变化范围为 30～10 天；月心逆行轨道总飞行时间随近月点高度的增加而逐渐增加，变化范围为 6～10 天。

由以上分析可知，月心逆行轨道飞行时间明显低于月心顺行轨道飞行时间；同时地心顺行轨道和地心逆行轨道所需地月转移速度增量相差不大，考虑到地心顺行轨道能有效利用地球自转速度，提高火箭的运载能力，地心顺行轨道是较优的选择。因此，对于地月空间人员运输以及载人月球探测任务，地心顺行月心逆行自由返回轨道是最佳选择。

4　直接再入非对称自由返回轨道设计

对于载人月球探测等需要再入地球的实际工程任务，自由返回轨道的出发点 A 和返回点 C 不再对称，此时 C 点需要考虑再入边界约束。此时，

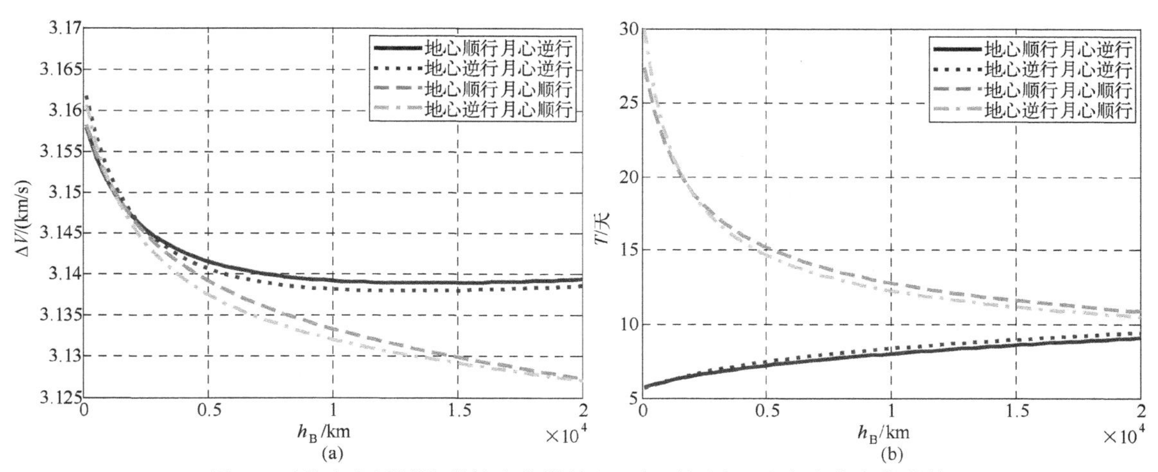

图 7　对称自由返回轨道的速度增量和飞行时间随近地点高度变化曲线

（a）速度增量；（b）飞行时间。

将自由返回轨道出发点 A 的初始状态$[\theta^0, v_\theta^0]$作为控制变量，则其初始条件为

$$\begin{cases} r(t_A) = R_E + h_A \\ \theta(t_A) = \theta^0 \\ v_r(t_A) = 0 \\ v_\theta(t_A) = v_\theta^0 \end{cases} \tag{10}$$

其目标约束为

$$\begin{cases} \| \boldsymbol{r}_m(t_B) \| = R_M + h_B \\ \| \boldsymbol{r}(t_C) \| = R_E + h_C \end{cases} \tag{11}$$

其中航迹角$\gamma_m(t_B)=0$和$\gamma(t_C)=\gamma_C$用于确定近月点时刻和再入点时刻。以对称自由返回轨道求得的出发点 A 状态$[\theta^s, v_\theta^s]$作为初值，保证航天器轨迹可以返回地球，再采用上一节中的微分修正方法即可进行迭代求解。设近地轨道高度$h_A=200$km，环月轨道高度$h_B=100$km，再入点高度$h_C=120$km，再入角$\gamma_C=-6.0°$，其求解结果如图 8 和表 2 所示。由图 8 可知，返回点 C 满足再入约束。由表 2 可知，以对称自由返回轨道的出发点 A 状态作为初值，非常接近真实值，搜索过程很快收敛。

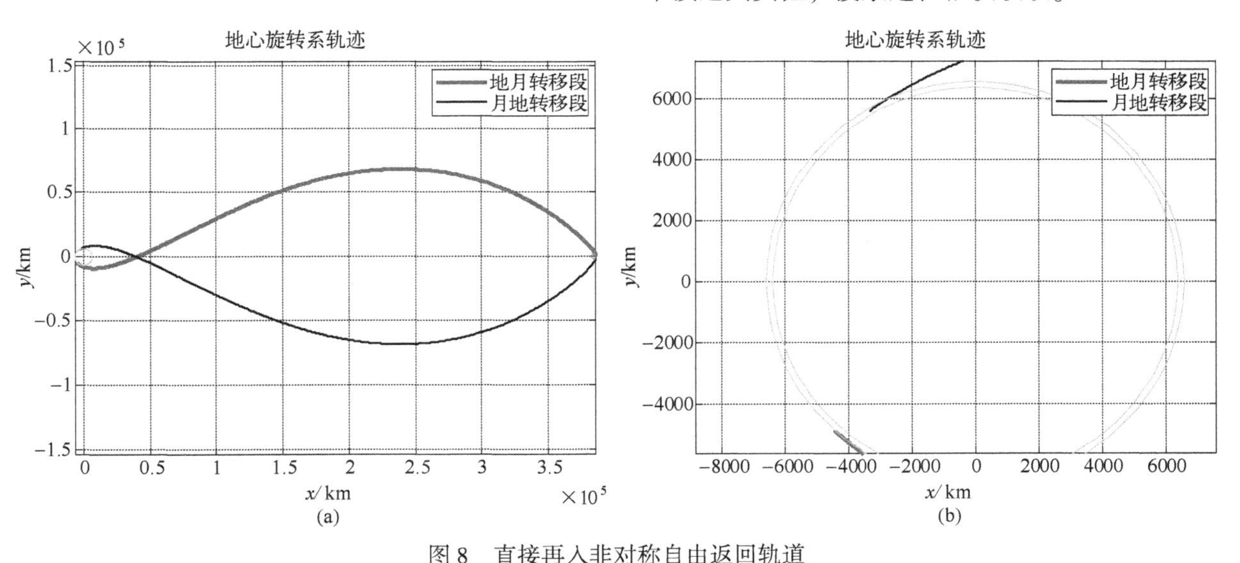

图 8　直接再入非对称自由返回轨道

（a）地心旋转系飞行轨迹；（b）地心旋转系近地端局部轨迹图。

表 2　直接再入非对称自由返回轨道搜索结果

轨道类型	初值估计	真实值
$\theta(t_A)$/°	227.24	227.22
$v_\theta(t_A)$/(km/s)	10.9247	10.9248
迭代次数	3	
搜索时间/s	2.14	

考虑航天器从不同近地停泊轨道出发和到达不同环月轨道的任务需求，分析不同近地点轨道高度和近月点轨道高度的直接再入非对称自由返回轨道的轨道特性。固定近月点高度$h_B=100$km，近地点高度范围为$h_A=200\sim35786$km，分析近地点高度对非对称自由返回轨道轨道参数的影响，如

图 9 所示。由图 9（a）可知，自由返回轨道均满足再入约束。由图 9（b）可知，地月转移加速速度增量 ΔV 随近地点高度的增加而大幅降低，变化范围为 3.15~1.14km/s。由图 9（c）可知，总飞行时间随近地点高度的增加缓慢增加，保持 6 天时间左右。由图 9（d）可知，出发点 A 的对准角 α（航天器出发点 A 与地心旋转系 $-x$ 轴的夹角）随近地点高度的增加而逐渐增加，该曲线可为后续不同近地点高度的三维直接再入自由返回轨道设计提供初值。

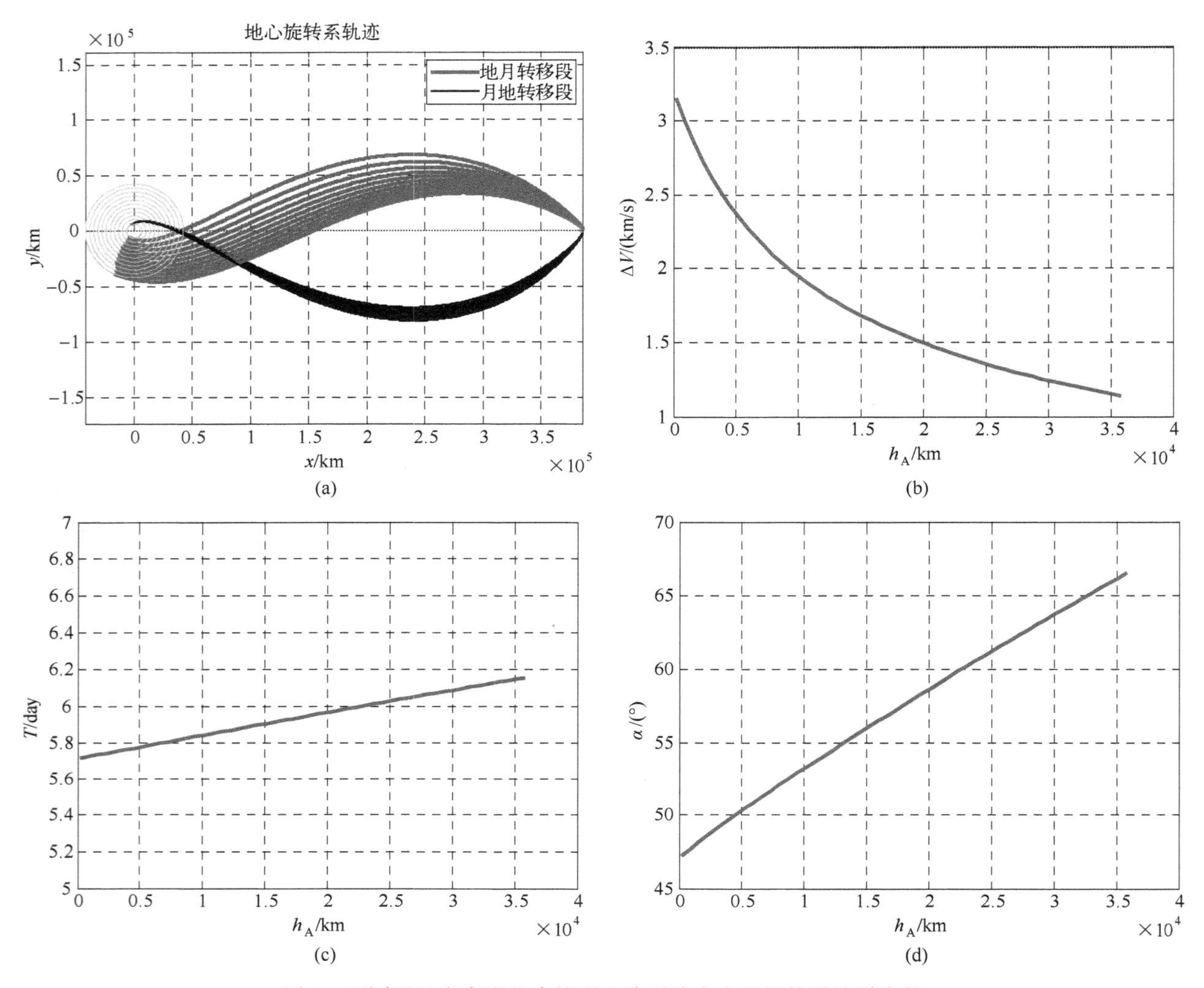

图 9 不同近地点高度的直接再入非对称自由返回轨道轨道参数

（a）地心旋转系飞行轨迹；（b）地月转移加速速度增量；（c）飞行时间；（d）地心旋转系对准角。

固定近地点高度 $h_A=200\text{km}$，近月点高度范围为 $h_B=100\sim20000\text{km}$，分析近地点高度对非对称自由返回轨道的影响，如图 10 所示。由图 10（a）可知，自由返回轨道均满足再入约束。由图 10（b）可知，地月转移加速速度增量 ΔV 随近月点高度的增加而缓慢降低，为 3.15km/s 左右。由图 10（c）可知，总飞行时间随近月点高度的增加大幅增加，变化范围为 5.7~9.1 天。由图 10（d）可知，出发点 A 的对准角 α 随近月点高度的增加而逐渐增加，可为后续不同近月点高度三维直接再入自由返回轨道设计提供初值。

5 结束语

（1）本文基于圆型限制性三体假设建立共面对称自由返回轨道的地心旋转系求解模型，给出了控制变量近月点 y 轴速度的初值估计解析式，提出了针对 4 种类型对称自由返回轨道的搜索策略，仿真结果证明该方法收敛速度快，鲁棒性强，可适应近地点高度和近月点高度大范围变化的对称自由返回轨道求解。

（2）地月空间对称自由返回轨道共分为地心顺

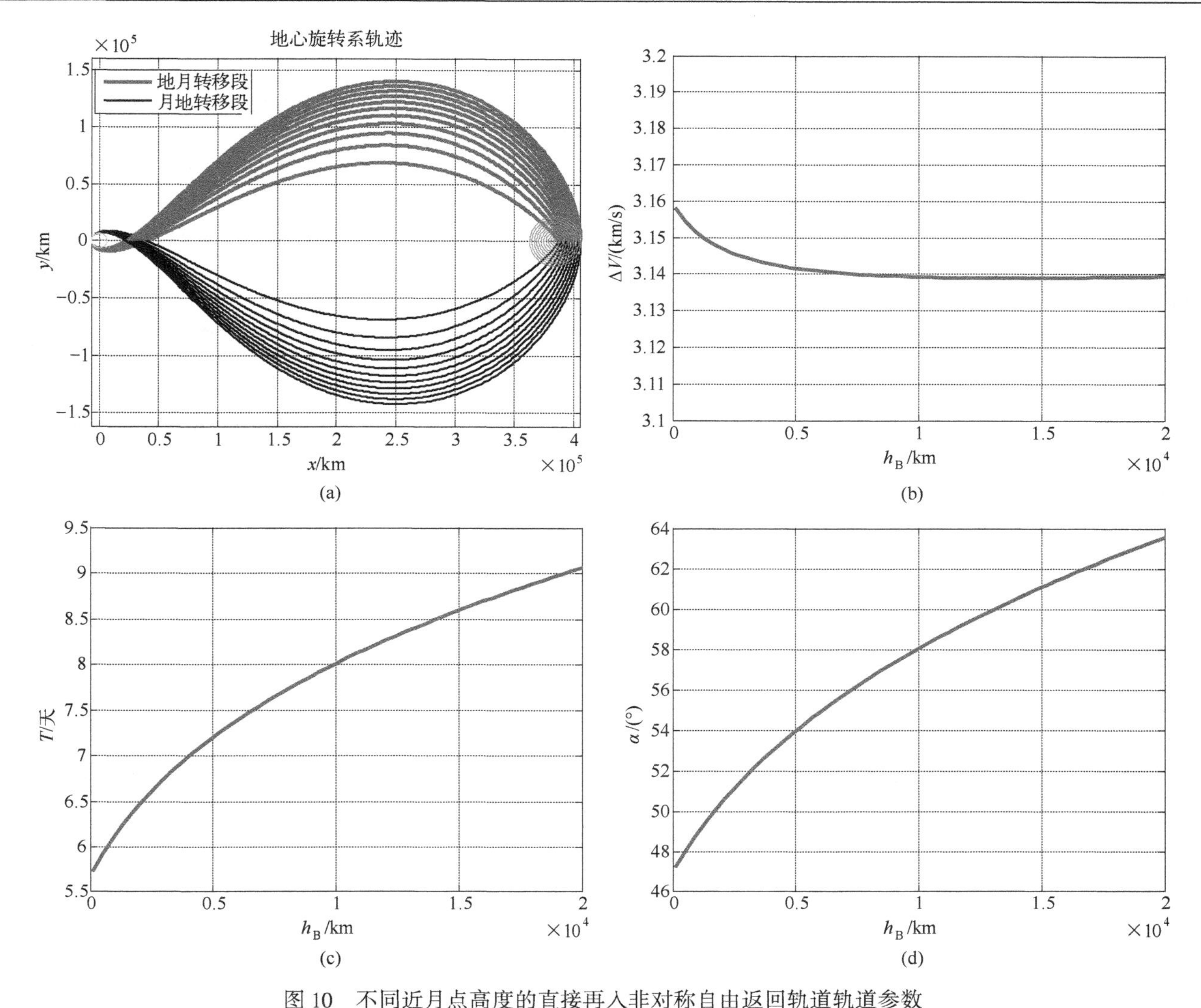

图 10 不同近月点高度的直接再入非对称自由返回轨道轨道参数

（a）地心旋转系飞行轨迹；（b）地月转移加速速度增量；（c）飞行时间；（d）地心旋转系对准角。

行月心逆行、地心逆行月心逆行、地心顺行月心顺行和地心逆行月心顺行 4 种，地心顺行月心逆行轨道飞行时间短、能有效利用地球自转，是最佳的地月空间人员运输轨道类型。

（3）对于对称自由返回轨道，近地点轨道高度主要影响地月转移加速速度增量，近地点高度越高，速度增量越小；近月点轨道高度主要影响飞行时间，近月点高度越高，月心逆行轨道飞行时间越长，而月心顺行轨道飞行时间越短。

（4）考虑再入约束，建立直接再入非对称自由返回轨道求解模型，仿真结果表明求解方法初值估计精确，搜索速度快，收敛性强。直接再入非对称自由返回轨道的地月转移加速速度增量与飞行时间随近地点高度和近月点高度的变化趋势与对称自由返回轨道相近。

参考文献

[1] Coderre K, Richey D, Pratt W, et al. International, scientific, and commercial opportunities enabled by the deep space gateway [C]. 68th International Astronautical Congress (IAC), Adelaide, Australia, 25-29 September 2017, IAC-17-A5. 1. 5.

[2] McDivitt J A. Apollo 13 mission report [R]. MSC-02680, Houston, Texas: Manned Spacecraft Center, September 1970.

[3] Adamo D R. Apollo 13 trajectory reconstruction via state transition matrices [J]. Journal of Guidance, Control, and Dynamics, 2008, 31 (6): 1772-1781.

[4] Penzo P A. An analysis of free-flight circumlunar trajectories [C]. AIAA Astrodynamics Conference, New Haven, USA, AIAA Paper 63-404, August 19-21, 1963.

[5] Gibson T F. Application of the matched conic model in the study of circumlunar trajectories [R]. NASA Project Apollo Working Paper No. 1066, February 1963.

[6] 黄文德，郗晓宁，王威，等. 基于双二体假设的载人登月自由

返回轨道特性分析及设计 [J]. 宇航学报, 2010, 31 (5): 1297-1303.
[7] Peng Q B, Shen H X, Li H Y. Free return orbit design and characteristics analysis for manned lunar mission [J]. Science China, Technological Sciences, 2011, 54 (12): 3243-3250.
[8] 张磊，谢剑锋，唐歌实. 绕月自由返回飞行任务的轨道设计方法 [J]. 宇航学报, 2014, 35 (12): 1388-1395.
[9] 贺波勇，李海阳，周建平. 载人登月绕月自由返回轨道与窗口精确快速设计 [J]. 宇航学报, 2016, 37 (5): 512-518.
[10] 曹鹏飞，贺波勇，彭祺擘，等. 载人登月绕月自由返回轨道混合-分层优化设计 [J]. 宇航学报, 2017, 38 (4): 331-337.
[11] Miele A. Theorem of Image Trajectories in the Earth-Moon space [J]. Acta Astronautica, 1960, 6 (5): 225-232.
[12] Miele A, Mancuso S. Optimal trajectories for earth-moon-earth flight [J]. Acta Astronautica, 2001, 49 (2): 59-71.
[13] Hou X Y, Zhao Y H, Liu L. Free return trajectories in lunar mission [J]. Chinese Astronomy and Astrophysics, 2013, 37: 183-194.
[14] Luo Q Q, Yin J F, Han C. Design of Earth-Moon free-return trajectories [J]. Journal of Guidance, Control, and Dynamics, 2013, 36 (1): 263-271.
[15] Zhang H L, Luo Q Q, Han C. Accurate and fast algorithm for free-return lunar flyby trajectories [J]. Acta Astronautica, 2014, 102: 14-26.
[16] Yim S Y, Gong S P, Baoyin H X. Generation of launch windows for high-accuracy lunar trajectories [J]. Advances in Space Research, 2015, 56: 825-836.
[17] Peng K, Yim S Y, Zhang B N, et al. Fast search algorithm of high-precision earth-moon free-return trajectory [C]. 2015 AAS/AIAA Astrodynamics Specialist Conference, August 10-13, 2015, in Vail, Colorado, USA.
[18] Li J Y, Gong S P, Baoyin H X. Generation of Multisegment Lunar Free-Return Trajectories [J]. Journal of Guidance, Control, and Dynamics, 2013, 36 (3): 765-774.
[19] Schwaniger A J. Trajectories in the Earth-Moon space with symmetrical free return properties [R]. NASA Technical Note D-1833, June, 1963.
[20] Jesick, M, Ocampo C. Automated generation of symmetric lunar free-return trajectories [J]. Journal of Guidance, Control, and Dynamics, 2011, 34 (1): 98-106.
[21] 彭坤，黄震，杨宏，等. 基于弹道逃逸和小推力捕获的地月转移轨道设计 [J]. 航空学报, 2018, 39 (8): 1-11.
[22] 彭坤，孙国江，杨雷，等. 三体模型下二维平面地月转移轨道设计与特性分析 [J]. 载人航天, 2018, 24 (4): 479-487.

多用途飞船再入多学科仿真技术

张敏捷[1]，杨　雷[1]，曲广吉[2]
（1. 北京空间飞行器总体设计部，北京，100094；
2. 中国空间技术研究院，北京，100094）

摘要：本文简要介绍作者的博士论文研究内容，首先概括了我国多用途飞船研制背景及其再入过程多学科仿真的目的意义；然后阐述了再入多学科仿真的研究内容，包括再入动力学模型、再入制导方法及再入气动热分析等，最后介绍了多用途再入多学科仿真软件 CMSGuid，给出了一个仿真打靶算例。

关键词：多用途飞船；空气动力学；再入制导；姿态控制；高超声速高温气体动力学

1　引言

1.1　多用途飞船研制背景

多用途载人飞行器一般指具有多任务（既能用于近地轨道任务、又能满足深空探测第二宇宙速度再入需求）、多功能使用（既能载人，又可运货，既能上行物资，又能下行物资）能力的再入飞行器。进入新世纪，随着航天技术的迅速发展和航天任务需求的不断增加，各国对“多用途”的设计理念越来越重视，纷纷推出了各自的多用途再入飞行器。美国商业航天企业太空探索公司（SpaceX）推出了龙飞船，俄罗斯启动了 PPTS 载人飞船研制工作。多用途载人飞船是载人航天器未来发展的主要技术方向，是当下经济发展、技术沉淀的必然结果。我国紧跟技术发展趋势，面向空间站运营、载人深空探测、在轨服务等任务，于 2013 年启动了新一代载人飞船研制试验工作[1]。2016 年成功发射了多用途飞船缩比返回舱，验证了飞船的气动设计、防热系统设计以及可重复使用设计等内容，获取了大量宝贵的数据。2020 年又成功发射并回收了全尺寸试验船，全面验证了飞船的总体设计方案，以及国际上推力最大的单组元无毒发动机、国内空间飞行器最大的表面张力贮箱、自主轨控技术、新型防热结构与材料、群伞减速与气囊回收技术、在轨数据获取系统七大关键技术。

飞船的多用途使用给总体设计带来了新的挑战。飞船再入设计中通过配置返回舱质心位置相对自身对称轴有一定的横向偏移，使得飞船再入过程中以一定的配平攻角飞行，从而获得一定的升力，进一步通过控制自身倾侧角（速度滚转角），改变升力方向来精细调整飞船再入轨迹，使得飞船经历高速飞行后最终能够精确落在给定着陆区。由于飞船配平攻角完全由自身质心位置偏移产生，因此不同的质心位置会产生不同的配平攻角，使得飞船再入飞行时具有不同的气动升阻力特性。传统飞船在设计时仅针对特定任务特定功能，因此要求飞船质心位置保持在名义质心位置附近极小范围内，保证飞船再入时具有较为固定的气动特性。对于多用途飞船，不同飞行任务中下行载荷差别极大，例如“龙”飞船执行国际空间站运营任务时下行最大载荷最大达 2. 5t，最小 0. 6t。下行载荷的变化使得设计人员难以在不同飞行任务中将飞船质心位置配置到同一名义质心位置的临近区域内，传统飞船再入设计中需要严格精确满足的质心位置约束（通常质心位置偏差要求在毫米级）难以实现，工程上也无法在轨精确获取飞船实际质心位置信息。

1.2　多用途飞船再入多学科仿真的目的和意义

多用途飞船自身质量特性的不确定对飞船再入技术提出了新的挑战，需要从空气动力学特性分析、先进再入制导控制技术、多学科设计等方面予以突破。在多用途飞船总体设计中，进行再入多学科仿真是非常必要的，概括起来其目的和意义有以下几个方面：

（1）重大的工程意义：研究多用途飞船再入总体设计相关技术，增强载人飞船对自身质量特性不确定性及外界不确定性的适应能力，实现飞船低成本与高效益使用，近期能够支撑我国近地空间站货物补给任务，中期能为在轨服务任务提供参考，远期能为载人登月等深空探测任务奠定技术基础。

（2）重要的理论意义：飞船再入过程具有强非线性、强不确定性、强约束的特点，目前的再入制导控制方法对解决质心位置变化存在一定困难。另外，飞船再入过程涉及高空稀薄流动、高超声速流动、跨声速流动等几乎所有流动速域的空气动力学，包含激波、湍流转捩、高温气体化学非平衡反应等复杂流动现象，如何高效、准确获取飞船再入气动特性，是一个尚待解决的问题。通过飞船的多用途使用这一具体工程问题的牵引，能推动先进气动分析设计技术、先进再入制导方法、先进航天器姿态控制等方法的研究，这些关键技术的研究对控制理论和空气动力学相关理论具有重要的推动作用。

（3）对多用途飞船姿控发动机配置进行优化设计：进行多用途飞船再入仿真，能够从总体设计层面研究发动机推力、比冲、起动时间以及位置布局等因素对再入过程的影响，从而对发动机进行优化配置，以达到提高控制效能、减少燃料消耗的效果。

（4）进行多用途飞船再入总体设计软件的开发具有重要意义。载人飞船多学科优化设计软件是工程师进行总体优化迭代设计的得力工具。进行多学科设计软件的开发，可以使研发人员对具体工程问题的物理本质和数学原理有更加深入的认识，做到“知其然知其所以然”，从而对型号任务中出现的各种状况能够更加从容应对。

2 多用途飞船再入多学科仿真研究内容

2.1 多用途飞船再入动力学模型

2.1.1 再入动力学方程

描述飞行器质心相对于地心固连坐标系 ECEF 运动（投影在机体坐标系中）的动力学方程可写为

$$\overline{\boldsymbol{F}}_b=\begin{bmatrix}F_x\\F_y\\F_z\end{bmatrix}=m\{\dot{\boldsymbol{V}}_b+\boldsymbol{\omega}_b\times\boldsymbol{V}_b+\mathrm{DCM}_{bf}\boldsymbol{\omega}_e\times\boldsymbol{V}_b+\mathrm{DCM}_{bf}[\boldsymbol{\omega}_e\times(\boldsymbol{\omega}_e\times\boldsymbol{X}_f)]\}\tag{1}$$

式中：$\boldsymbol{F}_b$ 为飞行器所受外力（包括地球引力、空气动力、控制力等）在机体坐标系中的投影；$\boldsymbol{V}_b$ 为飞行器相对于 ECEF 的运动速度在机体轴中的投影；$\boldsymbol{\omega}_b$ 为飞行器相对于地心惯性系 ECI 的转动角速度在机体轴中的投影；$\boldsymbol{\omega}_e$ 为地球自转角速度在 ECEF 中的投影；DCM_{bf}为 ECEF 到机体坐标系的转换矩阵。飞行器位置在 ECEF 中变化可写为

$$\dot{X}_f=\mathrm{DCM}_{fb}V_b\tag{2}$$

飞行器绕质心转动动力学方程为

$$\boldsymbol{M}_b=\begin{bmatrix}L\\M\\N\end{bmatrix}=I\dot{\omega}_b+\omega_b\times(I\omega_b)\tag{3}$$

式中：$\boldsymbol{M}_b=[L,M,N]^{\mathrm{T}}$ 为飞行器所受外力矩在机体坐标系下的投影。

$$\boldsymbol{V}_b=\begin{bmatrix}u\\v\\w\end{bmatrix},\ \boldsymbol{\omega}_e=\begin{bmatrix}0\\0\\\omega_e\end{bmatrix},\ \boldsymbol{I}=\begin{bmatrix}I_{xx}&-I_{xy}&-I_{xz}\\-I_{yx}&I_{yy}&-I_{yz}\\-I_{zx}&-I_{zy}&I_{zz}\end{bmatrix}$$

对于飞船再入过程，六自由度动力学方程经过一系列合理的简化，可写成更加简明的形式。在地心固连坐标系 ECEF 中，考虑以一定角速率自转的圆地球模型，此时无动力飞行器无量纲三自由度动力学如下：

$$\dot{r}=V\sin\gamma\tag{4}$$

$$\dot{\theta}=\frac{V\cos\gamma\sin\psi}{r\cos\phi}\tag{5}$$

$$\dot{\phi}=\frac{V\cos\gamma\cos\psi}{r}\tag{6}$$

$$\dot{V}=-D-\frac{\sin\gamma}{r^2}+\Omega^2r\cos\phi(\sin\gamma\cos\phi-\cos\gamma\sin\phi\cos\psi)\tag{7}$$

$$\dot{\gamma}=\frac{1}{V}\left[L\cos\sigma+\frac{\cos\gamma}{r}\left(V^2-\frac{1}{r}\right)+2\Omega V\cos\phi\sin\psi+\Omega^2r\cos\phi(\cos\gamma\cos\phi+\sin\gamma\cos\psi\sin\phi)\right]\tag{8}$$

$$\dot{\psi}=\frac{1}{V}\left[\frac{L\sin\sigma}{\cos\gamma}+\frac{V^2}{r}\cos\gamma\sin\psi\tan\phi-2\Omega V(\tan\gamma\cos\psi\cos\phi-\sin\phi)+\frac{r\Omega^2}{\cos\gamma}\sin\psi\sin\phi\cos\phi\right]\tag{9}$$

式中：$[r,\theta,\phi,V,\gamma,\psi]$分别为飞行器在 ECEF 坐标系下的无量纲地心距、经度、（地心）纬度、相对速度（大小）、飞行路径角（速度倾角）及速度方向角（偏航角）。

2.1.2 再入空气动力学特性

钝头体外形飞行器再入过程中依靠质心偏置产生配平升力，从而实现对轨迹的跟踪。因此，

飞船总体设计中一般要求返回舱气动特性满足一定大小的配平升阻比要求，以使得返回舱具有足够的轨迹跟踪能力；另外还要求飞船气动特性满足一定的纵向静稳定性要求，以使得飞船再入过程中可实现自然稳定配平，不需要姿态控制系统的控制作用，节省燃料。本文通过大规模 CFD 仿真分析了类“猎户座”飞船自身质心位置（质量特性）变化时不同再入弹道点的配平升阻比特性。主要结论为：在一定范围内，飞船配平攻角、配平升阻比与飞船质心位置的变化呈现较为一致的线性关系。飞船质心离大底中心越远、越偏离对称轴，则飞船配平攻角越大，配平升阻比越大，反之飞船质心离大底中心越近、越靠近对称轴，则飞船配平攻角越小，配平升阻比越小。当飞船质心位置偏离对称轴一定范围时，配平攻角过大，背风面气流分离失速使得配平升阻比下降甚至反向。与配平升阻特性不同，飞船静稳定性特性与质心位置变化并不呈现简单的线性关系，但也可近似看作线性关系：飞船质心离大底中心越远、越偏离对称轴，则飞船 $C_{m\alpha}$（负值）越大，静稳定性越差，反之飞船质心离大底中心越近、越靠近对称轴，则飞船 $C_{m\alpha}$（负值）越小，静稳定性越好。

对飞船再入制导控制来说，配平升阻比是气动特性中的关键特性，因此，本文通过遍历法，找出对给定飞船质心位置，飞船在整个再入过程中不同弹道点的最小配平升阻比、最小静稳定度，结果如图 1 所示。图中可看到飞船质心位置变化时，正常气动特性区域与失速区域的分界线。在此分界线左下方，返回舱升阻比随轴向质心位置增加而快速增加，随质心横向位置增加而增加。当越过此分界线后，飞船气动特性急遽恶化，升阻特性变为负值，飞船总体设计时，应保证飞船质心尽量远离此失速区域。

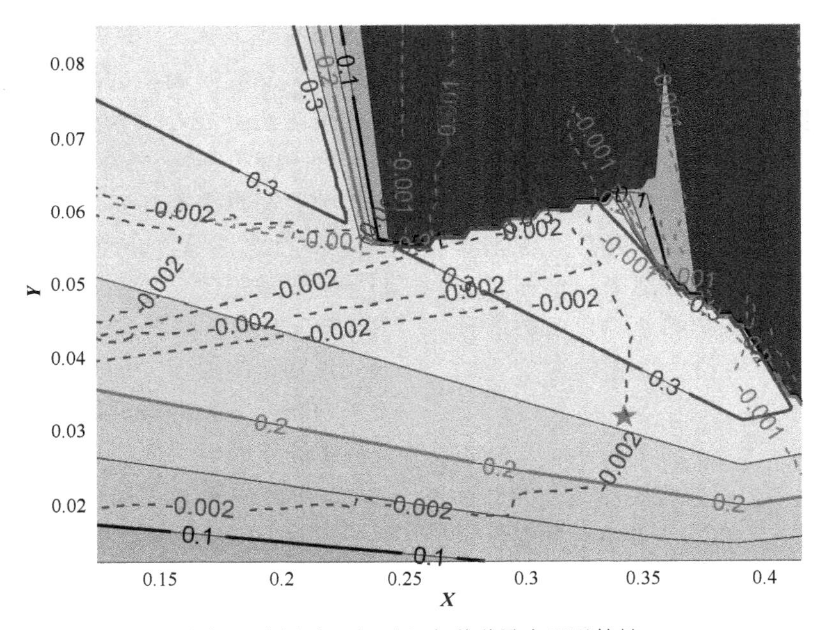

图 1　多用途飞船再入全弹道最小配平特性

2.2　多用途飞船再入制导方法

飞船再入过程中，大气密度、气动特性偏差会较大地影响再入制导精度。对于多用途飞船而言，飞船本身较大的质心位置不确定性会进一步放大这些偏差的作用，使得再入制导精度进一步下降，对现有再入制导方法带来了较大的挑战，这也是多用途飞船再入技术与传统飞船的不同之处。对于这一问题，总体设计层面可考虑从两条技术路线加以解决，一是从设计层面尽量减少误差来源，提升模型精度。对于我国多用途飞船，精确大气模型暂时不可获取，而气动特性偏差可通过大规模的风洞试验及计算流体力学仿真提高气动数据库精度，并进一步通过飞船货舱设计限定货物装载方式、在轨质量辨识等手段降低飞船质心位置的不确定性。毫无疑问，这一技术路线需要投入大量人力物力，延长型号研制周期，增加型号研制成本，并且需要增加额外的在轨指令程序，降低在轨任务实施的可靠性。另一条技术路线则是充分借鉴现代控制理论对于非线性不确定系统的研究成果，从理论算法层面增强预测-校正算法对于各类偏差的适应能力，满足多用途飞船的任务需求。

本文结合自抗扰的设计思想，对纵向预测-校正制导方法进行了适应性改进，并引入隐式过载限制器对再入过程中的过载进行限制；然后引入并改进了预测式横侧向制导方法，克服了其翻转过于频繁的不足，在此基础上建立了多用途飞船再入制导方法，提高了再入制导对于飞船质心位置不确定性的适应能力。

2.2.1 基于自抗扰控制的预测校正纵向制导方法

目前主流的纵向再入制导方法[2-3]一般包括参考轨迹法[5]与预测-校正法[6-19]。参考轨迹法经过了工程实践的反复验证，其可靠性高，在线计算量小，适用于传统飞行器的制导律设计。但由于其依赖于特定飞行器的特定再入参考轨迹，对初始再入条件敏感，且当飞行器自身特性变化、任务变化时均需要重新设计参考轨迹，多任务灵活性不足，不适合应用于多用途飞船。数值预测-校正法的基本原理为根据飞船当前位置速度等状态，假定倾侧角剖面，通过在线积分求解飞行器再入动力学方程预测得到飞船的落点航程偏差，并以此为依据调整倾侧角剖面，使得最终落点偏差满足落点精度，此时得到的倾侧角剖面初值即为满足落点精度要求的当前倾侧角指令。目前数值预测—校正法对飞船自身质心位置变化的适应能力有待研究与改进。

自抗扰控制[20-28]对于系统的不确定性，包括被控对象自身不确定性及外界干扰都具有很强的估计补偿能力。其核心思想在于将非线性不确定系统视作输入输出系统并设计标准模型，本文考虑采用自抗扰方法对预测-校正再入制导做适应性改进。

预测—校正再入制导是典型的终端约束问题，算法的目的是使得飞行器终端状态满足给定要求（落点精度满足要求），而自抗扰控制为状态跟踪方法，算法目的是使得系统状态持续跟踪跟定状态。乍看之下，两者很难结合在一起。本文借鉴其设计思想：抗扰控制方法的本质是估计不确定性并予以补偿，将实际系统的动态特性转化为目标系统。

第一步为标准预测—校正制导，在飞船再入过程中的任意时刻，制导系统预测飞船剩余航程，进一步迭代收敛得到初始倾侧角指令。

第二步采用扩张状态观测器对倾侧角指令进行修正。对再入问题，实际动力学与预测—校正制导方法所采用的简化动力学方程之间的差别，包括质心位置偏差引起的气动特性偏差、地球自转的影响等，会使得实际再入过程偏离预测—校正制导算法所“期望”的再入过程。设计扩张状态观测器，将这一差别估计出来，从而在一定程度上加以补偿。

进一步考虑再入过程中的过载限制问题。对于本文提出的自抗扰-预测-校正制导方法，在每个制导周期内，当预测-校正迭代收敛得到基础倾侧角指令后，利用文献中的隐式过载限制方法对倾侧角指令进行修正，计算得到最终倾侧角指令。综合数值预测-校正、隐式过载限制、ESO 制导修正得到的纵向制导框图如图 2 所示。

2.2.2 预测式横侧向制导方法

目前飞船再入横侧向制导一般沿用“阿波罗”飞船中的制导逻辑，即依据速度的（一次或二次）函数定义横侧向偏差的漏斗形边界，飞船速度越小，漏斗边界越小，一旦横侧向偏差超过边界，则进行倾侧角翻转，改变飞船飞行方向。这种倾侧角翻转逻辑需要在每次飞行任务前，针对不同飞行器特性、不同任务特性，根据仿真结果对的制导参数进行反复精细调参，以满足落点精度要求，耗时耗力。另外飞船本身的升阻力特性以及倾侧角翻转的快慢（即倾侧角控制带宽）都会极大影响制导参数的选取。即使对同一飞船，不同任务中的不同再入轨迹也会较大影响制导参数的选取。制导逻辑对飞船模型精度要求较高，不同任务需要分别调参，多用途适应能力不足。另外，由于这种倾侧角翻转逻辑基于飞船当前状态，未限制倾侧角翻转次数，在飞船再入末期，假如倾侧角值较大，横侧向翻转很容易“过调”，使得倾侧角翻转次数过多。

文献［31-33］提出了一种基于数值横程预测来判定倾侧角翻转的方法。其原理为在每个制导周期内，当纵向制导律计算得到不含符号的倾侧角指令后，利用数值积分分别预测飞船以正反两个方向飞行（即倾侧角分别为正或负）时的落点状态，计算得到落点横向偏差，对比判断是否进行倾侧角翻转。该方法假设每次倾侧角翻转减少的横侧向偏差为几何级数关系，结合剩余倾侧角翻转次数判断是否进行倾侧角翻转。

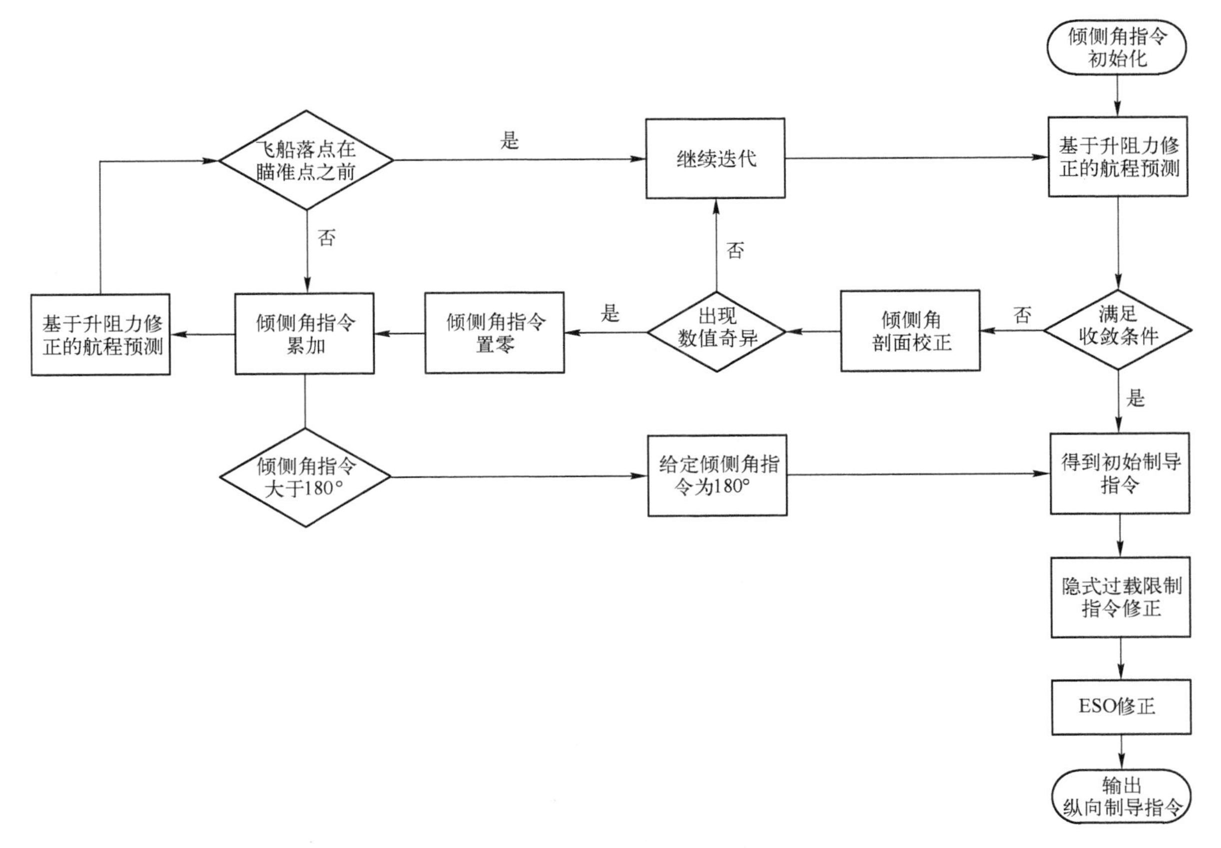

图 2　基于自抗扰控制的预测校正纵向制导方法框图

本文提出对预测式倾侧角翻转逻辑做出如下改进：①自主确定倾侧角翻转次数；②航程预测时，采用升阻力滤波修正对预测模型进行修正；③设计自适应翻转阈值，抑制再入末端倾侧角翻转过于频繁的现象。改进的预测式横侧向制导流程如图 3 所示。

2.3　多用途飞船再入气动热分析

飞船在高速再入过程中会经历严苛的热环境，再入过程中的最大热流是再入总体设计的重要内容。飞船驻点热流的计算公式有 Sutton-Graves 公式[34]（对地球 $C=1.74153\times10^{-4}$，R_N 为头锥半径，$\dot{Q}$ 单位 $\mathrm{W/cm^2}$）：

$$\dot{Q}=C\sqrt{\frac{\rho_\infty}{R_N}}V_\infty^3 \tag{10}$$

Lees 公式[35]（$\gamma_\infty=1.4$；对高温气体 $\gamma=1.2$，对完全气体 $\gamma=1.4$）：

$$\dot{Q}=\frac{2.373\times10^{-4}}{\sqrt{R_N}}\left(\frac{\gamma_\infty-1}{\gamma_\infty}\right)^{0.25}\left(\frac{\gamma+1}{\gamma-1}\right)^{0.25}\rho_\infty^{0.5}V_\infty^3 \tag{11}$$

Kemp-Riddell 公式[36]：

$$\dot{Q}=\frac{1105\times10^5}{\sqrt{R_N}}\left(\frac{\rho}{\rho_\infty}\right)^{0.5}\left(\frac{V}{V_\infty}\right)^{3.15} \tag{12}$$

本文选取 Kemp-Riddell 公式作为热流计算公式。

3　多用途飞船再入多学科仿真软件

3.1　软件框架设计

为验证本文提出的气动特性分析、制导控制方法等研究内容，基于 Matlab/Simulink 编写了多用途飞船再入仿真软件系统 CMSGuid。软件采用基于模型的系统工程思想进行设计[37-38]，如图 4 所示，各模块通用化设计，实现同一模块的高效复用。软件系统包括多用途飞船再入动力学仿真模型和再入制导控制两类模块及其数据库和算法库。再入动力学模型包括再入姿态动力学、质心运动学、以及气动热解算模块；再入飞行控制模块包括导航、再入模态转换、再入制导等模块，数据库为经过风动数据校核的多用途飞船气动数据库，算法库包括依据自抗扰控制技术的数值预测-校正再入纵制导算法，以及预测式横侧向再入制导算法。CMSGuid 软件框架如图 4 所示。

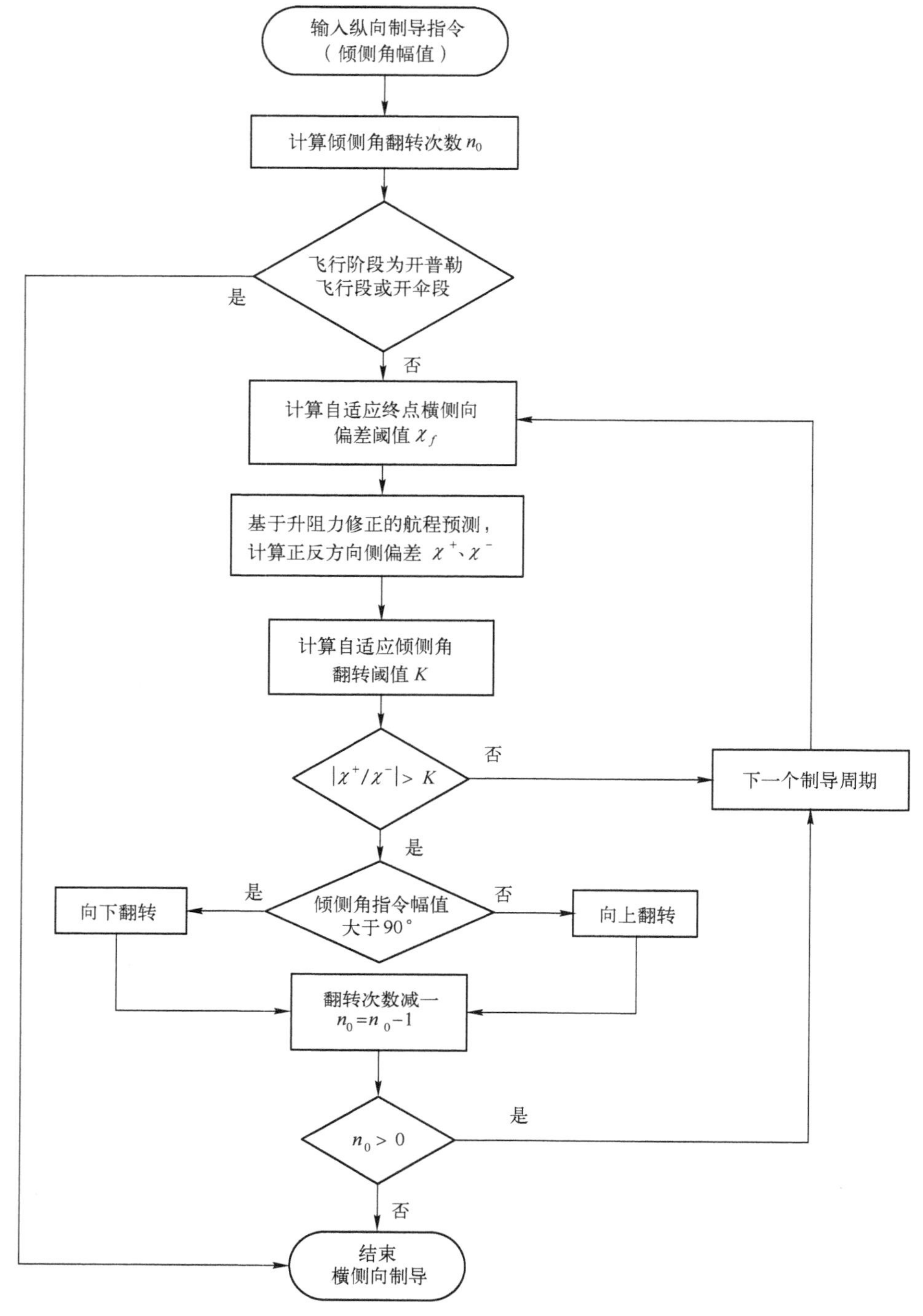

图 3　预测式横侧向制导方法框图

再入动力学模块运行采样时间为 0.01s，飞行控制模块运行采样时间为 0.1s，制导模块在初次再入段采用运行频率 1Hz，二次再入段运行频率 2Hz。为减少打靶计算时间，利用 Simulink 自动代码生成技术，将整个程序编译为可执行 .exe 文件，编译生成的部分 C 代码如图 5 所示。以 8400km 航程再入工况为例，在 intel(R) i7-4790 @3.6GHz 的 CPU 上，利用 simulink 模型 CMSGuid_V2Final.slx 进行仿真单个工况运行时间为 56.27s，而利用代码生成的可执行程序 CMSGuid_V2Final.exe 进行仿真单个工况运行时间为 26.1208s。

3.2　仿真结果举例

本节通过仿真研究 CMSGuid 对多用途飞船质心位置大范围变化的适应能力。仿真气动数据均采用 2.1.2 节计算得到的“猎户座”飞船气动数据，而飞船其他数据则参考文献［39］取：

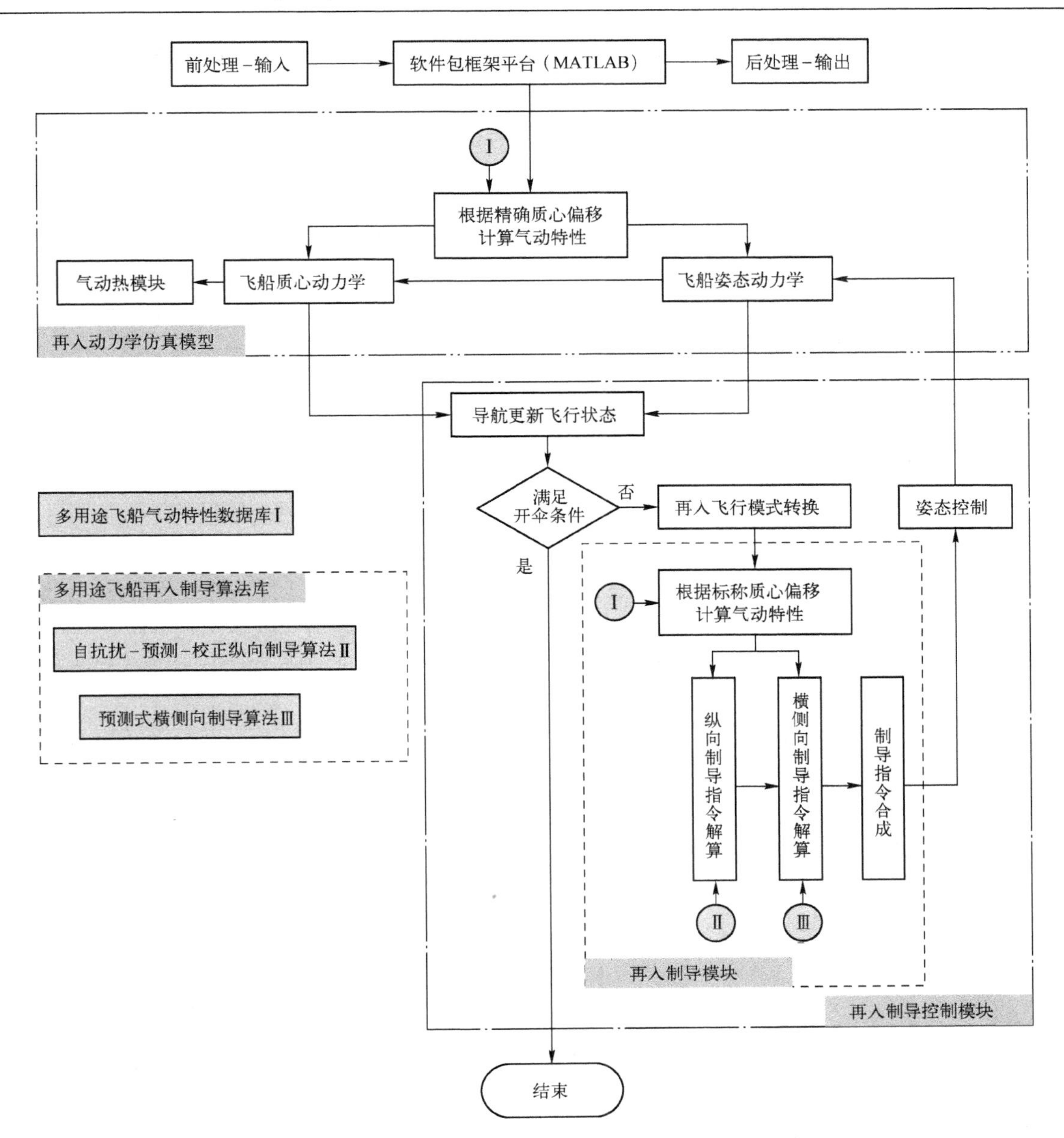

图 4　多用途飞船再入多学科仿真软件 CMSGuid 框图

File: CMSGuid_V2Final_C.c

```
17 #include <math.h>
18 #include "CMSGuid_V2Final
19 #include "CMSGuid_V2Final
20 #include "CMSGuid_V2Final
21
22 /* user code (top of par
23 const int_T gblNumToFile
24 const int_T gblNumFrFile
25 const int_T gblNumFrWksB
26 const char *gblSlvrJacPat
27   "CMSGuid_V2Final_C_rsin
```

File: CMSGuid_V2Final_C.h

```
17 #ifndef RTW_HEADER_C
18 #define RTW_HEADER_C
19 #include <float.h>
20 #include <math.h>
21 #include <stddef.h>
22 #include <string.h>
23 #ifndef CMSGuid_V2Fi
24 # define CMSGuid_V2F
25 #include <stdlib.h>
```

```
      localB->STOP = false;
      if (rtu_NPC_a0 < -0.999) {
        localDW->NPC_a = -0.999;
      } else {
        localDW->NPC_a = rtu_NPC_a0;
      }

      localB->SECANTBANK = localDW->NPC_a;
      localB->SECANTBANK = acos(localB->SECANTBAN
      if (rtu_s > 1.2) {
        localDW->secant_error = 1000.0;
      } else if (rtu_s < 0.2) {
        localDW->secant_error = 100.0;
      } else {
        localDW->secant_error = (rtu_s - 0.2) * 1
      }

      localB->Iterations = 0.0;
    } else {
      guard1 = false;
      switch (localDW->is_c22_CMSGuid_V2Final_C)
       case CMSGuid_V2Fi_IN_AdaptiveIterate:
        if ((localDW->m >= 10.0) && (localDW->NPC
              0.26179938779914941)) {
          localDW->is_c22_CMSGuid_V2Final_C = CMS

          localDW->NPC_a = 1.0;
```

图 5　自动代码生成的部分 C 文件

表 1 “猎户座”飞船数据

质量/kg	8382.8
参考面积/m^2	19.648
参考长度/m	5
无量纲轴向质心位置（标称）	0.3415
无量纲横向质心位置（标称）	0.0317

根据文献取 10000km 航程再入的工况，着陆瞄准点为爱德华空军基地（Edwards Air Force Base，EAFB），位置（242.1163°E，34.9055°N）（大地纬度）。打靶偏差条件见表 2。

利用 CMSGuid 软件对类“猎户座”飞船 10000km 航程再入打靶结果如图 5－图 11 所示。图 11 为不同质心位置落点精度对应关系图，图中横轴为不同质心的轴向位置，纵轴为不同质心横向位置，不同点类型表示该质心位置处的落点精度范围。图中给出了轴向±2cm，横侧向±1cm 的传统飞船设计中的质心位置约束范围。采用本文基于自抗扰的预测－校正纵向制导+预测式横侧向制导，平均落点精度有明显提高。

表 2 打靶条件

偏差类型	偏差参数/状态	随机类型	3σ 偏差
再入点状态	再入点经度/(°)	高斯分布	0.23
	再入点地心纬度/(°)	高斯分布	0.54
	再入点相对速度/(m/s)	高斯分布	41
	再入角/(°)	高斯分布	0.45
	再入速度方向角/(°)	高斯分布	0.3
气动特性偏差	升力系数 C_L	高斯分布	30%
	阻力系数 C_D	高斯分布	30%
质量特性偏差	质量/kg	平均分布	±30%
	无量纲轴向质心位置	(0.2439,0.3902)区间随机取值	
	无量纲横向质心位置	(0.0195,0.0439)区间随机取值	
大气密度偏差	见［39］	—	—

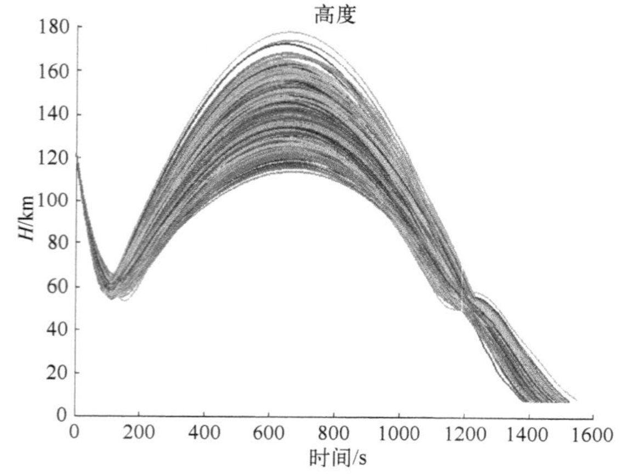

图 6 多用途飞船 10000km 航程再入打靶仿真－高度曲线

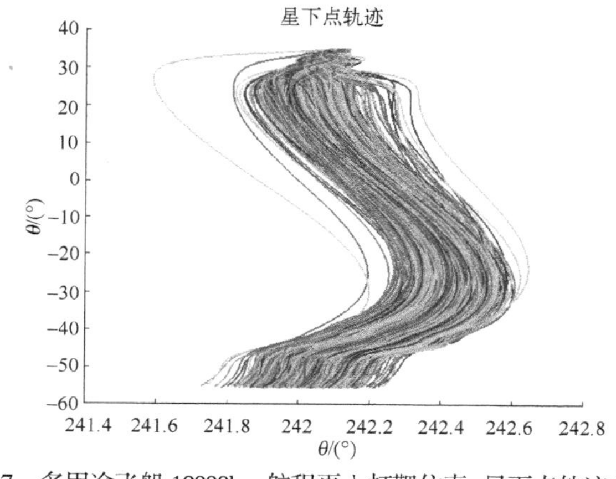

图 7 多用途飞船 10000km 航程再入打靶仿真－星下点轨迹曲线

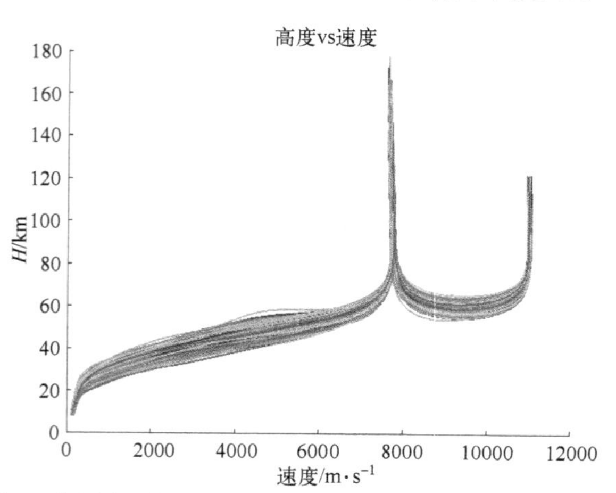

图 8 多用途飞船 10000km 航程再入打靶仿真－高度速度曲线

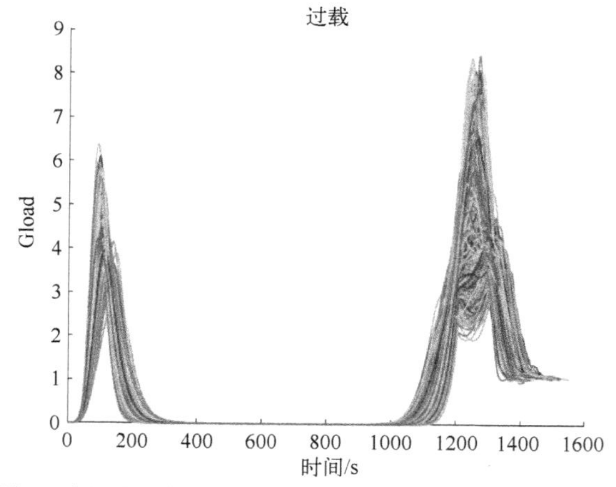

图 9 多用途飞船 10000km 航程再入打靶仿真－过载度曲线

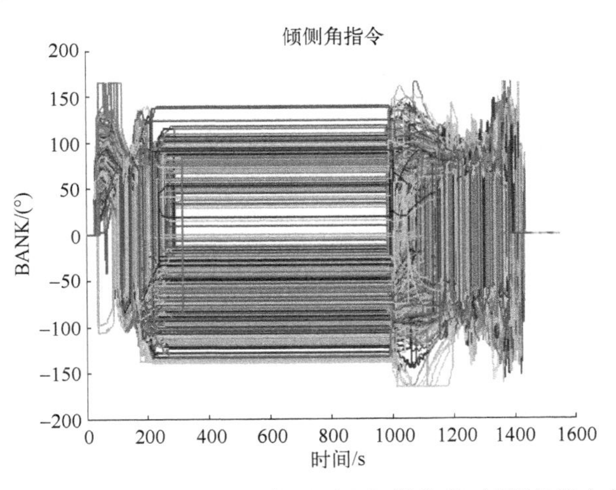

图 10　多用途飞船 10000km 航程再入打靶仿真-倾侧角指令曲线

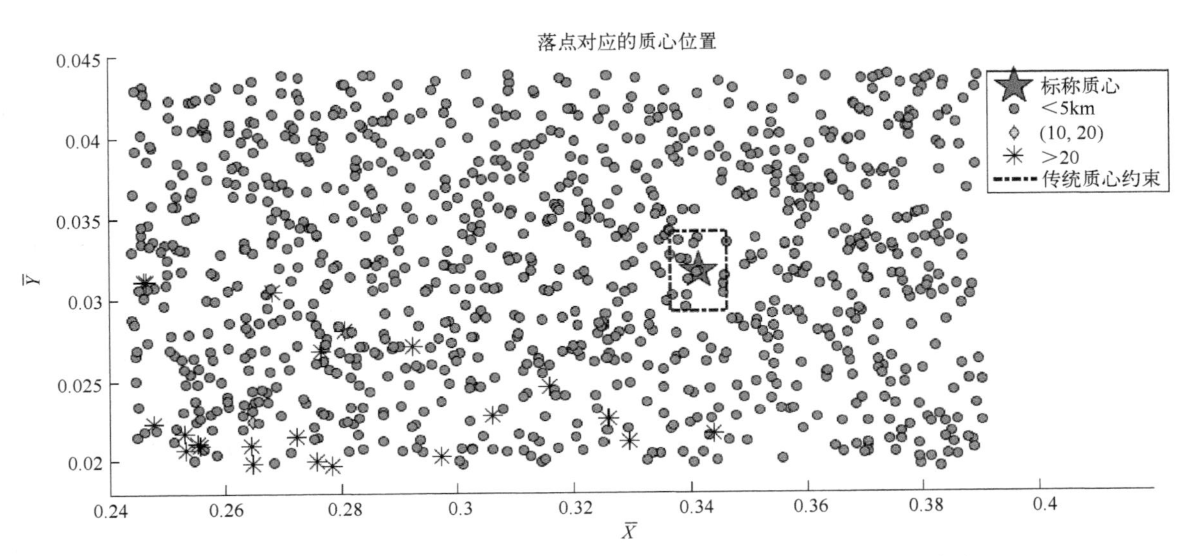

图 11　多用途飞船 10000km 航程再入打靶仿真-质心落点精度对应关系

4　结束语

多用途飞船是当前载人航天器的主要发展方向。飞船的多用途设计给总体设计带来了新的挑战，目前仅有美国的“龙”飞船实现了飞船的多用途使用，相关技术是目前国际国内研究的热点与难点。本文以多用途飞船载荷变化引起的质量特性不确定性问题为研究对象，重点研究突破了多用途飞船气动特性快速分析、先进再入制导方法、多学科优化设计、再入动力学与控制仿真优化软件开发等一系列关键技术，为多用途飞船再入总体设计提供了理论、软件工具和设计流程等方面的支持。

参 考 文 献

[1] 杨雷，张柏楠，郭斌，等. 新一代多用途载人飞船概念研究 [J]. 航空学报，2015，36（3）：703-713.

[2] 赵汉元. 航天器再入制导方法综述 [J]. 航天控制，1994（1）：26-33.

[3] D'Souza S N，Klijin N S. Survey of planetary entry guidance algorithms [J]. Progress in Aerospace Sciences，2014（68）：64-74.

[4] Hanson J M，Jones R E. Test results for entry guidance methods for space vehicles [R]. NASA Technical Report.

[5] Brunner C W. Skip entry trajectory planning and guidance [D]. Ph. D. Dissertation，Iowa State University，2008.

[6] Brunner C W，Lu P. Skip entry trajectory planning and guidance [J]. Journal of Guidance，Control and Dynamics，2008，31（5）：1210-1219.

[7] Lu P. Predictor-corrector entry guidance for low lifting vehicles [J]. Journal of Guidance，Control and Dynamics，2008，31（4）：1067-1075.

[8] Brunner C W，Lu P. Comparison of fully numerical predictor-corrector and Apollo skip entry guidance algorithms [J]. Journal of Astronautical Sciences，2012，59：517-540.

[9] Lu P. Entry guidance：a unified method [J]. Journal of Guidance，Control and Dynamics，2014，37（3）：713-728.

[10] Lu P，Brunner W，Stachowiak S J，et al. Verification of a fully

numerical entry guidance algorithm [J]. Journal of Guidance, Control and Dynamics, 2017, 20 (2): 230-247.

[11] Hoelscher B R. Orion entry, descent, and landing simulation [C]. AIAA Guidance, Navigation, and Control Conference Proceedings, 2007.

[12] Bairstow S H. Orion reentry guidance with extended range capability using PredGuid [C]. AIAA Guidance, Navigation and Control Conference and Exhibit 20 - 23 August 2007, Hilton Head, South Carolina.

[13] 胡军. 载人飞船全系数自适应再入升力控制 [J]. 宇航学报, 1998, 19 (1): 8-12.

[14] 胡军. 载人飞船的一种混合再入制导方法 [J]. 航天控制, 1999, 17 (2): 19-24.

[15] 胡军, 张钊. 载人登月飞行器高速返回再入制导技术研究 [J]. 控制理论与应用, 2014 (12): 1678-1685.

[16] 李毛毛, 胡军. 火星进入段自适应预测校正制导方法 [J]. 宇航学报, 2017, 38 (5): 506-515.

[17] 胡军, 张钊. 数值预测校正制导方法用于大升阻比再入飞行器的研究 [C]. 2015 年 11 月中国自动化大会. 北京: 自动化学会, 2015.

[18] Li M M, Hu J. An approach and landing guidance design for reusable launch vehicle based on adaptive predictor - corrector technique [J]. Aerospace Science and Technology, 2018 (75): 13-23.

[19] 胡军. 自适应预测制导—一种统一的制导方法 [J]. 空间技术技术与应用, 2019, 45 (4): 53-63.

[20] 韩京清. 自抗扰控制器及其应用 [J]. 控制与决策, 1998, 13 (1): 19-23.

[21] 韩京清. 反馈系统中的线性与非线性 [J]. 控制与决策, 1988, 3 (2): 27-32.

[22] 韩京清. 控制理论-模型论还是控制论 [J]. 系统科学与数学, 1989, 9 (4): 328-335.

[23] 韩京清, 王伟. 非线性跟踪-微分器 [J]. 系统科学与数学, 1994, 14 (3): 177-183.

[24] 韩京清, 袁露林. 跟踪-微分器的离散形式 [J]. 系统科学与数学, 1999, 19 (3): 268-273.

[25] 韩京清. 一类不确定对象的扩张状态观测器 [J]. 控制与决策, 1995, 10 (1): 85-88.

[26] 韩京清. 非线性状态误差反馈控制律-NLSEF [J]. 控制与决策, 1995, 10 (3): 221-226.

[27] 韩京清. 自抗扰控制技术-估计补偿不确定因素的控制技术 [M]. 北京: 国防工业出版社, 2008.

[28] Han J Q. From PID to Active disturbance rejection control [J]. IEEE Transactions on Industrial Electronics, 2009, 56 (3): 900-906.

[29] 马兴瑞, 韩增尧. 航天器力学环境分析与条件设计研究进展 [J]. 宇航学报, 2012, 33 (1): 1-12.

[30] Shorter P J, Gardner B K, Bermner P G. A hybrid method for full spectrum noise and vibration predication [J]. Journal of Computational Acoustics, 2003, 11 (2): 323-338.

[31] Lu P, Brunner W, Stachowiak S J, et al. Verification of a fully numerical entry guidance algorithm [J]. Journal of Guidance, Control and Dynamics, 2017, 20 (2): 230-247.

[32] Shen Z J, Lu P. Dynamic lateral entry guidance logic [J]. Journal of Guidance, Control and Dynamics, 2004, 27 (6): 949-959.

[33] Smith K M. Predictive lateral logic for numerical entry guidance algorithms [R]. NASA Technical Reports, 2016, JSC-CN-35110-1.

[34] Sutton K, Graves R A Jr. A general stagnation-point convective-heating equation for arbitrary gas mixtures [R]. NASA-TR-R-376 72N10978, 1972.

[35] Lees L. Laminar heat transfer over blunt nosed bodies at hypersonic flight speeds [J]. Jet Propulsion, 1956, 26 (4): 259-269.

[36] Kemp N H, Riddel F R. Heat transfer · to satellite vehicle reentering the atmosphere [J]. Jet Propulsion, 1957, 27 (2): 132-137.

[37] Ackson M C, Henry J R. Orion GN&C model based development: experience and lessons learned [C]. AIAA Guidance, Navigation, and Control Conference, 13-16 August 2012, Minneapolis, Minnesota.

[38] Henry J. Orion GN&C MATLAB/Simulink Standards Version 15 [R]. FltDyn-CEV-08-148, 2011.

[39] Brunner C W. Skip entry trajectory planning and guidance [D]. PhD. Dissertation, Iowa State University, 2008.

面向木星系及行星际穿越探测的飞行方案分析

田百义，张磊，周文艳，朱安文

（北京空间飞行器总体设计部，北京，100094）

摘要：本文根据我国木星系及行星际穿越探测任务规划，瞄准工程方案可行，对使用多次借力的地木转移轨道及行星际穿越飞行轨道进行了深入研究分析。首先，对星际穿越目标进行了探讨，明确了满足我国任务约束的星际穿越目标；其次，对行星际飞行序列进行了优选，从探测器发射日期、发射 $C3$、深空机动、木星到达 $C3$ 和总的任务时间角度，对比分析了多个星际飞行序列，给出了最优序列设计结果；最后，基于工程约束，对探测器的连续发射机会进行了优化设计，给出了探测器连续 8 天、11 天和 16 天发射所需的发射 $C3$ 和深空机动大小需求。研究结果表明，在 2029—2032 年期间，木星系及行星际穿越探测器任务最优的深空飞行序列为地球—金星—地球—地球—木星—天王星，最优的发射日期集中在 2029 年 10 月份。

关键词：星际飞行；木星系探测；轨道转移；多次借力

1 引言

木星是太阳系从内向外的第五颗行星，是太阳系中体积最大、自转最快的行星。其公转轨道的半长轴约 7.7854×10^8 km，绕太阳公转的周期约 4332.59 天，约合 11.86 年。木星赤道地区的自转周期为 9h55min30s，两极地区的自转周期稍慢一些，木星不同纬度自转周期的不同，说明木星表面是由流体组成的。此外，木星是迄今为止具有最多卫星的行星，已发现 66 颗天然卫星，俨然是一个小型的太阳系，因此常被称为木星系统。其中 50 颗直径小于 10km 的卫星，是在 1975 年以后发现的。1610 年，伽利略最早用望远镜发现木星最亮的 4 颗卫星，被后人称为伽利略卫星，这 4 颗卫星环绕在离木星 $4\times10^5\sim1.9\times10^6$ km 的轨道带，由内而外依次为木卫一、木卫二、木卫三和木卫四，除 4 颗伽利略卫星外，其他卫星大多是半径几千米到 20km 的岩石天体[1]。

开展木星探测，有助于了解太阳系形成、演化的过程和行星系统的起源，同时，木星的 4 颗伽利略卫星也极具科学价值。截止 2017 年 11 月，人类已发射了包括伽利略任务和朱诺任务在内的十余颗探测器已造访木星系统，已规划的木星系探测任务包括 NASA 的 JUICE 任务（预计 2020 年）和 ESA 的欧罗巴快帆任务（预计 2022 年）等，也将开展木星环绕探测，以及木星卫星的环绕或多次飞越探测[2-5]。

本文根据我国木星系及行星际穿越探测任务规划，瞄准工程方案可行，对多次借力的地木转移轨道及木星借力后的星际飞行轨道进行优化设计，为我国木星系及行星际穿越探测任务的工程实施提供参考。

2 行星借力模型概述及任务约束分析

2.1 行星借力模型概述

当探测器在主天体引力场中近距离飞越第二个天体（第二天体在主天体引力范围内运行）时，第二个天体的引力将改变探测器在主天体引力场中的运行轨道。以星际飞行为例，主天体为太阳，第二天体为行星（如水星、金星、地球、火星、木星等八大行星），行星借力可用来改变探测器相对太阳的轨道能量或轨道倾角（或两者同时改变）[6]。

以地球借力飞行为例，图 1 给出了两类地球借力飞行轨道：能量增加型和能量减小型。地球借力飞行的轨道相对地球而言，是一条以地心为焦点的双曲线轨道，探测器在地球影响球边界处相

航天器工程，2018

对探测器的速度为双曲线剩余速度 $\boldsymbol{V}_\infty$，在探测器自由飞行状态下，地球借力前后的 $\boldsymbol{V}_\infty$ 大小相等，即 $\|\boldsymbol{V}_{\infty_{\text{in}}}\|=\|\boldsymbol{V}_{\infty_{\text{out}}}\|$，因此探测器相对地球的轨道能量没有变化。地球借力的效果是造成了探测器 $\boldsymbol{V}_\infty$ 旋转了一个角度 θ，称为"借力转角"。探测器借力的时间相对地球公转周期短的多，可认为探测器飞入/飞出地球影响球时的位置矢量不变。借力转角造成探测器飞出地球引力范围后，相对太阳的速度大小和方向发生了变化（图 1），因此，探测器绕日飞行轨道能量也就发生了改变。

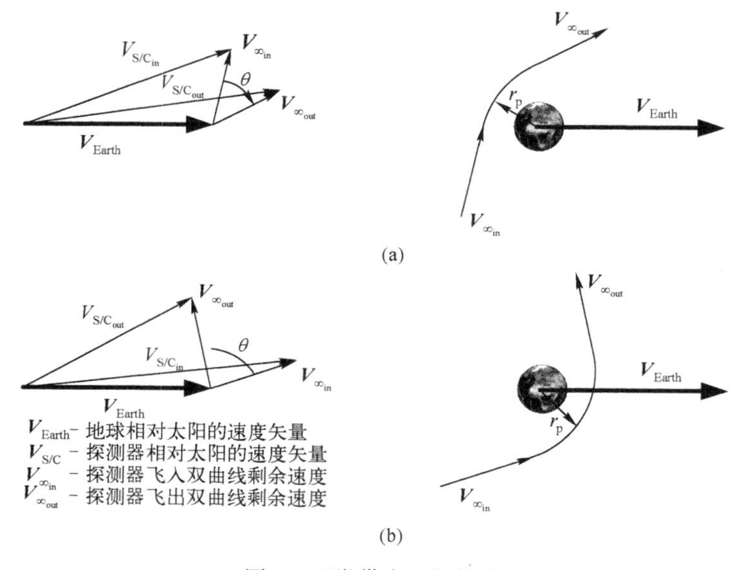

图 1　两类借力飞行轨道

（a）"能量增加型"借力；（b）"能量减小型"借力。

（1）"能量增加型"借力：探测器由地球后方飞越，地球借力之后 $\boldsymbol{V}_\infty$ 顺时针旋转，将 $\boldsymbol{V}_\infty$ 与 $\boldsymbol{V}_{\text{Earth}}$ 矢量相加，显然有 $V_{S/C_{out}}>V_{S/C_{in}}$（图 1（a）），因此，地球借力增大了探测器相对太阳的轨道能量；

（2）"能量减小型"借力：探测器由地球前方飞越，地球借力之后 $\boldsymbol{V}_\infty$ 逆时针旋转，将 $\boldsymbol{V}_\infty$ 与 $\boldsymbol{V}_{\text{Earth}}$ 矢量相加，显然有 $V_{S/C_{out}}<V_{S/C_{in}}$（图 1（b）），因此，地球借力减小了探测器相对太阳的轨道能量。

借力转角 θ 与探测器飞越地球的双曲线超速大小 V_∞ 和近地点半径 r_p 具有如下关系：

$$\sin\frac{\theta}{2}=1/(1+r_p\boldsymbol{V}_\infty^2/\mu_e)$$

式中：μ_e 为借力天体—地球的引力常数。

当借力天体为其他行星时，原理相同，此处不再赘述。

2.2　任务约束分析

根据我国目前航天技术发展现状和未来的航天任务规划，对木星系及行星际穿越探测任务提出如下约束。

（1）瞄准工程可行，飞行方案应满足运载系统发射 $C3$（双曲剩余速度的平方）、射向、滑行时间和落区安全等约束，以及满足发射场系统提出的连续多天发射条件。

（2）地木转移阶段，考虑 E（地球）、EV（地球—金星）、VEE（金星—地球—地球）和 VVE（金星—金星—地球）4 种借力序列，择优选择。

（3）发射日期选择在 2030 年前后，木星借力之后的行星穿越目标选择天王星或海王星，且约束探测器在 2049 年之前飞越目标。

（4）探测器由木星系穿越器和行星际穿越器组成，总质量 5000kg，其中木星系穿越器质量 4000kg，行星际穿越器 1000kg。

为实现整体任务的最优化设计，将地木转移段轨道与木星—天王星或海王星轨道进行联合优化。为满足木星系的探测任务需求，增加木星借力时的 $C3$ 约束为：不大于 $50\text{km}^2/\text{s}^2$，以减小木星捕获时的速度增量需求。

3　行星穿越目标选择

3.1　天王星

探测器在到达木星之前，释放一行星穿越器，经过木星借力之后飞往天王星，因此，可根据木星—天王星的 $C3$ 能量等高线图得到探测器适宜到达木星的时间情况。

图 2 给出了木星—天王星出发 $C3$ 能量等高线图，图中每个点均代表了一条经木星借力后飞往天王星的轨道，同一颜色的线代表探测器飞越木星时的 $C3$ 相同。由图可知：满足 2049 年之前到达天王星且飞越木星 $C3$ 小于 $50km^2/s^2$ 的木星借力日期在 2036 年 10 月之前。而地木转移的轨道飞行时间一般为 3~7 年，因此，探测器从地球发射的日期应在 2033 年 10 月之前，满足探测任务的时间规划。

综上可知，天王星飞越探测满足任务时间规划，是潜在可行的行星飞越探测目标。

3.2　海王星

与天王星为穿越目标的分析过程类似，图 3 给出了木星—海王星的出发 $C3$ 能量等高线图。

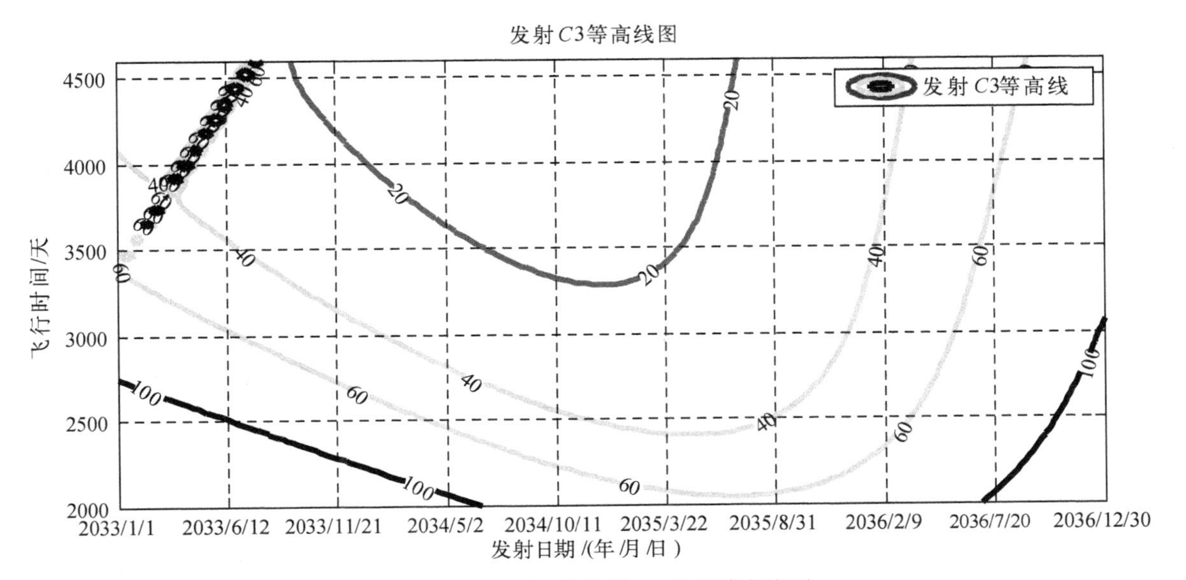

图 2　木星—天王星发射 $C3$ 能量等高线图

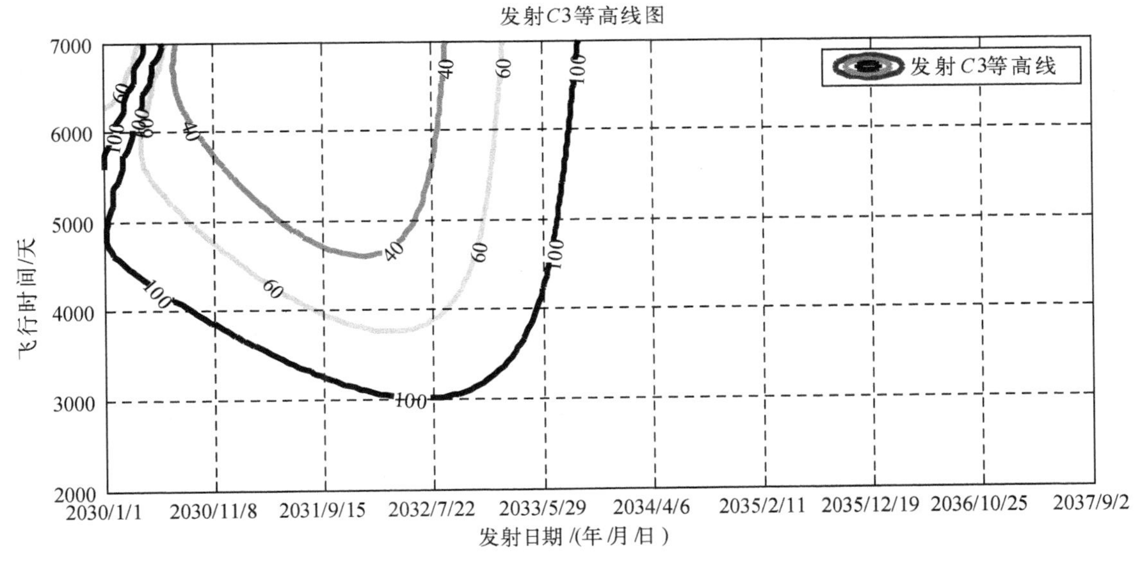

图 3　木星—海王星出发 $C3$ 能量等高线图

由图 3 可知：满足 2049 年之前到达海王星且飞越木星 $C3$ 小于 $50km^2/s^2$ 的木星借力日期在 2032 年 10 月之前。而地木转移的轨道飞行时间一般为 3~7 年，因此，探测器从地球发射的日期应在 2029 年 10 月之前，不满足探测任务的时间规划。

综上可知，不适宜选择海王星作为行星飞越探测目标。

4 星际飞行序列的优选

根据上述分析，确定选择天王星作为后续行星穿越目标。为实现探测任务的整体最优性，采用差分进化算法，将地木转移段轨道与木星—天王星轨道进行联合优化。重点分析 EEJU（地球—地球—木星—天王星）、EVEJU（地球—金星—地球—木星—天王星）、EVEEJU（地球—金星—地球—地球—木星—天王星）和 EVVEJU（地球—金星—金星—地球—木星—天王星）4 种行星飞行序列[7-9]。为减小借力时行星大气和磁场等环境因素对探测器的影响，按照探测器总体要求，优化设计时增加行星借力高度约束如下。

（1）金星借力高度：≥300km。

（2）地球借力高度：≥300km。

（3）火星借力高度：≥300km。

（4）木星借力高度：$\geqslant 4R_j$，（R_j=71492.00km）。

表 1 给出了仅考虑运载发射 $C3$ 约束情况下的 4 种序列星际飞行轨道优化设计结果。由于 EEJU 和 EVVEJU 两种序列无满足发射 $C3$ 约束的最优解，因此，优化时，适当地放宽了此两种序列的发射 $C3$ 约束。根据表 1，综合考虑探测器发射日期、发射 $C3$（或最大发射质量）、木星到达 $C3$、深空机动大小（燃料消耗）和总的任务时长满足任务情况（按优、良和差三种区分），得到 4 种序列的对比结果（表 2），可见 4 种星际飞行序列的最优排序为 EVEEJU>EVEJU>EVVEJU>EEJU。其中 EVEEJU 和 EVEJU 两种序列满足工程需求，文章选取这两种序列进行优化对比分析。

表 1　四种序列的星际飞行任务轨道优化设计结果

行星际飞行序列		EEJU	EVEJU	EVEEJU	EVVEJU
地球发射日期（年-月-日）		2031-09-10	2031-08-01	2029-09-25	2030-01-01
发射 $C3$/(km^2/s^2)		36.00	18.00	14.18	23.30
第 1 次借力	借力天体	地球	金星	金星	金星
	借力日期/(年-月-日)	2034-06-11	2032-01-14	2030-04-04	2030-06-03
	借力高度/km	300.00	2524.72	6011.35	4474.93
	深空机动/(km/s)	1.78	0.00	0.00	0.00
第 2 次借力	借力天体	木星	地球	地球	金星
	借力日期/(年-月-日)	2036-06-03	2033-06-21	2031-02-18	2032-10-12
	借力高度/km	1916118.43	300.00	5481.55	5854.78
	深空机动/(km/s)	0.00	0.55	0.00	0.00
第 3 次借力	借力天体	—	木星	地球	地球
	借力日期/(年-月-日)	—	2035-11-08	2033-05-26	2034-04-20
	借力高度/km	—	300000.00	1385.59	440.82
	深空机动/(km/s)	—	0.20	0.00	0.00
第 4 次借力	借力天体	—	—	木星	木星
	借力日期/(年-月-日)	—	—	2035-12-23	2036-05-12
	借力高度/km	—	—	461134.76	1520856.47
	深空机动/(km/s)	—	—	0.00	0.00
到达木星日期/(年-月-日)		2036-06-03	2035-11-08	2035-12-23	2036-05-12
到达木星 $C3$/(km^2/s^2)		46.01	38.94	35.32	48.84
到达天王星日期/(年-月-日)		2049-09-30	2043-12-12	2046-02-17	2047-06-24
飞越天王行星 $C3$/(km^2/s^2)		12.02	55.03	26.83	19.08
地木转移时长/年		4.73	4.27	6.25	6.36
总任务时长/年		18.06	12.37	16.41	17.48
总的深空机动速度增量/(km/s) （按质量 5000kg，比冲 315s 考虑，对应的燃料消耗）		1.781 (2192kg)	0.75 (1050kg)	0.00 (0.00kg)	0.00 (0.00kg)

表 2　4 种序列的任务满足情况评价结果

星际飞行序列	EEJU	EVEJU	EVEEJU	EVVEJU
发射日期	优	优	良	优
发射 $C3$（最大发射质量）	差	良	优	差
木星到达 $C3$	差	良	优	差
深空机动（燃料消耗）	差	良	优	优
总的任务时长	差	优	良	差
发射窗口宽度	—	良	优	—

5　连续发射日期优化分析

木星系及行星际穿越探测任务采用首次金星借力的星际飞行序列，因此，地球—金星的窗口即决定了整个探测任务窗口。图 4 给出了 2029—2033 年期间的地球—金星发射 $C3$ 能量等高线图，由图可知：满足运载发射 $C3$ 约束的探测器最优发射日期集中在 2029 年 10 月份和 2031 年 8 月份。其中 2029 年 10 月份窗口对应的星际飞行序列为 EVEEJU，2031 年 8 月份窗口对应的星际飞行序列为 EVEJU。

木星系及行星际穿越探测任务的发射窗口与我国运载水平紧密相关，表 1 的全局最优的发射窗口和图 4 的连续发射日期不一定满足我国运载的射向和滑行时间等约束以及工程总体对连续发射日期的需求，因此开展发射窗口的优化设计时必须引入具体的工程约束。

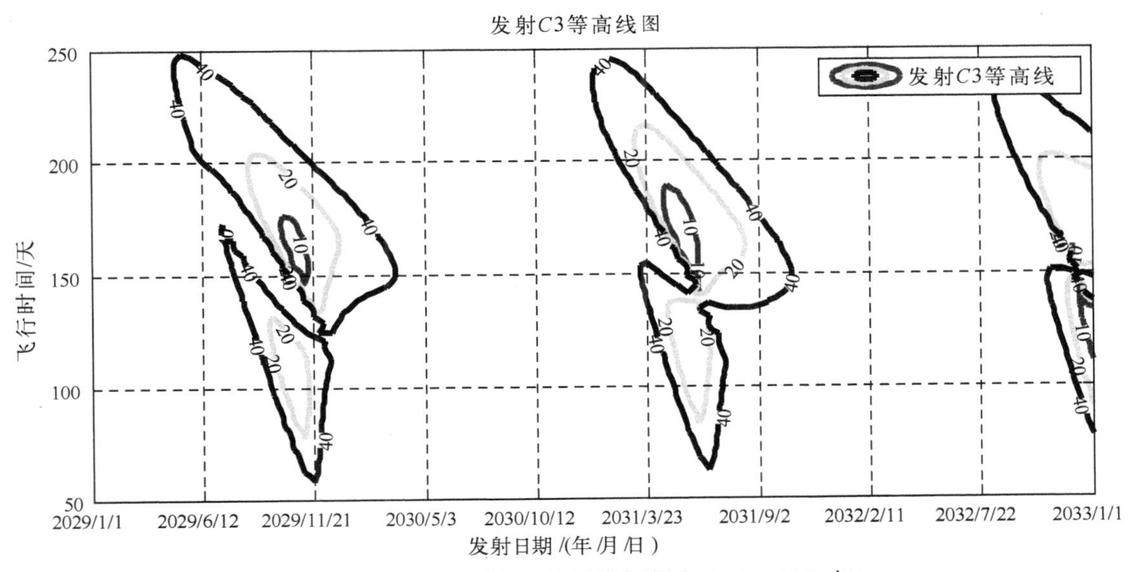

图 4　地球—金星发射 $C3$ 能量等高线图（2029-2033 年）

5.1　EVEEJU 飞行序列

以图 4 的窗口为初值进行连续发射窗口的优化设计，图 5～图 7 分别给出了 EVEEJU 序列的探测器发射 $C3$、木星到达 $C3$ 和深空机动大小随发射日期的变化情况，由图可知：探测器最优的发射日期集中在 2029 年 9 月 24 日—2029 年 10 月 09 日（连续 16 天），探测器发射所需的发射 $C3$ 均小于 16.0km^2/s^2，木星

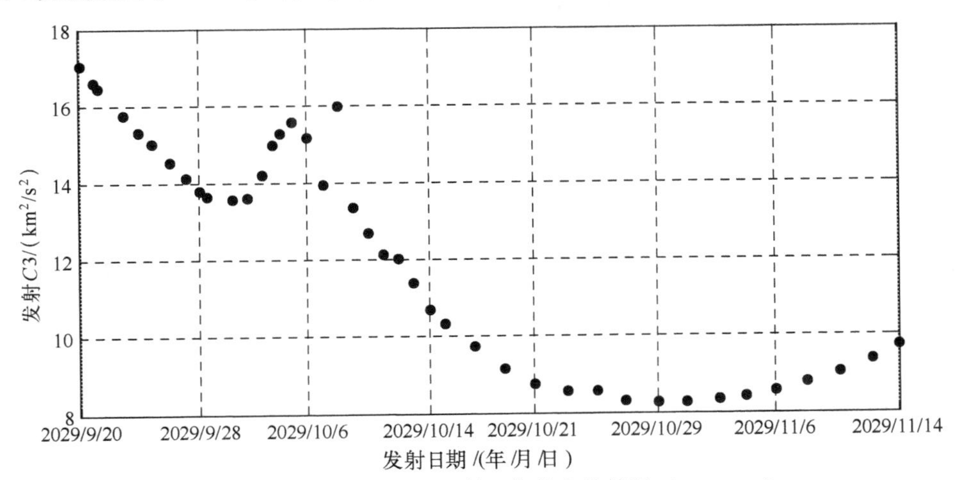

图 5　探测器发射 $C3$ 随发射日期的变化情况（EVEEJU）

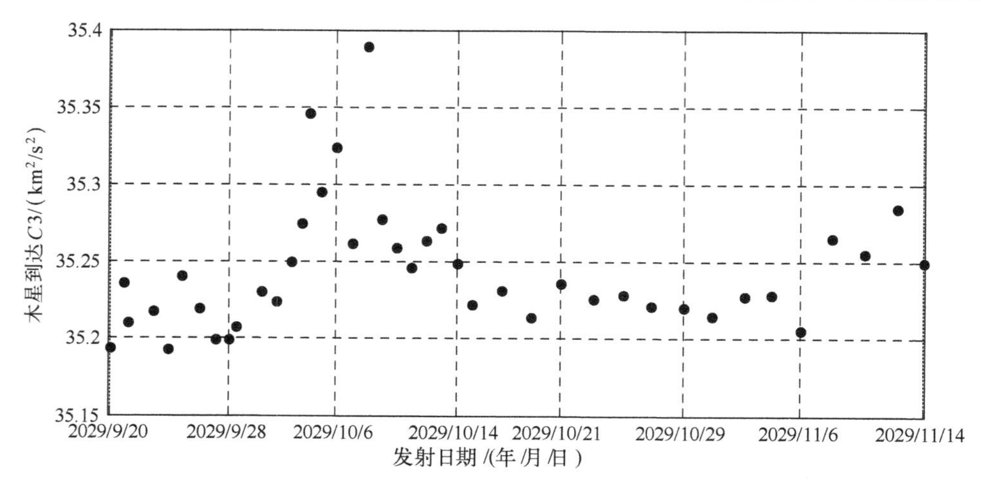

图6　木星到达 $C3$ 随发射日期的变化情况（EVEEJU）

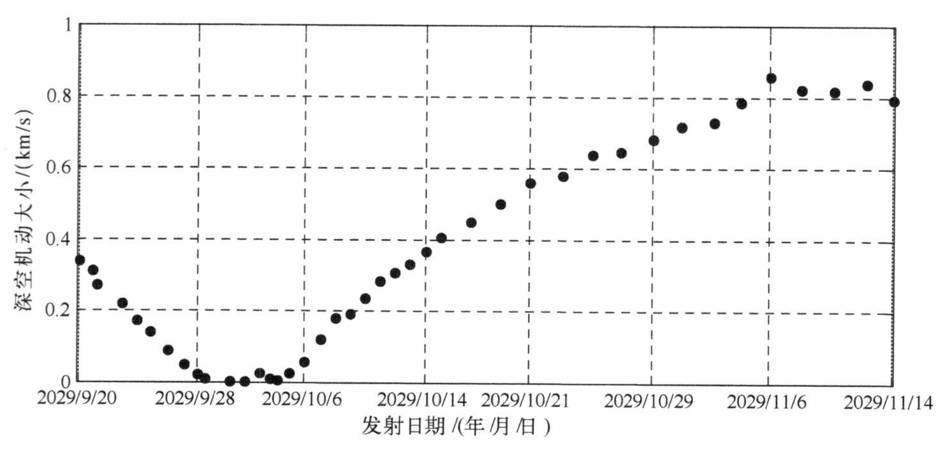

图7　探测器深空机动大小随发射日期的变化情况（EVEEJU）

到达 $C3$ 约 35.4$\mathrm{km^2/s^2}$，且深空机动需求不大于 200m/s。其中，9月26日—10月6日（连续11天）发射的深空机动小于100m/s；9月28日~10月5日（连续8天）发射的深空机动小于50m/s。

5.2　EVEJU 飞行序列

通过优化设计，图8~图10分别给出了EVEJU序列的探测器发射 $C3$、木星到达 $C3$ 和深空机动大小随发射日期的变化情况，由图可知：探测器最优的发射日期集中在2031年7月27日—2031年8月16日（连续11天），探测器发射所需的发射 $C3$ 均在 19$\mathrm{km^2/s^2}$ 左右，木星到达 $C3$ 约 40.5$\mathrm{km^2/s^2}$，深空机动需求为840~1140m/s。

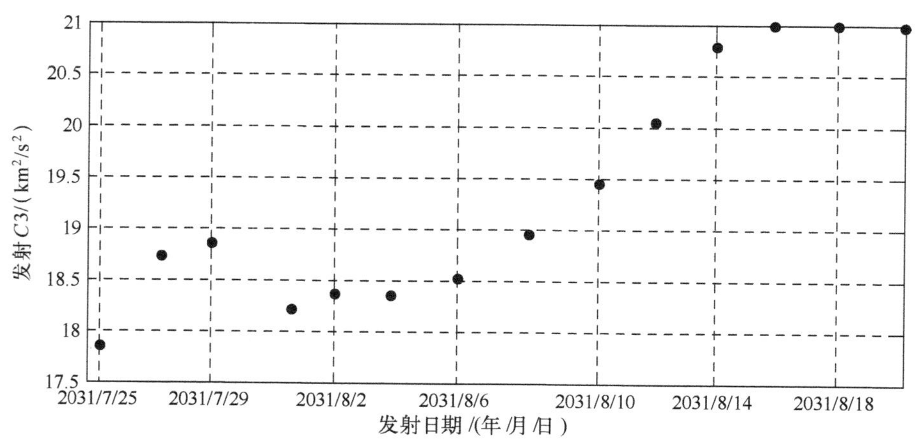

图8　探测器发射 $C3$ 随发射日期的变化情况（EVEJU）

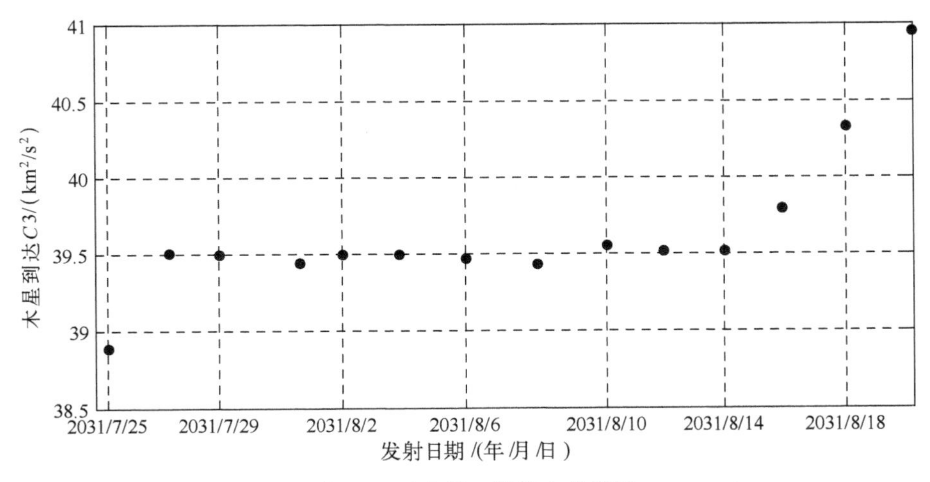

图 9　木星到达 $C3$ 随发射日期的变化情况（EVEJU）

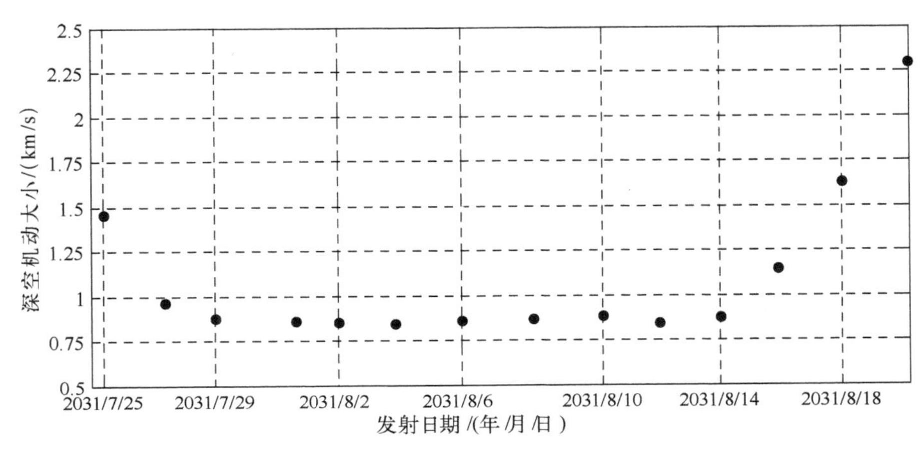

图 10　探测器深空机动大小随发射日期的变化情况（EVEJU）

5.3　两种飞行序列的对比分析

根据 5.1 节和 5.2 节的分析，两种飞行序列对应的深空机动（星际飞行燃料消耗）、发射 $C3$（运载发射能力）和木星到达 $C3$（木星捕获燃料消耗）均具有差异（假设探测器轨控发动机比冲为 315s）。

（1）星际飞行燃料消耗。EVEJU 飞行序列较 EVEEJU 飞行序列深空机动增加约 700m/s，对应的燃料消耗量增加 1000kg。

（2）运载发射能力。EVEJU 飞行序列较 EVEEJU 飞行序列发射 $C3$ 大于 $3\text{km}^2/\text{s}^2$ 左右，对应的运载发射质量减小约 290kg。

（3）木星捕获燃料消耗。EVEJU 飞行序列较 EVEEJU 飞行序列的木星到达 $C3$ 大 $5\text{km}^2/\text{s}^2$ 左右，对应的木星捕获燃料消耗增加约 50kg。

综上，EVEJU 飞行序列的探测器干重预算较 EVEEJU 飞行序列减小近 1340kg，因此，EVEEJU 飞行序列具有更优的特性，应为我国木星系及行星际穿越探测任务的首选。

6　结束语

本文以工程可行为目标，针对木星系及行星际穿越探测任务的星际飞行方案进行了深入研究和分析，得出以下结果。

（1）天王星适宜作为我国本次木星系及行星际穿越探测任务的星际探测目标，探测器可于 2045 年前后飞抵天王星。

（2）2029—2032 年期间，EEJU、EVEJU、EVVEJU、EVEEJU 四种星际飞行序列的最优排序为：EVEEJU>EVEJU>EVVEJU>EEJU。EVEEJU 飞行序列具有最优的特性，应为我国木星系及行星际穿越探测任务的首先。

（3）EVEEJU 飞行序列满足任务约束的发射日期集中在 2029 年 10 月份前后。

本文研究结果可为我国木星系及行星际穿越探测任务论证与规划提供参考，后续可根据任务总体需求，以及我国未来运载和航天器发展情况开展详细的轨道方案优化设计，对星际飞行过程中涉及的能源、空间环境、通信弧段、天体遮挡等具体工程问题开展深入研究与分析，为我国首次木星系及行星际穿越探测任务的工程实施提供技术保障。

参考文献

[1] 中国科学院月球与深空探测总体部．月球与深空探测［M］．广州：广东科技出版社，2014：434-436.

[2] The JUICE Scicence Study Team. JUICE exploring the emergence of habitable worlds around gas giants［R］. Assessment Study Report. Paris：ESA，2011.

[3] Michael Meltzer. Mission to Jupiter：A history of the Galileo project，NASA SP - 2007 - 4231［R］. Washington D. C.：NASA，2007.

[4] T Kowalkowski，J Johannesen，T Lam. Launch period development for the Juno mission to Jupiter［C］// AIAA/AAS Astrodynamics Specialist Conference and Exhibit. Washington D. C.：AIAA，2008：1-13.

[5] L J Miller，J K Miller，W E Kirhofer. Navigation of the Galileo mission［C］//21st Aerospace Sciences Meeting. Washington D. C.：AIAA. 1983：1-19.

[6] Matteo Ceriotti. Global Optimisation of Multiple Gravity Assist Trajectories［D］. Glasgow：University of Glasgow，2010.

[7] Betts J T. Survey of numerical methods for trajectory optimization［J］. Journal of Guidance，Control，and Dynamics，1998，21（2）：193-207.

[8] 田百义．小推力借力转移轨道设计与优化方法研究［D］. 哈尔滨：哈尔滨工业大学，2012：30-45.

[9] 董捷，孟林智，赵洋，等．国外木星系环绕飞行任务规划研究［J］. 航天器工程，2015，24（3）：85-92.

月地高速再入返回器跨流域气动参数预测方法研究

李　齐，刘　峰，刘中玉，魏昊功
（北京空间飞行器总体设计部，北京，100094）

摘要：月地高速再入返回器以近 11km/s 的速度跳跃式再入地球大气，与近地轨道直接再入返回器相比，飞行速度和环境温度更高，在跨流域穿越的时间更长，气体流动效应更为复杂，因此各种边界条件、流动模型、气体组分模型和温度模型等因素对返回器跨流域气动特性模拟的影响效果更为突出。针对返回器跨流域气动预测时考虑的重点问题及其算法进行研究，通过分析流场、表面压力分布以及气动力数据，确定了不同算法模型和边界条件对返回器跨流域气动参数的影响规律。此外，利用首次月地高速再入返回飞行试验的内、外测数据对返回器的再入弹道进行重构、气动参数进行辨识，并将气动预测参数与气动辨识参数进行对比分析，验证了地面预测的准确性。

关键词：月地高速再入返回器；跨流域；气动预测；气动辨识

1　引言

中国自 2004 年正式开展月球探测工程——“嫦娥工程”，开启了深空探测的步伐。嫦娥工程分“绕、落、回”三步，其中代表“回”的嫦娥五号、嫦娥六号，目的就是为了实现月球采样返回。在正式实现“回”之前，为突破和掌握第二宇宙速度高速再入返回的气动、热防护、半弹道跳跃式再入 GNC 等关键技术，中国开展了月地高速再入返回飞行试验器的研制，并于 2014 年 11 月 1 日成功实现了中国首次月地高速跳跃式再入返回飞行。

月地高速再入返回飞行试验整个任务过程包含了 13 个关键环节，如发射入轨、地月转移、月球近旁转向、月地转移、舱间分离、服务舱规避、返回器再入与着陆等。任务飞行过程如图 1 所示。

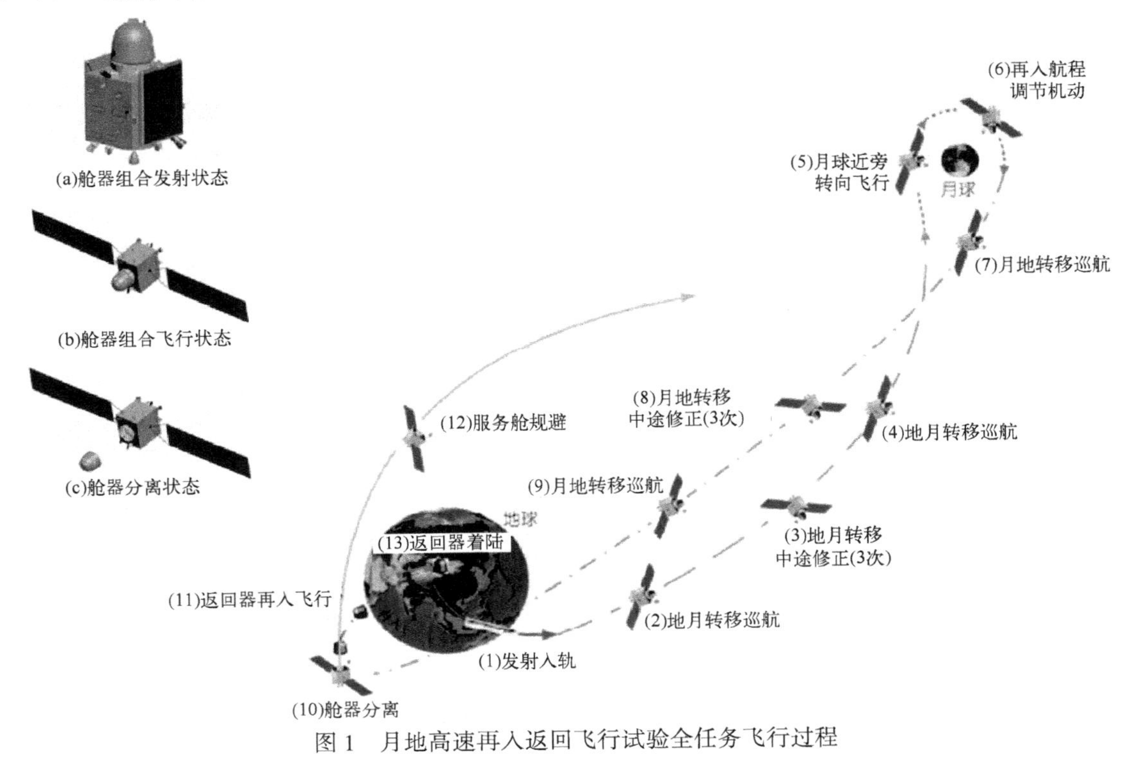

图 1　月地高速再入返回飞行试验全任务飞行过程

返回器采用半弹道跳跃式再入，整个再入飞行过程包含了两个地球大气再入段以及一个完全跳出段。在首次再入和跳出时，返回器控制策略各进行了一次切换，其切换开关通过内测过载启动。返回器利用 GNC 系统与装在其表面的 12 台姿控发动机辅助完成了气动减速过程，并在距约 10km 高度打开减速伞，随后打开主伞进一步减速，最后以约 14m/s 的速度、优于 3km 的落点精度着陆于内蒙古预定着陆区。返回器再入飞行过程如图 2 所示[1]。

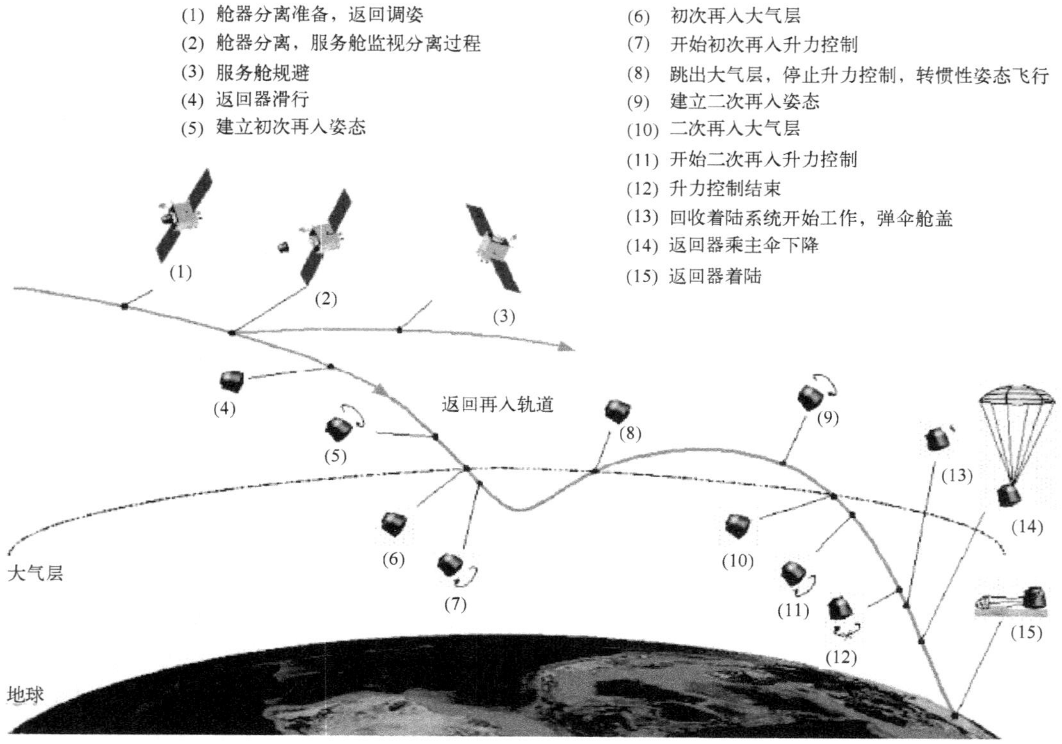

(1) 舱器分离准备，返回调姿
(2) 舱器分离，服务舱监视分离过程
(3) 服务舱规避
(4) 返回器滑行
(5) 建立初次再入姿态
(6) 初次再入大气层
(7) 开始初次再入升力控制
(8) 跳出大气层，停止升力控制，转惯性姿态飞行
(9) 建立二次再入姿态
(10) 二次再入大气层
(11) 开始二次再入升力控制
(12) 升力控制结束
(13) 回收着陆系统开始工作，弹伞舱盖
(14) 返回器乘主伞下降
(15) 返回器着陆
返回再入轨道
大气层
地球

图 2　月地高速再入返回飞行过程

本文针对返回器再入时在跨流域长时间飞行时所经历的复杂流动环境开展研究，重点分析了稀薄效应和化学反应相关算法模型及边界条件对跨流域气动特性预测的影响规律，从而探讨了跨流域复杂流动效应的预测方法。最后通过对飞行试验数据的辨识和结果对比，验证了地面预测的准确性。

2　研究对象与条件

返回器再入走廊内典型弹道如图 3 所示。其中，返回器再入角范围为 $-5.8°\pm0.2°$，再入点速度约为 10.66km/s（地固系），最高马赫数约为

H/km
t/s
Y=-5.8°
Y=-5.6°
Y=-6.0°
(a)
H/km
V/(km/s)
Y=-5.8°
Y=-5.6°
Y=-6.0°
(b)

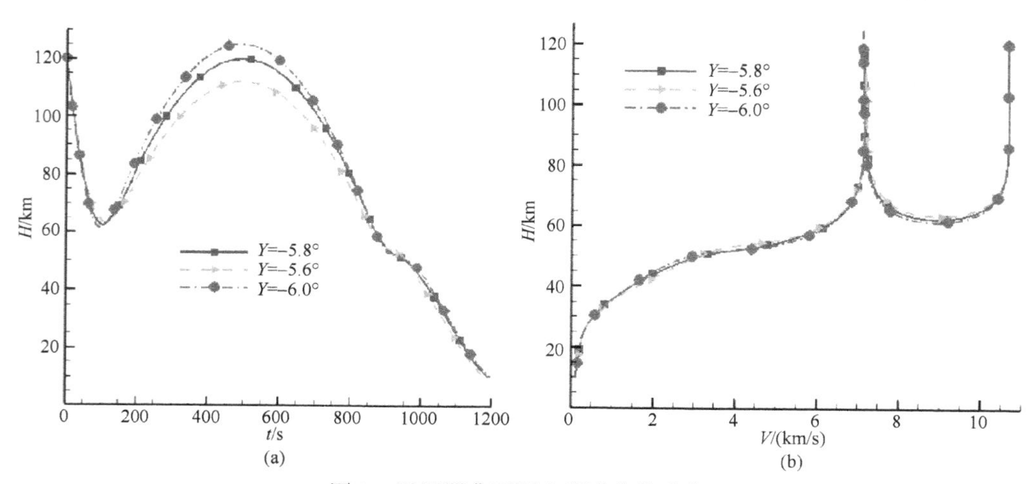

图 3　返回器典型再入弹道参数曲线

（a）高度-时间；（b）高度-速度。

40，在60km以上高空飞行时间超过800s，最大过载约束为不超过7g，返回器总质量约束为不超过335kg。

返回器外形及质心分布分别如图4和表1所示，由图可见，返回器采用了类神舟飞船返回舱的球冠钟形体，而最大迎风面直径D约为1.25m，仅相当于飞船返回舱的1/2。此外，返回器还进行了取消前端框和俯仰发动机舱等减重优化，使得构型布局更为紧凑。由表1可见，返回器实际飞行状态下的质心与设计质心非常接近，误差很小。

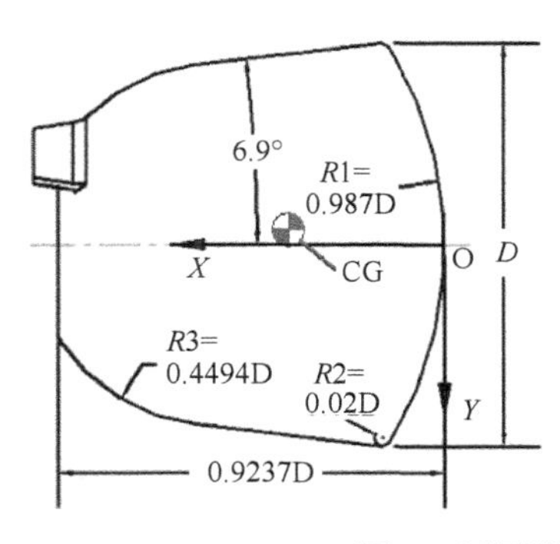

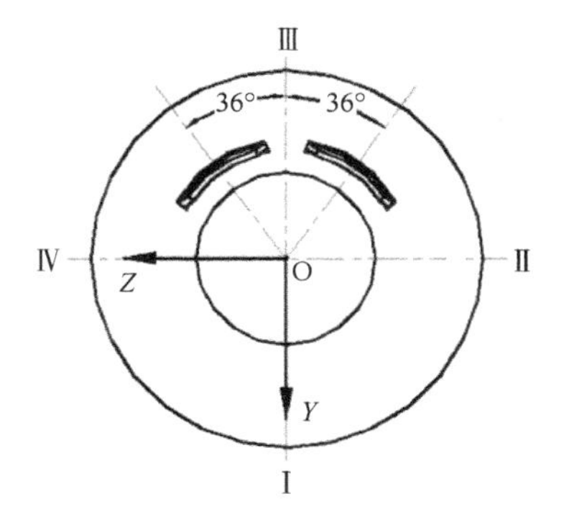

图4　返回器外形尺寸示意图

表1　返回器质心分布表

	设计状态			飞行状态	
质量/kg	标称 CG/mm	CG 误差/mm	质量/kg	标称 CG/mm	CG 误差/mm
<335	Xcg　468	△Xcg　±4	332.3	Xcg　468.65	±1.3
	Ycg　−43	△Ycg　±1.5		Ycg　−43.79	±0.5
	Zcg　0	△Zcg　±1		Zcg　0.12	±0.5

3　物理模型与数值方法

3.1　控制方程

对于60~100km的中高空连续流及高空滑移过渡区域，均可近似采用连续流数值模拟方法对气动特性进行预测。控制方程是考虑化学反应的三维Navier-Stokes方程，无量纲化形式如下，其各变量表达式见文献［2］。

$$\frac{\partial Q}{\partial t}+\frac{\partial F}{\partial x}+\frac{\partial G}{\partial y}+\frac{\partial H}{\partial z}=\frac{1}{\mathrm{Re}}\left(\frac{\partial F_V}{\partial x}+\frac{\partial G_V}{\partial y}+\frac{\partial H_V}{\partial z}\right)+W \quad (1)$$

在气体物理模型中，考虑了组分的束缚电子能量的激发效应和分子组分振动能量的激发效应[3]。

3.2　空气化学反应模型

较常用的空气化学反应模型有5组分（O_2，N_2，NO，O，N）、7组分（O_2，N_2，NO，O，N，NO+，e）和11组分（O_2，N_2，NO，O，N，NO+，e，O_2+，N_2+，O+，N+）的模型，本次研究采用7组分的Park87模型[4]，反应方程式如表2所列。

表2　Park87空气化学反应模型

序号	反应式	M指代的反应物
1	$N_2+M \Leftrightarrow N+N+M$	M：N_2，O_2，NO，N，O，e−
2	$O_2+M \Leftrightarrow O+O+M$	M：N_2，O_2，NO，N，O，e−
3	$NO+M \Leftrightarrow N+O+M$	M：N_2，O_2，NO，N，O，e−
4	$NO+O \Leftrightarrow N+O_2$	
5	$N_2+O \Leftrightarrow NO+N$	
6	$N+O \Leftrightarrow NO^++e^-$	

3.3　等效比热比模型

完全气体等效比热比的方法将高超声速流动等效成恒定比热比的热完全气体流动。通过求解比热比改变的量热完全气体方程，达到模拟高超声速真实气体效应的目的。这种方法是研究真实气体效应一种简单有效的研究手段。

本文在研究等效比热比模型对中高空气动预测的影响时，通过如下方式获得某特定状态下的等效比热比数值：首先利用化学非平衡模型计算配平攻角附近某状态的流场，获得激波后最高温度，将最高温度代入文献［5］中N_2和O_2各自对应的C_p与T的函数关系中，从而求出来流空气主要组分N_2和O_2在相应温度下的C_p数值。将两组分在来流空气中的浓度与各自 C_p 的乘积进行代数求和，即可得到热完全气体在正激波附近的平均 C_p，最终可得到等效比热比 γ_{eff}。相关计算公式如下：

$$f_i(T)=R\times(a_{i1}T^{-2}+a_{i2}T^{-1}+a_{i3}+a_{i4}T+a_{i5}T^2+a_{i6}T^3+a_{i7}T^4) \quad (2)$$

$$C_p(N_2)=f_{N_2}(T_{\max}),\ C_p(O_2)=f_{O_2}(T_{\max}) \quad (3)$$

$$\overline{C}_p=C_p(N_2)\times C(N_2)+C_p(O_2)\times C(O_2) \quad (4)$$

$$\gamma_{\text{eff}}=\overline{C}_p/(\overline{C}_p-R) \quad (5)$$

3.4 数值求解方法

流动控制方程的对流项采用二阶精度的 Roe 格式离散，使用 minmod 限制器限制梯度的重构，时间推进采用 LU-SGS 方法。

3.5 壁面边界处理方法

1）壁面温度边界

对于中高空连续流区域，常用壁面温度边界条件有：①绝热壁条件，$\partial T/\partial n=0$；②等温壁面条件，$T=T_w$；③辐射平衡变壁面温度。本文采用了绝热壁和等温壁两种壁面温度条件开展计算研究，其中等温壁温度进行了变化。

2）壁面催化边界

对于壁面组分的边界条件，有完全非催化条件和完全催化条件的两种方法处理。对于完全非催化条件，壁面组分满足$\partial C_i/\partial n=0$ 的条件；对于完全催化条件，壁面组分满足 $c_i=c_{i\infty}$ 的条件。本文仅采用完全催化条件开展计算。

3）无滑移边界

在 60~80km 高度范围，采用连续流速度无滑移条件进行计算，$u=v=w=0$，壁面压力法向导数为零，$\partial P/\partial n=0$。

4）滑移边界

在 80~100km 高度范围，由于空气稀薄程度已不能忽略，因此仍采用忽略滑移速度的无滑移边界条件是不合适的，需要采用滑移边界。

对壁面边界条件，在物面处的滑移速度为

$$u_s=\Lambda\left(\frac{\partial u}{\partial y}\right)_{y=0} \quad (6)$$

物面边界处的温度跳跃为

$$T_s-T_w=\frac{15}{8}\Lambda\left(\frac{\partial T}{\partial y}\right)_{y=0} \quad (7)$$

以上各式中，u_s 为壁面处流体的速度；T_s 为壁面处流体的温度；T_w 为壁面温度；Λ 是壁面处的分子平均自由程。

4 研究计算状态

针对 60~80km 中高空真实气体效应下不同气体模型对气动力预测结果的影响规律研究，通过表 3 所示的计算状态开展。

表 3 60~80km 中高空连续流气体模型影响研究计算状态

H/km	气体模型	比热比	Ma	α/°	壁面温度条件
80	两温度化学非平衡	1.4	25、30、38	-18、-20、-22、-24	等温壁 T_w=1500K
	完全气体	1.4	30	-18、-20、-22、-24	
	热完全气体	1.2077	30	-18、-20、-22、-24	
70	两温度化学非平衡	1.4	25、30、35	-18、-20、-22、-24	等温壁 T_w=1500K
	完全气体	1.4	30	-18、-20、-22、-24	
	热完全气体	1.197	30	-18、-20、-22、-24	
60	两温度化学非平衡	1.4	20、24、28	-18、-20、-22、-24	等温壁 T_w=1500K
	完全气体	1.4	20	-18、-20、-22、-24	
	热完全气体	1.229	20	-18、-20、-22、-24	

针对 60~80km 中高空真实气体效应下不同壁面温度条件对气动力预测结果的影响规律研究，通过表 4 所示的计算状态开展。

针对 80~100km 高空稀薄效应下滑移流边界对气动力预测结果的影响规律研究，通过表 5 所示的计算状态开展。

表 4 60~80km 中高空连续流壁面温度影响研究计算状态

H/km	气体模型	比热比	Ma	α/°	壁面温度条件
70	单温度化学非平衡	1.4	30	-20	绝热壁
					等温壁 T_w=300K
					等温壁 T_w=1000K
					等温壁 T_w=1500K

表 5　80~100km 高空滑移边界影响研究计算状态

H/km	气体模型	比热比	Ma	α/°	壁面速度、温度条件
80、90、100	完全气体	1.4	25、40	−18、−20、−22、−24	无速度滑移，等温壁 $T_w=5T_\infty$
					速度滑移、温度跳跃 $T_w=5T_\infty$

5　计算结果分析

5.1　中高空气体模型计算影响分析

通过对比典型状态下热化学非平衡模型与完全气体模型计算所得返回器对称面流场，如图 5 所示，可得如下结论。

（1）化学非平衡与完全气体头部激波脱体距离相差 1 倍以上。化学反应影响会导致头部激波压缩更为剧烈。

（2）热完全气体等效比热比假设下，脱体激波距离与化学反应模型较为接近，相差不超过 30%。

通过对大底表面压力分布的计算分析（图 6），可得到以下结论。

（1）化学非平衡与完全气体迎风大底表面压力分布相差较大，主要表现在肩部区域，化学非平衡比完全气体头部压力更大。

（2）热完全气体等效比热比假设下，大底表面压力分布与化学非平衡十分接近，由此预估轴向力系数也很接近。

通过对后体表面压力分布的计算分析（图 7），可得到以下结论。

（1）3 种模型下后体表面压力分布相差明显，主要表现在迎风侧，热完全气体模型的后体迎风侧压力最高，从而使得其迎背风压力差最大。

（2）热完全气体模型不能修正后体压力分布，反而会使后体压力分布与化学非平衡模型结果差异增大。

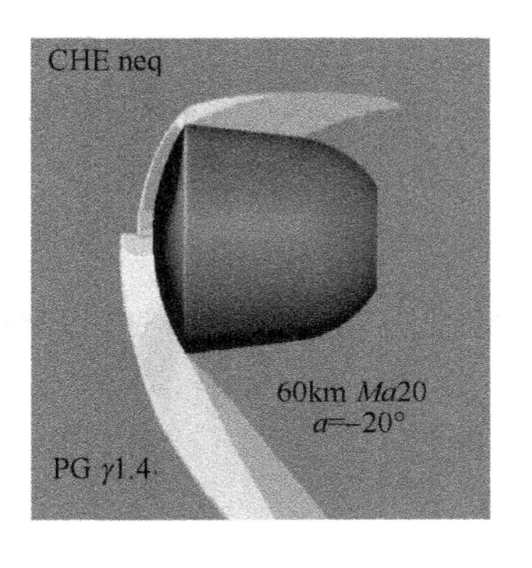

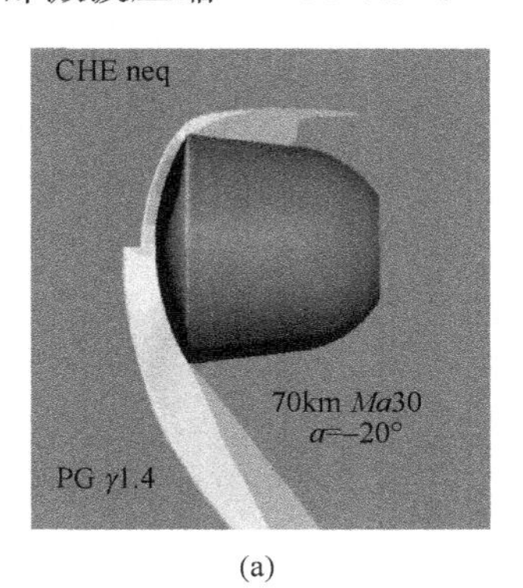

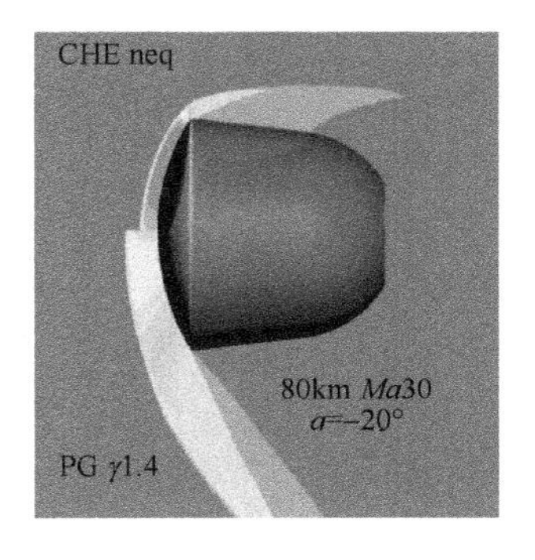

(a)

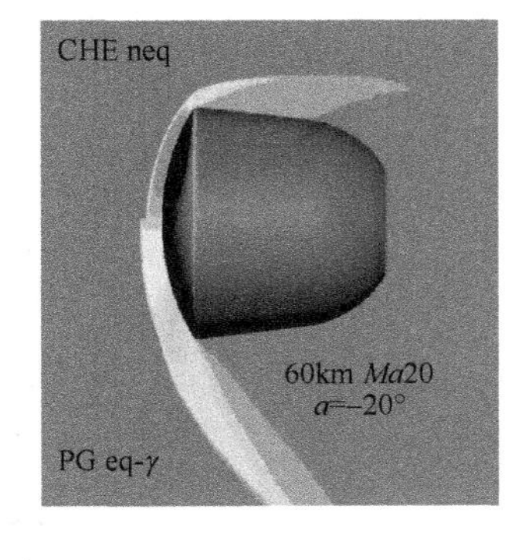

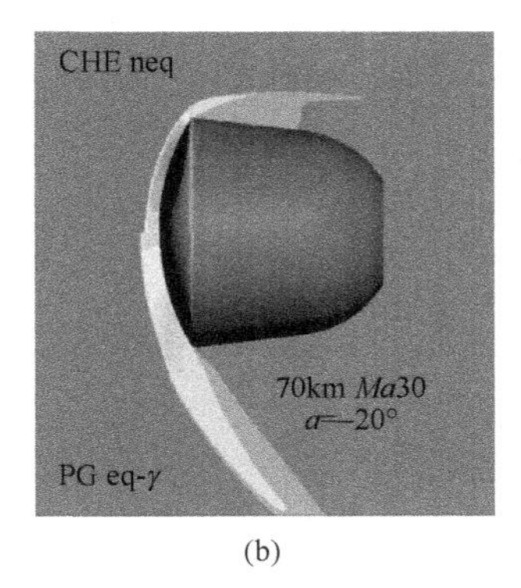

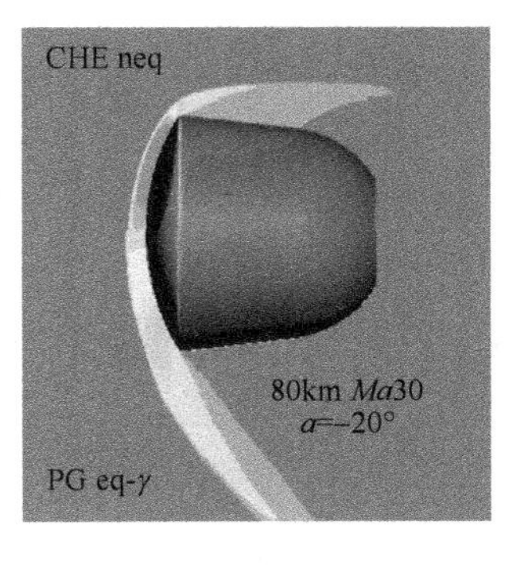

(b)

图 5　化学非平衡与完全气体、热完全气体模型对称面流场压力云图对比

（a）化学非平衡与完全气体对比；（b）化学非平衡与热完全气体对比。

通过对比 3 种模型下返回器整体气动力特性（图 8）可知，完全气体模型与化学非平衡模型计算所得轴向力和法向力差异均较为明显，最大偏差量均达到 5%；气动力偏差导致完全气体与化学非平衡模型计算的质心俯仰力矩相差也较大，使得同状态下两模型的配平攻角相差达 1.3~2.6°。由此可见，由于真实气体效应对气动力影响十分明显，必须采用考虑化学反应的气体模型进行气动特性预测，方能保证返回器中高空气动参数的精度。

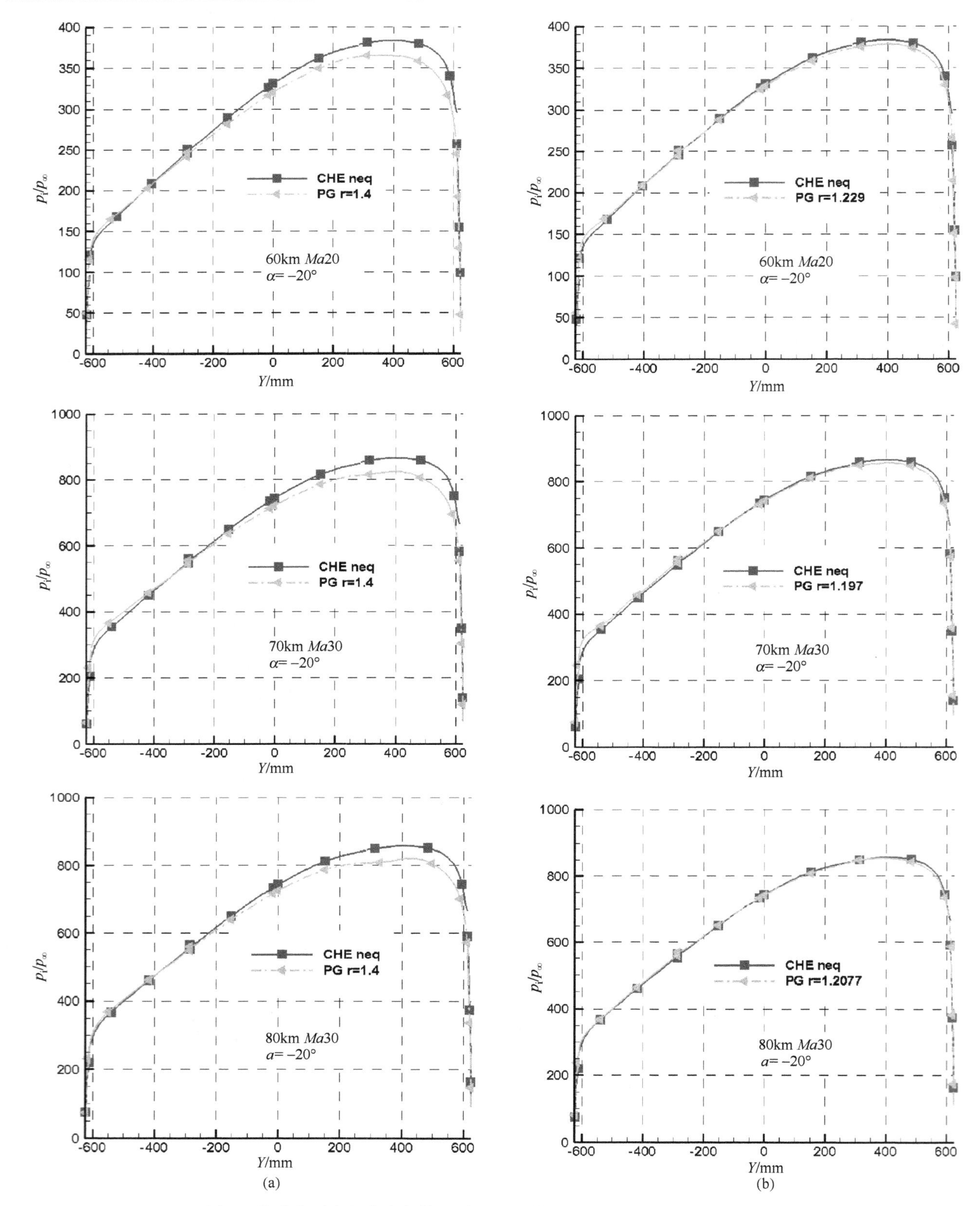

图 6　化学非平衡与完全气体、热完全气体模型大底迎背风母线压力对比

（a）化学非平衡与完全气体对比；（b）化学非平衡与热完全气体对比。

另外，由图 8 可见，热完全气体等效比热比模型可将返回器轴向力系数 CA 的数值修正到接近化学非平衡模型的水平，但对于法向力 CN 则无法修正，甚至会导致差异增大，因此导致质心俯仰力矩修正效果差，配平攻角仍偏离化学非平衡模型的计算值。

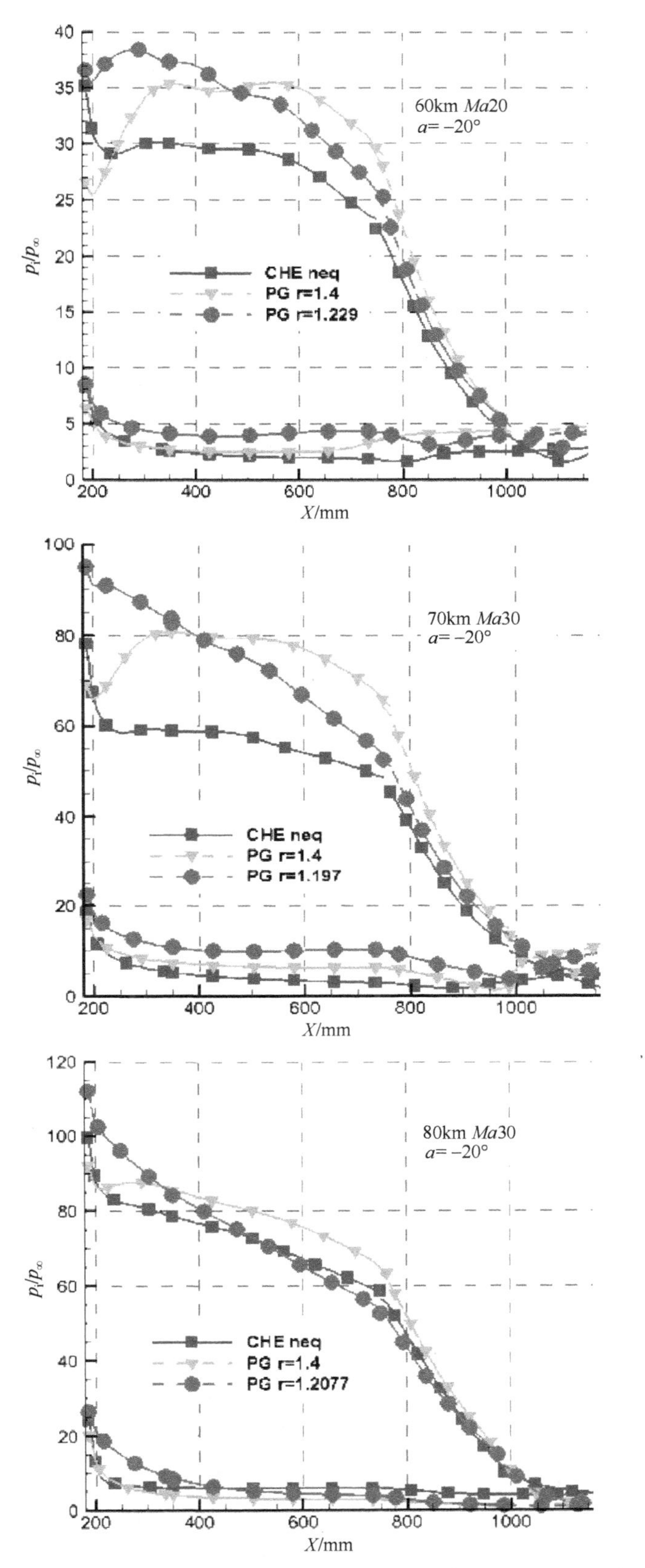

图 7　化学非平衡与完全气体、热完全气体模型后体迎背风母线压力对比

通过上述对流场与气动力计算结果的综合分析，可以判断，热完全气体等效比热比模型可较为精确地模拟正激波附近的流场，但对过肩部流动膨胀、分离和再附后的流场模拟程度较差。因此，对于月地高速再入返回器，其中高空真实气体影响区域的气动特性采用了化学非平衡模型进

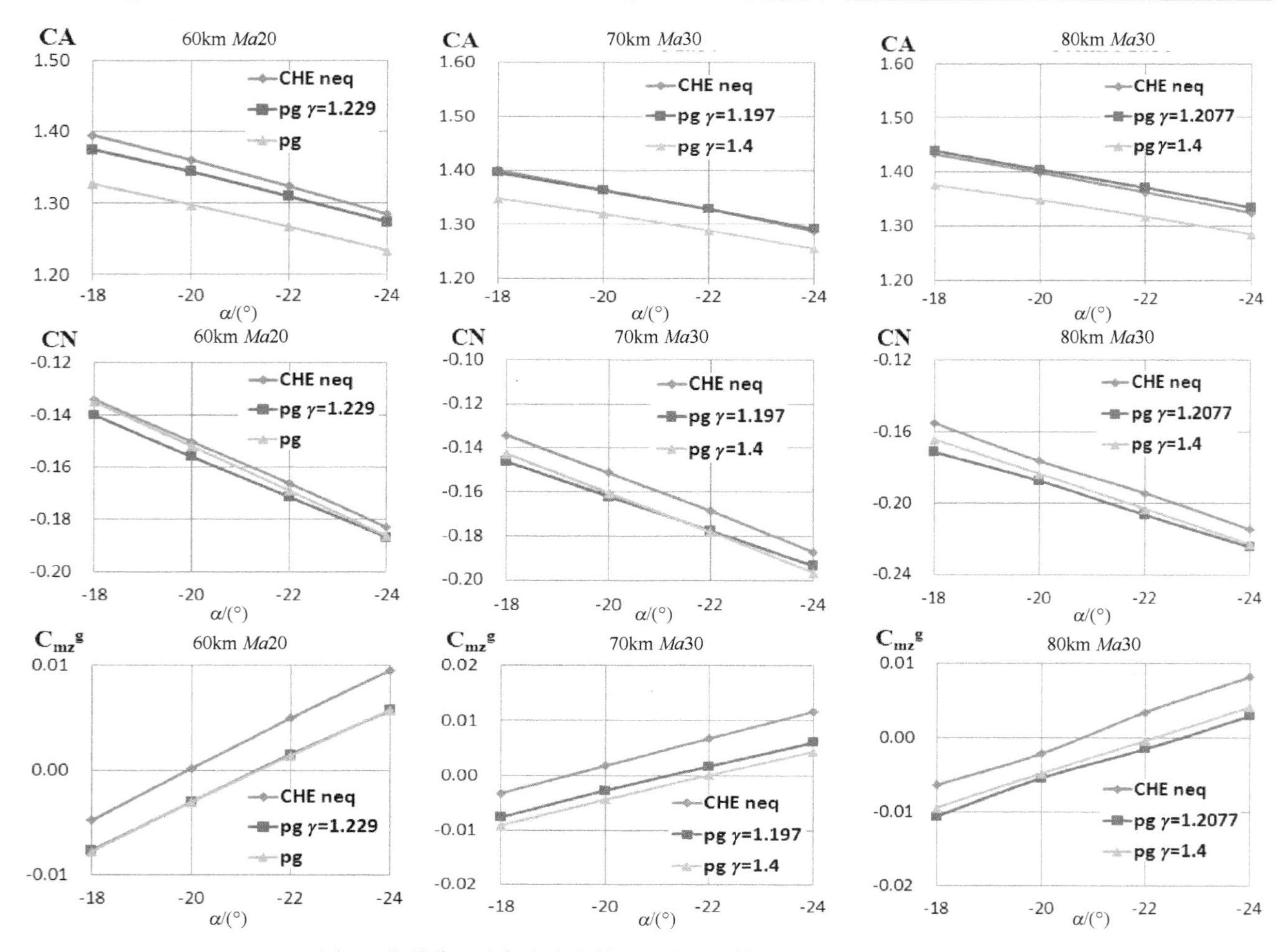

图 8　化学非平衡与完全气体、热完全气体模型整体气动力对比

行预测。此外，可以推断，若返回器外形钝度增加，后体气流分离更快、更难再附，整体气动力将主要由大底迎风面压力贡献，则热完全气体对整体气动力的模拟精准度会进一步提高。

5.2　中高空壁面温度计算影响分析

图 9 显示了不同壁面温度条件下返回器 70km、-20°攻角状态下对称面流场压力云图。通过对比可见，绝热壁条件下返回器压力场在过肩部后与等温壁条件略有差异，而 3 种等温壁条件下流场压力云图基本一致。

通过对比不同壁面温度条件下返回器大底和后体的表面压力分布（图 10），可见不同壁面温度条件对迎风大底表面压力分布影响非常小，但对后体压力分布的计算则可看出差异，主要表现在后体迎风面，绝热壁压力比等温壁压力要高，最多相差 20%。不同温度的等温壁条件对于表面压力计算影响很小。

通过对比不同壁面温度条件下返回器典型状态下整体气动力（图 11）可见，同状态绝热壁条件

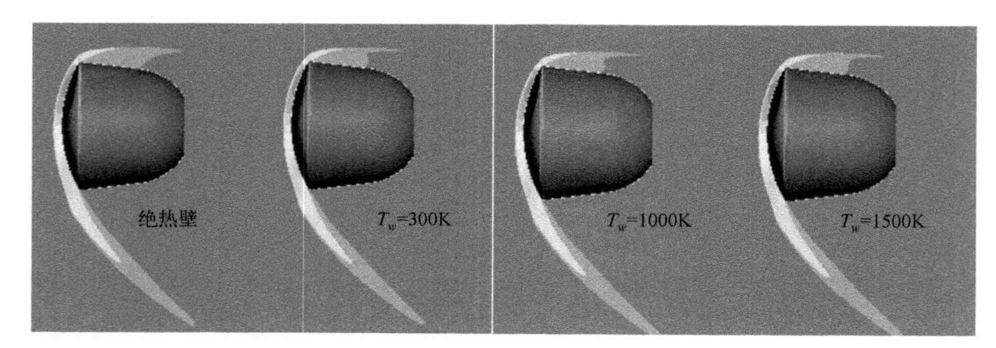

图 9　不同壁面温度条件下返回器中高空典型状态对称面流场压力云图

下的轴向力和法向力绝对值均高于其他等温壁条件。等温壁条件各温度下的气动力相差不超过0.5%。

通过对比不同壁面温度条件下返回器对称面流场温度云图（图12）可见，绝热壁条件下返回器近壁面空气温度达到了6000~8000K，而其他等温壁条件下，返回器近壁面空气温度分别在400~2000K之间。由于近壁面温度过高，绝热壁条件下返回器表面压力分布和整体气动力均明显异于等温壁条件。根据烧蚀—传热计算结果，返回器再入过程中近壁面温度应在2200K以下，而这一范围内不同温度的等温壁条件对应流场压力和整体气动力结果相差很小。因此在实际使用时，参考烧蚀—传热计算结果选择某一适当数值的等温壁条件，即可保证气动预测的精度。

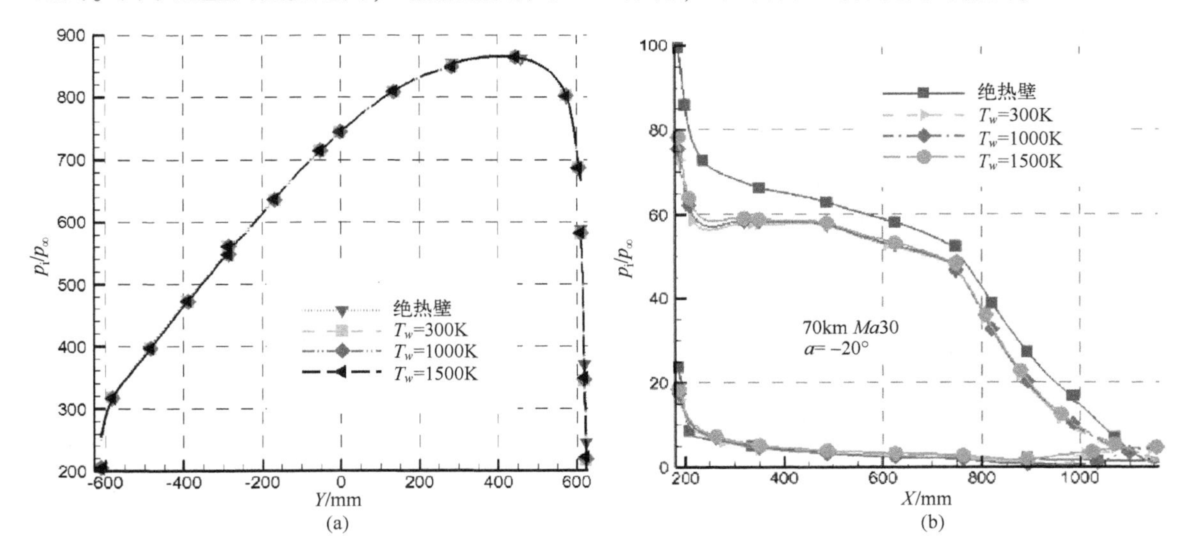

图10　不同壁面温度条件下返回器表面迎背风母线压力分布

（a）大底迎背风母线压力沿横向；（b）后体迎背风母线压力沿轴向。

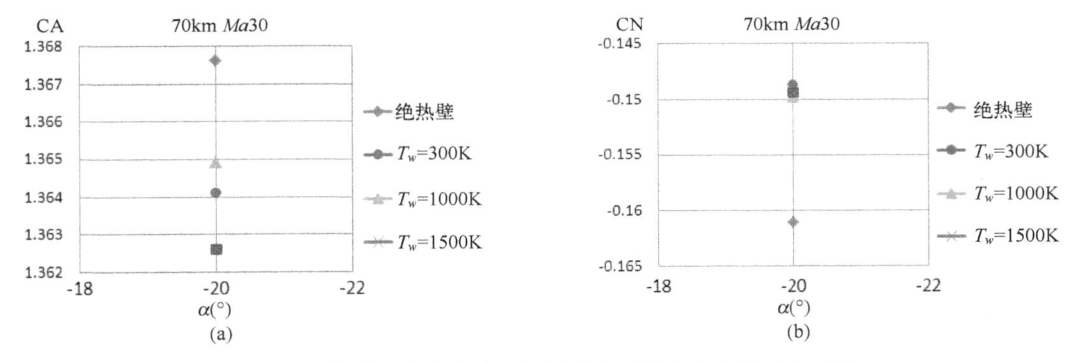

图11　不同壁面温度条件下返回器典型状态静态气动力对比

（a）轴向力；（b）法向力。

5.3　高空滑移边界计算影响分析

通过对比滑移边界与无滑移边界条件下返回器对称面流场，如图13所示，可以看出，与完全气体相比，高空滑移流效应对返回器空间流场中激波位置的影响不大，会略微使得激波与壁面的距离增大。

通过对比滑移边界与无滑移边界条件下返回器不同高度气动力随攻角变化曲线（图13）可见，80km以上，随着高度增加，滑移流效应对气动力和力矩的影响逐渐增大。滑移流效应会导致轴向力系数减小，法向力系数绝对值增大，俯仰力矩减小。同状态下，滑移流效应对轴向力的影响量在100km时达到了15%以上，而对法向力的影响量在100km时甚至超过了20%。

通过对比配平特性参数（表6）可见，随着高度增加，滑移流效应对返回器配平气动特性的影响越来越显著，会使得配平攻角绝对值增大、配平升阻比增大、阻力系数减小。由于月地高速再入返回器在高空滑移流区飞行时间相当长，因此高空气动力预测精度对再入弹道与制导的影响也不可忽略。故针对80~100km高空滑移流区的气动

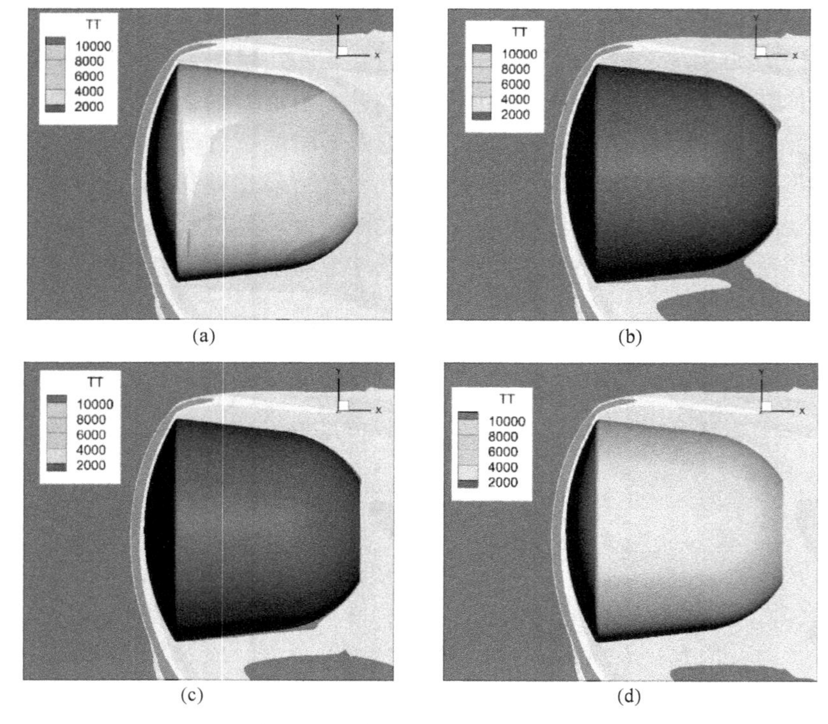

图 12　不同壁面温度条件下返回器对称面温度场云图

（a）绝热壁；（b）$T_w=300$K；（c）$T_w=1000$K；（d）$T_w=1500$K。

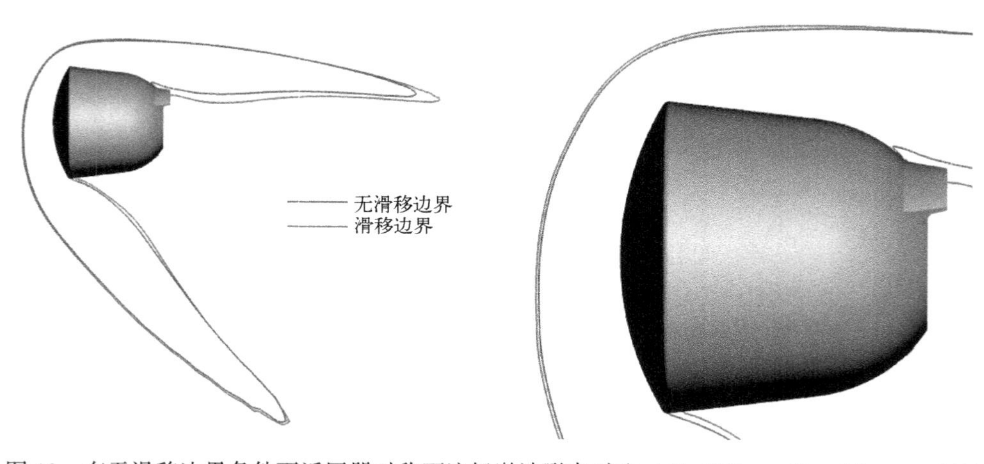

图 13　有无滑移边界条件下返回器对称面流场激波形态对比（$H=100$km、$Ma=25$、$\alpha=-24°$）

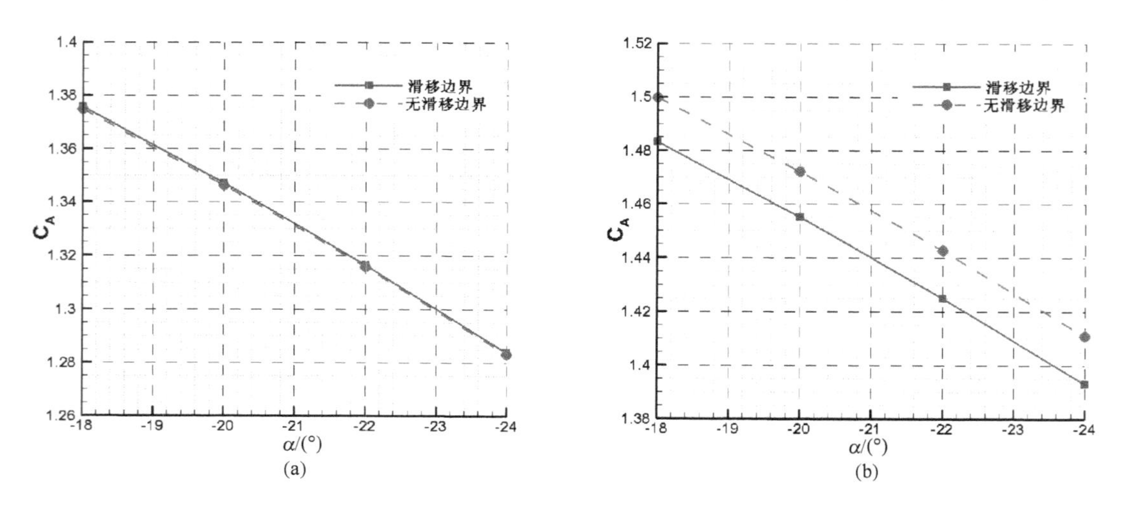

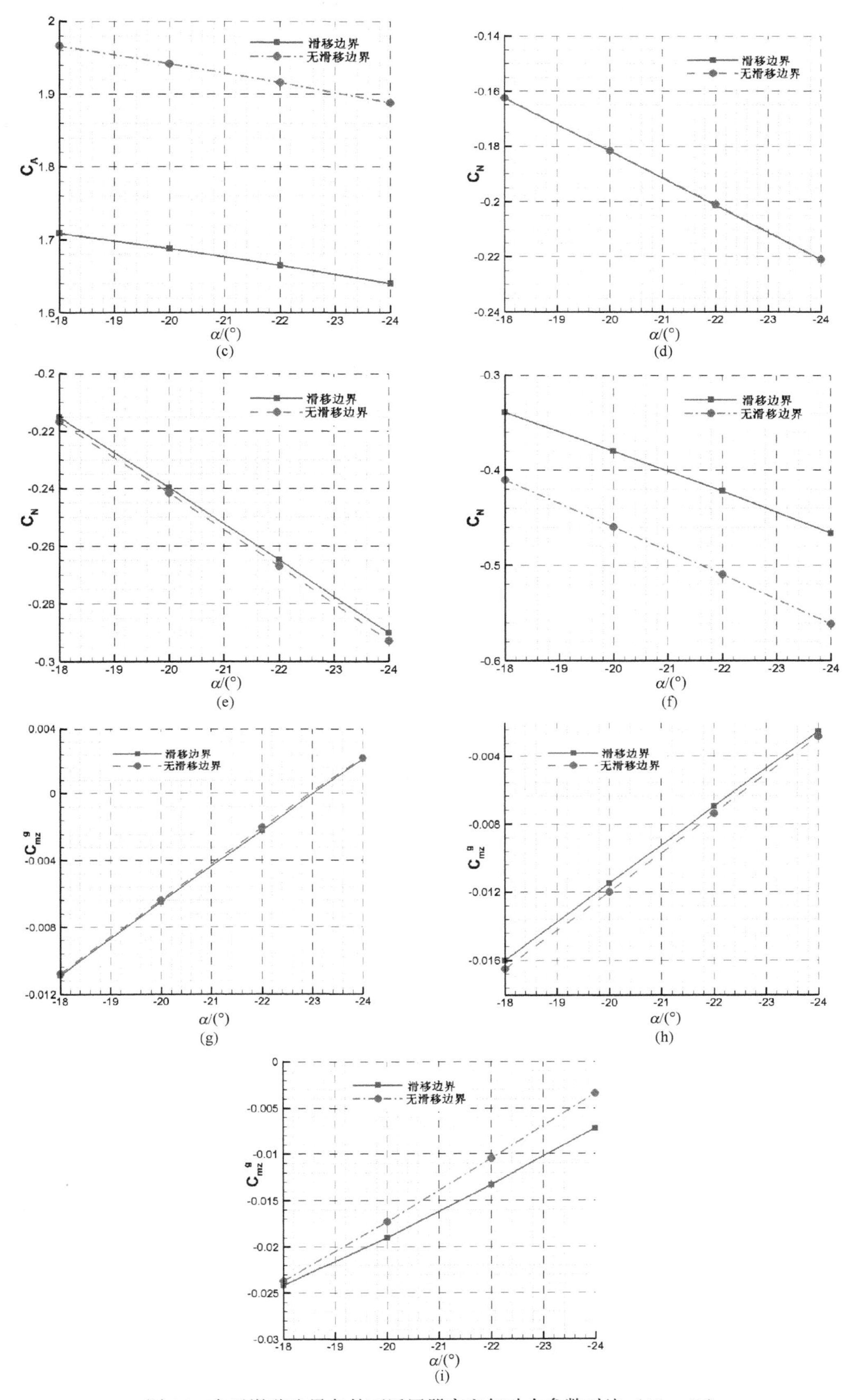

图 14　有无滑移边界条件下返回器高空气动力参数对比（$Ma=40$）

（a）80km 轴向力；（b）90km 轴向力；（c）100km 轴向力；（d）80km 法向力；（e）90km 法向力；（f）100km 法向力；（g）80km 俯仰力矩；（h）90km 俯仰力矩；（i）100km 俯仰力矩。

特性预测，必须充分考虑稀薄滑移效应影响。

表 6　80~100km 高空有无滑移条件下配平气动参数

H/km	Ma	α_0/(°)		L/D_0		Cd_0	
		无滑移	有滑移	无滑移	有滑移	无滑移	有滑移
80	25	-23.1	-23.1	0.247	0.245	1.277	1.279
80	40	-23.0	-23.0	0.245	0.246	1.28	1.28
90	25	-24.7	-25.1	0.225	0.223	1.381	1.373
90	40	-25.2	-25.05	0.225	0.224	1.391	1.375
100	25	-25.5	-26.2	0.115	0.15	1.875	1.668
100	40	-24.9	-26.25	0.133	0.15	1.946	1.673

6　飞行试验气动辨识与对比验证

月地高速再入返回器用于开展弹道重构和气动参数辨识的实时测量数据主要有：①IMU 内测加速度数据；②IMU 内测角加速度数据；③雷达外测位置数据。结合这 3 种实时测量数据，采用基于极大似然准则的输出误差法辨识传感器误差及状态量初值并完成弹道重建[6]，重建弹道与外测数据对比如图 15 所示。本次飞行试验内测数据与外测数据一致性较好，最大偏差出现在第一次再入跳出点附近，最大高度偏差约为 1.8km。经过弹道重建修正后，重建弹道数据与外测数据最大高度偏差均小于 1km。

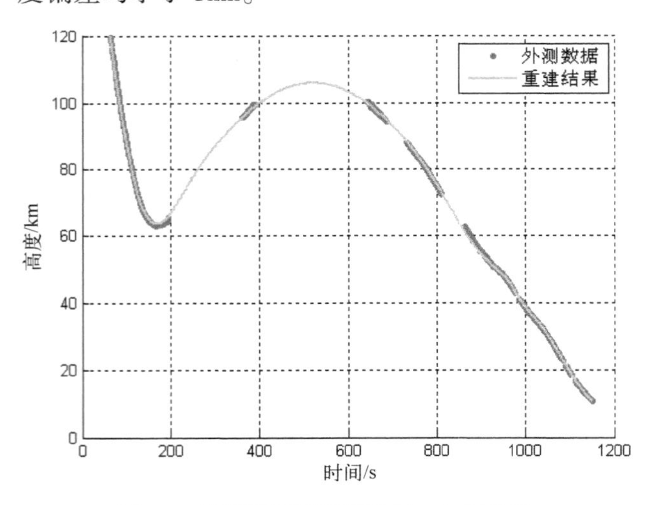

图 15　返回器重建弹道高度—时间曲线

在完成弹道重建后，将配平攻角地面预测值与弹道重建值进行对比，如图 16 所示。由图可见，配平攻角预测值与飞行重建值偏差在主要制导控制区（30~80km）内不超过 2°，在 100km 以上不超过 3°，且预测值与辨识值沿弹道变化规律一致性良好。

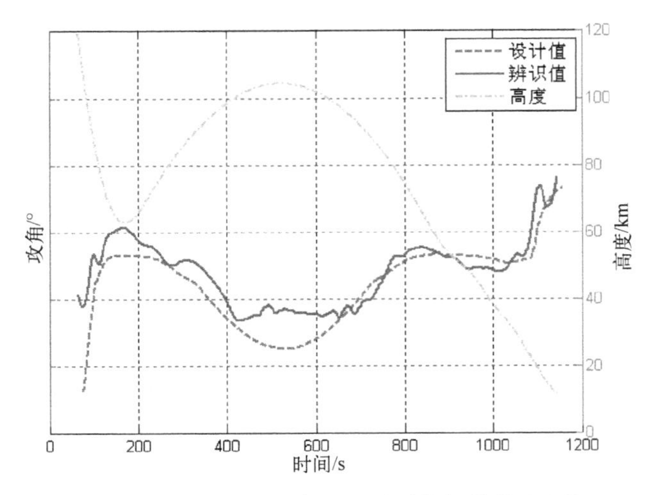

图 16　返回器配平攻角地面预测值与弹道重建值沿弹道变化曲线对比

80km 以上配平攻角绝对值随着高度增加而增大，且在 100km 以内与地面设计值变化规律吻合度很好，数值也较为接近，这说明地面预测高空由于稀薄滑移流效应导致配平攻角绝对值增大这一规律是正确的。而 100km 以上地面预测配平攻角绝对值仍随高度变化持续增大，但实际飞行攻角随高度变化规律不明显，分析认为是实际飞行时由于控制策略转换限制了返回器配平攻角的自由变化所致。

采用线性回归法完成气动参数辨识，并将气动力辨识结果与地面预测值对比，如图 17 所示。由图可见，配平升阻比预测值与飞行辨识值偏差在主要制导控制区（30~80km）内不超过 4%，在 100km 以内不超过 10%，且预测值与辨识值沿弹道变化规律一致性良好。

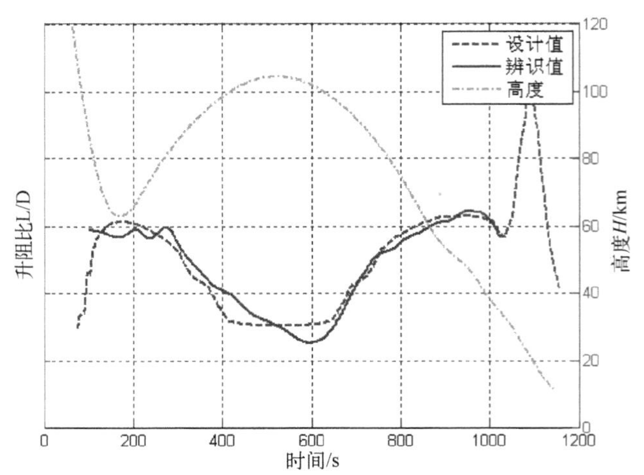

图 17　返回器配平升阻比地面预测值与飞行辨识值沿弹道变化曲线对比

7　结束语

本文采用月地高速再入返回器为研究对象，研究了高速再入飞行器跨流域的气体模型、温度边界、滑移条件对气动特性预测的影响规律，并获得了适用于月地高速再入返回器的跨流域气动预测方法组合。最后，利用飞行实测数据开展弹道重建与气动参数辨识，并将地面预测值与飞行辨识结果进行对比分析，发现地面预测的配平特性与飞行辨识结果变化规律一致、偏差较小，从而验证了本文所采用的飞行器跨流域气动预测方法是准确的，且精度较高。

参考文献

[1] 杨孟飞，张高，张伍，等．探月三期月地高速再入返回飞行器技术设计与实现［J］．中国科学：技术科学，2015，45：111-123.

[2] 董维中．热化学非平衡效应对高超声速流动影响的数值计算与分析［D］．北京航空航天大学，1996.

[3] 董维中．气体模型对高超声速再入钝体气动参数计算影响的研究［J］．空气动力学学报，2001，19（2）：197-202.

[4] 程晓丽，苗文博，周伟江．真实气体效应对高超声速轨道器气动特性的影响［J］．宇航学报，2007，28（2）：259-264.

[5] Bonnie J. McBride, Michael J. Zehe, Sanford Gordon. NASA Glenn Coefficients for Calculating Thermodynamic Properties of Individual Species R. NASA TP-2002-211556.

[6] 魏昊功，李齐．月地高速再入返回器弹道重建与气动力参数辨识［C］．2017年中国飞行力学学术年会，2017，烟台．

高超声速流动湍流模式评估

耿云飞[1]，徐晶磊[2]
（1. 北京空间飞行器总体设计部，北京，100094；2. 北京航空航天大学，北京，100080）

摘要：本文选取了超声速二维膨胀-压缩拐角和高超声速双椭球绕流作为基准流动，考察了几种当前CFD工程应用较流行的湍流模式：BL模式、SA模式、k-ω模式以及SST模式，通过将数值计算结果和实验结果的对比及分析，对有关的湍流模式进行了评估，得到一些有意义的结论，并指出受流动可压缩效应的影响，计算高超声速湍流壁面热流时要对现有的湍流模式进行相应的可压缩修正。

关键词：高超声速；湍流模式；可压缩修正；计算流体力学

1 引言

准确预测高超声速飞行器气动力、气动热对研制高超声速飞行器具有非常重要的意义。在高超声速条件下，流场特性可能包含流动的转捩、湍流、激波与激波的干扰、激波与湍流的相互作用、流动的分离与再附等复杂现象，几乎涉及当前流体力学所有的前沿课题。文献［1］和［2］介绍了高超声速CFD验证的一些实验和计算情况，但计算结果大部分都是二维外形的LES和DNS的结果，并且都没有给出壁面热流的计算结果。这再次说明，尽管LES和DNS具有理论依据和较广泛的适用性，但限于当前的计算条件，尚不具备工程应用价值，因此湍流模式仍然是当前解决工程湍流问题的最有效和最实际的选择[3]。

尽管湍流模式在近几十年取得了较大的进展，但由于湍流模式均不具有普适性，因而众多的模式以及它们在不同流动条件下工作性能认识的缺乏，造成了额外的不可靠性和设计过程的风险[4]。并且已有的高超声速数值研究多集中于层流问题当中，对于CFD模拟高超声速湍流流动，还需要对气动热、气动力的求解进行进一步的验证和确认，以便使CFD软件在工程实际中得到更加可靠的气动力、气动热结果。

本文选取了超声速二维湍流膨胀-压缩拐角流动和三维高超声速双椭球绕流，对目前几种工程上常用的湍流模式进行了检验和评估。其中超声速膨胀压缩拐角是吸气式高超声速飞行器燃烧室和尾喷管部分的典型流动；高超声速双椭球绕流具有航天飞机的机身/座舱流动特性。这些流动都具有激波-湍流边界层干扰以及边界层的分离与再附的特征，并且都具有较准确的实验数据。

2 控制方程

基本控制方程为雷诺平均N-S方程，其守恒形式为

$$\begin{cases}\dfrac{\partial \rho}{\partial t}+\dfrac{\partial}{\partial x_i}(\rho u_i)=0\\ \dfrac{\partial}{\partial t}(\rho u_i)+\dfrac{\partial}{\partial x_j}(\rho u_i u_j)=-\dfrac{\partial p}{\partial x_i}+\dfrac{\partial \tau_{ij}}{\partial x_j}\\ \dfrac{\partial e}{\partial t}+\dfrac{\partial}{\partial x_j}(u_j e)=\dfrac{\partial}{\partial x_j}(-u_j p+u_i\tau_{ij}+q_i)\end{cases} \tag{1}$$

$$\begin{cases}\tau_{ij}=\tau_{lij}+\tau_{tij}\\ \tau_{lij}=\mu\left(u_{i,j}+u_{j,i}-\dfrac{2}{3}u_{k,k}\delta_{ij}\right)\\ \tau_{tij}=-\dfrac{2}{3}\rho k\delta_{ij}+\mu_t\left(u_{i,j}+u_{j,i}-\dfrac{2}{3}u_{k,k}\delta_{ij}\right)\end{cases} \tag{2}$$

式中：τ_{tij}为雷诺应力，对于μ_t的模化方法不同，可构造不同的涡黏型湍流模式。

3 湍流模式

湍流模式理论分为两大类：一类称为雷诺应力湍流模式，另一类称为涡黏型湍流模式。涡黏型湍流模式由于形式简单、鲁棒性好，在工程湍流问题中得到广泛应用。本文选取了工程上最为常用的4种涡黏型湍流模式。

BL模式[5]：零方程模式，可避免计算附面层

厚度，对大多数附体流动和弱分离流动都具有不错的准确性和可靠性。

SA 模式[6]：一方程模式，只需求解一个涡黏系数的偏微分方程，该模式鲁棒性好、使用面较广。

Wilcox k-ω 模式[7]：两方程模式，求解湍动能及其比耗散率的对流输运方程，由于该模式不需要显式的壁面衰减函数，适用性较好。

Menter SST 模式[8]：两方程模式，是 k-ε 模式与 k-ω 模式的混合模式，同时保持了 k-ω 模式近壁面特性及 k-ε 模式在尾迹区的特性。由于其借鉴了 J-K[9]模型的思想，对雷诺剪切应力进行了经验的约束，性能得到大幅提升，使得该模式在工程界得到广泛的应用。

4 数值方法

采用有限体积法求解雷诺平均可压缩 N-S 方程和模式输运方程，计算采用完全气体假设，黏性通量采用中心差分格式进行离散，无黏通量的离散选择 Roe 的 FDS 格式，时间推进采用 LU-SGS 隐式方法。

边界条件取远场边界为无反射边界条件，物面边界为黏性流动的无滑移条件；固壁为等温壁，壁面压力按法向零压力梯度取内场点一阶插值；全场取自由来流值为初始条件。

5 计算结果及分析

5.1 二维膨胀-压缩拐角流动

超声速湍流膨胀-压缩拐角是吸气式高超声速飞行器燃烧室和尾喷管部分的典型流动。采用的实验模型来流条件为[1-2]：拐角角度 $\alpha=25°$，高度 $h=15\text{mm}$，$Ma=2.9$，单位长度雷诺数 $Re=3.8\times 107/\text{m}$，来流湍流边界层厚度在膨胀拐点处为 $\delta=5.08\text{mm}$。计算时采用的网格数为 350×150，法向第一层网格高度为 $1\times10^{-7}\text{m}$，对应的 $y+=0.13$，此时所研究的几种湍流模式均满足网格无关性的要求。图 1 给出了计算的压力等值线图及拐角局部放大图，可以清楚地看到，流动在第一个拐角处发散出膨胀波系，在压缩拐点处有分离区产生，分离涡前后分别是分离激波和压缩激波，两道激波在下游交汇。

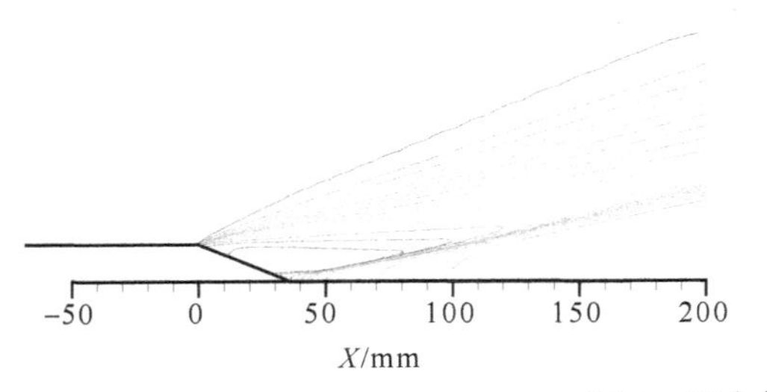

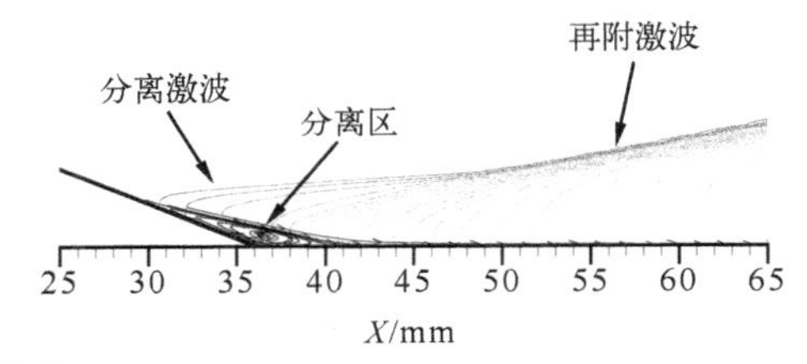

图 1 压力等值线图

图 2 给出了 k-ω、SA 以及 SST 湍流模式计算得到的物面压力分布，图 3 和图 4 给出了物面摩阻系数分布以及 $x=-8\text{mm}$ 站位处来流速度型分布。可见 3 种湍流模式的物面压力计算结果均同实验值符合较好，但是从物面摩阻的计算结果可以看出，再附点之后k-ω 模式计算的摩阻明显高于实验值，而 SA 和 SST 计算的同实验值基本一致。这是因为在再附区以及激波边界层干扰的激波碰撞区域，k-ω 模式计算的 ω 值过小，导致湍流长度尺度过大，而这一现象在一方程的 SA 模式中却不会发生，因为后者的长度尺度采用基于距壁面最小距离的代数形式，在上述两个区域对湍流长度尺度有限制作用。

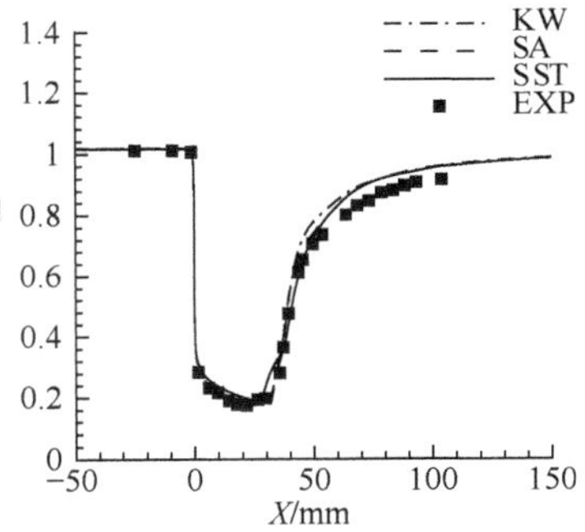

对于 BL 湍流模式，由于拐角之前是平衡态的附着流，因此其对来流速度型的捕捉比较精确

图 2 物面压力分布

(图 5)。但是由于其完全由当时、当地的平均流参数的函数描述，对于存在较大逆压梯度、发生流动分离和再附的流动，该模式不能给出合理的结果，因此在拐角之后该模式严重高估了分离区的大小，从图 6 所示的物面压力分布也可以得出这一结论。

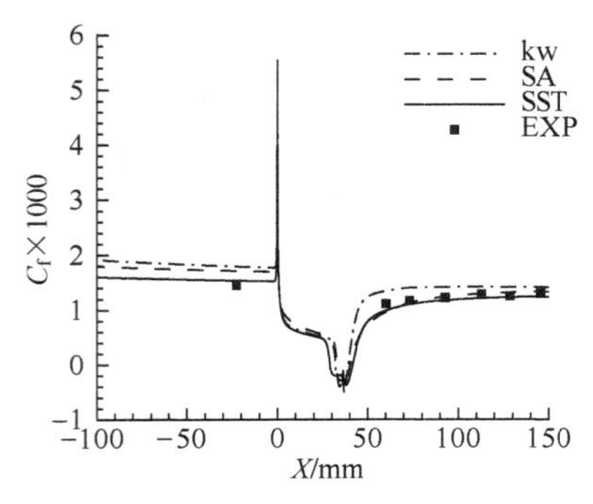

图 3　物面摩阻分布

图 4　来流速度型和实验对比（x=−8mm）

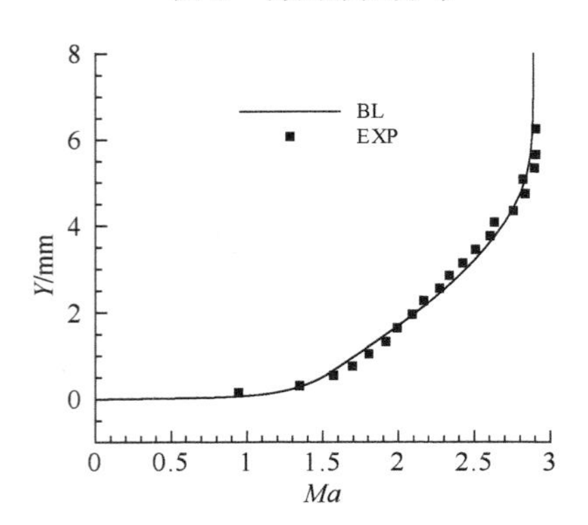

图 5　来流速度型和实验对比（x=−8mm）

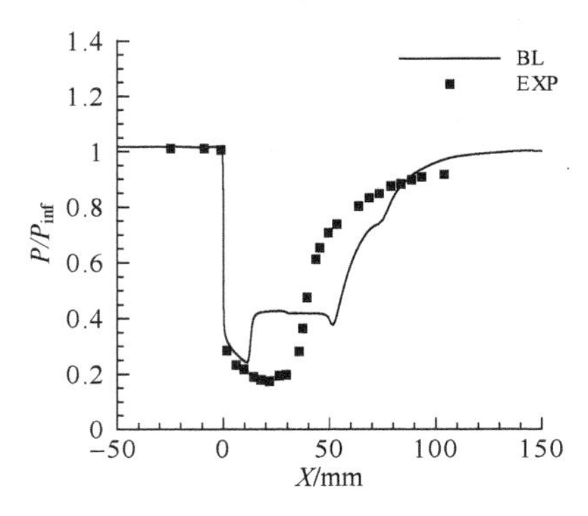

图 6　物面压力分布

5.2　三维双椭球绕流

对 Aymer 等所做的双椭球试验模式[10]进行了数值模拟研究，该模式在低焓高超声速风洞中测得详实的气动力及热流分布，并且流动无真实气体效应的影响。由于实验雷诺数较高，且两椭球相贯处存在强烈的激波边界层干扰，因此可将其作为验证高超声速湍流模式的标准模式之一。双椭球模式的几何外形如图 7 所示，其表面方程为（单位：m）

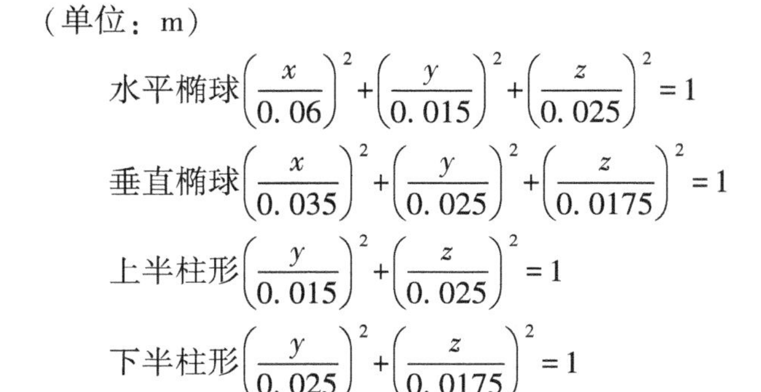

水平椭球 $\left(\dfrac{x}{0.06}\right)^2+\left(\dfrac{y}{0.015}\right)^2+\left(\dfrac{z}{0.025}\right)^2=1$

垂直椭球 $\left(\dfrac{x}{0.035}\right)^2+\left(\dfrac{y}{0.025}\right)^2+\left(\dfrac{z}{0.0175}\right)^2=1$

上半柱形 $\left(\dfrac{y}{0.015}\right)^2+\left(\dfrac{z}{0.025}\right)^2=1$

下半柱形 $\left(\dfrac{y}{0.025}\right)^2+\left(\dfrac{z}{0.0175}\right)^2=1$

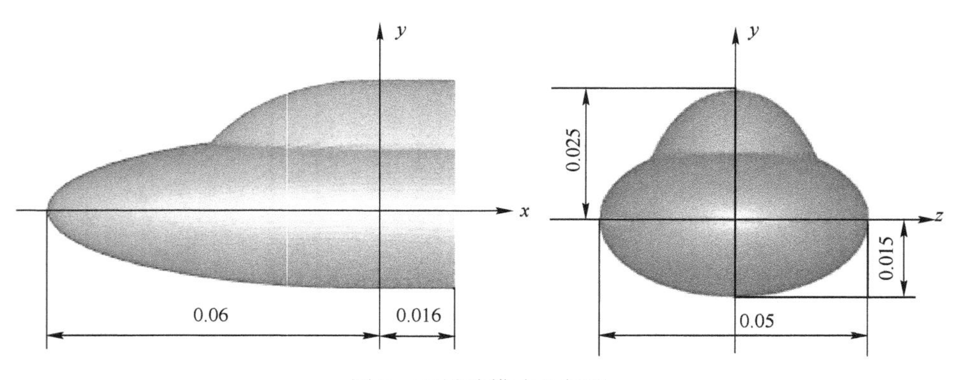

图 7　双椭球模式几何图

由于计算状态无侧滑角，流动关于 $z=0$ 平面对称，故只对 $z>0$ 的半个双椭球进行了计算。为了保证网格质量，采用蝶形网格（图 8），总网格点数为 30.3 万，法向布置了 60 个点，法向第一层网格高度为 1×10^{-6}m，此时 $y+<0.4$。计算的来流条件为：马赫数 $M\infty=8.15$，攻角 $\alpha=30°$，温度 $T\infty=56$K。壁温 $Tw=288$K，雷诺数 $Re\infty=1.67\times10^7$/m，湍流模式采用 k−ω 模式。

图 9 给出了双椭球对称面上迎风和背风子午线的热流分布，其中热流用无量纲量斯坦顿数 St 表示，其表达式为 $St=Q_w/[\rho_\infty U_\infty(h_0-h_w)]$，式中 Q_w 为有量纲的壁面热流值，ρ_∞ 为来流密度，U_∞ 为来流速度，h_0 为滞止焓值，h_w 为壁面焓值。

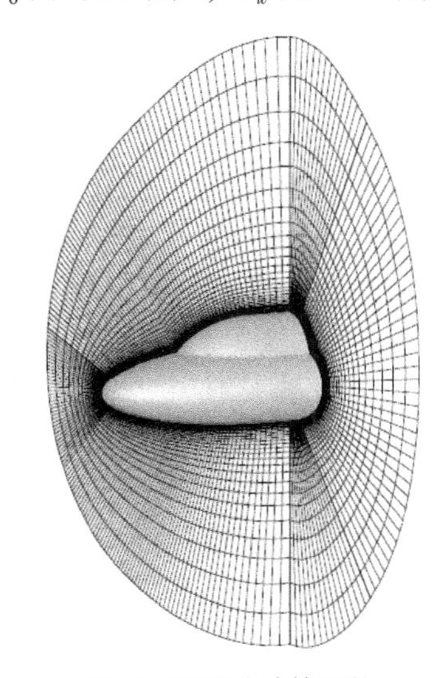

图 8　双椭球计算网格

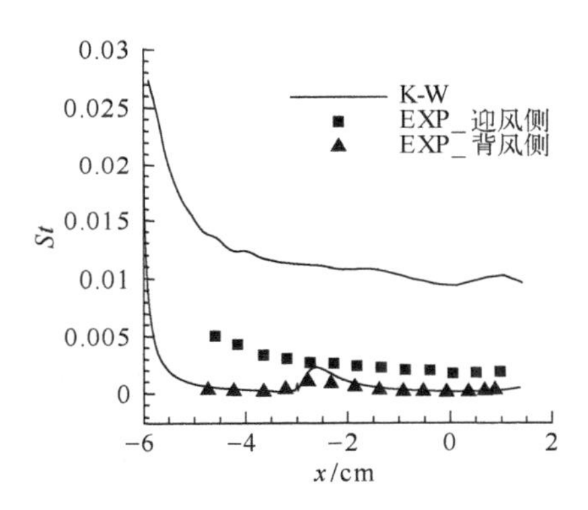

图 9　原始 k-ω 湍流模式热流计算结果

可以看出背风面的热流计算值同实验值吻合是较好的，但是迎风面热流值偏离实验值较大。这是因为现有的湍流模式几乎都是基于不可压缩湍流发展而来的，当这些模型被直接应用于可压缩湍流的计算时，是建立在 Morkovin 假设的基础上的，即认为密度脉动量相对平均密度比较小，湍流马赫数的影响可以忽略不计，可压缩与不可压缩湍流边界层的结构一致。这种近似处理对高超声速流动来说是不适宜的，因为随着湍流马赫数的增大，流体的温度、密度、压力等的脉动量也逐渐增大，此时流体的可压缩性带来的影响会引起湍流结构及湍流动力性能的变化，必须对现有模式进行可压缩修正。

以下给出了基于雷诺平均和 Favre 平均推导出的湍动能及其耗散率方程的可压缩形式，式（3）和式（4）分别给出了原始的 k-ω 模式以及可压缩模式的表达式。

$$\begin{cases}\dfrac{\partial(\bar{\rho}k)}{\partial t}+\dfrac{\partial}{\partial x_j}(\bar{\rho}\tilde{u}_j k)\\ =\dfrac{\partial}{\partial x_j}\left((\mu_l+\sigma_k\mu_t)\dfrac{\partial k}{\partial x_j}\right)+P_k-\bar{\rho}\beta_k k\omega\\ \dfrac{\partial(\bar{\rho}\omega)}{\partial t}+\dfrac{\partial}{\partial x_j}(\bar{\rho}\tilde{u}_j\omega)\\ =\dfrac{\partial}{\partial x_j}\left((\mu_l+\sigma_\omega\mu_t)\dfrac{\partial\omega}{\partial x_j}\right)+\gamma\dfrac{\omega}{k}\cdot P_k-\bar{\rho}\beta_\omega\omega^2\end{cases}\tag{3}$$

$$\begin{cases}\dfrac{\partial(\bar{\rho}k)}{\partial t}+\dfrac{\partial(\bar{\rho}\tilde{u}_j k)}{\partial x_j}=-\overline{\rho u_i' u_j'}\dfrac{\partial\tilde{u}_i}{\partial x_j}+\\ \dfrac{\partial}{\partial x_j}\left[\overline{\tau_{ij}u_i'}-\dfrac{1}{2}\overline{\rho u_j' u_i' u_i'}-\overline{p'' u_j'}\right]-\bar{\rho}\varepsilon-\overline{u_i'}\dfrac{\partial\bar{p}}{\partial x_i}+\overline{p''\dfrac{\partial u_i'}{\partial x_i}}\\ \dfrac{\partial(\bar{\rho}\omega)}{\partial t}+\dfrac{\partial}{\partial x_j}(\bar{\rho}\tilde{u}_j\omega)=\dfrac{\partial}{\partial x_j}\left((\mu_l+\sigma_\omega\mu_t)\dfrac{\partial\omega}{\partial x_j}\right)+\\ \gamma\dfrac{\omega}{k}\cdot P_k-\bar{\rho}\beta_\omega^*\omega^2\end{cases}\tag{4}$$

其中，$\beta_\omega^*=\beta_\omega-1.5\beta_k F(M_t)$。

可见，可压缩修正后的湍流模型形式上与修正前的湍流模型并无不同，只是源项发生了变化。为了封闭上述方程，本文根据 Wilcox 给出的原则对各项进行了模化，最终得到可压缩性修正的两方程湍流模式，形式如下：

$$\begin{cases}\dfrac{\partial(\bar{\rho}k)}{\partial t}+\dfrac{\partial(\bar{\rho}\tilde{u}_j k)}{\partial x_j}=-\overline{\rho u_i' u_j'}\dfrac{\partial\tilde{u}_i}{\partial x_j}(1+\alpha_2 M_t)+\\ \dfrac{\partial}{\partial x_j}\left[(\mu_l+\sigma_k\mu_t)\dfrac{\partial k}{\partial x_j}\right]\\ -\beta_k\bar{\rho}k\omega(1+1.5F(M_t)-\alpha_3 M_t^2)-\dfrac{1}{\sigma_\rho}\dfrac{\mu_t}{\bar{\rho}^2}\dfrac{\partial\bar{\rho}}{\partial x_i}\dfrac{\partial\bar{p}}{\partial x_i}\\ \dfrac{\partial(\bar{\rho}\omega)}{\partial t}+\dfrac{\partial}{\partial x_j}(\bar{\rho}\tilde{u}_j\omega)=\dfrac{\partial}{\partial x_j}\left((\mu_l+\sigma_\omega\mu_t)\dfrac{\partial\omega}{\partial x_j}\right)+\\ \gamma\dfrac{\omega}{k}\cdot P_k-\bar{\rho}[\beta_\omega-1.5\beta_k F(M_t)]\omega^2\end{cases}\tag{5}$$

其中，符号“—”表示雷诺平均，符号“~”表示 Favre 平均。

图 10 给出了可压缩修正后 k-ω 模式计算的物面热流分布，可见对湍流模式进行可压缩修正后

计算结果同实验值吻合很好。图 11 给出了计算结果的等马赫线图，图中清晰地显示了头部弓形激波及两椭球相贯处的镶嵌激波，在相贯处由于激波边界层干扰造成流动分离而形成低速回流区。上述分离现象从图 12 所示的物面流线分布中也可以看到。

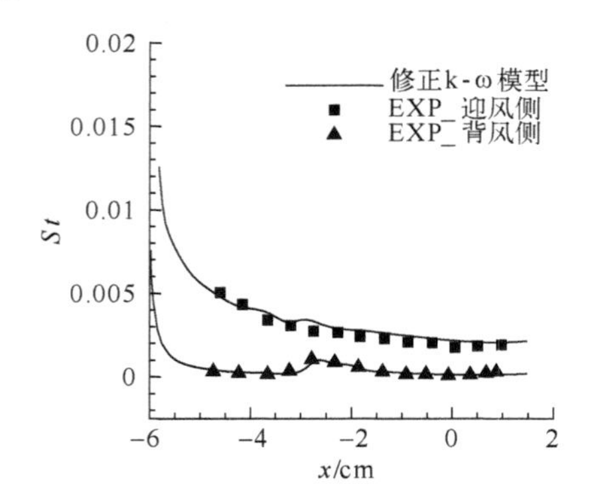

图 10　可压缩修正 k-ω 湍流模式热流计算结果

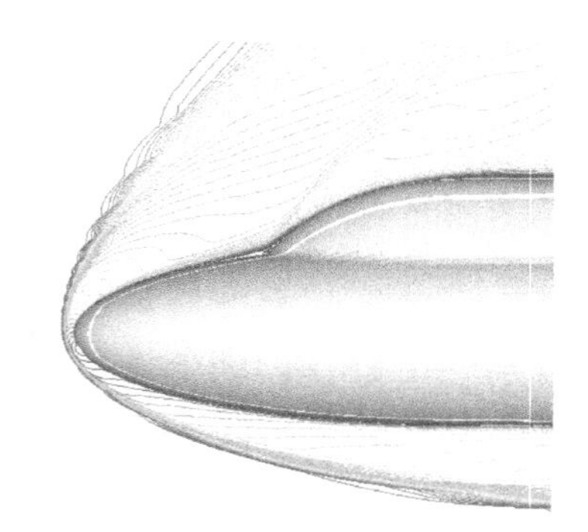

图 11　对等面等马赫线图

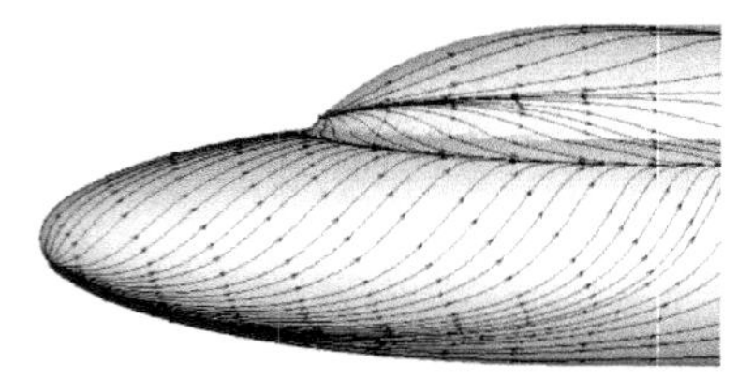

图 12　物面流线图

6　结束语

针对超声速膨胀-压缩拐角流动以及高超声速双椭球绕流，检验并评估了几种工程 CFD 中常见的涡黏型湍流模式的性能，包括零方程的 BL 模式、一方程的 SA 模式以及两方程的 k-ω 及 SST 模式，得到以下结论。

SA 模式以及 SST 模式在这些激波-湍流边界层主导的复杂流动中的表现要好于其他模式。尤其是 Menter SST 模式，由于其在近壁区保留了 k-ω 模式的鲁棒性和高精度，同时又利用了 k-ε 模式在边界层外缘与自由来流无关的特点，还借鉴了 J-K 模型的思想，对雷诺剪切应力进行了经验的约束，因此具有较高的稳定性；而 BL 模式，由于其涡黏系数完全由当地的平均流参数的代数关系式所决定，对于平均流场的任何变化都立刻为当地的湍流所感知，因此这种平衡态模式不太适于模拟此类流动非常激烈的高超声速流动。

对于高超声速壁面热流的计算，由于流动受到可压缩效应影响，直接使用原始的湍流模式会严重高估真实的壁面热流值，尤其是迎风壁面的热流值。此时需要对原有的模型进行相应的可压缩修正，计算结果表明，本文所评估针对 k-ω 模式的可压缩修正是可行的。

参考文献

[1] Doyle Knight. RTO WG 10: Test cases for CFD validation of hypersonic flight [R]. AIAA 2002-0433, 2002.

[2] Doyle Knight, Hong Van, et al. RTO WG 10: CFD validation for shock wave turbulent boundary layer interactions [R]. AIAA 2002-0437, 2002.

[3] 张红杰，马晖扬，童秉纲. 高超声速复杂流动中湍流模式应用的评估 [J]. 空气动力学学报, 2001, 19 (2): 210-216.

[4] 贺旭照. 高超声速飞行器气动力气动热数值求解和超声速流动的区域推进求解 [D]. 绵阳: 中国空气动力与发展中心研究生部, 2007.

[5] Baldwin B S, Lomax H. Thin layer approximation and algebraic model for separated turbulent flows [C]. AIAA 78-257, 1978.

[6] Spalart P R, Allmaras S R. A one-equation turbulence transport model for aerodynamics flows [C]. AIAA 92-0439, 1992.

[7] Wilcox D C, Traci R M. A complete model of turbulence [C]. AIAA 76-351, 1976.

[8] Menter F R. Two equation eddy viscosity turbulence models for engineering applications [J]. AIAA Journal, 1994, 32: 1598-1605.

[9] Johnson D A, King L S, A mathematical simple turbulence closure model for attached and separated turbulent boundary layers, AIAA Journal, 1985, 23: 1684-1692.

[10] Aymer D, Aliziary T, Carlomagno G, et al. Experimental study of the flow around a double ellipsoid configuration [A]. Hypersonic Flows for Reentry Problems, vol. I & II [C]. Antibes, France: Springer-Verlag, 1991: 335-357.

基于固定时间终端滑模控制的火星进入器制导律设计

魏昊功，王　强
（北京空间飞行器总体设计部，北京，100094）

摘要：本文针对火星再入飞行器模型不确定性以及进入过程中的未知扰动，设计了一种新型的固定时间终端滑模制导律。通过相平面分析和李雅普诺夫稳定性方法，构造的非奇异终端滑模面能够确保闭环系统收敛并且收敛时间与系统初始状态无关。文章最后对一种火星再入飞行器进入过程进行了制导控制仿真，验证了算法的可行性与性能。

关键词：火星探测；再入飞行器；制导律；固定时间；终端滑模控制

1　引言

自从人类有能力挣脱地球引力飞向太空便开始了火星探测。为了占领太空制高点，发展深空探测技术，航天大国都积极开展火星探测。火星探测中最有价值的是着陆到火星表面，着陆方式可以进行长时间近距离的探测。要实现火星表面软着陆必须经历进入、下降和着陆（Entry，Descent and Landing，EDL）过程，虽然整个 EDL 过程时间很短（6～10min），但却是整个探测任务最关键、最危险的环节之一。火星环境复杂、不确定性因素多，需要精度高、自主性强、具有一定环境适应能力的制导与控制技术，这些技术是国内外火星探测任务需要解决的关键问题之一。

进入段一般以 125km 高度为起点，相对火星的进入速度通常介于 4～7km/s 之间，探测器依靠气动阻力将速度减小到马赫数 2 左右，高度降低至约 10km。在约 60km 以下为主要气动减速段，此时开启升力控制。在这个过程中，热流密度和过载都会达到峰值，是最危险和最重要的阶段[1]。需通过制导控制保证落点精度，避免降落至不适宜着陆的地区。由于着陆器普遍采用低升阻比的外形，气动特性随弹道变化大，进入航程长，因此升力控制难度较大。此外，经过至少 9 个月的转移飞行后，着陆器的气动特性可能发生未知变化，增加了控制对象的不确定度。

目前对火星进入制导的研究较多，反馈线性化是解决非线性控制问题的常用方法之一，有学者提出采用 LQR 方法设计制导律[2]。但是由于进入过程是高度非线性和时变的，基于 LQR 的制导会导致较大的跟踪误差，而且并不是所有非线性系统都能够进行反馈线性化，必须进行适当的假设与简化。Mease K D 等人利用基于阻力跟踪的非线性预测控制取得了较好的结果，但是预测控制较大的计算负担限制了它的应用[3]。另外利用直接模型参考自适应控制可以有效克服参数不确定的影响，使系统获得较强的鲁棒性。采用动态逆控制并用神经网络在线逼近模型逆误差，可以有效补偿由于不确定因素引起的误差[4]。

本文设计了一种新的火星探测器进入段制导控制方法，在考虑火星环境不确定引起的系统模型不确定和外部扰动的条件下，实现了火星探测器在进入段的期望弹道跟踪制导，并证明了闭环系统误差能够在固定时间收敛。文中将制导律分为纵向制导以及横向制导，纵向制导采用了固定时间终端滑模控制的方法得到了控制量——倾侧角的绝对值；横向制导采用横程限制的方式确定了倾侧角的符号，得到最终控制结果。文中描述了探测器进入段数学模型以及控制目的，介绍了制导律的具体设计方法，利用相平面分析方法和李雅普诺夫稳定性理论证明了误差方程在固定时间内收敛到原点，并且通过仿真验证了制导律设计的可行性及性能。

2　数学模型与控制目标

假设火星大气是静止的且不考虑自转的影响，探测器进入段的动态运动方程如下[1]：

$$\dot{r} = v\sin\gamma \tag{1}$$

$$\dot{v}=-D-g_m\sin\gamma \tag{2}$$

$$\dot{\gamma}=\left(\frac{v}{r}-\frac{g_m}{v}\right)\cos\gamma+\frac{L}{v}\cos\sigma \tag{3}$$

$$\dot{\theta}=\frac{v\cos\gamma\sin\psi}{r\cos\lambda} \tag{4}$$

$$\dot{\lambda}=\frac{v}{r}\cos\gamma\cos\psi \tag{5}$$

$$\dot{\psi}=\frac{v}{r}\sin\psi\cos\gamma\tan\lambda+\frac{L\sin\sigma}{v\cos\gamma} \tag{6}$$

式中：r、v、γ、θ、λ、ψ、σ、D、L 分别为中心半径距离、速度、飞行路径角、经度、纬度、航向角、倾侧角、阻力加速度以及升力加速度；g_m 为火星重力加速度。

升力加速度与阻力加速度计算如下：

$$D=\frac{1}{2}\rho v^2\frac{C_DA}{m} \tag{7}$$

$$L=\frac{1}{2}\rho v^2\frac{C_LA}{m} \tag{8}$$

式中：C_D、C_L、A、m、ρ 分别为阻力系数、升力系数、参考面积、探测器质量以及空气密度。

可以看出，在忽略了火星自转并假设空气处于静止状态的条件下，系统方程（1）~（3）与方程（4）~（6）可以分为解耦的纵向方程与横向方程，制导律的控制目标为对给定的二阶可微的期望弹道，设计制导控制律，使探测器实际弹道跟踪并收敛到期望弹道上。

3 建模理论与方法

本节将对纵向和横向分别进行制导律设计。其中，纵向设计了终端滑模制导律，横向将飞行器的侧向运动限定在预先设定的航向角误差走廊内，当航向角误差达到走廊边界时，令 σ 改变符号，使侧向运动向航向角误差减小的方向进行。

3.1 纵向滑模变结构制导律设计

航程是制导律设计的主要参考状态，其动态方程如下：

$$\dot{s}=v\cos\gamma \tag{9}$$

将航程动态方程加入纵向方程组，并对式（1）~（3）、式（9）进行如下变换，选择中间变量使

$$x_1=r$$
$$x_2=s$$
$$x_3=v\sin\gamma$$
$$x_4=v\cos\gamma$$

则系统纵向方程可变换为

$$\dot{x}_1=x_3 \tag{10}$$

$$\dot{x}_2=x_4 \tag{11}$$

$$\dot{x}_3=-\frac{\rho AC_D}{2m}x_3\sqrt{x_3^2+x_4^2}+\frac{x_4^2}{x_1}-g_m+\frac{\rho AC_L}{2m}x_4\sqrt{x_3^2+x_4^2}\cos\sigma \tag{12}$$

$$\dot{x}_4=-\frac{\rho AC_D}{2m}x_4\sqrt{x_3^2+x_4^2}-\frac{x_3x_4}{x_1}-\frac{\rho AC_L}{2m}x_3\sqrt{x_3^2+x_4^2}\cos\sigma \tag{13}$$

考虑进入过程中，大气密度、升力系数、阻力系数可能存在不确定性，则 $\rho=\bar{\rho}+\Delta\rho$、$C_D=\bar{C}_D+\Delta C_D$、$C_L=\bar{C}_L+\Delta C_L$，其中，$\bar{\bullet}$ 表示标称量，$\Delta(\bullet)$ 表示未知误差，代入式（12）、式（13）可得

$$\dot{x}_3=f_3(x)+\Delta f_3(x)+g_3(x)\cos\sigma+d_3(x)$$
$$\dot{x}_4=f_4(x)+\Delta f_4(x)+g_4(x)\cos\sigma+d_4(x)$$

式中：$f_3(x)$、$f_4(x)$、$g_3(x)$、$g_4(x)$ 为系统标称部分：$\Delta f_3(x)$、$\Delta f_4(x)$、$\Delta g_3(x)$、$\Delta g_4(x)$ 为系统不确定部分：$\Delta d_3(x)$、$\Delta d_4(x)$ 为外部扰动总和，具体表达式如下：

$$f_3(x)=-\frac{\bar{\rho}A\bar{C}_D}{2m}x_3\sqrt{x_3^2+x_4^2}+\frac{x_4^2}{x_1}-g_m$$

$$\Delta f_3(x)=-\frac{(\bar{\rho}\Delta C_D+\Delta\rho\bar{C}_D+\Delta\rho\Delta C_D)A}{2M}x_3\sqrt{x_3^2+x_4^2}$$

$$g_3(x)=\frac{\bar{\rho}A\bar{C}_L}{2m}x_4\sqrt{x_3^2+x_4^2}$$

$$d_3(x)=\Delta g_3(x)\cos\sigma+\Delta d_3(x)$$

$$\Delta g_3(x)=\frac{(\bar{\rho}\Delta C_L+\Delta\rho\bar{C}_L+\Delta\rho\Delta C_L)A}{2m}x_4\sqrt{x_3^2+x_4^2}$$

$$f_4(x)=-\frac{\bar{\rho}A\bar{C}_D}{2m}x_4\sqrt{x_3^2+x_4^2}-\frac{x_3x_4}{x_1}$$

$$\Delta f_4(x)=-\frac{(\bar{\rho}\Delta C_D+\Delta\rho\bar{C}_D+\Delta\rho\Delta C_D)A}{2m}x_4\sqrt{x_3^2+x_4^2}$$

$$g_4(x)=-\frac{\bar{\rho}A\bar{C}_L}{2m}x_3\sqrt{x_3^2+x_4^2}$$

$$d_4(x)=\Delta g_4(x)\cos\sigma+\Delta d_4(x)$$

$$\Delta g_4(x)=\frac{(\bar{\rho}\Delta C_L+\Delta\rho\bar{C}_L+\Delta\rho\Delta C_L)A}{2m}x_3\sqrt{x_3^2+x_4^2}$$

由于纵向方程只有一个控制量 $\cos\sigma$，选择中心半径距离与航程的加权误差作为跟踪误差，即

$$y_1=ax_1+bx_2$$
$$y_2=ax_3+bx_4$$

式中：a、b 为加权系数，可得

$$\dot{y}_1 = y_2 \tag{14}$$

$$\dot{y}_2 = f+\Delta f+g\cos\sigma+d \tag{15}$$

式中

$$f = af_3+bf_4$$
$$\Delta f = a\Delta f_3+b\Delta f_4$$
$$g = ag_3+bg_4$$
$$d = ad_3+bd_4$$

取伪控制量 u，使 $\cos\sigma = \dfrac{1}{g}(u-f)$ 代入式（15）可得

$$\dot{y}_2 = \Delta f+u+d \tag{16}$$

对于火星探测器进入段纵向制导控制来说，控制目标是控制探测器进入弹道跟踪给定期望弹道 $R_d = ar_d+bs_d$，取系统误差 $z_1 = y_1-R_d$，$z_2 = y_2-\dot{R}_d$，得到系统误差方程：

$$\begin{cases}\dot{z}_1 = z_2 \\ \dot{z}_2 = \Delta f+u+d-\ddot{R}_d\end{cases} \tag{17}$$

对于系统误差方程式（18），假设对于任意$z = [z_1, z_2]^{\mathrm{T}} \in \mathbb{R}^2$并且 $t>0$，存在函数 $\delta_1(z,t)$ 以及常数 $\delta_2>0$ 使 $|\Delta f| \leqslant \delta_1(z,t)$，并且 $|d| \leqslant \delta_2$，可设计滑模控制律：

$$u = -[\eta\mathrm{sign}(S)-\ddot{R}_d]+\frac{1}{\kappa}\left[\alpha_1\left(\frac{m_1}{n_1}-\frac{p_1}{q_1}\right)z_1^{\frac{m_1}{n_1}-\frac{p_1}{q_1}-1}z_2^2\kappa^2 - \frac{p_1}{q_1}\kappa^{1-\frac{q_1}{p_1}}z_2^{2-\frac{q_1}{p_1}}\right]-\frac{p_1}{q_1}\kappa^{-\frac{q_1}{p_1}}\mu_\tau z_2^{1-\frac{q_1}{p_1}}(\alpha_2 S^{\frac{m_2}{n_2}}+\beta_2 S^{\frac{p_2}{q_2}}) \tag{18}$$

式中，$\eta = \delta_1+\delta_2$，$\kappa \triangleq 1/(\alpha_1 z_1^{m_1/n_1-p_1/q_1}+\beta_1)>0$，对于 $(i=1,2)$，选取 $\alpha_i>0$，$\beta_i>0$，m_i、n_i、p_i、q_i 为正奇数，并且满足 $m_i>n_i$，$p_1<q_1<2p_1$，$p_2<q_2$。$\mu_\tau(\cdot):[0,+\infty)\to[0,1]$ 为 $\mathcal{C}^1$ 函数，表达式如下：

$$\mu_\tau(z_2^{q_1/p_1-1}) = \begin{cases}\sin\left(\dfrac{\pi}{2}\cdot\dfrac{z_2^{q_1/p_1-1}}{\tau}\right) & z_2^{q_1/p_1-1}\leqslant\tau \\ 1 & \text{其他}\end{cases} \tag{19}$$

滑模面 S 如下：

$$S = z_1+\left(\frac{1}{\alpha_1 z_1^{(m_1/n_1)-(p_1/q_1)}+\beta_1}z_2\right)^{\frac{q_1}{p_1}} \tag{20}$$

则可得如下结论：控制律式（18）能够使系统误差方程（17）的状态量 $z = [z_1, z_2]^{\mathrm{T}}$ 在固定时间内收敛于原点，并且稳定时间 T 的最大值可由式（21）得到。

$$T \leqslant T_1+T_2+\varepsilon(\tau) \tag{21}$$

式中：$\varepsilon(\tau)$ 是与边界宽度 $2\tau^{p_1/(q_1-p_1)}$ 相关的小量，T_1、T_2 分别表示如下：

$$T_1 = \frac{1}{\alpha_1}\frac{n_1}{m_1-n_1}+\frac{1}{\beta_1}\frac{q_1}{q_1-p_1},\quad T_2 = \frac{1}{\alpha_2}\frac{n_2}{m_2-n_2}+\frac{1}{\beta_2}\frac{q_2}{q_2-p_2}$$

证明：将所取滑模面式（20）对时间求导可得

$$\dot{S} = z_2+\frac{q_1}{p_1}(\kappa z_2)^{\frac{q_1}{p_1}-1}\left[-\alpha_1\left(\frac{m_1}{n_1}-\frac{p_1}{q_1}\right)z_1^{\frac{m_1}{n_1}-\frac{p_1}{q_1}-1}z_2^2\kappa^2+\kappa(\Delta f+u+d)\right] \tag{22}$$

由式（18）可知，当 $y_2\neq0$ 时，有 $\mu_\tau>0$。为方便证明将 $z\in\mathbb{R}^2$分为如图 1[4] 中的两部分，$\mathcal{S}_1 = \{(z_1, z_2)\,|\,z_2^{q_1/p_1-1}\geqslant\tau\}$ 和 $\mathcal{S}_2 = \{(z_1,z_2)\,|\,z_2^{q_1/p_1-1}<\tau\}$。取李雅普诺夫函数 $V = S^2/2$，对其求导可得

$$\begin{aligned}\dot{V} &\leqslant -\mu_\tau\alpha_2 S^{\frac{m_2+n_2}{n_2}}-\mu_\tau\beta_2 S^{\frac{p_2+q_2}{q_2}}+\kappa(|\Delta f|+|d|-\eta)|S| \\ &\leqslant -\mu_\tau\alpha_2(S^2)^{\frac{m_2+n_2}{2n_2}}-\mu_\tau\beta_2(S^2)^{\frac{p_2+q_2}{2q_2}} \\ &\leqslant -\mu_\tau\alpha_2(2V)^{\frac{m_2+n_2}{2n_2}}-\mu_\tau\beta_2(2V)^{\frac{p_2+q_2}{2q_2}}\end{aligned} \tag{23}$$

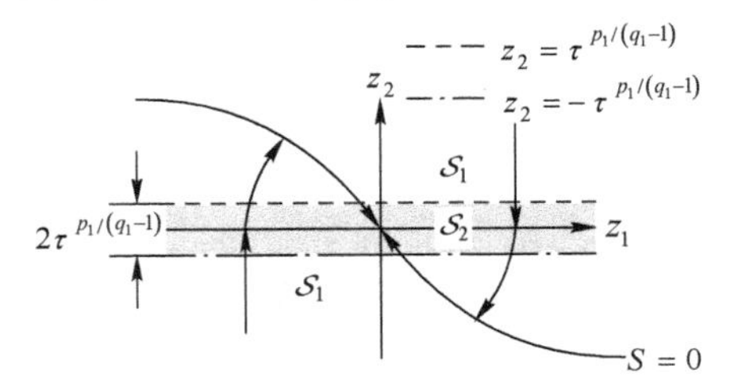

图 1　误差方程相平面图

以下分别对误差方程状态向量(z_1, z_2)在不同区域内情况进行证明。

（1）当系统状态向量(z_1,z_2)在 $\mathcal{S}_1$ 中时有 $\mu_\tau = 1$，则

$$\dot{V} \leqslant -\alpha_2(2V)^{\frac{m_2+n_2}{2n_2}}-\beta_2(2V)^{\frac{p_2+q_2}{2q_2}} \tag{24}$$

当 $V\neq0$ 时，取 $\xi = \sqrt{2V}$，代入式（25）可得

$$\dot{\xi} \leqslant -\alpha_2\xi^{\frac{m_2}{n_2}}-\beta_2\xi^{\frac{p_2}{q_2}} \tag{25}$$

根据文献［6］中定理可知，系统能够在固定时间收敛，收敛时间 $t_1<T_2$。

当 $V = 0$ 时，即 $S = 0$，根据文献［7］中微分方程比较原理可知，系统状态(z_1,z_2)将在固定时间 $t_1<T_2$ 达到滑模面 $S = 0$ 或进入 $\mathcal{S}_2$。

（2）当系统状态向量(z_1,z_2)在区域 $\mathcal{S}_2$ 中时，仅需证明 $S = 0$ 是系统的吸引子而 z_1 轴中除原点外均不是系统吸引子。当 $z_2\neq0$ 时，通过式（20）可知 $0<\mu_\tau<1$，则由式（23）及前面论述可知在此情况下，终端滑模面 $S = 0$ 仍是系统的吸引子；而当 $z_2\to0$ 时，有 $\mu_\tau z_2^{1-p_1/q_1}\to1$，代入式（18）可得

$$u = -[\eta\mathrm{sign}(S)-\ddot{R}_d]-\frac{p_1}{q_1}\kappa^{-\frac{q_1}{p_1}}(\alpha_2 S^{\frac{m_2}{n_2}}+\beta_2 S^{\frac{p_2}{q_2}}) \tag{26}$$

将式（26）代入系统误差方程可得

$$\dot{z}_2 = \Delta f+d-\eta\mathrm{sign}(S)-\frac{p_1}{q_1}\kappa^{-\frac{q_1}{p_1}}(\alpha_2 S^{\frac{m_2}{n_2}}+\beta_2 S^{\frac{p_2}{q_2}})$$

因为 $\eta \geq |\Delta f|+|d|$ 并且 $\kappa>0$ 可知，当 $S>0$ 时 $\dot{z}_2<0$，$S<0$ 时 $\dot{z}_2>0$，所以误差系统轨迹 $z(t)$ 会在有限时间内单调的穿过区域 $\mathcal{S}_2$ 进入 $\mathcal{S}_1$（图 1），而穿越时间与 $\mathcal{S}_2$ 区域的宽度有关，对于给定的参数 $\tau>0$ 存在常数 $\varepsilon(\tau)>0$ 来确定这个穿越时间。

通过（1）、（2）可以证明，系统状态在相平面上任意位置都会到达终端滑模面 $S=0$，并且到达时间 $t_1<T_2+\varepsilon(\tau)$；而当系统到达滑模面后，可知

$$z_2=-\alpha_1 z_1^{\frac{m_1}{n_1}}-\beta_1 z_1^{\frac{p_1}{q_1}}$$

则由文献［4］中定理可知，误差系统状态量(z_1, z_2)能够固定时间内到达原点，并且稳定时间 $t_2<T_1$。

因此，控制律式（18）能够使系统误差方程（17）的状态量 $z=[z_1,z_2]^T$ 在固定时间内收敛于原点，并且稳定时间 T 的最大值由式（21）限制。

3.2 侧向制导律设计

横程偏差的限制采用速度的二次函数，当横程偏差大于边界时，倾侧角变号。进入段倾侧角符号由下式确定：

$$\mathrm{sign}(\sigma_k)=\begin{cases}\mathrm{sign}(\sigma_{k-1}) & |CR|<CR_{\max}\\ -\mathrm{sign}(CR) & |CR|>CR_{\max}\end{cases}$$

式中：$\mathrm{sign}(\sigma_{k-1})$ 为上一制导周期的倾侧角符号；$CR_{\max}$ 为最大横程偏差；CR 为横程偏差，计算公式如下：

$$CR=R_E\arcsin(\sin(\psi-\psi_{\mathrm{TGT}})\sin(\mathrm{arc}))$$

式中：ψ 为当前方位角；ψ_{TGT} 为目标方位角；arc 为自初始经纬坐标至当前经纬坐标的大圆弧。

4 仿真结果

为了验证控制器的有效性进行了数值仿真，进入高度 125km，进入速度 4.79km/s，仿真至 2 Mach。期望弹道是在考虑飞行过程中动压、过载热流密度等约束条件下，以设定航程为目标，利用标称倾侧角得到的标称弹道轨迹。将系统不确定性与扰动合并取作为总的干扰项，则可取控制器参数选择如下：$\alpha_1=2$，$\beta_1=2$，$\alpha_2=1$，$\beta_2=1$，$m_1=9$，$n_1=5$，$m_2=5$，$n_2=3$，$p_1=7$，$q_1=9$，$p_2=5$，$q_2=9$，$\eta=2$。仿真结果如图 2 所示，响应时间小于 3s，右侧两图分别为 155s 和 203s 倾侧角变化。图 3 为对应的相平面。

采用滑模控制的飞行器进入航程为 892.7km，与标称弹道 894.7km 非常接近，如图 4 所示。

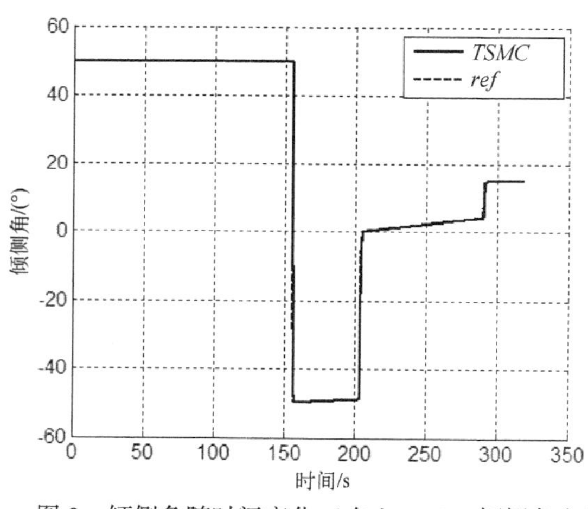

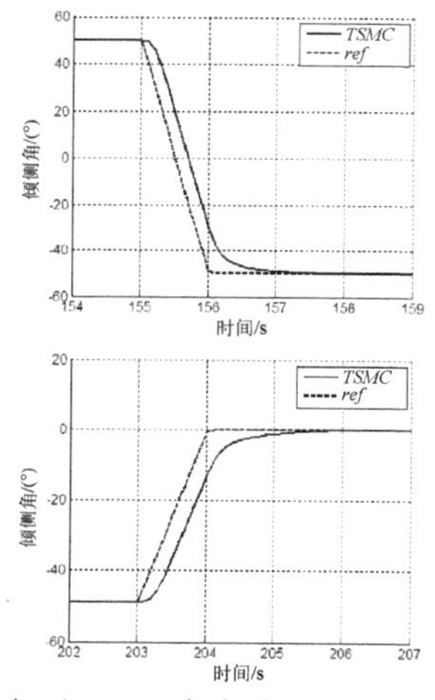

图 2 倾侧角随时间变化（右上：155s 倾侧角变化，右下：203s 倾侧角变化）

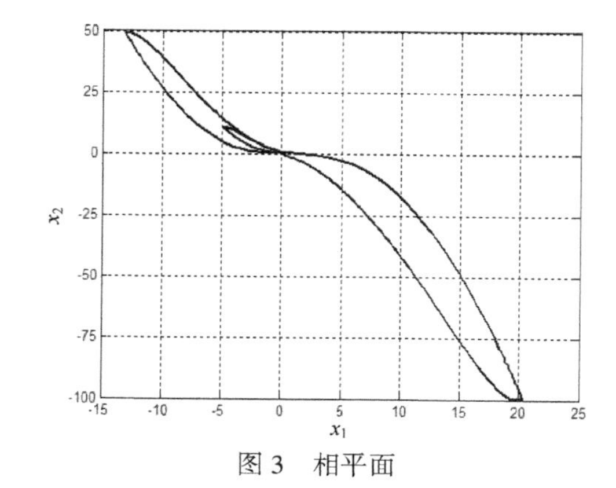

图 3 相平面

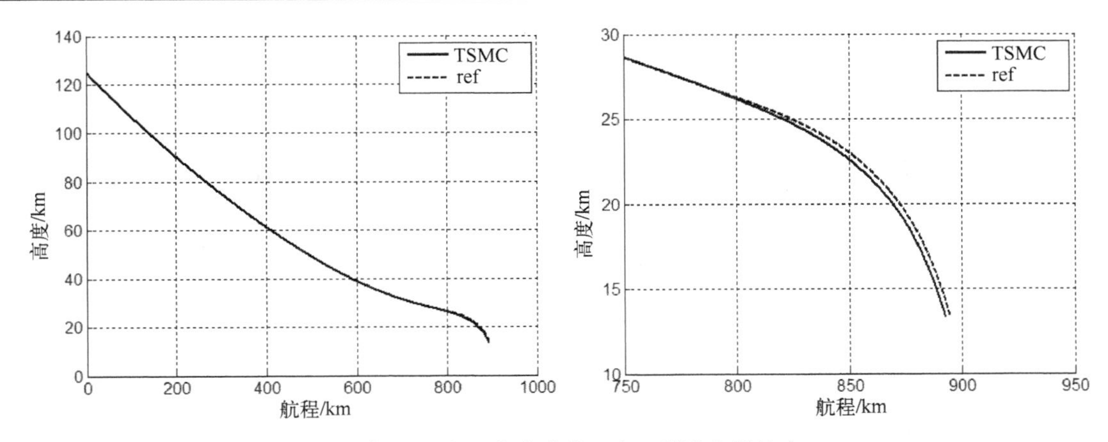

图 4　航程（左：完成弹道，右：弹道末端放大）

5　结束语

本文针对火星探测器进入段复杂环境给探测器气动特性带来的不确定性以及外部干扰，提出了一种基于固定时间终端滑模控制的制导律，并利用相平面分析和李雅普诺夫稳定性理论证明了误差系统在固定时间内收敛，从仿真结果看，对期望弹道的跟踪效果理想。

参考文献

[1] 王希季. 航天器进入与返回技术（上）[M]. 北京：中国宇航出版社，1991.

[2] Yeh H, Nelson E, Sparks A. Nonlinear Tracking Control for Satellite Formation [J]. Journal of Guidance, Control and Dynamics, 2002, 25 (2): 376-386.

[3] Benito J, Mease K. Nonlinear Predictive Controller for Drag Tracking in Entry Guidance [C]. AIAA/AAS Astrody-namics Specialist Conference and Exhibit, 2008.

[4] Tournes C, Shtessel Y. Aircraft Control Using Sliding Mode Control [C]. AIAA Guidance Navigation and Control Conference, San Diego, 1996.

[5] Zuo Z. Non-Singular Fixed-Time Terminal Sliding Mode Control of Non-Linear Systems [J]. IET Control Theory Appl., 2015 (9), 4: 545-552.

[6] Zuo Z, Tie L. Distributed Robust Finite-Time Nonlinear Consensus Protocols for Multi-Agent Systems [J]. Int. J. Syst. Sci., 2013: 1-10.

[7] Khalil H K. Nonlinear Systems [M]. (Prentice-Hall, Upper Saddle River, NJ, 2005, 3rd edn.).

大迎角翼板抖振响应的 CFD/CSD 耦合分析与验证

李　齐[1]，黄程德[2]，耿云飞[1]，魏昊功[1]
（1. 北京空间飞行器总体设计部，北京，100094；
2. 中国科学院力学研究所流固耦合系统力学重点实验室，北京，100190）

摘要：火星大气 EDL 过程十分复杂，为使进入器在极其稀薄的大气中实现高效而可靠的减速，最终安全着陆，必须经历大气减速、超声速开伞和动力下降环节。通过超声速翼板装置的大迎角展开，将开伞前进入器的姿态回复到 0°附近，可大大提高超声速开伞的安全性，保证任务整体成功率。但由于翼板是弹性的，超声速大迎角展开后，会在气流的冲击和脉动下产生抖振，造成翼板结构动载响应增加甚至振荡发散，对翼板结构设计造成极大压力。本文采用计算流体动力学/计算结构动力学（CFD/CSD）的耦合方法对进入器超声速大迎角翼板的抖振响应开展数值分析，并开展了典型状态的抖振试验验证。最终结果表明，翼板气动阻尼在跨、超声速状态均维持很低的水平。马赫数 $Ma=2.5\sim3.0$、$\alpha=0\sim10°$ 范围内，弹性支撑翼板的结构振动响应将逐渐发展为极限环振动，动态载荷峰值最大可达静态载荷的 51.27%，振动形式以面外弯曲为主。试验与仿真结果具有很好的一致性。

关键词：火星进入器；超声速大迎角翼板；抖振响应；计算流体动力学/计算结构动力学（CFD/CSD）；试验验证；极限环

1　引言

根据 2016 年发布的“中国的航天”白皮书内容以及目前深空探测的工程实施进程，我国将在 2020 年实施中国首次火星探测任务，实现火星的环绕、着陆和巡视探测。其中，火星大气 EDL（进入—下降—着陆）是任务最为关键、难度最大的环节。由于火星大气密度极低，为了在短短十数分钟之内将进入器速度从约 4.8km/s 降至可以安全落地的速度，必须采用超声速开伞策略以提高末端减速效率。为了减小着陆器姿态漂移对于开伞安全性的影响，NASA 曾经在下一代火星进入器——火星科学实验室改进型（MSL-I）的方案中提出，在进入器侧壁加装一个翼板（Trim Tab），通过该装置的展开或收拢，既能实现有攻角的半升力进入（实现落区控制），又能保证开伞前进入器的攻角回复到 0°附近，从而实现小攻角安全开伞。

根据该设计概念，翼板必须要在开伞前一定时间内展开，且展开后迎风面积尽可能大。出于方便展开和减重设计考虑，翼板展开后应是悬臂结构，加上翼板本身的柔性，在超声速迎风气流作用下必然存在弹性变形和抖振问题，若出现发散，则可能破坏结构，对系统的安全性带来颠覆性影响。要确定抖振响应的气动阻尼和动态载荷，可能的方法有气动弹性仿真和抖振测定试验两种。本文结合这两种方法对进入器在火星大气超声速飞行翼板大迎角展开状态下的抖振响应进行了研究，获得了一致性的结论。

2　研究对象与状态

NASA 在 MSL-I 设计方案中提出的翼板布局如图 1（a）所示。为了减小翼板收拢时气动对翼板作用导致的压差影响，可将翼板收拢状态的外形直接设计为光体外形，翼板展开后在零攻角附近直接迎风（图 1（b））。迎风面构型如图 2 所示。

翼板为碳纤维复合材料蒙皮铝蜂窝夹心结构，板厚 10mm。对于翼板的支撑连接边界，本文考虑了两种条件：刚体边界和弹性边界，并根据此假设分别完成了有限元建模。其中，刚体边界下翼板面外一弯频率为 28.5Hz，弹性边界下翼板面外一弯频率为 18Hz，如图 3 所示。仿真中考虑了前五阶模态。

根据翼板展开使用情况，提出翼板抖振响应分析与试验验证对应的主要飞行状态如表 1 所列。其中，对于火星大气，来流的比热比取 1.33。

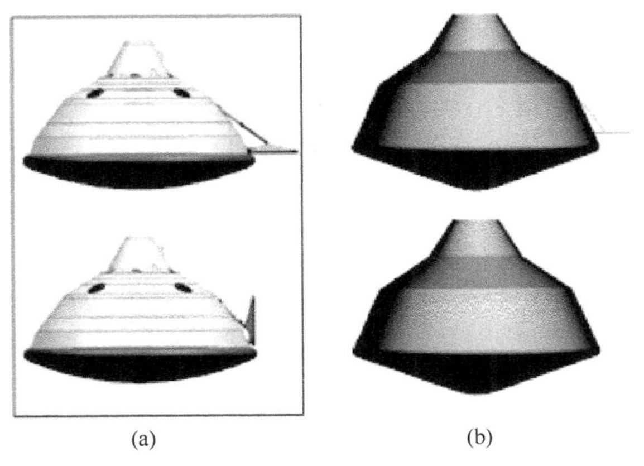

图 1　翼板展开与收拢状态示意图
(a) MSL-I；(b) 进入器。

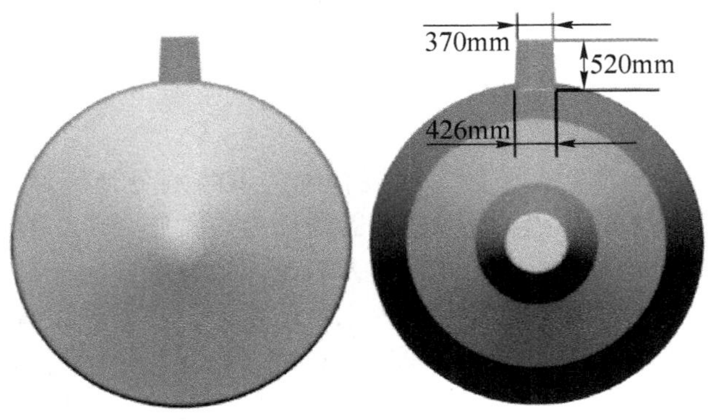

图 2　翼板展开后布局示意图

表 1　翼板抖振研究状态

Ma	α/(°)	V_∞/(m/s)	ρ_∞/(kg/m^3)	P_∞/Pa	T_∞/K
2.0	0，±10	463.567	5.31×10^{-3}	221.062	217.212
2.5		575.088	3.93×10^{-3}	161.039	213.991
3.0		686.212	3.19×10^{-3}	129.184	211.587

3　理论与方法说明

本文仿真基于 CFD/CSD 耦合方法，其中湍流模式使用基于 SA 的 DES 方法，采用模态叠加法分析结构的动力学响应，网格变形采用弹簧网络方法，通过无限平板插值方法作为流固耦合界面的数据交换模型。计算分析过程中，人为施加结构阻尼加速结构变形的收敛，获得翼板弹性结构在气动载荷作用下的响应。

对于气动阻尼辨识方法，本文选用了 ERA (Eigensystem Realization Algorithm) 方法。基本思想是应用矩阵奇异值分解技术对响应矩阵进行分解，通过截断无效奇异值实现状态空间的最有效的数目参数控制。

设离散动力系统的状态方程为

$$\begin{aligned}\boldsymbol{x}(k+1)&=\boldsymbol{A}\boldsymbol{x}(k)+\boldsymbol{B}\boldsymbol{u}(k)\\ \boldsymbol{y}(k)&=\boldsymbol{C}\boldsymbol{x}(k)\end{aligned}\tag{1}$$

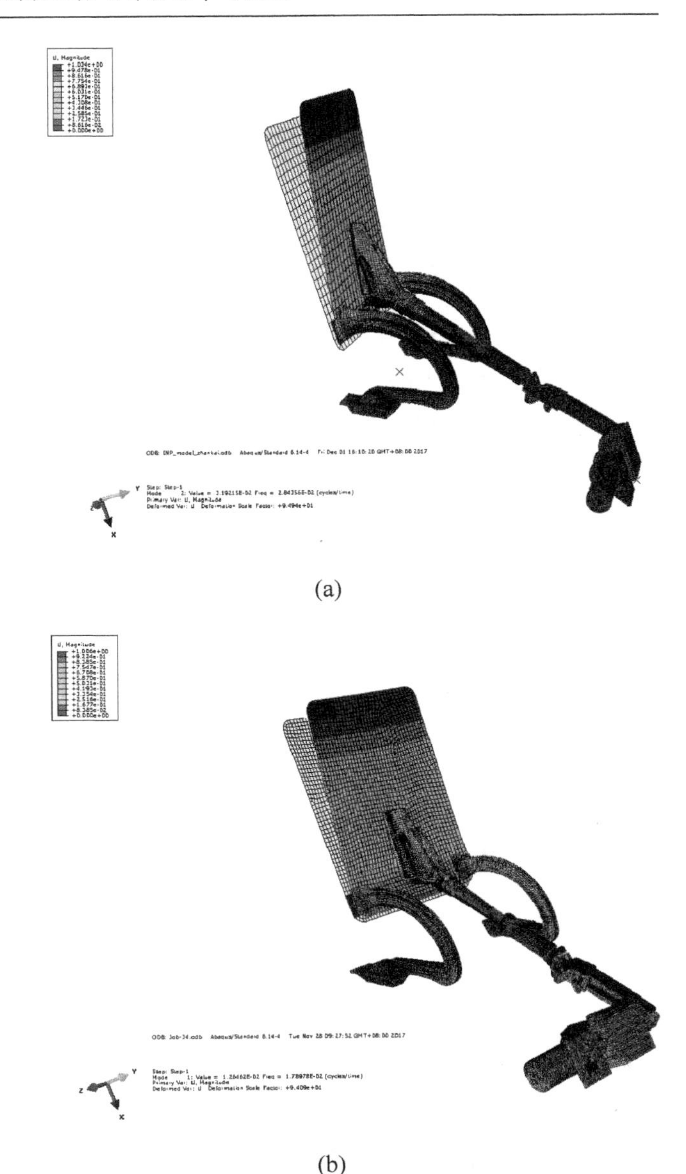

图 3　不同支撑边界下的翼板有限元模型面外一弯模态
(a) 刚体边界面外一弯（二阶）；
(b) 弹性边界面外一弯（一阶）。

式中：$\boldsymbol{x}(k)$ 为状态向量；$\boldsymbol{y}(k)$ 为观察向量；$\boldsymbol{u}(k)$ 为控制向量；k 为样本指示因子；$\boldsymbol{A}$ 为 $n*n$ 维状态系数矩阵；$\boldsymbol{B}$ 为 $n*m$ 维控制系数矩阵；$\boldsymbol{C}$ 为 $p*n$ 维观察系数矩阵。

由 Markov 参数描述的系统状态方程为

$$\boldsymbol{Y}(k)=\boldsymbol{C}\boldsymbol{A}^{k-1}\boldsymbol{B}\tag{2}$$

利用实测自由响应数据 $Y(k)$ 构造规范化 Hankel 分块矩阵：

$$\boldsymbol{H}_n(k-1)=\begin{bmatrix} Y(k) & Y(k+t_1) & \cdots & Y(k+t_{s-1}) \\ Y(j_1+k) & Y(j_1+k+t_1) & \cdots & Y(j_1+k+t_{s-1}) \\ \cdots & \cdots & & \cdots \\ Y(j_{r-1}+k) & Y(j_{r-1}+k+t_1) & \cdots & Y(j_{r-1}+k+t_{s-1}) \end{bmatrix}\tag{3}$$

式中：$j_i(i=1,2,\cdots,r-1)$和$t_i(i=1,2,\cdots,s-1)$为随机整数，合适选值使矩阵$\boldsymbol{H}_n(k-1)$的列向量线性无关，尺寸最小而秩不变，由式（1）和式（2）有

$$\boldsymbol{H}_n(k)=\boldsymbol{V}_r\boldsymbol{A}^k\boldsymbol{W}_s \tag{4}$$

$\boldsymbol{V}_r=[\boldsymbol{C},\boldsymbol{C}\boldsymbol{A}^{j_1},\cdots,\boldsymbol{C}\boldsymbol{A}^{j_{r-1}}]$为可观测性矩阵，$\boldsymbol{W}_s=[\boldsymbol{B},\boldsymbol{A}^{t_1}\boldsymbol{B},\cdots,\boldsymbol{A}^{t_{s-1}}\boldsymbol{B}]$为可控性矩阵。对$\boldsymbol{H}_n(0)$进行奇异值分解得

$$\boldsymbol{H}_n(0)=\boldsymbol{P}\boldsymbol{D}\boldsymbol{Q}^{\mathrm{T}} \tag{5}$$

式中：$\boldsymbol{P}$为左奇异向量矩阵；$\boldsymbol{Q}$为右奇异向量矩阵；$\boldsymbol{D}$为奇异值对角矩阵。定义

$$\begin{aligned}&\boldsymbol{E}_p^{\mathrm{T}}=[\boldsymbol{I}_p,\boldsymbol{0}_p,\cdots,\boldsymbol{0}_p],\ \boldsymbol{E}_m^{\mathrm{T}}=[\boldsymbol{I}_m,\boldsymbol{0}_m,\cdots,\boldsymbol{0}_m]\\&\boldsymbol{P}_d=\boldsymbol{P}\boldsymbol{D},\ \boldsymbol{P}_d^{\#}=\boldsymbol{D}^{-1}\boldsymbol{P}^{\mathrm{T}}\end{aligned} \tag{6}$$

式中：$\boldsymbol{I}_p$和$\boldsymbol{I}_m$分别为p和m阶单位矩阵；$\boldsymbol{0}_p$和$\boldsymbol{0}_m$分别为p和m阶零矩阵。若存在矩阵$\boldsymbol{H}^{\#}$满足式

$$\boldsymbol{W}_s\boldsymbol{H}^{\#}\boldsymbol{V}_r=\boldsymbol{I}_n \tag{7}$$

则

$$\boldsymbol{H}^{\#}=\boldsymbol{Q}\boldsymbol{P}_d^{\#} \tag{8}$$

根据以上各式可以推导得

$$\begin{aligned}\boldsymbol{Y}(k-1)&=\boldsymbol{E}_p^{\mathrm{T}}\boldsymbol{H}_n(k)\boldsymbol{E}_m\\&=\boldsymbol{E}_p^{\mathrm{T}}\boldsymbol{P}\boldsymbol{D}^{1/2}(\boldsymbol{D}^{-1/2}\boldsymbol{P}^{\mathrm{T}}\boldsymbol{H}_n(1)\boldsymbol{Q}\boldsymbol{D}^{-1/2})^k\boldsymbol{D}^{1/2}\boldsymbol{Q}^{\mathrm{T}}\boldsymbol{E}_m\end{aligned} \tag{9}$$

对比式（2）有

$$\boldsymbol{C}=\boldsymbol{E}_p^{\mathrm{T}}\boldsymbol{P}\boldsymbol{D}^{1/2},\ \boldsymbol{A}=\boldsymbol{D}^{-1/2}\boldsymbol{P}^{\mathrm{T}}\boldsymbol{H}_n(1)\boldsymbol{Q}\boldsymbol{D}^{-1/2},\ \boldsymbol{B}=\boldsymbol{D}^{1/2}\boldsymbol{Q}^{\mathrm{T}}\boldsymbol{E}_m \tag{10}$$

求解系统状态系数矩阵A的特征值Z和特征向量$\boldsymbol{\Phi}$：

$$\boldsymbol{\Phi}^{-1}\boldsymbol{A}\boldsymbol{\Phi}=\boldsymbol{Z},\ \boldsymbol{Z}=\mathrm{diag}[z_1,z_2,\cdots z_n] \tag{11}$$

考虑拉氏变化与Z变化的复参数关系式

$$\boldsymbol{S}_i=\frac{1}{\Delta\tau}\ln(z_i) \tag{12}$$

式中：$i=1,2,\cdots,n$；$\Delta\tau$为采用间隔。可求得模态参数。

振荡频率：

$$\omega_{di}=\mathrm{Im}(s_i) \tag{13}$$

阻尼比（气动阻尼系数）：

$$\xi_i=-\mathrm{Re}(s_i)/|s_i| \tag{14}$$

式中：Re( )为取实部；Im( )为取虚部。

4 网格化分

本次计算整体采用混合网格策略划分计算域，如图4所示。其中，进入器物面为三角形单元，翼板物面为四面形单元；进入器舱体边界层内为三棱柱单元，翼板边界层内为六面体单元，边界层设置20层网格，首层网格厚度为0.03。边界层与远场间填充四面体单元，并通过金字塔单元过渡，翼板后流场区域建立加密区进行加密。总网格量约为1200万。为了捕捉小尺度涡结构引起的非定常效应，在翼板后布置网格加密区，对加密区内的网格进行加密。

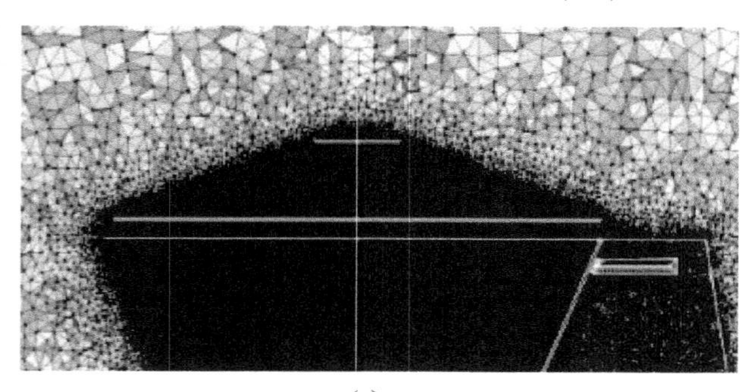

(a)

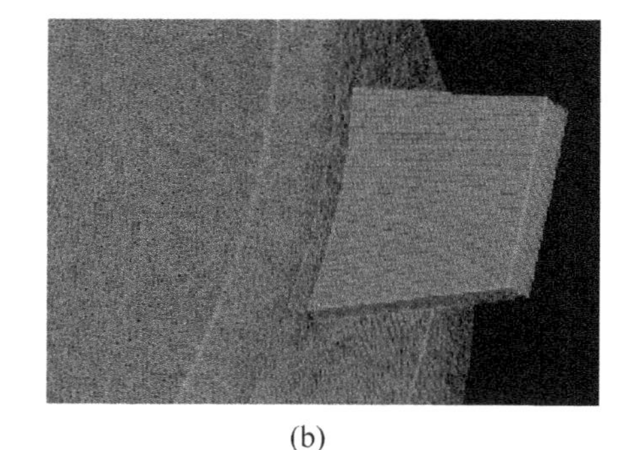

(b)

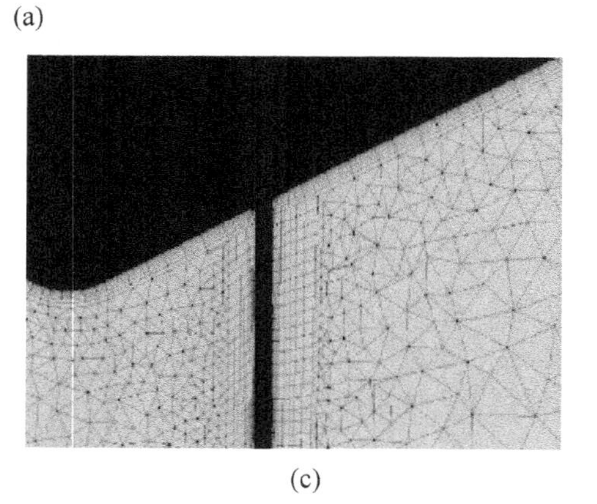

(c)

图4 计算网格结构及局部细节示意图

（a）整体结构（第一后锥及大底）；（b）物面网格；（c）边界层网格。

5　计算结果分析

5.1　不同边界下翼板抖振响应曲线

采用基于SA一方程模型的DES非定常模拟算法计算刚体支撑边界假设下带翼板进入器各研究状态下的三维流场，并采用模态法计算翼板的抖振，得到了刚体支撑边界的翼尖位移的时间曲线，如图5所示。分析可知，在 $Ma=2.0\sim3.0$、$\alpha=-10°\sim10°$ 范围内，翼尖振荡收敛性不强，或初始发散而后才逐渐收敛（如 $Ma=2.0\sim3.0$、$\alpha=-10°$），或即便初始即收敛但斜率很小（如 $Ma=2.0$、$\alpha=0°$）。此外，在所计算范围内，还有个别状态存在抖振发散到极限环（LCO）的情况，如 $Ma=2.5$、$\alpha=10°$ 以及 $Ma=3.0$、$\alpha=10°$。

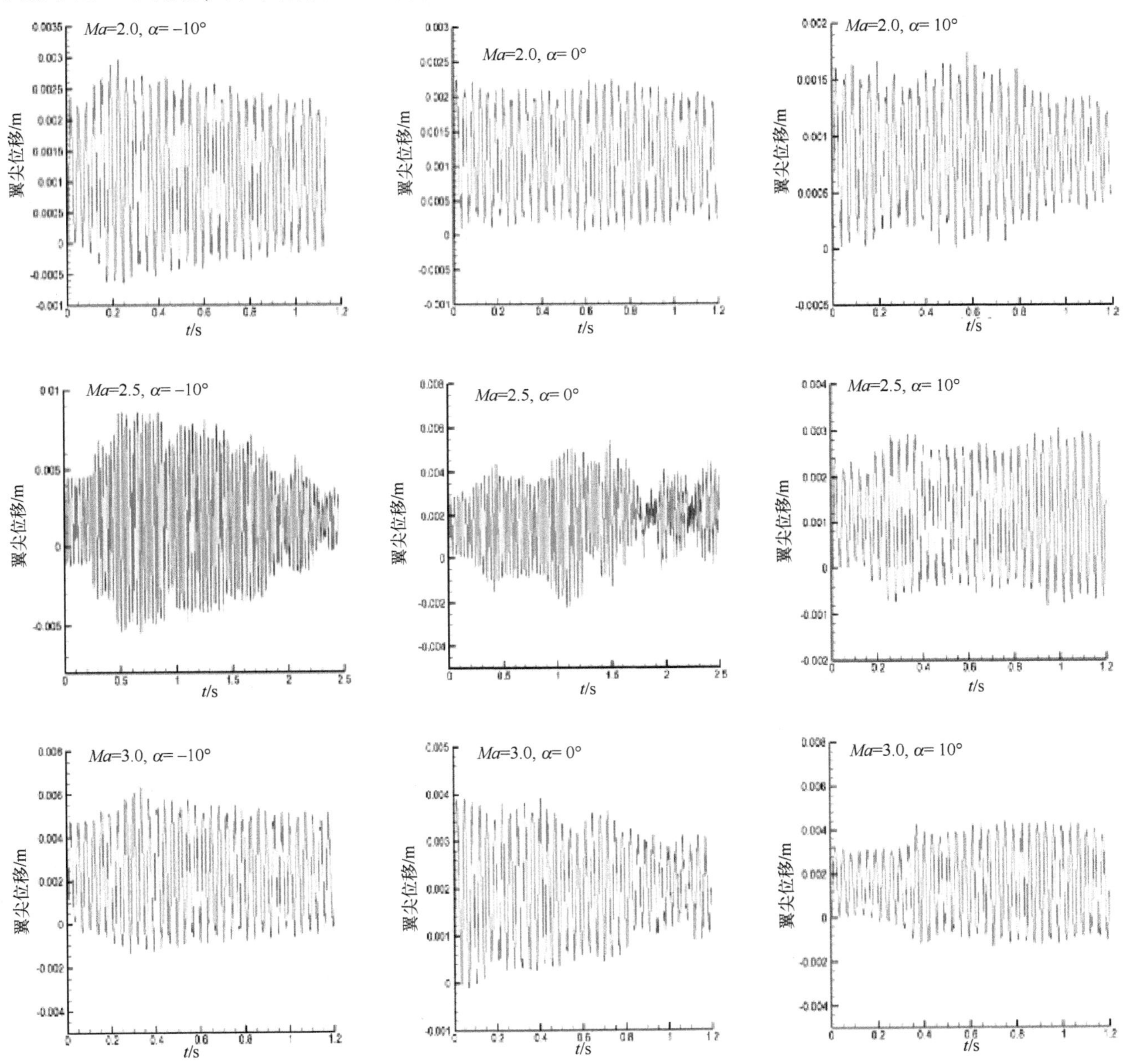

图5　刚体支撑边界进入器典型状态翼尖位移时间曲线图

此外，由图可见，由于支撑边界是刚体的缘故，所有计算状态下翼尖抖振幅值均很小，不超过8mm，且攻角−10°即翼板迎风状态下翼尖抖振幅值最大，翼板背风状态翼尖抖振幅值最小。翼尖静变形随着Ma增大由1mm逐渐增大到2mm；而翼尖动态（抖振）变形在 $Ma2.5$ 状态最大。

将翼板改为弹性边界支撑模型，同样经过DES非定常流场模拟与模态法抖振计算，获得弹性边界下翼尖位移的时间曲线，如图6所示。通过与刚体边界的翼尖位移曲线对比可知，弹性边界下翼板静变形与振幅均显著增大，其中静变形15mm以上，而最大振幅也超过了15mm。在各马赫数下攻角-10°的翼尖起振赋值最大，而收敛性也最好。这是由于攻角-10°下翼板迎风，因此翼尖初始压力最大，但相比另两个状态流场更为稳定，因此翼板的气动阻尼较大，抖振收敛最快。随着攻角逐渐由负转正，翼板流场逐渐向背风区移动，不稳定涡流造成翼板抖振响应逐渐增大，气动阻尼持续降低，直至攻角10°基本均发散至极限环状态。$Ma=2.0\sim3.0$ 范围内，翼板抖振发散效应在 $Ma2.5$ 状态最为显著，该马赫数下攻角-10°~10°基本都会发散至极限环，LCO均值在45~23mm之间，振幅在10~20mm之间，翼尖最大动态位移约占静位移的54%。此外，翼板在 $Ma=3.0$、$\alpha=10°$ 时抖振也发散至极限环，其中翼尖最大动态位移约占静位移的71%。

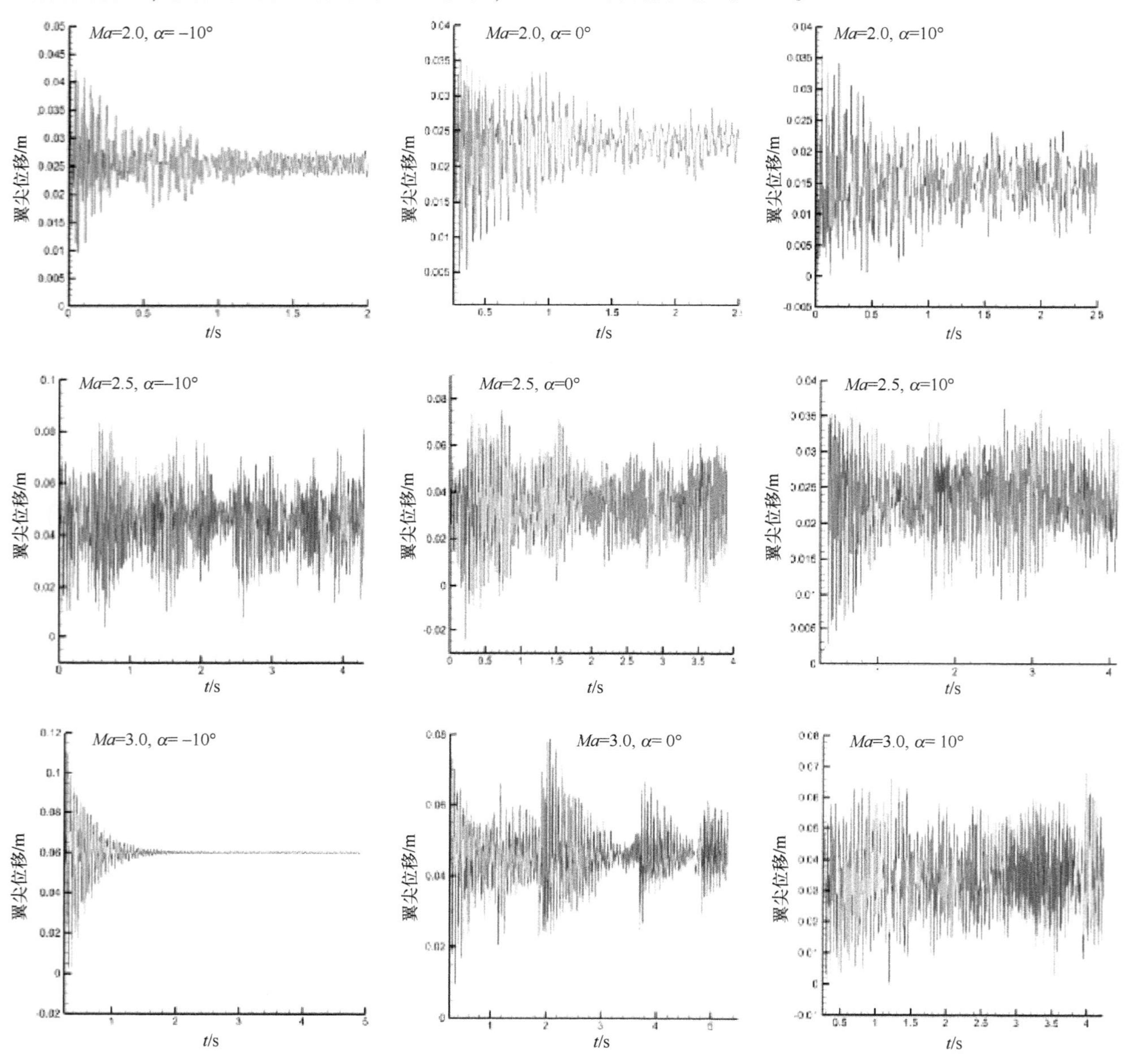

图6　弹性支撑边界进入器典型状态翼尖位移时间曲线图

5.2　翼板气动阻尼与静/动态载荷

翼板刚性支撑模型与弹性支撑模型超声速气动阻尼的仿真分析结果分别如表2所列。仿真分析结果表明，无论是刚性支撑还是弹性支撑，翼板展开后超声速气动阻尼均很低，大部分阻尼系数小于0.01，其中还有部分抖振状态无法收敛，最终发展成极限环振动。与刚性支撑模型相比，弹性支撑模型抖振收敛性更差，$Ma2.0\sim3.0$ 之间大部分计算状态都会发展为极限环。不同马赫数和攻角状态相比，*Ma*2.5 附近翼板抖振收敛性最差，攻角 $\alpha=10°$附近翼板抖振收敛性最差。

表 2　翼板打开后超声速气动阻尼

Ma	α	气动阻尼	
		刚性支撑模型	弹性支撑模型
2.0	0°	0.0008	0.0071
	10°	0.0024	0.0072
	-10°	0.00003	0.0081
2.5	0°	0.0013	LCO
	10°	LCO	LCO
	-10°	0.0031	LCO
3.0	0°	0.0040	LCO
	10°	LCO	LCO
	-10°	0.0004	0.0211

表 3 汇总了翼板弹性支撑模型抖振响应的分析结果，包括频谱分析、抖振响应动载荷和静载荷。从频谱分析结果来看，翼板抖振响应的前三阶频率分别约为 18.5Hz、46Hz 和 65.5Hz，其中一阶响应频率与翼板一阶面外弯曲频率十分接近，因此确定翼板结构振动形式以面外弯曲为主。从抖振动载荷分析结果看，10°攻角翼板的动载荷较大、静载荷相对较低，－10°攻角翼板的静载荷较大、动载荷较小。马赫数 *Ma*＝2.5 时总体的动载荷水平相对较高，0°攻角动载荷峰值为静载荷的 24.64%，－10°攻角为静载荷的 16.2%，10°攻角为静载荷的 26.09%。在所分析的状态中，*Ma*＝3、$\alpha=10°$时动载荷最恶劣，约为静载荷的 51.27%。

表 3　弹性支撑模型抖振响应仿真分析结果

Ma	α/°	响应频率/Hz			静载系数 C_A	载荷极值 C_{AP}	动载比例 /%
		F1	F2	F3			
2.0	0	18.9	46.5	65.0	0.032	0.034	3.77
	-10	18.4	46.2	65.5	0.040	0.041	3.68
	10	18.5	46.2	65.4	0.027	0.029	8.76
2.5	0	18.6	46.5	65.6	0.029	0.036	24.64
	-10	18.0	46.3	65.6	0.035	0.040	16.20
	10	18.6	46.6	65.3	0.024	0.030	26.09
3.0	0	18.5	46.0	65.5	0.027	0.029	10.02
	-10	18.7	46.6	65.5	0.028	0.030	4.02
	10	18.9	46.0	65.0	0.022	0.033	51.27

将某典型弹道数据带入气动载荷系数的仿真结果，可得到实际飞行过程中翼板表面的气动载荷。图 7 显示了 *Ma*2.5 和 *Ma*3.0 两个马赫数状态下翼板表面气动载荷随时间的变化曲线。由图可见，*Ma*＝2.5、$\alpha=-10°$和 *Ma*＝3.0、$\alpha=10°$两状态下翼板表面抖振引起的动态载荷较大，其中 *Ma*＝2.5、$\alpha=-10°$状态下翼板总载荷最高。

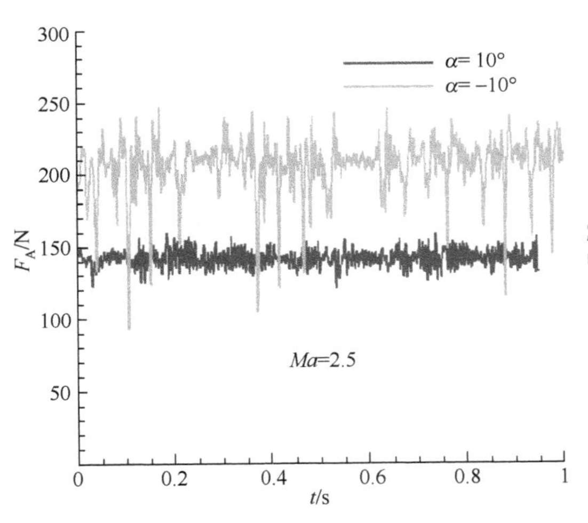

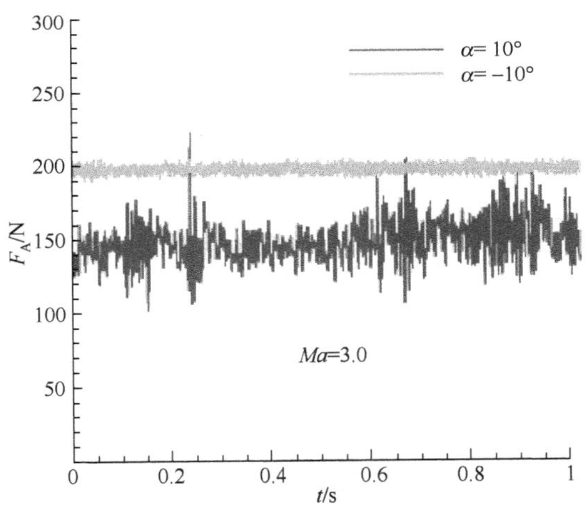

图 7　弹性支撑边界进入器典型状态表面载荷曲线图

5.3　与同状态试验结果对比

为验证本文算法用于翼板抖振气动阻尼和静/动载荷仿真的正确性，对进入器和翼板进行缩比模型设计，并在 1.2m 三声速风洞中开展了翼板气动阻尼及响应载荷的测量试验。试验中利用激振器对翼板模型进行激励，激励停止后记录翼板的振动衰减情况。针对每个试验状态反复激励 5～6 次，将各次激励结构响应的气动阻尼或气动载荷均值作为相应状态的测量结果。最终抖振气动阻尼由试验响应阻尼扣除对应模型地面测量的结构阻尼获得。

表4给出了利用风洞试验获得的翼板模型的气动阻尼，同表中仿真数据表示基于风洞试验模型和试验流动参数完成的翼板抖振仿真获得的气动阻尼。其中，气动阻尼测量试验所采用的翼板结构原型一阶面弯频率55Hz，仿真采用模型频率与之相同。由表可见，所有状态下试验与仿真结果均显示翼板气动阻尼均大于0，说明在高频状态（55Hz）下翼板可为进入器提供正的气动阻尼，不会出现振动发散的情况，但 $\alpha=0°\sim-10°$ 状态下气动阻尼较小，表明翼板结构抖振收敛性较差。对比风洞试验与仿真结果，两者气动阻尼规律一致，量值仍存在一定差异，仿真分析所得气动阻尼较试验值更高。

表5对比了翼板抖振载荷测量试验与同状态抖振仿真获得的静、动态气动载荷。其中，试验与仿真所采用的翼板结构原型一阶面弯频率均为18.8Hz。由表可见，*Ma*2.5各状态下试验所得翼板载荷极值与仿真结果平均相差小于15%，翼根弯矩极值平均相差8.5%，动载荷比例相差在3%以下。试验与仿真结果数据一致性较好。

表4　跨超声速翼板气动阻尼风洞试验与仿真结果对比

Ma	α/(°)	气动阻尼	
		仿真	试验
2	0	0.0020	0.0031
	−10	0.0034	0.0020
	10	0.0147	0.0022
3	0	0.0017	0.0033
	−10	0.0020	0.0025
	10	0.0019	0.0025

表5　超声速典型状态翼板静/动载荷风洞试验与仿真结果对比

Ma	α/(°)	试验值			计算值		
		载荷系数极值	翼根弯矩系数	动载比例/%	载荷系数极值	翼根弯矩系数	动载比例/%
2.5	0	0.032	0.0025	23.58	0.036	0.0026	24.64
	−10	0.034	0.0026	13.31	0.040	0.0029	16.2
	10	0.026	0.0020	30.24	0.030	0.0022	26.09

6　结束语

本文采用基于SA-DES湍流模式的CFD与CSD耦合的气动弹性分析方法，利用模态叠加法分析超声速大迎角翼板结构的动力学响应，通过特征系统实现方法（ERA），辨识得到刚体支撑与弹性支撑两种边界条件下翼板抖振响应的气动阻尼和动态载荷。利用翼板抖振气动阻尼测量与静、动态载荷测量试验进行对比，分析了翼板抖振仿真与试验数据的一致性与差值。仿真结果表明，弹性支撑翼板的气动阻尼比刚性支撑更弱，马赫数 $Ma=2.5\sim3.0$、$\alpha=0\sim10°$ 范围内，弹性支撑翼板的结构振动响应将逐渐发展为极限环振动，动态载荷峰值可达到翼板静载荷的51.27%，振动形式以面外弯曲为主。同状态气动阻尼和抖振载荷试验与仿真结果规律一致，气动载荷测量均值与仿真结果相差在15%以内，动态载荷比例相差在3%以下，试验与仿真吻合度较高。

参考文献

[1] 中华人民共和国国务院新闻办公室.《2016中国的航天》白皮书［J］. 中国航天，2017（01）：10-17.

[2] Introduction：Mars Science Laboratory：The Next Generation of Mars Landers［J］. Journal of Spacecraft and Rockets，2006，43（2）：257-257.

[3] Mark C Ivanov，Eric M Blood，Brant T Cook，et al. Entry，Descent and Landing Systems Analysis Study：Phase 2 Report on Mars Science Laboratory Improvement，NASA/TM-2011-216988，2011.

[4] Shuang Li，Xiuqiang Jiang. Review and prospect of guidance and control for Mars atmospheric entry［J］. Progress in Aerospace Sciences，2014，69：40-57.

[5] 黄程德，刘文，杨国伟. CFD/CSD耦合几何非线性静气动弹性与颤振分析［C］. 第十四届全国空气弹性学术交流会，2015.

空间同位素热源故障再入极端环境条件分析

魏昊功，马　彬，刘振玉，刘中玉，朱安文
（北京空间飞行器总体设计部，北京，100094）

摘要：空间核动力源是支撑人类探索宇宙空间的关键技术，但安全问题始终是空间核动力源设计和应用的重要部分。文章以我国未来月球探测任务为背景，针对可能发生的典型事故场景，建立三自由度动力学模型，并引入基于化学非平衡方程、完全气体方程的计算流体力学方法，开展空间同位素热源故障再入情况下的极端环境条件分析，分析空间同位素热源故障再入情况下气动力/热环境、海平面高度飞行速度和弹道倾角等极端环境条件。研究结果表明：同位素热源阻力系数为 1.6 左右，无量纲纵向压心系数约为 0.5，再入过程 0 攻角驻点热流密度峰值约为 8.1MW/m^2，总加热量约为 101.55MJ/m^2；从 80km 开始经 178.3s 到达海平面高度，此时同位素热源的飞行速度为 86.5m/s，弹道倾角为−89.9°。为后续放射性同位素热源结构热响应分析、高温高速撞击试验等安全性分析与验证工作的开展提供了必要条件。

关键词：同位素热源；故障再入；极端环境；弹道倾角；气动热

1　引言

随着人类探索空间的范围不断扩大，航天器距离太阳越来越远，依靠太阳能电池获取能量的方式将不能满足未来深空探测的需要。相比于太阳能电池，依靠空间核能源获取能量的方式具有明显的优势[1-2]。空间核能源技术主要包括空间同位素核源和空间核反应堆两类。其中，放射性同位素热源（Radioisotope Heat Unit，RHU）和放射性同位素电源（Radioisotope Thermoelectric Generator，RTG）的研究工作始于 20 世纪 50 年代，被成功应用于各类航天任务，至今已达近 80 次。

安全问题始终是空间核能源设计和应用的重要部分，因此在发展空间核动力技术时，必须遵守相关国际法的规定[3-6]。在国外航天任务中，曾出现过 10 次核电源意外事件，其中美国 3 次发射事故，苏联/俄罗斯 3 次发射事故、3 次再入事故，以及一次美俄卫星碰撞事故[4]。对于意外事故中空间核能源的处理方法主要有两种：①烧毁并通过大气稀释使放射性物质浓度小于允许值；②坠落至地面并保持完好无泄漏。目前美国、俄罗斯两国均采用后一种处理方法。对于该方法，美国、俄罗斯分别对空间核能源高速再入大气层并随后经历对地撞击的场景列出了相关安全性规定和试验项目[5,7]。

Lucero 总结了对于核能源意外再入情况的评估方法研究，以及当时遇到的问题和限制[6]。Bennett 等总结了对应用于伽利略（Galileo）号航天器和尤利西斯（Ulysses）号航天器的通用同位素热源（GPHS RTG）以及 SP−100 空间核反应堆的安全评估结果[8]。Frank 分析了尤利西斯号航天器 RTG 安全评估中的不确定性[9]，以及卡西尼（Cassini）号航天器地球借力时意外再入的 RTG 安全性和不确定性[10]。朱安文等对深空探测器核动力技术的现状及发展进行了总结和展望[1]。胡宇鹏等人建立了同位素热源环境试验能力，为同位素热源研制任务提供了技术支撑[7]。

为解决嫦娥三号、四号的月面生存问题，我国从俄罗斯引进了 120W、8W、4W 的 RHU，成为我国前两个采用了核动力的航天器[1]。但受运载能力、大气环境等各方面因素影响，其安全性评估条件与苏联/俄罗斯的月球任务不同，有必要针对我国的深空探测任务故障再入极端环境特点进行分析，作为安全性设计与评估的参考。本文针对 RHU 意外再入弹道打靶结果中的极端情况，考虑了真实气体效应，针对亚、跨、超、高超声速飞行的各阶段流场进行求解，获得了 RHU 意外再入飞行过程的极端力、热环境。

2　意外再入飞行弹道分析

在发射入轨、在轨运行或寿终处置阶段发生

意外时，可能导致 RHU 随航天器再入地球大气层。运载火箭发生故障后，探测器携带 RHU 高速进入地球大气层，在强烈的气动力/热作用下其原始结构将发生解体。探测器舱体结构在高空解体后，RHU 将被直接暴露在高速气流中，最终坠落至地球表面。

2.1 再入运动方程

本文研究的 RHU 为圆柱体外形，可看作点质量飞行器。假设地球是一匀质椭球体，RHU 再入过程的无量纲运动方程为

$$\begin{cases}\dfrac{\mathrm{d}r}{\mathrm{d}t}=V\sin\gamma\\ \dfrac{\mathrm{d}\theta}{\mathrm{d}t}=\dfrac{V\cos\gamma\sin\psi}{\gamma\cos\varphi}\\ \dfrac{\mathrm{d}\varphi}{\mathrm{d}t}=\dfrac{V\cos\gamma\cos\psi}{r}\\ V\dfrac{\mathrm{d}\psi}{\mathrm{d}t}=\dfrac{L}{m}\dfrac{\sin\sigma}{\cos\gamma}+\dfrac{V^2}{r}\tan\varphi\cos\gamma\sin\psi\\ \qquad +2\omega V(\sin\varphi-\cos\varphi\tan\gamma\cos\psi)\\ \qquad +\omega^2 r\dfrac{\sin\varphi\cos\varphi\sin\psi}{\cos\gamma}\\ V\dfrac{\mathrm{d}\gamma}{\mathrm{d}t}=\dfrac{L}{m}\cos\sigma-g\cos\gamma+\dfrac{V^2}{r}\cos\gamma\\ \qquad +2\omega V\cos\varphi\sin\psi\\ \qquad +\omega^2 r\cos\varphi(\cos\varphi\cos\gamma\\ \qquad +\sin\varphi\cos\psi\sin\gamma)\\ \dfrac{\mathrm{d}V}{\mathrm{d}t}=-\dfrac{D}{m}-g\sin\gamma\\ \qquad +\omega^2 r\cos\varphi(\cos\varphi\sin\gamma\\ \qquad -\sin\varphi\cos\psi\cos\gamma)\end{cases} \tag{1}$$

其中无量纲地心距 r、速度 V、时间 t 和地球自转角速度 ω 的无量纲参考量分别为地球平均半径 R_0，$\sqrt{g_0R_0}$，$\sqrt{R_0/g_0}$ 和 $\sqrt{g_0/R_0}$，g_0 为海平面重力加速度。θ 为经度，φ 为纬度，γ 为弹道倾角，ψ 为方位角，L 为升力，D 为阻力，m 为质量，ω 为地球自转角速度。

2.2 同位素热源再入弹道

现有研究结果和对实际再入事件的观测结果表明，主体结构将在约 90～80km 高度范围发生解体。经打靶分析，取解体后 RHU 在 80km 高度时的飞行速度为 7518m/s，飞行轨迹的弹道倾角约为 −22.2°，本文以该时刻为 RHU 再入飞行的初始状态，分析 RHU 脱离探测器后的飞行弹道，获得再入过程气动热环境、着陆撞击速度、着陆时刻弹道倾角等关键参数。

RHU 故障再入过程飞行速度、飞行高度的变化曲线如图 1 和图 2 所示，从分析结果可以看出，RHU 的主要减速过程发生在再入的前 30s 时间范围内，飞行速度由 7518m/s 降低至 837m/s。从 80km 再入开始时刻，至飞行至海平面高度，全过程共经历 178.3s，到达海平面时刻的飞行速度为 86.5m/s。弹道仿真结果表明，在再入开始后的前 30s 时间范围内，RHU 的飞行高度也从 80km 迅速降低至 23km 的高度。再入过程飞行速度—高度曲线表明，再入飞行过程的主要减速发生在 20～60km 的飞行高度范围内。

图 2 是 RHU 再入过程弹道倾角的变化历程，从探测器舱体结构解体时刻开始，再入倾角的绝对值逐渐增大，由再入初始时刻的 22.2°，逐渐增

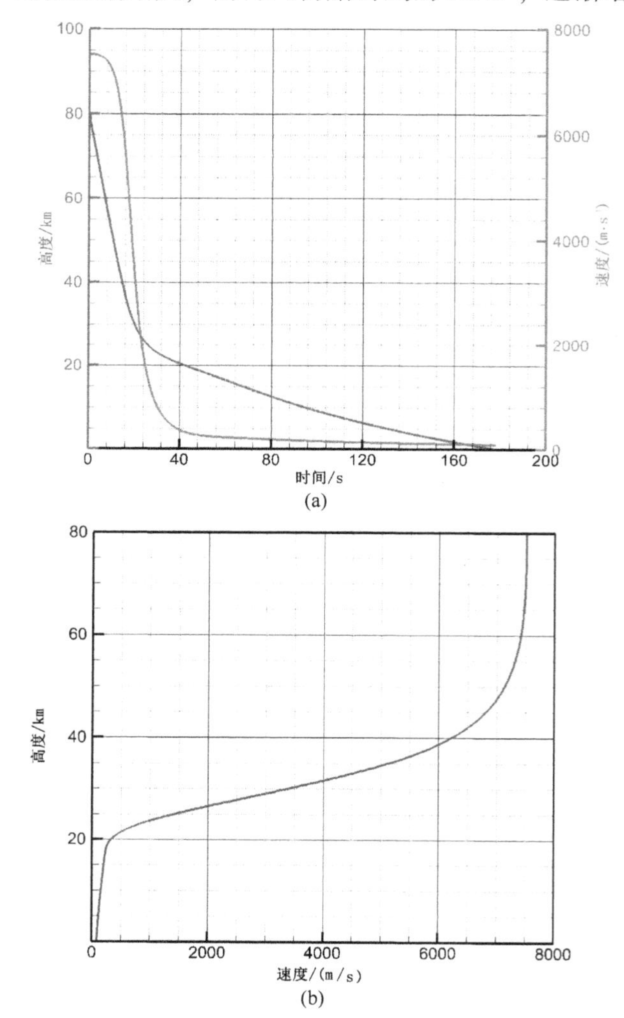

图 1 再入过程速度—高度曲线

(a) 速度、高度时间历程；(b) 速度—高度曲线。

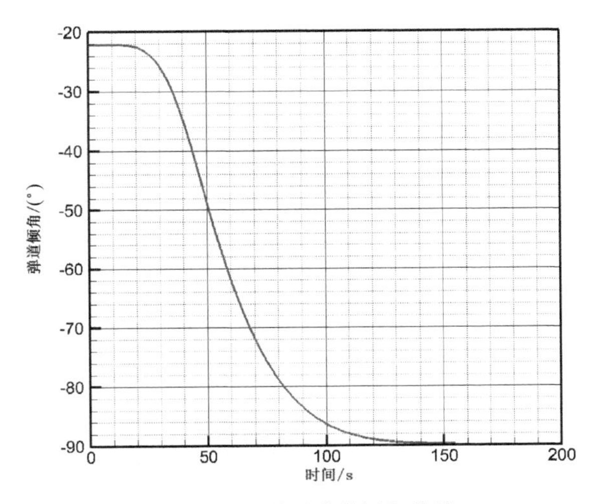

图 2　再入过程弹道倾角曲线

加到 89.9°。若 RHU 不存在横向质心偏置，且具有足够的静稳定域度，其将以 0°攻角的飞行姿态穿过地球大气层，最终柱面端头近似垂直撞击地面。

3　同位素热电源气动力热特性

RHU 再入过程将经历高空的高超声速飞行状态、中低空的跨超声速飞行状态和低空的亚跨声速飞行状态。不同的飞行速域下，RHU 的气动力、热特性将呈现出不同的特点。本文利用计算流体力学方法，分析 RHU 再入过程的气动力、热特性。

3.1　流动控制方程及数值求解方法

为了反映再入过程真实气体效应对气动特性的影响，本文采用化学非平衡方法，求解 RHU 高超声速飞行过程的绕流流场，采用全湍流模型求解亚、跨、超声速飞行的绕流流场。

在三维笛卡儿坐标系中，多气体组分、双温度模型的化学反应流动的控制方程的矢量形式为[11]

$$\frac{\partial \boldsymbol{U}}{\partial t}+\nabla\cdot\boldsymbol{E}=\nabla\cdot\boldsymbol{F}+\dot{\boldsymbol{S}} \tag{2}$$

其中原始变量 $\boldsymbol{U}=(\rho_1,\cdots,\rho_n,\rho u,\rho v,\rho w,\rho E,\rho e_{ve})^{\mathrm{T}}$，对流项通量 $\boldsymbol{E}=\boldsymbol{E}_1+\boldsymbol{E}_2+\boldsymbol{E}_3$，扩散项通量 $\boldsymbol{F}=\boldsymbol{F}_1+\boldsymbol{F}_2+\boldsymbol{F}_3$，$\dot{\boldsymbol{S}}$ 为化学反应源项。本文采用 7 组分化学反应模型，对流项采用 Roe 格式离散，时间推进方法采用 LU-SGS（Lower-Upper Symmetric Gauss-Seidel）隐式格式。

化学反应气体混合物的黏性系数通过 Wike 半经验公式[12]求得，该方法首先求解各组分的黏性系数，最后得到混合物的黏性系数。混合物中组分 s 的黏性系数通过 Bird 公式求得

$$\mu_s=2.6693\times10^{-6}\frac{\sqrt{M_sT}}{\sigma^2\Omega_\mu} \tag{3}$$

式中：M_s 为组分 s 的分子量；T 为静温，σ 是特征分子直径；Ω_μ 是黏性碰撞积分。求得某一气体的黏性系数后，空气的黏性系数 μ 可由半经验公式求得

$$\mu=\sum_{i=1}^{s}\frac{X_s\mu_s}{\phi_s} \tag{4}$$

式中：摩尔浓度 X_s，参数 ϕ_s 的表达式分别为

$$X_s=\frac{Y_sM_w}{M_{w,s}} \tag{5}$$

$$\phi_s=\sum_{i=1}^{s}\frac{\left[1+(\mu_s/\mu)^{0.5}(M_w/M_s)^{0.25}\right]^2}{\left[8\cdot(1+M_s/M_w)\right]^{0.5}} \tag{6}$$

上述关系中 Y_s 为组分 s 的质量浓度，采用 Eucken 假设[13]计算单组分的热传导系数，根据 Wike 公式求得混合气体的热传导系数，气体的扩散系数由费克定律求解得到。

对于 RHU 亚、跨、超声速绕流流场，本文求解基于多块结构网格求解一般曲线坐标系下 Navier-Stokes 方程组，控制方程中对流项的空间离散采用 HLLEW（Harten-Lax-Van Leer-Einfeldt-Wada）格式，黏性通量的离散采用具有二阶精度的中心格式，时间推进采用预处理 JFNK（Jacobian-Free Newton-Krylov）方法。控制方程和求解算法的具体形式参阅文献［14-15］。

3.2　静态气动特性

高超声速飞行状态下，RHU 盖板前端形成一道很强的弓形激波，远场来流经过弓形激波后速度大幅降低，如图 3 所示。亚、跨、超声速飞行时的流场结构发生较大的变化，随着飞行速度的降低，盖板前弓形激波的强度逐渐减弱，$Ma=1$ 时弓形激波消失，跨声速飞行时，流动在套筒周围发生小范围的分离再附。

图 4 是再入过程升阻力特性的变化曲线。RHU 的阻力系数在亚跨超声速范围内变化较为剧烈，亚声速范围内飞行阻力较低，跨、超声速范围内的阻力系数随飞行马赫数的增加不断增大，飞行速度 1 马赫时阻力系数达到 1.6 左右；在高超声速范围内，RHU 的阻力系数基本保持不变，维持在 1.6 附近小幅波动。飞行攻角在±10°的范围内的升阻比较小，高超声速范围内升阻比不足 0.1。

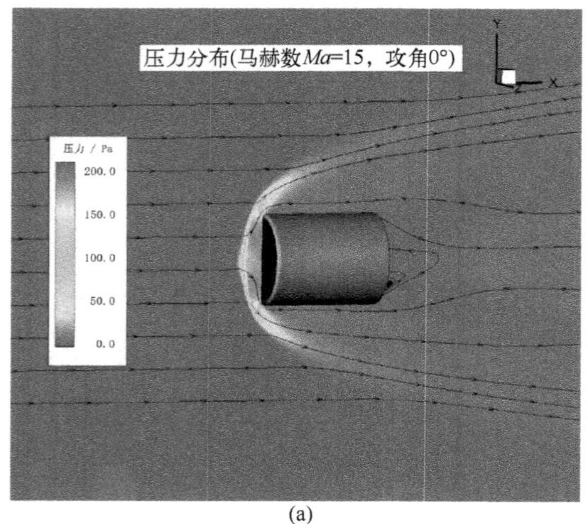

(a)

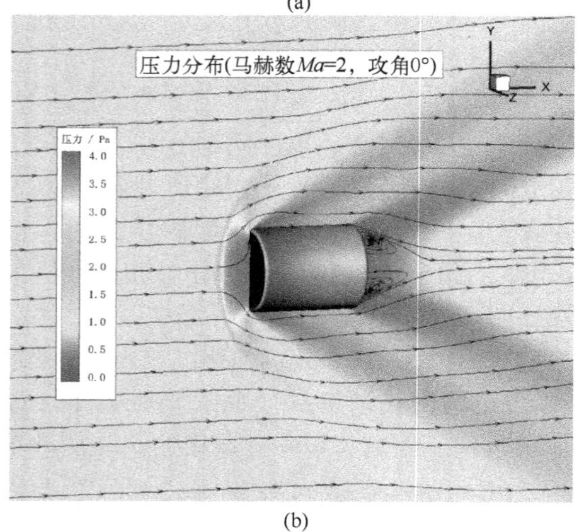

(b)

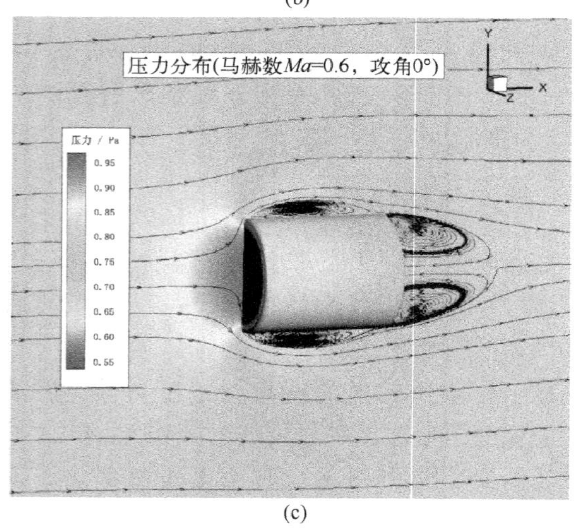

(c)

图 3　典型飞行状态流场压力云图

（a）马赫数 $Ma=15$；（b）马赫数 $Ma=2$；（c）马赫数 $Ma=0.6$。

静稳定性是衡量飞行器飞行品质的重要参数。设计返回舱或进入舱时，通常设计合适的气动外形和舱内构型布局，保证质心在压力中心的前面，从而使其具有足够的静稳定性域度。图 5 是 RHU 再入过程纵向压心系数的变化曲线，飞行马赫数小于 1 范围内，压心系数高于 0.5，随着飞行马赫数继续升高，RHU 的纵向压心系数稳定在 0.5 附近。

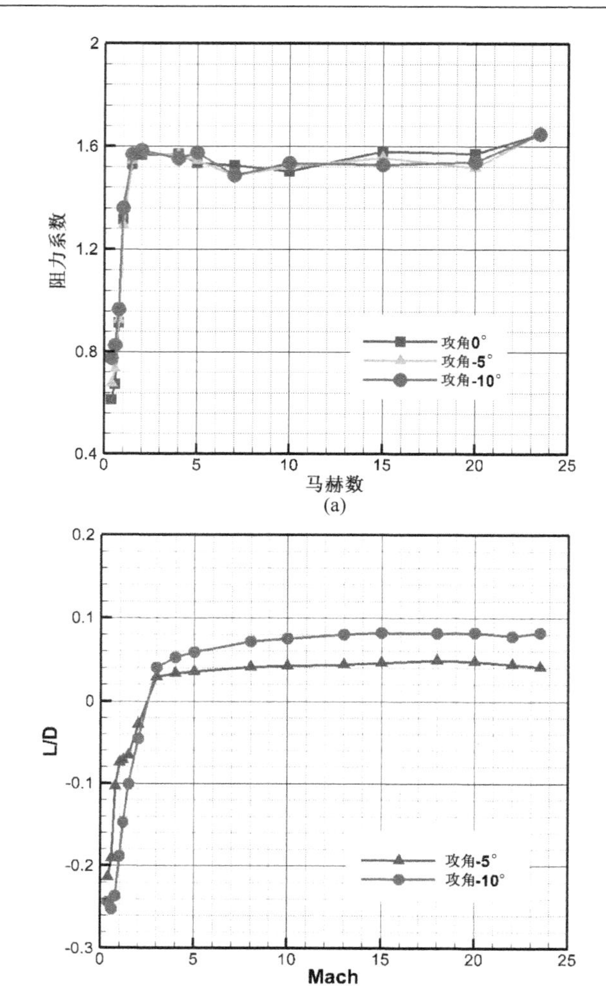

图 4　再入过程升阻力特性

（a）阻力特性；（b）升阻比特性。

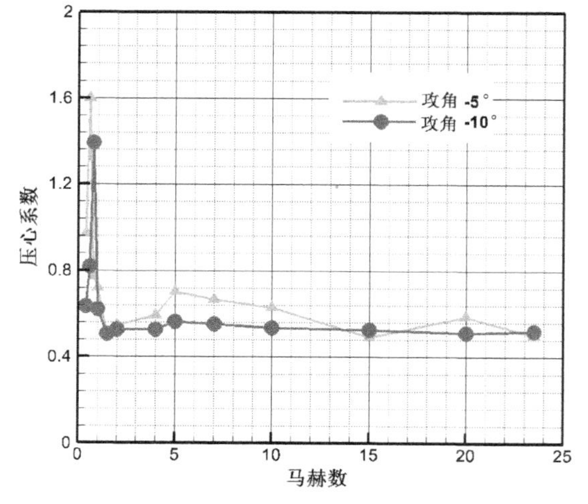

图 5　再入过程纵向压心系数

3.3　再入过程气动热环境

高速再入过程中，由于高速气流与物面的剧烈摩擦，高速气流的动能在边界层内转化为热能，引起气动加热效应。气动加热会影响外部结构的力学性能，导致结构刚度降低、强度下降；气动加热的热效应也将导致环境温度升高，引起外部结构的热应力、热应变及结构的烧蚀。

图6是RHU以20马赫速度飞行时RHU表面热流密度的分布。0°攻角飞行时，表面热流密度最大位置出现在盖板肩部附近，随着攻角绝对值的增大，盖板上最大热流密度位置逐渐向迎风方向移动。0°攻角飞行时，盖板上驻点热流密度约为8.1MW/m^2；飞行攻角在0°～-10°范围内，盖板肩部最大热流密度约为18.0MW/m^2，大约是零攻角驻点热流密度的2.25倍。

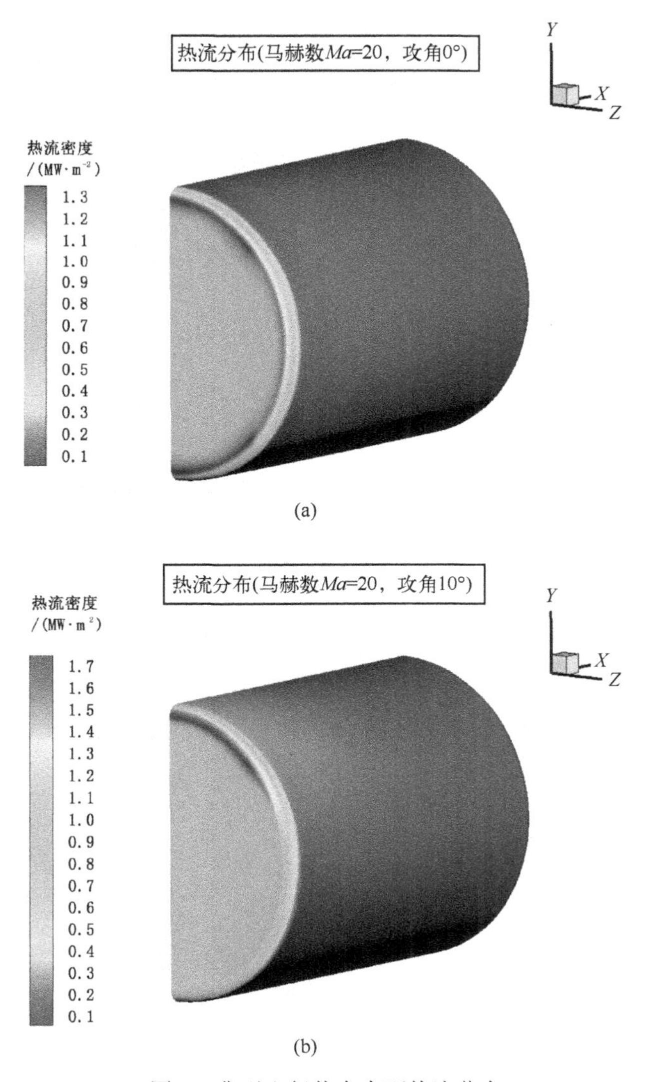

图6　典型飞行状态表面热流分布

(a) 马赫数 $Ma=20$，攻角0°；(b) 马赫数 $Ma=20$，攻角-10°。

利用数值仿真方法，获得RHU再入过程驻点热流密度和总加量的变化曲线，如图7所示。RHU在再入开始后14.4s，盖板驻点热流密度达到峰值，此时飞行高度约为40.6km，整个再入飞行过程中，盖板驻点总加热量约为101.55MJ/m^2。

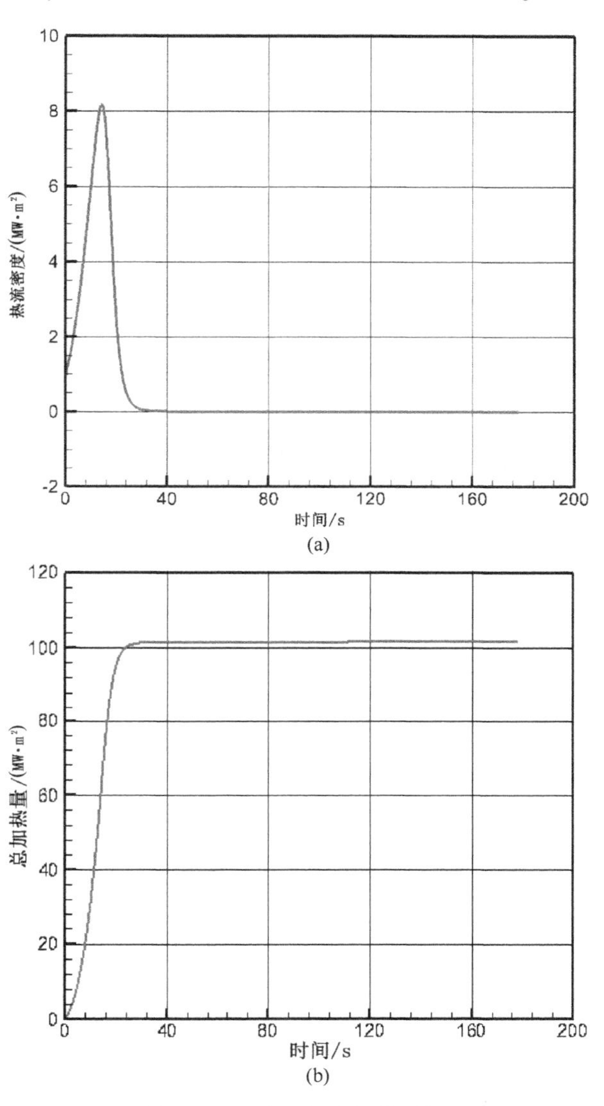

图7　再入过程气动加热环境

(a) 热流密度曲线；(b) 总加热量曲线。

4　结束语

空间核动力源是支撑人类探索宇宙空间的关键技术，但安全问题始终是空间核动力源设计和应用的重要部分。本文以我国未来月球探测任务为背景，分析典型事故场景中RHU再入过程的极端环境条件。获得了RHU故障再入过程的静态气动特性、气动热环境，以及RHU海平面高度的飞行速度和弹道倾角，为后续RHU结构热响应分析、高温高速撞击试验等安全性分析与验证工作的开展提供了必要条件。

参考文献

[1] 朱安文，刘飞标，杜辉，等．核动力深空探测器现状及发展研究［J］．深空探测学报，2017，4（5）：405-416.

[2] Bairstow B，Lee Y H，Oxnevad K. Mission analysis for next-generation RTG study［C］// 2018 IEEE Aerospace Conference. Big Sky，MT：IEEE，2018.

[3] Matthes C S R，Woerner D F，Hendricks T J．Risk management for dynamic Radioisotope Power Systems［J］．Journal of Space Safety Engineering，2018，5（1）：3-8.

[4] 胡文军，陈红永，陈军红，等．空间核动力源的安全性研究进展［J］．深空探测学报，2017，4（5）：453-465.

[5] 周继时，朱安文，耿言．空间核能源应用的安全性设计、分析和评价［J］．深空探测学报，2015，2（4）：302-312.

[6] Lucero E. Overview of technical challenges of re-entry analysis of radioisotope heat sources［J］．Journal of Spacecraft and Rockets. SPACECRAFT ROCKET. 1994，31：636-641.

[7] 胡宇鹏，鲁亮，向延华，等．深空探测器同位素热源环境试验技术［J］．深空探测学报，2017，4（2）：138-142.

[8] Bennett G L. Safety status of space radioisotope and reactor power sources［C］// Energy Conversion Engineering Conference. Reno，Nevada：IEEE Xplore，1990.

[9] Frank M V．Uncertainty analysis for Ulysses safety evaluation report［C］// Space nuclear power systems；Proceedings of the 8th Symposium，New York：American Institute of Physics，1991：140-145.

[10] Frank M V. Probabilistic Analysis of the Inadvertent Reentry of the Cassini Spacecraft's Radioisotope Thermoelectric Generators［J］．Risk Analysis，2000，20（2）：251-260.

[11] 贺旭照，乐嘉陵，宋文艳．超声速化学反应流动的 LU-SGS 伪时间迭代空间推进求解［J］．航空动力学报，2010，25（5）：1043-1048.

[12] Gupta R，Yos J M，Thompson，R A. A review of reaction rates and thermodynamic and transport properties for an 11-species air model for chemical and thermal nonequilibrium calculations to 30000 K：TM-101528［R］．Hampton：NASA，1989.

[13] Prabhu D K，Tannehill J C，Marvin J G. A new PNS code for chemical nonequilibrium flows［J］．AIAA Journal，1988，26（7）：808-815.

[14] 刘中玉，张明锋，聂雪媛，等．求解可压缩 Navier-Stokes 方程的预处理 JFNK 方法研究［J］．中国科学：技术科学，2016，46（1）：101-110.

[15] 刘中玉，张明锋，郑冠男，等．基于预处理 HLLEW 格式的全速域数值算法［J］．计算物理，2016，（3）：273-282.

第七部分

航天器总体综合优化设计与系统仿真

桁架结构拓扑优化系统软件开发及其在大型天线安装桁架设计中的应用

郝宝新[1]，周志成[2]，曲广吉[2]，李东泽[3]

（1. 北京空间飞行器总体设计部，北京，100094；2. 中国空间技术研究院，北京，100094；
3. 中国空间技术研究院通信与导航卫星总体部，北京，100094）

摘要：针对大型复杂桁架式承力结构的构型设计和优化问题，基于桁架结构拓扑优化的半定规划模型及算法，以MATLAB为平台设计开发了桁架结构拓扑优化系统（TODOSST）软件。首先以柔度最小化问题为例给出了桁架拓扑优化的半定规划模型，通过不同目标和约束的组合构造了优化模型库；然后在MATLAB环境下完成了软件的框架设计和功能模块开发；最后将软件应用于大型天线安装桁架的构型优化。结果显示：使用TODOSST软件得到的优化设计方案能够显著减小结构质量，提高结构静/动态刚度，降低内部节点弯矩水平。优化结果对工程结构设计具有重要的参考价值，同时也验证了TODOSST软件应用于桁架结构构型设计的实用性和有效性。

关键词：桁架结构；拓扑优化；构型设计；半定规划

1 引言

桁架结构具有形式简单、设计灵活、组装方便等诸多优点，可以作为航天器的主承力结构、有效载荷和仪器设备的支撑结构以及特殊部件的连接结构，在多种类型的航天器上均有广泛应用[1-4]。桁架结构的构型对其承载能力有较大影响，合理的构型设计能够以较小的结构质量实现较高的静/动态刚度，同时满足其他要求。简单桁架结构可选构型有限，其设计方案较易得出；但随着航天器桁架结构应用场景的日益复杂和建造规模的不断扩大，桁架构型设计的难度也逐渐增加。为缩短设计周期、提高设计水平，必须采用一定的设计方法和软件工具辅助进行复杂桁架结构的构型设计。结构拓扑优化方法可用于桁架结构的构型设计，分为连续体拓扑优化和离散体拓扑优化两种类型[5]。

航天器结构设计人员通常能够熟练运用Patran/Nastran、HyperMesh/OptiStruct、ANSYS等商业CAE软件，且此类软件目前均具备连续体拓扑优化功能，因此一些研究人员尝试直接从连续体拓扑优化结果中提炼桁架构型。顾亦磊等[6]使用连续体拓扑优化方法对某卫星的天线支撑架进行了重新设计，在5种不同工况下得到了基本一致的拓扑构型，并根据拓扑优化结果布置杆件，得到了新的天线支撑架构型。魏鑫等[7]以基频最大化为目标对空间相机主体结构进行了连续体拓扑优化，得到了主体结构的最优构型，相比传统设计方法得到的结构，质量减小了41.2%。苏若斌等[8]使用一种多级优化设计方法对某大型天线安装桁架进行了协同优化设计，在确定桁架空间构型时使用了基于OptiStruct软件的连续体拓扑优化方法。李修峰等[9]提出一种面向增材制造的桁架式支架结构设计方法，应用连续体拓扑优化方法寻找最佳传力路径，并据此抽象出对应的桁架构型，然后进行尺寸优化和几何重构。戴一范等[10]基于连续体拓扑优化方法对某空间设备的桁架式支撑结构进行了构型设计，按照沿桁架材料分布形式和力传递路径布置杆件的原则得到初步桁架构型，然后根据工程要求增加必要的节点和杆件，并分组进行了杆件尺寸优化。由于软件工具的便利性，基于连续体拓扑优化的构型设计方法在航天器桁架结构设计中得到较多应用，但其优化结果仅表示结构材料的空间分布，与实际桁架结构在承载方式和空间构型等方面均存在较大差别，因此常常存在构型提炼困难、桁架化后结构特性变化大等问题。

航天器环境工程，2020

相比而言，离散体拓扑优化直接对杆件进行处理，更加适用于桁架结构的构型设计。少量的工程应用研究表明，离散体拓扑优化是进行桁架构型设计的一种有效手段。李东泽等[11]对带有附加结构的卫星主桁架进行了离散体拓扑优化设计，在刚度和基频约束下最小化结构质量，得到了质量仅为原设计质量61%的桁架构型。张铁亮等[12]交替采用代理模型方法和人机交互方式进行桁架拓扑优化，针对多目标问题，筛选后的设计方案相比初始方案减重29.7%。郝宝新等[13]将一种连续体—离散体两级拓扑优化策略应用于大型航天器桁架式主承力结构的构型设计，得到了满足设计要求的桁架构型。可见，离散体拓扑优化可单独应用，也可用于对连续体拓扑优化得到的构型进行修正。目前，关于离散体拓扑优化已有大量理论研究[14-17]，但通常仅以简单桁架算例进行理论方法正确性的验证，应用于工程桁架构型设计的代表性实例极少。其中，软件工具的缺失是限制离散体拓扑优化技术工程应用的重要因素之一。

针对上述情况，本文基于MATLAB编程语言及其图形用户界面（Graphical User Interfaces，GUI）设计开发了桁架结构拓扑优化系统（Topology Design Optimization System Forstructure With Truss，TODOS-ST），对桁架结构拓扑优化的半定规划建模和求解方法进行了功能实现，并将该软件工具实际应用于航天器大型复杂桁架结构的构型优化设计。

2　桁架拓扑优化数学模型

目前桁架结构拓扑优化通常使用基结构法，通过将密集基结构中的多余杆件删除达到拓扑变更的目的，优化所得拓扑是基结构拓扑的一个子集。拓扑变更的描述可基于尺寸变量，若优化后某杆件横截面积小于某给定值，即认为该杆可被删除；也可基于0-1拓扑变量，若优化后拓扑变量取0，则该杆被删除，否则保留。本文基于尺寸变量进行桁架拓扑优化。

2.1　半定规划模型

桁架优化过程中需考虑多种结构特性要求，这些特性通常是设计变量的高度非线性函数。传统优化模型直接处理这些特性函数，存在优化问题非凸、多重特征值灵敏度分析困难等问题。为此，本文使用基于半定规划理论的桁架拓扑优化模型和算法，其与传统模型最大的区别是将设计约束不等式和特性参数计算方程等价为矩阵半定的形式，详细等价关系可参考文献［18］。以柔度最小化模型为例，考虑柔度、体积、基频和全局稳定性约束的桁架拓扑优化模型可表述为

$$\begin{cases}\min\limits_{t\in\mathbf{R}^m,\tau\in\mathbf{R}} \ \tau \\ \text{s.t.} \ \begin{bmatrix}\tau & \boldsymbol{f}^{\mathrm{T}} \\ \boldsymbol{f} & \boldsymbol{K}(t)\end{bmatrix}\geqslant \boldsymbol{O} \\ \quad \boldsymbol{K}(t)-\underline{\lambda}[\boldsymbol{M}_{\mathrm{s}}(t)+\boldsymbol{M}_0]\geqslant \boldsymbol{O} \\ \quad \boldsymbol{K}(t)+\lambda_{\mathrm{G}}\boldsymbol{K}_{\mathrm{G}}(\boldsymbol{f}_0,\boldsymbol{t})\geqslant \boldsymbol{O} \\ \quad -\sum\limits_{i=1}^{m} t_i+\overline{V}\geqslant 0 \\ \quad \mathrm{diag}\{\boldsymbol{t}\}\geqslant \boldsymbol{O}\end{cases} \tag{1}$$

式中：τ为中间变量，表示柔度上限，min表示取最小；$\boldsymbol{t}=[t_1,\cdots,t_m]^{\mathrm{T}}$为设计变量，$t_i$为第$i$杆的体积；$m$为桁架中的杆件总数。“s.t.”后面的表达式均为约束条件：第1式为柔度约束，其中$\boldsymbol{f}$为外载荷矢量，$\boldsymbol{K}$为结构刚度矩阵，$\boldsymbol{M}\geqslant\boldsymbol{O}$表示矩阵$\boldsymbol{M}$半定；第2式为基频约束，其中$\boldsymbol{M}_{\mathrm{s}}$为结构相关质量矩阵，$\boldsymbol{M}_0$为非结构质量矩阵，$\underline{\lambda}$为与结构基频下限对应的特征值下限；第3式为全局稳定性约束，其中$\boldsymbol{K}_{\mathrm{G}}$为桁架结构的几何刚度矩阵，$\boldsymbol{f}_0$为载荷模式，$\lambda_{\mathrm{G}}$为全局稳定性约束要求的临界屈曲载荷系数下限；第4式为体积约束，其中$\overline{V}$为许用体积上限；第5式为变量非负约束，其中$\mathrm{diag}\{\boldsymbol{t}\}$表示以$\boldsymbol{t}$中各元素为对角线元素的对角矩阵。

2.2　优化模型库

优化模型库是指TODOSST能够求解的优化问题集合，包含不同结构特性作为目标或约束函数的多种组合情况，每种组合称为一个线程。表1给出了TODOSST能够求解的优化模型库及不同线程的特点。

优化模型库具有如下特点。

（1）柔度或体积作目标时进行最小化，作约束时小于给定上限；基频或临界屈曲载荷系数作目标时进行最大化，作约束时大于给定下限。

（2）模型库中的所有线程均包含变量V，与C、E、B相关的目标或约束均倾向于使V增大；当线程中不包含变量V时，优化变量一般将趋于无穷大，优化问题没有工程意义。

（3）以体积最小化为目标的线程V-XXX，通常可通过增大设计变量来使所有约束得到满足，因此这类线程总是有解。

表 1　TODOSST 的优化模型库

优化类型	线程	优化目标	优化约束	备　注
静力学优化	C-V	min$C$	$V\leqslant\overline{V}$	总是有解，与 V-C 存在等价性
	V-C	min$V$	$C\leqslant\overline{C}$	总是有解
动力学优化	C-VE	min$C$	$V\leqslant\overline{V},E\geqslant\underline{E}$	约束取值应保证可行域非空
	V-E	min$V$	$E\geqslant\underline{E}$	$\boldsymbol{M}_0=\boldsymbol{O}$ 时无解
	V-CE	min$V$	$C\leqslant\overline{C},E\geqslant\underline{E}$	总是有解
	E-V	max$E$	$V\leqslant\overline{V}$	$\boldsymbol{M}_0=\boldsymbol{O}$ 时无解
	E-CV	max$E$	$C\leqslant\overline{C},V\leqslant\overline{V}$	约束取值应保证可行域非空
综合优化	C-VB	min$C$	$V\leqslant\overline{V},B\geqslant\underline{B}$	约束取值应保证可行域非空
	C-VEB	min$C$	$V\leqslant\overline{V},E\geqslant\underline{E},B\geqslant\underline{B}$	约束取值应保证可行域非空
	V-B	min$V$	$B\geqslant\underline{B}$	总是有解
	V-EB	min$V$	$C\leqslant\overline{C},B\geqslant\underline{B}$	总是有解
	V-EB	min$V$	$E\geqslant\underline{E},B\geqslant\underline{B}$	总是有解
	V-CEB	min$V$	$C\leqslant\overline{C},E\geqslant\underline{E},B\geqslant\underline{B}$	总是有解
	E-VB	max$E$	$V\leqslant\overline{V},B\geqslant\underline{B}$	约束取值应保证可行域非空
	E-CVB	max$E$	$C\leqslant\overline{C},V\leqslant\overline{V},B\geqslant\underline{B}$	约束取值应保证可行域非空
	B-V	max$B$	$V\leqslant\overline{V}$	总是有解
	B-CV	max$B$	$C\leqslant\overline{C},V\leqslant\overline{V}$	约束取值应保证可行域非空
	B-VE	max$B$	$V\leqslant\overline{V},E\geqslant\underline{E}$	约束取值应保证可行域非空
	B-CVE	max$B$	$C\leqslant\overline{C},V\leqslant\overline{V},E\geqslant\underline{E}$	约束取值应保证可行域非空

注：变量 C—结构柔度；V—结构体积；E—结构基频；B—屈曲载荷系数；带上、下横线分别表示对应变量的上、下限。

（4）对于线程 V-E 和 E-V，当非结构质量阵 $\boldsymbol{M}_0=\boldsymbol{O}$ 时，杆件尺寸等比例缩放不改变结构基频，因此问题无解。

（5）存在两个或以上约束条件时，应合理选取约束值使问题可行域非空，否则问题无解。

（6）除柔度、体积、基频和全局稳定性等全局约束外，模型库中的所有线程均可附加应力和位移等局部约束，此时优化模型均为非线性优化问题。

在优化模型库中，静力学优化线程和以基频为约束的动力学优化线程均可表述为标准形式的线性半定规划问题，可使用 SeDuMi[19]、SDPT3[20] 等线性半定规划求解器进行求解；其他优化线程包含优化变量的乘积项或矩阵求逆项，均为非线性半定规划问题，可通过序列线性化方法进行迭代求解，详见文献［18］。

3　桁架拓扑优化程序实现

3.1　软件框架设计

参考大多数商业 CAE 软件的操作流程和主要功能，软件主要由输入文件、前处理、结构分析、优化求解和后处理 5 个模块组成，依次完成桁架结构有限元建模、分析及优化等功能。TODOSST 软件框架如图 1 所示。

3.2　主要功能模块

1）输入文件模块

输入文件是包含桁架结构有限元信息及部分优化设定的文件，可人工编辑生成，也可采用交互或转化的方式得到。TODOSST 的输入文件为 .txt 文本文件，其内容类似 Nastran 输入文件的标准卡片格式，便于结构工程师理解和操作。典型的输入文件包含如下信息和数据段。

（1）节点坐标信息：包含节点编号和节点在三维空间中的坐标值。

（2）杆件拓扑信息：包含杆件编号、杆件属性编号和杆件的首尾节点编号。

（3）杆件属性信息：包含属性编号、材料编号、杆件直径初始值及其上下限。

（4）杆件材料信息：包含材料编号、弹性模量、泊松比和密度。

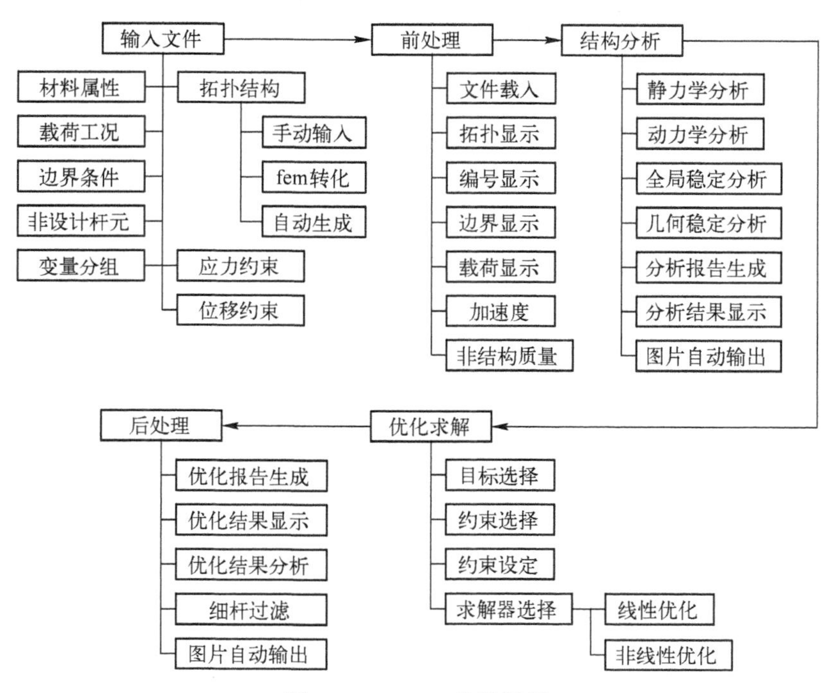

图 1　TODOSST 软件框架

(5) 工况设置信息：包含载荷工况总数、不同工况下各自由度承载的载荷数值。

(6) 边界约束信息：包含被约束的自由度编号，承载时这些自由度上不发生位移。

(7) 非设计杆件信息：可选数据段，包含优化过程中横截面积保持不变的杆件的编号集合。

(8) 变量分组信息：可选数据段，包含分组编号及各组内所含的杆件编号，同组杆件的横截面积保持一致。

(9) 应力约束信息：可选数据段，包含杆件许用应力上下限，可统一定义也可各杆分别定义。

(10) 位移约束信息：可选数据段，包含承载时指定节点的许用位移上下限，定义为无穷大时表示无约束。

2）前处理模块

该模块的主要功能包括桁架结构辅助建模、输入文件的载入以及加速度和非结构质量的定义。面板区显示节点、杆件、自由度的数量，并可控制杆件和节点编号的显/隐。图形显示区呈现桁架构型、边界条件和载荷条件等信息。

3）结构分析模块

该模块的主要功能是对桁架结构进行有限元分析，包括静力学分析（含几何稳定性分析[21]）、动力学分析和全局稳定性分析，同时具备分析报告生成、分析结果显示和图片自动输出功能。优化前进行结构分析可以获取初始桁架的主要结构特性，为优化问题中约束值的设定提供参考；对优化后的拓扑进行结构分析可以对优化效果进行评估和验证。结构分析过程同时完成了桁架结构特征矩阵的提取和拆分，为优化模型的自动生成做好准备。

4）优化求解模块

该模块的功能主要包括优化问题类型选择、优化目标选择、优化约束选择和设定、求解器选择等。通过在优化求解面板中进行点选，可确定优化将要执行的线程；数据输入框中设定的数值为对应结构特性的上下限，可根据设计要求并参考初始分析结果进行合理取值；选择求解器后即可开始优化计算。单击“优化”按钮后 TODOSST 将自动进入优化模型库的对应线程，根据优化类型对桁架结构特征矩阵进行组装以形成半定优化的标准数学模型，然后调用相应求解器进行求解。对非线性半定规划问题，程序将自动弹出迭代参数设置对话框以供设定最大迭代次数和收敛条件等参数。

5）后处理模块

该模块主要用于优化结果中细杆的过滤和最优拓扑的显示，同时自动完成优化结果的分析、优化报告的生成和高分辨率图片的输出。对基于尺寸优化的桁架拓扑优化技术，优化后对过细杆件进行滤除是一项必要环节。在后处理面板中将过滤阈值设置为 x，表示将杆件横截面积小于优化结果中最大横截面积 $x\%$ 的杆件删除。设计师可根据经验并结合结构重分析（尤其是几何稳定性分析）进行过滤阈值的合理设置。图 2 显示了某 10 杆桁架的基结构、优化结果和细杆过滤后得到的最优拓扑。

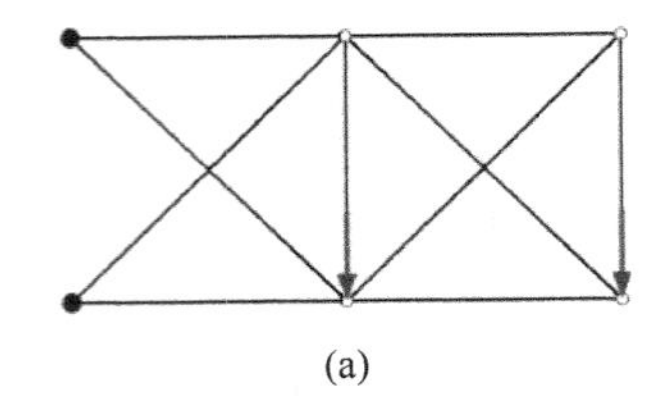
(a)

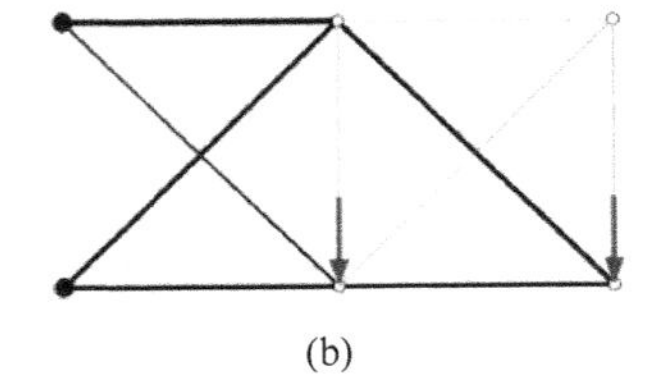
(b)

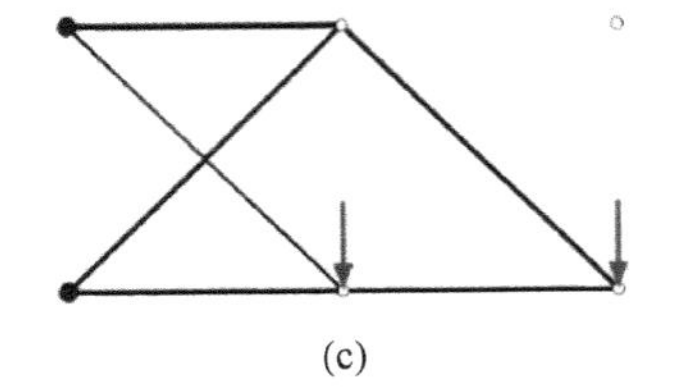
(c)

图 2　10 杆桁架算例

（a）基结构；（b）优化结果；（c）最优拓扑。

6）其他辅助功能

为增加软件的实用性和易用性，以界面按钮、独立小程序等形式增加了一些辅助功能，包括桁架结构的特性信息显示、绘图区图像的高分辨率输出、输入文档的快速打开以及优化结果中杆件的排序和分组等。某 48 杆桁架的拓扑优化结果中各杆横截面积从高到低的分布情况如图 3 所示。使用分组工具可将其自动分为 6 组，各组之间的分界如图 3 中短斜线所示。可以看到，横截面积相差较大的杆件被分在了不同组，而同一组杆件的横截面积均比较接近。分组信息可直接放入输入文档的变量分组数据段以便后续处理。

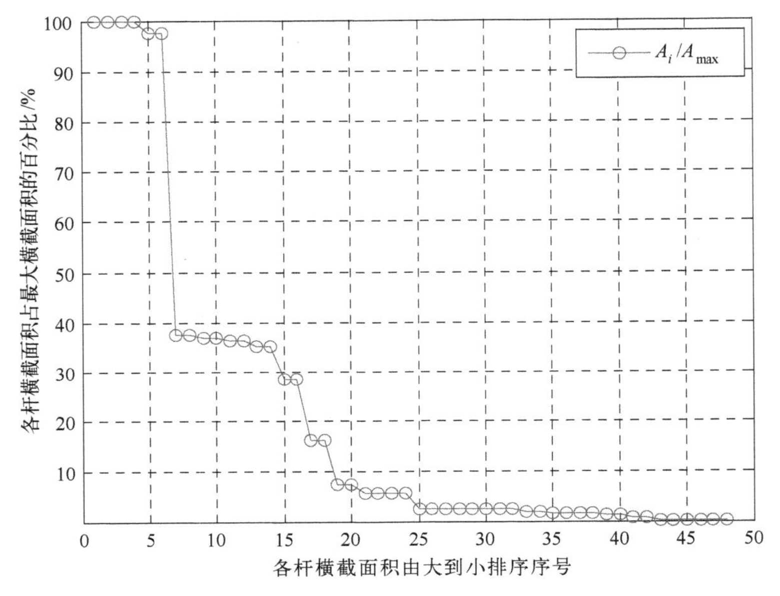

图 3　某 48 杆桁架优化结果中杆件横截面积分布

4　大型天线安装桁架应用实例

卫星大型可展开天线的安装桁架是一种典型的航天器桁架结构，用于将大型天线及其馈源阵基板与卫星本体进行连接。在发射阶段，安装桁架为收拢状态的天线和馈源阵基板提供固定点；在轨展开后，安装桁架与卫星本体一起保持馈源阵和天线反射面之间的相对位形，如图 4[8] 所示。该安装桁架连接节点众多、构型复杂，使用传统方法进行构型设计难度极大。苏若斌等[8] 基于连续体拓扑优化得到了安装桁架的基本构型（图 5[8]），然后对其进行尺寸优化和材料铺层优化。后续研究表明，该构型虽然满足大部分设计要求，但由于几何稳定性不足等原因，桁架存在承载薄弱环节，部分节点处弯矩过大，接头位置易出现破坏，因此有必要对其基本构型进行改进设计。

4.1　构型优化设计

以图 5 所示基本构型为基础，在设计区域内添加若干节点并尽可能多地在节点间连接杆件（注意不能与其他结构出现干涉），形成如图 6（a）所示的 272 杆桁架基结构；利用 TODOSST 软件对基结构进行建模，施加底部固支边界条件和多工况过

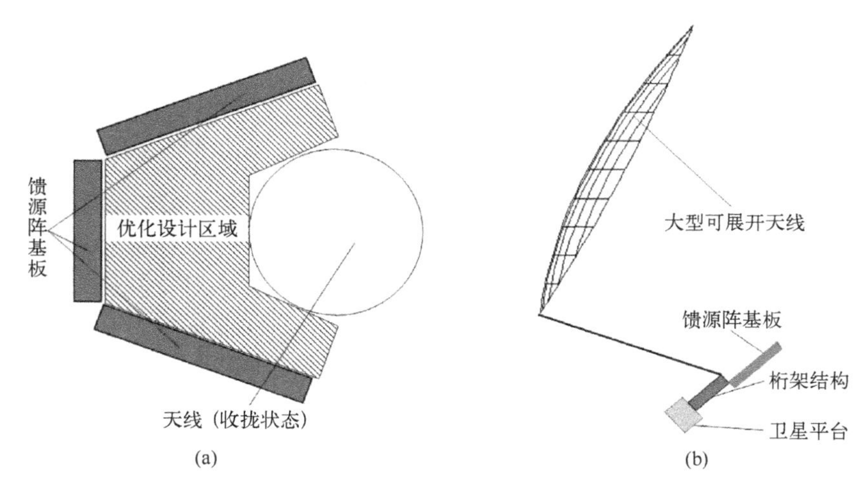

图 4　大型天线安装桁架工作状态

（a）卫星发射状态（天线收拢）；（b）卫星在轨状态（天线展开）。

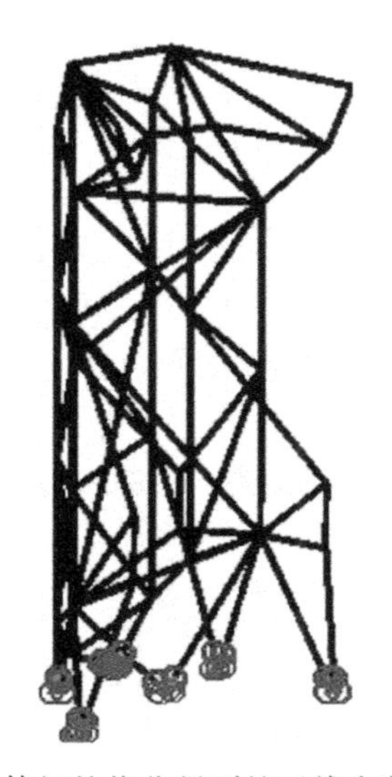

图 5　基于连续体拓扑优化得到的天线安装桁架基本构型

载条件，在柔度、基频和全局稳定性约束下进行体积最小化优化，得到的拓扑优化结果如图 6（b）所示。

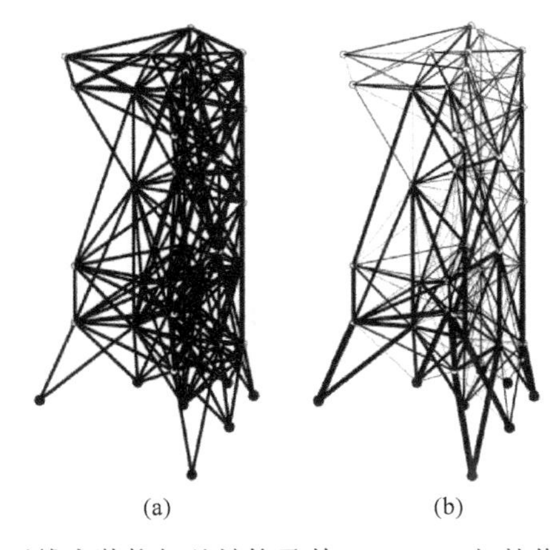

图 6　天线安装桁架基结构及其 TODOSST 拓扑优化结果

（a）桁架基结构；（b）拓扑优化结果。

4.2　优化结果后处理

拓扑优化结果中包含大量细杆且各杆横截面积均取不同数值，加工制造和装配存在较大难度，不便于实际工程应用，需对优化结果进行后处理。基于 TODOSST 的后处理过程包括细杆过滤、杆件分组和参数优化等步骤。综合考虑杆件横截面积分布和过滤后拓扑的几何稳定性，将图 6（b）所示优化结果中横截面积小于最大值 2.2% 的细杆滤除，并根据经验增加少量杆件进行局部补强；然后在柔度、基频和全局稳定性约束下对剩余杆件进行分组参数优化，最小化结构体积，每组杆件的横截面积在优化过程中保持一致。试算发现，将杆件分为 7 组时，杆件横截面尺寸规格不会过多，同时结构质量相比原设计显著减小。此方案下各组杆件的横截面积及其对应的实心圆杆的截面直径如表 2 所列。

表 2　7 组杆件的横截面积

分组编号	杆件横截面积/mm^2	对应实心圆杆截面直径/mm
1	2 189.6	52.8
2	1 237.9	39.7
3	973.1	35.2
4	585.3	27.3
5	349.7	21.1
6	141.0	13.4
7	10.8	3.7

基于图 5 所示基本构型进行细化建模，增加杆件横截面特性及杆件接头等详细信息，得到天线安装桁架的原始设计方案，如图 7（a）所示；

在图6（b）基础上使用TODOSST软件进行后处理，得到安装桁架的优化构型方案，如图7（b）所示。

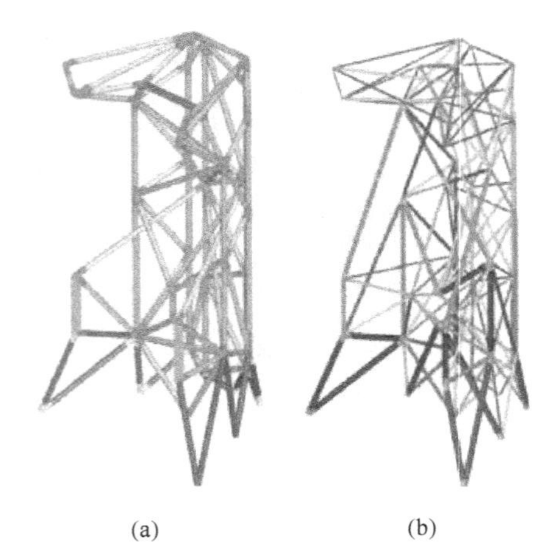

(a) (b)

图7 天线安装桁架原始设计与拓扑优化构型方案对比
（a）原始设计方案；（b）TODOSST优化构型方案。

4.3 构型方案特性对比

在使用TODOSST软件进行桁架构型优化过程中，细杆过滤时考虑了桁架构型的几何稳定性，消除了桁架承载的薄弱环节，将所有杆件分为7组并进行了参数优化，使构型设计和结构材料分布均较原始设计方案更加合理，虽然在节点和杆件数量上有一定增加，但其结构质量减小了20.9%，安装桁架与天线、馈源组合体的基频提高了24.4%，在航天器发射阶段的过载工况下安装桁架的最大内部节点弯矩下降了24.4%、最大变形量下降了61.6%，具体数据如表3所列。数据对比表明，基于TODOSST软件的优化设计方案结构质量明显减小，安装桁架与天线、馈源组合体的静/动态刚度显著提高，内部杆件接头的弯矩水平显著下降，构型优化结果对实际工程结构设计具有重要参考价值。

表3 原始设计方案与优化设计方案特性对比

对比项目	原始设计结果	优化设计结果	变化百分比/%
接头数量	43	48	+11.6
杆件数量	96	155	+61.5
桁架质量/kg	180.00	142.36	-20.9
组合体基频/Hz	11.303	14.058	+24.4
最大内部节点弯矩/(N·m)	471	356	-24.4
最大变形量/mm	7.55	2.90	-61.6

5 结束语

结构优化软件是工程师进行结构设计的重要工具。本文基于半定规划模型和算法，在MATLAB中实现了桁架结构拓扑优化系统（TODOSST）的框架设计和功能模块开发，为复杂桁架结构的构型设计提供了有力工具；在大型天线安装桁架构型设计中的应用也表明了TODOSST软件的实用性和有效性。

以目前的软件发展水平，优化结果虽然在多数情况下并不能直接进行工程应用，但可将工程师从繁复的建模求解工作中解放出来，大大提高了设计效率；另外，对复杂结构的优化结果往往有别于直觉设计，这能在很大程度上激发工程师的创造性思维，启发他们提出更好的设计方案。因此，对于结构优化设计问题，在充分利用商业软件的同时，也应当充分重视满足工程需求的软件工具的开发和完善，以加快理论研究成果的工程化应用，提高我国航天器设计水平。

参考文献

[1] 陈烈民．航天器结构与机构［M］．北京：中国科学技术出版社，2005：92-102.

[2] 陈昌亚，张弛，顾亦磊，等．储箱平铺多燃料卫星平台的主承力构架结构［J］．上海航天，2007（1）：42-47.

[3] 张科科，朱振才，夏磊．小卫星模块化设计技术分析［J］．航天器工程，2015，24（6）：107-115.

[4] 杨阳，张逸群，王东旭，等．SSPS太阳能收集系统研究现状及发展趋势［J］．宇航学报，2016，37（1）：21-28.

[5] ESCHENAUER H A，OLHOFF N. Topology optimization of continuum structures：a review［J］. Appl Mech Rev，2001，54（4）：331-390.

[6] 顾亦磊，陈昌亚．拓扑优化技术在桁架设计中的应用［C］．第一届结构及多学科优化工程应用与理论研讨会论文集．北京：中国力学学会，2009：267-271.

[7] 魏鑫，张凤芹，范斌．基于频率的空间相机主体结构优化设计分析［J］．航天返回与遥感，2010，31（1）：49-54.

[8] 苏若斌，陶炯鸣，孔祥森．卫星复合材料桁架结构多级优化设计方法［J］．航天器工程，2016，25（1）：40-45.

[9] 李修峰，高令飞，王伟，等．一种面向增材制造技术的桁架式支架结构设计方法［J］．宇航学报，2017，38（7）：751-757.

[10] 戴一范，张淑杰，周阳．空间桁架结构优化设计［J］．计算机辅助工程，2017，26（6）：66-70.

[11] 李东泽，于登云，马兴瑞．航天器桁架结构拓扑优化设计［J］．中国空间科学技术，2009（4）：1-7.

[12] 张铁亮，丁运亮，金海波，等．航天器天线桁架结构多目标

优化设计［J］. 固体力学学报，2012，33（6）：603-610.

［13］郝宝新，周志成，曲广吉，等．大型航天器桁架式主承力结构构型拓扑优化研究［J］. 航天器工程，2014，23（2）：44-51.

［14］SHI L S，WANG Y F，SUN H C. Approach for layout optimization of truss structures with discrete variables under dynamic stress，displacement and stability constraints［J］. Applied Mathematics and Mechanics（English Edition），2006，27（5）：593-599.

［15］OHSAKI M. Optimization of finite dimensional structures［M］. Boca Ration：CRC Press，2011.

［16］肖阿阳，王本利，金耀初．约束自适应桁架优化设计方法［J］. 振动与冲击，2015，34（14）：188-193.

［17］STOLPE M. Truss optimization with discrete design variables：a critical review［J］. Structural and Multidisciplinary Optimization，2016，53：349-374.

［18］郝宝新，周志成，曲广吉，等．桁架结构拓扑优化的半定规划建模与求解［J］. 哈尔滨工业大学学报，2019，51（10）：11-21.

［19］STURM J F. Using SeDuMi 1.02，a MATLAB toolbox for optimization over symmetric cones［J］. Optimization Methods & Software，1999，11（1/2/3/4）：625-653.

［20］TÜTÜNCÜ R H，TOH K C，TODD M J. Solving semidefinite-quadratic-linear programs using SDPT3［J］. Mathematical Programming，2003，95（2）：189-217.

［21］郝宝新，周志成，曲广吉，等．桁架拓扑优化几何稳定性判定法和约束方案比较［J］. 北京航空航天大学学报，2019，45（8）：1663-1673.

一种卫星推力器3D直属件构型设计

刘正山，邹　晨，许宏岩，钟红仙
（中国空间技术研究院通信与导航卫星总体部，北京，100094）

摘要：基于增材制造生产技术和确定的推力器布局设计约束条件，提出了一种重量更轻、力学基频更高的推力器3D直属件结构设计方案。本文结合拓扑优化设计技术和增材制造技术，给出了3D直属件结构的设计流程；针对某具体的卫星推力器直属件设计需求，从设备接口约束条件、传力路径实现、构型设计、力学分析验证等方面，对推力器3D直属件结构构型方案和力学分析验证数据给出了详细的设计数据。分析结果表明，本文提供的结构设计方案，较原始机加工艺的设计方案，从结构重量轻量化、基频数据提高等方面均获得提升。同时，基于优化设计技术，极大降低了直属件构型迭代设计时间和对工程师经验的依赖；且增材制造技术直接生产的模式显著缩短生产周期，为上星的类似结构研制提供了技术参考。

关键词：直属件设计；增材制造；优化设计

1　引言

受限于火箭运载能力的限制，卫星发射重量与成本密切相关，且新型卫星在研制周期方面的国际竞争态势，促使轻量化设计、研制时间缩短等方面的研究工作是卫星结构研制一个持续研究方向。相关研究表明，航天器质量每减少1kg，费用能降低约1万美元[1]，而且减少的卫星重量可以用于增加有效载荷，从而保障卫星任务的完成和扩大[2]；另一方面，减少卫星结构的生产制造时间，是卫星缩短研制周期的关键环节，亟需开展相关技术研究。

当前，卫星结构研制往往基于机械切屑加工、金属材料铸造、复合材料编制等加工工艺进行设计，导致相关结构的设计未达到最优水平，并出现质量较重、周期较长及多种类型结构件融合较为困难等问题。伴随着增材制造技术在复杂构型实现、加工周期缩短等方面优势得到越来越多专家学者的注意，其相关产品性能的有效性已在多家国内外研究机构得到证明[3-5]。其根本原因在于：增材制造技术，具有自由制造的典型技术特点，使得面向最优传力路径的结构产品制造具备可行性，进而减少非最优位置的质量密度，从而达到减重的目的；与此同时，增材制造技术具有数字制造的特点，可根据产品的三维属性进行生产，可简化以前难以生产的复杂零部件制造工艺，极大地减少了产品加工周期。国际方面，以欧洲NEO平台、INSPIRE平台等为代表的新兴卫星研制过程，已经确定采用面向需求、成本、生产及任务的改进措施，并通过3D工艺实现结构的减重与提高承载比的目的。

针对轻量化、基频要求提升的直属件结构设计需求，充分结合拓扑优化方法的传力路径构型设计优势和增材制造技术在复杂结构加工成型方面的优势，本文提出一种重量更轻、基频更高的推力器3D支架结构设计方案。文中首先介绍了面向3D打印技术的结构优化设计方法，然后给出了直属件结构的3D打印构型设计详细过程，并从质量、基频等指标方面与传统机加结构进行了对比分析。

2　3D结构优化设计方法

拓扑优化设计方法，在面向连续体结构时，其目的是将既定设计区域划分为有限个弹性单元，依据固定算法删除部分多余区域，简化为带孔的连续体结构。均匀化方法[6]、变密度方法[7]和渐进结构优化方法[8]是常用的优化方法。其中，变密度法已广泛应用于结构刚度最大化、频率最大化、多目标拓扑优化设计等，是一种工程上较为实用的拓扑优化方法[9]。通过上述方法获得的结构设计模型，由于传力路径明确、材料铺设合理分配，在机械安装接口明确的支撑结构设计方面具有较好的优势，但是由于传力路径往往基于空间几何的点对点传递，其内部结构构型走向设计受到加工制造方式限制。

增材制造首先将产品模型由三维实体转化为若干二维平面，然后采用材料逐层累积的方式实现零件的加工制造，是一种“自下而上”的制造技术[10]。相对于机加、铸造、复材编制的传统制造业，增材制造技术使产品研制过程中的制造模式、流程、供应链等发生了巨大变化，可显著降低成本、缩短制造周期，有助于设计研发具有新功能、新结构的零部件，提高产品可靠性。增材制造使生产走出大批量制造的时代，取而代之的是小规模但多样化的产品制造，这种制造方式无疑是一种贴近当前卫星研制需求，适合卫星产品制造的先进模式。

充分结合增材制造技术在复杂构型生产、拓扑优化技术在最优路径设计方面的优势，提出了一种 3D 直属件结构的设计流程，其设计流程如图 1 所示：

（1）确定约束条件：分析布局要求、装配条件、仪器安装的问题，确定包含尺寸、性能参数等的约束条件；

（2）构建最大包络模型：通过可用空间分析，构建含最大可用空间的实体模型；

（3）传力路径分析：构建实体有限元模型，基于约束条件，通过拓扑优化方法寻找约束条件下的结构主要承载路径；

（4）基本构型设计：借助桥接等三维建模方式，完成符合 3D 打印工艺技术、迭代优化尺寸的结构模型；

（5）力学性能验证：通过有限元软件对结构重量、力学性能进行验证，完成兼顾结构安装、约束限制、用于 3D 打印工艺的结构构型详细设计方案。

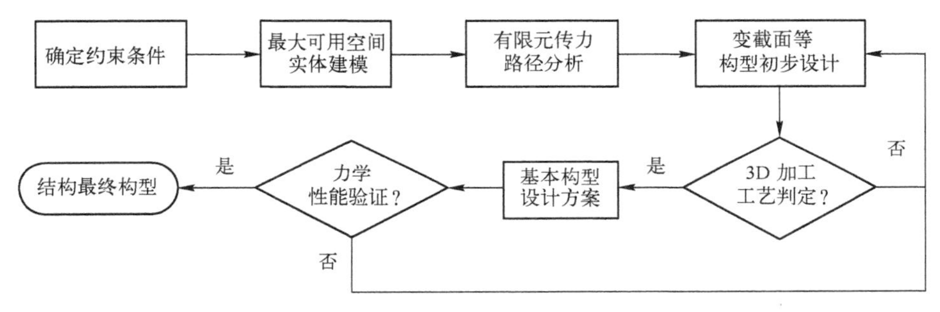

图 1　3D 直属件结构设计流程

3　某推力器 3D 直属件结构设计

3.1　设备接口描述

本文针对的推力器外形及舱板示意图如图 2 所示，相关推力器与舱板的相对位置已经固定，舱板上预留 5 个紧固件安装孔，每个推力器安装耳片留有 3 个紧固件安装孔，直属件设计可用空间范围如图 2 中所示范围。

图 2　推力器外形与舱板示意图

3.2　传力路径

根据图 2 所示的空间位置，构建直属件结构可用空间的最大包络实体模型。其中，舱板连接孔、推力器连接孔分别为舱板、推力器的紧固件安装位置，优化空间为中间实体部分。进一步通过结构仿真分析软件建立了如图 3 所示的有限元模型。其中，推力器简化为带有转动惯量的集中质量点，舱板连接孔固支。由于增材制造材料的属性基本同铝合金一致，因此该直属件的材料属性采用铝合金 5A06 进行校核。经过分析，优化空间的初始重量为 2.6kg，基频为 1258.9Hz。

图 3　可用优化空间区域及有限元模型

拓扑优化模型描述如下：空间实体模型为设计变量；结构基频大于 120Hz 为约束条件；直属件结构质量最轻为优化目标，其优化过程如下：基于给定的边界条件，计及结构最大尺寸等加工制造约束，以确定的基频数值为约束条件，实现结构重量轻量化设计，即结构质量最轻。与之对应的数学模型可描述为

$$
\begin{aligned}
&\text{Find}x=\{x_1,x_2,\cdots,x_e\}^{\mathrm{T}}\in R^n, e=1,2,\cdots,N\\
&\min\ m(x)\\
&\text{s.t.}\begin{cases}KU=F\\ Q^*-Q_1(x)\leqslant 0\\ M_k(x)-M^*\leqslant 0\\ x_{lb}\leqslant x_e\leqslant x_{ub}\end{cases}
\end{aligned}
\tag{1}
$$

式中：x 为设计变量，取值范围为 $[x_{lb},x_{ub}]$；$Q^*-Q_1(x)\leqslant 0$ 为模态频率约束条件。

3.3　构型设计

基于获取的传力路径，通过桥接等三维建模手段建立了基于传力路径的直属件构型，然后应用 Catia 软件完成直属件结构功能特征结构的建模，最后经过迭代优化设计后获得最终的直属件结构构型，如图 4（a）所示，质量为 283g；原始构型如图 4（b）所示，质量为 345g。

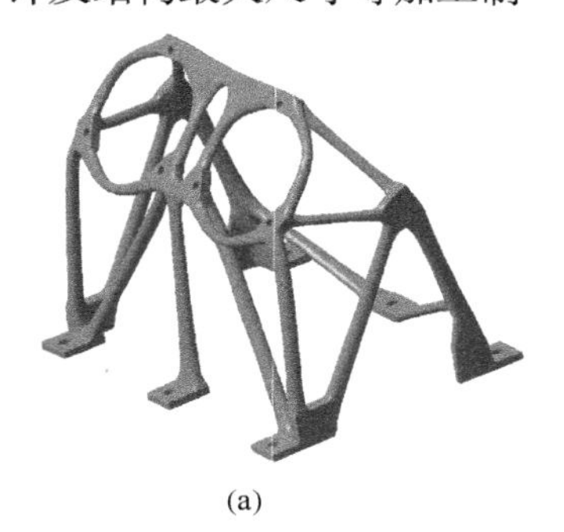

(a)

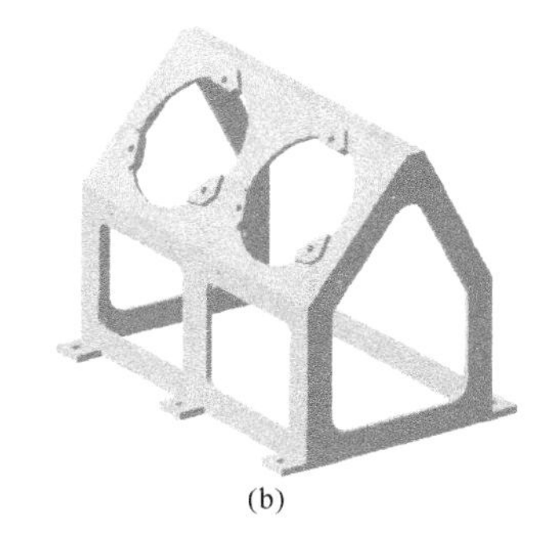

(b)

图 4　直属件构型

（a）最终构型；（b）原始构型图。

3.4　力学验证

表 1 给出了原始机加构型、本文提供方案的相关数据。图 5 为 3D 直属件组合结构的有限元模型及一阶阵型所示。从图、表中可以看出，3D 结构在重量方面降低了约 18%，基频提高了约 26.8%，周期缩短了一半。

表 1　两种构型重量与基频性能对比

序号	项　目	原始构型	3D 构型	备　注
1	质量	345g	283g	减重 18%
2	基频	235Hz	298Hz	提高 26.8%
3	生产周期	1 个月左右	15 天	周期缩短约 50%

4　结束语

面向重量轻量化、基频提升的直属件结构设计需求，本文充分结合拓扑优化技术和增材制造技术的优势，提出了一种 3D 直属件结构的设计流程，并给出了一种重量更轻、力学基频更高的推力器 3D 支架结构设计方案及仿真算例验证数据。通过仿真算例可以得出如下结论：

（1）由于采用变截面构型设计方案，直属件结构达到减轻质量的目的，文中算例减重达到 18%。

（2）由于采用优化设计技术，其传力路径明确，保证了质量的轻量化设计和组合体的基频提高，文中算例提高基频26.8%。

（3）由于采用增材制造工艺生产产品，决定了3D打印直属件结构的生产周期大幅缩短。

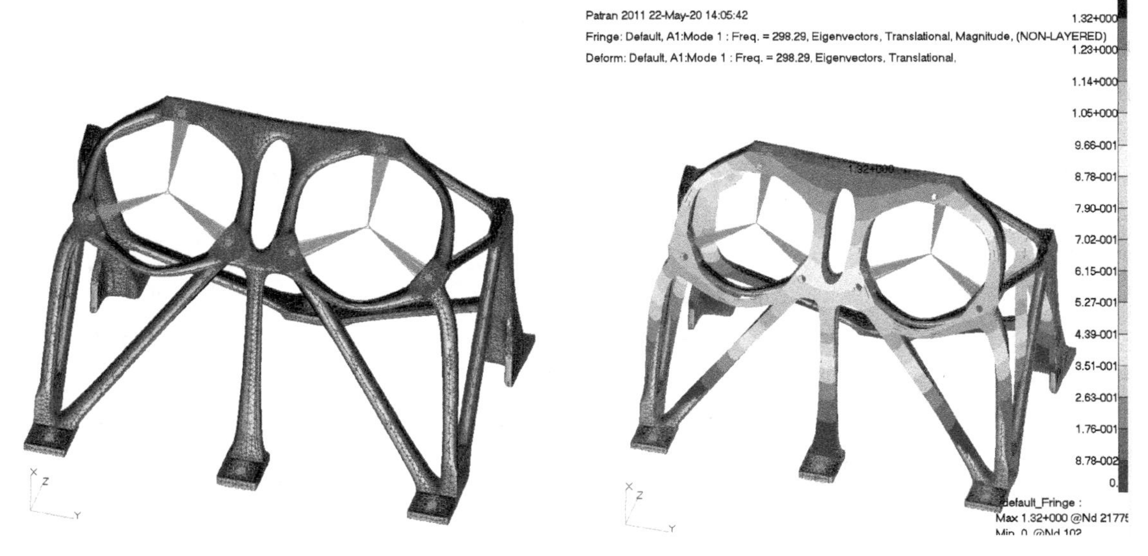

图5 组合体有限元模型及一阶阵型图

参考文献

[1] 张铁亮，丁运亮，金海波，等. 航天器天线桁架结构多目标优化设计［J］. 固体力学学报，2012，33（6）：603-610.

[2] 郦正能. 飞行器结构学［M］. 北京：北京航空航天大学出版社. 2010

[3] 贾平，李辉，孙棕檀. 国外3D打印技术在航天领域的应用分析［J］. 国际太空，2015（4）：31-34.

[4] Thomas H, Zhou M. Schramm U. Issues of commercial optimization software development［J］. Structural and Multidisciplinary. Optimization.，2002，23：97-110

[5] 张学军，唐思熠，肇恒跃，等. 3D打印技术研究现状和关键技术［J］. 材料工程，2016，44（2）：122-128

[6] Bendsoe M P, Kikuchi N. Generating optimal topologies in structural design using a homogenization method［J］. Computer Methods in Applied Mechanics and Engineering，1988，71（2）：197-224.

[7] Esehenauer H A, Olhoff N. Topology optimization of continuum structures：A review［J］. American Society of Mechanical Engineers. 2001，54（4）：331-390.

[8] Zhou M, Rozvany GIN. On the validity of ESO type methods in topology optimization［J］. Structural and Multidiscipline Optimization. 2001，21：80-83.

[9] 罗震，陈立平，黄玉盈，等. 连续体结构的拓扑优化设计［J］. 力学进展，2004，34（4）：463-476.

[10] 王华明. 高性能金属构件增材制造技术开启国防制造新篇章［J］. 国防制造技术，2016，6（3）：5-7.

基于结构优化方法的某卫星气瓶支架轻量化设计

李修峰，高令飞，刘正山，王浩攀，曹　鹏
（中国空间技术研究院通信与导航卫星总体部，北京，100094）

摘要：针对某卫星平台气瓶布局紧张的问题，基于结构优化与分析方法设计了一种结构紧凑、承载能力高的新型气瓶支架结构。通过分析气瓶装配关系及其相关的载荷与边界条件，确定支架结构的设计空间，基于变密度法寻找支撑结构中最佳传力路径；在此基础上进行几何重构并设计相应的金属材料结构，利用尺寸优化技术得到最佳的结构特征尺寸；最后通过有限元方法对优化结构进行分析验证。分析结果表明，应用该方法设计的支架结构不但满足了气瓶支撑系统最低基频要求与结构强度要求，并且结构总重较小，为同类结构设计提供了一种有效的技术途径。

关键词：卫星；气瓶；支架；轻量化设计。

1　引言

随着航天技术的发展，轻量化、低成本以及高有效载荷比已成为卫星研制面临的主要挑战。受运载火箭发射能力的限制，卫星质量大小与发射条件和发射成本关系密切，相关研究表明，航天器质量每减轻 1kg，费用大约能降低 10000 美元[1]。减少卫星质量可以用于增加卫星有效载荷，从而保障卫星任务的完成和扩大[2]。因此，航天器的轻量化设计已成为未来航天技术发展的战略目标之一。在航天器轻量化设计中，结构分系统轻量化效果最显著，而且容易实施。实现航天器结构轻量化的途经主要有构型优化设计和使用轻质材料两种。其中，构型优化设计通过寻找最佳的结构形式，以最少的材料、最低的造价实现结构的最佳性能，是结构轻量化设计的根本。

结构构型包括了拓扑、形状和尺寸等信息，根据设计变量类型的不同，结构构型优化设计可以划分为 3 个层次：①结构拓扑，变量为杆系结构的节点布局、节点间的连接关系或连续体结构的开孔数量和位置等拓扑信息，称为拓扑优化；②结构形状，变量为杆系结构节点坐标或表示连续体结构外形的变量，称为形状优化；③结构参数，变量为杆件截面尺寸或板壳厚度分布，称为尺寸优化。其中，拓扑优化难度最大，但它是优化设计中最具生命力的研究方向。结构的拓扑构形选择恰当与否，决定了产品设计的主要性能。拓扑优化设计结果主要作为概念设计阶段的参考，通常为边界不光滑的结构，通过边界光滑技术处理，变成 CAD 系统可识别的模型，CAD 系统对光滑后的模型进行重构，建立参数化模型，进入形状优化和尺寸优化阶段（即详细优化设计）。

自 20 世纪 60 年代初有限元法的诞生和数学规划的引入以来，结构优化技术取得了蓬勃发展并在工程上得到了广泛应用。周志成等[3]采用航天器结构优化系统，对某复杂卫星结构进行了以质量最轻为目标，以其中复合材料板件的铺层厚度为设计变量的优化设计，获得了高达 30.6kg 的卫星结构减重。盛聪等[4]应用复合材料优化技术，针对非连续铺层复合材料，对某卫星太阳翼基板结构进行了优化设计，使得太阳翼基板面板的质量减少了 53%。夏利娟等[5]以某卫星构架结构为研究对象，在有限元分析和模态试验验证的基础上，建立合理的优化模型，实现了 10%的结构减重。陈志平等[6]提出多种空间太阳望远镜主构架拓扑结构方案，并对主构架进行了拓扑形式比较与选优、形状优化和尺寸优化，将主构架质量减少 36%，新构型的力学校验和热分析表明优化结构满足了整星设计要求。顾元宪等[7]进行了卫星承力筒复合材料结构优化设计，在满足约束条件和设计变量要求的前提下实现结构自重减轻 13.09%。

机械科学与技术，2018

本文应用结构优化设计方法对某卫星气瓶支架进行了轻量化设计，并通过分析验证了设计的合理性。首先，以结构减重为目标，应用拓扑优化方法找到支架结构最佳传力路径，通过优化结果解读和几何重构，获得支架的基本构型；然后，对支架主要特征参数进行尺寸优化，确定较为合理的截面尺寸；最后，从刚度、强度、动力学响应以及稳定性方面考察支架结构的力学性能，验证设计的合理性。

2　结构优化设计方法

结构拓扑优化目前的主要研究对象是连续体结构。优化的基本方法是将设计区域划分为有限单元，依据一定的算法删除部分区域，形成带孔的连续体，实现连续体的拓扑优化。连续体结构拓扑优化方法主要有均匀化方法[8]、变密度方法[9]和渐进结构优化方法[10]。变密度法是将每个单元的相对密度为设计变量，并在材料弹性模量与相对密度间建立一种数学关系，进而使用基于连续变量的算法进行优化迭代。该方法已广泛应用于结构刚度最大化、频率最大化、多目标拓扑优化设计等，是一种工程上较为实用的拓扑优化方法[11]。

在静力学范畴，结构优化方法建模思路一般有两种：一是在体积或质量约束条件下寻求结构刚度最大化（最小柔度）；二是在刚度约束条件下寻求结构最小体积或质量。

气瓶支架结构拓扑优化设计主要是在满足结构的质量约束条件下实现结构刚度最大化，属于第一种结构优化问题。该问题的数学模型可抽象为：以支架结构可行设计空间内单元相对密度为设计变量，以设定的结构体积分数为约束条件，考虑结构最小最大尺寸、对称等加工制造约束，实现结构在给定的载荷和边界条件下刚度最大化。与之对应的基于变密度法固体同性惩罚微结构模型（Solid Isotropic Microstructures with Penalization, SIMP）理论的数学模型可描述为

$$\text{Find}\,x=\{x_1,x_2,\cdots,x_e\}^{\mathrm{T}}\in R^n,e=1,2,\cdots,N$$
$$\min C(x)=\boldsymbol{U}^{\mathrm{T}}\boldsymbol{KU}=\sum_{e=1}^{N}(x_e)^p\boldsymbol{u}_e^{\mathrm{T}}\boldsymbol{k}_0u_e$$
$$\text{s.t.}\begin{cases}\boldsymbol{KU}=\boldsymbol{F}\\ V=fV_0=\sum_{e=1}^{N}x_ev_e\leqslant V^*\\ M_k(x)-M^*\leqslant 0\\ 0<x_{\min}\leqslant x_e\leqslant x_{\max}\leqslant 1\end{cases}\tag{1}$$

式中：x 为设计变量；x_e 为单元设变量；$C(x)$ 为结构柔度；$\boldsymbol{u}_e$ 为单元位移矩阵；$\boldsymbol{k}_0$ 为单元刚度矩阵；$\boldsymbol{KU}=\boldsymbol{F}$ 为结构平衡方程，$\boldsymbol{K}$ 为结构整体刚度矩阵，$\boldsymbol{U}$ 为结构位移矩阵，$\boldsymbol{F}$ 为结构所受载荷矢量；V 为设计变量状态下的结构有效体积；V_0 是设计变量取 1 状态下的结构有效体积；f 为材料用量的百分比（体积分数）；$M_k(x)=M^*\leqslant 0$ 表示加工制造约束；$x_{\min}$ 和 $x_{\max}$ 是设计变量取值上下限，引入 $x_{\min}$ 是防止单元刚度矩阵奇异[12]。

使用尺寸优化方法进行结构细节优化时，对于各向同性材料（如金属材料），常用设计变量有截面参数、长度、厚度、惯性矩、节点位置等；对于各向异性材料（如复合材料），常用设计变量有铺层厚度和铺层角度等。

气瓶支架结构尺寸优化设计主要是在满足结构刚度约束条件下实现结构质量最轻化，属于第二种结构优化问题。该问题的数学模型可抽象为：在给定边界条件下，以桁架式支架结构中各梁单元的截面参数为设计变量，以设定的组合体模态频率为约束条件，实现结构质量最小化。与之对应的数学模型可描述为

$$\text{Find}\,x=\{x_1,x_2,\cdots,x_e\}^{\mathrm{T}}\in R^n,e=1,2,\cdots,N$$
$$\min m(x)$$
$$\text{s.t.}\begin{cases}KU=F\\ Q^*-Q_1(x)\leqslant 0\\ M_k(x)-M^*\leqslant 0\\ x_{lb}\leqslant x_e\leqslant x_{ub}\end{cases}\tag{2}$$

式中：x 为设计变量，取值范围为 $[x_{lb},x_{ub}]$；$Q^*-Q_1(x)\leqslant 0$ 为模态频率约束条件。

结合拓扑优化和尺寸优化技术，本文研究的气瓶支架结构优化设计流程如图 1 所示。

3　支架结构优化设计

3.1　模型概述

支架设计用于安装气瓶，图 2 所示气瓶的支架一般由顶部支架和底部支架两部分组成，气瓶轴向载荷由底部支撑承担，径向载荷由两部分支架共同承担，本文以底部支架（后文简称为支架）为研究对象。单只气瓶充压后重约 25.1kg，重心约在气瓶的中心位置。支架设计要求在满足具备足够的刚度和强度条件下，还应尽可能轻量化。

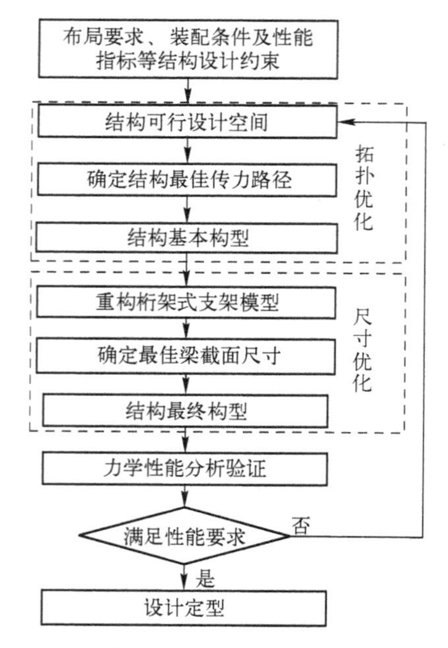

图 1　气瓶支架结构优化设计流程

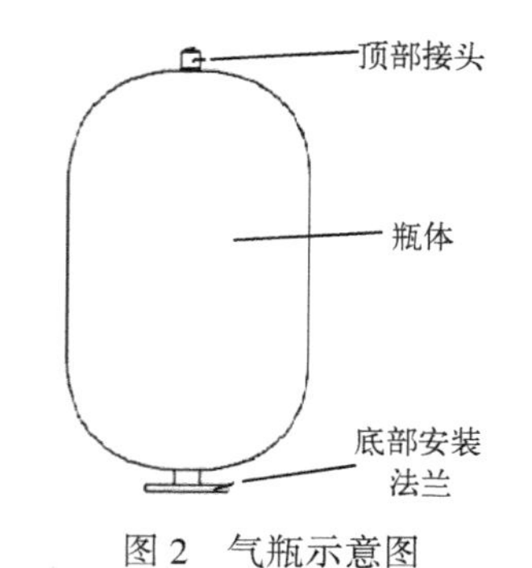

图 2　气瓶示意图

3.2　结构概念优化设计

根据设计要求，确定支架可行的包络空间，如图 3 所示。其中 A 面为气瓶安装面，B 面为支架固定界面。对包络空间进行建立三维实体有限元模型，将气瓶承受载荷分别施加在支架的气瓶安装界面处，支架 B 面定义固支约束。

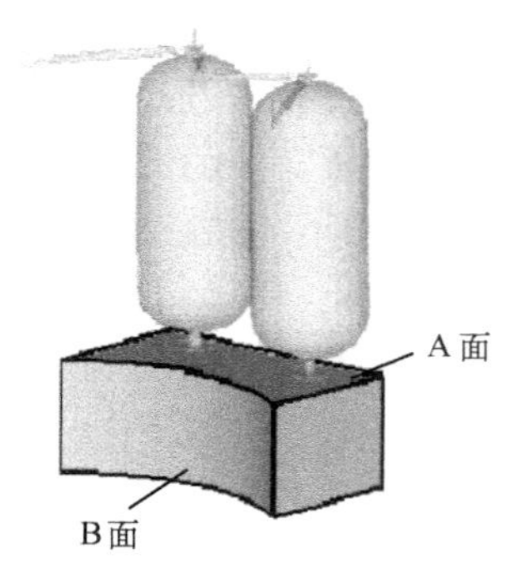

图 3　底部支撑可行空间

设计优化数学模型：①设计变量为单元虚拟密度；②约束条件为设计空间体积分数小于 10%；③优化目标为静力工况条件下支架柔度最小。

基于已建立的有限元模型和优化模型开展拓扑优化迭代，最终得到如图 4（b）所示的结构骨架。由图 4（b）可知，支架主传力路径由一个水平支撑和两个竖直支撑构成。考虑到加工工艺与成本因素，将支架设计为水平支撑和竖直支撑组合体。根据图 4（b）结果分别构建水平支撑可行设计空间（图 4（c））和竖直支撑可行设计空间（图 4（d）），应用上述优化数学模型，进行二次优化，获得了图 4（e）和图 4（f）所示较为清晰的传力路径，结构质量由最初 35.0kg 减至约 3.8kg。

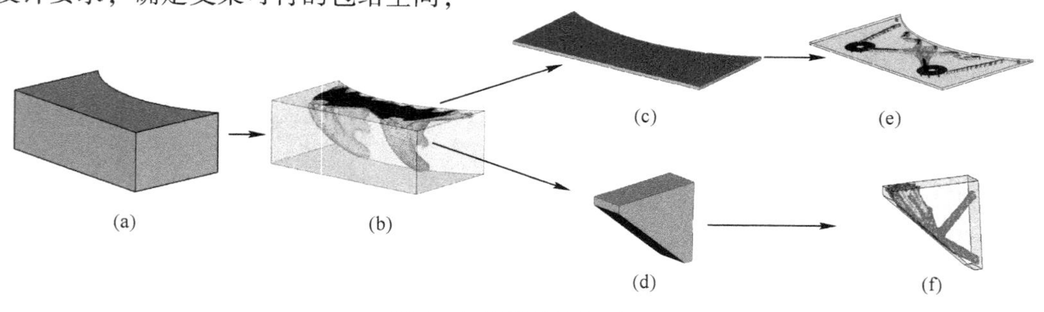

图 4　拓扑优化迭代过程

3.3　结构详细优化设计

由 2.2 节优化结果并结合加工制造和装配等工艺方面的约束，获得了图 5 所示是类似桁架的支架构型，本节采用梁单元重构支架模型，并通过截面尺寸优化方法，对支架尺寸参数进行详细设计。选用“T”和“+”型截面，两种截面可用于优化的尺寸变量如图 6 所示。结合结构对称性，为整个支架确定了 11 个梁截面，其中“+”型梁截面主要分布于竖直支撑结构中。

设计优化数学模型：①设计变量为梁截面尺寸参数，共 44 个，设计变量初值及上下限值如

表 1 所示；②约束条件为支架与气瓶组合体第三阶频率不小于 140.0 Hz；③优化目标为支架质量最小。

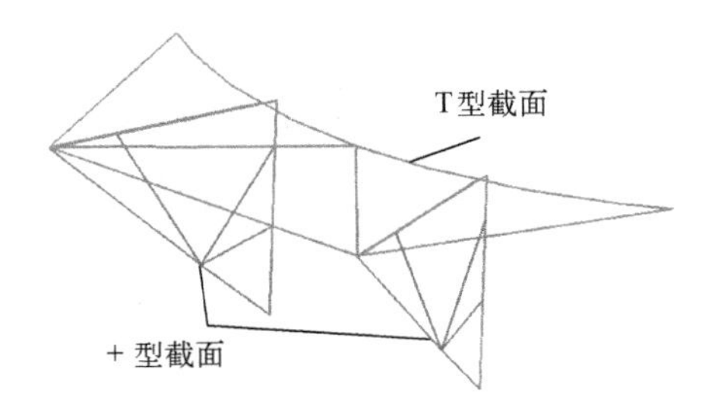

图 5　桁架式支架示意图

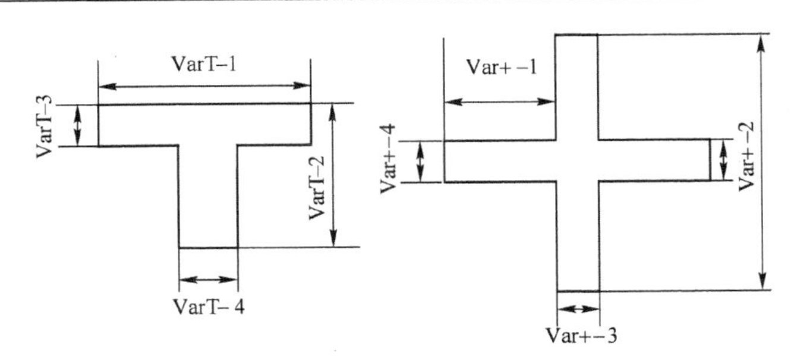

图 6　可用作设计变量的梁截面参数示意图

表 1　设计变量初值及限值

编号	变量	初值	下限	上限	最优值	编号	变量	初值	下限	上限	最优值
Bar1	VarT-1	0.05	0.015	0.05	0.043	Bar7	VarT-1	0.05	0.015	0.05	0.015
	VarT-2	0.02	0.006	0.02	0.006		VarT-2	0.02	0.006	0.02	0.006
	VarT-3	0.01	0.002	0.01	0.002		VarT-3	0.01	0.002	0.01	0.002
	VarT-4	0.01	0.002	0.01	0.002		VarT-4	0.01	0.002	0.01	0.0024
Bar2	VarT-1	0.05	0.015	0.05	0.018	Bar8	Var+-1	0.025	0.008	0.04	0.011
	VarT-2	0.02	0.006	0.02	0.008		Var+-2	0.05	0.01	0.05	0.036
	VarT-3	0.01	0.002	0.01	0.002		Var+-3	0.01	0.002	0.015	0.004
	VarT-4	0.01	0.002	0.01	0.004		Var+-4	0.01	0.002	0.015	0.004
Bar3	VarT-1	0.05	0.015	0.05	0.016	Bar9	Var+-1	0.025	0.008	0.04	0.008
	VarT-2	0.02	0.006	0.02	0.007		Var+-2	0.05	0.01	0.05	0.01
	VarT-3	0.01	0.002	0.01	0.003		Var+-3	0.01	0.002	0.015	0.0025
	VarT-4	0.01	0.002	0.01	0.004		Var+-4	0.01	0.002	0.015	0.002
Bar4	VarT-1	0.05	0.015	0.05	0.025	Bar10	Var+-1	0.025	0.008	0.04	0.008
	VarT-2	0.02	0.006	0.02	0.007		Var+-2	0.05	0.01	0.05	0.01
	VarT-3	0.01	0.002	0.01	0.0025		Var+-3	0.01	0.002	0.015	0.0025
	VarT-4	0.01	0.002	0.01	0.0036		Var+-4	0.01	0.002	0.015	0.002
Bar5	VarT-1	0.05	0.015	0.05	0.015	Bar11	Var+-1	0.025	0.008	0.04	0.018
	VarT-2	0.02	0.006	0.02	0.0065		Var+-2	0.05	0.01	0.05	0.05
	VarT-3	0.01	0.002	0.01	0.002		Var+-3	0.01	0.002	0.015	0.003
	VarT-4	0.01	0.002	0.01	0.002		Var+-4	0.01	0.002	0.015	0.003
Bar6	VarT-1	0.05	0.015	0.05	0.015	—					
	VarT-2	0.02	0.006	0.02	0.006						
	VarT-3	0.01	0.002	0.01	0.002						
	VarT-4	0.01	0.002	0.01	0.002						

根据上述优化数学模型，经过 11 步迭代，获得满足约束的最优梁截面尺寸值，如表 1 所示。图 7和图 8 分别描述了优化迭代过程中支架质量和组合体第三阶频率变化情况，支架质量由 10.662kg 下降至 1.404kg，组合体第三阶频率由 202.3.4Hz 下降至 140.0Hz。

参考上述最优尺寸并结合加工和装配要求，设计支架最终构型方案，如图 9 所示。支架质量约为 2.90kg。

3.4　结构性能分析验证

完成支架模型详细设计后，对组合体刚度、

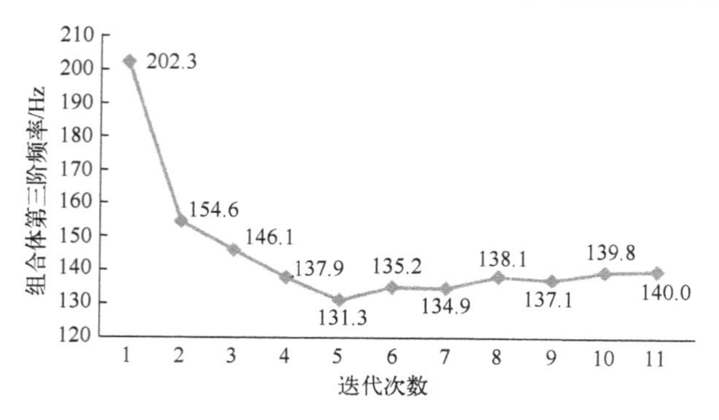

图 7　组合体第三阶频率迭代过程

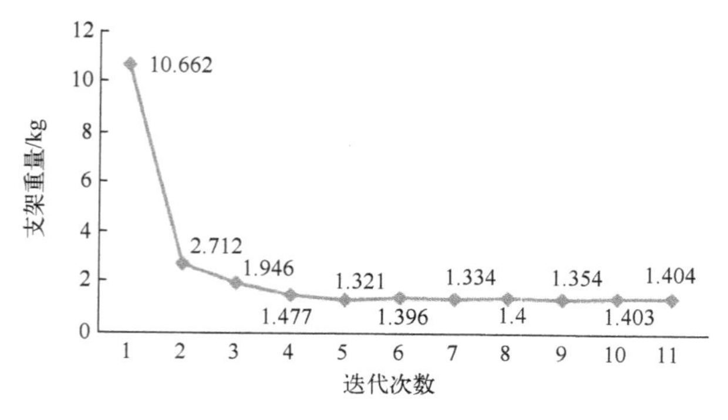

图 8　支架质量迭代过程

支架强度、动力学响应特性以及稳定性进行分析验证。建立支架组合体有限元模型，采用实体单元建立支架模型，采用多点约束单元模拟螺栓连接，并采用经试验验证过的材料参数，最终模型如图 10 所示。

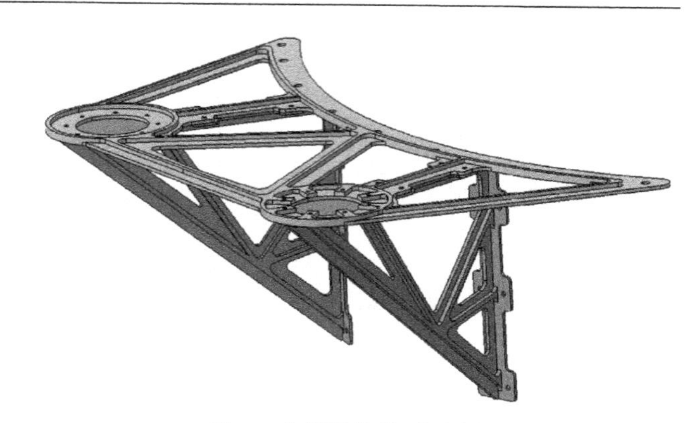

图 9　支架最终构型示意图

图 10　组合体有限元模型

以组合体与卫星主结构连接点固支约束为边界条件，分析组合体结构模态特性。组合体三方向主要模态频率分别为 142.8Hz、157.9Hz 和 210.7Hz，满足星上使用要求，各阶模态振型如图 11 所示。

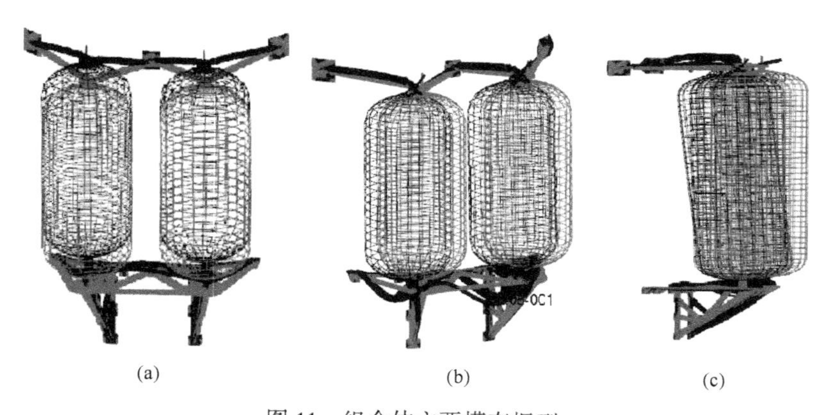

(a)　(b)　(c)

图 11　组合体主要模态振型

(a) 第 3 阶 (142.8Hz)；(b) 第 5 阶 (157.9Hz)；(c) 第 7 阶 (210.7Hz)。

校核支架在准静态载荷条件下的强度性能，得到支架在气瓶轴向载荷工况下产生最大应力，最大应力区位于竖直支撑底端的螺栓连接处，计算得到最小安全裕度为 0.4，满足星上使用要求。进行支架准静态载荷条件下的稳定性分析计算，通过分析可知，支架最小失稳系数为 18.9，结构的稳定度满足设计要求。

进行组合体频率响应分析，得到组合体在 5～120Hz 的频率范围内动态放大系数小于 4 倍，组合体上最大响应点载荷小于其准静态载荷条件，支架动态响应性能满足星上使用要求。

4　结束语

本文应用结构优化设计方法进行了轻量化的气瓶支架结构设计，提出了一种结构紧凑、承载能力高的构型方案。经过力学分析，结果表明支架结构的刚度、强度、稳定性以及动态响应性能均能满足设计使用要求。支架设计解决了某卫星平台气瓶布局紧张、承载能力需求高的问题，同时该支架设计过程中应用的建模方法、优化方法和思路也为同类结构设计提供了一种有效的技术参考。

参考文献

[1] 张铁亮，丁运亮，金海波，等．航天器天线桁架结构多目标优化设计［J］．固体力学学报，2012，33（6）：603-610.

[2] 郦正能．飞行器结构学［M］．北京：北京航空航天大学出版社，2010.

[3] 周志成，曲广吉，黄海．某卫星平台多结构工况下的优化设计［J］．北京航空航天大学学报，2009，35（7）：821-823.

[4] 盛聪，曾福明，濮海玲．应用 OptiStruct 软件的太阳翼基板结构优化［J］．航天器工程，2011，20（6）：63-68.

[5] 夏丽娟，余音，金咸定．卫星构架结构固有频率特性的试验研究和优化设计［J］．上海交通大学学报，2004，38（11）：1889-1891.

[6] 陈志平，杨世模，胡企千，等．空间太阳望远镜主构架的力学分析与优化［J］．计算力学学报，2005，22（1）：89-94.

[7] 顾元宪，亢战，赵国忠，等．卫星承力筒复合材料结构的优化设计［J］．宇航学报，2003，24（1）：88-91.

[8] Bendsoe M P，Kikuchi N. Generating optimal topologies in structural design using a homogenization method［J］. Computer Methods in Applied Mechanics and Engineering，1988，71（2）：197-224.

[9] Esehenauer H A，Olhoff N. Topology optimization of continuum structures：A review［J］. American Society of Mechanical Engineers. 2001，54（4）：331-390.

[10] Zhou M，Rozvany GIN. On the validity of ESO type methods in topology optimization［J］. Structural and Multidiscipline Optimization. 2001，21：80-83.

[11] 罗震，陈立平，黄玉盈，等．连续体结构的拓扑优化设计［J］．力学进展，2004，34（4）：463-476.

[12] Bendoe M P，Sigmund O. Material interpolation schemes in topology optimization［J］. Archive of Applied Mechanics，1999，69：635-654.

基于结构热变形影响的GEO航天器高精度仪器布局研究

刘正山，闫森浩，王浩攀，高令飞

（中国空间技术研究院通信与导航卫星总体部，北京，100094）

摘要：随着GEO航天器在轨任务需求日益复杂，应用广泛的高精度仪器设备对结构在轨热稳定性要求不断升高，因此航天器研制需重点关注结构舱板上高精度仪器设备的布局问题。本文从结构热变形影响角度出发，制定了基于不同仿真软件的航天器舱板结构热变形仿真及影响分析流程，开发了相关计算机程序完成多种分析模型之间的信息快速传递，实现了航天器舱板结构的热变形影响趋势快速分析；同时基于舱板各结构的热变形数据，采用数据拟合手段获得舱板各区域法线矢量角度的变化趋势，并由此给出了高精度仪器设备的布局安装建议，为后续航天器研制过程中高精度仪器设备的布局提供了有益补充。

关键词：航天器；仪器设备布局；结构热变形

0 引言

随着我国航天事业的蓬勃发展及国际上詹姆斯-韦伯空间望远镜等一系列航天器的研制，预示着未来的航天器向高精度方向发展[1]。为了满足高指向、高稳定性的载荷任务需求，当前国内外主流卫星平台上均有确定的空间位置用于安装反作用轮、星敏感器等高精度仪器。因此，在航天器研制初期充分考虑机热耦合特性，开展相应分析工作，继而根据分析结果确定仪器设备的布局位置，对于航天器总体设计和优化分析具有极其关键的作用。

对于航天器舱外高精度仪器而言，除了保持自身及支撑结构的精度稳定性外，其在航天器平台上的布局位置在轨运行期间的稳定性也至关重要，尤其是星敏感器这类高指向精度设备，要求航天器有效载荷姿态相对于期望方位或指向偏差小，即在规定时间内指向角度变化量小，该变化量常常以角度（"）描述[2]。因此，为减弱航天器在轨运行过程中不可避免的冷热交变环境带来的影响，通过分析平台结构的在轨热稳定性，选择合适的空间位置安装高指向类仪器设备，该布局措施对于星敏感器这类舱外高精度仪器设备保持在轨稳定性具有重要的工程应用价值。

本文设定一个卫星平台构型为研究对象，基于空间冷热环境诱发的结构瞬时温度数据，制定不同软件间的热变形仿真流程，继而基于结构热变形仿真数据，对比不同空间位置的法线矢量角度变化趋势，确定结构热变形影响较小的区域，以便为航天器总体布局提供建议。

1 研究对象模型简介

本文以图1所示的承力筒加板架式构型结构为研究对象，该结构外形尺寸为2480mm（X）×2220mm（Y）×3320mm（Z），由15块板及承力筒组成。为了简化运算，卫星的板2~5、7、8采用铝面板加铝蜂窝夹层结构，其他箱板及承力筒均采用碳纤维面板加铝蜂窝夹层结构，相关材料属性见文献［3］中卫星主体结构参数。

1.1 温度场分析

本节采用NX TMG软件对航天器舱板结构进行在轨热分析工作，TMG是NX中的热分析模块，它基于有限容积法，采用有限差分技术，专门用于航天器热处理工作，可以进行卫星轨道分析。使用该模块进行热分析时，与一般的有限元软件相比，对网格的质量要求不高，由于采用单元重心法进行计算，只要网格的内角不要特别大以至于找不到重心的位置或使热导产生较大的负值均可以计算。

对于在GEO运行的航天器而言，采用TMG模块建立如图2所示的热分析模型，在考虑舱板常规主被动热控设计后，选取寿命末期冬至作为分析工况，多层外表面太阳吸收率为 0.25，轨道参数及结构姿态设置情况如下：

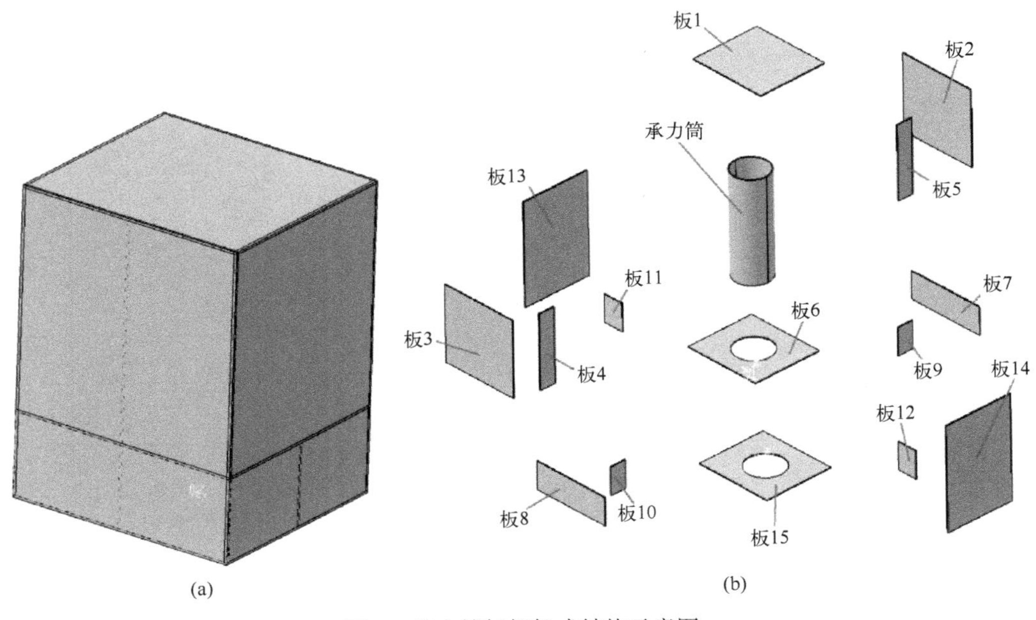

图 1　承力筒加板架式结构示意图
(a) 外形轮廓图；(b) 爆炸图。

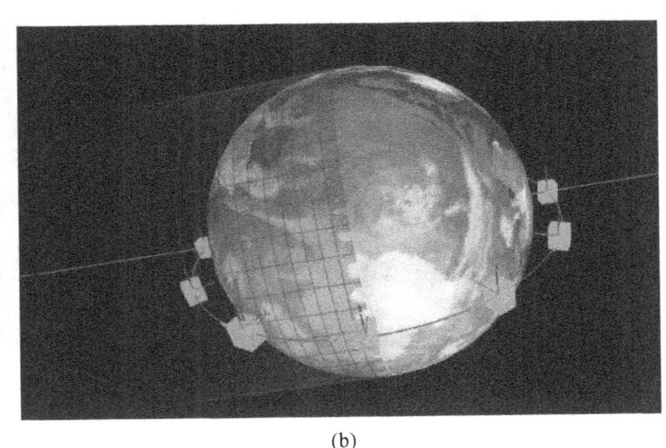

(a)　(b)

图 2　热分析模型及在轨运行示意图
(a) 热分析模型；(b) 在轨运行示意图。

1）轨道参数

轨道类型：地球同步轨道

轨道周期：86400s

轨道高度：36000km

轨道倾角：0°

2）结构姿态

$+Z$ 轴沿着反射面中线指向地球

$+X$ 轴指向卫星运行方向

$+Y$ 轴垂直于运行轨道面

在轨道上设置 20 个观测点，从卫星星下点 12:00 为 $t=0$ 时刻，设置轨道周期收敛，最大周期数为 10，温度周期收敛的收敛精度为 0.5℃，获得如图 3 所示的温度梯度变化曲线。

从图 3 中可以看出，文中所选取的工况下，最大温差发生在板 15，其数值约 36.1℃，最小温差发生在板 4 及板 5，其数值约 3.7℃。

1.2　力学分析

在商用力学分析软件 Patran 中，采用壳单元建立结构有限元模型，各板之间采用共节点单元进行连接，且为简化运算，板 2~5、7、8 均采用厚度相同的铝面板将加铝蜂芯子板构成的壳单元组成，其余板均采用厚度相同的碳纤维板架铝蜂窝芯子板壳单元组成，承力筒采用相同半径的圆柱壳组成，且按照文献［3］中材料属性进行结构单元参数赋值，其结构有限元模型见图4。模态分析结果见表1。

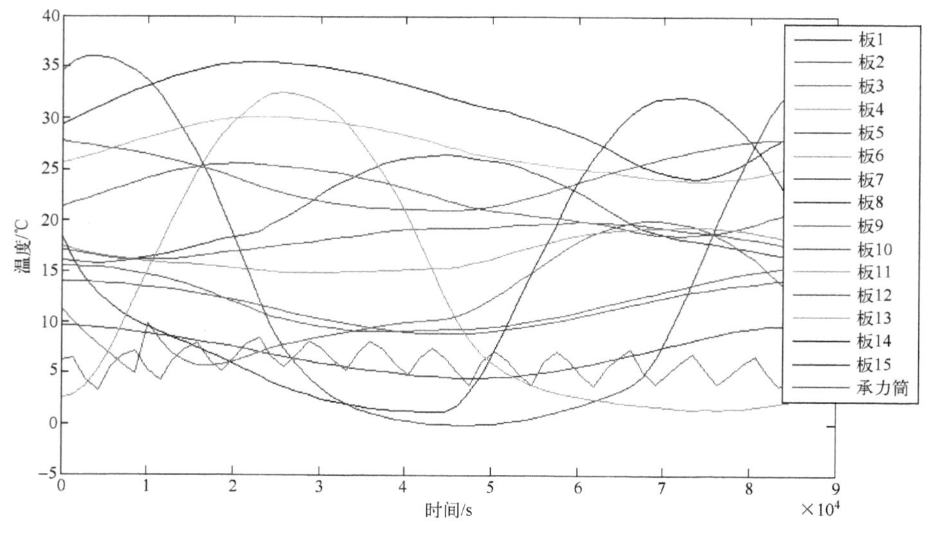

图3　各板温度变化曲线

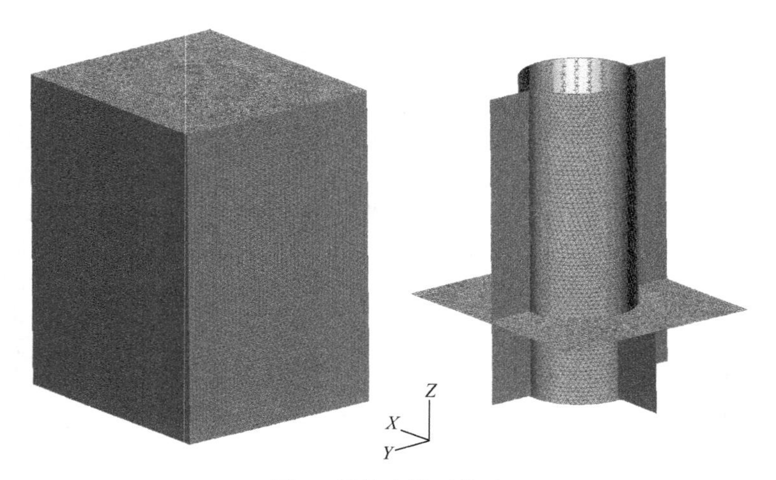

图4　结构有限元模型

表1　模态分析结果

	1阶频率/Hz	2阶频率/Hz	3阶频率/Hz
结构有限元模型	50.1	52.6	56.8

2　航天器结构热变形影响分析

2.1　仿真流程

结构材料本身具有热胀冷缩的物理现象，因此在图3所示温度扰动下，图4表示的结构不可避免出现热变形；同时，由于该类温度引起的结构热变形属于小量，因此对于无精度要求或指向精度要求较低的仪器设备而言可忽略不计，但是对于星敏等高指向精度要求的仪器设备，则成为不可忽略的影响因素。

而对于结构热变形影响仿真及分析而言，首先需要基于结构力学分析和热分析数据，解决温度场在结构有限元模型上的施加问题，传统方式主要依靠手动逐点对温度赋值或者对某一具体时刻进行整体温度场映射，这对节点规模非常庞大的热分析模型、结构分析模型或者多个瞬时时刻影响问题，上述方法已无法满足精确施加热载荷及快速分析的要求[4]。同时，对于航天器仪器设备布局而言，尚无该方面的技术支撑工具来指导设备的安装。

针对上述问题，本文基于目前结构力学分析与热分析在不同软件进行仿真的工程研究现状，提出如图5所示的仿真分析流程进行结构热变形仿真及影响分析。首先，制定基于NX、Nastran分析软件的接口读取文件程序；其次，基于热分析模型、结构分析模型中节点及空间坐标数值，将温度场文本文件由热分析空间映射至结构有限元模型空间；然后，通过MSC. Nastran软件计算结构热变形；最后，通过拟合的方式，确定满足结构热变形影响要求的区域，从而提供仪器设备安装建议。

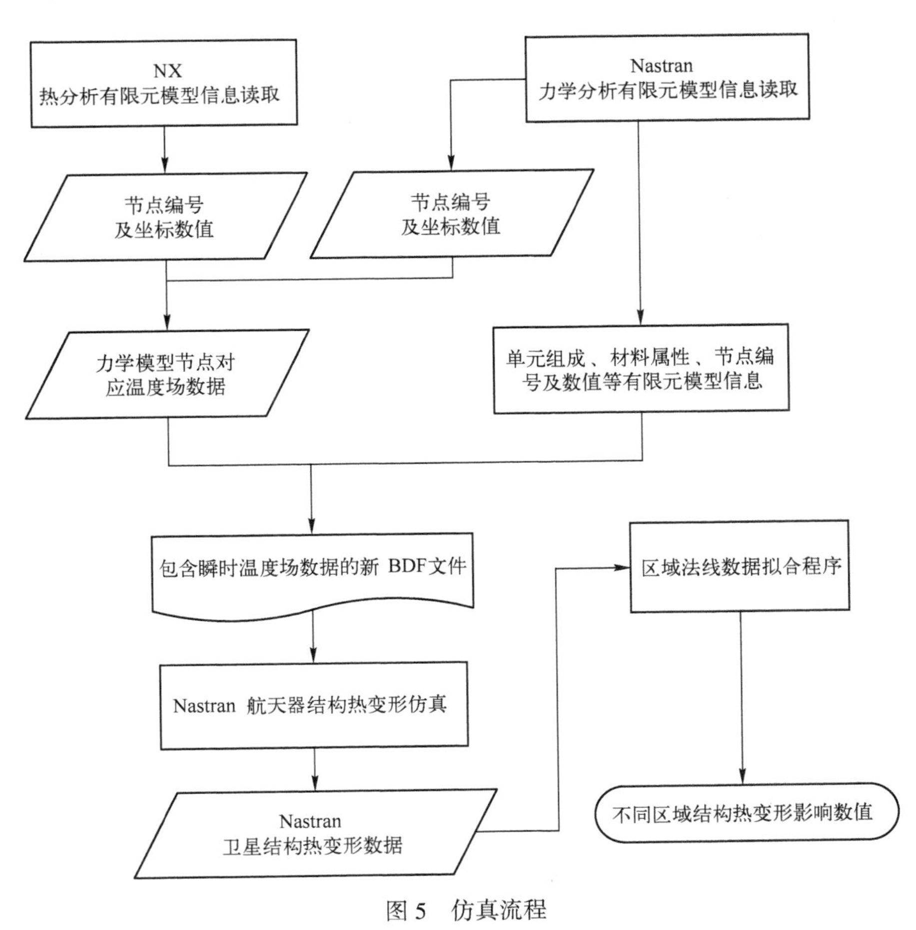

图5 仿真流程

2.2 结构热变形仿真

本文研究对象的结构有限元模型节点数约3万多个节点，采用图5所示仿真分析流程，仅需几分钟就可实现所需的温度场映射；而采用传统手动赋值方法，则需要几天或者更长时间，且不能保证温度映射的准确性。根据文献［5］中材料的热膨胀系数，并将第1.1节温度场映射至第1.2节的结构有限元模型中构建温度载荷后，以结构均温20℃时为参考温度，则获得对应的航天器结构热变形云图（图6），图7为某点在轨运行一周的 X 方向变化曲线。从图6中可以看出，航天器不同结构在相同时刻产生明显不同热变形，且最大热变形为0.66mm。从图7中可看出，航天器某点在轨运行过程中随着温度变化产生不同的热变形量。

3 仪器设备区域选择建议

本文选择如图8所示板的不同区域，以期通过程序实现热变形前后该区域法线矢量角度偏差的仿真，为仪器设备布局提供技术支持。为了减少计算量，本文仅选取便于安装仪器设备的板1、15上不同区域作为对比目标，板1上具体位置如图8所示，板15的不同区域11~18与板1各区域1~8在Z向位置不同、X/Y向坐标均相同，如区域11与区域1的区域边界坐标X/Y相同、Z不同。

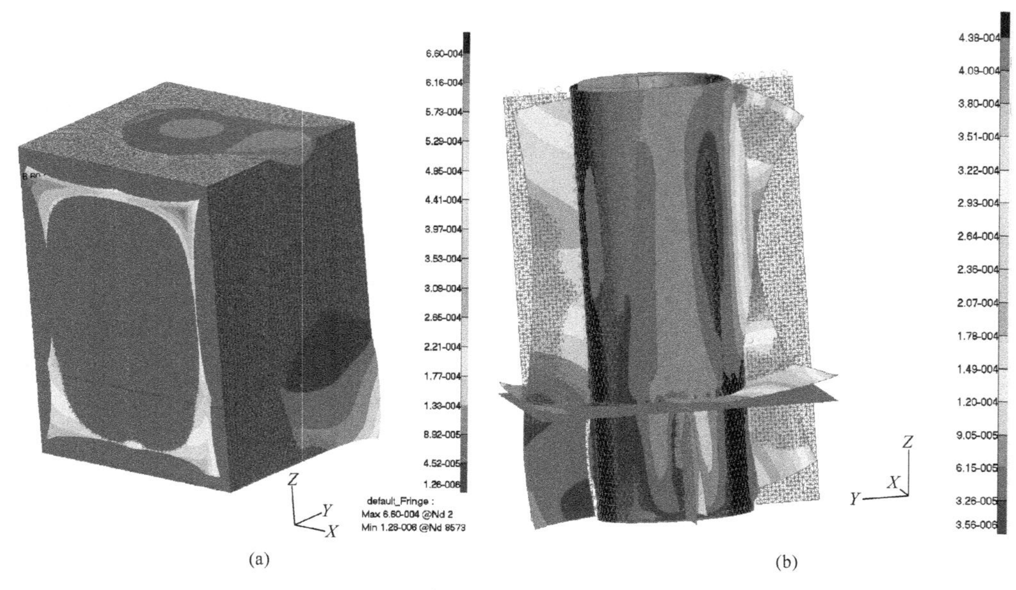

图 6　航天器结构热变形云图

（a）整体热变形；（b）内部结构板热变形。

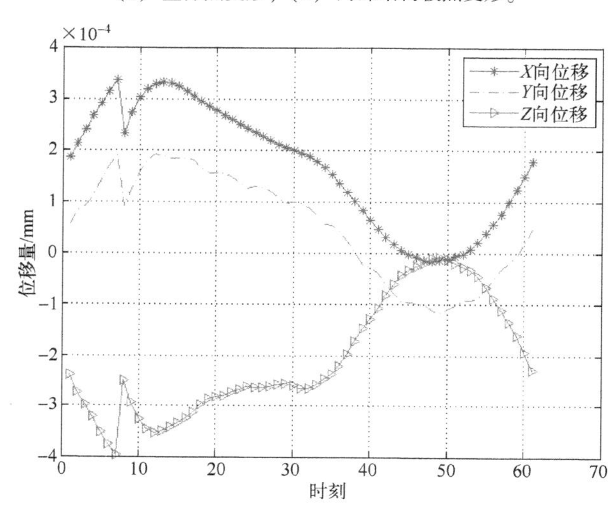

图 7　航天器结构某点热变形变化曲线

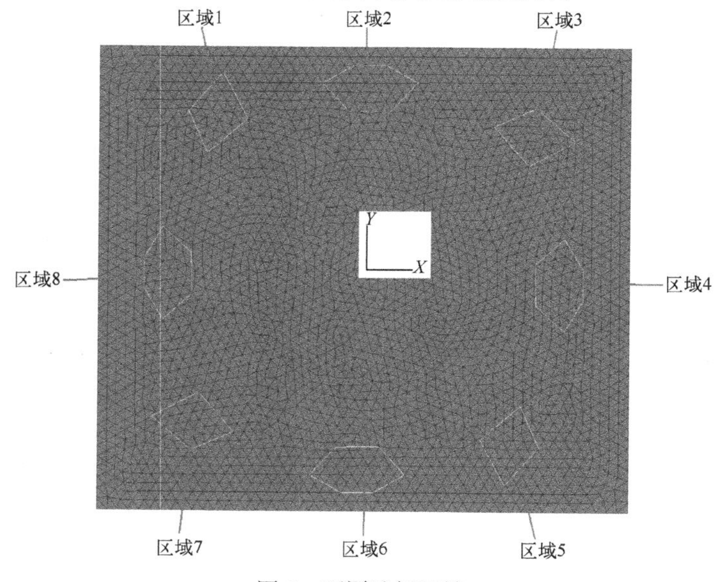

图 8　不同选择区域

图 9 为区域 4、6、18、16 对应的区域法线矢量角度变化趋势。表 2 为不同结构区域指向角度的最小、最大偏差分别在坐标轴上的分量。从表 3 可以看出：

（1）相对均温 20℃ 而言，高指向精度仪器设备在板 1 布局优选顺序如下：区域 4>区域 8>区域 3>区域 7>区域 1>区域 2>区域 5>区域 6；高指向精度仪器设备在板 15 布局优选顺序如下：区域 18>区域 14>区域 13>区域 17>区域 11>区域 12>区域 15>区域 16；

（2）末期冬至在轨运行一周，结构热变形引发的指向精度最大波动数值能够分别 213.0"，且其波动数值从小到大如下：板 1 而言，区域 4<区域 8<区域 7<区域 5<区域 6<区域 3<区域 1<区域 2；板 15 而言，区域 18<区域 14<区域 17<区域 15<区域 16<区域 13<区域 11<区域 12。

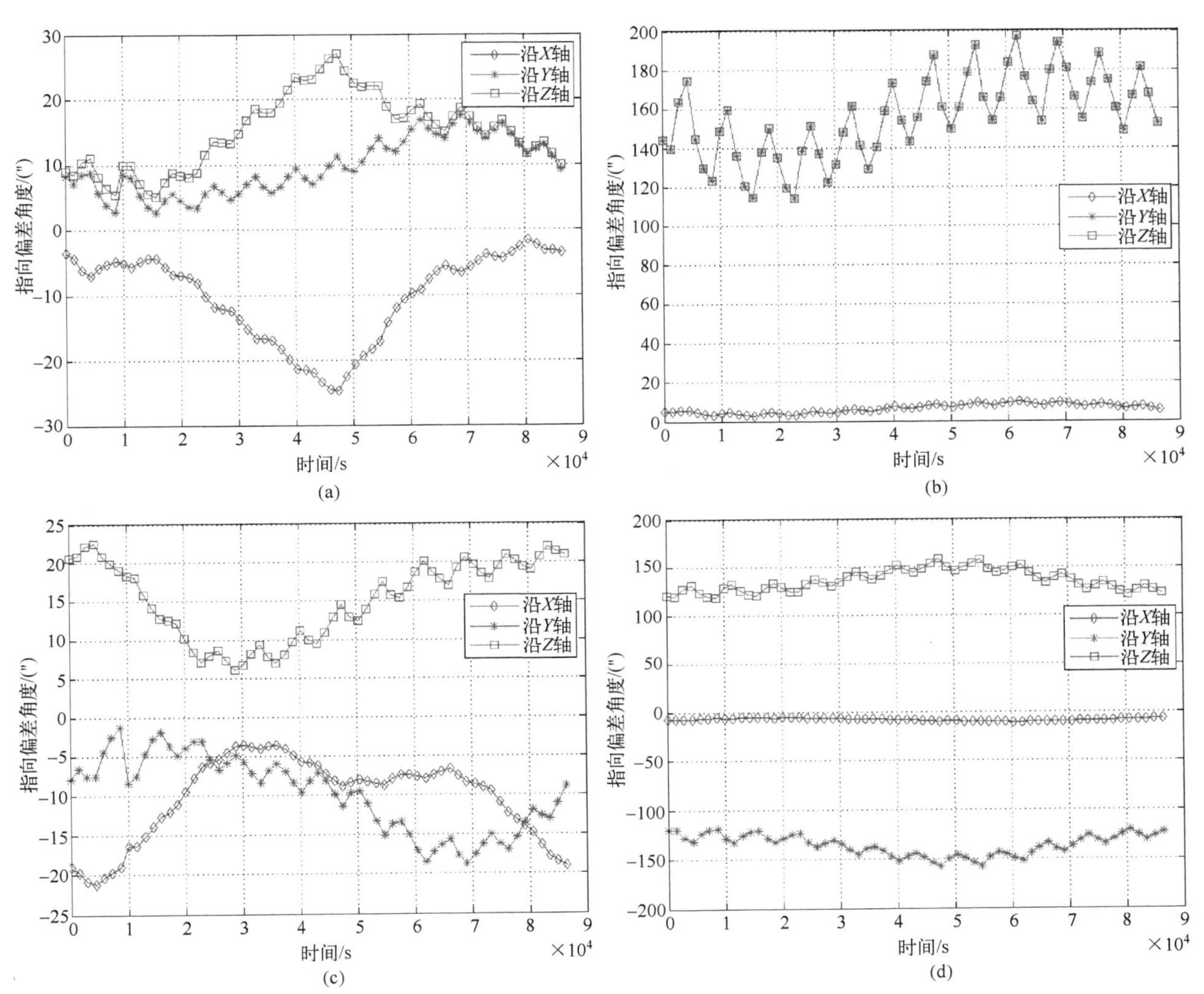

图 9　区域 4、6、18、16 对应的区域法线矢量角度变化趋势

（a）区域 4；（b）区域 6；（c）区域 18；（d）区域 16。

表 2　区域指向角度数值

序　号	名　称	最小指向偏差/(")			最大指向偏差/(")		
		X 轴	Y 轴	Z 轴	X 轴	Y 轴	Z 轴
1	区域 1	5.89	-3.26	6.74	4.78	143.7	143.81
2	区域 2	2.77	-1.48	3.14	2.11	153.7	153.82
3	区域 3	4.66	-4.85	6.73	12.15	118.5	119.24
4	区域 4	-4.35	2.68	5.11	-24.63	11.18	27.05

（续）

序号	名称	最小指向偏差/(″)			最大指向偏差/(″)		
		X轴	Y轴	Z轴	X轴	Y轴	Z轴
5	区域5	-1.40	99.54	99.55	-2.21	159.18	159.27
6	区域6	3.27	114.27	114.32	10.16	196.82	197.08
7	区域7	-18.45	84.58	86.57	10.22	129.85	130.25
8	区域8	-0.54	2.03	2.11	29.07	14.51	32.50
9	区域11	-9.19	-27.55	29.04	-20.47	-62.27	65.55
10	区域12	-3.94	-36.75	36.96	-4.02	-76.46	76.56
11	区域13	2.16	-18.33	18.64	42.53	-50.21	65.81
12	区域14	8.73	-10.92	13.98	21.07	-9.74	23.21
13	区域15	2.1	-105.83	105.84	8.79	-136.10	136.78
14	区域16	-5.22	118.78	118.90	-9.29	-157.9	158.20
15	区域17	-4.48	-90.29	90.41	5.77	-120.08	120.22
16	区域18	-3.64	-4.82	6.04	-21.21	-7.60	22.53

4 结束语

本文以设定的一个卫星平台结构为研究对象，制定机热一体化仿真及影响分析流程，利用程序实现温度场数据从热分析模型到结构有限元模型的映射，继而借用商用软件计算结构热变形量，最后采用数据拟合手段来分析不同区域热变形前后矢量角度的变化量。仿真结果表明：

（1）航天器结构在轨运行过程中会产生不同热变形，其量级能够达到毫米级；

（2）本文提供的仿真分析流程，对于结构、热控采用不同软件分析前提下，进行结构热变形仿真，具有工程应用价值；

（3）航天器结构不同位置，结构热变形影响数值各异，可根据具体的问题进行热变形仿真及影响分析后，选择特定区域进行仪器设备布局。

参考文献

[1] 屠善澄．卫星姿态动力学与控制［M］．北京：中国宇航出版社，2001.

[2] 徐广德，武江凯，苟仲秋，等．国外航天器高精度高稳定度高敏捷指向技术综述［J］．航天器工程，2017，26（1）：91-99.

[3] 王京波．卫星主体结构模态分析及其主承力筒的结构优化［D］．南京：东南大学，2009.

[4] 刘正山，高令飞，李修峰，等．基于结构热变形的星敏指向变化规律研究［C］．五院航天动力学论坛第三届学术研讨会，2017.12.

[5] 袁家军，等．卫星结构设计与分析［M］．北京：中国宇航出版社，2004.

在轨模块更换任务总体仿真

黄丽霞[1]，孙亚楠[1]，张　玥[1]，魏　承[2]
（1. 北京空间飞行器总体设计部，北京，100094；2. 哈尔滨工业大学航天学院，哈尔滨，150001）

摘要：在轨模块更换是在轨维护与服务技术的基本手段之一，也一直是世界航天界关注的一个研究方向。本文基于天基平台在轨模块更换技术的研究，搭建了在轨模块更换仿真演示验证系统，介绍了仿真系统总体架构，建立了包括空间环境、轨道、动力学、控制、电源、测控等各分系统在内的仿真系统。重点对交会对接、在轨模块更换过程涉及的航天器平台及机械臂的动力学特性、控制方法等进行了仿真建模，并通过一个仿真实例，验证了所提出控制算法的有效性。

关键词：在轨模块更换；总体仿真；机械臂；协同控制

1　引言

对航天器实施在轨维护，是世界航天界关注的一个问题。在航天器在轨维护与服务领域处于领先地位的美国、欧洲、德国和日本都在进行一个或多个在轨维护与服务研究项目，也有成功范例。相比之下，我国目前在对航天器在轨维护与服务技术的研究相对较少，主要开展了部分概念研究工作，对于在轨维护与服务的总体方案缺乏系统性的分析和论证。

由于在轨实现航天器部件更换、消耗品的补充与在地面完成此项工作相比，难度要大很多，所以需要开展在轨模块更换全过程的仿真分析。本文搭建了一套仿真模型灵活可配置可扩展的分布式仿真演示验证系统，建立了在轨模块更换仿真模型库，针对在轨模块更换的任务特点，重点介绍了姿态动力学仿真模型和控制分系统仿真模型，并通过在轨模块更换任务全过程的总体仿真，对在轨模块更换任务的一些关键技术如协同控制、机械臂控制进行了初步研究和仿真。

2　仿真系统总体架构

支持在轨模块更换技术研究的仿真演示验证平台系统是一个典型的分布式系统，仿真框架采用分布交互式协同仿真体系结构。仿真系统基于数字化模型的思路，平台采用并行的数字化模型开发环境，将航天器数字化模型和仿真设计、分析、管理等软件工具集成为协同环境；各仿真开发节点可并行开展模型算法工作，模型算法接口统一规范，模型库扩展灵活。调度管理软件可保证运行仿真中各节点的信息交互和数据一致，支持运行中修改模型参数，支持部分遥控指令注入。

平台主要由仿真支撑环境、数学仿真环境、可视化演示系统等几个部分组成，具体如图 1 所示。

仿真支撑环境主要包括仿真任务设计软件、仿真调度管理软件、数据库、网络环境等。数学仿真系统提供在轨模块更换过程中各个任务要素的仿真，包括空间环境、轨道、目标航天器及服务航天器各相关分系统、交会对接机构、机械手、控制算法等要素的仿真，从而实现对天基平台在轨模块更换飞行任务全过程的仿真。可视化演示系统由实时仿真数据驱动，通过三维场景来演示天基平台在轨模块更换飞行任务各个阶段仿真实验的过程。

3　仿真模型建模

在轨模块更换技术的任务仿真，涉及空间环境、动力学、控制、电源、测控等各个方面。针对在轨模块更换任务的特殊性，对交会对接、在轨模块更换操作过程中的动力学与控制仿真设计有更高要求。本文建立的在轨模块更换仿真模型库如图 2 所示。

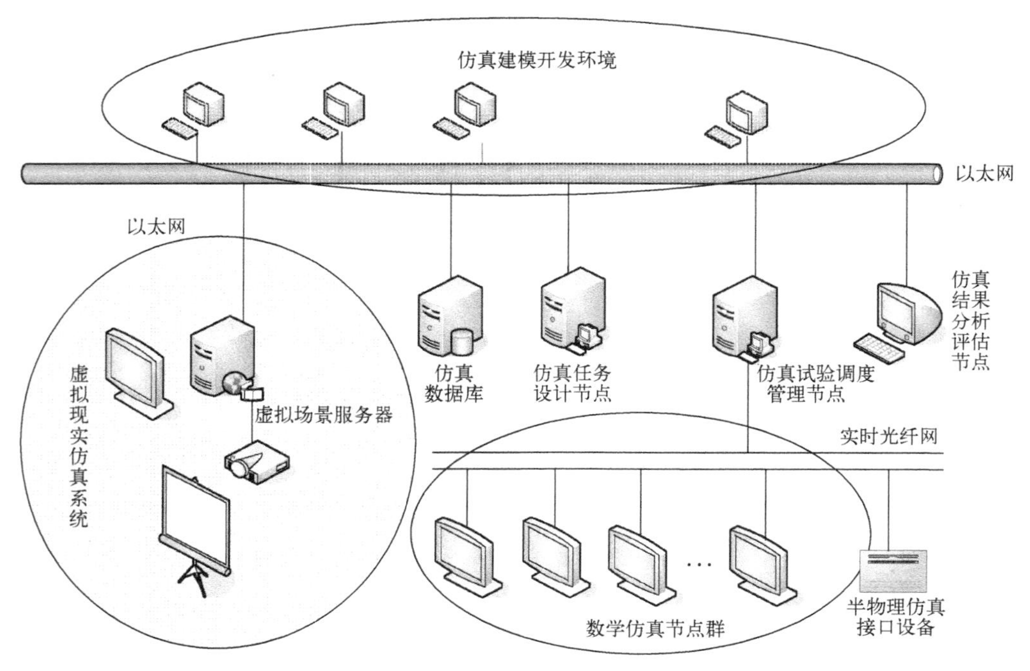

图1 仿真系统总体架构

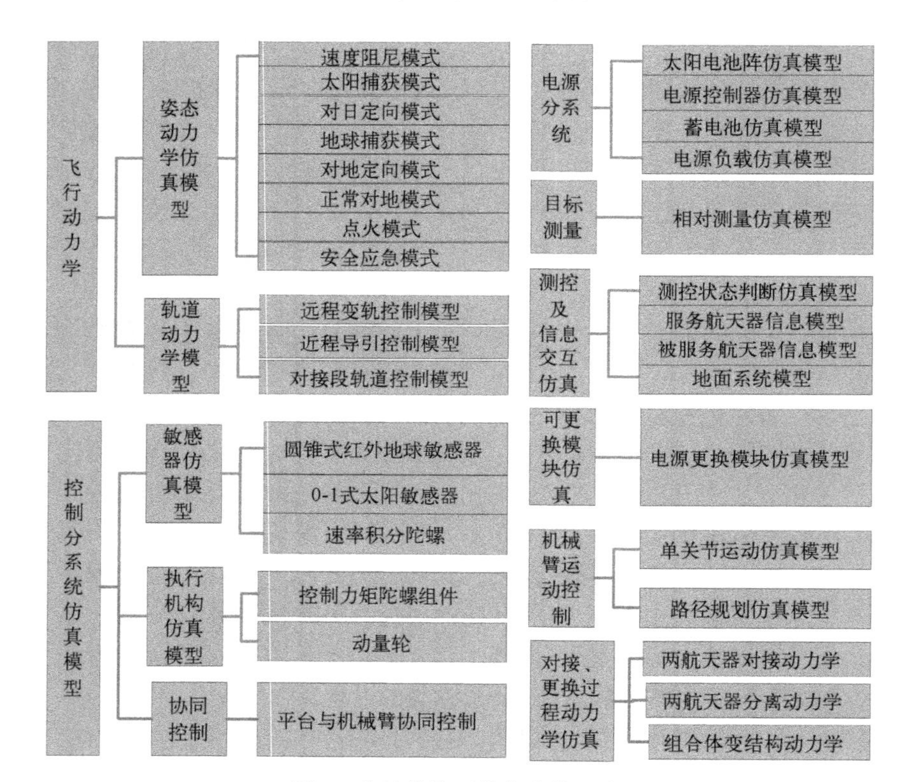

图2 在轨模块更换仿真模型库

以下重点对动力学仿真和控制分系统仿真模型的设计进行详细说明。

3.1 姿态动力学仿真建模

在轨模块更换任务仿真包含服务航天器和被服务航天器两大仿真对象，服务航天器带机械臂和可更换模块，被服务航天器含可更换故障模块。由于在轨模块更换任务的特殊性，带机械臂的服务航天器与被服务航天器在交会对接、在轨模块更换过程中，存在姿轨耦合、平台与机械臂的运动耦合、变结构过程、接触碰撞等复杂的动力学特性，通过对仿真对象的合理简化和假设，在动力学仿真建模时，建立服务航天器平台+机械臂+更换模块+被服务航天器的组合体姿态动力学仿真模型，以满足整个飞行任务仿真阶段姿态动力学仿真。在建模中，将服务航天器平台、机械臂、更换模块和被服务航天器平台视为刚体；并假设抓取装置与目标之间只存在单点碰撞。

服务航天器+机械臂+更换模块+被服务航天器组合体姿态动力学仿真模型考虑服务航天器平台与惯性参考系由六自由度虚铰链接，为漂浮运动，服务航天器平台受姿态控制系统控制；机械臂之间采用MDH（Modified Denavit-Hartenberg）旋转铰链接，完成机械臂关节的旋转运动。服务航天器平台与被服务航天器之间同样为六自由度虚铰，在对接时可变结构为固连铰。被服务航天器与惯性参考系由六自由度虚铰链接，为漂浮运动，被服务航天器受姿态控制系统控制；更换单元与机械臂末端执行机构之间为六自由度虚铰链接，在抓取时可变结构为固连铰。

采用Lagrange方程对服务航天器进行动力学建模如下：

$$\begin{bmatrix} \boldsymbol{H}_b & \boldsymbol{H}_c \\ \boldsymbol{H}_c^{\mathrm{T}} & \boldsymbol{H}_m \end{bmatrix}\begin{bmatrix} \ddot{x}_b \\ \ddot{\theta} \end{bmatrix}+\begin{bmatrix} c_b \\ c_m \end{bmatrix}=\begin{bmatrix} \boldsymbol{F}_b \\ \boldsymbol{\tau} \end{bmatrix}+\begin{bmatrix} \boldsymbol{J}_b^{\mathrm{T}} \\ \boldsymbol{J}_m^{\mathrm{T}} \end{bmatrix}\begin{bmatrix} F_{ex} \\ \boldsymbol{\tau}_{ex} \end{bmatrix} \tag{1}$$

式中：$\boldsymbol{H}_b$为航天器基体惯量矩阵；$\boldsymbol{H}_c$为基体与机械臂耦合惯量矩阵；$\boldsymbol{H}_m$为机械臂惯量矩阵；c_b为基体的依赖速度的非线性项；c_m为机械臂的依赖速度的非线性项；$\boldsymbol{F}_b$为基体所受外力及外力矩；$\boldsymbol{\tau}$为机械臂的关节力矩；$\boldsymbol{J}_b$为末端基体雅可比矩阵；$\boldsymbol{J}_m$为末端关节雅可比矩阵；F_{ex}为机械臂末端所受外力；$\boldsymbol{\tau}_{ex}$为机械臂末端所受外力矩。

3.2　控制分系统仿真建模

在进行服务航天器控制分系统的设计和建模时，考虑到如果将服务航天器平台和机械臂作为一个动态系统来控制的话，自由度将变得非常复杂从而使得服务航天器上的计算机无法处理，因此将整个系统分为两个独立的控制子系统：服务航天器姿态控制系统和机械臂控制系统，两个控制系统之间相互联系，协同控制。服务航天器协同控制系统框架图如图3所示。

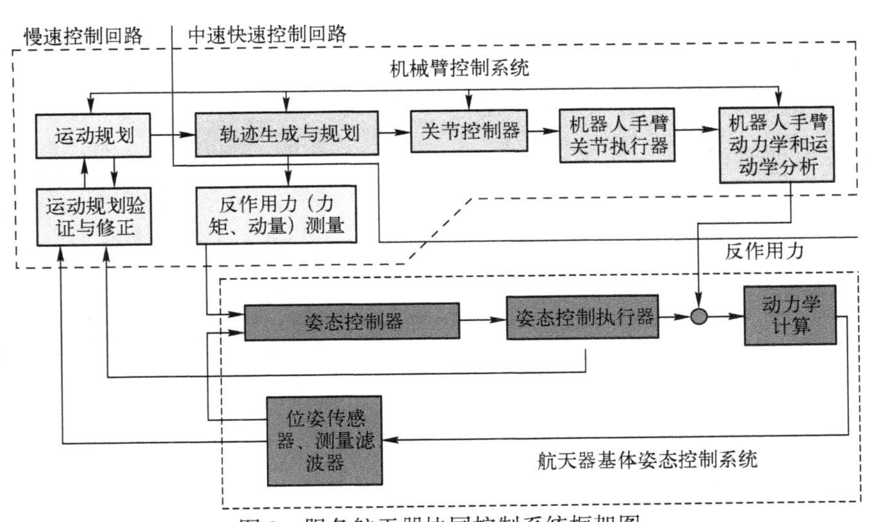

图3　服务航天器协同控制系统框架图

当给机械臂控制和服务航天器姿态控制分配功能时，服务航天器搭载计算机性能和控制要求必须加以考虑。服务航天器姿态变化非常缓慢，计算能力要求不是很高，控制器的控制频率只有几Hz。而对机械臂控制器的要求相对就非常高。为了避免机械臂和其他物体之间的接触力过大，力控制是必须的，而空间机械臂关节控制必须处于快速周期来实现力控制。

1）基于协同控制的基体控制模块

服务航天器基体姿态的控制采用偏差四元数PD控制法。设系统的初始四元数为$\boldsymbol{q}_0$，$\bar{\boldsymbol{q}}_0$为$\boldsymbol{q}_0$的共轭四元数，目标姿态四元数为$\boldsymbol{q}_c$。误差四元数为$\boldsymbol{q}_e$，表示目标姿态相对于当前姿态的四元数，则

$$\boldsymbol{q}_e=\boldsymbol{q}_c\times\bar{\boldsymbol{q}}_0 \tag{2}$$

取控制律为比例微分控制。则控制力矩：

$$\boldsymbol{\tau}_b=-\boldsymbol{K}_p\boldsymbol{q}_{(e)}-\boldsymbol{K}_d\boldsymbol{\omega}_e+\boldsymbol{\tau}_d \tag{3}$$

式中：$\boldsymbol{K}_p$，$\boldsymbol{K}_d$分别为基体姿态控制的比例和微分系数阵；$\boldsymbol{\omega}_e$为基体的误差角速度；$\boldsymbol{q}_{(e)}=[\boldsymbol{q}_{1(e)}\ \boldsymbol{q}_{2(e)}\ \boldsymbol{q}_{3(e)}]^{\mathrm{T}}$。

其中，τ_d 为机械臂运动干扰力矩，由动力学模型可得

$$\boldsymbol{\tau}_d = c_b + \boldsymbol{J}_b^{\mathrm{T}}\boldsymbol{F}_h + H_{bm}\ddot{\boldsymbol{\theta}} \tag{4}$$

式中：c_b 为基体速度二次非线性项；$\boldsymbol{J}_b^{\mathrm{T}}\boldsymbol{F}_h$ 为末端碰撞力对基体干扰；$H_{bm}\ddot{\boldsymbol{\theta}}$ 为机械臂运动对基体干扰项。$\boldsymbol{F}_h$ 可由末端力传感器测出，机械臂运动可由光电码盘测出，因此，干扰力矩可求，从而能够实现与机械臂运动协调的基体姿态控制。

2）机械臂控制模块

对空间机械臂控制的目的是要控制机械臂末端的位置和姿态。本文在轨模块更换任务中机械臂末端期望轨迹为固定点，即空间机械臂在进行固定目标捕获时，可运用 PD 控制法。采用这种控制方案的目的是控制机械臂末端到达一固定的期望位置，实现定点控制。

由于碰撞冲击是瞬时的，当碰撞冲击后，$\boldsymbol{F}_{ex}=0$，$\boldsymbol{\tau}_{ex}=0$，由动力学方程可知：

$$H_{bm}^{\mathrm{T}}\ddot{x}_b + H_m\ddot{\theta} + c_m = \tau_m \tag{5}$$

忽略本体运动的影响，对关节采用 PD 控制法：

$$\tau_m = k_d(\dot{\theta}_d - \dot{\theta}) + k_p(\theta_d - \theta) + c_m \tag{6}$$

式中：k_d 为关节微分控制系数；k_p 为关节比例控制系数；θ_d、$\dot{\theta}_d$ 为关节期望位置、速度；θ、$\dot{\theta}$ 为当前位置、速度；c_m 为机械臂速度的非线性项。

4 仿真实例

4.1 仿真任务

仿真实例选取蓄电池模块作为更换模块。仿真开始到前 50s 内，服务航天器与被服务航天器分别在各自的轨道上正常对地定向模式下飞行，仿真第 50s 开始，被服务航天器发出蓄电池寿命末期状态信息，并自动转入对日定向的应急模式；服务航天器接到在轨更换任务指令后，经过 3 次轨道机动，轨道转移到离被服务航天器大约 5km，然后转用近程导引律完成近程导引对接。对接完成后，服务航天器全面接管被服务航天器，转入在轨模块更换服务阶段，服务航天器上的机械手对被服务航天器上的蓄电池模块进行模块更换。更换完成后，被服务航天器恢复自主工作，服务航天器转入分离与轨道转移阶段，返回到待命轨道，仿真完成。

4.2 仿真结果及分析

根据以上场景描述，由于 3 次变轨总时长达到 36h 左右，因此仿真试验运行 47h 后结束，过程涵盖从仿真开始阶段两航天器正常运行，到服务航天器进行 3 次大的轨道机动，再到两航天器交会对接、在轨模块更换任务完成，最后两航天器解锁分离，服务航天器返回待命轨道的全过程仿真。在仿真实验数据的驱动下，可视化系统对全过程进行直观演示。图 4 是两航天器完成对接后姿态稳定时的场景，图 5 为机械臂在轨模块更换过程中的场景。

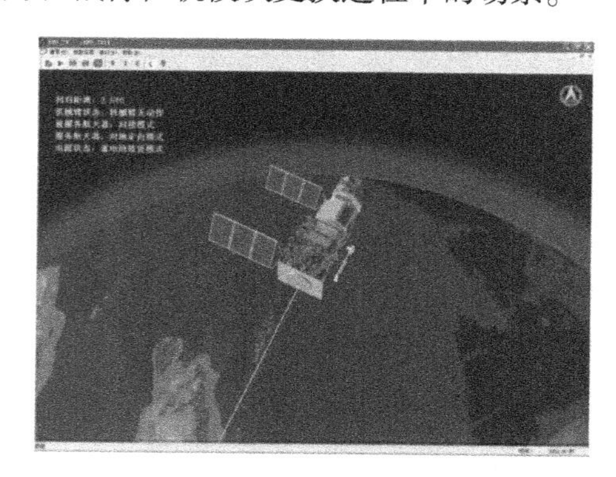

图 4　服务航天器与被服务航天器对接

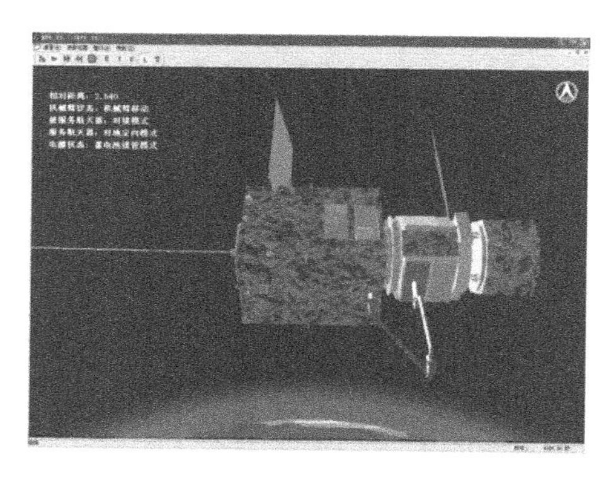

图 5　机械臂抓取可更换模块

以下分别给出服务航天器和被服务航天器的姿态控制仿真结果并分析。为避免姿态欧拉角歧义，本文给出的姿态结果曲线均采用惯性四元数表示。qxECI、qyECI、qzECI 分别表示四元数矢量在地球惯性坐标系（即 ECI）下 x、y、z 轴方向上的矢量系数，qsECI 为四元数的标量部分。

1）服务航天器控制结果

图 6~图 9 分别为服务航天器惯性四元数的变化曲线图。图 7、图 9 除了给出全过程的变化曲线以外，还对第一次变轨时间段和交会对接时间段的曲线细节进行了描绘。

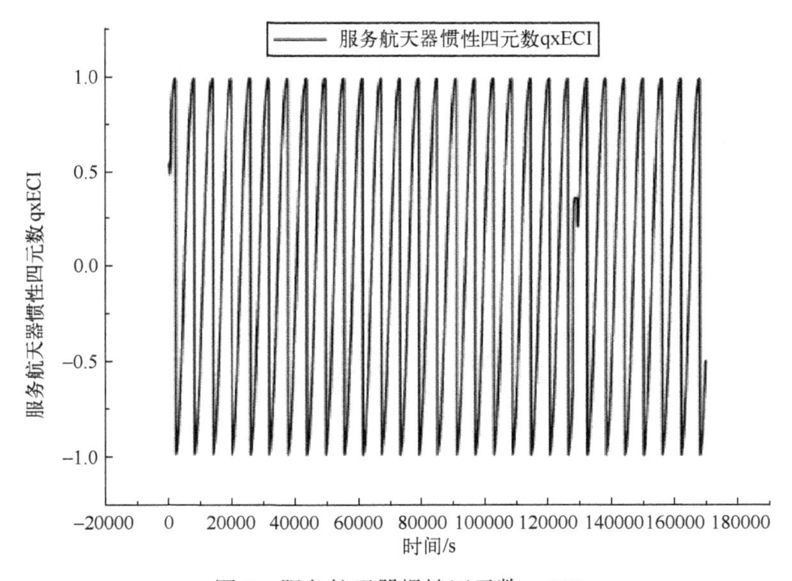

图 6　服务航天器惯性四元数 qxECI

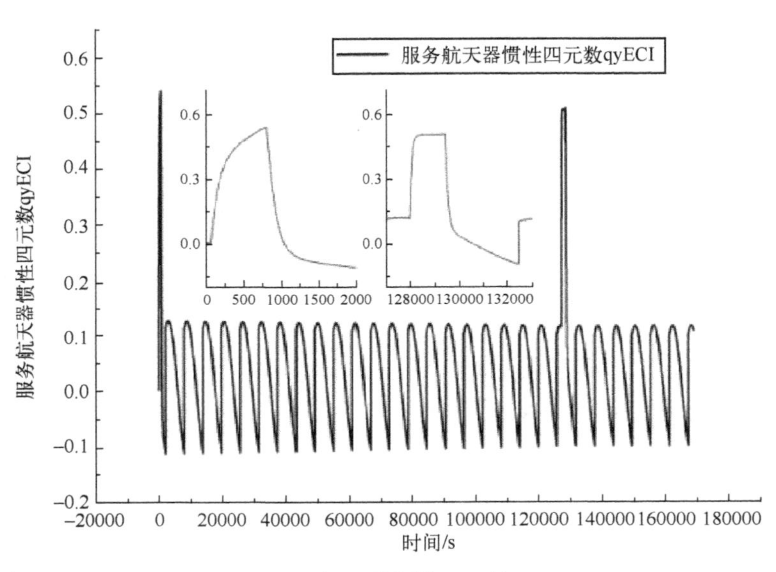

图 7　服务航天器惯性四元数 qyECI

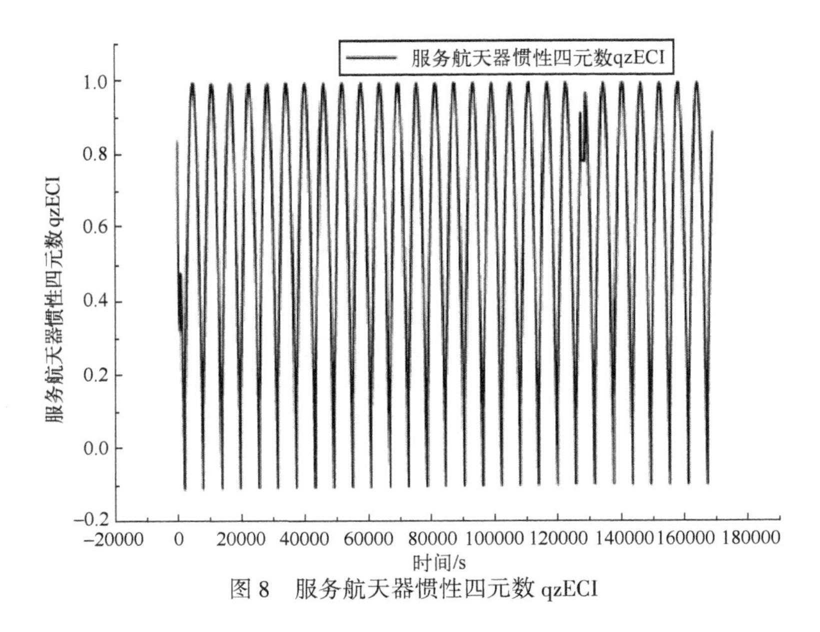

图 8　服务航天器惯性四元数 qzECI

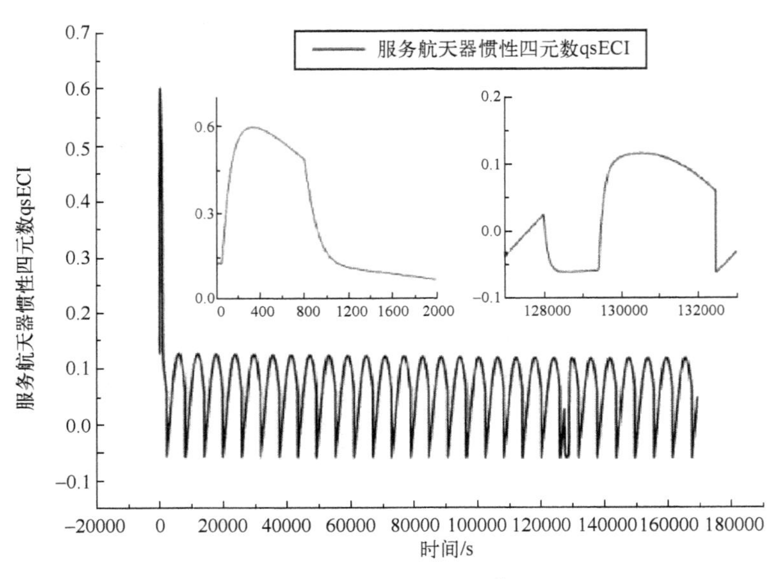

图 9　服务航天器惯性四元数 qsECI

由图中可以看出，在整个飞行任务过程中，服务航天器惯性四元素在两个时间段内有较大的变化，一是在仿真时间第 50～200s 之间，二是在仿真时间第 127000～134000s 之间。第一次姿态发生较大变化是由于航天器接到在轨维护指令需要轨道转移，开始做点火前姿态调整，姿态四元数产生相应变化；第二次姿态发生较大变化是由于两航天器进行对接，由于对接冲量的影响使得在对接时刻姿态有较大突变，经过一定时间后趋于平稳，表明对接完成后的机械臂操作时段姿态控制平稳有效，同时二维可视化画面（图 5）也表明在轨操作阶段协同控制方法有效。其他过程航天器姿态四元数平稳周期性变化，说明航天器对地姿态稳定，控制模式有效。

2）被服务航天器控制结果

图 10～图 13 为被服务航天器惯性四元数变化曲线图。除给出全过程的变化曲线以外，还对发生故障时刻和交会对接时段的细节曲线进行了局部描绘。

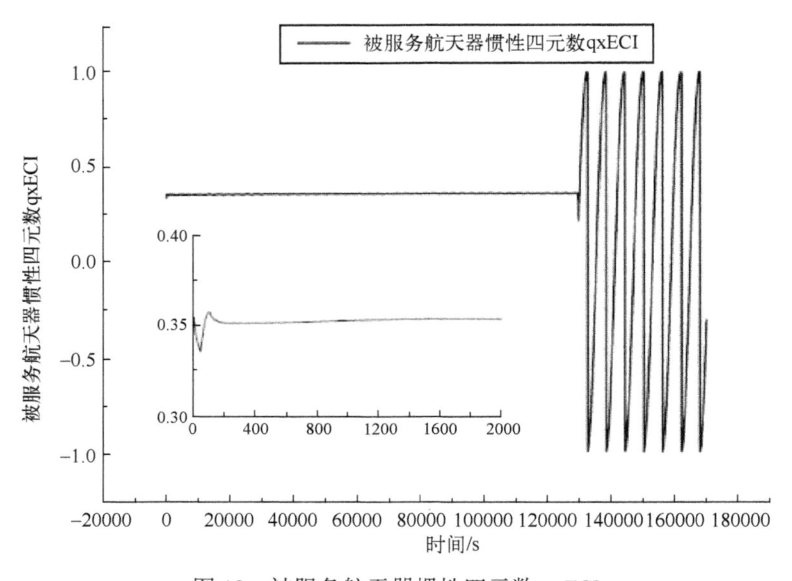

图 10　被服务航天器惯性四元数 qxECI

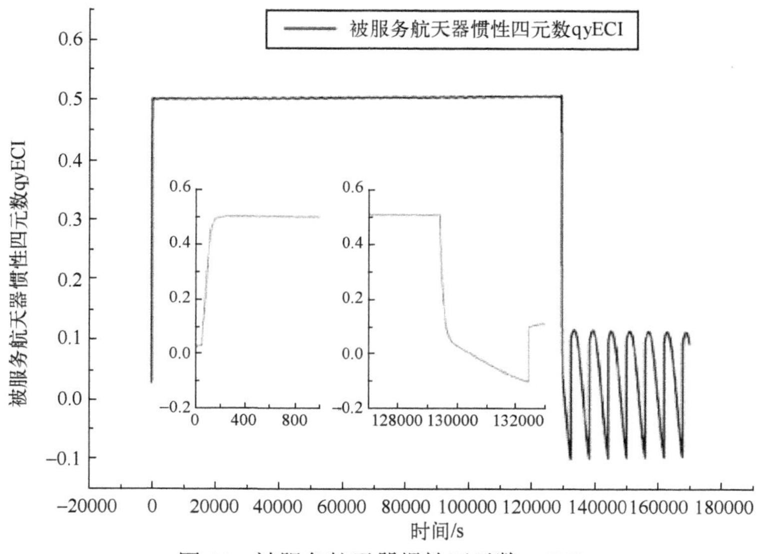

图 11　被服务航天器惯性四元数 qyECI

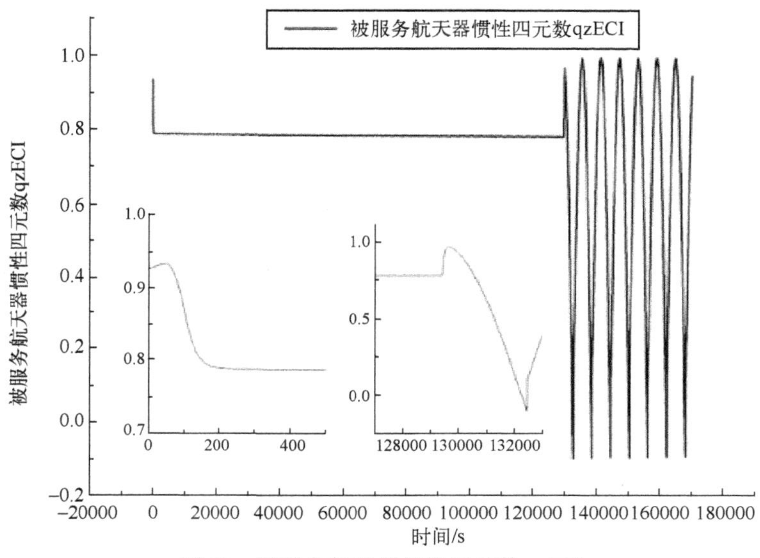

图 12　被服务航天器惯性四元数 qzECI

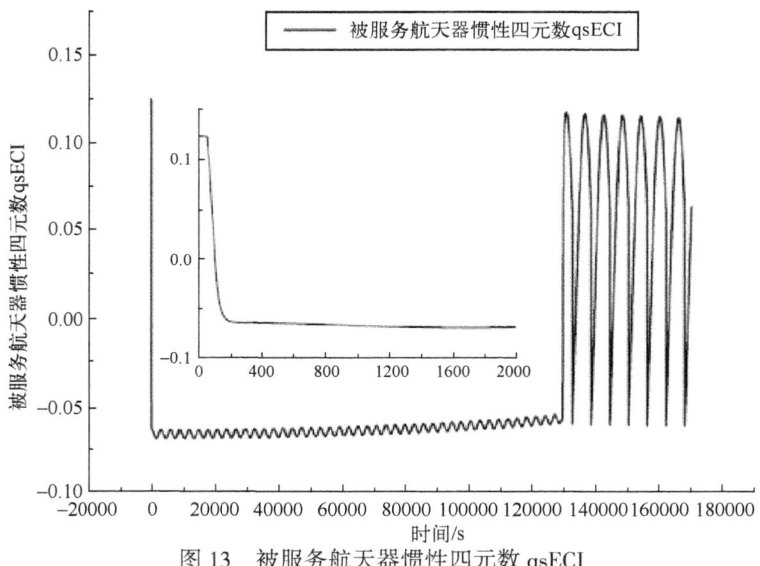

图 13　被服务航天器惯性四元数 qsECI

由图中可以看出，在整个飞行任务过程中，被服务航天器惯性四元素在两个时间段内有较大的变化，一是在仿真时间第50~200s之间，二是在仿真时间第127000~134000s之间。第一次姿态发生较大变化是由于航天器发生故障，由对地定向模式转入对日定向安全模式，图中可以看出在对日定向模式下姿态四元数对惯性空间近似稳定(对太阳矢量稳定，惯性空间与太阳矢量近似但不同)，说明控制模式有效，对日定向姿态稳定；第二次姿态发生较大变化是由于两航天器进行对接及分离，由于对接冲量的影响使姿态在对接初期有较大突变，经过一定时间后，四元数变化趋于平稳，说明协同控制有效。分离解锁后，航天器处于对地定向模式，由图中可以看出，对地定向模式下姿态四元数平稳周期性变化，说明航天器姿态控制有效，对地定向姿态稳定。

5 结束语

在轨模块更换总体任务仿真的结果表明，仿真系统通过对航天器各分系统仿真模型的统一调度管理，能够对在轨模块更换任务涉及的飞行程序设计、航天器各分系统设计、敏感器配置等进行仿真验证，并通过对关键技术如机械臂路径规划、协同控制等的仿真分析，验证关键技术方案的可行性，为在轨模块更换技术的研究提供重要参考。

另外，在轨模块更换仿真演示验证系统的分布式架构及统一的仿真模型接口规范，为进一步深入研究在轨模块更换技术提供了灵活可配置可扩展的仿真平台，为进一步开展在轨维护的研究打下了基础。

参考文献

[1] Waltz D M. On-orbit serving of space systems [M]. Malabar, FLA: Krieger Publishing Company, 1993.

[2] Charles M Reyerson. Spacecraft modular architecture design for on-orbit servicing [C]. AIAA Space Technology Conference & Exposition, 1999.

[3] Mitsushige O. ETS-VII: Achievements, troubles and future [C]. Proceeding of 6th International Symposium on Artificial Intelligence, Robotics and Automation in Space (i-SAIRAS), 2001.

[4] 谭春林，刘永建，于登云. 在轨维护与服务体系研究 [J]，航天器工程，2008，17 (3)：45-50.

[5] 魏承，赵阳. 基于空间算子代数的空间多体系统动力学递推计算 [J]，宇航学报，2009，30 (6).

地球同步轨道光学成像卫星动目标跟踪模式仿真验证

彭　鑫，黄丽霞，刘玉栋
（北京空间飞行器总体设计部，北京，100094）

摘要：为验证地球同步轨道光学成像卫星动目标跟踪成像工作模式的合理性与可行性，基于最大限度地利用观测视场范围、节省姿态机动所需能源消耗的原则，设计了一种基于虚拟观测视场九宫格的动目标跟踪策略，通过对相邻观测视场重叠覆盖宽度设计避免动目标丢失。以动目标跟踪策略模型为核心并建立一套仿真推演系统，对地球同步轨道光学成像卫星动目标跟踪工作模式的正确性和有效性进行仿真验证。仿真结果表明，本文提出的动目标跟踪策略能够实现对动目标的连续跟踪，并最大限度地避免目标丢失。

关键词：地球同步轨道光学成像卫星；动目标跟踪；仿真验证；姿态机动

1　引言

在卫星研制前期，需要对卫星各分系统的工作原理及工作模式进行定量化的论证，目前通常采用的方法是依靠设计人员编写报告，并对分系统的关键指标进行复核复算。对于卫星的工作模式只是在报告中进行文字描述，或者配一些图片进行辅助说明。传统的论证方法是静态的，无法动态展现卫星各工作模式的运行状态。利用计算机仿真推演系统可以较为精确地对卫星各分系统进行数学建模，并根据卫星的工作模式设计飞行程序，以时间为线索推进各仿真模型计算。利用计算机仿真推演系统，能够对卫星的工作模式进行仿真验证，能够动态地展现卫星各分系统在任务执行过程中的运行状态，并且可以对仿真数据进行有效的统计分析，相比传统的以编写报告为手段的论证方法，具有直观性、动态性等优点，目前在研究分析卫星复杂工作模式中正发挥越来越重要的作用。

动目标跟踪成像模式是地球同步轨道光学成像卫星一种重要的单星工作模式，在对动目标进行跟踪时，始终让动目标保持在卫星的视场范围内，并提供目标准确的位置信息。地球同步轨道光学成像卫星在光照期和地影期，分别采用可见光和中波红外谱段进行观察，采用凝视+机动的方式工作。利用计算机仿真推演系统，可以模拟卫星动目标跟踪成像模式的真实场景、验证技术方案及评估卫星的效用性，成像工作模式的具体执行过程可以通过计算机仿真进行精确的分析和验证，为卫星设计的方案、成像工作模式的合理性提供全面的数字化验证分析与支撑。

2　地球同步轨道光学成像卫星动目标跟踪模式仿真推演系统总体架构

地球同步轨道光学成像卫星动目标跟踪工作模式的仿真推演系统包括仿真引擎和仿真模型系统，仿真引擎的功能是相对固定的，系统设计的关键在于仿真模型系统的设计。仿真模型系统从功能上可分为数字模型和三维可视化模型两部分。数字模型在仿真引擎的步长推进下，各模型计算输出每一步卫星的轨道、对地观测几何、姿态机动控制、观测目标的位置信息、载荷谱段信息等相关数据。需要建立的数字模型包括：轨道模型、动目标运动模型、载荷观测边界模型、动目标跟踪算法模型、姿态动力学模型、坐标系转换模型等。仿真推演系统需要的数字模型及其功能详述如下。

（1）轨道动力学仿真模型：轨道仿真模型完成轨道预报与仿真功能。考虑地球引力、太阳引力、月球引力、大气阻力、太阳光压等诸多摄动力的作用，建立航天器运动微分方程。轨道仿真模型采用 Cowell 法求解航天器运动微分方程，其中，三体引力的计算采用 JPL 的 DE405 模型，地球引力场采用 JGM3 模型，大气摄动部分选用美国标准大气模型，光压则采用标准光压截面算法，积分器采用 RKF78，以便获得较高的精度。轨控部分使用有限推力方式，可分别选择惯性保持和轨道保持两种类型的轨控分析结果。

① 模型参数：仿真初始时间、仿真初始时刻轨道六要素、是否采用地球非球形引力势摄动标志位、是否采用第三体太阳引力摄动标志位、是否采用第三体月球引力摄动标志位、是否采用大气阻力摄动标志位、是否采用发动机推力标志位、地球非球形引力势系数最大度数、地球非球形引力势系数最大阶数、航天器质量、航天器当前受晒面积、航天器光压系数、天体引力常数、天体赤道半径、大气阻力。

② 模型输入：航天器当前质量。

③ 模型输出：仿真当前 UTC 时间、航天器在 J2000 系下的当前位置速度、航天器当前的轨道六要素、太阳在惯性系下的方位、地球在惯性系下的方位、月球在惯性系下的方位、航天器地心球坐标距离、航天器地心球坐标经纬度、当前格林威治赤经、当前轨道角速率、儒略日、推力工作标志位、太阳标志位、太阳到卫星距离、月球与卫星的距离、星地日夹角。

（2）动目标运动模型：动目标运动模型可以模拟目标的运动轨迹、姿态，可作为动目标跟踪成像工作模式的观测目标。

① 模型参数：地面目标的运动速度、目标出现时间、出发点的经纬度、中间经过点 1、2、3 等的经纬度。

② 模型输入：当前的格林尼治赤经。

③ 模型输出：目标当前的经纬度、目标当前的 ECF 坐标、目标当前的 ECI 坐标、目标的姿态偏航角、滚动角、俯仰角。

（3）载荷观测边界模型：载荷观测边界模型对光学有效载荷进行仿真计算。模型根据视场半锥角、星体的位置和姿态等计算相机在地面的覆盖宽度、地面覆盖矩形的 4 个顶点位置等信息。

① 模型参数：相机纵向视场半锥角、相机侧向视场半锥角、相机安装角、地球半径。

② 模型输入：相机开机标志位、卫星在 J2000 坐标系下当前位置、卫星本体相对于惯性系的姿态、当前的格林尼治赤经。

③ 模型输出：相机在地面覆盖矩形的 4 个顶点的 ECI 位置、相机在地面覆盖矩形的 4 个顶点的 ECF 位置、相机在地面覆盖矩形的 4 个顶点的经纬度。

（4）动目标跟踪算法模型：在动目标跟踪成像工作模式下，要求动目标进入卫星相机视场后，卫星的姿态需要随着目标运动进行调整，使得动目标始终保持在卫星的视场范围内。跟踪运动目标采用的策略为：当动目标在观测视场内时，保持姿态不动，进行持续成像；当动目标将要超出当前观测视场范围时，判断动目标运动趋势，调整卫星姿态，使其观测视场更新为当前观测视场的相邻观测视场，重新将目标纳入视场范围内。动目标跟踪工作模式示意图如图 1 所示。

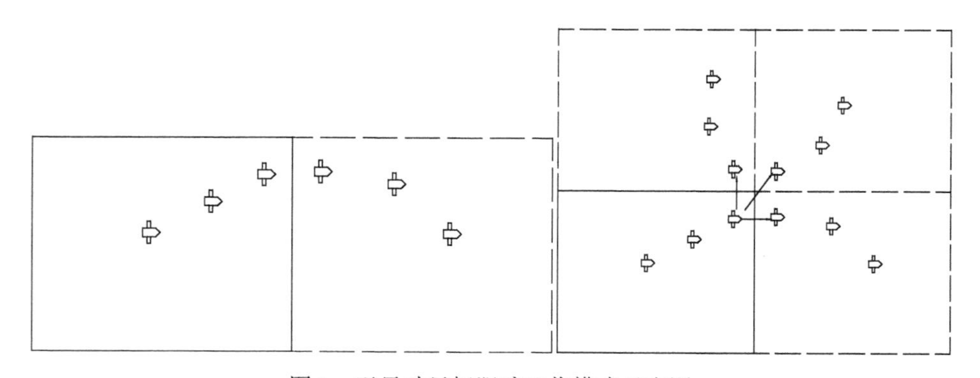

图 1　卫星动目标跟踪工作模式示意图

为实现上述动目标跟踪策略，编写了动目标跟踪仿真模型。模型能够根据卫星当前的位置以及期望的地面观测点经纬度，计算卫星的期望姿态。

① 模型参数：动目标距离当前视场边界多大距离认为应该切换到下一视场、观测目标出发点的经纬度、仿真开始时视场中心的经纬度。

② 模型输入：当前视场（矩形）4 个顶点的经纬度、目标当前的经纬度、以当前视场为中心的九宫格的 9 个视场中心点的经纬度、升交点赤

经、轨道倾角、纬度俯角、当前的格林尼治赤经、卫星在惯性系下的位置。

③ 模型输出：当前期望的惯性系欧拉角、当前期望的惯性系姿态四元数、成像标志。

（5）姿态动力学模型：姿态动力学与控制仿真是对控制器的工作状态进行连续的实时动态仿真，动目标跟踪成像工作模式仿真用到的姿态动力学仿真模型主要包括 PID 控制器模型、单刚体姿态动力学模型，各模型在计算机上构成完整的姿态动力学与控制仿真回路。

① PID 控制器模型。

- 模型参数：PID 控制参数。
- 模型输入：当前卫星姿态、当前期望姿态。
- 模型输出：指令力矩。

② 单刚体姿态动力学模型。

- 模型参数：包括中心刚体的质量特性、中心刚体质心在 J2000 坐标系下的初始位置速度或初始轨道要素、轨道六要素/位置速度标志位、初始四元素、四元素坐标系标志位、初始角速度、初始角速度坐标系标志位、行星引力常数、行星赤道半径等。
- 模型输入：卫星在 J2000 坐标系下当前位置速度、作用在卫星本体上的外力矩在本体系投影。
- 模型输出：中心刚体惯性四元素、中心刚体轨道四元素、中心刚体在惯性系的姿态角、中心刚体在轨道系姿态角、中心刚体相对惯性系的角速度在本体系投影、中心刚体相对轨道系的角速度在本体系投影、帆板法线向量在本体系投影。

（6）几种坐标系转换模型：仿真任务的实现需要用到几种坐标系转换的模型，包括经纬度到惯性系坐标的转换模型、惯性系坐标到地固系坐标的转换模型、经度到当地时间的换算模型。

三维可视化模型的主要功能是在数字模型输出数据的驱动下，给出仿真过程中卫星的三维姿态机动过程、地面观测区域、成像光束、动目标运动轨迹等信息的三维可视化演示。

仿真推演系统还具有仿真数据分析的功能，能够在界面上提供仿真数据的查看以及曲线绘制等功能，并提供感兴趣数据的导出功能。

3　动目标跟踪算法

3.1　算法总体设计

动目标跟踪算法模型是本仿真验证系统的核心模型，也是需要重点验证的动目标跟踪策略算法模型，其主要算法是依据图 2 所示的基于当前视场的虚拟九宫格模型而设计的。

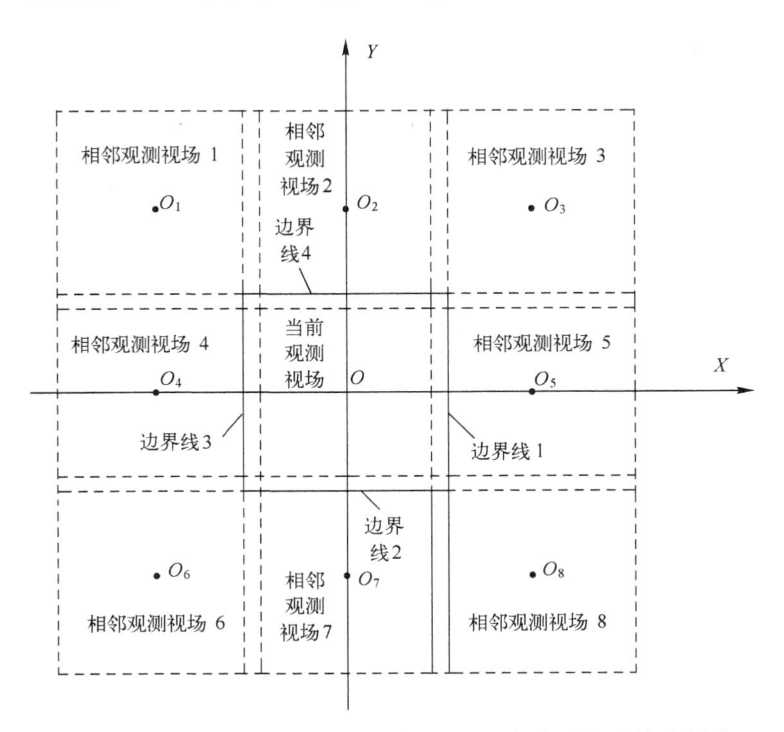

图 2　九宫格各观测视场编号及当前观测视场边界线编号示意图

动目标跟踪策略的主要实现流程如下。

（1）动目标的运动趋势判断：根据当前动目标的经纬度以及上一个仿真步长结束时动目标的经纬度，可以计算出动目标的速度和运动方向。本文规定经度和纬度增加的方向为正，那么如果经度方向的速度为正，且纬度方向的速度也为正，那么目标的运动方向为右上方，以此类推可以计算出动目标所有可能的运动方向，作为计算下一个观测视场位置的输入信息之一。

（2）动目标与当前观测视场边界的距离计算。根据动目标的位置、动目标的运动趋势、观测视场边界点等信息，计算动目标与当前观测视场边界的距离，判断动目标是否快要超出当前观测视场。对于动目标不同的运动趋势，判断与相关边界线的距离即可，例如，动目标的运动趋势为正右，则只需要判断目标和边界线 1 的距离即可。

（3）下一次观测视场中心点位置计算。以当前观测视场为中心视场，联合考虑观测视场范围、相邻观测视场覆盖重叠宽度、姿态机动能力、动目标当前位置及运动趋势，计算下一次观测视场中心应指向的地面经纬度，作为计算卫星下一次姿态机动的目标姿态的输入信息。例如，动目标的运动方向为右上，则需要判断目标和边界线 1 以及边界线 4 的距离，如果与边界线 1 和边界线 4 的距离都小于最小阈值，则下一个观测视场中心应指向的地面经纬度为相邻观测视场 3 的中心点。

（4）根据下一个观测视场中心点的经纬度和卫星当前位置，计算卫星的期望姿态，再将卫星期望姿态传给卫星姿态动力学控制模型，控制卫星进行状态机动。

3.2 避免动目标丢失的关键设计

以上基于九宫格模型的动目标跟踪算法，最大的缺点是容易丢失目标，因为对动目标运动趋势的准确判断是实现动目标跟踪的前提，当动目标的运动趋势在观测视场边界附近没有按照我们预估的趋势进行而突然变化时，动目标丢失的概率将大大增加。因此要求相邻观测视场之间具有一定的重叠区域，这样可以尽量避免动目标的丢失。对重叠覆盖宽度的设计，是避免动目标丢失的关键内容。图 3 为重叠覆盖宽度设计示意图。十字箭头代表动目标的 4 个运动方向，十字箭头中心代表动目标将要越出当前观测视场时的目标位置。D 为动目标快要越出当前观测视场边界的距离阈值，R 为在姿态机动过程中动目标在$+X$、$+Y$、$-X$、$-Y$ 方向上运动的最大距离，W 为相邻观测视场之间的重叠覆盖宽度。

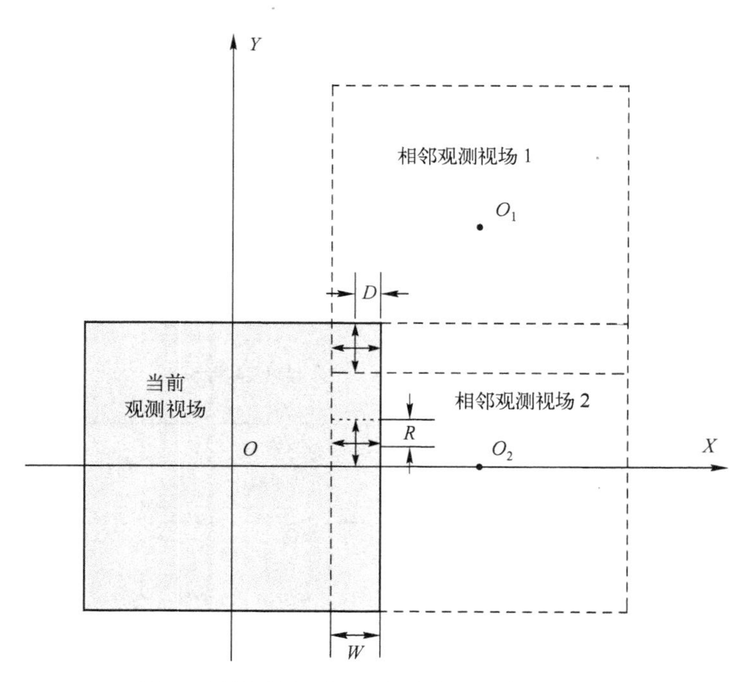

图 3　相邻观测视场重叠覆盖宽度设计示意图

假设从卫星观测成像到地面获取到图像信息，再完成新指令上注的时间为固定时间 T_b，相邻观测视场之间姿态切换的最大时间指标为 T_c，则在 $T=T_b+T_c$时间内，动目标状态处于不可知状态。设

卫星能跟踪的动目标最大运动速度为 $v_{\max}$，则

$$R=v_{\max}\cdot T \tag{1}$$

通过分析可得，动目标在卫星姿态切换的时间内调头转向，并以反方向最大速度运动时，是动目标跟踪过程中可能出现的最恶劣情况。为保证此时依然使动目标保持在切换后的观测视场范围内，可将相邻观测视场重叠覆盖宽度设计为

$$W=2R \tag{2}$$

4　动目标跟踪成像工作模式仿真验证的实验设计

数字仿真模型使用仿真推演系统的工具软件进行集成、灵活构建成仿真系统，可以进行数学仿真。动目标跟踪成像工作模式仿真推演系统的工具软件包括数字仿真模型管理软件、仿真实验设计软件、仿真调度管理软件、可视化演示系统软件。

其中，仿真模型采用统一的接口规范封装成dll，由数字仿真模型管理软件实现对模型接口信息的统一管理；仿真实验设计软件实现对各仿真模型的组合，对模型之间输入输出接口关系进行配置并打包成实验；仿真调度管理软件打开实验包，按照实验包中设定的各模型输入输出接口关系实际调用dll模型，对实验的仿真运行进行调度管理。动目标跟踪成像工作模式仿真的实验设计如图4所示。

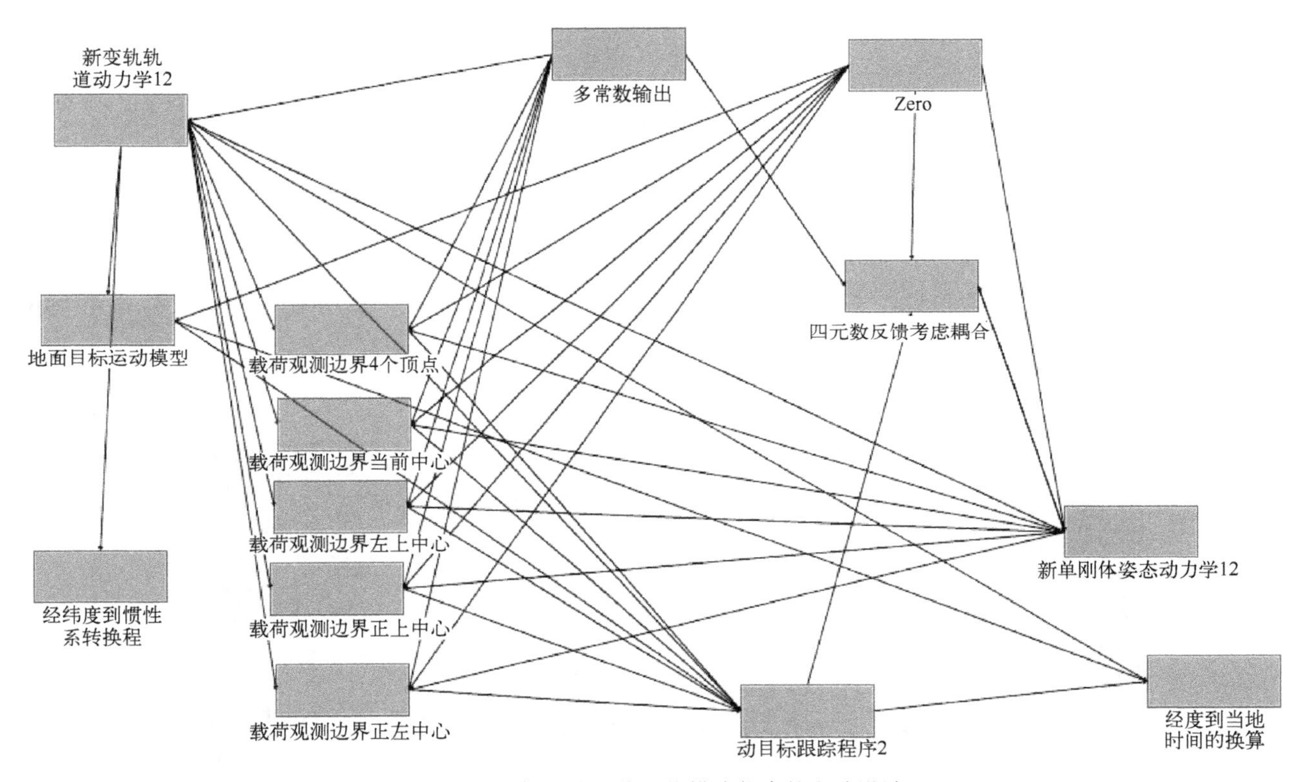

图4　动目标跟踪成像工作模式仿真的实验设计

5　动目标跟踪仿真示例

卫星轨道选取一倾斜地球同步轨道（IGSO），卫星相机视场角设定为0.32°×0.32°，卫星相邻观测视场间机动时间（含稳定）为40s，卫星能实现跟踪的动目标最大速度为900km/h。根据以上条件，可知理想观测视场宽度约为200km。动目标与观测视场边界线之间的距离阈值可设置为8.5km，相邻观测视场之间的重叠覆盖宽度可设计为20km。仿真开始时间由轨道模型确定，定为2018年6月22日9时（北京时间）。动目标跟踪仿真模型根据动目标跟踪算法输出卫星的期望姿态。设定动目标为飞机，动目标的运动轨迹设置为：出发点的经纬度（110°，0°），经过点1的经纬度（105.3°，16°），经过点2的经纬度（96.5°，20°），结束点的经纬度（85.3°，30.5°）。飞机动目标跟踪成像进行了15次动目标跟踪姿态机动。在动目标跟踪

过程中，根据观测目标的当地时间设置不同的成像谱段，光照区使用可见光谱段，地影区使用红外谱段。

通过仿真运行，飞机运动轨迹经纬度变化、观测视场中心经纬度变化仿真结果曲线，如图5所示。由图5可知，卫星经过15次姿态机动实现观测视场中心的变换，成功实现了对动目标的跟踪，使动目标始终处于观测视场范围内。

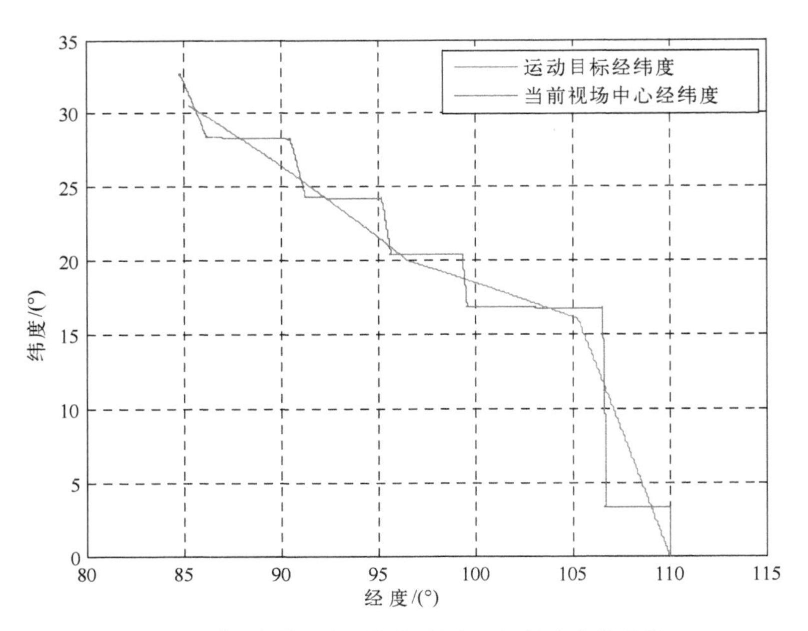

图5　动目标轨迹与观测视场中心经纬度变化曲线

三维可视化模型系统同步接收数字模型的计算结果，在数字模型输出数据的驱动下，进行相机的地面观测区域、成像光束、动目标运动轨迹、空间环境等信息的三维可视化演示。三维可视化模型系统的演示如图6所示。

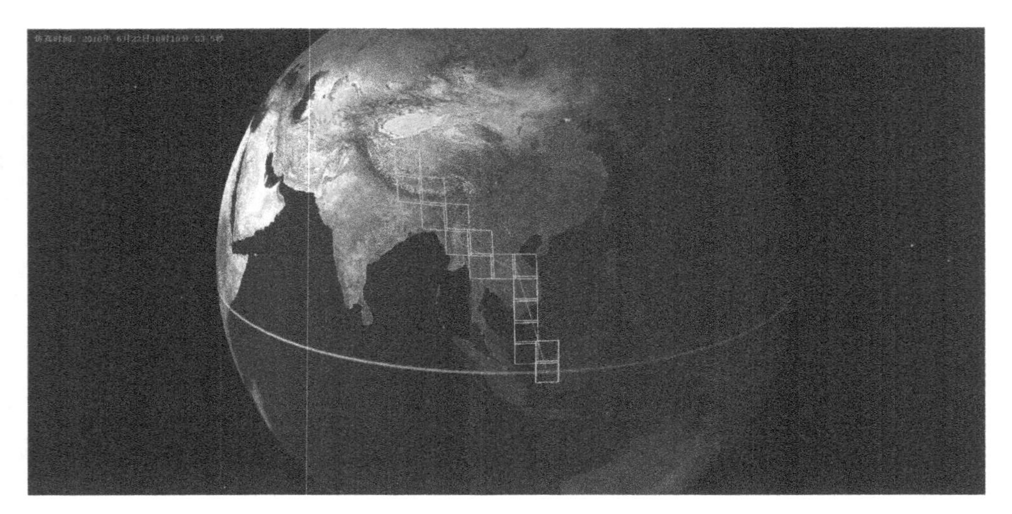

图6　飞机动目标跟踪成像工作模式可视化场景

6　结束语

地球同步轨道光学成像卫星动目标跟踪成像工作模式是一种全新的卫星单星工作模式，为验证这种工作模式的合理性和正确性，建立了一整套精确的数字化仿真模型，并设置了这些模型间的输入输出接口关系，仿真模型在仿真引擎的调度下，以时间为线索进行步长推进计算，仿真计算出模型每一步的输出值。为了直观和动态地展示数字化仿真模型的运算推进过程，三维可视化模型系统同步接收数字模型的计算结果，在数字模型输出数据的驱动下，进行相机的地面观测区域、成像光束、动目标运动轨迹、空间环境等信息、卫星运行轨迹的三维可视化演示。整个仿真实验完成之后，可以将仿真数字化模型的计算结果数据导出并绘制成曲线，精确分析各项输出量随时间的变化规律，分析计算结果的正确性。动目标跟踪仿真模型是实现卫星该工作模式的核心功能模块，为此设计了基于虚拟观测视场九宫格的姿态机动策略，通过计算动目标与当前观测视场边界的距离并判断动目标运动趋势，可以明确卫星调整视轴指向的时机及需要指向的视轴中心，从而计算出卫星的期望姿态角，通过合理设计相邻观测视场的重叠覆盖宽度，避免了由于动目标突然改变运动方向导致的动目标跟踪丢失。通过三维可视化系统的直观展示，以及对仿真数据结果的精确分析，可以得到结论：本文提出的基于虚拟观测视场九宫格的姿态机动策略能够实现对动目标的连续跟踪，并最大限度地避免目标丢失。

参考文献

[1] 张健．某低空移动目标瞄准与跟踪系统研究［D］．南京：南京理工大学，2014.

[2] 高越，李轩，温志军．光学卫星对海上移动目标揭示能力分析［J］．电子测量技术，2017，40（2）：1-4.

[3] 饶世钧，姜宁，姚景顺．卫星搜索海上机动目标最优搜索效能分析［J］．计算机与数字工程，2012，40（8）：25-28.

[4] 陈杰，邢利菊．面向海洋移动目标成像侦察方法研究［J］．计算机与数字工程，2014，42（3）：395-398.

[5] 王慧林，邱涤珊，马满好，等．基于先验信息的海洋移动目标卫星成像侦测任务规划［J］．火力与指挥控制，2011，36（3）：105-110.

[6] 唐忠兴，韩潮．基于有向无圈图的敏捷卫星姿态机动策略［J］．北京航空航天大学学报，2014，40（5）：644-650.

[7] 黄群东，杨芳，赵键．新型敏捷卫星机动中成像模式研究［C］．第三届高分辨率对地观测学术年会分会论文集．北京：第三届高分辨率对地观测学术年会分会，2014：1-9.

考虑不确定性因素的军事航天任务体系仿真

李清毅，谭春林，殷建丰
（北京空间飞行器总体设计部，北京，100094）

摘要：现代战争中，不确定性因素无处不在且影响着战争的进程和结局。相对一般战争而言，军事航天任务尤其具有自身的复杂性和特殊性，不确定因素多且互相耦合。目前，航天军事能力与评估技术的一般方法是将有限因素明确量化，这种方法与不确定性数学结合少，对军事航天中的影响因素尤其是不确定性影响因素分析不足，没有充分体现出军事航天的特殊性。鉴于此，文章充分分析军事航天任务中存在的不确定性特点、现有任务分析评估手段的不足，在此基础上对航天任务中的不确定因素进行详细剖析，并进一步阐述这些因素的互相影响方式和作用途径、可能采用的分析方法和手段。希望能够为未来军事航天的不确定性分析方法的开展和推动做好知识储备和经验储备。

关键词：军事航天；不确定性；因素；影响

1 引言

进入21世纪，各国都已经认识到夺取太空权的重要，认识到建设精干、实用、高效的航天力量体系和军事航天应用力量，研制新型装备、探索新的体系作战模式和作战样式的重要性，认识到准确评估在轨卫星作战能力的重要性。

随着新技术手段的发展，战争的突发性和时效性越来越显著，不确定性因素剧增、充斥着战争全程和战场各个角落。相比一般战争而言，军事航天任务和航天对抗任务具有自身的特殊性，如无法准确认各种空间环境的演化规律，无法直接、准确地获知武器装备在太空环境下的属性状态，对装备行为表现的预测经常与实际存在偏差。

因此为准确评估在轨卫星作战能力、应对军事航天战争，做到知识储备、数据储备、经验储备，必须充分分析军事航天任务中存在的不确定性特点、现有任务分析手段和评估手段的不足，对航天任务中的不确定因素、因素的互相影响方式和作用途径、可能采用的分析方法和手段进行详细剖析。

2 军事对抗中考虑不确定性的必要性

军事理论历来都认为，战争是确定性和不确定性的统一。

随着新军事技术和新武器装备的发展，信息化条件下的现代化作战的战场条件、作战手段以及对抗方式等都发生了根本性变化，突发性和时效性越来越显著[1]，不确定性因素充斥着战争全程和战场各个角度，政治局势、经济变革，信息的缺少、过剩、超载、盈余、膨胀等，武器装备的能力多样性，战场态势的多变性，对战争过程等各方面产生着复杂的影响。

在1944年诺曼底登陆前几周，美军开展了多次登陆演练，其中规模最大的是“老虎”演习，参加人数达到23000人。然而事实是，此次“老虎”演习充满了意外。首先，美军把攻击开始时间推迟60min，但美军部分部队却没有接到命令。其次，由于文书失误，英美两国舰船使用了不同的无线电频率而失联。结果，当英国护卫舰因意外碰撞返回维修时，美军登陆舰却对失去保护毫不知情，结果在无所准备的情况下遭到数枚鱼雷的袭击而损伤甚至沉没。事后分析，此次演习遭到了德国海军舰艇的攻击，制造了美军历史上最大的演习灾难。

在即将登陆之前，最初盟军气象学家选择6月5日作为抢滩登陆之日，但是极端天气使气象预报员认为登陆应该推迟到两周后。6月4日，根据从某些位置收集到的数据，英国军事气象学家否决了推迟两周的要求，建议将登陆时间推迟到6月6日。盟军艾森豪威尔将军最终的决定是赌天气给予12h的登陆时机。事实是，虽然当日天气情况并不理想，但一段时间内稍微好一点的天气给予了盟军成功执行登陆计划的时机。相反，德国空军的首席气象学家无法获取到一样的天气信息，他预测恶劣天气将至少持续几周，并阻止盟军进行登陆。这也是德军在登陆开始时猝不及防的原因之一。

多个典型事件及战争历史证明：战争中不确定因素无处不在，它可能颠覆性地改变战斗和战争结局；考虑不确定性因素并加以利用，有利于对战场态势和己方决策做出正确把握；态势和情报信息的缺乏或错误认知，会对敌方的行为、己方的行为做出误判而产生兵力损伤；意外事件背后往往存在着必然规律。因此，必须充分认识到不确定因素和影响对战争的重要性和必要性，尽可能地驾驭不确定性，降低其带来的不利影响。

3　军事航天的任务特点

军事航天任务首先具有一般战争特性，如非线性、多样性、整体性、非对称性、不可逆性等[2]，除此之外，太空任务环境、无法确认的装备行为表现更加剧了航天任务的特殊性[3]。

第一，太空环境各种环境要素的演化规律无法直接获得。第二，装备自身的属性及行为能力在太空环境中会产生变化，一定程度上与地面状态及预期不符。航天器本身是一个极其复杂的多场耦合体，机电热磁各分系统相互作用决定了其行为表现。第三，情报信息缺乏。装备的行为状态、对抗策略、环境变化等态势信息并不全面甚至存在偏差，这使得航天器行为状态的预测更加艰难。第四，太空战争的战争烈度、战争博弈策略、战争进程等都缺乏先例、无例可循。一旦战争发生，对抗行为不仅不存在先验经验且可能具有多种演化趋势，应对方面临极高时效性和精确度要求，处于可选余地小和极高风险的情况下。第五，极高风险、极高的时效性和精确度的要求会对决策者产生巨大心理压力。

在这种特殊性下，分析军事航天任务要素及任务环节中的不确定性因素尤为必要。

4　军事航天的不确定性因素分析

军事航天任务的不确定性来源很多（图 1），其中信息的不确定性为文章讨论的重点。

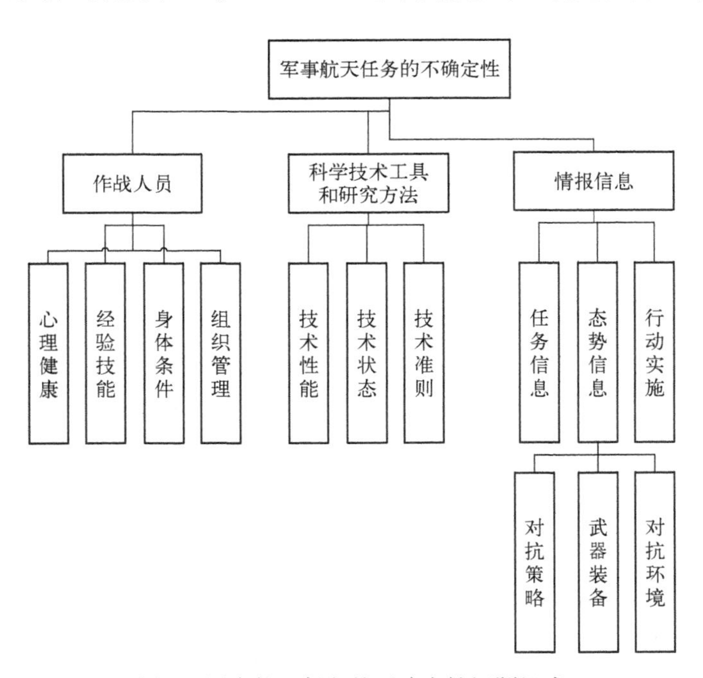

图 1　军事航天任务的不确定性问题组成

1）对抗环境的分布不确定性和未知性

高层空间环境包括了太阳活动、带电粒子、电离总剂量、空间碎片等，目前一般通过长期空间监测手段和现象事件的统计建立理论研究模型或经验模型，从而实现空间事件预报。目前掌握的基本上均是大空间与大时间尺度、平均与静态空间环境的基本构成、特征和规律，缺乏各种爆发性事件以及小空间、小时间尺度局地环境的规律认识，从而造成误报、漏报、保准率低、预报不及时等问题。

近地空间涉及大气、海洋（海浪、固形物、洋流）、气象（风、温度、雨、雾）等多种存在。以气象预报为例，迄今为止仍未透彻地了解大气过程的紊乱，因此现代气象预报是通过要素变化采用数值积分并消除偏差的方法获得，总还是存在偏差。

对于固体地球物理问题，由于对地球自转、内热、内部构造无法勘探和测不准，地磁场的长期变化规律等问题目前仍有很多争议。

2）武器装备自身的不确定性影响因素

武器装备本身是一种典型的复杂系统，具有机电热磁多场耦合的特质。一般情况下，载荷系统负责完成任务支撑，平台系统则在保障装备生存能力的基础上，完成载荷系统的任务需求支撑，各方面各分系统自身产生和受到的不确定影响庞杂而不同。

总体来说，目前对武器装备的不确定性影响的认知，大体能够识别出具体因素有哪些，而这些因素如何演变、相互之间如何影响，乃至如何影响装备系统能力、影响程度如何，还有待深入。文中以航天器卫星的典型分系统为例进行说明。

平台的姿轨控分系统中，各设备的安装误差、系统误差、热噪声、白噪声、摩擦力矩、响应时延、陀螺漂移、光学透过率、背景杂光等都是自身的不确定参数，这些参数在不同的工况下会产生不种幅度的抖动，不同程度上影响了 GNC 分系统最重要的指向精度、稳定度、机动性等能力。

卫电源分系统蓄电池的使用性能受到充放电效率、布片有效率、自身功耗、温度、充放电次数、放电深度、测量精度等的影响，这些参数不易估计、无法建立准确的模型，目前各类型蓄电池充放电特性仍旧依赖试验数据的拟合，从而期望获得准确的 QV 曲线。

对于光学载荷系统而言，在平台保障足够的姿态指向精度、机构稳定度、偏流角修正精度、热稳定性、电稳定性和电可用性等的基础上，光学仪器设备本身的多种元器件，如感光系统的灵敏度、光学系统的搭接精度、辐射定标精度、数据压缩及抗误码方案等，都影响了光学载荷系统的成像质量和成像能力。

对于卫星整星而言，分系统的性能和影响因素都是互相耦合的，无法割裂存在。图 2 以光学载荷分系统为例，分析了其自身影响因子，即内部元器件的影响因素，以及其外部影响因子，即卫星其他分系统会对光学载荷性能产生影响的因素。

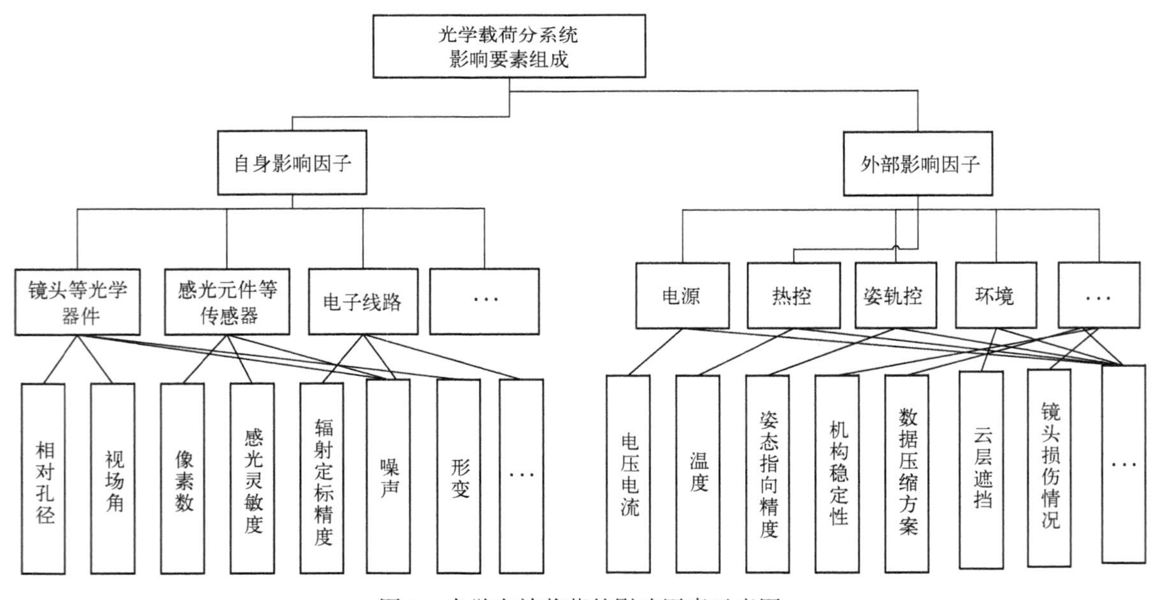

图 2　光学有效载荷的影响因素示意图

这些因素共同影响并决定了光学载荷的实际在轨能力，如探测范围、跟踪精度、MTF、分辨率等。

对于其他武器装备如动能武器、激光武器、微波武器、天基操控武器、电磁炮等，也具有非常复杂的影响参数，如平台的姿态、形状、结构、面积、运动、抗毁性措施等。

3）目标、武器装备、环境、其他如测量系统的耦合效应的不确定性

高层空间环境与装备的耦合作用重点体现在对空间装备产生的单粒子和总剂量效应方面、碎片撞击概率方面。根据近年遥测数据记录统计，由空间环境要素引起的事件占比约为43%，同时在110条遥测事件记录中，有4次事件原因不明，且有1次事件最终引起了卫星的永久故障。在2015年，我国卫星产生了87次碰撞红色预警、黄色预警538次、蓝色预警近7000次。一旦碰撞，厘米级空间碎片就可能造成卫星解体，毫米级空间碎片可能造成卫星结构损伤或功能降阶，而空间碎片检测能力较强的国家能全面监视的最小碎片也只有10cm左右。

近地环境对体系内组成要素的耦合作用则复杂很多。大气相干长度、大气透射、光束衍射发散等会影响地基激光武器装备的到靶能量和能量分布，地球自转畸变、测量误差、环境亮度、风力等会影响动能武器的飞行过程、制导精度等。同时，地面目标以目标雷达反射面积、红外辐射、可见光辐射等为代表的观测性指标会受大气、海洋、地球临边的影响而下降。第三，地面的多径效应、大气的衍射等会影响链路信号的传输质量、传输时效、传输距离等。

最终，空间装备/空间目标、地基装备、地面目标、空间环境、地球物理环境、近地环境，共同形成了一个对抗体系，相互之间彼此影响和联系，如图3所示。

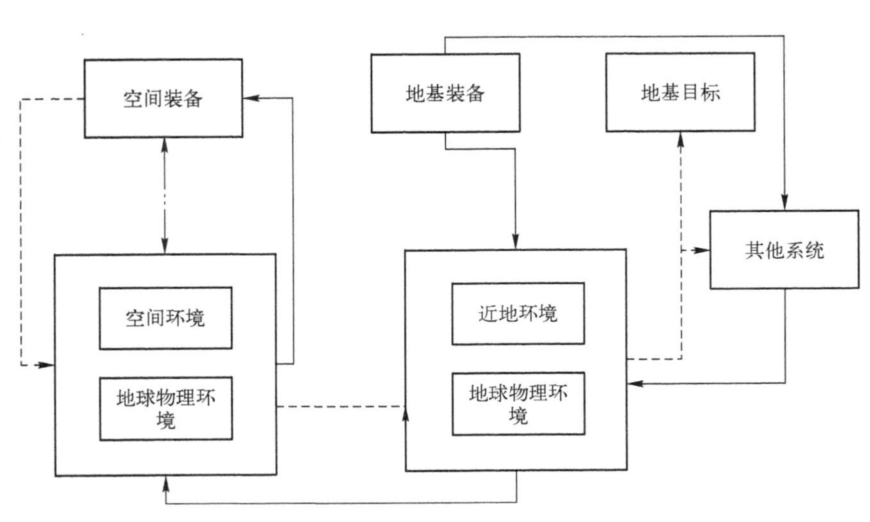

图3　目标、武器装备、环境之间的耦合效应示意图

5　基于不确定性方法的研究建议

鉴于在军事航天任务分析中充斥着大量的不确定性因素，且具有航天任务的独特性。为对我国在轨卫星体系能力进行真实、准确、客观的评估，需要结合确定性和不确定方法进行军事航天能力影响评估技术研究。

不确定性量化是一门交叉性极强的综合性学科，按研究对象分为输入参数不确定性、形式不确定性、物理不确定性、预测不确定性。一般不确定问题研究时，首先不考虑不确定性因素，给出确定性的数学建模和数值求解；其次找出问题的不确定因素来源，并确定这些来源的统计信息，完成不确定性建模，即找出不确定输入参数及其数据特征；最后对不确定性问题进行求解。目前，针对输入参数不确定问题研究方法较为成熟，具体包括概率法和非概率法，其他不确定问题需要根据模型的自身特性、所包含的数学物理机理来具体分析。

在军事对抗任务研究中，目前已经逐渐开始采用的不确定性方法，包括：①进行军事对抗过程假设和分析，将对抗决策退化为确定性环境下的对抗决策问题，用经典博弈论模型进行描述[4]。②在假设的冲突态势集和效用函数的基础上，综合随机熵、模糊理论、概率、人工智能、灰色理论等方法，确定最大可能发生的态势，得到可能性最大的决策通道或评价[5-6]；③以专家知识为核心，通过“内容总线”的形式，通过研讨与协作进行开放决策[7]。

后续研究中，建议可遵循复杂系统思想，从机理、影响、效应、能力各方面内容，综合确定性和不确定性方法，研究体系对抗中各对象各特性和事件的不确定性描述，研究能力的互相传递、能力识别、能力分布等，具体可包括：对象从机理和现象等各方面的不确定因素及作用途径分析；天基体系的能力框架和能力状态的模型研究，天基体系的能力综合影响分析等。

6 结束语

本文首先分析了不确定性因素对军事对抗任务的影响以及军事航天任务的特殊性，明确了为准确评估在轨卫星作战能力必须充分重视不确定性因素研究和不确定性方法研究。

其次，本文重点对军事航天卫星装备涉及的不确定性因素进行了详细分析，并以典型卫星分系统为例，阐述了不确定性因素的互相影响。

最后，本文提出了基于不确定性方法的研究建议和重点研究内容，希望能在后续研究中促进不确定性方法在装备能力和作战能力评估中的应用，从而促进对军事航天真实作战能力的正确把握。

参考文献

[1] 邢云燕．影响指挥员军事决策的因素分析［J］．国防科技，2017.2，38（1）．

[2] 方锦清．令人关注的复杂性科学和复杂性研究［J］．自然杂志，24（1）．

[3] 沈世禄．浅析军事航天任务指挥决策［J］．装备指挥技术学院学报，2007.2，18（1）．

[4] 姜鑫．不确定性环境下的多阶段军事对抗决策方法［J］．系统工程理论与实践，2013-33-8．

[5] 不确定性军事冲突态势的动态预测［J］．程启月．系统工程理论方法应用，2003.6，12（2）．

[6] 张秦．基于广义灰色激励因子的多源不确定性指标动态综合评价模型研究［J］．系统工程与电子技术，2019.3，41（3）．

[7] 司光亚．决胜系统——构建战争决策综合集成研讨与模拟环境的实践与思考［J］．系统仿真学报，2003.12，15（12）．

基于容器云的复杂体系仿真计算支撑架构研究

皇 威，涂歆莹，殷建丰
（北京空间飞行器总体设计部，北京，100094）

摘要：航天系统装备其功能逐步向体系规模大、信息交互频繁、实验样本巨量等特点发展，高密集计算、复杂交互逻辑、多用户多任务并发是体系仿真应用的特点。进而提出了对复杂体系仿真计算的三方面发展要求。首先，本文通过对三方面发展要求，分析得出复杂体系仿真计算支撑环境的技术层面要求。然后，引入了云计算领域的“容器云”技术的核心功能，以及容器云相关成熟工具和解决方案，结合仿真计算自身特点提出了一种基于容器云的复杂体系仿真计算支撑架构，并描述了架构的功能模块和相互间的工作逻辑。最后，深入探讨了支撑架构中的三方面关键技术，给出了对应的设计思路。解决在构建复杂体系仿真计算支撑环境实现资源多租户共享，巨量仿真实体模型精细化调度，计算过程高可用保障技术要求过程中遇到的相关问题。

关键词：容器云；仿真

1 引言

随着航天技术的飞速发展，以及航天应用需求的不断深入，航天系统装备其功能逐步向体系规模大、信息交互频繁、实验样本巨量等特点发展。现有的基础支撑环境难以满足体系设计与仿真评估的需求。其中的仿真方面对基础支撑环境的计算能力和资源调度能力的提升要求尤为迫切，因此有必要实现复杂体系仿真计算的技术架构，支撑复杂体系设计与仿真评估应用需求，为“复杂体系构建”能力的形成奠定技术基础。

目前，国内外用于承载复杂仿真计算的主流支撑技术仍然以分布式的高性能计算机集群为主，典型的分布式仿真技术（DIS）以及高层体系结构（HLA）也都应用在高性能计算集群上，用来适应对高复杂性的体系仿真需求。随着仿真规模和复杂度的不断提升，仿真实体数量和计算量剧增，基础硬件集群规模的扩大，一些重要问题逐渐凸现出来。

（1）如何对巨量基础硬件设备资源的管理和多租户共享。

（2）如何响应多任务并发和高效的模型部署，以及精细化的动态模型调度。

（3）如何提升分布式仿真系统整体的高可用性等事项。

综合以上问题，本论首先分析了复杂体系仿真计算的应用需求，并在基础上提出相应的技术方面的要求。然后通过对容器云相关技术的分析和引入，提出一种具备“云仿真”特征的解决方案，即复杂体系仿真计算云技术架构。最后，针对此技术架构中支撑复杂体系仿真应用的关键技术进行了研究。

2 复杂体系仿真计算的发展需求

复杂体系仿真计算的发展要求主要体现在以下三方面。

（1）更高的计算能力。

（2）支持“海量用户”的多任务仿真支撑环境。

（3）仿真运行的高可用性。

基于上述三方面发展要求，可以得出在技术支撑层面需要满足的要求。

（1）复杂仿真计算支撑环境，是以高性能计算机集群为仿真计算的硬件载体。为了提升硬件资源的利用率，充分发挥出硬件能力，必须将集中管理的硬件资源，通过多用户/租户技术实现资源的共享共用，并支持依据仿真计算所需进行动态硬件资源分配，并且可以保证用户/租户之间数据、模型的隔离和安全特性。

（2）仿真计算服务部署和运行的高效调度。

复杂体系仿真的硬件环境由大量高性能计算机组成，计算资源本身具有多节点、多 CPU 的特点，将仿真任务所需的诸多仿真服务合理地安排到节点和 CPU 上，并实现对服务的动态监控和调度，以提高仿真计算的高效性。

（3）体系仿真计算过程的容错能力。仿真支撑环境能够对仿真计算进行容错，并对出错的仿真模型服务进行重启、迁移和恢复运行等自修复操作，使得仿真计算修复后，整个系统能在出错前一个状态记录点，继续仿真运行。

3 复杂体系仿真计算云的技术架构

对于复杂体系仿真计算云，它需要满足以下要求，首先要具备在高性能计算网络环境中运行的能力，能够运行在 Infiniband 网络，保证计算资源和通信资源，同时支持对资源的占用状态进行动态分配和可伸缩式调整，避免在有资源余量的情况下，出现单硬件节点资源占用饱和问题。然后，具备面向体系仿真计算的 PaaS，不仅支持仿真工具服务的运行与调度，而且能支撑复杂体系仿真，实现巨量仿真实体的分布式运行、调度和通信，监督模型进程运行健康状态和硬件集群节点的资源状态，提供容错性自修复技术手段。最后，支持多用户/租户对资源使用权限进行逻辑层面的划分和动态调配，实现资源的共享、运行环境的隔离[1]。

本技术架构基于容器云相关技术进行设计和搭建。容器云相关技术主要包括容器技术、容器编排技术、容器网络通信技术。

容器技术主要以 Linux 的 Cgroups、namespace、rootfs 等核心技术实现，目前基于该技术的开源项目 Docker 已成为主流，并得到容器云业界的广泛使用。从 Docker 镜像配置定义到 Docker 容器调度运行，在保证了容器内部程序运行的隔离性和轻量化的同时使软件的开发、测试、运维过程大大简化[2]。

容器编排技术主要是为了实现在分布式硬件环境中定义、组织、管理容器群的技术，相关开源项目包括 Kubernetes、Compose + Swarm、Openshift。其中，Kubernetes 凭借在技术架构方面和生产实践能力方面都体现出的完备性和先进性，已成为应用最为广泛的开源容器编排工具项目[2]。

为了使复杂体系仿真计算云适应各类仿真引擎，保证仿真计算云的通用性，将引擎作为相对独立的仿真计算云外部节点，专注于对各模型运行、调度、监控、编排、通信，如图 1 所示。

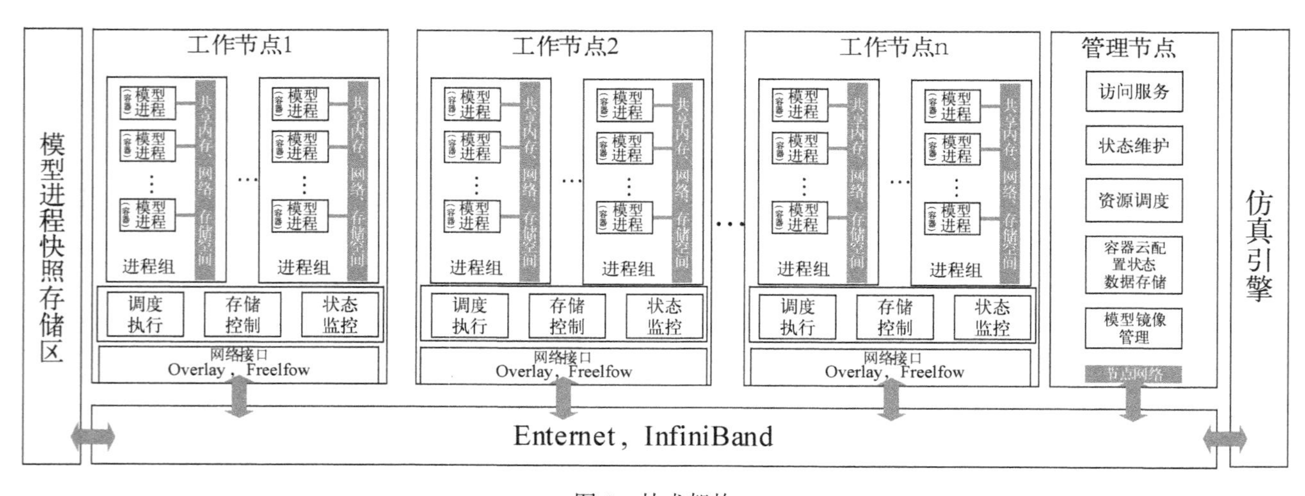

图 1　技术架构

体系仿真计算云的主体技术架构中主要包含两类节点、一个模型进程集合、一个进程快照存储区。两类节点为管理节点和工作节点。

（1）管理节点：主要承担对工作节点和工作节点上运行的所有模型进程进行管控。具体功能包括访问服务、状态维护、资源调度、容器云配置状态数据存储服务、模型镜像管理。可基于 Kubernetes 工具的 Master 组件集合实现。

① 访问服务：提供管理仿真云集群的交互接口，通过接口可以查看各节点的状态、节点上各进程组、各进程的运行状态，提交对模型进程的控制策略等。

② 状态维护：以各个控制策略内容的要求为集群的管控目标，通过访问服务获取容器云的状态信息，判断是否达到管理目标，根据判断结果生成调度任务需求，最后将需求通过访问服务存入容器云配置状态数据存储中。尝试将容器云的状态从“现有状态”修正到“期望状态”。

③ 资源调度：在容器云管理中发挥承上启下的作用，承上是获得状态维护功能生成的调度任务需求，启下是通过访问服务获得容器云的节点状态，并根据特定的调度算法和调度策略，将调度任务需求转为调度指令绑定到某个或某些适合的节点上，最后将绑定到节点的调度指令通过访问服务存入容器云配置状态数据存储中。

④ 容器云配置状态数据存储：提供容器云状态信息、控制策略信息、调度任务信息等，为容器云管理各功能模块提供信息的集中管理。

（2）工作节点：主要承担当前节点状态信息的采集、模型进程运行调度、存储和网络资源管理等工作。具体功能包括调度执行、存储控制、状态监控等功能，均部署在每台工作节点上。可基于 Kubernetes 中的 Kubelet 组件实现。

① 调度执行：结合体系仿真计算过程中模型对象运行中通信数据量大，计算资源需求量大等特点进行了调整定制。通过容器运行时接口与容器进行交互。

② 存储控制：为模型进程提供外部存储卷挂载功能，存储卷的物理位置可以是节点的本地存储，可以是网络存储。通过容器存储接口与存储进行交互。

③ 状态监控：检查模型进程的健康状态，采集模型进程、集群节点的 CPU、内存、文件系统和网络资源的占用信息。通过网络反馈给管理节点的访问服务，汇入容器云配置状态数据存储。通过容器资源分析工具做代理实现各类状态信息的采集。

④ 网络管理：为模型进程提供网络传输功能，支持网络流量带宽的控制，避免多用户多任务之间抢占带宽的问题。为了同时适应以太网和 infiniBand 网络，该功能通过 Overlay、Freeflow 两种覆盖网络方式实现跨工作节点的模型进程通信。Freeflow 通过启用 RDMA 通信机制实现节点间的低延时高吞吐数据传输[3]。

（3）模型进程：工作节点中的模型进程承担仿真计算的任务，诸多模型进程的运行和交互构成体系仿真计算功能。基于 Docker 容器技术，将模型进程进行封装，实现对模型进程运行环境的安全隔离和可用资源调整等功能。在 Kubernetes 中最小的管控单元是一种叫做 Pod 的资源，即，一个或多个容器的集合，Pod 运行在节点，由 kubelet 直接调度。进程组则是一组拥有相同 Network namespace，相同存储卷、内存空间的容器。为相对紧耦合的模型进程提供运行环境。进程组功能可基于 Pod 资源来实现，Pod 内部资源是可共享的，支持模型组内部紧耦合关系的保持和统一管理。

（4）模型进程快照存储：在仿真计算的过程中，模型进程是有状态的。所谓模型进程快照，就是模型进程在某指定仿真时间点的线程、变量、数组等信息集合。模型进程重启后，通过加载快照数据可以将自己恢复到生成快照时刻的状态。快照存储功能可以通过多个独立节点的主从热备和槽位分片技术实现高吞吐和高可用。相应的开源工具包括 Redis、Kafka、RabbitMQ 等。

4　复杂体系仿真计算云的技术研究

复杂体系仿真计算云技术架构的根本目的是满足目前复杂体系仿真计算的上述应用需求和相应的技术支撑需求。本章节针对上述需求，以及新的体系仿真计算云技术架构，提炼出了 3 个设计方面的关键技术，并对关键技术进行了初步研究。

4.1　基于容器云的仿真计算多用户/租户技术

多租户技术（Multi—Tenant Technology）或称多重租赁技术，是一种软件架构技术，它是在探讨与实现如何在多用户的环境下共用相同的系统或程序组件，并且仍可确保各用户间数据的隔离性。从实现多租户模式的技术手段上，可以分为 3 个方面。

基于数据的拆分，利用对数据库、存储区、存储结构或者表空间的切割实现多租户共享与隔离。对数据存储的升级运维技术复杂，成本高，隔离安全较弱。

基于应用的拆分，利用进程或是支持多应用程序同时运行的中间件环境来作为隔离手段实现多租户共享。随着 PaaS、SaaS 技术的日益成熟，该类多租户技术的实现提供基础技术支撑。

基于系统的拆分，利用虚拟化技术，将物理计算节点拆分为多台不同的虚拟机，每个租户可以使用其中一台或是几台。虚拟化技术本身带来的硬件资源消耗较大，实施成本代价高。

对于仿真计算来说，模型的多租户是体系仿真计算云的关注点。模式是共享的资源，支持被用户发起的仿真任务调度运行为模型进程。当模型被用户运行为模型进程后，它将与其他用户运行的模型进程相互隔离，保证不同用户同时利用硬件资源运行仿真计算服务[4]。当模型进程的生命周期结束后，其占用的运行资源将被回收，等待其他程序使用。借助成熟的容器技术，将进程封装于容器中运行，大幅度简化进程间的运行环境隔离过程。借助容器编排这种 PaaS 技术，将容器进行规模化、自动化编排、调度、管理，实现模型进程集合的整体隔离和访问权限管控。下面以 Kubernetes+Docker 为基础技术，阐述体系仿真云技术架构的多租户功能实现，如图 2 所示。

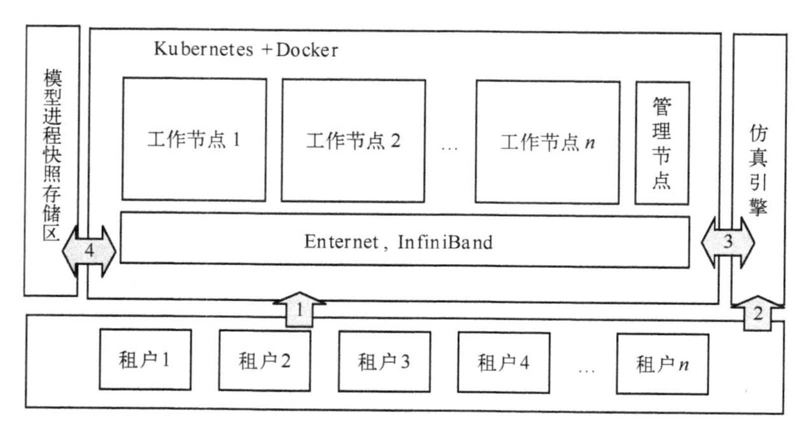

图 2　数据交互流程

（1）首先每个租户根据自己的体系仿真任务需求配置完成任务想定后，系统将会根据该想定文件中模型相关信息生成容器编排配置文件，提交给 Kubernetes+Docker，所需的全部模型将被运行为进程，以服务的形式待仿真引擎调用。容器编排配置文件内容中的角色访问信息、名称空间信息等，是实现不同想定任务间访问隔离的要素信息。保证了被容器编排配置文件启动的模型仅服务于一个同任务想定发起的仿真计算。

（2）将想定文件提交给仿真引擎，预热动仿真推演任务，运行代理模型。通常情况下，仿真引擎调用容器中模型进程提供的服务时需要代理模型作为桥梁，代理模型是不包含模型计算的“空壳”，它将计算过程转给容器。代理模型否运行在容器中，取决于仿真引擎模型部署调度功能与容器的兼容性。

（3）仿真引擎开始仿真推演，通过代理模型与各容器中的模型进程交互，交互使用的技术手段可以根据情况自定义，如 WebService、REST、gRPC 等。本体系仿真计算云技术架构使用 gRPC 作为统一的服务接口技术。

（4）在仿真过程的若干仿真时间点上，模型进程服务被调用前，需要将模型运行状态信息存储为进程快照，快照使用仿真任务 ID+模型 ID+实体角色 ID 保证了实现仿真过程的模型进程快照数据的唯一性，并在一定程度上的多租户隔离。

4.2　基于容器云的模型调度技术

对于复杂体系仿真计算云，其重要功能之一是支撑诸多仿真模型实体进程的运行和状态监控。在一个复杂体系仿真场景中包含大量的仿真实体，实体数量少则几千多则几万甚至十几万。每个实体至少对应一个由容器云管控的模型进程。如此规模的模型进程调度管理，依靠手动管理模型的运行，配置与节点的绑定关系，监控资源占用情况并动态调整，是存在巨大的困难的。需要有一种自动化的手段来完成这一切，保证仿真计算的高效性。

模型的自动化调度技术主要包含两方面内容：一是大量模型集合的“一键”启动；二是模型运行过程对资源占用情况的监控和精细化调度。

大量模型集合的“一键”启动：容器云工具可以为该功能的实现提供技术支撑。下面以 Kubernetes 容器云编排工具为例进行阐述。Kubernetes 工具中的 Controller Manager 组件，对应图 1 的管理节点中的状态维护功能，担任着容器云的管控中心角色。Controller Manager 组件通过多个类型的控制器实现对 Pod 资源的管控。对于控制器来说，被控制对象的策略，是通过的控制策略文件来描述的。文件内容包括控制器状态信息和被控制对象的模板信息，包括模型容器镜像引用定义、容器资源要求定义、服务定义、端口定义等。Controller Manager 收到控制策略文件后，会按照要求启动所有需要的模型容器，并监控是否持续保持期望状态。端口定义这也就意味着，可以根据仿真任务想定中的实体对象信息转换出模型信息，再根据各个模型的运行模板，生成控制策略文件，进而实现“一键”启动复杂体系仿真计算的功能。

模型运行过程对资源占用情况的监控和精细化调度：该功能一方面保证容器在集群中各节点的部署运行情况合理得当，在容器运行资源要求和集群各节点资源充分利用方面形成平衡策略；另一方面通过对实际资源状态与期望状态的比对，可以动态调整容器的节点分布，实现资源调度的动态优化。对于容器云编排工具 Kubernetes 来说，它通过对计算资源管理、资源配置范围管理、服务质量管理、资源配额管理来实现资源监控和精细化调度。

计算资源管理：在 Pod 的控制策略文件中，可以为其中的每一个容器指定需要使用的计算资源（CPU 和内存）。CPU 的单位是核心数，内存的单位是 B，两项资源的配置项分为两种：一种是资源请求；另一种是资源上限。资源调度器会根据资源请求项的信息择优选择有资源余量的节点。资源上限值则会影响节点上发生资源竞争时的解决策略[5]。

资源配置范围管理：在资源请求和资源上限这两种管理的基础上增加了范围设置，这样就为管理策略对 Pod 的管理提供了一个对资源上下限的动态管理提供了一种更加灵活的方法。

服务质量管理：根据 Pod 的资源请求和资源上限配置来实现针对 Pod 的不同级别的资源服务质量控制。Kubernetes 根据资源配置信息为 Pod 建立服务质量等级，根据服务质量等级提供更丰富的管理策略。

资源配额管理：在多租户场景下，不同命名空间可以通过资源配额管理避免多租户间对容器云环境资源总体的不公平竞争。

4.3　基于容器云的仿真计算高可用技术

对于支撑复杂体系仿真计算的基础环境，各类硬件、模型的异常，资源供给的不足等问题发生概率大幅度增加。为了保障仿真计算整体的可持续的正常运行，需要为仿真计算业务建立基础技术支撑环境，实现对软硬件容错能力的提升。容错的重点主要包含两方面的内容：一方面是失效检测；另一方面是错误自修复。

失效在体系仿真计算上可以分成 3 个级别：①节点失效；②资源失效；③模型失效。工作节点通过本地的状态监控功能向管理节点周期性上报状态信息，采集的信息包括接机点层面和各容器层面的 CPU、内存、存储、网络状态信息。管理节点通过这些信息检测和判断节点是否失效、资源是否失效。对于模型进程是否失效，这需要为本地的状态监控暴露一个接口，要求通过调用这个接口的反馈信息判断容器模型进程健康状态，例如，通过容器的 IP 地址和端口号进行 TCP 检查，如果端口能被访问，则表明容器及容器中的模型进程是健康的，反之则模型失效。本文提出的计算云技术架构是基于 Kubernetes 及扩展插件实现上的。基于 Kubernetes 的 DaemonSet 采集节点状态，通过 kubelet 和 cAdvisor 采集容器资源状态，通过探针来采集模型进程状态[6]。所有状态信息通过网络汇入管理节点，保证了失效检测的及时性。

错误自修复是当系统发现失效情况出现后采取的自动修复操作。对于节点失效的情况，在其上的所有模型进程将无法正常运行，需要迁移至其他节点。对于资源失效情况，状态维护功能会根据资源服务等级将部分仿真模型迁移至其他节点运行。对于模型失效的情况，系统将首先采用模型进程重启的策略，其次采用迁移其他节点的策略[7]。以上提到的重启和迁移策略都是先放弃或是杀掉现有进程，同时重新启动该进程。由于模型运行过程中是有状态的，如果在进程本地管理状态信息，当进程重启后，不管是本地重启还是其他节点上重启，之前进程的状态将难以恢复。为解决此问题，在仿真推演时间序列中设定模型状态信息存储的仿真时间点，在仿真时间点的时刻，全部模型将输出其当前进程快照数据，集中存储在模型进程快照存储区。

当体系仿真计算云检测到一个或多个模型进程失效时，告知仿真引擎该仿真推演进行回滚，回滚到最近一个仿真时间点。此时工作状态正常的模型进程处于等待调用的活动状态。当失效进程恢复后，全部模型从快照存储区加载仿真时间点的进程快照，然后仿真引擎从仿真时间点开始继续推进，指导仿真推演完成。

5 结束语

本文首先对复杂体系仿真应用对仿真支撑环境提出的新需求，进行了归纳和分析，得出体系仿真技术发展的应用需求和技术需求。然后，通过结合日趋成熟的容器云理念和技术，提出了复杂体系仿真计算云技术架构。最后，结合需求提炼了技术架构中的关键技术，对基于容器云的仿真计算多租户技术，基于容器云的模型调度技术，基于容器云的仿真计算高可用技术进行了研究，并提出相应的研究方法。综上所述可以看出，通过引入容器云相关技术构建的复杂体系仿真计算云技术架构，能够解决体系仿真计算中已出现的多项问题，并为体系仿真的发展提供高效健壮的技术支撑环境。

参考文献

[1] 李潭，李伯虎，柴旭东．面向云仿真的层次化仿真服务描述框架［J］．计算机集成制造系统，2012，18（9）：2091-2098.

[2] 浙江大学 SEL 实验室．Docker：容器与容器云［M］．北京：人民邮电出版社，2015. 275-294.

[3] RDMA device plugin for kubernetes Introduction. kubernetes RDMA device plugin［OL］. https://github. com/hustcat/k8s-rdma-device-plugin/blob/master/README. md

[4] Naik N. Building a virtual system of systems using docker swarm in multiple clouds［C］. the IEEE International Symposium on Systems Engineering. Edinburgh. 2016. UK：IEEE，2016. 1-3.

[5] 龚正，吴治辉，崔秀龙，等．Kubernetes 权威指南［M］.4 版．北京：电子工业出版社，2019. 643-670.

[6] Chang C C，Yang S R，Yeh E H，et al. A Kubernetes-Based Monitoring Platform for Dynamic Cloud Resource Provisioning［C］. the IEEE Global Communications Conference. Singapore. 2017. Singapore：IEEE，2017. 1-6.

[7] 周利敏，傅妍芳，高武奇，等．基于云仿真平台的高可用技术研究［J］．系统仿真学报，2015，27（4）：786-793.

第八部分

航天器空间碎片撞击风险评估、防护设计与验证

天宫二号空间碎片防护设计与验证

郑世贵[1]，闫　军[1]，韩增尧[2]
（1. 北京空间飞行器总体设计部，北京，100094；2. 中国空间技术研究院，北京，100094）

摘要：天宫二号是我国第二个长寿命载人航天器，在轨时间两年。本文系统地对天宫二号的空间碎片防护设计进行了描述，把热控辐射器距离舱壁一定距离安装形成Whipple防护结构，并与专用防护结构相结合，使实验舱非失效概率满足了总体指标。地面验证试验表明，经防护设计后的天宫二号的抗空间碎片撞击能力达到设计要求。

关键词：天宫二号；空间碎片；防护设计；防护验证

1　引言

空间碎片（Orbital Debris）是指在地球轨道上或再入到大气层中的已失效的一切人造物体（包括它们的碎块和部件）。微流星体（Meteoroid；微流星体和空间碎片简称MOD）是指起源于彗星和小行星带，并在行星际空间中运动的固态粒子。

在20世纪六七十年代，航天器面对的空间撞击威胁主要来自于微流星体，但随着人类航天活动的日益增多，空间碎片环境日益恶化。目前空间碎片总质量已达几千吨，尺寸1cm以上的空间碎片超过50万个，尺寸0.1mm以上的空间碎片超过200亿，地面望远镜和雷达能观测到的空间碎片每年大约增加200多个，截止到2016年7月已编目空间物体17385个，其中空间碎片13344个[1]。美国航空航天局约翰逊航天中心的唐纳德·凯斯勒预言，随着人类发射航天器的数量不断增加，航天器间的碰撞事故变得越来越容易发生，而这样的灾难又会制造出一些碎片来，它们会像多米诺骨牌一样形成连锁反应，这种效应也被称为凯斯勒效应（Kessler Effect）或碰撞级联效应。最后出现的结果是，即使人类不再开展任何航天活动，空间碎片的数量仍然会保持增加，人类通往太空的大门可能被完全封锁。

空间碎片撞击航天器的平均相对速度可达10km/s，微流星体撞击航天器的平均相对速度可达19~22km/s，空间碎片严重威胁着在轨航天器的安全。2013年1月22日，俄罗斯的BLITS（Ball Lens In The Space）小卫星遭到小碎片撞击，并释放出一块碎片，卫星失效。同年5月24日，厄瓜多尔“飞马座”卫星在印度洋上空与一枚由苏联1985年发射升空的火箭燃料箱残骸发生“侧面撞击”，天线“无法定向”，卫星“围绕两根轴狂转”。2011年6月12日，我国某高轨卫星-Y太阳电池阵遭受空间碎片撞击，使得太阳电池阵两个太阳电池电路同时失效，卫星-Y太阳电池阵分流电流（IN4）从当时工作状态对应的7.78A下降到4.94A，发电能力下降了36%。2015年10月15日，我国某资源卫星-Y太阳电池阵遭受空间碎片撞击，单翼发电功能完全丧失。

地基监测网可以发现、跟踪的碎片一般称之为大碎片或可编目碎片，尺寸一般在数厘米以上，与地基监测网的探测能力直接相关；大碎片一旦撞击到航天器，将彻底损坏航天器，因此航天器必须实施轨道机动予以规避。厘米级以下的碎片一般称之为微小碎片，微小碎片可导致航天器舱壁穿孔、辐射器穿孔、电池片损坏、电池片效能下降、光敏器件性能下降等。采取适当的防护措施，如调整飞行姿态、调整设备布局、采用防护性能强的材料、加装防护结构等可以提高航天器在微小碎片环境中的生存概率。国际空间站采用了400多种专门用于抵御空间碎片撞击的防护结构，最大可抵御1cm大小的碎片撞击，而一般的航天器只能抵御毫米级以下碎片的撞击[2]。

针对微小碎片防护问题，中国空间技术研究院自主开发了空间碎片防护设计软件包MODAOST，后又增加了防护结构设计优化、灾难性失效概率评估等功能，在系统功能、运行效率、计算精度和工程化水平方面已与国际接轨，达到国际同类软件的先进水平。[3] 该软件的开发成功标志着国内首次系统掌握了空间碎片撞击风险评估关键技术，得到国内唯一可用的空间碎片防护顶层设计工具。

对航天器的空间碎片防护工程问题，首先开展空间碎片撞击风险评估，分析其失效准则并开展失效风险评估；接着基于超高速撞击试验或仿真进行防护方案设计，最后开展超高速撞击试验进行验证。本文介绍了天宫二号的空间碎片撞击风险评估、防护设计和防护验证。

2　撞击风险评估方法

空间碎片风险评估是航天器空间碎片防护设计的基础，其根据航天器几何构型、工作参数、空间碎片工程模型以及撞击极限方程得出空间碎片非撞击概率/非失效概率以及撞击风险分布。

2.1　计算方法

航天器遭遇空间碎片的撞击数随空间碎片通量、航天器暴露面积和暴露时间成线性增长：

$$N = FAT$$

式中：N 为撞击数；F 为空间碎片通量（$1/\mathrm{m}^2$/年）；A 为航天器暴露面积（m^2）；T 为航天器暴露时间（年）。

当撞击数 N 确定时，相应时间间隔 T 内发生 n 次撞击的概率 P_n 服从参数为 N 的泊松统计分布：

$$P_n = \frac{N^n e^{-N}}{n!} \quad (n=0,1,2,\cdots;N>0)$$

式中：P_n 为时间 T 内，发生 n 次撞击的概率；n 为时间 T 内，撞击的次数。

非撞击概率为

$$P_0 = \mathrm{e}^{-N}$$

式中：P_0 为非撞击概率。

撞击概率为

$$Q = 1 - P_0 = 1 - \mathrm{e}^{-N}$$

式中：Q 为撞击概率。

当 N 是失效数或穿透数时，上述计算式同样成立。

如果 N 是失效数，则 P_0 就是非失效概率 PNF，Q 就是失效概率。

如果 N 是穿透数，则 P_0 就是非穿透概率 PNP，Q 就是穿透概率。

2.2　撞击风险评估标准流程

航天器空间碎片风险评估流程如图 1 所示[4]，通过航天器空间碎片风险评估，可确定由空间碎片撞击引起的失效概率，并可在此基础上改进防护结构设计，以满足航天器空间碎片防护要求。

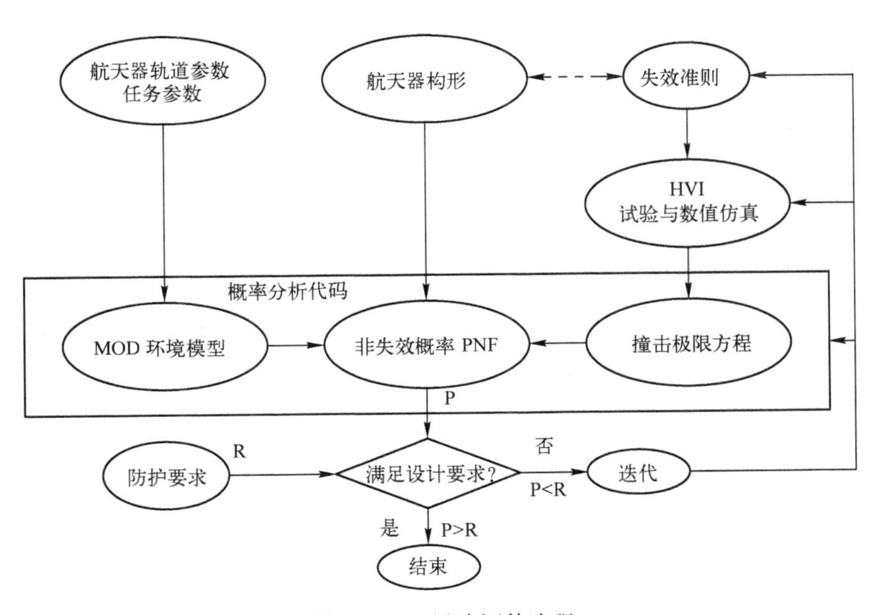

图 1　MOD 风险评估流程

3 防护原理

天体物理学家 Fred Whipple 于 1947 年率先提出 Whipple 防护结构，即在航天器本体结构外一定距离处增加一层金属薄板，提高航天器对空间碎片的防护能力。防护原理如图 2 所示，粒子撞击缓冲屏后产生激波，如果粒子撞击速度足够高，形成的反射激波强度足够大，就能通过使粒子破碎、液化直至汽化吸收撞击能量，并形成直径远大于粒子直径的碎片云，从而将撞击能量分散到更大面积的舱壁上，即减小了舱壁单位面积上所受的撞击能量；舱壁捕获碎片云，保护航天器内部仪器设备。Whipple 防护结构被广泛应用于航天器防护中，如美国的“天空实验室”空间站、“阿波罗”飞船、苏联的“礼炮”空间站等。

在 Whipple 防护结构的基础上，更多具有较高防护效率的防护结构被开发出来，如填充式防护结构、网状双屏防护结构、多冲击防护结构以及混合多层冲击防护结构等。这些新型的防护结构提高了航天器对空间碎片的防护能力。其中 Nextel/Kevlar 填充式防护结构在国际空间站上得到了广泛应用，试验表明，国际空间站采用的填充式防护结构能够抵御直径 1cm 铝球的超高速撞击[2,4]。

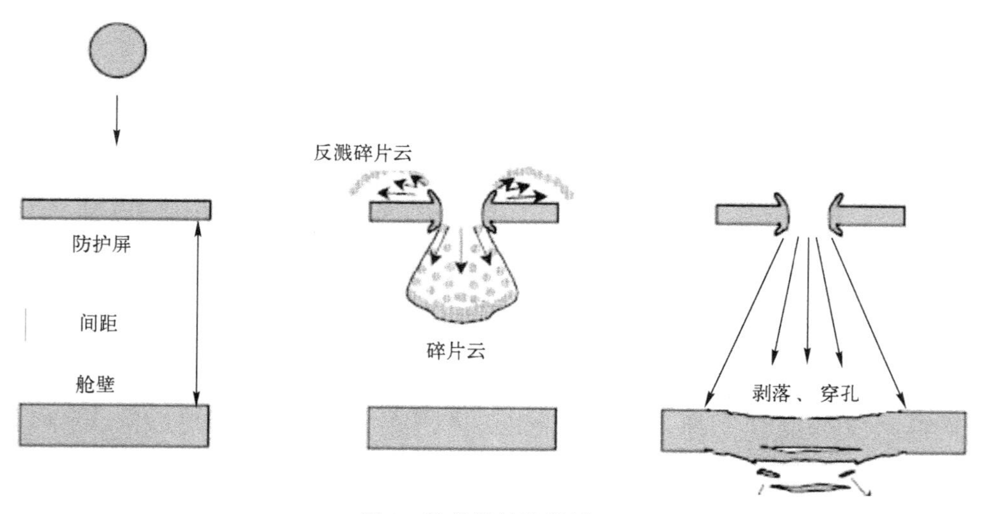

图 2　防护结构防护原理

4 撞击风险评估

天宫二号的设计轨道近似为圆轨道（偏心率小于 0.001），自主飞行时轨道高度 380km，倾角 42°~43°。天宫二号由密封舱和非密封舱两部分组成，实验舱为密封舱，资源舱为非密封舱。

撞击风险评估采用的工具为空间碎片防护设计软件包 MODAOST。撞击风险评估采用的空间碎片环境模型为 ORDEM 2000，微流星体环境模型为 NASA SSP 30425，均为国际通用的环境模型。撞击风险评估的结果用非撞击概率（PNI）和非穿透概率（PNP）来表示。

表 1 给出天宫二号实验舱的撞击风险评估结果，图 3 给出天宫二号的撞击风险评估云图。根据风险评估结果可知，对于直径大于 0.1mm 或 0.5mm 的撞击粒子，撞击概率为 100%，即撞击事件无法避免，但这种规模的撞击通常对航天器不会构成严重威胁；对于直径大于 5mm 的粒子，撞击概率极小（可理解为撞击事件千年一遇），撞击风险可以忽略不计；而直径在 0.1~5mm 之间的粒子撞击概率高达 83%，是构成威胁的主要来源；航天器两侧、天顶面和迎风面是高风险区，是空间碎片防护设计的重点。对地面撞击风险较低，可不进行防护。

表 1　实验舱非撞击概率评估结果

粒子直径	撞　击　数	PNI
d>0.1mm	1.1802×10^{3}	0.0000
d>0.5mm	1.9766×10^{1}	0.0000
d>1mm	1.7476	0.1742
d>5mm	1.8358×10^{-3}	0.9982
d>10mm	1.5004×10^{-4}	0.9998

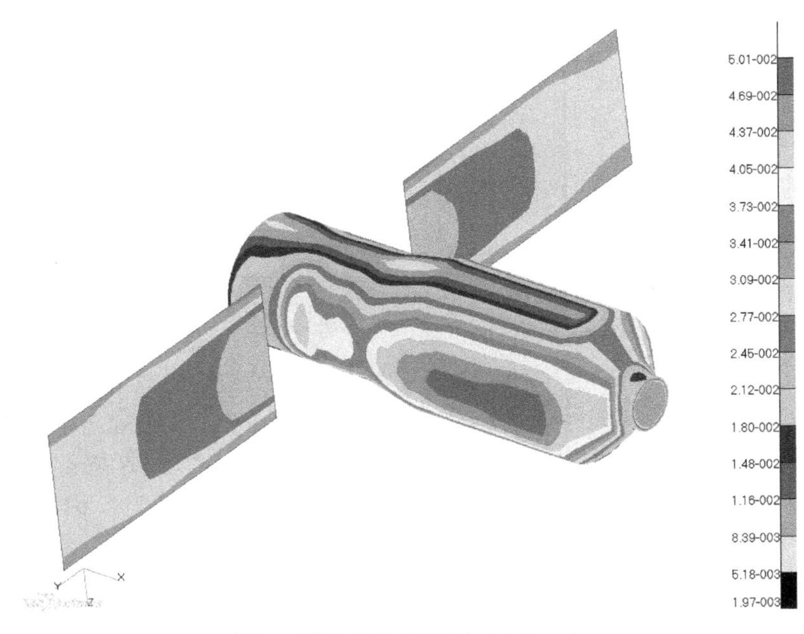

图 3　撞击数分布云图（d>1mm）

5　防护设计

5.1　防护设计方案

根据天宫二号撞击风险评估结果，对实验舱前锥段、柱段天顶面和柱段两侧采用 Whipple 防护结构进行防护。

实验舱柱段紧贴舱壁布置有大面积的热控辐射器（图 4），现把辐射器距离舱壁一定距离安装作为防护结构的缓冲屏，使辐射器除了正常的热控功能外，还具有更好的防护功能。在柱段天顶面和两侧没有辐射器的部位增加专用防护结构。具体的防护设计参数如表 2 所列。

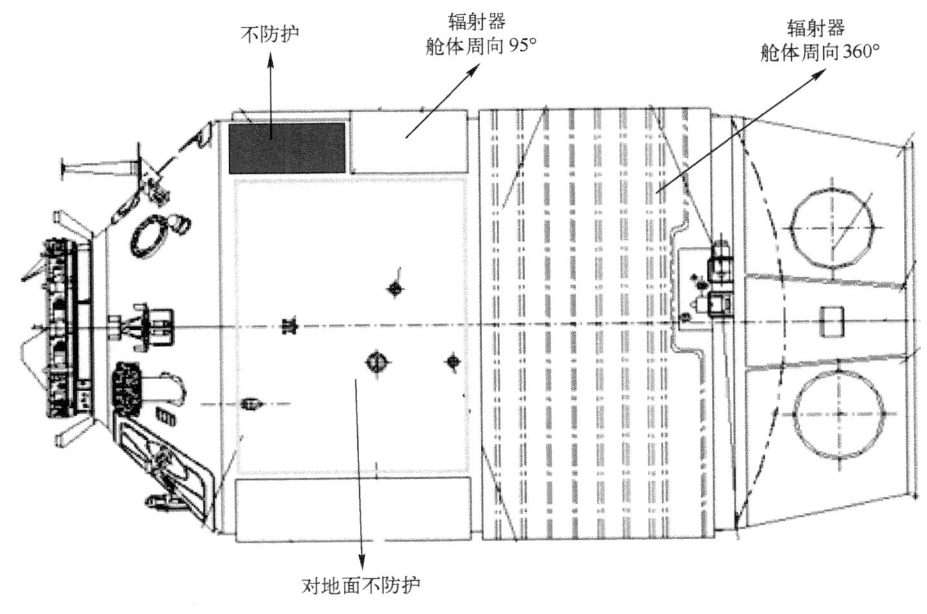

图 4　实验舱辐射器布局

表 2　实验舱防护

舱段部位	缓　冲　屏	间　　距
前锥段	1.0mm 厚 6061 铝合金	70mm
柱段辐射器部位	1.0mm 厚 5A06 铝合金	51mm
柱段天顶面和两侧非辐射器部位	1.0mm 厚 6061 铝合金	51mm
柱段对地面	–	–

密封舱击穿就会漏气，因此密封舱失效准则为舱壁击穿。采用国际通用的、NASA 开发的 Christiansen 单墙撞击极限方程与 Christiansen Whipple 撞击极限方程分别表征密封舱非防护区域和防护区域的撞击特性。表 3 给出防护设计方案的风险评估结果，即非失效概率 PNP 为 0.8255，击穿事件相当于十年一遇。

表 3　天宫二号实验舱非失效概率评估结果

失　效　数	PNP
1.9180×10^{-1}	0.8255（约 10 年一遇）

5.2　防护设计验证

针对密封舱防护设计方案，设计了两类试验件（前锥防护结构试验件和辐射器防护结构试验件，分别如图 5 和图 6 所示）进行超高速撞击试验以验证上节采用的 Whipple 撞击极限方程。

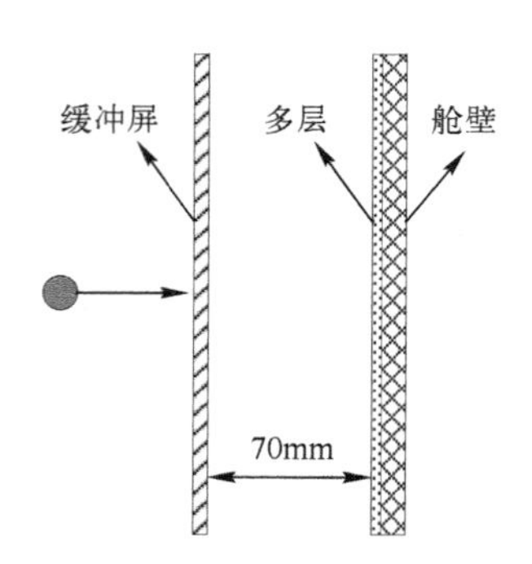

图 5　前锥防护结构试验件示意图

两类试验件均由三部分组成：缓冲屏、热控多层和舱壁（忽略舱壁曲率作为平板）。试验件尺寸为 200mm×200mm，外板厚度 1mm；热控多层位于内板及外板之间，厚度 2～3mm。前锥防护结构试验件缓冲屏为 1mm 厚 6061 铝合金，舱壁为 3mm 厚铝合金；辐射器防护结构试验件缓冲屏为 1mm 厚 5A06 铝合金，舱壁为 2.5mm 厚铝合金。

表 4 给出前锥防护结构撞击试验结果，有效数据 20 个，其中失效 13 个，未失效 7 个，表 5 给出

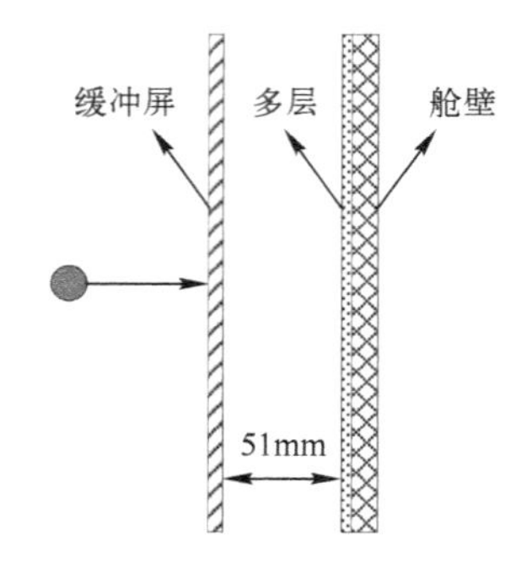

图 6　辐射器防护结构试验件示意图

辐射器防护结构的撞击试验结果，有效数据 16 个，其中失效 9 个，未失效 7 个，图 7 给出了辐射器防护结构撞击试验结果（14 号，弹丸直径为 5.26mm，弹丸速度为 6.617km/s）。

表 4　前锥防护结构试验件撞击试验结果汇总

编号	速度/(km/s)	弹丸直径/mm	是否失效
1	5.147	4.53	是
2	5.093	5.02	否
3	3.448	3.55	否
4	3.344	3.75	否
5	4.880	5.54	是
6	5.316	5.00	是
7	6.977	5.52	否
8	2.447	3.54	是
9	5.900	5.77	是
10	6.710	5.77	否
11	2.553	4.00	是
12	6.775	6.48	是
13	7.000	6.02	否
14	6.705	6.50	是
15	6.706	6.00	是
16	3.028	4.00	是
17	3.278	4.03	是
18	4.998	5.00	否
19	5.058	5.25	是
20	2.803	3.78	是

表 5　辐射器防护结构试验件撞击试验结果汇总

编号	速度/(km/s)	弹丸直径/mm	是否失效
1	5.128	5.54	是
2	5.194	5.02	是
3	2.967	3.26	否
4	3.371	3.74	是
5	5.100	4.52	否

（续）

编号	速度/(km/s)	弹丸直径/mm	是否失效
6	5.083	4.73	否
7	7.044	5.55	是
8	6.703	5.00	否
9	6.027	5.55	是
10	6.085	5.00	否
11	1.676	3.54	否
12	2.975	3.56	是
13	1.690	3.04	否
14	6.617	5.26	是
15	1.876	4.00	是
16	5.879	5.24	是

图8、图9分别给出了空间碎片正撞击情况下，前锥防护结构、辐射器防护结构撞击极限曲线与超高速撞击试验的结果比对，可以看出，撞击极限曲线与试验验证的临界弹丸直径的变化趋势基本一致，试验结果略高于预测撞击极限曲线（临界弹丸直径相差1mm左右），这主要是由于空间碎片实际形状、材料等特性并不确定，而试验所用的弹丸多为球形，材料为铝合金，因此，在撞击极限方程开发时留有一定的余量。

通过上述试验验证分析说明，对实验舱失效风险分析时采用Christiansen撞击极限方程合理，并且有一定余量，可满足工程应用。

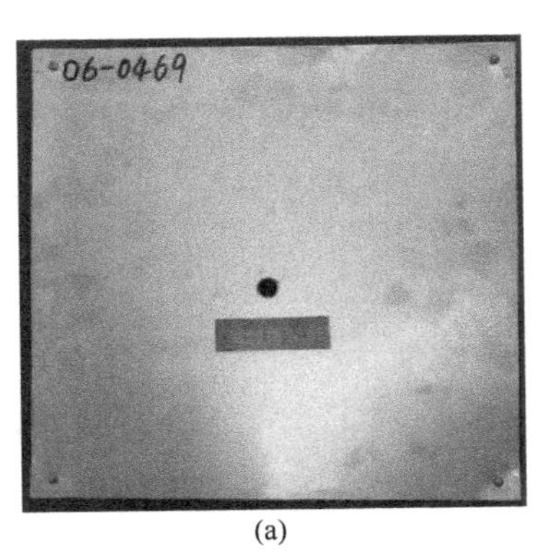

(a)

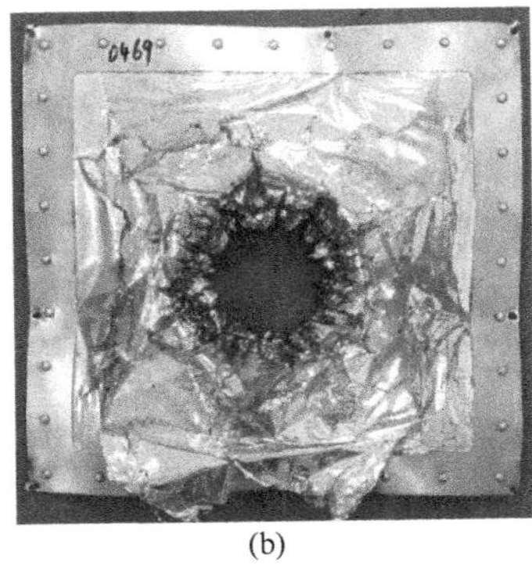

(b)

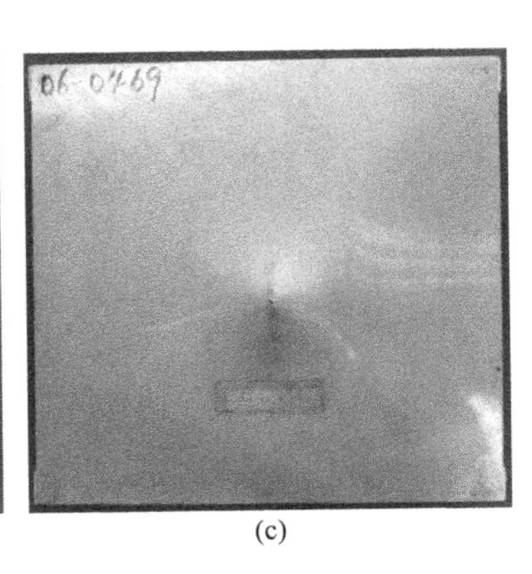

(c)

图7　辐射器防护结构试验件撞击试验结果（5.26mm，6.617km/s）

（a）缓冲屏正面；（b）热控多层正面；（c）舱壁背面。

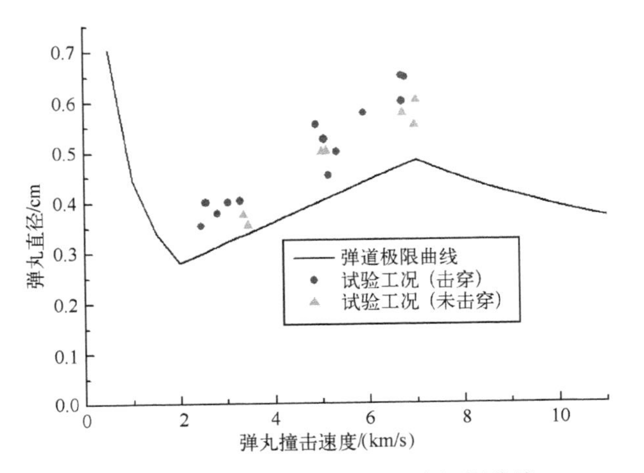

图8　前锥防护结构试验件撞击极限曲线

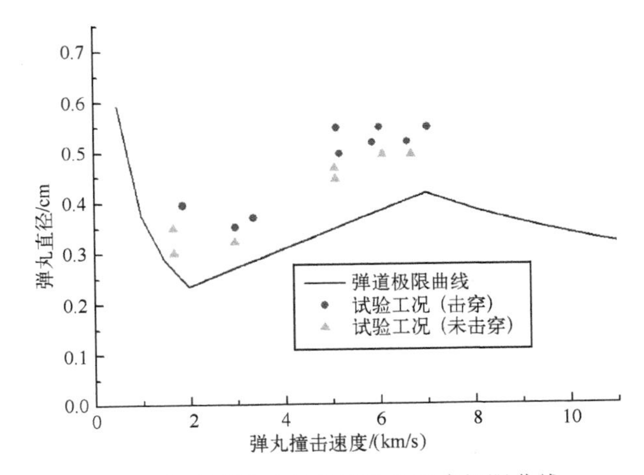

图9　辐射器防护结构试验件撞击极限曲线

6　结束语

针对天宫二号的具体特点开展了空间碎片防护设计。实验舱防护设计没有采用国际空间站的全防护方案，而是采用高风险区部分防护方案，并且把热控辐射器距离舱壁一定距离安装形成Whipple防护结构，使辐射器除了正常的热控功能外，还具有更好的防护功能。辐射器防护和专用防护相结合，使实验舱非失效概率达到 0.8255，满足了总体指标。

参考文献

[1] Orbital Debris Quarterly News, NASA, Volume 20, Issue 1-2, 2016.

[2] Eric L. Christiansen, Meteoroid/Debris Shielding, NASA TP-2003-210788.

[3] 韩增尧，郑世贵，闫军，等，空间碎片撞击概率分析软件开发、校验与应用［J］. 宇航学报，2005，26（2）：228-231.

[4] IADC. Protecting Manual, v3. 1. 12. 03. 2013.

关于空间交通管理的讨论

闫　军
（北京空间飞行器总体设计部，北京，100094）

摘要：空间交通管理是近年来的国际航天领域热点概念。本文对其内涵进行了讨论，并尝试给出其定义，还对促使空间交通管理概念产生的空间碎片环境和巨型星座等因素进行了阐述，最后给出了应对建议。

关键词：空间碎片；空间交通管理；巨型星座

1　空间交通管理的概念

空间交通管理（STM）近年来的国际航天领域热点概念，但尚未形成完整、公认的概念。国际宇航学会（IAA）在2006年发布的《空间交通管理研究报告》定义为，“空间交通管理包括在进入外空、在轨运动以及再入过程中保证航天器安全和不受干扰的各种技术和制度规则。”美国航空航天局（NASA）在2016年发布的《轨道交通管理最终研究报告》定义为，“避免轨道空间的各种因素导致的意外对宇航员、航天飞行参与人员造成伤害和对公共福祉的破坏，导致航天器的损毁和对航天器造成干扰。空间交通安全治理是建立政策，必要的监管机构，机构间关系；制定规章制度；并实施技术，组织和运行解决方案，以强加空间交通安全。”欧洲航天局（ESA）在2017年发布的《执行欧洲空间交通管理系统》定义为，“执行所有必要的管理和监控操作（包括定期和应急情况）确保载人和无人亚轨道航天器和航天飞机在欧洲现有空中交通管理系统和基础设施条件下，在近地空间和空气空间进行安全的弹道飞行。”

为更容易理解，本文给出如下定义：“空间交通管理是指为保证航天器进入太空、在轨运动以及再入地球过程中的安全，所采用的管理和技术层面的解决方案，包括发布政策、建立机构、制定规章、实施技术操作等。”

2018年6月18日，美国总统特朗普签署了“3号航天政策令”《国家空间交通管理政策》，这是美国首份完整、综合性的太空交通管理政策，目的是实现空间环境的安全、稳定和可持续利用。虽然报告未对空间交通管理概念重新定义，但对报告内容的介绍有助于理解空间交通管理的技术内涵，梳理空间交通管理的管理体系和技术体系。[1]

一是明确空间交通管理的四项原则。维护空间环境的安全、稳定和可持续性利用；提供及时、可用的空间态势感知数据和空间交通管理服务；定期修订空间碎片减缓准则、标准和政策；制定一整套空间交通管理框架（包括最佳实践、安全标准、发射前风险评估和在轨规避服务等）。

二是提出空间交通管理的九项目标。推进空间态势感知和空间交通管理技术的发展；减轻空间碎片对空间活动的影响；提升美国在空间态势感知和空间交通管理领域的商业领导力；向公众免费提供空间态势感知基础数据和空间交通管理基本服务；提升空间态势感知数据的兼容性和共享能力；制定空间交通管理标准和最佳实践；防止非故意的射频干扰；改进美国空间物体登记制度；制定未来美国轨道操作的政策和准则。

2　空间交通管理的需求

2.1　碎片环境的恶化和巨型星座的发展

空间交通管理概念的提出主要来自两个因素的牵引：一是空间碎片环境的持续恶化；二是微纳卫星和巨型星座的迅猛发展。

根据表1给出的航天器在轨解体事件可以看到空间碎片环境的恶化程度，每次解体事件均产生大量可编目碎片，不可编目碎片难以定量。其中2009

年发生的美俄卫星相撞事件（美国 IRIDIUM 33 卫星与俄罗斯已报废的 COSMOS 2251 卫星）影响最大，被称为“宇宙大碰撞”，产生的碎片分布于 500～1300km 的空间，威胁着在轨航天器的安全。

表 1　近年发生的几次解体事件

来　源	解体时间	解体原因	碎片数量
NOAA 16	2015	爆炸	200
DMSP 5D-2 F13	2015	未知	160
COSMOS 2251	2009	碰撞	1668
IRIDIUM 33	2009	碰撞	628
COSMOS 2421	2008	未知	509
Breeze M R/B	2007	爆炸	85

微纳卫星因其研制周期短、制造成本低，近些年大量进入重要价值低轨道区域，以 2016 年世界全年发射的航天器统计为例，质量 50kg 以下占比 47.84%，质量 10kg 以下占比 36.36%。[2] 至 2019 年，质量 50kg 以下卫星仍然保持较高的活跃度，占比降至 38.82，[3] 如表 2 所列。这些微纳卫星仅具备很弱的变轨能力或完全不具备变轨能力，将长期占用轨道资源。

表 2　2016 年全球发射航天器数量统计情况（质量）

序　号	质量/kg	数　量	占　　比
1	$m\leqslant1$	9	4.30
2	$1<m\leqslant10$	67	32.06
3	$10<m\leqslant50$	24	11.48
4	$50<m\leqslant100$	1	0.48
5	$100<m\leqslant500$	20	9.57
6	$500<m\leqslant1000$	16	7.66
7	$1000<m\leqslant3000$	25	11.96
8	$3000<m\leqslant5000$	14	6.70
9	$m>5000$	33	15.79
合计		209	100

传统通信星座主要有铱星系统、全球星系统和轨道通信系统，见表 3。尽管铱星系统曾造成卫星相撞事件，但仅引起一时关注。近些年来，巨型星座迅猛发展（见表 4）。计划发射的卫星数量远超现有编目碎片，将极大程度改变空间碎片环境，引起全球的广泛关注，并直接促成了美国《国家空间交通管理政策》的发布。

表 3　传统通信星座

星座名称	星座参数
铱星系统（Iridium）	72 颗星，780km，86.4 度，6 个轨道面，各 12 颗星
全球星系统（Globalstar）	40 颗星，1400km，52 度，4 个轨道面，各 10 颗星
轨道通信系统（Orbcomm）	30 颗星，750km，45 度，6 个轨道面，各 5 颗星

表 4　已公开的超过 100 颗卫星的星座

星座名称	国家	卫星数	轨　　道
SpaceX	美国	7518	极低轨道
SpaceX	美国	4425	LEO
波音	美国	2956	LEO
OneWeb	美国	1440	LEO
OneWeb	美国	1280	MEO
TeleSat	加拿大	234	LEO
Kepler	加拿大	140	LEO

2.2　巨型星座对在轨航天器的影响

在微纳卫星造成空间碎片环境恶化方面，国内的关注可追溯至 2015 年 9 月 20 日的长征 6 号“一箭 20 星”发射。航天五院的冯昊等对其影响进行了分析，认为在 510km 发射轨道上，航天器的碰撞风险增加了约 20%，见图 1。

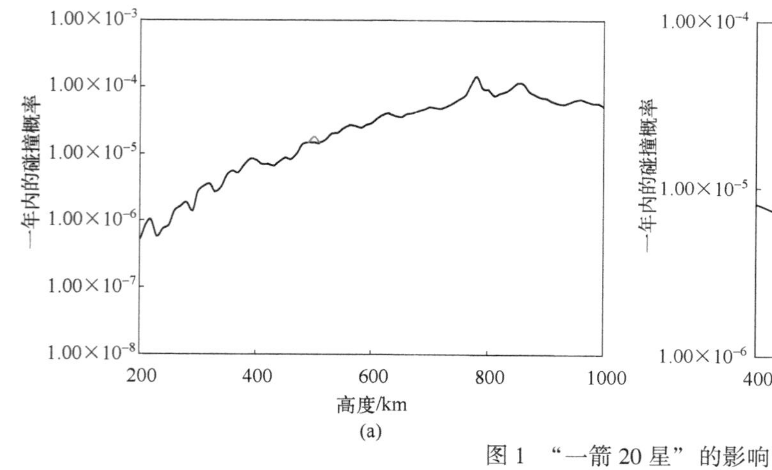

(a)

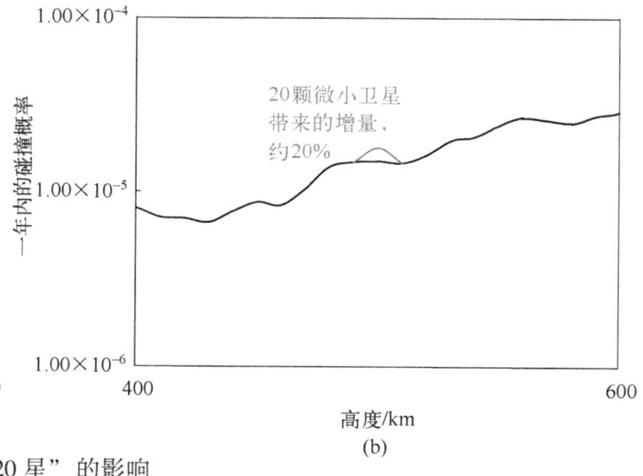

(b)

图 1　“一箭 20 星”的影响

（a）低轨卫星一年内碰撞概率；（b）500km 附近卫星一年内碰撞概率。

在巨型星座造成空间碎片环境恶化方面，美国宇航公司的 Glenn Peterson 等曾做过详细的分析。假设五种给定的星座 FCM 1－FCM 5，见表 5，其星座参数和任务后处置方案各不相同。[4]

表 5　美国的一个星座影响算例

星座	FCM 1：4080 颗星，1100km，极轨，48 个轨道面，各 85 颗星 FCM 2：720 颗星，1200km，极轨，18 个轨道面，各 40 颗星 FCM 3：120 颗星，1800km，极轨，6 个轨道面，各 20 颗星 FCM 4：100 颗星，651km，97.9 度，5 个轨道面，各 20 颗星 FCM 5：28 颗星，576km，97.8 度，4 个轨道面，各 7 颗星
处置	遵循 IADC 指南： FCM 1&2：用小推力处置至 5 年轨道 FCM 3：用大推力处置至 25 年轨道 FCM 4&5：自然衰减

分析给出 FCM 星座对低轨道空间密度的影响，见图 2。值得注意的是 FCM1－FCM 3 星座均按照 IADC 减缓指南遵循了离轨操作，这种处置给 ISS 轨道环境带来较大影响，使得 ISS 预警数提高约 6 倍，约 76%来自 FCM 1，约 15 %来自 FCM 2。

根据 Glenn Peterson 的分析，FCM1 星座所有卫星在 6436s 内通过一次极点（一个轨道周期），即每颗卫星通过极点的时间窗口只有 1.6s。每个轨道周期内，该星座要发生约 8000 次 20km 交会预警。按 FCM 110 年 20km 预警次数计算，工作卫星与背景约产生 153000000 次碰撞预警，废弃卫星与背景约产生 384000000 次碰撞预警，工作卫星与自身约产生 644000000 次碰撞预警，见图 3。

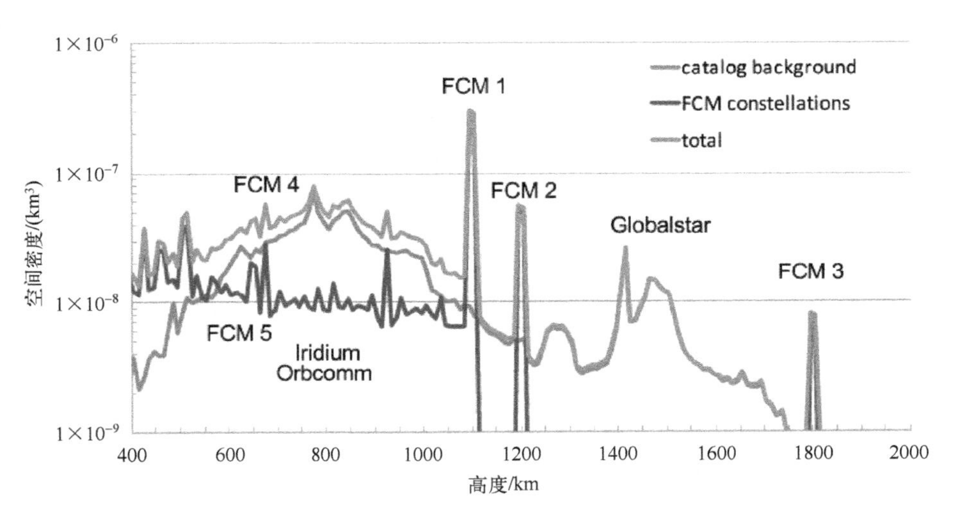

图 2　FCM 星座对低轨道空间密度的影响

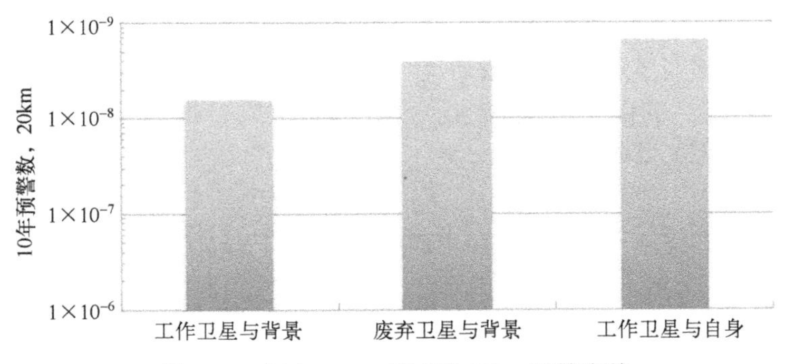

图 3　10 年内 FCM1 星座的 20km 预警次数

需要指出的是，上述分析中假设 FCM1 等星座遵循了减缓指南，但实际上根据公开的报道，铱星系统和全球星系统的任务后处置率均低于 20%。

3　关于空间交通管理的思考

航天器对轨道资源的需求并不均匀，除传统

被充分认识的地球同步轨道外，航天器还密集分布在太阳同步轨道上，因此该轨道上空间碎片分布较多，航天器受到的威胁也较大，俗称“黄金轨道”。

因此迫使我们必须思考两个问题：

（1）轨道资源的稀缺性如何评估？轨道资源容量大小、轨道资源使用情况与空间物体碰撞风险的关联如何定量描述，这涉及卫星设计、空间碎片编目及运动趋势预测、卫星运行控制水平等多个领域复杂因素，目前国际尚无标准的定量评价模型和方法，需要开展专题研究，建立科学的模型和方法。

（2）碎片治理的急迫性如何评估？自美国科学家唐纳德·凯斯勒于 1978 年提出了凯斯勒效应（Kessler Syndrome）后，就成为一个很有争议的问题。如果存在凯斯勒效应，何时会发生？凯斯勒效应所对应的轨道资源占用规模是多大？在近几年的国际会议中，甚至有专家学者认为目前凯斯勒效应已经发生。

同时还要开展空间交通管理研究和实践：

（1）完善空间交通管理相关政策制定。我国自 2000 年启动空间碎片行动计划以来，积极开展空间碎片政策法规方面的研究工作，形成了一系列相关成果，包括 2001 年发布了《空间物体登记管理办法》，2009 年和 2015 年相继发布了《空间碎片防护管理暂行办法》和《空间碎片防护管理办法》，2016 年发布了《民用卫星工程管理办法》，2020 年发布了《宇航型号搭载与发射许可管理细则》（试行）等。但是，这些政策法规研究主要是针对当时的热点问题和国际事件应对而开展的，内容分散，落实力度不足，有待进行整合和完善。

（2）规范我国微纳卫星及其星座的入轨活动。应限制微纳卫星对黄金轨道的占用，例如，设计寿命在 1 年以上的业务应用型微纳卫星可选择 500km 以下高度的轨道，设计寿命在 3 个月 ~1 年之间的技术试验型微纳卫星可选择 450km 以下高度的轨道，设计寿命在 3 个月以下的业余型微纳卫星可选择 350km 以下高度的轨道。同时，应限制或禁止 10cm 以下微纳卫星的发射，无法离轨的微纳卫星应采用信标进行定位。

（3）开展空间碎片减缓和防护工程实践。在空间碎片减缓方面，钝化的目的是“减少增量”，技术成熟，标准完善，欠缺于标准执行力度；移除的目的是“减少存量”，国内也有大量技术储备，欠缺于在轨验证和应用。在空间碎片防护方面，也积累了许多技术成果，欠缺于型号设计和技术研发的互动。

4 结束语

微纳卫星和巨型星座的发展给在轨航天器带来巨大威胁，并促成了空间交通管理概念的产生。基于对微纳卫星和巨型星座对在轨卫星的影响，本文建议应完善空间交通管理相关政策制定，规范我国微纳卫星及其星座的入轨活动，并开展空间碎片减缓和防护工程实践。

参考文献

[1] 星际智汇微信公众号 .
[2] 徐映霞 . 2016 年全球航天器发射统计与分析 [J]. 国际太空，2017，2：2-7.
[3] 付郁 . 2019 年全球航天器发射统计与分析 [J]. 国际太空，2020，2：11-15.
[4] Glenn E. Peterson, Implications of Proposed Small Satellite Constellations on Space Traffic Management and Long-Term Debris Growth in Near-Earth Environment, 67th International Astronautical Congress, 2016, Mexico.

电子设备超高速撞击效应研究

郑世贵，宫伟伟，王　巍
（中国空间技术研究院总体设计部，北京，100094）

摘要：太阳电池阵在超高速撞击下除了发生电池片、基板损伤外，还会发生放电效应，初级放电基本不会造成损失；持久放电将会对太阳电池阵造成严重碳化和烧蚀，该效应引起了多个卫星失效。电缆在超高速撞击下会破坏绝缘层或切断导线，导致短路、开路以及持续放电烧毁整束电缆，可以通过电路断路器设计以备电缆发生短路时保护下游设备，而对于持续放电烧毁整束电缆目前还没有很好的应对方法。锂电池在超高速撞击下如果电池芯防护结构被击穿，则会损坏电池芯，受撞电池芯热泄漏还可能导致临近电池芯热泄漏而失效。电子盒在超高速撞击下会发生信号突变，包括阶跃或明显失真，如果重启能恢复正常则为暂时失效，否则为永久失效。

关键词：空间碎片；超高速撞击；电损伤；失效模式

1　引言

现代卫星中电子和电气设备的数量远远超过机械部件。统计表明约45%的卫星保险诉求都与电源分系统故障有关[1]。统计发现电子和电气故障占卫星故障总数的54%，是机械和热故障（27%）的2倍[2]。空间环境是造成卫星故障的主要因素，包括太阳辐射、宇宙射线、电磁风暴和空间碎片。前3种因素主要影响电子和电气设备，而空间碎片既能造成机械故障，也能造成电子和电气设备故障。

针对太阳电池阵、线缆、锂电池、电子盒在超高速撞击下的电损伤进行了研究和梳理，给出了影响较大的失效模式。太阳电池阵在超高速撞击下除了发生电池片、基板损伤外，还会发生放电效应（初级放电和持久放电），初级放电能量很小，基本不会造成额外损失；持久放电会对太阳电池阵造成严重碳化和烧蚀，截至到目前已有多个卫星因持久放电失效。电缆在超高速撞击下会破坏绝缘层或切断导线，导致短路、开路以及持续放电烧毁整束电缆，可以通过电路断路器设计以备电缆发生短路时保护下游设备，而对于持续放电烧毁整束电缆目前还没有很好的应对方法。锂电池在超高速撞击下如果电池芯防护结构被击穿，则会损坏电池芯，受撞电池芯热泄漏还可能导致临近电池芯热泄漏而失效。电子盒在超高速撞击下会发生信号突变，包括阶跃或明显失真，如果重启能恢复正常则为暂时失效，否则为永久失效。

2　太阳电池阵

随着航天任务对能源的巨量需求，太阳电池阵的电压越来越高、发电能力越来越大。同时，由于碎片数量的急剧增加，太阳电池阵的受撞风险与放电风险也随之增加。空间碎片撞击到太阳电池阵，不仅有机械损伤，如电池片与绝缘层的破坏，还有撞击引起的局部高密度等离子体导致的电损伤。

太阳电池阵结构由硅电池片和基板组成，如图1所示，太阳电池片上粘贴玻璃盖片组成叠层太阳电池片，以提高抗辐射和抗微小空间碎片撞击损伤能力；叠层太阳电池片经串并联后组成太阳电池电路，并通过硅胶黏接在基板上。在太阳电池片和基板之间黏有一层聚酰亚胺薄膜，起绝缘作用。在太阳电池阵的背面敷设电路引出线，组成了板电缆和板间电缆，通过电连接器将板间电缆连接，以把电流传输进入卫星。

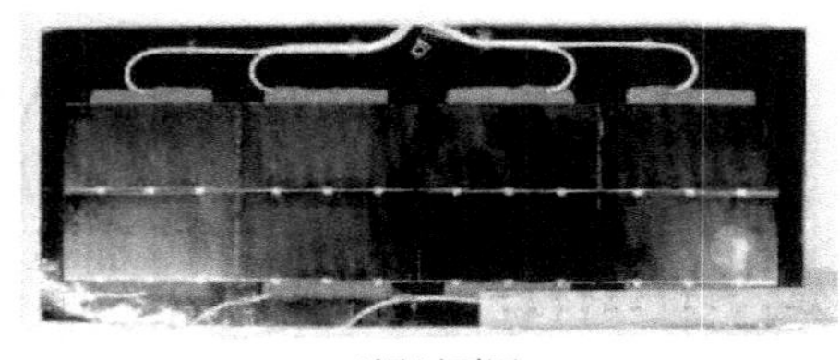
正视剖面图

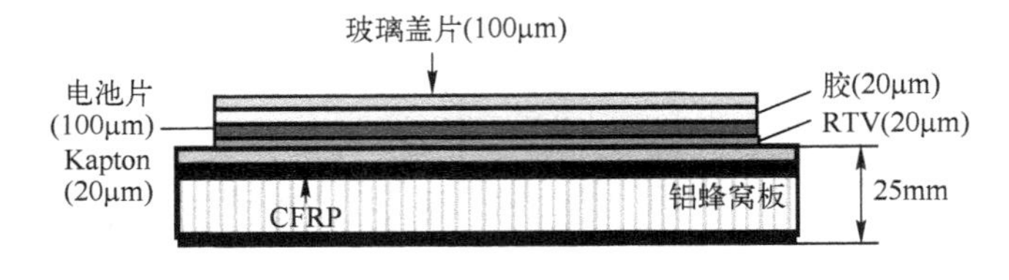

图1 太阳电池阵结构示意图

NASA开展的多个撞击试验验证了超高速撞击太阳电池阵会发生放电效应。NASA把超高速撞击太阳电池阵的放电效应分为3个类型：初级放电、瞬间持续放电和持久放电；初级放电为撞击过程中发生的放电，撞击结束放电结束；瞬间持续放电为放电电流等于外电路电流的情况至少持续2μs；持久放电为撞击后形成的永久短路通路产生的放电。

瞬间持续放电和持久放电的机理：撞击穿孔后，撞击产生的等离子体在电池片与基板间持续放电。等离子体扩散时，进入基板的离子相互碰撞，产生了中性气体与二次电子，此时基板成为了阴极。由于离子碰撞（取决于一定条件）导致基板局部温度升高，又发生了热电子发射现象。这些过程把中性气体与电弧离子化，导致能不断产生新的离子与电子，这是撞击产生的等离子扩散结束后仍能维持电弧存在的原因。如果在绝缘层被热量碳化之前放电停止，那么该放电被称为瞬间持续放电，否则就是持久放电。

基于以上认识，基板在撞击点累积的离子电流密度对持续放电起着极其重要的作用，试验表明离子电流密度正比于弹丸动能，更高的撞击速度更易引发永久持续放电，但试验表明，即使撞击速度为2.1km/s也能引发永久持续放电。

直接放电和瞬间持续放电引起的太阳电池电路故障一般局限于超高速撞击机械损伤范围，即几个太阳电池片失效；而永久持续放电则有更大概率烧毁撞击周围的电缆、电连接器，从而造成几个太阳电池电路失效。

3 线缆

卫星舱内外会布局有大量线缆，以进行电力输送或信号传输。如国际空间站舱外有几千米的线缆，评估与减少超高速撞击导致的电缆失效一直是国际空间站任务的焦点。

电缆遭受空间碎片撞击后存在三类失效类型：电缆导线被切断导致的开路；电缆火线与零线贯通导致的短路，或导线与接地设备之间的贯通，接地设备包括电缆本身的接地防护或电缆连接的接地结构；短路或其他原因引起的电缆持续放电，放电产生的热量会烧毁邻近电缆的绝缘表层，电弧等离子会从一根导线传播到另外一根，直到所有电缆都被烧毁。

NASA和EMI对功率电缆、数据电缆等开展了一系列超高速撞击试验，如图2所示。试验表明，电缆短路与开路是试验中最常出现的两种失效模式，而且短路比开路更常出现，因为电缆开路需要更大的弹丸动能；影响撞击结果的主要因素不是撞击角而是撞击位置。

NASA开展的7次功率电缆超高速撞击试验，弹丸直径1.984~3.57mm，速度5.7~6.9km/s，其中4次电缆短路，并有放电现象，但没有出现更严重的烧毁现象，其余3次电缆仍可用。12次同轴电缆超高速撞击试验，弹丸直径0.38~0.793mm，速度6.88~7.15km/s，其中8次电缆短路，其余4次电缆仍可用。近百次双绞线数据电缆超高速撞击试验，出现了电缆短路与开路两种失效类型。

EMI开展了约30次电缆（图3）超高速撞击试验，功率电缆、数据电缆和射频电缆各10次，电缆处于MLI防护或MLI+蜂窝板防护状态，弹丸直径1.5~4.0mm，速度6.42~7.70km/s，其中4次电缆短路或导线损坏，电缆无法正常工作。

EMI根据试验情况把电缆机械损伤分为4级，性能损伤分为5级。

机械损伤分成4级：1级，线缆绝缘层无损伤；2级，绝缘层存在成坑，有可能发生穿透；3级，绝缘层脱落，即导线裸露；4级，至少一根导线被切断。

线缆性能分成5级：1级，信号失真度小于1%，可认为无影响；2级，发生信号失真，但没有传输错误；3级，发生信号错误，但性能无退化；4级，发生信号错误，且性能退化；5级，发生短路或导线损坏，线缆无法正常工作。

图 2 NASA 功率电缆（左）、同轴电缆（中）和双绞线数据电缆（右）

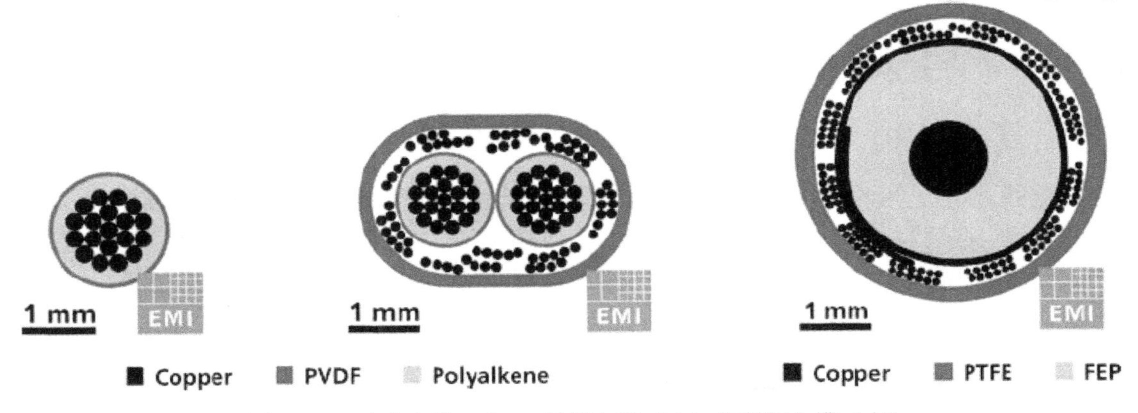

图 3 EMI 功率电缆（左）、数据电缆（中）和射频电缆（右）

日本针对 ADEOSII 卫星在轨失效（功率在 3min 内突然从 6kW 降低到 1kW）研究表明，一旦电缆导线裸露，并在导线与导线之间或导线与其他表面之间电位差达 60V 时，会形成持续放电，导致临近所有电缆都被烧毁。地面试验表明，10 对电缆都在 30s 内被烧毁，导致电缆短路或开路，与在轨功率损失的遥测数据非常匹配，如图 4 所示。

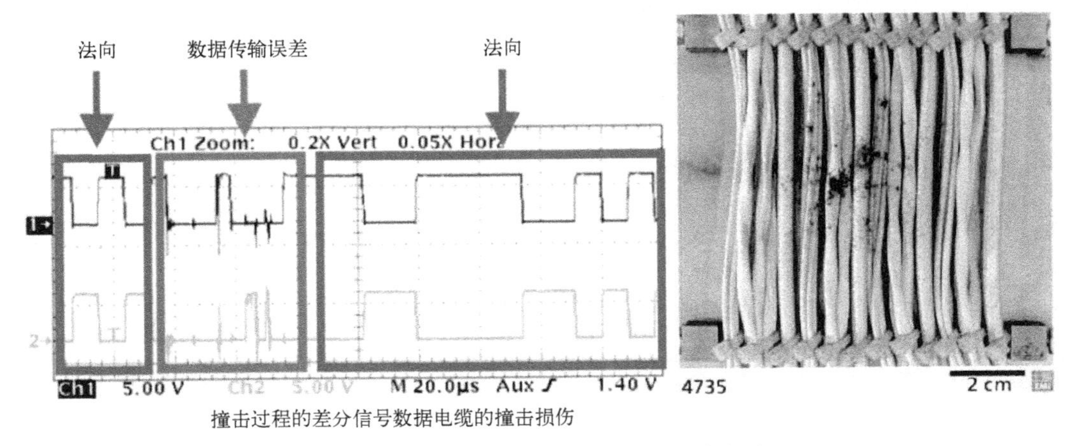

图 4 卫星结构板防护的数据电缆撞击实验

针对我国卫星常用功率电缆的撞击试验表明，直径 0.8mm 的铝弹丸在 3.172km/s 就能切断导线，形成开路，临近的电缆绝缘层破坏，导线轻微损伤，撞击瞬间电压出现很大波动（正常电压 6V，撞击波动范围 4.5~9.5V），如图 5 所示。

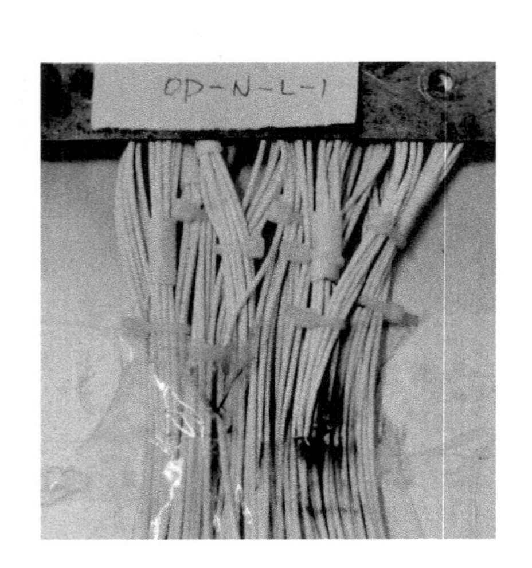

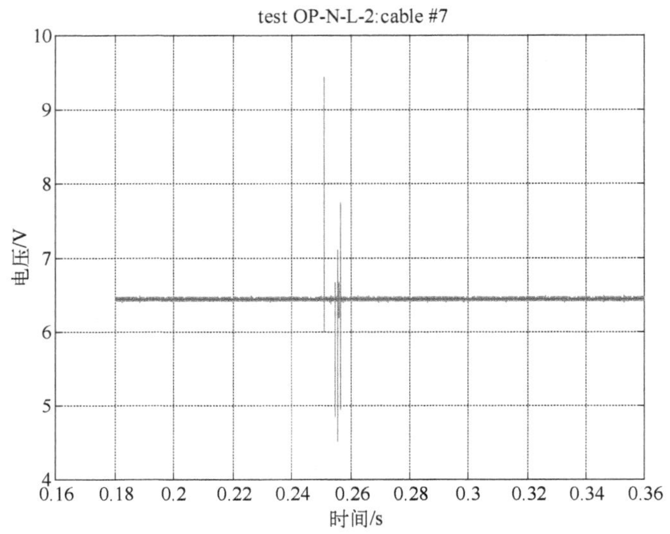

图 5　功率电缆损伤及信号波动

我国针对电缆遭受空间碎片撞击后的第三类失效类型进行了地面试验验证，与某星在轨功率损失的遥测数据非常匹配。

电缆短路或开路直接影响该电缆连接设备，可以通过设计电路断路器以备电缆发生短路/放电时保护下游设备；短路或其他原因引起的电缆持续放电会导致整束电缆被烧毁（图 6），该失效模式对整星影响很大，需要进一步研究应对方法。

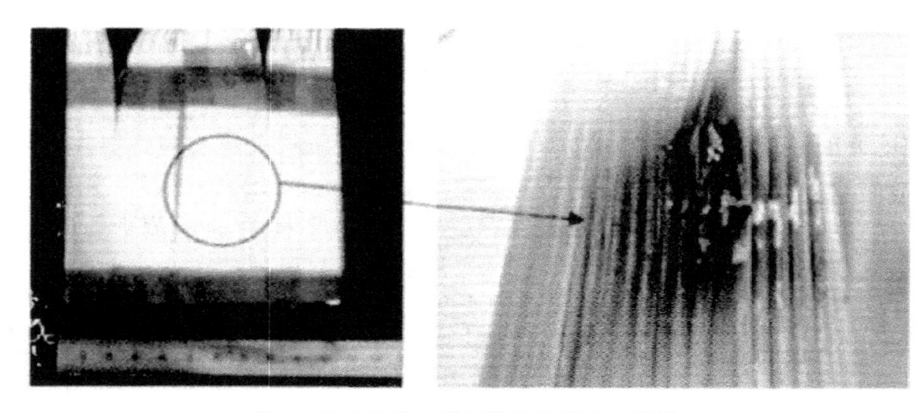

图 6　撞击诱发电缆短路并烧毁整束线缆

4　锂电池

锂电池芯结构由铝蜂窝板和纤维层组成。

锂电池芯在遭到弹丸撞击时，受损锂电池会发生热泄漏，而且可能传导到邻近的电池芯，导致邻近未受损的电池芯也可能过热，并发生热泄漏。

NASA 针对国际空间站锂电池开展了 5 次试验。实验表明，当电池芯结构被穿透时，电池芯温度升高、芯内物质喷出、某些情况还出现自打火，多数情况下，邻近电池芯也出现温度升高，温度升高本质上会导致未受损电池芯由于热泄漏而失效。电池芯受撞后的序列图像如图 7 所示，图中可见到爆燃现象，这是受撞电池芯穿透后内部物质持续喷出几秒导致的，电池芯喷出物导致电池芯前部的铝蜂窝板严重熔化，邻近的电池芯没有转变为热泄漏，如图 8 所示。

锂电池被穿透后会发生较大的能量释放。受撞电池一般会过热并在撞后很短时间内（几秒）喷溅出内部物质，包括熔融金属，很多情况下，即使在真空环境中喷出物质也会自燃。邻近电池也会温度升高并由于热泄漏而失效，这取决于电池的密封设计。因此，锂电池设计应不允许电池壳穿透。

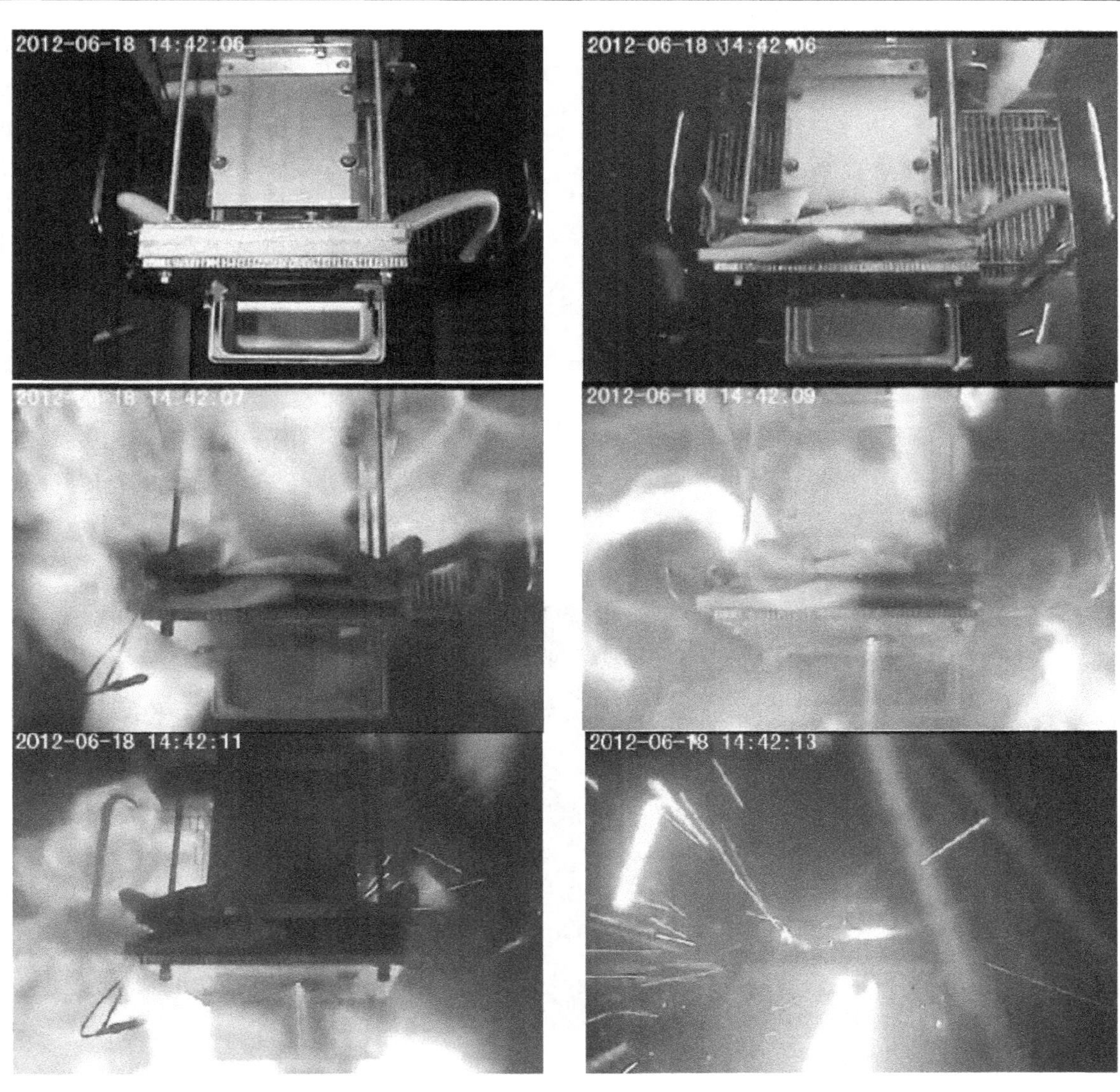

图 7　NASA 锂电池试验序列照片，间隔 1～2μs

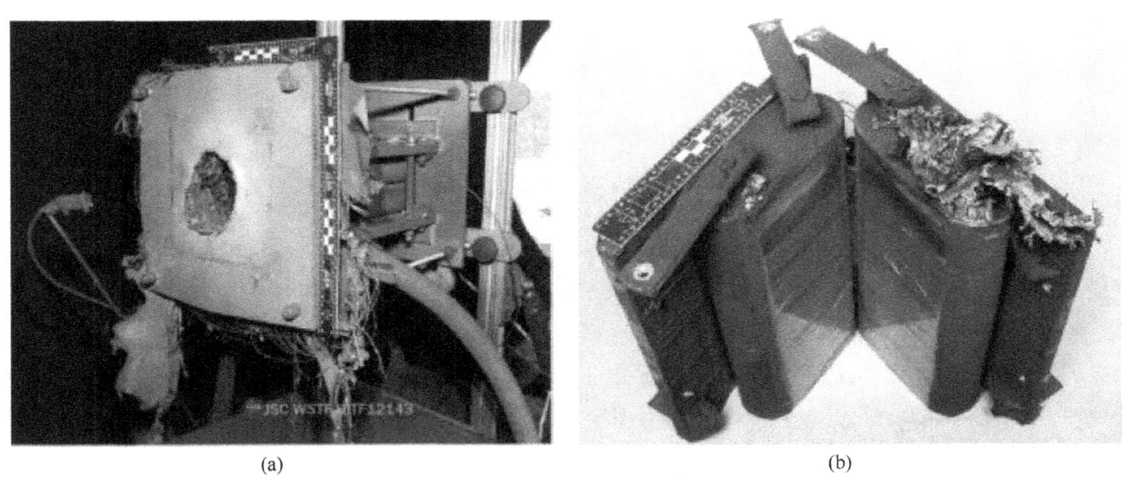

(a)　　(b)

图 8　NASA 锂电池实验后试件状态

（a）防护结构有直径 9.5cm 通孔；（b）右侧电池芯喷溅出熔融态材料。

5 电子盒

电子盒是计算机或封装在铝盒中的集成印制电路板，集成印制电路板在所有卫星分系统包括载荷中广泛应用。一般卫星空间的20%~40%是电子盒。电子盒外壳一般由1~3mm铝板制成。如果电子盒盖被穿透，二次碎片会穿透内部、损伤或破坏电子器件，如果系统没有冗余，这会导致灾难性后果。

EMI针对电子盒开展了21次超高速撞击试验。电子盒放置在包覆MLI的铝蜂窝板后，电子盒壳体厚度在1~3mm之间。

实验中，电子盒处于工作状态，正在完成基本的读写操作。撞击导致的失效模式为暂时失效与永久失效。暂时失效导致处理器操作中断，几毫秒后恢复正常功能，目前认为的原因是导电残渣导致瞬时短路。任何的暂时失效，类似于电子器件工作性能的临时散失，都被卫星操控员归为一次在轨异常。这样记录在案的在轨异常，包括错误的数据传输和“幽灵指令”，可以用超高速撞击来解释。永久失效为供电电压的突然散失或计算机正常功能的散失。

图9给出了一块严重损伤的PCB和相关的CPU信号，一块内存、几个电阻和电容脱落，多个位置有金属残渣。

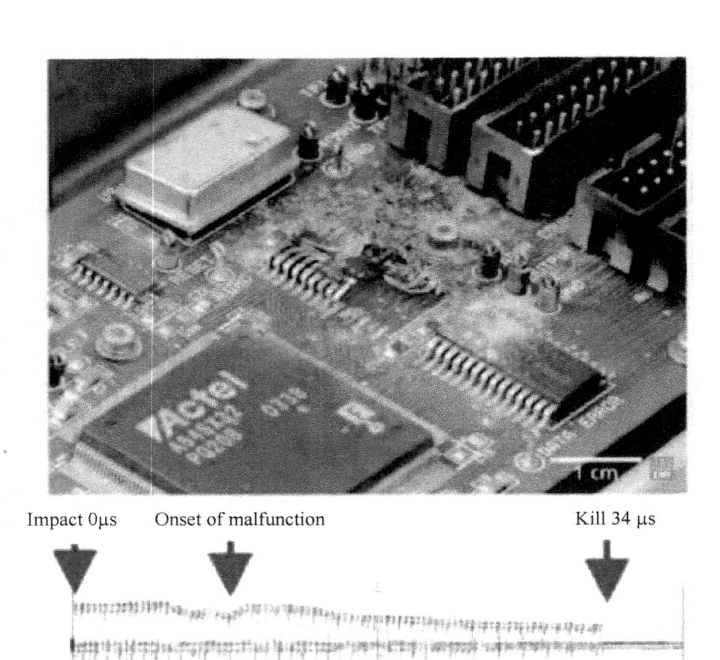

图9 撞击后功能短时终止后计算机性能退化

我国针对神舟飞船采用的热控仪开展了超高速撞击试验，弹丸直径0.81~5.01mm，速度4.88~6.31km/s，其中4次试验热控仪输出错误，但在重启后恢复正常，其余5次试验功能未失效，如图10和图11所示。

6 结束语

本文梳理了太阳电池阵、线缆、锂电池、电子盒在超高速撞击下的电损伤及主要失效模式。

太阳电池阵：机械损伤有电池片与基板成坑、穿孔等，电效应有初级放电和持久放电；初级放电影响可以忽略，持久放电会对太阳电池阵造成严重碳化和烧蚀，应重点对持久放电深入研究，并研究应对方法。

电缆：机械损伤有绝缘层破坏导线裸露、导线被切断，电效应有短路、开路、持续放电烧毁整束电缆；电缆短路可以设计电路断路器保护下游设备，持续放电烧毁整束电缆影响很大，应重点研究应对方法。

锂电池：机械损伤有电池芯破坏，功能效应有散失功能、被撞电池芯热泄漏导致临近电池芯热泄漏失效。

电子盒：机械损伤形式多样，包括穿孔、变形、电子器件脱落、碎片残渣等；功能效应为信号阶跃或明显失真，如果重启能恢复正常则为暂时失效，否则为永久失效。

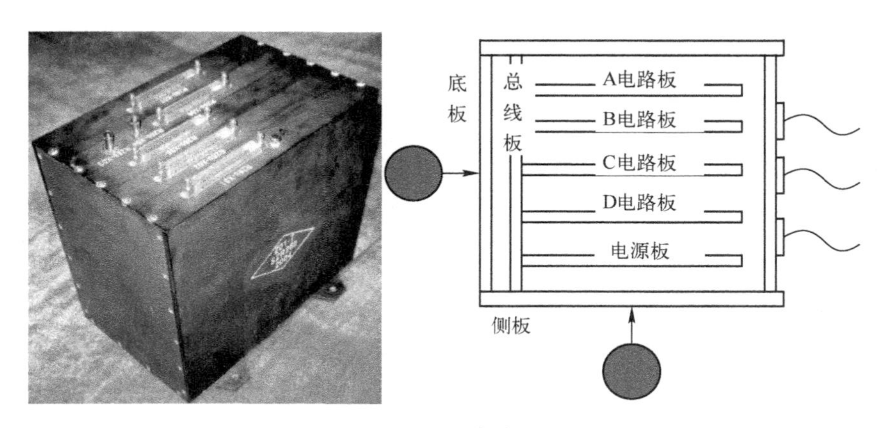

图 10　热控仪

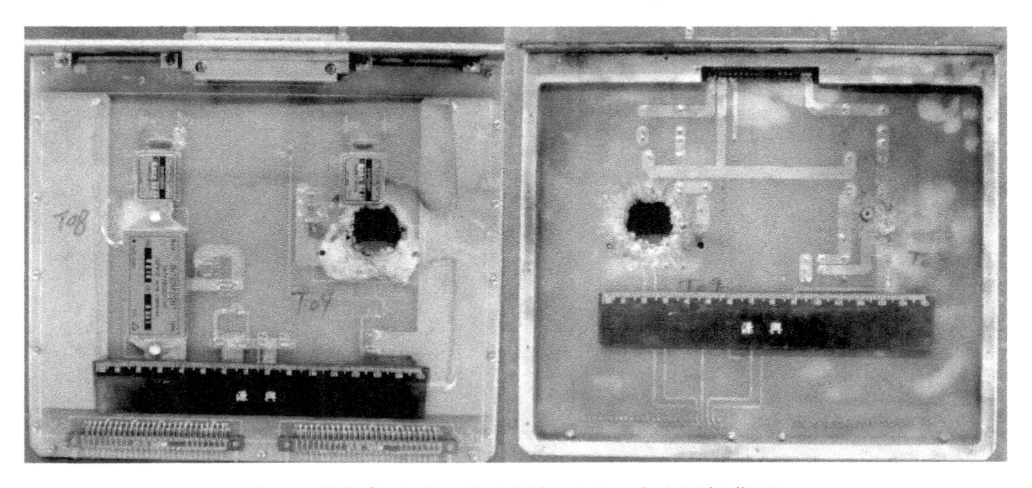

图 11　热控仪试验（左电源板正面，右电源板背面）

参考文献

[1] Frost, Sullivan. Commercial GEO Satellite Bus Reliability Analysis, 2003.

[2] 张森，石军，王九龙．卫星在轨失效统计分析 [J]．航天器工程，2010 (19)，4.

[3] 姜东升，郑世贵，等．空间碎片和微流星对卫星太阳翼的撞击损伤及防护研究 [J]．航天器工程，Vol. 26 No2，2017.

[4] Gerhard Drolshagen. "Hypervelocity Impact Effects on Spacecraft", Proceedings of the Meteoroids 2001 Conference, ESA Publication Division, 2001, pp. 533-544.

[5] S Fukushige, Y Akahoshi, K Watanabe, et al. "Hypervelocity Impact Test to Solar Array for Evaluation of Possibility of Sustained Arc", Proceedings of the 25th International Symposium on Space Technology and Science, 2006, pp. 1356 - 1361.

[6] I Katz. "Mechanism for Spacecraft Charging Initiated Destruction of Solar Arrays in GEO", AIAA, 36th Aerospace Science Meeting, Reno, 1998, pp. 98-1002.

[7] D Payan, D Schwander, J P Catani. "Risks of low voltage arcs sustained by the photovoltaic power of a satellite solar array during an electrostatic discharge. Solar Array Dynamic Simulator", 7th Spacecraft Charging Technology Conference, 2001.

[8] Kazuhiro Toyoda, Seiji Aso, Tokuro Kyoku, et al. "Proposal of a Current Regulative Diode for Power Supply in Sustained Arc Test", 9th Spacecraft Charging Technology Conference, ISSN 1349-113X, JAXA-SP-05-001E, August 2005, pp. 123-131.

[9] S Chen, T Sekiguchi. "Instantaneous Direct-Display System of Plasma Parameters by Means of Triple Probe", Journal of Applied Physics, August 1965, pp. 2363 - 2375.

[10] Schäfer F, Ryan S, Lambert M, et al. Ballistic limit equation for equipment placed behind satellite structure walls. International Journal of Impact Engineering 35, 1784-1791.

[11] Schäfer F, Putzar R, Lambert M. Vulnerability of Satellite Equipment to Hypervelocity Impacts. 59th International Astronautical

Congress. Glasgow, Scotland.

[12] J H Kerr, F Lyons, D Henderson, et al, Hypervelocity Impact Testing of International Space Station Primary Power Cables, Presented at the 50th Meeting of the Aeroballistic Range Association, 8-12 November 1999.

[13] F Lyons. NASA HVIT report JSC-66712, Coaxial Cable Test Results, 2014.

[14] J Read. NASA HVIT report JSC-66971, C&DH Wire Harness Hypervelocity Test Results, 2016.

[15] F Lyons. NASA HVIT test report, JSC-66713, ISS Lithium Ion Battery Hypervelocity Impact Test Evaluation, 2016.

[16] Schäfer F, Putzar R, Lambert M. Vulnerability of Satellite Equipment to Hypervelocity Impacts. 59th International Astronautical Congress. Glasgow, Scotland.

空间站典型防护结构德国撞击试验分析

郑世贵

（北京空间飞行器总体设计部，北京，100094）

摘要：针对空间站采用的玄武岩/芳纶填充式防护结构，在德国 EMI 开展了三类状态的超高速撞击试验，0°撞击角 3~6.5km/s 试验结果与国内试验结果一致，45°撞击角 6.3km/s 试验结果与撞击极限方程的预示一致，0°撞击角 7~8km/s 试验结果与撞击极限方程的预示一致，进一步验证了玄武岩/芳纶填充式防护结构的防护性能，也验证了基于国内试验结果建立的撞击极限方程的可靠性。

关键词：填充式防护结构；撞击试验；撞击极限方程

1 引言

空间站防护主要采用了玄武岩/芳纶填充式防护结构，这是该先进防护结构的首次工程应用。针对玄武岩/芳纶填充式防护结构，在国内开展了超高速撞击试验，获取了撞击极限，并建立了撞击极限方程。随后针对小柱段的防护结构，在德国 EMI 开展了超高速撞击试验，一方面是交叉校验国内撞击实验结果，另一方面是进一步验证玄武岩/芳纶填充式防护结构的防护性能。

本文对国内试验结果和德国 EMI 试验结果进行了对比分析。双方试验结果一致性很好，德国 EMI 新试验状态的结果也与撞击极限方程的预示一致。

2 防护结构

玄武岩/芳纶填充式防护结构如图 1 所示。

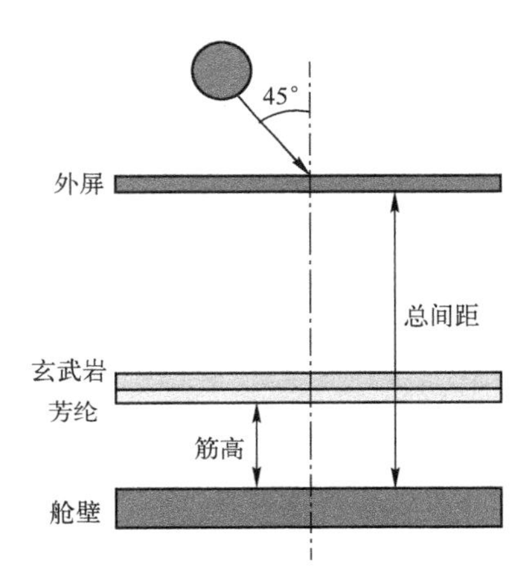

图 1 填充式防护结构示意图

防护结构参数如表 1 所列。

根据图 1 所示的防护结构形成的试验件如图 2 所示。与真实防护结构不同的是，试验件在舱壁后方 50mm 处增加了一块厚度 1mm 的铝合金板作为观察屏，用于防止舱壁被击穿后的二次碎片损伤试验设备，同时还可用于观测穿透舱壁的二次碎片状态。

表 1 防护结构参数

外屏材料	外屏厚度/mm	内屏组成	总间距/筋高/mm	舱壁材料	舱壁厚度/mm	备注
3A21 铝合金	0.8	1 层防原子氧膜+3 层玄武岩+3 层芳纶+热控多层	77.5/17.5	5A06 铝合金	2.5	小柱段
—	—	1 层防原子氧膜+3 层玄武岩+3 层芳纶+热控多层	17.5/17.5	5A06 铝合金	2.5	小柱段无外屏区域

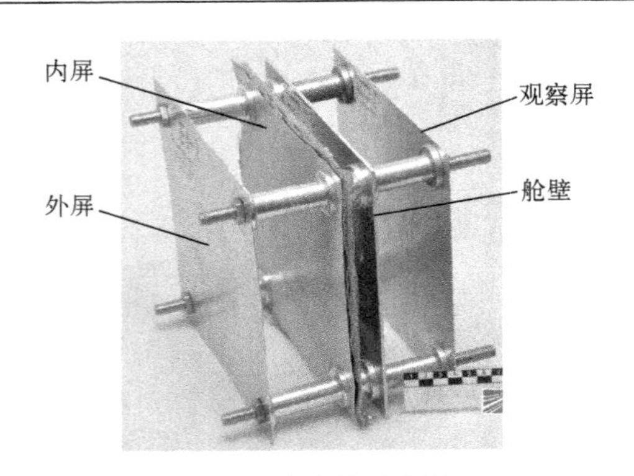

图 2　试验件示意图

3　失效准则

密封舱体被击穿会导致漏气、舱压下降等直接后果，因此防护结构的失效准则确定为：舱壁击穿。

4　EMI 试验设施

EMI 的二级轻气炮是欧洲在空间碎片防护领域应用最多的超高速撞击试验设施，有 3 套设施可用于模拟空间碎片和微流星体的撞击。

二级轻气炮的工作原理如图 3 所示。在一个高强度的泵管（又称压缩管）内装有一个可滑动的活塞，活塞前形成轻气室，内装低分子量的气体，作为第二级推进剂；活塞后为火药室，一般装化学推进剂，作为第一级推进剂。当第一级推进剂点燃后，药室的气体膨胀做功冲破大膜片（图 4），推动活塞向前运动，从而压缩轻气。轻气达到一定的压力后冲破小膜片，弹托（弹丸附着在弹托上）在高温高压轻气作用下沿发射管运动，最后以超高速离开炮口（图 5）。

EMI 的二级轻气炮采用氢气作为工作介质，速度在 0.1~9km/s 范围内，取决于弹丸的质量。二级轻气炮与分离室、测速系统和靶室构成完整的试验系统，还配备有高速成像系统以及其他诊断系统以观测撞击过程。

本次试验采用的二级轻气炮如图 6 所示，内部代号为 Space Gun，可发射速度范围为 3.5~8km/s，在 7~8km/s 速度段可发射的铝球直径不超过 3mm。

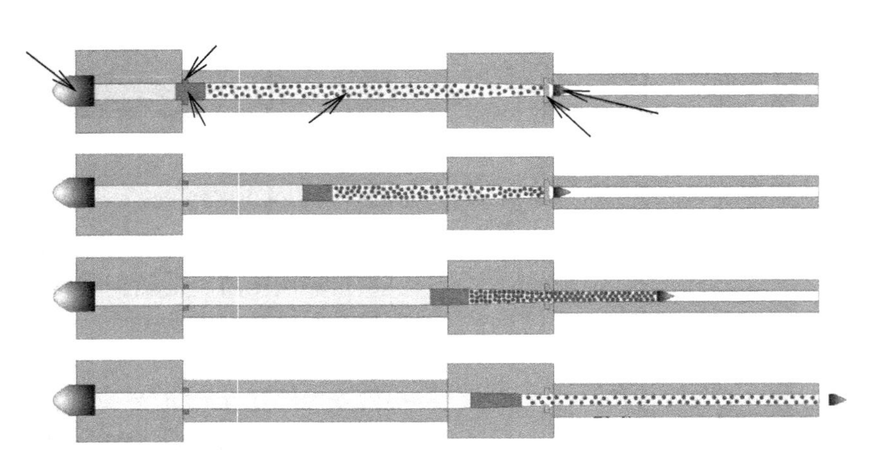

图 3　二级轻气炮原理

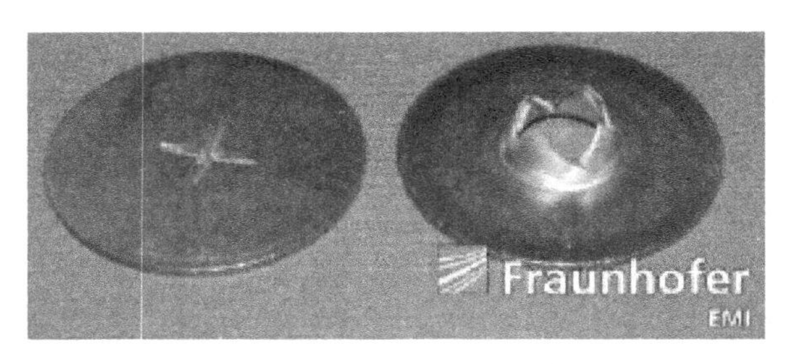

图 4　EMI 采用的膜片示例

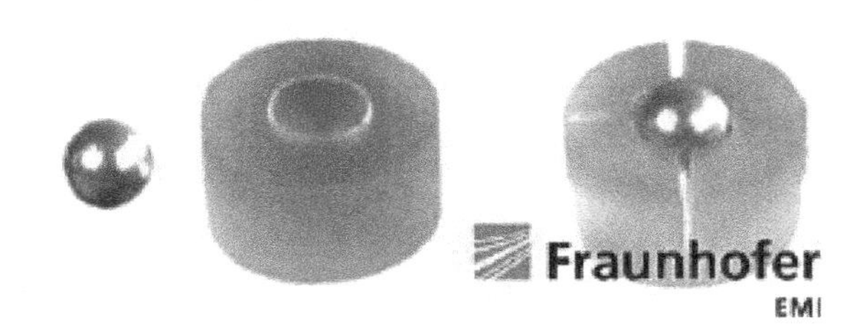

图 5　EMI 采用的弹丸弹托示例

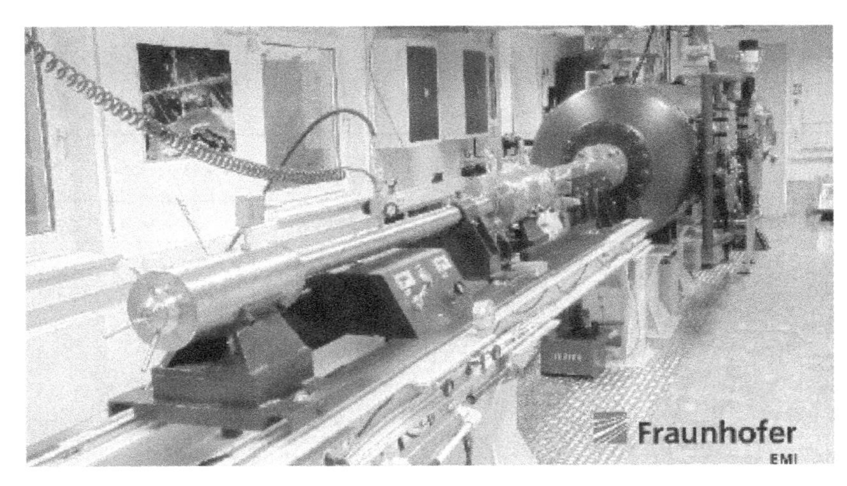

图 6　本次试验的二级轻气炮 Space Gun

5　EMI 试验结果

EMI 共进行了 10 次正式试验，其中有效试验 9 次，详细情况如表 2 所列。

在 5812 试验中，弹丸和弹托分离出现问题，弹丸没有撞击到试验件，但有一块残片撞击到靶件正中，穿透了玄武岩纤维布，没有穿透芳纶纤维布。5812 试验后的 E1-5 仍然可以作为后续 7~8km/s 试验的靶件。

表 2　EMI 试验结果

序号	试验编号	靶件	弹丸直径/mm	速度/(km/s)	撞击角/(°)	结　果	备注
1	5807	E1-1	4.1	3.93	0	成功，低于极限	
2	5808	E1-2	5.0	3.70	0	成功，高于极限	
3	5810	E1-3	6.6	6.35	0	成功，高于极限	
4	5811	E1-4	6.0	6.00	0	成功，低于极限	
5	5816	E1-7	6.4	6.25	45	成功，高于极限	新状态
6	5817	E1-8	6.0	6.38	45	成功，高于极限	新状态
7	5812	E1-5	2.0	-	0	失败	新状态
8	5814	E1-5	2.0	7.94	0	成功，低于极限	新状态
9	5815	E1-6	2.8	7.12	0	成功，高于极限	新状态
10	5819	E1-5	2.5	7.58	0	成功，高于极限	新状态

6　国内试验结果

1）小柱段防护结构

小柱段防护结构的 8 发试验结果如表 3 所列。

2）小柱段无外屏防护结构

小柱段无外屏防护结构的 8 发试验结果如表 4 所列。

表 3　小柱段防护结构试验结果

序号	靶件	弹丸直径/mm	弹丸质量/g	速度/(km/s)	撞击角/(°)	结　果
1	SW2-1	4. 25	0. 1113	3. 03	0	高于极限
2	SW2-3	4. 00	0. 0925	3. 165	0	低于极限
3	SW2-8	6. 50	0. 4013	6. 512	0	低于极限
4	SW2-10	6. 75	0. 4496	6. 571	0	高于极限
5	SW2-5	3. 25	0. 0499	3. 124	30	低于极限
6	SW2-6	3. 50	0. 0621	2. 89	30	高于极限
7	SW2-13	6. 5	0. 4016	6. 645	30	低于极限
8	SW2-14	6. 75	0. 4498	6. 503	30	高于极限

表 4　小柱段无外屏防护结构试验结果

序号	靶件	弹丸直径/mm	弹丸质量/g	速度/(km/s)	撞击角/(°)	结　果
1	SW6-4	2. 5	0. 0232	3. 022	0	高于极限
2	SW6-5	2. 25	0. 0156	2. 962	0	低于极限
3	SW6-9	2. 5	0. 0230	6. 235	0	高于极限
4	SW6-10	2. 25	0. 0157	6. 227	0	低于极限
5	SW6-7	2. 5	0. 0226	3. 067	30	低于极限
6	SW6-8	2. 75	0. 0314	3. 073	30	高于极限
7	SW6-13	2. 5	0. 0230	6. 212	30	高于极限
8	SW6-14	2. 25	0. 0162	6. 256	30	低于极限

7　试验结果分析

7.1　0°撞击角验证试验

德国 EMI 在 0°撞击角验证试验 5807、5808、5810、5811 的试验结果与国内试验结果以及撞击极限曲线对比如图 7 所示。图中的撞击极限曲线数据来源于基于国内试验结果建立的撞击极限方程。

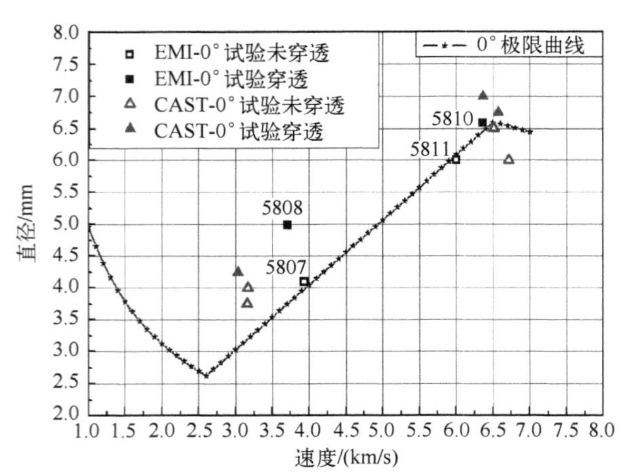

图 7　EMI 0°撞击角验证试验结果与撞击极限曲线对比（含外屏）

（注：曲线上方表示能击穿舱壁，曲线下方表示不能击穿舱壁）

试验结果分析：

在 0°撞击角低速段验证试验中，德国 EMI 的 5807、5808 试验和国内试验结果均在 0°极限曲线上方，其中 5807 试验结果为舱壁未击穿，而国内试验结果也存在未击穿状态，说明采用的极限曲线偏保守。

在 0°撞击角高速段验证试验中，德国 EMI 的 5810、5811 试验结果与曲线预示一致，即 5810 的舱壁击穿，位于 0°极限曲线上方；5811 的舱壁未击穿，位于 0°极限曲线下方。国内高速段试验结果也与 0°极限曲线预示一致。

7.2　45°撞击角高速段试验

德国 EMI 在高速段的 45°撞击角试验 5816、5817 的试验结果与撞击极限曲线对比如图 8 所示。图中的撞击极限曲线数据来源于基于国内试验结果建立的撞击极限方程。

试验结果分析：在高速段的 45°撞击角试验中，5816、5817 的试验结果与曲线预示一致，即 5816、5817 的舱壁击穿，都位于 45°极限曲线上方。

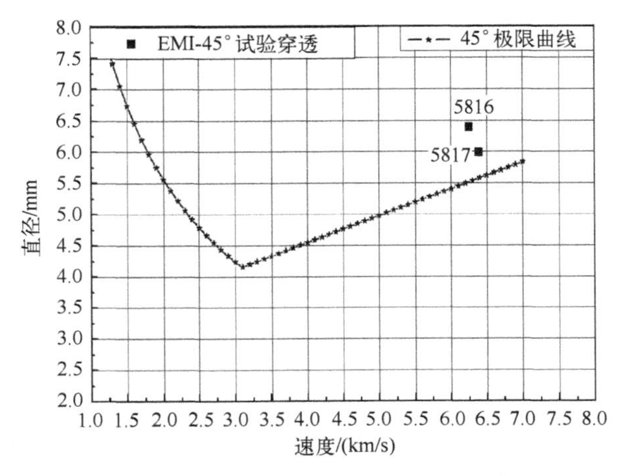

图 8　EMI 45°高速段试验结果与撞击极限曲线对比（含外屏）

（注：曲线上方表示能击穿舱壁，曲线下方表示不能击穿舱壁）

7.3　0°撞击角超高速试验

德国 EMI 在 7~8km/s 速度段的 0°撞击角试验 5814、5815、5819 的试验结果与撞击极限曲线对比如图 9 所示。图中的撞击极限曲线数据来源于基于国内试验结果建立的撞击极限方程。

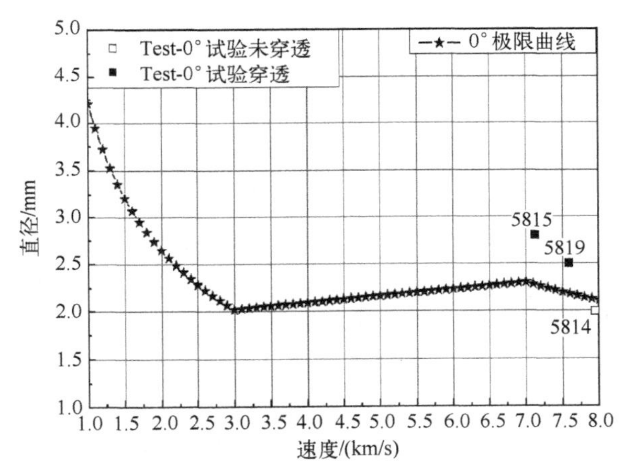

图 9　EMI 7~8km/s 试验结果与撞击极限曲线对比（不含外屏）

（注：曲线上方表示能击穿舱壁，曲线下方表示不能击穿舱壁）

试验结果分析：在 7~8km/s 速度段的 0°撞击角试验中，5814（0°）、5815（0°）、5819（0°）的试验结果与曲线预示一致，即 5815（0°）、5819（0°）的舱壁击穿，位于 0°极限曲线上方；5814（0°）的舱壁未击穿，位于 0°极限曲线下方。

8　结束语

（1）小柱段防护结构低速段验证试验 5807（0°）、5808（0°）属于国内完成的试验状态范围，5808（0°）试验结果高于撞击极限，符合撞击极限曲线预示；5807（0°，舱壁未击穿）的试验结果在撞击极限曲线上方，说明采用该撞击极限曲线的评估结果偏保守，与国内试验结果一致。

（2）小柱段防护结构高速段验证试验 5810（0°）、5811（0°）属于国内完成的试验状态范围，5810（0°）试验结果高于撞击极限、5811（0°）试验结果低于撞击极限，试验结果符合撞击极限曲线预示，与国内试验结果一致。

（3）小柱段防护结构 5816（45°）、5817（45°）试验结果全部高于撞击极限，符合撞击极限曲线预示。

（4）针对小柱段机械臂收拢区域（无外屏）首次开展了 5814（0°）、5815（0°）和 5819（0°）的超高速段撞击试验，5814（0°）试验结果低于撞击极限，5815（0°）和 5819（0°）试验结果高于撞击极限，全部符合撞击极限曲线预示。

基于以上试验结果，形成结论如下。

（1）德国 EMI 撞击试验数据与国内试验结果一致。

（2）德国 EMI 撞击试验数据验证了基于国内试验结果建立的撞击极限方程的可靠性。

参考文献

[1] IADC WG3 members. Protection manual. Inter Agency Debris Committee, 2003. 3.

[2] Eric L. Christiansen, "Meteoroid/Debris Shielding," NASA TP 2003-210788.

[3] S G Zheng, Z Y Han, J Yan, et al. Calibration and Application of M/OD Failure Probability Assessment Code. Proceedings of the 4th European Conference on Space Debris, 18-20 April 2005.

[4] J G Yuan, Z Y Han, S G Zheng, et al. MODAOST's Application in M/OD Shield Optimization of Japan's Pressurized Module, Proceedings of the 5th European Conference on Space Debris, 30 March-2 April 2009.

[5] Zheng Shigui, Yan Jun. Research on Shield for China's Space Station From Meteoroid and Orbital Debris, IAC-13-A6. 3. 4.

[6] Zheng Shigui, Yan Jun. Protection Spacelab from Meteoroid and Orbital Debris, Sixth European Conference on Space Debris, 2013.

含聚氨酯泡沫材料和玄武岩纤维布防护结构设计及性能分析

宫伟伟，郑世贵，闫　军
（中国空间技术研究院总体设计部，北京，100094）

摘要：玄武岩纤维布具有高强度、高模量等特性，其防护效果远胜于传统的铝合金；聚氨酯泡沫材料具有轻质、吸能、缓冲等特性，因此玄武岩纤维布和聚氨酯泡沫作为防护材料广泛应用于碎片、冲击防护中。本文基于显示有限元分析手段，比较了聚氨酯泡沫和玄武岩纤维布的防护性能特点，设计出满足工程需求的防护结构，该防护结构较之前防护设计具有轻质化、防护效果佳等特点。

关键词：玄武岩纤维布；聚氨酯泡沫；防护结构；显示有限元分析

1　引言

聚氨酯泡沫和玄武岩纤维布是常用的防护材料。玄武岩纤维布具有高强度、高模量等特性，其防护效果远胜于传统的铝合金，且面密度很小，可以有效减少防护结构质量。同时玄武岩纤维布在耐高温、耐腐蚀性、隔热及电绝缘性等方面具有优良的性能，研究表明玄武岩纤维布可以作为一种先进的空间碎片防护材料，同时起到防护和隔热等一体化防护效果[1]。在现阶段国内不能生产 Nextel 材料的情况下，一般使用玄武岩材料纤维布织物替代 Nextel 材料作为填充结构的填充材料，利用其高模量的优良性能，达到充分破碎弹丸的目的。聚氨酯泡沫与其他泡沫材料相比，具有密度小、耐温、抗老化、抗有机溶液侵蚀、易剪裁等特点。广泛应用于绝热、防震、隔声、填充物、轻质结构件等方面。同时聚氨酯泡沫材料是一种轻质、良好的吸能、缓冲特性的多孔介质材料，广泛应用于防护、运输、航天航空仪器隔振、导弹外包装等领域。因此研究聚氨酯泡沫材料在冲击环境下的力学性能分析是工程上日益关注的问题。张海波等利用分离式 SHPB 杆对聚氨酯泡沫材料施加不同的冲击载荷，表明其在受冲击载荷时，具有良好的吸能缓冲特性[2]。目前针对玄武岩纤维布和聚氨酯泡沫冲击载荷下防护效果评估大部分基于试验研究，工程上设计防护结构需要大量的尝试，实验无疑造成很大的经济损失，所以采用仿真分析手段预估防护结构的防护效果显得尤为重要。

本文基于 LS-DYNA 显示有限元分析手段，比较了聚氨酯泡沫和玄武岩纤维布的防护性能特点，设计出满足工程需求的防护结构，该防护结构较之前防护设计具有轻质化、防护效果佳等特点。

2　防护设计方案

2.1　模型说明

早在 20 世纪 70 年代中期，我国就开展了返回式卫星的研制工作，其试验成果在国防、科研及农业等领域得到了广泛的应用[3-4]。返回式卫星离开运行轨道进入返回轨道需要制动火箭发动机推力来实现，制动发动机点火后，其喷口处堵盖会高速离开发动机，此时服务舱与制动舱距离较短，而且堵盖平行服务舱飞出概率较小，因此堵盖分离时可能会对舱体和设备造成冲击损伤。为防止堵盖对星体和设备造成破坏，需要进行防护设计，而增加防护结构是比较常用也是效果最明显的防护手段[5-6]。图 1 给出服务舱与制动舱分离后的示意图，其中堵盖为厚度为 2mm 的圆盘。堵盖分离时冲击速度集中在 40~100m/s 之间。

2.2　防护方案

返回式卫星对服务舱进行了防护和防火实施，其中重点对高频电缆、推进管路及电缆防护，另外也需要对上封顶进行防护，主要设计了 3 种防护结构。

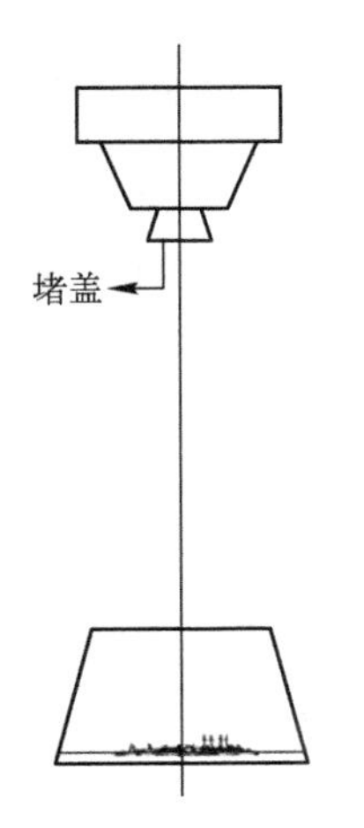

图 1 服务舱与制动舱分离后示意图

1) 单层聚氨酯泡沫防护垫

防护垫由一层聚氨酯泡沫（厚度 30mm 或 60mm）组成，聚氨酯泡沫上分布有铁丝，起辅助支撑和固定的作用。通过铁丝或者扎带将防护垫固定在上封顶外表面，将管路和设备全部包覆在防护垫下。防护方案如图 2 所示。

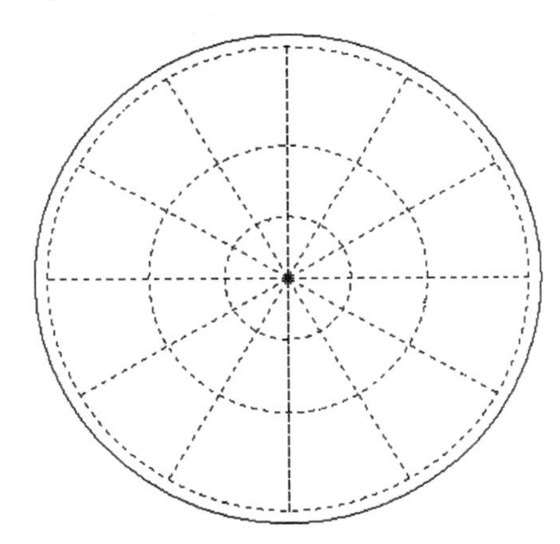

图 2 单层聚氨酯泡沫防护垫

2) 双层聚氨酯泡沫防护垫

防护垫由两层聚氨酯泡沫（每层厚度 30mm 或 60mm）组成，第一层防护垫上分布有铁丝，起辅助支撑和固定的作用，第二层防护垫尺寸和材料与第一层完全一样，后面与铁丝紧密贴合。通过铁丝或者扎带将防护垫固定在上封顶外表面，将管路和设备全部包覆在防护垫下，防护方案如图 3 所示。

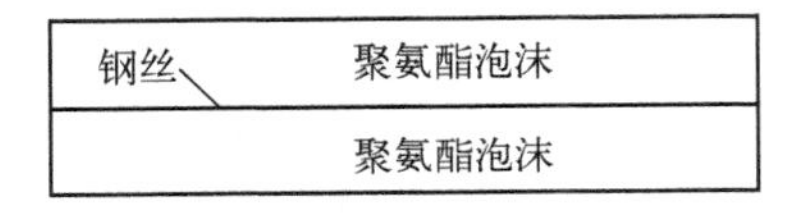

图 3 双层聚氨酯泡沫防护垫

3) 含玄武岩纤维布多层防护方案

防护垫中间缠绕一层钢丝网，钢丝网两侧各粘贴 10mm 厚的聚氨酯泡沫，然后外层各粘贴一层玄武岩纤维布，用来防护上封顶和设备，防护方案如图 4 所示。

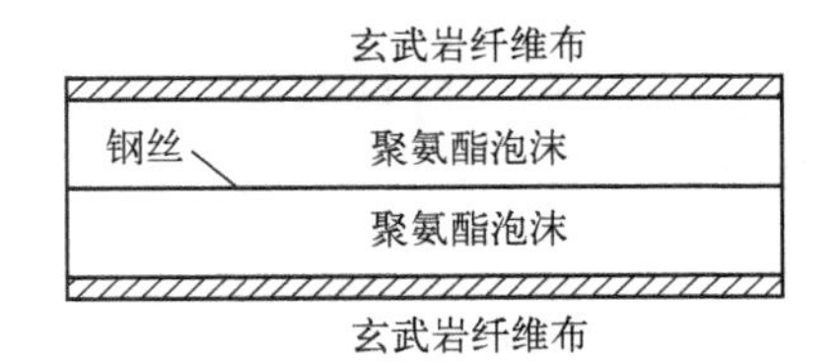

图 4 含玄武岩纤维布多层防护垫

3 材料模型及初始条件

制动发动机堵盖材料为 5A06 铝，采用 PLASTIC_ KINEMATIC 模型。点火时初始速度分 40m/s、50m/s、60m/s 和 100m/s 几种情况，初始速度是堵盖沿中心线方向撞击到防护屏。分析工况包含堵盖以水平（0°）、斜（45°）、垂直（90°）三个姿态角度的冲击，其中角度定义是堵盖平面和防护垫平面的夹角。

防护垫共包含 4 种材料，其中聚氨酯泡沫属于多孔复合材料，建模难度大，而且建立细观模型会导致计算规模太大，本文采用等效建模方法，将泡沫视为实体单元，材料选用 BLATZ-KO 泡沫模型，该模型能够体现出泡沫材料应力应变曲线具有平台应力的特点，其应变能函数为

$$W=\frac{G}{2}\left(\frac{\mathrm{II}}{\mathrm{III}}+2\sqrt{\mathrm{III}}-5\right)$$

Ⅰ、Ⅱ、Ⅲ 是应变不变量，与第二 Piola-Kirchhoff 应力关系为

$$S^{ij}=G\left[(I\delta_{ij}-C_{ij})\frac{1}{\mathrm{III}}+\left(\sqrt{\mathrm{III}}-\frac{\mathrm{II}}{\mathrm{III}}\right)C_{ij}^{-1}\right]$$

$\boldsymbol{C}_{ij}$是右柯西格林应变张量，应力测量转化为柯西应力 $\boldsymbol{\sigma}_{ij}$，根据关系：

$$\boldsymbol{\sigma}^{ij}=\mathrm{III}^{-1/2}F_{ik}F_{jl}F_{lk}$$

此处 $\boldsymbol{F}_{ij}$是变形导数张量。聚氨酯泡沫密度等效为 37kg/m^3，失效准则采用应变失效准则。

玄武岩纤维布采用非线性各向异性本构模型，该模型能够反映出纤维材料各向异性的特点。纤维布面密度为 334.8~330.9g/m^2；弹性模量 85.4~90.9GPa。

铁丝为钢丝，采用 PLASTIC_KINEMATIC 模型。

4 计算结果

本文关心发动机喷气时堵盖对防护垫的冲击损伤，如果防护垫发生较大变形将会对设备产生影响，严重会导致其无法正常工作。下面针对设计的几种防护方案开展仿真分析工作。分析计算采用LS-DYNA软件中的拉格朗日算法，其中堵盖、软泡沫夹层、玄武岩纤维布均采用等效实体建模，铁丝采用梁单元建模，堵盖与防护垫之间采用接触算法，分析时间8ms。

4.1 单层聚氨酯泡沫防护垫

为研究聚氨酯泡沫的防护性能，计算了两种30mm和60mm不同厚度的泡沫材料作为防护垫，冲击时堵盖姿态分别为0°、45°和90°，冲击速度分别为40m/s、50m/s和60m/s共18种工况，主要分析结果如表1所列。以60mm厚、冲击速度60m/s、冲击角度90°为例，防护垫冲击响应效果如图5所示，铁丝与软泡沫均发生鼓包，铁丝先失效，随后软泡沫发生失效，两者均被堵盖穿透。

表1 计算工况及其损伤结果

序号	工况描述			防护垫损伤程度
	泡沫厚度/mm	堵盖姿态角	冲击速度/m/s	
1	30	水平冲击	40	铁丝和软泡沫鼓包、个别点失效但并未穿透
2	30	45°倾斜	40	铁丝和软泡沫鼓包、部分失效但并未穿透
3	30	90°垂直	40	铁丝和软泡沫鼓包、防护垫中心失效，并被穿透
4	30	水平冲击	50	铁丝和软泡沫鼓包、部分失效，堵盖穿透
5	30	45°倾斜	50	铁丝和软泡沫鼓包、部分失效，堵盖穿透
6	30	90°垂直	50	铁丝和软泡沫鼓包、防护垫中心失效，并被穿透
7	30	水平冲击	60	铁丝和软泡沫鼓包、部分失效，堵盖穿透
8	30	45°倾斜	60	铁丝和软泡沫鼓包、部分失效，堵盖穿透
9	30	90°垂直	60	铁丝和软泡沫鼓包、防护垫中心失效，并被穿透
10	60	水平冲击	40	铁丝和软泡沫鼓包、个别点失效，堵盖未穿透
11	60	45°倾斜	40	铁丝和软泡沫鼓包、部分失效，堵盖未穿透
12	60	90°垂直	40	铁丝和软泡沫鼓包、防护垫中心失效，并被穿透
13	60	水平冲击	50	铁丝和软泡沫鼓包、部分失效，堵盖未穿透
14	60	45°倾斜	50	铁丝和软泡沫鼓包、部分失效，堵盖穿透
15	60	90°垂直	50	铁丝和软泡沫鼓包、防护垫中心失效，并被穿透
16	60	水平冲击	60	铁丝和软泡沫鼓包、部分失效，堵盖穿透
17	60	45°倾斜	60	铁丝和软泡沫鼓包、部分失效，堵盖穿透
18	60	90°垂直	60	铁丝和软泡沫鼓包、防护垫中心失效，并被穿透

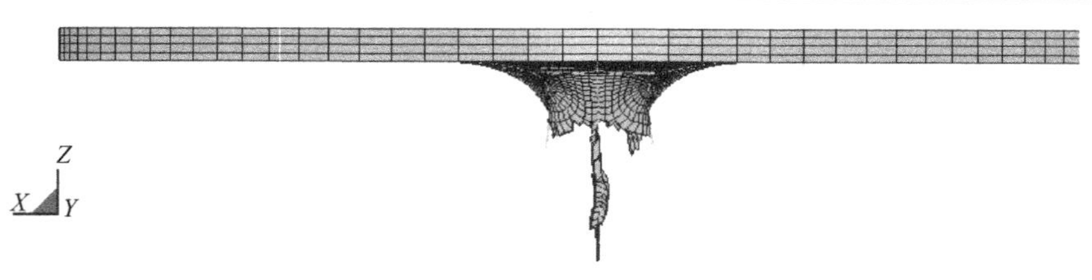

图5 单层聚氨酯60mm厚、冲击速度60m/s、冲击角度90°损伤图

通过分析结果可知：①冲击时，针对单层聚氨酯泡沫防护垫，撞击部位的防护垫会发生较大变形，即使堵盖没有穿透防护垫，也可能会影响其后设备；②堵盖能击穿30mm厚的防护垫；③冲击速度大于60m/s时，堵盖会穿透防护垫；④撞击角度大于45°，堵盖会穿透防护垫。

4.2 双层聚氨酯泡沫防护垫

在单层聚氨酯泡沫基础上，增加一层等厚的聚氨酯泡沫形成双层聚氨酯泡沫防护垫，双层防护垫中每层泡沫厚度有30mm和60mm两种，冲击时堵盖姿态分别为0°、45°和90°，冲击速度分别为40m/s、50m/s和60m/s共18种工况，主要分析结果如表2所列。以60mm厚、冲击速度60m/s、冲击角度90°为例，防护垫冲击响应效果如图6所示，防护垫受撞部位发生严重变形，铁丝中心发生失效，两层防护垫中心均被穿透但整体保持完整。

表2 计算工况及其损伤结果

序号	工况描述			防护垫损伤程度
	单层泡沫厚度（两层等厚）/mm	堵盖姿态角	冲击速度/m/s	
1	30	水平冲击	40	防护垫鼓包并未穿透
2	30	45°倾斜	40	防护垫鼓包，铁丝和第一层防护垫发生失效，第二层防护垫个别点失效未穿透
3	30	90°垂直	40	防护垫鼓包、防护垫中心失效，并被穿透
4	30	水平冲击	50	防护垫鼓包、泡沫个别点失效
5	30	45°倾斜	50	防护垫鼓包、铁丝和第一层防护垫发生失效并穿透，第二层防护垫个别点失效未穿透
6	30	90°垂直	50	防护垫鼓包、防护垫中心失效，并被穿透
7	30	水平冲击	60	防护垫鼓包、防护垫部分失效
8	30	45°倾斜	60	防护垫鼓包、铁丝和第一层防护垫部分失效，第二层防护垫个别点失效但未穿透
9	30	90°垂直	60	防护垫鼓包、防护垫中心失效，并被穿透
10	60	水平冲击	40	防护垫鼓包并未穿透
11	60	45°倾斜	40	防护垫鼓包，铁丝和第一层防护垫发生失效，第二层防护垫未失效
12	60	90°垂直	40	防护垫鼓包、防护垫中心失效，并被穿透
13	60	水平冲击	50	防护垫鼓包、泡沫个别点失效
14	60	45°倾斜	50	防护垫鼓包、铁丝和第一层防护垫发生失效并穿透，第二层防护垫个别点失效未穿透
15	60	90°垂直	50	防护垫鼓包、防护垫中心失效，并被穿透
16	60	水平冲击	60	防护垫鼓包、第一层泡沫个别点失效，铁丝和第二层泡沫未失效
17	60	45°倾斜	60	防护垫鼓包、铁丝和第一层防护垫部分失效，第二层防护垫个别点失效但未穿透
18	60	90°垂直	60	防护垫鼓包、防护垫中心失效，并被穿透

通过分析结果可知，冲击时，针对双层聚氨酯泡沫防护垫，撞击部位的防护垫会发生较大变形，即使堵盖没有穿透防护垫，也可能会影响其后设备；撞击角度接近90°，堵盖会穿透防护垫。

4.3 含玄武岩纤维布多层防护方案

两层玄武岩纤维布作为外层防护垫，中间夹层聚氨酯泡沫材料（20mm厚），冲击时堵盖姿态分别为0°、45°和90°，冲击速度为100m/s共3种工况，主要分析结果如表3所列。以冲击速度100m/s、冲击角度90°为例，防护垫冲击响应效果如图7所示，防护垫受撞部位变形较水平和斜冲击大，两层玄武岩纤维布也均未发生失效，防护垫整体保持完整。堵盖能量基本耗散掉，不具备破坏能力，并未穿透防护垫。

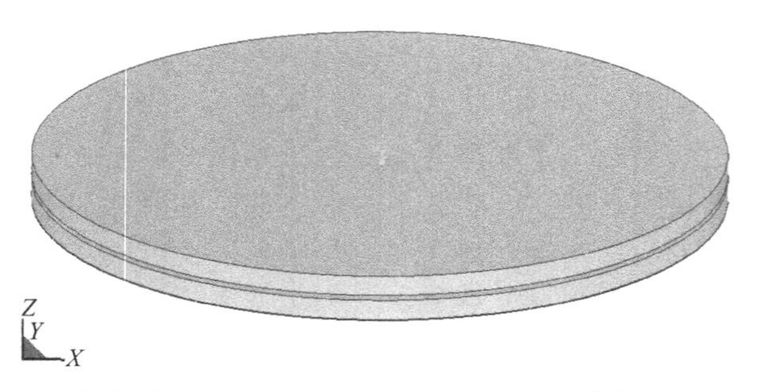

图 6 双层聚氨酯 60mm 厚、冲击速度 60m/s、冲击角度 90°损伤图

表 3 计算工况及其损伤结果

序号	工况描述	防护垫损伤程度
1	冲击速度 100m/s，水平冲击（0°）	防护垫受撞部位只发生变形，两层玄武岩纤维布均未发生失效，堵盖并未穿透防护垫
2	冲击速度 100m/s，斜冲击（45°）	防护垫受撞部位发生变形，两层玄武岩纤维布均未发生失效，防护垫整体保持完整，堵盖并未穿透防护垫
3	冲击速度 100m/s，垂直冲击（90°）	防护垫受撞部位变形较水平和斜冲击大，两层玄武岩纤维布也均未发生失效，防护垫整体保持完整，堵盖并未穿透防护垫

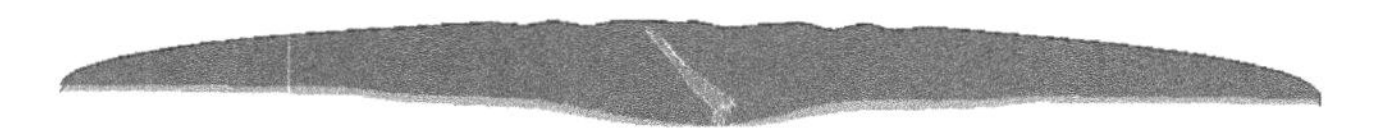

图 7 玄武岩多层防护垫、冲击速度 100m/s、冲击角度 90°损伤图

通过分析结果可知，含玄武岩纤维布多层防护方案，无论水平、斜、垂直冲击，防护垫会发生变形，但两层玄武岩纤维布均未失效，堵盖没有穿透防护垫。因此，堵盖也不能穿透实际的防护结构，达到了防护效果。

5 结束语

通过 3 种防护方案仿真结果可知，聚氨酯泡沫和玄武岩纤维布两种轻质材料均具有较好的吸能特性，其中相同面密度下玄武岩纤维布的抗冲击能力最强。方案 3 中玄武岩纤维布夹层聚氨酯泡沫形成三明治防护结构，第一层玄武岩纤维布起到拦截、降低堵盖速度的作用，中间聚氨酯泡沫进一步吸收冲击能量，最外层玄武岩纤维布减轻二次碎片对结构造成的损伤，总之，方案 3 中采用玄武岩纤维布夹层聚氨酯泡沫防护结构明显优于单纯聚氨酯泡沫和铝蒙皮防护结构。玄武岩纤维布以其优良的防护性能可以作为在轨整舱和部件级的防护材料使用。

参考文献

[1] 哈跃．玄武岩纤维布 Whipple 防护结构超高速撞击损伤分析［J］．哈尔滨工业大学学报．2007（5）：779-782.

[2] 吴昊．较低应变率大应变条件下聚氨酯泡沫材料的动态力学性能实验［J］．爆炸与冲击．2011（4）：393-396.

[3] 李春华．中国返回式卫星与空间科学实验．空间科学学报［J］．2009（29）：124-129.

[4] Liu Qiusheng. Progress on microgravity sciences in China［J］. Chin. J. Space Sci. 2006，26：150-159.

[5] Hayhurst，C J. Development of Material Models for Nextel and Kevlar-Epoxy for High Pressure and Strain Rates［J］. presented at the Hypervelocity Impact Symposium，Huntsville，USA，1999.

[6] R A Clegg. Hypervelocity impact damage prediction in composites：Part I - material model and characterisation［J］. Inernational Journal of Impact Engineering，2006，33：190-200.

微流星体撞击下多功能结构防护设计与性能分析

宫伟伟，郑世贵，王　巍

（中国空间飞行器总体设计部，北京，100094）

摘要：载人火星探测任务中，航天器面临微流星体撞击的潜在威胁，航天器结构需进行微流星体撞击防护设计，通过多种结构、材料的一体化设计提高力学、热学、抗微流星体撞击、空间辐射屏蔽等是未来多功能结构设计的迫切需求。本文选取聚丙烯轻质脆性塑料，作为微流星体的等效材料，通过超高速数值仿真研究设计的多功能结构在轻质脆性弹丸撞击下的损伤特性，获得其撞击特性，给出了多功能结构较优的防护构型设计，可以为多功能结构撞击失效风险评估和优化设计提供参考，提高航天器的生存能力，保障在轨安全运行。

关键词：多功能结构；微流星体；SPH；防护性能

1　引言

载人火星探测任务中，航天器面临微流星撞击的潜在威胁，航天器结构需进行微流星撞击防护设计。据估计，表面积 50m^{2}的航天器飞行两年，1.0mm 级微流星体的撞击概率高达 50%，0.8mm 级微流星体的撞击概率高达 75%，0.6mm 级微流星体的撞击概率几乎为 100%。微流星体是指起源于彗星和小行星并在行星际空间中运动的固态粒子[1-2]，主要由彗星起源的颗粒、小行星起源的颗粒和行星的溅射物组成[3-4]。微流星体相比于空间碎片，其化学成分更加复杂，密度在 0.16~4g/cm^{3}范围波动，平均密度为 1.0g/cm^3，且具有脆性特性[5-7]。速度在 0~72km/s 之间波动，平均速度在 17km/s 左右，地面试验证明 0.0295g 的铝弹丸（直径 2.76mm）在 6.55km/s 就能穿透 7mm 厚的铝板，根据能量推算，0.0031g 的微流星体在 20km/s 就能穿透 7mm 厚的铝板，这给行星际飞行的载人航天器带来巨大威胁。而针对深空探测载人飞行器，由于不可能由地面提供后勤维修保障支持，因此一旦微流星撞击造成舱体泄漏，就会造成灾难性事故。

相对地球的运行速度远高于空间碎片的平均速度，高速撞击可能导致航天器舱壁被击穿，对航天器内部的控制系统或有效载荷以及航天员造成重大威胁[8]；高速撞击产生的冲击波会造成航天器表面防护涂层脱落，对航天器表面敏感探测器造成永久性损伤；微流星体的高速撞击可能导致高压容器泄漏甚至发生爆炸，严重威胁载人密封舱的安全；此外微流星体撞击还会降低航天器结构强度等[3,5,9,10]。但由于微流星体具有尺寸小、随机性等特点，无法预测其运动轨迹，目前只能采取被动防护的方法。

本文根据多功能点阵结构特点，评估其抗微流星体的撞击性能，并给出防护优化建议。

2　多功能结构构型

多功能点阵结构具有比刚度高的特点，通过多层复合，实现结构承载、空间碎片防护、有效载荷支撑，以及液体存储与防辐照等多功能一体化。该结构设计参数如表 1 所列，其中点阵结构类型为体心立方胞元，如图 1 和图 2 所示。该结构预应用于载人密封舱的圆柱段结构，如图 3 所示。

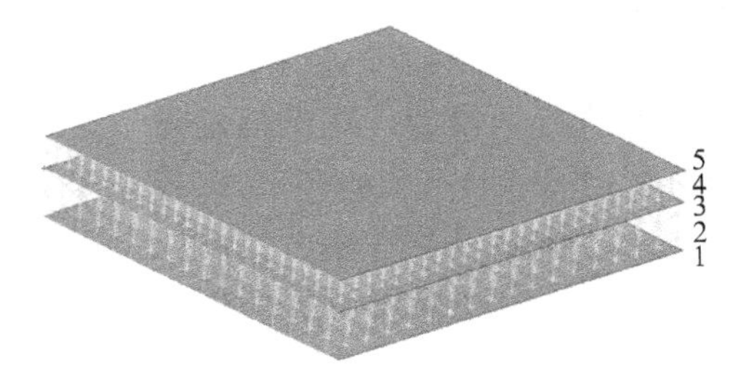

图 1　多功能点阵结构示意图

1—内层板壳；2—致密点阵层；3—中层板壳；4—稀疏点阵层；5—外层板壳。

图 2　点阵结构胞元示意图

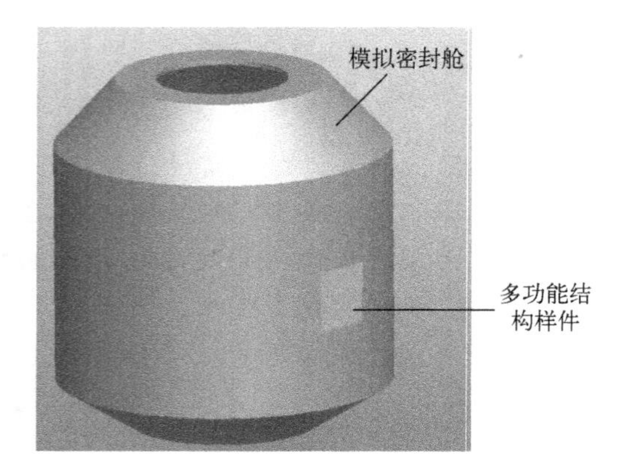

图 3　多功能结构样件在舱体位置示意图

多功能结构设计成三层防护板，外层板和中层板均为 1mm 厚，间隔 20mm，内层板厚度 2mm，与中层板间隔 30mm，三层防护板中间填充点阵结构。由于点阵结构胞元尺寸为 10mm×10mm 和 15mm×15mm，相比于毫米级弹丸，胞元空间尺寸较大，毫米级弹丸可以在不接触点阵结构的情况下穿透外层板与中层板到达内层板，同时微流星体具有尺寸小、随机性等特点，因此在研究多功能结构防护性能时，忽略点阵结构的影响，把多功能结构简化为三层板结构，此简化是偏保守的。多功能结钩等效防护构型如图 4 所示，其中内层板、中层板、外层板材料均为 ALSI10Mg。

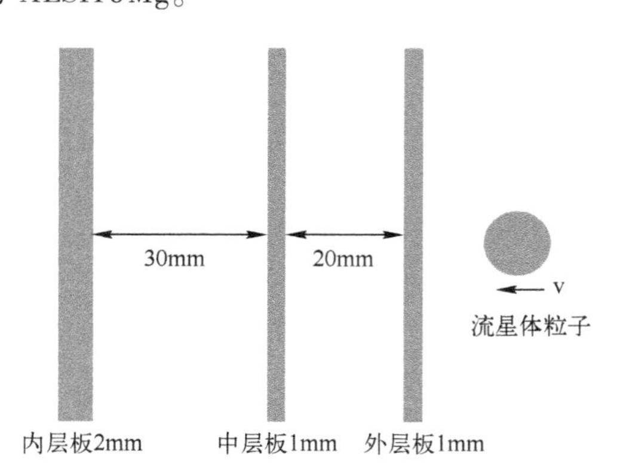

图 4　多功能结构等效防护构型示意图

表 1　多功能点阵结构设计参数

名称	内层板壳厚度	致密点阵层厚度	致密点阵层点阵杆件直径	中层板壳厚度	稀疏点阵层厚度	稀疏点阵层点阵杆件直径	外层板壳厚度
设计值	2mm	30mm	1mm	1mm	20mm	0. 8mm	1mm

3　仿真结果

超高速撞击问题的数值仿真中材料模型选用的合适与否对数值仿真结果产生重要影响。由于超高速撞击产生的撞击压力极大，材料通常伴随着破碎、熔化和气化，所以超高速撞击问题中材料模型的确定需要同时考虑强度模型和状态方程。

迄今为止人们建立了各种各样的本构模型以描述不同材料在不同加载条件下的弹性、弹塑性或者粘弹塑性力学行为。对于强动载下金属材料的本构模型而言，Steinberg-Guinan 模型是最常用的模型之一，该模型忽略冲击波高压下的应变率效应，着重于压力和温度对剪切模量和屈服强度的影响。多功能结构外层板材料为 ALSI10Mg，采用 Steinberg－Guinan 本构模型，密度可近似取 2700kg/m^3，剪切模量 28. 6GPa。外层板状态方程采用双线性 Shock 状态方程，双线性 Shock 状态方程是线性 Shock 状态方程的衍生，采用双线性拟合声速和粒子速度之间的关系。失效模型取最大拉应力准则，最大拉应力为 2. 5GPa。

微流星体与空间碎片相比，其化学成分更加复杂，密度在 0. 16~4g/cm^3范围波动，平均密度为 1. 0g/cm^3，且具有脆性特性，本文采取聚丙烯材料作为微流星体的模拟材料[11-12]，聚丙烯是由丙烯聚合而制得的一种半结晶热塑性树脂，密度在 0. 851~0. 935g/cm^3之间。聚丙烯强度模型采用 Von-Mises 模型，剪切模量 3. 68GPa，失效模型采用静水压力模型，拉伸极限取-1GPa。

超高速撞击是高度非线性问题，其仿真本质上属于高度非线性有限元问题。本文采用超高速撞击仿真软件 Autodyn 的光滑粒子流体动力学算法，该算法具有简洁、强壮、高效的特点，近些年来在超高速撞击领域中日渐工程化、实用化。

为提高计算效率，利用结构的对称性，建立平面轴对称模型。

多功能结构板粒子数 20000 个，弹丸粒子数 2200 个，一个工况计算时间约 28h。

3.1　多功能结构撞击仿真结果

针对设计的多功能点阵结构开展微流星体超高速撞击仿真分析，对多功能结构防护能力进行初步评估。

图 5 和图 6 是弹丸速度 10km/s 时的超高速撞击多功能结构的数值仿真过程，外层板在弹丸的撞击下形成规则的圆形穿孔，穿孔边缘整齐；弹丸撞击外层板后形成二次碎片，包含弹丸和外层板碎片的碎片云，此时仍具有较高的速度，因此破坏力较强，中间板形成较大的圆形穿孔，圆孔周边出现鼓包；随后包含弹丸、外层板、中间板的二次碎片作用在内层板上，但此时由于中间板的拦截，二次碎片速度已大幅下降，此外有大量碎片飞溅出去，减弱了破坏力。其中图 5 中直径 5mm 聚丙烯弹丸作用时，前板和中间板穿孔直径较直径 4.75mm 聚丙烯弹丸作用时均略大，且中间板产生的二次碎片的尺寸也较之 4.75mm 聚丙烯弹丸大，破坏力强，此时内层板出现裂纹，中心区域发生穿孔。从图 6 中可以看出，直径 4.75mm 聚丙烯弹丸作用时内层板中心区域出现较大弹坑，但并未穿透，背面相应位置出现鼓包。由此得出弹丸以 10km/s 速度撞击多功能结构的极限半径出现在 5~4.75mm 之间，取平均值为 4.875mm。

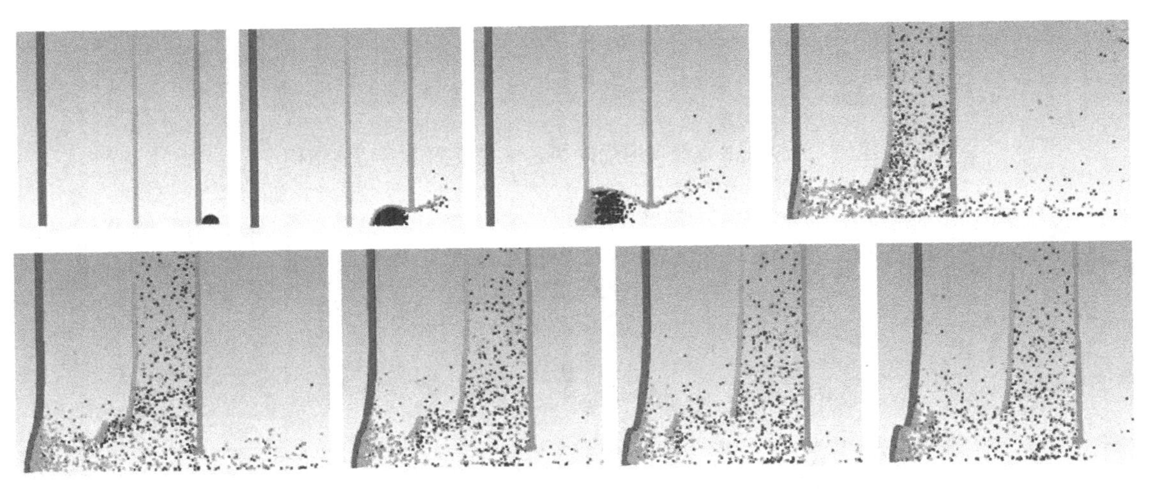

图 5　5.0mm 直径聚丙烯以 10km/s 速度撞击多功能结构

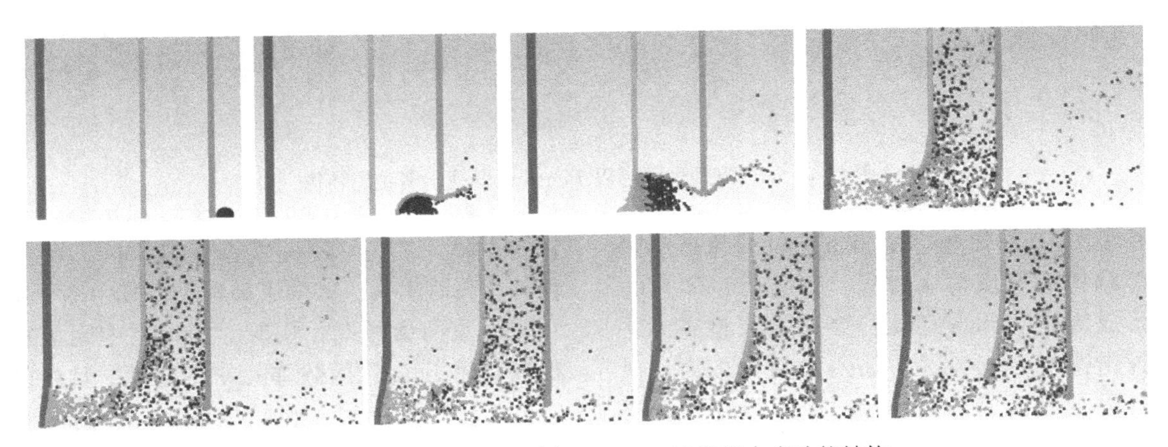

图 6　4.75mm 直径聚丙烯以 10km/s 速度撞击多功能结构

图 7 和图 8 是弹丸速度 7km/s 时的超高速撞击多功能结构的数值仿真过程，外层板在弹丸的撞击下形成规则的圆形穿孔，穿孔边缘整齐；弹丸撞击外层板后形成二次碎片，包含弹丸和外层板碎片的碎片云，此时仍具有较高的速度，因此破坏力较强，中间板形成较大的圆形穿孔，中间板产生的二次碎片尺寸较弹丸撞击速度为 10km/s 时大，而相同速度时，直径 5.75mm 弹丸撞击时中间板产生的大尺寸的二次碎片数量多于直径 5.5mm 的弹丸；随后包含弹丸、外层板、中间板的二次碎片作用在内层板上，但此时由于中间板的拦截，二次碎片速度已大幅下降，此外有大量碎片飞溅

出去，减弱了破坏力。其中图7中直径5.75mm聚丙烯弹丸作用时，前板和中间板穿孔直径较直径5.5mm聚丙烯弹丸作用时大，且中间板产生的二次碎片的尺寸也较之5.5mm聚丙烯弹丸大，破坏力强，此时内层板中心区域发生穿孔。从图8中可以看出，直径5.5mm聚丙烯弹丸作用时内层板中心区域出现较大弹坑，但并未穿透，背面相应位置出现鼓包。由此得出弹丸以7km/s速度撞击多功能结构的极限半径出现在5.75~5.5mm之间，取平均值为5.625mm。

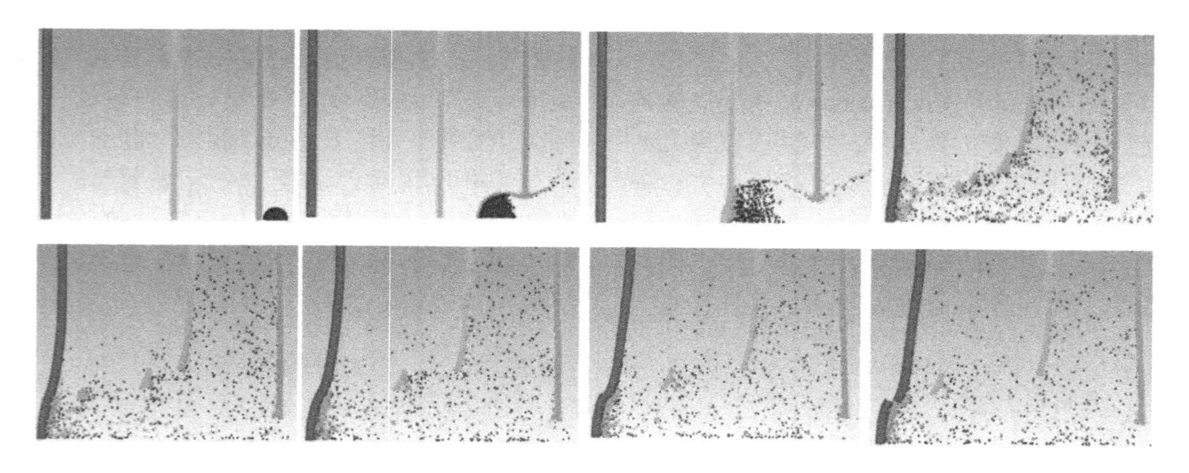

图7　5.75mm直径聚丙烯以7km/s速度撞击多功能结构

图8　5.5mm直径聚丙烯以7km/s速度撞击多功能结构

图9和图10是弹丸速度3km/s时的超高速撞击多功能结构的数值仿真过程，外层板在弹丸的撞击下形成规则的圆形穿孔，穿孔边缘整齐，外层板较撞击速度10km/s和7km/s时变形较大；弹丸撞击外层板后形成二次碎片，包含弹丸和外层板碎片的碎片云，此时仍具有较高的速度，因此破坏力较强，中间板形成较大的圆形穿孔，中间板产生的二次碎片尺寸较弹丸撞击速度为10km/s和7km/s时大，而相同速度时，直径7.5mm弹丸撞击时中间板产生的大尺寸的二次碎片数量多于直径7mm的弹丸；随后包含弹丸、外层板、中间板的二次碎片作用在内层板上，但此时由于中间板的拦截，二次碎片速度已大幅下降，此外有大量碎片飞溅出去，减弱了破坏力。其中图9中直径7.5mm聚丙烯弹丸作用时，前板和中间板穿孔直径较直径7mm聚丙烯弹丸作用时大，且中间板产生的二次碎片的尺寸也较之7mm聚丙烯弹丸大，破坏力强，此时内层板中心区域发生穿孔。从图10中可以看出，直径7mm聚丙烯弹丸作用时内层板中心区域出现较大弹坑，但并未穿透，背面相应位置出现鼓包。由此得出弹丸以3km/s速度撞击多功能结构的极限半径出现在7.5~7mm之间，取平均值为7.25mm。

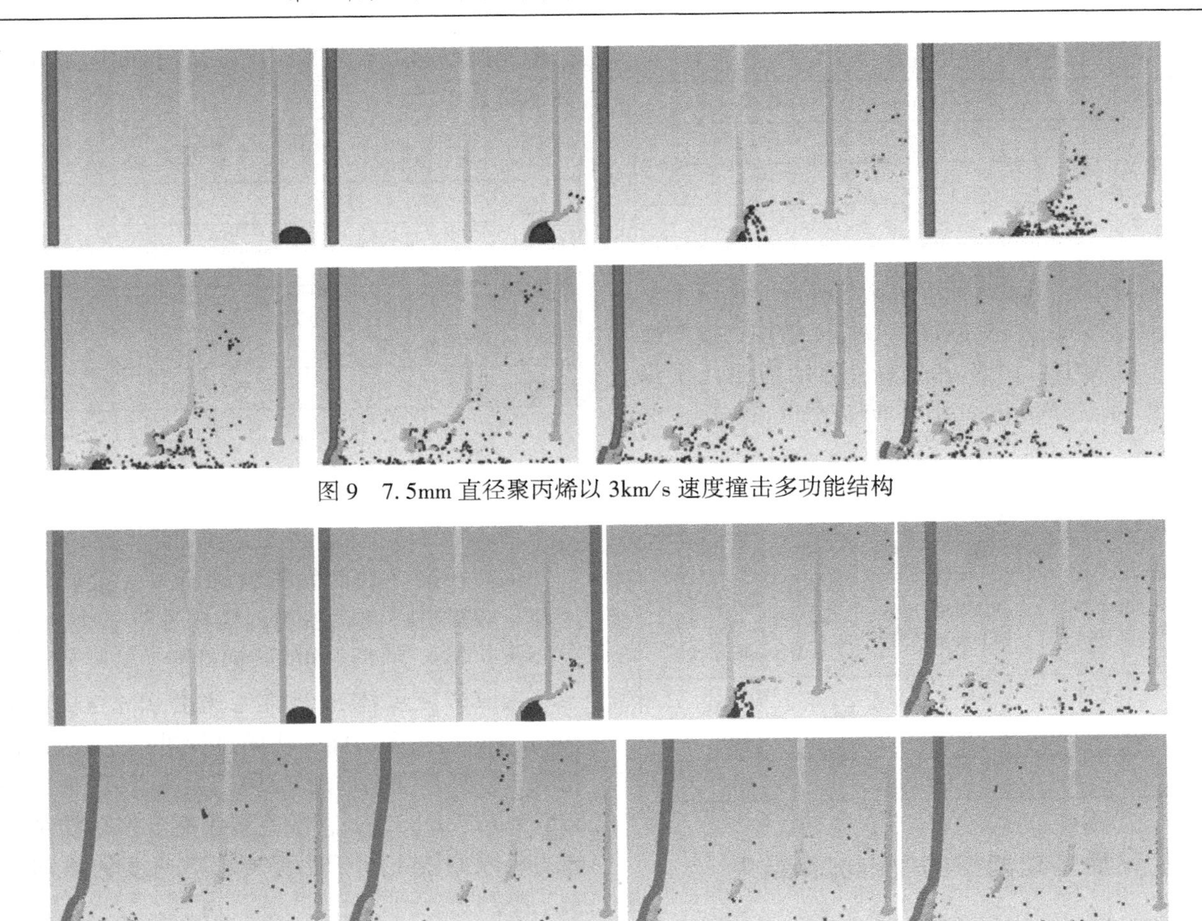

图 9　7.5mm 直径聚丙烯以 3km/s 速度撞击多功能结构

图 10　7mm 直径聚丙烯以 3km/s 速度撞击多功能结构

本文选取 3 种典型撞击速度即 3km/s、7km/s、10km/s 对撞击多功能结构过程进行了数值仿真，获取相应速度下的撞击极限，归纳微流星体撞击多功能结构的极限规律如下。

（1）随着入射速度的减少，弹丸在击穿中间板后产生的二次碎片尺寸增大，数量少，但由于此时二次碎片速度低，因此破坏力并不强。

（2）外层板穿孔直径随着入射速度的增加而增大，随着弹丸直径的增大而增大。

（3）中间板穿孔直径随着入射速度的增加而增大，随着弹丸直径的增大而增大。

数值仿真中不可避免存在数值误差，因此将同一撞击速度下相邻的击穿和未击穿直径的平均值作为临界直径，表 2 给出了 3km/s、7km/s、10km/s 速度下的撞击极限直径。

表 2　撞击极限直径

结构	速度/(km/s)	极限/mm
多功能结构	3	7~7.5
	7	5.5~5.75
	10	4.75~5

3.2　等面密度双层 Whipple 结构防护性能仿真结果

为量化多功能结构防护性能指标，将多功能结构中三层板等效成等面密度的双层 Whipple 防护结构，构型如图 11 所示，内层板和外层板厚度均为 2mm，材料为 ALSI10Mg，两层板间距 50mm。

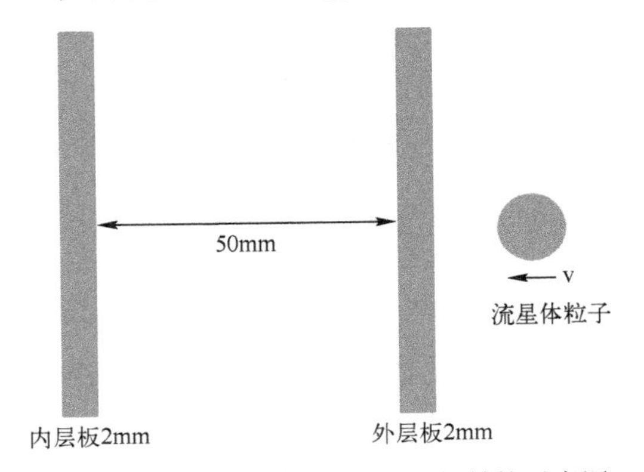

图 11　等面密度双层 Whipple 防护结构示意图

将同一撞击速度下相邻的击穿和未击穿直径的平均值作为临界直径，表 3 给出了 3km/s、7km/s、10km/s 速度下的撞击极限直径。

表 3　撞击极限直径

结构	速度/(km/s)	极限/mm
等面密度双层 Whipple 结构	3	5~5.5
	7	2.5~3
	10	2.5~3

表 4 给出了 3km/s、7km/s、10km/s 速度下多功能结构、等面密度的双层 Whipple 结构的撞击极限直径。从表中可以看出，多功能结构相比于等面密度的双层 Whipple 结构防护性能提高 38% 以上。

表 4　撞击极限直径对比

速度/(km/s)	极限/mm		提高百分比/%
	多功能结构	等面密度双层 Whipple 结构	多功能结构相对于等面密度双层 Whipple 结构
3	7~7.5	5~5.5	38%
7	5.5~5.75	2.5~3	105%
10	4.75~5	2.5~3	77%

3.3　优化后多功能结构撞击仿真结果

多功能防护结构示意图如图 3 所示，外层板与中间板、中间板与内层板间距依次为 20mm 和 30mm，一般来说，增大外层板与中间板的距离，使得弹丸撞击外层板后形成的二次碎片能量充分扩散，以降低破坏力，通过仿真预估外层板与中间板，中间板与内层板间距分别是 30mm 和 20mm 时，防护效果更佳。

临界直径取同一撞击速度下相邻的击穿和未击穿直径的平均值，表 5 给出了 3km/s、7km/s、10km/s 速度下的撞击极限直径。

表 5　撞击极限直径

结　构	速度/(km/s)	极限/mm
多功能结构（优化）	3	7~7.5
	7	6~6.5
	10	6~6.5

优化后的多功能结构其撞击极限直径大于原设计的多功能结构，表明优化后的多功能结构在超高速撞击下，防护效果也更好。

表 6 给出了 3km/s、7km/s、10km/s 速度下多功能结构、优化后的多功能结构的撞击极限直径。从表中可以看出，优化后多功能结构在高速段防护性能略优于原设计的多功能结构，但提高不多，分析原因是多功能结构中三层板总间距略小，优势不明显。

表 6　撞击极限直径对比

速度/(km/s)	极限/mm		提高百分比/%
	多功能结构（优化）	多功能结构	优化后相对于优化前
3	7~7.5	7~7.5	—
7	6~6.5	5.5~5.75	11%
10	6~6.5	4.75~5	28%

4　结束语

本文根据多功能结构设计特点、微流星体尺度和一般撞击特性对多功能结构进行了合理简化，以快速获得多功能结构的防护性能。

选取微流星体 3 个典型速度 3km/s、7km/s、10km/s 对撞击多功能结构的过程进行了数值仿真，获取 3 个速度下的撞击极限直径分别是 7.25mm、5.625mm、4.875mm，微流星体撞击多功能结构的撞击极限曲线不同于铝弹丸，随速度的增加呈单调下降趋势。

针对等面密度双层 Whipple 结构完成了 3km/s、7km/s、10km/s 速度下的撞击仿真，获取 3 个速度下的撞击极限直径分别是 5.25mm、2.75mm、2.75mm，撞击极限曲线亦随速度的增加呈下降趋势。

针对优化后的多功能结构完成了 3km/s、7km/s、10km/s 速度下的撞击仿真，获取 3 个速度下的撞击极限直径分别是 7.25mm、6.25mm、6.25mm，撞击极限曲线随速度的增加总体呈下降趋势。

通过 3 个典型速度下的多功能结构的撞击极限比等面密度双层板撞击极限至少提高了 38%。此外，优化后多功能结构在高速段防护性能也略优于原设计的多功能结构，但提高不多，分析原因是多功能结构中三层板总间距略小，优势不明显。

后续还需进一步对多功能结构进行优化，针对改进后的构型开展防护性能评估工作。

参考文献

[1] 胡中为，宣家余．陨石、流星体与小行星及彗星的演化关系［J］．空间科学学报，1982（2）：111-116.

[2] 闫军，郑世贵，韩增尧．月球资源卫星的微流星体撞击风险评

估分析［J］. 中国宇航学会深空探测技术专业委员会第一届学术会议，哈尔滨，2005. 1：447~449.

［3］McNeil，William J，Lai，Shu T，Murad，Edmond. Charge Production due to Leonid Meteor Shower Impact on Spacecraft Surfaces［C］. Proceedings of the 6th Spacecraft Charging Conference，November 2-6，1998. AFRL Science Center，Hanscom AFB，MA，USA：187-191.

［4］Henry B Garrett，S J Drouilhet，John P Oliver，et al. Interplanetary Meteoroid Environment Model Update［J］. Journal of spacecraft and Rockets，1999（36）：124-132.

［5］G Drolshagen. Hypervelocity Impact Effects on Spacecraft［J］. Proceedings of the Meteoroids 2001 Conferece（Swedish Institute of Space Physics Kiruna，Sweden），2001（8）：533-543.

［6］闫军，韩增尧. 近地空间微流星体环境模型研究［J］. 航天器工程，2005（14）2：23-30.

［7］张伟，庞宝君，张泽华. 航天器微流星体及空间碎片防护结构性能分析［J］. 哈尔滨工业大学学报，2002，Vol 34（5），603~606.

［8］廖少英. 微流星体对航天活动的影响与技术对策［J］. 上海航天，1996，Vol 3：51-53.

［9］M Landgraf，R Jehn，W Flury，et al. Hazards by meteoroid impacts onto operational spacecraft［J］. Advances in Space Research. 2004，Vol 33：1507-1510.

［10］孙英超. 微流星体超高速撞击航天器损伤特性研究［D］. 哈尔滨工业大学硕士论文，2009 年 7 月.

［11］李斌. 轻质脆性弹丸作用下的防护结构超高速撞击特性研究［D］. 哈尔滨工业大学硕士论文，2010 年 7 月.

［12］朱凼凼. 微流星体高速撞击航天器防护结构地面模拟实验研究［D］. 哈尔滨工业大学博士论文，2012 年 6 月.

功率电缆易损性试验研究

王　巍，郑世贵，于　伟，闫　军
（中国空间技术研究院总体设计部，北京，100094）

摘要：卫星空间碎片撞击易损性体现了卫星部件和系统遭受空间碎片撞击后维持原有性能的能力，即生存力。卫星功率电缆是卫星获取能源的重要部件，其易损性研究结果可以极大地提高对抗空间碎片撞击的防护能力。本文针对卫星星外功率电缆，模拟功率电缆正常工作状态，开展超高速撞击试验，记录、研究功率电缆在高速撞击情况下的结构损伤和工作状态变化以及作用机理，并研究卫星功率电缆的防护设计技术。

关键词：功率电缆；易损性；防护；试验

1　引言

空间碎片可造成航天器多种类型的损伤，损伤的种类与程度取决于航天器的大小、构形、工作时间以及空间碎片的质量、密度、速度、撞击方向等特性。这种撞击损伤包括壁板穿孔、压力容器破裂、舷窗玻璃退化、热控性能降低、密封舱泄漏等。

空间碎片撞击航天器的平均相对速度可达10km/s，微流星体撞击航天器的平均相对速度可达19~22km/s，空间碎片严重威胁着在轨航天器的安全。1993年，Olympus卫星失去了姿态控制，该事故即是由空间碎片撞击卫星引起的。2002年，美法联合研制的卫星Jason-1遭到空间碎片撞击，导致其轨道高度明显提升和随后几小时的电流波动，并释放出两个碎片。2007年，MeteoSat-8卫星遭到空间碎片撞击，导致其轨道发生变化，并释放出碎片。2013年，俄罗斯的BLITS小卫星遭到空间碎片撞击，并释放出一块约10cm大小的碎片。同年4月，刚发射一个月的厄瓜多尔“飞马座”卫星与一块火箭碎片残骸发生碰撞，卫星失去了联系。2016年，欧洲航天局“哥白尼”对地观测项目下的“哨兵”1A卫星遭到毫米级空间碎片或微流星体撞击。

近年来，我国卫星也多次遭到空间碎片的撞击。2011年我国某高轨卫星太阳电池阵遭受空间碎片撞击，造成临近电缆损坏。2015年10月，我国一颗遥感卫星太阳电池阵遭受空间碎片撞击，造成电缆损伤。

航天器空间碎片撞击易损性是航天器在空间碎片撞击下的敏感程度，主要研究发生空间碎片高速撞击情况下，部件和系统的功能降阶和失效。航天器空间碎片撞击易损性体现了航天器部件和系统遭受空间碎片撞击后维持原有性能的能力，即生存力。

部件是在规定条件和规定时间内完成规定功能的产品，部件结构是其功能的载体，如果结构损伤或破坏就会使功能降阶或散失。部件失效模式是要建立结构损伤或破坏与功能散失或降阶的关系。只有建立了空间碎片撞击引起部件的失效模式，才能进行后续的空间碎片撞击引起的部件失效概率分析，进而才能开展系统失效概率分析。同时，对失效模式的探讨也有助于研究卫星针对空间碎片的防护设计研究。

本文针对卫星星外功率电缆，模拟功率电缆正常工作状态，开展超高速撞击试验，记录、研究功率电缆在高速撞击情况下的结构损伤和工作状态变化，并通过对比试验，研究了卫星功率电缆的防护设计技术。

2　超高速撞击试验设计

卫星星外功率电缆超高速撞击试验在中国空气动力研究与发展中心进行。超高速碰撞靶包括发射系统、测速系统和靶室/真空系统等三大分系统。发射系统的作用是将弹丸发射到试验所需的速度，实现弹丸对靶材的撞击，它的主要设备是

7.6mm 口径二级轻气炮。该发射器利用火药驱动活塞，并由活塞压缩充在压缩管内的氢气，最后利用高压氢气推动弹丸发射至高速。测速系统用来测量弹丸撞靶前的飞行速度，包括 3 套激光探测器和 1 台测速计算机。其原理是利用弹丸飞越测试区域时对激光束的遮挡效应来记录弹丸到达各测试站的时间，并由此计算出弹丸的飞行速度，测速精度高于 2.9‰。靶室为直径 1m、长 1.8m 的圆柱洞体，内部安装用于固定靶材的靶架。真空系统用于在靶室内形成真空环境，降低弹丸飞行时的气动阻力。该系统由两台真空泵及相应的管道、阀门组成，试验时，靶室内的最低压力可达 133Pa。

超高速撞击试验的靶体为模拟卫星 SADA 外功率电缆的由 9 根导线组成的电缆束，电缆线束为 55/0812-20-9 导线。功率电缆在轻气炮靶室内的安装情况如图 1 所示。

图 1　靶体在靶室内的安装情况

功率电缆靶体两端导线由靶室内引出，模拟卫星实际使用情况，外加 28V 直流电源，串联一个 5.1kΩ 电阻分压，另串联一个 1.5kΩ 电阻，并测量作用在该电阻的电压值，作为采样信号，采样频率为 5MHz。卫星功率电缆易损性超高速撞击试验示意图如图 2 所示。

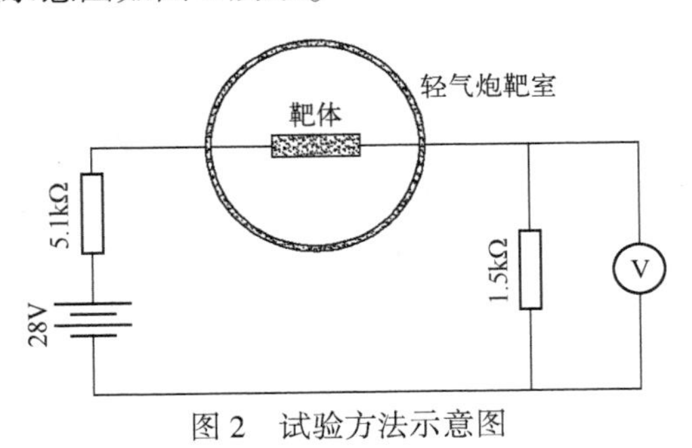

图 2　试验方法示意图

3　无防护状态电缆易损性试验

功率电缆在无防护状态下，当弹丸直径为 1.0mm，撞击速度为 2.94km/s 时的撞击效果如图 3 所示。该次试验（编号 OP-N-L-1）弹丸击中两根线缆中间，两根线缆外皮均受到撞击损伤，均有破损。内部金属线束有露出，但损伤较小，无断裂。撞击试验前后测量所得的线缆电阻值基本稳定，线缆导通正常。

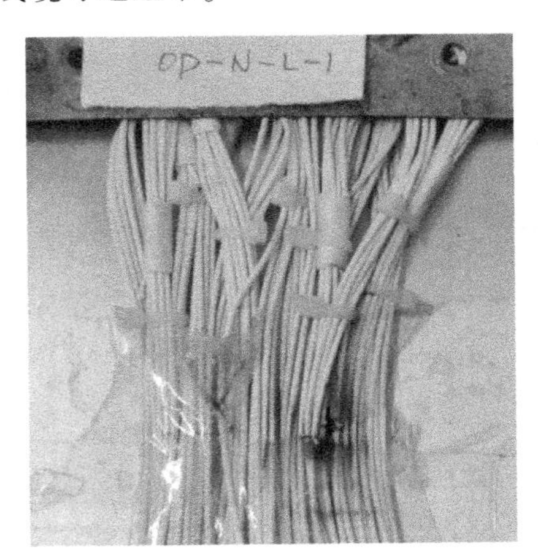

图 3　无防护状态（OP-N-L-1）高速撞击效果
（弹丸直径 1.0mm，速度 2.94km/s）

编号为 OP-N-L-2 的试验选用的弹丸直径为 2.0mm，撞击速度为 1.98km/s。试验中两根线缆（#5 和#6 线缆）被完全击断，如图 4 所示，试验前后电阻值的测量结果表明除#5 和#6 线束断路外，其余线缆导通正常。另有多根线缆外皮受到撞击损伤，金属线束裸露，但未被击断，其撞击前后线缆电阻值未发生明显变化，如图 5 所示。撞击过程中，#5 和#6 线束的电压测量值出现较大突变，然后测量值降为零，线缆被击断，其中#5 线缆的电压测量曲线如图 6 所示。其他线缆的电压测量值在撞击发生时段均发生较大变化，但最终恢复。

图 4　无防护状态（OP-N-L-2）高速撞击效果
（弹丸直径 2.0mm，速度 1.98km/s）

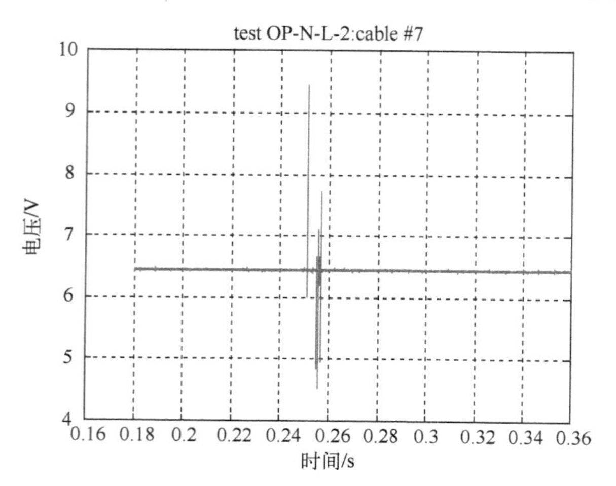

图5　OP-N-L-2 试验，#7 线缆（未被击断）电压信号

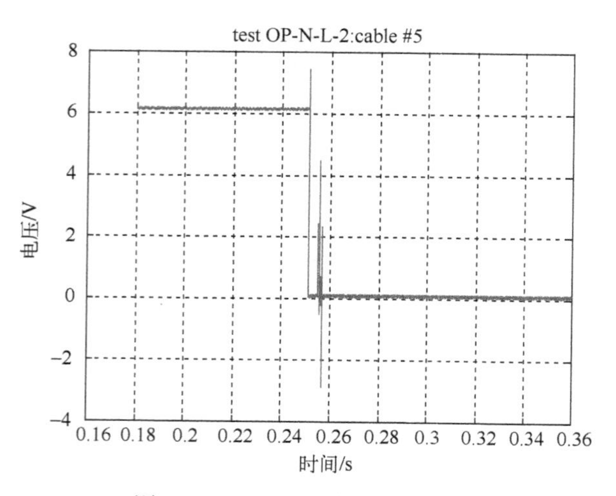

图6　OP-N-L-2 试验，#5 线缆（被击断）电压信号

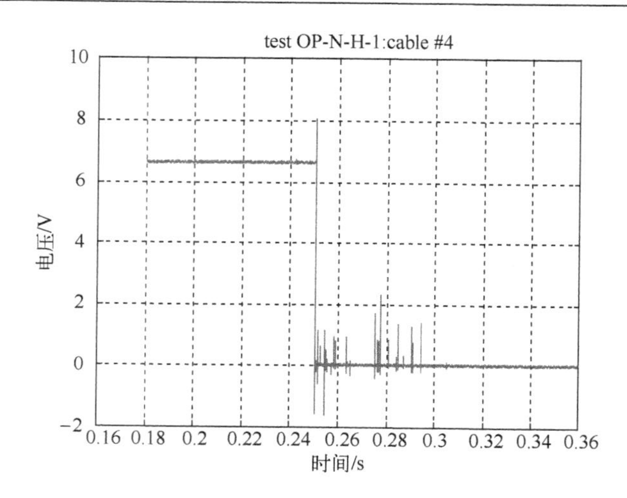

图8　OP-N-H-1 试验，#4 线缆（被击断）电压信号

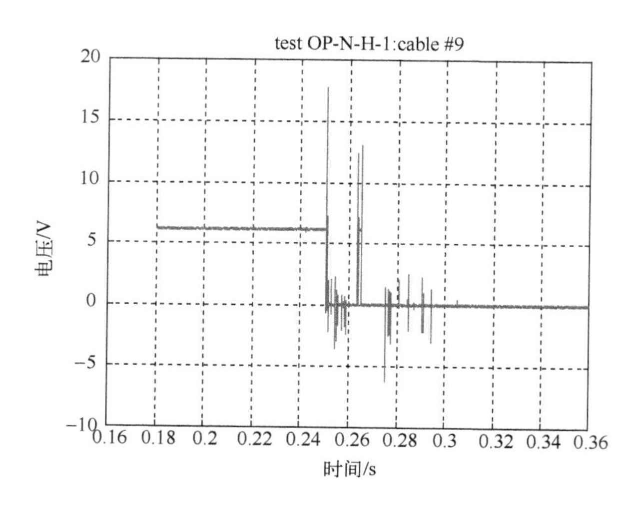

图9　OP-N-H-1 试验，#9 线缆（被击断）电压信号

编号为 OP-N-H-1 的试验选用 2.0mm 直径弹丸，撞击速度为 6.12km/s。撞击后，电缆全部 9 根线缆均被击断，金属线束完全裸露，如图 7 所示，测量电阻值均显示为断路状态。撞击时刻，各线缆电压信号均发生大幅跃升，随后降至 0，线缆断路，如图 8 和图 9 所示。

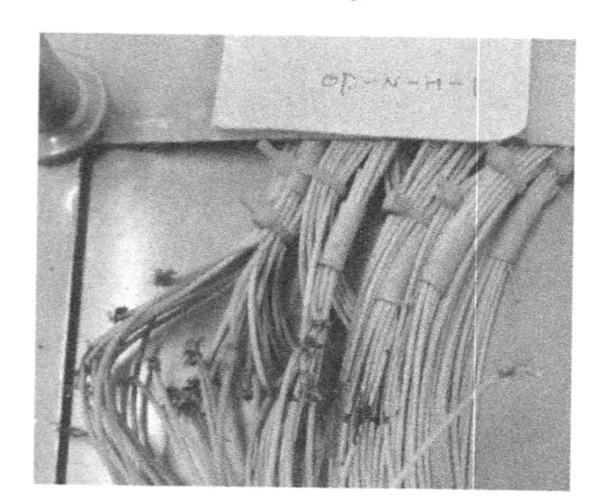

图7　无防护状态（OP-N-H-1）高速撞击效果
（弹丸直径 2.0mm，速度 6.12km/s）

4　芳纶Ⅲ织物防护的电缆易损性试验

编号为 OP-AF-L-1 的试验选用 2.0mm 弹丸，撞击速度为 2.55km/s。撞击后，芳纶Ⅲ织物被击穿，上有一直径 2mm 孔洞，有电缆线束被完全击断，部分线速线缆外皮严重损伤，但金属线束未被完全击断，虽严重变形，但金属线束尚连接。另有未受损伤的线束，如图 10 所示。试验前后测得的线束电阻值表明，除#2 和#6 线束断路外，其余线束电阻值无明显变化。撞击过程中，线束电压均发生突变，#2 和#6 线束电压值（#2 线束电压变化如图 11 所示）突变后归零，显示为断路。其余线束电压信号在突变后，保持稳定。#5 线束电压变化如图 12 所示。

图 10　芳纶Ⅲ织物防护状态（OP-AF-L-1）高速撞击效果
（弹丸直径 2.0mm，速度 2.55km/s）

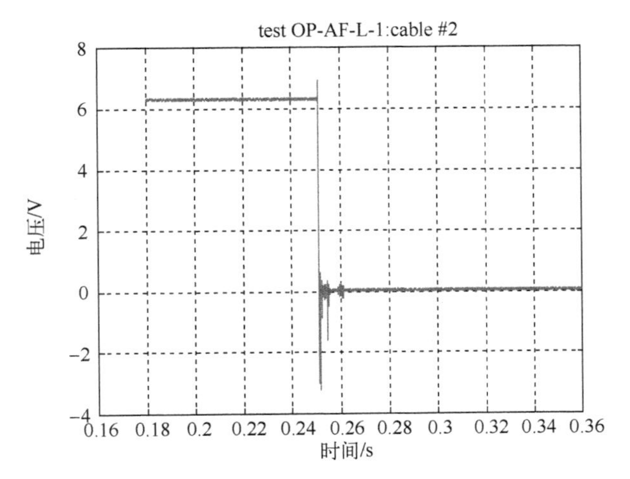

图 11　OP-AF-L-1 试验，#2 线缆（被击断）电压信号

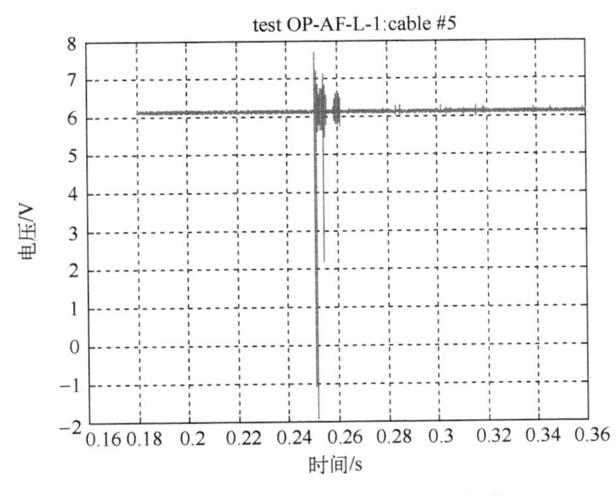

图 12　OP-AF-L-1 试验，#5 号线缆（未被击断）电压信号

编号 OP-AF-H-1 的试验选用弹丸直径为 2.0mm，撞击速度 6.06km/s。撞击后，芳纶Ⅲ织物被击穿，形成直径约为 4mm 的孔洞。9 根线缆中 7 根被击断（试验前后测量的线束电阻值表明断路），#2 线缆和#7 线缆完好，撞击后状态如图 13 所示。超高速撞击过程中，各线束电压值均发生突变，#2 线缆和#7 线缆信号最终恢复，其余归零，表明被击断。#2 线束电压在撞击时段的变化如图 14 所示，#8 线束电压在撞击时段的变化如图 15 所示。

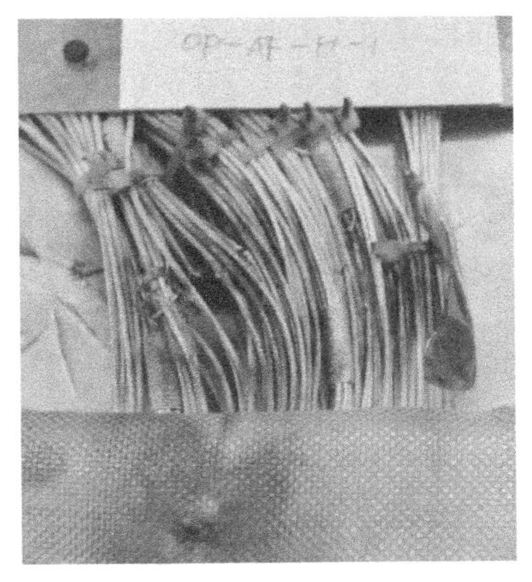

图 13　芳纶Ⅲ织物防护状态（OP-AF-H-1）高速撞击效果
（弹丸直径 2.0mm，速度 6.06km/s）

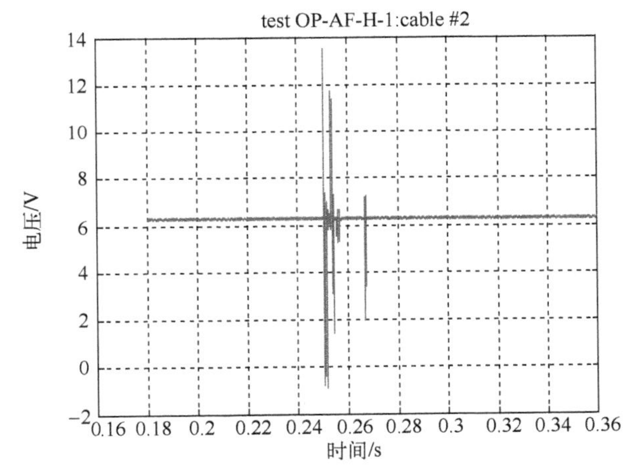

图 14　OP-AF-H-1 试验，#2 线缆（未被击断）电压信号

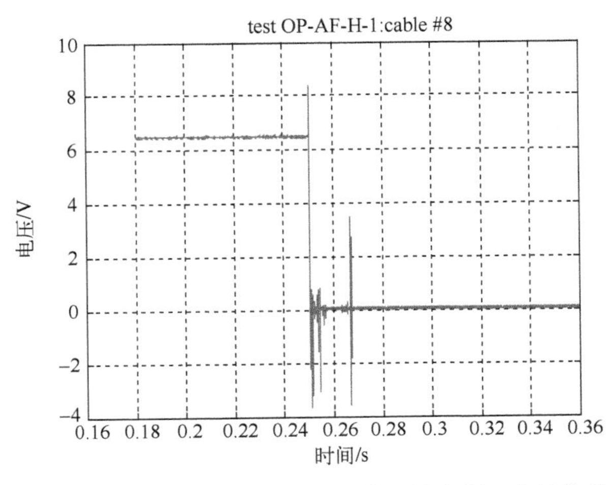

图 15　OP-AF-H-1 试验，#8 线缆（被击断）电压信号

5 结束语

在超高速撞击时段，无论是否被击断，各线缆上的电压信号均发生大幅变化，这应该超高速撞击诱发的等离子体耦合导致的电压变化。在卫星电路设计过程中，应考虑该情况的影响，在设备设计中预置处理方案。

在试验结果的对比中可以看到，采用一层芳纶Ⅲ织物作为防护手段，具有一定的防护作用。在后续的工作中，应对防护材料的选用及防护设计手段的实施进行进一步的研究。

参考文献

[1] 姜东升，郑世贵，马宁，等．空间碎片和微流星雨对卫星太阳翼的撞击损伤及防护研究［J］．航天器工程，2017，26（2）．

[2] 蔡明辉，吴逢时，李宏伟，等．空间微小碎片超高速撞击诱发的等离子体特性研究［J］．物理学报，Vol. 63，No. 1（2014）．

[3] 李宏伟．微小空间碎片撞击效应研究［D］．中国科学院研究生院，2010．

[4] Y Akahoshi，T Nakamura，S Fukushige，et al. Influence of Space Debris on Solar Array under Power Generation［J］．International journal of Impact Engineering，2008（35）：1678-1682.

[5] Spacecraft Component Vulnerability for Space Debris Impact. IADC report. 2016.

基于多层冲击理论的柔性空间碎片防护层设计与试验研究

王　巍，郑世贵
（北京空间飞行器总体设计部，北京，100094）

摘要：充气展开密封结构是未来空间站以及大型空间居住舱的理想构建形式，其外蒙皮由气密层、增强层、微流星体和空间碎片防护层、辐射保护层以及热控层组成。为了既满足对空间碎片的防护又满足折叠、收纳以及展开的要求，空间碎片防护层需要基于多冲击理论予以设计。本文基于多层冲击理论，采用国产的玄武岩纤维材料和芳纶织物的特性参数，根据弹道极限方程设定了空间碎片防护层设计参数，并通过高速撞击试验对设计参数进行了试验验证，试验结果表明设计参数满足防护需求，并且符合理论计算对试验结果的预估。

关键词：多层冲击；空间碎片；防护层；设计

0　引言

未来空间站、载人登月、月球基地等重大专项对大型扩展舱段的需求日益突出，而大型刚性密封舱结构（一般为铝合金材质），由于质量重、体积大、发射成本较高、在轨组装难度大，将难以满足未来航天发展的需要。而充气展开密封结构具有质量轻、折叠效率高、展开可靠、工程实施方便等优点，是未来空间站扩展舱体、大型空间居住舱段建造的有效途径之一，如图 1 所示。

图 1　国际空间站上的充气舱室

充气展开密封结构外蒙皮是柔性的，由多层材料构成，分别表示为气密层、增强层、微流星体和空间碎片防护层、辐射防护层以及热控层等，其中微流星体和空间碎片防护层（以下简称空间碎片防护层）为其中最厚的一层，对整个结构的折叠设计及展开方案设计均有重大影响。

空间碎片来源于人类的航天活动，比如废弃的航天器、运载火箭末级、航天器在轨碰撞和爆炸、固体火箭在轨工作的喷射物，“一箭多星”发射时的卫星支架、航天员遗弃的生活垃圾和失落的工具、相机和望远镜的镜头盖等。空间碎片如影随形地伴随着航天活动，对航天器的安全运行构成巨大威胁。空间碎片已成为航天器必须要面对和解决的问题。

空间碎片可造成航天器多种类型的损伤，损伤的种类与程度取决于航天器的大小、构形、工作时间以及空间碎片的质量、密度、速度、撞击方向等特性。这种撞击损伤包括壁板穿孔、压力容器破裂、舷窗玻璃退化、热控性能降低、密封舱泄漏等。

空间碎片撞击航天器的平均相对速度可达10km/s，微流星体撞击航天器的平均相对速度可达19~22km/s。空间碎片的存在严重地威胁着在轨航天器的安全。1993年，Olympus卫星失去了姿态控制，该事故即是由空间碎片撞击卫星引起的。2002年，美法联合研制的Jason-1卫星遭到空间碎片撞击，导致其轨道高度明显提升，并且随后几小时内电流波动，并释放出两个碎片。2007年，MeteoSat-8卫星遭到空间碎片撞击，导致其轨道发生变化，并释放出碎片。2013年，俄罗斯的BLITS小卫星遭到空间碎片撞击，并释放出一块约10cm大小的碎片。同年4月，刚发射一个月的厄瓜多尔“飞马座”卫星与一块火箭碎片残骸发生碰撞，卫星失去联系。2016年，欧洲航天局“哥白尼”对地观测项目下的“哨兵”1A卫星遭到毫米级空间碎片或微流星体撞击。

近年来，我国卫星也多次遭到空间碎片的撞击。2011年我国某高轨卫星太阳电池阵遭受空间碎片撞击，造成相邻电缆损坏。2015年10月，我国一颗遥感卫星太阳电池阵遭受空间碎片撞击，造成电缆损伤。

因此，对于空间碎片的防护得到了航天业界的重视。目前在空间站舱体上大多采用Whipple结构对舱体进行被动防护。而对于充气展开密封舱体来说，空间碎片防护层需要同时具备防护与折叠、展开的功能，现有的基于Whipple结构的刚性防护结构无法满足上述要求。

为此，本文基于多层冲击理论设计了充气展开密封结构的柔性空间碎片防护层，采用我国国产的玄武岩织物和芳纶织物，将其性能参数代入相应的弹道极限方程，计算出了柔性空间碎片防护层的各设计参数，并利用试验结果对柔性空间碎片防护层的设计进行了检验。试验结果表明，国产玄武岩织物和芳纶织物满足空间碎片防护要求，理论计算结果完全满足充气舱室对空间碎片的防护要求。

1 多层冲击防护结构

现在常用的Whipple防护结构是在主结构前一定距离上布置单层缓冲层。Whipple防护结构构型简单、制造安装方便，但对弹丸形状比较敏感。而填充式防护结构是在最外层铝缓冲屏与后墙之间填充Nextel陶瓷纤维以及Kavlar高强度纤维组成的复合材料层。Nextel陶瓷纤维层在前，可以在入射粒子内产生更强的冲击压力，使之更加彻底地破碎；Kavlar高强度纤维层在后，其较高的强度-质量比特征可以使其比铝更能有效地降低残存碎片的速度及碎片云的扩展速度。

多层冲击防护结构主要是指由多层陶瓷纤维层构成缓冲屏的防护结构，如图2所示。和传统的铝缓冲屏相比，陶瓷纤维缓冲屏可以在粒子内产生更强烈的冲击压力，从而更充分地破碎弹丸，而且陶瓷纤维本身形成的碎片非常小，几乎没有反溅效应。

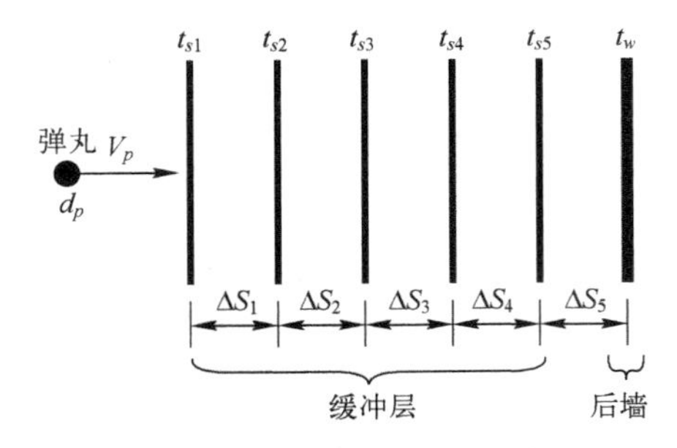

图2 多层冲击防护结构示意图

2 弹道极限方程

根据Eric L. Cheristiansen等[1-3]的研究成果，当入射角为90°时，柔性多层冲击防护结构的弹道极限方程可以表示为

$$V_n \geqslant 6.4: d_c = 0.41\ (m_w)^{1/3} S^{2/3} \rho_p^{-1/3} V_n^{-1/3}$$

$$2.4 \leqslant V_n \leqslant 6.4: d_c = 1.506\rho_p^{-0.5}(0.5m_w + 0.37m_b)$$

$$\frac{6.4 - V_n}{6.4 - 2.4} + 0.221\ (m_w)^{1/3} S^{2/3} \rho_p^{-1/3}\ \frac{V_n - 2.4}{6.4 - 2.4}$$

$$V_n \leqslant 2.4:\ d_c = 2.7(0.5m_w + 0.37m_b)/(\rho_p^{0.5} V_n^{2/3})$$

式中：d_c 为弹丸直径（cm）；m_w 为后墙面密度（g/cm²）；m_b 为总缓冲屏面密度（g/cm²）；ρ_p 为弹丸密度（g/cm³）；S 为缓冲屏-后墙总间隔距离（cm）；V_n 为弹丸速度垂直分量（km/s）。

3 空间碎片防护层设计

对于我国的可充气展开密封结构的柔性空间碎片防护层，可以由芳纶纤维布作为后墙、玄武岩纤维织物缓冲屏以及缓冲屏之间的聚氨酯泡沫共同构成。其中主要依靠多层玄武岩纤维织物缓冲屏将空间碎片破碎/熔化/气化并拦截，其后的芳纶纤维布进一步拦截碎片，使其不能突破防护层的保护，以达到保护飞行器安全的目的，而聚氨酯泡沫层对空间碎片防护层起到折叠和支撑作用。

玄武岩织物缓冲屏之间粘贴低密度的聚氨酯泡沫材料，聚氨酯泡沫材料在整体结构展开时对缓冲屏起到折叠和支撑作用。发射时，防护结构处于压紧、折叠状态，压缩防护屏间的聚氨酯泡沫，以缩减防护结构的体积；入轨后，释放泡沫，展开空间碎片防护结构，发挥防护作用。基于多层冲击理论的空间碎片防护层设计如图 3 所示。

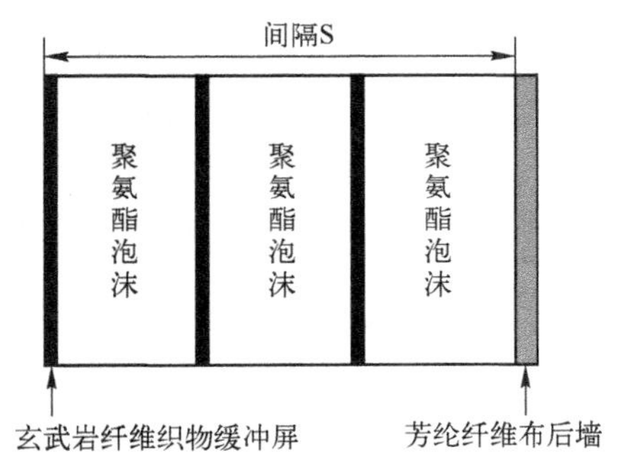

图 3 基于多层冲击理论的空间碎片防护层设计示意图

柔性空间碎片防护层对空间碎片起到防护作用的主要设计参数为玄武岩纤维织物总面密度、芳纶纤维布总面密度和总间隔。其中，玄武岩纤维织物总面密度主要由玄武岩纤维织物层数确定，芳纶纤维布总面密度主要由芳纶纤维布层数确定，而总间隔由聚氨酯泡沫材料的层数和每层厚度确定。

根据弹道极限方程的计算结果，防护层对空间碎片的防护能力随玄武岩纤维织物总面密度、芳纶纤维布总面密度和总间隔这几个设计参数的改变发生较大的变化。当间隔大于 30cm 时，即使玄武岩纤维织物总面密度、芳纶纤维布总面密度较低时，也完全能够满足对空间碎片的防护要求。而对于间隔为 15cm 和 20cm 时，需要使用较高的玄武岩纤维织物总面密度、芳纶纤维布总面密度，才能勉强达到对空间碎片的防护要求。

图 4 给出了在缓冲屏面密度和后墙面密度恒定情况下，不同间隔时防护层的防护能力比较。由图 4 可以看出，当间隔为 40cm 时，即使玄武岩纤维织物层数取 10 层、芳纶纤维布层数取 10 层，其防护层防护能力远强于间隔为 30cm 时的防护能力。而且，防护结构对于总间隔有着较大的灵敏度。所以，总间隔是进行防护层设计的一个重要参数，应该加以必要的注意。

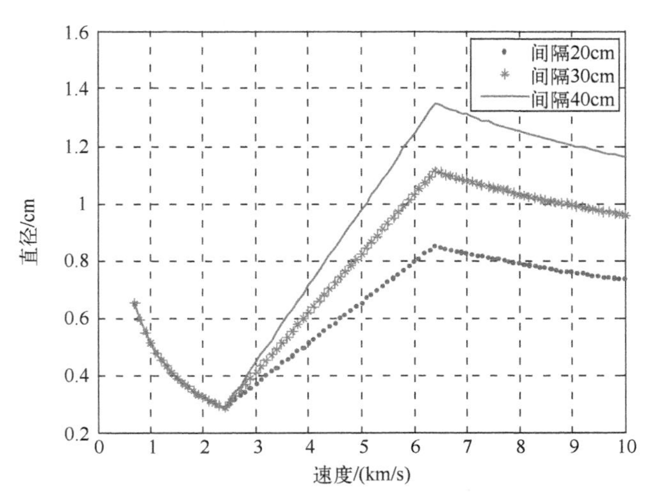

图 4 间隔分别为 20cm、30cm 和 40cm 时正撞击弹道极限曲线

图 5 给出了在间隔为 30cm、后墙面密度（芳纶纤维布层数取 10 层）一定情况下，玄武岩总面密度变化对防护层的防护能力的影响。由图 5 可以看出，当玄武岩织物层数发生变化时，主要在低速段弹丸的临界直径发生一些变化；而对于高速阶段，弹丸的临界直径并没有发生明显的变化，

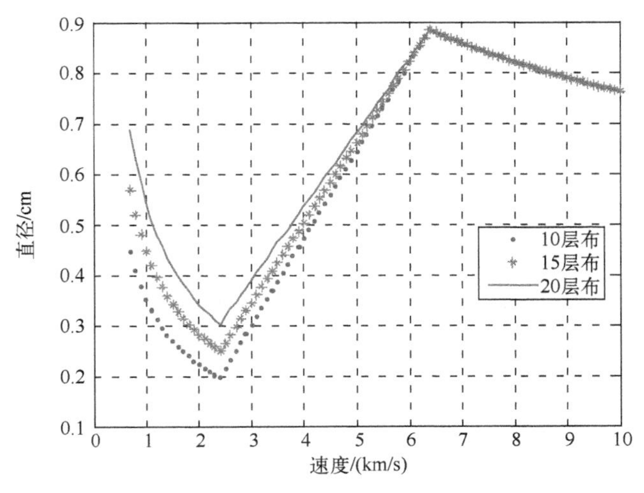

图 5 间隔 30cm 时，不同玄武岩织物层数的正撞击弹道极限曲线对比

即可以说仅仅增加织物层数对防护结构的防护能力并不能产生较大的增强。这很大可能是高速段的弹道极限方程与缓冲屏面密度无关造成的，这点需要进一步验证。

图 6 给出了在间隔为 30cm、缓冲屏面密度（玄武岩纤维布层数取 10 层）一定情况下，芳纶纤维布层数变化对防护层的防护能力的影响。由图 6 可以看出，当芳纶纤维布层数增加时，弹道极限曲线有整体上移趋势，即增加芳纶纤维布层数可以增强防护结构的防护能力，但这同时也增加了质量。

由计算可知，虽然缓冲屏面密度对防护能力的影响灵敏度不如总间隔，但玄武岩纤维织物总面密度和芳纶纤维布总面密度也对计算结果产生相当大的影响。如当间隔为 20cm 时，玄武岩纤维织物和芳纶纤维布层数分别采用 20 层，也可以达到防护要求，但这将带来重量加大的影响。

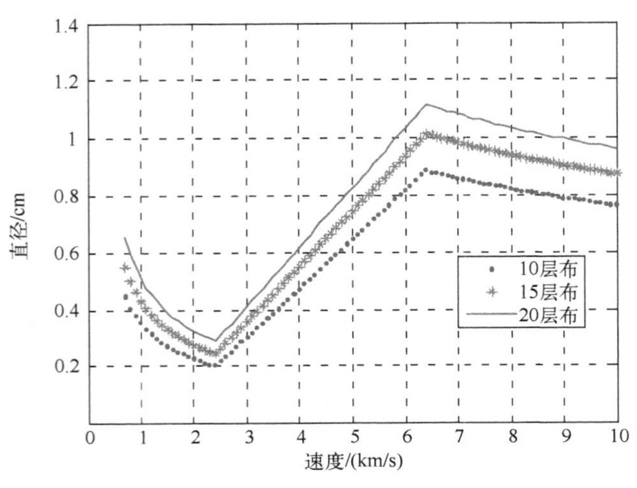

图 6　间隔 30cm 时，不同芳纶纤维布层数的正撞击极限曲线对比

4　高速撞击试验

高速撞击试验共进行 5 次，分为低速和高速两个速度段。其中低速段共进行 3 次，撞击速度分别为 3.011km/s、2.979km/s 和 2.964km/s。其中弹丸直径 2.75mm 时，测定速度为 2.979km/s 的试验实现完全击穿。而其余两次低速撞击试验仅击穿了 3 层玄武岩缓冲屏，而未能完全击穿芳纶织物后墙。

而对于 2 次高速段撞击试验，弹丸速度分别为 6.144km/s 和 6.555km/s。二次试验均完全击穿 3 层玄武岩缓冲屏，而未能完全击穿芳纶后墙，如图 7 所示。

图 7　高速撞击试验后的防护层结构

根据弹道极限方程计算而得的曲线，本次试验的 5 次撞击试验结果和数值分析预示结果能够较好的吻合，满足预示分析结果，如图 8 所示。

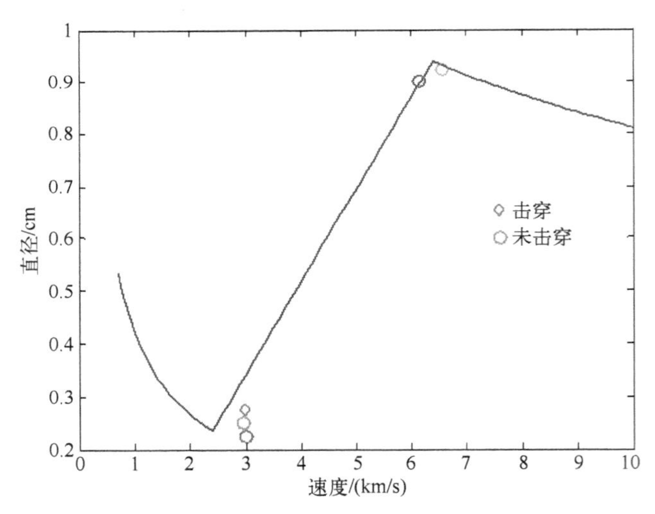

图 8　试验结果与极限方程曲线对比

5　结束语

空间碎片防护层在充气展开密封结构中地位重要，由于其结构对于折叠展开的特殊要求，基于多层冲击理论而设计的柔性空间碎片防护层可以很好地满足柔性结构对防护、折叠、展开的

要求。

对于我国国产的玄武岩织物和芳纶织物，其特性完全可以满足充气展开密封结构对空间碎片的防护要求。将国产纤维织物的材料特性代入多层冲击结构的弹道极限方程，可以对空间碎片防护层的弹丸抵抗能力进行模拟计算，从而得到柔性防护层的设计参数。通过高速撞击试验的检验，计算结果和试验结果吻合。弹道极限方程可以模拟空间碎片防护层的设计参数预示。

参考文献

[1] Eric L Cheristiansen, Justin H Kerr. Ballistic Limit Equations for Spacecraft Shielding [J]. International Journal of Impact Engineering 2001 (26): 93-104.

[2] Eric L Cheristiansen, Justin H Kerr. Flexible and Deployable Meteroid/Debris Shielding for Spacecraft [J]. International Journal of Impact Engineering 1999 (23): 125-136.

[3] Eric L. Cheristiansen. Meteoroid/Debris Shielding, TP - 2003 - 210788.

[4] 侯明强，童靖宇，龚自正，等．多层冲击防护结构研究进展 [J]. 装备环境工程，2009，6 (4): 27-32.

[5] 韩增尧，庞宝君．空间碎片防护研究最新进展 [J]. 航天器环境工程，2012，29 (4): 369-378.

[6] 王文龙，从强，史文华，等．航天器柔性充气式密封舱结构技术的发展 [J]. 航天器工程，2014，23 (1): 103-109.

[7] 林崧，张玉珠．可充气式太空舱及其防护结构设计 [J]. 导弹与航天运载技术，2002: 4-10.

[8] Eric L Cheristiansen, et al. FLEXIBLE MULTI-SHOCK SHIELD. United States Patent, Patent No. : US 6, 899, 009 B2 [P]. May 31, 2005.

[9] Protection Manual. IADC-WD-00-03 [R]. March 12, 2003.

[10] Horacio de la Fuente, Jasen L Raboin, et al. Transhab: NASA's Large-Scale Inflatable Spacecraft [R]. AIAA 2000-1822.

[11] 王海福，冯顺山，刘有英．空间碎片导论 [M]. 北京：科学出版社，2010.

第九部分

在轨服务卫星系统动力学与控制

基于序列图像的非合作目标自主导航及仿真验证技术

王大轶，葛东明，史纪鑫，邓润然，朱卫红，邹元杰

（中国空间技术研究院总体设计部，北京，100094）

摘要：针对空间自旋或章动运动的非合作目标运动感知与估计问题，给出了一种基于序列图像的运动测量与状态估计方法。所给出的方法由两部分组成：①采用立体视觉测量目标三个非共线的特征点，建立目标参考系并实现相对姿态的测量；②采用目标运动学和动力学方程，推导了扩展卡尔曼滤波器，实现目标角速度和惯量比的估计。最后，分别给出了数学仿真和物理试验：①利用数学仿真验证了所给出的卡尔曼滤波估计算法在不同目标运动情况下的收敛性；②利用机械臂模拟目标的自旋运动，利用双目相机采集目标运动图像，试验结果验证了所给出的运动测量与状态估计方法可以连续地给出目标角速度的精确估计。

关键词：非合作目标；序列目标；运动测量；状态估计

1 引言

故障航天器在轨维修、失效卫星拯救、废弃卫星减缓回收等已成为航天技术发展面对和待解决的现实问题，无人空间机器人是解决这些问题的关键技术之一[1~3]。由于故障航天器一般不具备专门的合作机构，且往往处于自旋或翻滚状态，机械臂在轨空间操作往往涉及与自由漂浮目标的物理接触，抓捕风险很大。对于这类非合作的故障航天器，在抓捕前精确获取其运动状态、形状和惯量比等信息，是保证目标被成功捕获的重要前提[4~6]。

对于空间失控目标，目前主要采用非接触式的测量技术获取目标相对服务航天器的相对位姿信息。Terui，Kamimura 和 Nishida 利用立体视觉测量目标点云数据，并采用基于已知目标三维模型的 ICP（Iterative Closest Point）算法获取相对位姿估计[7]。Neptec 公司和加拿大太空局早期开发了 LCS（The Laser Camera System）系统[8~10]，但由于其近距分辨率较低，后期在此基础上，结合了三角测量和飞行时间原理，开发了能够同时兼顾高精度近距离和远距离观测要求的 TriDAR 系统[11]。以测量系统获得的相对位姿作为观测输入，通常采用卡尔曼滤波原理估计目标的线速度、角速度、惯量比等参数。Thienel 和 Queen 等研究了一种非线性滤波估计方法，以满足哈勃望远镜机械臂在轨服务的测量要求[12]。Licher 和 Dubowsky 研究了基于序列图像的动态目标运动状态、几何形状和惯性参数的估计方法[13]。Aghili 和 Parsa 研究了翻滚目标运动状态和参数的自适应卡尔曼滤波估计方法[14]。张力军和张士峰等人研究了翻滚航天器的相对姿态和位置估计方法[15]。袁建平等研究了基于常值状态滤波器的翻滚航天器惯性估计和姿态预测方法[16]。Shtark 和 Gurfil 研究了基于立体视觉的非合作目标相对位置和速度的测量估计方法[17]。Pesce，Lavagna 和 Bevilacqua 研究了基于立体视觉的非合作目标姿态、运动和惯量比的测量估计方法[18]。

本文提出了一种全新的翻滚非合作目标的运动与参数估计方法，与传统的基于相对姿态作为观测信息的滤波估计方法不同，本文选择以目标 3 个非共线的特征点的测量矢量作为观测量，从而避免了对目标测量坐标系和惯性主轴坐标系的偏差四元素的估计，而这是一个双线性问题，很难获得全局收敛性。由目标的转动运动学和动力学出发，选择目标 3 个非共线的特征点的测量矢量作为观测量，推导了扩展卡尔曼滤波器，实现了对翻滚非合作目标姿态运动的完备未知信息的滤波估计，包括姿态四元素、角速度、质心位置、惯性主轴方向、惯量比、质心距观测坐标系的距离。

南京航天航空大学学报，2018

利用数学仿真验证了所给出的卡尔曼滤波估计算法在不同目标运动情况下的收敛性，且收敛速度有显著的提升。利用机械臂模拟目标的章动运动，利用双目相机采集目标运动图像，试验结果验证了所给出的滤波估计方法的有效性。

2　四元素运算法则

对于翻滚航天器，为避免奇异性，通常采用四元素描述航天器姿态，定义由坐标系 A 到坐标系 B 的四元素为 $\boldsymbol{q}$，其由转轴的单位矢量 $\boldsymbol{e}$ 和绕此轴的转角 ϕ 组成

$$\boldsymbol{q}=\begin{bmatrix}\boldsymbol{e}\sin\dfrac{\phi}{2}\\ \cos\dfrac{\phi}{2}\end{bmatrix}=\begin{bmatrix}\boldsymbol{q}_v\\ \boldsymbol{q}_0\end{bmatrix} \tag{1}$$

式中：下标 v 和 0 分别为四元素的矢量和标量部分。

由四元素描述的由坐标系 A 到坐标系 B 的转换矩阵为

$$R(\boldsymbol{q})=(\boldsymbol{q}_0^2-\boldsymbol{q}_v^{\mathrm{T}}\boldsymbol{q}_v)\boldsymbol{I}_3+2\boldsymbol{q}_v\boldsymbol{q}_v^{\mathrm{T}}-2\boldsymbol{q}_0S(\boldsymbol{q}_v) \tag{2}$$

式中：$\boldsymbol{I}_3$ 为 3×3 单位矩阵；$\boldsymbol{S}(a)$ 为斜对称矩阵。

$$\boldsymbol{S}(a)=\begin{bmatrix}0&-a_3&a_2\\ a_3&0&-a_1\\ -a_2&a_1&0\end{bmatrix} \tag{3}$$

定义四元素乘积算子⊗为

$$[\boldsymbol{q}\otimes]=\begin{bmatrix}-S(\boldsymbol{q}_v)+\boldsymbol{q}_0\boldsymbol{I}_3&\boldsymbol{q}_v\\ -\boldsymbol{q}_v^{\mathrm{T}}&\boldsymbol{q}_0\end{bmatrix} \tag{4}$$

四元素的逆为 $\boldsymbol{q}^{-1}=[-\boldsymbol{q}_v^{\mathrm{T}}\boldsymbol{q}_0]^{\mathrm{T}}$，满足

$$\boldsymbol{q}\otimes\boldsymbol{q}^{-1}=\boldsymbol{q}^{-1}\otimes\boldsymbol{q}=[0\quad 0\quad 0\quad 1]^{\mathrm{T}} \tag{5}$$

对于机动前四元素 $\boldsymbol{q}_1$，机动四元素 $\boldsymbol{q}'$ 和机动后四元素 $\boldsymbol{q}_2$，关系如下：

$$\begin{aligned}\boldsymbol{q}_2&=\boldsymbol{q}'\otimes\boldsymbol{q}_1\\ \boldsymbol{q}'&=\boldsymbol{q}_2\otimes\boldsymbol{q}_1^{-1}\end{aligned} \tag{6}$$

3　目标运动状态方程

目标航天器的姿态运动学方程为

$$\dot{\boldsymbol{q}}=\frac{1}{2}\underline{\boldsymbol{\omega}}\otimes\boldsymbol{q} \tag{7}$$

其中，$\underline{\boldsymbol{\omega}}=[\boldsymbol{\omega}^{\mathrm{T}}\quad 0]^{\mathrm{T}}$。令目标航天器的主惯量为 I_{xx}、I_{yy}、I_{zz}，定义惯量比

$$l_x=\frac{I_{yy}-I_{zz}}{I_{xx}},l_y=\frac{I_{zz}-I_{xx}}{I_{yy}},l_z=\frac{I_{xx}-I_{yy}}{I_{zz}} \tag{8}$$

根据欧拉方程，目标航天器自由运动的姿态动力学方程为

$$\dot{\omega}=\psi(\omega)=\begin{bmatrix}l_x\omega_y\omega_z\\ l_y\omega_x\omega_z\\ l_z\omega_x\omega_y\end{bmatrix} \tag{9}$$

定义误差四元素为

$$\delta q=q\otimes\hat{q}^{-1} \tag{10}$$

其中，上标^代表估计值。线性化方程（7）和方程（9），得

$$\begin{aligned}\delta\dot{q}_v&\approx-\omega\times\delta q_v+\frac{1}{2}\delta\omega\\ \delta\dot{q}_0&\approx 0\end{aligned} \tag{11}$$

$$\delta\dot{\omega}=M(\hat{\omega},\hat{l})\delta\omega+N(\hat{\omega})\delta l \tag{12}$$

其中，$l=[l_xl_yl_z]^{\mathrm{T}}$，

$$M(\omega,l)=\frac{\partial\psi}{\partial\omega}=\begin{bmatrix}0&l_x\omega_z&l_x\omega_y\\ l_y\omega_z&0&l_y\omega_x\\ l_z\omega_y&l_z\omega_x&0\end{bmatrix} \tag{13}$$

$$N(\omega)=\frac{\partial\psi}{\partial l}=\begin{bmatrix}\omega_y\omega_z&0&0\\ 0&\omega_x\omega_z&0\\ 0&0&\omega_x\omega_y\end{bmatrix} \tag{14}$$

由方程（2），可求解目标航天器相对于服务航天器的姿态四元素 q_r 为

$$\begin{aligned}q_{rv}&=\frac{1}{4q_{r0}}\begin{bmatrix}R(2,3)-R(3,2)\\ R(3,1)-R(1,3)\\ R(1,2)-R(2,1)\end{bmatrix}\\ q_{r0}&=\frac{1}{2}(\mathrm{tr}(\boldsymbol{R})+1)^{\frac{1}{2}}\end{aligned} \tag{15}$$

式中：$\mathrm{tr}(R)$ 为矩阵 $\boldsymbol{R}$ 的迹。已知服务航天器相对于惯性系的姿态四元素 q_s，可得目标航天器相对于惯性系的姿态四元素观测值 q_m 为

$$\boldsymbol{q}_m=\boldsymbol{q}_r\otimes\boldsymbol{q}_s \tag{16}$$

定义 EKF 估计器的状态向量为

$$\boldsymbol{x}=[\boldsymbol{q}_v^{\mathrm{T}}\quad\boldsymbol{\omega}^{\mathrm{T}}\quad\boldsymbol{l}^{\mathrm{T}}]^{\mathrm{T}} \tag{17}$$

则线性化系统的离散化的状态方程和观测方程为

$$\boldsymbol{\delta}x_{k+1}=\boldsymbol{\Phi}_k\boldsymbol{\delta}x_k+\boldsymbol{\varepsilon}_k \tag{18}$$

$$z_k=\boldsymbol{H\delta}x_k+\boldsymbol{v}_k \tag{19}$$

式中：$\boldsymbol{\varepsilon}_k$ 为过程噪声；$\boldsymbol{v}_k$ 为观测噪声；$\boldsymbol{\Phi}_k$ 为状态转移矩阵；$\boldsymbol{H}$ 为观测矩阵。$\boldsymbol{\varepsilon}_k$ 和 $\boldsymbol{v}_k$ 是均值为零、方差阵各为 $\boldsymbol{Q}$ 和 $\boldsymbol{R}$ 的不相关白噪声。

$$\boldsymbol{\Phi}_k=e^{A\Delta T}\approx\boldsymbol{I}_9+\boldsymbol{A\Delta T} \tag{20}$$

$$\boldsymbol{A}=\begin{bmatrix}-S(\hat{\omega})&\frac{1}{2}I_3&0_{3\times3}\\ 0_{3\times3}&M(\hat{\omega},\hat{l})&N(\hat{\omega})\\ 0_{3\times3}&0_{3\times3}&0_{3\times3}\end{bmatrix} \tag{21}$$

$$\boldsymbol{H}=[\boldsymbol{I}_3 \quad \boldsymbol{0}_{3\times6}] \tag{22}$$

式中：ΔT 为离散化时间间隔。

基于目标航天器姿态运动学方程式（7）和动力学方程式（9），以及所推导的离散系统模型式（18）和式（19），根据扩展卡尔曼滤波理论，建立 EKF 估计器的步骤如下。

（1）初始化：

$$\hat{x}_0(+)=x(t_0),P_0(+)=P(t_0) \tag{23}$$

（2）状态一步预测：

$$\hat{q}_k(-)=\hat{q}_{k-1}(+)+\frac{1}{2}\hat{\omega}_{k-1}(+)\otimes\hat{q}_{k-1}(+)\Delta T \tag{24}$$

$$\hat{q}_k(-)=\frac{\hat{q}_k(-)}{\|\hat{q}_k(-)\|} \tag{25}$$

$$\hat{\omega}_k(-)=\hat{\omega}_{k-1}(+)+\psi(\hat{\omega}_{k-1}(+))\Delta T \tag{26}$$

（3）协方差矩阵预测：

$$P_k(-)=\Phi_{k-1}P_{k-1}(+)\Phi_{k-1}^{\mathrm{T}}+Q \tag{27}$$

（4）Kalman 滤波增益：

$$K_k=P_k(-)H_k^{\mathrm{T}}(H_kP_k(-)H_k^{\mathrm{T}}+R)^{-1} \tag{28}$$

（5）状态更新：

$$\delta\hat{x}_k(+)=K_k(\hat{q}_{k0}(-)q_{mv}-q_{m0}\hat{q}_{kv}(-)-\hat{q}_{kv}(-)\times q_{mv}) \tag{29}$$

$$\delta\hat{q}_k(+)=[\delta\hat{q}_{kv}^{\mathrm{T}}(+),\sqrt{1-\delta\hat{q}_{kv}^{\mathrm{T}}(+)\delta\hat{q}_{kv}(+)}]^{\mathrm{T}} \tag{30}$$

$$\hat{q}_k(+)=\delta\hat{q}_k(+)\otimes\hat{q}_k(-) \tag{31}$$

$$\hat{\omega}_k(+)=\hat{\omega}_k(-)+\delta\hat{\omega}_k(+) \tag{32}$$

$$\hat{l}_k(+)=\hat{l}_k(-)+\delta\hat{l}_k(+) \tag{33}$$

4 仿真验证

采用数学仿真验证卡尔曼滤波估计算法的收敛性。假设卫星主惯量为 $I_{xx}=10300\text{kg}\cdot\text{m}^2$、$I_{yy}=5390\text{kg}\cdot\text{m}^2$、$I_{zz}=9190\ \text{kg}\cdot\text{m}^2$，对应的惯量比为 $l_x=-0.3689$，$l_y=-0.2059$，$l_z=0.5343$。假设目标角速度量测误差为 0.01rad，采样周期为 0.1s。目标初始姿态为 $q_0=[0\ 0\ 0\ 1]^{\mathrm{T}}$。目标初始姿态估计值为 $\hat{q}(t_0)=[0\ 0\ 0\ 1]^{\mathrm{T}}$，初始角速度估计值为 $\hat{\omega}(t_0)=[0\ 0\ 0]^{\mathrm{T}}$，初始惯量比估计值为 $\hat{l}(t_0)=[0.01\ 0.02\ 0.05]^{\mathrm{T}}$。

设置目标初始角速度依次为 $\omega_0=[5\ 5\ 5]^{\mathrm{T}}$°/s，$\omega_0=[20\ 5\ 5]^{\mathrm{T}}$°/s，$\omega_0=[30\ 1\ 1]^{\mathrm{T}}$°/s，即目标分别处于翻滚状态、章动状态和近似自旋状态，仿真结果如图 1~图 4 所示。可以看出，①由于目标角速度的可观性较好，在 3 种工况中，其收敛性和估计精度一致性较好；②由于目标惯量比在动力学方程中为常值，其可观性受到目标运动角速度的影响，在 3 种工况中，其估计精度较好，但收敛速度受目标初始角速度的影响较大。随着 x 轴自旋角速度的提高，x 轴的惯量比 l_x 的收敛速度逐渐变慢，y 轴和 z 轴的惯量比 l_y 和 l_z 的收敛速度逐渐变快，其原因可以从方程（9）中得到，随着自旋角速度的增加，相比较而言，章动角速度 ω_y 和 ω_z 变小，$l_x\omega_y\omega_z$ 变为小量，l_x 对模型的贡献值变小，当章动角速度 l_y 和 l_z 为零时，方程退化为单轴自旋运动，对惯量比的估计失去意义；③此滤波方法基于目标三轴转动运动方程推导得到，对惯量比的估计主要适用于三轴翻滚运动或具有一定章动效应的自旋运动。

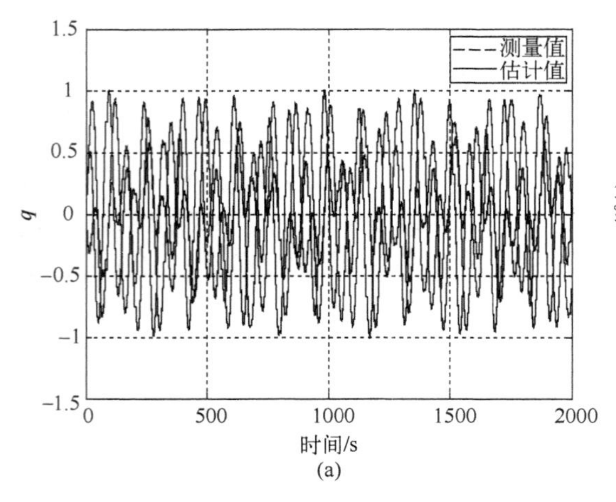

(a)

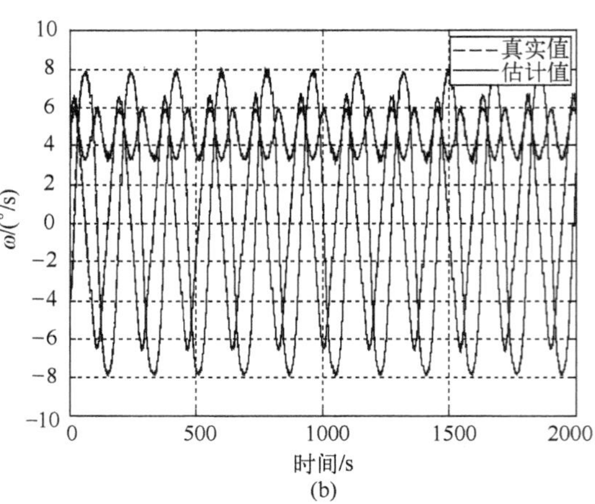

(b)

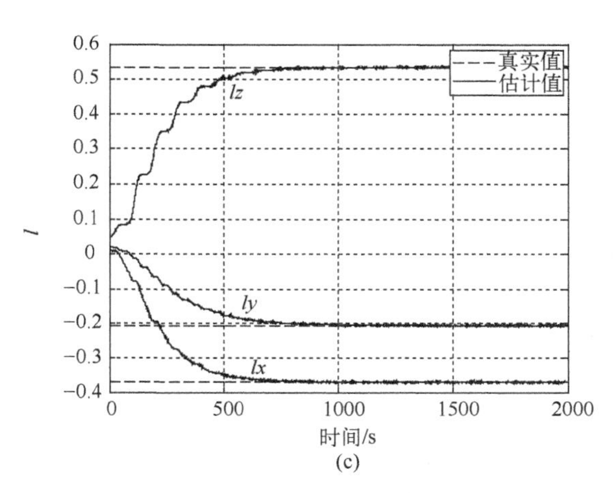

图 1　目标初始角速度为 $\omega_0 = [5\ 5\ 5]^{\mathrm{T}}$°/s 的仿真结果

（a）姿态四元素；（b）姿态角速度；（c）惯量比。

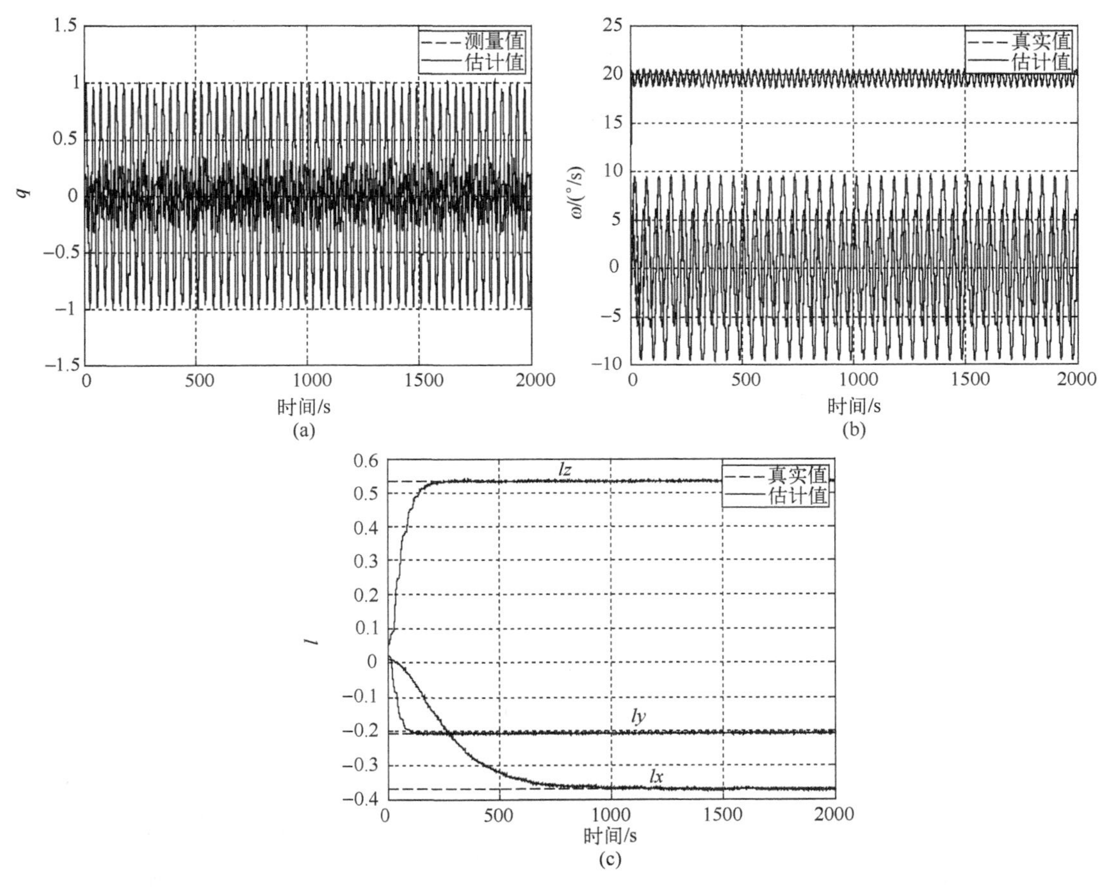

图 2　目标初始角速度为 $\omega_0 = [20\ 5\ 5]^{\mathrm{T}}$°/s 的仿真结果

（a）姿态四元素；（b）姿态角速度；（c）惯量比。

5　试验验证

搭建地面试验系统，用于验证立体视觉相对姿态测量算法和目标滤波估计算法的有效性。试验系统包括双目相机、UR5 机械臂和一个模拟目标。采用机械臂模拟目标以 60°/s 角速度进行逆时针自旋运动，采用双目相机以 33 帧/s 的帧频对目标进行图像采集。

采用图像处理方法，完成目标特征点的提取，具体步骤为：①目标图像采集；②图像二值化和连通域搜索；③边缘检测；④直线检测；⑤直线交点计算，如图 4 所示。以图像检测方法，获取目标观测面的四边形的 4 个顶点，利用式（2）~

式（4），计算得到相机系到目标系的姿态变换矩阵，最终获得对应的姿态四元素，如图5所示。

以测量得到的目标相对姿态四元素作为滤波估计算法的观测量，采用所给出的目标滤波估计算法进行运动估计，计算结果如图6所示。可以看出，经过10s的收敛时间，目标姿态四元素的估计值与测量值的曲线基本吻合，目标角速度估计收敛值约为[7，-6.5，-59.5]°/s，大小为60.2°/s，与目标的驱动角速度基本吻合。同时注意到，目标角速度估计值在x轴和y轴收敛到一定的常值，这是由于目标与机械臂的末关节无法做到同轴安装，且观测面不是存平面，因此，以目标观测面4个顶点建立的参考系的z轴与机械臂关节驱动轴存在着一定的夹角误差，也就造成了目标角速度估计在x轴和y轴存在一定的角速度。

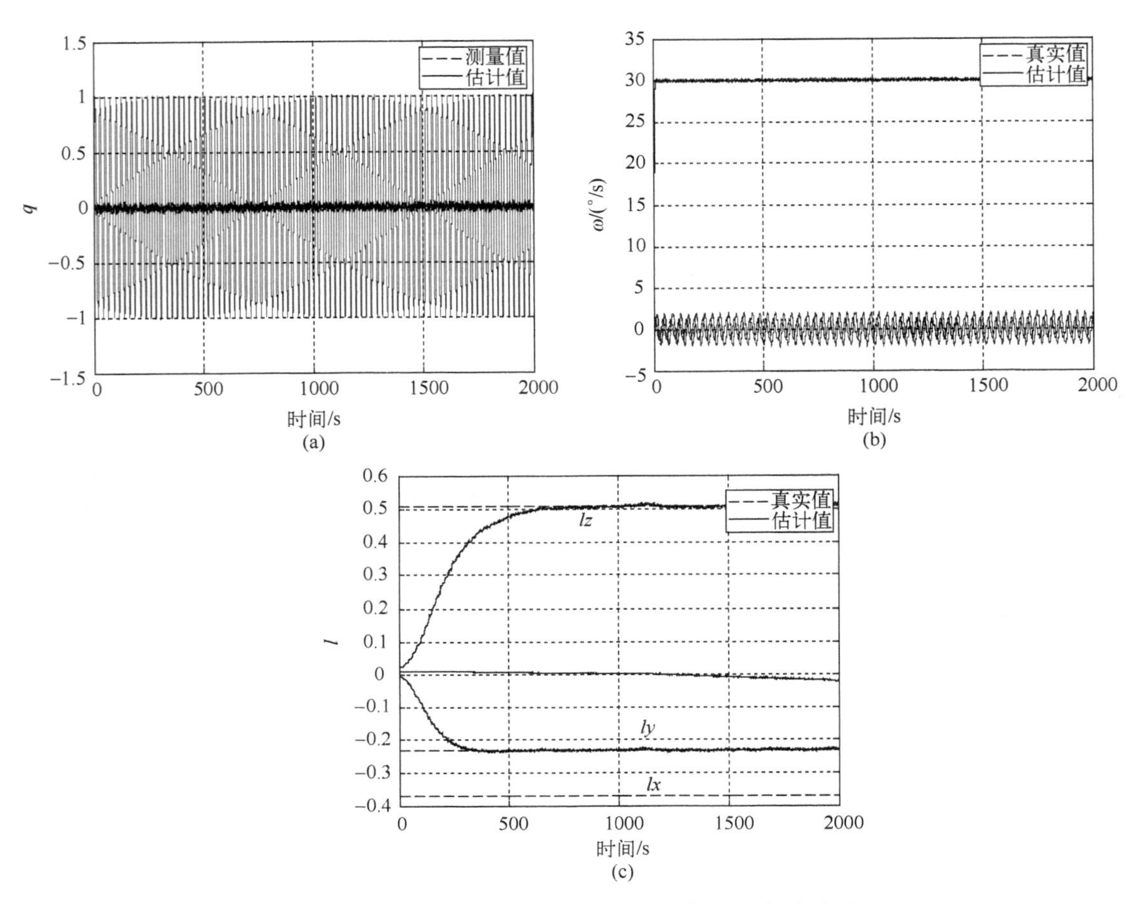

图3　目标初始角速度为$\omega_0=[30\ 1\ 1]^{\mathrm{T}}$°/s的仿真结果

（a）姿态四元素；（b）姿态角速度；（c）惯量比。

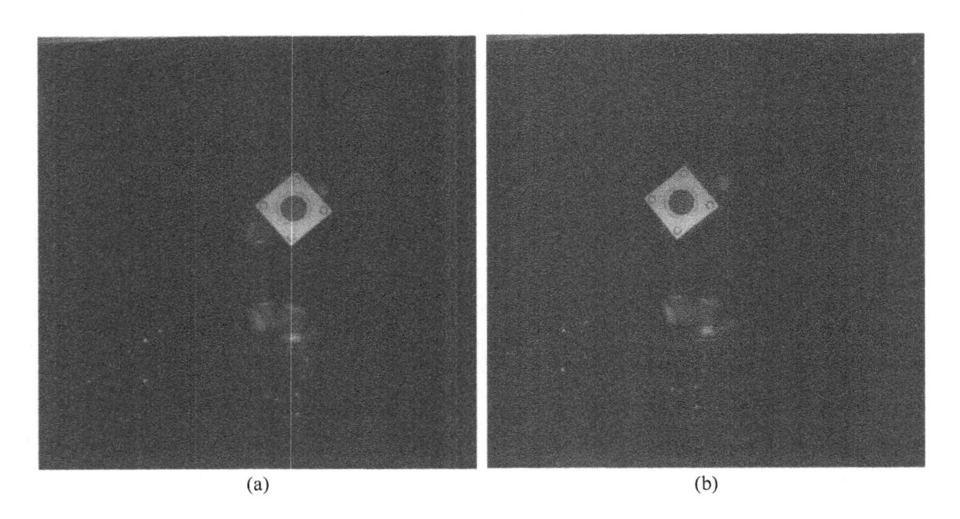

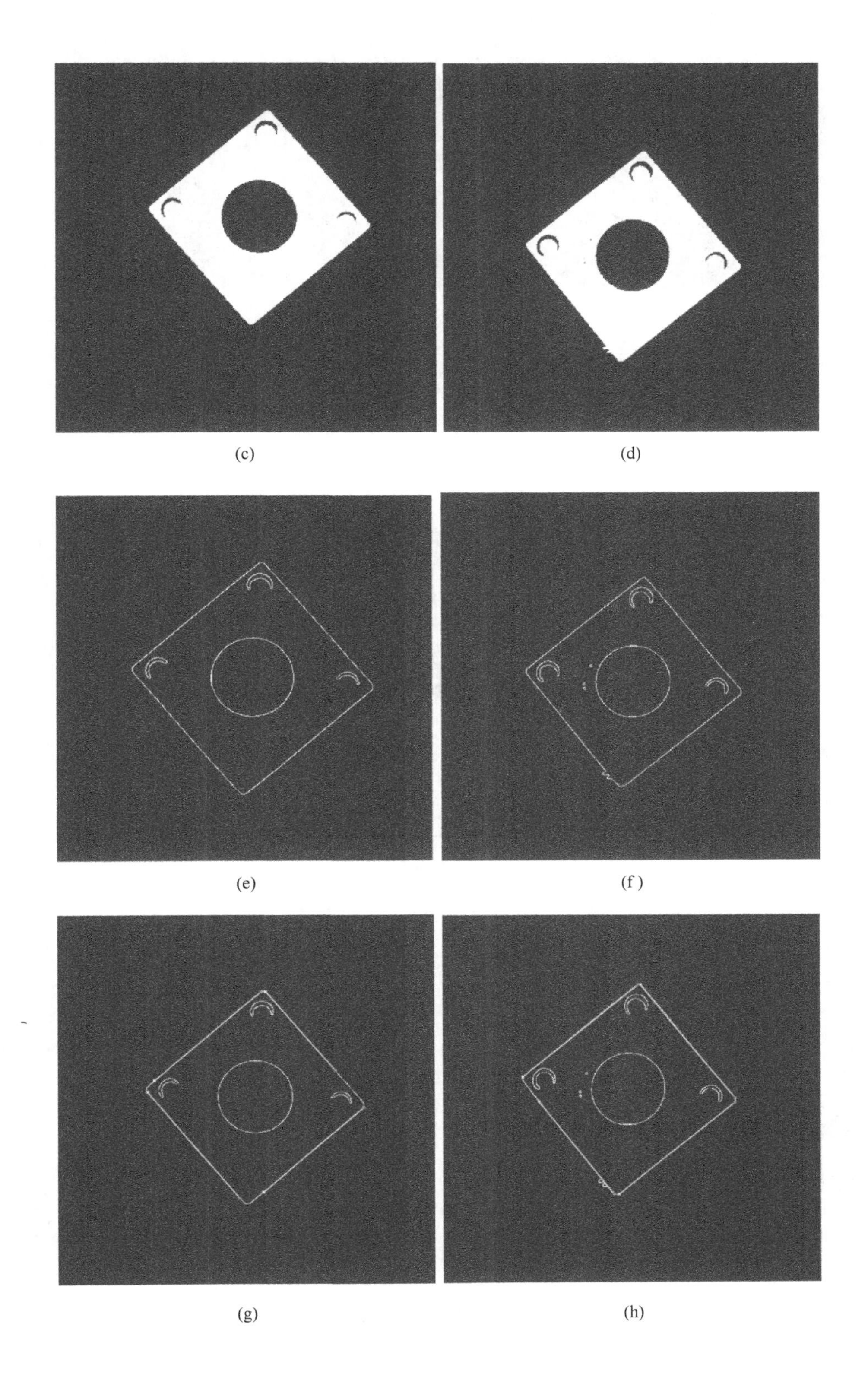

(c) (d)

(e) (f)

(g) (h)

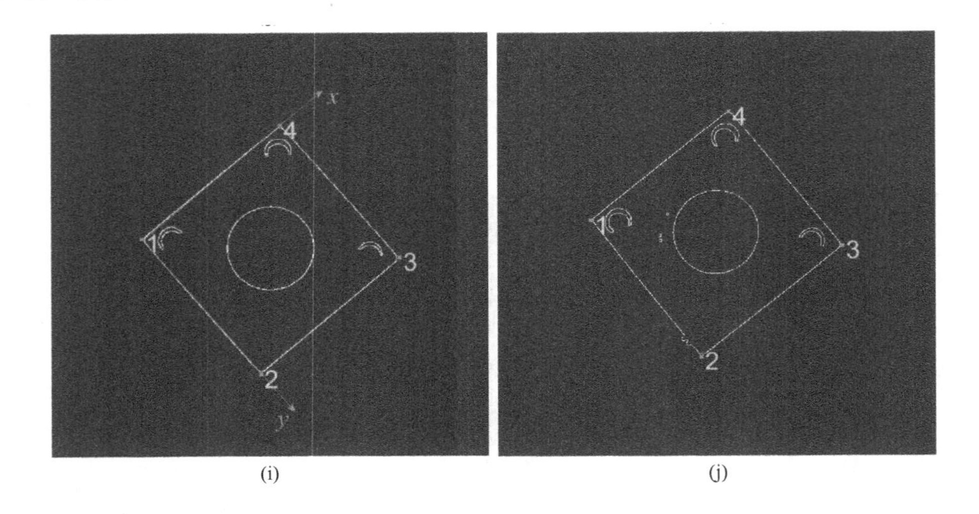

图 4　目标特征点的图像提取流程

（a）左相机源图；（b）右相机源图；（c）左相机连通域；（d）右相机连通域；
（e）左相机边缘检测；（f）右相机边缘检测；（g）左相机直线提取；（h）右相机直线提取；
（i）左相机顶点；（j）右相机顶点。

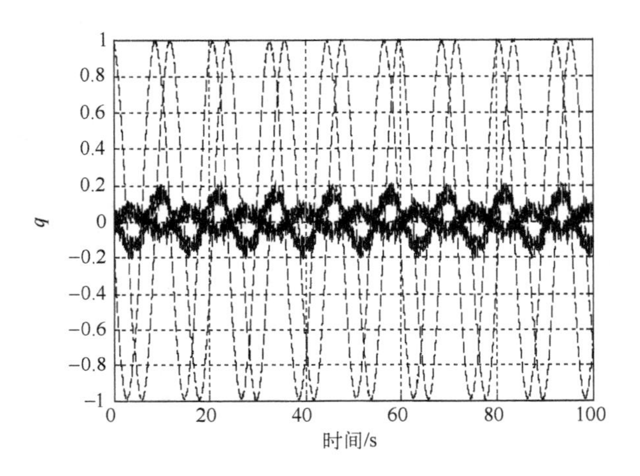

图 5　目标相对姿态四元素测量值

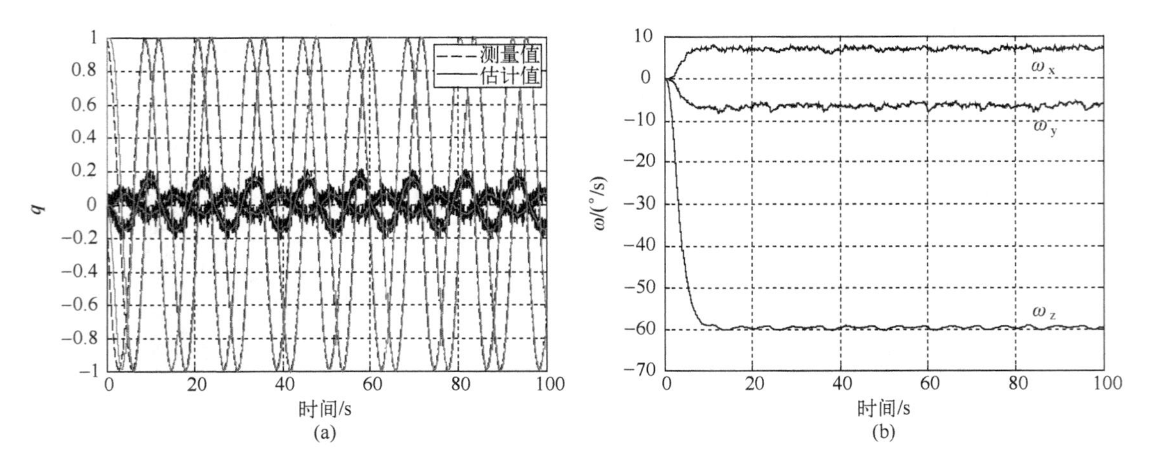

图 6　目标滤波估计结果

（a）姿态四元素；（b）目标角速度。

6 结束语

故障航天器运动感知与估计是在轨维修、维护的重要前提。针对自旋或章动目标，本文给出了基于序列图像的非合作目标运动测量与状态估计方法。首先，采用非接触式的立体视觉实现了运动目标的相对姿态测量；其次，以相对姿态四元素作为观测值，采用扩展卡尔曼滤波器实现了目标运动角速度和惯量比参数的估计。最后，给出了数学仿真和物理试验，仿真结果说明了所给出的卡尔曼滤波估计算法具有很好的收敛性，特别是当目标具有一定的章动效应时，可以实现三轴惯量比参数的估计；试验结果验证了所给出的运动测量与状态估计方法可以连续地给出运动目标的相对姿态测量，并经过短暂的收敛时间，给出目标角速度的精确估计。

参考文献

[1] Sullivan B, Akin D. A survey of serviceable spacecraft failures [C]. In: AIAA space conference and exposition, vol. 4540, Albuquerque, NM; 2001.

[2] Tafazoli M. A study of on-orbit spacecraft failures [J]. ActaAstronautica, 64 (2009): 195-205.

[3] Abad A F, Ma O, Pham K, et al. A review of space robotics technologies for on - orbit servicing [J]. Progress in Aerospace Sciences, 2014, 68 (1): 1-26.

[4] Thurrowgood, Saul, Soccol, Dean, Moore, Richard J. D., Bland, Daniel, Srinivasan, Mandyam, V., 2009. A vision based system for attitude estimation of UAVS. In: IEEE/RSJ International Conference on Intelligent Robots and Systems, October 10-15.

[5] OConnor, Michael C, Tweddle, Brent E, et al, 2012. Visual-inertial estimation and control for inspection of a tumbling spacecraft: experimental results from the international space station [C]. In: AIAA Guidance, Navigation, and Control Conference, August 13-16.

[6] Aghili, Farhad, 2012. A prediction and motion-planning scheme for visually guided robotic capturing of free-floating tumbling objects with uncertain dynamics [J]. IEEE Trans. Robot. 28 (3), 634-649.

[7] Terui F, Kamimura H, Nishida S. Motion Estimation to a Failed Satellite on Orbit using Stereo Vision and 3D Model Matching [C]//Proceedings of the2006 International Conference on Control, Automation, Robotics and Vision. IEEE, 2006: 1-8.

[8] Samson C, English C, Deslauriers A, et al. Imaging and tracking elements of theInternational Space Station using a 3D auto-synchronized scanner [C]. SPIE AeroSense 2002, Orlando, Florida, April 1-5, 2002.

[9] Samson C, English C, Deslauriers A, et al. Neptec 3D Laser Camera System: From Space Mission STS - 105 to Terrestrial Applications [C]. 2002 ASTRO Conference. Ottawa, Ontario, Canada. November 11-15, 2002.

[10] Deslauriers A, Showalter I, Montpool A, et al. Shuttle TPS inspection using triangulation scanning technology [C]. SPIE 2005, Orlando, Florida, April, 2005.

[11] Stephane R and Tim L. STS-128 On-Orbit Demonstration of the TriDARTargetless Rendezvous and Docking Sensor [C], Aerospace Conference, 2010.

[12] Thienel J K, Queen S Z, VanEepoel J M, et al. Hubble Space Telescope Angular Velocity Estimation During the Robotic Servicing Mission [C] //AIAA Guidance, Navigation, and Control Conference and Exhibit, 2005.

[13] Lichter M D, Dubowsky S. Estimation of State, Shape, and Inertial Parameters of Space Objects From Sequences of Range Images [C] //Proceedings of SPIE on Intelligent Robots and Computer Vision. 2003.

[14] Aghili F, Parsa K, Motion and Parameter Estimation of Space Objects Using Laser-Vision Data [J]. Journal of Guidance, Control, and Dynamics, 32 (2): 537-549, 2009.

[15] Zhang L J, Zhang S F, Yang, et al. Relative Attitude and Position Estimation for a Tumbling Spacecraft [J]. Aerospace Science and Technology 42: 97-105, 2015.

[16] Ma C, Dai H, Yuan J. Estimation of Inertial Characteristics of Tumbling Spacecraft Using Constant State Filter [J]. Advances in Space Research, 60: 513-530, 2017.

[17] Shtark T, Gurfil P. Tracking a Tracking a Non-Cooperative Target Using Real-Time Stereovision-Based Control: An Experimental Study [J]. Sensors, 17 (735), 2017.

[18] Pesce V, Lavagna M, Bevilacqua R. Stereovision-Based Pose and Inertia Estimation of Unknown and Uncooperative Space Objects [J]. Advances in Space Research 59: 236-251, 2017.

面向空间近距离操作的机械臂与服务卫星协同控制

王兴龙，周志成，王典军，陈士明

（中国空间技术研究院通信与导航卫星总体部，北京，100094）

摘要：针对航天器在轨服务任务中涉及的空间近距离操作需求，提出一种机械臂与服务卫星协同控制方法。首先建立了机械臂和服务卫星组合体动力学模型以及服务卫星和目标卫星相对位姿耦合动力学模型。然后采用全局终端滑模控制设计了机械臂轨迹跟踪控制方法，采用PD控制设计了服务卫星相对位姿耦合控制方法，并将机械臂反作用力/力矩作为前馈补偿叠加到服务卫星控制系统中，实现了两者的协同控制。最后通过数值仿真验证了控制方法的有效性。仿真结果表明，该方法能够满足空间近距离操作任务对机械臂和服务卫星的控制精度、稳定性和误差收敛时间的要求，具有工程实用性。

关键词：空间近距离操作；机械臂；服务卫星；协同控制

1 引言

航天器在轨服务[1-2]是我国正在建设发展的重要航天系统工程之一。目标卫星在轨捕获[3]等空间近距离操作需要机械臂与服务卫星协同配合完成。服务卫星通过导引、绕飞、逼近等轨道机动，最终悬停保持在目标卫星近距离处，为其搭载的机械臂提供稳定基座；机械臂通过轨迹规划与跟踪控制，实现目标捕获等空间操作。在此过程中，存在两个较为突出的问题：一方面，机械臂是一个典型的非线性、变结构、强耦合的多输入多输出系统，存在建模误差和外部扰动等很多不确定因素；另一方面，服务卫星在逼近、悬停等空间近距离相对运动过程中，位置和姿态存在控制输入耦合和控制指令耦合[4]，机械臂运动产生的反作用力/力矩又会对服务卫星控制产生干扰。

针对机械臂控制问题，Umetani 等[5]提出了基于广义雅克比矩阵的分解运动速度控制方法，但对系统不确定因素的鲁棒性较低。Herman[6]和 Hu 等[7]采用滑模变结构控制设计机械臂轨迹跟踪控制方法，具有响应快速、实时性强、鲁棒性高等特点，但控制误差容易产生抖颤现象且无法保证有限收敛时间。服务卫星相对位姿耦合控制方面，李鹏等[8]和 Lu 等[9]基于 C-W 方程和姿态四元数建立了相对位置和姿态耦合动力学模型。Singla 等[10]考虑参数不确定性设计了相对姿轨输出反馈控制律。吴锦杰等[11]设计了欠驱动航天器的姿轨耦合控制律。但上述方法都未考虑机械臂运动对服务卫星控制的干扰。吴剑威等[12]利用遗传算法对机械臂运动轨迹进行优化，减小对卫星姿态的影响，但未涉及卫星控制器设计。史也等[13]将机械臂干扰力矩作为前馈补偿设计卫星控制律，但只考虑了其对卫星姿态控制的影响。徐文福等[14]基于微分运动学方程设计机械臂捕获目标的协调控制方法，但同样未考虑基座卫星的位姿耦合问题。

本文提出一种面向空间近距离操作的机械臂与服务卫星协同控制方法。采用全局终端滑模控制设计机械臂轨迹跟踪控制律，采用PD控制设计服务卫星相对位姿耦合控制律，并通过前馈补偿方式实现两者的协同控制，最后通过仿真，验证控制方法的有效性。

2 系统动力学建模

2.1 机械臂和服务卫星组合体动力学模型

基于多刚体系统建模理论，建立机械臂和服务卫星组合体动力学模型。根据工程模化思想，对系统基本假设定义如下。

假设1：机械臂臂杆视为刚性臂杆，不考虑臂杆的柔性变形和振动。

假设2：机械臂关节视为理想铰链，不考虑关节柔性和摩擦等非线性因素。

假设3：服务卫星视为刚体，不考虑柔性部件振动和内部液体晃动等影响。

假设4：机械臂和服务卫星组合体处于失重环境中，不考虑重力梯度和其他环境力矩的影响。

机械臂和服务卫星组合体简化模型如图1所示，其中服务卫星可视为臂杆0。

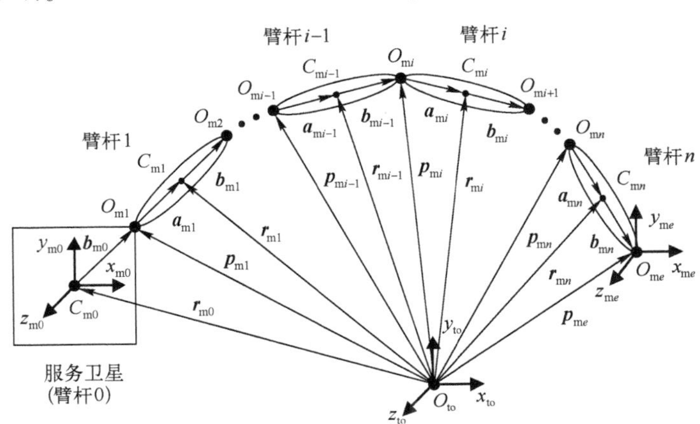

图1　机械臂和服务卫星组合体简化模型

图1中，O_{to}为目标卫星轨道系Σ_{to}原点，在研究两星短时间近距离相对运动时，可将Σ_{to}视为惯性系；C_{m0}为服务卫星（臂杆0）的质心，臂杆坐标系Σ_{m0}原点；O_{mi}为臂杆$i-1$与臂杆i的铰接点，臂杆坐标系Σ_{mi}原点；C_{mi}为臂杆i的质心；n为机械臂自由度。

根据假设1～假设3，机械臂和服务卫星均视为刚体。由图1几何关系可知，臂杆i的质心位置$\boldsymbol{r}_{mi}$在Σ_{to}中的矩阵表达式为

$$\boldsymbol{r}_{mi}=\boldsymbol{r}_{m0}+\boldsymbol{A}_{m0}{}^{m0}\boldsymbol{b}_{m0}+\sum_{j=1}^{i-1}\boldsymbol{A}_{mj}{}^{mj}\boldsymbol{l}_{mj}+\boldsymbol{A}_{mi}{}^{mi}\boldsymbol{a}_{mi} \quad (1)$$

式中：$\boldsymbol{r}_{m0}$为臂杆0的质心位置矢量在Σ_{to}中的分量；${}^{m0}\boldsymbol{b}_{m0}$为从$C_{m0}$指向$O_{m1}$的位置矢量在$\Sigma_{m0}$中的分量；${}^{mj}\boldsymbol{l}_{mj}$为从$O_{mj}$指向$O_{mj+1}$的位置矢量在$\Sigma_{mj}$中的分量；${}^{mi}\boldsymbol{a}_{mi}$为从$O_{mi}$指向$C_{mi}$的位置矢量在$\Sigma_{mi}$中的分量；$\boldsymbol{A}_{mi}$为$\Sigma_{mi}$到$\Sigma_{to}$的转换矩阵。$\Sigma_{to}$视为惯性系，对式（1）在$\Sigma_{to}$中求导，整理得到

$$\boldsymbol{v}_{mi}=\boldsymbol{v}_{m0}-(\boldsymbol{r}_{mi}-\boldsymbol{r}_{m0})^{\times}\boldsymbol{\omega}_{m0}-\sum_{k=1}^{i}\left(\sum_{j=k}^{i-1}\boldsymbol{A}_{mj}{}^{mj}\boldsymbol{l}_{mj}+\boldsymbol{A}_{mi}{}^{mi}\boldsymbol{a}_{mi}\right)^{\times}(\boldsymbol{A}_{mk}{}^{mk}\boldsymbol{z}_{mk})\dot{\theta}_{mk} \quad (2)$$

式中：$\boldsymbol{v}_{mi}$，$\boldsymbol{v}_{m0}$分别为臂杆i和臂杆0的速度矢量在Σ_{to}中的分量；$\boldsymbol{\omega}_{m0}$为臂杆0的角速度矢量在Σ_{to}中的分量；θ_{mk}为关节k的输出角度；${}^{mk}\boldsymbol{z}_{mk}$为关节$k$旋转方向的单位矢量在$\Sigma_{mk}$中的分量；$(\ )^{\times}$为矢量的反对称矩阵。

臂杆i的角速度$\boldsymbol{\omega}_{mi}$在Σ_{to}中的矩阵表达式为

$$\boldsymbol{\omega}_{mi}=\boldsymbol{\omega}_{m0}+\sum_{k=1}^{i}\boldsymbol{A}_{mk}{}^{mk}\boldsymbol{z}_{mk}\dot{\theta}_{mk} \quad (3)$$

组合体的动能T定义为机械臂臂杆动能和服务卫星动能之和：

$$T=\frac{1}{2}\sum_{i=0}^{n}(m_i\boldsymbol{v}_{mi}^{\mathrm{T}}\boldsymbol{v}_{mi}+\boldsymbol{\omega}_{mi}^{\mathrm{T}}\boldsymbol{A}_{mi}{}^{mi}\boldsymbol{I}_{mi}\boldsymbol{A}_{mi}^{\mathrm{T}}\boldsymbol{\omega}_{mi}) \quad (4)$$

式中：m_i为臂杆i的质量；${}^{mi}\boldsymbol{I}_{mi}$为臂杆$i$绕其质心的转动惯量在$\Sigma_{mi}$中的表示。将式（2）和式（3）代入式（4）并整理得

$$T=\frac{1}{2}\dot{\boldsymbol{q}}^{\mathrm{T}}\boldsymbol{M}(\boldsymbol{q})\dot{\boldsymbol{q}} \quad (5)$$

式中：$\boldsymbol{q}$为组合体的广义坐标

$$\dot{\boldsymbol{q}}=[\boldsymbol{v}_{m0}^{\mathrm{T}}\quad\boldsymbol{\omega}_{m0}^{\mathrm{T}}\quad\dot{\boldsymbol{\Theta}}_{m}^{\mathrm{T}}]^{\mathrm{T}} \quad (6)$$

$$\boldsymbol{\Theta}_{m}=[\boldsymbol{\theta}_{m1}\quad\boldsymbol{\theta}_{m2}\quad\cdots\quad\boldsymbol{\theta}_{mn}]^{\mathrm{T}} \quad (7)$$

$\boldsymbol{M}(\boldsymbol{q})$为组合体的广义惯量矩阵

$$\boldsymbol{M}(\boldsymbol{q})=\begin{bmatrix}\boldsymbol{M}_{vv} & \boldsymbol{R}_{v\omega} & \boldsymbol{R}_{v\theta}\\ \boldsymbol{R}_{v\omega}^{\mathrm{T}} & \boldsymbol{M}_{\omega\omega} & \boldsymbol{R}_{\omega\theta}\\ \boldsymbol{R}_{v\theta}^{\mathrm{T}} & \boldsymbol{R}_{\omega\theta}^{\mathrm{T}} & \boldsymbol{M}_{\theta\theta}\end{bmatrix} \quad (8)$$

式中：$\boldsymbol{M}_{vv}$为组合体总质量；$\boldsymbol{M}_{\omega\omega}$为组合体相对其系统质心的转动惯量；$\boldsymbol{M}_{\theta\theta}$为机械臂关节转动相对其自身的惯量矩阵；$\boldsymbol{R}_{v\omega}$为服务卫星转动对自身平动的刚性耦合系数；$\boldsymbol{R}_{v\theta}$，$\boldsymbol{R}_{\omega\theta}$分别为机械臂关节转动对服务卫星平动和转动的刚性耦合系数[15]。

定义组合体的广义力$\boldsymbol{\tau}$为

$$\boldsymbol{\tau}=[\boldsymbol{F}_{s}^{\mathrm{T}}\quad\boldsymbol{T}_{s}^{\mathrm{T}}\quad\boldsymbol{T}_{m}^{\mathrm{T}}]^{\mathrm{T}} \quad (9)$$

式中：$\boldsymbol{F}_s$、$\boldsymbol{T}_s$分别为服务卫星控制力和力矩矢量在Σ_{to}中的分量；$\boldsymbol{T}_m=[T_{m1}\quad T_{m2}\quad\cdots\quad T_{mn}]^{\mathrm{T}}$为机械臂关节控制力矩。

根据假设4，不考虑组合体的势能，组合体的总能量即为动能T，将式（5）代入拉格朗日方程，

整理得到机械臂和服务卫星组合体动力学方程：

$$\boldsymbol{M}(\boldsymbol{q})\ddot{\boldsymbol{q}}+\boldsymbol{C}(\boldsymbol{q},\dot{\boldsymbol{q}})\dot{\boldsymbol{q}}=\boldsymbol{\tau} \tag{10}$$

式中：$\boldsymbol{C}(\boldsymbol{q},\dot{\boldsymbol{q}})$为包括离心力和哥氏力在内的组合体非线性力项。

$$\boldsymbol{C}(\boldsymbol{q},\dot{\boldsymbol{q}})\dot{\boldsymbol{q}}=\dot{\boldsymbol{M}}(\boldsymbol{q})\dot{\boldsymbol{q}}-\frac{\partial}{\partial \boldsymbol{q}}\left[\frac{1}{2}\dot{\boldsymbol{q}}^{\mathrm{T}}\boldsymbol{M}(\boldsymbol{q})\dot{\boldsymbol{q}}\right] \tag{11}$$

特别地，当服务卫星在目标卫星近距离处悬停保持时，忽略控制误差，服务卫星的速度 $\boldsymbol{v}_{\mathrm{m0}}$和角速度 $\boldsymbol{\omega}_{\mathrm{m0}}$均可视为零，则式（10）可简化为基座固定机械臂动力学方程：

$$\boldsymbol{M}(\boldsymbol{\Theta}_{\mathrm{m}})\ddot{\boldsymbol{\Theta}}_{\mathrm{m}}+\boldsymbol{C}(\boldsymbol{\Theta}_{\mathrm{m}},\dot{\boldsymbol{\Theta}}_{\mathrm{m}})\dot{\boldsymbol{\Theta}}_{\mathrm{m}}=\boldsymbol{T}_{\mathrm{m}} \tag{12}$$

式中：$\boldsymbol{M}(\boldsymbol{\Theta}_{\mathrm{m}})=\boldsymbol{M}_{\theta\theta}$为基座固定机械臂的惯量矩阵；$\boldsymbol{C}(\boldsymbol{\Theta}_{\mathrm{m}},\dot{\boldsymbol{\Theta}}_{\mathrm{m}})$为机械臂非线性力项。

2.2 服务卫星和目标卫星相对位姿耦合模型

基于空间相对运动建模理论，建立服务卫星和目标卫星相对位姿耦合动力学模型。根据工程模化思想，对系统基本假设定义如下。

假设5：目标卫星运行在标准 GEO 轨道，轨道倾角和偏心率均可视为零。

假设6：服务卫星和目标卫星受到的轨道摄动和姿态干扰力矩均可忽略。

假设7：服务卫星和目标卫星之间的相对距离远小于两者的轨道半径。

假设8：服务卫星和目标卫星均视为刚体。

根据假设5～假设7，服务卫星和目标卫星之间的相对轨道运动可用 C-W 方程描述，由此得到两星相对位置动力学方程为

$$\ddot{\boldsymbol{r}}_{\mathrm{r}}+\Omega\begin{bmatrix}0&0&-2\\0&0&0\\2&0&0\end{bmatrix}\dot{\boldsymbol{r}}_{\mathrm{r}}+\Omega^2\begin{bmatrix}0&0&0\\0&1&0\\0&0&-3\end{bmatrix}\boldsymbol{r}_{\mathrm{r}}=\frac{\boldsymbol{F}_{\mathrm{s}}}{\boldsymbol{m}_{\mathrm{s}}} \tag{13}$$

式中：$\boldsymbol{r}_{\mathrm{r}}$ 为服务卫星相对于目标卫星的位置矢量在 $\boldsymbol{\Sigma}_{\mathrm{to}}$中的分量；$\Omega$ 为目标卫星的轨道角速度标量；m_{s} 为服务卫星的质量。

为统一形式，将式（13）整理成级联形式：

$$\begin{cases}\dot{\boldsymbol{r}}_{\mathrm{r}}=\boldsymbol{v}_{\mathrm{r}}\\ \boldsymbol{M}_1\dot{\boldsymbol{v}}_{\mathrm{r}}=\boldsymbol{C}_1\boldsymbol{v}_{\mathrm{r}}+\boldsymbol{N}_1+\boldsymbol{F}_{\mathrm{s}}\end{cases} \tag{14}$$

式中：$\boldsymbol{v}_{\mathrm{r}}$ 为服务卫星相对于目标卫星的速度矢量在 $\boldsymbol{\Sigma}_{\mathrm{to}}$中的分量，参数矩阵 $\boldsymbol{M}_1$、$\boldsymbol{C}_1$、$\boldsymbol{N}_1$ 的表达式分别为

$$\begin{gathered}\boldsymbol{M}_1=m_{\mathrm{s}}\boldsymbol{E}\\ \boldsymbol{C}_1=m_{\mathrm{s}}\Omega\begin{bmatrix}0&0&2\\0&0&0\\-2&0&0\end{bmatrix},\boldsymbol{N}_1=m_{\mathrm{s}}\Omega^2\begin{bmatrix}0&0&0\\0&-1&0\\0&0&3\end{bmatrix}\boldsymbol{r}_{\mathrm{r}}\end{gathered} \tag{15}$$

式中，$\boldsymbol{E}$ 为单位矩阵。

根据假设6和假设8，服务卫星和目标卫星均视为刚体，姿态干扰力矩均可忽略。根据相对四元数建模方法推导得到两星相对姿态运动学方程为

$$\dot{\boldsymbol{\Lambda}}_{\mathrm{r}}=\begin{bmatrix}\dot{\lambda}_{\mathrm{r0}}\\ \dot{\lambda}_{\mathrm{rv}}\end{bmatrix}=\frac{1}{2}\begin{bmatrix}\boldsymbol{0}&-{}^{\mathrm{sb}}\boldsymbol{\omega}_{\mathrm{r}}^{\mathrm{T}}\\ {}^{\mathrm{sb}}\boldsymbol{\omega}_{\mathrm{r}}&-{}^{\mathrm{sb}}\boldsymbol{\omega}_{\mathrm{r}}^{\times}\end{bmatrix}\begin{bmatrix}\lambda_{\mathrm{r0}}\\ \lambda_{\mathrm{rv}}\end{bmatrix} \tag{16}$$

式中：$\boldsymbol{\Lambda}_{\mathrm{r}}$ 为服务卫星相对于目标卫星的姿态四元数；λ_{r0}，λ_{rv}分别为其标量部分和矢量部分；${}^{\mathrm{sb}}\boldsymbol{\omega}_{\mathrm{r}}$ 为服务卫星相对于目标卫星的角速度矢量在服务卫星本体系 $\boldsymbol{\Sigma}_{\mathrm{sb}}$中的分量。

根据空间相对运动建模理论推导得到两星相对姿态动力学方程为

$$\begin{aligned}{}^{\mathrm{sb}}\boldsymbol{I}_{\mathrm{s}}{}^{\mathrm{sb}}\dot{\boldsymbol{\omega}}_{\mathrm{r}}={}&{}^{\mathrm{sb}}\boldsymbol{\omega}_{\mathrm{s}}^{\times}[{}^{\mathrm{sb}}\boldsymbol{I}_{\mathrm{s}}-2{}^{\mathrm{sb}}\boldsymbol{I}_{\mathrm{s}}{}^{\mathrm{sb}}\boldsymbol{I}_{\mathrm{t}}^{-1}{}^{\mathrm{tb}}\boldsymbol{I}_{\mathrm{t}}]{}^{\mathrm{sb}}\boldsymbol{\omega}_{\mathrm{r}}+\\ &{}^{\mathrm{sb}}\boldsymbol{\omega}_{\mathrm{r}}^{\times}[{}^{\mathrm{sb}}\boldsymbol{I}_{\mathrm{s}}{}^{\mathrm{sb}}\boldsymbol{I}_{\mathrm{t}}^{-1}{}^{\mathrm{tb}}\boldsymbol{I}_{\mathrm{t}}-{}^{\mathrm{sb}}\boldsymbol{I}_{\mathrm{s}}]{}^{\mathrm{sb}}\boldsymbol{\omega}_{\mathrm{r}}\\ &+{}^{\mathrm{sb}}\boldsymbol{\omega}_{\mathrm{s}}^{\times}[{}^{\mathrm{sb}}\boldsymbol{I}_{\mathrm{s}}{}^{\mathrm{sb}}\boldsymbol{I}_{\mathrm{t}}^{-1}{}^{\mathrm{tb}}\boldsymbol{I}_{\mathrm{t}}-{}^{\mathrm{sb}}\boldsymbol{I}_{\mathrm{s}}]{}^{\mathrm{sb}}\boldsymbol{\omega}_{\mathrm{s}}+{}^{\mathrm{sb}}\boldsymbol{T}_{\mathrm{s}}\end{aligned} \tag{17}$$

式中：${}^{\mathrm{sb}}\boldsymbol{I}_{\mathrm{s}}$、${}^{\mathrm{sb}}\boldsymbol{I}_{\mathrm{t}}$ 分别为服务卫星和目标卫星的转动惯量在 $\boldsymbol{\Sigma}_{\mathrm{sb}}$中的表示；${}^{\mathrm{tb}}\boldsymbol{I}_{\mathrm{t}}$ 为目标卫星的转动惯量在自身本体系 $\boldsymbol{\Sigma}_{\mathrm{tb}}$中的表示；${}^{\mathrm{sb}}\boldsymbol{\omega}_{\mathrm{s}}$ 为服务卫星的角速度矢量在 $\boldsymbol{\Sigma}_{\mathrm{sb}}$中的分量；${}^{\mathrm{sb}}\boldsymbol{T}_{\mathrm{s}}$ 为服务卫星的控制力矩矢量在 $\boldsymbol{\Sigma}_{\mathrm{sb}}$中的分量。

由于姿态四元数存在归一化约束，进行姿态控制时，只需对其矢量部分进行控制。为统一形式，将式（16）和式（17）整理成级联形式：

$$\begin{cases}\dot{\lambda}_{\mathrm{rv}}=\boldsymbol{B}_2{}^{\mathrm{sb}}\boldsymbol{\omega}_{\mathrm{r}}\\ \boldsymbol{M}_2{}^{\mathrm{sb}}\dot{\boldsymbol{\omega}}_{\mathrm{r}}=\boldsymbol{C}_2{}^{\mathrm{sb}}\boldsymbol{\omega}_{\mathrm{r}}+\boldsymbol{N}_2+{}^{\mathrm{sb}}\boldsymbol{T}_{\mathrm{s}}\end{cases} \tag{18}$$

式中：参数矩阵 $\boldsymbol{B}_2$、$\boldsymbol{M}_2$、$\boldsymbol{C}_2$、$\boldsymbol{N}_2$ 的表达式分别为

$$\begin{gathered}\boldsymbol{B}_2=\frac{1}{2}(\lambda_{\mathrm{r0}}\boldsymbol{E}+\boldsymbol{\lambda}_{\mathrm{rv}}^{\times}),\boldsymbol{M}_2={}^{\mathrm{sb}}\boldsymbol{I}_{\mathrm{s}}\\ \boldsymbol{C}_2={}^{\mathrm{sb}}\boldsymbol{\omega}_{\mathrm{s}}^{\times}[{}^{\mathrm{sb}}\boldsymbol{I}_{\mathrm{s}}-2{}^{\mathrm{sb}}\boldsymbol{I}_{\mathrm{s}}{}^{\mathrm{sb}}\boldsymbol{I}_{\mathrm{t}}^{-1}{}^{\mathrm{tb}}\boldsymbol{I}_{\mathrm{t}}]\\ \boldsymbol{N}_2={}^{\mathrm{sb}}\boldsymbol{\omega}_{\mathrm{r}}^{\times}[{}^{\mathrm{sb}}\boldsymbol{I}_{\mathrm{s}}{}^{\mathrm{sb}}\boldsymbol{I}_{\mathrm{t}}^{-1}{}^{\mathrm{tb}}\boldsymbol{I}_{\mathrm{t}}-{}^{\mathrm{sb}}\boldsymbol{I}_{\mathrm{s}}]{}^{\mathrm{sb}}\boldsymbol{\omega}_{\mathrm{r}}+\\ {}^{\mathrm{sb}}\boldsymbol{\omega}_{\mathrm{s}}^{\times}[{}^{\mathrm{sb}}\boldsymbol{I}_{\mathrm{s}}{}^{\mathrm{sb}}\boldsymbol{I}_{\mathrm{t}}^{-1}{}^{\mathrm{tb}}\boldsymbol{I}_{\mathrm{t}}-{}^{\mathrm{sb}}\boldsymbol{I}_{\mathrm{s}}]{}^{\mathrm{sb}}\boldsymbol{\omega}_{\mathrm{s}}\end{gathered} \tag{19}$$

建立两星相对位姿耦合动力学方程，定义相对位姿状态变量：

$$\boldsymbol{x}_1=\begin{bmatrix}\boldsymbol{r}_{\mathrm{r}}\\ \boldsymbol{\lambda}_{\mathrm{rv}}\end{bmatrix},\boldsymbol{x}_2=\begin{bmatrix}\boldsymbol{v}_{\mathrm{r}}\\ {}^{\mathrm{sb}}\boldsymbol{\omega}_{\mathrm{r}}\end{bmatrix} \tag{20}$$

联立式（14）和式（18），整理得到服务卫星和目标卫星相对位姿耦合动力学方程：

$$\begin{cases}\dot{\boldsymbol{x}}_1=\boldsymbol{B}\boldsymbol{x}_2\\ \boldsymbol{M}\dot{\boldsymbol{x}}_2=\boldsymbol{C}\boldsymbol{x}_2+\boldsymbol{N}+\boldsymbol{D}\boldsymbol{u}_{\mathrm{s}}\end{cases} \tag{21}$$

式中，各参数矩阵的表达式分别为

$$\boldsymbol{B}=\begin{bmatrix}\boldsymbol{E}&\boldsymbol{0}\\ \boldsymbol{0}&\boldsymbol{B}_2\end{bmatrix},\boldsymbol{M}=\begin{bmatrix}\boldsymbol{M}_1&\boldsymbol{0}\\ \boldsymbol{0}&\boldsymbol{M}_2\end{bmatrix},\boldsymbol{C}=\begin{bmatrix}\boldsymbol{C}_1&\boldsymbol{0}\\ \boldsymbol{0}&\boldsymbol{C}_2\end{bmatrix}$$

$$N=\begin{bmatrix} N_1 \\ N_2 \end{bmatrix}, D=\begin{bmatrix} A_{sb} & 0 \\ 0 & E \end{bmatrix}, u_s=\begin{bmatrix} {}^{sb}F_s \\ {}^{sb}T_s \end{bmatrix} \tag{22}$$

式中：${}^{sb}F_s$ 为服务卫星的控制力矢量在 Σ_{sb} 中的分量；A_{sb} 为 Σ_{sb} 到 Σ_{to} 的转换矩阵，体现了服务卫星的控制输入耦合和控制指令耦合。

3　机械臂全局终端滑模控制

3.1　全局终端滑模控制器设计

为实现目标捕获等空间近距离操作，并考虑实际星载计算能力限制，本文设计采用机械臂与服务卫星协同控制策略。针对机械臂和服务卫星分别独立设计控制器。机械臂按基座固定方式控制，服务卫星控制误差产生的位姿变化作为机械臂控制器的扰动项。服务卫星进行相对位姿耦合控制，机械臂运动产生的反作用力/力矩作为前馈补偿叠加到服务卫星控制器中，实现两者的协同控制。

为实现机械臂在基座扰动等不确定因素影响下的轨迹跟踪，本节基于全局终端滑模控制设计机械臂控制器，保证跟踪误差在全局范围的有限收敛时间，同时通过消除切换项来有效消除抖颤，控制机械臂精确跟踪规划得到的期望运动轨迹。

在基座固定机械臂动力学模型的基础上，考虑基座扰动等不确定因素，机械臂动力学方程为

$$M(\Theta_m)\ddot{\Theta}_m+C(\Theta_m,\dot{\Theta}_m)\dot{\Theta}_m+\Delta D=T_m \tag{23}$$

式中：ΔD 为包括服务卫星基座位姿变化在内的扰动项。

$$\Delta D=[\Delta d_1 \quad \Delta d_2 \quad \cdots \quad \Delta d_n]^T \tag{24}$$

定义机械臂关节轨迹跟踪误差 E_m 为

$$E_m=\Theta_{md}-\Theta_m=[e_{m1} \quad e_{m2} \quad \cdots \quad e_{mn}]^T \tag{25}$$

式中：Θ_{md}、Θ_m 分别为关节期望角度和实际角度。

构造全局终端滑模超平面 S 为

$$S=\dot{E}_m+AE_m+BE_m^{q/p} \tag{26}$$

式中

$$\begin{cases} S=[s_1 \quad s_2 \quad \cdots \quad s_n]^T \\ E_m^{q/p}=[e_{m1}^{p/q} \quad e_{m2}^{p/q} \quad \cdots \quad e_{mn}^{p/q}]^T \\ A=\mathrm{diag}(\alpha_1,\alpha_2,\cdots,\alpha_n) \\ B=\mathrm{diag}(\beta_1,\beta_2,\cdots,\beta_n) \end{cases} \tag{27}$$

且有 α_i，$\beta_i>0$，p，q（$p>q$）为正奇数，$i=1,2,\cdots,n$。

假定 ΔD 有界，根据全局终端滑模控制方法，构造机械臂关节轨迹跟踪控制律为

$$T_m=M(\Theta_m)\left[\ddot{\Theta}_{md}+A\dot{E}_m+\frac{q}{p}BE_m^{(q-p)/p}\dot{E}_m\right]+C(\Theta_m,\dot{\Theta}_m)[\dot{\Theta}_m+S]+\Phi S+\Gamma S^{q/p} \tag{28}$$

式中

$$\begin{cases} S^{q/p}=[s_1^{q/p} \quad s_2^{q/p} \quad \cdots \quad s_n^{q/p}]^T \\ \Phi=\mathrm{diag}(\phi_1,\phi_2,\cdots,\phi_n) \\ \Gamma=\mathrm{diag}(\gamma_1,\gamma_2,\cdots,\gamma_n) \end{cases} \tag{29}$$

$$\gamma_i=\frac{|\Delta d_i|}{|s_i^{q/p}|}+\eta_i \tag{30}$$

且有 ϕ_i，$\eta_i>0$，因而有 $\gamma_i>0$，$i=1,2,\cdots,n$。

3.2　控制系统稳定性分析

定理1：对于式（23）所示的机械臂动力学系统，全局终端滑模控制律式（28）能够保证系统渐近稳定。

证明：滑模面 S 对时间 t 的一阶导数为

$$\dot{S}=\ddot{E}_m+A\dot{E}_m+\frac{q}{p}BE_m^{(p-q)/p}\dot{E}_m \tag{31}$$

等式两边乘以 $M(\Theta_m)$，并将全局终端滑模控制律式（28）代入，整理得

$$M(\Theta_m)\dot{S}=\Delta D-C(\Theta_m,\dot{\Theta}_m)S-\Phi S-\Gamma S^{q/p} \tag{32}$$

由式（30）可得

$$\frac{\Delta d_i}{|s_i^{q/p}|}-\gamma_i\leqslant\frac{|\Delta d_i|}{|s_i^{q/p}|}-\gamma_i=-\eta_i \tag{33}$$

将式（33）代入式（32），并令 $H=\mathrm{diag}(\eta_1,\eta_2,\cdots,\eta_n)$，整理得

$$M(\Theta_m)\dot{S}\leqslant-C(\Theta_m,\dot{\Theta}_m)S-\Phi S-HS^{q/p} \tag{34}$$

选取 Lyapunov 函数为

$$V=\frac{1}{2}S^TM(\Theta_m)S \tag{35}$$

将式（35）对时间 t 求导，整理得

$$\begin{aligned}\dot{V}&=\frac{1}{2}S^T\dot{M}(\Theta_m)S+S^TM(\Theta_m)\dot{S}\\&=S^TC(\Theta_m,\dot{\Theta}_m)S+S^TM(\Theta_m)\dot{S}\\&\leqslant-S^T\Phi S-S^THS^{q/p}\end{aligned} \tag{36}$$

将式（36）中的矩阵展开，写成元素求和形式，有

$$\dot{V}\leqslant-\sum_{i=1}^{n}\phi_is_i^2-\sum_{i=1}^{n}\eta_is_i^{(q+p)/p} \tag{37}$$

由于 ϕ_i，$\eta_i>0$ 且 $p+q$ 为正偶数，因此有$\dot{V}\leqslant 0$，并且当且仅当 $\boldsymbol{S}=\boldsymbol{0}$ 时，$\dot{V}=0$，从而可以证明系统是渐近稳定的。此外，从式（28）可以看出，全局终端滑模控制律是连续的，不含切换项，因而可以有效消除系统抖颤。

3.3 跟踪误差收敛时间分析

定理 2：对于式（23）所示的机械臂动力学系统，全局终端滑模控制律式（28）能够保证跟踪误差 $\boldsymbol{E}_{\mathrm{m}}$ 在有限时间内收敛到零。

证明：$\boldsymbol{M}(\boldsymbol{\Theta}_{\mathrm{m}})$ 为非奇异对称正定矩阵，将不等式（34）两边乘以 $\boldsymbol{M}(\boldsymbol{\Theta}_{\mathrm{m}})^{-1}$ 得

$$\dot{\boldsymbol{S}}\leqslant -\boldsymbol{M}(\boldsymbol{\Theta}_{\mathrm{m}})^{-1}[\boldsymbol{C}(\boldsymbol{\Theta}_{\mathrm{m}},\dot{\boldsymbol{\Theta}}_{\mathrm{m}})+\boldsymbol{\Phi}]\boldsymbol{S}-\boldsymbol{M}(\boldsymbol{\Theta}_{\mathrm{m}})^{-1}\boldsymbol{H}\boldsymbol{S}^{q/p} \tag{38}$$

又因为 $\boldsymbol{M}(\boldsymbol{\Theta}_{\mathrm{m}})$ 有界，因此存在矩阵 $\boldsymbol{\Phi}^*$，$\boldsymbol{H}^*$，满足

$$\dot{\boldsymbol{S}}=-\boldsymbol{\Phi}^*\boldsymbol{S}-\boldsymbol{H}^*\boldsymbol{S}^{q/p} \tag{39}$$

式中

$$\begin{cases}\boldsymbol{\Phi}^*=\mathrm{diag}(\phi_1^*,\phi_2^*,\cdots,\phi_n^*)\\ \boldsymbol{H}^*=\mathrm{diag}(\eta_1^*,\eta_2^*,\cdots,\eta_n^*)\end{cases} \tag{40}$$

且有 ϕ_i^*，$\eta_i^*>0$，$i=1,2,\cdots,n$。

研究机械臂关节 i 的轨迹跟踪误差 $e_{\mathrm{m}i}$。在全局终端滑模控制律式（28）作用下，定义 t_{ri} 为跟踪误差 $e_{\mathrm{m}i}$ 从初始状态 $s_i(0)\neq 0$ 到滑模面 $s_i(t_{ri})=0$ 的收敛时间，根据式（39）可得其微分方程为

$$\dot{s}_i+\phi_i^* s_i+\eta_i^* s_i^{q/p}=0 \tag{41}$$

从而解得

$$t_{ri}=\frac{p}{\phi_i^*(p-q)}\ln\frac{\phi_i^* s_i(0)^{(p-q)/p}+\eta_i^*}{\eta_i^*} \tag{42}$$

在滑模面 $s_i=0$ 上，定义 t_{si} 为跟踪误差 $e_{\mathrm{m}i}$ 从初始状态 $e_{\mathrm{m}i}(t_{ri})\neq 0$ 到零点 $e_{\mathrm{m}i}(t_{ri}+t_{si})=0$ 的收敛时间，根据式（26）可得其微分方程为

$$\dot{e}_{\mathrm{m}i}+\alpha_i e_{\mathrm{m}i}+\beta_i e_{\mathrm{m}i}^{q/p}=0 \tag{43}$$

从而解得

$$t_{si}=\frac{p}{\alpha_i(p-q)}\ln\frac{\alpha_i e_{\mathrm{m}i}(t_{ri})^{p-q/p}+\beta_i}{\beta_i} \tag{44}$$

定义 t_{total} 为机械臂所有关节的轨迹跟踪误差 $e_{\mathrm{m}i}$ $(i=1,2,\cdots,n)$ 在全局范围内从初始状态到零点的总收敛时间：

$$t_{\mathrm{total}}=\max_{i\in[1,n]}\{t_{ri}+t_{si}\} \tag{45}$$

合理选择参数 p、q、ϕ_i^*、γ_i^*、α_i、β_i，可使跟踪误差收敛时间 t_{total} 调整至指定值，保证跟踪误差在有限时间内收敛到零。

4 服务卫星相对位姿耦合控制

4.1 相对位姿耦合误差模型

为实现在目标卫星近距离处的悬停保持，服务卫星采用相对位姿耦合控制。定义相对位置、速度、姿态和角速度控制误差 $\boldsymbol{e}_r$、$\boldsymbol{e}_v$、$\boldsymbol{e}_\Lambda$、${}^{\mathrm{sb}}\boldsymbol{e}_\omega$ 分别为

$$\begin{cases}\boldsymbol{e}_r=\boldsymbol{r}_{\mathrm{r}}-\boldsymbol{r}_{\mathrm{rd}}\\ \boldsymbol{e}_v=\boldsymbol{v}_{\mathrm{r}}-\boldsymbol{v}_{\mathrm{rd}}\\ \boldsymbol{e}_\Lambda=\boldsymbol{\Lambda}_{\mathrm{rd}}^*\circ\boldsymbol{\Lambda}_{\mathrm{r}}=[e_{\Lambda 0}\quad \boldsymbol{e}_{\Lambda v}^{\mathrm{T}}]^{\mathrm{T}}\\ {}^{\mathrm{sb}}\boldsymbol{e}_\omega={}^{\mathrm{sb}}\boldsymbol{\omega}_{\mathrm{r}}-{}^{\mathrm{sb}}\boldsymbol{\omega}_{\mathrm{rd}}\end{cases} \tag{46}$$

式中：$\boldsymbol{r}_{\mathrm{r}}$、$\boldsymbol{r}_{\mathrm{rd}}$、$\boldsymbol{v}_{\mathrm{r}}$、$\boldsymbol{v}_{\mathrm{rd}}$分别为服务卫星相对于目标卫星的实际和期望位置、实际和期望速度在 $\boldsymbol{\Sigma}_{\mathrm{to}}$ 中的分量；$\boldsymbol{\Lambda}_{\mathrm{r}}$、$\boldsymbol{\Lambda}_{\mathrm{rd}}$分别为服务卫星相对于 $\boldsymbol{\Sigma}_{\mathrm{to}}$ 的实际和期望姿态四元数；${}^{\mathrm{sb}}\boldsymbol{\omega}_{\mathrm{r}}$、${}^{\mathrm{sb}}\boldsymbol{\omega}_{\mathrm{rd}}$ 分别为服务卫星相对于 $\boldsymbol{\Sigma}_{\mathrm{to}}$ 的实际和期望角速度在 $\boldsymbol{\Sigma}_{\mathrm{sb}}$ 中的分量；$e_{\Lambda 0}$、$\boldsymbol{e}_{\Lambda v}$ 分别为 $\boldsymbol{e}_\Lambda$ 的标量部分和矢量部分。

定义相对位姿耦合控制误差：

$$\boldsymbol{e}_1=\begin{bmatrix}\boldsymbol{e}_r\\ \boldsymbol{e}_{\Lambda v}\end{bmatrix},\boldsymbol{e}_2=\begin{bmatrix}\boldsymbol{e}_v\\ {}^{\mathrm{sb}}\boldsymbol{e}_\omega\end{bmatrix} \tag{47}$$

将式（46）和式（47）代入式（21），并考虑机械臂反作用力/力矩，整理得到相对位姿耦合误差动力学方程：

$$\begin{cases}\dot{\boldsymbol{e}}_1=\boldsymbol{B}\boldsymbol{e}_2\\ \boldsymbol{M}\dot{\boldsymbol{e}}_2=\boldsymbol{C}\boldsymbol{e}_2+\boldsymbol{N}+\boldsymbol{D}(\boldsymbol{u}_{\mathrm{s}}+\boldsymbol{u}_{\mathrm{rm}})\end{cases} \tag{48}$$

式中

$$\boldsymbol{u}_{\mathrm{rm}}=[{}^{\mathrm{sb}}\boldsymbol{F}_{\mathrm{rm}}^{\mathrm{T}}\quad {}^{\mathrm{sb}}\boldsymbol{T}_{\mathrm{rm}}^{\mathrm{T}}]^{\mathrm{T}} \tag{49}$$

为机械臂反作用力/力矩矢量在 $\boldsymbol{\Sigma}_{\mathrm{sb}}$ 中的分量。

4.2 相对位姿耦合控制器设计

为实现协同控制，服务卫星采用“前馈补偿+PD 控制”的方法，根据动力学模型估算机械臂反作用力/力矩，并将其作为前馈补偿叠加到相对位姿耦合 PD 控制器中。服务卫星相对位姿耦合控制结构如图 2 所示。

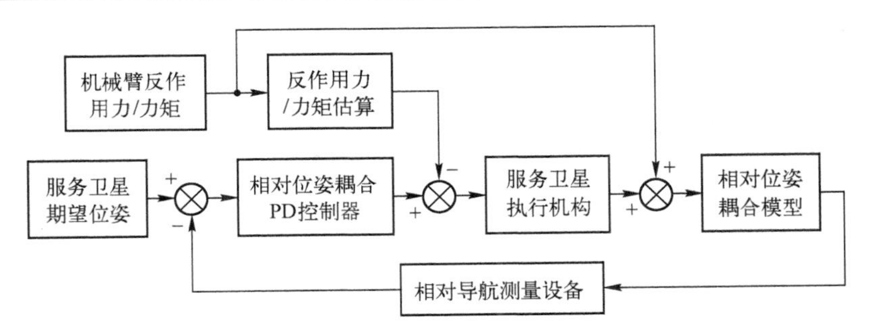

图 2　服务卫星相对位姿耦合控制结构

定义机械臂反作用力/力矩 $\boldsymbol{u}_{rm}$ 的估算值 $\hat{\boldsymbol{u}}_{rm}$ 为

$$\hat{\boldsymbol{u}}_{\mathrm{rm}}=[{}^{\mathrm{sb}}\hat{\boldsymbol{F}}_{\mathrm{rm}}^{\mathrm{T}}\quad {}^{\mathrm{sb}}\hat{\boldsymbol{T}}_{\mathrm{rm}}^{\mathrm{T}}]^{\mathrm{T}} \tag{50}$$

由机械臂关节伺服测量可得其角速度和角加速度 $\dot{\boldsymbol{\Theta}}_{\mathrm{m}}$、$\ddot{\boldsymbol{\Theta}}_{\mathrm{m}}$，代入机械臂和服务卫星组合体动力学方程式（10），并令 $\dot{\boldsymbol{v}}_{\mathrm{m0}}=\boldsymbol{v}_{\mathrm{m0}}=\boldsymbol{0}$，$\dot{\boldsymbol{\omega}}_{\mathrm{m0}}=\boldsymbol{\omega}_{\mathrm{m0}}=\boldsymbol{0}$，整理得

$$\boldsymbol{M}(\boldsymbol{q})\begin{bmatrix}\boldsymbol{0}\\ \boldsymbol{0}\\ \ddot{\boldsymbol{\Theta}}_{\mathrm{m}}\end{bmatrix}+\boldsymbol{C}(\boldsymbol{q},\dot{\boldsymbol{q}})\begin{bmatrix}\boldsymbol{0}\\ \boldsymbol{0}\\ \dot{\boldsymbol{\Theta}}_{\mathrm{m}}\end{bmatrix}=\begin{bmatrix}\boldsymbol{A}_{\mathrm{sb}}\,{}^{\mathrm{sb}}\hat{\boldsymbol{F}}_{\mathrm{rm}}\\ \boldsymbol{A}_{\mathrm{sb}}\,{}^{\mathrm{sb}}\hat{\boldsymbol{T}}_{\mathrm{rm}}\\ \boldsymbol{T}_{\mathrm{m}}\end{bmatrix} \tag{51}$$

从而解得机械臂反作用力/力矩估算值 $\hat{\boldsymbol{u}}_{rm}$。

采用前馈补偿+PD 控制方法，构造服务卫星相对位姿耦合控制律为

$$\boldsymbol{u}_{\mathrm{s}}=-\boldsymbol{K}_{\mathrm{P}}\boldsymbol{e}_1-\boldsymbol{K}_{\mathrm{D}}\boldsymbol{e}_2-\hat{\boldsymbol{u}}_{\mathrm{rm}} \tag{52}$$

式中：$\boldsymbol{K}_{\mathrm{P}}$、$\boldsymbol{K}_{\mathrm{D}}$ 分别为比例和微分系数。通过 $\boldsymbol{K}_{\mathrm{P}}$、$\boldsymbol{K}_{\mathrm{D}}$ 的合理取值，可以保证式（48）所示的相对位姿耦合误差动力学系统渐进稳定。

5　仿真验证

5.1　工程算例

通过工程算例在 MATLAB 和 ADAMS 联合仿真平台上进行仿真，验证本文控制方法的有效性。机械臂设定为 7 自由度空间机械臂，整体构型与国际空间站遥控机械臂系统（SSRMS）相似，D-H 坐标系如图 3 所示，D-H 参数如表 1 所列，动力学参数如表 2 所列。服务卫星和目标卫星设定采用某成熟型号卫星平台，动力学参数如表 3 所列。

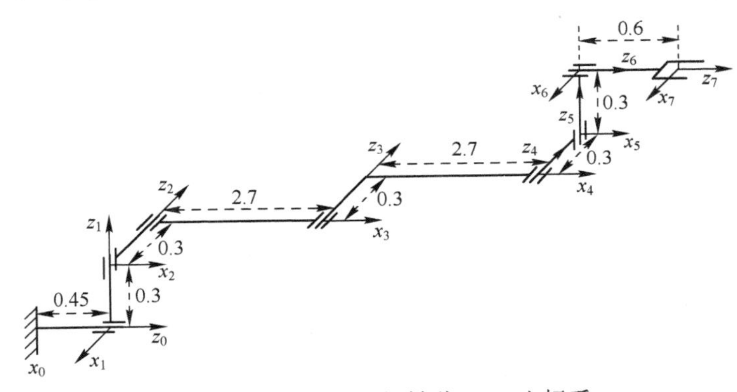

图 3　7 自由度空间机械臂 D-H 坐标系

表 1　机械臂 D-H 参数

臂杆 i	θ_{mi}/(°)	α_i/(°)	a_i/m	d_i/m
1	θ_{m1}	90	0	0.45
2	θ_{m2}	-90	0	0.3
3	θ_{m3}	0	2.7	0.3
4	θ_{m4}	0	2.7	0.3
5	θ_{m5}	90	0	0.3
6	θ_{m6}	-90	0	0.3
7	θ_{m7}	0	0	0.6

表 2　机械臂动力学参数

臂杆 i	质量 m_i/kg	转动惯量${}^{mi}\boldsymbol{I}_{mi}$/(kg·m²)		
		I_{xx}	I_{yy}	I_{zz}
1	12	0.12	0.07	0.12
2	12	0.12	0.07	0.12
3	76.65	0.55	50.46	50.46
4	88.65	0.91	70.12	69.82
5	12	0.12	0.12	0.07
6	12	0.12	0.12	0.07
7	24	0.79	0.79	0.13

表 3　服务卫星和目标卫星动力学参数

卫星	质量/kg	转动惯量/(kg·m²)		
		I_{xx}	I_{yy}	I_{zz}
服务卫星	2400	5898	3492	5411
目标卫星	3100	13762	5505	12761

以服务卫星和机械臂在轨捕获姿态失稳目标卫星为例，如图 4 所示。机械臂关节期望角度和期望角速度 $\boldsymbol{\Theta}_{md}$，$\dot{\boldsymbol{\Theta}}_{md}$ 采用文献［3］中提出的空间机械臂捕获姿态失稳目标动态轨迹规划方法得到。服务卫星相对于目标卫星的期望位置 $\boldsymbol{r}_{rd}=[-10\quad 0\quad 0]^{T}$m，期望速度 $\boldsymbol{v}_{rd}=[0\quad 0\quad 0]^{T}$m/s，期望姿态四元数 $\boldsymbol{\Lambda}_{rd}=[0.5\quad 0.5\quad 0.5\quad 0.5]^{T}$，期望角速度 ${}^{sb}\boldsymbol{\omega}_{rd}=[0\quad 0\quad 0]^{T}(°)\cdot s^{-1}$。

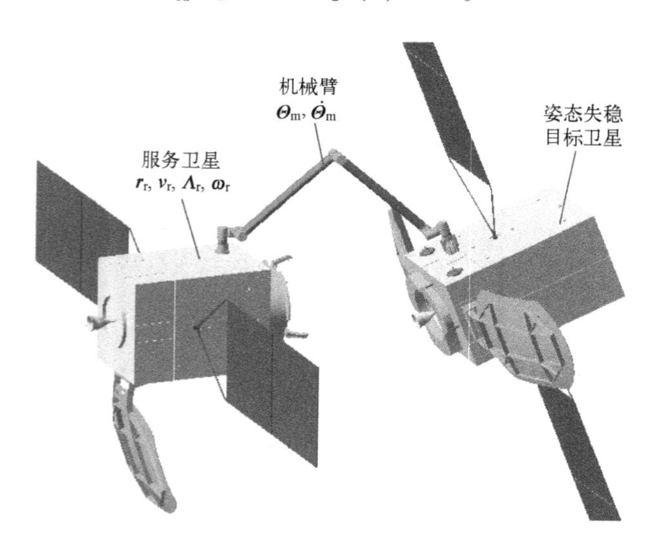

图 4　服务卫星和机械臂捕获目标卫星示意

机械臂全局终端滑模控制和服务卫星相对位姿耦合控制的参数分别为

$$\begin{cases}\boldsymbol{A}=\mathrm{diag}(10,10,10,10,10,10,10)\\ \boldsymbol{B}=\mathrm{diag}(2,2,2,2,2,2,2)\\ \boldsymbol{\Phi}=\mathrm{diag}(10,10,10,10,10,10,10)\\ \boldsymbol{\Gamma}=\mathrm{diag}(120,150,120,100,6,4,0.25)\\ \boldsymbol{H}=0.1\boldsymbol{\Gamma},p=5,q=3\\ \boldsymbol{K}_P=\mathrm{diag}(20,20,20,100,200,100)\\ \boldsymbol{K}_D=\mathrm{diag}(100,100,100,500,10000,500)\end{cases}\tag{53}$$

机械臂反作用力/力矩的估算值$\hat{\boldsymbol{u}}_{rm}$与其真值 $\boldsymbol{u}_{rm}$ 存在 10%的相对误差。机械臂关节轨迹跟踪控制精度要求 $e_{mi}\leqslant 0.005°$，$\dot{e}_{mi}\leqslant 0.005(°)\cdot s^{-1}$。服务卫星相对位姿控制精度要求 $e_r\leqslant 0.05$m，$e_v\leqslant 0.01$m·s^{-1}，$e_{\Lambda v}\leqslant 0.002$，$e_\omega\leqslant 0.05(°)\cdot s^{-1}$。

5.2　仿真结果

机械臂全局终端滑模控制仿真得到的关节角度和角速度跟踪误差 $\boldsymbol{E}_m$、$\dot{\boldsymbol{E}}_m$ 如图 5 所示。从图中看出，在捕获过程的大部分时间内，$\boldsymbol{E}_m$、$\dot{\boldsymbol{E}}_m$ 能够被控制在期望精度。在时间 $t=14$s、25s、105s 等处，由于速度增益矩阵调整[3]，关节角速度变化较为剧烈，$\boldsymbol{E}_m$、$\dot{\boldsymbol{E}}_m$ 波动较大，但在全局终端滑模控制器作用下，$\boldsymbol{E}_m$、$\dot{\boldsymbol{E}}_m$ 能够在有限时间内重新收敛到指定精度，满足控制要求。

服务卫星相对位姿耦合控制仿真得到的相对位置、速度、姿态和角速度误差 $\boldsymbol{e}_r$、$\boldsymbol{e}_v$、$\boldsymbol{e}_{\Lambda v}$、${}^{sb}\boldsymbol{e}_\omega$ 分别如图 6 和图 7 所示，服务卫星控制力和力矩^{sb}

$\boldsymbol{F}_{\mathrm{s}}$、$^{\mathrm{sb}}\boldsymbol{T}_{\mathrm{s}}$ 如图 8 所示。从图中可以看出，在捕获过程的全部时间内，$\boldsymbol{e}_{r}$、$\boldsymbol{e}_{v}$、$\boldsymbol{e}_{\Lambda v}$、$^{\mathrm{sb}}\boldsymbol{e}_{\omega}$ 能够被控制在期望精度，满足控制要求。$^{\mathrm{sb}}\boldsymbol{F}_{\mathrm{s}}$、$^{\mathrm{sb}}\boldsymbol{T}_{\mathrm{s}}$ 三轴分量的最大绝对值分别小于 20N 和 60N · m，不超过设计限定值，工程实现可行。

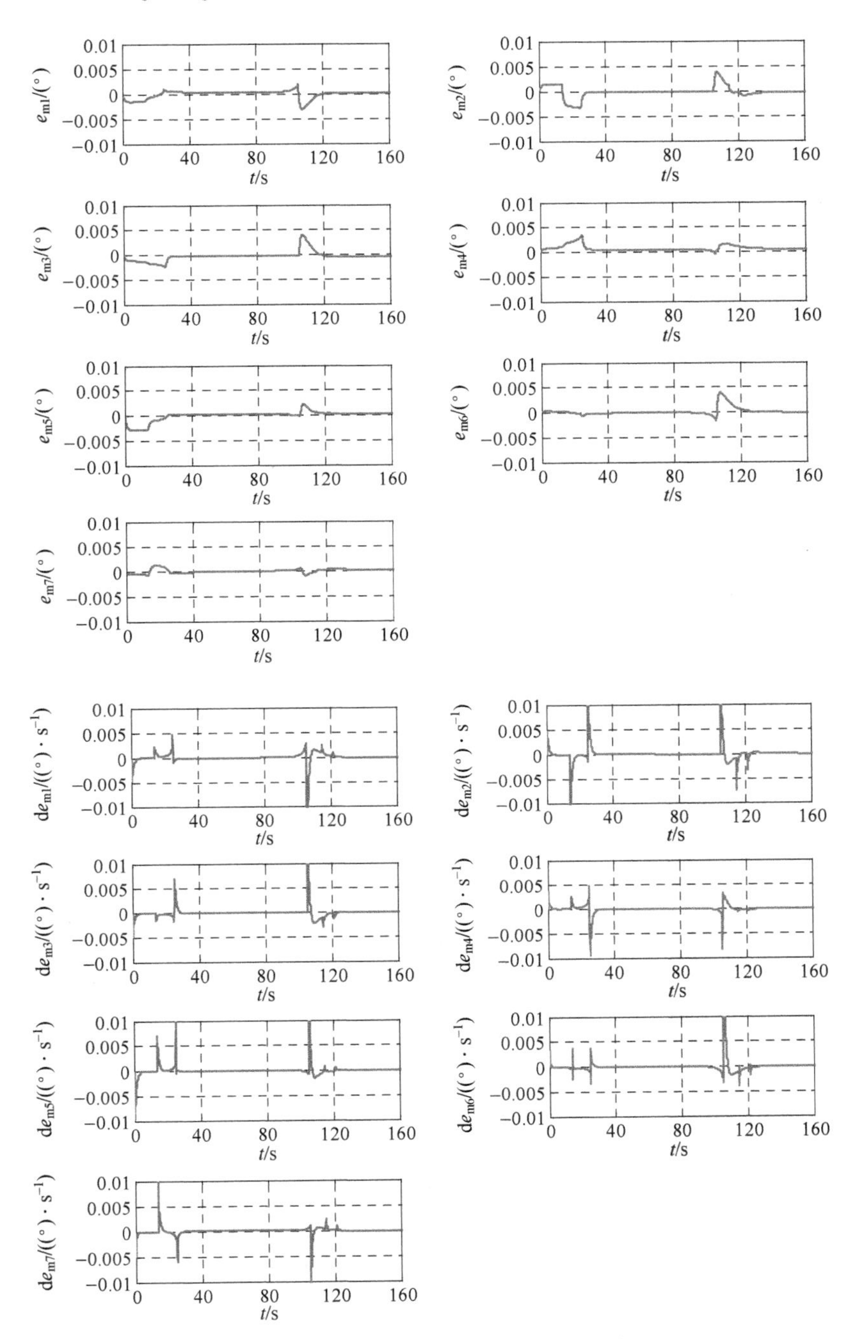

图 5　机械臂关节角度和角速度跟踪误差

6　结束语

本文针对空间近距离操作涉及的动力学与控制问题，提出了一种机械臂与服务卫星协同控制方法，并通过数值仿真验证了方法的有效性和适用性。方法具有以下特点：①能够有效实现机械臂的精确轨迹跟踪控制，并保证一定的控制精度、稳定性和误差收敛时间；②能够实现服务卫星在机械臂反作用力/力矩影响下的相对位姿耦合控制，协同完成空间近距离操作任务。

应当指出，该控制方法还存在一定问题，如计算复杂，每个控制周期都需要实时解算系统动力学模型，对控制系统硬件性能要求较高。考虑工程实用性，可以预先算出服务卫星和机械臂几种典型构型的动力学参数，工程实施时根据需要直接调用相应参数生成控制力和力矩，由此带来的建模误差通过控制律鲁棒项予以补偿。

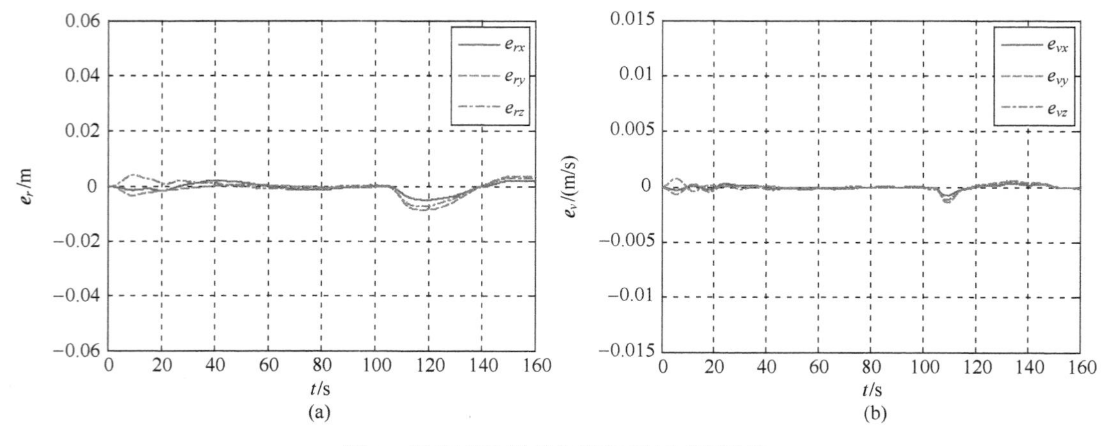

图 6　服务卫星相对位置和相对速度误差

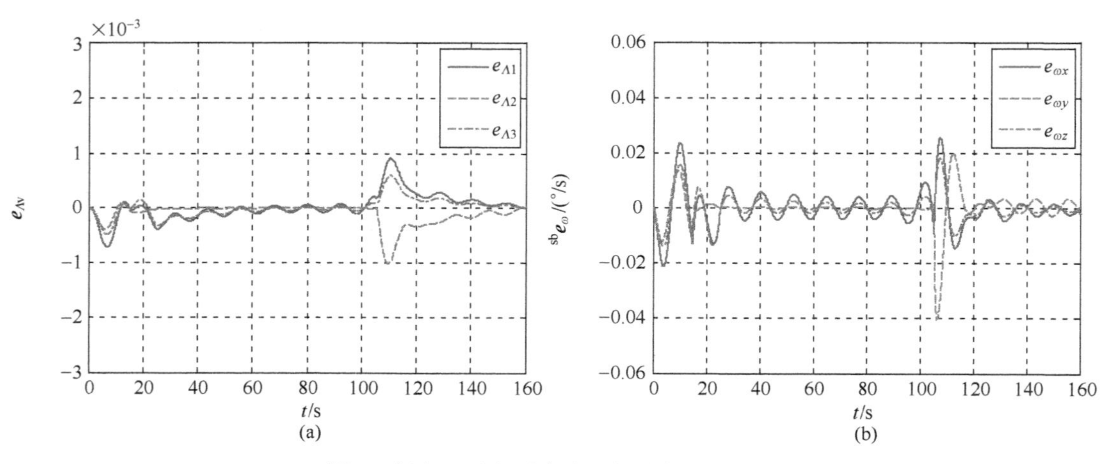

图 7　服务卫星相对姿态和相对角速度误差

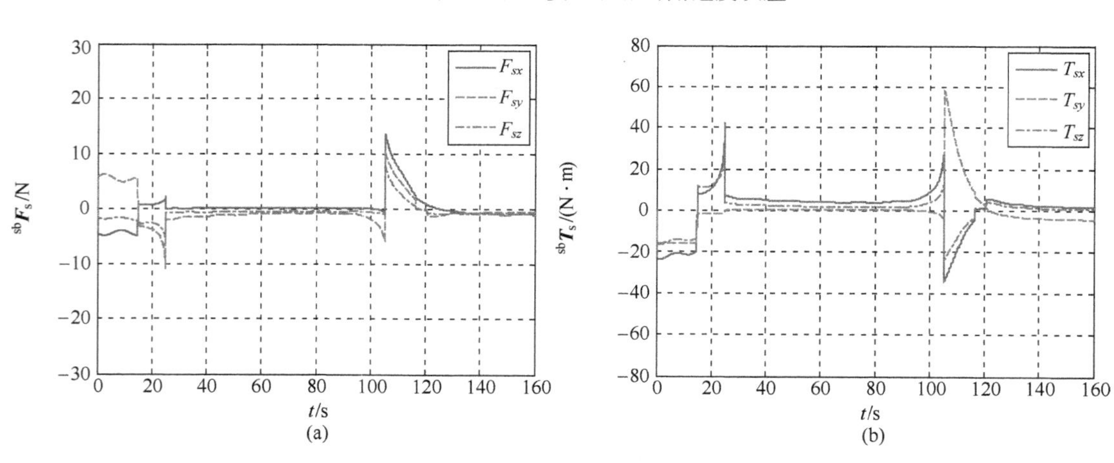

图 8　服务卫星控制力和力矩

参考文献

[1] 周志成，曲广吉．通信卫星总体设计和动力学分析［M］．北京：中国科学技术出版社，2012.

[2] 梁斌，杜晓东，李成，等．空间机器人非合作航天器在轨服务研究进展［J］．机器人，2012，34（2）：242-256.

[3] 王兴龙，周志成，曲广吉．空间机械臂捕获失稳目标的动态轨迹规划方法［J］．宇航学报，2017，38（7）：678-685.

[4] 卢伟，耿云海，陈雪芹，等．在轨服务航天器对目标的相对位置和姿态耦合控制［J］．航空学报，2011，32（5）：857-865.

[5] Umetani Y, Yoshida K. Resolved motion rate control of space manipulators with generalized jacobian matrix [J]. IEEE Transactions Robotics and Automation, 1989, 5 (3): 303-314.
[6] Herman P. Sliding mode control of manipulators using first-order equations of motion with diagonal mass matrix [J]. Journal of the Franklin Institute, 2005, 34 (2): 353-363.
[7] Hu L K, Zhao P F, Lu Z G. Trajectory tracking control based on global fast terminal sliding mode for 2-dof manipulator [C]. 2nd Internatinal Conference on Intelligent Control and Information Processing, China: Harbin, 2011: 65-69.
[8] 李鹏，岳晓奎，袁建平．对翻滚非合作目标终端逼近的姿轨耦合退步控制 [J]. 哈尔滨工业大学学报，2013，45 (1): 94-100.
[9] Lu W, Geng Y H, Chen X Q, et al. Relative position and attitude coupled control for autonomous docking with a tumbling target [J]. International Journal of Control and Automation, 2011, 4 (4): 1-22.
[10] Singla P, Subbarao K, Junkins J L. Adaptive output feedback control for spacecraft rendezvous and docking under measurement uncertainty [J]. Journal of Guidance, Control, and Dynamics, 2006, 29 (4): 892-902.
[11] 吴锦杰，刘昆，韩大鹏，等．欠驱动航天器相对运动的姿轨耦合控制 [J]. 控制与决策，2014，29 (6): 969-978.
[12] 吴剑威，史士财，刘宏，等．空间机器人目标捕获过程中的载体姿态扰动优化 [J]. 机器人，2011，33 (1): 16-21.
[13] 史也．空间机器人自主捕获目标的轨迹规划与控制研究 [D]. 哈尔滨：哈尔滨工业大学，2013.
[14] 徐文福，孟得山，徐超，等．自由漂浮空间机器人捕获目标的协调控制 [J]. 机器人，2013，35 (5): 559-567.
[15] 曲广吉．航天器动力学工程 [M]. 北京：中国科学技术出版社，2000.

考虑避障约束的空间机械臂在轨组装轨迹规划与跟踪控制技术

陈余军，董富祥

（中国空间技术研究院通信与导航卫星总体部，北京，100094）

摘要：针对航天器在轨组装过程避障约束下的机械臂轨迹规划问题，开展了组装策略、实时碰撞检测算法、机械臂关节运动空间轨迹动态规划、机械臂末端轨迹跟踪控制技术等研究，提出了基于直线与长方体几何等效的组装过程机械臂与航天器之间干涉碰撞检测算法、基于Gauss伪谱法的无碰撞和关节角度约束的机械臂轨迹规划方法，以及基于五次多项式的无碰撞和远离奇异约束的机械臂关节轨迹规划方法，设计了末端轨迹跟踪控制器；最后，通过典型的模块组装任务系统仿真，实现了全程无碰撞、低扰动的机械臂组装操作，有效验证了提出的干涉碰撞算法、机械臂关节轨迹规划方法的工程实用性。

关键词：在轨组装；碰撞检测；轨迹规划；跟踪控制

1 引言

随着人类探索太空能力的不断发展，人类对航天活动的需求越来越丰富、对航天器的功能性能要求越来越高，在轨组装逐渐成为了发展大型、高性能航天器的重要手段[1-4]，在轨装配技术同时也是低成本快速部署航天器的途径之一[5-6]，开展在轨组装技术研究具有重要的科学和工程意义。

基于机械臂的模块组装操作是航天器在轨组装经典任务形式之一，航天器在轨组装与操作过程存在基座漂浮、柔性显著、多约束、拓扑时变、多级协同控制等特点，对应为变结构组合体系统动力学特性复杂，机械臂路径规划实时性要求高、星臂协调控制一致性要求好、机械臂末端跟踪控制精度要求高、组装效率与机械臂关节所受冲击力度要求权衡等需求，变结构组合体的动力学建模、避障约束下的机械臂路径实时规划、星臂协同的高精度协调控制等技术均为在轨组装面临的技术挑战[1,7-8]。于登云、张晓东、何英姿等[9-13]围绕空间机械臂动力学建模、机械臂控制策略、刚柔耦合复合振动控制、空间操作控制等技术开展了深入研究。

本文重点针对复杂约束下的大型航天器在轨组装过程机械臂轨迹规划与跟踪控制问题，在文献［14］研究工作基础上考虑组装操作过程实际存在障碍与接触碰撞等约束，进一步深入开展机械臂组装过程的干涉碰撞快速检测方法，以及考虑避障约束的机械臂关节运动规划方法和跟踪控制技术研究，最后通过典型在轨组装任务工况数值仿真验证碰撞规避算法、关节轨迹规划方法以及轨迹跟踪控制器设计的正确性和工程实用性。

2 航天器在轨组装问题及系统动力学模型

假设在轨组装航天器系统由服务航天器（待进行模块安装）和目标航天器（提供安装模块）组成，其中服务航天器携带两条七自由度机械臂，分别用于抓持目标航天器（臂A）和进行模块拆卸与组装（臂B），基于机械臂的模块在轨组装操作包括拆卸、转移、安装三个阶段，组装操作过程如图1所示。

组装过程是个复杂的典型变结构航天器动力学系统，同时需考虑太阳翼、机械臂的柔性特性，可以采用Kane法建立此柔性多体系统的动力学模型，基于假设模态法对柔性体的弹性变形进行描述。Kane方程的一般形式为

$$\boldsymbol{f}_{Ih}^{*}+\boldsymbol{f}_{eh}^{*}+\boldsymbol{f}_{Nh}^{*}=0, h=1,2,\cdots,n \tag{1}$$

式中：$\boldsymbol{f}_{Ih}^{*}=-\int_{B}\boldsymbol{G}_{h}\cdot\boldsymbol{a}\mathrm{d}m$ 为广义惯性力；$\boldsymbol{f}_{eh}^{*}=\int_{B}\boldsymbol{G}_{h}\cdot\boldsymbol{f}_{e}\mathrm{d}m$ 为广义外力；$\boldsymbol{f}_{Nh}^{*}=-\boldsymbol{K}\boldsymbol{q}$ 为广义内力；h 为阶数；$\boldsymbol{G}_{h}$ 为偏速度；$\boldsymbol{K}$ 为B体的刚度阵；$\boldsymbol{q}$ 为模态坐标，B表示任意连续弹性体。

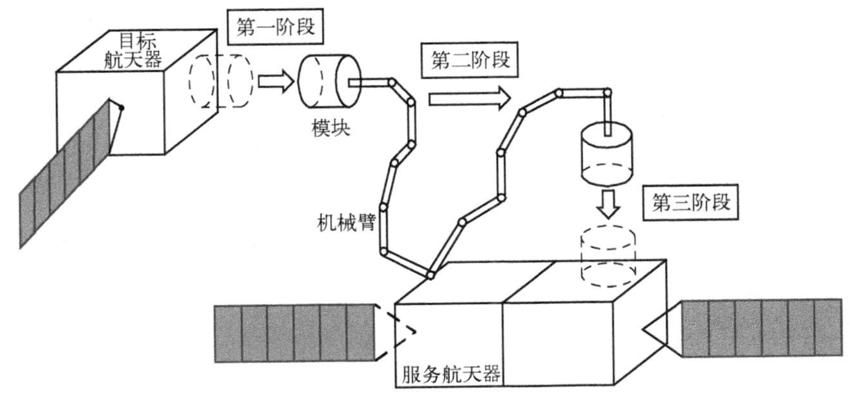

图 1　航天器在轨组装过程示意

对于连续弹性体 B，设 B 上任一质量单元的速度为 $\boldsymbol{v}$，进一步引入广义速度 $\boldsymbol{w}_h$，令

$$\boldsymbol{v} = \sum_{h=1}^{n} \boldsymbol{G}_h \boldsymbol{w}_h \tag{2}$$

以服务航天器为对象，其中平台的质心速度、角速度、各节机械臂相对其内接体的角速度、各柔性附件相对平台的角速度以及所有柔性体的模态速率作为系统的广义速度，即

$$\boldsymbol{w}_1 = \dot{\boldsymbol{R}}, \boldsymbol{w}_2 = \boldsymbol{\omega}, \boldsymbol{w}_3 = \boldsymbol{\omega}_1, \cdots, \boldsymbol{w}_9 = \boldsymbol{\omega}_7,$$
$$\boldsymbol{w}_{10} = \dot{\boldsymbol{q}}_0, \boldsymbol{w}_{11} = \dot{\boldsymbol{q}}_1, \cdots, \boldsymbol{w}_{17} = \dot{\boldsymbol{q}}_7, \boldsymbol{w}_{18} = \boldsymbol{\omega}_{ak}, \boldsymbol{w}_{19} = \dot{\boldsymbol{q}}_{ak} \tag{3}$$

根据所选择的广义速度和系统中各点的速度表达式，可以得到相应的偏速度向量，再结合 Kane 方程可以得到系统中各体的动力学方程，将各体的动力学方程合并得到矩阵形式表达如下：

$$\boldsymbol{M}\dot{\boldsymbol{X}} + \boldsymbol{F}_n + \boldsymbol{K}\boldsymbol{Y} + \boldsymbol{C}\boldsymbol{X} = \boldsymbol{Q} - \boldsymbol{f}_c \tag{4}$$

式中：$\boldsymbol{M}$ 为系统的质量矩阵；$\boldsymbol{F}_n$ 为方程中的非线性耦合项；$\boldsymbol{K}$ 为系统的刚度矩阵；$\boldsymbol{C}$ 为系统的阻尼矩阵；$\boldsymbol{Q}$ 为广义外力向量；$\boldsymbol{f}_c$ 为摩擦力矩；$\boldsymbol{X}$ 和 $\boldsymbol{Y}$ 分别为系统的广义速度向量和广义位移向量。

3　在轨组装过程碰撞检测模型

机械臂在安装模块的过程中可能发生的碰撞情况包括：机械臂与服务航天器的碰撞、机械臂与目标航天器的碰撞、机械臂与模块的碰撞、机械臂与帆板的碰撞、模块与目标航天器的碰撞和模块与服务航天器的碰撞等。通过归类可以分为机械臂与空间物体、两个空间物体之间的两类碰撞问题。为进行碰撞检测，采用包络盒进行系统各部组件单元几何等效简化：机械臂近似为七段圆柱（用线段与半径参数描述），通过单自由度转动关节铰相连；卫星本体、星外部件及待操作模块均等效为长方体（用包络的长宽高参数描述）。

将机械臂的运动按照一定进行时间离散，周期性检测每一个离散时刻对应的机械臂构型下是否发生碰撞行为，机械臂组装模块过程的碰撞检测流程如图 2 所示。下文分别给出两类碰撞问题的算法原理。

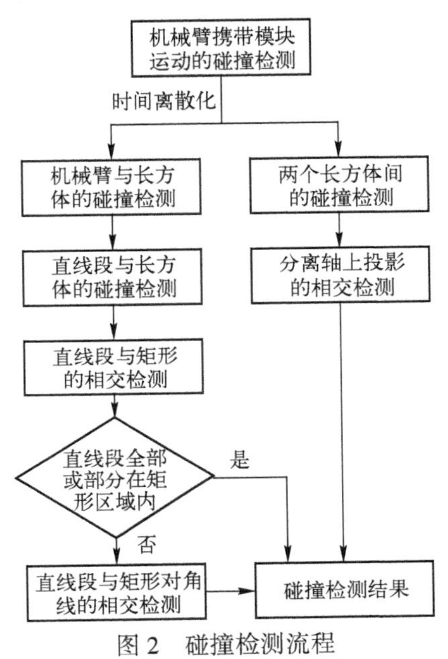

图 2　碰撞检测流程

3.1　直线段与长方体的碰撞检测算法

由于将机械臂简化为七段线段构成，所以机械臂与长方体的碰撞检测转化为七段直线段与长方体的碰撞检测，如果七段直线段都未与长方体发生碰撞，则机械臂与长方体不生碰撞，反之，只要有一条线段与长方体发生碰撞，则机械臂与长方体发生碰撞。

具体采用投影法进行判断（图 3），直线段与长方体发生碰撞的条件为，3 个投影面内的矩形和线段都相交（或者线段位于矩形内部），反之只要在一个投影面内的矩形和线段不相交，则直线段与长方体不发生碰撞。

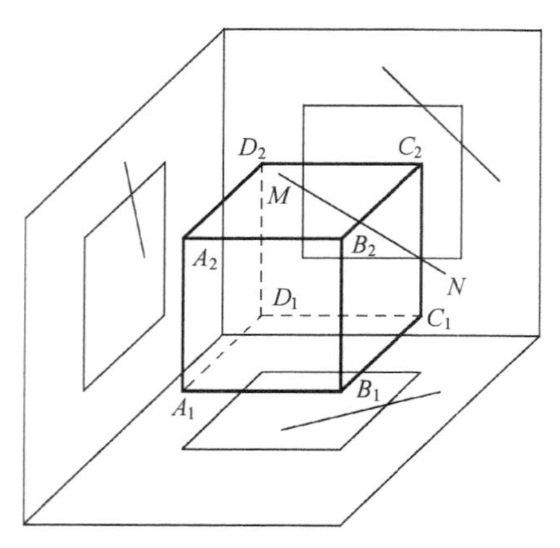

图 3　直线段与长方体的碰撞检测

平面内矩形和线段的位置关系如图 4 所示，平面内矩形和线段的相交检测判断如图 5 所示，同时可数学描述为

$$\begin{cases}(\boldsymbol{AC}\times\boldsymbol{AM})\cdot(\boldsymbol{AC}\times\boldsymbol{AN})<0\\(\boldsymbol{NM}\times\boldsymbol{NA})\cdot(\boldsymbol{NM}\times\boldsymbol{NC})<0\end{cases}\qquad(5)$$

3.2　两个长方体之间的碰撞检测算法

两个长方体之间的碰撞属于凸多面体相交性问题，采用分离轴定理进行判断（图 6）：如果两个凸多面体不相交，那么必定存在一个空间平面，使得这两个多面体分别位于平面两侧，这个平面称为分离平面；如果找不到这样的平面，那么可以判定这两个多面体相交。

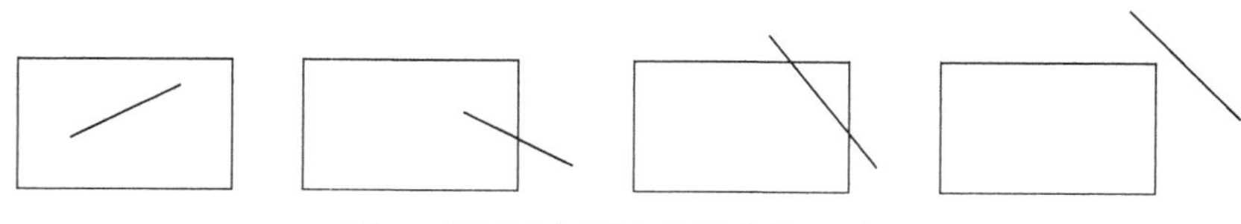

图 4　平面内矩形和线段的位置关系

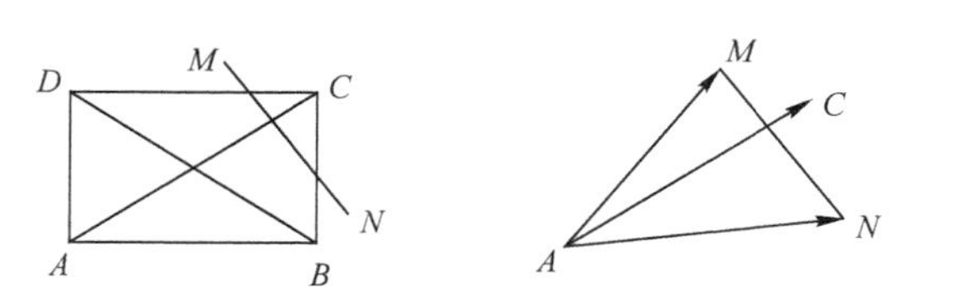

图 5　线段与矩形对角线的相交检测

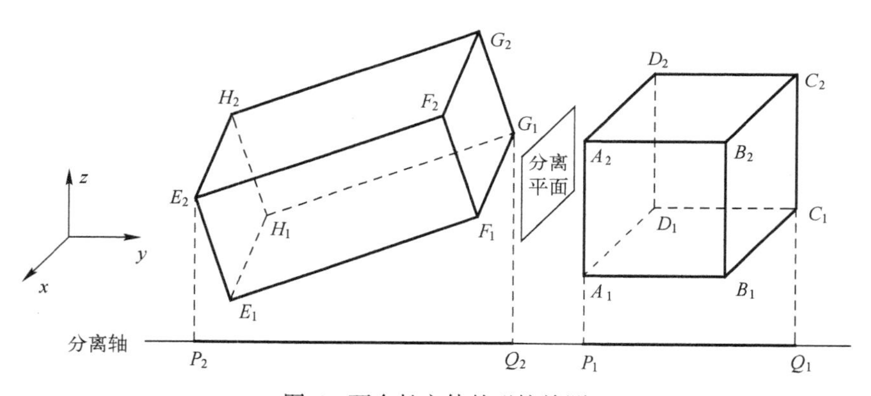

图 6　两个长方体的碰撞检测

对于长方体在分离轴上的投影的计算可以采用向量的数量积进行，设长方体 A_1C_2 的 8 个顶点在参考坐标系中的位置坐标可表示为 $\boldsymbol{a}_i$（$i=1,2,\cdots,8$），分离轴向量表示为 $\boldsymbol{s}_j$（$j=1,2,\cdots,15$），定义如下变量：

$$d_{ij}^a=\boldsymbol{a}_i\cdot\boldsymbol{s}_j\qquad(6)$$

则长方体 A_1C_2 在分离轴 $\boldsymbol{s}_j$ 上的投影可以表示为

$$\boldsymbol{g}_j=[\min(d_{ij}^a)\max(d_{ij}^a)],j=1,2,\cdots,15\qquad(7)$$

类似地，可以得到长方体 E_1G_2 在分离轴 $\boldsymbol{s}_j$ 上的投影为

$$\boldsymbol{h}_j=[\min(d_{ij}^e)\max(d_{ij}^e)],j=1,2,\cdots,15\qquad(8)$$

所以长方体 A_1C_2 和长方体 E_1G_2 在分离轴 $\boldsymbol{s}_j$ 上的投影不相交的条件为

$$\max(d_{ij}^e)<\min(d_{ij}^a)\text{或}\max(d_{ij}^a)<\min(d_{ij}^e)\qquad(9)$$

对于每一个分离轴 $\boldsymbol{s}_j$，按照上述方法进行判断，即可得到空间中两个长方体的碰撞检测结果。

4　考虑避障约束的机械臂轨迹规划方法

利用柔性空间机械臂进行航天器模块组装时，对机械臂末端位置和姿态均有一定要求。根据图1所示的3个阶段任务特点，制定分类轨迹规划策略（图7）：①第一阶段和第三阶段仅调整模块的位置而不调整姿态，机械臂同模块一起可设定为直线运动，相对服务航天器的姿态保持不变，采用图7（a）中流程进行规划；②第二阶段为模块的位置和姿态的大范围调整，模块的位置和姿态同时变化，采用图7（b）中流程进行规划。

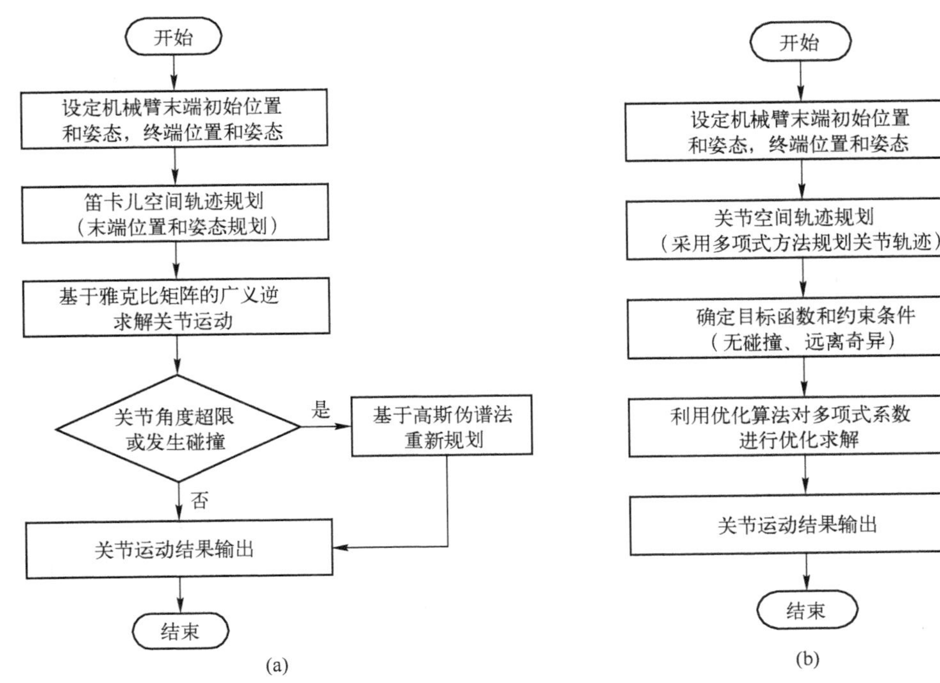

图7　机械臂轨迹规划流程（图（a）为一、三阶段；图（b）为二阶段）

带机械臂的服务航天器多体系统树状拓扑如图8所示，轨迹规划算法的目的即是根据末端作用器位置、姿态指向的期望轨迹，通过规划算法得到机械臂各关节的运动轨迹。根据上述规划策略分类分别给出不同类型任务的机械臂轨迹规划方法。

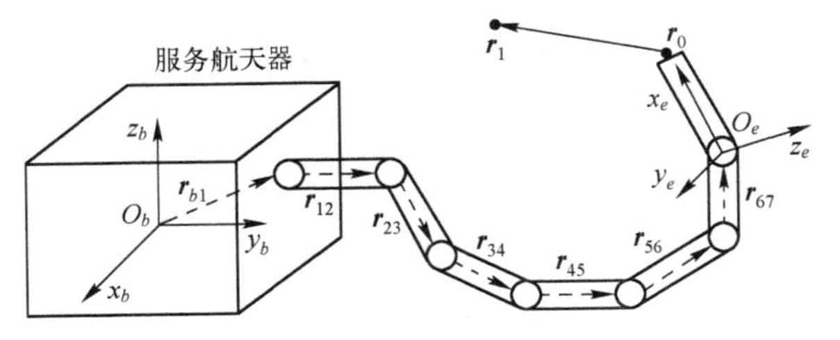

图8　带机械臂的服务航天器多体系统树状拓扑

4.1　末端关节直线运动的轨迹规划

根据组装操作第一阶段和第三阶段相对姿态不变、仅末端点位置发生变化特点，机械臂末端点可采用直线轨迹规划的方法。给定机械臂末端点位置的初始值 $\boldsymbol{r}_0$ 和终端值 $\boldsymbol{r}_1$，以及末端作用器的相对姿态 $\boldsymbol{\sigma}_0$。机械臂末端点沿直线运动的距离为

$$s_e=(\boldsymbol{r}_1-\boldsymbol{r}_0)^{\mathrm{T}}(\boldsymbol{r}_1-\boldsymbol{r}_0) \tag{10}$$

机械臂末端点沿直线运动的方向为

$$\boldsymbol{e}=\frac{\boldsymbol{r}_1-\boldsymbol{r}_0}{\|\boldsymbol{r}_1-\boldsymbol{r}_0\|} \tag{11}$$

按照五次多项式规划机械臂末端点运动的距离，设 $s(t)$ 为距离函数，则

$$s(t)=At^5+Bt^4+Ct^3+Dt^2+Et+F \tag{12}$$

记 t_f 为运动规划时间，则 $s(t)$ 需满足的条件为

$$s(0)=\dot{s}(0)=\ddot{s}(0)=\dot{s}(t_f)=\ddot{s}(t_f)=0,s(t_f)=s_e \tag{13}$$

引入归一化时间 $\tau=t/t_f$，结合式（12）与式（13）可以得到

$$
\begin{cases}
s(\tau)=s_e\tau^3(6\tau^2-15\tau+10)\\
\dot{s}(\tau)=30\dfrac{s_e}{t_f}\tau^2(\tau^2-2\tau+1)\\
\ddot{s}(\tau)=60\dfrac{s_e}{t_f^2}\tau(2\tau^2-3\tau+1)
\end{cases}
\tag{14}
$$

从而机械臂末端点的位置、速度和加速度函数为

$$
\begin{cases}
\boldsymbol{r}_{tb}(\tau)=\boldsymbol{r}_0+s(\tau)\boldsymbol{e}\\
\dot{\boldsymbol{r}}_{tb}(\tau)=\dot{s}(\tau)\boldsymbol{e}\\
\ddot{\boldsymbol{r}}_{tb}(\tau)=\ddot{s}(\tau)\boldsymbol{e}
\end{cases}
\tag{15}
$$

由于机械臂末端作用器的相对姿态保持不变，所以

$$\boldsymbol{\omega}_{tb}(\tau)=\dot{\boldsymbol{\omega}}_{tb}(\tau)=0 \tag{16}$$

可以根据关节运动与末端运动的关系，可以进行其他关节运动的求解。下面分别从关节运动不超限且不存在碰撞、存在超限或碰撞两种工况进行其他关节运动规划。

1）关节运动不超限且无碰撞情况的关节轨迹规划

其他关节与末端关节运动关系为

$$\dot{\boldsymbol{X}}_E=\boldsymbol{J}\dot{\boldsymbol{\theta}} \tag{17}$$

其中，$\dot{\boldsymbol{X}}_E=[\dot{\boldsymbol{r}}_{tb}^{\mathrm{T}}\quad \boldsymbol{\omega}_{tb}^{\mathrm{T}}]^{\mathrm{T}}$，$\boldsymbol{J}=[\boldsymbol{J}_1\quad \boldsymbol{J}_2]$ 为雅可比矩阵。

则其他的关节角速度：

$$\dot{\boldsymbol{\theta}}=\boldsymbol{J}^{+}\dot{\boldsymbol{X}}_E \tag{18}$$

其中，$\boldsymbol{J}^{+}=\boldsymbol{J}^{\mathrm{T}}(\boldsymbol{J}\boldsymbol{J}^{\mathrm{T}})^{-1}$。

可以得到其他关节的角度与角加速度为

$$\boldsymbol{\theta}=\boldsymbol{\theta}_0+\int\dot{\boldsymbol{\theta}}\mathrm{d}t \tag{19}$$

$$\ddot{\boldsymbol{\theta}}=\boldsymbol{J}^{+}\ddot{\boldsymbol{X}}_E+\dot{\boldsymbol{J}}^{+}\dot{\boldsymbol{X}}_E \tag{20}$$

2）关节运动超限或存在碰撞情况的关节轨迹规划

在机械臂末端轨迹确定的情况下，考虑机械臂的关节极限和避免碰撞问题，采用 Gauss 伪谱法进行机械臂关节轨迹的规划，先规划机械臂末端的轨迹，然后通过优化方法进行机械臂关节运动的求解。

高斯伪谱法将最优控制问题的状态变量和控制变量在一系列勒让德高斯（LG）点上离散，并以离散点为节点构造拉格朗日插值多项式来拟合状态变量和控制变量的时间函数。通过对拉格朗日插值多项式求导，从而将微分方程约束转换为一组代数约束。目标函数中的积分项由高斯积分计算，最终可将原最优控制问题转化为非线性规划问题来求解。

机械臂关节角速度为

$$\dot{\boldsymbol{\theta}}=\boldsymbol{J}^{+}\dot{\boldsymbol{X}}_E+(\boldsymbol{I}-\boldsymbol{J}^{+}\boldsymbol{J})u \tag{21}$$

需要考虑的相关约束条件包括：

关节角度约束：

$$\boldsymbol{\theta}_{\min}\leqslant\boldsymbol{\theta}\leqslant\boldsymbol{\theta}_{\max} \tag{22}$$

关节角速度约束：

$$-\dot{\boldsymbol{\theta}}_{\max}\leqslant\dot{\boldsymbol{\theta}}\leqslant\dot{\boldsymbol{\theta}}_{\max} \tag{23}$$

控制量约束：

$$-\boldsymbol{u}_{\max}\leqslant\boldsymbol{u}\leqslant\boldsymbol{u}_{\max} \tag{24}$$

无碰撞约束：

$$C(\boldsymbol{\theta})<1 \tag{25}$$

关节耗散能量性能指标：

$$J=\int_0^{t_f}\dot{\boldsymbol{\theta}}^{\mathrm{T}}\dot{\boldsymbol{\theta}}\mathrm{d}t \tag{26}$$

终端状态及约束条件：

$$\boldsymbol{\Theta}_f=\boldsymbol{\Theta}_0+\frac{t_f}{2}\sum_{k=1}^{K}\omega_k\{\boldsymbol{J}^{+}(\boldsymbol{\Theta}_k)\dot{\boldsymbol{X}}_E(\tau_k)+[\boldsymbol{I}-\boldsymbol{J}^{+}(\boldsymbol{\Theta}_k)\boldsymbol{J}(\boldsymbol{\Theta}_k)]U_k\} \tag{27}$$

$$\phi(\boldsymbol{\Theta}_f)=0 \tag{28}$$

利用高斯伪谱法对该问题进行求解，即寻找一组状态变量 $\boldsymbol{\Theta}_k$ 和一组控制变量 $\boldsymbol{U}_k$，使得离散的性能指标函数最小

$$J=\frac{t_f}{2}\sum_{k=1}^{K}\omega_k\left[\left(\sum_{i=0}^{K}D_{ki}\boldsymbol{\Theta}_i\right)^{\mathrm{T}}\left(\sum_{i=0}^{K}D_{ki}\boldsymbol{\Theta}_i\right)\right] \tag{29}$$

且满足离散的动力学方程约束：

$$\sum_{i=0}^{K}D_{ki}\boldsymbol{\Theta}_i=\frac{t_f}{2}\{\boldsymbol{J}^{+}(\boldsymbol{\Theta}_k)\dot{\boldsymbol{X}}_E(\tau_k)+[\boldsymbol{I}-\boldsymbol{J}^{+}(\boldsymbol{\Theta}_k)\boldsymbol{J}(\boldsymbol{\Theta}_k)]\boldsymbol{U}_k\},k=1,2,\cdots,K \tag{30}$$

状态变量的约束：

$$\boldsymbol{\theta}_{\min}\leqslant\boldsymbol{\Theta}_k\leqslant\boldsymbol{\theta}_{\max},k=1,2,\cdots,K \tag{31}$$

控制变量的约束：

$$-\boldsymbol{u}_{\max}\leqslant\boldsymbol{U}_k\leqslant\boldsymbol{u}_{\max},k=1,2,\cdots,K \tag{32}$$

路径约束：

$$C(\boldsymbol{\Theta}_k)<1,k=1,2,\cdots,K \tag{33}$$

以及末端状态约束：

$$\phi(\boldsymbol{\Theta}_f)=0 \tag{34}$$

其中

$$\boldsymbol{\Theta}_f=\boldsymbol{\Theta}_0+\frac{t_f}{2}\sum_{k=1}^{K}\omega_k\{\boldsymbol{J}^{+}(\boldsymbol{\Theta}_k)\dot{\boldsymbol{X}}_E(\tau_k)+[\boldsymbol{I}-\boldsymbol{J}^{+}(\boldsymbol{\Theta}_k)\boldsymbol{J}(\boldsymbol{\Theta}_k)]\boldsymbol{U}_k\} \tag{35}$$

4.2 末端关节空间运动的轨迹规划

组装任务第二阶段将机械臂在末状态的关节

角考虑为变量，利用优化算法对多项式的系数进行优化，实现关节极限约束和避免碰撞约束，同时满足机械臂终端的位置和姿态要求。

任意关节角度的五次多项式为

$$\theta(t)=a_5t^5+a_4t^4+a_3t^3+a_2t^2+a_1t+a_0 \tag{36}$$

边界条件为

$$\theta(0)=\theta_0,\dot{\theta}(0)=\ddot{\theta}(0)=\dot{\theta}(t_f)=\ddot{\theta}(t_f)=0 \tag{37}$$

引入归一化时间 $\tau=t/t_f$，可以将关节角度、角速度和角加速度表示为

$$\begin{cases}\theta(\tau)=a_5t_f^5(\tau^5-\frac{5}{2}\tau^4+\frac{5}{3}\tau^3)+\theta_0\\ \dot{\theta}(\tau)=a_5t_f^4(5\tau^4-10\tau^3+5\tau^2)\\ \ddot{\theta}(\tau)=a_5t_f^3(20\tau^3-30\tau^2+10\tau)\end{cases} \tag{38}$$

一个关节的运动完全通过参数和规划时间确定，令 $A_5=a_5t_f^5$。对于机械臂的关节角，应满足如下约束：

$$\theta_{\min}\leqslant\theta(\tau)\leqslant\theta_{\max} \tag{39}$$

机械臂的关节角速度应满足的约束条件为

$$|\dot{\theta}(\tau)|_{\max}\leqslant\dot{\theta}_{\max} \tag{40}$$

对机械臂的 7 个关节角度按照式（36）进行参数化，然后得到 7 个关节角度对应的自由参数为

$$A_{i5}=a_{i5}t_f^5 \tag{41}$$

令

$$\boldsymbol{A}=[A_{15},A_{25},A_{35},A_{45},A_{55},A_{65},A_{75}]^{\mathrm{T}} \tag{42}$$

则 $\boldsymbol{A}$ 的范围为

$$6(\boldsymbol{\theta}_{\min}-\boldsymbol{\theta}_0)\leqslant\boldsymbol{A}\leqslant6(\boldsymbol{\theta}_{\max}-\boldsymbol{\theta}_0) \tag{43}$$

将 $\boldsymbol{A}$ 作为设计变量，对以 $\boldsymbol{A}$ 作为变量的机械臂运动进行碰撞检测和机械臂奇异性判断。在碰撞检测中，记 $C(\boldsymbol{A})$ 为碰撞检测结果，碰撞则输出 1，不碰撞则输出 0。机械臂运动应满足的约束条件可表示为

$$\begin{cases}C(\boldsymbol{A})<1\\ S(\boldsymbol{A})<1\end{cases} \tag{44}$$

机械臂关节空间的轨迹规划可以描述为如下的优化问题：

$$\min J_L=\sum_{i=1}^{n}\|\boldsymbol{r}_{i-1}^e-\boldsymbol{r}_i^e\|$$

$$\text{s. t.}\begin{cases}6(\boldsymbol{\theta}_{\min}-\boldsymbol{\theta}_0)\leqslant\boldsymbol{A}\leqslant6(\boldsymbol{\theta}_{\max}-\boldsymbol{\theta}_0)\\ C(\boldsymbol{A})<1\\ S(\boldsymbol{A})<1\\ \boldsymbol{\Psi}_A-\boldsymbol{\Psi}_f=0\end{cases} \tag{45}$$

对上述优化问题进行求解可以得到 $\boldsymbol{A}^*$，结合式（36）可得到机械臂各个关节的运动轨迹。

5　组装操作过程航天器与机械臂协调控制仿真

服务航天器利用机械臂进行目标航天器捕获或模块安装时，需要对服务航天器的姿态进行稳定控制，同时使得机械臂对期望的轨迹实现跟踪。考虑到服务航天器的平动、转动，机械臂的转动、振动，柔性附件的振动相互影响，通过引入协调项进行航天器与机械臂的解耦控制，根据姿态控制模型分别设计服务航天器的姿态稳定控制器和机械臂的轨迹跟踪控制器[14]。

服务航天器姿态控制模型：

$$\begin{cases}(\boldsymbol{I}_{bt}+\Delta\boldsymbol{I}_{bt})\dot{\boldsymbol{\omega}}+\boldsymbol{f}_b(\boldsymbol{\omega})=\boldsymbol{T}+\boldsymbol{d}_b\\ \boldsymbol{\omega}=\boldsymbol{J}_v\dot{\boldsymbol{\theta}}-\boldsymbol{J}_{w0}\omega_0\end{cases} \tag{46}$$

式中：$\boldsymbol{I}_{bt}$ 为系统总惯量矩阵；$\Delta\boldsymbol{I}_{bt}$ 为中心体弹性变形引起的惯量变化量；$\boldsymbol{f}_b(\boldsymbol{\omega})$ 为非线性项中已知部分；$\boldsymbol{d}_b$ 为中心体姿态运动的外干扰力之和。

机械臂轨迹跟踪控制模型：

$$(\boldsymbol{M}_a+\Delta\boldsymbol{M}_a)\ddot{\boldsymbol{\theta}}_a=\boldsymbol{T}_a-\boldsymbol{f}_c+\boldsymbol{d}_a \tag{47}$$

式中：$\boldsymbol{M}_a$ 为不考虑机械臂弹性变形时的系统质量阵；$\Delta\boldsymbol{M}_a$ 为质量阵中与弹性位移和弹性转角相关的量；$\boldsymbol{T}_a$ 为控制力矩向量；$\boldsymbol{d}_a$ 为干扰力矩向量；$\boldsymbol{f}_c$ 为摩擦力矩。

轨迹跟踪控制即是要设计控制力矩向量 $\boldsymbol{T}_a$，使得

$$\boldsymbol{\theta}_a\to\boldsymbol{\theta}_{ar},\ \dot{\boldsymbol{\theta}}_a\to\dot{\boldsymbol{\theta}}_{ar} \tag{48}$$

式中：$\boldsymbol{\theta}_{ar}$ 和 $\dot{\boldsymbol{\theta}}_{ar}$ 为期望的机械臂关节角和角速度，由机械臂轨迹规划给出。

为验证考虑避障约束的机械臂轨迹规划算法、组装过程碰撞检测模型、轨迹跟踪控制模型等合理性，用典型的在轨组装任务场景进行数值仿真校验，即完成模块的拆卸、转运和安装 3 个任务，设定整个任务的规划时间为 90s，其中第一阶段和第三阶段中机械臂末端点沿直线移动 1m，末端作用器的相对姿态保持不变，规划时间均为 15s，第二阶段规划时间为 60s，机械臂末端点的运动距离约为 10.6m。其他仿真参数设定参考文献［14］，得到仿真结果如图 9～图 13 所示。

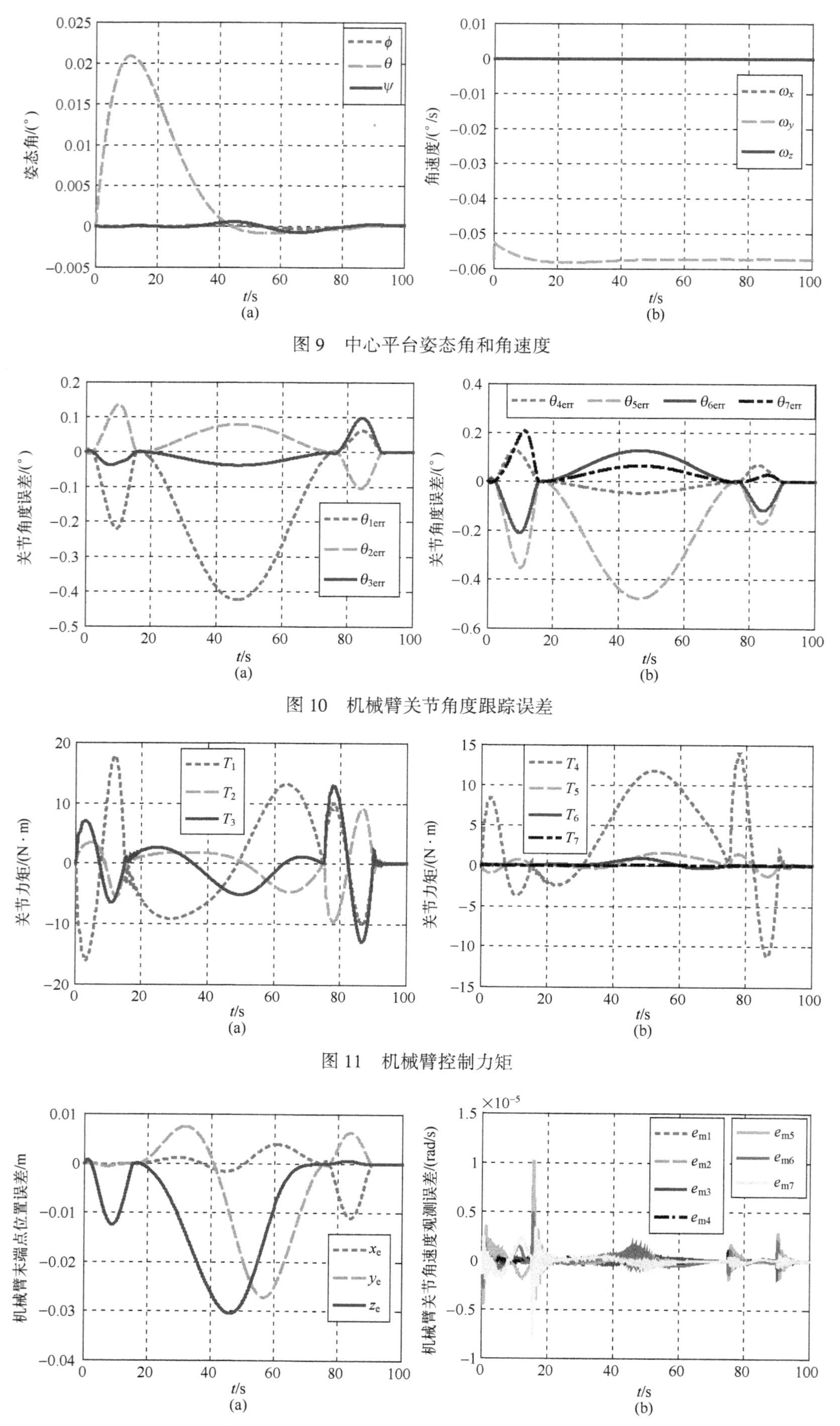

图 9 中心平台姿态角和角速度

图 10 机械臂关节角度跟踪误差

图 11 机械臂控制力矩

图 12 机械臂末端点位置分量跟踪误差和机械臂的观测器误差

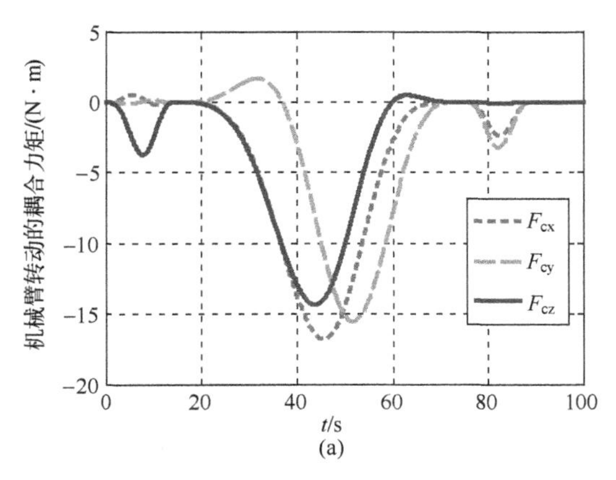

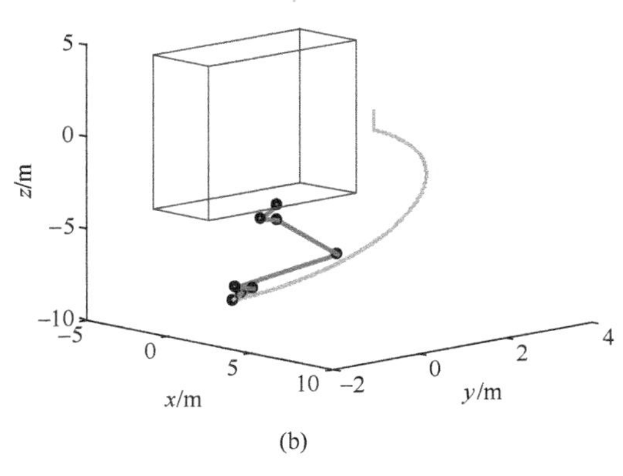

图 13　机械臂对中心平台的耦合力矩和机械臂末端轨迹

通过图 9 可以看出，在机械臂的操作过程中，中心平台的姿态角和角速度较快地趋于稳定，说明所设计的中心平台姿态稳定控制器有效。通过图 10 看出，机械臂的关节角度跟踪误差不超过 0.5°，最大跟踪误差出现在机械臂关节角速度最大的时刻。此外，通过图 12 看出，机械臂的末端位置跟踪误差最大不超过 0.035m，在不考虑关节柔性和测量环节的情况下，机械臂运动的初始时刻和结束时刻附近的末端点位置跟踪误差不超过 3mm，并且在整个过程中末端作用器的姿态跟踪误差较小。由图 13 看出，机械臂在运动过程中对中心平台的耦合力矩最大不超过 17N · m。上述数值仿真结果均符合预期要求。

6　结束语

本文针对航天器在轨组装过程的避障约束以及在考虑避障约束下的机械臂轨迹规划问题，采用了基于圆柱和长方体等效包络方式来模拟机械臂与航天器、组装模块与航天器可能碰撞，并给出了直线与长方体、长方体与长方体两类碰撞问题的检测算法；同时，针对在轨组装任务特点，将组装操作过程按照机械臂末端运动特征进行分类，包括末端关节姿态不变的直线运动轨迹规划和姿态变化的空间轨迹规划，融合碰撞约束给出了机械臂的轨迹规划方法；最后通过在轨组装过程典型任务场景的服务航天器与机械臂协同控制系统仿真，有效验证了文中提出的碰撞检测算法和高效的轨迹规划算法，在已有研究基础上有效提高了数值仿真模型的工程实用性。

参考文献

[1] Lillie C. On-orbit assembly and servicing for future space observatories [C] //Space 2006 AIAA 2006-7251: 1-12.

[2] 沈晓凤，曾令斌，靳永强．在轨组装技术研究现状与发展趋势 [J]．载人航天，2017，23 (2)：228-236.

[3] 黄攀峰，常海涛，鹿振宇，等．面向在轨服务的可重构细胞卫星关键技术及展望 [J]．宇航学报，2016，37 (1)：1-10.

[4] R M Muller. "Assembly and servicing of a large telescope at the International Space Station", 2002 IEEE Aerospace Conference Proceedings, 7, Big Sky, Montana, March 2002. IEEE Aerospace Conference Proceeding (2002) 7: 3611-3619.

[5] L R Purves. "A method for estimating costs and benefits of space assembly and servicing by astronauts and robots", 2002 IEEE Aerospace Conference Proceedings, 7, Big Sky, Montana, March 2002.

[6] Hideyuki TANAKA. Autonomous Assembly of Cellular Satellite By Robot For Sustainable Space System [J] Research Center for Advanced Science and Technology (RCAST), Univ. of Tokyo, Japan. IAC-05-D1. 2. 04. 2005.

[7] E L Gralla, O L De Weck. "Strategies for on-orbit assembly of modular spacecraft", JBIS, vol. 66. pp. 219-227, 2007. 57th, International Astronautical Congress, Valencia, spain, 2 ~ 6 october 2006.

[8] D Zimpfer, P Kachmar, S Tuohy. "Autonomous Rendezvous, Capture, and In-Space Assembly: Past, Present, and Future", AIAA-2005-2523, 1st Space Exploration Conference: Continuing the Voyage of Discovery, Orlando, Florida, 30 January/1 February 2005.

[9] 何英姿，魏春岭，汤亮．空间操作控制技术研究现状及发展趋势 [J]．空间控制技术与应用，2014，40 (1)：1-8.

[10] 葛东明，史纪鑫，邹元杰．一种柔性空间机械臂的刚体运动和柔性振动复合控制方法 [J]．空间控制技术与应用，2013，39 (5)：13-18.

[11] 张晓东．空间柔性机械臂控制策略研究 [D]．北京：北京邮电大学，2008.

[12] 刘福才，梁利环，高娟娟，等．不同重力环境的空间机械臂自抗扰轨迹跟踪控制 [J]．控制理论与应用，2014，31 (3)：352-360.

[13] 于登云，潘博，孙京．空间机械臂关节动力学建模与分析的研究进展 [J]．航天器工程，2010，19 (2)：1-10.

[14] 黎凯，张尧，陈余军．柔性空间机械臂在轨操作仿真与分析 [J]．空间控制技术与应用，2018，5 (44)：61-70.

视觉物质点跟踪方法在柔索模型验证中的应用

鄂 薇[1]，魏 承[2]，谭春林[1]，张大伟[1]，赵 阳[2]
（1. 中国空间技术研究院总体部，北京，100094；2. 哈尔滨工业大学航天学院，哈尔滨，150001）

摘要：空间柔性绳索在航天航空领域有着广泛应用，柔性绳索具有结构大、刚度低、大变形的特点，在做大范围运动时位移、转动与弹性变形相互耦合，增大了其动力学建模的难度。为验证柔性绳索动力学模型的准确性，采用非接触式的视觉测量方法进行实验验证，利用背景建模、差分、平滑与二值化一系列图像预处理方法提取绳索目标区域，并基于距离变换的多尺度连通骨架算法计算出绳索中心线，通过求解相机外参数矩阵计算出绳索中心线的平面位置。由于柔索自身灰度均匀，图像特征不明显，无法对绳索上特定位置进行跟踪，现有方法都在测量对象上黏贴或喷涂特征点，对于质轻、弯曲刚度小的柔索，这种方法会影响柔索自身的动力学特性，因此提出一种适应绳索弯曲及纵向弹性形变的物质点跟踪算法，能够不借助外加特征的情况下，对绳索上任意给定物质点进行跟踪计算。以基于绝对节点坐标方法建立的柔索动力学模型为例验证其模型的准确性，结果表明，该绳索动力学模型仿真结果与实验结果具有较强的一致性。相比于其他测量方法，物质点跟踪算法能够降低柔索测量过程中的外干扰因素，为动力学模型验证提供准确的实验参考结果。

关键词：柔性绳索；物质点跟踪；动力学建模；绝对节点坐标；视觉测量

空间绳系结构在航天器轨道转移、在轨目标捕获、绳系卫星编队、绳系发电等空间任务中具有广阔的应用前景，在微重力环境中，绳系结构会产生横向振动、纵向振动、跳绳运动等，并且在空间展开、状态维持与回收时会发生复杂的动力学行为[1]。为解决上述问题需要建立能够准确描述绳系结构运动的动力学模型，但是对于大结构、低刚度、大变形的柔性绳索，基于小变形、小转动的传统建模方法已不满足其建模精度，而绝对节点坐标法[2-4]突破了有限元中对小变形、小转角的限制，适用于大变形的绳索动力学建模。

文献［5-13］都基于绝对节点坐标方法建立了索梁单元的动力学模型，但这些工作主要集中于数值仿真上，为了验证基于绝对节点坐标方法所建立的柔性绳索动力学准确性，需要采用实验手段进行验证，但是空间绳系结构属于柔性体，它在运动过程中会呈现出复杂的形态，传统的接触式测量法主要采用力传感器、电阻应变仪等，虽然可以得到某一点小变形的可靠数据，但对于绳索大变形、大范围运动不能有效测量，同时传统的接触式测量方法一般需要绳索上安装传感器会影响绳索本身的动力学特性，从而为空间绳系结构的测量增加了难度。

基于视觉的非接触式测量方法避免了在测量对象表面安装传感器的缺点，并且具有测量视场大、对测量环境要求较低等优点，在工程测量中有着广泛的应用前景，并正日益成为国内外研究热点。Irvine[14]最早采用摄影方法对图像中绳索振动形态与动力学模型进行对比，没有量化绳索的运动速度与位移变化。Yoo[15-17]利用单目相机测量柔性杆、薄片的大变形，通过在测量目标末端上粘贴反光特征点，能够测量出杆与薄片末端的大尺度振动的运动状态。Jung[18]也利用单目相机测量柔性杆，但在杆上粘贴多个特征点，将所有特征点进行拟合描述整个臂杆的运动状态。Kawaguti[19]利用双目相机测量柔性绳索，同样采取在绳上粘贴多个特征点的方式测量出柔性绳索的运动状态。以上方法都在测量目标上粘贴特征点，特征点是由反光材料制作的具有特殊形状的贴纸，虽然相对于传感器来说质量较轻，但对于质轻、弯曲刚度小的柔索，尤其对于直径为0.5~2mm的纤维绳，在表面上粘贴特征点会对目标的运动状态产生极大影响，无法测量出真实的运动状态。刘检华[20-21]等提出了一种基于中心线匹配法的双目视觉运动检测方法，该方法利用极线与绳索中心线进行相交来确定匹配点对，该方法能够在一定范围内测量出绳索的运动，但当绳索进行大范围运动中心线运动到与极线平行情况下，无法进行点对匹配。综上所述，单目测量与双目测量都有自身的局限性，由于本文的目标是验证动力学模型的准确性，能够约束绳索在平面范围内运动，因此采用单目视觉系统对绳索目标进行测量，避免双目视觉在绳索匹配过程中出现的错误，同时本文提出一种绳索物质点跟踪算法，能够在避免粘贴特征点的情况下实现对绳索上任意点运动状态的测量。

本文首先基于绝对节点坐标法建立绳索的动力学模型，根据该模型能够通过数值微分求解出绳索的运动状态，然后通过一系列的图像处理方法，提取出运动绳索的中心线，并求解相机外参数矩阵计算出绳索中心线的平面位置，进而提出物质点跟踪算法，能够避免在绳索上粘贴或喷涂特征的情况下跟踪绳索上任意点的运动状态，最后对基于绝对节点坐标法建立的柔索模型进行试验验证，分析模型建立的准确性与测量方法的可行性与合理性。

1　基于绝对节点坐标方法的绳索动力学模型

绝对节点坐标方法是 Shabana 于 20 世纪 90 年代提出的一种动力学建模方法，主要用于解决大变形柔性体的动力学问题。柔性绳索结构长细比较大，其结构具有较强的变形能力，并且内部剪切效应几乎没有体现，根据 Euler-Bernoulli 梁理论建立动力学方程，将连续柔索离散为有限个横截面刚性无变形且始终与中心轴线垂直的一维两节点索梁单元。柔索的绕轴扭转影响也很小，可以进一步简化梁单元，仅考虑轴向拉伸和纯弯曲变形，在绝对参考系下的节点坐标作为广义变量建立动力学方程组[22]。

1.1　索梁单元位移场

图 1 显示了一维索梁的未变形与变形构型，柔索上的第 i 个梁单元位移场建立在绝对参考坐标系 $O-XYZ$ 中。单元轴线上任意一点在绝对参考系下的位置向量 $r^i(x^i,t)$ 是物质坐标 x^i 和时间 t 的函数，物质坐标 x^i 表示变形前该点在初始构型参考坐标系 $O-X^iY^iZ^i$ 中的位置。

选取两端节点位移、位置梯度向量作为梁单元的广义坐标 $\boldsymbol{q}^i$：

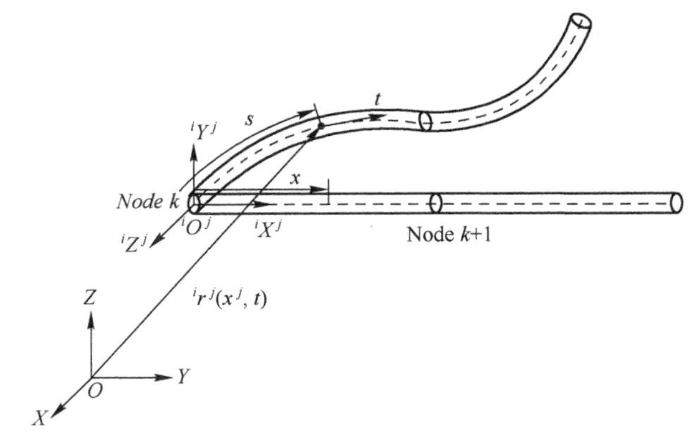

图 1　梁单元位移场

$$\boldsymbol{q}^i=[\boldsymbol{r}^{i\mathrm{T}}(0)\quad \boldsymbol{r}_x^{i\mathrm{T}}(0)\quad r^{i\mathrm{T}}(L)\quad \boldsymbol{r}_x^{i\mathrm{T}}(L)]^{\mathrm{T}} \tag{1}$$

式中：L 为未变形时梁单元长度。

位置向量由物质坐标的插值多项式表示：

$$\boldsymbol{r}^i=\begin{bmatrix} r_1^i\\ r_2^i\\ r_3^i\end{bmatrix}=\begin{bmatrix} a_0+a_1x+a_2x^2+a_3x^3\\ b_0+b_1x+b_2x^2+b_3x^3\\ c_0+c_1x+c_2x^2+c_3x^3\end{bmatrix} \tag{2}$$

位置向量与广义节点坐标的关系为

$$\boldsymbol{r}^i(x^i,t)=\boldsymbol{S}(x^i)\boldsymbol{q}^i(t) \tag{3}$$

其中，形函数可表示为

$$\left.\begin{aligned} &\boldsymbol{S}(x^j)=[S_1\boldsymbol{I}_3\quad S_2\boldsymbol{I}_3\quad S_3\boldsymbol{I}_3\quad S_4\boldsymbol{I}_3]\\ &S_1=1-3\xi^2+2\xi^3,S_2=L(\xi-2\xi^2+\xi^3)\\ &S_3=3\xi^2-2\xi^3,S_4=L(-\xi^2+\xi^3)\end{aligned}\right\} \tag{4}$$

其中，$\xi=x/L$。

1.2　索梁单元动能与质量矩阵

对单元内所有物质点的动能在体积上积分得到单元动能，沿索梁轴线上物质坐标的积分：

$$T=\frac{1}{2}\int_0^L\rho A\dot{\boldsymbol{q}}^{\mathrm{T}}\boldsymbol{S}^{\mathrm{T}}\boldsymbol{S}\dot{\boldsymbol{q}}\mathrm{d}x \tag{5}$$

式中：ρ 为梁单元密度；A 为梁单元截面积。分离出广义速度项 $\dot{\boldsymbol{q}}$ 得到单元广义质量矩阵及其表示的一般动能形式：

$$\begin{cases}\boldsymbol{M}=\displaystyle\int_0^L\rho A\boldsymbol{S}^{\mathrm{T}}\boldsymbol{S}\mathrm{d}x\\ T=\dfrac{1}{2}\dot{\boldsymbol{q}}^{\mathrm{T}}\boldsymbol{M}\dot{\boldsymbol{q}}\end{cases} \tag{6}$$

式中，绝对节点坐标方法得到的质量矩阵为常数矩阵。

1.3　索梁单元应变能与广义弹性力

本文研究的索梁为理想的保守系统，应力应变仅与位置相关，与速度无关。一维索梁由轴向拉伸引起的主轴应变：

$$\varepsilon_{11}=\frac{1}{2}(\boldsymbol{r}_x^{\mathrm{T}}\boldsymbol{r}_x-1) \tag{7}$$

ε_{11}为 Green-Lagrange 应变张量的第一个主对角线元素。轴向弯曲引起的应变由曲率表示，曲率表达式为

$$\kappa=\frac{|\boldsymbol{r}_x\times\boldsymbol{r}_{xx}|}{|\boldsymbol{r}_x|^3} \tag{8}$$

式中：$\boldsymbol{r}_{xx}$为位置向量对物质坐标的二阶导数。

根据应变能密度的体积积分计算轴向应变能 U_{el}，可得

$$U_{el}=\frac{1}{2}\int_V E\varepsilon_{11}^2\mathrm{d}V=\frac{1}{2}\int_0^L EA\varepsilon_{11}^2\mathrm{d}x \tag{9}$$

同理得到弯曲应变能 U_{et}：

$$U_{et}=\frac{1}{2}\int_0^L EI\kappa^2\mathrm{d}x \tag{10}$$

式中：I 为梁横截面惯性矩。

总单元应变能为轴向、弯曲两部分之和为

$$U=U_{e1}+U_{e2}=\frac{1}{2}\int_0^L(EA\varepsilon_{11}^2+EI\kappa^2)\mathrm{d}x \tag{11}$$

广义弹性力 $\boldsymbol{Q}_e$ 为应变能对广义变量的偏导，轴向与弯曲广义弹性力 $\boldsymbol{Q}_{el}$，$\boldsymbol{Q}_{et}$分别可以表示为

$$\begin{cases}\boldsymbol{Q}_{el}=\dfrac{\partial U_{el}}{\partial \boldsymbol{q}}=\displaystyle\int_0^L EA\varepsilon_{11}\left(\frac{\partial\varepsilon_{11}}{\partial\boldsymbol{q}}\right)^{\mathrm{T}}\mathrm{d}x\\ \boldsymbol{Q}_{et}=\dfrac{\partial U_{et}}{\partial \boldsymbol{q}}=\displaystyle\int_0^L EI\kappa\left(\frac{\partial\kappa}{\partial\boldsymbol{q}}\right)^{\mathrm{T}}\mathrm{d}x\end{cases} \tag{12}$$

1.4 索梁单元空气阻力

在绳索的地面试验中，外力来源为重力与空气阻力，索梁单元收到的空气阻力为

$$\boldsymbol{F}_f=\frac{1}{2}\rho_a C_D S_a \boldsymbol{v}^2 \tag{13}$$

式中：$\boldsymbol{F}_f$ 为空气阻力；ρ_a 为空气密度；C_D 为空气阻力系数；S_a 为单元的受力面积；$\boldsymbol{v}$ 为单元的运动速度。将空气阻力写成广义力 $\boldsymbol{Q}_f$ 的形式为

$$\boldsymbol{Q}_f=\int_0^L\rho A(\boldsymbol{F}_f\boldsymbol{S})\mathrm{d}x \tag{14}$$

因此广义外力 $\boldsymbol{Q}_a$ 可以写为

$$\boldsymbol{Q}_a=\boldsymbol{Q}_f+\boldsymbol{Q}_g=\int_0^L\rho A((\boldsymbol{F}_f+\boldsymbol{F}_g)\boldsymbol{S})\mathrm{d}x \tag{15}$$

式中：$\boldsymbol{Q}_g$ 为重力的广义外力；$\boldsymbol{F}_g$ 为重力。

综合以上内容，最终得到了绝对节点坐标系下的柔性绳索动力学模型：

$$\boldsymbol{0}=\boldsymbol{M}\ddot{\boldsymbol{q}}+\boldsymbol{Q}_e-\boldsymbol{Q}_a \tag{16}$$

2 单目视觉测量原理

2.1 坐标系定义

定义空间坐标系 O_wXYZ，空间内任意一点 $\boldsymbol{P}_i$ 在空间坐标系下表示为 $\boldsymbol{P}_{wi}(x_{wi},y_{wi},z_{wi})$，摄像机坐标系 O_cXYZ，P_i 在摄像机坐标系下表示为 $\boldsymbol{P}_{ci}(x_{ci},y_{ci},z_{ci})$，图像坐标系 OXY，$\boldsymbol{P}_i$ 投影到图像坐标系上的图像坐标为(u_i,v_i)，如图 2 所示。

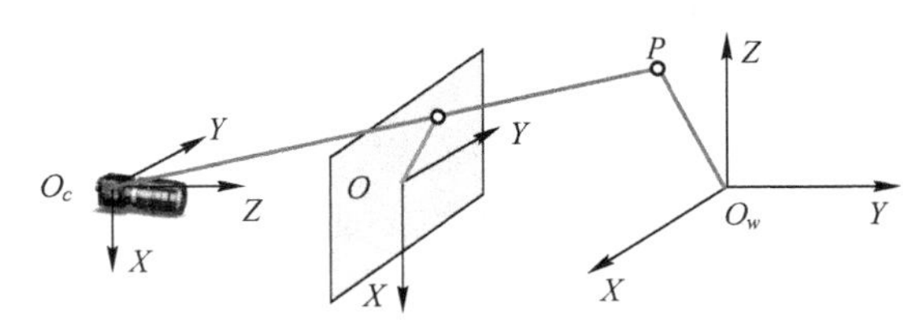

图 2 视觉测量坐标系

空间坐标系与摄像机坐标系通过式（17）进行转换，摄像机坐标与图像坐标系通过式（18）进行转换。

$$\begin{bmatrix}x_{ci}\\y_{ci}\\z_{ci}\end{bmatrix}=\boldsymbol{M}_w\begin{bmatrix}x_{wi}\\y_{wi}\\z_{wi}\\1\end{bmatrix}=\begin{bmatrix}n_x&o_x&\alpha_x&p_x\\n_y&o_y&\alpha_y&p_y\\n_z&o_z&\alpha_z&p_z\end{bmatrix}\begin{bmatrix}x_{wi}\\y_{wi}\\z_{wi}\\1\end{bmatrix} \tag{17}$$

$$\begin{bmatrix}u_i\\v_i\\1\end{bmatrix}=\boldsymbol{M}_i\begin{bmatrix}x_{ci}/z_{ci}\\y_{ci}/z_{ci}\\1\end{bmatrix}=\begin{bmatrix}k_x&0&u_0\\0&k_y&v_0\\0&0&1\end{bmatrix}\begin{bmatrix}x_{ci}/z_{ci}\\y_{ci}/z_{ci}\\1\end{bmatrix} \tag{18}$$

式中：$\boldsymbol{M}_w$ 为相机外参数矩阵；$\boldsymbol{n}=[n_x\quad n_y\quad n_z]^{\mathrm{T}}$ $\boldsymbol{o}=[o_x\quad o_y\quad o_z]^{\mathrm{T}}$ 与 $\boldsymbol{\alpha}=[\alpha_x\quad \alpha_y\quad \alpha_z]^{\mathrm{T}}$ 分别为空间坐标系 O_wXYZ 中 XYZ 三个轴在摄像机坐标系 O_cXYZ 中的方向向量；$\boldsymbol{p}=[p_x\quad p_y\quad p_z]^{\mathrm{T}}$ 为空间坐标系 O_wXYZ 坐标原点在摄像机坐标系 O_cXYZ 中的位置；$\boldsymbol{M}_i$ 为相机内参数矩阵；k_x 与 k_y 为等效焦距；u_0 与 v_0 为相对于成像平面的主点坐标。

2.2 外参数矩阵求解

在相机内参数已经精确标定情况下，给定图像中的 n 个特征点的图像坐标以及相对应的空间坐标，能够求解出摄像机坐标系与空间坐标系之间的转换关系[23]，本文在绳索的运动平面上黏贴一张棋盘格标定板，共有位置已知的 56 个角点作为特征点，根据特征点计算出相机坐标与该平面坐标系之间的转换矩阵。

由于 $P_{wi}(i=1,2,\cdots,n)$同一平面上时，其 Z 轴

值都为0，式（17）可以表示为

$$\begin{cases} x_{ci}=n_x x_{wi}+o_x y_{wi}+p_x \\ y_{ci}=n_y x_{wi}+o_y y_{wi}+p_y \\ z_{ci}=n_z x_{wi}+o_z y_{wi}+p_z \end{cases} \tag{19}$$

将式（19）带入到式（18）中可得

$$\begin{cases} x_{wi}n_x+y_{wi}o_x-x_{1c_i}x_{wi}n_z-x_{1c_i}y_{wi}o_z+p_x-x_{1c_i}p_z=0 \\ x_{wi}n_y+y_{wi}o_y-y_{1c_i}x_{wi}n_z-y_{1c_i}y_{wi}o_z+p_y-y_{1c_i}p_z=0 \end{cases} \tag{20}$$

式中：$x_{1c_i}=(u_i-u_0)/k_x, y_{1c_i}=(v_i-v_0)/k_y$ 对于 n 个点可以得到 n 组如（20）的方程组，整理为

$$\boldsymbol{A}_1\boldsymbol{H}_1+\boldsymbol{A}_2\boldsymbol{H}_2=0 \tag{21}$$

式中：$\boldsymbol{A}_1=\begin{bmatrix} x_{w1} & 0 & -x_{1c_1}x_{w1} \\ 0 & x_{w1} & -y_{1c_1}x_{w1} \\ \vdots & \vdots & \vdots \\ x_{wn} & 0 & -x_{1c_n}x_{wn} \\ 0 & x_{wn} & -y_{1c}x_{wn} \end{bmatrix}$，

$$\boldsymbol{A}_2=\begin{bmatrix} y_{w1} & 0 & -x_{1c_1}y_{w1} & 1 & 0 & -x_{1c_1} \\ 0 & y_{w1} & -y_{1c_1}y_{w1} & 0 & 1 & -y_{1c_1} \\ \vdots & \vdots & \vdots & \vdots & \vdots & \vdots \\ y_{wn} & 0 & -x_{1c_n}y_{wn} & 1 & 0 & -x_{1c_n} \\ 0 & y_{wn} & -y_{1c_n}y_{wn} & 0 & 1 & -y_{1c_n} \end{bmatrix},$$

$\boldsymbol{H}_1=[n_x \quad n_y \quad n_z]^{\mathrm{T}}$，且 $\|\boldsymbol{H}_1\|=1$，

$\boldsymbol{H}_2=[o_x \quad o_y \quad o_z \quad p_x \quad p_y \quad p_z]^{\mathrm{T}}$。

构造指标函数：

$$\boldsymbol{F}=\|\boldsymbol{A}_1\boldsymbol{H}_1+\boldsymbol{A}_2\boldsymbol{H}_2\|^2+\lambda(1-\|\boldsymbol{H}_1\|) \tag{22}$$

将式（21）的求解问题转换为优化问题，即在任意 λ 条件下保持指标函数 $\boldsymbol{F}$ 最小，能够得到 $\boldsymbol{H}_1$ 和 $\boldsymbol{H}_2$ 的优化解：

$$\begin{cases} \boldsymbol{B}\boldsymbol{H}_1=\lambda\boldsymbol{H}_1 \\ \boldsymbol{H}_2=-(\boldsymbol{A}_2^{\mathrm{T}}\boldsymbol{A}_2)^{-1}\boldsymbol{A}_2^{\mathrm{T}}\boldsymbol{A}_1\boldsymbol{H}_1 \end{cases} \tag{23}$$

式中：$\boldsymbol{B}=\boldsymbol{A}_1^{\mathrm{T}}\boldsymbol{A}_1-\boldsymbol{A}_1^{\mathrm{T}}\boldsymbol{A}_2(\boldsymbol{A}_2^{\mathrm{T}}\boldsymbol{A}_2)^{-1}\boldsymbol{A}_2^{\mathrm{T}}\boldsymbol{A}_1$。

2.3 计算测量点平面坐标

在该测量平面上的任意一点 P 在测量平面上的齐次坐标可以表示为 $P(x,y,z,1)$，其中 z 为已知量，该点与图像坐标系之间的投影关系为

$$z_i\begin{bmatrix} u \\ v \\ 1 \end{bmatrix}=\boldsymbol{M}_i\boldsymbol{M}_w\begin{bmatrix} x \\ y \\ z \\ 1 \end{bmatrix} \tag{24}$$

式中：$\boldsymbol{M}_w=\begin{bmatrix} m_{11} & m_{12} & m_{13} & m_{14} \\ m_{21} & m_{22} & m_{23} & m_{24} \\ m_{31} & m_{32} & m_{33} & m_{34} \end{bmatrix}$，

$z_i=m_{31}m+m_{32}n+m_{33}z+m_{34}$，则

$$\begin{bmatrix} x \\ y \end{bmatrix}=\begin{bmatrix} m_{31}u'-m_{11} & m_{32}u'-m_{12} \\ m_{31}v'-m_{21} & m_{32}v'-m_{22} \end{bmatrix}^{-1}\cdot\begin{bmatrix} (m_{14}-m_{34}u')+z(m_{13}-m_{33}u') \\ (m_{24}-m_{34}v')+z(m_{23}-m_{33}v') \end{bmatrix} \tag{25}$$

式中：$\begin{bmatrix} u' \\ v' \\ 1 \end{bmatrix}=\boldsymbol{M}_i^{-1}\begin{bmatrix} u \\ v \\ 1 \end{bmatrix}$，则可以根据图像坐标以及测量平面的高度，求解出图像中像素点对应的空间位置。

3 绳索物质点匹配与跟踪

在绳索运动过程中，能够通过一系列图像处理算法从单帧图像中提取出单像素宽度的绳索目标，从而根据上节内容计算出绳索的位置信息，但是在图像序列中，绳索上任意点的特征匹配却因为灰度均匀特征不明显而无法实现，而通过喷漆人工增加散斑的方法，对于半径为0.5~2mm进行大范围运动绳索也并不适用，从而无法实现在绳索上任意点的运动状态跟踪。因此提出一种物质点跟踪算法来实现对绳上任意点的跟踪。

3.1 绳索目标提取

运动绳索从图像序列中提取需要对图像进行一系列的预处理操作，将嘈杂的背景去除只在图像中保留绳索目标的图像，图像预处理包括背景建模、背景差分、图像平滑与图像二值化四个部分。首先采用平均背景法对背景进行建模，在对绳索运动之前对运动环境进行拍摄获取一定帧数的图像，将图像的均值作为背景模型；然后利用式（26）将绳索运动的图像序列与背景模型进行差分获取前景图像：

$$\boldsymbol{F}(x,y)=\begin{cases} \boldsymbol{I}(x,y) & |\boldsymbol{B}(x,y)-\boldsymbol{I}(x,y)|\geqslant T \\ 0 & |\boldsymbol{B}(x,y)-\boldsymbol{I}(x,y)|<T \end{cases} \tag{26}$$

式中：$\boldsymbol{F}(x,y)$ 为差分后图像 $\boldsymbol{F}$ 像素坐标为 (x,y) 处的灰度值；$\boldsymbol{I}(x,y)$ 为原始图像 $\boldsymbol{I}$ 像素坐标为 (x,y) 处的灰度值；$\boldsymbol{B}(x,y)$ 为背景图像 $\boldsymbol{B}$ 像素坐标为 (x,y) 处的灰度值；T 为阈值。

差分后可以得到包含绳索以及一定噪声的粗糙前景图像，进而对前景图像进行平滑操作，本文采用窗口大小5×5，$\sigma=1$ 的高斯平滑算子来平滑图像，最后计算每张图像的Otsu最佳全局阈值，以该阈值对平滑后的图像进行二值化，得到只包

含绳索目标的二值图像。

为展示绳索目标的图像提取过程，选取图像序列中的一帧进行计算，实验所用的软绳提取效果如图3所示。为清晰显示出绳索，将图像进行反色处理。

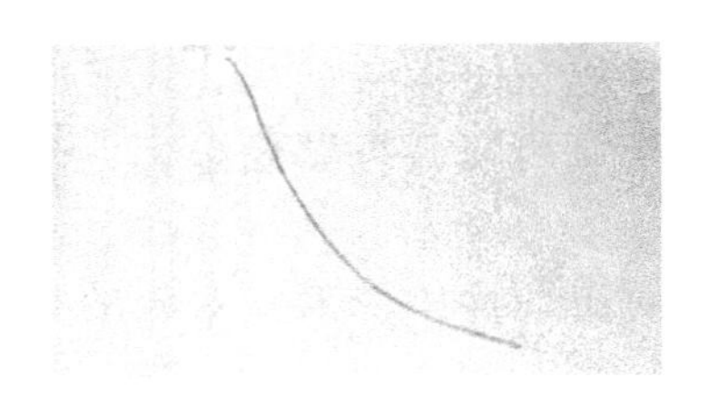

图3 绳索原始图像与二值化图像

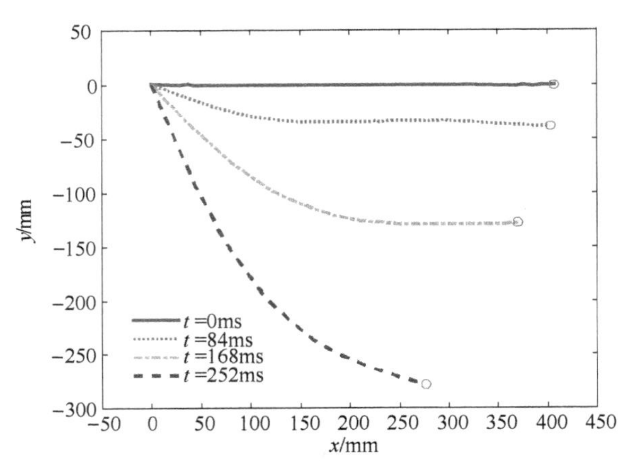

图4 不同时刻绳索位形与末端点

3.2 绳索中心线计算

图像提取后的绳索目标具有一定像素宽度，通常使用绳索的中心线对绳索进行等效，本文采用文献［24］中提出基于距离变换的多尺度连通骨架算法来计算绳索的中心线，算法流程如下。

（1）对具有一定像素宽度的绳索二值图像进行距离变换，距离变换值为目标点到背景的最近距离。

（2）选择距离变换图中值最大点作为种子点，以该点作为圆心，距离变换值作为半径对图像进行覆盖；

（3）覆盖后会产生 n 个连通域，n 对应分支个数，找出距离新连通域最近的一点作为骨架延伸的候选点 s，然后计算上一次前沿点8邻域终于与候选点 s 相邻的两点，计算这三点的下降梯度，选择下降梯度最缓慢的作为新的延伸点。

对单像素宽度的绳索中心线进行链码标记，按照链码的顺序利用式（25）求解出每个像素点对应的平面坐标，检测像素点的斜率，将每条绳索链码中斜率相同的像素点去除，只保留关键节点，得到简化的绳索序列。由于链码是按照像素连通顺序进行标记的，其链码序列的最后一点绳索末端点，检测每一帧图像中链码序列中最后一点，能够实现对绳索末端点运动的轨迹跟踪。图4为从初始时刻开始每隔84ms所绘制的4条绳索完整位形图像，末端点用红色圆圈标记。

至此，能够获取整条绳索的位形，以及对绳索末端点的跟踪，但是在图像序列中无法对绳索上任意点进行一一对应，跟踪其运动状态。

3.3 绳索物质点匹配算法

绳索在无受力情况下长度是固定值，在不考虑弹性形变时，绳索上的任意点距离绳索的起始端的长度是不发生改变的，根据该原理通过判断长度能够跟踪绳索上任意点的运动状态。当考虑弹性形变时，在运动过程中绳索长度会伸长或缩短，假设这种长度的变化体现在绳索单元上是均匀的，因此当整条绳索从 L_0 拉伸到 L，距离绳端为 l 的点会变成距离绳端为 $l(L/L_0)$，如图5所示。

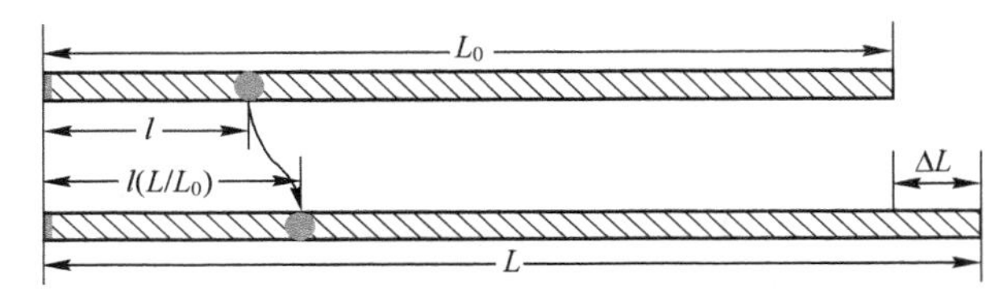

图5 弹性形变下的绳索物质点匹配

绳索物质点跟踪算法流程如下。

（1）在上小节中已经计算出每一时刻绳索序列上的关键点，这些关键点按照顺序从绳索的起始端排列到绳索的末端点，将绳索点平面坐标表示为点集合 $\{p_i\}, i=1,2,\cdots,n$，并设置跟踪点距离绳端的长度 l。

（2）利用式（27）将点集 $\{p_i\}$ 中所有的点间距累加，求解出当前时刻绳索的长度的 L，绳索在无弹性形变情况下的长度为 L_0，因此在当前时刻跟踪点距离绳端的长度 $l'=l(L/L_0)$：

$$L=\sum_{i=1}^{n-1}\|p_{i+1}-p_i\|^2 \tag{27}$$

（3）对点集 $\{p_i\}$ 从第一个点开始累加，直到累加到第 j 点，使

$$l_j=\sum_{i=1}^{j-1}\|p_{i+1}-p_i\|^2 \leqslant l', j<n$$

而第 j+1 点，使

$$l_{j+1} = \sum_{i=1}^{j} \|p_{i+1} - p_i\|^2 > l',j + 1 < n$$

此时所跟踪的点在 p_j 与 p_{j+1} 之间。

（4）利用式（28）计算出所跟踪点 p_{track} 的平面坐标位置。

$$p_{\text{track}} = p_j + \frac{l'-lj}{\|p_{j+1}-p_j\|^2}(p_{j+1}-p_j) \tag{28}$$

利用上述算法流程，能够跟踪到任意时刻在初始状态距离绳索端长度为 l 的点，获取其运动状态。

4　仿真与实验数据对比分析

4.1　视觉测量误差

实验选用德国 AVT 公司 Manta-G223C CMOS 传感器，图像采用帧频为 119PFS，采集图像尺寸为 544×1024 像素，测量对象是长为 411mm 直径为 1mm 的凯夫拉纤维软绳，软绳一端固定在距离背景平面 17mm 的位置，另一端由水平位置自由释放，软绳始终保持在黑色背景板范围内运动。

绳索运动的空间坐标系建立在背景板上，软绳的固定端为坐标系原点，沿重力方向为 Y 轴，沿软绳水平释放方向为 X 轴，在背景板上黏贴棋盘格标定板，根据这些坐标已知的角点，能够计算出空间坐标系与相机坐标系之间的坐标转移矩阵 $\boldsymbol{M}_{\text{W}}$，如图 6 所示。

图 6　视觉测量设备

本实验的误差来源分为两个部分，一部分是采用 56 个空间位置已知的特征点来计算外参数矩阵 $\boldsymbol{M}_{\text{W}}$ 所产生的误差，另一部分是绳索中心线提取过程中产生的误差。

外参数矩阵是由背景板上提取的 56 个角点计算得来，这些角点的空间位置已知，但角点的坐标位置提取会存在误差，所计算出的外参数矩阵也会随之产生偏差。为验证平面测量的精度，采用实验背景板中 56 个已知空间位置的特征点进行计算，通过对真实值与测量值进行对比，可以得到平面测量的误差范围。测量误差如图 7 所示，x 方向上的平均偏差为 0.0751mm，最大偏差为 0.2654mm，y 方向上的平均偏差为 0.0803mm，最大偏差为 0.2465mm。

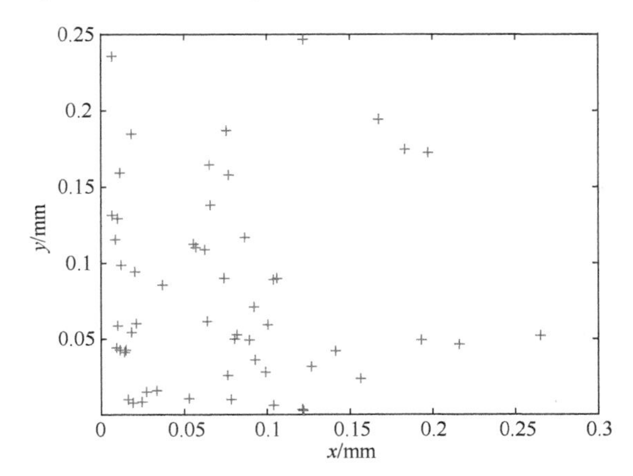

图 7　平面位置测量偏差分布

由于绳索中心线提取到的是单像素宽度的图像，当绳索真实中心线位于两个相邻像素之间时，此时所产的误差最大，最大提取误差为±0.5 个像素。原坐标点(u,v)产生误差后的坐标点变为$(u\pm0.5,v\pm0.5)$，利用式（23）计算出该像素点空间位置的最大变换范围，作为图像提取所产生的误差。通过计算得到 x 方向上的平均偏差为 0.4879mm，最大偏差为 0.5595mm，y 方向上的平均偏差为 0.4773mm，最大偏差为 0.5234mm。

将两部分误差来源进行线性累加可得本实验测量误差 x 方向上的平均偏差为 0.5631mm，最大偏差为 0.8249mm，y 方向上的平均偏差为 0.5576mm，最大偏差为 0.7699mm。

4.2　位形对比

实验帧频为 119PFS，相当于仿真步长为 8.4ms，从绳索初始释放时刻，以 84ms 为间隔取 7 个时刻，分别绘制仿真数据与视觉实验数据的整条绳索的位形图像，如图 8 所示。从图中可以看出绳索的动力学仿真数据与实验数据基本吻合。

由于绳索的仿真单元与实验所测量绳索点尺度不同，不能直接量化出绳索仿真数据与实验数据之间的误差，因此取 10mm 间隔作为单元点，利用物质点跟踪算法统一两组数据的单元尺度。并计算出在同一时刻整条绳索位形仿真数据与实验数据之间差值，如表1所列。

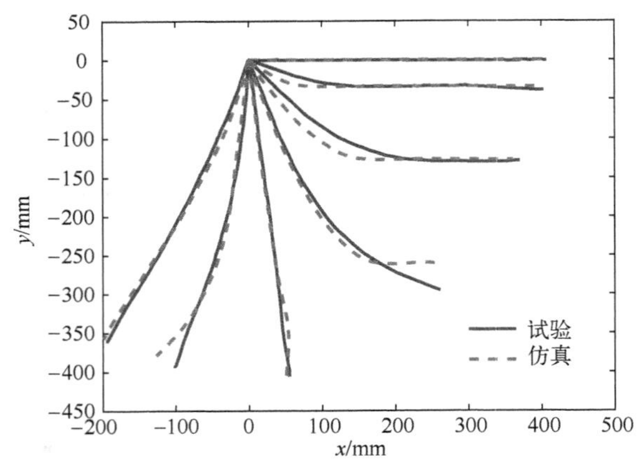

图8 不同时刻绳索位形对比

表1 仿真结果与实验结果绳索位形差值

时刻/ms	平均值/mm	最大值/mm	累加值/mm
0	0.7854	1.0671	32.2035
84	4.2558	11.2115	174.4911
168	11.1050	17.9742	455.3089
252	6.9306	30.6851	284.1557
336	2.2092	7.5646	90.5812
420	4.2722	24.8331	175.1622
504	3.5010	6.2656	143.5425

结合图表可以看出，仿真结果与实验结果之间整体趋势一致，在某些时刻差值较大，如 $t=168$ms 的时刻仿真与实验结果的差距较大，并且仿真模型中的绳索相对实验结果来说弯曲刚度较小。

4.3 不同物质点运动对比分析

选取距离绳端不同距离的物质点进行跟踪，并与仿真数据与实验数据进行对比，图9与图10分别为 $l=200$mm、300mm、411mm 的物质点在 x 轴与 y 轴方向的运动轨迹，其中 $l=411$mm 的物质点也是实验绳索的末端点。

由于实验数据的时间步长是由相机硬件所确定，因此为了统一实验数据与仿真数据的步长，对实验数据进行插值，进而实现对仿真数据与实验数据之间的数据对比，并计算出所跟踪的3个点在连续时间段内仿真数据与实验数据之间的距离差，如表2所列。其中，平均相对误差与最大相对误差分别为平均误差与最大误差除以跟踪点距离固定端的长度。

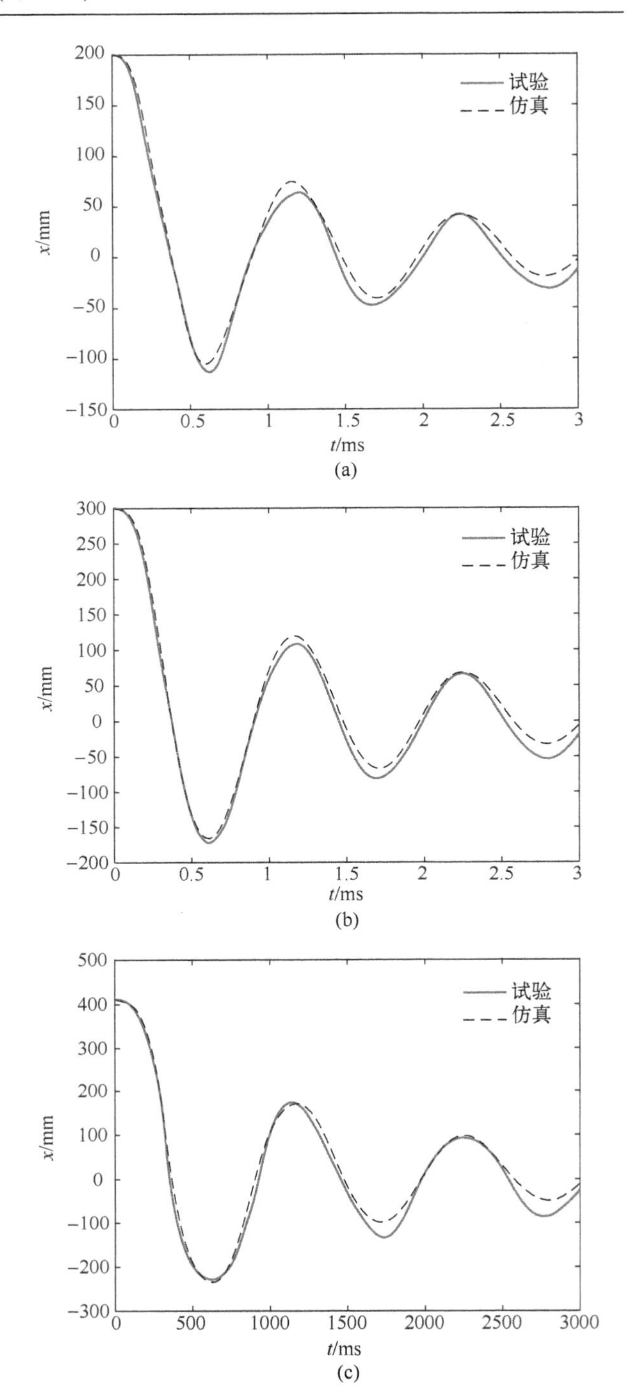

图9 绳索不同物质点在 x 轴方向的运动对比
(a) $l=200$mm；(b) $l=300$mm；(c) $l=411$mm。

表2 不同物质点仿真结果与实验结果距离差

距离/mm	平均值/mm	平均相对误差/%	最大值/mm	最大相对误差/%
200	7.9098	3.9549	19.0077	9.5038
300	10.8081	3.6027	21.6267	7.2089
411	16.6231	4.0445	41.1387	10.0094

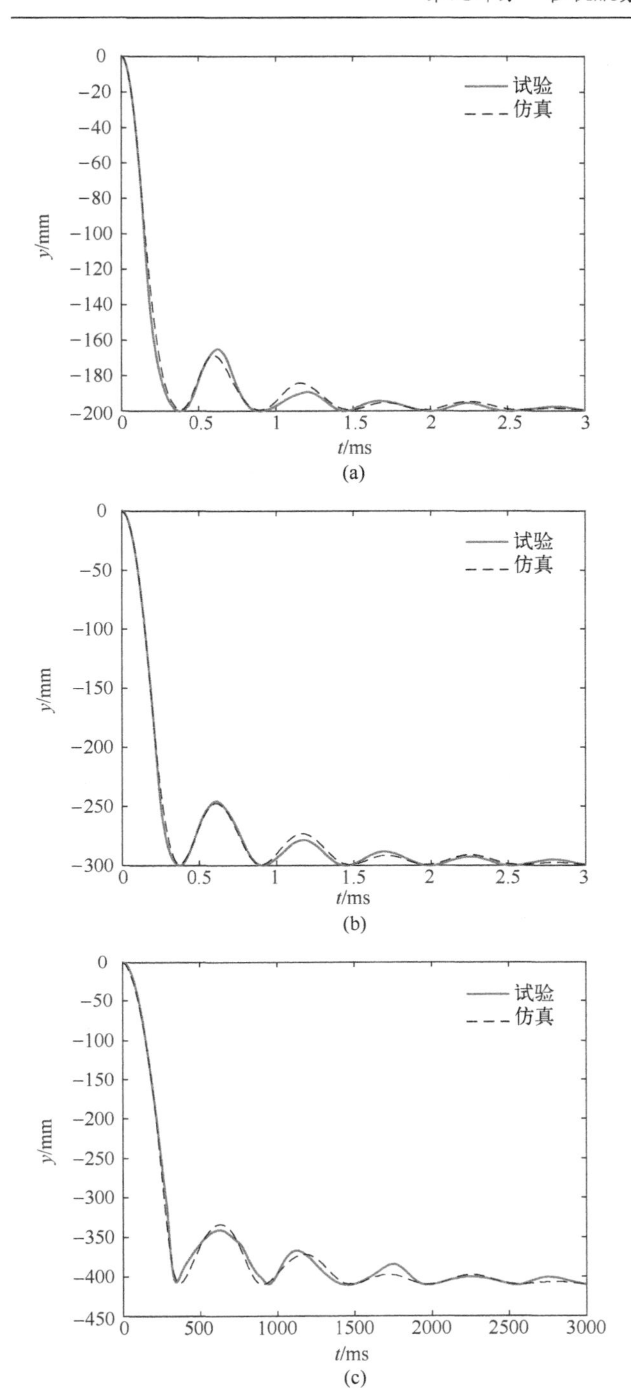

图 10 绳索不同物质点在 y 轴方向的运动对比
(a) $l=200$mm；(b) $l=300$mm；(c) $l=411$mm。

通过以上 3 个物质点视觉实验数据与模型仿真数据之间的对比结果，可以看出动力学模型仿真结果与实验结果具有一致性，距离绳索固定点位置越远的物质点误差越大，不同距离的跟踪点相对误差相近。通过实验对比分析，基于绝对节点坐标法建立的柔性绳索动力学模型能够描述绳索真实的运动状态，但是由于用梁单元等效编织绳的结构，忽略了编织绳内部相互耦合作用，还不能精准的描述真实绳索的运动状态，该模型与实验结果最大误差可以控制在 10%以内。

5 结束语

(1) 利用图像预处理算法提取绳索目标区域，并基于距离变换的多尺度连通骨架算法计算出绳索中心线，通过求解相机外参数矩阵计算出绳索中心线的平面位置，单目测量精度在 x 方向上的平均偏差为 0.5631mm，最大偏差为 0.8249mm，y 方向上的平均偏差为 0.5576mm，最大偏差为 0.7699mm。

(2) 柔性绳索由于自身灰度均匀、图像特征不明显，为了避免在测量对象表面粘贴或喷涂特征点，影响柔索的动力学特性，提出适应绳索弯曲及纵向弹性形变的一种物质点跟踪算法，能够对绳索上任意给定点的运动状态进行跟踪。

(3) 以基于绝对节点坐标法建立的绳索动力学模型为例，验证其模型准确性，通过仿真数据与实验数据对比分析，模型仿真结果与实验结果具有较强的一致性，但由于忽略编织绳内部的耦合作用，还不能精准地描述真实绳索的运动状态，该模型与实验结果最大误差可以控制在 10%以内。

参考文献

[1] 金栋平，文浩，胡海岩. 绳索系统的建模、动力学和控制[J]. 力学进展，2004，03：304-313.
[2] Shabana AA. An absolute nodal coordinate formulation for the large rotation and large deformation analysis of flexible bodies. Technical Report No. MBS96 - 1 - UIC, Department of Mechanical Engineering, University of Illinois at Chicago, 1996.
[3] Shabana AA. Definition of the slopes and the finite element absolute nodal coordinate formulation [J]. Multibody System Dynamics, 1997, 1 (3): 339-348.
[4] Shabana AA. Definition of ANCF finite elements [J]. Journal of Computational and Nonlinear Dynamics, 2015, 10 (5): 054506.
[5] Shabana AA, Yakoub RY. Three dimensional absolute nodal coordinate formulation for beam elements: theory [J]. Journal of Mechanical Design, 2001, 123 (4): 606-613.
[6] Yakoub RY, Shabana AA. Three dimensional absolute nodal coordinate formulation for beam elements: implementation and applications [J]. Journal of Mechanical Design, 2000, 123 (4): 614-621.
[7] Gerstmayr J, Shabana AA. Analysis of thin beams and cables using the absolute nodal coordinate formulation [J]. Nonlinear Dynamics, 2006, 45 (1-2): 109-130.
[8] 朱大鹏，路英杰，汤家力，等. 大变形索梁单元在多体动力学框架下的应用 [C]. 2007 全国结构动力学学术研讨会论文集，南昌，2007 年 11 月.

[9] Dombrowski SV. Analysis of large flexible body deformation in multibody systems using absolute coordinates [J]. Multibody System Dynamics, 2002, 8 (4): 409-432.

[10] Liu C, Tian Q, Hu HY. New spatial curved beam and cylindrical shell elements of gradient-deficient absolute nodal coordinate formulation [J]. Nonlinear Dynamics, 2012, 70 (3): 1903-1918.

[11] Dmitrochenko O, Mikkola A. Digital nomenclature code for topology and kinematics of finite elements based on the absolute nodal coordinate formulation [J]. Journal of Multi-body Dynamics, 2011, 225 (1): 34-51.

[12] 张越，赵阳，谭春林，等．ANCF 索梁单元应变耦合问题与模型解耦 [J]. 力学学报，2016，48 (6): 1406-1415.

[13] 张越，魏承，赵阳，等．基于 ANCF 的松弛绳索动力学建模与仿真 [J]. 航空学报，2016，37.

[14] Irvine H M, Caughey T K. The linear theory of free vibrations of a suspended cable [C]. Proc R Soe Lond A, 1974, 341: 299-315.

[15] Yoo W S, Lee J H, Park S J, et al. Large Oscillations of a Thin Cantilever Beam: Physical Experiments and Simulation Using the Absolute Nodal Coordinate Formulation [J]. Nonlinear Dynamics, 2003, 34 (1): 3-29.

[16] Yoo W S, Lee J H, Park S J, et al. Large Deflection Analysis of a Thin Plate: Computer Simulations and Experiments [J]. Multibody System Dynamics, 2004, 11 (2): 185-208.

[17] Yoo W S, Kim M S, Mun S H, et al. Large displacement of beam with base motion: Flexible multibody simulations and experiments [J]. Computer Methods in Applied Mechanics & Engineering, 2006, 195 (50): 7036-7051.

[18] Jung S P, Park T W, Chung W S. Dynamic analysis of rubber-like material using absolute nodal coordinate formulation based on the non-linear constitutive law [J]. Nonlinear Dynamics, 2011, 63 (1-2): 149-157.

[19] Kawaguti K, Terumichi Y, Takehara S, et al. The Study of the Tether Motion with Time-Varying Length Using the Absolute Nodal Coordinate Formulation with Multiple Nonlinear TimeScales [J]. Jsdd, 2007, 1: 491-500.

[20] 王小寅，刘检华，宁汝新，等．一种基于双目视觉技术的运动线缆空间位姿测量方法 [J]. 光学技术，2010，05: 725-729.

[21] 刘检华，王小寅，张天．基于双目视觉的柔性线缆运动检测方法及误差分析 [J]. 北京理工大学学报，2012，08: 795-800.

[22] 过佳雯．大变形柔性多体系统高效数值计算方法研究 [D]. 哈尔滨工业大学，2016.

[23] 徐德，谭民，李原．机器人视觉测量与控制 [M]. 北京：国防工业出版社，2011.

[24] 丁颐，刘文予，郑宇化．基于距离变换的多尺度连通骨架算法 [J]. 红外与毫米波学报，2005，04: 281-285.

目标捕获后航天器组合体的角动量转移与抑振规划

王兴龙，王　冉

（中国空间技术研究院通信与导航卫星总体部，北京，100094）

摘要：针对失稳目标捕获后航天器组合体的位姿调整与稳定问题，提出一种组合体角动量转移与振动抑制复合规划方法。首先建立了同时考虑了空间机械臂、目标卫星太阳翼、服务卫星太阳翼等柔性构件的航天器组合体动力学模型。然后提出了角动量转移优化方法，规划机械臂最终构型，保证组合体相对稳定后的角速度最小；基于粒子群算法设计了机械臂最优抑振轨迹规划方法，抑制角动量转移过程中的机械臂和太阳翼的柔性振动。最后通过数值仿真验证了规划方法的有效性。仿真结果表明，该方法能够有效实现组合体的角动量转移，并显著降低组合体的柔性振动，具有工程实用性。

关键词：航天器组合体；空间机械臂；角动量转移；振动抑制；规划

1　引言

航天器在轨服务[1-2]是我国正在建设发展的重要航天系统工程之一。服务卫星通过空间机械臂在轨捕获失稳目标卫星[3]，是对其进行在轨服务的前提和基础。失稳卫星往往因其残余角速度和扰动等因素而处于慢旋或翻滚状态。目标捕获后，服务卫星和目标卫星在空间机械臂的连接下成为一个组合体。机械臂通过自身关节运动，将两星的相对位置姿态调整至期望值，同时消除两星的相对运动，使其达到相对位姿稳定状态。在此过程中，存在两个较为突出的问题：一方面，组合体处于自由漂浮状态，系统角动量守恒，相对位姿调整与稳定过程中伴随着角动量转移，角动量由目标卫星逐渐转移至整个组合体；另一方面，当服务卫星和目标卫星均为带有太阳翼等柔性附件的大型卫星平台时，机械臂和太阳翼的柔性振动对组合体控制精度影响较大，严重时甚至可能损坏组合体。

以往失稳目标捕获研究多集中在捕获前机械臂的规划控制[4-5]和捕获时末端的接触碰撞[6-7]，对捕获后组合体的角动量转移与抑振规划研究较少。Xu 等[8]基于动量守恒提出了空间机械臂动力学耦合问题的混合建模和分析方法。Dimitrov 等[9]和刘厚德等[10]分别提出了偏置动量方法和协调控制方法来对组合体进行角动量管理与分配，但其所提方法均采用飞轮作为角动量吸收装置，容易饱和，所能转移的角动量有限。柔性组合体振动抑制方面，通过智能优化算法搜索机械臂最优抑振轨迹是一种有效的解决方法。Akira[11]建立了柔性机械臂动力学模型，通过遗传算法得到机械臂振动能量最小的抑振轨迹。Meng 等[12]和 Xu 等[13]建立了考虑太阳翼等柔性附件振动的柔性基座和机械臂耦合动力学模型，并基于此提出了一种振动抑制轨迹规划方法。但以往建模大多只考虑机械臂柔性或太阳翼等附件柔性，没有对机械臂捕获目标后形成的柔性组合体进行动力学建模，也缺少能够综合抑制机械臂和太阳翼等的柔性振动的轨迹规划方面的研究。

本文提出一种航天器组合体角动量转移与振动抑制复合规划方法。建立同时考虑机械臂和太阳翼柔性的组合体动力学模型。设计角动量转移优化方法，并基于粒子群算法规划机械臂最优抑振轨迹，最后通过仿真，检验规划方法的有效性。

2　航天器组合体动力学建模

2.1　系统设定和符号定义

目标捕获后形成的航天器组合体的简化模型如图 1 所示。服务卫星和目标卫星均设定为带有太

宇航学报，2018

阳翼等柔性附件的大型卫星平台。目标卫星处于无控失稳状态，绕自身最大惯量轴慢旋。空间机械臂根部固定于服务卫星，末端与目标卫星固连并跟随目标卫星作旋转运动。服务卫星捕获目标前姿态稳定，捕获目标后关闭姿轨控系统，整个组合体处于自由漂浮状态，系统动量守恒。

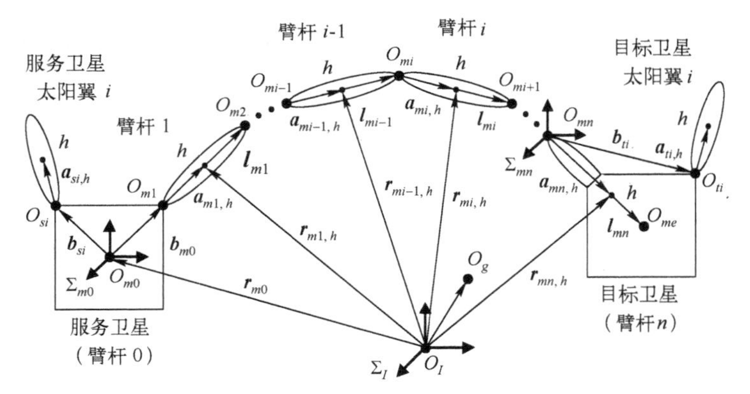

图 1　航天器组合体简化模型

机械臂臂杆和卫星太阳翼均视为柔性体，柔性变形视为小变形。本文的规划对象为机械臂关节输出角度，因此机械臂关节可视为黑箱模型，不对关节内部结构进行建模，不考虑关节柔性。组合体动力学建模所用坐标系和基本符号定义如下。

n：空间机械臂自由度。

n_s、n_t：服务卫星和目标卫星太阳翼的数量。

$\boldsymbol{\Sigma}_I$、$\boldsymbol{\Sigma}_{mi}$：惯性坐标系、臂杆 i 固连坐标系。

O_I、O_g：惯性系 $\boldsymbol{\Sigma}_I$ 原点、组合体系统质心。

O_{m0}、O_{me}：服务卫星质心、目标卫星质心。

O_{mi}：机械臂关节 i 中心点。

O_{si}、O_{ti}：服务卫星和目标卫星太阳翼的链接点。

$\boldsymbol{r}_{m0}$：从 O_I 到 O_{m0} 的位置矢量。

$\boldsymbol{l}_{mi}$：从 O_{mi} 到 O_{mi+1} 的位置矢量。

$\boldsymbol{b}_{m0}$、$\boldsymbol{b}_{si}$：从 O_{m0} 分别到 O_{m1}，O_{si} 的位置矢量。

$\boldsymbol{b}_{ti}$：从 O_{mn} 到 O_{ti} 的位置矢量。

$\boldsymbol{r}_{mi,h}$、$\boldsymbol{r}_{si,h}$、$\boldsymbol{r}_{ti,h}$：从 O_I 分别到臂杆 i、服务卫星太阳翼 i 和目标卫星太阳翼 i 上任意点 h 的位置矢量。

$\boldsymbol{a}_{mi,h}$、$\boldsymbol{a}_{si,h}$、$\boldsymbol{a}_{ti,h}$：从 O_{mi} 到臂杆 i、从 O_{si} 到服务卫星太阳翼 i、从 O_{ti} 到目标卫星太阳翼 i 上任意点 h 的位置矢量。

$\boldsymbol{\delta}_{mi,h}$、$\boldsymbol{\delta}_{si,h}$、$\boldsymbol{\delta}_{ti,h}$：臂杆 i、服务卫星太阳翼 i、目标卫星太阳翼 i 上任意点 h 的柔性变形矢量。

$\boldsymbol{\delta}_{mi,l}$：臂杆 i 末端的柔性变形矢量。

$\boldsymbol{v}_{m0}$、$\boldsymbol{\omega}_{m0}$：服务卫星的速度和角速度矢量。

$\boldsymbol{\omega}_{mi}$：机械臂臂杆 i 的角速度矢量。

$\boldsymbol{z}_{mi}$：机械臂关节 i 旋转方向的单位矢量。

θ_{mi}：机械臂关节 i 输出的关节角度。

${}^{mj}\boldsymbol{A}_{mi}$：从 $\boldsymbol{\Sigma}_{mi}$ 系到 $\boldsymbol{\Sigma}_{mj}$ 系的姿态转换矩阵。

$\boldsymbol{E}$：单位矩阵。

2.2　柔性组合体动力学模型

除特别说明外，文中所有矢量均用其在惯性系 $\boldsymbol{\Sigma}_I$ 中的坐标分量表示。由图 2 几何关系可知，机械臂臂杆 i、服务卫星太阳翼 i、目标卫星太阳翼 i 上任意点 h 的速度 $\dot{\boldsymbol{r}}_{mi,h}$、$\dot{\boldsymbol{r}}_{si,h}$、$\dot{\boldsymbol{r}}_{ti,h}$ 在惯性系 $\boldsymbol{\Sigma}_I$ 中的矩阵表达式为

$$\dot{\boldsymbol{r}}_{mi,h} = \boldsymbol{v}_{m0} + \boldsymbol{\omega}_{m0}^{\times}\boldsymbol{b}_{m0} + \sum_{j=1}^{i-1}\boldsymbol{\omega}_{mj}^{\times}(\boldsymbol{l}_{mj} + \boldsymbol{\delta}_{mj,l}) + \sum_{j=1}^{i-1}\dot{\boldsymbol{\delta}}_{mj,l} + \boldsymbol{\omega}_{mi}^{\times}(\boldsymbol{a}_{mi,h} + \boldsymbol{\delta}_{mi,h}) + \dot{\boldsymbol{\delta}}_{mi,h} \tag{1}$$

$$\dot{\boldsymbol{r}}_{si,h} = \boldsymbol{v}_{m0} + \boldsymbol{\omega}_{m0}^{\times}(\boldsymbol{b}_{si} + \boldsymbol{a}_{si,h} + \boldsymbol{\delta}_{si,h}) + \dot{\boldsymbol{\delta}}_{si,h} \tag{2}$$

$$\dot{\boldsymbol{r}}_{ti,h} = \boldsymbol{v}_{m0} + \boldsymbol{\omega}_{m0}^{\times}\boldsymbol{b}_{m0} + \sum_{j=1}^{n-1}\boldsymbol{\omega}_{mj}^{\times}(\boldsymbol{l}_{mj} + \boldsymbol{\delta}_{mj,l}) + \sum_{j=1}^{n-1}\dot{\boldsymbol{\delta}}_{mj,l} + \boldsymbol{\omega}_{mn}^{\times}(\boldsymbol{b}_{ti,h} + \boldsymbol{a}_{ti,h} + \boldsymbol{\delta}_{ti,h}) + \dot{\boldsymbol{\delta}}_{ti,h} \tag{3}$$

式中：$\boldsymbol{\omega}_{mi}^{\times}$ 为 $\boldsymbol{\omega}_{mi}$ 的反对称矩阵，$\boldsymbol{\omega}_{mi}$ 的表达式为

$$\boldsymbol{\omega}_{mi} = \boldsymbol{\omega}_{m0} + \sum_{k=1}^{i}\boldsymbol{z}_{mk}\dot{\boldsymbol{\theta}}_{mk} \tag{4}$$

采用假设模态法对柔性体进行离散化描述，柔性变形量 $\boldsymbol{\delta}_{mi,l}$、$\boldsymbol{\delta}_{mi,h}$、$\boldsymbol{\delta}_{si,h}$、$\boldsymbol{\delta}_{ti,h}$ 按正则模态展开，有

$$\begin{cases}\boldsymbol{\delta}_{mi,l} = \boldsymbol{\Phi}_{mi,l}\boldsymbol{\eta}_{mi}\\ \boldsymbol{\delta}_{mi,h} = \boldsymbol{\Phi}_{mi,h}\boldsymbol{\eta}_{mi}\end{cases},\quad \begin{cases}\boldsymbol{\delta}_{si,h} = \boldsymbol{\Phi}_{si,h}\boldsymbol{\eta}_{si}\\ \boldsymbol{\delta}_{ti,h} = \boldsymbol{\Phi}_{ti,h}\boldsymbol{\eta}_{ti}\end{cases} \tag{5}$$

式中：$\boldsymbol{\Phi}_{mi}$、$\boldsymbol{\Phi}_{si}$、$\boldsymbol{\Phi}_{ti}$ 分别为机械臂臂杆 i、服务卫星太阳翼 i、目标卫星太阳翼 i 的正则模态矩阵；$\boldsymbol{\eta}_{mi}$、$\boldsymbol{\eta}_{si}$、$\boldsymbol{\eta}_{ti}$ 分别为机械臂臂杆 i、服务卫星太阳翼

i、目标卫星太阳翼 i 的模态坐标。

组合体的动能 T 为服务卫星、目标卫星和空间机械臂的动能之和，将式（1）~式（5）代入组合体动能表达式，整理得到

$$T=\frac{1}{2}\dot{\boldsymbol{q}}^{\mathrm{T}}\boldsymbol{M}(\boldsymbol{q})\dot{\boldsymbol{q}} \tag{6}$$

式中：$\dot{\boldsymbol{q}}$为组合体的广义速度：

$$\dot{\boldsymbol{q}}=[\boldsymbol{v}_{m0}^{\mathrm{T}} \quad \boldsymbol{\omega}_{m0}^{\mathrm{T}} \quad \dot{\boldsymbol{\Theta}}_m^{\mathrm{T}} \quad \dot{\boldsymbol{\eta}}^{\mathrm{T}}]^{\mathrm{T}} \tag{7}$$

$$\boldsymbol{\Theta}_m=[\theta_{m1} \quad \theta_{m2} \quad \cdots \quad \theta_{mn}]^{\mathrm{T}} \tag{8}$$

$$\boldsymbol{\eta}=[\boldsymbol{\eta}_{m1}^{\mathrm{T}} \quad \cdots \quad \boldsymbol{\eta}_{mn}^{\mathrm{T}} \quad \boldsymbol{\eta}_{s1}^{\mathrm{T}} \quad \cdots \quad \boldsymbol{\eta}_{sn_s}^{\mathrm{T}} \quad \boldsymbol{\eta}_{t1}^{\mathrm{T}} \quad \cdots \quad \boldsymbol{\eta}_{tn_t}^{\mathrm{T}}]^{\mathrm{T}} \tag{9}$$

$\boldsymbol{M}(\boldsymbol{q})$为组合体的广义惯量矩阵：

$$\boldsymbol{M}(\boldsymbol{q})=\begin{bmatrix} \boldsymbol{M}_{vv} & \boldsymbol{R}_{v\omega} & \boldsymbol{R}_{v\theta} & \boldsymbol{F}_{v\eta} \\ \boldsymbol{R}_{v\omega}^{\mathrm{T}} & \boldsymbol{I}_{\omega\omega} & \boldsymbol{R}_{\omega\theta} & \boldsymbol{F}_{\omega\eta} \\ \boldsymbol{R}_{v\theta}^{\mathrm{T}} & \boldsymbol{R}_{\omega\theta}^{\mathrm{T}} & \boldsymbol{R}_{\theta\theta} & \boldsymbol{F}_{\theta\eta} \\ \boldsymbol{F}_{v\eta}^{\mathrm{T}} & \boldsymbol{F}_{\omega\eta}^{\mathrm{T}} & \boldsymbol{F}_{\theta\eta}^{\mathrm{T}} & \boldsymbol{E} \end{bmatrix} \tag{10}$$

式中：$\boldsymbol{M}_{vv}$为组合体总质量；$\boldsymbol{I}_{\omega\omega}$为组合体相对其系统质心的转动惯量；$\boldsymbol{R}_{v\omega}$为服务卫星转动对自身平动的刚性耦合系数；$\boldsymbol{R}_{v\theta}$，$\boldsymbol{R}_{\omega\theta}$，$\boldsymbol{R}_{\theta\theta}$为机械臂关节转动分别对服务卫星平动、服务卫星转动和自身转动的刚性耦合系数；$\boldsymbol{F}_{v\eta}$，$\boldsymbol{F}_{\omega\eta}$，$\boldsymbol{F}_{\theta\eta}$为机械臂臂杆和卫星太阳翼振动分别对服务卫星平动、服务卫星转动和机械臂关节转动的柔性耦合系数[14]。

目标捕获后，服务卫星姿轨控系统关闭，整个组合体不受外力作用，满足线动量和角动量守恒。假设组合体初始线动量和角动量分别为 $\boldsymbol{P}_0$，$\boldsymbol{L}_0$，将式（1）~式（5）代入组合体动量表达式，整理得到

$$\boldsymbol{H}_s\begin{bmatrix} \boldsymbol{v}_{m0} \\ \boldsymbol{\omega}_{m0} \end{bmatrix}+\boldsymbol{H}_m\dot{\boldsymbol{\Theta}}_m+\boldsymbol{H}_f\dot{\boldsymbol{\eta}}=\begin{bmatrix} \boldsymbol{P}_0 \\ \boldsymbol{L}_0 \end{bmatrix}=\boldsymbol{S}_0 \tag{11}$$

式中：$\boldsymbol{H}_s$、$\boldsymbol{H}_m$、$\boldsymbol{H}_f$ 为系数矩阵，且 $\boldsymbol{H}_s$ 非奇异。

自由漂浮模式下，组合体的广义坐标可选为 $[\boldsymbol{\Theta}_m^{\mathrm{T}} \quad \boldsymbol{\eta}^{\mathrm{T}}]^{\mathrm{T}}$，将式（11）代入式（7），$\dot{\boldsymbol{q}}$可重写为

$$\dot{\boldsymbol{q}}=\boldsymbol{A}(\boldsymbol{\Theta}_m,\boldsymbol{\eta})\begin{bmatrix} \dot{\boldsymbol{\Theta}}_m \\ \dot{\boldsymbol{\eta}} \end{bmatrix}+\boldsymbol{B}(\boldsymbol{\Theta}_m,\boldsymbol{\eta}) \tag{12}$$

式中：

$$\boldsymbol{A}(\boldsymbol{\Theta}_m,\boldsymbol{\eta})=\begin{bmatrix} -\boldsymbol{H}_s^{-1}\boldsymbol{H}_m & -\boldsymbol{H}_s^{-1}\boldsymbol{H}_f \\ \boldsymbol{E} & \boldsymbol{0} \\ \boldsymbol{0} & \boldsymbol{E} \end{bmatrix},$$

$$\boldsymbol{B}(\boldsymbol{\Theta}_m,\boldsymbol{\eta})=\begin{bmatrix} \boldsymbol{H}_s^{-1}\boldsymbol{S}_0 \\ \boldsymbol{0} \\ \boldsymbol{0} \end{bmatrix} \tag{13}$$

将式（12）代入式（6），组合体动能 T 可重写为

$$T=\frac{1}{2}[\dot{\boldsymbol{\Theta}}_m^{\mathrm{T}} \quad \dot{\boldsymbol{\eta}}^{\mathrm{T}}]^{\mathrm{T}}\boldsymbol{M}(\boldsymbol{\Theta}_m,\boldsymbol{\eta})\begin{bmatrix} \dot{\boldsymbol{\Theta}}_m \\ \dot{\boldsymbol{\eta}} \end{bmatrix}+\frac{1}{2}N(\boldsymbol{\Theta}_m,\boldsymbol{\eta}) \tag{14}$$

式中：

$$\begin{aligned} \boldsymbol{M}(\boldsymbol{\Theta}_m,\boldsymbol{\eta})&=\boldsymbol{A}(\boldsymbol{\Theta}_m,\boldsymbol{\eta})^{\mathrm{T}}\boldsymbol{M}(\boldsymbol{q})\boldsymbol{A}(\boldsymbol{\Theta}_m,\boldsymbol{\eta}) \\ N(\boldsymbol{\Theta}_m,\boldsymbol{\eta})&=\boldsymbol{B}(\boldsymbol{\Theta}_m,\boldsymbol{\eta})^{\mathrm{T}}\boldsymbol{M}(\boldsymbol{q})\boldsymbol{B}(\boldsymbol{\Theta}_m,\boldsymbol{\eta}) \end{aligned} \tag{15}$$

组合体的势能 V 为服务卫星和目标卫星太阳翼以及机械臂臂杆柔性变形势能之和，其表达式为

$$V=\frac{1}{2}\boldsymbol{\eta}^{\mathrm{T}}\boldsymbol{\Lambda}_f\boldsymbol{\eta} \tag{16}$$

式中：$\boldsymbol{\Lambda}_f$ 为机械臂和太阳翼的广义刚度矩阵。

将式（14）和式（16）代入第二类拉格朗日方程，整理得到柔性组合体的动力学方程为

$$\boldsymbol{M}(\boldsymbol{\Theta}_m,\boldsymbol{\eta})\begin{bmatrix} \ddot{\boldsymbol{\Theta}}_m \\ \ddot{\boldsymbol{\eta}} \end{bmatrix}+\boldsymbol{C}(\boldsymbol{\Theta}_m,\boldsymbol{\eta})\begin{bmatrix} \dot{\boldsymbol{\Theta}}_m \\ \dot{\boldsymbol{\eta}} \end{bmatrix}+\boldsymbol{D}(\boldsymbol{\Theta}_m,\boldsymbol{\eta})+\begin{bmatrix} \boldsymbol{0} \\ \boldsymbol{\Lambda}_f\boldsymbol{\eta} \end{bmatrix}=\begin{bmatrix} \boldsymbol{T}_m \\ \boldsymbol{0} \end{bmatrix} \tag{17}$$

式中：$\boldsymbol{C}(\boldsymbol{\Theta}_m,\boldsymbol{\eta})$为包括离心力和哥氏力在内的非线性力项；$\boldsymbol{D}(\boldsymbol{\Theta}_m,\boldsymbol{\eta})$为组合体初始运动对应的力项；$\boldsymbol{T}_m$ 为机械臂关节驱动力矩。

3　角动量转移优化方法

失稳目标捕获后，组合体位姿调整与稳定的主要难点在于如何吸收目标卫星的角动量。飞轮作为角动量吸收装置简单易行，但容易饱和，所能吸收的角动量有限；推力器喷气又会对机械臂运动产生干扰，降低机械臂控制精度。因此，本文采用先相对稳定再绝对稳定的控制方案：目标捕获后，先关闭服务卫星姿轨控系统，通过机械臂关节运动调整两星相对位姿，消除其相对运动，将目标卫星的角动量转移至整个组合体；待实现两星相对稳定后，再重新开启服务卫星姿轨控系统，消除组合体的旋转，实现组合体在惯性空间的姿态稳定。

对于具有冗余自由度（$n \geqslant 7$）的空间机械臂，存在多种构型满足两星相对稳定后的相对期望位姿要求。因此，可通过优化方法，规划得到机械臂最优构型，使组合体相对位姿稳定后的角速度最小，便于地面对组合体的跟踪控制。

设组合体相对位姿稳定后的机械臂关节角度、

角速度和角加速度分别为 $\boldsymbol{\Theta}_m=\boldsymbol{\Theta}_f$，$\dot{\boldsymbol{\Theta}}_m=\mathbf{0}$，$\ddot{\boldsymbol{\Theta}}_m=\mathbf{0}$，则角动量转移优化的自变量可取为

$$\boldsymbol{\Theta}_f=[\theta_{1f}\quad \theta_{2f}\quad \cdots\quad \theta_{nf}]^{\mathrm{T}} \tag{18}$$

设 ${}^{m0}\boldsymbol{r}_{me}$ 为目标卫星质心 O_{me} 到服务卫星质心 O_{m0} 的相对期望位置在 $\boldsymbol{\Sigma}_{m0}$ 系中的坐标分量，${}^{m0}\boldsymbol{A}_{mn}$ 为目标卫星到服务卫星的相对期望姿态转换矩阵，则角动量转移优化的等式约束可整理为

$$\begin{cases}{}^{m0}\boldsymbol{b}_{m0}+\sum\limits_{i=1}^{n}{}^{m0}\boldsymbol{A}_{m1}(\theta_{1f})\cdots{}^{mi-1}\boldsymbol{A}_{mi}(\theta_{if}){}^{mi}\boldsymbol{l}_{mi}={}^{m0}\boldsymbol{r}_{me}\\ {}^{m0}\boldsymbol{A}_{m1}(\theta_{1f})\cdots{}^{mn-1}\boldsymbol{A}_{mn}(\theta_{nf})={}^{m0}\boldsymbol{A}_{mn}\end{cases} \tag{19}$$

式中：${}^{m0}\boldsymbol{b}_{m0}$ 为 $\boldsymbol{b}_{m0}$ 在 $\boldsymbol{\Sigma}_{m0}$ 系中的坐标分量；${}^{mi}\boldsymbol{l}_{mi}$ 为 $\boldsymbol{l}_{mi}$ 在 $\boldsymbol{\Sigma}_{mi}$ 系中的坐标分量。

设 $\boldsymbol{\omega}_f$ 为组合体相对位姿稳定后的角速度，由 $\dot{\boldsymbol{\Theta}}_m=\mathbf{0}$ 可得 $\boldsymbol{\omega}_{mi}=\boldsymbol{\omega}_f(i=0,1,\cdots,n)$。组合体自由漂浮，不受外力作用，其系统质心在惯性空间中运动状态不变，将惯性系 $\boldsymbol{\Sigma}_I$ 原点 O_I 取在组合体系统质心 O_g，则组合体线动量 $\boldsymbol{P}_0$ 为零，因而有 $\boldsymbol{v}_{m0}=-\boldsymbol{r}_{m0}^{\times}\boldsymbol{\omega}_f$。不考虑组合体的柔性振动，$\boldsymbol{\eta}=\mathbf{0}$。组合体动量表达式（11）可简化为

$$\begin{bmatrix}\mathbf{0}\\ \boldsymbol{L}_0\end{bmatrix}=\boldsymbol{H}_s\begin{bmatrix}-\boldsymbol{r}_{m0}^{\times}\\ \boldsymbol{E}\end{bmatrix}\boldsymbol{\omega}_f=\begin{bmatrix}\boldsymbol{H}_{pv} & \boldsymbol{H}_{p\omega}\\ \boldsymbol{H}_{lv} & \boldsymbol{H}_{l\omega}\end{bmatrix}\begin{bmatrix}-\boldsymbol{r}_{m0}^{\times}\\ \boldsymbol{E}\end{bmatrix}\boldsymbol{\omega}_f \tag{20}$$

式中：$\boldsymbol{H}_{pv}$、$\boldsymbol{H}_{p\omega}$、$\boldsymbol{H}_{lv}$、$\boldsymbol{H}_{l\omega}$ 为 $\boldsymbol{H}_s$ 的分块矩阵。令

$$\boldsymbol{I}_f=[\boldsymbol{H}_{lv}\quad \boldsymbol{H}_{l\omega}]\begin{bmatrix}-\boldsymbol{r}_{m0}^{\times}\\ \boldsymbol{E}\end{bmatrix} \tag{21}$$

可证明 $\boldsymbol{I}_f$ 非奇异，则目标函数可取为

$$\|\boldsymbol{\omega}_f\|=\|\boldsymbol{I}_f^{-1}\boldsymbol{L}_0\| \tag{22}$$

至此，角动量转移优化问题转化为求一组 $\boldsymbol{\Theta}_f=[\theta_{1f}\quad \theta_{2f}\quad \cdots\quad \theta_{nf}]^{\mathrm{T}}$，在满足式（19）所示约束条件下，使目标函数 $\|\boldsymbol{\omega}_f\|$ 取最小值。特别地，当空间机械臂自由度 $n=7$ 时，通过求解约束方程，可将问题进一步转化为无约束单变量极值问题。对于该类问题的求解，目前已有很多成熟算法，如牛顿法、黄金分割法、抛物线法等[15]。

4 基于粒子群算法的抑振轨迹规划

4.1 关节运动参数化

目标捕获后，航天器组合体呈两头重中间轻的“哑铃”状构型，该种构型使得处于连接位置的空间机械臂的基频显著降低。同时，服务卫星和目标卫星的太阳翼本身也是基频很低的大型柔性结构。机械臂运动过程中容易激起自身和太阳翼的柔性振动，对其控制精度产生影响。因此，组合体位姿调整与稳定过程中需考虑抑制相关柔性振动，通过智能优化算法规划机械臂的最优抑振轨迹。

设组合体位姿调整与稳定过程的起止时刻分别为 t_0, t_f。在起始时刻 $t_0=0$，机械臂关节的初始运动状态为

$$\boldsymbol{\Theta}_m(0)=\boldsymbol{\Theta}_0,\dot{\boldsymbol{\Theta}}_m(0)=\dot{\boldsymbol{\Theta}}_0,\ddot{\boldsymbol{\Theta}}_m(0)=\ddot{\boldsymbol{\Theta}}_0 \tag{23}$$

在终止时刻 t_f，由角动量转移优化可得机械臂关节的最终运动状态为

$$\boldsymbol{\Theta}_m(t_f)=\boldsymbol{\Theta}_f,\dot{\boldsymbol{\Theta}}_m(t_f)=\mathbf{0},\ddot{\boldsymbol{\Theta}}_m(t_f)=\mathbf{0} \tag{24}$$

采用 7 次多项式对关节运动轨迹进行参数化：

$$\theta_{mi}(t)=a_{i7}t^7+a_{i6}t^6+a_{i5}t^5+a_{i4}t^4+a_{i3}t^3+a_{i2}t^2+a_{i1}t+a_{i0} \tag{25}$$

式中：$a_{i0},a_{i1},\cdots,a_{i7}$ 为 7 次多项式系数。将边界条件式（23）和式（24）代入得

$$\begin{cases}a_{i0}=\theta_{i0},a_{i1}=\dot{\theta}_{i0},a_{i2}=\dfrac{1}{2}\ddot{\theta}_{i0}\\ a_{i3}=\dfrac{-6a_{i7}t_f^7-2a_{i6}t_f^6-3\ddot{\theta}_{i0}t_f^2-12\dot{\theta}_{i0}t_f+20(\theta_{if}-\theta_{i0})}{2t_f^3}\\ a_{i4}=\dfrac{16a_{i7}t_f^7+6a_{i6}t_f^6+3\ddot{\theta}_{i0}t_f^2+16\dot{\theta}_{i0}t_f-30(\theta_{if}-\theta_{i0})}{2t_f^4}\\ a_{i5}=\dfrac{-12a_{i7}t_f^7-6a_{i6}t_f^6-\ddot{\theta}_{i0}t_f^2-6\dot{\theta}_{i0}t_f+12(\theta_{if}-\theta_{i0})}{2t_f^5}\end{cases} \tag{26}$$

参数化后的每个关节运动轨迹 $\theta_{mi}(t)$ 仅包含两个待定参数 a_{i6}、a_{i7}，则抑振轨迹规划的优化参数可取为

$$\boldsymbol{a}=[a_{16}\quad a_{17}\quad a_{26}\quad a_{27}\quad \cdots\quad a_{n6}\quad a_{n7}]^{\mathrm{T}}\in\mathbf{R}^{2n} \tag{27}$$

4.2 目标函数定义

模态坐标 $\boldsymbol{\eta}$ 能够直观反映机械臂和太阳翼的柔性振动，因此抑振轨迹规划的目标函数可定义为

$$Q=\lambda_1\int_0^{t_f}\boldsymbol{\eta}^{\mathrm{T}}(t)\boldsymbol{\eta}(t)\mathrm{d}t+\lambda_2\int_{t_f}^{\infty}\boldsymbol{\eta}^{\mathrm{T}}(t)\boldsymbol{\eta}(t)\mathrm{d}t \tag{28}$$

式中：Q 为机械臂和太阳翼的柔性振动能量，右边第一项为机械臂运动过程中的柔性振动能量，第

二项为机械臂运动结束后的残余振动能量，λ_1、λ_2分别为各自的权重系数。抑振轨迹规划问题转化为求一组最优参数$\boldsymbol{a}=[a_{16}\quad a_{17}\quad a_{26}\quad a_{27}\quad \cdots\quad a_{n6}\quad a_{n7}]$，使目标函数$Q$取最小值，进而得到机械臂的最优抑振轨迹$\boldsymbol{\Theta}_m(t)$。

4.3　粒子群优化算法求解

粒子群优化算法（Particle Swarm Optimization，PSO）由Kennedy和Eberhart于1995年首次提出[16]，是一种基于群体智能的优化算法，通过一组初始化的群体在搜索空间中并行搜索，具有实现简单、收敛快、精度高等优点，可用于求解本文的抑振轨迹规划问题。

粒子群算法具体求解步骤如下。

（1）设粒子种群数量为M，在N维搜索空间中（$N=2n$），随机初始化每个粒子i的位置$\boldsymbol{X}_i$和速度$\boldsymbol{V}_i$，其中$\boldsymbol{X}_i$为

$$\boldsymbol{X}_i=\boldsymbol{a}^i=[a_{16}^i\quad a_{17}^i\quad a_{26}^i\quad a_{27}^i\quad \cdots\quad a_{n6}^i\quad a_{n7}^i]^{\mathrm{T}} \tag{29}$$

将$\boldsymbol{X}_i$代入式（26）和式（25）计算机械臂关节运动轨迹$\boldsymbol{\Theta}_m(t)$，再代入组合体动力学方程式（17）求解模态坐标$\boldsymbol{\eta}(t)$，最后代入式（28）计算目标函数Q。设$\boldsymbol{P}_i$为粒子i的个体最优位置，其初值为

$$\boldsymbol{P}_i(0)=\boldsymbol{X}_i(0) \tag{30}$$

设$\boldsymbol{P}_g$为全局最优位置，其初值为

$$\boldsymbol{P}_g(0)=\{\boldsymbol{P}_i(0)\mid Q(\boldsymbol{P}_i)=\min\{Q(\boldsymbol{P}_1),\cdots,Q(\boldsymbol{P}_M)\}\} \tag{31}$$

（2）假设第k代的$\boldsymbol{X}_i(k)$，$\boldsymbol{V}_i(k)$，$\boldsymbol{P}_i(k)$，$\boldsymbol{P}_g(k)$已知，则第$k+1$代的粒子位置$\boldsymbol{X}_i(k+1)$和速度$\boldsymbol{V}_i(k+1)$按下式规划：

$$\boldsymbol{V}_i(k+1)=w\boldsymbol{V}_i(k)+c_1r_{i1}[\boldsymbol{P}_i(k)-\boldsymbol{X}_i(k)]+c_2r_{i2}[\boldsymbol{P}_g(k)-\boldsymbol{X}_i(k)] \tag{32}$$

$$\boldsymbol{X}_i(k+1)=\boldsymbol{X}_i(k)+\boldsymbol{V}_i(k+1) \tag{33}$$

式中：w为惯性权重；c_1，c_2为学习因子；r_{i1}、r_{i2}为[0,1]区间内的随机数。

（3）更新粒子i的个体最优位置$\boldsymbol{P}_i(k+1)$：

$$\boldsymbol{P}_i(k+1)=\begin{cases}\boldsymbol{P}_i(k), & Q(\boldsymbol{X}_i(k+1))\geqslant Q(\boldsymbol{P}_i(k))\\ \boldsymbol{X}_i(k+1), & Q(\boldsymbol{X}_i(k+1))<Q(\boldsymbol{P}_i(k))\end{cases} \tag{34}$$

（4）更新全局最优位置$\boldsymbol{P}_g(k+1)$：

$$\boldsymbol{P}_g(k+1)=\begin{cases}\boldsymbol{P}_g(k), & Q(\boldsymbol{P}_i(k+1))\geqslant Q(\boldsymbol{P}_g(k))\\ \boldsymbol{P}_i(k+1), & Q(\boldsymbol{P}_i(k+1))<Q(\boldsymbol{P}_g(k))\end{cases} \tag{35}$$

（5）设最大迭代次数为$k_{\max}$，期望目标函数值为Q_{d}。若$k\geqslant k_{\max}$或$Q(\boldsymbol{P}_g(k))\leqslant Q_{\mathrm{d}}$，则判定满足算法终止条件，结束迭代，否则$k=k+1$，转步骤（2）。

5　仿真校验

5.1　工程算例

通过工程算例在MATLAB和ADAMS联合仿真平台上进行仿真，校验本文规划方法的有效性。服务卫星和目标卫星设定采用成熟型号卫星平台。机械臂设定为空间七自由度机械臂，整体构型与国际空间站遥控机械臂系统相似，采用传统DH建模方法描述，如图2所示，D-H参数如表1所列。组合体动力学参数如表2所列。机械臂臂杆和卫星太阳翼的材料参数如表3所列。

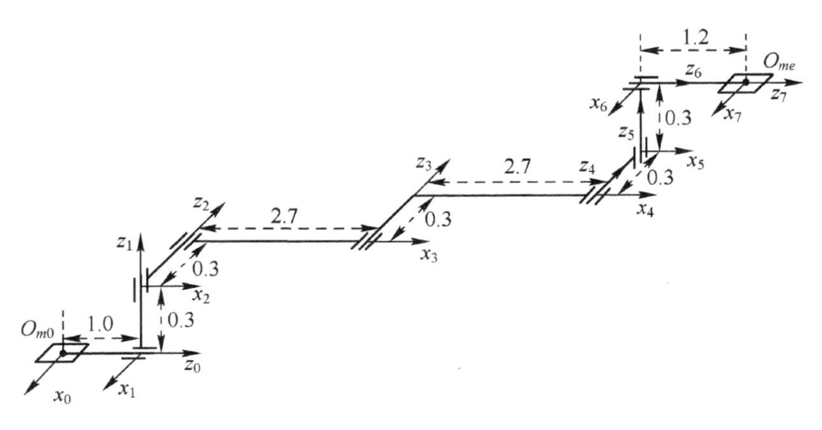

图2　空间七自由度机械臂D-H坐标系

表 1 空间机械臂 D-H 参数

臂杆 i	$\theta_{mi}/(°)$	$\alpha_i/(°)$	a_i/m	d_i/m
1	θ_{m1}	90	0	1.0
2	θ_{m2}	-90	0	0.3
3	θ_{m3}	0	2.7	0.3
4	θ_{m4}	0	2.7	0.3
5	θ_{m5}	90	0	0.3
6	θ_{m6}	-90	0	0.3
7	θ_{m7}	0	0	1.2

表 2 航天器组合体动力学参数

部件	质量 m_i/kg	转动惯量 $\boldsymbol{I}_i$/（kg·m²）		
		I_{xx}	I_{yy}	I_{zz}
服务卫星	4000	7859	5610	6734
臂杆 1	12	0.12	0.07	0.12
臂杆 2	12	0.12	0.07	0.12
臂杆 3	76.65	0.55	50.46	50.46
臂杆 4	88.65	0.91	70.12	69.82
臂杆 5	12	0.12	0.12	0.07
臂杆 6	12	0.12	0.12	0.07
目标卫星	5340	17032	8990	14621

表 3 柔性部件材料参数

柔性部件	密度 ρ_i/(kg/m³)	弹性模量 E_i/(N/m²)	泊松比 μ_i
机械臂臂杆	1.141×10^3	7.602×10^{10}	0.3
卫星太阳翼	1.512×10^2	7.832×10^{10}	0.3

目标捕获后组合体的初始角动量 $\boldsymbol{L}_0=[0\ \ 606\ \ 0]^{\mathrm{T}}\mathrm{kg\cdot m^2/s}$。机械臂关节初始状态 $\boldsymbol{\Theta}_0=[-3.8\ \ 83.6\ \ -57.3\ \ -63.9\ \ 121.2\ \ 96.4\ \ -3.8]^{\mathrm{T}}(°)$，$\dot{\boldsymbol{\Theta}}_0=[0\ \ -0.1\ \ -0.6\ \ 2.5\ \ -4\ \ -0.2\ \ -0.2]^{\mathrm{T}}(°)\cdot\mathrm{s^{-1}}$，$\ddot{\boldsymbol{\Theta}}_0=[0\ \ -0.3\ \ -0.2\ \ 0.2\ \ 0\ \ 0.3\ \ 0]^{\mathrm{T}}(°)\cdot\mathrm{s^{-2}}$。终止时刻 $t_f=40\mathrm{s}$，服务卫星与目标卫星的相对期望位置 ${}^{m0}\boldsymbol{r}_{me}=[4\ \ 0\ \ 0]^{\mathrm{T}}\mathrm{m}$，相对期望姿态转换矩阵 ${}^{m0}\mathbf{A}_{mn}=\mathrm{diag}(1,1,1)$。粒子群算法的种群数量 $M=40$，惯性权重 w 采用线性递减策略，初值 $w_{ini}=0.9$，终值 $w_{\mathrm{end}}=0.4$，学习因子 $c_1=2$，$c_2=2$，最大迭代次数 $k_{\max}=60$。权重系数 $\lambda_1=1$，$\lambda_2=10$。

5.2 仿真结果

采用上节工程算例进行角动量转移优化仿真，通过求解约束方程将问题转化为单变量极值问题，选取 θ_{2f} 作为自变量，仿真得到的目标函数 $\|\boldsymbol{\omega}_f\|$ 随 θ_{2f} 的变化曲线如图 3 所示。

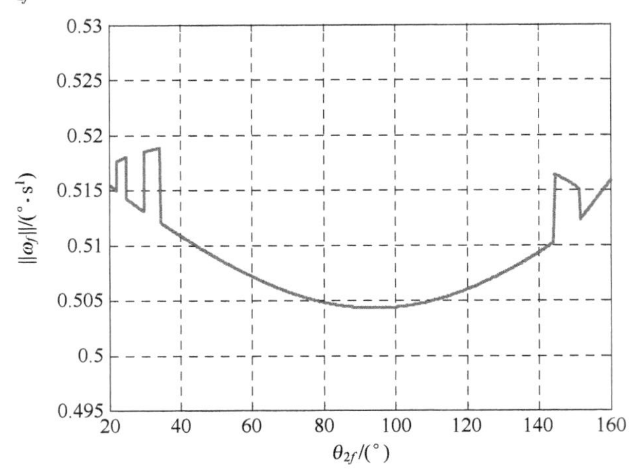

图 3 角动量转移优化目标函数

从图 3 中可以看出，当 θ_{2f} 在 [20,160] 区间内变化时，$\|\boldsymbol{\omega}_f\|$ 存在最小值。当 $\theta_{2f}=94.2°$ 时，

$\|\boldsymbol{\omega}_f\|$取最小值 0.504(°)·$s^{-1}$。将 θ_{2f}代入约束方程可求得组合体相对位姿稳定后的机械臂关节角度 $\boldsymbol{\Theta}_f=[-8.8 \quad 94.2 \quad -8.5 \quad -146.4 \quad 154.9 \quad 85.8 \quad -8.8]^{\mathrm{T}}(°)$。

采用粒子群算法进行抑振轨迹规划仿真，目标函数 Q 随迭代次数 k 的变化曲线如图 4 所示。

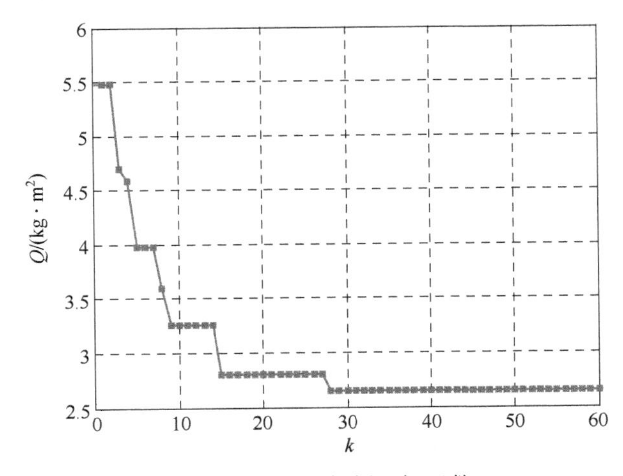

图 4 抑振轨迹规划目标函数

从图 4 中可以看出，随着 k 增加，Q 单调递减。当迭代至 $k=28$ 时，Q 取极小值 2.652kg·m^2，且在后续迭代过程中保持不变，因此该值可作为抑振轨迹规划的最优目标函数值。

仿真得到的空间机械臂关节最优抑振轨迹 $\boldsymbol{\Theta}_m(t)$ 与常规五次多项式轨迹进行对比，结果如图 5 所示。机械臂臂杆 3、服务卫星太阳翼 1 和目标卫星太阳翼 1 的一阶模态坐标 η_{m3}，η_{s1}，η_{t1} 的对比结果分别如图 6~图 8 所示。

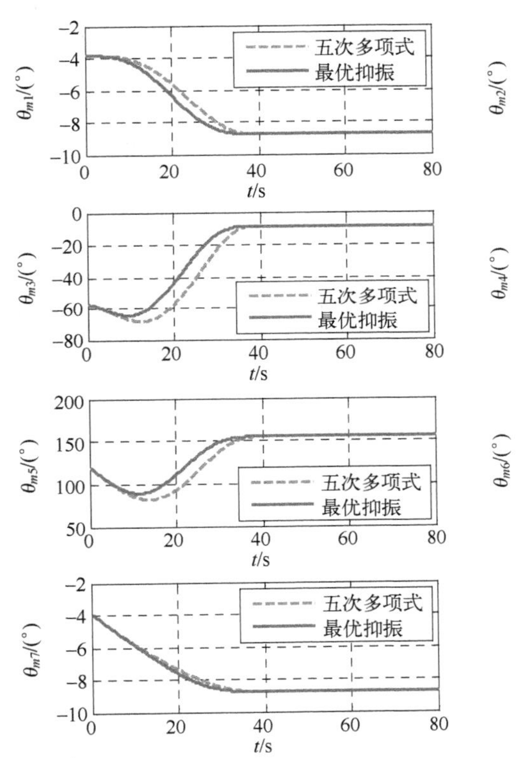

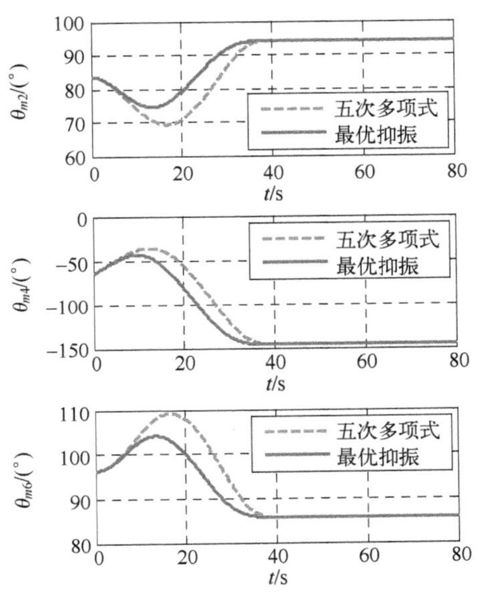

图 5 空间机械臂关节角度

从图中可以看出，当机械臂关节沿最优抑振轨迹运动时，机械臂和太阳翼的残余振动与 5 次多项式轨迹相比均大幅减少，振动幅值减少约 80%，表明其柔性振动得到有效抑制，从而证明本文提出的抑振轨迹规划方法是有效可行的。

6 结束语

本文针对失稳目标捕获后航天器组合体位姿调整与稳定问题，提出了一种角动量转移与振动抑制复合规划方法，并通过数值仿真验证了方法的有效性和适用性。方法具有以下特点：①有效实现组合体的角动量转移，并保证组合体相对位姿稳定后的角速度最小；②显著降低机械臂和太阳翼等柔性部件的振动，从而提高组合体的相对位姿控制精度。

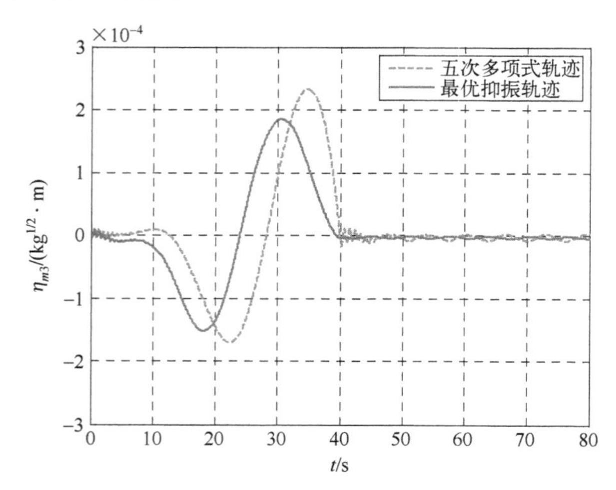

图 6　空间机械臂臂杆一阶模态坐标

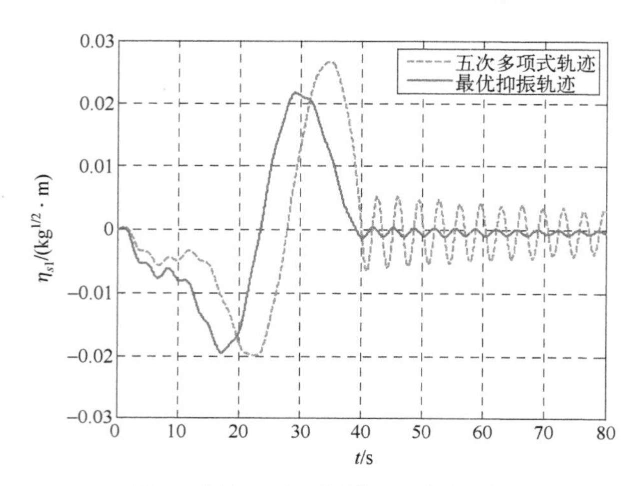

图 7　服务卫星太阳翼一阶模态坐标

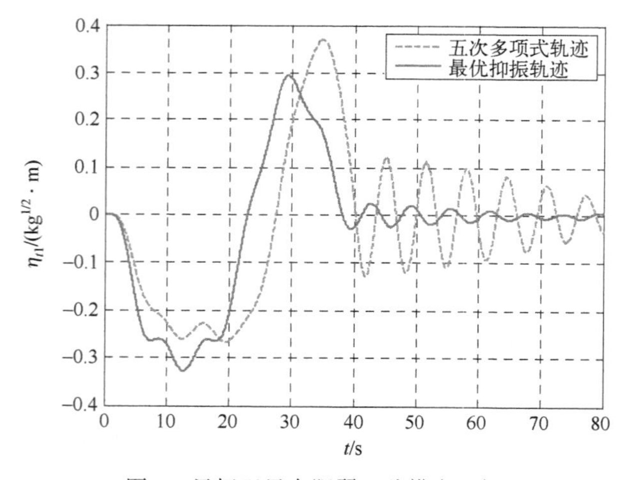

图 8　目标卫星太阳翼一阶模态坐标

由于方法的规划对象为机械臂关节输出角度，未对关节内部结构进行建模，因此无法抑制关节的柔性振动。关节振动抑制问题可在后续工作柔性机械臂控制系统设计时进一步加以解决。

参考文献

[1] 周志成，曲广吉．通信卫星总体设计和动力学分析［M］．北京：中国科学技术出版社，2012.

[2] 梁斌，徐文福，李成，等．地球静止轨道在轨服务技术研究现状与发展趋势［J］．宇航学报，2010，31（1）：1-13.

[3] 王兴龙，周志成，曲广吉．空间机械臂捕获失稳目标的动态轨迹规划方法［J］．宇航学报，2017，38（7）：678-685.

[4] Aghili F. Optimal control of a space manipulator for detumbling of a target satellite［C］. International Conference on Robotics and Automation，Kobe，Japan，May 12-17，2009.

[5] 徐拴锋，杨保华，张笃周，等．面向非合作目标抓捕的机械臂轨迹规划方法［J］．中国空间科学技术，2014，8（4）：8-15.

[6] Stolfi A，Gasbarri P，Sabatini M. Impedance control of a multi-arm space robot for capturing a non-cooperative target［C］. International Astronautical Congress，Guadalajara，Mexico，Sept 26-30，2016.

[7] 郭闻昊，王天舒．空间机器人抓捕目标星碰撞前构型优化［J］．宇航学报，2015，36（4）：390-396.

[8] Xu W F，Peng J Q，Liang B，et al. Hybrid modeling and analysis method for dynamic coupling of space robots［J］. IEEE Transactions on Aerospace and Electronic Systems，2016，52（1）：85-98.

[9] Dimitrov D，Yoshida K. Utilization of the bias momentum approach for capturing a tumbling satellite［C］. International Conference on Intelligent Robots and Systems，Sendai，Japan，Sept 28 - Oct 2，2004.

[10] 刘厚德，梁斌，李成，等．航天器抓捕后复合体系统稳定的协调控制研究［J］．宇航学报，2012，33（7）：920-929.

[11] Akira A. Trajectory planning for residual vibration suppression of a two-link rigid-flexible manipulator considering large deformation［J］. Mechanism and Machine Theory，2009，44（9）：1627-1639.

[12] Meng D S，Wang X Q，Xu W F，et al. Space robots with flexible appendages：dynamic modeling，coupling measurement，and vibration suppression［J］. Journal of Sound and Vibration，2017，396：30-50.

[13] Xu W F，Meng D S，Chen Y Q，et al. Dynamics modeling and analysis of a flexible-base space robot for capturing large flexible spacecraft［J］. Multibody System Dynamics，2014，32（3）：357-401.

[14] Wang X L，Zhou Z C，Qu G J. Dynamics modeling of flexible spacecraft combination connected by a space manipulator［C］. International Astronautical Congress，Adelaide，Australia，Sept 25-29，2017.

[15] 龚纯，王正林．精通 MATLAB 最优化计算［M］．2 版．北京：电子工业出版社，2012.

[16] Eberhart R，Kennedy J. A new optimizer using particle swarm theory［C］. International Symposium on Micro Machine and Human Science，Nagoya，Japan，Oct 4-6，1995.

基于像面椭圆轨迹的非合作航天器自旋角速度估计方法研究

王鹏基[1,2]，毛晓艳[1,2]，魏春岭[1,2]

（1. 北京控制工程研究所，北京，100094；2. 空间智能控制国家级重点实验室，北京，100094）

摘要：非合作或失效航天器自旋角速度估计是未来在轨服务的基础。目前常用手段是通过对可见光相机获得的目标序列图像进行图像处理和数值计算，从而解算出目标航天器自旋角速度的惯性矢量。一般情况下，仅利用单目相机是无法获得相对于目标的深度信息，也即无法直接解算出目标自旋轴矢量的。本文对单目相机获得的目标序列图像进行研究，通过对其在像面上形成的椭圆闭合轨迹寻找一般性规律，并结合人工辅助识别序列图像，进而估计出非合作目标的自旋角速度矢量，并通过数学仿真来验证该方法的有效性和工程适用性。

关键词：非合作航天器；自旋角速度估计；单目视觉；像面椭圆轨迹

1 引言

对于未来在轨服务重大专项来说，确定失效航天器的自旋角速度大小和方向是其进行接近及后续维护操作的基础。而对于我国未来小行星或其他未知小天体探测任务，获得小天体的自旋轴方向同样是实现后续接近和定点附着采样的重要保证。

目前对于合作或非合作航天器的相对测量主要集中在两飞行器间相对位置姿态的测量上[1-3]，即利用单目或者双目相机建立两个飞行器的相对位姿关系[4-5]，然后利用最优化迭代算法[6]数值求解一个 PNP 问题。得到相对姿态后，后续可以利用自身已知姿态信息和差分算法，间接得到目标航天器的自旋角速度矢量。该求解思路的优点是可以实时获得目标航天器的三轴姿态信息，不足之处是采用数值迭代求解非线性问题，计算量大，且迭代对初值要求较高，存在迭代计算结果发散的问题。

本文给出了一种利用特征点像面闭合轨迹直接解算目标航天器自旋角速度的直接求解方法。该方法无需进行大量的迭代数值计算，计算量小，且对于图像质量要求不高，在图像出现一定模糊的情况下仍然可以获得目标自旋角速度，因此该方法具有一定的工程实用价值。

2 像面轨迹法基本原理

2.1 基本假设

为了简化问题，针对研究目标给出两个假设条件。

（1）目标航天器绕最大惯量轴自旋，其自旋角速度 $\boldsymbol{\omega}$ 在惯性空间定向。

（2）单目相机相对于目标航天器处于相对静止凝视成像状态。

2.2 基本原理

2.2.1 相机成像原理

图 1 给出了单目相机在轨成像原理图。其中，T 代表目标飞行器，A 为目标飞行器上某个特征点（如帆板角点），$\boldsymbol{F}_{\mathrm{T}}$ 表示目标飞行器的本体坐标系。C 表示追踪飞行器上的单目相机，$\boldsymbol{F}_{\mathrm{C}}$ 表示相机坐标系，$\boldsymbol{F}_{\mathrm{p}}$ 和 $\boldsymbol{F}_{\mathrm{d}}$ 分别表示像面坐标系和像面辅助坐标系。目标飞行器上的特征点 A，经过相机成像的三角变换，在像面上表示为一个二维像点 $(u_{\mathrm{A}},v_{\mathrm{A}})$，这就是相机成像的基本原理。

2.2.2 像面椭圆轨迹法原理

根据相机成像原理和前面的假设，可以得到图 1 中特征点 A 的序列图像在相机坐标系和像面中的闭合轨迹，如图 2 所示。

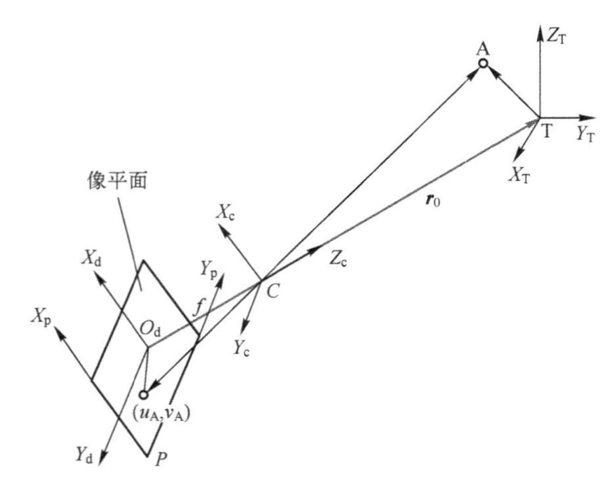

图 1　单目相机目标成像原理图

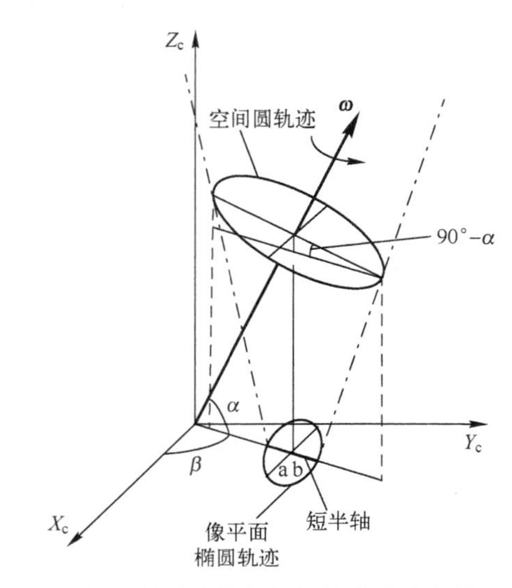

图 2　单目成像空间矢量关系示意图

图 2 中，$\boldsymbol{\omega}$ 为目标飞行器的惯性角速度矢量，α、β 分别为该矢量在相机系下的仰角和方位角。目标飞行器上的特征点 A 在自旋作用下，在惯性空间形成了一个空间圆闭合轨迹，该轨迹投影到像面上，即得到像面椭圆轨迹。其长短半轴大小分别为 a 和 b。

本文给出的像面轨迹法，即根据像面椭圆轨迹与角速度矢量 $\boldsymbol{\omega}$ 的几何关系进行解算。由图 2，容易得到如下几个推论。

（1）目标特征点空间圆轨迹在单目相机像面上将形成一个闭合的椭圆轨迹。

（2）目标自旋角速度 $\boldsymbol{\omega}$ 在像平面上的投影位于椭圆轨迹的短半轴矢量 $\boldsymbol{b}$ 上。

（3）根据小孔成像的比例关系，自旋角速度矢量在像平面上的仰角 α 可由椭圆轨迹的长、短半轴大小 a 和 b 表示，即 $\sin\alpha = b/a$。

2.2.3　问题提出

要估算目标飞行器的惯性自旋角速度矢量 $\boldsymbol{\omega}$，只要求出角速度矢量 $\boldsymbol{\omega}$ 在相机坐标系 $\boldsymbol{F}_C$ 下的表示，再根据相机系与惯性系的姿态关系（姿态矩阵 $\boldsymbol{C}_{CI}$ 可由追踪器自身携带的敏感器定姿得到，为已知），即可得到惯性空间的角速度矢量。

2.3　求解思路和方法

1）求解自旋角速度 $\boldsymbol{\omega}$ 在相机系 $\boldsymbol{F}_C$ 下的单位矢量

可表示为

$$\frac{\boldsymbol{\omega}_c}{\|\boldsymbol{\omega}_c\|} = \begin{bmatrix} \cos\alpha\cos\beta \\ \cos\alpha\sin\beta \\ \sin\alpha \end{bmatrix} \tag{1}$$

其中，仰角 α 由 2.2.2 节推论（3）得到，并由像面上的序列像点确定方向（与光轴同向还是反向）；方位角 β 由椭圆轨迹得到（根据像平面坐标获得短半轴轴线单位矢量（有两个方向），从而得到方位角 β）。

2）短半轴方向二义性确定

短半轴方向即自旋角速度在像平面的投影方向有两个，如图 2 所示，两者之间相差 180°。对于单目视觉来说，单纯依靠一次成像难以判断短半轴的方向，即难以完全确定目标自旋轴矢量。可行的短半轴方向确定规则有两个：一是利用单目相机在两次不同位置上的序列成像进行判断；二是利用人工智能对序列图像特征信息的变化进行判断。

3）求解自旋角速度 $\boldsymbol{\omega}$ 大小

利用单位时间走过的角度增量和时间间隔的关系，近似估计平均自旋角速度 $\boldsymbol{\omega}$ 的大小。

$$\omega_c = \Delta\delta / \Delta t \tag{2}$$

3　数字仿真

3.1　仿真条件设定

1）单目相机参数

设定单目相机视场 0.16°，分辨率 2048 像素，距离目标 10km 时成像，相机与目标处于相对静止状态。

2）目标特征点在其本体系下的位置

不妨取卫星帆板上的 4 个角点，其在目标本体系下的位置如下：

P_T = [−0.0458　　8.999　　0.8430
　　−0.07958　　8.999　　−0.8767

$$
\begin{matrix} -0.0458 & -9.009 & 0.8430 \\ -0.07958 & -9.009 & -0.8767 \end{matrix}]^{\mathrm{T}}
$$

本文给出的算法并不需要事先已知目标特征点的位置信息，之所以设定帆板上的4个角点在本体系下的精确位置，是为了确定算法的估计误差。

3）目标自旋角速度矢量设定

为确定算法估计的误差，还需要设定目标自旋角速度方向。不妨假设目标星本体 X_{T} 轴为其自旋轴，不失一般性，令惯性系 $\boldsymbol{F}_{\mathrm{I}}$ 经过3-2-1转序获得目标星本体系 $\boldsymbol{F}_{\mathrm{T}}$。因此，只需要改变两个角度 Ψ_0（绕 Z_{I} 轴）和 θ_0（绕 Y_{I} 轴）的大小，就可以获得目标自旋角速度矢量在惯性空间的任意指向。

4）图像数据获取方式

本文采用自旋目标数字图像生成软件，根据事先设定的自旋轴方向和自旋角速度大小，生成100帧序列数字图像，并利用算法程序自动获取4个特征点的像面坐标。本文给出的单目视觉像面椭圆轨迹算法，正是基于这些像面坐标数据进行处理和解算。

3.2　仿真结果分析

本文在单目视觉像面椭圆轨迹法算法研究的基础上，给出了目标自旋角速度估计软件程序如图3所示。

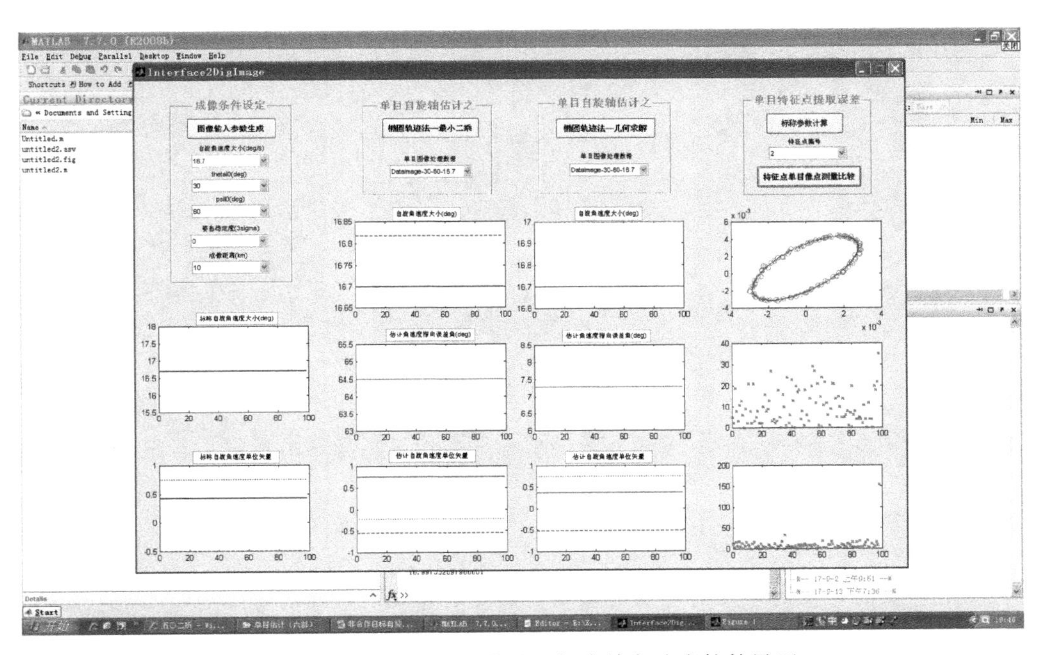

图3　像面椭圆轨迹法估计目标自旋角速度软件界面

图3针对3.1节给出的序列图像处理数据，利用本文给出的单目视觉像面椭圆轨迹法估计得出了不同自旋条件下的仿真结果。其中的“仿真算例”说明如下。

如30-60-16.7，表示设定自旋轴方向为：先绕惯性系Z轴旋转60°，再绕 Y 轴旋转30°，得到的 X 轴即为自旋轴方向。自旋角速度大小设定为16.7°/s。

表1分别针对5种自旋条件进行了仿真计算。可以看出，自旋角速度指向误差在10°以内，大小误差在2%以内。其中，造成估计误差的因素主要有两个：一是特征点提取误差，二是算法估计误差。减小特征点提取误差，可有效提高自旋角速度估计精度。

表1　针对数字图像的单目视觉像面椭圆轨迹法估计结果

序号	仿真算例	自旋角速度估计结果	
		指向误差/(°)	角速度大小/(°/s)
1	30-60-16.7	7.28	17.00
2	10-30-7	8.65	7.04
3	20-20-7	9.78	7.06
4	20-50-7	4.50	6.96
5	40-30-26	7.19	26.13

4　结束语

本文针对非合作自旋目标飞行器，研究了利用单目视觉估计目标自旋角速度的像面椭圆轨迹方法。该方法无须事先已知目标特征点的位置信息，且只需获得一个特征点的序列像面坐标，即可对自旋角速度矢量进行估计。因此，该方法针对一般性的空间定向自旋目标，具有较好的工程应用价值。

参考文献

[1] 张世杰，曹喜滨，陈闽．非合作航天器间相对位姿的单目视觉确定算法［J］．南京理工大学学报，2006，30（5）：564-568.
[2] 张劲峰，孙承启，蔡伟．基于单目视觉的非合作航天器相对位置和姿态测量算法［J］．空间控制技术与应用，2009，35（6）：50-53.
[3] Calhoun P C，Dabney R. Solution to the problem of determining the relative 6 DOF state for spacecraft automated rendezvous and docking［J］. SPIE，1995，2466：175-184.
[4] Horn B K. Closed-form solution of absolute orientation using unit quaternion［J］. Journal of the Optical Society of America，1987，4（4）：629-642.
[5] 龚辉，江刚武，姜挺．基于单位四元数的绝对定向直接解法［J］．测绘通报，2007，9：10-13.
[6] 袁亚湘，孙文瑜．最优化理论与方法［M］．北京：科学出版社，2001.

航天器清除空间碎片动力学与控制仿真研究

董富祥，周志成，曲广吉

（中国空间技术研究院通信与导航卫星总体部，北京，10094）

摘要：针对地球静止轨道空间碎片清除需求，开展了服务星通过绳索拖拽空间碎片离轨多体动力学与控制仿真研究。分析了在轨拖拽期间系统拓扑构型，采用递推方法推导了考虑地球J2摄动的服务星和空间碎片柔性多体动力学方程组，建立了基于集中参数法的绳索动力学模型，通过约束方程将绳索与服务星和空间碎片相连接，建立了服务星姿态控制力矩方程，最后形成了服务星在轨拖拽空间碎片期间柔性多体系统多体动力学方程。通过悬链线模型与本文采用的集中参数模型的比较验证了本文采用的柔性绳索模型的正确性，然后通过数值仿真分析了与服务星质量接近的空间碎片被拖动期间动力学特性，为这类航天器总体设计及空间碎片清除策略制定提供了参考依据。

关键词：空间碎片清除；绳索力学模型；柔性航天器；多体系统动力学与控制；在轨服务

1 引言

静止轨道轨位资源具有位置高远、覆盖面积大、相对星下点静止等优点，是通信、广播监视和气象卫星理想轨位。该轨位具备不可再生和稀缺性，然而失效卫星或一些废弃的火箭上面级形成空间碎片，严重威胁该轨道卫星运行安全[1]。清除地球静止轨道空间碎片可以节省宝贵轨位资源，具有重要战略意义和经济价值。针对空间碎片移除问题，提出了非接触方法（如离子束照射、静电拖拽）、机械硬连接法（如机械手臂捕获法）和软连接法（如鱼叉和网索捕获法）等多种方法[2]。软连接法将服务星与空间碎片通过柔性绳索连接，避免了服务航天器与空间碎片间潜在的接触，具有适应不同目标等特点，可解决空间碎片或废弃航天器离轨操作，将成为未来空间操作的重要选项。

服务星通过绳索拖拽空间碎片离轨系统属于典型柔性多体动力学与控制系统，国内外针对该问题动力学建模及分析开展了一系列研究工作。Starke、Bischof 和 Foth[3]提出通过飞网和飞抓捕获空间碎片，并利用绳索拖拽离轨的 ROGER 系统，并对两种方案进行了分析。Aslanov、Yudintsev[4]推导了 LEO 绳系空间拖车-带剩余燃料空间碎片简化动力学方程，采用等价单摆模型建立了液体晃动力学模型，引入线性方程系统对短周期项进行了分析，对拖动空间碎片运动期间卫星姿态运动进行了分析。Zhao、Sun 和 Huang[5]等基于绳系卫星哑铃模型建立了轨道机动期间绳系卫星动力学方程，进一步将绳索应变考虑在内，分析了绳索松弛、天平动初始角度和推力加速度角度变化的影响，提出通过调整推力避免绳索松弛弯曲方法。Huang、Zhang 和 Xu[6]等建立了空间绳系机器人六自由度模型，并提出了其最优跟踪控制和姿态角控制方案。Liu、Cui 和 Shen[7]使用轨道位置坐标建立了服务星与废弃航天器动力学方程，使用两个航天器轨道坐标推到了天平动表达式，研究了初始条件对拖拽过程的影响。Liu、Zhang 和 Yang[8]等研究了索网捕获后绳索拖动空间碎片动力学建模，利用弹簧阻尼模型对索网进行建模，服务星和目标星均被作刚体假设，建立了考虑轨道运动和航天器的姿态运动，研究初始偏差系统动力学特性。在以往研究中，为了简化方程，均将卫星作为刚体，且假设星本体坐标系三轴与其主惯量轴重合，忽略了惯量积和柔性附件的影响，而实际工程中卫星带有柔性太阳翼，且其本体坐标系一般并不与卫星主惯量轴重合。

针对服务星通过绳索拖拽空间碎片离轨过程，本文采用基于递推的多体动力学方法建立了包括服务星、柔性太阳翼、空间碎片和柔性绳索在内的柔性多体动力学方程，考虑了地球 J2 摄动对系统内各物体的影响，采用集中参数方法获得了绳索动力学模型，并通过该模型与解析解的比较验证了模型的正确性，最后通过数值仿真揭示了服务星在轨拖动大型空间碎片动力学特性。

2 绳索拖拽空间碎片动力学模型

2.1 服务星在轨多体动力学模型

图 1 为地球静止轨道服务星在轨拖拽空间碎片离轨示意图。图中，$OXYZ$ 为 J2000.0 地心惯性坐标系[9]，$Ox_by_bz_b$ 和 $Ox_dy_dz_d$ 分别为星本体坐标系和空间碎片连体坐标系。

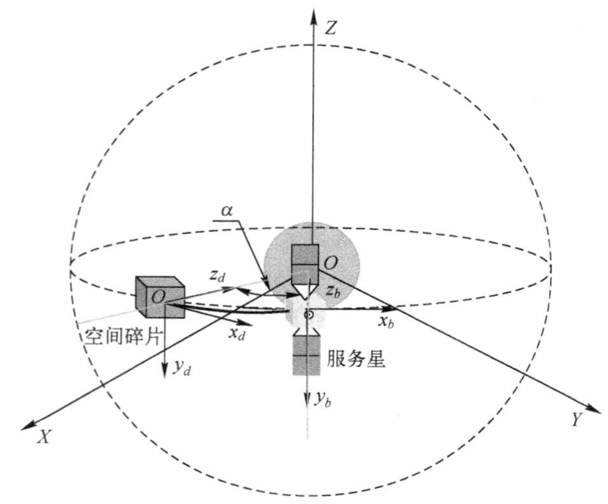

图 1 服务星在轨拖拽空间碎片离轨示意图

图 2 为服务星与目标星多体动力学拓扑构型，其中 B_1、B_2、B_3、B_4 和 B_5 分别表示卫星本体、南北柔性太阳翼、空间碎片和柔性绳索。卫星拖动空间碎片离轨期间，整个系统为无根系统，太阳翼相对于卫星本体处于锁定状态，绳索通过共点约束将星体和空间碎片连接。

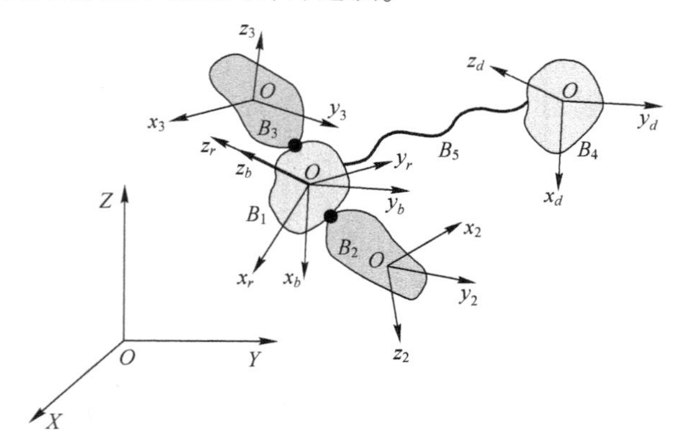

图 2 服务星与空间碎片拓扑结构

采用刚柔耦合多体系统动力学单向递推算法[10-11]，可获得如下服务星和空间碎片动力学方程组：

$$\boldsymbol{G}^{\mathrm{T}}\boldsymbol{M}\boldsymbol{G}\ddot{\boldsymbol{y}}=\boldsymbol{G}^{\mathrm{T}}(\boldsymbol{f}-\boldsymbol{M}\boldsymbol{g}) \tag{1}$$

式中：$\boldsymbol{M}$ 为服务星和空间碎片系统广义质量矩阵；$\boldsymbol{G}$ 和 $\boldsymbol{g}$ 分别为系统运动学递推系数矩阵；$\boldsymbol{f}$ 为作用于服务星和空间碎片广义外力阵；$\bar{\boldsymbol{f}}=[\bar{\boldsymbol{f}}_1^{\mathrm{T}}\ \ \bar{\boldsymbol{f}}_2^{\mathrm{T}}\ \ \bar{\boldsymbol{f}}_3^{\mathrm{T}}\ \ \bar{\boldsymbol{f}}_4^{\mathrm{T}}]^{\mathrm{T}}$，$\bar{\boldsymbol{f}}_i(i=1,2,3,4)$ 分别表示卫星本体、南北太阳翼和空间碎片受到的力。

卫星绕地球运动期间，卫星、柔性绳索和空间碎片受到地球引力和各类摄动力等外力作用。服务星拖动空间碎片时间较短，与地球中心力场引力及地球扁率引起的 J_2 摄动力相比，其他摄动力均为小量，计算中予以忽略。在多体动力学建模过程中，将地球引力作为外力施加到卫星本体、南北太阳翼和空间碎片各自质心上。考虑 J_2 摄动情况下，空间物体与地球间相互作用力在 $OXYZ$ 系中可表达如下：

$$\boldsymbol{F}=\begin{bmatrix}F_x\\F_y\\F_z\end{bmatrix}=\begin{bmatrix}-\dfrac{\mu m}{|r|^3}x+J_2\mu\dfrac{xmR_E^2}{2|r|^5}\left[15\left(\dfrac{z}{|r|}\right)^2-3\right]\\-\dfrac{\mu m}{|r|^3}y+J_2\mu\dfrac{ymR_E^2}{2|r|^5}\left[15\left(\dfrac{z}{|r|}\right)^2-3\right]\\-\dfrac{\mu m}{|r|^3}z+J_2\mu\dfrac{zmR_E^2}{2|r|^5}\left[15\left(\dfrac{z}{|r|}\right)^2-9\right]\end{bmatrix} \tag{2}$$

式中：μ 为地球引力常数；m 为卫星或者空间碎片质量；J_2 为地球扁率引起的摄动系数；R_E 为地球赤道半径，取 6378.1km；r 为地心到卫星质心距离矢量，$r=[x\ \ y\ \ z]^{\mathrm{T}}$，$|r|=\sqrt{x^2+y^2+z^2}$；$x$，$y$ 和 z 分别表示 r 在地心赤道惯性坐标系三轴分量。

2.2 基于集中参数法的绳索动力学模型

如图 3 所示，绳索将星体和空间碎片连接在一起。假设绳索由低弯曲刚度、等截面各向同性材料组成，可采用集中质量—弹簧阻尼模型对其进行等效。索段 IJ 张力可表示为

$$F_{IJ}^e=\begin{cases}0 & l_{IJ}\leqslant l_{IJ0}\\K(l_{IJ}-l_{IJ0})+C\dot{l}_{IJ} & l_{IJ}>l_{IJ0}\end{cases} \tag{3}$$

式中：K 和 C 分别为绳索等效刚度和阻尼；l_{IJ0} 和 l 分别为节点 IJ 间的原长和现在长度。

绳索与服务星和空间碎片通过约束方程连接，其约束方程如下：

$$\boldsymbol{R}_i+\boldsymbol{A}_i\boldsymbol{\rho}_Q-\boldsymbol{r}_P=0\quad(i,=1,4) \tag{4}$$

以绳索与星体 B_1 约束方程为例，不难得到其约束方程的加速度形式：

$$\boldsymbol{\Phi}_{1C}\ddot{\boldsymbol{y}}=\boldsymbol{\gamma}_{1C} \tag{5}$$

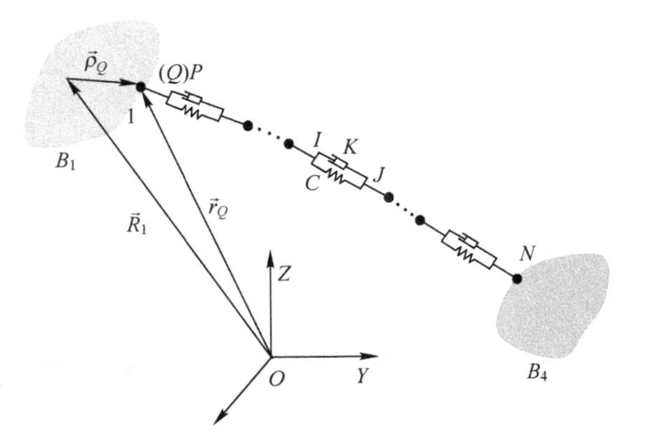

图 3　绳索的集中参数模型

其中 $\boldsymbol{\Phi}_{1C}=[\boldsymbol{B}_1\quad 0\quad 0\quad 0\quad \boldsymbol{B}_P]$，$\boldsymbol{B}_1=[I_3\quad -\widetilde{\boldsymbol{\rho}}_Q\boldsymbol{K}_r]$，$\boldsymbol{\gamma}=\widetilde{\boldsymbol{\rho}}_Q\boldsymbol{\eta}_r-\widetilde{\boldsymbol{\omega}}_1\widetilde{\boldsymbol{\omega}}_1\boldsymbol{\rho}_Q$，$\boldsymbol{B}_P$ 为绳索节点 P 布尔阵。相似的方法，可以获得绳索与空间碎片约束方程的加速度形式。将绳索与服务星和空间碎片约束方程组合得到：

$$\boldsymbol{\Phi}_q\ddot{\boldsymbol{y}}=\boldsymbol{\gamma} \tag{6}$$

式中：$\boldsymbol{\Phi}_q=[\boldsymbol{\Phi}_{1C}^{\mathrm{T}}\quad \boldsymbol{\Phi}_{4C}^{\mathrm{T}}]^{\mathrm{T}}$；$\boldsymbol{\gamma}=[\boldsymbol{\gamma}_{1C}^{\mathrm{T}}\quad \boldsymbol{\gamma}_{4C}^{\mathrm{T}}]^{\mathrm{T}}$。

2.3　卫星姿态控制及整星动力学与控制方程

服务星使用绳索拖动空间碎片离轨期间，绳索张力将会对服务星产生一定干扰力矩。为保持服务星姿态稳定，需要对服务星姿态进行控制。假设服务星拖动空间碎片离轨期间，采用动量轮对卫星姿态进行连续控制。作用于星体上的控制力矩可采用下式进行计算[13]：

$$\boldsymbol{T}_{con}=-\begin{bmatrix}K_{px}&&\\&K_{py}&\\&&K_{pz}\end{bmatrix}\begin{bmatrix}\varphi_r\\\theta_r\\\psi_r\end{bmatrix}-\begin{bmatrix}K_{dx}&&\\&K_{dy}&\\&&K_{dz}\end{bmatrix}\begin{bmatrix}\omega_{rx}\\\omega_{ry}\\\omega_{rz}\end{bmatrix} \tag{7}$$

式中：K_{px}、K_{py}、K_{pz} 为角度误差比例系数；K_{dx}、K_{dy}、K_{dz} 为阻尼系数；φ_r、θ_r 和 ψ_r 是卫星相对于参考坐标系的姿态；ω_{rx}、ω_{ry} 和 ω_{rz} 为卫星相对于参考坐标系的角速度。

根据服务星、空间碎片和绳索动力学方程、约束方程和星体姿态控制力矩，可得服务星拖动空间碎片系统的动力学与控制方程组：

$$\begin{bmatrix}\boldsymbol{G}^{\mathrm{T}}\boldsymbol{MG}\ddot{\boldsymbol{y}} & \boldsymbol{\Phi}_q^{\mathrm{T}}\\ \boldsymbol{\Phi}_q & 0\end{bmatrix}\begin{bmatrix}\ddot{\boldsymbol{q}}\\ \boldsymbol{\lambda}\end{bmatrix}=\begin{bmatrix}\boldsymbol{G}^{\mathrm{T}}(\boldsymbol{f}-\boldsymbol{Mg}+\boldsymbol{f}_c)\\ \boldsymbol{\gamma}\end{bmatrix} \tag{8}$$

式中：$\boldsymbol{f}_c$ 为对应的广义控制力。

3　仿真算例

3.1　绳索模型正确性验证

服务星拖动空间碎片期间，拟采用集中质量—弹簧阻尼模型对其进行模化，下面通过其与解析模型的比较对其合理性进行验证。如图 4 所示，初始时刻绳索端点 O、A 与中间点 B 被约束在固定点上，使绳索处于水平状态。初始时刻在将中间点 B 处于约束释放，在重力作用下绳索自由下摆，由于阻尼作用经多次摆荡后，绳索将停在静平衡位置，该位置将与悬链线解析解吻合。绳索长度 $L=3\mathrm{m}$，两端约束的长度为 $L_d=2\mathrm{m}$，绳索密度 $\rho=1.6\times10^3\mathrm{kg/m^3}$，$E=4\times10^{11}\mathrm{Pa}$，其截面积为圆截面，截面半径 $r=2\times10^{-3}\mathrm{m}$。本算例中，悬链线公式如下：

$$y=\begin{cases}1.85*\cosh(-x+1)-2.85 & x\geqslant0\&x<1\\ 1.85*\cosh(x-1)-2.85 & x\geqslant1\&x\leqslant2\end{cases} \tag{9}$$

图 4 为悬链线解析模型和集中参数模型获得的绳索模型的比较。可以看出，集中参数法获得绳索数值结果与解析模型基本吻合，证明了该方法的正确性。

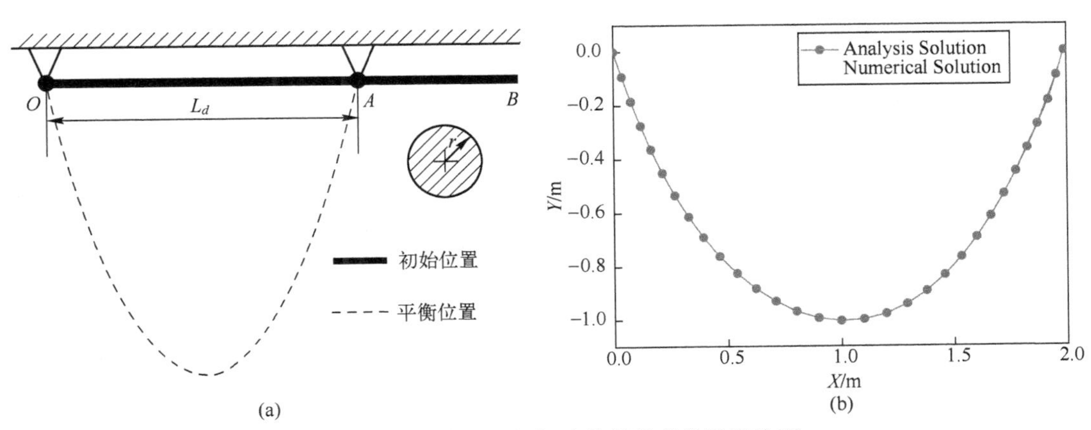

图 4　集中参数法与解析法获得的索静平衡构型

(a) 绳索初始时刻与平衡位置示意图；(b) 集中参数法与解析法计算结果。

3.2 服务星通过绳索拖拽刚体碎片动力学过程仿真

如图1所示，假设初始时刻服务星拖动绳索已经捕获空间碎片，且绳索通过空间碎片质心。服务星拖拽空间碎片离轨期间，输出推力大小为20N，方向沿星体+X方向，通过卫星质心。服务星与地心连线相对于地心惯性系+X轴夹角$\alpha=30°$。表1为服务星、太阳翼和空间碎片质量特性。假设绳索长度为100m，横截面为圆形，半径为1×10^{-3}m，采用Kevlar-49材料，其密度1.44×10^{3}kg/m^{3}，弹性模量为1.14×10^{11} Pa。地球半径R_e取6.371×10^{6}m，服务星和空间碎片均运行在地球静止轨道，轨道高度为3.5786×10^{7}m。根据静止轨道卫星离轨速度公式[12]，可获得静止轨道空间碎片离轨速度通常为10m/s，拟采用双脉冲方式将空间碎片拖离轨道，每次速度增量为5m/s。服务星拖拽空间碎片离轨期间，需要保持服务星相对于参考坐标系姿态稳定。参考坐标系的选择将极大影响服务星拖拽期间干扰力矩和弧段效率。下面分别对参考坐标系为卫星东南坐标系和点火时刻惯性系两种控制方案进行分析。

表1 服务星、太阳翼和空间碎片质量特性

物体编号	对象名称	质量/kg	惯量特性/(kg·m^2)
B_1	服务星	2.80×10^3	[3.88×10^3 -1.68×10 8.18; -1.68×10 3.70×10^3 2.88; 8.18 2.88 2.10×10^3]
B_2、B_3	南北太阳翼	55.10	[322 0 0; 0 5 0.9 0; 0 0 348]
B_4	空间碎片	2.10×10^3	[3.00×10^3 -1.6 8.18; -1.6 2.76×10^3 2.88; 8.18 2.88 1.18×10^3]

表2 太阳翼的前六阶频率

阶次	频率/Hz	阶次	频率/Hz
1	0.200	4	1.265
2	0.420	5	3.387
3	1.152	6	3.827

图5为服务星拖拽空间碎片离轨期间两种不同控制方案下服务星三轴姿态变化曲线。可以看出，惯性系姿态稳定控制方案获得的卫星三轴姿态角变化明显小于相对于东南系姿态变化角。选择惯性系姿态稳定控制方案有利于降低拖拽期间空间碎片干扰力矩，降低卫星动量轮控制力矩需求，有利于控制系统设计。

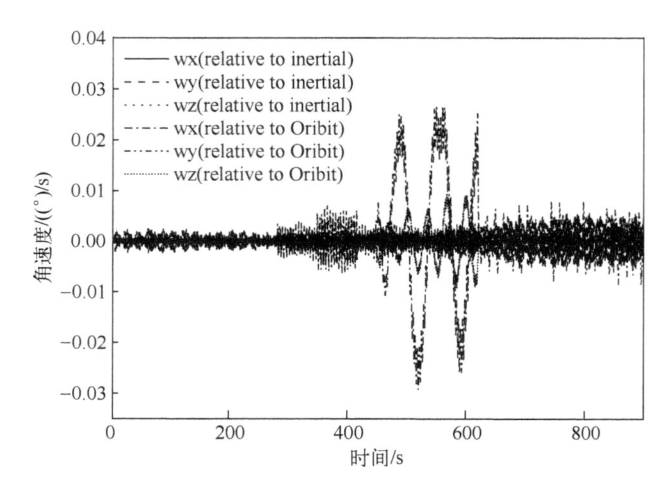

图5 相对于惯性系与轨道坐标系姿态稳定的服务星角速度时间历程曲线

同时可以看出点火时间为15min。

控制策略的比较研究表明卫星拖动空间碎片期间，采用相关于惯性空间姿态不变有利于降低干扰力矩，避免卫星拖动空间碎片期间姿态大幅扰动。

绳索拖动期间卫星相对于轨道系姿态曲线如图6所示。可以看出，随着拖动时间的增长，服务星卫星姿态偏航角有增大趋势，通过合理设计控制器参数可以将其控制在−0.03°~0.03°范围内。

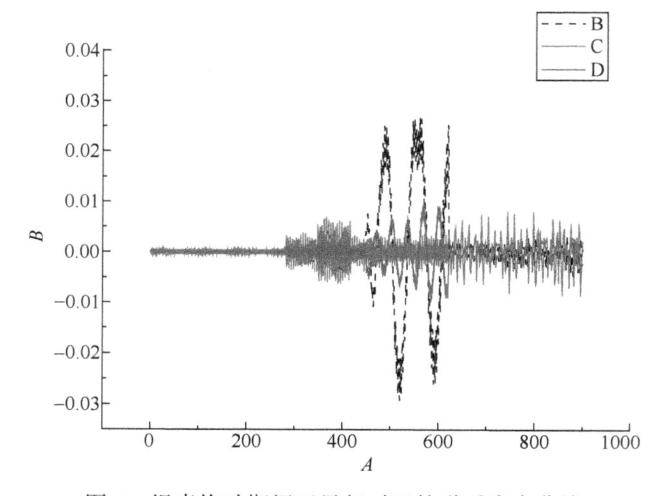

图6 绳索拖动期间卫星相对于轨道系姿态曲线

绳索拖动期间卫星与空间碎片速度大小时间历程如图7所示。可以看出，卫星拖动空间碎片运动期间，空间碎片与卫星的速度交替上升，且30s后空间碎片的速度将超过服务星速度，说明在轨拖动期间卫星受绳索张紧和松弛影响较大。

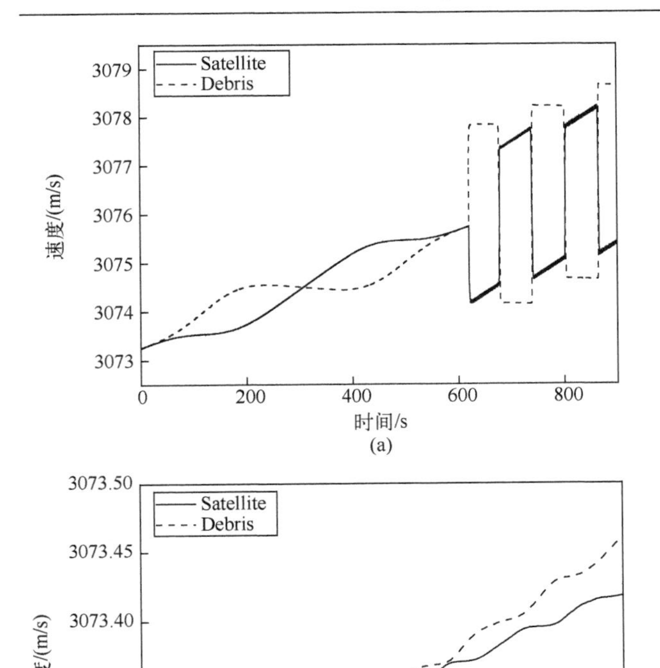

图 7　绳索拖动期间卫星与空间速度大小曲线

（a）绳索拖动期间卫星与空间速度大小曲线；

（b）绳索拖动期间卫星与空间速度大小曲线局部放大。

由于绳索为弹性体，且拖拽空间碎片与服务星质量相当，因此拖拽期间绳索张力在伸长、收缩间变化，卫星控制策略设计需要考虑这种影响。

4　结束语

方法上的创新点有以下几个。

① 将多体动力学与轨道动力学融合在一起，解决了柔性航天器拖拽刚性空间碎片动力学建模问题。

② 突破了基于柔性动力学姿态控制算法，将 PID 姿态控制算法与多体动力学结合在一起。

③ 大范围运动柔性绳索动力学与卫星多体动力学模型相结合。

本文采用基于递推的混合坐标方法建立适合工程应用的带柔性太阳翼服务星在轨拖动空间碎片多体动力学模型，考虑 J2 摄动对卫星影响，采用集中参数法建立绳索模型，考虑了卫星拖动期间控制系统的影响，通过算例对绳索模型正确性进行解析并验证。并最终通过算例研究了服务星在轨拖拽空间碎片动力学过程。研究表明，本文的提出方法可全面计及柔性太阳翼和控制系统对卫星拖拽影响，其研究结果可为控制系统设计及性能评估提供依据。数值仿真结果表明，服务星在轨拖拽与之质量相当空间碎片时柔性绳索张力将反复处于张紧和松弛状态间，在应用该方法对空间碎片拖拽离轨时需要对卫星推力器工作策略、控制系统设计和绳索材料和几何参数进行优化。

参 考 文 献

[1] McKnight D S, Pentino F R D. New insights on the orbital debris collision hazard at GEO [J]. ActaAstronautica, 2013, 85: 73-82.

[2] Bonnal C, Ruault J M, Desjean M C. Active debris removal: recent progress and current trends [J]. ActaAstronautica, 2013, 85: 51-60.

[3] Starke J, Bischof B, Foth W P, et al. ROGER A potential orbital space debris removal system [C]. IAC 64, 2011, 1-8.

[4] Aslanov V S, Yudintsev V V. The motion of tethered tug-debris system with fuel residuals [J]. Advances in Space Research, 2015, 56: 1493-1501.

[5] Zhao Guowei, Sun Liang Huang Hai. Thrust control of tethered satellite with a short constant tether in orbital maneuvering. Engineers [J]. Journal of Aerospace Engineering, 2014, 228 (14): 2569-2586.

[6] Huang Panfeng, Zhang Fan, XuXiudong. Coordinated coupling control of tethered space robot using releasing characteristics of space tether [J]. Advances in Space Research, 2016, 57, 1528-1542.

[7] Liu Haitao, Zhang Qingbin, Yang Leping. Dynamics of tether-tugging reorbiting with net capture [J]. SCIENCE CHINA Technological Sciences, 2014, 57, 2407-2417.

[8] Liu Jiafu, Cui Naigang, Shen Fan, et al. Dynamics of robotic geostationary orbit restorer system during deorbiting. IEEE A&E SYSTEMS MAGAZINE, 2014, 11: 36-42.

[9] 李恒年．地球静止轨道卫星轨道与共位控制技术［M］．北京：国防工业出版社，2010.

[10] 周志成，董富祥．空间大型天线多体动力学分析［M］．北京：中国宇航出版社，2015.

[11] 洪嘉振．计算多体动力学［M］．高等教育出版社，1999.

[12] 张洪波．航天器轨道力学理论与算法［M］．北京：国防工业出版社，2015.

[13] 西迪．航天器动力学与控制［M］．北京：航空工业出版社，2011.

[14] Jehn R, Agapov V, Hernandez C. The situation in the geostationary ring [J]. Advances in Space Research, 2005, 35: 1318-1237.

空间飞行器抓捕动目标的柔顺控制

葛东明，邓润然，邹元杰，史纪鑫
（中国空间技术研究院总体设计部，北京，100094）

摘要：针对空间机器人对翻滚非合作目标的在轨抓捕控制问题，给出了一种阻抗控制方法。在抓捕前，控制抓捕机构相对于目标角速度方向达到同步相对运动。在抓捕碰撞过程中，控制机械臂末端相对于惯性空间具有类似于质量-弹簧-阻尼系统的特性，保持抓捕机构在接触碰撞过程中的柔顺性。在抓捕后，镇定抓捕机构和目标，实现稳定的组合体。此外，在抓捕全过程，采用喷气控制克服机械臂运动对基座的干扰，满足太阳翼和天线的定向需求。针对一个复杂的抓捕任务，数值仿真结果验证了方法的有效性。

关键词：空间机器人；在轨抓捕；动目标；阻抗控制

1 引言

大型空间结构建造与维护，失效卫星检测与维修，轨道碎片清除等已成为航天技术发展面对和待解决的现实问题，无人空间机器人是解决这些问题的关键技术之一。由于故障航天器一般不具备专门的合作机构，且往往处于自旋或翻滚状态，针对此类非合作目标的交会对接/捕获技术是未来自主在轨服务发展的重要方向[1-2]。

空间操作任务的最重要的阶段之一是接触碰撞阶段。在捕获具有较高角动量目标时，抓捕手抓不可避免地与目标发生接触碰撞甚至激振等行为，碰撞力会给空间机器人系统加载额外的动量，造成系统姿态失稳，甚至是机械臂或抓捕机构的破坏等。此外，空间机器人是动基座系统，与固定基座机械臂相比，空间机器人抓捕过程动力学的最大特点是机械臂与基座之间存在着严重的动力学耦合，即机械臂运动会对基座产生反作用力和力矩，从而改变基座的位姿。为了克服机械臂运动对基座姿态的扰动，基于喷气装置的位姿控制是非常必要的。

空间机器人动力学特有的高度非线性、强耦合及非完整约束等特点，使得系统的控制算法设计遇到许多独特困难。将碰撞视为冲击力，基于碰撞前后的动量守恒关系，给出了一些减小碰撞冲击或对基座姿态影响最小的控制方法，如反作用零空间方法[3]、偏置角动量方法[4-5]等。为解决机械臂末端与目标在接触碰撞过程中的动态耦合问题，给出了一些阻抗匹配控制方法[6-10]。为解决基座姿态的稳定问题，给出了基于角动量补偿的星臂协调控制方法[11-12]。目前的这些方法主要关注基座不受控的自由漂浮模式，忽略了抓捕过程的复杂接触碰撞过程，只适用于短暂的抓取过程，时间过长会导致机械臂奇异，以及造成基座姿态大范围变化，而无法满足通信设备对地定向和太阳翼对日定向的需求。因此，需要从基座-机械臂-目标的整体层面出发，开展机械臂柔顺抓捕与基座姿态的协调控制，实现对目标的稳定抓捕的同时，保证基座的稳定性。

针对空间机器人在轨抓捕非合作翻滚目标的控制问题，本文给出了一种基座-机械臂-抓捕机构的阻抗控制方法。在空间机器人抓捕目标的全过程，实现了抓捕前抓捕机构相对于目标角速度方向的同步控制，抓捕过程中机械臂末端相对于惯性空间的类似于质量-阻尼-弹簧系统的柔顺特性，抓捕后组合体的稳定控制，以及抓捕全过程基座相对于惯性空间的位姿稳定性。一个具体的抓捕碰撞动力学与控制仿真过程，验证了所给出的方法的有效性。

2 面向控制的空间机器人建模

所研究的空间机器人系统如图 1 所示，其由基座飞行器、机械臂和末端抓捕机构组成。基座飞行器配置有喷气装置，用于实现位置和姿态的稳定。抓捕机构安装在机械臂末端，用于实现对自旋或翻滚目标的抓捕。系统测量包含基座的位置、姿态、速度和角速度，以及机械臂关节和抓捕机构根部关节的角位置和角速度。考虑到在复杂碰撞过程中的测量误差和噪声，控制反馈不采用力和力矩传感器。

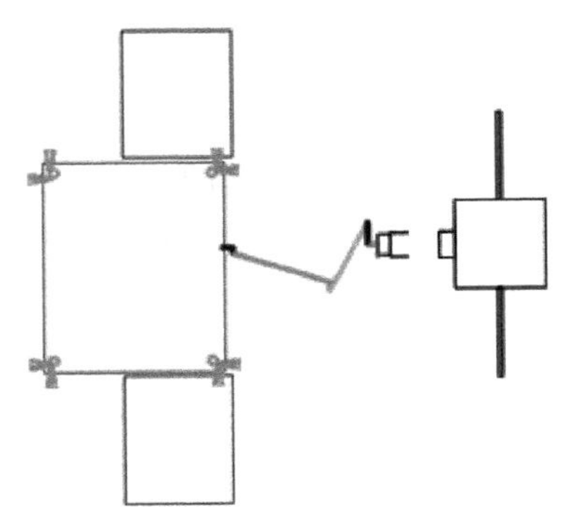

图 1　空间机器人抓捕非合作翻滚目标示意图

为进行控制算法的推导，下面给出空间机器人的动力学与运动学方程。将抓捕机构考虑为机械臂的末端执行器，空间机器人系统为典型的多体结构，如图 2 所示。机械臂自由度为 n，第 n 个自由度为抓捕机构的根部驱动旋转关节。基座自由度为 6，系统共有 n+6 个自由度。应用第二类拉格朗日方程，得到如下动力学方程：

$$\begin{bmatrix} \boldsymbol{H}_b & \boldsymbol{H}_{bm} \\ \boldsymbol{H}_{bm}^T & \boldsymbol{H}_m \end{bmatrix}\begin{bmatrix} \ddot{x}_b \\ \ddot{\phi} \end{bmatrix}+\begin{bmatrix} c_b \\ c_m \end{bmatrix}=\begin{bmatrix} F_b \\ \tau \end{bmatrix} \quad (1)$$

式中：$\boldsymbol{H}_b \in R^{6\times n}$为基座惯性矩阵。$\boldsymbol{H}_m \in R^{n\times n}$为机械臂惯性矩阵。$\boldsymbol{H}_{bm} \in R^{6\times n}$为基座与机械臂的耦合惯性矩阵。$\boldsymbol{c}_b \in R^6$ 为基座非线性项。$\boldsymbol{c}_m \in R^n$ 为机械臂非线性项。$\boldsymbol{F}_b \in R^6$ 为喷气装置作用在基座质心上的力和力矩。$\boldsymbol{\tau} \in R^n$ 为机械臂的关节力矩。$\boldsymbol{x}_b \in R^6$ 为基座的位姿。$\boldsymbol{\phi} \in R^n$ 为机械臂的关节角。

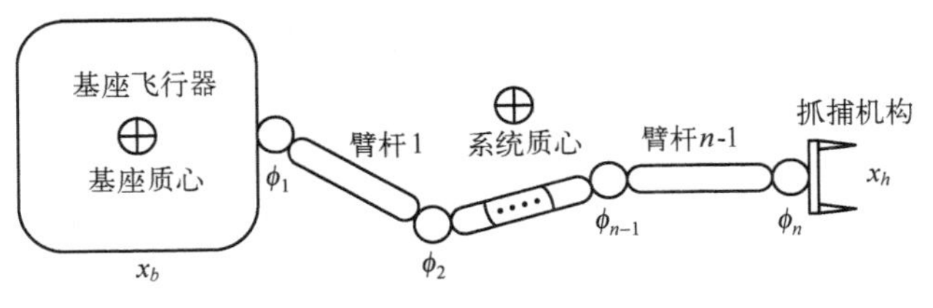

图 2　空间机器人模型

消去基座运动方程，整理动力学方程（1）为如下形式：

$$\boldsymbol{H}^*\ddot{\boldsymbol{\phi}}+\boldsymbol{c}^*=\boldsymbol{\tau}+\boldsymbol{J}_b^*\boldsymbol{F}_b \quad (2)$$

其中，$\boldsymbol{H}^*=\boldsymbol{H}_m-\boldsymbol{H}_{bm}^{\mathrm{T}}\boldsymbol{H}_b\boldsymbol{H}_{bm}$，$\boldsymbol{c}^*=\boldsymbol{c}_m-\boldsymbol{H}_{bm}^{\mathrm{T}}\boldsymbol{H}_b^{-1}\boldsymbol{c}_b$，$\boldsymbol{J}_b^*=-\boldsymbol{H}_{bm}^{\mathrm{T}}\boldsymbol{H}_b^{-1}$。

相对于基座质心，系统的线动量和角动量为

$$\begin{bmatrix} \boldsymbol{P}_0 \\ \boldsymbol{L}_0 \end{bmatrix}=\boldsymbol{H}_b\dot{\boldsymbol{x}}_b+\boldsymbol{H}_{bm}\dot{\boldsymbol{\phi}} \quad (3)$$

机械臂末端速度与基座速度、机械臂关节角速度的运动学关系如下：

$$\dot{\boldsymbol{x}}_h=\boldsymbol{J}_b\dot{\boldsymbol{x}}_b+\boldsymbol{J}_m\dot{\boldsymbol{\phi}} \quad (4)$$

式中：$\boldsymbol{J}_b \in R^{6\times 6}$ 为基座雅可比矩阵；$\boldsymbol{J}_m \in R^{6\times n}$ 为机械臂雅可比矩阵。

将式（3）代入式（4），可得

$$\dot{\boldsymbol{x}}_h=\boldsymbol{J}^*\dot{\boldsymbol{\phi}}+\dot{\boldsymbol{x}}_{gh} \quad (5)$$

式中：$\boldsymbol{J}^* \in R^{6\times n}$ 为广义雅可比矩阵，$\dot{\boldsymbol{x}}_{gh} \in R^6$ 定义为

$$\dot{x}_{gh}=\boldsymbol{J}_b\boldsymbol{H}_b^{-1}\begin{bmatrix} \boldsymbol{P}_0 \\ \boldsymbol{L}_0 \end{bmatrix} \quad (6)$$

3　空间机器人阻抗控制

3.1　机械臂阻抗控制

控制目标为机械臂末端相对于惯性系的动态稳定性，以及抓捕机构的旋转角速度。定义期望的动态特性如下：

$$\boldsymbol{M}_i\ddot{\boldsymbol{x}}_h+\boldsymbol{D}_i\Delta\dot{\boldsymbol{x}}_h+\boldsymbol{K}_i\Delta\boldsymbol{x}_h=0 \quad (7)$$

$$T_s\ddot{\boldsymbol{\phi}}_n+\dot{\boldsymbol{\phi}}_n=\dot{\boldsymbol{\phi}}_{\mathrm{ref}} \quad (8)$$

式中：$\boldsymbol{M}_i \in R^{6\times 6}$ 为质量阵；$\boldsymbol{D}_i \in R^{6\times 6}$ 为阻尼阵；$\boldsymbol{K}_i \in R^{6\times 6}$ 为刚度阵；$\Delta\boldsymbol{x}_h$ 为末端在惯性系下的位姿相对于参考点的摄动量；T_s 为抓捕机构旋转角速度的闭环时间常数；$\dot{\boldsymbol{\phi}}_{\mathrm{ref}}$为期望角速度。

对方程（5）微分，得

$$\ddot{\boldsymbol{x}}_h=\dot{\boldsymbol{J}}^*\dot{\boldsymbol{\phi}}+\boldsymbol{J}^*\ddot{\boldsymbol{\phi}}+\ddot{\boldsymbol{x}}_{gh} \quad (9)$$

联立动力学方程（2），期望的闭环特性式（7）和式（8），推导得到机械臂控制律：

$$\boldsymbol{\tau}=\boldsymbol{H}^*\begin{bmatrix} \boldsymbol{J}^* \\ T_s\boldsymbol{S}_n \end{bmatrix}^{-1}\left(\begin{bmatrix} \boldsymbol{M}_i^{-1}(-\boldsymbol{D}_i\Delta\dot{\boldsymbol{x}}_h-\boldsymbol{K}_i\Delta\boldsymbol{x}_h) \\ -\Delta\dot{\boldsymbol{\phi}}_n+\dot{\boldsymbol{\phi}}_{\mathrm{ref}} \end{bmatrix}-\begin{bmatrix} \dot{\boldsymbol{J}}^*\dot{\boldsymbol{\phi}}+\ddot{\boldsymbol{x}}_{\mathrm{gh}} \\ 0 \end{bmatrix}\right)+\boldsymbol{c}^*-\boldsymbol{J}_b^*\boldsymbol{F}_b \quad (10)$$

其中，$\boldsymbol{S}_n=[0,0,\cdots,0,1]\in R^{1\times n}$。$\boldsymbol{F}_b$为基座位姿控制律产生的喷气控制力和力矩信号，其作为机械臂控制律的前馈项，以补偿基座控制造成的干扰。当基座为不受控的漂浮模式时，可以忽略此前馈项，抓捕控制律退化为漂浮基的控制律。

3.2 基于喷气的基座位姿控制

采用PSR伪速率调制器（图3）作为脉冲信号生成器，通过调节脉冲宽度和脉冲频率，将连续的控制信号转化为脉冲信号，驱动推力器阀门，实现对基座的控制。在线性范围内，所产生的脉冲力矩所作的功等价于连续的力矩输入。

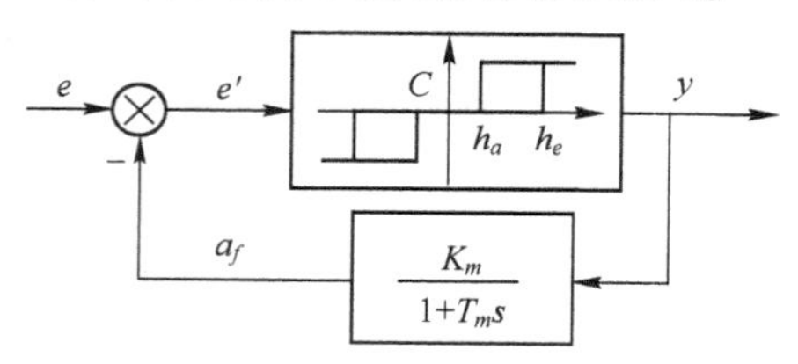

图3 PSR伪速率调制器

图中的符号定义如下。

e：PSR的输入信号。

y：PSR的输出信号，为一系列脉冲。

a_f：负反馈信号。

h_e：继电器的阀门启控阈值。

h_a：继电器的阀门脱控阈值。

C：点火脉冲幅值，一般取1。

K_m：惯性环节增益值，一般取1。

T_m：时间常数。

在缓变信号下，设$K_m=1$，PSR调制器可以近似为一个线性环节$1+T_m s$。控制律采用PID，如下：

$$e = k_p \Delta x_b + k_i \int \Delta x_b \mathrm{d}t + k_d \Delta \dot{x}_d \tag{11}$$

式中：Δx_d为基座在惯性系下的位姿相对于参考点的摄动量。根据极点配置法，设计系统的带宽，即可求得控制律参数k_p、k_i、k_d。

基座与机械臂的阻抗和协调控制如图4所示。传统的方法将机械臂的运动看作为基座的外扰，采取基于力矩或角动量的前馈补偿思路。本文给出的方法并没有对基座和机械臂进行清晰的界面划分。机械臂抓捕控制将空间机器人系统作为一个整体处理，所推导的控制律采用动力学解耦和运动学匹配，能够精确实现所期望的动态特性。基于喷气的基座控制，一方面克服了机械臂运动对基座的耦合影响，另一方面补偿了抓捕过程中的碰撞力给空间机器人系统加载的额外动量，实现了基座位姿相对于惯性空间的稳定性。

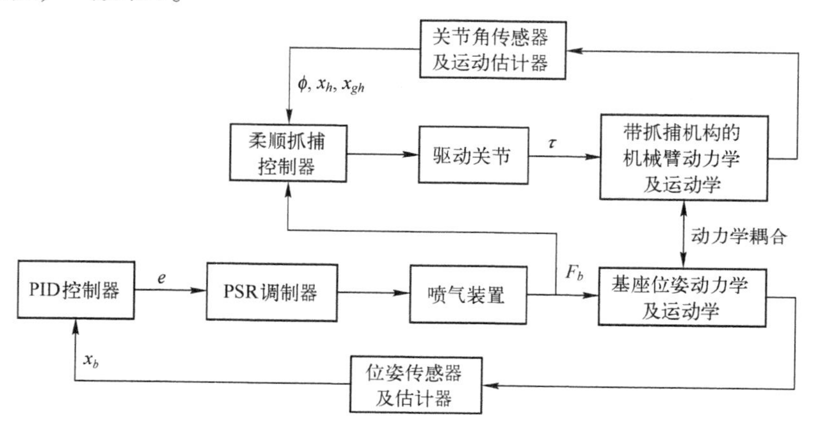

图4 基座与机械臂的协调控制

4 仿真分析

针对一个抓捕任务，采取数值仿真验证控制方法的有效性。采用ADAMS软件建立空间机器人系统动力学，其包含抓捕手抓与目标的接触碰撞动力学。采用MATLAB/simulink实现控制算法。采用ADAMS和MATLAB的联合仿真验证方法的有效性。仿真初始条件为基座位姿和机械臂构型调整完毕，目标位于抓捕机构的工作空间范围内，旋转角速度为30°/s。抓捕过程如图5所示，在抓捕前，沿目标自旋轴方向控制抓捕机构的转速，保持与目标的同步性；在抓捕过程中，抓捕机构利用手抓完成对目标的捕获；在抓捕完成后，消除目标转速，形成抓捕机构和目标的稳定组合体。

作为对比，首先设置空间机器人在抓捕前和抓捕阶段为基座不受控的自由漂浮模式，机械臂各关节角变化量如图6（a）所示，基座位置和姿态变化量如图6（b）所示。可以看出，在基座受扰情况下，机械臂构型做出较大的幅度调整，以保持机械臂末端相对于惯性空间的位姿稳定性。但是，随着抓取目标角动量的提高，较大幅度的机械臂构型变化可能导致动力学奇异，而造成系统失稳。此外，基座姿态的漂移会影响通信设备对地定向和太阳翼对日定向的要求。

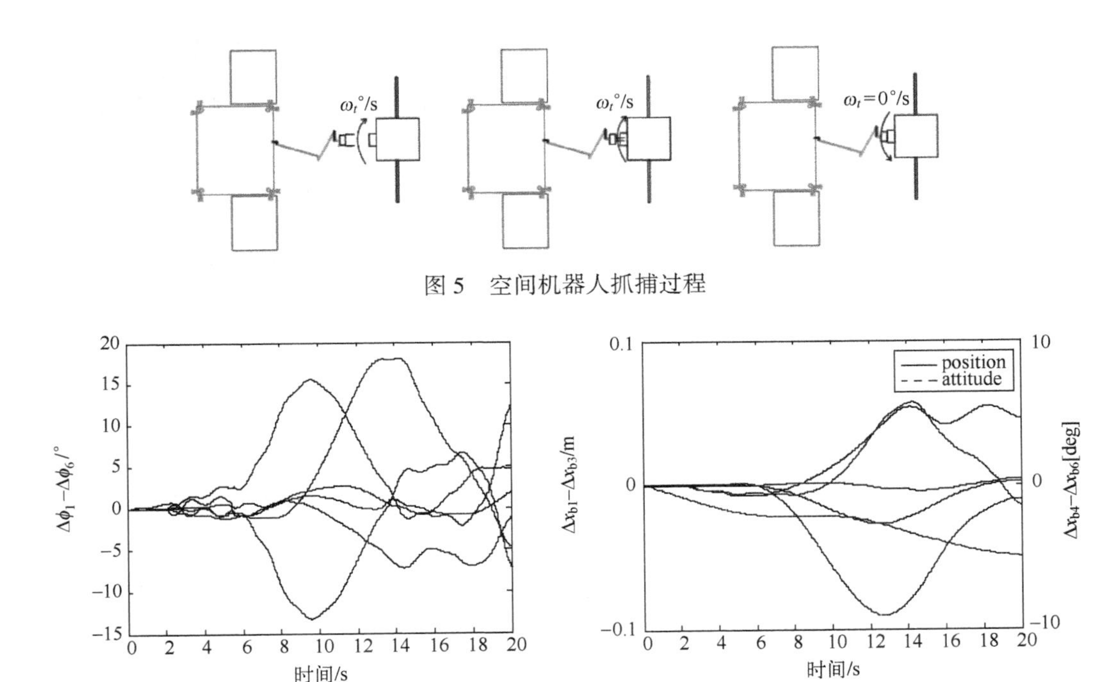

图 5　空间机器人抓捕过程

图 6　基座不受控仿真结果

（a）机械臂各关节角变化量；（b）基座位姿变化量。

基座受控下的仿真结果如图 7 所示。与基座不受控模式对比，机械臂构型和基座位姿变化量明显变小（图 7（a）和图 7（b）），抓捕机构转速和抓捕后的组合体得到了稳定的控制（图 7（c））。在抓捕全过程，机械臂末端始终保持相对于惯性空间的动态稳定性（图 7（d））。抓捕手抓与目标在接触碰撞初始时刻有较大冲击力，在接触碰撞过程中实现了稳定，如图 7（e）所示。基座的喷漆控制力和力矩如图 7（f）所示。

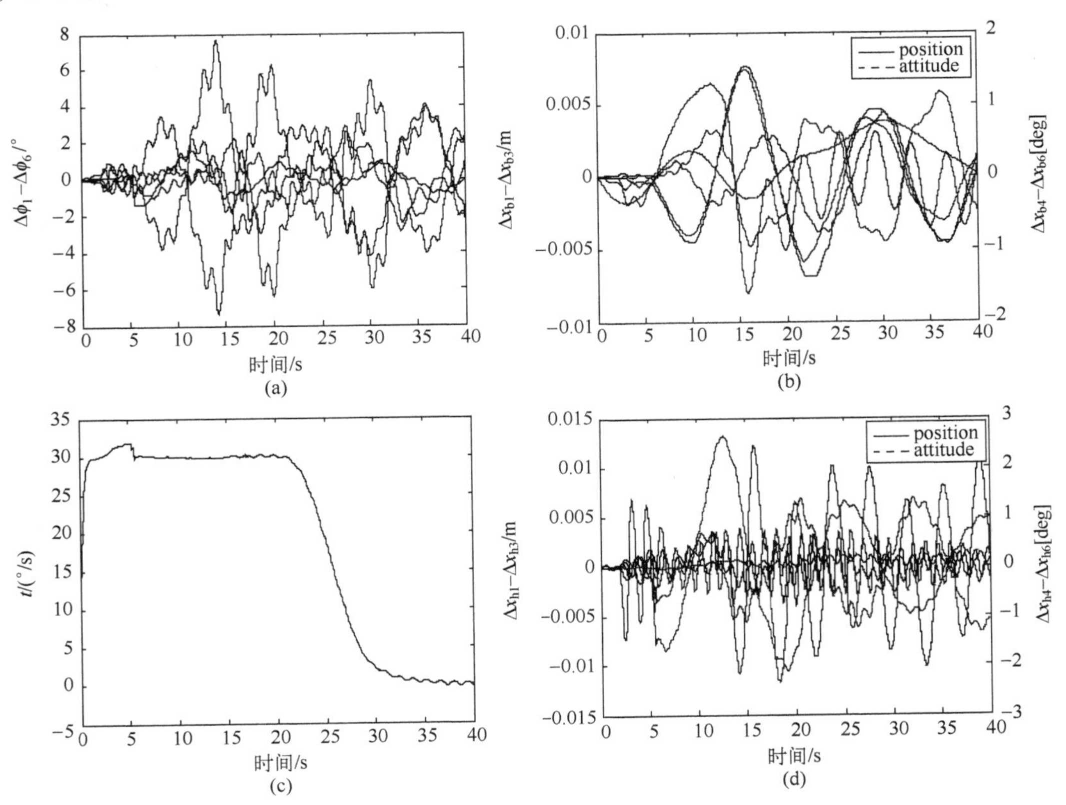

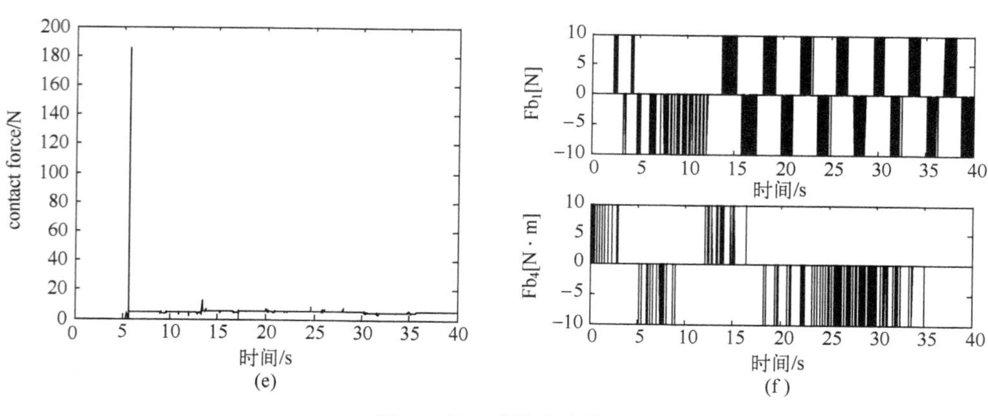

图7 基座受控仿真结果

（a）机械臂关节角变化量；（b）基座位姿变化量；（c）抓捕机构转速；
（d）机械臂末端位姿变化量；（e）抓捕手抓与目标的接触力；（f）基座喷气控制力和力矩。

5 结束语

接触碰撞过程是空间操作任务的最重要的阶段之一，本文针对空间机器人对非合作、翻滚目标的在轨抓捕控制问题，给出了一种基座—机械臂—抓捕机构的阻抗控制方法。在轨抓捕非合作、旋转目标的动力学与控制仿真分析结果，验证了所给出的方法的有效性。与基座不受控的自由漂浮模式相比，对动目标的稳定抓捕的同时，保证了基座的稳定性。机械臂构型和基座位姿变化量明显变小，从而有效避免了动力学奇异而导致系统失稳，基座姿态的漂移无法满足通信设备对地定向和太阳翼对日定向的要求。

参考文献

[1] A F Abad, O Ma, K Pham, et al. A Review of Space Robotics Technologies for On－orbit Servicing [J]. Progress in Aerospace Sciences, 2014 (68): 1-26.

[2] G Rouleau, et al, Autonomous Capture of a Tumbling Satellite [C]. Proceedings of the 2006 IEEE International Conference on Robotics and Automation, 2006, Orlando, Florida.

[3] D N Nenchev, K Yoshida. Impact Analysis and Post－impact Motion Control Issues of a Free－Floating Space Robot Subject to a Force Impulse [J]. IEEE Transactions on Robotics and Automation, 1999 (15): 548-557.

[4] D N Dimitrov, K Yoshida. Utilization of the Bias Momentum Approach for Capturing a Tumbling Satellite [C]. Proceedings of 2004 IEEE/RSJ International Conference on Intelligent Robots and Systems, 2004, Sendai, Japan.

[5] D N Dimitrov, K Yoshida. Momentum Distribution in a Space Manipulator for Facilitating the Post－Impact Control [C]. Proceedings of 2004 IEEE/RSJ International Conference on Intelligent Robots and Systems, 2004, Sendai, Japan.

[6] N Hogan. Impedance Control: an Approach to Manipulation [C]. American Control Conference, 1984, SanDiego.

[7] K Yoshida, H Nakanishi. Impedance Matching in Capturing a Satellite by a Space Robot [C]. Proceedings of 2003 IEEE/RSJ International Conference on Intelligent Robots and Systems, 2003, LasVegas, Nevada.

[8] K Yoshida, et al. Dynamics, Control and Impedance Matching for Robotic Capture of an Non－Cooperative Satellite. AdvRobot, 2014, vol. 18, pp. 548-557.

[9] H Nakanishi, K Yoshida. Impedance Control for Free－Flying Space Robots－Basic Equations and Applications [C]. Proceedings of 2006 IEEE/RSJ International Conference on Intelligent Robots and Systems, 2006, Beijing, China.

[10] S Abiko, R Lampariello, G Hirzinger. Impedance Control for a Free－Floating Robot in the Grasping of a Tumbling Target with Parameter Uncertainty [C]. Proceedings of 2006 IEEE/RSJ International Conference on Intelligent Robots and Systems, 2006, Beijing, China.

[11] M Oda, Coordinated Control of Spacecraft Attitude and its Manipulators [C]. Proceedings of the 1996 IEEE International Conference on Robotics and Automation, 1996, Minneapolis, Minnesota.

[12] M Oda, Motion Control of the Satellite Mounted Robot Arm which Assures Satellite Attitude Stability [J]. Acta Astronautica, 1997 (41): 739-750.

大柔性空间展开臂压电半主动控制技术研究

王晓宇[1]，王浩威[1]，从 强[1]，史文华[1]，樊俊峰[1]，季宏丽[2]，裘进浩[2]
（1. 北京空间飞行器总体设计部，北京，100094；2. 南京航空航天大学，南京，210016）

摘要：大型柔性空间展开臂由于其尺寸大，阻尼和刚度小，其振动呈现明显的低频特性，且很难在短时间内迅速衰减。传统的被动控制大都采用阻尼材料，通过增加阻尼的方法来进行控制。这种控制方法对柔性结构的控制效果是有限的。本文研究了大型柔性空间展开臂的振动抑制问题。用压电元件粘贴在展开臂表面作为传感器和驱动器，用基于非对称同步开关阻尼技术的半主动振动控制方法控制压电驱动器，从而对展开臂实现振动控制。建立了非对称开关阻尼半主动控制试验平台，设计并制作了控制电路，用 dSPACE 实现半主动振动控制算法，针对需要控制的展开臂一阶弯曲模态进行压电元件的合理布设。对不同激励下的振动进行了 3m 展开臂的控制试验，试验结果显示该方法对大柔性展开臂的振动具有良好的抑制效果，系统阻尼比由 0.63%增加至 7.69%，振幅衰减周期缩短 16 倍。在大型柔性空间可展机构中具有非常好的应用前景。

关键词：同步开关阻尼技术；半主动控制；大柔性空间展开臂；振动控制。

1 引言

大型柔性空间展开臂由于其尺寸庞大、刚度小，使其振动呈现明显的低频特性。传统的被动控制大都采用阻尼材料，通过增加阻尼的方法来进行控制。这种控制方法对柔性结构的控制效果是有限的。

压电半主动控制方法是基于压电主动振动控制和被动振动控制基础上发展起来的。半主动控制不是将能量直接施加在压电驱动器上，而是将能量用于半主动控制回路中，通过控制串联在压电元件两端回路中的参数，改变系统特性，从而达到振动控制目的。其能量消耗介于主动和被动之间，具有良好的应用前景。

基于同步开关阻尼技术 SSD（Synchronized Switch Damping）的半主动振动控制方法最先由法国 D Guyomar、Claude Richard 等提出[1-4]，并得到了长足的发展。SSD 方法适合于多模态的振动控制，不需要精确的结构模型，振动控制效果很稳定，不受外界环境改变的影响。SSD 的形式有很多种，最先提出来的是 SSDS（基于短路同步开关阻尼技术 SSD based on short circuit）[2]，为了进一步提高控制效果，Richard C 等于 2000 年提出了基于同步电感开关的 SSDI（基于电感同步开关阻尼技术 SSD based on inductance）技术[4]，即在回路中串联一个电感 L，与压电元件电容构成 LC 共振电路，从而增大压电元件上的控制电压，提高了控制效果。为了进一步增大压电元件上的电压，Lefeuvre E 于 2006 年提出了基于外加电压源的同步开关阻尼 SSDV 技术（SSD based on voltage source）[5]，即在 SSDI 的回路中串联一个额外的电压源，由于外加电压源的作用，使得电压进一步提高，增加了振动控制效果。

在大柔性机构的振动控制研究中，黄文虎在综述[6]中指出压电元件等智能结构特别适合于大型柔性机构振动控制的需要。日本的小野田教授对桁架式结构进行了振动控制的研究[7]，利用电流变液结构对桁架结构进行了半主动振动控制实验，取得了良好的控制效果。在他后面的研究中，则利用压电叠堆对桁架结构进行了半主动振动控制研究[8-11]。根据桁架结构的振动特性和控制要求，在桁架结构某些振动位移较大关节处的内部粘贴了多个压电叠堆，利用基于同步开关阻尼技术的半主动方法成功的实现了多模态振动控制，获得了良好的控制效果。

2 基于非对称同步开关阻尼技术的半主动振动控制方法

2.1 同步开关阻尼技术的半主动控制方法

基于同步开关阻尼技术的半主动振动控制方法的基本原理（图 1）为：在压电元件的两极串联电感和开关，构成振荡控制电路，当结构振动的位移达到极值时闭合开关，此时电路发生振荡。在电压翻转后，再次打开开关，从而使得压电元件上的电压所产生的控制力始终与结构运动的速度方向相反，即产生的作动力始终阻碍结构的振动，从而达到了振动控制的目的。即根据能量守恒定理，在输入总能量不变的前提下，提高机电转换能来减小机械振动的能量，实现振动控制。

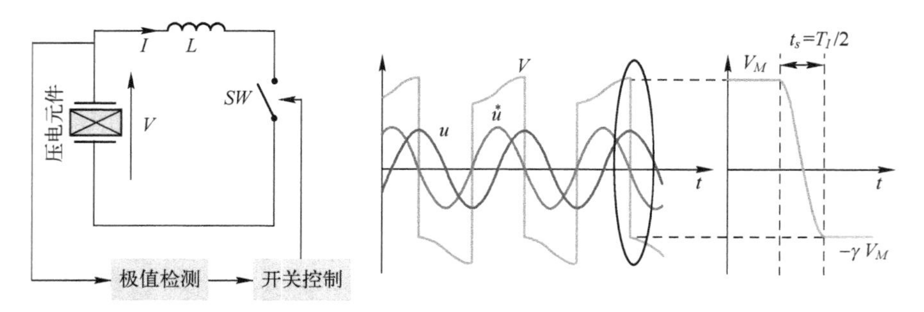

图 1 基于同步开关阻尼技术（SSD）的半主动控制原理

2.2 电压同步开关阻尼技术（SSDV）

为了提高控制效果，可在开关电路中插入电压源（即 SSDV 方法：Synchronized Switch Damping on Voltage），提高压电器件两端的电压，从而产生更大的有效控制力。

如图 2 所示，在压电元件回路中串联一个极性相反的电压源组，以此来补充由于开关网络消耗压电电容存储的那部分能量。由于外加电压源 V_{cc} 的作用，增加了压电元件上的电压，从而增强了控制阻尼效果。

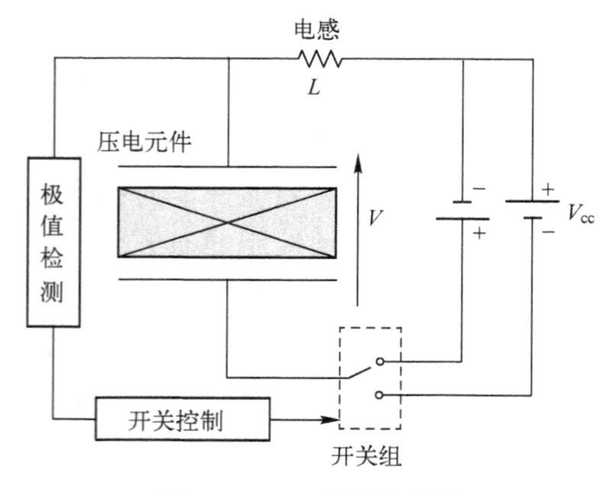

图 2 SSDV 电路原理图

SSDV 位移和电压曲线如图 3 所示，当压电元件的位移达到最大值时，使开关闭合，此时电路中的 LC 振荡器将发生谐振，当此谐振运动经历半个周期 t_i 时，迅速断开开关，压电元件上的电压将发生翻转，在压电元件上的电压达到正极大值时，开关使压电元件上的电压翻转后再外加一个电源$-V_{cc}$，压电元件上的电压达到负极大值时，开关使压电元件上的电压翻转后再附加一个$+V_{cc}$。

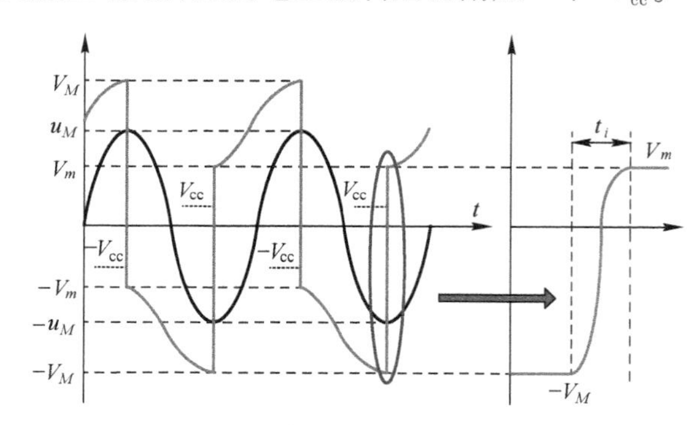

图 3 SSDV 位移和电压曲线

SSDV 一个周期内机电转换能：

$$E_t = \int \alpha V \mathrm{d}u = \left(\frac{4\alpha^2}{C_0}u_M^2 + 4\alpha u_M V_{cc}\right)\frac{1+\gamma}{1-\gamma} \quad (1)$$

2.3 非对称半主动控制

非对称同步开关阻尼技术半主动控制原理，是在同步开关阻尼技术半主动振动控制原理基础上发展而来。主要针对工作电压范围不对称的压电元件而改进，实现工作过程中压电元件两端电压的非对称翻转，非对称半主动控制系统如图 4 所示。其中，“+”号为压电元件和旁路电容 C 的电压正方向，主开关控制电路中，电流顺时针方向为正，旁路电路中，电流逆时针方向为负。

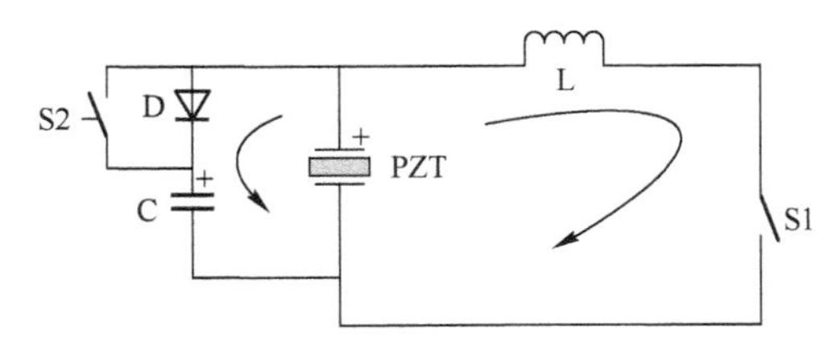

图 4 非对称半主动控制原理图

利用 MATLAB/Simulink 对非对称半主动控制系统进行原理仿真，分析系统在电压翻转瞬间压电元件两端电压和电路中电流的变化情况。

系统控制过程中，压电元件及电容两端电压变化曲线如图 5（a）所示，其中实线为压电元件两端电压随时间变化曲线，虚线为电容 C 两端电压随时间变化曲线。主开关控制电路及含电容 C 的旁路中电流变化曲线如图 5（b）所示，其中实线为主开关电路中电流变化曲线，正值即为顺时针；虚线为旁路中电流变化曲线，正值为逆时针方向电路。

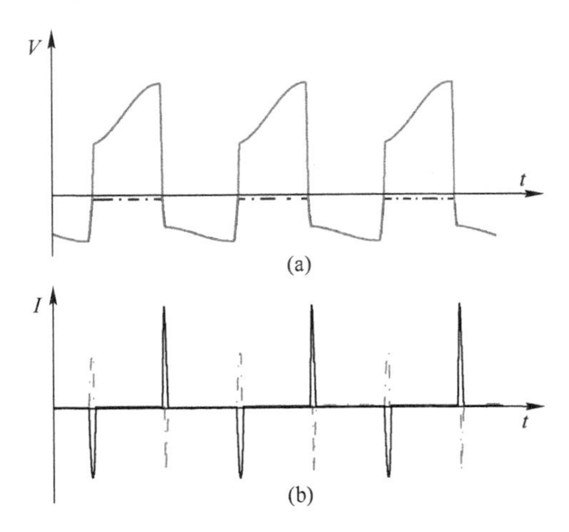

图 5 系统电压及电流变化曲线

3 系统试验验证

针对 3m 长的柔性展开臂进行振动抑制试验，建立了大柔性可展机构的开关阻尼半主动控制试验平台，如图 6 所示。制作了开关控制电路，用 dSPACE 实现半主动振动控制算法，如图 7 所示。杆件根部固支，针对需要控制的杆件一阶弯曲模态进行布置压电元件传感器和驱动器，在瞬态激励和稳态激励两种载荷下验证了系统的振动抑制效果。

3.1 瞬态载荷振动抑制试验

在结构端部施加 5mm 初始位移，然后释放，自由衰减情况下结构端部位移曲线如图 8 所示。此时系统的阻尼比小，为 0.63%，振动幅值衰减缓慢，经过 80s 才衰减至 0.3mm。

图 6 半主动控制试验平台

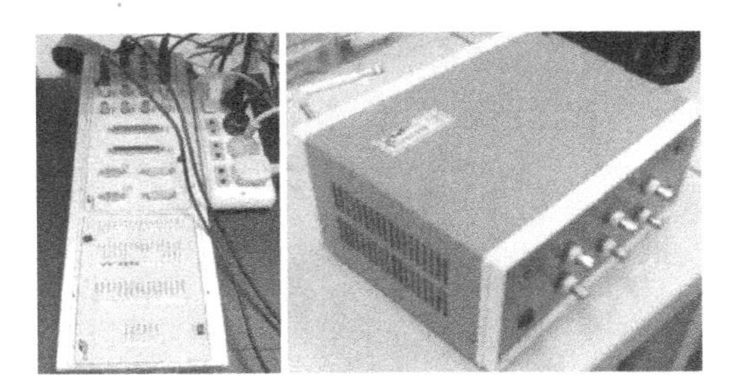
图 7 非对称半主动控制电路

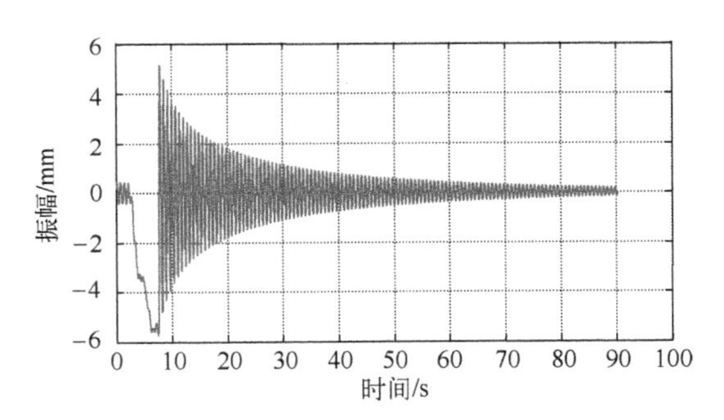

图 8 5mm 初始位移下结构自由衰减端部位移曲线（控制前）

对结构进行半主动振动控制，控制后结构端部位移曲线如图 9 所示。系统阻尼比大幅增加，最大达到 7.69%。振动幅值在 5s 内快速衰减至

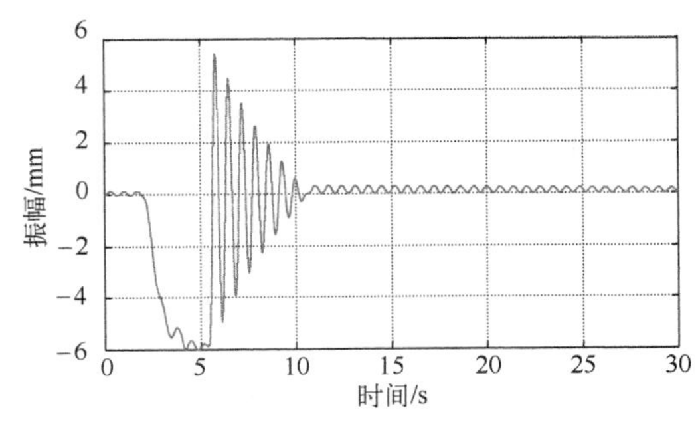

图 9 5mm 初始位移下控制后结构端部位移曲线

0.3mm，系统振幅衰减周期缩短16倍。控制过程中压电元件正向电压幅值约1000V，负向电压幅值约-400V，曲线如图10所示。

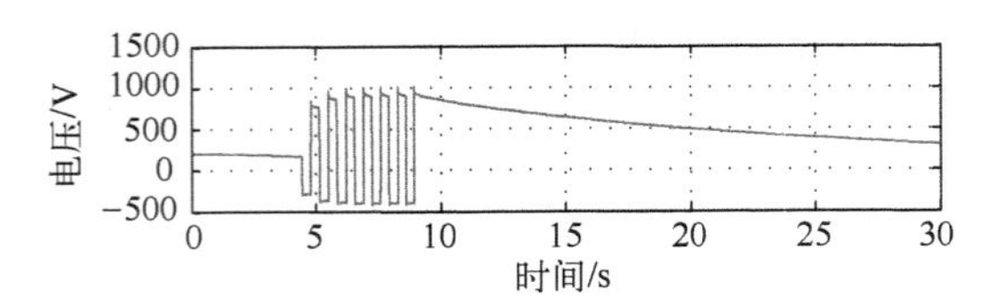

图10 控制过程中压电元件两端电压曲线

3.2 稳态载荷振动抑制试验

对展开臂根部施加一个稳态激励，使其端部产生4mm振幅，得到控制前后结构端部位移曲线如图11所示。控制前结构稳态振动幅值为4mm，控制后结构端部振动幅值降低为0.4mm。对采集得到的位移信号做FFT分析，得到控制前后频谱图如图12所示。控制前后对比，幅值降低了23.38dB。

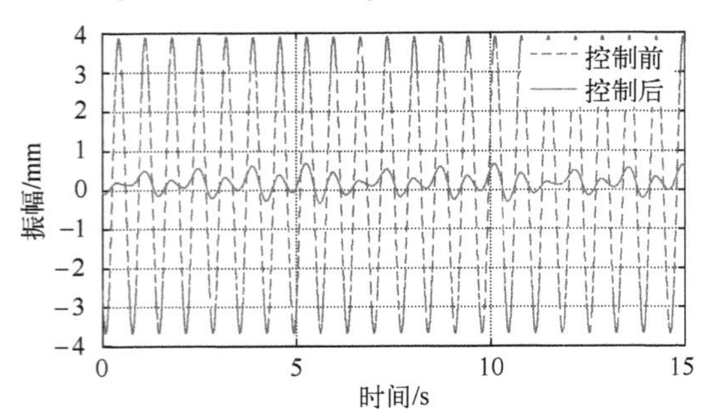

图11 稳态激励下（幅值4mm）结构控制前后端部位移曲线

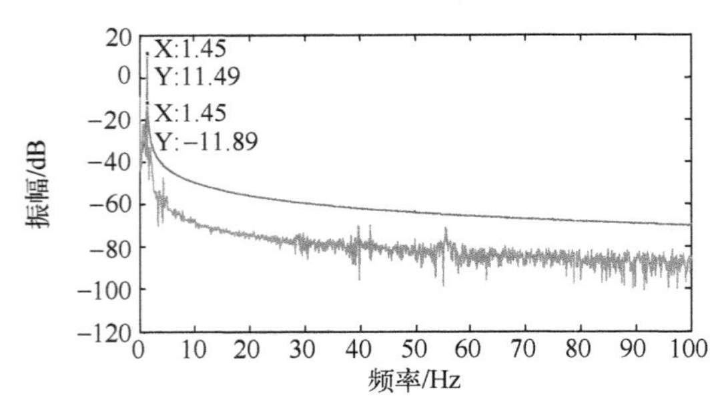

图12 稳态幅值4mm时控制前后幅频特性曲线

4 结束语

本文基于非对称同步开关阻尼技术的半主动振动控制方法和压电元件，研究了大柔性展开臂的振动抑制问题，并建立了大柔性可展机构的开关阻尼半主动控制试验平台进行试验验证。试验结果表明：

1）该方法对瞬态载荷和稳态载荷激励下的大柔性展开臂振动具有很好的抑制效果。

2）展开臂系统阻尼比由0.63%增加至7.69%，振幅衰减周期缩短16倍。

参考文献

[1] Guyomar D, Richard C, Petit L. Non-linear system for vibration damping [C]. In 142th Meeting of Acoustical Society of America, Fort Lauderdale, USA, 2001.

[2] Richard C, Guyomar D, Audigier D, et al. Semi - passive damping using continuous switching of a piezoelectric device [C]. In Proceedings of the SPIE Smart Structures and Materials Conference: Passive Damping and Isolation, San Diego, USA, 1998, 3672: 104-111.

[3] Richard C, Guyomar D, Audigier D, et al. Semi - passive damping using continuous switching of a piezoelectric device [C]. In Proceedings of the SPIE International Symposium on Smart Structures and Materials: Passive Damping and Isolation, 1999, 3672: 104-111.

[4] Richard C, Guyomar D, Audigier D, et al. Enhanced semi - passive damping using continuous switching of a piezoelectric device on an inductor [C]. In Proceedings of the SPIE International Symposium on Smart Structures and Materials: Damping and Isolation, 2000, 3989: 288-299.

[5] Lefeuvre E, Guyomar D, Petit L, et al. Semi-passive structural damping by synchronized switching on voltage sources [J]. Journal of Intelligent Material Systems and Structures, 2006, 17 (8/9): 653-660.

[6] 黄文虎，王心清，张景绘，等．航天柔性结构振动控制的若干新进展 [J]. 力学进展，1997，27 (1): 5-18.

[7] Onoda J. Semi-active vibration suppression of truss structures by electro-rheological.

[8] Makihara K, Onoda J, Minesugi K. Novel approach to self - sensing actuation for semi-active vibration suppression [J]. AIAA Journal, 2006, 44 (7): 1445-1453.

[9] Makihara K, Onoda J, Minesugi K. Low-energy-consumption hybrid vibration suppression based on an energy-recycling approach [J]. AIAA Journal, 2005, 43: 1706-1715.

[10] Makihara K, Onoda J, Minesugi K. Behavior of piezoelectric transducer on energy-recycling semi-active vibration suppression [J]. AIAA Journal, 2006, 44: 411-413.

[11] Makihara K, Onoda J. Investigation of performance in suppressing various vibrations with energy-recycling semi-active method.

第十部分

未来新型航天器系统动力学与控制

超大型空间太阳能电站结构控制一体化设计技术研究

刘宇飞，周　璐

（中国空间技术研究院钱学森空间技术实验室，北京，100094）

摘要：空间太阳能电站与现有航天器存在极大不同：建造过程复杂、可变参数多；空间环境力矩大；质量分散、柔性大，需要采用分散式控制；结构、控制与环境之间存在复杂的耦合等。为了实现减重和方案的优化设计，需要对结构和控制进行一体化设计。为此，文中首先开展了超大型空间太阳能电站结构设计技术研究，分析了结构设计中面临的主要挑战，设计了GW级空间太阳能电站结构方案，分析了结构方案设计与优化、接口设计与优化、超大尺度振动影响、仿真与实验等关键技术。针对超大型空间太阳能电站控制系统设计，分析了大型空间结构对控制系统的需求，设计了GW级空间太阳能电站利用电推进为主要执行机构的分散式控制方案。通过仿真，分析了方案设计的合理性和振动对连接关节等的影响。进而针对超大型结构的动力学特性与控制系统的相互影响、分散式控制在轨道姿态中的应用、任务设计与环境力矩的应用、模块化振动控制体系与参数辨识技术等关键技术开展了技术分析。最后针对空间太阳能电站结构与控制一体化设计问题梳理了核心的科学问题。

关键词：空间太阳能电站；超大尺度；结构控制一体化；分散式控制

1　引言

日本COMETS卫星31m[1]，美国“射电天文探测器B号”的两根天线长达450m，Magnum（大酒瓶）卫星安装有直径90m的碟形天线[2]，美国最大的商业卫星TerreStar-1长度18m，未来的空间望远镜将可以达到主镜直径30m，国际空间站[3]长72.8m、宽108.5m、高20m，我国GW级空间太阳能电站方案长度将超过10km，可以看到空间系统的大型化甚至超大型化是必然的发展趋势，空间太阳能电站是其中的典型代表，与现有航天器的极大不同主要体现在如下几个方面：①建造过程复杂、接口数量多、可变参数多；②空间环境力矩大；③质量分散、柔性大，无法开展集中控制，只能采用分散式控制；④结构、控制与环境之间的耦合。

飞行器设计的传统方法是将一些零散的系统集合成一个整体，实际上并不一定能保证它具有很好的整体性能，动力结构与控制的耦合使得主动控制系统与弹性结构在很多频率范围内起很强的反作用的耦合，这一现象使设计者逐渐认识到结构和控制的一体化设计是十分必要的[4-6]。在地面上建造尺度较大，精度要求较高的望远镜时，也发现传统结构方案存在若干不合理之处，会显著降低主反射面精度，包括自重的影响、风压分布复杂、非均匀温度场，电磁波聚焦等，仅仅通过主动控制难以确保反射面精度或者代价极大，必须依托结构控制一体化设计来实现。超大型空间太阳能电站更是必须开展结构与控制一体化设计，以实现减重和稳定控制，主要设计思路为：系统结构构型方案制定后，基于结构方案与控制系统策略，开展系统跨学科交互设计，指导结构方案与控制方案的优化设计，最终迭代实现结构参数与控制代价的最优匹配。结构设计需在满足结构强度要求的基础上最大程度的减轻质量。对接机构需要同时具备电气连接接口，满足电力系统的输电要求。对于多种结构之间控制精度要求的差异，需要设计具有振动隔离抑制功能的柔性连接机构。在控制方面，需要研究分散式控制方式，针对大尺寸、大翼展、大挠性、大幅值环境干扰，研究基于电推进、空间环境力矩的先进控制技术等。

2　超大型空间太阳能电站结构系统设计

2.1　主要挑战

目前确定的空间太阳能电站装配完成后的飞

行状态外形最大尺寸约为11km。假设系统质量比功率≤10kg/kW（空间太阳能电站卫星干重/地面系统输出功率），对应1GW空间太阳能电站，电站卫星质量约10000t（不包括推进剂）。空间太阳电站的规模从质量上将比目前的普通卫星高出4个数量级，比目前的国际空间站也要大30倍以上，整个系统的光照面积甚至将比普通卫星高出6个数量级，比目前的国际空间站也要高出4个数量级，所以对于结构设计和在轨装配提出了巨大的挑战，需要采用高度模块化的设计，单个模块尽可能地采用可展开结构。以多旋转关节空间太阳能电站[7-8]为例，它主要由三大部分组成：太阳电池阵（南、北）、微波发射天线、主结构，太阳电池阵和微波发射天线通过主结构进行连接。电力传输与管理设备、姿态与轨道控制设备、信息管理与控制设备、热控设备等主要安装在太阳电池阵、微波发射天线、主结构的结构框架上。因此空间太阳能电站需要集成电缆的具有大折展比的桁架、具有多种结构形式的对接结构机构、具有机电热等多功能的轻质结构、具有振动抑制能力的结构等。

在结构设计方面面临的主要挑战包括：①需要根据模块划分和组装方案对每一种模块形式进行机电热控等一体化设计，并在此基础上针对电力和信号线缆以及桁架结构设计可能的折叠方案。②各个模块化结构之间由于机电热控等不同的指标约束，要设计不同的对接结构机构，具有轻型化和柔性隔振等性能，主要包括模块组装接口、桁架单元连接接口、电池阵与天线系统间隔振与机电热一体化接口。③考虑建造需求，研究多点同步对接技术；不同电压下结合电接口的轻型桁架对接结构设计；隔离冲击和振动的柔性对接结构设计等。④以控制精度和燃料消耗最优为指标，结合执行机构和敏感器的特点，确定整体结构设计指标。

空间太阳能电站组装及构型示意图如图1所示。

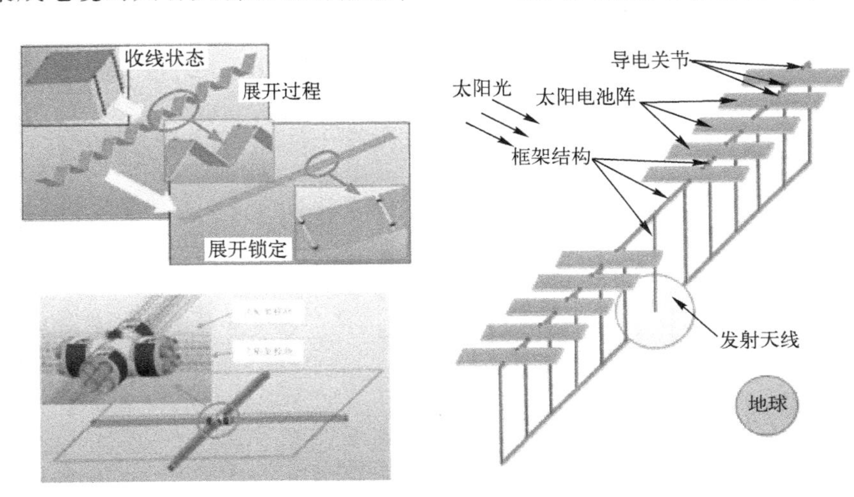

图1　空间太阳能电站组装及构型示意图

2.2　当前的成果

通过优化设计，当前设计的空间太阳能电站方案中，太阳电池阵由50个太阳电池分阵组成（南北各25个），每一个分阵的尺寸为200m×600m，分阵之间的间隔为10m。考虑到黄道夹角的影响，为了使发射天线对于太阳电池分阵不产生遮挡，需要在两端各空出约150mm的距离，这样太阳电池阵结构的总长度约为11800mm。具体的建造模块包括主桁架模块、T形连接模块、十字形连接模块、L形连接模块、135°连接模块、天线阵次桁架模块等。1GW空间太阳能电站结构所需各类模块的数量如表1所列。空间太阳能电站的结构分系统的主要功能是提供主结构支撑、实现电池阵和天线阵两大结构体的连接，同时保证和维持两者所需要的形状和相互位置关系，并为其他分系统提供结构安装面和支撑。

表1　结构分系统方案指标（1GW）

	主结构	太阳电池分阵支撑结构	微波天线支撑结构	总和
主桁架模块（3m）	273	0	52	325
主桁架模块（2m）	0	400	0	400
T形连接模块	102	0	2	104

（续）

	主结构	太阳电池分阵支撑结构	微波天线支撑结构	总和
十字形连接模块	0	50	3	53
L形连接模块	4	0	0	4
135°连接模块	0	0	8	8
天线阵次桁架模块	0	0	180	180
质量	567	410.5	196	1173.5

空间太阳能电站尺寸如图2所示。

为实现全电站（双侧电池阵与天线阵）全部结构的静力分析，在单个次桁架-电池阵单元模块与多个次桁架-电池阵单元模块进行等效计算。这里采用了等效准则与等效方法，分别如下。

等效准则：考虑相较于薄膜，次桁架更能够反映结构整体变形特性，且次桁架的面外位移是合位移的主要贡献，两者基本一致，故将光压载荷空旷下次桁架的合位移作为等效准则。

等效方法：等效方法是改变电池阵厚度与弹性模量参数，并改变求解器设置。

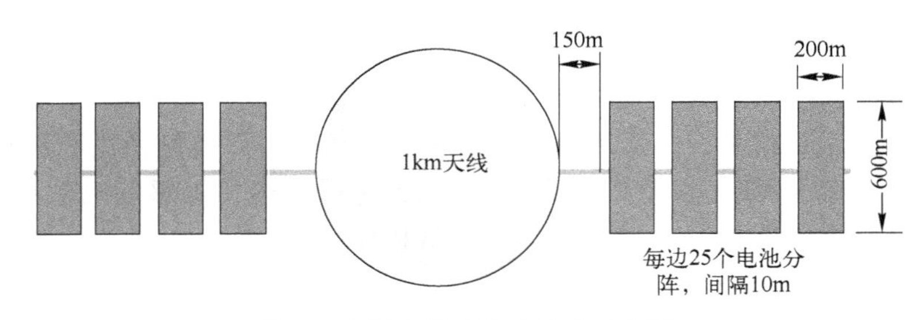

图2　空间太阳能电站尺寸示意图

静力分析结果如表2所列。

表2　载荷数据

天线阵受载	均布光压/Pa	9.12×10^{-6}	
		*Y*负端	*Y*正端
	天线姿态控制力/N	-3	+3
电池阵受载		*X*负端	*X*正端
	俯仰力矩/(N·m)	-5000	-5000
	滚转力/N	+4	-4
	偏航力/N	-3	+3

考虑空间太阳能电站电池阵简化几何结构与装配对接机构，基于ANSYS 12.0软件平台对其进行完整详细结构的参数化建模，对太阳能电站电池阵实际结构在光压下与控制载荷下的静力变形与自激振动模态振型进行分析（图3~图6）。得出如下结论：①计算在光压载荷与控制载荷下，空间太阳能电站整体最大变形量不超过1m，在如此大尺度的模型情况下的变形量极小。本方案可以为后期减重设计提供依据。②对整体结构进行模态振型与固有频率分析，基频为10^{-3}，从第三阶频率开始，量级为10^{-2}，自激振动以弯曲变形为主，天线阵转动明显，天线阵与电池阵之间的连接部分应予重点考虑。③通过静力校核与模态分析，证明了该方案的太阳能电站电池阵结构刚度足以支撑光压与控制变形以及结构的自激振动。

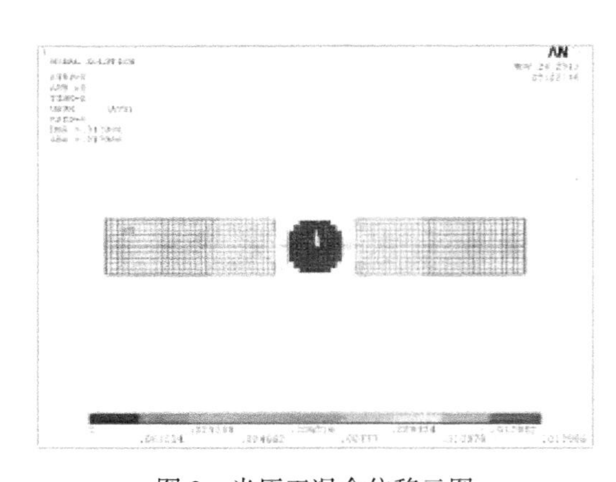

图3　光压工况合位移云图

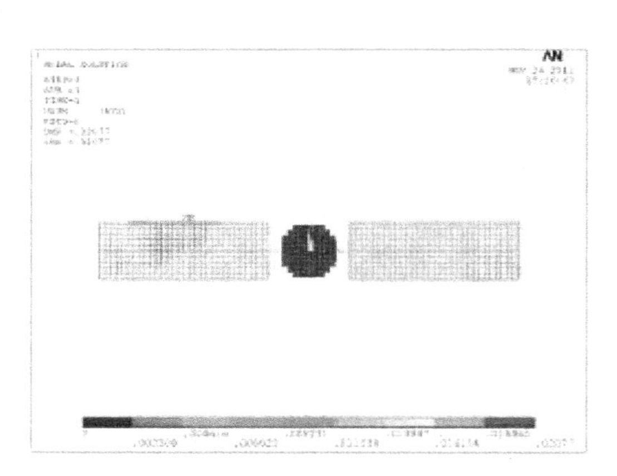

图4　控制工况合位移云图

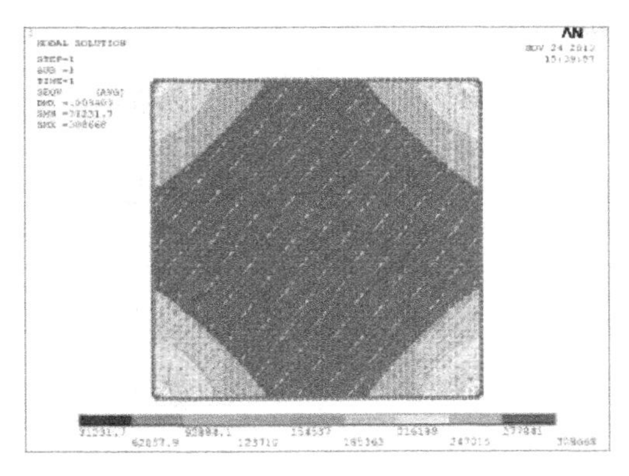

图5　电池阵应力云图

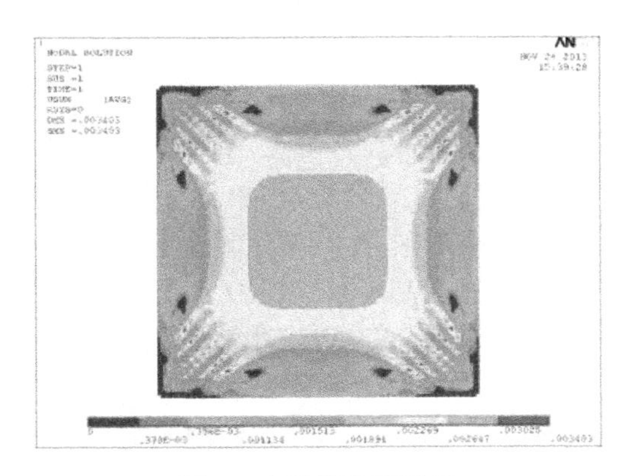

图6　电池阵位移云图

2.3　关键技术问题

1）结构方案的设计与优化

空间太阳能电站系统主结构拟采用桁架式结构单元扩展构建的形式，需要通过在轨组装构建及系统在轨寿命周期内的载荷识别工作，指导电站电池阵及天线阵主结构构型设计，制定合理的主传力路径设计方案，采用模块化与轻量化结构设计技术。在设计与优化过程中的主要困惑是优化指标的确定，大尺度、多场耦合是很难确定一个或者一组参数作为优化指标。

2）接口的设计与优化

结构与电缆一体化设计、电池阵与天线系统间隔振与机电热一体化设计，使得对组装接口的要求非常复杂，包括高刚度、吸能、多功能、通用化等，要确保连接的可靠稳定及相应功能的实现。由于接口数量大，每一个模块的尺度也比较大，不同模块的控制精度要求也不一致，又采用了分布式控制技术，因此接口结构具体采用刚柔哪种形式的连接，以及接口所需要达到的指标，都需要开展深入的分析论证。

3）超大尺度结构振动影响

大型空间展开机构的柔性特点比较突出，在大型空间展开机构展开过程中系统的固有频率大范围变化，因此振动可能会对伺服系统产生较大影响，甚至引发自激振荡；同时由于系统的阻尼较小，使得大型空间展开机构的启动和停止引起的整个系统的振动很难被抑制。由于不同结构对控制精度要求不一致，产生的振动是否需要抑制或消除是个问题。对于大尺度结构，运动规律单一，运动速度缓慢，振动的传递、辨识以及控制是否会有新的特性和现象，也需要开展研究。

4）仿真与实验

相关设计方案如何通过仿真或者地面试验进行验证是大尺度结构面临的最大困惑，开展具有复杂参数输入、超大尺度和柔性、模型耦合严重的仿真非常困难，即使单纯说明某类参数的影响也需要精确模型做对比，都难以实现。地面开展的缩比实验、等效理论等研究工作的有效性更是难以说明。

3　空间太阳能电站控制系统设计

3.1　主要挑战

相比于传统航天器，甚至是一般的柔性航天器，空间太阳能电站都具有更为复杂的特性，主要包括薄膜结构组成复杂、结构可变、质心可变、控制执行机构受限、控制力传导慢、姿态轨道振动耦合等。这些特点都对长期稳定的姿态轨道控制提出了新的要求，必须开展更为深入的研究。从科学研究的角度看，这些特点可以定义为如下内容：首先这类大型结构存在复杂的非线性动力学行为；其次大面积弱预紧力的薄膜结构包括大面积太阳电池板和散热片等具有较大的柔性以及更复杂的振动特性；第三，薄膜结构的组成说明此类系统属于多体系统；电池阵表面难以布设敏感器和执行机构，只能采用局部区域或者几个点的控制，属于分散式控制系统；薄膜结构的姿轨控受到光压力影响较大，为了减重需要采用结构控制一体化的变质心变结构控制系统；姿态轨道振动之间的耦合，说明属于复杂耦合系统；结构运动、质心调整以及薄膜转动几个步骤存在力的传导时间快慢不同的特点，属于跨时间尺度的复杂时滞控制系统。

1）尺度大、质量大带来的挑战

空间太阳能电站作为一种超大型空间结构运

行于地球同步轨道，结构尺寸大、质量、惯量大，转动惯量比空间站大3~4个数量级。整体结构固有频率较低，在10^{-3}Hz量级。尺度大，重力梯度力矩的影响更为明显。利用常规的角动量转化方式的执行机构（控制力矩陀螺、动量轮等）无法提供姿态保持所需的姿态控制力矩。

2）薄膜轻质结构带来的挑战

面质比大，东西方向漂移显著。面质比为$0.7826m^2/kg$，比传统通信卫星高2个数量级，其受到的太阳光压摄动远大于传统卫星。太阳光压力造成经度方向上的周期性漂移，比南北方向的纬度漂移更为严重。

3）天线阵对地指向精度与聚光镜指向控制精度要求较高

空间太阳能电站的无线能量传输决定了天线阵对地指向精度要求较为苛刻，而聚光式电站因两级聚光系统对最后投射到三明治结构的聚光比要求较高，故两级聚光镜的指向精度也需要达到一定的要求

4）燃料消耗的挑战

由于电站运行周期为30年，期间所需要的燃料消耗都需要地面补充，因此尽量减少燃料消耗是控制系统面临的挑战之一。应尽量将轨道控制电推力器与姿态控制电推力器共用；应尽量避免电站整体质心与压心偏差产生的太阳光压力矩；应尽量使用环境力矩来进行姿态调整；应尽量降低轨道控制精度。

3.2 当前的成果

设计了空间太阳能电站姿态与轨道控制分系统，系统承担的主要功能包括在空间太阳能电站建造阶段完成主结构的姿态调整与轨道修正。选择的电推力器的主要性能指标为推力：1N，比冲：5000s，相关配置如表3所列。一年姿态保持燃料消耗为1.8t，轨道保持燃料消耗为24t。

表3 姿态和轨道控制分系统初步配置方案

名称	太阳能电池阵	主结构	微波天线	合计	单重/kg	总重/kg
电推力器	0	96	244	340	150	51000
动量轮	50	0	0	50	40	2000
太阳敏感器	100	0	0	100	—	—
星敏感器	100	0	4	104	—	—
加速度计	50	110	4	164	—	—
陀螺	50	100	1	151	—	—
中央控制计算机	0	0	2	2	—	—
节点控制计算机	50	0	0	50	—	—
总计	400	298	257	961		~60000

为了说明结构对控制的影响，开展了复杂多柔性体系统的仿真工作。主要目的是希望通过仿真结果说明柔性振动对控制的影响。仿真主要设计以下算例：对日定向姿态修正仿真分析；对地定向三轴姿态修正仿真分析。

1）对日定向结果分析

由于在电池阵转角0°初始偏差情况下，电池阵对日定向漂移为5×10^{-6}（°）/s，漂移缓慢，故设置转角初始偏差为1°进行跟踪控制。通过补偿干扰力矩，并调节控制器参数，使电池阵对日角度偏差收敛并稳定在0°，通过电池阵角度误差、角速度误差和推进器布置位置位移曲线分析控制效果及电池阵柔性振动对对日定向指向精度的影响。

推进器位置位移最大为0.015m，在控制稳定阶段周期性振荡，20000s时仍未收敛。边框位移振动频率在10^{-3}Hz量级，结构各阶模态频率在$10^{-3}\sim10^{-2}$Hz量级，将前6阶模态频率叠加，电池阵边框位移振动频率和结构模态叠加频率在一个数量级，可以说明电池阵边框位移主要由控制推力作用于部件柔性引起，如图7所示。

2）对地定向结果分析

由于在0偏差情况下，天线对地指向漂移比较缓慢，此仿真对滚转、俯仰、偏航三个方向分别设置1°偏差，进行姿态调整。

从稳定后天线角速度曲线（图8）上可以看出，天线俯仰轴由于惯量较小，且不与电池阵耦合，角速度变化较快，且曲线平滑，未受到电池阵耦合作用影响，控制效果较好。滚转轴和偏航轴由于电池阵柔性振动影响存在角速度波动，以滚转轴为例，如图9所示，角速度振动周期与关节受力振动周期一致，而关节受力由电池阵柔性振动及对日定向姿态变化产生，从而印证电池阵柔性振动对天线滚转轴和偏航轴角速度振动的直接影响。在控制稳定阶段，天线角速度在零附近振荡，仅凭姿态控制无法抵消，需通过结构抑振方法解决。

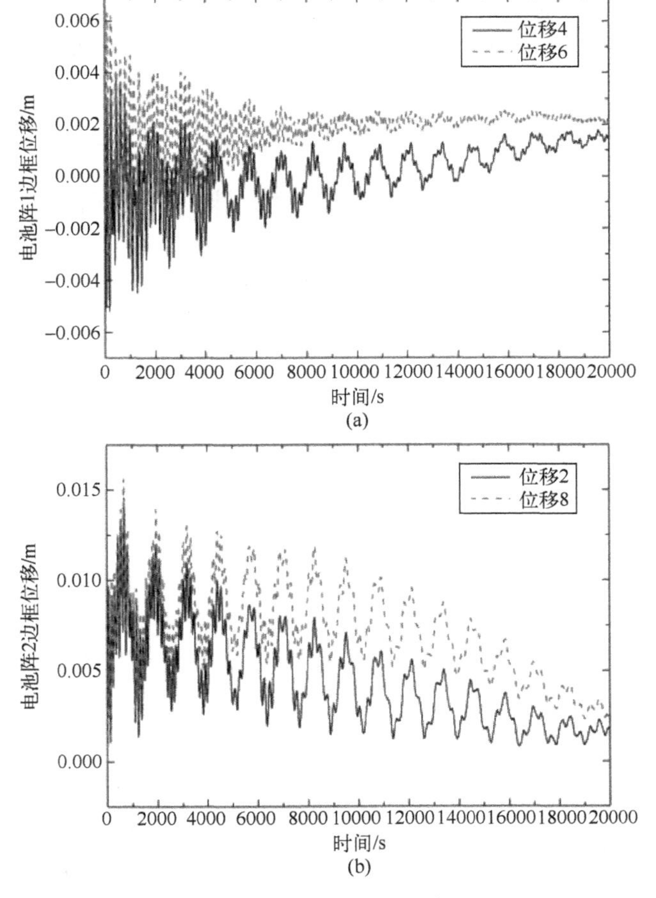

图 7　电池阵边框位移

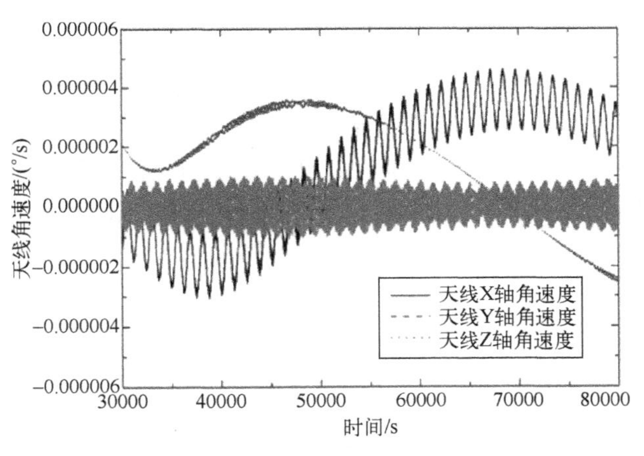

图 8　稳定后天线角速度曲线

电池阵作为大型柔性附件，对于天线指向漂移及控制都带来了一定的困难，关节偏航轴和滚转轴受到长期振荡影响，主要产生原因为电池阵的对日跟踪及推进器在电池阵边框上的推力影响导致的电池阵的柔性振动。通过图 10 所示电池阵末端位移曲线，能够反映电池阵的柔性振动影响。电池阵末端位移的低频振荡对天线指向稳定和精度都有一定程度的影响，且由于滚转轴和偏航轴控制执行推力器布置在电池阵末端，导致执行机构的误差，同样影响天线指向的控制效果。

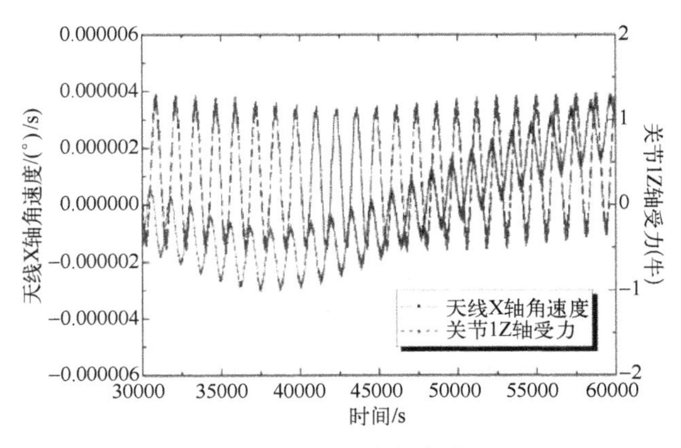

图 9　天线对地定向角速度

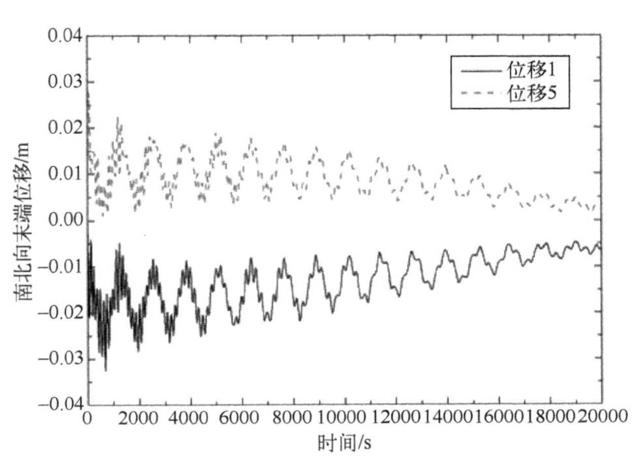

图 10　南北向末端位移

从上述两个仿真算例中可以看出：对日定向稳定后存在稳态误差，由电池阵的柔性振动引起；天线阵对地定向俯仰轴与电池阵解耦，且惯量小，控制效果理想，天线阵对地定向滚转轴和偏航轴与电池阵耦合，受电池阵柔性振动影响，存在稳态误差。

3.3　关键技术问题

1）超大型结构的动力学特性与控制系统的相互影响

超大型结构复杂的动力学特性包括非线性、多体、变结构、时滞等，在设计控制系统时必须有针对性地选择合理的执行机构、敏感器和控制率。同时控制的作用力以及各个执行结构动作时力、质量等的改变又会影响整体结构的动力学特性。因此结构与控制存在复杂的耦合关系，需要建立更为准确的姿态轨道控制动力学方程。但是从上述仿真中可以看到，互相耦合带来的影响较小。如何利用对于结构控制耦合的影响分析，进行结构的减重优化以及控制系统的优化是方案设计中面临的主要问题。

2）分散式控制在轨道和姿态控制中的应用

针对空间太阳能电站缺乏明确的质量集中区，千米级甚至更大的空间尺度中薄膜结构占据了绝大部分的面积，大量采用模块化设计和对接组装技术的特点，采用分散式控制成为首选。太阳电池阵与天线阵之间姿态控制精度要求不同，柔性模块和接口数量较多等情况使得分散式控制中如何合理的分配敏感器与执行机构，如何处理敏感器与执行机构复杂时变的数据来源更为困难。只有充分利用这些需求，降低控制难度，才能达到节省燃料的目的。

3）任务设计与环境力矩的应用

采用当前的任务设计可以看到每年的燃料消耗量较大，达到30t左右。同时可以看到光压力和光压力矩、重力梯度力矩等都是较常规航天器大几个量级。为了减少燃料消耗以及复杂的燃料填充过程，如何设计更为合理的轨道、设计更为精巧的任务以及能量传递和接收方式，将光压力和重力梯度力矩充分地利用，是控制系统面临的难点之一。

4）模块化振动控制体系与参数辨识技术

太阳电站采用模块化结构，以及分布式控制方案，在各相模块上布置局部挠性振动控制系统。利用智能结构对空间挠性结构进行振动抑制。大型空间结构的主动振动抑制和形状控制中，驱动器/敏感器的配置位置将直接影响闭环控制系统的性能，甚至可能导致结构不稳定。另外从经济和结构限制等方面考虑，驱动器/敏感器的数目应该有一个最佳数目。分析求解系统的驱动器/敏感器最佳数目，并把它们配置在最优位置就是空间结构的振动抑制和形状控制中驱动器/敏感器优化配置问题中需要解决的内容。

4　空间太阳能电站结构控制一体化设计

4.1　主要研究内容

空间太阳能电站控制与挠性振动是耦合的，没有能代表整体姿态与形状的空间子结构，所有组成部分的变形均是刚性变形与挠性变形的合成，不可能进行单独某一项的解耦控制，对姿态进行控制时，必须涉及振动与形状控制，对振动进行控制时，又必须涉及对轨道与姿态的耦合，涉及的是轨道、姿态、挠性振动与形状的一体化控制，这是其与普通航天器的本质性区别。空间太阳能电站的姿态轨道控制与空间太阳能电站的振动控制之间存在耦合、空间太阳能电站的结构与控制之间存在耦合、这两个耦合之间还存在相互交叉的部分。因此在开展结构控制一体化设计时首先需要从各自专业的角度将耦合的影响降至最低。

1）结构设计的研究内容

从结构的角度看，减少振动和冲击的核心体现在接口上。对于电池阵系统与天线阵系统的组装对接，重点在于降低振动及冲击影响。根据分布式控制中振动抑制隔离的要求，开发高阻尼比隔振元件，完成模块化结构隔振连接结构设计，如图11所示。

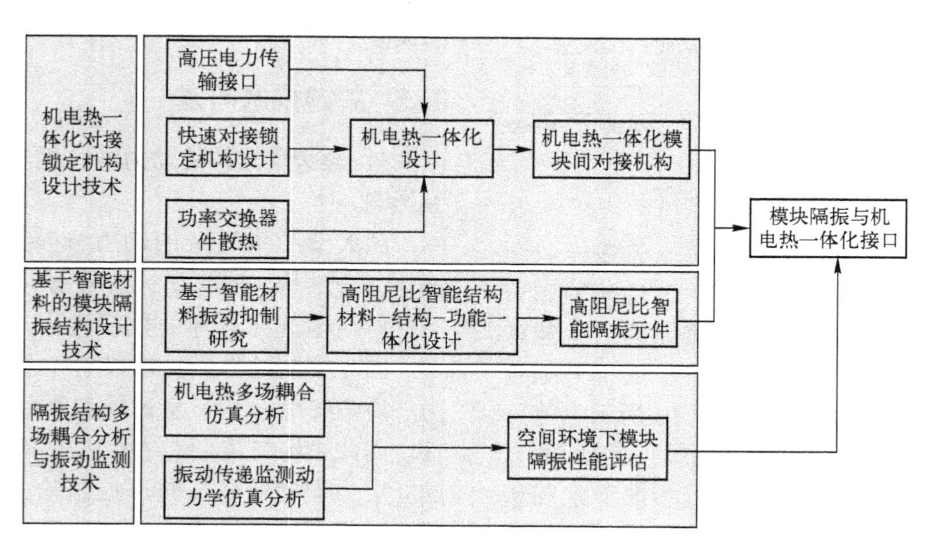

图11　模块隔振与机电热一体化接口技术研究途径

在结构优化设计方面另一个主要研究内容是超大型结构多场耦合动力学分析与设计。综合考虑大型航天结构的大变形、大转动问题，结合光压作用因素，采用更新的 Lagrange 格式建立力/热/光压作用下大型航天结构的非耦合动力学方程，推导结构变形与热流载荷、结构变形与光压载荷之间的耦合关系，建立大型航天结构的力/热/光压多场耦合动力学的耦合方程，进行非线性耦合动力学方程组的数值求解，研究大型航天结构的多场耦合响应规律，指导系统系统主结构构型与主结构设计技术研究。

2）控制系统的研究内容

一个典型结构与形状控制系统由以下部分组成：机械结构、传感器、作动器以及控制器。通过控制目标位移值来实现振动与形状控制，可以说对于大型空间结构，其振动控制与形状控制在本质上是一致的。振动控制的目的是优化结构系统和控制系统，已达到完全消除振动或者在某一时间范围内将系统的均方相应控制在要求的水平。由线形振动理论可知，无限自由度系统的振动控制可近似的转化为在模态空间中对少数几个模态的振动控制，即进行模态控制。模态控制方法又可分为独立模态和耦合模态控制法两种，将两者结合起来发挥各自的优势应该是一个很好的思想。

在敏感器、执行机构布置的基础上，进行各敏感器与执行机构的协同控制是控制系统设计的关键点。控制系统敏感器、执行机构的布置，测量滤波算法、控制算法，均与挠性模态耦合密切，是形状、姿态与轨道控制的耦合问题，需采用分布式控制。基于统一设计、分布实施的方案，即对空间太阳能电站进行形状、姿态、轨道的一体化设计，完成敏感器、执行机构的布局、测量算法、控制算法的统一设计，而在实施上，各点的敏感器、执行机构尽量实现统一，实现模块化，达到形状与姿轨一体控制、分布实施的目的。

为了提供大型结构振动控制需要的驱动能量，不得不大幅增加压电执行器的数目。另外，由于大型柔性结构模态密集，也不得不大幅增加压电传感器的数目以减小观测溢出。传感器和执行器数目的增加，不但增加了控制器设计的难度，而且也带来了计算量大幅增加，严重影响了控制实时性。需要将多个主要的结构共振频率考虑到控制系统的设计当中去，同时要确保结构模型容许存在多种误差。在反馈控制策略的设计中应当考虑可能导致溢出不稳定情况发生。

4.2　核心科学问题

空间太阳能电站的振动控制问题是刚柔体动力学、智能材料、控制理论、数学及软件开发等多学科交叉研究领域。由于刚体、柔性体和智能结构的耦合导致空间太阳能电站的动力学模型非常复杂，而且模型是非线性的，并存在不确定性。必须要深入分析耦合关系，以及各种外部不确定因素，建立合理的耦合模型及数值计算方法，然后在建立的模型基础之上寻找一种适用的、高鲁棒性的控制方法。目前无论从系统建模到数值仿真等方面均无成熟理论，亟需深入研究。

（1）强柔性、复杂耦合条件下，采用各种执行机构，通过精确动力学建模及控制器优化，解决具有时变、时滞、参数不确定、输入饱和等特性的空间太阳能电站分散式姿态轨道控制问题。

空间太阳能电站动力学建模的目的是建立力、材料结构和运动之间的关系，建立一个适用于工程使用的考虑力传导时滞特性、变拓扑结构、复杂耦合的动力学模型。首先针对空间太阳能电站的特性将柔性多体动力学建模理论、变形描述理论、振动理论进行融合，实现精确的动力学建模。进而结合有限元仿真结果，分析结构振动、姿态、轨道之间的耦合影响规律，进行精确模型的离散和降阶简化。最终通过数学拟合方法，给出考虑光学参数、结构振动规律、材料特性、尺度特性的具有可操作性的量化模型。

（2）在执行机构和敏感器布设数量和位置的约束下，解决振动观测、主动振动控制中的稳定性和鲁棒性问题，以及与姿态轨道控制器的协同优化设计问题。

空间太阳能电站的主动振动控制的对象包括电池阵、天线阵、大型支撑结构等，均具有强非线性特性，主要体现在参数不确定、多时滞、变时滞等方面。首先在布设位置和数量的约束下，开展振动测量和大量观测数据的拟合理论研究。进而分析含复杂动态的时滞振动系统模型的能控能观性，并给出模型的鲁棒稳定性判据，并据此开展关键参数的优化配置研究。主动振动控制器设计中将系统的动力学状态设计为由激起振动的初始状态到振动得到抑制的平衡状态。在离散化处理时，针对超大型结构，采用任务函数方法来克服系统阶数高，测量量大，计算量大，工程上较难实现的缺点。控制器的设计还需要综合考虑姿态轨道控制器的特点进行协同设计，综合优化。

（3）研究数值仿真计算方法和半物理试验方法，解决长期控制中的仿真计算和地面验证实验问题。

研究数值计算方法，解决仿真计算中需要长时间稳定的高精度数值解的问题。结合误差影响球等估计方法仿真验证离散和降阶的合理性。最后通过设计合理的地面试验对所设计的振动抑制方案进行验证，结合激振器、摄影测量设备、气浮台、柔性连接器等，将等效和缩比理论体现在试验系统中，实现对复杂耦合柔性系统的仿真。

5 结束语

空间太阳能电站结构系统设计、控制系统设计中面临的主要挑战是超大尺度结构特性的了解不深入，各类参数对结构和振动的影响效果不明晰，在敏感器和执行机构的布设上又受到数量和位置的限制。为了达到质量轻、控制精度高、燃料消耗少等几个任务优化指标，必须开展结构控制一体化设计研究，这是一个多学科优化问题，面临的主要挑战是未知因素过多，环境影响较大，地面试验困难等。需要从多学科优化技术、建模与简化技术、分布式控制技术、地面仿真与实验技术等多个方面进行技术突破，以实现空间太阳能电站的协同设计、综合优化。

参考文献

[1] Nishida, Hayato Kameda, Kouzou Ohashi, et al. The COMETS satellite, 16th AIAA International Communications Satellite Systems Conference [C]. Washington, DC, 1996: 228-236.

[2] 孙洋，邱乐德. 电子侦察卫星初探. 中国西部青年通信学术会议 [C]. 成都，《中国西部青年通信学术会议论文集》四川省通信协会. 2008: 628-632.

[3] Catherine A J. International Space Station evolution data book volume I. baseline design. NASA/SP-2000-6109Vol (1)/REV1 [R]. Washington: NASA, 2000.

[4] 余雄庆，丁运亮. 多学科设计优化算法及其在飞行器设计中应用 [J]. 航空学报，2000，21 (1): 1-6.

[5] 葛东明，邹元杰. 高分辨率卫星结构-控制-光学一体化建模与微振动响应分析 [J]. 航天器环境工程，2013 (6): 586-590.

[6] 岳洪浩. 精密柔性抛物壳智能结构系统及其主动控制研究 [D]. 哈尔滨：哈尔滨工业大学，2009.

[7] Zheng Ai Cheng, Xinbin Hou, Xinghua Zhang, et al. Chunlin Song. In-orbit assembly mission for the Space Solar Power Station [J]. Acta Astronautica, 2016 (129): 299-308.

[8] 侯欣宾，王立，张兴华，等. 多旋转关节空间太阳能电站概念方案设计 [J]. 宇航学报，2015，36 (11): 1332-1338.

空间太阳能电站不同姿态控制方案比较分析

刘宇飞[1]，王 立[1]，侯欣宾[1]，邬树楠[2]
（1. 中国空间技术研究院钱学森空间技术实验室，北京，100094；2. 大连理工大学，大连，116000）

摘要： 研究MW级多旋转关节空间太阳能电站（MRJ-SPS）在轨动力学与控制中的问题，发展初步的MRJ-SPS姿态控制方案。建立起包含有环境摄动扰动的完整的MW级MRJ-SPS在轨姿态动力学仿真模型，并发展用于控制分析与设计的简化模型。提出MW级MRJ-SPS二体和三体控制模式下姿态控制方案，并完成控制系统分析、设计与数值仿真验证。从仿真结果来看，两体控制和三体控制，均能够满足指向精度需求。三体控制的燃料消耗相比两体控制减少90%以上。

关键词： 空间太阳能电站；动力学模型；两体与三体控制；燃料消耗

1 引言

空间太阳能电站是目前可行的最大规模的空间系统。超大的尺寸和极低的结构频率是其区别于现有航天器的显著特点，这也给动力学与控制领域带来了新问题和新挑战。自空间太阳能电站的概念提出以来，已发展出许多不同的空间太阳能电站构型[1-3]。本文的研究对象为运行于地球静止轨道的MW级的MRJ-SPS，如下图所示。该构型主要由中心桁架结构（由主桁架和中心承力筒组成）、微波发射天线和24个太阳能电池子阵（每个子阵包含有两个电池板）组成。其中，电池子阵通过位于中心桁架结构上的电机驱动，并保持板面的对日定向。微波发射天线附着于中心桁架结构的中心承力筒处，并始终保持对地定向。构型的基本参数属性（初始设计构型）如表1所示。

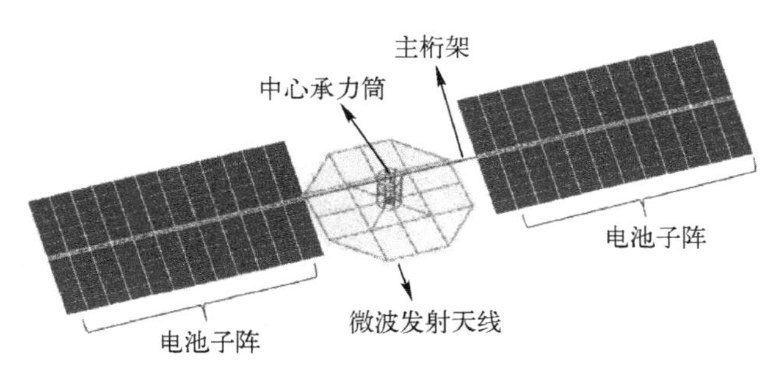

图1 MW级MRJ-SPS示意图

表1 MRJ-SPS基本参数属性（初始设计构型）

结 构	数 值
中心桁架结构	质量85.7t，长度793.5m
微波发射天线	质量72.4t，半径75m
太阳能电池子阵	质量2.4t，长100m，宽26.5m，24个

MRJ-SPS的动力学建模问题属于多柔性体系统动力学的范畴。不同于传统的“中心刚体+柔性附件”类的航天器，MRJ-SPS由中心桁架结构、微波发射天线和电池子阵三个不同刚度的构件组成，且中心桁架结构是整个结构中结构基频最低的构件，故中心体为柔性体。这表明现有的“中心刚体+柔性附件”类航天器动力学模型对于MRJ-SPS来说并不适用。此外，虽然多柔性体动力学建模在多体系统动力学领域已趋于成熟，然而，诸如基于拉格朗日乘子法的微分-代数方程和基于Kane法的微分方程仅适合于计算机仿真分析并不适合于控制系统设计。建立起适合于控制分析与设计且包含有外界摄动影响的MRJ-SPS的在轨动力学模型是十分必要的。MRJ-SPS的姿态控制问题属于多柔性体系统运动控制的范畴。在先前的有关空间太阳能电站姿态控制的研究中，仅采用了PD控制器对ISC-SPS进行了仿真分析[4-5]。控制器设计简单并缺乏对于控制设计性能和鲁棒性的分析。对于空间太阳能电站来说，超大的尺寸和极低的结构频率造成了高控制输出执行机构的需求和潜在的控制/结构相互作用问题。

因此，在确保姿态控制精度的前提下，需要合理地设计姿态控制系统以降低执行机构的输出需求和避免由控制/结构相互作用所导致的动力学不稳定性问题。基于 MRJ-SPS 的初始设计构型，本文初步研究了其在轨动力学与控制问题，建立了 MRJ-SPS 的轨道动力学模型、多刚体姿态动力学模型和多柔性体姿态动力学模型，对比了不同的姿态控制方案及不同执行机构对于控制/结构相互作用的影响，权衡了姿态控制设计（控制带宽）与结构设计（结构基频）。研究成果将为我国未来空间太阳能电站动力学与控制的研究提供有价值的参考依据。

2 MRJ-SPS 在轨姿态动力学建模

本节将 MRJ-SPS 视为多柔性体系统，基于拉格朗日方程推导其在轨姿态动力学模型。动力学模型的建立遵从如下三个假设条件：

（1）结构变形远小于结构的特征尺寸；

（2）轨道运动对于姿态运动和结构振动的影响可忽略；

（3）结构变形对重力梯度、太阳光压和微波反作用力的影响可忽略；

假设条件（1）表明所处理的结构动力学问题为线性问题，结构变形可采用假定模态法进行描述；假设条件（2）表明在本节公式推导中轨道的影响将不作考虑，这主要是由于中心体固连系的原点取为 SPS 的质心，姿轨耦合被最小化；假设条件（3）与假设条件（1）的小变形假设相对应，表明与重力梯度、太阳光压和微波反作用力对应的广义力和结构的变形无关。

2.1 两体模型

图 2 为 SPS 在轨建模示意图。其中，B_c 为由天线和中心桁架结构组成的中心体，B_i 为第 i 个电池子阵（假定有 N 个电池子阵），坐标系 n 为地心惯性系，坐标系 o 为轨道坐标系，坐标系 b_c 为中心体固连系，坐标系 b_i 为第 i 个电池子阵的固连系，坐标系 b_{ci} 为附着于第 i 个电池子阵与中心体的铰接点处且三轴方向与中心体未变形时坐标系 b_c 的三轴方向平行的坐标系。

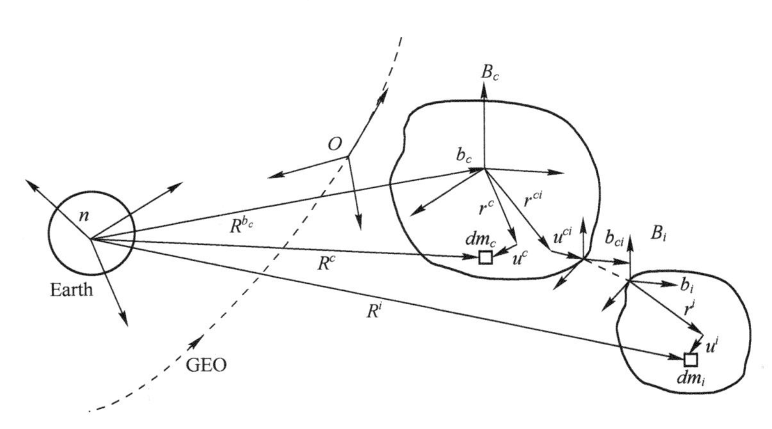

图 2 MRJ-SPS 在轨建模示意图

基于拉格朗日方程和假设条件（1），所得的动力学模型为

$$
\begin{aligned}
&\boldsymbol{m}_{cc}\dot{\boldsymbol{\omega}}^{b_c} + \sum_{i=1}^{N}\boldsymbol{m}_{ci}\ddot{\theta}^i + \boldsymbol{m}_{cce}\ddot{\boldsymbol{q}}^c + \sum_{i=1}^{N}\boldsymbol{m}_{cie}\ddot{\boldsymbol{q}}^i + \dot{\boldsymbol{m}}_{cc}\boldsymbol{\omega}^{b_c} + \\
&\sum_{i=1}^{N}\dot{\boldsymbol{m}}_{ci}\dot{\theta}^i + \dot{\boldsymbol{m}}_{cce}\dot{\boldsymbol{q}}^c + \sum_{i=1}^{N}\dot{\boldsymbol{m}}_{cie}\dot{\boldsymbol{q}}^i + \boldsymbol{\omega}^{b_c\times}\boldsymbol{m}_{cc}\boldsymbol{\omega}^{b_c} + \boldsymbol{\omega}^{b_c\times} \\
&\sum_{i=1}^{N}\boldsymbol{m}_{ci}\dot{\theta}^i + \boldsymbol{\omega}^{b_c\times}\boldsymbol{m}_{cce}\dot{\boldsymbol{q}}^c + \boldsymbol{\omega}^{b_c\times}\sum_{i=1}^{N}\boldsymbol{m}_{cie}\dot{\boldsymbol{q}}^i - (\boldsymbol{C}^{b_c})^{-\mathrm{T}} \\
&\left(\frac{\partial \boldsymbol{T}}{\partial \boldsymbol{\theta}^{b_c}}\right) = \boldsymbol{T}^c
\end{aligned}
$$

$$
\begin{aligned}
&\boldsymbol{m}_{ii}\ddot{\theta}^i + \boldsymbol{m}_{ci}^{\mathrm{T}}\dot{\boldsymbol{\omega}}^{b_c} + \boldsymbol{m}_{ice}\ddot{\boldsymbol{q}}^c + \boldsymbol{m}_{iie}\ddot{\boldsymbol{q}}^i + \dot{\boldsymbol{m}}_{ii}\dot{\theta}^i + \dot{\boldsymbol{m}}_{ci}^{\mathrm{T}}\boldsymbol{\omega}^{b_c} + \\
&\dot{\boldsymbol{m}}_{ice}\dot{\boldsymbol{q}}^c + \dot{\boldsymbol{m}}_{iie}\dot{\boldsymbol{q}}^i - \frac{\partial \boldsymbol{T}}{\partial \theta^i} = \boldsymbol{T}^i
\end{aligned}
$$

$$
\begin{aligned}
&\boldsymbol{m}_{cece}\ddot{\boldsymbol{q}}^c + \boldsymbol{\Delta}^c\dot{\boldsymbol{q}}^c + \boldsymbol{\Omega}^c\boldsymbol{q}^c + \boldsymbol{m}_{cce}^{\mathrm{T}}\dot{\boldsymbol{\omega}}^{b_c} + \sum_{i=1}^{N}\ddot{\theta}^i\boldsymbol{m}_{ice}^{\mathrm{T}} + \\
&\sum_{i=1}^{N}\boldsymbol{m}_{ceie}\ddot{\boldsymbol{q}}^i + \dot{\boldsymbol{m}}_{cece}\dot{\boldsymbol{q}}^c + \dot{\boldsymbol{m}}_{cce}^{\mathrm{T}}\boldsymbol{\omega}^{b_c} + \sum_{i=1}^{N}\dot{\theta}^i\dot{\boldsymbol{m}}_{ice}^{\mathrm{T}} + \\
&\sum_{i=1}^{N}\dot{\boldsymbol{m}}_{ceie}\dot{\boldsymbol{q}}^i - \frac{\partial(\boldsymbol{T})}{\partial \boldsymbol{q}^c} = 0
\end{aligned}
$$

$$
\begin{aligned}
&\ddot{\boldsymbol{q}}^i + \boldsymbol{\Delta}^i\dot{\boldsymbol{q}}^i + \boldsymbol{\Omega}^i\boldsymbol{q}^i + \boldsymbol{m}_{cie}^{\mathrm{T}}\dot{\boldsymbol{\omega}}^{b_c} + \boldsymbol{m}_{iie}^{\mathrm{T}}\ddot{\theta}^i + \boldsymbol{m}_{ceie}^{\mathrm{T}}\ddot{\boldsymbol{q}}^c + \dot{\boldsymbol{m}}_{cie}^{\mathrm{T}}\boldsymbol{\omega}^{b_c} + \\
&\dot{\boldsymbol{m}}_{iie}^{\mathrm{T}}\dot{\theta}^i + \dot{\boldsymbol{m}}_{ceie}^{\mathrm{T}}\dot{\boldsymbol{q}}^c - \frac{\partial(\boldsymbol{T})}{\partial \boldsymbol{q}^i} = 0
\end{aligned}
$$

式中：$\boldsymbol{\Delta}^c$ 和 $\boldsymbol{\Delta}^i$ 为中心桁架结构和电池子阵的比例阻尼阵，且 $\boldsymbol{\Delta}^c = \mathrm{diag}(2\xi_{e1}^c\omega_{e1}^c, \cdots, 2\xi_{en_c}^c\omega_{en_c}^c)$，$\boldsymbol{\Delta}^i = \mathrm{diag}(2\xi_{e1}^i\omega_{e1}^i, \cdots, 2\xi_{en_i}^i\omega_{en_i}^i)$。$\xi_{ei}^c$ 表示中心体第 i 阶模态的阻尼比，ξ_{ej}^i 表示第 i 个电池子阵的第 j 阶模态的阻尼比。

除重力梯度力矩以外，SPS 所受的外界干扰力矩主要为太阳光压力矩和微波反作用力矩，且其大小主要取决于结构质心和压心的偏移。为估计这些干扰力矩的影响，假定整个结构的质心沿三轴方向分别偏移 Δx^c、Δy^c 和 Δz^c，则由电池子阵受到的太阳光压力所产生的对于中心体的力矩可表示为

$$d_{s1}^c = P(1+\rho_r)A_s\Delta y^c\cos(\omega_o t)$$

$$d_{s2}^c = P(1+\rho_r)A_s((z_c+\Delta z^c)\sin(\omega_o t) - \Delta x^c\cos(\omega_o t))$$

$$d_{s3}^c = -P(1+\rho_r)A_s\Delta y^c\sin(\omega_o t)$$

式中：P 为太阳光压常数且 $P = 4.5\times10^{-6}\,\mathrm{N/m^2}$；$\rho_r$ 为总反射系数；A_s 为电池子阵的总面积；z_c 为 SPS 质心到主桁架的距离。

天线受到的太阳光压力所产生的力矩的计算是复杂的。为估算其影响，这里假定天线的两个表面均是均匀的，则其受到的太阳光压力所产生的力矩为

$$\begin{aligned} d_{a1}^c = {} & PA_a(1-\rho_s)\Delta y^c|\cos(\omega_o t)|\cos(\omega_o t) + \\ & PA_a\Delta y^c\cos(\omega_o t)\left(2\rho_s|\cos(\omega_o t)| + \frac{2}{3}\rho_d\right) \end{aligned}$$

$$\begin{aligned} d_{a2}^c = {} & -PA_a(1-\rho_s)(10-z_c-\Delta z^c)|\cos(\omega_o t)|\sin(\omega_o t) - \\ & PA_a(1-\rho_s)\Delta x^c|\cos(\omega_o t)|\cos(\omega_o t) - \\ & PA_a\Delta x^c\cos(\omega_o t)\left(2\rho_s|\cos(\omega_o t)| + \frac{2}{3}\rho_d\right) \end{aligned}$$

$$d_{a3}^c = -PA_a(1-\rho_s)\Delta y^c|\cos(\omega_o t)|\sin(\omega_o t)$$

式中：ρ_d 和 ρ_s 分别为天线表面的漫反射系数和镜面反射系数；A_a 为天线面积。

假定天线的反射功率为 P_t，则微波反作用力矩为

$$d_{w1}^c = \frac{P_t}{c}\Delta y^c$$

$$d_{w2}^c = -\frac{P_t}{c}\Delta x^c$$

$$d_{w3}^c = 0$$

式中：c 为光速。

2.2　三体模型

下图为 SPS 三体在轨建模示意图。其中，B_c 为由中心桁架结构构成的中心体，B_i 为第 i 个电池子阵（假定有 N 个电池子阵），B_a 为天线，坐标系 n 为地心惯性系，坐标系 o 为轨道坐标系，坐标系 b_c 为中心体固连系，坐标系 b_i 为第 i 个电池子阵的固连系，坐标系 b_{ci} 为附着于第 i 个电池子阵与中心体的铰接点处且三轴方向与中心体未变形时坐标系 b_c 的三轴方向平行的坐标系，坐标系 b_a 为天线的固连系。

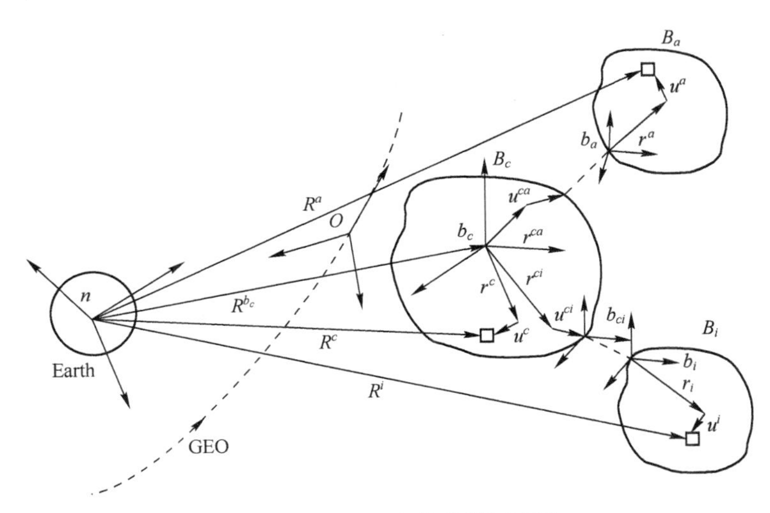

图 3　MRJ-SPS 在轨建模示意图

基于假设条件（1）和拉格朗日方程，所得的动力学模型为

$$\boldsymbol{m}_{cc}\dot{\boldsymbol{\omega}}^{b_c} + \sum_{i=1}^{N}\boldsymbol{m}_{ci}\ddot{\theta}^i + \boldsymbol{m}_{ca}\dot{\boldsymbol{\omega}}^{b_a} + \boldsymbol{m}_{cce}\ddot{\boldsymbol{q}}^c + \sum_{i=1}^{N}\boldsymbol{m}_{cie}\ddot{\boldsymbol{q}}^i + \boldsymbol{m}_{cae}\ddot{\boldsymbol{q}}^a + \dot{\boldsymbol{m}}_{cc}\boldsymbol{\omega}^{b_c} + \sum_{i=1}^{N}\dot{\boldsymbol{m}}_{ci}\dot{\theta}^i + \dot{\boldsymbol{m}}_{ca}\boldsymbol{\omega}^{b_a} + \dot{\boldsymbol{m}}_{cce}\dot{\boldsymbol{q}}^c + \sum_{i=1}^{N}\dot{\boldsymbol{m}}_{cie}\dot{\boldsymbol{q}}^i + \dot{\boldsymbol{m}}_{cae}\dot{\boldsymbol{q}}^a + \boldsymbol{\omega}^{b_c\times}\boldsymbol{m}_{cc}\boldsymbol{\omega}^{b_c} + \boldsymbol{\omega}^{b_c\times}\sum_{i=1}^{N}\boldsymbol{m}_{ci}\dot{\theta}^i +$$

$$\boldsymbol{\omega}^{b_c\times}\boldsymbol{m}_{ca}\boldsymbol{\omega}^{b_a}+\boldsymbol{\omega}^{b_c\times}\boldsymbol{m}_{cce}\dot{\boldsymbol{q}}^c+\boldsymbol{\omega}^{b_c\times}\sum_{i=1}^{N}\boldsymbol{m}_{cie}\dot{\boldsymbol{q}}^i+\boldsymbol{\omega}^{b_c}\times\boldsymbol{m}_{cae}\dot{\boldsymbol{q}}^a-(\boldsymbol{C}^{b_c})^{-T}\left(\frac{\partial T}{\partial\boldsymbol{\theta}^{b_c}}\right)=\boldsymbol{T}^c$$

$$m_{ii}\ddot{\theta}^i+\boldsymbol{m}_{ci}^{\mathrm{T}}\dot{\boldsymbol{\omega}}^{b_c}+\boldsymbol{m}_{ice}\ddot{\boldsymbol{q}}^c+\boldsymbol{m}_{iie}\ddot{\boldsymbol{q}}^i+\dot{m}_{ii}\dot{\theta}^i+\dot{\boldsymbol{m}}_{ci}^{\mathrm{T}}\boldsymbol{\omega}^{b_c}+\dot{\boldsymbol{m}}_{ice}\dot{\boldsymbol{q}}^c+\dot{\boldsymbol{m}}_{iie}\dot{\boldsymbol{q}}^i-\frac{\partial T}{\partial\theta^i}=\boldsymbol{T}^i$$

$$\boldsymbol{m}_{aa}\dot{\boldsymbol{\omega}}^{b_a}+\boldsymbol{m}_{ca}^{\mathrm{T}}\dot{\boldsymbol{\omega}}^{b_c}+\boldsymbol{m}_{ace}\ddot{\boldsymbol{q}}^c+\boldsymbol{m}_{aae}\ddot{\boldsymbol{q}}^a+\dot{\boldsymbol{m}}_{aa}\boldsymbol{\omega}^{b_a}+\dot{\boldsymbol{m}}_{ca}^{\mathrm{T}}\boldsymbol{\omega}^{b_c}+\dot{\boldsymbol{m}}_{ace}\dot{\boldsymbol{q}}^c+\dot{\boldsymbol{m}}_{aae}\dot{\boldsymbol{q}}^a+\boldsymbol{\omega}^{b_a\times}\boldsymbol{m}_{aa}\boldsymbol{\omega}^{b_a}+\boldsymbol{\omega}^{b_a\times}m_{ca}^{\mathrm{T}}\boldsymbol{\omega}^{b_c}+\boldsymbol{\omega}^{b_a}\times\boldsymbol{m}_{ace}\dot{\boldsymbol{q}}^c+\boldsymbol{\omega}^{b_a\times}\boldsymbol{m}_{aae}\dot{\boldsymbol{q}}^a-(\boldsymbol{C}^{b_a})^{-T}\left(\frac{\partial T}{\partial\boldsymbol{\theta}^{b_a}}\right)=\boldsymbol{T}^a$$

$$\boldsymbol{m}_{cece}\ddot{\boldsymbol{q}}^c+\boldsymbol{\Delta}^c\dot{\boldsymbol{q}}^c+\boldsymbol{\Omega}^c\boldsymbol{q}^c+\boldsymbol{m}_{cce}^{\mathrm{T}}\dot{\boldsymbol{\omega}}^{b_c}+\sum_{i=1}^{N}\ddot{\theta}^i\boldsymbol{m}_{ice}^{\mathrm{T}}+\boldsymbol{m}_{ace}^{\mathrm{T}}\dot{\boldsymbol{\omega}}^{b_a}+\sum_{i=1}^{N}\boldsymbol{m}_{ceie}\ddot{\boldsymbol{q}}^i+\boldsymbol{m}_{ceae}\ddot{\boldsymbol{q}}^a+\dot{\boldsymbol{m}}_{cece}\dot{\boldsymbol{q}}^c+\dot{\boldsymbol{m}}_{cce}^{\mathrm{T}}\boldsymbol{\omega}^{b_c}+\sum_{i=1}^{N}\dot{\theta}^i\dot{\boldsymbol{m}}_{ice}^{\mathrm{T}}+\dot{\boldsymbol{m}}_{ace}^{\mathrm{T}}\boldsymbol{\omega}^{b_a}+\sum_{i=1}^{N}\dot{\boldsymbol{m}}_{ceie}\dot{\boldsymbol{q}}^i+\dot{\boldsymbol{m}}_{ceae}\dot{\boldsymbol{q}}^a-\frac{\partial(T)}{\partial\boldsymbol{q}^c}=0$$

$$\ddot{\boldsymbol{q}}^i+\boldsymbol{\Delta}^i\dot{\boldsymbol{q}}^i+\boldsymbol{\Omega}^i\boldsymbol{q}^i+\boldsymbol{m}_{cie}^{\mathrm{T}}\dot{\boldsymbol{\omega}}^{b_c}+\boldsymbol{m}_{iie}^{\mathrm{T}}\ddot{\theta}^i+\boldsymbol{m}_{ceie}^{\mathrm{T}}\ddot{\boldsymbol{q}}^c+\dot{\boldsymbol{m}}_{cie}^{\mathrm{T}}\boldsymbol{\omega}^{b_c}+\dot{\boldsymbol{m}}_{iie}^{\mathrm{T}}\dot{\theta}^i+\dot{\boldsymbol{m}}_{ceie}^{\mathrm{T}}\dot{\boldsymbol{q}}^c-\frac{\partial(T)}{\partial\boldsymbol{q}^i}=0$$

$$\ddot{\boldsymbol{q}}^a+\boldsymbol{\Delta}^a\dot{\boldsymbol{q}}^a+\boldsymbol{\Omega}^a\boldsymbol{q}^a+\boldsymbol{m}_{cae}^{\mathrm{T}}\dot{\boldsymbol{\omega}}^{b_c}+\boldsymbol{m}_{aae}^{\mathrm{T}}\dot{\boldsymbol{\omega}}^{b_a}+\boldsymbol{m}_{ceae}^{\mathrm{T}}\ddot{\boldsymbol{q}}^c+\dot{\boldsymbol{m}}_{cae}^{\mathrm{T}}\boldsymbol{\omega}^{b_c}+\dot{\boldsymbol{m}}_{aae}^{\mathrm{T}}\boldsymbol{\omega}^{b_a}+\dot{\boldsymbol{m}}_{ceae}^{\mathrm{T}}\dot{\boldsymbol{q}}^c-\frac{\partial(T)}{\partial\boldsymbol{q}^a}=\int_{Va}\boldsymbol{\varphi}^{aT}\boldsymbol{T}^a\mathrm{d}V$$

式中：$\boldsymbol{\Delta}^c$、$\boldsymbol{\Delta}^i$ 和 $\boldsymbol{\Delta}^c$ 为中心桁架结构、电池子阵和天线的比例阻尼阵，且 $\boldsymbol{\Delta}^c=\mathrm{diag}(2\xi_{e1}^c\omega_{e1}^c,\cdots,2\xi_{en_c}^c\omega_{en_c}^c)$，$\boldsymbol{\Delta}^i=\mathrm{diag}(2\xi_{e1}^i\omega_{e1}^i,\cdots,2\xi_{en_i}^i\omega_{en_i}^i)$，$\boldsymbol{\Delta}^a=\mathrm{diag}(2\xi_{e1}^a\omega_{e1}^a,\cdots,2\xi_{en_a}^a\omega_{en_a}^a)$。$\xi_{ei}^c$ 表示中心体第 i 阶模态的阻尼比，ξ_{ej}^i 表示第 i 个电池子阵的第 j 阶模态的阻尼比，ξ_{ei}^a 表示天线第 i 阶模态的阻尼比。

3 姿态控制设计

3.1 两体控制设计

图 4 为 MRJ-SPS 两体姿态控制系统框图。其中，中心体（中心桁架结构和天线）的对地指向控制主要通过控制力矩陀螺组来实现，同时辅助地使用电推进器来抵消重力梯度力矩和微波反作用力的影响以防止控制力矩陀螺的饱和。中心体姿态/姿态角速度敏感器包含有星敏感器和速率陀螺等组件，用以提供对地指向的姿态角和角速度信息。控制力矩陀螺组和姿态/姿态角速度敏感器均放置于中心承力筒上，且两者的位置应尽可能的接近。24 个电池子阵的对日指向控制通过电机来实现，电池子阵的旋转角则通过布置于电机处的角位置/角速率敏感器测量。

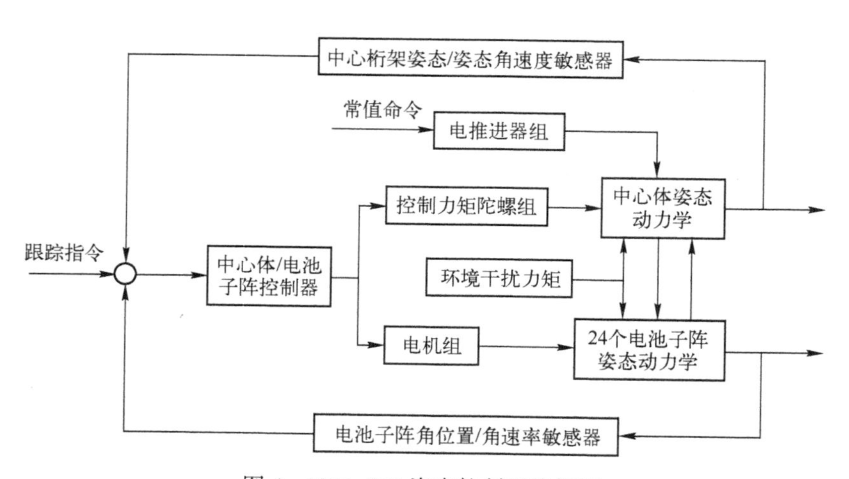

图 4　MRJ-SPS 姿态控制系统框图

电推力器的侯选位置则如图 5 所示，该种配置最小化了电推力器所需要的燃料消耗。

考虑到 MRJ-SPS 超大尺寸和低结构频率的特点，姿态控制系统的设计采用了低控制带宽的两回路控制策略。如此的设计有利于减小执行机构的输出，避免不被期望的控制与结构的相互作用问题。图 6 为低带宽两回路控制设计示意图。其中，内回路采用了前馈控制+反馈线性化的控制设计，用于抵消外界环境干扰和动力学模型中非线性项的影响；外回路采用了低带宽 PD 控制+干扰观测器的控制设计，用于实现姿态控制精度需求并抵消由建模不确定性所引起的非线性扰动。

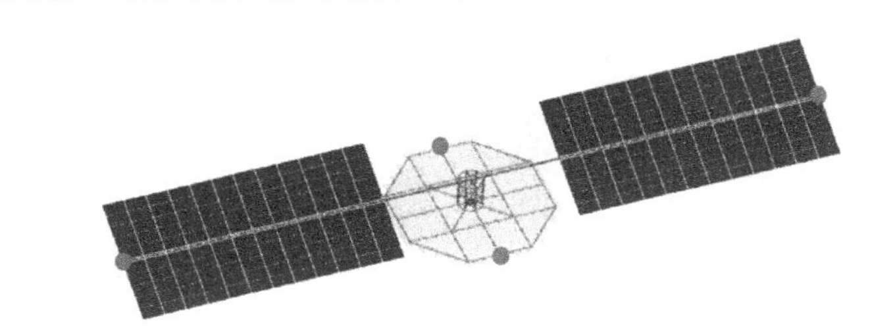

图 5　电推力器的候选位置（图中红色原点）

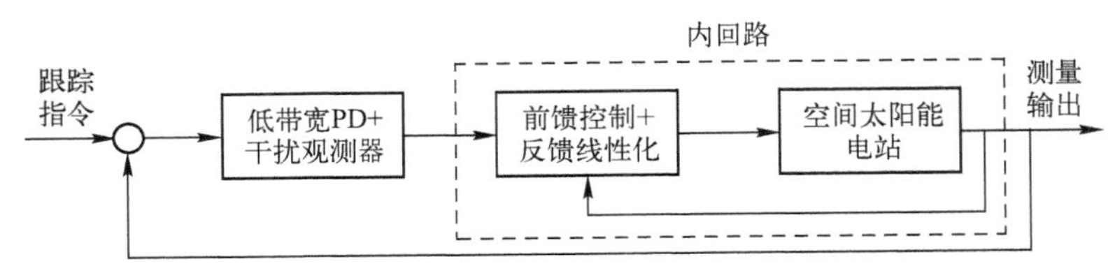

图 6　低带宽两回路控制设计示意图

3.2　三体控制设计

图 7 为 MRJ-SPS 三体姿态控制系统框图。其中，中心桁架结构的对地指向控制主要通过控制力矩陀螺组来实现，同时辅助地使用电推进器来抵消微波反作用力的影响以防止控制力矩陀螺的饱和。中心桁架结构的姿态/姿态角速度敏感器包含有星敏感器和速率陀螺等组件，用以提供对地指向的姿态角及角速度信息。控制力矩陀螺组和姿态/姿态角速度敏感器均放置于中心承力筒上，且两者的位置应尽可能的接近。24 个电池子阵的对日指向控制通过电机来实现，电池子阵的旋转角则通过布置于电机处的角位置/角速率敏感器测量。天线的对地指向控制通过布置于天线上的共位的控制力矩陀螺组和姿态/姿态角速度敏感器来实现，同时辅助地使用电推进器来抵消常值的重力梯度力矩和微波反作用力的影响以防止控制力矩陀螺的饱和。除此之外，所有用于防止控制力矩陀螺组饱和的电推力器均布置于结构的边缘以最小化电推力器所需要的燃料消耗。

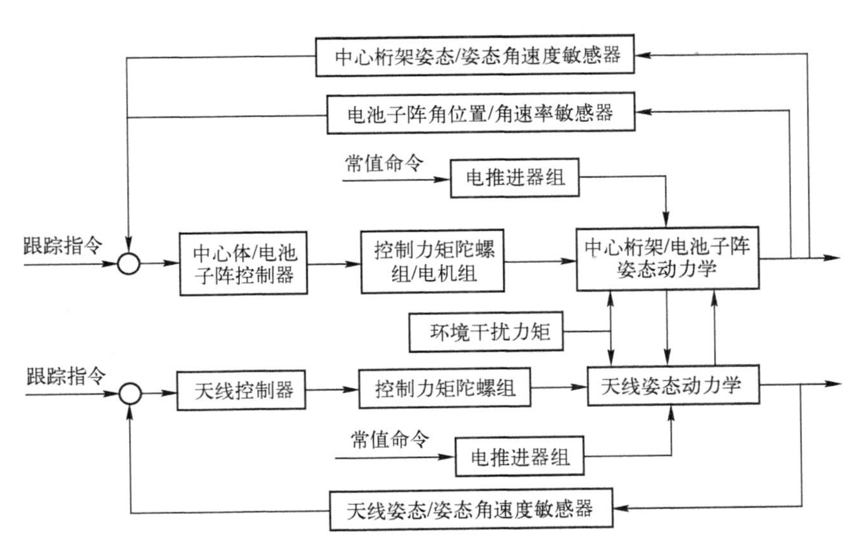

图 7　MRJ-SPS 姿态控制系统框图

电推力器的候选位置如图 8 所示。

考虑到中心桁架结构和天线在姿态运动上的解耦性，可独立进行对日、对地指向控制系统的设计。中心桁架结构与电池子阵的控制设计与两体控制设计一致，且由于低控制精度需求，控制带宽可进一步降低。考虑到高精度控制的需求，天线指向控制系统采用高带宽（与中心桁架/电池子阵控制设计相比）的控制设计策略。该系统使用了 4 组共位布置于天线背部桁架结构上的控制力矩陀螺组和姿态/姿态角速度敏感器来实现天线姿态的稳定控制。

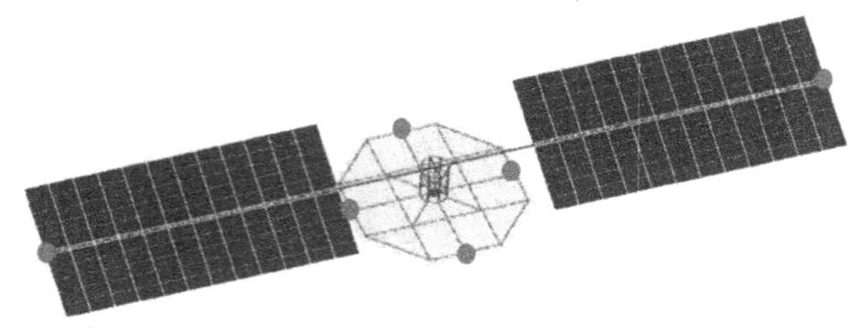

图 8　电推力器的候选位置（图中红色原点）

4　数值仿真分析

采用全耦合非线性多柔性体姿态动力学模型对 MRJ-SPS 的姿态运动进行仿真。仿真的相关参数如表 2 所示。

表 2　参数值

参数	两体控制	三体控制
状态初值	$\boldsymbol{\theta}^c=[2,2,2]°$ $\theta^i=2°\quad(i=1,2,\cdots,N)$ $\dot{\boldsymbol{\theta}}^c=[-0.001,0.004,-0.001]((°)/s)$ $\dot{\theta}^i=-0.004((°)/s)\quad(i=1,2,\cdots,N)$ 其余初始值为 0	$\boldsymbol{\theta}^c=[2,2,2]°$ $\theta^i=2\text{deg}\quad(i=1,2,\cdots,N)$ $\boldsymbol{\theta}^a=[2,2,2]°$ $\dot{\boldsymbol{\theta}}^c=[-0.001,0.004,-0.001]((°)/s)$ $\dot{\theta}^i=-0.004\text{deg/s}\quad(i=1,2,\cdots,N)$ $\dot{\boldsymbol{\theta}}^a=[-0.001,0.004,-0.001]((°)/s)$ 其余初始值为 0
控制器参数	$\xi_i^c=0.707\quad(i=1,2,3)$ $\xi^i=0.707\quad(i=1,2,\cdots,N)$ $\omega_1^c=4\omega_o\quad\omega_2^c=8\omega_o\quad\omega_3^c=4\omega_o$ $\omega^i=3\omega_o\quad(i=1,2,\cdots,N)$ $Q(s)=\dfrac{2.5\times10^{-5}}{s^2+7.1\times10^{-3}s+2.5\times10^{-5}}$	$\xi_i^c=0.707\quad(i=1,2,3)$ $\xi^i=0.707\quad(i=1,2,\cdots,N)$ $\xi_{ri}=0.707\quad(i=1,2,3)$ $\omega_1^c=\omega_o\quad\omega_2^c=5\omega_o\quad\omega_3^c=\omega_o$ $\omega^i=5\omega_o\quad(i=1,2,\cdots,N)$ $\omega_{r1}=50\omega_o\quad\omega_{r2}=50\omega_o\quad\omega_{r3}=10\omega_o$ $Q(s)=\dfrac{2.5\times10^{-5}}{s^2+7.1\times10^{-3}s+2.5\times10^{-5}}$
跟踪指令	$\boldsymbol{r}^c=[0,-\omega_o t,0]+\boldsymbol{r}_0^c$ $r^i=\omega_o t\quad(i=1,2,\cdots,N)$ （$\boldsymbol{r}_0^c$ 为常值矢量，由指向地面的具体位置决定，当前仿真中假定为 0）	$\boldsymbol{r}^c=[0,-\omega_o t,0]$ $r^i=\omega_o t\quad(i=1,2,\cdots,N)$ $\boldsymbol{r}^a=[0,-\omega_o t,0]+\boldsymbol{r}_0^a$ （$\boldsymbol{r}_0^a$ 为常值矢量，由指向地面的具体位置决定，当前仿真中假定为 0）

由于天线控制器相对于其他控制器具有较高的控制带宽，因此在仿真中对天线的输出力矩进行限制，其单组控制力矩陀螺的最大瞬态力矩不超过 5Nm。除此之外，仿真中考虑建模误差的影响，包括：

（1）10%的转动惯量误差（包括中心桁架结构、电池子阵和天线）；

（2）整体结构的质心偏离标称位置的距离为 $\Delta x^c=5\text{m}$、$\Delta y^c=10\text{m}$ 和 $\Delta z^c=1\text{m}$；

（3）天线质心偏离标称位置的距离为 $\Delta x^a=5\text{m}$ 和 $\Delta y^a=5\text{m}$（仅三体控制情况）；

（4）中心桁架上的敏感器偏离中心桁架上的执行机构的距离为 11.5m；

（5）轨道运动导致的偏移角为 $0.1°\sin(\omega_o t)$。

则仿真结果如下：

下图显示出了二体控制中中心体（中心桁架和天线）的仿真结果。可以看出，对地三轴指向误差小于 0.05°，对地三轴角速度误差小于 $1\times10^{-5}(°)/s$，最大控制力矩约为 100Nm。主桁架端点处最大瞬态弹性位移约为 0.1m，稳态变形不超过 1mm。天线边缘处的最大瞬态弹性位移约为 0.1mm，稳态变形不超过 50nm。

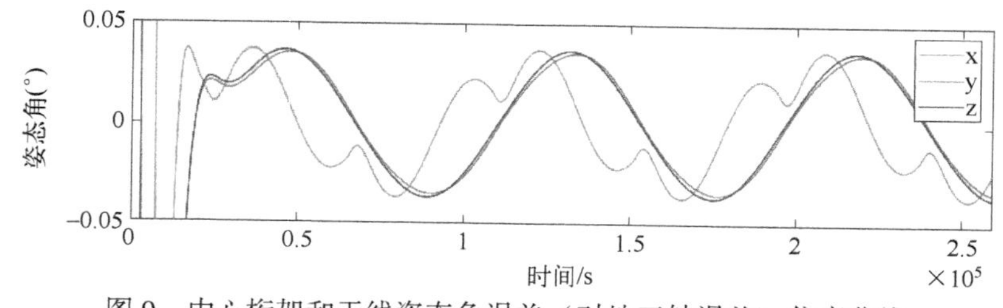

图 9　中心桁架和天线姿态角误差（对地三轴误差）仿真曲线

图 10 显示了三体控制中中心桁架的仿真结果。可以看出，滚转轴和偏航轴的姿态误差较小，而俯仰轴则存在约 1.5 度的姿态偏差，最大控制力矩约为 50Nm。主桁架端点处最大瞬态弹性位移约为 0.05m，稳态变形不超过 1mm。

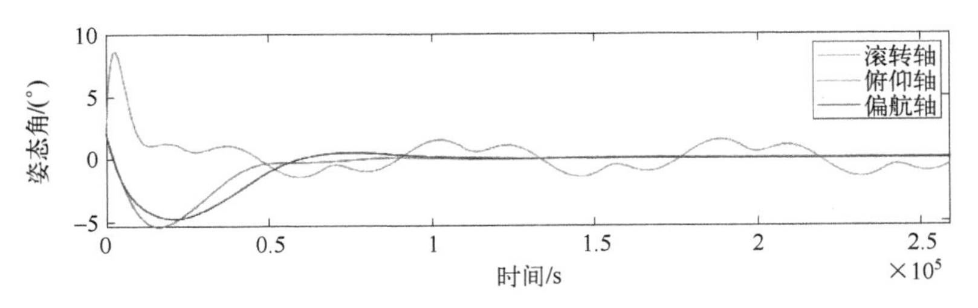

图 10 中心桁架姿态角误差仿真曲线

图 11 显示了三体控制中天线的仿真结果，可以看出，对地三轴指向误差小于 0.05°，对地三轴角速度误差小于 1×10^{-5}(°)/s，最大控制力矩约为 5Nm（由饱和环节限制）。天线边缘处的最大瞬态弹性位移约为 0.25mm，稳态变形不超过 1μm。

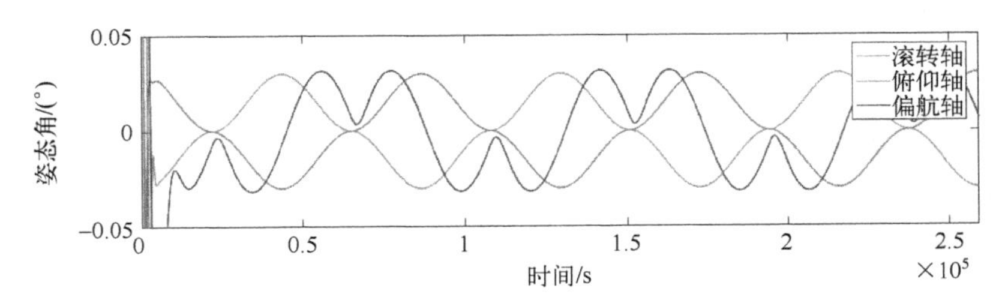

图 11 天线姿态角误差（对地三轴误差）仿真曲线

从仿真结果来看，无论是两体控制还是三体控制，均能够满足指向精度需求。两体控制不需要中心桁架结构和天线之间的铰关节连接及独立的天线指向控制系统（执行机构、敏感器和控制器等），在硬件实现上更为简单。而三体控制设计的优势在于独立于中心桁架结构控制的高带宽的天线指向控制设计，可保证天线的快速重新定向的能力。两体控制和三体控制之间的一个重要区别是姿态定向方式的不同。在两体控制中，由于天线和中心桁架结构固连，天线和中心桁架构成的整体需要沿滚转轴和俯仰轴转动一定角度以实现对地面任一点的指向，此时，中心桁架结构不垂直于轨道平面。在三体控制中，中心桁架结构可始终保持垂直于轨道平面，天线对地面任一点的指向可通过仅转动天线滚转轴和俯仰轴实现。此种区别导致了两种姿态控制设计燃料消耗量的不同，下面简单进行分析。

虽然当前的姿态控制设计主要采用控制力矩陀螺作为执行机构（仅消耗电能），但仍需要电推力器来抵消常值的外界干扰来防止控制力矩陀螺的饱和。两种控制设计中主要不同的外界干扰为常值的重力梯度力矩。考虑两体控制下忽略周期项及电池子阵的偏差角，常值的重力梯度力矩为

$$3\omega_o^2\begin{bmatrix}\left(J_3^0-J_2^0+\dfrac{1}{2}\sum_{i=1}^{N}(J_1^i+J_3^i)-\sum_{i=1}^{N}J_2^i\right)\delta\theta_1^c\\(J_3^0-J_1^0)\delta\theta_2^c\\0\end{bmatrix}$$

假定 $\delta\theta_1^c=\delta\theta_2^c=1°$，则重力梯度力矩为 2.4Nm 和 0.027Nm。

天线线性化的常值重力梯度力矩为

$$3\omega_o^2\begin{bmatrix}(J_3^a-J_2^a)\delta\theta_1^a\\(J_3^a-J_1^a)\delta\theta_2^a\\0\end{bmatrix}$$

假定 $\delta\theta_1^a=\delta\theta_2^a=1°$，则重力梯度力矩为 0.028Nm 和 0.028Nm。

对于地面上相同的一点，$\delta\theta_1^c=\delta\theta_1^a$，$\delta\theta_2^c=\delta\theta_2^a$，则滚转轴和俯仰轴重力梯度力矩的比值为

$$\frac{J_3^0-J_2^0+\dfrac{1}{2}\sum_{i=1}^{N}(J_1^i+J_3^i)-\sum_{i=1}^{N}J_2^i}{J_3^a-J_2^a}=85$$

$$\frac{J_3^0-J_1^0}{J_3^a-J_1^a}=0.9$$

可以看出，两体控制滚转轴的常值重力梯度

力矩为三体控制的 85 倍。以指向北京（北纬 39.9°，即 $\delta\theta_1^c=\delta\theta_1^a=6.25°$）为例，推力器的比冲为 5000s，则在两体控制中，克服滚转角的常值重力梯度力矩每年需要消耗燃料约为 24kg，而三体控制仅为 0.28kg。因此，三体控制与两体控制相比更为节省燃料。

5 结束语

本文研究了 MW 级 MRJ-SPS 在轨动力学与控制问题，提出了 MRJ-SPS 的姿态控制方案。建立了考虑空间扰动的多柔性体形式的姿态动力学模型。姿态控制系统的设计考虑了“两体控制”和“三体控制”两种不同的控制方式。在两体控制中，中心桁架结构与微波发射天线之间固结，即中心桁架结构和微波发射天线作为一个整体进行控制。而在三体控制中，微波反射天线和中心桁架之间通过球铰连接，微波发射天线可绕中心桁架结构小范围地自由旋转，即中心桁架结构和微波发射天线独立进行控制。两体控制在硬件实现上更为简单，而三体控制设计的优势在于高带宽的天线指向控制设计，可保证天线的快速重新定向的能力。无论是两体控制还是三体控制，均能满足指标要求，但是燃料消耗方面三体控制方式由于不用克服重力梯度力矩，因此明显占优。

当前的姿态控制设计采用了控制力矩陀螺作为主要的执行机构，辅助地使用电推力器来消除常值干扰力矩。控制器的设计采用了双回路的姿态控制策略，在确保满足指向精度要求的前提下尽可能的降低控制系统带宽来避免可能的控制与结构的交互，并降低执行机构的需求。然而，当前的控制设计并未完全的频带隔离设计，控制系统的稳定性仍然依赖于控制力矩陀螺和敏感器的近似共位布置，提高中心桁架结构的结构基频对于提高控制系统的稳定性仍然是十分必要的。

参考文献

[1] DOE/NASA. The final proceedings of the solar power satellite program review [R]. Lincoln, Nebraska: The Solar Power Satellite Program Review, 1980.

[2] Sasaki S , Tanaka K , Higuchi K , et al. A new concept of solar power satellite: Tethered-SPS [J]. Acta Astronautica, 2007, 60 (3): 153-165.

[3] Mankins J, Kaya N, Vasile M. SPS-ALPHA: The First Practical Solar Power Satellite via Arbitrarily Large Phased Array [C]. 10th International Energy Conversion Engineering Conference, 2012.

[4] Wie B, Roithmayr C M. Attitude and orbit control of a very large geostationary solar power satellite [J]. Journal of guidance, control, and dynamics, 2005, 28 (3): 439-451.

[5] Glaese, J R, McDonald, E J. Space Solar Power Multi-Body Dynamics and Controls, Concepts for the Integrated Symmetrical Concentrator Configuration [R]. NASA TR-NAS8-00151, 2000.

使用核电推进的太阳系逃逸飞行策略研究

田百义，冯　昊，张相宇，赵　峭，高　珊
（北京空间飞行器总体设计部，北京，100094）

摘要：本文针对使用核电推进的航天器太阳系逃逸飞行轨道设计方法进行了研究，基于小推力混合优化设计方法给出了核电推进与借力飞行相结合的行星际转移轨道联合优化设计方法，并给出了开展轨道优化设计的具体流程。然后以EJ和EJ-N/P的借力飞行方案为例，进行了仿真验证。

关键词：太阳系逃逸；核电推进；任务规划；轨道优化；多次借力

1　引言

为实现探测器逃逸太阳系的目标，不仅要求探测器在短时间内达到极高的飞行速度，而且对极远距离深空测控通信技术、大功率空间核电源技术、长期自主健康管理与自主运行技术等均有较高要求。目前，先驱者号[1]、旅行者号[2,3]及新地平线号[4]等探测外太阳系天体的探测器已经达到太阳系逃逸速度，在完成主任务后将继续飞往更远的太阳系边际。2006年1月，NASA发射了新视野号探测器，旨在对冥王星、冥卫一等柯伊伯带天体进行考察，目前在轨飞行速度约16.5km/s，预计将于2038年飞临日球层边缘。

在太阳系逃逸轨道研究方面，Craig[5]以太阳系逃逸时间为优化目标，研究了直接逃逸、木星借力逃逸和地球+木星借力逃逸飞行任务轨道；Douglas等[6]学者以探测器在给定时间内飞抵200AU为目标，利用小推力直接转移轨道优化设计方法（Direct Trajectory Optimization Method，DTOM）对比研究了直接飞行、1次借力和2次借力的飞行任务轨道（借力天体包括木星、土星、天王星和海王星），并选择1次木星借力的飞行任务方案，在此基础上给出了探测器的方案设计；Zeng等[7]学者提出了一种新型的双星太阳帆探测器的时间最优轨道设计方法，研究了时间最优的太阳系逃逸轨道设计；Matloff等[8]学者提出了太阳帆推进探测器在0.2AU近日点的双曲轨道展开太阳帆、在椭圆轨道的近日点0.2AU展开太阳翼和木星借力这三种可能的星际太阳帆探测方案设想。国内学者钱航等[9]以太阳帆在20年内飞行至200AU以远星际探测为目标，研究了太阳帆通过行星借力和太阳借力的轨道全局优化问题，提出采用行星借力和太阳借力太阳帆轨道优化思路。

本文针对使用核电推进的航天器逃逸太阳系的轨道设计方法进行研究，给出一种小推力借力星际转移轨道的混合优化设计方法，并以地球—地球—木星（EEJ）和地球—地球—木星—冥王星/海王星（EEJ-N/P）飞行轨道方案为例进行仿真分析，为我国后续的太阳系逃逸任务提供技术基础。

2　优化设计方法介绍

2.1　轨道动力学模型

本文采用探测器在日心黄道坐标系下的运动方程，忽略摄动力的影响，探测器动力学方程形式如下[10-11]：

$$\begin{cases}\dot{\boldsymbol{r}}=\boldsymbol{v}\\ \dot{\boldsymbol{v}}=-\dfrac{\mu}{r^3}\boldsymbol{r}+\dfrac{T}{m}\boldsymbol{\alpha}\\ \dot{m}=-\dfrac{T}{g_{\mathrm{n}}I_{\mathrm{sp}}}\end{cases} \tag{1}$$

式中：$\boldsymbol{r}$、$\boldsymbol{v}$为飞行器的位置速度矢量；m为飞行器和推进剂的总质量；μ为中心天体引力系数；T为推力大小；$\boldsymbol{\alpha}$为发动机推力控制方向的单位矢量；I_{sp}为发动机比冲。

轨道设计的目标为：寻找推力控制方向的单位矢量$\boldsymbol{\alpha}$，使探测器完成飞行任务的燃料消耗最优，即

$$J=\Delta m\rightarrow\min \tag{2}$$

根据极小值控制原理，可得探测器运动方程中各量对应的协状态方程如下：

$$\begin{cases}\dot{\boldsymbol{\lambda}}_{\mathrm{r}}=\left(\boldsymbol{\lambda}_{\mathrm{v}}\dfrac{\mu}{r^3}-\dfrac{3\boldsymbol{\lambda}_{\mathrm{v}}^{\mathrm{T}}\boldsymbol{r}}{r^5}\boldsymbol{r}\right)\\ \dot{\boldsymbol{\lambda}}_{\mathrm{v}}=-\boldsymbol{\lambda}_{\mathrm{r}}\\ \dot{\lambda}_{\mathrm{m}}=\|\boldsymbol{\lambda}_{\mathrm{v}}\|\dfrac{T}{m^2}\end{cases} \tag{3}$$

式中：$\boldsymbol{\lambda}_{\mathrm{r}}$、$\boldsymbol{\lambda}_{\mathrm{v}}$、$\boldsymbol{\lambda}_{\mathrm{m}}$ 为对应位置、速度和质量的协状态。

对应的最优推力控制矢量 $\boldsymbol{\alpha}^*$ 可由式（4）获得

$$\boldsymbol{\alpha}^*=-\frac{\boldsymbol{\lambda}_{\mathrm{v}}}{\|\boldsymbol{\lambda}_{\mathrm{v}}\|} \tag{4}$$

2.2 行星借力模型

探测器在太阳引力场中近距离飞越借力天体时，由于借力天体的引力作用，探测器相对借力天体的双曲线剩余速度 $\boldsymbol{V}_\infty$ 方向会发生一定偏转，记为借力转角 θ，其表达式为

$$\theta=2\arcsin\left[\frac{\mu_{\mathrm{p}}}{\mu_{\mathrm{p}}+(R_{\mathrm{p}}+h)\cdot\|\boldsymbol{V}_\infty\|^2}\right] \tag{5}$$

式中：μ_{p} 和 R_{p} 分别为借力天体的引力常数和赤道半径；h 为借力高度。

以地球借力飞行为例，图 1 给出了两类地球借力飞行轨道：能量增加型和能量减小型。地球借力飞行的轨道相对地球而言，是一条以地心为焦点的双曲线轨道。在探测器自由飞行状态下，地球借力前后的 $\boldsymbol{V}_\infty$ 大小相等，即 $\|\boldsymbol{V}_{\infty\,\mathrm{in}}\|=\|\boldsymbol{V}_{\infty\,\mathrm{out}}\|$，因此探测器相对地球的轨道能量没有变化。地球借力的效果是造成了探测器 $\boldsymbol{V}_\infty$ 旋转了一个借力转角 θ。探测器借力的时间相对地球公转周期短的多，可认为探测器飞入/飞出地球影响球时的位置矢量不变。借力转角造成探测器飞出地球引力范围后，相对太阳的速度大小和方向发生了变化，因此，探测器绕日飞行轨道能量也就发生了改变。

本文采用基于 B 平面参数的行星借力模型[17]，该模型以 B 平面角 b（定义如图 3 所示，图中矢量 $\boldsymbol{M}$ 为 B 平面与日心黄道坐标系的交线）和近心点距 r_{p} 为参数。取探测器飞入行星的双曲线剩余速度矢量为 $\boldsymbol{V}_{\infty\,\mathrm{in}}=[v_{x\infty-},v_{y\infty-},v_{z\infty-}]^{\mathrm{T}}$，则由 B 平面参数的几何关系，可以得到探测器的飞出双曲线剩余速度的矢量 $\boldsymbol{V}_{\infty\,\mathrm{out}}$。

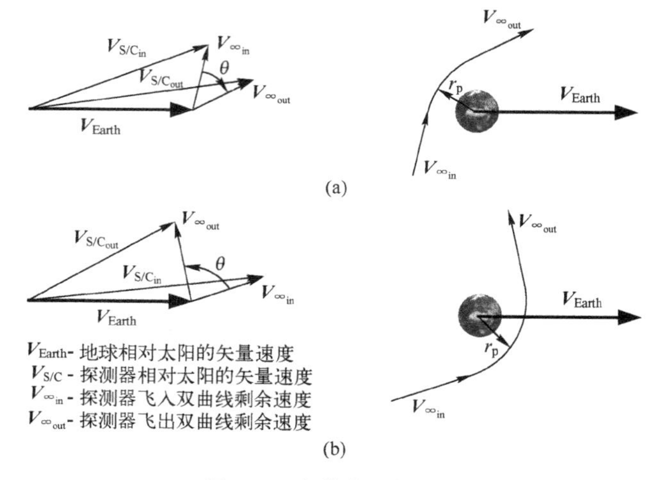

图 1 两类借力飞行轨道

（a）“能量增加型”借力；（b）“能量减小型”借力。

$$\boldsymbol{V}_{\infty\,\mathrm{out}}=[v_{x\infty+},v_{y\infty+},v_{z\infty+}]^{\mathrm{T}} \tag{6a}$$

$$\begin{cases}v_{x\infty+}=Gv_{x\infty-}-Hv_{y\infty-}\\ v_{y\infty+}=Gv_{y\infty-}+Hv_{x\infty-}\\ v_{z\infty+}=v_{xy\infty-}\sin\theta\sin b+v_{z\infty-}\cos\theta\end{cases} \tag{6b}$$

其中：

$$\begin{cases}v_{xy\infty-}=\sqrt{v_{x\infty-}^2+v_{y\infty-}^2}\\ G=\cos\theta-v_{z\infty-}\sin\theta\sin b/v_{xy\infty-}\\ H=v_\infty\sin\theta\cos b/v_{xy\infty-}\end{cases} \tag{7}$$

2.3 优化方法

本文取相邻两借力天体之间的核电推进发动机工作序列为“滑行—推进—滑行”。以地球+木星借力飞行轨道为例，图 2 给出了探测器飞行序列示意图。木星借力之后，以实现探测器加速逃逸太阳系为目标，不妨取核电推进发动机沿速度方向连续推进，因此，木星借力之后的轨道无须进行一步优化。

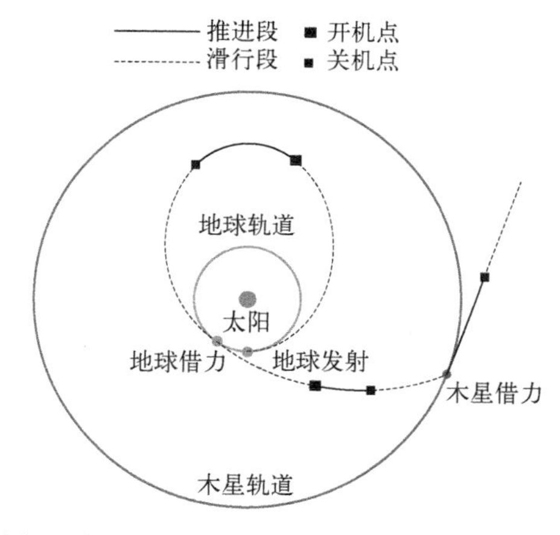

图 2 探测器飞行序列示意图（EEJ-100AU）

针对探测器主要经历的 EE 和 EJ 两个飞行阶段而言，每段轨道的第 1 段滑行段，可根据初始位置和速度求解，而探测器的初始位置和速度可由行星星历和飞出双曲线剩余速度获取；针对推进段，可根据卫星初始状态（包括位置、速度和质量）及协状态，通过对动力学方程和协状态方程积分得到；针对第 2 段滑行段，可根据探测器的始末端位置通过求解兰伯特问题获取。

综上分析，待优化参数至少应包括如下 29 个。

（1）探测器的地球发射时间 t_L 和地球逃逸速度矢量 $\boldsymbol{V}_{\infty L}$，4 个变量，用于确定 EE 段的初始位置和速度。

（2）EE 和 EJ 阶段的飞行总时间 T_{tof}、滑行段时间和推进段时间占比 δ_0、δ_1，6 个变量，用于第 1 段滑行段和推进段的轨道递推，以及小推力关机点的参数打靶拼接。

（3）两次行星借力 B 平面参数 b、r_p，4 个变量，用于借力逃逸双曲线剩余速度的求解。

（4）EE 和 EJ 阶段发动机开机时刻的协状态 λ_0，14 个变量，用于推进段的轨道递推。

（5）木星借力之后发动机工作时长 T_{on3}，1 个变量，加速探测器逃逸。

给定上述参数之后，可将多次行星借力的小推力飞行轨道优化问题转化为多参数优化的问题。

待优化参数：

$$\boldsymbol{Z}=[t_L,\boldsymbol{V}_{\infty L},T_{tof1},\delta_{01},\delta_{11},T_{tof2},\delta_{02},\delta_{12},T_{on3},\\ b_1,r_{p1},b_2,r_{p2},\boldsymbol{\lambda}_{01},\boldsymbol{\lambda}_{02}]^T \tag{8}$$

优化指标：$J=-m_f\rightarrow\min$

非线性约束：

（1）2049 年 1 月 1 日的探测器日心距不小于给定值。

（2）行星际转移期间，小推力发动机关机处的速度矢量连续。

上述非线性规划问题可以通过遗传算法、差分进化算法、模拟退火算法等全局优化算法求解，在全局优化结果的基础上，再采用序列二次规划算法进一步优化，从而完成小推力飞行控制策略的优化设计。

3　飞行任务设计流程

不妨假设探测器在近行星段飞行时（如借力时刻）的位置与行星位置重合，则通过星历约束可以分别得到探测器在发射和借力时天体的位置矢量 $\boldsymbol{R}_L$、$\boldsymbol{R}_{GA}$，以及对应天体的速度矢量 $\boldsymbol{V}_L$、$\boldsymbol{V}_{GA}$，从而得到轨道设计的具体流程如下。

（1）计算探测器出地球影响球时的状态向量。

$$\boldsymbol{X}_L=[\boldsymbol{R}_L,\boldsymbol{V}_L,m_0]^T \tag{9}$$

（2）利用开普勒原理得到核电推进发动机开机时刻的状态向量。

$$\boldsymbol{X}_{on1}=[\boldsymbol{R}_{on1},\boldsymbol{V}_{on1},m_{on1},\boldsymbol{\lambda}_{01}]^T \tag{10}$$

（3）根据探测器开机时刻的状态向后积分探测器运动方程（1）和协状态方程（3），得到探测器在关机时刻的状态和协状态 $\boldsymbol{X}_{off1}$。

（4）再根据兰伯特算法得到探测器在地球借力和核电推进发动机关机时刻的速度矢量，并去发动机关机时刻的速度连续为约束条件。

（5）根据借力飞行模型计算得到探测器的地球借力之后的状态向量。

$$\boldsymbol{X}_{EGA}=[\boldsymbol{R}_{EGA},\boldsymbol{V}_{EGA},m_{EGA}]^T \tag{11}$$

（6）利用开普勒原理得到核电推进发动机开机时刻的状态向量。

$$\boldsymbol{X}_{on2}=[\boldsymbol{R}_{on2},\boldsymbol{V}_{on2},m_{on2},\boldsymbol{\lambda}_{02}]^T \tag{12}$$

（7）根据探测器开机时刻的状态向后积分探测器运动方程（1）和协状态方程（3），得到探测器在关机时刻的状态和协状态 $\boldsymbol{X}_{off2}$。

（8）再根据兰伯特算法得到探测器在木星借力和核电推进发动机关机时刻的速度矢量，并去发动机关机时刻的速度连续为约束条件。

（9）根据借力飞行模型计算得到探测器的木星借力之后的状态向量。

$$\boldsymbol{X}_{JGA}=[\boldsymbol{R}_{JGA},\boldsymbol{V}_{JGA},m_{JGA}]^T \tag{13}$$

（10）根据探测器木星借力之后的状态向后积分探测器运动方程（1），发动机推力始终沿速度方向，得到制定时间的日心距。取日心距不小于一定数值为约束。

4　仿真算例分析

取探测器初始质量 2800kg，核电推力大小 320mN，比冲 3500s 为例，并约束探测器发射 C3 小于 $30\text{km}^2/\text{s}^2$，且 2049 年 1 月 1 日到达日心距不小于 100AU。则利用本文方法，表 1 给出了 EEJ 飞行轨道的优化设计结果。

表 1　不同发射日期的轨道优化结果（EEJ 飞行序列）

初始质量/kg	2800					
推力大小/mN	320					
比冲/s	3500					
发射日期/(年-月-日)	2024-09-16	2025-10-20	2026-12-26	2027-12-15	2029-01-20	2030-05-10
发射 C3/(km^2/s^2)	29.77	29.99	26.30	30.00	29.84	29.71
1st 地球借力日期/(年-月-日)	2026-11-15	2027-12-14	2028-11-21	2030-02-17	2031-03-21	2032-02-23
木星借力日期/(年-月-日)	2028-3-4	2029-03-26	2030-04-07	2031-05-13	2032-06-05	2033-05-18
推进剂消耗/kg	787	575	616	570	660	749
剩余质量/kg	2013	2225	2184	2230	2140	2051
2049 年 1 月 1 日到达日心距/AU	105	100	100	100	100	100

根据图 3 可知，以 EEJ 飞行序列为基础，可对冥王星和海王星进行飞越探测，其中 2026-12-26 的窗口和 2029-01-20 的窗口分别做进一步的优化，则可分别飞越冥王星和海王星。表 2 给出了进一步的优化设计结果。

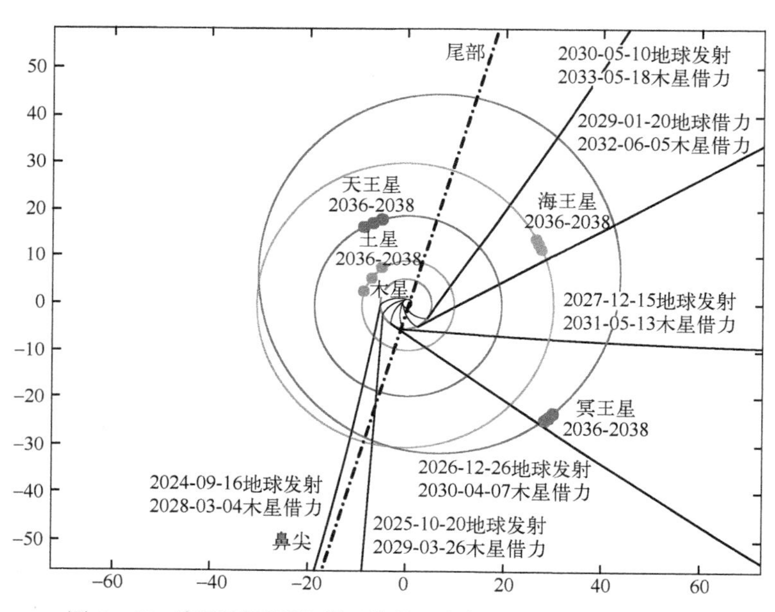

图 3　EEJ 序列下不同发射日期的飞行轨道示意图及行星位置

表 2　EEJ-N/P 飞行序列下不同发射日期的轨道优化结果

初始质量/kg	2800	
推力大小/mN	320	
比冲/s	3500	
发射日期/(年-月-日)	2027-01-17	2029-03-30
发射 C3/(km^2/s^2)	29.91	29.96
1st 地球借力日期/(年-月-日)	2028-11-24	2031-01-22
木星借力日期/(年-月-日)	2030-04-18	2032-06-14
冥王星或海王星借力日期/(年-月-日)	2037-02-10	2037-8-27
推进剂消耗/kg	654kg	815kg
剩余质量/kg	2146	1985
2049 年 1 月 1 日到达日心距/AU	103	100

5　结束语

本文针对太阳系逃逸飞行轨道进行了规划分析，并对星际转移轨道飞行方案进行了优化设计，并以地球—地球—木星（EEJ）和地球—地球—木星—冥王星/海王星（EEJ-N/P）飞行轨道方案为例进行仿真分析，为我国后续的太阳系逃逸任务提供技术基础。

参考文献

[1] Turyshev S G, Nieto M M, Anderson J D. Lessons learned from the Pioneers 10/11 for a mission to test the Pioneer anomaly [J]. Advances in Space Research, 2007, 39 (2): 291-296.

[2] Gloeckler G, Fisk L A. A test for whether or not Voyager 1 has crossed the heliopause [J]. Geophysical Research Letters, 2014, 41 (15): 5325-5330.

[3] Rudd R P, Hall J C, Spradlin G L. The voyager interstellar mission [J]. ActaAstronautica, 1997, 40 (2-8): 383-396.

[4] Stern A, Spencer J. New horizons: the first reconnaissance mission to bodies in the Kuiper Belt [J]. Earth, Moon, and Planets, 2003, 92 (14): 477-482.

[5] Craig A K. Heliospheric boundary exploration using ion propulsion spacecraft [J]. Journal of Spacecraft and Rockets, 1997, 34 (3): 365-371.

[6] Douglas I F, Ralph L M. Mission design for the innovative interstellar explorer vision mission [J]. Journal of Spacecraft and Rockets, 2006, 43 (6): 1239-1247.

[7] Zeng X Y, Kyle T A, Srinivas R V, et al. Time - optimal trajectory design for a dual-satellite sailcraft interstellar mission with probe release [C]. Spaceflight mechanics 2013: Proceedings of the AAS/AIAA space flight mechanics meeting. Kauai, Hawaii, Feb 10-14, 2013.

[8] Matloff G L, Taylor T, Powell C, et al. Near term interstellar sailing, 20050204038 [R]. New York, USA: NYC College of Technology, 2004.

[9] 钱航，郑建华，李明涛，等. 星际探测太阳帆行星和太阳借力轨道全局优化 [J]. 国防科技大学学报，2016，38 (1): 137-142.

[10] 田百义，黄美丽，王大轶，等. 多次行星借力的小推力飞行控制策略研究 [J]. 控制理论与应用，2019，36 (12): 2013-2018.

[11] 田百义，张磊，周文艳，等. 木星系及行星际飞越探测的多次借力飞行轨道设计研究 [J]. 航天器工程，2018，27 (1): 25-30.

使用核电推进的载人火星探测飞行方案优化设计

田百义，周文艳，朱安文，张相宇，冯　昊，赵　峭
（北京空间飞行器总体设计部，北京，100094）

摘要：本文针对使用核电推进的载人火星探测任务飞行方案进行了优化设计。首先，给出了一种基于轨道拼接技术的小推力转移轨道混合优化设计方法，并对该方法应用于火星探测轨道设计的有效性进行了数值验证。其次，根据系统总体设计确定了载人轨道转移方案设计的约束条件。最后，选择火星绕飞型和火星飞越型两类轨道转移方案进行了对比研究，研究表明火星飞越型轨道方案可以明显缩短任务总时间需求，满足系统总体任务要求。

关键词：载人火星探测；火星探测；核电推进；小推力；转移轨道

1　引言

多年以来，火星一直是人类幻想、研究的对象，载人火星探测成为科幻小说作家进行文学创作经久不衰的主题，也一直是空间探测提倡者们的美好梦想。20 世纪下半叶，世界航天技术迅猛发展，极大地推进了人类探索火星的步伐。火星之所以成为人类的首选目标，是因为在太阳系的所有行星中，火星距离地球最近，其自然条件最接近于地球，最有可能存在地外生命。因此，地外生命成为人类火星探测的首选目标。NASA 的“凤凰”号[1]火星探测器在 2008 年 6 月 20 日证明了火星上冰的存在，2008 年 7 月 31 日，“凤凰”号在火星上加热土壤样本时鉴别出有水蒸气产生，从而确认了火星上水的存在，这一重大发现更加激起了人类对火星地外文明探索的热情。

近年来，世界各国航天机构和民间组织为载人火星探测提出了不同的任务提议，尽管载人火星探测面临诸多困难，还没有某个国家或组织为此付诸实践，但是美国的 NASA、俄罗斯的能源公司以及欧洲航天局等机构均在着手准备载人火星探测的预备工作[2-11]，其中 NASA 提出了以参考任务 1.0~5.0 为主的一系列技术方案设想[4,7]，俄罗斯能源公司也对载人火星探测有较详细的方案，并与欧洲航天局合作开展了为载人火星探测做可行性研究的“火星 500”地面试验[8-9]。载人火星探测俨然已成为载人航天未来发展的长远目标。

在上述载人火星飞行方案研究中，核电推进由于具有高比冲的优点，从而可以大幅度减小载人航天器系统重量而备受关注[5-6]。核电推进用于载人火星飞行，由于推力加速度较小，处于 $10^{-3}\,m/s^2$量级，属于典型的小推力范畴。目前，国外已对载人火星探测任务的转移轨道方案进行了系统研究[4-6,10-11]，提出了“合点航线”和“冲点航线”两类转移轨道。国内已有部分学者对使用离子电推力器、太阳帆和霍尔推力器等为代表的小推力航天器轨道优化设计方法进行了深入研究[12-17]，但是尚无以载人火星飞行为背景的轨道研究工作。本文首先给出了一种基于轨道拼接技术的小推力转移轨道混合优化设计方法，并采用数值仿真算例对该方法应用于火星探测轨道设计的有效性进行了验证，随后采用该方法对使用核电推进的载人火星探测轨道转移方案进行优化设计，给出“火星绕飞型”和“火星飞越型”两种轨道方案。

2　基于轨道拼接技术的小推力轨道优化方法介绍

2.1　动力学模型

本文采用探测器在日心黄道坐标系下的运动方程，日心黄道坐标系在国军标的定义为：*OX* 轴在黄道平面内，指向春分点，*OZ* 轴垂直于黄道平面，与地球公转角速度矢量一致，*OY* 轴满足右手法则，忽略摄动力的影响，探测器在日心黄道坐标系的运动方程形式如下：

$$\begin{aligned}\dot{\boldsymbol{r}}&=\boldsymbol{v}\\ \dot{\boldsymbol{v}}&=-\frac{\mu}{r^3}\boldsymbol{r}+\frac{T}{m}\boldsymbol{\alpha}\\ \dot{m}&=-\frac{T}{g_{\mathrm{n}}I_{\mathrm{sp}}}\end{aligned} \tag{1}$$

式中：$\boldsymbol{r},\boldsymbol{v}$ 为飞行器的位置速度矢量；m 为飞行器和推进剂的总质量；μ 为中心天体引力系数；T 为推力大小；$\boldsymbol{\alpha}$ 为发动机推力控制方向的单位矢量；I_{sp} 为发动机比冲。

以地火转移段轨道设计为例，小推力轨道设计的目标为：寻找推力控制方向的单位矢量 $\boldsymbol{\alpha}$，使探测器由地球出发到达火星的燃料消耗最优，即

$$J=\Delta m\rightarrow\min \tag{2}$$

同时满足出发时刻地球和到达时刻火星的星历约束。

根据极小值控制原理，可得探测器运动方程中各量对应的协状态方程如下：

$$\begin{aligned}\dot{\boldsymbol{\lambda}}_{\mathrm{r}}&=\left(\boldsymbol{\lambda}_{\mathrm{v}}\frac{\mu}{r^3}-\frac{3\boldsymbol{\lambda}_{\mathrm{v}}^{\mathrm{T}}\boldsymbol{r}}{r^5}\boldsymbol{r}\right)\\ \dot{\boldsymbol{\lambda}}_{\mathrm{v}}&=-\boldsymbol{\lambda}_{\mathrm{r}}\\ \dot{\lambda}_{\mathrm{m}}&=\|\boldsymbol{\lambda}_{\mathrm{v}}\|\frac{T}{m^2}\end{aligned} \tag{3}$$

式中：$\boldsymbol{\lambda}_{\mathrm{r}}$、$\boldsymbol{\lambda}_{\mathrm{v}}$、$\boldsymbol{\lambda}_{\mathrm{m}}$ 是对应位置、速度和质量的协状态。

对应的最优推力控制矢量 $\boldsymbol{\alpha}$ 可由下式获得：

$$\boldsymbol{\alpha}=\frac{\boldsymbol{\lambda}_{\mathrm{v}}}{\|\boldsymbol{\lambda}_{\mathrm{v}}\|} \tag{4}$$

2.2　行星飞越模型

本文引入基于 B 平面参数的行星飞越模型，该模型以 B 平面角 b（定义如图 1 所示，图中矢量 $\boldsymbol{M}$ 为 B 平面与日心黄道坐标系的交线）和借力的高度 h 为参数，行星引力不影响探测器的飞入和飞出双曲线超速的大小，只影响探测器双曲线超速的方向，根据行星借力原理，探测器的双曲线超速转角 δ 见式（5）。

$$\sin\frac{\delta}{2}=\frac{1}{(1+hv_{\infty}^2/\mu_p)} \tag{5}$$

式中：μ_p 为借力行星的引力常数；h 为借力高度；v_{∞} 为双曲线超速大小。

假设探测器的飞入行星的双曲线超速矢量为 $\boldsymbol{V}_{\infty in}=[v_{x\infty-},v_{y\infty-},v_{z\infty-}]^{\mathrm{T}}$，由 B 平面参数的几何关系，可以得到探测器的飞出双曲线超速的矢量 $\boldsymbol{V}_{\infty out}$。

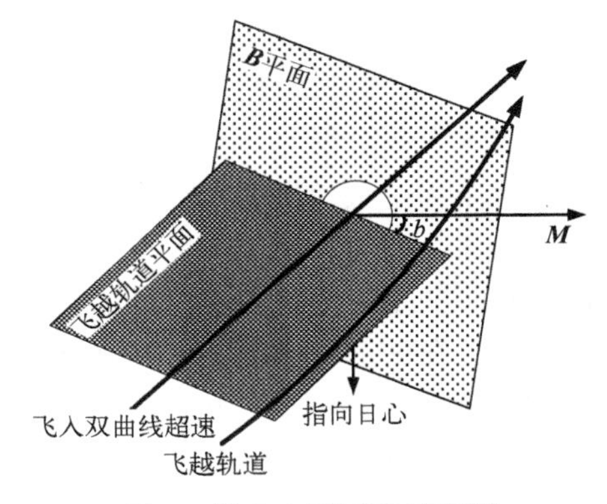

图 1　借力 B 平面角示意图

$$\boldsymbol{V}_{\infty out}=[v_{x\infty+},v_{y\infty+},v_{z\infty+}]^{\mathrm{T}}$$

$$\begin{cases}v_{x\infty+}=Gv_{x\infty-}-Hv_{y\infty-}\\ v_{y\infty+}=Gv_{y\infty-}+Hv_{x\infty-}\\ v_{z\infty+}=v_{xy\infty-}\sin\delta\sin b+v_{z\infty-}\cos\delta\end{cases} \tag{6}$$

其中，

$$\begin{aligned}v_{xy\infty-}&=\sqrt{v_{x\infty-}^2+v_{y\infty-}^2}\\ G&=\cos\delta-v_{z\infty-}\sin\delta\sin b/v_{xy\infty-}\\ H&=v_{\infty}\sin\delta\cos b/v_{xy\infty-}\end{aligned} \tag{7}$$

根据上述原理，若已知探测器的飞入双曲线超速矢量、借力高度 h 和 B 平面角 b，我们可以很方便地得到探测器在飞越行星之后的双曲线超速矢量。

2.3　小推力飞行轨道优化方法

以地火转移段轨道设计为例，轨道设计采用的轨道模型如图 2 所示。

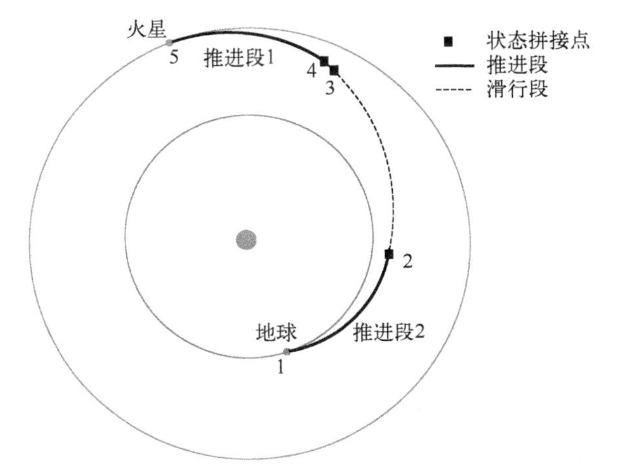

图 2　地火转移轨道示意图

取设计变量如下：

（1）探测器的发射时间 $\boldsymbol{t}_{\mathrm{L}}$；

（2）飞行时间 TOF；

（3）推进段 1 时长所占飞行时间的比值 $\boldsymbol{\delta}_1$；

（4）推进段 2 时长所占飞行时间的比值 $\boldsymbol{\delta}_2$；

（5）探测器到达火星时的质量 $\boldsymbol{m}_f$；

（6）探测器发射时的协状态 $\boldsymbol{\lambda}_L$，为 7×1 矩阵；

（7）探测器到达火星时的协状态 $\boldsymbol{\lambda}_A$，为 7×1 矩阵；

在给定设计变量之后，通过星历约束可以分别得到探测器在发射时刻和到达时刻的位置矢量 $\boldsymbol{R}_L, \boldsymbol{R}_f$，以及速度矢量 $\boldsymbol{V}_L, \boldsymbol{V}_f$，从而可得到：

（1）探测器发射时刻的状态和协状态向量：

$$\boldsymbol{X}_L = [\boldsymbol{R}_L, \boldsymbol{V}_L, m_0, \boldsymbol{\lambda}_L]^T \tag{8}$$

（2）探测器到达火星时的状态和协状态向量：

$$\boldsymbol{X}_f = [\boldsymbol{R}_f, \boldsymbol{V}_f, m_f, \boldsymbol{\lambda}_f]^T \tag{9}$$

根据探测器初始状态向后积分探测器运动方程（1）和协状态方程（3），得到探测器在拼接点 2 处的状态和协状态 $\boldsymbol{X}_2$，继续向后积分探测器运动方程（1），得到拼接点 3 处的探测器状态 $[R_3, \boldsymbol{V}_3, m_3]^T$。由探测器末端状态向前积分探测器运动方程（1）和协状态方程（3），得到探测器在拼接点 4 处的状态和协状态 $\boldsymbol{X}_4$，拼接点 3 和拼接点 4 处探测器的状态必须连续，因此得到如下的状态约束方程：

$$\boldsymbol{X}_4(1:7) - [\boldsymbol{R}_3, \boldsymbol{V}_3, m_3]^T = 0 \tag{10}$$

对于连续小推力轨道设计问题，在拼接点处探测器的状态和协状态应同时连续，即忽略滑行段有：

$$\boldsymbol{X}_4 - \boldsymbol{X}_2 = 0 \tag{11}$$

综上，小推力转移轨道设计问题转化为如下的多参数优化问题：

待优化参数：$\boldsymbol{Z} = [t_L, TOF, \boldsymbol{\delta}_1, \boldsymbol{\delta}_2, m_f, \boldsymbol{\lambda}_L, \boldsymbol{\lambda}_f]^T$

优化指标：$J = -m_f \to \min$

不等式约束：$\begin{cases} 0 \leqslant \boldsymbol{\delta}_1, \boldsymbol{\delta}_2, \boldsymbol{\delta}_1 + \boldsymbol{\delta}_2 \leqslant 1 \\ \boldsymbol{\delta}_1, \boldsymbol{\delta}_2 \leqslant \dfrac{T_{\text{on max}}}{TOF} \end{cases}$ （$T_{\text{on max}}$ 为发动机工作最长时间限制）

等式约束：式（10）或式（11）

上述非线性规划问题可以通过序列二次规划算法（SQP）求解，求解的时候需要提供较准确的初值才能保证算法收敛。探测器的状态初值可以通过能量等高线图给出，关于能量等高线图的获取，读者可参考文献［11］，本文不做赘述。但是，对于协状态需要进行独立的猜测。

2.4 算例验证

为验证本文小推力轨道设计方法的有效性，以参考文献［6］的算例为例进行优化设计。探测器发动机采用太阳能帆板作为能量来源，星际转移期间，发动机连续工作，输入功率 p 与日心距 r 的平方成反比，即 $p = \dfrac{p_0}{r^2}$。初始输入功率 p_0（探测器与太阳距离为 1 个天文单位时的输入功率）为 6500W，工作效率为 0.65，比冲为常值 3100s，探测器初始质量 1200kg。2009 年 1 月 1 日至 2011 年 1 月 1 日期间，与火星交会总的 C3 能量等高线图如图 3 所示。

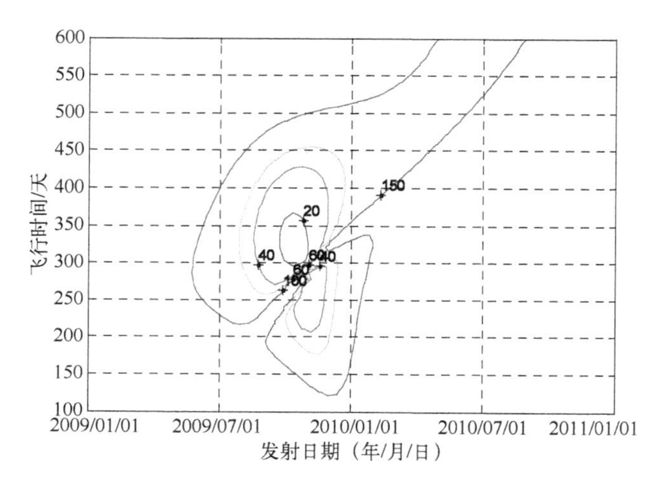

图 3　2009 年–2011 年火星探测总的 $C3$ 能量等高线图

根据能量等高线图，取优化初值为：发射日期 2009 年 9 月 15 日，飞行时间 350 天。发射时刻协状态和到达时刻协状态初值任意设定，本文均取 −0.01。

本文优化结果与参考文献的优化结果对比如表 1 和图 4 所示。

表 1　本文优化结果与参考文献结果对比

优化方法	发射日期/（年/月/日）	飞行时间/天	探测器剩余质量/kg
DTOM	2009/07/25	490.6422	959.5011
HTOM	2009/07/25	490.7975	959.4958
Collocation	2009/07/23	495.4184	964.7637
本文方法	2009/07/23	490.3009	958.9403

通过表 1 和图 4 对比可知，本文所用方法与参考文献［6］的算例优化结果相近，控制率也相近，表明本文的优化方法是有效的，可应用于星际转移段轨道的优化设计。

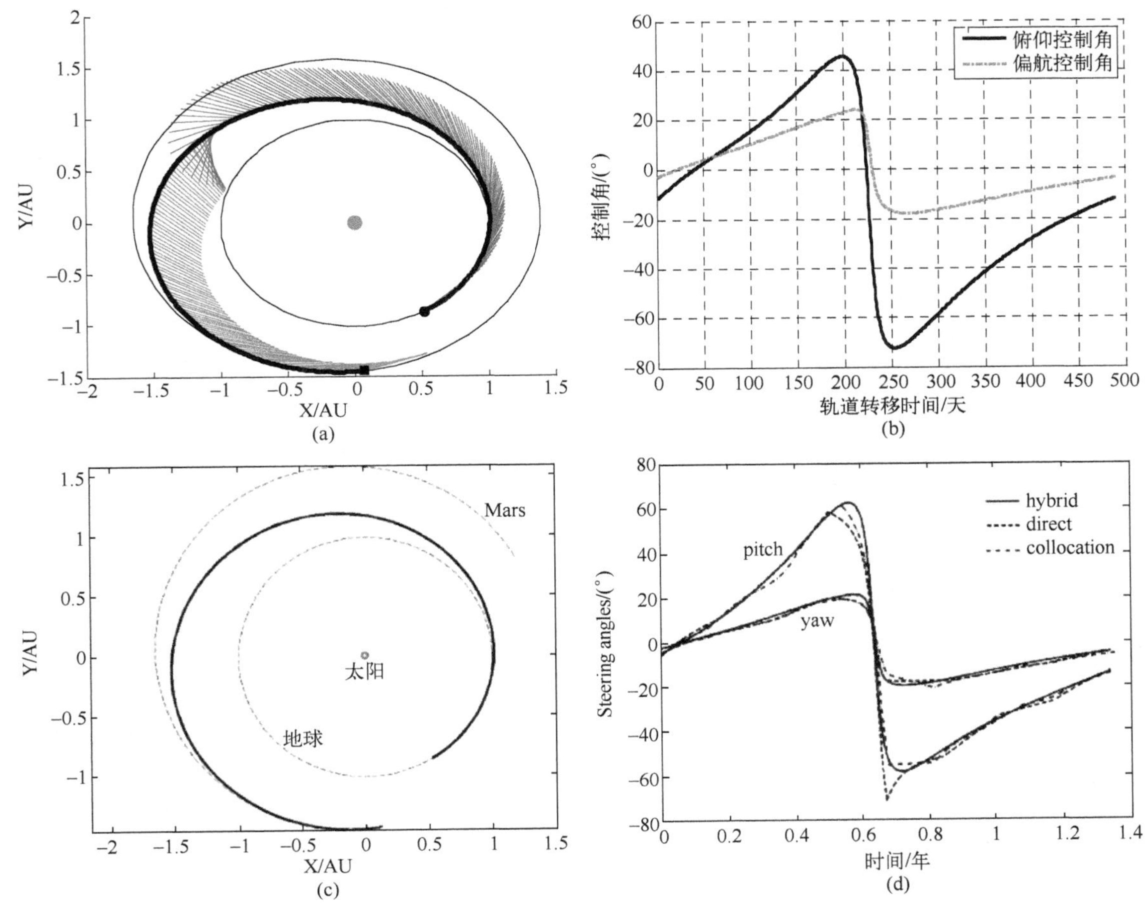

图 4　探测器转移轨道和控制率示意图

（a）转移轨道示意图（本文方法）；（b）探测器控制率（本文方法）；
（c）转移轨道示意图（文献［6］方法）；（d）探测器控制率（文献［6］方法）。

3　载人飞行方案设计基本条件

3.1　约束条件

根据我国目前航天技术发展现状和未来的航天任务规划，系统总体对载人探测器推进系统、探测器质量和发射窗口提出如下约束：

（1）推进系统采用核电推进平台，总功率大小为 10MW，比冲可选择为 2000~10000s；

（2）载人航天器由主飞船、乘员舱、火星表面登陆/上升船组成，总重 374t，含推进剂、航天员、食物、日常用品和相关航天器分系统；

（3）发射窗口约束为 2030 年—2035 年。

（4）总任务时间不超过 500 天。

3.2　设计前提

（1）探测器星际飞行轨道与探测器发射窗口关系密切，因此，本文首先进行星际转移段轨道的设计，设计时，假设探测器出发和到达行星时的位置和速度均与行星质心重合；

（2）行星捕获/逃逸段轨道设计时，假设探测器推力方向始终沿着探测器飞行速度方向，该段轨道飞行控制过程较为简单，因此，针对本段轨道的设计方法，本文不做介绍。

3.3　设计变量说明

本文的设计变量包括发射窗口、燃料消耗和飞行时间。其中发射窗口和飞行时间为自变量；燃料消耗为因变量，它可以根据探测器飞行时间和发动机工作时间计算得到，本文的设计目标是使得该变量取最小。此外，本文的发射时间是指探测器从地球或火星停泊轨道逃逸的时间。

4　载人火星探测飞行方案

针对本文的载人火星探测任务，表 2 和表 3 分别给出了火星绕飞型和火星飞越型轨道转移方案，其中火星飞越型方案分别给出了发动机功率在10MW和15MW约束下的方案设计结果。火星绕飞型和飞越型轨道示意图见图5。

表2 火星绕飞型轨道转移方案

方 案 一		备 注
发动机功率	10MW	—
初始质量	374t	—
初始轨道高度	36500km	—
地球逃逸段	开始时间：2033年3月12日 飞行时间：31天 燃料消耗：21t	采用核电推进系统，将主飞船由静止轨道转移出地球影响范围
地火转移段	出地球影响球时间：2033年4月12日 出发 $C3$：$0km^2/s^2$ 到火星影响球时间：2033年11月16日 到达 $C3$：$0km^2/s^2$ 飞行时间：217天 发动机工作时间：43天 燃料消耗：31t	采用核电推进系统，将主飞船由地球影响球边界处转移到火星影响球边界处
火星捕获段	到达火星时间：2033年12月19日 飞行时间：33天 燃料消耗：19t	采用核电推进系统，完成火星捕获，主飞船目标轨道为500km的环火圆轨道
火星工作	524天	主飞船绕火星飞行524天，期间火星表面登陆/上升船与主飞船分离，宇航员登陆火星进行火星探测
火星逃逸段	火星发射时间：2035年5月24日 飞行时间：30天 燃料消耗：21t	采用核电推进系统，将主飞船由500km圆轨道转移出火星影响范围
火地转移段	出火星影响球时间：2035年6月24日 出发 $C3$：$0km^2/s^2$ 到地球影响球时间：2035年11月13日 到达 $C3$：$0km^2/s^2$ 飞行时间：142天 发动机工作时间：79天 燃料消耗：57t	采用核电推进系统，将主飞船由火星影响球边界处转移到地球影响球边界处
地球捕获段	到达地球时间：2035年12月20日 飞行时间：38天 燃料消耗：22t	采用核电推进系统，完成地球捕获，主飞船目标轨道低地球轨道
任务总时间	1041天	—
总的燃料消耗量	171t	—
剩余质量	203t	—

表3 火星飞越型轨道转移方案

	方 案 二	方 案 三
发动机功率	10MW	15MW
探测器初始质量	374t	374t
初始轨道高度	36500km	36500km
地球逃逸段	开始时间：2033年3月23日 飞行时间：31天 燃料消耗：21t	开始时间：2033年3月28日 飞行时间：30天 燃料消耗：15t
地火转移段	出地球影响球时间：2033年4月20日 出发 $C3$：$0km^2/s^2$ 到火星影响球时间：2033年9月28日 飞行时间：161天 燃料消耗：64t	出地球影响球时间：2033年4月24日 出发 $C3$：$0km^2/s^2$ 到火星影响球时间：2033年9月23日 飞行时间：152天 燃料消耗：56t

（续）

	方　案　二	方　案　三
火火转移段	第一次飞越火星时间：2033 年 9 月 28 日 第一次到达火星 $C3$：5.9km^2/s^2 第二次飞越火星时间：2033 年 10 月 28 日 第二次到达火星 $C3$：6.1km^2/s^2 飞行时间：30 天 燃料消耗：12t	第一次飞越火星时间：2033 年 9 月 23 日 第一次到达火星 $C3$：5.9km^2/s^2 第二次到达火星 $C3$：6.1km^2/s^2 第二次飞越火星时间：2033 年 10 月 24 日 飞行时间：31 天 燃料消耗：12t
火地转移段	出火星影响球时间：2033 年 10 月 28 日 到地球影响球时间：2034 年 7 月 14 日 到达 $C3$：0km^2/s^2 飞行时间：259 天 燃料消耗：102t	出火星影响球时间：2033 年 10 月 24 日 到地球影响球时间：2034 年 6 月 27 日 到达 $C3$：0km^2/s^2 飞行时间：246 天 燃料消耗：91t
地球捕获段	飞行时间：30 天 燃料消耗：22t	飞行时间：37 天 燃料消耗：18t
返回时间	2034 年 8 月 12 日	2034 年 8 月 2 日
任务总时间：	506 天	491 天
总的燃料消耗量	221t	192t
剩余质量	153t	182t

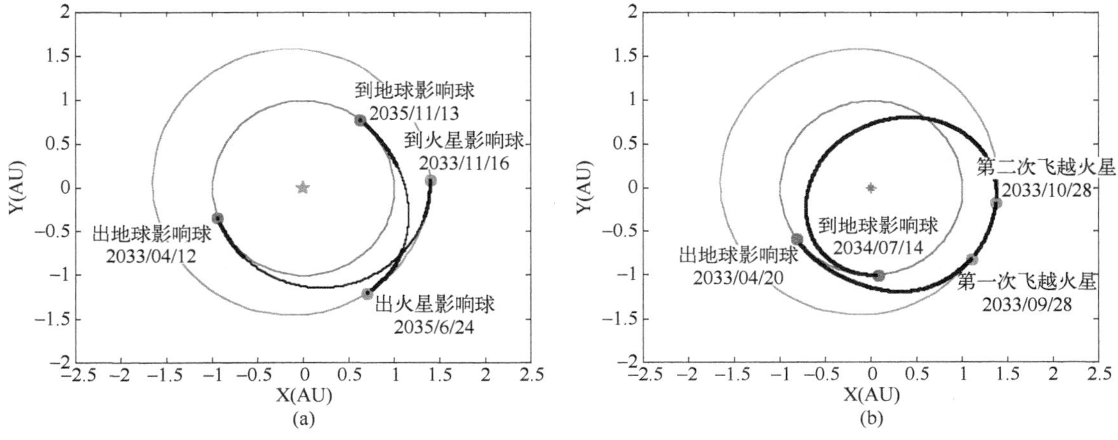

图 5　载人火星探测转移轨道示意图

（a）火星绕飞型轨道方案；（b）火星飞越型轨道方案。

火星飞越型轨道方案描述如下：

（1）低轨至静止轨道：主飞船由运载火箭分批发射到低地球轨道并进行组装，组装完成后，利用核电推进系统将主飞船螺旋加速并离开范艾伦辐射带进入静止轨道；随后，择机将乘员舱利用运载火箭发射至静止轨道，完成与主飞船的对接。

（2）地球逃逸段：乘员舱与主飞船对接完成后，采用核电推进系统，将主飞船由静止轨道转移出地球影响范围。

（3）地火转移段：采用核电推进系统，将主飞船由地球影响球边界处转移到火星影响球临界处。

（4）主飞船第一次飞越火星：在主飞船第一次进入火星影响范围之后，火星表面登陆/上升船与主飞船分离，伺机着陆火星，主飞船继续沿双曲线轨道飞出火星影响范围。

（5）着陆火星：宇航员乘坐火星表面登陆/上升船着陆火星之后，在火星表面进行探测活动，主飞船继续绕日飞行，一段时间之后第二次飞越火星。

（6）主飞船第二次飞越火星：在主飞船第二次进入火星影响范围之后，宇航员乘坐上升船飞离火星，与主飞船完成对接。主飞船沿双曲线轨道飞出火星影响范围；

（7）火地转移段：采用核电推进系统，将主飞船由火星影响球边界处转移到地球影响球临界处。

（8）地球捕获段：采用核电推进系统，将主飞船由地球影响球边界处转移到的低地球轨道。

（9）低地球轨道-返回地面：在低地球轨道上，乘员舱与主飞船分离，乘员舱返回地面，主飞船留轨待命。

由表2和表3对比可知，火星绕飞型方案总的燃料消耗最少，约171t，但任务总时间和飞行时间较长，总时间长达1000天之久；火星飞越型方案可以大大缩减探测任务总时间，总时间可减少至506天，但燃料消耗有所增加，约221t，为减少该类型轨道的燃料消耗量，可通过提高发动机功率实现，当发动机功率由10MW提高至15MW时，对应的燃料消耗减少了29t，而且任务总时间进一步减少了15天左右。两类轨道对比说明火星飞越型轨道能够满足系统总体需求。

5 结束语

文章采用小推力轨道设计理论与方法，对使用核电推进的载人火星探测任务转移轨道方案进行了优化设计，对比研究了火星绕飞型和火星飞越型两类轨道方案，研究表明，火星飞越型轨道所需时间少，能够更好的满足系统总体对任务总时间的苛刻要求，但该方案需要乘员舱与主飞船在一条双曲线轨道上完成交会对接，面临着交会对接难度大、机会少的缺点，后续可在该方案基础上做进一步的优化：在探测器第一次飞越火星时，消耗一定的燃料，被火星捕获成一条大椭圆轨道，主飞船在该轨道停泊30天左右，完成航天员登陆火星等各项任务之后，在该椭圆停泊轨道上完成乘员舱与主飞船的交会对接，之后逃逸火星进入火地转移轨道。

本文给出的小推力轨道优化设计方法可为载人火星探测任务的论证规划提供技术基础，分析数据可为后续载人火星探测任务提供参考。

参考文献

[1] Prasun N, Desai. Introduction: Mars Phoenix Lander: A 10-Year Journey to the Red Planet [J]. Journal of Spacecraft and Rockets, 2011 48 (5): 705.

[2] Reinald G, Finke. ENTRY VELOCITIES AT MARS AND EARTH FOR SHORT TRANSIT TIMES [R]. INSTITUTE FOR DEFENSE ANALYSES. 1993: 1-6.

[3] Lorenzo Casalino, Guido Colasurdo, and Dario Pastrone. Optimal Three-Dimensional Trajectories for Manned Mars Missions [J]. AIAA-96-3612-CP. 1996: 377-384.

[4] Bret G, Drake. Mars Mission Analysis Summary [R]. NASA, Lyndon B. Johnson Space Center Houston, Texas. 2007: 13-16.

[5] Franklin R, Chang Díaz, Mark D. Carter, Timothy W. Glover etc. Fast and Robust Human Missions to Mars with Advanced Nuclear Electric Power and VASIMR [C]. Propulsion. Proceedings of Nuclear and Emerging Technologies for Space 2013 Albuquerque, NM, February 25-28, 2013: 1-17.

[6] Andrew V, Ilin, Leonard D. Cassady, Tim W. Glover etc. VASIMR Human Mission to Mars [J]. Space, Propulsion & Energy Sciences International Forum March 15-17, 2011, University of Maryland, College Park, MD. 2011: 1-12.

[7] Bret G, Drake. Human exploration of Mars Design Reference Arcbitecture 5.0 [R]. NASA Johnson Space Center, Houston, Texas.

[8] Baevskii R M, Berseneva A P, Bersenev E Yu, et al., Assessment of the health level in practically healthy subjects, Metodicheskoe rukovodstvo k programme medico-ekologicheskikh issledovanii v eksperimente "Mars-500" (Procedure Manual for the Program of Medical-Ecological Examination in the Mars-500 Experiment), Moscow: Slovo, 2009.

[9] Carole Tafforin. The Mars-500 crew in daily life activities: An ethological study [J]. Acta Astronautica. 2013, 91: 69-76.

[10] Mikhail S, Konstantinov, Viacheslav G. Petukhov. The analysis of manned Mars mission with duration of 1000 days [J]. Acta Astronautica. 2012, 73: 122-136.

[11] Brice N, Cassenti. TRAJECTORY OPTIONS FOR MANNED MARS MISSIONS [C]. 38th AIAA/ASME/SAE/ASEE Joint Propulsion Conference & Exhibit. 7-10 July 2002, Indianapolis, Indiana. 2002: 1-6.

[12] Gao Y, Kluever C A. Low-Thrust Interplanetary Orbit Transfers Using Hybrid Trajectory Optimization Method with Multiple Shooting [C]. AIAA/AAS Astrodynamics Specialist Conference and Exhibit, Rhode Island, 2004.

[13] 任远．星际探测中的小推力转移轨道设计与优化方法研究［D］．哈尔滨：哈尔滨工业大学，2007：54-70.

[14] 尚海滨．小推力转移轨道设计与优化方法及其应用研究［D］．哈尔滨：哈尔滨工业大学，2008：16-30.

[15] 田百义．小推力借力转移轨道设计与优化方法研究［D］．哈尔滨：哈尔滨工业大学，2012：48-50.

[16] 任远，崔平远，栾恩杰．基于混合法的小推力地球-火星转移轨道设计［J］．哈尔滨工业大学学报，2007，39（3）：359-362.

[17] 崔平远，尚海滨，栾恩杰．星际小推力转移任务发射机会的快速搜索方法［J］．宇航学报，2008，29（1）：40-45.

[18] Betts J T. Survey of numerical methods for trajectory optimization [J]. Journal of Guidance, Control, and Dynamics, 1998, 21 (2): 193-207.

[19] Vavrina M A, Howell K C. Global low-thrust trajectory optimization through hybridization of a genetic algorithm and a direct method [C]. AIAA/AAS Astrodynamics Specialist Conference and Exhibit, Honolulu, 2008.

[20] Burke M, Falck D, McGuire L. Interplanetary Mission Design Handbook: Earth-to-Mars Mission Opportunities 2026 to 2045. Glenn Research Center, Cleveland, Ohio.

充气可展结构在空间探测中的应用

于　伟，闫　军，庞世伟
（北京空间飞行器总体设计部，北京，100094）

摘要： 近年来空间充气可展结构作为一种新的空间结构技术，具有发射体积小、发射质量轻、展开可靠性高等诸多优点，受到愈来愈多的关注，在各类航天器上的应用成为空间研究和开发的热点。本文综述了国外充气可展结构技术在空间探测的应用，并总结了相关的结构方案和急需解决的技术难题，为此项新型技术早日服务于我国空间探索任务提供借鉴。

关键词： 充气可展结构；空间探测

1　引言

随着航天事业的不断发展，航天器的结构越来越复杂，质量也越来越大。由于受到运载工具有效空间和运载质量等因素的限制，传统的航天器结构在研制和发射方面都遇到了巨大的困难。空间充气展开结构作为一项新的空间结构技术，具有发射体积小、发射质量轻、展开可靠性高等诸多优点，大大降低了研制和发射费用，并使构建超大型空间结构成为可能，在空间结构技术领域有广泛的军事需求和广阔的应用前景，近年来受到愈来愈多的关注，在各类航天器上的应用成为空间研究和开发的热点。本文综述了近年来国际上空间充气可展结构的发展及应用，总结提炼相关关键技术，为此项新型技术早日服务于我国空间探索任务提供借鉴。

2　几类典型空间充气可展结构应用

国际上从20世纪60年代开始，美国、欧洲、俄罗斯以及日本等国家陆续对充气结构技术展开了研究。美国NASA和俄罗斯航天局最早进行空间充气可展开结构的研究与应用，处于世界领先地位；ESA、日本等在该领域的研究、应用也取得重要成果。目前充气结构的应用研究主要有大型空间天线、望远镜、太阳能帆板、星球居住地、太阳防护罩以及能量吸收系统等。

2.1　充气式舱体

1965年，美国Goodyear航天公司研发了一种充气式月球舱，两年后又开发了一个长度为1.89m的充气式气闸舱，表明美国最早认识到充气式舱体的优势，并将之应用到“天空实验室”（Skylab）的设计上；1965年，苏联在上升号载人飞船上首次使用充气式气闸舱，成功解决了减重和发射包络的瓶颈问题，实现了该技术首次在轨应用；20世纪90年代，美国NASA约翰逊空间中心启动TransHab项目为空间站提供更廉价、更大型化的空间舱体结构（图1），但由于经费限制，该项目于2000年中止，相关的试验和测试至2005年底结束；美国的Bigelow航天公司在全面继承了TransHab太空舱项目研究成果的基础上，分别于2006年和2007年先后成功发射了起源I号（Genesis-1）和起源II号充气式太空舱，奠定了美国在该领域的领先地位（图2）。

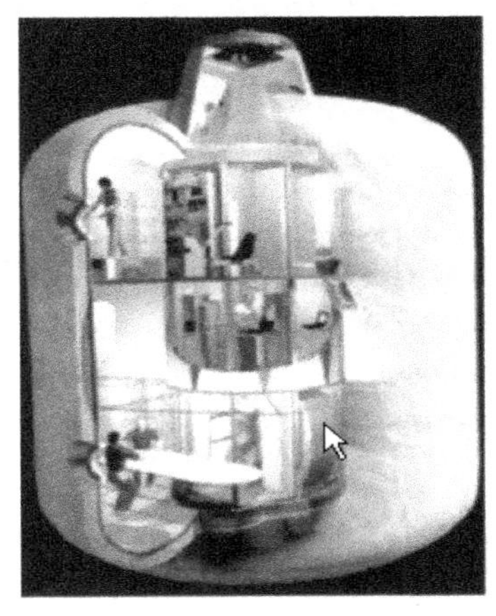

图1　TransHab充气式太空舱

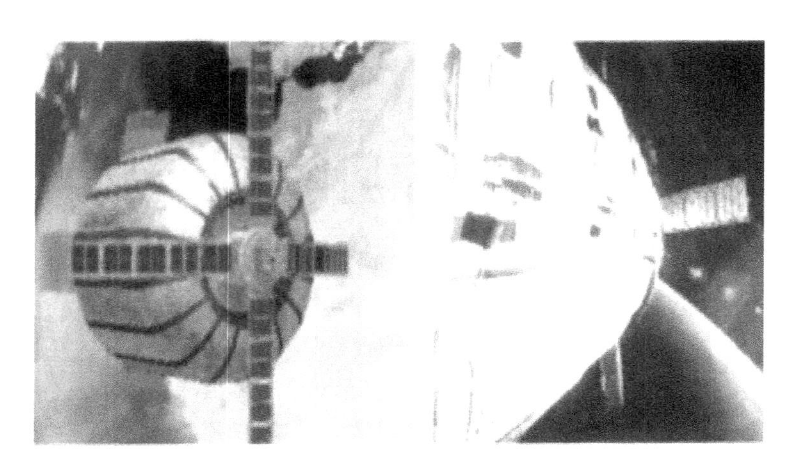

图2　起源Ⅰ号充气式太空舱

21世纪，美国NASA又将充气式舱体这一共性技术应用到载人登月、行星探测领域。在美国NASA的资助下，美国多家研究机构展开了充气式星球基地的新概念论证。

2007年，美国ILC Dover公司为月球临时居所或实验室研制了一种双舱结构的立式充气式月球舱和另一扁圆形充气式月球舱，美国NASA约翰逊空间中心提出了一种旋转扁圆形充气式月球舱概念（图3），美国在重返月球计划的“牵牛星”（Altair）登月舱上也论证了充气式气闸舱的可行性。这几个典型的充气舱项目表明，美国已全面掌握该领域的关键技术，按照方案设计-工程样机-在轨应用的步骤，美国正在稳步推进其在该领域的发展计划。

图3　两个单元构成的LS1型月球基地模拟图

2.2　充气式太阳动力帆

太阳帆是一种利用太阳光的压力进行太空飞行的航天器，主要由三部分组成：支撑结构、太阳帆薄膜和包装展开机构。质量大小是太阳帆设计成功与否的关键，因此要求支撑结构质量非常小，而充气展开式结构则是制备太阳帆的理想支撑结构，解决了质量小和大面积同时兼顾的需要。

2000年7月20日，俄罗斯在巴伦支海的伯利索格勒布斯克号核动力潜艇上，用1枚经过改装的SS-18波浪型导弹，成功地发射了宇宙1号航天器，并在飞行过程中对其进行了测试。该航天器是世界上首次使用太阳帆作为动力装置的航天器（图4）。

图4　宇宙一号太阳帆

2004年8月9日，日本在鹿儿岛发射一枚S-310-34小型火箭，火箭在太空中旋转飞行时，成功地打开了直径为10m的两个树脂薄膜太阳帆。S-310-34火箭旋转升空100s达到122km的高度后，打开了由4片树脂薄膜组成的三叶草状的第一个太阳帆（图5）；当火箭升空230s达到169km时，处于外层的第一个太阳帆与火箭分离。接着，火箭的旋转飞行又打开了由6片扇形树脂薄膜组成的第二个太阳帆，然后帆箭分离。大约在火箭升空6min40s即两个太阳帆分别单独飞行2min50s后，它们都坠落在内之浦东部海面。

图 5　日本的三叶草型太阳帆

美国多年从事膨胀展开结构 L' Garde 公司、美国 NASA 喷气推进实验室、兰利研究中心、鲍尔宇航在 NASA 空间推进办公室支持下，为满足 1 个天文单位内的推进需求，计划研发 100m 量级的有骨架的太阳帆，作为起步先由 L' Garde 公司研制 20m 的演示样机（图 6）。

图 6　20m 的演示样机

2.3　充气展开式大型太阳能电池帆板

充气展开式太阳能电池帆板主要由 4 部分构成：太阳电池板蒙皮，充气展开式结构支撑部件，展开控制系统和充气系统等。利用充气展开式结构部件，可以克服传统机械展开结构无法构建超大型太阳能阵列的限制，达到使系统的质量更轻、存储容积更小、成本更低且提高航天器的能量供给、延长寿命的目的。

1998 年由多佛公司和波音公司在 Teledesic 星座方案中联合开发了充气展开太阳帆板（图 7）。该模型在未充气前储存于长 3.6m、宽 0.2m、高 0.3m 的容器内，充气展开后模型长 10m、宽 3.6m、电功率 6kW。结构由三根充气展开支撑管和薄膜组成。展开的方向和结构展开过程的平稳可靠性由位于模型中心的支撑管控制，两侧的充气管主要用于为展开后结构提供支撑。

图 7　Teledesic 星座充气太阳能电池阵

在火星探测项目中，多佛公司为喷气动力实验室制造的火星探测器充气展开太阳帆板，该太阳帆板由直径为 1.5m 的充气展开支撑圆环和帆板构成，在地面测试时其的功率大约是 20W，在火星上为 12W（图 8）。

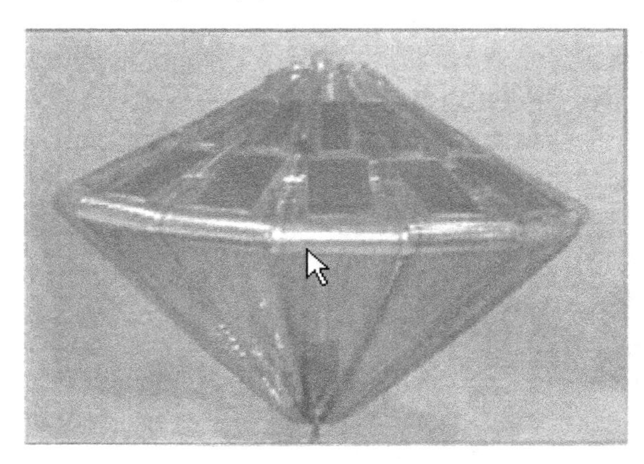

图 8　火星漫步者充气太阳能电池阵

2.4　充气可展开天线

自 20 世纪 50 年代以来，充气天线在国外有比较广泛的研究和应用，美国的 L' Garde 公司、美国 NASA、JPL、欧洲航天局、俄罗斯等都开展了相关研究。美国在充气天线方面的投资最大，许多研究成果也趋于成熟；欧洲航天局和美国 NASA 合作研制出了可实现空间自固化的充气天线；俄罗斯已经研制出了多个充气天线样机，但尚未见到公开报道。

1996 年 5 月 20 日，通过“奋进号”航天飞机搭载的“斯巴达人”航天器，以美国 L' Garde 公司研制的口径 14m 的天线为试验对象，进行了一次充气天线的在轨试验（IAE 试验），这次实验主要验证的问题和实验目的如下。

（1）使用较低的成本去制作大型充气天线是否可行。

（2）用机械包装充气结构是否可靠。

（3）大型充气结构是否稳定。

（4）大型充气结构型面精度是否满足要求。

（5）测量结构的型面精度。

图 9 是该充气可展开天线工作时候的状态，结构总体主要由三部分组成。其中反射面由多片平面薄膜片拼接而成，形成一个高精度的双曲面反射器。组合装置的表面向外凸出，装置背面的反射器采用金属材质，形状为抛物线形。结构的型面精度预计为 1mm。装置中的反射器材料总体采用聚酯薄膜。薄膜的厚度约为 7μm。结构展开后的压力大约为 2.067Pa，充气速率为 2 1×10^{-5}kg/cm^2。该充气压力经过反复校核后得到，能够实现对该结构进行较好的精度测量。结构中有一部分由遮罩组成，该部分也采用聚酯薄膜，薄膜的厚度约为 7μm。装置中的圆环和连杆为机构提供了很好的支撑，它们的直径为 0.6m 和 045m，材料采用 Kevlar，并且在表面涂氯丁橡胶。这种圆环支撑能够保证结构展开后的形状，同时对保证结构的稳定性起到了关键性作用。

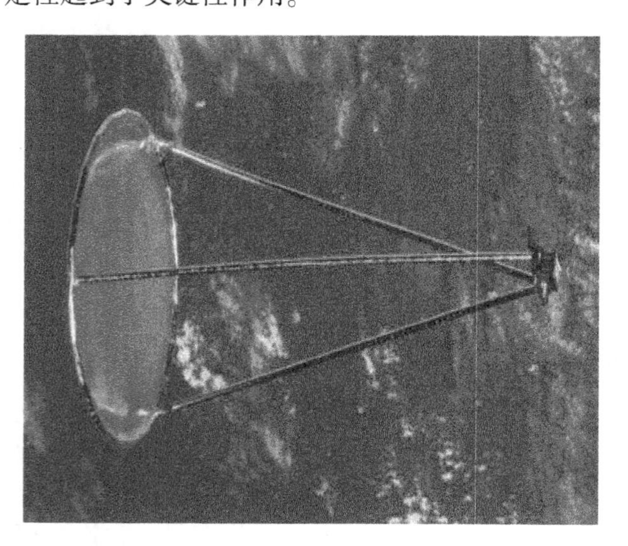

图 9 IAE 天线工作状态

欧洲航天局联合 Contraves 公司开展了基于 ISRS 技术（Infiatabie Space Rigidised Structure）的充气空间自固化天线（图 10），先后研制了口径 3. 5m、6m 和 12m 的 3 个样机，薄膜材料采用树脂基的 Kevlar。展开硬化依靠太阳照射完成：卫星入轨以后，天线首先通过充气展开；为了更好地吸收太阳光，加快硬化过程，卫星需要调姿，让反射器正对太阳；在太阳照射下，只要反射面温度保持在 11℃达 6h 以上，反射器就会完成硬化过程。反射器硬化后，反射器内部的气体被排出，反射器完成硬化-展开过程。

图 10 空间自固化天线

2.5 遮阳罩

NASA 发射下一代太空望远镜 NGST（图 11），装备了照相机和对近红外敏感的光谱仪的低温大型观测设备。与使用储存的制冷剂和机械制冷相比，使用大型遮光设备可以使温度最低达到-243℃。遮光罩的外形呈钻石形状，展开后的几何尺寸为宽 15m、长 35m，通过对太阳光的遮挡，确保了望远镜能在正常的环境温度条件下工作。

2.6 缓冲气囊

1997 年 7 月，“探路者” 在火星上的软着陆，采用了一种缓冲气囊技术（图 12）。这种缓冲气囊附着在着陆器各块面板的外侧，每侧有 6 个气囊，充气后形成一个直径达 6m 多的球体。这个充气球体可以经受着陆时每秒钟约 20m 的高速冲撞，保护着陆器内部携带的仪器不受丝毫损伤。这样的设计使得探测器被全方位包裹起来，无论以何种角度落地都有保护，起到了很好的缓冲作用。其次，多球体设计的好处还在于，着陆器在火星表面滚了几滚以后，就像不倒翁一样，可以灵活调整重心，最大限度地确保探测器处于头朝上轮子朝下姿势，为随后的顺利打开创造机会。气囊里充惰性气体，惰性气体的比重比较轻、状态稳定。在着陆器降落表面的过程中，经受超强冲击力，惰性气体的稳定性可以确保着陆器的气囊顺利起到保护内部仪器的作用。

图 11　新一代太空望远镜（NGST）太阳防护罩模拟展开

图 12　在实验室里的“探路者”缓冲气囊

2.7　充气式减速器

充气式再入减速器作为一种新型充气的弹道式大气再入飞行器，不仅具有质量轻、可折叠包装和收拢体积小等特点，而且再入过程中利用充气形成的气动外形提供升力或阻力，并由表面耐高温的柔性防热材料提供热防护，最后由自身的充气结构实现着陆缓冲从而安全到达地面的航天回收系统，如图 13 所示。充气式再入减速器具有传统返回飞行器的热防护系统、降落伞减速装置和着陆缓冲/漂浮系统集成一体的特点，为有效载荷和航天员的应急返回提供了一种新的技术途径，因此，充气式再入减速器技术受到学者的高度关注，并成为新的研究热点。

1996 年，俄罗斯“火星-96”计划研制了两个火星表面探测器，具有可充气防护罩，虽然没能成功到达预定轨道，但其试验数据应用到了 IRDT 飞行器上。IRDT 为一个圆锥形气囊，分为两个阶段充气展开：第一阶段充气使飞行器直径从 0.8m 增加到 2.3m；第二阶段充气使其直径达到 3.8m。

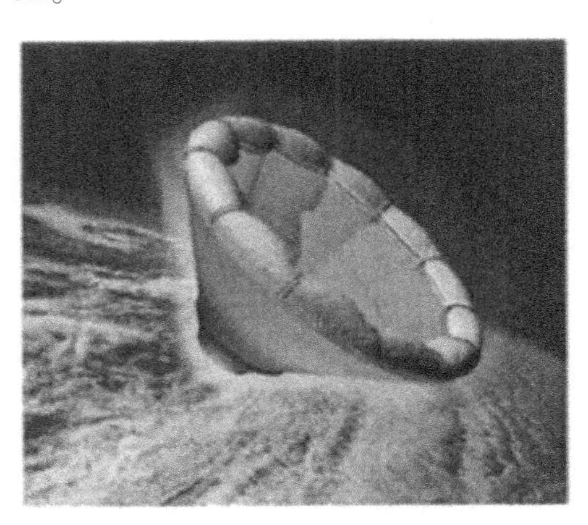

图 13　带有充气减速装置的返回式飞行器

2000 年 2 月 9 日可膨胀动力减速器搭载在拜科努尔发射联盟号的火箭发射升空，8h 后末级火箭和有效载荷返哈萨克斯坦北部地区。可膨胀动力减速器质量 95kg，采用轻质防热材料，可经受再入时 2000℃ 的高温，在 SoyuzFregat 火箭的重达 1.8t 末级和一个装有欧洲制造的传感器和其他试验设备的小型有效载荷再入大气层之前，向可膨胀动力减速器内充氦气，形成末级火箭和有效载荷再入防热屏，在再入时不被烧毁，防热屏还起到气动减速和着陆缓冲作用，试验基本获得成功。

3 空间充气可展结构关键技术

虽然充气展开式结构在未来空间探索中具有非常重要的应用前景，但是在其设计与制造上需要克服和解决大量的技术难题。空间充气可展结构涉及的关键技术主要包括以下几个方面。

3.1 材料技术

充气薄膜材料研究是充气展开式结构研制的关键环节。由于充气结构要在空间使用，所以首先它应该能满足空间环境条件的要求：质量轻、柔性、耐高温、抗辐射、气密性好且易刚化。目前对充气结构材料技术的研究大多集中在对已有的成品材料的测试和选取上，根据国外一些报道，经过大量试验，Kapton E、Kapton HN、Kapton H、Kapton VN、Kapton CB、Kapton XC、TOR - LM、upiieX-S、Myiar 等具有良好的空间环境稳定性，而 CP2、TOR-LM 等稳定性不佳，不太适合于制备大型空间膨胀式天线。

材料技术研究还包括对充气结构表面涂层的研究。为了做到轻薄，薄膜的基底越薄越好，但又要满足强度要求，满足高强度宇宙辐射的寿命要求；镀层要根据功能要求选择，要求很高的反射率且要有在高强度宇宙辐射下的低衰减率；镀层和基底的结合力要高，满足长期运行的要求。

3.2 结构折叠/充气展开技术

结构折叠展开技术一方面是为了减小充气展开式结构在发射过程中所占用的体积，另一方面是为了充气展开式结构在空间稳定可靠的展开。该技术包括充气结构折叠包装的方式、充气方式的选择和充气展开方式的选择等。

充气结构的充气方式根据充气材料可以使用氮气、氦气和升华气体。

折叠设计方面，主要是针对结构的几何特点，设计更小收拢体积的折叠方式。对于充气结构，常用的折叠方式主要是 Z 形折叠、卷曲折叠、喷出式折叠。国外仿生折叠设计、多边形折叠设计方面都取得了一定进展。但真正工程应用于充气式舱体的折叠技术还是 Z 形折叠。

目前折叠研究分为两个方向：一个是面向理论研究的新折叠方式和折叠/展开仿真技术研究；另一个是面向工程开展柔性蒙皮与刚性件组合体的无损折叠/展开技术研究。

3.3 结构固化技术

充气结构在太空充气展开后一般需要进行结构表面的固化工作，以维持结构的表面形状并确保结构的安全性和可靠性，不需担心因漏气而影响结构的性能。在各种运行轨道上展开固化的构件，可以使设计寿命达 7~15 年，维持其运行并不需担忧微陨石和空间碎片的撞击、原子氧、宇宙辐射等空间环境。因此结构固化技术也是充气展开式结构在空中应用的核心技术之一。

目前，材料固化技术的研究主要集中在固化材料的选择与分析。由于空间任务具有复杂性与多样性，所以对固化薄膜的展开方法的要求也不相同，每种方法都有适合自己的领域，即没有一种可固化材料能满足所有的应用要求。具体来说，常用的固化材料主要有：热固性复合材料、紫外光固化复合材料、充气反应复合材料、二阶转变和记忆聚合物复合材料、增塑剂或溶剂挥发固化复合材料、发泡硬化材料、铝箔/ 塑料薄膜叠层结构等。

3.4 结构的表面准确度控制技术

空间充气天线的反射体等需要高准确度的充气结构，结构表面的准确度控制技术是至关重要的环节。准确度的高低直接影响到充气天线收发信号能力的强弱。

影响充气反射器的高准确度的因素有：材料的刚度特性、材料厚度和面积、温度梯度导致的热变形、边缘支撑条件。有限元分析和试验表明，对结构表面有控的加热可以有效地增加结构表面的准确度，同时，在压力作用下的弹性变形与制造误差相大一些比较理想，这样才能获得理想的反射器表面形状。

3.5 地面试验验证技术

充气式舱体暴露于空间环境中，要经受长期的高低温交变、宇宙辐射、微流星体或空间碎片撞击等恶劣环境。所以充气式可展结构试验项目除了常规的气密性试验、耐压试验、展开试验、刚化试验外，还包括高低温交变、宇宙辐射、微流星体或空间碎片撞击、毒性、寿命等多种试验。

4 结束语

本文综述了国外充气可展开结构技术在空间探测的应用。借鉴国内外的研究成果，可将充气可展开技术运用于充气可展开天线、薄膜太阳动力帆、太阳能发电系统、轻质运载工具和太空基地等方面。同时文章总结了相关的结构方案和急需解决的技术难题，为此项新型技术早日服务于我国空间探索任务提供借鉴。

参考文献

[1] Cassapakis C, Thomasm. Infiatabiestructures technology development overview. AIAA Paper 95-3738, presented at the Space Programs and Technical Conference, Huntsville, AL, Sept. 26-28, 1995.

[2] Yahya R S, Hoferer R A. ARISE a challenging 25-m space antenna design. Department of Electrical Engineering. University of California.

[3] Freeland R E, Bilyeu G D. IN-STEP inflatable antenna experiment. IAF Paper 92-0301. presented at the 43rd Congress of the International Astronautical Federation, Washington, D. C. , August 28-Sept. 5, 1992.

[4] Peypoudat V Defoort B, Lacour D, et al. Development of a 3. 2m-long inflatable and rigidizable solar array breadboard [R], AIAA Paper2005-1881.

[5] cadogan D P, Lin J K. Inflatable solar array technology [R], AIAA Paper 99-1075.

[6] Adams M L, Culver H L, Kaufman D M, et al. Design and flight testing of an inflatable sunshield for the NGST [R], AIAA Paper 2000-1797.

[7] Grahne M S, Cadogan D P, Sandy C R. Development of the inflatable shield in space (ISIS) structure for the NGST program [R], IAF00-1104.

[8] Carey J, Cadogan D, Pacini L, et a1. Inflatable sunshield in space (ISIS) versus next generation space telescope (NGST) sunshield-A mass properties comparison [R], AIAA Paper 2000-1569.

[9] Waldie D D, Gilman L N. Technology development for large deployable sunshield to achieve cryogenic environment [R], AIAA Paper 2004-5987.

[10] Sadeh W Z, Criswell M E. Inflatable structures-a concept for Lunar and Martian structures [R], AIAA Paper 1993-0995.

[11] Sadeh W z, Criswell M E. Inflatable structures for a lunar base [R], AIAA Paper 1993-41 77.

[12] Abarbanel J E, Sadeh W Z, Criswell M E. Computer visualization analysis of a generic inflatable structure for a lunar Martian base [R], AIAA Paper 1995-4062.

[13] Curran J F. BASE · Bubble architecture space environments [R], AIAA Paper 2006-7320.

[14] Cadogan D, Scheir C, Dixit A Ware J. Intelligent flexible materials for deployable space structures (Inflex) [R], AIAA Paper 2006-1897.

[15] Keams J D, Usui M, Smith S w. Development of UV-curable inflatable wings for low-density flight applications [R], AIAA Paper 2004-1503.

[16] Derbes B. Case studies in inflatable rigidizable structural concepts for space power [R], AIAA Paper 1999-1089.

[17] Cadogan D P, Scarborough S E. Rigidizable materials for use in gossamer space inflatable structures [R], AIAA Paper 2001-1417.

[18] ILC Dover. Rigidizable structures and technologies [EB/OL]. [2013-10-10]. http://www.ilcdover.com.

[19] G Petrov. Constance adams lunar regolith particles in outposts, AIAA 2009-6585 [C] //AIAA SPACE 2009 Conference & Exposition. Washington D. C. : AIAA, 2009.

[20] Perrygo C, Cadogan D. Inflatable Truss Support Structures for Future Large Space Telescopes. https:// imageserv5. team-logic. com/ mediaLibrary / 93/inflatable_Truss_Support_Structures_for_Future_Large_Space_Telescopes. pdf.

[21] E J Simburger. Development of a Multifunctional Inflatable Structure for the Powersphere Concept. AIAA-2002-1707.

[22] D Cadogan, M Grahne. Inflatable Space Structures: A New Paradigm for Space Structure Design. IAF-98-I. 1. 02.

[23] J K Lin. Inflatable Solar Array Technology. AIAA-99-1075.

[24] D P Cadogan. Inflatable Solar Arrays: Revolutionary Technology. Society of Autonotive Engineers. 1999-01-2251: 1-8.

[25] Cassapaki C, Thomas M. Inflatable structures technology development overview [A]. AIAA Conference [C]. [s. l.]: [s. n.], 1995, AIAA95-3738: 1-10.

基于牛顿欧拉递推的球形机器人动力学建模

邓润然，葛东明，史纪鑫，邹元杰，朱卫红，熊　笑，李铁映

（北京空间飞行器总体设计部，北京，100094）

摘要：形机器人是一种以球形或近似球形为外壳的独立运动体，它在运动方式上以滚动运动为主。球形机器人近年来得到了国内外越来越多的专家和学者的关注。对于深空天体探测任务，球形机器人可作为一种新型的火星探测器。本文基于牛顿欧拉法和单自由度铰链投影矩阵方法，推导了的球形机器人多体系统动力学递推模型，其适用于动力学正、逆问题的求解。将动力学模型通过Matlab编程实现，然后对动力学模型及仿真程序进行了验证。

关键词：球形机器人；牛顿欧拉；多体动力学

1　引言

球形机器人为新型火星探测器，其工作过程具有主动驱动和被动风力驱动两种工作模式，按拓扑结构可分别简化为球体附加滑块、球体附加转动块的多体系统。要进行球形机器人的性能优化设计及控制系统设计，必须开展探测器的动力学特性研究，准确掌握其特性及规律，才能有的放矢的开展优化与制定控制策略，因此必须建立球形机器人系统动力学模型。

本文基于牛顿欧拉法和单自由度铰链投影矩阵方法，推导了球形机器人多体系统动力学递推模型，其适用于动力学正、逆问题的求解。将动力学模型通过MATLAB编程实现，然后应用Adams通过简单算例对动力学模型及仿真程序进行了验证。本文对球形机器人多体动力学整体建模过程与程序可作为后续驱动块动力学建模仿真的参考与基础。

2　参考系建立

为分析球形机器人陀飞轮动力学特性，将系统拓扑简化示意如图1所示，球体为记号为B，陀飞轮记号A。为便于问题分析，定义下述惯性及本体参考系。

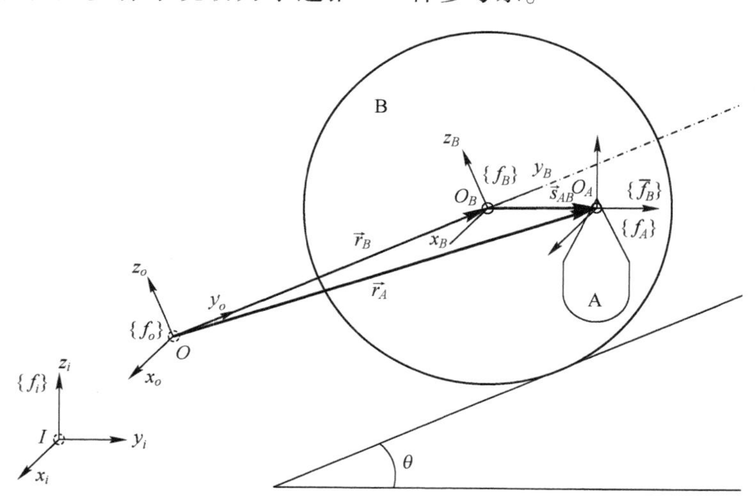

图1　球形机器人拓扑结构及坐标系

建立两个惯性坐标系$\{f_i\}$、$\{f_o\}$。$\{f_i\}$中z_i竖直火星表面向上，x_i为斜面与地面交线方向，y_i按右手系确定。$\{f_o\}$系由$\{f_i\}$先绕x_i转动斜面角度θ产生，z_o竖直斜面向上。参考系$\{f_i\}$到$\{f_o\}$的姿态

变化矩阵为 $\boldsymbol{C}_{OI}=\begin{bmatrix}1&0&0\\0&\cos\theta&\sin\theta\\0&-\sin\theta&\cos\theta\end{bmatrix}$。

球体球心 O_B 处建立与球体固连的连体参考系，初始时刻定义其与惯性系 $\{f_o\}$ 平行。在陀飞轮与球体铰点处建立两个参考系，$\{\bar{f}_B\}$ 为与球体固连的连体参考系，$\{f_A\}$ 为与陀飞轮固连的连体参考系，$\{\bar{f}_B\}$ 与 $\{f_A\}$ 初始时刻重合。$\{f_A\}$ 原点 O_A 在陀飞轮转轴上，x_A 沿飞轮转轴，z_A 垂直转轴指向飞轮质心到 O_A 方向，y_A 按右手系定义。

3　运动学关系

向量 $\boldsymbol{r}$ 在参考系 $\{f_o\}$ 中投影为 $\boldsymbol{r}_o$，记为

$$\boldsymbol{r}_o=\{\boldsymbol{f}_o\}\cdot\boldsymbol{r}$$

同理有：

$$\boldsymbol{r}=\{\boldsymbol{f}_B\}^{\mathrm{T}}\boldsymbol{r}_B=\{\bar{\boldsymbol{f}}_B\}^{\mathrm{T}}\boldsymbol{r}_{\bar{B}}=\{\boldsymbol{f}_A\}^{\mathrm{T}}\boldsymbol{r}_A$$

有姿态矩阵 $\boldsymbol{C}_{BO}$、$\boldsymbol{C}_{\bar{B}B}$、$\boldsymbol{C}_{A\bar{B}}$ 使得

$$\boldsymbol{r}_o=\boldsymbol{C}_{OB}\boldsymbol{r}_B$$

$$\boldsymbol{r}_B=\boldsymbol{C}_{B\bar{B}}\boldsymbol{r}_{\bar{B}}$$

$$\boldsymbol{r}_{\bar{B}}=\boldsymbol{C}_{\bar{B}A}\boldsymbol{r}_A$$

姿态矩阵 $\boldsymbol{C}_{BO}$、$\boldsymbol{C}_{\bar{B}B}$（定常）、$\boldsymbol{C}_{A\bar{B}}$ 分别表示参考系间的相对位置姿态变化。

图中，$\boldsymbol{r}_B$ 为惯性系原点到球心的矢径，$\boldsymbol{r}_A$ 为惯性系原点到陀飞轮铰点的矢径，$\boldsymbol{s}_{BA}$ 为球心到陀飞轮铰点矢径。显然有如下等式：

$$\boldsymbol{r}_A=\boldsymbol{r}_B+\boldsymbol{s}_{AB} \tag{1}$$

式（1）对时间求导得到球与陀飞轮的速度关系式，必须要明确的十分重要一点：向量对时间的求导与坐标系是有关系的，在不同坐标系中观察到的变化是不同的，式（1）的求导都是各量在惯性系中的变化，下文的标量是它们在其他系的投影，这并不简单地等价于它们相对其他系的变化。

$$\boldsymbol{v}_A=\boldsymbol{v}_B+\dot{\boldsymbol{s}}_{AB} \tag{2}$$

角速度关系式为

$$\boldsymbol{\omega}_A=\boldsymbol{\omega}_B+\boldsymbol{\omega}_{AB} \tag{3}$$

式中：$\boldsymbol{\omega}_B$、$\boldsymbol{\omega}_A$ 为参考系 $\{\bar{f}_B\}$、$\{\bar{f}_A\}$ 的绝对角速度矢量；$\boldsymbol{\omega}_{AB}$ 为参考系 $\{f_A\}$ 相对 $\{\bar{f}_B\}$ 的相对角速度矢量。

取 $[\boldsymbol{v}_A\quad\boldsymbol{\omega}_A\quad\boldsymbol{\omega}_{AB}]=\{\boldsymbol{f}_A\}\cdot[\boldsymbol{v}_A\quad\boldsymbol{\omega}_A\quad\boldsymbol{\omega}_{AB}]$，$[\boldsymbol{v}_B\quad\boldsymbol{\omega}_B\quad\boldsymbol{s}_{AB}]=\{\boldsymbol{f}_B\}\cdot[\boldsymbol{v}_B\quad\boldsymbol{\omega}_B\quad\boldsymbol{s}_{AB}]$

那么有

$$\begin{bmatrix}\boldsymbol{v}_A\\\boldsymbol{\omega}_A\end{bmatrix}=\begin{bmatrix}\boldsymbol{C}_{\bar{B}A}^{\mathrm{T}}\boldsymbol{C}_{B\bar{B}}^{\mathrm{T}}&-\boldsymbol{C}_{\bar{B}A}^{\mathrm{T}}\boldsymbol{C}_{B\bar{B}}^{\mathrm{T}}\boldsymbol{s}_{AB}^{\times}\\\boldsymbol{0}&\boldsymbol{C}_{\bar{B}A}^{\mathrm{T}}\boldsymbol{C}_{B\bar{B}}^{\mathrm{T}}\end{bmatrix}\begin{bmatrix}\boldsymbol{v}_B\\\boldsymbol{\omega}_B\end{bmatrix}+\begin{bmatrix}\boldsymbol{C}_{\bar{B}A}^{\mathrm{T}}&\boldsymbol{0}\\\boldsymbol{0}&\boldsymbol{E}_3\end{bmatrix}\begin{bmatrix}\boldsymbol{0}\\\boldsymbol{\omega}_{AB}\end{bmatrix} \tag{4}$$

记 $\boldsymbol{V}_A=\begin{bmatrix}\boldsymbol{v}_A\\\boldsymbol{\omega}_A\end{bmatrix}$、$\boldsymbol{V}_B=\begin{bmatrix}\boldsymbol{v}_B\\\boldsymbol{\omega}_B\end{bmatrix}$、

$\boldsymbol{D}_{AB}=\begin{bmatrix}\boldsymbol{C}_{\bar{B}A}^{\mathrm{T}}\boldsymbol{C}_{B\bar{B}}^{\mathrm{T}}&-\boldsymbol{C}_{\bar{B}A}^{\mathrm{T}}\boldsymbol{C}_{B\bar{B}}^{\mathrm{T}}\boldsymbol{s}_{AB}^{\times}\\\boldsymbol{0}&\boldsymbol{C}_{\bar{B}A}^{\mathrm{T}}\boldsymbol{C}_{B\bar{B}}^{\mathrm{T}}\end{bmatrix}$、$\boldsymbol{P}_{AB}V_{AB}=\begin{bmatrix}\boldsymbol{0}\\\boldsymbol{\omega}_{AB}\end{bmatrix}$，其中 $\boldsymbol{P}_{AB}$ 为铰链约束矩阵，在建立参考系 $\{f_A\}$ 时，若选取 x_A 轴于铰链转轴上，则 $\boldsymbol{P}_{AB}=[0\quad0\quad0\quad1\quad0\quad0]^{\mathrm{T}}$，$V_{AB}$ 为铰链速度项的大小（即陀飞轮相对球体的转速大小），为一个实数，$\boldsymbol{s}_{AB}^{\times}$ 为向量 $\boldsymbol{s}_{AB}$ 的反对称矩阵。

那么得到速度项关系的规整表达式为

$$\boldsymbol{V}_A=\boldsymbol{D}_{AB}\boldsymbol{V}_B+\boldsymbol{P}_{AB}V_{AB} \tag{5}$$

式（5）对时间求导得到加速度项关系式，求导都是相对每个标量投影的坐标系观察的，即观察 $\boldsymbol{V}_A$、$\boldsymbol{V}_B$ 相对各自本体系变化。

$$\boldsymbol{V}_A'=\boldsymbol{D}_{AB}\boldsymbol{V}_B'+\boldsymbol{P}_{AB}V_{AB}'+\boldsymbol{\varGamma}_A \tag{6}$$

式中：$\boldsymbol{\varGamma}_A=\boldsymbol{D}_{AB}'\boldsymbol{V}_B$ 向量求导用“·”，数量求导用“′”，下文同。

同理求得球体 B 与地面速度项及加速度项关系：

$$\boldsymbol{V}_B=\boldsymbol{T}_{BO}\boldsymbol{P}_{BO}\boldsymbol{V}_{BO} \tag{7}$$

$$\boldsymbol{V}_B'=\boldsymbol{T}_{BO}\boldsymbol{P}_{BO}\boldsymbol{V}_{BO}'+\boldsymbol{\varGamma}_B \tag{8}$$

其中：$\boldsymbol{T}_{BO}=\begin{bmatrix}\boldsymbol{C}_{OB}^{\mathrm{T}}&\boldsymbol{0}\\\boldsymbol{0}&\boldsymbol{E}_3\end{bmatrix}$、$\boldsymbol{P}_{BO}\boldsymbol{V}_{BO}=\begin{bmatrix}\boldsymbol{r}_B'\\\boldsymbol{\omega}_{BO}\end{bmatrix}$、$\boldsymbol{\varGamma}_B=\boldsymbol{T}_{BO}'\boldsymbol{P}_{BO}\boldsymbol{V}_{BO}+\boldsymbol{T}_{BO}\boldsymbol{P}_{BO}'\boldsymbol{V}_{BO}$。

4　系统动力学方程

4.1　单体动力学方程

刚体矢量形式的牛顿欧拉方程如下，它们是在惯性系观察变化的：

$$\frac{\mathrm{d}\boldsymbol{p}}{\mathrm{d}t}=\boldsymbol{F}_{\text{total}} \tag{9a}$$

$$\frac{\mathrm{d}\boldsymbol{h}}{\mathrm{d}t}+\boldsymbol{v}\times\boldsymbol{p}=\boldsymbol{L}_{\text{total}} \tag{9b}$$

将牛顿欧拉方程向连体动参考系投影，写为标量投影形式：

$$\boldsymbol{p}'+\boldsymbol{\omega}^{\times}\boldsymbol{p}=\boldsymbol{F}_{\text{total}} \tag{10a}$$

$$\boldsymbol{h}'+\boldsymbol{\omega}^{\times}\boldsymbol{h}+\boldsymbol{v}^{\times}\boldsymbol{p}=\boldsymbol{L}_{\text{total}} \tag{10a}$$

式中：p'、h'为动量与动量矩对连体参考系的时间导数；p 为相对惯性系的动量在本体系的投影，也就是说它等于“物体质量”乘以“物体相对惯性系的速度在本体系的投影值”；p'为物体相对惯性系的动量在本体系中观察变化。

刚体的动量与动量矩为

$$p=-c^{\times}\omega+mv \tag{11a}$$

$$h=c^{\times}v+J\omega \tag{11b}$$

式中：c、J 为刚体相对参考基点的静矩和惯量矩阵。

4.2 递推动力学方程

1）对于陀飞轮 A（或驱动块）

设$f_{A,B}$、$h_{A,B}$分别为铰点 O_A 处球体 B 对陀飞轮 A 的作用力和力矩，$f_{A,\text{extra}}$、$h_{A,\text{extra}}$ 为除铰链作用外，A 所受到的外力和外力矩矢量。那么，A 体的总外力和外力矩矢量表达式为

$$F_{A,\text{total}}=-f_{A,B}+f_{A,\text{extra}} \tag{12a}$$

$$L_{A,\text{total}}=-l_{A,B}+l_{A,\text{extra}} \tag{12b}$$

取 $[\,F_{A,\text{total}}\quad L_{A,\text{total}}\quad f_{A,B}\quad l_{A,B}\quad f_{A,\text{extra}}\quad l_{A,\text{extra}}\,]=\{f_A\}\cdot[\,F_{A,\text{total}}\quad L_{A,\text{total}}\quad f_{A,B}\quad l_{A,B}\quad f_{A,\text{extra}}\quad l_{A,\text{extra}}\,]$

联立式（10）~式（12）并向参考系 $\{f_A\}$ 投影，得到 A 体的标量形式牛顿-欧拉方程，整理得到

$$\begin{pmatrix} m_AE_3 & -c_A^{\times} \\ c_A^{\times} & J_A \end{pmatrix}\begin{pmatrix} v_A' \\ \omega_A' \end{pmatrix}=-\begin{pmatrix} f_{A,B} \\ l_{A,B} \end{pmatrix}+\begin{pmatrix} -\omega_A^{\times}(\omega_A^{\times}c_A+m_Av_A)+f_{A,\text{extra}} \\ v_A^{\times}c_A^{\times}\omega_A-\omega_A^{\times}c_A^{\times}v_A-\omega_A^{\times}J_A\omega_A+l_{A,\text{extra}} \end{pmatrix} \tag{13}$$

式中：c_A、J_A 为 A 体相对铰点 O_A 的静矩和惯量矩阵。

写作简明形式

$$M_AV_A'=-F_{A,B}+\mathbf{ODD}_A \tag{14}$$

其中：

$$M_A=\begin{pmatrix} m_AE_3 & -c_A^{\times} \\ c_A^{\times} & J_A \end{pmatrix},\quad F_{A,B}=\begin{pmatrix} f_{A,B} \\ l_{A,B} \end{pmatrix},$$

$$\mathbf{ODD}_A=\begin{pmatrix} -\omega_A^{\times}(\omega_A^{\times}c_A+m_Av_A)+f_{A,\text{extra}} \\ v_A^{\times}c_A^{\times}\omega_A-\omega_A^{\times}c_A^{\times}v_A-\omega_A^{\times}J_A\omega_A+l_{A,\text{extra}} \end{pmatrix}$$

$$V_A'=\begin{pmatrix} v_A' \\ \omega_A' \end{pmatrix}$$

2）对于球体 B

O_B 为球体 B 球心，假设变形量较小，O_B 始终保持在与球体接触面平行的平面运动。设 $f_{B,O}$、$l_{B,O}$分别为接触面对球体 B 的点 O_B 作用力和力矩，$f_{A,B}$、$l_{A,B}$分别为 A 体对 B 的外力和外力矩矢量。$f_{B,\text{extra}}$、$l_{B,\text{extra}}$为 B 体点 O_B 所受到的合外力和外力矩矢量。那么，A 体的总外力和外力矩矢量表达式为

$$F_{B,\text{total}}=f_{A,B}-f_{B,O}+f_{B,\text{extra}} \tag{15a}$$

$$L_{B,\text{total}}=l_{A,B}+s_{AB}\times f_{A,B}-l_{A,B}+l_{B,\text{extra}} \tag{15b}$$

取：$[\,F_{B,\text{total}}\quad L_{B,\text{total}}\quad f_{B,O}\quad l_{B,O}\quad f_{B,\text{extra}}\quad l_{B,\text{extra}}\,]=\{f_B\}\cdot[\,F_{B,\text{total}}\quad L_{B,\text{total}}\quad f_{B,O}\quad l_{B,O}\quad f_{B,\text{extra}}\quad l_{B,\text{extra}}\,]$

向参考系 $\{f_B\}$ 投影，得到 B 体的标量形式牛顿-欧拉方程，整理得到

$$\begin{pmatrix} m_BE_3 & -c_B^{\times} \\ c_B^{\times} & J_B \end{pmatrix}\begin{pmatrix} v_B' \\ \omega_B' \end{pmatrix}=\begin{pmatrix} C_{B\bar{B}}C_{\bar{B}A} & 0 \\ s_{AB}^{\times}C_{B\bar{B}}C_{\bar{B}A} & C_{B\bar{B}}C_{\bar{B}A} \end{pmatrix}\begin{pmatrix} f_{A,B} \\ l_{A,B} \end{pmatrix}-\begin{pmatrix} f_{B,O} \\ l_{B,O} \end{pmatrix}+\begin{pmatrix} -\omega_B^{\times}(\omega_B^{\times}c_B+m_Bv_B)+f_{B,\text{extra}} \\ v_B^{\times}c_B^{\times}\omega_B-\omega_B^{\times}c_B^{\times}v_B-\omega_B^{\times}J_B\omega_B+l_{B,\text{extra}} \end{pmatrix} \tag{16}$$

式中：$c_B=0$、J_B 为 B 体相对铰点（球体质心）O_B 的静矩和惯量矩阵。

写作简明形式：

$$M_BV_B'=D_{AB}^{\mathrm{T}}F_{A,B}-F_{B,O}+\mathbf{ODD}_B \tag{17}$$

其中：

$$M_B=\begin{pmatrix} m_BE_3 & -c_B^{\times} \\ c_B^{\times} & J_B \end{pmatrix},\quad F_{B,O}=\begin{pmatrix} f_{B,O} \\ l_{B,O} \end{pmatrix},$$

$$\mathbf{ODD}_B=\begin{pmatrix} -\omega_B^{\times}(\omega_B^{\times}c_B+m_Bv_B)+f_{B,\text{extra}} \\ v_B^{\times}c_B^{\times}\omega_B-\omega_B^{\times}c_B^{\times}v_B-\omega_B^{\times}J_B\omega_B+l_{B,\text{extra}} \end{pmatrix}$$

综上，式（5）~式（8）为球形机器人运动学方程，式（14）、式（17）即为球形机器人动力学方程。对于主动工作模式，驱动块运动为单自由度平动铰，其系统动力学方程推导过程与上述相似。具体研究有待进一步工作。

5 系统递推动力学算法

5.1 系统外力投影

球体的受力如图 2 所示，F_g 为球体收到重力，F_f 为球体接触面摩擦力，F_N 为接触面支持力，向质心变换力系，需在质心添加摩擦力偶 L_f，摩擦滚阻力偶 L_N。由于球体的对称性，风力对球体不会产生侧向力，假设风力合矢量 F_p 通过质心，不再添加风力附加力矩，再细化模型时可根据风力合矢量与质心的偏移距离添加附加力矩。

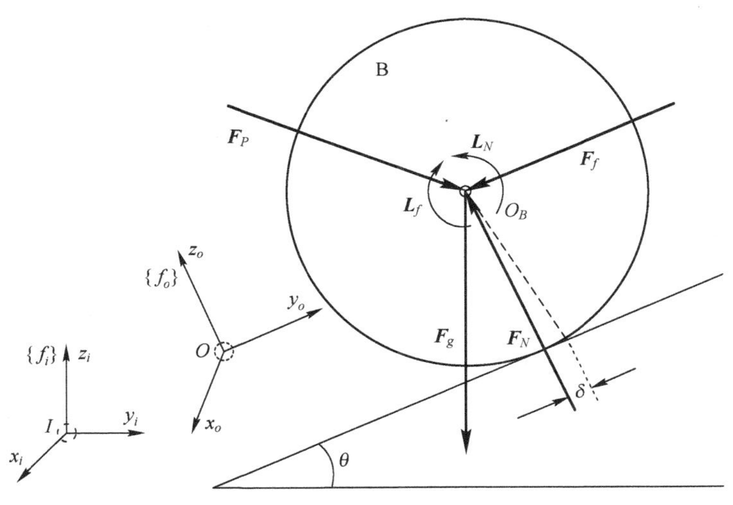

图2　球体受力情况

建立两个惯性坐标系$\{f_i\}$、$\{f_o\}$。$\{f_i\}$中z_i垂直火星表面，x_i为斜面与地面交线方向，y_i按右手系确定。$\{f_o\}$系由$\{f_i\}$先绕x_i转动斜面角度θ产生，即前述参考系$\{f_o\}$。参考系$\{f_i\}$到$\{f_o\}$的姿态变化矩阵为$\boldsymbol{C}_{OI}=\begin{bmatrix}1 & 0 & 0\\ 0 & \cos\theta & \sin\theta\\ 0 & -\sin\theta & \cos\theta\end{bmatrix}$。

重力$\boldsymbol{F}_g$在$\{f_i\}$中的投影标量为$\begin{bmatrix}0\\0\\F_g\end{bmatrix}$，在$\{f_o\}$中的投影量为$\begin{bmatrix}1 & 0 & 0\\ 0 & \cos\theta & \sin\theta\\ 0 & -\sin\theta & \cos\theta\end{bmatrix}\begin{bmatrix}0\\0\\F_g\end{bmatrix}$。风力$\boldsymbol{F}_{\text{blow}}$在$\{f_i\}$下给出，与重力类似，在$\{f_o\}$中的投影量为$\begin{bmatrix}1 & 0 & 0\\ 0 & \cos\theta & \sin\theta\\ 0 & -\sin\theta & \cos\theta\end{bmatrix}\boldsymbol{F}_{\text{blow}}$。

球体滚动过程中，不考虑其与地面滚阻力偶作用。摩擦模型建立按以下规则：当球体未运动时，摩擦力按库仑摩擦模型，球体纯滚动时，摩擦力由力学平衡方程解出，当解出摩擦力大于最大静摩擦时，摩擦力按滑动摩擦力添加，球体做连滚带滑运动。当球体做纯滚动，将摩擦力$\boldsymbol{F}_f$作为未知力，对球体列出动力学方程，由平动加速度等于转动加速度叉乘接触面到质心矢径作为等量关系，解出摩擦力，且摩擦力应小于接触面最大静摩擦，当解得摩擦力大于最大静摩擦时，球体开始做连滚带滑运动，摩擦力瞬时减为滑动摩擦力，此时方向由接触面间相对运动方向决定。摩擦力对球心力矩$\boldsymbol{L}_f$等于$\boldsymbol{F}_f$叉乘接触面到质心矢径$\boldsymbol{H}$。

5.2　递推动力学方程

首先求解陀飞轮与球体相互作用力。陀飞轮加速度项和动力学方程为式（6）、式（14）。

其中$\boldsymbol{F}_{A,B}$为球体对陀飞轮的作用力，将其作为未知力求解。重力$\boldsymbol{F}_{A,g}$在$\{f_A\}$中的投影量为$\boldsymbol{C}_{BA}^{\mathrm{T}}\boldsymbol{C}_{B\bar{B}}^{\mathrm{T}}\boldsymbol{C}_{OB}^{\mathrm{T}}\begin{bmatrix}1 & 0 & 0\\ 0 & \cos\theta & \sin\theta\\ 0 & -\sin\theta & \cos\theta\end{bmatrix}\begin{bmatrix}0\\0\\F_{A,g}\end{bmatrix}$，将其添加入$\mathbf{ODD}_A$中的$\boldsymbol{f}_{A,\text{extra}}$中，重力$\boldsymbol{F}_{A,g}$对铰链的转矩$\boldsymbol{L}_{A,g}$为$\boldsymbol{s}_{A_cA}\times\boldsymbol{F}_{A,g}$，其中$\boldsymbol{s}_{A_cA}$为铰点到陀飞轮质心矢径。设定坐标系$\{f_A\}$的原点在$O_A$处，$z_A$轴为为矢径$\boldsymbol{s}_{A_cA}$指向，$x_A$轴位于铰链转轴线上，任定义一侧为指向，$y_A$轴按右手系确定，则$\boldsymbol{s}_{A_cA}=\begin{bmatrix}0\\0\\s_{A_cA}\end{bmatrix}$。$\boldsymbol{L}_{A,g}$在$\{f_A\}$中的投影量$\boldsymbol{s}_{A_cA}^{\times}\boldsymbol{C}_{BA}^{\mathrm{T}}\boldsymbol{C}_{B\bar{B}}^{\mathrm{T}}\boldsymbol{C}_{OB}^{\mathrm{T}}\begin{bmatrix}1 & 0 & 0\\ 0 & \cos\theta & \sin\theta\\ 0 & -\sin\theta & \cos\theta\end{bmatrix}\begin{bmatrix}0\\0\\F_{A,g}\end{bmatrix}$，将其添加入$\mathbf{ODD}_A$中的$\boldsymbol{l}_{A,\text{extra}}$中。

将式（6）、式（14）中的$\boldsymbol{V}'_A$、$\boldsymbol{F}_{A,B}$按铰链自由投影空间和约束空间分解：

$$\boldsymbol{V}'_A=\boldsymbol{P}_{AB}a_{A,p}+\boldsymbol{Q}_{AB}\boldsymbol{a}_{A,Q} \tag{18}$$

$$\boldsymbol{F}_{A,B}=-\boldsymbol{P}_{AB}F_{A,p}-\boldsymbol{Q}_{AB}\boldsymbol{F}_{A,Q} \tag{19}$$

其中$\boldsymbol{P}_{AB}=\begin{bmatrix}0\\0\\0\\1\\0\\0\end{bmatrix}$，$\boldsymbol{Q}_{AB}=\begin{bmatrix}1&0&0&0&0\\0&1&0&0&0\\0&0&1&0&0\\0&0&0&0&0\\0&0&0&1&0\\0&0&0&0&1\end{bmatrix}$，

$a_{A,p}$、$F_{A,p}$为一实数，$\boldsymbol{a}_{A,Q}$、$\boldsymbol{F}_{A,Q}$为 5×1 列向量，即陀飞轮与球体间铰链约束力，$F_{A,p}$为铰链自由维度上的驱动力，当无驱动且忽略摩擦时，取值为零。

联立式（18）、式（19）、式（14），求解得

$$\boldsymbol{F}_{A,Q}=\boldsymbol{\Pi}_A\boldsymbol{Q}_{AB}^{\mathrm{T}}\boldsymbol{V}_A'+\boldsymbol{\Theta}_A \tag{20}$$

$$\boldsymbol{F}_{A,B}=-\boldsymbol{P}_{AB}F_{A,p}-\boldsymbol{Q}_{AB}\boldsymbol{\Pi}_A\boldsymbol{Q}_{AB}^{\mathrm{T}}(\boldsymbol{D}_{AB}\boldsymbol{V}_B'+\boldsymbol{\Gamma}_A)-\boldsymbol{Q}_{AB}\boldsymbol{\Theta}_A \tag{21}$$

其中：

$$\boldsymbol{\Pi}_A=(\boldsymbol{Q}_{AB}^{\mathrm{T}}\boldsymbol{M}_A\boldsymbol{Q}_{AB})-(\boldsymbol{Q}_{AB}^{\mathrm{T}}\boldsymbol{M}_A\boldsymbol{P}_{AB})(\boldsymbol{P}_{AB}^{\mathrm{T}}\boldsymbol{M}_A\boldsymbol{P}_{AB})^{-1}(\boldsymbol{P}_{AB}^{\mathrm{T}}\boldsymbol{M}_A\boldsymbol{Q}_{AB}) \tag{22}$$

$$\boldsymbol{\Theta}_A=(\boldsymbol{Q}_{AB}^{\mathrm{T}}\boldsymbol{M}_A\boldsymbol{P}_{AB})(\boldsymbol{P}_{AB}^{\mathrm{T}}\boldsymbol{M}_A\boldsymbol{P}_{AB})^{-1}(\boldsymbol{P}_{AB}^{\mathrm{T}}\boldsymbol{P}_{AB}F_{A,p}+\boldsymbol{P}_{AB}^{\mathrm{T}}\mathbf{ODD}_A)-\boldsymbol{Q}_{AB}^{\mathrm{T}}\mathbf{ODD}_A \tag{23}$$

然后，将式（21）代入式（17），得消去未知相互作用力 $\boldsymbol{F}_{A,B}$的球体动力学方程：

$$\hat{\boldsymbol{M}}_B\boldsymbol{V}_B'=-\boldsymbol{F}_{B,O}+\mathbf{O\hat{D}D}_B \tag{24}$$

其中：

$$\hat{\boldsymbol{M}}_B=\boldsymbol{M}_B+\boldsymbol{D}_{AB}^{\mathrm{T}}\boldsymbol{Q}_{AB}\boldsymbol{\Pi}_A\boldsymbol{Q}_{AB}^{\mathrm{T}}\boldsymbol{D}_{AB} \tag{25}$$

$$\mathbf{O\hat{D}D}_B=\mathbf{ODD}_B-\boldsymbol{D}_{AB}^{\mathrm{T}}(\boldsymbol{P}_{AB}F_{A,p}+\boldsymbol{Q}_{AB}\boldsymbol{\Pi}_A\boldsymbol{Q}_{AB}^{\mathrm{T}}\boldsymbol{\Gamma}_A+\boldsymbol{Q}_{AB}\boldsymbol{\Theta}_A) \tag{26}$$

球体的转动自由度不受限制，没有驱动力 $\boldsymbol{F}_{B,P}$，风力、重力、摩擦等因素添加到外力中。

重力 $\boldsymbol{F}_{B,g}$ 在 $\{f_B\}$ 中的投影量为 $\boldsymbol{C}_{OB}^{\mathrm{T}}\begin{bmatrix}1 & 0 & 0\\ 0 & \cos\theta & \sin\theta\\ 0 & -\sin\theta & \cos\theta\end{bmatrix}\begin{bmatrix}0\\0\\F_{B,g}\end{bmatrix}$，将其添加入 $\mathbf{ODD}_B$ 中的 $\boldsymbol{f}_{B,\mathrm{extra}}$中，重力 $\boldsymbol{F}_{B,g}$对质心的转矩 $\boldsymbol{L}_{B,g}$为零。地面对球体支持力 $\boldsymbol{F}_N$ 即与摩擦力 $\boldsymbol{F}_{B,f}$组成地面对球体作用力 $\boldsymbol{F}_{B,O}$，将地面约束解开，可使用此力等效。

5.3 球体滚动运动约束

首先，当球体纯滚时，运动学约束为 $\boldsymbol{v}_B=\boldsymbol{\omega}_B\times\boldsymbol{H}$，其对时间求导，得

$$\dot{\boldsymbol{v}}_B=\dot{\boldsymbol{\omega}}_B\times\boldsymbol{H}+\boldsymbol{\omega}_B\times\dot{\boldsymbol{H}}=\mathring{\boldsymbol{v}}_B+\boldsymbol{\omega}_B\times\boldsymbol{v}_B \tag{27}$$

式中：“·”为对惯性系的时间导数；“∘”为对本体系的时间导数。将式（27）对本体系 $\{f_B\}$ 投影得

$$[\boldsymbol{E}_3\quad \boldsymbol{H}_B^{\times}]\begin{bmatrix}\boldsymbol{v}_B'\\ \boldsymbol{\omega}_B'\end{bmatrix}=-\boldsymbol{\omega}_B^{\times}\boldsymbol{v}_B \tag{28}$$

将式（28）代入式（24）即可求解 $\boldsymbol{F}_{B,O}$ 与 $\boldsymbol{V}_B'$。

进一步求解陀飞轮，联立式（6）、式（14）、式（19）得

$$\boldsymbol{V}_{AB}'=(\boldsymbol{P}_{AB}^{\mathrm{T}}\boldsymbol{M}_A\boldsymbol{P}_{AB})^{-1}[\boldsymbol{P}_{AB}^{\mathrm{T}}\mathbf{ODD}_A-\boldsymbol{P}_{AB}^{\mathrm{T}}\boldsymbol{M}_A(\boldsymbol{D}_{AB}\boldsymbol{V}_B'+\boldsymbol{\Gamma}_A)] \tag{29}$$

当式（28）解得摩擦力超过最大静摩擦时，添加滑动摩擦。

滑动摩擦力与支持力成比例，首先要求解支持力。由运动学约束：

$$[1\quad 0\quad 0]\boldsymbol{C}_{OB}[\boldsymbol{E}_3\quad \boldsymbol{H}_B^{\times}]\begin{bmatrix}\boldsymbol{v}_B'\\ \boldsymbol{\omega}_B'\end{bmatrix}=0 \tag{30}$$

即可解出支持力及摩擦力。

5.4 求解算法

系统递推算法如图 3 所示。

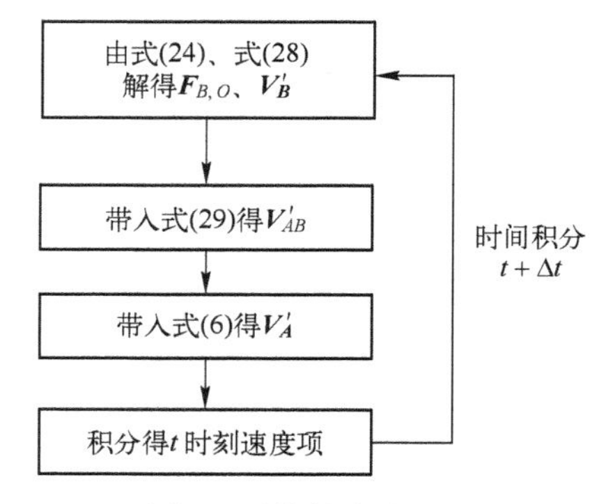

图 3　递推算法流程图

程序的流程图如图 4 所示。

备注：n 为单体编号，$n=1$ 为球体 B，$n=2$ 为陀飞轮 A。

6 模型递推方程验证

6.1 两刚体系统模型

球形机器人主、被动工作过程可以简化为二刚体多体系统，为了验证递推方程的正确性，首先通过最简单平面二刚体系统进行模型验证。算例：建立平面两杆系统，如图 5 所示。

1）坐标系建立

O_i-xyz 为惯性坐标系，O-xyz 为杆 1 在 O 点固连的浮动坐标系，O_1-xyz 为杆 2 在 O_1 点固连的浮动坐标系，$O_{1'}$-xyz 为在杆 1 上 $O_{1'}$点的杆 1 的连体坐标系。坐标系 O-xyz 的 x 方向为杆 1 的杆长方向，坐标系 O_1-xyz 的 x 方向为杆 2 的杆长方向，坐标系 O_1-xyz 与 $O_{1'}$-xyz 的姿态相同。在初始时刻，坐标系 $O_{1'}$-xyz 与坐标系 O_1-xyz 是重合的。

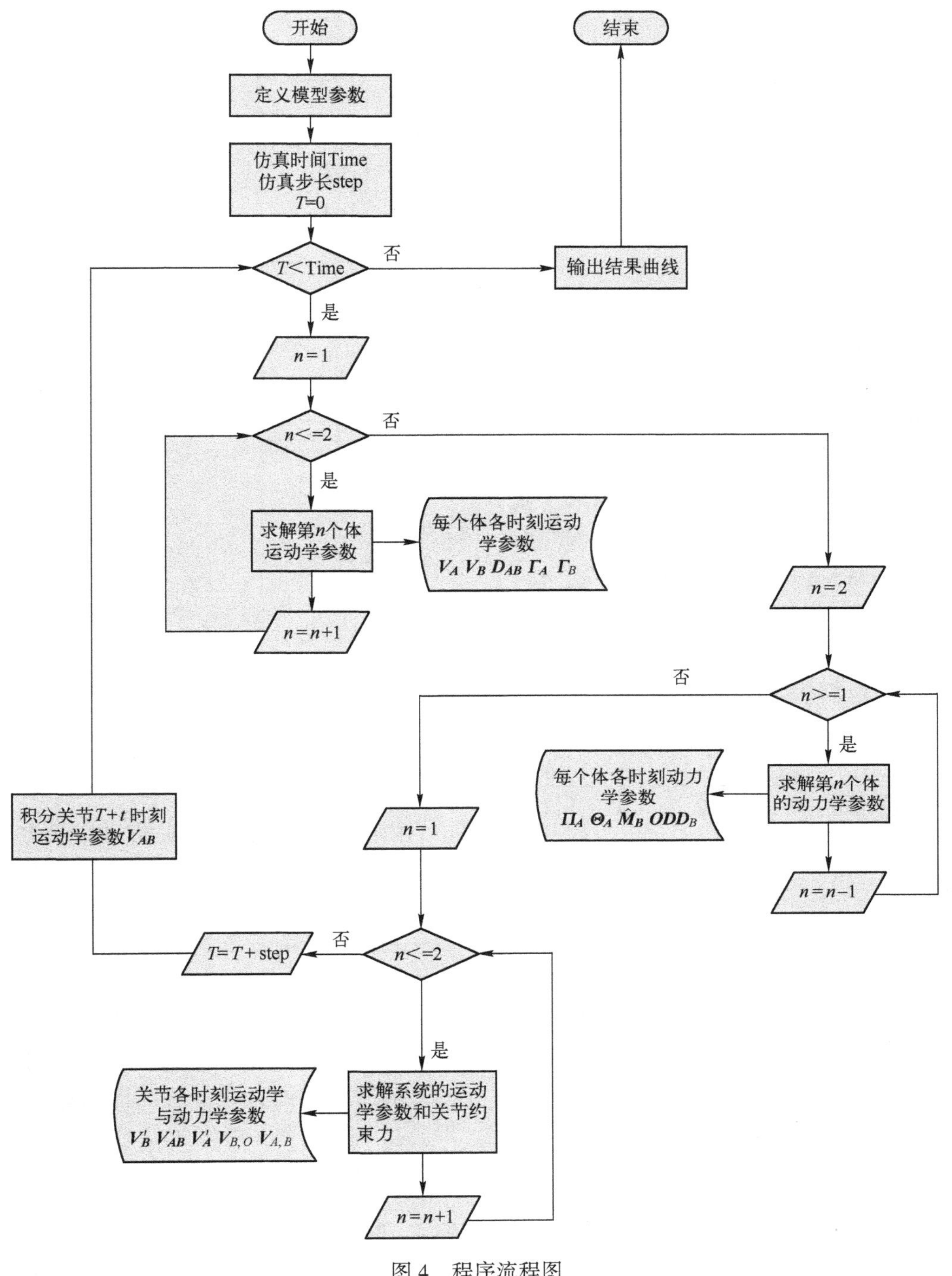

图4　程序流程图

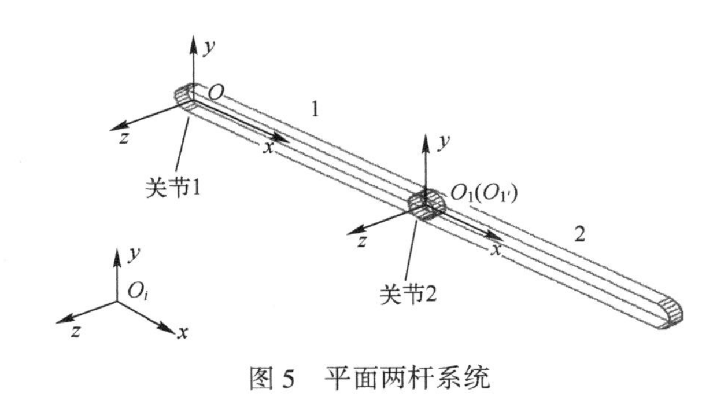

图5　平面两杆系统

2）模型基本参数

两杆质量都为2kg，杆长2m，宽度0.2m（长细比较大），杆1对O点、杆2对O_1点的质量矩相对每个杆的浮动坐标系均为$[2\quad 0\quad 0]^{\mathrm{T}}$kg·m，惯量矩阵相对其首端连杆坐标系均为$\boldsymbol{J}=\begin{bmatrix}0.04 & & \\ & 8/3 & \\ & & 8/3\end{bmatrix}^{\mathrm{T}}$kg·m

3）边界条件

1 杆 O 点与地面有单自由度转动铰链，转轴方向沿浮动坐标系 $O-xyz$ 的 z 轴方向。1 杆另一端与 2 杆 O_1 有单自由度转动铰链，转轴方向沿浮动坐标系 O_1-xyz 的 z 轴方向；1 杆与 2 杆之间加载相互作用的驱动力矩，力矩在坐标系 O_1-xyz 中值为 $[0\quad 0\quad 5]^{\mathrm{T}}\mathrm{N\cdot m}$，与地面连接的关节不施加驱动力。

4）初始条件

在初始时刻，两杆连体坐标系与惯性坐标系姿态相同，即 $\boldsymbol{A}_1=\boldsymbol{A}_2=\boldsymbol{E}$（$\boldsymbol{A}$ 表示杆浮动坐标系与惯性坐标系的方向余弦矩阵）；两杆初始速度量都为零，两关节的初始速度量也都为零。

5）仿真结果

仿真时间定为 5s，仿真步长选择 0.001s，选择输出两个关节约束力合力、两杆的角速度随时间变化曲线，因为 Adams 在多刚体系统仿真上结果比较真实准确，所以将递推动力学方程仿真结果与 Adams 输出结果进行对比，如图 6～图 9 所示。其中，黑色实线均为递推动力学方程计算结果，黑色虚线为 Adams 计算结果。

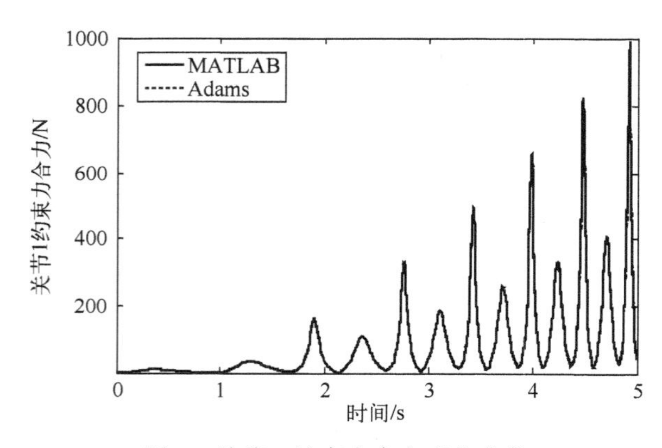

图 6　关节 1 约束力合力变化曲线

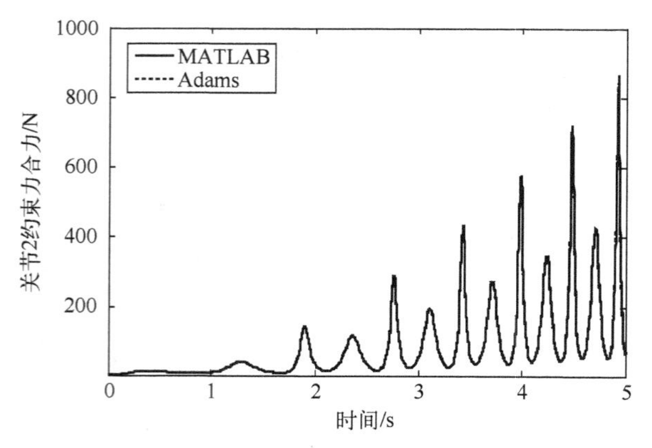

图 7　关节 2 约束力合力变化曲线

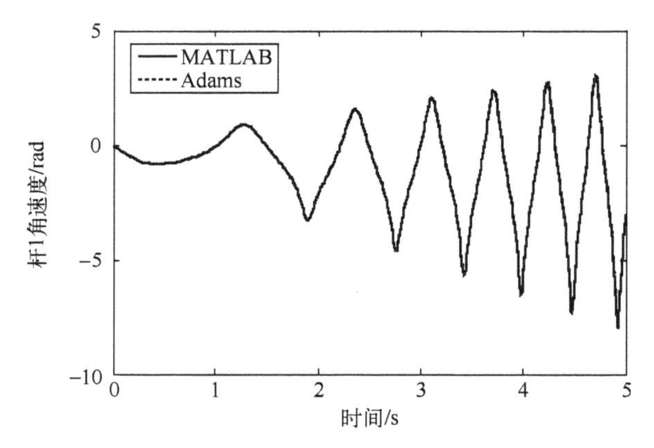

图 8　杆 1 角速度-时间曲线

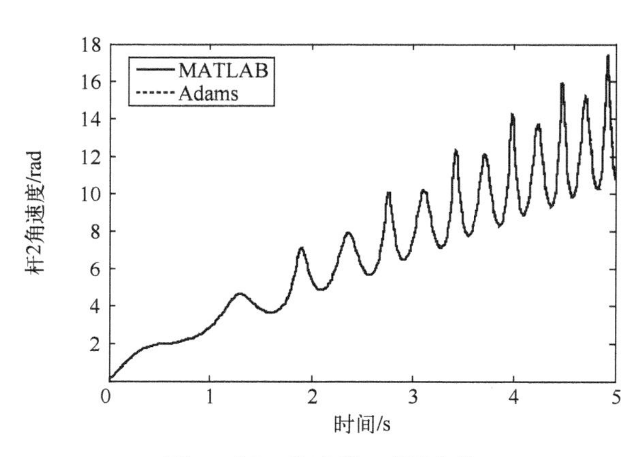

图 9　杆 2 角速度-时间曲线

由图 6～图 9 可见，递推动力学方程与 Adams 仿真结果完全吻合，文中仅给出了关节约束力合力与杆转动角速度的对比情况，递推动力学方程对比其他变量的计算结果也和 Adams 的计算结果吻合很好，不再全部给出。通过使用 Adams 仿真验证，证明对于平面两体系统，递推动力学方程实现数值仿真并且计算结果正确。因为二体系统的求解涉及递推过程，所以证明递推模型的正确性。在此基础上，可以进一步开展验证地面对球体约束的多体系统模型。

6.2　球体纯滚模型

建立小球与平面纯滚系统，如图 10 所示。

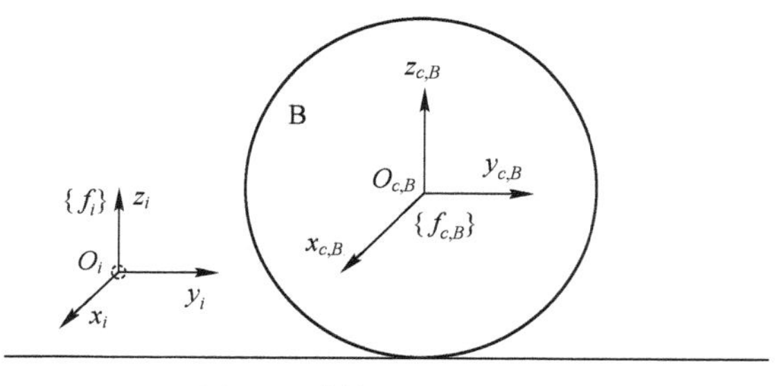

图 10　球体平面纯滚系统

$O_i-x_iy_iz_i$ 为惯性坐标系，$O_{c,B}-x_{c,B}y_{c,B}z_{c,B}$ 为小球在球心 $O_{c,B}$ 点固连的本体坐标系。在初始时刻，坐标系 $O_i-x_iy_iz_i$ 与坐标系 $O_{c,B}-x_{c,B}y_{c,B}z_{c,B}$ 是重合的；模型基本参数如下：小球质量为 2kg，半径 1m，对 $O_{c,B}$ 点的质量矩为零，惯量矩阵相对其本体坐标系为 $\boldsymbol{J}=\begin{bmatrix}0.8 & 0 & 0\\ 0 & 0.8 & 0\\ 0 & 0 & 0.8\end{bmatrix}^{\mathrm{T}}\mathrm{kg\cdot m^2}$；球与地面纯滚动约束；球体初始时刻处于静止状态；小球受到在惯性系下投影为 $[0\quad 2\quad 3]N$ 的集中力作用于球心；仿真时间定为 5s，输出小球与地面相互作用力并与 Adams 仿真结果对比。

图 11～图 14 为 Adams 与动力学方程的仿真对比结果，分别为球体平动速度、转动速度、球体与地面摩擦力与支持力曲线。图 15 为小球前进路程与转动角度计算的转动距离对比的行程曲线。

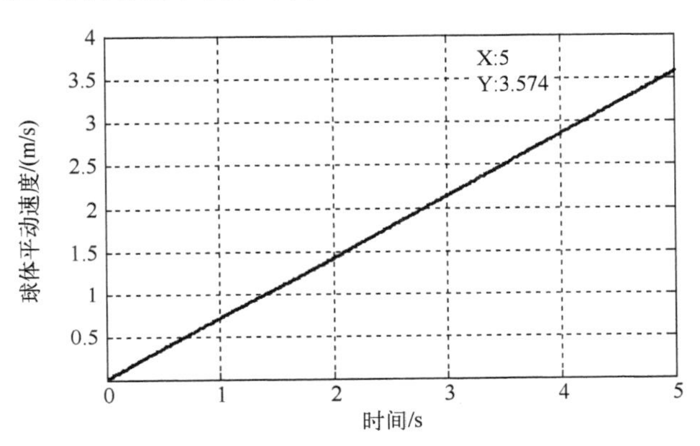

图 11　球体平动速度

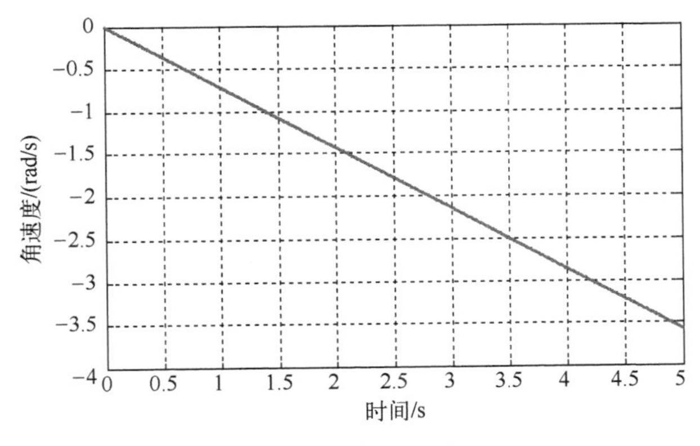

图 12　球体角速度

通过对比可见，动力学方程仿真结果与 Adams 仿真结果吻合情况很好。5s 后球体平动速度达到 3.5714m/s，转动角速度 3.5714rad/s，球体应该为纯滚状态。按照给出的支持力与摩擦力曲线可见，球体与地面支持力为 3N，摩擦力小于静摩擦为 0.5714N。同样由图 15 的小球前进路程与转动角度计算的转动距离对比的行程曲线可以验证，5s 后小球前进了约 8.93m。以上结果符合理论计算，因此球体与地面纯滚的模型得到验证。

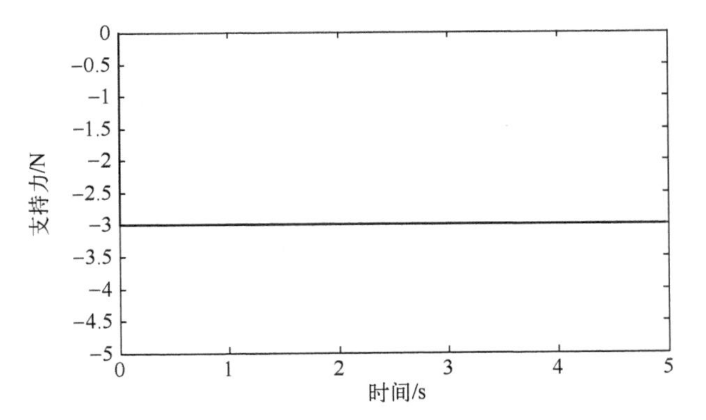

图 13　球与地面接触支持力

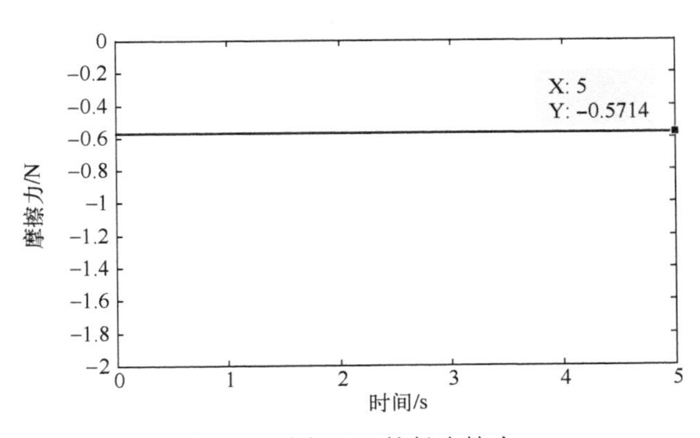

图 14　球与地面接触摩擦力

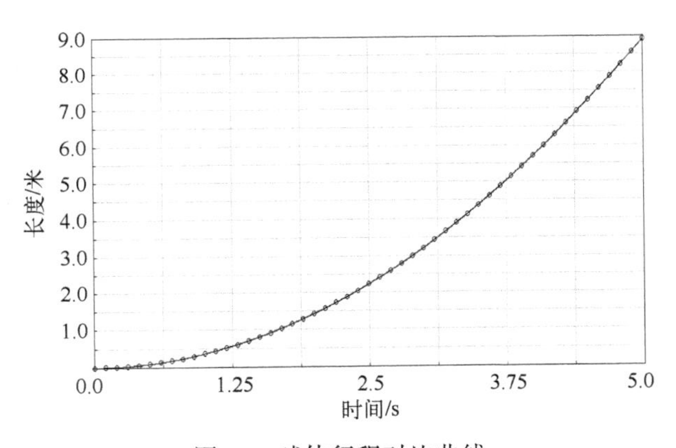

图 15　球体行程对比曲线

7　结束语

本文基于牛顿欧拉法和单自由度铰链投影矩阵方法，推导了的球形机器人多体系统动力学递推模型，其适用于动力学正、逆问题的求解。球体与地面约束暂时按理论纯滚简化来添加运动学约束方程；建立的球形机器人正、逆混合动力学模型也可将摩擦力作为外力添加，获取准确的摩擦力、地面支持力函数，进行探测器多体动力学仿真；同样可以将球体运动状态函数作为初始输入，分析陀轮性能；此外能够给出陀轮轴关节约束力，并且动力学方程更便于实现与控制系统链接闭环联合仿真；在动力学模型的基础上通过MATLAB编程实现，然后应用Adams通过简单算例对动力学模型及仿真程序进行了验证。

参考文献

[1] 战强，李伟．球形移动机器人的研究进展与发展趋势［J］．机械工程学报，2019，55（9）．

[2] 郑一力，孙汉旭．带高速旋转飞轮的球形机器人结构设计与运动稳定性分析［J］．机械工程学报，2013，49（3）．

[3] 朱超．具有稳定平台的全向滚动机器人的研究［D］．西安：西安电子科技大学，2006．

[4] 张学锋．一种球形机器人的动力学分析和轨迹规划研究［D］．西安：西安电子科技大学，2007．

[5] 杨雷．曲广吉．航天与力学［M］．中国科学技术出版社，2005．

基于虚拟传感的足式机器人行星土壤分类

吴　爽，陈　磊，刘　宾，王　储，危清清
（北京空间飞行器总体设计部，北京，100094）

摘要：星壤特性的预估对于足式机器人行星探测任务极为重要。本文提出了一种基于虚拟传感的足式机器人土壤分类方法。无需在机器人足上额外安装力传感器，仅采集腿关节运动信息和关节电机电流信息作为样本数据，然后采用离散小波变换（Discrete Wavelet Transformation，DWT）对采集到的样本数据进行特征提取，并采用支持向量机（Support Vector Machine，SVM）对土壤进行分类。引入一个高保真的六足机器人仿真模型对本文方法进行了验证，分类精度达到90%以上。此外，对不同SVM模型的分类精度进行了对比分析，并评估了不同类型的样本数据对分类精度的影响。以上结果表明，本文方法能较好地预估土壤特性，具有较高的土壤分类精度，能够应用于行星探测任务中。

关键词：土壤分类；虚拟传感；足式机器人

1　引言

行星探测是移动机器人面临的一项具有挑战性的任务，主要由于准确预估运动控制所需的星壤力学特性十分困难。星壤条件将严重影响机器人的稳定性，因此为了安全地穿越大障碍物、不规则形状粒状及其他极端地形，星壤力学特性的预估至关重要。

岩土力学是研究土壤力学特性的一种经典理论方法[1-3]。Brunskill 等[4]设计了多组实验来测试火星土壤的基本宏观特性。Ding 等[5]基于岩土力学理论分析了机器人的足—壤相互作用力学关系。然而，该种方法在描述星壤地形中的不确定性特性方面存在一定的局限性。

近年来，机器学习技术已用于研究机器人的星壤分类[6-8]。Brooks 和 Iagnemma[9]提出了一种轮式机器人的自监督星壤分类方法，使其能够学习并预测较远处的地形特性。Walas 等[10]研制了一种用于通过具有不同牵引特性的星壤地形的步行机器人控制器，其中利用3种感知系统对星壤地形进行信息采集，并利用支持向量机作为地形分类器。Kolvenbach[11]提出了一种利用足式机器人对火星土壤进行触觉检测的方法，其中采用安装在足上的传感器记录足—壤相互作用数据，并作为土壤分类的样本集，由于该种方法需要在机器人足上额外安装传感器，而足上的传感器经常受到各种地形以及障碍物的碰撞冲击，容易损坏，因此降低了系统的可靠性。虚拟传感方法可用于解决这一问题，它属于一种间接的测量方法，用数据驱动分析和研究已有传感数据以替代真实物理传感器信息。Ablameyko 等[12]利用人工神经网络建立了基于经验数据的虚拟传感器。Gonzalez - de - Santos 等[13]验证了虚拟传感方法应用于机器人传感系统的可行性，机器人关节角位置、角位置误差及角速度可用于预估足底受力。

本文提出了一种基于虚拟传感的足式机器人对不同硬度星壤进行分类的方法。将机器人关节位置传感器的运动信息和关节电机的电流信号作为样本数据。然后利用离散小波变换（Discrete Wavelet Transformation，DWT）对样本数据进行特征提取，采用支持向量机（Support Vector Machine，SVM）对不同的土壤进行分类。由于分类器是线下训练的，所以机器人在运动过程中预测土壤类型只需要很短的时间。此外，本文方法无需在足上额外安装传感器，在很大程度上降低了机械系统的复杂性，同时也增强机器人的鲁棒性及其行为的可靠性。

本文下述内容安排：第2节给出了基于虚拟传感的土壤分类策略；第3节描述了土壤分类的具体方法；验证和分析见第4节；最后第5节给出全文总结。

2 基于虚拟传感的土壤分类策略

足式机器人在星壤上运动过程中，可以采集机器人与不同星壤地形之间的相互作用，并将其作为样本数据来预测星壤力学性能。应用机器人足与星壤的相互作用力进行土壤分类的方法已取得了较好的效果，然而该方法需要额外在足上安装力传感器和IMU，会增加硬件系统的复杂性，降低系统的鲁棒性。根据虚拟传感技术，通过数据驱动方法估计不同传感器测量值之间的统计相关性，然后应用已知物理测量值构建一个虚拟传感器，并使用它来代替的未知物理测量值[14]。基于此方法，可以通过机器学习得到机器人腿关节位置传感器测得的关节状态信息与足上力传感器测得的足—壤作用力之间的关系。更进一步，我们在此基础上进行了延伸，通过机器学习建立了机器人腿关节状态与星壤特性之间的相互关系，实现了土壤分类。

本文提出的土壤分类方法的实施主要包括3个步骤：样本数据采样、样本特征提取和土壤分类。第一步设计机器人的多种行走轨迹，并采集机器人在不同土壤环境、不同行走轨迹下的腿关节角位置、关节角速度和关节电机电流作为样本数据；第二步利用DWT对样本数据进行特征提取；最后，采用SVM方法对提取的特征进行分类。方法原理示意图如图1所示，其中以具有两个关节的腿为例，该方法普遍适用于多关节足式机器人。

本分类策略的实现可分为线下学习和线上预测两个阶段。在线下学习阶段，建立机器人足的土壤分类机器学习模型，并应用采集的样本数据对机器学习模型进行学习训练，该阶段将得到训练好的SVM分类器。在线上预测阶段，记录机器人在实际行走过程中的当前腿关节数据，利用训练好的SVM分类器进行预测，从而估计出当前的土壤类型。

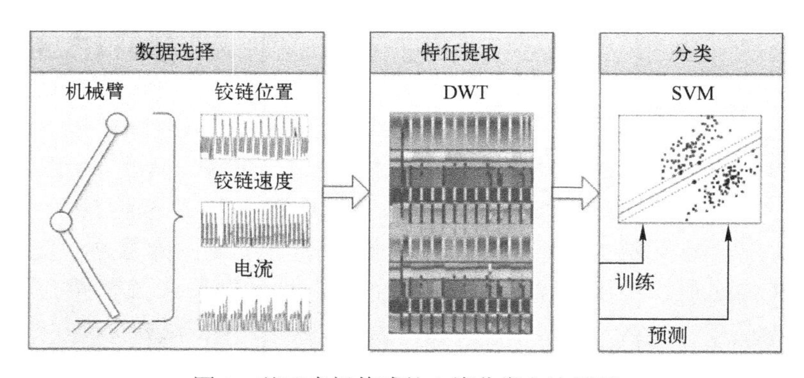

图1 基于虚拟传感的土壤分类方法原理

3 基于虚拟传感的土壤分类方法

3.1 样本数据采集

为了验证本文方法的正确性，引入一个高保真的六足机器人仿真模型，该模型基于ADAMS构建，并设计了六足机器人的单腿触地运动实验。实验方案示意图如图2所示。设计了基于贝塞尔曲线的机器人行走轨迹，机器人以50mm/s到100mm/s区间内不等的速度沿该轨迹行走，因此机器人足可以以不同的角度和速度与地面接触。试验根据土壤软硬程度设计了4种不同土壤类型（ST-1、ST-2、ST-3、ST-4），每种土壤类型环境下包含13个样本数据（每一个样本数据为一次接触过程），因此机器人共记录了52个数据样本。采样过程中采样频率为100Hz，采样时间为10s。

3.2 样本特征提取

采用DWT对足式机器人的单腿关节信息的样本数据进行特征提取。小波变换克服了短时傅里叶变换中频时分辨特性相关的问题。DWT是一种小波变换方法，能够更有效地表示信号在时域和频域上的特性[15]。基于上述优势，DWT已应用于从机器人的运动或力信息中提取特征[11,16-17]。

采用Daubechies小波函数进行特征提取，小波函数$\Psi(t)$和尺度函数$\Phi(t)$中的支撑区为$2N-1$，$\Psi(t)$的消失矩为4。

3.3 土壤分类

本研究采用SVM设计土壤分类器，由于其对小样本集训练效果较好，且具有良好的泛化能力[18]。这在足式腿机器人行星探测任务中非常重要，由于在行星上采集样本数据是一项昂贵而具有挑战性的任务，在许多情况下，能够采集的训练样本的数量不足以进行学习和分类。SVM 具有全局优化和良好的泛化能力，尤其适用于训练样本数量有限情况下对高维数据进行分类[19-21]。

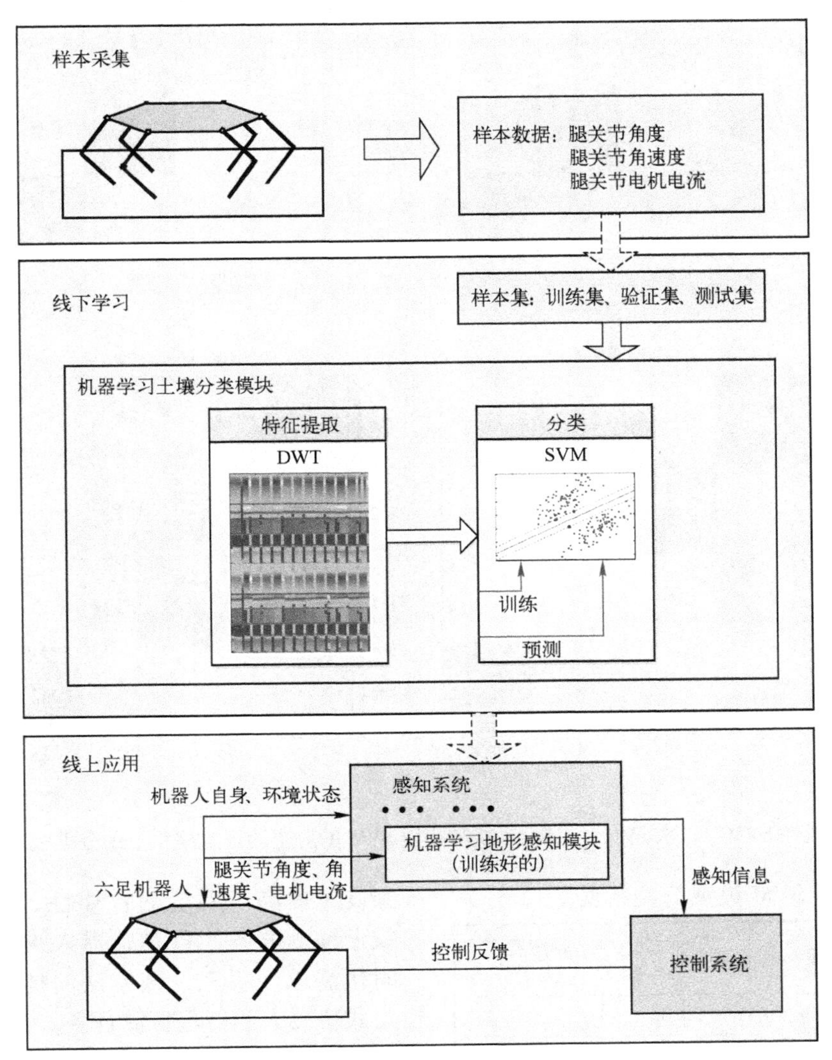

图 2　基于虚拟传感的土壤分类方案设计示意图

在仿真得到的样本数据中，80%用于训练，20%用于验证。为了提高预测精度，采用了五重交叉验证技术。在训练过程中，采用具有不同核函数的 SVM 作为分类器，核函数公式如下。

线性核函数：

$$K(x_i,x_j)=x_i,x_j \tag{1}$$

多项式核函数（二次：$d=2$；三次：$d=3$）

$$K(x_i,x_j)=(x_i,x_j+1)^d \tag{2}$$

高斯径向基核函数

$$K(x_i,x_j)=\exp(-\gamma\|x_i,x_j\|^2)\quad \gamma>0 \tag{3}$$

4　验证和分析

采用了 4 种具有不同核函数的 SVM 进行分类比较分析：线性 SVM、二次 SVM、三次 SVM 和高斯 SVM。这 4 种 SVM 模型的分类混淆矩阵如图 3 所示。分类精度如表 1 所列。从结果中可以看出，三次 SVM 的分类准确率最高，为 92.3%，虽然其训练时间较长，但由于采用线下训练方案，不会给线上预测增加额外的计算负担。不同样本数据类型选取对三次 SVM 分类精度的影响如表 2 所列，其中也给出了总特征数。与仅包含关节角位置和关节角速度的关节状态样本数据类型相比，包含关节状态和关节力矩的样本数据类型具有更高的精度。上述结果表明了基于虚拟传感的土壤分类方法的有效性。

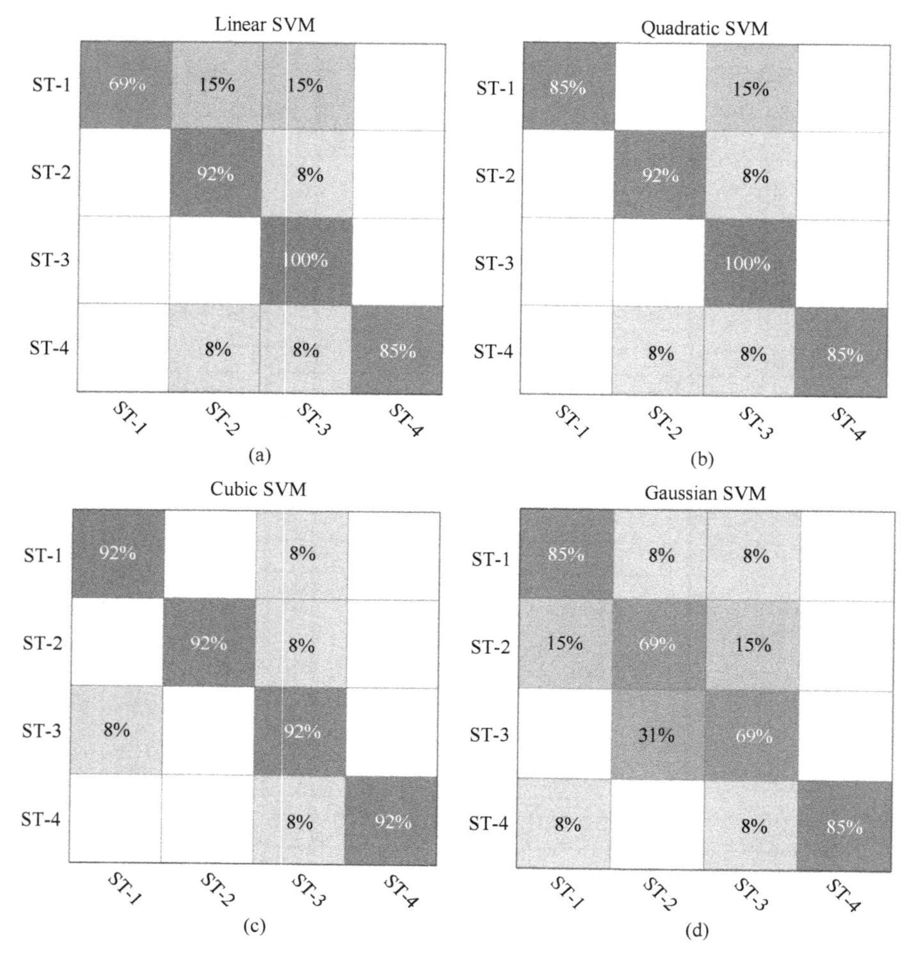

图 3　线性 SVM、二次 SVM、三次 SVM 和高斯 SVM 的对于验证数据集上的分类混淆矩阵

表 1　不同 SVM 模型分类精度

SVM 类型	精度	训练时间（/s）	预测速度（obs/s）
线性 SVM	86.5%	20.82	~22
二次 SVM	90.4%	21.07	~21
三次 SVM	92.3%	27.05	~22
高斯 SVM	76.9%	35.66	~24

表 2　不同样本数据类型选取对三次 SVM 分类精度的影响

样本数据类型	总特征数	分类精度				
		ST-1	ST-2	ST-3	ST-4	总
关节状态	2012	92%	31%	31%	92%	61.5%
力矩	1006	85%	92%	100%	85%	90.4%
关节状态+力矩	3018	92%	92%	92%	92%	92.3%

本文提出的土壤分类方法主要有 3 个优点。首先，该方法无须额外安装传感器，只应用现有的传感设备进行数据采集，降低了机器人的硬件复杂度，提高了系统的鲁棒性。其次，线下学习和线上预测方案使得在机器人满足探测任务中的实时化需求。第三，该方法简捷，普遍适用于各类足式机器人的行星探测任务。

5　结束语

为了提高足式机器人在行星探测任务中的运动安全性，提出了一种基于虚拟传感的足式机器人土壤分类方法。基于虚拟传感技术，通过对机器人腿关节信息的分析，采用数据驱动的方法预估土壤与足的相互作用关系。采集不同土壤环境下、不同运动轨迹下的腿关节角位置、关节角速度和关节电机电流或力矩信号作为样本数据，然后利用 DWT 从样本数据中提取特征，利用 SVM 进行土壤分类。本文方法已通过一个高保真的六足机器人仿真模型进行了验证，分类精度达到 90% 以上。此外，本文方法无须在足上额外安装传感器，实现了低硬件复杂度、高鲁棒性下的较高土壤分类精度。后续将应用于模拟星壤环境下的物理六足机器人运动实验，进一步验证本文分类方法的有效性和鲁棒性。

参考文献

[1] Janosi Z, Hanamoto B. Analytical determination of drawbar pull as a function of slip for tracked vehicles in deformable soils: Mechanics of Soil - Vehicle Systems: Edizoni Minerva Technica [J]. Editione Minerva Tecnica, Torino, 1962.

[2] Wong J Y, Reece A R. Prediction of rigid wheel performance based on the analysis of soil-wheel stresses part I. Performance of driven rigid wheels [J]. Journal of Terramechanics, 1967, 4 (1): 81-98.

[3] Komizunai S, Konno S, Abiko A, et al. Slip characteristics identification for biped walking of a humanoid robot on sand [J]. Proceedings of Eighth International Conference on Flow Dynamics. 2011: 9-11.

[4] Brunskill C, Patel N, Gouache T P, et al. Characterisation of martian soil simulants for the ExoMars rover testbed [J]. Journal of Terramechanics, 2011, 48 (6): 419-438.

[5] Ding L, Gao H, Deng Z, et al. Foot - terrain interaction mechanics for legged robots: Modeling and experimental validation [J]. The International Journal of Robotics Research, 2013, 32 (13): 1585-1606.

[6] Mrva J, Faigl J. Feature extraction for terrain classification with crawling robots [J]. Information Technologies - Applications and Theory (ITAT 2015), 2015, 1422: 179-185.

[7] Degrave J, Cauwenbergh R Van, Wyffels F, et al. Terrain classification for a quadruped robot. in 12th International Conference on Machine Learning and Applications (ICMLA2013) [C]. IEEE, 2013: 185-190.

[8] Kert'esz C. Rigidity-based surface recognition for a domestic legged robot [J]. IEEE Robotics and Automation Letters, 2016, 1 (1): 309-315.

[9] Brooks C A, Iagnemma K. Self-supervised terrain classification for planetary surface exploration rovers [J]. Journal of Field Robotics, 2012, 29 (3): 445-468.

[10] Walas K. Terrain classification and negotiation with a walking robot [J]. Journal of Intelligent & Robotic Systems, 2015, 78 (3): 401-423.

[11] Kolvenbach H, Bärtschi C, Wellhausen L, et al. Haptic inspection of planetary soils with legged robots [J]. IEEE Robotics and Automation Letters, 2019, 4 (2): 1626-1632.

[12] Ablameyko S, Goras L, Gori M, et al. Neural networks for instrumentation measurement and related industrial applications [J]. 2003, 185. IOS Press.

[13] Pablo Gonzalez-de-Santos, Elena Garcia, Joaquin Estremera. Virtual sensors for walking robots. In: Quadrupedal Locomotion [J]. Springer, London. 2006.

[14] Masson M H, Canu S, Grandvalet Y, et al. Software sensor design based on empirical data [J]. Ecological Modelling, 1999, 120 (2-3): 131-139.

[15] Tzanetakis G, Essl G, Cook P. Audio analysis using the discrete wavelet transform. Proc. Conf. in [C]. Acoustics and Music Theory Applications. 2001, 66.

[16] Jaber A A, Bicker R. Industrial robot backlash fault diagnosis based on discrete wavelet transform and artificial neural network [J]. American Journal of Mechanical Engineering, 2016, 4 (1): 21-31.

[17] Jakovljevic Z, Petrovic P B, Mikovic V D, et al. Fuzzy inference mechanism for recognition of contact states in intelligent robotic assembly [J]. Journal of Intelligent Manufacturing, 2014, 25 (3): 571-587.

[18] Vapnik VN. Statistical Learning Theory [M]. New York: John Wiley & Sons Inc., 1998.

[19] Chi M, Feng R, Bruzzone L. Classification of hyperspectral remote-sensing data with primal SVM for small-sized training dataset problem [J]. Advances in space research, 2008, 41 (11): 1793-1799.

[20] Su J, Yi D, Liu C, et al. Dimension reduction aided hyperspectral image classification with a small-sized training dataset: experimental comparisons [J]. Sensors, 2017, 17 (12): 2726.

[21] Li C, Wang J, Wang L, et al. Comparison of classification algorithms and training sample sizes in urban land classification with Landsat thematic mapper imagery [J]. Remote Sensing, 2014, 6 (2): 964-983.

XPNAV-1 卫星的动力学自主定轨算法对比研究

丁陶伟，帅　平

（中国空间技术研究院钱学森空间技术实验室，北京，100094）

摘要：X 射线脉冲星导航 1 号（XPNAV-1）是全球首颗脉冲星导航专用试验卫星。利用该卫星观测的单颗脉冲星数据，并采用几何约束方法，能够有效抑制轨道误差增长，但存在长时间定轨发散问题。本文针对 XPNAV-1 卫星拓展试验任务及脉冲星导航后续发展需求，在概述 XPNAV-1 卫星任务的基础上，建立该卫星的轨道力学模型和观测方程，利用 4 颗脉冲星的观测数据，开展扩展卡尔曼滤波（EKF）和无迹卡尔曼滤波（UKF）自主定轨算法对比研究，并通过数值试验验证算法可行性。试验结果表明：动力学定轨算法滤波过程收敛，并且采用 UKF 算法的导航精度优于 EKF 算法。

关键词：X 射线脉冲星；自主导航；动力学定轨；非线性滤波算法

1　引言

脉冲星属于高速旋转的中子星，具有极其稳定的周期性，X 射线脉冲星导航就是以脉冲星辐射的 X 射线信号作为天然信标，航天器自主确定位置、速度、时间和姿态等导航参数的过程，该技术为解决近地轨道和深空探测航天器的持续高精度自主导航难题提供了一种新思路。近十余年来，利用 X 射线脉冲星的航天器自主导航一直是国内外航天前沿技术研究的热点领域[1-2]。

利用 X 射线脉冲星的航天器自主定轨是脉冲星导航的核心内容。根据脉冲星导航原理的三角投影关系，并考虑到星载时钟存在偏差，从而得到脉冲星导航的测量方程。该方程有 4 个未知数，包括 3 个位置坐标分量和 1 个时钟偏差量。如果同时探测 4 颗脉冲星，那么就可以建立 4 个方程来求解 4 个未知数，称之为几何定轨；结合航天器轨道动力学模型，每一个弧段仅需要探测 1 颗脉冲星，就可以确定航天器的位置和时间参数，称之为动力学定轨[2]。考虑到脉冲星辐射的 X 射线信号极其微弱，需要较长的信号积分时间，才能提取具有足够信噪比的脉冲轮廓；同时，脉冲到达时间测量精度相对较低，而且航天器同时携带多个探测器和跟踪多颗脉冲星尚有一定的实现难度。因此，采用几何定轨方法确定航天器轨道精度，只能达到几千米量级，甚至更低。从实际工程应用角度，一般采用动力学方法来确定航天器轨道，这有利于提高导航参数估计精度，并实时计算外推轨道，无需同时探测 4 颗以上脉冲星。在滤波算法研究方面，前人已经进行了大量研究工作，主要包括针对模型不确定性的鲁棒滤波算法[3]、为降低非线性影响的非线性预测滤波（NPF）算法[4]、针对脉冲星方向误差的扩展状态无迹卡尔曼滤波（ASUKF）算法[5]、基于多模自适应估计的 UKF 算法[6]等，但这些算法都是利用仿真数据来实现的，目前尚未检索出基于实测数据的脉冲星导航动力学定轨算法研究。

2016 年 11 月 10 日，我国在酒泉卫星发射中心利用长征 11 号运载火箭，成功发射全球首颗脉冲星导航专用试验卫星——X 射线脉冲星导航 1 号（XPNAV-1），开展脉冲星导航空间飞行试验[7-8]。XPNAV-1 卫星在轨运行 4 年来，获取了大量观测数据，按计划完成了 X 射线探测器性能测试，典型目标脉冲星观测以及脉冲星导航系统体制验证等试验任务[9-11]。利用 XPNAV-1 卫星对蟹状星云（Crab）脉冲星的完整观测数据，采用基于轨道法平面几何约束方法，得到轨道确定精度为 38.4km，初步验证了该卫星轨道改进的有效性和脉冲星导航系统体制[12]，但利用单颗脉冲星的观测数据长时间定轨过程存在发散问题。本文针对 XPNAV-1 卫星拓展任务及后续发展需求，在概述卫星空间飞行试验任务的基础上，建立其轨道动力学模型和观测方程，并详细论述 EKF 和 UKF 两种滤波算法。最后，利用 4 颗脉冲星的实测数据开展自主定轨算法数值试验，验证动力学定轨的有效性，并对比分析两种算法性能。

2　XPNAV-1 卫星任务概述

2016 年 11 月 10 日，我国成功发射了全球首颗脉冲星导航专用试验卫星——X 射线脉冲星导航 1 号（XPNAV-1）。该卫星是一颗整星质量为 243kg 的小卫星。其科学试验目标是：①在空间环境下实测验证 X 射线探测器性能，研究宇宙背景噪声对探测器作用机理；②探测 Crab 脉冲星辐射的 X 射线光子，提取脉冲轮廓曲线；③长时间累积探测脉冲星，积累观测数据，探索验证脉冲星导航体制。

XPNAV-1 卫星采用降交点地方时为 6：00 时的太阳同步晨昏轨道，其轨道半长轴为 6878.137km，轨道倾角为 97.4°，偏心率为 0.0103。该卫星的有效载荷为两种不同类型的 X 射线探测器。其中，一种是掠入射式聚焦型探测器，其有效面积为 $30cm^2$，探测能谱范围为 0.5～10keV，时间分辨率为 1.5μs，视场为 15′；另一种是微通道板准直型探测器，其有效探测面积为 $1200cm^2$，探测能谱范围为 1～10keV，时间分辨率为 100ns，视场为 2°。针对核心试验任务需求，优选了 8 颗目标脉冲星进行重点观测研究，其脉冲星编号、J2000.0 国际天球参考系下的赤经和赤纬、脉冲周期以及光子流量如表 1 所示。表中，序号 1～4 为独立旋转供能脉冲星（IRP），其中第 1 颗脉冲星 B0531+21 为 Crab 脉冲星；序号 5～8 为 X 射线双星（XB）。

表 1　8 个候选观测对象参数列表

序号	脉冲量	赤经/(°)	磁偏角/(°)	光子通量/($ph/cm^2/s$)
1	B0531+21	83.63322	22.01446	1.54×10^{0}
2	B0540-69	85.04668	-69.3317	5.15×10^{-3}
3	B1509-58	228.48175	-59.1358	1.62×10^{-2}
4	J1846-0258	281.60392	-2.97503	6.03×10^{-3}
5	B1617-155	244.979	-15.640	4.19×10^{1}
6	B1758-250	270.284	-25.079	3.74×10^{0}
7	B1813-140	274.006	-14.036	2.10×10^{0}
8	J1744-28	266.138	-28.741	3.80×10^{1}

XPNAV-1 卫星在轨运行近 4 年来，对 8 颗目标脉冲星、超新星遗迹以及银河系 X 射线等天体进行了观测研究。由表 1 可见，XB 的光子流量比 IRP 高 2～3 个数量级，观测 XB 的主要目的是进行探测器性能测试。考虑到 XB 系统本身轨道动力学的复杂性，因此本文主要利用上述 4 颗 IRP 开展自主定轨算法研究。

3　XPNAV-1 卫星动力学定轨系统模型

基于动力学定轨的脉冲星导航是用脉冲星提供的外测导航参数不断校正轨道动力学推算的位置状态，使得卫星轨道动力学预报输出的误差收敛。对于绕地飞行的卫星，其轨道动力学方程的积分输出能够给出卫星轨道状态的预报值，但状态预报值的误差随时间积累，呈发散趋势。如果使用滤波算法，对脉冲星观测信息与轨道动力学提供的状态信息进行处理，则能够对卫星轨道动力学的状态输出进行校正，使得状态误差收敛，从而实现对卫星轨道状态的最优估计。

3.1　轨道力学模型

XPNAV-1 卫星轨道力学方程可以表示为

$$\dot{\boldsymbol{X}}(t)=\boldsymbol{f}(\boldsymbol{X}(t),t)+\boldsymbol{w}(t) \tag{1}$$

式中：$\boldsymbol{X}(t)$ 为状态变量；$\boldsymbol{f}(\boldsymbol{X}(t),t)$ 为轨道动力学方程；$\boldsymbol{w}(t)$ 为系统噪声项。

在该卫星自主定轨研究中，采用只考虑地球中心引力加速度和 J_2 项非球形摄动加速度的卫星轨道力学模型，代入式（1）得到卫星轨道力学方程为

$$\dot{\boldsymbol{X}}=\begin{bmatrix} v_x \\ v_y \\ v_z \\ -\dfrac{\mu r_x}{r^3}\left[1-J_2\left(\dfrac{R_e}{r}\right)^2\left(7.5\dfrac{r_z^2}{r^2}-1.5\right)\right] \\ -\dfrac{\mu r_y}{r^3}\left[1-J_2\left(\dfrac{R_e}{r}\right)^2\left(7.5\dfrac{r_z^2}{r^2}-1.5\right)\right] \\ -\dfrac{\mu r_z}{r^3}\left[1-J_2\left(\dfrac{R_e}{r}\right)^2\left(7.5\dfrac{r_z^2}{r^2}-4.5\right)\right] \end{bmatrix}+\begin{bmatrix} w_x \\ w_y \\ w_z \\ w_{v_x} \\ w_{v_y} \\ w_{v_z} \end{bmatrix} \tag{2}$$

式中：$\boldsymbol{r}=[r_x,r_y,r_z]^{\mathrm{T}}$ 为卫星位置矢量；$\boldsymbol{v}=[v_x,v_y,v_z]^{\mathrm{T}}$ 为卫星速度矢量；$\boldsymbol{X}=[r_x,r_y,r_z,v_x,v_y,v_z]^{\mathrm{T}}$ 为卫星状态矢量；$\boldsymbol{w}=[w_x,w_y,w_z,w_{v_x},w_{v_y},w_{v_z}]^{\mathrm{T}}$ 为系统噪声；μ 为地球引力常数；J_2 为带谐项系数；R_e 为地球半径。

3.2　自主定轨观测方程

在太阳系质心坐标系下，根据脉冲星导航的

基本原理，可以得到脉冲星导航的基本测量方程

$$t_{\mathrm{SSB}}-t_{\mathrm{sat}}=\frac{1}{c}\boldsymbol{n}\cdot\boldsymbol{R}_{\mathrm{SC}}+\delta t \tag{3}$$

式中：t_{SSB} 和 t_{sat} 是脉冲星同一脉冲到达 SSB 和卫星的时间；$\boldsymbol{n}$ 为观测脉冲星方向向量；$\boldsymbol{R}_{\mathrm{SC}}$ 为卫星相对于 SSB 的位置矢量；c 为光速；δt 为星载原子时钟偏差。

不失一般性，针对本文开展的自主定轨研究，卫星钟差忽略不计，并考虑地球、卫星和 SSB 三者位置关系，将式（3）改写如下

$$c\cdot(t_{\mathrm{SSB}}-t_{\mathrm{sat}})-\boldsymbol{n}\cdot\boldsymbol{R}_{\mathrm{E}}=\boldsymbol{n}\cdot\boldsymbol{R}$$

式中：$\boldsymbol{R}_{\mathrm{E}}$ 为地球相对于 SSB 的位置矢量；$\boldsymbol{R}$ 为卫星相对于地球质心的位置矢量。

在 t_k 时刻卫星观测 1 颗脉冲星时，测量方程可以表示为

$$Z_k=\boldsymbol{H}_k\boldsymbol{X}_k+V_k \tag{4}$$

式中：$Z_k=c\cdot(t_{\mathrm{SSB}/k}-t_{\mathrm{sat}/k})-\boldsymbol{n}\cdot\boldsymbol{R}_{\mathrm{E}/k}$；

$\boldsymbol{H}_k=[\cos\alpha\cos\lambda\quad\cos\alpha\sin\lambda\quad\sin\alpha\quad 0\quad 0\quad 0]^{\mathrm{T}}$；

$\boldsymbol{X}_k=[x_k\quad y_k\quad z_k\quad v_x\quad v_y\quad v_z]^{\mathrm{T}}$；

V_k 为观测误差；α,λ 分别为脉冲星赤经和赤纬。

在 X 射线脉冲星定轨中决定定轨精度的主要因素是脉冲到达时间（TOA）的精度，TOA 观测量的测量噪声方程可以估算为

$$\sigma_{\mathrm{TOA}}=\frac{W\cdot\{[F_{\mathrm{B}}+F_{\mathrm{x}}(1-p_{\mathrm{f}})](A_{\mathrm{e}}t_{\mathrm{obs}}W)/P+F_{\mathrm{x}}A_{\mathrm{e}}p_{\mathrm{f}}t_{\mathrm{obs}}\}^{\frac{1}{2}}}{2F_{\mathrm{x}}A_{\mathrm{e}}p_{\mathrm{f}}t_{\mathrm{obs}}} \tag{5}$$

式中：F_{B} 为 X 射线背景辐射流强；F_{x} 为 X 射线辐射流强；t_{obs} 为信号观测时间；P 为脉冲周期；W 为脉冲宽度；p_{f} 为脉冲调制度；A_{e} 为探测器有效面积。

3.3 EKF 滤波算法

航天器导航系统的状态方程和测量方程通常都是非线性方程，系统噪声和量测噪声也可能为有色噪声，不能直接应用卡尔曼滤波获得准确的状态估计值，因为需要寻找其它的最优估计方法解决航天器导航系统的滤波问题，本文将重点介绍 EKF 和 UKF 两种滤波算法。

EKF 的基本思想是将导航系统的状态方程进行泰勒展开，忽视二阶及二阶以上的高阶项，将展开式的一阶线形项作为原状态方程的近似表达式，再采用线性问题的标准卡尔曼滤波方法对近似的状态量进行估计，从而得到最终状态的次优近似值。

对式（2）和式（4）做相应简化后可以得到如下系统模型

$$\begin{cases}\dot{\boldsymbol{X}}=f(\boldsymbol{X},t)+\boldsymbol{w}(t)\\ \boldsymbol{Z}=\boldsymbol{H}\cdot\boldsymbol{X}+\boldsymbol{v}(t)\end{cases} \tag{6}$$

式中：t 为时间参数；$\boldsymbol{w}(t)$ 和 $\boldsymbol{v}(t)$ 分别为系统噪声和观测噪声且彼此不相关。

对系统状态方程进行线性化处理，记状态变量 $\boldsymbol{X}(t)$ 的最优估计为 $\hat{\boldsymbol{X}}(t)$，则

$$\boldsymbol{X}(t)=\hat{\boldsymbol{X}}(t)+\delta\boldsymbol{X}(t)$$

式中：$\delta\boldsymbol{X}(t)$ 为两者的状态估计误差。

将式（6）中的状态方程在 $\hat{\boldsymbol{X}}(t)$ 处进行一阶泰勒展开得到

$$\begin{aligned}\dot{\boldsymbol{X}}(t)&=\boldsymbol{f}(\hat{\boldsymbol{X}}(t),t)+\boldsymbol{F}(t)(\boldsymbol{X}(t)-\hat{\boldsymbol{X}}(t))+\boldsymbol{w}(t)\\&=\dot{\hat{\boldsymbol{X}}}(t)+\boldsymbol{F}(t)\delta\boldsymbol{X}(t)+\boldsymbol{w}(t)\end{aligned}$$

进而得到误差状态的动力学方程为

$$\delta\dot{\boldsymbol{X}}(t)=\boldsymbol{F}(t)\delta\boldsymbol{X}(t)+\boldsymbol{w}(t)$$

式中：$\boldsymbol{F}(t)$ 为雅可比矩阵。进一步将状态方程进行离散化处理得到

$$\delta\boldsymbol{X}_k=\boldsymbol{\Phi}_{k,k-1}\delta\boldsymbol{X}_{k-1}+\boldsymbol{W}_{k-1} \tag{7}$$

式中：$\boldsymbol{\Phi}_{k,k-1}$ 为 $k-1$ 时刻到 k 时刻的状态转移阵，$\boldsymbol{\Phi}_{k,k-1}=\boldsymbol{I}+\boldsymbol{F}(t_{k-1})\cdot T$；$T$ 为滤波周期。

由式（4）和式（7）可以建立系统的离散型线性干扰方程为

$$\begin{cases}\delta\boldsymbol{X}_k=\boldsymbol{\Phi}_{k,k-1}\delta\boldsymbol{X}_{k-1}+\boldsymbol{W}_{k-1}\\ \delta\boldsymbol{Z}_k=\boldsymbol{H}_k\delta\boldsymbol{X}_k+\boldsymbol{V}_k\end{cases}$$

扩展卡尔曼滤波流程如下：

（1）滤波初始化。根据估计状态信息，给出状态变量及其相应误差方差阵初始值；

$$\hat{\boldsymbol{X}}_0=\boldsymbol{E}(\boldsymbol{X}_0)$$

$$\boldsymbol{P}_0=\boldsymbol{E}((\boldsymbol{X}_0-\hat{\boldsymbol{X}}_0)(\boldsymbol{X}_0-\hat{\boldsymbol{X}}_0)^{\mathrm{T}})$$

（2）状态更新。根据前一时刻的状态估计值 $\hat{\boldsymbol{X}}_{k-1}$ 和误差方差阵 $\boldsymbol{P}_{k-1}$，由轨道外推，更新当前时刻的状态变量预测值 $\hat{\boldsymbol{X}}_{k/k-1}$ 和相应的预测误差方差阵 $\boldsymbol{P}_{k/k-1}$。

$$\hat{\boldsymbol{X}}_{k/k-1}=\hat{\boldsymbol{X}}_{k-1}+\boldsymbol{f}(\hat{\boldsymbol{X}}_{k-1},t_{k-1})\cdot T$$

$$\boldsymbol{P}_{k/k-1}=\boldsymbol{\Phi}_{k/k-1}\boldsymbol{P}_{k-1}\boldsymbol{\Phi}_{k/k-1}^{\mathrm{T}}+\boldsymbol{Q}_{k-1}$$

（3）量测更新。根据观测量对当前时刻状态的预测值进行修正，得到当前滤波器的增益阵 $\boldsymbol{K}_k$、状态变量的估计值 $\hat{\boldsymbol{X}}_k$ 和相应的误差方差阵 $\boldsymbol{P}_k$。

$$\boldsymbol{K}_k=\boldsymbol{P}_{k/k-1}\boldsymbol{H}_k^{\mathrm{T}}(\boldsymbol{H}_k\boldsymbol{P}_{k/k-1}\boldsymbol{H}_k^{\mathrm{T}}+\boldsymbol{R}_k)^{-1}$$

$$\hat{\boldsymbol{X}}_k=\hat{\boldsymbol{X}}_{k/k-1}+\boldsymbol{K}_k[\boldsymbol{Z}_k-\boldsymbol{h}(\hat{\boldsymbol{X}}_{k/k-1},k)]$$

$$\boldsymbol{P}_k=(\boldsymbol{I}-\boldsymbol{K}_k\boldsymbol{H}_k)\boldsymbol{P}_{k/k-1}(\boldsymbol{I}-\boldsymbol{K}_k\boldsymbol{H}_k)^{\mathrm{T}}+\boldsymbol{K}_k\boldsymbol{R}_k\boldsymbol{K}_k^{\mathrm{T}}$$

3.4　UKF 滤波算法

尽管采用 EKF 算法可以近似估计系统状态，但是其存在两个潜在缺陷。一方面，EKF 算法是一种次优的滤波估计算法，不能得到系统状态的最优估计值；当忽略非线性系统模型的泰勒级数展开项时，将带来较大的线性化误差，导致滤波器发散，滤波计算失败。另一方面，在许多实际问题中，对非线性函数模型求导是相当困难的，无法得到雅可比矩阵；甚至某些物理问题根本就不可能模型化。为此，进一步采用 UKF 算法进行定轨算法研究。其基本思想是考虑到近似非线性函数的概率密度分布比近似非线性系统模型更容易，使用确定性采样方法近似非线性分布来解决非线性系统状态估计问题。

标准的 UKF 算法是在$\hat{\boldsymbol{X}}_k$ 附近进行采样，设状态变量为 $n\times1$ 维，那么采用比例对称采样策略将产生 $2n+1$ 个 Sigma 点，UKF 具体算法步骤如下：

（1）滤波初始化。根据航天器的估计状态信息，给出状态变量及其相应误差方差阵初始值。

$$\hat{\boldsymbol{X}}_0=\boldsymbol{E}(\boldsymbol{X}_0)$$

$$\boldsymbol{P}_0=\boldsymbol{E}((\boldsymbol{X}_0-\hat{\boldsymbol{X}}_0)(\boldsymbol{X}_0-\hat{\boldsymbol{X}}_0)^{\mathrm{T}})$$

（2）构造 Sigma 采样点集。采用比例对称采样策略，得到有 Sigma 采样点组成的 $n\times(2n+1)$ 维采样矩阵$\boldsymbol{\chi}_{k-1}=[\boldsymbol{\chi}_{k-1}^0,\boldsymbol{\chi}_{k-1}^i,\boldsymbol{\chi}_{k-1}^{i+n}]$，其中

$$\begin{cases}\boldsymbol{\chi}_{k-1}^0=\hat{\boldsymbol{X}}_{k-1}\\ \boldsymbol{\chi}_{k-1}^i=\hat{\boldsymbol{X}}_{k-1}+\boldsymbol{\gamma}(\sqrt{\boldsymbol{P}_{k-1}})_i\\ \boldsymbol{\chi}_{k-1}^{i+n}=\hat{\boldsymbol{X}}_{k-1}-\boldsymbol{\gamma}(\sqrt{\boldsymbol{P}_{k-1}})_i\end{cases}$$

（3）时间更新。将根据上一时刻状态状态估计值生成的 Sigma 采样点集$\{\boldsymbol{\chi}_{k-1}\}$带入到系统状态方程和量测方程中，并变换到当前时刻的新 Sigma 点集$\{\boldsymbol{\chi}_{k/k-1}\}$和$\{\boldsymbol{\psi}_{k/k-1}\}$，通过加权平均可以得到该时刻输出向量的一步预测值$\hat{\boldsymbol{X}}_{k/k-1}$和$\hat{\boldsymbol{Z}}_{k/k-1}$，从而完成 UT 变换。

$$\boldsymbol{\chi}_{k/k-1}=\boldsymbol{f}(\boldsymbol{\chi}_{k-1},t_{k-1})$$

$$\hat{\boldsymbol{X}}_{k/k-1}=\sum_{i=0}^{2n}\boldsymbol{W}_i^m\boldsymbol{\chi}_{k/k-1}^i$$

$$\boldsymbol{P}_{k/k-1}=\sum_{i=0}^{2n}W_i^c[\boldsymbol{\chi}_{k/k-1}^i-\hat{\boldsymbol{X}}_{k/k-1}][\boldsymbol{\chi}_{k/k-1}^i-\hat{\boldsymbol{X}}_{k/k-1}]^{\mathrm{T}}+\boldsymbol{Q}_k$$

$$\boldsymbol{\Psi}_{k/k-1}=\boldsymbol{h}(\boldsymbol{\chi}_{k/k-1},t_k)$$

$$\hat{\boldsymbol{Z}}_{k/k-1}=\sum_{i=0}^{2n}\boldsymbol{W}_i^m\boldsymbol{\Psi}_{k/k-1}^i$$

（4）测量更新。根据观测量 $\boldsymbol{Z}_k$ 对当前时刻状态的预测值$\hat{\boldsymbol{X}}_{k/k-1}$进行修正，得到当前状态变量的估计值及其相应的误差协方差阵。

$$\boldsymbol{P}_{\hat{Z}_k\hat{Z}_k}=\sum_{i=0}^{2n}\boldsymbol{W}_i^c[\boldsymbol{\psi}_{k/k-1}^i-\hat{\boldsymbol{Z}}_{k/k-1}][\boldsymbol{\psi}_{k/k-1}^i-\hat{\boldsymbol{Z}}_{k/k-1}]^{\mathrm{T}}+\boldsymbol{R}_k$$

$$\boldsymbol{P}_{\hat{X}_k\hat{Z}_k}=\sum_{i=0}^{2n}\boldsymbol{W}_i^c[\boldsymbol{\chi}_{k/k-1}^i-\hat{\boldsymbol{X}}_{k/k-1}][\boldsymbol{\psi}_{k/k-1}^i-\hat{\boldsymbol{Z}}_{k/k-1}]^{\mathrm{T}}$$

$$\boldsymbol{K}_k=\boldsymbol{P}_{\hat{X}_k\hat{Z}_k}\boldsymbol{P}_{\hat{Z}_k\hat{Z}_k}^{-1}$$

$$\hat{\boldsymbol{X}}_k=\hat{\boldsymbol{X}}_{k/k-1}+\boldsymbol{K}_k[\boldsymbol{Z}_k-\hat{\boldsymbol{Z}}_{k/k-1}]$$

$$\boldsymbol{P}_k=\boldsymbol{P}_{k/k-1}-\boldsymbol{K}_k\boldsymbol{P}_{\hat{Z}_k\hat{Z}_k}\boldsymbol{K}_k^{\mathrm{T}}$$

4　数值分析试验

4.1　XPNAV-1 卫星的观测数据分析

目前，XPNAV-1 卫星仍正常在轨运行，对 Crab 脉冲星和 3 颗低流量 IRP 进行了详细观测，积累了大量观测数据。从实测数据分析来看，掠入射式聚焦型探测器观测的数据有较高的信噪比，因此在本文定轨算法研究中，主要利用该探测器采集的数据进行数值分析试验。

自 2016 年 11 月 18 日以来，XPNAV-1 卫星一直对 Crab 脉冲星进行重点观测，除每年 4 月 30 日至 8 月 1 日期间 Crab 方向和太阳夹角小于 45°，以及考虑与月球夹角小于 5°不可观测外，其余每天进行观测，每个观测弧段持续观测时间为 30～50min。目前，通过累积观测获取了比较完整的 Crab 脉冲星观测数据，并提取得到精化的脉冲轮廓，通过计时拟合建立了精度为 55.14μs 的计时模型。此外，该卫星在 2017 年 2 月 21 日至 2017 年 8 月 31 日，分别对 3 颗低流量 IRP 进行了长期观测，每个轨道周期持续开展 5～15min 低流量脉冲星探测，累积探测数据。经统计分析得到了 3 颗低流量 IRP 的流量统计以及能谱分析结果。但由于探测器有效面积较小，脉冲星光子流量较低，目前未能提取到低流量脉冲星完整的脉冲轮廓。

XPNAV-1 卫星对 Crab 脉冲星进行了完整的观测。其中，时间跨度从 2016 年 11 月 18 日至 2017 年 3 月 26 日的观测效果较好，共 179 段观测数据，每个观测弧段平均观测时间约 45min。对该段实测数据做如下处理：①在 0.5 至 9.0keV 的能带内选

择光子；②筛除有效观测时间短于40min的观测数据；③筛除通量小于14counts/s的观测数据。最后从中选取时间跨度为30天的数据用作数值试验分析，共10组观测值，其TOA误差及相应的测距误差如表2所示，实测数据的起止时间为2017年1月5日至2017年2月5日。

表2　基于Crab脉冲星观测结果的TOA误差及测距误差

观察ID	TOA误差/μs	测距误差/km
20170105_031958	92.16	27.63
20170109_015958	43.68	13.06
20170112_025458	-139.23	-41.74
20170119_015958	125.79	37.91
20170123_021458	-72.05	-21.60
20170124_015958	32.74	9.81
20170125_031458	143.28	42.95
20170128_021458	-51.93	-15.57
20170129_015459	98.72	29.60
20170204_030959	115.19	34.53

在几何定轨方面，利用XPNAV-1卫星对Crab脉冲星的实测数据，并采用一种基于法平面约束的自主定轨算法，在85天的时间跨度内选择25个控制点，在控制点上利用距离观测量来修正卫星轨道，轨道误差得到有效抑制，在25个控制点上的轨道误差序列是收敛的，其均方根误差为38.4km。但是在两个控制点之间的轨道误差仍然是发散的，累积最大轨道误差为820km。

在本文主要研究的动力学定轨中，由于实测数据的信号积分时间较长，观测量不充足以及测量序列不规则，所以仅仅只利用以上单颗Crab的实测数据会导致滤波结果的发散。因此基于Crab脉冲星实测数据的测距精度来模拟生成额外的观测值，对30天内的实测数据进行补充，通过每500s生成一个观测值对观测周期进行压缩。再结合B0540-69，B1509-58，J1846-0258这3颗低流量IRP，通过依次观测4颗脉冲星得到的观测数据组，结合滤波算法来实现轨道递推。

由Crab脉冲星实测TOA与Crab脉冲星模型预报TOA的差，可以得到每个观测时间段的TOA误差（参见表2），计算得到TOA均方根误差为99.05μs，对应29.70km的测距均方根误差。由于3颗低流脉冲星光子流量较低，探测器有效面积较小，未能得到其完整的脉冲轮廓。由Crab脉冲星的完整观测数据反算出背景噪声，再根据3颗低流量脉冲星的实测光子流量统计以及探测器实际有效面积，利用式（5）的估计方程推算得到其测距精度，并由测距精度模拟生成观测数据，相比Crab脉冲星，另外3颗脉冲星的流量较低，测距精度较大。表3分别给出4颗脉冲星的赤经、赤纬和测距精度。

表3　4颗IRP的测距精度估计

脉冲星	赤经/(°)	磁偏角/(°)	测距误差 σ/km
B0531+21	83.63322	22.01446	29.70
B0540-69	85.04668	-69.3317	116.43
B1509-58	228.48175	-59.1358	81.82
J1846-0258	281.60392	-2.97503	134.11

4.2　自主定轨结果分析

利用4颗脉冲星的实测数据进行定轨计算，得到两种算法的滤波结果如图1和图2所示。可以看出两种算法能够实现滤波过程收敛，并且UKF的定轨精度优于EKF。

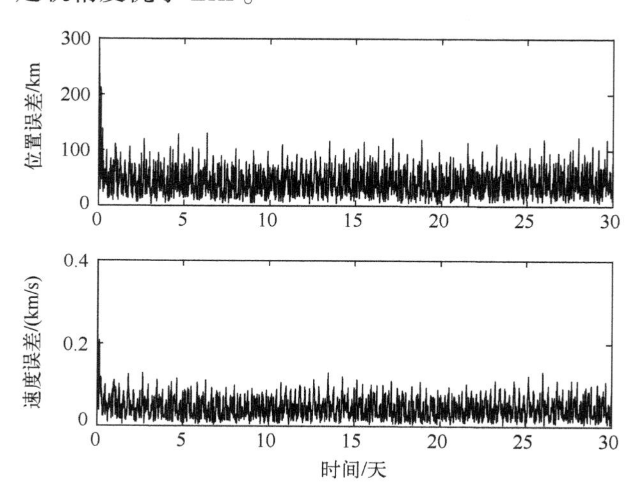

图1　基于EKF算法的位置和速度误差

进一步统计分析得到两种算法的位置和速度误差均方差如表4所示。从表4中可以看出，在脉冲星导航动力学定轨试验中，采用EKF算法对应的位置误差为40.24km，采用UKF算法对应的位置误差为32.39km，UKF算法的导航精度优于EKF，但两种算法的导航精度在同一个量级，其原因是在试验中脉冲星的测距精度为影响定轨误差的主要因素，UKF与EKF相比虽然减小了模型线性化带来的误差，但由于脉冲星测距精度的影响仍占主导地位，因此EKF算法与UKF算法的导航精度相差不大。

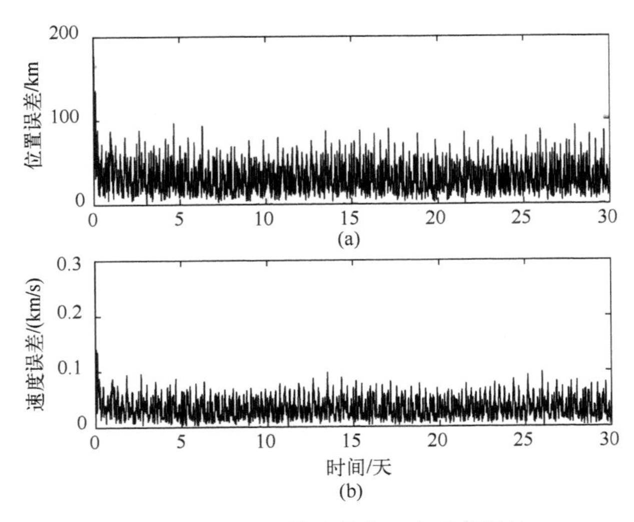

图 2　基于 UKF 算法的位置和速度误差

表 4　EKF 与 UKF 算法导航精度对比

	位置误差/km	速度误差/(km/s)
EKF 算法	40.24	0.0433
UKF 算法	32.39	0.0324

5　结束语

本文阐述了基于动力学定轨的脉冲星导航定轨原理，对于 EKF 和 UKF 两种算法在相同条件下分别进行了数值试验。试验结果表明：相比于利用单颗脉冲星的几何改进方法，利用 4 颗脉冲星的动力学定轨能够实现长时间定轨收敛。通过建立轨道动力学模型，使用滤波算法对 4 颗脉冲星的观测信息和轨道动力学模型外推的状态信息进行滤波处理，能够得到收敛的滤波结果，验证了动力学定轨算法的可行性。并且 UKF 算法能够在一定程度上减小状态方程的线性化误差，其滤波精度优于 EKF 算法。下一步将利用脉冲星实测数据，开展基于 H_∞ 滤波和粒子滤波等算法研究，对比分析各种算法性能，提出最优的定轨算法解决方案，为脉冲星导航算法研究和后续空间飞行试验提供技术储备。

参考文献

[1] Ray P S, Phlips B F. Spacecraft Navigation Using X-ray Pulsars, Featured Research [J]. NRL Review, 2006: 95-102.

[2] 帅平. 脉冲星：宇宙航行的灯塔 [M] 北京：国防工业出版社，2016：395-400.

[3] 熊凯，魏春玲，刘良栋. 鲁棒滤波技术在脉冲星导航中的应用. 空间控制技术与应用，2008，34 (6)：8-11.

[4] 金晶，王敏，黄良伟，等. NPF 算法在 X 射线脉冲星导航中的应用研究 [J]. 宇航学报，2008，36 (11)：1248-1254.

[5] LIU J, MA J, TIAN J, et al. X-ray pulsar navigation method for spacecraft with pulsar direction error [J]. Advance in Space Research, 2010, 46 (11): 1409-1417.

[6] 刘劲. 基于 X 射线脉冲星的航天器自主导航方法研究 [D]. 武汉：华中科技大学，2011.

[7] LIN J, SINGER P W. China's deep spacecraft will be guided by X-ray pulses from distant stars [J]. Popular Science, 2016: 1-2.

[8] 帅平，刘群，黄良伟，等. 首颗脉冲星导航试验卫星及其观测结果 [J]. 中国惯性技术学报，2019，027 (003)：281-287.

[9] ZHANG X Y, SHUAI P, HUANG L W, et al. Mission Overview and Initial Observation Results of the X-Ray Pulsar Navigation-I Satellite [J]. International Journal of Aerospace Engineering, 2017, 2017: 1-7.

[10] 林晴晴，帅平，黄良伟，等. 基于 X 射线脉冲星导航试验卫星观测数据的到达时间估计 [J]. 中国空间科学技术，2018，38 (1)：1-7.

[11] 黄良伟，帅平，张新源，等. 脉冲星导航试验卫星时间数据分析与脉冲轮廓恢复 [J]. 中国空间科学技术，2017，37 (3)：1-10.

[12] HUANG L W, SHUAI P, ZHANG X Y, et al. Pulsar-based navigation results: data processing of the x-ray pulsar navigation-I telescope [J]. Journal of Astronomical Telescopes, Instruments, and Systems, 2019, 5 (1): 018003.